覧（1～44巻）（45巻以降は後見返し）

②	山本家百姓一切有近道	やまもとけひゃくしょういっさいちかみちあり
③	農業稼仕様	のうぎょうかせぎしよう
④	作もの仕様	つくりものしよう
29①	一粒万倍 穂に穂	いちりゅうまんばい ほにほ
②	自家業事日記	じかぎょうじにっき
③	農業巧者江御問下ケ十ケ條并ニ四組四人ゟ御答書共ニ控	のうぎょうこうしゃへおといさげじっかじょうならびによんくみよにんよりおこたえがきともにひかえ
④	農業年中行事	のうぎょうねんじゅうぎょうじ
30①	耕耘録	こううんろく
②	冨貴宝蔵記	ふうきほうぞうき
③	農家業状筆録	のうかぎょうじょうひつろく
④	藍作始終略書	あいさくしじゅうりゃくしょ
⑤	甘蔗栽附ヨリ砂糖製法仕上ケ迄ノ伝習概略記	かんしゃうえつけよりさとうせいほうしあげまでのでんしゅうがいりゃくき
31①	蝗除試仕法書	こうじょためししほうしょ
②	年中心得書	ねんじゅうこころえがき
③	農業横座案内	のうぎょうよこざあんない
④	農人錦の嚢	のうにんにしきのふくろ
⑤	農要録	のうようろく
32①	老農類語	ろうのうるいご
②	刈麦談	かりむぎだん
33①	農業日用集	のうぎょうにちようしゅう
②	櫨徳分并仕立方年々試書	はぜとくぶんならびにしたてかたねんねんこころみがき
③	久住近在耕作仕法略覚	くじゅうきんざいこうさくしほうりゃくおぼえ
④	合志郡大津手永田畑諸作根付根淩取揚収納時候之考	ごうしぐんおおつてながたはたしょさくねつけねさらえとりあげしゅうのうじこうのかんがえ
⑤	肥後国耕作聞書	ひごのくにこうさくききがき
⑥	砂畠菜伝記	すなばたけさいでんき
34①	農務帳	のうむちょう
②	耕作下知方並諸物作節附帳	こうさくげちかたならびにしょものつくりせつつけちょう
③	寒水川村農書	すんがーむらのうしょ
④	安里村農書	あさとむらのうしょ
⑤	西村農書	にしむらのうしょ
⑥	八重山嶋農務帳	やえやまじまのうむちょう
⑦	農業法	のうぎょうほう
⑧	椎葉山内農業稼方其外品々書付	しいばさんないのうぎょうかせぎかたそのほかしなじなかきつけ
35①	養蚕秘録	ようさんひろく
②	蚕飼絹篩大成	こがいきぬぶるいたいせい
③	蚕当計秘訣	さんとうけいひけつ
36①	津軽農書 案山子物語	つがるのうしょ かかしものがたり
②	農業心得記	のうぎょうこころえき
③	やせかまど	やせかまど
37①	農書 全	のうしょ ぜん
②	伝七勧農記	でんしちかんのうき
③	田家すきはひ袋 耕作稼穡八景	でんかすぎわいぶくろ こうさくかしょくはっけい
38①	東郡田畠耕方并草木目当書上	とうぐんたはたがやしかたならびにそうもくめあてかきあげ
②	農業順次	のうぎょうじゅんじ
③	促耕南針	そっこうなんしん
④	家政行事	かせいぎょうじ
39①	深耕録	しんこうろく
②	百姓耕作仕方控	ひゃくしょうこうさくしかたひかえ
③	農業耕作万覚帳	のうぎょうこうさくよろずおぼえちょう
④	耕作仕様考	こうさくしようこう
⑤	耕作大要	こうさくたいよう
⑥	諸作手入之事／諸法度慎之事	しょさくていれのこと・しょはっとつつしみのこと
40①	濃家心得	のうかこころえ
②	農業時の栞	のうぎょうときのしおり
③	百性作方年中行事	ひゃくしょうつくりかたねんじゅうぎょうじ
④	作り方秘伝	つくりかたひでん
41①	賀茂郡竹原東ノ村田畠諸耕作仕様帖	かもぐんたけはらひがしのむらたはたしょこうさくしようちょう
②	物紛(乾)・続物紛	ものまぎれ(けん)・ぞくものまぎれ
③	農業之覚	のうぎょうのおぼえ
④	農業手曳草	のうぎょうてびきぐさ
⑤	農業心覚	のうぎょうこころおぼえ
⑥	農人定法	のうにんじょうほう
⑦	糞養覚書	ふんようおぼえがき
42①	高野家農事記録	たかのけのうじきろく
②	大福田畑種蒔仕農帳	だいふくたはたたねまきしのうちょう
③	年中万日記帳	ねんじゅうよろずにっきちょう
④	子丑日記帳	ねうしにっきちょう
⑤	鹿野家農事日誌	かのけのうじにっし
⑥	日知録	にっちろく
43①	御百姓用家務日記帳	おんひゃくしょうようかむにっきちょう
②	午年日記帳	うまどしにっきちょう
③	家事日録	かじにちろく
44①	土屋家日記	つちやけにっき
②	西谷砂糖植込地雑用并ニ出人足控	にしのたにさとううえこみちざつようならびにでにんそくひかえ
③	耕作日記	こうさくにっき

日本農書全集

別巻

収録農書一覧

1. 巻順収録農書一覧
2. 五十音順収録農書名・著者名とその読みおよび解題・現代語訳者一覧
3. 成立地(都道府県・市町村)別収録農書一覧および内容紹介
4. 成立年順収録農書一覧
5. 分野別収録農書一覧
6. 現代的課題を解くキーワードからの収録農書案内

分類索引

付 録

総合解題一覧

月報寄稿一覧

協力者一覧

社団法人 農山漁村文化協会 刊

日本農書全集 別巻

収録農書一覧

1. 巻順収録農書一覧
2. 五十音順収録農書名・著者名とその読みおよび解題・現代語訳者一覧
3. 成立地(都道府県・市町村)別収録農書一覧および内容紹介
4. 成立年順収録農書一覧
5. 分野別収録農書一覧
6. 現代的課題を解くキーワードからの収録農書案内

分類索引

付録

総合解題一覧
月報寄稿一覧
協力者一覧

社団法人 農山漁村文化協会 刊

はしがき

1977年４月に刊行を開始した「日本農書全集」は，1999年12月に全72巻が完結いたしました。二十世紀末の四半世紀にわたってご愛読いただきました読者のみなさまをはじめ，編集委員，執筆者，史料所蔵者のみなさまに深く感謝申し上げます。

「農は，それぞれの国の気候・風土にそわねばならぬ人間の営みであります。それぞれの国の気候・風土にそって発展してきた農の営みを述べた農書は，それぞれの国の農学者や農民が常識として読むべき書物であると思います」（「日本農書全集」刊行のことば）との思いでスタートした企画でした。

いま全72巻が完結し，あらためてその構成と内容をみるとき，農の営みを通じてこの国の自然と深くかかわってきた近世の人々の記録は，日本人のみならず人類全体の叡智であるといっても過言ではないと思います。暮らしと地域づくりが二十一世紀の新たな局面を迎え，環境保全が課題となっている現代，私たちは人間と自然との本源的な関係の再構築を迫られております。その手がかりとして本全集を幅広く活用していただくために，「索引巻」を刊行することにいたしました。

索引巻は以下のような方針のもとに編集しました。

第一に，分類索引としたことです。語彙を単純に五十音順に並べるのでなく，〈農法・農作業〉〈農具・道具・資材〉〈土壌・土地・水〉〈肥料・飼料〉〈加工〉〈衣食住〉ほか，全部で26項目に分類し，各項目ごとに五十音順に配列しました。これにより広範多岐にわたる農書の内容を，それぞれの問題意識や学問分野にそって，現代的観点から的確に検索することができます。

第二に，同音・同義語は表記の如何を問わず一語としてまとめました。かつ，音（読み）の異なる同義語へも案内しました。これにより同義の索引語を一か所で総合的に検索することができます（７頁凡例「９」参照）。

第三に，同一の索引語が他の分類項目にもある場合，相互に案内しました。これにより，分類索引でありながら総索引としても利用できます。

第四に，索引語が近世に使われていた語句（原文）から採録していることを考慮し，当時は用いられていない現代の言葉からも検索できるよう，現代通行の言葉を掲げて当該索引語を案内しました（61頁の一覧表参照）。

以上のような方針で編集したことにより，本索引は「日本農書全集」全72巻の「類語辞典」や「方言辞典」を兼ねそなえることになりました。全72巻には北は北海道から南は沖縄までの農書が含まれ，その内容は生産現場から暮らしの場面万般にわたっており，従来の国語辞典あるいは古語辞典，方言辞典に収録されていない言葉も数多くあります。

また，本全集の全貌をうかがえるように，1.巻順収録農書一覧，2.五十音順収録農書名・著者名とその読みおよび解題・現代語訳者一覧，3.成立地（都道府県・市町村）別収録農書一覧および内容紹介，4.成立年順収録農書一覧，5.分野別収録農書一覧を巻頭に掲げました。

さらに，現代的課題を解くキーワードから農書を案内するコーナーを設けました。ここには，たとえば「国土保全」というキーワードを掲げ，それに関連する農書を案内しております。「天気予測」や「暮らしのリズム」などのキーワードもあります。これにより，農書を幅広い関心のもとに現代に蘇えらせ，活用していただけるものと存じます。

とくに第Ⅱ期（第36巻以降）では，ヒト・モノ・情報による〝地域形成〟という視点からの農書も収録しております。本索引を活用して日本列島の歴史と風土にねざした地域づくりに，循環型農業と暮らしの再構築に，新世紀の「百年の計」樹立に役だてていただければ幸いです。

2001年５月

社団法人 農山漁村文化協会

目　　次

はしがき……………………………………………………………………1

凡　　例……………………………………………………………………5

収録農書一覧………………………………………………………………9

1．巻順収録農書一覧（表裏見返し・別添カード）

2．五十音順収録農書名・著者名とその読みおよび解題・現代語訳者一覧……………………………………………………………11

3．成立地（都道府県・市町村）別収録農書一覧および内容紹介………24

4．成立年順収録農書一覧……………………………………………46

5．分野別収録農書一覧………………………………………………50

6．現代的課題を解くキーワードからの収録農書案内………………55

分類索引……………………………………………………………………59

現代通行の言葉からの索引語案内……………………………………61

A　農法・農作業……………………63

B　農具・道具・資材　…………178

C　土木・施設　…………………232

D　土壌・土地・水　……………251

E　生物とその部位・状態　……303

F　品種・品種特性　……………414

G　病気・害虫・雑草　…………460

H　農薬・防除資材　……………476

I　肥料・飼料　…………………481

J　漁業・水産　…………………519

K　加工　…………………………533

L　経営　…………………………550

M　諸稼ぎ・職業　………………578

N　衣食住　………………………591

O　年中行事・信仰　……………673

P　暦日・気象　…………………687

Q　災害と飢饉　…………………706

R　自治と社会組織　……………712

S　人名　…………………………745

T　地名　…………………………771

U　書名　…………………………825

V　名産名　………………………833

W　単位　…………………………839

X　その他の語彙　………………844

Y　成句・ことわざ　……………868

Z　絵図　…………………………878

付　　録

総合解題一覧　……………………………………………………930

月報寄稿一覧　……………………………………………………931

協力者一覧　………………………………………………………938

凡　例

本巻は「収録農書一覧」と「分類索引」および「付録」の3部からなる。

Ⅰ「収録農書一覧」について

1．全72巻に収録された農書を次の5種の順・別に一覧した。

①巻順　②五十音順　③成立地（都道府県・市町村）別

④成立年順　⑤分野別

また，②には農書名と著者名の読みを付した。

かつ，③には内容の簡潔な紹介を付した。

2．成立地および成立年は各巻収録の解題によった。

3．さらに，「現代的課題を解くキーワードからの収録農書案内」を設けた。農書には，この国の風土と地域の個性を生かしながら，社会と暮らしの諸困難を解決してきた人々の叡智と経験が記録されている。この叡智と経験を現代社会が直面する課題別に現代的に読み返し，活用すべき農書として案内したものである。

Ⅱ「分類索引」について

1．本索引は「日本農書全集」全72巻の索引である。

2．索引語は現代語訳を付した原文から採録した。

3．地名の読みは『角川日本地名大辞典』によった。

4．索引は次の26項目に分類した。小文字は各項目に含まれる内容である。

A　農法・農作業

農法・農作業・技法，作業時期，家畜の治療法など

B　農具・道具・資材

農具・道具およびその部品，資材など

C　土木・施設

土木工事，作業場，各種施設など

D　土壌・土地・水

土壌・土地・用排水など

E　生物とその部位・状態

作物・植物，家畜・家禽・蚕・蜂および植物・動物の部位・状態など

F　品種・品種特性

品種名，作物・品種の特性など

G　病気・害虫・雑草

病名，害虫・害鳥獣名，雑草木名，生理障害，家畜の病気など

H　農薬・防除資材

I　肥料・飼料

肥料・土壌改良資材，施用法，家畜・家禽・蚕・魚・蜂のえさなど

J　漁業・水産

魚介類・水産生物，漁労・漁法・漁具，船・船部位・船道具，漁場・釣り場など

K　加工

食べものの加工・貯蔵法，農産加工，林産加工，工芸，織物，塗りものなど

L　経営

販売・流通，経営・収支など

M　諸稼ぎ・職業

農間余業・職業など

N　衣食住

食べもの・食材，病気・けが，医療・薬・化粧品，衣類・衣料・繊維，住居・建築材料・家具・燃料・灯火原料，台所用具・世帯道具，生活一般など

O　年中行事・信仰

農耕儀礼，行事・祭り，信仰など

P　暦日・気象

暦日，二十四節気，雑節，気象など

Q　災害と飢饉

災害，飢饉・凶作など

R　自治と社会組織

農村自治，役職，夫役，税・徴租法，武器，制度一般など

S　人名

T　地名

U　書名

V　名産名

名産・名物・特産など

W　単位

X　その他の語彙

Y　成句・ことわざ

Z　絵図

5．各項目は現代かなづかいによる読みによって五十音順に配列し，読み（ひらがな），索引語(原文の表記)，収録巻数（イタリック体），表裏見返しに掲げた巻順収録農書一覧に対応する農書名（○つき数字)，記載ページの順で示した。ゴチック体は記載の豊富なページである。/印は巻の区切りである。

〈例〉こがいどうぐ【蚕飼道具】　*24*①**57**,60

6．巻数のあとの丸つき数字は表裏見返しに掲げた巻順収録農書一覧に対応する農書名を示す。巻順収録農書一覧は表裏見返しと別添カードに示した。

〈例〉*1*③　　第1巻収録の『老農置土産並びに添日記』を意味する。

7．同一表記で意味が異なる索引語は独立させ，（　）内に補いを入れた。

〈例〉ひく【ひく（引きぬく)】　*62*⑨381

ひく【ひく（籾すり）】　*37*②88

8．同音，同表記でも別人である人名は収録農書ごとに索引語を立てた。

〈例〉**せいえもん**【清右衛門】　*11*④187

せいえもん【清右衛門】　*32*①13

9．索引語の表記が異なっても同音・同義の語彙は【　】に入れてまとめ，かつ音（読み）の異なる同義語・関連語を→印（をも見よ）によって，標準とみなした語彙に集中して案内した。

〈例〉**さつまいも**【サツマイモ，さつまいも，サツマ芋，さつま芋，甘薯，甘藷，薩ま芋，薩摩いも，薩摩芋，薩摩薯，蕃藷】→あかいも，あまいも，いもかずら，かずら，かずらいも，からいも，かんしょ，こうこういも，しょ，といも，ばんしょ，はんすいも，はんついも，りゅうきゅう，りゅうきゅういも，わんすいも

*2*①**91**,⑤329,330/*3*①**35**,④257,295,**313**,352/*6*①139

10. 同義で，音（読み）の異なる語彙は→印（をも見よ）で相互に案内した。

〈例〉**からいも**【から芋，甘藷，唐芋】→さつまいも

*3*④331/*29*③215,254,260,④279,280

かんしょ【甘薯，甘藷】→さつまいも

*3*②71,72/*6*①139,140/*21*①**65**

ばんしょ【蕃薯，蕃藷】→さつまいも

*6*①139,140/*34*④**61**/*50*③252

りゅうきゅういも【りうきういも，蕃薯，蕃藷，琉球いも，琉球芋】→さつまいも

*6*①139/*10*①39,41,62,63

11. 同一の索引語が他の分類項目にもある場合には，索引語の後に当該分類項目をアルファベットによって案内した。

〈例〉**さといも**【里芋】→N

*3*①32,35,②71,72,④287

「E　生物とその部位・状態」索引にある「さといも」が，「N　衣食住」索引にも「さといも」があることを示す。

12.「A　農法・農作業」「E　生物とその部位・状態」「F　品種・品種特性」「Z　絵図」の索引語については，対象となる作物・植物，動物名を五十音順に記載したうえで巻とページを示した。

〈例〉**くさぎり**【くさきり，くさぎり，芸，芸ぎり，芸り，草きり，草ぎり，草切，草伐り，耘，耘り，耘り，耘耔】→くさとり→L

*2*①131,②155/*4*①224,228,229/*6*①200,201,208,②272

藍　*6*①151,152/*13*①42

麻　*13*①35

あさつき　*25*①125

小豆　*12*①192/*27*①143

あわ　*2*①24,27/*12*①175/*23*⑤258/*25*②211
稲　*1*①33,38,39,40,47,64

13.「Y　成句・ことわざ」項目では，読み・内容がほぼ同じものは同一索引語としてまとめ，その区切りは/印で示した。

〈例〉【愚者千慮の一得/愚者の千慮の一得】　*7*②227/*21*①7

14. 索引語（表記）に補った語には［　］をつけた。

〈例〉奥州流［養蚕の図］

15. 活用語は一般に終止形になおした。

〈例〉培へば☞培ふ　　　培はず☞培ふ

16. 原文が訂正されている場合は，訂正された語句を採用した。

〈例〉曼朱（珠）沙花☞曼珠沙花

17.「・」で続いている語句はそれぞれ独立語として採用した。

〈例〉大・小寒☞大寒，小寒　　　ひえ・そばの跡地☞ひえの跡地，そばの跡地

18.「絵図」索引のうち，▽印を付した語句は原文の図にタイトルがないため，新たに付したものである。

〈例〉【▽湿田《しつでん》の水《みず》抜《ぬ》き】　*24*①39

19.「絵図」索引では長い索引語は（中略）で一部省略した場合がある。

〈例〉索引語：蒸しあげた茶を（中略）乾燥させる図
実際の記載語：蒸しあげた茶をあおいで冷まし、助炭の中で乾燥させる図

20. 現代通行の言葉からの索引語の案内
現代の言葉からも検索できるよう，現代通行の言葉を掲げて当該索引語を案内した（61頁の一覧表参照）

〈例〉

読　　み	現代通行の言葉	分類索引	索引語読み	索引語表記例
じょそう	除草	A	くさぎる	芸，芸る，耘，草きる
ほしょく	補植	A	うえまし	植まし，植増
りょくひ	緑肥	I	なえごえ	なゑごへ，苗肥，苗糞

収録農書一覧

1．巻順収録農書一覧(表裏見返し・別添カード)

2．五十音順収録農書名・著者名とその読みおよび解題・現代語訳者一覧(11頁)

3．成立地(都道府県・市町村)別収録農書一覧および内容紹介(24頁)

4．成立年順収録農書一覧(46頁)

5．分野別収録農書一覧(50頁)

6．現代的課題を解くキーワードからの収録農書案内(55頁)

2．五十音順収録農書名・著者名とその読みおよび解題・現代語訳者一覧

農書名	読み	巻	成立地旧国（都道府県）	成立年西暦（和暦）	原著者名	読み	翻刻・現代語訳・注記・解題者名
藍作始終略書	あいさくしじゅうりゃくしょ	30④	阿波（徳島）	1789（寛政1）	著者未詳		宇山孝人
あゐ作手引草	あいさくてびきぐさ	45②	備後（広島）	1873（明治6）	藤井行麿	ふじいゆきまろ	宇山孝人
会津歌農書	あいづうたのうしょ	20①	岩代（福島）	1704（宝永1）	佐瀬与次右衛門	させよじえもん	長谷川吉次
会津農書	あいづのうしょ	19①	岩代（福島）	1684（貞享1）	佐瀬与次右衛門	させよじえもん	庄司吉之助・長谷川吉次
会津農書附録	あいづのうしょふろく	19②	岩代（福島）	1688～1710（元禄～宝永年間）	佐瀬与次右衛門	させよじえもん	庄司吉之助・佐々木長生・長谷川吉次・小山　卓
青山永耕筆 農耕掛物	あおやまえいこうひつ のうこうかけもの	72⑦	羽前（山形）	1878（明治11）	青山永耕	あおやまえいこう	佐藤常雄
安下浦年中行事	あげのうらねんじゅうぎょうじ	58④	周防（山口）	1851（嘉永4）	中務貞右衛門	なかつかさていえもん	定兼　学
安里村農書	あさとむらのうしょ	34④	琉球（沖縄）	（1830～43）（天保年間）	高良筑登之親雲上	たからちくどうんぺーちん	福仲　憲
浅間大変覚書	あさまたいへんおぼえがき	66③	上野（群馬）	1784（天明4）	著者未詳		斎藤洋一
阿州北方農業全書	あしゅうきたかたのうぎょうぜんしょ	10③	阿波（徳島）	1700年代以降（近世中期以降）	著者未詳		三好正喜・徳永光俊
安西流馬医巻物	あんざいりゅうばいまきもの	60⑤	広域	1710（宝永7）	安西播磨守	あんざいはりまのかみ	松尾信一・村井秀夫
飯沼定式目録高帳	いいぬまじょうしきもくろくたかちょう	64③	下総（茨城）	1780（安永9）	著者未詳		林　敬
伊勢錦	いせにしき	61⑤	大和（奈良）	1865（慶応1）	中村直三	なかむらなおぞう	徳永光俊
一粒万倍 穂に穂	いちりゅうまんばい ほにほ	29①	備中（岡山）	1786（天明6）	川合忠蔵	かわいちゅうぞう	佐藤常雄
伊万里染付稲刈図絵皿	いまりそめつけいねかりずえざら	72㉓	肥前（佐賀）	1800年代（近世後期）	著者未詳		佐藤常雄
伊万里染付田植図飯茶碗	いまりそめつけたうえずめしぢゃわん	72㉔	肥前（佐賀）	1800年代（近世後期）	著者未詳		佐藤常雄
伊万里染付農耕絵皿	いまりそめつけのうこうえざら	72㉒	肥前（佐賀）	1800年代（近世後期）	著者未詳		佐藤常雄
植木手入秘伝	うえきていれひでん	55②	（武蔵）（東京）	1818～30（文政年間）	著者未詳		秋山伸一
樹芸愚意	うえものぐい	47⑤	因幡（鳥取）	1852（嘉永5）	岡嶋正義	おかじままさよし	坂本敬司
鶉書	うずらしょ	60①	（武蔵）（東京）	1649（慶安2）	（蘇生堂主人）	そせいどうしゅじん	松尾信一
午年日記帳	うまどしにっきちょう	43②	河内（大阪）	1846（弘化3）	中塚紋右衛門	なかつかもんえもん	徳永光俊
廏作附飼方之次第	うまやつくりつけたりかいかたのしだい	60③	広域	（1800年代）（近世後期）	著者未詳		松尾信一

農　書　名	読　　み	巻	成立地旧国（都道府県）	成立年西暦（和暦）	原著者名	読　　み	翻刻・現代語訳・注記・解題者名
羽陽秋北水土録	うようしゅうほくすいどろく	70②	羽後（秋田）	1788（天明8）	釈　浄因	しゃくじょういん	田口勝一郎
漆木家伝書	うるしぎかでんしょ	46③	陸奥（青森）	1801（享和1）	成田五右衛門	なりたごえもん	福井敏隆
永代取極議定書	えいたいとりきめぎじょうしょ	63③	下総（千葉）	1817（文化14）	南生実村	みなみおゆみむら	渡辺尚志
永代取極申印証之事	えいたいとりきめもうすいんしょうのこと	63②	下総（千葉）	1816（文化13）	南生実村	みなみおゆみむら	渡辺尚志
園圃備忘	えんぽびぼう	11③	筑前（福岡）	1688（元禄1）	貝原益軒	かいばらえきけん	井上　忠
奥民図彙	おうみんずい	1②	陸奥（青森）	1781～1800（天明～寛政年間）	比良野貞彦	ひらのさだひこ	森山泰太郎
大泉四季農業図	おおいずみしきのうぎょうず	72①	羽前（山形）	1800年代（近世後期）	著者未詳		犬塚幹士
大地震津波実記控帳	おおじしんつなみじっきひかえちょう	66⑧	志摩（三重）	1854（安政1）	岩田市兵衛	いわたいちべえ	浦谷広己
大地震難渋日記	おおじしんなんじゅうにっき	66⑥	大和（奈良）	1854（安政1）	田北六兵衛	たきたろくべえ	稲葉長輝
大水記	おおみずき	67①	武蔵（埼玉）	1743（寛保3）	奥貫友山	おくぬきゆうざん	太田富康
岡本茂彦筆 農耕掛物	おかもとしげひこひつのうこうかけもの	72⑥	山城（京都）	1830～43（天保年間）	岡本茂彦	おかもとしげひこ	佐藤常雄
小川嶋鯨鯢合戦	おがわじまげいげいかっせん	58⑤	肥前（佐賀）	1840（天保11）	豊秋亭里遊	ほうしゅうていりゆう	田島佳也
乍恐農業手順奉申上候御事	おそれながらのうぎょうてじゅんもうしあげたてまつりそうろうおんこと	24②	美濃（岐阜）	1862（文久2）	田口忠左衛門	たぐちちゅうざえもん	丸山幸太郎
御米作方実語之教	おんこめつくりかたじつごのおしえ	61③	信濃（長野）	1866（慶応2）	著者未詳		牛島史彦
御百姓用家務日記帳	おんひゃくしょうようかむにっきちょう	43①	美濃（岐阜）	1867（慶応3）	牧村治七	まきむらじしち	丸山幸太郎
開荒須知	かいこうすち	3③	上野（群馬）	1795（寛政7）	吉田芝渓	よしだしけい	萩原　進
蚕茶楮書	かいこちゃかみのきのふみ	47③	伊勢（三重）	1866（慶応2）	竹川竹斎	たけかわちくさい	上野利三
廻在之日記	かいざいのにっき	61⑨	羽後（秋田）	1828～31（文政11～天保2）	植木四郎兵衛	うえきしろべえ	田口勝一郎・高橋秀夫
解馬新書	かいばしんしょ	60⑦	（武蔵）（東京）	1852（嘉永5）	菊地東水	きくちとうすい	松尾信一
家業考	かぎょうこう	9①	安芸（広島）	1764～72（明和年間）	丸屋甚七	まるやじんしち	小都勇二
家業伝	かぎょうでん	8①	河内（大阪）	1842（天保13）	木下清左衛門	きのしたせいざえもん	岡　光夫
家訓全書	かくんぜんしょ	24③	信濃（長野）	1760（宝暦10）	依田惣蔵	よだそうぞう	大井隆男
家事日録	かじにちろく	43③	但馬（兵庫）	1828（文政11）	田井惣助	たいそうすけ	小谷茂夫
稼穡考	かしょくこう	22②	下野（栃木）	1817（文化14）	大関増業	おおぜきますなり	稲葉光國
家政行事	かせいぎょうじ	38④	上総（千葉）	1841（天保12）	富塚治郎右衛門主静	とみづかじろうえもんしゅせい	田上　繁

農書名	読み	巻	成立地 旧国（都道府県）	成立年 西暦（和暦）	原著者名	読み	翻刻・現代語訳・注記・解題者名
花壇地錦抄	かだんちきんしょう	54①	武蔵（東京）	1695（元禄8）	伊藤伊兵衛	いとういへえ	君塚仁彦
門田の栄	かどたのさかえ	62⑦	三河（愛知）	1835（天保6）	大蔵永常	おおくらながつね	別所興一
鼎春嶽筆 農耕屏風	かなえしゅんがくひつのうこうびょうぶ	72⑤	摂津（大阪）	1798（寛政10）	鼎　春嶽	かなえしゅんがく	山本秀夫
鹿野家農事日誌	かのけのうじにっし	42⑤	加賀（石川）	1803～04（享和3～文化1）	鹿野小四郎	かのこしろう	清水隆久
竈神奉納絵	かまどがみほうのうえ	71⑮	越後（新潟）	年代未詳	著者未詳		滝沢秀一
上方農人田畑仕法試	かみがたのうにんたはたしほうだめし	18⑤	羽後（秋田）	1834（天保5）	飯塚村肝煎・庄吉	いいづかむらきもいり・しょうきち	佐藤常雄
紙漉重宝記	かみすきちょうほうき	53①	（石見）（島根）	1798（寛政10）	国東治兵衛	くにさきじへえ	柳橋　眞
亀尾疇圃栄	かめのおちゅうほのさかえ	2⑤	松前（北海道）	1855（安政2）	庵原菡斎	いおはらかんさい	高倉新一郎
賀茂郡竹原東ノ村田畠諸耕作仕様帖	かもぐんたけはらひがしのむらたはたしょこうさくしようちょう	41①	安芸（広島）	1709（宝永6）	彦作	ひこさく	濵田敏彦
唐方渡俵物諸色大略絵図	からかたわたしたわらものしょしきたいりゃくえず	50④	松前（北海道）	（1854～67）（安政～慶応期）	（杉浦忠三郎）	すぎうらちゅうざぶろう	田島佳也
刈麦談	かりむぎだん	32②	対馬（長崎）	1722（享保7）	陶山訥庵	すやまとつあん	月川雅夫
川除仕様帳	かわよけしようちょう	65①	甲斐（山梨）	1720（享保5）	小林丹右衛門	こばやしたんえもん	安達　満
甘蔗栽附ヨリ砂糖製法仕上ケ迄ノ伝習概略記	かんしゃうえつけよりさとうせいほうしあげまでのでんしゅうがいりゃくき	30⑤	讃岐（香川）	1876～88（明治9～21）	著者未詳		岡　光夫
甘蔗大成	かんしゃたいせい	50②	広域	1830～43（天保年間）	大蔵永常	おおくらながつね	岡　俊二
甘蔗培養并ニ製造ノ法	かんしゃばいようならびにせいぞうのほう	70①	広域	1763（宝暦13）	平賀源内	ひらがげんない	内田和義
甘藷記	かんしょき	70③	広域	1818（文政1）	青木昆陽ほか	あおきこんようほか	内田和義
関東鰯網来由記	かんとういわしあみらいゆうき	58②	上総（千葉）	1771（明和8）	著者未詳		高橋　覚
神門出雲楯縫郡反新田出情仕様書	かんどしゅっとたてぬいぐんたんしんでんしゅっせいしようがき	9③	出雲（島根）	1820（文政3）	著者未詳		櫻木　保
勧農微志	かんのうびし	61④	大和（奈良）	1862（文久2）	中村直三	なかむらなおぞう	徳永光俊
勧農和訓抄	かんのうわくんしょう	62⑧	甲斐（山梨）	1842（天保13）	加藤尚秀	かとうなおひで	西村　卓
寒元造様極意伝	かんもとつくりようごくいでん	51②	摂津（兵庫）	1690（元禄3）	袋屋孫六	ふくろやまごろく	吉田　元
紀州熊野炭焼法一条并山産物類見聞之成行奉申上候書附	きしゅうくまのすみやきほういちじょうならびにやまさんぶつるいけんぶんのなりゆきもうしあげたてまつりそうろうかきつけ	53④	日向（宮崎）	1856（安政3）	山元藤助	やまもととうすけ	加藤衛拡

農書名	読み	巻	成立地旧国（都道府県）	成立年西暦（和暦）	原著者名	読み	翻刻・現代語訳・注記・解題者名
紀州蜜柑伝来記	きしゅうみかんでんらいき	46②	紀伊(和歌山)	1734(享保19),1788(天明8)	中井甚兵衛・西村屋小市	なかいじんべえ・にしむらやこいち	原田政美
儀定書	ぎじょうしょ	63①	信濃(長野)	1781(天明1)	芦田村	あしだむら	古川貞雄
九州表虫防方等聞合記	きゅうしゅうおもてむしふせぎかたとうききあわせのき	11④	加賀(石川)	1840(天保11)	大聖寺藩宇兵衛ほか	だいしょうじはんうへえほか	小西正泰・牧野隆信
牛書	ぎゅうしょ	60④	(播磨)(兵庫)	1744(延享1)	著者未詳		白水完児
窮民夜光の珠	きゅうみんやこうのたま	11①	筑前(福岡)	1747(延享4)	高橋善蔵	たかはしぜんぞう	安川　巌・山田龍雄
凶年違作日記・附録	きょうねんいさくにっき・ふろく	67⑥	信濃(長野)	1838(天保9)	村上嗣季	むらかみつぐすえ	平野哲也
享保十七壬子大変記	きょうほうじゅうしちみずのえねたいへんき	67④	筑前(福岡)	1735(享保20)	浜地利兵衛	はまちりへえ	江藤彰彦
金魚養玩草	きんぎょそだてぐさ	59⑤	和泉(大阪)	1748(寛延1)	安達喜之	あだちよしゆき	伊藤康宏
久住近在耕作仕法略覚	くじゅうきんざいこうさくしほうりゃくおぼえ	33③	肥後(熊本)	1818～30(文政年間)	著者未詳		松本寿三郎
九谷色絵農耕煎茶碗	くたにいろえのうこうせんちゃわん	72㉑	加賀(石川)	1840～60年代(幕末～明治初頭)	九谷庄三	くたにしょうざ	佐藤常雄
九谷色絵農耕平鉢	くたにいろえのうこうひらばち	72⑳	加賀(石川)	1877(明治10)	九谷庄三	くたにしょうざ	佐藤常雄
暮方取直日掛縄索手段帳	くらしかたとりなおしひがけなわないてだてちょう	63④	駿河(静岡)	1840(天保11)	二宮金次郎	にのみやきんじろう	大藤　修
慶徳稲荷神社春夏秋冬農耕絵馬	けいとくいなりじんじゃしゅんかしゅうとうのうこうえま	72⑮	岩代(福島)	1800年代(近世後期)	著者未詳		菊池健策
軽邑耕作鈔	けいゆうこうさくしょう	2①	陸中(岩手)	1847(弘化4)	淵澤圓右衛門	ふちざわえんえもん	古沢典夫
犬狗養畜伝	けんくようちくでん	60②	摂津(大阪)	1830～43(天保年間)	暁　鐘成	あかつきかねなり	白水完児
小犬塚天満宮農耕絵馬	こいぬづかてんまんぐうのうこうえま	72⑱	筑後(福岡)	1835(天保6)	著者未詳		江藤彰彦
耕耘録	こううんろく	30①	土佐(高知)	1834(天保5)	細木庵常・奥田之昭	ほそきいおつね・おくだゆきあき	横川末吉
広益国産考	こうえきこくさんこう	14①	広域	1859(安政6)	大蔵永常	おおくらながつね	飯沼二郎
弘化大地震見聞記	こうかおおじしんけんぶんき	66⑤	信濃(長野)	1847(弘化4)	大久保董斎	おおくぼとうさい	原田和彦
郷鏡	ごうかがみ	11②	肥前(長崎)	1830～43(天保年間)	著者未詳		月川雅夫・山田龍雄
耕稼春秋	こうかしゅんじゅう	4①	加賀(石川)	1707(宝永4)	土屋又三郎	つちやまたさぶろう	堀尾尚志・岡　光夫
耕作会	こうさくかい	63⑧	羽後(秋田)	1867(慶応3)	石川理紀之助	いしかわりきのすけ	佐藤常雄
耕作口伝書	こうさくくでんしょ	18⑥	陸奥(青森)	1698(元禄11)	一戸定右衛門	いちのへじょうえもん	佐藤常雄

農書名	読み	巻	成立地旧国（都道府県）	成立年西暦（和暦）	原著者名	読み	翻刻・現代語訳・注記・解題者名
耕作下知方並諸物作節附帳	こうさくげちかたならびにしょものつくりせつつけちょう	34②	琉球（沖縄）	1840（天保11）	山川親雲上・前田親雲上・宮城筑登之	やまかわぺーちん・まえだぺーちん・みやぐすくちくどうん	仲地哲夫
耕作仕様考	こうさくしようこう	39④	越中（富山）	1837（天保8）	五十嵐篤好	いがらしあつよし	佐伯安一
耕作仕様書	こうさくしようしょ	22④	武蔵（埼玉）	1839～42（天保10～13）	福島貞雄	ふくしまさだお	葉山禎作
耕作大要	こうさくたいよう	39⑤	加賀（石川）	1781（天明1）	林六郎左衛門	はやしろくろうざえもん	清水隆久
耕作日記	こうさくにっき	44③	大隅（鹿児島）	1864（元治1）	守屋舎人	もりやとねり	秀村選三
耕作噺	こうさくばなし	1①	陸奥（青森）	1776（安永5）	中村喜時	なかむらよしとき	稲見五郎
耕作早指南種稽歌	こうさくはやしなんしゅげいうた	5②	若狭（福井）	1837（天保8）	伊藤正作	いとうしょうさく	藤野立恵
合志郡大津手永田畑諸作根付根浚取揚収納時候之考	ごうしぐんおおつてながたはたしょさくねつけねさらえとりあげしゅうのうじこうのかんがえ	33④	肥後（熊本）	1819（文政2）	著者未詳		松本寿三郎
蝗除試仕法書	こうじょためししほうしょ	31①	筑前（福岡）	1845（弘化2）	佐藤藤右衛門	さとうとうえもん	佐々木栄一・小西正泰・安川　巌
洪水心得方	こうずいこころえかた	67③	備前（岡山）	1852（嘉永5）	平松勇之介	ひらまつゆうのすけ	小野敏也
工農業事見聞録（巻1～4）	こうのうぎょうじけんぶんろく	48①	能登（石川）	1818～43（文政～天保年間）	村松標左衛門	むらまつひょうざえもん	清水隆久
工農業事見聞録（巻5～7）	こうのうぎょうじけんぶんろく	49①	能登（石川）	1818～43（文政～天保年間）	村松標左衛門	むらまつひょうざえもん	清水隆久
光福寺春耕図絵馬	こうふくじしゅんこうずえま	72⑯	山城（京都）	1682（天和2）	政重	まさしげ	明珍健二
氷曳日記帳	こおりびきにっきちょう	59②	信濃（長野）	1704～1887（宝永1～明治20）	小口羽右衛門・小口金右衛門	おぐちうえもん・おぐちきんえもん	浅川清栄
蚕飼絹篩大成	こがいきぬぶるいたいせい	35②	近江（滋賀）	1813～14（文化10～11）	成田重兵衛	なりたじゅうべえ	荒木幹雄・徳永光俊
蚕飼養法記	こがいようほうき	47①	陸奥（青森）	1702（元禄15）	野本道玄	のもとどうげん	浪川健治
五瑞編	ごずいへん	45④	広域	1796（寛政8）	佐藤成裕	さとうせいゆう	中村克哉
木庭停止論	こばていしろん	64⑤	対馬（長崎）	1729（享保14）	陶山訥庵	すやまとつあん	月川雅夫
米徳糠藁籾用方教訓童子道知辺	こめとくぬかわらもみもちいかたきょうくんどうじのみちしるべ	62⑤	広域	1862（文久2）	三浦直重	みうらなおしげ	徳永光俊
菜園温古録	さいえんおんころく	3④	常陸（茨城）	1866（慶応2）	加藤寛斎	かとうかんさい	川俣英一
再種方	さいしゅほう	70④	広域	1832（天保3）	大蔵永常	おおくらながつね	徳永光俊
再新百性往来豊年蔵	さいしんひゃくしょうおうらいほうねんぐら	62②	摂津（大阪）	1797（寛政9）	禿箒子	とくそうし	徳永光俊
讃岐砂糖製法聞書	さぬきさとうせいほうききがき	61⑧	播磨（兵庫）	1801（享和1）	小山某	こやまぼう	岡　俊二
三等往来	さんとうおうらい	62⑥	阿波（徳島）	1864（元治1）	宮崎　脩	みやざきしゅう	宇山孝人
蚕当計秘訣	さんとうけいひけつ	35③	岩代（福島）	1849（嘉永2）	中村善右衛門	なかむらぜんえもん	松村　敏

農書名	読み	巻	成立地 旧国（都道府県）	成立年 西暦（和暦）	原著者名	読み	翻刻・現代語訳・注記・解題者名
山林雑記	さんりんざっき	56①	陸中(岩手)	1842～58(天保13～安政5)	栗谷川仁右衛門	くりやがわにえもん	八重樫良暉
椎葉山内農業稼方其外品々書付	しいばさんないのうぎょうかせぎかたそのほかしなじなかきつけ	34⑧	日向(宮崎)	1749(寛延2)	著者未詳		野口逸三郎
自家業事日記	じかぎょうじにっき	29②	因幡(鳥取)	1849(嘉永2)	著者未詳		福井淳人
地方の聞書	じかたのききがき	28①	紀伊(和歌山)	1688～1703(元禄年間)	大畑才蔵	おおはたさいぞう	安藤精一
私家農業談	しかのうぎょうだん	6①	越中(富山)	1789(寛政1)	宮永正運	みやながしょううん	広瀬久雄・米原　寛
四季耕穡之図	しきこうしょくのず	72⑭	(武蔵)(東京)	1860年代(幕末期)	河鍋暁斎	かわなべきょうさい	岩切信一郎
地下掛諸品留書	じげかかりしょしなとめがき	2③	岩代(福島)	1862(文久2)	三浦文右衛門	みうらぶんえもん	庄司吉之助
試験田畑	しけんでんぱた	61②	羽後(秋田)	1851(嘉永4)	児玉伝左衛門	こだまでんざえもん	佐藤常雄
仕事割控	しごとわりひかえ	63⑥	下総(千葉)	1841(天保12)	遠藤伊兵衛	えんどういへえ	松澤和彦
仕込帳	しこみちょう	52⑤	三河(愛知)	1721(享保6)	太田弥次右衛門	おおたやじえもん	籠谷直人
実地新験生糸製方指南	じっちしんけんきいとせいほうしなん	53⑤	信濃(長野)	1874(明治7)	館　三郎	たちさぶろう	松村　敏
嶋原大変記	しまばらたいへんき	66④	肥前(長崎)	1792(寛政4)	著者未詳		高木繁幸
社稷準縄録	しゃしょくじゅんじょうろく	22⑤	相模(神奈川)	1815(文化12)	小川忠蔵	おがわちゅうぞう	座間美都治
樟脳製造法	しょうのうせいぞうほう	53⑥	(土佐)(高知)	(1860年代)(幕末期)	著者未詳		伊藤寿和
醤油仕込方之控	しょうゆしこみかたのひかえ	52⑥	播磨(兵庫)	1822(文政5)	鉄屋庄兵衛	てつやしょうべえ	吉田　元
除蝗録 全・後編	じょこうろく ぜん・こうへん	15①	広域	1826(文政9), 1844(弘化1)	大蔵永常	おおくらながつね	小西正泰
諸作手入之事/諸法度慎之事	しょさくていれのこと／しょはっとつつしみのこと	39⑥	若狭(福井)	1786(天明6)	所平	しょへい	橋詰久幸
白波瀬尚貞筆 農耕掛物	しらわせなおさだひつのうこうかけもの	72⑧	(武蔵)(東京)	1800年代(近世後期)	白波瀬尚貞	しらわせなおさだ	佐藤常雄
深耕録	しんこうろく	39①	下野(栃木)	1845(弘化2)	稲々軒免水	とうとうけんとすい	平野哲也
新撰養蚕往来	しんせんようさんおうらい	62④	(武蔵)(東京)	1837(天保8)	山岡霞川	やまおかかせん	徳永光俊
水災後農稼追録	すいさいごのうかついろく	23③	尾張(愛知)	1860(万延1)	長尾重喬	ながおしげたか	岡　光夫
水損難渋大平記	すいそんなんじゅうたいへいき	67②	備中(岡山)	1856(安政3)	正路新宅	しょうろしんたく	小野敏也
砂畠菜伝記	すなばたけさいでんき	33⑥	筑前(福岡)	1831(天保2)	著者未詳		安川　巌・井浦　徳
駿河裾野の田植	するがすそののたうえ	72⑩	(武蔵)(東京)	1804～17(文化年間)	二代喜多川歌麿	にだいきたがわうたまろ	岩切信一郎
寒水川村農書	すんがーむらのうしょ	34③	琉球(沖縄)	1745(延享2)	金城筑登之親雲上和最	かなぐすくちくどぅんぺーちんわさい	福仲　憲
製塩録	せいえんろく	52⑦	能登(石川)	1838(天保9)	岡野　為	おかのため	湯浅淑子

農書名	読み	巻	成立地 旧国（都道府県）	成立年 西暦（和暦）	原著者名	読み	翻刻・現代語訳・注記・解題者名
製葛録	せいかつろく	50③	広域	1830(文政13)	大蔵永常	おおくらながつね	粕渕宏昭
製茶図解	せいちゃずかい	47④	近江(滋賀)	1871(明治4)	彦根藩	ひこねはん	粕渕宏昭
精農録	せいのうろく	22③	下総(茨城)	1860(万延1)	岩岡重悦	いわおかじゅうえつ	矢口圭二
製油録	せいゆろく	50①	広域	1836(天保7)	大蔵永常	おおくらながつね	佐藤常雄
清良記(親民鑑月集)	せいりょうき(しんみんかんげつしゅう)	10①	伊予(愛媛)	1629～54(寛永6～承応3)	土居水也	どいすいや	松浦郁郎・徳永光俊
績麻録	せきまろく	53②	(越後)(新潟)	1800(寛政12)	亀井与右衛門	かめいよえもん	竹内俊道
剪花翁伝	せんかおうでん	55③	摂津(大阪)	1851(嘉永4)	中山雄平	なかやまゆうへい	君塚仁彦
草木撰種録	そうもくせんしゅろく	3②	下総(千葉)	1828(文政11)	宮負定雄	みやおいさだお	川名　登・田中耕司
促耕南針	そっこうなんしん	38③	武蔵(埼玉)	1722(享保7)	橋　靍夢	はしかくむ	長島淳子
大福田畑種蒔仕農帳	だいふくたはたたねまきしのうちょう	42②	下野(栃木)	1827～28(文政10～11)	小貫捴右衛門	おぬきそうえもん	阿部　昭
大分八幡宮農耕絵馬	だいぶはちまんぐうのうこうえま	72⑲	筑前(福岡)	1836(天保7)	式田春蟻	しきたしゅんぎ	江藤彰彦
高崎浦地震津波記録	たかさきうらじしんつなみきろく	66⑦	安房(千葉)	(1703〈元禄16〉)	長井杢兵衛	ながいもくべえ	古山　豊
高野家農事記録	たかのけのうじきろく	42①	羽後(秋田)	1699～1766(元禄12～明和3)	高野与次右衛門	たかのよじえもん	今野　真
煙草諸国名産	たばこしょこくめいさん	45⑥	武蔵(東京)	1846(弘化3)	三河屋弥平次	みかわややへいじ	湯浅淑子
玉川鮎御用中日記	たまがわあゆごようちゅうにっき	59①	武蔵(東京)	1784(天明4)	石川弥八郎	いしかわやはちろう	宮田　満
田山暦	たやまごよみ	71⑬	陸中(岩手)	1783(天明3)	著者未詳		岡田芳朗
筑後国農耕図稿	ちくごのくにのうこうずこう	72②	筑後(福岡)	1844(弘化1)頃	狩野方信	かのうほうしん	段上達雄
治河要録	ちこうようろく	65③	広域	(1860年代)(幕末期)	著者未詳		知野泰明
釣客伝	ちょうきゃくでん	59④	武蔵(東京)	1842～46(天保13～弘化3)	黒田五柳	くろだごりゅう	太田尚宏
朝鮮人参耕作記	ちょうせんにんじんこうさくき	45⑦	広域	1765(明和2)	田村藍水	たむららんすい	斎藤洋一
通潤橋仕法書	つうじゅんきょうしほうしょ	65④	肥後(熊本)	1854(安政1)	布田保之助	ふたやすのすけ	山口祐造
津軽農書　案山子物語	つがるのうしょかかしものがたり	36①	陸奥(青森)	(1751～81)(宝暦～天明初)	著者未詳		浪川健治
作り方秘伝	つくりかたひでん	40④	紀伊(和歌山)	1845～62(弘化2～文久2)頃	曾和直之進	そわなおのしん	岩﨑竹彦
作もの仕様	つくりものしよう	28④	丹波(兵庫)	1837(天保8)頃	久下金七郎	くげきんしちろう	堀尾尚志
漬物塩嘉言	つけものしおかげん	52①	武蔵(東京)	1836(天保7)	小田原屋主人	おだわらやしゅじん	江原絢子
土屋家日記	つちやけにっき	44①	備後(広島)	1808(文化5)	土屋弥惣太	つちややそうた	濵田敏彦
積方見合帳	つもりかたみあいちょう	65②	紀伊(和歌山)	1688～1703(元禄年間)	大畑才蔵	おおはたさいぞう	林　敬

農　書　名	読　　み	巻	成　立　地 旧国（都道府県）	成　立　年 西暦（和暦）	原著者名	読　　み	翻刻・現代語訳・注記・解題者名
出羽国飽海郡遊左郷西浜植付縁起	でわのくにあくみぐんゆざごうにしはまうえつけえんぎ	64④	羽前（山形）	1745～58（延享2～宝暦8）	佐藤藤蔵	さとうとうぞう	須藤儀門
田家すきはひ袋 耕作稼穡八景	でんかすぎわいぶくろ こうさくかしょくはっけい	37③	岩代（福島）	1854～59（安政年間）	郷保与吉	さとほよきち	村川友彦
伝七勧農記	でんしちかんのうき	37②	岩代（福島）	1839（天保10）	柏木秀蘭	かしわぎしゅうらん	本田良弥
天棚農耕彫刻	てんだなのうこうちょうこく	71⑪	下野（栃木）	1863（文久3）頃	著者未詳		柏村祐司
東郡田畠耕方幷草木目当書上	とうぐんたはたたがやしかたならびにそうもくめあてかきあげ	38①	常陸（茨城）	1860（万延1）	木名瀬庄三郎	きなせしょうざぶろう	秋山房子
東道農事荒増	とうどうのうじあらまし	61⑩	周防（山口）	1860（万延1）	著者未詳		高橋伯昌・西島勘治・広田暢久
豆腐皮	とうふかわ	52③	武蔵（東京）	1873（明治6）	榊原芳野	さかきばらよしの	江原絢子
豆腐集説	とうふしゅうせつ	52②	武蔵（東京）	1872（明治5）	榊原芳野	さかきばらよしの	江原絢子
童蒙酒造記	どうもうしゅぞうき	51①	摂津（兵庫）	（1687〈貞享4〉）	著者未詳		吉田　元
当八重原新田開発曰書	とうやえはらしんでんかいはついわくがき	64①	信濃（長野）	1722（享保7）	早武新助	はやたけしんすけ	斎藤洋一
土佐派農耕屛風	とさはのうこうびょうぶ	72③	広域	（1800年代）（近世後期）	著者未詳		佐藤常雄
太山の左知	とやまのさち	56②	下野（栃木）	1849（嘉永2）	興野隆雄	きょうのたかお	加藤衛拡
豊秋農笑種	とよあきのわらいぐさ	61①	出雲（島根）	1843（天保14）	源八	げんぱち	内田和義
菜種作リ方取立ケ条書	なたねつくりかたとりたてかじょうがき	1④	羽後（秋田）	1780（安永9）	山田十太郎	やまだじゅうたろう	田口勝一郎
西谷砂糖植込地雑用幷ニ出人足控	にしのたにさとううえこみちざつようならびにでにんそくひかえ	44②	讃岐（香川）	1838（天保9）	大喜多郷慶	おおきたごうけい	岡　俊二
西村農書	にしむらのうしょ	34⑤	琉球（沖縄）	1838（天保9）	外間筑登之親雲上専張	ほかまちくどうんぺーちんせんちょう	福仲　憲
弍拾番山御書付	にじゅうばんやまおんかきつけ	57①	長門・周防（山口）	1747（延享4）	山内広通ほか	やまのうちひろみちほか	脇野　博
日知録	にっちろく	42⑥	三河（愛知）	1856～57（安政3～4）	山崎譲平	やまざきじょうへい	田﨑哲郎・湯浅大司
二物考	にぶつこう	70⑤	広域	1836（天保7）	高野長英	たかのちょうえい	吉田厚子
塗物伝書	ぬりものでんしょ	53③	陸奥（青森）	1833（天保4）	著者未詳		佐藤武司
子丑日記帳	ねうしにっきちょう	42④	越中（富山）	1852～53（嘉永5～6）	金子半兵衛	かねこはんべえ	佐伯安一
年中心得書	ねんじゅうこころえがき	31②	筑前（福岡）	1807（文化4）	（横大路家）	よこおおじけ	秀村選三・西村　卓
年中仕業割幷日記控	ねんじゅうしぎょうわりならびにっきひかえ	63⑦	下総（千葉）	1852（嘉永5）	遠藤良左衛門	えんどうりょうざえもん	松澤和彦
年中万日記帳	ねんじゅうよろずにっきちょう	42③	武蔵（埼玉）	1838（天保9）	林　信海	はやしのぶうみ	小暮利明

農書名	読み	巻	成立地 旧国（都道府県）	成立年 西暦（和暦）	原著者名	読み	翻刻・現代語訳・注記・解題者名
年代記	ねんだいき	67⑤	陸前(宮城)	1784(天明4)	加納信春	かのうのぶはる	難波信雄
年々種蒔覚帳	ねんねんたねまきおぼえちょう	22⑥	相模(神奈川)	1837(天保8)	小川茂兵衛	おがわもへえ	座間美都治
農 田うへ	のう たうえ	72⑬	(武蔵)(東京)	1843(天保14)	一勇斎国芳	いちゆうさいくによし	岩切信一郎
農家肝用記	のうかかんようき	21③	下野(栃木)	1841(天保12)	田村吉茂	たむらよししげ	泉　雅博
農稼業事	のうかぎょうじ	7①	近江(滋賀)	1793～1818(寛政5～文政1)	児島如水・児島徳重	こじまじょすい・こじまとくしげ	田中耕司・中田謹介・粕渕宏昭
農家業状筆録	のうかぎょうじょうひつろく	30③	伊予(愛媛)	1804～17(文化年間)	井口亦八	いぐちまたはち	徳永光俊
農家耕作之図	のうかこうさくのず	72⑬	(武蔵)(東京)	1847～52(弘化4～嘉永5)	玉蘭斎貞秀	ぎょくらんさいさだひで	岩切信一郎
濃家心得	のうかこころえ	40①	美濃(岐阜)	1700年代以降(近世中期以降)	著者未詳		金子貞二
農家心得草	のうかこころえぐさ	68②	広域	1834(天保5)	大蔵永常	おおくらながつね	江藤彰彦
農家捷径抄	のうかしょうけいしょう	22①	下野(栃木)	1808(文化5)	小貫萬右衛門	おぬきまんえもん	須永　昭
農家須知	のうかすち	70⑥	土佐(高知)	1840(天保11)	宮地太仲	みやじたちゅう	田村安興
農家年中行事記	のうかねんじゅうぎょうじき	25③	越後(新潟)	1839(天保10)	大平與兵衛	おおたいらよへえ	真水　淳
農稼肥培論	のうかひばいろん	69①	広域	1832(天保3)頃	大蔵永常	おおくらながつね	徳永光俊
農稼附録	のうかふろく	23④	尾張(愛知)	1859(安政6)	長尾重喬	ながおしげたか	西田躬穂・岡　光夫
農家用心集	のうかようじんしゅう	68④	下野(栃木)	1866(慶応2)	関根矢之助	せきねやのすけ	阿部　昭
農稼録	のうかろく	23①	尾張(愛知)	1859(安政5)	長尾重喬	ながおしげたか	岡　光夫
農業往来	のうぎょうおうらい	62①	(豊後)(大分)	1762(宝暦12)	江藤弥七	えとうやしち	徳永光俊
農業家訓記	のうぎょうかくんき	62⑨	尾張(愛知)	1731(享保16)	著者未詳		江藤彰彦
農業稼仕様	のうぎょうかせぎしよう	28③	丹波(兵庫)	1837(天保8)頃	久下金七郎	くげきんしちろう	堀尾尚志
農業耕作万覚帳	のうぎょうこうさくよろずおぼえちょう	39③	信濃(長野)	1822(文政5)	寺沢直興	てらさわなおおき	佐藤常雄
農業巧者江御問下ケ十ケ條并ニ四組四人ゟ御答書共ニ控	のうぎょうこうしゃへおといさげじっかじょうならびによんくみよにんよりおこたえがきともにひかえ	29③	周防(山口)	1841(天保12)	高杉又兵衛・茂三郎・平兵衛・伊兵衛・喜助	たかすぎまたべえ・もさぶろう・へいべえ・いへえ・きすけ	高橋伯昌・山田龍雄
農業心得記	のうぎょうこころえき	36②	羽後(秋田)	1816(文化13)	長崎七左衛門	ながさきしちざえもん	田口勝一郎
農業心覚	のうぎょうこころおぼえ	41⑤	筑前(福岡)	1703(元禄16)	深町権六	ふかまちごんろく	柴多一雄
農業根元記	のうぎょうこんげんき	21④	下野(栃木)	1870(明治3)	田村吉茂	たむらよししげ	泉　雅博
農業自得	のうぎょうじとく	21①	下野(栃木)	1841(天保12)	田村吉茂	たむらよししげ	熊代幸雄・泉　雅博
農業自得附録	のうぎょうじとくふろく	21②	下野(栃木)	1871(明治4)	田村吉茂	たむらよししげ	泉　雅博

農書名	読み	巻	成立地旧国（都道府県）	成立年西暦（和暦）	原著者名	読み	翻刻・現代語訳・注記・解題者名
農業順次	のうぎょうじゅんじ	38②	常陸（茨城）	1772（明和9）	大関光弘	おおぜきみつひろ	木塚久仁子
農業図絵	のうぎょうずえ	26①	加賀（石川）	1717（享保2）頃	土屋又三郎	つちやまたさぶろう	清水隆久
農業全書（巻1～5）	のうぎょうぜんしょ	12①	広域	1697（元禄10）	宮崎安貞	みやざきやすさだ	山田龍雄・小山正栄・島野　至・武藤軍一郎・古田鷹治・井浦　徳
農業全書（巻6～11）	のうぎょうぜんしょ	13①	広域	1697（元禄10）	宮崎安貞・貝原楽軒	みやざきやすさだ・かいばららくけん	水本忠武・山田龍雄・井浦　徳・深尾清造・武藤軍一郎・井上　忠・西山武一
農業談拾遺雑録	のうぎょうだんしゅういざつろく	6②	越中（富山）	1816（文化13）	宮永正好	みやながまさよし	米原　寛・広瀬久雄
農業手曳草	のうぎょうてびきぐさ	41④	伊予（愛媛）	1862（文久2）	大野正盛	おおのまさもり	蔦　優・三好昌文
農業時の栞	のうぎょうときのしおり	40②	三河（愛知）	1785（天明5）	細井宜麻	ほそいよしまろ	有薗正一郎
農業日用集	のうぎょうにちようしゅう	23⑤	三河（愛知）	1805（文化2）	鈴木梁満	すずきやなまろ	山田久次
農業日用集	のうぎょうにちようしゅう	33①	豊前（大分）	1760（宝暦10）	渡辺綱任	わたなべつなとう	中島三夫
農業年中行事	のうぎょうねんじゅうぎょうじ	29④	周防（山口）	1851（嘉永4）	大元権右衛門	おおもとごんえもん	高橋伯昌・山田龍雄
農業之覚	のうぎょうのおぼえ	41③	土佐（高知）	1727か1739（享保12か元文4）	（堀内市之進）	ほりうちいちのしん	田村安興
農業法	のうぎょうほう	34⑦	薩摩（鹿児島）	（1700年代以降）（近世中期以降）	汾陽四郎兵衛	かわみなみしろべえ	原口虎雄
農業満作出来秋之図	のうぎょうまんさくできあきのず	72⑨	（武蔵）（東京）	1785～88（天明後期）	勝川春潮	かつかわしゅんちょう	岩切信一郎
農業蒙訓	のうぎょうもうくん	5③	若狭（福井）	1840（天保11）	伊藤正作	いとうしょうさく	藤野立恵
農業要集	のうぎょうようしゅう	3①	下総（千葉）	1826（文政9）	宮負定雄	みやおいさだお	川名　登
農業横座案内	のうぎょうよこざあんない	31③	筑前（福岡）	1777（安永6）	著者未詳		江藤彰彦
農業余話	のうぎょうよわ	7②	摂津（大阪）	1828（文政11）	小西篤好	こにしあつよし	田中耕司
農具揃	のうぐせん	24①	飛騨（岐阜）	1865（慶応1）頃	大坪二市	おおつぼにいち	丸山幸太郎
農具便利論　上・中・下	のうぐべんりろん	15②	広域	1822（文政5）	大蔵永常	おおくらながつね	堀尾尚志
農隙所作村々寄帳	のうげきしょさむらむらよせちょう	5④	加賀・能登（石川）・越中（富山）	1691～94（元禄4～7）	加賀藩改作御役所	かがはんかいさくおやくしょ	米原　寛
農耕漆絵折敷	のうこううるしえおしき	71⑦	岩代（福島）	1800年代（近世後期）	著者未詳		佐々木長生
農耕図刺繡袱紗	のうこうずししゅうふくさ	71⑥	広域	1800年代（近世後期）	著者未詳		長崎　巌
農耕図染小袖	のうこうずそめこそで	71⑤	広域	1800年代（近世後期）	著者未詳		長崎　巌

農書名	読み	巻	成立地 旧国（都道府県）	成立年 西暦（和暦）	原著者名	読み	翻刻・現代語訳・注記・解題者名
農耕彫刻	のうこうちょうこく	71⑫	下野（栃木）	1868（明治1）頃	神山政五郎	かみやままさごろう	佐藤常雄
農耕蒔絵三組杯	のうこうまきえさんくみさかずき	71⑩	越後（新潟）	年代未詳	著者未詳		佐藤常雄
農耕蒔絵十二組杯	のうこうまきえじゅうにくみさかずき	71⑨	岩代（福島）	1841（天保12）以前	著者未詳		村川友彦
農耕蒔絵膳椀	のうこうまきえぜんわん	71⑧	近江（滋賀）	1860年代（幕末～明治初頭）	著者未詳		明珍健二
農耕欄間絵	のうこうらんまえ	71④	越後（新潟）	1700年代（近世中期）以降	著者未詳		佐藤常雄
農作自得集	のうさくじとくしゅう	9②	出雲（島根）	1762（宝暦12）	森廣傳兵衛	もりひろでんべえ	内藤正中
農事遺書	のうじいしょ	5①	加賀（石川）	1709（宝永6）	鹿野小四郎	かのこしろう	清水隆久・若林喜三郎
農事常語	のうじじょうご	18③	羽前（山形）	1805（文化2）	今成吉四郎	いまなりきちしろう	庄司吉之助
農事弁略	のうじべんりゃく	23⑥	甲斐（山梨）	1787（天明7）	河野徳兵衛	こうのとくべえ	飯田文弥・小林是綱
農術鑑正記	のうじゅつかんせいき	10②	阿波（徳島）	1723（享保8）	砂川野水	すながわやすい	三好正喜・徳永光俊
農書 全	のうしょ ぜん	37①	岩代（福島）	1710（宝永7）頃	五十嵐半助	いがらしはんすけ	佐々木長生
農人定法	のうにんじょうほう	41⑥	筑前（福岡）	1703（元禄16）	深町権六	ふかまちごんろく	柴多一雄
農人錦の嚢	のうにんにしきのふくろ	31④	筑前（福岡）	1750（寛延3）	竹下武兵衛	たけしたぶへえ	古賀幸雄
農民之勤耕作之次第覚書	のうみんのつとめこうさくのしだいおぼえがき	2④	岩代（福島）	1789（寛政1）	高嶺慶忠	たかみねよしただ	庄司吉之助
農務帳	のうむちょう	34①	琉球（沖縄）	1734（享保19）	具志頭親方・美里親方・伊江親方・北谷王子	ぐしちゃんおやかた・みさとおやかた・いえおやかた・ちゃたんおうじ	仲地哲夫
農要録	のうようろく	31⑤	肥前（佐賀）	1835（天保6）	宗田運平	そうだうんぺい	由比章祐・山田龍雄
野口家日記	のぐちけにっき	11⑤	肥前（佐賀）	1847～65（弘化4～慶応1）	野口広助	のぐちこうすけ	八木宏典
除稲虫之法	のぞくいなむしのほう	1⑤	羽後（秋田）	1856（安政3）	高橋常作	たかはしじょうさく	小西正泰
能登国採魚図絵	のとのくにさいぎょずえ	58③	能登（石川）	1838（天保9）	北村穀実	きたむらこくじつ	濱岡伸也
海苔培養法	のりばいようほう	45⑤	武蔵（東京）	1883（明治16）	高木正年	たかぎまさとし	北村　敏
培養秘録	ばいようひろく	69②	広域	1840（天保11）	佐藤信淵	さとうのぶひろ	徳永光俊
櫨徳分并仕立方年々試書	はぜとくぶんならびにしたてかたねんねんこころみがき	33②	豊前（大分）	1840（天保11）	上田俊蔵	うえだしゅんぞう	後藤重巳
畑稲	はたけいね	61⑦	大和（奈良）	1868（明治1）	中村直三	なかむらなおぞう	徳永光俊
早川神社四季耕作図絵馬	はやかわじんじゃしきこうさくずえま	72⑰	播磨（兵庫）	1865～67（慶応年間）	著者未詳		明珍健二
備荒草木図	びこうそうもくず	68①	（陸中）（岩手）	1833（天保4）	建部清庵	たけべせいあん	田中耕司

農書名	読み	巻	成立地 旧国（都道府県）	成立年 西暦（和暦）	原著者名	読み	翻刻・現代語訳・注記・解題者名
肥後国耕作聞書	ひごのくにこうさくききがき	33⑤	肥後（熊本）	1843（天保14）	園田憲章	そのだのりあき	松本寿三郎
尾州入鹿御池開発記	びしゅういるかおんいけかいはつき	64②	尾張（愛知）	（1805〈文化2〉）	著者未詳		須田　肇
百姓耕作仕方控	ひゃくしょうこうさくしかたひかえ	39②	上野（群馬）	1814（文化11），1854（安政1）	森田梅園	もりたばいえん	山澤　学
百性作方年中行事	ひゃくしょうつくりかたねんじゅうぎょうじ	40③	丹後（京都）	1813（文化10）	著者未詳		石川登志雄
百姓伝記（巻1～7）	ひゃくしょうでんき	16①	三河（愛知）・遠江（静岡）	1681～83（天和年間）	著者未詳		岡　光夫・守田志郎
百姓伝記（巻8～15）	ひゃくしょうでんき	17①	三河（愛知）・遠江（静岡）	1681～83（天和年間）	著者未詳		岡　光夫
冨貴宝蔵記	ふうきほうぞうき	30②	土佐（高知）	1734（享保19）	著者未詳		小西正泰・広谷喜十郎
麩口伝書	ふくでんしょ	52④	広域	1878（明治11）	著者未詳		江原絢子
富士山砂降り訴願記録	ふじさんすなふりそがんきろく	66①	相模（神奈川）	1707～08（宝永4～5）	鈴木理左衛門	すずきりざえもん	大友一雄
富士山焼出し砂石降り之事	ふじさんやけだしすないしふりのこと	66②	相模（神奈川）	（1716～35〈享保年間〉）	著者未詳		泉　雅博
筆松といふ者の米作りの話	ふでまつというもののこめつくりのはなし	61⑥	大和（奈良）	1866（慶応2）	中村直三	なかむらなおぞう	徳永光俊
糞養覚書	ふんようおぼえがき	41⑦	対馬（長崎）	1758（宝暦8）	（佐治軍吾）	さじぐんご	江藤彰彦
北条郷農家寒造之弁	ほうじょうごうのうかかんづくりのべん	18②	羽前（山形）	1804（文化1）	北村孫四郎	きたむらまごしろう	梅津保一・佐藤常雄
報徳作大益細伝記	ほうとくさくたいえきさいでんき	63⑤	遠江・駿河（静岡）	1848～53（嘉永年間）	安居院庄七	あぐいしょうしち	足立洋一郎
豊年萬作之図	ほうねんまんさくのず	72⑪	（武蔵）（東京）	1837～43（天保後期）	五風亭貞虎	ごふうていさだとら	岩切信一郎
豊年満作襖絵	ほうねんまんさくふすまえ	71③	上野（群馬）	1860（万延1）	千輝玉斎	ちぎらぎょくさい	神宮善彦
暴風浪海潮備要談	ぼうふうろうかいちょうびようだん	23②	尾張（愛知）	1860（万延1）	長尾重喬	ながおしげたか	岡　光夫
北越新発田領農業年中行事	ほくえつしばたりょうのうぎょうねんじゅうぎょうじ	25②	越後（新潟）	1830（天保1）	九之助・善之助・太郎蔵	くのすけ・ぜんのすけ・たろぞう	武田広昭
幕内農業記	まくのうちのうぎょうき	20②	岩代（福島）	1713（正徳3）	佐瀬林右衛門	させりんえもん	小山　卓・長谷川吉次
松江湖漁場由来記	まつえこぎょじょうゆらいき	59③	出雲（島根）	1863（文久3）	青砥可休	あおとかきゅう	伊藤康宏
松前産物大概鑑	まつまえさんぶつたいがいかがみ	58①	松前（北海道）	1804～17（文化年間）	村山伝兵衛	むらやまでんべえ	田島佳也
満作往来	まんさくおうらい	62③	（武蔵）（東京）	1836（天保7）	山岡霞川	やまおかかせん	徳永光俊
万病馬療鍼灸撮要	まんびょうばりょうしんきゅうさつよう	60⑥	（山城）（京都）	1800（寛政12）	泥道人	どろどうじん	村井秀夫
民間備荒録	みんかんびこうろく	18①	陸中（岩手）	1755（宝暦5）	建部清庵	たけべせいあん	我孫子麟・守屋嘉美
無水岡田開闢法	むすいおかだかいびゃくほう	18④	羽後（秋田）	1861（文久1）	岡田明義	おかだあきよし	佐藤常雄

農　書　名	読　　み	巻	成立地 旧国（都道府県）	成立年 西暦（和暦）	原著者名	読　　み	翻刻・現代語訳・注記・解題者名
村松家訓	むらまつかくん	27①	能登（石川）	1799～1841（寛政11～天保12）	村松標左衛門	むらまつひょうざえもん	清水隆久
名物紅の袖	めいぶつべにのそで	45①	羽前（山形）	1730（享保15）	後藤小平次	ごとうこへいじ	野口一雄
綿圃要務	めんぽようむ	15③	広域	1833（天保4）	大蔵永常	おおくらながつね	岡　光夫
物紛（乾）・続物紛	ものまぎれ（けん）・ぞくものまぎれ	41②	土佐（高知）	1787（天明7）	岡本高長	おかもとたかなが	田村安興
盛岡暦	もりおかごよみ	71⑭	陸中（岩手）	1833（天保4），1861（文久1）	著者未詳		岡田芳朗
八重山嶋農務帳	やえやまじまのうむちょう	34⑥	琉球（沖縄）	1874（明治7）	冨川親方	とみかわおやかた	新城敏男・島尻勝太郎・福仲　憲
八重山農耕図	やえやまのうこうず	71②	琉球（沖縄）	（1850～60年代）（幕末～明治初）	筆者未詳		大浜憲二
薬草木作植書付	やくそうぼくつくりうえかきつけ	68③	（武蔵）（東京）	1843（天保14）	小坂力五郎	おさかりきごろう	江藤彰彦
やせかまど	やせかまど	36③	越後（新潟）	1809（文化6）	太刀川喜右衛門	たちかわきえもん	松永靖夫
山本家百姓一切有近道	やまもとけひゃくしょういっさいちかみちあり	28②	大和（奈良）	1823（文政6）	山本喜三郎	やまもときさぶろう	徳永光俊・谷山正道
遺言	ゆいごん	2②	陸中（岩手）	1833（天保4）	淵澤圓右衛門	ふちざわえんえもん	古沢典夫
油菜録	ゆさいろく	45③	広域	1829（文政12）	大蔵永常	おおくらながつね	佐藤常雄
養菊指南車	ようぎくしなんしゃ	55①	肥後（熊本）	1819（文政2）	秀島英露	ひでしまえいろ	今江正知
養蚕規範	ようさんきはん	47②	加賀（石川）	1862（文久2）	石黒千尋	いしぐろちひろ	松村　敏
養蚕秘録	ようさんひろく	35①	但馬（兵庫）	1803（享和3）	上垣守国	うえがきもりくに	粕渕宏昭・井上善治郎
吉茂遺訓	よししげいくん	21⑤	下野（栃木）	1873（明治6）	田村吉茂	たむらよししげ	泉　雅博・長倉　保・稲葉光國
梨栄造育秘鑑	りえいぞういくひかん	46①	越後（新潟）	1782（天明2）	阿部源太夫	あべげんだゆう	簗取作次
粒々辛苦録	りゅうりゅうしんくろく	25①	越後（新潟）	1805（文化2）	著者未詳		土田隆夫
林政八書　全	りんせいはっしょぜん	57②	琉球（沖縄）	1885（明治18）	蔡温・沖縄県	さいおん・おきなわけん	加藤衛拡
老農置土産並びに添日記	ろうのうおきみやげならびにそえにっき	1③	羽後（秋田）	1785（天明5）	長崎七左衛門	ながさきしちざえもん	田口勝一郎
老農夜話	ろうのうやわ	71①	武蔵（東京）	1843（天保14）	中台芳昌	ちゅうだいよしまさ	佐藤常雄
老農類語	ろうのうるいご	32①	対馬（長崎）	1722（享保7）	陶山訥庵	すやまとつあん	山田龍雄
渡辺始興筆　四季耕作図屏風	わたなべしこうひつ　しきこうさくずびょうぶ	72④	山城（京都近郊）	1700年代（近世中期）以降	渡辺始興	わたなべしこう	木村重圭

3．成立地（都道府県・市町村）別収録農書一覧および内容紹介

都道府県	市町村	農　書　名	巻	内　容　紹　介
北海道	函館市	亀尾疇圃栄	2	神奈川条約により開港を余儀なくされた当時の函館では，住民の定着と食糧の自給が急務であった。庵原菡斎は函館近在の亀尾沢を拓き，各種作物を試作して，この地での農業の可能性を示した。
〃	江差/函館/幌泉など	唐方渡俵物諸色大略絵図	50	中国への輸出海産物である俵物（煎海鼠＝干しなまこ，干しあわび，ふかひれの３点）と諸色（昆布など俵物以外の乾物）の製法や規格を彩色図入りで解説。
〃	松前町	松前産物大概鑑	58	蝦夷地きっての豪商であった村山伝兵衛が松前奉行の要請によって書き上げたもの。蝦夷地でとれる56種の海産物の形状・加工法・値段などが克明に記され，当時の流通実態がわかる基本史料。
青森	弘前市/津軽全般	奥民図彙	1	津軽の農民の農事，生活，農具などを具体的に絵解きした書。農民の服装から魚や鳥のとり方，祭りなど幅広く人情味あふれるタッチで描く。
〃	田舎館村	耕作噺	1	津軽地方の耕作の具体的な方法を講に寄り合った古老たちが切々と語り合う地方色豊かな農書。風土，気候，農事，農具，田拵，苗代，植付，水利，糞養など23章よりなる。
〃	尾上町	耕作口伝書	18	元禄11（1698）年，津軽藩士の著わした農書。岩木山の雪形の状態などにより作業適期の遅速を判断するなど，立地・風土に根ざした書。
〃	浪岡町	津軽農書 案山子物語	36	本書は陸奥国の農民・山田某が氏神社の例祭のあとにみた夢物語という体裁をとる。内容的には稲作栽培の手引書であると同時に，農民教化，農業経営の方策を説いている。
〃	弘前市	漆木家伝書	46	代々，漆栽培を家業とし，津軽地方に漆栽培技術をもたらした成田家が，家伝としての漆栽培技術を記したもの。年々の費用，利益についても試算し，漆栽培の有利性についても詳述。
〃	弘前市	蚕飼養法記	47	従来，蚕業で重要な位置を占めたことがない津軽で生まれた，わが国最古の養蚕書。繭の買入れや機織を行なう津軽藩「織会所」の技術者，つまり領内を巡回して農民たちを直接指導した織物師たちが伝えた養蚕技術の集大成。
〃	弘前市	塗物伝書	53	津軽塗りの秘伝書。技法とともに，色漆の合わせ方，蒔絵の方法，箔・梨子地・青貝のつけ方など35項目を簡潔な表現で，詳しく分量をあげて記述。この古唐塗や青海波塗に学ぶことで，新しい現代の技法も生まれてくるだろう。
岩手	軽米町	遺言	2	「人と生れて人の道を知らずんば有べからず」で始まる格調高い遺言。人の道，凶作の心得から商人の心得，家族・使用人についての心得にいたる９条からなる。現代に通じる普遍性をもつ。
〃	軽米町	軽邑耕作鈔	2	南部軽米地方の畑作指針書。飢饉に備え，日常の基本食糧として穀物と野菜を重視し，これらの作物の栽培法と組合せを詳述。東北畑作の基本型がうかがわれる。
〃	一関市	民間備荒録	19	宝暦5（1755）年，一関藩の藩医による著作。飢饉時の草木の食べ方，飢えた人々への手当ての仕方，農民が飢饉に備えてつくるべき草木を説く。
〃	盛岡市	山林雑記	56	盛岡藩の山林奉行などの役にあった著者が，植林した木を藩と民間とで歩分けする造林法を奨励するために書いたもの。育苗・植林法，植林地の選定，樹種について実体験をもとに詳述。

都道府県	市町村	農　書　名	巻	内　容　紹　介
岩手	一関市	備荒草木図	*68*	一関藩の藩医・建部清庵は，領内の大飢饉に遭遇し，『民間備荒録』を出版した。本書はその付録的性格をもち，文字を読めない庶民にも一見してわかるように編まれた図集で，救荒植物を中心に104種を採録している。
〃	安代町	田山暦	*71*	絵と記号のみによる絵暦で，南部藩領で200年にわたって利用され続けた。「盲暦」とも呼ばれ，文字の読めない人にも利用できるように工夫されている。農耕にかかわる暦注が詳しく，農耕暦の性格が強い。
〃	盛岡市	盛岡暦	*71*	南部藩城下町の盛岡でつくられ，利用された一枚刷の暦。田山暦が明治初年に廃絶してしまったのに対して，盛岡暦は明治初年に一時中断したが，その後復活して今日まで継続している。
宮城	石巻市	年代記	*67*	陸前国牡鹿郡真野村の肝煎が，天明3(1783)年の災害に触発され，先祖の覚書なども集めて書いた地域社会の災害史の覚書。天明の飢饉への対応，克服の努力，備荒作物などに言及し，災害史であるとともに出色の庶民記録ともなっている。
秋田	能代市	菜種作リ方取立ケ条書	*1*	18世紀末に普及されはじめた菜種の栽培法，施肥法，搾油法を図解をおりまぜて説く。とくに油粕類やいわし類のすぐれた肥効を力説する。
〃	鷹巣町	老農置土産並びに添日記	*1*	羽後地方での水稲栽培，水利，駆虫法から畑作のあり方まで，耕作体験から出た営農の秘訣と農民の生き方を心をこめて子孫に伝える書。
〃	雄勝町	除稲虫之法	*1*	自己の体験と老農の話からまとめた水稲害虫防除法。稲害虫を，穂虫，根虫，葉虫，菟虫に分け，生態観察をもとに無農薬栽培をすすめる。
〃	大内町	無水岡田開闢法	*18*	救荒作物としての馬鈴薯の効用と栽培法を，老農岡田明義が栽培試験の結果などから説く。馬鈴薯の経営上の有利性と栽培条件を記す。
〃	飯田川町か	上方農人田畑仕法試	*18*	農業指南のため羽後の国を訪れた大坂の農人2人に教えられた農事の記述。水稲のほか，ねぎ，大根などの野菜の栽培が詳しい。
〃	鷹巣町	農業心得記	*36*	羽後国秋田郡の肝煎を務め，自ら鍬や鎌を握った体験をもつ著者の86歳のときの著作。すでに『老農置土産』などを書いていた著者は，自分の経験，知恵の集大成として本書を書いた。
〃	本荘市	高野家農事記録	*42*	羽後国亀田藩畑谷村の肝煎であった高野与次右衛門家の農事関係日記。種もみ量，苗数，雇い人への給米，相場などが詳細に記録され，高野家の地主手作り経営の実情をうかがえる。
〃	琴丘町	試験田畑	*61*	著者親子が陸稲・木綿など8種の作目について試作した結果の報告書。これらの作目は，藩が殖産興業の観点から奨励したものだが，主体的に取り入れた上方の先進地の技術が反映されている。
〃	県内各地	廻在之日記	*61*	養蚕の先進地・米沢藩領羽前国置賜郡居住の著者が秋田藩から招かれ，桑の植樹と養蚕技術向上のために藩内を巡回したときの日記。後進地域における技術普及のようすがうかがわれる。
〃	昭和町	耕作会	*63*	秋田の老農・石川理紀之助が村の農民とともに開催した農業耕作会の記録。同会は会員相互間の資金と食料の融通組織であるとともに自主的な学習会，農事懇談会でもあった。
〃	平鹿町	羽陽秋北水土録	*70*	著者の和・漢・天竺の知識に通じた学識豊かな自然観，寺田経営によって蓄積した知識，地域の荒廃田復興にも携わった経験をもとに，羽後の地の総合的な国土開発を論ずる。内容は山，海，水源，農業，水田，時候，政事，祭祀，礼儀，雑例と多岐にわたる。
山形	米沢市	農事常語	*18*	苗代，施肥，耕起，田植，除草および畑作から成る。全体を貫くのは「農業は手入れしだいで結果に天地ほども開きがでる」との思想。
〃	南陽市	北条郷農家寒造之弁	*18*	米沢地方の立地条件をもとに各種作物の栽培法を詳述。漆など，特産物についても記す。筆者は農村在住の下級武士。

都道府県	市町村	農書名	巻	内容紹介
山形	山形市	名物紅の袖	45	羽前最上の紅花は，諸国特産物番付の東の関脇にあげられ，全国の7割5分を占めた特産物。その紅花の栽培から取引，加工，京への輸送にいたるようすを詳細に紹介した貴重な農書。
〃	遊佐町	出羽国飽海郡遊佐郷西浜植付縁起	64	飛砂に悩まされ続けた庄内平野西部の砂丘植林記録。著者の佐藤藤蔵は，砂丘への植付けを藩に願い出て許され，私財を投げ打って数万本の木を植え続け，ついに砂防林の育成に成功した。
〃	東根市	青山永耕筆 農耕掛物	72	羽前国東根の農耕の姿をありのままに描く。田植えを中心とした春の農耕図と，脱穀・調製を中心とした秋の農耕図の2幅からなる。
〃	庄内地方	大泉四季農業図	72	庄内藩が藩の建直しと米の増産を目的に制作を命じたものであろう。季節を追って稲作のようすが描かれ，働く農民のほか武士の姿も登場。
福島	猪苗代町	農民之勤耕作之次第覚書	2	高冷地猪苗代地方での稲作を詳述。稲作に不利な寒冷という自然条件をどうとらえ，どう克服していったかがよくわかる。年間の作業手順，男女それぞれの作業標準，労力配分など，経営方法も詳述。
〃	熱塩加納村	地下掛諸品留書	2	田畑の耕作について，技術と経営の両面から述べた書。一般論でなく，上田，中田，下田，さらには乾田，湿田など，それぞれの条件下での必要労力，技術を考察しているところに特色がある。
〃	会津若松市	会津農書附録	19	『会津農書附録』8巻のうち発見された2・4・6・8巻を収録。次項の『会津農書』の解説書であり，同書を補足しつつその内容を平易に理解させることをめざした書。
〃	会津若松市	会津農書	19	会津幕内村に住んだ佐瀬与次右衛門の著。体系的な農書で東北地方農書の白眉とされる。上中下3巻。土壌論から稲作，畑作と農業全般を扱う。田畑の土の観察と分類は精緻をきわめる。
〃	会津若松市	幕内農業記	20	佐瀬与次右衛門の養子林右衛門が『会津農書』の内容のうち畑作の部分を深めるために著わした。なす，うり，大根など，野菜に重点をおいて記している。
〃	会津若松市	会津歌農書	20	『会津農書』の著者が『会津農書』の内容を農民にわかりやすく説明するため「和歌」の形式にまとめたもの。上中下3巻からなり，それぞれ「会津農書」の上中下に対応し，和歌は1,668首を収める。
〃	梁川町	蚕当計秘訣	35	岩代国梁川の蚕業家である著者は，シーボルトのもたらした寒暖計を改良し，蚕室の温度調節の目安になる温度計を製作して本書とともに頒布し，環境制御による農業への端緒を開いた。
〃	山都町	農書 全	37	『会津農書』を範として，その内容を関心にそって摘記し，後半部分で会津の山間高冷地である地域の農法をわかりやすく述べる。
〃	東和町	田家すきはひ袋 耕作稼穡八景	37	岩代国二本松藩の郷保与吉が，自ら体得した農業技術と行なうべき人の道を多くの絵と和歌を取り入れて記述。
〃	郡山市	伝七勧農記	37	精農家・伝七の事績を記述した前半部分と，克明な農事観察記録の後半部分とからなっている。天明・天保の大凶作を克服するための実践的な農事記録。
〃	会津若松市	農耕漆絵折敷	71	会津塗の一技法である漆絵によって描かれた10枚の会津塗会席膳。絵はすべて遠近法が用いられているところに特徴がある。浸種から収穫，蔵入れにいたる各農作業は漆絵・消蒔絵という技法によって描かれている。
〃	福島市	農耕蒔絵十二組杯	71	蒔絵を施した12組の杯であり，杯と足付き台とからなる。大小十二重ねの杯には，朱漆の下地に金・青・紫色などの漆で種まきから田植え，稲刈りのようすが人物・風景とともに描かれている。
〃	喜多方市	慶徳稲荷神社春夏秋冬農耕絵馬	72	豊作への願いをこめて，春夏秋冬の農作業のようすが美しい彩色を施されてリアルに描かれている。

都道府県	市町村	農書名	巻	内容紹介
茨城	常陸太田市	菜園温古録	3	水戸藩郡方手代の著者が，三十数年の村々巡察中の見聞をまとめた著作。菜園ものから各種の作物，肥料のつくり方までを詳しく記録している。『農業全書』の水戸版をめざしたもの。
〃	結城市	精農録	22	日々の天候，農作物の種類，作業別の労力を中心にした労働と生活の記録。問答の形式をとって技術の内容を深めているところに特色がある。
〃	ひたちなか市	東郡田畠耕方幷草木目当書上	38	農村振興を主眼目にした水戸藩の安政の改革にさいして藩に提出したもので，藩内4郡の1つ東郡の農業の実態を記している。東郡内4郷の地勢の特徴とそれに対応する農作業がよくわかる。
〃	岩瀬町	農業順次	38	名主頭を務めた著者が，地方役人の求めに応じて書き上げたもの。1年間の農作業暦，規模別の経営収支など，この地方の農業の実態と，自らの「順合見合」の農業観を述べている。
〃	岩井市	飯沼定式目録高帳	64	下総国飯沼（現茨城県南西部）の関係23か村は，「飯沼3,000町歩」といわれる美田をつくり上げた。本書は，普請方法，入用金，借入金の返済状況など，新田組合が確認しておくべき事項の覚書。
栃木	上三川町	農業根元記	21	『農家肝用記』に続いてより厳密な田畑の作物の収支計算を試みた書。生産費，生計費などが費用別に計上されている。
〃	上三川町	農業自得附録	21	80歳をこえた著者晩年の著。一貫して米麦中心の農業を主張し，商品作物の栽培には消極的。作物ごとの適地も記す。
〃	上三川町	農業自得	21	下野国上三川の老農・田村吉茂の著。数ある農書のなかでもとくに農民的発想の強い書として著名。現場での観察から雌雄説を拒否し，陰陽説に対しても観念論に陥らない。
〃	上三川町	農家肝用記	21	農業にかかわる万般を数量的にとらえようとしたもの。年間休日数，田畑の必要労働力，生活費などを見積もり，収支視点から作物を選択するという段階にまでいたっている。
〃	上三川町	吉茂遺訓	21	老農・田村吉茂の遺訓。営農，栽培のみにとどまらず，その農業観，思想をのぞかせ，吉茂の農業論の根源を知りうる。
〃	茂木町	農家捷径抄	22	大百姓が未熟な農民のために「農民のまず実行すべき任務」を明らかにするためにまとめた書。田畑各2反を夫婦2人と馬1頭で耕作するという前提で「採算モデル」を検討している。
〃	黒羽町	稼穡考	22	米麦，雑穀から野菜の栽培法にいたるまでを述べ，黒羽藩の栽培基準書たらしめようとした書。農民の書上げをもとに藩主自ら編さんしたもので，黒羽藩の農業の実態を反映している。
〃	高根沢町周辺	深耕録	39	著者は，猪・鹿の害に遭って苗数に不足が生じたことから，省力・多収の薄まき・疎植の稲作を編み出した。鬼怒川水系水田地帯の農法を具体的に述べており，同じ下野国，田村吉茂『農業自得』の強い影響をうかがわせる。
〃	茂木町	大福田畑種蒔仕農帳	42	著名な農書『農家捷径抄』を著わした下野国小貫村の名主・小貫家には，享保7年から弘化2年までの「農事帳」34点が残されている。本書は，その文政10（1827）年と11年のもの。
〃	黒羽町	太山の左知	56	下野国黒羽藩士の著者が，杉・ひのき造林の実践をふまえ，地域経済の活性化を願って書いたもの。江戸の材木消費を背景に，より高く売れる大径木の育て方を追究している。
〃	今市市	農家用心集	68	下野国日光領大室村の名主が書いた特異な救荒書。自身が体験した天保の飢饉を教訓に，農家に凶作・飢饉への警戒を呼びかける。同時に，幕末の政治的混乱期に在村指導者として地域社会の秩序維持に心をくだくさまを述べる。

都道府県	市町村	農書名	巻	内容紹介
栃木	粟野町	農耕彫刻	71	下野国久野村の小松神社の本殿の腰まわり部分に施された6面の農耕彫刻。稲作の主要な場面である馬耕，代かき，田植え，草取り，稲刈り，運搬，脱穀・調製，蔵入れが透かし彫りにされている。
〃	宇都宮市	天棚農耕彫刻	71	風雨順調，五穀豊穣，家内・村内安全などを祈願した天祭，あるいは天然仏と呼ばれる行事に用いられる天棚の欄間に彫られた農耕彫刻。春の田植えの準備から秋の稲刈り・蔵入れまで稲作の１年を透かし彫りで描いている。
群馬	渋川市	開荒須知	3	自らの開拓体験をもとにして著わした異色の農書。街道筋という立地，貨幣経済の浸透，浅間山噴火などによって疲弊しきった農村を救うための実践的処方箋として著わされたもの。
〃	吉岡町	百姓耕作仕方控	39	藤の葉，山ぶどうの新芽，大豆の茎葉を緑肥に使用するなど，榛名山東麓（上野国群馬郡上野田村）の土地柄をいかした農法を，稲・麦を重点に説く。
〃	嬬恋村	浅間大変覚書	66	天明3（1783）年の浅間山の噴火の開始から大噴火にいたる経過，大噴火のようす，被害状況，噴火後の物価騰貴，飢饉，幕府による検分など，「大変」の一部始終と復興のようすを臨場感あふれる筆致で描く。
〃	玉村町	豊年満作襖絵	71	４枚仕立ての襖絵。第１面は苗代作業，第２面は田植え風景，第３面は稲刈り・脱穀・調製など秋の農作業，第４面は村祭り・蔵入れで，年間の農作業を年中行事とともに描き，上野国の農民の暮らしぶりを伝えている。
埼玉	鴻巣市	耕作仕様書	22	穀類，野菜の技術と経営について詳述するが，なかでも野菜の記述が詳しい。大消費地江戸をひかえた野菜産地としての特色の出ている書。さつまいもの早掘りなども始めている。
〃	栗橋町	促耕南針	38	武蔵国栗橋の農民が，畑作中心の農法を作物別に述べたもの。水害地帯ならではの人々の知恵，『農業全書』から学んだ知識を取り入れ，適地適作を念頭においた叙述に特徴がある。
〃	坂戸市	年中万日記帳	42	武蔵国赤尾村で代々，名主役を務めた林家13代の信海が記録したもの。克明な気候の記述のほか，使用人の農作業および行動の記録が多く，信海の人づかいのようすをよくうかがわせる。
〃	川越市	大水記	67	寛保2（1742）年，未曾有の大洪水が関東平野を襲ったとき，武蔵国川越藩領久下戸村の名主が，洪水による被害の状況，自ら行なった救済活動と藩からの褒賞，その活動から得た教訓などを克明に記録したもの。
千葉	干潟町	草木撰種録	3	33種の作物の雌雄を図解した１枚刷。この図により雌雄を区別し，雌種を選ぶべきことを主張。そのわかりやすさが反響を呼び当時のベストセラーとなった。小西篤好の作物雌雄説の流れをくむ。
〃	干潟町	農業要集	3	農業に従事しながら平田篤胤門下生として学んだ著者の処女作。『農業全書』の影響を受けつつも体験と地域の実情に応じて記述している。五穀，四木，三草から紙すきにいたる64項目からなる。
〃	大網白里町	家政行事	38	自家の繁栄を願って，自ら習得した農業技術や近在の人たちの体験談などを子孫のために書き遺したもの。農作業を主とする年中行事と，肥料の製造・施肥を主とした事項との2つからなる。
〃	勝浦市	関東鰯網来由記	58	いわし網漁が紀州から関東へ海路伝来されたこと，房総のいわし網によって生産された干鰯を売りさばく干鰯問屋組合などの成立事情，そして全国へ販売されるようになる経緯が述べられている。
〃	干潟町	仕事割控	63	仕事割・仕業割は，暦日に割り当てた農作業の年間予定書きのこと。農民教導に活躍した大原幽学の指導のもとに作成され，農業に計画的・意識的・積極的に取り組むことが期待された。

都道府県	市町村	農　書　名	巻	内　容　紹　介
千葉	干潟町	年中仕業割幷日記控	63	仕事割・仕業割は，暦日に割り当てた農作業の年間予定書きのこと。記載内容は家内の人数，可動する人数，田畑や山林の面積，作業別手間一覧や性学修行日数，仕事割りなど多岐にわたる。
〃	千葉市	永代取極議定書	63	農村荒廃状況下にあった下総国千葉郡南生実村では，隣村の豪農・篠崎弥兵衛から復興資金の提供を受け，復興策を実行に移した。その具体的な方策を村民の総意で定めたもの。
〃	千葉市	永代取極申印証之事	63	下総国南生実村での農村復興策の実践記録。融通金を活用して土地を買い戻し，その管理は村で行ない，質入れ・譲渡などはしないことを規定。名主以下総勢83名が連署し，村の総意で作成した文書。
〃	富山町	高崎浦地震津波記録	66	元禄16（1703）年，関東諸国を揺るがした地震は大津波を誘発し，房総半島の沿岸はとくに大きな被害を受けた。著者はこの津波被害を客観的，具体的に記録し，子孫への訓戒としている。
東京	品川区	海苔培養法	45	江戸湾（東京湾）におけるのり養殖の技術書。品川の地先の海域で得たのりの知識を基礎に，のり養殖の将来性や経済性までを説き，江戸湾における「浅草のり」の産地化の土台を築いた。
〃	地域不詳	五瑞編	45	世界最初のしいたけ栽培専門書。殖産興業，地方活性化を目的に，各藩に招かれての栽培伝授のようす，日本各地のしいたけ栽培の方法，乾燥法の特徴が克明に書かれている。
〃	台東区	豆腐皮	52	ゆば工からの聞き書。口伝で伝えられてきた技術で，手引書がみられないなか，ゆばの種類，つくり方，料理などを具体的に詳しく記した貴重な技術書。最も禁物な塩気(にがり)，火加減の目安など，勘どころがよくわかる。
〃	千代田区	漬物塩嘉言	52	江戸の漬物問屋・小田原屋主人が，たくあん漬け，白うりの印ろう漬け・捨小舟など64種の漬物について，秘伝の漬け方を開陳。風趣ある絵と漬物名を詠みこんだ歌なども楽しい。家庭用・商売用いずれにも使える内容。
〃	台東区	豆腐集説	52	豆腐製造者からの聞き書。豆腐のつくり方，多様な呼び方とその由来，加工品，料理などについて，図解をまじえて解説する。工程，器具，材料も具体的。江戸の豆腐は大きく，現在の約５～６倍あったことなどもわかる。
〃	豊島区	花壇地錦抄	54	江戸の「園芸センター」染井の植木屋が書いた本邦初の総合的園芸書。江戸のグリーンビジネスの主役が，多種多様な草木について実際家の立場から詳細な解説を加えた本書は，園芸愛好家必携の不朽の名著。
〃	地域不詳	植木手入秘伝	55	鉢植え園芸ブームが絶頂を迎えていた文化・文政期（1804～29）に成立した園芸書。接ぎ木の方法や肥料・用土・管理について細かく記述している。
〃	江戸下町	釣客伝	59	釣り師による，江戸湾・相模湾，江戸近辺の河川をおもな対象にした釣りの手引書。「江戸前」の釣りを中心に，体験・見聞にもとづき，具体的な仕掛けや技法を公開する。その要点は，時候・場所・勘・手廻し・根である。
〃	福生市	玉川鮎御用中日記	59	多摩川沿岸の村々では，農間余業を主とするあゆ漁が盛んで，とりわけ御用あゆを江戸城御台所へ上納してきた。そのあゆ御用世話役の熊川村名主が，あゆ漁と世話役の動向を記す。意外なほどの河川漁業の盛行とあゆ御用の実態がわかる。
〃	台東区	鶉書	60	江戸時代には，小鳥の飼育が流行し，鳴き声や体型の優劣を競う「鳴き合わせ」が盛んに行なわれた。本書はうずら飼育者を対象に，よい鳴き声・体型についてポイントをあげて詳述したもの。
〃	地域不詳	解馬新書	60	著者は，馬医術の基礎としての馬の解剖の重要性を痛感し，当時最新の西洋馬医書や，人医書の『重訂解体新書』などに学びながら本書を著わした。近代馬医学への橋渡しとなった名著。

都道府県	市町村	農書名	巻	内容紹介
神奈川	相模原市	社稷準縄録	22	相模国の小川家の農業実践記録。時代によっていろいろに名をかえて昭和26（1951）年まで続く記録のなかから特色ある2年分を収録。各種作物の播種量，施肥量を克明に記し，明日への反省材料にしている。
〃	相模原市	年々種蒔覚帳	22	相模国小川家の天保8年の農事実践記録。八王子市場の相場をにらみながら作物の選定，肥培管理・経営を営んでいたようすを克明に記録する。
〃	南足柄市	富士山焼出し砂石降り之事	66	富士山の噴火による降灰，それによる酒匂川の氾濫と，その治水のための復興費用の獲得，堤防工事の実際を詳述する。田中丘隅が石積みの堤防をつくって一応の完成をみる。
〃	山北町	富士山砂降り訴願記録	66	宝永4（1707）年の富士山噴火による被害のとくに大きかった小田原藩領足柄郡の村々は，食糧の無償支給と耕地の復旧などを藩当局に求め，粘り強い訴願を繰り返した。その交渉の克明な記録。
新潟	越路町	農家年中行事記	25	1月から12月まで月日を追って農作業と農家の年中行事を細大もらさず列挙したもの。長岡藩三島地方の農業技術と習慣を知る好著。
〃	新発田市/新津市/中之島町	北越新発田領農業年中行事	25	新発田藩が農民の技術向上を促すために，篤農家を含む3人の著者に命じて年間の作物栽培と農家の年中行事を書き上げさせた書。一般作物のほか，麻，あい，たばこなども扱う。
〃	長岡市	粒々辛苦録	25	農家の艱難辛苦を人々に知らせるという意図から著わされ，月別の作業と生活行事を述べる。『民間省要』の影響を強く受け，関東と北陸との作業時期，生活習慣の比較記録となっている。
〃	小千谷市	やせかまど	36	越後国三島郡片貝村の庄屋を務めた著者が，自村の周辺の農事・生活・習俗について見聞したことを記したもの。商品経済の浸透のようす，生活習慣，農業技術の変化の様相がよくわかる。
〃	白根市	梨栄造育秘鑑	46	白根郷を中心とした越後国の蒲原平野は河川氾濫の常襲地で，江戸時代から水に強いなしが栽培されてきた。本書はなし栽培の先駆者が著わした，なしの専門書で，栽培技術から販売方法にまで及ぶ。
〃	中里村	績麻録	53	江戸渋谷の住人が，越後国田沢村の庄屋宅に逗留して越後縮の生産工程を正確な挿絵とともに記録したもの。現在の重要無形文化財「小千谷縮・越後上布」をたどれる最も古い文献。縮布や織子，産地の習俗など，民俗資料としても貴重。
〃	浦川原村	農耕欄間絵	71	越後国熊沢村で庄屋・組頭を務めた西山家に伝わる3枚の欄間に描かれた稲作農耕図。3面の欄間には，耕起から草取りまで，稲刈りからもみすりまで，調製から蔵入れまでの場面が，老若男女36人の姿とともに描かれている。
〃	豊浦町	農耕蒔絵三組杯	71	加賀蒔絵の技法をくむ作品。小さい杯から順に田植え風景，踏車による揚水作業，そして最大の杯には稲刈り，牛による稲束の運搬，稲の乾燥，脱穀などが描かれている。旧蔵者の市島家では正月の祝い事に利用してきた。
〃	十日町市	竈神奉納絵	71	正月3日の竈神の祭りの日にそれぞれの家で和紙に墨描き，または木版刷りした自家製の絵を神前に奉納する。図柄は農耕図，農耕具や家事用具を主とする。奉納絵には家の安泰，火伏せ，豊作の願いがこめられている。
富山	県内全般	農隙所作村々寄帳	5	元禄時代（1688～1703）の越中・加賀・能登地方の冬場の稼ぎ方が郡村別に述べられている。わら工芸，布さらし，紙すき，漁業，特産物など，山や海との関連がとらえられる。
〃	小矢部市	農業談拾遺雑録	6	著者は 宮永正運 の実子。父の著書『私家農業談』の拾遺。農家の分限，稲作，裏作，河川による水害などから貯蓄と救荒の必要性を説く。『斉民要術』など多くの農書を土台にしている。

都道府県	市町村	農書名	巻	内容紹介
富山	小矢部市	私家農業談	6	天明年間（1781～88),越中国砺波の十村役(大庄屋)宮永正運により著わされた文書。土地の心得から各種作物のつくり方，馬の薬から農具の扱い方にいたるまで，耕作の体験と広い識見からつづる。
〃	高岡市	耕作仕様考	39	越中国砺波郡内島村の十村（大庄屋）が，先行の農書や土地の言い伝えを吟味しながら自らの農法を展開する。御上を意識しつつ決意を述べ,「このように農民を指導しよう，のう，御同役」と，リーダーの条件にも触れている。
〃	砺波市	子丑日記帳	42	越中国太田村の村役人を務めた金子半兵衛が記帳した日記。天候，家事，農作業，村仕事，親戚づきあい，下男の作業内容と休日，自らの俳諧を楽しむ暮らしぶりまで克明に記録している。
〃	地域不詳	土佐派農耕屛風	72	六曲一双の屛風。山並を遠景にして，手前に稲作の１年を描く。
石川	金沢市	耕稼春秋	4	北陸地方の体系立った農書。加賀藩の十村(大庄屋)により宝永４(1707)年に著わされたもの。構成・内容は『農業全書』に似るが，地域・風土を重視し，近世中期の金沢近郊の農業の姿がリアルに記されている。
〃	県内全般	農隙所作村々寄帳	5	元禄時代（1688～1703）の越中・加賀・能登地方の冬場の稼ぎ方が郡村別に述べられている。わら工芸，布さらし，紙すき，漁業，特産物など，山や海との関連がとらえられている。
〃	加賀市	農事遺書	5	宝永年間（1704～10)，加賀国江沼郡の十村（大庄屋）によってまとめられた農事万般と農民の身持ちのあり方についての遺言。自給的色彩の濃い北陸農業の原型が示される貴重な農書。
〃	加賀市	九州表虫防方等聞合記	11	加賀大聖寺藩の農民による先進地北九州の虫防ぎや苗代のつくり方を視察した道中記，かつ出張復命書。各地をめぐって，多くの人に会ったことが，克明に記録されていて興味深い。
〃	金沢市	農業図絵	26	１月から12月までの農業と暮らしを描く。舞台は金沢近郊の農村。村方，町方の庶民の生きざま，喜び，悲しみが300年の歳月をへだてて直接伝わってくる。
〃	富来町	村松家訓	27	能登国町居村の豪農村松標左衛門による異色の家訓。家の主人たる者の心のもち方，農作業の分量，奉公人の使い方から農作業のやり方にいたるまで，細大もらさず書きとどめる。
〃	松任市	耕作大要	39	加賀国石川郡福留村の十村（大庄屋）が，稲，あい・麻・たばこ・綿の特用作物，裏作の麦・菜種，早稲跡・麦刈り跡（菜園田）の各種野菜について述べる。水田の多面的利用，多肥集約農業の書で，野菜の振売りにも関心を示す。
〃	加賀市	鹿野家農事日誌	42	加賀国大聖寺藩の十村（大庄屋），精農家として活躍した鹿野家第８代小四郎が、主として作業内容と作業量を記したもの。鹿野家が熱心な地主手作り農家であったことがわかる。
〃	金沢市	養蚕規範	47	越中五箇山，飛騨白川郷，加賀白山麓という草深い山村で，寒暖計による温度管理など養蚕先進地に劣らない技術水準にあった，幕末期北陸地方の養蚕・製糸業の実態。蚕種問屋の著書を加賀藩士の国学者がまとめ直したもの。
〃	富来町	工農業事見聞録（巻1～4)	48	村松標左衛門による特産百科。関西から関東まで広く見聞し，衣食住全般にわたる物産について図入りで記す。本巻には染めもの，生活用品，農家の仕事，土や石を原料にした細工ものを収録。
〃	富来町	工農業事見聞録（巻5～7<付>)	49	48巻に続き，顔料，金属製品，飲食，衣服について収める。
〃	能登地方	製塩録	52	海水をくみ上げ，塗浜に散布して塩をつくる揚浜製塩法の詳述と，能登地域の製塩にかかわる法令を抄録。それまでの製塩業を詳しくまとめるとともに，塩生産者「塩士」の待遇改善をはかろうとして記述された。

都道府県	市町村	農書名	巻	内容紹介
石川	能都町	能登国採魚図絵	58	能登国で行なわれていた釣漁・網漁など17の漁法と，網の規模や経費，網のつくり方など漁業経営に関する事柄とが絵図入りで描かれている。海に生きた浦方の村々の暮らしがしのばれる。
〃	寺井町	九谷色絵農耕平鉢	72	農民出身で色絵の最高技法をもつ九谷庄三の農耕磁器。稲作を中心とした絵が描かれている。
〃	寺井町	九谷色絵農耕煎茶碗	72	九谷庄三作。浸種，牛耕から脱穀・俵詰めにいたる稲作の1年を高度な技法で描く。現存するのは8客。
福井	美浜町	耕作早指南種稽歌	5	若狭の農学者で歌人である著者が，選種の重要さから，稲，麦の栽培法，農家の心得などを歌に詠んでまとめた書。
〃	美浜町	農業蒙訓	5	天保11（1840）年に著わされた焼土の方法，害虫防除法，営農のあり方などを説いた書。『農業全書』『農稼業事』など多くの農書から学んだことを若狭の地の風土をふまえて説明している。
〃	小浜市	諸作手入之事/諸法度慎之事	39	若狭国遠敷郡下田村で書かれた，技術書と生活書の合本。稲，麦，麻，たばこ，里芋，綿，桑，油桐などの生産性を高める技術，火の用心，五人組，身体の健康，若者組などの質素倹約を旨とする生活について記す。
山梨	御坂町	農事弁略	23	『農業全書』を基礎に甲斐国の立地・風土に根ざした田畑耕作の実際を記す。とくに肥料と土性，作物との関連を述べた部分は圧巻。米麦，芋類から綿，大根，ごま，たばこまで。
〃	山梨市	勧農和訓抄	62	飢饉が襲った天保期（1830～43），甲斐国八幡北村の代官が領民を救うために著わしたもので，農業の起源，農家の心得，各種作物のつくり方について説く。その農業技術の核心部分は，『農業全書』『農業余話』の引用・要約からなる。
〃	石和町	川除仕様帳	65	古来から，治水のために洪水を河川内に閉じこめる工夫をしてきた。が，洪水に勝つより負けない工夫が大事だと，川の性格の観察，工事の心得にも言及しつつ，堤防の築き方など甲州流の正統ともいうべき具体策を述べる。
長野	望月町	家訓全書	24	若くして父母を失って鍬をとった著者が，自らの農耕体験と生活のあり方を子孫に伝えるために著わした書。農耕から台所仕事まで，子孫への思いをこめてつづる。
〃	長野市	農業耕作万覚帳	39	息子の急死に遭った信濃国更級郡岡田村の地主が，孫に家業を引き継ぐために農作物の耕作法や施肥技術，日常生活の万般にわたり記述する。生産力の高い地域の農業の実情，とくに水田の乾田化を促す用排水技術を知ることができる。
〃	長野市	実地新験生糸製方指南	53	明治初期，日本の全輸出額の半分を占めた生糸類に粗製濫造の問題が浮上。それを克服しようと，長野県下高井郡中野町で生糸の改良に心を砕いた著者が，磨撚法（よりかけほう）や生糸製造の改良法を，精密な図を添えて説明する。
〃	岡谷市	氷曳日記帳	59	氷曳漁は，結氷した湖上に穴をあけ，氷の下に網を入れて敷設し，地引網のように氷の下を引いて魚をとる漁法。本書は，諏訪湖の阿戸(氷曳漁が行なわれる場所）での氷曳漁の決まりや具体的な実施法を記した唯一の資料。
〃	飯田市	御米作方実語之教	61	伊勢で発案された種もみの薄まき法が，「不二道」という民衆宗教の人脈にのって，信州の伊那地方に普及した事情を物語る文書。農法の教科書という側面と「教伝」の性格をあわせもつ。
〃	立科町	儀定書	63	信州佐久郡芦田村では，小百姓層が村役人層（上層農）に村政・村運営の民主化を突きつける「村方騒動」が続いていた。その要求は「儀定書」として藩役人の認知のもとに確認された。

都道府県	市町村	農書名	巻	内容紹介
長野	北御牧村	当八重原新田開発曰書	64	八重原新田は，長野県佐久地方の4つの新田の1つで，黒沢加兵衛によって万治3（1660）年に完成された。著者は加兵衛の甥で，のちの水争いに備えて開発の経緯を克明に記したもの。
〃	長野市	弘化大地震見聞記	66	弘化大地震は「善光寺地震」ともいわれ，震動による被害のほか，火事，山の崩落による川のせき止めと，それによる水没，川の決壊による洪水など二次災害が大きかった。絵図とともに記録する。
〃	辰野町	凶年違作日記・附録	67	信濃国上伊那郡北大出村の名主が記した天保飢饉の記録。「天災による飢饉は，天が人間のおごりをいましめるために引き起こされる」との思いから，飢饉の恐ろしさ，困窮のようすと対策，わらや松皮の食べ方にまで及ぶ。
岐阜	国府町	農具揃	24	農具350余種を12か月に配当して農事万般と生活の実際をまとめたもの。毎月の行事や風俗も紹介し，民俗学上の文献としても貴重。
〃	付知町	乍恐農業手順奉申上候御事	24	美濃国付知村の農業指導者・田口忠左衛門による農耕の手順をまとめた農書。年間の農作業を順を追ってとりあげ，要点をおさえる。入会山の利用の実態もいきいきと示している。
〃	明宝村	濃家心得	40	新田の開発法，肥やしの種類・効きめ・つくり方・入手法，稲の品種，病害虫対策など，これだけは心得ていてほしいという，積雪寒冷地帯の百姓に向けた「農家の心得」集。美濃国郡上藩の新田奉行が書き残したと伝えられる。
〃	揖斐川町	御百姓用家務日記帳	43	冠婚葬祭や住居の増改築などの家事，余業の唐傘修理，金銭・米麦の貸借貸出入まで詳しく書いているので，農家経済の状況がよくわかる。また，寺子屋の師匠としての寺子の出入などが書かれているのも特徴である。
静岡	地域不詳	百姓伝記（巻1～7）	16	三河・遠江国を舞台に，最も古い時代に成立した著名な写本農書，全15巻。本巻ではその前半を収録。自然の観察，農民の生き方，土と肥料，樹木，農具，治水などについて述べる。
〃	地域不詳	百姓伝記（巻8～15）	17	『百姓伝記』の後半部分を収録。苗つくり，稲作，麦作，野菜作の実際からそれらの食べ方までを具体的に述べ，さらに農具類の備え，使用法を説く。本書は小農技術の体系化を目指しており，今日に至るわが国の農業技術の基礎をなすものである。また，中国の陰陽五行説を農業（とくに土壌）に適用した最初の書として注目される。
〃	森町	報徳作大益細伝記	63	二宮尊徳のもとで報徳仕法を学んだ安居院庄七による農村振興策の大きな特徴は，上方で吸収した正条植え，薄まき，直まき，客土，施肥など先進的な農業技術をともなっていたことである。
〃	小山町	暮方取直日掛縄索手段帳	63	慢性的な疲弊に陥っていた駿河国駿東郡藤曲村は，村復興の手だてを二宮金次郎（尊徳）に願い出た。金次郎がそれに応えて，報徳仕法の原理を具体的に示した文書。一村仕法の模範として名高い。
〃	地域不詳	駿河裾野の田植	72	雪に輝く富士山を背景に浸種，苗取り，苗運びの光景を描く錦絵。二代歌麿の作。名所風景シリーズの1つとしてとり上げられている。
愛知	地域不詳	百姓伝記（巻1～7）	16	三河・遠江国を舞台に，最も古い時代に成立した著名な写本農書，全15巻。本巻ではその前半を収録。自然の観察，農民の生き方，土と肥料，樹木，農具，治水などについて述べる。
〃	地域不詳	百姓伝記（巻8～15）	17	『百姓伝記』の後半部分を収録。苗つくり，稲作，麦作，野菜作の実際からそれらの食べ方までを具体的に述べ，さらに農具類の備え，使用法を説く。本書は小農技術の体系化を目指しており，今日に至るわが国の農業技術の基礎をなすものである。また，中国の陰陽五行説を農業（とくに土壌）に適用した最初の書として注目される。
〃	豊橋市	農業日用集	23	渥美の国学者による農事の具体的な要領集。栽培時期と施肥法を中心に述べていくところに特色がある。

都道府県	市町村	農書名	巻	内容紹介
愛知	飛島村	暴風浪海潮備要談	23	安政の大地震，大津波を体験した著者が，天変地異，暴風波に備えて，防潮の対策・方法を説く異色の農書。
〃	飛島村	農稼録・農稼附録	23	国学に素養のある尾張国の本草学者の手になる書。『農業全書』『農業余話』『農業自得』，その他大蔵永常の著作を読みこみ，尾張農業の実態に合わせて農事の指針を説く。
〃	飛島村	水災後農稼追録	23	万延元（1860）年の伊勢湾干拓地での洪水記録。風雨による被害のようす，排水作業，その後の稲の生育状況と手当てを記す。暴風雨で被害を受けたため追苗代をつくり，その肥料代，賃金を克明に計算している。
〃	音羽町	農業時の栞	40	東海道赤坂宿の旅館の亭主が著わしたユニークな農書。鳳来寺に参詣する道中の百姓十数人と老人との問答という形式で，木綿など26種類の作物の耕作技術を記す。先進技術を記述した『農業全書』の地域適応版。
〃	津具村	日知録	42	奥三河津具村の農家・山崎譲平（医師でもある）が，自家の動向，使用人による農事，村内外の人々との往き来などを記したもの。安政3（1856）年当時，譲平は種痘を行なっていた。
〃	岡崎市	仕込帳	52	現岡崎市八帖町の特産，八丁味噌（豆味噌）の醸造方法に関する希少な史料。いまの「大豆１石から200kgの味噌」と変わらない醸造技術だが，大豆・塩・水の仕込み割合を試行錯誤しながら安定させていく跡がうかがわれる。
〃	田原町	門田の栄	62	三河国田原藩の領民のために書かれた農法改良，合理的農業経営の書。同じ船に乗り合わせた三河・下総・摂津・九州の４人の農民の問答を通じて，「乾田化の利益」「草木に雌雄はない」「今や技術を革新すべきとき」などを説明する。
〃	知多市	農業家訓記	62	毎月の耕種・肥培・作業日程・労力見積り，暮らしの心がまえなどを具体的に記して，子孫へ農法を送り伝えている，尾張国知多郡の家訓的農書。「内向き」の家訓ではあるが，子孫へ向けての「普及」の書でもある。
〃	犬山市	尾州入鹿御池開発記	64	入鹿池は，濃尾平野東部の開発を目的に，入鹿村１村を水没させて，寛永10（1633）年に築造された。本書は，開発の経緯，取水口である圦樋の維持・管理，改修の費用・工法を詳述している。
三重	松阪市	蚕茶楮書	47	有力な伊勢商人で，地域社会の振興をはかった事業家でもある著者は，在所の村人を督励して広大な園を開墾した。それを背景に，桑・茶・こうぞをつくる利益，仕立て方，取り木・挿し木のやり方，実生での育て方を説く。
〃	浜島町	大地震津波実記控帳	66	嘉永７（1854）年，志摩国を襲った地震・津波の記録。庄屋を務めていた著者は，150年前の地震・津波の教訓がいかされなかったことの反省にたち，災害の実情と復興の実際をつづって後世に残した。
滋賀	湖東地方	農稼業事	7	稲の雌穂・雄穂を図説，稲作技術や掛干し収納の法を説き，さらに綿栽培の実際を解説して，当時の農業に新風を吹きこんだ。多肥集約農業の矛盾に悩む近世農業の実態がリアルにみえてくる。
〃	長浜市	蚕飼絹篩大成	35	縮緬産地長浜の蚕業家であり農事指導者であった著者は，糸商人として全国くまなく遍歴した。養蚕製糸の有利なことを知り，見聞と体験をもとにきめ細かい技術を説く。
〃	彦根市	製茶図解	47	彦根藩が開国後の主要輸出品として茶を領内に奨励するために刊行したもので，豊富な図で最新の技術をわかりやすく解説している。栽培編と加工編に分かれ，採種から樹の生育と分植まで，摘葉から二番茶・玉露の製法，輸送まで，全般にわたる。
〃	地域不詳	農耕蒔絵膳椀	71	農事風景を描いた蒔絵を施した20人分の膳と椀。平膳の表には四季のうつろいとともに展開する農事風景を，汁椀のふたには平膳の主要な構図が円の中にうまく納まるように描かれている。

都道府県	市町村	農　書　名	巻	内　容　紹　介
京都	舞鶴市	百性作方年中行事	40	丹後国田辺藩が領内全村の農作業と結びついた年中行事を調査した，いわば基礎データ。一見，日常の平凡な農作業の書き連ねだが，藩内農民が安定的な生産活動を行なううえで規範となるべき年間の行事内容が浮き彫りにされる。
〃	京都市	光福寺春耕図絵馬	72	京都市の光福寺所蔵。稲作の１年を描く絵馬が多いが，この絵馬には田植えの場面だけが描かれている。年代がはっきりしている絵馬では最も古いものの１つ。
大阪	茨木市	農業余話	7	陰陽五行説の学理により農業および作物・家畜を解説した代表的著作。著者は摂津国の農学者で農事試験圃をもち，自ら作物の試作に当たった。作物雌雄説でも一見解を示す。
〃	八尾市	家業伝	8	生産力水準がわが国最高だった近世畿内の綿作農家での営農の克明な記録。綿作，稲作，麦作，根菜，豆類，芋類の具体的な月別作業と栽培上の注意点を子孫に伝えるため，田畑1筆ごとに記す。
〃	東大阪市	午年日記帳	43	天候，農作業，村の仕事，年中行事，仏事・神事などを含めた家族の動向などたんたんと記されている。そこから作物の「作りまわし」などの様相が浮かび上がってくる。
〃	堺市	金魚養玩草	59	金魚のよしあしの見分け方から飼い方までの全般にわたる，金魚飼育書のさきがけ。以後，数多くの金魚飼育書が輩出し，川柳に「裏家住つき出しまどに金魚鉢」と詠まれたような，金魚文化の大衆化に大きな役割を果たした。
〃	大阪市	犬狗養畜伝	60	作者は幕末期の戯作者で，絵画・本草学，果ては商売にまで通じた異才。犬の飼い方と治療法について述べているが，真のねらいは犬の病気を治す薬の宣伝にあるという遊び心あふれた本。
兵庫	春日町	作もの仕様	28	商品生産にまきこまれてきた文化から天保期（1804～43）の丹波地方での農事の方法を具体的に示す。栽培を総論と各論に分けて述べ，野菜，米麦など多岐にわたる作物を扱う。
〃	春日町	農業稼仕様	28	『作もの仕様』と同じ著者が，前著を補い，年間の農事を整理したもの。記述は，梅檀の枝葉の煮出し汁や鯨油を使った虫害対策など技術的な事柄のほか，職人の食事の注意など家政的なものにも及ぶ。
〃	大屋町	養蚕秘録	35	近世におけるわが国蚕書の白眉。養蚕での『農業全書』の役割を果たした書。守国は若年から養蚕に親しみ，信州，上州，岩代などの養蚕先進地を歩き集大成したのが本書である。仏語訳もある名著。
〃	豊岡市	家事日録	43	年間の農事記録や年中行事とともに出石藩士・寺檀関係者・心学仲間・家族・親族との交わりを細かに書き留めている。
〃	伊丹市	童蒙酒造記	51	江戸期初頭の銘醸地・摂津鴻池の流派を中心に，酒づくりの全般にわたって解説している酒造技術書。乳酸発酵利用の新酒用菩提もと，高温糖化の煮もと，通常の生もとについての技術は貴重な情報。
〃	伊丹市	寒元造様極意伝	51	摂津伊丹流の寒づくりの酒造技術書。水の加え方と蒸米の温度加減，加温用の暖気樽による温度調節などを解説していて，いわゆる「伊丹流」の酒造技術がよくわかる。
〃	龍野市	醤油仕込方之控	52	播磨国龍野の有力な醤油屋による，江戸時代後期の淡口龍野醤油の製法書。大豆の煮出し汁「あめ」，甘酒，蜜，醤油粕からさらに搾った二番醤油（番水）などを加えてつくる，龍野醤油の独自の製法を詳述。
〃	明石市	牛書	60	牛のさまざまな病気を番付にして載せ，漢方による治療法を示した伯楽（獣医）ハンドブック。中国本を手本にしているが，伯楽たちが自らの診療経験をふまえて実用書として完成させたもの。
〃	明石市	讃岐砂糖製法聞書	61	播磨国二見の小山某が，製糖業の先進地・讃岐国の白鳥新町の人から砂糖製法の技術を聞き書きしたもの。藩の統制下にあった製糖技術は，このように聞き取りのかたちで他国へ伝播した。

都道府県	市町村	農書名	巻	内容紹介
兵庫	姫路市	早川神社四季耕作図絵馬	72	兵庫県早川神社所蔵。画面は大きく上下に分かれ，上右から下左へと流れる構図である。春先の種もみつけから秋の収穫・蔵入れまで画面いっぱいに描かれている。
奈良	天理市	山本家百姓一切有近道	28	生産力水準の高い大和平野での稲と綿の田畑輪換技術の実際を伝える。作業暦風に栽培技術，作業手順を子孫に伝えたもの。
〃	天理市	勧農微志	61	大和の老農・中村直三は，角力番付，一枚刷り，小冊子など，農民にわかりやすい形式を活用して，自らの農法を積極的に広めた。
〃	天理市	伊勢錦	61	大和の老農・中村直三の著わした，角力番付形式の稲品種の一枚刷り。その数44品種に及ぶ。
〃	天理市	筆松といふ者の米作りの話	61	大和の老農・中村直三による稲づくりの話。農民の経験談が豊富に登場する。
〃	天理市	畑稲	61	大和の老農・中村直三による陸稲の栽培法。陸稲の特徴をとらえ，簡潔に伝える。
〃	月ヶ瀬村	大地震難渋日記	66	嘉永7（1854）年，東海から伊勢・伊賀・大和の各地に2度の地震が襲い大きな被害を与えた。本書は，2度の大地震の大揺れのようすを「馬が腹の皮をうごかすごとく」などと写実的に描写する。
和歌山	橋本市	地方の聞書（才蔵記）	28	紀伊国の庄屋であり地方役人であった大畑才蔵の書。治水，地域計画，営農についての考え方を述べ，経済合理的な考え方の成熟を示す。地域計画・土地利用についての古典。
〃	粉河町	作り方秘伝	40	紀伊国那賀郡深田村の庄屋による，農業技術に関する12点の記録。なし，紅花，すいか，ミツバチ，びわ，鶏，桃，けしなど，商品作物を取り入れるさいの諸経費や利益を見積もり，商業的農業の可能性を探ったユニークな農書。
〃	金屋町	紀州蜜柑伝来記	46	紀州みかんは江戸で圧倒的な販売量を誇った。その成功の秘密は，生産・販売のネットワークが有効に機能したことにあった。本書はそのネットワークの整備過程と変遷を詳述する。
〃	橋本市	積方見合帳	65	紀伊国伊都郡学文路村の庄屋・大畑才蔵は，和歌山藩の藩命を受け，領内の溜池・用水路の築造のための検分，測量調査を行ない，普請計画を策定した。本書はその記録で，才蔵の地方巧者（じかたこうしゃ）としての面目が躍如としている。
鳥取	鳥取市	自家業事日記	29	鳥取城下，千代川ぞいの住人により嘉永年間（1848～53）に書かれた書。人糞，ほしかなどを積極的に導入して商品生産をしている。家訓書でもある。
〃	郡家町/北条町	樹芸愚意	47	天保飢饉による疲弊から未だ癒えない鳥取藩の知行地に，ころび（油桐）・はぜ・漆など商品作物の植樹を奨励した記録で，いわば特産品による村おこし，農村復興策の事例報告。新しい林業を模索するうえで参考になる。
島根	出雲市	神門出雲楯縫郡反新田出情仕様書	9	財政逼迫に見舞われた松江藩建直しの一方策として郡役人が具申した新田地帯での農耕の指針書。裏作・堆肥つくりによる地力増進を強調する。
〃	出雲市	農作自得集	9	昔から伝えられた農事の教えを古老に聞きながら簡明な文章でつづった農書。立地に合わせて冬春の農事の準備から耕作法，とくに綿のつくり方を説く。
〃	益田市	紙漉重宝記	53	強靭さで定評のある石州半紙の製造工程を，表情豊かな職人像とともに詳細に図解。原料こうぞの売買や紙の値段など採算についても細かく記す。山奥の村々が紙漉きによって経済を安定させるうえで，強力な武器になった。

都道府県	市町村	農　書　名	巻	内　容　紹　介
島根	松江市	松江湖漁場由来記	*59*	鱸（すずき）や白魚を中心とする松江湖（宍道湖）の漁法，漁業慣行，漁師の身分など，漁業の総体がわかる文書。松江藩によって漁業権を特権的に保護されていた白潟漁師の関係者が，その再確認のために書いた漁場由来記。
〃	玉湯町	豊秋農笑種	*61*	『農業全書』と『農業余話』に学び，自らの新知見や試験を通じて得られた稲作技術を中心に書いた栽培・経営書。これが財政窮迫に悩む松江藩の役人の目にとまり，藩内に普及された。
岡山	井原市	一粒万倍 穂に穂	*29*	備中地方の実情にそって農業技術の改善をめざした書。数度にわたって板行され，近世後期の農業技術の普及に大きな役割を果たした。
〃	清音村	水損難渋大平記	*67*	嘉永 3（1850）年，備中国高梁川左岸，軽部村の堤防が決壊した。その折の被害状況，藩庁や民間の救済のようす，復興へ向けての普請，年貢の見直し，水害に対する心得などを，和歌入りの独特の文章でつづっている。
〃	倉敷市	洪水心得方	*67*	高梁川の上流，軽部村で破堤した 2 日後，備前国児島郡粒浦新田は25日間冠水した。その折の村の被害と村人の活躍，藩の対応と村々からの援助，洪水時の心得などを細かく記し，子孫への教訓として書き残したもの。
広島	吉田町	家業考	*9*	耕作技術と台所の心得（味噌・醤油のつくり方，各種漬物の漬け方など），葬式の出し方などについて，年中行事，農事暦のかたちで子孫に伝える家訓書。非常に具体的に記述され，読者の心を打つ。
〃	竹原市	賀茂郡竹原東ノ村田畠諸耕作仕様帖	*41*	稲を中心に，麦・綿・麻・たばこ，その他の雑穀・野菜類それぞれについて，耕作の方法を簡潔に記す。高い二毛作率，集約的農業，商品作物生産など，18世紀初頭，瀬戸内地域の農業技術の背景を知るための好史料。
〃	福山市	土屋家日記	*44*	備後国深津郡市村（現福山市蔵王町）などに居住し，周辺の庄屋役を務めることの多かった土屋家の文化 5（1808）年の日記。年間の農作業が綿密に記されていて，江戸後期の瀬戸内の農業技術の水準を分析するうえで貴重。
〃	福山市	あゐ作手引草	*45*	あいの最大の特産地は阿波国徳島だが，本書はあい作を備後国福山地方へ普及させようとして出版されたもの。栽培法を絵入りで紹介し，同地方におけるあい作普及に大きな役割を果たした。
山口	大島町	農業年中行事	*29*	藩の役人が庄屋に指示して作成・提出させた一種の調査報告書。月例の農作業と，主要な作目については 1 反当たりの必要な労力・肥料代を各作業ごとに計算した「手数え積」からなる。
〃	久賀町	農業巧者江御問下ケ十ケ條幷ニ四組四人ゟ御答書共ニ控	*29*	周防国大島の郡代官による篤農家たちへの農事の質問と，それに対する回答。田の良否の判定法，害虫防除の実際，選種法，掛干しの実情などを回答。
〃	萩市	弐拾番山御書付	*57*	長州藩の直轄輪伐林である番組山を計画的に伐採・育林する管理方法について具体的に述べたものとして，わが国唯一のものである。
〃	橘町	安下浦年中行事	*58*	周防 5 立浦の 1 つ安下浦におけるいろいろな漁法を月を追って述べている。当時の漁法，ほしかの製法，漁民の活動域，漁業慣行などがよくわかる。著者は庄屋で，領主層へ書き上げたもの。
〃	地域不詳	東道農事荒増	*61*	長州人による東日本農事視察記。関西・東海・関東・信州各地の農業事情を明らかにするとともに，長州藩の稲作の生産力の高さをも逆に照らし出している。
徳島	吉野川流域	農術鑑正記	*10*	阿波国の農学者により享保年間（1716～35）に著わされた書。水田二毛作の技術を軸に，農具，種子，耕作の時期について平易に記述する。『農業全書』で扱われなかった作物について意識して取り上げている。

都道府県	市町村	農書名	巻	内容紹介
徳島	吉野川流域	阿州北方農業全書	*10*	吉野川流域の農家を対象に，栽培指針を説く農事暦的性格をもつ書。あい作の記述でも，具体的に限定された地域での栽培法を説き，経営的視点を含めているので記述も力強い。
〃	吉野川流域	藍作始終略書	*30*	阿波国の特産物であるあいの栽培から製造までの総合解説書。葉あいのねかせ方，あい玉の鑑定法，あいごみ，あいの茎の利用法など，およそあいに関することについて微に入り細をうがって記す。
〃	阿南市	三等往来	*62*	郷土阿波国椿泊の地勢や歴史，そこに住む三等（武士・商人・漁師）の日々の暮らしぶりを漢文で叙述。漢文の入門書でもあり，子供たちに郷土の歴史・風土・人情の特性を教える本でもある。とくに漁師と魚商人について詳しい。
香川	香川町	甘蔗栽附ヨリ砂糖製法仕上ケ迄ノ伝習概略記	*30*	讃岐国の特産物砂糖について栽培，経営，製法を示した書。栽培から製造にいたるまでを生産者の身になって簡潔に示している。
〃	山本町	西谷砂糖植込地雑用并ニ出人足控	*44*	讃岐国豊田郡河内村での，同郡内の大地主大喜多家が中心となって共同で行なった甘蔗栽培と，初製糖（白下糖・粗糖）加工の出人足（出役）を中心に記した農業日記。近世期には類例のない珍しい日記。
〃	白鳥町	讃岐砂糖製法聞書	*61*	播磨国二見の小山某が，製糖業の先進地・讃岐の白鳥新町の人から砂糖製法の技術を聞き書きしたもの。藩の統制下にあった製糖技術は，このように聞き取りのかたちで他国へ伝播した。
愛媛	三間町	清良記（親民鑑月集）	*10*	武将・土居清良一代記のうちの1巻である農書『親民鑑月集』。田畑耕作の起源，農民の心がまえ，品種と採種論，土と肥料，農業経営の話などを，明快に親しみやすく説く。
〃	大洲市	農家業状筆録	*30*	文化年間(1804～17)，大洲藩士によってまとめられた農村見聞記。農民への共感をもって，農村の姿と農家の日常生活を詳細に描く。
〃	肱川町	農業手曳草	*41*	宇和島藩山奥組横林村の庄屋が，藩の農作物栽培法についての諮問に答えたもの。刻苦勉励して庄屋にまでなった体験的な人生哲学を織りこんで，稲・大豆・とうもろこしなど6種の耕作法を述べる。
高知	東洋町	冨貴宝蔵記	*30*	土佐国野根村の一農民が稲作害虫防除法について具体的にまとめたもの。ウンカ，メイチュウなど虫ごとに対策を述べる。植物浸出液による防除法の記述は生物農薬の原点。
〃	高知市/土佐市	耕耘録	*30*	土佐藩12代藩主・山内豊資の代に著わされた。土性，地質，気象によって一毛作田と裏作可能田とを判断する方法についての記述は，近世農書中異色。
〃	高知市	農業之覚	*41*	高知城下近郊の稲作と麦作，山間部の焼畑という，対照的な農業が紹介されている。明治以降も試験場の研究課題になった「土佐の厚蒔き」稲作の実態，豊かな山を活用した自給用作物，多様な商品作物生産の実態がわかる。
〃	高知市	樟脳製造之法	*41*	樟脳は，防虫・薫香材，強心剤（カンフル）などに広く利用される。この樟脳の需要が幕末の開国によってさらに増大し，ほうろく式から蒸留式の製造法，いわゆる土佐式樟脳製造法が開発された。本書はその解説書。
〃	芸西村	物紛(乾)・続物紛	*41*	年中温暖な土佐国では，水稲二期作と輸送園芸が発展していた。その実態を解明できるのが本農書で，子孫への戒め，農民の心がまえ，米・麦，園芸作目，多様な商品作目，加工食品・家畜・肥料などについて具体的に論じている。
〃	田野町	農家須知	*70*	土佐国の医師が，「医食同源」の原理，陰陽五行説の方法論による作物の観察，実際の栽培結果をもとに本書を著わした。農作は「客（宴会）をするがごとし」として，座敷の掃除＝地ごしらえ，酒・肴＝肥料，食事時の案内＝田植え時，招く客＝苗，とたとえて，実践的に説く。

都道府県	市町村	農　書　名	巻	内　容　紹　介
福岡	福岡市	園圃備忘	*11*	著名な本草学者貝原益軒による，春夏秋冬，農作物，花，果樹類などの農事暦を示した異色の備忘録。「貝原益軒全集」にも収録されていないもの。
〃	県西部	九州表虫防方等聞合記	*11*	北陸大聖寺藩の農民による先進地北九州の虫防ぎや苗代のつくり方を視察した道中記，かつ出張復命書。各地をめぐって，多くの人に会ったことが，克明に記録されていて興味深い。
〃	那珂川町	窮民夜光の珠	*11*	有利な商品作物であるはぜの栽培法と製ろうの仕方を詳細に解説した古典的名著。著者自らがはぜ栽培の先覚者で，庄屋としての立場から農民に示したもの。のちに，大蔵永常は本書をもとに『農家益』を著わした。
〃	福岡市	農業全書（巻1～5）	*12*	質・量ともに近世農書の白眉。元禄10（1697）年刊。以降200年にわたり刊行され，日本の農業に大きな影響を与え，その影響のもとに多くの農書が書かれた。本書の技術的立場は多肥集約農業の勧めであり，その中核技術は中耕・肥培である。労働集約型・土地生産性重視のこの農業が江戸時代の国内自給体制をもたらした。巻之一～五を収録。
〃	福岡市	農業全書（巻6～11）	*13*	『農業全書』巻之六～十一を収録。巻之十一附録は貝原楽軒著で国政，藩政と農業のあり方を説く。
〃	筑前地方	農業横座案内	*31*	1～12月までの月別作業の要領を記すほか，名主の心得，病人が出たばあいの措置，奉公人の扱い方まで示した家訓的農書。
〃	新宮町	年中心得書	*31*	筑前国粕屋郡の一農民が子孫のためにつづった家訓と農事暦。要点をたんたんと記すなかに子孫への情を込める。
〃	夜須町	蝗除試仕法書	*31*	筑前国夜須郡曾根田村の庄屋藤右衛門が，ウンカなど稲虫の防除について自ら試みた方法を，庄屋仲間に意見を求めてまとめた農書。
〃	田主丸町	農人錦の嚢	*31*	はぜの木は農民にとって錦の袋であるとの考えから，はぜの栽培法を30項目にわたって詳述する。優良はぜ種「松山」の原産地からの農書。
〃	福岡市	砂畠菜伝記	*33*	福岡藩の下級武士が，生活の補いのため，屋敷内の砂畠に野菜を栽培した結果を詳述した書。
〃	甘木市	農人定法	*41*	『農業心覚』と同じ著者による姉妹書で，両書とも『農業全書』刊行後6年という早い時期に，その影響のもとに成立。米・麦・あわ・たばこ・野菜の栽培法，作物のつくりまわし，人の使い方などについて述べる。
〃	甘木市	農業心覚	*41*	筑前国下座郡屋形原村での五穀の試作結果を中心に，54種の作物にふれる。とくに稲作，あわ作について詳しく，稲で「つるほそ」「あかさこ」など9品種，あわで「八石」「そうだもち」など5品種をつくりこなしている。
〃	福岡市	享保十七壬子大変記	*67*	西日本を襲った虫害による飢饉を，福岡藩領志摩郡元岡村の大庄屋が記録。飢饉の経過，食用にした品々，藩の対策，「当郡の総人口は1万8,064人であった。そのうち3,800人が飢え死にした」ことなどを克明に伝える。
〃	三潴町	小犬塚天満宮農耕絵馬	*72*	福岡県南部旧小犬塚村の天満宮に奉納された絵馬。播種から収穫にいたる稲作の1年を描くが，脱穀・もみすり・蔵入れの場面を欠く。打桶による堀からの揚水場面などクリーク地帯の特徴がよく出ている。
〃	八女郡地方	筑後国農耕図稿	*72*	幕末の筑後国南部クリーク地帯の農耕のようすと農具を描く。作者は久留米藩の御用絵師。実際に観察して描いているため資料的価値が高く，描かれた場面は地域の特徴をよく表わしている。
〃	筑穂町	大分八幡宮農耕絵馬	*72*	天保8（1837）年に豊作を祈願して奉納されたもの。代かき，種まき，苗取り，苗運び，田植え，稲刈り，脱穀など，1年の稲作を描くほか，水をめぐる争いらしい状景も描く。

都道府県	市町村	農　書　名	巻	内　容　紹　介
佐賀	千代田町	野口家日記	11	佐賀平野の一農民が農事の詳細を日々克明につづったもの。耕種，肥培，収量はもとより，凶作，流行病なども記す。幕末期佐賀平野クリーク地帯の土地利用が示される。
〃	唐津市	農要録	31	唐津の農書。「老農ノ言ヲ子孫ニ与フルモノ」というように，老農から伝え聞いた農業のやり方を12か月に分けて記録したもの。
〃	呼子町	小川嶋鯨鯢合戦	58	肥前国唐津領呼子浦を本拠地とした鯨組・中尾甚六の小川嶋における捕鯨を合戦に見立て，図絵を多用して描いたもの。勇壮活発な捕鯨の推移が，躍動感あふれる軍記物の口調で表現されている。
〃	有田町	伊万里染付田植図飯茶碗	72	ふた付き５客の飯茶碗。ふたの表と茶碗の外面に，笠とみのをつけた農夫が並んで田植えをしているようすを描く。
〃	塩田町	伊万里染付稲刈図絵皿	72	絵皿の縁にそって14把の稲束を配している。皿の中央をあぜで区分し，その中で３人の農夫が稲刈りに精を出しているようすを描く。農夫の表情はこの年の豊作を告げているようだ。
〃	有田町	伊万里染付農耕絵皿	72	近世後期に有田で焼かれた大皿。絵柄は水田作業と屋敷の庭での農作業に２分される。水田作業では苗取り，苗運び，田植えなど，庭での農作業では脱穀，風選，俵詰め，精米などが描かれている。
長崎	諫早市	郷鏡	11	長崎県諫早地方の農書。とくに播種から収穫までの農作業の手順を記す。水稲はもちろん，あわなど畑作物も記述。
〃	厳原町	刈麦談	32	水田の少ない対馬での重要作物「麦」の刈取り時期を問題にしながら，経営のなかにどう取り入れていくかを説いた技術，経営書。『老農類語』とともに島での農業と生活の実態を伝える貴重な書。
〃	厳原町	老農類語	32	対馬島内の８つの村々の老農たちからの報告をもとに，「対馬聖人」とうたわれた陶山訥庵がまとめた対馬の農業記録。木庭作すなわち焼畑農業について詳しく紹介し，近年まで続いた対馬の焼畑の原型を伝える。
〃	厳原町	糞養覚書	41	現場の役人が，肥料の製法・施肥法を編さんし，郷村に配布したもの。いわし，海藻などを重視する。
〃	厳原町	木庭停止論	64	対馬藩では，木庭（焼畑）の休閑年数が短くなり，土砂の流出が激しくなったため，木庭停止の指示を出した。本書はそれに対する賛否の意見を公平に公開し，著者・訥庵の見解を加えたもの。
〃	島原市	嶋原大変記	66	寛政4（1792）年，雲仙・普賢岳が噴火し，加えて眉山が激震とともに大崩落して津波を誘発した。その被害は対岸の肥後にまで及び，「島原大変肥後迷惑」といわれた。その一部始終を記録する。
熊本	熊本市	久住近在耕作仕法略覚	33	阿蘇の郡代が，３人の農夫に米麦，たばこ，麻など各種作物の栽培法をたずね，さらに２，３の老農に意見を求めてまとめた書。
〃	大津町	合志郡大津手永田畑諸作根付根浚取揚収納時候之考	33	稲・麦・野菜・麻・たばこなど，田畑作物の植付けから収穫までの適期の要点を簡潔にまとめる。準備すべき農具は図入りで解説。
〃	熊本市	肥後国耕作聞書	33	薩摩藩士が，文政初年に，肥後国滞在中に見聞したことと，天保末年に再来遊して得たことを合わせて記述。肥後国の年間の農業生産，生活を示す。
〃	熊本市	養菊指南車	55	肥後菊の管理の勘どころを二十四節気ごとに解説した図入りの栽培秘伝書。個々の花，株を観賞するのではなく，花壇全体の調和した美の観賞を目的とすることを説く。
〃	矢部町	通潤橋仕法書	65	肥後国矢部手永（郡）の総庄屋による，石橋・通潤橋と，その上に設置された送水用の石樋の設計・工法書。克明な図面が示され，設計・施行のようすがよくわかる。通潤橋の架橋で，不毛の白糸台地に 100町歩の水田が拓かれた。

都道府県	市町村	農書名	巻	内容紹介
大分	宇佐市	櫨徳分幷仕立方年々試書	33	はぜ栽培の利益と育苗，接ぎ木，施肥にいたるまでの技術を細かく記す。著者・上田俊蔵ははぜの優良種「群烏」を生み出し，技術を公開して普及させ，後年『櫨育口伝試百ケ條』を著わした。
〃	宇佐市	農業日用集	33	豊後国四日市の「桂懸堰」をつくり農業に尽くした渡辺宗綱の第3子綱任の農事指南書。『農業全書』に学び栽培法を説く。
宮崎	椎葉村	椎葉山内農業稼方其外品々書付	34	ひえつき節の里・椎葉村での農業生産と生活の貴重な史料。山村生活，畑作の原形を示す。
〃	高岡町	紀州熊野炭焼法一条幷山産物類見聞之成行奉申上候書附	53	幕末，鹿児島藩は専売による山林経営を企画し，林産物の生産，輸送，販売を藩直営で行なう御手山の制度をつくった。その御手山の支配人が，先進地紀伊国熊野地方の白炭の製法，生産・流通機構などを学び，調査した報告書。
鹿児島	日吉町	農業法	34	農事研究に努めた著者が初心者向けにわかりやすく農耕の要領を説く。土壌肥料，農民の心得，土木・治水などについて親切に記述。
〃	高山町	耕作日記	44	大隅国肝属郡高山郷の上級郷士・守屋舎人が記した農作業日記。1筆ごとの作付面積，収穫量などが具体的に記されており，近世後期の農業の実情を知るうえで貴重。
沖縄	那覇市	寒水川村金城筑登之親雲上耕作方相試田地奉行所へ申出之條々	34	寒水川村の農民による農書。ジャーガル土壌，マージ土壌，ウジマ地など，土質に応じた農法を説く。さつまいもの栽培にとくに詳しく，早植え，寄植え，つるがえし法，年2回作にふれるなど，革新的技術をすすめる。
〃	那覇市	西村外間筑登之親雲上農書	34	なす・ごぼう・とうがん・にんじん・わけぎ・らっきょうなどの野菜，豆類・あわ・きびなどの穀物，綿・たばこなど特用作物の手入れについて述べる。また畑作の収支や使用人の経費など経営についてもふれている。
〃	那覇市	安里村高良筑登之親雲上田方幷芋野菜類養生方大概之心得	34	稲，さつまいも，野菜類の栽培および肥料のつくり方からなる。「楮」「唐蔓」「黒かつら」「唐かつら」「かぎや」「赤こう」など，さつまいもの品種が多数登場する。
〃	石垣市	八重山嶋農務帳	34	沖縄の農業指導書である『農務帳』を八重山の実情に即して補足した農書。基本構成は『農務帳』と同じで，土壌保全の思想が貫かれている。さつまいも・豆類・からむし・あい・芭蕉などの作物を取り上げる。
〃	大宜味村	耕作下知方並諸物作節附帳	34	沖縄本島北部の大宜味村の勧農役人の書。毎月の1日に番所に赴いて報告したさいの書付で，農事一般，稲の播種期と農具の準備，毎月の農事暦，あとがきからなる。
〃	那覇市	農務帳	34	近世琉球の指導者・蔡温が農事についての指導とその監督について令達した文書。土地の保全，農事の心得，農民の生活の心得，たくわえについて，有用植物の仕立て方，村役人の心得，の6部からなる。
〃	那覇市	林政八書 全	57	琉球王国の最高指導者・蔡温によって記された行政文書。森林の保護・育成の実際を，自然と人間が調和して生きていくための「風水」をもって説明しているところに特徴がある。
〃	石垣市	八重山農耕図	71	首里王府下の八重山の行政庁・蔵元に配属されていた絵師が描いた「八重山蔵元絵師の画稿」中から，稲刈り，稲束の運搬，稲束の貢納と稲叢つくり，米の収納，の4枚の農耕図を収録。八重山地方の稲作のようすがうかがえる。
全国		農業全書（巻1～5）	12	質・量ともに近世農書の白眉。元禄10（1697）年刊。以降200年にわたり刊行され，日本の農業に大きな影響を与え，その影響のもとに多くの農書が書かれた。本書の技術的立場は多肥集約農業の勧めであり，その中核技術は中耕・肥培である。労働集約型・土地生産性重視のこの農業が江戸時代の国内自給体制をもたらした。巻之一～五を収録。

都道府県	市町村	農　書　名	巻	内　容　紹　介
全国		農業全書（巻6～11）	13	『農業全書』巻之六～十一を収録。巻之十一附録は貝原楽軒著で国政，藩政と農業のあり方を説く。
〃		広益国産考	14	江戸時代を代表する農業ジャーナリスト・大蔵永常の全生涯によって究められた農学の集大成。農民的・合理主義的感覚で当時の国産物を図解入りで記述する。
〃		綿圃要務	15	近世商品作物のチャンピオンである綿の性状と栽培法とを整然と示した著作。先進地での栽培例や販売法，品質までふれている。顕微鏡による図も挿入。
〃		農具便利論 上・中・下	15	鍬，すき，鎌，土覆い，馬鍬，田舟，千歯扱き，暗渠排水の方法から揚水機，各種の船まで，図解寸法入りで解説した江戸時代最高の農具の手引。立地や作物による使用法も詳述する。
〃		除蝗録 全・後編	15	鯨油による稲作害虫防除法につき，実例をおりまぜながらきわめて具体的に解説した書。後編では，鯨油を使えない地域，農家を対象に，綿実，油桐，菜種油の効果と施用法を記述。
〃		百姓伝記（巻1～7）	16	三河・遠江国を舞台に，最も古い時代に成立した著名な写本農書，全15巻。本巻ではその前半を収録。自然の観察，農民の生き方，土と肥料，樹木，農具，治水などについて述べる。
〃		百姓伝記（巻8～15）	17	『百姓伝記』の後半部分を収録。苗つくり，稲作，麦作，野菜作の実際からそれらの食べ方までを具体的に述べ，さらに農具類の備え，使用法を説く。本書は小農技術の体系化を目指しており，今日に至るわが国の農業技術の基礎をなすものである。また，中国の陰陽五行説を農業（とくに土壌）に適用した最初の書として注目される。
〃		煙草諸国名産	45	江戸の町・九段でたばこ屋を営む狂歌好きの著者が書いたたばこ産地・品質・価格・効能から喫煙マナー・外国事情にいたるたばこ百科。
〃		朝鮮人参耕作記	45	幕府は，すべて輸入に頼っていた朝鮮人参の国産化政策を進め，その栽培と調製にくわしい幕府医官・田村藍水を登用した。本書は栽培の普及を目的にした技術書で，基本は現代にも通じる。
〃		油菜録	45	油菜（あぶらな，なたね）は，灯油・食用油・肥料の原料として欠かせないものになり，農民にとっては換金作物として重要な作物となった。その栽培法を絵入りでくわしく紹介した刊本。
〃		製葛録	50	くずは，くず粉をとる素材として，また薬としても利用でき，茎からは糸をとって布に織ることもできるという重宝な植物である。本書はくず粉のとり方，くず布の製法を図解入りで説明している。
〃		甘蔗大成	50	さとうきびの導入を，麦や菜種の間作として，つまり諸作のつくり回しのなかに組み込んで説いているところに本書の特徴がある。製糖技術としては中国渡りの伝統的な方法と，讃岐流の新しい技術を重層的に述べている。
〃		製油録	50	永常の前著『油菜録』が栽培について述べるにとどまり，搾油法にはふれていなかったので，それを補う意味で刊行したもの。綿実の搾油法にもふれている。その技術は現代にも通用する。
〃		童蒙酒造記	51	江戸期初頭の銘醸地・摂津鴻池（現伊丹市）の流派を中心に，酒づくりの全般にわたって解説している酒造技術書。乳酸発酵利用の新酒用菩提もと，高温糖化の煮もと，通常の生もとについての技術は貴重な情報。
〃		寒元造様極意伝	51	摂津伊丹流の寒づくりの酒造技術書。水の加え方と蒸米の温度加減，加温用の暖気樽による温度調節などを解説していて，いわゆる「伊丹流」の酒造技術がよくわかる。

都道府県	市町村	農書名	巻	内容紹介
全国		漬物塩嘉言	52	江戸の漬物問屋・小田原屋主人が，たくあん漬け，白うりの印ろう漬け・捨小舟など64種の漬物について，秘伝の漬け方を開陳。風趣ある絵と漬物名を詠みこんだ歌なども楽しい。家庭用・商売用いずれにも使える内容。
〃		麩口伝書	52	小麦のふすまから，麩(ふ)を取り出す方法，それをもとにした焼き麩・観世麩・大名麩などのつくり方が記されている。麩の製造者の心おぼえのために書かれたものと思われる。生麩に小麦粉を加えた麩が4種，米粉を加えた麩が13種など，多彩。
〃		績麻録	53	江戸渋谷の住人が，越後国田沢村の庄屋宅に逗留して越後縮の生産工程を正確な挿絵とともに記録。現在の重要無形文化財「小千谷縮・越後上布」をたどれる最も古い文献。縮布や織子，産地の習俗など，民俗資料としても貴重。
〃		樟脳製造之法	53	樟脳は，防虫・薫香材，強心剤（カンフル）などに広く利用される。この樟脳の需要が幕末の開国によってさらに増大し，ほうろく式から蒸留式の製造法，いわゆる土佐式樟脳製造法が開発された。本書はその解説書。
〃		鶉書	60	江戸時代には，小鳥の飼育が流行し，鳴き声や体型の優劣を競う「鳴き合わせ」が盛んに行なわれた。本書はうずら飼育者を対象に，よい鳴き声・体型についてポイントをあげて詳述したもの。
〃		万病馬療鍼灸撮要	60	馬の病気治療のハンドブック。利用者のために巻頭に鍼灸のつぼの部位図を掲げ，生薬の配合についても詳細をきわめている。現場の要求に十分応えようとした実用性の高い馬医書である。
〃		安西流馬医巻物	60	粉川僧正を開祖とする安西流の馬医学の彩色絵巻。馬に鍼をうつ部位とその効果が陰陽五行説と仏教の哲理にもとづいていることを，馬体の絵図や五行の配列をもって示している。
〃		廏作附飼方之次第	60	本書の特徴は，乗用馬を飼育するきゅう舎のつくり方と馬の飼い方および飼料について，実用性の観点からきめ細かに述べているところにある。また，人の食事との対比など，叙述にも工夫がみられる。
〃		門田の栄	62	三河国田原藩の領民のために書かれた農法改良，合理的農業経営の書。同じ船に乗り合わせた三河・下総・摂津・九州の4人の農民の問答を通じて，「乾田化の利益」「草木に雌雄はない」「今や技術を革新すべきとき」などを説明する。
〃		満作往来	62	天保4（1833）年の大飢饉の惨状を契機に執筆された。救荒食の生産・加工・貯蔵に関して細かく説明し，あわせて，ふだんから窮乏生活に耐えうる工夫と態度が必要だと，救荒への心がまえを説く。
〃		農業往来	62	土地の利用方法，農作業の勘どころ，年中行事，作物の紹介，68か国の日本国づくし，84種の職づくし，農民の生活心得など多岐にわたる。農事にかかわる事項を広く取り上げた，村役人層の子弟向け往来物＝教科書。
〃		再新百性往来豊年蔵	62	農家の生産や生活に直接必要な道具，肥料，副業，食べもの，家屋の造作，検見，貢納，生活の心得などの教科書。「百姓の取り扱う文字」として農具や所帯道具の1つひとつをあげ，「田畑の広さと長さの単位」まで教えている。
〃		新撰養蚕往来	62	農家副業としての養蚕の経済的有利性を説き，桑のつくり方，蚕用のかごのつくり方，蚕の掃立てから給桑，上簇までの技術上の注意を細かく記す。「桑の葉をきざみ製する図」など，手順を示す図解も添えている。

都道府県	市町村	農書名	巻	内容紹介
全国		米徳糠藁籾用方教訓童子道知辺	62	米作の重要性，稲の副産物のぬか・わら・もみがらの有効利用を子供たちに教えるために書かれた「道しるべ」。わら利用の仕方は三十数種もある。人形の胴，畳床，馬の寝わら，屋根ふき材，わらじ，かかし，縄……。
〃		治河要録	65	幕末，江戸幕府によって編さんされた河川改修技術の集大成。関東・東海・甲州地方の大河川の特徴と改修技術，改修の経緯が記されている。「竜王村・西八幡村堤者信玄堤と申候て」と，信玄堤についての記述もみえる。
〃		農家心得草	68	忘れたころにやってくる飢饉への備え。米の備蓄が実際的でなかった当時，まず麦の増収法と収穫した麦の運用を含めた備蓄法を説く。さらに，飢饉のときに誤って有毒植物を食べないように，有毒植物図を掲載する。
〃		薬草木作植書付	68	幕府の旗本が薬種の国内自給を提言した文書。薬種の生産を増やす2つの方策，栽培法とその収支計算，確保すべき薬種など，薬種行政に関して具体的に提案する。享保期（1716～35）以来の医療の充実，薬種の国産化の政策を継承・発展させるもの。
〃		培養秘録	69	佐藤信淵家代々の地理・気候・土性の研究のうえに成り立ったとされる肥料論であり，佐藤家学の結晶ともいえる。鉱物性の肥料を重視していることが特徴。
〃		農稼肥培論	69	多くの農書を世に出した大蔵永常は，肥料・肥培の分野では本書を著わした。蘭学の知識を取り入れ，それまでの陰陽説や雌雄説から離れ，水・土・油・塩の4元素によって肥培論を展開している。
〃		再種方	70	「再種方」とは稲の二期作栽培の方法。大蔵永常が，土佐国で盛んな二期作の他国への普及をはかったもので，その有利性と栽培の実際を述べる。「付録」では，稲花の顕微鏡観察図を載せ，当時の常識であった植物雌雄説を蘭学の知見から批判している。
〃		甘蔗培養幷ニ製造ノ法	70	平賀源内の主著『物類品隲』に収められている。宝暦（1751～63）の当時，砂糖について国内の知識は不十分で，本書も中国・明の『天工開物』などからの引用と翻案からなる。しかし，類書のなかった当時にあっては，さとうきびの栽培，砂糖の製法について記された貴重な技術書であった。
〃		甘藷記	70	本書は，青木昆陽『薩摩芋功能書幷ニ作り様の伝』を主内容とする鈴木俊民編著『甘藷之記』と，小比賀時胤編著『蕃薯解』からなる。前者では，中国の書籍からの引用・翻案による中国流さつまいも栽培法が，後者では，わが国の先進地・長崎地方の栽培法が説かれている。
〃		二物考	70	蘭学者・高野長英が，大飢饉に苦しむ人々を救おうとして著わした。二物，つまり気候不順でもよく成熟する早熟そばと，暴風雨や長雨にも強く栽培も簡単なじゃがいもについて記す。長英はその知識を，最新の西洋近代科学の成果を盛った蘭書から得ている。
〃		老農夜話	71	絵巻物形式の農書で，天保の大凶作を教訓に，著者が若いときに老農から聞いた夜話を絵図とし，子孫への戒めとしたもの。絵図は種子の準備から始まり，食事風景に終わる20場面からなる。絵農書を代表する作品の1つ。
〃		農耕図刺繍袱紗	71	あさぎ色の繻子地に刺しゅうを駆使して四季の農耕を表わした袱紗。春夏秋冬の各季節の稲作の各作業を，1つの田園風景の中に，あたかもひとつながりの景色として表現している。制作年代は1800年代。
〃		農耕図染小袖	71	茶色の綸子地に友禅染で田園の四季を表わした小袖。構図はあぜを介して構成し，浸種から脱穀・調製まで年間の稲作の各作業を描いている。現存する小袖で農耕のようすを描いたものはきわめて珍しい。制作年代は1800年代。

都道府県	市町村	農　書　名	巻	内　容　紹　介
全国		農 田うへ	*72*	うちわ絵として描かれた珍しい田植え図。一勇斎国芳作の美人画である。うちわとして用いるための錦絵で，使い捨てのうちわ絵が残った貴重な１枚。
〃		渡辺始興筆 四季耕作図屏風	*72*	京都で公家や宮廷に仕えた経歴をもつ著者によって描かれた農耕屏風。農作業だけでなく，祭りや街道筋の光景も描いているところに特徴がある。
〃		四季耕穡之図	*72*	絹本着色の肉筆錦絵。春の状景と秋の状景の２幅からなる。馬にえさを与える農夫，稲束を船で運ぶ親子，家の前の庭で脱穀に励む農民など，情趣豊かに描かれている。
〃		鼎春嶽筆 農耕屏風	*72*	浸種，種まきから田植え，草取りをへて秋の収穫にいたる一連の稲作作業を描く。庭先で鶏を追う子供，赤ん坊を背負う女など，生活感もよく出ている。
〃		白波瀬尚貞筆 農耕掛物	*72*	大和絵の手法によって描かれた2幅1対の田園風景図である。春の場面と秋の場面からなり，さわやかな印象を与える色づかいである。小川と種池の周囲にはすみれ，たんぽぽ，つくし，わらび，れんげが咲きそろい，その上を蝶が舞う。
〃		岡本茂彦筆 農耕掛物	*72*	農耕掛物とは，年間の農作業と農民生活を軸物に仕立てた農耕図。岡本茂彦は四条派の手法で，畿内の農村のようすを描いたものであろう。
〃		農家耕作之図	*72*	富士山を背景にした農耕錦絵。稲作の１年を描くが，やや収穫に重きをおいた描き方である。色あざやかな青を基調とした色づかいは，さわやかな印象を与える。
〃		農業満作出来秋之図	*72*	浮世絵に描かれた農耕の世界。美人画の背景として田んぼが描かれている。３枚続きの大画面構成で，美人，背景の農村風景ともに見ごたえのある作品となっている。

4．成立年順収録農書一覧

和　暦	西　暦	巻	農　書　名
寛永6～承応3	1629～54	10①	清良記（親民鑑月集）
慶安2	1649	60①	鶉書
天和2	1682	72⑯	光福寺春耕図絵馬
天和年間	1681～83	16①	百姓伝記（巻1～7）
天和年間	1681～83	17①	百姓伝記（巻8～15）
貞享1	1684	19①	会津農書
（貞享4）	（1687）	51①	童蒙酒造記
元禄1	1688	11③	園圃備忘
元禄3	1690	51②	寒元造様極意伝
元禄4～7	1691～94	5④	農隙所作村々寄帳
元禄8	1695	54①	花壇地錦抄
元禄10	1697	12①	農業全書（巻1～5）
元禄10	1697	13①	農業全書（巻6～11）
元禄11	1698	18①	耕作口伝書
元禄15	1702	47①	蚕飼養法記
元禄16	1703	41⑤	農業心覚
元禄16	1703	41⑥	農人定法
（元禄16）	（1703）	66⑦	高崎浦地震津波記録
元禄年間	1688～1703	28①	地方の聞書（才蔵記）
元禄年間	1688～1703	65②	積方見合帳
宝永1	1704	20①	会津歌農書
宝永4	1707	4①	耕稼春秋
宝永4～5	1707～08	66①	富士山砂降り訴願記録
宝永6	1709	5①	農事遺書
宝永6	1709	41①	賀茂郡竹原東ノ村田畠諸耕作仕様帖
元禄～宝永年間	1688～1710	19②	会津農書附録
宝永7	1710	60⑤	安西流馬医巻物
宝永7頃	1710頃	37①	農書 全
正徳3	1713	20②	幕内農業記
享保2頃	1717頃	26①	農業図絵
享保5	1720	65①	川除仕様帳
享保6	1721	52⑤	仕込帳
享保7	1722	32①	老農類語
享保7	1722	32②	刈麦談
享保7	1722	38③	促耕南針
享保7	1722	64①	当八重原新田開発曰書
享保8	1723	10②	農術鑑正記
享保14	1729	64⑤	木庭停止論

和　暦	西　暦	巻	農　書　名
享保15	1730	45①	名物紅の袖
享保16	1731	30②	冨貴宝蔵記
享保16	1731	62⑨	農業家訓記
享保19	1734	34①	農務帳
享保20	1735	67④	享保十七壬子大変記
（享保年間）	（1716～35）	66②	富士山焼出し砂石降り之事
享保12か元文3	1727か1739	41③	農業之覚
寛保3	1743	67①	大水記
延享1	1744	60④	牛書
延享2	1745	34③	寒水川村農書
延享4	1747	11①	窮民夜光の珠
延享4	1747	57①	弐拾番山御書付
寛延1	1748	59⑤	金魚養玩草
寛延2	1749	34⑧	椎葉山内農業稼方其外品々書付
寛延3	1750	31④	農人錦の嚢
宝暦5	1755	18①	民間備荒録
宝暦8	1758	41⑦	糞養覚書
延享2～宝暦8	1745～58	64④	出羽国飽海郡遊左郷西浜植付縁起
宝暦10	1760	24③	家訓全書
宝暦10	1760	33①	農業日用集
宝暦12	1762	9②	農作自得集
宝暦12	1762	62①	農業往来
宝暦13	1763	70①	甘蔗培養并ニ製造ノ法
明和2	1765	45⑦	朝鮮人参耕作記
元禄12～明和3	1699～1766	42①	高野家農事記録
明和8	1771	58②	関東鰯網来由記
明和9	1772	38②	農業順次
明和年間	1764～72	9①	家業考
安永5	1776	1①	耕作噺
安永6	1777	31③	農業横座案内
安永9	1780	1④	菜種作り方取立ケ条書
安永9	1780	64③	飯沼定式目録高帳
（宝暦～天明初）	（1751～81）	36①	津軽農書 案山子物語
天明1	1781	39⑤	耕作大要
天明1	1781	63①	儀定書
天明2	1782	46①	梨栄造育秘鑑
天明3	1783	71⑬	田山暦

和　暦	西　暦	巻	農　書　名
天明4	1784	59①	玉川鮎御用中日記
天明4	1784	66③	浅間大変覚書
天明4	1784	67⑤	年代記
天明5	1785	1③	老農置土産並びに添日記
天明5	1785	40②	農業時の栞
天明6	1786	29①	一粒万倍 穂に穂
天明6	1786	39⑥	諸作手入之事/諸法度慎之事
天明7	1787	23⑥	農事弁略
天明7	1787	41②	物紛(乾)・続物紛
天明8	1788	70②	羽陽秋北水土録
享保19，天明8	1734，1788	46②	紀州蜜柑伝来記
天明後期	1785～88	72⑨	農業満作出来秋之図
寛政1	1789	2④	農民之勤耕作之次第覚書
寛政1	1789	6①	私家農業談
寛政1	1789	30④	藍作始終略書
寛政4	1792	66④	嶋原大変記
寛政7	1795	3③	開荒須知
寛政8	1796	45④	五瑞編
寛政9	1797	62②	再新百性往来豊年蔵
寛政10	1798	53①	紙漉重宝記
寛政10	1798	72⑤	鼎春嶽筆 農耕屏風
近世中期以降	1700年代以降	10③	阿州北方農業全書
近世中期以降	1700年代以降	40①	濃家心得
近世中期以降	1700年代以降	71④	農耕欄間絵
近世中期以降	1700年代以降	72④	渡辺始興筆 四季耕作図屏風
(近世中期以降)	(1700年代以降)	34⑦	農業法
天明～寛政年間	1781～1800	1②	奥民図彙
寛政12	1800	53②	績麻録
寛政12	1800	60⑥	万病馬療鍼灸撮要
享和1	1801	46③	漆木家伝書
享和1	1801	61⑧	讃岐砂糖製法聞書
享和3	1803	35①	養蚕秘録
文化1	1804	18②	北条郷農家寒造之弁
享和3～文化1	1803～04	42⑤	鹿野家農事日誌
文化2	1805	18③	農事常語
文化2	1805	23⑤	農業日用集
文化2	1805	25①	粒々辛苦録
(文化2)	(1805)	64②	尾州入鹿御池開発記
文化4	1807	31②	年中心得書
文化5	1808	22①	農家捷径抄
文化5	1808	44①	土屋家日記

和　暦	西　暦	巻	農　書　名
文化6	1809	36③	やせかまど
文化10	1813	40③	百性作方年中行事
文化10～11	1813～14	35②	蚕飼絹篩大成
文化12	1815	22⑤	社稷準縄録
文化13	1816	6②	農業談拾遺雑録
文化13	1816	36②	農業心得記
文化13	1816	63②	永代取極申印証之事
文化14	1817	22②	稼穡考
文化14	1817	63③	永代取極議定書
文化年間	1804～17	30③	農家業状筆録
文化年間	1804～17	58①	松前産物大概鑑
文化年間	1804～17	72⑩	駿河裾野の田植
寛政5～文政1	1793～1818	7①	農稼業事
文政1	1818	70③	甘藷記
文政2	1819	33④	合志郡大津手永田畑諸作根付根浚取揚収納時候之考
文政2	1819	55①	養菊指南車
文政3	1820	9③	神門出雲楯縫郡反新田出情仕様書
文政5	1822	15②	農具便利論 上・中・下
文政5	1822	39③	農業耕作万覚帳
文政5	1822	52⑥	醤油仕込方之控
文政6	1823	28②	山本家百姓一切有近道
文政9	1826	3①	農業要集
文政10～11	1827～28	42②	大福田畑種蒔仕農帳
文政11	1828	3②	草木撰種録
文政11	1828	7②	農業余話
文政11	1828	43③	家事日録
文政12	1829	45③	油菜録
文政13	1830	50③	製葛録
文政年間	1818～30	33③	久住近在耕作仕法略覚
文政年間	1818～30	55②	植木手入秘伝
天保1	1830	25②	北越新発田領農業年中行事
文政11～天保2	1828～31	61⑨	廻在之日記
天保2	1831	33⑥	砂畠菜伝記
天保3	1832	70④	再種方
天保3頃	1832頃	69①	農稼肥培論
天保4	1833	2②	遺言
天保4	1833	15③	綿圃要務
天保4	1833	53③	塗物伝書
天保4	1833	68①	備荒草木図
天保5	1834	18⑤	上方農人田畑仕法試
天保5	1834	30①	耕耘録
天保5	1834	68②	農家心得草

和　暦	西　暦	巻	農　書　名
天保6	1835	31⑤	農要録
天保6	1835	62⑦	門田の栄
天保6	1835	72⑱	小犬塚天満宮農耕絵馬
天保7	1836	50①	製油録
天保7	1836	52①	漬物塩嘉言
天保7	1836	62③	満作往来
天保7	1836	70⑤	二物考
天保7	1836	72⑲	大分八幡宮農耕絵馬
天保8	1837	5②	耕作早指南種稽歌
天保8	1837	22⑥	年々種蒔覚帳
天保8	1837	39④	耕作仕様考
天保8	1837	62④	新撰養蚕往来
天保8頃	1837頃	28③	農業稼仕様
天保8頃	1837頃	28④	作もの仕様
天保9	1838	34⑤	西村農書
天保9	1838	42③	年中万日記帳
天保9	1838	44②	西谷砂糖植込地雑用幷ニ出人足控
天保9	1838	52⑦	製塩録
天保9	1838	58③	能登国採魚図絵
天保9	1838	67⑥	凶年違作日記・附録
天保10	1839	25③	農家年中行事記
天保10	1839	37②	伝七勧農記
天保11	1840	5③	農業蒙訓
天保11	1840	11④	九州表虫防方等聞合記
天保11	1840	33②	櫨徳分幷仕立方年々試書
天保11	1840	34②	耕作下知方並諸物作節附帳
天保11	1840	58⑤	小川嶋鯨鯢合戦
天保11	1840	63④	暮方取直日掛縄索手段帳
天保11	1840	69②	培養秘録
天保11	1840	70⑥	農家須知
天保12	1841	21①	農業自得
天保12	1841	21③	農家肝用記
天保12	1841	29③	農業巧者江御問下ケ十ケ條幷ニ四組四人ゟ御答書共ニ控
天保12	1841	38④	家政行事
天保12	1841	63⑥	仕事割控
寛政11～天保12	1799～1841	27①	村松家訓
天保12以前	1841以前	71⑨	農耕蒔絵十二組杯
天保13	1842	8①	家業伝
天保10～13	1839～42	22④	耕作仕様書
天保13	1842	62⑧	勧農和訓抄
天保14	1843	33⑤	肥後国耕作聞書
天保14	1843	61①	豊秋農笑種
天保14	1843	68③	薬草木作植書付

和　暦	西　暦	巻	農　書　名
天保14	1843	71①	老農夜話
天保14	1843	72⑬	農 田うへ
文政～天保年間	1818～43	48①	工農業事見聞録（巻1～4）
文政～天保年間	1818～43	49①	工農業事見聞録（巻5～7）
天保年間	1830～43	11②	郷鏡
天保年間	1830～43	50②	甘蔗大成
天保年間	1830～43	60②	犬狗養畜伝
（天保年間）	（1830～43）	34④	安里村農書
（天保年間）	（1830～43）	72⑥	岡本茂彦筆 農耕掛物
天保後期	1837～43	72⑪	豊年萬作之図
文政9,弘化1	1826,1844	15①	除蝗録 全・後編
弘化1頃	1844頃	72②	筑後国農耕図稿
弘化2	1845	31①	蝗除試仕法書
弘化2	1845	39①	深耕録
弘化3	1846	43②	午年日記帳
弘化3	1846	45⑥	煙草諸国名産
天保13～弘化3	1842～46	59④	釣客伝
弘化4	1847	2①	軽邑耕作鈔
弘化4	1847	66⑤	弘化大地震見聞記
嘉永2	1849	29②	自家業事日記
嘉永2	1849	35③	蚕当計秘訣
嘉永2	1849	56②	太山の左知
嘉永4	1851	29④	農業年中行事
嘉永4	1851	55③	剪花翁伝
嘉永4	1851	58④	安下浦年中行事
嘉永4	1851	61②	試験田畑
嘉永5	1852	47⑤	樹芸愚意
嘉永5	1852	60⑦	解馬新書
嘉永5	1852	63⑦	年中仕業割幷日記控
嘉永5	1852	67③	洪水心得方
弘化4～嘉永5	1847～52	72⑫	農家耕作之図
嘉永5～6	1852～53	42④	子丑日記帳
嘉永年間	1848～53	63⑤	報徳作大益細伝記
安政1	1854	65④	通潤橋仕法書
安政1	1854	66⑥	大地震難渋日記
安政1	1854	66⑧	大地震津波実記控帳
文化11,安政1	1814,1854	39②	百姓耕作仕方控
安政2	1855	2⑤	亀尾疇圃栄
安政3	1856	1⑤	除稲虫之法
安政3	1856	53④	紀州熊野炭焼法一条幷山産物類見聞之成行奉申上候書附

和　暦	西　暦	巻	農　書　名
安政3	1856	67②	水損難渋大平記
安政3～4	1856～57	42⑥	日知録
天保13～安政5	1842～58	56①	山林雑記
安政6	1859	14①	広益国産考
安政6	1859	23①	農稼録
安政6	1859	23④	農稼附録
安政年間	1854～59	37③	田家すきはひ袋 耕作稼穡八景
万延1	1860	22③	精農録
万延1	1860	23②	暴風浪海潮備要談
万延1	1860	23③	水災後農稼追録
万延1	1860	38①	東郡田畠耕方幷草木目当書上
万延1	1860	61⑩	東道農事荒増
万延1	1860	71③	豊年満作襖絵
文久1	1861	18④	無水岡田開闢法
天保4，文久1	1833，1861	71⑭	盛岡暦
弘化2～文久2頃	1845～62頃	40④	作り方秘伝
文久2	1862	2③	地下掛諸品留書
文久2	1862	24②	乍恐農業手順奉申上候御事
文久2	1862	41④	農業手曳草
文久2	1862	47②	養蚕規範
文久2	1862	61④	勧農微志
文久2	1862	62⑤	米徳糠藁籾用方教訓童子道知辺
文久3	1863	59③	松江湖漁場由来記
文久3頃	1863頃	71⑪	天棚農耕彫刻
元治1	1864	44③	耕作日記
元治1	1864	62⑥	三等往来
弘化4～慶応1	1847～65	11⑤	野口家日記
慶応1頃	1865頃	24①	農具揃
慶応1	1865	61⑤	伊勢錦
慶応2	1866	3④	菜園温古録
慶応2	1866	47③	蚕茶楮書
慶応2	1866	61③	御米作方実語之教
慶応2	1866	61⑥	筆松といふ者の米作りの話
慶応2	1866	68④	農家用心集
慶応3	1867	43①	御百姓用家務日記帳
慶応3	1867	63⑧	耕作会
慶応年間	1865～67	72⑰	早川神社四季耕作図絵馬
（安政～慶応期）	（1854～67）	50④	唐方渡俵物諸色大略絵図
近世後期	1800年代	71⑤	農耕図染小袖

和　暦	西　暦	巻	農　書　名
近世後期	1800年代	71⑥	農耕図刺繡袱紗
近世後期	1800年代	71⑦	農耕漆絵折敷
近世後期	1800年代	72①	大泉四季農業図
近世後期	1800年代	72⑧	白波瀬尚貞筆 農耕掛物
近世後期	1800年代	72⑮	慶徳稲荷神社春夏秋冬農耕絵馬
近世後期	1800年代	72㉒	伊万里染付農耕絵皿
近世後期	1800年代	72㉓	伊万里染付稲刈図絵皿
近世後期	1800年代	72㉔	伊万里染付田植図飯茶碗
（近世後期）	（1800年代）	60③	廏作附飼方之次第
（近世後期）	（1800年代）	72③	土佐派農耕屛風
（幕末期）	（1860年代）	53⑥	樟脳製造法
（幕末期）	（1860年代）	65③	治河要録
（幕末期）	（1860年代）	71⑧	農耕蒔絵膳椀
（幕末期）	（1860年代）	72⑭	四季耕穡之図
（幕末～明治初頭）	（1850～60年代）	71②	八重山農耕図
（幕末～明治初頭）	（1840～60年代）	72㉑	九谷色絵農耕煎茶碗
明治1	1868	61⑦	畑稲
明治1頃	1868頃	71⑫	農耕彫刻
明治3	1870	21④	農業根元記
明治4	1871	21②	農業自得附録
明治4	1871	47④	製茶図解
明治5	1872	52②	豆腐集説
明治6	1873	21⑤	吉茂遺訓
明治6	1873	45②	あゐ作手引草
明治6	1873	52③	豆腐皮
明治7	1874	34⑥	八重山嶋農務帳
明治7	1874	53⑤	実地新験生糸製方指南
明治10	1877	72⑳	九谷色絵農耕平鉢
明治11	1878	52④	麩口伝書
明治11	1878	72⑦	青山永耕筆 農耕掛物
明治16	1883	45⑤	海苔培養法
明治18	1885	57②	林政八書 全
宝永1～明治20	1704～1887	59②	氷曳日記帳
明治9～21	1876～88	30⑤	甘蔗栽附ヨリ砂糖製法仕上ケ迄ノ伝習概略記
年代未詳	年代未詳	71⑩	農耕蒔絵三組杯
年代未詳	年代未詳	71⑮	竈神奉納絵

5．分野別収録農書一覧

分　野・農　書　名	成 立 地	巻
地　域　農　書		
亀尾疇圃栄	松前(北海道)	2⑤
耕作噺	陸奥(青森)	1①
奥民図彙	陸奥(青森)	1②
耕作口伝書	陸奥(青森)	18⑥
津軽農書 案山子物語	陸奥(青森)	36①
軽邑耕作鈔	陸中(岩手)	2①
遺言	陸中(岩手)	2②
民間備荒録	陸中(岩手)	18①
老農置土産並びに添日記	羽後(秋田)	1③
菜種作リ方取立ケ条書	羽後(秋田)	1④
除稲虫之法	羽後(秋田)	1⑤
無水岡田開闢法	羽後(秋田)	18④
上方農人田畑仕法試	羽後(秋田)	18⑤
農業心得記	羽後(秋田)	36②
北条郷農家寒造之弁	羽前(山形)	18②
農事常語	羽前(山形)	18③
地下掛諸品留書	岩代(福島)	2③
農民之勤耕作之次第覚書	岩代(福島)	2④
会津農書	岩代(福島)	19①
会津農書附録	岩代(福島)	19②
会津歌農書	岩代(福島)	20①
幕内農業記	岩代(福島)	20②
蚕当計秘訣	岩代(福島)	35③
農書 全	岩代(福島)	37①
伝七勧農記	岩代(福島)	37②
田家すきはひ袋 耕作稼穡八景	岩代(福島)	37③
菜園温古録	常陸(茨城)	3④
精農録	下総(茨城)	22③
東郡田畠耕方幷草木目当書上	常陸(茨城)	38①
農業順次	常陸(茨城)	38②
飯沼定式目録高帳	下総(茨城)	64③
農業自得	下野(栃木)	21①
農業自得附録	下野(栃木)	21②
農家肝用記	下野(栃木)	21③
農業根元記	下野(栃木)	21④
吉茂遺訓	下野(栃木)	21⑤
農家捷径抄	下野(栃木)	22①
稼穡考	下野(栃木)	22②
深耕録	下野(栃木)	39①
開荒須知	上野(群馬)	3③

分　野・農　書　名	成 立 地	巻
百姓耕作仕方控	上野(群馬)	39②
耕作仕様書	武蔵(埼玉)	22④
促耕南針	武蔵(埼玉)	38③
農業要集	下総(千葉)	3①
草木撰種録	下総(千葉)	3②
家政行事	上総(千葉)	38④
社稷準縄録	相模(神奈川)	22⑤
年々種蒔覚帳	相模(神奈川)	22⑥
粒々辛苦録	越後(新潟)	25①
北越新発田領農業年中行事	越後(新潟)	25②
農家年中行事記	越後(新潟)	25③
やせかまど	越後(新潟)	36③
私家農業談	越中(富山)	6①
農業談拾遺雑録	越中(富山)	6②
耕作仕様考	越中(富山)	39④
耕稼春秋	加賀(石川)	4①
農事遺書	加賀(石川)	5①
九州表虫防方等聞合記	加賀(石川)	11④
村松家訓	能登(石川)	27①
耕作大要	加賀(石川)	39⑤
耕作早指南種稽歌	若狭(福井)	5②
農業蒙訓	若狭(福井)	5③
農隙所作村々寄帳	加賀・能登(石川)・越中(富山)	5④
諸作手入之事/諸法度慎之事	若狭(福井)	39⑥
農事弁略	甲斐(山梨)	23⑥
家訓全書	信濃(長野)	24③
農業耕作万覚帳	信濃(長野)	39③
御米作方実語之教	信濃(長野)	61③
農具揃	飛騨(岐阜)	24①
乍恐農業手順奉申上候御事	美濃(岐阜)	24②
濃家心得	美濃(岐阜)	40①
報徳作大益細伝記	遠江・駿河(静岡)	63⑤
百姓伝記(巻1～7)	遠江(静岡)・三河(愛知)	16①
百姓伝記(巻8～15)	遠江(静岡)・三河(愛知)	17①
農稼録	尾張(愛知)	23①
暴風浪海潮備要談	尾張(愛知)	23②
水災後農稼追録	尾張(愛知)	23③
農稼附録	尾張(愛知)	23④

分　野・農　書　名	成 立 地	巻
地　域　農　書		
農業日用集	尾張(愛知)	23⑤
農業時の栞	三河(愛知)	40②
農業家訓記	尾張(愛知)	62⑨
尾州入鹿御池開発記	尾張(愛知)	64②
農稼業事	近江(滋賀)	7①
蚕飼絹飾大成	近江(滋賀)	35②
百性作方年中行事	丹後(京都)	40③
農業余話	摂津(大阪)	7②
家業伝	河内(大阪)	8①
農業稼仕様	丹波(兵庫)	28③
作もの仕様	丹波(兵庫)	28④
養蚕秘録	但馬(兵庫)	35①
山本家百姓一切有近道	大和(奈良)	28②
地方の聞書	紀伊(和歌山)	28①
作り方秘伝	紀伊(和歌山)	40④
自家業事日記	因幡(鳥取)	29②
農作自得集	出雲(島根)	9②
神門出雲楯縫郡反新田出情仕様書	出雲(島根)	9③
豊秋農笑種	出雲(島根)	61①
一粒万倍 穂に穂	備中(岡山)	29①
家業考	安芸(広島)	9①
賀茂郡竹原東ノ村田畠諸耕作仕様帖	安芸(広島)	41①
農業巧者江御問下ケ十ケ條幷ニ四組四人ゟ御答書共ニ控	周防(山口)	29③
農業年中行事	周防(山口)	29④
農術鑑正記	阿波(徳島)	10②
阿州北方農業全書	阿波(徳島)	10③
藍作始終略書	阿波(徳島)	30④
甘蔗栽附ヨリ砂糖製法仕上ケ迄ノ伝習概略記	讃岐(香川)	30⑤
清良記(親民鑑月集)	伊予(愛媛)	10①
農家業状筆録	伊予(愛媛)	30③
農業手曳草	伊予(愛媛)	41④
耕耘録	土佐(高知)	30①
冨貴宝蔵記	土佐(高知)	30②
物紛(乾)・続物紛	土佐(高知)	41②
農業之覚	土佐(高知)	41③
窮民夜光の珠	筑前(福岡)	11①
園圃備忘	筑前(福岡)	11③
蝗除試仕法書	筑前(福岡)	31①
年中心得書	筑前(福岡)	31②
農業横座案内	筑前(福岡)	31③
農人錦の嚢	筑前(福岡)	31④
砂畠菜伝記	筑前(福岡)	33⑥
農業心覚	筑前(福岡)	41⑤
農人定法	筑前(福岡)	41⑥
野口家日記	肥前(佐賀)	11⑤
農要録	肥前(佐賀)	31⑤
郷鏡	肥前(長崎)	11②
老農類語	対馬(長崎)	32①
刈麦談	対馬(長崎)	32②
糞養覚書	対馬(長崎)	41⑦
久住近在耕作仕法略覚	肥後(熊本)	33③
合志郡大津手永田畑諸作根付根浚取揚収納時候之考	肥後(熊本)	33④
肥後国耕作聞書	肥後(熊本)	33⑤
養菊指南車	肥後(熊本)	55①
農業日用集	豊前(大分)	33①
櫨徳分幷仕立方年々試書	豊前(大分)	33②
椎葉山内農業稼方其外品々書付	日向(宮崎)	34⑧
農業法	薩摩(鹿児島)	34⑦
農務帳	琉球(沖縄)	34①
耕作下知方並諸物作節附帳	琉球(沖縄)	34②
寒水川村農書	琉球(沖縄)	34③
安里村農書	琉球(沖縄)	34④
西村農書	琉球(沖縄)	34⑤
八重山嶋農務帳	琉球(沖縄)	34⑥
農業全書(巻1～5)	広域	12①
農業全書(巻6～11)	広域	13①
広益国産考	広域	14①
除蝗録 全・後編	広域	15①
農具便利論 上・中・下	広域	15②
綿圃要務	広域	15③
百姓伝記(巻1～7)	広域	16①
百姓伝記(巻8～15)	広域	17①
農　事　日　誌		
高野家農事記録	羽後(秋田)	42①
大福田畑種蒔仕農帳	下野(栃木)	42②
年中万日記帳	武蔵(埼玉)	42③
社稷準縄録	相模(神奈川)	22⑤
年々種蒔覚帳	相模(神奈川)	22⑥
子丑日記帳	越中(富山)	42④
鹿野家農事日誌	加賀(石川)	42⑤
御百姓用家務日記帳	美濃(岐阜)	43①
日知録	三河(愛知)	42⑥
午年日記帳	河内(大阪)	43②
家事日録	但馬(兵庫)	43③
土屋家日記	備後(広島)	44①
西谷砂糖植込地雑用幷ニ出人足控	讃岐(香川)	44②
野口家日記	肥前(佐賀)	11⑤
耕作日記	大隅(鹿児島)	44③

分　野・農　書　名	成　立　地	巻
特　産（産　品）		
漆木家伝書（漆）	陸奥（青森）	46③
蚕飼養法記（養蚕）	陸奥（青森）	47①
菜種作リ方取立ケ条書（菜種）	羽後（秋田）	1④
名物紅の袖（紅花）	羽前（山形）	45①
蚕当計秘訣（養蚕）	岩代（福島）	35③
海苔培養法（海苔）	武蔵（東京）	45⑤
煙草諸国名産（たばこ）	武蔵（東京）	45⑥
梨栄造育秘鑑（なし）	越後（新潟）	46①
養蚕規範（養蚕）	加賀（石川）	47②
工農業事見聞録（巻1～4）（特産全般）	能登（石川）	48①
工農業事見聞録（巻5～7）（特産全般）	能登（石川）	49①
蚕茶楮書（養蚕・茶・楮）	伊勢（三重）	47③
蚕飼絹篩大成（養蚕）	近江（滋賀）	35②
製茶図解（茶）	近江（滋賀）	47④
養蚕秘録（養蚕）	但馬（兵庫）	35①
紀州蜜柑伝来記（みかん）	紀伊（和歌山）	46②
樹芸愚意（油桐）	因幡（鳥取）	47⑤
あゐ作手引草（あい）	備後（広島）	45②
藍作始終略書（あい）	阿波（徳島）	30④
甘蔗栽附ヨリ砂糖製法仕上ケ迄ノ伝習概略記（さとうきび・砂糖）	讃岐（香川）	30⑤
窮民夜光の珠（はぜ）	筑前（福岡）	11①
農人錦の嚢（はぜ）	筑前（福岡）	31④
櫨徳分幷仕立方年々試書（はぜ）	豊前（大分）	33②
綿圃要務（綿）	広域	15③
油菜録（菜種）	広域	45③
五瑞編（しいたけ）	広域	45④
朝鮮人参耕作記（朝鮮人参）	広域	45⑦
農　産　加　工		
唐方渡俵物諸色大略絵図	松前（北海道）	50④
塗物伝書	陸奥（青森）	53③
漬物塩嘉言	武蔵（東京）	52①
豆腐集説	武蔵（東京）	52②
豆腐皮	武蔵（東京）	52③
績麻録	（越後）（新潟）	53②
製塩録	能登（石川）	52⑦
実地新験生糸製方指南	信濃（長野）	53⑤
仕込帳	三河（愛知）	52⑤
童蒙酒造記	摂津（兵庫）	51①
寒元造様極意伝	摂津（兵庫）	51②
醬油仕込方之控	播磨（兵庫）	52⑥
紙漉重宝記	石見（島根）	53①
樟脳製造法	（土佐）（高知）	53⑥

分　野・農　書　名	成　立　地	巻
紀州熊野炭焼法一条幷山産物類見聞之成行奉申上候書附	日向（宮崎）	53④
製油録	広域	50①
甘蔗大成	広域	50②
製葛録	広域	50③
麪口伝書	広域	52④
園　　芸		
花壇地錦抄	武蔵（東京）	54①
植木手入秘伝	武蔵（東京）	55②
剪花翁伝	摂津（大阪）	55③
園圃備忘	筑前（福岡）	11③
砂畠菜伝記	筑前（福岡）	33⑥
養菊指南車	肥後（熊本）	55①
林　　業		
山林雑記	陸中（岩手）	56①
太山の左知	下野（栃木）	56②
弐拾番山御書付	長門・周防（山口）	57①
林政八書　全	琉球（沖縄）	57②
漁　　業		
松前産物大概鑑	松前（北海道）	58①
関東鰯網来由記	上総（千葉）	58②
玉川鮎御用中日記	武蔵（東京）	59①
釣客伝	武蔵（東京）	59④
能登国採魚図絵	能登（石川）	58③
氷曳日記帳	信濃（長野）	59②
金魚養玩草	和泉（大阪）	59⑤
松江湖漁場由来記	出雲（島根）	59③
安下浦年中行事	周防（山口）	58④
小川嶋鯨鯢合戦	肥前（佐賀）	58⑤
畜　産・獣　医		
鶉書	武蔵（東京）	60①
解馬新書	武蔵（東京）	60⑦
万病馬療鍼灸撮要	（山城）（京都）	60⑥
犬狗養畜伝	摂津（大阪）	60②
牛書	播磨（兵庫）	60④
廏作附飼方之次第	広域	60③
安西流馬医巻物	広域	60⑤
農　法　普　及		
上方農人田畑仕法試	羽後（秋田）	18⑤
試験田畑	羽後（秋田）	61②
廻在之日記	羽後（秋田）	61⑨
会津歌農書	岩代（福島）	20①
満作往来	（武蔵）（東京）	62③
新撰養蚕往来	（武蔵）（東京）	62④

分野・農書名	成立地	巻
農法普及		
九州表虫防方等聞合記	加賀(石川)	11④
耕作早指南種稽歌	若狭(福井)	5②
勧農和訓抄	甲斐(山梨)	62⑧
御米作方実語之教	信濃(長野)	61③
門田の栄	三河(愛知)	62⑦
農業家訓記	尾張(愛知)	62⑨
再新百性往来豊年蔵	摂津(大阪)	62②
讃岐砂糖製法聞書	播磨(兵庫)	61⑧
伊勢錦	大和(奈良)	61⑤
筆松といふ者の米作りの話	大和(奈良)	61⑥
畑稲	大和(奈良)	61⑦
豊秋農笑種	出雲(島根)	61①
東道農事荒増	周防(山口)	61⑩
三等往来	阿波(徳島)	62⑥
農業往来	(豊後)(大分)	62①
米徳糠藁籾用方教訓童子道知辺	広域	62⑤
農村振興		
耕作会	羽後(秋田)	63⑧
永代取極申印証之事	下総(千葉)	63②
永代取極議定書	下総(千葉)	63③
仕事割控	下総(千葉)	63⑥
年中仕業割并日記控	下総(千葉)	63⑦
儀定書	信濃(長野)	63①
暮方取直日掛縄索手段帳	駿河(静岡)	63④
報徳作大益細伝記	遠江・駿河(静岡)	63⑤
開発と保全		
出羽国飽海郡遊左郷西浜植付縁起	羽前(山形)	64④
飯沼定式目録高帳	下総(茨城)	64③
開荒須知	上野(群馬)	3③
川除仕様帳	甲斐(山梨)	65①
当八重原新田開発曰書	信濃(長野)	64①
尾州入鹿御池開発記	尾張(愛知)	64②
地方の聞書（才蔵記）	紀伊(和歌山)	28①
積方見合帳	紀伊(和歌山)	65②
木庭停止論	対馬(長崎)	64⑤
通潤橋仕法書	肥後(熊本)	65④
治河要録	広域	65③
災害と復興		
年代記	陸前(宮城)	67⑤
浅間大変覚書	上野(群馬)	66③
大水記	武蔵(埼玉)	67①
高崎浦地震津波記録	安房(千葉)	66⑦
富士山砂降り訴願記録	相模(神奈川)	66①

分野・農書名	成立地	巻
富士山焼出し砂石降り之事	相模(神奈川)	66②
弘化大地震見聞記	信濃(長野)	66⑤
凶年違作日記・附録	信濃(長野)	67⑥
暴風浪海潮備要談	尾張(愛知)	23②
水災後農稼追録	尾張(愛知)	23③
大地震津波実記控帳	志摩(三重)	66⑧
大地震難渋日記	大和(奈良)	66⑥
水損難渋大平記	備中(岡山)	67②
洪水心得方	備前(岡山)	67③
享保十七壬子大変記	筑前(福岡)	67④
嶋原大変記	肥前(長崎)	66④
本草・救荒		
民間備荒録	陸中(岩手)	18①
備荒草木図	陸中(岩手)	68①
農家用心集	下野(栃木)	68④
薬草木作植書付	(武蔵)(東京)	68③
農家心得草	広域	68②
学者の農書		
羽陽秋北水土録	羽後(秋田)	70②
農業要集	下総(千葉)	3①
農業日用集	三河(愛知)	23⑤
農業余話	摂津(大阪)	7②
農家須知	土佐(高知)	70⑥
老農類語	対馬(長崎)	32①
刈麦談	対馬(長崎)	32②
農業全書(巻1～5)	広域	12①
農業全書(巻6～11)	広域	13①
広益国産考	広域	14①
農稼肥培論	広域	69①
培養秘録	広域	69②
甘蔗培養并ニ製造ノ法	広域	70①
甘藷記	広域	70③
再種方	広域	70④
二物考	広域	70⑤
絵農書		
田山暦	陸中(岩手)	71⑬
盛岡暦	陸中(岩手)	71⑭
大泉四季農業図	羽前(山形)	72①
青山永耕筆　農耕掛物	羽前(山形)	72⑦
農耕漆絵折敷	岩代(福島)	71⑦
農耕蒔絵十二組杯	岩代(福島)	71⑨
慶徳稲荷神社春夏秋冬農耕絵馬	岩代(福島)	72⑮
天棚農耕彫刻	下野(栃木)	71⑪
農耕彫刻	下野(栃木)	71⑫
豊年満作襖絵	上野(群馬)	71③

分野・農書名	成立地	巻
絵農書		
老農夜話	武蔵(埼玉・東京・神奈川)	71①
白波瀬尚貞筆 農耕掛物	(武蔵)(東京)	72⑧
農業満作出来秋之図	(武蔵)(東京)	72⑨
豊年萬作之図	(武蔵)(東京)	72⑪
農家耕作之図	(武蔵)(東京)	72⑫
農 田うへ	(武蔵)(東京)	72⑬
四季耕穡之図	(武蔵)(東京)	72⑭
農耕欄間絵	越後(新潟)	71④
農耕蒔絵三組杯	越後(新潟)	71⑩
竈神奉納絵	越後(新潟)	71⑮
農業図絵	加賀(石川)	26①
九谷色絵農耕平鉢	加賀(石川)	72⑳
九谷色絵農耕煎茶碗	加賀(石川)	72㉑
駿河裾野の田植	(武蔵)(東京)	72⑩
農耕蒔絵膳椀	近江(滋賀)	71⑧
渡辺始興筆 四季耕作図屛風	(京都近郊)	72④
岡本茂彦筆 農耕掛物	山城(京都)	72⑥
光福寺春耕図絵馬	山城(京都)	72⑯
鼎春嶽筆 農耕屛風	摂津(大阪)	72⑤
早川神社四季農耕図絵馬	播磨(兵庫)	72⑰
筑後国農耕図稿	筑後(福岡)	72②
小犬塚天満宮農耕絵馬	筑後(福岡)	72⑱
大分八幡宮農耕絵馬	筑前(福岡)	72⑲
伊万里染付農耕絵皿	肥前(佐賀)	72㉒
伊万里染付稲刈図絵皿	肥前(佐賀)	72㉓
伊万里染付田植図飯茶碗	肥前(佐賀)	72㉔
八重山農耕図	琉球(沖縄)	71②
農耕図染小袖	広域	71⑤
農耕図刺繡袱紗	広域	71⑥
土佐派農耕屛風	広域	72③

6．現代的課題を解くキーワードからの収録農書案内

▼農書には，国土保全・資源管理から地域形成・暮らしづくりまで，この国の風土と地域の個性を生かしながら，社会と暮らしの諸困難を解決してきた人々の叡智と経験が記録されている。ここでは，この叡智と経験を現代的に読み返し活用するために，現代社会が直面する課題をキーワードとして掲げ，参照すべき農書を案内した。

キーワード	巻	農書名
国土保全		
入会地	63①	儀定書
魚付き林	57①	弐拾番山御書付
河川管理	65①	川除仕様帳
〃	65③	治河要録
砂防林	64④	出羽国飽海郡遊左郷西浜植付縁起
自然保護	70②	羽陽秋北水土録
生態系の保全	70②	羽陽秋北水土録
焼畑制限	64⑤	木庭停止論
砂防	32①	老農類語
〃	34①	農務帳
〃	34⑧	八重山嶋農務帳
〃	64⑤	木庭停止論
森林資源		
植林(全国)	12①	農業全書
〃	13①	農業全書
〃	4①	広益国産考
植林(岩手)	56①	山林雑記
植林(山形)	64④	出羽国飽海郡遊左郷西浜植付縁起
植林(栃木)	56②	太山の左知
植林(山口)	57①	弐拾番山御書付
植林(沖縄)	57②	林政八書 全
植林の意義	70②	羽陽秋北水土録
焼畑制限	64⑤	木庭停止論
漁業資源と漁法		
魚付き林	57①	弐拾番山御書付
あゆ資源の管理	59①	玉川鮎御用中日記
江戸近郊の釣り	59④	釣客伝
漁法の伝播	58②	関東鰯網来由記
西海捕鯨	58⑤	小川嶋鯨鯢合戦
諏訪湖・氷曳網漁	59②	氷曳日記帳
北海道水産	58①	松前産物大概鑑
能登水産	58③	能登国採魚図絵
松江湖水産	59③	松江湖漁場由来記
瀬戸内海水産	58④	安下浦年中行事

キーワード	巻	農書名
危機管理		
地震(奈良)	66⑥	大地震難渋日記
地震・津波(千葉)	66⑦	高崎浦地震津波記録
地震・津波(三重)	66⑧	大地震津波実記控帳
地震・水害(長野)	66⑤	弘化大地震見聞記
水害(埼玉)	67①	大水記
水害(愛知)	23③	水災後農稼追録
水害(岡山)	67②	水損難渋大平記
〃	67③	洪水心得方
防潮(愛知)	23②	暴風浪海潮備要談
虫害(福岡)	67④	享保十七壬子大変記
冷害	1①	耕作噺
〃	2①	軽邑耕作鈔
〃	18⑥	耕作口伝書
噴火・浅間山	66③	浅間大変覚書
噴火・富士山	66①	富士山砂降り訴願記録
〃	66②	富士山焼出し砂石降り之事
噴火・島原普賢岳	66④	嶋原大変記
救荒対策		
飢饉への心得	68④	農家用心集
救荒作物	67⑤	年代記
草木の食べ方	18①	民間備荒録
食べられる野草図鑑	68①	備荒草木図
非常食	67⑥	凶年違作日記・附録
薬種の国産策	68③	薬草木作植書付
有毒植物図鑑	68②	農家心得草
産地形成と流通		
あい	30④	藍作始終略書
〃	45②	あゐ作手引草
油桐	47⑤	樹芸愚意
漆工芸	46③	漆木家伝書
〃	53③	塗物伝書
こうぞ	47③	蚕茶楮書
さとうきび	30⑤	甘蔗栽附ヨリ砂糖製法仕上ケ迄ノ伝習概略記

キーワード	巻	農　書　名
産地形成と流通		
しいたけ	45④	五瑞編
たばこ	45⑥	煙草諸国名産
茶	47④	製茶図解
朝鮮人参	45⑦	朝鮮人参耕作記
なし	46①	梨栄造育秘鑑
菜種	1④	菜種作リ方取立ケ条書
〃	45③	油菜録
のり	45②	海苔培養法
はぜ	11①	窮民夜光の珠
〃	31④	農人錦の嚢
〃	33②	櫨徳分并仕立方年々試書
紅花	45①	名物紅の袖
みかん	46②	紀州蜜柑伝来記
養蚕	35①	養蚕秘録
〃	35②	蚕飼絹篩大成
〃	35③	蚕当計秘訣
〃	47①	蚕飼養法記
〃	47②	養蚕規範
〃	61⑨	廻在之日記
綿	15③	綿圃要務
特産全般	14①	広益国産考
〃	48①	工農業事見聞録
〃	49①	工農業事見聞録
〃	5④	農隙所作村々寄帳
加　工　技　術		
からむし織り	53②	績麻録
油	50①	製油録
海産乾物	50④	唐方渡俵物諸色大略絵図
生糸	53⑤	実地新験生糸製方指南
くず	50③	製葛録
酒	24③	家訓全書
〃	51①	童蒙酒造記
〃	51②	寒元造様極意伝
砂糖	50②	甘蔗大成
塩	52⑦	製塩録
樟脳	53⑥	樟脳製造法
醤油	52⑥	醤油仕込方之控
漬物	52①	漬物塩嘉言
豆腐	52②	豆腐集説
漆工芸	53③	塗物伝書
麩	52④	麩口伝書
味噌	53⑤	仕込帳

キーワード	巻	農　書　名
木炭	53④	紀州熊野炭焼法一条并山産物類見聞之成行奉申上候書附
ゆば	52③	豆腐皮
和紙	53①	紙漉重宝記
土　の　見　方		
土の分類	10①	清良記(親民鑑月集)
土地の良否の見分け方	12①	農業全書
田畑の地性の見分け方	16①	百姓伝記
田畑の土の等級づけ	19①	会津農書
自　給　肥　料		
肥料の見方・考え方	12①	農業全書
〃	17①	百姓伝記
〃	41⑦	糞養覚書
〃	69①	農稼肥培論
〃	69②	培養秘録
刈敷き	12①	農業全書
〃	17①	百姓伝記
〃	41⑦	糞養覚書
〃	69①	農稼肥培論
〃	69②	培養秘録
下肥・人糞尿	12①	農業全書
〃	17①	百姓伝記
〃	41⑦	糞養覚書
〃	69①	農稼肥培論
〃	69②	培養秘録
堆肥・きゅう肥	12①	農業全書
〃	17①	百姓伝記
〃	41⑦	糞養覚書
〃	69①	農稼肥培論
〃	69②	培養秘録
すす・灰	12①	農業全書
〃	17①	百姓伝記
〃	41⑦	糞養覚書
〃	69①	農稼肥培論
〃	69②	培養秘録
ぬか・油粕	12①	農業全書
〃	17①	百姓伝記
〃	41⑦	糞養覚書
〃	69①	農稼肥培論
〃	69②	培養秘録
石灰・貝殻	12①	農業全書
〃	17①	百姓伝記
〃	69①	農稼肥培論
〃	69②	培養秘録
ちり・ごみ・あくた	12①	農業全書

キーワード	巻	農　書　名
自　給　肥　料		
ちり・ごみ・あくた	17①	百姓伝記
〃	69①	農稼肥培論
ほしか・いわし肥	8①	家業伝
〃	12①	農業全書
〃	41⑦	糞養覚書
〃	69①	農稼肥培論
〃	69②	培養秘録
海藻	17①	百姓伝記
〃	41⑦	糞養覚書
泥肥・沼土・壁土・土肥・川砂	12①	農業全書
〃	17①	百姓伝記
〃	41⑦	糞養覚書
〃	69①	農稼肥培論
〃	69②	培養秘録
技術の伝達・移転		
聞き取り	61⑧	讃岐砂糖製法聞書
教科書による技術伝達	62①	農業往来
〃	62②	再新百性往来豊年蔵
〃	62③	満作往来
〃	62④	新撰養蚕往来
〃	62⑤	米徳糠藁籾用方教訓童子道知辺
〃	62⑥	三等往来
先進地視察	61⑩	東道農事荒増
〃	11④	九州表虫防方等聞合記
試作結果報告	61②	試験田畑
巡回指導	61⑨	廻在之日記
〃	45④	五瑞編
先進地からの技術移転	18⑤	上方農人田畑仕法試
宗教による技術移転	61③	御米作方実語之教
ちらしによる技術移転	61④	勧農微志
〃	61⑤	伊勢錦
〃	61⑥	筆松といふ者の米作りの話
〃	61⑦	畑稲
篤農技術の一般化	61①	豊秋農笑種
問答による技術移転	40②	農業時の栞
〃	62⑦	門田の栄
領主による教諭	62⑧	勧農和訓抄
和歌による技術伝達	20①	会津歌農書
〃	37③	田家すきはひ袋 耕作稼穡八景
〃	5②	耕作早指南種稽歌
農　法　・　技　術		
秋落ち田	11②	郷鏡

キーワード	巻	農　書　名
潟土の利用	11②	郷鏡
実験・観察	16①	百姓伝記
〃	17①	百姓伝記
〃	18⑥	耕作口伝書
〃	19①	会津農書
〃	21①	農業自得
〃	37②	伝七勧農記
〃	41⑤	農業心覚
正条植え	61③	御米作方実語之教
〃	63⑤	報徳作大益細伝記
疎植稲作	5③	農業蒙訓
〃	21①	農業自得
〃	38④	家政行事
〃	39①	深耕録
田畑輪換	28②	山本家百姓一切有近道
直播栽培	63⑤	報徳作大益細伝記
地力保全	28②	山本家百姓一切有近道
焼畑	32①	老農類語
〃	41③	農業之覚
〃	64⑤	木庭停止論
輪作	4①	耕稼春秋
連作障害	22④	耕作仕様書
輪中農法	23①	農稼録
自　然　農　薬		
鯨油	15①	除蝗録 全・後編
鯨油・菜種油	31①	蝗除試仕法書
植物抽出液	30②	冨貴宝蔵記
誘引作物・物理的防除	1⑤	除稲虫之法
動物の鍼灸治療		
牛	60④	牛書
馬	60⑤	安西流馬医巻物
〃	60⑥	万病馬療鍼灸撮要
地　域　教　育		
子供の遊び	71①	絵農書一
〃	72①	絵農書二
米の効能と役割	62⑤	米徳糠藁籾用方教訓童子道知辺
地域についての学習	62⑥	三等往来
教科書	62①	農業往来
〃	62②	再新百性往来豊年蔵
〃	62③	満作往来
〃	62④	新撰養蚕往来
村　の　自　治		
家の永続	62⑨	農業家訓記

キーワード	巻	農　書　名
村　の　自　治		
入会地	24②	乍恐農業手順奉申上候御事
資金調達	63④	暮方取直日掛縄索手段帳
自力更生	63⑧	耕作会
資源管理・相互扶助	63②	永代取極申印証之事
〃	63③	永代取極議定書
負債整理	63④	暮方取直日掛縄索手段帳
村法	63①	儀定書
天　気　予　測		
福島	37①	農書　全
栃木	21①	農業自得
石川	4①	耕稼春秋
東京	59④	釣客伝
暮らしのリズム		
からむし織り	53②	績麻録
行事・祭り	1②	奥民図彙
暮らしの心得	31②	年中心得書
暮らしの変遷	36③	やせかまど
生物暦	16①	百姓伝記
〃	17①	百姓伝記
〃	20①	会津歌農書
〃	38①	東郡田畑耕方并草木目当書上
染めもの	49①	工農業事見聞録
年中行事	25①	粒々辛苦録
〃	25②	北越新発田領農業年中行事

キーワード	巻	農　書　名
年中行事	25③	農家年中行事記
〃	29④	農業年中行事
〃	40③	百性作方年中行事
木綿織り	14①	広益国産考
〃	49①	工農業事見聞録
愛玩動物飼育		
犬	60②	犬狗養畜伝
うずら	60①	鶉書
金魚	59⑤	金魚養玩草
ガーデニング		
植木	55②	植木手入秘伝
家庭園芸	11③	園圃備忘
菊	55①	養菊指南車
切花	55③	剪花翁伝
草花・花木	54①	花壇地錦抄
自給菜園	33⑥	砂畠菜伝記
絵　画　史　料		
漁法	58③	能登国採魚図会
作物の雌雄	3②	草木撰種録
地震の被害状況	66⑤	弘化大地震見聞記
庶民の暮らし・青森	1②	奥民図彙
庶民の暮らし・石川	26①	農業図絵
庶民の暮らし・全国	71①	絵農書一
〃	72①	絵農書二
製紙	53①	紙漉重宝記
製茶	47④	製茶図解
農具	15②	農具便利論
捕鯨	58⑤	小川嶋鯨鯢合戦

日本農書全集

分類索引

現代通行の言葉からの索引語案内

A　農法・農作業
B　農具・道具・資材
C　土木・施設
D　土壌・土地・水
E　生物とその部位・状態
F　品種・品種特性
G　病気・害虫・雑草
H　農薬・防除資材
I　肥料・飼料
J　漁業・水産
K　加工
L　経営
M　諸稼ぎ・職業
N　衣食住
O　年中行事・信仰
P　暦日・気象
Q　災害と飢饉
R　自治と社会組織
S　人名
T　地名
U　書名
V　名産名
W　単位
X　その他の語彙
Y　成句・ことわざ
Z　絵図

分類項目とその内容

分類項目		内容
A	農法・農作業	農法・農作業・技法，作業時期，家畜の治療法など
B	農具・道具・資材	農具・道具およびその部品，資材など
C	土木・施設	土木工事，作業場，各種施設など
D	土壌・土地・水	土壌・土地・用排水など
E	生物とその部位・状態	作物・植物，家畜・家禽・蚕・蜂および植物・動物の部位・状態など
F	品種・品種特性	品種名，作物・品種の特性など
G	病気・害虫・雑草	病名，害虫・害鳥獣名，雑草木名，生理障害，家畜の病気など
H	農薬・防除資材	
I	肥料・飼料	肥料・土壌改良資材，施用法，家畜・家禽・蚕・魚・蜂のえさなど
J	漁業・水産	魚介類・水産生物，漁労・漁法・漁具，船・船部位・船道具，漁場・釣り場など
K	加工	食べものの加工・貯蔵法，農産加工，林産加工，工芸，織物，塗りものなど
L	経営	販売・流通，経営・収支など
M	諸稼ぎ・職業	農間余業・職業など
N	衣食住	食べもの・食材，病気・けが，医療・薬・化粧品，衣類・衣料・繊維，住居・建築材料・家具・燃料・灯火原料，台所用具・世帯道具，生活一般など
O	年中行事・信仰	農耕儀礼，行事・祭り，信仰など
P	暦日・気象	暦日，二十四節気，雑節，気象など
Q	災害と飢饉	災害，飢饉・凶作など
R	自治と社会組織	農村自治，役職，夫役，税・徴租法，武器，制度一般など
S	人名	
T	地名	
U	書名	
V	名産名	名産・名物・特産など
W	単位	
X	その他の語彙	
Y	成句・ことわざ	
Z	絵図	

現代通行の言葉からの索引語案内

▼索引語は原文から収録しているため「現代通行の言葉」がない場合がある。その場合の便宜のための案内である。
▼たとえば「除草」は「くさかじめ」「くさぎる」「くさしゅうり」など，「追肥」は「うわごえ」などを引けばよい。

読　み	現代通行の言葉	分類索引	索引語読み	索引語表記例
あーもんど	アーモンド	E	あめんどう	牛心李
あかめがしわ	あかめがしわ	E	あずさぎ	梓木
おんしつ	温室	C	むろ	室，窖，温室
がくあじさい	がくあじさい	E	がくそう	がく草，楽草
かっちゃくする	活着する	X	ありつく	有付，あり付
かんがい	干害	G	ひでり	日てり，ひでり，旱魃，旱天
きゃくど	客土	A	いれつち	客土，入土
きゅうひ	廏肥	I	うまやごえ	廏肥，馬屋糞，馬屋肥，馬屋こへ
		I	まやごえ	廏肥，まや肥，馬屋こえ，薗
きんぴ	金肥	I	かねごえ	金肥
こうき	耕起	A	うなう	うなう，耕ふ
		A	たうない	田うなひ，田耕
		A	たおこし	田起こし
こうど	耕土	D	さくど	作土
		D	うわつち	上土
こさくりょう	小作料	L	かじし	加地子
こんりゅう	根粒	E	じゅずこだま	しゆす子たま
さいが	催芽	A	めだし	芽出し
		A	もやす	もやす，萌す，蘖す
じかまき	直播	A	かぶまき	株蒔
		A	じきまき	じきまき，直蒔
しゅこん	主根	E	たてね	立根，立て根
しょうにん	商人	M	あきびと	商人
		M	あきんど	商人，商家
じょそう	除草	A	くさかじめ	草かじめ
		A	くさぎる	芸，芸る，耘，草きる
		A	くさしゅうり	草修理
		A	くさそり	草そり
		A	くさて	草手
		A	くさとり	草取，草とり
しろうり	しろうり	E	あさうり	越瓜，あさ瓜
しんど	心土	D	なまつち	生土
		D	にがつち	苦土
せいぶつごよみ	生物暦	A	めあて	目当
ちゅうこう	中耕	A	じょうん	鋤芸
		A	なかうち	中打，中打ち，中耕，耕鋤
ついひ	追肥	I	うわごえ	上こゑ，上肥，上屎
		I	うわごやし	上こやし

読み	現代通行の言葉	分類索引	索引語読み	索引語表記例
とぎじる	とぎ汁	I	しろみず	泔
とちょうし	徒長枝	B	しもと	しもと
		B	あだえだ	謊枝
にきさく	二期作	A	にどいね	二度稲
にもうさくでん	二毛作田	D	むぎた	麦田
		D	むぎあとのた	麦跡の田
ばいどする	培土する	A	つちおおう	土おほふ
		A	つちかう	培ふ
		A	つちかけ	土かけ，土掛
はしゅみつど	播種密度	X	まきあし	蒔足
はとむぎ	はとむぎ	E	ずずだま	すゞだま，ずゞだま，川穀，薏苡仁
		E	よくい	薏苡
		E	よくいにん	薏苡仁
ふうせんする	風選する	A	あおつ	あをつ，あふつ
		A	あおる	あをる
		A	さびる	さひる
		A	ひさる	簸去る
ぶんけつ	分けつ	X	こさき	子咲
ほげい	捕鯨	J	くじらとり	鯨捕
ほしょく	補植	A	うえまし	植まし，植増
		A	うせうえ	失せ植
まきみぞ	まき溝	D	がんぎ	がんぎ，鴈木
むぎがら	麦殻	I	むぎぬか	麦ぬか，麦糠
よとうむし	ヨトウムシ	G	きりむし	きり虫，切虫
りょくひ	緑肥	I	なえごえ	なゑごへ，苗肥，苗糞
れんさくしょうがい	連作障害	G	いやち	いや地，忌地，再地

A 農法・農作業

【あ】

あいうえる【あい植る】
　藍　62⑨345
あいかき【あいかき】
　大豆　10③395
あいかり【あゐ刈、藍かり】
　藍　20①285/42④272
あいかりじぶん【藍芟時分】
　藍　10③389,390
あいかりとり【藍刈取】
　藍　30④351
あいかりとりいれ【藍芟取入】
　藍　10③391
あいかりまえ【藍芟前】
　大豆　10③395
あいかる【あいかる】
　藍　62⑨359
あいくち【合口】 55③468
あいこくせつ【藍コク節】
　藍　19①104
あいさく【あい作、藍作】→L
　藍　10③399/20①282/29③247,250,254/30④348
あいさく【間作】→かんさく→L
　桑　61②97,⑨288
あいしたてならびにせいほう【藍仕立幷製法】
　藍　34⑥**159**
あいしょうさほう【相生作法】
　綿　8①232
あいしょうのさくい【相生之作意】
　綿　8①234
あいすき【間鋤】 8①177
あいだねおろし【あひ種おろし】
　藍　65②90
あいつくりよう【藍作様】
　藍　19①**103**
あいなえうえつけのしゅん【藍苗植付之秋】
　藍　30④347
あいなえうえどき【藍苗植時】
　藍　19①183,185
あいなえのうえす【藍苗のうへす】
　藍　20①146
あいなえふせどき【藍苗布施時】
　藍　19①179
あいのみとりよう【藍ノ実取様】
　藍　30④346
あいのみまきつけ【藍ノ実蒔付】
　藍　30④346
あいびろにまく【間広に蒔】
　たばこ　13①61
あいぶみ【間跋】→すきおこし
　大豆　2①39
あいみとりしゅん【藍実取秋】
　藍　30④346
あいをつくる【あいを作る】
　藍　17①**222**
あいをつくるほう【藍を作る法】
　藍　13①41
あおうめうるじぶん【青梅売時分】
　しそ　4①149
あおがり【青刈】
　あし　19②283
　稲　5①82/6①68/19①60/22②108
　大麦　22①58/23①30
　かぶ　19①118/38③163
　小麦　22①58/23①29
　大根　38③159
　大豆　24①104
　菜種　38③164
　麦　20①138/38③179
あおぎり【青切】
　菜種　5①133
あおきをかる【青を刈】
　稲　29①51
あおくさかりとり【青草刈取】
　8①161
あおくさできかりとり【青草出来刈取】 8①157
あおじすつる【あをぢすつる】→あおる
　稲　17①144
あおそをつくる【青苧を作る】
　からむし　17①**225**
あおつ【あふつ、あをつ】→あおる
　稲　28②251
　麦　30③269
あおばあるせつ【青葉ある節】
　56②275
あおびき【青引】→I
　大豆　5①118/20②382
あおほさんぶんのいち【青穂三分一】→E
　麦　32②300
あおみのみゆるとき【青ミの見ゆる時】 13①237
あおもぎ【青もぎ】
　きゅうり　2①100
あおり【あをり】
　稲　24③315
あおる【あをる】→あおじすつる、あおつ
　麦　42③164
あかごわかしよう【赤子わかしやう】 59⑤**443**
あかざをつくる【あかざを作る】
　あかざ　17①**289**
あがた【あがた】→D
　稲　9①45
あがたずき【あがたずき】
　稲　9①68
あがたをかける【畷形を掛】→ほんあがたをかける
　稲　29③235
あかつくり【赤作リ】
　綿　8①232
あかつちとり【赤土取】 43①65
あかつちほり【赤土堀】 43①60
あかねをつくる【赤根をつくる】
　あかね　17①**223**
あからみたるとき【あからミたる時】
　あわ　62⑨364
　なす　62⑨368
あがりたうえ【上り田植】
　稲　42③174
あき【秋】→とりいれ
　27①203
　稲　31⑤279
あきあげ【秋あげ、秋キ上ケ、秋上、秋上ケ、秋上け、秋上ゲ、秋揚】 19②332,346
　稲　19①63,②322,329,339/24①15,116,117,122
あきあぜ【秋畔】
　稲　30①41
あきあわなえうえ【秋粟苗植】
　あわ　30①134
あきあわまき【秋粟蒔】
　あわ　31③114
あきいねうえつけ【秋稲植付】
　稲　34②28
あきいねかり【秋稲刈】
　稲　3④221
あきいねたねまきいれ【秋稲種子蒔入】
　稲　34②27
あきいり【秋納】
　稲　18⑥493,494,496
あきいれ【秋入】 41②145/65②91
　稲　1②142/39④196
あきいれしゅうのう【秋入収納】
　稲　1②149
あきいれのとき【秋入レ之時】
　41②135
あきうえ【秋うへ、秋植】→E
　いぐさ　5①78
　朝鮮人参　48①235,236,237,241,243
　菜種　41④208
　ねぎ　3④324
あきうえる【秋植る】
　朝鮮人参　48①231
あきうない【秋うない、秋うなひ、秋耕ひ】
　稲　3④221,228/19①65/20①109/37②104
　うど　3④317
あきうなえ【秋うなへ】 3④365,376
　稲　3④221
あきうね【あきうね】 40②144
あきおこし【秋起】
　稲　38②55
あきおさむる【秋収】 10②350
あきおさめ【秋納】
　稲　1①22,47,100,**101**,119/4①74
あきかり【秋刈】 36①37
　あわ　6①98
あきぎり【秋伐】

杉　14①85
あきごぼうまき【秋悪実蒔】
ごぼう　30①137
あきさく【秋作】→L
えごま　1④314
あきさくしつけ【秋作仕附】
63⑤320
あきささげまき【秋大角豆蒔】
ささげ　30①124
あきさんじゅうにち【秋三十日】
21④181
あきじまい【秋仕廻、秋仕舞】
37①42
稲　1①26,97,101/24①117
あきた【秋田】→D
稲　29③234,235
あきだいこんまき【秋大根蒔】
大根　4①24
あきだいこんまきせつ【秋大根蒔節】
大根　19①116
あきたうない【あき田耕、秋田うない】
稲　3④228/63⑥351
あきたうなえ【秋田うなへ】
稲　37②195
あきたがやし【秋耕、秋耕し】
62⑧260
稲　12①141
あきたつくり【秋田作り】
稲　7②369,370
あきたのかりほ【秋田の刈穂】
稲　24①161
あきたみいりのせつ【秋田実入の節】
稲　5③276
あきたをほす【秋田を干】
稲　29①58
あきつくり【秋作り】
菊　55③405
あきとりおさめ【秋取収、秋取納】　19①210/20①331/33⑤254
そば　38③161
あきなしつけ【秋菜仕付】
かぶ　22②124
あきにわ【秋庭】→あきまてい
稲　27①188,250,281,311,315,320,341,343,350,386,388
あきにわあるうち【秋庭有中】
稲　27①386
あきにわさほう【秋庭作法】
稲　27①260
あきにわのさほう【秋庭の作法】
稲　27①379
あきねば【秋ねば】
麦　30①107
あきねばかり【秋ねば刈】
麦　30①108
あきのおさめ【秋のおさめ、秋の収め、秋の蔵め】　12①109,111/20①9
あきのかりあげ【秋の刈上け】
36②120
あきのかりおさめ【秋のかり収め】　12①109
あきのたがやし【秋ノ耕、秋の耕、秋の耕し】　6②280/62⑧259/69②224
あきのどようすぎ【秋の土用過】
里芋　25②218
あきのなかうち【秋の中打】
綿　29①69
あきのひがんあと【秋の彼岸後】
ひえ　25②206
あきのようい【秋の用意】
稲　28②223
あきひがんじぶん【秋彼岸時分】
まな　10③401
あきひがんまえ【秋彼岸前】→P
大豆　25②203
あきびき【秋引】
油桐　5②229
あきびよりのせつ【秋日和の節】
綿　28④338
あきぼり【秋ぼり】
つくねいも　22④273
あきま【明間】→かぶま→T
たばこ　34⑤100
あきまうち【明間打】
さつまいも　34③44
綿　34③43
あきまき【秋蒔】　8①218
からしな　25①125
にんじん　25①128
ねぎ　22④255
あきまきつけ【秋蒔付】
大根　11②116
あきまてい【秋まてい】→あきにわ
63⑥351
あきむらおさめ【秋村納】
稲　1①60
あきもののなつつくり【秋物ノ夏作クリ】　32②311
あきもののまきつけ【秋物ノ蒔キ付ケ】　32②303
あくだし【あく出し】　24③331
あくに【灰汁煮】→K
いわふじ　55③445
がくあじさい　55③446
芽柳　55③448
あくにたれ【あくにたれ】　62⑦196
あくにたれる【あくにたれる】→K
38③123
あくまいとおし【悪米トウシ】
稲　8①260
あけおく【明ヶ置】　25①40
あけかさみ【明重】→かいこん
34⑥123
あげかり【揚刈り】
稲　27①174
あげくさ【上ケ艸、揚草、揚艸】→あげばんとり
稲　28④342,343
綿　28④338
あげさく【あけさく、あけ作、揚作】→なかうち、さくきり
大麦　39②120,121
ひえ　39②111
あけち【明地】→かいこん
34①6
あげつくり【上作、揚ヶ作クリ】
小麦　32①58
朝鮮人参　45⑦403
あげつくりまき【揚作り蒔】
麦　63⑤317
あげとり【あげ採】
稲　7①25
あけなわしろくさとり【あけ苗代草取】
稲　38②80
あげばんとり【上番取】→あげくさ
稲　22②107
あげひたし【揚浸】→しんしゅ
稲　23①45
あけひらき【明開】→かいこん
34⑥118,123,125
あげぶて【アゲブテ】→しんしゅ
稲　23①45
あけまえ【明ケ前、明ケ前へ】→こばのあけまえ
32①164,197,215
そば　32①114
あげまき【あげ蒔、揚ケ蒔キ】
24③289
稲　32①34
あげるひ【上ル日】
稲　18⑥493
あごきり【アゴ切】
麦　30①95,98,103
あごつぶし【アゴ潰】
麦　30①103
あごとり【アゴトリ、あご取】
8①199
稲　43②165
綿　43②164,166,167,168,169,170,171,172
あごひき【アゴ曳】
麦　30①95
あごまき【あご蒔】
里芋　41②97
やまいも　41②110
あさあと【朝後】　42④231,250,269,274/49①198
あさいとはぎ【麻糸萩】→あさはぎ、あさへぎ
麻　36①64
あさいとほしよう【麻糸干様】
麻　2①20
あさいとまきつけ【麻糸蒔付】
麻　18⑥498
あさうえ【浅うゑ、浅植】
稲　7②266,369/8①69
あさうえ【朝植】
稲　33③165
あざうえ【あざうゑ】
里芋　28②148,174
あさうえふやしかた【麻植殖方】
麻　63⑧439
あさうなえ【浅ウナヘ】
稲　18③361
あさおり【朝をり、朝下り】　6①49/27①364
稲　27①361,372
あさがい【朝がひ、朝飼】　27①312,320,328
あさがおしたてよう【牽牛子仕立様】
あさがお　15①79
あさかり【麻かり、麻刈】→Z
麻　30①135/42④231,270,⑤331/61①56
あさかりごろ【麻刈頃】　51①116
あさかりじぶん【麻刈時分】
麻　51①119
あさかりどき【麻苅時】
麻　6①149
あさかりはじめ【麻刈初】
麻　30①134
あさかる【麻刈ル】
麻　39⑤285
あさかるじせつ【麻薙時節】
麻　5①91
あさぎ【あさぎ、朝き、朝ぎ】→あさしごと
28②129,131,132,137,183
稲　28②163,164
麦　28②203
あさぎしごと【朝き仕事】→あさしごと
28②205
あさぎのしごと【朝気の仕事】→あさしごと
28②131
あさくうつ【あさく打】
大豆　62⑨336
あさくさ【朝草】→B、I
2②156/9①78,85,107/27①243,274,275/37②80/42⑥392
大小豆　27①147
あさくさかり【朝草かり、朝草刈】　2④284/24③287/27①131,348/38①12/40③235,

236, 237/42③186, ⑥385, 387, 391, 392, 393, 423, 424, 425, 428, 429, 430, 431/43①34, 35
稲　24③286/42⑥388
あさくさかりとり【朝草狩取】
64①60
あさくさをかる【朝草を刈】
38③198
あさくたがやす【浅ク耕ヤス】
あわ　32②314
あさくひく【浅く引】　29①15
あさくわをいるる【あさ鍬を入るゝ】
綿　23⑤280
あさごのた【朝後の田】
稲　27①125
あさしごと【朝しこと、朝しごと、朝仕事】→あさぎ、あさぎしごと、あさぎのしごと
8①204/9①11, 12, 15, 23, 33, 99, 108, 130/25①36, 37, 44, ③266/27①67, 243, 244, 270, 273, 282
稲　27①186
綿　29②138
あさしつけ【麻仕付】
麻　22②127
あさしゅうり【朝修利】　8①192
あさしゅうり【浅修利】
綿　8①38
あさしゅうり【麻修理】
麻　4①95
あさしろ【浅しろ】
稲　17①106
あさずき【浅ズキ】　31⑤247
あさたねおろし【麻種おろし】
麻　65②90
あさたねかりおさめ【麻種刈納】
麻　30①140
あさつかい【浅つかい】
麦　8①94
あさつきうえどき【奥葱植時】
あさつき　19①187
あさつきつくりよう【胡葱作様】
あさつき　19①132
あさつきをつくる【あさつきを作る】
あさつき　17①275
あさつくり【朝つくり、朝作り】
42③165, 182, 183, 185, 186, ⑥378, 379, 387, 390, 391, 392, 393, 394, 396, 397, 426, 427, 429, 430, 435, 436, 438, 442, 443
あさつくり【麻作】→L
麻　33④178
あさつくりよう【麻作様】
麻　19①105
あさつゆのうち【朝露のうち】
稲　27①48
あさなえ【朝苗】
稲　24①66
あさのまきあし【麻の蒔足】
からたち　13①228
さんしょう　13①179
あさのまきつけ【麻の蒔付】
麻　11②118
あさば【朝葉】　25①57
あさはぎ【麻はき】→あさいとはぎ、あさへぎ
麻　4①24
あさばたけうち【麻畑打、麻畠うち、麻畠打】
麻　4①13/42④258, ⑤321
あさひき【麻引】
麻　42⑥390, 428/43③255
あさふた【麻ふた】
麻　22②127
あさへぎ【麻へぎ】→あさいとはぎ、あさはぎ
麻　43①57
あさまえ【朝前】　42④231, 240, 245, 246, 250, 257, 258, 260, 264, 266, 269, 270, 272, 273, 274, 275, 279, ⑤328/43①40
あさまき【あさまき、麻まき、麻蒔】
麻　19①83/24③283/30①124/38③206/39⑤261/40③221/42④258, ⑤322, ⑥376, 415/43①20, ③243/61①56
あさまき【朝蒔】
稲　20①53
あさまきごろ【麻蒔頃】　51①116
あさまきじぶん【麻蒔時分】
麻　51①119
あさまきはじめ【麻蒔初】
麻　30①122
あさまきび【麻蒔日】
麻　3④224
あさまきよう【麻蒔様】
麻　5①89
あさまちふみ【麻町ふミ】
麻　43③242
あさまびき【麻間引】
麻　30①126
あさみず【浅水】
稲　7①22/8①68, 73, 79, 80/22②105/28③320, ④342/29②134, 135
あざみをつくる【あさミを作る】
あざみ　17①288
あさめしあがり【朝飯上り】
稲　27①383
あさめしおり【朝飯下り】
稲　27①260
あさめしご【朝飯后】　36③310
あさめしまえ【朝めし前、朝飯前】　36③310/42⑥426
あさやま【朝山】　29②137
あさりな【餐菜】　20①306
せり　20①264
あさをうゆる【あさをうゆる】
麻　13①32
あさをまく【麻を蒔】
麻　17①218
あさをまくべきさいちゅう【麻を蒔べき最中】
麻　13①34
あしあとふたつ【足跡二ッ】
稲　27①92
あしあとをなおす【足跡を直ス】
稲　27①138
あしうえ【葭植】
あし　65①41
あしかがりをひく【足かゞりを引】
はぜ　31④158
あしがた【足形】　25①43
あわ　2①25
あしずり【足摺】
稲　23①50
あしだふみ【足駄踏】
稲　44③212, 213, 215
あしどり【足取】
稲　19②409
あしにおろす【足ニ下す】
稲　27①375
あしのあと【足の跡】
ごぼう　22②128
あしひき【足引、足曳】
かぶ　22④232
けし　38③164
ごぼう　38③143
とうもろこし　22③157
菜種　22③170/38③163
にんじん　38③157, 158
ひえ　38③146
麦　38③155
やまいも　38③130
あしぶみ【足ふミ】
稲　17①99
あじる【あぢる】→なかうち
ごぼう　7②325
あしをわけてかう【足を分て飼ふ】
牛　29①15
あずきあきいれ【小豆秋入】
小豆　65②91
あずきうえ【小豆うへ、小豆植】
小豆　27①133/43②159/66⑥332
あずきうち【小豆うち、小豆打】
小豆　4①31/27①262/42④243, 279
あずきおとし【小豆おとし】
小豆　36③259
あずきかり【小豆刈】
小豆　22⑤353
あずききり【小豆伐】
小豆　43①66, 67
あずきしつけ【赤小豆仕付】
小豆　22②126
あずきたねおろし【小豆種おろし】
小豆　65②90
あずきつくり【小豆作】
小豆　2④306
あずきつくりよう【赤小豆作様】
小豆　19①144
あずきとり【小豆取り】
小豆　42⑥395, 433
あずきとりととのえ【小豆取調】
小豆　34②28
あずきにう【小豆にう】
小豆　4①30
あずきのくさかる【小豆の草かる】
小豆　27①141
あずきのさがりまき【小豆のさがりまき】
小豆　33③167
あずきのなかにいれおく【小豆の中に入置】
なし　38③183
あずきひき【あづき引、小豆引】
小豆　8①215/42④236, 242, 277/43②187
あずきほりかけ【小豆ほり懸】
小豆　27①139
あずきまき【小豆蒔】→Z
小豆　22⑤351/30①128/38③206/42⑥423
あずきまきいれ【小豆蒔入】
小豆　34②25
あずきまきどき【小豆蒔時】
小豆　19①182
あずきむしり【小豆むしり】
小豆　42⑥397
あずきをまく【小豆を蒔】
小豆　17①195
あずきをまくじせつ【小豆ヲ蒔ク時節】
小豆　32①96
あぜあげ【あせ上ケ】　43②137
稲　43②152, 153
あぜあずきうえ【あぜ小豆うへ】
小豆　27①127
あぜいね【畦稲】→E
陸稲　61⑦195
あぜうえ【あせうへ、あぜ植、畔植】　41②113
稲　10②319/29①49/33①21
大豆　25②203
あぜおこし【あせおこし、あせをこし、あぜをこし】
稲　43②184, 189
あぜかいくさかり【あせ飼草刈】

27①286
あぜかき【畷掻】
稲 29③227
あぜかぐり【畷かくり】
稲 29③242
あぜかぐりぐさ【畷かくり草】
稲 29③241
あぜかけ【あぜかけ、畦かけ】
42⑤325
稲 23⑤271
あぜかける【畦掛ル】 42⑤325
あぜがこい【あぜがこひ】 20①234
あぜがり【あせかり、畔かり、畔がり、畔刈】 43①68
稲 33①23/39②98/42④243,277
あぜきり【あセ切、あぜ切り、畦切、畦切り、畔切、疇切】→L
稲 19①65/24①36,49,67/27①37/42④245,247,261,⑤322
麦 29④293
あぜくさ【あせ草、あぜ草、畔草、疇草】→E、G、I
27①259/42④233,235
稲 43①47,48,56,57,58,59,64
あぜくさかり【あせ草かり、あせ草刈、畦草刈、畔草かり、疇草かり】→L
24①108/42③165,④233,235,236,237,272
稲 42④271
あぜくさかる【あぜ草かる】
大小豆 27①141
あぜくさけずり【あせ草けすり】
稲 43②158
あぜくさとり【畷草取】
稲 29④292
あぜくさひき【あせ草引】
稲 43②155,160,161,177
あぜけずり【あせけすり、あせけづり、あぜけづり】
稲 28②190,191,231/43②161
あぜけずりよう【畷削り様】
稲 29③224
あぜけずる【あぜけづる】
稲 28②228
あぜこし【あせ越】
稲 27①110
あぜこしらえ【アセ拵、堤拵】
稲 8①287/38②53
あぜしたじ【疇下地】→D
稲 4①68
あぜしなおす【畔仕直す】
稲 41②75
あぜしゅうり【畦修利】→あぜそくわせ
8①200
あぜすじていれ【畦筋手入】 8①159
あぜする【あぜする】
稲 28②157
あぜそくわせ【あせそくはせ】→あぜしゅうり
稲 27①22
あぜとり【畔取】
稲 30①49
あぜなおしこしらえ【あぜ直し拵】
稲 41①11
あぜなわひき【畦縄引】 8①217
あぜぬり【あせぬり、あぜぬり、あせ塗、畦ぬり、畦塗、畦塗り、畝ぬり、畝塗、畷塗、畔ぬり、畔塗、疇ぬり、疇塗】→くろぬり→L
9①69/42⑥419
稲 4①15,44,46,50/5①20,175/6①37,38,41/11④181/19①65/22②109/24①36,③282,316,325/25②203/27①39,40/28②132,157,158/29②128,133,③226,④290,292/30①38,46,49,89/33⑤243/37③260/39⑤271/42⑤327,⑥378,416/43①41,42,43/62⑨327/63⑧435
大豆 4①84/5①40
あぜぬりよう【畷塗様、疇塗様】
稲 5①22/29③225
あぜぬること【畔塗事】
稲 27①39
あぜのかわむき【あせのかわむき】 42⑥380
あぜのぎゃくすき【畷の逆鋤】
稲 29③234
あぜのけずり【アゼノ削】
綿 8①288
あぜのけずりだし【あぜのけづりだし】
稲 28②187
あぜのこしらえかた【畔之拵方】
稲 33⑤251
あぜのしゅうほ【畔之修甫】
稲 33⑤240
あぜのそぎよう【畷ノ鏺ヤウ】
稲 5①22
あぜのつきよう【畔の築様】
61①41
あぜのつくり【あぜの作り】
稲 39⑥324
あぜのねりかた【畔の練方】
稲 30①46
あぜのり【あせのり、疇のり】
42④263
稲 42④261,262,263,264
あぜはしたにとり【畔端谷取】
8①163
あぜはなす【疇はなす】
稲 6①33
あぜはなち【あぜはなち】
稲 20①90
あぜひえ【畦稗、畔稗】
ひえ 4①44/39⑤272
あぜひき【畦ひき】
稲 42⑤325
あぜふしん【あぜ普請】
稲 28②132
あぜまたじ【畔またし】 42④283
あぜまめ【あせ大豆、畦豆、畔豆、疇大豆】→E、I、L
大豆 4①15,27/11②113/25②204
あぜまめうえよう【畷豆植様】
大豆 5①40
あぜまめうえる【畦豆植ル】
42⑤325
あぜまめうち【疇大豆打】
大豆 42④279
あぜまめはとり【畦大豆葉取】
大豆 42⑤337
あぜまめひき【畦豆引】 8①215
あぜもと【疇もと】→D
稲 6①37
あぜもの【あせもの】→X
40③225
あぜものうえ【あせ物種、畔もの植】 42⑥384
小豆 24③308
大豆 24③308
あぜわり【アゼ割、畦割リ】 8①208
綿 8①288
あぜをする【畷を摺】
稲 29③232
あぜをとる【あせを取、畦を取、畔を取】 38③195,199
稲 30③245/33①16,21
あぜをぬる【あせをぬる、あぜをぬる、畦を塗、畔をぬる、畔を塗】
稲 9①63,64/12①143/17①94/22②98/24②234/30①25/33③163
あたためる【あたゝめる、温める】→K
稲 39①33
白瓜 30③252
あたまはり【首はり、首墾、頭はり】→あらおこし
稲 27①24,40,41,55,63,65,72,272,359,361
あつうえ【厚植、厚殖】→うすうえ
稲 1①31/9③273/23①66,67/25②185
はぜ 11①27
あつがい【あつ飼、厚飼】
蚕 35①112,130,170,171/47②144,145/56①207
あつかぶ【厚株】→うすかぶ
稲 1①66
あつくうえる【厚く植】
稲 29③214
あつくおおう【厚くおほふ】
里芋 12①363
あつくつちかう【厚培】 8①219
あつくまく【厚ク蒔】
綿 8①232
あつさがいのほう【暑飼の法】
蚕 35③437
あっさく【圧搾】
油桐 57②90
あつだて【厚立】→うすだて
綿 23⑤275,276,277/40②45,109
あつだね【厚だね、厚種子】→うすだね
19①156,165/20①170
稲 37①45
綿 20②384
あつたねおおい【厚種覆】
かぶ 2①58
きょそう 2①134
あつたねにふせる【厚種にふせる】
なす 20②374
あっちん【圧鎮】 69②162,216,222
あっちんほう【圧鎮法】 69②222
あつてたに【厚手たに】→てたに
麦 8①99
あつなえ【厚苗】→うすなえ
稲 39①25,34
あつなわしろ【厚苗代】
稲 21①45
あつまき【厚まき、厚蒔、厚蒔き】→うすまき
麻 2①19
あわ 2①25
稲 1①56/5②224,③258/21①32,②114/23①58,59
そば 3①29/22①59
にんじん 2①103
ひえ 2①32
ほうきぐさ 2①72
あつまきつけ【厚蒔付】
大根 20②388
あつみず【厚水】 1①44
稲 1①56
あつめに【あつめ荷】
稲 27①156
あつめにまく【あつめに蒔】
ひえ 27①67

あてこし【あて越】
稲　27①37
あてこむ【あて込】　38①12,14,16,19
あてつけ【あて付】
稲　42④269
あてながし【あて流し】
稲　27①121
あてなわ【宛縄、充縄】→しめなわ
青刈り大豆　19①173
稲　19①68,69/20①324,327,329
あてみず【あて水】
稲　29③241
あとあとけつけ【跡々毛付】
そらまめ　8①113
あとうえ【後植】
ささげ　2①102
あとくさ【跡草】　8①203
あとさく【跡作】→L
21①58,79,81/32①175,176,185
綿　3④280/15③352
あとさくする【跡作スル】　32①174
あとさくむぎさく【後作麦作】
さとうきび　30⑤412
あとしだり【跡しだり】
稲　11②93
あとじまい【あとじまい】　28②179
あとしゅうり【後しうり】
きび　42⑤330
あとすき【後鋤】
稲　10①110
あとだうえ【跡田植】
稲　39⑤278
あとにさがる【跡に退】
たばこ　34⑤102
あとのこなし【跡のこなし】
菜種　18①95
あとのさく【跡ノ作】
麦　32②300
あとはか【跡はか、跡果敢】→かいたうない
稲　19②410/20①74
あとまき【後蒔】
きゅうり　2①98,101
にんじん　2①104
まくわうり　2①106
あなつき【穴付】　8①188,216
あなつきまく【穴付蒔ク】
えんどう　8①114
あなのつきよう【穴のつきやう】
菜種　28②252
あなのなかにうえる【穴の中にうへる】
やまいも　12①369
あなほりよう【穴掘やう】
大豆　27①102
あなをつく【穴をつく、穴ヲ突ク】　69②302
藍　62⑨345
大根　62⑨328,371
もろこし　62⑨344
あなをほる【穴を掘、穴を堀】→Z
桑　18①85
大豆　27①95
あぬきぼし【アヌキ干】→いねほし→Z
稲　24①119
あぶらいれ【油入】
稲　31①7,16,23,24
あぶらいれのき【油入の期】
稲　31①10
あぶらいれふせぐこと【油入防ク事】
稲　31①6
あぶらいれよう【油入様】
稲　61①44
あぶらえしつけかた【油荏仕付方】
えごま　22②**120**
あぶらえつくり【油荏作】
えごま　2④306
あぶらおとしかた【油おとし方】
稲　11④167
あぶらしぼりよう【油扠様】
31①28
あぶらだまちらし【油玉ちらし】
さとうきび　44②137
あぶらなたねまき【油菜種蒔】→なたねまき
菜種　30①137
あぶらななえうえ【油菜苗植】→なたねうえ
菜種　30①140
あぶらのみわけよう【油の見分様】　15①39
あぶらのろん【油の論】
稲　15①**31**
あぶらひきかた【油引かた、油引方】
稲　11④165,166,167,173,175,176,177,178
あぶらひきよう【油引様】
稲　11④174
あぶらむしあらい【油虫あらい】
なし　40④281
あぶらをいれる【油を入】
稲　31①9,14,15,22
あぶりかわかす【炙乾ス】　69②362
あぶる【炙る】→K
蚕　47②88
しいたけ　45④207
あまおおい【雨覆、雨覆ひ】→B、C
62⑧269
なす　2①86,89
ぼたん　55③289,394
らん　55③344
あましょうじはり【雨障子張】
菊　55①55
あみおく【網ミ置】　41⑦336
あみてほす【あみて干す】
ありたそう　13①301
あみもの【編物】　27①351,354
あみものるい【編物類】　27①347
あみよう【編様】　27①212
あみようのよしあし【あミやうの善悪】　17①146
あむこと【あむ事】
たばこ　28②201
あめあがり【雨あがり】→P
稲　70⑥402
あめにかる【雨にかる】
稲　27①179
あめふりかり【雨降りかり、雨降刈】
稲　27①177/29②149
あめふりしごと【雨降仕事】
31③124
あめふりちゅう【雨降中】
さつまいも　31⑤268
あめふりのたば【雨降りのたば】
稲　27①174
あめま【雨間】
大麦　39①41
あやし【アヤシ】
大麦　32①57
あゆみもち【歩持】　30③288
あゆみゆき【歩行】　29②120,157
あら【あら】→しろかき
稲　7①19/22②104/43②152,153
あらあぜ【荒畦】→D
稲　30①37
あらいだね【あらひ種子、洗種】→E
稲　19①32,②369
あらいほし【洗ひ干】
麻　3④224
あらう【あらふ、洗、洗ふ】→K
60②91,⑥343,356,357/69①43
稲　7①27
芍薬　13①288
あらうえ【荒植】
稲　9③268,293
あらうち【あらうち、あら打、新打】　34③36,37,38,39,51,⑥132
稲　9①53/24③285
さつまいも　34⑥133
たばこ　34⑤101
ねぎ　4①143
あらうち【荒打】
菜種　4①114
あらうない【アラウナイ、あらうなひ、麁剖】→あらおこし
麻　2④283
稲　2④279,294,299/19②402/20①55
あらおこし【あらおこし、あらをこし、あら起、あら起し、荒おこし、荒起、荒起シ、荒起し、荒発、荒発シ、新ら起、新発、新発し、麁起】→あたまはり、あらうない、あらたいき、たひき(引)
2⑤327/4①14/15②150/39④203,⑤257,269/42④257,258/61①48
麻　39⑥329
いぐさ　4①120
稲　2⑤327/4①13,39,42,**43**,44,46,169/5①37,56,59,69/6①27,**31**,33,34,36,37,59,63,67,76,85/9②**197**,198,③256/27①**22**,23,26,37,358,359/29③199,230,④290/33①17,④216/39④183,**202**,204,205,217,⑤263,264,⑥323,324/41①11/42④263/61①29
たばこ　39⑥329
ひえ　5①98
あらおこしじせつ【荒発時節】
稲　5①13
あらおこす【新発す】
稲　6①32
あらがき【あらかき、あらがき、荒かき、荒がき、荒掻、粗カキ】→しろかき
9①68/41②76
稲　9①48,63,68,70/10①110/30①25,49/31③114/32①30,36/33①20,21/41①8,⑦316
麦　30①97
あらがし【荒がし】
稲　28②176
あらがち【あらかち、あらがち、荒カチ】
麦　5②229/8①257,258/27①275
あらき【アラキ】
稲　8①69
あらきばり【墾開】→かいこん
69②216,217
あらぎり【あらきり、あらぎり、あら切、荒切】　42④260,261,262
稲　6①**36**/27①38,72,362/42

④263/43①39,41
あらくさとり【荒草取】
稲 4①21,47,69
あらくさをとる【荒草を取】
綿 33①31
あらくつむ【荒摘】
桑 35②309
あらくばり【あら配り】
稲 27①286
あらくれ【アラクレ、あらくれ、荒くれ、荒塊、麁塊】→D、L
25①54/37①21
稲 1②145/2④277,294/11②92,95,106/19①65,213,214,②364,370/20①49,81,256/22②102,109/24①35,49,67,②233,③285,286,325/37①18,25,②76,92,103/38②52/42②94,⑥416
あらくれかき【アラクレカキ、あらくれかき、あらくれ擺、荒くれかき、荒塊かき、荒塊掻、新塊掻】→しろかき
稲 2④299/6①41/11⑤251/19①213/20②370/25①48,49/34⑦247/36②102/37①22,25,②78,79,103/38②51,79
あらくれかきす【あらくれ掻時】
20①58
あらくれかく【あらくれかく、新塊かく】
稲 19①19/20①57,59
あらくれどき【あらくれ時】
稲 19②371
あらくれをかく【あらくれをかく、あらくれを抓、荒塊を抓】
稲 22②98,104/37②77
あらくわあらずき【あらくわあらずき】 28②226
あらけずり【荒削、荒削リ】
菜種 8①85,87
あらこなし【あらこなし、荒コナシ、荒こなし】 16①202
稲 24①49
大麦 38②80
麦 17①184
あらし【荒シ】 32①172,173,176,189,191,204
あらしおく【あらし置、荒シ置ク】 32①183
あわ 12①174
あらしづくり【あらし作り、荒しつくり】 20①166,332
あわ 19②371
あらしてきりあける【荒ラシテ伐リ明ケル】 32①170
あらしふくじぶん【嵐吹時分】
大根 41②101
あらしろ【あらしろ、あら代、荒しろ、荒代、荒代ロ】→しろかき→D
稲 16①331/17①75,76,77,78,79,80,81,85,99,102,103,105,106,108/33③164,④216/39②98/63⑤305,308,309,310,⑥340,344
あらすき【あら犂、荒すき、荒鋤、荒犂】 33③163
稲 4①14/6①14/11②92/15①21,52/30①24,25/33③158/41①8,9,10
はぜ 33②107
麦 30①96,97,101
あらすきかえし【あらすきかへし】
稲 23①82
あらたいき【荒田行】→あらおこし
稲 28②229
あらたかじ【荒田かじ、荒田かぢ】
稲 28②229,239
あらたつくり【荒田作り】
菜種 33④225
あらたほりあげ【荒田ほりあげ】
稲 28②231
あらづき【あらづき】→K
麦 28②198
あらつちをこなす【荒土をこなす】
稲 17①74
あらなか【あらなか、あら中、荒なか】
菜種 28②264,268
麦 28②264,268,272/61④158
あらなわしろ【荒苗代】→D
稲 39⑤265/42①44
あらばたらき【荒ばたらき】
稲 28②248
あらびき【荒引、荒挽】
稲 8①260,261
そば 11②120
あらぶせ【あらふせ、アラブセ、荒伏、新伏、麁伏】 2④304/19①154,155,216,②365,376/20①125,140,257
藍 19①104
麻 2④283/19①106
あさつき 19①132,133
小豆 19①144
あわ 19①138
稲 2④280
瓜 19①115
えごま 19①143
かぶ 19①118
からしな 19①135
きび 19①146
けし 19①134
ごぼう 19①112
ごま 19①142
ささげ 19①145
そば 19①148
大根 2④308/19①116,117
たばこ 19①128
とうがらし 19①123
なす 19①129
にんじん 19①121,122
にんにく 19①125
ねぎ 19①132
ひえ 19①149
ひま 19①149
綿 19①124
あらほかし【あらほかし、荒ほかし】
稲 17①74
あらほり【あらほり】
稲 30③239
あらまびき【あらまひき、荒間引】
大根 8①109
綿 28②162
あらみず【アラ水、荒水】 8①132
稲 8①80
麦 8①106
綿 8①227,238,242,246
あらみずつけ【荒水附】
稲 43①41,42,43
あらもとこしらえ【あら元拵】
42③157
あらもとこめこしらえ【あら元米拵】 42③165
あらわり【あらわり、荒わり】
15②203,204
あらわりかけ【荒割懸ケ】
菜種 8①87
あらわれ【荒われ】 15②204
ありつかぬうち【有つかぬ中】
稲 29①50
ありをふせぎよくる【蟻を防除る】
はぜ 31④206
あれちかいはつ【荒地開発】
63④183,188,191,199,204,206,215,219,222,230,235,238,246,251,253,260,261
あれちにはぜをうえる【荒地に櫨を植る】
はぜ 31④215
あれちびき【荒地引】 44②97
あわうえ【あわうへ、粟植】
あわ 28④339/33⑤250
あわうえ【淡うへ】
稲 12①142
あわおとし【粟おとし】
あわ 36③277
あわがえし【粟返シ】
あわ 5①168
あわからばらい【粟から払】
あわ 34⑥129
あわきかき【粟木かき】
あわ 42⑤336
あわききり【粟木きり】
あわ 42⑤336
あわぎひき【あわ木引】
あわ 43②173
あわきり【あわ切、粟きり、粟切、粟切り】
あわ 22⑤354/38②81/42②87,95,115/63⑥341,348
あわくさうち【粟草打】
あわ 34⑤97
あわくさとり【粟草取】
あわ 34②25,26,27/42②92,95
あわこいだし【粟こい出し、粟こひ出し】
あわ 63⑥341,347
あわごえしよう【粟こゑ仕用】
あわ 41⑤236
あわこしらえ【粟拵】
あわ 38②80/63⑥341,346
あわしつけ【粟仕付】 22②121
あわ 10③394
あわす【あわす、合】 41⑥278
大豆 38③154
あわせつぎ【合接】 55③468
あわせつち【合セ土】→D、I
19①154
あわせてねせおく【合て寝置】
38③195
あわせてまく【合て蒔】
からしな 38③177
あわせばいひき【合灰ひき、合灰挽】
あわ 38②69
そば 38②73
あわせばいをひく【合灰を曳く】
にんじん 38③158
あわせまく【合せ蒔】
紅花 13①45
あわせらち【合せ埒】
稲 27①114
あわたねおろし【粟種おろし】
あわ 65②90
あわたねまきいれ【粟種子蒔入】
あわ 34②29
あわつくりよう【粟作様】
あわ 19①138
あわつみ【あわつミ】
あわ 43②173
あわなかうち【粟中打】
あわ 31②81
あわにばんくさ【粟弐番草】
あわ 31②81
あわぬき【粟ぬき】
あわ 42②87,90,109,114
あわねつけ【粟根付】

あわ　33①38
あわのつちかい【あわのつちかい】
あわ　28②183
あわのなかうち【粟の中打】
あわ　41⑥274
あわのなかだいこん【粟ノ中大根、粟之中大根】　33④182,222
あわひき【粟引】
あわ　44③242,243,244,245,247
あわひきかたのじせつ【泡引方の時節】　51①73
あわまき【あわ蒔、粟まき、粟蒔】→D
あわ　22⑤351/29②127/37①32/38②70,80/40③223/41⑤234,260/42③172/43②147/63⑥341,345
あわまきいれ【粟蒔入】
あわ　34②24,⑥130
あわまきせつしつけ【粟蒔節仕付】
あわ　34⑤91
あわまきつけ【粟蒔付】
あわ　11②112
あわまきどき【粟蒔時】
あわ　19①182
あわまきのせつ【あハ蒔の節】
あわ　28④338
あわまきよう【粟蒔様】
あわ　5①92
あわまく【粟まく】
あわ　42⑤325/43③248
あわまくとき【粟蒔時】
あわ　41⑤235/62⑨337
あわをつくる【あわを作る】
あわ　17①201
あんこ【あんこ】
麻　4①94
あんずだい【杏砧】　55③467

【い】

いえかやかり【家茅刈】　24③330
いえぐろかたづけ【家ぐろかた附ケ】　42⑥443
いえばん【家番】
とうもろこし　30③280
いがかち【イガカチ】
麦　8①251
いがかちよせ【イガカチヨセ】
麦　8①250
いかりじぶん【藺刈時分】
いぐさ　4①121
いかりせつ【藺刈節】
いぐさ　4①122
いきかやし【活カヤシ】
大麦　32①52
大豆　32①87
いきつぶし【生潰】
蚕　35②400
いきらかす【いきらかす】　10①119/36③242
いきりくさらかす【いきり爛らかす】　69①101
いきりをさます【熱りをさます】
蚕　47②86
いきれくさる【いきれ腐る】　69①79
いくきしたてよう【いく木仕立様】　57②156
いぐさかり【藺刈】
いぐさ　30①133
いぐさだうえ【藺田植】
いぐさ　30①140
いぐさだくさぎり【藺田芸】
いぐさ　30①124
いぐさだくさぎりはじめ【藺田耘初】
いぐさ　30①121
いぐさのゆわえ【藺草の把】
いぐさ　19②367
いぐさほしよう【いぐさほしやう】
いぐさ　19①66
いくる【いくる】
里芋　44③204
いぐわうない【鋳鍬うない】
大豆　22③169
いぐわうなえ【鋳鍬うなへ】　22③172
いけあげ【池揚】
稲　39⑤262,263
いけいれ【池入】
稲　27①22,26,30/39④194,196,⑤260
いけおく【いけ置、生置】
かえで　55③259
桐　56①48
桑　56①208
ごぼう　12①297
里芋　41⑤248,259,⑥275
菜種　55③249
みかん　56①95
いけかし【池かし】→しんしゅ
稲　31③110
いけこみ【生ケ込】
さとうきび　30⑤406
いけこむ【生け込む】　41⑦321
いけばなえだためるのほう【挿花撓枝之方】　55③456
いさくのせつ【違作之節】　62③70
いさつ【餧刷】→かいばきり
馬　60③136
いじ【維持】　69②162,216,222
いしうすひき【石臼引、石臼挽】
稲　24③315/37②131
いしうすめきり【石臼目切】　42③151,172
いしこわり【石小わり】　24①47
いしすなとりよけ【石砂取除】　66①67
いしだいつくり【石台作り】
朝鮮人参　45⑦388
いしとり【石取】→J　42④256,264,265/43①37
いしにない【石荷ひ】　43②202,203,204,205
いしばいとり【石灰とり、石灰取】　42④243,265,267
いしばいまき【石灰巻】　42④265,268
いしばいやきそめ【石灰やきそめ】　24①47
いしひき【石引】　24①13
いしひきあげ【石引上ケ】　24①15
いしふせ【石ふせ】　42④235
いじほう【維持法】　69②221,222
いしほり【石ほり】　43②202,203,204
いしょく【移植】→うつしうえ　56②238
栗　56①55
たばこ　63⑧444
いじりとり【寝尻取】→かいこのしりがえ
蚕　47②144
いずみつづくり【いづミつゝくり】　43②171,173
いそがしきじぶん【イソカシキ時分、閙敷時分】
いぐさ　5①80
稲　5①50
菜種　5①135
いだたがやしよう【藺田耕しやう】
いぐさ　14①114
いちぎょううえ【壱行植】
菜種　45③165
いちだのようい【壱駄の用意】
稲　27①372
いちどねぶり【一度ねぶり】
稲　27①101
いちにちいちやほす【一日一夜ほす】
稲　28②145
いちにちのしごと【壱日のしごと】
稲　28②187
いちねんこし【一年こし】
綿　33①30
いちばん【一はん、一ばん、一番、壱ばん、壱番】→つちかい　36③224
藍　6①151
稲　4①56/5①65,②224/6②310/9①83/22②110/27①122/38①14
大麦　12①158
からむし　4①99
ききょう　55③354
たばこ　63⑧444
麦　37③290/41⑤244,⑥274
いちばんあい【一番あい】→つちかい→B、E
ごぼう　7②325
いちばんうえ【一番うへ、壱番植】
さつまいも　61②89
大豆　27①94
いちばんうち【一番打】→K
稲　4①47/5①65,66/6①58/24③282/29②138/33⑤238/62⑨335,348
小麦　24③291
麦　62⑨346
いちばんうない【一番ウナイ、一番耕ひ、一番耘】→つちかい
稲　2④280/37②92
麦　38①8
綿　38①17
いちばんうなえ【一はんうなへ、壱番ウナヘ】→つちかい
稲　22③158/37②76
いちばんがい【一番貝】　60③139
いちばんかき【一番かき】
漆　4①162
いちばんかたぎり【一番片きり、一番片切】
あわ　22②121
なす　22②125
綿　22②120
いちばんかやし【一番カヤシ、一番ガヤシ】
稲　32①20
大麦　32①53,61,62
さつまいも　32①123
いちばんがり【壱番刈】
みつまた　48①188
いちばんぎり【一ばん切、一番切、壱番切】　19②376/25①55/68④414
稲　27①38/29③236
大麦　22③155
ぎょりゅう　55③312
ごぼう　22②128
小麦　38③175
麦　38③200
いちばんぐさ【一はん草、一ばん草、一番草、一番耘、一番

艸、壱ばんくさ、壱ばん草、壱番草、壱番艸】→いちばんけ、いちばんご
5③273/42⑥425
あわ　31⑤262/33④220
稲　1①31,38,②146,⑤352/2④286/4①69,217/6①59,60,61,198/9①77,83/10②320/11②93/12①135/15②202/17①125/18③364,365/22②107,④215,216/23①74/24①80,②235/25①59/27①110/28④342/29③236,④279/30③262/32①29,30,39,41/33③164,④216,⑤249,250/37①25,②81,③319/38①21,③139/39②99,100,⑤275,281/41③175,⑤258/42①31/44②135/61①50/62⑨359,360/63⑥346,⑧442/69①87,②228,231,232
大根　32①134
大豆　32①87
いちばんくさぎり【一番芸、一番芸リ、一番草切、一番耘、壱番芸】
あわ　2①26
稲　25②182/30①73,75,90
大豆　2①40
ひえ　2①33,④305
麦　30①110,113
いちばんぐさくさぎり【壱番草耘リ】
稲　63③136
いちばんぐさころ【一番草頃】
稲　1⑤352,353
いちばんぐささらえ【一番草浚】
たばこ　33④213
いちばんぐさしゅうり【一番草修理】
稲　39⑤279,281
いちばんくさとり【一番草とり、一番草取、一番莠取、壱番草取】→L
67③137
稲　2④298,302/4①21,22,42,45/5③258,259/6①58/18⑤464/19①57/29④291/36①50/39③147/44③217,218/63⑤305,311,313
綿　44③229,230
いちばんくさとる【一番草取る】
稲　4①55
いちばんくさとるころ【一番草取る頃】
稲　1⑤348
いちばんくさひき【一番草引】
稲　6②315
いちばんくさまえ【一番草前】
稲　1⑤356
いちばんくるめ【一番くるめ】→つちかい
19②366
いちばんくわ【壱番鍬】
麦　41②78
いちばんけ【一番箇】→いちばんぐさ
稲　19②364,421
いちばんけじ【一番けじ】→つちかい
麦　24②238
いちばんけずり【一ばん芸、一ばん削リ、一番けづり】→L
麦　8①96
綿　15③388/23⑤264
いちばんご【いち番个、一番ご、一番子、壱番个】→いちばんぐさ
20①257
稲　20①91,255/25①59,②193/36③222
金魚　59⑤431
いちばんこしらえ【壱番拵】
稲　63⑧437
綿　38②62
いちばんこなし【一番こなし】
麻　4①92
いちばんこのとりよう【一番子のとりやう】
金魚　59⑤431
いちばんさく【一番作】→L
ささげ　38③151
麦　39②97
いちばんさくあしひき【壱番作足引】
麦　63⑤317
いちばんさくきり【壱番作きり、壱番作切、壱番作切り】
あわ　38②69
えごま　38②71
陸稲　38②68
そば　38②74
大根　38②72
大豆　38②61
ひえ　38②66
綿　38②62
いちばんさくり【一はんさくり、一番さくり】
あわ　22②121
大豆　37②81
麦　37②75
いちばんさくりきり【一番サクリ切】
稲　2④286
いちばんしご【一番守護、壱番守護】→ていれ→I
あわ　29④298
菜　29④282
紅花　29④285
いちばんしたて【一番仕立】
はぜ　11①33
いちばんしろ【一番しろ】
稲　62⑨353
いちばんすき【一番犂、壱番すき、壱番鋤】→L
32①72/42⑤327
稲　22④212/32①27,28,30,36
大豆　32①90
いちばんすぐり【一番スクリ、一番すぐり】
大根　4①109
綿　39⑤270
いちばんずり【一番摺】
稲　37③344
いちばんそろえ【一番揃】　27①136
かぶ　4①105
大根　27①146
いちばんだし【一番出】　24③307
いちばんつち【一番土】　27①136
里芋　32①120,122
綿　32①148
いちばんつちかい【一番培、壱番培】→つちかい
27①136
麦　27①62,70
いちばんづみ【壱番積ミ】　41⑦324
いちばんてつち【一番手培】
大豆　27①143
いちばんどおし【一番どをし】
稲　41③178
いちばんどこ【一番どこ】
綿　28④348
いちばんとめ【一番とめ】
瓜　4①129
いちばんとり【一はん取、一番取、一番取り、壱ばん取】
稲　24③287/25①56/27①120,125,139,285,287
いちばんなかうち【一番中うち、一番中打】
稲　4①45,47,69
里芋　23⑥324
綿　13①16/23⑥327/40②129
いちばんなかうちしご【壱番中打守護】
ごま　29④298
大豆　29④297
いちばんぬき【一番ぬき、一番抜、壱番ぬき】
きび　38③156
大根　23⑤266/38②72
いちばんのくさぎり【壱番の耘】
稲　27①124
いちばんはき【壱番掃】
蚕　47②114
いちばんひき【一番引】
稲　11④175
いちばんほんけずり【一ばん本けづり】
綿　23⑤272
いちばんまき【一番蒔】
稲　5③257
大麦　32①51
いちばんまびき【一番間引、壱番間引】
大根　7②316/29②143
綿　9②215
いちばんまわり【壱番廻、壱番廻り】
稲　23①68,69,70,72
いちばんみず【一番水】
稲　4①58/39⑤265
いちばんみぼし【壱番実干】
稲　31②77
いちばんもとかき【壱番本かき、壱番本搔】
稲　44③212,213,214,215,216
いちばんもみ【一番揉】
菜種　5①135
いちばんよせ【一番寄せ】
里芋　29②141
いちばんわけどり【一ばんわけ取】
稲　9①99
いちばんわた【一番綿】→E
綿　8①138,236
いちばんわたのきづくり【一番綿之木作リ】　8①242
いちびかわはぐ【商麻皮剝】
いちび　30①135
いちびつくりよう【商麻作りやう】
いちび　14①144
いちびのつくりよう【商麻の作りやう】
いちび　14①129
いちびふんばい【商麻糞培】
麻　30①131
いちびまき【商麻蒔】
いちび　30①126
いちびまびき【商麻間引】
いちび　30①128
いちびをつくる【いちびを作】
いちび　17①224
いちぶにはちじっかぶ【壱歩ニ八拾株】
稲　29③259
いちほずつえらぶ【一穂ツツ撰フ】
大麦　32①68
いちやかし【一夜かし】
綿　9①54
いちやへだて【一夜隔】
稲　27①46

いちよぎしたてよう【いちよ木仕立様】
いじゅ　57②156
いちらちはざめ【一埒ハザメ】
稲　5①81
いちわならべ【壱わならべ】
稲　27①180
いつかまわり【五日廻り】
はぜ　31④179
いつき【居付】
ごぼう　33⑥316
いっしきづくり【一色作り】
あわ　20①212
いっしゃくまにひとかぶ【壱尺間に壱株】
ひえ　21①61
いっしゃくまにひとかぶじゅうごりゅうまき【壱尺間に壱株十五粒蒔】
大麦　21①52
いっしゃくまひとかぶ【壱尺間壱株】
大麦　21①51
小麦　21①57
いっそううえ【一ソウ植】
えごま　38④259
いっそくならび【壱束並び】
大麦　21①50
小麦　21①50
いったんうえ【一段植】
稲　30①55
いってきしごと【一てき仕事】
稲　28②231
いっとななしょうばり【壱斗七升はり】
稲　27①205,206
いっとまき【一斗蒔】→W
稲　30③245
いっぴきおい【壱疋追】
稲　24③286
いっぴんづくり【一品作、一品作り】
稲　19①198,②289
いっぺんどり【一遍取】
稲　29①54
いっぺんにきる【一遍に切る】
綿　29①68
いっぺんびき【一遍引】
稲　29①44
いっぽうくるめ【一方皦】→つちかい
あわ　19②370
いっぽうよりせんぐりにかる【一方よりせんぐりニ刈】
稲　27①371
いっぽんうえ【壱本うへ、壱本うゑ、壱本植】
大豆　27①103
菜種　28②252
はぜ　33②123
いっぽんだち【壱本立】
とうもろこし　2①105
いっぽんだて【一本立、壱本たで、壱本だて】
なす　33⑥321
菜種　28②221
綿　28②162,200
いっぽんなえ【一本苗】
稲　19①41
いとぐちのたち【糸口の立、糸口の立ち】　53⑤331,332,333,339
いとぐちのたちかた【糸口の立方】　53⑤350
いとたね【糸種】
麦　30①95
いとつぎくち【糸継口】
蚕　53⑤355
いととり【糸とり】→K
蚕　47①9
いとはたおり【糸機織】　68④416
いとひきこころえ【糸挽心得】
蚕　47②148
いとひくのみち【糸ひくの道】
蚕　35①21
いとひっぱり【糸引張り】
麦　29②149
いないもの【荷物】　8①206
いなう【いなう】　28②136
いなかぶだいしょう【稲株大小】
稲　29③202
いなかぶちょうたん【稲株長短】
稲　29③202
いなかぶのだいしょう【稲株の大小】
稲　29③192
いなかぶのちょうたん【稲株の長短】
稲　29③192
いなぎこしらえ【稲木拵】　40③238
いなくさつくり【稲草作】
稲　1①98
いなこき【いなこき】→いねこき→B
稲　27①385
いなさく【稲作】→L、N、Z
稲　15①60/28④341/29③238,239,254
いなだたがやし【稲田耕し】
稲　12①141
いなだねえらびかた【稲種撰方】
稲　21①33
いなだねえらぶほう【稲種択法】
稲　39①26
いなだねとり【稲種とり】　42③188
いなだねまきいれ【稲種子蒔入】
稲　34②22,29
いなにう【稲にう】→いねにう、さんぞくにう、そうけにう、そそけにう→C
稲　4①30
いなにうしよう【稲にう仕様】
稲　27①180
いなにおなわ【稲乳縄】
稲　1①38
いなはざゆいよう【稲架結様】
稲　5①85
いなばよせ【稲葉寄】→O
稲　25①76
いなほかけ【稲穂掛】→O
稲　19①84
いなほでそろうとき【稲穂出揃時】
稲　19①198
いなほでぬくとき【稲穂出抜時】
稲　19②289
いなむしたいじ【稲虫退治】
稲　30②184,197
いなむしとり【稲虫取】　30①78
いなむしのさりよう【蝗の去やう】
稲　15①99
いなむしよけ【蝗除ケ】
稲　31①25
いなむしをさる【蝗をさる】
稲　15①97
いなむしをさるじゅつ【蝗をさる術】
稲　15①18
いなむしをのぞく【蝗を除く】
稲　15①77
いなむしをふせぐしほう【蝗を防ク仕法】
稲　31①5
いなもとのたしょう【稲本の多少】
稲　17①118
いなわらとり【稲藁とり】
稲　37②127
いぬまきしたてよう【樫木仕立様】
いぬまき　57②156
いねあきあげ【稲秋上ケ】
稲　19②338
いねあげ【稲あけ、稲あげ、稲上ケ、稲揚、稲揚ケ】
稲　8①212,213,214,216/19①76/20①103/42③196/43①78,②185,190,191,192,195/63⑥350,⑧443
いねあとすき【稲跡鋤】　40③238
いねいちばんくさとり【稲壱番草取】
稲　29④292
いねいれ【稲入】
稲　63⑦398
いねうえ【稲植】
稲　2③261
いねうえしまい【稲植仕廻】
稲　41③174
いねうえつけ【いねうゑ付、稲植付、稲植付ケ】
稲　30③260/34①14,②24,25,⑥127/41③182
いねうえつけかぶすう【稲植付株数】
稲　25②185
いねおき【稲置】
稲　27①177
いねおきよう【稲置様】
稲　27①176,373
いねおろし【稲下シ】
稲　27①375
いねおろしよう【稲下し様】
稲　27①265
いねかがみのせつ【稲かゞみの節】
稲　1①67
いねかがり【稲かゝり】
稲　42③194
いねかきだし【稲かき出し】
稲　28①48
いねかけおろし【稲懸おろし】
稲　7①88
いねかけかえ【稲かけかへ】
稲　42⑤336
いねかけしまい【稲懸仕舞】
稲　27①191
いねかけぼし【稲懸ぼし】
稲　7①78
いねかけよう【稲懸様】
稲　27①172,177,179,370
いねかこい【稲囲】
稲　2①47
いねかつぎ【稲かづき】
稲　27①372
いねかつぎだし【稲かつき出し】
稲　42③195
いねかぶすう【稲株数】
稲　25②194
いねかり【いねかり、稲かり、稲刈、稲刈り、稲苅】→L、O、X、Z
稲　1①38,39,40,99,③265/2④298,302/4①28,29,31,60,64,120,233/6①69/9①103,104,105,106,115/10①111,175/19①60,65/20①100/21③143,144,157,④193,196/22⑤355/24③308,325,330/25②193,③266,282/27①179,185,187,268,273,285,369,370,372/28④344/29①59,④291/30①81/36①48,③266,270/37①22,24,③331,335,

340/38①21,②55,81,82/39④196/40③238,239,240,241,242,243/41①13,②74,③183/42①54,66,②87,90,93,95,96,110,111,112,118,③192,193,195,④239,240,242,274,275,276,⑤336,338,⑥397,398,435/43①76,③267,268/44②153,156/62⑧245,⑨374,379,382/63⑥349,350,⑦397,398,399,400,401/67⑤209/70⑥395
いねかりあげ【稲刈上、稲刈揚】
稲 31②84,⑤276/38②55
いねかりあげあとすき【稲刈上ケ跡耜】
麦 29④293
いねかりしお【稲刈しほ】
稲 36②106
いねかりしまい【稲かり仕舞】
稲 37②87
いねかりしゅん【稲かり旬】
稲 27①175
いねかりたて【稲刈立、稲苅立】
稲 1①35,②147/18⑥490,493
いねかりどき【稲刈時】 4①304
からむし 19①109
いねかりとり【稲刈取】
稲 25②183,193/29④293/34②27/44②152,154,155/67⑥308
いねかりとりあつかい【稲刈取扱ひ】
稲 27①371
いねかりとりしまい【稲刈取仕廻】
稲 25②183
いねかりもうすじぶん【稲刈申時分】
稲 2③262
いねかりよう【稲穫様、稲刈様】
稲 5①83/27①174
いねかる【稲かる】
稲 62⑨384
いねかるせつ【稲刈る節】
稲 27①186
いねかるとき【稲刈る時】
稲 6①23
いねくさとり【稲草取】
稲 34②25,26,27
いねこき【いねこき、いね扱、稲こき、稲扱、稲扱キ】→いなこき→B、L、Z
稲 2③260/4①33,65/6①23,73,74,75/8①212,213,214/19①77/20①104/21③143,145/24①122/27①320/28②216,223,224,226,227,230,234,245,247,249/29②150,④293/36③310,311,316/37②88,③342,345,352/40③239,243/42②87,90,92,94,95,96,97,110,112,113,115,116,117,118,③193,194,195,196,④239,240,242,245,246,248,274,275,276,279,281,⑤336,338,⑥399,400,434/43②186,190,191,192,193,195/44①43,46/61①51/62⑨384/63⑤314,⑦397,398,399,401
いねこきしまい【稲扱仕廻】
稲 29②156
いねこきすり【稲こきすり、稲こき摺】
稲 4①31,32/6①14
いねこきながし【稲扱流】
稲 19①77
いねこく【いねこく】
稲 27①264
いねこくせつ【稲こく節】
稲 62⑨384
いねこしらえ【稲拵】
稲 40③239
いねこなしばこしらえ【稲こなし場拵】
稲 1①38
いねしまい【稲仕廻、稲仕舞】→O
稲 5①87/19②329/27①193
いねしゅうのう【稲収納】
稲 14①30
いねしゅしのげんじかた【稲種子の減じ方】
稲 21②101
いねしんくさとり【稲新草取】
稲 34⑥127
いねすう【稲数】
稲 27①176
いねそく【稲ソク】
稲 2④298
いねそくつり【稲ソクツリ】
稲 2④303
いねだし【稲出し】
稲 43①77
いねつくり【稲作り】
稲 7②368,369,370
いねつけ【稲つけ】
稲 42③195/63⑦400
いねつけはこび【稲付運】
稲 2④299
いねとむぎとのあいだ【稲と麦との間】
麦 30①106
いねとり【いねとり、いね取、稲取】
稲 10①111/42④241,242,276,277
いねとりあげ【稲取揚】
稲 25②194
いねとりあつかい【稲取扱】
稲 27①369
いねとりこなし【稲取穫】
稲 36①54
いねにう【稲にう】→いなにう、さんぞくにう、そうけにう、そそけにう→C
稲 27①262
いねにういる【稲にう入る】
稲 27①265
いねぬりくさ【稲塗草】
稲 44①33
いねねきり【稲根伐】
稲 27①190
いねのあきあげ【稲之秋上ケ】
稲 19②342,353
いねのうえつけ【稲の植付】
稲 25②206
いねのかけほし【稲の懸ほし】→Z
稲 7①78
いねのかりいれ【稲の刈入】
稲 23⑤261
いねのかりたて【稲之刈立】
稲 18⑥499
いねのかりとり【稲のかり取り】
稲 23⑥318
いねのくらいみたて【稲之位見立】
稲 34②27
いねのこきひき【稲のこきひき】
稲 25①84,85
いねのたねまき【稲の種子蒔】
稲 19②404
いねのつくりよう【稲の作りやう】
稲 10②316
いねのほしかた【稲の干方】
稲 11②105
いねのほししまつ【稲の干始末】
稲 25①37
いねのほしよう【稲の干やう】
稲 15②302
いねばいり【稲ばいり】
稲 43③269
いねはずし【いねはづし】
稲 42⑥438
いねほし【いね干、稲乾、稲干】→あぬきぼし
62⑨379
稲 4①28/19①60/40③238/42④240,274,276
いねほしあげ【稲ほしあけ、稲ほし上げ】
稲 19①65/36③273
いねほしかえし【稲干返し】
稲 37②86
いねほしかた【稲干方】
稲 25②190,194
いねほししまつ【稲干始末】
稲 2④298,302
いねほしたて【稲干立】
稲 1①98
いねほしよう【稲干様】
稲 19①61/29③243
いねほすほう【稲干法】
稲 37③352
いねまき【稲蒔】
稲 2④304
いねまたし【いねまたし】
稲 42④239
いねまて【稲まて】
稲 63⑦398
いねまてい【稲まてい】
稲 63⑥351
いねみまわり【稲見廻り】
稲 42⑥400
いねもちあげ【稲持上】
稲 29②150
いねもちあつめよう【稲持集め様】
稲 27①184
いねゆい【イネユイ、稲結】
稲 2④298/38②53,54
いねよけ【稲よけ】
稲 17①140
いねをあげる【稲を揚】
稲 19②384
いねをうえる【稲を植る】 16①200
いねをうゆるかぶかず【稲を種るかぶ数】
稲 13①357
いねをかる【稲をかる、稲を刈】
68④416
稲 16①194/19②364/41③178/62⑧260
いねをかるじせつ【稲をかる時節】
稲 17①90
いねをかるじぶん【いねをかる時分】 9①94
いねをこく【稲をこく、稲を扱】
稲 17①143/25①77
いねをどろにうちつける【稲を泥にうち付】
稲 27①175
いねをほす【稲を干】
稲 19②364
いのうえよう【藺ノ植様】
いぐさ 5①77
いのししおいつめ【猪逐詰】
64⑤360,362,363
いのなえかこいよう【藺の苗貯ひやう】
いぐさ 14①142
いばる【イバル、いばる】
かぶ 2①55
そば 2①53
いふがいし【イフカヒシ、イフ

かひし】 34③41
さつまいも 34③54
いふがえし【いふ返、いふ返し】 34①6,⑥118,119
いぼつみ【いぼ摘】 22①50
いまずり【今すり、今摺】 42④235,266,267,269,271,272,274
稲 42④233
いもうえ【いも植、芋うゑ、芋植】 42⑥417/43②146
里芋 22⑤349/28②148/38③206/39⑤262
いもうえかえ【いも植替】
芋 43②155
いもうえつけ【いも植付、芋植付】
さつまいも 8①117/34②25
里芋 10③395/19①181
いもうえる【芋植ル】 43③244
芋 38①10
いもうずめ【いも埋】
芋 42③192
いもおこし【芋おこし、芋ヲコシ】
里芋 19①111/42②87
いもおこすせつ【芋ヲコス節】
里芋 19①110
いもがえし【芋返シ】
里芋 5①104
いもかずらうえつけ【いもかつら植付、芋かつら植付】
さつまいも 34②24,25,26,27,28
いもかずらうえよう【芋かつら植様】
さつまいも 34③53
いもかずらかりとり【芋かつら刈取】
さつまいも 34③49
いもかずらながさ【芋かつら長】
さつまいも 34⑥135
いもかたぎり【芋片切】
里芋 22③160
いもくきはぎり【芋茎葉切】
里芋 43①64
いもくさとり【芋草取】
さつまいも 34②27,28
いもこしらえ【いも拵】 42③156
いもさくきり【いもさくきり】
芋 42③183
いもじくさとり【芋地草取】
さつまいも 34⑥130
いもじこしらえ【芋地拵】
さつまいも 34⑥127,131
いもしつけ【芋仕付】
里芋 22②116
いもだし【いも出し】 42③204
いもたねおろし【芋種おろし】
芋 65②90
いもたねだし【いも種出し】 42⑥378
いもつくり【芋作】
芋 36③293
里芋 22②117/23⑥324
いもつくりよう【芋作様】
里芋 19①110
いもつちいれ【いも土入】 42④236,239
いもとり【いもとり、いも取、いも取り、芋取】 21③157/42④245,⑥398/43①78
芋 42③192,⑥435
いものおきよう【芋之置様】
里芋 22⑤356
いものくきかる【いものくきかる】
里芋 9①110
いものこよせ【芋のこよせ】
里芋 28②183
いものさくをきる【芋の作を切る】
里芋 25①56
いものつくりよう【芋之作様】
さつまいも 34⑧303
いものつちかい【芋の土かい】
里芋 28②189
いものなかうち【芋の中うち】
里芋 12①364
いものまきかた【芋の蒔方】
里芋 3④331
いもひき【いも引】 43②176,186
いもほり【いもほり、芋ほり】
里芋 9①151/22⑤355/28②189,211
いもほりとり【芋堀取】
さつまいも 29④295
いもまきかた【芋蒔方】
里芋 3④303
いもみずいれ【いも水入】
芋 43②164
いもむしり【いもむしり】 42③204
里芋 42③156
いもめあけ【いも目あけ】 42⑥424
いももみ【いもゝみ】 42③205
いもよせうえ【芋寄植】
さつまいも 34③38
いもをうゆる【芋をうゆる】
里芋 12①364
いもをえる【芋撰】
里芋 38③128
いりからす【いり枯らす】 41⑦336
いりころす【煎ころす】
菜種 45③155
いりとまえあけたて【杁戸前明立】 64②124
いりどりほう【煎取法】 69②306
いれこ【入こ、入れこ、入子】→L
23⑤272
ごま 23⑤268
そらまめ 30①65
ひえ 23⑤258
綿 36③295
いれこねつけ【入子根付】
ごま 33①35
いれこまき【入子まき、入子蒔】
そば 6①104/12①170
いれつち【客土、入土】→D、I
34⑧295/69②222
稲 23①99
いれまし【いれまし】
稲 20①40
いれみず【入レ水、入水】
綿 8①44,144
いわこひき【イワコ引】
蚕 24①77
いわしうえ【いわしうへ】
綿 29①63
いわしむす【鰯むす】 42⑤324
いをうえる【いを植る】
いぐさ 17①310
いをつくる【いを作る】
いぐさ 17①309,310
いんげんまめはやまき【隠元豆早蒔】
いんげん 3④380
いんげんまめをつくる【ゐんげんまめをつくる】
いんげん 17①212
いんようととのえるはかりごと【陰陽調る計事】 23⑥313

【う】

ういけずり【ういけづり】
麦 17①170
ううる【種、種る】→うえる
24①178/50③241
葛 50③252
うえあし【植足】→うえかぶま
稲 30①44,47,54
うえあぜ【植畔】
稲 30①43,44
うえあなをほる【植穴を堀】
杉 56②268
うえあわ【植粟】
あわ 33①41
うえうち【植打】
綿 29①62,63
うえうつす【植移】
油桐 57②155
あわ 34⑤92
きび 34⑤93
うええ【植荏】
えごま 19①143
うえおく【うゑおく、植おく、植置】
いぐさ 14①142
稲 38①16
桐 56①209
楮 47③176
うえおくる【植後る】 19②337
うえおとし【うゑおとし】
菜種 28②253
うえおわり【殖終り】
稲 23①65
うえかう【うゑ替ふ】
ねぎ 7②335
うえかえ【移、植かへ、植替、植替へ】 3④352/43②202/54①262,274,277,282/55③207,287,476/56②264/57②141,205/68③333,335
赤ふきのとう 55③247
あけび 54①298
あじさい 55③310
あずまぎく 55③288
油桐 5②229
あめんどう 55③257,264
いすのき 54①307
いそまつ 55②170
いちはつ 55③278
糸杉 55③435
うこん 55③398
うど 3④328/25②222/38③174
梅 54①289/55③240
うめもどき 55③380
漆 56①168
えにしだ 55③268
おおでまり 55③321
おおやまれんげ 55③333
おぎ 55③368
おだまき 55③275
おもと 55③337
かえで 55③258
柿 54①278
かきつばた 55②141
からむし 10①73/34⑥158
かるかや 55③374
菊 2①116/3④327,373/10①83/43②147/55①31
きゃらぼく 54①300
きゅうり 3④238,361
きょうちくとう 55③363
桐 3④320/56①49
きんせんか 54①301
くさいちご 55③284
くすのき 54①291
くちなし 54①291
栗 56①55
鶏頭 55③362

けし　54①267
こうおうそう　55③312
庚申ばら　55③276
こうほね　55③256
こでまり　55③293
こぶし　54①296
こんにゃく　41②108
さかき　54①299
桜　55③263,267
ささりんどう　55③403
さざんか　55③388
さわぎきょう　55③364
さんたんか　55③283
しおん　55③358
しだれ松　55③434
しゃくなげ　54①306/55③304
芍薬　55③306
しゃりんばい　55③316
しゅろ　34④71,⑤110
しゅんぎく　55③292
じんちょうげ　55③262
水仙　55③420
すおう　54①314
杉　5③270/56①213
せきちく　55③301
そよご　54①283
たちあおい　55③329
たちばな　55②171
たばこ　19①128
たらよう　54①281
だんとく　55③332
茶　47④208/55③385
ちゃひきぐさ　55③367
つげ　54①285
つつじ　55③282
つばき　55③241
つりがねそう　55③305
つるうめもどき　54①297
とういちご　55③269
唐つわ　55③391
とべら　54①273
なし　46①79/55③273
なす　3④361
夏黄梅　55③336
なんてん　55③340
にしきぎ　55③345
肉桂　14①342/54①268
にら　3④326/10①66
ねぎ　3④362/28④347/41②120
のせらん　55③369
ばいも　55③242
はぎ　55③384
白桃　55③243
白もくれん　54①266
花ざくろ　55③322
花しょうぶ　55③320
はまぎく　55③409
ばらん　55③436
ひおうぎ　55③348
ひがんばな　54①293
ひのき　5③270
ひめばしょう　55③399
ふき　3④309
ふじ　54①295
ぶっそうげ　55③347
ぼけ　54①271
ぼたん　55③289,394
またたび　55③313
松　54①293/56①54
まつばらん　55②136
みやましきみ　54①304
むくげ　54①289/55③330
もくれん　55③426
桃　3①52/54①308/56①68
柳　54①292
やぶにっけい　54①294
やまぶき　54①292
ゆきやなぎ　55③250
ゆずりは　54①302
らん　55③343
れだま　55③324
れんぎょう　55③255
ろうばい　55③419
うえかえし【植かへし、植返し】
あさつき　25②224
いんげん　25②201
瓜　62⑨340
かぼちゃ　25②217
きゅうり　25②216
ごぼう　25②220
ささげ　25②202
さつまいも　25②219
大根　25②207
大豆　25②204
たばこ　62⑨339
とうな　25②208
なす　25②215
ねぎ　25②223
ほうきぐさ　25②221
水菜　25②207
ゆうがお　25②217
うえかえしゅん【植替旬】
松　3④349
うえかえどき【植替時】　55②167
うえかえる【植替る】
楮　56①177
杉　39⑥335
松　55②128,129
うえかさぬる【植かさぬる】
稲　29①50
うえかず【植数】　5③256
うえかた【植かた、植方、殖方、櫂方】　56②291
小豆　25②212
稲　23①54/61②101
えごま　21①62
きび　21①77
さつまいも　39①52
里芋　21①64/22④241
杉　56②268
大豆　25②203
菜種　1④308
めだけ　21①88
ゆうがお　25①126
うえかたこうはく【植方厚薄】
稲　29②135
うえかどみ【植かどみ】
稲　41②77
うえかぶ【植かぶ、植株】
稲　29③234/36①49
うえかぶま【植株間】→うえあし、うえま、うえらち、おおらち、かぶま、こらち
稲　25①121
うえがり【上がり】
稲　27①162
うえき【栽木、植木】→E　6①178/29①87/38③181,195
栗　25①113
うえぎくのほう【栽菊の法】
菊　55①14
うえきつくり【植木作】　16①81
うえくち【うゑくち】
稲　27①112
うえこし【植越】
漆　46③183,189,209,211
うえこみ【うゑこみ、植込】　16①125
稲　28②165
とうもろこし　44②128
はぜ　11①16,26
うえごろ【植頃】
稲　1①54
うえさがり【うへ下り】
稲　27①111
うえさす【うへさす】
杉　13①193
うえざま【植ざま】　3①63
うえしお【うへしほ、種しほ、植しほ、植汐】
稲　11⑤225,255,256,257/12①133,137/30①40/33③164
大豆　33③166
うえしつけ【植仕付】　37②113,122,123
稲　37②82,91,92,102,104,107,154,188,192
うえしつけどき【植仕付時】
稲　37②103
うえじぶん【うへ時分、植時分】
なす　22④251
麦　13①359
うえじまい【植仕廻、植仕舞】　47⑤275/62⑨341
稲　2④287/9③244/10②324/22②99,103,104/38①8,16/62⑨353
杉　56②252,264
大豆　62⑨339
菜種　8①85
うえしゅん【植しうん、植しゅん、植旬】→うえしん、うえす、うえせつ、うえどき、
稲　70④265
すいか　40④307
杉　56②265
菜種　45③157
うえしろ【うへ代、上代、植シロ、植しろ、植代、植代ロ、殖代】→しろかき→D
稲　2④277/4①188,189/6①42/12①142/16①195,331/17①75,76,77,78,79,80,81,85,102,107,108,109,118,124/19①45,214,②364,370,402/20①62,63/21③143/22④215/24③285/25②180/29②131/30①40,41/33①22,24,③163,164,④216,218/37②78,③307/38②52/39②99/42②90/43①42,43/63⑤305,308,309,310
なす　19①129
うえしろかき【植シロカキ、植しろがき、植代ろ掻、植代掻】→しろかき
稲　2④297,301/19①214/20①62/29③232/30①40/41③174
うえしろきり【植代切】
稲　6①40,②281
うえしろすき【植しろすき、植しろ犂、植代すき、植代ロ鋤、植代犂】→しろかき
稲　4①17,45,51/6①40/39⑤279
うえしろすり【植代摺】
稲　30①44
うえしろどき【植しろ時】
稲　20①59
うえしん【植真】→うえしゅん
里芋　39②104
うえす【植す、植時】→うえしゅん
19①213,②393/37②122
いぐさ　20①30
稲　19②382/37①41,②188
うえせつ【植節】→うえしゅん
藍　21①73
ひま　19①149
うえせつまきす【植節蒔す】　19②392
うえそうろうじせつ【植候時節】　47⑤254
うえそえ【うへ添、植そへ、植添】
稲　6①40/27①287/39⑤275
うえそめ【種初】

稲　7①20
うえた【うゑ田、植田】→D 4①294
稲　4①52, 54, 188/17①134, 135/33①22
うえたけ【植竹】　57①21
うえたつほう【植立法】
桑　56①195
うえたつる【種立る】
茶　13①372
うえたて【うへ立、植立】　13①103/56①136, 137, 170
稲　1①31
漆　56①142
桑　18②254/56①194
けやき　56①100
杉　56①172
はぜ　56①144
ひのき　56①46
うえたてしほう【植立仕法】
はぜ　11①8
うえたのみずわきたるとき【植田の水涌たる時】
稲　31①6
うえたみずかげん【植田水かげん】
稲　24③**296**
うえたをほす【植田をほす】
稲　29①50
うえつぎ【うへつき、植つぎ、植継、植継キ、植次】　57①21/65②90
稲　9①77/33①22
さつまいも　34⑥134
杉　56①170
菜種　33①46
はぜ　47⑤273
みかん　46②132
綿　15③402/33①31
うえつぐ【植継】
あわ　33①41
小麦　33①52
うえつくりよう【植作り様】
さつき　54①299
うえつけ【うへ付、うへ付け、うゑつけ、うゑ付、栽付、栽附、種植、種付、植付、植付ケ、植附、殖付、分栽、檟付】→Z 4①240/6①198/16①75, 95, 258/28①62/30③244, 288/34⑥147/36①49, ②112/37②132, 195, 221/38①10, 16, ④235/39④195/42②102/46③211/48①240/53④218/55③207/56②281, 283, 284, 286/57①21, 24, ②100, 139, 144, 157, 161, 164, 205, 228/61①38, 57, ③130, ④172, ⑨359, ⑩435/62③60, 70/63③106, 126/64④243, 244, 247, 248, 250, 252, 261, 262, 263, 264, 265, 266, 269, 270, 274, 275, 278, 281, 282, 284, 286, 289, 290, 293, 294, 297, 300, 302, 308, 309, ⑤336/66⑧409/68③328, 330, 334/69②348/70⑥395, 400
藍　10③385, 387/25②214/29③247, 248/30④347, 348/44③207/45②69, 104, 105
麻　25②210
あさがお　13①291
油桐　47⑤264, 265/57②155
あわ　67④164
いぐさ　4①120
いたどり　69①69
稲　1①27, 32, 33, 47, 54, 55, 56, 58, **65**, 66, 67, 68, 69, 70, 80, 88, 89, 93, 94, 97, 100, 112, ②143, 144, 145, 146, 149, 150, ⑤351/5①37, ②221, ③283/6①**42**, 44, 48, 50, 55/7①**18**/8①81/9②195, ③243, 255, 270, 282/10③394/22②104, 107, 109, 110, ③157, ④213, 216/23①68, 87, 103, 106, ⑥319/24②235, 236/25②180, 181, 182, 185, 186, 188, 189, 190, 191, 193/27①75/28①26, ③319, ④341, 342/29①11, ②128, 129, 130, 134, 138, ③230, 231, 232, 236, 237, ④277/30①73, ③240/31①8, 12, 14, 17, 18, ②79, ⑤264/33①18, ③164, ⑤246, 251, 252/34④60/36①41, 42, 48, 50, 51, 53/37②122, 125, 126, 127, 128, 133, 135, 152, 168, 179, 181, 183, 184, 192, 193, 198, 210, 220/38①8, 14, 21, ②51, 52, 53, 80, ④263/39④183, 190, 193, 194, 204, **205**, 206, 207, ⑤287/40②85, 141, 143, ③228, 229, 230/41①8, 9, 10, ③175, 176, 183/42①34, ②120/44③212, 213, 214/61①49, ③132, ⑥188, ⑩413, 414, 415, 421, 422, 423, 424, 428, 429, 430, 433, 434, 439, 441, 445, 446, 447, 448, 450/63⑤303, 309, 310, 311, 312, 313/64③165/67⑤209, 210, ⑥279/70④**263**, 269, ⑥382, 383, 384
芋　68④412
ういきょう　13①290
漆　46③208, 212
えごま　21①62/25②212/39①48
陸稲　21①69/39①46
かぶ　1④323/12①226/25②208
菊　41④204/55①30, 39
栗　3③170/18①68
桑　13①119/61②97, ⑨269, 289, 293, 294
くわい　25②224
ごぼう　12①298
小麦　33③171
さつまいも　11②110/29④280, 295/34③49, ⑥127/41④207/44③199, 234, 235, 236, 237/57②146, 147/70⑥405, 406
里芋　12①366/21①64/25②218/44③231, 232
さとうきび　30⑤396, 411/48①217, 219/50②150
しゅろ　40④333, 338/53④247/68③363
しょうが　44③206
すいか　40④307, 311, 320, 321
杉　53④245, 246/56①163, ②260, 261, 262, 264, 265, 268, 269, 270/57②153, 154
せんだん　57②234
そば　67③138
大根　29③251
大豆　10③395/25②203, 204/29④297/40③226/67③137, 140
たばこ　4①118/44③205, 227, 228/62⑨363
朝鮮人参　45⑦396, 399/48①235, 236, 239, 241/61⑩458
つくねいも　29④271
とういも　25②218
とうがらし　29④279
とうがん　25②217
とうもろこし　10③401
ながいも　29④271
なし　40④276, 277, 278, 282, 283, 289, 290, 293, 295/61⑨275
なす　12①245/38①18/44③210
菜種　1④302, **305**, 306, 309, 311, 312, 313/3①30/11②117/21①72/61⑩436
なんてん　55②179
にら　12①287
にんじん　34⑤82
ねぎ　10③401
はすいも　25②218/30③273
はぜ　11①8, 52/31④188/33②125
ひえ　10③397/21①61/25②205, 206
ふじまめ　12①205
ふだんそう　10③401
松　57①26
みょうが　25②223
もっこく　57②158
桃　40④330
やまいも　12①377/38③130
らっきょう　44③255
綿　67②116
うえつけかき【植付かき】
稲　6①44
うえつけかた【種植法、植付方】
稲　25②186/33⑤249
さつまいも　33⑥338, 339
さとうきび　50②150
なす　33⑥325
はぜ　33②108
うえつけじせつ【植付時節】
稲　29③232/37②101
杉　56②265
うえつけじぶん【植付時分】
藍　10③386
稲　9③243, 244/29③233
はぜ　11①50
うえつけしまい【植付仕舞】
稲　1①67/29②136
うえつけしゅん【植付旬】
稲　4①189
うえつけそうろうじせつ【植付候時節】　57②161
うえつけたるみぎり【植付たる砌】
はぜ　31④214
うえつけていれ【植付手入、植附手入れ】
稲　4①70/5③284
うえつけのかげん【種付ノ加減】
稲　32①29
うえつけのじぶん【植付の時分】
稲　29③234
うえつけのしゅん【種植の旬、植付の旬】　22①27
さとうきび　50②150
うえつけのしよう【植附の付(仕)様】
いぐさ　14①**117**
うえつけのせつ【種殖之節、植附之節】
稲　38②52
さとうきび　50②156
うえつけのちそく【植付の遅速】
稲　30①51
うえつけのとうぶん【植付之当分】
稲　29③238
うえつけのほう【植付の法】　29①8
うえつけび【植付日】
稲　37②138
うえつけまえ【植付前、殖付前】
稲　23①109/29③212
うえつけみず【植付水】
稲　28③320

うえつける【種植る、植付ル、植付る】
稲 37②209
菊 55①20
桑 48①209
楮 53①14
さとうきび 50②153
杉 56②259
みつまた 48①187
うえどき【植時】→うえしゅん
7②341/17①39/29③254/40②146
油桐 47⑤268
稲 10②320/30①45,48,50,51,90/37①26/38④257/40②143/70⑥385
瓜 40②148
さつまいも 8①116/41②98/70⑥405
すいか 40②147
そらまめ 40②145
ちしゃ 37①31
朝鮮人参 48①231
なす 37①33
菜種 8①84
ねぎ 37①35
らっきょう 17①276
うえなおし【うへ直し、植直、植直シ、植直し】
稲 9①77,③245,254,273,274/28④342/30①73
ごぼう 33⑥316
しゅんぎく 33⑥380
ながいも 25②219
なす 33⑥321
にら 33⑥379
にんじん 33⑥364
ふじまめ 33⑥349
ふだんそう 33⑥367
うえなおしじぶん【植直し時分】
はぜ 31④164
うえなおす【植なをす、植直、植直ス、植直す】
稲 36③222
かぶ 33⑥376
菊 55①24
きゅうり 33⑥341
京菜 33⑥377
ごぼう 33⑥388
しそ 33④233
大根 33⑥310,373
たかな 33⑥368
たで 33④233
たばこ 33⑥390
とうがらし 33⑥350
とうがん 33⑥328
とうな 33⑥370
なす 33⑥322
ねぎ 33⑥360
やまいも 17①269
うえなじぶん【うゑな時分】
菜種 28②218
うえなたね【植菜種】 39⑤289
菜種 6①109/39⑤292
うえのぼり【植上り】
稲 27①111
うえば【植場】→D
稲 36①42,50
うえはい【植擺】→しろかき
稲 29④290,292
うえはじめ【植初、殖初め】
稲 23①65/30①128
うえひえ【うゑ稗、植稗】
ひえ 19①148/23⑤267
うえひろげる【植ひろげる】
油桐 47⑤250
うえま【栽間、植間】→うえかぶま
38③125
ささげ 11③148
里芋 38③128
しょうが 38③131
白瓜 38③136
たばこ 38③133
なす 38③121
ねぎ 38③170
ひえ 38③147
ふだんそう 38③123
やまいも 38③130
うえまえ【植前】
稲 20①256
うえまき【植蒔】 36②124
うえまし【植まし、植増】
稲 9③267,270
松 14①94
うえまつ【植松】 57①21
うえみず【うへ水、植水】
稲 27①120
みかん 14①388
うえむぎ【うへ麦、種へ麦、植麦】
32①47
小麦 33①51,52
麦 19①136
うえむら【種むら】
稲 7①21
うえもの【植モノ、植物、播殖】→E、X
15②236/19②337/38④253
うえものあんばい【植物あんばい】 29①13
うえもののさく【植物の作】
25①59
うえよう【うへよふ、うへ様、種へ様、種やう、植やう、植様、櫃様】 29①34/39②116/56①164/65②128
あさつき 19①132
油桐 39⑥334,335/47⑤254
稲 9①73/11②93/24③296/29①51/41②64,68/70④268
えごま 33①48
陸稲 21①69
かぼちゃ 12①267/41②94
菊 54①301
きゅうり 12①261
桑 39⑥333
ごぼう 41④207
さつまいも 32①127/61②89
里芋 39②105
さとうきび 50②153/61⑧229
しちとうい 13①72
しょうが 41②104
杉 56②268
せきしょう 54①309
たばこ 40②160
茶 13①81/38③182
朝鮮人参 48①232
なす 4①134/39②108/41②89
菜種 1④305/24③299/45③155,161
なたまめ 12①206
にんにく 19①125
ねぎ 19①131
はしばみ 13①143
はぜ 31④166,167
ふくじゅそう 54①294
へちま 12①269
松 14①94
水菜 12①229
みょうが 10①70
麦 19①136
ゆり 54①303
綿 29①62/61⑩425
うえようあんばい【植様あんばい】 29①50
うえようのあさふか【植やうの浅深】
稲 7②266
うえらち【植埒】→うえかぶま
5③256
うえる【植、植ル、植る】→ううる、うゆ、うゆる
5③287/56②290
あさつき 19①133
あわ 28④340
稲 2①47,④285/21①36,37/28④346/29③262/37①15,③277,334
えごま 2①43/19①143
からむし 6①145
桑 56①201
里芋 19①111/38③128/39①50
さとうきび 50②151
杉 56②252,264,265
大豆 2①39/28④348
たばこ 2①81/19①128
とうがらし 19①123
ねぎ 19①132
ひえ 2①30
ほうきぐさ 2①72
やまいも 38③130
うえるきのかず【植る木数】
はぜ 31④170
うえるじせつ【植る時節】 10①62
杉 38③189
竹 7②366
うえるしたじのこしらい【植下地の拵ひ】 25①58
うえるじぶん【植る時ぶん、植る時分、殖る時分】
いぐさ 3①47
稲 4①219
さとうきび 3①47
ながいも 3①37
うえるせつ【植ル節】
稲 24③296
ねぎ 19①130
うえるとき【植る時】
稲 5①21
なす 41②89
うえるのとき【植ルノ時】
稲 5①28
うえるほう【うへる法】 70③214
うえわけ【うへわけ、種別、植分】
54①273,274,279,282,285,286,291,292,293,300,301
あせび 54①298
稲 5①59
うつぼぐさ 54①290
えびね 54①297
おかこうほね 54①275
おもと 54①276
寒ぼたん 54①295
くされだま 54①303
けまんそう 54①294
こうおうそう 54①296
しもつけ 54①304
芍薬 54①305
水仙 54①314
筋しゃが 54①315
せっていか 54①313
だんとく 54①281
びようやなぎ 54①307
二葉あおい 54①280
べんけいそう 54①271
もっこう 54①308
うおこうむじぶん【魚子生む時分】 13①268
うおのなえをかいたつる【魚の苗を飼立る】 13①270
うがちかた【穿方】
里芋 3④302
うがつ【鑿ツ】 69②298,317
うきしずみのこころみ【浮沈の試ミ】→すいちゅうふちんのこころみ
稲 23①34

うきすき【浮犂】
稲　4①46
うきたなおし【浮田直シ】
稲　18③363
うけかく【ウケカク】
稲　2④281
うけずき【うけすき、ウケズキ、ウケ鋤、うけ犂、浮鋤】
稲　4①68,70/5①25,50,55,56,58,148
うけずきまえ【ウケズキ前、浮鋤前】
稲　5①50
うごのやなぎ【雨後柳】
柳　55③452
うしあがり【牛上リ】
そらまめ　8①113
うしあらい【丑あらい】　43②131
うしいれ【牛入レ】
そらまめ　8①113
うしおいだす【牛追出ス】　43③244
うしおいわけ【牛おいわけ】
稲　28②162
うしかえ【丑替へ】　43②128
うしすき【牛犂】→ぎゅうこう
32①189,190,195,196
うしつかい【うしつかい、丑遣イ、牛つかい、牛遣、牛遣ひ】→M
8①214/40③226/43②149,150,152,153,154,190,191,192,193,194,195/44②96,123
稲　9①71/29④290,292
麦　8①94/29④293
うしつかう【牛つかふ】
稲　28②161
うしでつかう【牛てつかふ】
28②239
うしにてこうさくする【牛ニテ耕作スル】　32①194
うしにてすく【牛ニテ犂ク】
大豆　32①90
うしのかん【牛の宦】　60⑦460
うしのくさかり【牛のくさかり、牛の草刈、牛之草刈】　28②204/29②137/40③229
うしのふみわらきり【牛のふみわらきり】　28②137
うしみ【丑見】　43②126
うしろあがた【後ろ畷形】
稲　29③227
うしろあがたかけよう【後ろ畷形掛様】
稲　29③226
うしろあぜきり【うしろあぜ切】
稲　9①68
うすうえ【薄植、薄殖】→あつうえ、
稲　1①31,③262/9③273/23①66/25②186
大豆　27①94
はぜ　11①27
うすおき【薄置】
蚕　62④94
うすおし【臼おし】
稲　24③315
うすがい【薄飼】
蚕　35①130
うすかち【臼カチ】
大麦　32①68
麦　32②289
うすかぶ【薄株】→あつかぶ
稲　1①66
うすからみ【臼からミ、臼絡ミ】
そば　2①52
ひえ　2①32
うすきあつきのほど【うすきあつきの程】
綿　28②149
うすくこえする【薄く肥する】
杉　56②254
うすくまく【薄くまく、薄く蒔】
藍　41②111
杉　13①190
ひえ　27①67
うすごえおき【薄肥置】
綿　8①189,190
うすこない【臼こない】
麦　3④264
うすすり【うすすり、臼すり】
稲　42④242,246,248,275,280,281,⑤332,336
うすだて【薄立】→あつだて
綿　40②109
うすだね【うす種、薄種、薄種子】→あつだね
19①156/21①24/39①11
稲　21①45/37①45/39①34
大麦　39①40
うすたねおおい【薄種覆】
ほうきぐさ　2①72
うすづく【臼搗、舂、舂づく】→つく→K
稲　22②108/37③344
大麦　39①42
うすつち【薄土】
みつまた　48①187
うすつちとり【臼土取】　42④269
うすてたに【薄手谷】→てたに
麦　8①99
うすなえ【薄苗】→あつなえ
稲　37②134/39①25
うすにてつく【臼にてつく】→K
紅花　13①45
うすにてはたく【うすにてはたく】　16①247
うすひき【うすひき、うす挽、臼ひき、臼引、臼挽】→K
25①18/42③164,169,170,175,178,181,182,183/43②196,199
稲　15①60/24①122/28②251,256,258/29②157,③194,207,208,218,244,264,265/36③311,316/44①48
うすまき【うすまき、うす蒔、薄まき、薄蒔、薄蒔き】→あつまき
小豆　20②385
あわ　2①25
稲　1①56/5②224/7②371/21②114/23①47,59,103/27①34/36①42
えんどう　38③167
大麦　21①50
きょそう　2①134
ごぼう　20②382
そば　3①29
たばこ　2①81
ひえ　2①30,32
麦　38③178/40②102
綿　15③381
うずみうつ【埋打】　14①411
うずみおく【うつみ置、埋ミ置】
茶　3①52
みかん　56①93
うずみこむ【埋込】
稲　8①75
うすみず【薄水】
稲　1①56,76/8①74,152
うずめおく【埋め置】
茶　56①179
うずめかこいおく【埋囲置】
68④416
うずらのさかり【鶉のさかり】
60①55
うずらのみとり【鶉の見鳥】
60①45
うずらめ【うづら目、畦頭目】→めあけ
23⑤265
ごま　23⑤265
うせうえ【うせ植、失セ植、失せ植、失植】
稲　4①21,47/5①65/6①40,54/39⑤277
大豆　5①40,102
なす　25②215
うせまき【失蒔】
麻　5①90
うちおく【打置】
杉　56②245
うちおこし【打ヲコシ、打起、打起シ、打起し、打発、打発シ】→L
いぐさ　5①81
稲　1①33,57,58,59,60,62,69,70,79,93,②148,150/5①37/11②91/24①67/33⑤246
大根　5①110
はぜ　11①54
うちおこす【打起す】
綿　15③381
うちおとす【打おとす】
そば　36③278
うちかえし【うちかへし、穿返し、打かへし、打返、打返し】
16①201
稲　6②281,282/11②103/17①90/25②180
うど　3④329
ごぼう　12①299
芍薬　13①288
大根　6①112
菜種　27①26
ふき　12①308
やまいも　12①369,370
うちかえす【ウチ返ス、うち返す、打返す】
稲　39⑤270/41③174
杉　13①189
朝鮮人参　48①231
うちかき【打かき】　36③190
うちかくる【打かくる】
あせび　69①71
うちかけきり【打かけ伐】
はぜ　11①26
うちかける【打懸る】
杉　56②248
うちかじき【打かじき】
稲　30①59
うちかじく【打かじく】
稲　30①89
うちかじる【うちかじる】
桑　13①117/18①83
うちかためる【打かためる】
漆　56①51
桐　56①48,209
桑　56①194,204
けやき　56①99
うちかつぐ【打カツク】
稲　63⑧435
うちかぶせ【うちかぶせ】
稲　27①23
うちかやす【打かやす】
麦　62⑨375
うちきざむ【打刻】
稲　5①38
うちきり【うちきり、うち切、打きり】
稲　27①162,272,358,359,360,361,369
うちくさす【うちくさす】　9①26

うちくだく【打くだく、打砕、耮耖】 8①128/41⑦336/69②224
　稲 36③194,197

うちこなし【うちこなし、打こなし】 9②193/36③191,205
　稲 36③194,197
　桐 56①48
　まくわうり 12①248
うちこなす【うちこなす、打コナス、打こなす、打ちこなす、打墾、打墾す】
　稲 36③195/37②103/38③140
　漆 46③209,210,212/56①51
　かつら 56①117
　さつまいも 61②89
　杉 56①42,160,212
　大豆 38③144
　はなずおう 56①105
　松 56①53
　麦 37③292
うちこぶる【打こぶる】 41⑦330
うちこぼち【ウチコボチ】 24①94
うちこみ【打こミ、打込、打込ミ】 28④332/41⑦333/65①30/69①91,②231
　麻 28④329
　稲 15②202
　さとうきび 50②161
　大豆 29①80
うちこみあけ【うちこみあけ】
　稲 27①90
うちこみにまく【打込に蒔】
　そば 20②385
うちこみまき【打込まき、打込蒔】 20①140
　そば 19①147
うちこむ【打込、打込む】 36③192/39①31
　柿 56①66
　もろこし 41②106
うちさらしおく【うちさらし置】
　漆 13①105
うちしごと【内仕事】→M 27①16
うちしまい【打仕舞】
　ひえ 2④305
うちすかす【耕耪】 69②232
うちた【うち田、打田】→D 27①367
　稲 23①23,24,49,101
うちたて【うち立、打立】
　稲 1②145/4①72/17①98/25②180
　からむし 4①98
　ごま 4①91
　大根 4①109
　大豆 4①83
　ひえ 4①82
うちておさむ【打て収む】
　大豆 12①188
うちてとる【打てとる、打て取】
　えごま 12①315
　大豆 12①188
うちとり【打とり】
　ごま 12①209
うちとる【うちとる、打とる、打取】 12①111/53①17
　大麦 21①50
　鹿 36③263
　大豆 38③154
　松 57②156
　麦 37③293
うちならす【打ならす】 15②188
　かつら 56①117
　麦 68②255
うちに【打荷】
　紅花 45①47
うちはじめ【うち始】
　稲 27①40
うちひたす【打ひたす】 41⑦340
うちひらく【打ちひらく】 14①55
うちふみ【打蹈】
　稲 5①19
うちまき【打蒔】→L
　大麦 24③292
うちまわす【打廻す】
　しいたけ 45④203
うちみず【打水】
　ひえ 27①129
うつ【ウツ、うつ、殴、打】→K 24①50
　稲 2①48,49
　えごま 19①143/20②383
　大麦 2①62
　からしな 19①135
　ごま 19①142
　小麦 2①64
　そば 19①148/38②74
　大豆 2①39/19①140/38②62
うづきだ【卯月田】→しがつだ 41③172
　稲 30①56,125
うつしうう【うつしうふ、移し植う、移し植ふ】
　榧 56①169,183
　栗 56①169
　杉 56②241
　たばこ 13①62
うつしうえ【うつし植、移し栽へ、移し植、移栽、移植】→いしょく 7②350/34⑤111
　藍 69②357
　稲 9②203
　えごま 22②121
　陸稲 37③309
　栗 18①68
　桑 47③175
　さつまいも 34⑥135
　杉 53④245
　たばこ 3①45
　朝鮮人参 45⑦382
　とうもろこし 22②122
　菜種 29①82
うつしうえたて【移し植立】
　桐 56①210
うつしうえる【うつし植る、移シ植ル、移し植る、移植、移植る】 68①64
　稲 37③306
　菊 48①206
　桐 22④277
　杉 56②240,268
　たばこ 69②358
　松 14①94
うつしうゆ【うつしうゆ、うつし栽、移しうゆ、移し種、移し植】 13①168,229,237
　あさがお 13①291
　あんず 13①132,133
　いちょう 13①164
　うこぎ 13①229
　漆 13①106
　かし 13①207,208
　榧 13①165
　桐 13①197
　栗 13①139
　桑 13①117
　楮 13①96
　里芋 12①364
　さんしょう 13①179
　芍薬 13①288
　しゅろ 13①202
　杉 13①190
　当帰 13①273
　はと麦 12①212
　松 13①186
　みかん 56①87
　桃 13①158
　やまいも 12①376
　綿 62⑧275
うつしうゆる【うつしうゆる、ウツシ植ル、移しうゆる、移し栽】
　藍 13①42
　梅 13①132
　漆 13①105
　えごま 30③242
　からむし 13①29
　きゅうり 38④247
　くこ 13①228
　栗 13①138
　桑 13①119/18①85
　けし 12①316
　楮 13①95
　すいか 12①264
　すもも 13①129
　たばこ 30③243
　たんぽぽ 12①321
　ちしゃ 30③285
　なす 12①240
　ねぎ 30③286
　はす 12①341
　ひょうたん 12①273
　ぼたん 13①285
　みかん 56①93
うつしうゆるじぶん【移しうゆる時分】
　くわい 12①345
うつしおく【うつし置】 41⑥278
うつしき【移し木】 7②349
うつしつくる【移し造る】 50②168
うつしばたこしらえ【移畠拵】 34⑥128
うつしまき【うつし蒔】
　稲 9②202
うつしやしないおく【移し養置】
　杉 56②240
うつしやしなう【うつし養ふ】 69①122
うつしよう【うつしよう、うつし様】
　蜜蜂 40④334
うつす【移、移す】
　さつまいも 39①52/70③227
　杉 38③189/56②241,285
　ひのき 38③189
うつた【うツ田】
　稲 27①286
うてん【右転】→さてん
　稲 19②411
うどつくりかた【独活作り方】
　うど 3④328
うどとり【うど取り】 42⑥380
うどふせよう【独活伏様】
　うど 3④328
うどをつくる【うとを作】
　うど 17①280
うない【ウナイ】 2④304
　稲 2④279,283/18③361/38④243
　ひえ 2④305
　麦 2④307
うないかえす【うないかへす】
　菜 39②114
うないかく【耕搔】
　ひえ 38③147
うないかた【穿方】
　稲 39①25
うないほう【穿法】 39①21
うないまえ【うないまへ】
　稲 21①46
うなう【うなう、うなふ、耕、耕

ふ、塢生】
稲　19①43/37①18,②102
えんどう　38③146
そば　38②73
大根　38②71
綿　38②82
うなえはた【うなへ畠】　22③172
うねあぐ【うねあく】　33①53
小麦　33①52
うねあげ【うねあけ、ウネ上、畦揚、疇揚】
稲　5①36,37,39/33①24
そば　33①45
ひえ　33①29
綿　33①31
うねいれ【畦入】　39①63
うねうえ【畦植】
あさつき　19①132
うねうち【うねうち、うね打、畦打】
麻　5①89/31③109
麦　17①161,163
うねかえ【うね替】
すいか　40④312
うねかえし【うね返し、疇かへし】
稲　24③282,285,325
じゃがいも　18④412
うねきり【畦きり、畦切、畝切】　42⑤324
稲　11②92/23①50,52
楮　56①176
なす　3④257
うねきりかけ【畦切掛】　42⑤324
うねくばり【畝賦】
麦　30①92
うねくるめ【畝くるめ】
しょうが　25②222
うねごしらえ【うね拵、畦拵、畝拵】→うねたて
稲　4①72/8①190,192
漆　46③187,202
かつら　56①117
くるみ　56①182
桑　56①194,204
さつまいも　8①115
里芋　4①139,140
麦　68②255
綿　8①13
うねこしらえかた【畦拵方】
桜　56①67
うねこむ【うねこむ】
藍　41②111
稲　41②75
うねころばし【うねころばし、畦転】
そば　20①127
うねさくり【うねさくり】
大豆　22④224
うねすき【畦犂、畦犂キ】
麻　32①144
大麦　32①75
うねたて【ウネ立、うね立、畦立、畝たて、畔立て】→うねごしらえ、うねづくり　5①56,155/24③326
稲　23①21,98
大麦　5①129
陸稲　38②67
そば　38②73
大根　38②71
ねぎ　3④262
はぜ　31④191,194
ひえ　38②64
麦　38②57
うねたてかやす【壟立て反】
稲　27①161
うねたてよう【畦立様】
なす　3④290
うねづくり【うねつくり、うね作、うね作り、うね造り、畦つくり、畦づくり、畦作、畦作クリ、畦作リ、畦作り、畝作り、畝造、疇作り】→うねたて　12①65/13①168/25②228/32①63,221/45③142
藍　6①151/13①39,42
あかね　13①48
小豆　25②212/32①96
ありたそう　13①300
あわ　32①103
漆　13①105,106,110
えごま　12①313
大麦　12①153,163/23①29
かし　13①207
からしな　12①233
からむし　13①25,27
きゅうり　41②90,⑤249
くこ　13①228
桑　13①116/18①82
けし　41②121
楮　13①96
ごぼう　6①129/12①296/22④256
ごま　6①106/12①209
小麦　33①49
桜　13①212
さつまいも　12①384/41②98
里芋　22④241
さんしょう　13①179
じおう　13①279
しそ　12①310
しゅろ　13①202
しょうが　4①153
杉　13①190
すもも　13①129
せり　12①336
せんきゅう　13①281
そらまめ　18⑤468
大黄　13①283
大根　5①110,111/12①215,218/41②102
大豆　12①188/18⑤468/22④224
たばこ　13①54,55,61,63
ちしゃ　12①305
茶　6①157
ちょろぎ　12①353
当帰　13①273,274
とうな　25②207
なす　12①239
菜種　6①108,109/45③154
肉桂　14①342
にんにく　12①289,290
ねぎ　4①143/12①283
はっか　13①298
はと麦　12①211
ひえ　25②206
ふき　12①308/25②214
ふだんそう　12①302,303
紅花　13①45
ほうきぐさ　12①319
ほうれんそう　12①301
ほおずき　4①156
松　13①186
みかん　56①86
水菜　41②117
みつば　12①337
麦　30①95,98,102
やまいも　12①370
よろいぐさ　13①296
綿　6①142/9②216/13①19,21
うねつくる【畦作る、畝作る】
あさつき　25②223
こんにゃく　25②224
うねどり【うねどり、うね取】　16①180
あわ　23⑤258
ひえ　23⑤258
うねのたてよう【うねの立様】　34⑧294
うねはねおく【うねはね置】
稲　31②79
うねはば【うね幅、畦はゞ】→こはま、ほんはま→D
あわ　12①176
綿　7①121
うねひき【隴引】
大根　27①140
うねひきよう【畦引様】
ひえ　27①67
うねま【うね間】→D
漆　61②98
うねまき【うねまき、ウネ蒔、うね蒔、畦蒔】　20①139
あわ　2①24,25/19①138
かぶ　17①244
そば　17①210/19①147
ひえ　2①11,32,34,35,36
麦　19①136
うねる【うねる】
菜種　61①30
うねわり【うねわり、畦わり、畦割】
稲　5②223/28②222,227,229,246/29②130
菜種　45③149,160
うねわる【うねわる】
稲　28②228
うねをあぐ【うねをあく、疇を揚】
小麦　33①51,52
大根　33①43
大豆　33①36
菜種　33①46
うねをあげる【うねを揚る、疇を揚る】
裸麦　33①53
綿　33①33
うねをきる【うねを切、畦を切】　15②137
松　14①93
麦　15③356/24②237
うねをけずる【うねをけつる】
綿　17①228
うねをこしらう【畦をこしらふ、畦を拵ふ】
松　14①93
みかん　14①388
うねをたてる【うねを立、畦を立、畝を立】　15②137
稲　17①94
京菜　33④232
茶　14①310
うねをつくる【畦をつくる、畦を作る】　14①57
からむし　13①26
大根　12①221
なし　14①377
肉桂　14①343
みつまた　14①395
やまいも　12①371
うぶなわしろ【産苗代】
稲　63⑧435
うぶみず【初産水、初生水】→D
稲　21①47/39⑤265
うぶゆみず【初湯水】
稲　22②105
うまうち【馬ウチ、馬打】　24①35
稲　24①35,40
うまかい【馬かひ、馬飼】→M　27①343
うまかいぎょうじ【牧童業事】　27①322

うまかき【馬かき、馬掻、馬搔】
稲 22③157/25②180/63⑧435
うまかた【馬かた、馬方】→M 42②115,③196
うまくらこしらえ【馬倉拵】 1①36
うまこしらえ【馬拵】
稲 27①373
うまし【ウマシ】
稲 8①68
うましおく【ウマシ置】
そらまめ 8①114
うまちとり【馬血取】 42④236,258,263
うまつかい【馬遣ひ】→X 27①328
うまつくろい【馬ツクロイ、馬つくろい、馬つくろひ】 42③162,199,⑥388,399,405,426,436,443
うまつけ【馬付】 1①85
うまにだす【馬ニ出】
稲 27①86
うまにつける【馬に駄る、馬に附る】 27①84
稲 27①371
うまにてかく【馬にて掻】
陸稲 38②67
うまのくさかり【馬の草刈】 25①37
うまのちとり【馬のちとり、馬ノ血取、馬の血取】→L 9①144/24①49/42④243
うまのやくほう【馬の薬方】 6①236
うまのやしない【馬の養ひ】 37②69
うまやしせつのこころえ【廏四節心得】
馬 60③133
うまやほりさらえ【馬屋堀浚】 43①54
うまやわらこいたばね【厩わらこひ束】 27①15
うまよせふちがきのしよう【馬よせふち垣の仕様】27①19
うまよりいねおろしよう【馬より稲卸し様】
稲 27①373
うむしかの【うむしかの】 20①120
うむしやき【うむしやき、うむし焼】→K 9①23,134/16①231
うむす【うむす】→K 10①119
うめだい【梅砧、梅台】 55③467
梅 14①368/54①289
うめとり【梅採】 61①56
うめのおちるじぶん【梅のをちる時分】
稲 41⑤255
うめのだいぎ【梅のだい木】
あんず 13①133
うゆ【うゆ】→うえる
稲 41⑤259,⑥269
桐 56①209
たばこ 41⑤236
菜種 41⑥276
わけぎ 41⑤246,⑥275
うゆべきじぶん【うゆべき時分】
綿 13①13
うゆる【うゆる、種る】→うえる 37③331
稲 41⑤258
さつまいも 12①384
里芋 12①360
ひゆ 12①318
うゆるじぶん【うゆる時分、種ル時分、種る時分】 13①237
あわ 12①174
稲 12①134
くわい 12①347
里芋 12①360
じおう 13①279
しちとうい 13①72
大豆 12①185
にんにく 12①290
ひえ 5①97
ふじまめ 12①205
まくわうり 12①253
麦 13①355
やまいも 12①372
綿 7①92/13①10,22
うゆるちをみたてる【うゆる地を見立る】
楮 13①93
うゆるとき【うゆる時】
たばこ 41⑤236
うゆるほう【うゆる法、種る法】
藍 13①41
あんず 13①132
柿 13①144
かし 13①206
からしな 12①233
からたち 13①227
からむし 13①28
桐 13①199
桜 13①212
さつまいも 12①380,386
さとうきび 12①392
さんしょう 13①179
しい 13①210
すいか 12①264
大黄 13①283
大根 12①218
竹 13①222
茶 13①80,81
とうごま 13①295
なす 12①241
にんにく 12①290
はす 12①340
ひょうたん 12①271
ほうれんそう 12①302
松 13①185,186
やまいも 12①367,369,370,373/13①293
綿 13①11,12
うらそり【裏そり】
藍 10③389
うらつみ【うらつミ】
大豆 63⑥341
うらとめ【うら止、うら留、うら留メ、末留】
ごま 62⑨363
たばこ 24③303
なす 62⑨366
綿 23⑤275/31⑤283/62⑨362
うらのとめどき【うらの止時】
綿 23⑤276
うらをつむ【末を摘ム】
はぜ 31④192
うらをとめたる【うらを留たる】
綿 33①33
うらをとめる【うらをとめる、うらを留、うらを留る、末を止る、末を留る】
瓜 62⑨369
えごま 33①46
大根 33①44
たばこ 17①283/62⑨370
とうがらし 17①287
菜種 33①46
はぜ 31④192
綿 3①40/31⑤256
うらをとめるじせつ【杪をとめる時節】
綿 40②44
うらをとる【裏ヲ取】
蚕 47②110
うりきあらため【売木改】 56②277
うりきのじせつ【売木の時節】 56②277
うりきのせつ【売木の節】 56②287
うりくれとり【瓜塊取】
瓜 19①115
うりだねおろし【瓜種おろし】
瓜 65②90
うりつくりよう【瓜作様】
瓜 19①114
うりとりそうろうてあしきひ【瓜とり候てあしき日】
瓜 3④272
うりなわをなう【売縄を索】 30①133
うりをつくる【瓜をつくる】
まくわうり 17①258
うりをつくるほう【瓜を作る法】
まくわうり 12①251,252,253
うるおわす【うるをハす】 16①137
うるかす【うるかす】
ゆうがお 20②387
うるしうえたて【漆植立】
漆 56①141
うるしかんないれ【漆鉋入】
漆 46③193
うるしぎなえやましたてのしよう【漆木苗山仕立之仕様】
漆 46③211
うるししたてかた【漆仕立方】
漆 46③183
うるしだねまきおろし【漆種蒔おろし】
漆 46③186
うるしだねまきつけ【漆種蒔付】
漆 46③202,209
うるしなえしたてよう【漆苗仕立様】
漆 56①168
うるしのみぶせ【漆の実伏】
漆 18②264
うるしばたとこごしらえ【漆畑床拵】
漆 56①175
うるしばやししたてかた【漆林仕立方】
漆 18②265
うるしみぶせ【漆実臥】
漆 56①142
うるしをかきとる【榛をかき取】
漆 13①111
うるぬき【うるぬき】→まびき
小豆 22④228
うれしお【うれしほ、熟しほ】
稲 29②132,134,149
うれてのちかる【うれて後刈】 29①42
稲 29①51,58,60
うろぬき【うろぬき】→まびき
ごま 39②109
うろぬきとる【うろぬき取】
大根 39②112
うろぬく【うろぬく】→まびき、まびく
ごぼう 39②115
菜 39②114
もろこし 39②118
うろのわきまえ【雨露の弁、雨露弁】 55②132,133,140
うわあぜ【上あぜ】→D
稲 23⑤271
うわあぜとりのぞき【上畦取退】
稲 29④290
うわおおい【上覆】
はぜ 11①18
うわがけ【上懸】
稲 27①178,179

うわきしたて【上木仕立】 34①**12**,⑥144,145,152
うわきしたてかた【上木仕立方】 34⑥143
うわきしつけ【上木仕付】 34⑤**87**
うわきたくわえ【上木貯】 34①15
うわきたくわえかた【上木貯方】 34①13
うわきづくり【上木作り】 34③38
うわごえおき【上糞置】
麦　29④293
うわごえだし【上肥出し】 42⑥425
うわこしらえ【上ハ拵、上拵】 24③321,324
うわりま【植り間】
はぜ　33②109
うんかなどののぞきかた【うんかなとの除方】
稲　15①61
うんし【耘耔、、耘粘】 4①224/12①86/19①5/62⑧272/69②162,207
稲　27①138
うんじょ【耘鋤】 69②230
うんじょばいよう【耘鋤培養】
朝鮮人参　45⑦433
うんどうしょくさい【耘耨殖栽】 22①28

【え】

えいかい【ゑいかい】→ていれ 23⑥327
かぶ　23⑥333
里芋　23⑥324
大根　23⑥333
えうち【荏打】
えごま　42③192
えがい【餌飼】
金魚　59⑤430,431
えがいのしよう【餌飼の仕やう】
金魚　59⑤**432**
えかり【荏刈】
えごま　42③190
えがり【江苅】
稲　3④222
えきり【荏伐】
えごま　43①75
えぐさうえ【荏草植】
えごま　25①44
えぐさむしり【荏草むしり】
えごま　42③183
えごままきどき【西麻蒔時】
えごま　19①182
えさし【江さし】
稲　42⑤329,330
えさのこしらえよう【餌のこしらへやう】
金魚　59⑤**432**
えだおり【枝折】
たばこ　4①116
はぜ　31④211
えだくずし【枝くず仕】 43②121
えだくばり【枝配リ】
菊　55①47,56
えだささきをとむ【枝先ヲ留ム】
綿　32①150
えだざし【枝ざし】
桑　47③173
えだし【枝仕】 43②121,123,131,206,207,208
えだねじり【枝ネジリ】
綿　8①199
えだまろき【枝まろき】 42③165
えだをきる【枝を伐】
肉桂　14①346
えつくりよう【西麻作様】
えごま　19①**142**
えどだいこんだねとりよう【江戸大根種子取様】
大根　20②388
えぶり【杁】→B、K、X、Z
稲　27①109
えぶりさし【ゑふりさし】→X
稲　10①111
えぶりすり【エブリスリ、ゑぶり摺、杁摺】
稲　1①66/2④297,301/19①47/20①63/30①23
えぶりのすりよう【杁の摺様】
稲　19①47
えまき【荏蒔】
えごま　22⑤350/38②70/43①39
えみぞごみあげ【江溝埃上】
稲　1①38
えらびよう【撰ヨウ】
綿　8①61
えらびわけ【撰分ケ】
桑　56①205
えらみさげ【撰下ケ】
なまこ　50④305
えらみすて【撰捨】
綿　8①15
えらみつぐ【撰ミ接】
柿　56①76
えらみとる【撰ミ取、撰取、撰取る】 48①105/62⑧262
桑　47②138
麦　8①93/68②251
綿　7①90/8①15
えらみよう【撰ミやう】
大根　7②314
えらみわける【撰ミ別る】
蚕　53⑤335
えらむ【撰、撰ム、撰む】
稲　7②283,287
麦　37②109
綿　8①230
えりき【撰木】
綿　8①30
えりぎり【撰切】
きび　5①107
えりだし【撰出し】
稲　7①36,41
綿　7①100
えりだす【えり出、えり出す、撰出す】
稲　7①12,29,31,40
えりたて【撰立】
綿　7①98
えりだね【えりだね】
稲　7①14
えりほ【ゑり穂、撰穂】→E
稲　12①139/29①45
はぜ　31②70
えりまゆ【撰繭】
蚕　35③425
えりよう【えりやう、撰やう】
綿　7①89,90
えりわけ【撰分】
みかん　53④247
える【撰】
里芋　38③127
えをつくる【荏をつくる】
えごま　17①**207**
えんさいふんばい【園菜糞培】 30①121,124,125,127,131,135,136,138,140,141
えんさいものつくりよう【園菜もの作り様】 29①84
えんてんのじぶん【ゑんてんの時分】→P
蚕　47①48
えんどううえ【ゑんとう植】
えんどう　65②91
えんどうまき【円豆蒔】
えんどう　30①137
えんどうまきどき【豌豆蒔時】
えんどう　19①188
えんどうをまく【ゑんどうを蒔】
えんどう　17①**213**
えんどかち【ゑんどかち】
えんどう　40③230
えんどかり【ゑんとかり】
えんどう　40③226
えんぽうへつかわすしよう【遠方へ遣すしやう】
金魚　59⑤**440**
えんりをつくるほう【園籬を作る法】 13①**227**

【お】

おいあげる【負揚る】
稲　27①173
おいうえ【追うへ】
稲　42①40
おいうち【追打】
稲　27①83
おいかえり【追かへり】
稲　28④342
おいかけなえ【追掛苗】
稲　36②114
おいかし【追カシ】
稲　32①35
おいかた【負方】
稲　44③223
おいしごと【追仕事】
稲　27①185
おいなえのじゅつ【追苗の術】
稲　23③156
おいなわしろ【追苗代】→D 66②92
稲　21①29/23③**152**,154
おいまき【おい蒔、追蒔】
稲　41③172
瓜　20②379
おいみず【追水】
稲　28②195
おうかのさきいずる【桜花の咲出る】
稲　30①19
おうしゅうりゅう【奥州流】
蚕　35①152,154,161,167
おうま【漚麻】
麻　52⑦282
おうまのりょうじ【御馬之療治】 67④167
おおあき【大秋】
稲　27①260
おおあさをつくるほう【大麻を作る法】
麻　13①**35**
おおい【おほひ、ヲヽイ、覆、覆ひ】→B 8①157/13①172/14①73
稲　11②88
たばこ　33③160
菜種　33③170
ねぎ　30③286
はぜ　31④179
おおいおく【おほひおく、おほひ置、ヲヽイ置】
菜種　8①84
みかん　56①91
みょうが　12①307
おおいする【覆する】
なす　41②89
おおいつつみおく【おほひ包ミをく】

さんしょう 13①179
おおいねうえよう【大稲植様】
稲 9③268
おおいねかり【大稲刈】
稲 42⑤336
おおいねすり【大稲すり】
稲 42⑤336
おおいのしかた【覆ひの仕方】
松 14①92
おおいをのく【おほひをのく】
たばこ 13①59
おおう【壅】→つちかう
19①157
おおう【おほふ、覆ふ】
たばこ 13①54
なす 33⑥320
おおうずらめ【大うづら目】→めあけ
23⑤265
おおうなめ【大畦目】→めあけ
23⑤265
おおおそげのむしとり【大遅毛の虫取】
稲 30①137
おおかい【大培】→つちかい
綿 15③389
おおがき【大垣】
あわ 34④69
にんにく 34④68
おおがきうえ【大垣植】
あわ 34⑤92
おおくさかり【大草刈】 24③287
おおくばり【大配り】
稲 27①286
おおくべ【大くべ】 27①297
おおくりのたくわえかた【大栗の貯方】
栗 14①308
おおぐりのほ【大栗の穂】→E
栗 13①139
おおくりのほをつぐ【大栗の穂を接】
栗 14①308
おおくわ【大鍬】→B
稲 4①46/17①101
大小豆 27①139
おおさつき【大サツキ】
稲 39⑤275
おおそきり【疎伐】
麻 19②440
おおだいこんをつくるほう【大蘿蔔を作る法】
大根 12①220
おおたうえ【大田植】
稲 39⑤275/42⑤325/43③252
おおたば【大たば、大束】
いぐさ 5①79
稲 27①156,174,370/28②225,244,④343
おおつち【大土】
あわ 5①94
きび 5①107
綿 5①108
おおつぶまめうえつけ【大粒豆植付】
大豆 34⑥127
おおで【大手】
まくわうり 12①255
おおてにうえる【大手に植】
稲 62⑨352,356
おおなえ【大苗】→E
稲 4①41,53,54,69,70/6①51/19①40,41,42,47/20①40
おおなえのうえたて【大苗之植立】
稲 9③245
おおならし【大平し】
稲 61①44
おおなわ【大なわ】→B、J、Z
27①279
おおにわ【大庭】→D
稲 27①285
おおねり【大ねり】
稲 11②92
おおひさごをつくるほう【大瓢を作る法】
ひょうたん 12①272
おおみず【大水】→P、Q、X
稲 5①71/7①22/39①33/63⑧442
綿 8①55,56,145,227,228,269,283
おおむぎうち【大麦打】
大麦 42⑥426
おおむぎうねまき【大麦畦蒔】
大豆 19①139
おおむぎおとし【大麦落】
大麦 24①82
おおむぎかち【大麦かち】
大麦 40③230
おおむぎかり【大麦かり、大麦刈】→Z
大麦 21③156/38②79/42⑤326/67④164
おおむぎかりじぶん【大麦刈時分】
小麦 4①69
おおむぎかる【大麦かる】
大麦 9①65
おおむぎこしらえ【大麦拵へ】
大麦 42⑥426
おおむぎこぶる【大麦こふる】
大麦 42⑤328
おおむぎじぶん【大麦時分】
24③331
おおむぎたねまき【大麦種蒔】
大麦 62⑨376
おおむぎたねわりあい【大麦種割合】
大麦 21①51/39①39
おおむぎつくりかたひでん【大麦作り方秘伝】
大麦 63⑤315
おおむぎつくりよう【大麦作様】
大麦 19①136
おおむぎとめきり【大麦止切】
大麦 21③156
おおむぎにばんぎり【大麦二番切リ】
大麦 22③163
おおむぎまき【大麦蒔】→Z
大麦 3④227/4①31/24③292/37①36/38①27/39⑤290/40③241,242
おおむぎまきしつけ【大麦蒔仕付】
大麦 22②114
おおむぎまきしゅん【大麦蒔旬】
大麦 3④305
おおむぎまきどき【大麦蒔時】
大麦 19①187
おおむぎまきはじめ【大麦蒔初】
大麦 30①139
おおむぎまきよう【大麦蒔様】
大麦 5①123
おおむぎまく【大麦まく】
大麦 42⑤338
おおもと【大もと】→E
稲 27①110
おおらち【大埒、大埓】→うえかぶま
稲 1①66/4①53/5①57/6①47/23①21,67,69,72,74/27①114
おかいねかり【岡稲刈】
陸稲 22⑤354
おかいねまき【岡稲蒔】
陸稲 22⑤350
おかだていれ【岡田手入】 37②98
おかぶり【岡ぶり】
稲 22④214
おかぼいねのつくりよう【陸穂稲の作様】
稲 19②375
おかぼかり【岡穂かり】
陸稲 22③169
おかぼしつけ【岡穂仕付】
陸稲 22②118
おかぼにばんこい【岡穂弐番こい】
陸稲 38②80
おきけずり【おきけづり】
麦 23⑤267
おきごい【おきこい、おきこひ】
63⑥341
稲 63⑥347
おきした【起膳】
蚕 35③429,430
おきづけ【をき付、置付】
あんず 13①132
里芋 33⑥356
にら 12①284
おきつち【置土】→D
稲 23①99
おきねむりくわやすめ【起眠桑休】
蚕 35③431
おぎをうえる【荻を植る】
おぎ 17①304
おくうえ【晩殖】
稲 23③149
おくうりふせ【奥瓜ふせ】
瓜 20②371
おくうりやとい【をく瓜雇】
瓜 20②371
おくてがり【晩稲刈】
稲 4①30/39⑤292
おくてだうえはじめ【晩稲田植初】
稲 30①125
おくてのむしとり【晩稲の虫取】
稲 30①134
おくてほし【晩稲干】
稲 4①31
おくまめうえる【晩大豆植る】
大豆 62⑨359
おくらいれ【御蔵入】→R、Z
稲 29②152
おくりなわ【贈り縄】
麦 63⑤316
おくれいね【後レ稲】→F
稲 19①215
おくれうえ【後レ植】
稲 8①68
おくれがり【後刈】
稲 27①51
おくわ【雄くハ、雄くわ、雄鍬、陽ぐハ】→めぐわ
20①254
稲 19②364,365,366,371
おけぞこほり【桶底掘】
大豆 27①102
おけづけ【桶漬】
稲 33④215
おけづめ【桶詰】
さとうきび 30⑤405
おこし【オコシ、おこし、起し】
稲 30①39,40,49/38④243
里芋 38②60
おこしだ【おこし田】
稲 30①40
おこす【発す】
里芋 20①137
おこめおしのぼせととのえ【御米御仕上世調】
稲 34②27
おさしかたしなん【苧刺方指南】

からむし　61⑨356
おさながい【幼飼、幼飼ひ】→E
蚕　35①110,112,130,171
おさめ【収、収め、収納、納】→B
4①198,228/62⑧256
あわ　11②112
大麦　11②113
菜種　11②117
裸麦　11②113
おさめおく【おさめをく、収めをく、収め置】→K
稲　37③332
ざくろ　13①152
じおう　13①280
なし　13①136
麦　37③293
やまいも　12①369,373
よろいぐさ　13①296
おさめおくほう【蔵めをく法】→K
13①173
おさめくさぎり【納芸、納耘】
稲　30①60,61,76,90
おさめる【斂】　37③331
おしかけかき【押掛かき】
稲　36②102
おしぎりをとぐ【をしぎりをとぐ】　28②137
おしくさとり【押草取】
稲　30①129
おしこみ【押込】
稲　23①51
おしこむ【糅ム】　69②230,231
おしたてかた【お仕建方】　53④249
おしのつき【圧之舂】
稲　19①216
おしはむる【押はむる】
柿　14①211
おしもの【おしもの】　42③170,171,194
おしわけ【押分】
稲　5③252,253
おすめすみわけよう【男女見わけやう】
金魚　59⑤436
おそあさまきどき【晩麻蒔時】
麻　19①183
おそあずきまき【遅小豆蒔】
小豆　30①126
おそあわじごしらえ【後粟地拵】
あわ　34⑥130
おそあわまきいれ【後粟蒔入】
あわ　34⑥131
おそいねうえつけ【後稲植付】
稲　34⑥127
おそうえ【遅植】
あさつき　33⑥377
稲　4①211/30①18,19,36
小麦　33⑥381
おそうり【おそ瓜】
瓜　4①131
おそかき【遅かき】
たばこ　33④214
おそくね【遅畔】　23①23
おそくまく【遅蒔】　38③150
おそごえ【おそ糞、遅糞】→I
麦　40②108
綿　40②44,50,51
おそごまかり【遅胡麻刈】
ごま　30①138
おそだ【晩田】→わせだ→D
稲　62⑨383
おそだいずまき【遅大豆蒔】
大豆　30①130
おそだいずまきどき【晩大豆蒔時】
大豆　19①183
おそたうえのころ【夏至中の頃】
陸稲　61⑦194
おそづくり【遅作り】
なす　28④330
おそとり【遅取】　24③301
おそねつけ【遅根付】　33④176
稲　33④177
おそぼり【晩掘】
むらさき　48①200
おそまき【おそまき、おそ蒔、をそまき、跡蒔、遅まき、遅蒔、晩蒔】→はやまき
あかな　2①133
小豆　21①59
稲　2①48/7①40
いんげん　22④269
えんどう　22①53
大麦　2①62/22④208/24③292/39①40
かぶ　2①57,133,②147
けし　24③302
ごぼう　28④331
小麦　2①64/39②122
すいか　2①86
そば　5①154/22①59,④239/32①112/38②73/39②113/62⑨377
大根　2①133,②147/3④239,318,339,382,383/67⑥306
大豆　21①59/22①53/39①44
たばこ　33⑥389
とうがらし　2①86
なす　2①86/33⑥321
菜種　22④230/38③164
にんじん　33⑥363
ひえ　2①13
みぶな　2①133
麦　17①175/38②57,58/40②101
ゆうがお　2①86
綿　9②213/15③355/28④338/39③147
おたねばいようほう【御種培養方】
朝鮮人参　48①227
おだまてい【おたまてい】
稲　63⑥351
おだゆい【おたゆい、おたゆひ】
稲　63⑥349,⑦397
おだゆえ【おたゆへ】
稲　63⑦400
おちあし【落足】
あわ　31②79
そば　31②83
裸麦　31②85
おちばかき【落葉かき、落葉掻】
22⑤355/62②41
おちばさらえ【落葉浚】→R
63①54
おちばのじぶん【落葉の時分】
油桐　57②155
おちぼひろいとり【落ぼ拾取】
稲　27①377
おちゃつぼのごつうこうのひ【御茶つぼの御通行の日】
ひえ　23⑤268
おつくろいのじせつ【御繕之時節】　65②124
おつけ【苧つけ】
からむし　40③233
おとこのおもてしごと【男の表仕事】　24①34
おとしくろ【落しくろ】
稲　27①99
おとしつちいれ【落し土入】
27①187
おとしみず【おとし水、をとし水、落し水】
稲　29①58,③241/62⑦190
おどろわけ【薪わけ】　35②356
蚕　35②353
おなじたねのいね【同し種の稲】
稲　29③258
おなじのぎのもみ【同芒の籾】
稲　27①34
おねんぐこしらえ【御年貢拵】→L
42③198,199
おねんぐだわらかがり【御年貢俵かゝり】　42③201
おねんぐつくりたて【御年貢作り立】
稲　29③236
おねんぐまいこしらえ【御年貢米拵】
稲　38②82/42③198
おはづくり【おは作り】　34③41
おばながき【尾花かき、尾花がき】→しろかき
稲　12①142/37③307
おばなぎり【をばな伐、麻花伐】
麻　19②440/20①188
おもてだ【表田】→D
稲　6①55
おもてだうえ【表田うへ、表田植】
稲　6①43,50,52
おもともちかたくでん【万年青持方口伝】
おもと　55②174
おやいもこしらえ【親いも拵へ】
芋　42⑥399,435
おやき【親木】→B、E
55③468
おりとる【折とる、折取】
柿　56①184
からしな　4①151
おりぼし【折干】
稲　29②150
おろしかた【ヲロシ肩】　8①175,176,177,179,205
さつまいも　8①116
そらまめ　8①111,112
綿　8①24
おろしつち【おろし土】
稲　33①17
おろす【おろす】
藍　10③392
おろぬき【おろぬき】→まびき
ごぼう　24③303
麦　3④294
おろぬく【おろぬく、ヲロヌク、疎抜、疎抜く】→まびく
19①156,158,217/20①185,186
きゅうり　19①113
けし　19①134
大根　20②381/37②202
なす　20②374
おろぬけ【ヲロヌケ】　19①158
おわさく【おわ作】　34⑥132
おんうえつけ【御植付】
はぜ　33②101
おんすいうえ【温水植】
稲　24①67
おんなのさんぎょう【女の産業】
蚕　18②250
おんなのしごと【女の仕事】
27①210
おんびんだ【穏便田】
稲　33③165

【か】

か【稼】　5①150/13①313/37③331
かいあげ【飼揚】
蚕　47②103
かいか【開花】→E
38①16

かいかた【飼方】
馬 60③136,140,142
蚕 35①70,172,③430,432,433/47②94,146
牛馬 31②68
かいかたのこうせつ【飼方の功拙】
蚕 35①118
かいかたのほんぽう【飼方の本法】
蚕 35①59
かいかのじせつ【開花の時節】 55③209
かいかのとき【開花の時】
ぶっそうげ 55③347
かいくち【飼口】→Ｉ、Ｍ 10①118
かいげまわり【かいけ廻り、かいげ廻り】→Ｄ 28②137,181,220
かいこ【蚕、蚕養、飼蚕、養蚕】→Ｅ、Ｈ、Ｌ 62④87
蚕 47②126,130,③167,168,172/62④84,86,94
かいこあげる【蚕揚】
蚕 35②278,279
かいこう【開荒】→かいこん 3③104,116,117,124,125,126,129,136,140,143,148,165,188
かいこうてんど【開荒展土】 3③102
かいこうまれいずるときこころえ【蚕生れ出る時心得】
蚕 35①101
かいこかいかた【蚕飼方】
蚕 35①238
かいこしたてかた【飼蚕仕立方】
蚕 47②80
かいこしちどのやくなんあるせつ【蚕七度ノ厄難ある節】
蚕 47②109
かいこだなたてよう【蚕棚立様】
蚕 35①130
かいこだなのたてよう【蚕棚の立様】
蚕 35①132
かいこだねみよう【蚕種子見様】
蚕 35①57
かいこちゅう【蚕中、飼蚕中】 47②103
蚕 47②85,87
かいこてつだい【蚕手伝】
蚕 42③179
かいこにだいしょうできざるこころえ【蚕に大小出来ざる心得】
蚕 35①117
かいこにゆだんすまじきこと【蚕に油断すまじき事】
蚕 35①82
かいこのかいかた【蚕の飼方】
蚕 35①120
かいこのしきほう【蚕の敷法】
蚕 47②115
かいこのしりがえ【蚕の尻がへ】→いじりとり
蚕 35①89
かいこのわざ【飼蚕の業】
蚕 47②77
かいこはきおとすしかた【蚕掃落す仕方】
蚕 35①111
かいこはきたて【蚕掃立】
蚕 35③428
かいこはく【蚕はく】
蚕 22⑤349
かいこやしない【かいこやしない】
蚕 47①9,15
かいこやしないかた【蚕養ヒ方】
蚕 47②118
かいこやしなう【蚕やしなふ】
蚕 47③169
かいこやしなうせつ【飼蚕養節】
蚕 47②78
かいこよしあしみよう【蚕善悪見様】
蚕 47②144
かいこわざ【蚕業】
蚕 53⑤293
かいこをかう【蚕をかふ、蚕を飼ふ】→Ｌ
蚕 13①123/14①31
かいこをかうみち【蚕を飼ふミち】
蚕 35①21
かいこん【開墾】→あけかさみ、あけち、あけひらき、あらきばり、かいこう、かいはつ、こうぶかいはつ、こんかい、ひらきおこし 2⑤324/57②86/70⑥405
かいさく【開作】 39④182,184
かいしうなえ【かいしうなへ】
稲 38②52
かいそだつるほう【飼生立る法】
牛馬 13①259
かいた【かい田】→Ｄ
稲 24②234/63⑤308,310
かいたうち【かいだうち、かい田うち、かい田打、かゐた打】
稲 4①17/27①108,109/42⑤325/62⑨355
かいたうない【かいたうなひ、かひたうなひ、掻田剖、掻田剖ひ、掻田塢生】→あとはか、かいとううない、かぎはか、さきはか
稲 19①45,48,214,②363,402,408,409,410,418/20①60,255
かいたきり【かい田切】
稲 42⑥384
かいたしばきり【カイ田柴切】
稲 42⑥384
かいたすき【かい田すき、かゐ田すき】
稲 4①17/42⑤325
かいたつ【飼立】
蚕 47①18,22,25,26,30,39,40,42,43,44
かいたつる【かい立つる、飼立る】
蚕 47①23,41,47
かいたて【かいたて】
蚕 47①22
かいでん【魁殿】 5①84
かいとううない【かいとううない、かいとううなひ、かいどううなひ、かいとふうなゐ】→かいたうない
稲 22②102,104/37①19,20
かいとうない【カイトウナイ、かいとうない、かいとふない】
稲 2④279,294,297,301/19①48/42②120
かいならし【かいならし】
稲 27①92
かいばかり【飼葉刈】 24①98
かいばきり【かいはきり、かいは切】→いさつ 42③188,205
かいはつ【開発】→かいこん→Ｄ、Ｌ 1②149/3③130,131,148,149,150,165/21②104,126/23④188/36③240/38①8/40②165/41②45/61①41,⑨276,312,324,328,338,375/64①41,47,61,71,②113,115,119/65①27,33/66①35,38,39,43,47,51,61,62,66,②102,103,104,105,106,107,109,110,115,116,③149/69②217,218,228/70②153,154,157,158,162,165,166,169,174,176
かいほ【蟹歩】 19②427/20①126
稲 19②411,418
かいまめつくりよう【飼大豆作様】
大豆 19①140
かいまめまき【馬粥豆蒔】
青刈り大豆 22⑤351
かいりにのくめん【かいり荷のくめん】
稲 28②225
かう【かふ、飼ふ】 69①97
うずら 60①65,66
蚕 47①42,46,47,48
かうん【夏芸、夏耘】 2①69/5①190/52⑦282
かえし【返し】 27①281
大豆 20①209
かえしうなえ【返シウナヘ】 18③368
かえしづくり【かへしづくり、返シ作リ、返作】 19①169,217/20①209
藍 20①283
かえしめ【かへし目、反目】→めあけ 23⑤265
かえす【かへす】
稲 17①98
かえつくり【かゑ作り】 33①16
かえとり【替とり】 7①35
かえみず【かへ水】
稲 62⑨335
かえりたうち【返り田打】
稲 1①59
かえりどめ【返り留】
稲 1①39
かおむき【顔向】
稲 19②409
かかえつみ【抱積】
稲 24①119
かかせおく【かゝせ置】
稲 41⑥268
かがみをとる【かゝみを取】 38③188
かがり【かゝり】
茶 13①82
かがりかざり【結荘】
稲 30①85
かがりとる【かゝり取】
大豆 31③116
かがりをひく【かゝりを引、かゞりを引】
あわ 33①39
小麦 33①51
かかん【火乾】
しいたけ 45④206,207
かき【かき】
稲 41①11
かき【垣】→Ｃ、Ｄ、Ｎ 27①22
かきあげ【かきあげ、かき揚、掻あげ、掻上、掻揚】 45③142,143,144/62⑦192,206,211/69①73,80
稲 62⑦191,199
にんじん 38③158
かきあげる【かきあげる、掻揚る】→Ｋ

69①68
菜種　45③149
かきあざす【かきあざす、掻あざす】
稲　38③139
やまいも　38③130
かきあざり【かきあざり】
にんにく　12①289
かきあざる【かきあさる、かきあざる】　69①81
けし　12①316
しゅろ　13①202
たばこ　13①55
にんじん　12①236
かきあつめとる【かき集め取る】　41⑦337
かきあわす【かき合】
稲　37②103
かきうえ【垣植】
さつまいも　34③43,44
そらまめ　34⑤89,97,⑥137
わけぎ　34⑤84
綿　34⑤96
かきうえ【かき植、欠キ植】
さつまいも　33④180,208
かきうちまき【垣うち巻】　27①17
かきおく【かき置】
稲　41⑥268
かきおこす【かき起す】
麦　15③356
かきおとし【柿おとし、柿落シ、柿落し】
柿　42②93,④245/43①76,77
かきおとす【かき落す】
麦　62⑨388
かきおわり【かき終り】
漆　13①108
かきかえす【かき返す】　41③181
稲　41③174
かきかた【かき方】
稲　63⑤296
かきかたじせつ【掻方時節】
漆　46③193
かきからし【掻からし、掻枯し】
漆　18②264,265
かきき【かき木】
楮　4①160
かききる【かき切】
稲　39①36
かきくだく【耪耖】　69②220
かきこなし【カキコナシ、かきこなし、耕耙、攪こなし、攪擾】　62⑧260
麻　13①34
稲　1①65,69,70,80/9②195/24①40/32①33/36②100
ごぼう　12①299
しょうが　12①292
大根　6①112
かきこなす【かきこなす、掻こなす、擺こなす】
稲　7①28,55/36①48,49/37③307,359/38③138/70④263
かきこみ【かき込】　43②194,195
かきさがす【かきさがす】
稲　29①53,54
かきささげつくりよう【垣豇豆作様】
ささげ　19①134
かきしごと【垣仕事】　27①16
かきじぶん【かき時分】
稲　41⑥278
かきた【掻き田】→D
稲　19①47
かきたて【書立】→N、R　43①81,83,86
かきちらし【掻散】
稲　30①47,50
かきつけ【かき付】
稲　41①8,9
かきつばたをうえる【かきつはたを植る】
かきつばた　17①309
かきとめ【かき留】
漆　13①108
かきとらんとするとき【かきとらんとする時】
たばこ　13①58
かきとり【かきとり、カギ取リ、掻取】
さとうきび　30⑤406
たばこ　25②214/30③280
かきとる【かきとる、かき取、かぎ取、かき取る、かぎ取る、攪取】
漆　13①107,109
蚕　53⑤330
桑　48①209
さとうきび　50②157,158,161
たばこ　13①57,58,62,63/36②122/38③133
かきどろめ【かきどろめ、かき泥め、攪泥め】
稲　1①33,58,59,61,63,64,66,70,80,93,94
かきなおし【垣直し】　42④268
かきなで【かきなて】
稲　28①27
かきなまき【掻菜まき】
かきちしゃ　22③169
かきならし【かきならし】
稲　8①70/12①142/28②186,189/33③158/36②100/40①7/41③174/61⑩434
かきならしくさぎる【かきならし芸る】　12①85
かきならす【かきならす、掻ならす】→K
稲　37③261,307/41⑤258
漆　13①105
なす　38③120
かきなをまく【攪菁ヲ蒔】
かきな　38③207
かきのきをつぐ【柿の木を接】
柿　14①207
かきのはのすすのかくれというとき【柿の葉のすゝのかくれといふ時】
陸稲　22②118
かぎはか【鉤果敢】→かいたうない
稲　19②407,408
かきはなし【かきはなし】→C、L　24③326
稲　24③325
かきひろげ【かきひろげ】　41⑦330
かきほうり【かきほうり】
麦　10③399
かきまぜ【かき交】→K　62⑧262
かきまぜる【かきませる、かきまぜる】→K　41⑦318/69①52
かきまわす【かきまわす】→K　28②137
かきまわり【掻廻り】
漆　46③191
かきみおとし【柿実おとし】　42③193
かきみず【掻水】
綿　8①288
かきみずこころえ【掻水心得】
綿　8①229
かきやかち【かきやかち】
稲　28④344
かきやわらぐ【かきやわらぐ】
稲　41②75
かきよせおく【かきよせ置】
杉　56②268
かきわりかえし【擺割返】　38③199
かきをゆいまわす【かきを結廻す】
松　13①186
かき出す【かき出す】　41⑦329
かく【かく】
稲　37②79,92/41⑥278/43①74/62⑨353,356
大麦　39①41
たばこ　62⑨365
麦　41⑥274
かくくだく【耪耖】　69②223
かくご【格護】　34②21,⑤103
杉　57②152
かくごう【攪合】　69②390
かくし【かくし】
大豆　4①51
かくねんにはたけをかゆる【隔年ニ畠ヲカユル】
さつまいも　31⑤254
かくる【かくる】
小麦　41⑤244
かけいね【かけいね】→E
稲　28②222,244,245
かけいねをこく【かけいねをこく】
稲　28②248
かけおく【かけ置、掛置、懸置】→K　41⑥277,279,280
稲　37①40
漆　56①175
蚕　47②84
きゅうり　41⑤249
ささげ　38③152
杉　56①212,②247
麦　41②81
かけごえ【かけこへ】→I　62⑨321
かけつち【カケ土、かけ土】　19②395
藍　19①167
かけどき【掛時】　51①65
かけながし【懸流、懸流し】
稲　19①53/23①101
かけぼし【かけほし、かけ干、掛ほし、掛ぼし、掛干、懸ケほし、懸ほし、懸ぼし、懸干】→はざかけ→K、Z
藍　38③135
稲　7①29,42,43,44,78,80,82,83,84/11②99/14①234,235/21①34,35,47/22②108/23①37,81/28③321/29③193,205,206,216,244,262,263/37①39/39①27,36,④224,225,226,227,228/62⑦190,201,207,209,211/70④268
千日紅　54①242
菜種　23①26
松　67⑤228
麦　63⑤320
かげぼし【かげ干、蔭干、陰干、陰旱】→K　25①145
小豆　38③151
稲　62⑤125
桑　10①84
さつまいも　12①384
大豆　38③144
茶　29①82
とうがらし　33⑥350
はっか　13①299
やまいも　12①377

かけほす【かけ干す】
稲　37③332
かけみず【かけ水】→K
はぜ　31④191
かけよう【かけやう、掛様、懸様】
稲　27①178/28②244/62⑦190
かける【かける、掛ル】→K
38①23/62⑨341
稲　39①34/62⑨357
綿　62⑨362
かげん【カゲン】
稲　8①82
かげんみず【カケン水、カゲン水、ガケン水】
綿　8①28,153,227,228,238,243
かげんをしる【かげんをしる】
茶　13①84
かこい【囲】→C、K
さつまいも　61②91
かこいおく【かこい置、かこひ置、囲ひ置、囲置、囲置く】→K
67③139,④187,⑤228,231/69①75,111
稲　29①52
大麦　67⑤227
蚕　47②89
くるみ　56①182
さつまいも　41②98/70③228
さとうきび　50②151,210
じゃがいも　18④397
大根　36③296/67⑤235
たばこ　45⑥285,287
なし　46①104
松　56①53
かこいおくほう【囲置法】
みかん　56①89
かこいかた【囲ひ方、囲方】　1①96
さつまいも　39①53
里芋　29③252
松　14①92
かこいぐさとり【囲草取り】
杉　56①213
かこいよう【かこひ様、囲様】→K
なし　46①37
みかん　56①92
かこう【かこふ、囲、囲ふ】→J、K
62⑨353
稲　62⑨323
菊　55③300
さつまいも　70③216
里芋　39①51
さとうきび　50②165,166
大根　67⑤230
たばこ　45⑥291,295
だんとく　55③332
なし　46①14,73,103
なす　69①100
菜種　45③171
ひえ　67⑤228
ぼたん　55③289,395
みかん　56①88,91
かこう【火耕】　19①158
稲　70⑥377
からむし　19①109/20①262
そば　19②434
かこうにする【くハかうにする】
19②434
かごだて【駕籠立、籠立】
稲　1①97/36①53
かさいね【かさ稲、蓋稲、笠稲】
稲　19①61,77/20①101/27①183,375
かざいれ【風入】→N
40①9
かさしとり【かさし取】
からむし　34⑥158
かさねうえ【重ねうへ、重ね植】
大豆　27①66
朝鮮人参　48①245
かさねうち【かさね打】
稲　62⑨335
かさねおく【かさね置】
蚕　47①32
かさねだ【累田】
稲　23①100,106
かさねたうえ【重田植】
稲　6①43
かさねつみ【重ね積】　27①58
かし【かし】→しんしゅ
稲　31②76
かじうえ【かぢうゑ】
菜種　28②251
かしうえつけ【樫植付】
かしわ　22③163
かしおく【かし置】
稲　10③393
かじき【かじき】
稲　30①25,**39**,40,43
かじく【かじく】
稲　30①22
かじくち【かぢくち】
稲　28②229
かしのきしたてよう【柹木仕立様】
柿　57②156
かじほり【かじほり】
稲　28②231
かじやいき【かじや行】　28②226
かしゅううえよう【何首烏植様】
かしゅういも　62⑨329
かしゅさいばいのほう【下種栽培ノ方】
朝鮮人参　45⑦374
かじゅをしゅうりする【菓樹を修理する】　13①247
かしよう【かし様】→K
稲　41⑤247
かしょく【家しよく、稼稷、稼穡】→M
6①67,②323,325,326,329/7①41,49,57/10②304,312,313,323,330,345/12①12,16,25,27/13①314,316/15③325/19①5,77/20①7,341,347/22①8,18,②131/23④164,198/24①9,159,161,170,176,177/25①7,②178/30③300/33①58/37③334/69②177,181
かしょくのほう【稼穡の法】
12①13
かしょくのみち【稼穡の道、稼穡の方】　12①18,21/23⑥300
かしらおこし【頭ら起】
稲　33⑤246
かじる【かじる、かぢる】　12①86
稲　28②165,194,228,231,269
ごぼう　7②325
小麦　28②242
菜種　28②240,241,253
かしん【火針】→はり
60⑥342
かす【かす、淅】
稲　5③255/12①139/29③222/37③273/41⑤255
かすかち【カスカチ】
麦　8①259
かずきてよせる【負きて寄る】
稲　27①184
かすとり【粕取】　43②152
かすひかず【かす日数】
稲　12①139
かずらうえ【かつら植】
さつまいも　34④63,⑤108
かずらうえつけ【かつら植付】
さつまいも　34④64
かずらがえし【かつら返し】
さつまいも　34④63
かずらだねとりよう【かつら種子取様】
さつまいも　34③45
かずらひとねごし【かつら一根越】
そらまめ　34④68,⑤88
かずらふたねごし【かつら二根越】
そらまめ　34⑤88
ふだんそう　34⑤83
かずらみつねごし【かつら三根越】
そらまめ　34⑤89
大根　34⑤90
かぜおおい【風覆】
かぶ　2①15
大根　2①15
かぜがこい【風囲】
すいか　2①110
かせぎ【かせき、かせぎ】→L、M
28①94,95/41⑤256/66①43
かぜせたおしうえ【風背倒植】
ばしょう　34⑥162
かぜのようい【風の用意】
菜種　28②166
かたあらし【片荒し】→L
稲　19②280
かたかけ【片カケ】
麻　19①106
かたがりなおしよう【かたかり直しやう】　27①115
かたきたつくりかた【堅キ田作り方】
稲　63⑤308
かたぎり【かたきり、かた切、片きり、片切、片切り】　19②365/20①125/22③173
小豆　22②127
あわ　22③161/38②70
稲　19②376
えごま　22②121/38②71
大麦　22③156,163/38②80/39①41,42
陸稲　20①321/38②68
かぶ　22②124
きび　38③156
ごま　22②128
小麦　22②115
ささげ　22②127
里芋　22②117
しょうが　3④252/25②222
そば　3④230/22②130,③159,167
大根　38③159
大豆　22②116,③160
たばこ　22②126
とうもろこし　22②122
なす　3④231,290/22②125
にんじん　22②129/38③158
ねぎ　3④293,327
ひえ　38②66
麦　3④229,275/38③155
綿　38②63
かたぎりかた【かたぎりかた】
大麦　21①53
かたぎりもの【かたぎり物、かた切り物】→L
21④199
大麦　21①51
かたぎる【耘】
麦　38③194
かたくろ【片畔】
稲　20①59

かたくわ【片鍬】
稲　30①41
かたくわかき【片鍬掻】
稲　30①40
かたくわにうつ【片鍬ニ打】
大豆　24③288
かたけずり【かたけづり】
綿　28②175
かたげに【かたけ荷】　34⑥141
かたげる【かたける】
稲　28②256
かたしゅうり【肩修利】　8①250
麦　8①100
綿　8①23
かただすき【堅田犂】
稲　4①13
かたたねおおい【片種覆】
大麦　2①63
かたつくり【片作り】
麦　63⑤318,319,320
かたなおし【形直し】
稲　31②75
かたなわ【かた縄】　27①278
かだなんば【かだなんば】　28②239
かたねてよせる【肩ねて寄る】
稲　27①184
かたねもち【かたね持】
稲　27①371
かたねよせ【かた根よせ】
藍　10③388
かたはるたほりあげ【片春田堀上】
麦　30①100
かたみち【かたみち】
稲　28②158
かたむぎ【かた麦】
裸麦　28②236
かためよせ【片目よせ、片目寄】→L
綿　23⑤272,279,280
かたよせ【片よせ】
あわ　10③394
里芋　10③395
かたわけみぞ【片分溝】
麦　30①94
かたわり【片割】　57②124,132,133,176,224,225
かたをおろす【肩ヲ卸ス】
えんどう　8①114
かだんわり【花坦割】
菊　55①30
かち【かち】
菜種　29②136
麦　8①93/29②136,137
かちおとし【搗落シ】
ひえ　5①101
かちおとす【カチ落トス】
大根　32①135
かちくわいもちいよう【かち壅用様】　34⑤104
かちしまい【カチ仕舞】
麦　8①259
かつ【かつ、かづ】
稲　27①385
麦　17①185
かつおぶしのこ【かつほぶしのこ】　60②106,107
かつがせおく【カツカセ置】　8①206
かつぎあげだし【かすき上出】
稲　27①64
かつぐ【かづく】
稲　27①377
がっさらまき【がつさら蒔】
小豆　22④228
かっちきふむ【カツチキ踏】
稲　1②188
かっぱがえし【かつは返し】
そば　39②122
麦　39②110,115
かつはかけ【かつはかけ】
菜　24③291
かっぱきり【かつはきり】
大麦　39②121
かっぱぬき【かつはぬき】
小麦　42③174
かてこしらえ【粮こしらへ】
麦　38②80
かどうきり【火道切】　42⑥415
かどうち【角打】　43①72
稲　11②92/43①38
かどまつむかい【門松迎イ】　42⑥407
かないうちのうえよう【家内く之植様】
稲　9③270
かないこめこしらえ【家内米拵】
稲　29③244
かないようきかげん【家内陽気加減】
蚕　35①131
かなりうち【かなりうち、かなり打】　9③242
稲　9②196,③247,256,257,261
かなりだ【かなり田】
稲　9③246,257,259,261,263,264
かになえ【賀荷苗】
稲　24①72
かのがえ【狩野替】
紅花　18②272
かのはたやき【かの畑焼】
からむし　19②434
かのまき【苅野蒔】
菜種　1④318
かのやき【かの焼】　20①262
かびかり【かひかり】→L
稲　63⑦400
かびたうなえ【かび田うなへ】
稲　3④221
かびとり【かび取】
稲　63⑥340,345
かぶあみ【株あみ】
稲　29②144
かぶうえ【株うへ、株植】
小麦　33①51
花しょうぶ　3④372
かぶうち【かぶうち、株打】
綿　28②175/42⑥419
かぶがえし【カブ返し、株がへし、株返し】　42⑥424
綿　8①23/15③388
かぶかけ【かふかけ、かぶかけ、かふ懸、株かけ、株懸】→Z
稲　6②270/42④243,245,246,248,276,277,279,280,283,284
かぶかける【株カケル、株かける】
稲　6②282/39⑤257
かぶかず【かぶ数、株数】　36②112
稲　12①133/61①37
かぶこかし【カフコカシ】　8①195
かぶさきおろし【株さき下シ】
稲　27①375
かぶすうおおくうえるほう【株数多く植る法】
稲　21①39
かぶすうふそく【株数不足】
稲　25②186
かぶせよう【罨せやう】
稲　27①32
かぶだねかる【かぶ種かる】
菜種　9①65
かぶつきつきそろえ【株突附揃】
稲　27①186
かぶつぎぼたんとりきのほう【株接牡丹捷木の方】
ぼたん　55③465
かぶつくりよう【蕪菁作様】
かぶ　19①117
かぶづけ【株ヅケ、株付】
稲　5①22/39⑤271
かぶつみ【蕪摘】
かぶ　39⑤256
かぶなえしたて【蕪苗仕立】
かぶ　1④323
かぶなまき【カブ菜蒔、蕪菜蒔】
かぶ　22⑤353/38③207
かぶなまきどき【蕪菜蒔時】
かぶ　19①187
かぶなまく【蕪なまく】
かぶ　20②391
かぶのつおかい【かふのつおかい】
菜種　9①37
かぶばなし【株ばなし】
稲　27①287
かぶひき【蕪ひき】
かぶ　43①82
かぶふみ【かふふミ、かふㇺミ】　42⑤322
かぶま【株間】→あきま、うえかぶま
ねぎ　25①126
かぶまき【かぶ蒔、株蒔】
稲　63⑤305
綿　7②305/13①12/15③356,400,401,403
かぶまき【蕪蒔】
かぶ　10①68/43①60
かぶまきどき【かぶまき時】
かぶ　17①243
かぶまきはじめ【蕪菁蒔始】
かぶ　19①84
かぶまくり【かぶまくり、株マクリ、株まくり】　8①178,194
綿　8①37
かぶもたかし【かぶもたかし】
稲　28②244
かぶよせ【かぶよせ】
稲　5②226
かぶらたねまき【蕪菁種蒔】
かぶ　30①135
かぶらなえうえ【蕪菁苗植】
かぶ　30①136
かぶらなまきよう【蕪菜蒔様】
かぶ　5①113
かぶらるいたねまきはじめ【蕪菁類種蒔初】
かぶ　30①134
かぶらをまく【かふらを蒔】
かぶ　17①242
かぶわけ【分株】　55③207
あおもりそう　55③303
あずまぎく　55③288
あやめ　55③302
あらせいとう　55③274
うこん　55③398
えびね　55③301
えんこうそう　55③310
おうばい　55③426
おおでまり　55③321
おみなえし　55③357
おもだか　55③359
おもと　55③337
かきつばた　55③243,282,293
かざぐるま　55③304
かるかや　55③374
寒すすき　55③347
がんぴ　55③335
ききょう　55③354
菊　55③300

きすげ 55③313
ぎぼうし 55③334
きょうがのこ 55③327
きょうちくとう 55③363
きりんそう 55③331
くさいちご 55③284
こうおうそう 55③312
こうほね 55③256
さつき 55③325
さんしゅゆ 55③248
しゃが 55③262
芍薬 55③306
しゅうかいどう 55③366
しゅうめいぎく 55③390
しゅろちく 55③346
たむらそう 55③364
ちょうじそう 55③287
つばき 55③403
とういちご 55③269
唐かんぞう 55③316
とらのおそう 55③324
なんてん 55③340
ばいも 55③242
はぎ 55③384
花しょうぶ 55③320
はまぼう 55③362
ばりん 55③305
美人草 55③317
ひめばしょう 55③399
ふとい 55③278
ふよう 55③373
ほととぎす 55③368
まき 55③435
松本せんのう 55③311
みずひき 55③382
みずぶき 55③400
みそはぎ 55③358
やつで 55③410
やまぶき 55③275,415
ゆきやなぎ 55③250
ゆり 55③365
ろうばい 55③419
われもこう 55③397

かぶわり【株割】
麦 8①98

かぶわりよう【株割様】
稲 5①13

かぶをわける【かぶをわける】
にら 12①285

かぼちゃたねまき【南瓜種蒔】
かぼちゃ 30①121

かぼちゃなえうえ【南瓜苗植】
かぼちゃ 30①125

かま【かま】 42④260,261,263

かまいれ【鎌入】
稲 36①53
麦 61⑩411

かまかけ【かまかけ、鎌かけ、鎌懸】 42④260,261,263

かまきり【鎌切り】 39⑤269

かます【かます】
さとうきび 61⑧218

かますおり【叺織】 68④416

かますごえだす【叺屎出】
稲 27①85

かますつめいれ【叺つめ入】 27①84

かまだきかる【かまだきかる】 9①26

かまたきぎたばゆい【釜薪束結】 42⑥440

かまだし【かま出し】→K 24①47

かまだて【竈立】 24①47

かまつき【竈突】
さとうきび 44②160,161,163

かまつちだし【釜土出し】 42⑥439

かまてへりそうじ【カマテヘリソウジ】 8①158

かまにてむす【釜ニ而蒸】→K
稲 33④210

かままえ【鎌前】
稲 41②129

かままきがり【釜薪刈】 42⑥401,403

かままきひろい【釜薪ひろい】 42⑥382

がまをうえる【がまを植る】
がま 17①302

かみじゅうごにち【上十五日】
稲 37②102
桐 56①49
栗 56①55

かみのこしらえよう【紙のこしらへやう】
蚕 47①37

かめおうじょこうのじゅつ【亀翁除蝗の術】
稲 15①11

かめくくり【亀結】
稲 27①186

がめつつき【亀啄】
稲 39⑤270

かもめはならび【鷗歩ならび、鷗歩並】
稲 20①73,74

かやかり【かや刈、茅刈、萱刈】
茅 22⑤355/41②100/42②112,④245,280,⑥437/43①80/61①48/63⑦364

かやきり【萱きり】
茅 42②110,111,116

かやしおく【かやし置、かやし置ク】
稲 70⑥395
大根 8①107

かやつけ【かやツケ、萱つけ】
茅 42③152,⑥443

かやほうご【茅抱護】 57②160

かややましたてかた【萱山仕立方】 18②261

からいもいっかぼり【唐芋一荷堀】
さつまいも 30①139

からいもうえつけ【唐芋植付】
稲 29③236

からいもことごとくほる【唐芋悉堀】
里芋 30①141

からいもたねふせ【唐芋種臥】
さつまいも 30①121

からいもつるうえ【唐芋蔓植】
さつまいも 30①131

からいもつるうえはじめ【唐芋蔓植初】
さつまいも 30①129

からうす【からうす】→B 42③198

からうすひき【からうすひき、から臼挽】→Z 42③182,194,197,198

からおしたてかた【唐苧仕立方】
からむし 34⑥157

からおとし【からをとし】 16①201,202

からかがり【からかゝり】
稲 42③195,196
小麦 42③174
麦 42③170,171

からかけ【からかけ】
稲 42③196

からぐ【からく】
はぜ 11①52

からくりつける【からくり付る】 16①216

からしなまきせつ【白芥子蒔節】
からしな 19①180

からしのあぶらかすさっちゅうほう【芥子ノ油糟殺虫方】 69②345

からしまき【芥子蒔】
菜種 11②117

からしをまく【からしを蒔】
からしな 17①249

からす【枯す】 38③196
大豆 38③144

からすかくれのとき【烏かくれの時】 19①181

からすき【からすき】→B、Z
稲 28②168

からすきかず【からすき数】
稲 28②157

からすり【から摺】
稲 33④210

からはなし【からはなし】
ひえ 23⑤268

からひとり【からひとり】 42③184

からぼし【から干し】
稲 21②112

からまき【カラ蒔キ】
大麦 32①79

からます【からます】
きゅうり 38③127
十六ささげ 38③145
白瓜 38③136
とうささげ 38③125
やまいも 38③130

からまろき【からまろき】
稲 42③194
麦 42③170

からむ【からむ】
ひえ 36②115

からむしつくりよう【苧作様】
からむし 19①109

からむしのみこき【苧之実こき】
からむし 43①61

かり【刈】→L、W 21③147

かりあげ【刈あけ、刈上、刈上ケ、刈揚、苅上ケ】→O
あわ 38②69
稲 9②198,③252,255,294/15①60/29④282/33④209,217/38②53,54/41①9/61①29,50,51,⑩436
小麦 33①53/67⑥279
そば 61⑩435
麦 33①55

かりあげしゅうのう【刈揚収納】
大麦 33④228
裸麦 33④228

かりあげる【刈上る】
稲 36③311

かりいね【刈稲】→E、Z
稲 36③272

かりいねのほしよう【刈秧の干様】
稲 15②139

かりいれ【刈収、刈入】→とりいれ→L 37③331,334/38④266/40②39/70④269
藍 45②70,106,108
稲 6①68/39④222/40②143/41③178/70④263
大麦 38②79
そば 61⑩435
麦 45②104

かりいれる【刈入る】 37③333

かりうえ【かり植、仮植】
稲 4①41/70⑥398
菊 2①116/55①20,21,22,24,26,30
さとうきび 50②152,153
杉 56②262,263
朝鮮人参 45⑦382
はぜ 31④187,188,190
松 55②146

かりおくるる【刈おくるゝ】
稲　62⑨383
かりおさむ【穫収、刈り収む、刈収む】　12①**108**/50②153
藍　13①40
稲　12①138
そば　12①169
かりおさむる【穫収る】
稲　37③343
かりおさめ【刈リ収メ、刈穫、刈収、刈収め、刈納、刈納メ、苅納め】　4①241/5③287/36②124,125/62⑧249
藍　21①73
あわ　6①99
稲　1①42/4①**227**/6①**65**,68,69/8①78/12①139
大麦　23①64
きび　6①101
小麦　23①64
さとうきび　50②159
そば　32①113/70⑤318
大豆　6①95/12①187
菜種　45③**172**
ふゆあおい　13①299
麦　37③294
かりおさめのじせつ【刈リ収メノ時節】
大麦　32①60
かりおさめる【刈収る、刈納る】　4①170/12①110,111,112/25①101/37③331
麻　7②311
稲　37③334
えごま　12①314
かりかく【刈かく】　36②110
かりかや【刈萱】　25①69
かりぎうえどき【刈葱植時】
ねぎ　19①183
かりぎをつくる【かりきを作る】
かりぎ　17①**273**
かりくさ【刈草】→B、I　63⑦380
かりくわ【刈桑】→I
桑　14①309
かりこかし【かりこかし】
稲　9①106
かりごき【かりごき】
稲　28②244
かりこづみ【かりこづみ】　11⑤256
かりこなしとり【刈小成取】
藍　30④351
かりこぼし【刈こぼし、刈りこぼし】
稲　27①369/29②149
かりごま【刈胡广】
ごま　44③240
かりこみ【苅込】　1③261
かりこみおく【刈込置】
稲　38②53
かりこみのじぶん【刈込之時分】　41②81
かりこむ【刈込】　38①10,②81
稲　38②52
かりごろ【刈頃】
麦　25①89
かりしお【かりしほ、かりじほ、かりしを、刈シホ、刈しほ、刈し穂、刈リシホ、刈汐、苅しほ】→かりしゅん　4①195/33④178
麻　32①144
小豆　32①98
あわ　32①104
稲　1①26/4①220/7①40/11②100/12①132,138/17①140/20①97/21①34/23①**79**,120/25①72/32①21,29/37③332/39①26/40②143
大麦　12①163/29①77
そば　6①104/12①169/32①114,115
菜種　23①26
麦　12①255/17①178,179,182/23⑤260/37③293/39①38/40②106,107,110
かりしきかり【カリシキ刈、刈シキカリ】
稲　2④300,304
かりしきぐさかり【刈敷草刈】
稲　2④296
かりしきはこび【カリシキ運】
稲　2④300
かりじぶん【刈時分】→かりしゅん
いぐさ　13①69
ごま　6①107
大豆　12①188
菜種　22④232
かりしまい【刈仕廻、刈仕舞】→O
いぐさ　5①77
稲　1①98
大麦　37①34
かりしゅん【刈時、刈旬、苅旬】→かりしお、かりじぶん、かりす、かりせつ、かりどき
いぐさ　14①120,124
いちび　14①146
稲　7①21,64,84,85/11②101/25①74/27①159/70④269
さとうきび　50②157,159,160
しちとうい　14①111
麦　3④281/68②249,250
かりしろ【刈しろ】
稲　1⑤352
かりす【刈時】→かりしゅん　19①213
いぐさ　20①30
かりすてる【刈捨る】　56②274
かりせつ【刈節】→かりしゅん
あわ　19①138
えごま　19①143
けし　19①134
ごま　19①141
ひえ　19①148
麦　19①136
かりそめ【刈そめ】
稲　42①29
かりた【刈田】→D
稲　23①17,29/62①15
かりたがえし【刈田がへし】
稲　70⑥395
かりだす【刈出す】　36③183
かりたて【刈立、苅立】
稲　1①26,97,②148,149/36①54
かりため【刈溜】　38②82
かりちゃ【刈茶】
茶　14①309,316
かりてほす【刈て干】
藍　41②111
かりどき【刈時、苅時、薙時】→かりしゅん
藍　36②122
麻　4①95
いぐさ　5①79
稲　1③261/5③263/11②93,101/27①159/28③321/39④222
小麦　4①230
さとうきび　48①217
すげ　4①124
そば　27①150
菜種　5①132
麦　27①130
かりとり【かり取、刈とり、刈リ取リ、刈り取り、刈取、刈取リ、苅取、狩取】→Z　4①228/10①78/21③153/57②200/62⑧269/63③106,126,⑤315/64①61,⑤336/68③333
藍　25②214/29③250/30④348/34⑥159
麻　6①149/17①218/33④207
小豆　25②212
ありたそう　13①301
あわ　4①27/11②112/25②211/38②70
いぐさ　14①142
稲　1①**97**,112/4①77,78/5①85/6①68/11②96/21①34/22②108,④217/25②195,196/37②214/38④257,265,271/41③177,178/42①64/47②116/63⑤310,314/67⑥308/70④263
えごま　12①314/38②71
大麦　11②113/22②113,④209/25②198,199/67⑥279
陸稲　38②68/61②81
茅　64①57
からしな　4①151
からむし　34⑥157,158
くこ　13①228
楮　13①100
ごぼう　6①130
ごま　4①91/6①107/12①209/25②212/29④299
小麦　22②126/25②199
さとうきび　48①217
すげ　4①125
そば　4①87/10①61/11②120/25②213/33⑥367/38②74,③161/44②153/64⑤357
大豆　34⑥128
菜種　1④311/11②117/25②200
裸麦　11②113
はっか　13①299
ひえ　4①27/25②206/38②66
みつまた　48①187
麦　7②293/8①194/15③368,400/44②94/61⑩411/63⑤320
かりとりおさめ【刈取納】　33⑤262
麻　44③205
あわ　33⑤253
稲　11②96,103/33⑤254,256,257
かりとりこなし【刈取こなし】　44②154
かりとりじせつ【刈取時節】
稲　37②154
かりとりつみとりじぶん【かり取つミとり時分】　16①67
かりとりのじせつ【刈取ノ時節、刈取リノ時節、刈取りの時節、苅取の時節】
稲　1②141/11②101
小麦　32①77
麦　32①76
かりとりのじぶん【刈取之時分】
あわ　34⑥152
稲　34⑥152
麦　34⑥152
かりとりのせつ【刈取の節】
稲　22①58
かりとりほしおく【かりとり干おく】
麻　30③272
かりとりほす【刈取干】
稲　62⑤117
かりとる【かりとる、かり取、刈とる、刈リ採ル、刈り採る、刈リ取ル、刈り取る、刈採、

刈取、刈取ル、刈取る、刈収る、苅取】 6①208/36③201/37②77/38③200/47②147/62②41/68④415,416/69②327,331,337,351
藍 13①42
麻 17①219/32①143/36①64
小豆 32①98
あわ 32①102
稲 7①64/17①16,153,317/32①23,25,26/36①53,②124/37②127,131,153,157,158,212,220/61①35/62⑤125
大麦 12①164/68④413
からむし 13①25/17①225
かりやす 13①52
葛 50③273
楮 47③176/53①14,17,18
小麦 68④414
里芋 38③129
さとうきび 50②165
しちとうい 13①72
大豆 32①91,92
麦 8①57/17①179/32②307/37②81
かりとるじせつ【かり取時節、刈リ取ル時節、刈取ル時節】
稲 17①142/32①31
大麦 32①64,65
小麦 32①59
そば 32①110
麦 17①169
かりとるせつ【苅取節】
菜種 1④310
かりにう【かり積】
稲 27①285
かりのにばんわたり【雁ノ二番渡リ】
小麦 31⑤272
かりば【苅場】
えごま 1④314
かりはらう【刈払、刈払う、刈払ふ】 56②273,274,275
かりほし【かりほし、かりぼし、かり干、刈干、刈干し】 24①99,②240/62⑧261
あわ 37③345
稲 4①64,73/9①106,108/10①171/12①138/21①34/25①72/29②150/37②86/39①27
からしな 12①234
たかな 9①84
菜種 9①85
ひえ 37③345
麦 9①67
かりほす【刈干、刈干す】
稲 37③332
えごま 33①47
すげ 13①74
菜種 33①47
麦 37③293
かりまめしつけ【刈豆仕付】
大豆 22②129
かりまめに【刈まめ煮】 24③331
かりみ【かり見】
稲 28①46
かりもうすじぶん【刈申時分】
麻 41①11
かりよう【刈やう、刈様】
いぐさ 14①**124**
稲 62⑦190,208
さとうきび 50②161
みつまた 48①188
麦 27①131
かりよせ【かり寄】
杉 56②258
かる【かる、刈、刈ル、刈る、薙ル】 36②118/37①25/56②275/69①70,96,②239
藍 38③135,136/62⑨359
青刈り大豆 2①45
あせび 69①71
あわ 2①24/19①138/41②112
いたどり 69①69
稲 2①47/27①53/36③273/37②132,185/39①26/41②70,72,③177,183/42⑤338/62⑦186,191,⑨369,375
えごま 2①43/19①143
大麦 2①62
からしな 19①135
きび 19①146
くこ 38③124
葛 50③240,252,253
けし 19①134
ごま 2①115/19①142
小麦 5①122
ささげ 38③152
里芋 41②97
さとうきび 50②157,159,161,210
そば 2①52/19①148
そらまめ 41②123
大根 41②103/62⑨373
にんじん 37①35
ひえ 2①32/19①149/36③261
水菜 41②117
麦 19①137/32②307/38②59/62⑨343
かるきものをおおう【かるき物をおほふ】
たばこ 13①59
かるくやく【軽ク焼ク】
麦 32②289
かるじぶん【かる時分、刈時分】
ごま 12①209
はっか 13①298
かれぎまき【かれ木蒔】
かりぎ 43②174
かれくさのせつ【枯草の節】 3③159
かわいけにつけおく【川池に漬をく】
いちょう 13①164
かわいれ【川入】
馬 33①25
かわかし【川カシ】→しんしゅ
稲 32①28
かわかしおく【乾かしおく、乾し置】
杉 14①72
麦 62⑦211
かわかす【かわかす、乾、乾かす】→K
69①113
蚕 47②83
杉 56①161
紅花 19①121
かわきだ【乾田】→D
稲 30①52
かわきにうえる【乾きに植る】
大麦 29①73
かわそのしよう【皮苧ノ仕様】
麻 5①91
かわたぐれたるとき【皮たくれたる時】
椢 56①183
かわちのくにわたつくりよう【河内国綿作りやう】
綿 15③**396**
かわつけ【川漬】→しんしゅ
稲 33④215
かわどべかきいれ【川泥かき入】
稲 9③247,254
かわながし【川流し】
杉 14①83
かわはぎ【皮剝】 57②229
いじゅ 57②228
肉桂 53④248
かわぶちつきあずきのくさ【川ぶち附小豆の草】
小豆 27①259
かわみずいれ【川水入】
綿 8①252
かわむき【皮むき】→B、K 42③190,⑥427
稲 42⑥416
桑 61⑨310
かわをきりひらく【皮を伐開く】 38③191
かわをけずる【皮を削る】→K
からむし 13①31
かわをはぎとる【皮を剝取】
しゅろ 13①203
かわをはぐ【皮をはぐ、皮を剝】→K
からむし 13①31
楮 38③182
杉 14①85
かわをむく【皮をむく、皮を剝】→K
桑 47②141
楮 38③183/47③176
肉桂 14①346
かわをむしる【皮をむしる】
桑 47②140
かんおおい【寒覆、寒覆ひ】
はぜ 31④160,183,184,191,**193**,196,216,224
がんぎ【かんぎ、がんき】→D
ねぎ 7②336
麦 5②226
かんきのしのぎしれい【寒気の凌し例】
蚕 35①141
がんぎのまあい【鴈木の間合】
かぶ 33⑥317
がんぎをきる【かんきをきる、がんぎをきる、がんぎを切】 15②135
麻 41①11
小麦 41⑥280
そば 41①12
麦 41⑤244
綿 41①13
かんごいせいしよう【寒こい製し様】 3④329
かんこう【寒耕】→かんたがやし
62⑧259
からむし 13①25
当帰 13①273
やまいも 12①371
綿 13①20
がんこう【雁行、鴈行】→X、Z 19②426,427/20①126
稲 4①46,53/6①45/19②407,408,410,411,412,418/20①73,74
かんこくのむぎまき【寒国の麦蒔】
麦 17①177
かんさく【間作】→あいさく(間作)→L
はぜ 11①27,54/31④**204**,205
かんざらし【寒ざらし、寒晒】→K、N
稲 3④226
蚕 35②291
がんさんまき【元三蒔】
大根 3④225
かんしゃうえつけ【甘蔗種植】
さとうきび 50②145
かんしゃうえつけじせつ【甘蔗植付時節】
さとうきび 61⑧219

かんしゃかきとり【甘蔗カギ取】
さとうきび　30⑤402
かんしゃかわはぎはじめ【甘蔗皮剝初】
さとうきび　30①140
かんしゃかわはぐ【甘蔗皮剝】
さとうきび　30①140
かんしゃたねかりうめ【甘蔗種刈埋】
さとうきび　30①140
かんしゃたねふせ【甘蔗種臥】
さとうきび　30①121
かんしゃなえうえはじめ【甘蔗苗植初】
さとうきび　30①129
かんしゃなえたくわえかた【甘蔗苗蓄方】
さとうきび　30⑤406
かんしゃのかりしゅん【甘蔗の刈旬】
さとうきび　50②159
かんしゃばいよう【甘蔗培養、甘蔗倍養】
さとうきび　30⑤398/48①216/70①8
かんしゃふんばい【甘蔗糞培】
さとうきび　30①131
かんしゃむき【甘蔗ムキ】
さとうきび　30⑤402
かんすい【灌水】→P、Z
さとうきび　30⑤411
かんすいのしよう【寒水のしやう】
蚕　62④96
かんずり【寒すり】
稲　21②116
かんたがやし【寒耕】→かんこう
7②275
かんだんのかげん【寒暖の加減】
蚕　35①109,123,139,151
かんちゅううえ【寒中植】
菊　28④352
かんちゅうさらし【寒中さらし】
ごぼう　12①299
かんちゅうさらしおく【寒中さらしをく】
たばこ　13①61
かんづき【寒づき】
稲　28②131
かんづけ【寒漬】
稲　10①16
紅花　45①33
かんてんのはたさくもうじゅつ【旱天ノ畑作毛術】　19①160
かんない【カンナイ】
稲　24①66,72
かんないれ【鉋入】
漆　46③188,191,192,196
かんのう【勧納】→たうえ
稲　17①28,29,32,75,76,77,80,84,87,97,105,109,117
かんのう【かん農】　10①110
かんのうのしだい【勧納の次第】
稲　17①116
かんびき【寒引】
麦　10③399
かんまき【寒蒔】
麦　25①83
がんみゃくのちとり【眼脈の血取り】　42⑥446

【き】

きうえかえ【移樹】　55③474
きえだそぎよう【木枝そぎ様】
27①261
きえだひき【木枝引】　42③160
きえだまろき【木枝まろき】
42③157,185
ききり【木切、木伐】→M、Z
42③202,⑥427/43①20,84
きくたねまきよう【きく種子蒔やう】
菊　48①207
きくのつくりかた【菊の作り方】
菊　3④331
きこくだい【枳殻砧】
からたち　55③468
きこり【木樵】→M
22①63/61①51
ぎさく【擬作】
稲　19①52
きさくがい【気作飼】
蚕　47②95
きざみかう【きざみかふ】
蚕　47①41
きざみをつける【きざミを付ル】
しいたけ　61⑩453
きざむ【きざム、刻、刻ム、刻む】→K
69①84,111
蚕　47①23,24,41
紅花　13①45
きしかり【岸刈】　43②164
稲　43②148,152
ぎしぎり【岸切】
あわ　31②75
きしくさかり【岸草刈】
稲　29④291
きしくさひき【岸草引】
稲　43②158
ぎしむしり【ぎしむしり】　9①68
稲　9①66
きしをきりこむ【岸を切込】
麦　31②83
きずつける【疵付る】
桑　47②141
きずをつく【疵を付】
桑　35①75
きぞろえ【木揃へ】
綿　15③386
きだいこんだねとりよう【黄大根種子取様】
にんじん　34⑤82
きちょ【機杼】　52⑦283
きっかけ【きつかけ、切かけ、切掛】
あわ　2①24,27
大麦　2①56
からしな　2①120
さいかち　56①182
ひえ　2①32,33,34,37
麦　2①65
きっかばいよう【菊花培養】
菊　48①204
きづくり【木作リ】
綿　8①236,239
きつけ【木附ケ】　42⑥379
きっしょう【キツショウ】→しおどき
綿　8①230
きとり【木取】　42⑥375/43①67,68,70,72,88
きとりだし【木取出し】　42⑥393
きなえうえ【木苗植】　42④246
きなわばたこしらえ【きなわ畠拵】　34②26
きねつきつける【杵つき付】
稲　27①207
きのかず【木数】
はぜ　31④171
きのかわむき【きの皮むき、木の皮むき】　42⑥382,389,419
きのこがり【きのこ狩、茸狩】
36③262
きのさきのめをとめる【木の先の芽を留る】
綿　15③369
きのたてかた【木之立方、木立方】
綿　8①144,145,147,148,151,153
きのたてよう【木の立やう】
綿　7①98
きのはかこい【木の葉囲】
杉　56①162
きのぼりなえ【木登り苗】→E
稲　19①60
きびおりこみ【黍折込】
さとうきび　44②163,164,166,169,170,171
きびき【木引】
綿　43①78,79
きびきり【きひ切、きび切り、黍切り、黍剪】
きび　42⑤336,⑥395,433
さとうきび　44②110,111
きびしつけかた【黍仕付方】
きび　25②211
きびしらべ【黍調子】
さとうきび　44②165
きびたねとり【黍種取】
さとうきび　44②104
きびたねまき【きび種子蒔】
きび　4①14
きびつくり【黍作】
きび　2④306
きびつくりよう【黍作様】
きび　19①146
きびつみ【きびツミ】
きび　42⑥394
きびにないとり【黍荷ひ取】
さとうきび　44②164
きびのぬきたて【黍のぬき立】
きび　42⑥385
きびまきいれ【黍蒔入】
きび　34②24
きびまきせつしつけ【黍蒔節仕付】
きび　34⑤92
きびまきどき【黍蒔時】
きび　19①182/62⑨337
きびまきよう【黍蒔様】
きび　5①106
きびをうゆる【きびを種る】
きび　12①178
きびをつくる【きびをつくる】
きび　17①204
きゅう【灸】→N
60⑥332,333,348,350,364,366,371,372,373,376
みかん　3①52
ぎゅうこう【牛耕】→うしすき→Z
20①259
きゅうじつゆうしごと【休日夕仕事】　25①36
ぎゅうばこう【牛馬耕】
稲　23①19,20
ぎゅうばのかいよう【牛馬の飼様】
牛馬　2②155
ぎゅうばのすきかき【牛馬のすきかき】
楮　13①97,103
ぎゅうばをかう【牛馬を飼】
41②143
きゅうばんくさとり【九番草取】
稲　63⑤307
きゅうばんこうさく【九番耕作】
麦　63⑤320
きゅうりうえ【胡瓜植】

きゅうり 19①183
きゅうりうえどき【胡瓜植時】
きゅうり 19①180
きゅうりたねまき【胡瓜種蒔】
きゅうり 30①121
きゅうりつくりよう【胡瓜作様】
きゅうり 19①113
きゅうりやとい【胡瓜やとひ】
きゅうり 20②371
きゅうりをつくる【木ふりを作る】
きゅうり 17①266
ぎょうをなしてうえる【行をなして種へる】
ゆり 12①323
きよくあらう【浄く洗ふ】
よろいぐさ 13①296
きよつみ【清摘】
菊 55①47
きょどうのはり【キヨ道之針】
60④228
きょねんまき【去年蒔】
ねぎ 22④255
きよび【清び】
稲 27①385
ぎょりんけい【魚鱗形】 57②159,160
きりあくる【伐リ明クル】 32①177
きりあけ【切明、伐リ明ケ、伐明、伐明ケ】→きりひらき
32①170,173,176,191,②298/57②125,140,141,145
あわ 64⑤335
きりあげ【切あけ、切上ケ】
小麦 24③292
そば 24③290
きりあけのじせつ【伐リ明ケノ時節】 32①204
きりあげる【切あげる】 15②207
きりあわす【きり合す、伐合す、耖合ス】 38③192/62⑨353/69②249
きりあわせ【きり合せ、切合】
13①246
はぜ 31④189
きりうえ【切植、伐植】
さつまいも 28④335/31⑤254/33④180,208/34⑧304
きりうめ【切埋】
たばこ 13①61
きりうゆ【切種】
やまいも 12①370
きりおさめ【切納】
麦 3④270
きりかえし【きりかへし、切かへし、切返、切返シ、切返し】
9①17/38③135,193,④279/57②146/62⑨318,319
稲 17①74
そらまめ 8①112,113
麦 38④255
きりかえす【切かへす、切返ス、切返す、截返す】 36③193/38③198,④243/56②273/62⑨353,392
稲 27①188/62⑨355
きりかけ【切カケ、切掛、切懸】
18③368/36①61
あわ 36①60
さとうきび 50②165,166
きりかけのしかた【伐リ掛ケノ仕形】 32①215
きりかじ【きりかぢ】
稲 27①108
きりかた【伐方】 53④240
杉 53④246
たばこ 44③229
めだけ 21①88
きりかやし【切かやし】
そらまめ 8①112
きりからしおく【伐り枯し置】
41⑦330
きりきび【切黍】
さとうきび 44②118
きりくだき【耖砕】 69②246
きりくだく【耪耖ク】 69②231
きりくちをすみびにてやく【切口を炭火にてやく】
ざくろ 13①151
きりくろそぎ【切くろそき】
稲 42⑤325
きりくわ【きりくわ、切桑】→I
稲 9①44
桑 18②252
きりこき【切扱】
あわ 2①24
きりこしらえ【伐こしらへ】
梶 30③294
きりこなす【切こなす】 47③174
あさがお 15①81
きりこみ【切込】→D、E、K
34③54
さとうきび 44②140
きりこむ【切込、切込む】 56②273
桑 47③175
朝鮮人参 45⑦396
なし 46①88
きりさし【きりさし、切さし】
きゃらぼく 56①110
桑 56①208
杉 56①41
どろのき 56①131
きりしお【伐しほ】
竹 39①60
きりしまい【伐仕廻】 4①16
きりすかし【伐すかし】
杉 56②269,270
きりすかす【切すかす、伐すかす】 56②286
杉 56②271
きりすて【切捨、伐捨、剪捨】
55③457/56②283/57②104/69①44
ういきょう 55③398
桑 47②138
ささりんどう 55③403
杉 56②252
柳 55③452
きりすてうえたつ【切捨植立】
桑 56①202
きりすておく【切捨おく】
桑 47③171
きりすてる【切棄、切捨、切捨る、伐捨る】→K
56②273/60⑥341
ききょう 55③354
桑 56①194,195
楮 53①16
すいか 40④320
杉 56②255,258
なす 38③121
きりたえ【伐絶】 57②203
きりたおす【伐倒】 57②177
きりたて【切たて、切立、切立て】
27①84,85,137
稲 27①77,89
ひえ 38②66,81
きりたてる【切立る】 27①136
きりためる【樵貯】 38②79
きりつぎ【きり継、切つき、切つぎ、切接、剪接】 55②165,③466,469,474/64①65
いちょう 55②140
梅 54①289/55③240
かいどう 55③275
柿 54①277
桜 54①299
なし 46①62,63/55③273
はぜ 31④194
ひば 55②167,180
ぼたん 55③289
桃 3④347
きりつけ【きり付、きり附、切付、切附】
稲 27①38,39,40,65,119,359,360,362
きりてつぐ【切て接】
なし 13①136
きりてまぜあわす【截て交合】
38③197
きりどき【伐り時節、伐時、剪時】
おみなえし 55③357,408
杉 14①85
竹 7②366
はげいとう 55③381
きりとく【切解く】
稲 27①81
きりとめる【切留】
桑 56①202
きりとり【切取、伐取】 31②77/57②103,115,122,129,168,174,176,177,178,183,184,185,200
杉 57②186
肉桂 53④248
きりとる【きり取、切り取、剪取】
56①173
きび 33①28
しゅうかいどう 55③366
杉 56①172
ぶどう 48①191
きりとるじぶん【切取時分】
ほうきぐさ 12①320
きりのきしたてよう【桐木仕立様】
油桐 57②154
きりはたあわまき【切畑粟蒔】
あわ 30①124
きりはたたいもうえ【切畑田芋植】
里芋 30①124
きりはたたいもほり【伐畠田芋堀】
里芋 30①139
きりはたひえまき【伐畠稗蒔】
ひえ 30①127
きりはつり【伐はつり】 27①354
きりはなす【切はなす】
さつまいも 34⑧304
きりばなどき【剪花時】
しゅんぎく 55③292
きりはらい【剪払】 56①136
きりはらう【切払ふ】 56②274
きりひらき【切開、伐開】→きりあけ
57②100,144,182
きりひろぐ【切広ぐ】 35①109
きりひろげ【伐広】→C
19①212
きりふせ【切伏、切伏セ】
あわ 38②81
大豆 38②81
麦 38②57
きりほぐす【耪耖ス】 69②233
きりまき【切撒き】
稲 27①34
きりまじえ【耕錯へ】 69②248
きりまぜ【耕錯】 69②271
きりまぜる【切まぜる】 62⑨392
きりみぶせ【桐実臥】
桐 56①144
きりよう【きりやう】→K
稲 27①38

きりよけ【伐除、伐除け】　57②104,120,191
竹　57②164
きりわけ【剪分】
杉　56①160
きりわけてうえる【切分て植】
ながいも　28①20
きりわらおき【切わら置】
稲　28②132
きりわり【切わり】
綿　15③401
きりわる【切割】
麦　5③267
きる【きる、剪、作ル】　69②227
あわ　28②205
きび　28②205
楮　56①177
きれまき【切レ蒔】
綿　28④346
きわたうえつけかた【木綿植付方】
綿　33⑤249
きわたうち【木綿打】
綿　42⑤336
きわたうつしばたうちこしらえ【木棉移畠打拵】
綿　34②28
きわたくさぎりつちかい【木綿芸培】
綿　30①131
きわたくさとり【木棉草取】
綿　34②26,27
きわたさききり【木綿先切】
綿　43①50
きわたじごしらえ【木わた地拵】
綿　41①13
きわたしつけ【木綿仕付】
綿　22②118/34⑤97
きわただねえらびおさめ【木綿種撰納】
綿　30①140
きわたつくりいわ【木綿作意話】
綿　8①12
きわたつくりよう【木綿作様】
綿　5①107/19①123
きわたつみとり【木綿摘取】
綿　30①136,138
きわたにばんくさとり【木綿弐番草取】
綿　38②80
きわたのつくりよう【きわたの作やう、木綿の作り様】
綿　13①22/17①228
きわたのほうけぐさ【木綿のほうけ草】
綿　25①70
きわたはなうえつけ【木棉花植付、木綿花植付】
綿　34②25,③43
きわたはなしつけ【木綿花仕付】
綿　34⑤94
きわたはなとりしまい【木綿花取仕廻】
綿　34③44
きわたはなばたじごしらえ【木棉花畠地拵】
綿　34⑥127
きわたはなまきいれ【木棉花蒔入】
綿　34⑥127
きわたはなもりとり【木棉花もり取】
綿　34⑥129
きわたまき【木わた蒔、木綿まき、木綿蒔】
綿　20②370/30①126/38②62/42⑤325/62⑨338/65②90
きわたまきしゅん【木綿蒔旬】
綿　39③147
きわたまきつけのじせつ【木綿蒔付ノ時節】
綿　32①148
きわたまくとき【木綿蒔時】
綿　19①181
きわたまびき【木綿間引】
綿　30①127
きわためきりはさみ【木綿目切ハサミ】
綿　43①55
きわたろくしんようよう【木綿六心用要】
綿　8①61
きわたをつくる【きわたを作る】
綿　17①226
きわたをつくるほう【木綿を作る法】
綿　13①22
きわり【木わり、木割】→M
9①10,23/42⑤315,316,⑥426
きわをくぼめる【際をくぼめる】
33⑥329
きをうえる【樹を植る】　3③173
きをうつしうゆる【木を移しうゆる】　13①232
きをうゆる【木をうゆる、木を種る】　12①121,126/13①230,233,236
きをつぐほう【木を接法】　13①243
きんかんをひさしくおくほう【金柑を久しく置法】
きんかん　13①173
きんぎょよういく【金魚養育】
金魚　48①256

【く】

くいかけ【杭かけ】
稲　25②183
くいぎあつめ【杭木集め】　63⑦360
くいしおのかげん【喰塩之かげん】　29③217
くいのようい【杭の用意】　28②138
くいをきる【杭を切る】
麦　38③176
くがつうえ【九月植】
さつまいも　34④64
くがつくり【陸作り】
朝鮮人参　45⑦410
くきたちなまきどき【茎立菜蒔時】
くきたちな　19①188
くきなまき【くきなまき】　28②219
くきにほをふくみてのち【茎に穂を含て後】
稲　23①77
くくたちをまく【くゝたちを蒔】
あおな　17①249
くくめない【くゝめなひ】　27①278,279
くけて【クケテ】→まびき
綿　31⑤257
くけり【くけり】
あわ　33③168,④220
ひえ　33④219
くけりたつ【くけり立】　33④221
かぎたかな　33④232
京菜　33④232
ごぼう　33④229
しゅんぎく　33④232
大根　33④231
たかな　33④232
水菜　33④232
くさいねのとき【草稲の時】
稲　15①53
くさいれ【草入】　27①324
くさうめ【草埋】
稲　30①23
くさおおう【くさおほふ】　62⑧272
くさかい【草カイ、草カヒ、草飼】→D
1③284/38④255,261
くさかえ【草カヘ】　38④258
くさかき【くさかき、草かき、草掻】→B、Z
あわ　33①39
稲　27①122
ひえ　33④219
くさかきとり【草掻取】　68④414
くさかじめ【草カシメ、草かじめ】→くさとり
7①72/13①248
いぐさ　13①68
大麦　32①53
桑　13①118/18①84
楮　13①95
桜　13①212
里芋　12①364
杉　13①190
そらまめ　12①197,198
茶　13①81
当帰　13①275
ぶどう　13①161
紅花　13①46
みつば　12①337
やまもも　13①156
綿　13①22
くさからし【草からし】
麦　62⑨385
くさかり【くさかり、草かり、草刈、草刈り、艸刈】→L、Z
4①16/6②270/8①160/9①74,77,84/10①119/22①63/27①259,273,274/28②152,200,205/37②80/38①21,②82,③195,199/40③225/42②110,111,116,117,③176,④231,236,240,242,243,269,274,⑤325,328,⑥384,386,387,388,389,390,391,392,393,394,396,397,421,423,424,425,427,428,429,430,431,432,433,434/43①33,34,35,37,41,44,45,48,49,51,56,58,67,②137,138,139,140,141,142,143,144,145,146,147,148,149,150,151,152,153,154,155,156,157,158,159,160,161,162,163,164,165,166,167,168,169,170,171,172,173,174,175,176,177,178,179,180,181,182,183,184,185,186,187,188,189,192,193,③244/63⑦378,380,383,384,385,386,387,389,391,394/67⑥304/68④414
稲　22①44,45/28②189/29④281/30①22/63⑤302
くさかりいれ【草刈入】
稲　29③235
くさかりおとし【草刈落し】
稲　27①98
くさかりこみ【草刈込】　38②81
稲　38②80
くさかる【草かる】　16①190
くさがれのじせつ【草かれの時節】　41⑦319
くさきのやわらかなるはをふみこむ【草木の柔成葉を蹈込む】　19②404

くさきようい【草木用意】 30②197

くさぎり【くさきり、くさぎり、芸、芸ぎり、芸り、草きり、草ぎり、草切、草伐り、耘、耘リ、耘り、耘耔】→くさとり→L
2①131, ②155/4①224, 228, 229/6①200, 201, 208, ②272/13①247/14①57/16①76, 105/21③156/25①41/41⑦321/62⑧272/63③106, 126/69②210, 229, 230
藍　6①151, 152/13①42
麻　13①35
あさつき　25①125
小豆　12①192/27①143
あわ　2①24, 27/12①175/23⑤258/25②211
稲　1①33, 38, 39, 40, 47, 64, **68**, 69, 70, 71, 73, 74, 80, 87, 93/2①47, 48, 49/3①9/4①**223**, 250/6①59, 67, ②287/12①134, 135, 136/18⑥496/19②424/20①91, 92, 310/23①122/25②**182**, 189, 193/29③239/30①51, 75, 129, 133/37②82, ③318, 327, 342
漆　13①106/61②98
えごま　12①313
大麦　12①158, 161, 163/21②122
陸稲　12①148
かぶ　2①60
からむし　13①25, 30
きび　2①28/12①179
桑　6①177/18②255
けし　12①316
ごぼう　12①296
ごま　6①107/12①210/25②212/27①144
里芋　12①361, 362, 364
しゅろ　13①202
しょうが　12①293
せんきゅう　13①281
大黄　13①283
大根　2①54, 56, 59/12①221
大豆　2①39/6①95/38②81
たばこ　13①62
茶　13①82
ちょろぎ　12①353
なす　6①118, 119
にんにく　25①125
ねぎ　12①282, 283
はと麦　12①211
ひえ　2①32, 34, 36/6①16/23⑤258
紅花　13①45
麦　1④316/2①65/6①88/12①111
柳　13①216
綿　9②206/13①17/21①70/25①128/29②125

くさぎりおさめる【芸納る】
稲　30①60

くさぎりかりおさめ【耘刈収】
9②193

くさぎりしまい【草切仕舞】
稲　1①38, 39

くさぎりつちかう【くさぎり土かふ、芸り耔ふ】
大麦　12①161
麦　1④319

くさぎりどめ【芸トメ、芸ドメ、芸どめ、芸止】
あわ　2①27
ひえ　2①34, 37

くさぎりよう【耘やう】
稲　27①**124**

くさぎる【くさぎる、芸、芸る、耕、草きる、草切ル、耘、耘る、耨】 8①172/10②329/12①**84**, 89, 90/19①157, 158/27①60, 144/37③260/62⑧272, 273
麻　2①19/13①35
いぐさ　13①68
稲　4①**217**, 218/9②198/10②320/17①72, 125/20①48/22①53/37③320, 334
漆　13①110
くわい　12①347
さつまいも　12①389
杉　56②253
大豆　12①186, 190
麦　23⑤267
やまいも　12①370
綿　6①142/13①20

くさぎること【芸る事】
稲　23①74

くさけずり【くさけづり、草削り】→B、Z
25①43/28②202

くささらえ【草浚】 33④211
稲　33④209
さつまいも　33④208
そらまめ　33④225
菜種　33④226

くさしゅうり【草修理】 4①166/5①145/39④183/44②130, 134, 135, 140, 141, 142
藍　4①100
稲　5①**66**/6①34, **58**, 59, 60, 61
けし　4①150
里芋　4①139
すげ　4①123, 124, 125
大根　4①109
大豆　4①126
たばこ　4①117
ひえ　4①83
ほおずき　4①156

くさしゅうりかた【草修理方】
稲　11④181

くさすき【草耜】
稲　29④290, 292

くさそそり【草そゝり】
綿　41②107

くさそり【草そり】→B
44②97, 98

くさて【草手】 31②84/61①49, 50/69①43/70⑥411, 424, 426
あわ　33①41
稲　9③255/14①30/15①49/31②81/33①22/45③143/70④263, 269, ⑥382, 418
栗　14①305
茶　14①310
麦　33①55
綿　33①30

くさてあがり【草手上り】
稲　70⑥400

くさとり【くさとり、くさ取、草トリ、草とり、草採、草取、草取リ、草取り、莠取】→くさかじめ、くさぎり、ごばん、さんばん、さんばんこ、にばん、にばんご→B、L、Z
4①24, 26/21③156, ④199/34③36, 47, ⑥131/36②111, ③224/38①8, ③198/40③219, 223, 224, 231/41①12, 13/42①35, ③183, ④270, ⑤320, 326, 329, 330, ⑥378, 382, 390, 391, 395, 416, 420, 423, 428, 430/43①44, ②155, 156, 157, 159/44②144, 145, ③247/57②103, 104/62⑨347/63⑤**311**
麻　19①106
あさつき　19①133/38③168
あわ　19①138/28①22/44③242, 243, 244, 245, 246
稲　1②146, ③263/2③261/4①47, 69/5②224, 225, 226, ③251, 259, 261, 262, 263, 283/11④181, ⑤225/15①104/18⑤474/19①65/23①69/25①15/27①288/28②144, 179, 191, ③320/29③242/33④217/36①50/37①21, 23, 24, 26, ②123, ③329/38①14, ②50, 53, ④257/39⑤283/40③232, 233, 235/41③175, ⑤259/42①31, 34, ②90, 99, ⑤331, ⑥385, 421/43①47, ②160/44③219, 220, 221, 222, 223, 224, 225, 226/61①50, ②101, ⑩414, 417, 419, 420, 422, 429, 433, 439, 441, 446, 447, 448, 450/62⑨353/63⑤295, 306, 312, 313/67⑤209
漆　46③187, 206, 211
えごま　19①143
陸稲　38②68
かつら　56①118
かぶ　4①105
からしな　19①135
きび　42⑤328
きゅうり　4①136
栗　14①303
桑　56①61
けし　19①134
ごぼう　42④267
ごま　19①142
こんにゃく　20①154
さいかち　56①63
桜　56①67
さつまいも　34⑥133/44③234, 235, 236, 237/61②89
里芋　38②60
杉　56①43, 162, 212
そば　33④224, ⑥367
大根　19①117/29②143/32①135/42④274
大豆　22③160, 167/25②205/38②61/41⑥277/42④231, 271, 272/44③238, 239, 240, 241
たばこ　34⑤101, 102
なし　46①11, 12, 62, 65
菜種　40③218/42⑥424
にんじん　38③158
ひえ　2④305/38②81/42⑥387
みずいも　34④66
麦　9①51/10②326/38③194/40③218/41①11/42③162, ⑥417/43③238/62⑨386/63⑤318/68②256
綿　28①23/40③237/43①42

くさとりあげ【草とりあけ】
稲　28②195

くさとりくるめ【草取繳】
にんじん　19①122

くさとりじぶん【草取時分】
いぐさ　4①121

くさとりていれ【草取手入】
藍　30④347
稲　5③283

くさとりなかうち【草取中打】
さつまいも　29④295

くさとりのじぶん【くさとりのじぶん】
稲　28②190

くさとりはらい【草取払】
稲　1①46

くさとりよう【草取やう、草取様】
稲　22②107/27①122

くさとりよせ【草取寄】

稲　29④290,291
くさとる【くさとる、耘耔】　69②227
あわ　30③269
くさなえとり【草苗取】
稲　27①287
くさなきじぶん【草ナキ時分】　5①89
くさにみのはいりたるとき【草に実の入たる時】
麦　30①108
くさのいちばんとり【草の壱番取】
稲　11②106
くさのいれよう【草の入様】
稲　11②89
くさのしゅうり【草の修理】　10①11
くさのちいさきときとりのぞく【莠ノ小キ時取除】　19①158
くさのとりよう【草ノ取リ様、草の取様】
稲　11②94
綿　32①149
くさはぎ【草ハキ、草ハギ、草はぎ、草ばき】　8①213,215,216
菜種　8①215
綿　8①52
くさばなつくり【草花つくり】　16①81
くさばのしたてかた【草場の仕立方】　18②260
くさはらい【草払】
ばしょう　34⑥162
くさびうち【轄打】
はぜ　11①43
くさひき【くさひき、くさ引、草引】　8①190,191,193,195,196,197,199,202,249,250,251/28②190/44②139
稲　8①198
こんにゃく　41②108
綿　8①162,194,231,288/28②175
くさひきのせつ【草引ノ節】
綿　8①235
くさひらい【草ヒライ】　8①195
くさまたし【草またし】　42④233
くさむしり【草むしり】　42③162,165
菜種　42⑤328
くさむしる【草むしる】　42⑤328
くさやき【草焼】
そば　20①262
くさらかし【クサラカシ、くさらかし】→I
62⑨325
稲　23①95
くさらかす【くさらかす、腐らかす】→K
16①231/62⑨318,320,358,392/69①115,119,121,128
稲　17①93/41①8,9
くさらしおく【くさらし置】　41⑦324
くさらす【くさらす】　17①73/41③180
稲　17①97/37①25/41②62
くさらせる【くさらせる】
稲　17①103
くさり【くさり】→G、X
稲　17①76,78
くさわたまきつけ【草綿蒔付】
綿　11②118
くさをおうようにとる【草ヲ追様ニトル】
稲　31⑤264
くさをからす【草をからす】
綿　15③402
くさをかる【草をかる、草を刈、艸をかる】　38②79,③194,198/41⑦324
稲　29④277/30③248
くさをけずる【草を削る】
桑　13①117/18①83
茶　13①82
くさをころす【草ヲコロス】
麻　32①140
くさをさる【草を去】
楮　13①96
くさをとる【草をとる、草を取、草ヲ取ル、莠ヲ取】　25①59/32①73
あわ　33①40,42
稲　32①23,39/33①23,24/39①36/41②77
えごま　33①46
きび　33①28
ごぼう　33④229
ごま　33①36
里芋　33④218/38③128
そば　32①109,115
大根　33①43
大豆　11②114/32①91,92
たばこ　33⑥389,391
なす　12①241
菜種　33①46
にんじん　12①236
にんにく　19①125
ひえ　27①127/33①29
やまいも　38③130
くさをとること【草ヲ取ル事】
稲　32①41
くさをとるじせつ【草ヲ取ル時節】
あわ　32①104
稲　32①29
くさをひく【くさを引、草をひく、草を引、艸を引】
あわ　30③270
大根　41②101
麦　41③181
むらさき　48①199
綿　28②163
くずねほり【葛根堀】　67④170,173
くすねをこしらえるほう【クスネを拵る法】
はぜ　31④203
くすねをもちゆる【クスネを用ゆる】
はぜ　31④202
くずのつるをかる【葛の蔓を刈】
葛　50③273
くずのねをほる【葛根を掘】
葛　50③248
くすべかえる【くすべかへる】
稲　5③276
くせなおしのしほう【癖直しの仕法】　18②287
くだく【くだく】→E　41⑦340
くだにきる【管に切る】
まんさく　56①105
くちずとり【口づとり】　28②196
くちひき【くち引】
稲　27①80
くちをけずる【口を削る】
桑　18①85
くつうさす【苦痛サス】
綿　8①243
くぬぎしばかり【くぬ木柴かり】　42⑤337
くぬぎみぶせ【椚実臥】
くぬぎ　56①61
くねおゆい【くね御ゆひ】　42③189,190
くねすて【畔捨】
稲　23①23
くねた【くね田、畔田】→D
稲　23①19,20,21,22,23,24,25,29,49,65,66,75,76,78,85,96,97,116
大麦　23①30,31
菜種　23①28
くねゆい【くねゆひ】　42③160,188,189,190,200,201
ぐのめ【ぐの目、五の目】→ちどり→X
稲　41⑦316
菜種　45③154,160
はげいとう　55③449
はぜ　31④170
綿　7①99
ぐのめにあなをつく【ぐの目に穴をつく】
里芋　12①360
ぐのめにうえる【グノメニ植ル】
えんどう　8①114
ぐのめになるようにうゆ【ぐのめになる様にうゆ】
漆　13①106
楮　13①97
くびつち【首土】　39⑤278
くびまき【首巻】
大根　8①108
くびる【くひる】
かぶ　19①203
くましおき【くまし置】→こえおき
8①198,199,211,214,251/43②126,127,163,164,196,197,198
菜種　8①85
麦　8①213
くましごしらえ【くましごしらへ】　28②200
くましつみ【クマしツミ、くまし積】　8①158,159,195
くましもち【くましもち】　28②263,268
くまでうち【熊手うち】
稲　5②224
くみあげる【汲あげる】→K　69①58
くみくわにうつ【組鍬に打】
稲　17①94
くみこぼし【汲こほし】
稲　27①76
くみとる【汲取】→K　41⑦333
くみみず【汲水】→D
稲　30③263
はぜ　31④191
くやしいれ【壅入】→こえいれ　34②25
くやしもとめかた【壅求方】　34②20
くらいれ【くら入、荘入、蔵入】→O、R、Z
稲　6①72/42④274/44②156
くらうえ【鞍植】
じゃがいも　18④414
くらかけ【鞍かけ】
桑　18②254
くらこしらえ【くら拵へ】　42⑥375,399,411
くらごもなわない【くらこも縄ない】　42⑥378
くらそうじ【蔵ソウシ】　8①161,162
くらつぎ【くらつぎ】　42⑥410
くらなわうち【くら縄打】　42

⑥379
くらなわなおし【くら縄直し】
42⑥379
くらまき【くら蒔】
かぼちゃ 25②217
白瓜 25②216
くらまわり【蔵回り】 27①327
くらをつく【くらをつく】
ひえ 25②205
くり【繰り】→B、E、H、N、Z
綿 8①14
くりあわせ【くり合】→L
37②67,80
くりざいのそだてかた【栗材の育かた】
栗 14①302
くりたね【操種】
綿 22①56
くりのつぎよう【栗の接やう】
栗 14①308
くりぶせ【栗臥】
栗 56①169
くりみ【くり実】→E
綿 9②208,209
くりみぶせ【栗実臥】
栗 56①55
くりをうゆる【栗をうゆる】
栗 13①140
くりをとりておさむる【栗を取て収る】
栗 13①141
くる【くる、操る】
さとうきび 50②169,181,210
くるまにおく【車にをく】
たばこ 13①57
くるまをほる【車を掘る】 29②141
くるみとる【くるみ取】
稲 24③287
くるみふせよう【くるみ臥様】
くるみ 56①182
くるみふせる【胡桃臥る】
くるみ 56①182
くるみまき【くるミ蒔】
陸稲 38②67
麦 38②58
くるみまく【くるみ蒔】
大根 37②202
麦 37③361
くるむ【くるム、くるむ】→C
杉 56①171
麦 37②109,③360
くるむる【くるむる】
稲 19②376
くるめ【クルメ、くるめ、緻】
20①257
小豆 19①144
あわ 19①138
瓜 19①115
えごま 19①143
かぶ 19①118
からしな 19①135
きび 19①146
けし 19①134
ごぼう 19①112
ごま 19①142
こんにゃく 19①108
ささげ 19①145
里芋 19①111
大根 19①117
大豆 19①140,141
たばこ 19①128
ちしゃ 19①125
とうがらし 19①123
なす 19①129
ねぎ 19①132
ひえ 19①149
紅花 19①121
麦 19①137
綿 19①124
くるめる【くるめる】→K
なす 20②376
くれいれ【塊入】
麦 30①92,93
くれかいし【クレカイシ】
稲 2④279,295
くれかえし【くれがえし、クレカヘシ、くれがへし、クレカヱシ、くれ返シ、くれ返し、塊かへし、塊がへし、塊耕、塊反し、塊返し】→L
稲 2④284,294,299/9①45,53,62,63,70/11②92/19①44,65,213,②363,418/20①255/31③113/37①18
くれかえす【くれかへす】
稲 33①16
くれかき【くれかき、塊かき、塊攪、堆掻】
稲 1①37,59,62,63,76,78,②145/36①48
くれきり【くれ切、塊伐】
稲 34⑦247
麦 30①102
くれきり【暮伐】 27①212
くれこなし【くれこなし、塊こなし】
稲 25①123
綿 39③146
くれころばし【くれころはし】
稲 20①56
くれしごと【暮仕事】 8①204
くれつぶし【くれつふし】
稲 25①49
くれないつくりよう【紅藍花作様】
紅花 19①120
くれぬり【クレヌリ】
稲 24①35
くれひろい【塊拾】
麦 30①102
くれわり【塊割】→B、Z
稲 29④290,292
麦 30①93,96,102
くれわりかき【くれ割掻】
稲 29③228
くろあげ【くろあけ、畔あげ、畔揚】
稲 22③158/39②97,98
くろかけ【黒かけ、畔かけ】
稲 22③155,157,158/43①31,32,38
くろかじさしつけ【黒かじ差付】
34②24
くろかり【クロカリ、くろかり、ぐろがり、くろ刈】 28②198,199/42④274,284,⑥391,392
稲 2④288/30③239/42④243,252,257,275,⑥395,431
くろきしたかり【畔木下刈】 4①25
くろくさかり【くろ草刈】 42⑥431
くろくさかる【くろ草刈る】
42⑥430
くろくさよせかり【クロ草ヨセ刈】
稲 2④298,302
くろけずり【クロケヅリ、畔削】
稲 2④295/20①56
くろこしらえ【畔こしらへ、畔拵】
稲 1①43,44/38②51,53
くろさくぬり【畔さくぬり】
稲 20②392
くろすき【畔鋤】
あわ 33④220
くろそうじ【くろそふじ】
稲 42⑥398
くろづき【くろづき】
稲 27①206
くろつくり【くろ作り】
稲 42⑥378
くろつけ【畔つけ】 42③169
稲 42③162,172
くろつけよう【くろ付やう】
稲 27①99
くろどめ【畔留メ】
稲 38②55
くろとる【畔とる】
稲 20①59
くろにばんぬり【畔弐番塗】
稲 38②52
くろぬり【クロヌリ、くろぬり、畔ぬり、畔塗】→あぜぬり
稲 2④294,296,299/17①100/24①35/27①97/39②98/63⑧437
麦 17①161
くろぬりかた【畔塗方】
稲 63⑧436
くろぬりよう【くろ塗やう】
稲 27①99
くろねきり【クロネキリ】
稲 2④301
くろねぶりよう【くろねぶりやう】
稲 27①101
くろのくさをきる【くろの草を切】
あわ 33①41
くろはしきり【畔端切】
稲 38②52
くろはなし【畔放】
稲 1①37,60
くろふた【くろ蓋】
稲 27①101
くろほり【畔堀】
稲 39③158
くろまたじ【畔退し】 42④284
くろむき【くろむき】
稲 20②394
くろやき【黒焼】→K、N
5③269/51①169
くろよせ【くろ寄】
稲 37②76,78
くろわり【くろわり】
稲 42④247
くわあい【鍬交】 19②402
くわあて【鍬当て】
稲 27①360
くわいかけ【くわい掛】→こえかけ
さつまいも 34④63
くわいれ【鍬入】→O
66①48
藍 45②104
麻 5①89
稲 1②145/5①69/39⑤279/61③128
漆 46③202
小麦 5①122
里芋 3④350,363/5①105/23⑥324,325
しょうが 3④317
そらまめ 41②123
大根 3④318
茶 5①162
にんじん 3④240
みつまた 48①188
麦 3④274
やまいも 3④268
くわいれはじめ【鍬入始】
稲 19①82
くわいれよう【鍬入よう】
麦 3④270
くわいれよりかりいれにいたるまでのわざ【鍬入より刈入に至までの業】 19②399
くわいをうえる【くわいを植る】

くわい　17①307
くわうえ【鍬うへ】
大豆　33③166
くわうえたて【桑植立】
桑　56①141,200/61⑨305,326
くわうえつけよう【桑植付様】
桑　61⑨276
くわうち【鍬打】　10①168/33④179
ごま　23⑤268
さつまいも　2①92
大根　2①55
くわえほり【くわへほり】
くわい　28②261
くわおこし【鍬起し】
稲　61⑩417,442
くわおろし【鍬ヲロシ】
稲　39⑤263
くわかえしかき【鍬かえしかき】
稲　30③240
くわかじ【くはかぢ】
稲　27①108
くわがしらにうえる【鍬頭に植る】
稲　29①49
くわかず【くわかづ、鍬数】
稲　19②408,409
綿　28②223
くわかず【桑数】　35③436,437,438
蚕　35③432
くわがたをきる【鍬形を切る】
綿　17①228
くわきていれかた【桑木手入方】
桑　61⑨294
くわきゆい【桑木結】
桑　42⑤334,336
くわきゆいよう【桑木結様】
桑　5①157
くわきり【くわぎり、くわ切】　9①112
稲　9①110
くわきり【桑切】
桑　42③172,179
くわきりたて【桑伐立】
桑　61⑨292,304,305
くわぎる【鍬切】　61①48
稲　61①44
くわくさ【鍬草】　34⑤90
あわ　34④69
きび　34⑤93
さつまいも　34③42,43,④62,63,⑥132,134
たばこ　34⑤103
菜種　34③44
わけぎ　34⑤84
くわくるめ【鍬クルメ、鍬くるめ、鍬繳】　20①129
なす　19①129
ひま　19①149
くわこき【桑扱】
桑　61⑨300
くわこしらえ【鍬拵】　34③38
くわこしらえ【桑拵へ】
蚕　35①135
くわしごと【鍬仕事】　8①250
稲　23①69
くわじるし【鍬印】
稲　29②149
くわじろ【くわしろ、くわじろ、鍬しろ、鍬代、钁代】　9①74
稲　9①67,69,71,72/25②180/29①47,②135,③232/30①44
くわする【食する】
蚕　47③170
くわぜめ【桑責】
蚕　35①62
くわそだてかた【桑育方】
桑　61⑨323
くわつかい【鍬遣、鍬遣ひ】
稲　29③230,④290,291,292
くわつかいよう【鍬遣やう】
稲　27①43
くわつぎ【鍬接】
はぜ　11①45
くわつぎきしよう【桑接木仕様】
桑　35①71/47②139
くわつくりよう【桑作りやう】
桑　62④95
くわつち【鍬土】
大豆　5①102
くわつみよう【桑つミやう】
桑　62④96
くわつもり【桑つもり、桑積】
蚕　35③430,432,433
くわとり【鍬とり、鍬ドリ】→L、X
稲　5①56/6①44/10①111
くわとりき【桑取木】
桑　56①187/61⑨296
くわとりきしよう【桑取木仕様】
桑　35①75
くわとりきていれかた【桑取木手入方】
桑　61⑨303
くわとりきのしよう【桑取木の仕様】
桑　47②140
くわとりたて【桑取立】
桑　61⑨262,276
くわとるいとなみ【桑採る営】
蚕　35①240
くわなえぎとりたて【桑苗木取立】
桑　61⑨304
くわなえぎとりたてかた【桑苗木取立方】
桑　61⑨300
くわなえぎほりたて【桑苗木掘立】
桑　61⑨359
くわなえこしらえよう【桑苗拵様】　48①209
くわにさきのしよう【くわニさきの仕やう】　41⑥274
くわにてけずる【鍬にてけづる】
綿　29①65
くわにてさくる【鍬にてさくる】
綿　23⑥328
くわのあつうす【桑の厚薄】
蚕　35③429,430
くわのあてがいよう【桑の宛ひ様】
蚕　35①117
くわのこしらえ【桑の拵】
蚕　35①171
くわのしたて【桑のしたて、桑の仕立】
桑　13①115/47③175
くわのつくりよう【桑の作り様】
桑　35①70
くわのとりき【桑のとり木】
桑　47③169
くわのひもほどく【桑ノ紐ほとく】
桑　42⑤326
くわのふりよう【桑のふり様】
蚕　35①117
くわのみうえよう【桑の実植様、桑子植様】
桑　35①65/47②137
くわのみぶせ【桑子実臥】
桑　56①60,194,204
くわのみをうゆるほう【椹をうゆる法】
桑　13①118/18①84
くわのやしない【桑の養ひ】
蚕　35②290
くわのやまいをよける【桑の病を除る】
桑　35①77
くわはきざみかた【桑葉キザミ方】
蚕　47②120
くわはきりよう【桑葉切ヤウ】
蚕　47②121,122,123,124
くわはじめ【鍬はしめ、鍬初、鍬初め】→O
4①12
稲　6①31,32,37/39④203
麦　17①159
くわばたけていれ【桑畑手入】
桑　61⑨309,315,372
くわはたばいよう【桑葉たばいやう】
桑　47①47
くわはつみ【桑葉つみ】
蚕　24①47
くわはのきざみかた【桑葉ノ刻ミ方】
蚕　47②126
くわははらい【桑葉払】
桑　61⑨300
くわはようい【桑葉用意】
蚕　47②101
くわはをつむ【桑葉をつむ】
蚕　47①46
くわひき【鍬引、鍬曳】
えんどう　38③167
里芋　38③128
そば　38③161
大豆　38③153
たばこ　38③133
ひえ　27①67/38③155
麦　38③144,154
くわひききりもうすじぶん【桑引切申時分】
桑　47①46
くわへらくさ【鍬鈈草】　34③37
さつまいも　34③38
くわへらくさとり【鍬鈈草取】　34③42
くわま【鍬間】
麦　8①95
くわめ【鍬目】→E
あわ　29②138
くわめきざみかた【桑芽キザミ方】
蚕　47②120
くわやり【鍬やり】　62⑨318,319
稲　62⑨348
くわよう【鍬様】
稲　28③319
くわをいる【鍬ヲ入、鍬を入】
もろこし　31⑤262
綿　23⑤273,275,281,282
くわをうつ【くわをうつ】
稲　28②230
くわをつくるほう【桑を作る法】　18②251
くわをはじめる【鍬を始ル】
稲　6①32
くわをやめる【くわをやめる】　28②237,238
稲　28②230

【け】

げいうん【迎熅】　69②162,235
けいとうをつくる【けいとうを作る】
鶏頭　17①290
げいゆいちばんひき【鯨油一番引】

稲 11④173
げいゆじょこうのほう【鯨油除蝗の法】
稲 15①10
けかけ【けかけ】→さくつけ
稲 28②262
けかけおく【けかけ置】
麻 39②117
けごそだてかた【蚡蚕育方】
蚕 47②126
けごそだてよう【蚡蚕育様】
蚕 47②115
けごはきおろす【蚡蚕掃下す】
蚕 47②114
けこみ【ケ込】 8①188,205,216
麦 8①94,210
けさかし【毛さかし】
稲 42⑤336
けさする【けさする】 60⑥336
けじ【けじ】→つちよせ
麦 24②237,238
けしあわつくりよう【罌子粟作様】
けし 19①134
けしつくり【けし作り】
けし 40④331
けしまき【芥子蒔】
けし 38③207
けしをまく【けしを蒔】
けし 17①214
げすしたきりたて【下ス下切立】
27①259
けずり【ケヅリ、ゲツリ、割リ、削リ】→L
8①195,200,202
さつまいも 8①115
麦 8①96
綿 8①284,288
けずりうち【けつりうち】
麦 41⑥274
けずりかけ【削リ掛ケ】
麦 8①97
けずりかた【ケヅリ肩】
麦 8①106
けずりぐさ【けつり草、削草】→I
42③165,180,181,182,183,184
稲 1①37/20①57
けずりだし【けづりだし、けづり出し】
稲 28②158,187
けずりもの【削物】 8①248
けずりよう【けづり様】
つばき 54①284
けずりよせ【けづりよせ】
稲 28②187
けずる【けづる】
麦 41⑤244,⑥274
けつけ【毛付、毛附】→さくつけ→D
8①163/64③186/65②90
稲 42③193
紅花 40④303
けとり【毛取】
稲 42⑤335
けやいずり【毛やいづり】
綿 17①228
けらがき【けらがき】→つちよせ
9①80
けらがち【けらかち】
稲 42⑤336
けらばなし【けらばなし】
稲 28②178
けらまわし【けらまはし、けらまわし】
稲 27①125,288
けをやく【毛ヲ焼ク】
大麦 32①76
けんぶん【見分】 27①264/38②86/43②124,168/44②80/64④256,257,303/65①31
稲 37②125,126,129,132,137,139,140,142,143,145,151,157,158,159,160,165,166,169,172,176,180,198,210,211,214,221,226
紅花 45①38,39

【こ】

こあぜすき【小畦鋤】 8①217
こあぜをつける【小畔ヲ付ル】
稲 39⑤265,269
こあぜをとめる【こあぜをとめる】
稲 28②194
こいあげ【コイアケ、コイ上ケ】
2④285,296
稲 2④294,300
こいかたね【こいかたね】 27①61
こいしとりよけ【小石取除】
57②157
こいせおい【コイセヲイ】
菜 2④304
こいせおいいれ【コイセヲイ入】
稲 2④304
こいだし【こい出し、こひ出】
27①61/42③165
こいちらかし【こいちらかし】
27①117
こいちらし【コイチラシ、こいちらし、こい散シ】 42③156,172,194
稲 2④297,301
こいつけ【こいつけ、コイ付】
42③168,191
稲 2④300
こいつけだし【こい付出し】
42③160
こいねのうち【小稲の中チ】
稲 29③240
こいのおきよう【こいの置き様】
なす 3④290
こいやしない【糞養】→ひばい→I
そば 38③161
こいをつく【糞をつく】
白瓜 38③136
たばこ 38③133
こううん【耕耘】→たがやし
3③117,④219,235/6②272,323/23④175,176,193,194,195,196,198/24①21,162,170/25③267/39①13/70⑥369
稲 23①68/24①150
さとうきび 30⑤397,411
こううんのわざ【耕耘の業】 6②325
こうえ【箇植】
稲 30①55
こうか【耕稼】 33①9/70③222
こうかなわしろ【耕稼苗代】
稲 4①37
こうさいふせぎのそなえ【蝗災防の備】 31①27
こうさく【かう作、耕さく、耕作、耕耘】 2④275,279,290,308/3③107,109,114,121,129,149,161,168,177,179,④220/4①173,183,186,190,240,241/5①5,173,174,179,②219,231,232,③284,285/7①56,②337/9③241,277/10①6,10,98,128,129,131,169,172,②300,313,321,330,332,335,342,353/11①64/12①28,46,47,48,49,50,63,101,109,125/13①259,328,344,345,347,349,351,357,375/15②137,197/16①75,80,83,84,85,86,88,92,93,95,98,104,105,121,128,179,181,183,184,185,192,193,208,209,231,242,255,269,278,279,287/17①120/18①105/19①188,189,②287/21①11,17,20,53,83,89,②103,109,125,131/22①14,18,23,28,63,67,④205/23④174,189,192,⑥297,298,301,304,307,315/24①123,③263/25①18,41,119/29①8,13,35,③195,245,254/31④201,206,213,221,224/32①188/33①56,⑤245/34⑧292,294,310,311,314/35②324/36①33,41,50,62,67,②128/37①43,②65,③253,258,261,377,378,383,385/38①24,③120,196,④267,281,282,286/39①58,②91,③145,④182,184,206,⑤258,291,⑥345,349/40②41,53,62,67,88,89,90,107,119,127,134,145,178,184,187,188/41②57,⑦313,330,334/42⑥378,387,389,390,394/44①34,39,③204/45⑥297,⑦409/47②116,③166,169/53①9,④248/54①263,264/61①28,36,40,45,48,③125,127,132/62①12,③70,77,78,④95,⑧239,245,246,254,256,⑨304,321,340,361,368,393,398,402/63①49,⑤298,314,319,321,⑧426/64①48,49,⑤339,341,342,345,347,348,349,351,354,355,357,358,359,362/66⑤263,285/67③137,④162,⑥263,264,268,314/68①63,③326/69②198,238,239,384/70②61,65,71,118,119,120,121,122,123,125,126,127,⑥409
藍 17①223
あかね 17①224
麻 17①218,219
小豆 17①195,196
あわ 17①202
稲 2④283/4①221,227/5①76,②221,230,③281/6①34,35,39/7①48,49/9③256/16①102,103/17①13,21,54,71,72,73,76,78,79,80,83,84,86,89,90,93,96,97,98,102,104,111,112,119,121,122,126,132,133,150,151,153,180/19②300/23①68,73,75,116,121,122,⑥302,319/24①152/36①43,59
瓜 54①282
えごま 17①208
大麦 12①157/29①76
かぶ 17①243,244,245,246
きび 17①204,205
ごぼう 42⑥426
ささげ 17①198
里芋 23⑥325
すげ 17①305
そば 17①210
大根 17①239,241
大豆 17①193,194
茶 47③168

朝鮮人参　45⑦379/48①236
とうがらし　17①286
とうもろこし　17①215
なす　5①141
菜種　23①26
にら　17①276
ひえ　17①206
ふき　17①279
ぶんどう　17①214
紅花　17①222
麦　17①158,160,161,169,174,176,177/34⑧297/63⑤317
むらさき　17①224
やまごぼう　17①294
よもぎ　17①294
綿　17①229,230,231/23⑤281
こうさくかた【耕作方】　2③260/24②242/34③36,⑥122,139,147/57②186
稲　2③261
こうさくかたしよう【耕作方仕様】　34②20
こうさくぎょう【耕作業】　38①6
こうさくじせつ【耕作時節】
稲　1①34
こうさくしつけかた【耕作仕附方】　21②135
こうさくしゅげい【耕作種芸】　4①242
こうさくしゅげいのこと【耕作種芸の事】　12①83
こうさくしよう【耕作仕様】
稲　17①124
こうさくちゅう【耕作中】
稲　23①103
こうさくていれのしかた【耕作手入之仕方】　22②131
こうさくてじゅん【耕作手順】　24②242
こうさくなかうち【耕作中打】
稲　23①97
こうさくのうほう【耕作農法】　33⑥302
こうさくのしかた【耕作ノ仕形】　32①178,182
こうさくのじせつ【耕作之時節】　58②100
こうさくのしつけかた【耕作の仕附方】　21②101
こうさくのしほう【耕作の仕法】　1④330
こうさくのてだて【耕作の術】　13①330/23⑥301/62⑧239
こうさくのとき【耕作の時】　16①67
こうさくのほう【耕作の方、耕作の法】　12①63/25①10
稲　23①121
朝鮮人参　45⑦408
こうさくのみち【耕作の道】　23⑥339/31③106,108,127/33⑥299
こうさくのわざ【耕作の業】　22①11
こうさくほう【耕作法】　5③246
こうし【耕耙】
藍　45②101
こうしゃのしよう【功者之仕様】　25②178
こうしゅ【耕種】　38④257,286/69②175,203,213,226,238
ごうしゅうりゅう【江州流】
蚕　35①160
こうしゅのぎょう【耕種ノ業】　69②194
こうしゅのほう【耕種ノ法】　69②203,206
こうしゅほう【耕種法】　69②235
こうしょ【耕鋤】　38③203
こうしょくのみち【耕植の道】　13①314
こうぞうきり【こうぞふ切】
楮　9①126
こうそうのみち【耕桑の術】　62⑧236
こうぞかり【楮刈】
楮　4①160
こうぞこしらえ【楮拵】
楮　61①48
こうぞのしたてよう【楮の仕立てやう】
楮　14①41
こうぞをうゆるほう【楮をうゆる法】
楮　13①96,99
こうち【小うち】
麦　17①161
こうどう【耕耨】　5②219/36③244/62⑧288
こうどうしゅげい【耕耨種芸】　3③125
こうねきり【小うね切】
瓜　24③304
こうねすき【小畦スキ】　32①150
こうねたて【小畦立】
稲　24③282
こうねつくり【小畦作クリ、小畦作リ】
大麦　32①53,75,147
小麦　32①59
こうは【耕耙】　69②161,162,191,196,207,215
こうばい【勾倍】→C、D、X、Z
5①15
こうぶかいはつ【荒蕪開発】→かいこん
2⑤328
こうふん【耕糞】　23⑥307
こうむ【耕務】　33⑤239
こうろじんちゅうのい【行路陣中餧】
馬　60③141
こえ【糞、屎】→こやし→G、I
稲　27①89
紅花　19①121
こえあわせ【肥合、肥合セ】　31⑤284
稲　22①50
こえいけ【菡いけ】
大根　43①76
こえいれ【こゑ入、肥入】→くやしいれ
8①198/43②140/44①29/68④413
たばこ　44③227,228
麦　24②239
こえいれおく【肥入置】
たばこ　31②76
とうがらし　31②76
なす　31②76
こえうち【肥打、菡打】　43①43
稲　30①22,42
こええんどうがり【肥円豆刈】　30①124
こえおき【こゑ置、肥置】→くましおき
8①195/43②130,131,132,133,152,158,161,163,164
なす　43②155
綿　8①227/43②151
こえかえし【肥返し】　68④413
こえかくる【こへかくる】
麦　62⑨391
こえかけ【こへかけ、こへ掛、こゑかけ、肥かけ、糞かけ、糞懸、糞懸ケ、屎かけ、屎懸、菡かけ】→くわいかけ、こやしていれ、ためかけ→L
42⑤316,320,⑥373,376,378,402,413,427,435,438,439,441,442,443,445,446/43①46,47,66,81,83,86,87,88,92,②150,151,156/62⑨321,347
麻　42⑥417
あわ　29④298
稲　24①36
大根　29④296/42④239,272,⑥398/43①60,61,67,70
ちしゃ　41②122,⑤242
なす　41②89/43①49
菜種　42⑤320
綿　41①13,②107
こえかける【こへかける、糞掛ル】　42⑤317,319,326
あわ　42⑤328
きび　42⑤330
なす　42⑤329
こえかげん【糞加減】　5①27
稲　5①73
こえかり【こへかり、こへ刈、肥刈】　40③224,225
ひえ　41②109
こえきりかえし【菡切返し】　63⑦394,398
こえぐさかり【こへ草かり、肥草刈、糞草刈】　30①124/40③224,225
こえぐさとり【こへ草取】　40③224
こえくだき【こゑ砕、こゑ鎈】　43②129,150,157,158,162,163
こえくばり【こへくはり、こへ配り、こゑ配り、肥配り、腴くばり、腴賦り、壤配】→L
20①129/40③227
稲　4①15/31③113/61①55,②101
こえくみ【こへくみ】→Z
麦　9①123
こえくみだし【肥汲出】　42⑥436
こえくみよう【肥汲やう】　27①60
こえくるみ【糞くるみ】
麦　37②201
こえこしらえ【こゑ拵、肥え拵へ、糞拵】　21③146/24③305/40②149
こえさんかかけ【糞三荷懸ケ】
さつまいも　29④295
こえしかけ【こゑしかけ】　41⑤254
こえしこみ【屎仕込】→I
6②279
こえしこみおく【こへ仕込置】
ごぼう　41②104
こえしだい【肥次第】
菜種　8①91
こえしゅうり【尿(屎)修理】→I
稲　11④171
こえしよう【こゑ仕用】
あわ　41⑥271
こえじをこしらえおく【肥地をこしらへ置】
ちしゃ　12①305
こえじをほる【肥地を堀】
なし　56①185
こえたくわえ【肥蓄】　8①120
こえだし【こへ出し、肥出し、菡出し】　42⑥376,399,435/43①71,82
ひえ　42⑥387
こえたてかえす【こへ立返す】

麦　31③117
こえたるせつ【肥たる節】　56②283
こえちらかし【肥ちらかし】
稲　27①39
こえちらかしよう【こいちらかしやう、屎ちらかしやう】
稲　27①106,115
こえちらし【肥ちらし】　44②140
稲　1①64
こえつかいかた【肥遣ひ方】
23⑥309
こえつけ【肥附】→I
42②90,111
こえつちあわせ【こへつちあわせ】
麦　9①111
こえつちをしく【糞土を敷】
芍薬　13①288
こえつめ【屎つめ】
稲　27①73
こえていれ【肥手入、壌手入】
61①51,57
稲　8①208
こえどめ【肥止メ】
さつまいも　41②98
こえとり【こへ取、こゑとり、こゑ取、肥とり、肥取、糞取】
4①10/29②120,121,157/40③215,217,219,222,224,237/41⑦342/42⑤315,336,338
菜種　29②122
こえとりあつかい【壅取扱】
34⑥144
こえとりあつかいかた【壅取扱方】　34⑥143
ばしょう　34⑥162
こえのいれかげん【肥の入れかげん】
綿　29①67
こえのいれよう【肥の入やう、肥の入様】　29①38,88
稲　11②95
こえのかけひき【肥のかけ引】
綿　23⑤273
こえのかけよう【肥のかけやう、糞のかけ様】　10①104
麦　27①62
こえのくさかり【糞の草刈】
10①119
こえのこしらえよう【こへのこしらへよふ】　9①11
こえのしかけ【糞のしかけ】→I
大麦　12①156
綿　7①94/13①13,14
こえのしよう【肥の仕やう、肥の仕様、糞之仕様】　34⑦251
稲　11②95
さとうきび　50②152,156,157
茶　47④208
こえのたくわえ【壅之貯】　34⑥139
こえのとめどき【肥の止時】
綿　23⑤276
こえのもちいかた【薗の用ひ方】
稲　1③263
こえのもちえかた【培の用へ方】
21①90
こえはこび【糞運】→I、Z
かぶ　19①118
こえはたき【こゑはたき】　43②128
こえひろげ【こゑひろけ、肥ひろげ】　42⑥381,382,387,425
こえふみ【肥ふみ】　69①97
こえふり【こゑふり】
稲　28②171,186
こえほうほう【肥方法】
さとうきび　30⑤396
こえまき【糞蒔】
ごま　2①115
こえまきつけ【糞蒔付】
麦　29④294
こえまたじ【糞またし】　42⑤334
こえまるき【肥まるき】　42②111,115
こえみずかけ【肥水懸ケ】
麦　24②238
こえみずくみ【こゑ水くみ】
小麦　28②237
こえみずをくみだす【こゑ水をくみだす】　28②137
こえもち【こへ持、こゑもち、こゑ持、肥もち、肥持】→I
28②128,160,174,209,253,268/40③215,217,218,219,221,222,223,224,226,230,231,232,233,237,238,243,244,246/43②121,125,126,127,128,129,130,131,132,133,134,135,136,137,139,145,149,151,156,164,168,170,174,175,177,180,182,186,188,192,193,196,197,198,199,200,201,202,205,206,208,209
稲　28②132,204,223
麦　40③217
こえものしよう【肥物仕やう】
稲　27①75
こえものだし【肥物出】
稲　27①39
こえもののもちいかた【肥物の用ひ方】　23①38
こえもふむ【肥も踏】　29①16
こえもみ【コヘモミ】
なす　19①129
こえやし【こゑやし】→I
36②120
こえやしない【肥養、糞養、屎養、屎養ひ】→ひばい→I
46①74
稲　11②89
小麦　38③175
なし　46①11,13,61
ねぎ　38③170
麦　38③176,178,179
こえれんげがり【肥五形花刈】
30①124
こえわり【肥割】
綿　8①243
こえわりたて【こへ割立】
稲　29②139
こえをいれる【糞を入れる】
綿　13①22
こえをうつ【こゑをうつ】
ごぼう　12①296
なす　12①239
こえをおう【肥をおふ】　28①16
こえをかける【糞を懸】
にんじん　38③159
こえをする【糞をする】
なす　12①241
こえをもちいる【糞を用る】
くわい　12①347
こえをもちゆる【糞を用ゆる】
せんきゅう　13①281
こおし【こをし】→ほりとり
油桐　57②155
杉　57②154
こおしよう【こをし様】
杉　57②153
こおす【こをす】
もっこく　57②159
こがい【こがい、蚕飼、飼蚕、養蚕】→L、M
35①33
蚕　24①47/35①203,②287,303,304,341,348,352,368,③425,431,435/47①9,②142,147
こがいくわつみ【飼蚕桑摘】
蚕　35①189
こがいのしかた【養蚕の仕方】
蚕　3①11
こがいのほう【養蚕法】
蚕　3①54
こがいのみち【養蚕之道】
蚕　35①21
こかえしのとき【蚫の時】
稲　1⑤348
こがき【小垣】
あわ　34④69
にんにく　34④68
こかごつくりよう【蚕籠作様】
62④94
ごかしょゆい【五所ゆい】　28②131
こかす【こかす】
大豆　30③297
こがす【焦】　27①18
ごがついつか【五月五日】
竹　3④334
ごがつうえ【五月植】
さつまいも　34④64
ごがつうえつけ【五月植付】
稲　29④276
ごがつうえつけどき【五月種つけ時】
稲　7①47
ごがつたうえ【五月田植】
稲　14①410
ごがつつぎ【五月接】
なし　46①12,62
こがみのおきどころ【蚕紙の置所】
蚕　35②351
こぎ【こき、扱キ】　16①126
稲　29④270/33⑤257/38②54
陸稲　38②68
麦　38②59
こぎあぐる【こぎあぐる】
あさがお　15①81
こぎあげ【こきあけ、コキ上】
稲　5①74/15①60
こぎあげ【こきあげ】
柿　14①207
こぎあげてかこう【こぎあげて囲ふ】
栗　14①303
こぎいね【こき稲】→F
62⑨387
こぎおとし【こぎ落し、扱落し、扱落とし】
稲　7①43/11②104/29③216,263/30①132
こぎおとす【こき落す、こぎ落す】
稲　29③205
大麦　38②80
こきかえす【耙倒ス】　69②325
こきこなし【こきこなし】
稲　24③326
こきざみ【小刻】
あさつき　4①144
いぐさ　4①120
稲　4①42
ごぼう　4①145
しゅんぎく　4①154
とうがらし　4①155
ねぎ　4①142
こきずり【こきすり、こきずり、こき摺、扱ずり】
稲　4①32,33,64,65,66/6①74

こぎたて【こぎたて】
　きび　42⑥385
こぎため【こきため】
　稲　4①33,65
こぎてほしあぐ【扱て干あぐ】
　稲　62⑦186
こぎとり【こき取、こぎ取】→L
　稲　29③243,261
　すいか　4①135
　杉　22④276
　にんにく　4①144
　みょうが　4①148
こぎとる【こきとる、こき取、扱取】
　麻　39②117
　小豆　25②213
　稲　36②98
　大麦　21①50
　きび　39①46
　ささげ　25②202
こきびまき【小黍蒔】
　きび　30①126
こきびまびき【小黍間引】
　きび　30①128
ごきゅうようまいおくらおさめはじめ【御急用米御蔵納初】
　稲　30①136
ごぎょうだ【五行田】
　稲　9③248
こぎり【こきり、コギリ、小切】　6②270/43②198
　いぐさ　4①120
　稲　4①46/6①27,40,41,42,②281,292/18③361/19①45/20①57/24①35,36,49,67/25②189,192/36③194/37①21/38④243/39④202,217/42④264,⑥416,420,421
こぎる【こきる、コギル、小切る】
　稲　25②180/36③193/38④252
ごきん【五禁】
　蚕　35②264
こぐ【コク、こく、扱】→たたく→L
　稲　2①47/27①191/36③345/37③344/39⑤292,293/62⑨356
　大麦　39①41
　小麦　2①64
　ひえ　19①149
　麦　19①137
　もろこし　41②106
こくげん【刻限】　41②140
こぐし【小串】
　稲　67③137
こぐちわり【小口割】　28①71
こくばり【小配】
　稲　4①17
こくべ【小くべ】　27①262
こくまかき【こくまかき】　28②260,269
こぐりひき【こくりびき、こぐりひき、こぐり引】
　綿　28②189,197,198
こぐわ【小鍬】→B
　そば　5①117
ごくわさし【五鍬さし】
　小麦　22②115
こごえおき【細肥置】　8①197
こごえくだき【細肥砕】　8①157
こごえこしらえよう【細肥拵様】　8①127
ごこくしゅげい【五こく種芸】　13①367
こごそだて【子蚕育て】
　蚕　47②95
こごめかた【小米方】
　稲　8①261
こごめとおし【小米とおし】→B
　稲　8①261
こころづけ【心付】
　菊　55①48
こざいく【小細工】→M　43②122
こざいくしごと【小細工仕事】　43①86
こさぎり【木障伐】　63①45
こじおこし【こじをこし】
　稲　28②269
こじおる【こぢ折】
　きゅうり　3④337
こしごと【小仕事】　63⑦359,360,362,363,364,365,366,367,368,370,371,377,379,382,384,386,387,388,389,391,392,393,394,395,396,397,398,399,400
こしたをきる【蚕下を切】
　蚕　35①113
ごしちがきまき【五七がき蒔】
　ごま　28④346
ごしゃくま【五尺間】
　はぜ　31④168
ごしゅうのう【御収納】→R
　稲　1①39,103
ごじょうまいこしらえ【御上米拵】
　稲　25②190
こしらえ【拵】→K
　麻　4①93
　稲　30③290
　大小麦　27①132
こしらえおく【こしらへ置】
　里芋　41⑥275
こしらえかた【拵方】→K
　稲　33⑤249
こしらえよう【こしらへやう】→K
　蚕　47①30
こじりがえし【こじり返し】　29①30
ごじをかうほう【五牸を畜法】　13①258
こずえをつみさる【梢をつミ去】
　まくわうり　12①249
こずえをとむる【梢ヲ留ムル】
　綿　32①152
こすき【こずき、小すき、小犂】
　稲　6①41/28②169/42④263,264
こずきおう【こずきおふ、こずぎおふ】
　稲　28②168,171
こすさかき【こすさかき】　42⑤338
こすじをきる【小筋を切】　15②135
こする【こする】
　稲　36③195
こそげ【こそけ】
　綿　28②198
こだし【小出し】
　さつまいも　70③228
こだちとり【こだちとり】
　たばこ　28②190
こだねあつかいおきかた【蚕種扱置方】
　蚕　47②83
こたば【小たば、小束、小把】
　稲　27①174,369,370/28②225,④343/29③244
　麦　28④352
　綿　28②253
こづお【こづお】
　たばこ　9①85
　なす　9①86
こづかい【小遣ひ】　28②132
こづくり【小作】→L　10①130
こづくりぞうさく【小作雑作】　10①133
ごつぼうえ【五ツぼうゑ】
　えんどう　28②217
こつみ【こつミ】
　そば　31②86
　大豆　31②86
こて【小手】
　稲　36①49
　大根　62⑨371
　まくわうり　12①255
こてぎり【こてきり、こできり、こで切、小手切】→L　16①82,93,199,201,331
　稲　17①74,76,77,78,79,80,81,84,87,88,89,97,99,100,101,102,104,105,107/63⑤298,303,305,308,309
こてぎりじせつ【小手切時節】
　稲　17①94
こてにあむ【小手に編】
　大根　27①197
こどり【こどり】　9①61
　麦　9①80,81
ことりようのひじゅつ【子とりやうの秘術】
　金魚　59⑤430
こなえ【小苗】→E
　稲　4①47,53,54/19①40,42,47/27①50
こなえうえ【小苗うへ、小苗植】
　稲　9②204,③243
こなえうち【小苗打】→X、Z
　稲　4①18,41,53
こなえくばり【小苗くばり、小苗賦】→こなつはり→X
　稲　19①47/20①76
こなげ【こなげ】
　稲　28②176
こなげる【こなげる】
　稲　28②230,231
こなし【こなし(砕土)、粉成(砕土)】　38③120/41⑥277/44②107,134/62⑧254,259,⑨317,325,340,358,378,380,392
　あわ　31②75
　稲　4①219/31②76/41②75,76/62⑨334,342,348
　ごぼう　62⑨327,390
　さとうきび　44②101,121,122
　じおう　13①279
　芍薬　13①288
　そば　41①12
　大黄　13①283
　たばこ　13①61/62⑨329
　麦　41①13/62⑨388
こなし【こなし(脱穀・調製)】　9③285/16①126/44①37
　あわ　38②70
　稲　9③255,283,294/17①39/29②144,150/38②54/41③177
　陸稲　38②68
　ひえ　38②66
　麦　38①8,②59
こなし【こなし(代かき)】
　稲　21④193
こなし【こなし(刻む)】　62⑨318,319
こなし【こなし(踏み荒らす)】
　稲　62⑨343
こなし【こなし(粉にする)】　62⑨377
こなし【耕なし(耕作)】　21①11
こなし【こなし(ほぐす)】　62⑨324
こなしあげ【こなしあげ】

稲 67⑥291
こなしおく【こなし置、粆シ置】 69②309
里芋 38③128
杉 13①190
こなしかき【こなし掻、墾掻】
麦 30①**93**,94,98
こなしかた【こなしかた、こなし方、擭し方】→Z 37②122
藍 45②108
稲 1①79
こなしさらしおく【こなしさらし置】
杉 13①189
こなししまい【こなし仕廻】
麦 62⑨349
こなしすき【こなし犂、墾犂】
麦 30①97,98
こなしとり【小成シ取】→K
藍 30④346,348
こなす【コナス(砕く)、こなす(砕く)、耙(砕く)】 44②131,136/62⑨377/69②188
稲 36②101,③194/61③127,128
漆 13①105/46③207
しょうが 38③131
白瓜 38③136
杉 56②246
たばこ 13①54
麦 17①163
やまいも 12①371
こなす【こなす(脱穀・調製)】 16①236
麻 13①36
稲 37③344/44②153
そらまめ 44①33
大豆 44①29
麦 9①81,82
こなす【こなす(粉にする)】 34⑧311
こなす【こなす(やりとげる)】 44②140
こなたつくり【畬リ】
朝鮮人参 45⑦374
こなつはり【コナツハリ】→こなえくばり
稲 2④280
こなつみ【小菜摘】
小菜 42④281
こなにしる【粉ニしる】 27①275
こなまき【小菜まき】
小菜 42④274
こならし【小ならし】
稲 4①19,51
こにはたきおく【粉ニはたき置】 41⑦336
こねまき【盜蒔】
大麦 5①125
こねり【小ねり】
稲 11②92
このはとり【木の葉取】 22③175
このよしあしみわけよう【子の善悪見分やう】 59⑤**435**
こばあけまえのしかた【木庭明ケ前ノ仕形】 32①178
こばあわ【木庭粟】
あわ 32①100,103,104
こばかぜふせぎ【木庭風防】 32①**219**
こばこしらえ【木庭コシラへ】
そば 32①112
こばさく【木庭作】 32①16,164,171,173,174,177,178,181,182,183,184,188,189,190,193,197,207,210,213,215/64⑤334,336,337,341,342,343,347,348,351,353,354,355,356,362
こばだいず【木庭大豆】
大豆 32①89
こばにむぎをまくじせつ【木庭ニ麦ヲ蒔ク時節】
大麦 32①74
こばのあけまえ【木庭ノ明ケ前、木庭ノ明ケ前へ】→あけまえ 32①182,183,185,188,193,211,②298
こばのあとさく【木庭ノ跡作】 32①197
こばのきりからし【木庭ノ伐リ枯ラシ】
大麦 32①48
こばのたねまき【木庭ノ種子蒔】
大麦 32①62
こはま【小半間】→うねはばなす 39⑤280
こばみずふせぎ【木庭水防】 32①**206**
こばむぎ【木庭麦】
麦 32①67,74,②288,307
こばをあくる【木庭ヲ明クル】 32①174
こばをきる【木庭ヲ伐ル】 32①**170**
こばをひろくあくる【木庭ヲ広ク明クル】 32①15
こばをやく【木庭ヲ焼ク】 32①**201**,202
こばをやくじせつ【木庭ヲ焼ク時節】
そば 32①114
ごばん【五番】→くさとり
稲 8①75,76,78/12①135/37③320
ごばんぐさ【五番草】
稲 33⑤253
ごばんくさとり【五番草取】
稲 63⑤306,312
ごばんこうさく【五番耕作】
麦 63⑤319
こびき【木挽】→B、K、M、R 38④285/42④235,⑥436,438,439,440,442,443,444,445,446
ごぶすり【五分摺】
稲 2⑤328
こぶり【こふり】
稲 29③226,235
こぶりにつくる【小ブリニ作ル】
綿 8①138
こほう【古法】→R
稲 17①58
ごぼうくさとり【ごぼふ草とり】
ごぼう 9①48
ごぼうしつけ【午房仕付】
ごぼう 22②**128**
ごぼうじほり【牛房地ほり】 43②128
ごぼうそろい【牛房そろひ】
ごぼう 43②202
ごぼうだねおろし【牛房種おろし】
ごぼう 65②90
ごぼうだねまきいれならびにしつけ【牛房種子蒔入幷仕付】
ごぼう 34⑤**77**
ごぼうつくりよう【午蒡作様】
ごぼう 19①**111**
ごぼうばたけつくり【牛蒡畑作り】
ごぼう 42⑥414
ごぼうほり【牛房堀、牛蒡堀】 62⑨390
ごぼう 42⑥445
ごぼうまき【牛房マキ、牛房まき、牛蒡まき、牛蒡蒔、午房蒔、午蒡蒔】
ごぼう 3④312/28②141/31③109/38③206,④241/42④260,⑥414/43③243
ごぼうまきつけ【午房蒔付】
ごぼう 27①263
ごぼうまきどき【牛房蒔時、午房蒔時】
ごぼう 19①179,187
ごぼうまく【牛房蒔】
ごぼう 62⑨327
ごぼうをつくる【ごぼうを作】
ごぼう 17①**252**
こぼくきりくちすみうちのほう【古木切口墨打之方】 55③**456**
こぼくのだい【古木の台】
柿 7②354
こまかくつむ【こまかく摘】
桑 35②309
こまかにこなす【細かにこなす】
さんしょう 13①179
ごまかり【ごま刈、胡麻刈】
ごま 30①137/43②174
ごまかりす【胡麻刈す】
ごま 20①222
こまざらえ【こまさらへ、こまざらへ、こまざらゑ】→B、Z 28②239
菜種 28②212,241
こまざらすり【こまざら摺】
稲 23①69
ごましつけ【胡麻仕付】
ごま 22②**127**
ごまつくりよう【胡麻作様】
ごま 19①**141**
こまつけ【駒附ケ】 42⑥376
こまつつくりかた【小松作り方】
松 55②170
ごまなかうち【胡麻中打】
ごま 31②81
ごまにばんぐさ【胡麻弐番草】
ごま 31②81
ごまのつちかい【ごまのつちかい、胡麻の培】
ごま 27①144/28②183
ごまふるい【ごまふるい】
ごま 43②179
ごままき【胡麻まき、胡麻蒔】
ごま 30①124/40③230/42④270
ごままきつけ【胡麻蒔付】
ごま 27①133
ごままきどき【胡麻蒔時】
ごま 19①183
ごままきはじめ【胡麻蒔初】
ごま 30①122
ごままびき【胡麻間引】
ごま 30①126
こまる【小丸】
稲 19①87
ごまをまく【ごまを蒔、胡麿ヲ蒔】
ごま 17①**206**/38③206
ごみあげ【埃上ケ】→B、Z
大麦 25②199
小麦 25②199
こみず【小水】 8①146,149,186,223
稲 7①22/8①69/39①33
綿 8①26,53,54,56,138,145,186,187,225,228,229,267,269,270,276,277,278,283,289
こみずにいれる【小水ニ入ル】
綿 8①43
こみぞをきる【小溝を切】 15

②137
栗　14①302
ごみながし【ごミ流し、ごみ流し】 4①12/6①28/42④280
こむぎ【小麦】→E、I、L、N、Z
小麦　27①386
こむぎあおり【小麦あをり】
小麦　42③174
こむぎうえ【小麦植】
小麦　43②192/44①47
こむぎうち【小麦打】
小麦　42③174,⑥426
こむぎおとし【小麦落】
小麦　24①82
こむぎかち【小麦かち】
小麦　40③230
こむぎからぬき【小麦からヌキ】
小麦　43①80
こむぎかり【小麦かり、小麦刈】→Z
小麦　4①21,133/22③159,160,⑤356/38②71,80/40③229/42②92,③174,⑤329,⑥424/43②152/44①27/66⑥333/67④164
こむぎかりとる【小麦かり取】
小麦　68④414
こむぎかる【小麦かる】
小麦　9①78
こむぎすり【小麦すり】
小麦　43①28
こむぎだねへらすほう【小麦種減法】
小麦　21①**56**
こむぎだねわりあい【小麦種割合】
小麦　21①**57**
こむぎつくり【小麦作】
小麦　2④307
こむぎつくりかたひでん【小麦作り方秘伝】
小麦　63⑤**315**
こむぎつくりよう【小麦作様】
小麦　19①**136**
こむぎつちかけ【小麦土かけ】
43②128
こむぎとめきり【小麦止切】
小麦　21③156
こむぎどようぼし【小麦土用干】
小麦　31②81
こむぎとり【小麦取】
小麦　11⑤262/43③254
こむぎのこえかける【小麦ノこへかける】
小麦　42⑤322
こむぎのねつけ【小麦の根付】
小麦　33①53
こむぎはたき【小麦はだき】
小麦　63⑦383
こむぎばたけつくり【小麦畑作り】
小麦　42⑥397,433
こむぎひき【小麦挽】
小麦　42⑥393
こむぎふたすじまき【小麦二筋まき】
小麦　28②217
こむぎまき【小麦まき、小麦蒔】→Z
38②81/39②122/42⑥433/68④415
小麦　3④227/4①31/22⑤354/24③**291**/28②242/31③117/37①36/38①27,②58,③207/39⑤290/40③241/42④242,⑤338,⑥397/43①74,③262/62⑨376/63⑤315
こむぎまきいれとりつけ【小麦蒔入取付】
小麦　34⑥130
こむぎまきしつけ【小麦蒔仕付】
小麦　22②115
こむぎまきつけ【小麦蒔付】
小麦　38①19
こむぎまきどき【小麦蒔時】
小麦　19①187
こむぎまきはじめ【小麦蒔初】
小麦　30①139
こむぎまきよう【小麦蒔様】
小麦　5①**120**
こむぎまく【小麦まく】
小麦　42⑤336
こむぎをうゆる【小麦を種る】
小麦　12①166
こむぎをかる【小麦を刈】
小麦　38③157
こむぎをまく【小麦を蒔】
小麦　41⑥277
こめあがり【米上り】
稲　11④168
こめあき【米秋】→X
稲　28②227
こめいれ【米入】
稲　44②170
こめうすひき【米臼引】
稲　43②181
こめえらみ【米撰み】
稲　25③284
こめおく【込置】 8①206
こめかかり【米かゝり】 42③204
こめかち【米かち】→こめつき→B
稲　27①204
こめこしらい【米こしらい】
稲　36③330
こめこしらえ【米こしらへ、米拵】 1①26,98,104,105
稲　2③260/4①33,66/17①40/25②**184**,189,③284/27①201/36③330,331/38②82/39⑤293,295/42②119/61①51/62①15
こめさび【米簸】→L
稲　30①86
こめしたて【米仕立】 4①32
稲　4①65
こめしつけ【米仕付】
稲　10③390
こめじまい【米仕舞】
稲　36③316
こめしめ【米しめ】
稲　28②131
こめしめかえ【米〆替】 43②145
こめすり【米すり、米摺】
稲　21②113,114/39①25
こめだねまきいれかた【米種子蒔入方】
稲　34④60
こめだねまきこみ【米種蒔込ミ】
稲　2①**45**
こめだわらあみ【米俵編】→Z
4①34
こめつき【米つき、米搗】→こめかち、こめつき、こめふみ→Z
稲　22③175/27①16,204,207,210,239,341,348/28②135,263/29②157/36③327/41②131/42③156,157,161,162,165,167,169,170,171,176,178,179,180,183,184,185,188,193,194,195,198,199,200,201,202,203,204,④235,239,245,248,274,283/61⑨344/63⑦364,366,389,396,400
こめつく【米つく】
稲　27①269
こめつけ【米付、米附け】→L
42⑥422/63⑦360
稲　42③194
こめとおし【米通し】→B
43②141
こめとりくふう【米取工夫】 4①184
こめとりよう【米とりやう】
稲　5③252
こめにする【米にする】
はと麦　12①212
こめのつくりかた【米の作り方】
稲　41④**204**
こめはかり【米斗、米斗り】
稲　4①27,31,32
こめひき【米ひき】 42③201
こめふみ【米踏】→こめつき
稲　43②123,124,129,132,136,139,140,143,146,150,152,157,158,161,163,165,167,170,173,174,175,177,178,180,181,182,183,186,187,188,192,195,197,199,200,201,202,203,204,206,208,209
こめほしよう【米干やう】
稲　11④166
こめもみだわら【米籾俵】
稲　10①111
こめゆり【米ゆり】→B、Z
稲　43②196
こめをたわらにする【米を俵にする】
稲　17①**146**
こも【薦】→B、E、I、N、Z
27①341
こもあみ【こもあミ、こもあみ】→Z
42④250,⑥378,384/43②138
ごもくかき【こもくかき、ごもくかき】→Z
43②125,126,127,130,133,197,198,202,203,205,208
ごもくはこび【こもく運ひ】
43②199
こもと【小もと】
稲　27①110
こものうえ【小物うへ】 42⑥419
こもまき【こもまき】
蜜蜂　40④314
こやき【小やき、小焼】 32①204/41⑦331
こやし【こやし、糞し】→こえ→I、L
13①176/31③128
漆　13①110
けし　12①317
里芋　12①362
しゅろ　13①203
そらまめ　12①198
大黄　13①283
麦　1④316/13①355
こやしあわせ【こやし合、こやし合セ】
あわ　38②68,69
えごま　38②70
陸稲　38②67
そば　38②73
大根　38②71,72
大豆　38②61
ひえ　38②64,65
麦　38②57
綿　38②62
こやしかけ【こやしかけ、肥シ掛】→こえかけ→I
10①110,113
しょうが　41②104
こやしかげん【こやし加減、肥

加減】 41⑦335
稲　23①100
こやしかた【こやし方】
かぶ　33⑥317
大根　33⑥309
こやしかたしよう【壌方仕様】 9③246,251
こやしきり【こやし切】
稲　31③112,113
こやしぐさ【肥繭草】→I
稲　1①38
こやしぐさかり【こやし草刈】
稲　10①110
こやしぐさとりいれ【繭草取入】
稲　1①38
こやしくばり【肥繭賦り】
稲　1①37
こやしごしらえ【コヤシコシラへ、肥シコシラへ、肥シ拵】 38④278,280
麦　38④270
こやしし【肥し仕】
稲　27①368
こやしじぶん【こやし時分】
綿　9②218
こやしする【こやしする】→I
菜種　1④304
こやしするほう【こやしする法】 1④321
こやしせいほう【糞製法】5①41
こやしちらし【肥繭ちらし】
稲　1①63,66
こやしつかい【肥し遣ひ】 29③257
こやしつかいよう【こやし遣ひやう】
綿　7①89,97
こやしつくり【屎造】
なし　46①57
こやしつちかい【こやし培ひ、糞し培ひ】 1④321
楮　13①101
ねぎ　12①281
こやしつちかう【糞し培ふ】 12①81
こやしていれ【こやし手入、肥し手入、肥し手入れ、糞し手入、糞手入、繭手入】→こえかけ 10②327/22①55/70⑥412
稲　1④326/10②317/37②99,100
大麦　12①159
からむし　13①29
大豆　12①189
むらさき　14①152
綿　15③362
こやしのあわせよう【肥の合わせ様】 22①27
こやしのいたしかた【肥しの致し方、肥し之致し方、肥し之致方】 29③191,211,257
稲　29③200
こやしのいれかた【肥シの入方】
稲　22④215
こやしのかけひき【こやしのかけ引、肥しのかけ引】 40②183/69①59
綿　40②45,58,182
こやしのかげん【肥しの加減】
稲　29③222,223
こやしのこしらえよう【こやしのこしらへ様】 40①10
こやしのさしひき【肥しのさし引】
むらさき　14①154
こやしのしかた【肥しの仕方、肥の仕方】
稲　23①58
瓜　25①127
三月菜　25①125
なす　25①127
こやしのしこみ【肥繭の仕込】
稲　1①69
こやしのしだい【肥しの次第】
はぜ　11①15
こやしのしよう【肥しの仕やう、肥しの仕様、肥繭の仕様、糞養之仕様】 1①83/22④205/68②258
稲　38③140
綿　15③346,362
こやしのたくわえ【コヤシノ貯へ】 46③203
こやしのためかた【肥繭の溜方】
稲　1①93
こやしのつかいかた【こやしの遣ひ方】 29③256
こやしのていれ【こやしの手入】
綿　9②213,217,218
こやしのとき【肥しの時】 29③245
こやしのとりはこび【肥しの取運ひ】
稲　29③227
こやしのほう【こやしの法、糞の法】 1④318,321,328,330
こやしのもちいかた【肥しの用ひ方】
菜種　23①26
こやしひき【こやしひき、こやし挽】
あわ　38②68
えごま　38②70
小麦　38②82
大根　38②71,72
こやしひきくばり【こやし引賦、肥繭引賦】
稲　1①36,84
こやしまぜ【糞シまセ】 42⑤324
こやしやしない【こやし養、糞し養ひ】→I 12①121
稲　37③342
やまいも　12①369
ゆり　12①324
こやしわりあい【壌割合】
稲　29②129
こやしをいるる【こやしを入る、糞しを入る】
稲　13①376
茶　13①82
当帰　13①274
こやしをする【糞をする】
漆　13①106
こやしをほどこす【肥しを施す】
柿　14①207
こやしをみあわす【肥しを見合す】
いちび　14①146
こやしをもちいる【屎を用る】
茶　6①157
こやす【こやす、肥す、肥沃、糞す】→I 62⑨319/69②332
藍　41②111
あかね　13①48
麻　13①35
いぐさ　13①70
からむし　13①28
楮　13①96
里芋　41②97
たばこ　13①58
ごようまつみぶせ【五葉松実臥】
松　56①53
こよせ【こよせ、小ヨセ、小よせ、小寄】 8①195,196
たばこ　28②174
麦　8①98/41①11
綿　8①39,40/15③394
こらす【コラス、こらす】
陸稲　20①321
綿　8①276
こらち【小埒、小埓】→うえかぶま→D
稲　1①66/4①53,270/5①57/6①47/23①67,69,72,74
こらふまき【胡蘿蔔蒔】
にんじん　30①133
こらふまびき【胡蘿蔔間引】
にんじん　30①135
こりゅうのつくりかた【古流の作り方】
綿　23⑤277
ころえだたばね【ころ枝束】 27①16
ころす【殺】→K 69①87
ころにう【ころにう】 27①15
ころばしうない【転割】 19①154
ころびなえつくりよう【ころびなへ作りやう】
油桐　39⑥334
こわいしごと【こわいしごと】 9①96
こわみずかけ【強水掻】
綿　8①289
こわり【小わり、小割】 4①91/6①14,20/39⑤264,269
稲　4①14,19,39,43,44,49/6①27,32,33,34,36,37/39⑤273
うぐいすな　4①104
大麦　4①78
からむし　4①98
ごぼう　4①145
小麦　4①80
菜種　6①108
ねぎ　4①142
こんかい【墾開】→かいこん 2⑤325,327/69②162
こんすいくみ【溷水汲】 27①281
こんでん【墾田】 3④235
こんにゃくいもをつくる【こんにやくいもを作】
こんにゃく　17①270
こんにゃくうえつけ【蒟蒻植付】
こんにゃく　19①181
こんにゃくつくりよう【蒟蒻作様】
こんにゃく　19①108
こんのう【こんのふ、混納】 29③254
あわ　29④298
稲　29③194,207,218,243,④281,282,283/31③113
ごま　29④299
小麦　33⑥382
大豆　29④297
麦　29④278,294

【さ】

さいえん【菜薗】→D 10①15
さいえんつくり【圃作】 2①70
さいかちみぶせ【皀角実臥、皀莢実臥】
さいかち　56①63,181
さいこう【再耕】
稲　15①21
さいこう【塞向】 69②162,235
さいこしらえなおし【再拵直し】
稲　42③199
さいしゅ【再種】
稲　39①10/70④258,259

さいじょうのじせつ【最上の時節】
杉　56②265
さいそう【採桑】
桑　35①232
さいそをまく【菜蔬を蒔】　15②137
さいちゅうのじせつ【最中の時節】　29③245
さいばい【栽培】
朝鮮人参　61⑩459
さいばん【才判】
稲　37②154,213
ざいもくだしかた【材木出し方】　34⑧309
さいよう【採用】　57①8,9,10,12,14,17,18,22,24,25,39,40,41,47
さおがけ【さをがけ】
稲　28②245
さおづかい【竿遣】　53④242
さおとめつかい【小乙女使】　4①41
さおとめのぶちょうほう【早乙女之不調法】
稲　29③259
さおにかける【竿に懸る】
蚕　47②83
さおり【さをり】→さびらき
稲　17①113
さかおこし【逆起】
稲　27①376
さかさつぎ【逆接】
はぜ　31④185,186
さかて【逆手】
稲　5①22
さかみず【逆水、逆灌】　55③457
ういきょう　55③398
おおでまり　55③321
おだまき　55③275
かえで　55③259
かきつばた　55③446
芍薬　55③307
大根　55③286
だんとく　55③332,355
つつじ　55③283
とうごま　55③350
とろろあおい　55③394
菜種　55③250
ばいも　55③242
はぼたん　55③265
美人草　55③317
ひるがお　55③344
ぼたん　55③290
みずあおい　55③349
むくげ　55③331
柳　55③255
さきうえ【先植】
ゆうがお　2①113
さききり【先切】
綿　8①122,241
さききる【先切ル】
綿　8①41
さききるせつ【先切ル節】
綿　8①245
さきくさぎり【先芸】
ひえ　2①34
さきたるいほしよう【裂たる藺干様】
いぐさ　14①127
さきつみ【さき摘】
茶　6①158
さきとめ【梢留】
綿　13①22
さきのまぐわ【先の馬耙】
稲　20①62
さきはか【先はが、先果敢】→かいたうない
稲　19②408,410,411/37①17
さきをつみさる【さきを摘去】
まくわうり　12①249
さきをつみとる【さきをつミ取】
茶　13①81
さきをとむ【梢を留】
綿　62⑧276
さきをとむる【さきおとむる、さきを留る、先を留る、梢を留る】
かぼちゃ　12①267
すいか　12①265
たばこ　13①58/41⑥272
ひょうたん　12①271
まくわうり　12①249
綿　13①17
さく【作】　2④275
さく【さく】→つちかい
えんどう　22④268
さくあげ【作あげ】
大麦　22③156
さくい【作意】
綿　8①265
さくいれ【さくいれ、さく入、さく入レ、作入、隴入】→L
38③115/42③169,170/44③205,221,225,241
あわ　38②68,69/44③206,242,243,244,245,246
稲　44③217,218,219,220,222,223,224
大麦　22③158
陸稲　38②67,68
かぶ　44③256
からしな　22④263
小麦　22④210,211/24③291,292
里芋　22②116
そば　38②73,81/44③250,252,253
大根　44③251
大豆　22②115/44③237,238,239,240/67③140
ひえ　38②65
綿　22②119
さくいれじせつ【サク入時節】
綿　38④255
さくうえ【サク植】
ちしゃ　19①125
さくおとし【作おとし】
小豆　22⑥371
えごま　22⑥372
さくかた【作方】→E、L、X
24①95/40②53,64,67,68,78,83,85,86,88,89,90,93,113,117,119,122,128,145,146,149,161,178,182,183,184,185,188,189,190,192/62⑨316/65②122
稲　61⑩414
さくかたのてくばり【作方之手配り】　29③211
さくきり【さくきり、さく切、作きり、作切】→あげさく
42③202,205
大麦　24③327
里芋　38②59
なす　24③302
にんじん　39②115
麦　63⑤319
さくきりかけ【さくきりかけ】
なす　42③177
さくぎる【サク切】
麦　38④238,241,272
さくしかた【作仕形】→L
65②120
さくじぶん【作時分】　10①6
さくしょく【作職】　34①15,②30,⑤108,109,⑥144/57②127
さくつけ【作付】→けかけ、けつけ
25②232
さくつけのていれ【作付の手入】
24①148
さくとり【さくとり、作取】
稲　17①151
麦　17①163,166
さくとる【さく取】
麦　17①161,170
さくなぎ【作薙】
麦　38②59
さくならし【作ならし】　42④269
さくのすき【作ノ隙】　65②90
さくはらい【さくはらひ、サク払】　19①155/20①125
さくはらえ【作はらへ】
なす　22②125
さくひき【作引、作挽】　38②67
あわ　38②68,69
えごま　38②70
里芋　38②59
そば　38②73
大豆　38②61
ひえ　38②65
綿　38②62
さくひきまき【作引蒔】
そば　38②73
さくほう【作法】　5③283
さくまわり【作廻り】　22①63,64
さくみぞうち【作区撫】　19①155
さくみぞばらい【作区払】　19②427
さくもう【作毛】→E
かぶ　4①106
さくもうおろぬき【作毛疎抜】
19①158
さくもうとりいれ【作毛取入】
28①16
さくもうのほんぽう【作毛之本法】　34⑥123
さくもつうえまきかた【作物植蒔方】　34⑥131
さくもつしつけ【作物仕付、作物仕附】　25②232/31②74/38③206
さくもつじぶんおくれ【作物時分後】　34③36,37,38
さくもつとりおさめのじせつ【作物取収ノ時節】　32②323,324
さくもつのしつけ【作物之仕付】
34⑧314
さくもつのためし【作物のためし】　36②112
さくもつまきつけ【作物蒔付】
32②317,318
さくもつまきつけのとき【作物蒔付ノ時】　32②320,322,326
さくらだい【桜砧】　55③467
さくり【サクリ、さくり】→D、Z
24③307/37②123
里芋　22④242
大豆　37②81,112
ひえ　2①11
麦　37②201
さくりあげ【さくり上ケ】
大根　22④233
さくりかけ【さくりかけ、ざくり掛】
漆　61②98
大麦　39②121
大根　18⑤469
麦　17①171/18⑤466
さくりかた【さくり方】
里芋　23⑥323
さくりきり【サクリ切】　2④281

さくりこみ【サクリ込ミ】
麻 32①140
さぐりとる【さぐり取】
さつまいも 22④275
さくりまき【サクリ蒔、さくり蒔、決リ蒔、決蒔、平畦蒔】 20①139
麻 19①106
大麦 22④206
陸稲 20①321
ごま 22②128
小麦 22②115
大豆 2④307/19①139
ひえ 2①11,32,33,34,35,36,37
麦 2④289/19①136/37②201
さくりもの【さくり物】 42②90,94,118
さくる【さくる】
杉 56②258
ねぎ 25①126
さくわけ【作わけ】
たばこ 22②126
さくをきる【サクヲキル、さくを切、作ヲきる、作をきる、作を切、隴を切、隴を切る】 15②135,137/25①72/38③201/69②230
ごま 39②109
白瓜 38③136
ねぎ 39②116
麦 38③200
さけかすごえようほう【酒糟肥用法】 69②**348**
さげぼし【下ケ干】
稲 29③221
ざこかすり【さこかすり、ざこかすり】
あわ 11②112
菜種 11②117
ざこをかする【ざこをかする】
大豆 11②114
ささげうえ【羊角豆植】
ささげ 5①159
ささげうえよう【さゝげ植様、羊角豆植様】
ささげ 5①**103**/41①11
ささげしつけ【小角豆仕付】
ささげ 22②**126**
ささげつくりよう【羊角豆作様】
ささげ 19①**145**
ささげてくれ【角豆手くれ】
ささげ 42⑥425
ささげなかうち【大角豆中打】
ささげ 31②79
ささげのくさ【大角豆之草】
ささげ 31②81
ささげをまきうえる【さゝけを蒔植る】
ささげ 17①**197**
ささめひらえ【さゝめひらへ】 63⑦396
さしいれ【差入】
ごま 28④339
さしいれる【さし入れる】 69①84
さしうえ【差植】
稲 44③215
さしかえ【差替】 57②141
さしき【さしき、サシ木、さし木、差し木、差木、指木、挿木、扦挿、櫏、擢】→C
2①**122**/7②**347**,348,349/10①79,84,②355/38③181,**191**,195,④272/54①263,274,277,282,293,298,304,306/55②143,③207,248,464/68④412/69①107
あおき 55③274
あおぎり 16①154
あじさい 16①171/55③310
油桐 16①149
いちじく 3④346,372
いばら 54①266
いぶき 54①265
うこぎ 13①229
梅 54①289
えにしだ 55③268
おうばい 54①276
おおでまり 55③321
榧 16①146
菊 11③146/55③300,400
きゃらぼく 54①300
きょうちくとう 55③363
きんしばい 55③337
くこ 13①228/16①153/38③124
くちなし 54①291
くるみ 16①145
桑 13①116,119/16①142/18①82,85/25①115,116/35①73,②312/38③182/47②140,③172,173
庚申ばら 55③276
楮 4①160/16①143/56①176
こでまり 54①296
さかき 54①299
桜うのはな 55③292
ざくろ 38③185
さざんか 16①169/55③388
さつき 16①168/55③325
さんたんか 55③283
じんちょうげ 54①273/55③262
杉 5③269/13①188,191/16①157/38④244/56①40,②240
たまいぶき 55③436
たまつばき 54①281
たんちょうか 55③309
ちゃぼひば 55③435
つげ 54①285
つつじ 55③282
つばき 16①145/54①283,284/55③241,465
なし 13①135,136/16①148/38③183
夏黄梅 55③336
なでしこ 55③286
なんてん 55③340
にわとこ 3④226
ねこやなぎ 55③382
はぎ 54①267
はくちょうげ 54①266
花ざくろ 55③322
はぼたん 55③264
はまぎく 55③410
はまぼう 55③362
ばら 55③304
ひのき 3①49,④254/5③269/56①47
びようやなぎ 54①307
ぶっそうげ 55③347
ぶどう 13①161/48①192
ふよう 54①294
ぼけ 16①153
松 13①187
みやましきみ 54①304
むくげ 54①289/55③330,331
もくせい 54①308
柳 16①155/54①292
やまぶき 54①292
れだま 55③324
れんぎょう 55③255
さしきのしよう【指木の仕様】
桑 47②**139**
さしきのほう【さし木の法】
ひのき 13①194
さしこむ【さしこム、さし込、差込、指込】 69①58
きゅうり 41②90
桑 47②140
杉 57②151
さしころす【さし殺す】
みかん 56①87
さしず【指図】 58③127
さしつぎ【さし接、指接、挿接】→R
13①**246**/55③474
つばき 54①284
はぜ 11①49/31④**183**
さしつけ【さし付、差付】 57②140
杉 13①192/57②98,151,152,153,186
さしどき【挿し時節】
梅 7②352
さしどこ【さし地】 7②348
さしなえ【さしなへ、さし苗、差苗、指苗】
稲 4①21,41,69/6①51,54/11⑤276/28②176
さしひき【指引】→L、R
4①219
さしほ【さしほ、さし穂、挿穂】→B、E
7②348,349,350
さしほす【さし干】
もろこし 41②106
さしみず【さし水】
金魚 59⑤442
さしめ【さしめ、さし目、指芽】
55②165,172,179/68③333
菊 55①20,25
呉茱萸 68③346
もっこう 68③350
さしもち【さし持】 43②203
さす【さす】
くこ 16①153
桑 47③173,174
さつまいも 11②110
すいか 40④320
ちゃぼひば 55③435
つげ 11③145
つつじ 11③142
つばき 11③142
さつき【さつき、五月、皐、皐月】
42①48,51
稲 5①58/6①55/7①**20**/17①51/23①82/28②218,259/37②80,81,118/39④207,208/42①47,50
さつきあがり【さつきあかり、五月上り】
稲 5①48,49/6①40
さつきだ【五月田】→D
稲 24①66
さつきなえとり【五月苗取】
稲 17①113
さつきのようい【五月の用意】
稲 28②155
さつきみずかげん【五月水加減】
稲 7①22
さつきようい【五月用意】
稲 28②146
ざっこくこうさく【雑穀耕作】
62③70
ざっこくまくじせつ【雑穀蒔時節】 19①134
さっちゅうほう【殺虫方】 69②345
さつまいもうえ【サツマ芋植】
さつまいも 8①160
さつまいもつちかい【さつまいもつちかい】
さつまいも 28②191
さてん【左転】→うてん
稲 19②411,412
さといもうえよう【里芋植様】
里芋 5①**104**

さといもをつくる【里いもを作る】
里芋　17①254
さとううえこみ【砂糖植込】
さとうきび　44②80,81,82,83,84,85,86,88,89,90,91,92,94,114,119,120
さとううえつけ【砂糖植付】
さとうきび　44②108,109
さとうえ【里植】
たばこ　39⑤267
さとうかまつき【砂糖竈突】
さとうきび　44②158
さとうきびいけ【砂糖黍生ケ】
さとうきび　44②156
さとうきびうえこみ【砂糖黍植込】
さとうきび　44②114
さとうきびこしらえ【砂糖黍拵】
さとうきび　44②106
さとうきびしらべ【砂糖黍調】
さとうきび　44②158
さとうくさひき【砂糖草引】
さとうきび　44②137
さとうしめ【砂糖〆、砂糖搾】
さとうきび　44②163,164,165,167,168,169,170,171
さとうしめたて【砂糖しめ立】
さとうきび　44②160
さとうしゅうり【砂糖修理】
44②146
さとうしんめかき【砂糖新芽かぎ】
さとうきび　44②150
さとうせいほうはじめ【砂糖製法始】
さとうきび　30①140
さとうちおこし【砂糖地おこし】
さとうきび　44②101
さとうちくさひき【砂糖地草引】
44②138
さとうきび　44②122
さとうちこなし【砂糖地こなし】
さとうきび　44②98,99,100
さとうよせ【砂糖よせ】
さとうきび　44②128
さとだおとしみず【さと田落し水】
稲　29③240
さとだのむぎのあとたがやし【郷と田の麦の跡耕】
稲　29③234
さとつくり【里作り】
朝鮮人参　45⑦400
さなえうえ【早苗植】
稲　9③244
さなえうえよう【早苗植様】
稲　9③245
さなえかぶすう【早苗科数】
稲　30①44,47,50,90
さなえしたて【早苗仕立】
稲　9③243
さなえしよう【早苗仕様】
稲　9③243
さなえとり【早苗とり、早苗取】
稲　19①59/37③311
さなえとる【初苗とる、早苗取】→Z
稲　12①134,143
さなえのかぶすう【早苗の科数】
稲　30①54
さなえのたばすう【早苗の束数】
稲　30①54
さなえのゆいたて【早苗の結立】
稲　30①56
さなえをうゆる【早苗をうゆる】
稲　13①376
さなぎでるようじん【蛹出る用心】
蚕　35②278
さび【さひ、さび】→B、G、X
稲　29③221,222,264/33①15/41③178,179
さびたて【さび立】
稲　61①43
さびらき【さひらき、さびらき】→さおり、すえさびらき、なかさびらき、はつさびらき→O、P
稲　17①38,39,77,103,113,114
さびる【さひる】→ひ、ひる
稲　30③277
大豆　30③297
さびわけ【さひわけ、さびわけ】
藍　10③391,392
さほう【作法】　5②220
稲　27①260
さむさがい【寒作飼】
蚕　47②94
さめづけ【醒漬】
稲　30①18,32
さやをえる【莢を撰】
大豆　38③154
さゆうのくわ【左右の鍬】　19②426
さらい【サライ】→B
稲　2④295
さらいあげ【さらひ揚】
稲　20①45
さらえ【サラへ、さらへ】→B、C、Z
32①201,202/43②145,179/57①46
さらえあげる【さらへ上る】→C
麦　37③291/41②79
さらえおとす【さらへおとす】
麦　62⑨376
さらえかくる【さらへかくる】
たばこ　13①63
さらえかけ【さらゑかけ、さらゑがけ】
大麦　29①76
麦　41⑥274
さらしおく【さらしをく、さらし置】
漆　13①110
じおう　13①279
芍薬　13①288
たばこ　41⑥273
当帰　13①273
さらしかわかす【さらし乾す】→K
栗　56①169
さらす【さらす】→K
油桐　15①86
稲　36①42
柿　56①184
榧　56①183
やまいも　12①377
ざらひき【ざら引】　22①50,51
ざらまき【ザラ蒔、ざら蒔】
大麦　21①52
陸稲　61②81
さるこき【猿扱】
稲　19①77/20①105
さるじゅつ【去術】
綿　7①114
さるまめをつくる【さるまめを作る】
さるまめ　17①216
さわがしきとき【閙しき時】　3③141
さわぎたつじせつ【騒立時節】
68④408
さわらなえうえ【椹苗植】
さわら　68④412
さんかくぎり【三角切】
杉　57②151
さんがつうえ【三月植】
さつまいも　34④64
さんがつだいこん【三月大根】→F、N
大根　20②381/22④235/38③123/41②102,103
さんがつだいこんまき【三月大根蒔】
大根　30①137
さんがつだいこんまきかた【三月大根蒔き方】
大根　3④382
さんがつだいこんまく【三月大根まく】
大根　20②372
さんがつたね【三月種】
稲　19①36
さんがつなわしろ【三月苗代】
稲　25①47,③272/36③196
さんがつまき【三月蒔】
つゆくさ　27①71
さんがつみっか【三月三日】→O、P
竹　3④334
さんがつようだいこんまきどき【三月用大根蒔時】
大根　19①187
さんかのもの【三荷の物】　28②132
さんげんま【三間間】
はぜ　31④170
さんじ【蚕事】
蚕　35①33,85
さんしつのこころえ【蚕室の心得】　47②90
さんじゃくま【三尺間】
はぜ　31④168
さんじゅうさんにちなえやく【卅三日苗厄】
稲　30①124
さんぞくにう【三束にう】→いなにう、いねにう
稲　4①29
さんだ【散田】
稲　6①55
さんだわらふみ【桟俵ふみ】
稲　29②144
さんつみ【さんつミ】
稲　4①61
さんどかる【三度刈】
からむし　13①30
さんどぎり【三度ぎり】
稲　27①39
さんどくるめ【三度緻】
大豆　19②374
さんねんがり【三年がり】
漆　13①111
さんねんごぼう【三年牛房】
ごぼう　22④257,258/41②104
さんねんめのなえをよくよねんめのはるうえること【三年目の苗を翌四年目の春植る事】
杉　14①79
さんばいこない【さんばいこない】　28②136
さんばん【三はん、三ばん、三番】→くさとり→B、E、I、K、L、M
37③344
藍　10②328
あわ　2①24
稲　1②146/5①68/6②287/9①83/19①59/27①40,41,122/38①14/41③178/63⑦384
大麦　12①158
ききょう　55③354
たばこ　10②328/63⑧444
ひえ　2①32,36
麦　8①97,98/37③290/41⑤

244,⑥274
さんばんうえ【三番植】
さつまいも　61②89
さんばんうち【三番打】
稲　1①37,61
さんばんうない【三番耕、三番耘】　38①8/68④415
稲　63⑥341,345
さんばんおこし【三番起し】
稲　38②52
さんばんがい【三番貝】　60③140
さんばんかたぎり【三番片切】
なす　22②125
さんばんかち【三番カチ】
麦　8①258
さんばんがやし【三番ガヤシ】
稲　32①20
さんばんがり【三番刈】　56②274
みつまた　48①188
さんばんきり【三番切】
稲　27①40,41
くがいそう　55③342
さんばんぐさ【三はん草、三ばん草、三番草、三番艸】→L
25①56/69①108
あわ　33③168,④220
稲　1①31,38,71/2③261/4①56,58,69/5①67/8①74/9①89,90/11②93/18③364,365/22④215/24②236/25①51,60,65/27①139,141/28④342/29④279/32①31,39,41/33①23,⑤250/38③139/39②100,⑤283/41②77,③175/42④270/43①51/45③176/62⑨369/63⑥341,⑧443
ごま　33④223
大豆　33③167
さんばんくさかき【三番草かき】
稲　63⑥347
さんばんくさぎり【三バン芸、三番芸、三番耘】
あわ　2①26,27
稲　30①60,71,74,75,76
ひえ　2①33
麦　30①113
さんばんくさしゅうり【三番草修理】
稲　39⑤283
さんばんくさとり【三ばん草取、三番草とり、三番草取】→Z
稲　4①24/18⑤474/29④291,292/42④269,270/63⑤306,312,313
麦　24②238
綿　38②63/44③230
さんばんぐさとる【三番草とる】
稲　9①89
さんばんくるめ【三番くるめ】→つちかい
19②366
さんばんこ【三ばんこ、三番ケ、三番个】→くさとり
稲　19②364,369/36③235
さんばんこうさく【三番耕作】
麦　63⑤318
さんばんごえ【三番こゑ】→I
稲　4①24
さんばんこのとりよう【三番子の取やう】
金魚　59⑤431
さんばんさく【三番作、三番隴】
38③194
大豆　38②61
さんばんさくきり【三番作きり、三番作切り】
大豆　38②61
麦　38②79
さんばんさくなぎ【三番作薙】
麦　38②59
さんばんしご【三番守護】
大根　29④282
菜　29④282
さんばんすき【三番耕、三番犂】
稲　29②128/32①30
さんばんすきこみ【三番すきこみ、三番耕込】
稲　29②129,130,131
さんばんすぐり【三番すくり】
大根　4①109
さんばんたのくさ【三番田ノ草】
稲　42④270
さんばんつち【三番土】
里芋　32①120
大豆　1③267/36②118
さんばんて【三はん手】
あわ　33③169
さんばんとり【三番採、三番取】
稲　7①25/27①121,288
さんばんなかうち【三番中打】
里芋　23⑥324
さんばんぬき【三番抜】
大根　38②72
さんばんのたのくさとり【三番の田の草取】
稲　27①138
さんばんはき【三番掃】
蚕　47②81
さんばんまびき【三番間引】
綿　7①98
さんばんまわり【三番廻り】
稲　23①69,73
さんびょうあらため【三俵改】
33⑤259
さんべんぎり【三遍きり、三遍ぎり、三遍切】
稲　27①39,40
さんぼんうえ【三本植】
はぜ　33②123
さんぼんほでそうろうまで【三本穂出候迄】
稲　25②182
さんやよりかりとり【山野ゟ刈取】
稲　29④290
さんやよりかりとりよせ【山野ゟ刈取寄】
稲　29④292
さんやよりかる【山野ゟ刈】
さつまいも　29④295
さんよう【蚕養】
蚕　47①56
さんりんかいこう【山林開荒】
3③134
さんりんよりとりたるだいぎ【山林より取たるだい木】
柿　18①74
さんりんよりほりたるだいぎ【山林ゟ堀たる台木】
柿　25①115
さんりんりつりん【山林立林】
56①149
さんをいれる【サンヲ入レル】
8①205

【し】

しあげ【仕上ケ】　25①18
じあげ【地上ケ、地上げ】　9③259,260
稲　23①99,100
しあげかだんのてぎわ【仕上花壇ノ手際】
菊　55①61
しあげきり【仕上きり】
稲　27①39
しあげのりょうほう【仕上の良法】
たばこ　13①64
しあげよう【仕上様】
小豆　27①200
しあわす【仕あわす】　41②144
しいたけつくりよう【椎茸作りやう、椎茸造り様】　61⑩452
しいたけ　48①219
じうえ【地栽、地植】　55③461,468
朝鮮人参　45⑦388
ふとい　55③279
じうち【地打】
さつまいも　66⑥333
しおじにうえるなえのそだてかた【汐地に殖る苗の育て方】
稲　23①101
しおだし【塩出】→K
67④174
しおどき【汐時】→きっしょう→P
59④282,283,316,347,348,360,385
しおとし【仕落】
稲　44③212,213,214,215,216,217,218,219,220,221,223,224,226,227
大豆　44③239,241
しおとしこむぎ【仕落小麦】
小麦　44③257,258,259
しおとしそば【仕落蕎麦】
そば　44③251,252,253,254
しおとしはだかむぎ【仕落裸麦】
裸麦　44③260,261
しおはんさげ【汐半下け】　59④348
じかうえ【直植】　10①24
しかぐさいちばんかり【鹿草一番刈】　30①133
しかぐさうえ【鹿草植】　30①140
しかぐさなえうえ【鹿草苗植】
30①124
しかぐさにばんかり【鹿草二番刈】　30①140
しかぐさにばんかりはじめ【鹿草二番刈初】　30①136
しかけ【仕かけ】→K
69①57
しかけよう【仕かけやう】→C
蚕　47①32
じかこき【直こき、直扱】
稲　8①66
しかた【仕方】　25①10
しがつうえ【四月植】
稲　31②76
さつまいも　34④64
しがつしばかり【四月柴刈】
24②239
しがつだ【四月田】→うづきだ
稲　24①66
しがつたうえ【四月田植】
稲　24①66
しがつたね【四月種】
稲　19①36
しがつたねまき【四月種蒔】
稲　37②134
しがつなわしろ【四月苗代】
稲　25①48,53,③272
しがつよっか【四月四日】
竹　3④334
しかのばん【鹿の番】
とうもろこし　30③281
しがれかり【しがれ刈】
稲　20①100
しがれたるじぶん【シガレタル時分】
稲　5①32
しきごしらえ【敷拵】

竹　57②164
しきこむ【培、敷込む】 69②338
杉　56②256
しきたり【仕来】 25①101
しきちごしらえ【敷地拵】 57②157
杉　57②151
じきにみをうゆる【直に実をうゆる】
かし　13①207
しきぬき【敷抜】 43①84
しきのい【四季之餧】
馬　60③139
しきまき【しきまき】 20①169,170
じきまき【直キまき、直蒔】
あわ　10③395
なす　33⑥319
菜種　45③154
しきよう【敷様】
稲　27①164
しきる【仕切ル】 69②367
しく【敷、敷く】
瓜　62⑨369
茶　56①179
みかん　56①90,91
ゆうがお　41②94
じくるめ【地くるめ】
あわ　25②211
じぐわ【地桑】→E、F
桑　18②252/25①116
じぐわをつくるほう【地桑を作る法】
桑　13①119
しご【しご】→ていれ
稲　29③236
麦　9①117
じごえ【地肥】→D、I
44③237
大豆　44③238
じごくやどし【じごくやとし】 9①28
じごしらい【地こしらい、地ごしらい】
麻　21①73
菜種　1④299,319
じごしらえ【地こしらえ、地コシラヘ、地こしらへ、地ゴシラヘ、地ごしらへ、地ごしらゑ、地拵、地拵え、地拵へ、地拵らへ】 13①351,352/15②189/29①33,34/41③184/47④203,208
藍　38③134
あわ　12①176/25②211
いちび　14①144
稲　7①15,82/11②88,91/22②107/28②167,③319/30③239,241,245,265/38③137,139/41①8,9,11/70④268,⑥385
えごま　38④259
大麦　25②198,199/30③282/32①53
かぶ　8①110/13①366/38③163
からしな　30③287
けし　38③164
ごぼう　12①298/25②219/38③143
ごま　25②212
小麦　25②199
ささげ　25②202
さつまいも　41②99
里芋　25②218
さとうきび　30⑤394/50②156
芍薬　13①288
しゅんぎく　25②221
白瓜　25②216
そば　25②213/64⑤357
そらまめ　12①198/38③166
大根　6①112/12①217/25②208/63⑧440
大豆　30③271
たばこ　25②214
つくねいも　22④272
とうがらし　12①332
とうがん　25②217
なす　25②215/30③242/42③167
菜種　1④325/25②200
にんじん　25②220/38③157
ねぎ　30③286/38③170
ひえ　25②205/38③146,147
ふじまめ　25②201
ほうれんそう　41②118
松　14①92
水菜　25②207
麦　1④316/13①355,359/38③177/62⑦211,⑧253
むらさき　14①149
綿　15③382/25②209
じこしらえよう【地こしらえ様】
綿　15③355
じこなし【地こなし】
ごぼう　41②104
そば　30③280
大根　30③283/41②101,102
麦　41②78
しこみ【仕込】→K
藍　41②111
しこみおく【仕込置】
なす　41②89
しこんつくり【紫根作】
むらさき　48①198
じさげ【地下ケ】→C
9③259,261
稲　23①99
ししおい【猪鹿追】 63①55
ししのいおきていれ【獅子の居起手入れ】
蚕　35①124
ししのくわつけ【獅子の桑付】
蚕　62④86
ししのせめぐわ【獅子の責桑】
蚕　35①170
ししのふりぐわ【獅子のふり桑】
蚕　35①170
しじゅうのしょうり【始修ノ勝利】
綿　8①61
じしゅうり【地修利】 8①250
じしんのむぎこしらえ【自身の麦拵へ】
麦　42⑥388
しすえ【シスエ】
稲　24①36
しずめうゆる【沈めうゆる】
からむし　13①29
じせつ【時節】 36①47,②116,124,③185/37②67,74,100,125,126,131,140,167,180,194,195/38③111,154/40②59,114,115,117,118,119,134,147,187,188,189/41②52,⑦313,314,330,335,337/47①19,44,②118,⑤257/49①24/50②188/51①56,62,64,71,73,74,75,76,77,79,90,91,92,93,94,95,105,106,108,110,115,121,129,130,145,156,161/53④239/55③465/56②266/57①12,25,②186,192/58⑤362/59④303,304,305,306,307,342,343,355,356,358,359,361,364,368,378,384/61①29/62③61,④95,⑧256,259,260,270/63②89,③99,115/64①83,②132/66③150,158,④203,219,⑤275/67②93,③137/68③333,④400,406/70②118
あわ　41⑤235
いちび　41⑤236
稲　37②101/40②141/61③130/70⑥398
漆　46③204
蚕　47①50,②83,84,94,98,110
かえで　55③409
ごぼう　41②104
さつまいも　70⑥405
さとうきび　61⑧219
さんしゅゆ　55③248
大豆　41④206
朝鮮人参　48①235
菜種　40②145/41⑤248
松　55②129,130
麦　37②109/38③178/62⑦211
綿　40②58,60
じせつひづもり【時節日積、時節日積り】 37②68,89,90
しぜんばえ【自然ハヘ】
くすのき　53④249
しそたねとり【紫蘇種取】
しそ　29④283
しそのしたてよう【紫蘇の仕立やう】
しそ　14①364
しそをつくる【しそを作る】
しそ　17①280
した【膪】→X
蚕　35③430
したがき【下ガキ、下タかき、下タがき】
稲　24①36,49,150
したがけ【下懸】
稲　27①178,371
したがり【下刈】 4①25/39⑤286/42②111/56②271,273,274,275,281,287,290/57①22
杉　56②270
したがりのよきじせつ【下刈の能時節】 56②274
したきかり【したき刈】 40③235,236
したくさかり【下草かり】 42④274
したくさはらい【下草払】
杉　53④246
したくさをかる【下草を刈】
杉　14①84
したぐろしよう【下くろ仕やう】
稲　27①98
したくわ【下くわ】
稲　25①48
したごしらえ【下拵】
稲　41③173
綿　33⑤245
したさく【下作】→L
33②110
はぜ　33②118
したさらえ【下さらへ】 57①9,29,31,32,34,36
したじ【下地】→B、D、I、K、N、X
43②147
稲　2④285/33⑤240
したじごしらえ【下地拵】
稲　33⑤245
したじだこしらえ【下地田拵】
稲　33⑤245
したじのこしらえ【下地の拵へ】
稲　25①81
したづみ【下積】
稲　27①184
したつるりょうほう【仕立る良法】

椿　13①96
したて【仕立】
いちび　14①146
蚕　18①89
紅花　4①104
したてかた【仕立方】→K
栗　14①308
したばすすきとる【下葉すゝき取】
ばしょう　34⑥163
したばらい【下バらひ】
杉　14①82
しちがついもうえつけ【七月芋植付】
さつまいも　34⑥129
しちがつうえ【七月植】
さつまいも　34④64
しちがつなのか【七月七日】→O
竹　3④334
しちがつのきれま【七月の切間】
33⑤254
しちがつぼんぜんご【七月盆前後】
稲　30①80
しちはちがつまき【七八月蒔】
にんじん　34⑤83
しつけ【仕付、仕付ケ、仕附】→G、N
10①132/18③368/24③307/29③245/36③222/37②124/38①6, 7, 21, 22, 23, 25, ③115, 197/40①14/41③185, 186/44②94/61①51/62③70, ⑨322, 341, 349, 370, 383, 398/63⑤314/65③250/66①35, 49, 67, ⑤292/67⑥304/68③361/70⑥389
あわ　10③395/25②211/38①17
稲　1①23/18⑥492/21①43, ②118/22②99/25①95, ②182, 189, 191/33⑤249/34⑦248, 251, 252/36③195/37②192/38①8, 16, 26/67⑥286
大麦　21①49/25②199
陸稲　22②118
小麦　25②199/39①43/44②93
すいか　38①18
そば　10③396
なす　34⑤76
にんにく　25②224
ひえ　22③159/25②206
へちま　25②217
紅花　38①19/40④304
麦　38①13/44②92
らっきょう　25②224
綿　25②209
しつけかた【仕付方、仕附方】
21①25
あさぎり　25②221
小豆　25②213
小麦　21①56
ちしゃ　25②220
ふじまめ　25②201
ふだんそう　25②220
しつけじせつ【仕付ケ時節】
麦　41⑦321
しつけじぶん【仕付時分】
あわ　10③395
しっけだ【湿気田】→D
稲　30①52
しつけどき【仕付時】　10①16/30③299
しつけのじせつ【仕附之時節】
38③113
しつけよう【仕付様】
ひえ　10③397
しつける【仕付る】　47④230/69①69
稲　62⑨354
しっちにうずむ【湿地に埋ム】
茶　13①79
じっとおりうえ【十通植】
稲　9③274
じつぼあらため【地坪改メ】
さとうきび　44②88
しなうち【しな打】
小麦　33④227
じなおし【地直】→C
61①48
じならし【地ならし、地馴、地平、地平し、地平均、地拺し】→B、C、Z
61①41/62②35
稲　9③254, 257/23①99/29①47, 59, ③228/41②76, ③171
しなん【指南】　47②118/53④236/70②63, 70
じねんぼし【じねんぼし】→なわしろめぼし
稲　9①52
しのかり【篠刈】　42③194
しのぎみぞ【鎬溝】
麦　30①102
じのこしらえ【地のこしらへ】
ごま　12①208
にんにく　12①289
じのこしらえよう【地のこしらへ様、地の拵やう】
ごま　6①106
綿　7①93
じのとりかえ【地の取替】
綿　13①19
しば【芝】→B、C、E、G、I、N
芝　28①68
しばあげ【柴あげ、柴上ケ】　28②210/43①19, 82
しはい【支配】→L、R
31⑤287/64④309, 311
じばい【地這】→E
とうがん　25②217
しばうち【柴打】
しいたけ　61⑩454
しばえだし【柴枝仕】　43②136
しばかたづけ【柴片付】　43②209
しばかり【しばかり、柴かり、柴刈】　4①25/10①116/28②201, 210/37②88/39⑤291/42⑥384/43②123, 124, 125, 126, 127, 130, 133, 135, 136, 142, 152, 202, 206, 207
稲　22①45
しばかり【芝刈】
芋　42⑥426
しばきり【柴伐】　43①11, 19, 20, 68, 82, 83, 84, 86
しばくさ【柴草】→B、E、G、I
9①127
しばくさおろし【柴草おろし】→L
9①61, 62, 147
しばくさかり【柴草かり、柴草刈】　9①50, 58, 146/24①82
しばくさかるじぶん【柴草かる時分】　9①59
しばくさきり【柴草切】　9①69
しばくさじぶん【柴草時分】　9①50, 58
しばくさとり【柴草とり、柴草採、柴草取】　9①10, 53/61①56
しばくさはぎ【芝草はき】→Z
42⑤332
しばくさひき【芝草引】　43②176
しばくさひろげ【柴草ひろげ】
9①64, 70
しばくさふたつぎり【柴草二つ切】　9①70
しばくさほり【柴草ほり】　43①62
しばくばり【しばくばり、柴くばり】　42⑥384
しばぐりのだいぎ【柴栗のだい木】
栗　18①68
しばごき【柴ごき】　9①60
しばしたかり【柴下刈】
柴　10②376
しばしとみ【芝しとみ】　42⑥427
しはじめ【仕初】　4①12
しばじょう【芝壌】　61①41
しはしょうたい【簁簸舂碓】　5③243
しばつけ【柴ツケ、芝附ケ】　42⑥421
しばとり【柴採、柴取】　38②79/43①31
しばなぎ【しはなき、しばなき】
63⑦386, 388
しばのしまつ【柴のしまつ】
28②137, 138
しばはぎ【芝はき】
芝　28①71
しばはきもち【芝はき持】　65②77
しばほし【柴ほし】　28②137
しばまくり【芝間まくり】
64①50
しばまわり【芝間割】　64①72
しばをうえる【芝を植る】
芝　17①305
しぶがきとり【渋柿取、渋柿取り】　42③184, ⑥393
しぶがめあらい【渋かめあらひ】
42③184
しぶつき【しぶ附き、渋搗】　42③184, ⑥393
じぶんうえたて【自分植立】
桐　18②263
しほう【仕法】→C、N
14①33
じほう【治法】→N
60⑥370
しほうかり【四方刈】
稲　4①28
じぼし【地ほし、地干、地干シ】
稲　6①70, 205/11④167/24①118/31⑤258/39④224, 228
しぼりかた【扨方】→K、M
31①28
しぼりとる【しぼり取】→K
蜜蜂　40④313
しぼる【しぼる、搾ル、搾る、扨】→K
31①25, 26, 27/62⑦193
さとうきび　48①217, 218, 219
紅花　13①45, 46
蜜蜂　40④314
しまい【仕廻】→K、W
藍　38③135
紅花　4①104
しまいよせ【終よせ】
綿　15③369
しまう【仕廻】
たばこ　38③134
しまだて【島立】
稲　1①97/36①53
しまつ【しまつ】　28②166
しまつける【嶋附ケる】　42⑥435
しまつもの【始末物】　25①70
しまりかた【しまりかた】
稲　28②227

じまわり【地廻り】→X
稲　28②167
しみくさとり【しミ草取】　63⑦381
しみずあてかえ【清水あて替】
稲　27①45
しめ【〆】
大豆　20②382
しめあわせ【しめ合】
はぜ　11①42
しめかげん【〆加減、しめかげん】
はぜ　11①42/31④189
しめしろ【しめしろ】
稲　37②76
しめす【しめす】
稲　44③205,212,213,215,217,218,219,220,221,222,223,224,225
しめなわ【〆縄、しめ縄、縮縄】→あてなわ→N、X
稲　19①68,69/20①324,327,329
しめる【しめる、縮】→K
稲　19②404/20①50
じめんかくご【地面格護】　34①6,⑥118
じめんこしらえ【地面こしらへ】
稲　10③393
しもおおい【霜おゝい、霜おほひ、霜蓋、霜覆、霜覆ひ】→C
54①277/56②249
藍　45②102
いんげん　33⑥336
うこん　55③398
瓜　19①115/28①21
柿　14①207
きゅうり　2①98/33⑥341
ささげ　2①102
さつまいも　33⑥337
しゅんぎく　41②118
杉　56②250
なす　2①86
なでしこ　55③377
へちま　2①112
ゆうがお　2①113
しもおこし【霜おこし、霜ヲコシ、霜起】
稲　38④238,252/63⑥340,343,⑦366
しもがこい【霜囲、霜囲ひ】→C
菊　2①116
鶏頭　2①72
さつまいも　2①92
まくわうり　2①106
しもきびたねまき【霜黍種蒔】
きび　30①134
しもきびなえうえ【霜黍苗植】
きび　30①134
しもきり【霜切】
麦　3④274
しもごえかけ【下菌かけ】　43①11,81,83,88,89
しもじゅうごにち【下十五日】
38③190
稲　37②102
桐　56①49,141
しもにねらす【霜ニねらす】
稲　24③299
しものおおい【霜の覆】
瓜　20②378
しもふりてかりとる【霜ふりて刈取】
稲　13①71
しもよけ【霜よけ、霜除、霜除ケ、霜除け】　21①74/55②179/62⑤124
いんげん　3④238,356,369,380
漆　56①175
柑橘類　3④300
さつまいも　21①66/39①52
そば　2④287
たかな　39①55
茶　38③182
なし　14①377
なす　3④291,353
やまいも　38③130
しゃかい【煮海】　52⑦283
じやき【地焼】　36②107
しゃくきり【しやく切】
ねぎ　62⑨344
しゃくぼく【斫木】
しいたけ　45④201
しゃくをきる【しやくをきる】
やまいも　62⑨328
じやしない【地養ひ】
あわ　11②112
じやまにみぞ【地山に溝】
綿　29①64
しややく【しややく】→ていれ
40③224
じゃりいしたやす【しやり石たやす】　62⑨380
じゅういちがつうえ【十一月植】
さつまいも　34④65
しゅうかく【収獲(穫)、秋穫】→Z
25③282,284/52⑦282
じゅうがつうえ【十月植】
さつまいも　34④64
じゅうがつちゅうじゅんこぎ【十月中旬こぎ】　48①199
しゅうこう【秋耕】　6②281
稲　12①59,60,132/30①21,37,42/37③260/61①29
しゅうこうのじょうじ【秋耕ノ上時】　69②191
しゅうこうのちゅうじ【秋耕ノ中時】　69②191
しゅうしゅう【秋収】　2①69/5①190
しゅうじゅくのき【秀熟の期】
稲　30①67
しゅうぞう【収蔵】　5①190
じゅうにがつうえ【十二月植】
さつまいも　34④65
じゅうににちかえし【十二日返し】
稲　30①20
じゅうににちまき【十二日蒔】
かぶ　19①201
しゅうのう【収納】→J、L、R、Z
14①266/21②125,③157/33④211/38④263,264,266,267/62①15/63③106,126/68④416
小豆　38③151
あわ　21①60
稲　6①73/9③255,295/21①34,②113,117,118/29③194/31⑤278/33①24,④209/38①15/62⑦188/70④260
えごま　22④263
大麦　21①49,58,②122,123
小麦　21①58,②123/22④211
里芋　21①64
そば　38③161/64⑤357
大豆　22④225/38③154
菜種　4①114/45③143,157
裸麦　38③176
ひえ　33④220
むらさき　14①155
もろこし　22④266
綿　15③408/22④262
しゅうのうかた【収納方】
麻　21①73
えごま　21①62
小麦　21①58
しゅうのうすぎ【収納過】　24③267
しゅうのうどき【収納時】
大麦　39①40
しゅうのうのじせつ【収納の時節】
稲　36①54
しゅうのうのせつ【収納の節】
大麦　21②123
しゅうほ【修甫】→C
33⑤262
しゅうほぎり【修補切】　57①9,14,24
じゅうもんじにきる【十文字に切る】　60⑥355
じゅうよっかまき【十四日まき】
大根　28②204
しゅうり【しゆり、修利、修理】→C、L
5①166,173/8①171,173,174,175,176,177,179,191,195,199,204,222,250/10①114/28①5,9,13,62,85,94,②177,181/32①210/33①57/39⑤280/62②33/64⑤337/65②122,125
麻　39⑤285
あさつき　4①144
小豆　27①69
あわ　5①93,95
稲　4①45,47,57,59,73,233,250/5①59/8①71
大麦　5①124
かぶ　4①106/8①110
からむし　4①99
小麦　4①231/5①121/12①167
ささげ　5①103
さつまいも　8①117
里芋　8①118,119
すげ　4①125
せんきゅう　14①47
そば　5①116
そらまめ　8①112
大根　8①109
大豆　5①102/28①22
たばこ　28①21
茶　5①161/13①81
菜種　4①113/8①86,88,89/28②167/39⑤254/41④208/45③142,154
にんにく　4①144/30③286
ねぎ　4①143
はすいも　30③273
はぜ　31④205
ひえ　5①99,100
ふき　4①149
麦　8①95,97,103/39⑤254,261
綿　8①21,23,24,37,38,52,239,241,245,246/15③388/28①11,23
しゅうりかた【修理かた、修理方】
稲　11④169,171,180,181
しゅうりだ【しゆり田】
稲　28②179
しゅうりのほう【修利之法】　8①172
しゅうりばんたん【修利万端】
綿　8①246
しゅうりぶそく【修理不足】
28①94
しゅうりほう【修利法】
えんどう　8①114
じゅくするじせつ【熟する時節】
うめもどき　55③380
じゅくむぎのなか【熟麦の中】
稲　30①52

しゅげい【種稽、種芸、種蓺】3①11,26,③117,143,148,163/4①168/5②219,③255,288/6②329/12①20,79,126/13①334/18②245,④423/30①6,7/37③252,254,255/38③118/62⑧237,270/70⑥372
稲　15①61/37③342
じゅげい【樹芸】2⑤336/4①6/7②217/12①12/39①13,64/50②141/62⑧288/65③210
漆　46③203
じゅげいちょちくのほう【樹芸儲蓄の法】18①190
しゅげいのぎょう【種芸の業】13①315
しゅげいのじゅつ【種芸の術】7②260/13①335/18①96,109
じゅげいのじゅつ【樹芸の術】18①177
じゅげいのせつ【樹芸の節】19②392
しゅげいのとき【種芸の時】7①56
しゅげいのほう【種芸の法】12①20,26
菊　55①15
たばこ　13①53
しゅげいのみち【種芸の術】13①357/62⑧253
しゅご【守護】→ていれ 35②381
蚕　35②351,373,374,375,379,384
桑　35②282,283,286,308,312
楮　29④278
さつまいも　29④280
大小豆　29④279
茶　29④278
紅花　29④270
麦　29④270
しゅしのせいほう【種子ノ製方】63⑧430
稲　63⑧431
しゅしのみつもり【種子の見つもり、種子の見積】21①92,②101
しゅしもやしかた【種子萠方】
稲　63⑧433
しゅじゅのでん【種々の伝】
たばこ　13①60
しゅしょくのじゅつ【種植の術】12①13
しゅしょくのほう【種植の法】3①11
綿　15③326
しゅしょくのみち【種植の道】12①19,20
しゅしょくのわざ【種植の業】→M 3①11
しゅじんいりよう【主人入用】27①354
しゅっかばはいかき【出火場灰かき】42⑥403
しゅっさん【出産】50④326
しゅっせいのにちげん【出生の日限】
蚕　47②101
しゅほう【修法】8①127
じゅもくきりだし【樹木伐出し】25①30
じゅもくにこやしをおく【樹木に糞しををく】13①248
じゅもくにみずをそそぐ【樹木に水をそゝく】13①248
しゅれん【種歛】24①162
しゅろしたてかた【棕梠仕立方】
しゅろ　53④247
しゅろなえうえつけ【棕梠苗植付】
しゅろ　34②24
しゅん【旬】3④219
いんげん　3④238
じゅんき【旬季】2⑤334
しゅんぎくまき【茼蒿蒔】
しゅんぎく　30①133
しゅんぎくをつくる【しゆんきくを作る】
しゅんぎく　17①292
しゅんこう【春耕】→Z 2①69/4①220/5①190/8①171/37③261/52⑦282/61⑩411/63⑧430,432
稲　9②195/12①132/30①22,37,42,68,69,70
ひえ　2①11
しゅんこうかうん【春耕夏耘】20①341
しゅんこうのげじ【春耕ノ下時】69②190
しゅんこうのじょうじ【春耕ノ上時】69②189
じゅんさいをつくる【しゆんさいを作る】
じゅんさい　17①310
しゅんじ【旬時】3④219,235
大根　3④217
しゅんじゅん【旬順】3④235
じゅんすい【順水】21①21
しよう【仕様】38③120
なす　41②89
しょうか【焼化】69②162,216
しょうがうえつけ【生薑植付】
しょうが　34②25
しょうがつうえ【正月植】
さつまいも　34④64
しょうがつしめのうち【正月シメノ内、正月松之内】
菜種　8①86,87
しょうがつちのひ【正月チノ日】
大根　31⑤251
しょうがつわりき【正月割木】28②266
しょうかほう【焼化法】69②217,218
しょうがほりあげ【薑堀上】
しょうが　29④283
しょうきょうつくりよう【生薑作りやう】
しょうが　48①249
じょうげへきりかえす【上下へきりかへす】
稲　17①99
じょうこんのかせぎ【上根のかせき】28①5
じょうさらし【上晒】
いぐさ　18②277
じょうしゅん【上しゆん、上旬】28②226
稲　28②194
小麦　28②242
なす　23⑥336
菜種　28②220,240
綿　28②192
しょうじょ【小鋤】4①224/12①86
しょうすいのほう【升水之方】→みずあげのほう 55③445
しょうすみまき【しやうすミ蒔】
ひえ　62⑨337
しょうすみむぎ【しやうすミ麦】
麦　62⑨386
じょうずをいってつかう【じやうずを言てつかふ】28②186
じょうせき【定積】19①35
しょうせつ【正節】19②392
じょうたば【常たば】
稲　27①174
しょうつみ【しやうつミ】
麦　62⑨386
じょうどき【上時】
綿　8①17
じょうのうとりつかい【上納取遣】34⑥152
しようのほう【飼養の法】
蚕　35①254
しょうぶをうえる【せうぶを植る】
しょうぶ　17①306
しょうべんごえたくわえよう【小便糞貯様】34③48,⑥141
しょうべんしちぶにみずさんぶ【小便七分に水三分】
みつまた　14①398
しょうほう【春法】19①5
じょうほう【定法】
稲　17①58
しょうぼくつぎ【小木接】
はぜ　11①44,45
じょうぼくのほ【上木の穂】
はぜ　11①52
じょうまづき【上まづき】
大麦　28②198
じょうみず【定水】
稲　24③283
しょうやく【しやうやく、しやふやく】→ていれ 40③230,231,233,237,238,240
綿　29②140
じょうらち【常らち】
稲　27①51
しょうるえのかいかた【生類への飼方】21②101
じょうん【鋤芸、鋤耘】6②286/12①84/30①7/68①63
稲　6①60,62/30①66/37③318,326
麦　30①112,121
れんげ　30①65
しょきをふせぎしれい【暑気を防ぎし例】
蚕　35①145
しょく【稷】37③331
しょくげい【植芸、殖芸】15②133/22①40
しょくげいまきかた【植芸蒔方】22①39
しょくのうのせつ【植農の節】22①18
しょくぼくのわざ【植木のわざ】12①25
しょくようのほう【殖養ノ法、殖養之法】
蚕　35①11
じょくりょく【耨力】22①79
じょこうのしほう【除蝗の仕法】
稲　15①64
じょこうのほう【除蝗の方、除蝗の法】15①9
稲　15①54
しょさ【所作】25①60,61,68,71,76,83
しょさいうえすまきす【諸菜植時蒔時】20①148
しょさいうえまくじせつ【諸菜植蒔時節】19①103
しょさくしつけ【諸作仕付】32②331
しょじゅもくうゆるほう【諸樹木栽法】13①229
しょちくぼくのうえかた【諸竹木の植方】21②101
しょてまき【初手蒔】
稲　36②100
しょぼくうえかえじぶん【諸木

植替時分】 54①262
しょぼくうえしおのたいがい【諸木うへしほの大概】 13①237
しょぼくしたてかた【諸木仕建方】 53④249
しょやさいしつけ【諸野菜仕付】 34⑤85
しらうおじせつ【白魚時節】 59③229
しらがち【しらがち、精がち、精春】 27①343
稲 27①385,386
しらげ【精搗】→N 69②339
しらげがち【精かち、精げかち】
稲 27①201,387
しらけたるとき【白けたる時】
綿 23⑤273
しらげつき【しらけ突】
麦 67⑤227
しらぼし【しらほし】→K
稲 19②369
しらぼしたね【白干種】→E
稲 19①33
しりうま【尻馬】 8①177
しりうまにのる【尻午ニノル、尻午ニ乗、尻馬ニノル】 8①176,178,179
しりうまのり【尻午乗】 8①197
しりうまひき【尻午引】
麦 8①105
しりがえ【しりがへ、尻かへ、尻替】
蚕 35①114,116
しりくわ【しりくわ、しり鍬】
稲 27①83
裸麦 28②236
しりくわする【しりくわする】
菜種 28②253
しりくわとり【尻くハ取、尻鍬取】→X
稲 2④280/20①59
しりげがり【しりげかり、しりげがり】 28②209
稲 28②189,200,214,223
しりげほる【しりけほる】
稲 28②228
しりずきまんが【しりづきまんくわ】 43②153
しりのみず【尻ノ水】
綿 8①49,56,244,245,283
しりのみずひかえ【尻ノ水扣】 8①186
しるしつけ【印付】
稲 27①91
しろ【しろ、代】→D
稲 1①66/10①51/17①76,79,81,83,84,103,104,105/29①47,48,49/36③205/39②95/41②76/62⑨335,353
しろあぜとり【しろ畔とり】
稲 10①110
しろうち【しろうち】
稲 9①53
しろうりたねまき【越瓜種蒔、越爪種蒔】
白瓜 30①121/41②91
しろうりなえうえ【越瓜苗植】
白瓜 30①125
しろかき【シロカキ、しろかき、しろ掻、しろ攪、代カキ、代かき、代かぎ、代ガキ、代ロ掻、代掻】→あら、あらがき、あらくれかき、あらしろ、うえしろ、うえしろかき、うえしろすき、うえはい、おばながき、しろすき、たのうえしろ、たのしろ、たひき(挽)、なかがき、なかしろ、なかしろかき→Z
稲 1①63,66,78/2④295,296,297/9①75/10①111/16①198/17①76/20①59/24③316/29③199,231/30①41,46,47,50/32①30,40/37①19,22,②93/38②51/41①8,9,10,⑦316/42⑥383,420/61⑩434/68④413
しろかくとき【代かく時】 69①97
しろかり【しろ刈】
稲 38②54
しろきり【しろ切】
稲 24③286,316,325
しろくかびのすこしみゆるとき【白くかびの少し見ゆる時】
藍 13①43
しろこしらえ【代拵、代拵へ】
稲 29②131
杉 56②243
しろすき【しろすき、シロ犂、シロ犂キ、代すき、代ずき、代ロすき、代犂、代犁】→しろかき
稲 5③267/12①142/24①36,66/32①33,36,40/33①20,21/37③261,307/41①9
しろすきのせつ【しろ鋤之節】
稲 61⑩411
しろすり【代摺】
稲 30①89
しろだし【代出シ】
たばこ 38④247
しろつくり【しろ作り】
稲 30③240
しろつけ【代付】
とうがらし 2①84
なす 2①84,85,119
しろなえのやしない【代苗の養】
杉 56②247
しろならし【しろならし】
稲 62⑨354
しろのこしらいかた【代の拵ひ方】
さつまいも 21①65
しろのり【しろのり】
稲 62⑨348
しろのる【しろのる】
稲 62⑨349
しろひき【しろ引】
稲 30③257
しろふみ【代踏、代蹈】
稲 30①41,47,50
しろへふせる【代へ伏せる】
ねぎ 3④293
しろへまく【代へ蒔】 56②287
しろまえほかし【しろまへほかし】
稲 17①74
しろみがき【白ミガキ】 55①25
しろみずにつける【泔水に漬る】
杉 13①190
しろわり【代割】
稲 30①55
しろをかきかく【シロヲカキカク】
稲 2④280
しろをかく【しろヲかく、しろをかく、代をかく、代を掻】 16①82,93,196,201/69①87
いぐさ 17①310
稲 17①55,74,77,87,88,89,94,97,100/29③235/61⑩430
しろをしなおす【代を仕直す】
稲 29①49
しわざ【仕業】 25①27
じわり【地割】→R 47⑤269
じをかえる【地をかへる】 12①92
じをかわかす【地を乾かす】
稲 29①51
じをこしらえる【地をこしらへる】
菜種 12①232
じをこなす【地をこなす】
大根 12①217
じをたがやす【地を耕す】
さつまいも 12①384
じをやすめる【地を息める】 12①92
しんかい【新開】→D 3③115,124,165/61①41/69②218
しんかいかいこう【新開開荒、新開々荒】 3③120,160
しんきゅう【針灸、鍼灸】 60⑥320,332,334,340,341,343,356,370
しんきり【真切】
綿 28④338
しんくさとり【新草取】
あわ 34⑥127
綿 34⑥128
しんこう【深耕】
稲 18③361,362
じんこう【人耕】 24①35
しんこうえきどう【深耕易耨】 18③361/36③192
しんさく【新作】→M
さとうきび 48①217
なし 46①89
しんざし【真さし、真ン指シ】
藍 30④347/45②105
しんじ【針治】 60⑥339
しんしかいこう【新菑開荒】 3③149
しんしゅ【浸種】→あげひたし、あげぶて、いけかし、かし、かわかし、かわつけ、たねかし、たねつけ、たねひたし、たねひやかし、たねひやし、たねふてる、みずかし、もみのいけひたし→Z
稲 19①33
しんしゅおいん【浸種淤蔭】 5③243
しんしよう【新仕様】
漆 46③209
しんすい【浸水】→K
しいたけ 45④202
しんたちはじめのころ【心立はしめの頃】
菜種 22③164
しんちをひらく【新地を開く】 62⑧261
しんつみ【しんつみ、心つみ、心摘】
ごま 34④67
菜種 22③155
しんでんうえなおし【新田植直、新田植直し】
稲 9③273,275
しんでんうえなおしのしよう【新田植直之仕様】
稲 9③277
しんでんかいさく【新畑開作】 35②318
しんでんかいはつ【新田開発】 2②155,⑤325/15②270,298/21②105/22①54/23④191/45⑥321/62①13,②35/64①40,44,49,54,71,78,83,②114,120/65③180,226,248
稲 23①97
しんでんのみずかき【新田之水掻】 8①270
じんどうのはり【神道之針】

60④229
しんとむる【真留る】
かぼちゃ 30③254
すいか 30③254
しんとめ【しんとめ、心ン留、真留】
きゅうり 41②91
桑 61⑨305, 308
たばこ 41①12
綿 8①29/42⑤334
しんとめよう【梢留やう】
綿 7①89
しんとめる【心留る】
ごま 41②115
しんのとめかた【心の留かた】
綿 18②274
しんのとめよう【梢の留やう】
綿 7①99
しんぱつ【新発】→D
61⑨312/64④311/70②171, 175
しんばとり【新葉取】
たばこ 34⑤101
しんばのたつじぶん【心葉ノ立時分】
大根 5①111
じんばのとおるかたへほをだす【人馬の通る方へ穂を出】
稲 27①175
しんぽう【針法】 60⑥352, 355, 361, 370
しんぼうどめ【心棒留】
綿 41②108
しんまいこしらえ【新米拵】
稲 67⑥308
しんをきりとめる【真を切留】
たばこ 33⑥391
しんをきる【しんを切、真を切、末を截】
大根 20②388
たばこ 29①82
綿 22②119/38③148
しんをつむ【しんをつム、末を摘】
そらまめ 38③166
まくわうり 12①249
しんをとむ【真を留む、芯をとむ】
白瓜 30③253
大豆 7②327
しんをとむる【シンヲ留ムル、志んをとむる、真をとむる】
きゅうり 30③253
菜種 1④309
綿 30③268/32①146
しんをとめる【しんを留、しんを留る、心ヲ留ル、末を留る、梢を留】
菊 55①24, 25, 32
きゅうり 38③127
白瓜 38③136
たばこ 38③133, 134
とうがん 38③122
とうささげ 38③125
菜種 1④309
ほうきぐさ 38③145
綿 7①99, 100

【す】

すいかうえ【西瓜植】
すいか 43②146
すいかたねまき【西瓜種蒔】
すいか 30①121
すいかとり【西瓜取】
すいか 43②168
すいかなえうえ【西瓜苗植】
すいか 30①125
すいかをつくる【すいくわを作る】
すいか 17①267
すいかんにこらす【水旱ニコラス】
綿 8①186, 234, 238, 246, 247
すいしゃくり【水車くり】 42⑥380
すいそう【水葬】
蚕 35②381
すいそんじょにはぜうえる【水損所に櫨植る】
はぜ 31④214
すいちゅうふちん【水中浮沈】
稲 23①47
すいちゅうふちんのこころみ【水中浮沈の試】→うきしずみのこころみ
稲 23①39
すいひ【水干】→K
ところ 15①90
すいよう【水養】 8①131, 220, 222
綿 8①25, 39, 42, 43, 61, 233, 237, 240, 246, 267, 270
すいようかげん【水養カケン】
綿 8①270
すいり【水利】→C、D
1①72
すいりのかけひき【水利のかけ引】 12①107
すうえ【ス植、素植】
なす 19①129
ねぎ 3④370
すうえ【徒植】
なす 19②444
すえうち【末打】
稲 33⑤246
すえきり【すゑきり、末切】
稲 28②190
綿 9②218/28②188
すえさびらき【末さひらき】→さびらき
稲 22②122
すえだ【末田】
稲 6①55/19①38, ②439/20①55
すえたうえ【末田うへ】
稲 6①44
すえとめ【末とめ】
綿 9②221
すえなわしろ【末苗代】
稲 21①29
すえのしんをとむる【末の芯を留る】
綿 15③395
すえばかりをつむ【末ばかりを摘】
茶 14①317
すえひがん【末彼岸】
稲 63⑧433
すえまき【末へ蒔き、末蒔】 21②126
大麦 21①49
すえをきる【末を切】
綿 9②217
すえをとめる【すゑをとめる、末を留る】
たばこ 28②179
菜種 45③169
まくわうり 12①255
綿 9②217/15③389
すがいまる【スガヒ丸】
菜 19①172
すかす【すかす】
麦 41⑥274
すき【すき、鋤、犂】→B、Z
41①12/69②217
あわ 41⑤260
稲 27①41/31②76/41①11
すきあげ【犂上】
麦 30①93
すきあわせ【犂合せ】 69①111
すきいれ【鋤入、鋤入レ、犂入】
8①163, 215
稲 8①208, 210
漆 46③210
里芋 38③129
麦 8①13, 94
すぎうえたて【杉植立】 56①139
杉 56①45, 139, 145, 152, 166, 167, 170
すぎうえたてとちをみるほう【杉植立土地を見る法】
杉 56①166
すきうち【鋤打】 40③226
すきうめる【犂埋る】
えんどう 30①65
そらまめ 30①65
すきおこし【鋤起、鋤起し、鋤発、鋤発シ】→あいぶみ
稲 5①27, 28/31③116/41②62
すきおこす【すき起す、鋤起す、犂キ起ス、犂起ス】 11⑤256/69②216, 218, 223
稲 30③257
すきおろし【鋤ヲロシ】
稲 39⑤263
すきかえし【すきかへし、すき返し、鋤返シ、鋤返し、犂返し】 15②204
稲 4①219/5①21, 22, 85/11④180/17①97
大麦 12①153
しょうが 12①292
大根 12①217/41②102
たばこ 13①61
麦 5③266
すきかえす【すきかえす、すきかへす、鋤返す、犂かへす、犂耕ス、犂返す】→Z
16①181/41②76/62⑧259, 260/69①68, 87, ②192, 231
稲 12①133/30①39/37③260, 273/39⑤270/41③170, ⑤258, ⑥268
さとうきび 50②152
菜種 45③159, 160
麦 41③180, 181/62⑦211
やまいも 12①371
すきかき【すきかき、鋤かき、鋤掻、犂カキ、犂かき、犂擺、犂掻、犁掻】 10②353
麻 13①33
あわ 31②75
稲 13①375/29③241/30①40/31③113/32①41/37③260/41②62, ⑤249/63⑤295
きび 33①28
そば 41②121
大根 31②81
はぜ 11①26/33②123, 124
ひえ 33③162
麦 31②83/41③181
すきかきこなす【鋤擺こなす、犂かきこなす】 10②361
綿 13①19
すきかた【鋤肩】→D
8①204
すきかやし【犂カヤシ、犂かやし】
麻 13①34
さつまいも 32①128
大根 32①135
すきかやす【すきかやす、犂カヤス】 41⑥276
麻 32①140, 142, 143
すぎきさす【杉木サス】
杉 38④244

すききらす【すききらす】
いたどり 69①69
すきこなし【すきこなし】
稲 41①11
すきこみ【すきこみ、鋤込】
稲 9①64,70
さつまいも 41②99
すきこむ【すき込、すき込む、犂込、犂込む】 62⑧268/69①70,97
あせび 69①71
稲 15①94/41①8,9,10
すきころす【犂殺す】 69①67
すきさし【犂さし】
稲 6①35
すきさしうち【すきさし打】 42④261
稲 42④260
すきしかえす【犂し返す】
さとうきび 50②153
すぎしたてかた【杉仕立方】
杉 53④245
すきぞめ【すき初】→O
稲 42④260
すきたがえす【犂耕ス】
さとうきび 70①20
すきたがやす【犂耕】
稲 12①62
すきたつ【すき立】
ひえ 33①29
すぎだねうえよう【杦種子植様】
杉 57②153
すぎだねとりかた【杉種取方】
杉 56②242
すぎだねまきよう【杉種蒔様】
杉 56②246
すぎなえうえ【杉苗植】
杉 68④412
すぎなえうえたて【杉苗植立】
杉 56①153
すぎなえぎうえ【杉苗木植】
杉 42③166
すぎなえのしろのこしらえよう【杉苗の代の拵やう】
杉 56②245
すぎなわしろこしらえよう【杉苗代拵様】
杉 56②244
すぎのえだつけ【杉之枝付】
杉 63⑦363
すぎのえだとり【杉の枝取】
杉 63⑦362
すぎのえだまろき【杉之枝まろき】
杉 42③180
すきのから【鋤ノカラ】 39⑤263
すぎのきしたてかた【杉木仕立方】
杉 14①69
すきのそうじ【鋤ノソウジ】 8①199
すぎのたねをとりてたくわえおきまくこと【杉の種子をとりて貯へ置まく事】
杉 14①72
すぎのみとり【杉実取】
杉 56①159
すぎのみとりかた【杉実取方】
杉 56①214
すぎほさしよう【杦穂差様】
杉 57②150
すきほし【すきほし】→D
稲 28①26,62
麦 28①29
すきぼり【鋤堀】 8①200
菜種 8①88
すきぼりおろし【鋤堀ヲロシ】 8①157
すきぼりそうじ【鋤堀ソウシ、鋤堀ソウジ】 8①158,190,196
すきまぜ【すきませ】
稲 41⑦316
すきまぜる【犂交る】
稲 69①88
えんどう 69①68
すきまなくこやす【すき間なく糞す】
綿 13①10
すぎみふせ【杉実臥】
杉 56①58,145,211
すぎみふせこころえ【杉実臥心得】
杉 56①211
すぎみふせはたごしらえ【杉実臥畑拵】
杉 56①42
すぎやまうえたて【杉山植立】
杉 56①45
すぎやまのやしない【杉山の養】
杉 56②272
すきようのほう【犂キ様ノ法】 32①193
すく【すく、鋤、犂、犂ク】 38③194,195/52⑦282/62⑧258/69②188,223,224
稲 6①42/37③307/42④262,263/43①74/61⑩436/62⑦191
すくいあげおく【抄上置】 69②361
すくいかえし【すくいかへし】 42⑥386
すくいのかげん【すくいのかげん】 28②226
すぐまき【直蒔】
稲 31⑤258
すぐり【すくり、すぐり】
藍 4①100
しゅんぎく 4①154
ちしゃ 4①147
すぐりとり【すぐり取】
きゅうり 4①136
すぐりとる【すくり取、撰り取る】 4①147
なし 46①93,95
ひえ 27①129
すぐりよう【勝リヤウ、勝りやう】
いぐさ 5①79
稲 11②97
すぐる【すくる、スグル、すぐる、撰、撰る】
あさつき 25②223
大麦 27①132
ごぼう 25②220
なし 46①89,90,92,94,95
すくろこなし【すくろこなし】
稲 1①36
すげをうえる【すげを植る】
すげ 17①304
すげをうゆるほう【すげを種る法】
すげ 13①73
すごく【すごく】
麦 10③400
すこしずつまく【少シつゝ蒔】
大根 33⑥309
すじ【筋】→D
麦 3③151
綿 7①97
すじいれまき【筋入蒔】
大小豆 3③162
すじうえ【筋うへ、筋植】
大麦 12①163
けし 12①316
茶 6①157/13①81
麦 64⑤358
すじかい【筋違】→B 56②258
ずしかえ【すしかへ】 28②200
すじきり【筋きり、筋切】→B、Z 8①188,204/14①57/15②189,207
麦 8①105
綿 8①18
すじくさひき【筋草引】
綿 8①37
すじたてまき【筋立蒔】
麦 34⑧297
すじのきりよう【筋のきり様】
たばこ 13①55
すじひき【筋引】→B
にんじん 22④259
すじまき【すじ蒔、条蒔】
麻 63⑧439
稲 36③198
すじをきる【筋をきる、筋を切】 15②135,176
大麦 12①154
陸稲 61⑦194
ごま 23⑤268
大豆 15②184
にら 12①286
麦 15②192
やまいも 12①376
綿 15②194,③369
すじをたてうえる【筋を立て植る】
稲 29③192
すじをひきおく【すぢを引置】
大根 15②223
すじをひく【すじを引、筋をひく、筋を引】 15②135,183,188
綿 15③362,386,401
すじをほる【筋を堀】
綿 15③386
すずき【スヽキ、スヾキ】→わらつみ→C
稲 8①211,215
すすきほうご【薄抱護】 57②160
すずしかいのほう【冷し飼の法】
蚕 35③437
すすはき【煤掃】→N、O
蚕 35③428
すずめがくれのとき【雀かくれの時】 19①181
すずめのかくれのじぶん【すずめのかくれの時分】 4①95
すそゆ【すそ湯】 14①179
すだき【酢煮】
あらせいとう 55③250,274
おぎ 55③368
はぎ 55③348
すたねまき【す種子まき】 20①187
すづくり【素作り】 41⑦315
すてそだて【捨育】
しょうが 2⑤331
すてづくり【捨作、捨作り】 5③247/23④192
桑 35②286
麦 5③265
すどおし【簀透シ】
小麦 5①122
すなあげ【沙上ケ】→C 43②169
すなどめ【砂留メ】
稲 39②97
すなはき【砂掃、砂掃キ】 66①38,41,43,49,50,51,52,54,57,58,61
すなはきしかた【砂掃仕方】 66①48
すなまき【砂蒔】
ひえ 25②206

すに【酢煮】
あさがお 55③334
とうごま 55③350
唐つわ 55③391
すのはこつくりよう【脾の箱造りやう】
蜜蜂 14①347
すはんだあらうち【すはん田新打】
稲 34②28
すぼし【素干】→E
稲 36①44
すぼし【巣干】
稲 25②188,192
すまき【スマキ、すまき、素蒔、徒蒔】→D
小豆 19①144
あわ 23⑤258
稲 36②105/37①22
大根 5①112
ひえ 23⑤258
麦 1③268
綿 3④304
すみうち【すみ打】
稲 29②133
すみだいこん【すみ大根】
大根 3④226
すみとり【炭取】→B、N 42⑤316
すみびにてやく【炭火にてやく】
なし 13①136
すり【すり】 39①57/67⑥272
稲 41③177
すりあし【摺足】
ごま 22④247
すりあらい【すりあらひ】 60⑥372
すりあらう【すり洗ふ】 60⑥354
すりうすひき【摺臼挽】 22③175/37③345
すりくだき【すりくだき】
はと麦 12①212
すりけずり【スリケヅリ、スリ削、スリ削り】 8①173,177,205
綿 8①189
すりこき【すりこき】
稲 4①73
すりこぶり【すりこぶり】
大麦 28②195
すりこみ【摺込、摺籠】→L
稲 30①22,25,43,44
すりしまい【摺仕廻】
稲 41③179
すりたて【すり立】
稲 67⑥291
すりつける【すり付る、摺付る】→K 60⑥352,354
すりなわ【すり縄】→B
麦 63⑤316
すりまわし【摺廻し】
稲 11②102
する【する(搗精)、摺(搗精)、挽(搗精)、磨(搗精)】 42④239
稲 27①381,382
麦 3④275
する【する(すり鉢でする)】 49①193
するすひき【するす引、するす挽、木礱引、木礱曳、木礱挽】
稲 19①77,78/24③315/38②82/63⑦398,400
すをあむ【すをあム】 13①269
すをきりてみつをとる【割脾取蜜】
蜜蜂 14①353

【せ】

せいぎょうごとぬぼくれい【生業事奴僕例】 27①**364**
せいさい【精砕】 69②162,215,216,219,221
せいさいほう【精砕法】 69②**219,220,221,227**
せいじゅくまで【精熟迄】
稲 25②183
せいしよう【製しやう】→K
むらさき 14①155,158
せいしょく【生植】 5①191
せいすいにつける【清水に漬る】
紅花 13①45,46
せいすいをうつ【清水をうつ】
桑 13①120
せいそう【清掃】
ひえ 5①101
せいぞうほう【製造法】→K
さとうきび 30⑤412
せいちょう【生長】→E 5①190
せいとう【せいとう】
稲 28②128
せいばくたわらづめ【清麦表詰】
麦 43②173
せいほう【セイ法、製方、製法】→K
じゃがいも 18④398
にしん 8①121
むらさき 14①**155**
せいほうかた【製法方】→K
海苔 14①293
せいほうのこと【製法の事】
さとうきび 14①105
海苔 14①298
せいほうのず【製方之図】
じゃがいも 18④399
せいぼくつぎき【成木接木】
なし 46①62
せいようのみち【生養の道】 12①47
せおい【セヲイ】→W
稲 2④300,301
せおいあげ【セヲイ上ケ】
稲 2④302
せおいいれ【セヲイ入】
稲 2④296,300
せおいかり【背負刈】 24②240
せおいつみ【セヲイツミ】
稲 2④303
せきあげ【関上ケ】→C、L
綿 43②161
せきいれ【せき入】
稲 11②92
せきしょうをうえる【せきせうを植る】
せきしょう 17①**308**
せきちくはなつくりよう【石竹花作り様】
せきちく 48①**203**
せきとめる【せき留る】
杉 56②259
せけんなみのつくりかた【世間なみの作方】
綿 23⑥328
せけんなみりゅうのまきかた【世間並流の蒔方】
麦 23⑥322
せつ【節】 2④275,279/39①14
稲 2④300/17①62
せっきづき【節季搗】 24①148
せっちゅうひきつち【雪中引土】
稲 25②195
せっちんへみずいれ【雪隠へ水入】 43②156
せつまき【節蒔】
大豆 22①39
せなこつくろい【せなこ繕ひ】 27①238
せなこゆい【せなこ結、せなこ結い】 27①15,270
せひ【施肥】 44③208
せびき【背引】 19①155
せびきまき【畝引蒔、背ヒキ蒔、背引キ蒔、背引蒔】 19①216/20①141
からしな 19①135
ごぼう 19①112
紅花 19①120
せびく【せひく】 19②366
あわ 39②111
そば 39②113
菜 39②114
にんじん 39②115
ひえ 39②110
もろこし 39②118
せびまき【畝ヒ蒔】
ごぼう 19①111
ぜふをつくる【ぜふを作る】
けいも 17①**295**
せめぐわ【せめ桑、責桑、迫桑】
蚕 35①125,126,129,135,139,150/47②86,115,120,121,122,126,144,③167
せりをつくる【せりを作る】
せり 17①**311**
せわり【瀬割】→C
たばこ 44③227
せん【騸】 60⑦459
せんか【剪花】 55③206
せんかほいく【剪花保育】 55③205
せんぐりまき【先繰蒔】
にんじん 29③251
せんざいしつけ【前栽仕付】 24③**301**
せんざいものまきつけ【せんざい物蒔付】 27①263
せんじいだす【煎じ出す、煎出す】 7①116/13①42
せんじてうつ【せんじてうつ】
大根 12①219
せんすいのつくりよう【泉水の作りやう】
金魚 59⑤**440**
ぜんどうのはり【膳ドウ之針】 60④228
せんばつ【剪末】 56①133,139,148
ぜんまいとり【せんまいとり】 42⑥418
せんもとしつけ【仙本仕付】
わけぎ 34⑤**84**

【そ】

そうけにう【そうけにう】→いなにう、いねにう
稲 4①29
ぞうけまきなえ【雑毛蒔苗】 8①157
そうけん【桑繭】 52⑦283
そうこう【草耕、草耘】 38③115,197,198
藍 38③135
稲 38③139
えんどう 38③167
里芋 38③128,146
ちょろぎ 38③131
なす 38③121
ひえ 38③147
紅花 38③164
麦 38③144
もろこし 38③145
やまいも 38③130
綿 38③148
ぞうこくつくり【雑穀作り】

20①118
そうさ【造佐、造作】 57①10, 11
そうさん【桑蚕】
蚕 35③425
そうじ【そうし、そうじ、掃除】→K、N
5①134/13①247/28②137, 275/38③193/40③227/42③ 166,167,193,194,195,201, 202,204,205,④231,236,240, 245,265/43②141,142,177
稲 27①77,164,384
ひえ 5①101
やまいも 5①144
ぞうしあがり【ざうし上り、雑司上リ】 27①305,309
ぞうしかわりめ【雑司代り目】 27①316
ぞうししょにち【雑司初日】 27①316
ぞうしちゅう【雑司中】 27①320
ぞうしのうち【雑司の中】 27①312
ぞうずとるすべ【雑水取術】 19①194,②285
そうちょう【早朝】 25①143
稲 27①35
そうまのほう【相馬の法】
馬 60⑦463
そうもくうえつくりよう【草木植作様】 54①262
そうもくやしないかた【草木育方】 55③206
ぞうりつくり【そふり作り】→M
43②138,171
そうをうゆるほう【葱をうゆる法】
ねぎ 12①282
そえうえ【添植】
稲 10③394
なす 3④377
そえかけ【そへかけ】→I
9①100
そえじせつ【添時節】 51①59, 67
そぎあわせ【そき合】
はぜ 11①44
そぎおき【鏺置】
稲 5①22
そぎきり【ソキ伐、そき伐】
はぜ 11①26,31,32
そぎつぎ【劃接】 55③474
そぎとる【そぎ取】
楮 13①100
そぎなおす【そぎなをす】
楮 13①98
そぐう【そくふ】
稲 27①124
そくかず【束数】→L
稲 27①177
そくだて【束ダテ、束立、束立テ】→Z
稲 4①29,60/6①69/29②149, 150/39⑤287
大麦 2①63
そくだておこす【束立おこす】
稲 42⑤338
そくづる【束づる】 20①103
そぐりわら【そぐりわら】→B
稲 28②248
そぐる【そぐる】
稲 9①109
そこう【麁耕】
綿 23⑥328
そさく【踈鑿】 69②162,216, 218
そさくほう【踈鑿法】 69②219
そそけ【そゝけ】
稲 4①62
そそけにう【そゝけにう】→いなにう、いねにう
稲 4①62
そだてかた【そだてかた】
蚕 47③167
そだてる【生立、生立る】 40② 153,155,178
そだにつけてとりせいする【麁朶に付てとり製する】
海苔 14①298
そてつみうえつけ【蘇鉄子植付】
そてつ 34②25
そとしごと【外仕事】 27①16
そとはたなすうえ【外畑茄子うへ】
なす 20②371
そばあきいれ【そば秋入】
そば 65②91
そばいちばんかたぎり【蕎麦一番片切り】
そば 22③160
そばうち【蕎麦打】
そば 39⑤296
そばおとし【蕎麦おとし】
そば 36③277,278
そばかり【そはかり、そは刈、そば刈、蕎麦刈】
そば 4①31/22⑤355/24③330 /39⑤295/42④243,246/44 ②152,156
そばかりとり【蕎麦刈取】
そば 29④297
そばこなし【蕎麦こなし】
そば 44①47
そばこばをやく【蕎麦木庭ヲ焼ク】
そば 32①108
そばこんのう【蕎麦混納】
そば 29④297
そばさく【蕎麦作】→L
32①219
そば 2④307,308
そばさくいれ【蕎麦作入】
小麦 39②122
そばじごしらえ【蕎麦地拵】
そば 41①12
そばしつけ【蕎麦仕付】
そば 22②130
そばつくりよう【蕎麦作様】
そば 19①146
そばのうえしお【そばのうへしほ】
そば 33③169
そばのかりす【そばの刈す】
そば 20①173
そばのせやき【ソバノ背ヤキ】
そば 5①168
そばのなかにまく【ソバノ中ニ蒔】
麦 19①136
そばふせ【蕎麦伏】
そば 19②434
そばまき【そはまき、そは蒔、蕎麦まき、蕎麦蒔】
そば 4①25/5①159,162,163 /20②372/22③159,⑤353/ 24③290,326,330/30①135, 136/36③259/38②73,80,③ 207/39⑤289/40③237/42④ 237,272,273/43③258/44② 148/61①56/62⑨370,372/ 65②91
そばまきつけ【そばまき付、蕎麦蒔付】
そば 11②120/27①68/32② 315
そばまきどき【蕎麦蒔時】
そば 19①186
そばまきのせつ【蕎麦蒔之節】
そば 24③316
そばまきよう【蕎麦蒔様】
そば 5①115
そばまく【そばまく、蕎麦まく】
そば 9①95/42⑤334,335
そばむぎ【蕎麦麦】 33④224
そばやまやき【蕎麦山焼】
そば 30①134
そばをうゆる【そばを種る】
そば 12①168
そばをまく【そばをまく、そバを蒔、蕎麦を蒔】
そば 12①169/17①209
そまとり【杣取】 57②159,233
そまのあらきとり【杣の荒木取】 30①14
そまやましたて【杣山仕立】 57②234
そまやまのようじょう【杣山之養生】 57②143
そまやまみよう【杣山見様】 57②95
そまやまようじょう【杣山養生】 57②103,125,138
そまやまようじょうのほう【杣山養生之法】 57②127
そらまめうえ【空豆うゑ】
そらまめ 28②217
そらまめかち【そら豆かち】
そらまめ 40③230
そらまめこき【そら豆こき】
そらまめ 42③172
そらまめまき【空豆蒔、蚕豆蒔】
そらまめ 30①137/38③207
そらまめをつくる【そらまめをつくる】
そらまめ 17①213
そりこみ【そり込】
藍 10③388
そりゃくのかいかた【踈略の飼方】
蚕 35①85
そろいぐわ【揃鍬】 10①125
そろいたて【揃立】
ごま 27①144
そろえうえる【そろゑうゑる】
菜種 28②252
そろえとる【揃へ取】
ひえ 27①129
ぞろりうえ【ぞろり植】
あわ 41⑤235
ぞんかのほう【存花の方】 55③206

【た】

た【田】→たうえ→D、E、L
33③163
稲 23⑤261/25①142
たあぜくさはらい【田畦草払】
稲 34⑥128
たあぜぬり【田あぜぬり、田堤ぬり】
稲 38②51/42⑥382
たあらうち【田新打】
稲 34②28,⑥129
たあらくり【田あらくり】
稲 42⑥378
だい【砧、台】→I
55③467,468,470,471,474
こうじ 16①148
桜 55③263
にしきぎ 55③345
はぜ 11①44
だいいちばんのなかうち【第一番ノ中耕】 69②232
だいかぶ【砧株】
ぼたん 55③466

だいぎ【タイ木、たい木、だい木、砧木、台木】→E、Z
7②345, 346/13①169, 170, 243, 244, 245, 246, 247/14①394/38③191, 192/55②164, 165, 167, 178, ③465, 467, 468, 469, 470, 471
梅　13①132/14①368/54①289
柿　3③172/13①145/14①207, 211/54①277/56①76
栗　13①139/14①308/18①68/25①113
桑　13①116
さざんか　16①169
つばき　54①284
なし　3③172/14①378/38③183/46①62, 63, 64/54①285
はぜ　11①41, 42, 43, 45, 46, 48, 49, 50, 51, 52/31④175, 176, 177, 179, 182, 183, 185, 186, 187, 188, 189, 190, 191, 198, 212/33②125
まんりょう　55②167, 168
みかん　7②355/53④247/56①87, 88
桃　3③172
やまもも　13①156
だいぎくばり【台木配り】
はぜ　11①47
だいぎのかわ【だい木の皮、台木の皮】　13①246
はぜ　11①42/31④178
だいぎのきぐち【台木の木口】
はぜ　31④180
だいぎのくち【台木の口】
はぜ　31④181
だいぎのにく【台木の肉】
はぜ　31④176
だいぎのにくあい【台木の肉合】
はぜ　31④177
だいぎのね【台木の根】
はぜ　11①47
だいぎのめ【台木の芽】
はぜ　31④179, 180
だいぎをこしらう【台木を拵】
なし　14①377
だいこん【大根】→B、D、E、I、L、N、Z
大根　1①38
だいこんあらい【大根あらひ】
大根　42③152
だいこんうえ【大根うゑ、大根植】
大根　19①122/28②190
だいこんうえごしらえ【大根植拵】
大根　62⑨372
だいこんうえどき【大根植時】
大根　29①84
だいこんうえる【大根植る】
大根　62⑨371
だいこんえりわけ【大根ゑりわけ】
大根　27①197
だいこんくさとり【大根草取】
大根　42③202, ④242
だいこんこやしかけ【大根屎かけ】
大根　42④236
だいこんじこしらえ【大根地拵】
大根　10③397
だいこんしつけ【大根仕付】
大根　22②123
だいこんだし【大こん出】
大根　42⑤321
だいこんだねおきよう【大根種置やう】
大根　1③269
だいこんだねかり【大根種子刈】
大根　19①117
だいこんつくり【大根作、大根作り】
大根　2④308/3④308
だいこんつくりかた【大根作り方】
大根　30③283
だいこんつくりよう【大根作様】
大根　19①115
だいこんつづくり【大こんつゝくり】
大根　43②175
だいこんとめよう【大根とめ様】
大根　24③298
だいこんとり【大根とり、大根取】
大根　42③194/63⑦360
だいこんとりいれ【大根取入】
大根　10③397
だいこんなか【大こん中】
大根　43②195
だいこんぬき【大根抜、大根抜キ】
大根　19①188/44①51
だいこんのなか【大根のなか】→D
大根　28②220, 223
だいこんのまきよう【大根の蒔やう】
大根　28①28
だいこんばたけうちおこしよう【大根圃うち起様】
大根　27①137
だいこんひき【大こん引、大根引】
大根　27①262, 275/39⑤296/42④246, ⑥400, 438/43①83, ②122, 133
だいこんひきとり【大根引取】
大根　29④296
だいこんまき【大こん蒔、大根まき、大根蒔、莱菔蒔】→D
大根　4①25/8①161/20②372/22③159, ⑤352, 353/24③289, 330/27①262/28②201, 207/31③114/38②71, 80/40③232, 238/42④233, 271, ⑥387, 390/43①52, ②173, 176, 179, ③256/61⑨312/65②91
だいこんまきつけ【大根蒔付】
大根　11②115
だいこんまきどき【大根蒔時】
大根　19①186
だいこんまきはじめ【大根蒔始】
大根　19①83
だいこんまきよう【蘿蔔蒔様】
大根　5①110
だいこんまく【大根まく】
大根　9①90
だいこんまびき【大根まびき、大根間引】
大根　28②220/30①136
だいこんをあらう【大根を洗ふ】
大根　15②198
だいこんをそろいよう【大根を揃ひ様】
大根　27①146
だいこんをまく【大こんを蒔】
大根　17①237
だいさんばんいごのなかうち【第三番以後ノ中耕】　69②233
だいじょ【大鋤】　12①86
だいしょういちどにきる【大小一度にきる】
綿　29①67
だいしょうぼくうえよう【大小木植様】
はぜ　31④165
だいずあおり【大豆あをり】
大豆　42③191
だいずあきいれ【大豆秋入】
大豆　65②91
だいずあずきうち【大豆小豆打】　4①64
だいずいちばんきり【大豆一番切】
大豆　22③159
だいずうえ【大豆植】→L、Z
大豆　23⑤272/29②135/40③225/43③248
だいずうえよう【大豆うへやう、大豆植様】
大豆　5①101/27①66
だいずうち【大豆うち、大豆打】
大豆　4①32/27①262/39⑤296/42③186, ④242, 278
だいずうつ【大豆うつ】
大豆　27①197
だいずうらつみ【大豆うらつミ】
大豆　63⑥346
だいずえらみ【大豆撰ミ】
大豆　42③162
だいずおとし【大豆おとし】
大豆　36③259
だいずかえし【大豆かへし、大豆返し】
大豆　63⑥346, ⑦381, 384
だいずかち【大豆かち】
大豆　28②256
だいずかり【大豆刈】
大豆　22⑤354
だいずけり【大豆鳬】
大豆　42④244, 249
だいずごえようほう【大豆肥用法】　69②322
だいずこぎうち【大豆こぎ打】
大豆　24③327
だいずこなし【大豆こなし】
大豆　44①47
だいずさく【大豆作】→L
大豆　19②381
だいずさくうち【大豆さく打】
大豆　24③327
だいずさくかえし【大豆作返し】
大豆　63⑦383
だいずさくり【大豆さくり】
大豆　63⑥341, ⑦381
だいずそくい【大豆そくひ】
大豆　27①133
だいずたて【大豆たて】
大豆　42③186
だいずつくり【大豆作】
大豆　2④306
だいずつくりかた【大豆作り方】
大豆　41④206
だいずとり【大豆取】
大豆　43③269
だいずとりいれ【大豆取入】
大豆　63⑥341, 348
だいずなえいたしよう【大豆苗致様】
大豆　27①103
だいずなえうえつけかた【大豆苗うへ付方】
大豆　27①101
だいずなえうえどき【大豆苗うへ時】
大豆　27①103
だいずにう【大豆にう】
大豆　4①30
だいずにばんさくきり【大豆弐番作きり】
大豆　38②80
だいずにばんまわり【大豆二番廻】
大豆　63⑥341
だいずのくさ【大豆の草】→G　62⑨347
だいずのくさかる【大豆の草かる】

大豆　27①141
だいずのくさをかる【大豆の草を刈】
大豆　27①141
だいずのくさをとる【大豆ノ草ヲ取ル】
大豆　32①87
だいずのつちかい【大豆の培、大豆の培ひ】
大豆　27①142,145
だいずのなかうち【大豆の中打】
大豆　29①80
だいずのはとり【大豆の葉取】
大豆　27①286
だいずひき【大豆ひき、大豆引、大豆挽】→L
63⑦395
大豆　22③164/25③282/38②81,③161/42③186,187,④277,⑤338
だいずひきとり【大豆引取】
大豆　29④297
だいずほりかけ【大豆ほり懸】
大豆　27①139
だいずまき【大豆まき、大豆蒔】→Z
大豆　4①15/19②356/22⑤350/24③288,327,330/30①128/38①11,②61/39②102/42③168,170,⑥423/63⑥341,345,⑦378
だいずまきしつけ【大豆蒔仕付】
大豆　22②115
だいずまきよう【大豆蒔様】
大豆　3④305
だいずまたじ【大豆またし】
大豆　42④279
だいずをとりおさむる【大豆ヲ取リ収ムル】
大豆　32①87
だいずをひく【大豆を挽】
大豆　38③161
だいずをまく【大豆をまく、大豆を蒔、大豆ヲ蒔ク】
大豆　17①192/19②373/32①89
だいずをまくころ【大豆を蒔頃】
えごま　22④262
たいちぶになえひゃくかぶ【田壱歩ニ苗百株、田壱歩に苗百株】
稲　29③191,258
たいちぶにひゃくかぶ【田壱歩ニ百株】
稲　29③214
たいとうかり【大唐刈】
稲　4①59
たいとうかりよう【大稲穫様】
稲　5①82
だいとうつくり【太唐作】
稲　33④210
だいとうどをたてたる【大たうどを立たる】
稲　19②407
だいとうどをたてる【大党人を立る】
稲　19②407
たいとおきよう【秈置様】
稲　27①158
たいとおとし【秈落】
稲　27①166
たいとかり【たいと刈、秈刈、秈刈り】
稲　27①156,164,167
たいどき【鯛時】
たい　36③199
たいとなぐ【秈打】
稲　27①159
だいね【砧根】
ぼたん　55③396,465
だいのかわ【台の皮】　29①87
はぜ　11①44
たいぼくつぎ【大木接】
はぜ　11①42,45,50,51
たいぼくをうえる【大木を植る】
38③190
梅　56①183
なし　46①67
たいもいっかぼり【田芋一荷堀】
里芋　30①139
たいもうえ【田芋植】
里芋　30①121
たいもうえつけ【田いも植付】
みずいも　34②24
たいもくさぎりはじめ【田芋芸初】
里芋　30①126
たいもことごとくほる【田芋悉堀】
里芋　30①141
たいもふんばい【田芋糞培】
里芋　30①128,131
たいもふんよう【田芋糞養】
里芋　30①135
だいもも【砧桃】
桃　55③262
たいもわきばえをかきとる【田芋脇生を欠取】
里芋　30①135
たうえ【挿秧、田ウヘ、田うへ、田うゑ、田植、田殖】→かんのう、た、とおりだ、はやしだ、ひいてだ、ひだうえ→L、Z
稲　1①35,37,38,66,②146,③262,268,270,278/2①47,③262,④279,280,285,288,290,297,302/3④219,223,228,229/4①17,18,19,40,51,53,250/5①56,57,②226,③257,263/6①30,42,48,49,50,51,54/8①67,69,70,80,159,191,192,206,251,279,282,287/9①60,67,69,70,71,73,74,76,83,147/10②324,366/11②92,④181,182/14①30,409/15①94,104/16①196/17①29,48,79,109/18③362/19①214,②296,312,418/20①68,265/21①41,46,②112,136,③156/22①48,49,56,③158,159/23①25,29,31,58,60,63,64,68,122,⑤278,⑥318/24①16,50,51,62,67,68,69,70,73,③283,325,330/25①49,142,②181,188,189,195,③274/27①71,99,116,262,368/28①48,62,②162,163,164,172/29①11,13,42,71,78,②134/30①40,48,51,53,55,56,57,59,128/31③110,⑤264,265,279/33①22,④215,216/36①49,②105,③205,206,207,208,222/37①29,36,40,②79,80,81,89,102,125,134,135,154,181,209,219,③306,310/38①10,14,16,21,22,26,②80,③140,197,④254,257/39①32,35,②97,99,④205,206,207,⑤274,279,280,⑥322/41②57,74,134,⑤235,244,⑥268,274/42①37,39,44,45,57,②87,89,90,91,92,94,95,96,97,98,102,109,110,111,112,114,116,118,119,120,122,123,124,③171,173,175,④264,⑤325,⑥384,385,421,422,423/43②153,154,155,③251,252/44①28,②125/45③143/61⑤179,⑩428/62①14,⑤128,⑦187,190,192,208,⑧245,⑨348,351,355,360/63⑥341,346,⑦373,376,377,378,⑧442/65②90/67⑤209,220,235,⑥278/68②246,④413/69①70,111/72②31
たうえおわり【田植終】
稲　63⑥346
たうえかかりのひ【田植かゝりの日】
稲　62⑨343
たうえごしらえ【田植ごしらえ、田植拵】
稲　44②127/62⑨353
たうえごろ【田植頃】　58③126
稲　25③285/28④346
たうえさいちゅう【田植最中】
稲　28①25
たうえさだめ【田植定メ】
稲　61⑩460
たうえさだめび【田植定日】
稲　24①66
たうえじぶん【田植時分】
稲　19②276
たうえしまい【田植仕廻、田植仕舞】
稲　22③160/62⑨326,357
たうえす【田植時】
稲　20①54
たうえすぎ【田植過】　24③331
小豆　24③308
稲　24③267,286,288
大豆　24③308
たうえぜんご【田植前後】
蜜蜂　40④336
たうえちゅう【田植中】
稲　22②103
たうえつけ【田うへ付、田植付】
稲　4①204/11④180,183/22②98,104/27①103,126,268,273,355,369/29③261/38②81
たうえどき【田植時】　63③131
稲　17①64/19①185/30①35/37①34,41,47/61①55
たうえにちげん【田植日限】
稲　33③159
たうえのあさ【田うへの朝】
稲　27①105
たうえのぎょう【田植の業】
稲　30①125
たうえのころ【田植のころ】
稲　17①62
たうえのじぶん【田植の時分】
稲　3④229
たうえのせつ【田植のせつ、田植の節】
稲　1①76/17①62/22③157/69①78
たうえのよい【田うへの宵】
稲　27①105,367
たうえはじめ【田植始、田植初】→O
稲　19①82/30①125/63③136,⑥346
たうえはだて【挿秧はだて】
稲　24①66
たうえび【田植日】
稲　39②95
たうえひどり【田植日取】
稲　29②131
たうえまえ【田植前、田殖前】
25①129
稲　23①109,116/24③299/25①49,50/29①44/41⑤249
さつまいも　31⑤268
たばこ　1③268

なす 24③302
たうえまえまで【田うへ前迄】
稲 27①267
たうえよう【田うへやう、田植様】
稲 27①110/37①17
たうえる【田植る】
稲 69①87,117
たうえるじぶん【田植る時分】
稲 4①216/62⑨335
たうち【田ウチ、田うち、田打】→L
稲 1①35,36,37,43,57,58,61,62,112,②145/2①15,④279/4①46/19①213/23⑤270/24①34,③285,316,325/25①43,③270/27①19,22,24,259/36①47,③191,192/42⑤338,⑥378,381,382,418,419/62⑨334,335/63⑤310
たうちおこし【田打起、田打起し】
稲 1①37,44/25③272
たうちきり【田うちきり】
稲 27①272,358,359
たうちこしらえ【田打拵】
稲 34①14
たうちはじめ【田打初メ】
稲 24③308
たうない【田ウナイ、田うなひ、田耕、田剖、田塢、田塢生】→L、Z
稲 19①65,213,②418/20①55/21③155/38④235,241,272/42③160,161,162,165,166,167,169/63③136,⑦363,364,365,367,368,369,370,371,373,376,397,399,400,401
たうないかた【田穿方】
稲 21①35
たうなえ【田ウナヘ】
稲 18③360/22③155
たおこし【田起、田起し】
稲 11②104/30③278/38②55
たおし【たをし】→D
稲 28②167
たおしておく【倒して置】
稲 27①187
たかあげまき【高あげ蒔】
綿 23⑤275
たがあわたねまき【多賀粟種蒔】
あわ 30①130
たがいおろし【違下シ】
稲 27①375
たかうえ【高植】
菜種 8①152,154
たかうねのたかまき【高畦ノ高蒔】
綿 8①247
たがえし【耕、耕し、田がえし、田かへし、田草返し、田返シ、田返し】→Z
16①93
稲 3①9/8①71,73,74/15①20/17①76,77,78,79,80,81,83,84,86,87,90,93,95,96,97,98,99,102,106/23①122/24②233/25①41
麦 24②237,239
たがえしうえる【耕し殖る】
稲 23①121
たがえしくさぎり【耕耘】→たがやし
23①6,14
稲 23①54,120,123
菜種 23①26
たがえしのしかた【耕の仕方】
稲 23①61
たがえす【田かへす】
稲 16①94/17①72,73,77,88,89,94,105,130
たかがけ【高掛】
里芋 22④242
たかき【田かき】→X
41⑥278/42③170
稲 3④229/21④193,196/42②120,③164,165,167,169,171,172,173/43①34
たかぎ【高木】
桑 47③175
たかくこと【田かく事】
稲 24③285
たかくまく【高ク蒔】
綿 8①239
たかじよう【田かぢやう】
稲 27①107,115
たがた【田方】→D、L
38①21
稲 24①49/37②122
たがたあれちおこし【田方荒地起】
稲 29④276
たがたいちばんぐさ【田方壱番草】
稲 31②81
たがたうえつけ【田方植付】
稲 4①17
たがたうちたて【田方打立】
稲 25②179,189,192
たがたかりあげまえ【田方刈上ケ前】
稲 31②85
たがたくさしゅうり【田方草修理】
稲 5①66
たがたくさとり【田方草取】
稲 5①68
たがたさくつけめあて【田方作付目当】 38①9,15
たがたさんばんぐさ【田方三番草】
稲 31②83
たがたしつけ【田方仕付】
稲 22②98
たがたしゅうり【田方修理】
稲 11④180
たがたねつけ【田方根付】
稲 31②80
たがたのたがやし【田方の耕し】
25①44
たがたのわざ【田方ノ業】 5①25
たがたみずあてよう【田方水宛様】
稲 5①63
たがたみずまわり【田方水廻り】
稲 31②80
たがたみずみ【田方水見】
稲 29②142
たがたむぎさく【田方麦作】
麦 29④284
たがたらちうち【田方埒打】
稲 5①64
たかつぎ【高接】 55③467,471
たかのいおきていれ【鷹の居起手入れ】
蚕 35①135
たかぶとり【高太り】
綿 18②274
たかまき【高蒔】
綿 8①49
たかみず【高水】→D、Q
稲 7①22,23/8①71,72,75,79,80/22②105
たがやし【たかやし、耕、耕し、耕耙、田カヤシ、田かやし】→こううん、たがえしくさぎり
4①228/9③285/10①17/12①47/14①57/15②152,209/69②210,362
いぐさ 17①310
稲 8①70,80,194,195/17①55/28③319/30①89/37②102
陸稲 12①148
からむし 13①27,28
じおう 13①279
せんきゅう 13①281
そば 12①168
大黄 13①283
麦 1④316
たがやしうゆる【耕し種る】
大麦 12①162
たがやしかた【たがやし方、耕方】 25②232/34⑥131/38①25,27
稲 21②118
いんげん 25②201
雪割ささげ 25②202
たがやしくさぎり【耕し草きり、耕耨】 3③127/24①172
たがやしこなし【耕しこなし】
漆 56①168
たがやしこなす【耕しこなす】
12①74
藍 13①38
あかね 13①48
からむし 13①26
くわい 12①347
たがやしさらす【耕しさらす】
紅花 13①44
たがやしつくり【耕作】
じゃがいも 18④412
たがやしどき【耕し時】
稲 7①16
たがやしととのえ【耕調】
稲 29④290,292
たがやしのあさふか【耕しの浅深】 29③256
たがやしのこと【耕の事】
稲 23①17
たがやしのはじめ【耕しの始】
稲 19②424
たがやしはじめ【耕始メ】 38①9
たがやしはじめる【耕し初る】
稲 20①42
たがやす【たかやす、たがやす、耕、耕ス、耕す、耕耙、耕耙ス、田かやす、耖ス】→ぼとく
8①172/69②188,216,221,223,239
稲 12①141/16①103/17①81/41⑤254/62⑤127
漆 13①105
たがり【田かり、田刈、田刈リ】
稲 8①209,210/28①48,62/31⑤271/33⑤256/43①72,74,75,②192/61⑤182/65②91
たかりあげ【田刈揚】
稲 31②85
たがりのせつ【田苅の節】
稲 7①46
たきぎきり【薪伐、薪木切、薪木伐】 24②241/27①266,365
たきぎこしらえ【たき木調】 9①10
たきぎこり【薪樵】 38①7,②82/52⑦283/61①48
たきぎしょい【薪しよい】 42⑥379
たきぎつけ【薪附】 2①16
たきぎとり【薪取】→M
1①37,64/27①365/31③115/63③127
たきぎとりいれ【薪取入】 1①38
たきぎほし【薪ほし】 42③189

たきぎやま【薪山】→D
29②123
たきぎをきる【薪ヲ伐ル】 32②323
たきばてつだい【焚場手伝ひ】
さとうきび 44②165
たきり【田きり】 42⑤323
たきりそえ【田切添】 62⑨373
たぐさ【田草】→G、L
稲 8①71,198/24③308/42③179,④233,269/43③257/63⑥341,⑦378,380,381,382,383,384,385,386,389,⑧441
たぐさかき【田草かき】
稲 63⑦376
たぐさかやし【田草かやし】
稲 8①70
たぐさこうさく【田草耕作】
67③137
たぐさごろ【田草比】
稲 8①70
たぐささんばん【田草三番】
稲 42③182
たぐさとり【田草とり、田草取、田艸取、田莠取】
稲 8①79/19①59,62/22②109,④217/24①80,81,168,③287,325/29③261/38②53,80/42③174,175,176,177,178,179,180,181/44②143/61①56/62⑤128/63⑦379,380,381
たぐさとりよう【田草採様】
稲 7①24
たぐさをとる【田草ヲ取、田草を取】
稲 37②81/41⑤258
たくぼく【択木】
しいたけ 45④200
たくれかえし【田塊耕】
稲 19①44
たぐれるとき【たくれる時】
楮 56①177
たぐろこしらえ【田畔こしらへ】
38②79
稲 38②79
たくわいおく【たくわい置】
39③156
たくわいよう【貯ひやう】
栗 3④348
だんとく 55③332
たくわう【貯ふ】
さつまいも 70⑥406
たぐわうない【田鍬うない】
稲 22③160
たくわえおく【貯へ置、貯置】→K
杉 14①72
菜種 1④314
たくわえかた【貯へ方、貯方】→K
34⑥145
さつまいも 21①65,67,68
たくわえよう【蓄様、貯様】→K
34③48
さとうきび 50②166
たくわえるほう【貯る法】
さつまいも 70③231
たけうえ【竹植】
竹 65①41
たけうえしゅん【竹植旬】
竹 3④259,334
たけうえよう【竹うへやう】
竹 10②358
たけおきり【竹御切】 42③189
たけきり【竹切】 43②124,132,140,188,210
たけきりどき【竹切時】 59④392
たけきりとりよう【竹伐取様】
竹 57②165
たけきりび【竹伐日】
竹 3④334
たけしたて【竹仕立】
竹 57②166
たけしたてよう【竹仕立様】
57②160
たけにてたなをかく【竹にて棚をかく】
なし 14①381
たけのきりどき【竹の切どき】
9①101
たけのこはえだしそうろうじせつ【筍生出候時節】 57①24
たけまき【竹巻】 42④246,281
たけわり【竹わり】 43②180
たけをうえしほう【竹を栽し法】
竹 13①223
たけをうゆるとき【竹をうゆる時】
竹 13①226
たけをきる【竹を伐】
竹 13①225
たけをたてはわす【竹を立はゝす】
あさがお 13①291
たけをひきとる【竹を引取】
竹 13①224
たけをみじかくつくるじゅつほう【丈を短く作る術法】
綿 23⑥326
たごえいれるとき【田肥入ル時】
稲 8①60
たごえしたく【田肥したく】
稲 28①62
たこぎり【田こぎり】 42⑥382
稲 42⑥378,383
たごしらえ【たごしらへ、田こしらへ、田ごしらへ、田拵】
いぐさ 4①120
稲 1①43,44,46,79,93/4①27/9①51,62,67,68,70/17①54,180/28③320/34②24/44②123,125
ひえ 27①127
麦 9①113
たこしらえかた【田拵方】
稲 34④60
たごどうち【田五度打】
稲 34⑥130
たこなし【田こなし、田粉なし、田粉成】
稲 1①37,61,62,64/25①123/36③193
たこなしのいとなみ【田墾の営】
稲 30①52
たさんどうち【田三度打】
稲 34⑥130
たさんどうちこしらえ【田三度打拵】
稲 34②29
たさんばんぐさ【田三番草】
稲 62⑨359
たしうえ【足し植】
稲 1①67
たしごと【田しごと、田仕事】
9①10
稲 4①19/6②274/27①296,334
たしゅうり【田修理】
稲 4①57
たしゅうりかた【田修理方】
稲 11④172,184,185,186
たすき【田すき、田鋤、田犂】 9①108/40③238,239
稲 22①63/40③226,240/41①13
たすきおこし【田鋤起】
稲 11②91
たすないれだし【田砂入出し】
42⑥384
ただいこんたねまき【田大根種蒔】
大根 30①135
ただいこんまき【田大根蒔】
大根 30①137
ただかり【只刈】 24①50
たたかれとる【タヽカレ取】
24①50
たたき【たゝき、擲】 8①128/27①281
たたきおとす【たゝき落す】
稲 15①45
たたきこなす【たゝきこなす】
16①202
たたきつけおく【たゝき付をく、たゝき付置】
あかね 13①48
さんしょう 13①179
綿 15③401
たたきひしぐ【扣きひしぐ】
葛 50③255
たたきわり【擲割】
麦 8①98
たたきわる【たゝきわる】 16①202
たたく【殴】→こぐ→K
あわ 2①24
小麦 2①64
そば 2①52
ひえ 2①32
ただまき【只蒔】
ゆうがお 2①113
たたみ【たゝミ】
稲 28①26
たたみがえし【たゝミがへし】
9①91
たたみしきのうちのり【畳敷の内範】 30①14
たちきり【立切】
あわ 25①72
ひえ 25①72
たちぎり【太刀切】
稲 1①35
たちげうえつけ【立毛植付】
41③184
たちほきり【立穂切】
なし 46①85
たちまめとりととのえ【立豆取調】
大豆 34②28
たちまめまきいれ【立豆蒔入】
大豆 34②25
たつ【たつ】
綿 28②148
たつがんぎ【竪がんぎ】→D
麦 68②255
たづくり【田作、田作り】→L、M、X
32①42/66⑤292/69①83
稲 7②368/8①73/10①118,125/18⑤474/23⑥302,319/33④215/41②57,⑤240/67④183
たつくりわざ【農業】 7②376,379
たつくるわざ【田つくる業、田作る業】→X
稲 23①12,④192
たつざん【竪ざん、立ざん】→B、Z
綿 15③388,394
たつちたかきところのすいめんへでるくらい【田土高き所の水面へ出る位】
稲 27①120
たつぼ【田壺】→C、D
稲 24①119
たつまき【たつまき】→たてま

き
28②246
綿　28②149, 156, 158, 175, 177, 182, 217, 224
たつる【たつる】
麦　30③269
だてあしけずり【だて足けすり】
43②188
だてあしとり【ダテ足取リ】
稲　8①214
たてうね【竪畦】
麦　68②255
だてうまあしかたづけ【だて馬足片付】　43②195
たておく【立て置】
小麦　27①131
たてかえし【たて返し】　41②133
だてかけ【だて掛、ダテ掛ケ、楯掛、楯掛ケ】→はざかけ
稲　8①66, 67, 210
たてかけくろ【立懸くろ】
稲　27①100
たてかけほし【立かけ干】
ごま　12①209
たてかぶ【立株】
ごぼう　7②326
たてかやし【たてかやし】
稲　28②260
だてぐみ【楯組】　8①215
たてぐわ【縦钁】
麦　30①97
たてさし【竪さし】
稲　27①51
たてだ【竪田】
稲　27①110, 125, 126
たてなわ【竪なわ、立縄】→B、R
27①279
麦　8①94
たてなわこしらえ【竪縄拵】
稲　29④291, 293
たてのへ【立のへ】　42④283
たてはか【たてはか、縦果敢、竪はか】　19②406
稲　27①40, 285
たてばへつみよう【立場へ積様】
41⑦321
たてほし【建干】
稲　23①81
たてぼし【立干】
麻　6①149
たてまき【竪まき】→たつまき
麦　68②255
たてもきり【たてもきり】
稲　42⑥378
たてよこのすき【立横之鋤】
麦　8①95
たてる【タテル】
稲　39⑤293
たでる【たでる】
藍　10③386
たてわた【立テ綿】
綿　8①196
たでをつくる【たでを作る】
たで　17①285
たないけあげ【種池揚】
稲　39⑤262, 265
たないけいれ【種子池入、種池入】
稲　27①30, 55, 134
たないけさらい【種子池浚】
稲　20①45
たなえのしよう【田苗の仕様】
稲　38③137
たなおおい【たなおほひ】
ねぎ　12①278
たなかうち【田中打】
稲　61①56
たなかけ【棚掛】
かつら　56①117
とうがん　25②217
たながり【たな刈、棚刈】
稲　38②53, 81
たなごしらい【棚拵ひ】
なし　46①76
たなしたがり【棚下刈】
稲　38②54
たなつり【棚釣】
なし　46①79
たなにおく【棚に置】　69①127
蚕　47①31
たなにする【棚にする】
稲　23①104
たなにはわす【棚に這す】
ゆうがお　30③254
たなばたまき【七夕蒔】
大根　31⑤269/33④231
たなぶし【たなぶし】　20①170
たならし【田ならし】
稲　4①53/28①26, 62
たなをかく【たなをかく、棚をかく】→C
いぐさ　13①69
かぼちゃ　12①267
楮　13①95
しょうが　12①294
たばこ　13①54
とうがん　12①263
ねぎ　12①278
やまいも　12①376
たなをこしらえはわす【棚をこしらへ蔓す】
ぶどう　14①370
たにあぶらをいるるほう【田に油をいるゝ方】
稲　15①40
たにあぶらをいれるこころえ【田に油を入る心得】
稲　15①53
たにうずむ【田に埋】
稲　27①288
たにうつ【田にうつ】
稲　17①90
たにかえす【田にかへす】
稲　17①90
たにきり【谷切、谷切リ】　8①211
菜種　8①213, 215
麦　8①105, 210
たにきる【谷切ル】　8①216
たにこむぎをつくる【田ニ小麦ヲ作クル】
小麦　32①78
たにとり【谷取】　8①178
綿　8①189
たにばんおこし【田弐番起し】
稲　38②79
たにばんぐさ【田弐番草】
稲　62⑨359
たにひえとる【田にヒヱ取】
稲　27①159
たにひき【谷引】　8①178, 201
たにみずあてる【田ニ水あてる】
稲　27①156
たにみずをしかくるかげん【田ニ水ヲ仕掛クル加減】
稲　32①38
たにをきる【たにを切】
小麦　28②242
たね【種、種子】→E、L、N、Z
里芋　8①118
しだれ松　55③434
たねあげ【たねあけ、種あけ、種あげ、種子上、種子揚、種上、種上ケ、種上げ、種揚】
稲　1①55/5③257/18⑥492/19①34/20①35, 47, 51, ②370/37②133/61①54, 55/63⑦366, 368, ⑧435
菜種　28②162, 166, 167
たねあげどき【種子上時】
稲　19①180
たねあげび【種上ケ日】
稲　18⑥499
たねあげもやし【種上萠シ】
稲　1①37
たねあげる【種揚ル】
稲　39⑤262
たねあて【種当】
稲　5③256
たねあてがい【種あてがい】
あわ　29①81
稲　29①45
大豆　29①80
綿　29①62
たねあらい【種あらひ】
稲　37②208
たねいちばんはき【種壱番掃】
蚕　47②115
たねいつつ【種五ツ】
大根　28②190
たねいねより【種子いね撰り】
稲　27①367
たねいもうずみおく【種子芋埋ミ置】
さつまいも　34②24
たねいもどこしらえ【種芋床拵】
さつまいも　29④295
たねいものほう【種薯の法】
じゃがいも　18④427
たねいもをううる【種子芋ヲ種フル】
さつまいも　32①128
たねいれ【たね入、種子入、種入】
33①56
あわ　10③395
稲　23①44/27①26
瓜　19①115
麦　30①95
綿　29②127
たねいれよう【種子入様】
きゅうり　19①113
たねうえ【種植】
くわい　25②224
里芋　5③268
たねうえつけ【種子植付】
あおうり　34②24
きゅうり　34②24
とうがん　34②24
へちま　34②24
たねうえよう【種子植やう】
朝鮮人参　48①230
たねうえるとき【種植る時】
ふろう　41②92
たねえらび【種子撰、種子撰ヒ、種子撰ミ、種子撰、種撰】　8①180/23①32
稲　23①81, 120/28③321/70④261
綿　8①232
たねえらびかた【種子撰方】
小麦　21①57
たねえらぶ【種子撰む】
菜種　23①26
たねえらみ【種子撰】
綿　8①46
たねえり【種子撰】
綿　8①45
たねえりとる【種ゑり取】　39④189
たねえる【種ゑる】
稲　9②201
たねおおい【たね覆、種おほひ、種子おゝい、種子おほひ、種子覆ヒ、種覆、種覆ひ】　2①70/36②100
藍　13①38, 42
あわ　2①25

いんげん　33⑥336
えんどう　2①71/30③293
大麦　2①56,63/12①155,156/30③282/32①65
陸稲　20①321
かぶ　2①55,58,59/12①225
からしな　2①120/25①145
きゅうり　2①97,98,99
きょそう　2①134
桑　13①118
けし　2①74/12①316
ごぼう　2①77/30③243
ごま　2①115/6①106/33⑥360
ささげ　2①101/31②77
里芋　2①90
しそ　2①121
芍薬　13①288
すいか　2①129
杉　13①190
そば　2①53/30③280
大根　2①54,59/30③283
大豆　2①40/31②80
ちしゃ　30③285
とうがらし　2①84
ながいも　2①92,93,96
なす　2①84,85/12①239/30③242
にんじん　2①103,128/12①236
はぜ　31④158
麦　4①230/61①37
ゆうがお　2①129
綿　7①93/9②211,214
たねおおいする【たねおほひする、種子おほひする、稷】19①157/20①143,144
たねおおう【種子おほふ】
ごぼう　12①296
たねおおえ【種子覆へ】
麦　37③361
たねおさめ【種納】
大麦　22④208
たねおとし【種落】3④224
たねおろし【種おろし、種ヲロシ、種をろし、種卸、種卸し、種下、種子おろし、種子下シ、種子下し】→たねまき→L 2②155/28①5,9,13,16,18,30,62/33①11/65②90
青刈り大豆　2①44
あわ　2①25
稲　9③293/24②237/25②180,182,188/37③276/38④235/39①33,②95
大麦　29①75/33③171
大根　38②71
ちしゃ　41⑥273
朝鮮人参　48①237
ひえ　27①68
麦　30①97
綿　29①63
たねおろしのじせつ【種をろしの時節】16①95
たねおろしよう【種子下し様】
大根　27①140
たねがえ【種子がへ、種子替、種替】7①6,34
稲　37②179
たねかえし【たねかへし、種かへし】30③255
菜種　43②149
たねかくし【種かくし、種隠シ、種隠し、種子隠し、種子稷】27①151/39⑤286
麻　4①94
瓜　4①130
ごま　4①91
すいか　4①135
大豆　4①51,84
なす　4①132
麦　29②148
綿　4①111
たねかげんふんばい【種加減糞灰】
稲　22①50
たねがこい【種囲】
あわ　2①24
大麦　2①62
かぶ　2①60
小麦　2①64
そば　2①52
大根　2①59
大豆　2①39
ひえ　2①32
たねかこいおく【種囲置】
綿　15③400
たねかこいかた【種囲方】
里芋　33⑥356
たねかし【たねかし、種かし、種稼し、種子かし、種漬、種浾】→しんしゅ
稲　9②201,③243/10①78/16①127/17①27,28,29,30,31,33,34,35,36,37,38,39,40,41,42,45,53,58/18②288/22①46/33⑤243/34⑦251/37③276/62①14,⑤126
たねかしかた【たねかし方】
稲　33③158
たねかしのせつ【種かしの節、種浸の節】
稲　17①117/22①58
たねかす【種粕】→I、L 28②136
たねかずらだしよう【種子かつら出様】
さつまいも　34⑥135
たねかつ【種かつ】
菜種　28②167
たねかぶ【種株】→E
稲　21①47
たねかやらす【種かやらす】
菊　41②37
たねかり【種かり、種刈】
麻　2①20
菜種　8①248/28②160,165,167/43②147,148
たねかりすて【種かりすて】
大根　42⑤326
たねかるとき【種子刈時】
大根　62⑨373
たねきしたてかた【種木仕立方】
杉　56①44
たねくり【種くり】
菜種　43②150
たねげんじ【種減、種減じ】
稲　21①29/23①66
たねごしらえ【たね拵、種こしらへ、種子拵、種拵、種拵へ】
稲　1②149/4①37/19②279/27①26,29/36①42,43/42⑥399/61①54
杉　56①42
綿　9②225
たねこしらえよう【種子拵やう】
綿　15③357
たねごしらえよりまきいれまで【種拵より蒔入迄】
稲　27①26
たねさんつぶ【種三粒】
綿　28④346
たねじぶん【種時分】41⑤261
たねすえきり【種末切】
菜種　43②136
たねそろえ【種そろへ、種子揃、種揃ヱ】
稲　7①47/39⑤256/40③223
たねだ【種田】→D
菜種　9③251
たねたくわえかた【種貯方】
大麦　21①58
小麦　21①58
たねたくわえよう【種子畜(蓄)様】
朝鮮人参　48①235
たねだて【種立】
稲　1①33,35,93
たねたばせ【種たバせ】
菜種　43②148
たねたんあたり【種子反当】
稲　25②186,192,194
たねつぎ【種つぎ、種継】
稲　29②145
かぶ　17①243
たねつけ【たねつけ、種子ツケ、種子漬、種漬、種付】→しんしゅ
稲　5②221,③257/7①47,48/8①65/11②87/30①17,18,88,121,124/39④194,⑤260/61①54,55/63⑧431/67⑤208,209
たねつけかた【種漬方】
稲　11④184
たねつけほり【種漬掘り】
麦　39⑤255
たねとり【種子採、種子取、種子取リ、種子取り、種取、種取り】39⑥336
麻　38③144
小豆　38③151
いぬまき　57②157
稲　1①39/36①42/38②50/61②100,102
菊　55①64
桑　10①84
ごぼう　38③143
ささげ　39②103
杉　56①41
大根　11②116
朝鮮人参　48①242
なし　46①60
みつまた　48①187
ゆうがお　38③123
綿　8①274,290
たねとりいれ【種取入】
綿　25②209
たねとりいれじせつ【種取入れ時節】
さとうきび　61⑧230
たねとりかた【種取り方、種取方】
稲　21①34/39①26
里芋　33⑥356
すいか　33⑥346
大根　33⑥373
なし　46①11
ゆうがお　33⑥343
たねとりそうろうじぶん【種子取候時分】
松　57②155
たねとりのひほう【種取の秘法】
かぼちゃ　33⑥344
たねとりよう【種採様、種子とりやう、種子取様】8①180
いちび　14①146
稲　8①66/28③322
かぶ　37①46
にんじん　4①147
綿　28③322
たねとる【種取】
稲　27①161
たねとるじぶん【種子取時分、種取時分】
しょうが　10①82
大根　41②103
たねにとりおく【たねに取置】
せんきゅう　13①281
たねにとる【種に取】
かぼちゃ　29③253

たねにわ【種子庭】
稲 27①261,384
たねのあげす【たねのあけす】
稲 20①36
たねのあわせよう【種の合様】
22①51
たねのうえよう【種の植様】
ぼたん 54①270
たねのえらび【種子ノ撰、種子之撰】 8①219
そらまめ 8①111
たねのえらびかた【種の撰方】
里芋 21①63
たねのえらびよう【種の撰ひやう、種之撰様】 29③254
はぜ 31④155
たねのえらみ【たねの撰み】 9②193
たねのえらみかた【種子のゑらミ方】
稲 21②116
大麦 21①55
たねのえらみよう【種子のゑらみ様、種子の撰ミやう】 21①53
稲 7②267
たねのえり【種の撰り】 24①160
たねのおきよう【たねのをき様】
さつまいも 12①390
たねのおさめよう【種子のおさめやう】
さつまいも 12①390
たねのげんじかた【種の減事方】
21①25
たねのじぶん【種の時分】 22①58
たねのぞうげん【種ノ増減】
24③295
たねのつけよう【種の漬やう】
稲 36②99
たねのとりかた【種のとり方、種の取方】 56②287
白瓜 33⑥348
菜種 41④208
まくわうり 33⑥348
たねのとりよう【種の取やう、種の取様、種子の取やう、種子の取様】 29③193
稲 1①95/29③203/36②97/41④204
蚕 47①35
ごぼう 33⑥315
大根 22④237/33①44
大豆 41④206
にんじん 1①53
はぜ 31④157
たねのなか【種之中】
菜種 43②200,201
たねのぶんりょう【たねの分量、種子ノ分量、種子の分量】
小豆 32①95,96,97
あわ 12①174
稲 30①17,18,31/32①29
大麦 12①156/32①73,77
そば 32①114,115
大根 12①218
大豆 32①89,90,91,92
裸麦 32①74
麦 32①70/37③360
綿 13①12/32①151
たねのほ【種の穂】
柿 3①52
たねのまきかた【種のまきかた】
菜種 28②241
たねのまきしお【種子のまきしよ(お)】
稲 19②375
たねのまきす【たねの蒔時】
稲 20①37
たねのまきどき【種子のまき時】
稲 19②276
たねのよしあしぎんみのしかた【種子の善悪吟味の仕方】
23①34
たねのよりあげ【種の撰上ケ】
24①148
たねはごたれ【種はごたれ】
菜種 28②137
たねひき【種引】
菜種 43②147
たねひき【種挽】
陸稲 38②67
大豆 38②61
麦 38②57
たねひたし【タネヒタシ、種ひたし、種子ひたし、種子浸、種浸、種浸し、種漬】→しんしゅ
稲 1①35,52,54,②141,149/17①42/19①39,82,179/20①36,46/23①120/36①43/37①15,16,30,36,②208/42②98,99,100,101,102,103,120,122,123,124
たねひたすひ【種子浸日】
稲 20②394
たねひねり【種ひねり、種捻】
麦 30①98,103
綿 41①13
たねひやかし【種ひやかし】→しんしゅ
稲 18⑥492
たねひやかしび【種ひやかし日】
稲 18⑥493
たねひやし【種ひやし、種浸】→しんしゅ
稲 39①32/42②121/63⑦362,364
たねひやしよう【種ひやし様】
稲 3④222
たねふせ【種ふせ】
さつまいも 41②98
たねふてる【タネフテル】→しんしゅ
稲 24①36
たねふり【たねふり】
稲 42③165
たねぶんりょう【種子分量】
稲 23①103
たねまき【タネマキ、たねまき、たね蒔、下種、種マキ、種まき、種撒、種子まき、種子蒔、種子蒔キ、種蒔】→たねおろし→J、Z
4①193/21②135/22①63/25①101/29②122/30③244/42⑤322/43②173/54①32,263/55③207/57②145,157/61①38,57/63⑦370,⑧430/64⑤360
藍 10③386/39⑤257/45②102
麻 25②209/41①11
あらせいとう 55③274
あわ 41②112
稲 1①94,②142,③278/2④282/5②221,③257,258/7①17/10①48,110/11②88,④180,181,182,183,187/19①35,38,39,②404/20①52,②371/22②102,104/23①44,45,56,57,58,120,③149/25①14,138/27①44,73/28③319,④341/30①31,33,34,35,55,57,58,120,122,124,130/31③111/34⑦251/36①44,②100,③195,206/37①14,16,21,22,32,40,②97,125,126,133,152,192,③271,274,275,277,287/38①8,9,10,14,15,16,②79,④245/39④197/40③224,225/41①8,10,③172/42①28,29,32,50/43③246/44①20/61①55/62①14/63⑤303,⑥340,344,⑦367,369,⑧434/67⑤208/68④412
ういきょう 55③398
漆 46③204,205
えんどう 55③418
おうごんそう 55③287
陸稲 19②376/61②80
おだまき 55③275
おもと 55③337
かきつばた 55③282
かぶ 4①106
からしな 41②111
寒ぼけ 55③430
きび 43②147
くさいちご 55③284
鶏頭 55③362
けし 55③325
さくらそう 55③303
しそ 25②221
しだれ松 55③434
しゃりんばい 55③316
しゅうかいどう 55③366
しゅろ 55③288
しゅんぎく 55③292
すおう 55③277
せきちく 55③301
そば 70⑤317,318
大根 2①78/63⑧441
大豆 4①126/25②203
たかな 39③149
たちあおい 55③329
たばこ 32①94/39⑤267/45⑥285,294
たむらそう 55③364
だんとく 55③332,355
茶 55③385
朝鮮人参 48①235
天神花 55③377
とういちご 55③269
とうごま 55③349
とろろあおい 55③391
菜 41①13
なし 46①11,50,60
なす 37②205/41②89
菜種 38④268/45③167/55③249
なでしこ 55③286,294,376
にちにちそう 55③333
のこんぎく 55③326
はげいとう 55③381
はまぼうふう 55③322
ばりん 55③305
ひえ 2④305/40③221
美人草 55③317
ふとい 55③278
ふよう 55③373
紅花 55③342
ぼうふう 4①155
みずあおい 55③348
みずひき 55③382
みずぶき 55③400
麦 10③398/32①50/61⑨281
もろこし 41②106
ゆり 55③365
るこうそう 55③356
れだま 55③324
れんげ 42④237
綿 28②233/29②127/30③268
たねまきあわせ【たねまき合】
稲 27①44
たねまきいれ【種子撒入、種子蒔入、種蒔入】
あわ 25②211
稲 24③282,283/27①36,55,63,65/39⑤264

ごぼう　25②220
ごま　25②212
しゅんぎく　25②221
そば　25②213
たばこ　25②214
たねまきいれのころ【種子蒔入之頃】
稲　25②180
たねまきおろし【種蒔卸、種蒔卸し、種蒔下し】
稲　1①27,31,35,37,48,56
みつまた　48①187
たねまきかた【種蒔方】
藍　29③247
稲　63⑧436
たねまきこみ【たね撒こみ】
稲　27①35,45
たねまきごろ【種蒔ころ】
稲　17①28
たねまきじこう【種蒔時候】
綿　15③355
たねまきじぶん【種まき時分、種蒔時分】　62⑨372
藍　10③385
たねまきつけ【種子蒔付、種子蒔附、種蒔付】
稲　2⑤328/29④276/37②197,210,212,220/61⑩415
漆　46③212
桑　48①210
つゆくさ　48①211
はぜ　11①18
紅花　45①31,33
みつまた　48①187
たねまきどき【種子蒔時、種蒔時】
稲　19①181
麦　37②109
綿　10①81
たねまきのきちじつ【種子蒔の吉日】　34⑤111
たねまきのしゅん【種蒔の旬】　22①27
たねまきのひ【種子蒔の日】
稲　25①50
たねまきはじめ【種子蒔始】→O
稲　19①82
たねまきよう【種子撒様、種蒔やう】　27①151
稲　27①35
たねまく【タネマク、種まく、種子蒔く】
稲　2④294/17①33/27①34
たねまくじこう【種子蒔時候】
稲　25①47
たねまくじせつ【たね蒔時節】
綿　15③400
たねまくじぶん【種子蒔時分】
稲　19②388
たねまくせつ【種蒔節】
稲　5①27
たねまわし【たねまわし】
菜種　28②180
たねみえらびよう【種実撰様】
はぜ　31④152
たねむぎをとりおさむる【種子麦ヲ取リ収ムル】
大麦　32①68
たねもののえらびかた【種物の撰方】　24①8
たねもののとりよう【種物之取様】　29③256
たねものまき【種物蒔】　43②140
たねものまきつけ【種物蒔付】　41③184
たねものをかこう【種物を囲ふ】　23①34
たねものをまく【種物を蒔】　16①83
たねもみ【種もミ、種もみ、種子モミ】→E、L　43②149
綿　8①248,249
たねもみあげ【種籾上ケ】
稲　37②126
たねもみいけいれ【種籾池入】
稲　27①294/39④193
たねもみえらび【種籾撰】→L
稲　39④185
たねもみこしらえ【たね籾拵、種子籾拵、種籾拵】
稲　19①63/20①38/27①379
たねもみしまつ【種籾始末】
稲　39④192
たねもみつもり【種子籾積り】
稲　25①120
たねもみとりよう【種籾取様】
稲　24③299
たねもみのみずいり【種籾の水入り】
稲　24①36
たねもみひたしかた【種籾浸し方】
稲　22②99
たねもみひたす【種籾漬す】
稲　1②141
たねもみほし【種籾干、種籾干シ】
稲　37②125,133
たねもみまきこみつもりあい【種籾蒔込積合】
稲　1②149
たねもみわりあい【種籾割合】
稲　39①30
たねもやし【種子萌】→E
稲　20①52
たねもやしかた【種萠し方】→E
稲　1①55
たねよせ【種ヨセ】
菜種　8①157
たねるいかえ【種類替】
稲　28③319
たねをうえる【種子を植る】
茶　6①156
たねをえらぶ【たねをゑらぶ、種子をゑらぶ、種子を撰、種子を撰ふ】　29③261
麻　13①32,35
綿　13①8,22/15③345
たねをえらむ【たねを撰む】→Z
綿　9②207
たねをおおう【たねをおほふ】
桐　13①196
たねをおさむ【種子を収む】
からむし　13①31
たねをおさむる【たねを収る、種子を収る】
藍　13①38
たばこ　13①53
まくわうり　12①247
たねをおさめおく【たねを収めをく、たねを収め置、種を収め置、種子をおさめをく、種子をおさめ置、種子を収めをく、種子を収め置】
かぶ　12①226
くわい　12①345
さつまいも　12①383
里芋　12①363
大根　12①215
なす　12①238
まくわうり　12①246
綿　9②209/13①9
たねをおろす【たねをおろす、たねを下す、下種、種ヲオロス、種を卸す、種ヲ下ス、種子を下す、種子を下ろす】
藍　13①38
稲　11②88/39⑤265/61①37
大麦　12①154,157
さつまいも　12①385
そば　12①169/70⑤318,319
大根　12①217
たばこ　45⑥323
ひゆ　12①317
麦　37③361
たねをおろすじぶん【種子を下す時分】
当帰　13①273
たねをかこう【種を囲】
ささげ　33⑥352
たねをかす【種子をかす】
稲　11②87
たねをさけにひたす【たねを酒に浸す】
紅花　13①45
たねをつける【種子をつける】
稲　12①139
たねをとうぶんにうちまぜてまく【種子を当(等)分に打ませてまく】
大根　19②387
たねをとりおく【たねを取をく、たねを取置、種を取をく、種子を取をく、種子を取置】
あかね　13①48
ごぼう　12①299
さつまいも　12①385,386
茶　13①79
当帰　13①272
たねをとりかこう【種子をとり貯ふ】
むらさき　14①158
たねをとる【たねをとる、たねを取、種をとる、種を執、種を取、種子を取】
藍　38③135
稲　38③140/41④204
えんどう　22④268/38③167
蚕　35③432
かぶ　38③163
小麦　33⑥382
ささげ　38③152
里芋　38③127,129
白瓜　38③137
大根　38③123
大豆　38③144
ちしゃ　12①304,305
茶　6①155
当帰　13①273
とうな　33⑥370
なす　38③121
菜種　38③164
にんじん　12①235/38③158
はっか　13①298
紅花　17①222/22④264
綿　15③353
たねをひたす【種を浸す】
稲　22②100
たねをひたすにっすう【種を浸日数】
稲　22②101
たねをまきいる【種子を蒔入る】
稲　30①23,24,25
たねをまきつぐ【種子を蒔継】
あわ　33①40
たねをまきつくべきとき【種子ヲ蒔キ付クヘキ時】　32②320
たねをまきつける【種子ヲ蒔付ル】　32①202
たねをまく【たねを蒔、種を蒔、種を蒔く、種子をまく、種子を蒔】　16①80/41⑦334
藍　13①42
あかね　13①48

稲 33①17/36②105/37③281
ごま 22④247
杉 56②246
ちしゃ 12①305
茶 13①80
ねぎ 12①278
ふだんそう 12①302
紅花 61②91
たねをまくじこう【種を蒔時候】
綿 15③355
たねをまくじぶん【種子を蒔時分】
陸稲 12①148
たねをみずにつける【たねを水に漬る、種ヲ水ニ漬ル】
稲 32①23
綿 13①19
たねをみずにひたす【たねを水に浸す】
藍 13①42
たねをもやすよう【種を萌すやう】
稲 36②103
たのあぜきりよう【田の畔切様】
稲 27①360
たのあぜまわり【田ノアセ廻リ、田ノ畦セ廻リ、田之畦廻リ】
稲 8①190,249,250
たのあぜをとる【田の畔を取】
稲 19②409
たのいちばんぐさ【田の一番くさ、田ノ一番艸】
稲 31⑤264/62⑨359
たのいちばんご【田の一番ご】
稲 25①58
たのうえしろ【田之植代】→しろかき
33④179
たのうえはじめ【田の植初】
稲 19②365
たのうえよう【田のうへやう、田の植やう、田の植様】
稲 5③261/29①50/33①18
たのきしきりおろし【田之岸切おろし】
稲 40③225
たのくさ【田ノ草、田の草、田の艸、田之草、田艸】→G、I
稲 4①20/7①24/8①74,194,196,197,224/9①83/18③364/22④216/23①69,70,72,⑥319/25①58,60/27①250,285,287/28①13,④342/29①52,55,③200,④280/31⑤269/36①61,③222,235/38①21/39②100/42⑥425/43①45,46,②156,158,162/44②135/61③132/62⑨359
たのくさかきとる【田の草掻取】
稲 68④414
たのくさぎり【田の草切、田の耘】
稲 29③227,236,241/35②303,343
たのくささらえ【田ノ艸サラヘ】
稲 31⑤269
たのくさたやす【田の草たやす】
稲 62⑨348
たのくさとり【田のくさとり、田の草とり、田ノ草取、田の草取、田ノ草取り、田の莠取、田之草トリ、田之草とり、田之草取、田之草取り】→B、Z
稲 3④228,230/4①70/8①193,203/10①111/19②364,369/22①49/25①60,②229/27①288,289/28②186/31①20/38①14,21/39②99/41①10/42②87,90,91,94,95,101,102,109,110,111,112,113,114,116,117,119,121,122,③174,178,④268,269,⑤334,⑥387,388,389,425,426,427/43①48,49,51,52,54,57,58,②158,160,161,163/62⑨360
たのくさとりあげ【田草取上ケ】
稲 8①199
たのくさとりしまい【田の草取仕廻】
稲 62⑨367
たのくさとる【田の耘る】
稲 27①355
たのくさのいちばん【田の草の一番】
稲 25①56
たのくさをとる【田の草を取、田の莠を取】
稲 19②421/22①47/30③261
たのくさをとること【田ノ草ヲ取ル事】
稲 32①40
たのくれこなし【田のくれこなし】
稲 25①44
たのくろきり【田之畔切】
稲 1①37
たのくろこしらえ【田の畔拵】
稲 1①37
たのくろをぬる【田の畦を塗】
稲 38③195
たのさんばんぐさ【田の三番草】
稲 25①68
たのしかた【田の仕方】
稲 23③152
たのしごと【田のしごと】
稲 9①25
麦 9①127
たのしたごしらえ【田のした拵らへ】
稲 29①43
たのしゅうり【田の修理】
稲 28①27
たのしゅうりかた【田の修理かた、田修理かた】
稲 11④172,173
たのしろ【田のしろ】→しろかき
稲 36③205
たのしろをかく【田のしろを掻、田の代ヲかく】
稲 19②364/41⑤256
たのそうごう【田の草耘】 38③198
たのたがやし【田ノ耕】
稲 32①20
たのつくりかた【田の作り方】
稲 23①122
たのつちのすいめんへでざるくらい【田の土の水面へ出さる位】
稲 27①120
たのとりあげ【田ノ取上ケ】
稲 8①198
たのにどかし【田の二度かし】
稲 28②178
たのにばんぐさ【田の二番草】
稲 25①65
たのねさらえ【田の根さらへ】
稲 31③115
たののりあげ【田之野入揚ケ】
稲 31②75
たのひざる【田の干ざる】
稲 27①120
たのぶんすい【田の分水】
稲 24①104
たのみずあつうす【田の水厚薄】
稲 1①77
たのみずおとし【田の水落】→Z
稲 27①361
たのみずかけひき【田の水掛引、田の水駈引】
稲 1①75,77,78
たのみずかけよう【田の水かけ様、田ノ水掛様】
稲 19②281/37①39
たのみずきりおとし【田の水切落し】
稲 1①73,74,75
たのみずひきよう【田之水引様】
稲 37①23
たのみずまわり【田の水廻り】→X
稲 28②179
たのみずみ【田ノ水見】
稲 24③331
たのみずもり【田の水守り】
稲 27①118
たのみずをひきさげ【田の水を引下げ】
稲 1①75
たのむぎまき【田の麦まき】
麦 9①113
たば【たば】→D
稲 27①378
たばいおく【たばい置】
綿 62⑨338
たばこあみ【多葉粉あみ】
たばこ 43①64
たばこうえる【たはこ植る】
たばこ 62⑨343
たばこうえるじぶん【煙草植る時分】
たばこ 23⑥317
たばこかき【たはこかき、たばこかき、多葉粉かき】
たばこ 28②201/43①54,75/62⑨370
たばこかきどき【煙草カキ時】
たばこ 19①127
たばこかく【たはこかく】
たばこ 62⑨365
たばこかくせつ【烟草カク節】
たばこ 19①127
たばこきり【たはこ伐り】→B
たばこ 44①51
たばここよせ【たばここよせ】
たばこ 28②175
たばこじごしらえ【たはこ地拵】
たばこ 41①12
たばこしつけ【煙草仕付、多葉粉仕付】
たばこ 22②125/34⑤99
たばこたねおろし【たばこ種おろし】
たばこ 65②90
たばこたねまき【煙草種蒔】
たばこ 30①138
たばこたねまきはじめ【煙草種蒔始】
たばこ 30①137
たばこつくり【煙草作、煙草作り】→L
たばこ 33④178/36③197,240
たばこつくりよう【莨若作様】
たばこ 19①127
たばこつちかい【たばこつちかい】
たばこ 28②176
たばことり【烟草取】
たばこ 63⑥348
たばことりほし【煙草取干】
たばこ 30①133
たばこなえうえ【煙草苗植】
たばこ 30①124
たばこなえうえどき【莨若苗植時】
たばこ 19①182

たばこなえふせどき【莨若苗布施時】
たばこ　19①179
たばこにさんぷくのむうち【煙草弐、三ぶくのむ内、煙草弐、三ふく呑内】　48①9,10
たばこのうらとめ【たはこのうら留】
たばこ　62⑨362
たばこのし【多葉粉のし】
たばこ　43①64
たばこのつくりかた【烟草ノ作り方】
たばこ　63⑧443
たばこはさみ【多葉粉ハサミ】
たばこ　43①47
たばこふんばい【煙草糞培】
たばこ　30①126,128
たばこまえ【たばこ前】
稲　29①49
たばこむしとり【たばこむしとり】
たばこ　28②178,183
たばこをつくる【たばこを作る】
たばこ　17①281
たはたあぜくろかりとり【田畑畔疇刈取】　63①45
たはたうえしつけ【田畑植仕付】　36②112
たはたうち【田畑打】　36③191
たはたうちこしらえ【田畠打拵】　34⑥147
たはたうちどきみまわり【田畑打時見廻り】　24③330
たはたうない【田畑耕】　66⑧409
たはたきりそえ【田畑切添】　62⑨316
たはたくさて【田畠草手】　31②77
たはたこううん【田畑耕耘】　24①8
たはたこうさく【田畑耕作】　10①109/28①5/62⑨319
たはたこうさくしつけ【田畑耕作仕付】　22②131
たはたこうさくしよう【田畑耕作仕様、田畠耕作仕様】　2③259/41①8,13
たはたこうさくのみち【田畑耕作の道】　62⑨303
たはたこうはつ【田畑耕発】　63③106,126
たはたさくせつ【田畑作節】　37①30
たはたさくつけめあて【田畠作付目当】　38①22,26
たはたさくもううえじせつはじめなかおわり【田畑作毛植時節始中終】　19①204
たはたさくもつこんのう【田畑作物混納】　29③261
たはたしつけ【田畠仕付】　34⑥143
たはたしゅうのう【田畠収納】　38①22
たはたしゅうり【田畑修理、田畠修理】　28①94,95/65②91
たはたつくりかた【田畑作方】　22①55
たはたていれ【田畑手入】　36②108
たはたてつだい【田畠手伝】　29③261
たはたのかた【田畠ノ方】　32②298
たはたのくさぎり【田畑の草きり、田畑の草切】　21②133/25①65
たはたのくさとり【田畑の草取】　25①69
たはたのこしらえ【田畑の拵】　34⑦251
たはたのしょさ【田畑の所作】　25①15
たはたのていれ【田畑之手入】　47⑤262
たはたのほんぽう【田畠之本法】　57②168
たはたのわざ【田畑の業】　25①61
たはたまきしゅん【田畠蒔旬】　3④234
たはたみずまわり【田畠水廻】　34①13
たばにつかまつる【束ニ仕】
稲　27①375
たばね【タバネ】
いぐさ　5①80
たばねよう【タバネ様】
稲　27①185
たばねる【把】
稲　19①215
たばのおきよう【束の置様】
稲　27①376
たばのだいしょう【束の大小】
稲　29②149
たばのほどあい【束の程合】
稲　29②149
たばみまわり【田場見廻り】
稲　42③193
たはるおこし【田春起】
稲　38②79
たびえきり【田稗剪】
稲　42⑤334
たびえとり【田稗取り】
稲　42⑥392,429
たびえとる【田稗取】
稲　24①99
たびえほうち【田稗穂打】
稲　22②109
たびえまき【田稗蒔】
ひえ　30①135
たひき【田引】→しろかき
稲　28②159
たひき【田挽】→あらおこし
稲　44①25
たひだし【たひ出し】
稲　6①23
たひよう【田肥養】　63⑧439
たぼし【田干】
稲　11④183
たまきつけ【田蒔付】
稲　19②403
たまたうち【田又打】
稲　34⑥129
たまたうちかえし【田又打帰】
稲　34②29
たまわり【田まハり、田廻、田廻り】
稲　16①191/28②245/30①48,51,117/38②53
たみず【田水】→D
8①254
稲　8①80,255,256,280
たみずかき【田水掻】
稲　8①255
たみずとりとめ【田水取留】
稲　34①14
たみずのおとしよう【田水のおとしやう】
稲　62⑦207
たみずのかけかた【田水懸方】
稲　22②105
たみずのかけひき【田水ノ懸引】
稲　63⑧442
たみずまわり【田水廻り】
稲　42④266,272
たみまい【田見舞、田見舞い】
稲　28②151,152,165,179,184,191,196,199,203,204,205,232,262
たむぎまき【田麦まき、田麦蒔】
大麦　39②121
麦　9①102,104/39③146,157
たむぎまきしまい【田麦まきしまい】
麦　9①96
ためかけ【ためかけ】→こえかけ
42③202
なす　42③175,177
ためしうえ【試植】　2⑤327
稲　2⑤329
ためしこみ【ためしこみ、ため仕込】　42③165,167,199
ためだし【ためだし、ため出し】
42③151,152,155,156,158,164,165,167,170,191,195,198,199,200,201,203,204/63⑦361
稲　42③169
ためわり【ため割】　27①18
ためをかけおく【タメヲカケ置】　38④279
たもり【田守】
稲　27①118
たやしないしよう【田養仕様】
稲　37①25
たやす【たやす】
稲　62⑨349
たよしかり【田よし苅】
稲　1①37
たよんどうち【田四度打】
稲　34⑥130
だるうえ【だる植】
綿　29①63
だるごえかけ【だるこへ掛】
白瓜　41②91
たわら【俵】→B、Z
27①341,347
たわらあみ【たわらあみ、俵あミ、俵あみ、俵編】→L、Z
1①96/25①15/27①15,336/28②136,222/42③160,167,188,190/43②189,190
稲　2③260/30①85
たわらあみたて【俵編立】
稲　29④291,293
たわらあみととのえ【俵編調】
稲　29④282
たわらいれ【俵入レ、囤入】　8①261/69②284
たわらかがり【俵かゝり】　42③161,197,200,201,204,205
たわらごしらえ【俵ごしらへ、俵ごしらゑ、俵拵、俵拵へ、俵拵ゑ】　9③284/24③321,322/25③284/28②263/31②85/36③330,331,341/42③165,⑥400/43①82/68④416
稲　11②107/28②256/29②151/41③178,179
菜種　28②180
たわらごめしめかえ【俵米シメ替】　8①159
たわらしまい【俵仕廻】
麦　29④294
たわらだしいれ【俵出入】
稲　27①31
たわらづめ【俵つめ】→Z
稲　37②134
たわらてあて【俵手当】　8①162
たわらない【俵なひ】　42③160
たわらにする【苞にする】
稲　10②302
たわらのとりおき【俵の取置】
1①96
たわらはしむすび【俵端結】

稲　2③260
たわらめぬき【表目ぬき】 43②195
たわらゆい【俵ゆい】→Z 28②131,203
たわらをあむ【俵を編】 7①72/24①145
たわらをあわす【俵ヲ合】
稲　29②144
たわり【田割】
稲　42⑤322
たをあげる【田を揚げる】
綿　17①230
たをうえつける【田を殖付ける】
稲　23③149
たをうえる【田をうゑる、田を植、田ヲ植ル、田を植る】
稲　17①117,119/19②401/31⑤264
たをうえるこほう【田を植る古法】
稲　17①117
たをうつ【田をうつ】
稲　17①72,74,89
たをうなう【田ヲウナウ、田を剖】
稲　19②363,407/38④252
たをおそくあげる【田を遅くあげる】
稲　31⑤270
たをかえす【田をかへす】 16①80,330
稲　16①98/17①72,103
麦　17①163
たをかえすとき【田をかへす時】 16①67
たをかく【田を掻】
ひえ　38②64
たをかる【田を刈】
稲　13①19
たをくさぎる【田を耘】
稲　30①129
たをすきかえす【田をすきかへす】
麦　62⑦211
たをつくる【田を作る】 13①336
たをほす【田ヲほす、田をほす】→D
稲　28②193/41⑤258
たんれん【鍛練】→X
稲　1①93

【ち】

ちかうえ【近植】→とおうえ
稲　1①31,66
ちがやぶき【茅ぶき】
朝鮮人参　45⑦403
ちぎりしお【ちきりしほ】
はぜ　11①57
ちぎりよう【ちきり様】
はぜ　11①57
ちぎる【ちぎる】
茶　47④203
麦　9①81
ちくぼくさかいうえ【竹木境植】 63③140
ちくぼくのきりしゅん【竹木の伐旬】 27①194
ちくぼくるいのしつけ【竹木類之仕付】 34⑤110
ちくるめ【ちくるめ】
たばこ　25②214
ちさつくりよう【白苣作様】
ちしゃ　19①124
ちさなえうえどき【白苣苗植時】
ちしゃ　19①179
ちさなえはえうえどき【白苣苗生植時】
ちしゃ　19①187
ちさをつくる【ちさを作】
ちしゃ　17①250
ちじめてつくる【チヽメテ作ル】
綿　8①235
ちしゃたねまき【苣種蒔】
ちしゃ　30①137
ちしゃなえうえ【苣苗植】
ちしゃ　30①140
ちとり【ちとり】→M 9①15,145,148
ちどり【ちどり】→ぐのめ、ちどりあし、とりあし
大根　22④236
ちどりあし【千鳥足】→ちどり
里芋　32①120
ひえ　39②110
綿　32①148
ちどりあしにうえる【ちどりあしに種】
芍薬　13①288
ちどりうえ【千鳥うへ】
小豆　27①126
大豆　27①94
ちどりうえたて【千鳥植立】
松　56①54
ちどりがけ【ちとりかけ、ちどりかけ、ちどりがけ】 65①20
あわ　33①42
たばこ　41⑤236,⑥272
綿　33①32,33
ちどりにうえる【ちとり二植、千鳥ニうへる】
大豆　27①66
菜種　24③299
ちどりにならべる【千鳥にならへる】
松　56①53
ちどりにまびく【千鳥に間引】
大豆　23⑥329
ちのこしらえかた【地の拵方】
三月菜　25①125
ちのそこにきりこむ【地の底にきり込】
稲　30②188
ちふかくうつ【地ふかくうつ】
稲　17①95
ちゃえんをしたてる【茶園を仕立る】
茶　13①89
ちゃきり【茶きり、茶剪】
茶　42⑤334
ちゃこしらえ【茶拵ラへ】
茶　32②296
ちゃづけじぶん【茶漬時分】 42⑥379,404
ちゃつみ【茶つミ、茶摘】→N
茶　9①60/28①62/40③226/42⑥418/65②90
ちゃつみとり【茶摘取】
茶　29④277
ちゃとり【茶取、茶取リ】
茶　10①118/32②296
ちゃのうえそだてせいほう【茶の植育製法】
茶　14①318
ちゃのきしゅうり【茗ノ木修理】
茶　5①161
ちゃのきりかけ【茶の切懸】
茶　18②274
ちゃのつくりかた【茶のつくりかた】
茶　47③177
ちゃのつみよう【茶の摘様】
茶　47④227
ちゃのとりはじめ【茶ノ取リ初メ】
茶　32②295
ちゃのはつみよう【茶の葉摘やう、茶の葉摘様】
茶　4①159/47④213
ちゃのみうえよう【茶実植様】
茶　5①161
ちゃのみぶせ【茶実臥】
茶　56①143
ちゃわせかり【茶早稲刈】
稲　61①57
ちゃをうゆるほう【茶を種る法】
茶　13①372
ちゃをつむ【茶を摘】
茶　25①56/38③198
ちゃをまく【茶を蒔】
茶　47③168
ちゅうかののうほう【中華の農法】 12①24
ちゅうつぎ【中つぎ】 13①243
ちゅうでん【中田】→D、F
稲　40③229
ちゅうなえ【中苗】
稲　19①40,42
ちゅうひ【中ひ】
稲　27①204,205
ちゅうぶんのじせつ【中分之時節】
菜種　41⑥276
ちゅうみず【中水】→X
稲　8①70/63⑧442,443
綿　8①44,153,186,227,228,276
ちゅうやのばん【昼夜の番】
稲　10②361
とうもろこし　30③281
ちゅうよう【中庸】
稲　23①59
ちょうごう【調合】→K 40②153,155/69①39,②249,251,268,336,345
ちょうせんうえ【朝鮮植】
菜種　22③173
ちょうせんうえよう【朝鮮植様】
菜種　22③173
ちょうづけ【町付】
稲　5①58
ちょうわ【調和】 69②250
ちょぞう【貯蔵】
じゃがいも　70⑤328,329,330,341
そば　70⑤318,320
ちらし【散し】
大根　2①59
ちらしおく【ちらし置】
うど　38③175
ちらしきる【散し切】
稲　27①43
ちらしたうえ【散田植】
稲　6①44
ちらしまき【ちらしまき、ちらし蒔、散し蒔、散ラシ蒔、散らし蒔、散ラシ蒔キ】 13①168
麻　32①140
あさがお　15①81
小豆　12①191
ありたそう　13①300
あわ　32①103
稲　30①33
大麦　12①163/32①51,53
からたち　13①228
からむし　13①27
けし　12①316
ごぼう　12①296
小麦　32①58,71
さんしょう　13①179
杉　13①189
そば　12①169/19②385,386
大根　12①218,219
大豆　32①90
たばこ　13①54

菜種　1④300
ねぎ　3①34
ひえ　2①30
ほうれんそう　12①302
麦　32①70,166,167,215/36②117
やまいも　12①376
綿　13①21/32①149
ちらす【ちらす､散】
稲　42②98,123
大豆　2①39
ちりたて【ちり立】　43②190,194
ちりもみこなし【散り籾こなし】
稲　44①47
ちりょくのほう【地力の法】　18④423
ちをえらぶ【地をゑらぶ】
楮　13①94,103
ちをしぼる【血をしぼる】　60⑥342
ちをとる【血を取】　60⑥369
ちをはわす【地を這す】
ゆうがお　30③254
ちをほそる【血ヲ細ル】　60④165
ちをやく【地を焼】
稲　29①59
ちをよくこしらえる【地をよくこしらへる】
ほうれんそう　12①301
ちんちりひらい【ちんちりひらひ】　43②127,133
ちんでん【賃田】
稲　27①124

【つ】

ついたちまき【朔日まき､朔日蒔】
大根　19①83,②442/20①148,150
ついりのじぶん【ついりの時分】
大豆　62⑨336
つえほどのだいぎ【杖ほとの台木】
はぜ　31④180,187
つおおかい【つおゝかい】→つちよせ
里芋　9①99
麦　9①54
つおおかう【つおゝかう】
小豆　9①80
つおかう【つおかう】
小豆　9①88
里芋　9①96
大豆　9①88
つか【ツカ】
稲　2④298
つかねる【束､束る】
稲　19①215/27①183
大麦　27①132
つかみうえ【つかみ植､爴ミ植】
稲　41②64,65,68,72,73
菜種　33④225
つき【つき】
稲　42④246
ごま　33④223
つきあげ【搗あげ】　67⑥270
つきあげ【築揚】　38③120
つぎあわす【接合す】→K　55③467
つきいる【突入】　62⑧273
つきうう【つき植ふ】
大豆　62⑨336
つきうえ【つきうへ､ツキ植】
えんどう　67③138
ささげ　33①38
つぎおや【接親】
はぜ　31④185,186,187,189
つぎおやにするき【接親にする木】
はぜ　31④173
つぎおやにもちいるきえらびよう【接親に用る木撰様】
はぜ　31④172
つぎかえ【接替､接替へ】　33②112
なし　46①56
はぜ　11①41,59/33②110,116,123
つぎかた【接方】　55③469
柿　14①**211**
なし　14①380
はぜ　14①402
つきかため【突堅め】
竹　57②161
つぎき【ツキ木､つき木､つぎ木､継木､接､接木】→やろうつぎ
4①236/6①184/7②**345**,347/10①85/12①120/13①103,238,246/16①147/25①111/29①86/33②121/38③195/40②136/54①32,263/55②143,③207,469,474
梅　3④347/14①368/55③240
うめもどき　54①289/55③380
おおやまれんげ　55③333
かいどう　55③275
かえで　54①155,277
柿　3①52,③172,④346/7②354/13①146/14①207/16①142/18①75,78/56①76
栗　54①291
桑　13①116,119/18①82,85/25①115,116/35②308
こぶし　55③250
さざんか　16①169/55③388
さつき　16①168
さんしょう　10①83/16①160/54①299
すもも　16①152
たまいぶき　55③436
つばき　54①283/55③241
なし　3③172/13①135,136/14①380/46①12,62/55③273
なんてん　55③340
にしきぎ　55③345
にわざくら　16①171
白桃　55③243
白もくれん　54①266
はぜ　11①19,21,**41**,44,50/14①32,232,402/31④168,172,173/33②110,116,125,126
びわ　40④325
ぼたん　55③289,394,396
もくれん　55③426
桃　3③172,④374/13①159/54①308/55③259,262
れだま　55③324
つぎきこえやしない【接木屎養】
なし　46①12,65
つぎきじぶん【接時分】
梅　54①289
つぎきしゅん【接木旬】　3④348
つぎきだい【接木砧】　55③**466**
つぎきなどのきりくち【接木なとの切口】
はぜ　31④202
つぎきのきぐち【接木の木口】
はぜ　31④203
つぎきのじせつ【接木の時節】
はぜ　11①52
つぎきのだい【接木ノ台】→B
なし　46①61
つぎきのたね【接木之種子】
はぜ　33②115
つぎきのなえ【接木の苗】
みかん　3①51
つぎきのほ【接木の穂】　14①377
つぎきのほう【接木之法】　13①**243**
つぎきのわかめ【接木の若芽】
はぜ　31④206
つききる【つき切る】
杉　56②255
つきくだく【つきくだく】→K
ところ　15①90
つぎぐち【接口】→E､Z　56①89
桑　35①73/47②140
はぜ　31④176,180,190
つぎぐちをそぐ【接口を扮】
柿　14①211
つぎしお【接入】
はぜ　31④175
つぎじぶん【つぎ時分､接時分】　54①277
なし　54①285
はぜ　11①40/31④174
もくれん　54①308
つぎしゅん【つぎ旬､接旬】
梅　14①368
柿　14①211
つきしらげ【つきしらけ】
稲　31③113
麦　31③113
つぎせつ【接節】　55③468
つきぞめ【つき初】→O　27①238
つぎだい【継台､接だい､接砧､接台】
柿　56①184
桑　35①71/47②139/56①192,204
はぜ　11①53/31④161
みかん　7②356
もくれん　55③426
つぎだいにもちいるなえ【接台に用ゆる苗】
はぜ　31④160
つぎたて【接立】
みかん　53④247
つきたてぼし【つきたてぼし】
稲　9①106
つきとおす【突通す】　60⑥355
つぎどき【接時】　7②345
はぜ　31④175
つぎとめ【接留め】
はぜ　11①40
つぎなえ【接苗】
はぜ　14①231/31④164,169,211
つぎね【つき根】　55②164
つきばこぼちとりのぞく【つきばこぼち取除】
稲　27①210
つぎはぜ【接櫨】
はぜ　11①52,53
つぎふし【接節】
はぜ　31④196
つぎほ【つき穂､つぎ穂､継穂､接ほ､接穂】→Z
7②345,348/13①244,246/38③179,181,**191**,192/55③467,469,470,471
あんず　3①52
梅　38③184
柿　7②354/13①145/16①142/18①74/25①115/38③188/56①76/62⑧276
栗　38③187
桑　35①71/47②139
さんしょう　38③186
なし　46①64,88
はぜ　11①**40**,41,42,45,46,

47/31④174,175,176,177,179,180,181,182,183,185,186,189,190,191,194/33②126
ぼたん 55③396,465
桃 3④374/55③259
つぎほとりよう【接穂取様】
はぜ 31④174
つぎほのかわ【接ほの皮】 13①246
つぎほのしり【接穂の尻】
はぜ 11①50/31④178,180
つぎほのしんね【接穂の新根】
ぼたん 55③466
つぎほのめ【接穂の芽】
なし 46①65
つぎめ【接目】→C、Z
はぜ 31④176
みかん 56①88
つぎよう【つき様、つぎ様、接やう、接様】 7②346/29①87
梅 14①368
栗 54①291
つばき 54①284
はぜ 11①41/31④189
桃 54①308
つぎわけ【接分ケ】 68③333
つく【つく、搗く】→うすづく
稲 36③328
漆 56①51
紅花 40④303,318
つぐ【つぐ、接、接ク】 38③192/54①277
柿 56①82
桑 47②139,140/56①192,204
なし 38③183/46①62,63,64
夏つばき 55③317
みかん 16①147/56①87
桃 56①66
つくね【つくね】
稲 28②180
つぐほう【接法】 13①169/56①89
みかん 56①87
つくり【作】→L
麦 25①119
つくりいれ【作り入】
麦 25①82,119
つくりえんしょう【作り焔焇】 69①51
つくりえんしょうのほう【作り焔焇の法】 69①52
つくりかえし【作リガエシ、作り返し、作返し】
えごま 25②212
えんどう 24①140/25②201
そば 25②213
たばこ 25②214
菜種 25②200
つくりがき【作垣】
いんげん 25②201
十六ささげ 25②202
ふじまめ 25②201
つくりかた【作りかた、作り方、作方】→つくりよう→L
14①33,411/24①148,③271/29③194/38②86/40②57/61①35
藍 21①74
陸稲 61②80
楮 61②93
さつまいも 21①65/61②88
じゃがいも 18④398
たばこ 45⑥313
とうがん 25①126
なし 14①377
紅花 61②91
綿 21①69/38③148/40②40,41/61②84
つくりごえひき【作り菡引】
稲 22①49
つくりこなす【作りこなす】
13①260
つくりせり【作り芹】
せり 4①153
つくりつけ【作クリ付ケ】 32①187
つくりまき【作り蒔】
麦 63⑤317
つくりものたねおきよう【作物種子置様】 10①103
つくりよう【作やう、作りやう、作り様、作様】→つくりかた
13①371
あおうり 12①258
いちび 14①144
かぶ 1④317
菜種 14①228
らっきょう 17①276
つくるほう【作る法】
里芋 12①366,367
つけ【附】
あわ 2①24
稲 2①47
かぶ 2①60
つけおく【漬をく、漬置】→K
稲 5③261
漆 13①108
つけおくる【附送る】
杉 56②259
つけかた【付方】
海苔 14①293
つけくわ【附桑】→I
蚕 47②112
つけこみおく【附込置】 38②81
つけだいず【付大豆】→E
大豆 2①34
つけなえ【付ケ苗、付苗、附苗】
稲 18③363/36③222/41②77
つけはこび【付運、付運ヒ、附運】
38②57
あわ 38②70
稲 2④280,296/38②52,54,80,82
陸稲 38②67,68
里芋 38②60
そば 38②74
大根 38②71,72,73
大豆 38②61,62
ひえ 38②64,65,66
麦 38②59
つけまめ【付豆】
大豆 2①34
つける【漬、漬る】
稲 29②125
蚕 35①62
つける【附ル】
麦 24③309
つたらおし【つたらおし】
稲 42③197
つたらとばし【つたら飛し】
稲 42③198
つちあげ【土あけ】 36②124/42⑤324
つちあつきところのあとさく【土厚キ所ノ跡作】 32①196,198
つちいれ【土入】 28①70/65②75,76
大豆 42④269
なす 42④270
つちいれかえ【土入替】
朝鮮人参 48①232
つちうち【槌打】 27①18
しいたけ 48①219
つちおおい【土覆ひ】→B、Z
14①57
おきなわうらじろがし 57②156
からむし 6①145
つちおおう【土おほふ】
そらまめ 12①197
つちかい【つちかい、つちかひ、土かい、土かひ、培、培ヒ、培ひ、剖】→いちばん、いちばんあい、いちばんうない、いちばんうなえ、いちばんくるめ、いちばんけじ、いちばんつちかい、いっぽうくるめ、おおかい、さく、さんばんくるめ、なかうち、にばんあい、りょうくるめ→B、Z
47②146/69②241
小豆 27①143
あわ 5①95/31⑤262
稲 37③342
えごま 12①313
陸稲 61②83
栗 14①303
桑 13①119
けし 12①317
ささげ 27①96
里芋 12①361,362/29②141
しょうが 12①293
大根 29②154
大小豆 27①139/29②141
たばこ 13①62
茶 14①310
ちょろぎ 12①353
なす 28②178
菜種 1④301/28②142/29②123/40③222
ねぎ 19①132
はと麦 12①211
紅花 13①46
麦 1④316/27①59/28②142/29②123
綿 28②175,181/29②140
つちかいおく【培ひ置】
しょうが 12①293
つちかいさくきる【培ひ作きる】
稲 25①54
つちかいとめ【培留】
麦 30①114
つちかいのていれ【培の手入】
9②193
つちかいまえ【つちかいまへ】
綿 28②179
つちかう【つちかふ、土かふ、培、培フ、培ふ】→おおう(壅)
11③143/62⑧254,257/69②313,335,344,346,348,364,384,385,387
稲 37③318
大麦 12①154,158,163
陸稲 12①148
きゅうり 6①125
里芋 12①364/25①56
じおう 13①279
しちとうい 13①72
せんきゅう 13①281
たばこ 13①57,63,65
つゆくさ 48①211
なす 6①119/12①241,242
麦 27①61/37③291,292
綿 13①17,22/62⑧276
つちかけ【土かけ、土掛、土掛ケ、土懸】 38②57
あわ 38②68,69
えごま 38②71
陸稲 38②67
桑 56①194
さいかち 56①63
里芋 38②59
そば 38②73
大根 38②71
大豆 38②61
なす 4①20
ひえ 38②64,65
綿 38②62/41②108

つちかげん【土加減】 15②185
つちかち【土かち】→B
42⑤336
つちぎわよりかる【土際より刈】
ひえ 27①153
つちくさらかす【土くさらかす】
62⑨320
つちくるみ【土くるみ】
ひえ 25②206
つちくるめ【土くるめ】
藍 25②214
麻 25②210
大麦 25②198,199
きゅうり 25②216
ごぼう 25②220
ごま 25②212
小麦 25②199
ささげ 25②202
さつまいも 25②219
里芋 25②218
そば 25②213
大豆 25②205
とうな 25②208
なす 25②215
菜種 25②200
ねぎ 25②223
つちくれをくだく【塊をくだく、塊ヲ砕】 8①171
むらさき 14①151
つちごいおろし【土ごひおろし】
63⑥340
つちごいこしらえ【土ごひ拵】
63⑥340
つちごいこしらえかた【土菡ひ拵方】 63⑤311
つちごいつけ【土ごひ付】 63⑥340
つちごえおき【土こゑおき、土こゑ置、土肥置】 8①196,198
綿 23⑤279,280
つちごえおろし【土菡下し】
63⑦374,375,376
つちごえきりかえし【土菡切かへし】 63⑦362
つちごえこしらえよう【土肥コシラヘヨフ】 38④280
つちごえつけ【土菡付】 63⑦374,375
つちごえよせ【土肥寄】
たばこ 44③227,228
つちごしらえ【土ごしらへ、土拵】 13①250/57②140
稲 61③128
こんにゃく 25②224
杉 57②153
ちしゃ 25②220
朝鮮人参 45⑦389
ふだんそう 25②220
つちこやしくばり【土肥菡賦り】
稲 1①38
つちこやしひきいれ【土肥菡引入】
稲 1①36,39
つちさかす【土さかす】 42⑤324
つちさらし【土晒、土晒し】 34③36,38,42
さつまいも 34⑥133
綿 34⑤96
つちさらしよう【土晒様】 34③39,51,⑥134
さつまいも 34③43
つちだし【土出し】 42⑥436
つちつけ【土つけ、土附】 42③152/43①65/63⑦391,396
つちつけてこく【土付てこく】
なす 27①134
つちならし【土ナラシ】
稲 2④294
つちにいける【土にいける】
くるみ 16①145
つちにさす【土にさす】
桑 47③173
つちにてうずめる【土にてうつめる】
杉 56②252
つちぬり【土塗】
はぜ 31④182
つちねばるだけ【土粘るだけ】
稲 27①120
つちのあつさ【土の厚さ】
稲 27①100
つちのかけよう【土の掛よふ】
ねぎ 22④254
つちのこしらえ【土のこしらへ】
13①249
つちのこなし【土のこなし】
ごぼう 25①128
つちのこなしかた【土のこなし方】
瓜 25①126
なす 25①126
つちのこなしよう【土のこなし様】
大豆 2①40
つちのめきき【土の目利】
稲 17①55
つちひきいれ【土引入】
稲 25②187
つちぶかにうちおこす【土深にうち起】
稲 27①359
つちへうずめおく【土江埋め置】
さいかち 56①181
つちまき【土まき】 42④254
つちみのほう【土見の法】 36①41
つちみよう【土見様】 18⑥499
つちもち【土もち】 42③158
つちよせ【土よせ、土寄】→けじ、けらがき、つおおかい
菜種 43②135
麦 41②79
つちをあつくおおう【土を厚くおほふ】
からたち 13①228
桜 13①212
つちをおおいおく【土をおほひ置】 13①168
じおう 13①279
せんきゅう 13①281
やまもも 13①156
つちをおおう【土をおほふ、土を覆、土を覆ふ】 12①350
藍 13①39
あかね 13①48
からむし 13①29
栗 14①302,303
桑 13①117
楮 13①96
ごぼう 12①296,297,300
さんしょう 13①179
すもも 13①129
茶 13①79,80
なす 12①244
にんにく 12①290
ぶどう 14①370
まくわうり 12①248
松 14①93
むらさき 14①151
やまいも 12①372,376
綿 13①14,15,21
つちをかう【土をかう、土をかふ】
あわ 40⑤236
さつまいも 11②110
綿 11②119
つちをかきおおう【土をかきおほふ】
たばこ 13①57
つちをかく【土を懸、土を懸ク】
ひえ 38③146
やまいも 38③130
つちをかけおく【土を掛置】
杉 56②252
つちをかける【土をかける、土を懸る】 62⑨358
桑 47③170
杉 56②255,258,259
竹 38③188
茶 47③169
とうささげ 38③125
もろこし 38③145
つちをかゆるてだて【土をかゆる手立】 13①251
つちをきせる【土をきせる】
むらさき 14①152
つちをくだく【土をくだく】
麦 13①359
つちをこなす【土をこなす】
杉 56②267
つちをこやす【土をこやす】
16①136
つちをたたく【土をたゝく】
28②139
つちをつかみくだく【土を摑くだく】
稲 29①53
つちをつけてほりおこす【土を付て掘おこす】
かし 13①207
つちをとる【つちを取】
稲 28②165
つちをよせる【土およせる、土をよせる】
さいかち 56①182
大根 12①221
たばこ 41⑤236
ねぎ 62⑨344
つつきめ【つゝき目、突目】→めあけ
23⑤265
つつぎり【管伐】
麻 19②440
つづくり【ツヽクリ】
綿 8①190
つつじのはなざかり【躑躅之花盛り】
稲 38①10
つつみおく【包ミをく】→K
桐 13①198
つつみぬり【堤ぬり】
稲 38②79
つつろがり【つゝろ刈、管蘆刈】
ねぎ 19②428/20①139
つとめたがやす【力め耕す】
12①108
つなずり【綱摺り】
稲 29③264
つねのかりしお【常の刈しほ】
23①32,33,34,36
つねのまきよう【常の蒔やう】
はぜ 31④158
つねのめ【常の目】 23⑤265
つねのめあけ【常の目あけ】
23⑤265
つのむすび【角結】
稲 27①176
つばきならびにさざんかさしきのほう【椿並山茶花擺之方】
55③461
つばくらまめをつくる【つバくらまめをつくる】
あじまめ 17①212
つぶうえ【粒植】
大豆 24①49
つぶがらしつくりよう【白芥子作様】
からしな 19①135

つぶにしよう【粒ニ仕ヤウ】
あわ 5①95
つぶにする【粒ニスル】
小豆 19①144
あわ 19①138
きび 19①146
つぶまき【つふ蒔、粒まき、粒蒔】
大豆 22①54
とうもろこし 22③157
菜種 45③155
麦 38②58
つぶらうち【つぶらうち】
稲 17①81
つぼあげ【坪揚】 42④258
つぼいり【坪入】→X
稲 20①74
つぼうえ【坪植】
陸稲 61②81
つぼうち【坪打】 4①204
つぼきめ【坪極メ】
稲 24③282
つぼきりたて【坪切立】 27①259
稲 27①187
つぼきりのしかた【坪切りの仕方】
小麦 21②124
つぼくる【つぼくる】
稲 62⑨383
つぼける【つほける】
稲 62⑨384
つぼしたてかた【坪仕立形】 27①137
つぼだし【坪出】
稲 27①90
つぼつちしよう【壷土仕様】 5①145
つぼつちだし【坪土出し】 42④258
つぼとり【坪取】
稲 30①32
つぼふやしのほう【ツボふやしの法】 24①72
つぼまき【つぼまき、坪蒔】
陸稲 61②80
大根 33⑥308
つぼみ【蕾】→E、Z
38①16
つぼめまえ【蓓前】 51①70
つぼわり【坪割】
稲 28②143
つぼをつける【坪を付る】
大豆 33⑥357
つまみいれ【つまみ入レ】
麦 41③181
つまみうえ【つまミ植】
綿 29①64
つまみまき【つまミ蒔、つまみ蒔】→つみまき
稲 19②403
そば 19②385
菜種 1④299/45③154
麦 34⑧297
つまみむぎ【撮ミ麦】
麦 39⑤254
つみあげおく【積上置】
うど 41②124
つみいれ【摘入】
茶 6①158
つみおき【積ミ置】 8①127
つみおわり【摘終】
菊 55①44
つみおわる【摘終ル】
菊 55①39
つみかえ【積かへ、積替】 8①126,127
稲 4①30,63
つみかえし【積返シ】
稲 1①39
つみかえる【積替ル】 8①128
つみかさねる【積かさねる、積みかさねる】 69①79,97
つみかた【ツミ方】
菊 55①44
つみこみ【摘込】→E
茶 5①163
つみしば【つミ芝】→I
42⑤333
つみすぐる【つみ撰る】
なし 46①92
つみすつる【ツミスツル】
菊 55①49
つみすて【つミすて】
桑 47③174
つみた【摘田】→まきた
稲 17①57,114,116,117/22④218,⑤350/62②36
つみちゃ【摘茶】
茶 14①314
つみどき【摘時】
茶 5①161,162
つみとめ【摘留】
菊 55①46,47,48
つみとる【つみとる、つミ取、摘取】
桑 25①116
茶 13①79/56①180
紅花 13①45
つみなおし【積直し】
稲 4①63
つみはじめ【つミ初、摘初】
茶 3①53
紅花 45①38
つみまき【摘蒔】→つまみまき
菜種 38③163
にんじん 22④259
つみよう【摘やう、摘様】 22①51
あわ 5①95
菊 55①23
茶 13①83/47④217
つむ【ツム、つム、つむ、摘】 36②114/62⑨353
稲 36③271
蚕 24①47
かぶ 19①118/41②115
菊 55①33,34,36,40,47
ささげ 39②103
そば 36②116
茶 6①160/47④214
菜 2④305
紅花 19①121/37①34/41②123,124/45①36,38
松 55②170
綿 19①124
つめいし【詰石】→I
茶 69②358,359
つめうち【つめうち】
稲 27①108
つめかえ【つめかへ】 5②231
つゆなきにかる【露なきにかる】
稲 27①179,180
つゆののち【梅雨の後】
大根 12①217
つゆのまえ【梅雨ノ前】
大麦 32①69
つゆふる【露ふる】
たばこ 13①59
つゆをはらう【露を払ふ】
稲 33①18
つよみず【強水】 8①146
つりあげる【釣上る】 60⑥348
つりおく【釣オク、釣り置、釣置、釣置ク】→K
蚕 47②81,82,83,84,101,118/56①192,207
柿 56①184
かぼちゃ 41②94
わけぎ 41②119
つりからす【釣枯す】
たばこ 38③134
つりさげる【釣下ル】
稲 5①33
つりほす【釣干】
たばこ 38③134
つる【つる】
蚕 47①31
つるあげ【つる上、つる上ケ】
瓜 4①129
さつまいも 8①117
つるかこい【蔓囲】
さつまいも 33⑥339
つるしおく【釣し置】
大豆 38③144
つるす【つるす】→K
なす 62⑨368
つるひき【つる引】
ささげ 42⑤334
つるます【合ます、遊狂す】
蚕 47①33,②133
つるをううる【ツルヲ種フル、つるを種る】
さつまいも 12①387/32①124
つるをかえしおく【蔓を返し置く】
さつまいも 61②90
つるをかえす【つるを返す、蓬をかへす】
さつまいも 41②99,④207
つるをきる【つるを切】
さつまいも 34⑧303
つるをはなす【つるをはなす】
すいか 69①41
つるをはわせる【つるをはわせる】
ところ 17①271
つろかいむぎのなかうち【つろかい麦の中打】
麦 9②223
つわぶきのはなざかり【石蕗の花盛】
小麦 31⑤272

【て】

てあて【手当】→N
68③363,364
綿 62⑧275
ていしゅん【定旬】 3④237
ていれ【手いれ、手入、手入レ、手入れ】→いちばんしご、えいかい、しご、しややく、しゅご、しょうやく、またじ→C、K、N
1①82,83,115,117,119,③270,④321,330,335/2②155/3③164/4①172,183,185,204,241/5③246,285/10②329/13①176,351,356,369/18①89/21①8,22,②101,106,③155,157/22④205/23①64/30②198/31④220,221,⑤247/33⑥303/36①60,61,②96,109,111,114,124,127,129,③249/37②71,122,③331,333/38③116,④235,255/39①44,⑥351/41①12,13/53④236/55②143/56②275,281,288,291,292/57②212/61②99,⑨262,311,315/63①39,45/64①48,49,⑤335,337,338,342,348,351,354,355,362/66⑥343/67①23,⑥314/68②258,③327,334/69①55/70⑥409,413,414,418,425
藍 41②111
あかね 13①48
麻 5①89,90/13①35

あさぎり　25②221
小豆　21①59/22④229/41②95
油桐　47⑤254
あわ　10③395/37②204
いぐさ　13①70
稲　1①33,93,94,③263,264,265,⑤349,356/4①69/5②221,③247,261,283/7①42/10③394/21①33,47/23⑥301/25②189,192/36①41,42,47,54,69,③195/37①29,②81,105,106,107,136,152,153,154,160,166,167,179,188,192,209,③306,307/39①26,36,④206,⑥326,327/41②62,77,③172,175,176/61②101/63⑤295/70④262
漆　46③185,190,206,208,211,212/56①175/61②98
大麦　21①52,55/22②113/25②199/39①41,42
蚕　35③432,437,438/47②142,145/56①207,208/62④87,91
柿　14①207
かし　13①208
かつら　56①118
かぶ　13①366
からしな　25①125
からむし　13①30
かりやす　13①52
菊　55①35,49,71
きび　2①28/38④262
きゅうり　25②216
桑　13①119/47③172/61⑨288,289,293,294,296,299,302,306,313
楮　5③270/13①96,101/14①266
こうやまき　56①58
ごぼう　25②219
ごま　25②212
小麦　25②198,199
さいかち　56①63
桜　13①212
ささげ　12①203/22④267
さつまいも　21①67/22④275/34⑧305/57②146/70③226,227
里芋　12①360,365/21①64/23⑥324
しゅろ　13①203
すいか　40④308
杉　13①190/42⑥428/56①43,162,②253,265
すげ　4①125
せきしょう　54①312
そらまめ　12①198
大黄　13①283
大根　1④310/4①109/5①110/12①221/23⑥334/38③159/41②101
大豆　21①59/22②116/36②118
たばこ　13①58,65
茶　3④260/13①80
とうがん　25②217
菜　23⑥334
なし　46①104
なす　3④316/4①134/12①245/36③197/41②89
菜種　1④297,302,303,309,311,312,315,318/4①115/8①84/45③155
にんにく　25②224
ねぎ　36③294
はぜ　11①55/33②106/47⑤273
ひえ　5①99/25②206,207
松　55②131,133
まつばらん　55②175
みかん　56①94
みつば　12①337
麦　5③265/10③399/13①355/24②239/31②74,75/34⑧297/37②111,③291,292/38③176/41②78,③181,182/62⑧253
むらさき　14①154
むらさきおもと　55②165,166
もろこし　25②211
やまいも　12①377
らっきょう　25②224
綿　7①89,100/8①232,235,239,240,242/13①20/15③345,346,378/21①70/22③157/31⑤282/39①49/41②107,108
ていれおよびほご【手入及保護】
さとうきび　30⑤411
ていれかた【手入かた、手入方】　34⑤108/70⑥423
稲　1①69,⑤350
大麦　22①58
桑　61⑨300,310,330,340
小麦　22①58
さつまいも　70⑥404
白瓜　25②216
大根　25②208
ていれこうさく【手入耕作】　7①57
ていれこやし【手入糞し】
大麦　12①159
ていれじぶん【手入時分】
綿　36③224
ていれどき【手入時】　62⑧273
ていれのじせつ【手入の時節】
ひえ　21③150
ていれのしよう【手入の仕やう】　1①83
ていれふんよう【手入糞養】　1④335
稲　7①49/10②316
大麦　12①159
ていれやしない【手入養ひ】　13①353
ていれをつくす【手入を尽す】
里芋　12①362
てうえ【手植】
藍　4①100
きび　4①90
さつまいも　41②99/70③227
ひえ　4①50
ふき　4①149
ておき【手置】　48①16
麻　17①220
てがい【手飼】→L
蚕　47②130
てがえし【手かへし、手返し】→K
稲　36①42
蚕　47②86,87,90,99,101
まくわうり　17①259
てかぜ【手風】→X　12①78
稲　12①135/37③319
栗　25①113
大根　12①219
でかわりまえ【出替り前】　24③318
できあき【出来秋】　25①44/33⑤257
できぐち【出来口】
大豆　31②86
でぐち【出口】
稲　41②67,69
てくばり【手くバり】→L
きゅうり　12①261
まくわうり　12①250,255
てくばりする【手くばりする】
まくわうり　12①249
てぐり【手ぐり】→L　15②267
てくるめ【手くるめ】　20①129
きゅうり　20②380
てこぎ【手コキ、手こき、手こぎ、手扱】
稲　29③222,264/36③310,311
陸稲　22⑤354
てごと【手事】
あわ　33③169
てさく【手作】→L
あわ　25①121
ひえ　25①121
てさばき【手捌】→K
稲　11②106
てじろ【てしろ、手しろ、手じろ】
稲　20①63/22②110/43①42
てすきそうじ【手鋤ソウシ】　8①194
てたたきみず【手タタキ水、手叩水】
稲　32①30,31/63⑧442
てたて【手立】　62⑧265
ささげ　43①43
てだて【行、術】　5①71
稲　20②394
てたに【手たに、手谷】→あつてたに、うすてたに
麦　8①97,98,99,105
てつがい【手つがひ】　7①40
てつだい【手伝】→L、R　36③316/70⑥390,409
てつち【手つち、手土】　27①136
桑　47②138
大豆　4①85/27①143
つゆくさ　27①71
とうがらし　4①155
なす　4①133
ひえ　4①82
てつちかい【手培】
けいがい　27①70
ごま　27①144
むらさき　48①199
てつまみ【手つまミ】
蚕　47①42
てどおし【手通し】　36③319
稲　36③311
てどり【手採】
稲　23①72,73
てどりたのくさぬりあげ【手採田の草塗上】
稲　23①69
てどりのほう【手捕の法】　24①101
てなえかわりめ【手苗代り目】
稲　27①115
てなおし【手直し】
稲　44③205
てねがり【てねかり、てねがり】
大麦　9①65
麦　9①66
てびきかげんのとき【手引加減の時】　51①111
てびろい【手拾ひ】　57①22
でほじぶん【出穂時分】
稲　11⑤225
でほのじぶん【出穂の時分】
稲　11②107/70⑥425
でほのせつ【出穂の節】
稲　19②274
でほまえ【出穂前】
稲　70⑥419
小麦　11②112
裸麦　11②112
でほみず【出穂水】
稲　39②100
てましのしほう【手増の仕法】
はぜ　11①7

てまわし【手まハし、手廻し】→L
16①247,284,310
てもち【手持】
稲 27①184
てもみ【手籾】
稲 24③315
てもり【手モリ】 49①202
てらすしよう【照すしやう】
金魚 59⑤436
てりまわり【旱リ廻リ】
綿 8①252
てわけ【手わけ】
稲 27①185,186
てわけしごと【手分仕事】 8①201
てわざ【手業】→K
37③356
てをくれる【手をくれる】
かぼちゃ 17①267
ところ 17①271
てんきのとき【天気の時】
大麦 29①72
てんきみならう【天気見習】
62⑨319
でんちいちばんうちだし【田地壱番打出し】
稲 33⑤262
でんちうえつけ【田地植付】
稲 18⑥496/33⑤249
でんちうちおこし【田地打起、田地打起し】 34⑦255
稲 33⑤238/34⑦246
でんちうちかき【田地打掻】
稲 61②101
でんちうちたて【田地打立】
稲 18⑥492
でんちかいはつ【田地開発】 2⑤329/66②89,94,102,104,110,③148
でんちごしらえ【田地拵】
稲 39④193,194
でんちさんばんうちおこし【田地三番打起】
稲 33⑤243
でんちのうえつけ【田地の植付】
稲 35②303,343
でんちのこしらえかた【田地の拵方】 61③130
でんちのしよう【田地の仕様】
稲 11②91
てんのうじかぶまびき【天王寺蕪間引】
かぶ 30①136
てんのとき【天の時】→N
5②219

【と】

といをうつ【樋を打】
稲 29②142
とうあずきをつくる【唐小豆を作る】
つるあずき 17①211
とうえ【疾植、迅植】
稲 30①18,36
とうがたねまき【冬瓜種蒔】
とうがん 30①121
とうがなえうえ【冬瓜苗植】
とうがん 30①126
とうがらしつくりよう【南蛮辛作様】
とうがらし 19①122
とうがらしなえうえどき【南蛮辛苗植時】
とうがらし 19①182
とうがらしなえふせどき【南蛮辛苗布施時】
とうがらし 19①179
とうがらしをつくる【とうからしを作る】
とうがらし 17①285
とうがをつくる【とうくわを作る】
とうがん 17①265
とうがんうゆる【冬瓜植る】
とうがん 62⑨345
とうがんうゆるほう【冬瓜うゆる法】
とうがん 12①261
とうがんしつけ【冬瓜仕付】
とうがん 34⑤80
とうがんたくわえかた【冬瓜貯方】
とうがん 34⑤81
とうがんだねとりよう【冬瓜種子取様】
とうがん 34⑤81
とうきびたねまき【蜀黍種蒔】
とうもろこし 30①121
とうきびつくりかた【唐黍作り方】
もろこし 41④206
とうきびなえうえ【蜀黍苗植】
とうもろこし 30①124,127
とうきをつくるほう【当皈を作る法】
当帰 13①296
とうこくしゅげい【稲穀種芸】
稲 30①9
とうざい【東西】→N
稲 28②245
とうす【とうす】→B
27①275
とうすすり【稲臼摺】
稲 23①80,82
とうすひき【とふすひき、土臼挽】 9①121/43①74,75,77,79
稲 43①72,76,78
とうぞう【冬蔵】 2①69/5①190
とうだいもやす【燈台もやす】
27①317
どうちにどうさく【同地に同作】
28①9
とうどり【棟取】→R、X
27①262
とうのう【冬納】 52⑦282
とうのきびうえ【唐の黍植】
もろこし 62⑨344
とうのごまをつくる【とうのごまを作る】
ひま 17①293
とうはるまき【当春蒔】
ねぎ 22④255
とうまめうえ【とうまめ植】
そらまめ 65②91
とうみくり【とうみくり、とうみ操】
稲 8①261
とうみだて【槖風だて】
稲 23①39
とうやく【登(投)薬】 60④179
とおうえ【遠植】→ちかうえ
稲 1①31,53,66
とおかかえし【十日返し】
稲 30①20
とおかまき【十日蒔】
かぶ 19①201
とおかまわり【十日廻り】
はぜ 31④189
とおさく【遠作】 29①13
とおさす【トヲサス】
麦 8①258
とおし【とおし、トヲシ、とをし】→B、D、L、Z
稲 24③315
大根 62⑨373
麦 8①259
とおしまわし【篦舞】
稲 30①86
とおしみず【通シ水】→B
稲 39⑤258
とおす【通す】→K、Z
稲 41③178,179
とおやまじゅもくみよう【遠山樹木見様】 57②115
とおりだ【通り田】→たうえ
稲 30①55
どかいれ【どかいれ】
稲 28②191
どかおき【どかをき、どか置】
稲 28②187
綿 28②149,156
とき【時節】 62⑧246
ときびかり【ときひ刈】
とうもろこし 43②179
ときびきひき【ときび木引】
とうもろこし 43②180
ときびこき【ときびこき】
とうもろこし 43②179
ときわぎうえかえ【常盤木植かへ】 3④348
とこかえ【床かへ】
稲 29③258
とこかじき【床かぢき】
綿 28④338
とこくさ【床艸】
綿 28④338
とこごしらえ【とこ拵へ、床拵、床拵へ】 42⑥378
藍 41②111
稲 29④290,291
かつら 56①117
桐 56①48
杉 56①162
ひえ 41②109
とこじこしらえ【床地拵】
そば 33③170
とこそだて【床育て】 28④332
とこなおし【床直、床直シ】
しゅろ 53④247
杉 53④245,246
とこにいれる【床ニ入、床に入】
稲 25②180,188
とこもやし【床もやし】
さつまいも 70③226
ところほりよう【萆薢掘やう】
ところ 14①168
ところをつくる【ところを作】
ところ 17①271
とこわり【床割】→C
稲 29②126
としうえ【年植】
ごぼう 38④241
たばこ 38④247
なす 38④255
としかぎりのぎょうじ【年限りの業事】 27①203
としのよまき【年の夜蒔】
麻 33④207
とじまり【戸締り】 27①325
としをよらす【年をよらす】
たばこ 17①284
とすまぜ【とすまセ】 42⑤324
とちえらびかた【土地択方】
さとうきび 50②145
とちがえ【土地替】
藍 29③250
とちごしらえ【土地拵】 57②148
とちていれ【土地手入】 7①6
とちのあらためかた【土地の改め方】
稲 21②129
とちのこしらえよう【土地の拵

やう】
綿　7①89
とちのみたて【土地の見立】
里芋　12①362
とちのめきき【土地の目利】
綿　17①231
とちをえらぶ【土地を撰ぶ】
綿　9②206
とちをみるほう【土地を見る法】
12①73
どてつく【土手築】　65①19
とびぐわ【飛鍬】
稲　27①108
とまあみ【苫編】→K
稲　1①36
とまぐわ【十耙】
稲　38③139
とましたにする【苫下にする】
稲　27①189
とましよう【苫仕様】
稲　27①186
とめがき【とめがき】
漆　13①108
とめきり【とめきり、とめ切、とめ切り、止メ切】
あわ　38②70
えごま　38②71
陸稲　38②68
大根　38②72
大豆　38②80
ひえ　38②80
綿　38②63
とめぐさ【とめ草、留草】
稲　29②142
とめくさぎり【留芸、留耘】
麦　30①113
とめくさとり【留草取】
稲　29③236/61①50
とめぐわ【止め桑、留桑】
蚕　35①126/47②115,116,120,122,123,126
とめぐわ【留鍬】
麦　41②79
とめさく【止隴】
ひえ　38③146
とめさくをきる【止隴を切】
麦　38③195
とめまわり【留廻り】
稲　28②179
とめる【留、留ル】→K
瓜　62⑨340
菊　55①22,23,26
たばこ　62⑨363
綿　40②44
ともしゆく【燈しゆく】
稲　15①72
ともぶたつみ【共蓋積】
稲　24①119
どよううえ【土用植】
そば　33③169
どようおわるじぶん【土用終時分】　10②368
どようかやし【土用かやし】
稲　8①72
どようたて【土用達】
稲　30①64,68
どようのあけごろ【土用の明頃】
綿　28④346
どようぼし【土用ほし、土用ぼし、土用干】→K
67⑤231/70⑥422,424
稲　1①74/21①47/30①61/36①51/39①36/42④269/70⑥400
大麦　21①58,59,②122,123
小麦　21①58,59,②123
大根　5②229/67⑤230
麦　10③400
どようみず【土用水】　24③296
稲　27①122/37②76
どようみずしお【土用水しほ】
稲　7①22
どようみずをきる【土用水を切る】
稲　36②123
とりあげ【取上、取上ケ、取揚】→J、L
24①108,148
藍　13①42
小豆　25②213
稲　8①140/24①117
しょうが　25②222
とりあげかわかす【取上乾す】
杉　13①190
とりあげぐさ【取上ケぐさ、取上ケ草】
稲　28②193,194,197
とりあし【鳥足】→ちどり
陸稲　61②80
とりあしにぬく【鳥足に抜】
あわ　38③157
とりあわせ【取合】　57①14/65③179
稲　41②67,69
とりいだす【取出す】
藍　13①43
とりいれ【とり入、取いれ、取入、収納】→あき、かりいれ→L
30③288/38①8/41③184,185,186/53⑤336/55③461/62⑧253/67①38/68④394
藍　10③385/38③135
麻　39⑤285
稲　4①64/5①86/23①120/36①42,53/37②213/44①43/62⑦191/63⑤295/67③138,139/68②261
大麦　39①41
蚕　53⑤335
かぶ　39⑤256
きび　21①77/30③280
くわい　25②224
さとうきび　61⑧231
そば　10③397
大豆　25②204/67③137
はすいも　30③273
麦　39⑤278/68②264
むらさき　14①155
もろこし　30③280
綿　38④266
とりいれかた【取入方】
小豆　25②213
とりいれじぶん【取入時分】
麦　10③399
とりいれどき【取入時】　30③299
稲　10③394
大豆　10③395
とりいれよう【取入様】
いぐさ　5①79
とりいれる【取入ル】　39⑤286
とりいれるとき【取入ル時】
菜種　8①82
とりおい【鳥追】→M、O
大豆　22④225
とりおいのばん【鳥追の番】
大豆　22④224
とりおさむ【取収む】
小豆　12①192
とりおさむる【取リ収ムル、取収る】
榧　13①166
綿　32①146
とりおさめ【取リ収メ、取収、取収め、取納、取納め、収穫、西収】→L
11②99/20①217/22①57/25①70,142/29①35/32①60,187,②317,318,325
麻　32①141
あわ　32①100,101
稲　11②96,101,102/20①42/22①19
大麦　29①71/32①62,82
小麦　32①65
さつまいも　25②219
里芋　25②218
そば　32①107/70⑤320
大豆　32①86,89,93
はと麦　12①211
麦　32②306/33⑤246
綿　15③378
とりおさめのじせつ【取リ収メノ時節、取収ノ時節】　32①48
小豆　32①95,96,97
大豆　32①90
とりおさめのとき【取収ノ時】
32②320,322,326
とりおさめる【取納ル】→L
綿　8①270
とりかう【とりかふ】
蚕　47①36
とりかけ【取掛】
稲　24①119
とりき【とりき、とり木、圧条、取り木、取樹、取木、捷木】→E
13①103/55③466,467/61⑨311/69①107,②249,294
あじさい　16①171
榧　16①146
くこ　13①228
くさぎ　16①153
くるみ　16①145
桑　13①116,119/18①82,85,87/25①115,116/35②308/47③170/56①60,61,199/61⑨278,280,281,286,288,290,291,295,299,300,301,310,313,339,340,342
こうじ　16①148
桜　16①167
ざくろ　13①122
さるすべり　56①127
さんしゅゆ　55③248
杉　56①40,41
つつじ　16①169
つばき　16①145
にわざくら　16①171
ふじ　55③291
ぶどう　13①161/48①192
ぼたん　55③396
みかん　16①147
もくせい　54①308
とりきねんじゅうていれかた【取木年中手入方】
桑　61⑨299
とりきのひじ【取木の秘事】
桑　35①75
とりこ【とりこ、とり子、取子】
きび　17①205
ごま　17①207
なす　62⑨345
とりこなす【取こなす】
稲　36①54
とりこみ【取込】　10①137
とりこみくさはぎ【取込草ハキ】
菜種　8①213
とりしまい【取仕舞】
綿　8①207
とりたばね【取束ね】
さとうきび　44②171
とりつぎ【取接】
桑　35①73
とりつくす【取尽す】
たばこ　13①62
とりつくろい【取繕】　29④271
とりのみよう【鳥の見やう】

60①46
とりふせ【とりふせ、取ふせ】
ぼたん 54①270
むらさきおもと 55②165
とりまき【採薪】 34⑥118
とりみ【取実】→L
68③333
とりよう【採やう、取様】
大麦 22①58
小麦 22①58
はぜ 31④210
とりよせ【取寄】
さつまいも 29④295
そば 29④296
とりよせかけ【取寄懸ケ】
麦 29④294
とる【トル】
蚕 24①47
どろがき【どろがき】
稲 37①19
とろろつくりよう【黄蜀葵作り様】
とろろあおい 48①117

【な】

ないうち【ないうち】
稲 27①110
ないとり【ない取】
稲 42①41,42,44,46,48,50
なう【なふ】 27①236
なうえ【菜ウへ、菜植】 42③190
菜種 8①214
なえあげ【苗揚】
稲 27①116
なえあらうこと【苗洗事】
稲 27①50
なえあれていれ【苗荒手入】
藍 10③386
なえいみ【苗忌】→なえやく
稲 19①40,83/20①60/30①59/37①16,17
なえうえ【苗うへ、苗植】 25①101/33①16/57②128,228
あわ 41②112
稲 4①40/30③258/44③205
えごま 33①47,48
かぶ 12①227
かぼちゃ 12①267
からしな 33⑥384/41②118
きゅうり 2①98
ぎょうじゃにんにく 33④230
くわい 25②224
さつまいも 70③229
白瓜 33⑥347
たばこ 33④213
なす 12①245
菜種 33①47,48,④225,226,⑥383/45③159
なたまめ 41②93
にら 33④230
にんにく 33④230
ねぎ 33④230
ぶどう 48①193
ふろう 41②92
ほっきんな 41②119
松 57②155
わけぎ 33④230
なえうえごろ【苗植比】
稲 38③138
なえうえつけ【苗うへ付、苗植付、苗植附】
藍 10③387
稲 30③257,262
みつまた 48①187
なえうえる【苗植る】
稲 62⑨352
なえうえるわざ【苗植る業】
稲 25①14
なえうち【苗うち】→X
稲 27①115
なえおろし【苗ヲロシ】
稲 32①22
なえかず【苗数】→X
稲 17①120/32①29,31
なえぎうえつけかた【苗木植付方】
はぜ 33②123
なえぎきりほり【苗木切堀】
桑 61⑨346
なえぎていれ【苗木手入】
桑 61⑨312
なえぎていれかた【苗木手入方】
桑 61⑨294,295,296,305
なえぎていれのじせつ【苗木手入之時節】
桑 61⑨302
なえぎとり【苗木取】
桑 61⑨281,288,291,294,373
なえぎとりかた【苗木取方】
桑 61⑨278
なえぎとりたて【苗木取立】
桑 61⑨360,361
なえぎとりたてかた【苗木取立方】
桑 61⑨276
なえぎほりかた【苗木堀方】
桑 61⑨348
なえぎほりたて【苗木堀立】
桑 61⑨352,356,357
なえぎまげかたとりき【苗木曲方取木】
桑 61⑨285
なえぎやまへうえる【苗木山江植ル】
杉 56②262
なえくさえり【苗草撰り】
稲 38②80
なえくばり【苗くハり、苗クバリ、苗配、苗配り、苗賦】→L、Z
稲 1①37/2④280/4①53/29③259,④291,292/30①41,45,48,50,56,90,③258/39④208
なえこしらえ【苗拵、苗拵へ】
稲 23①62,103/40③224
なえこしらえよう【苗拵やう】
ぶどう 48①192
なえじこしらえ【苗地拵】
藍 10③385
なえじこしらえよう【苗地拵様】
藍 38③134
なえしたて【苗仕立】
桑 56①178
杉 56①41
なえしたてかた【苗仕立方】
稲 27①37
きび 21①77
なえしたてよう【苗仕立様】
はぜ 11①18/31④157
なえしつけかた【苗仕付方】
稲 25②195
なえじにうつす【苗地にうつす】
なす 12①239
なえじのこしらえ【苗地のこしらへ】
なす 12①239
なえしよう【苗仕用】
稲 41⑥275
なえそくい【苗そくい】
稲 27①287
なえそだてかた【苗育方】
稲 25②181
なえだあぶらいれ【苗田油入】
稲 31①13
なえたおし【苗田をし】
稲 43①34
なえたくわえ【苗貯】
稲 25②193
なえたくわえよう【苗貯様】
さとうきび 50②165
なえたけ【苗竹】→E
竹 57②160
なえだにあぶらいれためしそうろうしほう【苗田ニ油入試候仕法】
稲 31①11
なえだのみずかげん【苗田の水加減】
稲 24①37
なえたんぞく【苗たんそく、苗たんぞく】
稲 11⑤253,276
なえどこしたじ【苗床下地】
稲 33⑤239/44③213
なえどこのしかた【苗床の仕方】
稲 23③151
なえどこのしたてかた【苗床の仕立てかた、苗床の仕立方】
稲 23①54
とうがん 33⑥328
なえどこふみ【苗床ふみ】
稲 7②240
なえどこへこえぐさいれ【苗床へ糞草入】
稲 29④292
なえどこへこえをいれる【苗床へ糞を入】
稲 29④290
なえどこをこしらう【苗床をこしらふ、苗床を拵ふ】
杉 14①72
みつまた 14①395
なえとり【なへ取、なゑとり、なゑ取、苗トリ、苗とり、苗採、苗取、苗取リ、苗取り】→X、Z
42①52
藍 10③387
稲 1①48/2①46,④297,301/8①191,192,251/10①111/16①208/17①32/18⑤474/19①65/22③157/23①53/24①66/28②163,164,④341/29③262,④292/30①44,48,50,56,90/31⑤264/36①49,②114/37①17,②209/38②50,④257/39②96,④199/41②73,⑤256/42①57,61,62,63,65,②87,91,98,102,109,120,⑥421,422/43①43,②153,154/44②125,126,③216
桑 61⑨323
はぜ 47⑤269
ひえ 2①30
なえとりかた【苗取方】
稲 63⑧438
なえとりくばり【苗取配り】
稲 29④290
なえとりよう【苗取やう】
稲 27①49
なえとる【苗取ル】
稲 39⑤274
なえとるとき【苗取る時】
稲 27①48
なえにしたてる【苗ニ仕立】
大豆 24①49
なえにしてうゆる【苗にしてうゆる】
ありたそう 13①300
なえにしてもうゆ【苗にしてもうゆ】
はっか 13①298
なえのあしたち【苗の足立】
はぜ 31④160
なえのかぶかず【苗ノ科数】
稲 32①23
なえのしたて【苗之仕立】

稲　29③213
なえのしたてかた【苗の仕立方】　29③193
稲　29③203
陸稲　21①69
さつまいも　21①65
ひえ　21①61
なえのしたてよう【苗の仕立やう】
菜種　45③154
なえのしつけ【苗のしつけ】
稲　7②245
なえのそだてよう【苗の育てよう】
稲　23①54
なえのたくわえかた【苗ノ蓄方】
さとうきび　30⑤410
なえのつつみかた【苗の包方】
杉　56②260
なえのつもり【なゑの積り】
稲　28②172
なえのとりあつかい【苗の取扱ひ】
稲　27①115
なえのにっすう【苗の日数】
稲　29③224
なえのま【秧の間】
なす　27①130
なえのまきかた【苗のまき方】
ひのき　14①86
なえのやしないかた【苗ノ養方】
稲　63⑧430,434
なえはいうち【苗はい打】　38②50
なえはこび【苗ハコビ】→Z
稲　2④297,301
なえばらい【苗ばらひ】
漆　13①109
からむし　13①25
楮　13①97,98,100
なえふせよう【苗フセ様】
ねぎ　19①131
なえぶそく【苗不足】
稲　18⑥498
なえぶち【苗ふち】
稲　42②120
なえほりとり【苗穿取】
漆　46③207
なえま【苗間】→D
稲　24③283
なえまこしらい【苗間こしらひ】　42③165
なえみ【苗見】
稲　3④232
なえもち【なへもち、苗持】→X
稲　9①71/27①368
なえやく【苗やく、苗厄、苗役(厄)】→なえいみ→O
稲　4①40,216/27①104/30①55/39④193,⑤266
なえやくび【苗疫日】　27①36
なえよしあしえらびよう【苗善悪撰様】
はぜ　31④161
なえよせ【苗寄せ】
稲　10①111
なえわけ【苗分】
菊　3④342
なえわり【なゑ割】
稲　28②164
なえをううる【苗ヲ種フル】
稲　32①22,24,28
さつまいも　32①126
なえをううるじせつ【苗ヲ植フル時節】
稲　32①31
なえをううるじぶん【苗ヲ種フル時分】
稲　32①21
なえをうえおく【苗をうへをく】
ひょうたん　12①273
なえをうえそむる【苗ヲ種へ初ムル】
稲　32①26
なえをうえつくる【苗ヲ種へ付クル】
稲　32①30,36,40
なえをうえつくるじせつ【苗ヲ種へ付クル時節、苗ヲ種付クル時節】
稲　32①29,37
なえをうえつける【苗を植付】
稲　30③261
なえをうえる【苗をうへる】
かし　13①208
かりやす　13①52
なえをうゆ【苗おうゆ】
稲　41⑤256
なえをうゆる【苗を種る】
とうがらし　12①332
なえをおおう【苗を覆ふ】
松　14①93
なえをおこす【苗をおこす】
いぐさ　13①67
なえをこしらう【苗をこしらふ、苗を拵ふ】
柿　14①207
杉　14①69
肉桂　14①402
ぶどう　14①370
なえをさす【苗をさす】
稲　12①133,137,141,142,143/37③306
なえをしたつる【苗を仕立、苗を仕立る】
漆　13①110
桑　18①82
楮　13①95
肉桂　14①341
なえをすえる【苗をすゑる】
えごま　17①208
なえをつくるのほう【苗をつくるの法】　29①42
なえをふす【苗をふす】
えごま　30③242
なえをほりとる【苗を堀取】
杉　56②262
なか【なか】→D
稲　28②262
菜種　28②241
ながあめのじせつ【ながあめの時節】
蚕　62④98
ながあめをしのぎたるれい【霖雨を凌たる例】
蚕　35①145
なかあらくれ【中あらくれ】
稲　37②92
なかいれ【中入】
ひえ　42⑥420
なかいれひえまき【中入稗蒔】
ひえ　42⑥382
なかうえ【中植】　29①34
大豆　31⑤256
ながうえ【長植】
さつまいも　33④180,208
なかうち【なかうち、鋤、中ウチ、中うち、中うぢ、中カ耕、中耕、中耕チ、中打、中打チ、耘鋤】→あげさく、あじる、つちかい、ばにぞく
4①19,223,224,225,226/6①198,208/9①26,33,34/12①49,84,85,86,87,88,89,90,91/22①51,63/24①34/29①33,36,37,38/37③292,319,320,321,386/40③231,243,244,245/41①12/42⑤328,331/43①79,80,81/44①26,34/62⑧257,272,276/69①44,②162,227,229,230,231,232,233,234,235/70⑥410
藍　6①151,152/62⑨345
麻　24③283/41①11
小豆　9①93/12①192
あわ　6①99/9①80/11②112/12①175/23⑥337/28①22/32①105,106/33⑥361/44③242,243,244
いぐさ　4①121
稲　4①21,45,47,55,69,72,222/5①63,②224,226,③261/6①34,57,58,61,67,②270,310,315,316/9①48,②197/11④180,181,184/23①101,107/37②78/39⑤278/40③230/41②75/62⑨360
瓜　6①123
大麦　12①154,157,158,159,161,162,163/32①75/33④228
陸稲　3③153,154/12①148/61⑩426
かぶ　6①116/12①226/23⑥332,333
からむし　6①145/13①25,29
きび　12①179/23⑥337
栗　14①303,305
桑　6①177/13①118/18①84
くわい　12①347
けいがい　27①70
ごぼう　7②325/9①28/33⑥315
ごま　6①107/9①86/12①209,210/23⑤268,⑥335/27①133
小麦　6①90/23⑥336
さつまいも　12①389
里芋　9①79/12①361,364/23⑥324
さとうきび　50②165
しょうが　12①293
そば　62⑨371
そらまめ　12①197,198/40③219/44①10
大黄　13①283
大根　12①219/17①238/23⑥332,333/30③283/33⑥309,311,312,373/40③237/62⑨373,387
大豆　4①84/6①95/9①87,93/12①186,187,188/23⑥329/25②204/29①81/62⑨358
たばこ　13①57
茶　13①81/14①310
当帰　13①275
なす　9①86/12①240
菜種　1④301,319/4①13,114,115/6①109/9①37/29②123,145,153/39⑤292/40③242
にら　12①288
にんじん　33⑥364
ねぎ　3③155/12①283
裸麦　33④228,⑥386
ひえ　4①20/23⑥337/41②109/62⑨357
紅花　3①43/4①103/6①153/13①45,46
まくわうり　12①252
麦　1④316,319/4①13/5②225,③265,266/7①55/9①119,121/10②326,375/13①359/23⑥321/27①66/29②123/34⑦247/39⑤254/40③215,216,217,218/41①11,13,⑤244,⑥274/43①78/62⑨390,391/64⑤358
綿　6①142/8①242/9①85/13①12,15,17,18,20,22/15③

368, 369, 386/23⑥326, 327/29①61, 62, 63/32①151, 152/40②130/42⑤329/44①30, 33/62⑨359, 362
なかうちくさぎり【中うち芸、中打芸り、中打耘】
稲 6①85/12①59
麦 30①113, 114
なかうちくさぎる【鋤芸、中うち芸る、中打芸る】 12①55/62⑧260, 272
陸稲 37③309
大豆 30③271
麦 37③290, 291
なかうちころ【中打ころ】
稲 23①111
なかうちしご【中打守護】
さつまいも 29④295
大根 29④296
なかうちていれ【中打手入】
麦 31②86
なかうつ【中うつ】 42⑤319
なかうない【中うなひ】
大根 22②124
たばこ 22②126
なかおくだうえつけ【中奥田植付】
稲 29③233
なかがき【中かき、中攪、中掻】→しろかき→B
稲 1①37, 63, 78/30①38, 39, 69/36②102
なかがけ【中懸】
稲 27①178
なかがり【中刈、中刈リ、中苅】
藍 30④346
大麦 32①81, 82
かりぎ 2①79
麦 1③268/32②290/36②117
なかぎり【中キリ、中切】 20①126, 257
藍 19①104
麻 2④284, 304/19①106
あわ 19①138
稲 2④281/9③254, 257/39④202, 217
瓜 19①115
かぶ 19①118
からしな 19①135
きび 19①146
ごま 19①142
そば 19①146, 148, ②434
大根 2④287/19①116, 117
たばこ 19①128
とうがらし 19①123
なす 19①129
にんじん 19①121, 122
ひま 19①149
なかぎる【中切】 19①154
なかけずり【中けすり、中ケヅリ、中削、中削リ、中削り】 8①195, 197, 205
稲 8①80/43②158
綿 8①23, 26, 39, 40, 139, 225, 288
なかこてぎり【中小手切】
稲 17①74
なかごみ【中こみ】
大豆 27①199
なかごみをする【中ゴミをする】
稲 27①181
なかさがし【なかさかし、なかさがし、中さがし】→D
さつまいも 28②191
里芋 28②189
なす 28②178
菜種 28②145
麦 28②141
なかさし【中刺】
あわ 5①94, 95
なかさびらき【中さひらき】→さびらき
稲 22②122
陸稲 22②118
綿 22②119
ながしうえ【なかしうへ、なかしうゑ、なかし植】
あわ 33③169
稲 33①24
ひえ 33①29
ながしみず【流し水】
稲 40①14
なかじゅうねん【中拾年】 38③115
なかしゅうり【中修理】
あわ 30③269
そらまめ 30③282
大豆 30③271
とうもろこし 30③272
なかしろ【なかしろ、中シロ、中しろ、中代】→しろかき 16①195, 331
稲 2④277, 285/10①110/17①75, 77, 78, 79, 81, 102, 103, 104, 106, 108/19①49, ②364, 370, 373/20①50, 256/22②104/24③285, 286, 325/25②180/37①21, 25, ②76/38②52/39②98/43①42/63⑤308
なかしろかき【中シロカキ、中代掻】→しろかき
稲 2④296/19①214
なかすき【中カ鋤、中すき、中ずき、中鋤、中犂】 8①177/10①110
稲 4①14/10①171/29③199/32①30/33③158, 163, ④216/34⑦247/37③260, 261/41⑤256, 259, ⑥268
たばこ 33④213
菜種 33④225
ひえ 33④219
麦 8①13, 94
綿 8①140
なかする【なかする】
稲 28②231
なかだし【中出し】 30③290
なかづくりたがやし【中作り耕】
稲 29③230
なかて【中打】 69①43
なかてあさまきどき【中手麻蒔時】
麻 19①182
なかていねかりまえ【中熟稲刈前】
稲 27①159
なかてがり【中稲かり、中稲刈】
稲 4①60/25②190/27①171, 364/39⑤290/61①57
なかてたがり【中稲田刈】
稲 4①28
なかてのむしとり【中稲の虫取】
稲 30①134
なかてむぎかり【中手麦刈】
麦 4①19
なかとり【中とり】
稲 7①25
なかなわしろ【中苗代】
稲 63⑧435
ながはか【長はか】
稲 27①51, 285, 287, 288
なかばねせ【半寝せ】
なす 3④376
なかひがん【中彼岸】 63⑧433
なかひき【中引】
あわ 44③242, 243, 244, 245, 246, 247
大豆 44③238, 239, 240, 241
綿 44③229, 230
なかぶき【中吹】
綿 8①15
なかぶせ【中伏】
瓜 19①115
ながほし【長干】
稲 27①32
なかぼり【中掘】
綿 7①93
なかまき【中蒔】 43①65
きび 31⑤263
菜種 9③252
綿 13①12
ながみず【長水】
稲 28②200
なかむくり【中むくり】
稲 33③163
ながもえ【長もへ】→E
稲 19①36
なかゆい【中結】
稲 11②108
なからかき【なからかき】
稲 20①59
なからざき【半咲】
稲 20①37
なからすじ【ナカラ筋】
さつまいも 8①117
ながれにつける【流に漬る】
かぶ 41②116
なかわけ【中分】
稲 5②226
なかわり【中わり、中割リ】 8①197
稲 37②134
なかをうつ【中ヲ打、中を打】 33①53, ④231
麻 11②118
小豆 33①37
あわ 33①40, 41, 42
稲 33①24
えごま 33①46
きび 5①107/33①28
ごま 33⑥360
小麦 33①52, ④227
そば 33①45
大豆 11②114
なす 33④230
菜種 33①46
ひえ 5①100/33①29
麦 15②214/41①11
綿 11②119/33①31, 32, 33
なかをかきあざる【中をかきあざる】
藍 13①42
ごぼう 12①296
なかをかきくさぎる【中をかき芸る】
麻 13①34
なかをかく【中をかく】
しちとうい 13①72
なかをかじる【中をかぢる】
にんにく 12①289
ねぎ 12①282
なかをけずる【中を削る】
楮 13①96
なぎ【なき、ナギ】→D 4①166/43①33
なぎしば【なきしは、なきしば】 63⑦386, 387, 388
なぎつけ【なきつけ】 63⑦389
なぎはたやき【なき畑焼】 4①19
なきむぎ【なき麦】
麦 27①386
なぎりがり【なぎり刈】
みつまた 48①188
なきりをうえる【なきりを植る】
なきりすげ 17①308
なぐ【なぐ】
稲 27①158
なぐりかり【なぐり刈り】
稲 27①174

なげいれつぎ【なげ入接】
桑　35①73
なげてにまく【投手に蒔】
稲　19①35
なげぼし【投干】
稲　29③243
なげまき【投蒔】
えんどう　30①65
そば　41②121
そらまめ　30①65
なしかこい【梨カコイ】
なし　40④280
なしろこしらえ【苗四郎拵へ】→なわしろごしらえ
稲　43②135
なしをたくわえおく【梨を貯置】
なし　14①381
なすうえ【茄子植】
なす　63⑦378
なすうえしろ【茄子植代】
なす　20②376
なすうえる【なす植る】
なす　62⑨343
なすしつけ【茄子仕付】
なす　22②125
なすしもごえ【茄子下肥】
なす　19①183
なすたねていれ【茄子種子手入】
なす　20②373
なすたねまき【茄子種蒔】
なす　30①119/43①19
なすつくりかた【茄子作り方】
なす　63⑧442
なすつくりよう【茄子作様】
なす　19①128
なすなえうえ【茄子苗植】
なす　30①126
なすなえうえどき【茄子苗植時】
なす　19①182,183
なすなえふせどき【茄子苗布施時】
なす　19①179
なすのこうのもの【茄子の香の物】　60⑥343
なすばたけかたづけ【茄子畑方附】
なす　42⑥434
なすびうえ【なすひうゑ】
なす　28②156
なすびけり【なすひ鳧】
なす　42④258
なすびたねおろし【なすひ種おろし】
なす　65②90
なすびつちかい【なすびつちかい】
なす　28②178
なすびをつくる【なすひを作る】
なす　17①262
なすまきつけ【茄子蒔付】
なす　3④330
なたねうえ【菜種植】→あぶらななえうえ
菜種　43②191,193,194,195
なたねうえよう【菜種植様】
菜種　5①131
なたねうえる【菜種植ル】
菜種　39⑤290
なたねかり【なたねかり、菜たね刈、菜種かり、菜種刈、菜種刈リ】
菜種　8①190/40③225/42③167,④265,⑤326/43②147,③248
なたねかりとり【菜タネ刈取、菜種かり取】
菜種　8①67,159
なたねきり【菜種きり】
菜種　42⑤326
なたねくさとり【なたね草取】
菜種　42④243
なたねこえ【なたね肥】→I
菜種　42②105
なたねこえかけ【なたね屎かけ、菜種屎かけ】
菜種　42④246,257,260
なたねこえもち【菜種こへ持】
菜種　40③242
なたねそろえ【なたね揃、菜種そろへ】
菜種　42④242,243,277
なたねつくり【菜種作】
菜種　1④314
なたねつくりかた【菜種作り方】
菜種　1④298
なたねつちいれ【なたね土入】
菜種　42④260
なたねとり【菜種取】
菜種　43③250
なたねのくさとり【菜種の草取】
菜種　29②122
なたねのしゅうのう【菜種子之収納】
菜種　33④226
なたねのなか【菜種之中】→D
菜種　43②198,199
なたねはさみ【菜種挟ミ】
菜種　43①20
なたねばたけじこしらえ【菜種子畠地拵】
菜種　34⑥129
なたねひき【菜種引】
菜種　43②147,192,193
なたねふせ【菜種伏セ】
菜種　43①39
なたねふゆばり【菜種冬ばり】
菜種　22③173
なたねまき【菜種まき、菜種蒔】→あぶらなたねまき
菜種　8①161/22④263/40③238/42③183,④239,275
なたねまきいれとりつけ【菜種子蒔入取付】
菜種　34⑥130
なたねまきどき【菜種子蒔時】
菜種　19①188
なたねもみ【なたねもみ、菜種もミ、菜種もみ】
菜種　42③169,170,④266/43①41
なたまめをつくる【なたまめを作る】
なたまめ　17①216
なつあいかり【夏藍刈】
藍　30①137
なつあいかりぼし【夏藍刈干】
藍　30①135
なつあいたねまき【夏藍種蒔】
藍　30①126
なつあいなえうえ【夏藍苗植】
藍　30①127
なつあらし【夏荒ラシ】　32①168
なつあわたねまき【夏粟種蒔】
あわ　30①127
なつうえ【夏植へ】　36①37
なつうない【夏ウナイ】　2④295
なつがり【なつがり、夏刈】　28②201/38④263
あわ　6①98
なつがりしば【夏がり柴】　28②210
なつかりとる【夏刈取る】
柴　19①207
なつきびたねまき【夏黍種蒔】
きび　30①122
なつきびなえうえ【夏黍苗植】
きび　30①122
なつぎょうじ【夏行司】　8①188
なつきり【夏伐り】　32①114
なつくさ【夏草】→E、G、I
24①82
なつくさかり【夏草かり、夏草刈】→Z
24②237,240
なつくさぎり【夏耘、夏耘り】
10②350/20①9,265
なつげなかうち【夏毛中打】
62⑨357
なつごえかり【夏ごへ刈】　41②134
なつごしらえ【夏ごしらへ】
大麦　12①152
なつごぼう【夏牛房】
ごぼう　22④256,257,258
なつささげまき【夏大角豆蒔】
ささげ　30①124
なつじゅうくさぎり【夏中芸り】
稲　25②189
なつじゅうのていれ【夏中の手入】
たばこ　13①58
なつしゅうり【夏修利】　8①175
なつだいこんまき【夏大根蒔】
大根　30①121
なつだいずうえよう【夏大豆植様】
大豆　41①11/62⑨336
なつだて【夏達】
稲　30①64
なつつぎ【夏接】
はぜ　31④184,191
なつつくり【夏作クリ】
あわ　32①104
大豆　32①92
なつつみ【夏積】　27①148
なつなぎ【夏なき】　41③185
なつなわしろ【夏苗代】
稲　25②192
なつのくさぎり【夏の芸り】
12①111
なつのこうさく【夏の耕作】
稲　23①49
なつのしゅん【夏の旬】　3④348
なつのたがやし【夏ノ耕】　69②223
なつのどようのいり【夏の土用の入】
稲　25②193
なつのみずぼし【夏の水干】
稲　20①43
なつびはたけにみずをひくず【夏日畑に水をひく図】→Z
15②171
なつほし【夏ほし】
稲　5②225
なつまき【夏蒔】
あわ　19①138
からしな　25①125
にんじん　20①131
なつまきしつけ【夏蒔仕付】
えごま　22②120
なつまめをまくじぶん【夏大豆を蒔時分】
大豆　12①187
なつみ【菜摘】
菜　43②135
なつめをうえるほう【栽棗法】
なつめ　18①63
なつもうしつけ【夏毛仕付】
稲　62⑨336
なつもののなかうち【夏物の中打】　29①37
なつよせつぎ【夏寄接】
はぜ　11①49
なつろくじゅうよにち【夏六十余日】　21④181
なでよう【撫やう】
稲　27①44

ななかしょゆい【七所ゆい】
28②131
ななておき【七手置】 19①88
ななとおりうえ【七通植】 9③266
稲 9③269
ななばんくさとり【七番草取】
稲 63⑤307,312
ななばんこうさく【七番耕作】
麦 63⑤319
なのなか【なの中】
菜種 28②232
なばたけこうさく【菜畑耕作】
42⑥391,393,431
なばたけこしらえ【菜畑拵へ】
42⑥388
なばたけじごしらえ【菜畑地拵】
41①12
なばたけのなかにまく【菜畑ノ中ニ蒔】
麦 19①136
なびき【菜引】
菜種 8①209,213,215,216,217
なまうち【生打】
麦 28④352
なまき【なまき、菜まき、菜蒔】
菜 2④304/3④226/24③291,330/62⑨378/65②91
菜種 28②212
なまとり【生取】
綿 8①290
なまびき【なまびき】
菜種 28②220
なままき【生蒔】
大豆 22⑥369
なみうちくろ【波うちくろ】
稲 27①99
なやそうじ【納屋掃除】 43②124
なやまたじ【納屋またし】 42④243
ならし【ナラシ、ならし】→B、C、Z
42③191
稲 28②190/42②120/62⑨353,354
瓜 62⑨340
桐 56①48
桜 56①67
麦 8①189
ならしがき【ならしかき】
稲 36②101,102
ならしくさとり【ならし草取】
42④267,268
ならししろ【ならししろ】
稲 19②364
ならしぜんご【ならし前後】
稲 28②187
ならしなわしろ【平均苗代】
63⑧435
ならす【ナラス、ならす、平均】
あさがお 15①81
稲 36③195/37①21/38③138/39⑤278,279/40③228
漆 46③205
きゅうり 38③127
杉 56①160,212,216
たばこ 38③133
ならべうえ【ならべ植、並植】
いぐさ 14①142
さつまいも 34⑥133
菜種 34③44
綿 34③43
ならべうち【ならへ打、ならべ打】 62⑨358
稲 62⑨334
ならべおく【ならへをく】
みかん 56①91
ならべほす【ならへほす】
稲 28②244
なりきうえなおし【生り木植直し】
はぜ 11①25
なるめ【なるめ】 29②121
なわうち【縄打】 4①10
なわからげ【縄からげ】→N
菊 3④285
なわごしらえ【縄拵】 31②85/68④416
なわしめひき【縄〆引】
稲 27①174
なわしろ【苗代、苗芲】→D、Z
稲 1①93,③277/21①36,37,46,③156/22①48/23①46,48,55,60/24③305/28①20/29②125,126,127,131,③222,223,258,261/30③245/31②76,③111/33③158,④215/39⑤265
なわしろあぜぬり【苗代畔塗り】
稲 1①37
なわしろあつまき【苗代厚蒔き】
稲 21②114
なわしろあらしめ【苗代あら〆】
42④260
なわしろうえ【苗代植】
稲 63⑦377
なわしろうち【苗代打ち】
稲 42⑥416
なわしろうちかき【苗代打攪】
稲 1①37
なわしろうちかやし【苗代打かやし】
稲 42④260
なわしろうない【苗代ウナイ、苗代ウナヒ、苗代うなひ、苗代耕】
稲 20②370/22①46/30①121/38④243,273
なわしろうねぎり【苗代畦切】
稲 23①102
なわしろおしこみ【苗代押込】
稲 23①102
なわしろおしこみのしかた【苗代押込の仕方】
稲 23③152
なわしろおるし【苗代おるし】
稲 34⑥142
なわしろかき【苗代かき】→C
稲 42⑥379
なわしろかく【苗代かく】
稲 9①44
なわしろかりしき【苗代刈敷】
稲 1①38
なわしろごいごしらえ【苗代こひ拵へ】
稲 21④193
なわしろごいもちえかた【苗代こひ用へ方】
稲 21①43
なわしろごえ【苗代糞】→I
稲 29④290,291
なわしろごえこしらえ【苗代こえ拵へ】
稲 21②119
なわしろごしらえ【苗代こしらへ、苗代拵、苗代拵へ】→なしろこしらえ
62⑨325
稲 1②143,144/2③260/4①13/19②401/25②188/28④341/36①41,②102,103/37②92/39⑤264/41①9,10/42⑥379/44②116/63⑥340,⑦365/67⑤208
なす 42⑥416
なわしろこしらえかた【苗代拵方】
稲 11④180,182,184,185,186/61③127/63⑧435
なわしろこしらえたて【苗代拵立】
稲 1②149
なわしろじこしらえ【苗代地拵】
稲 41①8,②62
なわしろじこしらえのじぶん【苗代地こしらへの時分】
稲 7①28
なわしろしたごしらえ【苗代下拵、苗代下拵へ】
稲 38②79/42⑥378
なわしろしたじ【なはしろ下地】→D
稲 30①26
なわしろしたじごしらえのしよう【苗代下地拵之仕様】
稲 30①30
なわしろしたてかた【苗代仕立方】
稲 39①30
なわしろしたてよう【苗代仕立やう】
稲 27①65
なわしろしつけ【苗代仕付】
稲 3④221
なわしろじのこしらえ【苗代地ノコシラへ】
稲 32①33
なわしろじぶん【苗代時分】 9③251
うぐいすな 24③301
里芋 25①127
麦 9①38
ゆうがお 24③303
なわしろしまい【なわしろしまい】
稲 28②176
なわしろしめ【苗代しめ】
稲 27①44/28②143
なわしろしめかた【苗代〆方】
稲 22②102
なわしろしめよう【苗城縮様】
稲 5①27
なわしろしめる【苗代しめる】
稲 27①43
なわしろしよう【苗代仕様】
稲 28①20
なわしろすぎ【苗代過】
白瓜 24③304
なわしろすく【苗代すく】
稲 9①39
なわしろせんごおるし【苗代先後おるし】
稲 34⑥130
なわしろだあとうえつけ【苗代田跡植付】
稲 27①53
なわしろだあらおこし【苗代田新起】
稲 27①40
なわしろだうち【苗代田うち、苗代田打】
稲 27①37/42④247
なわしろだうちごしらえ【苗代田打拵】
稲 34②27
なわしろだしめ【苗代田しめ】
稲 27①44
なわしろだしめる【苗代田しめる】
稲 27①39
なわしろたねまき【苗代たねまき】
稲 42④260
なわしろだまきいれ【苗代田蒔入】
稲 27①55
なわしろだみずかげん【苗代田水加減】

稲　27①45
なわしろつつみぬり【苗代堤ぬり】
稲　38②79
なわしろていれ【苗代手入】
稲　37②94
なわしろどき【苗代時】
稲　7①47/28④352
なわしろどこしらえ【苗代床拵】
稲　23①120
なわしろととのえ【苗代調】
稲　10①110
なわしろなえしたてよう【苗代苗仕立やう】
稲　27①73
なわしろならす【苗代ならす】
稲　20②371
なわしろのあぜまめ【苗代の畦豆】
稲　28④342
なわしろのこしらえ【苗代の拵】
稲　1①53
なわしろのこしらえかた【苗代ノ拵方】
稲　63⑧430
なわしろのこやしかげん【苗代の肥し加減】
稲　23③150
なわしろのしなし【苗代の仕成】
稲　30①28,②193
なわしろのじゅつ【苗代の術】
稲　7②233
なわしろのていれ【苗代の手入】
稲　36②100
なわしろのておけすう【苗代ノ手桶数】
稲　22③156
なわしろのはじめ【苗代の初】
稲　15①104
なわしろのみずかげん【苗代の水かけん】
稲　33①15
なわしろのみぼし【苗代の実干】
稲　29①45
なわしろはじめ【苗代始】
稲　63③135
なわしろはり【苗代はり】
陸稲　22②118
なわしろふみ【苗代ふミ、苗代踏】
稲　9①47,48/31③111/61①54,55
なわしろふむ【苗代ふむ】
稲　9①46
なわしろぼし【苗代干】
稲　11④180
なわしろぼたこしらえ【苗代ぼた拵へ】
稲　42⑥405
なわしろほんしろ【苗代本代】
稲　42⑥379
なわしろまえ【苗代まへ、苗代前】　9①25/25①142
なわしろまき【苗代蒔】
麦　8①95
なわしろみずかけひき【苗代水かけ引】
稲　12①141
なわしろみずかけぼし【苗代水掛乾】
稲　19①51
なわしろみずのかけぼし【苗代水の掛干】
稲　38②53
なわしろみっかめ【苗代三日目】
稲　28②145
なわしろめぼし【苗代めほし】→じねんぼし、めぼし→Z
稲　9①52
なわしろめぼしかた【苗代めほし方】
稲　21①45
なわしろもみまき【苗代もミ蒔】
稲　65②90
なわしろようすいのとおしかた【苗代用水の通シ方】
稲　1②141
なわしろをしめる【苗代をしめる】
稲　22②98
なわしろをたいらにならすしかた【苗代を平にならす仕方】
稲　21①42
なわしろをならす【苗代を均】
稲　19②403
なわたわら【縄俵】→B
稲　1①39
なわたわらこしらえ【縄俵拵】
4①32,64
なわてうえ【縄手ウへ】
稲　5①58
なわてばり【畷ばり】
稲　27①167
なわない【なはなひ、なわない、索絢ひ、縄ない、縄なひ、縄索】→L、Z
2③260/7①72/22③155/24③313/25①14,15,18,25,26,37/27①351/28②263/30①85,③299/42③156,157,158,159,160,161,162,180,181,185,188,⑥370/43②123/63⑤299,⑦369/68④396,416
なわなう【縄なう】　42⑤337
なわなうこと【縄なふ事】　24③310
なわなえおわり【縄なへ終】
63⑦357
なわにあむ【縄に編】
かぶ　38③162
なわにてあむ【なわにてあム】
16①203
なわにてからげる【縄にてからげる】
なす　62⑨368
なわになう【縄になふ】
わらび　14①181,187
なわにはさみてつる【縄にはさみてつる】
たばこ　13①59
なわぬい【縄縫】　4①10
なわばり【縄張、縄張リ】→C、N
43②122
稲　32①35/63⑤309,310
麦　38③176/63⑤316
なわびき【縄引】
稲　8①209
なわもち【縄持】
稲　27①184
なわをなう【縄をなふ、縄を索】→K
13①376/30③248/38③201
なわをひく【なわを引】
稲　28②228
なをひきおく【菜ヲ引置】
菜種　8①211
なんてんさしき【南天指木】
なんてん　3④346
なんばつく【なんばつく】
稲　28②228
なんばんうえ【なんばんうへ】
とうがらし　20②372
なんばんうえる【なんはん植る】
とうがらし　62⑨345
なんばんきびをうえる【なんばんきびを植る】
とうもろこし　17①215
なんぼう【軟膨】　69②162,216,257,332,339
なんぼうほう【軟膨法】　69②221,292
なんぼく【南北】
稲　28②245

【に】

にう【にう、㐂】→C
稲　4①61
きび　4①90
そば　5①119
大豆　4①84,85
菜種　4①115
にういねおろし【にう稲下し】
稲　27①376
にうづみ【ニウ積ミ、似宇積】
稲　2④298/19①76
にうにつむ【乳に積】
稲　19②381
大豆　19②384,385
においあるとき【にほひ有時】
稲　41⑥268
にがつうえ【二月植】
さつまいも　34④64
にごうまき【弐合まき】
菜種　28②241
にごしらえ【荷拵】　56②261,283
にごなわぬき【にごナわ抜】
42④249
にさくどり【二作取】→L
紅花　18②272
にさんのくさ【二三の草】
稲　20①255
にしんはたく【にしんはたく】
にしん　42④257
にちげん【日限】→R、X
45①34/57②193/63①54,②86,87,③137
稲　37①42,44,45
そば　37①47
にづくり【荷作り】
紅花　45①31,45
にっけいをしたつる【肉桂を仕立る】
肉桂　14①342
にどいね【二度稲】
稲　14①56/70④260
にどがき【二度がき】
稲　24①36
にどくるめ【二度くるめ】
大豆　19②374
にどさくり【二度さくり】
大豆　37②113
にどつみ【弐度摘】
茶　47④227
にどなか【二度なか】
菜種　28②139
麦　28②139
にどねぶり【二度ねぶり】
稲　27①101
にとばり【弐斗はり】
稲　27①205,206
にどまき【二度蒔】
いんげん　3④356
にとり【荷取】
さとうきび　44②171
にない【荷ヒ】→B、Z
53④223
ににつかう【荷につかふ】
牛　28②159
にねんわた【二年綿】
綿　8①162
にのもちはこび【荷の持はこび】
29①13
にはちびまき【二八日蒔】
かぶ　19①201
にばん【二はん、二ばん、二番、

弐はん、弐ばん、弐番】→くさとり→E、I、K、L、N、R
36③224/37③344
藍 6①152/10②328
稲 1②146/2③261/5①65,66,②224/9①83/19①59/25①51/38①14/39⑤282,283/41③178,⑤259/70④268,269
大麦 12①158
からむし 4①99
ききょう 55③354
大豆 2①39/33③167
たばこ 10②328/38④248/62⑨365/63⑧444
みつまた 48①188
麦 8①96,97/37③290/41⑤244,⑥274
にばんあい【二番あい】→つちかい→B、E、X
ごぼう 7②325
にばんいね【二番稲】→F、L
稲 30①88
にばんいねかり【二番稲刈】
稲 30①140
にばんいねくさぎりはじめ【二番稲芸初】
稲 30①135
にばんいねたうえ【二番稲田植】
稲 30①134
にばんいねたねづけ【二番稲種漬】
稲 30①130
にばんいねもみほし【二番稲籾干】
稲 30①140
にばんうえ【二ばん植、二番うへ、二番うゑ、二番植、弐番植】
稲 1①38,67,68,70/70④263,265,268
さつまいも 61②89
大豆 27①94
にばんうち【二番うち、二番打】
42⑤329,331
あわ 33①40
稲 1①37,60,62,②145/5①65/24③285
大根 24③289
麦 34⑦247
にばんうちおこし【弐番打起】
稲 33⑤240
にばんうつ【二番打ツ】
稲 42⑤330
にばんうない【二はん耕ひ、二番ウナイ、二番うなひ、二番耕、二番耘、弐番うなひ、弐番耕】 42③189
稲 2④281/22②98,104,109/37②76,77,92/42③167/63③136,⑥340,344
ひえ 22②117
麦 38①8
にばんうなえ【二番ウナヘ】
稲 22③158
にばんおこし【弐番起】
稲 38②51
にばんかけどめじせつ【弐番掛留時節】 51①60,67
にばんかたぎり【ニ番片切り、二はん片切、二番かた切、二番片切】
そば 22③159
たばこ 22②126
なす 22②125
菜種 22③155
にばんかち【二番カチ】
麦 8①257
にばんがやし【二番カヤシ、二番ガヤシ】
稲 32①20,21
大麦 32①54,61,62
さつまいも 32①123
にばんがり【二番刈】
からむし 13①31
にばんかりいれ【二番刈入】
藍 45②110
にばんかんぞ【二番カンゾ】
麦 8①257
にばんぎり【二番切、二番切り、弐番きり、弐番切】 25①55/68④415
稲 22③155/27①40,41/29③236
大麦 22③155
ききょう 55③355
きび 38③156
ぎょりゅう 55③312
くがいそう 55③342
楮 13①98
ごぼう 22②128
大根 38②72
大豆 63⑥346
麦 62⑨385
にばんくさ【二はん草、二ばん草、二番草、二番耘、二番艸、弐ばん草、弐番草、弐番艸】
27①148
あわ 33③168,④220
稲 1①31,38,71,②146,⑤352,355/2④287/3④228/4①56,69/5①67,③259,263/6①60,61/9①84,86,87/11②93/15②202/18③364,365/22②107,110,④215/24①80,81,②236,③296/25①59/27①138,250/28④342,343/29②142,④279/30③262/31⑤285/32①29,31,39,41/33①23,③164,⑤250/36①50,③222/37②81/38①21,③139/39②100,⑤282/41⑤258/43②157/45③176/61③132/62⑨359,369/63⑥341,⑧442,443/69②228,322
すげ 4①124
大豆 25②204/32①87
ひえ 33④219/38③146
にばんくさかき【二番草かき】
稲 63⑥347
にばんくさぎり【二番芸、二番芸り、二番草切、二番耘】
あわ 2①25,26,27
稲 6②287/30①60,71,73,74,75,76,90/63③136
大根 2①55
大豆 2①40
ひえ 2①33,34,35,36,37,④305
麦 30①111,113
にばんくさぎる【二番芸る】
稲 6②310
にばんくさころ【二番草頃】
稲 1⑤357
にばんくさしゅうり【二番草修理】
稲 39⑤282
にばんくさとり【二番草取、二番草取り、弐番草取】
あわ 44③242,243
稲 2④298,302/3④266/4①22,23,58/20②396/24③308/29④291,292/43①49/44③217,218/63⑤306,312,313
麦 24②238
綿 44③229,230
にばんくさとりこみ【二番草取込】
稲 29②139
にばんくさのとき【二番草の時】
稲 41②74
にばんくるめ【二番クルメ、二番くるめ、二番轍】 19②366
里芋 25②218
大豆 19①139
なす 19①121,129
にばんくろかけ【二番畔かけ】
稲 43①38
にばんくわ【二番鍬】
麦 41②78,79
にばんけずり【二ばんけづり、二番けづり、二番削リ、二番削り】→L
あわ 23⑤260
大豆 23⑤260
菜種 8①87
ひえ 23⑤260
麦 8①96/10①113
綿 15③389
にばんご【二番ケ、二番ご、二番箇】→くさとり
稲 19②364,369/25①59,②193
にばんこうさく【二番耕作】
稲 67③137
にばんごえ【二番こへ、二番肥、弐番こへ、弐番肥】→I
27①136
あわ 38②70
陸稲 38②68
大根 38②72
ひえ 38②66
綿 42②104
にばんこえひき【弐番肥引】
稲 22①49
にばんこしらえ【二番拵、弐番拵】
稲 63⑧433
綿 38②63
にばんこずき【二番小すき】
稲 42④264
にばんこなし【二番こなし】
麻 4①92
にばんこのとりよう【二番子のとりやう】
金魚 59⑤431
にばんさく【二番作、弐番作】→L
稲 30①61
大麦 39②120,121
そば 38②74/39②113
大豆 39②102
麦 39②97
にばんさくきり【弐番作きり、弐番作切り】
大豆 38②61
麦 38②79
にばんさくなぎ【弐番作薙】
麦 38②59
にばんさくり【二はんさくり、二番サクリ、二番さくり】
2④288
あわ 22②121
大豆 37②81
麦 37②77
にばんさくをきる【二番作を切】
ひえ 39②110
にばんしゅご【弐番守護】
菜 29④282
紅花 29④285
にばんしろ【二番しろ】
稲 62⑨348,353
にばんしろのり【二番しろのり】
稲 62⑨353
にばんすき【二はんすき、二番すき、二番犂、二番犂キ】→L
稲 22④212/32①27,28,30,36/41①8,9
大根 29②143

麦　29②145/32①72
にばんすぐり【二番スクリ、二番すぐり】
大根　4①109/39⑤289
にばんずり【二番ずり】
綿　43①49
にばんそろえ【二番揃】　27①136
かぶ　4①105
大根　27①146
にばんだし【二番出、二番出し】　24③287, 307
にばんたねまき【弐番種蒔】
稲　63⑥344
にばんづくり【二番作り】　8①246
にばんつくりかた【二番作方】
綿　8①243
にばんつち【二番土】
里芋　32①120, 122
にばんつちかい【二番培】
麦　27①70
にばんづみ【二番積】　41⑦324
にばんて【二はん手】
あわ　33③168
にばんていれ【弐はん手入】
藍　10③386
にばんとめ【二番留】
瓜　4①129
にばんとり【二番採、二番取、二番取り、弐番取】→K
稲　7①42/24③287/27①120, 122, 125, 285, 287
にばんとりくさ【二番取草】
稲　27①135
にばんなか【二ばん中、弐番中】
麦　29④286, 289/61④158
にばんなかうち【二番中うち、二番中耕、二番中打】　69②233
稲　4①45
里芋　23⑥324
綿　13①16/40②129
にばんなかうちしゅご【弐番中打守護】
ごま　29④298
大豆　29④297
にばんなす【二番茄子】
なす　3④291
にばんなまき【二番菜蒔】
菜種　22⑤354
にばんなわしろ【二番苗代、弐番苗代】→D
稲　5③257/36②100
にばんぬき【弐番抜】→L
あわ　38③157
大根　38②72
にばんは【二番葉】→E
稲　25①56
にばんはかき【二番葉かき】
たばこ　43①65
にばんはき【二番掃】
蚕　47②81
にばんはつみ【二番葉摘】
たばこ　43①63
にばんはんぶんかち【二番半分カチ】
麦　8①257
にばんひきこえ【二番引こゑ】→I
稲　4①23
にばんふろう【二番ふらう】
ふろう　41②92
にばんまき【弐番蒔】
稲　5③257
にばんまびき【二番間引】
かぶ　23⑥333
大根　23⑥333
綿　7①98/8①59
にばんまわり【弐番廻、弐番廻り】
あわ　63⑥341
稲　23①69, 72, 73
にばんみず【二番水】→K、Q
稲　4①58
にばんみぼし【弐番実干】
稲　31②77
にばんむぎつちかい【二番麦培】
麦　27①66
にばんもとかき【弐番本かき、弐番本掻】
稲　44③212, 214, 216
にばんもみ【二番揉】→K
菜種　5①135
にばんよせ【二番寄】
綿　15③395
にばんらち【二番らち、二番埒、弐番らち、弐番埒】　42④267, 268
稲　3④224/42④267
にばんわたのつくりかた【二番綿之作方】
綿　8①243
にばんわたまびき【二番綿間引】
綿　8①39
にばんをそだておく【二番を生立置】
いぐさ　13①70
にばんをとる【二番を取】
藍　13①41
たばこ　13①65
にひきおい【弐疋追】
稲　24③286
にへんがけ【二遍懸】
大豆　27①142
にへんくさとり【二へん草とり】
稲　28②190
にほんうえ【弐本うへ、弐本うゑ、弐本植】
稲　62⑨352
大豆　27①94
菜種　28②221
にもどり【二戻り】
稲　27①86
にゅうばいころ【入梅頃】　58③126
にゅうばいじぶん【入梅時分】　9③246
にゅうばいのせつ【入梅の節】　69①127
にゅうばいまき【入梅蒔】
大根　28④346
にょうすいひき【尿水挽】　38②58
にらをつくる【にらを作】
にら　17①276
にる【煮る】→K　55③457
あおもりそう　55③447
しおん　55③448
るこうそう　55③446
にわ【庭】→D、E、N
稲　27①191, 192, 202, 209, 245, 246, 247, 285, 296, 317, 324, 350/29②151
にわあき【庭秋】
稲　27①259, 311, 327, 340, 342, 354
にわあきのせつ【庭秋之節】
稲　27①341
にわあげ【庭上、庭上ヶ】→O
稲　25①78/30①84, 85
にわいねこき【庭稲扱】
稲　27①264
にわいれる【庭納る】
稲　27①192
にわおきのとき【庭起之時】
蚕　56①205
にわきをすける【庭木をすける】　28②135
にわしごと【庭仕事】
稲　27①334, 379
にわしちゅう【庭仕中】
稲　27①379
にわじまい【庭仕舞】→O
稲　27①261
にわつかまつるあいだ【庭仕間】
稲　27①330
にわとりかう【鶏飼】
鶏　41②145
にわのいおきていれ【庭の居起手入】
蚕　35①147
にわはかり【庭斗】
稲　27①201
にわばしごと【庭場しごと】　17①326
にわばのじぎょう【庭場の事業】　17①326
にわほし【庭ほし】
麦　17①182
にわまわり【庭廻り】→D　28②137
にわもち【二把持】
稲　30①65, 66
にんぎょううえ【人形植】
さつまいも　70③230
にんじんしつけかた【胡蘿蔔仕付方】
にんじん　22②129
にんじんつくり【人参作】
朝鮮人参　48①237
にんじんつくりよう【胡蘿蔔作様】
にんじん　19①121
にんじんのまきす【にんしんのまきす】
にんじん　20①146
にんじんほり【人参ほり】→M
にんじん　42⑥445
にんじんほりとるじせつ【人参掘取時節】
朝鮮人参　48①243
にんじんまき【人しんまき、人参蒔】
にんじん　41⑤234/42⑥423/65②91
にんじんまく【胡蘿蔔蒔】
にんじん　19①186
にんじんをまく【にんじんを蒔】
にんじん　17①252
にんにくうえどき【蒜植時】
にんにく　19①187
にんにくつくりよう【蒜作様】
にんにく　19①125
にんにくまき【にんにくまき】
にんにく　65②91

【ぬ】

ぬいぼあみもの【抜ぼ編物】　27①341
ぬかおき【ぬか置】　43②146, 162
ぬかだし【糠出】　27①352
ぬかつちしばのせいほう【糠土芝ノ製法】　5①47
ぬかとり【ぬか取】
稲　27①379
ぬかび【ぬかび】
稲　27①382
ぬかびのやく【糠びの役】
稲　27①379
ぬかふり【糠フリ】
稲　8①209
ぬかほり【ヌカホリ】
稲　8①261
ぬき【抜】
麻　2①19

かぶ 2①60
大根 2①54,59
大豆 2①39
ぬきあげうえ【抜上ケ植】
松 56①167
ぬきいね【抜稲】
稲 42①51
ぬきからし【抜枯し】 62⑧272
ぬきぎり【ぬき伐、抜切、抜伐】 56②277,286/57①9,30,31,32
杉 14①83/56②270,271
みつまた 14①398
ぬききりばらい【抜伐払】 43①60
ぬきくわ【ぬき鍬、抜鍬】
稲 27①54,109
ぬきごしらえ【抜拵】 68④414
ひえ 38②66
ぬきさる【ぬき去】
麻 13①35
ぬきすつ【ぬき捨】
たばこ 13①55
ぬきどめ【貫留】
稲 61①55
ぬきとり【ぬき取、抜取】→K
杉 57②153
そば 22④240
菜種 1④311
ぬきほ【ぬき穂、抜穂】→E 37③272
稲 20②395/36②98
ぬきもの【ぬき物】 62⑨347
ぬきよう【貫様】 61①42
ぬくさがい【暖作飼】
蚕 47②95
ぬくとそのままうゆ【ぬくとそのまゝ植、ぬくと其まゝ植】
稲 29①48,49
ぬくめひくじぶん【温め引時分】 51①80
ぬのぼし【布干】
稲 19①50/20①102
ぬまうち【沼打】
稲 43①32,38
ぬまたのいねかり【沼田の稲刈】
稲 25①138
ぬまたのたがやし【沼田の耕し】
稲 25①138
ぬまたのなえうえ【沼田の苗植】
稲 25①138
ぬまぼし【沼干】 6②279,280
ぬりあげ【ぬりあげ】
稲 23①73
ぬりあぜ【ぬりあぜ、塗畔】→D
稲 19②409/28②178
ぬりおく【ぬり置】 41⑦323
稲 9①52,53,62/62⑨360
ぬりくろ【塗畔】
稲 1①37/19①216
ぬりたてる【ぬり立る】 41⑦328
ぬりたのくさ【ぬり田の草】
稲 23①73
ぬりぼし【ぬり干】
稲 29①47,56,59
ぬる【ぬる】→K 60⑥357
稲 39②98/62⑨355
桑 56①178
ぬるかね【ぬるかね】→はり 60⑥337,340,354
ぬれたるはのかわかせよう【ぬれたる葉のかわかせやう】
蚕 47①47
ぬれびき【ぬれ引】
稲 29①51

【ね】

ねうえ【根うへ、根種、根植】
あさつき 28①29
茅 18②261
朝鮮人参 45⑦432
はす 28①25
わけぎ 28①29
ねうち【根うち、根打】→X
小豆 27①200
大豆 27①198
ねかえさする【ねかゑさする】 17①134
ねかす【ねかす】 17①73
ねかぶ【根株】→E
呉茱萸 68③346
もっこう 68③350
ねがり【根がり、根刈リ】
大麦 32①81,82
桑 47③175
麦 32②290,299
ねき【ねき】→C、D
稲 4①58
ねぎうえかえ【葱植替】
ねぎ 3④358/30①122,134
ねぎうえどき【根葱植時】
ねぎ 19①186
ねきかり【ねきかり、ねき刈】
稲 4①28/6①67
ねぎしろねのばしよう【葱白根伸しやう】
ねぎ 3④366
ねぎつくり【葱作】→L
ねぎ 36③294
ねぎつくりよう【葱作り様】
ねぎ 3④324
ねぎなえふせどき【葱苗布施時】
ねぎ 19①187
ねぎまきしゅん【葱蒔旬】
ねぎ 3④262
ねきり【根切】 27①238
なし 46①67
ねぎりこぎりわり【ねぎりこぎり割】
稲 28②132
ねぎをほる【根葱ヲ堀】
ねぎ 19①131
ねごいをかける【根糞を懸る】 38③195
ねこき【根こき】
楮 48①118
ねごしらえ【根拵】 56②283,284
杉 56②255,258,259,263,264,266
ねごやしかけ【根コヤシカケ】
なす 19①129
ねさす【ねさす】→K 17①99
藍 62⑨359
蚕 47②84
桑 47②85,86,87,88
ねさする【寝さする】
たばこ 13①59
ねさせおく【ねさせ置、寝させ置く】 41⑦336
藍 13①42
たばこ 13①59
ねさせよう【ねさせ様】
たばこ 13①60
ねさらい【根サライ】
さとうきび 30⑤397
ねさらえ【根さらへ、根浚】
あわ 31③114
稲 31③108,123,128/33④216
大豆 33③167
はぜ 11①53,54
ひえ 33③162
ねずみをふせぐ【鼠を防く、鼠を防ぐ】
蚕 35①86/47②141
ねせかげん【ねせかげん】
たばこ 41⑥273
ねせる【ねせる、寐せる】→K 37①25
稲 1②142/37①22
たばこ 38③133
ねぞろえ【根揃】
綿 28③322
ねづくじせつ【根付時節】
杉 56②264
ねつけ【根付、根附】→I 33①11,45,56,58,④203
あわ 33①42
稲 31②78,79,③108,112,113,123,128/33①14,22,24/67④164
えごま 33①46
大麦 33①53
小麦 33①49,50,51
そば 33③170
大豆 33④211
菜種 33①46,④225,226
ひえ 33①28
綿 33①29
ねつけのみず【根付之水】
稲 8①81
ねとり【根取】→X
桑 56①60
ねなしまわり【根なし廻り】
大豆 25②204
ねにおく【根にをく】
しちとうい 13①72
ねにわらをしく【根に藁を敷】
栗 14①303
ねはらい【根払】 57①9
漆 46③189
ねびき【根引】 33④211
麻 5①91
大豆 4①127/25①72
ねぶかうえ【ねぶかうゑ】
ねぎ 28②205
ねぶかうえる【ねふか植る】
ねぎ 62⑨344
ねぶかをつくる【ねふかを作】
ねぎ 17①273
ねぶる【ねぶる】
稲 27①100
ねまろき【根まろき】
大豆 42③187
ねまわし【根回し】
なし 46①67
ねみず【根水】
稲 39②99/63⑤305,⑧442
ねもといっしゃく【根元壱尺】
はぜ 31④180
ねもとにつぐほう【根元に接法】
はぜ 31④183
ねもとのつちよせ【根本ノ土ヨセ】
綿 31⑤282
ねもとをかく【根元をかく】
麦 62⑨389
ねやし【ねやし】
稲 28①20
ねやしかげん【黏加減】
稲 23①85
ねよせ【根よせ】
稲 10③394
麦 10③399
ねよせしごと【根よせ仕事】
藍 10③390
ねよりほりあぐ【根よりほり揚】
肉桂 14①346
ねらす【ねらす】
稲 17①103
ねりあげのとき【煉揚の時】 50②210
ねりこみ【練籠ミ】
稲 5①22

ねりまぜる【耙混ル】 69②192
ねりまだいこんまき【練間(馬)大根蒔】
大根 30①132
ねりまだいこんまきはじめ【練間(馬)大根蒔初】
大根 30①128
ねりまだいこんまく【練馬大根蒔】
大根 30①135
ねりまだいこんまびき【練間(馬)大根間引】
大根 30①135
ねりまぶし【ネリマブシ】
稲 24①81
ねわけ【根分、根分ケ、根分け】 68③333
いちじく 3④356
菊 3④380/55①18
芍薬 68③345
ねぎ 3④293
ぼたん 3④364
みつまた 56①143
ねをうゆる【根をうゆる】
はす 12①341
ねをかさねよこにうう【根をかさね横に植】
柿 14①207
ねをくつろげる【根をくつろける】
麦 34⑧297
ねをさらう【根をさらふ】 62⑨316
ねをとる【根を取】
うど 12①327
ねをほりとる【根を掘取】
ぼたん 13①285
ねをほる【根をほる、根を掘】
からすうり 14①191
葛 14①241
はす 17①299
わらび 17①321
ねをほるしゅん【根を掘旬】
からすうり 14①191
ねをまとう【根ヲマトフ】
杉 53④245
ねをわく【根を分ク】
ぎょうじゃにんにく 33④230
にら 33④230
にんにく 33④230
ねぎ 33④230
わけぎ 33④230
ねをわける【根を分る】
みょうが 12①306
ねんぐなわたわら【年貢縄俵】
稲 1①36
ねんぐまいのこしらい【年貢米の拵ひ】
稲 25①85
ねんぐまいのこしらえ【年貢米の拵へ】
稲 25①84
ねんないたうない【年内田耕】
稲 37②104
ねんないまき【年内蒔】
大根 37①46

【の】

のあい【野合】 61①51
のいき【野行】
稲 28②128
のうおこない【農行】 8①167
のうかた【農方】
稲 8①261
のうぎょう【農業】→M 4①173/6①166,182,201,214,239/23④175,⑤264/27①246/29②151,157/36③308/38④255,259,280,283/41②135/62④87
稲 6①58
のうぎょうかしょくのこと【農業稼穡の事】 23①120
のうぎょうきゅうなるとき【農業急なるとき】 29①14
のうぎょうこうさく【農業耕作】 62②33
のうぎょうしかた【農業仕方】 22①67
のうぎょうじせつ【農業時節】 4①168
のうぎょうてじゅん【農業手順】 24②233
のうぎょうとりおさめ【農業収蔵】 27①155
のうぎょうのじせつ【農業ノ時節】 32②311
のうぎょうのじゅつ【農業の術】 12①16
のうぎょうのとき【農業の時節】→X 62⑧244
のうぎょうのみち【農業の道】→X 12①47
のうぐこしらえ【農具拵】 4①10/34⑥142
のうぐととのえはじめ【農具調へはじめ】 20①294
のうけごり【能毛苅】
稲 9③255,256
のうこう【農耕】 10②297/20①7/38③111,118,203/41②35
のうこう【農功】 12①17,19,21,22/19②383
のうこうのみち【農耕の道】 13①314
のうこしらえ【農拵】 4①9
のうさく【農作】 5①31/15③330/24①9,37,154,155/35②303/53②139
稲 5②222
のうじ【農事】→M 4①182,192,193,198,226,242,250/6②274,275/7①6/12①22,24,28,29,30,81/21①15,25,90,②121,134,135,③141,153,154,155,156,157,④181,191/22①28,61,④205/23①92,④162,164,175,178,193,197,⑥301,303,339/24①17,159,173/25①11,65/27①34,152,258/29②154,158,③190/30③240/31④147,⑤246,249/32①6,106,②290,311,324,325,330,338,341/33①9/34①14,⑥126,152/35②258/36①33,47,48,54,60,61,62,63,65,70,72,73,74,③252,328/37②121,③261/38①24,④263/39①11,25,65,67,④182,183,220/40②37,38,166/41②41,43,44,45/43③251/47②142/53④230,248/57②183,185,208/62⑦191/66⑤281/68③361,④411/69②158,161,176,177,178,179,180,186,193,195,196,197,198,203,207,208,212,216,225,229,230,240,243,251,277,286,303,306,311,314,323,349,355,365,388,389,390/70⑥369,408,413,433
稲 21①41,②118/36①55
のうじ【農時】 1①34/25①37
稲 20①48
のうしごと【農仕事】 6②274
のうじごよみ【農事暦】 9①9
のうじしょしつけ【農事諸仕付】 34⑥144,145
のうじていれ【農事手入】 34①8,⑥122
のうじのしごと【農事の仕事】 27①256
のうじゅつ【農術】 5②220/6②286/7②373/10②300,312,313,322,333,375/12①16,17,18,19,25,28/13①344/21①89,②117,121/22①26/23⑥298,300,307
のうじゅつのみち【農術の道】 21①24
のうそう【農桑】→M 35②381
のうそうのじゅつ【農桑の術】 13①316
のうそうのわざ【農桑の業】 35②320
のうだて【農立】→O 25①38,41,44
のうどうぐいりようのつなない【農道具入用之綱綯】 29④270
のうのわざ【農の業】→X 23①35/25③267
のうほう【農法】 12①17/13①330/62⑧255/69②219,229
稲 7①48
のうまえ【のうまへ】
稲 17①81
のうようのぎ【農用之儀】 30②197
のおこし【野起、野起し】
はぜ 33②107,109
のがい【野かい、野飼】 16①261,262/20①82,83/64⑤336
のかせぎのせつ【野稼之節】 28③323
のぎり【野切】
あわ 25①72
ひえ 25①72
のこき【野扱】
稲 8①212
のこぎりめとり【のこきり目取】 43②178
のしごと【野仕事】 27①350
のす【のす】→K
たばこ 38③134
のちのよこふり【後の横振】
麦 30①98
のつちもち【野土持】 39⑤258
のとり【野取】
綿 8①279
のばなし【野放、野放し】 27①322,325
馬 2①16,②155
のびえひき【ノヒヘ引】
綿 8①288
のびじせつ【野火時節】 56①138
のべおく【のへ置】
たばこ 41⑥273
のべつめ【のべつめ】 20①190
のぼし【野干】
稲 19②297
のまわし【野まわし】
稲 28②186
のまわり【野廻り】 42③186/43②169,176
のみ【野見】
稲 43③264
のみはき【のミはき】 42⑤324
のみまい【野見舞】 43②140,170,176
稲 28②128
のみまわり【野見廻り】 43②

126,127,142,143,149,156,157,158,160,161,162,163,164,165,166,167,169,170,171,172,173,174,184,186,189,200
のみみずえほり【呑水江堀】 42④264
のやき【野焼】 57②133
のやまにはぜをうえる【野山に櫨を植る】
はぜ 31④215
のやまのしわざ【野山のしわさ】 17①326
のやまをひらく【野山を開く】
肉桂 14①402
のりあげのい【乗揚餧】
馬 60③140
のりのつけかた【海苔の付方】
海苔 14①294
のりをつくる【海苔を付る】
海苔 14①293,294
のるまえのい【乗前餧】
馬 60③139

【は】

はあてがう【葉あてかふ】
蚕 47①44
ばいいく【培育】
朝鮮人参 45⑦377
はいいも【はい芋、はひ芋】
さつまいも 34⑤95,96
ばいうち【ばい打】
大豆 42④244
はいおき【灰置】
稲 8①197,198,199
からしな 41②111
はいかき【はいかき、灰かき】→Z
42⑥403,405,418
はいからます【這からます】
ゆうがお 38③122
はいがらみ【灰からみ】
そば 19②385
ばいき【枚木】 27①305
はいごい【灰こひ】→I
21①84
はいごう【配合】 69②309,317
はいごえをもってまく【灰糞を以て蒔】
かぶ 12①225
はいこみ【灰込】 42④237,243,249,252,284
はいすい【排水】
さとうきび 30⑤411,412
はいずなにあわせまく【灰沙に合せ蒔】
なす 12①238
ばいどうちよう【培土うち様】
大豆 27①142
はいとり【はい取、灰取】 42⑤324,339/43①43
はいにあわす【灰に合】 38③196
なす 38③120
はいにあわせまく【灰に合せ蒔、灰に合蒔】
大豆 38②61
なす 12①238
はいにてまく【灰にて蒔】
麻 2①19
はいにまぜる【灰にませる】
瓜 62⑨369
はいにやく【灰にやく、灰ニ焼】
稲 30②188,192
はいのあわせかた【灰の合方】
21①84
はいのあわせよう【灰の合様】
あわ 21①84
えごま 21①84
ごま 21①84
菜種 21①84
ひえ 21①84
ばいのり【倍法】 28①73
はいひき【灰引、灰挽】
陸稲 38②67
そば 38②73
大豆 38②61
ひえ 38②64,65
綿 38②62
はいぶた【はいぶた】
そらまめ 28②217
はいまき【灰蒔】
麻 2①21
はいやき【灰焼】→M
38①12
ばいよう【倍養、培養】→I、J
5①7,18,167/14①33/38④251/48①253/68③325/69①31,②161,162,163,164,174,177,178,192,208,216,227,230,231,235,237,240,245,247,248,249,252,256,257,258,259,260,265,267,269,271,275,281,292,293,299,307,309,310,312,315,320,324,325,328,330,332,333,339,340,342,343,352,354,356,357,358,363,364,365,366/70⑤314,335
藍 45②69
稲 5①14
桑 47③171
こまつな 2⑤331
さとうきび 30⑤396/50②141
じゃがいも 70⑤326,327,340,341
そば 70⑤317
朝鮮人参 45⑦415,432
つゆくさ 48①211
はぜ 31④147
ひょうたん 48①215,216
ぶどう 48①190,191
むらさき 48①47
ばいようじゅつ【培養術】 69②175,221
ばいようほう【培養法】 69②165,177,216,233,240,390
はいをかける【灰を懸ケル】
大豆 29④297
はいをとる【灰を取】 27①322
はえいも【はへいも、ハヘ芋、はへ芋】
さつまいも 34③43,45,④62,⑥133
はえうえ【はへ植】
さつまいも 70③227
はえごし【はへ越】
そらまめ 34③43
はがえがさね【羽かえ重】 48①230
はかき【葉カキ】
たばこ 19①128
はがさね【羽重】
稲 29③216
はかずをつける【葉数を付る】
たばこ 13①57
はがり【葉かり、葉刈】 55③460
松 55②129
はかわりたるとき【葉かわりたる時】
茶 56①180
はきうつす【はきうつす】
蚕 47①23
はきおとし【掃落シ】
蚕 24①47
はきおろし【はきおろし、掃おろし】
蚕 6①190/47①39,②94,95,142
はきおろす【掃卸す】
蚕 47②101
はぎかり【萩刈】
はぎ 2①16
はきくさ【はき草】 4①17
はきこ【掃蚕】
蚕 47②86
はきこみ【はき込】 69①80
はぎしば【剝芝】 5①153
はきぞめ【掃初】
蚕 62④87,90
はきぞめのひ【掃初の日】
蚕 35①83
はきだしかた【掃出方】
稲 27①261
はきたて【はきたて、はき立、掃たて、掃立】
蚕 6①190/35①124,141,170,③428,429,437/47②103,113,115,119,144/61⑩443/62④86,96,97
はきたてる【掃立る】
蚕 6①189
はきだめあげ【はきためあげ】 43③249
はきだめをつけだす【掃溜を付出す】 38③194
はきとる【掃き取る】
なし 46①96
はぎとる【はぎとる、剝取】→K
からむし 13①26
しゅろ 53④247
はきならす【はきならす】
たばこ 13①54
はく【掃】 38③154/50②204/69②363
蚕 35②295
ばくさく【麦作】→L
大麦 12①151
はぐさとり【はくさ取】
いぐさ 20①31
はくじせつ【掃時節】
蚕 62④90
ばくしゅう【麦秋】→P
麦 10②363,373/19①210/30③233
ばくしゅうご【麦秋後】 24③267
ばくしゅうごろ【麦秋比】
麦 30③299
はくしん【白針】→はり
60⑥342
はぐわはらい【葉桑払】
桑 61⑨288
ばこう【馬耕】→Z
20①260/24①35
はこうえ【箱植】 54①32
はこえ(べ)をつくる【はこゑ(べ)を作る】
はこべ 17①295
はごえのかけよう【葉屎の掛様】
19②448
はこそうじ【箱そうじ】 40④337
はこびいれ【ハコビ入】
稲 2④294
はざうえ【はざ植】
さとうきび 44②121
はざかけ【はさかけ、はさ掛、はざ懸、稾掛】→かけぼし、だてかけ、はぜかけ→Z
稲 6①71/25①76,②183/36②124
はざかけおろし【架懸下シ】→はぜかけ
稲 5①86
はざきこしらい【架木拵ひ】
稲 27①187

はさきをかまにかる【葉先を鎌に刈る】
稲　27①51
はざこうち【はさこ打】
陸稲　61②80
はざこしらえ【はさこしらへ】
大豆　42④270
はざこまき【はざこまき、はさこ蒔】
つゆくさ　27①71
綿　61②85
はざしたしごと【架下仕業】
稲　27①192
はざたてよう【架立様】
稲　27①173
はざなおし【はざ直し】　42⑥433
はざにいねおきよう【架に稲置様】
稲　27①173
はざにうかさ【架積蓋】
稲　27①203
はざのこしらえかた【はさの拵方】
稲　25②194
はざはずし【はざはづし】　42⑥399
はざひき【はさ引】
ごぼう　33⑥314
はざぼし【はさ干、架棚干】→Z
稲　24①118/39④223
はざほしよう【架干様】
稲　27①179
はざまうえ【はさま植、間植】　10①11,114
稲　30①73
そらまめ　34③44
麦　34③44
はざまき【半座蒔】
麦　39⑤254
はさみぎもの【挟木者】
桑　48①210
はさみきる【はさみ切る】　56②289
はさみすてる【はさミ捨】　56②282,283,290
松　14①93
はさみてつる【はさみてつる】
たばこ　13①59
はさみなおす【はさミ直す】　56②282
はさむ【ハサム、はさム、はさむ、狭】→K
蚕　47①42
たばこ　19①128/41⑤237
綿　43①52
はざゆい【はざゆい】　42⑥396
はざよりいねおろしよう【架より稲下し様】
稲　27①183
はざをきる【半座ヲ切】
綿　39⑤270
はさをひく【はさを引】
大根　31②83
はじかみううる【はしかミ植る】
しょうが　62⑨350
はじかみうえ【薑植】
しょうが　30①122
はじかみたねほりおさむ【薑種堀納】
しょうが　30①140
はじかみをつくる【はじかミを作る】
しょうが　17①284
はじきのうえよう【櫨木の植やう】
はぜ　15②302
はしごと【不足仕事】　8①204,214,215
はしにてうゆる【箸にてうゆる】
白瓜　30③252
はじのつくりよう【櫨の作り様】
はぜ　14①231
はじめてみずをかえる【初て水をかへる】
金魚　59⑤434
はじめのかけつち【始のかけ土】
稲　19②363
はじめのよこふり【初の横振】
麦　30①97
はしゅ【播種】→Z
藍　45②70
稲　19①35
じゃがいも　70⑤330
そば　70⑤317
ばしょううえつけそうろうせつ【芭蕉植付候節】
ばしょう　34⑥162
ばしょううえつけよう【芭蕉植付様】
ばしょう　34⑥161
ばしょうはうち【芭蕉葉打】
ばしょう　34⑥163
ばしょをかゆる【場所ヲカユル】
たばこ　31⑤266
なす　31⑤266
はしらたてよう【柱立様】
稲　27①170
はしりどめ【はしりどめ、走り留】
綿　28②188/29①67
はすのうえよう【蓮の植やう】
はす　28①25
はすをうえる【蓮を植る】
はす　17①298,299
はぜうえつけ【櫨植付】
はぜ　33②118
はぜうえつけのじせつ【櫨木植付之時節】
はぜ　33②122
はぜかけ【はせかけ】→はざかけ、はざかけおろし
麦　37③293
はぜきかいもとむるめきき【櫨木買求る目利】
はぜ　31④211
はぜこやしいたしかた【櫨こやし致方】
はぜ　33②120
はぜしたて【櫨仕立】
はぜ　11①64/33②101,109
はぜつぎき【櫨接木】
はぜ　33②125
はぜとり【櫨採】
はぜ　61①57
はぜのえだつけよう【櫨之枝付ケ様】
はぜ　33②124
はぜのしたてよう【櫨の仕立やう】
はぜ　15②138
はぜのつぎよう【櫨の接様】
はぜ　31④176
はぜのねさらえ【櫨の根さらへ】
はぜ　31③118
はぜみぶせ【櫨実臥】
はぜ　56①144
はぜをつぐ【櫨を接】
はぜ　31④175
はたあらぶせ【畑新伏、畠新伏】　19①154
はだあわせ【肌合せ】
ごぼう　7②324
はたいもくさていれ【畠芋草手入】
さつまいも　34②25
はたうえ【畑植】
菜種　45③163
はたうち【畑打】　4①166/20①257
大麦　24③285,326
はたうちかた【畠打方】
かぶ　33⑥316
はたうちこしらえ【畠打拵】　34②25,26,27,28
はたがえし【畑かへし、畑返し】　63⑥341,349,⑦395,397
はだかかり【はたか刈】
裸麦　22⑤356
はたかた【畑方、畠方】→D、L、R、X　21①37/25②198/37②123/38①9/61⑨308
はたかたくさとり【畑方草取】　22①49
はたかたづけ【畑方附】　42⑥396
はたかたまきもの【畑方蒔物】→L　22①45
はだかどようぼし【裸土用干】
裸麦　31②81
はだかまき【はたか蒔】
裸麦　22⑤355
はだかむぎまきはじめ【裸麦蒔初】
裸麦　30①140
はたかやし【畠かやし】　70⑥395
はたきもの【ハタキ物】　1②153
はたく【はたく、踏く】→K　28②136
あさがお　15①82
はたくさしゅうり【畑草修理】　44②129
はたくさとり【畑草とり、畑草取、畑莠取、畠莠取】　19①158/20①181/62⑨347/63⑦381
はたぐろかたづけ【畑グろかた附】　42⑥436
はたぐろかり【畑ぐろ刈】　42⑥395
はたけうち【畠打】　4①14/31⑤270
はたけうちおこししこしらえ【畠打起シ仕拵】
さつまいも　29④295
はたけうつ【畠うつ】　42⑤328
はたけうない【畑うない、畑耕】　21③157/22①63/42③187,188/63⑥341,350,⑦364,398/68④414
はたけうなえ【畑うなへ】　38②57,81
はたけさくり【畑サクリ、畑さくり】　42⑥400,402,414,415,418,424,428,438/63⑦395,397
はたげしあぜぬり【畑岸畦塗】　9③257
はたけしこしらえ【畠仕拵】
ごま　29④298
大根　29④296
はたけしごと【畠仕事】　31②79
はたけずり【畑ずり、畠すり】
なす　43①43
綿　43①45
はたけたがやし【畠耕し】→L　29④281
はたけねがえ【畠根替】　34④63
はたけのいしひろう【畑の石ひろふ】　62⑨377
はたけのいちばんきり【畑の一番切】　19②376/25①54
はたけのうねのたてかた【畑の畦の立方】　14①411

はたけのくさ【畑ノ草、畑の草】→G、I
20①182/31⑤264
はたけのくさをとる【畑の草を取】 23⑥314
はたけのくるめ【畠のくるめ】
20①128
はたけのこしらいかた【畑の拵ひ方】
里芋 21①64
はたけのこしらいよう【畑の拵ひやう】
綿 61②85
はたけのこしらえ【畠の拵へ】
大根 33⑥372
はたけのこしらえよう【畠の拵様】
さつまいも 33⑥338
はたけのことわさ【畑のことわさ】 30③241
はたけのこなし【畑のこなし】
そば 27①149
はたけのしかた【畑の仕方】
稲 23③152
はたけのしごと【畑の仕業】
15②196
はたけのしよう【畠之仕様】
さつまいも 34⑥132
はたけのたねふせる【畑の種子布施る】 19②403
はたけのつくりよう【畠ケの作やう】 41⑥277
はたけのつぼきりのしかた【畑の坪切の仕方】
小麦 21②124
はたけのていれ【畑ノ手入】
31⑤269
はたけのなかうち【畠の中打】
9①124
ごぼう 9①126
はたけのにばんきり【畑の二番切】 25①54
はたけのむぎまき【畠の麦まき】
麦 9①117
はたけふみ【畠踏、畠跋】 2①11
大根 2①15
はたけまわり【畠まわり】→D
16①191
はたけをうつ【畠をうつ】 16①80,94,98
はたけをうなう【畠を剖】 19②365
はたこうさく【畑耕作】 42⑥386,387,395,414,424,425,428
はたごしらい【畑こしらい】
菜種 21①72
はたごしらえ【畑拵、畑拵へ、畠こしらへ、畠拵】 21③146,147,148,151,153,156,157/56①213/57②147
いちょう 56①70
漆 46③188,212
えのき 56①62
大麦 21①49/22①58/39①40
桑 56①202
ごぼう 33⑥313
小麦 21①56/22①58
さつまいも 25②219
しそ 4①149
杉 56①42,43,163,②254
大豆 4①126
たばこ 34⑤102
菜種 1④308
にんにく 4①144
柳 56①121
はたこしらえよう【畑拵様】
漆 46③202,209
はたごと【畠ごと】 9①89
はたこなし【畑こなし】→L
1①37
はたこみぞ【はたこみぞ】 28②145
はたさく【畠作】→D、L、X
34①14
大麦 23①30
はたさくくさぎり【畑作草切】
1①38
はたさくのくさ【畑作の草】
25①68
はたさくもうくるめ【畑作毛繳】
19①157
はたさくもうくるめよう【畑作毛クルメ様】 19①157
はたさくもうたねこしらえ【畠作毛種子拵】 19①163
はたさくもうたねふせ【畑作毛種子フセ】 19①166
はたさくもうのくさぎり【畠作毛のくさきり】 19②366
はたさくもうのくるめ【畑作毛の繳】 19②366
はたさくり【ハタサクリ、はたさくり】 42⑥376,380,381
はたしごと【畑仕事、畠しごと】
9①46,51,77,78,84,87,91/24①98
はたしつけ【畑仕付】 44②149
はただねふせどき【畑種子布施時】 20①133
はたつくるほう【はた作る法】
さつまいも 70③231
はだつけ【肌付】
なす 44③210
はたなかきり【畑中切】 19①155
なす 20②376
はたなかごねんをへだつ【畑中五年を隔】
やまいも 38③129
はたにうゆる【畠にうゆる】
桑 13①117
はたにばんうち【畑二番打】
62⑨346
はだはだまき【肌々蒔】
麦 38②58
はたふせ【畑ふせ】 20①125
はたまきのしかた【畑蒔の仕方】
稲 23③151
はたむぎまき【畑麦まき、畠麦まき】
麦 9①114/42③192
はたむし【畠むし】 42⑤321
はたものしつけ【畑物仕付】
25①39
はたもののさんばんきり【畑物の三番切】 25①56
はたもののしつけ【畑物の仕付】
25①59
はたもののにばん【畑物の二番】
25①56
はたものまく【畑物蒔】 36②123
はたよせうない【畑よせ耕】
63⑥341,349
はたよせこしらえ【畑よせ拵】
38②57
はちうえ【盆栽、盆種、盆植】→X
55③279,460,468,469/69①107,②249
えびね 55③301
えんこうそう 55③309
おうごんそう 55③287
おもと 55③340
庚申ばら 55③276
さんたんか 55③283
せっこくらん 55②150
緋桐 55③345
ふじ 55③291
ぶっそうげ 55③347
ふとい 55③278
みずばしょう 55③326
らん 55③343
はちがつうえ【八月植】
さつまいも 34④64
はちがつじゅうごにちよる【八月十五日夜】
へちま 25②217
はちがつひがんすぎ【八月彼岸過】
朝鮮人参 45⑦388
はちがつまき【八月蒔、八月蒔き】
大根 3④382
たかな 33⑥368
はちじゅうはちにち【八十八日】
茶 47④213
はちじゅうはちやまき【八十八夜蒔】
大豆 22④225
はちばばいれ【八馬場入】
稲 9③267,269
はちばんくさとり【八番草取】
稲 63⑤307
はちばんこうさく【八番耕作】
麦 63⑤320
はちまぐわ【八耙】
稲 38③138,139
はちみつとりよう【蜂蜜取やう】
蜜蜂 48①222
はちわをしにかる【八把をしに刈】
稲 19①61
はちをかいてみつをとる【蜂を畜て蜜をとる】
蜜蜂 14①346
はつうえ【初植】
稲 1①68/20①55
はつうえのさなえとり【初植の早苗取】
稲 20①60
はつがき【初がき】
漆 13①108
はつかぐさ【廿日草】→E
稲 31⑤269
はつかまいり【初鎌入、初鎌入り】
稲 1②147,149
はつかり【初かり】
稲 27①172
はつきのいけだいこん【葉附のいけ大根】
大根 28④355
はつきりいれのじせつ【初切り入之時節】 61⑩453
はつくさ【初草】
稲 8①73
はつくさぎり【初芸】
あわ 2①27
はつくさとり【初草取】
稲 20①91
はつくわいれ【初鍬入】
藍 45②101
ばっさい【伐採】
松 57②156
はつざくら【初桜】
稲 20①38
はつさびらき【初さひらき】→さびらき
綿 22②119
はつしものふるじせつ【初霜の降る時節】
ふな 59④389
はつしゅうり【始修利、初修利】
麦 8①95
綿 8①36
はつしゅうりのほう【始修利之法】

菜種　8①85
はっそく【八束】
稲　27①384
はつだ【初田】　19②439
はつたうえ【初田植】
稲　24③283/30①58/31③113/37②126
はつたうえのひ【初田植の日】
稲　31③110
はつとり【初取】
なす　28②178
ばつぼく【伐木】　53④216,218,226
はつまき【初蒔】
にんじん　2①103
ふだんそう　3④238
まくわうり　2①106
はづみ【葉づミ、葉摘】
桑　48①210
ささげ　25①68
はつる【はつる】→K
稲　28②151
はとり【葉取り】→N
藍　10①67
はなおちじぶん【花落時分】
綿　8①277
はなかかりみず【花掛水】
稲　63⑧443
はなきりどき【剪花時】
しゅうかいどう　55③366
しゅんぎく　55③419
なでしこ　55③286
はなくばり【花配り、花賦り】
菊　55①40,47,50,59
はなさかぬうち【花咲かぬうち】
藍　41②111
はなざかり【花盛】→E
38①16
はなさくじぶん【花咲時分】
いちび　41⑤236
大豆　5①102
はなさくせつ【花さく節】
すいか　40④323
はなさくをとむ【花さくおとむ】
たばこ　41⑥272
はなさらえ【花さらへ】
あわ　33①41
はなしつぎ【はなし接、離し接、離接】　13①247
はぜ　11①46,49/31④174,185
はなしつぎしなじなしよう【離し接品々仕様】
はぜ　31④180
はなしつぎのこころえ【離接の心得】
はぜ　31④175
はなしはじめ【はなし初メ】
馬　42⑥419
はなすぐり【花すくり、花撰】
なし　46①13,89
はなたねまき【花種まき】　42④271
はなつみ【花摘】
紅花　22①56
はなつむせつ【花摘節】
紅花　19①120
はなどり【ハナトリ、はなとり、ハナドリ、はなどり、ハナ取、はな取、鼻取】→X
2④280/24②234/42②112,122,③162,164,172/43②150,187
稲　2④277,294,295,296,297,299,301/38②51
はなとる【花採】
つゆくさ　48①212
はなにてみわける【花にて見分る】
はぜ　31④197
はなのくばり【花ノ配リ】
菊　55①36
はなのじぶん【花ノ時分、花の時分】
稲　62⑦205
菊　55①47
はなのすぐりかた【花の撰方】
なし　46①90
はなのつくりよう【花の作り様】
紅花　14①42
はなのとき【開花】
あおき　55③274
あじさい　55③310
あめんどう　55③257,264
あやめ　55③282,302
いちはつ　55③278
いわふじ　55③363
梅　55③240,242,247,253,254,425
えにしだ　55③268
えびね　55③301
えんどう　55③418
おうごんそう　55③287
おうばい　55③426
おおでまり　55③321
かきつばた　55③279,293
がんぴ　55③335
寒ぼけ　55③430
寒らん　55③415
ききょう　55③354,355
菊　55③299,313,322,400,404,405
ぎぼうし　55③334,402
きょうがのこ　55③327
きりんそう　55③331
きんしばい　55③337
きんらん　55③345
くじゃくひおうぎ　55③364
くまたからん　55③369
鶏頭　55③362
こうおうそう　55③312
桜　55③263,266,267,273,411
桜うのはな　55③292
さくらそう　55③303
ささりんどう　55③403
さざんか　55③387,408
さんたんか　55③283
しおん　55③359,377,388
七月梅　55③380
しでこぶし　55③251
しまらん　55③344
しゃくなげ　55③304
しゅろ　55③288
しゅろちく　55③346
水仙　55③386,420
すおう　55③277
大根　55③285
たちあおい　55③329
たんちょうか　55③308
だんとく　55③332
茶　55③385
つばき　55③241,246,255,258,389,390,409,413,414,427,431
つりがねそう　55③305
とういちご　55③269
唐かんぞう　55③316
とうごま　55③349
冬至梅　55③421
唐つわ　55③391
とうわた　55③375
とけいそう　55③320
菜種　55③249
なでしこ　55③286,294,376
なんてん　55③340
にちにちそう　55③333
ねこやなぎ　55③382
のうぜんかずら　55③366
のこんぎく　55③326
はぎ　55③384
はくちょうげ　55③309
白桃　55③243
箱根うのはな　55③306
ばしょう　55③374
花しょうぶ　55③319
ひおうぎ　55③348
ひし　55③323
美人草　55③317
ひめばしょう　55③399
ふじ　55③291
ふよう　55③372
紅花　55③342
べんけいそう　55③350
ぼけ　55③262
ぼたん　55③394
ほととぎす　55③368
松本せんのう　55③311
みそはぎ　55③358
むくげ　55③357
桃　55③259,272
やつで　55③410
やまぶき　55③275
ゆきやなぎ　55③250
ゆすらうめ　55③265
ゆり　55③330,351,352,365,398
らん　55③343
蘭香梅　55③424
りんご　55③276
るこうそう　55③356
れだま　55③324
ろうばい　55③419
われもこう　55③397
はなほし【花乾】
稲　5③263
はなまえ【花前】
たんちょうか　55③309
はなまんかいのとき【花満開ノ時】
菊　55①63
はなみず【花水】
稲　2④287/63⑤313
はなみのころ【花見ノ比】
菊　55①63
はなをくばる【花ヲ配ル】
菊　55①62
はなをつくるほう【花を作る法】
紅花　13①46
はなをとる【花を取】
紅花　33⑥387
ばにぞく【馬耳鏃】→なかうち
大麦　12①157
麦　38③200
はぬる【はぬる】
大麦　29①76
はねくさ【はね草】
麦　10③399
はねわり【羽根割】
蚕　47②114,119
はのくみよう【葉の組やう】
かきつばた　55③452
はのむしをころす【葉の虫を殺す】
たばこ　13①62
ばばいれ【馬場入】
稲　9③267,269
ははきぎをつくる【はゝきゞを作る】
ほうきぐさ　17①288
ばばひきしだい【馬場引次第】
9③265
ばふんをうずむ【馬糞を埋ム】
なす　12①239
はまあい【はまあい、はまあひ、はま間イ】
あわ　33①40,41
稲　33①18,19
えごま　33①48
きび　33①28
小麦　33①50
大根　33①43

大豆　33①36
菜種　33①48
綿　33①30
はまあげ【浜上ケ】 43②125
はまあわす【半間合ス】
瓜　39⑤280
はまあわせ【はま合、浜合】
瓜　4①128,129
きゅうり　4①136
すいか　4①135
大豆　4①130
なす　4①133
はまめひき【葉豆引】
青刈り大豆　30①133
はまめまき【葉豆蒔】
青刈り大豆　30①124
はまめまきはじめ【葉豆蒔初】
大豆　30①122
はむしをのぞきさる【葉虫を除去る】
はぜ　31④208
はめおく【はめ置】 44③205
はめる【はめる】
麻　44③230
稲　44③211,213,214,216,217,218
はものつちこしらい【葉物土こしらい】 55②164
はやあさまきどき【早麻蒔時】
麻　19①180
はやあずきまき【早小豆蒔】
小豆　30①126
はやあわじこしらえ【早粟地拵】
あわ　34⑥129
はやあわまきとりつけ【早粟蒔取付】
あわ　34⑥130
はやうえ【早うへ、早栽、早植】
あさつき　33⑥377
稲　2①48/7②276/21①46/61①55
さつまいも　22④275
ゆうがお　2①113
はやうち【早うち、早打】 62⑨375
稲　27①37
はやうちまめかりとり【はや打豆刈取】
大豆　34⑥129
はやおつまめまきいれ【はやおつ豆蒔入】
大豆　34⑥127
はやかき【早かき】
たばこ　33④214
はやがり【早かり、早刈】
稲　21①35/22①57/24①116,117/29①58/39①27
きび　2①28
大豆　24①105
はやぐね【早畔】
稲　23①22
はやくまくしかた【早く蒔仕方】
大麦　21①51
はやこぎ【早こぎ】
むらさき　48①199
はやしぐろくさ【林ぐろ草】 27①274
はやしだ【はやし田、拍子田、囃田】→たうえ→X
稲　20①73/30①57
はやしたうえ【はやし田植】
稲　20①73
はやしたて【早仕立】
稲　9③243
はやたうえ【早田うへ】
稲　6①43
はやたうえのせつ【はやたうえのせつ】
陸稲　61⑦194
はやづくり【早作り】
きび　28④339
たばこ　28④330
なす　28④330
はやてたばこのつくりかた【早手たばこの作方】
たばこ　23⑥317
はやとり【早取】 24③301
はやなかうち【早中打】
あわ　4①225
きび　4①225
はやぬき【早抜】
大根　2①55
はやねつけ【早根付】 33④176,177
はやひえまき【早稗蒔】
ひえ　4①17
はやふきのでん【早吹の伝】 7①101
はやぼり【早掘】
むらさき　48①200
はやまき【はやまき、はや蒔、早ヤ蒔、早蒔、早蒔き】→おそまき
2①26/21①83
あかな　2①133
小豆　21①59
あわ　2①13,24/62⑨337/67④164
稲　2①48/3④265/7②291/37①38/61⑥189
いんげん　3④246/22①53/33⑥335
えごま　21①62/39①48
大麦　21②126/38②82
かぶ　2①133/22③170
きゅうり　2①97,99/33⑥340
鶏頭　2①72
ごぼう　28④331/33⑥313
小麦　21②126/22②115/33⑥381
ささげ　2①101
すいか　2①86
そば　21①77/22①59/32①112/38②73/39①47,②113
大根　2①78,133/3④241,318,339,383/33⑥373/67⑥306
大豆　21①59/22④224,259/39①44
ちしゃ　33⑥368
とうがらし　2①86
とうな　21①74
なす　2①86
にんじん　3④317/33⑥363
はぜ　31④157
ひえ　2①13
ふじまめ　22①53
ふだんそう　33⑥367
まくわうり　2①106
みぶな　2①133
麦　8①94/17①175/25①83/38②57
ゆうがお　2①86
綿　3④280/8①268/9②213/28④337/39③147/40②110
はやまめたねおろし【早まめ種おろし】
大豆　65②90
はらいおとす【掃ヒ落ス】 69②308
はらいがり【はらひ刈】
むらさき　14①154
はらいまつ【払松】
綿　3④225
はらがえ【はら替】
さつまいも　34⑤109
はらがけ【腹かけ】→B
60⑥348,349
はらつぎ【腹接】 55③474
ばらばらまき【はらはら蒔】
漆　4①161
ばらまき【はらまき、ばらまき、ばら蒔】
あわ　22⑥377
小麦　41⑤244,⑥275,280
杉　14①72
大豆　15②184
菜種　45③150
はらみごろ【孕比】
稲　8①81
ばらりまき【バラリ蒔】
綿　8①19
はり【ハリ、針、鍼】→かしん、ぬるかね、はくしん、やきがね→J、N、Z
59⑤439/60④174,178,188,196,228,229,⑥332,333,334,336,337,340,341,342,344,345,346,348,351,352,353,355,362,363,366,367,369,372,373
はりがねにてさしころす【針がねにてさし殺す】 13①168
はりさお【針竿】 57②100,127,131
はるあいいちばんかり【春藍一番刈】
藍　30①133
はるあいさんばんかり【春藍三番刈】
藍　30①140
はるあいさんばんかりはじめ【春藍三番刈初】
藍　30①137
はるあいたねまき【春藍種蒔】
藍　30①121
はるあいなえうえ【春藍苗植】
藍　30①126
はるあいにばんかり【春藍二番刈】
藍　30①135
はるあいふんばい【春藍糞培】
藍　30①127
はるあぜ【春畦】
稲　30①42
はるうえ【春うへ、春うゑ、春植】
あさつき　19①132
小豆　27①95
油桐　5②229
桑　61⑨294
朝鮮人参　48①235,236,241,243
なし　46①67
なす　39③148
菜種　29①82
にんにく　20①152
ねぎ　3④324
ひえ　33③162
はるうえたて【春植立】
漆　56①168
桑　56①61
はるうえつける【春植附る】
みつまた　48①187
はるうえる【春植る】
菊　48①204
はるうち【春うち】
ひえ　27①127
はるおこし【春おこし、春起、春起し、春発し】 33③170
稲　19②363/20①255/38②51,53,79
ひえ　27①127
はるおこす【春発す】
稲　19①213
はるかえし【春カヘシ】
稲　63⑧433
はるかき【春かき】
稲　10①110
はるきやま【春木山】 24①25
はるきり【春切、春伐リ】 32①215,216,221

椿　61②95
そば　32①114,116
はるくわ【春鍬】
麦　10③399
はるごぼうまき【春悪実蒔】
ごぼう　30①121
はるごぼうまびき【春牛蒡間引】
ごぼう　30①126
はるしばかり【春芝刈】
稲　24③286
はるしまい【春仕舞】
稲　1①35
はるすき【春犂】
小豆　32①99
はるた【春田】→D
稲　4①199/19①50
はるたいちばんくさぎりはじめ【春田一番耘初】
稲　30①127
はるたうえ【春田植】
稲　30①125
はるたうち【春田打】
稲　1①94/2④279/20①48
はるたおこし【春田起】
稲　38②55
はるたおこしのとき【春田起ノ時】
稲　31⑤266
はるたがやし【春耕、春耕し】
10②350/20①233/36①37/69②223
稲　7①65/12①59,141,142,143/37③307
はるたかりあとたがやしはじめ【春田刈跡耕初】
稲　30①136
はるたくさぎり【春田耘】
稲　30①**73**
はるたこしらえ【はるた調、はる田調】
稲　9①**53**,62
はるたすき【はる田すき】
稲　9①40
はるたせりうない【春田競耕】
稲　30①124
はるたたがやしはじめ【春田耕初】
稲　30①121
はるたのくさぎり【春田の耘】
稲　30①74
はるたをうつ【春田をうつ】
稲　16①194
はるつぎ【春接】
はぜ　11①49/31④184,191
はるつくり【春作クリ】
あわ　32①104
大豆　32①92
綿　32①149
はるていれ【春手入】
稲　7①65
はるなすたねまきじぶん【春茄子種子蒔時分】
なす　4①155
はるなつのかいよう【春・夏のかひやう】
うずら　60①65
はるなわしろこしらえ【春苗代拵へ】
さつまいも　21③148
はるなわしろしめ【春苗代〆】
稲　3④222
はるのたがえし【春の耕、春耕】
稲　15①21,49
はるのたがやし【春の耕、春ノ耕シ、春の耕し】→Z
6②280/12①51,54,109,111/22①53,55/37③253,331,387/62⑧258,259,271/67⑥264
稲　12①60,62/21①32/23①19,22/32①37/37③342
はるのちらし【春の散し】
大豆　2①11
はるのていれ【春の手入】　7①71
はるのむぎしゅうり【春之麦修利】
麦　8①17
はるはたにまくのせつ【春畑ニ蒔ノ節】
あわ　19①138
はるまき【はるまき、春まき、春蒔、春萠(蒔)】　8①218/37①46
青刈り大豆　2①44
油桐　5②229
あわ　3④231/9①104/19①138
えごま　22②120
えんどう　24①139/25②201
からしな　19①135/25①125
きょそう　2①134
ごぼう　20①131
小麦　24①140
白よろいぐさ　48①204
にんじん　2①103
ひえ　3④231
ほうきぐさ　2①72
はるまきつけ【春蒔付】
茶　14①310
はるもののしたじ【春物の下地】　34⑦255
はるわざ【春わざ】　20①295
ばれいしょたねかこいおきかた【馬鈴薯種囲置方】
じゃがいも　18④397
はわけ【羽わけ】
蚕　35①113
はをかきとる【葉をかき取】
たばこ　33④213
はをかく【葉をかぐ】
たばこ　33⑥391
はをからげる【葉をからげる】
大根　62⑨390
はをかる【葉を刈】
ねぎ　38③170
はをかるじぶん【葉をかる時分】
大豆　11②115
はをすかす【葉をすかす】
ぶどう　14①370
はをつむ【葉をつム、葉を摘、葉を摘む】
桑　13①120
十六ささげ　38③145
とうささげ　38③125
はをとりほす【葉を取干】
ありたそう　13①301
ばん【晩】
綿　29①66
ばん【番】　3③157
稲　4①38
はんうち【半打】
稲　7①39
ばんくさ【晩草】　42⑥391
ばんくさかり【晩草刈】　42⑥392,425
はんげあさまきどき【半夏麻蒔時】
麻　19①185
はんげた【半夏田】
稲　23①57
はんげなまき【半夏菜蒔】
はんげな　42⑥423
はんげまき【半夏蒔】
大根　3④241
はんげまきだいこん【半夏蒔大根】
大根　19①185
はんこすき【半小すき】
稲　42④264
ばんごやかかり【番小屋掛り】　44②151
はんさく【半作】→L
えごま　19①142
ばんさん【晩蚕】
蚕　35①47
ばんしゅうひめじへんつくりかた【播州姫路辺作り方】
綿　15③**377**
はんしょう【播墻】　18④427
ばんしょうたねまき【蕃椒種蒔】
とうがらし　30①121
ばんしょうなえうえ【蕃椒苗植】
とうがらし　30①127
ばんすい【番水】→N、R
稲　30③263/39⑤258/40①14
はんすいもうえつけ【はんす芋植付】
さつまいも　34①14
ばんのこ【はんのこ、はんの子】→D
稲　4①12,**48**
ばんのこわり【はんのこわり、ばんのこわり、はんの子わり、はんの子割、盤の子割】　42④260
稲　4①**12**,**43**,48/6①**33**/42④260
ばんのこをわる【盤ノ子を割】
稲　6①35
ばんぶつをやしなうのとき【万物を養ふの時】　41④204
はんやき【半焼】
大麦　32①64

【ひ】

ひ【簸】→さびる、ひさる、みぶき
稲　27①208,381,385
ひあげつみ【乾上積】
稲　24①119
ひあて【日当、日当て】
稲　25②188
うど　25②222
ひいてだ【ひいて田】→たうえ
稲　28①26
ひいれ【火入】→K、N
53④236
ひうけ【日請】→D、X
綿　40②48
ひえうえ【稗うへ、稗植】
ひえ　39⑤277/42⑥421,423/44①25/63⑦379
ひえうえつけ【ひゑ植付、稗植付、穇うへ付】
ひえ　1①47,48/27①**126**,127
ひえうえる【稗植ル、稗植る】
ひえ　42⑤328/62⑨345
ひえおとし【稗落し】
ひえ　42⑥433
ひえかち【稗搗ち】
ひえ　42⑤336
ひえがらおこし【稗柄起し】
ひえ　42⑥395
ひえがらかたづけ【稗柄片附、稗柄方附】
ひえ　42⑥396,433
ひえがらたて【稗柄立、稗柄立テ】
ひえ　42⑥395,432,434
ひえかり【稗かり、稗刈】→L
ひえ　4①25,26/42④237,272,273,274,⑥393,394,432,435
ひえきり【ひへきり、ひへ切、ひへ剪、稗きり、稗切、稗切り】
稲　28④343
ひえ　22③169,⑤354/38②81/42⑤336,⑥393,394,432/44①36

ひえくさとり【稗の草取】
ひえ 42⑥386
ひえけり【稗蹴】
ひえ 42④273
ひえけりまたじ【稗蹴またし】
ひえ 42④272
ひえこしらえ【ひへ拵】
ひえ 38②80
ひえしつけ【稗仕付】
ひえ 22②117
ひえたたき【稗たゝき】
ひえ 42⑥396
ひえだねふせる【稗種ふせる】
ひえ 24③304
ひえだねまき【稗種蒔】
ひえ 30①126
ひえつき【稗搗】
ひえ 42④268
ひえつくりよう【稷子作様】
ひえ 19①148
ひえつむ【稗つむ】
ひえ 42⑤335
ひえとり【ひゑ取、稗取】
稲 27①288
ひえ 43③262
ひえなえたて【稗苗立】
ひえ 42⑥416
ひえなえだのみずかげん【稗苗田の水かげん】
ひえ 24①37
ひえなえまき【稗苗蒔】
ひえ 42⑥379
ひえなえまきよう【稗苗蒔様】
ひえ 5①96
ひえなかうち【稗中打】
ひえ 31②81
ひえなかさし【稗中さし】
ひえ 42⑤328
ひえぬき【ひゑぬき】 42③185
ひえのうえす【稷の植す】
ひえ 19①65
ひえのていれ【稗ノ手入】
ひえ 42⑥446
ひえのぬきたて【稗の抜立】
ひえ 42⑥424
ひえのわけぎり【稗の分伐り】
ひえ 29②143
ひえのわけどり【ひへのわけどり】
稲 9①98
ひえばたきりふがえし【稗畑切ふがへし】
ひえ 42⑥423
ひえひき【ヒエ引、ひへひき、ひゑ引、稗引】 8①200
稲 28②207, 209/43①62
ひえ 28②198
綿 28②213
ひえほぎり【稗穂切り】
ひえ 22③168
ひえまき【稗蒔】
ひえ 22⑤351/24③288/30③249/38②64/62⑨337
ひえまきどき【稷子蒔時】
ひえ 19①182
ひえやまきり【稗山伐】
ひえ 30①136
ひえやまやき【稗山焼】
ひえ 30①120
ひえをつくる【ひゑを作る】
ひえ 17①205
ひおおい【日おほひ、日覆、日覆ひ、日拚】→B、C
2①105/7②343/13①238, 244/55③461/56②249, 266
いぬまき 57②157
漆 13①105/56①168, 175
おもと 55③340
菊 2①116, 117/55①38
金魚 59⑤442
桑 13①119/35①73/47②140
楮 13①96/56①176, 177
ささげ 2①89
芍薬 13①288
水仙 55③387
杉 13①190/56②248, 250/57②153
大根 2①73
たばこ 2①86/63⑧443
朝鮮人参 68③338
とうがらし 2①86, 89
なし 13①136/56①185
なす 2①86, 89/12①242/33⑥323, 326
なんてん 3④346
ねぎ 33⑥359
はぜ 11①45, 47, 49
びようやなぎ 55③336
ぼたん 37②206/55③289, 394
松 13①186
やまいも 12①372
ゆうがお 2①89
らん 55③344
ひかえし【簸反】
稲 27①382
ひがえりまい【日帰り米】
稲 19①77
ひかかる【簸かゝる】
稲 27①162
ひかげにつる【日かげにつる】
はっか 13①299
ひかげまき【日カゲマキ】
麦 38④271
ひがんくさぎり【彼岸芸】
麦 30①114
ひがんざくらかいか【彼岸桜開花】
稲 38①9
なす 38①10
ひがんじぶん【ひがんじふん、彼岸時分】
桑 47③171
とうもろこし 10③401
ねぎ 10③401
ふだんそう 10③401
ひがんしゃくのにっすう【彼岸尺ノ日数】
稲 31⑤271
ひがんぜにな【ひかん銭菜】
かぶ 17①243
ひがんのいりづけ【彼岸の入漬】
稲 30①18, 32
ひがんのかいわりな【ひがんのかいわりな】
菜種 28②211
ひがんまき【ひかん蒔】
小麦 33⑥381
ひきあい【引合】→L
菊 55①30
ひきあぐ【引上グ】
なし 46①66
ひきうえ【引植】
なす 22②125
ひきおろし【引ヲロシ】
稲 8①261
ひききり【挽切】 38③190
ひききりすつ【引切捨】
桑 47①45
ひききる【引剪】
桑 56①178
ひきくるめ【引クルメ】 19①157
ひきごえ【引こへ、引こゑ】→I
稲 4①24/33①25
ひきごえじぶん【曳こゑ時分】
稲 4①199
ひきこぎ【引こぎ】
なす 27①134
ひきこみ【ひきこみ、引込】
稲 28②159, 176
ひきこむ【引込】
大麦 29①78
里芋 38③128
ひきごめ【挽米】→N
稲 29③244
ひきす【引す】
大豆 19②385
ひきすて【引捨】
あわ 33③168
ひきだいず【引大豆】
大豆 44③238, 239, 240
ひきだす【引出す】→J、K
69①97, 107
ひきたて【引立】
稲 2④282
ひきたわめおく【引たを(わ)め置】
はぜ 11①48
ひきつけ【引付】
稲 28②195
ひきつち【引土】
稲 25②188
ひきどき【引時】
大豆 19①140
ひきとり【引取】 21④200
麻 25②210
あさつき 25②223
稲 21④193
かぶ 25②208
大根 19①117
大豆 21③146
にんじん 25②220
にんにく 25②224
らっきょう 25②224
綿 25②209
ひきとる【挽取】
麻 38③143
菜大根 38③200
ひきならす【引ならす】
稲 15①59
ひきびたし【引びたし】
稲 29①44
ひきまき【引蒔】
陸稲 22②118
ひきみず【引水】→X
稲 36③235
小麦 3③163
ひきらち【引埒】
稲 27①114
ひきわり【曳割】→K、N
菜種 4①200
ひきわる【挽割】→K
菜種 29③257
ひく【挽(石臼をひく)】→K
49①49
ひく【ひく(引きぬく)、引ク(引きぬく)、引(引きぬく)、挽(引きぬく)】 62⑨381
麻 19①106
あさつき 19①133
小豆 19①144
ささげ 19①145/33③167
大根 38②73
大豆 19①140/29①81/62⑨364
とうがらし 19①123
ほうきぐさ 62⑨380
ひく【ひく(籾すり)、挽(籾すり)】
稲 2①48/37②88/62⑤117
大豆 38③135
ひえ 38②66
ひく【挽く(製粉)、挽(製粉)】
稲 36③316/62⑤118
ひく【挽(脱穀)】
稲 62⑤128
ひく【ひく(下肥を施す)】
麻 39②117
そば 39②113
にんじん 39②115

ひくせつ【引ク節】
にんにく　19①125
ひぐちかげん【ひぐちかげん】
稲　28②160
ひくつぎ【低接】　55③466
ひくほす【引干】
大豆　19①141
ひくまき【低蒔】
綿　8①49
ひこらえ【日コラヘ】
綿　8①228,238,288
ひごり【日樵】　20①309
ひさしくからす【久シク枯ラス】　32①203
ひさる【簸さる、簸去、簸去る】→ひ、ひる
稲　12①72
えんばく　12①167
当帰　13①273
ひしをうえる【ひしを植る】
ひし　17①299
ひすそ【日すそ】
あわ　41⑤235,⑥270
稲　41⑤249
ひだうえ【日田植】→たうえ
稲　30①55
ひたき【火焚き】　27①297
ひたごり【ひたごり】　9①127
ひだし【簸出、簸揚】
稲　5①32,60/23①37,39
ひたしおく【ひたし置】
杉　56②261,263
なす　39②107
ひだしのひらき【干出ノ開キ】　32①212
ひたしまく【ひたし蒔】　69①61
ひたしまぶす【ひたしまぶす】
いぐさ　13①69
ひたす【ひたす、漬ス】
稲　5①33/37①15,16,30
大根　62⑨373
紅花　45①33,43
ひたひたみず【ひたひた水】
稲　17①61/29①47
ひたまき【ひた蒔】
ごま　34④67
ひだりくわ【ひたり鍬、左くハ、左鍬】→みぎくわ　19②426/20①126
稲　19②363
ひだりなわにみつくり【左り縄に三ッくり】　25①137
ひだりまわし【左廻】
稲　19②407
ひだりまわしはか【左廻果敢】
稲　19②408,410,411
ひたるとき【ひたる時】
あわ　41⑤236
大麦　41⑥274
ひっかけ【引かけ、引掛】　23⑤284
さつまいも　44③234,235,236,237
麦　23⑤267
ひつじのかつ【羊の羯】
羊　60⑦460
びっちゅうのつくりかた【備中の作り方】
綿　15③379
ひて【ひて、簸て】
稲　27①260/67⑥273
ひとあなにごつぶ【一穴ニ五粒】
ささげ　27①96
ひとうすにとばり【壱臼ニ弐斗ばり】
稲　27①204
ひとうねうち【一うねうち】
麦　62⑨387
ひとうねごし【一トうねごし】
そば　33③170
ひとうねはずし【一うね外し】
なす　22③157
ひとえくろ【一重くろ】
稲　27①99
ひとかぶにつきごほんいちぶよ【壱株ニ付五本壱分余】　21①39
ひとかぶにつきさんしほん【壱株に付三四本】
ひえ　21①61
ひとかぶにつきさんぼん【壱株ニ付三本】
稲　21①40,41
ひとかぶにつきじゅうごつぶまき【壱株ニ付十五粒蒔】
大麦　21①51
小麦　21①57
ひとかぶにつきろっぽんごぶ【壱株ニ付六本五分】
稲　21①40
ひとかぶにほんだて【一科二本立】
えごま　22②121
ごぼう　22②128
ひとかぶのなえ【壱株の苗】
稲　21①29
ひとかぶのもちまえ【壱株の持まへ】
稲　21①35
ひとかぶよんほん【一科四本】
とうもろこし　22②122
ひとかま【ひと鎌】
えごま　20①169
ひとかやし【壱反】
稲　27①272
ひとくろににほん【一くろに弐本】
かぼちゃ　30③254
すいか　30③254
ひとくわかき【一くわかき】
稲　62⑨354
ひとくわさし【一くわさし、一鍬さし】　19②428
稲　19②373
麦　62⑨390
ひとくわどおりけずり【一鍬通割リ】
麦　8①105
ひとくわはり【一くわはり】
綿　28②224
ひとけをやすむ【一作を休む】　14①407
ひとすじまき【一筋蒔、壱筋蒔】
そらまめ　8①112,113
ひとたばたて【一束立】
大麦　27①132
ひとつぶうえ【壱ツぶうへ】
大豆　27①94
ひとつぶずつうえる【一粒ツヽゑる】
大豆　30③297
ひとつぶより【一粒撰】
稲　25①84/30①86,132
ひとつぼにつきおよそじっかぶ【壱坪ニ付凡拾株】
さとうきび　30⑤411
ひとつぼにつきさんじゅうごろっかぶ【壱坪に付三十五六株】
稲　21①40
ひとつぼにつきさんじゅうろっかぶ【壱坪ニ付三十六株】
稲　21①41
ひとつぼのかぶ【壱坪の株】
稲　21①29
ひとつわ【壱輪】
稲　27①209
ひとてうち【一手打チ】
稲　39⑤287
ひとなぎ【壱投】
稲　27①160
ひとはかどおりかじよう【一はか通りかぢやう】　27①115
ひとはまこし【一トはまこし】
ごま　33①37
豆　33①37
ひとふさえみのころ【一房ゑみのころ】
綿　40②44
ひとふしきり【一節切】
さとうきび　50②152
ひとほずつよる【一穂ツツ撰ル】
麦　32②289
ひとみずかく【一水カク】
稲　8①82
ひともじつくりよう【葱作様】
ねぎ　19①130
ひともちだし【人持出】
稲　27①86
ひともとににほん【一元に二本】
稲　62⑨352
ひとゆきにふたうね【一行に二うね】
麦　27①131
ひどり【日とり】
稲　29②131
ひとりうえ【ひとりうへ】
稲　9①67
ひとりのべ【日取のべ】　42①28
ひなたさく【日なた作】
そば　24③291
大根　24③291
つけな　24③291
ひにくのとりあわせ【皮肉の取合せ】　38③192
ひにこらす【日ニコラス】
綿　8①41,144,145,148,152,227,237,242,275
ひにさらす【日にさらす】
杉　56②245
ひにてやく【火ニテ焼ク】
麦　32②289
ひにほしおく【日ニほし置】
麦　41③180
ひにほす【日ニほす、日にほす、日に干、日に干す】→K　16①249/62⑨323
藍　13①43
あかね　13①48
稲　30②192/41③170,178
からすうり　14①191
くるみ　16①145
芍薬　13①288
すげ　13①74
菜種　11②117
松　14①91
ひによくあてる【日によく当る】
すいか　33⑥346
ひねり【ひねり】
大根　22④236/33①43
ひねりうえ【ひねりうへ、ひねり植、捻り植】　33④211
えごま　33①46
そば　33①45,④224
菜種　33①46
綿　33①30
ひねりかくる【ひねりかくる】　60①63
ひねりかける【ひねりかける、ひねり掛る】
瓜　41②131
たばこ　40②161
ひねりごえ【捻肥、捻糞】→I
麦　30①95,96,99
ひねりたる【ひねりたる】
にんじん　22④259
ひねりまき【ひねり蒔】
えごま　42②126
ごぼう　22④256

つくねいも 22④272
松 14①400
麦 41⑥274
むらさき 14①151
ひねりむぎ【ひねり麦】
小麦 33①51,52
ひねりよう【ひねりやう】
麦 41⑤244
ひねる【ヒネル、ひねる】→K
麻 39②117
えごま 42②105
大麦 39②121
小麦 41⑥279
大根 39②112/44③249
大豆 39②97
菜 39②114
麦 41⑤244
もろこし 39②118
綿 44③229
ひのきしたてかた【檜仕立方】
ひのき 53④245
ひのきやまのやしない【檜山の養】
ひのき 56②273
ひのきるいたねとりかた【檜類種取方】
ひのき 56②242
ひのたがやし【火のたがやし】
からむし 20①262
ひのでまえ【日の出前】
稲 25②188
ひばい【肥培】→こいやしない、こえやしない、ふんよう→I
21①8/69①29,35,②264,291,317,350
ひばちぬり【火ばちぬり】 42⑥394
ひぶり【火振】
稲 23①51
ひぼし【日乾】
しいたけ 45④207
ひぼしのほう【日干ノ法】
稲 63⑧434
ひまつくりよう【唐胡麻作様】
ひま 19①149
ひみつ【ひミつ】
稲 41⑤235
ひむし【火蒸】
蚕 47②99,126
ひむしのしよう【火蒸の仕様】
蚕 47②99
ひもときよう【紐解様】
桑 5①157
ひもやし【日萌し】
稲 36②104
ひやかしび【ひやかし日】
稲 18⑥492
ひやかす【ひやかす】
稲 63⑤302
ひゃくかりのなえすう【百刈の苗数】
稲 27①115
びゃくしまきよう【白芷蒔やう】
白よろいぐさ 48①204
ひゃくしょうのおんなわざ【百性の女業】
蚕 35②413
ひやす【ひやす】
稲 42②98,100,103,120,121,122,123,124
ひょうこん【藨蓘】 22①8
ひようする【肥養スル】 69②295,296,328
ひようのほうほう【肥用の法方】 24①8
ひよけ【日よけ】→C
47③174,175
漆 46③187
なす 21①76
ひよりうてんのかんがえ【日より雨天の考】 28②137
ひよりしごと【日和仕事】 31③124
ひよりのかんがえ【日和の考へ、日和りの考へ】 21①92,②107,108
ひよりのときのうえかた【日和之時のうへ形】
大豆 27①102
ひよりみあわせ【日和見合】
ごま 41②115
ひよりをみあわす【日和を見合】
いぐさ 14①124
ひらいくさ【ひらひ草】 43②161,162
ひらうえ【平植】
藍 19①104
からむし 4①98
ねぎ 19①131
ひらうち【ひらうち、平うち】
小豆 27①143
稲 17①94
麦 17①163
ひらうねまき【平畦蒔】 2①81
ひらおりにみずうつ【平折に水打】
ひえ 27①130
ひらがえし【平返し】 27①137
大根 27①139
ひらかやし【平かやし】
ひえ 27①127
ひらきうえおく【ひらき植おく】
楮 14①41
ひらきおこし【開発】→かいこん
10②322
ひらきかえ【ひらきかへ】 30③273
ひらきだつくりよう【開田作り様】 41⑤258
ひらきたて【発立】 67②104
稲 38④257
ひらく【開ク、開く】→X
69②238
さとうきび 50②150
ひらくさはぎ【平草ハキ】 8①213
ひらくれ【平塊】
藍 19①104
ひらくろ【平くろ】
稲 27①99
ひらくわうない【平鍬うなひ】
陸稲 20①321
ひらけずり【平けづり】
綿 23⑤264
ひらすき【平スキ、平犂】 32①150
大麦 32①75
ひらならし【平ならし】
ひえ 27①67
ひらはい【平はい】
かぼちゃ 17①267
ひらふり【ひら振】
ねぎ 22④254
ひらまき【ひらまき、平まき、平ラ蒔、平蒔】 4①166/20①140
麻 19①106
あわ 17①202
大麦 4①78/21①52
かぶ 17①244
きび 17①205
ささげ 17①200
そば 17①210/39⑤296
つるあずき 17①211
菜種 39⑤289
ぼうふう 4①155
ほおずき 4①156
麦 5③265/39⑤254
むらさき 48①199
ひらみぞ【平みぞ】→D
8①200
ひらめる【平める】
瓜 20②379,380
ひる【簸】→さびる、ひさる、みぶき
稲 27①28
ひるあがり【午上り】 27①363
稲 27①361
ひるうえ【昼植】
稲 33③165
ひるうえ【蒜植】
にんにく 30①137
ひるうなえ【昼ウナヘ】 19①160
ひるおり【午下、昼をり、昼下り】
6①49/27①364
稲 27①368,372
ひるくさかり【昼草刈】 24③287
ひるごのた【午後の田】
稲 27①125
ひるまき【昼蒔】 19①160
ひるをつくる【ひるをつくる】
にんにく 17①272
ひれい【避冷】 69②162,235
ひろいぐさ【拾ひ草】 27①274
ひろう【ひろふ】
稲 42①64
ひろげおく【ひろけ置】
杉 56②242
ひろげほす【ひろけほす、ひろげ干】
いぐさ 13①69
稲 62⑨384
杉 56②242
松 56①167
ひろげよう【攤様】
稲 27①161
ひろたにあげ【広谷揚】
里芋 28④339
ひわけ【簸分】
藍 13①40
びわつぎき【枇杷ツキ木】
びわ 40④325
ひをつけやきはらう【火を付焼払】
菜種 14①406
ひをつけやく【火を付焼】
栗 13①140
ひをつみこむ【日を積ミ入】
稲 27①180
びんごにつくるほう【備後に作る法】
いぐさ 13①67
びんごのくにふくやまへんわたつくりよう【備後国福山辺綿作りやう】
綿 15③383
ひんるいつぎわけ【品類接分】
なし 46①64

【ふ】

ふうかんをいれる【風乾ヲ入レル】
綿 8①231
ふかうえ【深植】
稲 7②266,370/36①49
はぜ 11①54
ふかうちろくすん【深打六寸】
33④179
ふかうめ【深埋】
はぜ 11①54
ふかくうつ【深く打】
綿 29①64
ふかくさとり【深草取】 34③39

ふかくたがやしこなす【深く耕しこなす】
麻　13①33
ふかくひく【深く引】　29①14,15
稲　29①59
ふかくわ【ふか鍬】
稲　17①101
ふかこうさく【深耕作】
綿　23⑤280
ふがしうえつけ【ふがし植付】
ごぼう　34⑤79
ふかす【蒸】
稲　1③279
ふかすき【深鋤】　1③267
ふかすきさんずん【深すき三寸】
稲　33④178
ふかだのいねかり【深田之稲刈】
稲　25②193
ふかづみ【深摘】
菊　55①39,44
ふかみず【深水】　70⑥398
稲　8①70/10②324/17①104/24①37,③296/28④342/29②135,142/39⑤269/41②74/61①49
ふかみずのしのぎ【深水の凌】
稲　23①97
ぶがり【歩刈】→R
稲　2③267,269/61①38,43
ふきあげ【吹上】
大豆　38②62
ふきいれる【吹入る】　60⑥374
ふききり【吹きり】→E
綿　7①108
ふきさらしおく【吹晒置】
蚕　47②83
ふきだししゅん【吹出旬】
松茸　3④353
ふきだす【吹出す】→E
杉　56②242
ふきひき【ふき引】
ふき　42⑥421
ふきをつくる【ふきを作る】
ふき　17①**279**
ふくど【覆土】→D、Z
はぜ　11①18
ふくどのほう【覆土法】
さとうきび　70①25
ふくろつぎ【袋接】　13①**245**
ふくろにいれつりおく【袋に入れつり置】
当帰　13①273
ふけだ【欲田】
稲　10①110
ふけだこしらえ【ふけ田調】
稲　9①**52**
ふけとり【ふけ取】　57②185,186
あわ　34⑤92
杉　57②151
ふさちぎり【房ちきり】
はぜ　11①57
ぶさほう【無沙法】
綿　8①242
ふじきり【藤切】　42⑥396,433
ふしごとにつちをかける【節毎ニ土をかける】
さつまいも　34⑧304
ふじのはなざかり【藤ノ花盛】
ふじ　5①103
ふじのはなのさく【藤の花の咲】
ささげ　25①51
ふじのはなひらきそうろうせつ【藤の花開希候節】
えごま　3④292
ふすべかわかす【ふすべかハかす】
さつまいも　12①386
ふすべころす【ふすべ殺す】
13①168
ふすべる【ふすへる】
稲　30②189
ふせ【ふせ、伏セ】　20②370
たばこ　29④271/31②76
とうがらし　29④271/31②76
なす　29④271/31②76
ねぎ　41⑤250
ふせいねゆいたて【臥稲結立】
稲　17①140
ふせうえ【ふせ植】
はぜ　11①50
ふせうない【ふせうない】
麦　3④229
ふせおき【フセ置、ふせ置き】
瓜　19②394
さつまいも　8①115
ふせおく【ふせおく、ふせ置】
しょうが　41②103
なす　38①18
菜種　41⑥276
ひえ　36②113
ふせかえ【伏替】
ひのき　3④255
ふせかえし【フセ返シ】　38④271
ふせかた【ふせ方】　29②122
ふせぎ【ふせぎ】　15①22
ふせぎ【ふせ木】
桑　47③173
ふせぎおいはらう【ふせぎをひハらふ】
いぐさ　13①68
ふせぎかた【防かた、防方】　11④168/15①26
稲　31①29,30
ふせぎかたてだて【防方手立】
31①5
ふせぐ【ふせく、防ぐ】　15①68/69①71
ふせさし【ふせさし】
桑　47③173,174
ふせだ【臥田】
稲　19①40
ふせととのえ【伏セ調】
さつまいも　29④295
ふせなえ【ふせ苗、伏セ苗】→E
稲　39⑤275
裸麦　36②116
ふせはた【伏セ畠】　22③172
ふせよう【伏セ様】
ちしゃ　19①167
ふせる【ふせる、臥る、伏、伏セル、伏セる、伏せる、伏る】
43③243/44③204/64①71
藍　10①67
稲　44②94
えごま　37①33
きゅうり　20①147
くるみ　56①182
桑　48①209/61⑨290
楮　65①42
さつまいも　44③199
しゅろ　53④247
すいか　40④311
ちしゃ　37①35
茶　38③182/56①179
とうがらし　37①31
なし　46①61
なす　37①30/38①10/40③216
菜種　39⑤279
ふじ　55③291
麦　37①36
桃　40④330
ふた【ふた、蓋】→B、C、N、X
そらまめ　28②217
にんじん　62⑨331
ふたいぐわうない【二猪鍬うない】
大麦　39②120
ふたうねうち【二うね打】
麦　62⑨387,388
ふたうねからみ【二うねからみ】
たばこ　41⑥272
ふたえくろ【二重くろ】
稲　27①99
ふたえまき【二重蒔】
そば　4①87
ふたおおい【フタヲヽイ】　8①124
ふたかぶかり【二株かり】
稲　27①174
ふたかぶさり【二株さり】
稲　27①114
ふたかぶまにはさむ【二株間に挾】
稲　27①114
ふたくわ【二鍬】　20①125
ふたくわかき【二くわかき】
稲　39②98/62⑨354
ふたくわざし【二鍬さし、二鍬佐し、ふた鍬ざし、二くハさし、二くわさし、二た鍬ざし、二鍬サシ、二鍬さし】　19①154,②366,428/20①254
稲　17①**94**,95,98/19②373/62⑨357
陸稲　22②118
ひえ　22②117
麦　17①**159**/62⑨346,389/63⑤315
ふたくわとり【二鍬取】
麦　41②79
ふたくわならべ【二鍬ならへ】
大根　62⑨387
ふたくわひらびき【弐鍬平引】
藍　10③385
ふたさく【二タ作、弐タ作】→L
1④303,314,315
ふたすきあわせ【二犂合せ】
麦　5③267
ふたつぎ【二タ接】
大豆　27①195
ふたつぎり【二つ切】　9①69
さつまいも　3④313
ふたつにおる【二つに折】
やまいも　3④267
ふたつぶうえ【二粒うへ】
大豆　27①95
ふたつぼうえ【二ツぼうゑ】
豆　28②182
ふたつぼみつぼうえ【二ツほ三ツほうゑ】
大豆　28②158
ふたてうち【二手ウチ、二手うち、二手打、二手内】
稲　2④280/19①61,171/20①100/27①174/39⑤287
ふたとるじせつ【ふたとる時節】
62⑨351
ふたなぎ【二なき】
稲　27①160
ふたばのじぶん【二葉の時分】
綿　22②119
ふたばのせつ【二葉のせつ、二葉の節】
大根　8①108
綿　7①92,94,98
ふたふしこめきり【二節込切】
さとうきび　50②152
ふたふしこめてきる【二節込て切る】
さとうきび　50②151
ふたむしろ【蓋莚】　69②368
ふたもとばさみ【二株挾ミ】
稲　27①51
ふたりさんびき【弐人三疋】
稲　24③286

ふたをかける【蓋を掛】
麦 38③200
ふたをする【蓋をする】
柿 56①184
大豆 62⑨366
ぶちなげ【ブチナケ】 19①157
ぶちやぶり【ぶちやぶり】 24①94
ふちゆいよう【ふち結様】
稲 27①171
ふちんをこころむる【浮沈を試むる】
稲 23①103
ふといをうえる【ふといを植る】
ふとい 17①306
ぶどううえやしないよう【葡萄植養様】
ぶどう 48①190
ぶどうをつくる【葡萄を作る】
ぶどう 14①369
ふとききをうゆる【大き木をうゆる】
さんしょう 13①179
ふなのいおきていれ【船の居起手入】
蚕 35①139
ふなべをもってかいこはきおとすしかた【椹を以て蚕掃落仕方】
桑 35①103
ふねごえ【船こへ】 29②159
ふませ【ふませ、跋】
稲 2①47/42⑥384,421
ふませよう【ふませ様】 41⑦321
ふみかえ【踏かへ】
稲 33①16
ふみかため【ふミかため、ふみかため】 47③173
楮 56①177
ふみかためる【踏かためる、踏ミ堅める】
桑 47②140/56①194,202
杉 56①212,②252,255,258,259/57②151
ふみかぶ【蹈株】
稲 5①18
ふみきり【踏切】
稲 24①36/63⑤295,306,307,312,313
ふみこみ【ふミこミ、踏込】
稲 11②88/29②126/62⑨360
ふみつき【ふみ付】
あわ 10③395
ふみつけ【ふミつけ、踏付、蹈付】
8①188/62⑨352
稲 5①85
ごぼう 62⑨328
麦 24②238
ふみつけおく【ふミ付置】 62⑨327
なし 56①185
ふみつける【ふミつける、ふミ付、踏付ル、踏付る】 62⑨392
大麦 39①41
麦 40②101
もろこし 62⑨344
綿 8①48/62⑨338
ふみつけわけ【ふみ付わけ】
綿 8①47
ふみつちこしらえよう【ふミ土拵様】 62⑨392
ふみつちしよう【蹈土為様】 5①154
ふみとおす【蹈ミ通ス】
大麦 32①79
ふみわけ【ふみ分ケ】
綿 8①47
ふむ【ふム、ふむ】→K
69①86
あわ 38②68,69
稲 9①44/37①19
大麦 39②120
陸稲 38②67
ひえ 38②64
麦 63⑤319
綿 38②62
ふやす【フヤス、ふやす】 24①47,50,72
ふゆうち【冬うち、冬打】 24③291
稲 6②281/9②196,197
ふゆおさむる【冬収る】 36①37
ふゆがい【冬飼】→I
蚕 24①15
ふゆがこい【冬かこひ、冬囲、冬囲ひ】 55②140
桑 56①60
杉 56①43,44,161,217
なし 46①13,73
松 56①54
蜜蜂 48①224
ふゆきり【冬切】
楮 61②95
ふゆきりはらう【冬伐払】
菜種 14①406
ふゆしごと【冬仕ごと、冬仕事】
5②226,④307
ふゆだいこん【冬大根】
大根 33⑥375
ふゆたがえし【冬田かへし】
16①330
稲 17①93
ふゆたづくり【冬田作】 20①233
ふゆつみ【冬積】 27①148
ふゆなわしろ【冬苗代】
稲 25②192
ふゆのくわ【冬ノ鍬】 8①177
ふゆのしごと【冬のしごと】 9①130
ふゆのちらし【冬の散し】
大豆 2①11
ふゆばり【冬ばり】
菜種 22③173
ふゆはるにもちいおく【冬春ニ用置】 8①226
ふゆまき【冬蒔】
えんどう 25②201
たばこ 33⑥389
ふゆまぐさ【冬馬草】 1①38
ふゆむき【冬向】 56②256
ふゆむきあらなか【冬向あら中】
61④158
ふゆやまへのこと【冬山江之事】
24③309
ふらす【振す】
稲 2①47
ふりあらいてうゆる【振洗てうゆる】
大豆 27①103
ふりかけ【振懸】
たばこ 38③133
ふりかけやしなう【ふりかけやしなふ】
蚕 47①23
ふりかける【ふりかける】
かつら 56①117
ふりくわ【ふり桑、振桑】
蚕 35①125,139,②295/47②144
ふりすて【振リステ】
稲 39⑤287,292
ふりつけ【ふり付】
大麦 24③292
ふりてにまく【ふり手に蒔】
稲 19①35
ふりとる【ふり取る】
ごぼう 34⑤79
ふりまき【振蒔】
麦 34⑧297
ふりまく【ふり蒔】
稲 25①46
ふるい【ふるい、ふるひ】
えごま 38②71
ごま 12①209
そば 38②74
大豆 38②62
ふるいかく【ふるひかく】
さんしょう 13①179
ふるいまき【ふるひ蒔】
たばこ 4①116
ふるう【ふるふ、篩、篩フ、篩ふ】→K
36③319
藍 45②103
稲 37③344
菊 55①17
朝鮮人参 45⑦396/48①231
らん 55③343
ふるたが【古たが】 42⑥435
ふろはり【ふろはり】 27①312
ぶんくいうち【ふんくゐ打】
20①42
ぶんどうをまく【ふんどうを蒔】
ぶんどう 17①214
ふんどしなわ【フンドシナハ、フンドシ縄】
稲 27①171,176
ふんばい【糞培】→I
12①107/30①7,120,126,127,128,136
ねぎ 12①276
麦 30①141,142
ふんばいのていれ【糞培の手入】
なす 12①245
ふんよう【糞用、糞養】→ひばい→I
1①83,87/12①92/30①126/37③318
稲 1①119/30①66,68/37③307
じゃがいも 70⑤330
天門冬 13①293
にんじん 38③158
にんにく 12①290
麦 8①96/30①96,109/37③291,292
れんげ 30①65
ふんようしたて【糞養したて】
麦 13①355
ふんようていれ【糞養手入】
さつまいも 12①382
ねぎ 12①283
ふんようのたしょう【糞養の多少】
稲 30①51
ふんをあえる【糞を和る】
麻 2①19
ふんをすつ【ふんを捨】
蚕 47①41,42

【へ】

へいぞう【閉蔵】→X
69②162,235
へきちはたうねつくり【僻地畑畦造】 19①161
へたてる【へ立ル】 24③313
べたまき【へた蒔】
あわ 38②69
ごぼう 34⑤78
なす 34⑤76
ひえ 38②65
綿 34⑤94
べっとうがえし【鼈倒かへし、鼈倒反し】

稲　19②402/20①55
べにのはなつみとり【紅ノ花摘取】
紅花　29④278
べにばなしゅご【紅花守護】
紅花　29④271
べにばなたねまき【紅花種蒔】
紅花　30①140
べにばなつくりかた【紅花作り方】
紅花　40④302,317
べにばなつみとり【紅花摘取】
紅花　30①129
べにばなをつくる【紅花をつくる】
紅花　17①220
へら【鉼】
さつまいも　34④62
へらいれ【鉼入】
きび　34⑤93
へらおぞみ【鉼おそみ】　34③52
へらきり【ヘラ切、へら切】　8①216/43②187,188,191,192,193,194
麦　8①94,143
へらくさ【鉼草】
藍　34⑥159
からむし　34⑥157
ごぼう　34③45,⑤78
ごま　34④67
さつまいも　34④63,⑥132,134
大豆　34⑥139
たばこ　34⑤102,103
にら　34④68
綿　34⑤95,96
へらくさのしよう【鉼草之仕様】
34③47,⑥131
へらす【減す】
大麦　39①40
へりかじ【へりかじ】
稲　43②183
へりだし【へり出シ、へり出し】
稲　43②148,149
へる【へる】
稲　27①260
へんがき【扁搔】
漆　46③196

【ほ】

ほ【穂】　13①244,245,246/14①211,213/38③191,192/55③467,468,470,471,474
稲　37①39
梅　13①132
柿　14①207/16①142
桑　13①116
杉　57②140
みかん　13①169,170
ほいろこしらえよう【ほいろこしらへやう】
蚕　47①33
ぼううえ【棒植】
里芋　3④297
ぼううち【棒打】
麦　30①127
ぼうがち【棒搗】
小麦　5①122
ぼうし【ボウシ】
綿　8①31
ほうじょ【報鋤】　12①87/37③318
あわ　4①225
稲　4①217/12①135/23①74/37③319
きび　4①225
麦　30①113
ぼうすい【防水】　16①268
ぼうた【ほうた】　42④275
稲　42④248
ぼうたかち【ぼうたかち】
稲　42④248
ぼうたつき【ほうたつき】　42④281
ぼうどめ【棒留】
綿　9②218
ぼうにてあなをつく【棒にて穴をつく】
綿　17①228
ぼうぶらをつくる【ぼうふらを作る】
かぼちゃ　17①267
ほうよう【抱養】
蚕　35③425
ほうりつぶし【ほふりつぶし】
稲　43②145
ほうれんそうまき【ほうれんそうまき、菠薐草蒔】
ほうれんそう　30①135,137/65②91
ほうれんそうをまく【ほうれん草をまく】
ほうれんそう　17①251
ほえきり【杪伐】　4①13
ほおずきをつくる【ほうつきを作る】
ほおずき　17①291
ほがき【穂がき】
稲　27①186
ほかし【ほかし】
稲　17①97
ほかす【ほかす】　16①199
稲　17①74,76,77,78,79,80,81,99,100,101,104,107
ほかのしごと【外のしごと】　9①125
ほぎ【穂木】　14①378
柿　14①209
ほぎり【穂切、穂切り】
あわ　36③277
もろこし　41②106
ぼくきり【ぼく切】　42⑥372
ほくちのしほう【火口之仕法】　31⑤284
ほくびり【穂くびり、穂縊リ】
あわ　19①171
稲　19①62/20①100,207
ほごき【穂扱】
あわ　29④298
ほごしらえ【穂拵】
杉　57②151,152,186
ほさく【圃作】　2①70
ほさらえ【穂サラヘ】
あわ　32①101
麦　32①56
ほし【ほし、干】
稲　62⑨380
大麦　29①71
ほしあぐる【ほしあくる、干あぐる、干上ぐる】→K
じおう　13①279
たばこ　13①61/41⑥272
ほしあげ【ほしあけ、ほし上ケ、ほし揚、干あげ、干上、干揚】→K
21④196/36③193/69①83
藍　13①41
稲　11②103/41③178
まこも　41⑥272
よろいぐさ　13①296
ほしあげる【ほし上、ほし上ル、ほし上る、干あげる、干しあける、干上る、干揚げる】→K
36③195
油桐　15①86
あわ　36③278
稲　17①59/36③194,272,330
榧　56①183
せんきゅう　13①282
たばこ　13①58/41⑤237
ほしいね【干いね】→E
稲　27①70
ほしいねかため【干稲かため】
稲　27①191
ほしいねとりあつかい【干稲取扱】
稲　27①375,376
ほしうつ【干打】
えごま　12①314
ほしおく【ほし置、干し置、干をく】→K
41⑦330
稲　41⑥268
そば　36③278
ぼたん　13①286
ほしかあわする【干加合する】
62⑨352
ほしかえし【ほしかへし、干かへし】　16①122
麦　23⑤283
ほしかおし【ほしかおし】　42③166
ほしかげん【干かけん、干加減】→K
小麦　39①43
しいたけ　61⑩455
菜種　5①135
ほしかこいおき【干囲置】
稲　29④281
ほしかこなし【干かこなし】
44②130
ほしかた【ほしかた、ほし方、干方】→K
稲　7①78,80,84,85,86,88/11②97,100/33⑤243
大麦　21①59
しちとうい　14①111
ほしかやし【干反】
稲　27①161
ほしからす【干枯す】
えんどう　38③167
ほしかわかす【ほしかわかす】→K
杉　56①216
ほしくさ【干草】→B、I
39⑤286/42⑥392,395,431,436/63⑤304
ほしくさかり【干草刈】　42⑥392,393,394,395,432,433
ほしくさかる【ほし草かる、干草刈る】　9①88,92/42⑥430
ほしくさきり【干草切】　31③115
ほしくさごと【干草事】　42⑥430
ほしくさたて【干草立】　42⑥440
ほしくさつけ【干草ツケ、干草附ケ】　42⑥399,400,401,402,403,413,437,438,439,440,441
ほしこみ【干込】
稲　6①23
ほした【乾シ田、乾田、干田】→D
稲　4①23,58/5③259,262/9③247/39⑤283
ほしだて【干立】→K
稲　1①26,101
麦　29④294
ほしづみのほう【乾積の方】
稲　24①118
ほしてうちとる【干てうち取】
えごま　12①314
ほしておさむる【干して収る】
たばこ　13①60

ほしながし【ほし流し】
藍 20①285
稲 20①102
ほしのあいだ【ほしの間】
ごぼう 22②128
やまいも 22②129
ほしぶそく【乾不足】
麦 8①104
ほしもの【ほしもの、ほし物、干物】→Ｉ、Ｎ、Ｘ
16①121/19②284/28②243/36③259/42③184,193,196,197,198
ほしものあらため【干物改】
あわ 44③247
ごま 44③241
ほしもみ【乾籾】
稲 8①66
ほしよう【干し様、干やう、干ヨウ、干様】→Ｋ
いぐさ 5①79
稲 11④184/62⑦208
綿 8①61
ほしわら【干藁】→Ｉ
稲 44③213
ほす【ほす、干】→Ｋ
41⑥278/69①97,113
藍 62⑨359
麻 19①106
稲 7①45/37①39,③356/39①34/41⑤248,⑥275/62⑨326,334,379,384
瓜 62⑨340
蚕 47①32,33
ごぼう 62⑨365
綿 39①48/62⑨338
ほすう【穂数】
はぜ 31④186
ほすこと【干ス事】
麦 32②306
ほそげやききり【細毛焼切】
56①138
ほそなえ【細苗】
稲 4①69
ほぞろえ【ほぞろへ、穂揃へ】
あわ 12①175
稲 33①23
ほたかき【ほた掻】
稲 19①45
ぼたかち【ぼたかち】
稲 27①262
ぼたけんぶん【ぼた見分】
稲 27①380
ほだだし【榾出シ】 24①14
ほだわり【榾わり】 24①47
ほちぎり【穂チキリ】
大麦 32①61,64,72,81,82
麦 32②290,307
ほっておく【ほつて置】
麦 9①112
ほづみ【穂ツミ】
麦 8①250
ほづみ【穂積】
ごま 33④223
ほづみのこりかたづけ【穂ツミ残リ方付】
麦 8①250
ぼとく【ボトク】→たがやす
麦 31⑤273
ほどこしかた【施し方】 69①30
ほとぼしまく【ほとぼし蒔】
麦 17①174
ほとぼす【ほとほす】
稲 17①50
ほとり【穂取、穂取り】
稲 33④217
麦 8①249
ほとりうち【ほとり打】
稲 9①51,68
麦 41①13
ほにう【ホニウ】
稲 2④298
ほにでんまえ【穂に出ん前】
麦 23⑤267
ほねつぎ【骨ツギ】 60④218
ほひらい【穂ひらひ】 43②150
ほひろい【穂拾ひ】
稲 42④242
ほぼし【穂干】
麦 30①115
ほまちがり【ほまち刈】
稲 20①101
ほみしり【穂ミしリ、穂みしり】
麦 8①104,249
ほみずかき【穂水掻】
綿 8①285
ほむしり【穂ムシリ】
麦 8①192
ほめかせおく【ほめかせ置】
41⑦336
ぼやきり【ぼや切】 24③309
ぼやす【軟膨ス】 69②291
ほり【堀り】
稲 39③159
ほりあげ【ほりあけ、掘上ケ、堀上、堀上ケ、堀揚】 38④279/43②179
あわ 64⑤335
稲 28②249,250
菊 55①21,22
桑 47②141
じゃがいも 18④398
杉 56②269
麦 30①92,95
ほりあげる【堀上る】
杉 56②255
ほりいだす【堀出す】
桑 47③173
ほりうがつ【ほりうがつ、堀穿】
3③130/15②143
ほりおこす【堀おこす、堀り起、堀り起す、堀起、堀起す】
いちょう 56①70
桐 56①49
桑 47③171
けやき 56①99
さとうきび 50②164
杉 56②258
ほりおろす【堀おろす】 56②288
ほりかえし【ほりかへし、堀かへし、堀返し】
からむし 41②107
ごぼう 41②104
大根 41②100
綿 23⑤271
ほりかえす【堀返す】
さつまいも 41②98
ほりかく【掘懸、堀懸く】
小豆 27①143
里芋 38③129
ほりかけつちかい【ほり懸培】
大豆 27①143
ほりかけばいど【掘懸培土】
ごま 27①144
ほりかける【穿掛】
ねぎ 38③170
ほりかた【掘かた、掘方、堀り方】
葛 14①241
桑 56①202
わらび 14①182
ほりくさ【掘草】→Ｉ
稲 11②94,106,107
ほりこみ【ほり込、堀込】 23⑥311,312
さとうきび 30⑤399
ほりこみうえ【堀込植】
柳 65②128
ほりこみにくみこむ【掘込ミに汲込】 41⑦332
ほりこむ【堀込】→Ｃ
68④416
ほりさらい【ホリサライ、堀さらひ、堀浚】→Ｃ
37②77,103/42③170
稲 2④294/62②36
ほりたがやす【掘耕す】
大根 12①220
ほりだし【ほり出シ】→Ｃ
里芋 41⑥275
ほりだす【ほり出す、堀出ス】
69②302
桜 56①67
らっきょう 11③150
ほりたて【堀たて】→Ｃ
大根 38②71
ほりつちこなし【堀土こなし】
42③161
ほりてせいする【掘て製する】
ところ 15①91
ほりとおす【堀通す】 64①45
ほりとり【ほり取、掘取、堀取】→こおし→Ｋ
2④302
くろぐわい 12①349
楮 13①96
さつまいも 29④283/57②146
里芋 12①362
竹 57②164
つくねいも 30③244
はす 12①341
やまいも 12①376
ほりとりだし【堀取出し】
柴胡 68③327
ほりとる【ほり取、掘とる、掘取、堀取、堀取る】 56②283/68③326,328,④407,416
ききょう 68③349
くわい 12①347,348
ごぼう 12①297
さつまいも 70③227,230
里芋 41⑤259
じおう 13①279
芍薬 13①288
杉 56②254,255,263/57②153
せんきゅう 13①282
大黄 13①283
当帰 13①275
牡丹皮 68③353
やまいも 12①369,370
よろいぐさ 13①296
ほりとるじぶん【ほりとる時分、掘取時分】
さつまいも 12①381
やまいも 12①373
ほりとるせつ【堀取節】 56②284,290
ほりね【堀根】→Ｎ
34⑧309
ほりよう【掘様】
はぜ 31④165
ほる【掘、堀、堀る、鑿ル】→Ｃ
56②286/62⑨372,381/65①15/69②224
稲 62⑨374
葛 50③249
ごぼう 19①112
さつまいも 70③228
さとうきび 50②167
杉 56①45
麦 62⑨375
ほるとき【掘る節】
葛 50③247
ほをきりとる【穂を切取】
あわ 33⑥361
ほをちぎる【穂ヲチキル】
大麦 32①76
ほをつぐ【穂をつぐ】
柿 16①142

ほをつみとる【穂をつミ取】
小麦　33⑥382
ほをとる【穂を採る】
あわ　33④221
ほんあがたをかける【本畯形を掛】→あがたをかける
稲　29③235
ほんあぜぬり【本畯塗り】
稲　29③235
ほんあぜをぬる【本畯を塗】
稲　29③227
ほんうえ【本植】
梅　14①369
菊　55①22,25,26,30,31
栗　14①305,308
杉　14①78
なし　14①380
菜種　45③154
肉桂　14①343
はぜ　31④160,190
みつまた　14①398
ほんうえする【本植する】
柿　14①213
ほんうえのほう【分栽之法】
さとうきび　50②153
ほんかき【本掻】
稲　33③165
ほんかわはぎ【本皮はぎ】
ねぎ　41②120
ぼんくさ【盆草】→I
27①274/36③249/38④266
ほんくろ【ほんくろ、本くろ】
稲　37②76,78
ほんけずり【本けづり】
綿　23⑤279,280
ほんこうさく【本耕作】
綿　23⑤279
ほんごえこき【本肥こき】　42⑥382
ほんごえだし【本肥出し】　42⑥382
ほんこき【本扱き】
稲　61②101
ほんしゅん【本旬】
ごぼう　3④337
ぼんすぎ【盆過】　24③337
ほんせつ【本節】　19②392
ぼんつき【盆月】
稲　42①61,63,65,66
いんげん　39②113
ほんでんのみず【本田之水】
綿　8①270
ほんはま【本ン半間】→うねはば
瓜　39⑤280
ほんぽう【本法】
綿　8①242,246
ぼんまえ【盆前】→P
25①68,69,71/31⑤270
いんげん　39②113
ぼんまつわり【盆松割】　42⑥429
ほんまびき【本間引】
綿　9②216
ほんよせ【本よせ】
たばこ　41①12

【ま】

まえぎくかりうえ【前菊仮ウエ】
菊　55①20
まえくわ【前鍬】　19①157,②426,427,428/20①125
稲　27①43
まえくわうち【前鍬打】　19①154
まえはなし【前はなし】
稲　4①15
まえよせ【前寄】　20①125
まえわりうち【前割打】
麦　30①112
まおをうゆる【麻苧をうゆる】
からむし　13①25
まおをかる【麻苧を刈】
からむし　13①30
まき【蒔】
青刈り大豆　2①45
あわ　41⑤260
大麦　2①62
かぶ　2①60
小麦　2①64
そば　2①52
大根　2①54,59
大豆　2①39
ひえ　2①30,31
まきあげ【蒔揚ゲ】
稲　2①16
まきあし【蒔あし、蒔足】
稲　4①72/30①32
綿　7①92
まきあわ【蒔粟】
あわ　33④220
まきいり【巻入り】
なす　34⑤76
まきいれ【まき入、蒔入】　28①62/34⑥147
麻　25②210/44③205,230
あわ　22⑥374,376,377/28①22
稲　1②142/2①46/22④218/25②180,181,188/27①29/33⑤243/44③213
大麦　3③137/22④207/25②198
かぶ　44③256
ごま　28①24
小麦　44③206,257,258
十六ささげ　25②202
白瓜　25②216
すいか　44③207
大根　25②208/44③248
大豆　22④225/25②204
たばこ　44③208
なす　25②215
にんじん　25②220
ねぎ　25②223
裸麦　44③259,262
ひえ　22⑥373
ふじまめ　25②201
ふだんそう　44③211
水菜　25②207
もろこし　44③233
綿　25②209/28②142
まきいれうえつけ【蒔入植付】
28①13
まきいれかた【蒔入方】
えんどう　25②201
まきいれのさだめび【蒔入之定日】
稲　27①65
まきいれみずあさふか【蒔入水浅深】
稲　27①45
まきうえ【まきうゑ、蒔種、蒔植、蒔殖】　5①178/21②109/23①9,10,④163,193,194,195,196,198
稲　8①208/23①61,③149
もろこし　25②211
綿　28②149
まきうえのじぶん【蒔植の時分】
10②302
まきうえのにちげん【蒔植の日限】　21②135
まきうえよう【蒔うへやう】
10②359
まきえ【蒔荏】
えごま　19①142
まきおきなえ【蒔置苗】
ういきょう　13①290
まきおろし【蒔卸、蒔下し】　15②185
漆　46③188
まきおろす【蒔おろす、蒔卸す、蒔下す】　14①57/15②137,175,176
綿　15②194,③381,400
まきかえし【蒔かへし、蒔返し】
綿　23⑤276/40②44,45,184
まきかた【蒔かた、蒔き方、蒔方】
稲　11④184
白瓜　33⑥347
とうな　21①74
裸麦　21①54
まきかたづけ【まき片付】　42③203
まききり【薪切り、槇切】　24③309/42⑥419
まききれ【蒔切れ】
小豆　38③150
まきごえとりよせ【蒔糞取寄】
麦　29④293
まきこしらえ【薪拵へ】　42⑥420
まきこみ【蒔込】→D、L
稲　24①36
紅花　18②269,272
まきごろ【蒔ころ】　17①39
まきさし【まきさし】　42⑤338
まきしお【蒔しほ、蒔塩、蒔汐】
33⑥371
大麦　12①160
かぼちゃ　33⑥343
きび　12①179
きゅうり　33⑥340
しゅんぎく　33⑥380
すいか　33⑥345
大豆　33⑥357
麦　30①92
綿　13①21
まきしたじ【マキ下地】→D
稲　2④294
まきしつけ【蒔仕付】　3④218/38①15
稲　22②100,103
まきしつけのじせつ【蒔仕付の時節】　22①67
まきじぶん【蒔キ時分】
稲　32①20
まきしまい【蒔仕廻、蒔仕舞】
大麦　5①124
麦　50③247
まきしまう【蒔仕廻、蒔仕舞ふ】
40②103
ひえ　68④413
まきしゅん【まきしゆん、蒔旬】
22①54/38①18
大麦　63⑤315
そば　38①12
大根　3④359
大豆　22④226
たばこ　38④268
菜種　45③159
麦　38①21
むらさき　14①149
綿　7①117,118/15③377,379,383,386,388,394/23⑥326/62⑧275
まきしろ【蒔代】
稲　30①22,24,25/37②92
まきしろのいとなみ【蒔代のいとなミ】
稲　30①23,25
まきしん【蒔真】
あわ　39②111
大根　39②112
まきす【まきす、蒔す、蒔時】
19②393/37②122,123
あわ　19②371

稲 19②376
ごま 37②205
まきすて【蒔捨】
れんげ 30①65
まきせつ【蒔キ節、蒔節】
麻 19①106/21①73
あわ 21①60
大麦 21①49,51,55
かぶ 21①71
からしな 19①135
きび 19①146
けし 19①134
ごま 19①141
ささげ 19①145
大豆 19①139,140/23⑥329
なす 21①75
菜種 21①72/38③164
にんじん 19①121
ひえ 19①148
麦 19①136
まきぞえ【蒔添】
綿 15③402
まきた【蒔田】→つみた→D
稲 22④218
まきだいこん【蒔大根】
大根 33④231
まきだし【薪出し】 42⑥421
まきたて【蒔立】
あわ 41②112
桑 47②138
しゅんぎく 41②118
菜種 45③155
水菜 41②117
まきたてひえ【蒔立稗】
ひえ 4①15
まきたね【まき種、蒔種、蒔種子】→E
32①182
稲 30①89
菜種 28②240
まきちらす【蒔散す、蒔散らす】
稲 36③193
菜種 29③257
まきつき【まきつき】
ささげ 41⑤248
まきつぎ【蒔継、蒔次】
綿 7①114/15③382
まきつけ【まきつけ、まき付、蒔つけ、蒔付、蒔付ケ、蒔附】
16①75,95,258/20①212,213/21④199,201,202/24①8/31⑤247/32②325/37②122/38①8,27,②79/39①48,⑤288/45③144/57①22/63⑤307/64⑤336/67③138/68③328,④412
藍 30④347
麻 36①65/39⑤261/63⑧439
あわ 21①60/24①49/29④298/38②69,70/64⑤335/67④164
稲 9③243/11②90,91/36①44/37②125,135,193,208,209,220/38①14,②53/44②117/61⑩415,433,436,439/62②36,⑤127/63⑤305,306
いんげん 41②93
瓜 36③197
漆 46③186,202,204,205,209,210
えごま 2①43/21①62
大麦 2⑤335/22②113
陸稲 61⑩426
かぼちゃ 12①267/38①18
からしな 33⑥384
きゅうり 3④238
ごま 21①63
小麦 38①19
里芋 9①99/22②116
白よろいぐさ 48①204
杉 14①69
そば 61⑩435/64⑤357/67③138,④181
大根 29④296/38②72/67⑥279
大豆 11②114/31③114/36③205/37②204/38①12/63③136
茶 14①312/47④208
朝鮮人参 45⑦388,397,417
なす 2①87/36③197/69①100
菜種 1④298,309,311,312,313,314/3①30/12①232/33⑥383
なんばん 36③197
ひえ 21①61/25②206,207/39①45
ふじまめ 33⑥349
紅花 45①33,34
ほうきぐさ 2①72
麦 29④293/37②201/64⑤358/67④169,174
むらさき 48①199
もろこし 22④266,267
綿 2⑤334/13①20/22②119/38①17/42②104/67③139
まきつけ【薪ツケ、薪附、薪附ケ】
42⑥400,403,404,405,406,416,437,438,439,440,442,443
まきつけかた【蒔付方】
きゅうり 33⑥341
すいか 33⑥345
まきつけごえ【蒔附こへ】→I
あわ 38②70
まきつけなり【蒔付なり】
とうがん 33⑥328
まきつけのじせつ【蒔つけの時節、蒔付ノ時節、蒔付之時節】
29③256/32②323,324
小豆 32①95,97
稲 7②240
小麦 32①65
そば 32①113
大豆 32①90,91,92
麦 32①70
まきつけのせつ【蒔付之節】
綿 61⑩425
まきつけのとき【蒔付之時】
27①58
まきつけのまえごしらえ【蒔付之前拵】
そば 29④281
菜 29④281
麦 29④281
まきつける【まき付る、蒔付る、蒔附る】
大麦 12①164
大根 36③241
朝鮮人参 45⑦381,396
みつまた 48①187
むらさき 48①199
綿 40②49
まきどき【まき時、蒔時】 16①67/21①8
稲 9③243/17①47
大麦 22②113
かぶ 8①110
からしな 41②119
桜 13①212
そば 19①147/21①78/27①149
そらまめ 8①111
大豆 22②116
にんじん 37①35
ひえ 3①28
ひま 19①150
ふだんそう 41②118
麦 8①93,94
むらさきおもと 55②165
綿 7①118/8①18,61/22②119
まきどきさく【蒔時作】
綿 8①61
まきとりいれ【薪取入】 42③158
まきな【蒔キ菜】→E
39⑤289
まきなおし【蒔直し】
あわ 10③395
大根 43①56
まきなたね【蒔菜種】
菜種 4①31,115
まきなたねかり【蒔菜種刈】
菜種 4①18
まきなまびき【まきなまびき】
綿 28②262
まきはじめ【蒔初】 2②155
まきひえ【蒔稗】
ひえ 10③397
まきびかりとり【真黍刈取】
きび 34⑥129
まきまろき【まきまろき】 42③180,203
まきむぎ【蒔麦】→E
小麦 33①51,52,④226
麦 19①136/62⑨382,388
まきむら【蒔むら】
大麦 12①156
まきめ【蒔目】
大麦 32①52,62
まきもの【蒔モノ、蒔物】→E、L、X
3③136,138/4①172/25①54/36③259/38③113,④253
まきものどき【蒔物時】 21③155
まきやしない【蒔養】
にんじん 19①122
まきやま【真木山】→D、R
22⑤355
まきよう【まきやう、マキ様、蒔やう、蒔よふ、蒔様】 28①19
稲 30①25
いんげん 22④269
陸稲 3③154
かぶ 19①117
からしな 19①135
きび 2①28
ごぼう 22④256
ごま 19①141
ささげ 19①145
杉 13①190
そば 10①61
大根 6①112/19①116
大豆 22④224
にんじん 19①121
松 14①92
水菜 12①229
麦 41⑥274
綿 7②305/15③357/22④261
まぎり【まきり、まぎり、間切、間剪、真ぎり、真切】 64④301,302
稲 27①38,39,65,71,72,73,272,358,359,360,361
杉 56①153,172
まきわり【まきわり、真木わり、薪割】→B
42③151,157,161,170,180,203,⑥380,428/63⑥352
まきわりたて【槙割立】 38①7
まきをきる【薪を樵る】 68④416
まく【撒、蒔、播種】 24①142
麻 2①19/19①106
小豆 19①144
あわ 2①24/19①138
稲 27①286
かぶ 19①118

からしな　19①135
きび　19①146
けし　19①134
ごぼう　19①112
ごま　19①142
ささげ　19①145
そば　19①148
大豆　19①140,141
ひえ　19①149
紅花　19①121
麦　19①137
綿　8①61/19①124
まくう【マクウ】
稲　2④302
まぐさ【馬草】→I
27①246,259
まぐさかり【馬草かり、馬草刈】
20①86/42⑥432/64①61
まぐさかりとる【秣刈取】　68④414
まぐさきり【馬草切、馬草切り】
42⑥373,375,378,406,407,411,413,415,438,439,440,441,443,445,446
まくじせつ【蒔時節】
そば　40②143
大根　40②144
たかな　39③149
茶　47④203
まくじぶん【まく時分、蒔時分】
36③195/39⑥336
麻　13①34
稲　7②242/41⑤249
えごま　22④262
陸稲　37③309
けし　12①316
ごま　12①208
大豆　12①187
麦　10②326/37③360,361
綿　9②209,212/15③355
まくじょうしゅん【蒔上旬】
ごま　23⑥335
まくべきじぶん【蒔べき時分】
大根　12①218
まくべきせつ【蒔へき節】
稲　25①46
まくり【まくり】　8①202
そらまめ　8①113
まくりもの【まくりもの】　8①205
まくる【マクル】　8①200
綿　8①191
まぐわ【まくわ、まぐわ、真鍬】→B、Z
稲　8①251/27①83/28②171
まくわうりうえつけ【熟瓜植付】
まくわうり　19①181
まぐわおし【馬鍬押】
稲　2④295
まぐわかき【耙掻】
稲　5①20
まぐわをする【まぐわをする】
稲　28②163
まごえだし【馬肥出し、馬歯出し】　42⑥396/43①70,82,83,86,88
まごえひろげ【馬肥ひろげ】
42⑥416
まこもをつくる【まこもを作る】
まこも　17①301
まざく【マザク、まざく】
稲　24①95
大豆　23⑤260
まざし【まさし】
稲　4①47
まざしなえ【まざし苗、間さし苗、間指苗】→E
稲　4①21,47/39⑤275
まざす【間差】
稲　23①69,70
まじりなえ【まじり苗】
稲　29①50
まじりをよる【まちりをよる】
麦　62⑨343
ますめ【枡目】→B、L、X
36③330
ますわり【枡割】　8①121
まぜあわす【交合、雑せ合す】→K
27①210
桑　38③182
里芋　38③128
菜種　38③163
まぜうえ【交植、雑せうへ】
稲　27①113
菜種　5①132
ませかえ【籬替】
菊　55①54
まぜかえす【まぜ返す】　41②134
まぜかける【ませ掛る】
杉　56②248
まぜておく【ませて置】
みかん　56①92
まぜる【まぜる】
なす　62⑨368
ませをたつる【ませを立る】
やまいも　12①376
またうち【又打】　34③36,38,39
さつまいも　34⑥133
またきり【股きり】　20①128
またくさとり【又草取】
あわ　34⑥127,128
またじ【またし、マタジ、またじ、亦仕、又仕】→ていれ
5①17,138/24①142/39④188/42④231,268,273,274,275
稲　6①70
まちうえ【区うへ】
きゅうり　12①261
里芋　12①361
大豆　12①188,189
なす　12①243
まちづくり【区作り】
白瓜　12①259
まちまちくばり【町々配り】
稲　29④292
まちをつくる【区を作る】
まくわうり　12①251
まちをほる【区をほる】
からむし　13①28
まつうえたて【松植立】
松　61⑨362
まつえだおろし【松枝下し】
松　10②376
まつえだたばね【松枝束】
松　27①15
まつかさ【松毬】→E、N
しだれ松　55③434
まづき【まづき】→N
麦　28②198
まつしたてよう【松仕立様】
松　57②155
まつたけとり【まつ竹取】
松茸　43②184
まつなえうえ【松苗植】
松　38④244/65①41
まつなえうえつけ【松苗植付】
松　29④271/57①21
まつなえぎにづくり【松苗木荷作】
松　61⑨359
まつなえぎほりたて【松苗木掘立】
松　61⑨359
まつのみまき【松実蒔】
松　57①21
まつのみをうゆる【松の子をうゆる】
松　13①185
まつのみをとりまきなえをしたてる【松の実をとり蒔苗を仕立る】
松　14①91
まつばおとし【松葉落し】　43①30
まつばとり【松葉取】　43①19
まつやまひらきよう【松山開きやう】
松　14①94
まつやまをきゅうにしたてるこころえ【松山を急に仕立る心得】
松　14①400
まつをうつしうゆるほう【松を移し植る法】
松　13①239
まつをうゆる【松を種る】
松　13①239
まて【真手】
稲　5①22
まとわする【まとハする】
やまいも　12①369
まなげ【まなげ】
里芋　28②148
綿　28②149
まなげる【まなげる】
菜種　28②212
まにぐり【まにぐり、馬荷繰】
稲　20①103
まぬききりとる【間ぬき伐取】
杉　13①192
まはか【まはか、真果敢、真晏】
稲　19①40,②407,410,411/20①74/37①17
まびき【まひき、まびき、間引、間引キ、間曳、間挽、除引】→うるぬき、うろぬき、うろぬく、おろぬき、くけて→N、Z
25①121/43②158
麻　5①90/9①48/28④329
小豆　22④228
あわ　5①93/12①176/23⑥337/31⑤262/32①103,106/33①41,⑥361
いちび　14①146
稲　33①22,24
漆　13①110
えごま　3③155/22②121/33①46,48
かぶ　5①114/6②302/13①366/22④232/23⑥332,333/33⑥317/38③162/41②115
からしな　12①233
からむし　41②107
きび　12①179/23⑥337/38③156
桑　3①54/4①164/6①175/13①116/35②307
けし　12①316/33⑥379/38③164/41②121
ごぼう　6①129/7②326/12①296,300/22④256,257/28④332/31⑤250/33⑥314,315/41②104
ごま　3③155/22②128,④248/25②212/33⑥360/43②157
ささげ　22④267
しそ　12①310
大根　5①111/7②316/8①108,109/11②116/12①218,219/22②124,④234,236,238/23⑥332,333/28④347/32①133,134,135/33①43,⑥308,310,372/38③123/43②179,183,185,188
大豆　15②184/23⑥329
たかな　33⑥368

たばこ　13①55/33⑥389,390
とうな　33⑥370
とうもろこし　22②122
菜　43②198
なす　33⑥321
菜種　1④301,304/23①25/29②145/33①46,48/38③163/39⑥330/43②181,197
肉桂　14①342
にんじん　6①127/12①236/22②129/33⑥364/38③158/41②117/43②184
はぜ　33②121
ひえ　3③155/22②117/23⑥337/25②205/33①29
紅花　6①153/13①45,46/33⑥386/41②123
ほうれんそう　41②118
まくわうり　12①254
松　14①92,400
水菜　33⑥376
みぶな　30③284
むらさき　14①151
ゆうがお　23⑥335
綿　3②71,72/6①142/8①16,22,23,51,138,231,232,235,236,238,241,246,247/9②212,215,216/11②119/13①15/15②186,③386/22②119,120,④261/28①23,④337,346/29②127/38③148/61②86,⑩426/69①43
まびきうえ【間挽栽】
大豆　38③144
まびきかた【間引方】
あわ　21①60
えごま　21①62
かぶ　21①71
ごぼう　33⑥315
なす　21①75
綿　21①70
まびきすてる【間引ステル】
ごぼう　31⑤251
まびきするじぶん【間引する時分】
綿　3②72
まびきたて【間引立】
綿　13①22
まびきどきみよう【間引時見様】
にんじん　22④260
まびきとる【間引取】
茶　14①310
まびきなし【まびき梨】
なし　40④295
まびきよう【間引やう、間引様】
かぶ　8①110
綿　7①89,98/8①61
まびきりつ【間引率】
綿　23⑥327
まびく【まひく、間引、間引ク、間挽】→うろぬく、おろぬく
39①48/69①44
麻　13①35
あわ　12①175/39①45
えごま　39①48
かぶ　39①54
ごま　12①209
杉　14①73,83
大根　12①220,221/41②100
たかな　39①55
なす　38③120/41②89
菜種　28②221/45③152,154,155
紅花　61②92
麦　38③155/40②106
もろこし　38③145
綿　15③368,402/32①150/39①49/61④172
まびくとき【間引時】
綿　8①241
まぶしおく【マフシ置】
綿　8①273
まぶす【まぶす】　41②78
綿　41②107
ままかり【まゝかり、儘狩】　63⑥341,345,⑦374
まめうえ【まめうゑ、豆ウヘ、豆うゑ、豆種、豆植】　8①197,250/24①151
大小豆　25②228
大豆　23⑤284/28②176
豆　23⑤272,278/28②181/42⑥385/43②192
まめうえよう【菽植様】
大豆　27①94
まめかち【豆かち】　43②181,183
まめかり【豆刈】
豆　42②113
まめくさとり【豆草取】
大豆　34②27
まめこなし【豆こなし】　42⑥399
まめさし【豆さし】　43①38
大豆　43①41
まめつくりよう【黄大豆作様】
大豆　19①139
まめなかうち【豆中打】
大豆　41⑥277
まめのはとる【豆の葉とる】　9①110
まめはたこうさく【豆畑耕作】
42⑥388
まめはとり【豆葉取】
豆　43①68
まめひき【豆ひき、豆引】　8①208,217/43②182
大豆　8①215/28②244
豆　42⑥435
まめひく【豆ひく】　28②235
まめまき【まめまき、豆蒔】
そらまめ　8①161
大豆　41⑤247
まめまきじぶん【豆蒔時分】
ささげ　22④267
まやこいだし【馬屋こい出し】
42③170,204
まやこいちらし【馬屋こいちらし】　42③204
まやごえだし【馬や屎出し、馬屋こゑ出し、馬屋肥出し、厩こゑ出】　24③309/42③160,④260/43②130,136,144,148,154,163,177,182,188,197,209
まやごえちらし【馬屋肥ちらし】
稲　42②120
まやごえつけ【馬屋肥附、廏附】
42②89,96
大豆　2①11
まゆかき【まゆかき、繭かき】
蚕　35②278,279/42③174
まゆとりいれ【繭取入】
蚕　53⑤330,333
まゆとりおさめよう【まゆ取納様】
蚕　47①32
まるうえ【丸うへ】
茶　13①81
まるき【まるき】→W
杉　63⑦363
まるく【まるく、丸ク、丸るく】
20②392
麻　19①106
あわ　36③277
稲　19①59
まるげあう【丸け合う】
たばこ　36③290
まるほし【まるほし】
稲　62⑨383
まわし【廻し】
稲　28①13
まわしはか【回墓、廻しばか、廻し果敢、廻し墓、廻シ晏、廻果敢】
稲　19①40,215,②410,411,418/20①74/37①17
まわじはたしきいたしよう【まわ地畠敷致様】　34⑥119
まわしぶるい【回しぶるひ】
稲　27①381
まわりうち【廻り打、周りうち】
稲　27①358
はぜ　11①43
まわりがき【廻り搔】
漆　46③198
まわりぎり【周りぎり】
稲　27①358
まわりさし【周りさし】
稲　27①51
まわりづみ【廻積】
稲　24①119
まわりはか【廻リハカ】
稲　5①58
まんが【まんくわ、まんぐわ】→B、L
稲　28②162,171
まんがおし【まんかをし】　24②234
まんがかき【マンクハカキ、まんくわかき】　43②153
稲　8①287
まんがじならし【マン鍬地ナラシ】
稲　8①192
まんがだ【まんが田】
稲　29①50
まんがはじめ【耙はしめ】
稲　17①75
まんがゆすり【耙ゆすり】
稲　17①104,106,107
まんがよこおし【まんくわ横押】
43②152
まんげつのじぶん【満月の時分】
綿　34⑤97
まんさん【漫撒】
大麦　12①163
まんのううない【万能うない】
稲　3④221

【み】

みあわす【見合】
うど　41②124
みいりじぶん【実入時分】　10①90
みいりどき【実入時】　10①104
みうえ【子うへ、子うゑ、子種、実うへ、実ウヱ、実栽、実植】　10①21,79,②355/13①243/29①86
あおぎり　16①154
あじさい　16①171
油桐　16①149
いぬまき　57②128
稲　10①52/31⑤285/33①14,24/44③205,210,226
梅　13①131/16①151
えごま　33①47
えんじゅ　16①170
榧　16①146/38③185
菊　55①19
きび　33①28
桐　3③172
くさぎ　16①153
くすのき　53④249
くるみ　16①145
桑　18①87/47③174

こうじ　16①148
こしょう　16①161
このてがしわ　16①168
さかき　16①166
桜　16①167
ざくろ　13①122
杉　13①188/16①157
すもも　16①152
たばこ　33④213
朝鮮人参　45⑦432/61⑩458
つつじ　16①169
つばき　16①145
なし　16①148
菜種　33①47
肉桂　53④248
はす　10①77/28①25
はぜ　11①15
ひのき　3①49
ふき　10①70
ほおのき　16①160
松　57②155
まゆみ　16①162
みかん　16①147
桃　13①158/16①151
やまもも　16①159
みうえぎ【子ウヘ木】→E
柿　56①76
みうえだいぎ【子ウヘ台木】
柿　56①76
みうえのだい【実栽の台】　29①86
みうえのだいぎ【子うへの台木】
柿　13①145/18①75
みえさくり【ミへさくり】
稲　38②53,54
みおとし【実落し】
漆　46③191
みかいのじせつ【未開の時節】　55③209
みがきとる【みかきとる】
桑　56①206
みかこい【実囲】
なし　46①103
みかぶさり【三株去り】
稲　27①114
みかまかり【三鎌かり】
麦　19②367
みかんのかこいよう【橘のかこひ様】
みかん　13①174
みかんのつぎかた【蜜柑の接方】
みかん　14①368
みかんのなえをしたてる【蜜柑の苗を仕立る】
みかん　14①**388**
みかんをいけおく【ミかんをいけ置】
みかん　13①176
みかんをしたてる【蜜柑を仕立る】
みかん　14①**382**
みぎくわ【右鍬】→ひだりくわ　19②426/20①125
稲　19②363
みぎまわし【右廻】
稲　19②407
みぎまわしはか【右廻果敢】
稲　19②408,411,418
みくさとり【実草取】
麦　24②238
みくわ【三鍬】
稲　19②402
みくわうない【三鍬剖】
稲　19②409
みくわざし【三クワサシ、三鍬さし、三鍬ザシ、三鍬ざし】　19①154,157,②365,366,427/20①125,128,254
稲　17①98/19②373
大麦　22②114
麦　63⑤315
みさきしわけ【みさき仕分】
藍　10③391
みしょう【実生】→E
柳　56①183
みずあげ【升上、升水、水升】→Z　55③205,210,440,450,458,459
あさがお　55③334
あざみ　55③302
あじさい　55③310
あらせいとう　55③250
ういきょう　55③398
うのはな　55③299
えびね　55③301
おおでまり　55③321
おぎ　55③368
おみなえし　55③357,380,408
おもだか　55③359
ききょう　55③354,355
菊　55③300,322,400,414
きょうちくとう　55③363
ぎょりゅう　55③312
桐　55③267
くまたからん　55③369
けし　55③325
江南竹　55③439
桜うのはな　55③292
さわぎきょう　55③364
しでこぶし　55③251
芍薬　55③277,307
しゅうかいどう　55③366
しゅうめいぎく　55③390
しゅんぎく　55③293
すすき　55③384
ぜにあおい　55③329
せんだいはぎ　55③306
だんとく　55③332
てっせん　55③313
唐かんぞう　55③316
唐つわ　55③391
とらのおそう　55③324
とりかぶと　55③405
のうぜんかずら　55③367
はぎ　55③348
はげいとう　55③381
はす　55③323
はまなし　55③303
美人草　55③317
びようやなぎ　55③337
ふじ　55③292
ふよう　55③373
紅花　55③342
ぼたん　55③396
松本せんのう　55③311
みそはぎ　55③358
むくげ　55③331,335,377
やつで　55③410
柳　55③452
やまぶき　55③415
みずあげのほう【升水の方】→しょうすいのほう　55③453
みずあさ【水浅】
稲　23③152/27①35
みずあさき【水浅き】
稲　27①46
みずあさくする【水あさくする】
稲　62⑨357
みずあさつつみ【水浅包】
稲　44③212
みずあて【水あて、水宛、水当】
藍　29③248
稲　5①25,56/27①120,125,358/29③191,258/40③227/41①8,9,10/42④257
大小豆　29②141
綿　29②141
みずあておく【水あて置】
稲　27①138
みずあてのべんり【水宛之弁理】
稲　29③212,213
みずいちばんおとし【水一番落】
稲　27①46
みずいる【水入る】
稲　28②199
みずいれ【水入、水入レ】　8①132,149,152/27①187
稲　8①66/24①67,150,③282/28②204
さつまいも　8①117
そらまめ　8①114
綿　8①20,23,25,26,28,36,38,40,42,47,56,59,140,143,150,238,240,267,278,285
みずいれおく【水入置】
稲　27①37
みずいれる【水入ル】
綿　8①31,37,138,144,151
みずうえ【水うへ、水植】→D　13①**236**/20①145
さんしょう　13①179
しょうぶ　11③146
なす　20②392,393
はぜ　11①**25**
みずえらみのほう【水撰の方】　53⑤**350**
みずおさえ【水押】
綿　8①244
みずおとし【水おとし、水落、水落し】　62⑨317
稲　27①85,122,358/29③243/37③339/44③212,219,220,221,222,223,224,225
みずおとしきる【水落切】
稲　27①288
みずおとしよう【水落しよふ、水落し様】
稲　22②106
みずおとす【水落す】
稲　27①121
みずかい【水かい、水かひ】
稲　27①341/42③173,179
みずかえ【水かえ】→B、K
稲　27①281
みずかえるべきじせつ【水かへるべき時せつ】
金魚　59⑤**441**
みずがかり【水懸り】→C、D
稲　25①49
みずかき【水カキ、水掻】　8①204
綿　8①145,147,285
みずかきおけにてさいそにみずかくるず【水かき桶にて菜蔬に水かくる図】→Z　15②**222**
みずかけ【水かけ、水掛、水掛ケ、水懸、水懸ケ、水掻】　2⑤329/8①143/62⑨317
稲　8①80,81,140,280/29②127,133/38②55/44③226
さつまいも　8①117/41②99
しょうが　41②104
麦　8①105,106
綿　8①47,141,150,152,154,279,283,284,288,290
みずかけながし【水掛流し】
稲　1①76
みずかけはずし【水懸ケはづし】
稲　29②126
みずかけひき【水掛引、水懸引】
稲　1③277/17①94/24②236
みずかけよう【水掛様】
稲　37①23
みずかげん【水カケン、水かけん、水カゲン、水かげん、水加減、水之加減】
稲　4①39,54,55/5①26,57/6

①56/7①23,42/10①106,110,111/21②111/23①60,65,101,③149/27①65,73,75,98,119/28②159,165,③320,④342/29②134,139/32①22/33③159/39⑤275,⑥325
綿 8①43,56,235,241,245,246,268,276
みずかし【水かし】→しんしゅ
稲 33①14,16
みずかしめ【水かしめ】
稲 31①20
みずかゆる【水かゆる】 62⑨318
みずかん【水かん】
稲 27①105
みずかんべん【水かんべん、水勘弁】
稲 28②160,177
みずきる【水切ル】
稲 8①78
みずくばり【水くばり】→C
稲 28②165
みずくみあげ【水汲揚け】
ひえ 27①129
みずごえまき【水糞蒔】
ながいも 2①76
みずしお【水しほ】
稲 7①22,23
みすじまき【三すじまき】
裸麦 28②236
みずしまつ【水しまつ】
稲 28②195,199
みずすき【水犂】
稲 15①22/30①49,50
みずぜめ【水責】 31④207
みずたうえ【水田うゑ】
稲 28②160
みずたうち【水田うち、水田打】
40③222,223
稲 62⑨327
みずたかじ【水田かじ、水田かぢ】
稲 28②269,270
みずたくさらかし【水田くさからし、水田クサラカシ、水田くさらかし、水田腐らかし】
稲 23①17,94,96,101,③156
みずたこなし【水田こなし】
稲 40③225,226
みずだし【水出し】→K
稲 8①140/43②179
みずたならし【水田ならし】
稲 28①62/65②90
みずたのあら【水田のあら】
稲 10①171
みずたまわり【水田廻り】
稲 28②245
みずため【水溜】→C、D、I
稲 61①55
みずためおく【水ため置】
稲 41①11
みずつぎ【水つぎ、水接】 13①245,246/55③474
つばき 54①284
みずつつみ【水包】→C
44③220
稲 44③215,217,218,219,221,222,223,224,225
みずつつみよう【水包ミ様】
稲 34⑦246
みずつめおく【水つめ置】
稲 27①85
みずつもり【水つもり】→C
稲 20①63
みずどめ【水止め、水留】→C
稲 27①361/31③114
みずとりためかた【水取留方】
34⑥142
みずなまき【水菜蒔】
水菜 42⑥394/43②180
みずなわしろ【水苗代】
稲 23①54
みずなわをひく【水縄を引】
14①57
みずにかす【水にかす】
稲 29③216,262
きゅうり 33⑥341
なす 33⑥318
みずにかする【水にかする】
すいか 33⑥345
みずにつけおく【水につけ置、水に漬をく】
麻 13①34
稲 30③246
綿 15③400
みずにつける【水ニつける、水に漬】→K
藍 13①42
稲 25①45
からむし 34⑥158
みずにてつちをあらいおとす【水にて土をあらひ落す】
わらび 14①184
みずにねをひたす【水に根をひたす】
杉 56②264
みずにひたしおく【水にひたし置】
杉 56②264,266
やまいも 62⑨329
みずにひたしてほしあぐる【水に浸して干あぐる】
杉 14①85
みずにひたす【水にひたす】→K
くるみ 16①145
もろこし 62⑨330
みずにほとばす【水にほとバす】
茶 16①138
みずにほとぼす【水にほとほす】
たかきび 17①209
みずぬき【水抜】→B、C
8①210/55②140
稲 39④216
みずのかかり【水の懸】
稲 5③247
みずのかけおとし【水の掛落し】
稲 29③242,243
みずのかけはずし【水のかけはつし、水之掛はづし】 63③105
稲 30③247
みずのかけひき【水のかけ引、水ノ掛ケ引キ、水の掛引、水の駈引、水の懸引】 4①219/12①131/36①41
稲 1①56,77,③266/10②319/12①137/17①13/18⑤466/23①49,97/27①47/32①24/36①69/37③274,308/38③139/61②101
みずのかけほし【水のかけほし、水の掛け干シ、水ノ掛干シ、水の掛干し】
稲 19②281/21②112,113/24③296/25①57
みずのかけゆき【水の懸行】
稲 29③200,214
みずのかけよう【水の掛やう】
稲 19①53
みずのかげん【水のかけん、水ノカゲン、水ノ加減、水之かけん】
稲 8①75/30③260/39⑤276
綿 8①263
みずのくでん【水野口伝】 55②180
みずのこころえ【水之心得】
綿 8①27
みずのこらしかげん【水之コラシ加減】 8①255
みずのさしひき【水のさしひき、水の差引、水の指引】 10①10
稲 37②105,106
みずのさだめ【水の定】
稲 7①47
みずのて【水ノ手、水の手】→D
7①60/8①150
みずのてみまわり【水ノ手見廻り、水之手見廻り】
稲 29④291,293
みずのばん【水の番】
稲 30③261
みずのぶんりょう【水之分量】
稲 8①70
みずはずし【水はずし】
稲 29②127
みずはらい【水払】
稲 1①46
みずばり【水はり、水ばり】
稲 28②215,216,223,226,251
みずばりのみずひき【水ばりの水引】
稲 28②246
みずばん【水番】→R
稲 25①16
みずひき【水ひき、水引、水曳】→D、E
28②146/29①18,33/39③160/42①34/43②165,166,168
稲 1①66/25①16/28①62/30①51,59,60/36③223,236,238/37②79,213/40②181/43②160/62②36
芋 43①50
杉 56①44
なす 43①52
みずひきいれ【水引入】
稲 63⑤305
みずひきかけ【水引かけ】
稲 42①31
みずひきとおす【水引通す】
64①69,70
みずひたし【水ヒタシ】
稲 2④283
みずふか【水深】
稲 27①35
みずふかくする【水深くする】
稲 27①121
みずふかくためる【水ふかくためる】
稲 30②192
みずほう【水法】
稲 8①75
みずほし【水乾し、水干】 30①136
稲 1①55/41②63
みずほす【水干、水干ス】
稲 29③205/63⑧434
みずまたじ【水またし】 42④235,240,260
みずまわし【水廻し】→X
稲 33⑤249
みずまわり【水廻り】 28②177,185/42④236,250,265,274,283,284,⑤328
稲 29③227,239/31③115/40③230/41③175/42④266,267,270
みずみ【水見】
稲 19①65/30③260,261
みずみまわり【水見廻り】 62⑨317/68④414
稲 22②105/29②135
みずもち【水持】→D、G、X
8①159,206
稲 8①144/29③224,225,226,

227,230,232,235/30③239
みずもちいよう【水用様】
稲　37①24
みずやり【水遣】→C
32①206
みずゆり【水ゆり】
稲　70⑥397
みずわり【水割】
稲　29②135
みずわりかける【水わりかける】
さいかち　56①182
みずをあさくしかける【水ヲ浅ク仕掛ケル】
稲　32①34
みずをあさくす【水ヲ浅クス】
稲　32①28
みずをいれかえる【水を入替る】
稲　29①57
みずをいれる【水ヲ入ル】
綿　8①43
みずをおとす【水を落す、水ヲ落トス】
藍　29③248
稲　27①76/31①23/32①33
みずをかく【水をかく】　33⑥390
さつまいも　33⑥339
なす　33⑥324
にんじん　33⑥364
ねぎ　33⑥359,360
みずをかけおく【水をかけ置】
杉　56②260
みずをかける【水をかける、水を掛る】　33⑥329
杉　56②252,260,261
なす　33⑥323
みずをきる【水を切】
稲　17①59
みずをくむ【水をくむ】
綿　30③268
みずをさんしどほす【水を三四度ほす】
稲　28①20
みずをしかける【水おしかける、水をしかける】
稲　13①19/41⑤258
みずをそそぐ【水をそゝく、水をそゝぐ、水を澆く】　12①350/25①110,143
漆　13①105
かし　13①207
からむし　13①29
さんしょう　13①179
竹　13①222
ねぎ　33⑥359
松　13①186
やまいも　12①370
みずをためる【水を溜】
稲　29③204,205
みずをつつみおく【水を包ミ置】
稲　34⑦246
みずをとる【水を取る】
へちま　25②217
みずをはりおく【水をはり置】
稲　62⑦192
みずをひく【水をひく、水を引】　15②165/16①191
みずをふる【水をふる】
なす　33⑥320
みずをほす【水をほす、水を干】
稲　29③204/41③175
みずをまわす【水を廻す】
稲　30③261
みぞ【みぞ】→C、D
稲　28②231
みぞあげ【ミぞあげ、溝あげ、溝上、溝上ケ】
稲　5②226
そば　41②121
菜種　29②123,153
麦　29②123/30①96,99,103/41②78
みぞうつ【区揰】　20①127
みぞうない【溝耕ひ】
稲　37②105
みぞかき【ミソ掻、ミぞ掻、みぞ掻、綿草引】　8①199
綿　8①24,43,288
みそかだ【三十日田】　40②141
みぞがり【ミぞ刈、溝かり、溝刈】
稲　37②86,105,106,212
みぞくさけずり【みぞ草けづり】
綿　23⑤279
みぞすき【溝犂】
稲　30①65
麦　30①98
みぞたて【溝立】
稲　29②144
小麦　33④227
みぞつき【みぞつき】
稲　28②132
菜種　28②223
麦　28②272
綿　28②178
みぞつちあげ【みぞつちあげ】
28②132
稲　28②262
菜種　28②145
綿　28②150,178
みぞつちちらし【みそつちちらし】
綿　28②192
みぞほり【みそほり、みぞほり、溝掘、溝堀】→C、D
24①150/28②129,229
稲　31②76
麦　28②272/30①101
みぞをきる【溝を切】
あわ　30③249
大根　30③283
みぞをさらう【溝をさらふ】
62⑨320
みぞをたつ【溝を立】　33④219
あわ　33④220
ごぼう　33④229
里芋　33④218
そば　33④224
菜種　33④225
ねぎ　33④231
みぞをちゅうぶんにきる【溝を中分に切】
にんじん　30③272
みぞをひく【溝を引】　14①57
みぞをふかくほる【溝を深く掘】
栗　14①303
みぞをほる【溝を掘】
やまいも　12①367
やまもも　13①156
みたて【ミタテ、見立】　60④164,170,171,172
みちぎりじぶん【実ちきり時分】
はぜ　11①57
みちぐろかり【道ぐろ刈】　42⑥429
みちつくりけんぶん【道造見分】
43②186
みつうえ【稠植】
大豆　27①95
みっかしろ【三日代】
稲　23①51,102
みつきり【三つ切】　9①69
みつない【三斜】　27①278
みつばぜりをつくる【三つ葉せりを作る】
みつば　17①290
みてうち【三手ウチ、三手うち、三手打、三手内】
稲　19①61,87,171/20①206,207,255/27①174/39⑤287
みてうちにかる【三手打に刈】
稲　19②364
みてぶりかえし【三手ぶり返し】
19①88
みとおしのはり【見通之針】
60④228
みとばらい【水戸払】
稲　4①26,59/6①66
みとり【見どり、実どり、実取】→E、L
2②155/57②144
漆　46③191
えごま　1④314
綿　28②233
みとり【見鳥】
うずら　60①66
みとりじぶん【実採時分】
はぜ　31④210
みなまき【皆蒔き】
小麦　21②124
みぬき【箕ヌキ】
漆　46③203
みのあみ【みのあミ、蓑あミ】
9①16/42⑤315
みのくさかり【みの草刈】　40③237
みのせいほう【実の製法】
油桐　15①86
みのつくり【みの作り】　42⑥394
みのはかやとり【簑葉茅取り】
10①118
みのむしをのぞきさる【蓑虫を除去る】
はぜ　31④209
みのりてかるせつ【実リテ刈節】
そば　19①147
みのりのせつ【実法の節】　21③157
みのるせつ【実節】
からしな　19①135
みばえ【実ばえ、実はへ、実はゑ】→E
くすのき　16①165
さんしょう　16①160
杉　5③270
ぬるで　16①162
ひのき　5③270
ぼけ　16①153
みぶき【箕ふき、箕ぶき】→ひ、ひる
あわ　2①13
稲　36②99
ひえ　2①13
みぶせ【実臥、実伏】→E
56①151
いちょう　56①70
漆　56①51,175
きゃらぼく　56①110
桐　3④378/18②264/56①210
くぬぎ　56①62
栗　3④348,379
桜　56①67
さわら　56①57
杉　3④379/56①44,162,212,216,217
すもも　56①98
茶　56①143
なす　3④282
ねぎ　3④358,362
はぜ　56①144
ひのき　56①46,168
柳　56①121
みぶせうねこしらえ【実臥畦拵】
杉　56①160
みぶせかた【実臥方】
かつら　56①117
みぼし【ミぼし、実干】
稲　9③243/24③283/29①45,46,③262/30①34/33①18,③159

みぼしかげん【実干加減】
はぜ 31④211
みぼしよう【実干様】
はぜ 11①58
みぼす【ミぼす】
稲 20①84
みまき【実まき、実蒔】 47④203/64④272/68③333
油桐 11②122/47⑤270
梅 14①368
陸稲 61⑦194
ききょう 68③349
栗 14①302,303
五味子 68③346
芍薬 68③345
なし 14①378
肉桂 14①341
はぜ 14①232
ぶどう 48①192
ぼたん 37②206
松 14①90,91,94,95
みまわり【見回り、見廻り】→Z
27①326/37②123/40②90/62⑨319
稲 38③138/62⑨383
みまわる【見廻る】 56②274
稲 37③309
みみきり【みゝきり】→B
稲 28②231
みみきる【みゝきる】
稲 28②228
みみひき【みゝ引】
麦 10③399
みむすぶ【実結ふ】→E
稲 37②221
みもみ【実揉】
漆 46③191
みゃくのしだい【脈之次第】
60④169
みょうがをつくる【めうかを作】
みょうが 17①**278**
みわけ【見分、見分ケ、見分け】→C
38①6/56①99,111,②287/57②99/69①86
稲 37③272
けやき 56①100
杉 56②244
竹 57②165
なし 46①17
みわけ【身ワけ】
蚕 35①153
みわけとる【見分ケ取、見分取る】
桑 56①192,205
みわけよう【見分様】
つばき 55③427
みわける【見分ル、見分る】 69②228
葛 50③252
みをうえる【子をうへる】
ひのき 13①194
みをうゆる【子をうゆる】
梅 13①131
杉 13①189
なし 13①135
みかん 13①168
桃 13①159
みをうゆるほう【子をうゆる法、子を種る法】
芍薬 13①288
杉 13①190
ぼたん 13①285
やまもも 13①155
みをたくわう【実を貯ふ】
ぶどう 14①370
みをとりおく【子をとりをく】
桐 13①196
みをとる【子を取、実をとる】
漆 13①104
杉 14①72
みをとるつくり【実をとる作り】
20①132
みをまく【子をまく】
かし 13①208
松 13①187

【む】

むいかかえし【六日返】
稲 30①19,20
むぎ【麦】→B、E、I、L、N、Z
麦 1①38
むぎあきのころ【麦秋の頃】
麦 35①205
むぎあとかぶすじくさ【麦跡カフ筋草】
麦 8①203
むぎあとしつけ【麦跡仕付】
きび 31⑤263
むぎあとすき【麦跡すき】
稲 41①9
むぎあとすきほし【麦跡すきほし】
稲 28①62
むぎあとのこうさく【麦跡ノ耕作】
麦 32②307
むぎあとのじごしらえ【麦跡ノ地コシラヘ】 32②311
むぎあとのたのじごしらえ【麦跡ノ田ノ地コシラヘ】
稲 32①40
むぎあとへまく【麦跡へ蒔】
あわ 41②112
むぎいちご【麦一期】
麦 39⑤254
むぎいちばんつちかい【麦一番培】
麦 27①61
むぎいちばんなかうちしゅご【麦壱番中打守護】
麦 29④294
むぎうえ【麦植】
大麦 29①72
麦 44①45,46
むぎうえつけ【麦植付】
麦 61⑩435
むぎうえつけじごしらえ【麦植付地拵】
麦 41①13
むぎうち【麦うち、麦打】→B、Z
麦 42③170,171,⑥387,388/44①25,26/62⑨347
むぎうねのなかにうゆる【麦畦の中にうゆる】
漆 13①110
むぎかきいれ【麦かき入】
麦 43②168,169,170,171,172
むぎかじ【麦かぢ】
麦 23⑤283
むぎかだおし【麦柯倒し】
稲 33④216
むぎかたぎり【麦かたきり】
麦 21③155
むぎかち【麦カチ、麦かち】
麦 8①130,193,194/28②166/43③253
むぎかつ【麦かつ】
麦 42⑤336
むぎかつぎ【麦担】
麦 30①115
むぎからこき【麦からこき】
麦 62⑨347
むきからし【むきからし】
杉 56②270
むきからす【むき枯す、剝からす、剝枯す】 56②273
杉 56②271
むぎからだおし【麦からだをし】
麦 33③163
むぎからばらい【麦から払】
麦 34⑥128
むぎがらほし【稍干】
麦 30①116
むぎかり【麦かり、麦刈、麦刈リ】→Z
大麦 22③159,160
麦 3③154/4①135/8①93,104,193/9①55,66/10①113/21③156/23⑤260,275,278,283/24③330/25①60/27①**130**,137/28①62,②141,166,175/29①11/30①**115**/33⑤246/37③**290**,294,300/38①8,21,27,②65,③150,④258,263/39②97,102,103,⑤278/40②109,110,147,③226/41①8,9/42②91,92,113,118,③170,171,175,④268,⑤327,329,⑥385,423/43①40,41,42,②150,151,③248/44①26/50②153/61⑩433/62⑨346,348,349/63⑥341,345,⑦378/65②90/67⑥304
むぎかりあげ【麦刈上ケ】
麦 31②78/41①11
むぎかりあとすき【麦刈跡耜】
稲 29④292
むぎかりしお【麦かりしほ、麦刈しほ】
たばこ 13①56
麦 23⑤259
むぎかりじまい【麦刈仕廻】
麦 62⑨348
むぎかりとり【麦かり取、麦刈取】
大麦 38②80
麦 24②234,③289/29④294
むぎかりのせつ【麦刈之節】
24③316
むぎかりのまえ【麦刈の前】
稲 29①47
むぎかりまえ【麦刈前】
ささげ 23⑤269
綿 28④337
むぎかりまたじ【麦かりまたし】
麦 42④266
むぎかる【麦かる】
麦 27①275/41⑤258/62⑨343
むぎくさ【麦草】→E、G
麦 8①189
むぎくさとり【麦草取】
麦 23⑤283/42⑤320
むぎくさひき【麦草引】
麦 8①189
むぎこうさく【麦耕作】
麦 17①86,174/24②238/62⑨391
むぎごえかけ【麦肥かけ】
麦 42⑥439
むぎこき【麦こき、麦扱】→Z
麦 20①175/30①115/31②79/42②87,92,109,118/43②150,151
むぎこきしまい【麦こき仕廻】
麦 31③113
むぎこなし【麦こなし】
麦 9①**81**,147
むぎこなしよう【麦こなしやう】
麦 10③400
むぎこぶり【麦こぶり】
麦 28②137,203
むぎこやし【麦肥し】→I
麦 31②74,75
むぎさく【麦サク、麦さく、麦ざ

く、麦作】→D、L
32①219/38①26,27/40②134/42③199
麦　6①177/8①102/15③386/17①159/29③234,241,260,④278/32①176/33④212,⑤262/38①13,17,③115,178,194,④273,276/42③153,157,158,162,194/50②151/63⑥352,⑦369
むぎさくきり【麦さくきり、麦さく切、麦作きり】
麦　38②79/42③152,164
むぎさくくわいれ【麦作鍬入】
麦　3④265
むぎさくのかき【麦作ノ垣】
麦　2④292
むぎさくり【麦さくり】
麦　63⑥343,⑦369
むぎさくをかる【麦作ヲ刈】
麦　2④286
むぎさんばんなかうちしゅご【麦三番中打守護】
麦　29④294
むぎじこしらえ【麦地こしらへ】
大麦　12①152
むぎしたじたがえし【麦下地耕席】
麦　30②188
むぎしつけ【麦仕付】
大麦　32①52
麦　32①168
むぎしゅうのう【麦収納】
麦　14①30
むぎしゅうり【麦修理】
麦　65②90
むぎしろだいず【麦代大豆】
大豆　2①57
むぎしろつけ【麦代付】
大豆　2①39
麦　2①11
むぎすえがち【麦末がち】
麦　43②151
むぎすじ【麦筋】
麦　8①94
むぎずり【麦すり、麦ずり】
麦　43①24,28
むぎたあぜだいずまき【麦田畔大豆蒔】
大豆　30①126
むぎたうえ【麦田植】
稲　24①70/30①126/61①56
むぎたうえつけ【麦田うへ付】
稲　24①70
むぎたうね【麦田うね】→D
麦　43③264
むぎたうねこなし【麦田うねこなし】
麦　40③226
むぎたかえし【麦田かへし】
麦　40③226
むぎたくわえおく【麦貯置】
麦　38②81
むぎたたがやし【麦田耕】
麦　29③235
むぎたたき【麦たゝき】
麦　23⑤283
むぎたねえらびかた【麦種撰方、麦種択方】
大麦　21①54
麦　39①38
むぎたねのこんのう【麦種の墾納】
麦　35②342
むぎたねのぶんりょう【麦種子ノ分量】
麦　32①76
むぎたねのまきつけ【麦種子ノ蒔付】
大麦　32①54
むぎたねへらすほう【麦種減法】
大麦　21①49
むぎたねまき【麦種子蒔、麦種蒔】
麦　37③362/41②78
むぎたねまきつけのじせつ【麦種子蒔付ノ時節】
麦　32①76
むぎたねよる【麦種よる】
麦　62⑨343
むぎたのねきかり【麦田のねきかり】
稲　62⑨374
むぎたふみ【麦田ふみ】
麦　27①59
むぎたほり【麦田ほり】
麦　42⑤336,337
むぎたほる【麦田堀】
麦　42⑤337
むぎたわらどようほし【麦俵土用干】
麦　30①133
むぎちぎり【麦ちきり】
麦　9①80
むぎちのあら【麦地の荒】
麦　10①170
むぎつき【むきつき、麦つき、麦搗、麦舂】
大麦　28②195
麦　28②198,199/37②81/38②80,④263/40③236/42③163,164,165,184,⑥380,397,419,430,435,436/43①66,67,68/44①35/63⑥341,347,⑦387,388
むぎつくり【麦作り】
麦　37②201/41⑦324/65②125
むぎつけ【麦付】
麦　42③187
むぎつちいれ【麦土入】
麦　42④261
むぎつちかけ【麦土かけ】
麦　43②126,134
むぎつづぼし【麦つゞ干】
麦　43②173
むぎつぶまき【麦つふ蒔】
大麦　39②121
むぎできしゅん【麦出来旬】
大麦　22④209
むぎできのじせつ【麦出来ノ時節】
麦　32②292
むぎでほじぶん【麦出穂時分】
麦　11⑤231
むぎとおし【麦通し】→B
麦　43②170
むぎどき【麦時】
麦　9①15
むぎとめしゅご【麦留メ守護】
麦　29④271
むぎとり【麦取】
麦　8①99/43③253
むぎとりいれ【麦取入】
麦　10③393,400/42③172
むぎとりおさめ【麦取収】
麦　32①16,②286,288,290,294,295,296,303,304,312,313,316,323,331,336
むぎとりおさめじせつ【麦取収時節】
麦　41⑦321
むぎとりおさめのしかた【麦取収ノ仕形】
麦　32②289,291,305,306,333,336
むぎとりおさめのしきたり【麦取収ノ仕来リ】
麦　32②310
むぎとりおさめのじせつ【麦取収ノ時節】
麦　32②309
むぎとりおさめのとき【麦取収ノ時】
麦　32②333
むぎとりおさめのほう【麦取収ノ法】→R
麦　32②287,318
むぎとりおわり【麦取終リ】
麦　32②309
むぎとりかかり【麦取リ掛カリ、麦取掛カリ】
麦　32②302,309
むぎなかうち【麦中打】
麦　39⑤296/40③244/43①14,78,79/44①13,49
むぎにばんつき【麦二番搗】
麦　42③186
むぎにばんつちかい【麦二番培】
麦　27①65
むぎにばんなかうちしゅご【麦弐番中打守護】
麦　29④294
むぎのあいだをうつ【麦の間を打】
麦　28①62
むぎのあらこなし【麦のあらこなし、麦の荒こなし】
麦　17①183,329
むぎのあらつき【麦のあらつき】
麦　17①328
むぎのいちばんなか【麦之壱番中】
麦　29④285
むぎのおそまき【麦之遅まき】
麦　31⑤270
むぎのかりしお【麦のかりしほ、麦の刈しほ】
麦　23⑤259/40②132
むぎのかりしゅん【麦の刈旬】
麦　15③356
むぎのくさ【麦の草】→G
大麦　29①76
むぎのくさぎり【麦の芸、麦の耘】
麦　30①141,142
むぎのくさとり【麦の草取、麦之草取】
麦　29②122/42⑤320
むぎのくさとる【麦ノ草とる】
麦　42⑤319
むぎのくさをとる【麦の草を取】
麦　33①54
むぎのこうさく【麦の耕作】
麦　23⑤267
むぎのこねまき【麦ノコネマキ】
麦　5①168
むぎのこんのう【麦の墾納】
麦　35②303
むぎのじごしらえ【麦ノ地コシラへ】
麦　32①72
むぎのしたごしらえ【麦のした拵らへ】
大麦　29①74
むぎのしつけ【麦ノ仕付ケ】
麦　32②299
むぎのしゅうのう【麦の収納】
麦　38③197
むぎのしゅうり【麦の修理、麦之修利】
漆　13①110
麦　8①13/28①61/65②91
むぎのせつ【麦の節】
麦　38③111
むぎのたねおろし【麦の種おろし】
麦　30①109
むぎのたねまき【麦ノ種子蒔キ】
大麦　32①46,64
むぎのつお【麦のつお】

麦 9①46
むぎのつおかい【麦のつおかい】
麦 9①38
むぎのつくりつけ【麦ノ作クリ付ケ】
麦 32①221
むぎのつくりよう【麦ノ作りやう】
麦 41⑤243
むぎのつちかい【麦のつちかい】
麦 28②146
むぎのつちかけ【麦之土かけ】
麦 43②206
むぎのとりおさめ【麦ノ取収、麦取収】
裸麦 32②299
麦 32②298,311
むぎのとりかかり【麦ノ取リ掛カリ】
麦 32②303
むぎのなか【麦之中】→D
麦 43②143,201,202
むぎのなかうち【麦の中うち、麦ノ中打、麦の中打】→Z
9①25
大麦 29①77
麦 9①121/23⑥318/29①37/31③109/34⑦247/42④257/61①48/62⑨321,388,389/70⑥411
むぎのなかくさひき【麦の中草引】
麦 43②147
むぎのなかし【麦之中仕】
麦 43②142
むぎのなかしゅうり【麦の中修理】
麦 30③293
むぎのなかまき【麦ノ中蒔】
綿 31⑤256
むぎのにばんつき【麦の弐番つき】
麦 37②83
むぎのはつがり【麦の初刈】
麦 20①335
むぎのはやまき【麦の早蒔】
大麦 22④207
むぎのほむしり【麦ノ穂ムシリ】
麦 8①191
むぎのまきあし【麦の蒔あし、麦の蒔足】
漆 13①110
麦 12①148/37③309/61②83
むぎのまきころ【麦のまきころ】
麦 17①162
むぎのまきそめ【麦ノ蒔初メ】
大麦 32①55
むぎのまきつけ【麦ノ蒔キ付ケ、麦ノ蒔付】
麦 32②294,303,311
むぎのまきどき【麦の蒔どき、麦の蒔時】
大麦 29①71
麦 30①102
むぎのよせ【麦之よせ】
麦 8①165
むぎはこび【麦運ヒ】
麦 8①194
むぎはさみ【麦挟ミ】
大豆 33④211
麦 43①30
むぎはたうち【麦畑打】
麦 42⑥378
むぎはたうつ【麦畠うつ】
麦 42⑤324
むぎはだき【麦はだき】
麦 63⑦381
むぎばたけじごしらえ【麦畠地拵】
麦 34⑥129
むぎばたけつくり【麦畑作り】
麦 42⑥398,433
むぎふみ【麦踏】
麦 38②79/42③157/43②168,169,170,171,172
むぎふんよう【麦糞養】
麦 30①121
むぎほがけ【麦穂掛】
稲 19①84
むぎほすせつ【麦干節】
麦 62⑨380
むぎまき【麦マキ、麦まき、麦蒔】→D、L、Z
43②193
稲 29②150/61①50
大麦 9①114/22④241/23⑤267/24③326
小麦 28②237/42⑥433
麦 3③145,④257/4①27,28/5①162,②225,③259,264/8①93,105,106,140,162,210,216/9①112,150,②210/10②330,374,③398/12①141/22①54,③157/23⑤269,272/24②240,③330/27①341/28①62,②241,④343,348,352/29①11,13,60,③194,261/30①92,96,104,141/31②84,③116/36③259/37①36,②87,109,③358,363,368,369/38①21,②57,81,82,③115,134,136,179,④270,271,272/39②121,⑤290/40③241/41⑥277/42②105,125,126,127,③191,192,④240,242,277,⑥397,398,434,435/43①73,74,75,76,77,②194,195,③264/62⑦211,⑧246,⑨382,385/63⑥341,⑦379/65②91/67④174/69①74
むぎまきいれ【麦蒔入】
麦 34②29,⑥130
むぎまきじごしらえ【麦蒔地拵】
麦 10③398
むぎまきじせつ【麦蒔時節】
麦 25①81
むぎまきしまい【麦蒔仕舞】
麦 28③323
むぎまきしゅん【麦蒔旬】
大麦 22④206
むぎまきつけ【麦蒔付】
大麦 32①53
麦 23⑥318/32②324
むぎまきつけのじせつ【麦蒔付ノ時節】
大麦 32①47,48
むぎまきどき【麦蒔時】
麦 25①82
むぎまきのかわかし【麦蒔の乾】
麦 30①133
むぎまきのしゅん【麦蒔の旬】
麦 3④260
むぎまきのせつ【麦蒔の節】
麦 21①49
むぎまきのとき【麦蒔のとき、麦蒔の時】
大麦 29①73
麦 29①60,61/30①112/33⑥342
むぎまきはい【麦蒔擺】
麦 29④293
むぎまきよう【麦蒔やう】
麦 13①360
むぎまきようい【麦蒔用意】
麦 25①72
むぎまくこしらえ【麦蒔拵】
麦 70④269
むぎまくせつ【麦蒔節】
麦 37③362/38③121
むぎまてい【麦まてい】
麦 63⑥341,345
むぎみぞ【麦みぞ】→D
麦 5②227
むぎもやきり【むきもやきり】
麦 42⑥378
むぎもやたて【麦もや立】
麦 42⑥382,418
むぎやすまき【麦安まき】
裸麦 28②236
むぎよせ【麦寄セ】
麦 29④294
むぎわらしき【麦原敷、麦藁敷】
きゅうり 41②91
すいか 43②155
むぎわらだおし【麦わらたおし、麦わらだおし、麦わら倒、麦藁倒】 9①63
稲 30①46,48
麦 9①56/29①44
綿 29①64
むぎわらとり【麦藁取リ】
麦 8①194
むぎをいっさくおきにまく【麦を一作置に蒔】
麦 22④251
むぎをうねうえ【麦ヲ畦種へ】
麦 32①93
むぎをうゆる【麦をうゆる】
大麦 12①160,163
むぎをうゆるとき【麦をうゆる時】
麦 13①63
むぎをかりあぐる【麦を刈上る】
麦 13①106
むぎをかりとる【麦ヲ刈リ取ル】
大麦 32①71,73
むぎをかりとるじせつ【麦ヲ刈リ取ル時節】
大麦 32①47
むぎをかる【麦をかる、麦を刈、麦ヲ刈ル】
大麦 32①67
麦 17①181/38③144,145,146,151,155
むぎをかるじぶん【麦を刈時分】
麦 12①290
むぎをかるしゅん【麦を刈旬】
麦 50②152
むぎをこどる【麦をこどる】
麦 9①69
むぎをつく【麦をつく、麦を舂く】
麦 30①129/38②81
むぎをつくる【麦を作る】
麦 13①355
むぎをつくるすじ【麦を作るすぢ】
麦 13①358
むぎをとる【麦ヲ取ル】
大麦 32①81
麦 32②297
むぎをふむ【麦をふむ】
麦 17①173
むぎをまきおく【麦を蒔置】
麦 13①106
むぎをまく【麦をまく、麦を蒔】
麦 13①107,373/14①30/15③356/17①100,162,163/38③199/68②255
むぎをまくじせつ【麦を蒔時節】
麦 17①165
むぎをまくせつ【麦を蒔節】
麦 23⑥317
むぎをまくとき【麦ヲ蒔ク時、麦を蒔時】
麦 13①55/32①30
むぎをやく【麦ヲ焼ク】
大麦 32①82
むくち【むくち】
稲 30①49/44②122

むし【むし】
大根　4①108
むし【蒸】→B、I
えごま　38③128
むしあける【むしあける】　42⑤323
むしうち【むし打】
大根　6①112
むしおく【蒸し置】
稲　41③174
むしかえし【蒸返シ】
ひえ　5①98
むしかた【蒸方】
蚕　47②126
むしかわかし【蒸し乾し】
はと麦　12①212
むしさりかた【虫去り方】
大根　3④239
むししばしよう【蒸芝為様】　5①153
むししょうぜざるすべ【虫生ぜざる術】　7②297
むしすう【むし数、蒸数】
稲　27①84
むしすき【ムシスキ】　39⑤289
むしたいじ【虫退治】
稲　30②196
むしつきのようい【蝗付の用意】
稲　15①74
むしつきはじめ【虫付始】→E
稲　30②196
むしつるむべきとき【虫つるむべき時】
蚕　47①35
むしとり【むしとり、虫とり、虫取】→Z
46①13
藍　30①127
すいか　40④312,322
たばこ　28②176/30①128/33③161/41①12/62⑨363
なし　40④279,280/46①12,67,95
綿　41②108
むしなり【蒸なり】
稲　27①89
むしのさりよう【蝗の去りやう】
稲　15①52,71
むしのつかざるほう【むしの付ざる法】　1④325
むしのようい【蝗の用意】
稲　15①96
むしはらいかた【虫はらひ方】
稲　11④175
むしはらえかた【虫払へ方】
稲　11④167
むしひろい【虫拾】
からしな　19①135
むしふせぎかた【虫防かた、虫防方】　11④165,175
むしふせぎほう【虫防法】　11④173
むしぼし【虫干】→N
稲　30②195
むしまぜる【蒸交】　5①135
むしやき【むしやき、むし焼、蒸焼】→K
16①251,265/38①7
むしよう【蒸やう、蒸様】→K
稲　5①82/27①81,82
茶　5①161
むしよけ【虫除】→H
1⑤350
むしりくさ【むしり草】
稲　40③223
むしろかたずけ【莚片付】　42③200
むしろかやとり【莚茅取】　10①118
むしろしきよう【莚敷様】
稲　27①163
むしろたたき【莚タヽキ】
稲　8①261
むしろたて【莚立】　42④250,251
むしろにつつむ【莚に包ム】
すげ　13①74
むしろにひろげる【莚に攤げる】
紅花　13①46
むしろぼし【むしろ干、莚ほし、莚干】　27①215
あわ　36③277
稲　7①43,84/28③321,④343/29③205,216,263
むしをおいはらう【虫ををひはらふ】
藍　13①40
むしをかくる【蒸ヲ懸ル】
稲　5①27
むしをころす【虫をころす、虫を殺す】　15①86
藍　13①42
むしをさる【虫を去、蝗をさる】
稲　15①27
ところ　15①91
むしをとる【虫をとる、虫を取】
たばこ　13①57,62/30①126
むしをふせぐのほう【蝗を防の方】
稲　15①12
むす【むす、蒸】→K
稲　27①77,81
えごま　38③154
蚕　47②125,126
むすびなんてん【結南燭】
なんてん　55③452
むねつつむこと【棟包事】　27①193
むらおさめ【村納、村納め】
稲　1①38,39,99,101,102
むらかえし【むら返し】
稲　19①44
むらさきをつくる【むらさきをつくる】
むらさき　17①223
むらずり【村ずり】
稲　19①47
むらなおし【むら直し】　41⑦335
むらまき【むらまき】
稲　9②202

【め】

めあけ【目あけ、目明ケ】→うずらめ、おおうずらめ、おおうなめ、かえしめ、つつきめ
綿　23⑤272,278,279
めあけのほう【目あけの法】
綿　23⑤264
めあて【目当】　38①16
めいげつまき【明月蒔】
けし　33⑥378,379
めいじんしょさ【名人所差(作)】
綿　8①239
めうえ【芽植】
稲　44③218
めおとまめ【妻夫豆】
大豆　5①41
めかき【芽かき、目かぎ】
さとうきび　50②157
たばこ　33③161
菜種　41④208
めかり【芽刈、目刈】　30③299/65②120
めくらおき【目クラ置】
綿　8①235
めくらないとり【めくらない取】
さつまいも　22④275
めくる【めくる】　43②150
めぐわ【陰くハ、雌くハ、雌鍬】→おくわ
20①254
稲　19②363,365,366,371
めけずり【めけづり】
綿　28②156,160
めしあがり【飯上り】　27①90
めしおき【召置】
あわ　33③168
大豆　33③166
めしご【芽しご】
綿　9②220
めしつかう【召仕ふ】　37③386
めすおすのさべつ【雌雄の差別】
稲　29③204
めだしどき【芽出し時】
うど　41②124
めだしのじぶん【芽出の時分】
68④414
めだなをかく【目棚をかく】
しょうが　12①293
めつけ【芽付】
稲　5①32
めったうえ【めつた種、めつた植】
稲　7①21/29①50,③192
めとめ【芽とめ、芽留、芽留め】
はぜ　11①15,29,31
めとり【芽取】
綿　9②220,221
めぬきいれ【目ぬき入】　27①73
めのたてよう【目のたて様】
36③315
めのとめかた【芽の留方】
白瓜　33⑥347
まくわうり　33⑥347
めのとめよう【芽ノ留メ様】
綿　32①149
めはりのじせつ【芽張の時節】
桑　47②140
めぼし【めほし、めぼし、芽干】→なわしろめぼし
稲　9①49/29②126,127/30③246/39①34
めをあく【目を明く】
綿　23⑤264
めをあける【目を明ける、目を明る】
あわ　23⑤265
ひえ　23⑤265
麦　23⑤257
綿　23⑤265
めをいだしおく【芽を出しをく】
藍　13①42
めをいだす【芽を出す】
稲　12①143
めをかく【芽をかく、芽を掻、目ヲかく、目をかく】
桑　35②308/47③170
たばこ　13①57/17①283/24③303/38③133,134/62⑨363
綿　29①68/38③148
めをとむ【芽を留、芽ヲ留ム、目を留】
瓜　24③304
きゅうり　33⑥341
なす　24③302
綿　29②141
めをとめる【芽をとめる、目を留ル】
ゆうがお　24③303
綿　38②63
めんどりば【雌羽】　5①46
稲　19②402
めんどりばなり【女鳥羽形】
稲　20①56
めんどりばにべっとうがえし【めんどり羽にへつたうが

へし】
稲　19②402
めんどりばにべっとうがえしにうなう【めんとりばにへつたうがへしにうなふ】
稲　19②401

【も】

もあげ【藻上ケ】　43②162
もえさす【萌さす】
稲　36②105
もがみのしかた【最上之仕方】
紅花　22④265
もがり【藻かり】→C
42③178
もがりのせつ【藻刈の節】
藻　59④365
もぎる【モギル】
ささげ　19①145
もぐさをつくる【もくさを作る】
よもぎ　17①293
もくねほり【木根ほり】　42③157
もくれんかだい【木蓮華台】
こぶし　55③250
もじりかえる【モシリ替ル】
綿　8①54
もちあげ【持上ケ】
稲　29②155
もちいかた【用ひかた】　41⑦315/69①82,97,111,119,128
もちいねあげ【餅稲上ケ】
稲　43②189
もちいねかり【もち稲刈】
稲　42⑥396,434
もちいねこき【糯稲こき、餅稲こき】
稲　43②189/44①44
もちいよう【用様】
桑　47②84
もちうえ【餅植】
稲　43②153
もちうすひき【餅臼引】
稲　43②195
もちおくり【持送り】→L
48①295
もちかた【持方】　55②143
もちかたくでん【持方口伝】
まつばらん　55②136
もちがり【もちかり、もち刈、糯刈】
稲　42④239,274/43①76
もちくさつみ【もち草摘】　42③165,170
もちごめつき【もち米搗、糯米搗】
稲　42④274,⑥394,433
もちごめつく【餅米つく】
稲　27①207
もちごめふみ【餅米踏】
稲　43②154
もちにわ【餅庭】
稲　27①261,383
もちもみひき【もち籾引】
稲　42⑥440
もちゆき【持行】　27①282
もっくれ【もつくれ、盛塊】→D
大根　19①116,117/20①127
もっくれうない【盛塊剖】　20①127
もっくれとり【モツクレ取】
大根　19①116
もっくれわり【盛塊割】　19①155
もっくれをうつ【盛塊ヲ打】
19①155
もっこいのぼうこしらえ【もつこいのぼふ拵】　63⑦356
もっこうつくり【もつかふつくり】　63⑦362
もっこうなわなえ【もつかふ縄なへ】　63⑦356
もとあら【本あら】　25①76
もとうち【本うち】　27①198
もとがき【元掻、本がき】
稲　27①186
漆　46③196
もとき【元木】→E
はぜ　11①29
もとすがい【本すかい】
稲　19①76
もとつぼめどき【元蓓め時】
51①66
もとなぎ【本なぎ】
小豆　27①199
大豆　27①198
もとにまえ【元煮前】　51①65
もどり【戻り】　27①92,267,276,281
大根　27①275
ものだねをとりおくとき【物種を取置時】　16①67
ものたらずにつかねる【物たらずに束る】　27①325
ものひき【物ひき、物挽】　27①330,334,350,353,354
もみ【揉】
瓜　19①115
もみあおり【籾あをり】
稲　25②230
もみあげ【籾あげ、籾上ケ】
稲　28②144/37②125/41②62
もみあわす【もみ合す、もみ合わす】→K
桑　56①194,204
もみいっとまき【籾壱斗蒔】
稲　31②77
もみいる【もミいる】　62⑧269
もみうす【籾臼】
稲　36③316
もみおとす【もみ落す、もミ落とす】
菜種　11②117/45③172
もみおろし【もみおろし、籾卸】→Z
稲　9③256/39②95
もみかける【もミ懸る】
桑　47②138
もみかす【籾かす】→B
稲　29③204
もみかち【籾かち】
稲　27①264
もみくばり【籾配り】
稲　27①35
もみぐり【籾ぐり】
稲　11②107
もみこき【籾こき】
稲　6①77
もみこんのうほしたて【籾混納干立】
稲　29④291,293
もみさがし【もみさがし】　28②243
もみしあげ【籾仕揚】
稲　42④280
もみじやりゅう【紅葉や流】
23⑤258
もみじやりゅうのつくりかた【紅葉や流の作り方】
綿　23⑤277
もみじやりゅうわたのつくりよう【もみぢ屋流わたの作り様】
綿　23⑤276
もみすり【籾すり、籾ずり、籾摺、籾磨】→L、Z
稲　21②115/30①83,136,138,140/33④210,218/37②195/39①37/41②131/62⑦186,188
もみすりたて【籾摺立】
稲　30③289/39⑤293
もみする【籾摺ル】
稲　39⑤294
もみそぎ【もみそき】　42⑥393
もみそろえ【もミそろへ】→B
稲　17①329
もみたたき【籾たゝき】
稲　27①380
もみたて【籾立】
稲　19①77
もみだね【もみ種子、籾種】→E
稲　27①260/41⑤248
もみたねかし【籾種かし】
稲　31③110
もみたねかしよう【籾種淅様】
稲　29③222
もみたねかす【籾種かす】
稲　9①42
もみたねかすじぶん【籾種かす時分】
稲　41⑤255
もみたねかぶまきしほう【籾種株蒔趣法】
稲　63⑤304
もみたねこきかた【籾種扱方】
稲　29③222
もみたねそろえ【籾種揃】
稲　28③321,④341
もみたねつける【籾種付ル】
稲　8①156
もみたねとりよう【籾種取様】
稲　29③221
もみたねのげんじかた【籾種子の減事方】
稲　21①28
もみたねひやしかた【籾種ひやし方】
稲　21①44
もみたねまき【籾種蒔】
稲　24①36/68④413
もみたねをかわにつくるじせつ【籾種子ヲ川ニ漬クル時節】
稲　32①32
もみたねをまく【籾種を蒔】
稲　30③246
もみためし【籾検し】
稲　1①98
もみつき【籾付】
稲　2③269
もみつけ【籾漬】
稲　41②62
もみつける【もミ付】
綿　39①48
もみとおす【籾とうす】
稲　27①260,380
もみとる【もミ取】
からしな　12①234
もみのあらこなし【籾の荒こなし】
稲　17①329
もみのいけひたし【籾の池漬】→しんしゅ
稲　7②246
もみのぎうちとり【籾芒打取】
稲　21②119,④193
もみのけおとし【籾の毛落し】
25②229
もみのこうはく【籾の厚薄】
稲　29②126
もみのこしらえ【籾の拵】
稲　22②100
もみのひずり【籾の日摺】
稲　30①84
もみのほしたて【籾の干立】
稲　1①99

もみのみまき【稲子の実播】
稲　15②209
もみひき【籾引､籾挽】
稲　29③208, 218, ④291, 293/42⑥389, 393, 396, 401, 424, 428, 433, 435, 439, 440
稲　42⑥437
もみひきだし【籾挽出し】
稲　2①49
もみほし【籾干】→L､Z
稲　27①29/30①136, 138/31②85/37②208/43②190
もみほしかえし【籾干返し】
稲　63⑤297
もみほしかた【籾干かた】
稲　11④184
もみほしよう【籾干様】
稲　11④182, 183
もみほす【もみほす】
茶　56①180
もみほどきたる【もみほときたる】
綿　33①31
もみまき【もミまき､もみ蒔､稲蒔､籾まき､籾蒔】→Z
稲　8①188/9①48/10②317/28②143, 144/29②126/39②95/41①8, ②62/42⑥379/43①34, ②142/44②117
陸稲　61⑦194
もみまきつけ【籾蒔付】
稲　29④290/31⑤256/61⑩413/67⑥278
もみまくじぶん【籾蒔時分】
稲　62⑨335
もみまくとき【籾蒔時】
稲　62⑨327
もみまぜ【揉交】
綿　5①108
もみまたじ【籾またし】
稲　42④248, 278
もみめだし【籾芽出】
稲　62②36
もみわけ【籾分ケ】
稲　63⑦360
もみをかす【籾をかす】
稲　17①64
もみをこなす【もミをこなす】
稲　12①139
もみをする【籾をする】
稲　30③276
もみをつける【籾を漬】
稲　41③171
もみをまく【籾を蒔】
稲　30①27
もむ【接(揉)】　69②297
もめん【木綿】→B､E､K､N
綿　40③216
ももだい【桃砧､桃台】
桃　14①368/55③262, 466, 467
ももつぎほ【桃接穂】
桃　3④289
ももつくりかた【桃作方】
桃　40④330
もものだいぎ【桃のだい木】
あんず　13①133
もものはなざかり【桃の花盛】
里芋　39②104
もやいまき【催合蒔】
稲　30①33, 34
もやきり【もやきり､もや切】
42⑥417
もやけずり【もやけすり】　42⑥381
もやしかた【萠し方】
稲　1①55
もやしばり【もやしばり】　42⑥385
もやしまき【モヤシ蒔､萠ヤシ蒔キ】
稲　31⑤258/32①34, 35
もやす【もやす､萌す､蘖､蘖す】→E
稲　7①47/12①140/19①34, 35/20①35/36①44/37③273/41⑤248
なす　33⑥319
ほうきぐさ　33⑥350
まくわうり　17①260
もやつけ【もやつけ】　42⑥381
もやひろい【もや拾イ】　42⑥441
もらいなえ【貰ひ苗､貰苗】→E
稲　23①100, 110
もりとる【もり取】
ささげ　12①202
もる【モル､もる】
蚕　24①47
ささげ　12①192
もろあぜ【諸あぜ】
稲　20①59
もろくわ【諸钁】
稲　30①41
もろくわがき【諸钁掻】
稲　30①40
もろけだいちばんくさぎりはじめ【諸毛田一番耘初】
稲　30①127
もろけだかりあとほりわり【諸毛田刈跡堀割】
稲　30①136
もろけだくさぎり【諸毛田耘】
稲　30①75
もろけだすきあげ【諸毛田犂上】
稲　30①138
もろけだすきあげはじめ【諸毛田犂上初】
稲　30①137
もろけのたうえ【諸毛の田植】
稲　30①51, 52
もろこしきびをつくる【もろこしきひを作】
たかきび　17①208
もろこししつけ【もろこし仕付】
とうもろこし　22②121
もろこししつけかた【蜀黍仕付方】
もろこし　25②211
もろてなぐり【諸手なぐり】
25①120

【や】

やあばかる【やアばかる】　9①125
やいたかち【やいたかち】
稲　29②156
やいてはいとなす【焼て灰となす】　69①122
やいとざごえあいよう【灸座屎和様】
稲　27①88
やいとする【やいとする､灸する】
稲　27①89
やいとだみずおとし【灸田水落】
稲　27①80
やいとむし【灸と蒸】
稲　27①93
やかし【ヤカシ】
綿　8①30
やきあけ【焼明】　57②121, 125, 134, 145, 168, 181
やきうち【やきうち､焼うち】
かし　13①207
ひえ　12①182
やきおく【やきおく】　41⑥278
やきおとし【焼落､焼落し】　60⑥334
大麦　24①82
やきかち【焼カチ】
大麦　32①71
やきがね【やきがね､焼がね】→はり→B
60⑥341, 343
やききり【焼切】→C
56②288
やきごえのとりよう【焼きこゑの取やう】　41⑥278
やきころす【焼ころす】
稲　15①70
やきじせつ【焼キ時節】　32①204
やきつち【焼土】→D､I
9③249
やきつちごえこしらえよう【焼土肥コシラヱ様】　38④283
やきはらい【焼払､焼払ひ】　41③186
稲　31①21
やきびらき【焼開】　57②103
やきまぜる【焼交せる】　41⑦328
やく【焼､焼く】　55③457
あおもりそう　55③447
大麦　24①82
おだまき　55③446
からむし　20①213
せんだいはぎ　55③448
花ざくろ　55③445
やくこと【焼ク事】
麦　32②306
やくじ【薬治】　60⑥339
やくほう【薬方､薬法】→N
6①237
綿　8①53
やぐらうえ【ヤクラ栽､ヤグラ植】
さとうきび　30⑤395
やぐろそうじ【屋ぐろそふじ】
42⑥430
やけかげん【ヤケカゲン】
綿　8①238
やげんなり【やげんなり】
大豆　22④224
やげんぼり【やけん掘り】
大豆　27①102
やさし【屋さし】
稲　24②236
やしきえまたじ【やしき江またし】　42④265
やしきそうじ【やしき掃除､屋敷掃除】　42④260/43②210
やしない【やしない､やしなひ､養､養ヒ､養ひ】→I､N
13①369/16①84/56②283
稲　12①136/19①65/62⑧273
馬　60③134
瓜　19①115
大麦　12①159
蚕　47①27, ②103, 104/62④96
からしな　19①135
牛馬　65②129
里芋　19①111
そば　19①148
たばこ　19①128
なす　19①129
ねぎ　19①132
麦　19①137
やしないおく【養置】　56②285
やしないかた【養ひ方､養方】
蚕　47②92, 94/53⑤290, 335
杉　56②257
大根　22④238
朝鮮人参　45⑦426
なし　46①89
やしないこしらえよう【養拵様】

菊　48①205
やしないしよう【養ひ仕様】
はぜ　31④199
やしないていれ【やしなひ手入、養ひ手入、養手入】　4①233/13①353
大麦　12①159
やしないておいたつ【養て生立】
杉　56②241
やしないのかげん【養の加減】
31④201
やしないのくふう【養之工夫】
39④210
やしないのこしらえよう【養の拵様】　19②376
やしないのしかけ【養ノ仕掛ケ】
麦　32①70
やしないのじゅつ【養の術】
13①354
やしないのしよう【養ノ仕様】
綿　32①149
やしないのてだて【養の術】
13①352
やしないのてまわし【養ノ手廻シ】　32①192,②339
やしないのとき【やしなひの時】
16①67
やしないのぶんりょう【養ひの分量】　31④201
やしないのもちいよう【養ひの用ひやう】
稲　30③240
やしないみず【養水】→B、D
陸稲　3③153
やしないよう【やしない様】
筑前ぼたん　54①75
やしなう【養、養フ、養ふ】　41⑦320/69①69,76,77,93,102
犬　60②89
稲　37③334
馬　37②77,80/60③136
蚕　47①56,②79,③167/69②203
金魚　59⑤444
杉　56②241
なし　46①64,65,66,67,75
人　68④403,404,405/69①43
麦　37③359
やすめぐわ【休め桑、休桑】
蚕　35①139,150
やすめち【休め地、休地】→D
29①29,30/39②105/69①67,68
大麦　22②113
やすめちのろん【休地の論】
14①407
やすめやま【休山】→N
漆　46③191
やつおり【八ツおり、八ツをり】
稲　28②190
たばこ　28②190,201
綿　28②190
やというえ【やとひうへ、やとひ植、雇ひ植】
きゅうり　4①136/20①147
ゆうがお　4①141
やといがえ【やとひ替】
とうがん　4①138
やといかた【寄方】
蚕　47②126,147
やといかたこころえ【寄方心得】
蚕　47②146
やといご【やとい子】
かきつばた　54①280
やといしとき【雇シ時】
桑　56①204
やといつち【やとい土】→C、D、I
ごぼう　6①130
やといなえ【雇苗】
桑　35②308
やといのとき【雇の時】
桑　56①192
やとう【雇】
瓜　19②394/20②378
やとう【屋とふ、寄ふ】　6①190
蚕　47②117
やどす【やどす】
綿　9①54
やなぎかり【柳刈】　42④274
やねをこしらう【屋根をこしらふ】　14①73
やぶかり【やぶかり】　63⑥352
やぶき【藪木】
桑　18②252
やまいいらずのほう【病不入之法】
綿　8①224
やまいき【山いき】　28②198,209
やまいきのきりあげ【山行の切上】　28②222
やまいのみよう【病の見やう】
金魚　59⑤437
やまいみよう【病見様】
蚕　35①170/47②144
やまいもしつけ【薯蕷仕付】
やまいも　22②129
やまうえ【山植】
杉　56①216
たばこ　39⑤267
やまうえたて【山植立】
杉　56①171
松　56①54
やまかせぎ【山かせき】→M
28①16
やまがた【山方】　34⑧309
やまかやしょい【山萱しよい】
42②116
やまがり【山かり、山刈、山狩】
63⑥352,⑦360,367,368,389,391,392
やまきなわはたうちびらき【山きなわ畠打開】　34②29
やまく【山工】　34②23/57②100,105,159,178,184,208
やまくせいほう【山工正法】
57②185
やまくのせいほう【山工之正法】
57②141,142,144,174,183
やまくのほう【山工之法】　57②105,127
やまぐわみぶせ【山桑実臥】
山桑　56①187
やまけずり【山けすり】　43②200
やまごぼうをつくる【山こほうを作る】
やまごぼう　17①294
やまざとのたうえのせつ【山郷の田植の節】
稲　20①54
やましきみよう【山敷見様】
57②103,105,125
やましごと【山しごと、山仕事】
9①19,34,46,50/27①15,16,247,269/63⑦392,394
やまそうじ【山掃除】　42③150,158,160,201,202
やまだい【山たい、山台】
つばき　54①284/55②142
やまだうえ【山田植】
稲　61①55
やまだうえるせつ【山田殖る節】
稲　19①39
やまだし【山出し】→M
42⑥375
やまだたねかし【山田種浸】
稲　19①39
やまつくり【山作、山作り】
稲　28①26
朝鮮人参　45⑦388,400
やまとつくり【大和作】
たばこ　38③133
やまとのくにわたのつくりかた【大和の国綿の作り方】
綿　15③387
やまとまき【大和蒔】
えごま　39①48
大麦　4①78
里芋　39①50
綿　4①110
やまとりゅう【大和流】
綿　18②274
やまなかのつくり【山中の作り】
17①179
やまなぎ【山なき、山なぎ】　42⑤319,320,322
やまにうつしうう【山にうつし植】
松　14①94
やまにうゆる【山にうゆる】
やまもも　13①156
やまのいもうゆる【山のいも植る】
やまいも　62⑨328
やまのいもつちかい【山のいもつちかい】
やまいも　28②174
やまのいもをつくる【山のいもを作る】
やまいも　17①268
やまのししがり【山ノ猪狩り】
24①152
やまのしたがり【山ノ下刈】
42②90,110,111,117,119
やまのみちかり【山の道かり】
28②201
やまのめかり【山の目かり】→I
28①62/65②90
やまはき【山はき】　63⑥352
やまはたうち【山畠うち】　42⑤321
やまはたのそばまくせつ【山畑ノソハ蒔節】
そば　19①147
やまぶきとり【山ふき取】
やまぶき　1①37
やまへうえるじせつ【山へ植る時節】
杉　56②262
やまへうつすころ【山へ移す頃】
56②283
やまみ【山見】→R
43②148
やまみまい【山見舞】　28②135/43②184,198
やまみまわり【山見廻り】→R
43②122,173,179
やまやき【山焼】　42⑥417
やまゆき【山行】　27①239,266/28②128,132,210,223
やまようじょう【山養生】　57②144,184,185
やまわりき【山割木】　27①15
やまをしたてる【山を仕立る】
56②292
やみのじぶん【闇の時分】
けし　10②374
紅花　10②374
やりちがい【ヤリチガい、やりちがひ】
桑　47③172,173
やろううつぎ【やろうつき】→つぎき
55②165
やわらぎだのつくりかた【和らき田の作り方】
稲　63⑤309

やわらげる【和らげる】
稲　41②62

【ゆ】

ゆあらい【湯洗】　5①151
ゆい【ユイ】
稲　2④303
ゆいだて【ゆい立、結ひ立、結立】
稲　1①97/36①53
菜種　42⑥397
ゆいなわこしらえ【結縄拵】　4①34
稲　29④291
ゆう【稯】→B
27①24
ゆうあがり【夕あかり、夕上り】
6①50/27①367
ゆううえ【夕うへ】
稲　33③165
ゆうかう【ユウカウ】
じゃがいも　24①73
ゆうがおたねふせつけ【苦瓠種布施付】
ゆうがお　19①179
ゆうがおつくりよう【夕顔作様】
ゆうがお　19①126
ゆうがおできるせつ【夕顔出来ル節】
ゆうがお　19①126
ゆうがおなえうえ【夕皃苗植】
ゆうがお　30①125
ゆうがおをつくる【夕顔を作る】
ゆうがお　17①263
ゆうかげ【夕かけ】　25①143
ゆうくさ【夕草】　25①57/42⑥425,428,429
ゆうくさかり【夕草刈】　42⑥426
ゆうぐれ【夕暮】
稲　25②188
ゆうげうない【夕景剖】　20①140,141
そば　19②434
ゆうしごと【夕仕事】　25①36,37,44,③266
ゆうなび【夕なび】　40③239
ゆうまくり【夕捲り、夕捲】　30①135,136
ゆうわり【夕和利】→よしごと
20①304,305
ゆかきそそくり【ゆかきそゝくり】　42⑥391
ゆき【雪】→H、P
27①202
ゆきかよい【往通、往通ひ】　29①13,32
ゆきぎえきわ【雪消際】
麦　1③268
ゆきぎえのみよう【雪消の見様】
稲　1①30,31
ゆきしものふせぎ【雪霜のふせき】
芍薬　13①288
ゆきばか【行はか、行ばか】
稲　27①110,111
ゆきはらい【雪はらひ】　28②272
ゆざはまうえつけ【遊左浜植付】
64④244
ゆすぎはこぶ【ゆすぎはこぶ】
稲　28②164
ゆずのき【柚の木】→E
16①147
ゆずりはうえかえ【ゆつりは植替】
ゆずりは　42③161
ゆだい【柚台】
ゆず　7②356
ゆだね【湯種】→E
稲　37③276
ゆどおしのほう【湯通ノ法】
稲　63⑧434
ゆに【湯煮】→K
おおやまれんげ　55③447
かわたけ　55③446
はぼたん　55③445
ゆすらうめ　55③448
ゆびき【ゆひき】→K、N
大豆　3④228
ゆびをはたらかしてかく【指を働して抓】
稲　27①122
ゆまをつくる【油麻を作る】
麻　13①36
ゆむし【湯蒸】→E、K
47②100
蚕　47②126
ゆるりする【ゆるりする】　28②275
ゆわえ【結】
大豆　38②62
麦　38②59

【よ】

よいとしまき【宵年蒔】
からしな　19①135
よいなえ【宵苗】
稲　24①67
よいね【夜稲】
稲　24③308
よいまき【よい蒔】
稲　29④276
よう【圧】
稲　19①215
よういく【養育】　69①33,134
蚕　35①70/47②81,110,126
菊　55①36
よういくかた【養育方】
蚕　47②113
よういくのこうはく【養育の厚薄】　19②399
ようかかえし【八日返し】
稲　30①19
ようかまき【八日蒔】
かぶ　19①201,②443
ようきかげん【陽気加減】
蚕　35①112
ようぎく【養菊】
菊　55①13
ようきとりようこころえ【陽気取様心得】　47②90
ようさん【養蚕】→L
蚕　35①90,237,238,②261,262,264,304,347,374,396,402/47②79,82,114,130,143/53⑤294,330,358/56①199,205/62④87,89,99
桑　56①192
ようさんごきん【養蚕五禁】
蚕　35②267
ようさんしまつ【養蚕始末】
蚕　35②259
ようさんしょしき【養蚕諸色】
蚕　35②269
ようさんちゅう【養蚕中】
蚕　24①16/47②102,103,118
ようさんのぎょう【養蚕の業】→L
蚕　47②77
ようさんのじゅつ【養蚕の術】
蚕　6①189/35①28/53⑤290
ようさんのほう【養蚕の法】
蚕　35①14
ようさんのみち【養蚕の通、養蚕の道】
蚕　14①27/35①28,97,143/37③382/47②128/62④97
ようさんのわざ【養蚕の事】
蚕　47②129
ようさんみとおりのかいかた【養蚕三通の飼方】
蚕　35③436
ようじょう【養生】→N
57②103,104,105,141,144,185,191,223,228,234,235/60⑥332,333,338,361
ようじょうのしよう【養生のしやう】　59⑤438
ようじんかけ【用心かけ】
はぜ　31④190
ようす【よふす】
稲　19①78
ようす【夜うす、夜臼】　62⑨376
稲　28④344/31②85
ようすいかけいれ【用水掛入】
稲　25②183
ようすいかけひき【用水かけ引、用水懸引】
稲　1①73,②149
ようすいせきくれあげ【用水堰塊上】
稲　1①37
ようすいのかけひき【用水のかけ引】
稲　36③194
ようすいのかげん【用水の加減】
稲　30①48
ようすいのじせつ【用水の時節】
稲　19②372
ようすいのじゅつ【用水の術】
19②360
ようすいのまわしかた【用水の廻シ方】
稲　1②144
ようすいまわりかた【用水廻り方】
稲　1②145
ようろう【養老】
蚕　47①56
よがい【夜飼】
馬　4①182
よきほをつぐ【よき穂を接】
なし　13①138
よくわさし【四鍬さし】
小麦　22②115
よけなわ【除縄】
稲　29②143
よこうえ【横植】
はぜ　11①44,48,49
よこうち【横打】→B
稲　37②87
よこうね【よこうね、横畦】
稲　23①98
麦　68②255
綿　28②162
よこおり【横折】　55③471
よこがり【横刈】
麦　27①131
よこがんぎ【よこがんき、横がんぎ】→D
稲　5②225
麦　68②255
綿　15③382,384
よこきり【横切】
ごぼう　2①77
よこぐわ【横鍬、横钁】
稲　27①44,46/30①40,47
麦　30①93,97
よこぐわのはば【横鍬のはゞ】
稲　27①362
よこざつぎ【横座接】
はぜ　11①45
よこざん【横ざん】
綿　15③389,394
よこしげり【横茂り】
綿　18②274

よこたとり【横田取】
稲 27①136
よこたにくさぎる【横田ニ耘る】
稲 27①125
よことおりにかえす【横通りに反す】
稲 27①161
よこにうねをきる【横にうねを切】
綿 15③382
よこにかく【横にかく】
麦 5③267
よこはか【横はか、横果敢】 19②406
稲 27①40,285,287
よこぶり【横振】
麦 30①94
よこまき【よこまき、横蒔】
麦 68②255
綿 28②148,175,181
よざらし【夜晒】
綿 3④225
よしあしみわけよう【善悪見分様】
ごぼう 22④256
よしごと【夜シコト、夜仕事】→ゆうわり→M 34⑦255/38④273
よしのうるしのつくりかた【吉野漆ノ作り方】
漆 18②266
よしのでん【吉野伝】
たばこ 13①60
よしのにてうゆるほう【吉野にてうゆる法、芳野にてうゆる法】
漆 13①104
榧 13①165
よしまだ【四島田】
稲 1①66
よじりまき【よじり蒔】
にんじん 3④379
よしをうえる【よしを植る】
よし 17①303
よすみだ【四角田】
稲 19①42
よせ【ヨセ、よせ、寄セ】→B 8①175,193,196,197
稲 23⑤271
そらまめ 8①112,113
綿 8①23,25,39,40,236
よせあい【寄セアイ】
さとうきび 30⑤397
よせうえ【よせ植、寄セ植、寄植】 46③211
稲 6①52/42②99
漆 46③188,207,211,212
さつまいも 34④62,⑤105,⑥132
そらまめ 34⑥136,138
大豆 34⑤87
菜種 34③45
よせうえいも【寄植芋】
さつまいも 34③42,⑥133
よせえだ【寄枝】
杉 56②240
よせがり【ヨセカリ、よせかり、よせがり、よせ刈】 2④288/63⑦389
稲 38②53,54,81/42②95/63⑥341,347
よせつぎ【よせつぎ、よせ接、奇接、寄せ接、寄接】 13①247/55③466,468,474
うめもどき 55③380
おおやまれんげ 55③333
こぶし 55③250
桜 55③263
さつき 55③325
つばき 55③241
夏つばき 55③317
なんてん 55③340
にしきぎ 55③345
はぜ 11①46,47,48,49/31④173,185,190,194
ふじ 55③291
もくれん 55③426
よせつぎしなじなしよう【寄接品々仕様】
はぜ 31④185
よせつぎほう【奇接法】
はぜ 11①46
よせつくる【よせつくる】
稲 62⑨355
よせつち【奇土】
菜種 11②117
よせなえ【寄苗】
なす 3④377
ひのき 3④255
よせなおし【ヨセ直し、よせ直し】 8①176,198,199
綿 8①40,288
よせはた【寄セ畠、寄畑、寄畠】
稲 23①98,99
桐 3④320
よせまき【よせ蒔】
綿 13①12
よせもの【ヨセモノ】 8①205
よだ【夜田】
稲 4①60
よだがり【夜田刈】→Z
稲 4①60
よつぶうえ【四粒うへ】
小豆 27①126
よつめゆいて【四つめ結て】
稲 20①76
よつゆとる【夜露とる】
たばこ 13①60
よつゆにあわせさらす【夜露に合せ曝す】
たばこ 13①61
よてぎり【よて伐】
麻 19②440/20①188
よどみした【眠膽】
蚕 35③429
よばん【夜番】→X
瓜 4①130
よびき【ヨビキ】 24①16
よびき【夜挽】
稲 29③244
よびつぎ【よひつき、よびつき、よびつぎ、よび接、呼つき、旋接】 55②141,165,③469
梅 54①289
つばき 54①284
松 55②130
よぼし【夜ぼし】
稲 8①65
よみず【夜水】 8①203
よみずしくみ【夜水仕組】 8①253
よみずみずばん【夜水水番】
稲 27①121
よみずをひく【夜水を引】
稲 30①61
よめなす【嫁茄】
なす 3①33
よりかえし【よりかへし】
大麦 22②114
よりこすり【よりこすり】 42④283
よりたて【より立、撰り立】
大豆 30③297
綿 28④338
よりほ【撰り穂】
稲 37③344
よりわけ【撰分】 4①195
よる【撰】
稲 39④186
よわづくり【弱作リ】
綿 8①237
よんしゃくま【四尺間】
はぜ 31④168
よんすんのすみじるし【四寸ノ墨印】 55①30
よんたばもち【四束持】
綿 28②242
よんどまき【四度蒔】
大豆 19②293,314,320
よんばん【四はん、四番】
稲 2①47/4①218/5③259/19①59
蚕 22⑤352
麦 8①97/41⑤244
よんばんきり【四番切】
稲 27①41
よんばんぐさ【四はん草、四番草】
あわ 33③168
稲 1②146/8①74/11②93/27①139/33⑤253
よんばんくさぎり【四番芸、四番耘】
稲 30①60,74,76
麦 30①113
よんばんくさとり【四番草取】
稲 29④292/42④231,233/63⑤306,312
よんわもち【四把持】
稲 30①82
よんわゆい【四わゆい】
稲 28②227,247

【ら】

らくすい【落水】 65④326
稲 8①72
らくすいのせつ【落水の節】
稲 28③320
らち【埒、埓】→B、D、N 39⑤289
いぐさ 4①120,121
稲 4①53/5①58,②223,225/19②421/23①21/39④208
麦 5③265
らちあい【埒あゐ】
稲 20①67
らちあいのそ【埒交の麁】
稲 19①42
らちうち【埒打、埓打】 5①145/39⑤281/42④265,266
稲 4①21,22,45/5①64/23①70,86,105/39⑤275,278,279,280,282/42④269
らちかき【らちかき】→B
稲 22④215
らちのまちゅう【埒の間中】
稲 19①42
らちま【埒間】
稲 1②146
らちまのこまか【埒間の細か】
稲 19①42
らっきょうしつけ【薤仕付】
らっきょう 34⑤85
らっきょをつくる【らつきよを作】
らっきょう 17①276

【り】

りっしゅうのつみおわり【立秋ノ摘了リ】
菊 55①44
りゃくしまき【略し蒔】
大根 2①57
りゅうきゅういのうえつけ【琉球藺の植付】
いぐさ 15②138

りゅうけさく【立毛作】 7①5
りょうくるめ【両くるめ、両繳、両繳め】→つちかい
あわ 19②370
きゅうり 20②380
ねぎ 19①131
りょうくろにぬる【両畔に塗】
稲 19②363
りょうけじ【両けじ】
麦 24②238
りょうじ【療治】→N、X
40②56/44①21/59⑤438/60⑥333,334,336,339,342,345,348,349,356,361,367,374/67④167,168
りょうねよせ【両根よせ】
藍 10③389,390
りょうもう【両毛】 69②190
りょうもうづくり【両毛作り】→L
69②217
りょうよう【療養】 47②113/60⑥340
りょうよせ【両よせ】
藍 10③390
あわ 10③394
里芋 10③396
りょうわけみぞ【両分溝】
麦 30①94
りょくでん【力田】→X
12①18/18②245,261
りょくでんのじゅつ【力田の術】
12①17
りんけい【鱗形】 57②145

【ろ】

ろくがつうえ【六月植】
さつまいも 34④64
ろくがつまき【六月蒔】
にんじん 34⑤83
ろくがつむいか【六月六日】
竹 3④334
ろくじっつぼ【六十つぼ】
菜種 28②241
ろくしゃくひとつぼにつきごじっかぶ【六尺壱坪ニ付五十株】
稲 21①40
ろくしゃくひとつぼにつきよんじっかぶ【六尺一坪ニ付四十株、六尺壱坪ニ付四十株】
稲 21①39,②113,114
ろくしゃくひとつぼへろくしちじっかぶ【六尺一坪ひ(へ)六七十株】
稲 21②114
ろくたばもち【六束持】
綿 28②242,253
ろくとおりうえ【六通植】
稲 9③274,275
ろくにうなう【平くにうなう】
19②376
ろくにかく【ろくにかく】
稲 20①62
ろくにする【ロクニスル、ろくにする】 19②376
稲 5①56
ろくねんぼり【六年掘】
朝鮮人参 48①240
ろくばばいれ【六馬場入】
稲 9③274
ろくばん【六番】
稲 8①75,76,78
ろくばんくさとり【六番草取】
稲 63⑤307,312
ろくばんこうさく【六番耕作】
麦 63⑤319
ろくめる【ろくめる】
稲 9①47
ろくわひとたば【六把壱束】
稲 19①61
ろそぎり【ろそぎり】
麻 20①188
ろをあやどる【艪ヲ操ル】 62⑥148
ろんあいぼり【論合穿】 36①63

【わ】

わかがり【若刈】 20①130
稲 18⑥493,494/25②193
からむし 34⑥158
菜種 1④311
わかぎむかい【若木迎ひ】 42⑥370
わかだい【若台】
柿 7②353
わかちうゆ【分ちうゆ】
くろぐわい 12①349
わかどり【若取】
大根 22④237
わかなえうえ【若苗植】
稲 21①32
わかんののうほう【和漢の農法】
12①26
わきうえ【わき植、分き植、脇植】
稲 10③394/41②68,69,70
わきたち【わき立】
大根 30③283
たかな 30③284
ちしゃ 30③285
わきたつ【わきたつ】
あわ 30③270
わきぶり【脇振】
稲 5①16
わきめとり【脇芽取】
たばこ 19①128
わきめをかく【脇芽をかく】
すいか 33⑥346
わくいれ【枠入】
稲 1①67
わくのて【わくの手、篗ノ手】
稲 4①72/5①57,81
わけうえ【分植】
しゅろちく 55③346
茶 47④208
びようやなぎ 55③336
わけうえるのほう【分栽之法】
さとうきび 70①19
わけぎ【わけき、わけぎ、わけ木、分木、別木】
いちじく 16①155
榧 38③185
くさぎ 16①153
桑 16①142
楮 16①143
桜 16①167
ざくろ 38③185
にわざくら 16①171
はしばみ 38③187
みやましきみ 54①304
わけぎうえ【分木植】
わけぎ 43②174
わけくさ【分ケ草、分草】
稲 29②138
わけてうえる【分てうへる】
ふき 12①308
わけてうゆる【分てうゆる、分て栽】
ざくろ 13①151
しちとうい 13①72
わけどり【ワケドリ、わけどり、わけ取】→L
稲 9①97,99/24①99,108
わけとりてうゆる【分取てうゆる】
からむし 13①30
わけね【分根】
菊 3④342
わさうえ【早稲植】→O
稲 29②134/39⑤275
わせうえ【早稲うへ、早稲殖】
稲 20②372/23③149
わせうりふせ【早稲瓜ふせ】
瓜 20②370
わせうりやとい【わせ瓜やとひ】
瓜 20②371
わせがり【わせかり、早稲刈、早穂刈】 42④238
稲 4①25,26,59/8①162/25②190/39⑤287/43③262
わせかりあげ【早田刈上ケ】
稲 29④281
わせかりとり【早稲刈取】
稲 4①216/38④265
わせかりはじめ【早稲刈初】
稲 30①133
わせささげ【早大角豆】→F
ささげ 19①180
わせだ【早稲田、早田】→おそだ
稲 24①66/40③229
わせだいずまき【早大豆蒔】
大豆 19①182/30①124
わせたうえ【早稲田植】
稲 6①43/37②112
わせだうえはじめ【早稲田植初】
稲 30①127
わせだかり【早稲田刈】
稲 30①134
わせとり【わせとり、早稲取】→O
稲 1③278/9①102,103
わせぼし【早稲干】
稲 25①73
わせまめ【早菽】→F
青刈り大豆 2①45
わせむぎかり【早熟麦かり】
麦 48①199
わせむぎさく【早麦作】
麦 38③144,154
わせむぎまき【早麦蒔】
麦 4①27/38③207
わたあとかし【綿跡かし】
綿 28②224
わたいれ【綿入】 43②204
わたうえ【綿ウヘ、綿植】
綿 8①23,195/29①61,64/44①22,25
わたおこし【綿おこし】
綿 43②173
わたかた【綿肩】→D
綿 8①188,203
わたかたしゅうり【綿肩修利】
綿 8①250
わたかたしゅうりけずり【綿肩修利削リ】
綿 8①191
わたかやし【綿カヤシ、綿かやし、綿ガヤシ、綿がやし】
綿 8①52,96,209,212
わたぎあげ【綿木上ケ】
綿 43②196
わたぎたばせ【綿木タハセ】
綿 8①216
わたぎとり【綿木取】
綿 43②193
わたぎひき【綿木引】
綿 8①207,208,212,213,214/43②184,185,194
わたぎひきほし【綿木引乾し】
綿 8①208
わたくささいひき【綿草細引】
8①161
わたくさとり【綿草取】
綿 44①30
わたくしわざ【私わざ】 17①

42
わたくまししあげ【綿くまし仕上】
綿　8①157
わたこうさく【わた耕作、綿耕作】
綿　8①105/23⑤272/29①11
わたさききり【綿先切リ】
綿　8①288
わたさく【綿作】→L
綿　3④296/8①51/15②167,175,176,178/29③246
わたさくこえいれ【綿作肥入】
綿　44①27
わたざねうえつけ【綿実植付】
綿　61⑩425
わたじうねわり【草棉地畦割】
綿　7①117,119
わたじこう【綿時候】
綿　8①169
わたしごと【綿仕事】　43②133
わたしたじ【綿下地】　43②142,144,145
綿　43②148
わたしゅうり【綿修利】
綿　8①189
わたすえきり【綿末切】
綿　43②161,162,163
わたたて【綿立】
綿　8①23,138
わたたてかた【綿立方】
綿　8①240
わたつづくり【綿つゝくり】
綿　43②148,151
わたつみ【綿摘】
綿　29①69
わたとり【わた取、綿とり、綿取、木綿とり】→K、Z
綿　4①111/28②206,210/36③274/40③238,239,240,241/43②172,173,174,175,176,177,179,180,181,182,184/65②91
わたとりはじめ【綿取初メ】
綿　43②171
わたとるせつ【綿取節】
綿　19①124
わたぬき【綿ぬき】
綿　42②114
わたねつけ【綿根付】
綿　33①30
わたのあぜけずり【綿のあぜけづり】
綿　28②192,196
わたのうえどき【綿の植時】
綿　29①62
わたのうえよう【綿の植様】
綿　29①62
わたのきとり【綿の木とり】
綿　36③289
わたのきりかけ【棉の切懸】
綿　18②274
わたのくさ【綿の草、綿之草】→G
綿　8①190/29①65
わたのくさとり【わたの草とり】
綿　9①79
わたのくさひき【綿之草引】
綿　43②157
わたのこうさく【綿の耕作】
綿　29①13
わたのしりげがり【綿のしりげかり、綿のしりげがり】
綿　28②155,179
わたのすえきり【綿のすゑ切、綿之末切】
綿　28②188/43②164
わたのつくりかた【わたの作り方、綿の作り方、木綿の作り方】
綿　15②138,③372,385/40②120
わたのつくりよう【綿のつくりやう】
綿　15②302
わたのつちかい【綿のつちかい】
綿　28②181,188
わたのなか【綿之中】→D
綿　8①70/43②148,160
わたのなかうち【綿の中打】
綿　9②223/29①64
わたのなかくさひき【綿之中草引】
綿　43②173
わたのなかけずり【綿のなかけづり、綿の中けづり】
綿　28②190,192,226
わたのなかさがし【綿の中さがし】
綿　28②182
わたのなかし【綿之中仕】
綿　43②155
わたのなかはる【綿の中はる】
綿　28②223
わたのはしうえ【綿の端植】
綿　28④349
わたのはしまき【綿の端蒔】
綿　28④346
わたのみず【綿の水】
綿　29①66
わたのみずいれ【綿之水入】
綿　43②160
わたのみぞつき【綿のみぞつき】
綿　28②178
わたのみぞつちあげ【綿のみぞつちあげ】
綿　28②183
わたのむぎまき【綿の麦蒔】
麦　28④352
わたのやまあげ【綿之山上ケ】
綿　43②151,155
わたのやまけずり【綿之山けずり】
綿　43②158
わたひらい【綿ひらひ】
綿　43②186
わたふきおわりしだい【綿吹修次第】
綿　8①84
わたふきごろ【綿吹比】
綿　8①29,60
わたまき【わたまき、綿まき、綿蒔、綿播、木綿蒔】
麦　8①98
綿　3④301/8①18,25,106,137,140,145,147,148,150,151,153,158,167,168,178,188,204,234,276,279,282,287/28①62,②146,148,149,③321/31⑤282/38③206/39⑤270/40③224/43②145,146,148,③246
わたまきご【綿蒔後】
綿　28④340
わたまきごろ【綿蒔比】
綿　8①49
わたまきつけ【綿蒔付】
綿　8①13,144
わたまきのじこう【綿蒔之時候】
綿　8①17
わたまびき【綿まびき、綿間引】
綿　8①21,22,36,190,193,194,203,231/28②162/43②155,156,157,158
わたまわり【綿廻り】
綿　28②245
わたみず【綿水】
綿　8①284,288
わたみずいれ【綿水入、綿水入レ】
綿　8①275/43②161,164
わたみずかき【綿水掻】
綿　8①289
わためけずり【綿めけづり】
綿　28②158
わたやまあげ【綿山上ケ】
綿　43②154
わたをうゆべきじぶん【綿をうゆべき時分】
綿　13①20
わたをくる【綿を操】
綿　36③290
わたをつくるひとこころえ【綿を作る人心得】
綿　15③341
わたをつむ【綿を摘】
綿　15③373
わたをまく【綿を蒔】
綿　15③355
わにば【鰐歯】
大麦　5①129
ささげ　5①103
里芋　5①105
大豆　5①101
わにばにうえる【鰐歯ニ植】
なす　5①141
ひえ　5①99
わふたつ【輪弐つ】
稲　27①206
わまきなおし【輪巻直し】
稲　27①207
わみっつ【輪三つ】
稲　27①207
わらあげ【わらあけ、わらあげ、藁あげ】　28②266,268
稲　43①80
わらいりよう【わら入用】　27①350
わらいれ【藁入】
稲　42④239
わらうち【藁打】→Z
29②120/40③214
わらうちよう【藁打様】
稲　11②108
わらうつ【藁うつ】　27①340
わらおおい【藁覆】
はぜ　11①43/31④182
わらおろし【藁おろし】　42③156,160
わらかたづけ【藁片付、藁方附】
40③243
稲　42⑥438
わらきり【藁切】　29②125
わらざいく【ワラザイク、わらざいく、わら細工、藁細工】→M、X
24①145/28②136,263/29②157/39⑥345/62⑨394,397/68④416
わらしごと【わらしごと、わら仕事、原仕事、藁しこと、藁業、藁仕業、藁仕事】→Z
9①135/18②256/24③312/29②120/31②71,75/36③168/37②69/39③144,155/40③215,216,218,219,244,245,246/42③150,151,152,159,160,162,190,192,⑥396,397,405,406,411,412,413,416,419,421,423,424,429,431,436,441,443,444,446/43②122,123,129,130,132,133,134,135,136,137,138,139,140,143,146,167,173,181,182,183,187/61①47,51
わらじつくり【わらし作り、わらじ作り】→M、Z
25①15/27①351/31②71/42⑥378
わらじつくる【わらじ作る】

27①340

わらすぐり【わらすぐり】→B、Z
42⑤316,⑥378

わらそぐり【わらそぐり】 28②136

わらたばね【藁把ね、稈束】
稲　27①385/29④293

わらつつみ【藁包】
はぜ　31④194

わらつみ【藁積】→すずき
19①85

わらとりあつかい【稭取扱】
稲　27①264

わらにうつみかえ【稿にう積替】
27①148

わらにお【わら圦】→C
42④240

わらにてつつむ【藁にて包む】
ぶどう　14①370

わらぬき【藁ぬき】 42③152,156

わらのあさぼし【藁の朝干】
30①135,136

わらのほより【わらの穂より】
42④256

わらのまきどめ【藁の巻留、藁の巻留メ】
はぜ　11①46,47

わらのむすびよう【藁の結ひやう】
稲　11②100

わらびとり【わらび取】
わらび　43②142

わらびをほる【わらびを掘】
わらび　14①184

わらほし【藁干】→L、Z
稲　30①140

わらまき【藁巻】
はぜ　11①45/31④183

わらもてまく【藁もて巻】
柿　14①211

わらゆい【藁結】
稲　42④276

わらをおおう【わらおをゝう】
里芋　41⑥275

わらをほす【わらを干】 28②137

わりうち【割うち】
ごま　27①133

わりうねす【割畝す】
からしな　4①151

わりかえ【割替】
稲　5①37/27①164

わりかえし【わりかへし】 42③190,191

わりかけ【割かけ、割リカケ、割掛ケ、割懸ケ】
菜種　8①85,86,87
麦　8①95,98

わりき【割木】→B、N
27①16,238,239,266,365,366

わりききり【割木切】 24③309

わりきわり【わり木割】 43③246

わりくさ【割草】 31③114

わりこみ【割込】
はぜ　11①45

わりこみつぎ【割込接】
はぜ　31④180

わりすき【割犂】
麦　30①92

わりだけ【割竹】→B
竹　55③451

わりだね【割種】
大根　22⑥384

わりたばね【割束】 27①366

わりつぎ【割接】 55③474

わりつけ【わり付】→L
菜種　23⑤259

わりむぎ【わり麦】→N
大麦　24③315

わるちにはぜをうえる【悪地に櫨を植る】
はぜ　31④213

B　農具・道具・資材

【あ】

あい【藍】→E、F、L、N、X、Z　1②140/48①28, 29, 30, 46, 47, 51, 52, 53, 79, 83, 84, 86, 88
あいいろのえのぐ【藍色の絵具】　24①63
あいおけ【アイ桶、藍桶】→Z　49①91/52⑦302
あいこ【藍粉】　14①287
あいご【藍ゴ】　48①77
あいじる【藍汁】　48①27, 52, 91/49①91, 92
あいずみ【アイズミ、藍ズミ、藍墨】　48①64/49①91
あいだま【藍玉、藍澱】　3①11/6①151/13①43/30④351/45②70, 109/48①50, 51, 52
あいちゅう【相中】　49①59, 93
あいのうわずみ【藍の上済】　48①27
あいぼう【アイボウ】　49①91
あいます【藍升】　4①102
あいろ【アイロ】　49①91, 92
あいろう【あいろふ、アヰロウ、藍ロウ】　48①89/52④177
あえん【阿鉛】　69②380
あおうるし【青漆】　49①46
あおがい【青貝】　53③180
あおがや【青茅】→I　48①387
あおきは【青木葉】→N　17①188
あおきん【青金】　49①123
あおくさ【青草】→I　22④214/32①24/47④208/50③273/61④169, 175, ⑦196/69②331, 334
あおしばくさ【青芝草】→I　69②351
あおだ【あをた】　34②23
あおたけ【青竹】→N　12①376/59⑤439
あおど【アヲド、青砥】　48①384, 388, 390
あおば【青葉】→E、H、I　16①250/45⑥331
あおはだだいず【青肌大豆】→F　51①174
あおばのこむぎわら【青葉の小麦わら】　3④311
あおぼしばい【青乾灰】　48①25
あおまつば【あをまつば、青松葉】→E、N　13①172/41⑥272/56①90
あおみこ【青神子】　48①387
あおり【あおり、あをり】　24③317/39③144
あかうつぎのあおば【赤うつ木ノ青葉】　60⑥376
あかうるし【赤漆】　53③175
あかがいはい【蚶殻灰】　70①24
あかがね【あかかね、赤金、赤銅、銅】→どう　45⑥331/49①48, 113, 126, 135/53③181/66②114
あかがねなべ【赤銅鍋】→N　48①56
あかがねのあみ【銅の網】　41③178/59⑤440
あかがねのおけ【赤金の桶】　49①136
あかがねのかま【赤銅の釜】　48①61
あかがねのわさびおろし【銅の山葵卸シ】→Z　18④402
あかがみ【赤紙】　52④170
あかぐすり【赤薬】　48①366, 370
あかしろきざみかくてん【赤白刻角天】　48①172
あかしんぎ【赤心木】　48①21
あかつち【赤土】→D、E、I、N　29④273/31④183/56①213
あかとのこ【赤とのこ】　49①132
あかはりのきせんじじる【赤ハリノ木煎汁】　48①37
あかまつのまさ【赤松のまさ】　15②268
あかわた【あかはた、あかわた】→F　16①220, 222
あきかご【あきかご】　60①64
あきかます【あき叺】　27①87
あきたかま【秋田鎌】　25①120
あきだわら【空俵、明キ俵、明俵】　3④226, 228, 232, 329/16①309, 310/23②135, 137/27①80/36③229/39③155, 156/59②120, 121, 126/60②94
あきのきのは【秋の木のは】　40①6
あく【あく、悪汁、灰汁、灰水、山灰汁、白灰汁、滾灰汁、涚水】→にあく、さしばい→G、H、I　3①41, 44, 53, 58, 59/4①102/6①159/12①303/13①87/14①173, 175, 214/15①93/16①145/17①272/20②384/23①18/29④288/35②269/38③185, 187/40②58, 150, 152/45②110/47①30/48①8, 10, 11, 15, 22, 24, 25, 26, 29, 31, 36, 46, 47, 51, 65, 66, 69, 70, 73, 79, 80, 90, 103, 104, 105, 109, 110, 111, 112, 113, 114, 188, 189/49①7, 120, 121, 135, 158, 159/51①168/52⑦313/53②112, 113, 114/55②175, ③368, 384, 449, 453/56①66, 83, 169/61⑧214/62③65, ⑦196, ⑨366/67⑤230, 232/68②290/69①126/70⑤331
あくおけ【灰汁桶】　48①52, 110
あくじる【灰汁】→I　10②362
あくすい【悪水】→C、D、I　16①124, 125
あくた【あくた、芥】→ごもく→H、I、N、X　13①96, 197, 261/16①135, 153, 200, 210, 211/62⑧269/69②329
あくたのやきはい【芥の焼灰】　14①144
あくたのるい【芥之類】　33④230
あくたるい【あぐた類】　48①218
あくと【あくと】　19①88
あくになべ【煮涚水鍋】　49①103
あくはい【あく灰、悪汁灰】→H、I　48①9, 13/53①33
あくみず【アク水、あく水、灰汁水、灰水】　3①60/48①110/56①123, 184/69②368, 369, 371
あくゆ【灰汁湯、灰湯、濁湯】　18①126, 131, 132, 146/48①110/53⑤337/68①59, 76, 77, 114, 136, 141, 142, 143, 152, 154, 160, 163, 169, 171, 174
あげ【あげ】　50①81
あげおけ【揚桶】　51①53
あげしゃく【あげ杓】　24①75
あげつぼ【揚壷】　50②198, 209, 210
あげなわ【上ケなわ】　24③311
あげはぐち【揚刃口】　23①90
あこうがま【赤穂釜】　52⑦313
あごきり【腮切】　23①90
あさ【麻】→E、L、N、Z　3④348/16①218, 219, 220, 222/38③191/59④300
あさいと【あさいと、麻糸】→J、N　2①132/4①38, 297/17①329/52①36/54①284/59④301/62⑥155
あさお【麻緒】→E、N　3④379
あさがら【麻から、麻ガラ、麻梗、麻売】→E　4①39, 305/6①54/19②285/24①100/46①73
あさぎ【浅黄】　48①384
あさぎ【浅木】　41③184
あさぎ【浅木】→N　53④219

あさぎ【麻木､麻楷】→Ｅ､Ｈ､Ｚ 4①38,92,152/5①48,102,160,172/48①133
あさきかご【浅き籠】 47④214
あさぎばい【麻楷灰】→Ｉ 48①134
あさくさ【朝草】→Ａ､Ｉ 24③287
あさくわ【あさくわ】 39②117
あさすた【麻スタ】 48①382
あさなわ【麻なは､麻縄】 23①118/48①128/49①81,247
あさにおけ【麻煮桶】 24①110
あさぬの【麻布】→Ｇ､Ｎ 53③178
あさのはおとし【麻の葉落し】→Ｚ 4①295
あさのみ【麻の子】→Ｅ､Ｇ､Ｉ､Ｎ 56①92
あさりたけ【あさり竹】 24①111
あし【あし､葦､芦､葭､蘆】→Ｅ､Ｇ 12①293/28②222/48①256/53⑤331/65①27,33/69②333
あし【足】 28②222
あしおけ【足桶､足樋(桶)】→Ｚ 15②195,300
あじか【アシカ､あじか､あちか､あぢか､簣､篠､篠】→かご→Ｗ､Ｚ 10②342/14①59/16①202,205/19①211/24①52,58,59,124/25①27/27①81,83/62②33
あしききん【あしき金】 49①139
あしす【芦箔】 49①197
あしだ【足駄】→Ｎ 24②234
あしつぎ【足継､足次】 35②300,312
あしどまり【足留り】 64②138
あしなか【半履】→Ｎ､Ｚ 6①239
あしなかぞうり【あしなか草り】 37②71
あしなきなべ【足なき鍋】 35②366
あじなもの【味なもの】 51②207
あしのすだれ【芦のすだれ】 54①272
あしのほ【芦の穂】 35①229
あしのむしろ【芦の莚】 13①171
あじろ【あしろ､網代】 33④227/66④227
あじろぎ【足代ロ木】 24①135
あじわら【あじわら】 28②167
あずき【赤小豆】→Ｅ､Ｆ､Ｉ､Ｌ､Ｎ､Ｒ､Ｚ 6①226
あずきのあぜくさ【小豆の畦草】 27①274
あぜき【畦木】→Ｘ 4①26,62
あせり【アセリ】 5①16
あたたかなるはい【あたゝかなる灰】 17①275
あたまおりのかくくぎ【頭折の角釘】 48①290
あたらしきおけ【新敷桶】 51②209
あたらしきたわら【新しき俵】 22①58
あたらしきぬか【新しきぬか】 21①68
あたらしきわらぼうき【新きわら箒】 27①219
あたらしもみぬか【新し籾糠】 21①68
あついた【あつ板､厚板】 10②380/17①330
あつがま【あつかま､厚鎌】 16①191/27①263
あつがみ【厚紙】→Ｎ 3①53,56/47①33,②100/48①64/49①156/51①86,153/53②126,⑤331
あつきせんちゃ【あつき煎茶】 24③304
あつきまさ【厚き柾】 2①74
あつきゆ【熱キ湯､熱湯】→Ｈ 5①35/70⑥390,393
あつきわら【熱きわら】 27①32
あつのべのきん【厚のべの金】 49①154
あつばい【熱灰】 18①112/68①108
あつゆ【熱湯】 13①152
あて【あて､砧､碪､櫃､礩】→Ｚ 27①211,354/48①67,102,115,121,122,130,139,293,328,359,362,381/49①154,155,223,224
あていた【椹板】 49①173
あてぎ【宛木】→Ｚ 53④218
あてこ【当子】 29④273
あてばん【櫃盤】 48①131
あとのこぐち【跡ノ小口】 24③328
あなあきいた【穴明板】 49①166
あなきね【穴杵】 34④69
あなつき【穴つき､穴突】→Ｚ 14①152/15②184,194,③402/45③154,160,161,165/69①84,86
あなつきたるぼう【穴突タル棒】 5①101
あなつきぼう【穴付棒】 8①217
あひるぐわ【家鴨鍬】 29③228
あぶとり【あぶとり】 24③329
あぶら【油】→Ｅ､Ｈ､Ｉ､Ｊ､Ｌ､Ｎ､Ｘ､Ｚ 1③269/5①53,90/11②122/16①145,149/17①174,175/21②131,132/22⑥374/28④346/38④268/40②129/48①159,173,174,175,178,381,382/49①11,12,22,75,90,121,168/51①32/53③166,167,170,173,175,178,179,180,181/54①312/55③434/70⑥402
あぶらあげまんのう【油揚万能】→Ｚ 15②167,169,300
あぶらおけ【油桶】 11④177
あぶらかす【油糟】→Ｈ､Ｉ､Ｌ､Ｎ､Ｘ 45③175
あぶらがみ【桐油紙､油紙】→とうゆがみ 13①244/25②229/31③120/46①64/48①64,208/51①42/54①270/55③468/56①49,88/62⑦195/68②290
あぶらがみのふくろ【油紙の袋】 2①117
あぶらぎりのみのから【罌桐の実の殻】 48①109
あぶらぎりみ【罌桐実】 49①205
あぶらぐさ【油草】→Ｘ 4①157
あぶらしぼりどうぐ【油搾道具】→Ｚ 50①50
あぶらしぼるどうぐ【油搾る道具】 50①50
あぶらしょうじ【油障子】 55③289,344,395
あぶらじる【油汁】→Ｉ､Ｎ 50①37
あぶらずみ【油墨】 55③471
あぶらだる【油樽】 23②135/42⑥391,435,444
あぶらのりょう【油の料】 16①145,149
あぶらみず【油水】→Ｈ 53⑥397
あぶらわた【油わた､油綿】 49①218/54①312,313
あぶりこ【あぶりこ】→Ｎ 70③239
あほり【泥障】 62②33
あまおおい【雨覆】→Ａ､Ｃ 4①291/45⑦397/48①230/64②136
あまおおいこも【雨覆薦】 24①59
あまがさきへんのくわ【尼崎辺の鍬】 15②300
あまがみ【雨紙】 35②412
あまぐ【雨具】 6①62/12①312/25①14,15,18,135
あまざけ【甘酒】→Ｎ 48①52
あまど【雨戸】→Ｎ 54①270
あまのしらた【アマの白タ】 48①21
あまみず【雨水】→Ｄ､Ｉ､Ｐ､Ｘ 48①209/49①202/55②175/62⑨325/64⑤337/69②244,249,250,366,371/70⑥390,391
あみ【あミ､あみ､網】→Ｈ､Ｉ､Ｊ､Ｚ 1②185/3④368/17①300/35①126,129,135,150,②262,268,295,299,347,354,355,375,383/49①21
あみす【あミす】→Ｊ 55②167
あみそ【編そ】 27①197
あみなわ【あミ縄､編縄】 4①291/17①146/24③312,313/27①190/30①83,85
あみのおおあみ【網の大網】 2①22
あみふ【あミふ､あミ符】 17①146/20①299
あみぶくろ【あミ袋】 16①205,206
あみま【あみ間】 25①136
あめ【飴】→Ｎ 40②152/48①47/49①92/62③66
あめばこ【あめ箱】 24①111
あやき【あや木】→Ｎ 41②110
あやきおろ【あや木おろ】 41③184
あやふり【綾ふり､綾振】 53⑤348,354
あらあみ【あら罟】 2①132
あらあらいおけ【荒洗桶】→Ｎ 41⑦333
あらいくつわ【あらひくつわ】 16①219

あらいこ【澡豆】 52②124
あらいじる【洗汁】→G、H、I 17①189
あらいはんぎり【洗半切】 49①26
あらうしる【洗ふ汁】 48①65
あらかご【荒かご、荒籠】 4①83,88
あらかね【礁砂】 49①145
あらかね【麁鉄線】 49①174
あらきすりぬか【あらきすりぬか】 35①135
あらきぬのふくろ【あらきぬの袋】 17①300
あらきふるい【あらきふるひ】 17①282
あらくくわ【荒堀鍬】 3③130
あらくわ【新鍬】 5①16
あらこ【麁粉】 48①176
あらしろまんが【荒しろまんぐわ】 16①195
あらそ【あら苧】 13①170,244
あらたけ【新竹】 27①190
あらと【アラト、アラド、あら礪、荒砥、礪、礪石】→れいせき 16①106/24①110/48①328,329,360,383,387,388,390/49①176
あらといし【礪石】 48①349,389
あらとおし【あらとうし、荒とをし、荒通し】→とおし 4①33,65/6①74/27①198
あらとぎ【粗磨、麁とぎ】 48①387,388
あらなわ【あら縄、荒縄】→J 46①70,72
あらなわ【新縄】 11①51
あらぬか【あらヌカ、あらぬか、あら糠、荒ぬか、荒糠、糲】→E、I 3①43,51,④251,252,267,282,289,319,349,366,379/11②110/13①186/24③340/46①61/51①111,169/69②333
あらぬの【麁布】 48①371
あらばし【梗箸】 20①294
あらびやかん【アラビヤカン】 48①61
あらほしもの【荒干物】 61⑩430
あらむしろ【荒莚】 12①320
あらわら【新稭】 27①181
あわ【粟】→E、I、L、N、Z 69②333
あわか【粟柯】 33④208
あわかき【泡カキ】 52③136
あわがら【あわから、粟カラ、粟から、粟殻、粟柄】→I 1①48/17①219,272/30③286/32①125/36③294/47①30/62②41
あわぎ【粟木】 5①175
あわせど【あハせ砥、アワセド、磨石】 16①106/48①383,384,385,388
あわとおし【あわ通し、粟通、粟通し】 56①43,44,48,53,117,161,194,204,209
あわぬか【粟ぬか、粟糠】→N 3④286/40④281
あわのかぶ【粟のかぶ】 12①251
あわのかりかぶ【粟のかりかぶ】 12①252
あわびがい【蚫介、蚫貝】→I、J 48①52/51①175
あわびから【あハひから】 30③252
あわびのかい【アハビ之貝】 8①22
あわびのから【鮑ノ殻】 18③358

【い】

い【藺】→E、N 14①137
いえふきわら【家ふき藁】 41②68
いえぶり【いゑふり】 36③205,206
いおう【イワウ、いわう、硫黄】→H、I、N、X 14①359/21②131,132/38③176/46①20/48①33,134,323,392,393/49①132,135/53③178/55③381/66③155/69①102,118,133
いおけ【餧桶】 60③139
いかき【いかき、いがき、囲かき、淘籮、飯籠、飯籮、笊籬、箱、箱、箱】→ざる→N、Z 5③278/10②362,③385/15①86,②200,223/22①59/30①33,③284/48①113,381/49①7,219/50③255/51①39,40,51,56,152/53①29,33/59⑤435/69①52,72
いかだ【筏】→J 15①28
いきいし【いき石】 16①107
いきつえ【いき杖】 16①208/24①75
いくい【井杭】 34⑦248
いくきち【いくきち】 57②178
いぐさ【藺草】→さきしちとう、しちとう、りゅうきゅう、りゅうきゅうござ、りゅうきゅうむしろ→E 3①60
いくまるきち【いく丸きち】 57②206
いぐわ【居鍬、鋳鍬、猪鍬】→Z 15②300/20①289/22③168,170,172/38③129/39②98,105,108,110,113,114,115,117,118,120,121/61⑩436/69②218,220
いけだめ【水器】 55③249,251,259,275,277,283,290,292,317,321,331,332,334,355,363,381,394,398,403,410
いけつな【池つな】 42⑤316
いけのみず【池ノ水】 69②299
いけみず【井水、池水】→D 13①108/27①215,216,307,323/46③203,204
いござ【いごさ】 24③328
いさりぎ【いさり木】 4①285
いざる【いざる】 24①111
いし【石】→D、X 2①109,123,133/3①60/4①101,299/13①152/16①300,301,309/17①327/24①37,47/28②263/31④223/34⑥121/51①31,169,170,177/56①179/65③277
いしいわ【石岩】 54①297
いしうす【石うす、石碓、石臼、石磨、石礱、磑、碾磑】→うす→Z 10②342/14①176,204/16①109,110/17①187,188,319,330/20①293/22①37/25①62,78/28①17/36③290,315,316/37②94,③344/38③135/41②106/48①8,9,10,177,370/49①27,49/50①69/51①120,121,122/52②94,③134/61⑩459/62①15,⑨394/69②300,386
いしうすめたたき【石臼目たゝき】 24①135
いしがわら【石瓦】 4①158/12①376/13①79,82,129/24①52
いしくりぬき【石繰抜】 65④322
いしずな【石砂】→D 65①28
いしだわら【石俵】 65③186
いしつき【石突】 4①294
いしといし【砥礪】 49①207
いしのけた【石の桁】 49①20
いしのみ【石のミ】 16①328
いしばい【石灰】→G、H、I、L、N 5③278/7②320/13①289/24①47/30⑤404/35②320/48①66,91,92,316,318,319,320,370,382/49①213,214/50②193/53①33/55②169,③373,450,453/59⑤440/61⑧214,217,222,227,229,234/68③352/69②345/70①24,②134
いしばいたわら【石灰俵】 24①72
いしばいのしる【石灰の汁】 48①114
いしばいふるい【石灰ふるい】→ふるい 24①58
いしばいます【石灰枡】 24①58
いしばいみず【石灰水】→H 30⑤409/55③453
いしばいみずいれるおけ【石はい水入桶】 40④274
いしびきうす【石挽臼】→うす 6①241
いしひきそり【石引雪舟】→そり 24①17,146
いしまさきり【石まさきり】 64①41
いしまわし【石廻し】 4①295
いしめたがね【石目鏨】 49①107
いしよけいた【石除板】 64②136
いしるい【石類】 48①375
いしろくろ【石轆轤】 30⑤412/50②169,181
いしわりつち【石割槌】 24①43
いすたらび【イスタラビ】 40②78
いすのきのかわのはい【イスノ木の皮の灰】 48①375
いずみ【いつミ】 42⑤319
いずみず【いづミ醋、泉醋】 13①50,51
いずみなわ【いすミ縄、いつミ縄】 42⑤315,316
いせまきぬか【伊勢巻糖(糠)】 22⑥368
いた【板】→N、Z 2①73,85,86,104,105,④283,311/3①58,61/4①39,305/6①39/15②207/16①166,217,218,230,329/27①331/32②316/40①9/45①43,⑦388,399/46①61/48①40,41,48,65,67,75,84,102,103,113,116,153,159,212,259/49①

16,56,59,61,63,65,84,91,138,148,173,176,196,221,224/52④168,176/53④242/54①268/56①48,51,60,67,99,117,124,194,204,209,216,②287/59⑤442/64②136,⑤337/65④318/69①58
いたがさ【板笠】 24①17
いたがね【板金、板銅】 3①42/49①48
いたぎ【板木】→L、N 25①44/56②277,280,281,284,290,291
いたくるみ【和板】 52③136
いたごろ【板ごろ】 27①149
いたじき【板敷】→N 48①105
いたじょれん【板じよれん】→Z 15②274
いたぞうり【板草履】 24①43
いたづち【板槌】 29①63
いたとおし【板とうし、板とをし、板簾】 25②190,230/62②33
いたならし【板ならし】 24①43
いたのせん【板の栓】 15②236
いたびいどろ【板びいどろ】 48①323
いたふち【板ふち】 48①281
いたぶね【板舟】 53⑥396
いたふるい【板ふるい、板ふるひ、板篩、板簁】→ふるい 1④332/19①79/20①293/22①58/38②77
いたみみ【痛み箕】 1①44
いたやがい【文蛤】→J 51①175
いたゆすり【板揺】 63⑧431,432
いちこ【イチコ、いちこ、イチゴ】 16①203,205/38④235,263
いちごうます【一合枡】 24①124
いちにんどりきかい【一人繰器械】 53⑤359
いちばんあい【壱番藍】→A、E 48①78
いちばんがさ【一番蓋、壱ばん蓋】 27①179,181
いちばんかわ【一ばん皮】 49①147,148
いちばんぐち【一番口、壱ばん口】 27①132,165,382/39⑤294
いちばんじる【壱番汁】 48①56,60
いちばんとま【一番苫】 27①377
いちび【いちび】→E、L、N 16①219,220,222
いちびのから【黄麻茎】 48①133
いちぶから【イチブ柄】 31⑤284
いちょうまんのう【いてう万能、杏葉万能】→Z 15②167,169,300
いちよまるきち【いちよ丸きち】 57②206
いっけんいた【壱間板】 53①46
いっこくだわら【壱石俵】 20①297
いっしょうます【一升枡】 24①124
いっとだわら【壱斗俵】 20①296
いと【糸】→H、J、K、N、R 4①305/31②86/49①223,240/50②189,④300/53②112,118,130,⑤297/54①258/70③239
いとおろし【糸卸】 11②102
いとくりのゆ【糸繰の湯】 35②367
いとくりぼう【糸繰棒】 47②98
いとぐるま【糸車、紡車】→つむぎぐるま 48①120/49①51/53②118/62②39
いどぐるま【井戸車】 42⑥444
いとこうり【糸こうり】 24①90
いとしたてたけ【糸仕立竹】 47②98
いとそうけ【糸籭】→Z 6①241
いとだて【糸立】 59①23,24,29,32,34,35,39,40,42,44,45,47,49,50,53,54,56,59
いとつくり【糸作り】 24①90
いどづな【いどづな】 28②137,209
いととおし【糸簁】→K、Z 6①75,241
いととりいちにんまえのみず【糸とり一人前の水】 35②366
いととりぐるま【糸とり車】 36③317
いととりなべ【糸取鍋】 35②357
いどなわ【井戸なわ】 42⑥445
いとはり【糸張】 24①90
いとひきどうぐ【糸挽道具】 47②97
いとひきなべ【糸挽鍋】 24①90
いとひきようぐ【糸挽用具】 24①89
いとまきがみ【糸巻紙】 53⑤356
いどみず【井戸水、井水】→D 35②366/53⑤350,351/66⑧393
いとめやすり【線目鑢】 49①109
いとわく【糸わく、糸枠】 24①90/49①72/53②121
いないなわ【いないなわ】 28②137,155,209,224
いなかけ【稲懸】 7①80
いなかけいりようのしな【稲懸入用の品】 7①81
いなかま【いなかま】 9①55
いなこき【いなこき、いなこぎ、稲扱、稲箐、喬扦】→A 5③255/7①39/14①59/27①380,382,383,386/29①19
いなこきだい【稲扱台】 27①383
いなたばねわら【稲たばね藁】 4①85
いなつなぎ【稲つなぎ】 36③168
いなにおしたわら【稲乳下藁】 1①55
いなふね【いな船、稲舟】 16①211/37③340
いなほしざお【麦竿】 14①59
いなむしろ【いなむしろ、稲むしろ】 9①132/37③340
いなわら【稲わら】 22④218
いぬのお【犬の尾】 24①111
いぬのつめ【犬の爪】 24①111
いねあげぼう【稲上棒】 1①41
いねうちだな【稲打棚】→Z 62⑦191
いねおしぶね【稲押船】 23①91
いねかけあし【いねかけあし】 28②249
いねかりがま【いねかりがま、稲刈鎌】 9①101/20①293
いねこき【いねこき、稲こき、稲こぎ、稲扱】→A、L、Z 1①41/6①241/7①122/15②229,231,233,301/22①35/25②184,229/27①380,383/28②215,231/29②156,③222/31④219/36③311/37②71,③356/38②77/39④186,⑤293/62②33
いねこきあし【いねこきあし】 28②249
いねこきしょどうぐ【稲こき諸道具】 27①261
いねこきのかね【稲コキノ金】 8①22
いねつけなわ【稲附縄】 42⑤315
いねつなぎ【稲繋】 36③316
いねのくろやきばい【稲の黒やき灰】 49①65
いねのわらばい【稲のわら灰】 49①65
いねわら【稲わら、稲藁、稲楷、稲稭】→I 22④284/32①121/48①206,247
いねわらばい【稲稭灰】 49①65
いのくら【猪倉】 48①387
いのまん【いのまん】 57②201
いばら【いばら、荊】→E、G、H、I 13①265/69②333
いばらのはな【茨の花】→E 40②151
いびら【蚕薄】 47②126
いぶり【イフリ、イブリ】→えぶり→Z 25②227/39⑤274/52⑦301
いぼたろう【虫白蠟】 48①329
いぼり【イボリ、いぼり】→C 25②180,227
いまめ【いまめ】 16①200,201
いまりのつち【伊万里の土】 35②334
いみず【井水】→C、D 55③256,447
いもあらいふご【芋洗蹈籠】 20①294
いもおろし【いもおろし】 56①215
いもがしら【いもがしら、芋魁】→E、N 13①246
いもがら【イモガラ、芋茎】→E、I 48①100,135
いもの【鋳もの、鋳物】 10②305/15②152/16①182
いものは【芋ノ葉】→E、N 48①134
いよ【伊予】 48①387
いよしこん【伊予紫根】 48①12,13
いりいた【圦板】 16①322
いりえたがね【入江鏨】 49①107
いりがま【炒リ釜、炒釜】 32②312/49①204
いりこぼく【杁古木】 64②140
いりだいず【炒大豆】 51①172
いりな【いりな】 24①124

いりなべ【煎鍋、炒鍋】 6①160/50①41,45,50,53,54,61,73,82,83/69①101
いりむぎ【炒麦】→N 48①57
いるりつちかます【いるり土叺】 27①281
いれこのわ【入子の輪】→Z 53①43
いれもの【入物】 11②100/27①28
いろあげにじる【色上煮汁】 49①117
いろつけなべ【調色汁鍋】 49①103
いろりのはい【いろりの灰、火炉の灰、地爐の灰】→はい→H、I 1①69/4①94/38③176
いわいそ【いわいそ】 28②225
いわえそ【いわへそ】 9①126
いわこんじょう【イハ紺青】 49①46
いわし【海鯉、海鰮】→I、J、N 69②299,308
いんぶつ【陰物】 23①34

【う】

うえどだい【上土台】 64②138
うえのさお【上ノ竿】 64②137
うえのと【上ノ戸】 64②137
うえののみくち【上の呑口】 51①113
うおあらいおけ【魚洗ひ桶】 41⑦333
うおじる【魚汁】→I 10②331
うおのはらわた【魚の腸】→I 69①91
うき【うき】 49①89
うき【ウキ】 49①45
うきいし【浮石】 48①129,130
うきなのみのあぶら【菘の実の油】 12①230
うこぎ【うこぎ、五加】→E、N、Z 13①227
うごろさし【うごろさし】 24①75
うこんのこ【鬱金の粉】 48①34
うさぎて【兎手】 49①104
うしうまのつな【牛馬の綱】 13①203
うしお【潮、潮水】→D、H、I、N、Q 5①165/34③44/50④307/55③453
うしぐ【牛具】 40③229
うしぐるま【牛車】→M 15②244
うしぐわ【牛鍬、牛钁】 30①93,94
うしのうぐ【牛農具】 40③214
うしのおもがい【牛の面蓋】 29②120
うしのくつ【牛の沓】 4①10
うしのつな【うしのつな、牛の綱】 9①15/40③214
うしのどうぐ【丑之道具、牛ノ道具、牛の道具】 8①217/24①60/43②137,187
うしのはらおび【牛の腹帯】 29②120
うしのひたびら【うしのひたびら】 9①15
うしのみの【牛の蓑】 29②121
うしひきくるま【牛引車】 61⑧231
うす【ウス、うす、碓、臼、磨、舂】→いしうす、いしびきうす、おけうす、おもがらうす、からうす、かるがらうす、きうす、こめつきうす、すりうす、たうす、たちうす、たてうす、ちゃうす、つきうす、つちうす、つちのひきうす、つなうす、とううす、とうす、なでうす、ひきうす、ふみうす、まつのきうす、みかげいしうす、ものひきうす、もみすりうす、もみすりひきうす→Z 1①41,②170/3①43,57/4①27,59,74,79,81,84,90,93,108/5①112,117,122,135,151/6①17,71,151,241/8①258,259,261/9①136/10②318/11①18/13①141/15①82,86,90,92/16①161,163/17①144,185,206,319,327/20①293/22①37/24①37,82,119/25②196,230,③275/27①198,199,206,209,353,385,387/28②214,251,260/29①58,85,③264/31④157/32①76/33④223,⑥361,384,387,393/35②326/36②98,③182/38②78,③187,199/39③146,⑤297/41②138,③178/42④272/48①21,50,66,254,255,265,270,294,379/49①14,15,24,25,46,49,99,148,190,195,204,205,214,218/50①40,45,50,54,55,58,60,61,67,73,81,82,③262/56①51,169/57②192/61⑨265/62⑤128/65④356/67④169,⑤228,229,⑥317,318/69①50,86,92/70③229,230,⑤332
うすあみすのこ【薄編簀】 23②137
うすいた【薄板】 1⑤356/5③276/54①270
うすがみ【薄紙】→N 51①86,153
うすきかま【うすき鎌】 13①69
うすきこも【うすきこも、うすき薦】 13①59/14①388
うすきしる【稀汁】 70①24
うすきね【臼杵】 1②153,176/14①59/27①221
うすくわ【うす鍬、薄鍬】 17①204/22②120/27①130
うすけた【うす桁】 27①388
うすこ【うすこ】 17①327
うすご【薄ご】 48①27
うすこも【薄菰】 46③205
うすころ【臼ころ】 5④329
うすざ【磨座】 49①49
うすざけ【うす酒、薄酒】 60⑥348,349,350,353,357,366,369
うすしぶ【うす渋、薄渋】 13①107/48①90
うすしろみず【泔水】 46③206
うすだい【磨台】 49①16,24
うすつち【臼土】 42④275
うすてつ【薄鉄】 49①151,170
うすどろ【臼とろ】 42④243
うすなべ【薄鍋】 48①64/49①117
うすにかわじる【薄膠汁】 48①178
うすのかすがい【臼ノかすがい】 24①124
うすのき【臼ノ木】 1②170
うすののどきりておの【臼の咽切手斧】 4①296
うすのめとり【臼ノ目取、臼の目取】→Z 4①295/6①241
うすのり【薄のり、薄糊】 48①12/49①92
うすのわ【うすの輪】 27①206
うすば【うす刃、薄刃】→N、Z 24①110/38③128/48①142
うすばほうちょう【薄刃庖丁】 4①117
うすべら【薄篦】 31④203
うすべり【うすへり】→N 56①160
うすべんがらご【薄紅がらご】 48①77
うすむしろ【薄莚】 55③331
うずらぶえ【鶉ふゑ】 60①66
うすわ【臼輪】 27①207
うちあて【打当、撲磌】 6①241/49①157
うちからのかた【内空の模】 49①190
うちきね【うちきね、打杵】→Z 17①328,329/20①293
うちくもり【内曇】 48①384,387,389
うちくわ【打鍬】 20①289
うちこみがま【打込鎌】 6②276
うちそとわ【内外輪】 53①43
うちだい【打台】 7①39
うちだなわやすめ【内田縄休メ】 4①285
うちだわら【うち俵、内俵】 11②108/17①147
うちなわ【打縄】 4①287
うちぬき【打抜】→Z 23①117
うちぼう【打棒】 6①241
うちまめ【うち豆】 48①36
うちもの【打もの】 15②142
うちわ【うちハ、うちは、うちわ、団、団扇】→N、Z 3①53/10②342/13①84/24①90/25①79/28②260/47②93,④214/51①66/62④90
うちわら【うちわら、うち稭、打わら、打藁、擣藁】 4①304/11①42,44/13①170,215,244/46①63,64/49①200/52④180/54①267,272,285,289,291,299/55③469/56①88
うつぎ【うつき、うつぎ】→E、I、Z 13①172/56①90
うつしおけ【瀉桶】 27①291
うっつめ【打結締】 31①26
うつりたわら【移り俵】 57②158
うつわ【うつわ、器】→N 3①62/5①17,18/39⑥337,338/45⑦388/53⑤336,339,351
うつわもの【器もの、器物】→N 13①146/47①33,②102/48①246/59⑤436,438/61⑧234
うでぎ【ウデギ、ウデ木、肘木、腕木】 49①227,229,248,249,260
うてな【台】→X 49①223,235
うねきり【うね切、畦切、畝切】 15②138,192,194/23⑤268/45③159/50②151/68②255
うねふだ【畝札】 67②104
うねわりのどうぐ【うね割の道

具】 7①121
うばい【う梅、烏梅、梅干】 13①131/53③165, 171, 174, 178, 180
うばいのす【烏梅の酢】 48①61
うまいずみ【馬いつミ】→Z 4①10/6①242
うまお【馬尾】 48①116
うまおけ【馬桶、馬槽】→Z 1②154/5①80/6①242/16①222/27①323, 325
うまおもずらなわ【馬をもずら縄】 27①278
うまぎつ【馬キツ、馬ぎつ】 1①41, ②154
うまぐい【馬杙】 20①294
うまぐつ【馬くつ、馬沓、馬踏(沓)、馬履】→I 6①239/37②71/42④251, 254, ⑤315, ⑥390/46③203, 204
うまくつご【馬口籠】 20①294
うまぐわ【馬鍬、馬把、馬杷、耙】→まぐわ 15②152, 204, 217/23①19/30①23/70④268
うまごえもち【馬こへ持】 24①59
うまたなわ【馬手縄】 42④254
うまだらい【馬盤、馬盥】 5①117/6①242
うまつなぎなわ【馬繋縄】 20①294
うまどうぐ【馬道具】 17①225/19①195, ②286/27①239/37②71/38④235
うまなべ【馬鍋】 24①59
うまにのせ【馬にのせ】 27①278
うまのお【馬の尾】 35①162/53①43, ⑤319
うまのおいと【馬の尾糸】 13①252
うまのおすいのう【馬の尾スイノウ】 48①226
うまのおのけ【馬の尾の毛】 48①81
うまのおもづら【馬のをもづら】 24①60
うまのくちとりさお【馬の口取棹】 24①59
うまのくちとりなわ【馬ノくち取り縄】 42⑤315
うまのくつ【馬のくつ、馬ノ沓、馬の沓、馬の踏、馬之くつ、馬之沓】 2④283/9①23, 24, 37, 102, 118/11②97, 100/19①87/24①103, 145/25①18/31②71/42⑤319/62⑤121
うまのくら【馬ノクラ、馬の鞍】 2④310/13①122/18①88
うまのくらなわ【馬ノくら縄】 42④257
うまのくらゆうわら【馬の鞍結ふわら】 27①133
うまのけ【馬の毛】→J 3①58
うまのしきもの【馬の敷物】 41②133
うまのどうぐ【馬の道具】 6①238/34⑦247
うまのはきもの【馬ノ履】 2④291
うまのはななわ【馬の鼻縄】 30①119
うまのはらあて【馬ノ腹あて】 42④257
うまのふみくさ【馬ノ踏草】→I 63⑧439
うまのふみわら【馬の踏藁】→I 61②95
うまのふるい【馬の篩】→ふるい 48①207
うまのふん【馬の糞】→I 59⑤443
うまのむち【馬ノ鞭、馬の鞭】 13①122/18①88/70②73
うまはたご【馬はたこ】 42⑤319
うまはな【馬緤】 20①294
うまびつか【馬びつか】 24①59
うまぶね【馬舟】 24①58, 146
うまみずおけ【馬水桶】 24①59
うまやぐさ【厩屋草】 27①147
うまやごえ【馬屋糞】→H、I 13①25
うまやしき【馬屋鋪】 31③118
うまやなわ【厩縄】 4①10
うまよつなわ【馬四ツ縄】 27①278
うみせっかい【海石灰】 34⑥160
うめかりやす【梅カリヤス】 48①69, 70, 78
うめず【梅酸、梅酢、梅醋】→N 3①44/40②151/49①119, 120, 130, 131, 132/53③181/61②93
うめずのくすりみず【梅酢の薬水】 49①131
うめづけのす【梅漬の酸】 49①133
うめのき【梅の木】→E 48①21
うめのきしらた【梅の木白タ】 48①90
うゆるどうぐ【うゆる道具】 27①95
うら【杪】→N 4①21, 137
うらたけ【うら竹】 56②261
うらなた【裏山刀】 5①170
うるし【うるし、漆】→E、N、R、Z 1②183, 184/3①54/4①162/10②336/13①108, 109, 112, 199, 373/21②127/31④202, 203/34⑧307/43①90, 94/46③198, 199, 200/48①70, 147, 173, 174, 175, 176, 177, 178, 179, 389/49①9, 23, 46, 133/53③165, 169, 170, 173, 178, 179/54①258/56①85/60⑥337/66①65
うるしかき【漆かき】 4①162
うるしだる【漆樽】 46③198
うるしつつ【漆筒】 4①162
うるしのきのは【漆の木の葉】 14①354
うるしばけ【うるしばけ、漆はけ、漆バケ、漆刷毛】 48①7, 61, 89/53③175
うるちきび【稷】→E、I、N 69②333
うろこたがね【鱗鏨】 49①107
うろこやすり【鱗鑢】 49①109
うわうす【上うす、上磨】→したうす 23⑤259/49①24, 204
うわかわ【上かハ、上かわ】 17①146/24③313
うわくち【上口】 65②63
うわげた【上げた】→Z 3①58
うわそ【ウハソ、上そ】 49①234, 261
うわだわら【上ハ表、上ワ俵、上俵】 19①88/24①124/33①15
うわなわ【上縄】 1①41
うわぬりしゅうるし【上ぬり朱漆】 48①174
うわぬりのうるし【上塗の漆】 48①173
うわひき【上引】 48①387, 388
うわひきど【上引砥】 48①389
うわぶね【上舟】 53⑥397, 398, 401
うわみず【上水】→D、H、X 55③323
うわゆい【上結】 24③313
うわりょうのつち【上料の土】 49①190
うんも【雲母】 14①277, 278, 287/16①108, 280/48①379/55③207

【え】

え【ゑ、柄】 1①40/2④309, 310, 311/3③130/4①288, 305/15②187/16①176, 178, 179, 180, 182, 184, 185, 187, 189, 192, 199, 200, 201, 207, 211, 213, 214/25①120, 138/28②150, 226, 267
えあぶら【荏油】→E、H 19②341/38②72, ③161, 163/43①29/49①89, 90
えいぼう【衛矛】 6①226
えおの【柄斧】 61⑩453
えぎりのあぶら【荏桐ノ油】 55②169
えぐさがら【ゑくさから】→I 39②104
えぐわ【柄鍬】 9③241, 257
えさし【ゑさし】 24①135
えさしたけ【校竹】 14①129
えたけ【柄竹】 48①136, 138
えだすみ【枝炭】 49①120, 122
えだたけ【枝竹】 12①370
えだつきのき【枝付之木】 24②238
えだつきのたけ【枝付之竹】 33④229
えだつきのたけのこずえ【枝付之竹之梢】 33④230
えだのつきたるたけ【枝の付たる竹】 31④194
えだは【枝葉】→E、I、N 69②329, 331
えだほうき【枝箒】 49①41
えつし【越砥】 48①384, 388, 389
えっちゅうぐわ【越中鍬】 6②276
えどぐるま【江戸車】→Z 48①125
えどだる【江戸樽】 51①111, 177
えどづみしんだる【江戸積新樽】 51①88
えどぬか【江戸糖(糠)】 22⑥367, 393
えどむらさき【江戸紫】→V、X 48①17
えのあぶら【ゑのあぶら、荏の油】→H、N 13①199/48①89
えのき【ゑの木、榎】→E、I、N 16①189/31⑤284
えのぐ【絵の具、絵具、投彩】

14①287/40②72,73/48①89,91,377/49①45,52
えのぐざら【絵の具皿､絵具皿】 14①286,289
えのながきじょれん【柄の長き鋤簾】 15②212
えばけ【絵ばけ】 14①286
えびしりがい【ゑび尻がい】 24①59
えびら【ゑびら、山箔、蚕簿】 14①59/35①153,③436
えぶり【エブリ、ゑふり、ヱブリ、ゑぶり、柄振、杁、朳、朳り、楖】→いぶり→A、K、X、Z
1①41,49,65/2④310/4①17,18,47,294/5①17,25,56,57/6①240/8①105/9①47/10②379,380/14①59/15②183,③361,362,369/17①82,107,108/19①47,50,211,②404/20①63,290,293/25②227/27①44,55,368/29③232/30①23,41,44,47/36③165/41③174/51②207/53④217,226/62②33/63⑤305,308,309,310
えぶりこ【ゑぶりこ】→Z
49①258
えぼしいしめ【烏帽子石目】 49①107
えめいあていてご【ゑめゐあていてご】 42⑤314
えもぎ【ゑもき】→よもぎ→E、H、N
47①24,43
えりつきこも【ゑり付こも】 4①305
えろうと【柄羅斗】 50②194
えをぬきたるくわ【柄を抜たる鍬】 25②229
えん【鞡】 20①294
えんざ【円座】 48①368
えんじ【燕脂】 48①89
えんしょう【エンセウ、焔消、焔硝、塩硝、焰硝】→H、I
4①175/5④319/14①358,359/21①76,②131,132/39①56/48①134,135,323/49①118/52⑦285/69①46
えんしょうせい【焔消精】 69②272,273
えんしょうのはつえんせい【焔消ノ発烟精】 69②273
えんどぼえ【ゑんどぼへ】 24①75
えんのう【莚嚢】 69②246
えんばい【煙煤】 49①43
えんぼん【ゑんぼん】 9①10,13,23,37,101,113,130
えんりょなわ【遠慮縄】 25③266

【お】

お【苧、茡】→E、K、N
4①291/12①272/65①34
おあし【緒足】 24②234
おい【おひ】→N、Z
4①293
おいこ【おいこ】 9①77
おいわら【笈藁】 29③247
おうが【繅車】 35①162,166
おうぎのじがみ【扇の地紙】 50③263
おうこ【おうこ、おふこ、担】→にないぼう
9①14,113/14①59/28①17,37,②137,155,215,225/33①17,48
おうこのつく【おふこのつく】 28②224
おうど【黄土】→D
14①287/48①38,43,82/49①11,27
おうどう【黄銅】 49①126
おうどやき【黄土焼】 49①23
おうばく【黄バク、黄柏】→N
48①20,31,43,61/49①147
おうみ【おほミ】 4①285
おうみつち【近江土】 49①11
おうれん【黄連】→E、N
49①53
おうろう【黄蠟】 14①353/18①154
おおあし【於浦安之、大あし、大足】→Z
1①41,49,②144,150/2①63/19①45/20①62,290,293/24①43/29③204,262/30③257/38④244/48①260
おおあじか【大あじか】 24①57
おおあみ【大網】→J
10②337
おおい【おほひ、覆】→A
13①54/31②86
おおいいた【覆板】 2①84
おおいし【大石】→D、J
16①313/65①32,③173,180/66②96
おおいずみ【大いつミ】 4①300
おおいのわら【覆の藁】 33⑥321
おおいわら【覆藁】 11①43
おおう【雄黄】→H、N
6①226
おおうす【大臼】 30①83,85/36③314
おおうちわ【大団扇】→Z
35①147/47②93,97
おおおけ【大桶】 1④323/6①107/18③354/22④265/31④207/50②195/51①52,88,163,②206/52②106/67⑤231/69①58,②244,257,296,302,324,325,340,343,367,368,369
おおが【大鋸】→G
14①57
おおかく【大角】 53④242
おおかご【大かこ、大籠】 14①284/16①205,208/59①23,24,29,32,34,39,42,44,45,46,49,50,53,54,56,58/62④94
おおかなづち【大鉄槌】 24①44
おおがねぬか【大がね糖(糠)】 22⑥393
おおがま【大かま、大釜】 3①47,59,60,④323/6①160/18①63/24①110/38③144/40④328/48①8,9,10,23/49①196/52③135,④176,179,180/53⑤299,331/58⑤345/66④201,224/69②308,309,368
おおがま【大鎌】→Z
23①90
おおかみのふん【狼のふん】 17①139
おおかめ【大瓶】 30⑤409/33⑤239
おおかや【大茅】 41②137
おおからすき【大耒耜】→Z
15②214,217
おおからたけ【大唐竹】 27①146
おおきなるぼうのさき【大きなる棒のさき】 12①220
おおきね【大きね】 17①185
おおきりたがね【大截鏨】 49①104
おおぎりは【大切刃】 18③354
おおくい【大杭】 16①276,279
おおくち【大くち、大口】 27①165,381
おおくちさきぬか【大口先糠】 27①382
おおぐるま【大車】 15②267
おおくろぐわ【大黒鍬】→Z
15②300
おおくわ【大鍬】→A
6①34/8①110,112,176,179/22④283,289/62⑨348
おおくわだい【大鍬台】 36①36
おおこしき【大こしき】 51②202
おおこばし【大こはし】 17①184
おおざいもく【大材木】 53④243/57②119,168,169,181,229
おおさかうえきやにもちいるすき【大坂植木屋ニ用鋤】 15②300
おおさかてつだいのものもちいるすき【大坂手伝之者用鋤】 15②300
おおさかにかわ【大阪膠】 49①85
おおさかへんにもちいるすき【大坂辺ニ用鋤】 15②300
おおしぶがみ【大渋紙】 64④262
おおしゃく【大杓】 27①76,263
おおじょたん【大助炭】 53⑤331
おおすき【大鋤】 4①224
おおすりばち【大摺鉢】 14①286
おおだ【あふた】→Z
34③49
おおだい【大台】 49①175
おおたけ【大竹】→E
7②349/10②358/16①299/46①76,77/48①380
おおたけかわ【大竹皮】 55③469
おおだけのつつ【大竹の筒】 15①47
おおためおけ【大溜桶】 27①263/38③193
おおだらい【大盤、大盥】→N
5①34/35①64/47②81
おおたわら【大俵】 4①101/27①29,162,166,211,279/46③204
おおたわらくちがいなわ【大俵くちがい縄】 27①279
おおたわらふ【大俵ふ】 27①278
おおたわらゆいそう【大俵ゆひさう】 27①279
おおつち【大つち、大槌、大鎚】 6①241/16①309/49①103
おおつな【大綱】 10②337
おおつぶら【大つぶら】 27①90
おおつるばし【大つるばし】 27①300
おおてご【大手籠】 4①300
おおどくり【大壜、大壜り】 69②265,273
おおとま【大苫】 29④270
おおなべ【大鍋】→N
6②297/27①296/48①53/69②309

おおなわ【大縄】→A、J、Z 5①148/16①316/25①72,138/36③341

おおになわ【大荷縄】 25①137

おおぬき【大貫】 65③237

おおのこぎり【大のこきり】 16①277

おおばこ【大箱】 47②97/48①224

おおばこのせんじじる【車前子の煎汁】 60⑥367

おおはさみ【大はさミ】 23①51

おおはた【大はた、大機】 49①226,228,229,230,234,235

おおばらのき【大ばらの木】 17①332

おおはんがい【大はんがい】→N 27①300

おおはんぎり【大半切】 38③165/69②369

おおはんぎりおけ【大半切桶】→N 67③132

おおひきのこぎり【大引鋸】 23②135

おおひしゃく【大柄杓、大槗、木槗】 50②195,197,198/69②367,368

おおふご【大ふこ、大ふご】 28②196,218,234,241

おおふさ【大ふさ】 16①220

おおぼそ【大細】 49①36

おおぼら【大ぼら】 16①208

おおまぐわ【犂】 69②225

おおます【大舛、大枡】 24③285,286,296,298,319,325

おおみ【大箕】→Z 10③392

おおむぎから【大麦から】→N 24③290,304

おおむぎわら【大麦藁】→E、I 4①289,290

おおむしろ【大莚】 27①161,164

おおもっこ【大もつこ】→もっこ 16①208

おおもの【大物】 27①267

おおやすり【大鑢】 49①109

おおやねのなわ【大屋ねの縄】 27①193

おおゆがま【大湯釜】 53⑤332

おおわく【大わく、大枠】→C、Z 24①90/53⑤337,351,352,353,356,357

おおわくうつし【大わく遷シ】 24①90

おおわくだい【大わくだい】 24①90

おかき【苧かき】 24①110

おかきいた【苧かき板】 24①110

おかぐら【岡鞍】 24①58

おかぐわ【岡鍬】 25②227

おがた【陽模】→めがた 49①78,79

おかみず【岡水】 3④331

おがら【苧がら】→H、N 2①110

おがらうす【麻売臼】→とうす 24①120

おがわのどろ【小川の泥】 61④164

おぎ【荻】→E、G、I 16①332

おくしおで【奥鞖】 6①242

おくずわた【苧屑綿】 36③244

おくてのわら【晩田のわら】 17①146

おくてわら【おくてわら、晩稲藁】 27①278

おくむながい【奥鞅】 6①242

おくらうわかわだわら【御蔵上皮俵】 27①277

おくらおさめなわ【御蔵納縄】 30①136

おくらおさめのうちだわら【御蔵納の内俵】 30①133

おくらかわふなわ【御蔵皮ふ縄】 27①277

おくらくくりなわ【御蔵くゝり縄】 27①277

おくりぼう【送り棒】 65④357

おぐるま【小車】 67②94

おけ【おけ、桶】→J、N、W、Z 1①42,②179,③262,④322,323/2④281/3①58,59,④330/4①102,162,202,278,292,293/5①29,33,42,53,92,135,③255,271/6①185/7①46/9①133,136,138,140,②202/11②87/12①96,97,100,348,385/13①19,107,109,140,141/15①90,②222/16①126,206,207,212,214,216,217,228,229,230,233,244,247/17①34,35,41,128,188/18①70,④402/19②286/21①44/23①38,46/24①99,③333,334,335,337,338,339,341/25①31/27①41,76,92,159,160,163,188,220,299/28②144,209,④330/29①19,③204,213/30①111,②189,③246,⑤404,412/32①30,34/33④210,⑥393/37①25/38③137,184,187,201,④261/39①32,②95,96,④190/40②128,172,④277,303,320/41②89,137,138,139,141,142,143,⑦318,332,333/45②109,⑦402/47①47,②89/48①9,10,22,55,56,57,58,66,75,104,112,161,162,165,195,196,359,360,371,374/49①7,14,26,27,32,49,50,144,145,172,213/50①45,50,81,②188,192,197,201,208,209,214,③255,256,260,262,263,264,281/51①35,36,37,52,53,61,62,68,78,90,92,93,112,113,115,117,121,148,154,160,163,165,②190,198,206,207,210/52①21,23,⑤209,210,212,214,217,218,219,220,222,223,⑥250,251,⑦299,300/53①29,40,⑥396,397,400/54①264/55③457/56①51,77,184/60③138/61①35,②95,⑧214,215,217,222,223,231,234,⑩459/62⑤124,⑧262/63⑧431/65④356/67①13,23,⑥278/69①121,②197,201,271,367,369,370,371/70①24,25,29,⑤320,333,334,⑥396

おけうす【桶臼】→うす 23⑤259

おけご【桶子】 16①212

おけたる【桶樽】 32①23,24

おけのかたち【桶の形】 35②348

おけのふた【桶のふた】 13①107

おけはこ【桶筥】 60②93

おけはだ【桶はた】 51②196

おけやすめ【桶休め】 51①53

おこ【おこ】 28②234

おこうぞ【苧楮】 29④286,287,288

おこくり【緒こくり】 24①110

おごけ【おごけ、苧桶】→Z 17①333/24①17/50③275/53②103,138

おごけのず【苧桶之図】→Z 53②138

おこし【おこし】 15②176

おさ【おさ、筬、篾】 14①129,324/17①331,333/24①111/35②276/36③213/49①229,231,232,249,250,252/50③275/53②126,127,130/62②39

おさえぎ【おさへ木】 24①135

おさえぼう【押へ棒】 24①111

おさかまち【ヲサカマチ、ヲサガマチ、篾カマチ、篾ガマチ】→Z 49①231,249,250

おさぐい【筬杭】 23②133,135,138,139,140

おさずる【おさづる】 42②91,112

おさつか【おさつか】 24①111

おさひきたけ【篾引竹】 49①248

おさめ【納(納升)】→A 9③276

おさめます【納升】 44②148

おざわのみず【小沢の水】 36②99

おしいれあさがま【御仕入浅釜】 52⑦305,313

おしがた【押模】 49①56

おしき【おしき、折敷、和卓】→N 4①33,66/6①23,159/20②378/29①83/47①23,24

おしき【按机、桉机】 49①103,179

おしき【押木】 24①124

おしきり【おしきり、押切、押切り】→Z 14①312/24①59/28②137/35①135/60③142/69①84,111

おしくるみござ【押くるみごさ】 24③328

おしなた【おしなた】 9①17

おしのぼせのわら【御仕登之藁】 33⑤254

おしふだ【押札】 33⑤259/34⑥164,165/57②190,218

おしふね【押船】 30⑤408

おしろい【ヲシロイ、白粉】→N 48①89/49①66/53③170

おすさ【苧すさ】 50③255

おぞみへら【おそみ鉔】 34③52

おちば【落葉】→E、I、N 31④194

おつかん【乙管】→Z 53⑥398

おったて【おつたて】 47②98

おづな【苧綱】→J 13①204/64②124

おてんま【おてんま】 24①43

おとこぎ【男木】→おんなぎ→E、J 48①308

おとこたがね【男鏨】 49①107

おとこばこ【男箱】 48①290

おどしてっぽう【威鉄炮】 24

①41,43
おとしぶた【おとしぶた】 9①139,140,141,142
おとら【おとら】→まぶし 47②98
おどろ【薪】 35①37,40,82,153,②263,353
おどろのえだ【薪の枝】 35①153
おなわ【苧なハ、苧縄】→J 4①291/35②275/58③125,132
おにぐものいと【鬼蜘のいと】 54①272
おにぐものす【鬼蜘蛛のす】 55②141
おねば【オネバ】 48①179
おの【おの、をの、斧、鐇、鉾】→まさかり→Z 1①41/2②156,④309/3①52,③130/4①296/6①241/10①118/13①29,253/14①57/16①186,189,277/20①293/23②135,137/25①29/27①335,366/28①17/31④198/34②22/38③185/40②57,160/45④198,201,203,212/53⑥396/56②292/66④201
おののえ【斧の柄】 25①136
おばかり【おばかり】 20①188
おはぐろ【おはくろ】→N 53③170
おはた【麻機抒】 62⑨394
おはんぎり【苧半切】 24①110
おひき【おびき、苧引】→K 4①99/5①92/9①15
おひきいた【苧引板】 1②175/4①97/6①241/36③243
おひきがね【苧引かね、苧引金】→Z 1②175/4①97,295/6①241
おびきのこ【苧引の子】 36③243
おぶけ【苧ぶけ】 53②102
おもがい【おもかい、おもがい、ヲモガイ、鞅】 2④277/34⑥149/40③214/69②209
おもがらうす【おもがらふす】→うす 28②135
おもきかたぎ【おもきかた木】 16①189
おもきくわ【おもき鍬】 12①157/17①74
おもし【おもし、鎮石】→N 9①141,142/48①113
おもしいし【鎮石】 48①57
おもしがね【鎮金】 48①363
おもしのいし【おもしの石】 9①139,140,141,142
おもづな【ヲモツナ、面綱】 1②155,156/24①60
おもづら【おもつら、おもづら】 16①220/24①58
おもと【おもと、をもと】→E 13①170/46①64
おもとのかわ【おもとの皮】 56①88
おもとのは【おもとの葉、藜芦の葉】 13①244/46①63
おもなわ【面縄】 1②155
おもり【鎮リ、鎮り】→J 49①60,124
おもりぎ【鎮り木】 49①60,61
おやき【親木】→A、E 48①125/49①243,246,247,252
おらんだあぶら【和蘭陀油】 11②121
おらんだしっくい【紅毛しつくい】 15②296
おり【押(柙)、折、柙】→N、W 6①159/47②97,114,115,120,121,122,145/49①14,27,52,63,64,65,66,67,91,95,100,197,202,214
おりき【折器】 47②118
おりくさ【織草】 14①127
おりしめぎ【折〆木】 48①67
おりだいいた【織台板】 49①229
おりひきぶくろ【泥引袋】 51①156
おろしのだい【卸ノ台】→Z 18④399
おんじゃく【おんしやく、おんじやく、おん石、温石】 16①108,109/48①329,335,349,353
おんじゃくいし【温石石】 48①355
おんすい【温水】→D 1①77
おんとう【温湯】 25②192/38③125/46③186
おんなぎ【女木】→おとこぎ 48①148
おんなのかみのけ【女の髪の毛】 35①162
おんなばこ【女箱】 48①290

【か】

か【柯】 25①136
かい【介、貝】 7①27/28③320/49①82/55②136,137
かい【かい、櫂】 51①49,53,58,68,69,70,75,76,77,81,85,90,109,113,115,144,146/61⑧216,228,234
かいえん【海塩】→I、N 69①128,②371,372
かいおけ【飼桶】 24①58
かいかきぼう【かいかきほう】 39②96
かいがた【カイ形】 48①162
かいがら【貝から、貝がら】→I 12①98/17①216,217
かいがらばい【貝殻灰】→I 62⑧269
かいくさだわら【飼草俵】 27①326
かいくわ【かいくわ】 28①16,29
かいこあみ【蚕網】 35①126
かいこうせき【揩光石】 48①389
かいこにもちいるしょどうぐ【蚕に用いる諸道具】 35①99
かいこはぎ【蚕萩】 22⑤352
かいこばし【かいこ箸】 24①57
かいしき【蓆】 55③266
かいじゃくし【貝しやくし、貝しゃぐし、貝抄子】→N 1④324/7①27/61⑧215,224
かいそうのくさりたる【海草のくさりたる】 17①256
かいづつ【かい筒】 24①59
かいのはい【貝ノ灰、貝の灰】 48①26,79
かいばい【介灰、貝灰】 48①27,29,31,35,36,41,46,47,52,58,69,70,73,74,91,92
かいばいすましみず【貝灰スマシミヅ】 48①46
かいばいのあく【貝灰の汁】 48①24
かいばいのすましみず【介灰の済し水】 48①46
かいばいみず【介灰水、貝灰水】 48①34,35,37,38,44,45
かいばいれ【飼葉入】 24①59
かいばがえし【飼葉返シ】 24①58
かうおけ【飼桶】 16①222
かえしなわ【返し縄】 27①278
かえしぬか【反シ糠】 27①382
かえしぼう【返し棒】 24①111
かがた【カヽタ】 49①231,232,249
かがみ【かゝみ、かがみ、鏡】 48①163,164/49①155/51①111
かがみいた【鏡板】 48①174
かがり【かゞり、篝】→N、Z 10②342/24①110
かがりなわ【かゝり縄、かゞり縄、緘縄】 19①88/24①17,③314/25①78
かき【かき(垣縄)】→Z 42⑤316
かき【かき(かき灰)】 61⑧229
かぎ【かき、かぎ、鍵】 25①88/27①228,230,258/28②276
かぎ【鉤】 27①219,353
かきおけ【搔桶】 51①53
かきがい【かき貝】 61⑧222
かきがみ【かき紙】 12①312
かきがら【蠣殻】→I、J 51①169,173
かきがらくろやき【蠣殻黒焼】 51①171
かきがらはい【牡蛎粉、牡蠣殻灰】→I 69②314/70①24
かきくい【垣杭、牆杭】 2①12/27①17/32①175
かきくわ【かきくわ】 28①26
かきしぶ【柿漆、柿渋、柿油】→E 3④333/21②127/48①33,90/49①77,87/56①79,83
かきしぶからくろやき【柿渋殻黒焼】 51①171
かきしぶのしぼりから【柿渋之絞殻】 51①169
かきだけ【垣竹】 27①18/29②123
かぎなわ【かぎ縄、鉤なは】 25③259/27①19
かきのき【かきの木、柿木】→E 4①298/17①332
かきのは【柿の葉】→E 3④333
かきばい【かき灰、かぎ灰】 1④299/12①219,294,377/13①62,86
かきばい【蛎灰】 30⑤412
かきまきなわ【垣まき縄】 27①279
かく【角】 27①30,281
かくあて【角礎】 49①159
かくいしこ【麤ク石粉】 53③173
かくかすがい【角カスガイ】 49①169
かくぎ【角木】 16①301
かくすべ【蚊燻】 24①90
かくつち【角鎚】 49①155
かくもの【角物】 27①149/53④240
かぐらさん【かくらさん】 65④329,348
かくわら【かくわら】 27①186
かけいおけ【筧箱】 69②224

かけいし【掛石】 51①151
かけいちこ【かけいちこ】 16①209
かけいりわら【懸入り藁】 11②107
かけぎ【かけ木】→E
4①30/42⑥400
かげき【蔭木】 34⑥159
かけこ【掛ヶ子】 53②138
かけさお【かけ棹】 24①110
かけつち【掛槌、懸槌】 1①41,43
かけつな【掛つな】 42⑤316
かけつなつぼ【かけつなつほ】
42⑤316
かけなわ【懸縄】 27①190
かけばかり【かけはかり】 38②62
かけや【カケヤ、かけや】→Z
6①241/16①309/23②135,137/25①138/27①366/65①39
かけやつち【懸矢槌】 29②128
かけわら【掛藁】 56②247
かご【かこ、カゴ、かご、加籠、笊籮、籠】→あじか、したみ、ちゅうあじか、なたてんご→N
3①60/4①79,83,84,86,159/5①29,30,③261/6①155,239/9②225/13①10,48,79/14①221/15③373,400/16①202,205,206,210,221/17①185,276,329/20①211/23⑤269,270/24①108,120/25②228/27①50,116,215/28②260/31④209/35②261,346,③428/39⑤293/43①72,②140/45④207/46②142,149/47①33,37/48①30,104,192,242/49①38,190,195,214/53⑤330,332/56①78,90,179,184/59①40/60①46,60,61,65/61⑨323/62④88,94,96,⑥150,151/66④195/69②381
かご【かご、駕籠】→Z
36①36/40②167/42③197,⑥416/43③247/63①53/66①57,④195
かご【駕籠(鳥かご)】 36③286
かこいぐさ【囲草】→L
56①43,44,161,213
かこいしょしき【囲ひ諸色】
23②135
かごかぎ【籠鉤】 35①221
かごたけ【籠竹】 65①38
かごつめいし【籠詰石】 65③172,200,201
かごなわ【籠縄】 35①220
かごめぼう【カコメ棒】 53②123
かさ【かさ、笠】 1②140/2①16/3③158/4①51,229/5④336/6①45/8①158,166/10②343/13①74/15②130/16①194/17①119,305/28②137/30①74,129,③234,262/36③155,184/37③310/38②77,78,④264/40②74,75/43③261/62①19,②33,⑦212/68④411
かさ【かさ、傘】 1②202/9①56/11②121/24③271/28②137/43①18,23,26
かさ【蓋】 27①375
かさぎ【笠木】→C
64②136,137,138
かさなまり【カサナマリ】 49①124
かさぼね【笠骨、傘骨】 39④226/43①27
かざり【かざり】 24①111
かざりかね【飾銅】 62⑥156
かざりなわ【餝縄】 25①23
かざりぼう【かさり棒】 24①111
かし【かし、樫、橿、櫧】→E、Z
4①305/12①350/48①153,220,293/49①152,169/53④227
かじ【楮】 13①227
かしおけ【かし桶】 51②184
かしき【橇】 15②209
かじき【カジキ】 24①18
かしききね【樫木杵】 48①9,10
かしきのきね【樫木ノ杵】 48①8
かしこんぶ【菓子昆布】 51①173
かしだね【菓子種】 62⑤118
かしにん【瓜子仁】 45⑥310
かしのえだ【かしの枝】 28②275
かじのかわ【構の皮】 48①103
かしのき【樫の木、樫木、橿木、櫧木】→E
3①47/16①178,180,192,195,196,200,201/17①327,328/48①123,293/49①170
かじのき【楮の木】→E、J
12①350
かしのきばい【樫木灰】 69②368
かしのは【かしの葉】→E
40④281
かじのは【楮の葉】 12①350
かしのへら【樫の篦】 3①33
かしのぼう【樫の棒】 14①192
かしぶくろかみ【菓子袋紙】 5④312
かしぼう【かし棒】 24①135
かしら【かしら、頭】 4①286
かしわぎ【槲木】→E
11②99
かしわのは【カシハの葉、かしわノ葉】→N
24③340/48①88
かす【かす、糟、粕、滓】→E、I、J、L、N、X
12①223,288/14①172,173,204,224,239/41②80/45③175/48①57/49①25,26,27,137,198,204,205/50①45,81,83/51①15,111,112,176/70①24
かすおけのひも【粕桶のひも】
28②159
かすがい【カスカイ、かすかい、カスガイ、かすがい、かすかひ】 24①145/28①73,②251/49①169/65②72,④329
かずきなわ【かすき縄】 4①10/42⑤315
かすさび【かすさび】 64①41
かすず【粕す】 40②151
かすのすじ【粕の筋】 14①184,187,192,197
かすみあみ【霞羅】 49①207
かずら【かつら、葛】→E、G
10②338/35①222
かすり【掠摩】 51①53
かせ【拤、綛】 53②106,107/62②39
かせぐるま【かせ車】→Z
24①111
かせののり【かせののり】 41②112
かせば【かせば】→Z
24①111
かせばだい【かせば台】 24①111
かせばつめ【かせば爪】 24①111
かた【形、模】→Z
14①278/49①56,57,60,61,62,63,64,66,72,78,79,80,81,146,190,191,193/52④169,170
かたいた【形板】 48①77
かたかけ【肩かけ】 24①17
かたがた【旁】 9②198
かたぎ【かたき、かたぎ、かた木、樫木、堅木】→E、N
4①283,288/5①117/16①200,207/17①328/36③320/49①230/51①38/53④235
かたぎ【模木】 49①78
かたぎのはい【かた木の灰】
53②110
かたきはもの【堅き刃物】 48①388
かたくり【片截】 49①107
かたぐるま【片車】 36③317
かたしろめ【堅白目】 49①112
かたずみ【堅炭】→N
49①117
かたつぶり【かたつふり】→Z
4①285
かたておけ【片手桶】→さるぼうおけ
49①14,25,26
かたてかご【堅手籠】 34⑥160
かたな【刀】→R
5①117/48①111,147,159,197/49①131
かたなばのき【刀刃ノ木】 49①230
かたなわ【片なわ】 19①78
かたねじ【片ねぢ】 36③318
かたのこと【形の事】 14①277
かたののり【形の糊】 48①33
かたは【片刃】 55③469
かたはもの【片刃物】 48①328
かたふけだわら【片ふけ俵】
42④255
かたよりぐるま【片より車】
35②386
かつかしたわら【かつかし俵】
37②71
かつき【勝木、膚木】 49①129
かつぎなわ【カツキ縄】 38④235
かつぎばんよ【カツキバンヨ】
38④282
かっこうくろやき【郭公黒焼】
51①175
かっせき【滑石】→N
48①65,88/49①54,205
かっぱ【合羽】→N
11②121/36③264/50③244
かどいし【角石】 23②133,139,140
かどはりなわ【かと張縄】 42④254
かどまんのう【角万のふ、角万能】→Z
15②167,169,300
かな【かな】 10③394
かなあて【鉄碪】 49①159
かなあみ【鉄網】 15②238
かなかき【かなかき、鈑】 30②185/62①15
かなかま【かな鎌】→Z
33③168
かなかんじき【鉄かんじき】
24①17
かなき【かなき】 9①60
かなくそ【カナクソ、かなくそ】
48①326/49①147
かなくまで【鉄把】 62②33

かなけんどん【金ケンドン、金けんどん】 24①120,124

かなこ【鉄子、銕子】 30①23,94

かなごき【かなごき、金扱、鉄扱】 19①77/25②229,231

かなさび【鉄さび】 48①326

かなざらえ【かなざらへ、金さらへ、金ざらへ、金攫、鈲】→Z 9②215/13①12/15②161,162,163,300,③356/43②159

かなじゃくし【かなしやくし、鉄杓子】→N 50②204/51②190

かなすいのう【金水のふ】 48①41

かなつき【かなつき】→Z 16①328/64①41

かなづち【金槌、鉄槌、鉄鎚】 14①57/40②160/48①141,316,362/49①155,156,157,159,160,173,176

かなてこ【かなてこ、鉄手子、鉄挺】 64①41,②124/66④201/69②225

かなどおし【銅籭】→とおし 23①91

かなとこ【鋼トコ、鉄碪、銕砧】 49①103,150,175/69②381

かなとこだい【鐨盤】 49①103

かなばし【かなばし、鉄箸】→こきばし 30①126/41③177/49①168

かなばん【かなばん】 33⑤259

かなべら【カナヘラ、かなべら】 1②154,171/4①14

かなもの【鉄物】→N、X 62②39

かなや【鉄矢】 24①30

かなわ【かな輪、金輪、鉄輪】→J、N、Z 23①117,118/48①393/50①45,60,81

かなわのごとく【金輪の五徳】 14①286

かにくわ【かに鍬】 11④180,184

かにつめ【蟹爪】→がんづめ 62①15

かね【ガネ、鉄漿、鉄漿水】→かねみず、はぐろ、はぐろかね、はぐろみず→N 48①20,24,27,31,35,36,37,38,39,44,45,59,70,73,80

かね【鑰】 45⑥332

かね【かね、鉦、鐘】 15①22,68,69,70,71,72/16①182/17①154/30①76,130/35①77,②284/37③326/60⑥344,355,375,376/67②92/70⑥423

かねこき【金こき、金こぎ】→せんば、せんばこき 29③194,207,208,218,264

かねこきばし【鉄こきはし、鉄こき箸】→こきばし→Z 36③312,313

かねじゃく【曲尺】 16①66/19①89

かねじゃくさし【曲尺さし】 24③311

かねしょうよきのうぐ【金性よき農具】 23⑥304

かねどうぐ【金道具】 64①41

かねなべ【銅鍋】 49①112

かねのへら【かねのへら】 4①162/17①220

かねはだ【金肌】 5①15

かねほし【かねほし】 10③400

かねみず【鉄漿水】→かね、はぐろ、はぐろかね、はぐろみず 48①57,69,70,72,83

かねよきのうぐ【かねよき農具】 12①51

かば【かば、樺】→E 1②164/13①212

かびん【花瓶】 54①314

かぶ【蕪】→E、I 25①112

かぶかけがま【かぶ懸鎌、株カケ鎌、株懸鎌】→Z 4①287/6①240/39⑤286

かぶら【蕪菁】 13①246

かぶら【鏑】→Z 23①117,118

かぶらほうちょう【蕪包丁】 3④248

かべ【かべ、蚊べ】 24①58,89,90

かべすさ【かべすさ】→すさ 62⑨392

かべつち【壁土】→D、I 48①371/61④164

かぼく【柯木】 48①220

かま【かま、鎌】→Z 1①41,100,③268,④303,311/2②157,④309/3①29/4①12,60,83,88,117,130,173,278/5①17,31,84,86,91,112,159,③267/6①108,110,240,②275,276/9①54/10①15,②342/11①31,②115/12①112,337/13①97,98/14①57,59,312/15②225,227/16①64,129,176,185,188,189,190,191,192,261,304,309,318/17①181/18②246/21①73/22①36,④283,289/23①50,⑥298/24①8,98,110,167,③286/25①29,39,60,68,②228/27①38,54,64,95,157,263,335,360,366/28①17,37,②137,150,211,215/29①19,74,②150/30①119,142,③239,297,304/32①36,61/34②21,22/36①63,②117,③156,165,184,198/37③333,387/38②76,③201,④235/39⑤257,⑥345/41②106/42①31/43①35,71/45③172,⑥329/46①62,65/47③175,176/48①117,130,188,206/49①35/50②157,161,③249/52④166/56①177,194,202,②255/61⑨295/62①15,②33,⑧257,⑨377,403/63①53/65①40/69②203,225

がま【がま】→E 4①304

かまかき【鎌かき】 33①32

かまぎ【カマギ、かまぎ、叺】→かます 13①38/15③400/32①24

かまくわ【鎌鍬】 5①181

かまげ【かまけ、かまげ、蒲器】 13①141/18①70/62②33

かます【カマス、かます、蒲簣、叺、圦、畊】→かまぎ→W、Z 1①41,104/2①12,48/14①152,204/25①27/27①84,87,89,281,366/38④238/39③153/42⑥385,438/44③198/45③172/49①12/50④300,308/58④262/67⑤227,228/69②247

かますのくちなわ【叺のくち縄】 27①83

かますふ【かますぶ、叺ふ】 27①270,278

かませぼう【かませ棒】 24①59

かまち【カマチ、框】 49①231/62②39

かまつる【鎌つる】 25①60

かまとぎと【かまとぎと、かまとぎ砥】 16①189/24③318

かまどひやきぐち【竈火焼口】 49①20

かまのえ【かまのゑ、鎌の柄】 28②224/42⑥381

かまのしたのはい【窯の下の灰】→I 50③282

かまのは【鎌ノ刃】 5①91

がまのは【ガマノ葉】 1②140

かまのふた【釜のふた、釜の蓋】 3④331/55③373

かまのゆ【かまの湯】 1③286

がまのろうそく【蒲のろうそく】 48①135

かままぐわ【鎌杷】→まぐわ、まんが 6①37,243

かみ【かミ、紙】→N 1②159,③261/2①99,133/4①116,305/16①194/31④179,203/35③427/45⑦394/47①20,33,35,37,38,39,②80,81,83,132,133,④227/48①166,167/49①34,65,77,120,154,156,177,237,254/51①118/53③165,169,170,171,173,175/55③440/60⑥348/69①125

かみがたせいあいぼう【上方製藍棒】 49①91

かみくさ【紙くさ、紙草】 47③176/48①109,115,118,119,186,188,189/53①44

かみくさのかわ【紙草の皮】 48①103

かみくず【紙くつ】 67①26

かみくらのほね【かミくらの骨】 4①289

かみすきあくはい【紙すきあく灰】 30④359

かみすきぐさ【紙漉草】 53①17

かみすきぶね【紙漉槽】 48①98

かみそり【かみそり、髪そり】→N 48①197/53③179

かみそりど【カミソリド、かみそり砥、砥、髪剃刀砥】→N 48①359,360,388,389/53③180

かみそりどいし【越砥石】 48①341

かみのかさ【紙のかさ】 62⑨360

かみのけ【髪の毛】→H、I、J、Z 13①252

かみのふくろ【紙ノ袋、紙の袋】 14①187/21①58/54①273,278,285/55①46,64

かみのよう【紙の用】 48①117

かみはた【カミハタ、上織】→たかはた 49①243,255,264

かみはりのおり【紙張ノ折】 47②119

かみぶくろ【紙袋】 3①62/13①181/35①62/39①44/47②83/48①295/49①42,205/54①288/55③290/56②242/67②96

かみふだ【紙札】→L
36③229/55①18
かみるい【紙類】→N
49①91
かめ【かめ、瓶】→C、N
16①229,230/17①34/23①60,102/30⑤405/38③188/47②97,101/48①25,50,51,56,57,59,92/49①175/51①58,115,118,119,134,②185,189,190,191,192,193,195,201,207/56①56/70①29,③230
かめのこう【かめのかう】 16①96
かもい【鴨居】→N
64②138
かもはし【鴨嘴】 70①24
かや【かや、茅、萱】→E、G、I、N
16①137,191/22④214,276/25①136/31④216/34⑤82,⑥159,⑦249,257/38③200/39②114/46①73/47④216/53④236,245,247/56①43,60,161,162,213/63③134/64①61/65①33,36,③272,273,277/69①78,②333,337/70⑥389
かや【栢】 51①122,123/60⑥376
かやかりがま【萱刈鎌】 25②228
かやくさ【茅草】→G、I
64④260
かやくさのは【茅草ノ葉】 70②182
かやす【芒箔】 49①197
かやつき【かやつき】 27①263
かやつなぎ【萱繋】→E
36③168
かやどうぐ【かや道具】 10③392
かやのあぶら【榧ノ油、榧の油】→N
13①107/48①159/49①46
かやのは【かやの葉】→E、I
16①135
かやのはさみくず【茅のはさみ屑】 56②253
かやのはり【栢の針】 60⑥377
かやのほ【萱の穂】 35①229
かやのみ【榧ノ子】→E、N
43③252
かやわら【茅藁】 69②363
かゆのしずく【かゆのしづく】
17①262
から【から、柄、稈、稭】→E、I、N
4①90,283/12①180,181/33①47/40②53,89/49①7
から【から(唐箕)】→とうみ
29①58
から【カラ(犂)】 69②225
からうす【カラウス、からうす、カラ臼、から臼、碓、唐うす、唐臼】→うす、とううす、ふみうす→A
9①133,134/10②342/14①59/17①144,327/24①43,44/28①17,②195,203/29③244/31①28,29/35①113/46③210/48①177/51①38/58⑤350/62①15
からえのあぶら【カラヱノ油】
48①7
からかさ【傘、繖】→N
14①174,204/39④226/43①24,28,32,42,45,61/48①136/66⑥338
からかさをはるのり【傘をはる糊】 14①187
からかね【カラカネ、からかね】
40②78/49①126
からかみ【唐紙】→N
42④269
からくりのすき【唐操の鋤】
24①44
からくわ【から鍬】 56①171
からこも【稈薦】 60②94
からさお【カラサヲ、からさを、唐竿、唐棹、柄竿、連架、連枷、連耞】→からさん、かるさお、くるうち、くるり、しなえ、ぶりぶり、ふりぼう、れんが→Z
1④332/8①258/10②342,③391,400/14①59/15②135,233/20①286,294/28②260/31④219/62①15,②33/69①121
からさわだけ【から沢竹】 10③392
からさわのぶち【から沢のぶち】
10③392
からさん【からさん】→からさお
45②108,109
からし【からし】→E、H、I、N、Z
60⑥367
からしあぶら【辛子油】→H、N
31④203
からしのこ【辛菜子粉】 55③449
がらす【硝子】→ぎやまん
69②273
からすがしら【烏頭】 4①285
からすき【からすき、大耜、唐鋤、犂、犁、耒耜】→A、Z
8①179/14①57,59,60/15②150,209,214,217/16①182,183,185,186/17①164/24①43,44,③317/28①15,16,17,35/41⑦324/62①15,②33/69②218
からすきのおれさき【カラ鋤ノ折先】 8①22
からすきのかしら【からすきの頭、耒耜の頭】 15②214,217
からすのはねのはけ【烏の羽の刷毛】 48①212
からすばね【烏羽】 48①212
がらすびん【硝子壜】 69②273
からそ【からそ】 28①17
からたけ【苦竹、唐竹】→E
48①102,103,121,293/49①20,249
からたけのは【竹葉】 48①20
からたち【臭橘】→E、N
13①227
からつ【からつ】→N
52④171
からねこ【カラネコ、から猫】
24①44
からはい【からはひ】 51②190
からはし【からはし、カラ箸、唐箸】 5①75,122/25①62,72/37③344
からほうろく【虚ホウロク】
49①29,30
からまつ【からまつ】→E
59②123
からみ【からミ】 36①54
からむしのやきはいのあくしる【苧焼灰淋汁】 48①375
かりくさ【刈草】→A、I
8①161/25②224/27①366/36③243/47⑤254
かりしきん【仮紫金】 49①131
かりやす【カリヤス、青芒】→E、H、Z
48①34,37,38,39,43,55,56,69,70,72,73,74,77,78,86/49①139,140
かりやすせんじじる【カリヤス煎汁】 48①36
かりやすのしる【カリヤスの汁】
48①64
かりやすみょうばん【カリヤス明礬、青芒明礬】 48①34,35,36,37,38,39
かるかやのね【かるかやの根】
16①185
かるがらうす【かるがらうす】→うす
28②135
かるきくわ【かるき鍬】 12①157,175/13①25/37③290
かるぐい【枯橛】 19①148
かるこ【かるこ、軽篭】 14①59/23①91
かるさお【かるさほ、かる棹】→からさお
30③269,272,282,297
かれき【枯木】→E
11①43/54①266,297,306,307
かれくい【枯杭】 20①293
かれくさ【枯草】→G、I
13①171,179,198/56①89/69②328
かれくさのあくた【枯草のあくた】 13①101
かれしば【枯柴】 35②310
かれは【枯葉】→I
13①136/38③183
かろうとのふた【かろうとの蓋】
10①125
かろきき【かろき木】 16①208,209,213,216,222
かろきくわ【かろき鍬】 17①74,87,99,101,166
かわ【革、皮、韋】→H、I、J
4①291/13①26/16①219/27①193,201/34④71/36②128/49①84,85,94,118,147,156,159,175,176,234,236,254
かわきつち【乾土】→D、I
2①96
かわきまつやに【乾き松脂】
31④203
かわくち【皮朽】 45④202
かわご【皮籠】 35①103
かわごき【かハごき】 11①46
かわすな【川砂】→D、I、L
3④348
かわせぎ【かハせ木】 20①290
かわちさ【川ちさ】→E、Z
60⑥351
かわどうらん【皮とふらん】
61⑨268
かわにながれたるいし【川ニ流たる石】 48①319
かわのこすな【河の細沙】 12①277
かわのすな【河の砂、川の砂】→I
13①19/52①42
かわのどろ【河の泥】→D
12①175/13①72
かわのひも【皮の紐】 49①227
かわひきどうぐ【皮引道具】
36③250
かわひも【皮紐】 49①228
かわぶちくさ【川ふち草】→G
27①148
かわぶね【川舟】→J
23④175

かわみ【かわみ】 37②71
かわみず【川水】→D 2①85/3①60/30①28
かわむき【皮むき】→A、K 61⑨295,296
かわやなぎ【川柳】→E、F 16①303/65③201
かわやなぎかわ【川柳木皮】 48①119
かわやなぎのかわ【川柳の皮】 60⑥346
かわら【瓦】→N 13①197/31④223/45⑦399/49①28,30,31,44,68,98,100/51①31/54①268/55②137/56①179/69②359
かわらけ【かわらけ、土器】→N 16①333/49①75,138/55②136
かわらのはち【瓦の鉢】 54①270
かわりかす【替り粕】 51①112
かわりざけ【替り酒】→N 51①112
かん【鐶】 49①236
かんきょう【干姜】→N、Z 51①171,176
かんこ【かんこ】 4①57
かんじき【カンジキ、かんじき、かんぢき、寒舗、欙】→Z 16①199/17①90/24①17,18/25①27,137,138,②193/36③319,320/62②33
かんしつ【乾漆】→N 69②378,379
かんしゃ【甘蔗】→E、Z 61⑧218,222
がんしゃくし【がん杓子】 24①58
かんしゃしぼりどうぐ【甘蔗絞道具】 50②168
かんすい【寒水】→D、H 1①73,74,77/5①84/17①167/35①62/62④96/63⑧431
かんすいせき【寒水石】→N、V 61⑧226
がんせきたがね【岩石鏨】 49①107
かんせなかあて【かん脊中あて】 25①137
かんせなこうじ【かんせなかうし】 25①27
かんぞう【甘草】→H、N 6①226
かんだんけい【寒温計、寒暖計】 47②91,95/53⑤332/63⑧434
かんちく【寒竹】→E 48①136
かんちゅうのみず【寒中の水】 17①73/18①158
がんづめ【雁爪、鴈爪、耖】→かにつめ→Z 11②94/15②300/33④217/69②220,225,231,232,233
かんてら【かんてら】 24①57
かんてん【寒天】→N 55③323
かんてんぎ【カンテンギ】 40②78
かんてんぐさ【かんてん草】 49①194
がんど【がんど、鴈頭】 24①25,30
がんどはさみいた【がんど挟ミ板】 24①30
かんな【かんな、鉋、鐁、鉇】 3①54/13①107,108/14①57,58,60/18②265,266/45⑥335/48①130,138,140,144,167,225
かんなくず【鉋屑】 14①292
かんのみず【寒ノ水、寒の水、寒ンの水、寒之水】→H、N 7②302/9②202,225/15③378/17①30,31,33,35,39,40,41,42,49,50,73,74,221/24③338/39④193/41④205/61⑧228
かんのんぼく【観音木】→がんぴのかわ 48①109
がんぴのかわ【ガンピの皮】→かんのんぼく、しげんじ 48①109

【き】

き【木】→E 4①88,150,301/5①33/16①191,309/27①31,331/32②317/47⑤254
きあく【木灰汁】→H 55③366,381
きあぶら【生油】 53③171,174,179,180,182
きいた【木板】 53⑥399,401
きいとくりゆ【生糸繰湯】 53⑤328
きいとせいきかい【生糸製器械】 53⑤297
きうす【木うす、木臼】→うす 6①74/15②236/17①145/25②230,231/30③276,277/33④218/36③315/41③179
きうま【木馬】 49①80
きうるし【生漆、木漆】 14①357/49①131/53③165,166,169,170,171,172,173,174,175,176,178,179,180,181,182
きうるしはけ【生漆はけ】 53③165
きおう【黄雄(草雌黄)】 48①61,174
きおう【黄わう(石黄)、木黄(石黄)】 53③174,176,179,181,182
きおこし【木おこし】→Z 15②300
きかい【器械】 15②130,132,133,139/24①101/53⑤293,294,295,296,298,304,306,308,317,320,323,325,326,328,338,340,341,342,348,349,350
きがま【木鎌】 4①287/39⑤286
きがり【木がり】 64②136,138
きかわ【木かハ】→さるかわ 53①29
きき【器機】 53⑥398
きぎれ【木切】 69①80
きくから【菊から】 2①132
きくぎ【木釘】 49①79/62⑤119
きくさのは【木草の葉】→I 5③268
きくず【木屑】→I、Z 27①56/53⑥396,397,399,400,403
きくたねあぶら【菊種油】 53③174
きくめいせき【きくめい石、海花石、菊名石】 48①320,321/54①182,258
きくわ【木鍬】 36③320
きこくのき【きこくの木】 16①147
きこりがま【きこりかま、きこりがま、木樵鎌】 9①93,125/38②76
きざい【器財】→N 6①218
きさげ【生下】 49①103
きさご【海螺】→I 69②300
きざみいた【きさみ板】 47①24
きざみひうち【刻ミ火うち】 48①135
きざらえ【木さらへ、木攫】→Z 15②164,300
きし【岸】 51①49,60,68,76,77,85,93,103,104,117
きじ【木地】 24①103
きしな【木品】 56①42
きしば【木柴】→I 64⑤336
きしばをやきたるはい【木芝を焼たる灰】 40②133
きしぶ【木しふ】 53③171
ぎしゃく【ギシヤク】 63⑤305,309
きじゃくし【木杓子】 11①46
きしゅうくさけずり【紀州草けつり】 15②300
きそくいた【規則板】→Z 65④354
きたあつがみ【北厚紙】 47④218
きたいはがね【きたいはかね】 17①332
きちぎ【きち木】 57②127
きちまるた【きち丸太】→N 57②227
きづち【木槌】 45④209/49①104,110
きつねたけ【狐竹】 24①111
きつねのかみそり【狐のカミソリ】 28④353
きとりみの【着取みの】 25①136
きぬすいのう【キヌスイノウ】 48①58
きぬせんたくあく【絹せんだくあく】 41②67
きぬた【砧、碪】 6②290/49①48
きぬたのぐ【擣衣ノ具】 1②181
きぬとおし【絹どほし、絹篵】→とおし 14①285/62②33
きぬねりあく【絹ねりあく】 41②67
きぬはた【絹機】 47②130/49①229
きぬぶくろ【絹袋】 70③230
きぬふるい【きぬふるい、絹篩】→ふるい 48①177/52⑥257
きね【きね、杵】→Z 1①41,②176/4①59,79,84,86,101/6①71,76,141,241,②290/10②342/12①271/17①327,329/25②184,229/27①166,385/30①127/33④223/34④71,⑤110/36③182/38②78/39⑤295/48①50,265,270/50①54,55,60/56①123/62②33/69②300
きねくり【杵くり】 25①61
きねさき【杵さき】 50①81,82
きねさきのげぢ【杵先のゲヂ】 50①55
きねり【木ネリ、木ねり】 48①102,115,116
きのいが【木の毬】 48①90
きのうす【木の臼】 41③179
きのかた【木の形】 49①193

きのかわ【木の皮】→E
5③276
きのせきばち【木の石鉢】 48①207
きのせん【木の栓】 49①223
きのたてこぐち【木の竪小口】
48①48
きのへら【木のへら】 4①284
きのまた【木ノ股】 1②154,171
きのわく【木の簍】 35①162
きばい【木灰】→H、I
18④398/48①100,110,111,114/49①64,65,67,68,145/69②245
きばさみ【木ばさミ、木剪刀】
2①123/14①209
きばしご【木梯】→Z
23①117
きばしら【木柱】 16①119
きはた【木机】 49①251
きはだ【黄柏】→N
48①26,87
きはだこ【黄檗粉】 55③453
きはだのかわ【黄柏の皮】 48①167
きばち【木鉢】→N
49①103
きび【きび、黍】→E、N、Z
24③329/61⑧231/69②333
きびがら【きびから】→E、I
17①219,272
きぶし【五倍子】→ふし→N
48①75
きふだ【木札】 1④314/5①54/24③351/36③237/55①18/64②125
きぶた【木蓋】 51②203,204
きぶつ【器物】→N
51①53
きべら【木へら、木べら、木蓖、木鋼】→Z
4①14,47/30①94/52②106
きぼう【木棒】 23①117
きまわし【木廻し】 24①30
きめたがね【規目鏨】 49①107
きや【木矢】 24①30
きゃたつ【ケダツ、脚達】 27①308/31④209
ぎやまん【キヤマン、ギヤマン】→がらす→X
53⑤319,320,332
きゅうちおう【仇池黄】 49①47
きゅうとだわら【九斗俵】 20①297
ぎゅうばのかわ【牛馬の革】
15②196
ぎゅうばのくつ【牛馬の沓】 4①34/7①84
ぎゅうばのしょどうぐ【牛馬の諸道具】 21①73
ぎゅうばのどうぐ【牛馬の道具】
41⑤256
ぎゅうばのなまふん【牛馬の生糞】 13①28
ぎゅうばのふん【牛馬の糞】→G、I
18①82
ぎゅうばふん【牛馬糞】→I
12①373/13①30,34,117/32①128,129
ぎゅうふん【牛糞】→I
12①253
きゅうりのて【きうりの手】
27①137/28②202
きよあらいおけ【清洗桶】 41⑦333
きょう【京】 23⑥321
きょう【橇】 24①18
きょうくるま【京くるま】 17①332
きょうすき【京鋤】→Z
15②158
きょうどう【響銅】 49①126
きょうにん【杏仁】→E、N
51①172
きょうのみず【京の水】 35②334
きょうふるい【京篩】→ふるい
19①79
きょうへんにもちいるすき【京辺ニ用鋤】 15②300
きょうりょう【鏡料】 49①126
きよきみず【清水】 55③343
きょきょう【籧筐】 35①33
ぎょく【玉】 62⑦200
ぎょくかん【玉管】 35③425
ぎょくはん【玉板】 48①323,324
きよたきいし【清滝石】 48①338,339
きよとおし【清とをし、清通し】→とおし
4①33,65/6①74
ぎょゆ【魚油】→H、I、N
58③123
きり【桐】 48①171
きり【霧】 2①117
きり【きり、錐】 48①122,359/65④357
きりあぶら【桐油】→H
14①204/24①59
きりいし【切石】→C
49①200
きりき【伐り木】 27①149
きりくちをするどうぐ【切口を磨道具】 48①129
きりくみざいもく【切組材木】
64③185
きりくわ【切鍬】 24①43
きりしば【切芝】 16①277
きりだい【刻台】 7②356
きりため【切様】 51①53
きりながしのちくぼく【切なかしの竹木】 16①310
きりぬき【切ぬき】 49①154
きりのき【桐の木、桐木】→E、N
9①123/48①133
きりのきのはこ【桐木の箱】
48①248
きりのは【桐の葉】→E
12①242/13①59
きりばこ【桐箱】 62④88
きりばし【切鋏子、截筋】 49①103,115
きりはり【伐はり】 11①46
きりばん【切バン、切ばん、切盤】→N
8①260/24①57/50②208,214
きりぶた【切ぶた】 9①141,142
きりや【切矢】 31①28
きりわら【きりわら、切わら、剪藁】→I
18①76/28②156/49①103/56①185
きれこも【切菰】 25①92
きろう【生蠟】→N
50①88
きろくろ【木轆轤】 50②181
きわだ【木わた(きはだ)】 53③166,170,171
きわだみず【木わた(きはだ)水】
53③178,180,181
きわりおおかなや【木わり大金矢】 24①30
きん【黄金、金】→N
7②216/45⑦424/49①117,123,131,138/62⑦200/68④394/69①133
ぎん【銀、白銀】→L
45⑦424/49①113,116,117,124,129,146/68④394/69①133
ぎんがみ【銀紙】 48①167
きんぎん【金銀】→L、N
67⑥315
きんぎんのはく【金銀の箔】
48①152
きんしなわ【金糸縄】 48①172
ぎんしろめ【銀白目】 49①122
きんすな【金砂】 48①344
きんすなうす【金砂臼】 61⑨327
きんすなご【金砂子】 49①154
きんでい【金泥】 14①291
きんとん【きんとん】 4①37
きんのはく【金の箔】 48①61
きんぱく【金箔、金薄】 48①377/49①77,119,134,140,153,154,158
ぎんぱく【銀箔】 48①167,179/49①120,132
きんひ【金匕】 49①90
きんぷん【金ふん】 53③175
ぎんぷん【銀ふん】→N
53③175
きんまがいでい【金紛泥】 14①291
ぎんろう【銀らう、銀蠟】 49①115,116

【く】

くい【くい、抗(杭)、杭、杭イ、杬、橛】→Z
1②193/3④307,309,321/5①40,③276/6①136,138/11①51/14①80/15②245/16①275,300,302,309,310/21①42/22④271/23①81,86,⑥333/24①48/25①128/27①17,18,19,44,45,54,77,176/28①20,②167,229,267,③321,④349/31④214/32①212/33④212/34⑦259/36②124,③229/39①31,⑥336/46①78/48①43,127,228,235/49①197/52⑦311/56①182,②250,258,259/61④167/65②78,87,136,③238,273/68③363
くい【クヰ、桶板】 48①165
くいいし【杭石】 23②140,④182
くいぎ【くいき、くい木、杭木】
4①62,63,130/7①80,81/16①309/23②137/27①149/36③236/39③156/42③165,169,185/43①69/46①66,76,77,78,79/48①127/57②201/59①12/65③277,280/67③122
くいぎまるた【杭木丸太】 23②135
くいきれ【杭切】 69①79
くいしおのにがり【食塩の苦水】
55③397
くいしば【杭柴】 31③112
くいなわ【杭なは】 27①44
くいほけ【杭棹】 2①49
くうきのかわきしめりをはかるきかい【空気の燥湿を計る機械】 62⑦201
くがつのようき【九月の用器】
24①124
くぎ【釘】 27①301/28①73/30③293/41④208/43①69/48①149,232,233,290,380/49①221,232,249,252/54①283,

312/55②171/56①87/62②39,⑥156/65②72/66⑦363
くぎあな【釘穴】 49①79,252
くぎせん【釘せん】 48①287
くぐみの【くゞみの】 25①27
くくり【くゝり】 24③313
くこ【くこ、枸杞】→E、N、Z 13①227
くさ【くさ、草】→E、G、I、N、X 3③142/18①69/25①114/27①147,337/28①37,38,49/62⑨320/65①27
くさかき【草抓、草掻】→A、Z 32①132,138/33④212,220
くさかご【草籠】 24①110
くさかま【草鎌】 4①43,46,60/39⑤286
くさがら【草から、草がら】→I 13①208/33⑥367,379,388
くさかりかご【くさかりかご、草刈籠】 28②261/38②78
くさかりがま【草かり鎌、草刈鎌】→Z 16①190/18③354/25①120
くさかりなわ【草刈縄】 24①11
くさき【草木】→E、I、N 62⑧269
くさき【草器】 30③250
くさきえだは【草木枝葉】 69②330
くさきのくさりただれたるもの【艸木の腐れたゝれたるもの】 69①52
くさきばのざし【草木葉のざし】 27①324
くさきれ【草切レ】 27①366
くさくき【艸茎】 55③356
くさくらろんよつめざし【草鞍掄四目刺】 20①294
くさけずり【くさけつり、くさけづり、草けづり、草削】→A、Z 15②166,167,168,169,300,③368
くさそり【草剃】→A 10②342/62⑥151
くさつけなわ【草附縄】 2①22
くさとり【草取】→A、L、Z 16①83
くさとりがま【草取かま】→Z 16①192
くさとりくまで【叢取熊手、草取熊手】→Z 6①240/16①207
くさとりこも【草取薦】 25②229
くさねり【草練】 48①117
くさのね【草の根】→E、G、I、N 53⑤345
くさのは【草の葉】→N 3①44/17①217
くさば【草葉】→H 27①102
くさはのるい【草葉のるい】 17①216
くさび【クサビ、くさび、轄、楔】→Z 11①42,43/48①287/49①82,163,167,169,170,171/53⑤353
くさぼうき【草帚、草箒】→E 4①298/5①101/46①101/54①143/63③130
くさまき【クサ槙、臭槙、草槇】→E、N 4①283/48①263,284
くさむしろ【草莚】 46②149
くさゆいお【草結緒】 6①243
くさりたけ【くさり竹】 65①36
くさりのこ【鎖の子】 48①23
くさりむしろ【腐席】 69②329
くさりもの【くさり物】 12①206
くさわら【草藁】→I 63③130
くし【櫛(杭)】 1②187
くし【櫛(千歯扱)】 62⑤117
くし【串】→N 5①46,86
くしたけ【串竹】 45④207
くしでさんで【櫛手算様】 49①75
くしはらい【櫛払】 49①120
くじら【くしら、鯨】→I、J、N 23⑥317/53②125
くじらじゃく【鯨尺】 53②127
くじらほね【鯨骨】 48①363
くじり【くじり】 24①58,124
くす【楠】→E 16①296,333
くず【葛】→E、G、I、N 11①39/32②317
くすいた【楠板】 16①216
くずかずらのかわめ【葛かずらの皮目】 13①244
くずこ【葛粉】→N 48①65
くずのつる【葛のつる】→E 24①105
くずのり【葛糊】 48①87
くすり【薬】→H、N 3①47,59/39⑥342/40②151/47④227/48①377,381/49①60,121,127/50②187,188,190,194,197/52②123/55③440/63①55
くすり【磁泑】 48①368,370
くすりなべ【薬鍋】 49①127
くすりみず【薬水】 55③323
くすりゆ【薬湯】 55③440
くずわら【屑藁】→E 18⑥492
くそうず【石脳油】 69①133
くだ【くだ、管】→E 4①305/24①111/31④219/35②262,288,298,300,386,389/49①233,240/50③275/53②106,118/58③127/62②39
くだはし【管箸】 10②342
くだりさかだる【下り酒樽】 38③188
くちおけ【口桶】 51①52
くちがい【くちかい、くちがい、くちかひ、口かひ】 27①28,80,387
くちがいなわ【くちかひ縄、口ちがひ縄】 27①28,326
くちかがりなわ【口絓縄】 30①85
くちきりおけ【口切桶】 48①226
くちしめなわ【口緘縄】 30①83
くちとりさお【口取棹】 24①60
くちなし【口なし、山枝子、梔子】→E、N 13①227/48①82,88,147/53③165,180
くちなしのかわ【梔の皮】 10②374
くちなしのせんじじる【山枝子の煎汁】 48①178
くちなわ【口縄】→Z 1①41/24①145/53④227
くちばし【嘴子】 50②195
くちはりがみ【口張紙】 51①154
くつ【くつ、沓】→N 2①12/4①279/5①125/9①29/24①59,③265,271,310,312,318/25①27,72/28①36,38
くついた【踏板】 51①38
くつこ【くつこ、くつご、口籠、筦】→Z 6①242/10②342/16①221/37②71
くつのう【くつのふ】 24①59
くつろご【くつろご】 20①292
くつわ【くつわ、轡】→Z 16①219,222/24①58/38②77/60⑥358,360/70②61
くつわなわ【くつわ縄】 24①17
くどをつきかえせしふるつち【竈をつきかへせし古土】 61④164
くぬぎ【櫟、櫟木】→E、H、N、Z 48①293/69②329
くぬぎのき【櫟ノ木】→E 48①106
くぬぎのは【櫟葉】 49①213,214
くぬぎばい【櫟木灰】 69②368
くねざさ【久根笹】 22③176
くねしば【くね芝】 36③183
くのぎのき【クノギノ木】 48①100
ぐのめたがね【罫鏨】 49①107
くはとろあん【クハトロアン】 40②79
くびき【くひき】 28①16
くびさしごも【首さしごも】 24①75
くまざさのあく【熊笹の灰水】 61⑧226
くまざれ【熊ざれ】 36③195
くまで【くまて、くまで、くま手、熊手、鉄搭、鉄爬、鉄搭、鍩鉤】→こくまで、こまざらえ、びびら→Z 2①63/3④294/4①224,296/5①17,③258/6①123,127,241/10③389,390/12①86,88,136,157,161,219,236,277,279,286,289/13①28,55,250/14①59/15②165,300/16①210/23①74,91/24①43,48/29①76,③228/32①58,91,133/33⑥309,319,358,360,372,389/36③192/38②78,④268/39②116,⑤270/40③231/56②288/62⑤127/66④201/69①97,②220,231
くまでぐわ【熊手鍬】→Z 6①240,②276,277/15②150
ぐみ【ぐミ】 1④333
くみあい【汲藍】 48①50
くみあさ【組麻】 16①221
くみいし【組石】 38③183
くみえのき【朽榎】 48①133
くみたてのみず【新汲水】 27①216
くみとりあい【汲取藍】 48①28
くら【くら、鞍、倉(鞍)】 1①40/4①291/10②342/16①198,219,222/28①17/42⑥440/56①153/69②209
くらおおい【鞍覆】 4①10
くらがい【鞍蓋】→Z

4①10, 291/6①242
くらかけ【くらかけ、くら懸、鞍掛、鞍懸、倉かけ、鞍】　4①62/24①58/27①17, 188/35②312, 372/39④228/47②97
くらごも【鞍こも、鞍ごも】　24①58/42⑥373
くらつぼ【鞍つぼ】　16①205
くらどうぐ【鞍道具】　34⑥149
くらなわ【くらなわ、くら縄、鞍縄】→Z
4①9, 10/5①91/6①242/24①58/42⑥445
くらのかべつち【土蔵の壁土】　61④164
くらのやまがた【鞍ノ山形】　4①292
くらふた【くら蓋】　4①291
くらふたなわ【鞍蓋縄】　27①278
くらぼね【鞍ほね、鞍骨】　4①288/20①289
くらまさんのひうちいし【鞍馬産の火うち石】　48①134
くらもみだわら【蔵籾俵】　24③313, 314
くり【栗】→A、E、H、N、Z
16①296/27①18/48①220/65③280
くりいし【栗石】　55①21
くりいときかい【繰糸器械】　53⑤298
くりきのわりき【栗木の割木】　48①228
くりぐい【栗杭】　27①18
くりざい【栗材】　14①301, 302
くりどうぐ【くり道具】　15③343/61⑧218
くりのき【栗の木、栗木】→E、G、I、N
4①62/42④246/48①229
くりのきかわ【栗の木皮】　48①20
くりのきのか【栗の木の堝】　49①129
くりのくいき【栗の杭木】　46①77
くりのは【栗の葉】→E、H
48①20
くりまるた【栗丸太】　14①301
くるうち【くる打】→からさお
38②78
くるま【くるま、車】→ふみぐるま
1②202, 203/9③254/11⑤225, 251, 253, 256/13①69/15③342/16①214/17①332/27①223/32②316/35①166/40②53/44②158, 167/48①125/50①59/53②118/70①22, 24
くるまうまぐわ【車馬鍬、車馬杷、車杪】→Z
15②204, 205, ③377
くるましんぎ【車心木】　48①286, 291
くるまのざい【車の材】　13①205
くるまのしんぎ【車ノ心木】　48①181
くるまのつく【車の銑】　15②184
くるまのわ【くるまの輪】　17①332
くるみ【胡桃】→E、N
48①90
くるみのあおかわ【胡桃の青皮】　48①91
くるみのあぶら【胡桃の油】　53②130
くるり【くるり】→からさお
62⑤128
くるりぎ【クルリキ】→Z
1②185
くれ【くれ、桶板】　48①161, 162
くれうち【塊打】→Z
33④220, 224
くれわり【くれわり、塊わり、塊割】→つちわり、ゆう→A、Z
10②342, ③397/15②177/30①93, 96
くれわりのよこづち【塊割の横槌】　30①103
くろうるし【黒漆】　49①60, 77
くろかき【黒柿】　48①152/56①83
くろがね【柔鉄】→X
48①325/49①10
くろき【くろ木】　4①25
くろくわ【黒くわ】　15②143
くろげのうまのおげ【黒毛の馬の尾毛】　48①103
くろご【黒ゴ、黒ご】　48①26, 30, 36, 37
くろしる【黒汁】　49①15, 25, 26/70①29
くろすぎ【黒杉】→E
48①165
くろだいず【黒大豆】→E、F、N
6①226
くろちく【黒竹】　48①136
くろつち【くろ土】→D、I
60①63, 65
くろて【鉄爬】　69②225
くろねずみご【黒鼠ゴ】　48①82
くろねずみのご【黒鼠のゴ】　48①83
くろばい【黒灰】　69②382
くろびいた【くろひ板】　25①107
くろふじ【黒藤】　24①120
くろみず【黒水】　49①25
くろめうるし【黒メ漆、黒め漆】　48①175/49①133/53③165, 166, 174, 176, 180, 182
くろもじのき【黒もぢの木】　40④337
くろやきばい【黒焼灰】　49①68
くわ【馬把】　15②135
くわ【桑】　13①227, 228
くわ【くハ、くわ、鍬、鋤、杷、耜、钁】→L、Z
1①16, 40, 57, 58, 61, ②150, ③262, 267, ④303, 305, 306, 313, 318/2①12, 57, 58, 59, 132, ④279, 309/3①33, 43, ③130, 144, ④263, 270, 275, 302, 303, 304, 309, 311, 326, 331, 351, 362/4①12, 15, 17, 43, 44, 45, 46, 47, 49, 50, 51, 55, 58, 64, 68, 69, 70, 81, 82, 83, 86, 87, 90, 93, 94, 108, 111, 114, 117, 120, 126, 128, 129, 132, 133, 136, 145, 147, 166, 173, 200, 218, 224, 231, 278/5①14, 16, 17, 23, 31, 69, 84, 90, 97, 99, 110, 117, 128, 147, 178, 180, ②226, ③266, 273/6①16, 27, 34, 35, 36, 37, 38, 40, 41, 42, 44, 57, 88, 108, 123, 129, 142, 175, 240, ②275, 276, 277, 286/8①21, 68, 87, 98, 105, 116, 157, 161, 162, 172, 177, 179, 193, 211, 217, 222/9①23, 53, ②215/10①8, 15, 93, 118, 125, 137, ②379, ③389, 397/11②104, ④183/12①74, 86, 88, 136, 225, 296, 306, 348, 371, 372/13①26, 39, 102, 110, 275, 279, 360/14①56, 57, 59, 60, 72, 78/15②137, 141, 145, 150, 152, 156, 162, 171, 183, 188, 189, 207, 211, 212, 214, ③401/16①45, 64, 78, 82, 83, 87, 129, 176, 177, 178, 179, 180, 181, 183, 184, 185, 186, 188, 189, 191, 201, 202, 309, 329/17①76, 82, 90, 96, 99, 100, 119, 162, 163, 164, 193, 194, 206, 239/18②246/19①118, 211/20①293/21①84, 86/22①35, ②117, 124, ③155, ④224, 228/23①22, 23, 74, ⑤264, 265, ⑥298, 329/24①8, 15, 41, 52, 167, ②233, ③263, 285/25①39, 40, 119, 120, ②180, 221, 227, 228/27①54, 55, 64, 81, 91, 93, 101, 119, 128, 134, 139, 142, 170, 263, 335, 359, 360, 366/28①10, 17, 35, 36, 37, 65, ②137, 151, 175, 192, 211, 215, 222, 226, 239, 240, 243, 269/29①19, 33, 43, 64, 65, 74, 77, ③226, ④278/30①22, 39, 41, 42, 43, 65, 89, 95, 96, 101, 119, 134, 142, ③239, 249, 257, 282, 293, ⑤395/31④158/32①21, 22, 51, 54, 72, 98, 102, 105, 147, 151/33①37, ③162, 167, ④177, 207, 208, 212, 215, 218, 219, 221, 222, 226, 229, 231, ⑥309, 311, 312, 320, 372/34②21, 22, ③39, ⑥133/36①63, 73, ②101, 110, ③156, 165, 184, 191, 192, 193, 195, 198, 205, 320/37①19, ②69, 71, ③261/38②65, 69, 76, ③130, 143, 148, 157, 158, 163, 201, ④235/39①57, ⑤257, 263, 264, 265, 270, 271, 273, 274, 278, 279, 298/40②45, 46, 47, 48, 49, 74, 78, 99, 100, 127, 130, 145, ③227, 228/41②94, ③181, ⑤250/42②91/43②136/45②101, ③150, 159, 163, 165, 169/46①65, ③186, 187, 205, 209/48①186, 254, 382/49①129/50②151, 166, ③249, 252/56①99, ②246, 255, 267, 268, 288, 292/61②80, 83, 85, 86, 89, 90, 92, 98, ③131, ⑩411, 425, 433, 440/62①15, ②33, ⑤127, ⑧257, ⑨356, 357, 362, 377, 388, 402, 403/63⑤309, 318/65②84/68②258/69①69, 79, 97, 121, ②203, 216, 220, 225, 234, 325, 364/70⑤328
くわあたま【鍬頭】　27①99/29③224
くわいおけ【壅桶】　34③53
くわえ【鍬柄】　2①65
くわえ【クハへ、噬子】→Z
49①104, 110, 179
くわかいてご【桑買てご】　42⑤314, 315
くわかご【桑籠】　35①237
くわかさ【鍬かさ、鍬笠】　16①199/17①99
くわかま【鍬鎌】　23④162
くわがます【桑がます】　24①57
くわかまち【くわかまち、鍬かまち】　16①78/19②407
くわかまほかどうぐ【鍬鎌外道具】　63⑤297

くわから【くわから、鍬カラ】 1②171/24③317
くわかわ【桑皮】 48①119
くわきりがま【桑切鎌】 61⑨296
くわきりほうちょう【桑切包丁】→Z
47②97
くわこきてご【桑こきてご】
42⑤314
くわさき【くわざき、鍬先】 1②171/9①101
くわしろかわ【桑白皮】 14①358
くわだい【鍬台】 61⑨289
くわつ【くわつ】 34②23
くわとおし【桑篩】→とおし
35①109
くわとりかご【採桑籠】→Z
47②97
くわとりはしご【採桑梯】→Z
47②97
くわのあたま【鍬ノ頭、鍬の頭、钁の頭】 30①94, 97, 98/63⑧437
くわのえ【くわのゑ、鍬ノ柄、鍬の柄、鍬之柄】 8①178/9①14, 55, 113/29①23/30①62/34⑦247
くわのお【鍬の緒】 30①119
くわのかげん【くわのかげん】
28②226
くわのかど【鍬の角】 15②192
くわのき【桑の木】→E、I、N
13①156/47①23/53①29
くわのさき【くわのさき、鍬の先】 38③194/41⑤244
くわのさきがけ【鍬の先かけ】
22①36
くわのしたひら【鍬の下平】 4①136, 142
くわのせ【鍬之せ】 8①108
くわのは【桑の葉】→E、H、I、N
6①226
くわのは【鍬の刃】 17①96, 245
くわのはさき【鍬ノ刃先】 5①23
くわのはし【鍬の端】 15②137, 163
くわのひら【鍬のひら、鍬の平、鍬の平ら】 4①135/33⑥312, 319, 379, 389/61⑦195
くわのみみ【鍬ノ耳】 5①23/19①141
くわのむね【くわのむね】 28②252
くわは【桑葉】→E、I
53⑤331
くわはとおしかご【桑葉通しかご】 24①58
くわひら【鍬びら、鍬平】 16①176, 199/17①107, 108/27①100
くわふり【くわふり】 28①35
くわふろ【くわふろ、鍬ふろ】
31③120/33①40
くわぼうちょう【桑庖丁】 24①57
くわほこ【鍬鋒】 19②407
くわわりかたな【桑割刀】 6①241
くんじょうばい【薫蒸灰】 69②387, 388
くんろく【薫陸】→G、H
49①118

【け】

げあい【下藍】 48①28
けいがんせき【研嵓石】 48①343
げいにくのしろみ【鯨肉ノ白身】
69②308
けいふん【軽粉】 49①54
けいらん【鶏卵】→たまご→E、H、N
65④357/69②372, 373/70①29
けうちたがね【毛打鏨】 49①107
げうるし【下漆】 4①162
げがさ【下笠】 4①124, 125
げごえ【下肥】→I、X
49①36
けしあぶら【芥子油】 55②169
けしずみ【けし炭】 18①120
けすいた【建水板】→Z
53⑥396, 399, 400
けすいのう【馬尾羅、毛すいのふ】 61⑧234/69②367, 372
けずりだい【削り台】→Z
48①142, 144
けた【けた、桁】→Z
20①293/48①107, 149, 235/49①51, 223, 226, 235, 236, 237, 248, 249, 250, 251, 254/53①40, 43
けたいし【桁石】→Z
49①20, 28, 31
けたぎ【桁木】→Z
49①227, 234, 235
けたふち【桁ふち】 48①234
げにかわ【下膠】 14①286
けぬき【毛ぬき、毛抜】 41②89/48①388/49①168
けひきたがね【界画鏨】 49①107
げひんのかみくさ【下品の紙草】 48①104
けふるい【毛ふるひ】→ふるい
21①72
けみのござ【けみのござ】 28②150
けやき【けやき、欅】→E、N
16①216, 296/48①100, 265/49①169
けやきおおきね【欅木大杵】
48①9
けやきのきね【欅木の杵】 48①8
けやきのきののこぎりくず【けやきの木の鋸り屑】 48①177
けやきのたいぼく【槻の大材】
15②296
けやきばい【ケヤキ灰、けやき灰】 52⑥257, 267
けやけ【ケヤケ】→Z
52⑦299, 302, 303
げんかこんぴ【芫花根皮】 48①119
げんごべえからすき【源五兵衛からすき、源五兵衛耒耜】→Z
15②154, 214, 216, 217, 301
けんざお【間竿、間棹】 24①30/65②147
けんざし【間差】 23①117, 118
げんしく【玄磃】 48①390
けんじゃく【剣尺】 49①110
けんちざお【検地竿】 30①14
けんづえ【間杖】 47⑤269
けんと【けんと】 30③277
けんどう【懸倒】 27①381
けんどうとおし【懸倒簸、懸倒篩】→とおし
27①386
けんとおし【けんとをし、間簾】→とおし
17①329/62②33
けんどん【けんとん(ふるい)、ケンドン(ふるい)、けんどん(ふるい)】→ふるい
4①115/24①124/48①81
けんどん【ケンドン(千石通し)】→とおし
39⑤295
けんなわ【間縄】 46①66
げんのう【ゲンノウ、げんのう、げんのふ、鉄鎚】 16①328/24①43, 44/64①41/69②376, 381, 386
けんぴ【犬皮】 48①154, 155
けんびきょう【顕微鏡】 15③332, 337/68②250, 251, 253, 254/69①134, 135/70④273

【こ】

こ【粉】→I、N、X
49①22/50①54, 55, 58, 60, 61, 69, 70, 73, 81, 82, 85
こ【子】 4①286/17①75
ご【ゴ、大豆油、豆油】 48①29, 30, 35, 36, 38, 39, 40, 41, 42, 43, 44, 46, 53, 54, 75
ごいさぎみの【五位鳥ミの】
16①193
こいし【小石】→D、I、J
3④295/13①151, 197/16①272, 273/29②122
こいしまじりのいろいろまつち【小石ましりの色々真土】
16①272
こいしょうちゅう【濃焼酒】
51①176
こいた【小板】→Z
2①123
こいだわら【コイ俵】 2④300
こいばし【こいはし、コイバシ、こいばし、こい箸】→こきばし→Z
4①65, 66/25②231/39④186
こいふね【こひ舟】 20②389
こう【匣】 52②106, 113, 115, 117, 120
ごう【ゴフ、豆汁】 48①60, 157
こうかん【甲管】→Z
53⑥398
ごうきん【剛金】 49①139
こうけぐさ【こうけ草】 67③136
こうけのわ【髪毛の輪】 53⑤340
こうざ【こうざ】 24①57
こうさくくわ【耕作鍬】 16①178
こうさくのうぐ【耕作農具】 9③256
こうじ【糀、麴】 40②152/48①91
こうじぶた【麴蓋、糀蓋】→N
50②209, ③260, 263, 268
こうす【小臼】 6①241/30①84/46③210
こうずのねりみず【こうずのねり水】 3①60
こうせき【鉐石】 69②381, 382, 386
こうせき【黄石】 48①354
こうぞ【楮、楮苧、楮皮、楮木】→しろこうぞ、しんこうぞ→E、F、L、N、Z
12①350/14①355/48①102, 103, 105/53①31, 44
こうぞかわ【楮皮】→E

48①100,104,105,110,111,112,115,119
こうぞなまはぎかわ【楮生剝皮】 48①99
こうぞほしかわ【楮干皮】 48①111
こうちつち【小打槌】 24①110
こうちのきぐ【耕地之器具】 25②178
こうちゅうくし【こうちう櫛】 24①89
こうちんのかわ【香椿の皮】 48①108
こうてつ【鋼鉄】 48①325/49①171,173
こうとう【鉸刀】→Z 23①117
こうどう【紅銅】 49①126
こうのもののすてしお【香の物の捨塩】 3④348
こうばいいし【紅梅石】 48①336
こうぼく【香木】 48①21
こうみょうたん【光明丹】→N 48①74
こうやがみ【高野紙】 13①84
こうやののり【かうやののり】 60①61
こうるいのす【柑類の酢】 40②151
こうろう【耕榜】 69②162
こえおけ【こへ桶、こゑ桶、肥桶、糞桶】→こえたご 4①202/5①16,17/6②313/9②222/12①96,97/16①206/23①84,91,⑥308,311/46③202/61①32/62⑧269/69②180,253
こえかご【こゑかご】 16①205
こえかます【こえ叺、屎叺】 27①80,270
こえがめ【糞瓶】→こえたご→C 40②125
こえくら【肥鞍】 24①58
こえくりだしおけ【糞くり出し桶】 7①114
こえしゃく【こへ杓】 24①75
こえたご【こへたご、こへ田子、濃糞桶、糞丹後、菌担桶】→こえおけ、こえがめ、こえだめおけ、こえにないおけ、こえのにないおけ、たご、たごおけ、ためおけ、にないおけ、にないこえおけ、にないたご→Z 7②361/9①13/33③169/34⑤99/62②33
こえたごのお【こへたごのお】 9①15
こえだめおけ【糞溜桶】→こえたご→Z 6①240
こえたるこまつち【肥たる細土】 12①239
こえだわら【こえ俵、肥俵】 27①73,270
こえだわらふ【こえ俵ふ】 27①270
こえつけびく【こゑ附びく】 24③312
こえつち【糞土】→D、I 13①136,156,161
こえとりそうけ【こえ取そふけ、こへ取そふけ】→Z 33④210,225
こえにないおけ【こゑ荷桶、糞荷内桶】→こえたご 6①240/16①206
こえのにないおけ【糞ノ荷桶】→こえたご 5①50
こえはかりおけ【屎斗桶】→Z 6①240
こえはしまた【こえ橋又】 27①353,354
こえはねへら【肥はねへラ】 24①125
こえひしゃく【こへひ杓、こゑひさく、肥柄杓】→Z 16①207/23①91/28①17
こえまつ【こゑ松、肥松】→しょうこん、じんまつ、たいまつ→N 16①333/17①327/49①36
こえまつのこ【肥松の粉】 48①135
こえまつふし【肥松節】 48①87
こえものおおおけ【肥物大桶】 27①60
こえわらぶた【こえ蕍】 20①292
こおけ【小桶】 1④323/27①129/36③218/38③182/51①59,88,92,163,164,②198/52⑤204,208/53①37
こおの【小斧】 56②273
こおりきりよき【こおりきりよき、氷りきりよき】 59②120,121
こおりざとう【氷砂糖】→N 55③323
こがいどうぐ【蚕飼道具】 24①57,60
こかご【小かこ、小籠】 16①209/59①23,24,29,32,34,39,42,44,45,47,49,50,53,54,56,59
こかご【蚕籠】 62④94
こがさ【小傘】→N 43①45
こがたな【小刃、小刀】→N 1②195/2②157/3①32,49,52,60/5③268/11①47/13①31/14①207,209,211/28①25/38④244/45④204/47①23,24/48①116,134,135,139/49①62,80,171/50②157,160/54①272,281/55②130,178,179,③366,391,469,470/56①63,88,181/57②165
こかちきね【小かち杵】 27①238,386,387
ごがつのようき【五月の用器】 24①75
こがま【小鎌】 15②225/23①90/25①128,②203,212/36③224
こきしる【稠汁】 70①25
こきだけ【こき竹、扱キ竹、扱竹】→こきばし→Z 6①74,241/18③352/25②231
こきばし【こきばし、こき箸、扱ばし、扱箸】→かなばし、かねこきばし、こいばし、こきだけ、たけこきばし、たけのわりこはし、たけばし、はがねこきばし→Z 7①122/15②229/24①17/25①77/28①17/36③310/41③177
こきびのから【小黍のから】 30③286
こぎりは【小切刃】 18③354
こくいれ【穀入】 37③293,344
こくう【こくう】 17①300
ごくじょうじょうさけ【極上々酒】 55③440
ごくじょうにかわ【極上膠】 49①75
こぐすり【末薬】→N 55③249
こくそ【こくそ、蚕沙】→I 6①175/13①107
こくそう【こくそう】 48①177
こくそううるし【こくそう漆】 48①178
こくそうのこな【こくそうの粉】 48①178
こくたん【黒檀】 48①152
こくのり【穀糊】 48①153
こくばかき【こくはかき】 10③386
こくまで【小熊手】→くまで 1①40,70/6①156,157/12①221
こくら【小くら】→Z 6①242
こぐるい【こぐるい】 9①15
こぐるま【小車】→Z 15②267/48①120,123/53⑤320,348,372/65④359
こくろぐわ【小黒鍬】→Z 15②300
こぐわ【こぐわ、小くわ、小ぐわ、小鍬】→A 14①57,151/15②138,143,144,③356/17①94/28②158/33①40/45③169/63⑤315/68②255/69①57
こけうち【苔打】 49①107
ごけたおし【寡婦[illegible]】→Z 37③356
こけやすり【苔鑢】 49①109
こけら【柿】 49①42
ごごうます【五合枡】 24①124
こござ【小ござ】 4①290
ここそかき【ここそかき】 24①58
ごごたいふし【五々大夫紙】 47②80
こごめとおし【小米とおし、小米通し、粉米篩、粉米籭】→とおし→A 4①65,297/6①74/9③256/23①91/29③222/35①113
こころぶとそう【心ぶと草】 49①195
ござ【ゴサ、ゴザ、ござ、呉座】→N 2④283,290,291/4①287/13①88/24③329/47②97/56①48
こざい【小材】 4①236
こざいもく【小材木】 64⑤351
こざお【小竿】 27①146
こざかなのあたま【小魚の頭】 69①91
こさじ【小匙】 50②198
こさんぎで【小算木手】 49①94
こし【腰】 3③130
こしおれぼう【腰折棒】 24①111
こしかけいた【腰掛板】 24①111
こしかけだいぎ【腰掛ダイ木】 49①263
こしかけのしきいた【腰懸の敷板】 49①246
こしかご【腰籠】 19①211/20①293
こしがたな【腰刀】 1②204
こしきおけ【甑桶】 48①115
ごしきだまをふくくすり【五色玉を吹薬】 48①170
こした【こした、小した】 16①216,217
こしば【小柴】→E、G、I

6①125
こしはり【腰はり】 24①111
こしみの【こしみの、腰蓑】→Z 43②144/56①122
こしゃ【小車】 24①111
ごしゃく【五尺】 51①34,87,155,②184,189,195,196,198,201,204,206
ごしゃくごすん【五尺五寸】 51①34,52
こしょう【小枡】 51①171,176
こしょう【こせう】 59②132,133,135,137,139
こしょうけ【小しやうけ】 24①90
こしらえふるい【拵ふるひ】→ふるい 25①84
ごす【無名異】→むみょうい 48①375
こすき【木すき】 36③320
こすき【蚕すき】 24①57
こすくい【こすくひ】→Z 24①17
こすじのわら【こすじのわら】 27①278
こすな【細沙、小砂】→D 13①54/16①272/70⑥406
こすりこぎ【小すりこ木】 14①286,289
こずりまんがん【小摺万貫】 22③155,170
ごすん【五寸】 51①52
こせいろう【小蒸籠】 62⑥150
こたけ【小竹】→E 4①21/6①136/7②349/16①320/41⑦336
こたけのさき【小竹の尖】 27①134
こだわら【小俵】 7②293/27①31/39⑤260
こづかいわら【小遣ひわら】 28②249
こっかく【骨角】 48①152
こづち【小ツチ、小槌】 6①241/24①135/49①103
こづつ【火筒】 27①332
こつるべ【小吊桶】 52②115
こて【こて、小手】→Z 4①10/20①71/24①135
こて【泥鏝、鏝、鈪鏝】 19①166/20①294/50③265,268/55①19
こで【蚕手】→まぶし 47②98,116
こてなわ【小手縄】→J 42③167/68④411
こてわく【小手籰】 49①237
こどうぐ【小道具】→N 51①36/66⑧401
ことおし【小とうし】→とおし 27①198,199
ごとだわら【五斗俵】 20①296/27①162,341
ことま【小苫】 29④270
こなごばいし【粉五倍子】 69①64
こなしこまざら【墾こまざら】 23①91
こなしたみ【粉籭】 20①293
こなむしろ【粉なむしろ】 24③317
こなわ【こなわ、小なわ、小縄】→J 9①103,129,130/11③144/13①215/24①103,108/25①38,138/27①17,84/31④190/48①230/59②135,137
こにだぐら【小荷駄鞍】 16①218
こにだぐらのぐ【小荷駄の具】 16①219
こにだしょうぞく【小荷駄装束】 16①221
こぬか【こぬか、糠、小糠、小糖(糠)、粉ぬか、粉糠、米糠、米粃】→E、H、I、N 3④286,295,311/17①328/24③334,345,348/27①206,207,210,356/43①33/46①70/48①40,65/51①25,39/55③457/58①36
こぬかがちののり【粉糠がちの糊】 48①79
こぬかだわら【小糠俵】 27①326
こぬかばち【小糠鉢】 24①59
こぬかもみだし【こぬかもみ出し】 48①66
こねばち【こね鉢】 39②119
ごのと【五ノ戸】 64②137
このは【この葉、木のは、木の葉、木葉】→E、H、I、N、X 13①208/16①135/21①65,67,86/22④218,275/25①114/35①222/39①53,57/45⑦400/46①69/47③169/50③252/53①10,⑤345/54①263/55②172/56①161,213
このはいし【木葉石】 48①354
このり【粉糊】 48①65
こばい【小ばい、小棓】 4①114/27①198
ごばいし【五倍子】→ふし→N 69①64
こばき【こば木】 27①149,202
こはく【琥珀】→N 69②378,379
こはくせき【琥珀石】 48①344
こばけ【小刷毛】 14①280/48①168
こばし【こはし、こばし】 17①22,23,143,183,184
こばた【小機】 49①229,230,233,235,237
こばのこぎり【小刃鋸】 38③191
こばん【枯礬】 48①20
こびき【こびき】→A、K、M、R 9①15
こびきくず【木挽屑】 36③224
こひきて【小引手】→Z 6①242
こひきてなわ【小引手縄】 4①286
こひさぐ【小ひさぐ】 1④324
こひしゃく【小杓】→N 27①263/69②367
こびすい【コビスイ、小備水】 55③256,257
こびれのたけ【木びれの竹】 28②270
こふご【こふご、小ふご】 28②136
こぶね【小舟、小船】→J 16①213/38④256
ごふん【ゴフン、ごふん、胡粉、蛤粉】→しろご、ねずみご、めんごふん→D、N 1②161/14①284,285/48①42,61,99,100,380/49①57,89,137,223/51①175/53③181
こぼうき【小箒】 3④294/27①289
ごぼうは【午房葉】→N 19①120
こぼく【古木】→E 54①258
こぼそ【小細】 49①36
こま【駒】 49①177
ごま【胡麻】→E、I、L、N、R、Z 48①172
ごまあぶら【胡麻油】→H、N 55②168,169
こまいた【こま板】 24①110
こまいなわ【こまい縄】 24③330
こまかきおろし【細きおろし】 11②122
ごまがら【こまから】→I 39②104
こまざら【こまさら、駒振】 23①51,74/62⑨325,353,383,385,389
こまざらい【こまさらい、こまざらい、こまざらひ、把、杷】 1④331/16①199,200,210/17①82,107,108/19①211/49①51
こまざらえ【コマサラエ、コマサラへ、こまさらへ、こまざらへ、駒サラへ、駒さらへ、駒ザラへ、駒杷、駒振、杷】→くまで→A、Z 4①298/6①106,241/8①18,40,87,97,98,107,113,175,177,178,179,195,197,201,204/12①209/14①59/28②149,192,238/36②101/62②33
こます【小升、小枡】→Z 29②129/38②77/51①150
こますな【細砂】→D、I 2①91,96
こまつ【小松】→E 65③280
ごまのあぶら【こまの油、胡麻のあふら、胡麻の油】→H、N 9②225/53③165,170/55③442/60⑥359
こまのつめ【こまのつめ】 17①333
こまるき【小丸木】 65④359
こまんが【小まんがふ】→まぐわ、まんが 63⑤316
こみ【小箕】 10③392
ごみ【こミ、ごミ、塵芥】→D、H、I、X 16①135,153,200,210,211/69②368
ごみあくた【こミあくた、ごミあくた】→I、X 17①241,242,247,281,282,290
ごみあげ【こみあけ】→A、Z 4①294
こみぐち【込口】 53④218
ごみさらえ【ごみさらへ】 1①41
ごみもち【ごみ持】 24①89
こむぎかす【小麦かす、小麦粕】 48①40,41
こむぎから【小麦から、小麦殻】→H、I、N 24③338/30①78/62⑨369
こむぎのから【小麦ノカラ】→E、G、I 32①78
こむぎのかわぬか【小麦の皮糖(糠)】 22④234
こむぎのこ【小麦の粉】→N 13①107/48①43,78/53③169
こむぎのじょうこ【小麦の上粉】 48①42

こむぎのしょうふ【小麦の小麸】 49①75
こむぎのひきから【小麦ノ挽から】→I 24③336
こむぎわら【小麦わら、小麦藁】→E、H、I、N 5①65/6①123/9①78/10②362/12①250,256/13①69/22④259/61⑧218
こむぎわらのあく【小麦藁の灰水】 61⑧215,217
こむしろ【小むしろ】 42⑤314
こめ【米】→E、I、L、N、Z 40④328/48①99
こめあきだわら【米明俵】 4①102
こめうわかわ【米上皮】 43①82
こめおしき【米和卓】 6①241
こめおろし【米おろし】→Z 11②122
こめかち【米かち】→A 24①149
こめかんすい【米泔水】 48①246,247
こめこ【米粉】→N 48①254
こめず【米酢】 40②151
こめすくい【米すくひ】 6①241
こめだわら【米俵】→N、Z 4①75/6①239/24③313,314/27①277/30①85,86,120/43①82/62⑨376
こめだわらうちそと【米俵内外】 30①84
こめだわらゆいそ【米俵結そ】 27①45
こめつきうす【米搗杵臼】→うす 14①276
こめつききね【米搗きね、米搗杵】 6①241/14①276
こめどうぐ【米道具】 4①65
こめとおし【米とうし、米とおし、米とをし、米通、米通シ、米通し、米篵、米簏、米篵】→とおし→A 4①33,65,66,86/5④337/6①74/8①260/10②342/19①215/20①293/24③291/28①17/29③207,264/33④218/48①41
こめぬか【米糠】→E、I、N 6①116/27①208/36③199/69①101,②307,310
こめのあらいじる【米の洗汁】 59⑤443
こめのこ【米の粉、米粉】→I、N 12①377/13①292/14①176,214/45①44,49/48①100
こめのこぬか【米の小糠】→I 49①135
こめのす【米ノ酢、米の醋】 3①44/60⑥351
こめのすりぬか【米のすりぬか、米のすり糠】 47①47,④208
こめののり【米の糊】 14①174
こめのひめのり【米の糊】 48①176
こめのり【米糊】 48①177
こめのわら【米のわら】→I 33⑥334,343/47③174
こめふるい【米ふるひ】→ふるい→Z 37②71
こめみ【米箕】 4①65
こめみず【米水】 53②120
こめむぎのあらぬか【米麦ノ稃】 69②257
こめもみ【古目籾】 41④207
こめゆり【米汰、米淘】→A、Z 6①74,241
こめわら【米わら】→I 28②182
こも【コモ、こも、菰、薦、苳、蔣】→A、E、I、N、Z 1①39,41,49,86,③286/2①46,④293/3①41,53,62,④229,230,259,367/4①34,38,65,95,96,117,118,127,279,291,298,305/5①80,91,176,180/6①26,46,180,238,239/7①47,84/9①103,134/12①140,233,242,271,278,294,351,366,373,386/13①27,54,68,104,110,170,230,231,244/16①135,137,275,276,310/17①46,47,51,111,171,188,219,220,224,225,228,259,302/22④214,276/23①37,44/24①145,③323,336,338/25①18,27,38/29④273/30①18,③273,285/31④167/32①24,59/33④214/35①33/36②100,104,③196,295/37②71,100,③273/38③122,137,140,178/39③145/41⑦322,323,336,340/42④251,⑤315/46③210/47②97,122,123,126/48①237/49①121/50③273/51①164,165/54①267/55③255,363,403,475/56①42,43,54,60,88,89,117,160,175,177,194,204,211,212,216,217,②247,260,261/59⑤439/61⑧218/62⑤123,124,⑨329,353,368,394/63④262,269/65③239/67④186,⑤212/69①100,②248,283,329
こもあし【こもあし】 24①135
こもあみぼう【蔣編棒】 6①241
こもいた【薦板】 24①135
ごもく【コモク、ごもく、芥】→あくた→D、I、X 7②357/8①162,163/47③174/61④166
こもげた【菰桁、菰桁】 1①41/23①91
こもさくら【こもさくら】 38②76
こもたおい【蔣たおい】 6①242
こもたて【薦立】 24①89,90
こもっこ【小もつこ】→もっこ 16①208
こもつち【菰槌】 1①41
こもづつろ【菰づゝろ】 23①91
こもつと【薦苞】 23①44,45,46,47
こもつりいし【こもつり石】 24③313
こもつりこ【こもつりこ】 24①135
こもふなわ【こもふ縄】 27①278
こもむしろ【こもむしろ】 12①209
こもんぬか【小紋糠】 62⑤119
こやがわど【木屋川ド】 48①390
こやしおけ【肥し桶】 1①41
こやしだしかぎ【肥𦼮出しかき】 1①42
こやしためおけ【こやし溜桶】 25①123
こやしひしゃく【肥し柄杓】 1①41
こやすり【小鑢】 49①109
ごようなわ【御用縄】 24③311
こより【こより】 47②98
こらちぐわ【小埒鍬】 23①90
こりき【小力】 24①135
ころ【木呂】→N 48①219
ころ【葫蘆】 65③215
こわいた【甲皮板】 7②240
こわく【小わく】→Z 35②276
こわしくわ【毀鍬】 23①90
こわらだ【小わらだ】 18②256
こわり【小わり、小割】 39⑤265/49①36/56①162,211
こをとりたるかす【粉を取たる糟】 14①175
こんおけぞこ【溷桶底】 27①17
こんごうしゃ【金剛砂】 48①324,327,359,360,362/49①120,176
こんじょう【こんてう】 53③178
こんてんき【渾天機】 40②77
こんにゃくのり【こんにやく糊、蒟蒻糊】 30③235/48①84
こんぶ【昆布】→H、J、N 45⑥310
こんろ【コンロ、焜炉】 5③272/49①193

【さ】

さ【杈】 20①294
ざ【座】 47①41,42
さいかく【皂角】 46③210
さいかちあわゆ【さいかちあわ湯】 56①51
さいかちゆ【さいかち湯】 56①51
さいかま【さい鎌】 4①60
さいたけ【さい竹】 61⑩411
さいつち【さい槌】 24①59
さいで【工巾】 49①103
さいのかみやきのこりのきたけ【さいの神焼残りの木竹】 25③265
さいはい【さいはい】 14①284
ざいもく【材木】→N 2④283,309/3③180,④353/4①236,237/10②335/12①120,122,123,125/13①186,209,212,215,216,221/14①302,356/16①146,149,161,162,165,166,167,168,214,296,313/25①107/27①202,270,337/32②316/43②123,125,149/49①43/53④240,241,245/56①104,138,②277,278/57②120,169,183,184,191/61⑩438/62⑧276/64①61,62,②138,139,④258,261,⑤337/65④328/66①68,④200/67②112,113
さいりょうのつち【細料の土】 49①191
さお【さほ、さを、竿、棹】→C、J、N、Z 1①41/2④277/3①57/5①30,91,③271/11②100/16①313/19②404/22①54/25①119/27①317/28②222,227/35①77/42③185/48①37,194,195/49①17/50①50,52,54,60/56①78,160,177,184,193,205/58①30/63⑧435/64②136,137/65①40/69②308
さおあし【さをあし】 28②221

さおがね【竿鉄】 49①17,32
さおき【桯木】 51①38
さおだけ【サヲ竹】 8①253
さおとめがさ【五月乙女笠】 20①290
さおめ【竿目】 6①39
さかいぐい【堺橛】→C 6①184
さかいけ【さかいけ】 24①93
さかおけ【酒桶】 3④310/38④282/48①165
さかかご【坂籠】 66⑤264
さかきあく【榊灰汁】 48①72
さかきのあく【榊の灰汁、榊木の灰汁】 48①74,80,81
さかだる【酒たる、酒樽】→N 14①214,220/16①206/48①165/52①25
さかだるのかがみ【酒樽の鏡】 69①91
ざがね【さがね】 24③286
ざがねがま【さがね鎌】 24③317
さかぶね【酒船、槽】 51①16/61⑧228
さかへちみず【さかへち水】 53③164
さき【さき、先、鋒、鑱】 3③130/4①284,288/28①16,35/49①129
さきあざり【先キあざり】 24①111
さきかけ【先掛】 24③317
さききん【さき金】 53③179
さきしちとう【割七島】→いぐさ 55①30,39
さきてぐわ【さき手鍬】→てぐわ 10③394
さぎのはし【鷺のはし、鷺の觜鋤】→Z 15②175,176,300
さきん【砂金】→L 49①138
さく【策】 57②153,156,158
さくおおい【作覆】 30①28,29
さくくわ【作鍬】 63⑤318
さくちく【削竹】 53①10
さくもつから【作物から】 67③122
さくら【桜】→E、G、Z 24③317
さくらのかわ【桜の皮】→E 10②374
さくらのきかわ【桜ノ木皮】 1②172
さくらのきのいた【サクラノ木の板】 48①158
ざくろかわ【石榴皮、柘榴皮】 48①70,88
さけ【酒】→G、H、I、N 3①45/4①103/5③269/31⑤287/38③164/48①91,134,135/55③292/60⑥341,345,351,361,365,371,372
さげつち【さげ槌】 50①52
さけのあきおけ【酒ノ明桶】 30⑤405
さけのかす【酒のかす、酒の粕、酒槽】→G、I、N 10②377/14①221/29①86
さけぶくろ【酒袋】 51①175,②190
ざこのしる【ザコノ汁】 30②185
ささ【さゝ、笹、篠】→E、G、H、I、N、Z 3④277,291/9①91/13①265/15①49,103/28②202/30①77
さざえのともしび【刺螺の灯】 48①385
ささげのて【さゝげの手】 27①137
ささげぼう【さゝげ棒】 24①75
ささたけ【篠竹】 31④209
ささのあく【笹の灰水】 61⑧215,217,226,227
ささのたぐい【笹の類】 22④270
ささのは【笹の葉、篠の葉】→E、H、I、Z 12①143/13①63/15②214/30③265/39④213/48①20,56
ささのほうき【篠のほうき】 7①27
ささば【笹葉】→E、H、I 40②140
ささぼうき【笹箒】 15①29
ささめ【さゝめ】→E 16①194
ささめみの【さゝめミの】 16①193
ささら【さゝら、簓】→Z 35①82/49①120
ささらい【ささらひ】 41④208
さし【さし、差、刺】 20①293/33⑤259/36③215/56①206
さじ【匙、茶匙、匕】 48①168/49①188/50②160,187,188,189,192,193,197,210
さしあいおけ【さしあひ桶、指合桶】 20①291,293
さしあいふご【指合畚】 20①294
さしあいもっこ【指合もつこ】→もっこ 20①291
さしあげみ【颺籃】 14①59
さしいた【差板】 66⑧410
さしおり【さし折】 24①57
さしたけ【指竹】→Z 4①298/27①168
さしちがいさっかん【指違さつくわん】 10①135
さしづつ【さし筒】 24①124
さしのみ【指のみ】 48①131
さしばい【さしばい】→あく 4①102
さしびしゃく【さしひさく】 16①207
さしふだ【指札】→Z 55①30,31
さしほ【さし穂】→A、E 13①191
さしゆ【さし湯】 53⑤336
さす【サス】 24①118/29②150
さすまた【さす又】→R 24①17
させぼう【させ棒】 1①41
さだめぐい【定杭】 21①42/63③106,125
さだら【狡表】 19①88
さっかけぐつ【指掛履】 19①88
さつきがさ【五月笠】 4①51/24①75
さつきこも【五月蔣】 4①10/6①244
ざっこくのぬか【雑穀ノ粰】 69②257
さといものは【サトイモノ葉、里芋の葉】→N 48①134,135
さとう【砂糖】→E、H、I、N 40②152/51①123
さとうおけ【砂糖桶】 44②159
さとうぐるま【砂糖車】 44②157/57②124,175,192,197
さとうぐれ【砂糖榑】 57②193,203,234
さとうぞうぐれ【砂糖雑榑】 57②233
さとうだる【砂糖樽】 57②127,140
ざとうのつえ【座頭の杖】 56①122
さとうみず【さとう水、沙糖水】→I、N 17①260/55③442
さとべのみちくさ【里辺の道草】 30①63
ざどりきかい【座繰器械】 53⑤344
さな【さな】→むぎうちだい 30③295
さにんのは【砂仁の葉】 57②161
さねたけ【さね竹】 10③385
さば【鯖】→I、J、N 69②302,308
さばいこ【サバイコ、さばいこ】→ゆいそ 8①157,208,217/29②121,150
さはり【サハリ】 49①126,140
さび【銹、錆】→A、G、X 7②266/49①49
さましおけ【清盥】 69②373
さましはんぎり【清半切、清盥】 69②369,370,371
さみず【さ水、白水】→N 48①15,66,68/70⑥390,391
さめかわ【鮫皮】 48①153
さめのかわ【さめのかわ、鮫の皮】 16①185/48①153
さゆ【白湯】 48①47
さら【皿】→E、N、Z 49①63
さらい【さらい、欋】→A 10①125/15③401/28①17
さらえ【さらへ、さらゑ、擢、把】→A、C、Z 10②342/14①59/15②189/28②260/29①76/30③239
さらくわ【更鍬】 4①288
さらしぐさ【晒草】 49①196
さらしつち【晒土】 50②201,204,208,210
さらしにかわ【晒膠】 48①160,380
さらしまつやに【晒松やに】 53③170
さる【小狙】 51①52
ざる【さる、ザル、ざる、水籭、竹籭、笊、笊籬、簣、簣箕、筲箕、籭】→いかき、そうけ、たけそうけ→J、N、W、Z 1③262/3①58,④246/5①53/10①125/14①169/15①28/16①243/17①322/25①46/38②77/39②96/48①9,242/50③255/53②113/61②92/62②33/63⑧436/67⑤230,⑥317/69②245,309,367,369,370,371,373,381
ざるかご【ざる籠】 5④337
さるかわ【さる皮】→きかわ 53①29
さるて【さる手、猿手】 4①286,287/25①23
さるぼうおけ【猿頬桶】→かたておけ 69②367
さわみず【沢水】→D 2⑤326
さわら【さわら、椹】→E

16①206, 333/60⑥360
さわらぎ【さハら木、さわら木】→E 16①212, 213, 222, 296
さわらくちき【弱檜口木】 51①33
さん【さん】 14①59
さんがつのようき【三月の用器】 24①43
さんぎ【枕木】 52②115
さんげんのかわ【三弦の皮】 48①155
さんじゃく【三尺】 51②195
さんじゃくおけ【三尺桶】 51①62, 103, 104, 134
さんじゃくくい【三尺杭】 28②138
さんじゃくこえおけ【三尺肥桶】 29③206
さんじゃくごすん【三尺五寸】 51②193, 206
さんじゃくななすん【三尺七寸】 51①34, 52, 86, 88
さんじゃくなわ【三尺縄】 4①289
さんじゅうにのふるい【三十二の篩】→ふるい 50①82
さんじゅうのふるい【三十の篩】→ふるい 50①55, 67
さんしょう【秦椒、蜀椒】→E、N、Z 13①227/55③290
さんじょうなべ【三升鍋】→N 31④204
さんすす【さんすゝ】 53③164
さんぞく【三足】 31④167
さんだわら【さんダハラ、さんたわら、さんだわら、サン俵、さん俵、桟俵、算俵】→さんどら、たわらぼうし→Z 6①119, 242/11②108/17①146/20②396/24①14, 15, 124/27①28, 166/28②136, 243, 256/29②121, 151/47④203/62⑤124
さんとうけい【蚕当計】 24①57/35③425, 426, 428, 434, 435, 438
さんとだわら【三斗俵】 20①296
さんとめばた【桟留機】 14①324
さんとめばたのず【桟留機の図】 14①324
さんどら【サンドラ】→さんだわら 8①260
さんのくわ【鏟】 14①59
さんのと【三ノ戸】 64②136
さんばいこ【さんばいこ】 28②155, 242, 253
さんばやし【さんばやし】 1①55
さんばん【三番】→A、E、I、K、L、M 51①169, 171, 173, 174, 176, ②207
さんばんあい【三番藍】 48①77, 78, 79
さんばんかさ【三はん蓋】 27①182
さんぶのみ【三分のミ】 43①80
さんぼういしめ【三方石目】 49①107
さんぼんぐわ【三本鍬】 25①120, ②227
さんまいかた【三枚模】 49①78, 79
さんりょうしん【三稜鍼】 18①164, 165

【し】

し【砥】→と 48①383
しい【椎】→E、Z 12①350/48①220
しいかわ【椎皮】 53④239/58④263
しいかわじる【椎皮汁】 62⑥155
しいし【シイシ】 48①77
しいしば【しひしバ】 62④107
しいたけくし【椎茸串】 61⑩455
しいのき【椎の木、椎木】→E 12①351/48①221/53④227
しいらだわら【粃俵】 27①326
しお【塩、食塩、潮】→G、H、I、L、N、Q、X 3④344, 348/4①141/8①54/12①311/14①221, 224/15③400/33⑥371/36③199/49①48, 49, 52, 118, 136, 138, 202/50④307, 309/51①173/55③452/60⑥340, 344, 367, 375/65④356/69①128, ②350
しおう【しわう(植物)、雌黄(植物)】 48①89, 179/53③176
しおう【雌黄(鉱物)】 49①46, 47
しおかご【塩籠】 49①190
しおけあるもの【塩気ある物】 12①160
しおけなきおけ【塩気なき桶】 48①47
しおけのしる【塩気の汁】 12①160/37③361
しおけのもの【しほけの物】 12①160
しおこうじ【塩麹】 58①36
しおこも【塩薦】 29④270, 271, 277, 282
しおだわら【塩俵】 3④285, 288/23⑥337/30③232/38③200/69①47
しおちゃ【塩茶】 60⑥376
しおづけおけ【塩漬桶】 6②283
しおて【しをて、塩手】→Z 6①242/60③141
しおでい【塩泥】 69②273
しおのかた【塩の模】 49①192
しおのにがり【塩の苦汁、塩苦汁、塩滴汁】→にがり→H 55③440, 441, 451, 453
しおまきおけ【潮まき桶】→Z 49①257
しおみず【塩水】→D、H、N、X 3④344/7①92/24③341/28③321/38③161/49①214/65④319
しおみそ【塩味噌、塩醤】 12①263, 288
しおゆ【塩湯】→N 33①25/45⑥310/60⑥337, 343, 352, 356, 373
じかきなわ【地かき縄】 37②71
しかけ【器械】 53⑤352
しかけぐら【仕掛鞍】 20①293, 294
しかげばけ【鹿毛はけ】 48①212
しがつのぐ【四月の具】 24①58
じがね【地かね、地がね、地金、地鉄】 16①176, 177, 179, 180, 184, 185, 188, 189/49①113, 114, 116, 119, 120, 131, 133, 171
しかのけ【鹿の毛】 48①41
しかのつの【鹿ノ角】→E、N 1②204
じかはい【直灰】 3④222
じき【鎡基】 4①6
しきあり【敷蟻(梁)】 64②135, 137
しきいた【敷板】→N 49①243, 246/64②135, 137
しきがみ【敷紙】 47①34/56①160, 180
しきぬの【単布】→Z 52②106, 115
しきの【しきの】 40④303
しきみのなまば【樒の生葉】 5③278
しきめいた【敷目板】 64②138
しきりのいた【しきりの板】 28②251
しきりのわら【しきりのわら】 28②144
しきわら【敷わら、敷藁、敷茭】→I 33⑥333, 346/60③134, 135
じく【軸】 4①286
じくらのほね【地鞍の骨】 4①290
じげしょふしんぎ【地下諸普請木】 57①28, 30, 31, 32, 35, 36, 37, 39, 40, 43, 45
じげにゅうようのざいもく【地下入用之材木】 57①18
しげんじ【シゲンジ】→がんぴのかわ→Z 48①109
しごとのぐ【為事ノ具】 5①17
しこん【紫根】→むらさき→E 48①9, 10, 13, 15, 16
じざい【自在】→N、Z 23①117
じさし【地サシ】 8①217
しし【シシ、しし】→しんし 24①111/48①30
ししおき【しゝをき】 16①175
ししそばよせ【肉側寄】 49①107
ししのかわ【猪の皮】 15②200
じしば【地芝】→E 16①273
じしばりしば【地しバり芝】→E 16①286
しじみがい【蜆介、蜆貝】→J 48①26, 27, 29, 31/51①175
しじみがいくろやき【蜆貝黒焼】 51①170, 173
しじみがいのさじ【しじみ貝の匕】 15①42
しじめがい【しゝめ貝、しゞめ貝】 61⑧222, 229
じしゃく【指南針、磁石】 1②195/7②323/48①324, 325, 326
しじゅう【死獣】 4①305
ししらなわ【しゝら縄】 10②338
しずめいし【鎮石】→Z 52②117
しそ【紫蘇】→E、N、Z 14①364
しそのは【紫蘇葉】→E、N 13①131
しだ【歯朶】→E 70⑥389
したうす【下うす】→うわうす

23⑤259
したき【下木】→N 28①37
したきのうえ【下木之上】 29③263
したきのわかめ【下木の若芽】 61⑦196
したくさ【下草】→G、I 63①53
したくら【下鞍】→Z 4①288, 290
したげた【下げた】→Z 3①58, 60
したじ【下地】→A、D、I、K、N、X 49①113, 118, 125/50②198
したじうるし【下地漆】 48①176, 178
したじがね【下地銅】 49①112
したじき【下布、下敷】 27①179, 180, 182, 377
したじきぼい【下敷杪】 36③308
したじこ【下地粉】 48①176
したしただい【下々代】 64②138
したじにつくるつち【坏に作る土】 48①371
したじのつち【下地のつち】→D 9①105
したじほね【下地骨】 48①230
したで【下手】 2①132
したなわ【下縄】 5①85
したばきほうき【下はき箒】 27①324
したひら【下平】 4①70, 94
したぶね【下舟】→Z 53⑥397, 401
したみ【したみ】→かご 29③249/30③277
したら【シタラ】 46③206
したん【紫檀、紫柤】→N、Z 48①152, 153
しちがつはちがつのようき【七月八月の用器】 24①110
しちく【紫竹】→E 48①136
しちとう【七島】→いぐさ 55①31, 39, 49, 54, 60
しちばばひき【七馬場引】 9③266
しちぶきり【七分切】 27①79
しちりん【瓦炉】→ひちりん→N 49①104
しっくい【しつくい、漆喰】→N、X 5③286/18⑤473/65④318, 319, 347, 354, 355, 356, 357
じっこくぶね【拾石船】 51①150
しでさくら【シデサクラ】 48①220
しでのき【扶移】→E 48①220
しと【しと】 16①218/20①289
しとだる【四斗樽】→N 67③132/69②367, 368
しとどめやすり【鵐目鑢】 49①109
しとみ【しとみ、蔀(蔀)】→N 33⑥324, 388, 389/45①43
しどり【死鳥】 4①305
しな【しな】→Z 33④227
しないぼう【しないぼう】→てんびんぼう 16①208
しなえ【しなへ】→からさお 37③345
しなえだけ【しなへ竹】 15①41, 42, 49, 82, 100, 102
しなえたるたけ【しなへたる竹】 31①8, 11
しなこも【しな菰】→Z 33④227
しななわ【しな縄】 4①10
じならし【地ならし、地平】→A、C、Z 14①57/15②163, 207, 300
しの【しの、篠】→G 22②129, ④272/25①62/56②261
しのぎ【しのぎ】 16①182
じのこ【地ノ粉、地の粉】 48①176, 177/49①111
しのだけ【しのたけ、しの竹、篠竹】→E、G 6①138/16①286/60①66/69②282
しのだけのくだ【篠竹の管】 10②354
しのべたけ【しのべ竹】 5③277
しば【しば、柴、芝】→A、C、E、G、I、N 2①110, ④310/4①101/12①263, 267, 368, 370, 372/13①171, 265/16①221, 273, 286, 304, 309, 310, 320, 322, 327/20②380/22②129/28①15/34⑦257/35①37, 40, 82, 153, ②311/36②118/53④218/56①89/69①70, ②333/70②105, 128, 182
しば【しば、芝】→E、G、I 27①288/62⑨367, 372, 385/64①71/65①18, 28, 40, ②137, ③201/69①72
しばかま【芝鎌】 24③317
しばき【柴木】 13①267/47①31
しばきはのはい【柴木葉の灰】 48①370
しばくさ【芝草、芝艸】→A、E、G、I 27①360/28④354
しばこずえ【柴杪】 6①124, 136
じばたあし【じばたあし】 42②91
しばて【柴手】 19①113
しばのね【芝の根】→I 65①31
しばのはい【柴の灰】→I 13①118/18①84/25①116/48①114
しばりがみ【縛り紙】 49①157
しばん【柿盤】 56①83
しびのふた【しびのふた】 28②261
しぶ【しふ、柿染、柿油、渋】→I、N、X 4①162/7②354/13①149/14①204, 214/16①142, 143, 145, 146/24③349/34⑧306/36③254/47④227/49①22/51①33, 152/53③171, 178, 181/56①66/62⑥155
しぶがみ【しふ紙、しぶ紙、渋紙】→N、Z 4①92, 150/14①158, 300/24①57, 90/35②412/38③165/40④303/45①45/47①32, ④217/51①145/53⑤331/62④88
しぶがみのふくろ【渋紙の袋】 55③410
しぶきよう【シブキヤウ】 48①20
しぶた【しぶた】→D 24①110
しぶたがね【四分鏨】 49①107
しぶのみ【四分鑿】 43①80
しぶみず【柿榛水】 48①46
しべ【しべ、稈皮、蘂】→E 16①218, 219, 220/27①180, 324, 377/35①128
しべぼうき【しべばうき、シベボウキ、しべぼうき、しべ箒】→Z 1④299/7①116/8①53/12①219/13①42, 62/29①82/53①46
しべわら【蘂藁】 31④194
しぼりぐ【搾具】 45③133, 134/50①36
しぼりじる【しぼり汁】→N 61⑧222, 227
しぼりろくろ【絞り轆轤】 50②168
しまゆいふじ【乳結藤】 2①16
しみず【しミづ、清水】→D、I、N、X 48①10, 18, 22, 67, 92, 104, 189, 247, 252, 253/49①45/53②113, ⑤351/59②133, 134/62⑨323/69②265, 268, 370
しめ【搾】 49①204
しめ【しめ、注連】→N 6①28/23①82
しめいた【しめ板】 6①28
しめぎ【〆木、しめ木、搾木】 49①81, 197/56①127/61⑧226/69②308, 309
しめきび【〆黍】 30⑤398
しめぐ【搾具】 50①37
しめぐるま【搾車】 50②168
しめばこ【しめ箱】 61⑧228
しめふね【しめ船】 61⑧226
しめりつち【湿り土】→D 2①96
しめりとるはこおり【湿り取箱柙】 49①64
しめりばい【シメリバヒ、湿灰】 52③137
しもうけ【霜請】 40②106
しもく【シモク、しもく】→N 8①171/16①200, 201/65④358
しもごえしょうべん【屎尿】 15③361
しもたらい【下たらい】 27①356
しもと【しもと】 11①25
しもどうぐ【下道具】 66⑧401
しもはた【シモハタ、下機、腰機】→たかはた 35②401/49①229, 246, 255/62②39
しもよけのおおい【霜除の覆】 29②122
じゃ【麝】 49①54
しゃきん【砂金】 14①287, 289
しゃく【笏】 54①184
しゃく【しやく、杓、柄杓】 5①17, 30, ②229, ③278/8①21, 160/10②380/24①101/27①48, 60, 323/28②137/33③169/47②97/59⑤435/67③123
しゃくざお【尺棹】 24①30
しゃくし【杓子】→N 48①200
しゃくたけ【尺竹】 4①108
しゃくどう【シヤクドウ、烏金、赤銅】 49①112, 113, 114, 117, 118, 121, 122, 131
しゃこがい【車璖貝】 48①48
しゃのは【蔗の葉】→E 61⑧228
しゃぼん【シヤボン】→せっけ

ん
48①170
しゃり【シヤリ】 49①125,129,130
じゃり【砂利】→D
36②107
じゃりだわら【砂利俵】 36②107
しゅ【朱】→X
16①89/48①174/53③165,166,180,182
じゅういちがつのようき【十一月の用器】 24①135
じゅうがつのようき【十月の用器】 24①135
じゅうにがつのようき【十二月の用器】 24①135
じゅうはちのふるい【十八の篩】→ふるい
50①54
じゅうばん【拾番】 51②208
じゅうひ【獣皮】 1②195,203
しゅうるし【朱漆】 52②123
じゅえき【樹液】 45⑤241
しゅく【しゆく、宿】 35②268,354,355
しゅくろめうるし【朱黒メ漆、朱黒め漆】 53③171,174
しゅけんうるし【しゆけん漆】
53③171
しゅしょくだいいちのようぐ【種植第一の要具】 15②141
しゅずいばかり【守随秤】 35②363
しゅせい【酒製】 53⑤328
しゅぬりうるし【朱ぬり漆】
48①174
しゅはけ【棕刷子】 49①54
しゅもく【鐘(撞)木】 25②228/51①53
じゅもく【樹木】→E
69②222
しゅろ【しう路、しゆろ、棕櫚】→E、Z
13①228/14①358/33⑤262
しゅろなわ【しゆろなわ、棕櫚縄】 15②271/54①311
しゅろのかわ【しゆろの皮】
54①295
しゅろのなわ【しゆろの縄、棕櫚の縄】 11①39/13①204
しゅんけいうるし【しゆんけい漆、春慶漆】 48①179/53③178,181
しょいこ【しよいこ】 39③144
しょいもっこ【背負持籠】→もっこ
1①44
しょう【箾】 30③234,269,282
しょう【粆】 69②219,220
じょう【鐍】 46①91,92,93,94
じょうあい【上藍】 48①27,28,53/49①90
じょうあいだま【上藍澱】 48①64
じょうあく【上灰汁】 35①178
しょうあしきわら【性あしき稿】 27①192
しょううるし【生漆】 48①176
しょうえん【松煙】 49①33,34,36,37,38,54,60,62,75,77
しょうが【生姜】→E、Z
13①289
しょうかくもの【小角物】 53④242
じょうがさ【上笠】 4①125
じょうかす【上粕】→N
51①177
しょうがつじゅうごにちのかゆのしる【正月十五日の粥の汁】 23⑤270
しょうがつのようき【正月の用器】 24①17
しょうがのしる【生姜の汁】
49①132
しょうがのは【生姜の葉】→E、N
51①171,172
じょうがひげ【せうかひけ、ぜうがひげ】 13①171,172/56①90
じょうかもくひ【蕘花木皮】
48①119
じょうかわだわら【上かわ俵】
4①279
しょうき【餉櫃】 20①294
じょうき【蒸気】→P、X
53⑤298,⑥398,401
じょうぎ【規木、定規、定木】
48①323/49①223/53①52
じょうぎいた【定木板】 48①380
じょうきき【蒸気器】 53⑤298
じょうききかん【蒸気機関】
53⑤367,368
じょうきしかけ【蒸気仕掛】
53⑤338
しょうきちたん【勝吉丹】→たん
14①287
じょうぎのいた【定木の板】
48①379
じょうきはかり【蒸気量】 53⑤369
しょうきょう【生姜】→E、N
12①294
じょうきん【上金】 49①139
しょうく【磫礭】 48①390
じょうぐろ【上ぐろ】 49①85
しょうけ【籬器】 62①15
じょうこ【上粉】→N
48①176
じょうご【じやうご、ぢやうご、上戸、漏斗】→Z
10②342/24①124/28②260/31④207/50①81/51①111,②209/69②224
じょうごえ【上肥】→I
49①36
しょうこん【松根】→こえまつ→N
49①37
じょうざけ【上酒】 48①178/55③451
しょうじ【障子】→C、N、Z
49①34,36,98/51①42/54①288/55①56,60,62,65
しょうじがみ【障子紙】 61⑩458
しょうじびえどろ【障子びゑどろ】 48①323
じょうしゅ【上酒】→N
38③188/48①246
じょうしょうちゅう【上焼酒、上焼酎】→N
13①134/51①171
じょうじょうなわ【上々縄】
27①236
じょうす【上酢】 55③384,453
じょうずみのけずりくず【上墨の削屑】 48①28
しょうせき【シヤウ石】 46①20
しょうせきせい【消石精】 69①53
じょうたがね【定鏨】 49①107
じょうたわら【常俵ラ】 24④300
じょうだん【助だん、助炭】→Z
47④214,217
じょうちゃ【上茶】→N
55③451
しょうちゅう【焼酒、焼酎、醤酎】→I、L、N
40④282/48①134,135/51①122,174
じょうつぼ【上壺】 13①85
しょうとういし【正当石】→Z
50①50,81
じょうなわ【上なは、上縄】 6①239/27①269,277
じょうなわ【常縄】 27①279
しょうのう【セうのう、セうのふ、せうのふ、樟脳】→G、H、N
48①135/49①54/53③174,175,182
じょうのうだわら【上納俵】
72②27
じょうのうのおおなわ【上納の大縄】 25①38
じょうのすぎ【上の杉】 4①286
じょうのめ【定ノ目】 4①285
じょうばた【上機】 62④111
じょうはつき【蒸発気】 53⑥396,398
じょうひんかるこ【上品軽粉】
48①89
じょうひんのいしばい【上品の石灰】 48①381/50②190
じょうひんのかりやす【上品のカリヤス】 48①34
じょうひんふのり【上品フノリ】
48①65
しょうふ【小粉】 48①251
しょうふ【せうふ】→N
17①189
じょうぶいし【丈夫石】→Z
6①241
しょうふのり【しやうふ糊】
14①174
しょうべん【小便】→G、H、I、L、N、X
4①51/12①261/15③391/17①174,175
しょうべんおけ【小便桶、便桶】→Z
6①240/33⑥320/40②179/42⑥436/69①46,73,②264
しょうべんおけなわ【小便桶縄】
42⑤315
じょうべんがら【上ベンカラ】→べんがら
49①33
しょうべんたごおけ【小便田子桶】 6①185
しょうべんだる【小便樽】 6①240
しょうべんひしゃく【小便柄杓】→Z
6①240/38②77
しょうべんふり【小便ふり】
38②77/42②104
しょうぼく【小木】→E
4①88/34⑥159
じょうまいだわら【上米俵、城米俵】 24③313
じょうまいだわらうわごしらえ【城米俵上ハ拵】 24③311
じょうやきのいしばい【上焼の石灰】 24①47
しょうゆだる【せうゆ樽、醤油樽】 52①24,25,30/67③123
じょうろかん【蒸露罐】 70⑤333
しょしき【諸色】→L、N、X
23①81,②135,136,138,③147/58②96,⑤297/64②131,③171,181,182,183,184,186,

187,195,196,197/65③244
しょしゅう【鉏鍬】 21①92
しょじゅう【蔗汁】 70①13
しょぞうぐ【諸雑具】 35②346
じょたん【助炭】 3④360
しょどうぐ【諸道具】 27①89,380,383
しょはうち【ショハウチ】 1②181
しょふしんぎ【諸普請木】 57①33
しょもつのいたするすみ【書物の板する墨】 49①70
じょれん【じやうれん、じょれん、砂運、砂連、鋤れん、鋤簾】→てつじょれん→Z
8①111,178/15②152,159,211,213,214,301/24①75/62②33/69①73
じょろ【じよろ、ジヨロウ、助露、如露、噴壷】 33⑥359/46①64/47②93/48①237/56②246,248,250,253
しらかし【シラカシ】→E
48①220
しらかみ【白紙】 35①103/48①33
しらがゆ【白米粥】→N
48①91
しらご【白豆油】 48①74
しらしめゆ【白しめ油】 53③170
しらた【しらた】 27①59
しらばい【白灰】→I
3①46/31④202/48①59,106,137/49①192/65④356
しりがい【しりかい、しりがい、しりがひ、尻がい、尻かひ、尻掻、鞦】→Z
4①291/6①242/16①198,219/24①58,③329/25①27/30①119
しりかけ【しりかけ、尻かけ、尻掛】 4①287/20①294/24①89
しりかせ【しりかせ、尻かせ、槃】→Z
4①285,286/6①240,242/27①19/28①16
しりくいなわ【しりくひ縄】 4①38
しりくびなわ【尻首縄】 4①137
しりくら【しり倉】 1①41
しりござ【尻ごさ】 24①59
しりだおい【尻だをい】 24①58
しりてなわ【尻手縄】 24①59
しりょうのおけ【飼料の桶】 16①234
しる【汁】→E、H、I、N
7②353/24①125/30④357/60⑥339,351,355,356,357,358,372,377/68②290/69①125,②297/70①10,11,24,25
しるしくい【印杭】 38③129
しるしのさお【しるしの竿】 6①198
しろあくど【白堊土】 49①27
しろうた【しろうた】 27①59
しろえんしょう【白エンシヨウ、白焰消】 31⑤284/49①120
しろえんどうのこな【白豌豆の粉】 48①78
しろかきくら【しろかきくら】 37②71
しろかわ【白皮】→E、N
48①111
しろきどろ【白き泥】 13①69
しろぐし【しろぐし】 20①289
しろぐすり【白薬】 49①137
しろくら【しろ鞍】 16①198
しろご【白ゴ】→ごふん
48①71,72,73,74,75,76,77,78,79,80,81,82,83,92
しろこうぞ【白楮】→こうぞ
22①57
しろざとう【白砂糖】→N
55③453
しろざとうだる【白砂糖樽】 30⑤408
しろした【白下】→N
50②187
しろじる【白汁】→E
11②111
しろすきぐわ【代すき鍬】 24①75
しろちく【白竹】 48①136
しろどろ【白泥】 3①46/13①72
しろねずみ【白鼠】 24①143
しろねずみご【白鼠ゴ】 48①76,83
しろまめ【黄大豆】→E、F
48①35
しろみ【白ミ、白み】 3①62/61⑧229
しろみず【白汁、白水、米泔、潘、泔、洱水、泔水】→H、I
3①48,49/4①161/10②359/12①240,350,351/13①54,82,95,102,104,106,116,145,156,161,186,202,248/17①333/24③340/25①115,116/30⑤404/33⑥337/38③122/45④212/48①67,68,246/50③268,273/53②120/67⑤229/70⑤332
しろみどう【シロミ銅】 49①127
しろめ【シロメ、白メ】 49①122,124,125,130
じん【ジン】 50③263
しんあい【新藍】 48①50
しんうす【新磨】 49①16
しんおけ【新桶】 48①56/51①87,155,158,161,162/52⑤205,207
じんかい【塵芥】→I
69①80,②367,370
じんかいるい【塵芥類】→I
30①63
しんかきふで【楷書筆】 49①67
しんかます【新叺】 27①80
しんぎ【しんき、しん木、心木、真木】→E
12①122/16①216,217/35②389/48①287/49①16,25,162,166,190/61⑧218,231,232
しんきねのかるい【新きねのかるひ】 28②135
しんきょうます【新京升】 6①210/52⑦295,296
しんくわ【新鍬】 4①288/16①176,178
じんこう【沈香】→G、N
49①54
しんこうぞ【新楮】→こうぞ
30③295
じんごえ【沈肥】 49①37
しんし【シンシ、しんし】→しし
48①14,30
しんしゃ【辰砂】→D、N
48①89
しんしゅ【新酒】→N
51①177
じんせん【蕈檽】 45④211
しんたけ【心竹】 48①130/49①166
しんたる【新樽】 51①159,163,167
しんちゅう【シンチウ、仮鍮、真鍮】 45⑥331/49①115,126,129,132,135,139,140/53③181
しんちゅうはく【真鍮箔】 48①61
しんちゅうはりがね【針金】 53⑤320
しんてつ【心鉄】 49①150
しんてつ【新鉄】 16①180
しんぬか【新糠】 39①53
じんばののうぐ【人馬ノ農具】 19①211
しんぴ【秦皮】 49①75
しんびらきわら【新開藁】 25①37
しんふくろ【新袋】 51①152
しんぼねかさ【新骨傘】 43①25,31,55,64,70
しんまいわら【新米わら】 28②200
しんまき【しんまき】 24①111
じんまつ【沈松】→こえまつ
49①34,35,36,37,38,98
しんむしろ【新莚】 4①101/25③278/27①216,221
しんやく【心薬】 48①133
しんわら【新わら、新藁】→E
7②298/11①48/52①26

【す】

す【簀】→Z
1①48/3①58,60/4①159/5①109/19①120/33③160,④227/35①156/41⑦336,337/47②97,99,100,122,123,124,126,147,148/48①98,103,105,107,116,393/49①195/52①34,②88,106,⑦306/53①43/55①65/69②282
す【酢、醋】→H、N
12①288,344/48①34,42,46/49①117,121,135/55③322,449/60⑥344,361
すいかずらのせんじじる【すいかづらの煎汁】 60⑥364
すいかずらをせんじたるしる【すいかづらをせんじたる汁】 60⑥365
すいぎんせい【水銀製】 53⑤328
すいくちのふくろ【吸口の布腸】 15②245
すいけ【水け】 60①59,60,61,62,63
すいしゃどう【水車胴】 48①309
すいしょう【水晶】 48①357,358
すいしょうりん【すいしやうりん】 16①216/17①128
すいづつ【吸筒】→Z
23①118
すいづつのふくろ【吸筒の布腸】 15②261
すいどうみず【水道水】 33⑥337
すいとり【スイトリ、すい取、水取】 27①150,185,377
すいとりわら【スイトリワラ、スイトリわら、すいとりわら】 27①182,185,377
すいのう【スイノウ、すいのう、すいのふ、すひのふ、水嚢】→Z

4①116/14①185/35①113/40④334/41②138/48①64,81/50③255,256,265/51①123/52①52,③135,④181/53①37,40/59⑤432/61⑧215,217,223/62②43

すいのしゃく【スイノ杓】 30⑤412

すいぶん【水分】 34⑥159

すえきりわら【末切藁】 4①40

すえすがい【末すがい】 19①76

すえたけ【末竹】 39④226

すえはたご【すゑはたご】 17①331

すおう【す黄、蘇方、蘇枋、椰枋】→E
48①20,31,34,46,47,56,62,80,81,83,87/53③175,176

すおうのせんじじる【蘇枋の煎汁、椰枋の煎汁】 48①35,63

すがえ【すかへ】 24③317

すがこも【スカコモ】 1②140

すがむしろ【すがむしろ】 20①303

すがり【すかり、透罹】 19①211/20①292,294/37②71

すがりぶくろ【すかり袋】 16①204,205,206

すき【スキ、すき、鍬、鋤、犂、耒、耒鋤、耒耜、耜、耟】→A、Z
1①41,②154,171/2①12,⑤336/3①31/4①12,14,43,44,47,49,51,70,81,113,286,287/5①6,15,17,21,22,28,178,190,③243/6①41,42,240,②286/7①55/8①94,105,107,161,162,171,172,208,209,210,217/9①28,③241,254,256/10①8,118/11⑤256/12①56,74/13①275,279/14①56,57,59/15②135,138,155,156,158,159,160,167,190,207,208,③356/16①64,83,87,180,181,183,184,186,191,329/17①76,96,164/18②246/22①79/24①43,167/27①19/28①17,②137,146,196,226,228/29③224,231,④278/30①100,③304/33④211,212,215,222/34⑦247/36①63,73,②110/38③112/39③148,⑤263,289,298,⑥345/40②78,③228/43①41/45③149,150,159/46③187,202,209,212/48①200/56①99,②255/62①15,②33,⑧257/68②255/69①69,②209,216,219,220,225

すぎ【杉】→E、N、Z
4①283,292/13①228/16①206,211,212,213,216,222/48①114/53①43/56①87/62⑥155

ずき【頭き】→C
27①188

すぎいた【杉板】→L
15②237/25②230/65④322

すきうまのぐ【犂馬の具】 6①242

すぎえだ【杉枝】 56①213

すきかた【鋤肩】 8①192

すぎかわ【杉皮】→L
36③228/45⑦403/48①230,235/69②282

すぎき【杉木】→E
48①139,165,230/49①230

すきくわ【鋤鍬、耜鍬】→Z
7①93/10②342/15②137,138/32①61

すきさき【すきざき、犂先、鑱】→L
4①283,285/9①56,101/10②342/15②207

すきさきぐわ【すきさき鍬、犂先鍬】→Z
15②152/33①39

すぎしんどうぐ【杉新道具】 51①33

すきたがね【透鏨】 49①107

すきたづな【すき手綱】 27①19

すきてなわ【犂手縄】 6①242

すきにかわ【すきにかわ】 53③180

すきね【鋤根】 29③226

すぎのかわ【杉の皮】 45⑦381

すぎのき【杉の木】→E、G
16①310,333

すぎのきくず【杉の木屑】 36③225

すぎのくちき【杉の口木】 51①33

すきのこ【鋤ノ子】 8①208

すぎのこけら【杉のこけら】 51②210

すきのさき【鋤の先、鑱】 4①284/5①15/6①240

すきのとこ【すきのとこ、鋤の床】 9①14/29③230

すきのねり【すきのねり】 9①14

すきのは【鋤の刃】 17①162

すぎのは【杉の葉】 51①170,172/56①162

すぎのはえだ【杉ノ葉枝】 69②370

すきのひきお【鋤ノ引緒】 29④270

すきのへら【すきのへら】 4①284

すきのぼう【銇】 6①240

すぎのまさいた【杉ノ柾板】 1②205

すぎのやに【杉の脂】 69①125

すきのよつたてたてり【すきのよつたてたてり】 9①14

すぎば【杉葉】→E、N
49①121/56①43,161

すきへら【すきへら、鋤へら、鐴】 4①47,283,285/24③317

すぎまるた【杉丸太】→L
14①301/49①237/56①153/58⑤328

すぎり【鉞】→まさかり→Z
2①12

すぎわらがみ【杉原紙】→V
13①51

すくい【すくひ、すくゐ】→Z
15②186,③368,369,402

すくいばち【スクイバチ】→Z
52⑦302

すくさ【巣草】→まぶし
47②98

すぐだてつく【直立撻】 27①377

すくも【すくも、蒅】 9①54,②214/30④355,358

すくもだわら【すくもたわら、すくも俵】 9①82,103,122

すぐりわら【すくり藁、勝藁】→E、I
19①87/20①106/31②85/44③214

すげ【すげ、菅】→E、G、Z
10①105/16①194/25②229

すげおおむしろ【すげ大莚】 24①124

すげがさ【すけかさ、すけ笠、すげ笠、管笠、菅笠】→L、Z
6①243,244/9①55/16①194/20①293/62⑨360,361

すげのおがさ【菅の小笠】 15①59/20①74

すげのむしろ【菅の莚】 1②140

すげむしろ【菅莚】 1②140

すげむすび【菅結】 19①89

すご【すご】 3①58

すさ【すさ、寸莎】→かべすさ、すた
12①347/14①282/16①111/50③255/62⑤123

すじあみふ【筋編ふ】 27①277

すじかい【筋違】→A
64②138

すしかね【すしかね】 10②380

すじきり【すじ切、すぢ切、筋きり、筋切】→A、Z
15②176,177,187,188,189,223,300

すじひき【筋引】→A
15②137

すす【スヽ、すゝ、煤、烟煤】→G、H、I、O
5①30/8①259/9①129,②225/15③383/27①46/29①61/49①12,41,43,98

すず【錫】 14①359/49①124,126,135,160/68④394

すず【鈴】 24①58

すずいた【すゞ板】 16①221

すすがや【すゝかや、すゝがや】→H、I、N
13①197/17①221/62⑨392

すすき【すゝき、薄、芒】→E、G、I、N
4①305/6①54/12①293/38③200/48①256

すすきす【薄簀】 11①45,49

すすきなどのす【すゝきなどの簀】 12①268

すすけ【すゝけ】→E、I、X
9①23,29,30,54,91

すすけわら【すゝけわら】→I
9①91

すずというき【すゞといふ木】 61⑩455

すずはく【錫箔】 49①159

すすはらいたけ【すゝはらひ竹、すゝ払竹、煤はらひ竹】 25③264,285

すずめぐさ【雀草】→E
13①170,245,246/56①88

すずりいし【硯石】 16①110/48①328

すずりざい【硯材】 48①331,332,334,356

すずりざいいし【硯材石】 48①348

すずりすみ【硯墨】 49①158/53③165

すそぶね【すそ舟】 16①223

すそみの【すそミの】→Z
4①10

すた【壁筋】→すさ→N
48①381

ずだ【頭陀】 70②63

すだれ【すたれ、箔、簾、簾レ】→L、N
4①298,305/13①27,266/18①63/25①27/48①256,257/52④178/54①308/56①54,105,117,118,161,212/61②93/70②111

すていし【すて石、捨石】→C
16①272,286,298,299,321,322

すな【すな、沙、砂】→D、I、Q 2①13,93/6①118,127/12①236/13①38,118/17①260,262,282/18①70/30④356/33⑥318/38③187/40④317/51①32/52⑦299,300,301,302,303,305,311,312,313/60①65/62⑨329/65④356
すなじにもちいるくわ【砂地ニ用鍬】→Z 15②300
すなつち【沙土】→D、I 13①140
すなと【砂砺、砂礪】 48①328,329
すなみず【すな水】 60①65
すのこ【スノコ、簀、簀の子、簀子】→J、N 25①62/28④355/49①7/50④300,307/67③124
すのはこ【窠の箱】 14①347
すば【すば】 9①11
すばい【炭灰】 53④217
すぶた【簀蓋】 59⑤439
すべ【スベ、すべ】→E 27①225/49①176
すべなわ【すへ縄】→J、N 42⑤314,316,319
すべのほうき【すへのほうき】 61⑧216
すべりぼう【すべり棒】 24①111
すぽいと【スポイト】 15②245,250,253,301
すまし【すまし】 52⑥258
すましおけ【すまし桶、澄桶】 50②195/61⑧215,217,222,223,234
すみ【炭】→I、L、N、R 16①333/48①90/51①31,32/55②137
すみ【墨】 21①30/48①44,54,78,87,158,159,335/49①63,77,121,122/52④174
すみいるるかた【墨模形】 49①56
すみがた【墨模】 49①56,74
すみきりやすり【角切鑢】 49①104
すみご【墨ゴ】 48①77
すみしる【澄汁】→E 50②197
すみず【酢水】 48①42,43
すみだわら【炭俵】 3④366,367/38③200
すみちゅう【墨中】 49①59,93
すみつぼいと【墨つぼ糸】 48①167
すみとり【炭とり】→A、N 24①90
すみのくず【炭ノ屑】 53④217
すみのこ【炭の粉】 49①117,118
すみのひ【炭の火】 38③187,190,191
すみへしたがね【廉減鏨】 49①107
すみやすり【角鑢】 49①109
すみれ【紫花地丁】→E、Z 48①115
すやきのつぼ【素焼の壺】 47④227
すやきのもの【素やきの物】 48①368
すやきもの【素やきもの】 48①368
すりうす【すりうす、すり臼、摺臼、磨臼、木礱、礚、礭】→うす→Z 1①41,98,106,③279/4①33,65,81,162,295,296/6①74/10②342/14①59/20①105,106,113,293/25①21,78/30①83/36③314/62②33
すりかす【摺粕】 41④207
すりき【すり木】 4①285
すりくち【摺くち、摺口】→Z 49①110,179
すりこぎ【すりこ木】→N 14①285,286
すりなわ【すりなわ、摺縄】→A 25①72/33⑤254/59①29,32,34,39,42,44,45,47,49,50,53,54,56,57,59
すりぬか【スリヌカ、すりぬか、摺糠、磨ぬか】→H、I 12①247,363,371,386/28②203,261/30①139,②189/35①109,112,113,114/40④310,320,328/41②100,103,104,108,110,122/61④167
すりばち【摺鉢、乳鉢、擂鉢、擂盆】→やげん→N 14①285/38③165/48①54,61,64,376/49①46,49,91,193/51①123
するうす【するうす】 17①144
するす【するす、木礱】 19①78/37②71,76,87,88/38②77
するわら【するワラ】 72②27
ずんがらすき【ずんがらすき、ずんがらずき】 15②192,207
すんぽ【すんほ】 16①217
すんぽまわし【すんほ廻】 16①217

【せ】

せあて【背当】→せなかあて、せなこうじ、ばんどう→Z 4①305/20①294
せいこ【せい子】 24①30
せいしたるかす【製したる粕】 14①175
せいしち【せいしち、青しち】 53③175,182
せいしつ【青しつ、青漆】 48①174,175/53③169,173,175,179,182
せいしゅ【清酒】→N 48①52
せいすい【清水】→H 35①64,178/48①28,63/49①160/50③265/54①272/55③323
せいたい【青黛】 48①89
せいどう【青銅】→L 49①126,127
せいろう【せいろう、蒸籠、青楼】→むしこ→N、Z 48①247/50①45,53,54,60/53⑤331,⑥399,400,401
せいろう【井楼(籾の貯蔵具)】 2②145
せいろうおけ【蒸籠桶】 53⑥397
せいろうぐみのはこ【井籠組の箱】 46①103
せいろうこしき【井桜甑、井楼甑】 51①32,52
せいろうどめ【蒸籠留】 53⑥399,400
せおいなわ【せをいなわ、せをい縄】 16①202/38②77
せき【席】 35①37
せきいたどめ【せき板留】 48①284
せきおう【石黄】 46①20
せきぎ【塞木】 15②235
せきしおう【石雌黄】 49①47
せきしょう【石菖】→E、H、I、N 28④331
せきじょう【石上】 54①306,307
せきだい【せきだい、せきだひ、石台】 45⑦388/54①272,287
せきばち【せきばち】 48①207
せくこ【せくこ(石膏)】 52⑥258
せせなぎのつち【せゝなきノ土】 60⑥365
せせなげ【せゝなげ】 5③278
せっかい【せつかひ】 51②185
せっかいあく【石灰あく】 48①13
せっけん【石鹹】→しゃぼん 48①170
せっこう【石膏】 55②133,③323
せっしゃ【雪車】→そり 36③185
せっしゅうにしなりごおりのくわ【摂州西成郡の鍬】 15②300
せっちゅうそり【雪中艝】 63⑧440
せっちゅうどうぐ【雪中道具】 36③320
せと【瀬戸】 53③180
せど【せど】→D、N 24①111
せとかけ【瀬戸かけ】 56①201
せなかあて【せなかあて】→せあて 4①288/38②77/42⑤315,316
せなくち【せな口】 24①30
せなこうじ【セナカウヂ、脊なかうし、背甲子】→せあて 25①27,②228/36③184
ぜに【ぜに、銭】→L、N、R 15②218,219,223
ぜにぐるま【銭車】 10①188
ぜにさし【銭さし、銭ざし、銭緡】 14①124/40②69/58①30
せり【芹】→E、G、I、N、Z 51①172,173
せりせん【せり栓】 48①284
せん【セン、せん、栓、榫】 15②223,236/48①141,142,293/53⑤353
せんがいのひも【せんがいのひも】 28②224
せんがふご【せんがふご】 28②137
せんぎ【栓木】 49①228
せんきゅう【川藭、川芎】→E、H、I、N、Z 55③257,323,451,453
せんくず【センクス、せんくず、せん屑】 49①11,14,15,25,26
せんくずのこ【せんくすの粉】 49①26
せんこう【線香】→N 23①118/59④388
せんこき【千扱】 36①54,55
せんごく【せんごく、千石】→とおし 24①124/33④218
せんごくどおし【千解簁、千石とうし、千石とをし、千石どをし、千石通し、千石篩、千

石篩、千石簁、千米とうし、千斛篩】→とおし→Z 6①74,75,241/8①260,261/10②307/14①59/24①120/40②164/62②33/63⑧432
せんこばし【せんこはし、せんこばし】 40②164/62⑨384
ぜんし【全紙】 47①38
せんじあぶら【せんし油】 53③180
せんじじる【せんじ汁、煎じ汁、煎汁】→H 13①50/21②131/60⑥359/69②369
せんだん【せんだん、梅檀】→E、H 16①216/31⑤284
せんちゃのせんじじる【煎茶の煎汁】 48①43
せんのえ【栓の柄】 15②222
せんば【せんは、センバ、せんば、せんば、千把】→かねこき→Z 24①17,119,124/25①78,②229/27①309/30③277/33④217/36③311/37③344,356/48①8/49①30
せんばこき【千歯扱、千把こき、千把扱】→かねこき→Z 21①119/36③283,311,312,313/62①15
せんばだい【千把台】 24①124
ぜんまい【ぜんまい】→E、I、N 48①135
ぜんまいのわた【薇の絮、薇綿】 48①134,135

【そ】

そ【そ】 28②136
そ【塑】 49①190
そ【蘇】 53③164
そ【苧】 14①41
そう【繰車】 47②98
ぞうがんたがね【象眼鏨】 49①107
そうき【笊】 59③211
ぞうき【雑木】→E、N 4①62/16①301/17①327,329/24③321
ぞうきのるい【雑木のるい】 17①327
ぞうきばい【雑木灰】 53④217
ぞうぎょのあぶら【雑魚の油】 5③277
ぞうぐ【雑具】 35②261,263,347,357
そうけ【サウケ、さうけ、サフケ、ソウケ、そうけ、そふけ、飯籠、飯籮】→ざる→L、N、Z 15①28/32①23/41②144/48①113,242,371/49①219/50③255/52⑦306
そうこう【糟糠】→N 6①134
そうじぼうき【掃除箒】 5①17
ぞうず【雑水】→I 19①194,②285
ぞうずがま【ざうす釜】 27①300
そうたけぎ【惣竹木】 49①250
そうちく【雙竹】 14①118
そうてつ【惣鉄】 15②161
そうてつのくわ【惣鉄の鍬】 15②300
そうてつぼね【惣鉄骨】 15②212
そうなわ【そうなわ】 28②136
ぞうなわ【雑縄】 25①78
そうのきがし【ソウノキガシ】 48①220
ぞうぼく【雑木】→E、G、N 53④227,246/65②129
そうもくのはい【草木ノ灰】→I 69②310,345
そうろくとう【草籠頭】 1②155
そえぎ【添木】→X 24①29
そきくじゅう【鼠麹汁】 12①358
そぎぐち【そぎ口】 65④357
そくい【そくい、粘飯】 13①295/62⑥151
そぐりわら【そくりわら、そぐりわら】→A 9①109/28②222,249
そこ【そこ、当】 48①162,163,164
そこあなとい【底穴樋】 69①57
そこい【梱居】 64②135,137
そこいた【底板】 57②233,234
そこかがりなわ【底絓縄】 30①85
そこここしき【底甑】 51①32
そこせん【底栓】 50②201
そこたて【そこたて】 28②136
そこたてなわ【底立縄】 30①83
そこたてるの【そこたてるの】 28②136
そこなきはこ【底なき箱】→Z 18④402
そこぬいなわ【底縫縄】 30①85
そこぬきおけ【底抜桶】 11②114
そこぬけおけ【そこぬけ桶】 15②301
そこのあな【底の穴】 15②223
そこまきじょれん【底捲じよれん】→Z 15②277
そそり【そゝり】 53①37
そぞり【そゞり】 30①127
そだ【そた、ソダ、そだ、粗朶、麁朶】→N 8①162/14①293,294,295,297,298/16①273,275,276,284,301,309,333,334/36③229/65①38
そだぎ【そた木】 65①25
そでしたもの【袖下物】 64②136
そでのだい【袖之代】 64②136
そでばしら【袖柱】 64②136
そとあみなわ【外あみ縄】 11②107
そとがた【外形、外模】 49①79,80
そとだなわやすめ【外田縄休メ】 4①285
そとづめ【外爪】 64②136,137
そとわ【外輪】→Z 48①125/51①33/53①43,⑥400
そばがら【そはから、そばから、そばがら、蕎麦から、蕎麦茎、蕎麦稿、蕎麦稭、稗(そば)から】→E、G、H、I、N 2①113/3①53/36③294/48①100,110,112/53①31/56①184/62⑨392
そばがらのあく【蕎麦がらのあく】 67⑥272
そばがらのはい【そバからの灰、そばがらの灰】→I 17①272/48①114
そばき【そバ木】→H 16①162
そばちゃがま【傍茶釜】 50①53
そばよせ【側寄】 49①107
そばわら【ソハ藁、蕎麦わら】→H、I 8①161/22②98
そぼく【蘇木】 49①54
そめいと【染糸】 14①334
そめおけ【染桶】 13①50
そめくさ【染草】→E 21①83/48①108
そらくち【空口】 31②75
そり【ソリ、そり、雪車、雪舟、雪船、橇】→いしひきそり、せっしゃ、それ、はこそり、ようば→Z 1①41,②202,203/15②224,225/24①13,18,50,93,145/25②187,229/62②33/63⑧439
それ【それ(そり)】→そり 24①93

【た】

だい【台】→E 1①40/14①213/16①168/27①269/38③192/49①24,32,228/51①53/61⑧232
だいいた【台板】 48①271,363
だいおそえぎ【大おそへ木】 34⑥159
だいかいぎ【だいかひ木】 27①31
だいぎ【台木】 16①195,196/48①271,281/49①160,169,175,226,229,236/53①52
だいきかい【大器械】 53⑤312
だいぎり【だいきり(のこ)】→のこ 16①277
だいぎり【だい切(まき割台)】 27①223
だいくのさしがね【大工の矩】 38③176
だいけた【台桁】 49①228,229
たいこ【たいこ】→H、N 16①277/17①154/41⑤240
だいこん【大根】→A、D、E、I、L、N、Z 7②346
だいこんおろし【大こんおろし】→N 67⑤229
だいこんのぬかづけのしる【大根のぬかづけの汁】 15③378
たいざい【大材】 15②271
だいさん【大三】 43①87
だいず【大豆】→E、I、L、N、R 48①60/51①172
だいずうえほうちょう【大豆植庖丁】 4①50,295/6①39,241
だいずだわら【大豆俵】 38③198
だいずのあぜくさ【大豆の畦草】 27①274
だいずのあぶら【大豆の油】→E 48①150,151
だいずのこ【大豆の粉】 48①42
だいずのは【大豆の葉】→E、I、N

1②166
だいずのひご【大豆のひご】 29③253
だいずふるい【大豆ふるい】→ふるい
38②77
だいだいりがわらすり【大内裏瓦摺】 43③240
たいとうわら【太稲藁、大唐藁】→N
4①31, 64/5①158
たいとこも【籼こも】 27①167
たいとのぬか【籼米の糠】 48①374
たいとわら【籼藁】→E
27①156
たいとわらのよろしきとま【籼はらの宜敷苫】 27①377
たいはく【大白】→N
61⑧228
たいはくのさとう【大白ノ砂糖】→N
53③178
だいばしら【台柱】 49①237
だいふご【大ふご】 28②136
たいへい【大平】 49①88
たいへいずみ【大平墨】 49①84
たいへいばい【大平灰】 49①89
たいまつ【松明、明松】→こえまつ→H、N
16①309/23②135/58③130
たいまつだい【松明だい】 24①75
だいみょうちく【大名竹】→E
36③256/46①76
だいろ【ダイロ】 24①93
たいわら【太藁】→I
41②89, 143
たうえござ【田植ござ】 24①75
たうえごも【田植こも、田植ごも】 24①75/39③144
たうす【田臼】→うす
9③256/29②156/43③264
たうちぐわ【田打鍬】 23①90
だおい【たおひ、たをい】 24①58, ③318
だおいござ【たおひ御座】 4①123
たおいなわ【蹈蓋縄】 27①278
だおおい【たをゝい】 16①220, 221
だおけ【駄桶】 41⑦320
たが【たが】 16①206, 222, 223/24①17/65①39
たかあみ【鷹網】→M、Z
1②185
たかきぐつわ【田かき轡】 38②76
たかきくら【田かき鞍】 24①58
たかきもっこ【田かき持籠】→もっこ
1①41
たがさ【田笠】 17①305
たかな【たかな】→E、F、N
64①41
たがね【タガネ、鏨】 49①107, 122, 139
たかねのどうぐ【高値の道具】 29③244
たかはた【高機】→かみはた、しもはた
62②39
たかはたご【高はたこ、高はたご】 17①330, 331
たかふらがさ【たかふらがさ】 9①55
たかふるい【竹篩】→ふるい
62②33
たかむしろ【竹莚】 62④88
たがら【たから、たがら、田から、簀】 19①211/25①27, 123/38②75
だき【だき】→ぬくめだる
24③346/40②155
たきぎのえだ【薪の枝】 35①156
だきゆ【懐湯】→ぬくめだる
51①47
だくすい【濁水】→I、X
49①45/50③262
たぐつわ【田轡】→Z
4①295/6①242
たぐら【田鞍】→Z
4①291, 292/6①242/25①48
たぐらなわ【たくらなわ】 42⑤315
たぐらほらし【田鞍ほらし】 6①242
たぐわ【田鍬】 25②227/29③224/30①103
たぐわのあたま【田钁の頭】 30①102
たけ【竹】→E、G、H、N、Z
2④310/3①51, 58, 61, ③157, ④247, 330, 367/4①38, 62, 65, 66, 88, 94, 105, 130, 137, 138, 150, 288, 292, 293, 297, 298, 301, 305/5①54, 69, 79, 80, 133, 134, 143, 144, ②228, ③264, 280/6①114, 124, 125, 136, 138/7①27/10①56, 58, 59, ②305/11①25, ③142, ④173/12①368, 370, 372/14①356/15①46, ②211/16①122, 123, 198, 210, 214, 286, 300, 309, 310, 327/17①329/23①55, 81, ⑤270/24①108/25②183/27①42, 44, 103, 171, 176, 191/29③240/31①7, 15, 16, ④167, 181, 182, 190/32②317/36③228, 312, 313, 320, 345/37③332, 356/38③120, 122, 125, 127, 130, 145/39④198, 201, 225/41③171/45④206, ⑦388/46①66, 72, 73, 76, 77, 78, 79/47④216, ⑤254/48①23, 103, 127, 128, 137, 165, 167, 170, 194, 213, 241, 256, 373/49①236/50③273, ④307/52①36/53①40, 43, 46, ②106, 110, 113, 124, 126, ⑤331, 355/54①301/55③354, 471/56①89, 90, 184, ②247, 248, 249, 250, 258, 259/59①12, 32, 39, 42, 44, 45, 49, 50, 53, 54, 59/62⑨328, 332, 369, 387/65①29, 31, 36, ③238, 272, 280/66⑥340/69②357
たけえだ【竹枝】→J
3④268
たけおうこ【竹おふこ、竹をうこ】 28②144, 224
たけがい【竹貝】 15①70, 72
たけかご【竹かご、竹駕籠、竹籠】→N、Z
5④337/13①84/53④247/56①180/62④94
たけがたな【竹刀】 12①371, 372/13①26, 31/52③136
たけかわ【竹皮】 55③471
たけぎ【竹木】→E
41③185/65①28, 31, 33, 40, 42, ②80, 88, 89, 127, 137/69②282, 287, 333
たけぎのえだ【竹木の枝】 33⑥342
たけぎのす【竹木ノ簀】 69②288
たけぎれ【竹切】 15①91/69①79, 80
たけくい【竹杭】 16①276
たけくぎ【竹くぎ、竹釘】 48①149, 225, 232, 287/49①163, 247, 248, 250/62⑤119
たけぐし【竹ぐし、竹串】 3③158/40④336/52③140/55③448
たけくだ【竹管】 53⑥401, 403
たけくまで【竹把】 62②33
たけこき【竹こき、竹扱】 19①77/20①293
たけこきばし【竹こき箸】→こきばし→Z
36③312
たけざい【竹材】 62⑦188
たけざお【竹さお、竹ざほ、竹竿、竹棹】 4①305/13①68/24②234/39②121/40①9/70⑥412, 423
たけさし【竹刺】 36③218
たけしば【竹柴】→I
2①132
たけじゃく【竹尺】 11②107
たけじょれん【竹ぢよれん、竹鋤簾】 15②212/16①329
たけす【竹す、竹簀】→C、N
2①73, 86, 105/3①33, 42, 60, 62/15①97/16①126/38③165/48①238, 247, 393/50③255/52②117, 121/53③176/68③338, 339/69②282, 284
たけすいのう【竹水嚢】 31①28
たけすだれ【竹すたれ】 17①329
たけすのこ【竹簾子】 69②367
たけそうけ【竹籭】→ざる→Z
6①241
たけそり【タケソリ】→Z
1②204
たけたが【竹箍】 36③315
たけづつ【竹筒】→Z
3①49/48①133/55③437/61①44/65④315
たけつな【竹つな】 16①275, 276/65①34
たけておい【竹てをい】→Z
24①89
たけとおし【竹篩、竹簁】→とおし→Z
6①23, 241/69①50
たけにてくみたるながきかご【竹ニテ組タル長キ籠】
18③358
たけのあおかわ【竹の青皮】
48①145
たけのうわかわ【竹の上皮】
16①202
たけのえだ【竹の枝】→E
11④165/30①142/33⑥388/55③356
たけのおがさ【竹の小笠】 10③392
たけのがら【竹の柄】 5②232
たけのかわ【竹のかハ、竹のかわ、竹の皮、竹皮、籜】→E、H、Z
13①170, 198, 226, 244/14①212/16①195/28②180/29①87/38③191/46①64/48①75, 247/52①38, 52/54①217, 284, 289, 295/56①49, 88/57②161
たけのかわべ【竹の皮べ】 17①329
たけのかわめ【竹の皮目】 53③179

たけのくい【竹のくい】 4①113
たけのくぎ【竹のくぎ】 54①312
たけのくし【竹の串】 54①303, 312
たけのくだ【竹のくだ、竹の管】 16①222/48①195
たけのくまで【竹のくまで】 16①210
たけのこ【竹の子】→E、N 14①259
たけのこえだ【竹の小枝】 13①40
たけのこがさ【笋笠】→Z 6①243
たけのこのかわ【竹笋の皮】→I 48①247
たけのささ【竹のさゝ】 11④166
たけのしんえだ【竹のしん枝】 41②110
たけのす【竹のす、竹のず、竹の簀】→Z 3①53/12①268/13①84, 267/17①185/52②118/53①43/56①180/59⑤442/61⑧228
たけのすだれ【竹のすたれ、竹のすだれ】 52④179/62④109
たけのつつ【竹のつゝ、竹の筒】 11④166/15①44, 45, 70, 103/41②129/48①133, 171/53③179
たけのて【竹の手】 3①36
たけのとい【竹の樋】 51①111
たけのねそ【竹の根そ】 16①298
たけのは【竹の葉、竹葉】→E、I 12①143/14①93/49①41
たけのはい【竹の灰】 7②306
たけのはさみぐち【竹のはさミ口】 11①56
たけのはしご【竹のはしご】 39⑥337
たけのはしら【竹の柱】 3①50
たけのひご【竹のひご】 16①199
たけのふるい【竹の篩】→ふるい 14①72/69①73
たけのへい【竹のへい】 16①202
たけのへら【竹ノヘラ、竹のへら、竹ノ篦、竹の篦、竹の箆】 1②183/3①41/5①125/14①169/35①82/38③121, 143, 144, 174/40②130/45⑦403/49①191/54①270/56①206, ②252
たけのぼう【竹の棒】 14①193, 298/50②187
たけのほうき【竹の箒】 56①193
たけのほうちょう【竹の包丁】 3④328
たけのみ【竹の実】→N 17①329
たけのむち【竹のむち】 15①45
たけのめかご【竹の目籠】 35①156
たけのゆみ【竹の弓】 48①380/53②114
たけのわ【竹の輪】 28①73/36③317, 319/49①45/65②72
たけのわく【竹の籰】 35①162
たけのわりこばし【竹のわりこはし】→こきばし 17①225
たけのわりはさみ【竹のわり挟ミ】 27①47
たけばし【竹著、竹箸】→こきばし 30①126/36③312
たけばしら【竹柱】 6①190
たけひご【竹茹】 48①116
たけぶち【竹ぶち】→C 49①197
たけふるい【竹ふるい、竹ふるひ、竹篩】→ふるい 6②299/21①84/39①57/69①117
たけべら【竹ヘラ、竹へら、竹篦】 1②184/3①41/5③269/14①276/17①225/45④211
たけぼう【竹棒】 59①29, 47, 56
たけぼうき【竹ほうき、竹箒】→N、Z 5①101/6①241/27①219/33①40/42③177/63③130
たけぼね【竹骨】 15②211
たけむしろ【竹むしろ】 62④94
たけむま【たけ馬】 54①239
たけゆみ【竹弓】 36③179
たけよせ【竹よせ】 28②270
たけわ【竹輪】 2①110
たけをやきたるはい【竹を焼たる灰】 15③391
たご【たご、丹荷、田子】→こえたご→Z 28②137, 146, 209, 233/33③169/44③199, 210, 227, 228
たごおけ【たご桶】→こえたご 4①188
たこかき【肼かき】 24①111
たこづち【蛸槌】 23②135
たこなしづち【田粉成槌】 1①41
たごのおう【たごのおふ】 28②224
たごのひも【たごのひも】 28②209
だし【ダシ】 52⑦302
だしかめでぐち【出シ亀出口】 30④357
たしくい【足し杭】 2①16
だしたがね【凸起鏨】 49①107
たしほけ【足し棹】 2①16
たすき【たすき】→N 24①89
たすきぐら【田耕鞍】 29②121
たすきておい【タスキ手おい】 24①125
たすけ【助ケ】 31④214
たすけぎ【助木】 57②161
たずりこまざら【田摺こまざら】 23①90
たすりぶね【田すり舟】 39④228
たたかれすない【たゝかれすない】 24①75
たたき【たゝき】→Z 49①257
たたきいた【たゝき板、扣板】 27①182/30③295
たたきざお【扣竿】 30①23
たたきわら【たゝき藁】 11④169
たたくばん【撲盤】 48①102
たたみ【畳】→N 23②137
たたみくらかけ【たゝみ倉掛、タヽミ発】 24①58/48①260
たたみのおもて【畳の表】→N 4①289
ただやき【多田焼】 49①23
たたり【たゝり】→Z 4①283/35②276
たたりぎ【たゝり木】 4①285
たち【タチ、太刀】 1②149, 150, 188
たちうす【たちうす、立うす】→うす 17①326, 327, 330
たちたけ【立竹】 65③238
たちろくろ【立轆轤】 3①47
だちんひきそり【だちん引そり】 24①135
だつ【茷】→Z 53④218, 227, 236
たつき【鐇】 23②135
たつぎ【竪木、立木】→N 48①148, 149/49①223, 227, 229, 231, 246, 247, 248, 249, 250/50①50, 52, 60, 61, 73, 81
たつざん【立ざん、立桟】→A、Z 50①45, 60, 81
たづな【たつな、たづな、手綱】→Z 16①219, 222/24①58/27①19/68④411
たつのけみの【たつの毛みの】 25①27
たつばしら【立柱】 50①40, 52, 60
たて【タテ、たて、楯、[illegible]】 1②203, 204/4①65/6①76, 241/14①59/39⑤294, 295/42⑤315/48①373/49①228
だてあし【だて足】 43②169
たてうす【立臼】→うす 25①62
たてき【立テ木】→C 2①12
たてぎだい【竪木台】 49①166, 175
たてぐ【立具】→N 20①294
たてご【たてこ、立籠】 20①293/37②71
たてこぐち【竪木口】 48①281/49①57, 62, 169
たてじょうぎ【竪丈木、竪丈木、豎定木】 63⑤305, 309, 310
たてたるはざ【立タル架】 5①86
たてつち【調土】 31④179, 196, 206
たてとおし【立とうし】→とおし 25②231
たてなわ【縦縄、竪縄、立縄】→A、R 3①36/4①66, 300/6①238/25①78, 137/27①28, 29/30①85
たてはり【立針】 48①325, 326
たてぼうき【立ほうき】 10③392
たてぼく【たてぼく】 24①30
たてぼね【竪骨、立骨】 48①286, 287, 290, 291
たてまくき【経巻木】 49①250
たてまぜ【立交】 30①108
たてまぶし【立マフシ】 22⑤352
たとり【たとり】 4①285
たな【棚】→C、J、N 35①33/45③172
たなき【棚木】 35①110
たなさお【棚竿】 49①17
たなだけ【棚竹】→Z 35①110
たなのこも【棚の薦】 35①156

たならしざお【田均棹】 20①293
たなわ【田縄】→Z 4①9
たなわはしり【手縄走り】 6①242
たにうまぐわ【谷馬鍬、谷杪】→Z 15②204,③377
たにぼう【たにぼう】 28②224,238
たぬきげ【たぬき毛】 49①67
たね【タネ、種】 40②107/49①190,191,204,205
たねあげむしろ【種あげむしろ】 28②155
たねかしのみず【種かしの水】 17①35
たねき【たねき】 28②191
たねぎ【種木】→E 45④201
たねだわら【たね俵、種子俵、種俵】 4①279/27①28,32/36③191/62⑨324
たねふだ【種子札】 21⑤211
たねみず【種水】 69②367,368,369,370
たねものいれ【種物入】 24①43,92
たねもみだわら【種籾俵】 29②144
たねをあらうゆ【種を洗ふ湯】 36②103
たのくさとり【田の草とり】→A、Z 15②300
たばこきり【たばこ切】→A 15②301/24①110
たばこなわ【たばこなわ、たはこ縄、多葉粉ナワ】 9①103/33④214/38④261
たばこのくき【淡婆姑草の茎、淡婆姑草之茎】→H、I 48①133,134
たばこのほね【たはこのほね】→H 41⑤257
たばこのほねのあく【タバコノ骨の灰汁】 48①31
たばこのほねのはい【たばこの骨の灰】 48①114
たばたてふだ【田場立札】 62②36
たばねすすき【束ね薄】 23②137
たばねそ【たはねそ、たばねそ】 27①49,174,177,369,370
たばねそう【たばねさう】 27①375
たばねわら【束ね藁】 65④323,354
たひきて【田引手】→Z 4①10/6①242
たびのき【タビノ木】 49①175
たぶさがね【髻がね】 24①59
たぼ【たぼ】→まぶし 47②98
たま【玉】 48①360,363
たま【玉(藍玉)】 3①21,42,43/19①104,②437/20①284,286/30④351/34⑥160,161
たまいりのてっぽう【玉入の鉄炮】 30③281
たまがね【玉金】 49①134,135
たまご【玉子、鶏卵】→けいらん→E、F、I、J、N 48①43/61⑧229/69②268
たまごのきみ【卵の黄ミ】 3①62
たまずみ【玉ずみ、玉墨】→N 48①26,43,44,45,60,61,73,74,75,78,81,84,92/49①89
たまずみご【玉墨ゴ】 48①82
たまやくわ【溜屋鍬】 23①90
たまりおけ【溜り桶】 30①28
たまりだる【溜り樽】 42⑥444
たまりみず【たまり水、溜り水】→D、I 3①53/13①110
たみの【田蓑】 10②338
ためおけ【ため桶、糞水桶】→こえたご→C、Z 3③145/16①229
ためおけ【為桶】 52⑥251,253,255
ためぎ【採木】→Z 48①137
ためしおけ【ためし桶】 50②195
たもき【たも木】→E 36③272
たらい【タラヒ、たらひ、盥】→N 1①42/6①185/44①56/46③204/48①9,71,75,79,87/55③458/59⑤438/69②283
たらこ【タラコ、垂籠】 1②140
たらしおけ【垂水桶】→たれおけ 69②271
たらわくちかい【俵くちかひ】 27①79
たる【樽】→N、W 17①73,74/48①195/51①165/69②376
たるき【垂る木】→N 49①247
たるくさり【たるくさり】 4①299
たるまる【樽丸】 56②278
たるみ【たるミ】 28①17
たれおけ【たれ桶、垂桶】→たらしおけ→Z 52⑦301,302,303
たればかま【垂袴】 19①211/20①291,293
たれはたご【たれはたご】 16①205
たれみ【たれみ】 43②177
たれもこ【たれもこ】 25②228
たわら【たハら、たはら、たわら、俵、藁苞、苞】→A、Z 1①41,96,③279,286/2③260,266,④281,301/3①17,42,50,52,③140,④280,302/4①10,37,38,66,75,79,86,101,139,158,161,198,279,299/5①34,44,48,60,90,139,③255/6①23,24,26,151,238,239,241,②283/7①26,43,44,46,83/8①66,118,258,260/9①81/10①62,②345,359,362/11①58,②100,104/12①143,366/13①10,38,41,43,48,63,64,79,87,104,164,202,230/14①59/15①97/17①40,41,42,43,44,45,46,47,49,50,144,146,147,318/21①44,58/22①50,②100,101,106,108,116/23①14,34,37,80,97,③153/24①72,124,132,③310,321/25①13,27,45,46,61,78,137,139,②180,181,192,224/27①27,30,31,32,33,73,74,160,164,166,193,209,210,211,212,225,263,270,338/28②243,251,256,264,267/29①45,87,②121,151/30①18,84,136,③246,272,278/31②84,④211,⑤258,266,277/32①24,27,57,59,143/33①16,③158,160,④196,210,214,218,219,221,⑤254,259/35②361/36②99,103,104,③193,196,206,217,236,277,278,308,311,316,341/37①36,②87,③274,293,343,344,345/38①15,②81,③140,151,154,158,161,178,202,④264/39①33,44,③144,145,146,156,④192,⑤256,265,295/40②179,③239/41②63,100,③171,177,179,⑤237/42④242,250,256/45②109,③172/46③191,210/47④203/48①106,201,251,255/49①42/54①273,283/55③475/56①51,168,169,179,181,183,②243/57②154/60⑥333/61①33,③133/62②36,⑨323,324,327,332,353/65①28,③224/69①82,111,117/70③229,⑤320,330
たわらあみわら【たわらあみわら】 28②249
たわらぐち【俵口】 28②131
たわらこ【俵子】 10①131
たわらなわ【俵縄】 24①125/33⑤257
たわらぬいぼふ【俵ぬいぼふ】 27①270
たわらのなわ【俵ノなわ】→Z 42④249
たわらふあい【俵ふあい】 52⑦325
たわらぼうし【俵ほうし】→さんだわら 17①146
たわらりょうわら【俵科(料)藁、俵料藁】 30①83,85
たん【たん、丹】→しょうきちたん、ちょうきちたん 14①287,289/16①89/52④177/70②134
たんがら【丹から、丹がら】 48①58
たんきょ【覃梠】 69②190
たんご【たんこ、たんご、タン子】 8①160/28①17/40④322
だんごこねばち【団子粘鉢】 6①241
たんさお【短竿】→Z 49①17,31,32
たんそく【短足】 49①243,246
たんばん【たんばん、石膽、丹礬、胆礬】→N 49①117,118,130,135/53③178/69①133
たんぼいずみ【たんほいつみ】 4①300

【ち】

ちいさいたご【ちいさいたご】 28②258
ちいさきへら【小キ篦】 31④159
ちがい【チカヒ、ちかひ】 27①181,185,194,197,212,282,324,378
ちがや【ちがや、茅】→E、G 16①194/40②151
ちがやみの【ちがやみの】 25①27
ちからぎ【力木】 14①129
ちからくい【力杭】 27①17/56①134,149
ちからだけ【力竹】 35①153

ちからなわ【ちから縄】 16①148
ちぎ【ちぎ】 28②257/59②149
ちきゅう【地球】 40②77
ちきり【チキリ、ちきり】→Z 16①329/24①111/49①254,255/53②130,131
ちきりしんぎ【チキリ心木】 49①254
ちきりぼう【ちきり棒】 24①111
ちくとう【竹刀】 3①36/6①136/60⑥340,343,359
ちくぼく【竹木】→E 3①31/11①45/12①385/16①272,273,312/40④336/54①297,298/55③469,475/66①68
ちさのは【苣の葉】→E 12①202
ちしゃ【ちしや】→E、N 4①294
ちちこ【チヽコ】→とうご 48①134
ちちぶてなわ【チヽブテ縄】 36③159
ちぢめなわ【ちゞめ縄】 24①59
ちとりなわ【血取縄】 24①59
ちびのみ【ちびのミ】 29①19
ちゃうす【茶うす、茶臼】→うす 16①110/40②84
ちゃかぎ【茶鍵】 5①17,162
ちゃがみ【茶紙】 48①111
ちゃしんちゅう【茶仮鍮】 49①139
ちゃたて【茶齣】 6①160
ちゃつち【茶土】 14①287
ちゃばん【茶盤】 47④217
ちゃむしかご【茶蒸籠】 47④216
ちゃわん【茶碗】→N、Z 61⑧215,216,224,225
ちゃわんぐすり【チャワングスリ】 48①375
ちゃわんのかけたるかど【茶碗のかけたる角】 16①185
ちゃん【チヤン、ちやん、打麻油、瀝】 13①199/49①89,137/55②168/69②381
ちゅうあい【中藍】 48①28
ちゅうあじか【中ウあじか】→かご 24①57
ちゅうかま【中鎌】→Z 24③318
ちゅうぐらいのておのぐわ【中位の釿鍬】 15②176
ちゅうこ【中粉】 48①176
ちゅうごえ【中肥】→I 49①36
ちゅうづち【中鎚】 49①103
ちゅうなべ【中鍋】 50②188
ちゅうなわ【中なわ、中縄】→J 19①88/24③310,312/25①138
ちゅうねずみご【中鼠ゴ】 48①83
ちゅうぼそ【中細】 49①36
ちゅうやすり【中鑢】 49①109
ちょうがみ【帳紙】 36③186
ちょうきちたん【長吉丹】→たん 14①287
ちょうぐち【チヤウグチ】 5①90
ちょうしぐち【テウシグチ】 49①49
ちょうずたらい【手水たらひ】 54①309
ちょうずみず【手洗水】 1①70,76
ちょうそく【長足】 49①246
ちょうちん【てうちん】→N 16①309,310,314
ちょうつがい【てうつかひ、テウツガヒ、丁つがい】 43①89/48①263/49①35
ちょうとりたま【蝶取玉】 24①89
ちょうな【ちよな、テウナ、てうな、手斧、釿】→Z 18③361/24①110/36③314/53⑥402/56①122/69②203
ちょうのぐわ【ちやうのぐわ】 28②198
ちょうほうのどうぐ【重宝之道具】 29③265
ちょくば【籌馬】 14①59
ちょひ【楮皮】 14①399
ちょぼく【楮木】 12①351
ちょま【苧麻】→E、L、N 48①143
ちょまのいとくず【苧麻の糸屑】 48①381
ちょれいのせんじじる【猪苓の煎汁】 60⑥369,373
ちょんのくわ【ちよんの鍬】 7①96
ちり【塵、塵リ】→I、X 69②253,329
ちりあくた【塵芥】→I、X 40②106,140
ちりがみ【ちり紙】→N 49①31
ちりしぐさ【塵紙草】 48①114
ちりとり【塵とり、塵取、塵箕】 6①241/27①334/47②97
ちりめんいしめ【縐紗石目】 49①107
ちをわきあわせもうすもの【地をわき合せ申物】 27①24
ちんがい【ちんがい】 6①72

【つ】

ついおけ【対桶】 49①257
つえ【杖】→N 2④311/7①81/20①284/54①178/62⑦212/70⑥422
つが【栂】→E 16①216,217
つかいぐわ【遣鍬】 27①15
つかいなわ【遣ひなは、遣ひ縄】 27①190,193
つかいわら【つかひ藁、遣藁】 29②150/41②67,68,69,70
つかうち【柄打】 49①110
つかはらい【柄払】 49①103
つがるざいもく【津軽材木】 56①139
つかれそうろうわ【つかれ候輪】 27①207
つがわ【つがわ】 9①23,29,37,69,80
つき【つき】 16①216
つきあげ【突揚】 51①53
つきいしすていし【築石捨石】 65④323
つきうす【つきうす、つき臼、碓、杵臼、搗うす、搗臼、舂臼】→うす→Z 6①241/9①132/14①204/24①43,149/30①117/36③277,311/41③177/62①15,②33
つぎうるし【つき漆、継漆】 53③169
つきおこし【突起】 51①53
つぎおさ【接箴】 49①231
つききね【搗杵】→Z 4①108,134
つぎきのだい【接木の台】→A 14①389/29①86
つぎくろ【次黒】 49①71,85,93
つきこ【杵粉】→N 48①251
つきぬか【ツキヌカ】 60④183
つきのわ【月輪】 51①32
つきぼう【尖棒】 6①180,181
つきもち【舂餅】→N 19①120
つぎものうるし【つぎ物うるし】 48①178
つぎものにかわ【つぎ物膠】 49①94
つきやな【附やな】 39②102,104,110
つぎわ【継輪、次輪】 50②192,193/51①32,52
つく【つく】 16①205,208
つく【つく、樽、樘】 27①130,155,169,170,176,178,182,187,192,217,265,373,376,377
つくぎ【樽木、樘木】 27①169,176,191
つくし【突枝】 20①294
つくぼう【突棒】→R 5①40
つくほなわ【つくほ縄】→Z 4①285,286
つくりおけ【造り桶、造桶】 51①62,68,70,78,79,83,84,85,91,92,113,②198
つけいし【付石】 48①152
つけぎ【付木】→N 64②119
つけくわ【付鍬】 15①81
つけぬいほ【つけぬいほ】 4①291
つけみず【漬水】→N 27①220/48①33/67⑤208
つけやな【つけやな】 39②110
つたかずら【つたかつら】 16①300
つち【土】 2①133/12①189,272/13①42/16①333/35②350/59⑤440/65③277
つち【つち、鎚、磓、槌】→ゆう、よこづち→Z 1①58,61/3①52,60/10②342/14①184,197/17①17/23⑥333/28①17/29①19,33,34,63,74,77,80,③247/35②326/36③277,310/48①113,115/49①54,129,157/62②33
つちうす【土うす、土臼、土礱】→うす→Z 6①241/15②135/17①145/24①120,124/25②184,230,231/29③194,207,208,218,264,265/30③276/33④218/39⑤294
つちうすつち【土臼土】 31④207
つちうすのさしき【土礱の指木】 6①241
つちおい【土笈】→Z 6①240
つちおいこ【つちおいこ】 9①13
つちおおい【土覆ひ】→A、Z 15②185
つちかい【土かひ、培】→A、Z 15②183
つちかち【櫌】→A

5①17
つちがめ【土がめ】 12①348
つちきり【土切】→Z 15②159
つちきりがま【つち切がま】 9①68
つちくだき【土砕】→Z 25②228
つちくれ【土くれ】→D 36②107
つちくれわるぐ【塊わる具】 15②206
つちしろ【土代】 64②137
つちだわら【土俵】 6①239
つちとおし【土篩】 23①102
つちなべ【土鍋】 14①190,285,286,289
つちにてつくるうす【土にて作るうす】→とうす 17①144
つちにないもっこ【土荷内畚】→もっこ 6①240
つちのこいし【つちの子石】 6①241
つちのひきうす【土の挽臼】→うす、とうす 62⑤117,128
つちばこ【土箱】 49①172
つちはたご【土はたこ、土機籠】→Z 4①**291**/6①240,242
つちふて【つちふて】 25①23
つちふるい【土簁】→ふるい 15①81
つちべんがら【土ベンガラ、土べんがら、土紅がら】→べんがら 49①14,23,27
つちほうろく【土ほうろく】 3④360
つちもっこ【土持籠】→もっこ→Z 6①239
つちやきべんがら【土焼ベンガラ】→べんがら 49①22
つちるい【土類】 48①371,375
つちわり【土わり、土割、櫌】→くれわり、ゆう→Z 6①240,②275/8①178/12①153/14①59
つちをすくうぐ【土をすくう具】 15②212
つつ【筒】→N 41②129/49①67,150,151
つづ【つゞ】 24③313,314,321
つづかがり【つゞかゞり】 24③322
つづらふじ【つづら藤】→N 48①143
つと【ツト、つと、苞】→Z 5③269/11②87/17①41/19②383/20①133,134,②373,374,387/23①44,47,48/27①30,31/30①18,19,33,82/31①28,⑤267/38③151,152,176,185
つな【つな、綱】→J 5①85/16①128,316/27①278,366/29②121/31②75/34⑥149/65①34
つなうす【綱うす、綱臼】→うす 24①119,124
つながい【つながひ】 25①74
つなぎのよこぎ【繋の横木】 48①300
つなぬき【綱貫】→N、Z 15②197,300
つねのわら【常のハら】 47①30
つのいし【角石】 48①65
つのこ【角粉、鹿角焼末】 48①153,362
つのぶし【五倍子】→ふし 48①74,77,79
つば【ツバ、鍔】→R 48①299/51①160/53②103/55②145
つばき【椿】→E、I、L、Z 49①78
つばき【津唾】 18①170
つばきしんば【椿新葉】 47②100
つばきのあく【椿の灰汁】 48①63,80,83
つばきのあぶら【椿の油】 49①177
つばきのえだはのあく【山茶花の枝葉の灰汁】 48①31
つばきのき【山茶花木】→E 49①56
つばきのきのは【山茶花木葉】 48①25
つばきのしんば【椿の新葉】 47②100
つばきのは【山茶花の葉、椿の葉】→E、H 40④281/48①26/49①66,80
つばきのはい【椿木ノ灰】 48①8
つばきのみ【椿木実】→E 49①205
つばなのほ【つばなの穂】 12①257
つぶあぶら【粒油】 53③174
つふばし【つふばし】 59②125
つぶら【つふら、つぶら】→J、Z 27①41,42,90,91
つぶれ【つぶれ】 27①291
つぼ【坪(臼)】 50①45
つぼ【つぼ、壷、壺、壼】→N、Z 6①159/13①141/14①300/18①70,76/21①23/25①145,147/29①83,③204/47④217/62④109
つぼおけ【壼桶】 24①75
つぼだい【壷代、壷台、壺代、壺台】 51①34,39,47,52,66,82,83,103,134,135
つぼぢゃわん【つぼ茶碗】 61⑧215
つまきり【つまきり】 24①135
つみ【ツミ】 49①170
つむ【ツム、つむ、紡車、鋌】 15③342/35②386,388/36③317/37③387/49①51,**169**,170,171,172/53②103,106,116
つむいと【紡錘糸】 62②39
つむぎぐるま【紡車】→いとぐるま 6②290
つむざや【紡車鞘】 53②106
つむし【ツムシ】→Z 53②103
つむのほ【つむのほ】 60①62
つめ【つめ】 16①178
つめ【爪】→D、I、Z 47②140,141
つめ【爪(馬鍬)】 2④310
つめ【爪(機具)】 49①254
つも【ツモ、つも】 17①332/24①111/43①16
つもぶた【つも蓋】 24①111
つやぐすり【磁泑】 48①374,375,377,380
つやとりがわ【磨革】 49①103
つやとりばけ【光沢刷】 49①103
つゆたがね【露鏨】 49①107
つゆばせ【露ばせ】 13①39
つりがね【つりかね】 10②380
つりき【釣木】 49①236
つりだえ【つりたへ】 21①76
つりとおし【篩穀箣】→とおし 14①59
つりなわ【つりなわ、釣縄】→Z 35②262/47①31/49①235
つりみの【つり蓑、釣蓑】 20①290,293
つる【弦】 62②39
つるかけのうすのこ【弦懸の薄鋸】 48①152
つるかけののこぎり【弦懸の鋸】 48①145
つるかんじき【つるかんじき】 25①138
つるぎ【剣】→R 48①389/51①16/58③127
つるくち【鶴觜】 49①167
つるとばかり【弦斗量】 52⑦296
つるのはし【つるのはし、鶴のはし、鶴の嘴、鶴觜、靍ノ觜】→Z 4①295/6①241/13①250/16①186,187,328/62①15/64①41
つるはし【鷺觜、鶴嘴、鶴觜、霍觜】→Z 1①41/20①291/31⑤274/69②225
つるはしくわ【鶴觜鍬】 3③130
つるべ【つるへ、つるべ、指撑、吊桶、釣瓶】 15②269/16①217/27①290,291/62②43/69①57,58,②224,367
つるへいざお【釣瓶竿】 70⑥422
つるべつな【釣瓶綱】 2①22
つるべなわ【つるべなハ、つるべ縄、釣瓶縄】 13①203/25③259/36③184/39③144
つるます【紘升】 51①150

【て】

て【て、手】 2①132/3①29,④301,306,309,343/22④272/23⑥335/27①137/28①22,23,②174/29①56,76,80/33④229,⑥331,334,353/36③317/41②110/43②150
でい【泥】 14①291
ていた【手板】→L 12①256/24①135/27①44/30④357/49①12
ていたがみ【手板紙】 30④357
ていでい【ていでい】 16①199
ておけ【手桶、提桶】→W、Z 4①94,101/6①24,28,185/14①80/15①49/20①294/22③155/24①93/27①215,216,299/28②149,159,238/30⑤404/35①66/39⑤266/47②138/48①51,52/52③135/56①171/69②367
ておの【てうの、手斧】→Z 4①296/6①241/9①125/48①293
ておのぐわ【釿、釿くわ、釿鍬、鏄】→Z 14①57,59/15②176,183,188,189,190,194,204,300,③362,401/61⑨285/69①57,87
ておののえ【てうのゝゑ】 9①

14
てかご【手籠】→Z 4①10/6①158/13①13/15③360/36③183/53④241
てかごのお【手籠の緒】 27①19
てかせ【手綛】 53②106,110,120
てがま【手鎌】 10①118/16①191,192
てぎ【てぎ】 9①132
できだま【出来玉】 30④355
てぎね【細腰杵、手きね、手ぎね、手杵】→Z 1②153/4①93/6①241/17①185,328/19①78/20①293/24①43/36③182
でく【白灰】 40②150
てくい【手杭】 22④273
てぐわ【て鍬、手くわ、手鍬】→さきてぐわ 10③393,394,395,397/14①80/22②102,104,109,110,114,115,118,120,121,126,129,130/25①54/38③128,142,147,158,④241/39②96,98,99,102,105,108,110,112,113,114,115,116,117,118,120,121/42③165
てこ【手木、捍】 49①16/64②136,138
てご【てご、手ご、手籠、畚、蕢】→L、W 5①177/25①27/42⑤316/47②97/68④411
てこはり【捍梁】 64②138
てごぼう【てごほふ】 38②77
てしば【手柴】 2①16,93
てすき【手すき、手鋤】→Z 1①41/33③168,④208,209,211,219,220,224,226,227/49①258
てたから【手簀】 20①293
てたけ【手竹】 25②218
てたご【手田子】 33⑥324
てため【手様】 51①53
てつ【鉄】→G 3①33/4①66,283,286,298,305/10②305/15②214/16①180,182/24①146/25①39/36③345/37③356/45⑥331,⑦424/48①23,57,160,326/49①16,17,22,25,26,129,140,154,169/55②142/68④394/69①133
てつあじろ【鉄網代】 47④218
てつあみ【鉄あミ】 47④214
てっか【てつか】 27①20
てっき【鉄器】 23①117/69②203
てつきせる【鉄きせる】 48①23
てつきね【鉄杵】 48①370/69②386
てっきょう【鉄橋】→N 45④206/47④214,218
てっきん【鉄筋】 48①362
てつくぎ【鉄釘】 48①232,291
てつくず【鉄屑】 48①23
てつくまで【鉄熊手】 16①210,211/25①56
てつこ【鉄粉】 49①28,31
てつさ【鉄沙】 70⑥401
てつさお【鉄竿】 49①17,29,31
てつし【鉄枝】 53⑥397
てっしゃ【鉄砂】 54①283/55②142
てつじょう【鉄杖】→Z 48①252
てつじょれん【鉄ぢよれん】→じょれん 16①329
てっせん【鉄線】 49①97/69①64
てつせんくず【鉄せんくず、鉄せん屑】 49①10,24
てづち【手つち、手槌】 16①83/46③187
てつつる【鉄弦】 52⑦295
てっとう【鉄刀】 13①31
てつどうぐ【鉄道具】 4①173
てつながさお【鉄長竿】 49①29
てつのいがた【鉄の範】 49①145
てつのかま【鉄の釜】 48①393
てつのくれわり【鉄の塊わり】 15③377
てつのこて【鉄の鏝】 49①202
てつのさお【鉄の竿】 48①137,318
てつのしらが【鉄の白髪、鉄毛】 49①104,117
てつのしんぎ【鉄の心木】 49①24
てつのすじ【鉄筋】 49①232
てつのたぐわ【鉄の田鍬】 29③224
てつのは【鉄の歯、鉄歯】 49①51,52
てつのはし【鉄の筋、鉄の觜】 48①324/49①176
てつのひなりのもの【鉄の樋なりの物】 48①360
てつのめざら【鉄の目ざら】 48①318
てつのわ【鉄の輪】 48①393
てつはし【鉄橋】 5③272
てつばり【鉄針】 48①205
てっぱん【鉄板】 49①167,168
てつひきこ【鉄挽粉】 49①14,28
てつひばし【鉄火箸】 48①253
てつべら【鉄箆】 1①40
てつぼう【鉄挺、鉄棒】 23①118/49①192/65④320/66⑥341
てっぽう【鉄砲、鉄炮】→R 20①211/24①41/29①25/30③250/36③263/58③129/63①43,55/66⑥341
てっぽう【水器】 15②245
てっぽうじがね【鉄炮地金】 49①150
てっぽうだいぎ【鉄炮台木】 49①152
てつぼね【鉄骨】 15②211
てつまるぜん【鉄丸ぜん】 49①236
てづら【手づら】 36③192
てつわたしざお【鉄渡し竿】 49①31
てで【てゞ】 27①20,108
ててら【てゝら】 4①288
てとおし【手とうし】→とおし 25②184,190
てなわ【手なわ、手縄】 4①287,297,301/15②268/25①49/56①131
てぬぐい【手拭】→L、N 53②138
てびきがんのあつゆ【手ひきがんの熱湯】 13①134
てびきがんのゆ【手引かんの湯、手引ガンノ湯、手引がんの湯】 12①143/13①146/32①33/37③274/56①184
てびきかんゆ【手引カン湯】 56①77
てびきほどのゆ【手引程の湯】 56①51
てぼ【テボ】 32①23
てぼうき【手箒】→Z 24①124/47②97,④217
てまら【鉄搭】 19①211
てまんが【手杷】 17①108
てみ【手箕】 41③179
てもっこ【手持籠】→もっこ→Z 4①301/20①291
でる【簍】 14①59
てん【篅】 14①59
でんき【田器】 69②219,220
てんきゅう【天球】 40②77
てんぐ【天狗】 8①25,39,179
てんじょう【天井】→C、N、Z 49①98
てんつきは【天つきは】 56①171
てんびん【天秤】→J 24①99/49①80
てんびんおけ【天秤桶】 20①293
てんびんぎ【テンピン木、天秤木】 49①80,81
てんびんばしら【てんびん柱】 24①110
てんびんぼう【天秤棒】→しないぼう 24①110/38④282/62②33
てんびんもっこ【天秤持籠】→もっこ 20①291,293
てんまぶね【天馬船】 23①91

【と】

と【砥、礪】→し 16①188,189,190/24③318/40②169/43①71/48①129,140,328,329,359,390/49①70,103/53③165
といし【と石、砥石、磨刀石】 16①106,107/24①110/48①329,330,338,388,389/70②134
といしぶくろ【砥石袋】 24①110
といた【戸板】 15③373/33④227
どう【銅】→あかがね 24①103,146/45⑦424/46①20/48①160/49①116,117,124,127,139,140,146
とうあきょう【唐阿膠】 49①75
とううす【たう臼、とううす、とう臼、唐うす、唐臼、木礱】→うす、からうす→Z 5④336,337,338/24①149/28①17,35/40②164/41②106,③178,179/62⑨380/67③123
とううすのがわ【唐ウ臼のがわ】 41②124
どうがた【胴模】 49①56,78,79
とうかっせき【唐滑石】 55③257,323
どうかね【どうかね】 48①143
とうき【陶器】 24①52,103/48①218
どうき【銅器】 49①125
とうきびがら【蜀黍がら】→N 13①186
どうぐ【器械、道具】 5①17,18,181/8①88,172/9①169,③257/16①119,127,128,129,175,176,181,184,186,188,189,191,192,193,195,200,

202,209,309/17①326/21①31/23①116/24①8/27①20,298,363/29①20,③207,218/34③52/53⑤344
どうぐ【水器】 15②261
どうくい【どう杭】 66⑧400
とうぐわ【唐くわ、唐鍬、钁】→Z
3④278,297/9③241/10②342,358/15②300/16①186/20①291,293/22①35,57/28①35/30①102/46③212/62②33
とうけ【とうけ】 24①93
とうけい【刀圭】→M
18①13
とうけんとおし【倒懸とふし、倒懸通シ】→とおし
27①379,382
とうけんどん【唐ケンドン】→とおし
39⑤294
とうご【トウゴ】→ちちこ
48①134
どうこう【銅礦】 49①146,147,148
どうさ【ダウサ】 48①58
とうしろめ【唐白目】 49①116
とうしんちゅう【唐真鍮】 49①140
とうす【とうす、とふす、稲臼、斗臼、土碓、土臼、土磨、利臼、礱磨】→うす、おがらうす、つちのひきうす、つちにてつくるうす→A
2①48/6①74/9①95,96,101/11②102/14①276/23①91/24①18,119,124/36③314/41⑤250/62①15,⑦191
どうずきぎ【どうずき木】 49①95
とうすつち【とふすつち】 9①96
とうすつちのこ【とふすつちの粉】 9①96
とうすのは【とふすのは】 9①14
どうずり【胴刷】 49①117
どうすりばけ【銅摺刷】 49①103
どうせんのふるい【銅線の篩】→ふるい
49①21
とうちく【桃竹】 49①171
どうづき【とうづき、どうづき、胴搗】 16①96/50①58,60,67/64①82
どうてつのかた【銅鉄の模】
49①145
とうど【唐土】→とうのつち
53③170
どうなべ【銅鍋】→N
48①225/49①103
とうのこ【唐の粉】 53③170
とうのつち【唐ノ土、唐の土、唐土】→とうど→N
48①7,61/49①89,137/53③170,173,⑤357
どうのつる【銅の弦】 48①380
とうひじき【唐鹿尾藻】 55③302,317,323,329,331,332,333,349,354,357,359,366,381,384,391,397,434,440,442,452,454
とうふのゆ【豆ふの湯、豆腐の湯】→Ｉ、N
48①29,42,43
とうぶるい【とうふるひ】→ふるい
17①188
どうまる【胴丸】→Z
6①243
とうみ【トウミ、とうみ、とふミ、唐箕、撰颺、槖颺、颺扇、檗風車】→から、とみ→Z
5①122/6①23,71,74,75,241/7②282,307/8①66,260,261/10③400/11②102/14①59/15②135,③360/19①78/22①37,58,②100/23①91/24①120,124,149/25①80,②230/29②151,③194,207,208,218,264,265/30①86,127,③276/31④219/33④211,217,218,221,224,225,227/35①147/36②99,③277,317/37②71,③357/38②77/39⑤293,294,295,296/41②131,145,③178,179/56②242/67③124
どうみの【どう簑、胴蓑】→みの
4①10/6①239,243,260/25①136
とうゆ【トウユ、桐油】→L、N
24①94/55②169/61⑨275
どうゆ【銅湯】 49①148
とうゆがみ【桐油紙】→あぶらがみ
48①157,295/49①46,91
とうゆみ【とう弓、唐弓】 35①230/40②164/62②39
とうり【踏犂】→ふみすき
69②220
とうろう【唐蠟】 49①122
とうろう【とうろう、瓦溜、瓦漏、土爐】 50②198,199,201,204,209,210/61⑧216,217,218,225,229,234/70①29
とえ【トへ】→Z
52⑦305
とおけ【斗桶】 10②342
どおけ【土桶】 29②144
とおし【トウシ、とうし、とふし、とほし、トヲシ、とをし、通し、簾、簾し、篩、篦、籭、簁】→あらとおし、かなどおし、きぬとおし、きよとおし、くわとおし、けんどうとおし、けんとおし、けんどん、こごめとおし、ことおし、こめとおし、せんごく、せんごくどおし、たけとおし、たてとおし、つりとおし、てとおし、とうけんとおし、とうけんどん、なかとおし、はりまどおし、ひるとおし、ふるい、まんごく、まんごくおろし、まんごくとおし、まんごくやもめとおし、むぎとおし、もみとおし、やもめとおし、よせかけとおし→A、D、L、Z
7①46/8①257,258,259,260,261/10③400/13①85,86,87/14①59/17①198,301/22①37/23⑤259/24①111/27①27,28,132,160,379,380,382/28②251/30①18,86,③277/35①105,112,135/36③278/45②101,③168/47①33,②97,④217/48①81/49①85/50②209/56①99,216/62①15
とおしみず【通シ水】→A
63⑧432
とおめがね【遠目鑑、遠眼鏡】
40②79/58⑤314
とかけ【とかけ】 42⑥411
とかけばく【トカケバク】 49①147
とがま【利鎌】 24①18/37③341
どき【土器】 55②137
どき【どき(測量具)】 28②229
とぎだらい【トギダラヒ、礪盥】→Z
49①103,179
とぎりぼう【捻り棒】 23①91
とくさ【とくさ、木賊】→E、Z
5①16/16①186/48①153,154/49①160/53③181
とくさのくだ【木賊の管】 49①160
とくす【とくす】 57②192
とぐちたていた【戸口立板】
64②138
とぐわ【尖鍬、利鍬】 14①184,192,197/24①18
とけい【時計】 47④214
とこ【犁底】 24①111
とこむしろ【床むしろ】 16①276
とじかます【とぢかます】 4①115
としゅ【土朱】 48①154
とすき【斗すき】 24①124
どせき【土石】 13①265/65③224
とたん【トタン、倭鉛】 49①126,130,140
とたんちゃわん【とたん茶碗】
53③181
とちがね【とちがね、トチ金】
24①59/60③132
とちかわ【トチ皮】 48①35
とちかわひたしじる【トチ皮浸汁】 48①37
とちかわひたしみず【トチ皮浸水】 48①35
とちのきのかわ【七葉樹の皮、七葉樹皮】 48①34,108
とどい【戸樋】 6①240
とどこ【とゞこ、寓床】 47①29,30,31,32,39
どなべ【土鍋、土坩】 14①286/40②183/48①46/49①9
となわ【斗索】 19①88
とのこ【トノコ、とのこ、砥の粉、砥粉】 49①118,119,120,121,122,140/53③164,171,181
とびぐち【とびぐち、とび口、鳶口】 1①41/24①30/66④203,⑥341
とびさお【とび棹】 24①43
どひょう【土俵】 5①144/16①271,273,275,276,277,284,297,300,301,309,310,313,333,334/23②137/25①16/40③227/62⑤123/65③250/67②102
どぶみず【溝水】→Ｉ
69②244
どべ【とべ、どべ】 49①71,84,85,86,87
とほす【とほす】 30③277
とま【トマ、とま、苫、笘】→J
1①39,41,101,102/6①95/13①27/19①89/20①99,②376/25①45/27①154,155,156,182,186,199,268,377/29④271,277,282/30③234,303/33④214/36③187,196,289/38④263/39④201/47④227/51①29,165/55③436,464/69②248
とまえきりばり【戸前切梁】
64②136
とます【斗枡】→Z
24①120,124/38②77
とまずき【苫ずき】 27①377
とまのそとわら【苫の外藁】

27①169
とみ【とみ、戸ミ、戸籭、戸箕、利箕】→とうみ
24①18,54/25②184/27①27,28,162,164,166,198,201,381,385/33⑤257
とみぐち【戸箕口】 27①382
とみず【砥水】 48①88
とめいた【とめ板】 28②194
とめき【留木】→C
49①251
ともしあぶら【灯油】→N
55③452
とや【とや】 5①82
どようのみず【土用の水】 17①167
とりあし【鳥足】 6①184
とりい【とりゐ、鳥居】→C、N
4①286/50①52,60
とりいぎ【鳥居木】→C
49①235
とりいつながりき【鳥居ツナカリ木】 48①301
とりえ【取柄】 38②76
とりおけ【とりおけ】→Z
15②269
とりおさめどうぐ【取納道具】
11②101
とりごえ【トリゴヘ】 5①34
とりとりもち【鳥とりもち】→E
17①101
とりのたまご【鶏のたまご】 3①47
とりのはね【とりのはね、鳥の羽】→H
3①56/4①305/13①252/35①113/47①23,②114
とりべおけ【とりべをけ、とりべ桶】 50①50,81
とりもち【鳥もち、黐】→H、N
12①256/16①83/46①101
とりゆ【繰湯】 53⑤337,338,339,364,367
とりわく【取わく】 47②98
どろ【泥】→D、H、I、X
13①170,223/38③192/62⑧269
どろあげくわ【泥上鍬】 6①240
どろうす【泥うす】 27①388
どろうすひきき【どろうす引木】
27①382
どろつち【泥土】→D、I
49①150
どろひきじょれん【泥引鋤れん】
23①90
どろみず【泥水】→D、H、I
33⑥337/55③461
どろよけいた【泥障板】 64②137
とろろ【とろゝ、黄蜀葵】→E
29④288/30③295/48①115/53①29,37,40,44
とろろのねり【黄蜀葵のネリ】
48①102
とん【囤】→W
69②382
とん【笔】 14①59
とんが【とんが】 24①17,18
どんぐりのかわ【どんぐりの皮】
10②374
とんぼ【トンボ】→E、Z
8①159,258

【な】

なあぶら【な油】→N
16①129
ないかご【ないかご】 27①105
なえかご【苗かご、苗籠】 24①75/27①367/42⑥423
なえこうねなわ【苗こうね縄】
27①19
なえたけはかるき【苗たけはかる木】 20①51
なえたばねるわら【苗束ル藁】
24①14
なえばし【苗箸】 30①56,118
なえぼしわら【苗ぼし藁】 30①56,118
なえもちざる【苗持ざる】 24①75
なえもっこ【苗持籠】→もっこ→Z
1①41/6①240
なえゆいわら【苗ゆひわら】
17①115
なおしぐすり【直し薬】 40②160
なかいがま【中居釜】→Z
52⑦305,313
なかいし【中石】 24③313
なかうちくわ【中打鍬】 23①90
ながえかま【長柄鎌】 16①313
ながえつち【長柄槌】 37③357
ながえのつち【長柄の槌】 23①23
ながおおこ【長ヲヽコ】 8①159,217
ながおけ【長桶】 39①53
なかおり【中折】→N
64②135,137
なかおりがみ【中折紙】→N
4①162/48①166
なかがき【中爬、鎷】→A
15②216
ながかなざし【長金差】 53②125
ながき【長木】 27①149,267/45③133/50①36
なかぎわら【なかぎわら】 28②242
なかくらほね【中鞍骨】 22①36
ながけた【長桁】 49①221
なかごめ【中籠】 30①107
なかごめのすさ【中籠の莎】
30①63,106
なかごやすり【中心鑢】 49①109
なかさお【中竿】→Z
49①17,31
ながさお【長竿】→J
49①17,31,32
ながし【流シ】 53⑤364
ながしのげすい【流しの下水】→I
56①194
ながしのしたのよごしじる【厨下ノ汚シ汁】 69②256
ながたちばい【長たちばい】
36③278
ながたな【菜刀】→N
13①108
なかためおけ【中溜桶】 49①25
なかたわら【中たわら、中俵】
24③313,324
なかつか【中短】 64②131,136,137
なかつば【中鍔】 55②145
なかてつ【中鉄】 49①23
なかてのわら【中田のわら】
17①146
なかと【中砥】 48①385,387
なかとおし【中とをし、中通し】→とおし
4①33,65/6①74
なかどおり【中通り】 64②135
ながとびぐち【長とび口】 16①313
ながとろうは【長門緑礬】 49①12
なかなわ【中縄】 1①41/27①30
ながなわ【長縄】 5①134
なかにおうこ【中荷おふこ】
28②260
なかぬきなわ【中ぬき縄】 42⑥376
なかふ【中符、中苻】 1③286/36②104
なかふだ【中札】 24③322
ながむしろ【長筵】 42⑤314
ながれ【流水】→D
68①177
ながれみず【流水】→D、X
13①108/35②366/53⑤350/68①77,184,190
なかわく【中わく】 24①110
なげつるべ【戽桶】 62②33
なさし【菜刺】 20①294
なし【なし】 58③123
なしじ【なし地、梨地】 53③176
なしじいしめ【梨子地石目】
49①107
なしのき【梨の木】→E
49①78
なすなえのとこいし【茄子苗のトコ石】 24①30
なすなえわらだ【茄子苗簵】→わらだ
20①293
なすびのき【茄茎】 48①133
なた【ナタ、なた、山刀、鈍、鉈、鑗、鉇、鑠】→はしなしなた、やまがたな→J、Z
1②183/2②156,④310/3④221/5①17/6①241,②306/9①125/13①109/14①59/16①189,247,261,277,304,309/22①36/24①11,30/25①29,39,40/27①93,263,335,366/28①17,②266/37②71,③386/38②76/39⑥345/40②160/45④201/47③176/48①116/49①218/58⑤350/69②225
なたがま【なた鎌】→Z
24③318
なたてんご【なたてんご】→かご
24①30
なたね【菜種子、油菜種】→D、E、F、I、N
49①204
なたねがら【菜種ガラ、菜種がら】→E、H、I、N
5①74/35②356/47②97,146
なたねのあぶら【菜種子の油】→N
14①285
なたのえ【なたのゑ】 9①14
なたまぐわ【山刀耙】→まぐわ、まんが
6①243
なつなわ【夏縄】 24①103
なつみず【夏水】 1①55,③286
なつめたがね【棗鏨】 49①107
なつめやすり【棗鑢】 49①109
なで【納手】 47②98
なでうす【撫臼】→うす
11②98
ななこたがね【魶子鏨】 49①107
ななすん【七寸】 51①52,155
ななとたわら【七斗俵】 20①297

なふだ【名札】 27①36
なべすみ【なべすミ、ナベ墨】 27①311/31⑤284
なべのゆ【鍋の湯】 51①112, 113
なまかね【なまかね】 16①192, 219
なまき【なま木】→I 16①178
なまぐさきもの【なまぐさきもの】 60②106, 108
なまぐさもの【なまぐさもの】→N 60②107
なまこうぞ【生楮】 22①57
なまごめ【生米】→N 3①59
なまさかおけ【生酒桶】 51①88
なましば【生柴】→N 61⑦196
なますぎは【生杉葉】 38③120, 129, 133, 136
なまたいとわら【生秈稭】 27①155
なまたけ【新青竹、生竹】 36③167/49①189/70①29
なまたけのは【なま竹の葉】 29③240
なまてつ【生鉄】 49①167
なまむぎ【生麦】→J 48①57
なまり【ナマリ、鉛】→X 14①359/46①20/49①123, 124, 125, 127, 129, 130, 135, 136, 137, 138, 143, 145, 146, 147, 160/53⑤357/68④394/69①63, 133
なまわら【なまわら、生藁】→I 28②232, ④350
なみぎわのくろきこますな【波ぎはの黒き細砂】 3①43
なみさんずんくぎ【並三寸釘】 43①87
なみなわ【次縄、並なわ】 24③321/63③129
なみはく【並薄】 49①154
なみほそなわ【並ほそ縄】 24③321
なめくり【滑刳】 49①107
なめしがわ【韋】 48①153/49①213
なやしぼう【なやし棒】 31①28
なら【孛落木】→E、I、N 69②329
ならかしのき【ナラカシノ木】 4①305
ならし【ナラシ、ならし、馴、平均】→A、C、Z 1②190/49①175, 176, 258
ならしざお【ならし棹、平均竿】 20①289/63⑧435
ならしぼう【並シ棒】 2④282
ならのは【楢の葉】→E、I 48①90
ならびき【幷木】 25②183
なりほ【なり穂】 16①147
なる【なる】 24①17, 135
なるさお【鳴竿】 6①55, 240
なわ【なは、ナワ、なわ、縄】→J、L、R、W、Z 1①106, ②140, 155, 170, 179, 182, 185, 187, 202, ③272, ⑤354/2①12, ③260, ④283, 291, 293, 310/3③158, ④322/4①34, 49, 62, 63, 94, 95, 101, 105, 108, 118, 122, 124, 127, 145, 159, 160, 164, 189, 279, 287, 289, 293, 300, 301/5①8, 47, 59, 85, 86, 133, 134, 158, 182, ③286/6①114, 238/7①84/8①157, 253, 260/9①13, 30, 54, 99, 103, 129, ②211/10①111, ②345, 359, 362, 381/11①39, 46, ②97, 100, 104/13①203/14①80, 124, 181, 209/15①106, ②196, 207, 214, 217/16①204, 208, 212, 218, 220, 222, 309/17①41, 306/18①77, 83, 88/20①294/22④271, 272, 273/23①80, ②135, 137, 138/24①132, ③310, 313, 330/25①13, 23, 72, 74, 78, 110, 136, 138, ②227, 230, ③262, 264, 265/27①17, 18, 33, 45, 167, 169, 176, 181, 184, 186, 191, 193, 199, 201, 263, 265, 268, 269, 308, 338, 366, 372/28①38, 78, ②132, 143, 201, 243, 251, 256, 264, 267, ③323/29①87, ②121, 157, ④273/30①23, 139, ③232, 280/31②75, ④166, 167, 178, 181, 182, 196, 207/34⑦247, ⑧311/35②412/36③181, 182, 228, 229, 236, 244, 283, 295, 316/37②71, 99, 100, ③345/38②81, ③128, 134, 186, 191, 194, 195, ④238/39③144, 145, 156, 159, ④198, 200, 208, ⑤290/40③239/41②101/42④249, 254/44②162/45②108, ⑥323, 330/46①76, 78/47②81, ③168/48①112, 138, 143, 157, 235/49①67, 250/51①164, 165/53②114, ⑤353/55③471, 475/56①78, 79, 178, 184, 211, 212, 217, ②250, 259, 260, 261/57②184/60⑥348, 369/62②36, ⑤122, 123, 127, ⑨376, 387, 394/63④262, ⑧429, 444/64④260, 273/65①34/67③122, 125/68②255, 256, ③363, ④394/69①82/70①24, ④265
なわかずら【縄かつら】 10②361
なわきれ【縄切】→I 69①79
なわぐ【縄具】 34⑥161/57②205
なわこしご【縄腰籠】 20①292
なわじ【縄地】 11②108
なわじめのおおわく【縄〆の大枠】 53⑤352
なわじめのわく【縄〆の枠】 53⑤352
なわしろふだ【苗代札】 24①43
なわぜんご【縄ぜんご】 6①242
なわたわら【縄俵】→A 33⑤258
なわちがい【縄ちかひ】 27①371
なわつな【縄つな、縄綱】 16①275, 276, 309, 311/24①145
なわのふくろ【縄の袋】 3①53
なわひとすじ【縄壱筋】 27①35
なわむしろ【縄莚】 13①87
なわりょうわら【縄料稿、縄料藁】 30①83, 85
なわわらぐみ【縄わらぐみ】 25②183
なんきんのり【なんきん糊、南京糊】 48①42
なんば【なんは、ナンバ、なんば、奈奴婆、南蛮、蒲板】→やちひらた→Z 2④300, 301, 311/14①117/16①199/17①90/19①45/20①62, 290, 293/48①258
なんばつえ【蒲板杖】 20①293
なんばなわ【なんばなわ】 28②224
なんばのあかかわ【なんばの赤皮】 48①172

【に】

にあく【煮あく】→あく 53⑤336
にあげか【荷上加】 20①294
にいし【丹石】 49①12, 22
にうかさ【ニウ蓋】 27①182
にうのかさ【にうの蓋】 27①183
にうはりなわ【にうはりなは、ニウ張縄、にう張縄】 27①182, 377
にえゆ【熟湯、熱湯、沸湯】→N 22①56/49①214/53⑤335/55③334, 341, 366, 384, 385/70⑤321, 333
におおいこも【荷覆こも、荷蔽薦】 20①294/24③318
におけ【荷桶】 3③153/24①72/27①263
にか【ニカ、にか】 27①57, 261
にがたけ【ニガタケ】→E 27①146
にがたけこうた【にか竹こうた】 34⑥158
にがつのようき【二月の用器】 24①30
にがり【にかり、にがり、塩胆、塩胆汁、苦汁】→しおのにがり→H、N 23①103, 104/51①33/69①35, 128
にかわ【ニカハ、にかわ、煮皮、膠】→N 14①285, 287, 289, 291/43①11/48①113, 157, 380/49①8, 9, 54, 59, 60, 62, 70, 71, 72, 75, 76, 77, 84, 85, 93, 94, 95/53③164, 180, 181/55①55
にかわみず【膠水】 48①380
にくたがね【肉鏨】 49①107
にぐら【にぐら、荷くら、荷鞍】→Z 4①289/6①242/16①218/25①39/37②71/38②76/41⑤250/68④411
にぐらしょじいっしき【荷鞍諸事一式】 25①40
にぐらなわ【荷くらなわ】 37②71
にぐらぼね【荷鞍骨】 38②76
にくろめ【烏銅、煮クロメ、煮黒目】 49①112, 139
にくろめどう【煮クロメ銅】 49①139
にけんざお【二間竿】 29①57/64④280
にけんむしろ【二間莚】 27①162, 165, 320, 330
にござ【荷ごさ】 24③318
にごし【にごし】→I 48①14, 15
にこすな【にこ砂】 61④164, 169
にごなわ【にこなわ】 42④250
にごになわ【にこ荷縄】 42④255
にごぼうけ【にごぼうけ】 40④274

にごも【荷ごも、荷薦】 27①167/62⑥151
にしがら【辛螺殻】 51①171,173
にしがらくろやき【辛螺殻黒焼】 51①169
にしきなどのはた【錦などの機】 49①229
にしゃくおさ【弐尺筬】 49①231
にしゃくづえ【二尺杖】 5①140
にじゅうにんぐりのきかい【二十人繰の器械】 53⑤295
にじゅうはちのふるい【廿八の篩】→ふるい 50①45
にじる【煮汁】→N 48①56/49①113,118,121/53①31
にじるどっくり【煮汁陶】 49①104,117
にだら【荷だら】 24①17,145
にちょうがけ【二挺掛、二挺懸、弐丁掛】→Z 15②192,194,300,③356/68②255,256
にっけい【肉桂】→E、N 51①172,173,174
につけなわみつくりなわ【荷付縄三合縄】 20①294
につけもといち【荷付もといち】 25①27
につち【丹土】→D 48①89
にづみそり【荷積ソリ】 1②204
にとたわら【二斗俵】 20①296
にない【荷内】→A、Z 38①17,18
にないおけ【にない桶、になひ桶、荷ない桶、荷ひ桶、荷桶、荷担桶、担桶】→こえたご→Z 10②380/24①75/27①41,76/30⑤411/49①257/52⑦302
にないかご【荷ひかこ】 30③259
にないこえおけ【になひ肥桶】→こえたご 27①263
にないしゃく【になひ杓】 27①366
にないたご【荷いたご】→こえたご 41⑦333
にないなわ【荷ない縄】 24①17
にないぼう【にない棒、荷ない棒】→おうこ→Z 24①75,135
にないみず【荷ひ水】 15③372
にないもっこう【になひもつこう】→もっこ 42③157
になかぬきなわ【荷中貫縄】 20①294
になべ【煮鍋】 53⑤334,344
になわ【になは、荷ナハ、荷縄】→Z 5①133/6①243/8①217/16①220/20①293/24①30,③310/25①27,137,②228/27①173,373,377/30①119/36③184/38②76/42④255/68④411
ににんぶみ【二人踏】 15②267
にのと【弐ノ戸】 64②136
にはりなわ【荷張縄】 24①59
にばんあい【二番藍】→A、E、X 48①81
にばんかけどめおけ【弐番掛留桶】 51①60
にばんぐち【二番口】→E、X 27①28/39⑤294/41②145
にばんじる【二番汁】 48①56,60
にばんすおう【二番極枋】 48①79
にばんたつき【二ばん立木】 49①252
にばんめのからむし【二番目の苧皮】 48①116
にべ【ニベ】 49①8
にまいかた【二枚模】 49①78
にゆ【煮湯】 53⑤364
にゅうたて【乳立】 19①88
にゅうゆいふじ【乳結藤】 2①16
にょうおけ【尿桶】 5①176
にら【韮、韭】→E、G、N、Z 12①97/23⑥311/36②122/38③193/62⑧269
にらば【韮葉】 69②297
にろくしょう【煮緑青】 49①122
にわうち【庭打】 23①91
にわしょどうぐ【庭諸道具】 27①379
にわつち【二和土】 48①382
にわどうぐ【庭道具】 27①386
にわぬか【庭糠】 27①260,268
にわのどうぐ【庭野道具】 5②231
にわのはきだめ【庭のはきため、庭のはき溜】→I 21①86/39①57
にわばどうぐ【庭場道具】 16①60,61
にわぼうき【にわほうき】 62⑨381
にわぼうけ【庭ぼうけ】 28②270
にわむしろ【庭筵、庭莚】 10①111/30①82,116
にんぎょうさいしきいりようのしな【人形彩色入用之品】 14①286
にんぎょうをぬるどうぐ【人形をぬる道具】 14①286
にんじん【人参】→E、H、N、Z 48①21

【ぬ】

ぬいご【ぬいこ、ぬいご】 4①287/27①239,277,278
ぬいごなわ【ぬゐこ縄】 42⑤315
ぬいごぬきがら【ぬいごぬきから】 27①354
ぬいごほうき【ぬいこ箒】 5③278
ぬいなわ【ぬい縄】 24①135
ぬいほ【ぬいほ、ヌイ穂、ぬい穂】 4①291,298,300,303,304
ぬいほなわ【ぬいほ縄、ぬい穂縄、抜穂縄】 4①291,297,299,300,305/47②148/49①197
ぬいむしろ【縫莚】 29④271,273,277
ぬか【ヌカ、ぬか、糠、米糠】→E、H、I、L、N、R 5①46,122,162/6①127,145,153,158/8①133,273/10①62,②377/12①247,371/13①25,82,117,171/17①266,329/18①82,④397/21①67/25①13,79,②200,222/27①157,158,201/36②121/40④315,317/44②113/45④212/46①61/48①248,329,374/51①39,169/56①89/61②95/62⑤115,126,⑨368,392/63⑧434
ぬかいずみ【糠いつミ】 4①10
ぬかいね【ぬか稲】 27①181
ぬかだわら【ぬか俵、糠俵】 27①211,279
ぬかのしお【ぬかの塩】 3④298
ぬかのたぐい【糠の類】→I 22④234
ぬかばい【糠灰】 4①51
ぬかばり【ぬか針】 60⑥344,353
ぬき【ヌキ、緯、貫、樌】 3①58/5③272/16①298,301/48①147,270,271,301/49①162,163,237/50①52,60,81,82/65④348
ぬきえだ【樌枝】 48①229
ぬきぎ【樌木】→C 48①149,286,287,290
ぬきたがね【貫鏨】 49①107
ぬきどい【貫樋】 6①240
ぬきなわ【貫縄】 33④201
ぬきほぼうき【秡穂箒】 6①241
ぬくめがま【ヌクメ釜、温メ釜】 29④273/52⑦313
ぬくめだる【ぬくめ樽、温め樽】→だき、だきゆ 51①102,②186,188,190,203
ぬの【ぬの、布】→N 3①62/16①194,217/31④203
ぬのおりのし【布織のし】 41②109
ぬのつき【布つき】 24①149
ぬののはた【布の機】 49①237
ぬののふくろ【布の袋】→N 3①44,58
ぬのはたぐ【布機具】 24①110
ぬのぶくろ【布袋】→Z 24①58/48①88/52②100,124,③135
ぬりおけ【ぬり桶】→Z 13①50/35②276
ぬりでのは【ぬりてノ葉】 24③336
ぬるきみず【ぬるき水】 1③286/2①85
ぬるきゆ【温き湯】 1②142
ぬるでのき【ぬるでの木】→E 13①50
ぬるでのは【ぬるテノ葉】 19①120
ぬるぼいろ【ぬるぼいろ】 13①85,86
ぬるまゆ【ぬるまゆ】 37②134
ぬるみず【ヌル水】→D 2④282
ぬるみそうろうゆ【ぬるみ候湯】 25②180
ぬるゆ【ぬる湯】 10②331
ぬれかます【ぬれ叺】 27①90
ぬれこも【濡レ菰、濡薦】 31④166/69②387
ぬれたるとま【ぬれたる苫】 27①169
ぬれはい【湿灰】 8①128
ぬれむしろ【濡莚】 25①93/50②188,198/55③448,458
ぬれわら【ぬれわら】 27①101

【ね】

ねいりしきいた【根杁敷板】 64②133

ねかご【根かご】 15②152
ねぎ【葱】→E、G、H、N 55③334
ねきくさ【ねきくさ】 28②187
ねぐい【根杭】→C 36③210
ねこ【ねこ】 24③283,313,317/39③144,155
ねこ【ねこ(泥水よけ)】 15②152
ねこ【猫】 51①52
ねこがい【ねこかい、篠】 4①288/14①59
ねこかわ【猫皮】 48①154
ねこせなこうじ【ねこ脊中こうじ、猫せなかうし】 25①27,137
ねこだ【ねこた、ねこだ、寝こだ、猫駄、猫田】→N、Z 6①243/16①275,276/24①30,31,145
ねこだあみ【ねこだ編】 24①135
ねこなわ【ねこ縄、猫縄】 33⑤262/42④250,284
ねこぶき【ネコブキ】 31⑤258
ねこぶく【ねこふく、猫伏】→Z 31②85/33④217,227/65④358
ねざさのあく【根笹の灰水】 61⑧215
ねずみおとし【鼠落】 47②142
ねずみくそ【鼠矢】 49①130
ねずみご【鼠ゴ】→ごふん 48①77,79,80
ねずみさし【鼠さし】→Z 6①241
ねせぐさ【ネセ草】 19①105
ねそ【ねそ】→J 16①301,302,310,312/27①132,175
ねっとう【熱湯】→H、I、Q 3③153,④367/27①32/31④207/48①159/49①136/51①33,35,36/53⑤355/56①83,180/60⑥356/66④187/69②368/70⑤334
ねばきき【ねバき木】 16①189
ねばきつち【ねばき土】→D 13①170
ねばつち【ねば土、埴土】→D、H、Z 29④273/55③471
ねばどろ【植泥】 48①379
ねばまつち【ねハ真土】→D 16①272
ねぶかほり【ねぶかほり】→Z 15②300
ねまのしたじきわら【寝間の下敷わら】 27①339
ねむのきのは【合歓木ノ葉】 1②166
ねり【ねり(練木)】 4①283,285,287
ねり【ネリ(糊料)、ねり(糊料)、粘(糊料)】 3①59/48①102,115,117
ねりあげなべ【煉揚げ鍋】 50②189
ねりはん【ねりはん】 24①135
ねりぼいろ【ねりぼいろ】 13①85
ねりみょうばん【ねり明凡】→みょうばん 48①74
ねわら【寝藁】 62⑤121
ねん【ねん】 13①84
ねんとうしんじょうのなわ【年頭進上の縄】 27①250
ねんとうのしんもつなわ【年頭進物縄】 27①237

【の】

のう【脳】 49①54
のうがさ【農笠】 22①37
のうき【農器】 4①65/10②297/14①60/15②131/24①9
のうきのしな【農器の品】 19②399
のうきのは【農器の刃】 12①67
のうぎょうしょどうぐ【農業諸道具】 27①263
のうぎょうどうぐ【農業道具】 6①240/38④235
のうぐ【農具】→L、Z 1①40,④330,334/2④276/3③130/4①9,10,171,173,183,278/5①6,13,17,18,177/6①238/7①70,②373/10②304,335,337,342,343,359/11②101/12①50,51,67,88/13①205/14①56,60/15①62,②133,135,137,138,139,141,142,155,194,227,229,270,297,298,301/16①75,87,127,128,175,186/19①211/20①289/21①46,49/23①90,92,④197,⑥304/24①8,9,90,148,166,167,173,177/25①10,14,15,18,40,61,72,120,135,②179,227/29③194,207,218/31②68/32②322/34①9,②23/36①62,63,③156,165,169,170,178,184/37②88,③253,258/38②75,79,③182,194,201,④235,236,263,264,276/39①24,35,40/45③150/48①144,259,260/61①30,32,47,③127/62①15,③60,⑧257/63③109,④261/67⑥264/69②186,209,210,213,216,219,220,225
のうぐのたぐい【農具の類】 25①63
のうぐるい【農具類】 14①59
のうてばりなわ【なふてばり縄】 27①372
のうどうぐ【農道具】 6②275/8①161/29①19,④278/37②90,100,102
のうばのぐ【農馬の具】 6①242
のうふのぐ【農夫の具】 6①243
のうまのけ【野馬の毛】 48①103
のかいのなわ【綟の縄】 20①292
のがけがま【野掛鎌】 20①294
のかご【野籠】→Z 6①240
のぐるみのは【ノグルミの葉】 48①90
のぐろ【上黒】 49①71,85,93
のげたたき【のげたゝき】 17①144
のこ【農籠】→Z 4①10,41
のこ【のこ】→だいぎり 9①125
のこぎり【のこきり、のこぎり、鋸】 5①84,115/11①48/13①36,230,244/14①57,60,207/18①85/23②137/24①25/25①116/28②137/38③190/43①76/45④202/48①123,145,167,327,359/49①81/56①49,61,178/69②203
のこぎりがま【鋸かま、鋸り鎌、鋸鎌】→Z 4①60,287/6①240/23①90/24①89,124/39⑤286
のこぎりくず【鋸屑】 21①86/36③224/39①57/53④245
のこぎりのくず【鋸の屑】 3③158
のこぎりば【のこきり刃】 17①308
のだち【野太刀】 1①40
のだれぎ【のだれ木】 24①135
のどうぐ【野道具】 28②150,226,241
のどわら【ノトワラ、のど藁】 24①14,15,75
のべひきぼう【延引棒】 25③266
のみ【のミ、のみ、呑】 24③335/49①25/51①115,155,164
のみ【のミ、のみ、鑿】→J 14①57,58,60/36③314/48①120,131,328,362
のみくち【のミ口、のみ口、呑ミ口、呑口】→N 49①25/50②195,③262/51①114,156,158,177,②184,209/61⑧215,217,223,224/69②367,368
のみくちき【呑口木】 51①33
のみだしぐち【のミ出口】 49①14
のみつきおけ【のミ附桶、のみ附桶】 49①25,26
のむしろ【野むしろ】 36③329
のり【のり、糊】→L、N 3①58,59/17①189/27①286/41②80/48①12,23,78,159,380/53①37,44,③178,181
のりき【のり木】 53①46
のりくら【乗鞍】 4①287,291
のりごめ【糊米】→N 29④288
のりみず【糊水】 3①60
のんご【のんご】 24①75

【は】

は【葉】→E、I、N 12①318,358
は【杷】 20①293
は【歯】 5①117/48①293
はあい【葉藍】→E 48①92
ばあけ【はあけ】 34②22,③45
はい【はい、灰、灰ひ、炭】→いろりのはい→D、I 3①32,34,35,36,40,42,58,③156,④239,247,248,258,305,331,351/4①51,102,230/5①79,108/6①121,127,175/7①92,95,②305,306/8①54/11③141/12①94,98,205,206,236,239,261,277,283,296,302,316/13①13,19,38,46,49,72/15③360,378,400/17①166,262,282/20①152/21②131/22②119,127,④213,214/23⑥333/27①24,306,339/28③321/30③293,④359/31⑤256/32①151/33①24,31,⑥318,352,357/34③45,⑤95,⑥135,142,160/35①66/36③179/40②129,150,151,④317,318/44③224/47②99,138,③174/48①8,25,44,100,105,107,109,114,133,170/49①29,32,54,66,77,85,120,138,145/50③260

/51①112,113,170,172/52①51,⑥257,267,⑦284/53①33,46/55②179,③366/56①194,204/61⑧222/62⑤122,⑧269,⑨327,340,368/67⑤229/69②368,382/70⑥406
ばい【馬衣】 6①242
ばい【ばい、棓】 4①88/48①113,381
はいあく【灰あく、炭汁】 29①85/62⑤121
はいいし【灰石】→I 24①44
はいかます【灰かます】 27①61
はいぎ【這木】 25③265
はいごえ【灰糞】→I 13①45
はいしる【灰汁】 13①181/30③285
はいすくい【灰抄】→Z 49①67
はいずみ【灰すミ、灰すみ、灰ずミ、灰ずみ、灰炭】→N 48①89/49①42,45,84,86,88,89,111
はいずみ【灰墨】 49①71,85,89
ばいたらよう【貝多羅葉】 53①10
はいだわら【灰俵】 24①58/38②77
はいとおし【灰通シ】 46③203
はいとこばし【焼鋏子】 49①103
はいのあく【灰ノアク、灰のあく】 13①146/52①57/53①31/56①77
はいふきぎん【灰吹銀】 49①146
ばいら【ばいら】 14①295
はうすやすり【刃薄鑢】 49①109
ばえ【ばえ】 25②231
はえそ【はへそ】 24①111
はえなわ【はえ縄】→J 33④214
はか【はか】 6①243
はかて【はかて】 4①10
はがね【鋼、鋼鉄、剛鉄、刃かね、刃金】 3③130/15②211/16①188,189,195,219/49①10,171
はがねこきばし【はかねこきばし】→こきばし 36③312
はがねざき【はかねさき、はかねざき】 41⑤244,⑥274
はがねのはりがね【剛の線】 49①151
はがねのぶんまわし【鋼鉄規】 49①104
はがま【刃鎌】 5①84
はかり【はかり、天秤、秤】 5①83/16①129,184/24①90/28②257/47②98/49①62,63,104/53⑤317
はかりぼう【斗棒】 24①124
はぎ【はき】→E、H、N、Z 48①298
はぎかわ【はぎ皮】 48①110
はきき【はき木】 61⑧232
はきぐちのふくろ【吐口の布腸】 15②245,261
はきこおり【掃蚕折】 47②119
はきだしのつつさき【吐出しの筒さき】 15②245
はぎのえだ【萩の枝】 30①142
はぎのこ【萩の子】→E、I 10①65
はきもの【ハキモノ】→N 2④311
はく【簿】 35①203
はく【はく、伯、箔、薄】 49①120,153,154,155,156,157,158,159,160/53③175
ばぐ【馬具】 2①12/4①278/16①218/24①58,59/44①14,15/48①17/56①122/60③140
はくぎん【白銀】→L 49①122
はくしたがみ【箔下タ紙】 48①109
はぐち【発口】 49①103
はぐち【刃口】 23①90
はくど【白土】→D 49①137
はくどう【白銅】 49①127
はくばのおのけ【白馬の尾の毛】 48①103
はくばん【白礬】 69②380
はくまい【白米】→E、K、N 48①99
はくまいもち【白米餅】 48①20
はくらいのみょうばん【舶来の明礬】 48①26
はぐろ【鉄漿水】→かね、かねみず→N 48①77,78
はくろう【白鑞、白蠟】→X 11①13/49①125
はぐろかね【ハクロカネ、鉄漿水】→かね、かねみず→N 48①74,75,79,81
はぐろみず【鉄漿水】→かね、かねみず 60⑥365,367
はけ【はけ、刷毛】 3①61/48①12,41,66,73,81,84,87,88,212,213/53③169,170,181
はけご【ハケゴ】 18③361
はこ【箱、筺、筥】→C、N、W、Z 3①44,62,④306/13①140,141/18①70,76/32①128/35③428/41⑦318,332/46①103/47②89,④227/48①171,195,196,198,242,243,291,296,393/49①15,68,171,172,203,254/53③170/54①278,288/55①20/56①78,79,180
はご【はご】 29①69
ばこ【馬粉】 48①363
はこおり【箱柙】 49①202
はこせいろう【箱せいろふ】 52④174,175
はこそり【箱雪船、筥雪船】→そり→Z 1②202,203
はこだい【箱台】→Z 48①147
はこつぎて【箱接手】 48①290
はこのふた【箱の蓋】→N、Z 18④403
はこみ【箱箕】 24①17
はざいた【架板】 5①86
はさき【刃さき、刃先、刃先キ】 15②211/16①176,177,185,186
はざき【架木】→C 5①134/27①170,217,337
はざくい【ハサ杭、はさ杭】 23①91/43①76
はざさ【葉笹】 15①47
はざさぼうき【葉さヽ掃】 67④165
はざたけ【はさ竹】 23①91
はざなわ【はさ縄、はざ縄、架なわ、架縄】 4①63/36③184/42⑤316,319
はざのふた【架の蓋】 27①179
はさみ【ハサミ、はさミ、はさみ、剪刀、夾剪、鑷】 14①78/24①90,111,③302/38③121/46①63,72,73,85,90,92,99,101/49①103,147/55③290,469
はさみぎ【夾木】 49①9
はさみぐち【はさみ口、挾ミ口】 31④209,211
はさみどうぐ【挟道具】 48①143
はざゆいなわ【架結縄】 27①266
はし【觜】 48①324/49①176
はし【はし、筋、箸】→N、Z 3④294,318/6①159/24①89,119/35①135,162/47①42,②97/48①47,104,111,112/49①70/54①272,310,311
はしいた【橋板】 16①313
はしか【はしか】→E、I 24③299
はしがんな【箸鉋】 48①139
はじき【ハチキ】 43①45
はしくい【橋杭】 16①313
はしご【はしこ、ハシゴ、はしご、階子、橋子、梯、梯子、楷子】 1②183/4①38/9①54/16①205/24①58,145/25①62/27①35,45,173,177,179,218,263,366,370,377/31④209/39④228/59②113/67③132
はしごのおやき【梯の親木】 27①177
はしだ【葉歯朶】 61①42
はしなしなた【端無山刀】→なた 24①30
はじのはのしる【櫨の葉の汁】 14①354
はじみ【櫨実】→E 14①356
ばしゃく【馬杓】 24①59
ばしょう【ばせう】→E 16①220
ばしょうのね【芭蕉の根】→H 6①226
ばしょうは【芭蕉葉】 34⑤100
はしら【柱】→C、J、N 3④367/5③272/24①118/27①170,171,172,183/40④276/41⑦320/48①149,194,229,271,281/49①19,43,95,163,235/55①55,65/65④328,347,348
はしらかけかま【柱懸鎌】 6②276
はしらぎ【柱木】→N 27①170/48①265/49①163
はしらぐい【柱杭】 48①234/49①20
はしらごよみ【柱暦】 24①43
はしらね【柱根】 5①152
はしり【奔】 51①53
はしり【はしり】→Z 24①110
はすがめ【蓮瓶】 23①67
はずなわ【はづなわ】 24③310
はぜかご【櫨かご】 35②272
ばそうのおけ【馬槽の桶】 48①162
はた【機】→C、K 5①58/10②358/14①129,147/36③213/49①225,226,227,236,240,255/53②118,128,129,132
ばた【はた、ばた】 25①27,137
はたいものくき【畑芋の茎】

48①170
はたおり【ハタ織】→K、M、Z 49①228
はたおりぐ【機織具】 22①37
はだかむぎのから【はたか麦のから】 33⑥358
はたきこ【ハタキ粉】→N 48①62
はたぐ【はたぐ、機具】 36③213/49①226, 227, 255
はたくさ【機くさ】 24①110/36③213
はたぐし【機ぐし】 24①111
はたけ【葉竹】 4①38/16①310/65③272, 273
はたけこまざら【畑こまざら】 23①90
はたけのとりぐさ【畑の取草】 25①123
はたご【はたこ】 28①17
はたご【はたこ、機木】→K 17①330/49①252, 255
はたご【機籠】 4①10
はたごおやき【機木親木】 49①254
はたこたつ【機こたつ】 24①111
はたしくわ【畠仕鍬】 23①90
はただい【はた台、機台】 24①111/53②130, 132
はたばこのほねくろやき【ハタバコノ骨黒焼】 48①170
はち【はち、鉢、盆】 5③269/27①233, 293, 296, 315/43③250/48①58, 216/49①90/53③164/54①278, 287, 311, 313/55①20, ②129, 130, 134, 135, 136, 137, 146, ③376, 398, 461/59⑤434/69①60, ②197, 201
はちじし【八字耙】 69②219
はちはいます【八盃升】 10①183
はちばばひき【八馬場引】 9③267
はっしゃくくい【八尺杭】 28②138
はっしょうおけ【八升桶】 8①253
はっしょうます【八升枡】 24①124
はっとたわら【八斗俵】 20①297
はづな【ハツナ、はづな】 1②156/20①290/25①27
はでご【はでご】 9①93, 96
ばどうぐ【馬道具】 38③144
はないけ【花器、挿花器】 55③256, 290, 292, 453, 456, 457
はないしめ【花石目】 49①107
はなかけなわ【貫縄】 70②61
はなかご【花籠】 43③261/54①244
はながわ【鼻がわ、鼻革】 1②155/24①58
はなぐり【鼻操】 29②120
はなこ【花粉】 50②190
はなさお【はなさほ、はなさを、ハナ竿、はな竿、鼻棹、緤棹】 2④280/16①198/17①75/20①290, 293/24①43
はなじおをつくるかた【花塩を製る模】 49①259
はなたね【花種】 48①22
はなつきたるこうじ【花付たる麹】 51①120
はなづな【鼻綱】 24①60
はなづら【鼻づら】 24①60
はなどりさお【はなとり棹、鼻取棹】 24①58, 59, 60
はななわ【鼻縄】 1②156/30①129
ばにょうしょう【馬溺硝】 69②272
はね【羽、羽ね、羽根】→E、Z 3①53/35①108, ②278/47②97/53⑥397, 398, 401
はねかえし【はね返し】 1①41
はねさき【羽子先キ】 39⑤294, 295
はねつけ【はね付】 15②160
はねつるべ【ハ子釣瓶】→C 1②180
はねびしゃく【刎びしゃく】 24②237
はねぼうき【羽ほうき】 24①57
はねぼうきのえ【羽箒の柄】 31④208
はねもっこ【はね持籠】→もっこ→Z 4①301
はのよきすき【刃のよき鋤】 7①96
はばき【はゝき、はゞき、巾脛】→Z 1②140/4①10/24①17, 145/36③319/37②71
はばきあみ【はゞき編】 24①135
はばきつりこ【はゞきつりこ】 24①135
ははそのき【ハヽソノ木、樸木】 48①100, 106, 293
ばばひき【馬場引】 9③265, 270, 273
はびろ【歯びろ】 42⑥446
はびろがし【葉ビロガシ】 48①220
はぼうき【羽ぼうき、羽箒】→Z 47①24, ②97/49①36, 75
はまおけ【はま桶、浜桶】→Z 52⑦299
はまぐり【はまくり】→I、J、N 61⑧222, 229
はまぐりがい【はまくり貝、蛤介、蛤貝】→I 37②206/49①82/60⑥339/63⑤305
はまぐりこ【蛤粉、蛤蚌粉】 70①24
はまどうぐ【浜道具】 10②380
はまなすびねのせんじじる【ハマナスビ根の煎汁】 48①38
はまひ【浜樋】→Z 49①257
はまびし【薺】 46③205, 206
はまもち【浜持】 10②380
はもの【刃もの、刃物】→J、Z 3④328/16①190/17①245/21①76/39①55/40②169, 191/48①146, 147, 176/49①10, 67/55③449, 453/67⑤229
はやお【はやを】→Z 38②76
はやすしおけ【はやすし桶】 61⑧228
はやたかりこみなわ【早田刈込縄】 31②84
はやりくわ【時行鍬】 9③258
はゆう【耙結】 20①289, 294
はより【はより】 37②71
はらあて【腹当】→N、Z 6①242
はらおきのつち【腹置の土】 16①277
はらおび【はらをび、腹おひ、腹帯】→Z 4①287, 291/6①242/16①198, 218/25①27/27①278/30①119/37②71/42⑤315
はらおびしめ【腹帯しめ】→Z 6①242
はらがけ【腹かけ】→A 16①220, 221
ばらん【馬蘭】→E 55③471
ばらんば【馬蘭葉】 55③469
はり【はり、梁】 16①301/36②107/64②136, 137
はり【針】 49①120, 175, 177, 223/54①301
はり【針(とがった金棒)】 2①132
はり【鍼】 18①161
はりがね【はりかね、ハリガネ、針かね、針ガネ、針がね、針金、針線、針鉄、張金、鉄線、銅線】 5④343/43①63/45⑦395/48①380/49①104, 162, 163, 166, 167, 170, 171, 173, 174, 175/52②119/53⑤319, 355/54①311/55②146/56①87/69①64
はりがねのあみ【針かねの網】 25②231
はりき【張木】 4①298
はりこ【はり籠】 13①85
はりそこおり【張底折】 47②114
はりど【針ど】 49①176
はりなわ【はりなは、張縄】 27①191, 377
はりのき【ハリノ木(はんのき)】→E、Z 49①175
はりのきのかわ【ハリノ木の皮、赤楊の皮】 48①57, 108
はりのみみ【針の耳】 49①175
はりほ【はりほ】 40④303
はりぼう【張り棒】 24①135
はりま【ハリマ、はりま】 25②230/36③319
はりまどおし【はりま通し】→とおし 36③318
はりわ【張輪】 64②135, 137
はるい【はるひ】 27①19
はるび【はるび】 24①58
はん【鐇】→まさかり→Z 2④276
ばん【盤】 10①130/25②206/47②97
ばんいた【盤板】→N 49①61, 77
はんおうのうめ【半黄の梅】 13①180
ばんぎ【ばん木、盤木】 3①60/17①46
はんぎり【はんきり、はんぎり、ばん切、半切、半剪】→はんぞう→N 1③286/13①86/24③346, 348/28③321/36②99/40②155/45①43/48①27/50③268/51①39, 47, 65, 66, 71, 72, 80, 81, 82, 90, 91, 102, 108, 119, 131, 132, 133, 135, 155, ②184, 185, 186/52④165/62②43/69②369
はんぎりおけ【はん切桶、半切桶】 1①52/6①160/14①192, 204/27①224/49①14, 25, 195/50③265/63⑤302/69②367
はんげつやすり【半月鑢】 49①109
ばんこう【礬紅】 48①376/49①10
はんし【半紙】→N 13①107

ばんし【蛮紙】 48①171
ばんしゅうずんがらすき【播州ずんからすき】 15②300
はんじゅくのもの【半熟の物】 13①129
ばんしょう【礬硝】 49①126
ばんせき【礬石】 69②371
はんぞ【はんぞ】 48①142
はんぞう【ハンザウ、はんざう、ハンゾウ】→はんぎり 49①32,50,51
ばんどう【ばんどう】→せあて 25②228
ばんどり【はんとり、バンドリ、ばんどり、ばん取】→みの→Z 4①10/6①239/24①8,17,19/27①352,354/42④255,256
はんなわ【半縄】 11①42/31④178,179
はんのき【榛の木】→E、Z 11②99
ばんのこなわ【番ノ子縄】 39⑤263
ばんば【ばんば】 24①17,19
はんら【飯籮】 48①189
ばんり【板籬】 52③137

【ひ】

ひ【樋】 4①298
ひ【耙】 69②220
ひ【杼、梭】 49①232,233,237,240/62②39
ひ【ひ、梘】 17①332/24①111/48①281
ひいごぐわ【ひいご鍬】 29①63,64,69
びいどろ【ビイドロ、びいどろ、火剤】 48①172,324,325,357,358
びいどろうつわ【硝子器】 45⑥308
ひいらぎ【ひいらき】→E、I 16①201
ひいれくちはりがみ【火入口張紙】 51①154
ひえがら【ひへがら、ひゑから、稗殻】→E、I 5①175/17①272/22④276/62②41
ひえたてくい【稗立杭】 2①12
ひえだわら【稗俵】 27①326/38③154
ひえのはかま【ひゑのはかま】 27①153
ひおおい【日おほひ、日覆】→A、C 22④265/29①87/46③205
ひおけ【樋桶】→Z 49①256
ひかえぎ【控木】 38③189,191
ひかえくい【控へ杭】 55③248
ひかえのき【ひかへの木】 13①236,241
ひかきせんば【火カキセンバ】 24①146
ひがわ【樋がは】→Z 49①257
ひぎ【樋木】 65①40
ひきいた【引板】→C 6①240/10②361,379,380/45②102
ひきうす【引うす、引臼、石磨、挽臼、挽磨、磨】→うす→Z 5④325/11②120/14①59/30③231/48①177/49①32/61⑨265/62②33,⑤118,120/70⑤320
ひきぎ【換木、挽木、桛】 16①186/27①382/49①24,49,99/62②33
ひききりあてだい【挽切檟台】 48①145
ひききりぎ【挽伐木】 65④330
ひきぐるま【ひき車】 24①111
ひきくわ【ヒキクワ】 24①43
ひきこ【挽粉】→K、N 56②246
ひきさらえ【拖杷】 14①59
ひきずりみ【引摺簣】→Z 6①240
ひきずりもっこ【引すり持籠、引ずり持籠】→もっこ→Z 4①301/6①42
ひきせん【引栓】 31④207
ひきせんくず【挽せんくす】 49①25
ひきたけ【引竹】 49①250,251,252
ひきだし【引出し】→K、N 53⑤331
ひきたるしるさ【挽たるシルサ】 49①45
ひきづな【ひきつな、引づな】→Z 24①58/28①16
ひきて【引て、引手】→N 4①286,287,289/42⑤316
ひきてたけ【引手竹】 25①48
ひきてなわ【引手なは、引手縄】→Z 25①48/27①19
ひきなわ【引なわ、引縄、牽縄】 1②155/4①9/16①196,198
ひきばん【引盤】 35①178
びきょう【微鏡】 70④273
ひきわりふるい【挽割ふるい】→ふるい 39②95
びく【ひく、ビク、びく】→J 3④228/22②102/23①91/24③312/25①27,41,123,②228/38②75,④235
ひぐし【ひぐし】 24①75
ひくつこ【ひくつこ】 37②71
ひけしどうぐ【鎮火器】 15②261
ひこも【日こも】 25②229
ひさく【ひさく】 12①269/16①214
ひささきしば【ひさゝき柴】 13①49
ひし【菱】→E、N、Z 61④166
ひじき【ひじき】→I、J、N 48①172
ひしゃく【柄杓、柄杓、木橀、檜杓】→J、N、W、Z 15①98/20①294/45⑤242/69①56,71,②309
ひすだれ【樋すだれ】→Z 49①257
ひだい【樋台、梘台】→Z 48①281/49①256
ひたいいし【ひたい石】 41⑦328
ひだうち【褫打】 49①107
ひたみ【ひたミ、ひたみ】 9①48,60,137,140
ひだりよりのくだ【左撚の管】 35②388
ひちりん【ヒチリン、ひちりん】→しちりん 24①89/52③135
ひつ【櫃】→N 47④217,227
ひっか【ひつか】 24①43
びっちゅう【びつ中、備中、錺】→T 15②150,151,152,301/24①15,17,②233/42⑥418/69②225
びっちゅうぐわ【備中くわ、備中ぐわ、備中鍬】→ろう→Z 15②150,152/28②240,269/36③192/69②220
びっちゅうたましまへんにもちいるくわ【備中玉嶋辺ニ用ル鍬】→Z 15②146
ひつやすり【櫃鑢】 49①109
ひでりごも【ひでりごも、日デリ薦】 24①89,90
ひとえだわら【一重俵】 33①15
ひとからすき【人カラスキ、人カラ鋤、人から鋤】 8①105,106,116,117
ひとすじのわ【一筋の輪】 53⑤348
ひとつしこみこしき【一ツ仕込甑】 51①32
ひともじ【ひともじ】→E、N、Z 60⑥357
ひとりろくろ【一人ろくろ】 17①332
ひなたみず【日なた水】 2①85
ひなわ【火縄】→H、N 4①57/5①57/63①55
ひねわら【ひねわら】 28②200
ひのいた【樋の板】 48①271
ひのき【ひのき、ひの木、檜、檜の木、檜木】→E、N、Z 13①228/16①195,206,207,211,212,213,216,217,222,296,333/17①330/48①144,284,362/62⑥156/65④359
ひのきいた【檜板】→L 4①97
ひのきがさ【檜木笠】→L 6①243
ひのきかわ【檜木皮】→L 47④216
ひのきのうすいた【檜ノ薄板】 1②164
ひのきのえだ【檜の枝】 24①139
ひのきのおけ【檜の桶】 13①107
ひのきまげわ【檜木曲輪】 48①23
ひばし【火ばし、火箸】→N、Z 24①90/47②98/48①323/52④165
ひばち【火鉢】→N 24①57
ひばちなどのはい【火鉢などの灰】 7②306
ひばん【礕礬】 69②380
ひびとり【ひゞとり】 24①89
びびら【びゞら、攖】→くまで 5①48,70,75/27①132
ひむしせいろう【火むし蒸籠】 47②97
ひむしろ【樋むしろ】→Z 49①257
ひめこまつ【ひめこ松、姫小松】→E 16①211/51①38
ひめのり【ヒメ糊、ひめ糊、比米糊、姫糊、粳米糊】 18④399/27①299/48①65/62⑤120/69②272
ひも【ひも、紐】→N 5①159/27①76
ひものき【ひもの木】 54①309

ひゃくしょうのうぐ【百姓農具】 28①16

びゃくろう【白蠟】 48①168/49①116

ひやしかめ【ヒヤシ瓶、冷シ瓶】 30⑤405, 412

ひやしなべ【冷し鍋】 50②188, 189, 193

ひやみず【冷水】→D、N、X 2④282/53⑤311, 339

ひゅうがたいへいばい【日向大平灰】 49①71

ひょう【俵】→L 14①314

びょうくぎ【ベウ釘】 48①300

ひょうご【ひやうこ】 17①73, 74

ひょうしぎ【析木、拍子木、柝木】 24①43/27①332/48①72/49①51

ひら【ひら、平】→N、Z 16①178, 180, 184/28②226

ひらいし【平ら石】 41⑦328

ひらか【ヒラカ、平駕】→Z 2④311/20①290, 293

ひらかま【平鎌】 6②276

ひらき【平木】 16①182

ひらぎ【ヒラギ、枸骨木】→E 48①120

ひらきてつ【平き鉄】 49①150

ひらぐわ【平ぐわ、平鍬】 25②227/28②240

ひらたきぼう【扁棒】 69②372

ひらなべ【平鍋】 53⑥399

ひらやすり【平鑢】 49①109

ひらよしず【平蘆簾】 45⑦404

ひるとおし【簸簾】→とおし 62②33

ひるめしそ【昼飯苴】 20①294

ひろきておのぐわ【広き釿鍬】 15②178

ひろこうじくさけずり【広小路草削】 15②300

ひろしま【広島】→Z 15②162, 300

ひろなわ【ひろなわ】 59②105

ひろはち【広鉢】 55③458

ひろぶた【広蓋】→N 6①159

びわ【枇杷】→E、N、Z 4①298

びわのは【びわの葉、枇杷の葉】→N、Z 15②183, 189, 214, 300

びんろうじ【檳榔子】→N 48①88

【ふ】

ふ【ふ】→W、X、Z 27①270, 277, 279

ふいご【フイゴ、フヒゴ、ふひご、風箱、鞴、韛】 49①103, 135, 137, 146, 172/65④320/69②381, 382

ふいごのえ【韛柄】 49①110

ふうたい【風袋】 24①90/40④335

ふきうち【ふき打】 24①90

ふきぬけこしき【吹貫甑】 51①52

ふきのは【ふきのは、ふきの葉】→E 12①242/41⑤257

ふきん【布巾】 50③256/51①36, 161/52①31, 45

ふきん【斧斤】 24①160

ふきんきょさく【斧斤鋸鑿】 24①159

ふくいむしろ【ふくい莚】 13①88

ふくさがみ【生草紙、帛紙】 47①35, 36, 50

ふぐし【ふぐし、長鑱】→Z 15②190, 300

ふくべ【ふくへ、瓢、瓢子】→E、N 6①130/53②116, 118

ふくら【フクラ】 48①100

ふくらのき【冬青ノ木】 48①106

ふくろ【ふくろ、袋】→N 1②203/3①60/14①172/24③347/40④318/41②138/45①44, 45, ②109/47②83, 84, 101, 119/48①65, 66, 116, 160, 393, 394/49①7, 90, 137, 157, 197/50①45, 50, 54, 60, 61, 67, 81, 82, ②197, 208, 209, 214, ③256, 262/51①37, 56, 148, 150, 151, 152, 172, 173, 174, ②206/52②106, ⑥254/61⑩459/62⑥150

ふご【フコ、ふこ、フゴ、ふご、畚、蕢、籠】→J、W、Z 6①40, 101, 160, 241/8①217/10①125, ②342, 352/12①282, 384/14①59/15③373/24①59/28①17, ②198, 215, 224, 225, 231, 234, 260, 268/29②121, 157/30①119/31③111/47②87, 88, 97, 101, 102/52⑦307, 314/61②83, ⑧225, 226, 228/62①15

ふごおけ【ふご桶】 24①58

ふこさき【ふこ鑱】 4①283

ふごじり【畚尻】 5①146

ふごだわら【ふご俵、畚俵】 5①95/47②86

ぶさお【歩竿】 2③269

ぶざし【分度】 49①110

ふし【五倍子】→きぶし、ごばいし、つのぶし 48①24, 35, 44, 45, 71, 78, 80, 88

ふじ【藤】→E、G、I 4①288, 293, 297/16①220, 221, 298, 301, 302

ふじかずら【藤かつら】→G 16①300/34⑧308

ふじつな【藤つな】 16①275, 276/65①34

ふじつる【藤つる】→E 50④300, 307

ふじどうみ【藤だうみ】 28②260

ふしながおけ【ふし長桶】 21①67

ふしなきたけのくだ【ふしなき竹の管】 35①153

ふしぬきたるたけ【節抜たる竹】 23①118

ふしのこ【五倍子粉】→N 49①9

ふじばい【藤灰】 16①77

ふじふご【ふじふご、藤ふご】 28②136, 137, 202

ふしょう【斧樵】 3④221

ぶしょうわく【無性わく】 35②386, 388

ふしんあきだわら【普請明キ俵】 25①38

ふしんぎ【ふしん木】 9①12

ふしんどうぐ【普請道具】 16①185

ふすま【ふすま】→I、L、N 17①188

ふせいし【ふせ石】 5④311

ふた【ふた、蓋】→A、C、N、X 3①51/4①162/5①46, 49, 140, 156, 165/9①24, 52, 61/10③394/20②379/24③333, 334, 336/27①194, 269/38③182, 183/48①9, 111, 195, 204, 207, 219, 230, 235, 237, 241, 256, 257/49①17, 26, 29, 30, 32, 75, 138, 172, 188, 192, 201, 213/51①32, 36, 43, 45, 46, 47, 58, 59, 66, 72, 82, 84, 102, 107, 109, 119, 134, 160, 173, 175, ②188, 203, 204, 207, 209/52②100, 113, 115, ④177, 179/53⑤331, 335, ⑥397, 400, 403/56①77, ②248, 249, 250/57②233, 234/59⑤440, 442/60②93, ③131, 133/61②92/62⑨351, 366, 368/69②357, 367, 369, 371, 373

ふだ【札】 5①60, 87, ③275/23①37/27①27, 28, 132/28②143, 144/30①18/38③151, 152, 154, 176, 178/39③146/47②116/48①237/55①19

ふたいた【蓋板】 64②138

ふたえかわ【二重皮】 27①371

ふだき【札木】 24③321, 322

ふたくちどりきかい【二口繰器械、二口取器械】 53⑤314, 344

ふたつくまで【二つ熊手】 16①211

ふたてかご【ふた手籠】 34⑤100

ふたふるわら【蓋古わら】 27①180

ふたりどりきかい【二人繰器械】→Z 53⑤325

ふたりろくろ【二人ろくろ】 17①332

ふたわら【ふたわら、蓋わら、蓋藁】 27①42, 154/38③158

ふち【ふち】 4①291

ぶどうふじ【ぶどうふじ】 65①36

ふときながききね【ふとき長きゝね】 28②135

ふときなわ【ふときなは、大き縄、太き縄】 27①30, 193/33②126

ふときはし【太キ箸】 24①119

ふとなわ【ふとなわ、ふと縄、太縄】 1①41/4①299, 301, 304/24③310, 312, 321, 324/28②136, 263

ぶな【ふな、ぶな】→E 4①288, 294

ふなくわ【船くわ】→Z 1④334

ふなどけい【指南針、舟時計】 48①**324**, 325

ふなわ【ふ縄、符縄】 19①89/27①277

ふね【舟】 16①212

ふね【ふね、船、槽】→C 16①223, 247/17①34, 35, 36, 41/18④406/24③347/30③295/31①26, 27/48①17, 107/49①196/51①35, 36, 113, 114, 151, 176, ②198/52⑦301, 302/53⑥396, 397, 398, 401

ふのり【フノリ、ふのり、海羅】→J、N 48①40, 41, 48, 158, 159, 160/49①121/53②130

ふみいた【ふみいた、フミ板、ふ

ミ板、ふみ板、踏板】→Z 16①229/24①124/28②215,249/48①260,263,299
ふみうす【フミウス、碓、踏臼】→うす、からうす→Z 40②164/48①370/49①204/62②33
ふみぐるま【ふミ車、踏車】→くるま→C、Z 7①122/15②267,301/21②112/29③264
ふみぐわ【踏鍬】→Z 15②154/69②220
ふみすき【践鍤、踏鋤、踏耜、蹈耜】→とうり→Z 1①41/5①17/32①75,140,144,194,196
ふみだい【踏台】 46①85,91
ふみたけ【踏竹】 49①234,236
ふみつぎ【ふミ次キ、踏つぎ、踏次】→Z 24①58/33⑥336/47②97/49①219
ふみつきのうす【踏つきの臼】 48①265
ふみろくろ【ふミろくろ】 17①332
ふゆがこいぐさ【冬囲草】 56①213
ふゆのみず【冬の水】→D 10①16
ふゆみず【冬水】→D、I 47①37/63⑧443
ぶらんどすぽいと【ブランドスポイト】 15②245
ぶり【フリ】 32①72
ふりいねこき【ぶりいねこぎ】 9①101
ふりおけ【ふり桶、振桶】 20①292/22②102,115/37①19
ぶりこ【ふりこ、ぶりこ】→Z 33④211,217,219,221,222,224,225/41⑤236,⑥270
ふりつるべ【振釣瓶】→Z 15②269
ふりふご【ふりふご】 43②137
ぶりぶり【ぶりぶり】→からさお 17①143,185
ふりぼう【ふり棒】→からさお→Z 1④332
ふりもっこ【ふり持籠、ぶり持籠、振持籠】→もっこ→Z 4①10,199,301/6①240
ふるあみ【古網】 2①132
ふるい【ふるひ、簁、篩、篩ひ、籭、簛】→いしばいふるい、いたふるい、うまのふるい、きぬふるい、きょうふるい、けふるい、けんどん、こしらえふるい、こめふるい、さんじゅうにのふるい、さんじゅうのふるい、じゅうはちのふるい、だいずふるい、たかふるい、たけのふるい、たけふるい、つちふるい、どうせんのふるい、とうぶるい、とおし、にじゅうはちのふるい、ひきわりふるい、まんごくふるい、むぎふるい、もみふるい、わりふるい→Z 6②275/7②306,320,334/10②342/14①59,176/17①187/25①45/28③321/29①34/41③179/48①92,231,242/49①68,205/50①60,61,②208/55②136/61⑩459/62①15/65④356/69①79,80,81,86,②246,247
ふるいのめ【篩の目】 41③178
ふるうす【古磨】 49①15
ふるおけ【古桶】 34⑧295/51①87
ふるがさ【古笠】 4①305/43①45
ふるがね【古金、古銅】 49①48,49
ふるかま【古鎌】 4①287/16①192
ふるがま【古釜】 35②367
ふるかます【古叺】 27①80
ふるかや【古かや、古茅】→I 27①190/29④289
ふるきあぶらかみ【古き油紙】 13①170
ふるきあみ【古き網】 3①41
ふるきかま【ふるきかま】 9①55
ふるきぞうりのるい【ふるきざうりの類】 12①206
ふるきたけ【古キ竹】 55①25
ふるきたわら【古き俵】 27①219
ふるきぬか【古きぬか】 21①68
ふるきむしろ【古きむしろ、古き莚】 17①302/27①157
ふるきもみぬか【古き籾糠】 21①67
ふるきわた【古キ綿】 53③170
ふるくぎ【古釘】 48①23
ふるくわ【古鍬】 19①211
ふるごも【古こも、古ごも、古菰、古薦】 5①134/12①239/21②116/29③247/31④158
ふるしとみ【古蔀】 33⑥320
ふるぞうり【古そうり】→I、N 62⑨350
ふるだたみ【古畳】→I、N 16①276/35②297/67②112/69①79
ふるだる【古樽】 44②158/51①166,167
ふるだわら【古俵】→I 14①93/24①15/28②256/30①139/33⑥356/35②310/38②59/50②166/62⑨324/70③228
ふるてつ【古鉄】 16①180
ふるど【古戸】 67②112
ふるとま【古とま、古苫】 41⑦322,323
ふるなべ【古鍋】 35②357,366/48①57
ふるなわ【古縄】 5①134/27①194
ふるねこ【古ねこ】 39③156
ふるねこだ【古ねこだ】 31④158
ふるふご【古ふご】 28②199
ふるみ【古箕】 6①39/27①197
ふるみの【古蓑】 4①305
ふるむぎわら【古麦藁】 3④337
ふるむしろ【古むしろ、古莚、古莛】→I 5①34,86/6①24,180/12①239/13①104,155/16①135/21①75/27①194/29②135,③228/31④158/41②94,110,111/48①187/61④164,167/69①82
ふるやねがや【古やねがや】 27①327
ふるわら【古わら、古藁】 3①51/7②298/27①180/30③244/33⑥320
ふるわらのたわら【古わらの俵】 21②112,116
ふるわん【古椀】→N、Z 27①388
ふろ【フロ、ふろ】→Z 15②157,159/53③165,174,176,178
ふろおけのみず【風呂桶の水】 27①306
ふろぐわ【風呂鍬】 29③224,232
ふろど【腐壚土】→D 69②310
ふろのみず【風呂の水】→I 22④250
ふろゆ【風呂湯】→I 21①75
ふわら【夫藁】 24③310
ふんおおい【糞覆】 6①242
ぶんすいおけ【ぶん水桶】 23⑥337
ふんつき【ふんつき】 4①92,145
ふんど【糞土】 13①202
ぶんど【分度】 49①104
ふんどう【ふんど、銅馬、分銅】 11①60/24①90/49①80
ぶんどう【緑豆】→E 56①92
ぶんまわし【ぶんまはし】 49①223
ふんりょう【糞料】→I 69②253,263

【へ】

へ【綜】→L 49①229,231,233,234,235,236,247,252,254
へいえんぎ【ヘイエンギ】 40②79
へか【へか】 28①16
へぎいた【へき板、へぎ板】 25①107/48①157,230/49①67
へぎたけ【批竹】 49①166
へくい【綜杭】 62②39
へけた【綜桁】 49①234,235,236
へご【へこ】 34⑦257/55②137
へしたがね【減鏨】 49①107
へそ【綜そ】 49①234
へそげ【ヘソケ】 53②138
へそげのず【臍桶之図】→Z 53②138
へだい【へだい、経台】 24①111/53②124,126
へだてすな【へだて砂】 48①368
へだてにおくすな【隔に置砂】 48①374
へだてのいた【へだての板】 7②240
へだてのかみ【隔の紙】 49①158
べつおけ【別桶】 15①91
べっこう【鼈甲】 67⑥315
へったきね【へつたきね】 28②135
へなつち【へな土】→D 16①272
べに【へに、べに、紅】→E、N 14①42/17①221,222,223,224/48①11,20,45,46/49①76/53③164
べにがら【紅粉ガラ】→べんがら 46①20
べにしる【紅汁】 48①16,17
べにばな【紅花】→E、N 48①20,22
へのけた【綜の桁】 49①234

へびばしら【蛇柱】 64②135,136,137
へら【へら、箆、篦、鉡、鈚、鉼、篾】→N、W 4①162,284/5①15,16/7②324/10②342/12①177/13①27,107,109/14①277,278,280/34②22,③39,52,⑤82,93,94,⑥133/48①379/49①24,25,126/50②188,198,201,209,214/51①53/53③172,181/61⑧223/62②33,⑧275/70①29
へらき【ヘラ木】 2④309
へらごう【へらがう】 13①107
へらたけ【篦竹】 49①21
へらようのもの【へら様のもの】 15①81
へりかえしこえかます【へり返し肥かます】 27①281
へりのみのきりば【彫鑿の切刃】 31④176
べんがら【へんから、ベンカラ、ベンガラ、べんがら、紅から、鉄丹、弁から、弁がら】→じょうべんがら、つちべんがら、つちやきべんがら、べにがら、ろうはやきべんがら 48①35,38,44,45,74,75,83,330,370/49①7,8,10,11,12,14,17,20,22,23,27,30,31,32/52④174/53③167,169,171,174,175,176,178,179
べんがらかま【鉄丹窯】→Z 49①97
べんがらご【紅がらゴ】 48①78,82
べんがらしぶ【紅からしふ】 53③171

【ほ】

ぼい【杪】→ほえ 36③183
ほいろ【ほいろ、ほひろ、焙炉、焙籠】 3①53,④360/6①159/13①84,86,87/24①90/29①83/35①156/47①32,33,34/52④181
ほいろう【焙籠】 48①247
ぼう【棒】→Z 4①83,84,88,114/6①97,133/7②308/10②342,380/14①197,198/15③368/16①309/20①293,294/23①91,117,118/25①58,72,110,②228/27①366/30⑤404,405,409/31④166,167/38③144/39④208/45③172/48①8,254,393/49①51,80,247/50②195,201,③256,265/53①26,②120,④217/57②161/69②302,336,368,373
ほうえだ【方枝】 64②136
ほうき【はゝき、ホウキ、ほうき、ほう木、ほふき、掃、帚、箒、箒木、蒂】→Z 1③268/2①74/3①42/4①166/6②316/8①258/9①128/10②342,③385/12①180,256,320/13①27,40,203/15①28,49,100,102/16①210/17①328/23⑤270/24①93/25①145,③285/27①43,218,340/29③240/30②184,185/38③120,133/40②140,④333/48①237/49①41/50②204/62②33,⑨381/69②308
ほうきん【ほうきん】 24①93
ほうさ【ほふさ、樸樹】 48①220
ほうし【方耙】 69②219
ほうしゃ【逢砂、硼砂、礶砂】 49①115,135
ぼうしゃ【ほう砂、ぼう砂】→D 16①272,273
ほうしゃすい【硼砂水】 49①116
ぼうしょう【水消】→N 69①133
ぼうじょう【ぼうでう】→I 41②103
ほうしょがみ【奉書紙】→N 48①381
ぼうずみ【棒挺】 48①64
ほうちょう【包丁、庖丁、庖丁刀、庖刀、鉋丁】→E、Z 4①50,84,85,86,90,95/6①39/14①185,193,198,298/17①245,301,322/27①298/35①135/36③182/42③187/47①23/48①79,387/50③256,262,263/53①26/59④301/62②43
ほうちょうど【ハウ丁ド、庖丁ド】 48①390
ぼうのあなつき【棒の穴つき】 15③394
ぼうふ【望夫】 24①83
ぼうもっこ【棒持籠】→もっこ 20①293
ほうらく【ホウラク】 49①30,32
ほうろく【ホウロク、ほうろく、ほふろく、瓦、瓦銚、砂鍋、土鍋】 14①317/15①82,86/49①17,20,21,28,29,30,31,32,38,43,44,75/66⑥336/69②272
ほえ【杪】→ぼい→N 27①30
ほおのき【ホオノ木】→E、N 49①227
ほおのなまき【ほうの生木】 48①130
ほかき【ほかき】 10③400
ほかちぼう【穂かち棒】 24①125
ほくせ【ほくせ】 6①242
ほくち【ホクチ、ほくち、火くち、火ぐち、火口】→Z 1②171/48①133,134,135,393/49①137,138
ほぐみ【穂組】 30①77,78
ほこりたたき【ほこりたゝき】 14①284
ほこりつち【埃土】→D 38③154
ほこりはらい【ほこりはらひ】 14①284
ほごろ【ほころ】 30③259,270
ほしい【干藺】 14①127
ほしかむしろ【ホシカ莚】 58①46
ほしかわ【干皮】 53①22
ほしくい【乾し杭】 2①12
ほしくさ【ほし草、干し草、干草】→A、I 9①92,93,96/19②283/31④159/43①37/61②95,④166
ほしざお【干竿】 27①146
ほしだいこん【ほし大根】→K、N 40②152
ほしたがね【星鏨】 49①107
ほしつち【干土】→D 65④356
ほしなあみなわ【干菜あミ縄】 24③298
ほしにかわ【乾膠】 49①53
ほしほけ【乾し棹】 2①12
ほしろくしょう【乾ろく青】 14①287
ほすつ【ほすつ】 30③250
ほせぬわら【干ぬわら】 27①192
ほぞ【枘】 49①163,204,226,229,243,246
ほぞあな【枘穴】 49①16
ほそかま【ほそ鎌】 4①60
ほそぎ【細木】 1⑤356
ほぞぎ【枘木】 49①250
ほそきくわ【細き鍬】 12①157
ほそきたけ【ほそきたけ、細き竹】 3①28/7②335/13①172,227
ほそぎぬ【細絹】 30④356
ほそきはし【細き箸】 35①108,109,112,113,129
ほそきまるたけ【細き丸竹】 29③239
ほそきまるわ【細き丸輪】 51①38
ほそくい【ほそ杭】 16①276
ほそだか【細高】 51①52,113
ほそたけ【細竹】→E、J 1⑤354/22④276/28③320/46①65/48①380/52③136,137
ほそたけのさお【細竹ノ竿】 69②368
ほそなわ【ほそなわ、細なわ、細縄】 1①41/4①96,139,156,299/16①209/17①329/19①88/24③310,312/28②136/36③316/39③156/40④328/49①252,254/55③468,469,471/62⑤123/63③130
ほそなわのあみ【ほそなわのあみ】 39⑥323
ほそはりがね【細鉄線】 49①174
ほそびき【ホソビキ、細引】 24①57/48①140
ぼた【ボタ、ぼた】 27①260,261,264
ほだし【ほだし】 20①82
ほだしなわ【絆しなハ】 20①292
ほだそり【榾雪舟】 24①17
ぼたたたき【ほたタヽき】 24①135
ぼただわら【ぼた俵】 27①326
ほたひきそり【榾引雪舟】 24①146
ほだわら【穂俵】 38③198
ぼち【母乳】 20①104
ぼっかなわ【歩荷縄】 37②71
ほで【ほで】 28②267
ぼて【ぼて】→Z 39③144
ほてい【ほてい】 14①284/24③348
ほとりのうわつち【ほとりの上土】 13①198
ほどろ【ほどろ】→I 13①80
ほなわ【ほ縄、穂縄】 4①300/42⑤316
ほね【骨】 48①286
ほみしりどうぐ【穂ミシリ道具】 8①159
ほむしろ【帆莚】 5①80
ほめきのむしろ【ほめきの莚】 35②267
ほら【螺】 15①24,71
ほらがい【ほら貝、洞貝、螺貝】→J 15①69,70,72/35①77/66⑥337,341

ほりあげおこし【堀場起し、堀揚おこし】→Z 15②190,300
ほりくい【ほりくい】 12①241
ほりぬきどうぐ【堀貫道具】 23①117
ほりのくさりみず【堀のくさり水】 62⑨392
ほりのみず【堀の水】→D 62⑨319
ほりみず【堀水】 33④210
ぼん【盆】 11③142,144,146/28①21/35①203/37②88/38③144,151/45⑦394/47①23/49①9/54①244/62⑤118
ぼんおり【盆枊】 49①51
ぼんくら【ぼんくら】 42⑥373
ほんごのきりさき【ほんごのきりさき】 13①252
ほんさき【ほんさき、ほんざき】 41⑤244
ほんし【本紙】 35②402
ほんしゅ【本朱】 53③179
ほんせっかい【本石灰】 52⑥257,267
ぼんそう【盆繰】 35①235
ほんだわら【本俵】 17①146
ほんど【本砥】 49①176,177
ほんのきずみ【ほんの木炭】 53③165,173,176
ほんのしたあい【ほんの下タ藍、本の下藍】 48①37,38
ぼんまめのさや【盆大豆の莢】 40②151
ほんよりぐるま【本撚車】 35②386

【ま】

まいし【真石】 48①128,316
まいしり【マイシリ、まい尻】 24①111/53②123
まいば【マイハ】→Z 53②121
まいはき【まいはき】→E 54①198
まえあて【前当】 42④257
まえがき【前把】 15②216
まえかけ【前掛】→N、Z 20①293
まえすき【前鋤】 30③249,293
まえびき【前挽】 42⑥416
まえわり【前割】 30①112
まが【まか、まが】→まぐわ、まんが→Z 33④179,207,208,211,215,224
まがい【マガヒ】 49①23
まがいきんでい【紛金泥】 14①287
まかき【まかき】 10③388
まがったるき【曲ガッタル木】 24①39
まがや【真茅】 5①122
まき【槙】→E 4①286,291,292,294,298
まきいし【蒔石】→C、Z 23②133,139
まきえうるし【まきへ漆】 53③175
まきおけ【マキヲケ】→Z 52⑦299
まききりじるしたけ【蒔切印竹】 27①54
まきつなのかん【捲綱之鐶】 15②275
まきつぼ【噴壺】 6①99
まきばち【蒔鉢】 39②105,120,122
まきり【まきり】→Z 52④170
まきわく【巻鬮】 62②39
まきわら【巻藁】→J 11①44,45,47,49/62⑤124
まきわり【まき割】→A 1①41
まぐい【間杭】 62②33
まぐわ【マクハ、マグハ、まくわ、まぐわ、真鍬、把、杷、馬ぐハ、馬くわ、馬鍬、馬把、馬杷、馬耙、耙、耖耙】→うまぐわ、こまんが、かままぐわ、なたまぐわ、まが、まんが、みじかきこのまぐわ、むまくわ、むまくわこ、もうが、やげんうまぐわ→A、Z 2④280,310/4①39,44,45,47,51,68,70,92,93,94,287/5①17,20,21,25,28,55,56,78,③267/6①27,41,44,51,240,243/8①68,206,287/10①118,②305,342,379,380,③385,389,390,396,398,399/11④180/12①51/14①56,57,59,60/15②207/18②246/19①211,213/20①58,59,284,289,293/22①35,②102,104,122/24①60/25②227/28②143,176/29③231/30①41,③240,257/32①23,28,36,103,105/36③159,165,195/37①19,③264/38③133,155,197,199/39⑤265,271,274,278,279/61⑩411/62①15,②33,⑧257,258,⑨348,349,353,354/69①78,87,②219,220,225
まぐわてなわ【耖杷手縄】 6①243
まぐわのかなこ【馬把の銕子】 30①93
まぐわのこ【馬鍬の子】 10③399/36①48/41③171
まぐわのすきさき【耖の鉅鑱】 15②236
まぐわのだい【まぐわの台】 43③252
まぐわひきて【耙引手】→Z 6①243
まぐわひきてなわ【まぐは引手縄】 27①19
まげおり【まげ折】 24①57
まげみの【真毛みの】 25①27
まげもの【曲もの、曲物】 4①297/16①212,214/24①120/48①143,144/53②138
まげもののふた【棬の蓋】 52②118
まこも【真薦】→E、G、N 49①122
まこもす【蔣簀】 11①49
まさ【柾】 2①109,132/56①67
まさかり【まさかり、斧、鎶、鈇】→おの、すぎり、はん、ゆき、よき→Z 16①186,189,277/22①35/34③52/36①63/49①42,45
まさきのは【碎の葉】 45⑥331
ます【ます、升、舛、桝、枡】 1①41,②203/4①105/5①53/10①13,14,173,②342,374/14①298/16①59,184/23①91/24①120/27①293,327,382/30①77,③247,258/33⑤257/36③283/65②63
ますかき【升かき】 24①124
ますめ【升目】→A、L、X 2②163
ますめいりとます【枡目入斗枡】 24①125
ませ【ませ、交】→C 24①59/30③276
ませ【籬】 55①26,30,37,38
ませ【ませ】 13①223
ませかえのたけ【籬替ノ竹】 55①53
まぜけた【まぜけた】 53①40
ませたけ【ませ竹、籬竹】→Z 28④340/55①26,30,31,35,46,53
またぎ【胯木】 31④219
まだけ【苦竹】→E 48①257
まだなわ【また縄、級縄】 2①16/16①222
またぶり【捌、杈】 14①59/62②33
またぶれ【又ぶれ】 24①59
またぼう【俣棒】→Z 53④218
まつ【松】→E、G、I、N、Z 16①296/24①38/48①114,233,265/49①41,230/62⑥156/69②329
まついた【松板】 15②236/48①102,225/62⑦208/65④318,**321,322**
まつえだ【松枝】→E、N 22⑤352/23②137/56①213
まつかく【松角】 64②138
まつかぶ【松株】→N 49①37
まつき【松木】→E、N 15②235/43②148/48①265/65②146
まつきのくい【松木の杭】 27①18
まつきのしん【松木ノ心】 48①20
まっこう【抹香】→G、H、N 10②331
まつち【真土】→D、I 53④217
まつのあおつぐり【松の青つぐり】 13①63
まつのき【松の木】→E、N 16①310/17①327,329/36③314/49①226/64④267/65③273
まつのきうす【松の木臼】→うす 36③314
まつのこえふし【松の肥節】 48①134
まつのこけら【松の柿】 49①44
まつのなまかわ【松の生皮】 48①135
まつのは【松の葉】→E、H 41④207
まつのふるき【松の古木】 14①347
まつのみどり【松の緑】→E、N 60⑥351,357,372
まつのやに【松の脂】 69①125
まつば【松葉】→E、H、I、N、Z 13①63,172,173/16①137/24①139/38③142/48①134/56①43,54,60,90,91/63⑧443/65②136
まつばかき【松葉かき】 15②225
まつばじる【松葉汁】 65④357
まつぶさ【松ふさ】 16①300
まつぶた【松ぶた、松蓋】 35①33,128
まつまるた【松丸太】→X 16①301/62⑦208

まつもとぎ【松元木】 65②136
まつやに【松やに、松香、松脂】→E
13①120, 185, 199/18①85/25①116/34⑧307/48①31, 134, 135, 160, 170, 381/49①111, 116, 125, 135/52①54/55②168/56①178/60⑥337/69①47
まどかかえ【窓抱】 64②137
まどぐわ【まどぐわ、窓鍬】→Z
9③241, 257/15②151
まどこ【窓子】 64②137
まどひきてなわ【窓引手縄】
27①19
まないた【まないた、まな板、俎板】 47①23/52④167, 179, 181/59④301/62②43
まねき【マネキ、まねき】 24①111/49①263
まねんき【磨撚器】 53⑤306, 347
まねんきかい【磨撚器械】 53⑤313, 343, 344
まねんせいきかい【磨撚製器械】
53⑤342, 347
まねんのみょうき【磨撚の妙器】
53⑤370
まふじ【真藤】 65①36
まぶし【まふし、まぶし、間伏、真臥、簇】→おとら、こで、すくさ、たぼ、まぶら、もす、もや、やどめ、よせ
18①64/25①64/35①153, 154/47②98/53⑤330
まぶら【まぶら】→まぶし
47②98
まめ【大豆、豆】→E、I、L、N、R、Z
18①126/40②158
まめうえぼう【豆植棒】 23⑤259
まめかずら【豆かつら】→I
34⑥142
まめくいぼう【豆くひ棒】 23①91
まめくじり【まめくじり】 24①93
まめころがし【豆転し】 30③297
まめつきぼう【豆突棒】 25②204, 212, 228
まめのご【マメノゴ、大豆油、豆のゴ、豆油】→N
48①26, 60, 64, 71, 74, 78
まめのごう【豆のごう】 48①91
まめのて【豆の手】 3④277
まめのは【豆葉】→E、I、N
18①126
まゆとめかきふで【眉と目かき筆】 14①286
まゆのにみず【繭の煮水】 53⑤339
まゆはかり【繭斗り】 24①89
まゆます【まゆ枡】 24①89
まゆをつくらすしな【繭を作らす品】 35①151
まる【まる、車】 1①41, ②150/6①243/36①49/48①217, 286, 287/50③275/65④358
まるいし【丸石】→C
52①22
まるいもの【丸イ物】 51②199
まるき【円木、丸木】→J、N、Z
4①292, 293/49①221, 227, 228, 229, 248, 254/53④223
まるきき【丸き木】 16①214
まるきこやし【丸き肥薗】 1①55
まるきち【丸きち】 57②178
まるぐわ【丸鍬】 24①17
まるくわがた【丸鍬形】 55②107
まるさきのくわ【丸先の鍬】
31④205
まるた【丸太】→L、N
41③185/56②270
まるたけのへら【丸竹の篦】 7②307
まるたけのわ【丸竹の輪】 36③317
まるのみ【円のみ、丸のみ】 48①130, 131
まるひき【マルヒキ】→Z
1②189
まるぼう【丸棒】 3①60
まるほぞ【円枘】 49①235
まるやすり【丸鑢】 49①109
まわしどうぐ【回転器械】 53⑤347
まわしぼう【廻し棒】 24①89, 111
まわしみの【廻し蓑、廻蓑】 20①290, 293
まわしわく【マハシハク】→Z
53②121
まわた【まわた、真綿】→N
53③175/55①38
まんが【まんか、まんが、まんくハ、まんぐハ、まんくわ、マングワ、まんぐわ、マン鍬、万くわ、万ぐわ、万鍬、耙】→かままぐわ、こまんが、なたまぐわ、まが、まぐわ、みじかきこのまぐわ、むまくわ、むまくわこ、もうが、やげんうまぐわ→A、L
1①40, 44/4①287/8①192/9③241, 254, 256, 257/12①60, 66, 153, 168/16①82, 195, 196, 198/17①55, 75, 77, 79, 82, 94, 99, 103, 104, 105, 106, 108/20①284/23①91/24①58, 60, ②233/25①23, 39, 48, 49, ②227/29①19/34⑦247/37②71
まんがたなわ【まんくわ田縄】
42⑤315
まんがのこ【まんくわの子、万くわの子、耙の子】 1①63/16①196/17①108, 184
まんきち【まん吉】 24①30
まんごく【まんこく、万ごく、万石、万米】→とおし→Z
8①260, 261/24①120, 124/30③277/37②71/72②29
まんごくおろし【万石卸】→とおし
11②102
まんごくとおし【万石とうし、万石とふし、万石通し、万石篩、万石簏、万米とうし】→とおし→Z
8①260, 261/15②236/25②184, 190, 231/29②156, ③207, 208, 218, 264, 265/31④219/36③311, 312/67③124
まんごくふるい【万石篩】→ふるい
41③178
まんごくやもめとおし【万石寡通し】→とおし
29③244
まんじゅうすず【まんぢう鈴】
24①59
まんのう【まんのふ、万のう、万のふ、万能、鏝能、耖、耰】→Z
3④246/15②165, ③386, 402, 403/22①35, ③155/38②77/45③169/69②225, 247
まんのうぐわ【万能鍬】 8①52, 108, 116, 157, 177/38④241/69②220
まんりき【万力(金具)】 23①117
まんりきわく【万力わく】 24①90

【み】

み【実】 16①145
み【み、箕、籮】→Z
1①41, 98, ②170/4①33, 37, 59, 66, 83, 88, 90, 105, 108, 115/5①48, ③273, ④325, 336, 337/6①23, 28, 74, 151, 241/7②282/10②342, ③391/11②120/13①40, 84, 216/14①59/17①185, 329/18③359/19①78/20①105, 293/22①58/23①91/24①16, 54, 120, 124, ③317/25①45, 78, ②184, 230/27①27, 35, 61, 163, 260, 261, 327, 367, 380, 382, 383/28①17, ②149, 268/29①58, ③221, 222, 264/30③297/33④219, 223, 224, 227, ⑥316, 358, 361/35①105, 135/36③278, 311/38②77, ④264/39⑤295/45②108/47①40, 41, 42, ②97, ④217/49①145/51②182/62①15, ②33
みい【ミイ、ミい、みい(箕)】 8①258, 259, 260, 261/41⑤250
みいれたけ【身入竹】 59④314
みがきよりき【磨撚器】 53⑤304
みかげいし【ミカケ石、御影石】→V
48①48/49①16/52②96
みかげいしうす【ミカゲ石磨】→うす
49①15
みぎよりのくだ【右撚の管】
35②388
みくらなわ【御蔵縄】 27①193
みご【みこ】→E
25①136
みごなわ【みこなわ、みご縄】
1①41/24③324
みごほうき【ミごはふき、ミゴ箒】 21①23/36③329
みごほそなわ【みご細縄】 1①104
みごみの【みごみの、みご蓑】
25①27, 136
みごわら【稭】 48①193
みさき【箕舌】 27①35
みしおとます【御塩斗升】 52⑦296
みじかいあぜくさ【短畦草】
27①274
みじかきこのまぐわ【短き子の馬把】→まぐわ、まんが
19①44
みじかもの【短物】 27①267
みじかものくい【短物杭】 27①281
みしろ【みしろ】 24①93
みじんこ【微ヂン粉】 49①140
みず【水】→D、I、X
2④281/3③158, 162/14①221/17①174/24③349/28②150/53⑤364
みずあく【水灰汁】 15①90

みずあげどうぐ【水あげ道具、水揚道具】 15②253,301
みずあぶら【水油】→H、N 16①184/19①143
みずいしど【ミヅイシド】 48①390
みずいれはんぎり【水入半切】 24①124
みずうけいた【水請板】 64②138
みずうるし【水漆】→F 18②265/46③190,192,193,194,200/70②128
みずえのぐ【水絵具】 48①7,91
みずお【水緒】 29②120
みずおけ【水桶】→J、Z 7②361/10①125/24①89/52⑥266/67③123
みずかえ【水かゑ】→A、K 16①213
みずかえおけ【水かへ桶、水かゑ桶】→Z 6①240/16①212,213
みずかえひさく【水かへひさく、水かゑひさく】 16①213/17①128
みずかきおけ【水かき桶】→Z 15②222
みずかけおけ【水かけ桶】 15②218
みずかご【水かこ、水かご】 39⑥337,338
みずかね【水銀、汞】 49①119,120,134,140,141
みずきり【水霧】 3④311
みずくい【水杭】 23②131,③150
みずくぐし【水クヽシ】 53②100
みずくみおけ【水汲桶】 69②367
みずくみばこ【水汲箱】 48①286,287
みずぐるましかけにじゅうにんどりのおおきかい【水車運転二十人繰の大器械】 53⑤320
みずぐるまにじゅうにんきかい【水車二十人器械】 53⑤359
みずご【水ゴ】 48①82
みずごけ【水苔】 59⑤440
みずこし【水漉】 50②187,194
みずこしいし【水漉石】 45⑦399
みずしゃく【水尺、水杓】 5③280/23②140/24①58,89
みすずたけ【真篶竹】 53⑤348
みずたご【水たご】 15②301
みずたのふね【水田の船】 16①199
みずたらい【水盥】 69②288
みずておけ【水手桶】 47②97/62②43
みずでっぽう【水鉄炮】→みずはじき 22④227
みずとおしだけ【水通竹】 69②224
みずどろ【水泥】 56①183
みずなわ【みづなわ、水縄】 9①15/15②188,189,③356/45③144,159/55①26/65③233
みずぬき【水抜】→A、C 55②174
みずぬきのあな【水抜の穴】 55②136
みずのう【みつのふ】 24①58
みずのお【水の緒】 30①119
みずはかり【水斗り】 24①43
みずはじき【虎尾筒、水はしき、水はじき、水はちき、水弾】→みずでっぽう 13①248/30②185,194/48①237/55③256,323,359,449,450/60⑥344
みずばち【水鉢、水盤】 45⑦402/54①310
みずひきほしだい【水引干台】→Z 48①148
みずぶね【水船、水槽】→C、Z 3①58,60
みずみょうばん【水明凡、水明礬】→みょうばん 48①63,64,70,73,78,79,80,81,83
みずやほうき【水屋箒】 27①297
みずろくしょう【水緑青】 14①287
みぞたがね【溝鏨】 49①107
みぞのくさ【溝の艸】 28④354
みだしわら【乱し藁】 25①45
みたれむしろ【みたれむしろ】 28②260
みちいた【道板】 67③132
みつうけのはち【蜜請の鉢】 50②199
みつくまで【三つくまで】 16①211
みつぐりなわ【三ツぐりなわ】 35②275
みつぐわ【三ツ鍬】 43①36
みつじる【ミつ汁】 61⑧226
みつだそう【ミつたそ、ミツダソウ、密陀僧】 48①7,88/53③170
みつだわら【三ツ俵】 29④284
みつねり【密練、蜜煉】→N 51①168,174
みつまぐわ【三ツ馬鍬】 44③237,238,239,240,250
みつまたかわ【ミツマタ皮】 48①118
みつまたなわ【三股縄】 48①140
みつまたのかわ【ミツマタの皮】 48①188
みながわ【みなかわ】 24③338
みなくちしば【水口柴、水口芝】 24③308/30②184
みなくちむしろ【みな口むしろ】 28②155
みの【ミノ、ミの、みの、蓑、簑】→どうみの、ばんどり→Z 1②140/2①16,④283,291/4①229/5④307,320/8①158/9①16,90/10②338,343/15②130/16①193,194/17①119/24①8,19,75,145,③312/25①27,37,135/28②137,150/29④277/30①62,74,129,③234,259,285/36③155,170,184/37③316/38②75,③194/39③144/40②74,75/62①19,②33,⑨323/66⑥339/68④411
みのかさ【ミのかさ、みのかさ、ミの笠、蓑笠、簑笠】 10①15/12①111/25①14/27①332/30③238/34②23/43②143/64①71/66①43,⑥338
みのこ【みのこ】 42④255,257
みのこも【蓑こも、蓑蕲】→Z 6①243/42⑤316,319
みまやかめ【御厩瓶】 30⑤404
みみきり【耳きり】→A 24①135
みょうばん【めうばん、明はん、明凡、明礬】→ねりみょうばん、みずみょうばん、やきみょうばん、わさんみょうばん→N、X 14①359/48①20,21,26,31,34,35,37,46,47,56,61,64,69,70,87,88,89/49①118,205,214/52①42/53③164,174,178,180/55①55,③323/61⑧215,223,224/69①54,64
みょうばんかりやす【明凡カリヤス、明礬カリヤス】 48①72,73,74,84
みょうばんこ【明はん粉】 53③179
みょうばんのこ【めうばんの粉、明凡の粉】 48①86/61⑧215
みょうばんみず【白礬水、礬水】 49①213,214
みょうばんやき【明はん焼】 53③176

【む】

むかでとうゆ【むかで桐油】 25②229
むぎ【麦】→A、E、I、L、N、Z 40④328
むぎいりこ【麦炒粉】 48①78
むぎうち【麦打】→A、Z 38②78
むぎうちだい【麦場】→さな 15②233
むぎうちたな【麦打棚】→Z 33④196,227
むぎうちぼう【麦打棒】 20①294
むぎおろし【麦おろし、麦颪】 10②342/30③269
むぎかき【麦カキ】 8①258,260
むぎかちだな【麦かちだな】 28②161
むぎから【麦カラ、麦から、麦殻、麦柄、麦売、麦稭、稍】→E、I、N 1①48/2①92,108,110,132/4①142/10③394/15③388,389/16①218/22②129/23⑤276/30①127/31⑤254/32①125/33③161/40②45,47,48,147,④274,323,333/62⑨351,394
むぎからこも【麦カラコモ】 55①38
むぎからつと【麦から苞】 2①113
むぎかりかま【麦刈鎌】 38③200
むぎこぎ【麦こぎ】 15②233,301
むぎこきばし【麦こき箸】 24①110
むぎずりくわ【麦ずり鍬】 43①72
むぎたねみ【麦たねみ】 28②238
むぎだわら【麦俵】→N 30①116/38③197
むぎつつき【麦つゝき】 17①184
むぎとおし【麦ドウシ、麦とおし】→とおし→A 8①258/28①17
むぎぬか【むぎぬか、麦ぬか、麦糠】→E、H、I、N

3④251,252/8①74,78/12①290/17①272,274,279,321/28②199/62⑨328,368/69①101
むぎのあらいじる【麦の洗汁】 59⑤443
むぎのあらぬか【麦のあら糠】→I 3①34
むぎのから【麦のから】→E 21①67
むぎのけ【麦のけ】→E 39②108
むぎのつきぬか【麦の搗ぬか、麦の搗糠】 3④289/22④234
むぎのぬか【麦の糠】→I、N 2①91
むぎのはじか【麦ノハジカ】→I 33④232
むぎのはしかぬか【麦ノハシカ糠】 32①128
むぎのもやし【麦のもやし】 40②152
むぎのわら【麦のわら】 47③174
むぎふるい【麦ふるひ】→ふるい 56②242
むぎまきのうぐ【麦蒔農具】 38③199
むぎまきのどうぐ【麦まき野道具】 28②238
むぎもや【麦もや】 24②238
むぎやすのから【麦安のから】 69①96
むぎわら【麦ハら、麦わら、麦藁、麦稈】→E、G、I、N 3④246/9①68,79/22④218,259/28②167,178,182/30①62/32①121,139,215,216/33⑥328,331,334,338,342,348,364/38③136,157/39①53,②108,115/41②133,④207/47①28,④216/56②253,256/69②333/70⑥405
むぎわらぐら【麦わら鞍】 25①40
むぎわらはい【麦わら灰】 3④240
むくげ【槿】→E、I 48①115
むくげかわ【槿皮】 48①119
むくのは【むくの葉、糙葉樹葉】 16①186/48①153
むし【蒸】→A、I 47④214
むし【針】 48①324
むしいりのすくなきしょぼく【虫入の少き諸木】 27①149
むしおけ【蒸桶】 48①247
むしがま【甑釜、蒸釜】 31①28/50①41,50,53
むしくいど【虫食砥】→V 48①389
むしこ【蒸籠】→せいろう 13①84
むしたたき【虫たゝき】 24①89
むしつきのき【虫付の木】 27①149
むしとりどうぐ【虫取道具】 24①84
むしのす【虫巣】→Z 1②173
むしばい【むし灰】 27①56
むしばり【虫針】 48①325
むしぶた【蒸蓋】 47④216
むしまいし【ムシマ石】 48①353
むしめがね【顕微鏡】 70④282,⑥420
むしろ【ムシロ、むしろ、席、筵、莚、蓆】→H、N、Z 1①39,55,104,③286,287,④310/2①12,22,81,86,92,116,123,④283,290,291/3①17,42,43,45,48,④277,360/4①34,38,65,74,75,79,81,82,83,88,90,96,101,108,114,115,159,235,299,301/5①34,35,56,82,133,134,140,164,③286,④321,323,344/6①26,42,71,76,100,101,110,151,160,190,238,241/7①39,43,47,82,84/8①66,70,118,257/9①10,13,82,103,129,140,②202/10①78,105,②338,342,359,362,③385,392/11②88,100/12①140,143,180,209,278,312,314,315,351,373,375/13①19,29,34,42,54,87,110,146/15②200,233,③373,385/16①275,276,309,310/17①41,46,47,51,111,171,185,188,219,220,224,225,228,259/19①35/21③155/22①36,④276,284/23①81,91,②135,137,138/24①16,31,57,59,93,99,145,③313,329/25①18,27,37,45,62,72,79,137,②181,184,192,231/27①27,33,35,36,153,159,160,163,164,166,195,201,210,214,216,219,367,379,386/28①36,②136,161,166,167,179,202,203,224,260/29②157,③244,④270/30①19,127,③234,236,242,281,303/31②85/32①23,25,26,27,30,32,33/33①15,47,③158,⑥350/34⑧311/35①130,153,156,216,237,②262,268,295,297,299,300,347,348,372,375,383,412/36①42,②104,③163,168,170,181,196,243,283,295/37②71,87,③273,274/38②75,③140,151,154,165,175,178,194,195,④238/39③144,155,④186,192,⑤260,294/40②128,④280/41②63,134,137,141,③171/42③159,④249,250,251,283,284,⑤315,316,317,319,⑥370,371,446/45①45,②103,109,③172,⑦398/46③203,210/47①32,38,39,40,47,②97,99,122,123,126,147,148,④214,217/48①114,147,192,195,201,202,372/49①7,26,84,190,218/50①44,54,61,④300/51①42,43,50,58,59,66,72,82,84,102,109,115,134,136,160,②186,191,192,203/52⑦306,307/53②110/55②166,③289,332,385,395,418/56①77,89,160,161,162,167,168,175,184,213,②250,253/57②153,155,158/58①34/59⑤439,442/60②94,95,④183,⑥348/61②92,④167,⑧226,⑩459/62①15,④98,⑤128,⑥151,⑦191,⑨323,324,380/63④262,⑤297/64⑤356/65③239/66⑥340,⑧397/67④186,⑤208/69①82,113,②324,367,369
むしろあおり【筵あをり】 25②231
むしろおり【筵をり】→K、Z 24①135
むしろおりばた【筵機子】 6①241
むしろぎれ【筵きれ、筵ぎれ】 12①206/41②91
むしろごも【筵薦】 5①149
むしろずさ【むしろずさ】 9①96
むしろたおい【筵たおい】→Z 6①242
むしろだて【むしろたて、筵立、筵だて】 13①41,43/16①205/42⑤315,316
むしろたてなわ【筵たて縄、筵立なは】 27①278
むしろだわら【筵俵】 48①295
むしろなわ【ムシロ縄】 38④261
むしろのたて【筵の立】 49①45
むしろのはなばな【筵のはなばな】 27①161
むしろふご【筵ふご】 24①58
むせみのき【むせ見の木】 48①115
むそうあみ【ムソウアミ】 1②185
むたあしだ【泥履】 15②209
むち【むち】 16①223
むつこ【むつこ】 24①135
むながい【むなかい、むなかひ、むながひ、胸かひ、胸ナがい、胸蓋】→Z 4①291/6①242/16①198,218/24①58/25①27/27①19,278/29②120/37②71/38②76
むながいかけかわ【むなかい掛革】 24③329
むなぎ【棟木】 5①134
むね【むね】→N 28②192
むねあて【胸当】→Z 6①239,243
むねかけ【胸掛】→Z 20①294
むねぎそでぬき【棟木袖貫】 64②136
むねなわ【棟なは】 27①193
むまくわ【馬くハ】→まぐわ、まんが 13①216
むまくわこ【むまくわ子】→まぐわ、まんが 38②76
むまやのわら【馬屋の藁】 59⑤443
むみょうい【無名異、无名異】→ごす→N 48①375
むらさき【紫】→しこん→E 53③179
むらさきつち【紫土】 14①287
むらさきべに【紫紅】 48①15
むろぶた【むろふた、むろぶた、室ぶた、室蓋】 35②261,346,347,348/40④307,310,311,320/41②137/51①36,43

【め】

めあざり【目あざり】 24①30
めいし【目石】 15②233
めいた【目板】 5①23
めうち【目打】 1①41
めうちたがね【目打鏨】 49①107

めかご【めかご、目かこ、目かご、目籠】 4①297/16①202,300/20①293/21①85/46③187
めがた【陰模】→おがた 49①78,79
めかたわら【目形わら】 27①279
めくぎ【目釘】 5②232
めぐし【目串】 6①156/13①80,82
めぐわ【女鍬】 43①72
めご【目籠】 30①83
めざお【目棹】 24①57
めざしかね【メザシカネ】 49①112
めざら【目ざら】→Z 49①257
めし【飯】→L、N、Z 49①9
めしため【食様】 51①53
めしば【芽柴】 30③258
めたがね【女鏨】 49①107
めだけ【女竹】→E 41③177/48①133
めたて【目立】 4①162
めだれ【めだれ】 36③315
めつは【めつは】 23①91
めどなわ【目ど縄】 24③314
めとり【目取】 36③314
めとりのこぎり【目取鋸り】 24①125
めとりのみ【目取のみ】 24①124
めなしと【めなし砥】 16①106,189,190
めぬき【目ぬき、目貫】 27①73/49①104,116,117
めのう【瑪瑙】 48①357
めんごふん【面胡粉、面蛤粉】→ごふん 14①287/48①61,380
めんぱ【面桶】→N 20①294
めんぼう【めんぼう】 52④168

【も】

も【藻】→G、H、I 32①222/59⑤430/61④166/63⑧434
もうが【もふが、耙】→まぐわ、まんが 33①17,30,50
もくいた【モク板】 48①72
もぐさ【もくさ、艾、艾絨】→E、G、H、I、N 14①259/48①134,157/55③454/60⑥358
もぐさをふるうどうぐ【モグサを振ふ道具】 48①296
もくつう【木通】→N 55③323,359
もくつうのこ【木通の末】 55③259
もくめよきき【木目よき木】 16①170
もくよくゆ【沐浴湯】 69②256
もぐらおとし【土龍落シ】 24①75
もくろじのみのから【木患子の実の殻】 48①170
もくわ【木把】 15②164
もす【最巣】→まぶし 47②98
もち【もち(もっこ)】→Z 49①256
もち【モチ(とりもち)、もち(とりもち)、黐膠(とりもち)、黐(とりもち)】 16①161/48①254,255
もち【もち(紅花だんご)、餅(紅花だんご)】 3①62/14①42/33⑥387/40④302/45①35
もちおしぼう【餅押棒】 25③266
もちごめ【餅米】→F、I、N 49①9
もちごめのこ【餅米の粉】→N 48①92
もちごめのすりぬか【餅米ノスリ糠】 40④281
もちごめののり【餅米ノ粘】 55①55
もちのきのかわ【冬青木の皮】 48①254
もちのきのは【冬青木の葉】 48①255
もちのしろみず【もちのしろ水】 9①133
もちのわら【糯の稭】 49①158
もちばな【餅花】→N 19①120
もっこ【もっこ、モツコ、もつこ、持籠、簣、簀】→おおもっこ、こもっこ、さしあいもっこ、しょいもっこ、たかきもっこ、つちにないもっこ、つちもっこ、てもっこ、てんびんもっこ、なえもっこ、にないもっこう、はねもっこ、ひきずりもっこ、ふりもっこ、ぼうもっこ→Z 1①41,65/2①12/4①10,83,117/6①240/10①125,②380/16①208,309/24③312,317/25①27,②227/28①17,69,71/29①19,②121/30①119/31②75/37②71/38②75,④235/39③144/42④255,⑤317,319/62①15/65②75,77/69①79
もっこう【もつかう、もつかふ、モツコウ、もつこふ、持籠】 9①13/15②159/27①366/38④263/62②33
もっこなわ【もつこ縄、持こ縄、持籠縄】 1①36/27①278/42⑤315,316
もとかい【元櫂】 51①53
もとかきべら【元掻箆】 51①53
もとがた【元形】 14①278
もとぐるま【元車】 53⑤359
ものがら【物から、物がら】→I 29①31/67③127
ものひきうす【物挽磨】→うす 27①289
ものほしむしろ【攢稲篳】 14①59
もみ【モミ(樅)】 48①114
もみ【もみ(籾入れ口)】 28②251
もみ【モミ、もミ、籾】→E、I N、O、R、Z 12①386/38④280,281/62⑤115,126
もみいれるわん【籾入る椀】 27①388
もみおとしのあいじる【按落しの藍汁】 48①44
もみかす【モミカス】→A 8①191
もみがら【もミから、もみから、籾カラ、桴】→E、I 19①109/33⑥337,394/50②167/53④245
もみきり【籾きり】 25②229
もみくず【もミくづ】 59②135,138
もみさらえ【籾さらへ】 24①124
もみすべ【もミスベ】 59②136
もみすりうす【籾摺うす、籾摺臼】→うす 22④283,290
もみすりひきうす【籾摺引臼】→うす 63⑤297
もみそうけかご【籾籭籠】 6①241
もみそろえ【もミそろへ】→A 17①143,185
もみだい【もみ台】 10③391,392
もみだしあい【揉出藍、按出し藍、按出藍】 48①44,71/49①91
もみだしご【揉出豆油、按出ゴ、按出豆油】 48①72,73,74,81
もみたねふだ【籾種札】 24①124
もみだわら【籾俵】 3④351/5①33/9③242/27①32/29②144/30①83,120,133/38③199/62①15,⑤117
もみてごおけ【揉舂桶】 5①164
もみとおし【もみどふし、もみ通、籾とをし、籾筵、籾箍、籾とうし、籾通シ、籾通し、籾箕、籾籭】→とおし 4①297/5④335/19①78/20①293/23①91/24①124/25①78,②184,229/27①132/52④166
もみとおしかご【もみ通し籠、もみ通籠、籾通シ籠】→Z 4①114/5④337/24①124
もみぬか【もミ糠、籾ぬか、籾糠】→E、I、N 3④267,335/5①106/22④275/24①48/30③273/32①125,128/33⑥339/37②205/39①45,53/42⑥388,406
もみのおおだわら【籾の大俵】 27①212
もみのすりぬか【籾のすり糠】 48①248
もみのやに【椴の脂】 69①125
もみふだ【籾札】 29②126
もみふるい【籾ふるい、籾ふるひ、籾籭】→ふるい→Z 27①163/37②71/38②77
もみわら【もミわら、もミ藁】 31④179/59②135,136
もめん【もめん、毛綿、木綿】→A、E、K、N 4①289/15②219/16①217/48①133,154/55③456
もめんおるどうぐ【木綿織道具】 62②39
もめんぎれ【木綿切】→N 14①280
もめんぬの【もめんぬの、もめん布】→N 16①219,221
もめんのながきふくろ【木綿の長き袋】 15②222
もめんのふくろ【木綿の袋、木綿の帒】 15①90/48①60/50②195,③268
もめんばた【木綿機】→K、Z 49①234/53②125,126
もめんふくろ【木綿袋】 50③255
ももかわ【モヽ皮】→N 48①73,87
もや【最屋】→まぶし 47②98
もろぐちかがりいっぴょう【両

口絓一俵】 30①85
もろこし【もろこし】→E、N 53⑤345/59④358
もろこしきびのたねがら【もろこしきびの種がら】 53⑤345
もろば【諸刃】 55③469
もんせん【文銭】→L 15②219

【や】

や【矢】 49①167,168/50①50,52,54,60,61,81,82
やいたたわら【やいた俵】 29②144
やいとかね【やいと鉄】 24①59
やいとばし【やいとばし】 47①42
やえなんば【八重なんハ】 65④358
やがらたけ【矢から竹】 56①176
やぎう【やぎう】 65①40
やきうるし【やき漆】 49①140
やきがね【やきかね、やきがね、焼金】→A 13①141/18①70/29①85
やきがま【焼鎌】 24①18
やききん【焼金】 49①112,138,139
やきくさ【やき草、焼草】→I 12①239/13①54/46③211
やきごて【焼小手】 55②180
やきしお【やき塩、焼塩】→N 49①120,134/60⑥333,352
やきちがま【弥吉釜】→Z 52⑦305
やきつけろう【焼附蠟】 49①116
やきなりのはい【焼なりの灰】 49①68
やきば【やきバ】 16①188
やきばい【焼灰】→I 65④356
やきばばこ【徤箱】 49①173
やきふがた【焼麩形】 52④167
やきみょうばん【焼キめうばん、焼明はん、焼明礬】→みょうばん→N 53③164,167,182/55③257/61⑧223
やきもの【陶器】 53⑤320/55③460
やくすい【薬水】 55③205,257,439,449,452
やくもの【役物】 57②181
やくろう【薬籠】 42⑥410
やげん【やけん】→すりばち→N 61⑧217
やげんうまぐわ【薬研把、薬研杷、薬研馬鍬】→まぐわ、まんが 15②204,205,③377
やしないだわら【養俵】 20①294
やしないどうぐ【養道具】 19①195,②286
やしないみず【養ひ水】→A、D 2⑤326
やすり【やすり、鑢、鑪子、鏟、鎈】 24①30/48①325/49①109,167,170,171/55③337
やだけ【矢竹】→E 54①177/56①112
やだけ【屋竹】 4①298
やちひらた【萢平駄】→なんば 1①41
やちょう【冶銚】 49①103
やとい【やとい】 47①28
やといしろ【寄代】 47②97,98,116,146,147,148
やどこ【矢床】 49①170
やどみ【ヤドミ、やどみ、宿造】 24①57,60,61
やどめ【寄乙女】→まぶし 47②98
やどり【寓】→E 47①28
やなぎ【柳、柳キ】→E、G、I、Z 4①294/16①286,305,327/31⑤284/69②367
やなぎのえだ【柳ノ枝】→E、N 1②193
やなぎみ【柳箕】 20①291,293
やに【脂】→E、G、I、X 49①111/69①125
やにばしら【脂柱】→Z 49①104,110,111,179
やねがや【屋根茅】→N 56②256
やねくず【屋根屑】 36③294
やねはさみ【屋根はさみ】 24①135
やねばり【屋根針】 24①135
やねふきなわ【やねふき縄、屋ねふき縄】 27①193,266,279/42⑤316
やねふるかや【屋ね古かや】 27①180
やのねのごとくなるくわ【矢の根のごとくなる鍬】 12①157
やぶくぐり【藪くゞり】 24①43
やま【山】 51①168,170,172,176,177
やまあく【山灰汁】 53②110,112
やまいし【山石】 65③195
やまうるし【山漆、山桼】→E 48①56,69,78,83
やまうるしのは【山漆の葉、山桼の葉】→N 48①20,56
やまおうこ【山おふこ、梚】 14①59/28②201
やまかご【山駕籠】 62②38
やまがたな【山刀】→なた→Z 2①12/3④320/4①296/18②246/34②22/36②121/56②273
やまがや【山萱】→E 38③200
やまくさ【山草】→E、G、I 12①347
やまくさのくさりたる【山草のくさりたる】 17①256
やまこばい【山木灰】 48①52
やまどうぐ【山道具】 28②266,267
やまにくらほね【山荷鞍骨】 22①36
やまばい【山はい、山灰】→I 48①100,370/56①180
やまばいのあく【山灰のあく】 13①86
やまはぜ【山ハゼ、山はぜ】→E 48①30,37,38,39
やまはぜのは【山ハゼノ葉】 48①27
やまもぐさ【山モグサ】 48①134
やまももかわ【楊梅皮】 48①57,86
やまもものかわ【楊梅の皮】→N 10②374
やまよりほりだしのいし【山ゟ掘出之石】 48①319
やもめとおし【やもめ通し】→とおし 29③218,265
やりぎ【やり木、遣り木、遣木】→Z 17①145/36③315/62②33
やわらかなるき【やわらかなる木】 17①328
やわらかのり【軟糊】 48①42

【ゆ】

ゆ【ゆ、湯】 3①59/4①38,159/5①34,35/27①33,294,299,309/69②181
ゆいお【結苧】 30①118
ゆいそ【ゆひそ、結そ】→さばいこ、すがえ 27①28,30,33,166,212
ゆいなわ【ゆい縄、ゆひ縄、結なは、結なわ、結ひ縄、結縄】→J 4①299/5①34/11②108/16①221/17①146/19①88/20②396/25①78/27①192/30①83,85/31④179/48①241
ゆう【樫、櫌】→くれわり、つち(槌)、つちわり→A 20①294/69②219,220
ゆえん【油煙、油烟】→G、X 24①105/48①89/49①53,75,77,122/53③165,171,175,176,181/69①75
ゆえんずみ【油煙墨】 53③165
ゆかき【ゆかき】 12①247/16①243/17①322
ゆかしたのつち【床下のつち】→I 69①52
ゆかね【ゆかね】 16①176,177,179,180,184,185,186
ゆき【斧】→まさかり→Z 27①263
ゆきかき【雪かき】 59②125
ゆきこも【雪菰】 19①88/25①129,136
ゆきしものおおい【雪・霜のおゝい】 16①157
ゆきしる【雪汁】→D、H、X 6①25/20①46
ゆきしるみず【雪汁水】→D 1③285/36②99
ゆきしろみず【雪しろ水】 56①174
ゆきだれ【雪たれ】 36③289
ゆきみず【雪水】→D、H 22①58,59/30①28/38③195,198/53③164/62⑧260
ゆぐい【ゆぐい】 9①36
ゆぐし【斎串】 39④198
ゆすりいた【ユスリ板、由須利板、櫧揩板】→Z 1①41,②170
ゆせんどなべ【湯煎土鍋】 14①289
ゆだる【湯樽】 51②193
ゆづのいし【油角石】 53③176
ゆどうこ【湯銅壺】 49①103
ゆにかわ【湯膠】 49①84

ゆのはな【湯花】 69②378
ゆばがま【ユバガマ】 52③134,135,136
ゆびきまめ【茹豆】→I
38③163
ゆびぶくろ【指袋】 24①43
ゆぶね【湯舩】 3①41
ゆみず【湯水】 16①126/27①354
ゆりいた【ユリ板、ゆり板、淘板】 8①260/15②236,238,301
ゆりおけ【ゆり桶、寄汰桶、汰り桶、汰桶】 19①79,②415/20①293
ゆりばち【ゆりはち】 17①301,330
ゆりわ【ゆりわ、震輪、汰輪】→Z
4①66/6①74,241
ゆるわ【ゆる輪】→Z
4①33

【よ】

ようき【用器】 24①8
ようざい【用材】→X
18①88
ようさんしょどうぐ【養蚕諸道具】 35①82
ようさんどうぐ【養蚕道具】
47②130
ようさんむしろ【養蚕莚】 61⑩443
ようしゃくのき【用尺之木】
57②183
ようじんふんどう【用心分銅】
53⑤368
ようすいばののうぐ【用水場の農具】 7②361
ようば【秧馬】→そり
24①18
ようぼく【用木】 14①302/16①139,140,146,159,165,166/24①39/57②139,140,144,168,170,171,176,205
ようらく【やうらく】 54①244
ようりゅう【楊柳】→E
48①139
よき【よき、斧】→まさかり→Z
5①17/16①309/24①25,30/28②137/59②96,102,105,108,121,158/62⑨377
よきかます【善叺】 27①90
よきさけ【よき酒】 60⑥346
よきす【よき酢】 60⑥354
よきはかけ【斧刃掛】 24①30
よこうち【横打】→A
37③344,345
よこぎ【横木】 4①188,301/5①48,133,134/24①118/27①45/41③185,⑦320,321/48①130,145,148,181,287/49①235/53④216/56②259/60③131
よこぎいれほぞ【横木入枘】
49①78
よこけた【横桁】 49①228
よここぐち【横木口】 48①281
よこじょうぎ【横丈木、横定木】
63⑤305,309,310
よこたけ【横竹】 5①143
よこづち【よこつち、よこづち、よこ槌、横つち、横づち、横槌】→つち(槌)
12①222/16①83,201/17①23,143,184/23①91/24③299,301,315/25①138,③264/27①44/30①93,96/41③181
よこて【横手】 11②99/16①207
よこなわ【横縄】 27①182
よこぬき【横樌】→Z
48①130
よこのこのき【横の子の木】
48①125
よこはぎのき【横はぎの木】
48①103
よこぶち【横ぶち】 49①20
よこほぞき【横枘木】 49①78
よころくろぎ【横轆轤木】 48①270
よし【よし、葭】→E
46①73/65①33
よしず【よしず、よし簀、葭す、葭簾、葭簀、葭簀】→N、Z
2①73,86,105/14①73/15③373/24①90,③302,303/47④227/55①30,38,③283,289,340,344,347,387,394,461,464/56②248/59⑤440
よしすすきのすだれ【蘆すゝきのすだれ】 12①278
よしすだれ【蘆すだれ、蘆簾】
45⑦381,397,398,402,403,405
よしのがみ【吉野紙】→V
53③165,169,174
よしのす【葭の簀】 59⑤442
よしのふし【葭の節】 25③263
よせ【よせ、寄】→まぶし→A
10③385/47②98
よせかけとおし【倚懸篩】→とおし
27①386
よせき【ヨセキ】 46①20
よつぐるま【四ッ車】 36③317
よつでてご【四手てご】 42⑤314
よつまぐわ【四馬鍬】 44③249
よつめかご【四つ目籠】 16①210
よばんのしきむしろ【夜番之敷莚】 27①317
よびあく【よびあく】 52①51
よめだましのきのは【ヨメダマシノ木ノ葉】 48①115
よもぎ【蓬、艾】→えもぎ→E、G、H、I、N
47①30,②115
よもぎのは【蓬の葉】→N
47①23
よりこばし【よりこ箸】 24①111
よりなわ【攄縄】 63③129
よわきいしばい【弱き石灰】
50②190
よわきはい【弱き灰】 50②192
よんしゃく【四尺】 51①34,62,86,155
よんしゃくおけ【四尺桶】 4①200
よんすんはく【四寸箔】 49①153,154
よんとだわら【四斗俵】 20①296
よんのと【四ノ戸】 64②137

【ら】

ら【籮】 22①50
らいし【耒耜】→M
4①250/68④411/69②187/70⑥371
らいぼん【雷盆】 52⑦312
らち【埒】→A、D、N
47②147,148
らちかき【埒掻】→A
23①90
らんぐい【らんくい、らんくひ、らんくゐ、らん杭】→C
16①272,276,286,287,299,302,312,334
らんびき【ランビキ、らんびき、升露缶、蒸露鑵】→K
69①125,②346,349/70③230,⑤333

【り】

りこくせいのどうぐのず【利国製器械之図】→Z
18④399
りとう【利刀】 48①253/52②123
りゅうきゅう【りうきう】→いぐさ
24③318
りゅうきゅうござ【琉球蓙】→いぐさ
50④307
りゅうきゅうむしろ【りうきう莚、琉球莚、藺席】→いぐさ→N、V
14①314/50④300/61⑧216,225/69②324,367,373
りゅうご【りうご】 43①30
りゅうこつ【竜骨】 55③334
りゅうこつしゃだい【龍骨車台】
48①302
りゅうこつせきいた【竜骨せき板、龍骨せき板】 48①281,307
りゅうすい【流水】→D
46③204/48①103,251,254,255/53⑥396/63⑤302/67⑤232/68①59
りゅうどすい【竜吐水】 46①99
りゅうのう【竜脳、龍脳】→N
14①190/48①134/49①54
りょうぐるま【両車】 36③317
りょうざい【良材】→E
3①21,49/10①191/13①192,206/14①69,84,86,89,95
りょうなわ【両縄】 19①78
りょうねじ【両ねぢ】 36③318
りょかい【旅枴】 4①294
りょくばん【リヨクハン、緑礬】→ろうは、ろくばん
14①187/46①20/48①72/49①131/69②272,380
りんあり【輪蟻】 64②131,135,137
りんいた【輪板】→C
64②135,137
りんぎ【輪木】 53⑤320
りんのわ【りんの輪】 24①58
りんぼく【輪木】 33①15

【る】

る【ル、坩】 48①7/49①138,147,148
るつぼ【るつぼ、甘堝、坩子、坩壺】 49①103,112,115,116,130,135,146/62⑦196/68②291/69①127

【れ】

れいすい【冷水】→D、G、H、I、N
47②93/48①34,257/53⑥401/54①284/55③249,265,292,

302,317,329,331,332,333,334,341,344,349,354,357,359,366,373,381,384,385,387,391,397,398,434,442,448,458/63⑧443
れいせき【礪石】→あらと→Z
48①388,390
れとると【レトルト、列多爾多、列圦爾多】 69②273,279
れんが【連枷】→からさお
30①127

【ろ】

ろ【炉】→C、N
47④214,217
ろう【蠟】→N
3①54/5④318/11①57,②122/13①120/14①43/18①85/25①116/31④152,153,154,155,210/34⑧306/43①44/46③203,210/48①226,342/50①88/56①85,178/69①78
ろう【耮】→びっちゅうぐわ
69②219,220
ろう【鑞】 49①129,132
ろうのきのみ【ラフノ木ノミ】
14①356
ろうは【ロウハ、緑凡、緑礬】→りょくばん、ろくばん
48①27,58,59,69,70,71,72,74,79,80,83,376/49①7,10,22,23,27,31,118,120/69①133
ろうばい【蠟灰】→H
53①31
ろうはやき【礬紅】 49①31
ろうはやきべんがら【ロウハ焼ベンガラ】→べんがら
49①23
ろうぼくのまつ【老木の松】
17①326
ろかん【炉甘】 49①126
ろかんせき【炉甘石】 49①126
ろがんせき【芦眼石】→N
61⑧216,217
ろくがつのようき【六月の用器】
24①89
ろくしゃく【六尺】→W
51①34,87,155
ろくしゃくごすん【六尺五寸】→W
51①34
ろくしゃくなわ【六尺縄】 25①136
ろくしゃくにけんざお【六尺弐間竿】 65②147
ろくしゃくむしろ【六尺莚】
27①162
ろくしゃくゆきこも【六尺雪菰】
25①136
ろくしょう【緑青、録青】 14①287/49①49,51,52,117,118,120,121,133
ろくたん【緑丹】 49①23
ろくとたわら【六斗俵】 20①296
ろくばん【緑凡、緑礬】→りょくばん、ろうは
48①58,86
ろくぶがさ【六分笠】 43①35
ろくぶきり【六分切】 27①79
ろくろ【ロクロ、ろくろ、轆轤】
3①47/17①332/24①111/38②77/48①121,123,127,128,271,291,309/49①160,162,163,166,167,227,235,236,247,252/50②169/53④242/58⑤338,339/64②124
ろくろぎ【ロクロ木、ろくろ木、轆轤木】→Z
16①216/49①163,234,248,250
ろくろきり【ロクロ錐】 48①123/49①176
ろくろけた【ロクロ桁】 49①234,252
ろくろこけた【ロクロ小桁】
49①235
ろくろしん【ろくろ心、轆轤心】
48①270,291
ろくろしんぎ【ロクロ心木、轆轤心木】→Z
48①291,310/49①163,166,236
ろっかくにかわ【鹿角膠】 49①95
ろっこうさんいまりつちやき【六甲山埿土焼】 49①23
ろのはい【炉の灰】 38③185
ろろみの【ろゝみの】 25①27

【わ】

わ【ワ(たが)、わ(たが)、篦(たが)、輪(たが)】 27①319,320,356/28②209,210/51①37
わ【篾(測量具)】 48①162
わ【輪(米つき用の輪)】 23①91/48①265
わ【輪(竹の輪)】 48①23
わ【輪(こしきの輪)】 51①32
わかしさましのさみず【わかしさましのさ水】 17①178
わかしゆ【沸湯】 46③210
わかたけ【わか竹】→E
13①266/16①207
わかね【輪かね】 4①289,290
わかば【若葉】→E、I、N
13①152
わかみず【わか水】→O
17①41
わきゆいなわ【脇ゆひ縄】 11②107
わきょう【和膠】 49①75
わく【ワク、わく、軽、蒦、篗、籰】→Z
14①147,298/22①37/24①111/33④194/35①40,166/48①130/49①166,197,240/53⑤350
わく【枠(坪刈用)】→Z
1①98
わくさし【わくさし】 24①111
わくだて【わく立】 24①89
わけもち【分持】 62②38
わさびおろし【わさびおろし】→N
70③230,239
わさわら【早田わら】 13①181
わさわらのはい【早稲わらの灰】
48①66
わさんみょうばん【和産明礬】→みょうばん
48①26
わせいねたわら【早稲俵】 38③134
わせいねのわら【早稲の藁】
38③187
わせのすりぬか【早稲のすりぬか】 35①105,113,124
わせのひうち【早稲のひうち】
40②151
わせのわら【早稲のわら、早稲の藁】 23①80
わせわら【わせハら、わせわら、早稲わら、早稲稿、早稲藁】→N
5①158/6①139/10②362/13①63/16①193/17①146/28②222/31⑤273/47①30/48①90/69②336
わせわらのあく【早稲わらのあく】 3①44/13①86
わせわらのはい【わせわらの灰】→H、I
16①142/17①167,318
わせわらばい【わせわら灰】→H、I
17①272
わた【綿】→E、I、N、R
1③269/40④281/48①157
わたかご【綿籠】 8①161
わたぎ【綿木】→E
28②242,253
わたきり【綿切】→K
6①143
わたくり【綿くり、綿繰、攪車】→K、Z
4①112/36③318/62②39
わたくりくるま【綿花赶車】
70①23
わたし【渡し】 51①51,52,80,85,92,93,96,105,107,109,147,164
わたしがね【渡鉄】 49①35
わたせき【綿堰】 8①161
わただね【草綿実】→E
49①205
わたのきりふた【綿の切ふた】
28②145
わたのきれ【綿のきれ】 28①21
わたのふたきりわら【綿のふたきりわら】 28②147
わなまり【倭鉛、和鉛】 49①126
わはさみ【輪鋏】 23①117
わぼう【輪棒】 48①125
わみの【輪ミの】 24①30
わもくそう【和木草、和木艸】
55③300,302,303,317,323,329,331,332,333,349,354,357,359,366,381,384,391,397,434,440,442,452,454
わら【ハラ、ワラ、わら、稿、藁、稈、稭】→E、H、I、N、X
1①55,101,102,②159,185,193,③286,287/2①60,113,123,④281/3①45,③158,④239,243,249,250,267,314,338,343,353,379/4①10,28,31,39,63,64,66,84,85,86,91,93,101,106,114,118,151,156,201,233,235,287,288,291,292,299,300,301,303,304,305/5①18,34,41,46,152,158,③278,286/6①123,143,238,②305/8①115,124,163/9①23,30,54,103,129/10①62/11①18,④173/12①271,363,385,386/13①68,69,96,98,152,171,179,197,244,261/14①73,93,141,259,292/15①81,③389/16①128,137,198,206,208,209,218,219,220,221/17①146,147,272,328/18④397/19①203,②285/22②108,117,129,④214,219,220,221,222,254,265,272,276/23⑤257/24①11,61,103,③302,313,333/25①72,73,74,137,138,②181,200,210,223,224,228,③259,285/27①30,32,33,57,180,186,192,219,259,327,332,338,340,353,354,365,378/28①49,②145,187,

224,225,227,247,248,249,268,274/29①87,②155,③228,247,252,253,④270/30①56,118,③301/31②86,④159,160,166,167,178,182,189,214,216,224/33①15,③160,④214,⑥339,388/34⑦249,⑧312/35①82,153/36②100,104,③166,167,170,322,345/37②152/38③131,136,182,186,191,④265/39①27,④212,228,⑤294/40②47,172,③214,④277,281,318/41②77,94,112,③184,185/44②156,162,165,③212,213,214,215,216,217,218,219,220,221,222,224/45③149,165,169,⑦398/46①73/47①31,32,②97,99,146,④214,227/48①66,67,68,128,193,198,224,237,247/49①66,139,196,218/50①87,②152,198,199/51①42,132/53①52,④245,247/54①267,277,278,303/55③255,289,349,363,395,398,403,418,436,437,439,469,471/56①89,177,194,204,217,②247,249,260/59②113/61②95,97,④167,⑤178,⑦194,⑧230/62②41,④107,⑤115,117,120,121,122,123,124,126,⑧248,269,276,⑨320,351,379,392,394/63⑤298,⑧434/64④258,260/67①26,⑤228/68④416/69①70,72,78,86,96,97,100,②248,282,283,324,329,333,336/70①29,③228,229,⑤330
わらあく【わらあく、藁灰汁】→Ｉ 48①13/55③332
わらあくしる【わら灰汁】 18①120
わらあくた【藁あぐた、藁芥】→Ｉ 6①134,②270/31④194/33④219
わらうだ【わらうだ】 35①240
わらうちいし【藁打石】 14①184
わらうちつち【藁打槌】→Ｚ 1①41/6①241/24①17
わらおもづら【藁をもづら】 24①59
わらがい【わらがい、藁がい、藁蓋】 6①70,95,130,242/24①124
わらがや【藁がや】 24①30
わらくき【稭茎】 48①89
わらくさ【わら草】→Ｉ、Ｎ 13①196/16①123/33②126
わらくず【ハラクズ、わらくず、わらくづ、藁屑】→Ｉ 8①163/21①65,75/23①17/69①79
わらくも【藁くも】 22①57
わらくら【藁鞍】→Ｚ 6①242
わらこ【藁粉】 69②181
わらこて【わら小手、藁小手】 6①243/36③319,345
わらごも【わらこも、わらごも、藁こも、藁菰】 7②356/12①385/13①42/25①147/56②248/69②357,382
わらしべ【ワラシベ、わらしべ、藁しべ、藁皮、稭しべ】→Ｅ、Ｉ、Ｎ 7①69/15③342/27①93,185/35①135/48①225/49①196/69②331
わらすぐり【わら勝、藁すぐり】→Ａ、Ｚ 11②97
わらすじ【藁筋】 4①233
わらすべ【藁すへ】→Ｉ 11①55
わらせん【藁栓】 50②199
わらだ【わらた、ワらだ、わらだ、円箔、藁だ、藁太、藁簑】→なすなえわらだ→Ｗ、Ｚ 18②256/35①33,103,133,②261,346,347,348,③428,429/61⑨300/62④94
わらだわら【藁俵】 42⑥439
わらちがい【わらちかひ】 27①287
わらづと【わらつと、わらづと、わら苞、藁すと、藁包、藁苞、苞】→Ｊ 10②359,381/12①384/24①111/29③213/30①81/35①156/36③170/47②98/70③215
わらづとこ【わらつとこ】 37②86
わらづな【わらつな】 16①276,309,311
わらどこ【わら床】 27①33
わらとま【藁苫】 6①71/29②143/36③193/69②382
わらなわ【わらなわ、ワラ縄、わら縄、稿縄、藁縄】 4①146,291,294,300,301/6①239/16①220/27①16/35②275/36③179,317,319/48①138,194/62⑤123
わらのくさりたる【藁の腐たる】 22②127
わらのけら【藁のけら】 1①65
わらのこしわ【わらの腰輪】 13①100
わらのしべ【藁の蘂】 35①129
わらのしゅく【藁の宿】 35②356
わらのすくえ【わらのすくへ】 16①185
わらのたばねそ【稈のタバネソ】 27①185
わらのつと【藁の苞】 35①88/56①192,207
わらのてよせ【わらの手よせ】 28②270
わらのとどこ【わらの寓床】 47①28
わらのぬきほ【藁の抜穂】 4①9/46①96
わらのはい【わらの灰、藁の灰】→Ｉ 12①278,385/15③391/25①114/38③184/49①133/56①169/63⑤305
わらのはいのあく【わらの灰のあく】 13①141/18①70
わらのはかま【わらのはかま、藁のはかま、藁の袴】 4①290/14①292/39⑥334
わらのほ【藁の穂】→Ｅ 50②204,208
わらのほうき【わらのはゝき、わらの箒、藁のはゝき、藁の箒】 12①240/13①54/15①41,42,43/17①198
わらのほて【わらのほて】 33①44/70⑥416
わらのま【藁のま】 4①31,64
わらのまげたるほうき【藁の曲たる箒】 15①46
わらのみご【わらのみご】 25③263
わらのよしあし【わらの善悪】 17①146
わらのわ【わらの輪】 56①179
わらばい【わらはい、わら灰、藁灰、稈灰】→Ｈ、Ｉ 3④309/15③357,360,386/16①77/17①173,198,260,274,295,299,321/35②307/36③179/47④214/49①68,150/55③381/62⑤121
わらばいのあく【わら灰のあく】 29①85
わらはばき【わらはゞき、藁はゝき、藁はゞき、藁脛巾】 6①243/20①293/36③319
わらびこ【蕨粉】→Ｎ 14①187/48①48,250/55①55
わらびなわ【わらひ縄、わらび縄、蕨縄】→Ｒ 14①187/25②187/34⑧306/54①311
わらびのり【ワラビノリ】 48①48
わらふ【わらふ】 27①278
わらぶた【わらふた、わらぶた、藁ふた】 1①102/24①75,③302/27①59
わらぼうき【わらはゝき、わら箒、藁はゝき、藁ほうき、藁帚、藁箒、藁箒木】 4①298/12①316/15①86,91,98,102/27①32/29③249/36②115/62⑤123/63③138
わらぼうけ【わらぼうけ】→Ｚ 28②202,274
わらぼち【藁母乳】 19①135
わらみ【わらみ】 10③392
わらみご【ワラミゴ、藁みご】→Ｅ 48①7/53⑤345
わらみごのほうき【藁みごの箒】 53⑤345
わらみごのほそなわ【藁みごの細縄】 1①104
わらみの【わら蓑、藁みの、藁蓑】 25①136/29②121/42⑤315
わらむしろ【わら莚、藁莚】→Ｎ、Ｚ 1①41/14①364/19①89/48①212/53⑤333/69②367,368
わらんじ【わらんじ】→Ｎ 62⑨350
わりき【わり木、割木】→Ａ、Ｎ 16①186/53④223
わりだけ【わり竹、割竹】→Ａ 4①130/36③314/41⑦336/48①149,230/49①81/52④174/65①39
わりだけのわ【割り竹の輪】 36③317
わりたるくい【割たる杭】 23②133
わりふるい【割篩】→ふるい 38③140
わるき【悪木】→Ｅ 24①39
わん【椀】→Ｎ 15①45/27①388
わんのきじにひきたるくず【椀の木地に挽たる屑】 48①177

C　土木・施設

【あ】

あいがめ【藍瓶】 23①97/48①30,50,63
あいだまぬくつぼ【藍玉抜壺】 34⑥161
あいつぼ【あゐ壺、藍坪、藍壺】 34⑥159/48①26,53
あいねどこ【藍寝床】 30④355
あいばし【逢橋】 66⑧395
あがり【あがり】 41⑦323
あくすい【悪水】→B、D、I 30①122
あくすいいり【悪水杁】 23③149
あくすいおとし【悪水落】 23①12/64③195,197
あくすいおとしぐち【悪水落口】 65①37
あくすいおとしぼり【悪水落し堀、悪水落堀】 64③181/65①37
あくすいだめ【悪水溜】 34⑦250
あくすいためおけ【悪水溜桶】 33⑤254
あくすいぬき【悪水ぬき、悪水貫、悪水抜】 2⑤326,327/29①32/61①30
あくすいぬきのみぞ【悪水ぬきの溝】 29①60
あくすいはき【悪水はき、悪水吐】 65②108,113,116,117
あくすいびきのみぞ【悪水引の溝】 61④162
あくすいぼり【悪水堀】 64③176,195
あくすいぼりおとしぐち【悪水堀落口】 64③183
あくすいよけ【悪水よけ】 21①21
あくすいろ【悪水路】 64③197
あげ【上ケ】 65③239
あげあな【上ケあな、上ケ穴】→Z 59②93,96,98,99,117,118,121,125,130,142,148,150,151,165
あげあなば【上ケ穴場】 59②106,107
あげぐち【揚口】 65③239
あげこが【あけこが、あげこが】 9①27,123
あげと【上ケ戸】 64②132
あげば【揚ケ庭、揚場、揚庭】 41⑦339/46②135,155/58②97,99
あげびさし【あけひさし】 55②135
あさせしゅら【浅瀬修羅】 53④242
あしだい【足代】 65①39
あしつきたて【足築立】 65④320
あしば【足場】 16①275
あずきはざにう【小豆架にう】 27①169
あぜありのいけ【あせ有之池】 17①89
あぜぐえ【あせくゑ、あぜぐゑ】 28②146,157
あぜみぞ【疇溝】 33①20
あそびば【あそび場】 40④328
あたりむなくと【あたりむなくと】 9①70
あと【アト、あと】 29②135,142
あどがしら【あとがしら】 59②157
あとごや【跡小屋】 64②139
あとしば【あと芝】 24①75
あとづけ【後付】 65①30,31
あとつつみ【後堤】 67③128
あとぼえ【あとぼへ】 24①75
あな【空、穴】→ほら→D 5③272/16①126,235/20①138/39①51,53/53④217
あなぐら【穴蔵、窖蔵】→むろ 4①196/12①70/22①58/47②112/49①200/54①273,278,294,313/62⑤118/66④220
あなぜき【穴堰】→せき 61⑨324,337
あなぶせい【穴伏井】 65②140
あなぶせいぐち【穴伏井口】 65②139
あほちいた【あほち板】 66⑧409
あまいけ【雨池】 16①211,286,288,332,333/17①127,149,150,298,301,306,308,310/64②113
あまおおい【雨覆】→A、B 45⑦398,403
あまつつみ【雨堤】 61①30,41
あまぶた【雨蓋】 27①133/48①230,234,236,243
あみしき【あミ敷、あみ敷】 65①18,19
あみなや【網納屋】→Z 58⑤312
あみほしば【網干場】 59③235,236,237,238,239,240,241,242
あめおおい【雨おほひ、雨ヲヽイ】 3③157,158/8①123
あめおおいこや【雨覆小家】 22①63
あゆみばし【歩橋】 65②135
あらい【新井】 65②112,113,114,115,138
あらいぜき【洗堰】→せき 65③239
あらいだし【洗出し】→だし 65③273
あらいつつみ【洗堤】 65③273
あらいみぞ【新井溝】 65②105
あらかご【荒籠】→かご 65③240
あらしぐち【嵐口】→Z 53④216,217
あらみぞほりさげ【新溝掘下ケ】 34⑦257
ありしろつつみ【有城堤】 67③130

【い】

い【井】 3④294/4①192/8①289/10②323,350,370/12①106/16①125,154,231,232/17①35,42,45,46/21①21,②112/22④214/23①116/27①290/62②35/65③210/67①23/70②138,139,147,148,149,151,152,160,161,163,166,170,171,172,173,174,176,177,178,184
いいづかせき【飯塚堰】→せき 36③324
いいぬまあくすいぼりすじ【飯沼悪水堀筋】 64③197
いいぬまおとしぼり【飯沼落堀】 64③179,184
いいぬまなかぼり【飯沼中堀】 64③168
いおりみちつくり【庵道作り】 43③255
いがめ【居瓶】 40②179
いきだし【息出し】 51①42
いくいぜき【井杭関】→せき 34⑦259
いぐち【井口】 65②65,95,96,97,112,114,115,116,117,118,134,140,141,143,③284
いけ【井戸、池】→Z 1①90/3①36,③175,176/4①37,38,169,188,189,216,287/5①33,②221,③255,256/7①60/9②202,③243/10①78,②321,322,324,334,350/11④180,182,183,184,186/12①106,131/13①264,265,266,267,271/15②143,160/16①269,287,288,318,319/17①299,300/18③358/21①44/27①314/28①73,75,77,80,②135,169,203/37①15,②125,126,133,③273/39④193,⑤262/40②133,156,③223/41⑤248,⑥275/42①34/43②135,152,162,178/45④203/48①256,258/52⑦285/55②133,171,③322/59⑤430/62②35,⑧269,⑨324/64②118/65②64,70,71,73,78,79,80,81,82,83,84,85,86,88,89,98,101,102,104,106,107,③265/66⑧392/69①57,72,②296,387,388/70②147,163,④262

いけあな【生穴】 20①216
いけがき【いけがき、いけ垣、活垣、生がき、生けがき、生牆】 5①163/13①153,169,193,227,228/19①191/56②284/68③333
いけかわとうのふしん【池川等の普請】 12①125
いけさや【井戸さや】 27①291
いけす【籞】→J 13①267,269
いけぞうよう【池造用】 10②322
いげた【井けた】 66⑦364
いけつくこと【池築事】 10②321
いけつつみ【池堤、池塘】 4①192/18①121/48①256/61④164
いけつもり【池積】 65②100
いけどこ【池床】 65②70,71,82,84
いけどこほり【池床掘、池床堀】 65②86,102
いけのつつみ【池の堤】 62⑤123
いけぶしん【池普請】 37②74
いけむきのふた【井戸向の蓋】 27①291
いこく【居穀】 1①96
いごみ【居こミ】 65③269
いざらい【井ざらひ】→L 24①38
いしあな【石穴】 49①201
いしいで【石井手】 34⑦256,259
いしがき【石垣、石壁】 15②294/25①39/28①78/30①122/32①211,212/34⑧294/44①20,21/58⑤289/62①13/65①32,33,②145,146,④320,328,332,333,340,341,344,347,364/66④206,⑥336,340
いしがきし【石垣仕】 43②164
いしがきつみ【石垣つミ、石垣積】 43②165,185
いしがきつみあわせめ【石垣積合目】 48①382
いしがきぶしん【石垣普請】 34⑦256/43②140
いしかご【石籠】→かご 65③273
いしぐみ【石組】 65④333
いしくら【石倉】 66②94,96,109,112,113
いしくらどて【石倉土手】 66②93
いしけた【石桁】 48①313
いしすいもん【石水門】 62⑨373,381
いしだし【石出シ、石出し】→だし 43①89/65③275
いしだたみ【石畳】 23②140
いしづか【石塚】 4①266/6①36
いしつつみ【石堤】 65②80,③202,206,222
いしづみ【石積】 65①10,15,17,19,20,21,25,26,27,28,30,32,38,③185,199,203,206
いしづみかご【石積籠】→かご 65①16
いしづみだし【石積出】→だし 65③198,201,206,240
いしづみわく【石積枠】→わく 65③194
いしつもり【石積り】 65①36
いしどい【石樋】 65④318,347,353
いしどうろう【石灯籠】 67①23
いしとりこし【石取越】 44①14
いしばいやきがま【石灰焼窯】→Z 48①316,320
いしはどり【石羽取、石端取】 23②140/42④258
いしはらつけ【石腹付、石腹附】 65③173,205,240
いしふねだし【石舟出】→だし 65③179,180
いしまき【石蒔】 23②138,139
いしやきがま【石やき窩】 24①75
いしやきかまこしき【石焼窯甑】 48①318
いしわく【石わく】→わく 16①279,293,294,295,296,297,302,315,328/34⑦257,260
いすい【井水イ】 24①38
いすじ【井筋】 65②65,93,95,96,97,108,109,113,114,115,116,118,131,132,133,136,139,140,141,142
いせき【いぜき、井せき、井せぎ、井堰、井関、堰】→せき 7①60/8①160/9②196/10②322/12①106,125/25①60/42⑥435/62①13/65②78,82,87/66②89
いたどい【板樋】→Z 65④315,319
いだのみなくち【藺田の水口】 20①31
いちしあらい【一志新井】 65②139,140
いちしい【一志井】 65②142,143
いちのいり【一ノ圦】 65②94,109,110,116,131,136,139,145
いちばんがま【一番窯】 48①375
いちばんだし【壱番出】→だし 65③177,178,179
いちばんひどう【一番樋道】 11⑤250
いちみなくち【いち水口】 20①28,34
いで【いで、井手、洫】 28①69,75,②146,169/34⑦259/44②88/57①28,30,31,32,33,35,36,37,39,40,43,45/61①42,⑩434/62①13/65②65,66,67,71,76,78,81,82,83,84,85,86,87,101,103,106,114
いでかわよけ【井手川除】 61⑩431
いですじ【井手筋】 29②142
いでのみぞ【井手の溝】 12①98
いでみぞ【井手溝】 12①105/34⑦248/64⑤337
いど【井、井戸】 1①107/8①138,146,147,148,254,255,283,284,287/15②171,③372/16①125,154,217,231,232/19①193,②285/29③204/36③238/48①216/61④162,⑧229/62⑨330/67①13,14/69①57,58,②224
いどかえ【井戸かへ】→O 42⑥390,427
いどこ【井床】 65②116,132,133,143
いどさらえ【井戸さらへ】 42⑥433
いどじり【居戸尻】 18②289
いどながし【井戸流シ】 38④278
いどのふた【井戸の蓋】 27①290
いどば【井戸場】 19①193,②285
いどはた【井辺】 15②261
いとはり【糸張】 24①37
いとひきくど【糸挽くど】 24①89
いどふしん【井戸普請】 63⑦365
いどほり【井戸堀】→Z 42②110
いどみずつぼ【井戸水つぼ】 28②127
いながき【稲垣】 41④205
いなかけば【稲かけ場】 36③272
いなぎ【いなき、いなぎ、いな木、稲ギ、稲城、稲木、喬杆】→はざ 24①118/28③321,④344/29②136/30③297/37③356/40③237,244/41③185,④205/43③262/70④268
いなたばのところ【稲たばの所】 27①181
いなにう【稲にう、稲似字、稲積、稲乳、稲入、稲鳰】→にお→A 18②288/19①85/20①104,221/27①154,191,192,217,265,377,378/36③170/37②86,87
いなにお【稲鳰、稲秂】→にお 6①70/25③266
いなはざ【稲架】→はざ 27①265/48①263
いなはた【稲機】 62⑦209/70④268
いなむら【稲村】→にお 62②41
いなや【いなや、稲屋】 28②155,234/31③116/37②87/66⑥339
いなやのつし【いな屋のつし】 28②249
いなわしろこみずせき【猪苗代湖水堰】→せき 19②353
いぬばしり【犬走り】 65③265
いね【いね】 28②275,276
いねかけ【いねかけ】 28②221,227
いねかけどうぐ【稲かけ道具】 36②126
いねかけほしだい【稲懸ほし台】 7①78
いねこなしば【稲擾し場】 1①103
いねごひゃくたばつみにう【稲五百束積似字】 19①86
いねせんたばつみにう【稲千束積似字】 19①86
いねづか【稲塚】→にお 11②105
いねにう【いねにう】→にお→A 27①377
いねにお【いね圦、稲鳰】→にお 25①74/42④246
いねのにう【稲の積】→にお 27①169
いねはで【いねはで、稲はで】→はざ

9①108,116,122/61①50
いねほしかい【稲干楷】→はざ 2①49
いねほしば【稲ほし場,稲干場】→R 2④280,302,311/10②312/36③271
いのくち【井の口】 17①61
いのこ【いのこ,猪の子】 23②141/34⑦260
いのさや【井のさや】 27①307
いのししかき【猪牆】 32①189
いのししふせぎのかき【猪防ノ牆】 32①174,176,190,191,210
いのそこ【井底】 55③455
いのなか【井中】 47②112
いのもと【井のもと】→D 16①232
いはば【井幅】 65②141
いぼさるお【疣猿尾】→さるお 23②141
いほみずつぼ【いほ水壺】 34⑥121
いぼり【井堀】→B 7①69/16①187,319,330,331,332
いぼりのふしん【井堀の普請】 16①217
いみず【井水】→B、D 36①41/40①7/65②93,94
いみずあげ【井水上】 10①117
いみずもり【井水盛】 65②67
いみぞ【井ミそ,井みぞ,井溝】 4①191/10①140,②322/16①112,211,269,331/17①79,127/33②101,105/39⑥325/40③227/62①13/65②101,105,118,131
いみち【井道,井路】 16①332/23①116/65③239,240
いもあな【芋穴】 3④363,379/24①48
いもがま【芋釜】 33④219
いり【圦,杁】→いりひ 16①321,322,333,334/17①83/23①11,④183/62②35,⑨320,334/64②113,131,135/65②133,135,136,145,146/67①20
いりあとつききり【杁跡築切】 64②130
いりじき【圦敷】 16①333
いりしり【圦尻】 65②94
いりどころ【杁所】 23③150
いりば【杁場】 64②119
いりはし【杁橋】 23①96
いりひ【圦樋】→いり,こう(閘),ひ(樋),ふせひ 43②160/64③183
いりひふせかえ【入樋ふせ替,圦樋伏替】 43②160/64③186,187
いりひふせかえしゅうふく【圦樋伏替修覆】 64③185
いりもとつつみ【杁元堤】 64②124,132
いりもとみずたかぶんぎ【杁元水高分木】 64②132
いるかあまいけ【入鹿雨池】 64②113,114,118
いるかあまいけいりしょ【入鹿雨池杁所】 64②131
いるかいり【入鹿杁】 64②129,130
いるかおいけ【入鹿御池】 64②121
いれあな【入穴】 59②89,99,108,116,121,142,144
いろみのあな【色見の穴】→Z 48①374
いろりだし【囲炉裏出し】→だし 65③192
いろりのあま【イロリノあま】 24①135
いわでいぐち【岩手井口】 65②108,109
いんろうとい【印籠樋】 61①41

【う】

うえいちのと【上壱ノ戸】 64②136
うえのむろ【上の室】 49①43
うえふたふち【上弐ふち】 27①371
うおだな【魚棚】→Z 58⑤344
うおだまり【魚だまり】 59⑤441
うけこみこうばい【請込勾倍】 65①21
うけだし【請出】→だし 65③173,174,180
うけつぼ【請坪】 52⑦307,314,318
うけば【請場】 52⑦307,314
うけみぞ【請溝】 34⑥118
うごろかえし【ウゴロ返シ】 24①134
うし【うし,牛】→ひじりうし 16①279,293,294,298,301,302,310,327/59①16/65①16,17,33,34,35,39,③175,194,195,199,204,206,247
うしうまのいえ【牛馬の家】 13①259
うしうまや【牛厩】 29②135
うしかいたてどころ【牛飼立所】 34⑤103
うしがき【牛垣】 65①15,16,17,20
うしがきだし【牛垣出,牛垣出シ】→だし 65①15,25,30
うじかわぶんすい【宇治川分水】 65③225
うしぎ【牛木】→ひじりうし 61⑩454/65①16,17,34
うしのくち【牛の口】 28②275
うしべや【牛部屋,牛牢】 7②252/8①124
うしや【牛屋】 29①78/31③122
うすづく【臼搗】 65④356
うすば【うす場】 27①210
うずみだし【埋出し】→だし 65①30
うずみとい【うつミ樋】 20①43
うずみわく【埋枠】 65③272
うちいけ【内井,内井戸,内池】 27①219,293,299,314,323
うちいけおけ【内いけ桶】 27①299
うちいけおけくい【内井戸桶杭】 27①314
うちいど【内井戸】 8①253,254
うちうまや【内厩】 19①195,②286
うちがき【打垣】 27①18
うちかた【打方】 53④215
うちがま【内室,内竈】 48①366,368,371
うちきりした【打切下】 65①17
うちこうばい【内勾配】 23②133
うちこみ【打込】 65①39,40,41,④315
うちなや【内納屋】 27①366
うちのたまり【内のたまり】 28②150
うちひ【打樋】 28①72,73,75/65②71,78
うちふね【打ふね】 16①229
うちぼり【内堀】 23②132
うちやなぎ【打柳】 65①27,40
うてどい【うて樋】 65②87
うねまちあわせ【畝町合】 28①85
うま【馬】→ばふみ→X 64②129
うまぜき【馬関】→せき 34⑦259
うまだち【馬立チ】 60③132
うまのねどこ【馬の寝所】 62⑤121
うまのり【馬のり,馬乗】 16①271/65③250
うまのりかご【馬乗籠】→かご→Z 65③283
うまはしり【馬走】→ばふみ 66②93,95,112
うまふみ【馬踏】→ばふみ 65①15,20,25,32,③173,178,183,184,195,198,200,202,203,204,206,276
うまや【厩,馬ヤ,馬屋,馬家,廄,厩,厩屋】→まや,むまや→Z 1①64,84,96,②157/2①11,④285/4①25,199/5①151,152/6①14,15/16①123,222,234,235,236,250,261/17①134/19①192,195,202,②283,286,386/20①228/22②117/23①85/24②237,240,③286/25①41,119,120,123,126/27①154,165,211,219,224,258,316,324,325,326,327,332,338,353,365,366,377/31②81,③109,122,④224/33①19,25,34,④229/34⑦250/36③294/38①12,14,16,19,②81,③194,④281,288/41⑦319,321/43①48/48①231/60③130,131,132,133,134,135,143,144,⑥360,363/62⑨320/63③134/66②116,119,⑦363/67④168/69①96,97/70⑥387
うまやあま【馬屋天,厩屋あま】 27①80,351
うまやうえ【馬屋上】 27①90
うまやかこい【厩囲】 19①195,②286
うまやしよう【馬屋仕様】 41⑦320
うまやじり【馬屋尻】 19②383/20①230
うまやずし【馬屋づシ】 43②208
うまやそこ【廄底】→I 69②331
うまやのあま【馬屋の天】 27①155
うまやのきば【馬屋のきば】 27①335
うまやのくち【馬屋之口】 41⑦320
うまやのしり【むまやの尻】 20①81
うまやのにかい【馬屋の二階】 27①340
うまやのはねばりした【馬屋のはね張下】 27①324

うまやはねばり【厩屋はねばり】 27①354
うまやはねばりした【厩はねばり下】 27①332
うみべのつつみ【海辺の堤】 15②270/23②133
うめくるみ【埋くるみ】 65③190
うめこが【うめこが】 9①18
うめたてひ【埋立樋】 28①75
うめどい【埋樋】 62②35/64③197/65①33,38,②135
うめどいふせかえごしゅうふく【埋樋伏替御修覆】 64③196
うめる【埋る】 39④220
うらいし【裏石】 65④354
うらうけないや【浦請ケないや】 66⑦370
うらづき【裏築】 65④333,334,346,347
うわおき【上置】 64③165,166/65①30,③229,248,271
うわくち【上口】 65②136,144,145
うわだな【上棚】 35①125/62④89
うわどこつき【上床突】 23①117
うわばり【上張】 23②134
うわぶち【上ふち、上ぶち】 27①172,178,179,370
うんかき【海垣】 34⑥145

【え】

え【ヱ、江】→D 5①63,146/27①39,152/36③237
えごしらえ【江拵】 39⑤258
えさらえ【江さらへ、江浚】 20①44/25①41/42④231,257
えすじ【江筋】 25②188/27①39/36③229,236,237/39④210,⑤258,276,297
えすじなか【江筋中】 27①307
えほり【江ほり、江掘、江堀】 2④295/19①53/39⑤258/42④279,⑤322
えほりかえ【江堀替】 42④257
えまたじ【江またし】 42④261,268
えみぞ【江溝】→D 1①45,46
えわり【江わり、江割】 42④244,248,257

【お】

お【尾】 65①29
おいうし【笈牛】→ひじりうし 65①15,16,17,18,25,29,30,33,34,35,36,③175,181,184,185,198,201,203,204,239,240
おいうしたて【笈牛たて】 65①17
おいけ【御池】 64②115,131
おうかんどうつくり【往還道作り】 29④271
おうかんばし【往還橋】 36③338
おうぎがたのみぞ【扇形の溝】 15②233
おうまや【御馬屋】 64①47
おおいけ【大池】 10②321/13①270/28①74
おおいじ【大井路】 15②267
おおいしうんそう【大石運送】 65④358
おおいしこぶだし【大石瘤出】→だし 65③204
おおいしつつみ【大石堤】 65③203
おおいしつみ【大石積】 65③173
おおいしつみだし【大石積出】→だし 65③205
おおかごだし【大籠出し】→だし 65③192
おおがま【大竈】 53④221,227
おおかわおおつつみ【大河大堤】 16①273
おおかわぜき【大河堰、大川堰】→せき 19②337,353
おおかわつききり【大河つき切】 16①279
おおかわのつつみ【大河の堤】 16①271
おおぎかしばし【扇河岸橋】 67①20
おおぐち【大口】 65③224
おおくちあわせ【大口合】 65③224
おおぐちどて【大口土手】 66②92
おおぐちどていしくら【大口土手石倉】 66②93
おおぐちほんどて【大口本土手】 66②95,97
おおくぼわけふなわたし【大久保分舟渡】 67①12
おおくま【大隈】 29②143,155,157
おおしめきり【大〆切】 64③165
おおたがほり【大たがほり】 17①129
おおたな【大架】 48①190
おおつつみ【大つゝミ、大堤】 14①234/16①272,273,280/65③173,178,188,228/70②140,141
おおどばし【大土橋】 67②113
おおなや【大納屋】→Z 58⑤312,315,330,331,342,344
おおにう【大ニウ、大乳、大鳰、大杁】→Z 1①101,102/6①72/24①119/36③271
おおねき【大ねき】 6①71
おおばさ【大バサ】 24①118
おおはし【大橋】→J 67②113,114
おおひじりうし【大聖牛】→ひじりうし 65③180,181,190,191,199,205,240
おおほりぬき【大堀ぬき】 64①41
おおますがただし【大枡形出し】→だし 65③178
おおまや【大馬屋】 2①125
おおみぞ【大溝】→D 3①24/16①332/37③291/55③207
おおみちぶしん【大道普請】 42③162
おおみなくち【大みなくち】 28②161
おおみなと【大湊】 15②293
おおむろ【大室】 51①41,42
おおよけ【大除】 30①100,101
おおわく【大枠】→わく→B、Z 53⑤326/65③173,205,240
おかだし【岡出し】→だし→Z 65③272
おかだめ【をかだめ】 67①14
おがみさるお【オガミ猿尾、おがミ猿尾】→さるお 23②141
おかむろ【おかむろ】→むろ 55②166,168
おかろくろ【岡轆轤】 15②295,297
おがわこがき【小川小垣】 65③238
おかわよけつつみどて【御川除堤土手】 66②97
おきはま【置浜】 52⑦313
おぐらい【小倉井】 65②139,140,142,143
おこが【居こが】 3④325
おさしおく【御指置】 65②127
おしえのくい【誨への杭】 22①75
おしこむ【押込】 65①36
おしたなうし【押棚牛】 65③204
おすいためおけ【汚水溜桶】 20①230
おちいり【落杁】 23①11,④182,183
おちこみ【落込】→X 65④315,319
おちみと【落水戸】 27①358
おとし【落し】→I 27①268
おどし【おとし、おどし、をどし、威シ】→なるこ 5①90/17①138,179/33①29,⑥337,342
おとしじり【落しり】 20①43
おとしぼり【落堀】 64③165,173
おとしぼりすじ【落堀筋】 64③173,197
おとりこし【御取越】→O 44①16
おなやみのごふしんしょ【御悩之御普請所】 29④277
おもていど【表井戸】 16①232
おもりかご【重り籠】→かご 65③191
おやぐらだい【御矢倉台】 65④333

【か】

かい【楷】→はざ 2①24,45
かいこだな【蚕棚】→こだな→Z 35①130
かいこのたな【蚕の棚】→こだな 3①56
かいこば【飼蚕場】→かいや→L 47②95
かいしんろうふしん【改心楼普請】 63⑦368
かいば【飼場】 47①21
かいばおきどころ【飼葉置所】 27①211
かいめんをしきる【海面ヲ仕切】 33②101
かいや【蚕屋】→かいこば

62④84
かかいどてふしん【河海土堤普請】 15②298
かかし【カヽシ、かゝし、かゞし、安山子、案山子】→そうず→Z
4①38/5①74/6①29,57/10①149,②343/12①143/14①59/17①138,139/20①98,②383/22④225/24①37,43/25①82/36①74/38③136,138,142,159/62②36,⑤122
かき【かき、垣、籬、牆】→かきね→A、D、N
2④283,⑤335/3④252/4①130,137/5①172/10②361/12①203,205,207,257,307/13①68,172,261,291/14①73,187/25②200/27①17,18,103/28①24,②266/30③253/32①211/33⑥322,334,336,349/34⑥150,157/36②106/38③124,127/41②82,92/43②122/54①268,295,297,298,307/56①91/62⑨341/68③363/69②282,287/70⑥398
かぎがたのだし【かき形の出し】→だし
65③253
かきくね【垣くね】 61②93,94
かきだし【垣出】→だし
65③206
かきね【かきね、垣、垣根、墻ね、牆根】→かき、くね→N
10①70/13①224/14①194/15①80/41⑦322/42⑥440/45⑦395/48①194/54①266,282/62⑤122/65③238
かきのきつつみ【柿木堤】 67②87
かきのて【垣の手】 25②216
かきはなし【かきはなし】→A、L
24③328
かきぶち【垣ぶち】 27①18
かきまき【垣巻】 27①18
かきゆい【垣ゆひ、垣結】→N
42③167,169,189,④246,247
かけかえしゅうふく【掛替修覆】
64③197
かけこしみぞ【掛越溝】 70②157
かけしば【掛柴】 34⑦257,260
かけだい【掛台】 70④268
かけとい【かけ樋、掛樋】→かけひ
20①43/65②146
かけどめ【欠留】 65③202
かけひ【カケ樋、懸樋、筧】→かけとい
1②180/4①191/6①186,240/7①60/12①105/53⑥396,401/62②35/65②135,136/67①20,21
かけぼしのだい【掛干の台】
62⑦187
かご【かこ、篝、籠】→あらかご、いしかご、いしづみかご、うまのりかご、おもりかご、くさりかご、くさりたてかご、くだかご、じゃかご、すてかご、せかご、たちかご、たてかご、たるきかご、つつみはらかご、にけんかご、ねかご、はらかご、ふじかご、ほだしかご、、よこかご→Z
16①299/65①15,19,21,25,28,30,33,34,35,36,38,②127,130,③175,180,185,190,268/66②96,112,113
かこい【囲、囲ひ】→A、K
4①233/47②114,④227/65③237,251
かごいしつみよう【籠石積様】
65①38
かこいつつみ【囲堤】 65③183,184
かこいば【囲場】 53④223
かこいものどころ【囲物所】 2①126
かごこだし【籠小出】→だし
65③185
かごさき【籠先】 65①36
かごだし【かこ出シ、かこ出し、籠出、籠出し】→だし→Z
65①10,16,28,③175,180,181,184,185,186,190,192,194,199,242,253,263,268,273,275,279,283/66②93
かごながだし【籠長出し】→だし
65③275
かごのせだし【籠のせ出し】→だし
65①17,30,35
かごまき【籠巻】 65③186
かごもと【籠元】 65①36
かさいし【笠石】 67③129
かさおき【かさ置】 66⑧410
かさぎ【笠木】→B
61⑩454
かじなや【鍛冶納屋】→Z
58⑤312
かじめ【かじめ】 11①39
かしらみなくち【頭水口】 19①55
かすがいけ【春日池】 44①42,48,56,57
かせ【かせ】 16①298,301
かぜよけ【風よけ】 9②216
かたがき【カたかき、かたかき、片カキ、片かき】 59②117,118,119,124,125,127,154,155
かたみいね【かたみ稲】 42④277
かためにお【かため杁】 6①70,71
かたもち【肩持】 65④358,359
かたやねふきのこや【片家根葺の小屋】 69①100
かたわく【片枠】→わく
65③240
かどならし【かとならし】 28②221
かどやましもよこてつつみ【神田山下横手堤】 64③169,182
かどやまよこてつつみ【神田山横手堤】 64③181
かどをあらす【かとをあらす、角をあらす】 65①10,27,28
かないにわば【家内庭場】 16①210
かぶがた【蕪形】 1①101
かぶりかさ【かふりかさ】 65②114
かべ【壁】 51①42/52⑦313
かぼちゃだな【かぼちや棚】
24①75
かま【カマ、かま、窯】 27①261/39⑥348/40④315/49①30/58⑤344/69①116
かまうちいれ【竈打入】 53④233
かまぐちいりごうあくすいぼり【釜口入郷悪水堀】 64③187
かまち【かまち】 28②151
かまとこ【竈床】 53④216,232
かまどのくち【竈の口】 49①94,196
かまのくち【竈ノ口】 53④216
かまのこうばい【窯の股倍】
48①375
かまのだん【釜之檀】 51①31
かまのへだて【窯の隔】 48①369
かまのよこぐち【窯の横口】
48①368
かまば【釜場、竈場】 24①15/30⑤400/69②315
かまひぐち【窯火口】 48①318
かまぼこなり【かまほこなり】
65①15,20,32
かまや【釜屋】→N
10②380/52⑦303,307,309,314
かまわき【竈脇】 53④216
かみすきば【紙漉場】 14①30
かみやえはらいけ【上八重原池】
64①69
かめ【かめ、罌】→つぼ→B、N
12①96/16①244/20①232/48①50,51,52,205,206
かやどて【茅土手】 34⑦261
かやはぐち【萱羽口】 65③201,237,240
かやはぐちだし【萱羽口出】→だし
65③240
かやはぐちどて【茅端口土手】
65①36
かやまき【茅巻】 62②41
かやや【かや家】→N
52⑤204,217
からしこづみ【辛子こづみ】
11⑤262
かりがねつつみ【かりかね堤】
65③178
かりごや【仮小屋】 4①130/25①25/36③290
かりせき【仮関】→せき
67③127
かりや【かりや、かり屋、かり家、仮屋】 57②120/64①71/66③144,⑥344,345
かりや【借屋】 63①53
かるべなかじまさかいつつみ【軽部・中嶋境堤】 67②87
かわあぜふしん【川あせ普請】
36③229
かわいけ【河池】 7②365
かわいで【川井手】 61⑩440
かわおもてなおし【川表直し】
65②146
かわかみつつみ【川上堤】 67③128,131
かわさばき【川捌】 57②201
かわざらえ【川さらへ、川浚】→R、Z
25①26/43②155/59③244
かわざらえふしん【川浚へ普請】
15②294
かわすじしかた【川筋仕方】
65②126
かわせき【河堰、川せき、川堰】→せき
37②103/66②112/70②127,179,180
かわせちがえ【河瀬違】 65③267
かわちやつつみ【河内屋堤】
64②119
かわつちば【川土場】 24①37
かわつつみ【川堤】 10②336/14①234/18①90/61④164,172,175
かわと【川戸】 43①39

かわどい【川土井、川土居】 11⑤232, 251, 267
かわどこさらえ【川床浚】 65③206
かわなかじまさんようすい【川中島三用水】 66⑤263
かわのせちがえ【川の瀬違】 16①278
かわのつつみ【川の堤】 62⑤123
かわばたどて【川端土手】 34⑦261
かわぶしん【川普請】 32②319/38④259/65③235
かわぶしんば【川普請場】 65③278
かわほり【川ほり、川掘、川堀リ】 11⑤263/28②146, 151/66②96
かわほりおおかわよけ【川堀大川除】 66①49
かわみぞ【河溝、川溝】 10②322/29③234, 242/41⑦329
かわむらきしがるせいしくらどて【川村岸がるせ石倉土手】 66②94
かわむらきしがるせおかわよけ【河村岸流類瀬御川除】 66②94
かわむらきしがるせどて【河村岸かるせ土手】 66②96
かわむらきしひろちようすいせき【川村岸広地用水せき】→せき 66②95
かわや【厠】→ふじょうしょ→N 19①195
かわよけ【堰、河よけ、川よけ、川除、川除ケ、川塘】→D 4①191, 233/6①68, 185/10①117/16①279, **293**, 294, **295**, 297, 298, 299, 300, 301, 303/25①26/30①119/33②101, 105/34⑦257, **260**/36③338/41⑤245/42④248, 258/56①181, 182, 183/57①28, 30, 31, 32, 33, 35, 36, 37, 39, 40, 43, 45/62②35/65①10, **11**, 12, 14, 16, 19, 20, 21, 22, 25, 26, 28, 29, 30, 31, 33, ②78, 87, ③172, 173, 174, 175, 179, 180, 183, 184, 186, 187, 188, 189, 191, 192, 194, 195, 198, 202, 203, 227, 240, 241, 243, 244, 247, 248, 274, 277/66②93, 112
かわよけいし【川除石】 57①21
かわよけいしづつみ【川除石堤】 65②89
かわよけしよう【川除仕様】 65①**10**, 14
かわよけだし【川除出シ】→だし 65①13, 29
かわよけつつみ【川除堤】 16①**303**, 319/65③226, 227, 228
かわよけどて【川除土手】 65①31, **39**/66②96
かわよけのふしん【川除之普請】 65③**235**
かわよけばしょ【川よけばしよ】 40①6
かわよけふしん【川除普請】 16①269/25①131/37②74/65①42, ③276, 280
かわよけふしんしよう【川除普請仕様】 34⑦257
かわよけやらい【川除やらひ】 35①70
かわらやきがま【瓦焼窯】→Z 48①**313**
かんじょうば【勘定場】→Z 58⑤330, 351
かんすけしんでんおちあい【勘助新田落合】 64③185
かんなべ【カンナベ】 39④210

【き】

きくあい【規矩合】 65④333, 340
きくずだしのくち【木屑出シノ口】 53⑥399
きぐら【木倉】 66⑦370
きごや【木ごや、木小屋】→まきごや 9①25, 36/42③152, 160/63③133, 134
きしかこい【岸囲】 65③237, 238
きしくずれしかえ【岸崩仕替】 43②185
きしくずれなおし【岸崩直し】 43②170
きしむらがるせいしくらどて【岸村かるせ石倉土手】 66②94
きずきよう【築やう】 65③249
きずく【築、築ク、築く】 65②70, ④341/69①116, ②195, 253
きたかぜよけ【北風除】 3④289
きど【木戸】 1②169/27①331/69②282, 287
きぬがわぐち【鬼怒川口】 64③179
きのす【木の簀】 41⑦320
きぶちはざ【木ふち架、木ぶち架】 27①176, 191
きべや【木部屋】→まきごや 29②125, 143
きみづかどて【きみ塚土手、君塚土手】 64①68, 69
きゅうすいぼう【急水防】 64③195
ぎゅうばにわ【牛馬庭】 39①51
ぎゅうばのいえ【牛馬の家】 10①101
ぎゅうばのだや【牛馬のだや】 9①30
ぎゅうばのふしど【牛馬の臥処、牛馬の臥所】 30①66, 107
ぎゅうばのふせぎ【牛馬のふせき、牛馬のふせぎ】 13①115/18①81
ぎゅうばのへや【牛馬の部屋】 35②379
きゅうりむろ【胡瓜室】 3④337
きよみずとうきがま【清水陶器窯】 48①364
きりいし【伐石】→B 66⑧400
きりながし【きりなかし、切なかし、切流し】→ながし 16①271, 279, 309, 310, 312, 327/65③250
きりはなし【切放シ】 67③136
きりひろげ【切広、切広ケ】→A 64③165, 166, 173, 177
きりよせ【伐リ寄セ】 32①189, 190, 216
きれしょ【切所】 65③193
きれしょうわおき【切所上置】 25①26
きれしょかりどめ【切所仮留】 64③182, 183, 184, 185
きれしょつきたて【切所築立】 64③171, 182, 183, 195
きんかくし【きんかくし】 16①229
きんせいかた【金制方】 61⑨325

【く】

くい【橛】 65③222
くいうち【杭打、杭打チ】 23②139/59①16
くいさるお【杭猿尾】→さるお 23②141
くいだし【杭出】→だし 65③237, 238, 247
くいちがい【喰違、齟齬】 62②35/65①17, 18
くいどめ【杭留】 36②107
くうどう【空道】→Z 53④216, 217, 218, 226, 227, 236
くえびこ【久延毘古、杭彦】 21①93/37③338, 341
くさにう【草ニウ】 24①99
くさにお【草圦】 42④244
くさりかご【くさり籠、鏈り籠】→かご 65①15, 34
くさりたてかご【鏈り立籠】→かご 65①20
くだかご【くた籠】→かご 65①34
くち【口】 35②350
くちをあける【口を明ける】 65④331
くつにてわたる【沓ニ而歩ル】 65④329
くどぐち【くど口】 41⑦328
くね【くね】→かきね 66⑦369
くねぐみ【くね組】 36③316
くましべや【くまし部や、くまし部屋】 61④166, 167
くみたてのたな【組立の棚】 48①366
ぐやふしん【具屋ふ普】 33⑤262
くら【倉、倉稟、蔵、土蔵】→R 3①17, 18/5①33, 35, 83, 86, ③249, 285/8①66, 258/9①65/15②139/17①145/18①100/19②328/23②135/25①78/27①27, 80, 200, 201, 208, 221, 222, 224, 331, 384/28②259/29①8, 19, 26/37②119/58⑤345/66②116, ③142, ⑥339, ⑦363
くらいれにお【蔵入秋】 6①70, 72, 73
くらおきば【くら置ば】 27①377
くらのこし【蔵の腰】 27①340
くらや【蔵屋】 39③146
くりあげつるべ【くりあけつるへ】 16①217
くりみと【くり水戸】 27①120
くるまつるべ【くるまつるへ】 16①217
くるまばし【車橋】 65④312, 315, 328, 331, 332
くるまばしのながさ【車橋之長】 65④**323**
くるむ【くるム、くるむ】→A 65①15, 20
くるわ【曲輪】 16①323
くろきいり【黒木圦】 65②93,

110
くわいあな【甕穴】 34⑤103
くわいだめ【甕溜】→こえだめ 34⑤99
くわいぼり【甕堀】 34③48
くわいや【甕屋】→こえや 34②20,③54,⑥140

【け】

げこふしん【下戸普請】 63⑦362,363
げすいはき【下水はき】 16①321
げすいはきのみぞ【下水はきの溝】 16①122/17①82,83,87
げすいはきのみぞかわ【下水はきの溝川】 16①112
げすいもん【下水門】 66②95
けっこう【桔槔】 24①162/48①216
けらば【ケラバ、けらバ、けらば】→にお 4①30,31,64/39⑤293
けんかがま【けんくわ竈】 41⑦331
げんじょうりゅう【元浄流】 65③239

【こ】

こいけ【小池】 4①192/12①106/13①268,272/64①49/69①63,80
こいしつつみ【小石堤】 16①306
こいで【小井手】 65②108
こいりさき【小杁先】 23④183
こいりばしょ【古杁場所】 64②134
こう【垎】 4①214
こう【甲】 53④216
こう【閘】→いりひ、ひ(閘) 4①191
こうきょく【溝洫】 12①105/69②161,186,195,206,213,217
こうこう【香香】 16①227,228
ごうしあな【こうし穴】→J、Z 59②109,123,124
こうじむろ【麹室】 3④306/55③414,419,424,455
こうづか【秙塚】 18②288,291
こうなみせき【神波関】→せき 65②110
こうばい【かうはい、勾配、勾倍】→A、D、X、Z 64③179,183/65①14,18,27,③225,④333,336
こうばいのり【勾配撫】 65④336,364
こえがめ【こゑかめ、肥瓶】→こえつぼ→B 14①152/23①84,91,⑤272
こえぐろ【こへ塚】→D 41②103
こえごや【糞小屋】→こえや 69②256,257
こえだまり【こえ溜り】→D 20①228
こえだめ【肥溜、糞溜】→くわいだめ→Z 1①90/31②69,76/69②296
こえだめいけ【糞溜池】 69②296,299
こえづか【肥塚】→こやしつか、こやしば→I 18③353,354,358,369/25②189
こえつぼ【こへ壺、肥壷、糞坪、糞壷、糞窖、屎坪】→こえがめ、こが、こやしつぼ 8①123/19①195,②286/41②133/69①58,82,91,111,113,②244,296,299,302
こえにゅう【肥鳰】 36③249
こえば【こゑ場】→D 23⑥308
こえばこ【糞筐】 69①93
こえや【こへ屋、こゑや、こゑ屋、肥屋、肥家、糞屋、糞家】→くわいや、こえごや、こやしごや 1④322,328/4①202/8①125/12①92,94,95/18③353,355/23⑥308/33④229/34⑦248,249/40②172/41⑤241,⑥270,278,⑦318/69①73,74,97
こが【こが】→こえつぼ 9①11,17,18,19,57,123
ごかそんいりぬまあくすいぼり【五ケ村入沼悪水堀】 64③186
こがた【小形】 65④342
こがま【小竈】 53④221,227
こぐちしば【小口芝】 16①298
こぐちそだ【小口そた、小口そだ】 16①286,298,320
こくま【小隈】 29②150,155
こくらいすじ【小倉井筋】 65②94
こごしらえ【小拵】 34⑦248
こしおね【腰おね】 34⑥121
こしかけ【腰掛】 65③265
こしや【越屋】 52⑤204,211,217,221
ごしんちすいもん【御新地水門】 65④333
こしんでんふるほりおとしぐち【古新田古堀落口】 64③183
こぜき【こせき、こぜき、小せき】→せき 65②79,88,89
こせとつつみ【小瀬戸堤】 67③130
こだし【小出、小出シ、小出し】→だし 65①15,16,③175,204
こだな【蚕架、蚕棚】→かいこだな、かいこのたな 35①147/47②97,115
こだん【小段】 65③201
こちのわかれ【古地之分れ】 67②102
こっつすじ【木津筋】 64②114
こづつみ【小堤】 16①298,327,332
こつなや【骨納屋】 58⑤312,331,345
こつぼ【小壺】→D 34⑥161
こて【小手】 6①190
こどて【小土手】 12①64/14①234
こなしば【こなし場】→D 69①80
こなしや【こなし屋】 4①63/10②312
こなや【小なや、小納屋】→Z 58⑤312,331
こにう【小ニウ、小乳、小杁】→Z 1①101/24①119/39⑤288
こねき【小ねき】 6①71
このはをとむるふせぎ【木ノ葉ヲ留ムル防キ】 32①112
ごのめ【五の目】→Z 65③238
こばせ【小ばせ】 2①49
こばのみぞ【木庭ノ溝】 32①210
こはま【こはま】 52⑦312
ごふしん【御普請】→R 57②169/67④176
ごふしんしかた【御普請仕形】 65③172
ごほうぞう【御宝蔵】 7②373
こほりとうのふしん【小堀等の普請】 21③155
こほりぬき【小堀ぬき】 64①41
こまうまや【駒馬屋】 27①356
こまふみ【駒ふミ】→ばふみ 28①73,75,77,78/65②71
ごみすてば【コミ捨場、ゴミ捨場】 38④283,284,287
こみぞ【小溝】→D 30①101/34⑧312/41⑦339/45③154,163/65②113,114,136/69①57,87
こみち【小道、小路チ】 30①122/39⑤255
ごみつちだめ【こミ土溜】 34⑦250
こみなくち【小みなくち、小水口】 1①73/28②161
ごみやきがま【こみ焼窩】 24①75
こむろ【小室】 51①41,42
こめぐら【米蔵】→こめどぞう→Z 6①217
こめこしらえすりば【米拵摺場】 1①104
こめだな【こ(と)め棚】 4①22
こめどぞう【米土蔵】→こめぐら 2①125
こもがき【こも垣、薦垣】 29②122,③253
ごもくば【鬱棲】 69②181,253
こや【小屋、小家、木屋】→Z 1①102,②185,193,197/2①63/6①29,130/10②361/13①261,263/16①233/18③353/21③155/22⑥386/24①25,144/27①148,155,269/29②148/32②323/34⑦249,250/36③289/40④328/41③184,⑦329/42⑥393,394/45①41,42,43,④206,207,⑦381,396/48①228,316/49①33,34,41,42,196,197,198/50②167,181,③268/56①209/58①44/61①33,⑨265,287,297,299,300,312/63④261,⑤301/66②99,109,③156,④224,⑤263,264,274,305,⑥338,⑦365,369,⑧397,401/67①13/69①80,②180,244,246,253,281,282,283,284,288,289
こやがけ【小屋掛、小屋掛ケ、小屋懸ケ、木屋かけ】 64①57,61,⑤350/66①37,②109,110/67④170
こやしごや【糞シ小屋、糞苴小屋、壌小屋】→こえや 61①32/69②180,181,248,252,331
こやしつか【肥し塚】→こえづか 25②204
こやしつぼ【こやし壺、肥し壷】→こえつぼ 11①37/69①91,119

こやしば【糞場、糞壌】→こえづか→D　3③144/69②253,296
こやたてもの【小屋建物】　1①96
こやば【小屋場】　69②281,285,289
こようすい【小用水】　4①188
ごろうがたきふきあげ【五老ヶ滝吹上】　65④318
こわく【小わく、小枠】→わく　16①298/53⑤326,352,359/65③203,206,240
こわり【小割】　65②77
こわりぶしん【小割普請】　65②137

【さ】

ざ【座】→D　27①199/32①25
さいえんのみぞ【菜園ノ溝】　32①210
さいくごや【細工小屋】　66⑥332
さいしき【さいしき】　28②221
さいじょう【西浄】　16①227,228
ざいもくだしみち【材木出し道】　34⑧309
ざいもくなや【材木な屋】　27①342
さいれいふしん【祭礼普請】　63⑦359
さお【棹】→B、J、N、Z　62⑤128
さおつるべ【さほつるへ】　16①217
さかあげとめせきわく【逆上留関枠】→わく　64③184,195,197
さかいぐい【境杭】→B　22①74/36③201/64④279
さかぐちでえ【坂口土井】　11⑤227
さかぐら【酒蔵】→さけどぞう　24③270
さかさこぶだし【逆瘤出】→だし　65③180,181
さかななや【さかな納屋】　27①331
さかはざ【坂架】　27①172
さく【柵】　30①122/40②160
さけどぞう【酒土蔵】→さかぐら　2①125
さしき【さし木】→A　28①74
さしちがえにお【指ちかへ杁】　6①70
さで【木掛】→はざ　19②301
さといど【里井戸】　66⑧392
さとうごや【砂糖小屋】　44②162
さぶた【さふた】　28①74,75
さやいしがき【鞘石垣】　65④332,346
さらいとり【浚取】　29④277
さらう【さらう、さらふ】　65②78,87/66②113
さらえ【浚】→A、B、Z　64③181,182,183,184,185,187,195,196
さらえあげる【浚扱揚る】→A　15②214
さらえちょうば【浚町場】　64③197
さらけふしん【さらけ普請】　64①83
さらしば【晒し場、晒場】　50③268/53②114
さるお【さる尾、猿尾】→いぼさるお、おがみさるお、くいさるお、つぎさるお、つちさるお、ながさるお　16①279,293,294,296,**298**,299,315/65③263,**269**,274,275,279
さるおだし【猿尾出し】→だし　65③251
さんかくわく【三角枠】→わく　65③240
さんじゃくつぼ【三尺坪】　37②94
さんずんわたり【三寸渡り】　65②64
さんせきぐち【三堰口】　66⑤292
さんぞくにお【三速杁】　39⑤288
さんぞくほにう【三束穂にう】　20①102
さんだて【算立】　65②64
さんびゃくたばつみいなにう【三百束積稲似宇】　19①85
さんよう【算用】→K、L　65②68

【し】

しおい【塩井】　52⑦285,286
しおいけ【塩池】　52⑦285,286
しおがき【汐垣】　34⑥144,145
しおがま【シホ釜、塩竈、塩釜、塩竈】→Z　1②180/5④343/6①102/10②381/15①97/61⑨328/69①116,117,②380
しおかわつつみ【汐川堤】　67③136
しおつぼ【潮坪】　10②380
しおどめ【汐留】　23②132
しおぬきのえ【汐抜の江】　23①104
しおはま【しほ浜、塩浜】→Z　10②362,379,381/14①66,403/16①284/52⑦299,300,301,303,312/70②135
しおや【塩屋】→M　12①169
しおやきがま【塩やきがま】　69①116
しおよけ【潮除】　65③238
しおよけがわ【汐除川】　23②132,④183
しおよけつつみ【潮よけ堤、潮除堤】　16①286,**320**,321,324/25①26
しおよけのつつみ【潮よけの堤】　16①322
しかけよう【仕懸様】→A　34⑦256
しかごや【鹿小屋】　3③157
じかたふしん【地方普請】　34⑦**256**
じかたようすい【地方用水】　4①189
しかや【鹿屋】　17①139,179
しがらみ【しからミ、しからみ、しがらミ、柵】　12①106/16①272,286,287,299/19②389/36②107/62②35/65②132,③226,238,265
しがらみくい【柵杭】　65③206
しがらみぜき【しからミ堰】→せき　4①192
しがらみだし【柵出】→だし　65③273
しき【敷】　16①332,333/65①15/66②112,113
しきぼり【舗堀】　24①133
じごくわく【地獄枠】→わく　65③272,274
じざいだな【自在棚】　35①158
じさげ【地下ケ】→A　31④222
ししおどし【鹿驚、鹿驚し】　6①72,240
ししがき【しゝがき、しゝ垣、鹿垣、猪垣】　20①211/34⑥145/39⑥333/57②146
ししがきつきたて【猪垣築立】　34⑥144,145
ししのおじぼうず【鹿のをぢ坊主】　20①98
ししのぞめ【猪のそめ】　24①37
しずめわく【沈枠】→わく　65③180,190,191,194
しただな【下棚】　35①125/51①44
したのかまど【下の竈】　49①43
したぶち【下ぶち】　27①171,172,176,177
したみふち【下タ三ふち、下三ふち】　27①373,375
じっけんはで【十間はで】→はざ　9①107
じっけんはんえんのはし【拾間半円之橋】　65④**320**
じなおし【地直、地直し】→A　23①12,13,54,**94**,98,99,115
じなおしのふしん【地直の普請】　23④188
じなおしふしん【地直普請】　23④189
じならし【地平】→A、B、Z　65②82,101
しば【柴】→A、B、E、G、I、N　36②107
しばいで【芝井手】　34⑦256
しばいのこ【柴いのこ】　34⑦257,260
しばこぐち【芝小口】　16①273,287
しばこぐちのつつみ【芝小口の堤】　16①272
じはざ【地はさ】　4①30,62
じばし【地橋】　65④328
じばしくずし【地橋崩し】　65④347
しばぜき【柴堰】→せき　42④233
しばにょう【柴饒】　19②423
しばはし【柴橋】　62①13
しはめ【仕はめ】　65①37
しばや【しばや、柴屋、芝屋】　28②155,202,254,270/64①46
じぶしん【地フシン、地普請】　4①235/7①67/8①249
じぶんいけ【自分池】　28②222/44②80,83,84,85,86,88,90,91,92
じぶんうけばのいで【自分請場之井手】　29②128
しほう【仕法】→A、N　65④327,356
しぼりば【搾り場】　50①44
しま【乳】→にお　2①47,63

しまだおおくちばらい【嶋田大口払】 42③162
じむろ【地窨】 55③283, 344, 347, 399
しめごや【〆小屋】 30⑤399
しもうまや【下厩】 2①125
しもおおい【霜おほひ、霜覆、霜覆ひ】→A 12①366, 381/14①310, 343, 369, 370, 388, 389, 394, 400/33⑥388/55①18, 55
しもがこい【霜囲ひ】→A 14①305
しもせき【下堰】→せき 66⑤292
しもみと【下水戸】 6①28
しもや【下屋】 63⑤304
じゃかご【じやかこ、しや籠、蛇籠、石籠】→かご→Z 16①272, 298, 299, 300, 321, 328/34⑦257, 260/62①13, ②33/65③189, 190, 193, 194, 199, 237, 240, 247
じゃかごだし【蛇籠出】→だし 65③240
しゃくぎ【尺木】 65①20, 33, 35, 39
しゃくぎあみしき【尺木あみ敷】 65①18
しゃくぎうし【尺木牛】→ひじりうし 65①28, ③206
しゃくぎかき【尺木垣】 65①18, 19, 21, 25, 36
しゃくぎかきだし【尺木垣出し】→だし 65①30
しゃくはちひ【尺八樋】 28①74
じゃりつつみ【砂利堤】 65③190
しゅうき【溲器】 20①231
しゅうのうごや【収納小屋】 21①50/38④265/39①41
しゅうふく【修フク、修覆】 8①205/23②132, 133, 134, 139
しゅうほ【修甫、修補】→A 34①7, ②21, ⑥119, 146
じゅうらくじすいしもせき【十楽寺水下堰】→せき 36③324
じゅうらくじせき【十楽寺堰】→せき 36③324
しゅうり【修理】→A、L 4①191/36③200, 229, 270
しょうえもんしんでんせきわく【庄右衛門新田関枠】→わく 64③179
しょうえんのまがき【小園の籬限】 11③145
しょうぎがしら【せうき頭】 66②94
じょうさらえ【定浚】 64③196
しょうじ【障子】→B、N、Z 55②166, 168
じょうしきかわよけつもりかた【定式川除積方】 65③186
しょうしゃそう【小社倉】 18①176
じょうせき【常堰】→せき 8①205
しょうべんだめ【小便溜】 69①91
しょうべんつぼ【小便つぼ】 13①174
しょうべんふね【小便槽】 19①196, ②287
じょうみなくち【じやう水口、常水口】 1①76, 77, 78/39⑥325
しょどおちくち【初度落口】 65④322
しょふしん【諸普請】→R 31②70
しり【尻】 65②141, ④333
しりみぞ【尻溝】 30①101
しりみと【尻ミと、尻水戸】 27①46, 120
しりみなくち【尻水口】 19①55
しんいけ【新池】 28①72
しんいり【新杁】 64②132
しんいりふせこみ【新杁伏込ミ】 64②134
しんかわしわざ【新川仕業】 36③222
しんぐら【新蔵】 52⑤212, 213
しんげんづつみ【信玄堤】 65③199
しんこっついすじ【新木津井筋】 64②128
しんせき【新せき、新堰、新関】→せき 22①54/64①68, 69, 70
しんつつみ【新堤】 16①304, 306, 332, 333/65③283/67②87, 112
しんつつみきれと【新堤切戸】 67②114
じんとりどひょういり【陣取土俵入】 62⑤123
しんふだたてば【真札立場】 59②101
しんぼり【新堀】 22①54, 55
しんみなくち【新水口】 20①63
しんむろ【新室】 51①43
しんゆ【新井】 65②131

【す】

す【簀】 14①298
すいしゃ【水車】→M 10②343/23③150/29③218/36③328/42⑥419/48①286/50①58, 69, ②168/53⑤298/61⑨344/65②93
すいしゃや【水車家】 66⑤256
すいちくのいけ【水畜の池】 13①270
すいと【水戸】 65④312
すいとう【水塘】→E、N 34①9, ⑥142
すいどう【すいど、水道】→D 7①60/28②167, 169, 215
すいぼう【水防】 64③183, 184, 185, 187, 197
すいぼうかた【水防方】 65③248
すいもん【水門】→Z 4①59, 188/16①334/24①43/65②143/67③129
すいもんをふせる【水門をふせる】 65①37
すいり【水利】→A、D 4①193/12①105/65③210/68③361/69②217/70①18
すいりほう【水利法】 69②196
すいりゅうどめ【水流留】 59④290
すいろ【水路】 2⑤327
すえおけ【すゑ桶】 16①229
すがおじがばぼり【菅生次賀場堀】 64③177
すがき【簀垣】 64④274
ずき【ずき】→B 27①377, 378
すけ【椿】 31④167
すけぎ【すけ木】 13①108
すご【すご】 27①333
ずし【すし】→N 9①30, 54, 121/28②200
すじぬき【筋抜】 23①98, 99
すじぬきえ【筋抜江】 23①99
すずき【すゝき】→にお→A 28②232, 238, 243, 268, 269
すすめ【すゝめ】 28①74
すたれい【禿れ井、禿井】 23①116, 119
すだれわく【簾枠】→わく 65③193
すていし【すて石、捨石】→B 16①286/65③256
すてかご【すて籠】→かご 65③272
すてみぞ【捨溝】 34⑥118
すてむなくと【すてむなくと】 9①70
すてらんぐい【捨らんくい】→らんぐい 16①277
すなあげ【砂揚ケ】→A 34⑦257
すなだめ【砂溜】→Z 39④210
すなつつみ【砂堤】 16①306
すなぬきいり【砂貫杁】 64②130
すなはま【沙浜】→D 52⑦310, 311, 312
すなゆりば【砂ゆり場】 61⑨327
すなよけすがき【砂除簀垣】 64④274, 290, 308
すばいどこ【炭灰床】 53④217
すみいし【隅石】→Z 65④346, 358
すみがま【炭竈】 6①216/53④214
すみどてきずき【墨土手築】 34⑦257
すりこうばい【すりこうはい】 65①27

【せ】

せかご【瀬籠】→かご→Z 65③267
せき【せき、せぎ、堰、関、壜】→あなぜき、あらいぜき、いいづかせき、いくいぜき、いせき、いなわしろこみずせき、うまぜき、おおかわぜき、かりせき、かわせき、かわむらきしひろちようすいせき、こうなみせき、こぜき、しがらみぜき、しばぜき、しもせき、じゅうらくじすいしもせき、じゅうらくじせき、じょうせき、しんせき、せんがんせき、そうちくぜき、そらせき、だいもんせき、たかいせき、たけせぎ、つなせき、つるぬまがわせき、とおせき、なかぜき、のうがわせき、はつせき、はっちょうちぜき、はなしせき、ひらおかせき、ひらせき、ひろにしせき、ふかぜき、ふなとおしぜき、ほそぜき、ほりぬきようすいぜき、ほんいぜき、まだらめむらおおくちようすいぜき、みずせき、みずぬきせき、みやがわせき、ようすいせき、わみせき→D 1③265, ④302/4①188/8①205/16①297/25①26/30①

119/36①43,48,63,③236,257/37②77/39③157/43③248/61⑨324,338,339/62⑧274/64①40,77,83,④308/65①37,②108,112,113,114,117,136,140,③240/67②102/70②138,139,147,149,150,151,154,155,156,158,159,160,161,162,163,164,166,168,170,171,172,173,175,176,178
せぎ【瀬木】 24①75
せきあげ【堰上、堰揚、関上ケ】→A、L 20①43,44,②371/43②167/65②85,116
せきいた【せぎ板、関板】→Z 62②35/65②135/66⑧409,410
せきかわ【堰河】 70②126,133,146,181,183,184
せきぐち【せき口、堰口】 1①77/19②348/20①42/61⑨339/65①37
せきし【関仕】 43②165
せきじり【堰尻】 20①44
せきすえ【堰末】 65①37
せきだい【堰台】 1①102
せきどて【堰土手】 65①31
せきねどめ【関根留】 36②107
せきのだい【堰の台】 36①63
せきのみなくち【堰の水口】 1①78
せきば【堰場】 8①158
せきばらい【堰払】 39③159,160
せきぶしん【堰普請】 18⑥496/64①71
せきぼり【堰堀】 20①44
せきみち【せき道】 64①41
せきみなくち【堰水口】 1①77,102
せきわく【関枠】→わく 64③181,195
せく【堰】 49①195
せせなぎ【せゝなき、瀆】→I 33④178/36③192/39①55
せたや【せた屋】 52⑤211,221
せちがい【瀬ちかい、瀬ちかひ、瀬違ひ】 16①102,328/65③248
せちがえ【瀬違】 16①282/65①17,②78,88,③267
せっちんおとし【雪隠をとし】 27①281
せっちんがまえ【雪隠構】 19①195,②286
せっちんこしらえ【雪隠拵】 44①23
せっちんのうち【雪隠の内】 19①196
せっちんはいば【雪隠灰ば】→D 27①258
せどいけ【せと池】 42⑤330
せとぬまいりあくすいぼり【瀬戸沼入悪水堀】 64③187
せどめ【瀬留】 65①12
せわり【瀬割】→A 65①15,16,18
せんがんせき【千貫関】→せき 65②146
せんしゅうさかいやきのどび【泉州堺焼の土樋】 61④166
せんすい【泉水】→D、J 10①140/59④304,385,⑤428,429,430,431,432,434,435,436,438,439,441,442,444/65④315
せんぼぐち【千保口】 42④233

【そ】

そうおく【竈屋】 52⑦283
そうしき【搌式】 29②128
そうず【そほつ、僧都、添水】→かかし 1②192/6①29,72/10①149,②343/20①98/24①162/37③329
ぞうずだめ【ざうず溜】 27①291,323
そうちく【宗築】 34⑦257,260
そうちくぜき【宗築関】→せき 34⑦259
そうにゅう【さふ鳰】→にお 36③271
そうりん【倉廩】→R 5②219/10②374/12①116/18①107
そこひ【底樋】 28①74/39③159/61④166
そすい【素水】 18②274
そそけにお【ソヽケ杁】 39⑤288
そだこぐち【そた小口、そだ小口】 16①272,273,286,287
そだはぐち【麤朶羽口】 65③201,240
そだはぐちだし【麤朶羽口出】→だし 65③240
そでわく【袖わく】→わく 16①279,293,294,298,300,302,315
そといけ【外井、外井戸】 27①293,323
そとうまや【外厩】 19①195
そとぐらやしき【外蔵屋敷】 27①347
そとこうばい【外勾配】 23②133
そとつつみ【外堤】 23②139
そとのり【外法】 23②138
そとぼり【外堀】 2⑤326
そとまや【外馬屋】 1①91,96,102/19②286
そらせき【そらせき、空せき、空堰】→せき 42④231,240,245,260,261,268

【た】

だいかくさんけいみち【大覚参詣道】 67②112
だいきかいばけんちく【大機械場建築】 53⑤294
だいくなや【大工納屋】→Z 27①77,331/58⑤312
たいこがらみ【太鞁からミ】 34⑦257,260
だいこんがた【大根形】 1①101,102
だいずはざにう【大豆架にう】 27①169
たいとわらをかけるはざ【秈藁を懸る架】 27①155
だいば【台場】 69②314
たいへいずみやくかま【太平墨焼窯】 49①98
だいもんせき【大門せき、大門堰】→せき 64①41,44,45
だいもんみずあてしょ【大門水当所】 64①43
だいようすいろ【大用水路】 25①41
たかい【汏澮】 20①347
たかいしがき【高石垣】 65②91,④332,333
たかいせき【高井堰】→せき 63①36
たかこみおおみち【田囲大道】 30①122
たかざわばし【高沢橋】 67①20
たかどて【高土手】 66⑤263
たかどめ【高留】 36②107
たかばり【高梁】→Z 65④328
たかほり【たか堀】 17①82
たきぎいれそうろうところ【薪納候所】 27①317
たくわいわらにう【貯ひわらにう】 27①377
たけおうえ【竹御植】 65②127
たけがき【竹垣】 4①141
たけぎきりかけ【竹木伐かけ】 65②78
たけくね【竹くね】 66⑦369
たけす【竹ず】→B、N 13①269
たけせぎ【岳堰、嵩せき、嵩堰】→せき 64①44,45,48,57,62,83
たけだな【竹棚】 13①99,112/25①62
たけのかき【竹のかき】 12①371
たけぶち【竹ぶち】→B 27①176
たけやぶのかき【竹藪のかき】 9①56
たけよこぶちのはざ【竹横ぶちの架】 27①191
たごとのみなくち【田毎の水口】 30①117
だし【だし、出、出シ、出し】→あらいだし、いしだし、いしづみだし、いしふねだし、いちばんだし、いろりだし、うけだし、うしがきだし、うずみだし、おおいしこぶだし、おおいしつみだし、おおかごだし、おおますがただし、おかだし、かぎがたのだし、かきだし、かごこだし、かごだし、かごながだし、かごのせだし、かやはぐちだし、かわよけだし、くいだし、こだし、さかさこぶだし、さるおだし、しがらみだし、じゃかごだし、しゃくぎかきだし、そだはぐちだし、ちょくだし、つぎだし、つちだし、ながしだし、のせだし、びょうぶだし、らんぐいだし、わりいしだし→Z 28②236,244/65①16,17,18,25,26,27,28,30,③192,193,222,241,251,265,269,271,272,273,274,284/66②94,96,115,116
たすけ【梼】 65④318,319
たすけじめ【梼歩】 65④318,319
たすけばしら【梼柱】 65④318
たたい【湛井】 67②102
たたきつち【煉土】→D 69②181,315
たたきつぼ【たゝき壺】 29②144
たたら【たゝら】 53①33
たちかご【立籠】→かご 65①15,27,③175,195,198,201,204,205,206,240

たちきど【立木戸】 27①347

たつぼ【田壷】→A、D 5①49,50

たて【タテ、たて、ダテ、だて、楯】→にお 5①87/7①78/8①161,207,208,209,211/70④263,268

たてかご【竪籠、立かこ】→かご 65③272/66②113

たてき【建木】→B 24①104

たてながみぞ【立長溝】 34⑥121

たてにお【立杁、立て杁】 6①70,95

たてば【立場】→D 41⑦321

たてひ【立樋】 28①74/64②129,130,131,132,135

たてわく【竪枠】→わく 65③240

たな【たな、架、架棚、棚】→B、J、N 3①50,④224/5①109/6①190/11⑤252/12①307,368,377/13①27/16①232/24①105,139/25②216/27①325/28②166/33⑥321,328,388/35①108,143,153,156,②300/37②68/38③128/41②94/45①35,④204,205/46①13,66,73,76,77,88/47①31,②94,97,104,147,148/48①67,68,219,368/49①7,17,20,94,95/50②195,199,204/51①42/55②130,138,③291/56①43,54,60,87,89,105,107,117,161,168,175,176,212/61⑩455/62④88,94,96/65①33,34,35

たない【たな井、種井】→たねいど→Z 3④223/16①127/17①19,25,26,27,28,**29**,30,31,32,33,34,36,38,41,42,43,44,45,46,47,49/37③287/38①9,15,②79

たないけ【たな池、種ナ池、種子池、種池】 1②142/4①216/12①140/19②415/20①46,70,82/27①30,258,342/29②123/31⑤252,258/33①15/36①44,②100,103/37②74/39⑤255/63⑧434/67⑤208

たなうし【棚牛】→ひじりうし 65①17,③175,180,181,184,185,191,198,201,205,239,240

たなおす【田直ス】 39⑤259,272

たなこしらえよう【架拵様】 48①190

たなじ【たなぢ】 11⑤235

たなだい【棚台】 55②179

たなつき【棚築】 64②119

たなぼり【種ナ堀】 39⑤255

たなもとじり【棚下尻】 5①141

たなをかく【棚をかく】→A 13①105,168,171,186,190

たなをつくる【棚をつくる】 13①171

たにお【田乳】→にお 1①38,97,98,99,102

たにかわよけ【谷川除】 65②79,89

たにわたしながさ【谷渡し長】 28①78

たにわたり【谷渡】 65②71

たねいど【種井戸】→たない 22②101/66⑦368

たねかしのい【種かしの井】 17①29

たのさゆうのみぞ【田の左右の溝】 29①60,72

たのしたみと【田の下水戸】 6①205

たのそこをぬく【田ノ底ヲ抜ク】 38④258

たのみなくち【田の水口】 1④326/25①16

たばこはざ【たはこはさ】 4①118

たはたあぜかこい【田畑疇囲】 20①234

たまめ【溜】 62⑧265

たまり【溜り】 70⑥394

たみと【田水戸】 4①64

ため【溜、溜め】→I 3④226,227,230/41⑦321/62②35

ためい【溜井】 38③194,197/62⑧274

ためいけ【ため池、溜池】 15②245/20①84/25①107/36①**39**/46③207/61④166/62①13/63⑧443/65③228/66⑧392

ためおけ【糞水桶、溜桶】→B、Z 3③158,④325/5①165,176/16①233,244,262/21①85/25①123,124/33⑤239/36②120,122/38④278/52⑦305/59⑤443/69①56,93,128

ためかめ【溜甕】 33①20,40

ためつぼ【ためつぼ、溜坪】 16①243,244

ためぼり【溜堀】 2⑤326/19①197,②288

だや【たや、だや、駄屋】 9①12,17,30,35,37,56,69,81,120

たやあくすいばき【田屋悪水吐】 65②110

たるきかご【椽籠】→かご 65③185,190

たるきわく【椽枠】→わく 65③180

たれ【たれ】 65②65,66,67,85,93,94,95,96,97,106,108,109,112,113,114,115,116,117,118,131,132,133,134,136,139,140,141,142

だんい【段井】 65②142,143

たんぼのふしん【田甫の普請】 24①133

【ち】

ちがいのところ【チカヒノ所】 27①181

ちがんづつみ【智岸堤】 65③193

ちくぼくのいかだ【竹木の筏】 16①276

ちくり【竹籬】 11③144/14①195

ちゃや【茶屋】→M 64①47

ちゅうがま【中竈】 53④221,227

ちゅうひじりうし【中聖牛】→ひじりうし 65③240

ちょうけん【丁見】 65③232

ちょうば【丁場、町場】→D 28①69,70/42④233,239,242,254,261/64③183,185,187,195,197/65②75,76

ちょうぶ【丁歩】 64③181

ちょくだし【直出し】→だし 65③181,242

ちりあな【ちり穴、ち利穴、塵穴】 19①197,②288/20①231

ちりあなほりじょ【塵穴掘所、塵穴堀所】 19①197,②288

ちりだめ【塵溜】 34⑦248,250

ちりためどころ【ちり溜所】 34⑥140

ちりづか【チリ塚、塵塚】→I 13①252/38④284,285

【つ】

つき【つき、築】→E 65②67,68,118,146,③178

つきいし【築石】 65④312,327,333,340,344,346,358

つきいしまさあわせ【築石柾合】 65④340

つききり【築切】 64②131/65③224,273,283

つききれ【ツキ切レ】 65③283

つぎさるお【継猿尾】→さるお 65③275

つぎだし【継出し】→だし 65③275

つきだす【築出、築出す】 65③273,274

つきたて【築立】 65③173,175,179,190,④327,332,333

つきたていり【築立杁】 64②129

つきたてる【築立る】 65④328

つきつち【つき土、築土】→D 65②72

つぎて【次手】 65②72

つぎてのしかえ【接手の仕替】 65④319

つきどめ【築とめ、築留】 23③147/64②119/65③188,224

つきどめぶしん【築留普請】 65③228

つぎのべ【継延】 65③271,④320,**322**

つぎのべおちぐち【継延落口】 65④**322**

つきのわ【月輪】 65③239,240

つきべい【築塀】 55③464

つぎめ【接目】→A、Z 65④319,328,353

つきやま【築山】 31④219

つく【築】 65②119,④346

つくりごやのためおけ【作小屋之溜桶】 33⑤243

つくりはざ【作はさ、作りはさ】 4①30,62,63

つくろい【繕】 29④277

つちあな【土穴】 18⑤473

つちあなぐら【土穴くら】 70③215

つちかた【土方】 23②138,139

つちがま【土釜】 56①62/69②222

つちきずき【土築】 64②119,131

つちくら【土倉】→どぞう 69②222

つちさるお【土猿尾】→さるお 23②141

つちだし【土出、土出し】→だし 65③181,237,247

つちどめ【土留】 14①254

つちのけば【土のけ場】 28①69,70/65②75,76

つちぶしん【土普請】 15②143,159,211/38④238/67①26,

53
つちぶしんばたらき【土普請働】 15②143
つちべ【土辺】→D 41⑦329
つちむろ【窋】 2①123
つちもちいれ【土持入】 34⑦257
つつぐち【筒口】 66⑧410
つつみ【堤、塘】→Z 3③175/4①188, 189, 191/7①60, 68, 69, ②365/10②322/12①105, 106, 131/13①226/15①72/16①155, 217, 269, 270, 271, 272, 273, 276, 277, 280, 282, 283, 284, 286, 288, 293, 294, 295, 296, 297, 300, 301, 304, 305, 306, 307, 310, 311, 312, 314, 315, 320, 321, 322, 324, 327, 332, 333, 335/17①89/19②353/20①43/23①10, 12, 86, 103, ②131, 132, 133, 134, 135, 136, 137, 139, 140, ③157, ④178, 188/25①26, 120/28①72, 73, 74, 75, 78/33②101, 105/46③207/62①13, ⑧274/64⑤337/65②70, ③185, 204, 226, 243, 246, 247, 248, 265, 276/70②138, 139, 143, 145, 146, 147, 148, 149, 151, 152, 154, 160, 161, 162, 163, 165, 166, 167, 168, 171, 172, 173, 174, 175, 176, 177, 178, 180, 182, 183, 184, ④268
つつみあらて【堤荒手】 67④164
つつみい【堤井】 20①43, 45
つつみうら【堤裏】 16①293, 311, 315
つつみおもて【堤表】 16①311
つつみかけしょ【堤闕所】 67①19
つつみかこい【堤囲】 65③188
つつみかりどめ【堤仮留】 64③182
つつみかわよけ【堤川除】 65③280
つつみきれしょ【堤切所】 64③185, 196/65③189, 193, 200, 241, 276/67①19, 20
つつみきれしょかりどめ【堤切所仮留】 64③196
つつみきれしょつきたて【堤切所築立】 64③184, 196
つつみこし【堤腰】 16①286
つつみじき【堤敷】 16①332
つつみしゅうふく【堤修覆】 23②141
つつみすいぼう【堤水防】 64③184
つつみぞ【筒溝】 70②158
つつみそとぎし【堤外岸】 23②141
つつみそとのり【堤外法】 23②139
つつみだか【堤高】 23②140/28①77
つつみつきだて【堤築立】 65③247
つつみつきまわし【堤築廻】 65③205
つつみどて【堤土手】 17①303/37②137/65①31/66②109
つつみね【堤根、塘根】 65③192, 201, 241, 242, 265, 267, 268, 269, 275
つつみねばら【堤根腹】 65③241
つつみのかこいかた【堤の囲ひ方】 23②137
つつみのきし【堤の岸】 65③273
つつみのこし【堤の腰】 16①272, 312, 320
つつみのどて【堤の土手、塘の土手】 14①127/65①40
つつみのはら【堤の腹】 16①300, 310
つつみのよこばら【堤の横はら】 15②225
つつみのり【堤のり】 65②72
つつみばら【堤腹】 16①282, 286, 287, 296, 300, 303, 304, 306, 309, 316
つつみはらかご【堤腹籠】→かご 65③201
つつみぶしん【堤普請】 16①187/23②138
つつみもれしょどめすいぼう【堤漏所留水防】 64③181
つつみもれどめ【堤洩留】 64③187
つなぎうし【つなき牛】→ひじりうし 65①35
つなせき【綱セキ】→せき 53④239
つなみよけ【津浪よけ】 66⑦369
つぼ【ツボ、つぼ、坪、壷、壺】→かめ 5①42, 50, 145, 146, 148, 149, 150, 164/8①123/16①233/19①196, ②287/24①72/27①258, 267, 269, 339, 366/34⑥160/39⑥332/44③235, 237
つぼば【坪場】→Z 58⑤345
つみおく【つミ置】 65②133
つめ【つめ】 28②215
つゆ【露】→P 28②282, 283, 284, 285
つゆもり【つゆもり】 43②155, 163
つりいし【釣石】→Z 65④341, 364
つりがま【つり釜、釣釜】 10②380
つりぐち【釣口】→Z 53④216, 217, 226
つりだな【つりたな、釣棚、鉤棚】 35②262, 288, 347/47①31/53⑤330, 332
つるぬまがわせき【鸖沼川堰】→せき 19②353

【て】

ていぼう【堤防、隄防】 65③237, 240/69②195, 206, 213
でいりぐち【出入口】 48①225
ていれ【手入】→A、K、N 65③242, ④319
てごわきふしん【手強キ普請】 34⑦258
てすり【手摺】 65④336
てついこみのつぎめ【鉄鋳込の接目】 65④319
でばりば【出張場】 67②112
てみぞ【手溝】→D 34⑦248
てんごくがま【天極竈】 53④228, 236
てんじょう【天井】→B、N、Z 53④216, 226
てんすいこう【甜水溝】 12①64/23①104
でんちぶしん【田地ぶしん、田地普請】 38④235/39⑥347
でんちみずいれくち【田地水入口】 28②282
でんちようすいみぞすじのさらえ【田地用水溝筋のさらへ】 33①12
てんりゅうがわじょうすい【天竜川上水】 67⑥305

【と】

とい【トヒ、戸井、樋】→ひ(樋)→Z 1②180/19①193, ②285/20①43/24①75, 146/25①26/49①136/65②63, 64, 72, ④318, 327, 350, 353, 354, 357/66⑧407
どい【土井、土居】→D 16①284, 323/62⑨320, 334, 335, 345, 360/65③240
といあな【樋穴】 16①333/65②79, 88
といいし【樋石】 65④353, 354
といいた【樋板】 65④318/67②111
というえおきつき【樋上置土】 65②146
というちあな【樋内穴】 28①73/65②72
といがえ【樋替】 65②79, 88
といじり【樋尻】 28①73/65②133, 146
どいすじ【土井筋】 11⑤232
といふせかえ【樋ふせ替】 43②152, 163
といよせ【樋寄せ】→ひよせ 29②126
とう【塘】 65③240
とうえん【東垣】 16①227, 228
どうがま【胴窯】 48①313
どうぐなや【道具納屋】→Z 58⑤312
とうざいつきまわしようすいぼり【東西附廻用水堀】 64③166
とうしば【トウシ場】→D 8①257
とうしゃく【稲積】→にお 13①265
とうてい【塘堤】 14①27
どうはざ【胴ハサ】 39⑤288
とうむろ【唐むろ、唐室】→むろ 55②164, 165, 166, 167, 168/68③357, 363/69①100
どうろぶしん【道路普請】 36③338
とおせき【遠堰】→せき 65①37
どかたぶしん【土方普請】 65③240
とがま【十釜】 69②314
とき【塒】 69②288
とぐら【棲】 13①263
とこ【床】→D、N 4①102/10③391, 392/28①72, 73/36②103, 104/37②134, 208, ③287/51①31, 42, 43, 45/55①31, ③386/61②92/65②66, 71, 72, 97/69①103
とこつき【床突】 23①118
とこば【床場】 61⑨327
とこわり【床割】→A 28①78
とざお【戸棹】 64②124
どさかま【ドサ竈】 53④224,

236
どしつ【土室】 45⑥330
とすいど【戸水戸】 5③263
どぞう【土蔵】→つちくら→Z 2②161/3①17/4①195/7②297/9①168/10②380/12①70/15③392/16①109/19①197,②288/20②394/23④177/24①134/27①164/35②342,351/36②99,③162/42⑤334/46①103,104/47①19,②84/48①59,195,196/53⑤332/54①273,278,283,288,294,309,310,313/55③464/61⑨326/62⑤117,⑧262/63③133,134/66③142,158,⑤256,275,⑥342/67①12,15,③123/69②364
どぞうのうち【土蔵の内】 19②391
どだい【土台】 27①158
どだいぎ【土台木】 27①157
どだん【土壇】 34⑥121
とつなぎところ【とつなき処】 16①123
どて【土手】 4①233/12①64/13①226/14①235/15②225/16①83/25①30,107,120/29②136/32①209/34②21/36②107,109,110/37②196,③332,378/39③157/41⑤233/44③238,239,240/47②84/57②127,128,191/59④274/61①41/62①13,②35/64①47,53,69/65①24,25,27,30,31,37,38,39,40,③206,249/66②94,97,109,112,113,114,115,116,117,⑤272,275/67④164,176/69②381
どていしぐら【土手石倉】 66②95
どてぎし【土手岸】 65①18,31
どてきれくち【土手切口】 67④164
どてくま【どてくま、どて隈】 27①100,101,337
どてごや【土手小屋】 61④162
どてしき【土手敷】 65①36
どてそと【土手外】 57②126/66②94
どてつき【どて付】 27①39
どてはだ【どてはだ、土手はた】 21①88/28②200,214
どてや【どてや】 28②268
どてやつじ【どてやつじ】 28②249
どどめ【土留】 34③41,⑥119
どどめのき【土留ノ木】 32①74,114
どどめみぞがまえ【土留溝構】 34⑥118
とねがわおとし【利根川落】 64③182
とねがわおとしぐち【利根川落口】 64③181
とねがわぐち【利根川口】 64③179
どばし【土橋】 64③181,187,197
とびしまみなみなかつつみ【飛島南中堤】 23③147
どぶ【どぶ】→D、I、X 33④178
とま【塒】→とや 69②284
どま【土間】→N 52⑦314
とまあらきかりいお【苫あらき仮庵】 15①60
とまえたてきり【戸前立切】 64②130
とまやね【苫屋根】 69①52
とまりたけ【とまり竹】 40④328
とまをふく【苫をふく】 69①52
どみんのいど【土民の井戸】 16①232
とめ【トメ】 1②193
とめかた【留方】 23②136
とめき【留メ木】→B 24①43
とや【トヤ(鷹待ち小屋)】→Z 1②185,187
とや【とや、塒(鳥小屋)】→とま 13①261,264/60①56,65,66
とや【戸屋】 43①40
とよ【トヨ】 24①146
とりい【鳥井、鳥居】→B、N 13①230,240/29①88/62⑤127/66⑥339
とりいぎ【鳥居木】→B 16①334
とりうちごや【鳥うち小屋】 64④242
とりおきものいれ【取置物入】 1①96
とりおどし【鳥おとし、鳥おどし、鳥ヲドシ】→なるこ→Z 24①37,38,150/31②86
とりかいごやばのず【鶏飼小屋場ノ図】→Z 69②319
とりかけ【トリカケ】 6①70
とりのけ【取除】 24③328
とりのぞめ【鳥ノソメ】 24①37
とりや【鳥屋】 1②186
どろはき【泥吐】 64②137
どんど【とんど】 27①342
とんやくら【問屋蔵】 51①29

【な】

なえだみずいりぐち【苗田水入口】 39②97
なえどこのみなくち【苗床の水口】 41③171
ながいけ【長池】 44①15
なかおれ【中折】 64②131
なかごうようすいぼり【中郷用水堀】 64③187
ながさるお【長猿尾】→さるお 65③275
ながし【なかし】→きりながし→N 66②95
なかしがらみ【中しからミ】 16①277
ながしじり【流尻】 69②181
ながしたけぎ【流し竹木】 65③275
ながしだし【流し出、流し出し】→だし 65③181,273
ながしだす【流出す】 65③241
ながしばいのこ【長柴いのこ】 34⑦261
なかぜき【中堰】→せき 66⑤292
なかだな【中棚】 51①43,44
なかつつみ【中堤】 23②139/64②129,130
なかつつみのおちいり【中堤の落杁】 23③151
なかどおりみふち【中通り三ふち】 27①371
ながどて【長土堤】 66⑤293
なかのいけ【中ノ池】 64①69
ながひおい【長日ヲイ】 8①253
ながひれ【長ひれ】 34⑦257,260
なかぼり【中ぼり、中堀】 37②176/40①8
なかぼりあくすい【中堀悪水】 64③209
なかみぞ【中溝】 34⑤102
ながれづつみ【流堤】 65②127
なかわく【中枠】→わく 65③203,206,240
なしゃく【菜尺】 39②114
なつえ【夏江】 36③223,235,236
なつえのば【夏江の場】 36③223
なつえば【夏江場】 36③223
なつぶしん【夏普請】 65③280
なつまや【夏馬屋】 1②157
なまきのはざ【生木ノ架】 5①86
なみうけ【浪請】 23②132
なや【な屋、納屋】 5①79,86/24①134/27①30,56,153,154,211,267/28②166,203,260/42④246,258,260/43②149,185,186/47②102/53④223/58⑤303,328,329,339,343,344,350/60②94,95/62⑥150,151/66⑧401,403/70⑥387
なやぐら【なや蔵】 4①127
なやのおくかべ【納屋のおく壁】 27①57
なやば【納屋場】→Z 58⑤344,361
ならし【ならし】→A、B、Z 13①276
ならしのば【ナラシノ場】 38④263
なるこ【ナルコ、なるこ、鳴こ、鳴子】→おどし、とりおどし、ひた→Z 1②179/3③159/4①38/6①28,72,240/10①112,141,149,②343/14①60/17①139/20①98/24①37,43/30③250/39④200/45②102/62②36
なるめのつぼあと【なるめの坪跡】 28①78
なわしろかき【苗代垣】→A 1①48
なわしろのみと【苗代の水戸】 27①49
なわしろのみなくち【苗代の水口】 30①120
なわばり【縄張】→A、N 65③249,④342

【に】

にう【ニウ、にう、似宇、積、入、屳】→にお→A 4①26,28,31,63,64,127/5①46,86,169/19①63,76,203,217,②422/20①39,103,209/27①114,179,180,181,182,184,187,188,189,191,192,194,195,200,337,376,377,378
にうざ【ニウ座、にう座、積座】 27①181,184,185,376
にうしたじき【にう下敷】 27①154
にうつみどころ【似宇積所】 19②288
にうつみば【似宇積場】 19①197,②288

にお【にを、杁、鳰、杁】→いなにう、いなにお、いなむら、いねづか、いねにう、いねにお、いねのにう、けらば、しま、すずき、そうにゅう、たて、たにお、とうしゃく、にう、にゅう、ぼっち、ほにう、ほにお、ほにゅう、わらにう、わらにお　6①20, 23, 70, 72, 76, 110/25①76/39⑤293/41③185
におば【杁場】　6①177, 209
にかわほしば【膠干場】　49①94
にげつき【にけつき(逃げ築)】　16①293
にけんかご【弐間籠】→かご　65③206
にじっけんはで【廿間はで】　9①107
にすんわたり【弐寸渡り】　28①77, 81/65②63
にそくにう【二束にう】　27①370
にのいぐち【二ノ井口】　65②139
にのいり【二ノ圦】　65②116, 139
にばんつつみ【弐番堤】　66⑧409
にひゃくとおか【弐百十日】→O、P　62⑨371
にゅう【乳、圦、鳰】→にお　18⑥492/19①217, ②301/36③271, 274/39④224, 227
にゅうぐら【乳倉】　36①42
にゅうどうじめ【入道標】　30①139
にれがわ【仁連川】　64③165, 166, 172
にれがわつけまわししんかわ【仁連川付廻新川】　64③195
にれがわつけまわしにししんかわ【仁連川付廻西新川】　64③197
にれがわどおりとうざいすじ【仁連川通東西筋】　64③197
にれがわにしべりぶんすいぼり【仁連川西縁分水堀】　64③184, 195
にれがわひがしべりつけまわししんかわ【仁連川東縁付廻新川】　64③196, 197
にわとりかいば【鶏飼場】　69②289
にわのいけ【庭の池】　62⑤117

【ぬ】

ぬかべや【糠部屋】　43①69, 70, 76
ぬかや【糠屋】　43①67, 68, 69, 70
ぬきぎ【貫木】→B　28①74
ぬきつち【抜土】　23①99
ぬきは【抜端】　62②36
ぬくめむろ【ぬくめ室】　51②183
ぬすっとふせぎ【盗人防】　48①228
ぬまいけ【沼池】　69②351
ぬまたほりぬき【沼田堀貫】　65②125
ぬりはま【塗浜】　52⑦310, 313
ぬるめがま【ぬるめ釜】　10②380

【ね】

ね【根】　64②129, 132
ねいし【根石】　65④346
ねいり【根杁】　64②119, 129, 130, 131, 132
ねかけ【根かけ】　65②128
ねかご【根籠】→かご　65③190, 198, 201, 203, 204, 206, 269, 273
ねがこい【根囲】　65③204, 205
ねがこいぶしん【根囲普請】　65③205
ねき【ねき】→A、D　6①71
ねぐい【ね杭、根杭】→B　16①296/65③201, 202, 206, 240
ねしがらみ【根しからミ】　16①277
ねじき【ねしき、根直、根敷】　16①271, 272, 286, 321/23②133/65③250/66②95, 96
ねずみがえし【ねづミかへし】　47①31
ねせごや【ねせ小屋】　45①44
ねどめかわくら【根留川倉】　23②141
ねどめさく【根留柵】　23②141
ねどめわく【根留枠】→わく　23②141
ねやぶ【根藪】　65②127
ねりべいぐら【ねりべい蔵】　3①18
ねわく【根枠】→わく　65③205

【の】

のうがわせき【直川関】→せき　65②108, 110, 111
のがいうまよけ【野飼馬除】　2⑤326
のごや【野小屋】　66⑧399
のしばこぐち【野芝木口】　34⑦257, 261
のせだし【のせ出シ、載出シ】→だし　65①15
のぞきこうばい【のそきかうはい】　65①33
のだまり【野だまり】　28②150, 204, 222, 233
のだりまり【野だりまり】　28②274
のつぼ【糞窖、野坪、野壺】　7①114, 116/8①123, 158/69②250, 256
のべかや【のへかや、延へ萱】　65①36, ③272
のり【のり】　65②71
のりおもて【法おもて】　23②140

【は】

はいしゃくじぶしん【拝借自普請】　64③164
はいすてどころ【灰捨所】　19②287
はいなや【灰なや、灰な屋、灰納屋】　27①56, **57**, 322, 377
はいのり【はいのり】　65②72
はいびや【はいびや】　28②146
はいべや【灰部屋】　43①70
はいほしがま【灰干窯】　49①70
はいや【はいや、はい屋、灰屋】　3③140/9①12, 17, 18, 22, 23, 29, 30, 43, 51, 97, 102, 105, 111, 115, 134/16①207, 229/38③146, 154/66②116
はいやきがま【灰やきがま、灰焼竈】　41⑦327, 328, 330
はいやきだいば【灰焼台場】　69②314
はかせば【吐せ場】　5①27
はかりあげどて【揆上土手】　65③228
はぎかえし【ハギカヘシ】　32①43
はぎかやし【ハキカヤシ】　32①43
はきすいもん【吐水門】　65①37
はきだみ【はきたみ】　56①51
はきみと【吐水戸】　5①70
はぐち【羽口、葉口】　62②33, 35/65③201, 247
はこ【箱】→B、N、W、Z　40④313, 314, 333, 334, 335, 336, 337, 338/48①222, 224, 225
はざ【ハサ、はさ、ハザ、はざ、架、架棚、椝】→いなぎ、いなはざ、いねはで、いねほしかい、かい、さで、じっけんはで、はざ、はざき、はぜ、はで→Z　1③279/4①30, 62, 63, 86, 88, 118, 220/5①32, 48, 83, 84, **85**, 86, 87, 102, 112, 119, 133, 134, 170/6①97, 110, 184/7①78/23①**81**/24①82, 118, 125/25①73, 74, 76, ②183, 184, 190, 194, 206/27①114, 130, 150, 170, 171, 172, 176, 178, 184, 188, 217, 373, 375/36②98, ③272, 273/39④223, 224, 226, 227, 228, ⑤288/63⑤302, 304, 307, 310, 314, 315, 320/70④268
はざうわぶち【架上ぶち】　27①375
はざき【はさ木、椝木】→はざ→B　1①99/4①62/6①183, 184, 242/25②184
はざきにう【架木にう】　27①154/42⑤321, 328
はざくえ【架橛】　27①170
はざした【架下】　27①194, 373
はざしたづみ【架下積】　27①185
はざしたみふち【架下三ふち】　27①370
はざつく【架槫】　27①171
はざつくしり【架槫尻】　27①173
はざど【はざど】　42⑥398
はざにう【架にう、架積】　27①**169**, 217
はざのもと【架の本】　27①183
はさば【狭場】　39④228
はざば【はざば、はさ場、架ば、架場】→はでば　5①86, 134/27①70, 371, 372/36③271
はざばしら【架柱】　27①169
はざふちぎ【架ふち木】　27①192
はし【橋】　2④283, 292/16①313/25①26/27①366/34⑦252/56②238/65②136/66⑧407
はしごかけ【梯懸】　27①44, 54

はしのふしん【橋の普請】 36③200
はしのわいし【橋之輪石】 65④364
はしら【柱】→B、J、N 36②107
はしわいしのあつさ【橋輪石之厚】 65④320
はせ【はせ】 65②79,80,89
はぜ【ハセ、はせ、はぜ】→はざ 2①63/7①78/25②194/28①75/37③332
はせとめ【はせ留】 28①66,93/65②80
はせねり【はせねり】 65②102
はた【機】→B、K 33④214
はだ【はだ】→D、E、I 30④346
はたくまぶしん【圃隈普請】 27①152
はたけのうわぐちのみぞ【畑の上口の溝】 29①72
はたけのみぞ【畑ノ溝、畠ノ溝】→D 32①210/69②327
はたのほとりかき【園籬】 18①149
はちけんはぜ【八間はせ】 2①49
はちこくふしん【八石普請】 63⑦363,364,365,366,369,370
はちまきたけ【鉢巻竹】 65③238
はつこあな【はつこ穴】 64②124
はつせき【初堰】→せき 43③251
はっちょうちぜき【八丁地堰】→せき 63①36/64①40
はで【ハテ、はで】→はざ 9①43,62,66,82,106,107,108,109/25②194/41②81,82
はでば【はてば、はでば】→はざば 9①106,107
はと【はと、波戸、波当、破戸】 15②270,294,295/62①13/66⑧407
はとば【波止場】 67④174
はなじおがま【花塩窯】 49①259
はなしせき【放し堰】→せき 1①102
はなぞの【花園】→D 31④219
はなれうまや【はなれ馬屋】 20①228
はなわ【塙】 65②127,128,129,130
はねき【はね木】 43②159,166
はねきたて【ハネキ立】 8①253
はねだす【刎出す】 65③173,188,242
はねつるべ【はねつるへ、はねつるべ、桔槹、刎釣瓶】→B 4①188,189,191/12①105/16①212,217/17①128/23③150/36③238/62②33/69②224
ばば【馬場】 64①47
ばふみ【馬ふみ、馬ぶみ、馬踏】→うま、うまはしり、うまふみ、こまふみ 14①235/15②207/45③144,149,160/56②288/63⑧436,440/64②132,③165/66②95,113,115
ばふみかど【馬踏角】 23②139
ばふみはば【馬踏幅】 23②133
はま【浜】→D 52⑦313
はまてのふしん【浜手の普請】 14①403
はまとち【浜土地】 10②380
はまめばさ【ハマメバサ】→Z 24①104
はやかわよけ【早川除】 65③205
はやくち【はや口】 16①287
はらがけ【腹かけ】 50①59
はらかご【腹籠】→かご 65③175,180,184,185,190,201,206,240
はらつけ【腹付】 64③165,166/65③248,271
ばりおけ【ばり桶】 41⑦321
はりがねあみ【針金網】 45⑦403
はりがねひきすいしゃ【針金引水車】 61⑨344
ばりつぼ【ばりつぼ、尿壺】 41⑦320/60③131,134
ばりどころ【尿処】 5①90
はんげいど【半夏井】 53⑤351
ばんごや【番小屋、番小家】 21②134/36③187,273/43②202/58③125/59③237,238
ばんや【番屋】→R、Z 28④344/36③273

【ひ】

ひ【閘】→いりひ、こう(閘) 7①60/12①105
ひ【樋】→いりひ、とい 16①333,334/28①73,74,81,②179
ひおおい【日おほひ、日覆、日覆ひ】→A、B 12①348/14①342,370,388/53④245/55①19,20,21,30,39,48,56,63,65,③437/68③339
ひおふせかえごしゅうふく【樋御伏替御修覆】 64③195
ひきあげあな【引上ケ穴】 59②95
ひきいた【引板】→B 10①141,②343
ひきいたなるこ【引板鳴子】 10①149
ひきぐち【引口】 59②89
ひぐち【ひぐち、ひ口、樋口】 28②146,157,160,168,169,177,195,215
ひぐち【火口】 49①20/53⑥398
ひしうし【菱牛】→ひじりうし 65③175,198,201,203,204,240
ひしきたけ【ひしき竹】 65①29
ひした【樋下】 28①78
ひじりうし【ひちり牛】→うし、うしぎ、おいうし、おおひじりうし、しゃくぎうし、たなうし、ちゅうひじりうし、つなぎうし、ひしうし 65①17
ひた【ひた】→なるこ 14①60
ひたきぐち【火たき口、火焼口】→Z 48①313,318/49①20,42
ひだな【日棚】 3④277
ひだら【引板良】 24①37
ひつくりかた【杁作り方】 64②119
ひっこしあな【引越穴】 59②89
ひつじや【羊屋】 34④70
ひどう【樋道】 11⑤250
ひとがた【人形】 17①139
ひながさ【樋長】 28①73,77,78
ひふせ【樋ふせ】 28①74
ひふせかえしゅうふく【樋伏替修覆】 64③184
ひやし【冷窖】 55③205,455
ひやしむろ【冷窖】 55③290
びょうぶだし【屏風出し】→だし 65③238
ひよけ【日よけ】→A 54①305/56①105
ひよせ【ひよせ】→といよせ 29②126
ひらおかせき【平岡関】→せき 65②110
ひらがま【平釜】 58①35
ひらきど【ヒラキ戸、ひらき戸】 60③133/65①37
ひらせき【平堰】→せき 65①38
ひらやね【平屋ね】 45⑦407
ひるい【樋類】 64③181
ひろにしせき【広西関】→せき 65②110
ひをたくくち【火を焼く口】 48①368
びんがま【備竈】 53④216,222
びんちょう【備長】→N 53④225
びんちょうがま【備長竈】 53④215,224,227

【ふ】

ふうりゅうのかき【風流の垣】 14①187
ふかぜき【深堰】→せき 36①64
ふかひき【深引】 39③157
ふき【ふき】 64①41
ふきあげ【吹上】→Z 65④315,318,319,321,322,323,327
ふきあげすいと【吹上水戸】 65④315
ふきあげどい【吹上樋】 65④315,327
ふきいし【ふき石、葺石】 23②140/65②73
ふきかえし【吹返し】 28①75/65②79,88
ふきかけ【葺かけ】 43①48
ふきば【鑪場】 69②381
ふきはなし【吹放シ】→Z 53④227
ぶぎょうごや【奉行こ屋】 64①83
ふじかご【藤籠】→かご 65③194
ふじょうしょ【不浄処、不浄所】→かわや 16①124,207,228,229,230
ふじょうつぼ【不浄つほ、不浄坪】 16①239,243,248
ふじょうば【不浄場】 16①228
ふしん【ふしん、普請】→N 4①188/8①156/10①176/16①184,185,272,274,284,287,294,296,297,321,328,329,330,334/25①30/27①262/28①66,67/34⑦257,258,261

/36③229/42⑥418, 419/63⑦356, 357, 358, 360, 371, 372/64⑤337/65②100, ③199, 226, 235, 239, 240, 244/67②114
ふしんかた【普請方】 65②74
ふしんしかた【普請仕方】 65②78
ふしんじょ【普請所】 28①93/64③183, 186/65②78, ③201, 202, 204
ふしんのしかた【普請之仕形、普請之仕方】 65③227, 228
ふしんば【普請場】 16①294/28①71
ふせ【ふせ、伏せ】→D 65①40, ③201, 269
ふせかえ【伏替】 64②119, 129, 130, 131, 132, 134, 135, ③183
ふせこししかえ【ふせこし仕替】 43②184
ふせひ【臥樋】→いりひ 30①101
ふせやなぎ【ふせ柳】 65①27, 41
ふた【ふた】→A、B、N、X 34③50
ふたえつつみ【二重堤】 16①271/65③249
ふたつたにあくすいおとしぼり【二ツ谷悪水落堀】 64③187
ふたとおりうち【弐通り打】 65①18
ぶたまき【ふた牧】 34⑥140
ふち【ふち】→D 27①19, 170
ふちつぎて【ふち接手】 27①172
ふなえ【船江】 23①98
ふなぐら【船倉】 66④231
ふなとお【舟通】 64④242, 247
ふなとおしぜき【船通堰】→せき 64④279
ふなばし【舟橋】 16①275
ふね【ふね、舟、槽】→B 16①126, 244/19①195, 196, ②286, 287/20①231
ふねがま【舟竈】 24①99
ふみき【踏木、蹈木】 30①101/49①248
ふみぐるま【 車】→B、Z 62②33
ふやしどころ【フヤシ所】 24①72
ふゆぐら【冬蔵】 27①203
ふゆぶしん【冬普請】 65③280
ふる【ふる】 34④70
ふるいちばばし【古市場橋】 67①20
ふるいり【古杁】 64②133
ふるづつみずりしょ【古堤づり所】 67②114
ふるどぞう【古土蔵】 2①125
ふるほり【古堀】 64③180
ふるほりせきわく【古堀関枠】→わく 64③182
ふるまぎむらおとしぼり【古間木村落堀】 64③196
ふるみなくち【古水口】 20①64
ふろ【ふろ】 34②20
ぶんぎ【分木】 4①188/64②133/67②87, 93, 102, 111, 112
ぶんくい【分杭】 20①42
ぶんごふないはつせいで【豊後府内初瀬井手】 65④356
ぶんすい【分水】 24①38
ふんや【糞屋】 12①92, 100/62⑧265

【へ】

へだてのかべ【隔の壁】 48①365
へりしば【へり芝】 16①306
べんけいわく【弁慶枠】→わく→Z 65③173, 240

【ほ】

ほえがき【杪垣】 27①17/48①228
ほおづえ【頬杖】→Z 65④328
ほくし【ほくし】 20①211
ほしあいいすじ【星合井筋】 65②133
ほしかごや【干鰯小屋】 61⑨322
ほしだな【干棚】 12①222
ほしにう【干にう】 27①56
ほしば【ほし場、乾場、干は、干場】 6①70/7①82/14①364/27①373, 377/36③271, 273/42④277/45①41, 42/50①44/52①21/62⑨384
ほしばくさごや【干場草小屋】 37②86
ほしばごや【干場小屋】 45①40
ほしばしくみ【干場仕組】 27①146
ほしばたちきど【干ば立木戸】 27①347
ほしばならし【ほしばならし】 28②221
ほそぐちいりぬまあくすいぼり【細口入沼悪水堀】 64③186
ほそぜき【細関】→せき 36②109
ほそみぞ【細溝】 16①335
ほだしかご【ほたし籠】→かご 65①33
ぼたぬきなおし【ぼた抜直し】 24①133
ぼたば【ぼた場】 27①211
ぼっち【母乳】→にお 19①217
ほにう【穂入】→にお 20①102
ほにお【穂乳】→にお 20①256
ほにゅう【穂似宇、穂乳】→にお 19①77, ②364, 423
ほのところ【穂の所】 27①181
ほら【ほら】→あな 10③396
ほり【ほり、堀】 4①188/16①125, 127, 230, 231, 269, 286, 287, 288, 318, 331, 334, 335/17①299, 305, 311/47⑤258/56②280/61④162/62①13, ⑨334, 365, 388/64①40, ③187/65②67, 68, 79, 136, 146, ③249/67①26/69②282, 287
ほりい【ほり井、堀井】 17①35/55②145
ほりいけ【ほり池】 27①342
ほりいど【ほり井戸、堀井戸】 55②175
ほりうずむ【ほりうづむ】 28②227
ほりえ【堀江】 23①100
ほりかた【堀方】 65②132
ほりかわ【堀川】 4①153/17①310
ほりきり【堀切】 56②288
ほりこみ【堀込】 36③257/65③173, 175
ほりこみのこえだめ【堀込ミのこゑ溜】 41⑦318
ほりこみのため【掘り込之溜め】 41⑦333
ほりこむ【堀込】→A 65②116, ③274
ほりさらい【堀浚】→A 25①30
ほりせきわく【堀関枠】→わく 64③185
ほりだし【堀出】→A 24③328
ほりたて【堀立】→A 39④220/65②137
ほりため【掘り留め、堀溜、堀留】 10②322, 323, 324/15②233/41⑦339
ほりぬき【堀ぬき、堀貫、堀抜】 55③242/64①41/66②113
ほりぬきい【堀抜井】 23①117
ほりぬきいど【堀貫井戸、堀抜井戸】 23①115, 118/62⑤119
ほりぬきようすいぜき【掘貫用水堰】→せき 65①38
ほりのこしらえよう【ほりのこしらへやう】 16①127
ほりほう【堀法】 65②143
ほりほり【堀りほり】 42④261
ほりまや【ほりまや、堀まや】 16①230, 231, 249, 250, 257, 265
ほりわり【掘割、堀割】 2⑤326/36③223/65③226, 232, 248
ほる【掘、堀】→A 65②76, 87, 88, 103, 108, 109, 115, 116, 117, 119, 134, ④353
ほんい【本井】 65②109, 113, 142
ほんいすじ【本井筋】 65②108, 116
ほんいぜき【本井関】→せき 65②142
ほんかわよけ【本川除】 65①15, 20, 21
ぼんくい【梵杭、榜杭】 22①73, 74
ほんごうつつみ【本郷堤】 67①12
ほんづつみ【本堤】 65③193
ほんづつみかこい【本堤囲】 65③190
ほんどてめん【本土手面】 66②95
ほんぶしん【本普請】 65③186
ほんみずいれぐち【本水入口】 28②282, 283

【ま】

まいや【まいや】 59②144
まえかこい【前囲】 65③175, 180, 181, 185, 190, 198, 199, 204
まえぐら【前蔵】 27①166
まえつけ【前付】 65①30, 31
まえどぞう【前土蔵】 27①202
まえのひぐち【前の火口】 48①313
まがき【まかき、間垣、籬】 12①180, 201, 369/13①193, 229

/14①188/22②129/36②127/37③321,346/45④209/54①301/56①41
まかせみぞ【任溝】 28①75
まきいし【蒔石】→B、Z 65③267,275
まきごや【薪小屋】→きごや、きべや 25①41
まきむしごや【槇蒸小家】 30③294
まきや【薪や】 23⑤269
まきろくろ【まきろくろ】 16①334
まぐい【馬杭】 20①292
まくら【枕】→D 28①74
まさなりつつみ【政成堤】 23③147
まさめあわせ【マサ目合セ】 65④331
ませ【ませ、笆】→B 6①123,125,136,138/12①370/16①234/33⑥310,373/56①94/65①39
またいみち【又井道】 23①116
またかき【又垣】 34⑥158
またていりごうあくすいぼり【馬立入郷悪水堀】 64③187
まだらめおおぐちどていしくら【班目大口土手石倉】 66②96
まだらめむらおおくちそといしくらどて【班目村大口外石倉土手】 66②94
まだらめむらおおくちようすいぜき【班目村大口用水堰】→せき 66②95
まだらめむらそといしくらどて【班目村外石倉土手】 66②96
まちかわよけ【待川除】 65①10,12
まちじりのみぞ【町尻の渠】 19①20
まつおかいちばんだし【松岡壱番出】 65③181
まつおかかじましんかいはつ【松岡・加嶋新開発】 65③178
まつちつつみ【真土堤】 16①306
まつばらどて【松原土手】 66②97,109
まめがらにう【萁積】 27①199
まめがらにお【大豆から圦】 42④248
まめはのたな【豆葉ノ棚】→Z 24①104
まや【マヤ、まや、厩】→うまや 24③307/43③262/60④196
まやぶしん【まや普請】 43③262
まるいし【丸石】→B 65④346
まるたぎ【丸太木】 16①301
まるにお【丸杁】 39⑤288
まわりかき【廻り垣】 4①137

【み】

みおぐい【澪標】 62②33
みおどめ【水尾留、澪留】 23③147/67③127
みじかきい【短き井】 65②142
みずあたためいけ【水温池】 19①53
みずいど【水井戸】 8①81,279,289
みずいれくち【水入口】→Z 27①91/28②282,283
みずおとしそうろうところ【水落し候所】 27①22
みずがかり【水掛り】→A、D 65②114
みずがき【水垣】 34⑦257,260
みずがこい【水かこい】 11⑤245/65③249
みずかべ【水壁】 34⑦257,260
みずぐし【水串】 20①42
みずくばり【水配り】→A 64②131
みずぐるま【水くるま、水碓、水車、筒車】 15②244/16①214/40②164/49①205/50①59,60/53⑤295,320/62②33
みずごえのため【水こゑの溜め】 41⑦333
みずさらえ【水浚】 43①39
みずしがらみ【水柵】 65③227
みずせき【水せき、水堰】→せき 58③124/70②70
みずたまり【水溜り】→D、Z 29③213
みずため【水溜、水溜メ】→A、D、I 34⑥121/36③190,191,196,244/41②133/70②146,168,169
みずためつぼ【水溜壺】 34⑥121
みずつか【水塚】 16①127,324/67①16,26
みずつかいどころ【水遣所】 64⑤358
みずつきかこい【水つきかこい】 17①303
みずつきのいけ【水つきの池】 17①305
みずつつみ【水包ミ】→A 64②130
みずつつみかた【水包方】 64②130
みずつぼ【水坪】→D、W 65②63
みずつもり【水積】→A 28①81/65②85,98,102,104,105,106
みずどうつき【水どうつき】 17①139
みずとおし【水通】 29③228
みずとおしぐち【水通口】 29③227,239
みずとおしぐちこしらえよう【水通口拵様】 29③227
みずどめ【水留、水留め】→A 65③186,187
みずぬき【水抜】→A、B 24①38/39④219,220
みずぬきおとしぼり【水抜落堀】 64③164
みずぬきせき【水抜関】→せき 36②110
みずぬきのほり【水抜の堀】 31④171
みずのためよう【水のためやう】 16①127
みずのはけぐち【水ノはけ口】 8①156
みずはき【水はき】 65②133
みずはきぐち【水吐キ口】 67③130
みずはきのおおみぞ【水吐の大溝】 30①100
みずはきのみぞ【水はきの溝】 17①83
みずはきば【水吐キ場】 67③130
みずはけ【水秤】→D 8①71
みずはね【水刎】 65③235,237,239,242,247,248
みずぶくろ【水袋】 65③179
みずふせぎのみぞ【水防キノ溝】 32①216
みずぶね【水船】→B、Z 34⑧312
みずほり【水堀り】 10①78
みずまくら【水枕】 65③256,257
みずみち【水ミち、水道】 4①58/5①63/16①211/19①55/20①34/32①43/59③227/65②116,③275,④353,354
みずもとふしん【水元普請】 36②107
みずもり【水もり、水盛】 64①41,44,45/65②66,67,68,96,111,136,137,144,146,③232
みずもりのほう【水盛之法】 65②63
みずやぐちみぞ【水屋口溝】 27①323
みずやじり【水屋尻】→I 20①81/27①307
みずやむきのおけほしば【水屋向の桶干ば】 27①307
みずやり【水やり】→A 16①128
みずやりのみぞ【水遣ノ溝】 32①206,207,209
みずよけ【水よけ、水除】 16①155/17①303
みずよけどて【水除土手】 66②115,⑤292
みずよけのちくぼく【水よけの竹木】 16①127
みずよけのつつみ【水除の堤】 17①89/25①16
みずよけのみずみち【水除の水道】 11②95
みずわけしょ【水分所】 65②94
みずをさばく【水を捌】 65③225
みずをひくみぞ【水を引溝】 17①54
みずをもる【水を盛】 65②67
みぞ【みそ、渠、溝】→A、D 3①24/5①27,49,63,150/10②322/15②233,236/16①331/17①82,84/21①21,22/22①47/29①32,33,35,61,62,73,74/32①208,209,210,215/33④209/34①6,7,⑤104,105,⑥118,119,132/37②106,③332/40②51,183/45③161/46③207/54①264,301/57②154/61①37/62⑦206,⑨340,372/65②79,88,116,117,125,134,135,142/68②256/69①57,58,72,75,87/70②146,⑥402
みぞがまえ【溝構】 34①6,7
みぞくち【溝口】 17①61
みぞぐちどたつところのひ【溝口戸立所樋】 34⑦256
みそぐら【ミそ蔵、味噌蔵】 27①314,331/49①219
みぞさばきかた【溝捌方】 34⑥119
みぞさらえ【溝さらへ】 43①63
みぞとこ【溝床】 65②65
みそなぐら【味噌菜蔵】 27①258

みそびや【みそび屋】 28②138
みぞぶた【ミそ蓋】 27①322
みぞぶたする【ミそ蓋する】 27①301
みぞほり【溝堀、溝掘り】→A、D 10①110/24①133/33②106
みたばほにう【三束ほにう】 19②364
みたれ【みたれ】 28②146
みち【道】→D、N 2④283,292
みちかけ【道かけ】 43①80
みちごしらえ【道ごしらへ】 43①19
みちづくり【道作り、道造り】→R 25①26/28②214,221
みちのふしん【道の普請、道之普請】 8①163/36③200
みちはし【道橋、路橋】 1①39/22①73,75
みちはしぶしん【道橋普請】 25①73
みちぶしん【道普請】 38④276/42③194/63①47,③137
みちべりしゅうり【道べり修利】 8①157
みつばちばこ【ミツばち箱】 40④313
みつまた【三俣】 11②99
みと【みと、水と、水戸】 4①32,65,191/5①63,85,146/6②283/8①252/24①39/27①46,49,75,109,288,358,361/28②227/30③260,261,265/39⑤259,271,276,297,⑥325/41②75
みときりなおす【水戸切直す】 30③261
みとぐち【水戸口】 4①190,191
みとしば【水戸柴】 30②194
みとだて【水戸楯】 5①84,85
みとほう【水戸法】 24①38
みなくち【みなくち、みな口、水口】 1①25,27,33,45,73,77,94/2④287/3①28/4①32/5①146,149,150,③263,277/6①29,56,②283,310/7①26/13①266/15①43,44,50,105/16①334/17①61/18⑤461/20①35,54/21②111/22②106/24②235,③309/25③270/27①105,111,121/28②144,161,165,167,179,195,216,③321/29②142/30①32,33,34,57,62,②194/32①43/34⑦246/36①49,②106/37①23,39,44,②69,③282/39①31,②99,③158,159,160,④210,⑤259,271,275,276,⑥325/40①7,9,14/41③174,175/42④242,246,257/43①37,40/62②36/63⑧443/65②95,96,97/69②308
みなくちかげん【水口加減】 29②142
みなくちこしらえ【水口拵】 2④297,301
みなじり【水尻】 39①31
みのて【水尻】 22①48
みやいど【宮井戸】 66⑥340
みやがわせき【宮川堰】→せき 19②353
みやぬまいりごうあくすいぼり【宮沼入郷悪水堀】 64③187
みょうじんくぼのつつみ【明神窪之堤】 64①68
みよどめせちがいつきのふしん【ミよとめ瀬違つきの普請】 16①277
みよどめつつみ【ミよとめ堤】 16①274
みわけ【見分ケ】→A 65③244

【む】

むぎいなぎ【麦稲木】 40③225,231
むぎたみぞ【麦田溝】 40③227
むぎはで【麦はで】 9①62
むぎわらかけたるはざ【麦藁懸たる架】 27①155
むしろはり【莚張】 23②139
むなくと【むなくと】 9①70
むね【棟】 5①134
むまや【むま屋、馬房】→うまや 41⑤259/69②264
むらいけ【村池】 28②194
むらいど【村井戸】 8①253,254,255,280,283,284
むらかたようすいろのふしんしゅうふく【村方用水路の普請修覆】 25①60
むらじりのみぞ【村尻の渠】 19①20
むらほうごしたてかた【村抱護仕立方】 34⑥144
むろ【むろ、温室、室、温窖、蒸呂】→あなぐら、おかむろ、とうむろ 3④306,343,368/8①218/22④275/24③335,348/25②222/41⑦323/51①41,42,44,45,46/55②167,③205,206,240,241,247,248,251,253,254,257,344,347,376,388,399,415,419,420,426,427,455,461,464
むろば【室場】 27①164,166,200,223
むろや【室家】 69②203

【め】

めあな【目穴】 53④216,226
めさし【めさし】 65①38
めだな【目棚】 24①57,100
めりつつみ【めり堤】 65③248
めん【面】 66②93,96,112,115

【も】

もがり【藻刈】→A 64③181,182,183,184,185,187,195,196,197,209
もくろみ【目論見】→L 65③173,179,181,277
もごや【藻小屋】 32①222/41⑦338
もちはで【もちはで、餅はで】 9①107,108
もっこもちふしん【持籠もち普請】 31②75
もといけ【本と井】 27①299
もとき【元木】 11⑤235
もとごや【元小屋】 64②139
もみぐら【籾蔵】→R、Z 15①17/27①27
もみたねいけ【籾種池】 62⑨318
もりいけ【もり池】 65②79,88
もりずな【盛砂】→D 36③263
もりや【守屋】 30①139,③281

【や】

やがき【屋垣】 4①21
やきがま【焼釜、焼窯】 49①31,41/69②315
やききり【焼切】→A 56②287
やきつちなやのあま【焼土納屋の天】 27①169
やぐら【櫓】 25③280
やさわ【八さわ】 9①62
やしきかこい【屋敷囲】→D 34⑥144
やすみどころ【休所】 8①253
やせつつみ【やせ堤】 65③248
やといつち【やとい土】→A、D、I 6①44
やな【梁】 65③237
やなぎはぐち【柳端口】 65①19
やなせぐち【柳瀬口】 42④250
やね【屋根、家根】→N 5①143,③272,276/47④227/50③268/55②135/56②248,249,250/61⑧230/69②244
やまが【山家】 25①68
やまごや【山小屋】 24①26/45④205
やましたぶしん【山下普請】 27①152
やらいき【やらい木】 42⑥435

【ゆ】

ゆいぐら【結倉】 61⑩434/65③239
ゆうがおだな【夕顔棚】 24①75
ゆうがおのたな【夕顔の棚】 19②433
ゆか【床】→N 38③154
ゆがま【湯釜】→N 3①41/12①94
ゆきおおい【雪覆ひ】 14①73,78,79
ゆきがき【雪垣】 4①90/6①101/27①202,340/42④248,280
ゆきのおおい【雪のおほひ】 4①150
ゆきよけ【雪除】 62⑤124
ゆごや【湯小屋】 3④269
ゆだいりあくすいぼり【弓田入悪水堀】 64③187
ゆぶやためいけ【湯夫谷溜池】 66⑧392
ゆりき【ゆり木】 28①74

【よ】

ようあくすいいどう【用悪水井道】 23①96
ようあくすいぼり【用悪水堀】 64③181
ようあくすいろ【用悪水路】 22①75
ようがい【やうかい】 65②127,130
ようすい【用水】→D 6①63,73/10②334/25①26/29②142/30①122/36①40/64②113/65②94/67③127,136
ようすいあくすいのふしん【用

水悪水の普請】 21①22
ようすいいけ【用水池】 65③240
ようすいいで【用水井手】 61①30
ようすいいでみぞ【養水井手溝】 31④222
ようすいかかりのいみぞ【用水懸りの井溝】 16①330/17①87
ようすいかかりのみぞ【ようすいかゝりの溝】 17①83
ようすいしょふしんじょ【用水諸普請所】 27①366
ようすいじり【用水尻】 42③172,178
ようすいしんみぞ【用水新溝】 65②134
ようすいすいもん【用水水門】 4①188
ようすいせき【用水せき、用水堰】→せき 1①39/36①41,63,③229/63①31/64①84/65①37/66②95
ようすいせきはらい【用水堰払】 39③158
ようすいちのふしん【用水地の普請】 21③155
ようすいつつみ【用水堤】 18①90
ようすいつつみかた【用水包方】 64②135
ようすいとい【用水樋】 1①39
ようすいとおり【用水通り】 4①199
ようすいのくち【用水の口】 65③284
ようすいのためほり【用水のため堀】 16①287
ようすいのつつみ【用水の塘】 13①265
ようすいふしん【用水普請】→L 21④193,196
ようすいみぞ【用水溝】 30①101
ようすいみぞさらえ【用水溝浚】 30①119
ようすいろ【用水路】 25①41,129
ようすいろなどのふしん【用水路等の普請】 25①53
よけ【よけ、除】 17①140/20①34/24①37/30①100/33①20/41⑤258
よけいでほり【よけ井手堀】 44②95
よけば【よけば】 40①8
よけぶしん【除普請】 65③229
よけぼり【よけぼり】 24③296
よけみぞ【よけ溝、除溝】 10②319/30①101/33①50,51
よけみち【除道】 23①104
よこかご【よこ籠、横かこ、横籠】→かご 65①20,27/66②112,113
よこづつみ【横堤】 65②145,③179
よこて【横手】 34⑦248
よこてづつみ【横手堤】 64③169,179,195/67③128,136
よこぶち【横ぶち】 12①373/27①169
よこぶちき【横ぶち木】 27①171
よこぶちをゆう【横ぶちをゆふ】 13①228
よこぼち【横ぼち】 27①187
よこみぞ【横溝】 34⑥121
よこめぬき【横目ぬき】 33①31,49
よこらんぐい【横らん杭】→らんぐい 16①272
よどがわさらえ【淀川浚】 15②297

【ら】

らんぐい【乱杭】→すてらんぐい、よこらんぐい→B 34⑦260/65③195,202,206,265,267,268,269,273,275,279,283
らんぐいうち【乱杭打】 34⑦257
らんぐいだし【乱杭出】→だし 65③240
らんり【欄離】 11③141

【り】

りゅうこつしゃ【竜骨車、龍骨車】→Z 7①122/10②343/12①105/15②267/16①215,217/17①128/48①272,281,284/62②33
りょうがき【両かき】 59②117,118,119,124
りょうかた【両かた】 59②88,89,93,94,111,121,124,127
りょうつめ【両爪】 28①72,73
りょうつめきり【両爪切】 65②102
りょうつめわり【両爪割】 28①75
りょうのい【領ノ井】 65②139
りんいた【輪板】→B 64②131

【れ】

れいすいがかりみなくち【冷水がゝり水口】 67⑥280
れいすいぬきいで【冷水貫井手】 61①30,42

【ろ】

ろ【炉】→B、N 49①145/69②272,273
ろくろば【轆轤場】 58⑤331
ろっかい【六ケ井、六ケ井】→T 65②94,112,113,114,115,117,139,140,142,143
ろっかいすじ【六ケ井筋】 65②93,108,117

【わ】

わいし【輪石】→Z 65④312,327,328,331,332,340,341,345,354,358
わきかたふしん【脇方普請】 57②139
わく【わく、枠】→いしづみわく、いしわく、おおわく、かたわく、こわく、さかあげとめせきわく、さんかくわく、じごくわく、しずめわく、しょうえもんしんでんせきわく、すだれわく、せきわく、そでわく、たてわく、たるきわく、なかわく、ねどめわく、ねわく、ふるほりせきわく、べんけいわく、ほりせきわく 16①296/65③247
わくいしくら【枠石倉】 66②115
わぐどめ【輪具留】 36②107
わくのこし【わくの腰】 16①298
わせかけるはざ【早稲懸る架】 27①171
わせかけるはざにう【早稲懸る架にう】 27①169
わせためしば【早稲試場】 2⑤327
わたしば【わたし場】 9①147
わたひぐち【綿樋口】 28②184
わどめ【輪留】 65①30
わみせき【わみ堰】→せき 64①40,83
わらいなぶら【わら稲ぶら】 23⑤257
わらしたじき【わら下敷】 27①377
わらずし【わらずし、わらづし】 9①29,30,52,115
わらたて【わらたて】 28②247
わらにう【わらにう、稿にう、藁にう、藁積】→にお 27①192,260,265,377,378
わらにお【わら圦、藁圦】→にお→A 42④244,261,272,273,279
わらにんぎょう【藁人形】→H、X 15①69/30①139
わらばいこやおきば【ワラ灰小屋置ば】 27①258
わらぶき【藁葺】→N 55③464
わらぶきごや【藁葺小屋】 55③464
わらほしば【藁ほし場】 41③177
わりいし【割石】 65④346
わりいしだし【割石出し】→だし 65③195
わりかた【割方】 65②75
わりきく【割規矩】 65④364
わりはざ【割リハサ】 39⑤288
わりぶしん【割普請】→R 65②74

D　土壌・土地・水

【あ】

あいあと【藍跡】 19①103,104/38③154/41②112

あいさくち【藍作地】 30④350

あいさくちよしあし【藍作地善悪】 30④349

あいさくのところ【藍作の所】 29③249

あいじ【藍地】→あいはた 13①43/29③251

あいしき【藍敷】 34⑥159,161

あいしょうち【相生地】 8①154

あいだ【藍田】→あいはた 45②70

あいたいじ【相対峙】 57②95

あいだねのふせば【あゐ種子のふせ場】 20①281

あいば【あいば】 27①89

あいはた【藍畑】→あいじ、あいだ、あいはた 20①278

あおあらすな【青荒砂】 46①17

あおいろまつち【青色真土】 16①81/17①95

あおきつち【青き土】 56①158

あおくろのこいし【青黒の小石】 12①131

あおすな【青砂】 46①17,18

あおた【青田】→E 6①21,60,67,216/7①42,②370/24①71/35②414

あおつち【青土】 17①260

あおにが【青苦】 46①18

あおねば【青ネバ】 46①17,18

あおねばつち【青ネバ土】 46①7,19

あおびきだいずのあと【青引大豆の跡】 20②385

あおまつち【青真土】 16①80,84/17①79,202,226

あおまつちのでんち【青真土の田地】 17①78

あおみあらすな【青味荒砂】 46①7,19

あおみこすなつち【青味小砂土】 46①7,18

あおみごみすなつち【青味ゴミ砂土】 46①6,17

あおみごみつち【青味ゴミ土】 46①6,17

あおみねばまつち【青味ネバ真土】 46①7,17

あおみぼこつち【青味ボコ土】 46①7,18

あおみまつち【青味真土】 46①7,18

あおむぎのなか【青麦之中】 41②113

あおやま【青山】 4①166

あかあずきあと【赤小豆跡】 19①117

あかあずきばたけ【赤小豆圃】 27①69

あかあらすな【赤荒砂】 46①17

あかいろでんち【赤色田地】 17①95

あかこずな【赤小砂】 17①282

あかさびみず【赤さび水】 12①57/70⑥394

あかさびみずいずるところ【赤さび水出る所】 62⑧265

あかさるも【赤さるも】 41②117

あかざれ【赤砂れ】 10①94

あかすな【赤砂】 10①94/46①17,18/49①144

あかすなこうど【赤砂礁土】 6①9

あかすなつち【赤砂土】 56①172,173

あかそぶ【赤地澳】 23①88,103/25①121,129

あがた【あがた、凸田、畷形】→A 9①62,63,64,68/23①18,39/29③224

あかだま【赤玉】 37②206,207

あかち【赤地】 70③210

あかつち【あか土、黄土、赤つち、赤土】→B、E、I、N 1④329/3④306,314,321,374/4①158,160/5①46,143,149,③269,272/6①10,11,94,98,111,121,154,155/12①75,76,99,173,184,216,247/13①79,93,101,132,140,144,176,212,213/14①149/17①20,54,77,226,260/18①69/21②132/22①53,④207,228,230,231,233,274/23①98,⑥312/25①112,114/27①70/30③252/32①72,147/33⑥359/34⑤99,100/39⑥335/40①6,7,②49,52/41②116/43①33,61/47③173,174/48①177,326/49①200/54①264,269,281,291,292,293,303,305/55②170,172,173,174,179,③240/56①41,42,43,44,45,48,53,67,68,75,94,99,105,117,158,161,169,170,171,176,179,183,185,209,211,212,216/62⑧264,270,⑨331/66②112/68③333/70②132,134

あかつちた【赤土田】 5①136

あかつちなどのやま【赤土抔の山】 31④172

あかつちにすな【赤土ニ沙】 32①121

あかつちのいしおおきち【赤土の石多き地】 14①312

あかつちのいしじ【赤土の石地】 6①155/13①80,89

あかつちのところ【赤土の所】 28①24/36②126/40②52

あかつちのはたけ【赤土の畑】 56②244

あかつちまじり【赤土交り】 3④313/34⑧303

あかつちまじりくろつち【赤土交り黒土】 22④232

あかつちみず【赤土水】 40①7

あかつちやま【赤土山】 49①36,37

あかどろ【赤とろ、赤泥】 62⑨319,320

あかねば【赤ネバ】→ねばつち 46①17

あかねばつち【赤埴土】 69②248

あかのつち【赤野土】 56①158

あかはげなるやま【赤はけなる山】 56①170

あかへな【黄泥】 70①17

あかまつち【赤真土】 5①50,145,154/15③377/16①81/45③142/56①158/61⑩448

あかみあらすな【赤味荒砂】 46①7,19

あかみこすなつち【赤味小砂土】 46①7,18

あかみごみすなつち【赤味ゴミ砂土】 46①6,17

あかみごみつち【赤味ゴミ土】 46①6,17

あかみねばまつち【赤味ネバ真土】 46①7,17

あかみぼこつち【赤味ボコ土】 46①7,18

あかみまつち【赤味真土】 46①7,18

あかもちり【赤もちり】 34⑤104

あかやま【赤山】 56①167

あがりえ【あかり江】 20①24

あがりだん【上り段】 11⑤226

あきうないだ【秋耕田】 37②104

あきおい【秋生】 1①86

あきげかりとりそうろうあと【秋毛刈取候跡】 30④346

あきた【秋田】→A 9①94,108/33①19/37②196/41⑤254,⑥274/61③127/70⑥402

あきた【あき田、空田、明田】 6①68/24①175/27①111/39④199

あきち【あき地、空地、明地、隙地】 2①72/3①24,③128,141,152,175/5①81,170/10②373/11②118,121/16①122,138,254,313/18①91,101,108/21①36,37,61,64,82,③155/22①57,④242,251,256,267,270,272,273/23①13/28①5,94/34⑧304/36①

64/38②73/39①45,64/40②146,④328/46③184/47③167/56①104,140,150,170/57②100,127,164/64①47/65①33,②81,82,89,123,127,129,③263,275/68③334/69②283,284
あきちさす【空地砂洲】 65③284
あきなわしろ【あき苗代】 38②53
あきぬりのあぜ【秋塗の畔】 30①22,42
あきはた【あき畑、空畑、明き畑、明ぎ畠、明畑、明畠】 1④305/4①106/19①136/22④254,259,278/28④339/41②97/61②85/62⑨382/70③229
あきはた【秋畑】 38②57
あきものあと【秋物跡】 64⑤335
あきもののこば【秋物ノ木庭】 32①112
あきものをつくるこば【秋物ヲ作クル木庭】 32①215
あきろじ【閑ろし】 42⑤314
あくすい【悪水】→B、C、I 9②195,③247,248/10②319/16①105,124,128/17①30,31,35,36,56,83/21①22/22①47/23①11/27①39,46/28①10,11/30①101/39①13/45⑤247/55③207/61①30/62⑨320/64③165,172/65①37,②108,109
あくすいかかりみち【悪水掛り道】 8①156
あくすいぬきみぞち【悪水ぬき溝地】 7①61
あくすいのどろ【悪水のどろ】 17①83
あくち【悪地】 3③138,141/4①244/5①93,94,99,107,108/7①58/8①151/13①251/18②279/25①124/30③293/31④172,202,213,217,222/33⑥302/34⑦250/36①47,③194,195,201,209,249,275/45⑥297/50③246/64⑤362/68③349
あくつ【圷】 3④240,312
あくつかた【圷方】 38①28
あくつこみすなじ【圷こみ砂地】 3④246
あくつとち【圷土地】 3④313
あくつのち【圷の地】 3④255
あくつむき【圷向】 3④274,344
あくでん【あく田、悪田】 2④287,291/5①61,62,136/6②280,286/7①58/9③264/12①61/13①345,346/18②286,288/23①18/25①121,129,②182/28①51/29①76/40①8/62⑧268/65②122,124/67②87
あくど【悪土、堊土】 12①77,131/13①239/34①6/49①11/56①158/62⑧265
あくどのじ【悪土の地】 13①251
あくどのまじりたるち【悪土の交りたる地】 13①275
あくみずあたるところ【あく水あたる所】 39⑥322
あげうね【拳畦、上げ畦】 3④250,311/38③199
あげた【上げ田、上田、揚田】 11⑤245,266/32①26,27,58
あげつち【あけつち】→I 9①22
あけなわしろ【あけ苗代】 38②50,80
あけま【明間】 34⑤94
あけみ【あけミ】 17①153
あげみのいがかり【あけミの井懸り】 17①94
あげみのじょうでん【あけミの上田】 17①317
あげみのた【あげミの田】 17①95
あげみのち【あげミの地】 17①76
あご【アゴ、あご】 30①95,96,103/41②78,79,③181,④207
あさあと【麻跡】 5①113/19①117,132/22②124/32①77,132,134,137/44③253
あさあとのはた【麻跡ノ畠】 32①135
あさいっしょうまき【麻一升蒔】 32①144
あさかりあげもうすあと【麻かり上ケ申跡】 41①12
あさき【浅】 7①57
あさきこいしまじりのち【浅き小石交の地】 6①142
あさきすなじ【浅き沙地】 12①186
あさきち【あさき地】 41⑤237,⑥273
あさきつち【浅キ土】 28③319
あさきぬまた【浅キ沼田】 5①14
あさきみぞ【浅き溝】 33⑥328
あさくかたきじ【浅く堅き地】 13①135
あさじ【あさ地、浅地】 28①14/30①21/41②78,107/70⑥388,395,417
あさじ【麻地】 13①34,36
あさだ【麻田】 25②228
あさだ【浅田】 6①18,35,36/17①79,87,90,104,115/25①65/27①99/30①38,68
あさたねいっしょうまき【麻種子一升蒔キ】 32①139
あさつきあと【アサツキ跡】 19①132
あさつきうえるはたけ【アサツキ植ル畑】 19①132
あさつち【浅土】 19①157
あさとりしあと【麻トリシアト】 31⑤269
あさぬま【浅沼】 6①14
あさのあと【麻の跡】 6①98,113/10①68
あさのなか【麻ノ中】 32①131
あさばたけ【麻畑、麻畠】 2④283,284,294/3①40/4①13,23,92,126/5②228/6①31,113/12①217/13①35/32①140,143/37①45,47/39⑤256,261/42⑥390,429/43①19,20,32/44③201,204,210/47②89/70②112
あさばたけあと【麻畑跡、麻畠跡】 4①25,105,108,142/42④270
あさひがくれのところ【朝日ガクレノ所】 31⑤273
あさひどろ【浅ひどろ、浅卑泥】 19①48/37①20
あさまきはたけ【麻蒔畠】 31③109
あさみぞ【浅溝】 33⑥312
あさやま【あさ山】 16①170
あさをまきたるあと【麻を蒔たる跡】 13①191
あさをまくはたけ【麻ヲ蒔ク畠】 32①145
あしあきのところ【足明の所】 34⑤79
あしあと【あしあと、足あと、足跡】 22②124,128/27①90,139/28②164
あしあとつぼ【足跡坪】 22④234
あしいりののだ【足入の野田】 22②109
あしいりのば【足入之場】 22②99
あしいりのばしょ【足入の場所、足入之場所】 22②98,109
あしきた【あしき田、悪敷田】 17①54/62⑨348
あしきち【あしき地、悪シキ地】 3③165/32①111
あしきでんち【あしき田地】 17①131
あしきところのはたけ【悪所畑】 28①54
あしつぼ【足坪】 22④234
あしはら【芦原、葭原】 23④188/62②41
あず【あず】 12①367
あずきあと【小豆あと、小豆跡】 3④226/22⑥394/38③128
あずきかりあと【小豆刈跡】 4①68
あずきのあと【小豆の跡】 6①98/13①36
あずきばたけ【小豆畑】 27①67/38③150
あずきまくはたけ【小豆蒔畑】 19①144
あずきわきまわり【小豆脇廻り】 44③244,245,246
あずけたた【預けた田】 9①34
あぜ【あせ、あぜ、畔、畦、畝、畷、疇】→くろ、こあぜ、たあぜ、たのあぜ、ほんあぜ 1③261/4①12,15,17,25,26,28,29,30,43,44,45,50,53,55,57,58,61,63,68,70,74,84,86,189,197,223,225,236,250,305/5①22,23,24,27,40,41,50,55,59,66,68,②220/6①27,28,29,33,37,38,39,40,45,50,52,53,56,67,71,72,213,②276/7①22,23/9①40,44,45,52,53,62,109/16①48,49,103,113/17①84/18⑥499/23⑤265,270,⑥320/24①35,40,67,112,161,165,③331/25①14,30,61,116,120,②183,188,204/27①22,24,38,40,41,44,46,49,50,54,64,109,112,122,148,156,288,358,359,370,371/28②151,158,160,162,167,171,177,191,192,196,202,244,245/29①46,61,③221,226,235,244,263,④276/30①21,24,25,42,43,46,48,77,②185,③242,258,261,263/31③112/33①12,22,③158/34①9,⑥142/36①43,64,②117,127/37①27,③320/39④213,⑤257,265,271,272,286,288,291,⑥323,324,325,333/40②117,140,③226/41②75,76,77/42⑥431/45⑥297/48①111/61⑥188,189,191,⑦195,⑩411/62⑦209,⑨355,385/63⑧432,433/66⑧397/67⑤208
あぜいちもんじ【畦一文字】 56①55,62,63
あぜうね【畔畦】 62①13
あぜうら【畝うら、畷裏、疇うら】

5①27/6①54/30②185
あぜおもて【畷表】 5①27
あぜかげ【畔蔭】 6②281
あぜがた【畷形、畔形】 29③226/30①56
あぜぎし【あせきし、あせ岸】 21①42/28①5
あぜきたのかた【畔北の方】 23①55
あぜぎわ【あせきハ、畦際、畷ギハ、畷涯、畷際、畔際、疇際】 4①70/5①22,23/17①77/24①95/27①362/29③221
あぜくずれそうろうつぼ【あせ崩候坪】 27①97
あぜくそ【畦くそ】→G 42⑤323
あぜくろ【あぜくろ、畦くろ、畷畔】 5①54/17①94/31①19
あぜけた【畔桁】 29②128
あぜさかい【疇さかい】 6②293
あぜさき【あぜさき】 27①40
あぜした【畦下】 4①50,58
あぜしたじ【畦下地】→A 4①44
あぜしろ【畔代】 64③170
あぜすじ【畦筋】 8①157,190
あぜつじ【アぜ辻、あぜ辻】 27①64,360
あぜつち【あぜつち】 28②157
あぜどこ【畷床】 29③226
あぜぬりつち【疇ぬり土】 6①27
あぜね【畔根】 39②96
あぜのあたま【畔のあたま】 29②128
あぜのうちひら【畷の内平】 29③231
あぜのうちひらのつち【畦の内ひらの土】 30③257
あぜのうて【畔のふて】 27①64
あぜのかしら【畔ノ頭】 39⑤257
あぜのかどめ【畔の角目】 27①64
あぜのきし【畔の岸】 1⑤351
あぜのくろ【あせのくろ】 17①94
あぜのつち【畔の土】 25②188
あぜのなか【畦の中】 31④160
あぜのなまひ【あぜ之生干】 24③308
あぜのね【あぜのね、畦の根、畷ノ根】 5①22/9①68,69/24①40
あぜのはら【畔のはら】 27①44
あぜのまえ【あぜのまへ】 9①112
あぜふち【畔縁ち】 27①35
あぜほとり【あせほとり】 19①206
あぜほね【畔骨】 30①22,37,42,46
あぜま【畔間】 1⑤355
あぜまえはら【畔前はら】 27①39
あぜまわり【畦廻り、畔廻り、疇廻り】 4①73,74/8①79/39⑤273
あぜみち【畔道】 23①50,77/27①288
あぜもと【あぜもと、あせ本、あぜ本、畦本、畝本、畷本、疇本】→A 4①43,44,46,50,53/5①22,23,24/28②196,207,227
あぜもとのこえつち【畔元のこへ土】 33③163
あただ【あた田】 23⑤262
あたたかきち【陽地】 55③386
あたたかきみず【温き水】 29③205
あたたかなるこえじ【暖かなる肥地】 12①240
あたたかなるところ【暖かなる所】 13①175
あたたまりのち【あたゝまりの地】 62⑨386
あたまはりつかまつるた【首墾仕田】 27①119
あたらしとこ【新床】 7②244
あたりだ【当り田】→L 27①360,362
あたりち【当り地】 30③300,301
あたりばた【あたり畠】 34③45,⑥135
あつきち【厚き地】 41②81
あつた【アツ田】 38④257
あつち【あつち】 39⑥335
あつつち【あつ土】 11①18,23
あつみずかかりのた【厚水懸の田】 1①67
あと【跡】 25①72,74/31⑤256
あど【垢土】 31④155,202,214
あとおち【跡落チ】 29②142
あとさくのた【跡作の田】 23①28
あとち【跡地】 2①120,127/3③155
あどち【垢土地】 31④171
あとのじ【跡の地】 12①170,171,232
あとのた【跡の田】 5②223
あとばた【跡ばた】 28④338
あとをきらう【跡をきらふ】 23⑥315
あな【あな、穴】→C
3①31,46,③173,④284,302,306,307,308,321,322,329,371,380/5①40,99,101,102,103,111,126,141,147,160,161/7②308/15②184/16①254/18⑤471/27①99/28②169,217,251,253,256/30⑤410
あなのくち【穴の口】 31④206,207
あなのなか【穴の中】 13①172
あなのふち【穴ノフチ】 31⑤251
あぶくまがわいがかり【あふくま川井懸り】 17①150
あぶらえあと【油荏跡】 22②116
あぶらえばたけ【油荏畑】 25①38,43
あぶらおんち【油音地】 10①89,91
あぶらけのおおきたはた【油気の多き田畑】 69①85
あぶらけのみず【油気の水】 15①101
あぶらをいれざるた【油を入ざる田】 15①52
あますな【甘砂】 46①17
あまつち【甘土】 46①17
あまのさだ【天の狭田】→あめのさだ 4①250/37③252
あまのさなだ【天狭田】→あめのさだ 10②312/20①12
あまのながた【天長田】→あめのながた 20①12
あまみず【雨水】→B、I、P、X 5①152/17①35,36,42/30①38/32①207,208,210,211,214/34⑦249/37③306/40①13/45⑦403/48①230/69①47,75/70③228
あまりち【余り地】→R 3③165
あみば【網場】 58③183
あめ【雨】→P 70②149,③229
あめぞいのあぜ【あめ添のあせ】 27①121
あめだたきのつち【雨だゝきの土】 7②308
あめのさだ【天ノ狭田】→あまのさだ、あまのさなだ 23①6
あめのじきにあたらぬところ【雨の直にあたらぬ所】 13①197
あめのながた【天の長田】→あまのながた 37③252
あら【荒】 10①51
あらあぜ【新畷】→A 29③235
あらいそ【荒磯】 16①137,283
あらいながしのでんち【洗なかしの田地】 17①83
あらおこしつかまつるた【あら起仕田】 27①118
あらきかわ【荒き川】 65①13,③191
あらきしらすなのち【あらき白沙の地】 18①70
あらきすな【あらき砂】 39③145
あらきだ【あらき田、埴土】 24①164/69②272,296,328,356
あらきだつち【荒木田土】 2⑤327/68③333
あらきりおこしのはた【新切起しの畑】 17①196
あらきりばた【新切畑】 17①208
あらく【荒句】 22⑥375,385,390,392
あらくれ【アラクレ、あらくれ】→A、L 2④284,285/36③193
あらし【荒、荒し】 28④352/39⑤296
あらじ【あら地】 12①170
あらしはた【あらし畑、荒シ畑、荒し畑、荒シ畠、荒ラシ畠】 32①103,112/47②84/56①170/62⑨375,377,380,381
あらしばたけ【あらし畠ケ】 41⑤249
あらしまえ【荒ラシ前】 32①127
あらしろ【あらしろ】→A 22④224
あらすな【荒砂、壚沙】 9②206/15②152/16①99,136/19①21/31④172/46①18/55③460,465
あらすなのた【あら砂の田】 36②121
あらすなのち【あら砂の地】 3①45,51
あらせ【新瀬】 65③283
あらた【あら田、荒ラ田、荒田、麤田】 5③267/11④180,181,183/17①105/20①32/27①118/28②227,251,255/30③238,239/38②58/39④203,⑤259,269,⑥323/44②96/63③110/70⑤341
あらたにあけたるこば【新タニ

明ケタル木庭】 32①167
あらたにひらきたるじ【新に開きたる地】 12①178
あらためうけそうろうはたけ【改請候畑】 34⑧293
あらち【荒地】 34③51
あらちじょうばた【荒地上畠】 34③37
あらつち【あら土、荒土、粗土、土塊】→I 2①113/7②348/8①88,96,107,172/17①85/19②280/63⑤296
あらつち【新土】 23②138
あらつちのた【新土の田】 6②315
あらなわしろ【あら苗代、荒苗代】→A 6①27/33①17
あらぬかつち【あらぬか土】 13①82
あらは【あらは】 41⑦338
あらはた【新畠】 20①121
あらはたおこし【荒畑起し】 22④242
あらはま【荒浜、新浜】 29④274/52⑦299
あらやかいはつ【新谷開発】 61⑨307
あらやしんひらき【新屋新発】 61⑨311
あらやまはた【あら山畠】 37③370
あらやむらしんひらき【新谷村新発】 61⑨305
ありかたのさく【有形のさく】 22④227
ありせぶ【有畝歩】 63⑥340
ある【有】 44②80
あるせ【有畝】 44②85,113
あれ【荒】→L 28①52
あれしょ【荒所】 65③189,206/67⑤209,220
あれすたりたるたはた【荒れ廃りたる田畑】 3③183
あれすたりたるち【荒廃たる地】 3③181
あれたるたはた【荒たる田畑、荒たる田畠】 3③124/11①63
あれたるはた【あれたる畠、荒たる畠】 11①64/13①118/18①84
あれち【あれ地、荒地】 3③102,103,107,115,116,120,124,125,128,129,130,148,160,161,165,181,182/4①14,145/9③256/11①62,63,②90/18①90,②277/22④242/23④178,195/28①94/29①50,③201/31④215,221,222/36①41,②127/38①8/40②165/42①37/44②89,94,96/46①16,③184/47③176,⑤260,271/58②99/62⑧248/65③248/66⑤293/67④183,184/68③361/70②161
あれちあれの【荒地荒野】 35①70
あれちはた【荒地畠】 4①14
あれつち【荒土】 70⑤317
あれなわしろ【荒苗代】 1①48
あれの【荒野】 69②218,227/70②162,163,165,166,175,176,177,179,180,183,⑤314
あれはた【荒畑、荒畠】 3③114/5①170/11①63/14①38/44②80,88/47⑤254,257,259,264,271
あれはたのち【荒畠ノ地】 70②153
あわあと【あわ跡、粟あと、粟跡】 5①114/12①191,202/21①64/22②130,⑥387,388,389,390,395,397/33④211,219/38②58,③150,154,177/39①62,63,②120/41⑥277
あわぐら【あハぐら】 23⑤261
あわこば【粟木庭】 32①100,102,203,②298/64⑤335
あわせつち【アワセ土、合土】→A、I 16①134,139/19①155/54①280,298
あわち【粟地】 2①11/34⑥124
あわつち【粟土】 41⑤236
あわとりあげあと【粟取上跡】 33④222
あわのあと【粟ノ跡、粟の跡】 2①43/5①120/23⑥315
あわのあとち【粟の跡地】 2①11
あわのはたけ【粟の畠】 34⑦255
あわのま【粟之間】 34⑤90
あわばたけ【粟畑、粟畑ケ、粟畠】 25①38/29②138/34⑥125,127/38②81/41⑤249/42⑤330/44③202
あわひえなどのあと【粟稗等の跡】 21①69
あわまき【粟蒔】→A 31②79
あわまきつち【粟蒔土】 41⑥271
あわまくはたけ【粟蒔畑】 19①138
あわら【あハら、あわら、芦原】 16①104,311,318/17①96,107
あわらち【あハら地】 25①124
あわらのでんち【あわらの田地】 17①107
あわをつくるち【粟ヲ作クル地】 32②314

【い】

いうえどころ【藺植所】 4①121
いえこし【家こし】 6①24
いえのあと【家の跡】 12①225
いえのくろ【家のくろ】 17①288
いえのぜんぽう【家の前方】 27①165
いえののきした【家の軒下】 17①278
いえはた【家圃】 18①153
いえやしき【家屋敷】 22①20/31②71,③107,128/62⑧267
いえをやぶりたるあと【家を破りたる跡】 22④229,246
いがかり【井懸、井懸り】 16①278/17①127,149/28①80/64②127/66②95
いがかりじゆうのほうち【井懸り自由の宝地】 16①242
いがかりのた【井懸りの田】 16①74
いがかりよろしからぬところ【井懸り不宜所】 23①98
いかりあと【藺刈跡】 4①120
いかりのみず【いかりの水】 65①37
いかりみず【いかり水】 65①37
いきはた【生畠】 34③53
いぐさだ【藺艸田】 18②277
いくちつち【イクチ土】 27①148
いけいけのぶん【池々のぶん】 28②158
いけがかり【池がゝり】 10②319/70⑥395,417
いけかわ【池河、池川】 7②358/17①300,303,321/32①24/56①183
いけかわのどて【池河の土手】 13①226
いけぬま【池沼】 70②146,147
いけのうえ【池の上】 38③123
いけのどろのなか【池の泥の中】 12①341
いけのはた【池のはた】 28①25
いけのぶん【池の分】 28②152
いけはた【池端】 17①138,179,302,306,308
いけはたのでんち【池端の田地】 17①88
いけみず【池水】→B 10②324/17①56,128,308/28①80,②283/30⑤411/37②196/65②87
いけみぞ【池溝】 12①343
いごみおりそうろうはたけ【いごみ居候畑】 22③159
いごみつち【居ごみ土】 22④243
いし【石】→B、X 10②349/16①121/17①89/65③246
いしうちば【石打場】 63①36
いしおおきち【石多き地】 14①71
いしおんち【石音地】 10①89
いしおんど【石音土】 10①90,91
いしがきだ【石垣田】 29③227
いしがきなしのたかぎしのた【石垣なしの高岸の田】 29③225
いしかわ【石川】 16①282,299,300,302,328/34⑦259,260,261/65①13,③235,236,237,242,249,273,276
いしかわら【石河原】 65③186,203
いしぎし【いしぎし】 9①34
いしじ【石地、磽地、鹵地】 2①119/3①40,45/4①288,295/6①12,183/7①34/14①196/15③362,368/16①121,133,146,157,169,177,180,185,186,190,252,332/17①20,106,162,163,204,206,220,223,255,260,269,271,273,281,282,285,287,295,298,300,302,307,308,310/20①32/21②130/22①36,②101/28①11/29①30/30①49,50/34⑧297/38①21/40②49,50,52,117,125/41②66,80,107,115/70⑤322
いしじのとち【石地の土地】 17①97
いしじはた【碌地畑】 19①95,100/20①123
いしじゃり【石砂利】 65③183
いしずな【石砂】→B 67②106
いしすなあるいけはた【石砂有池端】 17①88
いしすなじ【石砂地】 39⑤275
いしすなのとち【石砂の土地】 17①88
いしすなまじりのとち【石砂交り之土地】 38①21

いしすなまつち【石砂真土】 6①9
いしだ【石田】 4①180/16①183,200/17①106/70⑤326
いしつちのち【石土の地】 7①18
いしなきち【石なき地】 3③130
いじのみず【井路の水】 15②267
いしはた【石畑、石畠】 16①87,187,200
いしはたけ【石畠ケ】 24①53
いしはら【石原】 31④172/34⑥153,161/53①35/64⑤362/67②106
いしまじり【石交り】 56①179
いしまじりのきたむきのはたけ【石交りの北向の畑】 22①59
いしまじりのばしょ【石交り之場所】 34⑧295
いしまじりのまつち【石交りの真土】 22①46
いしやま【石山】 33②119
いずえ【堰末】 30①51
いずえのうみべ【井末の海辺】 30①59
いすじとこ【井筋床】 65②137
いずな【居砂】 65③228
いずみ【出泉、泉】 12①131/16①143,288/17①93/41②70/65③209,213
いずみだ【泉田】 57②205
いずみち【泉地】 4①214
いぜんのこば【以前ノ木庭】 32①172
いそ【磯】 16①325
いそべ【磯辺】→J 58④247/65③238/67②91
いだ【藺田】 4①120,122/15②302/19①66/20①30
いため【板目】→まさめ 4①174,175
いたりてのすなじ【至りての砂地】 15③372
いちねんまめうえたるはたけ【一年まめうへたる圃】 27①66
いちはか【一チハカ】 39⑤274
いちばんしきち【一番敷地】 57②97
いちばんなわしろ【壱番苗代】 61①54
いちばんのうね【一番の畦】 15②171
いちぶかげ【一分陰】 55③356
いちもんじうね【一文字畦】 56①61,182
いつき【いつき、居付】 5③286/20①57
いつく【居つく】 37③321
いつくつち【居付土】 20①60
いっこうのた【一項の田】 15②130
いっこくなり【壱石成】 28④341
いっしょうまき【一升蒔】→W 31⑤256,262,263,274,276/32①75,76,77
いでいら【居平】 2④275,280/19①25,②293,295,296,297,300,302,303,304,305,308,309,310,312,315,316,317,319,320,322,323,326,327,328,329,332,333,336,338,339,340,343,344,346,349,351,352,353,401/20①252/37①12,40
いでがかり【井手かゝり、井手がゝり、井手掛り】 12①137/37③309/61⑩414,448
いてつよきはた【イテ強畑】 8①94
いとあと【糸跡】 1④300
いとかりばしょ【糸かり場所】 1④318
いどのみず【井戸の水】 62⑨367
いどのみずぎわ【井戸の水際】 28④353
いどみず【井戸水】→B 19①194
いなかぶうね【稲株畝】 4①12
いなこきたてば【稲扱立ば】 27①260,383
いなごじ【いなこ地、いなご地、稲子地、軟砂子地】 16①74,76,79/17①123,162,253/38③176,177,178,194,199
いなごつち【いなこ土】→I 16①74,252/17①246
いなごばたけ【軟砂子畑】 38③152
いなだ【稲田】 10②319/12①347/13①38,67/21②111/24①101/29①56,③212/37①41,43,③340/65③213/69②340
いなば【稲場】 6①69,70,71,72/27①212/37③332
いなやのにわ【いなやのにわ】 28②221
いねあと【稲跡】 40③232/41②115,116,119,121
いねあとだ【稲跡田】 33③170
いねうえもうすた【稲植申田】 41③173
いねかぶのらちあい【稲株の埒合】 1①70
いねかりあと【稲刈跡】 4①120/6②279,281/19①50,②424/33①49/37③339/41②102/62⑨379
いねかりた【稲刈田】 24①121
いねこきば【いねこきば】 28②227
いねつくりもうすた【稲作り申田】 41③173
いねとりあつかうばしょ【稲取扱ふ場所】 27①153
いねのあと【稲の跡】 13①19,43
いねのあとなかおちのつち【稲の跡中落の土】 29①74
いねのかりあと【稲の刈跡】 30①21,24,41,96,101/31③116/41③180
いねのた【稲の田】 18②277
いねのたねまくた【稲の種子蒔田】 19②402
いねのなえどこ【稲の苗床】 23①49
いねのなか【稲の中】 29③257
いねむぎのた【稲麦の田】 70⑥389
いねをうえたるた【稲ヲ植タル田】 69②322
いのみず【井の水】 13①36/16①211,216/17①102,128
いのもと【井のもと】→C 17①308
いばやし【居林】 16①139,311
いばらぐろ【いばらぐろ】 28②189
いばらのくさむら【荊棘の叢】 3③140
いぼりじょ【井掘所、井堀所】 19①193,②285
いぼりのはた【井堀の端】 17①309
いまわり【居まハり、居廻り】 16①124/67①15
いみず【井水、堰水、居水】→B、C 5③281/8①101,227/9②196/24③345/30①52/55③242/65②65,96,113,114,116,141/69①47,62,63,②244
いみずかけば【井水掛場】 65②66
いもあと【いもあと、いも跡、芋あと、芋跡、薯跡】 2①104,128/21①82/23⑥315,316/28②213,219,223/38③161,177/39①64/42③191
いもうえはた【芋植畑】 19①110
いもかずらのうち【芋かつら之内】 34⑥137
いもくち【芋口】 22⑥387,388,389
いもじ【いも地、芋地】 10③393/41②99
いもじのふち【芋地之ふち】 41②106
いもどこ【芋床】 29③252
いもとりあと【いもとり跡、芋取跡】 4①100/42③191,192
いもなえをとりたるあと【芋苗ヲトリタル跡】 31⑤266
いものあと【いものあと】 9①117
いものふち【芋のふち】 41②114
いものほりあと【薯の掘り跡】 2①115
いもばた【芋端】 34⑤85
いもばたけ【いも畑、いも畠、芋畑、芋畠】 5①105,135/6①132/12①365/16①245/25②200,213/34④68,69,⑤80,84,88,89,⑥125,140/38③146/42④233,⑥390,427,428,435/43①46,50,65
いもばたけじ【いも畠地】 34⑥124
いもばたけみぞ【芋畑溝】 34⑤83
いもびつあと【芋櫃跡】 38③177
いもほりあと【薯掘跡】 2①56
いもをうゆるじ【芋をうゆる地】 12①360
いもをつくりとりたるあと【芋を作取たる跡】 22④264
いやしき【居ヤシキ、居屋敷、居屋鋪】 2④293,303/6①209/16①127,133,134,140,155,159,235/19①97/21④182/25①69,②224/36③200/38①16/48①256/62③70/63③140/64②118,④303,304/66②110/67①25,52,③134,④173
いやしきまわりのはた【居屋敷まハりの畠】 17①276
いやじり【いやしり、いやじり、いや尻】 9②209/10①75/20①283/31⑤254/70⑥397,398
いやち【いやぢ、いや地、忌地、旧地、恐地、再地、弥地、彌地】→ふるしり、やじり 1①26/2①43/3①32,33,35,38/6①128,132,147/7①34,35,36,②238,246,247,278,303,331/10②303/12①174,196,299,365/13①12/21①8,38,61,63,80,82,②132/23①49/29③250/31④168/33

⑥313,314/39①14,29,48,**62**,63,64/41②95,96,⑤236/55③351,476/61①35
いやどこ【いや床､弥床】　29③191,201,212,223,258/55③476
いやはたけ【いや畑】　28①20
いやま【居山】　42③160
いりえ【入江】　59③207/70②141
いりえのしばま【入江の芝間】　17①306
いりみぞ【入溝】　29④289
いれつち【入土】→A、I　33⑥331,332,333
いろよきた【色よき田】　28①44
いろりつち【イロリ土､火炉裏土】　27①148
いろりのつち【火爐之土】　27①269
いわ【岩】　28①73/65③273
いわうえ【岩上】　49①216
いわかげ【岩陰】　32①192
いわかわ【岩川】　16①**328**,329/65③236
いわくらむらきれしょ【岩倉村切所】　66⑤264
いわしいりはま【鰯煎浜】　62⑥151
いわすなば【岩砂場】　64③170
いわち【岩地】　59④277
いわつち【岩土】　16①97,107,108/17①77,96,307
いわばしり【岩走】　63⑧439
いわまのみず【岩間の水】　3①38
いわやま【岩山】　16①107,109,110,159
いをつくるた【藺を作る田】　13①67
いんきのつよきた【陰気のつよき田】　7①23
いんきょまわり【いんきよ廻り】　28②276
いんしつのこえたるところ【陰湿の肥たる所】　12①337
いんち【陰地】　4①174/5③260/6①20,97,132,150,163,178,②286,302/7①14,21/8①142,151,153/12①267,306,308/13①80,81,234/14①71,79,149/16①71,72,73/21①63/22②104/23①88,⑥309,312,318,336/29③190,199,200,210,245/39①19/50③246/69②349
いんちのこえたる【陰地の肥たる】　12①353
いんでん【陰田】　32①24/39①19
いんど【陰土】　8①202/57②146
いんはた【陰畑】　21①24

【う】

ううべきとち【植べき土地】　14①84
ううべきやま【植べき山】　14①79
ううるじめん【植る地面】　14①343
ううるち【種フル地】　32①126
うえかえしのところ【植かゑしの処】　17①197
うえかえばた【植替畑】　56①163
うえくぼあな【植窪穴】　50②153
うえこみたるばしょ【植込たる場所】　56②272
うえさきみず【うへさき水】　27①119
うえしろ【うえ代､種へ代､植代､植代ロ】→A　2①84,89,91/7①56/22①46/28④352/30①48,90/32①148/37②79/38①9,14/39⑤**273**,274,278/56②286
うえしろのた【植代の田】　30①45,48
うえしろみず【うへ代水､植代水】　20①267/27①109
うえた【うへ田､うゑ田､植田】→A　4①199,202/5①63/6①**56**/16①201,203,208,209,211,250/17①115,116,117,127,138/24①95/25①51,②189/27①50,111,120/28②244/30①59/31①20,27/36②109/37①19,21,②94,95,102,128,131,136,193,196,209/38③138/39④203,⑥323,324,325/44③226/61⑥188
うえたてあな【植立穴】　56①45
うえたてばしょ【植立場所】　56①136,150,153
うえたのらち【植田の埒】　5③258
うえためしとち【植試土地】　2⑤325
うえち【植地】　22④251
うえつけじしょ【植付地所】　11①**23**
うえつけち【植付け地】　44②80,88
うえつけのしたじ【植付ノ下地、植付の下地】　30①29,②192
うえつけば【植付場】　64④263,264,265,271,275,276,277,279,285,290,291,292,294,295
うえつけばしょ【植付場所】　46③207/53④246/64④248,250,251,253,256,270,272,274,275
うえつけばやし【植付林】　64④285,289,297,303
うえつけるち【植付る地】　41②89
うえつち【植土】　29③192
うえつぼ【植坪】　27①113/31④216
うえづら【植面】　33⑤248,251
うえとうげ【上峠】　2①102
うえどころ【種所】　12①245
うえとち【植土地】　14①80
うえなすしろ【植茄代】　2①119
うえなだ【うゑな田】　28②255
うえなたねだ【植菜種田】　4①115
うえにくきところ【うへ悪き所】　27①117
うえのた【上ノ田】　5①58
うえのつち【上の土】→さくど　17①84
うえのはたち【上野畑地】　61⑨330
うえば【植場､殖場】→A　3④302/23①26,31,39,58,64/24③302/45③156/47⑤259
うえばしょ【植場所】　14①343/46③211,212/47⑤250,255,260,269,271,280
うえまきしろ【植蒔代】　37②122
うえもののばしょ【植ものゝ場所】　47⑤274
うえるち【植る地】　6①116,127/15③400
うえるつぼ【植るつぼ】　23⑥317
うえるとち【植る土地】　6①126,142/14①86/45③**142**
うえるば【栽る場】　29①88
うえるはたけ【植る畠】　6①118,151/17①262
うおみやま【魚見山】　58④255
うかすつち【浮カス土】　32①158
うきしょむ【浮所務】　28①94
うきち【浮地】　11①62
うきつち【うき土､浮土】　5①165/13①226/27①54/31④202,216/32①214
うきのろ【浮泥】　33①22
うぐいすなあと【鶯ナ跡】　19①121
うぐいすなばたけ【うくひす菜畠】　4①136
うぐろもちのあな【うくろもちの穴】　65①24
うけさくのたはた【請作の田畠】　23④161
うけとりのち【請取之地】　64①52
うけもちのさくしょ【請持ノ作所】　32②324
うけもちのじめん【請持ノ地面】　32①173,②297
うごもる【動盛】　19①19
うしうまのくさかい【牛馬の草飼】　12①75
うしお【潮】→B、H、I、N、Q　16①320,322/70②97,99,102
うしおけのあるひがた【潮気のある干潟】　13①73
うしおのさしいるところ【潮のさし入所】　13①270
うしすきのこば【牛犂ノ木庭】　32①97
うじま【うじま】　34⑤97,100
うじままじり【うじま交り】　34⑤79
うしみち【牛道】　34⑧309
うしろせど【後せど】　27①332
うしろまき【後巻】　42④247,258
うすあおいわつち【薄青岩土】　46①8,20
うすあおみぼこつち【薄青味ボコ土】　46①7,19
うすあかいわつち【薄赤岩土】　46①7,19
うすあかみぼこつち【薄赤味ボコ土】　46①7,19
うすい【雨水】　45⑤236,238/70③229
うすきじ【薄き地】　12①360
うすくやせたるじ【薄く瘠たる地】　12①160,173,177
うすくろいわつち【薄黒岩土】　46①7,20
うすくろみぼこつち【薄黒味ボコ土】　46①7,19
うすじ【薄地】　2③260/6②288/16①104,105/34③37,42,51,54,④60,63,67,⑤90,93,95,96,102,⑥121
うすじのところ【薄地之所】　34⑥135
うすじはた【薄地畠】　19①99
うすしろいわつち【薄白岩土】　46①7,19
うすだ【薄田】　4①198/16①87,111,112/17①14,15,76,80,

83,84,89,90,96,98,102,112,122,123,126,127,152,310/19①20,28/20①23/28①15
うすたはた【薄田畑、薄田畠】 16①73,93,228
うすつち【うす土】 16①97
うすばたけ【薄畑】 17①176,210
うすみずかかり【薄水懸】 1①44
うずみでんち【埋田地】 62⑨334
うすむらさきいわつち【薄紫岩土】 46①7,20
うずら【うづら、畦頭】 23⑤264,265
うちかわ【内川】 23①86
うちくれ【打塊】 5①21,27,65,69
うちた【打田】→A
23①96
うちにわ【内庭】 10②330/16①128/38③127,134/67③123,129,⑤228
うちのた【内の田】 28②151
うちのにわ【内の庭】 28②221
うちはた【内畠】 33⑥307
うちひのち【打樋の地】 65②73
うちひら【内平】 29③226
うちひらきたるち【打ひらきたる地】 15③379
うちひらきたるとち【うちひらきたる土地、打ひらきたる土地】 15③345/17①82
うちほ【内圃】 2①124,126
うちやま【内山】 19①191,②283
うつけじ【うつけ地、虚地、空地】 7①34,56,57/16①77,78/17①18,19,21,76,87,96
うつけしまりなきち【うつけしまりなき地】 5③258
うつける【虚る】→G
7①38
うつしうえるじ【移し植る地】 6①176
うつしうゆべきうね【移し種べき畦】 13①27
うつしうゆるじ【うつしうゆるじ、移しうゆる地】 12①278/13①27,55,117,202,207,274/18①83
うつしうゆるところ【移しうゆる所】 13①120
うつしうゆるはた【移しうゆる畠】 13①28
うどをうえるとち【うとを植る土地】 17①281
うな【うな】 23⑤259,272,278
うないはか【うなひ墓、剖ひ果敢】 19①43,②427
うね【うね、ふね(うね)、畦、畝、畔、壟、隴、畎、垄、垪】→こうね→W、Z
1④302/2①55,57,58,70,71,77,78,84,88,89,92,95,96,98,99,101,106,126,127,128,132,③264/3①34,35,38,40,50,56,④239,240,241,243,246,249,252,262,263,268,270,281,294,296,299,304,306,309,319,321,322,324,325,327,328,357,358,369,370,371,373,376/4①68,72,78,82,83,85,86,87,90,91,94,100,104,105,106,108,109,110,111,113,116,117,128,129,132,133,136,137,139,140,142,143,145,146,147,155,157,161,177,178/5①16,37,38,89,90,97,98,99,101,102,103,105,106,109,113,116,117,118,124,125,126,131,137,141,144,②225,227,228,③262,264,266/6①88,89,103,112,113,114,118,123,126,132,133,136,138,142,147,148,149,②303/7①55,96/8①61,94/10③397/15②135,189,③401/16①83,94,183,185,209/17①230,244,245/21①51,57,61,73,②124/22①51,②113,115,117,122,124,125,127,128,129,③173,④227,233,234,235,236,265/23①21,22,23,28,⑤259,260,267,269,⑥323/24①48,②237,238,③282,285,304/25①43,124,125,127,129,②216/27①60,67,111,112,126,130,137,140,141,142,143/28①15,92,93,②156,161,163,211,246,252/29①39/30①92,100,102,103,112,③254,⑤395/31②80/32①47,49,51/33④213,⑥311,314,372/34⑤99,⑧296,297,304/36①43,48,64/38③121,125,128,130,131,133,134,135,136,143,145,146,147,150,153,157,158,163,164,170,176,177/39①30,39,43,45,48,55,④201,⑤289,⑥323,329/40②126,127,183,④308,309/41②78,79,107,⑤235,244,248,⑥271,274,276,280,⑦327,336/42②125,126/45③149,160,163,165,⑦400/46③205,209/47③168,169,④203/48①186,200,216,228,229,230,235,237,238,240,241,249,250/50②153/52⑦283/56①51,161,194,204,212,217,②252,255,256,257/61⑨281/62⑦191,211,⑨328,341,344,383/63⑤305,308,309,310,⑧440,443/68②255,256,258/69①49,56,100,111,②222,230,234/70①20,⑤330
うねいただき【畝頂】 4①91
うねいちもんじ【うね一文字】 56①202
うねがしら【うね頭、畦頭】 32①50,62,64,75,76,126/61②96
うねがた【畦形、畝形】 30①65,101/48①233
うねごし【畦腰】 20①189
うねこみうね【うねこみうね】 41②99
うねさかい【畝境】 25②219
うねさこ【うねさこ】 67⑤235
うねすじ【畦すぢ】 7①121
うねすじのかしら【畦筋ノ頭】 32①105
うねぞこ【畦ゾコ、畦底、畝底、畔底】→たに
2①55/8①238,277/15②135,136,138,156,158,204/30①93,⑤411/69①57,58
うねぞこのくれ【畝底の塊】 30①94
うねた【ウネ田、畦田、畝田】 9③252/23①20/39⑤264
うねたに【畦谷】→うねはざこ
3④304,317
うねち【畝地】 55③465
うねつじ【うねつじ】 33①36
うねづら【うね面】 24③289
うねとうげ【畦峠】 2①128,130
うねなか【畝中】 30①112
うねのうえみぞ【隴の面ミぞ】 27①140
うねのおもて【畦の面】 15②207
うねのかしら【畦ノ頭】 32①51,58,79,80
うねのかた【うねのかた】 28②171
うねのくぼみ【畝のくぼミ】 22④271
うねのさく【畦のさく】 22②114
うねのしきち【畦の敷地】 23①49
うねのしん【畦ノ真】 8①229
うねのそこ【うねのそこ】 39⑥324
うねのたかきところ【畦のたかき所】 12①148
うねのたかみ【畝の高ミ】 33⑥338
うねのとうげ【畦の峠】 2①102
うねのなか【畦中】 12①257
うねのなかかた【畦之中肩】 8①182
うねのびん【畦の鬢】 23①27,28
うねのま【畝の間】 25②205
うねのみぞ【畦のミぞ、畦ノ溝、畦の溝、畔の溝、疇のみぞ】 1④301/4①192/7①96/12①107,277/13①14/32①166
うねはざ【畦間】 5①132
うねはざこ【畝はさこ】→うねたに
4①134
うねはだ【畦肌、畦膚】 5①90,124
うねばた【畦端】 5①142
うねばな【うねばな】 9①110,111,112
うねはば【うねはゞ、うね巾、畦幅、畝幅、隴巾、隴幅】→A
3④231/5①136/15②188,③389/27①140,150/33⑥330
うねひきめ【畝引目】 19①161
うねま【ウネマ、畦間】→はざ、はざこ→A
2①21,22,25,34,35,40,56,57,58,73,77,80,89,94,98,99,100,105,118,129,130/5①162
うねみぞ【うねミそ、うねみそ、うね溝、畦溝、畝溝、壟溝】 32①50,62,63,65,147/33①36,⑥311,312,324/39⑥329/41⑤244,⑥274/50②161/61②83
うねわき【畦脇】 2①85,86,98,101/5①94
うばつち【うバ土】 17①162,238
うぶみず【産水】→A
10②324/21①41/39①36
うまさくのちのつち【馬作の地の土】 55②173
うまつけのた【馬付の田】 27①156
うまつけのところ【馬付の所】 27①173
うまのくさかいば【馬草飼場】 18①90
うまのよけどころ【馬の除所】 27①372
うまみち【馬道】 27①325/65②144

うみ【海】 3③176/70②91
うみいそ【海礒】 48①356
うみかわ【海河、海川】 17①320/21①29/39①22/69②227
うみて【海手】 15③377,379,382,383,386
うみにちかきこば【海ニ近キ木庭】 32①216,217
うみによるところ【海による所】 25①120
うみぬま【海ぬま】 41⑦340
うみのはし【海の端】 28①30
うみのものあるところ【海藻ある所】 56①92
うみばた【海ばた、海端、海浜】 10②322/41⑦333/55③344
うみべ【海辺】 3③176/11①55/16①101,249,262,283,285,286,323/21②105/25①104/30③251,282/32①55,58,171,172/34①7/38①6,24,27/41⑦339/46①18/56①75
うみべちかきむらざと【海辺ちかき村里】 16①263
うみべのかわぎし【海辺の川岸】 17①306
うみべのこば【海辺ノ木庭】 32①56,②294
うみべのさど【海辺の砂土】 50②146
うみべのでんち【海辺の田地】 16①322
うみべのはたけ【海辺ノ畠、海辺之畠】 29④278/32②294
うみべのむら【海辺之村】 41⑦325
うみべのよりす【海辺の寄洲】 30⑤406
うめじ【埋地】 23①20,23,39,89,105,106
うめた【埋田】 23①98
うめつぼ【梅坪】 2①126
うめのした【梅の下】 11③142
うゆべきすじ【うゆべき筋】 13①61
うゆべきところ【うゆべき所】 12①240/13①207
うゆるくろ【うゆるくろ】 12①254
うゆるち【うゆる地、種る地】 6①185/7①93/12①173,191,194,211,216,225,235,262,288,289,292,346,353,380/13①10,26,44,106,285,287,304
うゆるところ【うゆる所、種る所】 12①179/13①56,140,151,171
うゆるとち【うゆる土地】 13①103
うら【うら、浦】 3①24/27①73/65①32
うらそこ【浦底】 41⑦338
うらなわしろ【裏苗代】 37②139,159
うらはたけ【裏畑】 1①84
うらはま【浦浜】 10②362
うらもん【うら門】 28②275
うらやまかげ【裏山蔭】 30③265
うりあと【うりあと、瓜跡】 19①117/28②207
うりいもをつくるち【売いもを作る地】 22④271
うりうえるち【瓜植る地】 6①121
うりうね【瓜うね】 12①254
うりさくばた【瓜作畑】 20②378
うりた【瓜田】 4①15,19/6①151/12①257,364/13①39
うりによくあいたるじ【瓜によくあひたる地】 12①251
うりのあと【瓜之跡】 9③252
うりばたけ【瓜田、瓜畑、瓜畠】 4①13/12①253,257/20②391/25②217
うりま【瓜ま】 4①130
うりをうゆるち【瓜を種る地】 12①247
うりをつくるべきち【瓜を作るべき地】 12①248
うるおい【うるをひ】 16①112
うるおいあしきとち【うるをひあしき土地】 16①105
うるおいあるところ【うるおい有所】 62⑨376
うるおいよきほうど【うるをひよき宝土】 16①105
うるしなえぎどこ【漆苗木床】 56①175
うるしなえしたてば【漆苗仕立場】 2⑤325
うるしばやし【漆林】 18②265
うわあぜ【上畦、上畔】→A 19①44/29②144/37①18,20
うわあぜのきわ【上畛ノキワ】 32①43
うわいがかり【上井掛り】 67⑥305
うわいすじ【上井筋】 67⑥305
うわぐろ【うハくろ、上くろ、上ぐろ】 20①62/27①23,91,108,125,288
うわぐろひくみ【うハぐろひくみ】 27①110
うわこみ【上こミ】 20①23
うわつち【うハ土、細土、上ハ土、上ワ土、上土】 5①59/8①179,267/11①51/15③401/16①73,76,83,87,89,96,97,103,112,179,277,307/17①59,60,73,76,77,82,83,86,87,88,89,94,96,98,99,105,106,107,131,159,160,163,170,228,244/23①50/28①79/32①168,214/64⑤354
うわどろ【上泥】 5①41
うわの【うわ野】 21②104
うわのばた【うわ野畑】 21①24
うわひら【上平】 29③227
うわみず【上水】→B、H、X 17①127/19①54/28①72/37①24/67⑥305

【え】

え【江】→C 4①266,301/48①111/70②141,142,145
えあと【荏跡】 3④230/21①63/39①62
えいあれ【永荒】 32①190/63①33
えいかげんのた【ゑいかげんの田】 28②244
えいかわ【永川】 63①33
えいたいりゅうさくのすたりち【永代流作の廃地】 35②327
えうえるはたけ【荏植ル畑】 19①142
えきろ【駅路】 6①209
えせき【江磧】 36③229
えぞい【江添】 27①98/37①39
えぞいのとおり【江添の通】 19②281
えだうね【支畦】 19②426
えだかわ【枝川】 65①16,③180
えち【家地】 11⑤226
えつきのた【江付の田】 27①43
えつち【ゑつち】 28②217
えっちゅうかた【越中潟】 4①234
えど【穢土】 8①181
えどまちかた【江戸町かた】 62③74
えのうち【江の内】 27①54,114
えばたけ【荏畑】 25②200
えみず【江水】 36③194
えみぞ【江みそ、江溝】→C 5①137,141/27①46
えみめ【ゑミめ】 16①75,91,92,93,94
えんさのち【塩砂の地】 70③214
えんどうあと【ゑんどう跡、豌豆跡】 2①58/21①82/39①64
えんどうばたけ【ゑんどふ畑、豌豆畑】 38③146,147/42⑥416
えんどうまくべきた【ゑんどふ蒔べき田】 29②139
えんほ【園圃、薗圃】 10②339,359/13①200
えんぽうのひゃくちょう【遠方の百丁】 29①14
えんりん【園林】 70②125,126,127,129,151,161,162,163,171,173,175,176,183,184

【お】

お【洿】 19①55
おいなわしろ【追苗代】→A 62⑨332
おいまわしばば【追廻馬場】 61⑨355
おうかん【往還】 10②350/34⑧296
おうかんきんぺん【往還近辺】 16①255
おうかんすじ【往還筋】 27①257/38①24,25
おうかんばた【わうくわんばた】 40①12
おうしょくこずな【黄色小砂】 17①282
おうしょくど【黄色土】 16①82,96
おうど【黄土】→B 6①121/16①89/25①111/56①170
おうはくど【黄白土】 6①98/12①75,173
おうら【尾裏】 28④340,350
おうらいのみちぞいさゆうのでんち【往来の道添左右の田地】 36①64
おうらいはた【往来端】 33②117
おえかだ【おゑか田】 34⑥123
おおあぜ【大あせ、大畦、大疇】 4①25,26/8①69,160/24①38,101/27①87
おおいし【大石】→B、J 65①14,19,25,26,35,③201,202,236,274
おおうな【大うな】 23⑤265
おおうね【大うね、大ふね、大畦、大畝、大畔】 3④247,317/8①12/15②137/22②123,125,126,129,④273/28②207,252,④331/32①62,63/33①49/39③146
おおおそげのかりあと【大遅毛

の刈跡】 30①37
おおかた【大肩】 33⑥332,341
おおかわ【大河、大川】 4①211/16①272,280,281,282,283,295,297,311,312,313,315,318/27①257/65①13,14,18,19,29,③246
おおかわがかり【大川掛り】 36②106
おおかわすじ【大川筋】→J 61④169,172
おおかわすじのみずくぼ【大川筋の水窪】 10②320
おおかわのどてした【大河の土手下】 9②196
おおかわべり【大川辺】 6①92,185
おおかわみず【大河水】 19①22
おおぎれ【大切】 27①20
おおくれ【大くれ】 36②110
おおぐろ【大畔】 5①58
おおざく【大ザク】 38④257
おおさわ【大沢、大陂】 70②140,157
おおじくぼ【大地窪】 67③130
おおせきばた【大堰端】 61⑨344
おおせまち【大ぜ町、大瀬町、大畝町】 6①47,49,52/27①111,112,115/28②239,282/43②131,132,135,138,145,149,151,152,154,156,158,161,165,166,167,176,187,190,192,193,194,200,201
おおたに【大谷】 61①49
おおたにだ【大谷田】 16①73
おおつぼ【大坪】 20①28/27①137
おおどえ【大どゑ】 28②170
おおなわしろ【大苗代】 22③156
おおにわ【大庭】→A 27①31,132,160,164,326,327,332,353
おおにわつじ【大庭辻】 27①354
おおの【大野】 61⑨260,264
おおのだい【大野台】 61⑨326
おおはた【大畑】 40②51
おおひなた【大日向】 55③345
おおひるた【大干田】 27①99
おおふかだ【大深田】→ふけだ 27①106
おおぶら【大ふら、大ぶら】 34③39,⑤101
おおぶりつち【大ふり土】 34⑥133
おおぼうじ【大傍示】 30①100
おおまち【大まち、大町】 9①63,64,68,69,70/39⑥325
おおままくろ【大間々畔】 39②97
おおみぞ【大溝】→C 12①158
おおみち【大道】 27①339
おおみちぞい【大道添】 27①114
おおみちぶち【大道ふち、大道ぶち】 27①86,358
おおみちぶちつき【大道ぶち付】 27①360
おおむぎあと【大麦跡】 2①45,58/4①108,117/19①103,104,117,132/21①82/39①63
おおむぎうねいれ【大麦畦入】 21①82
おおむぎかりあと【大麦刈跡】 4①100
おおむぎかるあと【大麦刈ル跡】 19①130
おおむぎこれなきた【大麦無之田】 22②104
おおむぎた【大麦田】 4①110,134,230
おおむぎたあと【大麦田跡】 4①68,70
おおむぎち【大麦地】 24③290
おおむぎのあい【大麦の間】 13①18
おおむぎのあと【大麦ノ跡、大麦の跡】 5①121/13①18
おおむぎのなか【大麦ノ中、大麦の中、大麦之中】 19①138/21①64/33④211
おおむぎのはさこ【大麦のはさこ】 4①126
おおむぎはさこ【大麦はさこ】 24③303
おおむぎばたけ【大麦畑、大麦畠】 4①157/67⑤235
おおむぎばたけのあと【大麦畠の跡】 4①82
おおもりのうみ【大森の海】 14①297
おおやぶ【大藪】 16①312
おおやま【大山】 46③196
おおゆう【大邑】 12①189
おおゆきどころ【大雪所】 12①71
おおわれ【大われ】→Q 62⑨370
おか【丘】 5①37
おかいねのあと【おか稲の跡】 22④247
おかだ【ヲカ田、岡田、陸田】 2④279,283,284,285,293,295,299/19①19,28,43,44,48,53,55,58,63,65,73,②309/20①23,55,57,58,109/21①34,35,44,45,46/22②98,99/23①39/36③223/37①11,18,20,23,26,29,②74,75,76,77,78/39①27,32,34,35/69②202
おかだなわしろ【岡田苗代、陸田苗代】 19①36,49/20①52/37①15,21
おかだのあぜ【陸田の畔】 19①46
おかつち【陸土】 19①30
おかどころ【陸所】 19①207
おかぶあと【おかぶあと】 22⑥388
おかぶん【岡分】 44②82
おかぼあと【おかほ跡、おかぼ跡、岡穂あと、岡穂跡】 21①64,81/22②117/23⑥315/38③154/39①63
おかぼのあと【畑稲の跡】 23⑥315
おかまいちばた【御構地畑】 61⑨295
おかまえ【岡まへ、岡前】 41②64,67,77,121
おかまえち【御構地】 61⑨354
おかもとさまくわばたけ【岡本様桑畑】 61⑨344
おがわ【小川】 37①39/47⑤258/61④172/65①13,14,19,29,35,②66,③236,238,246,247,273
おきかた【沖かた】 36③249
おきた【おき田、をき田、沖田】 3④260/17①153
おきつち【置土】→A 5①81
おきなか【沖なか、沖中】→J 64①65/66④220/67②97,116
おきにおすじ【沖鳰筋】 67②93
おきのかいまじりたるどろつち【沖の貝交りたる泥土】 23①62
おきのしおどろ【沖の汐泥】 23①104
おきのどろす【沖の泥洲】 23①102
おきばしょ【置場所】 47④227
おきぶん【沖分】 30③297
おくだ【奥田、晩田】→おそだ 10①49/29③224,225,228,230,232,234,244,④276,278/37②79
おくち【おく地】 62⑨386
おくてあと【晩田跡】 11⑤256
おくてだ【晩稲田、晩田】 6①58/30①61,128/39⑤277/40③229
おくてのあと【晩稲の跡】 6②282
おくてのかりあと【晩稲の刈跡、晩稲之苅跡】 9③252/30①37
おくにわ【おく庭、奥庭】 27①157,158,384
おくのやまのち【奥之山之地】 8①18
おくやま【奥山】 4①16/6①216,②273,274/12①123/29③260/32①175,189,191/40④334,336,337/41③170,171,179,182,183/46①20/56①46/66④217,⑧397
おくやまこば【奥山木庭】 32①171
おくやまつき【奥山附】 32①56,58
おくをつくりたるあと【おくを作りたる跡】 22④216
おけのした【桶の下】 27①114
おこしがたきあれち【発しかたき荒地】 18②260
おさ【おさ、畝、長】 1①45,88,89/19①54,216/20①63
おさかいめ【御境目】 33③158
おさき【尾崎】 16①106,129
おさきだに【尾崎谷】 16①111
おさきやま【尾崎山】 32①175,176
おざわ【小沢】 20①43/65①21
おざわがかり【小沢掛り】 36②106
おしかけいりしょ【押欠入所】 65③283
おじけ【おじけ】 28②161,167
おしとおるみずた【押通る水田】 17①94
おそいねのあと【晩稲の跡】 12①62
おそだ【晩田】→おくだ→A 7②247,276/41①10,11/62⑨356
おそむぎあと【遅麦跡】 2①44,52
おそむぎのあと【遅麦の跡】 2①60
おだ【をた、小田】 6①49,52/24①169/27①41
おちあい【落合】 65③200,201,202,204,205,284
おちじ【落地】 34③53
おちのた【汚地の田】 3③171
おちみずがかり【落水懸り】 39④210
おちみとのところ【落水戸の所】 27①359
おつぼ【苧ツボ、苧坪】 1③279/2①20,54,56,57,101,118,119,126,129

おでい【淤泥】 4①177/65③223
おとしさく【おとしさく】 39②97
おなじはたけ【同畠】 45⑥295
おね【おね】 23⑥317,318
おのおかさましもやしき【小野岡様下屋敷】 61⑨357
おのおかさましもやしきくわばたけ【小野岡様下屋敷桑畑】 61⑨345
おのがつち【をのか土】 17①68
おひらきしんでん【御開新田】 67④173
おもき【重】 7①57
おもきつち【おもき土、をもき土、重キ土、重き土】 5①123/10①89/16①94,157/17①75,112/65②76,77
おもきとち【おもき土地】 16①152/17①222
おもた【面田】 5①36
おもだ【おも田】 39④205,⑤280
おもつち【重土】 5①140/28①69
おもてだ【表田】→A 4①18,19,20,21,22,23,24,28,40,46,48,51,69,70,78,82,88,113,217/63③137
おもてまわり【おもて廻り】 28②271
おもてもんのさき【おもて門の先】 28②275
おやくしょおかまえち【御役所御構地】 61⑨345
おやた【親田】 19①216/20①49
おり【泥】 55①34,③322
おんじ【をんぢ、陰地】 29①71,72/61④172,175,⑦193
おんすい【温水】→B 5①63/19①54/24①67
おんすいのかかるた【温水の懸る田】 19①205
おんせん【温泉】 10②350/69①65,76,②378,379,380
おんち【音地】 10①53,54,56,63,67,74,76,81,83,89,90,91,109
おんど【音土】 10①90,92,93,95
おんどるい【音土類】 10①91
おんなのむこうかぶのあと【女の向株の後】 27①125
おんやば【御野場】 61⑨291,295,303,304,305,344,346,348
おんやばあたごしたはたち【御野場愛宕下畑地】 61⑨310
おんやばくわばたけ【御野場桑畑】 61⑨302
おんやばはたけ【御野場畑】 61⑨304
おんやばはたち【御野場畑地】 61⑨303

【か】

かい【塊】 19①113
がいあい【芥埃】 55③207
かいがんつき【海岸付】 38①28
かいげ【かいけ、かいげ】 28②142,243,268
かいげまわり【かいけ廻り】→A 28②158,261,273,283
かいこうのち【開荒の地】 3③127,141,145,157,173,175,186,188
かいこをかうところ【蚕を飼ふ所】 14①43
かいしゃち【皆砂地】 4①54
かいじょう【海上】→L 66⑦362
かいすい【海水】 8①169/70②95,96,97,98,99
かいた【かい田、掻田】→A 16①238/19①56
かいつけだ【かひつけ田】 20①33
かいでん【開田】 32①32,42,43,159
かいとち【かいと地】 28①15
かいはつ【開発】→A、L 61⑨340
かいはつしたるち【開発したる地】 3③160
かいはつち【開発地】 21①82/39①64/61⑨294
かいはつのち【開発の地】 3③151,152
かいはつのはたけ【開発の畑】 3③149,163
かいはつば【開発場】 61⑨288
かいはん【海畔】 6①141
かいひん【海浜】 13①187
かいへん【海辺】 13①11,111,132,175/35②316,317,378
かいへんにちかきこうざん【海辺に近き高山】 35①194
かいへんのみなとぐち【海辺の湊口】 35②330
かいへんみなとぐち【海辺湊口】 35②332
かいへんりょうば【海辺漁場】 35②376
かいまめばたけ【飼マメ畑】 19①140
がいろ【街路】 62①17
かえしばたけ【返し畑、返し畠】 3④257/34④61
かえた【爰田】 69②239
かえん【家園】 11③141/14①372/15①77/50③244/69①122
かかえたはた【抱田畠】 31②69,80
かかえたはたのさかい【抱田畠之境】 31②70
かき【垣】→A、C、N 33④213/44③227
かきあげた【かき揚田、搔揚田、搔揚田】→Z 14①56/15③396/45③144,149,150,154
かきいろねばつち【柿色ネバ土】 46①7,19
かきかげ【垣陰】 27①114
かきぎわ【かきぎハ、垣きハ】 12①319/17①294,295
かきくろ【垣くろ】 17①294
かきそい【垣添】 2①72
かきた【かき田】→A 27①120
かきねのこいつち【垣根のこひ土】 56①117
かきねまわり【垣根廻、垣根廻り】 6①137,177,184
かきのきした【柿の木下】 3④332
かきのきばたけ【柿木畠】 5①170
かきのきわ【垣のきハ、垣のきわ】 17①212,216,217,288
かきのもと【かきのもと】 12①337
かくしだ【隠田】 62②41
かくずあと【角豆跡】 3④226
かくはく【埆薄】 69②178
かくぼのち【硧薄ノ地】 70⑤309
かげ【蔭、陰】 7①34/28③323
かげあるはたけ【影アル畠】 32①121
かけい【夏畦】 23①92
かげこば【陰木庭】 32①48,51,55,56,61,62,64,69,76,77,110
がけした【崖下】 11①27
がけしたのはたけ【嶽下ノ山畑】 19①116
かげしつのば【陰湿の場】 38③147
かげち【陰地、影地】 11③148/27①49/32①54,72,73,89,97,105,109,119,134,②288/36①41/37③362/38①6,③142/41②67,80,97,98,103,108/48①186,203/49①49,200,201/55②131/56②279/70③226,⑥414
かけながしのでんち【かけながしの田地】 17①89
がけのうえ【崖の上】 11①28
かげのしっち【陰の湿地】 28④355
かげのた【陰の田】 27①363
かげのち【陰の地】 5②224
かけば【懸場】 27①387
かけはた【闕畠】 5①108
かげはた【陰畠】 32①47,55,60,64,66,76,110,132
かこいおくところ【囲置所】 62⑧262
かごいしとりば【籠石取場】 65①18
かこいつち【囲土】 2①123
かこいなわしろ【囲ひ苗代】 23①76
かこいばた【囲ひ畑】 61②93,94
かごぎし【籠岸】 65①16
かざあてのところ【風当の所】 13①118
かざかげ【風影】 17①226
かさくばしょ【家作場所】 64④256
かじきだ【かじき田】 30①40
かじだ【かぢ田】 27①120
かしつのじ【下湿の地】 12①179
かしやま【橿山】 13①206
かぜあたるはた【風あたる畠】 20①121
かぜあて【風当テ】 32①217
かぜあてのた【風当テノ田】 32①220
かぜあてのつよからぬところ【風当のつよからぬ所】 13①199
かぜあてのはた【風当テノ畠】 32①220,221
かぜあらきところ【風あらき所】 13①111
かぜおんど【風音土】 10①89,91
かぜかくれ【風隠レ】 32①217
かぜくち【風口】 16①137
かぜなきところ【風なき処】 17①239
かぜぬきよきところ【風抜きよき所】 47②81
かぜのあたらぬばしょ【風の不当場所】 56②279
かぜのあたるやま【風の当る山】 56②279
かぜのなんにあたるはたけ【風

の難ニ当る畑】 19①205
かぜのふきすかすはたけ【風の吹きすかす畠】 3①40
かぜのふきとおさざるち【風の吹き通ざる地】 5③280
かぜはげしきところ【風はげしき所】 12①167/13①103
かせん【河川】 70②138,139
かた【潟、瀉】 17①306/70②138,139,146,148,149,151,152,154,160,162,163,165,166,167,171,172,173,174,175,176,177,178,180,183,184
かた【かた、肩】 8①37,49,95,112,118,119/23⑥335/28②149,181,220/33⑥344,347
がた【がた】 11⑤246,259
かたあぜ【かたあぜ】 28②157
かたあらしはた【片荒畑】 19①217
かたいわ【かた岩】 16①328
かたうね【片畦、片畝】 3④304,327/6①125
かたうりばたけ【堅瓜畠】 4①128
かたぎしのうえ【片岸の上】 31④171
かたぎしののやま【片岸の野山】 12①205
かたきた【かたき田、堅き田】 20①59/27①24,38,41,362/63⑤305,308,311,313
かたぎたるはたけ【かたぎたる畑】 62⑨381
かたきち【かたき地、堅き地】 4①158/6①154/41⑥273
かたきつち【かたき土、堅き土】 12①94/15②162/17①77/37②105
かたきはたけ【堅キ畠】 5①120,125
かたきやせじ【かたきやせ地】 13①176/56①94
かたきりつち【片切土】 19①155
かたくだり【かたくだり】 41⑦324
かたぐち【肩口】 8①194
かたぐちみぞ【肩口ミゾ】 8①24
かたくつよきつち【堅く強き土】 12①54
かたさがり【片さかり、片さがり、片下り】 6①154,155/14①80/17①166/20①25/34⑧294
かたさがりち【カタ下リ地、片さかり地】 17①226/19①161
かたさがりなるち【片さがりなる地】 16①133
かたさがりなるはたけ【片さかりなる畠、片タ下カリナル畠、片下カリナル畠】 17①253/32①194,196
かたさがりなるやまばたのつち【片下カリナル山畠ノ土】 32①213
かたさがりのたはた【片さがりの田畠】 16①97
かたさがりのち【かたさがりの地、方さがりの地】 13①81,93
かたさがりのところ【かたさかりの処、片下りの所】 14①254/17①82
かたさがりのとち【片さかりの土地】 17①159
かたさがりはたけ【片さかり畠】 17①170
かたじ【堅地】 2①119/22④244
かただ【かた田、堅田】 1①59,60/2①47/4①12,14,17,29,38,42,43,44,46,47,48,49,51,53,54,55,61,78,79,103,113,189,192,219,220,221,226,230,240/5①14,15,20,21,22,25,27,36,43,56,③263,265/6①14,15,27,33,34,35,41,44,56,58,69,71,87/10①109/11④166,184/12①345/18③361/25①124/27①22,38,51,65,109,362/29③231/36①51,53,69,②120,③193,194/37①25/39⑤264,270,271,273,287/42⑤323/52⑦314
かただくろ【堅田くろ】 27①64
かただどころ【堅田所】 39④219
かたつち【かたつち、かた土、堅土、埴】 5①125/6②276/16①74,186,187,282/17①164/19①163/22④233/25②204/28②164
かたつち【肩土】 8①17,24,86,112,172,173,182
かたつら【肩ツラ】 8①176
かたぬま【堅沼】 5①22,43,71/39⑤264,271,287
かたぬまた【堅沼田】 4①49
かたはさこ【片はさこ】 4①134
かたはた【潟幡】 6①47
かたばりち【堅ばり地】 41②76
かたはるた【片春田】 30①37,100
かたまつち【かた真土、堅真土】 16①185,312/19①112
かたまり【塊】 8①172/62⑧272
かたまわり【潟廻】 5①36,37
かたやまが【片山家】 5①139
かたやまざとのた【片山里の田】 25①124
かだん【花坦、花壇】 3④354/28④340,351/38④250/45⑦381,394,395,396,397,398,399,400,402,403,404,421/46①60,62,65/48①229,230,231,237/54①244,268,270,303,307/55①19,20,21,22,26,30,31,34,35,45,56,60,61,63,70,71,72,③289,337,394,395,465/69①73
かちぐりいわのち【かち栗岩の地】 3④374
かちば【カチ場】 8①257
がっぺきやま【合壁山】 58④255
かつまつち【勝間土】 50②201
かでん【火田】 24①21
かど【かど、門】→N
5①81/28②244/36②120
かどた【門田】 33①57
かどたに【角たに、角だに、角谷】 8①83,94,143,148,152,154,211
かどのかわくところ【かどの乾く所】 28④353
かなけだ【かなけ田】 69①104
かなけのあるみず【かな気の有水】 19②280
かなやま【金山】 48①385/49①146,148/61⑨265,326/70②107,112,113,118
かになどいるた【蟹抔居る田】 29③228
かねあらいみず【かねあらひ水】 19②280
かねくじ【兼久地】 34⑥153
かねやま【かね山】 19②280
かの【刈野、狩野、煆野】 18②252/20①120/33①48
かのば【カノ場】 19①102
かのはた【かのはた、カノ畑、カノ畠、かの畠、刈野畑、狩野畑、煆野畑、煆野畠】→やきはた
18②266,272/19①95,101,147,200/20①120,121
かのやま【狩野山】 18②261
かのやまはた【かの山畑】 67⑤235
かびた【かひ田、かび田】 17①76,95,130
かびつけ【かび付】 19②403
かびつけなわしろ【穎付苗代、頴付苗代】 19①49,215,②403/20①33/37①21
かぶ【垛】 48①250
かぶかの【蕪菁煆野】 19①102
かぶぎわ【株際】 15③391
かぶくらい【株位】 28①92
かぶた【株田】 7②370/11④181
かぶだねのあと【かふ種の跡】 9①65
かぶち【かふ地、蕪地】 2①56/9①121
かぶのあと【かぶの跡】 9①68
かぶのあとち【蕪の跡地】 2①24
かぶのでんち【家生の田地】 10②333
かぶのまわり【株の周り】 27①125
かぶらなのあと【蕪菜の跡】 6①99
かぶらのあと【蕪菁の跡】 13①38
かべ【壁】 2①124
かべち【壁地】 8①106
かべつち【かべ土、壁土】→B、I
52⑦314/54①311
かほ【稼圃】 20①348
かほう【下峰】 57②96
かま【かま】 11①23,24,54/16①103/17①262/31④215,216/33⑥334
かまえあぜ【構畔】 23①19
かまえやま【構山】 57②184
かますおきどころ【叺置所】 27①86
かまぞこ【カマ底】 31⑤277
かまち【かまち】 17①63/28②230
かまて【カマテ、かまて、首畦】 8①118,156,200,204,208,210/28②157
かまどのあと【竈ノ跡】 60③130
かまどのつち【土竈の土】→I
69①52
かまぶち【かまふち】 66②93,94,95,112,113
かみくでん【神供田】 30①56,77
かみはた【紙畑】 47③176
かみばたけ【楮畠】 12①351
かめのこう【亀ノ甲】 5①15
かやしばほえやま【茅柴杪山】 4①166
かやしばやま【茅柴山】 4①165
かやたちしげきところ【茅立繁き所】 31④216
かやの【かや野、茅野、萱野】 3③127/11①63,64/16①311/18②259/19①191,②283/36③239,240

かやのおびただし【かやの夥シ】 22④278

かやば【萱場】→R 18②259,261,262/36③210/43①79,80

かややま【茅山、萱山】 4①166/18②262

かやわら【かやわら、かや原、茅原】 16①190/56②266

かよいみち【通ひ道】 28②214

かよわぬあぜ【通ぬ畔】 27①97

からいもあと【唐芋跡】 44③204

からいもじ【唐芋地】 44③200

からおか【カラ丘】 5①38

からおしき【唐苧敷】 34⑥157

からしあと【芥子跡】 19①135

からしじ【からし地、芥子地】 11②91,105

からしのあとち【芥子の跡地】 2①104

からしのなか【カラシノ中】 19①122

からすなのところ【から砂の所】 36②117

からた【から田】 6①12/63⑤308

からち【から地】 6①17,37,47

からはた【から畑】 20②384,385/25②205

からみた【からみ田】 11②92

からむしばたけ【カラムシ畑】 19①109

かりあぜ【仮畔】→Z 23⑥320

かりあと【刈跡、芟跡】 4①120,133/10③388/11②103/50②152

かりうえどこ【仮ウヱ床】 55①19

かりしきげげはたけ【刈鋪下々畠】 41③185

かりしきば【刈敷場】 38①19

かりた【刈田、苅田】→A 5③252/6①71/23①21,50/29③221/38④273

かりた【仮田】 37③276,287

かりたあと【刈田跡】 33⑤257

かりたのあと【刈田の跡】 4①178

かりたるあとのた【刈たる跡の田】 11②103,105

かりちゃはた【刈茶畑】 14①312

かりつぼ【かり坪】 27①177

かりとりあと【刈取跡】 4①124

かりとりたるあと【刈取たる跡】 14①144

かりにくきところ【刈にくき所】 27①174

かりのかだん【仮ノ花坦】 55①19

かりのはた【刈野畑】 14①406

かりばらあと【かりばらあと】 9①27

かりひはた【かりひはた】 30③273

かりまめあと【刈豆跡、薙豆跡】 22②117/38③158

かりまめひきたるあと【かり豆引たる跡】 25①67

かるきち【カルキ地、軽地】 8①18,151

かるきつち【かるき土、軽き土】 3③151/8①142/12①55,56,59,381/28①69/37③260,292

かるじ【かる地】 61⑥187,⑦194

かるしつど【軽湿土】 8①151

かるすなのとち【かる砂の土地】 17①89

かるつち【かる土、軽土】 3④314/5①98,123,125,152/16①94,108/17①77,222,292/23⑥334/28①68/65②74

かるつちだわだわち【軽土ダハダハ地】 8①43

かるつちのはたけ【軽土ノ畠】 5①125

かれい【下嶺】 57②96

かれがわ【涸川】 59④359,365

かれつち【かれ土】 16①83,94

かれほだ【かれ穂田】 11⑤257

かろき【軽き】 7①57

かろきつち【かろき土】 16①103/17①87/28①70/65②76

かろきでんち【かろき田地】 17①112

かろきとち【かろき土地】 16①96/17①163

かろきどろ【かろきどろ】 17①102

かわ【河、川】 2④281/4①38/10②334,349/16①269,318/17①299/23①44,45/25③272/62⑧269/65①13,②80,89/69①72,75/70②149,150,151,155,158,159,160,161,162,163,164,166,170,171,172,173,175,176,178

かわうち【川内】 65③227

かわうめのた【川埋ノ田】 38④256

かわうら【川裏】 65③273

かわおしだ【川押田】 20①29

かわおもて【川表】 65①20,25,30,31,33,34,37,③178,180,190,198,203,225,243,272,273

かわかかり【河かゝり】 11④185

かわがけ【川ガケ】 24①133

かわかけのば【川欠ケ之場】 63③123

かわかけのばしょ【川欠之場所】 56①182

かわかせるた【燥かせる田】 62⑦202

かわかぬところ【不乾所】 22④266

かわかみ【河上、川上、川上ミ】→Z 21①22,②103,105,111/56①185/65①15,34,36,③172,173,183,184,186,188,192,194,195,198,200,201,202,204,227,235,236,251,271,276,277,282

かわかみきれどころ【川上切レ所】 67③127

かわがわのせ【川々の瀬】 21②103

かわきあしきた【乾悪敷田】 29②148

かわぎし【河岸、川岸】 5③262/6①185/17①305,306,308/21②105/65①25

かわぎしのくずるるところ【河岸のくづるゝ処】 17①302

かわきしょ【燥所】 19②443

かわきすぎたるち【乾キ過たる地】 22④254

かわきだ【かハき田、かはき田、乾き田、乾田、燥田】→A 19①20/20①24,26,90/30①48,49,60,75,96,98/45③152/62⑦195,198,206

かわきたるこまつち【かわきたる細土】 1④319

かわきたるじ【かハきたる地、乾きたる地、燥たる地】 12①353/13①39/15②164/22④278

かわきたるつち【乾キタル土、乾きたる土】 5①53,162/13①63

かわきたるはたけ【乾タル畠】 5①100

かわきち【カハキ地、かはき地、かわき地、乾き地、乾地、晞き地】 3④313/7①12,18/8①13,47,56,77,93,94,122,133,193,228,229,252,265,268,276,283,289/9②223/14①71,94/15③384/28②182,254/29①64,71,75/30①21/34⑧299/40②107/41④208/45③142/55③335/63⑤308,310/69①68/70⑥380,381

かわきちのつくだ【乾地の佃】 30①61

かわきちばたけ【乾地畠】 30①104

かわきつち【乾土】→B、I 8①89,95,103,111,120,229/29③252,253

かわきのよきた【乾のよき田】 31④159

かわきよきはたけ【乾きよき畑】 62⑨357

かわくた【乾く田】 15③400

かわくち【乾く地】 7①95

かわけるいけ【乾池】 62①13

かわけるつち【乾ケル土】 8①153

かわけるとち【カハケル土地、かわける土地】 8①125/16①101

かわけるのやま【かわける野山】 17①303

かわごみ【河こミ、川こミ】→I 10①94,95

かわさき【川先キ】→J、T 31⑤265

かわさわ【川沢】 3③176

かわしき【川式】 66⑤292

かわしも【川下】→Z 21②104,112/25①16/65①15,34,③174,178,183,184,188,194,195,198,199,200,202,204,225,227,228,231,235,236,242,246,251,257,276,277,279,282

かわじり【川尻】→T 67③128

かわじりばたけ【川尻畑】 61⑨292,295,344,352

かわす【川洲】→J 65③174,189,246

かわすじ【川筋】 16①286,314,315,320,328,334/27①257/31④214/65②126

かわすじうけ【川筋受】 9③291

かわすじた【川筋田】 31⑤281

かわすな【川砂】→B、I、L 7①93/9②210/39①52/56①53,211,212,216/69①69

かわすなつち【川砂土】 56①43

かわせ【川瀬】 16①313/65①11,12,14,15,16,19,21,22,26,27,28,33,③183,185,226,228,235,239,241,269,272,273,275,279,282

かわせずな【かはせ砂】 48①216

かわぞいしんかい【川添新開】 3④261

かわどこ【川床】 64⑤337/65③172,174,175,180,184,191,193,200,202,204,206,228,229,246,247/67③128
かわどて【川土手】 31②80/47⑤255
かわながれをするようのところ【川流ヲスル様の所】 2①42
かわなり【川なり、川成】 17①89/65③178,246
かわなりのち【川成之地】 66①64
かわのせ【河の瀬、川の瀬】 16①134/21①22
かわのどろ【河の游泥】→B 15②214
かわのながれ【川の流】 17①298
かわのへり【川のへり】 3④381
かわのほとり【河のほとり、川の辺り】 13①117/17①57/18①83
かわのみず【川の水】 30②191
かわのみよ【川のミよ】 21②103
かわのよどみ【河の淀ミ】 13①267
かわのろ【川のろ】 21①16
かわばた【河ばた、河端、川はた、川ばた、川端】 4①233/8①204/13①11/16①76/17①83,138,179,303,306/28②216/30①129
かわはますつち【河浜州土】 70①17
かわぶち【川ふち、川ぶち】 27①243,360/47②84
かわふちくま【川ふち隈】 27①112
かわぶちつきのくろ【川ふち付のくろ】 27①147
かわべ【河辺、川辺】 17①56,193/30⑤406/50②146/57②161/65①24/66①67/69②356
かわべなるはたけ【川辺なる畑】 20①123
かわべのた【川辺ノ田、川辺の田】 17①89/20①32/38④241
かわべのでんち【河辺の田地】 17①**89**
かわべり【川べり、川縁、川辺り】 6①185/8①200/35①70
かわまえ【川前】 56①170
かわまえごみかかりのはたけ【川前埃掛りの畑】 25②203
かわまた【川俣】→Z 65③257,267
かわみず【河水、川水】→B 8①185/17①128
かわみずかかり【川水掛、川水掛り】 1③263/61①29
かわみち【川道】 67③136
かわやのきわ【厠の際】 19①197
かわよけ【川除】→C 4①156,245
かわよけぎし【川除岸】 65①26
かわよけば【川除場】 65①33
かわより【川寄】 32①210
かわよりのこば【川寄ノ木庭】 32①211,213
かわよりはた【川寄畠】 32①47,49,53,54,55,61,67,68,69,73,76,166,168,169
かわら【河原、川原】→Z 4①17,101/6①185/16①315/25②207/28①79/29②136,137/36①41,②115/39④213,⑤279,286/42③194/48①390/59①11,18/61⑨324,328,340/64④282/65①20,22,27,33,39,②66,84,85,127,128,129,144,③246,251,269,275/66②94,⑤305
かわらがかり【川原懸り】 39④217
かわらすじ【川原筋】 34①7,⑥119
かわらすな【川原砂】 25②219
かわらだ【川原田】 4①54/6①17,18,56,68,②319
かわらつつみ【川原堤】 65②145
かわらをつくるつち【かわらを作る土】 17①102
かわりのた【代の田】 19②403
かんかい【鹹海】 70②95
がんぎ【かんき、かんぎ、ガンキ、がんき、ガンギ、がんぎ、かん木、雁木、畦溝、鴈木】→よこがんぎ→A 5①22/6①175/7②**335**/9①91/12①148,153,154,176,189,215,218,277,278,279,280,281,283,289,290,292,300,301,305,313/13①39,40,63,105,117,274,279/15②135,③394/28①16,②181,188,211/29②127,147,③247,248/31②80/33⑥307,308,311,312,315,316,353,357,358,359,360,361,364,365,368,369,372,376,379,380,381,386/35①66/41①13,⑥274/61⑩458/69②222
かんきあるところ【寒気ある所】 15③367
がんぎだ【鴈木田】 19①46/20①25,59
がんぎのはば【がんぎのはゞ】 18①83
かんきのやわらかなるところ【寒気の和らかなる所】 12①298
かんしつ【乾湿】→P、X 33⑥303
かんすい【鹹水】 45⑤236,240,241,242/52⑦284/70②95,96,97,98,100
かんすい【寒水】→B、H 5①146/24①38,67/29③204/37①24,42/41②75/64②128
かんすいがかりのた【寒水掛りの田、寒水懸りの田】 1①25,33,96
かんすいかんち【寒水寒地】 1①52
がんせき【岩石】 16①108,109,110,328/65③274
かんそんじょ【干損所、旱損所】 27①109/65②98,99,100,104,③284
かんそんだ【旱損田】 36③190/63⑧430,**432**,437
かんそんば【旱損場】 39②97
かんだちのた【寒立の田】 1①94
かんたんすい【鹹淡水】 45⑤238,241
かんたんにすい【鹹淡二水】 45⑤239
かんち【乾地、干地】 2①11,28,81,93,98,116,119/3④345,349,374/7①34/11①18/22②101/28④352/39⑤254/40②49,117,145,175/41②99,107,111,117,122/45③160/70②127,133,138,139,151,155,160,161,162,163,172,174,176,178
かんち【澗地】 57②95,97,98,99,154,205
かんでん【乾田、干田、旱田】 2④279/3①35/4①220/7②246/8①147/33⑤250/37③259,260,307,384/41②76/48①272/61⑩430
かんでんどころ【干田所】 37③385/39④217
かんど【寒土】 68③358,359
かんなすな【鉄穴砂】 9②196,206
かんぱち【カンパチ】 24①29
かんぱつち【かんはつ地】 28②254
かんみつち【甘味土】 46①17
かんろうのち【旱労之地】 18①63

【き】

きいろこいしじ【黄色小石地】 16①87
きいろでんち【黄色田地】 17①95
きいろなるこすなじ【黄色なる小砂地】 16①85
きいろのつち【黄色の土】 6①10
きいろまつち【黄色真土】 16①79,80,81/17①77,282,310
きくえん【菊園】 48①206
きくろつち【黄黒土】 19①96
きざわしだ【階田】 1①45/20①25
きし【きし、岸】 13①117/28①22/33③163/37①13,14/58④255/65①14,16,17,18,19,20,21,26,28,30,34,③173,240,243,246,274
きしあぜ【岸畦、岸畝】 30②185/31③112
きしかげ【岸陰】 6②281
きしつつみ【岸塘】 55③464
きしね【岸根】 65③180
きしのうえ【岸の上】 35①70
きしのした【岸ノ下】 31⑤277
きしびくのみずた【岸びくの水田】 29③227
きしまわり【岸廻り】 40③227
きしろつち【黄白土】 62⑧264
きだいこんしき【黄大根敷】 34③49
きたうけ【北請】 62⑧264
きたうけのち【北うけの地、北請の地】 14①380/41④206
きたうけのところ【北請の所】 41②107
きたうね【北畦】 3④350
きたかげのはたけ【北陰の畑】 38③163
きたさかい【北境】 69②190,235
きたのやかけ【北のやかけ】 11③144
きたはま【北浜】 59②97
きたむきのごこくにはよからぬところ【北向の五穀にハよからぬ所】 13①202
きたむきのさわたに【北向の沢谷】 3④349
きち【棄地】 18④428
ぎちつち【ギチ土】 31④204
きつち【黄土】 15③397
きできるち【木出来る地】 8①

15

きなえはた【木苗畑】 46③189

きなきやま【木なき山】 16①135,136

きなわばた【きなわ畑、きなわ畠】 34②24/57②200

きのかげのこえじ【樹のかげの肥地】 12①308

きのこやま【菌山】 45④206,209

きのした【樹下、木のした、木の下】 12①337/17①239,282,294,307,310

きのしたかげ【樹下陰】 38③131

きのしたきたかげのこえじ【樹下北陰の肥地】 38③174,182

きのしたはた【木ノ下畑】 19①101

きはくのち【黄白の地】 22①53

きびあと【黍跡】 12①248/21①80/39①62

きびのうち【黍之内】 34⑤93

きびばた【黍畑】 38④271

きびばたけのあと【黍畑ノ跡】 2④307

きまつち【きま土、黄まつち、黄真土、生真土】 19①18,20,25,70,96/20①17,18,19,20,22,117/37①7

きまつちはた【黄真土畑】 19①95

きみあと【きミ跡】 21①81/39①63

きゅうけんやしき【九軒屋敷】 61⑨292

きゅうけんやしきばたけ【九軒屋敷畑】 61⑨344

きゅうざんりんや【丘山林野】 50③240

きゅうち【旧ち、旧地】→ふるじ 7②327/21①8,38,60,61,62,63,64,69,80,81,82,②132/39①14,29,47,48,62,63,64

きゅうち【休地】 1③261,264,265/7②324

きゅうりしろ【胡瓜代】 3④337

きゅうりょう【丘陵】 14①27/69②217,218

きゅうりょうげんや【丘陵原野】 50③240

きょうきびのあとち【京黍の跡地】 2①57

きょうど【強土】 7②292/12①77

きょうとのみず【京都の水】 69①63

きよきながれ【清き流れ】 20①45

きょじょう【虚壌】 20①348

きょたくのほとり【居宅の辺り】 18①91

きょねんあいをさくつけたるはたけ【去年藍を作付たる畑】 22④246

きょねんきわたをつくりたるはたけ【去年木綿を作たる畑】 22④262

きょねんことしなたねをつくりたるはたけ【去年今年菜種を作りたる畑】 22④240

きょねんさくつけたるあと【去年作付たる跡】 22④224,227,239

きょねんつくりたるあと【去年作たる跡、去年作りたる跡】 22④226,264

きょねんつくりたるはたけ【去年作たる畑】 22④247

きょねんのあと【去年の跡】 22④210

きょねんのみぞ【去年のみぞ】 28②246

きよめつち【清土】 55①22

きよらかなるすなじ【清らかなる砂地】 14①294

きりあくるこば【伐リ明クル木庭】 32①198

きりあくるじめん【伐リ明クル地面】 32①182

きりぎし【きり岸、切岸】 13①94/32①121

きりこみ【切込】→A、E、K 65③274

きりつけばか【切附ばか】 27①362

きりなえしたてば【桐苗仕立場】 2⑤325

きりにくきあぜ【切にくき畔】 27①64

きりの【切野】 36③240

きりはた【切畑、切畠、伐畑】 30①128,134,139/41③184/70⑥377,388

きりはたやま【切畑山】 30①136/41③185

きれくち【切口】 65①25,29,30,37,③228/67②87,98,112,113,③135

ぎろ【きろ、疑路】 10①53,54,56,57,74,75,81,83,89,92,94,95

ぎろるい【疑路類】 10①93

きわたあと【木綿跡】→わたあと、わたのあと 12①155/22②115/38②58,81,82,③154

きわたじ【木綿地】 22④261,262/33⑤245

きわたつくるはたけ【木綿作畑】 19①123

きわたのなか【木綿の中】 22④268

きわたばたけ【きわた畑、木棉畑、木綿畑、木綿畠】→わたばたけ 3④312/17①230/25①43,59,70,128,②198,208/34⑤97/42⑤330/43①42,49,52,70,78

きわたはなじ【木棉花地】 34⑥128

きわたはなばたけ【木棉花畠】 34⑥124

きわたをつくるち【木綿を作る地】 22④260

きをうゆるところ【木をうゆる所】 12①120

ぎんざん【銀山】 49①148/61⑨350

きんじょのやま【近所の山】 56①170

きんぺんのち【近辺之地】 8①205

【く】

くうち【くう地、空地】 12①267/15①71/28①66/47③168,177/62⑧276,282/70④268

くうちのこえたるところ【空地の肥たる所】 13①295

くえしょ【くゑ処】 16①315

くおうど【くおう土】 34③39

くが【陸地】 69②361

くくりみず【頽水】 27①49

くこしだ【くこし田】 41①11

くさあくたなきつち【草芥なき土】 27①142

くさあるところ【草ある所】 13①172

くさおおきた【草多き田】 7①37,65

くさおおくはえるた【莠多く生る田】 19①63

くさかい【草飼】→A 36②96,126,127

くさかいばしょ【草飼場所】 36①41

くさかりば【草刈場】 4①235

くさかりばしょ【草刈場所】 38①14

くさきなきやま【草木なき山】 16①135

くさきのくろみこえてみえるところ【草木のくろミこゑてミへる所】 16①105

くさきやせたるところ【草木やせたる所】 16①105

くさだ【草田、艸田】 18⑤462,465/31⑤265,266

くさなきところ【草ナキ処、草なき所】 13①172/32①90

くさの【草野】 32①204,205

くさのおおきはたけ【草ノ多キ畠】 32①90

くさのおおきむぎた【草の多き麦田】 33①47

くさのなきた【くさのなき田】 28②175

くさば【草場、艸場】 18②259,260,287

くさはら【草原】 15①72/49①216/66③150

くさやま【草山】 16①137/24①82

くさりみず【腐り水】 7②272/29③239

くさるでんち【くさる田地】 17①97

くじらをすなどるうら【鯨を漁る浦】 69①92

くずせいいくするところ【葛生育する土地】 50③246

くすりはた【くすりはた】 13①299

くずれこみ【崩レ込ミ】 32①208,209

くちにわ【口庭】 27①157,158

くちのた【口の田】 33③164

くちゃ【くちや】 34⑤105

ぐてち【グテ地】 23①95

くどぬりどころ【くどぬり所】 41⑦329

くになか【国中】 39⑥326

くね【くね】 16①131

くねぎわ【くねきハ】 17①212

くねた【クネ田】→A 23①20

くねたのみぞ【くね田の溝】 23①86

くねたるた【くねたる田、畔たる田】 23①96

くぼ【くぼ、窪】→W 29②142,149,156/41⑦330

くぼきた【くほき田】 16①112

くぼきところ【くほき処、窪キ所】 16①133/17①88/67③128

くぼた【くぼ田、凹田、窪田】 20①28,67/23①18,39/29①29/36③223/67③136

くぼち【窪地】 3④349/22④230,256,258/25①53,②181,182,206

くぼなるはたけ【窪ナル畠】 5

①126
くぼみ【窪ミ】 5①129
くぼみのあくすいだまり【くほミの悪水溜り】 17①131
くぼめたるところ【くぼめたる所】 33⑥330
くまぎし【隈岸】 32①192
くまごのあと【熊子之跡】 9③252
くみみず【汲水】→A 30③264,283
くら【くら、区、倉】→Z 4①129,132,134,135,136/10③395/17①260,267/33⑥323,328,342,345,347,390/44③209,210/62⑨340
くらい【位】→R 19①5
くらのあたり【蔵の辺】 27①114
くりのあと【栗之跡】 9③252
くりば【クリ場】 8①257
くりはた【くり畑、操畑】 9②224,③261
くるみのしたのはたけ【胡桃の下の畠】 19②389
くるめつち【緻土】 19①118
くれ【くれ、墾】 1②145/24③282,286/37①18/39③146/41③181
くれた【くれ田、塊田】 1①86,89/16①201,238/17①74,99,110,130/18②280
くれた【畔田】 39③149
くれつち【くれつち、くれ土】 16①196,200,201,202/17①170
くろ【クロ、くろ、畦、畔、疇】→あぜ 1①33,76,96,④327/2④283,284,285,286,295/3③131/5①59,63/10②364/12①254/13①117/16①149/17①161/24①35/27①99,101,119,362/30③254/37②83,③259,262/38④252/39①30,②95,④198,⑤286,291/41③174,184/47②84/56①44/62⑧259,272,⑨345,355/63⑧436,437/69②229
くろあかつち【黒赤土】 55②171
くろあぜ【くろ畝、畔畦】 1②149/21①39
くろあぜぼね【くろあせ骨】 27①100
くろがしら【畔頭】 36②116
くろかす【くろかす】 27①360,362
くろぎし【畦きし、畔岸】 1①60,⑤349/18①83
くろきつち【黒土】 54①263
くろきまつち【黒き真土】 20①20
くろぎわ【くろきは】 27①65
くろくあかきつち【黒ク赤キ土】 32①126
くろくかたきこわきつち【黒く堅きこハき土】 12①289
くろごみ【黒こミ、黒こみ、黒ごみ】 61⑩418,428,429
くろさかい【畔さかい】 6②293
くろざれ【黒砂れ】 10①94,95
くろした【畔下】 5①56
くろすな【黒砂】 10①94/17①165/48①256
くろすなつち【黒砂つち、黒砂土】 11①23,④184
くろだ【くろ田】 39⑥323,326
くろち【くろ地】 17①19
くろつち【くろ土、黒土、黒墳】→B、I 1④328/2①124/4①140,158,160,180/6①10,87,98,111,121,154,175/11④171,184/12①54,56,74,75,99,131,152,173,178,216,247/13①79,93,95,132,213/14①380/15②136/17①260/22①53,④207,228,230,231,233,236,273/23⑥312/24②233/31④155,156,157,159,202,213,216/33⑥359/36①46/37②95,98,③359/40②49/41②117/45③143,⑦389/49①36/50③246/54①268/55②136,164,172,173/56①41,67,158,171,179,183,185/61⑩447/62⑧264,270/68③337,345
くろつちのこえじ【黒土の肥地】 31④171
くろつちのはたけ【黒土の畑】 56②244,245
くろぬま【黒沼】 70②144
くろね【畔根】 39②98
くろねばつち【黒ネバ土】 46①7,19
くろのうわつち【畔の上土】 20①56
くろのつち【くろの土】 27①64
くろのつち【黒野土】 3④314
くろのねぎわ【くろの根きは】 27①101
くろのやつれ【畔のやつれ】 1①43
くろはいつち【黒灰土】 31⑤254
くろばた【畔端】 5①63/39⑤277
くろぶく【黒ふく、黒ぶく】 16①97,133,177,273/17①64,80,89,111,151,162,163,165,206,269,273,285,307/40②49,52/65②120
くろぶくたはた【黒ぶく田畠】 16①202
くろぶくち【黒ふく地、黒ぶく地】 16①95,176/17①20,270,271,310
くろぶくつち【くろふく土、黒ふく土、黒ぶく土】 16①81,91,93,109,121,143,146,262,272,287/17①80,100,101,149,177,202,226,260,274,282,292
くろぶくのかるつち【黒ぶくの軽土】 17①287
くろぶくのた【黒ぶくの田】 17①80
くろぶくのつち【黒ぶくの土】 17①80,220
くろぶくのでんち【黒ぶくの田地】 17①80
くろぶくのとち【黒ふくの土地、黒ぶくの土地】 16①93/17①88,253
くろぼく【黒ぼく】 45⑦389/68③333
くろぼくど【黒鬆土】 69②247
くろぼくののつち【黒ぼくの野土】 25①112
くろぼこ【黒ほこ、黒ボコ、黒ぼこ】 4①100/5①120/11④186/14①82,149/36③209/37②196/45③143/48①202,227,228,236,245
くろぼこつち【黒ぼこ土】 14①201
くろほこのつち【黒ほこの土】 18②264
くろぼね【くろ骨】 27①99,360
くろぼねふときあぜ【くろ骨太き畔】 27①100
くろまつち【くろまつち、黒真土】 4①178/10①89,90/15③377,397/16①80,84,109/17①95,226/19①18,21,70/20①19,22,118/37①8/56①158/61⑩412
くろまつちばた【黒真土畑】 19①95,96
くろまわり【くろ回り、畔廻り】→X 27①108/40②187
くろみあらすな【黒味荒砂】 46①7,19
くろみこすなつち【黒味小砂土】 46①7,18
くろみごみすなつち【黒味ゴミ砂土】 46①6,17
くろみごみつち【黒味ゴミ土】 46①6,17
くろみちばた【畔道バた】 13①35
くろみねばまつち【黒味ネバ真土】 46①7,17
くろみぼこつち【黒味ボコ土】 46①7,18
くろみまつち【黒味真土】 46①7,18
くろわれ【黒われ、黒割】 3④266/33①23/62⑨370
くわさかい【鍬境】→X 1①60,62
くわだま【鍬玉】 29①37
くわなえぎばたけ【桑苗木畑】 61⑨337
くわによろしきとち【桑に宜しき土地】 13①115
くわね【桑根】→E 39②102,109
くわのうちざかい【鍬のうちざかひ】 27①22
くわのつちとりあと【鍬の土取跡】 27①98
くわのはずれ【鍬のはづれ】 29①37
くわはじ【くわはじ】 28②182
くわはじめのところ【鍬初めの処】 17①98
くわばた【桑ばた】 35②330
くわばたけ【桑畑、桑畠】 3③142,166/18②252,257,261,262/24①44,54/35②262,317,328/44③202/47③167,168,172,175/61⑨257,260,262,269,278,280,287,294,300,306,322,325,328,337,339,340,341,342
くわばたち【桑畑地】 61⑨266
くわばたのまわり【桑畑の廻り】 47③176
くわばら【桑原】 18②252
くわまくら【鍬まくら、鍬枕】 17①75,76,94,166

【け】

けいきょ【軽虚】 48①240
けいしゃ【軽砂】 17①282
けいだい【境内】 62⑧276
げうすだ【下薄田】 17①15,96,123
げきち【隙地】 6①71/18①57,62,90
げげうすだ【下々薄田】 17①81
げげでん【下々田】 21①47/22

②109/34③54/36①55, 57/39①36/61⑩449/70②158
げげのつち【下下ノ土、下々ノ土】 32①157, 158/37①10
げげばた【下々畑、下々畠】 4①235/21①62/33②133/34③37, ⑥141/41③185/61⑩442
げこば【下木庭】 32①48, 56, 62, 64, 69, 74, 92, 108, 115, 116, 160, 161, 162, 163, 164, 170, 171, 172, 173, 175, 176, 189, 191, 198, 203, 204/64⑤349, 359
けしあと【けし跡】 2①58
げしき【下敷】 57②97, 105
けしのあとち【罌粟の跡地】 2①119
げしょ【下所】 36①47, 53
げすい【下水】→I
16①322, 331/55②133
げすいながれこみのた【下水流込の田】 17①131
げすしただ【けす下田】 27①105, 119
げすしただすた【げす下出す田】 27①72
げすしたつぼ【ゲス下坪】 27①134
げすはだざ【けすはた座】 27①92
けた【桁】 29②128
けたした【桁下】 61①42
げたはた【下田畑】 23⑥314
げち【下地】 2①32, 62, 63/4①71, 166, 174, 176, 177, 178, 180/24③295/31④222, ⑤262
けつけ【毛付】→A
28①52
けつけみず【毛付水】 65②70, 98
けっしょ【欠所】 23②137
げつち【下土】 18⑥499/19①22/22②122/23⑥312
げでん【下田、下田ン】 4①12, 180/6①12, 17, 18, 37, 209, ②313, 314/8①284/10②317/12①142/21④190/22①27, ②109/23⑤270/28①52, 53, ④352/29③202, 210, 256, 259/30③240, 247, 278/31⑤281/32①20, 21, 23, 24, 26, 27, 29, 42, 153, 154/33①19, ⑤240/34③54/36①55, 57/37①17, ②92, 102, 105, 106, 107, 128, 132, 155, 160, 176, 192, 211, ③277/39①19, ②99/41⑦340/59②111/61⑩424, 434, 439, 445/62①11, ⑧268, 274/65②122, 123/69②174, 238, 239/70③217, ④262
げでんのた【下田の田】 47②84
けどうつち【けとふ土】 55②173
けなしち【無毛地】 67②108, ③133
げのうにんのた【下農人の田】 10②320
げのうのた【下農の田】 10①12
げのこば【下ノ木庭】 32①98
けのつかぬほどのげち【毛の付かぬ程の下地】 2①115
げのはたけ【下ノ畠】 32①72, 98, 113
げはた【下畑、下畠、下圃】 2①25/4①88, 156, 157, 235/10①68/19①95/21②104/24③291/27①69/31④170/32①46, 47, 48, 49, 50, 52, 53, 54, 55, 59, 63, 64, 65, 66, 67, 71, 86, 87, 88, 89, 91, 92, 95, 96, 97, 102, 107, 110, 114, 115, 154, 155, 156, 157, 166, 167/33②119, ③166/34③37, 43, ⑥141/35②353/47②101/56①44, 161
けむりのあたらぬところ【煙の当らぬ所】 13①74
げめん【下面】 22①27
けわしきいわばな【嶮き岩ばな】 12①205
げんげだ【砕米花田】→れんげだ
23①17
けんそなるこば【嶮岨ナル木庭】 32①212, 213, 214, 216
けんそなるやまはた【けんそなる山はた、嶮岨なる山畑】 30③272, 281
けんぽ【畎畝】→X
4①7
げんや【原野】 3③140/14①27/48①157/68③354
げんりょう【原陵】 35①253

【こ】

こあぜ【こあぜ、小あせ、小あぜ、小畦、小畝、小畔、小疇】→あぜ
4①15, 50/6①33, 85/8①69, 70, 79, 160/23③152/24①101/28②170, 171, 180, 282, 283, 284/39⑤278, 279
こあらすなつち【小荒砂土】 46①21
こいし【小石】→B、I、J
9②206/16①286, 287/17①89/46①18/65①16, 26
こいしかわ【小石川】 16①282/65③236
こいしかわら【小石河原】 16①102
こいしこすなのあわしたるとち【小石・小砂の合したる土地】 16①100
こいしこすなまじりのた【小石・小砂ましりの田】 16①91
こいしざれはま【小石され浜】 49①216
こいしじ【小石地】 6①155/16①81, 87/17①226/19①100, 101
こいしはらのやまだはた【小石原の山田畠】 10②320
こいしまざり【小石まさり】 41⑦340
こいしまじり【小石まぢり、小石交り】 4①158, 175, 177/13①101/21①69
こいしまじりつち【小石交り土】 56①203
こいしまじりのいわつち【小石ましりの岩土】 16①280
こいしまじりのた【小石交の田】 25①65
こいしまじりのたはたけ【小石ましりの田畠】 16①93
こいしまじりのはたけ【小石ましりの畠、小石交リノ畠】 6①90/32①147
こいしまじりのまつち【小石ましりの真土】 17①79
こいみず【小井水】 65②65
こう【江】 70②143
こう【荒】 28①55
こうあくのとち【磽悪の土地】 12①103
こうえん【後園】 31④147
こうかつでい【黄滑泥】 70①29
こうきょう【広狭】 27①117
こうぎょう【高仰】 65③209
ごうぐらやしき【郷蔵屋敷】 67①23
こうげ【高下】 8①79/28②159, 163, 169, 171/31②80
こうげ【こうげ】 47⑤271
こうげた【かうげ田】 27①108
こうげん【曠原】 2⑤325
こうこくだいせん【広谷大川】 35①246
こうさくば【耕作場】 62③69
こうさくはた【耕作畑】 62③69, ④95
ごうさと【郷里】 70②119, 153, 161
こうざん【高山】 13①103/21①14, 15/57②95
こうざん【鉱山】 24①51
こうじょう【膏壌】 65③210
こうせき【広斥】 69②160
こうぞじ【楮地】 13①93
こうぞなえしたてば【楮苗仕立場】 2⑤325
こうぞにそうおうのち【楮に相応の地】 13①103
こうぞばた【楮畠】→Z
13①101
こうぞをうゆるじ【楮をうゆる地】 13①101
ごうだ【ごふだ】 9①106
こうたく【膏沢】 12①54
こうち【厚地】 21①51, 72, 73, ②127/29③256/39①13, 41, 42, 45
こうち【墝地】 61①32, 38, 41
こうち【耕地】 2⑤325/3③124, 131, 165, 179/24①39, 50, 136/25③292/38②55
こうち【高地】 25②180, 212, 219
こうち【好地】 3③142/21①82/39①63, 64
こうてい【高低】 29②121
こうでん【高田】 10②319/12①62, 131, 132, 137, 138, 141/13①18, 39, 41/48①272/65③211
こうでん【耕田】 22①46, 49
こうど【壙土、曠土】 18①62, 90/35①253
こうど【磽土】 56①185
こうね【こうね、小うね、小畦】→うね
8①12/15②214/24③283, 302, 303/28②252
こうばい【かふはい】→A、C、X、Z
65③229
こうはいのち【荒廃の地】 35②332
こうはく【厚薄】 62⑧268
こうはくなんのち【黄白軟の地】 13①222
こうはくのち【広博の地】 3③168
こうはくのよち【広博の余地】 3③127
こうはくひせき【厚薄肥瘠】 3③134
こうぶ【荒蕪】 2⑤327
こうぶのち【荒蕪の地】 47⑤250
こうめんどころ【高免所】 5①47
こうもうのち【荒亡の地、荒亡

之地】 35②316,319
こうもうのとち【荒亡の土地】 35②315
こうもうのはいち【荒亡の廃地】 35②333
こうや【こうや(貢野)】 20①32
こうや【壙野、曠野】 2⑤325/18①105/70②144,152,153,154,157,158,159,162,164,165,167,170,177,181
こうら【小浦】 41⑦338
こえあな【コエアナ、糞穴、腴穴】 2①35/20①81/40④309
こえぎれ【こへ切れ】 61⑧220
こえくさやま【肥草山】→R 41③185
こえぐろ【こへぐろ】→C 41②121
こえざるむぎじ【肥ざる麦地】 41②80
こえじ【こへ地、こゑ地、肥地、糞地、沃地】 2①88,115/3④298,347,363,374,379/4①72,160,198,236/5①77/6①20,119,132,176,177/7①21,57/12①91,120,148,153,181,202,205,207,209,215,233,240,267,288,311,326,351,359,364,376,380,382,384/13①22,35,46,48,80,92,95,96,106,107,129,135,136,138,145,149,151,162,164,165,168,169,175,179,190,191,196,199,202,212,216,273,283,285,289,290,296,298,304/16①104/17①33,292/18①68,74,②264/19①144/22②104,④279/23⑥327/29①50,③192,231,246,250/31⑤265/32①55,87,96,98,②288/33⑥316,369,386/37③309/38①6,③166/40②187/41⑤236,⑥270,280/48①187,215/56①79,86,87,93/61①32,38/62⑨349
こえじあるところ【肥地ある所】 13①192
こえすぎた【こえ過田、肥過田】 19①20,29/20①24/37①14
こえすぎたるでんち【こゑ過たる田地】 17①131
こえすぎてかるるた【腴過てかるゝ田】 20①30
こえすぎばた【屎過畠】 47②85
こえすぎるた【こゑ過る田】 17①131
こえすぎるでんち【こゑ過る田地】 17①131
こえすじ【肥筋】 8①40,49
こえだ【肥田】 3③148/32①38/37②176
こえだまり【糞だまり】→C 12①242
こえたるあかつち【肥たる赤土】 62⑧264
こえたるあわはた【肥たる粟畠】 12①176
こえたるいんち【肥たる陰地】 12①309
こえたるうわつち【沃たる上土】 23①96
こえたるくうち【肥たる空地】 12①311
こえたるこすなまじり【肥たる細沙まじり】 12①216
こえたるこますなじ【肥たる細沙地】 12①312
こえたるしっけち【肥たる湿気地】 12①195
こえたるじゅくち【肥たる熟地】 13①161
こえたるしょうのよきくろつち【肥たる性のよき黒土】 13①280
こえたるしょうよきつち【肥たる性よき土】 13①281
こえたるすなじ【肥たる沙地、肥たる砂地】 12①317,381/13①287
こえたるすなつち【肥たる砂土】 12①281
こえたるた【肥たる田、肥ヘタル田】 12①337/13①73,217/32①38
こえたるち【こへたる地、こゑたる地、肥たる地】→I 7①19/12①147,148,163,166,313,371/13①12,56,93,110,186,197,287/22②104/33⑥385/41⑤242
こえたるつち【肥タル土、肥たる土、腴たる土】→I 13①189,198,223/18①74/20①34/25①115/31④214/56①75
こえたるところ【こへたる所、肥たる所】 12①319/13①111/62⑨386
こえたるはたけ【肥たる畑、肥たる畠】 10①57/13①283/38③143
こえたるやまばた【肥たる山畠】 13①281
こえつち【こえ土、こゑ土、肥土、糞土、沃土、埴】→B、I 1①44/2⑤333/3③143,④308/5①78,129,143,③286/6①113,137,181,②285/10②320/11③143,146/12①77,330/13①79,82,105,155,197,228,246,285,288/16①105,135,137/17①160/18③356/19①163/21②103,104/23①19,50,51,52,53,62,72,88/25①110,111,113,114,③279/29①57/31④223/32①158/33①45,⑥329,338,345,349/34⑧299/38③189,④271,287/39⑥335/45⑦382/54①264/55②174,③305,390,465/56①93,168,169,179,185/57②153/62⑧265/68③338,345/69①77,②307
こえつちのた【肥土ノ田】 31⑤269
こえてふかきち【肥て深き地】 13①141
こえどろのところ【肥泥の所】 13①73
こえにわ【肥庭】 22①50
こえぬけ【こゑぬけ】→E、I 40②183
こえば【こへ場、こゑば、屎ば、屎場】→C 27①80,84/29②122
こえふかきち【肥へ深き地】 56①169
こえぶた【こへぶた】 62⑨325
こえみずのかかるた【肥水の懸る田】 19①205
こえむしば【屎蒸ば】 27①88
こえやま【こゑ山】 16①108
こえやわらかなるち【肥やハらかなる地、肥和らかなる地】 12①364,379
こえよきとち【肥良土地】 56①80
こおりみずかかりのばしょ【氷水懸り之場所】 63⑤308
こかい【古開】 64①49,50,65,66,67
ごかいはつばた【御開発畑】 61⑨287
こかげ【木かけ、木かげ、木蔭、木陰、木影】 10①62,70,82/12①313,353/17①32,43,64,165,181,208,270,273/28①14,18,④331,340/30③255/33⑥329,365,388/37②206,211/50②150/57②153/61⑩454/62②35
こかしだ【こかし田】 10①171
こかた【小肩】 33⑥331,333,341
こがた【湖潟】 70②152
こかれつち【こかれ土】 25①123
こかわ【小河】 16①297,313/50③241/65①13
こぎつぼ【扱坪】 30①82
こきはたけ【稠き畑】 27①129
こぎり【小切り】 8①254
こぎれ【小切】 27①20
ごくかんのち【極寒の地】 3①43
こくしゃくののじ【黒赤之野地】 62③68
ごくじょうでん【極上田】 9③268
こくしょくこいしじ【黒色小石地】 16①87
こくしょくど【黒色土】 16①82,111
こくしょくなるこすなじ【黒色なる小砂地】 16①85
こくしょくなるほうど【黒色なる宝土】 16①91
こくしょくまつち【黒色真土】 17①77
こくしんでん【石新田】 9③243,247,274
ごくすなつち【極砂土】 14①149
こくでん【穀田】 7①60/12①62,93,97,183/13①149,210/23①18/54①232/56①79/62⑧268
ごくでん【御供田】→O 17①118
ごくひなた【極日向】 55②171
ごくひりょうのとち【極肥良の土地】 13①101
こくふん【黒墳】 2⑤325/6①87/12①75,152
こくもつつくるはたけ【穀物作る畠】 13①81
こくもつはつくりがたきところ【穀物ハ作り難き所】 13①288
こくもつをつくるくろ【穀物を作る畦】 13①94
こくもつをつくるはたけ【穀物を作る畠】 13①106
ごげごでんち【五下御田地】 33②110
ごこくふじゅくのち【五穀不熟の地】 35②302
ごこくりゅうさくのとち【五穀流作の土地】 35②328
こさかげ【こさ陰】 22②121,122
こさかむりのば【木障冠り之場】 38①19
こさかむりのばしょ【木障冠り之場所】 38①17
こさした【木障下】 3④332
こさしたのたがた【木障下の田

方】 3④263
こさん【古山】 48①340
ごしきのつち【五色の土】 16①82/17①102
ごしきのはたけ【五色の畠】 16①91
こした【木下】 14①340/16①124/17①21,154,290,292/25②224
こしたみず【越田水】 37②189
こしばだちのやまどころ【小柴立ノ山所】 46③207
こじゃり【小じやり、小砂利】 16①287/65③201,204
ごじょうかあたり【御城下辺】 25②186
こしらえおきたるじ【こしらへ置たる地】 13①279
こすい【湖水】 21①14,15/70②145
こすな【小沙、小砂】→B 16①99,112,282,283,286,287/17①89,285/30③252,253/32①74/55①20,22/56①107
こすながわ【小砂川】 16①282,299/65③200
こすなじ【細砂地、小砂地、粉砂地】 1①59,80,86/2①115/17①273,274
こすなつち【小砂土】 46①24,25,26,27,29,30,31,32,33,34,35,36,37,39,40,41,42,43,44,46,47,48,49,50,51,52,53,54,55,60
こすなどころ【小砂所】 2①77
こすなのすぐれたるこえじ【細沙の勝れたる肥地】 12①299
こすなのち【細沙の地、小砂の地】 13①26/17①269
こすなまじり【小砂交り】 61⑩420,422
こすなまじりのとち【小砂ましりの土地】 16①91
こすなまじりのほうど【小砂ましりの宝土】 16①91,92,93
こすなまじりのまつち【小砂ましりの真土】 17①246
こせときれくち【小瀬戸切口】 67③127
こせまち【小せ町、小ぜ町、小瀬町、小畝町】 27①86,111,360,361/28②239,284/43②147,161,165,166,167/44②88
こぞのあと【去年ノ跡】 5①93
ごそんでん【御損田】 36③208
こたにだ【小谷田】 16①73
こちゃ【こちや】 34④61
こづくりばた【小作畑】 10①114
こつち【こつち、粉土】→I 23①52,62/39②105,114,118/56②246
こつぼ【小坪】→C 20①28
こできのところ【小出来之所】 31⑤254
こでん【古田】 10②321/23①24,97,122,④191/64①44,③197/70②172
ごてんのにわ【御殿の庭】 35①54
こでんぱた【古田畑】 21②105/66①64
ことしつくりたるはたけ【今年作たる畑】 22④268
ごとまき【五斗蒔キ】 32①184
こな【古苗】 39⑤280,281
こなしじ【こなし地】 29①23,31,73,74
こなしば【子成庭】→C 62①13
こなしばたけ【こなし畑】 30③297
こなつち【粉土】 19①157/56②253,267,285
こなばたけ【小菜畠】 42⑤320
こば【木庭】→やきはた 32①12,71,81,86,90,92,95,96,97,98,100,101,102,103,104,107,111,112,115,123,124,125,127,148,149,160,161,162,163,164,167,174,175,177,178,180,181,182,183,191,192,193,196,197,202,203,206,207,209,210,217,221,②289,295,338/41⑦331/64⑤342,344,348,349,350,351,353,357,359,360,361,362
こばた【小畑】 40②51
こばつき【木場付】 66④196
こばつぼ【木庭坪】 32②292
こばのあぜ【木庭ノ畔】 32①201,219,220
こばのしょさくのあと【木庭ノ諸作ノ跡】 32①99
こばのせいほくのあぜ【木庭ノ西北ノ畔】 32①219
こばのそとまわり【木庭ノ外廻り】 32①202
こばのちい【木庭ノ地位】 32①198,205
こばのとこ【木庭ノ床】 32①92,98,121,193,194,213
こばのゆるやかなるところ【木庭ノ穏ナル処、木庭ノ穏ナル所】 32①90,207,211
ごばんだ【ゴバンダ】 24①29
ごふん【ごふん】→B、N 16①90
ごぼうあと【ごぼう跡、牛蒡跡、午房跡】 2①56,103,104,115/31④162
ごぼうじ【牛房地】 11①34
ごぼうしき【牛房敷】 34⑤79
ごぼうのほりあと【ごぼうの掘跡】 2①77
ごぼうばたけ【牛房畠、牛蒡畑、午蒡畑】 34③45/42⑥376,420,426
ごぼうまくはたけ【午房蒔畠】 19①111
ごぼうをまくべきはたけ【牛房ヲ蒔ベキ畑】 31⑤250
ごほんでん【御本田】 41③186
ごまあと【ごま跡、胡麻跡】 21①62,82/23⑥316/33①45/39①62,63
こまいものあと【こまい物あと】 28②142
こまかいつち【こまかい土】 28②253
こまかなるつち【細かなる土】 12①369
こまかなるよせつち【細かなる寄土】 2①123
こますな【細沙、細砂】→B、I 12①208,362,371,380/48①207/55③460/69②356
こますなじ【細沙地、細砂地】 6①111/12①216,277,380
こますなのこえじ【細沙の肥地】 12①292
こますなのこえふかきち【細沙の肥深き地】 12①278
こますなのち【細沙の地、細沙地、細砂の地】 3①30/6①128,135/7①56/12①59,367,369,370
こますなのはたけ【細砂の畑、細砂の圃】 3①42,48
こますなまじりのち【細沙交りの地】 6①111
こまち【小まち、小区、小町】→まち 9①62,63,64,68,69/12①254/61⑩411
こまちだ【小町田】 29③228
こまちのところ【小町之所】 29③212
こまつち【こま土、細土、小土】 4①218,225,232/8①85,87,88,94,95,97,101,105,172/11③150/12①90,136,154,156,158,161/37③290,319,321,361/48①242/69②247,329,336
こまつちじょうばた【細土上畠】 34③38
ごまなか【胡麻中】 19①121
ごまのあと【こまの跡、胡麻の跡】 6①98/62⑨339
ごまばたけ【胡麻畑、胡麻圃】 25②200/27①69/38④271
ごまほしたるあと【こま干たる跡】 21①81
ごままきのはたけ【胡麻蒔之畠】 31②78
ごままくはたけ【コマ蒔畑】 19①141
こままつち【細真土】 56②245
こまやかなとち【こまやかな土地】 16①102
ごまわきまわり【胡广脇廻り】 44③238,239,240
ごみ【こミ、ごミ、ごみ】→B、H、I、X 9②196/10①95/30④349
ごみおんち【こミ音地】 10①94
ごみぎろ【こミ疑路】 10①94
ごみした【砂下】 11⑤263
こみしょ【込所】 7①36,43
ごみすな【ごミ沙、ごみ沙】→I 6①132/12①359
ごみすなつち【コミ砂土、ゴミ砂土】 46①21,23,25,26,27,31,32,37,39,47,50,53,60
ごみすなのち【ごミ砂の地】 6①11/12①216
こみぞ【小ミぞ、小溝】→C 15②174,190/33⑥315,331
ごみつち【こミ土、ゴミ土、ごみ土、塵土】→I 10①80/35①70/46①21,22,23,24,25,26,27,28,29,30,31,32,33,35,37,38,39,40,41,42,44,45,47,48,51,53,54,55,56,60/55③242,382,418
ごみぶかのひどろだ【ごミ深のひどろ田】 19②281
ごみまじり【こミ交り、塵雑】 55③415/61⑩415
ごみまじりのところ【ごミ雑りの所】 12①369
ごみまつち【こミ真土】 10①94
ごみるい【こミ類】 10①81
こむぎあと【小麦跡】 4①86,231/12①167/33④177/38③176/40④303/43①42,43,②152
こむぎうね【小麦畦】 21①82

こむぎさく【小麦作、小麦隴】 38③151,156
こむぎだ【小麦田】 4①21,41,69,110,132,133,230
こむぎち【小麦地】 4①230/24③297,307
こむぎのなか【小麦ノ中、小麦の中】 19①140/22④275,278/38③167
こむぎのはざこ【小麦のはさこ】 4①126
こむぎばたけ【小麦畑、小麦畠】 4①157/38②58,69/61⑩421
こむぎをつくりたるあと【小麦を作りたる跡】 22④258
こむぎをまくはたけ【小麦を蒔畑】 17①166
こめあきのあらた【米秋の荒田】 28②194
ごもく【芥埃】→B、I、X 55③437
ごもくつち【芥埃土、塵土】→I 55③300,346,369
ごもくまじり【塵交、塵雑、塵雑土】 55③273,274,275,282,303,316,321,349,381
ごもくまじりつち【塵交リ土】 55③301
こもり【小森】 56①167
こやがけばしょ【小屋掛場所】 56①138
こやしじ【肥し地】 8①155
こやしつみあと【肥し積跡】 1①85
こやしのおおき【こやしの多き】 33①19
こやしば【こやし場、莚場】→C 18②287/27①77
こやしふそくのた【肥し不足の田】 1①70
ごようのこば【五様ノ木庭】 32①192
こらち【小埒】→A 6②319,320
こわきた【強きた】 27①41
こわきつち【こハき土】 17①78
こわじば【強地場】 24③295
こわた【こわ田】 16①330
こわつち【こわ土、強土】 7②257/17①60/22④233,274/23①106,⑥326,330,333,334
こわまつち【こハ真土、強真土】 16①100/23⑥339/37①8
こわみず【こハ水、強水】 19①26/20①84

【さ】

ざ【座】→C 27①107/37①44/38③190
さいえん【菜ゑん、菜園、菜苑、菜薗、圃】→A 2①126,129,131/3③126/4①161/6①101,125,137,163,177,209,216/7①60/10①9,86,101,177,178/12①228,237,242,311,316,354,383/13①105,273,283,351/41⑤249,⑦334/45③152/55①22/62⑨388
さいえんのこまつち【菜園ノ細土】 32①209
さいえんのそと【菜薗之外】 34⑧304
さいえんのはしばし【菜園の端々】 12①321,354,355
さいえんのほとり【菜園の辺】 12①196
さいえんのまわり【菜園の廻り】 12①261
さいえんのみちばた【菜園の道ばた】 12①319
さいえんば【菜薗場】 10①114
さいえんばた【菜園畑、菜薗畑】 10①114,153/61②81
さいがわしき【犀川敷】 66⑤305
ざいけ【在家】→M、N 17①271
ざいけのがけばた【在家之がけばた】 41⑦339
さいじょうのすぎとち【最上の杉土地】 56②279
さいなんしゃ【細軟沙】 12①216,295/56①93
さいなんしゃのち【細軟沙の地】 13①175
さいのかみのはたけ【歳の神の畑】 36③187
さいめ【さい目】 28②210
さいめん【才面】 43②124
さいようやま【採用山】 57①29,30,31,32,33,35,36,37,39,40,43,44,45,46
さえん【サヱン、菜園、茶園】→N 2④285,303/20①305/62①13
さえんだ【菜園田】 39⑤268,280
さえんば【菜苑場】 2①131
さえんばた【さゑん畠】 9①116
さおつぼ【竿坪】 44①46
さかい【境、堺】 5①182/24③331/29①35/36③200,201
さかいめ【境目】 34⑧299
さかなりはぎつけ【坂成剝付】 34⑥118
さかみず【さか水】→Q、X 65①37
さかもり【坂森】 34①6
さく【サク、さく、作、隴】 3③137/19①110,②376/20①127,②376,381/22④231,243,249,258,266,275/23⑥321,332/24③284,302,303,304/38③121,122,128,130,131,133,135,143,144,146,147,148,150,155,156,157,158,159,161,162,164,166,167,170,④255/39②115,117,118,120/41④207/45③152,163/56②252,253,255/68③333
ざく【さく】 65①32
さくあとのち【作跡の地】 11②118
ざくいし【さく石】 56②268,269/65①32
さくいれば【さく入場】 24③307
さくかたとち【作方土地】 22①53
さくしょ【作処、作所】 31④221,222/32①78,81,93,171,172,177,190,208,209,213,220,221,②290,338/41⑦327,330,339/64⑤337,338,359,360
さくしょのくぼきところ【作所ノ窪キ所】 32①194
さくちゅう【作中】 2④289
さくど【作土】→うえのつち 5③266/24②234,235
さくのきわ【サクノキワ】 38④245
さくば【作場】 20①82/24③272/30①68,109,142/34⑥147,⑦255,⑧311/38②86/41③184/63③106,125/69②229
さくはなれのじしょ【作離の地所】 23④191
さくま【作間】→L 2④281/22④224
さくみぞ【作区】 19①116,216,②427
さくみち【作道】→X 9③257/29①32
さくもつのできざるた【作物ノ出来サル田】 69②317
さくり【サクリ、さくり、卑畦、平畦】→A、Z 2①24,25,32/22④226
さこ【迫】 34⑧298
ざこ【ざこ】 11②111
さこじり【さこじり】 40①12
さこた【迫田】 20①27
ささぎあと【豇豆跡】 38③128
ささげあと【さゝけ跡、小角豆跡、羊角豆跡】 5①116/22②124/33①45/41①12
ささげのあと【さゝけの跡、大角豆之跡】 9③252/33①44
ささげばたけ【さゝけ畑、さゝげ畠】 4①88/25①68
ささげひきたるあと【さゝけ引たる跡】 25①67
ささげまくはたけ【サヽケ蒔畑】 19①145
ささらきもんのうち【さゝらき門内】 27①331
さしがみち【差紙地】 61⑨261
さす【砂洲】 65③263
させき【沙斥】 69②160,221
さつきだ【五月田】→A 28②143,163,164,165,171,186
さと【里】→N 16①77,158,159,161,162,163,164,165,167,170
さど【さ土、砂土】 21②129/37①8,9/45⑥291/48①393/49①7,29,34/54①267,282,311/55②170/56①42,44/63⑧435/66②113/68③333,342,345,348/69①69,74,80/70⑤322,326
さといもうえるはたけ【里芋植る畑】 25①128
さとうきびうえそだてよろしきくにぐに【甘蔗植育て宜しき国々】 14①102
さとうち【砂糖地】 44②81,84,85,86,87,89,90,91,92,93,111,117,140
さとうばたけ【佐藤畑】 61⑨354
さとかた【里方】 4①14,19,32/6②298,303/25①120,129
さとかたのまつち【里方の真土】 25①67
さとごう【里郷】 19①23,200
さとごみ【里こミ】 10①94,95
さとだ【郷ト田、郷と田、郷田、里田】 19①24,27,31,38,39,40,43,44,45,46,47,48,49,52,53,54,55,56,59,60,62,63,64,65,70,72,②297,301,312/29③199,200,204,213,214,216,222,224,232,233,235,236,237,241,242,243,④276/31⑤264/37①12,13,14,15,16,17,23,41,42,45
さとだのみず【里田の水】 20①85
さとだのようすい【里田の用水】

19①52
さとちむぎまきのところ【里地麦蒔之所】 29④278
さとのじょうでん【郷との上田】 29③234
さとのた【さとの田】 20①48, 58
さとのつくりつち【里の作り土】 14①202
さとはた【里畑、里畠】 18②255/19①99, 100, 101, 103, 105, 108, 109, 110, 111, 115, 117, 121, 122, 123, 124, 125, 126, 127, 130, 132, 134, 135, 136, 138, 139, 140, 141, 142, 144, 145, 146, 147, 148, 154, 155, 156, 157, 158, 160, 161, 166, 167, 168, ②312
さとばやし【里林】 36③263
さとはら【里原】 17①320
さとぶん【里分】 30③275, 276
さとまえ【里前】 20①192/25①105, 107
さとむら【里村】 36③263
さとめ【里目】 33④176
さとやま【里山】 57②126, 140
さなえづら【早苗連】 20①331
さなだ【狭田】 23①82/24①30
さびた【さび田】 69①104
さむきかげち【寒き陰地】 68③337
さむみのち【さむミの地】 62⑨386
さやまがいけのつつみ【狭山が池の塘】 13①226
さらた【サラタ、さら田】 4①133/24①29, 30/62⑨354, 359, 370
さらまつち【さら真土】 17①307
さらみず【さら水】 28②146
ざりかべ【細石壁】 2①127
さるけだ【猿毛田】 1②148
さるけつち【猿毛土】 1③267
ざれつち【され土、ザレ土】 10①83/49①202
さわ【沢】 2⑤325/13①264, 271/23⑥317, 323, 324, 327, 328, 330, 332, 334, 335
さわいり【沢入】 1③280
さわだ【沢田】 29②128, 129, 134/36②112, ③190/37①12/41②64, 72
さわみず【沢水】→B
17①308
さわみずかかり【沢水掛】 1③263
さんがく【山岳】 69②218
さんかん【山間】 16①84/17①308
さんかんいんち【山間陰地】 5③258
さんかんのたにだ【山間の谷田】 25①51
さんかんのたはた【山間の田畑】 25①41
さんかんのとち【山間の土地】 21①72
さんぎょうのしょうち【蚕業の勝地】 35②332
さんきょそんきょ【山居村居】 13①229
さんげのさと【山下の里】 13①208
さんげばた【三下畑】 33②106, 111
さんこく【山谷】 6①133, 177/47①12/54①215, 262/61①37, 42/66②108/68①62, ③339/69②362/70②84, 85, 93, 105, 108, 113, 123, 124, 125, 126, 127, 128, 129, 133, 134, 138, 140, 146, 148, 149, 151, 153, 154, 155, 158, 160, 161, 162, 163, 164, 165, 167, 170, 171, 173, 175, 176, 177, 183, 184
さんこくのやせでんち【山谷の瘠田地】 22①47
さんじょうまき【三升蒔】 31⑤265
さんしょくのとち【三色の土地】 16①83
さんすい【山水】 68④403
さんそん【山村】 3③175/6①141, 161, 182, 216/32②310
さんたく【山沢】 3③171, 175/69②217
さんだんぐさ【三駄ン草】 24①82
さんち【山地】 10①63, ②329
さんちゅうあしきところ【山中悪所】 28①51
さんちゅうかげち【山中陰地】 68③359
さんちゅうげでん【山中下田】 28①51
さんちょう【山頂】 53④246/70②146
さんでん【散田】 11①62/67②87, 104
さんとまき【三斗蒔キ】 32①204
さんねんだ【三年田】 28②168
さんねんまめうえそうろうはたけ【三年まめうへ候圃】 27①69
さんばんのしきち【三番之敷地】 57②97
さんぶかげ【三分陰、三歩陰】 55③241, 262, 275, 303, 305, 312, 313, 320, 334, 335, 346, 349, 357, 358, 363, 364, 376, 390, 402, 405, 415, 435
さんぶんすじ【山分筋】 30①20, 120, 124, 125, 127, 128, 134, 136, 139/41③186
さんや【山野】 3①12, ③102/6①173/13①47/15①63/16①89, 112, 153, 168, 261/17①315, 320/22②131/27①328/34③50, ⑧300/36③200, 244/37③375/38①16, 22/40①10/45④206/48①201/50③244, 246/54①228/56①83/57②86, 145, 146, 147, 148, 187, 205/59②138/60②89, 110/61①41/67⑥263, 272, 292, 298, 303/68①161, ③326, 342, 344, 345, 347, 353, ④403/69①70, ②271/70⑤327
さんやのさかいめ【山野之境目】 34①6, ⑥118
さんやのち【山野の地】 10②321
さんやのやきうち【山野の焼うち】 12①66
さんやはた【山野畠】 33⑤256
さんやむにんきょう【山野無人境】 60⑥320
さんりん【山林】 3①48, 49, ③179, 181/5③270/7①67, 68/10②336, 338/12①122, 123, 124/13①202/21②105, 106, ⑤224, 229/23⑥311/24③331/25①120, 135/27①257/28②210/35①253/36①40, ③234/45④200, 202, 205/46①19/55③409/56①76, 134, 155, ②240, 256, 270/57②76, 77, 78, 84, 181, 184/61⑩435/62③67, 68, 74/63③106, 127, 137, 140, ④262, ⑤301, 314/64⑤367/66①38/68④412/70②61, 124, 125
さんりんそうたく【山林叢沢】 3③187
さんりんでんぱた【山林田畑】 35①238
さんりんみずべ【山林水辺】 3③120

【し】

しあけ【仕明】 34③53
しあけば【仕明場】 34①6
じあさ【地浅】 29②134
じあさきところ【地浅き所】 3③142
じあさなるところ【地浅なる処】 17①223
じあしきた【地悪き田】 29③199
じあしきはたけ【地あしき畠】 9①117
しいたけやま【椎茸山】 61⑩452
じうすきところ【地薄き所】 31④155
じうすののばたけ【地薄之野畑】 33②118
しおあな【塩穴】 16①100
しおいり【潮入】→J、Q
69②227
しおかぜのあたるところ【潮風の当る所】 13①111
しおけあるいけかわ【塩気ある池川】 17①310
しおけあるじしょ【汐気ある地所】 23①101
しおけあるすなじのた【汐気ある砂地の田】 23①108
しおけあるとち【潮気ある土地】 23①96
しおけあるとでん【汐気ある外田】 23①103
しおけさすところ【塩気さす処】 17①298
しおけつよきところ【汐気強き所】 23①101
しおけのあるおきのどろつち【汐気のある沖の泥土】 23①103
しおけのあるち【汐気のある地】 23①59
しおけのあるとち【潮気のある土地】 23①94
しおじ【汐地、潮地】 23①95, 102, 103, 104
しおそぶ【汐地溲】 23①104
しおのさしいるえのつち【塩のさし入江の土】 16①99
しおひがた【潮干潟】 12①184
しおみず【潮水】→B、H、N、X
23①103, 104
しおみずいりのなわしろ【潮水入の苗代】 23①106
しおやきば【塩埋】 69②222
じかげ【地陰】 6②286/29①24
じがしら【地頭】 67⑤235
じかた【地方】 34③37, 43, 44, ⑤108, 109, ⑥119, 123, 133, 162, ⑦250/42⑥402/57②98, 146/58③132/61⑨260, 261, 262, 264, 267, 270, 293, 322, 328, 375/64④249, 250, 279, 309/66④201/70②159
じかたきた【地堅き田】 29②

139
じかたくなる【地かたく成】 62⑨375
じかたくらい【地方位】 34④60
しかまつち【しかまつち】 10①92
じかわきよきところ【地かわきよき所】 62⑨376
しき【シキ、敷、舗、鋪】 20①41/24①38,39/40①6/57②131,228
しきち【敷地】 23①22,23/34⑥137,158/57②86,100,127,128,148,156,164/65②143
しきば【敷場】 34⑤98/57②154,228
じぎょう【地形、地行】 16①122/38③120,186/64④305/65①19,22,33/67⑤228
じぎらい【地嫌ひ】 25②217,220
しくいつち【シクイ土】 55③460
じくぼ【地久保、地窪】→Z 20①28/56①167,172/65③256,269
じくぼなるところ【地くぼなる処】 17①75,99
じくぼのかぜかげのた【地窪の風陰の田】 19①205
じくらい【地位】 25②195/32①78,107,111,174,175,204/34①6,8,⑥118
しけち【しけ地、湿け地、湿地】 7①14/29②129/37①13,39/41②78/61⑨293
じごえ【地肥】→A、I 8①71,75
じごころ【地こゝろ、地心】 12①177,362,367/13①46/17①193
しごとば【仕事場】→N、X 27①289,334,348,362,364
しこまつち【紫狐真土、紫抓真土】 10①89,92
じざかい【地ざかい、地界、地境、地堺】 10③386/19①44/21①43/29①25/33①20/34①7/37①14,19/42③168/56①193,203/62⑨356,388/64④280
じざきかわら【地崎川原】 61⑨288
じしお【地汐、地潮】 23①95,103,③156,④178
じしおでるところ【地汐出る所】 23①54,100
じしき【地敷】 27①163
ししだ【猪鹿田】 30①8
しじぼうじ【四至傍示】 30①46,100,101
じしょ【地所】 28②139/36①41,46/37②179/41③180,186/45③167,⑥294,304,324/50②156,183/57②160/60③130/61⑨312,387/62⑧271/63①30,33/64③170/67③137,138/68③328,329,333,334,361
じしる【地汁】 19②280/37①38
しずがおだ【賤か小田】 20①63
じすたり【地捨リ】 32①183,194,196
しずみだ【沈み田、沈田】 1①59,60
しぜんだ【自然田】 21①22,24
じぞこ【地そこ、地底】 8①101,128/17①77,87,96,99,164/19②293,294,296,341,352,395/37①24
じぞこのしお【地底の潮】 16①100
したあぜ【したあせ、下畔】 17①82/19①44/29②135/37①19
じだか【地高】→Z 9③261/22④258/23①98/65③256
じたかきた【地高き田】 17①152
じたかきやしき【地高き屋しき】 13①137
じだかた【地高田】 1①45
じだかなるた【地高なる田】 17①152
じだかのおさ【地高の畝】 1①44,78
したぐろ【下くろ、下ぐろ、下畔】 27①23,53,86,98,106,108,125,288,358
したぐろたかみ【下くろ高ミ】 27①110
したぐろみずほれ【下ぐろ水ほれ】 27①359
したさくたはた【下作田畠】 65②89
したじ【したち、した地、下地】→A、B、I、K、N、X 20②370/30③241,242,243/33⑥329,367,368,369,388/34⑦248/36②105,106,123/37②81/39②95,97,111,117,118,③153/40②51,52,53,110,139/41⑥273,275,277/44②121,122,131/48①177/55③465/61②81/62⑨329
したじこえたるつち【下地肥へたる土】 10①105
したじだ【下地田】 33⑤246
したじのつち【下地の土】→B 29①88
したじのはたけ【下地の畠】 33⑥355,364,379
したじばた【下地畠】 33⑥335
したつち【下土】 5①59/16①104/17①99,160,161
したてばしょ【仕立場所】 46③189
したてばやし【仕立林】 56②274
したてやま【仕立山】 53④242
したなるつち【下なる土】 17①84
したのせむき【下の瀬向】 65①13
したみず【下水】 17①127/65③192
しちぶかげ【七分陰】 55③365
しちゅうちかきところ【市中近き所】 11①38
しつあるち【湿ある地】 12①358
しつあるはたけ【湿ある圃】 12①336
しつかかりそうろうはたけ【湿かゝり候畑】 34⑤102
しつかかりはたけしき【湿かゝり畠敷】 34⑤85
しっきあるち【湿気ある地】 15②204
しっきち【シツキ地、しつき地、湿地】 8①13,157/28②182,268
しっきのた【湿気の田】 10①55/15③396
じつきやま【地付山】 18②260,266
しっくち【湿ク地】 8①206,263
しっけ【湿気】→P、X 23①88
しっけあるこえじ【湿気有肥地】 33⑥380
しっけあるところ【しつけ有ところ】 41⑤258
しっけおおきち【湿気多き地】 22④258
しっけごころのち【湿気ごゝろの地、湿気心の地】 12①179/13①145/18①74/25①114
しっけすくなきところ【湿気少き所】 12①164
しっけだ【湿気田】→A 20①24/24①29,38/30①**46**,60,75,**92**,95,96,104/37①13,24
しっけち【シツケ地、しつけ地、しつ気地、仕付地、湿気地】 8①133/12①156/16①90,91,92,152,160,242,245,248/17①164,165,173,204,206,211,223,226,237,253,269,270,274,281,282,285,288,292,294,295/28①18/30①49/32①58/33①25/37①13/63⑤309
しっけつち【しつけ土】 17①151
しっけつよきた【湿気強田】 33①47
しっけなきところ【湿気なき所】 12①222,297/13①171,172
しっけなきとち【湿気なき土地】 18②264
しっけのかようとち【湿気の通ふ土地】 1③266
しっけのち【しつけの地、湿気の地、湿晞の地】 16①123,143/22④205,262
しっけのとち【湿気の土地】 30③273
しっけのなきところ【湿気のなき所】 12①167
しつけのばしょ【仕附之場所】 38③115
しっけばた【しつけ畑、しつけ畠、湿気畑、湿気畠】 17①172/22④242/23⑤271/32①58/62⑨336,372,381
しっけふかきた【湿気深き田】 7①55
しっけやま【しつけ山】 16①137
しっけるはたけ【しつける畠】 16①259
しったい【しつ滞】 8①94,100
しっち【シッ地、しつ地、湿地、隰地】 1①52/2①11,24,25,28,35,41,42,43,63,64,78,80,81,90,93,116,127,130/3①52,④313,345,348/4①158/5①93,104/6①84/8①13,93,94,97,111,120,121,122,123,146,265,268/9②223/10②326/11①23/12①336,338,350/13①138/14①80,149/15②156,③384/18①68/19②281,443/20①123/21①67,②106/22①51,53,54,③172/23①95,⑥336/25①113,124,②212/29②128/34⑧299,303/36①40,51,60,②127/37③360/38③131,155,182,186/39①46,52,⑤254/40②48,49/41②79,80,115,④205/45③143,160/50②150/54①273,283,289,293,305/56①168,②279/62⑧270/

68②259,③349/69②281,283,313/70②146,147,163,164,165,166,167,169,170,171,175,176,177,⑥381
じつち【地土】 8①187/33⑥345
じっち【実地】 7①57
しっちばた【湿地畑、湿地畠】 19①95,100
しつでん【湿田】→ふけだ 19①20,28,54/20①90
じつでんなわしろ【実田苗代】 38②50
しつど【湿土】 8①89,103,142
しつなきち【湿ナキ地】 5①106
しつなきところ【湿ナキ処、湿ナキ所】 5①95,120,129
しつのつち【湿の土】 10①70
しつのとち【湿ノ土地】 8①139
しつふかきち【湿ふかき地】 14①71
じづら【地面】 50①44
しでん【私田】 19①206
じでん【自田】 21②117
しど【下土、尻土】 1①45,78/19①216
じどこ【地床】 8①137/65②125
しとだ【尻土田】 20①28
じならしこうげ【地ならし高下】 29①50
じなり【地成】 65②84
しにいし【死石】 16①107
しにいしいわ【死石岩】 16①107
じのうごき【地の動き】 29①38
じのうすくやせたる【地の薄く瘠たる】 12①179
しのぎ【しのぎ】 15③401/28②171
しのぎのよこ【しのぎの横】 15③402
じのこえやせ【地の肥瘠】 13①11,12
じのしょう【地の性】 12①347
しのだけやぶ【しの竹薮】 4①235
しのだち【篠立】 56②266
じのちから【地のちから】 13①19
じのとく【地の徳】 13①103
じのひせき【地の肥瘠】 15③357
しのぶつち【しのふ土、しのぶ土、忍土】→にんど 16①98,134,158/40②179,180/54①263,267,278,294,297,300,305,308,309/55②172
じのよしあし【地のよしあし】 29①68
しばあるところ【芝有所】 28①78
しばくさあと【柴草後、柴草跡】 9①19,27,57,60,85,93,97
しばくさのかりあと【柴草のかり跡】 9①92
しばくさやま【柴草山】 24①77
しばこだち【柴木立】 56②266
しばつきこれありそうろうたば【芝付有之候田場】 64①65
しばつち【芝土】→I 10②364/33①55
しばば【芝場】 65②123
しばはら【芝原】 1②184/11①54,63,64/13①69/14①127/31④215
しばはら【柴原】 69②227
しばふ【芝生】 6①185
しばま【芝間】 16①101,312/64①41,44,46,47,49,50,52
しばやま【柴山】 19①191,②283/24①50
しばやま【芝山】 14①71/50③244
じばん【地盤】 36②107/41②75,③185/48①365,371/70②152
じばんたたきのにわ【地盤扣之庭】 30④358
じひくのおさ【地低の畝】 1①44
しぶえさましもやしき【渋江様下屋敷】 61⑨347,357
じぶか【地深】 39⑤283/40②48/41②69,70,104,107,110/62⑨355,373/70②170
じふかきところ【地深き所】 62⑨376
じふかだ【地深田】 6①47,58
じぶかのあかつち【地深の赤土】 22④273
じぶかのば【地深の場】 3④306
しぶすな【渋砂】 46①18
しぶた【渋田】→B 16①104/17①20,21,53,54,150/18②286/36③254
しぶつち【渋土】 17①231/46①18,19/57②146
しぶみち【渋道】 16①100
じぶんいけみず【自分池水】 28②179
じぶんつくりだ【自分作田】 29②128
じぶんわらおきば【自分わら置場】 27①385
じべ【地辺】 5②232
しへき【四壁】→N 65③280
しほうのみずぎわ【四方の水際】 11②88
しま【嶋】 29③260/65②84
しまかたあいさくしょ【嶋方藍作所】 30④352
しまじ【嶋地】 10②329/28①15,80
しまばたけ【嶋畑、嶋畠】 10②326,327/63③136
しまぶん【嶋分】 10②326/30④346
しまぶんのはたけ【嶋分の畠】 10②329
しまめ【しまめ】 56①170
しまりじ【堅り地】 41②64
しまりたる【しまりたる】 7①57
しまりなきつち【縮ナキ土】 5①120
しまるところ【シマル所】 8①243
じみ【じみ、ぢみ】 28②240,269
しみず【しミづ、し水、清水】→B、I、N、X 9②196/16①286/17①32,33,35,36,46,47,49,56,62,81,149/19①22/23①101,102,103,115,③156/36③223/37①13,23,24/39④216,219,⑤276/45④203/55②145/65③213/69①63,64/70②174
じみず【地水】 41⑦339/50①59/65①15,③273
しみずいがかり【清水井懸り】 17①150
しみずがかり【清水掛】 1③263
しみずかけこみ【清水掛込】 25②185
しみずけあるた【清水気有る田】 5③279
しみずだ【清水田】 39⑤276,283
しみずどころ【清水所】 39⑤262
しみずのいがかり【清水の井懸り】 17①150
しめつち【しめ土】 15③396
しめりけあるこえじ【しめり気ある肥地】 12①367
しめりじのはたけのあぜ【湿地の畑の畔】 38③190
しめりたるち【しめりたる地】 7①93/12①169
しめりち【しめり地、湿地】 39①13/40②175/54①268,275,280,291,299,303,308
しめりつち【しめり土、湿土】→B 3①29,④284,287/27①102,103
しめりなきた【湿なき田】 11①18
しめりのうむ【湿の有無】 31④215
しめるち【シメル地】 8①43
じめん【地面】 4①234,235/5①54,66/25①110/28①12,81/36①41,48,64/37②179/39④200,⑤259,265,274,283/40②48,117,④330/41⑦321/45⑦381/46①66,②135,152,153/47③173/48①195,200,230,320,368,372/49①7,95,196/53④246/61②81,④166,⑨260,268,270/63②85,86,87/64①47,65,⑤354,360,361/65②66,70,81,82,83,84,86,98,99,100,101,102,103,104,105,106,120,121,129,③189/67①41/69①58,80
じめんじょう【地面上】 28①9
じめんどこ【地面床】 65②64,65,98
じめんのじょう【地面ノ上】 65②83
しもがわら【下川原】 61⑨341
しもやしき【下屋敷】 61⑨262
しゃえんはた【しやゑん畠】 4①91
しゃがい【沙芥】 55③207
じゃがる【ぢやがる】 34⑤79
じやく【じやく】 11⑤246
しゃくち【尺地】 20①113/54①33
しゃくど【赤土】 12①75,184
じゃくど【弱土】 7②292/12①77
じやぶ【地薮】 18②260
じやま【地山】 2⑤325/18②259/29①62,63
じゃり【砂利】→B 2⑤325/65③189,193,203,205,246
じゃりいし【しやり石】 62⑨381
じゃりつち【砂利土】 2⑤325
じゃりはま【じやり浜】 41⑦338
しゅうこうのた【秋耕の田】 30①24
しゅうこうのち【秋耕の地】 12①59
じゅうさんやしき【十三屋敷】 61⑨344
しゅうど【醜土】 68③362
じゅうはちあと【十八あと】 28②207
じゅかそういん【樹下薮陰】 6①178

じゅかのやぶち【樹下の藪地】 6①163
じゅかはた【樹下畑】 19①95,101
じゅかほくいん【樹下北陰】→Y 6①155
しゅがらつち【朱柄土】 56①158
じゅくち【熟地】 12①53,308,310/13①129/69②223
じゅくでん【熟田】 2⑤326/10②315/20①27/30①42,64,65,66,104/62①17,②35/69②162,216,219/70④262
しゅくど【宿土】 6①180,181
じゅくど【熟土】 69②223
じゅくばた【熟畑】 69②217
しゅくまち【宿町】 4①32,34
しゅっすいば【出水場】 14①42
じゅりん【樹林】 10②349/48①229
じゆるき【じ(地)ゆるき】 9①39,41
しゅん【しゆん】 28①16,18,27,30
じゅんろのち【淳鹵の地】 35①253
じょう【壌】 29③234
しょうえんやま【松煙山】 53④245
しょうがばたけ【しやうが畠】 12①293
じょうげでん【上下田】 22②109
じょうこうのたはた【上厚の田畑】 3③133
じょうごえにゅうせしち【上肥ニウセシ地】 8①155
じょうこば【上木庭】 32①48,62,64,69,74,108,115,116,160,161,162,163,164,165,170,171,172,173,175,176,184,189,190,191,198,204/64⑤349,359
じょうしき【上敷】 34⑥162/57②96,97,99
じょうしきやま【上敷山】 57②105
じょうしょ【上所】 36①53
じょうじょうきちのわたち【上々吉之綿地】 8①138
じょうじょうこば【上上木庭】 32①48,56,61,62,64,69,74,108,162,163,164,165,170,171,173,174,175,176,183,189,191,198/64⑤349
じょうじょうち【上々地】 24③295
じょうじょうでん【上上田、上々田】 1②143/10②316,317,320/21①47,②118/24①29/28①85/32①21,23,24,26,29,42/39①18
じょうじょうでんち【上々田地】 6②320
じょうじょうとち【上々土地】 21①56
じょうじょうのたはた【上々の田畑】 22①27
じょうじょうのはたけ【上々の畑】 10①57
じょうじょうはた【上々畑、上上畠】 21①55/32①46,49,51,54,59,62,63,64,65,72,75,86,88,89,90,106,114,131,134,140,141,143,155,156,165,166,204/33②105
じょうじょうまつち【上々真土】 17①310
しょうず【生水】 5①33,63,70
じょうすいでん【定水田】 10②327
じょうた【上田】 14①119/45③172/62⑧268,274
じょうち【上地】 2①25,32,63,115,120/3③138,143/4①103,160,166,174,176,177,178,180,185/6②313/7①14,19,39,58/8①146,153/16①84/24③288,306,326/25②178,181,182,185,189,211,220/30④349/31④222,⑤262/34④67,⑥157,159,⑦251/36③194,209/56①170
じょうちどころ【上地所】 4①244
じょうちならざるやまつち【上地ならざる山土】 14①380
じょうちのはたけ【上地之畑】 25②207
じょうちばた【上地畑】 56①209
じょうちゅうばた【上中畠】 34③37,42
じょうつち【上土】 8①136/16①80/17①18,55/19①21/22②125/23⑥312
しょうつよきつち【性つよき土、性強き土】 7①37,65/9②206/62⑧265
じょうでん【上田】 1①47,②143/2①47,⑤325/4①42,123,177,178,181,263/5①47,55,61,62,77,108,136,②223,③247/6①11,12,14,17,18,37,43,47,94,209,②285,312,314,319/9③264,278/10①52,53,54,②319/16①104/17①15,54,76,84,85,102,121,122,123,127,141,149,310/18②288/19①21/21④190/22①27,31,②104,109/23⑤270/24①29/25①121,②180/28①22,51,52,53,79/29③202,203,210,256,259/30③247,278/32①20,21,23,24,29,153,154/33①19,⑤240/34③54,④60/35①66,68/36①41,43,55,57,②112/37①17,26,②102,105,106,107,129,139,141,186,189,192,③277/39④216,220/40①8/41②64,⑦340/44①17,18,46/47②85/61①35,42,48,⑩415,416,424,434,439,441,444,445,447,449/62①11/63⑤311/65②122,123,124,③186/69②174,238,239/70③217,④263,270
じょうでんち【上田地】 17①105,112/23⑥339/29①15,57
じょうでんぱた【上田畑、上田畠】→Z 16①86,91,92,99,100,101,105,279,281/23⑥314
じょうど【壌土】 48①227/69②160
じょうにおもきつち【上ニ重キ土】 28①70
じょうのうち【上納地】 31④217
しょうのつよきかたきち【性のつよき堅き地】 13①118
しょうのつよきち【性のつよき地】 13①55,70
しょうのつよきところ【性の強き所】 13①108
じょうのとち【上の土地】 16①97/17①196/30③287
じょうのはたけ【上ノ畠】 32①77
しょうのよきち【性のよき地】 13①55
しょうのよきつち【性のよき土】 12①252
じょうばた【上畑、上畠、上圃】 4①82,100/5①98,99,106/10①54,57,67,68,69/11①9,26,32/12①390/13①108/17①170,176,208,210/19①95/21①62,②127/22①31,41/24③291/25②210/27①69/31④170,205,215,⑤281/32①46,47,48,49,50,51,52,54,59,62,64,65,67,71,72,75,86,88,89,91,95,96,100,102,107,110,113,114,115,128,131,133,134,139,140,141,142,146,154,155,156,157,165,166,167/33③161,169,171,④178/34⑤89/35②282,353/37②155/44①18/47②138/64⑤361/69②227
じょうふん【壌墳】 55①14
じょうほう【上峰】 57②96
じょうぼんのとち【上品の土地】 9②206
じょうまつち【上真土】 16①76/17①274/22①54
しょうよきこえじ【性よき肥地】 13①282
しょうよきち【性よき地】 13①28,296
しょうよきつち【性よき土】 13①110
しょうり【小里】 3③165
じょうれい【上嶺】 57②96
じよきはたけ【地よき畠】 9①52
しょくど【埴土】 69②160
しょじゅうのせいそくしょ【諸獣の栖息所】 3③127
しょたく【沮沢】 2⑤327
じょち【除地】 62①13
じよのた【自余の田】 25①48
しらす【白洲】→I、R、Z 59③201
しらすな【白沙、白砂】→I 12①332/33⑥299/48①216,256/55②170/62⑧270
しらすなのち【白沙の地、白砂の地】 12①56/13①141/25①114/33⑥303/56①169
しらすなのところ【白砂の所】 33⑥359
しらみたるつち【白ミたる土】 27①95
しりげ【しりけ、しりげ】 28②151,164,167,168,171,176,185,189,196,202,207,214,227,228,229,240,242,246,256,271,283,284
しりげぼり【しりげぼり】 28②214
しりげまわり【しりげ廻り】 28②270
しりた【尻田】 37①44
しるきた【しるき田】 27①359,362
しるきつち【シルキ土】 5①53
じるた【しる田、じる田】 27①22,38,51,88
しるつき【しるつき】 17①303
しるつち【しる土】 27①70
しろ【シロ、しろ、城、代】→A 2④282,311/3④314,332,358/5①27,28/21①43,66,75,

86/22①38, ②125/28①84/37②205, 206/38①18/39①31, 32, 51, 52, 55/56②240, 241, 245, 246, 247, 248, 249, 250, 251, 253, 256
しろかきのうえ【シロカキノ上へ】 32①36
しろかきのうきつち【代かきの浮土】 33①56
しろがわら【白河原】 65③203, 247
しろざれ【白され、白砂れ】 10①92, 94, 95
しろした【代下】 30①69, 70, 71
しろすな【白砂】 10①94
しろすなのやわらかなるこえじ【白沙の軟かなる肥地】 12①288
しろた【しろ田、代田】 29②134/42①36
しろた【白田】 9②196
しろだいずばたけ【白大づ畠】 34④63
しろち【代地】 56②285
しろつけち【代付地】 2①84
しろつち【白土】 10③399/33④213/56①176, 185
しろにが【白苦】 46①18
しろねば【白ネバ、白ねバ】 14①276/46①17, 18
しろねばつち【白ネバ土】 46①7, 19
しろばたけ【白畑】 67③131
しろぼく【白ほく】 61⑩446
しろまさご【白真砂子】 45⑦410
しろまつち【しろまつち、白まつち、白真土】 4①178/10①89, 90, 91/16①81/17①18, 55, 79, 95, 223, 231, 237, 246, 310/19①18, 21, 70/20①19, 20, 22, 118/37①8, 12/56①158
しろまつちのでんち【白真土の田地】 17①76
しろまつちはた【白真土畑】 19①95, 96
しろみあらすな【白味荒砂】 46①7, 19
しろみこすなつち【白味小砂土】 46①7, 18
しろみず【しろ水、代水】 30①51/41②76
しろむら【しろむら】 17①104
しろわれ【白われ】 62⑨370, 374
しわりだ【シワリ田、しわり田】 24①29, 38
じんえんのかかるところ【人煙のかゝる所】 18①77
しんかい【新開、生田】→A 3③116, 155, 162, 164/14①38, 42, 101/40①12/41②64/42④257, 264, 269/61①48/65③222/69①69/70①18
しんかいだ【しんかゐ田】→L 42⑤325
しんかいたはた【新開田畑】 36③248, 252
しんかいち【新開地】 41②66
しんかいのち【新開の地】 3③161
しんかいはたかた【新開畑方】 61⑨340
しんかいはたけ【新開畠】 10②321
じんかつき【人家付】 3④260, 261
じんかにちかきところ【人家に近き所】 13①133
じんかのその【人家の園】 13①155/14①188
しんかわ【新川】→J 16①282, 302/65③263, 267/66②114, 115
しんかわすじ【新河筋】→Z 65③283
しんきかいはつだ【新規開発田】 1②149
しんきり【新切り】 16①185
しんきりばた【新きり畑】 40②46, 48
しんこんのたはた【新墾の田畠】 23④177
しんさらし【新さらし】 62⑨359
しんさらしだ【新さらし田】 62⑨354
しんざん【新山】 45④209/48①340, 341/56②290
しんざん【深山】 12①120/16①159
しんざんたにま【深山谷間】 50③249
しんざんちゅう【深山中】 45⑦409
しんざんのさと【深山の里】 6②297
しんざんゆうこく【深山幽谷】 3③116/6①178/21①18/35②332/45④198/56①168
しんざんゆうこくのち【深山幽谷の地】 35②314, 315
しんし【新葘】 3③106
しんしゃ【しんしや】→B、N 16①89, 90
しんち【新地】 3③116, 161, 164/4①175/6①147/25①118/33⑥314/36①60/41②77, 107, 108, 113/45⑥304/60③131/69②162, 216, 218/70②153
しんちのはたけ【新地の畑】 3③161
しんでん【新田】 4①184/7①93, ②251/8①270/9③243, 267, 293/16①277, 278/17①106/19①20, 30/23②133, 139/25①65, ②178/28①66, 67, 77/29②134/36②110/37①14/40①6/42①31, 37, 40/53①16/59③233/61④161, ⑥191, ⑨328, ⑩439/62⑦211, ⑨327, 347, 403/64①40, 43, 45, 47, 48, 49, 51, 52, 61, 72, 75, 77, 78, 83, 84, ②114, 115/65②84, 85, 86, 87, 99, 101, 124, 128, ③212, 282/66①62/67④184, ⑤220/70②153
しんでんうち【新田内】 23③157
しんでんどころ【新田所】 9③269, 274, 282, 283/23①94, 105, 108, 122, ②131, 141, ④164, 180, 182, 192
しんでんのきし【新田の岸】 53①14
しんでんば【新田場】 21②104/65②66, 82
しんでんぱた【新田畑、新田畠】 16①185/17①197/21②105/25①76/28①15, 66/62⑨331, 336, 349, 373/65②123, 130/66①64
しんとこ【新とこ、新床】 16①131/29③222
しんどのかたきところ【心土ノ堅所】 24③328
しんなわしろ【新苗代】 37②128
じんねこちゃはたけ【じんねこちや畠】 34③51
しんば【新場】→Z 21②126
しんばた【新畑】 9②224/19①95, 100/38④246/62⑨381/65②130/69②217
しんぱつ【新発】→A 37②196/61⑨341/70②166, 167
しんぱつのはたけ【新発之畑】 61⑨285
しんぱつばた【新発畑】 36③224
しんばやし【新林】 63①53/64④310
しんやかいはつじしょ【新屋開発地所】 61⑨360
しんやしき【新屋敷】 61⑨292

【す】

す【洲】→Z 16①112, 293, 299, 328/35②327/65③180, 189, 192, 203, 242, 246, 247, 248, 251, 253, 254, 274, 275, 284, ④356
すいかいば【水開ば、水開場】 22④217, 224, 226, 243, 279
すいかのあと【西瓜之跡】 9③252
すいかんのはいち【水旱の廃地】 35②258
すいき【水気】→X 29①66
すいげん【水源】 36③238/70②137, 138, 157, 158, 159, 163, 164, 167, 168, 170, 171, 172, 174, 175, 177, 178, 179, 180, 183, 184
すいしつあるはたけ【水湿有畑】 21①69
すいしつたえざるところ【水湿絶ざる所】 12①346
すいしつなきち【水湿なき地】 12①271
すいしつのた【水湿の田】 7②257
すいしつのち【水湿の地】 10②327
すいしつのとどこおるち【水湿の滞る地】 12①362
すいしつのほとり【水湿の辺】 12①337
すいせん【水泉】 25①101
すいそんするところ【水損する所】 23①117
すいそんば【水損場】 21①79
すいそんばしょ【水損場処、水損場所】 40②117, 128/67②87
すいたち【すい立】 33①20, 49
すいでん【水田】→た→Z 2④279/3①35, ③131, 137, 141, 154, 163/4①17, 192, 218, 250/5①21, 27/6②269, 272, 287, 291/21②117/24①21/29④277/34⑥142
すいでんのしりげ【水田のしりげ】 28②200
すいどう【水道】→C 35②330
すいどがかり【すいどがゝり】 28②216
すいなんのち【水難の地】 12①180
すいへん【水辺】 12①338/53①17
すいみゃく【水脈】 23①115,

116,117/35②286,334
すいり【水利】→A、C 15②243,244
すいりのかわ【砂入の川】 27①257
すいりゅう【水流】 31②70/34⑦257
すいりゅうのそば【水流の側】 33⑥327
すうねんのなわしろ【数年のなわしろ、数年の苗代】 28②144
すうひゃくかりた【数百かり田】 27①113
すおし【洲押】 16①112
すおしどころ【洲押処】 17①253
すかめきつち【すかめき土】 34③41
すかわ【洲川】 65③185
すきうら【鋤裏】 41②76
すきかた【鋤肩】→A 8①114
すきさらし【犂晒】 30①21
すきさらしだ【犂晒田、犂曝田】 30①24,37,100
すぎしき【枚敷】 57②157
すぎしたてそうろうしきば【枚仕立候敷場】 57②154
すきすじ【鋤筋】 8①208,209,215
すきだ【すき田、犂田】 4①49/27①119,120/29②133
すぎどこ【杉床】 56①54
すぎなえどこ【杉苗床】 14①92
すぎなえのしろ【杉苗の代】 56②244
すぎなえばた【杉苗畑】 42②127
すきのあと【鋤之跡】 8①79
すぎのかげ【杉の陰】 41②108
すぎのとこ【杉の床】 56②244
すきはた【すき畑】 33③166
すきはば【すきはゞ】 28②215
すぎばやし【杉林】 56②240
すきほし【すきほし】→A 28①16
すきぼりかた【鋤堀肩】 8①86
すぎまきしろ【杉蒔代】 56②245
すきみぞ【鋤溝】 39⑤264,269
すきみち【鋤ミち、鋤道】 4①12,43
すぎみふせどこ【杉実臥床】 56①212
すきめ【すきめ】 27①119
すきめん【すき面】 33①35
すきもたれのどろ【すきもたれの泥】 29③231
すぎやま【杉山】→L 56②257,271,277,290
すぎをううべきとち【杉を植べき土地】 14①71
すくはいけつち【すくはいけ土】 34③41
すくも【スクモ】 23①11
すげをつくるち【菅を作る地】 13①74
すこしひくきた【少し低き田】 23①98
すざき【洲崎】 16①101
すじ【すじ、筋】→A 1④302,305/3③150,154/6①175/8①110/12①262,372/15②137,175,194/61④158
すした【洲下】 65③247
すじのこうきょう【すぢの広狭】 15②223
すすきあと【すゝきあと】 28②145,182
すすきするところ【すゝきする所】 28②227
すすきたての【薄たて野】 36③240
すすきの【薄野】 36③240
すずきのしてあるところ【すゝきのしてある所】 28②228
すすきはら【薄原】 57②145,159,171
すずみば【納涼場】 27①323
すたか【洲高】 23①10
すたりだ【捨田】 57②205
すたりたるち【廃りたる地】 3③182
すたりち【廃り地】 3③171
すたりみず【捨り水】 27①121
すつち【すつち、酸土、徒土】 19①19,21,70/20①20,23,119/37①9
すつちだ【徒土田】 19①26
すつちばた【徒土畑】 19①95,99,163
すてち【捨地】 16①286
すてつちば【捨土場】 29①30
すての【すて野】 16①286
すてば【捨場】 69①79
すな【沙、砂】→B、I、Q 5①152/10①94,②379/12①316/16①78,111,121/17①89,164/25②222,224/30③255,④349/31④204/37②98,105,106,206/39③145/40②52,④310,315,320/45②101,⑥291/48①227,228,236,245/49①7,27/51①177/54①263,264,267,269,271,274,277,287,292,293,295,303,306,308,313/55②145,③263,332,437/56①158,159,212/61⑥187,⑧229,230/62⑨372,381/65①16,18,19,21,22,26,32,②80,83,84,89,133,③172,269,283/66①34/69①69,74,80
すないし【砂石】→Q 49①7/66①34,④192
すないり【砂入】→Q 64③204,205,208,209
すないりがわ【沙入川】 10②321
すないりのあかち【砂入の赤地】 41②117
すなおんど【沙音土、砂音土】 10①94
すながちのつち【砂がちの土】 15②211
すながわ【砂川】 15②212/16①282,300,302,328,329/34⑦259,260,261/65①13,②133,③235,236,249,251,273,275
すなけ【砂け、砂気】 9②195/47①45/55②172
すなこいしじ【砂小石地】 16①97
すなごみ【砂こみ】 6①134
すなさげかわすじしろすなどころ【砂下ケ川筋白砂所】 9③265
すなじ【すな地、沙地、砂地】 1①45/2①25,43,72/3①33,34,35,40,51,52,④223,252,266,337/4①153,155,180/5①128/6①56/7①20,93,94,95,97/8①120,123,154,182/9②196/10①57/12①90,99,141,156,202,203,265,267,375,383/13①94,144,160,213,239/14①71,247/15②137,150,159,161,163,164,166,171,175,176,191,222,③386,405/16①81,86,121,133,143,146,157,176,177,190,202,252,262,263,332/17①19,20,107,151,162,163,202,204,206,220,223,226,253,271,287,302,307,310/19①26,98/21①66,②130/22①53/23①11,97/25②198,199,217,219,222/27①95,134/28②187/30①49,50,③253,254,284,⑤394/31④170,171,202,213/32①63,72,88,133/33①34,46,⑥307,311,315,325,337,355,362,380,386,395/34⑤100/35①70/36①41,46,49/37①25,③360/38③115,121,175,176,182/39①52,54/40②49,50,52,117,125,183/45③142,168,⑥302/47②84/48①38,202,215,236,253/49①37,200/50②146,150,166/52⑦283/56①75/59④277/61⑧230,⑨270,⑩414/62⑧270,⑨324,381/65②84/66①48,57/69①58,80,89/70③214,⑥395,417
すなじがかり【砂地懸り】 4①145
すなじのいけかわ【砂地の池川】 17①300
すなじのこえたるち【砂地の肥たる地】 50②146
すなじのでんち【砂地の田地】 17①106
すなじのとちあさきところ【砂地の土地浅き処】 17①298
すなじのはたけ【砂地の畑、砂地の畠】 12①332/25②214/69①79
すなじのやせた【砂地の磽田】 23①89
すなしま【砂島】 62⑨335
すなじやま【砂地山】 49①36
すなしんでん【砂新田】 8①17
すなだ【砂田】 4①180/6①17/9②210/17①21,81,109,111,112/29③212/34⑦246/36①53,69/44②80/62⑨335
すなつち【沙つち、沙土、砂つち、砂土】→B、I 10①68,74,81/11④170,171,185,186/12①75,254/13①231/15①81,③377/16①137/19①19,21,163/20①20,23,119/22④228,230,235,236,239/23⑥312,334,339/25①112/30③251/34⑤104/48①207/50③252/70①18
すなつちはた【沙土畑】 19①95,98
すなとびいり【砂飛入】 64④243,262
すなのち【砂の地】 17①20,81,106,165
すなのでんち【砂の田地】 17①111
すなのところ【砂之処】 40④330
すなのはたけ【砂の畠】 17①177
すなば【砂場】 24③328/66①34,38
すなばたけ【砂畑、砂畠】 6①92,97/9②210/16①200,263/17①172,175/23⑥339/25②210/31⑤257/33⑥381
すなはま【沙浜、砂浜】→C

5①144/48①38,321/49①216
すなはら【砂原】 25②207
すなま【砂間】 65①30
すなまざり【砂まさり】 41⑦340
すなまじり【沙交、砂マシリ、砂ましり、砂交、砂交り、砂雑】 3④313/5①152/17①77/37②196/38④257/45⑦411/55③268,303,304,322,337,376,382,390,418/56①158/61⑩433,441/70⑥400
すなまじりごもくつち【砂交塵土、砂雑塵土】 55③402,436
すなまじりたるまつち【砂交りたる真土】 56①107
すなまじりつち【砂交り土、砂雑土、夾砂土】 55③301,433,460/70①17
すなまじりのじょうち【砂交の上地】 25②209
すなまじりのち【砂ましりの地、砂交りの地】 41②116/56①195,203
すなまじりのつち【砂交りの土】 56①170/61⑦194
すなまじりのところ【砂交之所】 34⑥157
すなまじりのとち【砂雑の土地】 40②182
すなまじりのはたけ【砂マチリノ畑、砂交の畠】 6①175/38④247
すなまじりのまつち【砂交ノ真土】 5①61
すなまじりのやま【砂交の山】 49①36
すなまじりまつち【砂ましり真土、砂交真土】 16①272/55③327
すなまつち【沙まつち、沙真土、砂真土】→I
4①100/10①63,75,94/11④183,184/14①149,312/15③345,372,377,379,383,394,396/16①282/19①18,21,70,96,97/20①19,20,22,118,320/37①8/54①263/55②170/56①158
すなまつちだ【沙真土田、砂真土田】 19①25/37①13
すなまつちのこえじ【砂真土の肥地】 14①342
すなまつちはた【沙真土畑】 19①95
すなやま【砂山】 16①136,137/30⑤406/64④242,246,247,248,253,256,257,266,267,269,270,284,308,309,310
すなやまうえつけさかい【砂山植付境】 64④257
すなやました【砂山下】 17①54
すなよせすなじ【砂寄砂地】 28①11
すはま【州浜、洲浜】 14①165,168
すまき【すまき】→A
19②403
すまきだ【すまき田】 37②92,93
すまきだなわしろ【すまき田苗代】 37②91,92
すまきなわしろ【徒蒔苗代】 19②403
すまつち【すまつち、徒真土】 19①19,21,70,98/20①19,20,22,119/37①8,9
すまつちはた【徒真土畑】 19①95
すみがまやま【炭竈山】 27①261
すみやま【スミ山、炭山】 27①261/53④244/57①41
すりばちなりののはら【摺鉢なりの野原】 56①167
ずんあい【ずん間】 15③389

【せ】

せ【瀬】 16①293,299,315,329
せいざん【青山】 70②133
せいしょくこいしじ【青色小石地】 16①87
せいしょくど【青色土】 16①82,111
せいしょくなるこすなじ【青色なる小砂地】 16①85
せいち【井地】 70②144,146,147,148,149,151,152,153,154,155,156,157,158,162,163,164,165,166,167,168,170,171,174,175,177,178,179,180,183,184
せいでん【井田】→R
36①40/70②139,143,144,151,152,154,156,157,159,160,161,162,165,176,177,178,179
せがわり【瀬変り】 65①13
せぎ【せぎ】→C
16①327
せきうえ【堰上】 30①62
せきおうしょくのつち【赤黄色の土】 45⑦389
せきぐろ【堰くろ】 18⑥499
せきこうのち【瘠磽の地】 22①79
せきしょくこいしじ【赤色小石地】 16①87
せきしょくど【赤色土】 16①82,96
せきしょくなるこすなじ【赤色なる小砂地】 16①85
せきしょくのほうど【赤色の宝土】 16①89
せきしょくまつち【赤色真土】 17①282
せきすじ【堰筋】 46③188
せきでん【瘠田】 10②333
せきのね【関の根】 1③265
せきはくのつち【瘠薄の土】 7②359
せきはくはた【瘠迫畑】 19①102
せきみず【せき水、堰水】 2①85/8①253/19①20/38①20
せきろ【斥鹵、舄鹵】 55①14/69②178
せすじ【瀬筋】 65①27,28
せせなぎじり【湾尻】→I
5①77
せせなぎのこえつち【行潦の肥土】 15①19
せた【背田】 23①98
せっちんのあたり【雪隠の辺】 27①79
せっちんのきわ【雪隠之際】 33②105
せっちんのまえ【雪隠の前】 27①338
せっちんはいば【雪隠灰場】→C
27①79
せど【瀬戸、脊と、背戸】→B、N
5①81/27①340/36②120
せまち【セまち、畝町】 30①56/33③164/66⑧397
せむき【瀬向】 65①10,12,13,14,16,18,22,27,28,43
せんかりだ【千刈田】 18③348
せんかりのた【千刈ノ田】 18③351
せんざい【せんさい、せんざい、千載、前栽】→N
16①241,242,244,256/19①190/27①149/42④269/63①49/68①64
せんざいだ【千栽田、前栽田】 24①62
せんざいばた【せんざい畠】 38①14
せんすい【泉水】→C、J
69②244/70⑥391
ぜんち【善地】 3③141
ぜんねんわせをつくりたるた【前年わせを作りたる田】 22④216
せんぱく【阡陌】 10②312/62①13/69②238

【そ】

そうえん【桑園】 35③425
そうおうするち【相応する地】 3③169
そうおうのこえち【相応の肥地】 13①295
そうおうのとち【さうをうの土地】 17①221
ぞうきのはやし【雑木の林】 25①107
ぞうきばやし【雑木林】 56②281
ぞうきやま【雑木山】 57②188/61⑩452,453
そうしゃわきばたけ【惣社脇畑】 61⑨353
そうたく【藪沢】 35①253
そうでん【桑田、桑畑】 18①105/35②258/45②70
そうでん【早田】 13①365,366
そうど【燥土】 30⑤394
そうひ【瘠肥】 6②285
ぞくこんまめばたけ【ぞくこんまめ圃】 27①69
そこくれ【底塊】 1①60,62
そこじ【底地】 30①27,33
そこしつあるち【底湿有地】 31④171
そこだ【底田】 9②195,196,197,198
そこつち【底土】 9③242,261/10①76/23①50/27①109/29③225,235/30①43/31④215
そこどろ【底泥】 23④183
そこのれいすい【底の冷水】 20①90
そこひやけ【底冷気】 23①88
そこひやけするた【底冷気する田】 12①97
そこみず【そこ水、底水】 65③189,191,239
そざん【祖山】 57②95
そち【楚地、麁地、麤地】 3④233,298,356/38③128,156/62③68/65③210
そつち【薄地】 21①74,②129
そでん【麁田】 3③165,179,183
そとうね【外畦】 3④356
そとおおにわ【外大庭】 27①200
そとしんでん【外新田】 23②139
そとだ【外田】 16①233/17①152,193
そとはた【外畑、外畠、外圃】 2

①126/3④358/16①233/20②370,378/23③152/33④230,⑥307
そとひら【外ト平】 29③224
そとやしき【外屋敷】 66⑦369
そとやま【外山】 20①81
そね【そね】 20②394
その【その､園】 3①50,52,53/12①350/28①15
そのとちのつち【其土地の土】 55②136,138
そののまわり【園の廻り】 12①318
そば【蕎麦】→E､H､I､L､N､Z
31②81
そばあと【そば跡､蕎麦あと､蕎麦跡】 2①24,32,35/5①98,128,131/21①64/22②118,⑥392/23⑥315/32①104/33①28/44③204
そばかの【ソバカノ､蕎麦暇野】 19①101,102
そばこば【蕎麦木庭】 32①78,107,108,109,110,112,113,114,116,164,176,203,221,②298/64⑤335
そばじ【そば地】 12①169
そばしり【蕎麦尻】 29①30
そばしろ【蕎麦代】 37②82
そはたけ【麁畑】 22④224,225,239
そばなぎはた【蕎麦なき畠】 4①24
そばのあと【そバの跡､蕎の跡】 2①43/17①162
そばのあとち【蕎麦の跡地】 2①11
そばのはたけ【蕎麦の畠】 34⑦255
そばはた【蕎麦畑､蕎麦畠】 2④287/5①162/27①70/31②82/32①113,114/62⑨377
ぞばはた【雑葉畠】 44③201
そばはたあと【蕎麦畠跡】 4①109
そばまくはたけ【蕎麦蒔畠】 31③115
そばやま【蕎麦山】 30①124
そぶた【湿田､渋田】 40②117,132,133
そま【杣】→M
27①194
そまやま【杣山】 57②99,100,103,104,119,121,125,126,131,132,133,140,141,142,145,147,156,159,168,169,170,171,181,182,183,186,188,191,194,203,205,208,223,226,227,230,231,232,233,234
そまやまうち【杣山内】 34⑥153
そまやましき【杣山敷】 57②138,144,172,185
そらまちだ【空待田】 4①189
そらまめあと【そら豆跡】 28④351
そらまめのあと【そらまめの跡】 29①43
そんしょ【損所】 23②136
そんち【損地】 34①7,⑥119

【た】

た【水田､田､田地】→すいでん､つる→A､E､L
1②148/2①69,④275,278,282,285,286,287,297,301,302,⑤326,327/3①6,24,27,②70,③103,148,160,④228,229,297/5①13,23,25,27,36,37,41,46,47,49,50,53,54,55,56,57,58,59,61,62,63,64,66,67,68,70,77,81,83,84,101,122,136,137,149,175,②224,232,③247,252,253,258,259,261,262,264,265,266,267,273,277,278,280/7①18,19,21,24,25,26,27,36/8①137,171,182,208,215,278/9①10/10①54/12①48/16①72,75,80,82,83,90,91,93,102,178,180,181,193,211,240/17①14,19,84,86,112,130,132,164,165/21①21,22,24,30,32,36,46,85,②103,105,111,116/22④280/23①11,12,20,21,24,25,27,30,33,65,92,98,99,100,116,②131,③156,157,④175,176,177,190,191,192,⑤270,⑥301,302,320/24①40,51,62,71,72,75,81,99,101,135,②235,236,③298,307,319/25①14,16,38,48,49,52,53,54,55,57,58,61,67,120,141,②206,③270,281/27①16,23,24,35,36,43,44,63,64,65,72,73,92,98,110,116,129,264,269,289,305,333,351,352,359,368,373,374/28①12,37,54,66,80,85,87,②145,161,163,184,187,214,228,232,248,③320/29①39,②125,126,137,③257/30③258/32①153/33①47,④226,230,⑥355,382/39①17,18/45⑥286,287/64⑤359,367/67①24/69①72,73,109,121,②326
たあぜ【田畦】→あぜ
8①159,160
たあぜかりあと【田畦かり跡】 27①274
たあと【田あと､田跡】 8①89/28②138,139,143,252,264,272/33④224,225,226,227,228
たあれ【田荒】 28①58
だい【台】→Z
3④274
たいいんのつち【大陰の土】 16①73
たいが【大河】→Z
16①127,269/17①56,253/46①17/65③248,249
たいかい【大塊】 38③177
だいかた【台方】 3④349
たいがのはた【大河のはた､大河の端】 17①89,246
たいがのみず【大河の水】 17①57
だいかんすいかい【大鹹水海】 70②77
たいこ【大湖】 70②142,143
だいこがた【大湖潟】 70②152,153
だいごふん【大胡粉】 70②134
だいこん【大根】→A､B､E､I､L､N､Z
25①38
だいこんあと【大根あと､大根跡】 2①128/12①155/19①132/22②118,⑥397/33①28
だいこんあとあけち【大根跡明地】 22③158
だいこんうね【大根畦】 27①96
だいこんさく【大根隴】 38③167
だいこんじ【大根地】 2①56,105/8①107/19①155/29②143/41②116
だいこんしき【大根敷】 34③49
だいこんじり【大根尻】 29①30
だいこんつくるみぞ【大根作る溝】 41②115
だいこんどころ【大根所】 4①24
だいこんのあと【大根の跡】 6①99/13①38/28④349
だいこんのあとち【大根の跡地】 2①23
だいこんのうつくしくできるはたけ【大根の美敷てきる圃】 27①70
だいこんのなか【大根の中】→A
62⑨387
だいこんのふときはたけ【大根の大き畑】 27①196
だいこんばたあと【大根畠跡】 4①92
だいこんばたけ【大根畑､大根畠､大根圃】 1④299/2④287/3④295/4①107/5②228/6①113/9①80/12①218/22②126/24③291/25①50,②198/27①68,69,137,140,281/31②83/34⑦255/38②71/42④231,239,272,⑥434/43①60,61,66,67,70,71,76
だいこんばたのあと【大根畠の跡】 13①34
だいこんまき【大根蒔】→A
31②81
たいじ【対峙】 57②95,96,97,98,99,101,154
だいしょうずあと【大小豆跡】 33④224
だいしょうずのはさ【大小豆のはさ】 1④303
たいしょく【堆埴】 19①6
だいずあと【大豆あと､大豆跡】 2①43/7①22/19①120/22②115,119,③167,169,⑥396/23⑥316,332,337/31⑤272/38②58,③163,177,199,200/41⑥277/44③204
だいずうえるはたけ【大豆うへる圃】 27①66
だいずかりあと【大豆刈跡】 4①68
だいずだ【大豆田】 6②273/29②145
だいずち【大豆地】 2①57
だいずのあと【大豆の跡】 6①98/29①81
だいずのあとち【大豆の跡地】 2①23
だいずのできざるはたけ【大豆のできざる圃】 27①69
だいずのなか【大豆之中】 34⑤88
だいずのねつち【大豆の根土】 23⑥329
だいずばたけ【大豆畑､大豆畠､大豆圃】 6①101,128,②319/18⑤467/25①38,59,②198/27①68,69,131/32①87/34⑤88/38②81/42④231,265,270,271,272,274/44③202
だいずまくはたけ【大豆蒔畑】 19①139
だいち【大地】 29①37
だいち【代地】 36③269

たいとあと【秈跡】 27①174
だいとかい【大都会】 3③170
たいとばか【たいとばか】 27①139
だいなるた【大なる田】 27①41,86
だいはた【台畑】 63③136
だいみょうやしき【大名屋敷】 65④315
たいようのほうど【大陽の宝土】 16①72
たいらかなるち【平かなる地】 16①133
たいらかなるはたけ【平ラカナル畠】 32①195
たいらなるのはら【平なる野原】 16①157
たうえしたじ【田植下地】 2④279,285,311
たうえみず【田植水】 16①331
たおし【たおし】→A 28②171
たおし【たをし】 19②403
たおしなわしろ【倒し苗代】 19②403
たおもて【田表】 4①200
たおものこうてい【田面の高低】 30①23
たかあぜ【高畔、高疇】 4①17,25/39⑤271
たかうね【高畦】 2①25,33,54,58,59,71,72,76/8①13/27①137
たかきおか【高き岡】 13①118/18①84
たかぎし【高岸】 41②129/61⑦195/65③178,179
たかきじしょのこうない【高き地所の構内】 23①98
たかきた【高キ田、高き田、高田】 12①107,164/13①44/22①46
たかきたのした【高き田の下】 1③265
たかきち【高き地】 22④268
たかきところ【高き所】 38③133
たがしら【田頭】 5①57/10①92/30①61,111,120
たかす【高洲】 65③247
たかだ【高田】 1③259,263,277/7②257/9②195,197,198/23⑥323/25①65,②188/32①38,41/36②123/37③309,332/67③129
たがた【田方】→A、L 2③259/3④260,266,325/4①12,14,15,17,79/5①89/11②118/21①18/22②113,③155/23③155/24①13,83,139,②239/25①43,②180,187,188,206/28①29,44,58,60/29②150,152,③236,237/32①195/34⑥125,⑧312/37②188/38①7,8,9,10,13,14,15,20,22,25,③206,④238,263,271/40③237/62③68,76,⑨319,334,341,345,348,350,361,369,380,384/63③98/65②132/66④196/67①13,15,②108,③131,133,134,④164,173,176,⑥268,269,271,283,304,305,306,308,309,310/68④416/70②156
たがた【田形】 4①53,250
たがたのつち【田方ノ土】 5①154
たがたのみず【田方ノ水】 5①175
たかだん【高段】 11⑤226,227,252,276
たかち【高地】 28①56/59④276
たがちのくに【田勝の国】 22①56
たがちはたがちのち【田勝畑勝の地】 22①39
たかどえ【高どゑ】 28②151
たかどえのた【高どゑの田】 28②223
たかどてした【高どて下】 27①114
たかば【高場】 25①30/34⑧299
たかはずれのばしょ【高外之場所】 34⑧300
たかはた【高畑】 23③157
たかはら【高原】 70②144,152,154,155,157,158,159,162,163,164,165,166,167,170,177,181
たかみ【高ミ、高見】 22④269/31①18
たかみず【高水】→A、Q 7①24
たかみのでんち【高燥の田地】 15②245,267
たかやしき【高屋敷】 16①128
たがやしだ【耕田】 7②370
たから【たから】 16①272,275,276,277,282,284,287,309,313
たからち【宝地】 3③183
たがりあと【田刈跡】 4①113
たき【滝】 65③198
たきぎはやし【薪林】 3③167,168
たきぎやま【薪山、焚木山】→まきやま→A 27①238/29②157/42⑥428
たぎし【田ぎし】 9①48
たきせ【滝瀬】 65③229
たくち【宅地】 3③117,125,128,166/33⑥299,302
たぐち【田口】 37②76
たぐろぎわ【田くろ際】 3④224
たけうえば【竹植場】 65②126
たけかげ【竹陰、竹影】 10①70,82
たけしき【竹敷】 57②161
たけした【たけ下、嶽下】 20①212/24②236
たけのそだつところ【竹の生立所】 13①202
たけはら【竹原】 39②104,116
たけやぶ【竹やぶ、竹藪】→E 3③172,④341/6①163/10①153/42⑥429,430/54①264/56①91/61④172/62⑦187/65①31/66⑦368,369/68③362/69①105
たけやぶのなか【竹藪の中】 13①173/14①410
たけやぶのやち【竹藪之やち】 27①342
たけやま【竹山】 38④272/57②165
たけやましき【竹山敷】 57②161,164
たけをうゆるじ【竹をうゆる地】 13①222
たざおのうち【田竿之内】 44③201
たざかい【田境】 27①358/29③234
たじき【田敷】 24②234
たじりのせきかわ【田尻の堰川】 1⑤355
たすけつち【助土】 3③163
たぜき【田ゼキ】 38④241
たそんのち【他村ノ地】 32①78
たたき【三和土】→I 55②173
たたきつち【三和土】→C 49①34
だち【ダチ】 24①95
たちきこれなきぶん【立木無之分】 57①37
たちょう【田町】 30①76,100,130
たつうね【立うね】 15③384
たつがんぎ【竪がんぎ】→A 29②123
たつせ【達瀬】 65③235,251,268
たつち【田土】→I 3④346/13①240/15②160,③377,396/23⑤278,⑥334/34④61/38③120/54①264,268,271,272,275,280,283,292,296,299,304,306,307,311,314/55①22/62⑦199,200,⑨332/63⑧432/70⑤311
たつぼ【田坪】→A、C 1①67,77,98/19①52/20①28/32①25
たつぼがしら【田坪がしら】 20①84
たづらのこえつち【田面の肥土】 23①99
たてすじ【立筋】 10③386
たてのうねみぞ【竪の畝溝】 33⑥315
たてば【たてバ、立ば】→C 27①384/28②234
たどころ【田所】 19①207/25①41,129,②189/27①156
たなか【田中】 23①64/27①170,171
たなした【架下】 48①191
たなだ【棚田】→だんだんだ、はしごだ→F 63⑧437
たなみ【田並】 28②229
たに【たに、畦溝、畦底、溝底、山谷、谷】→うねぞこ 3④306/8①107/15②135,136,167,176,222/28②148,149,212,241,251,256,262,④337/45③142,144,159,160,165,172/55③364
たに【谷】 3①49/16①133,137/47②84
たにあい【谷間、谷合】 5①62/30③279/53①16
たにあいのむら【谷合の村】 36③216
たにがわ【谷川】 6①184/10②321/65③235,236
たにがわちかきところ【谷川近き所】 13①222
たにがわばた【谷川端】 28①94
たにがわみずががり【谷川水掛り】 61⑩451
たにぐち【谷口】 16①128
たにした【谷下】 8①101
たにじり【たにじり、谷尻】 28②241/65②132
たにだ【谷田】 6①44,47/17①64,154/21①46/28①11/39①32,35/40③228
たにだにのこえたるものかげ【谷ゝの肥たる物かげ】 13①202
たにつち【谷土】 16①99
たにのいりぐち【谷の入口】 56②279
たにのきりかけ【たにのきりかけ】 28②241

たにのね【谷の根】 57②161
たにばたけ【谷畠】 17①253
たにま【谷間】 16①103/17①82/30③275/36③249/53④246/69②351
たにみず【谷水】 17①82,83/28①72,73
たにんのはたち【他人之畠地】 34⑥148
たねおきどころ【種置所】 47②118
たねだ【種田】→A
22①58/29②133
たねだいこんのあと【種大根の跡】 2①104
たねとりばたけ【種子取リ畠】 32②289
たねのとこ【種の床】 42①32
たねばたけ【種畑、種畠】 5①101/25②219
たねまきばたけ【種蒔畑】 61②89
たねをまくとこ【種を蒔床】 22④254
たねんのでんち【多年の田地】 17①106
たのあぜ【田のあせ、田のあぜ、田ノ畦、田の畦、田ノ畔、田の畔、田ノ畛、田の畎𤱈、田之畦】→あぜ
5③276/7②327/8①206/10②319/14①233,235/15①12,24,48,49,69/19②363/24①40,105,134,136/25①15,38,②203/28②189,200,④348/29③205/30①37/31⑤266/32①21,40/33④212/34①7,⑥119/37③378/62⑨334
たのあぜぞい【田のあせ添】 27①114
たのあと【田の跡】 25①81
たのうえのどろつち【田ノ上のどろ土】 27①88
たのうね【田之畝】 64①61
たのうねばな【田のうねばな】 9①110
たのうわぐろ【田の上ぐろ】 27①372
たのうわつち【田の上土】 23①99
たのえん【田の園】 13①81,82
たのおおあぜみち【田の大畔道】 15①69
たのおちこみつち【田の落込土】 16①191
たのかたがり【田のかたかり】 27①109
たのかど【田ノ角、田の角】 27①86,156
たのかりあと【田之刈跡】 33⑤254
たのぎし【田のぎし】 9①35
たのくらい【田の位】 29③259
たのくろ【田ノクロ、田の畦、田の畔、田之畔】 1①35,46,78,96,②188/38③190/39③152/62③68
たのこあぜ【田のこあぜ、田の小畔】 15①106/28②180
たのこえつち【田の肥土】 31⑤254
たのこしつ【田の痼疾】 18②287
たのこじり【田の小尻】 29③231
たのさかい【田の界】 10②355
たのしき【田のシキ】 24①68
たのしっきもれるち【田の湿気もれる地】 15③346
たのそこ【田の底】 27①168
たのそこがたのあな【田の底方の穴】 27①99
たのちみ【田の地味】 13①11
たのつち【田の土、田之土】 25①56/27①170,361/33④213
たのつちくれ【田の土くれ】 25①48
たのとち【田ノ土地】 5①60
たのなかおとしのつち【田の中落しの土】 29①60
たのなわしろどこ【田の苗代床】 23③152
たのにわ【田の庭】 27①37
たのはた【田ノ端】 5①54
たのふち【田畔】 70⑤327
たのまわり【田の周り】 27①288
たのみず【田の水】 1⑤352/9①73,86/15①59/20①85/25①61/27①42
たのみずもち【田の水持】 1①43
たのむぎち【田の麦地】 41②91
たのも【田の面、田面】 5①56/23①46,50,52,53,64,65,69,73,78,87,95,96,101,104,106,109,113,②133,134,③150,155,156,④183,184/24①68/25①14/27①43,287/30①132/33⑤252/62⑦207
たのもかわくところ【田面乾く所】 7②251
たのよしあし【田の善悪】 17①108,109,152
たのりょうあぜ【田の両畔】 1⑤354
たのわきよう【田のわきやう】 27①23
たば【田場】→A
36③273
たばこあと【たばこあと、たばこ跡、煙草あと、煙草跡】 22②115,116,119/23⑥315,316,319/28②207/41②112/44③248
たばこじ【煙草地、烟草地】 41⑤237,⑥273
たばこしき【多葉粉敷】 34③49,⑤101
たばこしたじ【たはこしたぢ】 41⑤256
たばこづくりあと【烟草作り跡】 22②117
たばこつくるはたけ【煙草作ル畑】 19①127
たばこつくるほうど【たバこ作る宝土】 17①282
たばこなえじ【烟葉粉苗地】 38③133
たばこなえふせしろ【煙草苗布施代】 19②403
たばこなどのあと【たはこ抔の跡】 28④350
たばこのあと【たばこの跡】 23⑥315
たばこのもと【煙草ノ本】 19①127
たばこばたけ【たばこ畑、たはこ畠、たばこ畠、煙草畠、多葉粉畑、多葉粉畠】 1④303/4①116,118/34⑤99/43①48,77/44③201/47②89
たはた【田畑、田畠、田圃】→L、Z
2④278,279,280,281,309/3①16,25,③107,110,113,114,115,117,121,124,125,127,128,129,133,134,142,143,157,166,175,181,182,187,188,④231,261/4①198,199/5①42,44,45,46,47,71,151,152,166,167,170,174,175,177,③248,250,268/6②269,270,271,272,276,282,291/9③261/10①11,13,14,78,104,105,119,132,146,②332,350,361/12①47,48,50,51,54,61,63,65,73,83,91,93,96,99,101,102,121,122,144,150,198,231,232,356,357,358/15③397/16①72,73,75,84,85,90,91,92,93,98,100,101,102,104,105,112,113,114,121,124,125,126,177,180,182,183,193,194,205,206,207,208,209,210,213,215,216,217,218,231,239,241,249,252,255,257,261,270,278,284,287,288,294,314,319,329,330,331,332/17①52,59,89,93,315/21①22,23,24,29,30,31,32,38,50,51,79,②103,104,105,106,131,136,③156,④204,⑤223,224,225,228,229/22①11,20,27,31,48,60,63,66,69,②131/23①89,92,121,122,②132,④161,163,174,179,180,188,193,194,195,199,⑥314,338/24①21,52,174,③273,282,331/25①16,20,25,43,71,76,83,120,129,139,②193,227,③284/27①259,349,363/28①13,32,37,46,62,66/29③261,264/30③301/31②71,72,③107,128,④220,221,222,⑤247/32①12,177,182,204,205/33①57,⑤251/34①6,8,10,②20,21,⑥118/36②110,③156,234/37③383,384/39①13,14,19,22,41,60,③144/46③185/47⑤255/57②103,104,131/61⑩432/62③67,72,⑧265/63⑤301,314/64⑤362/65②89,③243,246,249,251,263,273,276,283/69①70,②175,180,191,197,198,202,209,210,211,212,214,221,225,226,228,229,237,240,293,309,310,313,315,325,327,328,330,332,333,335,344,346,351,356,360,363,366,387
たはたあぜくろ【田畠畦くろ】 31①21
たはたかけくずれ【田畠欠崩】 1①39
たはたさくばみち【田畑作場道】 63③137
たはたすうもく【田畠数目】 30①14
たはたそつち【田畑麁土】 22①63
たはたそんじょ【田畠損所】 29④271
たはたつち【田端土】 45⑦396
たはたとうぶんのち【田畑等分の地】 22①40
たはたのあぜ【田畑之畔】→たはたのくろ
64①61
たはたのあぜくろ【田畠のあぜ畔】 13①219
たはたのあぜはし【田畠の畦端、田畠の畔端】 31③111,123
たはたのくらい【田畠の位】 19②365
たはたのくろ【田畑のくろ、田

畠のくろ、田畠の畔】→たはたのあぜ 12①89,121/16①145,146
たはたのさかい【田畑のさかひ、田畑の境、田畑の堺】 16①254/24①104/33①12
たはたのさわりとならぬところ【田畠のさハりとならぬ所】 13①187
たはたのすき【田畑の隙】 10①85
たはたのつち【田畠の土】 16①208
たはたのはそんじょ【田畠の破損所】 31④222
たはたのへり【田畠之縁り】 29④278
たはたのまま【田畠之間々】 29④277
たはたのまわり【田圃の廻】 10②336
たはたのみち【田畑の道】 16①222
たはたのよきあしき【田畠の善き悪しき】 29③245
たはたのよしあし【田畠の善悪、田畠の善悪し】 17①153/29③190,199,210,256
たはら【田原】 11②92
たぶち【田ふち、田縁】 27①148,372
だふつち【塗泥】 69②222
たへん【田辺】 24①47
たまいし【たま石】 9②206
たまりえ【溜江】 4①294
たまりつち【溜り土】→I 65②127
たまりみず【溜リ水、溜り水、溜水】→B、I 4①38/5①33,38/15①50/40②141/55②145/56②259,261/69②351
たみず【田水】→A 15①27,82,98,99,105/20①85
たみみず【たみ水】 9②195,196
たもちわるきた【保悪田】 29②135
たもどし【田もどし】 9②224
だりたるくろ【だりたるくろ】 27①109
たれつぼ【垂坪】 10②379
だわだわち【タハタハ地】 8①184
たわらゆうところ【俵結所】 27①165
たをほす【田を干】→A 29③227
だん【壇】 3④301
たんしんでん【反新田】 9③239,241,242,245,254,255,274,278,279,288,290,292,294
たんすい【淡水】 45⑤236,240,241,242,246,247,248,249
たんすいがかりばしょ【淡水懸り場所】 63⑤309
たんだ【反田】 27①109
だんだんだ【段々田】→たなだ 16①104/17①54
だんだんばた【段々畑、段々畠】 11①27/14①44
だんだんばたけのきしぎわ【段々畑の岸際】 14①41
だんはた【段畠】→はしごばたけ 32①49/64⑤334,335,336,341,342,347,348,349,350,353,354,355,359,362
たんばのたばこじ【丹波のたばこ地】 13①55
たんぼ【たんぽ、田畝、田圃、田甫、畈畝】 1①44,45,72,118,120/3④235/4①6/5③285,286/6②326/10②340/24①21,42,72,90,146,149/41②109,110/62①13
たんぼのどてぎわ【田甫の土手際】 22①57
たんぼのみず【たんぼの水】 41②133

【ち】

ち【地】 3③106,135/25①100/28②216,239,248,254,269,270,③319/33⑥302
ちあい【地合】 57②142
ちいさきち【小サキ地】 8①204
ちうに【膏風】 69②221,378,379
ちかきた【近き田】 27①156
ちかやま【近山】 27①266
ちき【地気】 7①20/13①18
ちくりん【竹林】 13①223,224,225,226/38③190/39①60
ちけい【地形】→N 4①113/64④279/65①12,②108,③180,190,191
ちこう【地膏】 25①129
ちこう【池潰】 69②227
ちさのあと【ちさの跡】 28④349
ちしつ【地質】 30⑤394
ちしゃのなか【苣の中】 41②97
ちしょう【地ショウ、地症、地性】→X 5③248/8①152,153,154,182,229,237,243/17①63,64,73,76,78,81,88,89,90,96,132,168,174,181/29②127/34⑥131/47⑤251,270/48①186,227/61④161/62⑨320,341/65②81,82,83,84,86,101,103,105,106,120,121
ちじょう【地上】 5①109
ちじり【地尻】 67⑤235
ちせい【地勢】 3④349/8①238
ちていのなまつち【地底の生土】 62⑧259
ちのあさきところ【地のあさき所】 62⑨381
ちのあさきはたけ【地のあさき畑】 62⑨373
ちのうえ【地の上】 28①10
ちのくらい【地ノ位】 32①110
ちのこうげ【地ノ高下】 8①77
ちのこえやせ【地の肥痩】 13①36
ちのぜんあく【地の善悪】 28①9
ちのたかきところ【地の高き処】 17①75
ちのゆるやかなるところ【地ノ穏ナル所】 32①176
ちのよきところ【地のよき処】 30③271
ちのよきはたけ【地ノ好キ畠】 32①143
ちのよくせき【地の沃瘠】 31④147
ちのり【地の利】→X 19②360,361,393/20①250/33⑥299
ちひくきた【地卑キ田】 32①159
ちふかきでんち【地ふかき田地】 17①106
ちふかきところ【地ふかき処、地深き処】 17①96,253
ちふかきとち【地ふかき土地】 17①95,252
ちふかし【地深し】 17①80
ちふかなるすなだ【地深なる砂田】 17①101
ちふかなるでんち【地ふかなる田地】 17①98
ちふかなるはたけ【地ふかなる畑】 17①159
ちふかのた【地深の田】→ふけだ 70⑥417
ちまた【街】 10②350
ちまちだ【千町田】 20①13/24①160/37③329
ちみ【地味】 2⑤332,335,336/3①15,④266,338/4①236/8①16,122,137,139,141,142,143,145,146,148,151,153,222/14①112/18①89/25②185,186,191,202,207,208,213,220,221,223,224/27①113/33⑥303/36②113/37③255/38③115,140,178/39④184,210,216,219,220,230,⑤258,283/45③161,⑤238,239,244,245,247/46①6,17,75/48①187/50①42,②146,153/56②286/62⑧273/65②98,③276/67③138/68③322,333,353,358,361,362,④412/69①87
ちみあつきち【地味厚キ地】 30⑤394
ちみのあんばい【地味之のあんばい】 31②69
ちみふかきた【地味深き田】 7②274
ちみふかきち【土味深き地】 8①79
ちみよろしき【地味宜敷】 33④229
ちめ【地目】 4①94,112,113,140,166,180,244,263
ちゃえん【茶ゑん、茶園、茶薗】 3④260,278,360/4①158,159/6①154,155,158,160,161/9①55/13①79/16①138/31④208/32②295,312/34⑧298/47④208,227/61①38/69②359
ちゃえんにつくるじ【茶園に作る地】 13①79
ちゃえんのあいだ【茶園ノ間】 32①116
ちゃがる【ちやがる】 34⑤97
ちゃがるげげばた【ちやがる下々畠】 34③50
ちゃがるげばた【ちやがる下畠】 34③50
ちゃがるじ【ちやかる地】 34③37,39,43,⑥133
ちゃがるしき【ちやかる敷】 34⑥121
ちゃがるじょうばた【ちやかる上畠】 34③36
ちやする【地やする】 62⑨364
ちゃばたけ【茶畑】 18②269/47③168,171,175
ちゃばたけのまわり【茶畑の廻り】 47③176
ちゃをううるち【茶を種る地】 6①154
ちゃをううるとち【茶を植る土地】 14①312
ちゅうあがりた【中上り田】 29③214
ちゅういんのち【中陰の地】

*16*①71
ちゅういんのとち【中陰の土地】 *16*①73
ちゅううね【中畦】 *32*①125, 126
ちゅうげのつち【中下ノ土】 *32*①158
ちゅうげはた【中下畑】 *33*③171
ちゅうこば【中木庭】 *32*①48, 62, 64, 69, 74, 92, 115, 116, 160, 161, 162, 163, 170, 171, 172, 173, 175, 176, 189, 191, 198/*64*⑤349, 359
ちゅうしき【中敷】 *34*⑥162/*57*②97, 105
ちゅうしつ【中シツ、中湿】 *8*①89, 145
ちゅうしっち【中湿地】 *8*①122
ちゅうしつど【中湿土】 *8*①154
ちゅうしつのこえじ【中湿ノ肥地】 *8*①155
ちゅうち【中地】 *4*①166/*29*③234
ちゅうちめ【中地目】 *4*①83
ちゅうでん【中田】→A、F *4*①263/*5*②223, ③256/*6*①12, 209/*10*①49, ②317/*13*①366/*19*①21/*21*④190/*22*①27, ②109/*23*⑤270/*29*③259/*30*③247, 278/*32*①20, 21, 23, 24, 27, 29, 153, 154/*34*③54/*36*①55, 57/*37*①27, ②102, 105, 106, 193/*39*①18/*41*①9/*44*①17, 18/*47*②84/*61*⑩434, 439, 444, 445/*67*④168/*69*②174, 238, 239/*70*③217, ④270
ちゅうど【中土】 *19*①21
ちゅうのこば【中ノ木庭】 *32*①98
ちゅうのた【中の田】 *29*③210
ちゅうのはたけ【中ノ畠】 *32*①72, 77, 98, 113
ちゅうはた【中畑、中畠】 *4*①98/*10*①68/*19*①95/*22*①32, 41/*24*③327/*31*④170/*32*①46, 47, 48, 49, 50, 52, 53, 54, 55, 59, 63, 64, 65, 71, 86, 87, 88, 89, 91, 95, 96, 97, 107, 114, 131, 139, 154, 155, 156, 157, 165, 167/*34*③36/*35*②283/*47*②101/*61*⑩442
ちゅうふけ【中深】 *45*③160
ちゅうふけのた【中深の田】 *45*③142, 144/*62*⑦191, 192, 206, 211/*69*①68, 73
ちゅうぶんのつち【中分ノ土、中分の土、中分之土】 *28*①69, 70/*65*②76
ちゅうぶんのはたけ【中分ノ畠】 *32*①151
ちゅうほう【中峰】 *57*②96
ちゅうまち【中町】 *9*①64, 68, 69
ちゅうようのち【中陽の地】 *16*①71
ちゅうようのほうど【中陽の宝土】 *16*①72
ちゅうれい【中嶺】 *57*②96
ちょうごうつち【調合土】 *55*①21, 22
ちょうせき【潮汐】→P *52*⑦285
ちょうば【丁場】→C *24*②240
ちょうりゅうすい【長流水】 *12*①74/*33*③158/*69*②244, 249, 250, 299, 340, 342, 343, 371, 372
ちょぼ【チヨボ】 *30*⑤411
ちりき【地力】 *12*①92
ちりすて【塵捨】 *33*⑥327
ちりつち【塵土】 *10*①68
ちりょく【地力】 *2*⑤323/*3*①46/*5*①167/*20*①331, 332/*29*①30/*30*③274/*41*⑦340/*68*③334/*69*②158, 174, 198, 208, 221
ちわん【地わん】 *65*①26
ちんねつち【ちん子土】 *34*⑤104

【つ】

ついえのあきち【費之空地】 *34*⑧303
つうれいのはたけ【通例の畑】 *25*②208
つえだし【つへ出】 *29*②128
つか【塚】→W *3*①51/*21*①88
つかいみず【仕水】→N *19*①194, ②285
つがるにつち【津軽につち】 *16*①90
つかれじ【疲地】 *33*⑥338, 343/*41*②66, 99
つかれつち【疲土】 *10*①59
つかれつちのた【疲土の田】 *31*⑤269
つかればた【疲畑】 *41*②82
つかれまつち【疲真土】 *10*①76
つきじ【築地】 *7*②251
つきつち【つき土】→C *28*①74
つくだ【営田、佃】 *30*①17, 21, 52, 54, 68, 81, 82, 88, 101
つくりうね【作畝】 *31*④222
つくりかえしのはたけ【作り返しの畑】 *25*②204
つくりげすしたのつぼ【作りげす下の坪】 *27*①136
つくりだ【作田、佃】 *27*①203/*29*②125
つくりたるあと【作たる跡】 *22*④270
つくりつち【作り土】→I *14*①202/*16*①96, 97
つくりつちこやしまじりのぶん【作り土肥し交り之分】 *29*③258
つくりつちすくなきた【作土少き田】 *29*②123
つくりつちふかきた【作り土深き田】 *29*③235
つくりてりなきところ【作りて利なき所】 *13*①115
つくりのにわ【作りの場】 *20*①332
つくりばみちどおり【作場道通り】 *29*②128
つけまめあと【付菽跡】 *2*①35
つしみぐろ【黎】 *20*①22
つち【つち、土】→H、I *3*③139, 140, 142, 144, 145, 148, 150, 152, 154, 156, 163, 164, 168, 173, 188, ④240/*4*①175/*7*①55/*8*①222, 225/*10*①86/*12*①362, 368, 369/*16*①91, 121, 126, 146, 331/*17*①18, 19, 30/*27*①219/*28*①73/*30*③253, 254/*31*④165, 166, 167/*54*①263/*69*①33, 76, 85, 93, 94, 104, 109, 117, 123, 133, 134
つちあげたるあと【土上たる跡】 *27*①359
つちあさ【土浅】 *29*③200
つちあつきこば【土厚キ木庭】 *32*①185
つちあつきところ【土厚キ所】 *32*①183
つちいつく【土居附】 *39*②98
つちいろ【土色】→Z *20*①18
つちいわ【土岩】 *16*①328
つちうつけ【土虚】 *7*①19
つちうつける【土うつける、土虚る】 *7*①15, 16
つちおきどころ【土置所】 *28*①70
つちおもきねばりあるとち【土おもきねバり有土地】 *17*①207
つちおもきねばりなきはたけ【土おもきねハりなき畠】 *17*①202
つちおもし【土をもし】 *17*①77, 80
つちかじけたるち【土かじけたる地】 *5*③258
つちかたきところ【土かたき処】 *17*①96
つちかたきとち【土堅キ土地】 *5*①123
つちかたきはたけ【土かたき畑】 *62*⑨381
つちかるきはたけ【土軽キ畠】 *5*①124
つちかろきところ【つちかろき所、土かろき処、土がろき処】 *16*①202/*17*①162, 165
つちかろきとち【土かろき土地】 *17*①109
つちかろし【土かろし】 *17*①80
つちかわ【土川】 *16*①283, 299, 300, 328
つちぎし【つちぎし】 *9*①34
つちぎわ【土ぎわ、土際】 *3*③173/*27*①131
つちくさり【土くさり】 *41*⑥268
つちくさる【土くさる】 *17*①87, 95
つちくらい【つちぐらゐ、土くらゐ】 *20*①21, 155
つちくれ【つちくれ、塊、土クレ、土くれ、土塊】→B *1*①94, ④299, 303/*2*④279/*3*③173/*5*①20, 63, 65, 91/*7*①19, 56/*8*①97, 174/*9*②195/*10*②349/*15*②138, 150, 156, 203, 204, 205/*25*①14/*28*②269/*29*①34/*36*①47, ②110/*37*①23, 40, 45, ②102/*39*①22/*41*③181, ⑥268/*45*③142, 149, 159, 165/*62*⑨388
つちけ【土気】→X *5*①17, 35
つちごころ【土ごゝろ】 *12*①296
つちごわなるた【土こわなる田】 *16*①196
つちこわなるとち【土こわなる土地】 *17*①97
つちざかい【土境】 *39*①31, ④202
つちじ【つち地、土地】 *7*①97/*15*②161, 166
つちしょう【土性】 *2*⑤327, 335/*4*①103, 184/*6*②286/*12*①247/*13*①15/*15*②189, 190, 204, 211, ③377, 379, 382, 394/*34*①8/*50*③247/*61*⑩412, 413, 415, 418, 420, 422, 423, 428, 429, 433, 438, 441, 444, 446, 447, 448, 450/*69*①50

つちしょうつよきた【土性つよき田】 15②205
つちしょうよきじょうでん【土性能上田】 17①120
つちぞこ【土底】 11②94/17①59
つちだ【土田】 5①63/29③212
つちとりば【土取場】 23①99/25②188/28①78
つちどろ【土泥】 70②154
つちどろのふかだ【土泥の深田】 10②320
つちにく【土肉】 50③247
つちにねばりあるところ【土にねハり有処】 17①218
つちにねばりなきところ【土にねハりなき処】 17①220
つちのあさふか【土之浅深】 29③214
つちのあじ【土の味】 15③345
つちのあぶら【土の油】 4①175/69①76
つちのあらかたまり【土の麁塊】 27①144
つちのうつ【土之鬱】 8①175
つちのかたきた【土ノ堅キ田、土の固き田】 5①54/30①39
つちのこうはく【土の厚薄】 31④215
つちのこえたるところ【土のこゑたる処、土の肥たる処】 14①370/16①135
つちのこわきた【土のこわき田】 17①78
つちのしょう【土の性、土性、土之性】 7①62/12①99, 100, 131, 150, 296, 362/13①44/19①27/34⑤102, ⑥131
つちのしょうよわきところ【土の性よハき所】 13①275
つちのせんしんけんじゅう【土ノ浅深堅柔】 5①61
つちのそこ【土ノソコ】 8①146
つちのちから【地の力】 20①331, 332
つちのつよきち【土ノ強地】 8①18
つちのつよきところ【つちのつよき所】 28②183
つちのとばしり【土のとばしり】 15③389
つちのながれくだるところ【土のながれ下る所】 13①81
つちのはだ【土ノ膚】 5①56
つちのひこう【土の肥磽】 18④427
つちのふわつき【土ノフハ付】 8①48
つちのやける【土の焼る】 29①56
つちはだ【土肌、土膚】 5①47, 154
つちばたけ【土畑】 25②207, 208, 209, 219, 220
つちはららぐ【土はらゝぐ】 18②268
つちひえる【土ひゑる】 17①81
つちぶか【土深】 29③200
つちふかきでんち【土深き田地】 5③253
つちふかきところ【土深キ処、土深き処】 17①105/32①121
つちふかのばしょ【土深之場所】 34⑧296
つちべ【つちべ】→C 28②202
つちほうけ【土ハウケ】 8①197
つちほとびる【土ほとびる】 5③259
つちむら【土むら】 4①223/15②217
つちめ【土め、土目】→X 4①32, 65, 100, 158, 178, 210, 244/39④216, 217, 218/56②245
つちめよきところ【土目能所】 4①166
つちわきあがり【土涌き上り】 19①51
つちわく【土わく、土涌】 5③258/16①100
つつみがかり【堤掛、堤掛り】 1③263, 264/36②106
つつみした【堤下】 17①54, 154
つつみちした【堤地下】 23④178
つつみとめ【堤留】 65③178, 179
つつみなおた【堤尚田】 29③204
つつみなとぐち【津々港口】 35②317
つつみみず【堤水】 19①22
つねいねのなわしろ【常稲の苗代】 70④268
つねのうね【常ノ畦】 19①106
つねみず【常水】 64①70/65①19, ②109, 117, ③194
つのだ【津之田】 25①51, 52
つばた【津畑】 53④239, 242
つぶくれ【つふくれ】 20①59
つぶていし【礫石】 69②358, 359
つぶれち【潰地】 25①30/64③205, 206, 207, 208
つぼ【つぼ、坪】 19②407/27①23, 64, 86, 105, 107, 115, 120, 141, 165, 274, 280, 359, 370/30③242, 244, 249/31④215/39⑥334, 335/48①371, 372, 373
つぼあと【坪跡】 27①127
つぼかい【壷海】 70②164
つぼぞこ【壷底】 5①149
つぼだ【坪田】 27①119
つぼだすた【つぼ出す田】 27①72
つぼつちだ【坪土田】 27①105
つぼのうち【坪之内】 27①91
つまりたるこえじ【つまりたる肥地】 13①274
つめ【爪】 65②84
つめたきみず【冷き水】 29③205
つもりのたつぼ【つもりの田坪】 20①71
つゆのみず【黄梅水】 69①57
つよきつち【強き土】 12①56, 90
つよきつちしょう【強き土性】 14①410
つよつち【強土】 7②265
つる【つる】→た 41⑤255
つる【ツル】 49①146
つるくさのかわら【蔓艸の河原】 18②260
つるぬまがわみず【鶴沼川水】 19①22

【て】

であい【出合】 65③263
てあぜ【手あせ、手あぜ、手畔】 27①39, 109, 121, 156
てあと【手跡】 17①75
てあまりあれち【手余り荒地、手余荒地】 22①67/33②132
でいさ【泥砂】 65③223
ていち【堤地、邑地】 8①106/27①212
でいちゅう【泥中】 5①74
でいど【泥土】→I、N 55③207
できすぎぬた【できすきぬ田】 27①51
できすぎるはたけ【でき過る畑】 27①94
できにくきはたけ【でき悪き畑】 27①95
できわるきた【でき悪き田】 27①92
でしんでん【出新田】 64②118
てづくりば【手作場】 36③223
てづくりばた【手作畑】 23③152
てつのおおきとち【鉄の多き土地】 16①146
でばた【出畑】 14①206
てばたのはたかた【手畑の畑方】 23③151
でばりやま【出張山】 56②281
でみず【出水】→Q 37①13/64①83/65②98, 106, 136
でみずがかり【出水掛り】 36②106
でみずがかりのやまぞい【出水懸りの山添】 27①121
てみぞ【手溝】→C 5②225, ③279/29①56, 58
てらやま【寺山】 57①23
でんえん【田園】 22①8/69②161
でんかんのすいへん【田間の水辺】 12①344
でんじば【田地場】 62③70
てんすい【天水】 64①49/65③209, 210/70②101, 141, 150, 153, 155, 162, 163, 165, 166, 167, 169, 170, 176, 179, 184
てんすいがかりのた【天水懸りの田】 16①74
てんすいでん【天水田】 19①20, 29/20①26/32①24/34①9, ⑥142
てんすいば【天水場】 17①79/21②112/25①41, 56/38①7
てんすいばのた【天水場の田】 16①238
てんすいまちのひそんち【天水待の旱損地】 35②333
てんすいをまもるところ【天水を守る所】 12①142
でんち【田地】→L、Z 1③263, ④314, 330, ⑤349, 353, 354/2④310/3②70, ④232/4①189, 190, 192, 198, 233, 244, 251, 268, 269, 272/5①6, 14, 39, 61, 66, 166, 167, 182, ③246, 283, 284/7①12, 16, 19, 21, 22, 25, 26, 28, ②286/10①52, 53, 109, 128, 168, 170, 180, ②332/11⑤263/12①64/16①52, 104, 105, 112, 113, 120, 121, 128, 180, 187, 191, 271, 279, 283, 295, 296, 321, 327, 328, 332, 334/17①77, 79, 82, 83, 87, 89, 111, 112, 121, 311/18②251, 276, 277/22①44, 55, ②105, 106, 107/23①13, 29, 70, 72, 100, 104, 107, ④161, 183, 192, ⑥302, 314, 339/25①30, 65, 80, 129, 130, 135, ③291/28①12, 49, 50, 64, 79, 81, ②211, 214, 229,

230,246,248,282,283,284,③320,④329,343/29①23,③258/30②185,187/33⑤240,250,253/36①47,②109,113,121/53①17/62③68/65②80,89,113,114,142,③228,250
でんちあぜ【田地畝】30②187
でんちおうらいののじ【田地往来の野路】25①30
でんちおもて【田地面】27①106
でんちかりあと【田地刈跡】11②91
でんちぎし【田地岸】65①16,18,26
でんちざかい【田地境】65①16
でんちのあと【田地之跡】33⑤262
でんちのくらい【田地の位】36①41
でんちのさわりなきち【田地の障りなき地】11②99
でんちのしょうよきところ【田地の性能処】17①103
でんちゅう【田疇】69②213
でんちようすい【田地用水】19①22
でんちよしあし【田地善悪】17①108
でんばく【でんばく】20①257
でんばたち【田畑地】62⑧264
でんや【田野】6②300/25①62
てんりゅうがわかかりほんめん【天竜川掛り本免】67⑥289

【と】

どい【土井、土居】→C 31③114,④170
とうがしき【冬瓜敷】34③50
とうかわかけ【当川欠】63①33
とうきをつくるところ【当皈を作る所】13①275
どうざん【銅山】49①148
とうしば【とうし場】→C 8①261
どうしょ【同所】28④329,351
とうね【とふね】11②92
とうべつ【棟別】22①63
とうまめあと【唐豆跡】40④303
とうみば【とうみ場】8①261
どうろ【道路】16①254/21②105/23⑥311
どうろのきわ【道路のきハ】17①66
どうろばた【道路はた】21①31
どえうえ【どゑ上】28②189
どえした【どゑ下】28②155,191,199,207,214,268
とおあさのところ【遠浅の所】14①293
とおおもて【遠面】19①216
とおきた【遠き田】27①156
とおきはたけ【遠き畑】3③159
とおし【とうし】→とおしなわしろ→A、B、L、Z 2③259
とおしだ【たをし田、とふし田】20①33/37②93
とおしだなわしろ【とふし田苗代】37②91
とおしなわしろ【とふし苗代、倒苗代】→とおし 19①36,50,52,215,②401/20①33,56/37①**22**,②92
とおせど【遠背戸、遠肯(背)戸】19①196,②287
とおだ【遠田】3④260/6①70/7①80,82/17①152
とおやま【遠山】27①266,268/53④232,241
とおやまなんば【遠山難場】53④242
とおりあぜ【通り疇】6①39
とおりふち【通ふち】27①38
とおりみぞ【通り溝】45③163
とおるすじ【とうるすじ】28②182
どかい【土塊】37③290/69②231
とがわ【外輪】70⑥406
どぎ【土宜】20①250
とくち【禿地】64②114
とくでん【徳田】→L 29①22
とこ【とこ、床、床コ】→C、N 8①139,142,146,148,151,153,229/22④268,274/23①49,76,118/25②181,192/28①10,11,80,②230,262,③322,④353,354,355/40④330/41②91,98/45③172/53④247/56①99/65②83,84,134,144,145/70③227
とこかたち【床堅地】8①67
とこじ【床地】33③160,162/45②102
とこち【とこ地】30③249
どしつ【土質】69②378
としば【トシバ】27①159,163
としばぐち【簸場口】27①384
どしゃ【土沙、土砂】→I 25①111/32①159,176,183,184,207,208,210,211,212,213,214,215/64⑤336,337,361,362/65③180,184,186,198,200,202,206,207,227,228
どしゃのにごりみず【土沙ノ濁り水】32①211
どしゃまじりのまつち【土砂ましりの真土】16①273
どじょう【土壌】8①121,222
どじょうよくじょう【土壌沃饒】12①19
どすいのさかい【土水ノ堺】5①73
どせい【土情】8①125
どぞうち【土蔵地】2①127
どぞうのあと【土蔵ノ跡】60③130
どた【ト田、土田】5①25,26/8①284
とち【土地】→Z 3③136,170,171,172,181/4①179,180,185,186,193,214,223/5①61,81,②219,223/6①**9**/7①57/9②200/10②350/13①203/16①119,145,146,154,157,158,159,160,161,162,165,166,169,171/17①18,20,22,52,54,55,76,80,87,93,96,99,151,160,164,168,196,202,205,208,209,210,211,212,214,218,219,220,223,224,226,231,237,255,285,288,289,290,292,294,295,306,307,308,310/18①70/21①17,19,22,41,43,46,51,52,53,62,67,69,71,72,76,81,88,90,②104,128,130,131/22①27/23①39,40,75,96,120,121,122,123,④161,162,199,⑥302,309,312,323,328,338/25①10,68,81,101,110,118,128,②178/28①79/29③201,245/30①27,③239,243,244,245,257,283/31④155,201,204,221,224,⑤247/32①39/46①16/69②293
とちいるるところ【土地いるゝ処】8①117
とちがら【土地から】36③194
とちこうはく【土地厚薄】21①8
とちこころあしきはたけ【土地こゝろあしき畑】20①124
とちそうおう【土地相応】31④171
とちところ【土地所】68④403
とちにあく【土地に飽】33①16
とちのあしきむらさと【土地のあしき村里】13①355
とちのき【土地の気】6①60/12①85
とちのくらい【土地ノ位、土地の位、土地ノ位ヒ】29③262/31④202/32①67,②288
とちのけ【土地ノ気】32②310,311
とちのこうはく【土地の厚薄、土地之厚薄】29③202,259/30①70,71,111/39①14/45③175
とちのこえやせ【土地の肥痩、土地の肥磽】13①121,208
とちのこころ【土地の心】12①49/13①15
とちのさべつ【土地之差別】8①180
とちのじみ【土地の地味】14①380
とちのしょう【土地の性、土地之性】12①140/13①61,79/17①97/29③238
とちのそうおう【土地の相応】12①362
とちのそうおうぜんあく【土地の相応善悪】13①103
とちのそうひ【土地の瘦肥】62⑨303
とちのちから【土地の力】12①362
とちのふしょう【土地の不性】17①97
とちのよきところ【土地のよき所】14①72
とちのよしあし【土地の善悪、土地之善悪】12①73/17①**72**,131,146,181,294/29③259
とちのらい【土地のらい】13①103
とちひにょうなるところ【土地肥饒なる所】13①7
とちふうき【土地風気】12①150/13①141/14①**112**
とちふうすい【土地風水】3③117
とちふそうおう【土地不相応】31④171
どちゅう【土中】8①274/9②195/21①11,17,18,②110
どちゅうのき【土中の気】12①91
とちよしあし【土地善悪】17①90
とでい【塗泥】19①6,19/69②160,221,356,387
とでん【外田】23①58
とど【塗土】69②160
となりがんぎ【隣り鴈木】33

⑥309
となりむら【隣村】 3③171
とばのうりばたけ【鳥羽の瓜畠】 12①365
とびいりすな【飛入砂】 64④262
とびち【飛地】 22③171
どぶ【瀆】→C、I、X 21①75
どみ【土味】 15②243/20①18
どみんのにわ【土民の庭】 16①265
どみんのやしき【土民の屋敷】 16①230
とやま【砥山】 48①338
どようのつち【土用ノ土】 5①75
とらふすのべ【虎ふす野べ】 62③78
とりきはた【取木畑】 61⑨285
とりた【取田】 27①122
とりつち【取土】 28①71
どろ【とろ、どろ、泥、塗泥】→B、H、I、X 3①35/5①23, 27, 37, 38, 78, 147/9①45/17①59, 60, 62, 65, 76, 79, 80, 82, 83, 87, 89, 90, 106, 108, 109, 111, 118, 307/24②234/37①19, 20, 22, 44/47②89/49①32/51①177/62⑨324/69②222/70②148, 151, 163, 165, 168, 169, 171, 178, 180, ⑥376
どろうみ【泥海】→Q 49①213
どろがわ【泥川】 8①89/65③235, 236, 237, 249
どろた【どろ田、泥田】 1④326/4①12, 14, 17, 21, 22, 29, 30, 219/6②278/7①18, 23, 43, 55, 56, 65/8①288/12①56, 94, 137/22②101, 105/25①48/37③261, 385/70⑥394
どろだめ【泥溜】 29②123
どろち【泥地】 59④277
どろつち【泥土】→B、I 3③131/5①67/6②286/13①223/15②136/22③159/23①52, 106/39⑤255, 286/48①255, 260/55①34/69①52, 73, 75, ②230, 231, 322, 362, 380
どろのち【泥ノ地】 8①66
どろふかきいけみず【泥ふかき池水】 12①342
どろふかきところ【とろふかき所】 17①310
どろふかなるた【どろふかなる田、どろ深なる田】→ふけだ 17①19, 152
どろみず【どろ水、泥水】→B、H、I 16①308/20①151/69①75
どろみぞなどのち【泥溝などの地】 12①344
どろめ【泥め】 1①63
とろめつち【トロメ土】 56①61

【な】

なあと【菜跡】 23⑥315
ないえんのかきのほとり【内園のかきの辺り】 13①135
ないかい【内海】 41⑦338
ないま【ないま】 24③302
なえうえつけのま【苗植付の間】 34⑤99
なえおきばしょ【苗置場所】 27①113
なえぎとりばた【苗木取畑】 61⑨294
なえぎば【苗木場】 61⑨348
なえぎばたけ【苗木畑】 61⑨290, 299, 302, 305, 337, 340
なえさこ【苗さこ】→なわしろ 41①8, 10
なえじ【なへ地、苗地】 1③268/3①28, 30, 32, 34, 35, 36, 37, 38, 42, 45, 48, 49, 52, 53, 54, 56/4①161/6①118, 150, 175/9②203/10①97, 103/12①147, 179, 226, 233, 238, 239, 277, 278/13①25, 38, 42, 54, 55, 105, 116, 186, 189, 190, 207, 273, 371/18①82/25①116/27①59/31④157, 158, 159, 161, ⑤254/32①128/38③120, 121, 137, 147, 189/41⑥273, 276/56①168, 178/62⑨322
なえだ【なゑ田、苗田】→なわしろ 24①37, ②237/31①7, 9, 17, 20, 23, 27/39②95, 96/40①7/43①33, 43, 72
なえだちよきた【苗立能田】 27①48
なえだのあぜ【苗田の畦】 31①8, 9
なえどこ【なへ床、なゑとこ、苗床】 7②238, 239, 240, 244, 268, 269, 334/8①69/10③386, 387, 388/11①18, 19, 20, ②88, 117/12①140, 310/14①73, 93/23①49, 51, 52, 53, 57, 60, 62, 103, ③151, 152/29③223/30①27, 33, ②192/31②76, 77, 78, ⑤253, 258/33①17, 22, 28, ④212, 215, 225, 230, ⑤240, ⑥319, 321, 322, 326, 327, 337, 341, 348, 358, 359, 368, 389, 390/39⑥331/41③170, 171, ④206/44③204, 211, 213, 214/45③150/50②152, ③252/56①63, 182/61①34, ⑩441/62⑧254/69①100/70③226, ④263
なえどこあぜうち【苗床畔内】 23①52
なえどこち【苗床地】 41③177
なえどこつち【苗床土】 29③247
なえどこのあぜ【苗床の畔】 23①102
なえどころ【苗所】 31④160, 162, 193
なえとりあと【苗取跡】 37①21, 22
なえとりそうろうところ【苗取候所】 27①115
なえば【苗場】 18②276/35②307, 312
なえばたけ【苗畑、苗畠、苗圃】 4①163/25②213, 214/27①129
なえま【苗間】→A 22④212, 213, 214/24③282, 283/38③133, 147/39②107, ③148/42③164, 165
なえまだ【苗間田】 42③167
なえまち【苗間地】 38③195
なえをしたつるところ【苗を仕立る所】 13①120
なえをつくるのじ【苗をつくるの地】 29①42
なえをほりたるあと【苗を掘たる跡】 31④168
なか【なか、中】→A 15③400/28②149, 156
ながあご【長あご】 41②117
なかあぜ【中あぜ、中畦、中畔】 8①70, 71/28②170/41②77
なかあぜのみずば【中畦の水場】 30①46
ながいものほりあと【薯の掘跡、長薯ノホリアト】 2①76, 103
ながいもほりあと【長薯掘跡】 2①128
なかうね【中うね】 23⑤265
ながかき【長垣】 34⑤90
なかがみやま【中頭山】 57②204
なかくぼなるところ【中窪ナル所】 32①207, 209, 211
なかさがし【なかさがし】→A 28②164
なかざと【中里】 4①60
ながしくずし【流シ崩シ】 32①208, 209
ながししたのどぶ【厨下ノ溝】 69②359
ながししたのどろ【厨下ノ泥】 69②360
なかじま【中嶋】 35②327
ながしろ【ナガシロ】 24①29
なかす【中洲】 59④277/65①17, 27, 28, ③269, 272, 274
なかすじ【中筋】 40④318
ながすじ【長すぢ】 12①165
なかせ【中瀬】 65①28
ながた【長田】 4①250/10②312/23①6, 82
なかてあと【中稲跡】 30①136/41②116
なかてあわまきのはた【中手粟蒔の畠】 31③113
なかてかりあげしあと【中田刈上跡】 29④283
なかてかりあと【中稲刈跡】 4①128
なかてだ【中稲田】 6①60/27①113
なかてだあと【中稲田跡】 4①78
なかてのあと【中田の跡】 29①60
なかてのかりあと【中稲の刈跡】 30①37, 135
ながぬまばたけ【長沼畑】 61⑨355
なかへんのとち【中へんの土地】 3④242
なかぼしのあぜ【中干のあせ】 27①97
なかみち【中道】 23③152
なかやしき【中屋敷】 61⑨292
ながれ【流れ】→B 27①360
ながれがわ【流れ河、流れ川、流川】 14①173/16①214/33①15/48①78
ながれかわのすな【長流砂】 55③343
ながれこみのつち【流込の土】 17①301
ながれしんでん【なかれ新田】 17①246
ながれたまりのところ【流れ溜りの所】 41⑦338
ながれちのたはた【流地之田畑】 63③111
ながれでんち【なかれ田地、流れ田地】 16①271/17①89
ながれみず【流水】→B、X 15②245/19②286
なぎ【なぎ】→A 6②274

なぎあと【薙跡】 6①103
なぎの【薙野】 27①149/48①186
なぎはた【なき畑、なき畠、なぎ畠、薙畠】 4①165,166/6②272,273
なぎはたわき【なき畑わき】 4①167
なしつぼ【梨子坪】 2①126
なしろ【苗四郎】→なわしろ 43②131,137,140,142,153,154,163,179
なすあと【茄子跡】 38③163
なすうえたるはたけ【茄子植たる畑】 22④253
なすうえるはたけ【ナス植ル畑】 19①128
なすさくはた【茄子作畑】 20②391
なすじ【茄子地、茄地】 2①87,131
なすだ【茄子田、茄田】 4①91,134,137
なすなえじ【茄子苗地】 38③120,122,201
なすなえどこ【茄子苗床】 24①27
なすなえふせしろ【茄子苗生施代】 19②403
なすなえま【茄子苗間】 39③145
なすなわしろ【なす苗代、茄子苗代、茄苗代】 2①113/3④289/20②375/42②96
なすのあいだ【茄子之間】 33④230
なすのとこ【茄の床】 22④250
なすばたけ【茄子畑、茄子畠、茄子圃】 3④306,328/4①13/27①69/38③125/42③165,⑥387,425,426,427/43①40,46,49,52
なすばたけしき【蕪子畑敷】 34⑤76
なすびのなか【なすびのなか、なすびの中】 28②193,213,219
なすびのわき【茄子のわき】 12①318
なすびばたけ【なすひ畠】 42⑤329
なすびをうゆるむぎうね【茄子をうゆる麦畦】 12①241
なだいこんたねかりあと【ナ大根種子刈跡】 19①122
なたね【菜種】→B、E、F、I、N
4①202
なたねあと【なたね跡、菜種子跡、菜種跡、菜種畠跡、種子跡】 4①40,82,83,92,108,117,146/8①171/21①62,63,81,82/33④216,219,220/39①62,64/40④303
なたねかりあと【菜種刈跡、菜種苅跡】 1④314/4①68/39⑤279
なたねじ【なたね地、菜種地】 7①38/8①213
なたねじり【菜種しり、菜種尻】 42⑤328
なたねだ【なたね田、菜種田】 4①19,20/24①15,136/39⑤289/42④265
なたねだあと【菜種子田跡、菜種田跡】 4①41,56,70
なたねち【菜種子地】 34⑥124
なたねのあと【なたねのあと、菜たねの跡、菜種の跡】 5②223/6①94,133/22④253/39①47/50②152
なたねのなか【菜種子之中】→A
33④210
なたねのはざ【菜種ノ半座】 39⑤295
なたねばたけ【菜種畠、菜種圃】 27①25,69/42⑤315,317,328
なたねをかりとりたるあと【菜種を刈取たる跡】 22④248
なたねをさくつけたるはたけ【菜種を作付たる畑】 22④234
なつきあるところ【夏木アル処】 32①100
なつだいこんあと【夏大根跡】 2①56/19①116,121
なつだいこんうね【夏大根壠】 27①96
なつだいこんのあとち【夏大根の跡地】 2①118
なつだいこんのなか【夏大根の中】 19①121
なつだいこんまきそうはたけ【夏大根蒔候圃】 27①24
なつだいずあと【夏大豆跡】 33①45/41①12
なつだいずのあと【夏大豆の跡】 33①44
なのあと【菜の跡】 23⑥315
なのみぞつち【なのみぞつち】 28②272
なばたけ【菜畠】 5①115,159
なばたけあと【菜畠跡】 4①145
なはたのへり【なはたのへり】 62⑨378
なはたのみぞ【なはたの溝】 62⑨378
なまあぜ【なま畔】 27①113
なまがわき【生乾キ】 29③243
なまきはた【菜蒔畠】 19①117
なまぐろ【なまくろ、なまぐろ】 27①97,109,112
なまた【なま田、生田、鮮田】 19①44,55,②372/37①18/39⑥323
なまつち【生土、直末土】 12①53/22④228/32①158/62⑦211,⑧259/69②223
なままきなわしろ【生蒔苗代】 19①215
なままつちだ【生真土田】 37①13
なまりすな【鉛砂】 49①144
なまりやま【鉛山】 49①143,144,146,148
なみかわ【並川】 59④365,367
なみのうね【並の畝】 33⑥308
なもちのやま【名持の山】 36③235
ならしみず【ならし水】 37①44
ならびのま【ならびの間】 12①220
なるみ【なるミ】 65②84,96,97,137
なるみたるひろきところ【なるミたる広き所】 28①15
なわしろ【なハしろ、なわしろ、苗城、苗代】→なえさこ、なえだ、なしろ→A、Z
1①47,48,49,53,56,②142,143,148,③260,261,262,269,285,286/2①13,46,84,③259,④278,279,282,283,284,286,293,294/3④221,222,223,228,232,282,283,291,351/4①21,38,39,40,41,42,54,69,216/5①27,29,36,39,49,58,60,76,81,147,152,②221,222,③247,256,257,258,260,261,262,263,276/6①16,27,28,29,30,45,67,87,104,149,202,209,②309/7①15,16,28,37,45,50,②238,239,242,268/8①118/9①29,31,33,34,37,38,39,40,42,43,44,45,46,47,48,53,56,106,107,②201,202,③242/10①49,51,103,②361/11②87,88,91,④180,181,⑤227,252/12①140,141,143/15①28,65,104,②267/16①35,257,259,265/17①12,13,19,24,28,29,33,35,37,39,40,42,44,47,50,51,52,53,54,55,56,57,58,60,61,63,64,65,66,67,68,115,116,117,180/18③351,352,④410,⑤463/19①49,65,205,②276,364,402,404/20①34,47,48,49,50,51,②394/21①28,32,39,40,42,43,44,61,74,86,②111,113/22①46,49,58,②103,104,107,③155/23①7,51,53,54,56,57,58,62,65,102,103,104,110,⑤257/24①29,36,38,80,160,③282,304/25②181,182,193/27①45,48,113,153,162/28①15,19,33,48,②132,138,143,271,③319/29②123,③191,201,204,212/30①19,20,21,23,24,26,29,31,32,33,34,35,41,44,45,48,56,59,88,89/31⑤259/32①33/33①16,17,③159/34⑥138,⑦251/35①83,②303,380/36①41,42,43,49,69,②100,101,102,105,106,109,113,114,③195,196/37①14,15,17,38,44,45,②70,76,91,93,94,95,96,97,101,140,152,160,168,183,205,③274,275,277,282,283,287,308,378,381/38①8,9,14,15,16,22,26,②50,51,④243,244,245,256,272,289/39①10,23,25,30,31,32,33,45,48,②95,④190,196,198,200,⑤256,262,264,274,⑥322/40①7,②85,135,139,140,141,③223/41②62,⑤232,247,248,256,259,⑥275/42①33,43,47,②98,99,101,103,122,124,④264,269,274,279,⑤330,⑥378/43③244/44②127/55③274,292,300,317,400/56①44,104,119,161/61①34,42,43,44,48,②88,89,③128,129,130,131,⑤179,⑥187,188,189,⑦194,⑩430,444,447,450/62①14,②36,⑤127,⑧259,262,⑨318,324,325,326,327,328,331,332,334,335,342,356/63⑤303,⑦361,369,⑧435/66②92,⑧397/67⑥273,278/68④413/69②228,357,358/70④260,262,265,⑥396,397,398
なわしろあぜ【苗代あせ、苗代畔】 19①46/27①39/42⑥416
なわしろあぜきわどおり【苗代畔際通】 25②193
なわしろあと【苗城跡、苗代跡】 2⑤326/4①41/5①62/27①50/30①77/42④238
なわしろじ【苗代地、秧代地】 1②143,144/2⑤326/8①65,

156/9②**203**/12①140/28②165/30①27,③246/32①22,25,27,28,29,30,35,②290,295/37③273/44②87/45②101
なわしろしき【苗代敷、苗代鋪】　20①41/37①15,26
なわしろしたじ【苗代下地】→A
30②184,192
なわしろだ【苗代田、苗荿田】
4①38,42/6①27,205/9③243/11④181/16①213,259/17①29,**53**,54,55,56,57,59,68,138/22②98/24①29,36,41,150/25①44,45,46,48,50,120,139,②207,224,③272,275/27①26,34,35,36,**37**,41,44,46,47,50,51,53,54,55,73,115,116/28②196/29②121/30①59,③246,247/36③195/39④199,201/62⑨349,360,367
なわしろだあと【苗代田跡】
27①51
なわしろだうわぐろ【苗代田上畔】　27①153
なわしろだのあぜ【苗代田のあぜ、苗代田之畦】　9③243/17①67
なわしろだみず【苗代田水】
27①42,75
なわしろてあぜ【苗代手畔】
27①54
なわしろどこ【苗代床】　23①**49**,50,52,53,59,63,86/33①16,23
なわしろとこじ【なはしろ床地、秧代床地】　45②101,104
なわしろにいたすた【苗代ニ致田】　27①162
なわしろのあぜ【苗代のあせ、苗代のあぜ】　9①70/28②176
なわしろのあぜうち【苗代の畔内】　23①50
なわしろのあと【苗代の跡】　6①103/7②245/62⑨343
なわしろのぎし【苗代のぎし】
9①34
なわしろのしき【苗代の敷】
19①62
なわしろのち【苗代の地】　29①45
なわしろのとこ【苗代の床】
23①61
なわしろのみず【苗代の水】　9①49/20①83
なわしろばしょ【苗代場所】
40②143
なわしろみず【なハしろ水、苗代水】　9①43/19①51/20①273/38③194
なわしろみぞ【苗代みぞ】　9①43
なわしろようすい【苗代用水】
1①56/18⑥496
なわて【畷、畷て、畷手】　5①58/17①79,140/27①358
なわてあぜ【畷畔】　17①100
なんば【難場】　53④232,246
なんば【なんば】　28②227,228,229,243
なんはくしゃ【軟白沙】　6①132/12①359
なんぽ【南畝】　20①348

【に】

にいはり【新墾】　23①10
にいはりのとち【新墾の土地】
23①12
にうしたのつち【にう下の土】
27①148
にがさかい【にかさかひ、にが境】　39④202,217
にがすな【苦砂】　46①19
にがつち【にか土、にが土、苦つち、苦土】　3③161,162,163/4①218/5①161,165/12①58,103,136,242/23①99/24②236,239/29①15,②147/32①158/36②101,110/37③320/57②146/62⑨389/64⑤347,354
にげばた【弐下畑】　33②113
にごりえ【にこり江】　20①45
にごりみず【にこり水、にごり水、濁水】→I
5①63/8①65/17①33/19①22/21②103,104/27①45/65①31
にごりみずのどしゃ【濁リ水ノ土沙】　32①212
にじゅうかりよりだいなるた【廿かり𛀙大なる田】　27①360
にしょくのとち【二色の土地】
16①84
にだんくさ【二駄ン草】　24①82
につち【につち】→B
16①89
にねんうえはた【二年うへ圃】
27①69
にねんだ【二年田】　28②168,171,185
にばんさくのあとち【二番作の跡地】　30①104
にばんなわしろ【二番苗代】→A
61①55
にばんのしきち【二番之敷地】
57②97
にぶかげ【二部陰、二分陰】　55③269,287,308,337,403
にべつち【埴土】　48①381
にわ【にハ、ニワ、にわ、場、庭】→A、E、N
4①74,79,117/5①34/6①26/8①258/12①69,70,94,109,111,268/13①34,42,210/16①126,129,236,265/20①208/24①54,③331/25②206/27①26,27,29,33,157,159,185,189,194,195,197,211,212,217,219,260,261,264,330,341,352,376,379,384,386,387/28③321/29②156/37①25,③272,293,344/38②62,③114,124,144,146,158,167,188,193,196,197,④250,253,267/42③197,④240,245,⑥420/47②136/50②167,③253,260/51①37/53⑤334/55③290/66⑦364,365,⑧394/68④415
にわいなこきたてしょ【庭稲扱立所】　27①384
にわかど【庭門】　5①165
にわかどのくち【庭門の口】
11⑤226
にわさき【庭前】　27①224/36③277,278
にわち【庭地】　27①212
にわなか【庭中】　11⑤226,251,252,266,267,276/27①385
にわのはし【庭の端】　12①319
にわば【庭場】　6①23,151/16①202
にわまわり【にわ廻り】→A
28②270
にんじんしろ【にんじん代】　3④249
にんじんばたけ【人参畑、人参圃】　48①228,230,232,238/61⑨387
にんじんまくはたけ【ニンシン蒔畑】　19①121
にんど【忍土】→しのぶつち
1④328
にんにくあと【大蒜跡】　2①56
にんにくち【大蒜地】　2①126
にんにくのあと【大蒜の跡】　2①120

【ぬ】

ぬかば【糠場】　27①387
ぬかりた【ぬかり田】　2①47/3④266/36②121
ぬけなえ【抜苗】　1①67
ぬま【沼】→I
4①284/5①15,36,56,71/16①329,332/17①299,300/69②387/70②138,139,145,146,147,148,149,151,152,154,160,161,162,163,165,166,167,168,171,172,173,174,175,176,177,178,180,182,183,184
ぬまかかり【沼懸り】　4①123
ぬまかわ【沼川】　16①**328**,329
ぬますながわ【沼砂川】　65③276
ぬまた【ぬまだ、ぬま田、沼田】
4①42,43,46,47,51,54,55,61,62,78,121,152,153,169,177,189,210,221,226,240,288,304/5①20,22/6①17,18,21,34,38,41,44,51,56,69,70,②281,310,315/11④168,181,184/22④222/24①6,29,35,38,84/25②187/27①22,65/29①43,50,③231,232/31⑤271/33①24/39④228,⑤270/40①8/43①31,32,38,42,43,46,49,56,57,66,67,69,76,77/48①254,260/52⑦314/61①33/62⑨370/69①71,②222
ぬまたどころ【沼田所】　4①240/39④203
ぬまち【沼地】　15①21/23①89,95,98,105/25②181,182
ぬまつち【沼土】→I
24①37/68③348
ぬまどろ【沼泥】　29③249
ぬまのふかきところ【沼のふかき処】　17①298
ぬまふかきところ【沼ふかき所】
17①307
ぬまふかだ【沼深田】　27①99
ぬりあぜ【ぬり畦、塗畷】→A
5①137/61⑥189,191
ぬりつち【塗土】　5①22
ぬるきながれ【ぬるきなかれ】
20①45
ぬるみず【ぬる水】→B
20①53
ぬるみみずかかりのた【温水懸りの田】　1①95
ぬるめみず【ぬるめ水】　20①84
ぬれえんのした【ぬれゑんの下】

13①197
ぬれち【濡地】 16①83
ぬれつち【ぬれ土、濡土】 3①28/5①98/9③247/10①76/12①186/16①83

【ね】

ねいれ【根入】 23⑤267
ねがあかつち【ねが赤土】 27①137
ねがいたかばしょ【願高場所】 42④281
ねがつち【ねが土】 27①137
ねき【ねき】→A、C 62⑨375
ねぎし【根岸】 20①122
ねぎしろ【ねぎ代】 3④251
ねぎばたけ【葱畑】 3④373
ねぎわ【根きハ、根きわ、根際】 56①92/62⑨358/69①78
ねしたよこきんぺんのつち【根下横近辺之土】 8①52
ねずみあな【鼠穴】 3①18/5①22/64③182,184,196/65①24
ねずみあなのあと【鼠穴の跡】 19②371
ねずみいろいわつち【鼠色岩土】 46①8,20
ねずみいろのとち【鼠色の土地】 48①186
ねずみつち【鼠土】→I 12①217/13①54/28④348
ねずみとおし【鼠通し】 1①43
ねずみまつち【鼠真土】 56①158
ねたつち【ねた土】 3④257
ねつけみず【根付水】 43③251
ねつち【根土】 5③261/11①25,37/30③284/33①50,52,53,55,②119,⑥355,372,387,391/45②104
ねつち【熱地】 6①10/8①184
ねのつち【根の土、根之土】 8①113/37③332
ねのとち【根之土地】 29③199
ねのまわり【根の廻り】 56①92,93/61②97
ねばき【埴】→ねばつち 7①57
ねばきうすきじ【ねばきうすき地】 12①362
ねばきつち【ねはき土、ねばき土】→ねばつち→B 12①94/16①99
ねばきでんち【ねハき田地】 16①201
ねばきとち【ねハき土地】 16①98
ねばきまつち【ねバき真土】 17①99
ねばくかたきつち【ねバく堅き土】 12①279
ねばしけ【ねは湿】 7①34
ねばた【埴田】 1①57,58,59,60
ねばつち【ねハ土、ねは土、ねバ土、ねば土、埴土、膩土】→あかねば、ねばき、ねばきつち、ねばづち、ねばりつち→B、H、Z 4①100/13①13/14①149,274/15②300/16①78,95,96,101,107,111,121,126,157,202,252,312/17①193,255,281/29②123/37②196/65③224/69②279
ねばまつち【ねハ真土、ネバ真土、ねバ真土、ねば真土】→B 16①82,90,97,100,107,177,181,252,282,287,297,333/17①165,170,193,269,271,273,285,307/45③142/46①21,22,23,24,25,26,28,29,30,31,32,33,35,37,38,40,41,42,44,45,46,48,50,51,52,54,55,56,60
ねばり【根張】 45③160
ねばりあるくろつち【ねはりある黒土】 56①176
ねばりあるつち【ねばりある土】 15②160
ねばりあるまつち【ねハりあるまつち】 17①163
ねばりうすきおもきつち【ねバりうすきおもき土】 17①170
ねばりおおきつち【ねハり多き土】 17①79
ねばりおおきでんち【ねハり多き田地】 17①103
ねばりおおきとち【ねハり多き土地】 17①93
ねばりおおくあるまつち【ねハり多くある真土】 17①162
ねばりけのあるとち【ねばりけのある土地】 23⑥312
ねばりけのつよきつち【ねばり気のつよき土、ねばり気の強き土】 7①93/13①15/15③368
ねばりこれあるまつち【ねハり有之真土】 17①170
ねばりすくなきとち【ねバりすくなき土地】 17①273
ねばりすくなきまつち【ねハりすくなき真土、ねバりすくなき真土】 17①105,246,260
ねばりつち【ねハり土、ねはり土、ねバり土、ねばり土】→ねばつち 2①25,53,63/17①77,93,111,112,226,231/56①158
ねばりつよきでんち【ねバりつよき田地】 17①93
ねばりつよきとち【ねハりつよき土地】 16①98/17①101
ねばりつよきまつち【ねバりつよき真土】 17①151
ねばりなきしろまつち【ねバりなき白真土】 17①226
ねばりなきつち【ねバりなき土】 17①95
ねばりなきでんち【ねバりなき田地】 17①78
ねばりなきとち【ねバりなき土地】 17①77,93
ねばりなきまつち【ねハりなき真土、ねバりなき真土】 16①92/17①78,95,105,204,285
ねばりまつち【ねハり真土、ねバり真土】→I 16①93/17①99,103,253
ねばるとち【ねばる土地】 13①212
ねぶかばたけ【根深畑】 42⑥389
ねへじ【ねへ地】 34③39
ねへん【根辺】 69②232,233,234,235
ねまわり【根廻、根廻リ、根廻り】 53④247/54①279,285,288,314/70⑥411
ねまわりつち【根廻土】 56①107
ねりき【練土】 36①46
ねりどこ【ねり床】 7②240
ねりまつち【煉馬土】 45⑦396
ねんぐなしのやきの【年貢なしの焼野】 12①174
ねんねんしつけのち【年々仕付の地】 25②212

【の】

の【野】 3③175/5①181/16①161,162/27①363/28①38,②237,250/47②84
のあぜ【野畔】 6①139
のあと【埜跡】 64②114
のうさくのち【農作の地】 15②243
のうじばしょ【農事場所】 27①366
のうしゅうかた【能州潟】 4①234
のうてぞいのた【のうて添の田】 27①114
のがかり【野懸り】 39④217
のがた【野方】→R、T 3④240,242,313,344,352/6①17/11②117,121/21②104/22③172/25①43/38①28/64②113/67②97,98,99,106,113,114
のがたのち【野方の地】 3④255
のがたのとち【野方の土地】 3④247
のかわら【野河原、野川原】 4①29,30,61,114
のきした【軒下】→N 3④287,288/17①294,295
のきしたさんだん【軒下三反】 29①14
のきのした【のきの下】 13①197
のきまわり【のき廻り】 28②221,260,271,275
のげ【野毛】 39⑤279,286
のけち【除地】→R 69①79,97
のざかい【野境】 57②179,183,191
のじ【野地】 10①63/11①23,29,53/34⑥123/62③70
のじばた【野地畠】 11①32
のずえ【野すへ、野末】 28①66
のずり【のずり、野ずり】 70⑥400
のだ【野田】 37③340/63⑤297
のつき【野付】 3③157
のつきやまつき【野付山つき、野付山付】 3③116,125,127,165
のつきやまつきのあれち【野付山付の荒地】 3③117
のつきやまつきのたはた【野付山付の田畑】 3③107
のつきやまつきのち【野付山付の地】 3③114
のつち【野土、壚土】 1④329/2⑤325/3①30,40,④311,321/19①19,21,70,163/20①20,23,119/23⑥339/25①28,55,68/37①8,9/38①6,②81/39④217/54①264,266,267,268,271,273,274,276,277,285,286,287,290,291,292,293,295,296,297,298,300,301,303,304,305,306,313,315/55②173/68③333/69②222,248,356,387
のつちのしょう【野土ノ性】 19①99

のつちのはたけ【野土の畑】 25①40
のつちはたけ【野土畑】 19①95,99/23⑥339
のなか【野中】 36②112
のはた【野畑、野畠】 6①99/12①173,217/14①45/19①113/25①72/30③249,273/33④179,212,213,220,224,226,227/36①41/61②94
のはら【野原】 15①72/16①73,77,104,105,113,132,334/17①303,321/27①257/37①25/54①237/61⑩428/69②217,282/70③214
のびらきばた【野開畑】 33③162,166
のぶく【黒土、野ぶく】 18⑥499/36①41,46/46③200
のべ【野辺】 3④355/15①71/23⑥311/36③293/37②80/69①69
のへん【野辺】 5①76
のぼえ【野ぼへ】 24③328
のまき【野牧】 20①83
のまきのば【野牧之場】 62①13
のまだ【ノマダ】 24①29
のまつち【野まつち、野真土】 19①19,21,70,97,98/20①19,20,22,118/37①8
のまつちだ【野真土田】 37①13
のまつちはた【野真土畑】 19①95
のみず【野水】 34⑥160
のみち【野道】 34⑦252
のやま【野山】→R 5①164,182/6②270/14①79,94/16①72,73,113,120,141,143,153,205,261,262/17①288/21①29/27①326/30②197/31④171/33②106,110,118,127/36②126,③183,201,234,235,238/37①9/39①22/40②186,187,188,189/43②148,204/46③207/50③240,249,252,279/62③61,⑨394/66①34,48/68①64/69①127,②327,351/70⑥409
のら【野ら】 16①221
のらのば【のらの場】 30③271
のりばいようち【海苔培養地】 45⑤252
のろかわ【のろ河、のろ川】 65①13,17,18
のろきかわ【のろき川】 65①13,17

【は】

はい【はい】→B、I 66②102
はいこうのち【廃荒の地】 3③128
はいすてば【灰捨場】 19①196/20①231
はいすな【灰沙】 12①310
はいち【廃地】 35②369,413
はいつちばたけ【灰土畠】 31⑤254
はいでん【廃田】 1②150/3③103/70②70,71,139,151,152,153,154,155,157,159,160,162,168,169,172,174,175,176,178,179,180,183,184
はいど【灰土】 7①57/34⑥132
はいどこ【灰床】 53④226
はいのごとくなるげち【灰のことくなる下地】 31④171
はいのごとくなるとち【灰のことくなる土地】 17①80
はかざかい【はか境】 27①37,358/39④203
はきだめあな【箒溜穴】 19①158
はくしょくこいしじ【白色小石地】 16①87
はくしょくど【白色土】 16①82,96
はくしょくなるこすなじ【白色なる小砂地】 16①85
はくしょくなるまつち【白色成真土】 17①55
はくしょくまつち【白色まつち】 16①80
はくち【薄地】 14①45,47/20①270/21①24,56,60,66,72,77,80,②104,117,127,130/25②185,189,198,200,211,212/29③231,256,258/39①13,41,42,44,47,52,54,62/68④412
はくち【白地】 6①106/10①53/28①15
はくち【迫地】 62②35
はくちはた【薄地畑】 19①95/20①120
はくでん【薄田】 7①58/12①91
はくど【白土】→B 37②206/49①31/56①158,172/70②134
はくはい【白背】 8①171
はげやま【はけ山、はげ山、禿山】 13①186,208/16①135,136/25①106,107/28①66,93/65②89
はざ【はさ、間、半座】→うねま 1④299,300,302,303,304,312,313/5①124/28①15,26,29/39⑤254,267,268,279,288,289,290
はざあな【架穴】 27①217
はざこ【はさこ、ハザコ、はざこ、狭こ】→うねま 4①68,70,72,78,80,81,82,85,94,100,105,106,110,111,113,114,129,132,133,139,143,145,185/6①84/24③289/27①96,139,140,143/48①200/61②80,89
はざこのひろき【狭この広き】 27①144
はざたてそうろうあと【架立候跡】 27①16
はざばあと【架場跡】 27①24
はさやま【はさ山】 4①13
はじかみをつくるほうど【はしかミを作る宝土】 17①285
はしぐち【端口】 23②136
はしごだ【ハシゴ田】→たなだ 24①29
はしごだのあぜ【階子田の畦】 24①6
はしごばたけ【梯子畠、楷子畠】→だんはた 29③215,260
はしゃぎどころ【はしやき所】 39②104
はしやま【端山】 6①154
ばしょうしき【芭蕉敷】 34⑥162/57②205
ばすえじ【場末地】 25②186
ばすえぬまち【場末沼地】 25②186
ばすえふかだ【場末深田】 25②189
ばすえみずたたえ【場末水湛】 25②183
はぜうえつけのばしょ【櫨植付之場所】 33②119
はせつち【はせ土】 28①78
はぜはた【櫨畑、櫨畠】 31④221/33②110,111,112,121
はた【はた、陸田】 28①21,80/62⑨381/69②326
はだ【膚】→C、E、I 5①90
はたあい【畑間、畑合、畠間】 23①40,58,98/38③145
はたあぜ【畑畔、畠畔】 17①99,100/33④218
はたあと【畠跡】 4①92
はたあれ【畠荒】 28①58
はたうね【畠畦】 19①216/41⑦335
はたかえりしんでん【畑返り新田】 65②98,101,123
はだかじ【裸地】 41②120
はたかた【畑方、畠方】→A、L、R、X 3④376/4①14,15,19,178/23③155/24②239/25②203,228/28①59,60/29②145/34⑥119/37②195/38①7,8,10,12,13,14,15,17,20,23,26,②82,③198,④258/40③232/42②103/61⑨270/62⑨367/63③98/64④309,⑤343/65③284/66①36,62/67①14,②110,116,③134,⑥270,307,308,309
はたかたとち【畑方土地】 25②209
はたがち【畠勝】 38①7
はたがちのくに【畑勝の国】 22①56
はたがちのこすなまじりのち【畑勝の小砂交りの地】 22①57
はだかむぎのなか【裸麦之中】 33④211
はだかやま【はだか山】 7①68
はたぎし【畑岸】 31⑤287
はたぐろ【畑くろ、畠くろ、畠畔】 5①144/11①23/17①77,294/36③192
はたぐろみちばた【畠畔道端】 5①146
はたけ【はたけ、園、畑、畑ケ、畑け、畑気、畑地、畠、畠ケ、畠地、圃、陸田】 1④330/2①69,④275,280,303,308,⑤326/3①20,21,22,24,30,32,33,36,38,41,49,50,52,54,56,③131,145,149,150,153,157,158,160,162,163,④228,231,242,251,255,259,283,284,287,290,294,312,313,314,315,324,325,337,339,343,344,351,353,358,361,362,375,383/5①25,26,27,41,42,81,89,93,96,98,100,102,110,112,115,116,121,125,131,136,137,141,143,145,152,153,154,157,159,160,167,168,175,③250,268,270/6②269,303/7②243/8①116,171/10①58,93,②315/12①48,86,147,152,319,353,367/13①48/15②175/16①72,75,80,83,85,86,87,88,90,91,92,93,97,102,132,143,178,180,181,193,201,209,237,238,240,243,253,254,331/17①52,84,86,112,159,160,161,162,163,164,

165,166,169,170/21①21,24,30,37,58,66,73,74,77,78,②103,105,106,133,③155/22①38,54,56,④286,291/23①11,46,99,②131,③152,155,157,④175,176,177,⑤262,⑥310,311,321,322,324,325,330,338/24①15,21,28,29,38,40,41,49,62,63,70,76,77,78,99,104,108,139,③290,302,303,304,319/25①14,38,40,44,55,58,81,119,121,122,②187,200,203,206,222,223,227/27①16,25,55,58,59,67,68,139,140,149,153,269,366/28①22,37,54,58,66,85,②232,283,④329,346,348,349/29①22,39,②146,③214/31②68,⑤277/32①70,71,92,97,101,102,103,104,105,110,111,112,115,119,123,124,125,132,147,154,155,156,157,168,178,193,213,②295/33②114,④225,226,227,⑥338,385/34⑤101,⑥124,132,⑧300,304,313/35①70,②312/37①7,③293,309,320,345,360,368/38①8,17,19,②70,71,③201/39①18,29,39,43,47,52/41⑤237,⑥273,276,279,⑦316,324,340/42⑤322/45⑥286,291,294,297/47②84/55③335/56①93,160/57②148/61⑩426/64⑤334,335,336,337,341,342,344,348,349,350,351,354,355,359,360,367/67①15,24,④164,172,174/69①73,80,②192,209,222,224,228,230,232,234,283,299,325,348,384
はたけいねあと【畠稲跡】 39①62
はたけうね【畑畝】 25②217
はたけさかい【畑境】 23⑤272
はたけしき【畑敷】 34⑤77,80,82,85
はたけした【圃下】 27①86
はたけだ【畠田】 28①67/41⑤232
はたけたおし【畑たおし】 41②64
はたけたかきところ【畑高き所】 22④229
はたけたな【はたけたな】 11③143
はたけながさ【畠長】 34③41,42,43,44,④62,⑥133
はたけのあぜ【畑之畔、畠の畔】 17①100/62③68
はたけのうね【畑の畦、畑の畔、畠のうね、畠の畦】 3④308/12①350/15②161/19②366/23⑥325/24①73
はたけのかたさがりなるところ【畠ノ片下カリナル所】 32①193
はたけのかたち【畠の形】 31④171
はたけのかりあと【畠之刈跡】 33⑤254
はたけのきし【畑之岸、畠の岸】 13①99/33②106
はたけのくろ【畠のくろ】 16①191
はたけのくろぎし【畠の畦きし】 13①111
はたけのけんどうした【畠の間道下】 17①54
はたけのこえつち【畠のこへ土】 28④340
はたけのさかい【畠の境、畠の堺】 6①177/16①138
はたけのしっち【圃の湿地】 12①337
はたけのすえば【畑の据場】 23①25
はたけのすじ【畑の筋】 15②166
はたけのすみ【畑の隅】 14①410
はたけのつち【畠の土】 9①54
はたけのてい【畠の体】 20①133
はたけのはし【畠のはし、畠の端、圃の端】 12①313,353/13①295/33⑥350/41⑦330
はたけのふち【畠のふち】 41②106
はたけのへり【畠のへり】 17①279
はたけのぼた【畑の畦畔】 24①129
はたけのまわり【畑の廻り、圃の廻り】 10①62/12①321
はたけのみぞ【畑の溝】→C 19②449
はたけぶち【畠縁】 5①169
はたけまわり【畑廻り】→A 34⑧299
はたけよこ【畑横、畠横】 34③42,43,44,⑤100
はたこち【はたこ地】 28②133
はたこみぞつち【はたこみぞつち】 28②272
はたさく【畑作】→A、L、X 2④281/64③205,206,207,208,209
はたしき【畠敷】 34⑤105,108,⑥121/57②100,147
はたしょ【畠所】 4①93
はたすすみのところ【畑すゝみの所】 25②195
はただ【畑田】 24①70/25①106/28①67
はただなり【畑田成】 61①48
はただなりところ【畑田成所】 9③267
はたち【はた地、畑地、畠地】 1②201/4①103,180/6②287/10③391,393/11①8/15②188/22④248/25②188/28①11/31①27/33②121/45⑥304/47③173,174
はたちしょう【畑地性】 27①71
はたつき【畑付】 27①39
はたつちふかさ【圃土深】 27①140
はたつぼ【畠坪】 32②292
はたづら【畑面】 3③132/4①167
はたなか【畑中】 50③249/53④247,248/69②224,234
はたなり【畑成】 64③208
はたなりばやし【畑成林】 63①53
はたのさかい【畑の堺】 14①254
はたはざこ【畠はさこ】 4①155
はたばた【畠畑】 41②57
はたふち【畑ふち、畑縁】 9③251/27①38
はたみぞ【畠溝】 23①98
はたむぎのあいだ【畠麦ノ間】 32①120
はたやあと【はたや跡】 29②146
はたやま【畑山、畠山】 2②156/30①127
はち【はち】 13①185,222,230
はちうえのつち【盆種の土】 69①107
はとうのち【坡陡地】 18①63
はなぞの【花園】→C 11③141/12①196
はなつち【花土】 40①12
はなばたけ【花畑、花圃】 10①140/11③150
はなわじり【塙尻】 65②127
ばねつち【はね土、ばね土】 17①164,202
はのよきはたけ【葉の能き畑】 27①196
はば【はゝ】→W 65①34
はばぎし【はゞきし、はゝ岸、はゞ岸】 65①12,16,26,29,30,39
ははだ【母田】→E 4①42
はばら【はゝら、はゞら】 31④155,172,204,223
はぶ【はぶ】 56①182
はま【はま、浜】→C 5①33/33①24,30,41,43,45,46,51/40②171/52⑦303/66⑦365,366
はまうえつけば【浜植付場】 64④253
はまかた【浜方】 4①17,154/38①25/67⑤218
はまだ【浜田】 7①36/24①169
はまだい【浜台】 66⑦364
はまつき【浜付】 31⑤277
はまつぼ【浜坪】 10②379
はまて【浜手】 15③377,379/59④292/66④200
はまのて【浜ノ手】 66④232
はまのまさご【浜の真砂】 33⑥358
はまはた【浜畑、浜畠】 33⑥337/53④239,242,247
はまべ【浜辺】 16①324/17①150/40②152,154/41③170/54①267/58④262/59④291,292/66④213,214,219,⑧403
はまべしんかいすなばたけ【浜辺新開砂畠】 29③215
はまべすなばたけ【浜辺砂畠】 29③202
はやあわあと【早粟跡】 5①116
はやあわのあと【早粟ノ跡】 5①110
はやかわ【早川】→X 65③249
はやごまのあと【早胡麻の跡】 33①44
はやこむぎのあと【早小麦の跡】 2①45
はやし【はやし、林】 1②184,③284/7①68,69/10②349/16①312/24①77/28①12
はやしぐさ【はやし草】→X 27①367
はやしぐろ【林くろ、林しぐろ】 27①243,273
はやしばた【林畑】 22③162
はやた【早田】→F 7②247/31②85
はやづくりのなすあと【早作り之茄子跡】 28④350
はやなすのなか【早茄子ノ中】 19①121
はやひえのあと【早稗の跡】 2①62,63
はやま【葉山】→X 13①187
はやむぎのあと【早麦ノ跡、早

麦の跡】 13①279/32①146
はやむぎをかりとりたるあと【早麦ヲ刈リ取リタル跡】 32①147
はやむぎをとりたるあと【早麦ヲ取リタル跡】 32①145
はやわせかりあと【はや早稲刈跡】 4①106
はやわせかりとりあと【はや早稲刈取跡】 4①153
はら【原】 66③141,142,154
はらさと【原里】 16①89
はらさわ【原隰】 70⑥378
はらち【原地】 54①262,264,299/56②281
ばらち【バラ地】 8①145
はらつち【原土】 34③45
ばらつち【バラ土】 8①143,154
はらてすじ【原手筋】 9③248
はらま【原間】 64①40,49
はらやま【原山】 16①73
はららぐ【壌】 19①18
はりのきだ【ハリノ木田】 5①170
はりみぞ【はりみぞ】 28②182,192,196
はる【原】 34②20,⑤103,⑥138,144,145
はるた【はる田、春田】→A 1①102/9①**40**,41,50,53,56,63,68,70/15①21/17①78,131/28②143/29②129,149/30①24,37,41,52,64,65,66,67,68,70,73,75,104,125,129,②188,193/33④215/34⑦246/36①48/37①22,②104/39②95,④203/41②67,68,69,70,71,74,77,123,③174,175,176,⑤258,⑦316/67④163
はるたあぜ【春田畔】 41②113
はるたのあぜ【春田の畔】 33③167
はるたのぬれつち【春田の濡土】 30①100
はるち【春地】 10②363/22②117,118,121,122,126,128,130/24③291,319/25①40/38②64,65,67,68,80,③147,156,157
はるはた【春畑、春畠】 13①18/19①105,108,134,135/32①86,88/44③237/56①105/61②89
はんうね【半畦】 5③265
はんかげ【半陰】 55③250,262,275,287,301,303,313,316,331,336,340,367,369,374,382,391,402,420,426,436
ばんじゃく【盤石】 65④327
はんしょうのち【反性の地】 16①90
はんしょうのほうど【反性の宝土】 16①**89**
はんだ【半田】→Z 15②156,③396/45③**144**,149,150/62⑦199/69①73
はんどろち【半泥地】 59④277
ばんのこ【番ノ子】→A 39⑤263,264,269,270,273

【ひ】

ひあたり【日当り】→X 24③299
ひあたりかぜあたり【日当風当】 5①114
ひあたりのち【日当の地】 6①25
ひあたりよきち【日あたりよき地】 14①149
ひあたりよきところ【日あたりよき所】 15①81
ひあてのつよからぬじ【日当のつよからぬ地】 12①170
ひあてのよきこえじ【日当てのよき肥地】 13①197
ひあてよきこえじ【日向よき肥地】 13①111
ひうけ【日請、陽面】→A、X 55③279/62⑧264
ひうけのかた【日請の方】 23①27
ひうけのところ【日請の所】 28②142
ひうけよきところ【日請能き所】 62⑧265
ひうら【日うら、日裏】 23①30/28②174,190
ひうらのかた【日裏の方】 23①27
ひえあと【ひへ跡、稗あと、稗跡】 21①64,80,81/22②115,116,120,121,130,⑥389/24③289/38②58,81,③150,177,199/39①62,63,②121
ひえあとのはたけ【稗跡の畑】 22②123
ひえくち【冷口】 40②101
ひえしまあと【稗嶋跡】 2①120
ひえだ【ひゑ田、冷田】 6①47/18②286/19①25,26,28,②281/36③190/37①12,39
ひえだ【ひゑ田、穇田、稗田】 19①**64**/27①127/36②112
ひえだち【ひゑたち、冷立】→G 16①104/36①69
ひえだちのた【ひゑたちの田】 17①**81**
ひえだちのでんち【ひゑたちの田地】 17①82
ひえち【稗地】 2①11
ひえないばたけ【ひゑなひ圃】 27①127
ひえなえあと【稗苗跡】 5①110
ひえなえかかるみぞ【ひゑ苗懸るミそ】 27①130
ひえなえた【稗苗田】 4①50
ひえなえのあと【稗苗の跡】 2①45
ひえなえばたけ【ひゑ苗圃、稗苗畑、穇苗圃】 27①24,**67**,68
ひえのあと【ひへの跡、稗ノ跡】 2①43/5①120/23⑥315
ひえのあとち【稗の跡地】 2①11
ひえのなわしろ【稗の苗代】 24①36
ひえばたけ【ひゑ畑、ひゑ圃、稗畑、稗畠、穇圃】 4①82/5①135,136/6①151/22②118/25①38/27①70,126,129,281/42⑥387,390
ひえみず【ひへ水】 28②180
ひえやま【稗山】 30①139
ひおもて【日表】 23①30
ひかえかだん【扣花坦】 55①31
ひかげ【日かけ、日かげ、日蔭、日陰、日影】→X 5①148/13①171,172/14①71,380/17①21,32,43,46,47,274,280,281,288,290,292/24③299/27①102,164/28①22/32①108,112,191,②288/33⑥329,357,365,369,388,392/37③360/54①292/56①89,91
ひかげこば【日陰木庭】 32①74
ひかげたにあい【日陰谷合】 22①59
ひかげち【日蔭地】 25①111
ひかげなるち【日陰成地】 6①9
ひかげのた【日陰ノ田】 32①29
ひかげのち【日陰の地】 3④349,359
ひかげのでんち【日影の田地】 17①96
ひかげのところ【日かけの所、日かげの所、日陰の処】 14①370/38③131/41⑤259
ひかげのば【日蔭之場】 38①19
ひかげばたけ【日蔭畑、日陰畑、日陰畠、日影畑、日影畠】 19①95,102,②441/20①124/24③292/32①147/38②81
ひがしのはら【東之腹】 34⑧294
ひがた【干潟、干瀉】 3①47/12①183/41⑦338/66⑤262,271,305,307,308
ひかみ【日上】 31④170
ひがんぬりのあぜ【彼岸塗の畔】 30①43
ひきじ【引地】→R 6①12,15/48①371
ひきば【挽場】 38④285
ひくうね【下く畦】 2①80
ひくきくろ【ひくきくろ】 27①109
ひくきた【下田、低き田】 13①41/23①99
ひくきたづら【低き田面】 23①117
ひくた【低田】 7②244,245
ひくだん【下段】 11⑤226
ひくみず【ひく水】 28②194
ひこう【肥焼(磽)、肥磽】 5①104,174/19①6/37③360/62⑧237,268
ひこうね【彦畦】 19①217,②426/20①208
ひこうのち【肥厚の地】 3③143
ひこうのよくど【肥厚の沃土】 3③182
ひしも【日下】 31④170
ひじゅくのち【肥熟の地】 7②359,360/13①136,228
ひじゅくのりょうち【肥熟の良地】 13①295
ひじょうのたはた【肥壌の田畑】 3③134
ひじょうのち【肥壌の地】 3③180
ひそんすべきた【旱損すべき田】 23①46
ひそんだ【日損田】 17①152
ひそんち【日損地】 64①44
ひそんば【干損場、日損場】 17①134/67⑥310
ひそんばしょ【干損場所】 40②117
ひそんばでんち【ひそんば田地】 16①214
ひだ【火田】 30③239
ひだ【卑田】 2③260
ひだし【干出】 32①212
ひちり【游泥】 19①20
ひつじかりあと【ひつち刈跡】 41②75
ひつめのところ【干ツメノ所】 32①212
ひでりこ【淖田】 19②404

ひでん【肥田】 12①106
びでん【美田】 12①56,61/18②286/23①18
びど【美土】 12①99
ひとえなるもの【ひとへ成もの】 28①85
ひとかまえのたづら【一ト構の田面、一構の田面】 23①112,113
ひとかわつち【一かわ土】 16①97
ひとざと【人里】 3③187
ひとざととおきおくやま【人里遠きおく山】 12①123
ひとつぼのしり【一坪の尻】 27①371
ひとつぼのなかば【一坪の中ば】 27①371
ひととおるみち【人通る道】 27①148
ひとのかつぎあげるところ【人の負き上る所】 27①173
ひとのたはたのさかい【人の田畑の界】 31④170
ひとのち【他の地】 29①26
ひとほし【一ほし】 22②124
ひとまち【一まち】 29①34
ひともじのうねのなか【葱の畦中】 12①282
ひどろ【ヒドロ、ひどろ、常泥、卑とろ、卑泥】 1③264/18③361/19①27,57,65,171/36①53,69/37①11,12,18,19,26
ひどろた【ヒトロ田、ひとろ田、ヒドロ田、ひどろ田、常泥田、卑とろ田、卑泥田】 1②148/2④279,283,284,287,293,299,303/19①19,27,43,44,53,58,73,②372,402/20①25,55,56,57/36②121/37①12,18,24,26,29,39
ひどろなわしろ【ひどろ苗代、常泥苗代、卑泥苗代】 19①36/37①15,21
ひどろのあぜ【卑泥の畔】 19①46
ひどろむき【卑泥向】 19②309
ひなた【日向、日南】 3④359/5①34,109/32①47,48,51,60,61,89,110,112,148,191,②288/37③360,362,363/39①33/54①278/55②132,142,③240,241,247,249,250,254,257,258,263,264,265,268,273,275,276,277,278,282,283,286,287,288,291,292,293,300,301,302,303,304,305,306,310,313,317,320,321,322,324,325,326,327,329,330,331,332,333,335,342,346,347,348,349,350,354,356,359,362,364,368,373,374,377,380,381,382,385,394,397,398,409,415,418,419,425,427,433,435,436,437/56②242/62②35/63⑤319/70⑥390
ひなたこば【日向木庭】 32①56,62,64,69,70,74,77,111
ひなたじ【日向地】 3④257/70⑥414
ひなたのこば【日向ノ木庭】 32①171,②294
ひなたのち【日向ノ地、日向の地】 3④319/6①9
ひなたのところ【日向ノ所】 32①135
ひなたのはたけ【日向ノ畠】 32②294
ひなたのよきところ【日向ノ好キ所】 32①149
ひなたはた【日向畠】 32①64,66,76
ひなたむきのやま【日向むきの山】 56②280
ひなたもち【日なた持、日向持】 55②132,139,140,155,161
ひなたやま【日向山】 56②281
ひなたよきすなじ【日向よき沙地】 56①93
ひにゅうしすこししめるところ【肥ニウシ少し湿所】 8①155
ひにゅうせしち【肥ニウセシ地】 8①155
ひのあたらぬところ【日のあたらぬ所】 13①172,179
ひのかげりしところ【日の陰りし所】 27①166
ひのきまきしろ【檜蒔代】 56②245
ひのきやま【檜山】 56①138,168,②271
ひば【簸場】 27①166
ひばのはやし【檜葉の林】 56②282
ひばりだ【ひばり田】 29①15
ひむかいのほう【日向ノ方】 5①100
ひむき【日向】 54①288
ひむきのところ【日向の所、陽向之所】 7①63/38③131
ひむきよきすなじ【日向よき沙地】 13①175
ひむけのあしきところ【日向けのあしき所】 13①99
ひゃくがりた【百がり田】 27①358
ひゃくかりのでんち【百刈之田地】 18⑤462
ひゃくしょうち【百姓地】 34⑥123/64①48
ひゃくしょうのとち【百姓の土地】 18②251
ひゃくしょうめんめんうけもちのこば【百姓面面請持ノ木庭】 32①210
ひゃくしょうやしきのうち【百姓屋敷の内】 4①155,156
ひゃくしょうやしきまわり【百姓屋敷廻り】 4①237
ひやけだ【冷気田】 32①21,25,31
ひやけだ【日焼田】 28①12
ひやけち【ひやけ地、日やけ地】 17①222,226
ひやけどころ【日やけ処】 17①270
ひやけのた【冷気ノ田】 32①29
ひやけば【日やけ場】 17①237
ひやみず【冷水】→B、N、X 5①63/24①38/70⑥383
ひやみずがかり【ひや水かゝり、冷水がゝり】 5②224,③260
ひやみずがかりのた【冷水掛りの田】 1①27
ひやみずがかりのふかだ【冷水懸りの深田】 6①57
ひやみずどころ【冷水所】 12①57/33③164/61①37
ひょうかい【氷海】 69①45
ひょうざん【氷山】 69①45
ひらあぜ【平畦】 28①26
ひらうね【ヒラウネ、平畦】 2①30,74,76,86,119,121/46③205/56①51,53,67,99,117,194,204,209
ひらき【ひらき、開、開き】 12①65,66/28①15/67④184
ひらじき【平敷】 34⑥121
ひらた【平田】 7①34/45③144
ひらたに【平たに】 8①83
ひらち【平地】 5③272/6①178,179/11③146/12①120,267/15②236/16①159,190/21②103/23①19,39
ひらちのはたけ【平地ノ畠、平地の畠】 13①96/32①81
ひらちのやわらかなるところ【平地の和らかなる所】 13①118/18①84
ひらば【平場】 16①160,183/34⑧294,299
ひらはた【平畑、平畠】 11①26,27/56①60
ひらばのむらざと【平場の村里】 17①270
ひらはら【平原】 2⑤325
ひらまきのはたけ【平まきの畑】 17①198
ひらみぞ【平溝】→A 8①13
ひらりく【平陸】 70②124,125,126,127,128,129,138,146,147,148,149,152,154,161,162,165,166,167,170,171,173,175,176,181,182,183,184
ひりょうこうじゅんのち【肥良厚潤の地】 5③253
ひりょうのしょうすぐれてよきち【肥良の性すぐれてよき地】 13①42
ひりょうのた【肥良の田】 5③258
ひりょうのたはた【肥良の田畑】 3③119
ひりょうのち【肥良の地】 3③117,④244/12①103/13①27,31,49,61,70,144/50①41,②146
ひりょうのつち【肥良の土】 3④268
ひりょうのでんち【肥良の田地】 13①259
ひりょうのとち【肥良の土地】 12①121/13①103,149/38①24
ひるた【干る田】 27①88,99
ひろおおの【広大野】 57②159
ひろきいけ【広き池】 12①342
ひろた【広田】 30③258
ひろにわ【広庭】 69②247
ひろの【広野、郊野】 15②225/25①120/50③244/55③344,383
ひろば【広場】 30③275/38①20/40①14/62③70
ひろばば【広馬場】 15②167
ひろみ【ひろミ、広ミ】 28①30,32/65②121,122,123,124,125
ひわるる【干わるゝ】 15①52
ひわれ【干割】 1⑤353/15①49
びん【髪】 23①30
びんごのいだ【備後の藺田】 13①70
ひんち【貧地】 3③188
ひんやけすぎだ【ひんやけすき田】 27①119

【ふ】

ふうかんのつよきところ【風寒のつよき所】 13①82
ふうかんはげしきところ【風寒はげしき所】 13①81,89

ふかあさ【ふか浅】 27①117
ふかき【深】 7①57
ふかきこえじ【深き肥地】 13①284
ふかきこえたるすなじ【深き肥たる沙地】 12①267
ふかきた【深キ田、深き田】 5①55,62/27①97
ふかくさくりたるはたけ【深くさくりたる畑】 22④207
ふかくやわらかなるとち【ふかくやわらかなる土地】 17①224
ふかだ【ふか田、深田】→ふけだ
1③259,263,264,265,277/2④280,300,311/4①220/5①18,61/6①14,②276/7①18,23,43,55,65,80/11②99,113/12①57,94,133,137,138/13①74/16①74,103,183,199,211,212/17①20,21,53,54,64,65,76,87,90,96,104,107,111,149,150,153,306/18②286,⑤466/20①80/21①24,34,35,43,44,45,②112,117/22②101,105,108/25②180,182,187,191/27①22,65,89,362/30①38,40,68/32①27/36②101,123/37①26,③260,261,308,332/38③137,139/39①19,22,27,33,34/40②117,132,133,143/61①37/66⑧410/69②190
ふかだどおりあぜ【深田通りあぜ】 27①360
ふかたに【深谷】 8①83
ふかだのこえたる【深田の肥たる】 13①70
ふかだのつち【深田の土】 16①200
ふかだのとち【深田の土地】 16①103
ふかだのなわしろ【深田の苗代】 1③262,263
ふかち【深地】 25①114/28①14,18
ふかつち【深土】 19①157
ぶかつち【ぶか土】 16①96
ふかどろ【深泥】 15②209
ふかどろた【深泥田】→ふけだ
4①12
ふかぬま【ふかぬま、深沼】 6①41,66,②292/16①318/17①90/39⑤264,271
ふかぬまた【深沼田】→ふけだ
4①47/48①258
ふかひどろ【深ひどろ】→ふけだ
37①14
ふかひどろた【深ひどろ田】→ふけだ
20①100
ふかみずかんち【深水寒地】 1①44
ふかやちだ【深谷地田】→ふけだ
20①62
ふかゆきのみち【深雪之道】 27①257
ふきかえしもうすところ【ふき返し申所】 30②192
ふきごみ【吹込】 12①175
ふきさらしのところ【吹きさらしの所】 33⑥349
ふきはらいなどのはた【吹払抔之畑】 34⑧299
ふぎり【ふぎり】 30①33
ふくち【ふく地、福地】 16①76,111,113/17①18,162,170,176,260/23⑤265/31①18
ふくち【湿地】 40②117,145
ふくつち【ふく土】 34③44,④68
ふくど【ふく土】→A、Z
8①89
ふくめきじ【ふくめき地】 34③41
ふけ【ふけ】 28①15/41④205/62①11
ふけだ【ふけだ、ふげだ、ふけ田、深田、水田】→おおふかだ、しつでん、ちふかのた、どろふかなるた、ふかだ、ふかどろた、ふかぬまた、ふかひどろ、ふかひどろた、ふかやちだ
9①52,53,65/14①113,114,117,118,225,234,407/15①20,21,②152,176,209,210,③396/23①39,98/30③265/31⑤258/33①24/45③144/61⑥191/62⑦191,192,206/70⑥394
ふけのでんち【埤湿の田地】 15②233
ふけば【深場】 45③144,154
ふけはら【ふけ原】 16①211
ふけめ【ふけ目】 57②115
ふさくち【不作地】 3③152
ふさくば【不作場】 64③186
ふしつけのたがた【不仕付の田方】 25②224
ふじなわしろ【藤苗代】 33③159
ぶしゅうしながわのいりうみ【武州品川の入り海】 21②104
ふじゅくなるところ【不熟ナル処】 69②257
ふじゅくのた【不熟ノ田】 69②307
ふじゅくのとち【不熟の土地】 36③194
ふしょうた【不性田】 16①238
ふしょうち【不性地】 16①74,202,330/17①20,74,76,80,97,101,103,107,109,111,130,131,133,181
ふしょうど【不性土】 17①54,102
ふじょうをあらうところ【不浄をあらふ処】 17①298
ふしんちょうば【普請丁場】 23④199
ふせ【ふせ】→C
20②373
ふせしろ【ふせ代、布施代】 19②394/37②81
ふそうおうのち【不相応の地】 3③169
ふだつじ【札辻】 67⑤212
ふち【富地】 3③188
ふち【淵】 16①293,296,297,299,315/65②140
ふち【ふち、縁】→C
9③256/27①88
ふちば【縁場】 4①89
ふちゅう【苻中】 36②112
ふでい【浮泥】 4①174/12①49/37③385/70⑥410
ふていのでんち【不定之田地】 31②68
ふど【浮土】 32①53
ふとうね【太と畝】 1③268
ふなち【船地】 56①139
ふみおきち【踏置地】 2①52
ふみきりだ【踏切田】 24①37
ふもうち【不毛地】 33⑥329
ふもうなるち【不毛なる地】 14①232
ふもうのすなやま【不毛之砂山】 64④309
ふもうのち【不毛の地、不毛之地】 14①27,31,41,42,65,70,84,88,95,206,218,231,233,238,266,341,343,355,404/15①81/33⑥337/68③362
ふもうのところ【不毛の所】 14①232
ふもうのへいち【不毛の平地】 14①82
ふもうのらいち【不毛の畾地】 14①235
ふもとのさと【麓の里】 13①198
ふもとのさとのやしきまわり【麓の里の屋敷廻り】 13①202
ふゆうちのた【冬打の田】 6②281
ふゆきあるところ【冬木アル処】 32①100
ふゆさくのた【冬作の田】 7①19
ふゆた【冬田】 17①74,80
ふゆのみず【冬の水】→B
29①56
ふゆはたけ【冬畑】 3④330
ふゆみず【冬水】→B、I
20①109,110/39⑤297
ふらつち【ふら土】 34④61
ふるあぜ【古畷、古疇】 5①22
ふるいつち【ふるひ土、篩ひ土】 7②349/33⑥321,328
ふるうね【古畦】 5①37,38
ふるかただ【古堅田】 10①109
ふるかわ【古河、古川】 65③267/66②88,94,95,112,115/69②227
ふるかわあと【古川跡】 65③282
ふるかわすじ【古川筋】→Z
65③263,283
ふるかわのあと【古川の跡】 65③253
ふるかわのそこのどろつち【古河ノ底ノ泥土】 69②361
ふるきあぜ【古き畦】 9②195
ふるきえん【古き園】 47④227
ふるきつち【旧土、舊き土】 12①225
ふるきはたけ【古き畑】 53①14
ふるきやしきのかきねまわり【古き屋鋪の垣根廻り】 6①139
ふるざれ【古され】 10①92
ふるじ【旧地】→きゅうち
12①299
ふるしり【古代】→いやち
30①65,66
ふるせ【古瀬】 65①26
ふるた【古田】 1②145,149
ふるつち【古土】→I
55①22
ふるつちのた【古土の田】 6②315
ふるづつみのやち【古堤のやち】 27①342
ふるとこ【旧床、古床】 7②239,244/55①19,20/65②134
ふるどろた【古泥田】 4①23
ふるぬま【古沼】 69②227
ふるぬまた【古沼田】 4①59/6①18
ふるはた【旧畑、古畑】 8①17,140,243
ふるばやし【古林】 63①53

ふるみず【旧水、古水】 15①46,52
ふろち【風呂地】 8①18
ふろど【腐壚土】→B 69②271
ふんじ【糞地】 13①158
ふんち【糞池】 13①155
ぶんち【分地】→L 33⑤245/36①43
ふんど【墳土、糞土】→I 13①132/69②160,356

【へ】

へいげん【平原】 6①179/12①19/21②105/27①257
へいげんのち【平原の地】 21②130
へいげんのはたけ【平原の畠】 12①173
へいち【平地】 1②184/3④338/18②252/25①104,105/34②25,⑤102,⑥162,⑧294/38①7/53④246/57②98/65③183,199,200,202
へいちこうだいのばしょ【平地広大の場所】 57②155
へいちのの【平地の野】 14①94
へいちばたけ【平地畠】 29③202
へきざいのむらざと【僻在の村里】 3③116
へきそん【僻村】 18①176/60⑥320/68①62
へきち【僻地】 3③175,179
へきちさんりん【僻地山林】 3③124
へきちせきでん【僻地瘠田】 3③119
へきゆうさんりん【僻幽山林】 3③115
べつのうね【別の畦】 15②171
べつはた【別畠】 22③159
へなくい【へなくい】 37②105
へなつち【へな土、埴土】→B 2⑤325/14①274/15③361/16①97,98,99,107,121,126/17①101,164,202/25①81
へなまじり【へなましり】 37②95
べにいろにあかきち【へに色に赤き地】 62⑨371
べにいろねばつち【紅粉色ネバ土】 46①8
べにねばつち【紅粉ネバ土】 46①19
べにばなあと【紅花跡】 2①58
べにばなのあとち【紅花の跡地】 2①119
べにばなばたけ【紅花畑】 46③187
べにばなまくはたけ【紅花蒔畑】 19①120
へびのあな【へびの穴】 65①24
へらつち【ヘラ土、へら土】 8①85,94,211
へんごう【辺郷】 6①167
へんち【辺地】 30③271
へんち【変地】 62②35

【ほ】

ほ【圃】 2①131/3①46/10②351
ぼう【傍】 57②95
ほうご【抱護】 57②95,96,97,98,99,100,101,103,105,125,126,142,143,145,154,159,161,178,179,183
ぼうじ【傍示、牓爾】 30①117/47⑤251
ぼうしゃ【ほう砂、ぼう砂】→B 16①284/17①102,107,131
ぼうしょ【亡所】 65③173,192
ぼうずた【坊主田】 25①124
ほうち【宝地】 16①69,71,78,90,98,102,112,113,186,256
ほうち【峰地】 57②95,97,99,152
ほうでん【方田】→Z 4①250
ほうど【宝土】 16①72,73,74,75,76,77,79,80,81,82,84,87,88,89,90,91,92,98,111,113,121,176,268/17①13,237,244,246,252,253,254,263,266,267,274,290,291,303
ほうとくごでんち【報徳御田地】 63⑤296,302
ほうどのしつ【宝土のしつ】 16①260
ほうどのよしあし【宝土の善悪】 17①237,258
ほえやま【杪山】 4①165
ほかのた【外の田】 28②161
ほかものうえたるはたけ【外物うへたる畑】 27①66
ほくいんのち【北陰の地】 5③281,283
ほくち【北地】 6②303
ぼけ【ほけ】 65②84
ぼけつち【ほけ土】 28①10
ぼこつち【ボコ土】 46①18,21,25,27,29,30,33,34,35,37,39,40,41,42,43,46,48,49,50,51,52,54,55,60/55③382
ほこりつち【埃土】→B 3④315
ほしかば【干鰯庭】 58②99
ほした【ホシ田、ほし田、乾田、干シ田、干田】→A 4①49,59/5①20,21,27,③265/6②279,315/7①55/8①71,78/9②198/11②100,105/12①56,57,137,141,143/13①346/20①86/22④219,220,221,223/27①109/29③217/31②76,78,79,③110,111,112,113,⑤258,259,264,265,266,269,271/32①36/37②99/39⑥324,326/41①11/61①37/62⑧265/65②95/70⑥395
ほしたかりあと【干田刈跡】 4①28
ほしたるかただ【干たる堅田】 27①108
ほしつち【干土】→B 3④288/27①102
ほしにわ【干庭】 31③116
ほしばのち【干はの地】 27①55
ぼしょのあと【墓所ノ跡】 60③130
ほずえだ【穂末田】 20①310
ほせすな【干砂】 49①190
ほせだみずもちわるきところ【旱田水持悪き所】 27①360
ほそうね【細畝】 1③268
ほそうねわるきところ【細うね悪キ所】 24③326
ぼた【ぼた】 24①41
ぼたばぐち【ボタ場口】 27①384
ほだやま【榾山】 24①25
ほどきぐち【ホドキ口チ】 31⑤250
ほどきこみ【ホドキ込】 31⑤247
ほねおりのばしょ【骨折之場所】 38①25
ほはたけ【圃畠】 2①130
ぼや【ぼや】 61⑩422,444,445
ほら【ホラ】 47②84
ほらた【洞田】 24①29,70
ほりあげ【堀上】 30①102/41②80
ほりあげのみぞ【堀上のみぞ】 9①96
ほりあげむぎち【堀上麦地】 41②78,③180
ほりえすじ【堀江筋】 4①13
ほりぎし【堀岸】 17①306
ほりしき【堀鋪】 64③170
ほりすじ【堀筋】 65③253
ほりぞい【堀添】 37②189
ほりた【堀田】 3④260
ほりたすなばたけ【堀田砂畠】 31⑤256
ほりつち【堀土】→I 65②133,143
ほりにくきところ【ほりにくき所】 62⑨376
ほりぬきみず【堀抜水】 23①115,117
ほりのみず【堀の水】→B 62⑨367/69①57
ほりばた【堀はた】 42③170
ほんあぜ【本あせ、本畦、本畔】→あぜ→Z 4①50/23⑥320/40③228
ほんかい【本塊】 19②394
ほんかだん【本花壇】 45⑦382/55①35
ほんくろぼく【本黒ぼく】 45⑦411
ほんけのにわ【本家のにわ】 28②221
ほんじ【本地】 16①278
ほんしょうのうせぬち【本性のうせぬ地】 16①90
ほんじょつち【本処土】 55②164
ほんしろ【本代】 42⑥416
ほんせ【本瀬】 65①16,27,29,③190,192,267,283
ほんでん【本田】→Z 4①235/8①17,270/9③242,244,246,255,267,269,278,282,286/11⑤253/14①101/16①279/19①64/28①66/36②112/37③277,306,381/40①7/42①31/62⑤128/63①54/64①44,66,67,②114/65②123,124/66①64,⑤279
ほんでんかた【本田方】 65②123
ほんでんすじ【本田筋】 67⑥305
ほんでんぱた【本田畑、本田畠】 13①89/14①38/19①206/34①6,⑥118/65③248/66①62,64
ほんなわしろ【本苗代】 30①88
ほんば【本場】→Z 8①133
ほんばた【本畑、本畠】 11①52/19①147/30①128/31⑤254,266/34⑧293,294,298,299,300,310
ほんまつち【本真土】 19①96,97,98
ほんみょうのち【本苗之地】

63③111

【ま】

まーじ【真地、真和地】 34③37, 39, 41, 43, ⑤97, 104, ⑥121, 132, 133, 159
まーじはいつち【真地灰土】 34③38
まいげ【まいけ、まいげ】 28②151, 164, 167, 168, 176, 185, 189, 192, 194, 196, 240, 242, 246
まいげあぜもと【まいげあぜ本】 28②207
まいげまくら【まいげまくら】 28②230
まいげみぞ【まいげみぞ】 28②183
まいごみ【回込、回塵、舞込、舞塵】 55③207, 241, 250, 258, 263, 275, 283, 286, 287, 288, 289, 300, 301, 303, 306, 316, 317, 324, 325, 333, 336, 340, 347, 348, 358, 364, 366, 368, 374, 391, 394, 398, 399, 403, 405, 418, 420, 437
まいごみつち【回塵土】 55③207, 460
まうまわぬはたけ【まふまわぬ畑】 27①134
まえあぜ【前あぜ】 10②319
まえにわ【前庭】 5①90/27①163/37③345
まえばら【前ばら、前腹】 27①100
まき【牧】 20①85
まきうね【マキ畦】 5①128
まきかやば【薪萱場】 36③209
まきごえだ【撒肥田、撒屎田】 27①72, 105
まきこみ【まき籠】→A、L 20①189
まきしたじ【蒔下地】→A 16①201
まきすじ【蒔筋】 8①224
まきた【蒔田】→A 38③137
まきち【蒔地】 3③149, 152/6①147/7①63/8①100/22④229, 234, 264
まきつけち【蒔付地】 11①18
まきつけのあな【蒔付の穴】 29③248
まきつけるじしょ【蒔付る地所】 47④203
まきどこ【蒔床】 7②324
まきの【薪野】 36③240
まきものあと【蒔物跡】 4①18
まきもののうね【蒔ものゝ畦】 15②187
まきやま【真木山、薪山】→たきぎやま→A、R 22③162/42⑥427, 428, 429, 430, 437
まぎりさんちゅう【間切山中】 57②202
まぎりだ【まぎり田、ま切田】 27①65, 361
まぎろ【真疑路】 10①89, 92
まぐさば【秣場】→R 18②260/21②105/33②109
まくべきち【蒔へき地、蒔べき地】 6①127/13①110
まくべきはた【蒔べき畑】 14①151
まくら【まくら】→C 28②229, 242, 247, 256, 271, 284
まくらあぜ【枕畔】 39③146
まくらうね【枕畝】 39⑤264
まくらまいげ【まくらまいけ】 28②188
まくらまわり【まくら廻り】 28②175, 270
まごうね【マゴ畦】 8①204
まごさき【まごさき】 28②175
まさじ【真砂地】 29③192
まさめ【柾目】→いため 4①174, 175
ましみず【まし水】 20①35
ましょうち【真性地】 16①74, 87, 89, 91, 92, 93, 98, 100, 102, 104, 112, 196, 256/17①18, 22, 66, 68, 73, 74, 76, 77, 79, 93, 95, 101, 130, 133
ましろじ【真白地】 8①279
ますな【真砂】 30④349
またあぜ【又畦】 29①49
まだらつち【またら土】 20①18
まち【区、町】→こまち→W 9①63/12①271/40②147, 148
まち【真地】 25②199/37③360
まちかずのた【まち数の田】 29③226
まちしゅく【町宿】 4①13, 66
まちじり【町尻】 47②85
まちつづきのでんち【町続の田地】 25①123
まちどおり【町通り】 28②230
まつち【真つち、真土】→B、I 1④329/2⑤327/3④279/4①100, 177/5①124, 125, 152, ③272/8①265/9②195, 196, 206, 210/10①53, 54, 57, 68, 72, 74, 78, 80, 81, 83, 89, 90, 91, 92, 95, ②380/11①23, ④165, 167, 184/12①156/14①72, 247/15②137, 144, 160, 161, 166, 176, 204, 300, ③372, 379, 391, 405/16①76, 80, 81, 86, 91, 92, 96, 97, 99, 100, 108, 112, 133, 176, 282/17①88, 89, 111, 112, 172, 269, 287/18⑥499/19①95, 100, 163/20①17, 27, 132/21②103/22④208, 228, 230, 231, 235, 236, 239, 278/23①11, ⑥326/25①40, 81, ②198/30①28, 50, ③253/31④155, 158, 171, 201/32①133/33④213/36①41, 46/37①8, 9, 10, 13/38①6, ②58, ③177/40②48, 117/45⑦389/46①21, 22, 23, 24, 25, 26, 27, 29, 31, 32, 34, 35, 37, 38, 39, 40, 43, 44, 45, 46, 47, 48, 50, 52, 53, 54, 60, ③200, 209/49①36, 37/54①263, 264, 277, 292, 293, 295/55①20, ②130, 173/56①68, 158, 170/61⑥187, ⑩423, 429, 438, 441, 446/62⑨372, 381/68③333/69①80, 89, ②356/70⑥400
まつちおんど【真土音土】 10①94
まつちがち【真土がち】 15③394
まつちがわ【真土川】 16①282
まつちじ【真土地】 10②320/16①143, 252/35①70
まつちすなまじり【真土砂交、真土砂交り】 2⑤326/61⑩413, 450
まつちすなるいのつち【真土砂類の土】 10①56
まつちだ【真土田】 19①24/20①25/34⑦246
まつちたはた【真土田畑】 16①177
まつちどころ【真土所】 11②94
まつちのかたきはたけ【真土ノ堅キ畑】 19①162
まつちのしょう【真土の性】 19①98
まつちのち【真土ノ地】 32①148
まつちのでんち【真土の田地】 17①77
まつちばたけ【真土畑、真土畠】 16①84/17①172/23⑥339/25①55/33④211, 218/38②82, ③153, 176, 178, 194, 199
まつちまじり【真土雑】 55③437
まつちまじりすな【真土交り砂】 61⑩445
まつちやま【真土山】 10①89
まつばやし【松林】 14①90, 91/36③238, 239/48①252/56①167
まつばらぞえ【松原添へ】 66⑧399
まつやま【松山】 14①400, 402/31①5/50③241/57②188/64①57/65③217/70⑥388
まといやま【まとい山】 63⑥340
まどおなるところ【間遠なる所】 1①67
まはりだ【真墾田】 27①119
ましした【壚下】 66①35
まみぞ【真溝】 30①93
まめあと【豆跡、菽跡】 2①11/43②152
まめち【菽地】 2①11
まめのあと【菽の跡】 2①43
まめのねもと【豆のね本】 28②192
まめばたけ【豆畑、豆畠、豆畠ケ】 5①94/24①40/25②204, 205, 211, 213
まめをつくりたるあと【豆を作りたる跡】 22④264
まめをひきとりたるあと【豆を引取たる跡】 22④268
まもみあと【真籾跡】 44③237
まやごえすてば【馬屋肥捨場】 2⑤327
まるあぜ【丸あせ】 28①26
まるうね【丸畦】 13①196
まるくろつち【丸黒土】 56②245
まんじゅうがた【饅頭形】 34⑤102
まんすい【満水】→Q 63③105

【み】

みいもばたけ【みいも畠】 34④66
みいろのはたけ【三いろの畠】 20①117
みうえだ【実植田】 44③209
みお【水筋、水脈、澪】 23②132, 135, 136
みがきすな【ミかき砂】 17①102
みかんやま【蜜柑山】 14①383
みしなのはた【三品の畑】 20①117
みず【水】→B、I、X 13①271/23⑥319/24②235, 236, ③283, 286, 287, 288, 296/25①16, 100/27①181, 182/

28①78, 81, ②143, 144, 157, 168, 172, 176, 180, 203, 212, 238, 259, 262, 271, 275, ③320, ④342, 343/29①13/32①22/69①76, 85, 93, 104, 109, 117, 123, 131, 132, 133, 134
みずあたり【水あたり】 29②133
みずあな【水穴】 17①82
みずあらきかわ【水あらき川、水荒き川】 65①13, 17, 19
みずありすぎるた【水有すきる田】 27①99
みずあるた【水有田】 27①98/41②66
みずいかりきわ【水いかりきわ】 41②129
みずいりぐちのところ【水入口の所】 23⑥319
みずいれかぶのあと【水入蕪之跡】 33④218
みずいればしょ【水入場所】 40②142, 143
みずいれはたけ【水入畑】 33④178, 211, 212, 213, 218, 220, 221, 224, 226, 227, 228
みずうえ【水植】→A 11⑤220, 228, 229, 235, 246, 248, 259, 265, 270, 279
みずうみ【湖、水海】 70②138, 139, 141, 148, 149, 151, 152, 154, 160, 161, 162, 163, 165, 166, 167, 171, 173, 174, 175, 176, 177, 178, 180, 182, 183
みずうみへんのかわぐち【湖辺の川口】 35②330
みずおし【水押】→Q 39③157/41②69, 70/65③276
みずおしだ【水押田】 39③160
みずおしにあいなるた【水押に相成田】 27①360
みずおしのち【水押の地】 17①153
みずおしのでんち【水押の田地】 5③252
みずおしのばしょ【水押の場所】 1①78
みずおしふかだ【水押深田】 25②189
みずおちるべきた【水落べき田】 27①105
みずがかり【水かゝり、水がかり、水がゝり、水掛リ、水懸り】→A、C 12①74, 75/15③367/16①332/17①127, 149/30③263/31②79/50②146
みずがかりあるところ【水がゝりある所】 13①14
みずがかりどころ【水掛り所】 65②113
みずがかりばしょ【水掛り場所】 33⑤243
みずがかりよきた【水懸よき田】 22②105
みずかすみ【水かすみ】 66⑧392
みずがってとぼしきところ【水勝手乏敷所】 5①56
みずぎわ【水ぎは】 27①98
みずぐされのとち【水腐の土地】 23④178
みずぐされのばしょ【水腐之場所】 68③348
みずくぼ【水窪】 10②323
みずくぼた【水窪田】 6②292
みずくぼのふかだ【水窪の深田】 6①56
みずけ【水気】→X 28④348
みずけあるえみぞ【水気有江ミそ】 27①102
みずけあるとち【水気ある土地】 56②280
みずけさすところ【水けさす処】 17①306
みずけどころ【水気所】 4①161
みずけのち【水気の地】 6②303
みずこみしょ【水ごミ処、水こみ所、水込所】 5②224, ③252, 260
みずさわ【水沢】 25①101
みずじ【水地】 13①217
みずしたになるところ【水下ニナル所】 31⑤265
みずしものた【水下の田】 15①43, 101
みずしろ【水代】 9③261
みずすいかねそうろうた【水吸兼候田】 29②139
みずすぎたるた【水すきたる田】 27①114
みずすくなきところ【水少き所】 30③261
みずすくなきばしょのくろ【水少き場所のくろ】 27①64
みずすこしあるた【水少シ有田】 27①287
みずすじ【水筋】 16①287, 297
みずすじた【水筋田】 36③236
みずそこ【水そこ、水底】→Q 17①300/21①44
みずそこのどろ【水底ノ泥】 69②386
みずた【水田、瞺】 5③263, 264, 267/6①15/7①55, 56/9②198/10①109, 171, ②331/11②92, 105/12①48, 57, 88, 107, 136, 142, 147, 347, 349/13①39, 375/14①55, 228/15②146/16①193, 199, 242/17①130, 135/18①39/22④219, 220, 221, 222, 223/23①17, 65, 74, 96/24①50, 51/25①124/28①15, 23, ②132, 151, 157, 159, 163, 164, 171, 186, 187, 193, 233, 246, 259/29③200, 206, 217, 229, 230, 231, 235, 243, ④279, 281, 284/30①21, 41, 44, 52, 82/31②76, 79, ③112, ⑤264, 265, 266, 269, 271/32①36, 37, 38, 39/33①17, 20, ③159/37②65, 76, 77, 78, ③259, 260, 307, 332, 384/40②181, ③225/41①11, ②76, ③170/44②81, 82, 83, 84, 85, 86, 87, 88, 89, 90, 91, 92, 93, 122, ③211/45②105, 106/48①111/55③256, 278, 309, 325, 348, 351, 359/61①30, ⑦193/62⑦186, 187, 192, 195, 199, 201, 202, 207, ⑧254, 274, ⑨317, 327, 331, 354, 359, 369, 379, 388/65②125, ③209, 223/69①68, ②192, 202, 209, 217, 221, 224, 228, 230, 231, 233, 299, 300, 308, 317, 322, 323, 325, 327, 344, 348, 361, 362, 384/70①18, ⑥379, 380
みずたいせつなところ【水大切な所】 27①97
みずたしりげ【水田しりげ】 28②180
みずたなわしろ【水田苗代】 30①21
みずたのあぜ【水田の畦】 24①112
みずたのいねのあと【水田の稲の跡】 12①197
みずたまり【水溜、水溜り、水潢】→C、Z 39⑤255/66⑤271, 305, 306, 307, 308/69②227
みずため【水溜】→A、C、I 15②136
みずたもちあした【水保ちあし田】 27①37
みずつかりとち【水つかり土地】 31①18
みずつかりのとち【水つかりの土地】 31①6
みずつき【水つき、水付、水溢】 4①100/5①37/17①303, 304, 305, 306/23①95
みずつきどころ【水溢所】 5①36
みずつきのでんち【水つきの田地】 17①95
みずつきのばしょ【水付之場所】 25②187
みずつぼ【水壷、水壺】→C、W 70②164, 165, 166, 167, 171, 173, 174, 175, 176, 177, 178, 180, 183, 184
みずつめたきところ【水つめたき所、水冷き所】 30③265/40①7
みずつよきかわ【水強き川】 65①17
みすて【見捨】 28①58
みずで【水出】→Q 65①13, 26, 28, 29, 31, 39, ③277
みずとおしこあぜ【水通しこあせ】 28②170
みずとおしのじゃく【水通しのじやく】 11②92
みずどころ【水所】 12①138
みずどろた【水泥田】 1①59, 60
みずながれひくきところ【水流れひくき所】 27①359
みずなきた【水なき田、水無き田】 11④165, 169, 174/15①103, ②211/27①88, 98, 99, 126
みずなきち【水なき地】 17①304
みずなきところ【水なき処】 17①306
みずなきとち【水なき土地】 17①299
みずなし【水なし】→Q 28②177
みずなしのなわしろ【水なしの苗代】 61⑦194
みずにちかきところ【水に近き所】 13①117
みずにぬまるところ【水に沼る所】 23①45, 59, 99
みずにはいるところ【水に入所】 31④171
みずのあるち【水の有地】 22④270
みずのあるやいとざ【水の有灸座】 27①106
みずのうち【水のうち】 17①303, 309
みずのお【水の尾】 25①107
みずのおちぐちのところ【水の落口の所】 29①47
みずのかけひきじゆうなるなかだ【水の掛引自由なる中田】 1④327
みずのかけひきならぬた【水の掛引ならぬ田】 1④324
みずのかよいのあるち【水の通ひの有地】 22④270
みずのかれたるた【水のかれたる田】 30③265

みずのすずしきところ【水の涼しき所】 30③279
みずのたまり【水の溜】 30③295
みずのつくところ【水のつく処】 17①308
みずのて【水ノ手、水の手】→A
15③379/29③203,④278
みずのてよきた【水の手能き田】 7①23
みずのほしよきところ【水のほしよき処】 17①307
みずのもれ【水之モレ】 8①79
みずのよどむところ【水のよどむ所】 21②105
みずのろきかわ【水のろき川】 65①19
みずはけ【水ハケ、水はけ】→C
8①23,25,38,46,139,142,145,147,148,151,153,158,163,231
みずはけのよきとち【水透のよき土地】 9②206
みずひき【水引】→A、E
28②229/29①61,62
みずひきのあしきち【水引のあしき地】 17①202
みずふかきところ【水ふかき処】 17①299,307
みずふかなるところ【水ふかなる処】 17①153
みずぶそくのところ【水不足の所】 27①139
みずぶそくのばしょ【水不足の場所】 36②110
みずぶそくばしょ【水不足場所】 36②109
みずぶねきんじょのはたけ【水船近所之畑】 34⑧312
みずべ【水辺】 3③137,151,171,175/7①80/16①134/33⑥392
みずまわりあしきた【水廻りあしき田】 30③261
みずみるにちかきた【水見るに近き田】 19①205
みずもち【水持、水保】→A、G、X
27①38,40/28①80,②169,178/30①42
みずもちあしきあぜ【水持悪きあせ】 27①64
みずもちあしきた【水持あしき田、水持悪敷田】 28①26/37①23
みずもちあしきたのくろ【水持悪き田のくろ】 27①64
みずもちけいちょう【水持軽重】 28①79
みずもちよいところ【水持よい所】 28②254
みずもちわろきた【水持わろき田】 27①100
みずもと【水元】 36②108,112,123,127/37②189/64①44,83/65③184,188,194,201,202,203/70②137
みずわ【水輪】 70②138,139,140,141,148,149,151,167,173,183,184
みずをためおきした【水を溜置し田】 30③245
みずをぬすまれぬところ【水を盗ぬ所】 30③261
みずをひくたよりなきところ【水をひく便りなき所】 7①93
みぞ【ミソ、ミそ、みそ、ミぞ、みぞ、溝、犂溝】→A、C
1④302/2①70,76,85,86,88,90,101,103/4①28/5①37,99,122,132,169,②223,225,③264,265,266/6①88,112,113,132,135,151/7①61/8①117/9①94/10①52,130/15②136,207/17①299,311/20①33/23①22,23,24,25,29,30,49,50,75,96,97,116,⑤279/24①38,39/25③272/27①35,61,67,128,139/29①39,63,69,②141,③234,248/30①92,93,94,100,102,103,104,112,③268,284,286/32①25,58,80,105,126/33④211/38④288/41①13,②79,91,④208,⑥276/47③168/62⑨381,385/70①20
みぞうね【溝うね】 15③356/70⑥405
みぞうねなか【ミぞ畦中】 8①45
みぞおもて【溝表】 34⑥138
みぞがた【みそがた、みぞかた、みぞがた】 28②192,214,217,252,262,263
みぞかま【溝かま】 34⑤83
みぞかまち【溝框】 30①112
みぞぎし【溝岸】 17①83
みぞすじ【みぞすじ、溝筋】 28②185,191/34①7,⑥119
みぞそこ【溝底】 8①13/15②176,207/29①63/69①58
みぞつち【みそつち、ミぞ土】→I
8①109/28②242
みぞとおり【溝通り】 5③267
みぞどろ【溝泥】 7①93/55③348
みぞのしん【溝の真】 23①27,28
みぞのそこどろ【溝の底ドロ】 69①52
みぞのどて【溝の土手】 12①138
みぞのどろ【溝の泥】 13①132
みぞのなか【溝の中】 27①171
みぞのながれたまり【溝の流留り】 17①131
みぞのへり【溝のへり】 17①278
みぞほり【溝堀】→A、C
33④218
みぞより【溝寄】 32①211
みぞわるるところ【ミぞ割ル所】 8①45
みだ【実田】 38④272/63⑦377
みたれがかり【みたれがゝり】 28②216
みち【道】→C、N
4①266/10②350/17①84/27①366/34⑦252
みちあぜ【道あせ、道畔、道疇】 6①67/17①99/27①126
みちぎわのた【路際の田】 20①33
みちぎわのはたけ【路際の畠】 20①122
みちしろ【道しろ、道代】 56①51,175,211
みちすじ【道筋、路筋】 5①40/27①87/34②21
みちぞい【道添】 27①98
みちぞいのくろ【道添のくろ】 27①100
みちとおきたはた【道とをき田畑】 16①258
みちのあくすい【道の悪水】 17①57
みちのきわ【路傍】 70⑤327
みちのはた【道のはた】 17①56,57
みちばた【道はた、道ばた、道端】 5①58/10②336/12①313,357/17①77,100/28②152,189/29③205/38③145/47⑤255/62⑥151
みちばたのた【道ばたの田】 28②208
みちふち【道ふち】 27①38,42
みちべ【道辺】 27①168
みちべり【道へり、道縁】 8①200/29③234,242
みちわき【道脇】 27①91
みつけ【見付】 28①90,91
みっつのはた【三ツの畑】 20①117
みところのみた【三処の良田】 23①6
みとしろ【ミとしろ】 37③277
みとつち【水戸土】 27①288
みとりだいこんあと【実取大根跡】 33④219
みとりたんだか【見取反高】 65③248
みとりどころ【見取所】 64②114
みとりばばたけ【見取場畑】 65②127
みなかみ【水上】 21①13
みなかみのたはた【水上の田畑】 16①255
みなくちだ【水口田】 1①34
みなくちのた【水口の田】 19①64,②281/27①90
みなじりのた【水尻の田】 67⑥305
みなすえのた【水末の田】 36②109
みなみうけ【南請、陽面】 55③242/62⑧264/70④262
みなみうけのかぜすきよきところ【南請の風すきよき所】 14①380
みなみうけのた【南うけの田】 7①12
みなみうけのち【南うけの地】 29①60
みなみむきのじぶかのほりね【南向の地深の堀根】 22①59
みなみむきひりょうのち【南向肥良の地】 12①390
みなみむら【南村】 41⑥267
みね【ミね、峰、峯】 3④304,311,349/16①137/18②266/19①110
みのらぬた【みのらぬ田】 20①27
みのりあしきはたけ【実りあしき畑】 3③142
みまきだ【実蒔田】 33④182,218
みまきのえん【実蒔の園】 47④208
みやこだ【都田】 9③248
みやこのほとり【都の辺】 13①355
みやてらやま【宮寺山】 57①37
みゆきのくに【深雪の国】 6①32
みよ【ミよ】 16①274,275
みょうでん【名田、明田】 10②321/16①47,48,54,311
みんかのみちばた【民家の道はた】 13①295

【む】

むぎあがりてあと【麦上りて跡】 33⑥360
むぎあずきまめともにできざるはたけ【麦・小麦・豆ともニ出来さる畑】 22④239
むぎあと【むきあと、麦あと、麦跡、麦迹】 1④313/2①52/4①40,41,56/5②226,③266,268/7①56/10②366/12①132,142,163,185,191/15①21/19①121,127,138/22③164/32①88,91,92,96,100,101,103,112,131,132,133,134,135,136,146,149,150,216,②294,299/33①28,35,39,43,③163,④216,220/37③292,293/38③155/39⑥324/40④303/41①8,12,②57,64,76,105,109,111,③176,⑤254,256,⑥268,279/50②153/64⑤335
むぎあとのうね【麦あとのうね】 30③240
むぎあとのこば【麦跡ノ木庭】 32①102,104,105
むぎあとのた【麦跡ノ田、麦跡の田】 7①48/15①21,22/32①39,40,41,②304/37③307/41②96
むぎあとのはたけ【麦跡ノ畠】 32①90,98,105,113,115,②304
むぎうつしじいもばた【麦移地芋畠】 34⑥128
むぎうね【麦うね、麦畦、麦畝】 7①93/9②210,211,215/12①154/13①106/17①170,171/18①83/31⑤260/38③166,176/41⑤244/48①211/62⑨339
むぎかた【麦肩】 8①13,98,118
むぎかたのつち【麦肩之土】 8①96
むぎかりあげあと【麦刈揚跡】 30③249
むぎかりあと【むきかりあと、麦かり跡、麦刈跡、麦芟後、麦芟跡】 4①18/6②280/10③388,390/19①64/30③242,269/39⑤280/48①199/62⑨346
むぎかりてあと【麦刈テ跡】 19①138
むぎかりとりあと【麦刈取跡】 4①111
むぎかりのあと【麦かりの跡】 10③400
むぎこば【麦木庭】 32①55,56,73,76,164,175,176,203,②293/64⑤335
むぎさく【麦さく、麦作】→A、L
22④241,272/39②97,102
むぎさくのあと【麦作ノ跡】 2④307
むぎさくのた【麦作ノ田】 31⑤265
むぎさくのなか【麦作の中】 19②373
むぎさくはたけ【麦作畠】 34③41,⑥140
むぎしつけのはたけ【麦仕付ノ畠】 32①49
むぎじり【麦しり、麦尻】 5①102,110/20①282/42⑤328,329
むぎしろ【麦代】 2①104
むぎた【麦田】 4①20,111,142,199/7①55/8①101/9③252,257/10②364/15②156/16①201/17①84,85,98/19①64/21①24/24①15,135,136/29②133,③200,206,262,④279/30①52,59,73,77,108,109,125,③301/33⑤239,240,246/34⑦247/38①20,21,24,25/39④205,⑤257/40③231/41③174/42③175,⑤320,327,328,338/61①37,42,49,51/62⑨331,354,356,359,370,374,375,382,385,388,390/63⑤310,314/69②190
むぎたあと【麦田跡】 4①19,146
むぎたうね【麦田畝】→A
4①128
むぎたに【麦谷】 8①216
むぎたのあぜ【麦田の畷、麦田の畔】 29③234/33③167
むぎたのかりあと【麦田の刈跡】 33⑤246
むぎたほりよきところ【麦田堀能所】 62⑨376
むぎち【麦地】 2①32/3③138,142/7①34/10②331,374/11②91,103,105/12①56/28①33/30①106,120,②188/34⑥124/38③134,146,200,206/41②64,67,68,69,71,73,77,78,113/61④161/62⑧260/65②79,88,125,142
むぎちのあぜ【麦地の畔】 41②109
むぎできよきはたけ【麦出来好キ畠】 32②289
むぎどころ【麦所】 30③235
むぎなか【麦中】 23⑤260/34⑤96
むぎねもとうえのつち【麦根元上ノ土】 8①19
むぎのあいだ【麦ノ間、麦の間】 10②363/32①94,122/33⑥354,390
むぎのあいだのすじ【麦ノ間ノ筋】 32①151
むぎのあと【麦のあと、麦の跡】 5②223/6①94,133/9①68/10①171/29①43/50②152
むぎのうち【麦のうち】 17①229
むぎのうね【麦の畦、麦の畝、麦の畔】 15③381/22④261/24①48/40②148
むぎのうねのあいだ【麦ノ畦ノ間】 32①148
むぎのうねのなか【麦の畦の中】 15③388
むぎのかりあと【麦の刈あと、麦ノ刈跡、麦の刈跡】 3①29/7②305/29③247/30①88,127/31⑤262
むぎのがんぎ【麦の鴈木】 33⑥355
むぎのさく【麦ノさく、麦のさく、麦の作】 20①264/22④225,227,257,270,272,273/24③288
むぎのさわ【麦の沢】 23⑥335,336
むぎのしたじ【麦之下地】 33⑤257
むぎのなか【麦ノ中、麦の中、麦之中】→A
3④309/13①56/15②217/17①161/19①122,139/22④247,248,275,278/23⑤261,268,⑥323/29①63/30③242,249,268,⑤395/31④160/32①150/33①34,④210,218/38②59/40②109,112,147/41②96,③184,⑤249,⑥268/61④169/62⑨336,387
むぎのねぎわ【麦の根際】 23⑥329
むぎのはまあい【麦のはまあい】 33①38
むぎのみぞ【麦のミそ、麦の溝】 30①114/41⑥274
むぎはたかりとりあと【麦畠刈取跡】 4①142
むぎばたけ【むき畠、麦畑、麦畠、麦圃】 3①35,④270/5①44,128,152/16①94,237,239,240,245,249,251,317/17①160,164,176,177/25②204,205,209/27①70/31⑤273/32①52,56,82,120,②293/34⑤98,⑥140/38②58,69,③201/45②104/62⑨371/66⑤279/67⑤219/69②340
むぎばたけのまきしたじ【麦畑の蒔下地】 25①71
むぎまき【麦蒔】→A、L、Z
31③112,117
むぎまきだ【麦蒔田】 29②144,④286
むぎまきてあるはたけ【麦蒔て有圃】 27①195
むぎまきはたけ【麦蒔畑、麦蒔畠】 16①200/38③200
むぎみぞ【麦ミぞ】→A
5②223
むぎをかりとりたるあと【麦を刈取たる跡】 22④254
むぎをつくらざるち【麦ヲ作クラサル地、麦を作らさる地】 32①150/50②156
むぎをつくるこば【麦ヲ作クル木庭】 32①215
むぎをつくるはたけ【麦ヲ作クル畠、麦を作る畠】 13①101/32①121
むぎをまきたるじょうじょうばた【麦ヲ蒔キタル上上畠】 32①118
むぎをまきたるはたけ【麦を蒔たる畑】 17①213
むぎをまくうね【麦を蒔うね】 13①274
むぎをまくち【むぎをまく地、麦を蒔地】 12①59,167
むこうず【向洲】 65③242
むじ【無地】 4①156
むしあるた【蝗ある田】 15①21
むしつきそうろうはたしき【虫付候畠敷】 34⑤88
むしつきのいなだ【虫付の稲田】 1⑤349
むしとおし【虫通し】 1①43
むしのうすきた【蝗のうすき田】 15①15
むしのおおきた【蝗の多き田】 15①15
むしばたけ【むしはたけ、むし畠、蒸畠】 5①104,116,135,136,161/42⑤322,323,324,328
むしょうち【無性地】 16①99
むしょうのまーじばた【無性之真地畠】 34③41
むしわくち【虫わく地】 16①330
むた【無た、牟田】 19②283/34⑦246,247
むだち【空地、無駄地、壙地】 18①91,101,108,③368/38

③112
むでん【無田】→L 16①112
むねつじ【むねつじ】 11⑤246
むねんぐち【無年貢地】 33②105
むようのち【無用の地】 12①205/14①28/50③238
むらがこい【村囲】 34①12/57②188
むらかた【村方】→N、R 22④212/25①129,②194
むらさきくろつち【紫キ黒土、紫黒土】 69②246,248
むらさきのねぎわ【紫草の根際】 14①152
むらさきまつち【紫真土】 10①89,90,91,95
むらさきをつくるとち【紫草を作る土地】 14①149
むらじゅうおうかんろ【村中往還路】 25①70
むらじり【村尻】 20①24/47②85
むらじりのた【村尻の田】 20①26
むらほうご【村抱護】 34⑥153
むるいのわたち【無類の綿地】 8①183

【め】

めおとうね【女夫畦】 9②211
めぐらすな【目ぐら砂】 24①27
めずらしきた【珍敷田】 29②156
めのとどかぬところ【目の届かぬ所】 27①87
めめずあな【めゝずあな】 28②169

【も】

もちあと【糯跡】 43①77
もちあわせのいもいればたけ【持合之芋入畑】 57②147
もちさんりん【持山林】 36③201
もちじ【持地】 18②263
もちつきば【餅つき場】 27①221
もちはたのさかい【持畑の境】 14①404
もちぶんのでんち【持分之田地】 34⑧314
もちやま【持山】→R 15①86/24①49
もちやまのすそ【持山の裾】 14①404
もっくれ【盛塊】→A 19②366
もっくれあな【もつくれ穴】 20②376
もとすいでん【元水田】 3③131
もとどせい【本土性】 17①260
もとのたはた【元の田畠】 11①63
もとむらのじょうち【本村の上地】 3③163
もとやま【元山】 48①341
ものあと【物跡】 4①22,56,68/19①147/39⑤280,281/41②123
ものあとだ【物跡田】 4①22,23,24,54,56,68/6①47/39④206,⑤277
ものかげ【ものかけ、もの影、物かけ、物かげ】 12①313/17①181,193,208,226,270,273,274,280,282,288,310
ものかげかぜかげ【物陰風陰】 5①114
ものかげのでんち【物影の田地】 17①97
ものひきば【物引場、物挽ば、物挽場】 27①261,289,317
ものほしば【物干場】 29①30
ものをうゆるところ【物をうゆる所】 13①99
もみた【モミ田】 39⑤279
もものはたけ【桃の畑】 13①159
もよりのはた【模寄の畑】 23③151
もり【もり、森】 1②184/16①312
もりかげ【森陰】 31④192
もりずな【もりずな】→C 28②275
もれみず【漏水】 27①49
もろき【脆】 7①57
もろけ【諸毛】 30①21,51,67,68,70,71
もろけじ【もろ毛地】 28①15
もろけだ【諸毛田】 30①24,46,47,77,82,129,133
もろけだのしっけなきところ【諸毛田の湿気なき所】 30①48
もろけなわしろ【諸毛苗代】 30①23,25
もろこしあと【もろこし跡、蜀黍跡】 21①80,81/39①62,63
もろち【諸地】 8①120
もんやまわり【門屋廻り】 28②271

【や】

やいと【灸】→I 27①83
やいとあと【灸跡】 27①106
やいとうばがわ【灸うば皮】 27①119
やいとざ【灸座】 27①85,86,87,92
やいとするた【灸する田】 27①85
やいとだ【やいと田、灸田】 27①72,105,119,120
やいとば【灸ば】 27①89
やきあと【やき跡】 6②273
やきかの【焼狩野】→やきはた 18②261
やきじ【磽地】 12①191
やきた【やき田】 30③245
やきたるあと【焼たる跡】 27①128
やきつち【焼土】→A、I 4①236
やきつちば【焼土場】 29①30,31
やきの【焼野】 6①103/12①170
やきはた【焼はた、焼畑、焼畠】→かのはた、こば、やきかの→L 6①92/21①77/24①21/33①34/34⑧294,306
やきはたいちけばた【焼畠一毛畑】 28①15
やくえん【薬園、薬苑】 13①293,299/62①13
やくそううえば【薬草植場】 2⑤325
やくば【役場】 16①184
やけつち【焼土】→I 6①10/15①19
やけば【ヤケ場】→Q 8①181
やごし【やごし】 47②85
やごしやぶかげ【屋腰藪陰】 5①77
やさいばたけ【野菜畑】 68③334,335
やしき【やしき、屋しき、屋敷、屋鋪、屋舗、家敷】→Z 2②158/3①17,21,④342,345,365/4①234/5①149,166,182/10①85/16①119,120,121,122,124,125,127,128,129,138,227,228,230,231,232,233,311/17①294,303/19①97/20②370/21③158/22①63/23④176/24③331/25①76,77,85/27①224/28①52/29②123/31②72/34⑧300,314/35①89/36②127,③190,192,206,226,249,269,271,274,289/38①19/39③148/40②187/41⑦339/42③161,④258,260/43①39,②124/44③203/48①194/49①94/56①79/57①22/59③235/61②93,⑨262,264,387/62⑧265,271/63③125/64①47,71,75,④258,261,279,302,309/66①64,②105,109,④200,224,⑤255,⑦368/67①14,②89,③122,126,127,129,139,④186/69①69
やしきあと【屋敷跡】 43①75
やしきうち【やしき内、屋しき内、屋敷内】 12①217,311/13①28,54,290/14①46,206,310,341,372,404/29②137/31④214/33②110/34⑥138,153/38①16/57②187,205
やしきうちあきちのばしょ【屋敷内空地之場所】 33②105
やしきうらおもて【屋敷裏表】 23⑥311
やしきかげ【屋敷陰】 38③175
やしきかこい【屋敷囲】→C 34①12,⑥153
やしきかこいがき【屋敷囲垣】 34⑥161
やしきかどぐち【屋敷門口】 66⑧402
やしきさかい【屋敷境】 7①69/12①205
やしきじゅう【屋敷中】 31③122
やしきしょ【屋敷所】 64①72
やしきのうち【屋敷ノ内、屋敷の内、屋敷之内】 12①93,319,383/19①113/31④168/34⑧304/36③242/61②96
やしきのうちこえたるところ【屋敷の内肥たる所】 12①366
やしきのうちはたのはしばし【屋しきの内畠の端々】 12①179
やしきのかたほとり【屋舗の片ほとり】 6①130
やしきのこえじ【屋敷の肥地】 12①267
やしきのすみ【屋敷の角、屋敷之隅】 6①130/34⑧300
やしきのはしばし【屋鋪之端々】 34⑧303
やしきのはずれ【屋敷のはつれ】 6①163
やしきのへん【屋敷の辺】 12①267
やしきのほとり【屋鋪のほとり】

6①115
やしきのまわり【屋しきの廻り、屋敷のまハり、屋敷の廻り】 3①21/6①187/12①121
やしきのめぐり【屋敷のめぐり】 47③177
やしきばた【屋敷畑、屋敷畠、屋鋪端】 14①341/29④270/33②104,④218/41⑤260/43①29
やしきまわり【やしき廻り、屋しき廻り、屋敷まハり、屋敷廻、屋敷廻リ、屋敷廻り、屋鋪廻、屋鋪廻り】 1①84/2④292/4①162,163/5①137,144,172/6①182/7①68/10①10,②337/12①76,121,313,360/13①110,114,115,118,135,140,198,210,220,229/14①44,52,173,308,310,340,369/15①86/16①124,125/18①69,80,81,84,91,②253/21①31/23①40,58/28②221/31②71/34⑧293/35①70/38③145,176,194/42③168/47⑤276/56①169,209/57①22/62⑧265/67③127/69①79
やしきまわりのほり【屋敷廻リノ堀、屋敷廻りの堀、屋鋪廻之堀】 19①191,②283/38③199/39⑤255
やしきまわりばたけ【屋鋪廻り畑】 34⑧292
やしきまわりよち【屋敷廻り余地】 13①149,291/18①77
やしないのおおき【養ノ多キ】 32①52
やしないのすくなき【養ノ少キ】 32①52
やしないみず【養水】→A、B 28④343/31①18/61④175/65④353
やじり【やじり】→いやち 29②139,156
やすじ【安地】 28①56
やすのふかだ【ヤスノ深田】 63⑧439
やすみたるはたけ【休ミタル畠】 5①167
やすめち【休め地、休地】→A 1①47/7②242/14①407/22②119/33④212,216/39②120,121,122
やせすぎざるげはた【瘠セ過キサル下畠】 32①98
やせすな【やせ砂】 16①137
やせだ【ヤセ田、やせ田、瘠田、磽田】 6①11,②290/10②303/17①131/20①67/23①20,66,67,70,97,115,116/32①38/37③312
やせたるしたつち【やせたる下土】 17①94
やせたるち【やせたる地、痩タル地、埆薄タル地、瘠たる地】 3③116/5①65/6②279/7①19/12①56/22②104/69②318
やせたるでんち【痩たる田地】 18②260
やせたるところ【痩たる所】 62⑨386
やせち【やせ地、痩地、瘠地、磽地、磽确、埆地、墝】 2①47,52,87,100/3③143,④242,257,365/4①72,177,198/6①20,37,47,63,85,94,102,②284/7①21,57,59,②251/12①55,91,93,140,142,148,153,160,169,174,175,181,185,216,267,353/13①14,16,81,88,92,106,135,188,250,273,346/14①201/15③361/17①122,210/19①144,145,163,②380/21②103,105/22②104,④279/23①104,⑥312,327/29①50,80,③192,234,246/32①55,88,96/33①25/37①38,②204,③308,309/38①6/40②171,172,177,187/41②80,⑥280/48①187,215/62⑨347,349,355/65③210/69②307/70③214,⑤314,317,341
やせちげでん【瘠地下田】 3③133
やせちはた【痩地畠、瘠地畑】 19①95/41②80
やせつち【やせつち、やせ土、瘠土、磽土】 1①59/6①12,②314/7②260/9②197/12①99,121/17①84,131/18③356/23①50/31④221/32①158
やせはた【やせ畑、磽畠】 6①176/62⑨371,376,388
やせやぶ【痩藪】 62①13
やせやま【やせ山】 13①208
やせやまばた【痩山畑】 50②146
やち【やち、谷地、野地、萢地】 1②148/15③397/21②105/27①342/36①53/47③167,177
やちぐろ【谷地くろ、谷地畔】 19①216/20①60
やちだ【谷地田】 18②286/19①20,29,45,54,58/20①24/37①13,14,24,26
やちぬま【萢沼】 1②188
やちひら【ヤチヒラ】 1②188
やつあいのたがた【谷津合の田方】 3④263
やつだ【谷津田】 38①20/63③137
やといつち【やとい土、やとひ土】→A、C、I 16①102/17①106
やどみず【宿水】 45④203
やぶ【薮、藪】 2④288/5①101,171,172/6①163/10①70,②349/14①194,343/15①63/16①119,121,122,125,131,132,134,311,312/21②105/28④353/32①76/65②128,130
やぶかげ【薮陰、藪かけ、藪かげ、藪陰、藪影】 5①70/10①62/13①172/17①64,181,239
やぶかげのはたけ【藪陰の畑】 61⑦193
やぶぎわ【藪際】 31④192
やぶぎわのいんち【藪際の陰地】 15①21
やぶくれ【籔くれ】 10①63
やぶしき【藪敷】 16①124,125,133
やぶした【藪下】 17①54,77,154,294,307/31⑤264
やぶつち【藪土】 68③337
やぶばやし【藪林】 10②335
やぶひらき【藪開き】 41②97
やぶやま【藪山】 57②100,105,116,141,145
やま【山】 3①50/6①178,179/8①111/16①77,105,111,119,132,161,162,187/18②266/27①225,259,266,281,326,363,366/28①37/29①23/34⑧298
やまいあるち【病有ル地】 8①185
やまいち【病地】 8①45
やまいなきち【病無き地】 8①185
やまいはやきち【病ハヤキ地、病早地】 8①145,276
やまいもしき【山芋敷】 34③49
やまうえのはたうね【山上ノ畑畦】 19①161
やまうみ【山海】 70②77,131,132,135
やまおく【やまおく、山奥】 35①70/37②184
やまおくだ【山奥田】 29③225,227,232,243
やまおくゆきふかきところ【山奥雪深き所】 25①141
やまおこし【山起、山起し、山発し】 22④242,278
やまが【山家】→N、X 5③276/14①262/16①319,325/17①202,270/25①53,84,121,138/37①25,②99/40①10,14/48①228/50③247/56①89
やまがかり【山掛り】 45①34
やまかげ【山陰】 3③171/6②281/14①149/17①181,193
やまがすじつうろ【山家筋通路】 66①35
やまがた【山かた、山方】 4①10,13,15,16,19,22,24,25,26,27,29,31,32,33,34,57,60,74,112,287/5①139/6②272,303,304,305/16①191/25①66/28①79,80/33①43/36③227/57②186
やまがた【山形】 57②100,152
やまがたのた【山方ノ田】 5①72
やまかの【山狩野】 18②255
やまがはた【山家畠】 20①159
やまかわ【山川】 16①300,327,328/17①150/65③235
やまかわたつせ【山川達瀬】→Z 65③282
やまかわのながれ【山川の流れ】 69①47
やまぎし【山ぎし、山岸】 53①16/65③178,198
やまぎろ【山疑路】 10①89,92
やまぎわ【山きわ、山涯】 5①63/36②109
やまぎわのた【山際ノ田】 5①74
やまごう【山郷】 19①23,118,200/45①38
やまこば【山木庭】 32①61
やまごみ【山こミ、山ごミ、山ごみ】 6①128/10①94,95/12①362,367
やまごみのまじりたるこますな【山ごミの雑りたる細砂】 12①295
やまさかい【山境】 42⑥378/57②131
やまさき【山崎】 17①82
やまざと【山郷、山里】 2④283,287/4①106/6①167,173/37③340/46①16/49①194/53①46/55③365/62⑧251/69②287
やまさわかわ【山沢川】 65①19
やまさわのつちこわきち【山沢の土強き地】 22①48
やましき【山敷】 34①12/57②97,98,101,105,125,127,134,

157,164,170,171,183,215,230
やました【山下】 16①103/17①54,77/27①61
やましま【山嶋】 28①66
やまぞい【山添】 41②64,129/47⑤255
やまぞいかた【山添方】 27①363
やまだ【山田】 5②223,③256/6①39,52,72,92,185,186,200,216,②319,326/7①18/11②95/12①98,133/14①234/16①102,104,250,258/17①139,153/19①24,27,31,39,40,43,44,45,46,47,48,49,52,53,54,55,56,59,60,62,63,64,65,70,72,②312/20①265/22①51,②101/25①38,65/27①360/29③199,204,205,206,212,213,214,216,222,224/30①21,③239,240,258,260,278/31⑤264/32①43/37①11,12,13,14,15,16,17,22,23,41,42,45,③278,308,339,352/40②142,143/41①11/61①49,⑥191/62⑨326,327/70⑥391,395,417
やまだいがかり【山田井掛り】 67⑥305
やまだいすじ【山田井筋】 67⑥305
やまだこうち【山田耕地】 67⑥289
やまたに【山谷】 12①182/16①72/36③320
やまたにだ【山谷田】 16①73,74
やまたにふかだ【山谷深田】 62⑧265
やまだのあぜ【山田の疇】 6①183
やまだのだんだんた【山田の段々田】 17①82
やまだのぶん【山田之分】 29③263
やまだはさこ【山田端迫】 33①14
やまだやまだのげでん【山田山田の下田】 30③301
やまだようすい【山田用水】 19①52
やまつき【山付】 3③157/11⑤253
やまつきのとち【山付の土地】 13①37
やまつきのはたけ【山付の畑】 14①312
やまつきのむらむら【山附ノ村村】 32①186
やまつち【山土、赤土】 11②94/14①82,202/30⑤399/43②160/45⑦410,411/47④203/48①236,381/49①36,200/55③282,304,313,317,398,420,433/68③337
やまて【山手】 15③377/18②252/33④176/38①6,24,25,28/61①51/67②102
やまてじょうち【山手上地】 25②185
やまてすじ【山手筋】 61①37
やまとこ【山床】 53④215,223,225,227,233,237,239,245,246
やまどりつち【山鳥土】 20①18
やまどりまつち【山鳥まつち、山鳥真土】 19①18/20①18/37①7
やまなかごう【山中郷】 3④266
やまなかのた【山中之田】 29③202
やまにそいたるくに【山に添たる国】 35②316
やまによるち【山による地】 25①120
やまぬけ【山抜】 24①133/32①185
やまね【山根】 37②175,184,188,189,211,213/38①27,②79/39④219/65③178,183,184
やまねぎし【山根岸】 37①19
やまねぎわばた【山根際畑】 3④381
やまねすそどおり【山根裾通】 56①170
やまねつきむらむら【山根付村々】 38①19
やまねどおり【山根通】 1③280
やまねひむきのち【山根日向キノ地】 30⑤410
やまのいもはた【山ノいも畑】 62⑨317
やまのうち【山の内】 66③150
やまのおさき【山の尾崎】 16①84
やまのきし【山の岸】 21①77
やまのけんそなるところ【山の嶮岨なる処】 30③250,273
やまのすそ【山の裾】 9②196
やまのたに【山の谷】 16①134
やまのて【山の手、山之手】 27①176/38①25/68③357
やまのとこみず【山の床水】 28①12
やまのななごうめ【山の七合目】 56②286
やまのね【山の根、山之根】 1③265/19①191/66①35
やまのふもと【山の麓】 13①222
やまはし【山はし】 28①94
やまはた【山はた、山畑、山畠】 1②175,④300/4①100/5②228,③270,279/6①92,97,103,161,165,184,262,②303/10②315,326/11①26,27/12①167,170,173,174/13①94,96,118,140/14①41,44,46,55,56,206,254/16①102,104,138,149,237,258/17①159,166,170,179,222,226/18①69,84,90,②262/19①99,100,101,103,105,108,109,110,111,115,117,121,122,123,124,125,126,127,129,130,132,134,135,136,138,139,140,141,142,144,145,146,147,148,154,155,156,157,158,160,165,166,167,168,②312/24③290/28①28,94/29③202,215/30③249,250,297/32①92,141/36①41/37③368/38②67/41②123/44①34/47②84/48①186/56①169/61①30,⑦193/63①55/64⑤334,335,336,337,341,342,347,348,349,350,354,355,359,362/66①62,②110/70③226
やまはたあしきところ【山畑悪所】 28①25
やまはたなどのほとり【山畠などの辺り】 13①198
やまはたのあかつち【山畑ノ赤土、山畠ノ赤土】 69②246,248
やまばといろのつち【山鳩色の土、山鳩色之土】 56①195,203
やまばといろのとち【山鳩色之土地】 56①140
やまはら【山原】 70⑥376
やまぶん【山ン分、山分】 30③260,275,276,280,301,④346
やまべ【山辺】 8①275/13①220/17①56
やまみず【山水】 34⑥160/48①18/65③236
やまみち【山道】 27①257/34⑦252
やまもちさとがた【山持里方】 4①25
やまもとのさと【山下の里】 13①288
やまやしき【山屋敷】 16①128,129
やまよせ【山よせ】 41②113
やまより【山寄】 23⑥319
やまよりのところ【山寄の所】 25①104
やまりく【山陸】 70②177
やりみず【やり水】 10①140
やわらか【柔】 19①163
やわらかうるおいのち【柔潤之地】 8①57
やわらかきた【和らかき田】 63⑤313
やわらかなるち【やハらかなる地、和らかなる地】 12①289
やわらかなるつち【柔成る土、和らかなる土】 15②164/25①110/31④201/62⑧264
やわらかなるとち【やハらかなる土地、和かなる土地】 17①271/21①66
やわらかなるほうど【やわらか成宝土】 17①281
やわらぎだ【和らき田】 63⑤311,313
やわらのた【谷原の田】 22③158

【ゆ】

ゆうこく【幽谷】 12①120/41④202/55②153
ゆうこくへきち【幽谷僻地】 35①70
ゆうだちみず【夕だち水】 29①56,59
ゆうようのち【有用の地】 50③238
ゆか【床】 49①155
ゆかわみず【湯川水】 19①22
ゆきあるみち【雪有道】 27①333
ゆきしる【雪汁】→B、H、X 23①33/70③228
ゆきしるみず【雪汁水】→B 19①34/38③194
ゆきどけみず【雪解水】→I 1①30/39④210
ゆきどぶ【雪どぶ】 59②137
ゆきなきはたけ【雪なき畑】 27①20
ゆきの【雪野】 59②132,138
ゆきのふるところ【雪のふる所】 14①93
ゆきみず【雪水】→B、H 5①137,162/23①46/39③157/65③218
ゆきみち【雪道、雪路】 27①344/36②121
ゆざはまうえつけば【遊左浜植付場】 64④254

ゆずえ【井末】 30①50
ゆずりち【譲地】 36①43
ゆど【油土】 69①76
ゆもと【湯本】 5④321
ゆるやかなるこば【穏ナル木庭】 32①183,193,194,207,208,209,210,214,215,220

【よ】

ようあくすい【用悪水】 25②178/45⑤247,248/64③172
ようあくすいさしつかえそうろうじめん【用悪水差支候地面】 25②181
ようさんしょうち【養蚕勝地】 35②317
ようさんだいいちのしょうち【養蚕第一の勝地】 35②316
ようさんぶそうのち【養蚕不双の地】 35②318
ようじんよきところ【用心能所】 4①38
ようすい【用水】→C 1①44,72,92/4①187,188,189,190,211,220,266,294/6①184,②283,292/7①23/8①275/9③248/10②321,322/12①106,256/13①39/16①288,330,331,332,334/17①127/21②117/23①101/25②188/29②133/30①59,62/36①41,69,③210,257/37①23/38②53,③139,194,197/39④210,211/61①30,⑩414,429,430,434,448,451/62①13/63①36/64①41,44,45,48,56,57,64,68,69,83,②132,③165/65①37,②63,93,105,108,113,114,116,117,③213,218,239/66②95/69②216,224/70②144,167,168
ようすいかかり【用水かゝり、用水懸り】 4①44,59/11④166,167,170,171,183,184,186
ようすいかかりのかわ【用水懸りの河】 16①112
ようすいかかりのみぞはし【用水懸りの溝端】 17①309
ようすいかんがい【用水灌漑】 69②217
ようすいすじ【用水筋】 4①189
ようすいつつみかかり【用水堤かゝり】 11④171
ようすいのすいげん【用水の水源】 39④211
ようすいば【用水場】 25①56
ようすいふそく【用水不足】 30①50
ようすいふち【用水ふち】 6①39
ようち【陽地】 6①10,20,25,47/7①21/8①68,141,146/13①195/16①71,73/22②104/28③323/29③190,200,210,245/30①27,②192/36①41/38①6/39①19/41④206/48①223/50③246/55②131,132/69②349/70③226
ようち【用地】 16①78
ようでん【陽田】 21①24,43/39①18,19
ようど【陽土】 8①137,139,143,202/57②146
ようのち【陽の地】 7①18
よきた【良田】 23①20,66,67,70,71,89,98,99,115
よきち【よき地、厚地、好キ地、好地、能地】 3③168/21①62,②129,130/28①28/32①111/41⑤249
よきはたけ【よき畠】 12①267
よくかわきこえち【能乾き肥地】 8①155
よくじょう【沃壌】 65③223
よこ【横】 34③41,42,⑥133
よこえ【横江】 20①43
よこがき【横垣】 34⑤90
よこがんぎ【横がんぎ】→がんぎ→A 28②236/29②123/45③150
よこすじ【緯筋、横筋】 3③150,152,154/5①136/10③386/30⑤395/37③309/61②83
よこまき【横まき】 28②217,238,246
よこまきのたに【横まきのたに】 28②252
よこみね【横峰】 30⑤395
よしじ【蘆蕩】 69②227
よしののたばこじ【吉野のたばこ地】 13①55
よしののつち【芳野の土】 13①101
よしやま【葭山】 62②41
よすい【余水】 65②98
よせすな【寄砂】 28①10
よそのた【よその田】 28②151,161
よち【余地】→L 3③116,125,179/11③144/34⑥153/45⑥296,297/56①79
よちあるところ【余地ある所】 13①187,200
よっつのかど【四つの角】 9①68
よでん【余田】 4①125
よどみみず【よどみ水】 40①7,8
よはた【余畠】 4①72,147,149,150,155,164,241
よりす【寄洲】 2⑤325,327/65③179,242
よわきつち【よハき土、弱土】 7①56,65/12①55/39④216
よわつち【弱土】 7②251,264,265
よんしょうまき【四升蒔】 31⑤271
よんとまき【四斗蒔キ】 32①185

【ら】

らい【磊】 48①228,245
らい【畾】 20①229
らいち【らい地、畾地】 14①43,52,55,253,369,404,406,410/19①190/20①104/38③124,145,187/45③172/65①31/67⑤235
らいふくじ【莱菔地】 2①127
らち【らち、埒、埒】→A、B、N 20①76/23①70,71,72,⑤279/48①229
らちのあいだ【埒ノ間】 39⑤275

【り】

りきでん【力田】 21①22,24,②116,117,118
りく【陸】 16①214/70②161
りくち【陸地】 6②287/69②351/70②155,157,163,175,176,177,181
りゅうげ【りうげ】 28②146,200
りゅうさく【流作】 22③159,168,169
りゅうさくすないりのばしょ【流作砂入之場所】 22③169
りゅうさくだいずあと【流作大豆跡】 22③170
りゅうさくば【流作場】 65③248/68③348
りゅうさくはた【流作畠】 22③168
りゅうすい【流水】→B 17①32,33,42,47/22④265/24③345/37②155,189/40②141/49①195/56②259,261,263/66⑤292
りゅうすいば【流水場】 14①38,101,149
りょうでん【良田】 3①18,③182/4①198,236/5③256/7①58/12①55,91,121/14①113/18②289/21①22,46/22①79/36①47/39①36/45③143/50②146/62⑧268/69②178,227
りょうでんびち【良田美地】 3③187
りょうど【良土】 31④214,222
りょうひのち【良肥の地】 3③116
りょうもうでん【両毛田】 69②232
りょうりょうでん【良々田】 13①32
りんそう【林藪】 3③141/69②218,227
りんちゅう【林中】 3③142
りんふ【林阜】 5③243

【る】

るい【塁】 63⑧437,441

【れ】

れいすい【冷水】→B、G、H、I、N 5①150/21①21/24①67,②236/27①49,121/36①64,②109,112,121/37①14,23,24,②81,③306,308/38①21/39④210/48①238/55②145/61①42/70②95,⑥382
れいすいがかり【冷水掛】 36②113
れいすいがちなるばしょ【冷水がちなる場所】 7②276
れいすいのいりぐち【冷水の入り口】 7②251
れいすいのた【冷水ノ田】 69②291
れいすいのば【冷水之場】 22②108
れいすいのばしょ【冷水の場所】 21②111,112
れいすいば【冷水場】 38①21,22,25/62⑧265,269
れいち【冷地】 24②239/55③446,458/62⑧270/65③229
れいち【嶺地】 57②95,96,97,98,99,140,154,155
れきくれ【礫塊】 19①213
れんげだ【れんげ田】→げんげだ

29②123,134
れんだい【連台】 9③250/10②319,320,323,361

【ろ】

ろ【壚】 19①19
ろうけいろうでん【壟畦壟田】 6②303
ろく【ろく】→X 28②148/33①17,39
ろくがつまめあと【六月豆跡】 5①116,118
ろくしょうまき【六升蒔】 29②126
ろくとまき【六斗蒔キ】→L 32①184
ろくぶかげ【六分陰】 55③274,343
ろじ【路地】 27①331
ろど【壚土】 69②160,221,385
ろぼう【路傍】 3③142,144/14①27/70⑤323

【わ】

わいすい【穢水】 67①13
わがた【わがた】 28②161
わがつくだ【吾佃】 30①117
わがでんち【我田地】 30③300
わかやま【若山】 57①29,31,32,34,36,37,46,②115
わき【湧】 5①29
わきのしばはら【脇の芝原】 31④216
わきのち【わきの地】 12①254
わきみず【わき水】 36②99
わきやすきとち【湧安き土地】 29③238
わごうのはたけ【和合ノ畑】 19①112
わせあさひきあと【早麻引跡】 19①130
わせあと【早せあと、早稲あと、早稲跡】 4①43/10②328/28②232/29②145/41②73,112,114,116
わせあぶらあと【早油跡】 1④300
わせかりあと【早稲刈跡】 4①115/6②301,302/39⑤288
わせだ【わせ田、早稲田、早田】→F 4①41,42,53,87,113/6①20,46,60/17①58,116/25①38/27①97,109,113/30①61/33⑤249/36③193,208/40③228,237,238/42④264,⑤331/62⑨356,374
わせだあと【早稲田跡】 4①26,27,78
わせだいずあと【早大豆跡】 19①117
わせだいずのあと【早大豆之跡】 9③252
わせたはた【早稲田畑】 28①33
わせだふるあぜ【早稲田古畔】 30①89
わせち【わせ地】 62⑨386
わせつくりそうろうた【早稲作り候田】 29③258
わせなえとりあと【早稲苗取跡】 4①69
わせなかてだ【早稲中稲田】 6①58
わせのあと【早稲の跡、早苗の跡】 12①153,202/29①60
わせのかりあと【早稲の刈跡】 30①37
わせむぎあと【早麦跡】 2①44/38③133,156
わせむぎかりあげあと【早麦刈り上跡】 41①13
わせをつくるた【早稲を作る田】 33①20
わせをつくるち【早稲を作る地】 13①70
わたあと【綿あと、綿跡】→きわたあと 28②132,138,139,142,251,252,262,264,272/29②134
わたあとのさんごくあまりのた【綿跡の三石余の田】 28②244
わたうな【わたうな】 23⑤279
わたかた【綿肩】→A 8①17,98,157,192,193,194,224,282
わたぎばたけ【綿木畠】 61⑩421
わたさくそうおうのとち【綿作相応之土地】 29③260
わたさくのすじ【綿作の筋】 15②166
わたさくのなか【綿作の中】 15②194
わたすじ【綿筋】 8①229
わたせ【渡瀬】 65③172,183
わたち【綿地】 8①141/9②210,211/21①69,70/29②125,145/40②45,46/62⑨339
わたどころ【棉所】 7①118,119
わたのあうち【綿之合地】 8①263
わたのあぜ【綿のあぜ】 28②151,④348
わたのあと【わたのあと、綿の跡】→きわたあと 9①117/28④353/29①74
わたのうね【綿のうね、綿の畝】 9②223/28②142
わたのかたぐち【綿之肩口】 8①26
わたのがんぎ【綿のがんぎ】 28②241
わたのしりげ【綿のしりけ】 28②152
わたのせ【綿之畦】 8①178
わたのたに【綿のたに】 28②253
わたのつち【綿の土】 28④346
わたのところ【綿の所】 28②214
わたのなか【綿の中、綿之中】→A 15②169/28②181,190,197,212,213,217,223,231,④351/29①69
わたのねき【綿の根き】 28④339
わたのねもと【綿のね本、綿ノ根本】 28②192/31⑤282
わたのへり【綿のへり】 15③368
わたのみぞ【綿のみぞ】 28②251
わたのもと【綿の本】 15③386
わたばたけ【わた畑、綿畑、綿畠、綿圃】→きわたばたけ 3④240,294/9③249,252/23⑤271/25②209,211,213/31⑤281/40②146
わたまきたあと【綿蒔田跡】 8①52
わたり【渡り、渡り】 44③227,230
わたをううるち【綿を植る地】 15③345
わたをうゆるとち【綿をうゆる土地】 9②210
わらおきば【稈置場】 27①383
わらおくところ【藁置所、稈置所】 27①260,384
わりうね【割畝】 4①100
わりすきのみぞ【割犂の溝】 30①92
わりば【割場】 27①223
わりはさこ【割はさこ】 4①100
わんめき【わんめき】 34③42

E　生物とその部位・状態

【あ】

あーるどあっぷる【アールド・アツフル、アールド・アップル】→じゃがいも
70⑤314, 325
あい【アイ、あい、あゐ、藍、藍葉】→あえ、たでらん、ながばあい、まるばあい、らんでん→B、F、L、N、X、Z
1④312/3①18, 21, **42**/4①**100**, 101, 102, 193, 234, 240/6①**150**, 151/10①20, 29, 45, **67**, ②328, 329, 363, ③389, 391/12①106, 108, 127, 232, 339/13①**37**, 40, 43/14①48/15②222/17①222, 223/18①95, ②**268**/19①96, 101, 103, 165, 169, 170, ②448/20①135, 158, 212, 279, 280, 282/21①**73**, 74/24①136, 141, 152/25②213/28①21/29①82, ③192, 202, 203, 214, 215, 247, 249, 250, 260/30③242, 272/31④220/34⑥143, 149/35②287, 333/38①23, ③135, 181/39①64, ⑤257, 280/41②111, 130/44③207/45②69, 102, 105, 108/61①30, 38/62①13, ⑨333, 345/69①50, 58, 83, 84, ②292, 297, 303, 317, 348, 357/70⑥381, 416
あいかぶ【藍株】
藍　38③135
あいがら【藍がら】
藍　30④358
あいくさ【あい草、藍草】　11④186
藍　4①102
あいこう【アイ梗】
藍　19①104
あいさんまつ【あいさん松】
14①89
あいだね【あい種、藍種子】
藍　4①100/20①280/38③134/62⑨330
あいだねじゅくす【藍種熟】
藍　30①140
あいづゆり【あいつゆり】　54①209
あいな【あいな】　28④334
あいなえ【藍なへ、藍苗】
藍　10①76, ③385, 400/20①283/29③247, 249/37①31, 33/38③134, 206/44③206/69②357
あいなえたね【藍苗種子】
藍　19①167
あいのから【藍のから】
藍　20①285
あいのたね【藍の種子】
藍　20①282
あいのはさき【藍の葉先】
藍　69①84
あいのはな【藍の花】
藍　19②436
あいのふ【合ノ斑】
つばき　55②160
あいのほしは【藍のほし葉】
藍　3①43
あいのりん【藍のリン】
藍　10③390
あいば【藍葉】
藍　3①43
あいみ【藍実】
藍　30④347
あえ【あへ、あゑ】→あい
21①82/36②122
あえささげ【和白豆】　5①103
あえほ【あへほ】　42⑤324
あお【騍】
馬　60⑦455
あお【青】
稲　11②107
大麦　29①77
あおい【あふひ、葵、蜀葵】　11③143, 148, 150/16①36/28④333/37①34/54①202, 214, 298
あおいぐさ【あふひ草】　37③294
あおいね【あを稲、青稲】→G
稲　1①25, 31/4①211/17①133/22①19
あおいのはな【葵花】
あおい　19①185
あおいろとうがん【青色冬瓜】
とうがん　34⑤81
あおいろにかわる【青色に変る】
蚕　35③426
あおいろふかき【青色深き】
綿　34⑤94
あおうどり【阿王鳥】　1①29
あおうめ【青梅】→N
梅　13①131/29①86
あおうり【アヲウリ、青瓜】→しょうか
4①127/19①151/33⑥329/34②24, ④67/43①54
瓜　6①124
あおかたばみ【青かたはミ】→さんしょう(酸醤)
55②124
かたばみ　55②119
あおから【青から】
里芋　17①255/22④244
あおからし【青カラシ】
とうがらし　19①122
あおがりいね【青刈稲】
稲　39④222
あおき【青木】　5①171/55③274/64①62
あおきえだ【青き枝】
杉　5③269
ひのき　5③269
あおきさや【青きさや】
豆　12①111
あおきは【青木葉】　56①129
あおぎり【梧桐、青桐】→ごとう
13①196/16①**154**/45⑦398, 405/54①189/56①48
あおくき【青茎】
せっこく　55②150, 152
らん　54①216
あおぐわえ【あをぐわへ】　28②261
あおさい【青さい】
綿　40②53, 59
あおざさ【青笹】
ささ　30①32, 56
あおささげ【青サヽケ】
ささげ　19①145
あおじ【青地】　33④211
あおしし【アヲシヽ】　1②196
あおじそ【青しそ、青紫蘇】→N
2⑤329, 330
あおそ【青苧】→からむし→N
17①225/18②247, 249, **275**/45①30, 31
あおた【青田】→D
稲　11②106
あおだま【青玉】
稲　7①12
あおだも【青たも】→たもき、ぬららたも
56①101
あおたれきび【青タレ黍】
さとうきび　30⑤399
あおつぐり【青つぐり】
松　3①48
あおとげ【青刺】
おにばす　18①121
あおな【菘】→とうな→I
10①33
あおなえ【青苗】
麦　3③159
あおなし【青梨】→F
10①85
なし　40④276
あおなんばん【青なんはん】→N
とうがらし　4①155
あおのき【青の木】　56①130
あおば【あを葉、青葉】→B、H、I
56②274, 278
稲　17①60, 65/37②101
おもと　55②109
水仙　55③420
杉　56②244
たばこ　45⑥330
つばき　55③427
ねぎ　3④366
ばらん　55③436
よもぎ　67⑤232
あおばあおくき【青葉青茎】
はぜ　11①21, 22
あおばな【青花】　41②140, 141
あおびきだいず【青引大豆】→

I
19①141/37①33
あおびきのまめ【青引のまめ】→I
20①258
あおびきまめ【青挽菽】→I
2①44
あおびきまめのたね【青挽菽の種】
青刈り大豆　2①44
あおほ【青穂】
稲　4①220/12①138/17①133/27①175/37③332
麦　4①228/6①88/12①111/24①83/62⑧256
あおぼ【青ぼ】
麦　27①130
あおほおば【青厚朴葉】
ほおのき　24①125
あおほがちなる【青穂勝ナル】
麦　32②301
あおほさんぶんのいち【青穂三分一】→A
大麦　32①71
麦　32②305,306
あおほはんぶん【青穂半分】
麦　32②306
あおほまじり【青穂マシリ】
大麦　32①67,83
麦　32②288,301
あおまい【青米】→G
27①209
稲　1①97,98/5③264/6①68/17①14,17,40,134/19①60/20①100/32①26/37①40,③332/39⑤295/41②67,④205
あおまつば【青松葉】→B、N
松　3①53/6①129
あおまめ【青豆】→F、N
10③395/23⑤260/34⑤85,93/43③269/56①105
大豆　12①189
あおまめだね【青豆種子】
緑豆　34③54
あおみ【青ミ、青身】
大根　8①109
ねぎ　12①281
あおみ【青実】→Z
稲　37②149,151,152,157,158,160,165,166,169,176,177,180,181,182,223,226,227
小麦　24①82
白ぼたん　54①40,42
ぶどう　48①192
あおみあるほ【青ミ有穂】
ひえ　27①153
あおむぎ【青麦】→ふたとせぐさ→F、N
34④64
大麦　21①27/22④206,210
麦　7②294/8①57,151/39①38
あおめ【青芽】
梅　3④347
あおもみ【青籾】
稲　5①82/27①175
あおもりそう【青杜草、青杜艸】
55③302,447
あおり【あふり】
稲　11①57
あか【赤】
綿　15③352
あかあずき【赤小豆】　27①199
あかいちよ【赤いちよ】　57②188
あかいも【赤芋(里芋)】→さといも→F、N
29④271/31⑤255,277
あかいも【あかいも(さつまいも)、赤芋(さつまいも)】→さつまいも→F、Z
12①379/14①45
あかうり【赤瓜】　36③260
あかうれ【赤熟】
稲　19①74,75,76
あかえ【赤荏】→F
10①66
あかがえる【アカカヘル、アカヽヘル、山蛤】→あかびき
1②192/49①207
あかがし【あか樫、赤かし、赤櫧】　16①165/54①186/56①104
あかかすり【赤かすり】
つばき　54①97,102,103,104,107
あかかのこのてん【赤鹿の子の点】
ゆり　55③365
あかかぶ【赤蕪】→F
10①68
あかぎ【赤ぎ、赤木】→ねぎ
19②428
桃　55③259
あかきは【あかき葉】
かえで　16①166
あかきも【アカキモ、赤キモ】
牛　60④164,174
あかごま【赤ごま】→F
23⑤268
あかごめ【赤米】→F、G
稲　2④278/37②88/39①20
あかごめのほ【赤米の穂】
稲　9②201
あかざ【あかさ、あかざ、藜】→G、N、Z
4①150/6①162/10①24,30,39,41,72,73/11③147/17①289/28④334,339/33⑥392
あかささげたね【赤小角豆たね】
ささげ　20②390
あかさらさ【赤さらさ】
さつき　54①130,134
あかずいき【赤ずいき】→ずいき→F、N
里芋　6①134
あかすぎ【赤杉、赤枤】→F
56①159,173,214,215/57②152
あかずさ【赤つさ】　56①126
あかせんのうげ【赤仙翁花】
54①237
あかだいず【赤大豆】　20②385
あかだま【あか玉、赤玉】→F、G
稲　1①54/41②69/51②182
あかつち【赤土】→B、D、I、N
4①104
あかとびいり【あかとび入、赤とび入、赤飛入】
さつき　54①126,127,128,129,130,131,132,133
つつじ　54①119,121,122,123,124
つばき　54①98,102,103,108,109
白ぼたん　54①55
あかな【赤菜】　2①72,81,133
あかながふろう【赤長ふろふ】
44③209
あかにんじん【赤にんじん、赤胡蘿蔔】　22④260
にんじん　1①53
あかね【あかね、茜、茜根】→N、X、Z
13①47,49/17①223,224/22④273/45①30/62③70/69②297,303
あかねつる【あかね蔓】
あかね　19②436
あかねのくわなえ【赤根の桑苗】
桑　56①192
あかば【赤は】→G
大麦　21①50
あかばあおくき【赤葉青茎】
はぜ　11①22
あかはきかけ【赤はきかけ】
つばき　54①100
あかばな【赤花】
こうほね　55③256
ほととぎす　55③368
あかびき【赤ヒキ】→あかがえる→Z
1②192
あかふきのとう【赤蕗】　55③246
あかほし【赤ほし】
つばき　54①98
あかまい【赤米】→F、G、N
稲　17①21,53,56,111,134/41④205
あかまつ【赤松】→めまつ
14①89,90/16①139/49①44/54①175,176/56①52,53/64④291
あかみあるくき【赤ミ有茎】
むらさき　48①200
あかみょうがそう【赤ミやうが草】　54①239
あかむぎ【赤麦】→しろむぎ→F
33④224
あかもみ【赤籾】　44③205,210,218,219,220,221,222,223,224,225,226
稲　33④215
あからむ【あからむ】
きび　62⑨365
大豆　62⑨366,367
ひえ　62⑨366
あがり【あがり】
蚕　47①27,28,43
あがりこ【あがりこ】
蚕　35②355
あかるみかねたるいね【赤るミ兼たる稲】
稲　19②322
あかるむ【あかるむ】
そば　21①77
あきあずき【秋小豆】→F
39③152
あきあわじゅくす【秋粟熟】
あわ　30①140
あきあわたね【秋粟種】
あわ　67④164
あきあわほだす【秋粟穂出】
あわ　30①137
あきうえ【秋うゑ】→A
朝鮮人参　48①236,242
あきおい【秋生、秋生ひ】
稲　36①46,②121
あきおおむぎたね【秋大麦種】
大麦　21①37
あきこ【秋蕈】→なつこ
45④205,206
あきごぼう【秋牛蒡】　30①122
あきさくもう【秋作毛】　16①238,240
あきささげじゅくす【秋大角豆熟】
ささげ　30①138
あきすかし【秋すかし】→なつすかし→F
54①204
あきな【秋な、秋菜】→N
4①201/19②339,344/20①156/22②124
あきないなえ【商ひ苗】
はぜ　33②115

あきなし【秋梨】→F
10①85
あきなす【秋茄子】 28④330
あきなたねだね【秋なたね種】
菜種 21①37
あきのせんのうげ【秋のせんおふけ】 54①210
あきのだいこん【秋の大根】
22④236
あきのみのり【秋の実のり】→X
稲 21①32
あきはにしき【秋葉錦】 28④333
あきひえ【秋稗】→ひえ→N
10③397
あきふじなでしこ【秋藤瞿麦】
55③375
あきふゆにおちばせざるき【秋冬に落葉せさる木】 25①111
あきまちぐさ【秋まち草、秋待草】 20①97,108
あきめ【秋芽】
桑 47③168
あきもみ【秋籾】
稲 10①173
あく【あく】
紅花 40④318
あくこん【悪根】
楮 13①102
あくしゅ【悪種】
稲 7①40,51
あくそう【悪桑】 35①71/47②138,139
あくちにうえるなえ【悪地に植る苗】
はぜ 31④169
あくちゃ【悪茶】
茶 4①159
あくつだいこん【圷大根】 3④352
あくまい【あく米】→N
稲 17①29
あけび【あけひ、あけび、通草、木通、蓪草】→N、Z
1②191/10①79/40②84/54①157,298/55②121
あご【あこ】
うずら 60①66
あご【アゴ】
綿 8①43
あさ【あさ、大麻、麻、麻糸】→あさ、あさお、あぶらあさ、お、おおあさ、くさあさ、しらお、まお、みそ、ゆま→B、L、N、Z
1①106,108/2①19,20,22,30,56,81,128,③262,265,④288,303,304/3①11,18,20,40,41,③180,④291/4①13,16,23,26,92,95,96,97,106,234,240,295/5①33,44,89,90,91,190,③274/6①125,128,148,149/7①64,②251,311/9①32,48,88,117/10②358/12①127,173,186,299/13①32,36,120,207/14①44/16①68/17①218,219,224/18①86,104/19①97,103,109,169,170,②307,317,321,328,446/20①118,141,151,188,189,204,238/21①72/22①39,②127/24①38,77,99,136,152,③284,295,305/25①128,②209,213/28④329/29①82/30③241,272,284/31④219,⑤259/32①139,141,142,143,144,166/33③161,④185,207/35①183/36①64,③242,243/38③143,181/39②117,⑤261,⑥329/40③224,232/41①11,②130,⑤246,⑥267,⑦331/42⑤328,⑥417/43③265/44③205,230/54①238/55③373/61①38/63⑧439/68④394,413/69①78,②203,292,297,303,317/70②110,111
あさうり【あさふり、あさ瓜、越瓜】→Z
12①246/17①261/41⑤245,⑥267
あさうりつる【越瓜蔓】
白瓜 19②435
あさうりなえ【浅瓜苗】
白瓜 28④339
あさお【麻苧】→あさ→B、N
24①141/62①13
あさお【麻苧(からむし)】→からむし
4①98/41②107
あさがお【あさがお、あさかほ、あさがほ、朝かほ、朝顔、蕣】→くじそう、けんごし(牽牛子)、こくちゅう、そうきんれい、はくちゅう、ぶんそうそう→H、Z
3④301,378/9①50/10①27,79/15①77/16①38/17①227/20①146/37③321/54①227,228,243,298/55②173,③333,356/69①124/70④279
あさがおつる【朝顔つる】
あさがお 19②436
あさがおのつぼみ【朝貌の莟】
あさがお 55③403
あさがおのみ【朝顔の実、朝良の実】→H
あさがお 15①80/24①61
あさかぶ【麻株】
麻 5①113
あさがら【麻から】→B
麻 6②319
あさからむし【麻からむし】→からむし
6①146
あさぎ【麻木】→B、H、X
42④273
あさぎり【アサギリ】 25②220
あさざ【荇菜】→I、N、Z
12①344
あさすげ【菅】 6①163
あさだ【あさた】 56①123
あさたね【麻種、麻種子】→X
32①142
麻 2①39,④284,289/4①93/6①147/19①164/25②210/32①140,143/44③230,231
あさつき【アサツキ、あさつき、あさづき、胡葱、朝葱、蘭蒚】→こそう、せんふき、たまあさつき、ねぎ、らんき→F、N
3④300,363/4①143/5①144/10①30,36,37,64/17①250,275,276/19①103,169,②447/20①153,157,193/24①142,153/25①124,125/28①29/36③183/37①35/38③168/41②120
あさつき 19①164
あさどりのなえ【朝取の苗】
稲 27①49
あさのお【麻の苧】
からむし 4①99
あさのたね【麻の種】
麻 9①119
あさのは【あさの葉、麻の葉】→I
麻 17①227/54①153
あさのみ【麻の子、麻ノ実、麻実、麻仁】→B、G、I、N
3②73/37③390
麻 3①40,41/7②311/13①174/62③70
あさはしゅうきゅう【麻葉繡毬】
55③293
あざみ【あさミ、アザミ、あざミ、小薊、薊】→N、Z
2④289/6①162/10①24,77/11③147/12①354/17①288/54①201,244/55③287,301,364,447
あさりすいか【あさり西瓜、蛤蜊西瓜】 69①121
あし【あし、葦、芦、葭、蘆】→よし→B、G
6①84,②283/10②337/12①147/17①304/19①191,②283/22④218/23②141/28①19/32①159/55③397,411/59④269/66⑧399/69②209/70⑥381
あし【あし、脚、足】
犬 60②92
牛 60④186
うずら 60①64
あし【足】
稲 17①26,34,40,42,43,44,45,46,47,51
あじうり【あぢ瓜】→F
2⑤330
あしきだいこん【悪キ大根】 5①112
あしきね【悪き根】
桑 18①86
あしげうま【芦毛馬】 60⑥361
あじさい【あしさい、あぢさい、あぢさゐ、あぢ才、紫陽、紫陽花】 3④354/16①171/28④332/54①171,298/55③293,310,321,447
あじさえ【あちさへ】 16①37
あしさき【足先】
馬 33①25
あしなりえだのまた【あしなり枝之又】
なす 34⑤76
あしぬけ【足ぬけ】
綿 34⑤95
あしのうら【足の裏】
馬 33①25
あしのは【あしの葉】
あし 16①39
あじまめ【あぢまめ】→ふじまめ→Z
41⑤245
あずき【あずき、あつき、あづき、小豆、赤小豆、赤大豆、赤豆】→でっちまめ、のうらく、ままめ→B、F、I、L、N、R、Z
2①41,42,③263,④278,281,289,291,⑤329/3①8,29,②73,③149,151,④224,226,233,291,292/4①14,19,28,50,70,86,166,295/5①100,109,138,139,168,③275/6①39,54,73,95,97,116,121,130,176,177,②273/7②328,329/9①51,70,79,87,88,93,109,121/10①8,30,32,34,41,44,56,②315,328,329,366,③394,395/11②113/12①173,190,192,193,248/13①117,360/16①38/17①169,195,196,202,205,214/18①83/19①96,103,157,165,169,②317,331,337,339,344,446/20①143,158,165,174,201,

②371/21②123,③156,157/22①40,41,②121,126,④226,⑥370,371/23⑥330/24①141,153,③288,295,297,308,344/25①13,55,72,74,90,118,141,142,②212/27①68,95,122,126,131,141,143,147,148,152,194,199,211,259,263,274,286/28①22,27,45,②174,177,182,224,④349/29②124,141,④277,279,297/30③272/31④205,⑤256/32①95,96,97,98,99,②294,303,304/33①35,36,37,③167,④185,⑤249,⑥362/34③41,④64,66,⑤88/35①21/36①60,③205/37①32,②65,77,87,204,③333,344,362,385,389/38①8,11,17,23,26,②74,③114,151,176,④246,264/39①48,62,63,②102,103,⑤271,272,296/40②188,③228/41①12,②93,95,③185,186,⑤245,⑥266/42①28,31,34,35,②105,126/43③269/44③238,239,242,243,244,247/47②128/56①125/61②84,85,90,⑥188/62⑧239,268/63⑤321/68④405,413,415/69①40,59,②202,234/70⑥380
小豆　19①170
あずきがら【小豆から】→I
小豆　27①200
あずきささげ【小豆小角豆】
41②95
あずきじゅくす【小豆熟】
小豆　30①139
あずきだね【小豆種】→X
小豆　19①164
あずきなえ【赤豆苗】
小豆　27①142
あずきのたね【小豆ノ種子】
小豆　32①166
あずきのは【赤豆ノ葉】→I
小豆　5①138
あずきほ【小豆穂】
小豆　4①87
あずさ【梓】　56①48,100/57②206
あずさぎ【梓木】　57②134
あずさのき【梓の木】　13①200
あすなろ【あすなろ】→ひば
56①153
あすなろう【あすならふ、あすなろふ】→ひば
14①86,88/54①183,274
あすひ【阿須檜】→ひば
14①88
あずまぎく【吾妻菊】　55③287
あずませきしょう【東石菖】
54①233
あせ【あせ、汗】　69①35
馬　60⑦460,462
人　69①38
あぜいね【あせ稲】→A
28①26
あぜぎわいね【畔際稲】
稲　25②195
あぜぎわのかぶ【畷際の株】
稲　29③241
あぜくさ【畦草】→A、G、I
34①7,⑥119
あぜだいず【あぜ大豆、畦大豆、畷大豆、畔大豆】　19①141/29③224,241/30①130
大豆　19①170
あぜだいずじゅくす【畔大豆熟】
大豆　30①138
あぜだいずはなさく【畔大豆花咲】
大豆　30①132
あぜびえ【畔びゑ、疇稗】
ひえ　4①50/27①153
あぜびえじゅくす【畔稗熟】
ひえ　30①131
あせぼ【あせほ、あせぼ、馬酔木】→あせみ、ばすいぼく、ふぐしば→H
54①189,190,298/55③420,447/69①71
あせぼのき【あせぼの木】→H、Z
15①94
あぜまめ【あぜまめ、あせ大豆、あぜ豆、畦豆、畷豆、畔大豆、畔豆、畔菽】→A、I、L
4①57/5①101/8①206,210/9①80/10①32/14①232,233,234,235/24①40,112/28②177,191,235,④348/29③242/30③257,301/66②120
あせみ【あせミ】→あせぼ
69①71
あせみのき【あせミの木】→Z
15①94
あぜもち【畦餅】　44③213
あそびえだ【遊枝】
綿　8①266
あだえだ【読枝】
ぶどう　48①191
あだばな【あだ花、化花、虚花、空花】　7②284/70④273
瓜　6①122/7②334
なす　7②334
はぜ　11①22,33
あたま【頭】→J
36③345
馬　60⑦410
蚕　56①208
里芋　22④242,246
あだん【あたん、あダん】　34①7,⑥119,145
あつかわ【厚皮】
杉　14①85
あつきたね【あつき種子】
稲　20①53
あつきなえ【稠き苗】
ごま　27①144
あつくうえつけたるいね【厚ク種へ付ケタル稲】
稲　32①38
あっぷら【アップラ】→じゃがいも
70⑤325
あつまきなえ【厚蒔苗】
稲　1①56
あつもりそう【あつもり草、敦盛草】　54①200,218,298
あて【アテ、あて】→ひば
16①158/31④166/42④258
あてひ【あて檜】→ひば
13①195
あとあし【アトアシ】
牛　60④184,186
あとくけ【後くけ】
あわ　41⑤235
あとのかりくち【跡の刈口】
にら　3①34
あとはえ【跡生】
そば　5①117
あなあきまゆ【穴あきまゆ】
蚕　47①16
あなまゆ【あなまゆ】
蚕　47①30
あばら【あばら】→J
馬　60⑦411
あひる【あひる、家鴨、鶩鴨】
10②343/13①263/69①102
あぶ【あぶ】→G
16①35
あぶくたらす【あふくたらす】→てんか
56①131
あぶら【脂肪】→B、H、I、J、L、N、X、Z
人　69①124
あぶらあさ【油麻】→あさ
13①35
あぶらえ【あふらゑ、油荏】→えごま→I、N、R
2③264,266,④284,286,289/19①143/20①174,②371/22②120/24①141/25①14,74,118/37①33,②82,③332,362,385/67⑥288,306,309
あぶらえたね【油荏たね】
えごま　20②390
あぶらからしな【油芥子菜】
33⑥383
あぶらぎ【あふらき、油木】→あぶらぎり
5②229/10①21,41,83/13①199
あぶらぎのみ【油木の実、油木子】
油桐　4①157/6①164
あぶらぎり【あふらきり、あぶら桐、荏桐、油きり、油桐】→あぶらぎ、あぶらせん、えぎり、えのあぶらぎり、おうしとう、こしとう、ころび、ころびあぶらみ、しんとう、どくえ、どくゆ→H、Z
3②73/10②337,359/11②121/13①199/14①47/15①83/37③390/56①47,48,209/69①125
あぶらぎりのみ【荏桐の実】→Z
油桐　10②336
あぶらせん【あぶらせん】→あぶらぎり
13①199
あぶらたね【あふら種、油種】→なたね
23⑤259/40②145/62③69
あぶらな【あぶら菜、油菜、油菘、油菁】→なたね→N、Z
1④296,298,317/2⑤331,335/3①30,31,②73/6①108/10②327,329,376/12①227,232/18①62,94,95,96,98,②247/25①125/37③390/38③163,④268,271,272/40②145/45③132,134,140,142,150,177/55③248/61①30/69①85,88,89
あぶらなたね【油菜種】→なたね
29③257
あぶらなのみじゅくす【油菜実熟】
菜種　30①124,126
あぶらなはなさく【油菜花咲】
菜種　30①122
あまいも【甘芋】→さつまいも
6①139
あまうり【あまうり、あま瓜、甘瓜、甜瓜】→F、Z
2⑤330/4①128/10②368/12①258,259,261,264,265/25①140,②216
あまがえる【螻蟈】　25①99
あまかわ【あま皮、甘皮】→N
つばき　54①284
とろろあおい　48①116
あまちゃ【あまちゃ、甘茶】　10②339/28④332/54①171,298

あまどころ【あまところ】→ところ→N
14①164,165/54①203
あまなからな【甘菜辛菜】 3①63
あまね【あまね(なつはぜ)】
56①129
あまりだね【余種】
大豆 5①41
あまりなえ【余苗】
稲 27①112
あみがさひれ【アミガサヒレ】
鯨 15①33
あめいむはたさくもう【雨悪ム畑作毛】 19①**160**
あめこのむはたさくもう【雨好ム畑作毛】 19①**159**
あめにあわせざるむぎ【雨ニ遇ワセサル麦】
麦 32②302
あめばな【雨花】→てりばな
紅花 45①34,36,38,39,41,43,48
あめをきらうさくもう【雨ヲ嫌ウ作毛】 19①160
あめをこのむさくもう【雨ヲ嗜作毛】 19①159
あめんどう【牛心李】→F
55③257,264
あもと【あもと】 28②176
稲 61⑤179,182
あやめ【あやめ、漢蓀、菖蒲、白昌草、蘭蓀、溪蓀】 3④354/17①309/54①32,202,220/55③302,304,457/70⑥381
あら【あら、荒、糲】
稲 11②101/17①330/19①215/62②36
あらいだね【あらひたね、洗ひ種、洗ひ種子、洗種】→A
あわ 2①24/21①60
稲 20①39,40
あらがら【麁殻】
ひま 19①150
あらかわ【あら皮、荒皮、粗皮、麤皮】→N
55③214,215
麻 3①41,42
栗 29①85
楮 3①60/48①111,116
さんしょう 13①181
杉 56②243
ぶくりょう 48①253
ぼたん 55③290
もろこし 41②106
あらかわまつ【荒かわまつ】
55②129
あらき【荒木、麤木】 28②199/53①19/55③466
あらきび【荒黍】
さとうきび 44②112
あらせいとう【あらせいたう、あらせと、紫羅欄花】 28④333/54①198,298/55③250,273
あらそば【荒蕎麦】
そば 11②120
あらぬか【あらぬか、荒ぬか】→B、I
17①330
麦 17①185
あらまゆ【麁繭】
蚕 35②400
あらみ【あら実、荒実】
綿 50①59,70
あらむぎ【荒麦】→I、N
33①54/41②80
麦 5③269
あらもと【あらもと、糲】
稲 19①215/61②101
あらもともみ【あらもと籾】
稲 27①381
あららぎ【あららぎ】→きゃらぼく
54①184
あり【蟻】→G
5①140/23④167/70②64
ありこ【蟻子】→G
70②68
ありつき【ありつき、あり付、在付、有つき、有付、有附】 9②197/33⑥329/57①22/61①33
稲 9②203/17①114/29③231,232/30①35,94,②193/33①18,22,56,③164/41②64,⑤235/61①42/70⑥398
からむし 13①28,29
菊 55①30
きゅうり 33⑥341
桑 13①117/18①83
楮 13①97
さつまいも 33⑥338,339/70⑥406
竹 57②164
たばこ 17①283/33③161
ちしゃ 12①305/30③285
とうがらし 17①287
なす 12①240,241,243/33⑥323
ねぎ 33⑥360
はぜ 11①25/31④159/33②123
ふだんそう 33⑥367
ありつく【あり付、有つく、有付】
10①103,104
稲 12①135/37③319
菊 55①19
さつまいも 70⑥405
たばこ 13①56
なす 12①242/17①262
ねぎ 12①279
ありどおし【蟻とうし】 55②180
ありまそう【有馬艸】 55③345
あわ【あハ、あは、あわ、粟、禾】→りょう→B、I、L、N、Z
1①15,104,④332/2①**23**,25,26,27,28,31,33,34,35,36,37,63,103,③**262**,④284,289,306,⑤329/3①8,18,28,②72,③137,138,149,151,162,163,④227,231,270,291/4①19,27,**81**,166,195,225/5①93,94,100,116,118,124,132,137,167,168,③274/6①11,**98**,101,165,176,②273/9①34,52,104/10①8,32,34,41,**59**,②302,312,314,315,327,329,③**394**,401/11①57/12①69,75,87,112,**172**,173,175,176,177,179,183/13①120,360/14①238/15①28,②130/16①38,40,135,240/17①166,169,201,202,203,204,326/18①86,90/19①96,98,99,101,103,157,165,200,205,②274,302,328,345,386,446/20①119,120,165,166,212,234,238/21①**60**,61,62,80,81,82,84,②123,130,133,③149,150,156,157,④202,203/22①39,40,41,53,③161,④**227**,⑥374,386/23①82,⑤257,258,**260**,261,262,264,265,⑥**337**/24①49,136,142,153,③288,295,297,345/25①20,25,50,53,55,59,72,79,90,113,118,121,122,②211,③263,274/28①13,15,25,27,45,②174,181,205,④334,339,340,348/29①81,②143,④277/30①105,③249,269,270,282/31②75,84,④204,⑤262,263/32①69,99,**100**,101,102,103,104,105,172,②294,295,298,303,304/33①30,**38**,41,③162,**168**,④178,182,**220**,⑤246,250,254,256/34③41,④69,⑤76,91,92,97,⑥127,128,129,138,152,⑧296,309,310/35①20/36①60,67,③165,205,277/37②65,82,203,③272,318,333,345,362,385,389/38①9,11,17,23,27,②68,69,③114,156,202,207,④261/39①**44**,45,57,62,63,64,②**111**,119,121,③152,⑤268,296/40②53,100,113,114,124,131,132,188,189/41⑤234,235,237,242,244,⑥270,271,277,⑦330/42②107,108,126,127,⑤328,329,331,332,335/43②156,157,162/44①31,37,③204,206,208,241/47②128/61①33,②83,⑦194,195/62①13,③68,77,⑧239,240,264,⑨336,341,363,364,365/63④169,170/66②100,110/67①14,④164,⑥288,306,307,309/68④405,415/69①40,102,②202,217,234,344/70⑥378
あわ 19①170
あわきび【粟きび】 2①28
あわくさ【あハ草、あわ草、粟種、粟草】→G
20①211,212/63④169
あわこ【粟子】
あわ 36③290
あわたけ【あわ竹】 16①133
あわだちそう【あわたち草】→りゅうきど
55②123
あわだね【あわ種、粟たね、粟種、粟種子】 39②111
あわ 2①13/19①164,②371/33③169,④221/62⑨337
ひえ 3④226
あわのたね【粟の種、粟ノ種子】
あわ 2①13/32①104,166
あわのなえ【粟の苗】
あわ 3①28
あわのるい【粟の類】 10②315
あわばな【あわ花】→おみなえし
24①93/56①124
あわほ【あわ穂、粟穂】 54①298
あわ 19②348/30③282
あわほ【淡穂】 54①240
あわみいり【粟実入】
あわ 22③164
あわもり【あわもり、淡盛】 54①223,298
あわゆき【あわゆき、淡雪】 54①241,298
あんぎ【秋木】 57②134,206
あんず【あんず、杏、杏子】→からもも→N、Z
3①19,22,52,③170/6①183/10①21,32,84,85/13①**132**/16①152/19①186/29①87/37①32,34/41⑤246,⑥267/54①139/55③466,467
あんずのはな【杏の花、杏子花】
19①181
あんず 12①55,56/37③260
あんずのみ【杏実】
あんず 19①187

あんぺら【アンヘラ】 68③364
あんらんじゅ【あんらんじゆ】
　54①162

【い】

い【胃】→N、Z
　69①43,53,77
　馬　60⑦427,428,429,436
　人　17①18
い【猪】→G
　68②292
い【い、葦、藺】→いぐさ→B、N
　1②140/3①46,47/4①120,121,122/5①77,78,81/6①162/10①45,78/13①66,70,72,74/14①46,107,108,111,112,114,119,120,124,125,127,140,141/17①306,307,309/20①30/25①67/29①82/40②180/54①232/57②205/68③364/69②303/70⑥381
いうら【寝裏】
　蚕　47②126
いえいも【家いも、家芋】→さといも
　20①155,215
いえばと【家鳩】 10②343
いおき【いおき、居起】
　蚕　47①21,22
いが【いか、イガ、いが、毬】
　稲　36③209,310
　杉　56②242,243
　麦　8①251
いかご【いかこ、いかご】
　ところ　17①271
　やまいも　17①268,269
いかぶ【いかふ】
　いぐさ　27①360
いかん【胃管】
　馬　60⑦428
いき【息】
　馬　60⑥370
いき【胃気】 62⑤115
いきつき【活付】
　杉　13①191/57②152
　竹　13①222
いきつく【生付】 13①243
　柿　13①145
　ざくろ　13①151
　じおう　13①279
いきらす【いきらす】 62⑨353
いきるる【いきるゝ】
　桑　18①87
いきれたね【いきれ種子】
　稲　19①35
いく【いく】 57②104,139,140,144,185,186,202
いぐいす【いぐいす】→うぐいす
　24①93
いくき【いく木】 57②129,175,192,196,207
いぐさ【燈心草、藺草、藺艸】→い(藺)、さぎのしりさし、とうしんぐさ、とこだち、ほんい、みつかど、りゅうきゅう→B
　3①18,61/18②276/19①66/20①30,31,257
いくだね【いく種子】
　もっこく　57②158
いくなえ【いく苗】
　もっこく　57②158
いけぎり【池桐】 56①47
いけこみあらきび【生込荒黍】
　さとうきび　44②111
いけだいこん【いけ大こん】
　29②154
いけばなきりくち【挿花剪口】
　55③457
いげまめ【いげ豆】→いんげん
　43②145
いごいも【いご芋】→さといも→F
　36③293
いさき【藺先】
　いぐさ　4①122
いさはいもち【いさはいもち】
　54①185
いしのかわ【石韋】 54①257
いしび【石檜】 56②287
いしまな【石真菜】 10③401
いしまめ【石豆】
　小豆　21②123
いしみかわ【いしみかわ、いしミ川】→せきじり→N
　54①238/55②124
いじり【居尻】
　蚕　35①113,114,135,139,170,171/47②145
いずい【萎蕤】 55②124
いすのき【柞】→ゆす、よす、よすき、よすのき→N
　53④219,235
いせな【伊勢菜】 3①30
いそまつ【磯松】 55②170
いたいたそう【いたいた草】→じんま
　55②123
いたちのお【鼬の尾】
　あわ　6①98
いたちのしりかきぎ【いたちのしりかき木】 64④286
いたどり【いたとり、虎杖】→N、Z
　1②191/19①181/37①32/55②122/69①69
いたばきこ【板ばき蚕】
　蚕　47②147
いたみかるる【痛ミかるゝ】
　麦　62⑨317
いたみき【痛ミ木】 27①149
いたみたるね【痛たる根】 56②290
いたや【板や】→F
　56①105
いちい【一位、櫟、梂】→きゃらぼく
　53④249/54①185/56①120
いちいがし【櫟】→きゃらぼく
　10①84
いちいのき【一位ノ木】→いっちょのき、きゃらぼく
　24①93
いちいぼく【一位木】→きゃらぼく
　54①184
いちご【いちご、覆盆子、苺】→N
　10②339/16①36/33②131
いちご【イチゴ】
　蚕　24①47
いちじく【いちしく、いちじく、いちゞく、無花果】→とうがき→N
　3④345,356,357,372/16①155
いちどい【いちどい、一とい、一どい、一度居】
　蚕　35②384/47①21,24,25,39
いちどおき【一度起】
　蚕　35②278,279
いちねんおい【壱年生】
　なし　46①62
いちねんしゃ【一年蔗】
　さとうきび　50②164
いちねんそう【一年草】 45⑦416/54①263
いちねんだち【一年立】
　大黄　13①283
いちねんたてのさくもつ【一年立之作物】 33②120
いちねんだね【一年種子】 19①169
いちねんなえ【一年苗】
　はぜ　11①53
いちねんばえ【壱年生へ】
　なし　46①12
いちねんふる【壱年古る】
　稲　19①32
いちのえだ【一ノ枝】→Z
　菊　55①23,25,30,32
いちはつ【イチハツ、いちはつ、いち八、一初、一八、一八艸】→しらさん
　1②163/16①36/54①220,266/55②124,③278,457
いちばん【一番、壱番】
　藍　38③135
　たばこ　38③134/62⑨365,370
　なでしこ　55③377
　綿　8①245
いちばんあい【一番あゐ】→A、B
　藍　20①281
いちばんうら【一番ウラ】
　瓜　31⑤259
いちばんえだ【壱番枝】
　かぼちゃ　33⑥344
いちばんくき【壱番茎】
　藍　45②109
いちばんたね【一番種】
　なでしこ　55③376
いちばんちゃ【一番茶】
　茶　10②362
いちばんづる【一番づる】
　まくわうり　12①249
いちばんで【壱番出】
　蚕　35①108
いちばんながきなえ【一番長き苗】
　杉　56②256
いちばんなり【一番成り、一番生】
　すいか　33④210/40②112,147
いちばんにすすみたるなえ【一はんにすゝみたる苗】
　たばこ　33③160
いちばんになりたるうり【一番ニナリタル瓜】
　瓜　31⑤259
いちばんば【一番葉】
　たばこ　62⑨370
いちばんばな【一ばん花、一番花】
　稲　5③262
　かきつばた　54①235
　紅花　17①221
いちばんふき【一番吹】
　綿　32①149
いちばんふけ【一番ふけ】
　柿　48①195,197
いちばんほ【一番穂】
　稲　39④190
いちばんめ【壱番芽】
　きゅうり　33⑥341
いちばんわた【一番綿】→A
　綿　8①239,244,245
いちび【いちひ、いちび、商麻】→いちぶ、はなお→B、L、N
　2①22/6①217/13①120/14①144/17①224/18①86/41⑤236,250,⑥277/72②22
いちびお【以知皮苧】 10②337,366

→ふだんそう
30③284
いちびのみ【苘麻子】
いちび　3①57
いちぶ【イチブ、いちぶ】→いちび
10③401/31⑤266
いちぶのもみ【壱歩のもミ、壱歩の籾】→L
28①42
いちよ【いちよ】　57②104,123,139,140,144,177,178,185,186,196,202
いちょう【いちやう、銀杏】→ぎんなん→H、N
10①21,39,41/13①163/41④203/42③169,180/55②140/69②298/70④276
いちょういもたね【銀杏芋種】
やまいも　5③269
いちょうけいとうげ【銀杏鶏頭花】　55③375
いちよぎ【いちよ木】　57②228,229
いちよたね【いちよ種子】
いじゅ　57②158
いちよのかわ【いちよ之皮】
いじゅ　57②176
いちりんそう【いちりん草、一りん草】　54①197,266
いつき【いつき】　54①163,265
いっこん【一根】
朝鮮人参　48①239
いっしゃくまわり【壱尺廻】
53④217,234
はぜ　31④187
いっしゃくまわりいじょうのき【壱尺廻以上の木】
はぜ　31④180
いっちょのき【いつちよの木】→いちいのき
24①93
いつはいつふし【五葉五節】
稲　7②370
いっぴきのもちうま【壱疋の持馬】　27①141
いつぶつのねこ【逸物の猫】
25①64
いっぽんいも【壱本薯】
ながいも　2①94
いっぽんしん【一本真】→Z
菊　55①61
いっぽんだちのかぶ【一本立の株】
稲　1①67
いっぽんな【一本菜】
菜種　8①89
いつまでぐさ【イツマデ草、いつまで草、壁生草】→へきせいそう
24①140/54①158,266
いつもな【いつもな、常住な】
いと【糸】　2①20,21,134
いとかけ【糸かけ、糸掛】
蚕　47②95,124
いとかや【糸茅】　70⑥389
いとくず【糸屑】→I、N
麻　2①22
いとしべ【糸しべ】→Z
芍薬　54①77
いとすぎ【糸杉】　55③435
いとすじ【糸筋】
蚕　53⑤339,343,351,352
いとすすき【糸すゝき】→F
37②220
いとね【糸根】
里芋　17①255
大根　17①239
いとのね【糸の根】→I
麻　2①22
いとはぎのはな【糸萩の花】
いとはぎ　20①168
いとまゆ【糸まゆ】→N
蚕　47①29,30
いとむし【糸虫】→G、Z
24①55
いとむら【糸村】
蚕　53⑤349,350,355
いとやなぎ【糸柳、檉柳】　55③452/56①121
いなえ【藺苗】
いぐさ　5①80,81
いなおい【稲生ひ】
稲　17①73,77,105,111
いなかぶ【いな株、稲かふ、稲かぶ、稲株、稲苅部】→I
油桐　15①86
稲　1①62,⑤351,352/4①269/5①40,84,③252,259,280/6②319,320/7①22,25,37/11②100,④169,173/12①62,164/15①29,46,49,82,98,100,103,106,②202/17①14,15,122,123,141/20①322,326/22②103,105,107,109/25②185/27①23,39,86,88,98,172,173,183,358,360/29②144/30①27,②188,192/31①6,20/36②123,③206/39④199/61③128,⑩413,414,415,416,418,419,420,422,423,428,429,433,439,441,444,445,447,448/62⑦207,⑨388/65②120
いなかぶい【いなかぶい】
稲　9①53
いなかぶのせいき【稲かぶの精気】
稲　7①83
いなかぶのはいろ【稲かふ之葉色】
稲　33⑤251
いなかわたのみ【田舎綿の実】
綿　9②208
いなぎ【いなき、稲木】
稲　17①16/25②187
いなきび【稲きび、稲黍】　25②211/64④271
いなくさ【いなくさ、いな草、稲種、稲草】→G
1①100,101,110/17①88,142,153/20①110,112/21①33,36,37,38,46/22①57/23①37,40,41,47,④184/25②191,195/28②144,164,247/36②112,③195,267/37①11,12,13,14,18,29,40,②128,148,167,168,192,229,③385/39①35/40①14/61⑤178
稲　17①316/21①24/22②103/24②235/36①47,50,51/37①39,43,②127,130,131,135,136,137,139,151,153,154,159,160,164,165,166,169,175,176,194,195,196,197,211,212,213,214,230/38③140/62⑤124,⑧269
いなぐみ【稲組】
稲　36③209
いなげ【稲毛】　67②97,107,③137,138,139
稲　17①74,87,90/36③194,209,264
いなご【イナゴ、いなご】→とんぱす→G、I、N、Z
23④167/24①93
いなしべ【稲しへ】
稲　19②373
いなしる【稲汁】
稲　41②74
いなだね【稲たね、稲種、稲種子】
23③155
稲　1①15,③285/2③259/3①8,25/10②302/12①132/17①142,150/22②101/23①40/25②180/29③215/37②169,193/61①35,43/69②164
いなたば【稲たば、稲束、稲把】
稲　25②183,185,190,194/36③272,273
いなば【いなば、稲葉】
稲　1①75,94/3①28/4①210,212/5①44,74,③278/6②317/7①27/15①42,45,72,82,100,102/17①16,123/20①107/23①110,112,113/30②187/32①38/37③328/39④213/69①117
いなばしぶ【稲葉渋】
稲　66⑥332
いなばのね【稲葉の根】
稲　15①29
いなばのへり【稲葉のへり】
稲　25①61
いなほ【いなぼ、稲穂、穂】→Z
23①6
稲　1①99/2④287,291/7②370/17①128/18⑥490/19②348/22①57,②99,④215/23①77/25②231/27①172,173,175,183,373,378/29③241/30①56,62,81,118,142/37②130,137,142,155,③327/61⑦193/67⑥268,279,287,305/69①134,②232/70④282
いなほでばな【稲穂出花】
稲　22②108
いなむぎ【いな麦、稲麦】→I
9①108,109,113,117,131/12①152,156/34⑤91/37③359,360
いなむぎのたね【いな麦の種】
大麦　9①114
いなむしのたね【蝗の種子】
31①6
いなもと【稲元、稲本】
稲　19①27,73/36②98,124/37①11,12,②193
いぬ【いぬ、狗、犬】→けん、けんく、しゅく、そう、ちん、てんく→G、H、I、N
3③158/10①9/24③273/25①91,93,95/27①292/30③281/45④205,⑥309/52②124/60②89,91,93,94,95,101,103,104,105,106,108,109/62⑧281/63①49/66②119,③141,⑦368/67④163,⑤212/69①107/70④276
いぬがや【いぬかや】→ひび
54①185,277
いぬきはだ【小蘗木】　56①109
いぬこ【戌子】　63①49
いぬこうじゅ【いぬかうしゆ】→しゃくじょう
55②123
いぬじあわ【犬尻粟】　19②442
いぬじり【犬尻】　20①166
いぬじりぐさ【犬尻草】　19①164/20①166
いぬすぎ【犬杉】
杉　56②242,243,244
いぬねこ【犬猫】　13①228
いぬのみみ【狗の耳】
犬　60②93
いぬまき【いぬまき、いぬ槙、樫木】　54①183,265/57②104,128,129,138,139,140,144,157,170,185,186,187,190,201,202,206,228

いぬまきたね【樫木種子】
いぬまき　57②157

いぬまめつる【犬まめつる】
犬豆　19②436

いぬもち【いぬもち】　16①161

いね【イネ、いね、稲、禾、稼、富草】→かとう、こくうぼさつ、こめくさ、すいとう、た、たいね、たからぐさ、たなつもの、たもの、とみくさ、ほんいね、まいね、みずいね、みずかけぐさ、みずかげぐさ、みたつもの、みふしぐさ→Ⅰ、Z
1①16,28,29,32,38,42,44,50,52,53,59,65,68,74,75,76,89,96,100,③260,261,264,265,269,272,273,277,279,④314,316,324,325,327,330,⑤351,352,356/2①48,③261,262,④278,280,289,291,296,310,311/3①8,18,27,28,46,②67,70,72,③148,160,④224,279/4①21,22,30,31,33,45,55,56,57,58,59,61,62,63,64,65,69,70,78,177,180,181,189,191,211,212,213,214,215,216,218,219,220,221,227,229,231,233,234,240,250,269,276,287,298/5①19,23,32,45,46,60,61,62,67,72,81,82,83,84,85,87,190,②226,③251,252,255,259,262,263,277/6①10,11,53,57,61,62,63,68,75,76,77,79,84,86,98,183,184,185,205,217,②269,273,282,286,287,309,310,314,316/7①21,23,25,26,29,31,35,42,45,46,48,50,②234,369/8①136,139,141,143,144,146,147,148,152,154,155,211,212/9①50,53,90,93,97,101,104,106,107,108,115,②196,198,199,200,201,204/10①8,49,52,104,②303,312,314,376/11③144,149/12①46,48,57,59,64,65,72,132,133,134,136,138,144,151,167,172,183,184,346,347/13①11,18,346,356,360,361,367/14①108,234,235/15①12,15,28,43,63,68,99/16①40,80,86,87,88,91,94,96,101,102,103,104,188,191,212,236,242,245,246,248,250,256,260,330,331,335/17①12,13,14,15,16,19,20,22,23,25,29,30,33,34,36,37,38,40,53,55,57,59,66,67,73,74,76,77,78,79,81,82,83,84,85,87,88,90,93,95,96,100,102,109,110,111,114,118,120,122,123,124,127,129,130,132,134,135,136,138,139,142,143,144,152,153,154,169,181,182,316/19①80,81,197,②288,302/20①99/21①7,22,23,32,46,47,80,83,②102,110,111,114,116,132,⑤222/22①47,②105,108,109,113,④**212**/23①22,28,55,66,75,77,80,81,105,106,109,⑥313,319,320/24①38,40,51,76,84,108,113,116,118,119,123,134,136,140,142,153,178,②236,237,③301,315/25①13,17,20,47,56,59,73,74,76,78,118,119,②182/27①64,157,159,169,173,177,179,181,182,183,189,191,192,202,244,252,260,264,281,369,370,371/28①12,15,16,19,27,44,45,③321,322,④338,343,344,351,352/29①35,43,52,56,57,59,78,②135,138,143,145,156,③193,203,205,216,221,224,225,226,227,239,241,243,250,262,264,④270/30①6,7,18,49,62,64,67,76,②191,③260,262,266,279/31①19,20,③115,⑤287/32①**20**,26,35,41,99/33①**14**/34⑥128,129,152/35①21,97,②287,332,381/36①43,53,69,②97,98,99,101,105,109,110,112,114,115,121,122,123,124,③209,311,312/37①7,9,13,14,17,19,20,24,26,28,29,38,39,41,42,44,45,47,②65,66,83,86,87,99,100,101,102,104,107,127,133,135,138,140,141,157,159,166,177,180,181,183,184,185,186,192,194,196,212,213,③253,255,260,271,273,277,287,292,293,306,307,308,312,320,321,331,332,335,339,344,356,359,375,376,382,389/38②51,54,55,③140/39①20,**25**,27,35,36,37,62,②**95**,119,③153,④195,205,210,216,218,219,220,223,225,226,227,⑤277,282,286,287,288,289,292,293,298/40②56,75,100,128,139,140,142,143,181,188,③235,240,241,243/41①9,②65,73,75,76,81,129,③177,179,182,184,④206,208,⑤234,245,⑥266/42①28,38,51,54,55,58,59,62,64,66,③196,④275,280,⑥439/44②153/45③144,⑥287/47②116,128/50②146/54①234,264/61①30,37,43,49,50,51,②80,81,100,③131,132,④157,170,⑤178,⑥188,189,191,⑦193,195,196,⑩412/62①12,③76,⑤117,125,128,⑦176,186,187,192,199,200,201,202,206,207,209,⑧239,240,241,⑨320,335,341,343,350,352,355,357,359,360,375,376,379,380,382,383,386/63⑧443/66②120,⑥332/67①15,②113,116,③139,④165,⑥271,272,280/68②247,249,250,251,261,④405/69①61,73,101,104,113,117,134,②175,231,239,291,298,300,317,318,323,348/70①13,④258,261,268,269,272,276,279,280,⑤311,319,320,321,322,⑥376,377,378,379,380,381,382,383,384,391,393,394,395,396,397,398,399,401,402,403,411,412,413,415,416,417,418,419,420,423,424

いねおい【稲をひ】
稲　17①33

いねおいたち【稲生立】
稲　1①53,54,56,71,78,86

いねおうせとり【稲あふせ鳥、稲おふせとり】→せきれい
16①39/17①158

いねかがみ【稲かゞみ】
稲　1①43

いねかがむ【稲かゝむ】
稲　18⑥491

いねかぶ【稲科】
稲　23①69,72,73,75,77

いねから【稲から】→Ⅰ
稲　17①96/18⑤466

いねかりかぶ【稲かりかふ、稲刈株】
稲　30②187,188,192

いねくき【稲茎】
稲　23①55/30②187

いねくさおい【稲草生ひ】
稲　17①111

いねくろはつき【稲黒葉付】
稲　1①64

いねこく【稲穀】　45②69

いねこくのるい【稲穀の類】　6①114

いねしべ【稲しべ】
稲　20①50

いねしろね【稲白根】
稲　29③232

いねすがら【稲素柄】
稲　1①31,64,66,71,86,87,119

いねすくむ【稲すくム】
稲　15①54

いねたけ【稲長ヶ】
稲　25①124

いねたね【いねたね】　39⑥326

いねつけうま【稲附馬】　27①373

いねでき【稲でき】
稲　27①108

いねてなおり【稲手直り】
稲　24②235

いねなえ【稲苗】　10③**393**
稲　4①233/6②314/23①67,74,75,④199/24①71/25①47/29③212/62⑧262/69②228,300,362

いねなえのめすおす【稲苗の牝牡】
稲　61④156

いねなどつくりもの【稲等作り物】　27①337

いねにめすおすのふたつあり【稲に牝牡の二有】
稲　19②364

いねのありつき【稲の有付】
稲　29②130,③230

いねのうきね【稲の浮根】
稲　33①23

いねのおいたち【稲の生立】
稲　1①94

いねのおやほ【稲の親穂】
稲　23①34

いねのかぶ【稲の株】
稲　15①100

いねのかぶはり【稲之株張】
稲　29④281

いねのかりかぶ【稲の刈かぶ、稲の刈科】
稲　30①22,26,39

いねのこね【稲の小根】
稲　17①96

いねのさかだち【稲の栄立】
稲　29①53

いねのじく【稲の茎】
稲　15①13,29

いねのしんば【稲のしん葉】
稲　17①154

いねのたね【稲の種、稲ノ種子、稲の種子】　9②199
稲　12①131/25①121/32①166/70④261

いねのだんじょ【稲の男女】

稲　3②70
いねのつのり【稲のつのり】
稲　31①23
いねのでき【稲の出来】
稲　29③230
いねのできたち【稲の出来立】
稲　29③223,224,225,226,236
いねのてなおり【稲之手直り】
稲　34⑦251
いねのでほ【稲の出穂】
稲　1①110
いねのなえ【稲ノ苗、稲の苗】
稲　12①183/16①147/29①41,42/69②228
いねのなわしろのとき【稲の苗代のとき】
稲　69①39
いねのね【稲の根】
稲　1⑤351/12①138/17①93,103,124,136/19②275/21②113/22①47/24①38/28①27/30①94/37③332/70⑥417
いねのねいり【稲の根入】
稲　17①78
いねのねぎわ【稲の根際】
稲　15①99
いねのねばり【稲の根はり】
稲　38②55
いねののげ【稲の芒】
稲　39①57
いねのは【稲の葉、稲之葉】
稲　7①27/19②275/22②107/23①111/30②184,186/37①43
いねのはいろ【稲の葉色】
稲　30①75
いねのはな【稲の花】　3④354
稲　6②309,311/22④217/62⑦202
いねのはなざかり【いねのはなざかり】
稲　9①98
いねのはばな【稲の葉花】
稲　30②186
いねのはらみ【田ノ孕】
稲　8①287
いねのほ【稲の穂】　36③165
稲　1②188/30②193/36③259/38③140/41③175/62⑦199/67⑥275/70④273
いねのほさき【稲の穂さき、稲の穂先】
稲　15①41/23①70
いねのほずえ【稲の穂末】
稲　15①100
いねのほつぶ【稲の穂粒】
稲　1①92
いねのみご【稲の実子】
稲　36③165
いねのみのり【稲のみのり】
稲　36③235
いねのめ【稲の芽】
稲　62⑧244
いねのもと【稲の本】
稲　30②185
いねのもみ【稲ノモミ】
稲　1②170
いねのもよおし【稲の催】
稲　1②144
いねのるい【稲の類】　10②315
いねのわかば【稲の若葉】
稲　1⑤356
いねのわら【稲の藁】
稲　29③263
いねばな【稲花】
稲　27①139
いねはらみ【稲はらみ、田孕】
稲　8①152/19②281
いねふし【稲茎、稲節】
稲　30②186,187
いねふす【稲伏す】
稲　7①24
いねほんすう【稲本数】
稲　24②236
いねむらでき【稲むら出来、稲村出来】
稲　17①76,100,104
いねもみ【いね籾、稲もミ、稲籾】
稲　1④332/27①31/42④245/61⑩417,423,450
いねもよおし【稲催、稲催シ】
稲　1②146
いねよみがえる【稲蘇る】
稲　15①55
いねるい【稲類】　10①103
いのかぶ【藺のかぶ】
いぐさ　13①70
いのしし【猪】→G、I、N、Q
7②260/69②311
いのちのね【命ノ根】→Y
24①123
いのて【薇】　12①356
いのなえ【藺の苗】
いぐさ　13①70/14①142
いばら【いばら、茨、荊棘、棘】→B、G、H、I
13①208/19①185/37①34/54①160,266/64④266
いばらのはな【いばらの花、茨の花、栄実の花、荊花、荊棘花】→B
20①55,68
いばら　19①185/55③313
いばらのみ【茨の実】
いばら　55③365
いばらぼたん【薔薇】　55③303,304
いぶき【いふき、円栢、檜柏、櫃柏】→はいびゃくし、みきあか
6①182/54①181,265/56①153
いぼあるいも【痞瘤有イモ】
やまのいも　49①201
いほさし【イホサシ】→かまきり
1②190
いぼたぎ【いほた木】　56①127
いまく【洟膜】
馬　60⑦452
いも【いも、芋、薯】→さといも→N、Z
2①73,81,90,104,127,129,③263,⑤331,332/3③137,139,151,158,④233,247,267,268,278,287,291,297,306,309,315,331,365/4①139/5①49,137,168,③268/6①11,54,130,132,133,134,②301,302,303/8①115,118,119/9①52,85,120/10①24,43,64,92,95,②328,331,361,③395/12①75,170,359,360,362,363,365/13①358/14①45/15②184,195/16①36/18⑤470/19①98,100,157,169,200,②321,337,446/20①119,123,159/21①63,81,82/22①41,53,57,③161,175,④241,242,244,⑥367/23①86,87,102,⑥310,311,323,324,325,326/24①48,49,112,113/25①55,118,140,②218/28①12,24,45,②211,213,218,④334,339/29①83/31③111,④204,⑤267,268,274/32①63,118,119,120,122/33④182,218,⑥393/34③47,⑥127,128,⑧298,299/36③275/37①31,②82/38①23,②59,③114,115,127,128,129,130,131,145,153,154,167,170,176,201,④246,284/39①50,63,64,②104,⑤262,291/41⑤246,250,⑥267,276/42①34,②104,125,③191,④270,⑤324,328,330,⑥426/43①29,②156,159,161,168,195/47③167,⑤254,260,271,272/57②147/61②90/62⑧264,⑨329/66③138,⑧402/68④413,415,416/69②329/70③220,222,226,231
こんにゃく　19①108
さつまいも　2①92/21①65,67,68/22④274,275/34③45,⑤88,89,93,97,106/39①52,53/57②146/61②89/70③213,214,215,216,219,228,229,230,⑥406,407
里芋　3④351/4①140/5①104,105/22④245,246/25②218/39②105,106/41②97,98
ながいも　2①92,95/3①37
やまいも　62⑨328
やまのいも　49①201
いもうり【芋瓜】　12①244
いもがしら【いもかしら、芋頭】→さといも→B、N
里芋　17①254/31④183/38③128
いもかずら【いもがづら、芋かつら、芋葛】→さつまいも→I、N
34③38,⑤84,88,89,96,97,105,⑥132,134,139/57②146,147
さつまいも　34③41,44,51
いもかずらたね【芋かつら種子】
さつまいも　34③45
いもがら【いもから、芋から、荍】→B、I
里芋　17①254/19①217/21①64/25①128/42③190
いもくい【イモクヒ】
やまいも　11③149
いもこ【芋子】
里芋　21①64/38③128
いもさき【芋先】
里芋　3④302
いもじ【イモジ、いもじ、荍】
里芋　19①217/20①137/24①112,113
いもだね【いもたね、いも種、芋種、芋種子】→L
70①18
芋　3④379/4①15/68④412
さつまいも　41②100/70③214,226
里芋　2①91/3④302,303,331/5③268/6①134/19①164/20①136,②389/22②116/28②147,213,④353/39②104
やまいも　3④248,305
やまのいも　28②147
いもちなえ【いもち苗】
稲　29③223
いもづる【芋蔓】→N
さつまいも　3④313
いもなえ【芋苗】
さつまいも　33⑥342
いものあたま【芋の頭】
里芋　22④247
いものいり【芋之入リ】
さつまいも　8①117
いものかぶ【芋の株】
はすいも　29③253
いものきれ【いものきれ】
里芋　28②174
いものくき【芋の茎】→N

里芋 6①135/38③129
いものこ【いもの子、芋ノ子、芋の子、薯ノ子】→N
里芋 4①140/6②303/12①361, 362/17①256/23⑥325/25②218/32①119
とういも 25②218
ながいも 2①95
いものこかしら【芋の子かしら】
里芋 4①139
いものこども【芋の子供】
里芋 23⑥324
いものしり【芋の尻】
里芋 3①32
いものしん【いものしん】
里芋 28②183
いものすえ【芋ノ末】
里芋 32①120
いものたね【いものたね】
里芋 12①359
いものね【いもの根、芋ノ根、芋の根】
里芋 8①119/22④243/23⑥324
やまいも 17①268
いものは【芋ノ葉、芋の葉、芋之葉】→B、N
芋 5①138
里芋 23⑥325/34⑧310/38④268
いものもと【いもの本】
里芋 9①96, 99
いものるい【芋の類】→N
14①161
いものろず【いものろず】
やまいも 17①269
いもり【いもり】 16①36, 40
いもるい【芋るい、芋類】 3③149/10①61, 63, 64
いやだね【弥種】
稲 29③250
いらだち【イラ立】
なまこ 50④304
いらだちよろしき【イラ立宜敷】
50④303
なまこ 50④302, 304
いわいそのほ【いわいそのほ】
稲 28②222
いわぎきょう【いわきゝやう、岩桔梗】→たいせい
55②119, 124, 140, ③294
いわくすり【イワクスリ】→せっこく
55②147
いわこぎく【いわこきく】 55②124
いわたけ【岩茸】→N
10②339
いわとくさ【イワトクサ】→せっこく
55②147
いわばみ【いわばミ】 17①139
いわひば【巻柏、岩松】 54①257, 258, 311
いわふじ【岩藤】 55③363, 445
いわれんげ【岩れんげ、岩蓮花】
54①245, 266
いんき【陰器】
馬 60⑦439
いんぐさやぐち【陰具袖口】
馬 60⑦455
いんけい【陰茎】
馬 60⑦439, 460
いんげん【いんけん、インゲン、いんげん、隠けん、隠元、眉児、鵲豆】→いげまめ、さんどまめ、つばくらまめ、とうささぎ、ふろう→I、N
3④356, 357, 364/19①152/21②130/22①53, ④**267**/29②122/37②205/69②345, 364
いんげんな【隠元菜】 4①104
いんげんまめ【いげん豆、いんぎん豆、いんけん豆、いんげん豆、ゐんげんまめ、隠元まめ、隠元豆、隠元莢、眉児豆、藊豆】→N
3②73, ④238, 242, 246, 258, 261, 277, 283, 288, 291, 351, 356, 365, 368/5③275/6①162/9①50/10②328/17①212/25②201/28②147, 188, ④334/29①84, ③254, ④277/30③255/33④229, ⑥**335**/37③389/41②93/56②248/68④413
いんげんまめのたね【隠元豆の種】
いんげん 3④261
いんちゅう【陰虫】 35①130/47②106, 110
いんとう【咽頭】
馬 60⑦414, 428, 429
いんどうまめ【いんどう豆】
34⑤86
いんのにほんしん【陰ノ二本真】
菊 55①62
いんぼく【陰木】→ようぼく
7②341, 342, 349, 352
いんもん【咽門】
馬 60⑦408
いんろうまめ【いんらう豆】
34⑥137

【う】

う【鵜】→G
16①256/59③197
ういきょう【ういきやう、うゐきやう、茴香】→くれのおも→N、Z
13①290/54①239, 290/55③398
ういば【うい葉】
藍 29③248
うえからし【植辛子】 11①57
うえがれ【植枯】
杉 56②263, 264
うえき【植木】→A
14①363/16①158/23④180, 199/27①337/34①6/55②133, 143/69①60
うえしなべ【ウヘシナベ】
菜種 8①85
うえたちしゃ【うゑたちしや】
28②261
うえつけいね【植付稲】
稲 37②140
うえつけきなえ【植付木苗】
64④274, 285
うえつけのき【植付の木】
はぜ 11①29, 49
うえな【うゑな、植菜】 28②182, 220, 221, 246, 253, 262, 263, 264, 271
菜種 8①83
うえなえ【うへなへ、うへ苗、樹苗、植苗】
油桐 47⑤265
いぐさ 14①142
稲 9①42, 49/30①44, 48
菜種 45③**156**
うえなおしたるき【植直たる木】
はぜ 31④199
うえなおしたるなえ【植直したる苗】
はぜ 31④159
うえなすのくき【植茄子の茎】
なす 19②445
うえなるかいこ【上なる蚕】
蚕 35①118
うえのえだ【上の枝】 9②224
うえのかわ【上の皮】
油桐 15①86
馬 60⑥353
うえのね【上の根】
稲 41②63
うえまくもの【種蒔物】 12①82/25①142
うえみょう【植茗】
茶 28①30
うえもと【植元、植本】
稲 37②140, 188
うえもの【植物】→A、X
5①36, 60, ③246/9①28, 33, 44, 50, 51, 78, 101, 116/10③**400**/25①54, 127/29①32, 34/47⑤259, 261, 266, 271, 272, 273, 278, 279, 280
うえもののね【うへ物の根】
12①90
大麦 12①161
うき【うき】
蚕 35①125
うきかぶ【浮蕪】 28④346
うきくさ【浮草、萍】→G、I
4①197/25①99
うきしょう【浮蔷】→みずあおい
55③348
うきすたる【うきすたる】
稲 17①84
うきたちもみ【浮立籾】
稲 1①52
うきだね【浮種】
稲 2①13/37②125, 126, 133
うきな【うきな、うき菜】→みずな→Z
12①**229**/41⑤245, ⑥266
うきなえ【うきなへ、うき苗、浮苗】
稲 5①57/28②164, ④342/29③232/39②99
うきね【うき根、浮根】→G
8①174
稲 4①218/7①29, 31/22②99
杉 7②362
うきは【浮葉】→G
稲 4①218
うきもみ【浮籾】
稲 8①66
うぐいす【ウグイス、反舌、鶯】→いぐいす
19①179/24①93/25①99/35①202/37③287/54①139/64②121
うぐいすな【うくひす菜、鶯菜、鶯菘】→こまつな→N
2⑤329/4①13, **104**, 147/5①112, 137/10①68/19①110/20①153/24③301/37①31
うくもみ【浮く籾】
稲 1①52
うこぎ【うこき、うこぎ、五加子、五加木、五加葉】→B、N、Z
10①43, 45, 79, ②339/13①229/19①181, 191/37①32/38③124/55③283
うごろ【ウゴロ】→おんごろもち→G
24①93
うこん【鬱金】→N
69②338
うこんしょう【鬱金蕉】 55③398, 446
うさぎ【ウサギ、兎、兔】→うしゃぎ→G、I、N
3③187/10②343/24①94/68②292

うし【うし、丑、牛】→べこ、べここ→G、I、L、N、Z
1②167,④330/3①8,③173,179/4①27,183/6②282/7①72,②**337**/8①67,79,83,85,94,116,125,127,158,159,162,171,190,208,209,210,211,212,213,214,215,216,249,250,258/9①41,47,50,60,63,64,65,66,71,73,74,91,102,104,107,110,114,121,133,143,③241,254,256/10①9,15,51,78,110,118,②303,304,342/11①13,④181/12①59,66,67/15②150,207,209,244/16①183/17①104/25①93/27①86/28①16,36,62,②159,167,168,176,233,239,240,269/29①14,15,16,17,30,31,33,34,35,43,51,60,74,②123,③199,228/30③238,239,240,257,278/31③109,④225/32①23,51,98,193/33②107,④178/34②20,③48,⑤103,⑥151/35①22/37②65,③258,341/40②111,169,③226,227,229,230,232,235/41②145,⑦324/43①52/44②96,97,98,99,100,101,108,109,111,113,114,115,116,117,119,123,125,128,129,130,148,164,165,167,168,169,170,171/47⑤269/48①217/50②169/57②128/60⑦459/61⑧218,⑩413,430,434,439,442,447/62⑦191,⑧257,268/65②90,91/66⑧398/67②90,93/69①69,87,104,107,②218,219,220,222,264,270,276,305,311,332/70②61,③216,222,⑥387
うじ【右耳】
馬　60⑦418
うじ【うじ】
蚕　35①51
うしいたや【うし板や】　56①105
うしうま【牛馬】　12①49,50,51,55,61,67,74,92,93,96,152,176,182/15②204/23①19/35①20/47②128/55③442/62⑧239
うしけそう【うしけ草】　16①106
うしつ【右室】→Z
馬　60⑦415,416,417,418,419,420,422
うしとうま【牛と馬】　24①60
うしのかわ【牛の革】
牛　41②145
うしのこ【牛之子】　43①51
うしのつめ【牛のつめ】
牛　28②159
うしのよだれ【牛の涎】　60⑥349
うしばえ【牛蠅】→G
46①99
うしひたい【うしひたい】　54①238
うしゃぎ【うしやぎ】→うさぎ
24①94
うしろのひだりあししろ【馵】
馬　60⑦455
うす【うす(薄)】
綿　28②188
うすかわ【うす皮、薄皮】
楮　53①26
杉　14①85
うすかわのすえくちまゆ【薄皮の末口繭】
蚕　53⑤336
うすきむぎ【薄き麦】
麦　27①60
うすくうえつけたるいね【薄ク種へ付ケタル稲】
稲　32①38
うすだち【薄立】→G
稲　1①55
うずたち【うず立】
みつまた　48①187
うすだてなえ【薄立苗】
稲　1①56
うすば【薄葉】
細辛　68③350
うすばえ【薄生】
稲　36①42
うすまい【薄舞】
たばこ　45⑥286
うすまく【薄膜】
馬　60⑦438
うすまゆ【薄繭】
蚕　47②147
うすみ【薄実】
稲　11⑤225/27①28
麦　11⑤231/31⑤283
うすみごめ【薄実米】
稲　4①66
うずら【うつら、鶉、鴽】→ことのとり
16①37/25①99/60①44,45,49,63,64,65,67
うずらまめ【鶉豆】→めずら
10①56
うせい【烏睛】
馬　60⑦447
うせうえなえ【失植苗】
大豆　5①40
うちきりまい【打切米】
稲　2③260
うちのこりなえ【うちのこり苗】
稲　27①112
うちのほ【内の穂】
稲　27①179
うちゅうのかきつばた【雨中の燕子花】
かきつばた　55③452
うつぎ【うつき、うつ木、空木】→うのはな→B、I、Z
36②127/57②177/64④262,269
うつぎのはな【五月乙女花】
うつぎ　19①185
うつげのき【うつけの木】　30③247
うつけみ【うつけ身】　16①76
うつぼぐさ【うつぼ草】→N、Z
54①225,290
うつり【うつり】
白ぼたん　54①41,42,43,44,46,47,50
うつろき【うつろ木】
はぜ　11①54
うてな【台、萼】→Z
70④278
稲　70④282
しそ　52①42
みずぶき　55③400
うど【うと、うど、独活】→しか→H、N
3③155,④282,317,319,328,332,333,380/6①162,217/10②359/12①**327**/17①280/24①142/25①20,51,②222/33⑥392/36③183/38③174,④271/41②124/69②294
うのはな【うのはな、卯の花、卯花、兎の花】→うつぎ→Z
3④354/16①36/19①185,②312/20①55/22②117/36①36/37①34,③294,299/38①22/54①221/55③299/56①122/58⑤351,365
うのはなかいか【卯花開花】
うつぎ　38①11
うのはなざかり【卯花盛り】
うつぎ　38①10
うのはなのつぼみ【卯の華の蕾、卯之花の莟】
うつぎ　22②117/38③111
うのはならっか【卯花落花】
うつぎ　38①11
うばうり【姥瓜】→うばころし、うばころばし
19①152
うばころし【老婆殺瓜】→うばうり
19①152
うばころばし【老母転ハシ】→うばうり
19①152
うばぜり【うばせり】　33①25
うばめがし【ウハメ樫】　53④218
うばゆり【姥ゆり】→しかかくれゆり→N
54①207
うばらのはな【うはらの花】
いばら　37②111
うぶたち【産立】　7②258
うぶは【うふ葉、うぶ葉、産葉】
すいか　40④322
麦　17①178
綿　7②307
うぶほ【うふ穂】
稲　37②153,223
うま【馬】→こにだ、こま、ぞうだ、ぞうやく、だば、とうさい、にさい、ははだ、むま→G、I、L、N、R
1①40,61,64,65,80,84,②154,156,157,158,196,203,③262,263,268,④318,330,333/2①44,68,72,②155,156,③261,④277,279,280,284,285,294,295,296,297,299,300,301,302,303,304,307,308,311/3①8,③137,141,144,174,④376/4①17,18,19,27,43,44,46,49,52,53,70,78,80,92,113,123,125,178,182,183,200,277,283,292,300/5①15,67,80,82,91,125,146,149,150,151,153,155,180/6①35,36,40,41,42,44,45,48,50,53,69/7②**339**/9①15,16,23,29,43,46,60,61,65,71,72,77,91,96,104,107,110,115,117,118,121,143,148,②210/10①9,51,78,110,111,113,118,128,134,135,②303,304,342,371/11②104,115,④181/12①70/16①123,183,218,219,220,221,222,223,234,235,250,251,252,257/17①36,75,104/21④193,197,198/22②109,117,③155,170/23⑥303,307,311/24①40,43,49,51,54,55,59,71,82,104,②233,234,235,237,240,③271,325/25①24,28,39,41,48,49,54,69,93,123,②227,228/27①86,87,108,116,141,156,157,165,167,173,211,264,273,307,320,325,326,327,351,372,373,374/28①16,17,62/29①16,44/30①96,118,③289,297/31④224

/33①25,②111,④214,⑤249/34②20,⑥151,⑦249,252/35①178,180,183/36①63,②96,101,113,118,121,③195,199/37①19,22,26,②65,71,77,80,83,87,98,③258,259,261,272,322,341/38②52,54,57,60,64,73,76,79,③154,184,④280,281/39②120,121,④213,⑤263,264,265,273,274,278,279,288,294/40②111,172/41②102,⑤256,⑦320/42②87,122,③160,162,164,173,194,195,198,201,202,203,④231,233,235,236,237,238,239,240,242,244,245,246,251,256,257,258,260,261,262,263,264,265,271,⑤320,333,336,338,⑥370,378,384,395,405,411,413,419,421,433,435,436,443,444/43①40,71/44①46/47①55/48①193/49①216/52⑦303/54①189/56①109,②260,261/57②128/59①18/60③130,131,132,133,134,136,138,141,142,143,144,④228,⑤285,⑥320,332,334,336,339,349,352,358,362,367,374,376,⑦401,424,459,463,464,491/61⑨259,262,264,267,274,275,276,277,278,279,280,284,285,286,288,289,290,293,294,295,296,301,302,306,311,314,324,326,327,329,361,365,366,367,370,371,373,374,377,378,379,387,388,⑩411,413,420,422,423,430,434,436,439,440,442,444,447,448/62⑤127,⑧257,268,⑨356/63③131,⑤305,308,310,316/64④258,259,260,278,289,293,295/65②144/66②98,116,119,③143,④219,⑥333/67①13,18,19,21/69①35,45,46,98,104,107,②222,264,270,276,305,311,331,332/70②61,③216,⑥387,401

うま【烏麻】→ごま
19①142

うまうし【馬牛】 27①295/32①96

うまくち【馬口】
馬 27①273

うましね【うましね】 24①164

うまじりひえ【馬尻ヒヘ】→G
19①164

うまのおもて【馬の面】
馬 60⑥362

うまのかわ【馬の革】
馬 41②145

うまのくち【馬のくち】
馬 27①273

うまのごぞう【馬ノ五臓】
馬 60⑤281

うまのせん【馬の騸】
馬 60⑦460

うまのは【馬の歯】
馬 12①318

うまのみみがた【馬の耳形】
杉 57②151

うまやうま【馬屋馬、厩馬】 27①254,333

うみうり【うミ瓜、熟瓜】
まくわうり 19①113/20①134,195,210

うみうりつる【熟瓜つる】
まくわうり 19②435

うみうりでき【熟瓜出来】
まくわうり 20②372

うみすずめ【海雀】 58③123

うみつけつぶ【生蚕顆粒】
蚕 47②80

うむしごめ【うむし米】
稲 42①38

うむれたね【うむれ種】
稲 19①63

うめ【梅、梅花】→むめ→G、N、Z
3③166,169,182,④274,342,347,349,354,381/6①183,②283/7②**350**,351,352/10①21,32,84,85,②366/13①132,243/14①**363**,365,368/16①140,**151**/19①179,180/21②132/24①153/25①111/29①85/31④192/37①31,③384/40②54/42③204/43③238/53④248/54①138,139,141,152,308/55③205,208,209,240,243,266,337,380,459,460,466,467/56①108,183/62①14/63④171/69①136
梅 29①86

うめかわ【梅皮】
梅 48①56

うめのき【梅の木】→B
14①340/40②193/63④171

うめのね【梅の根】
梅 24①155

うめのはな【梅の花、梅花】
梅 19②317,329,332,334/29①86

うめのはなのつぼみ【梅花之つほミ】
梅 19①179

うめばちりんご【梅はちりんご】
りんご 40④284

うめひざらほどつぼみ【梅火皿程ツホミ】
梅 8①169

うめもどき【梅もとき、梅もどき、梅嫌、梅嫌木、梅元木】
19②436/54①191,193,289/55③380/56①119,126,127

うら【うら、末、杪】 33⑤239/62⑨357
あわ 62⑨341
いぐさ 3①46
稲 61③129
瓜 31⑤259/62⑨340
えごま 33①46,47
竹 65①41
菜種 33①46,47
はぜ 31④189
綿 8①15/17①230/23⑤276,277,282/31⑤257/33①33/40②47,58,59/62⑨362

うらさき【うら先】
はぜ 33②122

うらさや【うらさや】
ごま 17①207

うらじろ【うら白】 54①184,188

うらたね【うらたね】
瓜 62⑨369

うらなり【うらなり、裏ナリ】
きゅうり 19①113/20②390

うらば【うら葉】
たばこ 62⑨363

うらはな【うら花】
そば 17①210

うらりん【うらりん】
綿 17①230

うり【うり、ふり(瓜)、瓜、爪(瓜)】→L、N
2①70,74,81,132/3②73,③149,④219,272,312,352/4①14,19,21,23,24,25,27,128,130,131/6①16,20,119,**121**,123,②314/7②334/9①50,80/10①27,30,35,②329,368/12①364/13①358/14①195,196/16①84,86,95/17①258,260,261/18⑥497/19①96,103,114,160,170,②311,317,321,328,331,337,339,344,434,446/20①149,196,237,238,239,②371,392/21①83,②133,134/23⑥334/24①142,③304/25①118,126,145,②**215**/28②179,④331/29②129,156,④271/31⑤259/36③197,228/37①32,36,③390/38①10,③136,176/39③153,⑤268,269,278,280,285/40②57,99,123,148,188,③217/41②131/43③258/44③207,210/54①282/62⑨331,339/63④166,167/69②360/70⑥387
かたうり 4①129
からすうり 14①191
きゅうり 2①100
白瓜 2①109/30③253
すいか 2①110
ひょうたん 48①216
へちま 2①112
まくわうり 2①107,108

うりだね【ウリ種、ふり種、瓜たね、瓜だね、瓜種、瓜種子】→X
4①**127**
瓜 19①164,②394,395/28④353/62⑨340,369/68④412
かたうり 4①128
まくわうり 12①248,252,253/17①259,260

うりづる【瓜つる、瓜づる】
瓜 12①365
かたうり 4①129
まくわうり 12①251,257

うりなえ【瓜苗】
瓜 20②378

うりのつる【瓜の蔓】→I
瓜 6①121

うりのなりづる【ふりのなりつる】
まくわうり 17①259

うりのるい【瓜の類、瓜之類】
10②328/12①**246**

うりは【瓜葉】
瓜 4①15

うりるい【瓜類】→N
10①**75**/39③145

うるい【うるい】→N
19①183/37①33

うるし【うるし、漆、浅(うるし)、㯃】→B、N、R、Z
3①19,22,53,③129,166,179,180,182,④354/4①**161**,162,234,236,240/6①182/10①21,41,45,83,②327,337,359/12①120,127/13①**104**,106,112,167,369/14①43,52,202/16①141,162/18②247,261,**263**/19①181/20①149/21②126,127/22①59/24①153/28①94/38③181/45①30/46③186/47③166,⑤251/54①170/56①51,98,150,153/61②98/62①13
漆 13①107,111,112

うるしぎ【漆樹、漆木】→G
19①101,181,②322/20①122/37①32,33/46③183,184,185,186,189,192,193,194,

197,199,209,211/56①**50**,51/61⑨278/69②298,312/70②128
うるしぎのは【漆木の葉】
漆　37①36
うるしだね【漆種】
漆　56①175
うるしつた【うるしつた】→やかつ
18①114
うるしなえ【漆苗】
漆　2⑤326
うるしなえぎ【漆苗木】
漆　61⑨363
うるしのえだ【漆の枝】
漆　3④258
うるしのき【ウルシノ木、うるしの木】→G、N
1②184/16①**141**
うるしのなえ【漆の苗】
漆　13①110
うるしのは【漆の葉】→H、N
漆　56①100
うるしのみ【うるしの子、漆の実、漆実】　10①43,44
漆　10②337/13①110/50①88/56①142,174
うるしみ【漆実】→N
漆　19②295/46③188,190,203/50①88/56①51,142
うるたね【うる種】
稲　42①44
うるちきび【稷、粳黍】→B、I、N
25②211/69②364
うるちもみ【うるち籾】→F
稲　42②94
うるわしきえだ【うるはしき枝】
なし　56①185
うれいろ【熟色】
はぜ　31④154,156,210
うれくち【うれ口】
麦　33①30
うわえだ【上枝】　13①233
菊　55①47
綿　8①270
うわおち【ウハ落】→G
綿　8①229
うわかわ【上かわ、上は皮、上ワ皮、上皮】
麻　36③244
馬　60⑥374
かし　11②122
梶　30③294
榧　16①146
からむし　4①99
葛　50③273
くるみ　16①145
桑　56①201
そば　11②120
にんにく　4①144
へちま　4①141
うわこ【上蚕】
蚕　47②116,124,125/61⑨301
うわなえ【うは苗】
杉　56②253
うわね【ウハ根、うわ根、上ハね、上ハ根、上ワ根、上根】　16①137/40②99,100,127
稲　7①14,22/21①47/22②99/39①36/70⑥398
から竹　21①88
桑　6①177
竹　39①59/68③363
綿　8①228,277/40②47,48
うわほ【上穂】
稲　37②128,129,138,139,140,143,148,157,158,159,160,179,181,182,210,212,214,221
うんしゅうたちばな【雲州橘】
16①147,148
うんだい【雲台、蕓薹、蕓苔】→なたね
6①**108**/12①231/18①94/27①151/45③140
うんだいがい【蕓苔芥】→なたね
45③140
うんだいし【蕓苔子、蕓薹子】→なたね
45③133/50①35
うんもん【雲門】→Z
馬　60⑥333,364,376

【え】

え【エ、ゑ、亜麻、荏、西麻、鼆、荏】→えごま→I、N
2①**42**/3③149,155,159,④292/4①**157**/6①162,164/10①24,27,30,33/17①207,208/19①100,101,103,142/20①122,135,143,158,164,206,213,②383/21①60,**62**,81,84,②132/22①39,42,④**262**,⑥372/24①136,③295,297/25②199,212/33①46,47/37①32/38①17,23,26,27,②74,③115,176/39①**47**,48,62,63/42③177/50①42/62①13/69①124
えあぶら【荏油】→えごま→B、H
1④314,315/18⑤466/38③115,153,154/42①49/68④413,415,416
えあぶらのは【荏油の葉】
えごま　38③128
ええん【会厭】→Z
馬　60⑦414,415
えきこつ【ゑき骨】
馬　60⑥336
えきじゅう【液汁】→I、N
馬　60⑦444
えきぼそう【益母草】　55②124
えぎり【荏桐】→あぶらぎり
15①83/56①48
えぐさ【荏草】→えごま→N
25①47,59,②212,③274/36③260/64①82
えご【白蘇】→えごま→Z
12①**312**
えごま【ゑごま、荏、荏胡摩、荏胡麻、荏子、西麻】→あぶらえ、え、えあぶら、えぐさ、えご、えごま、えじゅうね、じうね、じゅうにん、しろえ、しろえごま→I、L、R、Z
5①33,142/10①44,66,67/12①**312**/19①160,169,170,②317,337,339,446/30③242,280/33①**46**,④223/45③133,134/50①36,37/62③69/68④413
えごまなえ【荏苗】
えごま　19①157,②337
えじゅうね【荏ぢうね】→えごま
42②105,126
えぞぎく【ゑそきく】　55②124
えぞひおうぎそう【蝦夷檜扇艸】→Z
55③352
えぞまつ【蝦夷松】　14①89
えぞゆり【ゑぞゆり】　54①208
えだ【ゑた、枝、出枝】→N
2①123/8①221/16①136/21①86/25①110,111
いちじく　3④346,357
稲　5①67,③263
うど　3④328
瓜　21①83
柿　3③169
かし　16①165
桐　3①49
桑　3①55/4①163,164/5①158
楮　4①160
ごぼう　3④312
ごま　2⑤330
すいか　2①110/21①83
杉　3①49,④353/5③270/16①157
そば　5①116,117
大豆　5①168/17①195/27①102
竹　3④335
茶　4①159
なし　3①50/16①148
なす　3④316
菜種　1④304
ひのき　5③270/16①158
松　3④353
水菜　3④237
桃　3④333
りんご　3④348
綿　4①111/7①90/23⑤277/30③268
えだうど【枝うど】
うど　3④319
えだかける【枝かける】
大豆　19②441
えだかず【枝数】
綿　7①99,101
えだごぼう【ゑだこほう】
ごぼう　17①253
えださきゆきあい【枝先行合】
はぜ　33②118,121
えだだいこん【ゑだ大こん】
大根　17①239
えだつる【枝蔓】
きゅうり　2①100
えだね【荏種、西麻種】　18①95
えごま　19①164/22①50/42②105
えだね【枝根】
なす　2①87
松　49①37
えだのしん【枝のしん】
綿　23⑥327
えだは【枝葉、椏葉】→B、I、N
3③126/25①55/57②116/69①32,60,126,②262
麻　3①41
稲　12①136,144/37③306
くすのき　53⑥396
栗　2⑤333
桑　25①63
大豆　27①95
茶　4①158/6①154,157,158,159/13①79
はりのき　38③190
みかん　3①51
綿　7①97/8①266/9②213,218/23⑥327
えだほ【枝穂】　29①87
杉　57②150
えだまた【枝また】
稲　12①138
えだめ【枝芽】
たばこ　33⑥391
えちごな【越後菜】　10①68
えどいものこ【江戸藷の子】
ながいも　2①96
えどうめもどき【江戸梅もどき、江戸梅嫌】　54①157,297
えどかのこ【江戸かのこ】　54①208

えどすぎ【江戸杉】 57②152
えどだねのかえりじだね【江戸種子のかへり地種子】
大根 20②380
えどな【江戸菜】→みずな
12①229
えなえ【荏苗】
えごま 19①110/20①169
えなえだね【荏苗種子】
えごま 19①167
えにしだ【金雀花、金雀児、雀児花】→Z
55③268, 324, 447
えのあぶらぎり【荏油桐】→あぶらぎり
56①47
えのき【ゑのき、ゑの木、榎、榎ノ木、榎木】→B、I、N
6①182, 184/10②339/12①351/16①**140**/19①182/28④354, 355/37①32/38①19, ③190/40②42, 193/47①46/54①163/56①62, 64, 98/64④291
えのきのは【榎の葉】→I、N
えのき 17①97/38③111
えのきのみ【榎の実】
えのき 19①187
えのこあわ【ゑのこあわ】→G
17①203
えのこぐさ【狗尾草】 19②442
えのころぐさ【狗尾草】→G、N
19②371
えのたね【荏ノ種】
えごま 38④245
えのなえ【荏ノ苗】
えごま 38④259
えのみ【ゑのミ】
えごま 16①40
えのみ【榎実】
えのき 16①140
えびかずら【ゑひかつら】 55②121
えびね【えび子、ゑひね、化偸艸】→かまがみそう、さんじせき
3④354/55②122, ③300
えびねそう【ゑひね草、ゑびね草、他偸草】 54①197, 216, 297
えぼ【ゑぼ】
稲 29②143
えぼしそう【ゑほし草】→ひゃくみゃくこん
55②124
えま【油麻】→ごま
19①142
えみ【ゑミ、ゑみ】
綿 22④261/40②110
えみくち【ゑミ口、ゑみ口】
綿 40②48, 49, 50, 125, 127
えむ【ゑむ】
綿 22④262/23⑤262/40②44, 122
えもぎ【ゑもき】→よもぎ→B、H、N
40③227
えらみだね【撰種子】
綿 8①235
えりご【撰子】
稲 25②184
えりたね【えり種子】
稲 7①21
えりほ【撰穂】→A
稲 7①12
えん【蔫】→たばこ
45⑥282, 316
えんこうすぎ【猿猴杉】 55③435
えんこうそう【猿猴草、猿猴艸】
28④333/55③309
えんさい【園菜、苑菜、薗菜】
10②328/12①171/25①143/29①84/30①6, 120
えんざぎわ【ゑんさきわ】
柿 38③188
えんしか【燕子花】 55②141
えんしゅ【烟酒】→たばこ
45⑥316
えんじゅ【ゑんじゅ、ゑんじゆ、槐】→H、Z
12①187, 351/13①122/54①173, 188, 297/56①56
えんじゅあい【槐藍】→F
20①279
えんじゅのき【ゑんじゆの木】
16①**170**
えんじゅのは【槐の葉】
えんじゅ 56①118
えんじゅのみ【槐の実】
えんじゅ 30②193
えんどう【えんどう、ゑんと、ゑんど、ゑんとう、ゑんどう、ゑんとふ、ゑんどふ、ゑん豆、円豆、燕豆、縁豆、豌豆、豌豆、豇豆】→おおまめ、さんどまめ、にどまめ、のらだいず、のらまめ、ふゆまめ→I、N、Z
2①**70**, 71, 80, 82, 121, 132, ⑤335/3①29, ④242, 322, 371/5①144, ③275/6①162/8①**114**/9①79, 87, 116/10①31, 38, 40, 56, ②328, 329, 370/17①213/19①151/21①81, 82/22④**268**/23⑥329/24①41, 136, 139, 140, 141/25①141/28②217, ④351/29①84, ②136, 156, ④282/30③255, 293/31⑤274/33④211, ⑥382/38③114, 115, 150, 151, 167/39①63/40②146/41②122, 123, ⑤245, ⑥266/42⑥434/43②183, 185/62①13, ③68, ⑧268/67③138/69②217, 350
えんどうたね【豌豆種子】
えんどう 31⑤274
えんどうたねじゅくす【豌豆種熟】
えんどう 30①126
えんどうまめ【えんどう豆、ゑんどうまめ、ゑんとう豆、ゑんどう豆】 3④243, 258, 364/34③50
えんにょうしょうまく【円繞障膜】
馬 60⑦429
えんばく【燕麦】 55③374
えんぱく【円柏、檲柏】 25①110/55②158
えんばくがた【鷲麦形】
はぜ 31④152
えんめいそう【延命草】→たばこ
45⑥316
えんよう【烟葉】→たばこ→N
45⑥316

【お】

お【苧】→からむし→B、K、N
4①295/36①64/40③224, 232/61⑩456
お【麻】→あさ
20①159
お【尾】
牛 60④176, 182, 186
お【雄】→Z
7②341/46①97/68②250/70④273
藍 45②102
麻 7②312
いちょう 56①70
稲 7②**286**
蚕 35①50, 51
葛 50③252
杉 7②362
そらまめ 7②331
大根 7①5, ②316
竹 41④204
菜種 7②322/45③152, 154, 170, 171
鶏 37②216, 217
綿 7①91, 99, 102, ②303/61②86
おいいで【生出】
稲 17①59, 60
おいうし【老牛】 29①16
おいがえり【生返リ】
ささげ 5①119
おいき【老木】 8①223
綿 8①290
おいきのは【老木の葉】
桑 47①46
おいたち【生ヒ立チ、生立、生立チ】 3③150/7②260/8①150/37②122/41③185, 186/47②146/56②243, 274, 278, 282, 285/57①22, ②98, 99, 100, 184/62⑨346/64④302/65②80, 89, 128/69①43, 59, ②258
麻 37①47
油桐 57②154
あわ 38②69
稲 5②221, ③261/36①42/37②154, 193, ③378/39①27, 30, ④195/41②71, 74, 76, ③172, 173/61①34, 35, 36, 43/62⑨324, 326, 333, 342, 356/63⑤303, 305/67⑤208, ⑥278
瓜 62⑨340
漆 46③205, 207, 209, 210, 211
大麦 62⑨332
陸稲 3③153
柿 56①76
桑 47②139
さとうきび 50②151/61⑧219, 220
しょうが 62⑨350
杉 56①43, 211, ②244, 248, 252, 253, 256, 257, 258, 269
大根 62⑨371/67⑥306
大豆 37②112/62⑨335
竹 57①24/65②127
朝鮮人参 45⑦402
菜種 45③165
にんじん 62⑨368
裸麦 36②116
紅花 40④305, 317/45①33
みかん 46②132
蜜蜂 40④314
麦 3③141, 151/41③181, 182, 183/63⑤317/67⑥277, 304
柳 56①121/65②129
綿 8①153, 239/37③377/61④172/62⑧275, 276/69①40
おいたちのきょうじゃく【生立之強弱】 8①180
おいたつ【生立、生立ち】 39①20, 23, 24/56②275, 279, 283, 284
稲 39①32
えごま 39①48
かつら 56①117
桑 56①194, 202
さつまいも 39①52
里芋 39①50
杉 5③270

そば　37②203
大根　37②202
たかな　39①55
茶　47④208
ひのき　5③270
麦　37②109,201
綿　8①36/38②62/39①49
おいたつもの【生立物】　36①68
おいたるかずら【老たるかづら】
さつまいも　12①386
おいたるつる【老たる蔓】
さつまいも　12①384
おいつき【生ヒ付キ】
大麦　32①60,62
裸麦　32①68
おいつく【生付】
あわ　12①174,177
けし　12①316
おいとり【老鳥】
うずら　60①52
おいなえ【生苗】
稲　5①38
おいなえ【追苗】
稲　23①76,77,③155/27①116
おいなえ【老苗】
稲　5③257/23①77/29①46,50
おいなえのたね【追苗の種、追苗の種子】
稲　23③151,152,156
おいまつ【老松】→しらがまつ、ちょうせんまつ
56①114
おいも【男芋】
里芋　5③268
おう【王】
蜜蜂　14①349
おうか【王瓜】→からすうり
14①188
おうかく【横隔】→Z
馬　60⑦411,427,437
おうかんぎく【黄甘菊】　11③145
おうぎ【わうき】　54①225,276
おうきゃくし【鴨脚子】　13①163
おうごんそう【黄金草,黄金艸】→おうせ→Z
55③287,372,391
おうごんちく【金竹】　56①111
おうしとう【罌子桐】→あぶらぎり→H、Z
15①83
おうしゅくいたや【鶯宿板や】
56①105
おうせ【逢瀬】→おうごんそう
55③391
おうせい【黄精】→N
54①203/61⑩460
おうせきそう【鴨跡草】　55②123
おうのはち【王の蜂】
蜜蜂　48①223
おうばい【わうばい、黄梅】　25①110/28④332/54①141,158,276/55③426
おうばち【王蜂】
蜜蜂　48①223
おうはん【黄斑】
つばき　55②160
おうま【御馬】　64①47
おうま【男馬】
馬　40②111
おうみかぶ【近江蕪、江近蕪(近江蕪)】→おうみな→F
25②207/28④348
おうみな【近江菜】→おうみかぶ
28④350
おうれん【わうれん、黄連】→B、N
16①89/54①199,276
おおあい【大藍】→F
20①279
おおあおい【大葵、蜀葵】　55③329,458
おおあさ【大麻】→あさ
13①36/19①97
おおいき【大息】
馬　60⑥368
おおいね【大いね、大稲】
稲　9③248,269,279,295/27①34,110/29③240
おおいばら【大茨】　16①36
おおいも【大いも、大芋】→F
こんにゃく　17①271
里芋　28②218
やまいも　12①376/17①268,269
おおいも【大芋魁】　69②339
おおうま【大馬】　2③264
おおえだのみき【大枝の真木】
にんじん　33⑥364
おおえんどう【大ゑんどう】　3④243
おおおそげほだす【大遅毛穂出】
稲　30①135
おおがき【大柿】　16①142/56①82
おおかのこ【大かのこ】　54①208
おおかぶ【大かぶ、大蕪】　6②302/44③256,257
あさつき　3④300
かぶ　38③162
しょうが　17①284
おおかぶら【大蔓菁】→F
69②339
おおかみ【大かミ、狼】→G
17①139/35①22,23/60②110/66②119
おおぎく【大菊】
菊　55③404
おおきなるたね【大なるたね】
にんにく　12①289
おおぐみ【大ぐミ】
蚕　47①16
おおぐり【大栗】→F
3③170,172/38③187/56①169
栗　13①140/14①302,308/16①146/25①114
おおぐりのほ【大栗の穂】→A
栗　18①68/25①113
おおけんしべ【大けんしへ】
芍薬　54①79
おおごぼう【大牛房】
ごぼう　31⑤250
おおさかけいとう【大坂けいたう、大坂鶏頭】　54①237,276
おおさかしおん【大坂しほん、大坂紫菀】　54①239,276
おおさかひおうぎ【大坂ひあふぎ】　54①225,276
おおさかもち【大坂もち】　54①185
おおしだり【大しだり】→F
柳　55③255
おおしだりやなぎ【大垂柳】
55③452
おおしだれ【大したれ】→F
56①121
おおしぼ【大しほ、大しぼ】　16①264
稲　16①256/17①14,20,30,40,55,73,111
おおしまゆり【大嶋ゆり】　54①205
おおしろほし【大白ほし】
つばき　54①106
おおせきしょう【大せきせう】
17①308
おおせみ【大せミ】　67⑤220
おおたけ【大竹】→B
4①235/21①88
竹　16①131,132,133/39①59
おおたで【大蓼】→F
12①339
おおだま【大玉】→X
こんにゃく　3①33
おおちもと【大千本】　10①64
おおつげ【大つげ】→F
54①156
おおつつじ【大つゝじ】　64④267
おおつのまめ【大角豆】→ささげ
2①70
おおつばき【大椿】　62⑥146/64④267
おおつぶ【大つぶ】
稲　17①130
ごぼう　17①253
ねぎ　17①274
おおつぶのもみ【大つぶの籾】
稲　27①34
おおつぶまめ【大粒豆】　34③47,⑥128
おおつぶまめしろだいず【大粒豆白大づ】　34③44
おおでまり【大手毬、大手毬花】
55③312,321,446
おおとち【大とち】
とち　16①163
おおとり【大鴻】→G
16①38
おおない【大ない】
稲　27①111
おおなえ【大苗】→A
稲　4①18/6①47,②320/25②189/27①110/29③237/36③222/37①17,18,②154,155,193/38④257/39②99
菊　55①31
杉　56②283
おおなりのき【大生の木】
はぜ　31④162,173
おおね【大根】
葛　48①250,251
栗　56②273
桑　6①177
大根　4①175
なし　40④273
はぜ　31④167,177
おおね【おほ根、大根】→だいこん
20①215/27①196
おおねぎ【大ねき、大葱】→F
3④327,358/10①64,65/25①144/33④230,⑥358/41⑤246,250,⑥267
おおねぎなえ【大ねきなゑ】
ねぎ　41⑥276
おおねだね【おほね種子】→N、X
大根　20①238
おおねむり【大ねふり、大ねむり】
蚕　62④104,108
おおのびのなえ【大伸の苗】
はぜ　31④162
おおば【大葉】　46①22/55③454
栗　55②165
桑　47②138/56①193,194,200,201,203,205
しなのき　56①121
すげ　4①124
なし　46①21,23,24,25,27,28,29,30,31,33,34,35,37,

38,39,42,43,46,47,48,49,50,51,53,54,55
はくうんぼく　56①98
綿　8①50
おおばこ【おふはこ、車前草、芣苡】→しゃぜん、→N、Z　19①191/38③124/55②122
おおばと【大鳩】　68④401
おおはなしべ【大蕊】
つばき　55③390
おおばばくもん【大葉麦門】　11③149
おおひげ【大髭】
むらさき　14①157
おおひらしべ【大平しべ】→Z
芍薬　54①77,80,81,82
おおひらなえ【大ひら苗】　62⑨326
稲　62⑨356
おおひらばな【大平花】
紅ぼたん　54①57
白ぼたん　54①45,47,48
おおひる【大蒜】→F　10①64
おおふさ【大房】
はぜ　11①17
綿　15③400
おおふるかぶ【大古株】
あらせいとう　55③274
おおほ【大穂】→F　16①75
稲　17①55,73/21①35,41,47
おおほおずき【大ほうつき】→ほおずき　55②124
おおまつのみばえ【大松の実生】
松　14①402
おおまめ【大豆】→そらまめ　8①111,114
おおまめ【ヲヽ豆】→えんどう　19①151
おおまゆ【大マユ、大まゆ、大繭】
蚕　35①59,60,②263,322,357,400
おおまゆみ【大梓】→N　19①180
おおみ【大実】
はぜ　11①59
おおみかん【大蜜柑】
みかん　14①385,387
おおみくさ【莨宕】→たばこ　45⑥316
おおむぎ【大むぎ、大麦、穬】→ふたとせぐさ、むぎくさ→Ⅰ、L、N　2①56,62,63,64,65,72,73,③262,263,264,265,④307,⑤335/3①28,②70,72,③137,141,142,149,④226,244,305/4①68,77,80,89,128,157,229,230,232,279/5①123/6①86,90/7②289/9①60,65/10①8,40,43,55,89,②325,326/11②112,113,④182,⑤237,238,241,262/12①90,152,155,159,164,166,171/17①179/19①95,101,103,136,165,169,170,200,210/20①135,159,164,175,187,②385/21①26,27,36,38,50,51,54,59,61,80,84,89,②122,123,125,126,132,③152,157/22①54,②113,114,116,119,③155,156,158,163,171,④210,⑤355,⑥378/23①21,29,30,64,⑤262,267/24①82,135,136,141,153,③285,288,289,291,295,296,297,298,299,307,308,315,319,326,344/25①74,119,121,②198,199/27①61,66,131,132,133/28②195,198,236,238,245,246/29①71,②147/30①46,91,95,104,114/31②85,③117,⑤260,276,281/32①48,70,99/33①20,53,③170,④184,227/34⑤91,96/35①205/37①34,③376,389/38①12,19,23,②58,82/39①43,49,56,62,②119,③144,149,⑤280/40③222/41②80,⑤233,245,247,254,257,261,⑥266,277,279,280/42⑤317,321,322,⑥388/45①30/62①13,⑨332,347,376/63⑤315,317,319,320,321/67④163,⑥273,279,287,304/68②255,④413,416/69②217,233,344,345,350,352,364,384
おおむぎじゅくす【大麦熟】
大麦　30①126
おおむぎだね【大麦たね、大麦種】→X
大麦　13①20/19①165/63⑤317
おおむぎなえだね【大麦苗種子】
大麦　19①168
おおむぎほだし【大麦穂出】
大麦　30①122
おおむぎわら【大麦わら、大麦藁】→B、I
大麦　31②79/42⑤328
おおもち【大もち】
紅花　45①44
おおもと【大もと、大本】→A
稲　20①67/27①114
おおもも【大桃】
綿　8①15,241
おおやなぎ【大柳】
柳　16①155
おおやまれん【大山蓮】　55③333,391,447
おおやまれんげ【大山蓮花】　54①162
おおゆり【大ゆり】　54①207
おおらん【大らん、大蘭】　54①216,217
おかいね【おか稲、岡稲】→おかぼ　22④278/25②195/61②80
おかぎり【岡桐】　14①47/56①47
おかこうほね【おかかうほね、おかこうほね】　54①197,275
おかだごめ【岡田糙】→じゃがいも　18④393
おかひえ【おか稗】　21①81
おかひじき【岡ひじき、陸鹿尾藻】　19①152,180
おかぶ【おかぶ、岡部、御株】→おかぼ　17①151,152/22⑥369/61⑩426
おかぶ【雄株】
稲　8①79
おかぶいね【岡部稲】→おかぼ　17①151,169
おかふこ【おかふこ】　55②122
おかぶりなえ【岡振苗】
稲　22④214
おかぼ【おかほ、おかぼ、をかぼ、岡穂、早(旱)稲、畑稲、畠米、旱稲】→おかいね、おかだごめ、おかぶ、おかぶいね、かべい、かんとう、くがいね、のいね、はたけいね、はたまい、ひでりいね、りくとう→N　3③145,149,152,153,154,④340/10③390/19②374/21①61,69,77,80,81,82/22②118,③161/23③155,⑥311/38①8,9,11,26,②67,80/61⑦193/62⑧274
おかぼいね【陸穂稲】　20①321,322
おぎ【おき、を木、男木、雄木】　7②232,343,346,347/8①78/41④203/70④273,276
油桐　5③279
いちょう　13①165
漆　4①161/18②264,266/46③190,210,211
榧　56①120
くぬぎ　7②363
桑　35②352
杉　7②362
にしきぎ　55③345
ぬるで　16①162
はぜ　14①232
ゆず　7②356
れんぎょう　55③255
綿　7①90,98,110/20②384/61②86,④172/69①135
おぎ【荻】→B、G、Ⅰ　3④354/6②283/17①178,304/22④218/55③368
おきうら【起裏】
蚕　47②126
おきかけ【起かけ】
蚕　35③429
おきこ【起蚕】
蚕　47②120,121,122,123
おぎなえ【男木苗】
漆　46③212
おきなぐさ【おきな草、翁草】→きく→N　24①140/54①242,276
おきなそう【白頭草】　54①242
おきなだけ【翁竹】　56①113
おぎのなえ【雄木の苗】
杉　7②362
おきゃらぼく【をきやらぼく】　54①185
おきよどみ【起眠】
蚕　35③428
おぎり【男きり、男桐】
あおぎり　16①154
おくぎ【居木】　19①164/20①229
おくきび【晩秬】　10①24
おくこきび【晩小秬】　10①41
おくさ【雄草】
藍　45②102
おくささぎ【奥さゝぎ】　39③152
おくささげ【晩豇豆】→N　2①102
おくず【雄葛】
葛　50③248
おくてじゅくす【晩稲熟】
稲　30①136
おくてほだす【晩稲穂出】
稲　30①133
おくなす【晩茄子】→F　10①41
おくむかご【晩むかご】　10①41
おぐらせんのうげ【おくらせんおふけ、小倉仙翁花】　54①210,276
おぐるま【をくるま、小車、旋覆花】→のぐるま→N　20①147/54①242,276/55③333,358
おくれほ【おくれ穂、後れ穂、後穂】→Z

稲　19①41/37①41,②166,193,194,212,225/61③129
麦　7②293/40②102,104
おけらそう【おけら草】　54①244,276
おごぼう【おごぼふ、雄牛房】
ごぼう　33⑥313,314
おこりしかいこ【起りし蚕】
蚕　35①125
おざさ【小笹】→Ｉ
55③437,441,442
おさながい【稚飼】→Ａ
蚕　35③429,432,433,437
おしね【おしね、穭】
稲　19②279/24①121
おしべ【雄蕊、雄蘂】→Ｚ
稲　70④273,277,278,279,280,282
麦　68②251,253
綿　15③337,338,339
おしろい【白粉】　28④333
おす【牡、夫虫、雄】→Ｊ
蚕　3①56/47①38,②133
鶏　69②282,283
綿　28③322
おずい【雄蕊】　68②250
稲　62⑦204,205
おすうま【牡馬】→こま
1②156/24①20
馬　60⑦455
おすえ【苧末】
麻　4①96
おすき【雄木】
竹　3④335
綿　22②119
おすぎ【夫杉】
杉　56②243
おすだね【雄種】
稲　22②99
おそあずきじゅくす【遅小豆熟】
小豆　30①138
おそいねのなえ【晩稲の苗】
稲　13①71
おそかぶたねじゅくす【遅蕪種熟】
かぶ　30①126
おそくうえたるいね【晩ク種ヘタル稲】
稲　32①38
おそくつくるむぎ【おそく作る麦、遅く作る麦】　33①52,53
おそこむぎ【遅小麦】→Ｆ
33③170
おそささげ【おそさゝけ】　10①44
おそだいずじゅくす【遅大豆熟】
大豆　30①140
おそだいずはなさく【遅大豆花咲】
大豆　30①134,137
おそだち【おそだち】
綿　23⑤273
おそでき【遅出来】
稲　4①211
おそなえ【晩苗】
稲　62⑨356
おそぶき【おそぶき】
綿　15②192
おそほぞち【遅熟瓜】　4①131
おそまきのあわ【おそまきのあわ】　28②190
おそまきのそば【遅蒔之そば】
19②349
おそまきのむぎ【おそ蒔の麦】
麦　23⑤261
おだけ【お竹、を竹、小竹、雄たけ】　54①177/55③442/56①111
おだけ【男竹、雄竹】→Ｉ
竹　3②71/6①186/16①131,133,305/37③390
おだつ【おダツ、ヲタツ】
ごぼう　19①111
にんじん　19①121
おだね【男種、男種子】
小豆　5③275
大豆　5③275
綿　3②71
おだね【苧種】　41②130
おたねにんじん【御種人参】→ちょうせんにんじん→Ｎ
40②179/61⑩458
おたま【おたま】　24①93
おだまき【おだまき、おた巻】
28④333/54①199,276
おだまきそう【おた巻艸、小手巻艸】　28④340/55③275,446
おちうり【をちふり】→Ｇ
まくわうり　17①259
おちぎ【落木】　57②104
おちば【落葉】→Ｂ、Ｉ、Ｎ
16①136/56②288
榧　16①146
桐　3①21
おちぼ【滞穂、落穂】
稲　1③271/4①31,61/6①72/20①104/24①172/25①20/27①184,376/37③335,340,341/39④230
おちゆず【落柚】
ゆず　3④344
おちょう【おてう、お蝶、男蝶、雄蛾、雄蝶】
蚕　24①100/35②402/47①35,37,38,②80
おっこう【おつかう】→きゃらぼく
54①184
おっとせい【膃肭臍】　25①94
おとぎりそう【おとぎりそう、おときり草、乙切草、弟切草】
54①225,242,276/55③308,331,367
おとこ【男】→おんな→Ｌ
3②70,71,72,73/37③389,390
おとこえし【おとこへし】→はいしょう
55②124
おとこえだ【男枝】
なし　46①85
おとこぎ【男木】→Ｂ、Ｊ
油桐　5②229
はぜ　11①18,19,22,32,33,34,35,51,52/31④161
おとこぐわ【男桑】→Ｆ
桑　47①46/56①178
おとこごぼう【男牛房】
ごぼう　31⑤250
おとこだけ【男竹】
はちく　55③438
おとこはぜ【男櫨】
はぜ　11①32,33,34/31④162
おとこまつ【男松】→Ｎ
16①139
おとこめ【男目】
麦　8①104,257
おとこめし【おとこめし】　54①240
おととしのたね【去々年の種】
紅花　61②91
おとり【雄鳥】　70④276
あひる　13①263
鶏　13①261,262
おどりこそう【おとりこ草、おとり子草、踊子草】→ぞくだん
54①200,276/55②123
おなえ【をなへ、男苗、雄苗、陽苗】→めなえ
7①5
稲　7①41/19②279/39④190
杉　7②362
大根　18⑤469
菜種　45③152
松　14①92,93
綿　3②71/7①98,109,②304/11②119/37③376/61⑩426
おなえのほ【雄苗の穂】
稲　7①40
おなえほ【雄苗穂】
稲　7①31
おながどり【尾長鳥】　42③194/59④275
おなごたけ【女竹】
はちく　55③438
おなもみ【をなもミ】　54①243
おにあざみ【鬼薊】→Ｆ、Ｎ
55③302
おにさくら【おにさくら】　16①166
おにざんしょう【鬼山升】　56①125
おにぜきしょう【鬼石菖】　54①233
おにどころ【おにところ、鬼萆薢、野老】→ところ→Ｎ
6①139/10①24,79/14①164,165
おになめしばな【おになめし花】
28②204
おにのめつき【鬼の目つき】　7②340
おにばす【鬼蓮】→みずぶき→Ｎ
55③399
おにひし【鬼ひし】　17①300
おにもみ【鬼もミ】　54①184
おにゆり【おにゆり、鬼ゆり】→Ｆ、Ｎ、Ｚ
11③150/54①207,208
おのしべ【雄の蕊】
麦　68②254
おのずからはゆる【自ら生る】
はっか　13①298
おののかずら【おのゝかつら】
30③247
おはか【おはか】　34③51
おばくず【姨葛】
葛　50③248
おばけ【尾羽毛】→Ｊ
鯨　15①33,34,36
おばな【尾花】→すすき
37③322
すすき　31⑤284
おばな【雄花】　70④273
おふと【おふと】
稲　29③221
おほ【男穂、雄穂】　21①26/40②135,136/69①134
稲　7①31,50/21②116/22②99/23①38/36②98/37③272/41④204/62⑦204/69①135/70④273,276,277
小麦　3②70,71/37③376
麦　68②251
おま【苧麻】→からむし
6①145
おまつ【男まつ、雄松】→くろまつ→Ｆ
54①175/55②129/56①52
おみなえし【おミなへし、ヲミナヘシ、女郎花】→あわばな→Ｎ、Ｚ
1②167/3④354/11③142/24①93/28④333/37③322/54①240,244,276/55③357,380,398,408,446

おもいぐさ【相思草】→たばこ 45⑥316
おもうし【をも牛】 10①169
おもだか【おもたか、おもだか、沢瀉】→G、N、Z 3①24/17①307/54①232,275/55③359,449/70⑥381
おもと【おもと、万年青、藜蘆】→せんねんうん→B 11③146/54①229,257,276/55②106,111,135,144,166,174,③337,410,425,461
おやいも【旧根、親いも、親芋】
里芋 2①91/3④351/21①64/33⑥356/39②104
じゃがいも 70⑤327
とういも 25②218
おやいものね【親芋の根】
里芋 29③252/33⑥355
おやがしら【親頭】
里芋 5③268/24①113
おやかぶ【親株】
かきつばた 55③282
おやき【親木】→A、B
桑 35②308,312/47③171/56①61
杉 56②242
はぜ 11①20,40,46,48,49,50/31④185,188,190,191,211
ひのき 56①47
ぼたん 55③396
おやきのえだ【親木の枝】
はぜ 11①48
おやきのね【親木の根】
はぜ 11①46
おやたけ【親竹】
竹 3④335
おやどり【親鳥】 68④401
おやなえ【親なへ】
稲 5②222
おやば【ヲヤ葉】
綿 8①276,277
おやばち【親蜂】 40④336
おやほ【親穂】
稲 1①54/5③255/21①33/23①34/37②138,139,140,141,142,143,145,152,158,160,166,168,169,193,230/39①26,27
おらんだそう【阿蘭陀草】 54①258
おらんだちさ【紅夷ちさ】 11③148
おらんだとうがらし【阿蘭陀番椒】 45⑦423
おりくち【折口】 2①123
おりな【折菜】 24①142
おれおつ【折落】 56②273
おろかおい【おろか生】
稲 37③339
おわたしだね【御渡種子】
朝鮮人参 48①239
おん【雄】→Z
稲 8①67
菜種 8①84,92
麦 8①93
綿 8①13,15,16,21,50/61④172
おんき【男木、雄木】
菜種 8①88
綿 8①14,29,59,266/33①33
おんこくさんのなえぎ【御国産之苗木】
桑 61⑨379
おんごろもち【おんごろもち】→うごろ 24①93
おんどり【牡鶏、男鳥、雄鳥】→めんどり 40④327/69②282,287,288
鶏 37②219/69②285,289
おんな【女】→おとこ→L、N、X 37③389,390
おんなえだ【女枝】
なし 46①85
おんなはぜ【女櫨】
はぜ 11①33
おんなほ【女種、女穂】 62⑧262
綿 62⑧275
おんめん【雄雌】
綿 8①61

【か】

か【禾】 5①190/25①99
か【蚊】 16①37
か【蕸】
はす 12①339
かいうし【飼牛】 67③122
かいうま【飼馬】 6①35/10①134/25③282
かいか【開花、開華】→A 55③205,206,208,214
けし 55③325
つばき 55③465
なし 46①20,21,22,24,25,26,27,28,29,30,31,32,33,34,35,37,38,39,40,41,42,43,44,45,46,47,48,49,50,51,52,54,55,90,93,94,95
はくさんかずら 55③367
びようやなぎ 55③336
ぼたん 55③290,291
かいこ【カイコ、かいこ、かひこ、蚕、蚕子、蚕飼、飼蚕、神蚕、神虫、蠶、蠒、䖸】→かみのむし、ばとうじょう→A、H、L 1⑤353/3①8,54,56,③103,117,118,125,129,160,161,164,166,179,180,182,186,188/4①14,16,19,163,164/5①164/6①174,175,189,190/10①116,②357,358,376/13①8,118,120,121,123,152/14①43,47,217,253/16①37/18①80/22①39/23①55/24①49,54,55,61,77,100/25①56,62,63,64/35①6,11,21,24,28,32,33,36,37,40,42,43,47,50,51,55,60,65,70,73,83,85,90,99,101,103,105,108,109,110,111,112,113,114,116,117,119,121,123,124,125,130,131,135,139,141,143,145,147,150,151,153,162,171,180,183,184,203,205,234,236,237,②261,262,263,264,267,268,278,287,295,311,314,316,324,347,348,353,354,366,370,372,373,375,378,379,380,381,382,383,395,396,403,③427,428,429,431,432,433,436,437,438/36②127/37②65/38③185/43①60,③253/47①19,20,21,44,49,51,55,56,②80,81,83,86,87,88,89,90,91,92,93,94,95,98,101,103,104,106,108,109,110,111,114,115,116,117,118,119,121,122,123,124,129,130,131,132,133,135,136,137,138,141,143,145,147,③166,167,170,177/48①209,210/53⑤335/56①178,187,192,200,201,205,207,208/61⑨300,301,304,305,⑩444/62④86,89,90,91,92,95,97,99,104,105,106,108,⑧239,240,274/67⑥307/69②294,295/70⑥420,421,422
かいご【かいご、卵】
蚕 47①36,50
鶏 13①262
かいこいちどい【蚕一度居】
蚕 35②289
かいこう【海紅】 25①110/56①70
かいこうきん【開肛筋】
馬 60⑦431
かいこさんどい【蚕三度居】
蚕 35②290
かいこたいび【蚕大尾】
蚕 22⑤352
かいこだね【蚕種、神蚕種】
蚕 24①15/35①86/53⑤335
かいこたねがみ【蚕種紙】
蚕 35①105
かいこにどい【蚕二度居】
蚕 35②289
かいこのかしら【蚕の頭】
蚕 35②383
かいこのこだね【蚕の子種】
蚕 10②377
かいこのたね【かいこのたね、蚕のたね、蚕の種、蚕の種子】
蚕 6①189/13①123/18①89/25①62
かいこのなやみ【蚕のなやミ】
蚕 6①190
かいこのふん【蚕の沙】→H、I
蚕 35①99
かいこのまい【かひこのまひ】
蚕 21②128
かいこのまゆ【蚕の繭】
蚕 35①98
かいこはつやとい【蚕初ヤトイ】
蚕 22⑤352
かいこむし【蚕虫】 70②110,111
かいこよんどのねむりおき【神蚕四度の眠起】
蚕 35①183
かいこん【海根】→みずひき 55②123
かいし【槐子】
えんじゅ 56①56
かいし【かいし(とんぼ)】 36③225
がいし【芥子】→からし
からしな 15①75
かいそ【海鼠】 40②71
かいだいず【カヒ大豆】 19①140
かいだいずだね【飼大豆種】
大豆 19①165
かいだね【買種】→X
大根 2①14,15
かいちょう【廻腸】→Z
馬 60⑦430
かいづかいぶき【貝塚円栢】 55③436
かいつぶり【かひつぶり】
稲 27①369
かいでのき【かいての木】 16①166
かいどう【かいたう、かいだう、海棠】 3④354/54①144,166,173,277/55③275,276,446,467/56①70
かいとうり【かひとうり】 19②396
かいとうりつる【かいとうり蔓】
かきどおし 19②436

がいよう【艾葉】→よもぎ→N 24①153
よもぎ 12①358
かいら【かいら】
あわ 17①203
稲 16①86,94/17①17,22,23,30,55,96,122
麦 17①181
かいりぼ【かいりぼ】
稲 28②225
かいるえんざ【かいるゑんざ】 54①280
かいるつり【蛙釣】 55③278
かいろ【蓋露】→たばこ 45⑥316
かいわり【かいわり、貝割、甲ワリ、甲わり、甲割】 16①260
かぶ 17①244
ごぼう 7②324,325
綿 7②307/31⑤257/62⑧275
かいわりは【かいはり葉、甲割葉】
大根 7②318
綿 7②308/40②109,110
かいわりるい【嫩菜るい】 15②218
かえで【鶏冠樹、楓】→N 3④289/6①182/19①181/45④200/54①**152**,277/55③409,448
かえでのき【楓の木】 16①**166**
かえでのは【楓の葉】
かえで 55③350
かえば【替葉】
松 56①167
かえまめ【飼マメ】 19①99
かえりはな【かへり花】 3④354
かえる【カヘル、蛙、蟇】→かわず、どんびき、もつけうし→G 1②192/6①30,②291/7②245/59④358
かえるえんざ【蛙床】 54①234
かか【花果】 13①254
かかえて【抱エテ】
菊 55①52
かがく【下齶】→Z
馬 60⑦453
かかのき【花果の樹、花果の木】 13①251,252
かがみ【かゞみ】
稲 1①52
かがみそう【鏡草】 17①311
かがみばな【屈ミ苍】
紅花 19①120
かがむ【かゝむ、屈】
稲 18⑥497,498
紅花 19②383
かき【かき、柿、梆】→りょうそうちょうじゃ→N、Z 2⑤329,332,333/3①19,22,52,②73,③166,169,172,182,④307,346,347/4①236/6①183/7①68,②**353**,354/8①12,263,266/9①116,119/10①21,84,100,②335/12①120/13①149,243/14①46,**200**,202,341/16①142,143/18①56,**73**,90,91,96,98,99,102,108,109/19①101,181,190,191,②283/21②126,129,132/22①59/24①153/25①25,114,115/27①56/28①94/29①85/33⑥342/34⑧306/36①68/37①33,③390/38③188/40②50,54,99,④326/41⑤246,⑥267/53④248/54①166,277/55③468/56①**65**,72,**75**,76,78,**81**,83,109,184/61①38,⑩421/62①14,⑧276/63④173/67⑥288/69②297,312,317/70⑥411
かきうり【かき瓜】→F 4①128
かきざきぶり【かき咲ふり】
菊 54①252
かきささげ【かきさゝげ、垣さゝげ、垣小角豆、垣大角豆、垣豇豆】→F 19①103/20①167,199/41②92
かきしぶ【柿渋】→B 10①35
かきせんのうげ【かき仙翁花】 54①237
かきだいず【垣大豆】 41②92
かぎたかな【かぎ高菜】 33④232
かきつばた【かきつはた、かきつばた、燕子花、杜若、荘若】 3④354,372/16①36/17①309/20①168/28④333/54①220,234,280/55②141,③208,243,279,282,346,446,457
かきつばたのはな【杜若花】 19①182
かきつばたのようし【かきつばたの養子】
かきつばた 54①280
かきつぼみ【柿ツボミ】
柿 8①169
かきな【カキナ】 24①141
かきなえ【柿苗】
柿 61⑨275
かきのかわ【柿ノ皮、柿の皮】→N
柿 6①173/18①73/56①82
かきのき【柿ノ木、柿の木、柿木】→B 13①232/16①**142**/34⑧305/56①66/63④173/66⑥336
かきのたね【柿の種子】
柿 14①207
かきのは【柿の葉】→B
柿 17①97/38①9,26/56①117
かきのはな【柿の花】
柿 36③208
かきは【挂葉】
まくわうり 2①107
かきひらど【かき平戸】 54①209
かきまめ【かきまめ、カキ豆、かき豆、垣豆、垣萩】→ふじまめ→N 10①20,30,39,41,③401/19①152/39②102
かきまめ【柿大豆】 39②**102**
かきまめのは【垣豆のは】 10①34
かきまめのるい【垣萩の類】 10②328
かぎゅう【蝸牛】→かたつぶり→G 1②190
かぎょう【花形】→X 54①223,224,231/55③215
あおい 54①214
あじさい 54①171
いちはつ 54①220
梅 54①138,139
うめばちそう 54①229
おうばい 54①158
おきなぐさ 54①197
かざぐるま 54①226
ききょう 54①210
菊 54①230,246,247/55①35,52,53,62,63,71,72
きすげ 54①222
車ゆり 54①206
こうおうそう 54①200
紅ぼたん 54①58,59,60,61,63,64,65,66,67,68,69,70,71
ごじか 54①243
さぎそう 54①233
桜 54①145,146,147
さざんか 54①111,112,113,114
さつき 54①134
しもつけ 54①172
芍薬 54①77,83
しゅんらん 54①202
白せんのう 54①237
白ふくじゅそう 54①196
白八重 54①208
すかしゆり 54①205
せきらん 54①217
せんだいはぎ 54①198
千日紅 54①242
ちゃらん 54①216
ちょうじそう 54①199
朝鮮あさがお 54①228
朝鮮ばら 54①161
つつじ 54①116,117,118
つばき 54①88,90,91,93,95,97,98,101,102,103,104,105,107,108,109,110
天目ゆり 54①204
とりかぶと 54①239
夏つばき 54①163
白ぼたん 54①39,40,41,44,45,46,47,48,49,51
ひおうぎ 54①225
姫ゆり 54①207
ふじ 54①156
ふよう 54①244
紅平戸 54①209
松本せんのう 54①211
まゆつくり 54①201
むくげ 54①164
もくれん 54①162
桃 54①142,144
りんどう 54①240
わすれぐさ 54①221
かぎょうぶんかいのべん【花形分解之弁】 55③214
がく【蕚】→Z 55③215,216
かいどう 55③275
菊 48①205
かくい【かくい】
大麦 29①71,72
かくう【下腔】
馬 60⑦410,425
かくけん【膈腱】
馬 60⑦412
かくごそう【革牛草】→やぶみょうが 55②124
かくずえ【藿末】
大豆 20①241
がくそう【がく草、楽草】 55③293,310,446
かくまく【角膜】→Z
馬 60⑦446,448,450
かくれむし【蟄虫】 25①98,100
かげ【鹿毛、騮】
馬 60⑦455/61⑨378
かけい【花筿】
にんじん 33⑥364
かけいね【かけいね、かけ稲】→A
稲 28②227/61④170
かけぎ【かけ木】→B 64④304
かけたい【掛鯛】 55③316
かげろう【蜉蝣】 1①28
かけん【下瞼】→Z
馬 60⑦445
かご【かご、楮】→こうぞ 4①**159**/12①76,77,120,127

/13①91,122/14①41,**254**/47⑤251
かこいおきたるなえ【貯置たる苗】
いぐさ 14①142
かこいなえ【囲ひ苗】
稲 23①77
かこいなし【かこいなし、かこい梨】
なし 40④276,277
かこう【火粳】 70⑥424
かこう【下口】 69①53
馬 60⑦429,430,439,462
かごばえ【かごばへ】
綿 29①67
かさ【笠】
しいたけ 48①220
かざお【風苧】 33③162
がざき【がざ木】 64④278
かさぐさ【笠草】 19①191
かざぐるま【風車】 54①226,278/55③303,320,390
かざぐるまつる【風車つる】
かざぐるま 19②436
かささぎ【鵲】 25①101
かさすげ【笠菅】 19②283
かさね【かさね、重】 54①35
蚕 47①48
菊 54①247
紅ぼたん 54①56,58,60,63,65,66,67,68,69
さざんか 54①111,114
つばき 54①88,89,90,92,94,96,97,98,100,101,102,107
白ぼたん 54①39,41,47,48,49,50,51,52,53
かさねつくる【かさねつくる】
蚕 47①36
かさまうり【笠間瓜】 4①128
かざみぐさ【風見草】→やなぎ
24①140
かし【菓子】 13①253
かし【カシ、かし、樫、橿、槲、櫧】→B、Z
3①58/4①236/8①266/10①21,84,100,②335/12①120,351/13①209/22①59,③163/32①211,213,217,222/36③320/38③190,④289/40②150/41②36/45⑤237/49①223,224,232/53④235/54①186/55②141/56①104,150,151,152,185/57①18,②197/70⑥401,420
かじ【かぢ】
にんじん 34⑤82
かじ【かち、かぢ、梶、楮】→こうぞ
10②327,335,339/30③274,294,295/47①46,③169/54①173
かしうり【菓子瓜】 4①23,127,129,130,131
かしぎ【かし木】→I
57②138,140,206
かじけたるき【かしけたる木】
29①86
かじけなえ【かしけ苗】
綿 33①33
かしたるたね【かしたる種、かしたる種子】
稲 20①36
綿 62⑨338
かじつ【菓実】 4①236/25③264
かじつのじゅもく【果実の樹木】
12①120
かじなえ【かちなへ】
梶 30③274
かしのき【カシノ木、かしの木、樫の木、樫木、橿、櫧木、[illegible]木、櫧木】→B
1②202/12①123,124/13①205/16①**165**,185,187/34⑤111,⑥153/48①102/49①51/54①186,277/57②104,124,156,188/61⑩452
かじのき【かぢの木、構、穀の木】→くろかじ、まかじ→B、J
7②303/54①277/56①58
かしのきのえだ【樫木の枝】
かし 25③263
かしのは【樫の葉】→B
かし 30①57/41③174
かしのみ【樫の実、樫実、櫧子】→N
10①44
かし 11②122/32①222
かしままつ【鹿嶋松】 54①176/55②129
かしまめ【果子豆】→F
22①53
かじまめ【藊】→ふじまめ
19①152
かしゅ【菓種】 41⑤249
かじゅ【果樹、菓樹】 3①19,③128,129/4①236,237/5③288/6①182,183,187/12①76,120,122/13①149,369/14①232,233,340/29①85/31④147/45⑦395,398/56①79,80/69②317,344
かじゅ【花樹】 13①239,242,252,253,255
かしゅう【何首烏、可首烏、河首烏】→N、Z
6①138/19①152/55②121
かしゅういも【何首烏芋】 10②339
かしょう【火蕉】 55②171
かしら【カシラ、かしら、魁、頭】
牛 60④184
うずら 60①46,55,59,60
馬 60⑥371
蚕 47①28,29
楮 5③270
こんにゃく 20①155
里芋 12①359/20②385,386
朝鮮人参 45⑦415
つくねいも 30③244
綿 15③338
かしらほ【頭穂】
稲 61①43
かしわ【かしハ、梓、栢、柏、櫟】→I
6①182/22④**277**/24①153/25①110/28①94/34⑧301/36②126/38③190/41④206/45⑦405/70⑥420
かしわぎ【柏木】→B
56①153
かしわのき【櫟木】 45⑦398
かしわのみ【柏の実】
かしわ 34⑧307
かしわめんどり【中鶏牝鶏、中鶏牝鳥】
鶏 69②286
かじわらささげ【梶原さゝけ】
33⑥335
かす【かす】→B、I、J、L、N、X
藍 34⑥160
かずい【花蕊】
稲 70④280
かずのこ【鰊鯑】→I、J、N
にしん 69①110
かずのこぐさ【菫草】 10①72
かずら【かつら、かづら、藟】→さつまいも→B、G
10①79/15②209/19②434/34⑤88,89,90,92,93,95,106/54①158
小豆 10①56
ささげ 10①59
さつまいも 12①384,385,386/34③42,43,④62,63,⑥132,133,134,135
すいか 4①135
仙人草 54①245
朝鮮あさがお 54①228
のうぜんかずら 54①157
ふづそう 54①295
ゆうがお 10①74
かずらいも【かつら芋】→さつまいも
10①24,63
かずらだね【蔓種子】
さつまいも 34④61
かずらば【かつら葉】
瓜 4①129/20②378
とうがん 4①138
かずらもとぎ【かつら本木】
とうがん 34⑤80
かずらるい【かつら類】→I
10①78
かすり【かすり】
かえで 54①154
かきつばた 54①234
菊 54①247,249
さざんか 54①114
さつき 54①129,135
つばき 54①87,88,89,90,91,92,94,95,96,98,99,100,101,103,104,105,106,108
花しょうぶ 54①219,220
かすりとびいり【かすりとび入】
さつき 54①127
かせき【かせ木】
はぜ 11①26,54
かせつ【かせつ、夏節】 54①224,278
かせつ【禾節】
稲 23①109
かせほ【かせ穂】
はぜ 11①40
かそ【嘉蔬】→N
70⑥380,424
かぞ【かぞ】→こうぞ
14①41,**254**
かそう【火葱】→らっきょう
12①287
かぞのき【かぞの木、楮木】 16①**143**/45⑦398
かた【かた、肩】
うずら 60①59
馬 60⑥354,355,373
かたうし【片牛】 10①169
かたうり【かた瓜、堅瓜】→F
2⑤330/4①21,129,130,201/36③228
かたえだ【片枝】
綿 8①266
かたぎ【樫】→B、N
50①50,52
かたきうり【かたき瓜】
瓜 4①131
かたきこめ【かたき米】
稲 17①17
かたさす【肩サス】
稲 5①34
かたし【かたし】→つばき
10①20,38
かたしめのはな【かたしめの花】
紅花 45①42
かたすぎ【片杉】 56①129
かただいね【堅田稲】→みずたいね
5③263
かたつぶり【カタツフリ】→かぎゅう、まえまえつぶろ→G

1②190
かたなえ【カタ苗】
稲　8①67
かたなはき【刀はき】　41⑤248
かたなり【かたなり、肩なり】
かぼちゃ　33⑥344
なす　33⑥325
かたなりのいちばんたね【かたなりの壱番たね】
なす　33⑥326
かたのなす【かたの茄子】
なす　33⑥325
かたひし【かたひし】→つばき
11②122
かたふさ【かたふさ】
綿　29①69
かたまわりなえ【潟廻苗】
稲　5①32
かたみ【カタミ】
稲　5①28
かたむく【かたむく】
稲　8①77
かためきれ【片目きれ】
稲　17①43
かたもみ【かたもミ】
稲　62⑨326,327
かたわた【片輪綿】
綿　8①264
かちもみ【かち籾】
稲　6①71
かつ【楮】→こうぞ
38③181
かつおどり【鰹鳥】　16①36
かつきん【闊筋】
馬　60⑦441
かっこう【郭公】→ふこく、まめまきどり
17①116
かっこん【葛根】→くずね、くずのね→N
葛　14①190
かつさい【葛菜】→かぶ
24①163
かつしたん【鶡旦】　25①100
がっそうざき【がつさう咲】
白ぼたん　54①52
かつねんいも【カツネンイモ】→じゃがいも
70⑤325
かつのき【かつの木】→ぬるで
54①170/64④292
かっぱ【かつは】
麦　39②102
かつもり【かつもり】→ぶんどう
16①38/17①196,214
かつら【かつら、桂】→たまかつら
6①182/34④61,64,⑧301/54①156,158/55②138/56①**117**,123
かつらあたま【蘆頭】
大根　27①197
かつらのは【桂の葉】
かつら　56①101
かつらのみ【桂の実】
かつら　56①117
かつらまめ【かつら豆、かつら萩】→N
10①24,27,30,39,41,55
かど【稜】
さつまいも　3②71
かとう【禾稲】→いね
70②133,147,148,149,156,157,179
かとうば【下等馬】　24①82
かどでだけ【首途茸】→さいわいたけ
10②339
かとんぼ【蚊とんぼ、蚊蜻蛉】
36③225
かな【かな】
稲　9③255,275/41⑤235,258,⑥269,270
かなきん【西洋布】→N
44③229
かなきんたね【西洋布種子】
綿　44③229,230
かなざわ【金沢】　54①208
かなびきお【金引苧】　25③273,282
かなみぐさ【カナミグサ、金見ぐさ】　49①148
かなむぐら【かなむくら】→G、Z
55②121
かなもずらつる【かなもづらつる】
かなむぐら　19②436
かなりや【カナリヤ】　40④333,**339**
かに【カニ】→がんにんど→G、N
24①93
かになえ【蟹苗】
稲　19①52
かね【かね、黒歯】
ごま　19①156/20①174
さつまいも　44③235
かのうのすね【かのふのすね】
9①36
かのこ【かのこ】
さつき　54①127,130,132
つばき　54①87
かのこそう【かのこ草、鹿子草、鹿子艸】→ふうりんそう
24①140/54①198,278
かのこのふいり【鹿の子の斑入】
ばいも　55③241
かのこばな【鹿の子花】　28④332/55③326
かのこふ【鹿の子斑】
ゆり　55③365
かのこゆり【かのこゆり、鹿子ゆり】　54①205,206,207
かのなるき【菓の生る木】　19①190
かば【樺】→B
1②204,209
かばざくら【かバさくら、椛桜】
16①166/56①105
がび【鵞鼻】→Z
馬　60⑦459
かびふす【穎伏】
稲　19①76
かひん【佳品】
菊　55①63
かぶ【かふ、かぶ、科、株、苅部、蕪】　55③474/69①70
藍　10③389/38③135
あおもりそう　55③303
稲　1①43,60/4①43/5①14,15,20,21,22,23,56,57,82,85,86,②223,224,③253,259,260,261/6①33,85/7①17/23①37/27①38,44,65,173,183,278,358,361,373,375/28②155,164/37③306,308/41⑤235,261/61①38,⑥187/67③137
いわふじ　55③363
ういきょう　55③398
うど　3④329
えぞひおうぎ　55③352
かきつばた　55③242
かぶ　1④298/4①106/17①242,245/22③170
からむし　6①145
菊　28④351/55①19,③300
きんしばい　55③337
くがいそう　55③342
くぬぎ　5①169
桑　47②139,③169,171/48①210
楮　5③270/53①16
五三竹　55③438
小麦　4①231
桜　55③263
さとうきび　48①216/50②161,165
しゅんぎく　55③292
しょうが　48①250
水仙　55③420
すおう　55③277
すげ　4①123,124
そば　5①147
竹　38③188,189/55③437
茶　6①155/69①50,51
つばき　55③427
とりかぶと　55③405
菜種　1④304,306/5①134/28②166/62⑨390
にら　3①34/12①286
ばしょう　55③374
花しょうぶ　3④371
ひえ　38③199
びようやなぎ　55③336
ふじ　55③291
ふよう　55③373
べんけいそう　55③351
ぼけ　55③262
ぼたん　55③396
水菜　4①107
みずばしょう　55③325
麦　5③265,267/8①95/28②175
ゆすらうめ　55③266
かぶ【かふ、かぶ、蕪、蕪根、蕪青、蕪菁】→かつさい、かぶら、かぶらな、しょかつさい、すずな、まんせい→B、I
1④312/2①11,13,19,20,21,56,57,58,59,**60**,73,81,101,104,119,127,②147,③264,⑤327,329,332/3④322,359/4①93,**104**,106,201/5①113/6①104,**115**,116,130,148,150,②273,301,302/8①110/9①90,92,121/10①30,32,34,36/12①221/13①43,366,367/17①243/18⑤470/19①102,103,113,156,169,179,201,210,②349,386,391,446/24①136,③298/25②208,210/28④330,335/29②154/30③284/32①51,**137**,138/33④178/34⑧310/37①47/38①11,③195/39①**54**,63,⑤282,285,288/41②130/43①64/44③207/45⑦416,417/67⑤210,235
かぶき【株木】
桑　61②97
杉　3④353
松　3④353
かぶくち【株くち】
稲　27①378
かぶさ【かぶさ、芦頭総】
ごぼう　19①217
大根　20①148
かぶす【かふす、香円】　10①85/14①382
かぶた【蕪太】
稲　9③245
かぶだいこん【蕪大根】　33④221
かぶだえ【かふだへ、かぶだへ、かぶだゑ、株絶】
稲　28②164,179/29③223
ちしゃ　28②142

かぶだち【株立チ、蕪立】
ねぎ 24①41
麦 3④281
かぶだね【かぶ種、かふ種子、蕪種、蕪種子、蕪菁種子】→H
9①65,123
かぶ 2①54/4①105/19②366,443/44③207
菜種 9①26,37,85,91
かぶだね【株種子】
里芋 29③252
かぶつ【株つ】
大根 36③295
かぶつち【株土】
杉 57②153
かぶとぎく【かふときく】→ぶし
55②123
かぶな【かふな、かぶな、かぶ菜、蕪菜、蕪菁】→N
3①30,④244/9③252/12①171,173/13①366/17①242/18①95/20②386/22①39,③170,④232/23⑥**332**/24①141/30①141,142/33⑥370,376/36③197/37①35/38③151,161/39③153/41⑤245,⑥266/62③69/69①50
菜種 12①170
かぶなえ【かぶなへ、蕪苗】
菜種 1④305/9①92
かぶなのたね【蕪菁の種子】
38③162
かぶなるい【蕪菜類】 10①**68**
かぶね【蕪根】→N
19②387
かぶ 6②302
かぶね【株根】 55③474,475
さとうきび 61⑧219
かぶのうえ【株の上】
綿 15③401
かぶのきりくち【株ノ切口】
いぐさ 5①80
かぶのたね【かぶのたね、蕪のたね、蕪の種、蕪菁ノ種子】
かぶ 2②147/13①36,367/32①166
かぶのな【かぶの菜】
かぶ 17①245
かぶのね【蕪の根】
菜種 69①88
かぶはり【株張り】
稲 29③202
かぶや【かふや】 34③50
かぶら【カフラ、かふら、カブラ、かぶら、蕪、蕪菜、蕪菁、蔓草、菁子】→かぶ→H、N
5①94,95,126,132,②228/6②302/7①121/8①**110**/12①230/16①84,95/17①243,244/19①118/20①118,150,216/27①151/28②245/29①83/30①24/33①44/37①46/38③163,167/41②115/62①13/70⑥381,387
かぶ 17①247/19①164
菜種 5①131/8①83,84,85,87/45③161
かぶらだね【蔓菁種子】
かぶ 18①153
かぶらだねじゅくす【蕪菁種熟】
かぶ 30①125
かぶらな【かふらな、かぶらな、かふら菜、かぶら菜、蕪菜、蕪菁、蔓菁】→かぶ→I、N、Z
1④296,298,299/12①**224**,227,228,229,231,232/17①245/18①94/21①**70**,71/24①133/25①144/28②166,207,261/29④281,284/39⑥330/55③248
かぶらなたね【蕪菜たね】
かぶ 10②376
かぶりな【かぶりな】 1④317
かべい【火米】→おかぼ
70⑥377
かへな【かへな】
蚕 62④103
かべん【花瓣】
綿 15③339
かほ【嘉穂】
稲 19①74,75,214
かぼく【花木】 6①181,②310/13①234,249/55③311
かぼく【果木、菓木】 3③117,118,126,166,167,168,171,179/6①180/12①76/13①238,239,242,252,253,254,255/18①41,58,64/25①110,112/31④148/53④248/56①94/70④276
かぼくのるい【菓木之類】 13①**128**
かぼちゃ【かほちゃ、かほちや、カボチャ、かぼちゃ、カボチヤ、かぼちや、胡南瓜、南瓜、南爪】→とうなす、なんか、なんきん、ぼうぶら、ぼうーぶら→N
2①73,**111**,112,⑤332/3①33,④245,283,298/4①138/6①162,163/11③141,146/14①302/19①182/24①61,74,75,93,141/25①140,②217/28②147,156,157,181,188,④331/29③253,④271/30①131,③254/31⑤253/33④187,229,⑥329,334,343/36③197,260/37②82,206/38①10,18,④284/39③145,⑤268/40②188/44③206,208/45⑦423/69①81,②326/70⑤338
かぼちゃだね【かぼちやたね】
かぼちゃ 43③243
かぼちゃだねじゅくす【南瓜種熟】
かぼちゃ 30①136
かぼちゃのたね【南瓜の実仁】
かぼちゃ 24①62
かま【鎌】
たばこ 45⑥327
がま【かま、がま、蒲、蒲黄】→がまほ→B
10①24,77,②338/16①103,332/17①302,308/19①191,②283/32①159/40②180/54①233,280/70⑥381
がま【ガマ】→どうさい
24①93
かまえびづる【かまゑひ蔓】
のぶどう 19②435
かまがみそう【かまがミさう】→えびね
54①198
かまきり【蟷螂】→いほさし→とうろう→G、Z
25①99
かまくら【かまくら】 54①233
かまくらいぶき【かまくらいぶき】 54①181
かまくらせきしょう【鎌倉せきせう、鎌倉石菖】 54①233,309
かまくらゆり【鎌倉ゆり】 54①206
かますつけるうま【叺附る馬】
27①84
かますはしばみ【叺榛】→はしばみ
56①130
がまのとうのろうそく【蒲の頭のソウソク】
がま 48①70
がまほ【蒲穂】→がま
55③351
かみ【髪】
人 27①353/69①42
かみおき【紙起】
蚕 24①54
かみおき【上ミ起】
蚕 24①47
かみする【髪する】
蚕 47①24
かみなえ【紙苗】
楮 47③176
かみのき【かみのき、紙の木、紙木】→こうぞ
28①5,94/47③166,177
かみのきりぎわ【髪の切際】
馬 60⑥373
かみのむし【神の虫】→かいこ
62④86
かめのこせきしょう【亀子せきせう】 54①312
かも【かも、鴨】→G、N、O
5④352/10②343/16①318/37③294/45①31
かもあおい【加茂葵、賀茂葵】
54①202,280/56①118
かもあしいも【鴨脚芋】→つくねいも
6①138
かもうり【カモウリ、かもうり、かもふり、かも瓜、冬瓜】→とうがん→N
5①143/10①41/12①**246,261**/16①84/17①265/19①151/20①157,201/28④331
かもめ【鷗】→G
58③123
かや【かや、がや、茅、萱】→B、G、I、N
2④288,290,292,310/5①8,182/6①185/9①123/10②338/16①307,308/18②259/23①92/24①94/25①76/30③258,259/36③220/56②275/57②160/64①57,61,62,④289,306/66①35,⑧399/68④394,415
かや【カヤ、かや、栢、榧】→Z
3②73,③167,170,171,172,182/6①164,183/10①84/13①**165**/19①191,②283/24①94/37③390/38③185/54①185,277/56①120,169,183/62③70/69②298,317
かや【かや】
稲 34③54
かやつけうま【茅付馬】 64④259
かやつなぎ【萱つなぎ】→B
36③316
かやなえ【榧苗】
榧 3③172
かやなり【かやなり】
蚕 47①16
かやね【茅根】
茅 3③130
かやのき【かやの木】 16①**146**/56①169,183
かやのしんほ【萱の新穂】
茅 25③280
かやのね【かやの根、茅の根、茅之根】
茅 16①183,260/64④266,268,269,278,287,288,290
かやのは【かやの葉】→B、I

茅　16①157,307,308/17①97
かやのみ【かやのミ】→B、N　10①41
かやのめ【かやのめ】
茅　16①119
かやば【萱葉】
綿　9②207
かよう【花やう】
つばき　54①96
かよう【荷葉】
はす　24①153
から【カラ、から、殻、幹、空茎、稿、柄、藁、稈、稭】→B、I、N　56①215/69①56
麻　4①96
小豆　27①200
あわ　17①202/38②70/62⑨364
稲　4①30,62,63/17①88,111,133,152,153/19①61/27①158,159,163/68④404
大麦　5①125,129/12①153,154/32①60
陸稲　22⑤354
かぼちゃ　2①73
きび　41②106
けし　17①215
ごま　4①92
小麦　4①231/5①122
さつまいも　44③234,235,236,237
里芋　21①64/22④242,243,244,245,246/23⑥325/33⑥354,356/39②104/41②97
さとうきび　50②181
杉　13①189
大根　6①111
大豆　41④206
たかきび　17①209
菜種　4①114/45③172
ひえ　27①153/38②66,81
麦　3③141/9①113/17①166,167,175,176,182/25①59/36②117/40②106
ゆうがお　2①73
わらび　34⑧306
から【菓蓏】　10②303/19②441
から【果蓏】→きからすうり　14①195
から【殼】
いじゅ　57②158
稲　41④205
すいか　2①73
から【殻】
きさご　69②300,301
から【蛻】
みのむし　31④209
からあい【唐藍】→F　34⑥161
からあおい【唐あおい、唐葵】→たちあおい　25①90/37①34
からあわ【から粟、殻粟】→N
あわ　19①174/20①176
からいも【から芋、甘藷、唐芋】→さつまいも→F、N　3④331/29③215,254,260,④279,280,283,284/33④180,**208**,⑤240,243,246,249,254,256,262,⑥337/34⑧303,304,305/41②98/44③204,234,241/62①13/70⑥380,**403**
からいもだね【唐芋種】
さつまいも　29③252,④271
からいもたねめだし【唐芋種芽出】
さつまいも　30①124
からいもなえ【唐芋苗】
さつまいも　44③199,204
からうじ【カラウジ】→からむし　19①110
からうり【カラウリ、から瓜、唐瓜】→まくわうり　12①246/19①152/40③217
からえ【からえ、カラヘ、辛荏、唐胡麻】→とうごま、ひま　19①103,150/55③349/62③70
からお【カラヲ、唐苧】→からむし　19①110/34⑥149
からき【柄木】
綿　9②222
からきのかわ【から木之皮】
肉桂　57②176,177
からぎぼうし【からぎぼうし、唐ぎほうし】　54①224,278
からくい【から喰】→ずいき　25②218
からくいいも【から喰ひいも】→ずいき　25②218
からくちなし【唐梔子】　54①188
からくろ【からくろ】　30③244
からけいとう【からけいたう、唐鶏頭】　54①237,279
からけかわ【からけ皮】
肉桂　57②206
からこやし【カラ肥ヤシ】
菊　55①52
からささげ【唐さゝげ、唐大角豆】→ささげ　20①199
からさんじご【からさんしこ、唐さんしこ】　54①222,278
からし【からし、芥、芥茎、芥子、辛、辛子、白芥子】→からしな、がいし、こうがい、しんがい、たいがい→B、H、I、N、Z　2①73,120,127/4①87,**151**/5①142/6①162,164/10①31,38,46,72,**80**,②329/11②92,105,113,117,122,⑤213,216,218,219,222,226,232,237,238,241,242,247,250,262,263,267,268,272,274,280,282,284/12①66,**232**/13①35,43,207/20①194/22④**263**/24①141/25①125,145,②214/27①151/28①29/29①84/31②85,④160,220,⑤272/32①101/33①47,⑥314,370/37①31,32/38③177/41⑤248,249,⑥276,277/43③251/45③140/62③69,⑧261,⑨378/63⑤319/64⑤344/69②217
からしたね【辛子種子】
からしな　32①101
からしな【からしな、からし菜、加らし菜、芥、芥菜、芥子、芥子菜、芥子料、白芥子】→からし、しろからし、しろからしな、すりからし、つぶがらし、とめずからし、なからし、ひゃくは、りょうりからし　2①19,81,119,120,⑤331/3①30,④237/10①33,②368/12①234/17①249/19①169/25②214/30③287/39⑤288,289/41②111/45⑦417/55③248,249/62③69,⑧261
からしなえ【からし苗、辛子苗】　11①57
菜種　11⑤256/31③117
からしなのたねかぶ【芥子菜の種料】
からしな　2①120
からしなのみ【辛子菜の実】
からしな　15①75
からしのはな【芥子の花】
菜種　11⑤246
からす【カラス、からす、烏】→G　16①41/21①10/38④245/67⑤212/70②64
からすうり【からすうり、からす瓜、烏瓜、王瓜、栝楼】→おうか、こうこうすう、こうろう、しこそう、せきほうし、たまずさ、どか、ばほうか、ひさごうり、やかんか、ろうあか→N、Z　10①79/14①**188**,195,196,197,199/54①228
からすうりつる【からすうり蔓】
からすうり　19②435
からすうりのはな【射干花】
からすうり　19①186
からすかくれ【からすかくれ、烏かくれ】
漆　20①149/37①32
からすのたまご【烏ノ卵】
からす　39①15
からせきしょう【からせきしやう、からせきせう、唐せきせう、唐石菖】　17①309/54①232,233,311
からせなえ【からせなへ】
からしな　9①119
からたけ【からたけ、から竹、苦竹、唐竹】→B　4①235/6①186/10①39,86/21①88/27①43,224/34①12/49①81,250/54①177,179/56①111,112/64④267
からたち【からたち、枳、枳子】→きこく、げず→B、N　13①169/19①181/29①86/54①168/56①87
からたちばな【からたちはな、唐たちはな】　54①191,278
からだね【空種】
漆　46③203
からつげ【唐つけ】　11③145
からつめ【からつめ】
馬　24③271
からな【カラナ】→ほうれんそう　19①152
からのいも【唐の芋】　36③293
からのだいおう【唐の大黄】　13①283
からは【から葉】　23⑥313
からはぜ【唐櫨】→りゅうきゅうはじ　11②121,122
からびえ【からびゑ】
ひえ　20①177
からひば【からひば、唐ひば】　54①182,274
からびゃくしん【唐柏槙】　54①181
からびゃくだん【唐白壇】　54①182
からほ【空穂】
麦　5③278
からまた【からまた】
稲　9②200
からまつ【から松、唐松】→ふじまつ→B　14①89/54①176,224/55③434
からまつそう【から松草】　54①224,278
からまめ【唐豆】→そらまめ

31⑤274
からみ【から実】
漆　46③191
からみだいこん【からみ大根、辛味大根】→F
3④241,321,359,382/40②36
からむぎ【から麦、殻麦】→N
大麦　22④207
麦　20①176
からむぎ【梗麦】
麦　19①210
からむぎ【唐麦】→ずずだま
10②340
からむし【カラムシ、からむし、真苧、苧、苧麻、枲】→あおそ、あさお、あさからむし、お、おま、からうじ、からお、からむしお、ちょま、まお→N、R、Z
1①106,108/4①98,99/6①145/7①64/10①23,39,43,45,46,②358/19①103,110,②434/20①157,213,262/24③305/34⑥143/53②99/69②203,292,297,303,317
からむしお【からむし苧】→からむし→N
4①98
からむしだね【カラムシ種子】
からむし　19①109
からむしなえ【からむし苗】
からむし　4①98
からむしね【からむし根】
からむし　61⑨361
からむしはぎ【苧麻剝】
からむし　19①172
からむしるい【苧類】10①73,74
からもみ【からもミ】→N
稲　17①42
からもも【杏】→あんず
24①153/62①14
からゆり【からゆり、唐ゆり】→F
54①207
かり【雁】→G
16①35/37③341
かりあい【刈藍】
藍　20①286
かりあさ【刈麻】
麻　4①97/44③231
かりあとのきりたるかぶ【刈跡の切たる株】　27①259
かりあわ【刈粟】
あわ　44③245,246,247
かりいね【かり稲、刈稲】→A、Z
稲　2③267,268,269,270/23①81/25②183/27①246,264,352,371/36③271,273,283/37①27/44③217,218,223,224,226
かりがね【かりかね、雁かね、雁金】→がん
16①39/37③334,335,338,341
かりかぶ【かりかぶ、刈かぶ、刈科、刈株、苅株】→I
いぐさ　14①142/17①310/30①133
稲　4①178/23①22,66,95,③151/27①158
大麦　2①58,59
小麦　12①168/23①29
さとうきび　50②164
麦　2①57/5③267/50②153
かりかぶのこうてい【刈株の高低】
稲　29②149
かりぎ【かりき、かりぎ、かり木、刈葱、刈蒜、漢葱】→かりねぎ、さしひる、ねぎ、わけぎ
2①79/3④327/7②335/10①64/12①276,282,284/17①273,275/19②428/20①153/41⑤246,⑥267/62⑨379
ねぎ　10①65/28①29
かりくろもちあわ【刈黒餅粟】
あわ　44③243
かりしおのいね【刈しほの稲】
稲　39④222
かりしね【かりしね】
稲　20①101
かりしゅんのいね【刈旬の稲】
稲　11②104
かりたのいなかぶ【刈田の稲株】
稲　9②197
かりたのおちぼ【刈田の落穂】
稲　23④173
かりどころ【刈所】
稲　27①369
かりねぎ【刈葱】→かりぎ
ねぎ　19①131
かりのあわ【刈野粟】　33①42
かりのいぬ【田犬】　60②89
かりは【刈歯】
藍　20①285
かりほ【かり穂、刈穂】
稲　24①172/37③352
麦　37③302
かりほしいね【刈干シ稲、刈干稲】
稲　24③299,301,308
かりまた【カリマタ】
稲　63⑧432
かりまめ【かり豆、刈豆、苅豆】→I
3④225,233/22④255/39①48/68④416
大豆　42②107,126
かりもと【刈本】
すげ　4①124
かりやす【カリヤス、かりやす、玉蒭、青芒】→B、H、Z
13①52/17①306/48①26/69②297
がりゅうばい【臥竜梅】　14①365
かりん【くわりん、香林、榠樝】
16①170/54①166/56①72/62③62
かる【かる】　16①318
かるかや【かるかや、刈萱】　16①38,306,307/17①306/28②204/54①240,278/55③374
かるも【かるも】　54①234,280
かれいね【枯稲】→I
稲　11④178
かれえだ【枯枝】
綿　3④280
かれき【かれ木、枯木】→B
43②197/57②116/61⑨340/66③151
桑　56①192
かれごめ【枯米】
稲　5③264/25①78
かれたるき【枯たる木】　56②273
かれふし【枯節】　56②287
かれほ【かれ穂、枯穂】→G、Z
稲　11⑤243/15①15,22,28/29③240
かれみ【枯実】
はぜ　31④210
かれもみ【かれ籾】
稲　5③251
かれる【かれる】
稲　11⑤255
かろう【瓜蔞、栝楼】→きからすうり
14①195
かろきもみ【かろき籾】
稲　17①39
かわ【皮】→はだかむぎ
4①295/13①173/56②284,290/68②244/69①124,②247,256,257,260,300
麻　3①41,42/5①91,92,②228
油桐　57②154
いじゅ　57②158
犬　60②92
稲　16①88
馬　60⑥343,344,370,⑦457
漆　56①50
おおでまり　55③321
大麦　67④169
蚕　3①55
柿　56①77
梶　30③295
かぼちゃ　2⑤332
榧　16①146
からむし　4①99/34⑥158/53②99
がんぴ　16①170/56①103
牛馬　34⑥151
桐　56①48,130
栗　56①56,169
桑　56①61,193,202
楮　3①57/4①159,160/5③271/16①143/56①58,175,176/61②95
こくさぎ　56①71
こんにゃく　48①60
桜　16①166
ざくろ　38③185
さつまいも　70③222
里芋　33⑥354
さんしょう　56①125
しい　41②37
鹿　36③263
しなのき　56①121
しゅろ　3①21,50/34⑤110/53④247/68③363
杉　56①41,45,②255
すもも　56①98
そば　5①119
大根　5①112/41②102
たむしば　56①68
菜種　5①135
夏つばき　56①127
裸麦　7②289/41②81
はりぎり　56①124
ふよう　55③373
ほおのき　56①73
松　57②155
みかん　16①147/56①88,91,92
みつまた　56①69
もちのき　16①161
もっこく　57②159
やちだも　56①122
山繭　47②134
ゆうがお　36③250
綿　50①70/62⑧275
かわうこん【かわうこん】
うこん　16①89
かわうすきいね【皮薄き稲】
稲　36③267
かわおしいね【川押稲】
稲　19②381
かわおしいねのわら【川押稲の藁】
稲　19②386
かわくいえんどう【かわくいゑんどふ】　9①116
かわくさ【皮草】　47①11
かわけ【皮毛】
犬　60②91,93
かわざかなのこ【川魚ノコ】→たなこめ

24①93
かわじしゃ【河苣、水苦蕒】→N
6①162/10①69/12①**344**
かわず【カワズ、蛙】→かえる→G、I、J
1②192/23①112,113,④167/24①93
かわずこ【カワズ子】 24①93
かわそ【皮苧】
麻 5①89
かわそば【河蕎麦】 33①25
かわたけ【かわたけ、かわ竹、苦竹、川竹、皮竹】 10①86/54①177,178/55③397,446/56①112
かわちさ【川ちさ】→B、Z
16①40
かわのはだえ【皮のはたへ】
楮 56①175
かわのむけたるなえ【皮のむけたる苗】 56②284
杉 56②255
かわほね【河骨、川骨】→こうほね
54①232/55③255,449
かわむぎ【皮麦】→はだかむぎ
3④264,275,285/21①54
かわめ【皮め】
さつまいも 70③215
かわやなぎ【河柳、河楊、川柳】→B、F
6①185,②300/13①216/16①155,282/69②189
かわらいちご【川原いぢご】
37①31
かわらげ【騧】
馬 60⑦455
かわらげうま【かわら毛馬】
42⑥388
かわらちご【かハら児】 20①146
かわらちごばな【川原ちご花】
おきなぐさ 19①180
かわらひえ【川原稗】 24①142
かわりいね【替り稲】
稲 36②98
かわりね【替リ根】
ながいも 2①95
かわりふ【異斑】
しまらん 55③344
かわりほ【変り穂、変穂】 21①26
稲 39①20,26
大麦 21①55
小麦 21①57/39①42
かわりみ【替実】
おもと 55②107
かわをぬぐ【皮ヲ脱、皮を脱】
蚕 35①125/47②109
かん【肝】
馬 60⑤283,284,⑦427,437
かん【菡】→P
はす 12①339
がん【雁】→かりがね→G
10②343/16①39/25①101/45①31
がん【莟】→Z
55③214
ふよう 55③373
かんあおい【寒あふひ、寒葵】→とこう
54①259,278/55③427
かんうめ【寒紅梅】 8①218
かんえき【肝液】
馬 60⑦430,437
かんか【甘瓜】→まくわうり
12①246,261,264,266
かんかん【肝管】
馬 60⑦430
かんぎく【寒きく、寒菊】→きんめぬき→F
11③145/28④333/54①242,259,279/55②124
かんきつ【柑橘】 13①175/55③468/56①93
かんきつのるい【柑橘の類】
13①243
がんきゅう【眼球】
馬 60⑦443,446,449
かんきん【闌筋】
馬 60⑦412
がんくび【雁首】
ながいも 2①93
がんこ【ガンコ】
やまのいも 49①201
かんこう【管孔】
馬 60⑦414
かんこう【汗孔】
馬 60⑦457,461
かんこくのたね【寒国ノ種】
大麦 5①130
かんさい【甜菜】→ふだんそう
12①302
かんさい【寒菜】→なたね
45③140,170
かんし【冠歯】
馬 60⑦453
かんしこつ【枕子骨】
馬 60⑦411
がんじつそう【元日草】→ふくじゅそう
54①196
かんしゃ【甘蔗】→さとうきび→B、Z
3①19,46,47,62/12①**391**/14①105,147/30⑤394,395,397,399,400,404,405/48①217,218/50②141,143,144,145,150,152,153,161,204,210/61⑧214,234/69②317/70①8,14,17,18,⑥380
かんしゃなえ【甘蔗苗】
さとうきび 30⑤395,396,406
かんしゃのくき【甘蔗の茎】
さとうきび 3①46
かんしゃのしる【甘蔗の汁】
さとうきび 3①47
かんじゅう【肝汁】
馬 60⑦438
かんしょ【甘薯、甘藷】→さつまいも→N
3②71,72/6①139,140/21①**65**/39①**51**,63/50③252/70③210,211,**222**,⑤314,333,338
かんじょうなんこつ【環状軟骨】
馬 60⑦414
かんじん【官参】 48①232
かんしんけい【鑑神経】→Z
馬 60⑦443,448,450
かんしんぼく【乾心木】 45④211
かんすすき【寒薄】→Z
55③347,425
がんせきらん【岩石蘭】 54①217
かんぞう【くわんさう、萱草】
10①72/17①178/41②120/54①202,222/55②124,③313,366,399
かんぞう【肝臓】→Z
馬 60⑦437
がんだいず【雁大豆】→そらまめ
17①213
かんだね【官種】
朝鮮人参 48①232
かんちく【かんちく、かん竹、寒竹】→B
54①178/55②162,③441/56①111
かんちく【漢竹】 54①178/56①111
かんちょう【環腸】
馬 60⑦430
かんとう【早稲】→おかぼ
70⑥377
かんとうのたね【関東の種】
大根 2⑤332
かんどのたね【漢土之種】 68③315
かんないれうるし【鉋入漆】
漆 46③190
かんないれうるしぎ【鉋入漆木】
漆 46③191
かんないれぎ【鉋入木】
漆 46③190
がんなえ【がん苗】
稲 36①42
がんにんど【がんにんど】→かに
24①93
かんのうちょう【勧農鳥】→ほととぎす
38①22
かんのぞう【肝の蔵、肝臓】
馬 60⑤281,⑥338
かんのんそう【くわんをんさう、くわんをん草、くわん音草】→きっしょうらん→I
54①242,291/55②122
かんのんちく【くわんをん竹、観音竹】 54①178/55③346/56①112
がんぴ【がむぴ、かんひ、かんび、がんひ、がんぴ、雁皮】 14①261/16①**170**/28④333/53④239,240/54①200,210,278/56①103
がんぴ【眼皮】 55③335,446,457
かんぴょう【かんひやう、かんひよう】→ゆうがお→N
28①24,②147,157,188/30③254/43②146,156,166
かんぶつ【干物】 70⑥420
かんぷら【カンフラ】→じゃがいも
37②207
かんぼく【かんぼく、接骨木】
54①173,277
かんぼけ【寒木瓜】→Z
55③427
かんぼたん【寒牡丹】→F
55③394
がんみゃく【眼脈】→Z
馬 60⑥338,339
かんもん【監門】
馬 60⑦429
かんゆり【寒百合草】 54①259
がんらいこう【雁来紅、鳫来紅】→N
11③141/54①239/55③380
がんらいそう【かんらい草、鳫来草】 54①239,279
かんらん【寒蘭】 55③415
かんらん【甘藍】→はぼたん
55②124
かんらんぼく【橄欖木】 45④211

【き】

き【き(葱)】→ねぎ→Z
12①**276**/19②428
き【樹、木】→N
3①52,③131,165,166,167,168,169,173/4①240/12①

125,127/16①127,135,136,
307,308,313/27①194
き【榿】→はんのき
56①101
き【獑】 60②112
き【木】→B
くるみ 16①145
桑 4①163
楮 3①57/4①160
茶 4①159
菜種 5①133
ぼたん 54①36
綿 2⑤333
きいろのはな【黄色之花】
はぜ 33②126
きかく【希革】
馬 60⑦454
きかぶ【木株】→G
69②220
きがら【木柄】→X
57②224
綿 8①244,267,270
きからすうり【きからすうり、栝楼】→から、かろう、こうか、じろう、ずいせつ、たくこ、てんか
14①195,196
きかん【気管】→Z
馬 60⑦413,414,415,416,429
きかんとう【気管頭】
馬 60⑦409
きぎく【黄菊】→N
3④285,288,326,342,353,370,373
ききょう【きゝよう、きけう、桔梗】→F、N、Z
1②167/3④354,372/28②204,④333/45①31/54①209,300/55②124,③354,355,447/62①14/69①119
ききょうざき【きけう咲】
つばき 54①93,98
ききょうでひとがた【亀胸様人形】
朝鮮人参 45⑦414
ききょうのはな【桔梗花】
ききょう 19①186
きぎり【黄桐】 56①47
きく【菊】→おきなぐさ
2①116,117,118,127/3④285/7①36/10①20,83/11③142,150/12①321,322/13①18/24①140,153/25①100/37③334/41②37/43②147/45⑦416,423/47①46/48①205,206,207/54①88,102,196,199,215,216,217,224,226,243,246,301,302/55①13,15,17,18,19,20,36,38,44,45,47,48,49,56,70,71,72,③209,300,313,322,326,403,414/69①73/70⑥400
きくいただき【菊いたゞき】
35①33
きくかさね【菊かさね、菊重】→F
紅ぼたん 54①58
つばき 54①105,108
白ぼたん 54①50
きくからくさ【菊から草】 54①226
きくさ【きくさ】
稲 27①53
きくざき【きくさき、きく咲、菊さき、菊咲】
紅ぼたん 54①66,67,70
白ぼたん 54①44,49,51,52
きくせんよう【きくせんやう】
つばき 54①89
きくな【菊菜】→しゅんぎく
24①142
きくなえ【菊なへ、菊苗】
菊 43③240/55①35,36
きくのくき【菊の茎】
菊 55①38
きくのは【菊の葉】
菊 6①175/56①178,200
きくのはな【菊の花】→N
菊 16①40
きくみ【菊身】
菊 3④380
きくらげ【木耳】→N
45④210
きけ【きけ、黄気】
紅花 19①120/45①44
きけい【季桂】 56①117
きけまん【きけまん、黄化鬘】→Z
54①200,301
きこうこつ【鬐甲骨】
馬 60⑦411
きこく【きこく、枳、枳殻、枳穀(殻)、枳櫝】→からたち→N
7②355,356/14①386/16①148/40④285,286,297/45⑦417/54①168,277/62①14/68③333
きこくなえ【キコクなへ、きこくなへ】
からたち 40④283,293
きこくのきのめ【枳殻の木の芽】
からたち 14①389
きこくのみ【枳殻の実】
からたち 14①388
きごぼう【木牛蒡】→G
ごぼう 38③143
きさこ【きさこ】 56①103
きざし【萌】
大麦 5①128
きざわし【木さハし】→F、N
柿 16①142
きじ【雉、雉子】→G、N、Z
10②343/25①100,101
きじかくし【きじかくし、野鶏隠】 54①192,300
ぎじぎじ【ぎじぎじ】→げんげん
24①93
きじな【雉子菜】 55③248
きじのお【きじの尾】→N
54①228,300
きしのれんげ【岸の蓮花】 41②62
きしべ【黄しべ、黄蕊】
白ぼたん 54①38,39
きじむしろ【きしむしろ】→じゃがん
55②123
きしる【きしる、黄汁】
紅花 3①44/38③165/40④303,305/61②92,93
きじんそう【キシン草、きしん草、きじん草】→ゆきのした
11③142,148,149
きずいも【疵芋】
里芋 19①163
きすぎ【黄杉】→F
56①159,214
きずぐち【疵口】
漆 3①54
きすくみ【木スクミ】
綿 8①179
きすげ【きすげ、黄菅】 54①222,300/55③313
きずだいず【疵大豆】
大豆 38③154
きずつき【疵付】
稲 21①39,40
きずほ【疵穂】
稲 1①54
きせきれい【黄せきれい】 17①158
きそう【肌腠】
馬 60⑦461
きだいこん【黄大根】→にんじん
34④67,⑤82
きだいこんだね【黄大根種子】
にんじん 34⑤82
きだいず【黄大豆】→N
19①103,②441/39③152
きだいずのはな【黄大豆の花】
大豆 19②440
きだか【黄鷹】 1②184
きたね【きたね、き種】
瓜 20②378
きゅうり 20②380
白瓜 20②377
きたのえだ【北の枝】
はぜ 31④175
きちいね【吉稲】 41②72,③173,177,178
きちじそう【吉事草】 55②119,124
きちなえ【吉苗】
稲 41③173
きちもみ【吉籾】
稲 41②63,③172
きっか【菊花】→N
3④354/11③146/48①204/55①63
菊 55①52
きっしょうらん【吉祥蘭】→かんのんそう
55②122
きつね【キツネ、狐】→けつね→G、Z
3③187/24①94
きつねあざみ【莪木】→N
69②338
きつねかや【狐萱】 53⑤345
きつねだて【狐館】 1①30
きつねのお【狐の尾】
あわ 6①98
きつねのりょうがん【狐の両眼】
狐 35①87
きとり【黄鳥】 16①39
きな【黄菜】 31⑤276
きない【きなひ】
ねぎ 39③153
きなえ【葱苗】→ねぎ
19②428
ねぎ 20①145
きなえたね【葱苗種子】
ねぎ 19①167
きなし【木梨】→やまなし
29①87
きなるこ【黄粉】
稲 70④278
きなるまゆ【黄なるまゆ】
蚕 35①50
きにんじん【黄胡蘿蔔】→F
にんじん 1①53
きぬぬぎ【皮脱】
蚕 47②126
きぬをぬぐ【衣をぬぐ、衣を脱、衣を脱ぐ、皮ヲ脱】
蚕 35①125,129/47②120,121,122,123,145
きのおう【木王】 13①200/56①100
きのかわ【樹の皮、木の皮】→B
桑 56①206
肉桂 14①346
松 16①139
桃 3①52
きのかわうきたちたる【木の皮

うきたちたる】 56②273
きのこ【きのこ、茸、蕈、栭】→きんじん、くさびら→N
3④333/10②339/12①349/45④201,203,204,206,207,211,212,213/48①220,221
きのこえだ【木ノ小枝】 69②330
きのこのくき【栭の茎】
しいたけ 48①221
きのしたえだ【木の下枝】
綿 15③389
きのしん【木の心】
はぜ 31④177,181
きのせい【木の精】→X
はぜ 31④176,178
きのそうひ【木の痩肥】
はぜ 31④147,155
きのとうざい【木の東西】
はぜ 31④166,169
きのね【木ノ根、木の根、木之根】→G、I、N
3③130/13①230/16①137,142,185,260/27①64/69②218
はぜ 33②128
みかん 16①147
きのはだ【木ノ肌】
綿 8①59
きのふりあい【木ノ振合】 8①231
きのぼりなえ【木のぼり苗、木登り苗】→A
稲 20①61/29①50
きのまきめ【木の巻目】 38③191
きのみ【木の実】→N
16①136/64④270
きのみなみのえだ【木の南の枝】
はぜ 31④174
きのめ【木の芽、木の目、木之目】→N
8①169/16①119/38①26
柿 16①142
はぜ 11①21,55
きのもと【木の本】
はぜ 11①36,54
きばきのみ【きば木の実】 64④263,270,272
きはだ【きわだ】 16①89
きはだ【木肌】
はぜ 31④176,178
きはちす【きはちす】 37①35
きばな【黄花】→F、N
菊 55③414
こうほね 55③255,256
しゅんぎく 55③292,418
紅花 25①128
ほととぎす 55③368
きばな【生花】
紅花 18②269
きばむ【黄ばむ】
麦 27①130
きび【キヒ、きひ、キビ、きび、黍、黍稷、秬、稜】→きみ、しょく、まーじん→B、N、Z
1④317,332/2①**28**,73,127,④284,288,289,291/3②71,72,③149/4①**89**,90,195,225/5①106,112,137,190/6①11,54,**100**,121,165/10①8,29,36,38,**57**,②302,314,327,329,366/12①59,69,75,87,112,**177**/13①120,360/14①55/16①38,240/17①166,169,194,202,204,326/18①86/19①103,146,157,②446/20①143,158,165,168,174,202,234,②382,385/21①**77**,81/22①53,④258/23⑤269,⑥**337**/24①136,141,153,③295,297/25①141,②211/28①11,13,27,45,②205,④331,339/29①41,④277/31⑤263/33①**28**,⑤243/34⑤86,93,⑥128/35①241/37①33,②204,③272,318,333,345,362,376,385,389/38①23,③114,150,176,202,④261,262,288/39①**46**,⑤268,280/40②53,100,123,124,131,132,188,③224/42⑤329,330,331,338,⑥385/62①13,⑧264,⑨363,364,365/65②90/68④415/69②202,217,234/70⑥381
きび 19①170
きび【きひ(もろこし)】 28①43
きび【黍(甘蔗)】 44②102,103,105,118,120,121
きびがら【黍から】→B、I
きび 42⑤338
きびす【キビス(かかと)】
人 24①94
きびそ【きびそ(かかと)】
人 24①94
きびだね【きひたね、きびたね、きび種子、黍たね、黍種、黍種子】
きび 4①13,90/13①118,119/18①84/19①164/20②390/34⑤92,93
きびなえ【黍なへ、黍苗】
きび 4①90/42⑤326,328
きびのねあがり【黍の根上リ】
きび 24①56
きびのみ【きびの実】
きび 64④270
きびゃくしん【木柏槙】 54①181
きひらど【黄平戸】 54①209
きひん【奇品】→X
菊 55①63
きぶねぎく【貴船菊】 55③390
きぶり【木ふり、木振】
はぜ 31④193,197,212
ぎぼうし【きほうし、きぼうし、ぎほうし】→ぎぼうしゅそう、ぎょくさん、たまかんざし→Z
54①224,300/55②125
ぎぼうしゅそう【擬宝珠草】→ぎぼうし
55③321,334,358
きまめ【黄豆】→だいず→F
69①113
きまゆ【黄繭】
蚕 53⑤290
きまんさく【木まんさく】 56①103,105
きみ【きミ、黍】→きび
21①80/38③156/69①40
きみゃく【奇脈】
馬 60⑦412
きもみ【生籾】
稲 23①56,57,103
きもん【気門、鬼門】
馬 60⑦461
きもんこう【癸門黄】 28④340
きゃく【脚】→W、Z
馬 60⑦459
きやぶれ【気破レ】
稲 36②100
きゃらぼく【きやらぼく、伽羅木、加羅木】→あららぎ、いちい、いちいがし、いちいのき、いちいぼく、おっこう、とが、みねすわり
54①184,185,300/56①110
きゅう【韮】 28④331,332
きゅう【齨】
馬 60⑦453
ぎゅう【牛】 13①258/60②88
きゅういん【蚯蚓】→みみず
25①99,101
きゅうこん【旧根】
さとうきび 48①218
朝鮮人参 45⑦418
ところ 15①90
ぎゅうさい【牛菜】 19①112
きゅうし【弓矢】→Z
馬 60⑦464
きゅうしょ【灸所】
馬 60⑥349
きゅうしんけい【嗅神経】
馬 60⑦452
ぎゅうば【牛馬】→I
3③131,150,173,175/4①183,199/5③262/6①91,177,212,218,②274,275/9①25,78,144,154,155/10①110,129,169,②353,366/12①219,311,313/13①35,258,259/14①179/15①93,②152,217/16①121,128,182,183,198,203,205,206,260,261/17①57,104,105,107,164/21①51/22①48/25①16,29,66,94,135/27①77/30①23,24,38,39,40,41,46,47,49,50,59,65,66,98,③290/31②68,81,③113,121,④168,224/33②122,124,129,130/34⑥144,149,150,⑧296/36①62,63/37②65,③258,260,261/38④232/39①41/40②178/41①12,②66,68,80,134,143,145,③171,174,180,181,⑤232,235,254,⑥268,278,279,⑦319,320,321,323,324,325/45③149,159,④198/56①140,150/60③136,④163/61①28,32,⑩415,417,419,451/62⑧257,⑨320/64⑤336/65②129/66①34,37,③151,④214,⑥334,345,⑦363/67④163,167,168,⑤212/68④415/69①70,71,96,②209,210,213,224,242/70③229,230,④268,269
ぎゅうばのはな【牛馬之鼻】
67④167
ぎゅうばのひづめ【牛馬の蹄】
70⑥401
きゅうり【キウリ、きうり、きふり、黄瓜、胡瓜、胡爪、木うり、木瓜】→こか→N、Z
2①74,85,86,87,94,**97**,98,99,100,101,108,110,111,112,127,128,132,133/3①33,④218,238,246,258,338,343,361/4①**136**,137,201/5①143/6①**125**,126/9①50,80,87/10①23,35,36,38,75/12①**246**,261,263/16①84/17①266,267/18⑤471/19①103,113,169,182,②311,331,335,446/20①130,134,141,146,149,194,195,②370/22①38/24①141/25①140,②215,216,③265/27①137/28①22,②147,157,174,④331,339,354/29①83,②122,③254,④271/30①128,131,③253/31⑤253/33④186,229,⑥329,334,**340**,342/34②24,④67/36③241/37①31,②82/38①10,17,23,③127,④247/40②149,③217/41②90,91,⑤245,246,248,249,250,⑥

267,276/43①38,50,②150/44③206,210/54①245/62①13
きゅうり　19①170
きゅうりたね【きうりたね、胡瓜種子】→X
きゅうり　9①99/20②390
きゅうりたねじゅくす【胡瓜種熟】
きゅうり　30①134
きゅうりつる【胡瓜蔓】
きゅうり　19②435
きゅうりでき【胡瓜出来】
きゅうり　20②372
きゅうりなえ【木瓜苗】
きゅうり　20②370,380
きゅうりのたね【きふりのたね】
きゅうり　20①147
きゅうりのなえ【胡瓜の苗】
きゅうり　20①147
ぎょ【魚】→N
62⑤115
きよう【杞楊】　56①121
きょうきび【京きび】　2①99,127
きょうきん【胸筋】
馬　60⑦411
きょうし【挟屍】→Z
馬　60⑦464
ぎょうじゃにんにく【行者にんにく】→ぎょうじゃひる→N
19①126/54①201
ぎょうじゃひる【行者蒜】→ぎょうじゃにんにく
33④230
きょうせん【胸腺】
馬　60⑦417
きょうちくとう【挟竹桃】　55③362,447
きょうちょう【枵腸】
馬　60⑦430
きょうどう【胸道】
馬　60⑥361
きょうな【京な、京菜】→みずな
3①30/4①104/10①68/12①229/21①27/25②207/30③284/33④188,232,⑥370,376
きょうにん【杏仁】→B、N
あんず　13①134
きょうぼ【薑母】
しょうが　12①293
きょうまく【胸膜】
馬　60⑦411,412
きょうまく【鞏膜】
馬　60⑦446
きょうゆり【京ゆり】　54①208
きょきん【挙筋】
馬　60⑦441
きょくざき【曲咲キ】
菊　55①63
ぎょくさん【玉簪】→ぎぼうし
55②125
ぎょくさんか【玉簪花】　55③358
きょくせん【曲泉】
馬　60⑥336
きょくち【曲池】→Z
馬　60⑥351
ぎょくとう【玉当】
馬　60⑥344
ぎょくらん【玉らん】　54①300
ぎょくらんか【玉蘭花】　54①162
きょこうきん【挙肛筋】
馬　60⑦431
きょし【鋸歯】
蒼朮　68③341
きょすう【虚鬆】
朝鮮人参　68③338
きょするもの【虚する物】　19②391
きょそう【莒草】　2①81,134
ぎょちょう【魚鳥】→I、N
36①71
きょていきん【挙提筋】
馬　60⑦441
きょねんだけ【去年竹】
竹　65①41
きょねんだね【去年種】
なす　3④282
きょねんつぎのき【去年接の木】
はぜ　31④191
きょねんのたね【去年の種】
桑　25①117
ぎょりゅう【きよりゆふ、五柳、御柳、行流】　55②178,③311,447/56①73
きらん【黄蘭】　54①218
きらんそう【きらん草】　54①300
きり【桐】→Z
2⑤326/3①19,21,32,49,50,③129,167,171,172,179,182,④319,378/4①236/6①182,183/10①84,②335/12①120/13①7/14①46/18②263,264/22①59,③172,④276,277/25①99/28①93/45⑥332/47⑤251/54①189,222,223/55③447/56①47,48,100,141,150,151,152/57②142/61①38
きりあぶらのき【桐油の樹】
15①86
きりいも【きりいも、切いも、切芋】→ながいも→N
25②218/36③293/43③262
里芋　9①33/32①118
やまいも　22②129
きりいる【キリイル】　69①48,53,54
きりいるじゅう【キリイル汁】
69①48,53
きりかぶ【きりかぶ、切リ株、切株、伐株、剪株】
稲　62⑦186
くぬぎ　5①169
桑　35①75/47②140
楮　14①254
竹　5①170/16①132,133
はんのき　56①101
きりかわ【切皮】
杉　14①86
きりぎりす【きりきりす】　16①36/37③322
きりくち【きり口、切口、伐り口、伐口、剪口、蔕】→Z
2①123/53⑤337/55③324,450,456,457,458,464,469,470,471,474
あさがお　55③334
あざみ　55③302
あじさい　55③310
あめんどう　55③264
あらせいとう　55③250,274
ういきょう　55③398
梅　54①289
えびね　55③301
おおでまり　55③321
おぐるま　55③333
おみなえし　55③380
おもだか　55③359
かえで　55③259,448
柿　54①277
がくあじさい　55③446
ききょう　55③354
菊　55③300,355,400
きょうちくとう　55③363
ぎょりゅう　55③312
桐　56①49
きりんかく　55②180
けし　55③325,447
楮　38③182/56①177/61②95
江南竹　55③439
こうほね　55③256
小笹　55③442
こぶし　55③251
ささりんどう　55③403
さわぎきょう　55③364
芍薬　55③307
しゅうかいどう　55③366,449
しゅうめいぎく　55③390
すおう　55③277
すすき　55③384
ぜにあおい　55③329
せんだいはぎ　55③306
竹　57②161/65①41
だんとく　55③332,355
つくねいも　3①38
つつじ　55③282
つばき　54①284
てっせん　55③313
唐かんぞう　55③316
とうごま　55③350
唐つわ　55③391
とりかぶと　55③405
とろろあおい　55③394
ながいも　3①36
なし　54①285
菜種　55③249
夏黄梅　55③335
なでしこ　55③376
ばいも　55③242
はげいとう　55③381
はす　55③323
はぜ　11①43
はまなし　55③303
はまぼう　55③362
緋桐　54①273
美人草　55③317
ひのき　3④255
びようやなぎ　55③337
ふじ　55③292
ぼたん　55③290
ほととぎす　55③368
松本せんのう　55③311
まんりょう　55②168
みずあおい　55③349
緑松　55③434
むくげ　55③331,357
やまいも　3④247,248
やまぶき　55③275,415
きりくちのかわさかい【切口の皮堺】　2①123
きりこぐち【伐小口】
桑　35②308,312
きりこみ【切込】→A、D、K
桑　47②137
きりしま【桐島】→F
55②142
きりしまつつじ【霧島躑躅】
55③293
きりしまはなのさかり【キリ嶋花ノ盛リ】
霧島つつじ　8①169
きりしまゆり【きり嶋ゆり】
54①205
きりたね【きり種】
蚕　35①59
きりなえ【桐なへ、桐苗】
桐　3③172,④319/56①49
きりなえ【切苗】
藍　34⑥159
きりにて【切にて】→にら
34⑤86
きりのき【きりの木、桐ノ木、桐の木、桐木】→B、N
3④320/16①154/22③175/

43②202/56①49, 172/57②144, 145
きりのきのみ【桐木之実】
桐　57②208
きりのね【桐の根】
桐　56①49
きりのは【桐の葉】→B
あおぎり　16①154
桐　56①130
きりのはな【桐の花】
桐　55③267
きりのみ【桐の実、桐実】
油桐　57②90
桐　56①48, 152, 209
きりのるい【桐の類】　13①200
きりばな【剪花】　55③210, 326, 455
がんぴ　55③335
だんとく　55③332
きりふ【切斑】　55②158
きりやなぎ【切柳】
柳　64④275, 290
きりんかく【きりん角】　55②166, 179
きりんそう【きりん草、騏驎草、麒麟艸】→けいてん→N
3④354/54①224, 300/55②124, ③331
きるい【木類】　8①223/10①83, 86
きれさき【きれさき、きれ咲】
さつき　54①131, 133
つつじ　54①122, 123
きれん【稀薟】→めなもみ
55②123
きわた【きはた、キワタ、きわた、棉、木わた、木棉、木棉花、木綿】→くさわた、じゅとうめん、そうめん、はんしか、ぱんや、もくめん、もめん、わた→N、Z
2⑤333/3④224, 233, 292/4①**110**, 111, 112, 234/5①107, 137/6①**141**, 142, 143, 144, 211/7①64/8①**12**, 184, 263, 264, 265/9②205, 206/10①27, 30, 44, **81**, 93, ②302, 323, 351, 361/11①57/12①65, 74, 90, 106, 108, 131, 153/13①7, 8, 11, 14, 16, 18, 19, 20, 21, 115, 347, 358, 368, 369, 374/14①245/15③340, 341/17①161, 169, 226, 227, 229, 231/18①80, 81, 104/19①100, 101, 103, 156, 157, 160, 169/20①142, 205, ②384/21①60, **69**, 79, 82, ②130, ③150, 156/22②119, ④**260**, 261/23⑤**260**, 261, 262, 264, 276, ⑥310, 311, 316, **326**, 327, 328/24②239/25①55, 128, 140, ②199, **209**, ③273/28①23/31③111, ⑤256/32①**145**, 146, 147, 148, 149, 150, 151, 216/33⑤256/34⑤94, 95, 96, ⑥128, 141/35①230, ②287, 333/36③165, 205, 224, 295, 301/37①32/38②62, 63, 80, 84, 86, ③148, ④234, 255, 266/39①**48**, 61, ③**146**, 153, 155, ⑥331/41⑤246, ⑥267/42⑤328, 329, 331, 334/43①32, 33, 45, 79/53⑤290/54①244/55③372/61②84/62①13, ⑨336, 362/67②107/69①50, ②222, 297, 302, 303, 335, 344, 345, 348, 349
綿　19①170
きわた【生綿】
綿　8①289/38②63
きわたぎ【木棉木、木綿木】
綿　25③263/34⑤95, 96, 97
きわたぎのすえ【木綿木の末】
綿　25①67
きわたざね【木綿実】
綿　39③146
きわたそう【木綿草】　17①229
きわただね【木棉種子、木綿タネ、木綿種、木綿種子】　43①33
綿　6①141/19①156, 164/22②120/25①43/34⑤95, 96, 97/38④255/43①33
きわたのたね【木綿ノ種子、木綿の種子】
綿　15③340/32①151, 166
きわたのでき【木綿ノ出来】
綿　32①147
きわたのはな【木綿の花】
綿　54①214/55③391
きわたのみ【木綿の実、木綿子】
6①164
綿　34⑤97
きわたのめ【木綿の芽】
綿　38②80
きわたはな【木綿花】　34①12, ③47
きわたはなさく【木綿花咲】
綿　30①133
きわたもとふきはじめ【木綿元吹初】
綿　30①135
きわたるい【木綿類】　10①92
きわれ【気われ、気割、木われ】
稲　36②104
漆　46③186
きん【睾丸】
馬　60⑥367
きんかん【きんかん、金柑、金橘】→N
13①168, 173/14①382/16①148/29①85/38④250/40④286/41⑤246, ⑥267/54①168/56①86, 92/62①14
きんぎんか【金銀花】→N
54①158
きんぎんそう【金銀草】　54①171
きんこ【絹子】→F
蚕　47①16
きんこつ【筋骨】　62⑤115
馬　60⑥334, 335, 350, 369
きんさ【金釵】→せっこく
55②147
ぎんささげ【ぎん大角豆】　28④331
きんさんぎんだい【金盞銀台】
水仙　54①258
きんしえん【金糸烟】→たばこ
45⑥316
きんしばい【金糸梅】→Z
55③337
きんしべれん【金蕊蓮】　54①231
きんしゃうり【金砂爪】　44③209
きんじゅう【禽獣】→G、N
6①139/10②303/21①25, 87, ⑤215/22①22/36①74/65③210/70②129, 130, 131, 134
きんじゅうぎょべつ【禽獣魚鼈】
5③246
きんしょう【禁生】→せっこく
55②147
きんじん【菌蕈】→きのこ
45④204
きんせんか【きんせんくわ、金仙花、金銭花、金盞花】→ときしらず→Z
28④333/54①198, 301/55③277
きんたま【睾丸】
人　60②109
きんちく【金竹】　54①178
きんとき【きん時】　22④265
ぎんなん【銀杏】→いちょう→N、Z
6①183/13①**163**/45⑦423/62①14/69②317
ぎんなんのき【銀南木】　56①70
きんにくい【筋肉衣】
馬　60⑦441
ぎんび【銀微】　56①127
きんふうげ【金鳳花】　54①199
ぎんふうげ【ぎんふうけ、銀鳳花】　54①199, 300
きんぽうげ【きんほうけ、きん風花】→もうこん→Z
54①300/55②124
きんまく【筋膜】
人　69①124
ぎんまくわ【銀真桑】→F
2⑤330
きんめいちく【キンメイ竹】
55③438
きんめぬき【金目ぬき】→かんぎく
11③145
きんゆ【橘油】　54①168
きんようい【筋様衣】
馬　60⑦428
きんよういまく【筋様衣膜】
馬　60⑦423
きんようまく【筋様膜】
馬　60⑦439
きんらん【きんらん】　55②124

【く】

くい【苦薏】→のぎく
55②122
くいな【くゐな】　16①37
ぐう【藕】
はす　12①340
くうちょう【空腸】→Z
馬　60⑦430
くうほ【空穂】
稲　70④276
くがいね【陸稲】→おかぼ
70⑥376, 377, 378
くがつにうえるべきもの【九月に可植物】　10①**40**
くがつねのせつ【九月寝ノ節】
蚕　47②108
くき【クキ、くき、茎】→I、N、W
21②136/37③376/62⑧262/69①80, 85, 127, ②249, 256, 257, 262, 265, 315, 317, 324, 332, 343/70⑥421
藍　3①42/6①151/13①40
あおもりそう　55③303
赤ふきのとう　55③246
麻　3①41
あざみ　55③302
あわ　5①95
イケマ　1②191
いたどり　1②191
稲　5①38/6②316, 317/12①134/21①32/23③155/25①139/30③265, 266/37③272, 306, 307/70⑥418, 419
ういきょう　68③354
えごま　33①46
えんどう　38③146
黄耆　68③350
大麦　21①49, 52, 53/32①61/39①40, 41
おどりこそう　54①200

かなみぐさ 49①148
かわたけ 55③397
がんぴ 55③335
菊 48①205/55①18,19,23,34,35,37,39,47,51,52,70
ぎぼうし 55③358
きりんそう 55③331
くこ 38③124
葛 50③238
くまたからん 55③369
けし 55③325
庚申ばら 55③276
こうほね 54①232/55③256
ごぼう 25②220
ごま 4①92
こまつな 2⑤331
柴胡 68③342
さぎそう 54①233
さつまいも 70③213,215,216,224
里芋 2①91/3②71/4①140/5①106/6①133,134,②303/18⑤471/24①112,113/38③129/39①50,51
さとうきび 3①47/48①216,217,218/50②156,157/70①11,18,19,20,24,25
さんごじゅ 56①104
しいたけ 45④206/48①220
じゃがいも 70⑤327,328,329
しょうが 2⑤331/48①250
水仙 55③420
すいれん 55③390
せきちく 48①203
千日紅 54①242
そば 70⑤317
大根 2①57/37①46/52①24,25,26,30
大豆 30③271
たばこ 3①45/30③272/41⑤237/63⑧444
朝鮮人参 45⑦381,390,418/48①239,243,244,248
とういも 25②218
唐かんぞう 55③316
とうごま 55③350
とうもろこし 17①215
なす 3④377
なずな 12①328
菜種 5①132/18①94,95/33①46
なでしこ 55③286,376
なんてん 55③340
にんじん 25②220
ぬるで 56①71
のこんぎく 55③326
はげいとう 55③449
箱根草 54①258
はっか 68③349
はぼたん 55③265
はまぎく 55③410
ひえ 27①128,129
ひおうぎ 55③348
ふき 3④326/10①70/25②215/28①22
ふだんそう 38③123
ふよう 55③373
紅花 25①128
松茸 3④333
みずあおい 55③349
水菜 4①107
みずひき 55③382
みずぶき 18①120/55③400
麦 61①37
やまいも 38③130
ゆり 55③352
れだま 55③324
綿 37③377/61②86/62⑧275/70⑥420
くきがしら【茎頭】
あずまぎく 55③288
くきかぶ【茎科】
里芋 38③129
くきたち【茎立】
かぶ 38③163
大根 7②319
菜種 5①131/7②322
にんじん 33⑥363/38③158
らん 54①287
くきたちしん【茎立芯】
菜種 45③169
くきな【くきな】 28②213,245
くきね【クキ根、茎根】→I
さとうきび 30⑤411
やまぶき 1②191
くきのうら【茎のうら】
菜種 23①27
くきは【くきは、茎葉】→N
21①31
稲 25①47
鶏頭 12①326
ごぼう 25①128
里芋 4①139/6①134
たで 12①338,339
朝鮮人参 45⑦400
菜種 18①94/21①27
ははこぐさ 18①141
綿 9②217
くきもと【茎本】
里芋 2①91
くくたち【くゝたち、薹】→N
17①249
からしな 12①234
しゅんぎく 12①322
くこ【くこ、杓杞、枸杞、枸杞、莇】→B、N、Z
6①163/10①24,43,45,79,②339/13①228/16①153/38③124
くこ【苦瓠】→にがひさご
19①151
くこのみ【くこの実】 10①41
くさ【草】→B、G、I、N、X
3③131/5①44/7②345
くさあさ【草麻】→あさ
20①143
くさいちごつる【覆盆子蔓】
くさいちご 19②436
くさいね【草稲、艸稲】
稲 17①100/29③241/30①28,29,62,②184,191,192/70⑥393,425
くさいねのうち【草稲の中チ】
稲 29③233
くさおい【草をひ、草生、草生ひ】
16①249,250,256,264
稲 17①111
大豆 36②118
麦 1③269
くさおいたち【草生立】 1①71
くさき【草木、艸木】→B、I、N
3②67,③132,④349/8①219/17①30/21①7,23,25,26/24①70,172/28①11,38/31④201/69①77
くさぎ【くさぎ、くさ木、臭梧桐、小臭木、常山】→とうの→H、N
10②339,363/12①78/16①153/56①71/70⑥420
くさきのえだは【草木ノ枝葉】
69②336
くさきのたね【草木の種】 24①28
くさきのは【草木の葉】→N
56①171/69①98
くさぎのは【常山の葉】→N
くさぎ 47①46
くさきのはな【草木の花】 3④354
くさぎのはな【臭木の花、常山の花】
くさぎ 10②339/19①187
くさきのほうが【草木の萌芽】
19①189
くさきのめ【草木の芽】→I
19①188
くさきはな【草木花】 3④355
くさだち【草立】→G
稲 11②94
くさたね【草種、艸種】 23⑥314
菜種 50①36
くさつげ【草つげ】 54①188
ぐさなえ【グサ苗】
稲 8①67
くさね【草根】→G、I、N
3③143,161,162/45⑦391/64④263/68③359/69②220
くさねひげ【草根鬚け】
松 57②155
くさのおう【草のわう】→Z
54①203
くさのかしら【草の頭】 15②166
くさのたね【草の種】 16①135,137
くさのでき【草の出来】
稲 33①21
くさのね【草のね、草ノ根、草の根、草之根、艸の根】→B、G、I、N
3③131/12①135/16①83,178,192,193,195,196,208/27①64/50③265/64④270/69②345
あし 23④188
くさのみ【草の実】 11②121/16①134,135,137/64④289
くさのめ【草の芽】 62⑧272
くさばな【草花】 11③142,146/17①30/23④199/27①331/36③255
くさびよう【草びやう】 54①225,291
くさびら【くさびら、菌】→きのこ→N、Z
12①349,351/45④200,202,205,210,211/48①221
くさぼうき【草箒】→ははきぎ→B
24①142
くさまき【草槙、草槇】→B、N
6①33/36③225
くさみ【草実】→G
23⑥314
くさむぎ【草麦】
大麦 22④206,208,209
麦 16①330/17①173,179,186/33①54
くさもの【草物】 24①137
くさもみ【草籾】
稲 2①48,49
くさやまぶき【草山吹】 11③148,150
くさりじゅくす【くさり熟す】
41⑦322
くさりすたる【くさりすたる】
稲 17①84
くさりなえ【腐苗】
稲 25②189
くされんげ【くされんげ、草蓮花】 54①228,291
くさわた【草綿】→きわた
5③280/7②303/8①263,264,265/69②234,298
くじそう【狗耳草】→あさがお
15①78
くじゃくそう【くぢやくさう、孔雀草、孔雀艸】 28④333/

54①257,291

くじゃくひおうぎ【孔雀檜扇】
55③375

くじらのかわ【鯨の皮】
鯨　69①113

くす【楠】→くすのき→B
14①95/40②193/53④244,249/54①176,291/55②132,140,144/57①18,②142,188,190,202,206

くず【葛】→やかつ、ろくず→B、G、I、N
14①44,182,199,239,241/50③238,240,244,249,279/68④415

くず【くず、粗】
いぐさ　4①121
稲　5①61,62
小麦　5①122
すげ　4①124

くずいも【屑芋】
さつまいも　70③229

くすたぶ【楠たぶ】　10②335

くすだも【くすたも】　56①101

くずつる【葛つる】
葛　19②436

くずね【葛根】→かっこん→N
葛　50③247,249,251,270/67④173

くすのき【くすのき、樟、樟木、楠、楠の木】→くす→I、S
10②335/16①**165**/37③384/41②41/53⑥396,398/54①186/69①47

くずのごときこ【葛のごとき粉】
ところ　15①90

くずのつる【葛の蔓】→B
葛　14①241/50③252

くずのね【葛之根、葛の根、葛根】→かっこん、→N
葛　30③234/34⑧306/50③248,262

くすのみ【楠の実】
くすのき　11②121

くずのみ【葛の実】
葛　50③252

くずは【葛葉】→I
葛　2④288

くずまめ【くす豆】→F、N
10①41,44

くすめんとう【楠女桐】　10②335

くずもみ【粗籾】
稲　5①61,82,83

くずわら【屑わら】→B
稲　20①106

くせえだ【曲枝】　57②104,116

くせぎ【曲木】　10①191/57②100,104,105,140,141,144,159,188,225,231

くせまい【くせ米】
稲　17①19,20,23,39,96

くぞく【狗賊】　60②100,101

くだ【管】→B
綿　15③338

くだく【砕く】→A
稲　11②107

くだけ【くたけ、砕】
稲　11②101/62⑨380

くだもの【菓、菓物】→N
3④346/13①255

くだりだね【下り種】
蚕　36②127
大根　2①15

くだりにんじん【下り人参】
にんじん　41②117

くち【口】　7②229
鯨　15①34,37
人　18①169

ぐち【ぐち】
にんじん　34⑤82,83

くちき【朽木】　12①350,351/45④204,209/69①94

くちごろう【口五郎】→しで
56①123

くちこわなるうま【口こわなる馬】　16①222

くちつよきうま【口つよき馬】
16①222

くちなし【くちなし、山枝子、小梔、梔、梔子】→すいしか→B、N
10②339/11③144/16①37/48①179/54①188,291

くちなしのはな【梔の花】　3④354

くちなしのわかはえ【山梔子の嫩】
くちなし　55③283

くちなわ【くちなわ】　40④286

くちのあきよう【口の開きやう】
綿　7②309

くちのなか【口之中】
牛　60④194

くちば【括葉、朽葉】→X
55③475
桑　47①45

くちびる【唇、脣】→Z
馬　60⑤283,⑥343

くちべにせんのうげ【口紅仙翁花】　54①237

くつわむし【くつわ虫】　39②95

くにき【国木】→くぬぎ
29④289

くにぎのき【クニキノ木】　45④200

くにぎのは【くに木の葉】　29②131

くぬぎ【くぬ木、釣樟、椚、櫟、櫟木、槲】→くにき、くのぎ→B、H、N、Z
5①**169**/6①182/7②**363**,364/10①84,100/14①202/56①61,62,150,151,152/61⑩428,452

くぬぎのき【クヌキの木、くぬぎの木】→B
14①53/45④208

くぬぎのみ【椚の実】
くぬぎ　65①42

くねんぼ【くねんほ、くねんぼ、柑、柑子、九年甫、九年母、大柑、乳柑、乳柑子、柚香櫞】→N
10①85/13①168,176/14①382,387/16①148/25①111/29①85/34⑤111/40②99/41⑤246,⑥267/45⑦417/54①168/56①94/62①14/69②292,297,317

くねんぼう【九年房】　14①387

くのぎ【くのき、槲】→くぬぎ
40②150/64①71

くのぎのみ【くのきのみ】→N
くぬぎ　64①71

くばく【瞿麦】→なでしこ
55②123

くび【首】
大根　5①111
ながいも　2①92,93

くびなえ【首苗】
ひえ　27①129

くぶしのはな【くぶしの花】
こぶし　67⑥302

くぶのみのり【九分ノ実ノリ】
麦　32①73

くま【熊】→G、I
1②203,204/7②260/18①171/68②292/69②306

くまがいそう【熊谷草】→ほていそう
54①200

くまがえそう【くまがへ草】
54①291

くまざさ【くまさゝ、クマ笹、九枚笹】→やきば
1②184/54①179/55③441/56①113

くまたか【くまたか】　16①39

くまたからん【高良薑、鵰蘭】
55③369

くまたけらん【熊竹蘭】　68③357

ぐみ【くミ、グミ、楸、茱萸、櫕】→ごみ→N
10②339/19①180,185/24①93/37①31,34/64④264,265,268,289,292,293,294,295

ぐみき【楸木】　64④266

くも【蜘蛛】→ちちゅう
23①109/35①235/69①43

くもきり【くもきり】　54①199,291

くもしり【蜘尻】→Z
馬　60⑦459

くもりゆり【くもりゆり】　54①208

くら【くら】
うど　41②124
そば　62⑨370

くらら【苦辛】→H
6①217

くり【クリ、くり、栗】→A、B、H、N、Z
2⑤333/3③166,170,172,179,182,④348,379/4①236/6①33,54,183,185,213/7①68/8①263,266/9①14/10①20,84,100,②335/12①120/13①**138**,141,142,143,243/14①202,302,303/18①56,62,**67**,68,69,70,90,91,96,98,99,102,108,109/19①190,191,②283,332/22①59/24①12,153/25①114/29①85/30③258,259/32①211,213,217,218,222/36③315/37①32,34/38①26,③187/39③156/40②99/41⑤246,⑥267/45①31,⑦400/54①169,291/55③468/56①55,56,134,135,145,149,151,168/61①38/62①14/63④172/67⑥288/69①70,②297,317

くり【栗(実)】
栗　56①123
綿　29①60,67,68,73

くりいが【毛毬】
栗　19①186

くりげ【騂】
馬　60⑦455

くりこ【くりこ、くり粉】→N
綿　13①9

くりなえ【栗苗】
栗　32①216/68③362

くりのおおみ【栗の大実】
栗　14①341

くりのき【くりの木、栗の木、栗木】→B、G、I、N
9①14/16①**146**/19①182/27①149/32①218/61⑩452/63④172

くりのてなわ【栗の手縄】
栗　56①100

くりのは【栗ノ葉、栗の葉】→B、H
栗　38①27/56①62

くりのはな【栗の花】
栗　16①37/19①185/38①22,

26/56①104,122
くりのみ【栗子、栗実】→N
栗 19①188/32①218,222
くりのめ【栗の芽】→I
栗 13①141/18①70
くりはな【栗花】
栗 45④202
くりまめ【栗豆】 33⑥362
くりまゆ【クリマユ、繰繭】
蚕 35②322,403
くりみ【くり実】→A
綿 9②207,216
くりわた【くりわた、繰綿】→N 20①123,158
くりわたのたね【繰わたの種子】
綿 20①152
くりんそう【くりんさう、九りん草、九輪草、九輪艸】→わすれぐさ 25①90/28④333/54①201,217,221,292/55③287
くるいざき【くるい咲、くるひさき】
つばき 54①88,89
くるいばな【くるい花、くるひ花】
さつき 54①131
つばき 54①87,105
くるまさんしち【車三七】 54①224,291
くるまゆり【車ゆり】 54①206,208
くるみ【クルミ、くるミ、くるみ、胡桃】→B、N 1②184/3③167,171,182/6①183/10①38,83/13①7/19①181,190,②389/37①32/45⑦423/54①170/56①100,119,182/69②298,317
くるみ 18①161
くるみから【胡桃殻】
くるみ 18①164
くるみのき【くるミの木】→G 16①145
くるみめ【くるミ目】
稲 2③259
くれたけ【呉竹】 6①186
くれない【くれなひ、くれなゐ、紅花】→べにばな→Z 10①38/12①127/13①46/20①118,131,151,187,197,221/62③70
くれないとびいり【くれないとび入、くれないとび入り】
さつき 54①132
つつじ 54①122
くれないのたね【くれなゐの種子、紅花のたね】
紅花 20①171,186
くれなえ【くれなへ】
紅花 9①131
くれのおも【クレノヲモ】→ういきょう 24①153
くろい【黒藺】 55③278
くろいぶき【黒檜柏】 54①181
くろかじ【黒かち】→かじのき 34⑥145
くろがも【黒かも】→G 16①317,318
くろかわ【黒皮】
楮 53①26
くろきみ【黒き子】
ゆり 12①323
くろきも【黒キモ】
牛 60④174
くろくき【黒茎】 54①216
くろぐわい【烏芋、黒くわい、黒くわゐ】→くわい、じりつ、ほっせい→G、N、Z 12①348/17①307/25①141,②224/28①24/54①232
くろげのおもちひたいしろ【駹】
馬 60⑦455
くろご【くろこ、くろ子、黒子】
蚕 35①88,115,117,121,123/47③167/56①192,206/62④103
くろごま【黒胡麻】→F、I、N 2⑤329/22②127/38③154
くろささぎ【黒さゝぎ】 39③152
くろささげ【クロサヽゲ】→F 38④246
くろさんしょう【黒山枡】 56①109
くろしる【黒汁】
さとうきび 3①62
くろすぎ【黒杉、黒枤】→B 56①159,215/57②152
くろだいず【黒大豆】→B、F、N 4①84/23⑥329/37③389/39③152/43③234/44③199,240
くろつぐ【黒次】 34①12,⑥153
くろとり【黒鳥】 37②216,217,218
くろな【黒な、黒菜】 28④349,350
くろは【黒葉】
稲 20①61/37②95,103
なす 2①87/3④290
くろばけ【黒葉気】
稲 2①48
くろばち【黒はち、黒ばち、黒蜂】
蜜蜂 14①349/40④313,336
くろはつき【黒葉付】
稲 19①74,75,214,②312
くろび【くろひ】 25①107
くろふし【くろふし、黒ふし】 28④333,334/54①291
くろべに【黒紅】 54①205
くろまつ【黒松】→おまつ 14①89/16①139/54①175/56①52,53
くろまめ【くろまめ、くろ豆、黒大豆、黒豆】→F、N 3②72/9①70/10③395/22①53/23⑤260/25①141,142/28②171/30③272/31⑤266/33④185,211,212,⑥362/41②93/43③269
くろみ【黒ミ】
稲 29①46,49
くろむ【黒む】
稲 29①44
くろめ【くろめ】
大麦 33①55
小麦 33①55
くろもじ【くろもじ、釣樟】 6①217/54①173,291
くわ【くハ、久波、桑、栄】→くわがら、くわのき、したがうき、そう、そうしゃ、そうぼく、とみ、やまぐわ→G、I、N 3①19,54,③103,117,118,125,126,129,132,160,161,164,166,180,181,186/4①162,163,164,166,234,236,240/5①74,106,109,116,154,159,160,161,167,172,190/6①174,177,178,181,191,216/10①31,32,84,②328,335,355,357/12①120,127,351/13①102,120,122,152,167/14①27,43,52,202,253/18①56,57,80,87,90,91,96,98,99,102,104,106,108,109,②250,261/19①181/20①235/21②126,128/22①57/23①55,⑥310/24①55,153/25①99,115,117/28①5,94/29④278/31④219/35①11,23,33,36,37,46,66,85,119,187,220,232,238,241,②259,281,282,283,286,292,312,314,315,316,317,319,323,327,329,332,345,352,353,369,413,414/36②127/37①33/38③181,182/39②110,112,114,120/44③202/45⑦400/47①19,②84,137,138,③166,168,⑤251/48①209/56①58,177,178,193,194,199,200,201,204,207/57②206/61②96,97,⑨261,262,263,264,269,270,285,292,296,299,340/62①13,④84,106,⑧264/63①53/64④294/69②203
くわい【くハい、くわい、くわひ、くわゐ、烏芋、慈姑、慈菇】→くろぐわい、しろぐわい→G、N、Z 3①18,24,35/4①152/6①162/10①24,27,44,77/11③142/12①345/17①307/22①60/23④184/24①92/25②224/28①23/29④284/41②109/54①292/62①13/65②90/70⑥381
くわい 54①232
くわいたね【くわゐ種子】
くわい 4①152
くわいも【くわいも、鍬芋】 24①92
くわえ【クワヘ、くわへ】→N 28②261,262/38④253
くわかぶ【桑株】
桑 56①201
くわがら【桑柄】→くわ 19①191
くわこ【桑子】
桑 19①185
くわざかり【桑盛】
蚕 35③428,429
くわなえ【桑苗】
桑 3③188/4①163/6①175,176,177/13①119,121/18①84,85,87/24①28/25①117/47②139/56①193,201,203/61⑨275,373
くわなえぎ【桑苗木】
桑 61⑨289,345,356,357,371,374,379,382,383
くわね【桑根】→D
桑 56①204
くわのあだばな【桑のあだ花】→I
桑 47②83
くわのえだ【桑の枝】→N
桑 35①98/47②140,③173
くわのかわ【桑の皮】
桑 14①257
くわのき【クワノ木、くわの木、桑の樹、桑ノ木、桑の木、桑樹、桑木】→くわ→B、I、N 3①8,③160/5①100,157/16①141/24①63,141/35①47,65,68,120,216,②305/47①45,②129,③177/48①118/56①61/60④218/64④291
桑 56①206
くわのきなえ【桑の木なへ】
桑 39⑥333
くわのきのかいこ【桑木の蚕】 47②135
くわのたね【桑の種】

桑　25①116
くわのね【桑の根】
桑　3③142/56①192
くわのは【桑の葉、桑葉】→B、H、I、N
桑　13①120/16①35/35①47,98/54①173/56①205
くわのふるきね【桑の古き根】
桑　56①195
くわのみ【くはの実、桑のミ、桑の子、桑の実、桑子、桑子実、桑椹、椹】→N
蚕　24①47
桑　3①54/4①163/6①175/13①116,117,118,119,121/18①**79**,82,83,84,87/35①66,105,215,②307/37①34/47②138,③174/56①60,178,194,204
くわのみず【桑のミず】
桑　6①190
くわのめ【桑の芽】→I
桑　25①63/35①73,105,②348/47①19,②83,③170
くわのわかぎ【桑の若木】
桑　35②306
くわのわかめ【桑の若芽】
蚕　35①111
桑　35①202,②307
くわは【桑ば】→B、I
桑　35②372
くわめ【桑芽】→A
桑　35①111/47②83
くわめだち【桑目立】
桑　48①209
くんさい【葷菜】　24①153
くんさいのるい【葷菜の類】
12①290
くんたつ【莙薘、莙蓬】→ふだんそう
12①**302**/19①152
ぐんちょう【群鳥】　25①100
ぐんぽう【群蜂】　14①349,352

【け】

け【毛、毛茸】→G
犬　60②92
稲　39⑤295/63⑧432
馬　60⑥336,354,⑦454,457
陸稲　22④279,280
葛　50③245
里芋　41②97
大根　5①110
ところ　67⑤229
麦　37③359
けあるいも【毛有イモ】
やまのいも　49①201
けい【茎】
綿　15③338
けい【鶏】　13①260/60②88
けい【蕙】　54①215,216
けいい【経緯】
馬　60⑦447
けいがい【荆芥】→N、Z
13①302/25①141
けいかんか【鶏冠花】　11③148
けいこつ【形骨】
馬　60⑦463
けいこつそう【鶏骨草】→ちどめぐさ
24①140
けいし【桂枝】
かつら　35①221
肉桂　14①346
けいしのほね【鶏子の骨】
馬　60⑥335
けいしん【けいしん、桂心】→N
54①186,294
けいせい【鶏斉】　50③244
けいぜつ【鶏舌】　56①118
けいそうのあしきなえ【荆桑のあしき苗】
桑　35②312
けいたい【繫帯】→Z
馬　60⑦431
けいちょうそう【鶏腸草】→よめな
55②123
けいてん【景天】→きりんそう
55②124,135
けいとう【けいたう、ケイトウ、けいとう、鶏頭、雞頭】→けとん→N、Z
3④354/11③142,143,144/17①290/24①93/28④334/54①239
けいとうげ【けいとうけ、けいとう花、鶏頭花、雞頭花】→N、Z
2①**72**/10①24,30,41,44/11③141,142,143/19①186/45⑦416/54①237
けいぼう【鼶鼅】　23①109
けいも【黄独】→つくねいも→N
6①**137**,138
けいよう【茎葉】　69②294,321,348
藍　45②102,108
さつまいも　70③214
さとうきび　70①14
朝鮮人参　45⑦399
けいらく【経絡】
人　69①64
けいらん【鶏卵】→B、H、N
鶏　37②216
けいろ【経路】
人　3④323
けいろ【毛色】
馬　60⑦455
げうし【下牛】　10①170
げーる【ゲール】　69①43,48,49,64
げくわ【下桑】→I
桑　47②138
げげみ【下々実】
はぜ　11①59
けご【ケゴ、毛蚕、毛虫、蚪、蚪蚕】
蚕　3①55,56/25①62/35③426/47②103,107,112,114,119/62④90,91,96
けごのせつ【蚪蚕ノ節】
蚕　47②107
けし【けし、芥子、芥子花、罌粟、罌子、鶯粟】→けしのはな→N、Z
2①31,74,80,81,82/3①34/4①**150**/5①144/6①162/10①40,45,②374/12①315/16①36/17①214,215/19①103,157,169,170,②430,447/20①142,164,173,196/24③301,302/28④351/29①84/30③293/33④188,231,⑥378/38③164,207/41②121,⑤246,⑥267/54①100,201/55③325,357,447/62①13/68④415
けしから【けしから】→I
けし　40④331
けしき【毛色】
綿　8①46
けしだね【芥子種、鶯粟種子】
けし　19①164/36③197
けしな【けし菜】　17①292
けしのはな【米嚢花】→けし
55③325
けしみ【けしミ、けし実、けし味、芥子実】
けし　40④331
紅ぼたん　54①57,58,61,67
白ぼたん　54①38,39,40,41,43
ぼたん　54①36
けしめ【けし目】
なんてん　55②178
げしゃきん【下斜筋】
馬　60⑦445
けじょう【毛上】
稲　9③245,248,251,255,259,263,267,269,278
げしょう【下焦】→Z
馬　60⑥333
げず【けず、げす】→からたち→N
41⑤246,⑥267
げだいず【下大豆】　34③41
げたば【下駄葉】　39⑤278
げたばこ【下たはこ】→N
たばこ　4①118
けだもの【けだもの、獣】→G、N
12①72/15①70/40②166
けつ【蕨】→わらび
14①181
けつえき【血液】　69①42
馬　60⑦460
けつき【毛付】　41②80
げっけい【月桂】　56①117
けっこう【結香】→みつまた
48①186
けっちょう【結腸】→Z
馬　60⑦426,431
けつね【けつね】→きつね
24①94
けつまく【結膜】
馬　60⑦446
けつみゃく【血脈】
人　62⑤115
けとん【けとん】→けいとう
24①93
げなえ【下苗】　56②285
稲　27①115
杉　56②257
げなえぎ【下苗木】
桑　61⑨354
けのなきしゅし【毛ノ無キ種子】
稲　63⑧432
けのね【毛の根】
馬　60⑥354,358
げは【下葉】
茶　13①83
げはぜ【下櫨】
はぜ　33②116
げひえ【下稗】
ひえ　23③156
げひんまゆ【下品繭】
蚕　53⑤313
げほ【下穂】
稲　1①95/20①104
げぼく【下木】
はぜ　11①19,20/31④161
げほんのわるまゆ【下品の悪まゆ】
蚕　47①18
けまん【花鬘】　54①197
けまんそう【けまん草、華幔艸】
54①294/55③316
げみ【下実】
はぜ　11①59/31④152,153,154,161
けみのり【毛みのり】
稲　9②200
けむりたつるくさ【けふり立る艸】　30③243
げもの【下物】
紅花　22④264
けものるい【獣類】→I

69②305
けもも【毛桃】 64①71
けやき【けやき、樫、槻、欅】→つき→B、N
6①182/10②335/14①95,301/16①159/19①190/22①59/34⑧301/37①32/38③190/40②150/42③169/45④200/48①102/50①50,52/56①62,98,99,100,149,150,151/57①18
けやきのき【けやきの木、槻の木】 14①82/56①99
けやきのは【槻葉】→N
けやき 19①181
けら【けら、螻】→G
5①140/16①36
けらのき【けらの木】 56①48
けん【犬】
犬 13①260/60②88/62⑤115
けんか【膁花】
馬 60⑦463
けんきだね【乾気種】
蚕 47②119
けんぎゅうか【牽牛花】
あさがお 19①186
けんく【犬狗】→いぬ
60②90,100
げんげそう【げんげ草】→れんげ
54①225,294
げんげだね【げんげ種】
れんげ 23①17
げんげん【ゲンゲン】→ぎじぎじ
24①93
げんこう【玄孔】
馬 60⑦461
けんごし【けんごし、牽牛子】→あさがお→N、Z
13①291
あさがお 70⑥432
けんさきな【けん先菜】 22④233
げんさん【原蚕】→F
47①55
けんしべ【けんしへ、けんしべ、剣しへ、剣しべ】→Z
芍薬 54①77,79,80,81,82,83
げんじまめ【源豆】 39③145
けんそうきん【瞼匝筋】
馬 60⑦444,445
けんたん【捲丹】→ゆり
37②205/55②123
げんちょう【玄鳥】→つばめ
25①98,100
げんどう【元道】→Z
馬 60⑥334
げんぴん【玄品】
菊 55①63
げんぷ【玄府】
馬 60⑦461
げんぺいう【源平卯】→はこねうのはな
55③306
けんぽなし【ケンポナシ、枳椇】→てんぽなし→Z
24①94/54①166
けんまく【腱膜】
馬 60⑦446
げんよう【減陽】→Z
馬 60⑦464

【こ】

こ【子、籽】 13①259
稲 5②223/17①79
馬 3③173
蚕 3①56
からむし 34⑥157
里芋 2⑤330/3④278,297,303,350,351/4①139,140/5③268/6②303/12①359/17①254,255/20①136,②386
しょうが 10①82
竹 5①171/10①86
ながいも 2①96
みょうが 10①70
やまいも 3④270
ゆり 33⑥384,385
ご【ゴ】
大豆 21①59,60
こあおい【こあふひ】→しょうき(小葵)
13①300
こあさつき【小アサツキ、小あさつき】→N
10①64/24①129
ごいさぎ【五位鷺】→G
16①256
こいぬ【小狗】 60②96
こいぬまき【小樫木】 57②128
こいね【小稲】
稲 9③269/27①110
こいばら【小茨】 16①36
こいも【子芋、小芋】→F
里芋 5③268/21①64/24①113/30①141/39①50,②106
やまいも 3④248
こう【構】 4①159
こう【杭】 5①190
ごう【猿】 60②112
こういん【後陰】
鯨 15①34,36,38
こうお【小魚】→I、J
こい 69②295
こうおうそう【かうわう草、紅黄草】 54①200,296
こうか【紅花】→べにばな→N、Z
14①42,157/24①152/38③181/62①13
こうか【黄瓜】→きからすうり
14①195
こうがい【香芥】→からし
15①75
こうがいこつ【口蓋骨】
馬 60⑦445
こうがん【睾丸】→Z
60⑦460
馬 60⑦426,440,441,459
こうがん【鴻雁】 25①98,100
こうぎょ【黄渠】 62①14
こうきょうい【睾莢衣】
馬 60⑦441
こうきょうまく【睾莢膜】
馬 60⑦426
こうこういも【孝行芋】→さつまいも
32①123,125,126,127,130
こうこういものたね【孝行芋ノ種子】
さつまいも 32①129
こうこうすう【公々鬚】→からすうり
14①188
こうごのき【かうこの木】 64④288
ごうさん【合散】→Z
馬 60⑥351,361,376
こうし【子牛、犢】→Z
5③243/16①262
こうじ【かうし、かうじ、柑、柑子、包橘】 2⑤329/10①85/13①168/14①382,387/16①147,148/54①168/56①86
こうじぎ【柑木】 53④247
こうじゅ【香薷】→N、Z
13①301/25①141/55②124
こうしゅういも【甲州イモ、甲州芋、甲洲芋】→じゃがいも
36③275,293/70⑤325
こうしゅうたね【甲州種】
きび 2⑤334
こうしょうそう【紅升艸】 28④333
こうじるい【柑類】 3④300/10①85/56①86
こうじん【香蕈】→しいたけ
45④211
こうしんきん【交親筋】
馬 60⑦446
こうぞ【楮、楮苧、楮皮、楮木】→かご、かじ、かぞ、かつ、かみのき、こうぞう、やまこうぞ→B、F、L、N、Z
2⑤326/3①19,22,56,60,③166,④242/4①159,160,234,236,240/5③270,271/6①182/10①43,85/12①78,351/13①91,93,94,95,96,99,101,102,103,112,124,167/14①27,30,41,52,202,254,259,261,264,265,341,404/18①89/20①235/21②126,128/22①57,59/24①141,153/29①82,④278,286/36②128/38③182/43③268/48①118,119/53①17,19,29/56①58,143,175,176,177/61①38,48,②93,94/62①13,⑧264/63①53,54/69②292,294,298
楮 13①100
こうそう【靠槽】
馬 60⑦463
こうぞう【こうぞう】→こうぞ
9①126
こうぞかぶ【楮蕪】
楮 22①57
こうぞかわ【楮皮】→B
楮 4①102/48①188
こうぞなえ【楮苗】
楮 13①96/36②127/56①143/65①42
こうぞのいただき【楮の頂】
楮 30②194
こうぞのかぶ【楮のかぶ】
楮 13①97
こうぞのかわ【楮の皮】
楮 3①59
こうぞのしる【楮の汁】
楮 3①59
こうぞのなえ【楮の苗】
楮 5③270/14①266
こうぞのね【楮の根】
楮 56①176
こうちく【篁竹】 56①111
こうちょう【厚腸】→Z
馬 60⑦430,431,434
こうちょうかくまく【厚腸隔膜】
馬 60⑦434
こうとう【喉頭】
馬 60⑦414
こうなんちく【江南竹】 55③438
こうのう【睾嚢】
馬 60⑦440
こうのものうり【香の物瓜、香物瓜】 4①23,127/28①21
こうば【耕馬】 13①258
こうひん【高品】
菊 55①63
こうぶつ【膏物】 3③176
こうふん【响吻】 6②301
こうぼうひえ【こふぼふ稗】
42⑥434
こうぼうむぎ【弘法麦】→N

68②255
こうぼく【厚朴】→N
55③283
こうぼたん【紅牡丹】→F
54①56, 72, 74, 269
こうほね【川骨、萍蓬川】→かわほね、へいほうそう→N、Z
67⑤236/70⑥381
こうま【子馬】 1②156
こうまく【剛膜】
馬　60⑦446, 447
こうめ【小梅】→F、N
54①285
梅　54①141
こうもり【コウモリ】→こんもり
24①93
こうもん【肛門】
馬　60⑥352, ⑦431
人　18①169
こうもん【喉門】
馬　60⑦415
こうやだいず【高野大豆】 10①38
こうやばな【かうや花】 48①211
こうやまき【かうやまき、高野槙、高野槇、羅漢松】 6①182/54①183, 296/56①58
こうやまめ【高野豆、高野萩】
10①31, 40, 56
こうよう【紅葉】
えのき　38①19
かえで　16①166
かつら　56①118
にしきぎ　56①108
はぜ　31④200
ゆきやなぎ　55③419
こうらいぎく【かうらい菊、高麗菊】→Z
12①322/19②313/37①36/55③292, 409, 418, 446
こうらいぎくのはな【高麗菊の花】
高麗菊　19①187
こうらりんもうのしちゅう【甲躶鱗毛の四虫】 7②272
こうるい【かうるひ、かう類、柑るひ、柑類】→N、Z
3①32/7②356/10②327, 335/12①71/13①171, 174/14①233, 382/29①86/54①167, 277/55②141/56①89, 92/68③356/69①104, ②303, 312, 344
こうるいのね【かうるいの根】
16①264
こうろう【喉嚨】
馬　60⑦414
こうろう【鈎瓤】→からすうり
14①188
こうろのしゅし【黄櫨の種子】
はぜ　31④147
こえかたまわり【糞片廻】
稲　5①56
こえぎ【肥木】
漆　4①162
こえぐさ【蓮花草】→れんげ→I
24①142
こえさかえたるなえ【肥栄へたる苗】
はぜ　31④169
こえだ【子枝、小枝、小條】 11③143
桑　5①159
桜　3④320
とうもろこし　2①105
菜種　8①82/23①26
松　5①170
綿　8①51
こえたるき【こゑたる木】
つばき　16①145
こえてわかやぎたるき【肥て若やきたる木】
はぜ　31④199
こえなえ【肥苗】
稲　61①34
こえぬけ【こゑ抜、糞抜】→D、I
たばこ　40②161
綿　40②44, 50
こえふとる【肥ふとる】
馬　60⑥360
こえふみうま【肥踏馬】 23①91
こえぼこり【糞ボコリ、糞蔓】
5①42
こえんどう【小ゑんどう】 3④243
こえんどろ【こゑんとろ】→こすい
12①330
こおい【小生】 29①38, 39, 40
綿　29①65
こおろぎ【蟋蟀】→G
25①99
こか【胡瓜】→きゅうり
12①261
こかいる【蚪】
蚕　35③429
こがき【小柿】 16①142/24③349
こがし【小樫】→とがし
53④218
ごかそう【五花草】→れんげ
43①33, 37, 39
ごかそうたね【五花草種】
れんげ　43①63
こがた【小形】
なでしこ　55③294
こかたし【小かたし】→さざんか
10①20
ごがつにうえるべきもの【五月に可植物】 10①32
ごがつゆり【五月百合】 36③227
こがねかつら【黄金桂】 56①117
こかぶ【小蕪】
かぶ　4①105
こがみ【蚕紙】
蚕　35②291, 294, 322, 346, 351, 352, 381, 382, 397, 402, 413, 414
こがら【小から】
里芋　41②97
こからたけ【小唐竹】 27①218
こがん【小雁】 16①38
こぎおとしのもみ【扱落しの籾】
稲　27①380
こぎおとしもみ【こき落籾】
稲　27①380
こぎく【小菊】
菊　55③404
こぎとりのなし【コギ取の梨子】
なし　46①78
こきび【小きひ、小きび、小黍、小秬】→F、N
6②273/10①23, 27, 32, 34, 36, 38, 48/12①177/24①141/29④298/30③267, 280/33①28, ⑥361/41②105, 130/67④164
こきびじゅくす【小黍熟】
きび　30①135
こきびほだす【小黍穂出】
きび　30①134
ごぎょう【ごぎやう、五きやう、五形】→ははこぐさ→G、H、I
17①294/24①32, 153/33⑥392
こぎり【小キリ】
綿　8①14
こく【穀】→I、N、X
稲　4①217, 224/17①22
こくうぼさつ【虚空菩薩】→いね
10①8
ごくおおば【極大葉】
なし　46①43
こくか【黒花】
梅　13①132
こくさんなえぎ【国産苗木】
桑　61⑨375
こくし【穀子】→L
12①89, 112/37③333/61①34
稲　12①139/37③272
ごくじょうぼく【極上木】
はぜ　11①22
こくたち【こく立】
大根　33⑥310
にんじん　33⑥363
こぐち【小口、木口】→Z
杉　5③269
はぜ　31④181, 182
ひのき　5③269
こくちゅう【黒丑】→あさがお
15①78
こくのかわ【穀の皮】 69①102
こくびゃくへんず【黒白偏豆】
17①212
こくぶだいこんだね【国分大根種】
大根　44③254
こくまざさ【小くまさゝ、小くま笹】 54①179/56①113
こくみ【穀子】
稲　38③140
こぐみ【小ぐミ】
蚕　47①16
ごくめいか【極名花】
菊　55①64
こくもつ【穀物】→N、X
12①152
こくゆり【こくゆり】 54①209
こぐり【小くり、小栗】→F
栗　14①302/16①146, 147/25①114
こくわ【小桑】 61⑨260, 268
こけ【苔】→G
5①110/36①71/41④203/45⑦397
こけのはな【苔の花】 41④202
こご【子蚕、小蚕】
蚕　47②84, 94
ごごうむぎ【五合麦】 64④271
ごこくさいそう【五穀菜草】 6①204
ごこくのおう【五穀の王】 29①52
ごこくのたね【五穀の種】 35①98
こごめ【小米、粉米】→G、N
稲　6①75/15②236, 238/25①78/42③201
ここんにゃく【子こんにやく】
こんにゃく　20①155
こさい【胡菜】→なたね
6①108/12①231/18①94/45③140
こさき【子栄、子咲、子咲キ】
稲　5③252, 253/7①14, 22, 35, 36, 42, ②247/8①75/11②107
里芋　8①119
麦　8①96, 98, 103

こさきのほ【子さきの穂】
稲　21①33/23①34
こさく【子さく】
稲　27①110
ひえ　62⑨337
こささぎ【こさゝき】　41⑥268
こさん【小蒜】→F
にんにく　12①290
ごさんちく【五三竹】　55③438
こし【コシ、腰】
牛　60④184
鯨　15①38
ごし【五芝】→れいし
45④198
ごじ【五梓】　10②303/13①258
こしおれ【腰折】
稲　5①28,36
こしおれなえ【こしをれ苗】
稲　17①61
こしおん【こしほん、小紫菀】
54①240,296
ごじか【ごじくわ、五時花、午時花、後時花】　11③141,144/54①243,244,296
こじそう【虎耳草】→ゆきのした
55②123
こした【蚕下、蚕下夕】
蚕　35①109,113,②262,267,300,347,354,371,372,375,383/47②113,114,115,126
こしだか【腰高】
はぜ　11①29
こじたのいきり【蚕下の熱り】
蚕　47②112
こしつよし【こし強し、腰強し】
稲　22④220,221,222,223
こしとう【虎子桐】→あぶらぎり→Z
13①199/15①83
こしねのき【こしねの木】
はぜ　33②113
こしば【小柴】→B、G、I
56①135
こしべ【小しべ】
芍薬　54①81
こしぼ【小しほ、小しぼ】
稲　17①20,21,25,33,44,53,55,56,57,76,125,128
こしみの【こしミの】→F
さつき　54①133,135
つつじ　54①116,117,121
つばき　54①97
こしゃくやく【小芍薬】　54①83
こしゅう【古終】→わた
15③340
こしょう【こしやう、こせう、胡椒】→N
16①161/24①142/31⑤253/41⑤246,⑥267/54①190,296/56①173
ごしょういも【五升芋】→じゃがいも
2⑤325
こしょうが【子薑】→しょうが
19①152
こしょうなえ【こしやう苗】
とうがらし　31②76
こしょうぶなえ【小菖蒲苗】
稲　34⑦251
ごしょだも【御所多茂】　56①122
こしよわし【腰弱し】
稲　22④219
こじり【蚕尻】
蚕　56①201/62④88,91,98
ごしん【五辛】→N、X
24①153/47④230/62①13
こすい【胡荽】→こえんどろ→Z
11③147
こずえ【梢】　36③183/55③216
油桐　5③280
稲　17①28
ぎょりゅう　55③312
桐　3①49,50
桑　5①158/35②308,312/47①45
たらのき　56①71
みかん　3①51
みつまた　56①69
麦　68②250
柳　13①216/16①155
こずえのあまはだ【梢の甘肌】
桑　35②305
こずえのえだ【梢の枝】
栗　13①142/18①71/25①114
こずえのめ【梢ノ芽】
綿　32①146
ごすんふき【五寸ふき】
綿　11②119
ごすんまわりのだいぎ【五寸廻の台木】
はぜ　31④187
こせ【こせ】
しょうが　40④315
こせきしょう【小せきせう】
17①309
こせみ【小せミ】　16①36
こそう【胡葱】→あさつき
25②223
ごぞう【五臓】→Z
人　7②229/17①18/40②149/54①221/62⑤115
ごそうもん【後喪門】→Z
馬　60⑦464
こぞのかぶ【去年のかぶ】
当帰　13①273
こぞのなえ【去年の苗】
当帰　13①272
こたけ【小竹】→B
16①307,332/55③437/56①169
こだね【こたね、蚕実、蚕種、蚕卵、蚕連、子種、蚕種、蚕連】
30②186,187
蚕　10②377/18②255/35①11,86,195,196,②346,382,③426/47①44,②79,80,81,83,91,101,107,114,118/53⑤290/56①195,203/61⑨304,308,⑩443/62④88,103/69②295
綿　8①15
こだねがみ【蚕種紙、蚕連紙】→X
蚕　35②304,414/47②103
こだねほんばんいちまい【蚕種本判壱枚】
蚕　47②115
こだま【子玉】
こんにゃく　3①33
こたものき【小たもの木】　16①167
こちょう【胡蝶、小てう】→G
7②272/16①35
こちょうか【胡蝶花】→しゃが
55②123,③262
こつげ【小つげ】→やどめ→F
54①188
こつにく【骨肉】　69①35,36,43,64,75
こつぶ【小つぶ、小粒】
稲　25②186
ごぼう　17①253
大豆　30③298
こつぶのまめ【小粒のまめ】
大豆　27①199
こつまく【骨膜】
馬　60⑦446
こつみゃく【骨脈】→Z
馬　60⑥338,340
こづる【子づる、小つる】
里芋　23⑥325
やまいも　28①45
こでき【小出来】　62⑨346,391
稲　9③269/11⑤257/62⑨325,326,335,369,384
大豆　62⑨339
ひえ　62⑨337
麦　62⑨336,374,382,385
綿　15③372/62⑨362
こでまり【こでまり、小てまり、小手毬、小手毬花、小繍毬花、毛毬】　54①172,296/55③293,312,326,359,374
ごとう【梧桐】→あおぎり
13①196/14①47/16①35/56①48,100
ことしのね【今年の根】
いぐさ　17①310
ことじゃく【小杜若】　54①202
ことち【ことち、小とち】
とち　16①163
ことのとり【ことの鳥】→うずら
60①44
ことり【小鳥】→G
10②343/17①138/23④180/31①26
こな【小菜】→うずら→N
10①40,45,48,68/27①151/34③50/42④238,239
大根　33①43,⑥308,316
こない【こない】
稲　27①111
こなえ【こなへ、児苗、小苗】→A
56②283
藍　29③247
稲　6①47,54,56,②320/9①43,49,③244/20①61/27①110,113/29③223,238/37①17,②140/39②99
漆　46③206,211
杉　56②240,256
ねぎ　3④324
松　3④349
こなえぎ【小苗木】　56②283
こなぎ【こなぎ】　55③364
こなしむぎ【こなし麦】　29①30/31③116
こなすび【コナスビ】→さや、てんか
19①152
こなら【小なら、櫟】　56①104/69①70
こにだ【小荷駄】→うま、だば→X、Z
36①48
こにんじん【小人参】→N
朝鮮人参　45⑦409
こぬか【粉糠、米糠】→B、H、I、N
稲　27①385/48①265
こね【小根】　16①83,134,240,246,263/69①103
麻　5①92
稲　17①59,115/39⑤281
くさぎ　16①153
桑　47②140
くわい　4①152
ごぼう　17①253
さつまいも　8①117
大根　5②228
大豆　4①196/17①193
なす　6①119
ねぎ　17①274
はぜ　31④162,165,167,204/

33②123
麦　17①166,174
綿　8①36/17①229
こねぎ【小葱】　10①64,65/25①144
こねのさき【小根の先】　31④201
こねりがき【こねりかき】
柿　16①142
ごねんちく【五年竹】
竹　57②165
このさく【子のさく】
稲　17①29,56,98/27①110
このてがしわ【このてかしわ、児手柏、側柏、柏木】　14①88/16①168/54①182,274/55②163/56①153
このてがしわのき【このてかしわの木】　16①168
このできたる【子の出来たる】
きび　33①28
このは【木の葉、木葉】→B、H、I、N、X
17①97
綿　8①225,245
このみ【果の実、木の実、木子】→N
50①37
桑　25①115
しい　13①210
このめ【子の芽】
里芋　33⑥355
こば【子葉、小葉】　56①121
菊　55①49,55
栗　55②165
桑　47②84
杉　56②242,244
なし　46①20,23,26,29,30,32,40
まくわうり　12①255
麦　8①100
綿　8①50
こばい【古具(貝)】　15③340
こばいたたきのだいず【小棓扣きの大豆】　27①199
こばえ【小ばへ、小生】
稲　24②236
えんどう　10②370
そば　10②370
こばち【小蜂】　24①84,85
こはつけ【子はつけ】　56①126
こはなぶさ【小英】
こでまり　55③293
さるすべり　55③377
こばのしい【小葉の椎】
しい　55②139
こばらのはな【こばらの花】
のばら　17①193
ごばん【五番】
蚕　22⑤352
ごばんば【五番葉】
綿　8①37
こひつじ【子羊】　34⑤106
こひらしべ【小平しへ】→Z
芍薬　54①77,82
こふき【子吹】
麦　8①99
こぶくろ【小袋】
綿　8①15
こぶさ【小ぶさ、小英】
おぐるま　55③333
なんてん　55③340
にちにちそう　55③332
綿　23⑤277
こふし【こふし、小ふし】
はぜ　11①32,33
こふじ【小藤】→F、Z
54①225
こぶし【こふし、こぶし、辛夷、辛木】　3④354/16①36/19①182/54①161,162,266,296,308/55③250,251/62③70
こぶしのはな【辛夷の花、辛夷花】
こぶし　22②117,120
こぶやなぎ【こぶ柳、贅柳】　16①155,304/56①121
こぶり【小ブリ】
綿　8①239
こへび【蚖】　15①79
こほ【子穂】
稲　5③255
ごぼう【こほう、こぼう、ごほう、ゴボウ、ごぼう、こぼふ、ごぼふ、悪実、牛尾(房)、牛房、牛旁、牛蒡、午房、午旁、午蒡】→ごんぼ→N、Z
2①20,72,76,77,81,94,104,127,128/3①18,19,20,31,32,②72,④278,291,312,321,337/4①145,146/6①115,128,129,130,131/7②278,323,324,326/9①28,87,117,126/10①23,27,44,77,②328,③401/11③147/12①295,296,297,298,299,367/15②175,190/16①84,95/17①246,253/19①98,103,111,112,157,169,210,②446/20①118,131,141,151,157,159,198,215,216,②370,382/22①38,②128,④256,257/24①61,93,136,141,③303/25①128,140,②219/27①58,225/28①18,②190,262,④329,331,332/29①83,④277,284/30③243/31④204,⑤249/33④186,228,⑥313,314,315/34④68,⑤78,79/36②115/37①30,46,②82,③389/38③142/39②114,115,③145/40②46,48/41②104,④207,⑤246,247,249,250,⑥267,⑦342/44③207/55③356/62①13,⑨317,328,351,365,387/68④413,416/69①50,②329,339/70⑥381,387
ごぼう　19①170
ごぼうだね【ごぼう種、ごぼふ種、牛房たね、牛房種子、牛蒡種、午房種】　33⑥388/41⑥276
ごぼう　3①25,④321/9①99/19①164/20①151,②389,390/23⑤269/34③45,⑤78,79/44③210/62⑨372
ごぼうね【ゴボウ根、ごぼう根、牛房根、午房根】　19②394/40②99/56②289
藍　10③385
稲　70⑥398
漆　46③207
柿　14①207
杉　14①78/56①44
なす　2①88
松　14①93
綿　40②48
ごぼうのたね【ごぼうの種】
ごぼう　17①252
ごぼうのね【午房ノ根】
ごぼう　19①98
ごぼうのは【牛房の葉】
ごぼう　28④355
ごぼうるい【牛房類】　10①77
こぼく【古木】→B
55③456,457/56②243
梅　48①21
桑　48①210
なし　40④273,281,283/46①89
なんてん　55②165
松　55②130
ごぼく【五木】　12①351/13①122/18①88
こぼれなえ【こほれ苗】
稲　27①112
こぼれほ【こぼれほ】
菜種　28②166
こぼれまい【こほれ米】
稲　36③290
こま【駒】→うま、おすうま
1①31,②156/2①73/16①262/24①20/56①85
ごま【こま、ゴマ、ごま、胡摩、胡麻、脂麻】→うま、えま、しま→B、I、L、N、R、Z
1③269/2①115,③264,265,⑤329/3①29,②73,③149,155,159,④292/4①91,225/6①106,107,149,164/9①78,86,104/10①27,30,32,34,44,②315,328,329,366,③401/11②122/12①87,173,188,207,209,210,315/13①35,36/15③382/17①206/19①103,121,142,156,157,160,169,②303,307,317,337,339,447/20①129,142,159,166,168,174,201,②371,382/21①62,63,81,82,84,②132/22②127,③161,④247,248/23⑤265,⑥310,335,339/24①136,141/25①54,73,141,142,②212/27①67,136/28①13,24,27,43,②173,181,205,④339,345,348/29①84,②137,143,④279,283/30③268/31②84,④220,⑤263/33①35,36,37,④185,223,⑥360/34④67,⑤98,⑥128/36③260/37①33,36,②82,205,③318,389/38①23,26,27,②74,③114,150,155,176,④247,262/39①47,48,62,63,②109,⑤280/40②146/41②115/42①49,②125/43②156,157,176/50①42/62①13,⑨363/63⑤322,323/65②90/67⑤210/68④415/69①124,②234,364
ごま　19①170
こまい【古米】→N
稲　2①13
ごまいざさ【五枚笹】　55③441
こまかいな【こまかいな】
菜種　28②252
ごまぎ【コマキ、胡麻木】　56①71
こまく【鼓膜】
馬　60⑦451,452
ごまじゅくす【胡麻熟】
ごま　30①135
ごまたけ【胡麻竹】　59④393
ごまだね【胡麻タネ、胡麻種】
ごま　19①156,164
こまちそう【小町艸】→Z
55③344
こまつ【小松】→B
56①167/66⑦364
こまつな【小松菜】→うぐいすな、しゃかな
2⑤329,331
こまつなぎ【駒繋】　28④333
こまつのねあがり【小松の根上り】
松　55②131
こまどめ【駒止】　55③286
こまね【細根】　12①88
からむし　13①29
ごまのうら【胡麻ノ末】

ごま　19①141
ごまのだいのから【胡麻の台のから】
ごま　6①159
ごまのたね【胡麻のたね、胡麻ノ種子】
ごま　20①187/32①166
ごまのはな【胡麻の花】
ごま　55③267
ごまほしのたけ【胡麻星の竹】
3④334
こまめ【粉豆】　41②114
ごまめつる【ごまめ蔓】
ごまめつる　19②435
こまゆ【小マユ、小繭】
蚕　35②357,403
こまゆみ【小まゆみ】→せきぼう→N
56①108
ごまるい【胡麻類】　10①66
こみ【小実】
はぜ　11①59
ごみ【ごみ】→ぐみ
24①93
ごみいね【ごミ稲、ごみ稲】
稲　20①29,100
ごみし【五味子】→さねかずら→N
10①79/54①156,296
ごみすいか【ごミ西瓜】　69①121
こみなえ【こミなへ、こミ苗、込苗】
稲　7①17/8①66/61⑤182,⑥191/62⑨324,326,356
こむぎ【コムギ、小むぎ、小麦、粉麦、麳】→としこしぐさ→A、I、L、N、Z
2①63,64,65,③263,264,④286,⑤335/3①28,②71,72,③137,139,141,149,152,154,163,④226,244,260,291/4①80,133,157,229,231,232,279/5①120,121,123,152,③278,④343/6①90,91/7②289,290/9①78,94,107,117/10①8,31,38,40,54,89,②325,326,373/11②112,113,⑤213,216,218,219,222,226,231,237,238,241,242,246,247,250,262,263,268,271,274,280,282,284/12①90,94,155,156,160,163,167,171/13①18/17①165,167,179/19①96,99,103,136,137,165,169,210/20①159,164,168,174,175,187,②385/21①26,27,37,50,54,56,57,58,59,79,80,82,84,②123,124,125,126,130,③153,157,176/22①40,41,53,54,58,②113,115,116,119,121,125,126,③158,169,④209,210,211,227/23①29,64,⑤262,265,267,⑥336/24①82,136,140,141,153,③291,296,297,299,306,307,308,315,319,344/25①119,121,②198,199/27①61,65,131,132,133/28①13,26,30,②217,232,245/29①79,②136,147,④282,284/30①92,104,115,③269,282/31②83,⑤272,274/32①47,48,50,58,59,65,71,74,77/33①49,③171,④183,226,227,⑤254,⑥381,382/34③44/35①205/37①34,②87,201,③293,297,321,360,376,389/38①8,9,12,23,②69,81,82,③175,201,④248,263/39①42,43,56,61,62,63,②122,③149,150,⑤280,291/40③222/41②80,122,123,⑤233,244,245,253,254,257,261,⑥266,275,279/42①38,②91,⑤322,329,⑥385,388,438/44②93,③206,207,257/45①30/62①13,⑨347/63⑤315,317,319,320,321/67③138,④163,164,⑥279,286/68②255,④414,416/69①40,②217,233,339,344,345,352,364,384
小麦　19①170
こむぎじゅくす【小麦熟】
小麦　30①128
こむぎだね【小麦種、小麦種子】→X
小麦　19①165/42②91/44③258,259/63⑤317
麦　17①167
こむぎのから【小麦のから】→B、G、I
小麦　12①168
こむぎのこえすぎたる【小麦ノ肥へ過キタル】
小麦　32①59
こむぎのね【小麦の根】
小麦　24①139
こむぎのはな【小麦の花】
小麦　38③189
こむぎのほ【小麦の穂】
小麦　11⑤246
こむぎほだし【小麦穂出】
小麦　30①124
こむぎわら【小麦藁】→B、H、I、N
小麦　31②79/32①59
こめ【米】→B、I、L、N、Z
2④278/4①296,298,299/5②230,231,③274/7①45/10①8/17①326/24①153/25①77,③263/28①66/37②215/40②41/61①34,③131,132,133,④157/62②36,③77,⑦207/69①61,②364/70④260,⑥404
稲　4①31,32,33,59,63,64,65,66,73,75,180,184,202,211,212,216,221,224/5①46,③248,264,286/37③382/69①134
こめかわ【米かわ】
稲　17①53
こめくさ【米草】→いね
63④168
こめせみ【米せミ】　16①37
こめたけ【米たけ】
稲　17①21,151
こめだね【米種】
稲　2①13
こめつぶ【米つぶ、米粒】
稲　17①82/20①323
こめなえ【米苗】
稲　23①46,47
こめぬか【米糠】→B、I、N
稲　25②231
こめのき【米木(むらさきしきぶ)】　56①122
こめのしいな【米の粃】
稲　50①83
こめみいり【米実入】
稲　11④171
こめむぎやす【米むぎやす】→F
12①152/13①359
こも【こも】→まこも→A、B、I、N、Z
41⑥272
こもさく【子もさく】
稲　17①55
こもち【小もち】
紅花　45①44
こもみ【小籾】
稲　36③209
こもも【小桃】
綿　8①15,41,43,45,285
こやしよきはぜ【肥しよき櫨】
はぜ　11①17
ごやばら【ごや荊】　54①161
ごよう【五葉】　16①139/55②128,129
松　56①167
ごようまつ【五葉松】　14①89/54①176/55③434/56①52,53,57,144
ごようまめ【五葉豆】　3④225
こよし【小よし】→F
17①179
こらいのいね【古来之稲】　62①15
こらふ【胡蘿菖、胡蘿蔔】→にんじん
2①103/30①136,138
こらふたねじゅくす【胡蘿菖種熟】
にんじん　30①128
こらん【蚕卵】
蚕　35②259,289,348,381,397,402
こらん【小蘭】　54①216
これんげ【小蓮花、小蓮華】　54①231,296
ころ【ころ】→G
蚕　35①51
ごろたね【ごろ種】
蚕　35①59,60
ころび【ころび、油桐】→あぶらぎり→H
5③279/47⑤253,254,255,268,270
ころびあぶらみ【ころび油実】→あぶらぎり
15①83
ころびなえ【ころび苗】
油桐　47⑤249
こわり【子わり、子割】　40②100,135
稲　40②142
麦　40②101,104
ごんからびつる【ごんがらび蔓】
ごんからび　19②436
こんぎく【こんきく、紺菊】→てっかんこう→F
28④333/55②123,③326
こんけい【根茎】　69②347
こんじちょうのたまご【金翅鳥のたまこ】　10①199
こんしつ【根質】
朝鮮人参　45⑦388,418
こんにゃく【こんにやく、崑蒻、蒟蒻】→N
3①18,20,32,②71,72,③155,156/10①27,62,②339/14①340/19①97,103,108,109/20①154/25②224/28①12/37①31,③376,389/62①13/69②329,338,339,342
こんにゃくいも【こんにやくいも】→Z
17①270
こんにゃくそう【こんにやく草】
54①203
こんにゃくだね【蒟蒻種】
こんにゃく　19①164
こんにゃくだま【こんにやくたま、こんにやく玉、蒟蒻玉】→H
28④340/30③255/33⑥392/41②108,⑥267

こんにゃく　48①60

こんにゃくのたね【昆若ノ種子】

こんにゃく　19①109

こんにゃくのね【蒟蒻ノ根】

こんにゃく　19①108

こんぱく【こんはく】→Z

馬　60⑥333

こんひごたい【こんひこたい】

54①242

ごんぼ【ごんぼ】→ごぼう

24①93

こんもり【こんもり】→こうもり

24①93

【さ】

さい【豺】　25①100

さいうり【菜瓜】　3①33/29①84

さいえんもの【菜園物】　3④219,380/10②359/39⑤280/70⑥397

さいか【菜瓜】　12①**246**

さいか【砕花】

かなみぐさ　49①148

さいかく【臍廓】

馬　60⑦430

さいかち【サイカチ、さいかち、皀角木、皀莢】→N、Z

19①181/56①63,125,181,182

さいかちのみ【西海地の実】

さいかち　64④271

さいかちぼく【西海地木】　64④268

さいくにん【細工人】

蜜蜂　14①349

さいごくしょうが【西国せうか】

4①153

さいごくだね【西国種子】

菜種　50①41

さいしん【細辛】→N

55②124

さいせんそしき【細線組織】

馬　60⑦448

さいそ【菜蔬】→N

15②217,218,222/25①139,140,141

さいたい【臍帯】　15③339

馬　60⑦425

さいちく【細竹】　13①227

さいふかいどう【西府海棠】

56①70

さいるい【菜類】　15②214,222/69①47

さいるいのわかおい【菜類の若生】　69①57

さいわいたけ【幸茸】→かどでだけ

10②339

さえんもの【さえん物、さへんもの、さゑん物】　3④250,344,362/9①56,67/67⑥288

さおとめのてなえ【五月少女の手苗】

稲　30①58

さおまゆ【さほまゆ】

蚕　47①29,31

さかえぎり【栄桐】　56①47

さかき【さかき、榊】　16①**166**/48①69/54①185,299

さかき【さか木】→ときわかぶ、ひさかさ

48①43

さかきえだ【榊木枝】

さかき　48①59

さかきぎ【サカキ木】　48①46

さかげ【逆毛】

馬　60⑦463

さかほ【逆穂】

稲　19①77/29②149

さきがれのなえ【先枯の苗】

56②284

さきくさ【さきくさ】→ひのき

56①46

さぎごけ【さきこけ】→つうせんそう

55②124

さぎそう【さき草、鷺草】→そうかくらん

54①233,299/55②123

さきでのは【先出の葉】

稲　17①64

さぎのしりさし【鷺の尻さし】→いぐさ→G

14①112,115

さきほ【先穂】

稲　37②137

さきもてる【さき茂てる】

麦　17①176

さぎやと【さぎやと】　54①299

さきわけ【さきわけ】

ききょう　54①210

菊　54①247,249,253

さつき　54①131,134,135

桃　54①142,143

さきわけき【咲分ケ木】

はぜ　11①33

さく【さく】

稲　62⑨357

さくかた【作方】→A、L、X

40②153

さくば【作馬】　10②342

さくもう【作毛】→A

2④288,291/4①173,179,234/5①84/6②298/10①6/16①75,77,80,81,83,84,86,87,90,91,93,94,97,99,101,102,105,112,124,125,126,128,138,145,179,183,185,186,192,206,207,208,210,213,227,228,229,230,231,233,234,235,236,237,238,240,241,242,243,244,246,247,248,252,253,254,255,256,258,260,261,263,264,265,271,287,294,311,321,322,335/17①18,19,20,22,37,39,65,66,126,130,132,133,140,159,160,161,162,164,166,171,176,206,308/18③348,⑥491/19①136/22①60/23①11,④178,180/24①**141**/25②182/28①10,11,36/34⑥118,131,144/36③249/37①45/38①24,④281/39④206,207/57②100,145,146,147,148,169,181/64④243/65①25,38,③250/67⑤224

さくもうのね【作毛のね、作毛の根】　16①179,192,244,259,260,261,335

稲　17①94

さくもつ【作物】　2④275/3①21/4①195/5③246,268/7①23/9②197,217,219/14①27,148,149,202,340/15②138/21①31,②130/22①56/23⑥301,307,309,310,312,313,315/24①62/25①139/28①5/32①113,167,169/35①22/62⑧254/69②223,225

さくもつのね【作物ノ根、作物の根】　15②174/69②343

さくもつのみいり【作物之実入】

22②106

さくもの【作もの、作物】　14①380/29①22,29,33,36

さくら【さくら、桜】→ゆめみぐさ→B、G、Z

3④320,349,354/6①183,184,②283/9①14/13①243/16①**166**/19①181,②302/20①147/24①140/25①111/37①32/45①31,⑥296/54①141,145,147,152,247,299/55②173,③209,267,277,411,476/56①67

さくらうのはな【桜兎の花】

55③292,299

さくらぎ【さくら木、桜木】　16①166/47③177

さくらそう【桜草、桜艸】　3④354/11③145/54①197,300/55②122,③303,447

さくらのかわ【桜のかは】→B

桜　34⑧307

さくらのき【桜の木】　9①14

さくらのね【桜の根】

桜　3④320

さくらのはな【桜の花】

桜　55③294

さくらのみ【桜子】→N

19②302

桜　37①34/56①67,105

さくらばな【桜花】

桜　19②317/38①22

さくらふし【桜ふし】→F

54①300

ざくろ【ざくろ、石榴、柘、柘榴】→じゃくろのき→N

3④354/13①122/24①153/25①110/38③184/54①59,170,299/55③380/62①14

ざくろのはな【さくろの花】

ざくろ　16①37

さこう【左口】

馬　60⑦429

さこく【釵斛】　55②147

ささ【さゝ、笹、篠】→B、G、H、I、N、Z

3④323/9①92,93/30③259/36③227/54①179,191,203,229,238/56①113,169

ささがや【笹かや、笹がや、笹が屋】　27①187,192,276

ささぎ【さゝき、さゝぎ、小角豆、虹豆】→ささげ

24①93,③288/28②179/38③151/41⑥268/42②105,126

ささぎば【大角葉】　62③69

ささげ【ささけ、さゝけ、ささげ、サヽゲ、さゝげ、紅豆、小角、小角豆、大角、大角豆、豆、白豆、羊角豆、六角豆、豇、豇豆】→おおつのまめ、からささげ、ささぎ、じゅうはち、じゅうはちかんささげ、じゅうはちささげ、じゅうろく、じゅうろくささぎ、じゅうろくささげ、つのまめ、にじゅうろく、にどふろう→I、N、Z

2①73,81,88,94,100,**101**,130,③**263**,④278/3④233,292/4①14,15,**88**,89,130,295/5①103,104,118,119,122,126,137,③275/6①123,162/9①50,80,86/10①23,27,30,32,34,36,38,56,**58**,②366/11①57,③141,145,146,147,148/12①193,201,257/13①358,360/16①37,95/17①169,196,198,199,202,212/18⑤471,⑥497/19①100,101,103,152,156,165,169,170,②337,339,344,434,447/20①121,141,165,168,

174,180,②384/22①39,53,②127,③158,④265,**267**/23⑤269,⑥330/24①61,93,136,141,③288,295/25①51,72,122,141,②202/27①96,263/29①84,②122,129,④277,297/30③255,282/31②77,⑤256/33①38,④185,211,⑤253,⑥**352**/37①33,②82,205,③329/38①11,②74,③151,④246/39②**103**,⑤268,280,282/40②99,123,124,188/41②77,93,⑤234,245,⑥266/42⑤325,329,330,334,⑥385/43①32,43,57,③248/46①100/54①198/56①100/62①13,⑨336/67⑥288/68④405/69②364

ささげ　19①170

ささげだね【さゝけ種、大角豆だね、大角豆種】

ささげ　9①99/19①164/20①186

ささげづる【大角豆つる、羊角豆蔓】

ささげ　5①158/19②436

ささげのたね【紅豆の種】

ささげ　25①145

ささげのね【さゝけの根】

ささげ　17①198,200

ささげは【小角豆葉】

ささげ　29①39

ささだちいね【笹立稲】

稲　37②160

ささになる【笹ニなる】

稲　29②130

ささのは【笹の葉】→B、H、I、Z

たばこ　39①56

ささば【笹葉】→B、H、I

ささ　40②180

ささぼさ【篠ぼさ】　3④251

ささめ【さゝめ、笹め】→B

16①306/56①170

ささゆり【さゝゆり】→はこねゆり、はなよしのゆり

54①206

ささりんどう【笹竜胆】　55③403,447

さざんか【サヽンクハ、三々花、山茶、山茶花、茶山花、茶梅】→こかたし

3④346,354/10①20,83/11③150/16①40,**169**/25①110,111/54①111,115/55②142,164,167,168,③385,387,388,408,414,424,459/62③70

さし【さし】

つばき　54①87

白ぼたん　54①40,41,42,44,45

さじ【左耳】→Z

馬　60⑦418

さしえだ【サシ枝、さし枝、差枝】

54①32

綿　7①99/8①50,235,242,266/61②86

さしおれ【指折】

稲　16①84

さしきり【さしきり、さし切、差きり】

稲　33①15,16

さしつ【左室】→Z

馬　60⑦415,416,417,418,419,421

さしひる【さしひる】→かりぎ

2①79

さしほ【さし穂】→A、B

杉　3①49

さしまぜ【さしまぜ】

つばき　54①88

さしまゆ【指繭】

蚕　47②133,134,147,148

さしむし【サシ虫】→G

24①84

さしやなぎ【指柳】　64④262,263,274,275,276,277,278,290

さじん【左腎】

馬　60⑦437

さだてだいず【棹立大豆】

大豆　19②441

さつき【さつき、杜鵑花】　16①**168**/54①126,136,137,299/55②142,③325

さつきかいか【皐月開花】

さつき　38①26

さつきつつじ【皐月躑躅】　37②219

さつきなえ【五月苗】

稲　16①203/17①13,28

さつきばな【杜鵑花】　38①16/55③282

ざっさい【雑菜】　12①101

ざっそう【雑草】→G、I

11③149

ざつだね【雑種】

大根　5①112

ざつなし【雑梨】→F

46①11

さつまいも【サツマイモ、さつまいも、サツマ芋、さつま芋、甘薯、甘藷、薩ま芋、薩摩いも、薩摩芋、薩摩薯、蕃藷】→あかいも、あまいも、いもかずら、かずら、かずらいも、からいも、かんしょ、こうこういも、しょ、といも、ばんしょ、はんすいも、はんついも、りゅうきゅう、りゅうきゅういも、わんすいも→N、Z

2①**91**,⑤329,330/3①**35**,④257,295,**313**,352/6①139/14①45,190/21①65,81,④203/22④**274**,⑥366/24①74,135/25②219/28②142,148,190,232,④334,335/31⑤253,254,267/33⑥337/36③293/37③376,389/39①51/43①79/50③252/61②88/66⑥333/68④414/69①81,②329,338,339/70③212,213,⑤314,338

さつまいもたね【さつまいも種、サツマ芋種】

さつまいも　8①156/68④412

さつまいものつる【さつまいもの蔓】

さつまいも　31⑤270

さつまうり【さつま瓜】　29①83

さつまくねんぼ【さつまくねんぼ】　54①168

さつましい【さつま椎】　54①186

さとあさ【里麻】　19①97

さといも【さといも、里いも、里芋】→あかいも、いえいも、いごいも、いも、いもがしら、じょうしゅういも、しろいも、ぞぞりご、たいも、ついも、つちいも、つづらご、つゆいも、とういも、とうのいも、どろいも、はすいも、はたいも、まいも、やせいも→N

3①32,35,②71,72,④287,302,350,351,364/4①**139**,140/5③268/10②361/17①255,284/20②385/21①**63**/22①39/25①127,②218/28④335/29②129,141,156,④271,284/30③244/31⑤255,277/32①52/33⑤240,243,246,249,256,262,⑥**354**/37③376,389/38④246,281/39⑥330/40③222/41②96,97/44③204,231,232,233/70③215

さといもたね【里芋種子】

里芋　4①139/44③204

さといものたね【里芋ノ種、里芋の種】

里芋　17①254/31⑤277

さとう【甘蔗、砂糖】→さとうきび→B、H、I、N

14①33,35,42,101/44②80,143/69②297,338

さとうきび【さとうきび、甘蔗、砂糖、砂糖黍、砂糖蔗】→かんしゃ、さとう、さとうのき、さとうのくさ、しゃ

14①101,**102**,103,104/30③244/44②80,102,105,111,117,157/69①92

さとうしゅし【砂糖種子】

さとうきび　44②95

さとうだね【砂糖種】

さとうきび　44②95

さとうのき【サトウノキ、砂糖の木】→さとうきび→N

48①217

さとうのくさ【さたうのくさ】→さとうきび→Z

12①**391**

さとうのしる【砂糖の汁】

さとうきび　3①46

さとうまめ【砂糖豆】　3④225

さとかたおおおそげじゅくす【里方大遅毛熟】

稲　30①140

さとかたのおおいね【里方之大稲】　9③272

さとかたのき【里かたの木】

16①160

さとぎ【里木】　16①319

さとぐり【里栗】　37①36

さとね【里根】

むらさき　48①202

さとのそば【里ノソハ、里ノソバ】　19①146,147

さとはたのあさ【里畑ノ麻】

19①97

さなえ【早苗】

稲　16①36/19①81,②417/20①61/23①82/25①15/30①35,56,57,59,③259/37③312,313,316/61⑩421

麦　25①62

さなえのしり【早苗の尻】

稲　30①44

さなえのね【稲苗ノ根】

稲　69②335

さなぎ【さなぎ、蛹】→I

蚕　53⑤330,331,335,339

さなずらつる【さなつら蔓】

やまぶどう　19②435

さなぶりなえ【さなぶりなへ】

稲　28②176

さね【さね、核、核子、実、種】

13①173

梅　7②351/56①183

蚕　47①19

柿　48①195,197/56①75,82

からたち　13①228

きゅうり　20①130

白瓜　3④352

すもも　13①128

たぶのき　31①27

朝鮮人参　45⑦382,396/48①243

なす　20①130
なつはぜ　56①130
はぜ　11①17/31④153,154,157
ひょうたん　12①272
みかん　56①91,92
桃　13①159
やまもも　13①155
綿　13①9,10/15③336/17①226,227,228,231/19①123,124/29①61,63/49①205/50①70

さねかずら【さねかつら】→ごみし
19②436

さねわた【核綿】→N
綿　5①109

ざはかま【座はかま】
稲　17①23

さぼてん【しやぼてん】　3④379

さほん【さほん】　57②188,206

ざぼん【じやぼん】→じゃんぼ
14①382

さもも【さもゝ、麦李】→すもも→F
19①181/37①32

さや【サヤ】→なすび、てんか
19①152

さや【さや、室、莢、鞘】→N、W、Z
小豆　17①196
稲　23①47
えごま　17①208
葛　50③245
けし　17①215
ごま　2⑤330/17①207
ささげ　2①102,103/28①23
大豆　4①84/5①102,118/12①188/28①45
とうささげ　38③125
菜種　23①26
なたまめ　17①216
ぶんどう　17①214
麦　68②251

さやなり【さやなり】
いんげん　33⑥336
ささげ　33⑥352

さゆり【さゆり】→F
54①209

さら【さら、皿】→B、N、Z
紅ぼたん　54①64
芍薬　54①76,77,79,80,81,82,83,84

さらさ【さらさ】→N
かきつばた　54①234
さざんか　54①112,113,114
さつき　54①127,132,133,135
せきちく　54①213
つばき　54①87,88,89,90,91,93,96,99,101,104,107,109
花しょうぶ　54①220
ほうせんか　54①238
もちのき　54①185

さらたね【サラ種、サラ種子】
綿　8①16,265

さらぬか【さらぬか】→I
稲　7②252

さらもみ【新籾】
稲　39⑤266

さる【猿】→G、I、Z
24①26/45⑥309/60③143,144/68②292/69②311

さるすべり【さるすへり、猿滑、紫微木、百日紅】→ひゃくじつこう
3④354/56①101,127

さるとりばら【荊茨】　54①161

さるひょん【猿楂】　54①186

さるまめ【さるまめ】　17①216

されいね【され稲】
稲　11①57

さわぎきょう【沢桔梗】→F
55③364,447

さわくり【檞栗】　6①184

さわぐるま【沢車】　54①199,299

さわぐるみ【サハグルミ】　48①90

さわぜきしょう【沢せきせう】
54①312

さわなし【沢梨子】　56①126

さわゆり【さわゆり】　54①208

さわら【さはら、雲母栢、椹】→B
6①181,182/16①158/56①57,150,151,152,153,②287

さわらぎ【椹】→B
14①95

さんあごよう【三椏五葉】
朝鮮人参　45⑦382/61⑩458/68③338

さんがいそう【三階草】　3④354

さんがいば【三がい葉】
綿　61④172

さんがつだいこんだね【三月大根種子】
大根　20②388/44③253

さんがつちゅううえるべきもの【三月中可植物】　10①27

さんがつな【三月な、三月菜】
3④237/5①137/6①16/25①125/28④349,350

さんがつねのせつ【三月寝ノ節】
蚕　47②107

さんがつまめ【三月豆】　22④269

さんがつむぎ【三月麦】　32①47,48,50/39⑤278

さんさい【山菜】　19①202

さんし【山子】　60③143

さんじ【蚕児】　69②203

さんじこ【さんしこ】→Z
54①222,300

さんじせき【山慈石】→えびね
55②122

さんしち【三七】→さんしつ→N
54①238,300

さんしちそう【三七草】→N
55②124

さんしつ【山漆】→さんしち
54①238

さんじゅう【山獣】　69①35,45,46,98

さんしゅのみ【さんしゅの実】
さんしょう　64④271

さんしゅゆ【山茱萸】　55③247,345

さんしょ【山藷】　12①378

さんしょう【さんしやう、さんせう、山升、山桝、山枡、山椒、椒枡、蜀楠、蜀椒】→しんしょう→B、N、Z
10①35,83,②366/13①178/16①160/19①181,191,②283/29①84,85/38③185/41⑤246,⑥267/54①161,168,169,170,299/55③251/56①125,126/62①14

さんしょう【酸漿】→ほおずき
55②124

さんしょうのき【さんせうの木、山椒の木】　16①160
さんしょう　10②378

さんしょうばら【山枡荊】　54①161

さんず【蚕豆】→そらまめ
12①195

さんせんようしょうまく【三尖様障膜】
馬　60⑦418

さんそう【蒜】→にら
28④331,332

さんそう【三草】→X
3①40/4①92,100,103,239,240/5③288/6①150/11②118/12①127,314/13①31,37,44/18②267/19①217/24①152/38③181/62①13

さんそうのるい【三草之類】
13①6

さんぞくなえ【三束苗】
稲　1②144

さんたん【山丹】→ひめゆり
55②124

さんたんか【山丹花】→Z
55③283,447

さんだんか【三段花】　55③283

さんだんぐわ【売子木】　6①164

さんだんね【三段根】
杉　56②253

さんどい【三とい、三どい、三度居】
蚕　35②384/47①21,25,26

さんどおき【三度起】
蚕　35②278,279

さんどそば【サントソバ、サンドソバ、三熟蕎麦、三熟蕎(麦)】→そば
70⑤309,316,317

さんどまめ【三度豆】→いんげん、えんどう
25②200/68④416

さんどやすみ【三度やすミ】
蚕　62④105

さんねんおい【三年生】
なし　46①62

さんねんしゃ【三年蔗】
さとうきび　50②164

さんねんちく【三年竹】
竹　16①132

さんねんなえ【三年苗】
はぜ　11①52

さんねんばえ【三年生へ】
なし　46①12

さんねんふる【三年古】
大根　19①170

さんばにむ【三葉にむ】　28④332

さんばん【三番】→A、B、I、K、L、M
蚕　22⑤352
なし　46①85,87,88

さんばん【山礬】　48①86

さんばんなり【三番生、三番生り】
すいか　40②112,147

さんばんば【三番葉】
綿　8①37

さんばんばな【三番花】
稲　5③262

さんばんふき【三番吹】→K
綿　15③378

さんばんほ【三番穂】
なし　46①86

さんばんめ【三番芽、三番目】
きゅうり　33⑥341
はぜ　11①29

さんひかい【山萆薢】→ところ
14①164,165

さんぷ【山父】　60③143

さんぶんのいちのあおきつぶ【三分一ノ青キ粒】
麦　32②305

さんぶんのにのきなるつぶ【三分二ノ黄ナル粒】
麦　32②305

さんやさい【山野菜】　10②328,331

さんようまつ【三葉松】　56①52

さんりんのちくぼく【山林之竹木】 62②41
さんれいそう【三礼草】 38③124

【し】

し【眥】
馬 60⑦443
し【豕】 60②88
し【獅】 60②112
しあい【しあい】
桑 56①195,202
しい【しい、椎】→B、Z
6①183/10①21,84/12①351/33②129,130/40②150/41②36,37/45④208,211/54①186/55②141/56①61
しいだ【シイダ、しいだ】→N
稲 4①33,66/27①343/39⑤295
しいたけ【椎耳(茸)、椎茸、椎蕈、柯たけ】→こうじん、しゅんじん→N
10②339/12①351/14①404/34⑧313/40②160/45④198,200,208,210/48①220,221/61⑩452,455
しいたけのめ【椎耳(茸)の芽】
しいたけ 48①219
しいな【シイナ、しいな、しひな、しゐな、石、秕、粃】→G、I、N、Z
17①330/25①79,②230
麻 6①147/17①218
あわ 5①95
稲 4①217,224/5①32,60,83,③251,252,262,263/6①24,61,68,75,165,②290/7①12,14,39/17①17,19,39,40/18③352/19①63,②318,422/21①45,47/23①37,39,46,47,③153/24①121/25②182,184/27①165,260/29①45/33①15/36③290/37②99,131,142,155,157,159,160,177,182
瓜 6①121
桑 18①84
ごぼう 6①130
小麦 4①231
大豆 7②327/17①194/24①105
麦 3④265/10②363/17①181
綿 6①141/29①61
しいなこむぎ【粃小麦】
小麦 37②220
しいなたね【シイナ種子】 19①163
しいなまい【しゐな米、粃米】→N
37②162
稲 17①96
しいなまゆ【しいなまゆ】
蚕 47①25
しいなみ【しゐな実】
小豆 17①196
あわ 17①203
しいなもみ【粃籾】
稲 2④281/5①82/37②130,131
しいのき【しいの木、しゐの木、椎の木、椎木】→B
13①209/14①404/16①162/45④211/54①186/57②104,123,139,144,156,196/61⑩452
しいのきのは【椎木の葉】
しい 11①21
しいのみ【椎実】→N
10①44
しいら【しひら、秕】→G、I、N
23⑥313
稲 7②234,282,283/11②107/21②115
大豆 11②115
しいらたね【粃たね】
綿 13①16
しいらなえ【秕苗】
稲 7②240
じうえなえ【地植苗】
さつまいも 70③227
しうじき【しうじ木】 64④266,269
じうね【荏】→えごま
2①42
しえ【しえ】
稲 30③277
麦 30③269
しえな【しへな】
稲 19①78
しおいりたね【塩入種子】
綿 8①273
しおう【雌鴨】
あひる 13①264
じおう【地黄】→N、Z
25①141/62①14
しおふき【潮吹】
鯨 15①33,34,36,38
しおれぬなえ【しほれぬ苗】
稲 20①61
しおん【しをん、紫苑、紫菀】
19②396/20①148/28④333/54①221,239,240,305/55③287,359,448
しおんのはな【紫苑の花】
しおん 19①187
しか【紫花】
梅 13①132
しか【鹿】 7②260/16①36/25①94/37③346/66③141/68②292/69①104,107,②311
しか【しか】→うど
12①327
しが【歯牙】
馬 60⑦453,457
しかいりゅうが【紫皆竜芽】→たまむしそう
55②125
しかかくれゆり【しかかくれゆり】→うばゆり
12①325
じかじ【地瓜児】→ちょろぎ
12①352
しがつおきのせつ【四月起ノ節】
蚕 47②107
しがつちゅううえるべきもの【四月中可植物】 10①29
しがつな【四月な】 9①28,34,116
しがつなたね【四月な種】
広島菜 9①82,85
しかのつの【鹿の角、鹿角】→B、N
69①92,105
しがれ【しかれ】
稲 19①61/38②54
しかんだるちしゃ【しかんたる苣】
ちしゃ 41②122
しぎ【しぎ】
かぶ 17①243,246
大根 17①241
しきかきつばた【四季杜若】
54①202,306
しきざき【四季咲】→F
55③208
かきつばた 55②141,③346
しぎたつ【しぎたつ】
ごぼう 17①253
しきほ【しき穂、敷穂、舗穂】
稲 7②369,370,371
しきみ【しきミ、樒】 10②339/54①189
しきゅう【子宮】 15③339/41④204
馬 60⑦439
麦 68②254
しきゅうえんたい【子宮円帯】
馬 60⑦426
しきょう【紫薑】
しょうが 12①294
じきょう【耳竅】
馬 60⑦451
じく【ぢく、茎、軸】 68②291/69①38,60,69
稲 7①39/15①27,105
葛 50③245
里芋 24①112
なし 16①148
まくわうり 17①259
麦 68②253
むらさき 14①148
綿 8①263
じくつき【茎付】
葛 50③251
じくもと【ヂク元】
なし 46①29
しぐれいね【しくれ稲】
稲 39④222
じぐわ【地桑】→A、F
18①85,86
しけい【紫蕙、白及】→しらん
55②123,③305
しげめとまり【茂目休】
蚕 47①50
じこ【耳鼓】→N
馬 60⑦452
しごすんまわり【四、五寸廻】
はぜ 31④182
しこそう【師姑草】→からすうり
14①188
しこつ【子骨】→Z
馬 60⑦459
しこん【しこん、紫根】→むらさき→B
14①147/69②297
むらさき 48①199,201,202
じささげ【地さゝけ、地大角豆】
4①89/28④334,348
じさん【地蚕】 36②127
しし【鹿】→G
10②343
しし【獅子】
蚕 35②384/47②135,144/62④90,97
ししこ【しゞ子、しぢ蚕、糸至蚕】
蚕 3①55/25①63/47②124,125
ししのいおき【獅子の居起】
蚕 35①55,114,129
ししのいやすみ【獅子の居休】
蚕 35①124
ししのねおき【獅子の寝起】
蚕 47②136
ししのやすみ【獅子の休】
蚕 35①125
じしば【地芝】→B
芝 16①190
じしばり【しゝばり】→すいうんそう→G、Z
55②123
じしばりしば【地しバり芝】→B
16①306
じしばりそう【地しバり草】
16①135

ししまえ【獅子前】
蚕　35①109
しじみ【蜆花】　55③267
しじみばな【蜆花】　55③448
ししやすみ【獅子休】
蚕　35①170
しじゅうにちあずき【四十日小豆】　7②330
ししらぼし【しゝら干】
茶　4①159
ししんけい【視神経】
馬　60⑦448
しずい【雌蕊】→Z
69①136
稲　69①134,135
麦　68②251
しずみたるもみ【しつミたる籾】
稲　30②193
じせい【自生】　68③327
おうれん　68③359
きょうかつ　68③347
こうぶし　68③348
こうぼく　68③349
柴胡　68③342
せんきゅう　68③345
ちも　68③353
当帰　68③344
野いばら　68③354
ばいも　68③352
はんげ　68③346
しぜんじゅう【自然汁】
さとうきび　48①217
三七草　48①258
つゆくさ　48①211,212
しぜんせい【自然生】　48①393/64⑤337,351/68③325,326
おうれん　68③359
朝鮮人参　45⑦399/68③338,339
むらさき　48①201,202
木通　68③348
しぜんばえのなえ【自然ハヘノ苗】
杉　53④246
しぜんほ【自然穂】　39①20
しそ【シソ、しそ、紫蘇、紫蘚】→しそう、ちそ→B、N、Z
2①31,72,81,121/3④342,382/4①149/5①142/6①162/10①24,27,41,72,73/11③146/12①310,339/13①297/17①280/19①191/24①93/25①140,②221/28④334,346/29①84,85,86,④271,278/33④188,233,⑥348/38④247/39⑤280,291/41⑤246,⑥267/55③299/62①14
しそう【しそふ】→しそ
29②122
しそう【紫草】→むらさき
14①147
しそう【蓍草】→のこぎりそう
55②122
じぞうぼさつ【地蔵菩薩】→O
稲　10①8
しそし【紫蘇子】→N
しそ　12①312
しそのは【紫蘇の葉】→B、N
しそ　14①365
しそのみ【しそのみ、紫蘇の実】→N
しそ　3④284,367
した【舌】→Z
馬　60⑤283,⑦408
鯨　15①36
しだ【歯朶】→B
29④270
したいくち【したい口】
人　24①94
したえだ【下枝】　39⑤286/56②287
菊　55①40,44,46,47
栗　13①142/18①71/25①114
江南竹　55③438
杉　56②263
竹　55③437
はぜ　11①40
みかん　56①93
綿　61②86
したがうき【叒木】→くわ
24①55
したくち【下口】→Z
馬　60⑥360
したじそくさいのいね【下地息災の稲】
稲　30②187
したじむぎ【下地麦】　29③206
したてぎ【仕立木】　56②273,274
したなるかいこ【下なる蚕】
蚕　35①118
したね【下根】→L
38③190
稲　41②64
杉　39①59/56②255
綿　8①20
じだね【地種、地種子】
大根　19①117
にんじん　41②117
したのね【したのね、舌の根】
うずら　60①66
馬　60⑥342,343
したば【下タ葉、下葉】　38①12
藍　30④346/45②108,110
麻　3④224/39②117
稲　8①81
菊　48①206/55①19,20,35,38,39,60,72
たばこ　13①57/22②126/33⑥391
茶　56①179
菜種　45③170
ふだんそう　33⑥367
ほうきぐさ　38③145
まんりょう　55②135
麦　8①100,101
綿　9②214
したばのこうよう【下葉の紅葉】
38①23
したほ【下穂】
稲　37②128,129,138,140,141,142,143,145,151,157,158,159,160,168,177,181,183,210,211,214,230
しため【下芽】
たばこ　38③134
しだりまつ【垂松】　55③433
しちがつにうえるべきもの【七月に可植物】　10①36
しちがつばい【七月梅】→F
55③380
しちがつまめ【七月豆】　43③248
しちく【紫竹】→B
10①86/54①177/56①111,112
しちくだけ【しちく竹】　19②416
しちじゅうそう【七重草】　54①202
しちそう【七草】　24①153
しちはっすんまわり【七、八寸廻り】
はぜ　31④181
じちょう【時鳥】→ほととぎす
3④370
しつがん【膝眼】
馬　60⑥351,372
しつせいのむし【しつ生の虫】
16①260,261
しつみゃく【膝脈】→Z
馬　60⑥334,356
しで【しで、枾栿】→くちごろう、そね、そねのき
6①182
しでこぶし【しで辛夷、四手辛夷】→ひめこぶし
54①162/55③251
しでのき【しでの木】→B
61⑩452,454
しどみ【しとミ】→ぼけ
16①153
じな【地菜】　4①104
しなえしたる【しなへしたる】
稲　19①61
しながわだけ【しな川竹】　54①178/56①112
しなかわりたるいなほ【品替りたる稲穂】
稲　22①58
しなのがき【桿柹】→まめがき→F、N
19①190
しなのな【信濃菜】　4①104,107
しなぶ【シナブ】
綿　8①274
じねんご【ぢねんご、自然子】
ごぼう　17①253
竹　7②367
じねんこう【自然粳】
竹　6①186
じねんじょ【ぢねんぢよ、自然薯】→ながいも→N
2①92/22④270/36③293,294
じねんじょう【自然生】　3①36
おみなえし　55③357
ところ　10②338
桃　55③262
じねんせい【自然生】　14①157,202/50③244/68①161
じねんばえ【自然生】　57②201
桜　55③263
松　14①90
じねんばえのなえ【自然生の苗】
松　14①94
しのあい【篠あい】
稲　70⑥419
しのだけ【篠竹】→B、G
45⑦398
しのびたけ【しのび竹】　55③441
しのぶ【しのぶ】　54①258,306
しのぶぐさ【忍草】　54①221,222,258
しのよし【篠よし】　55③368
しば【柴、芝(柴)】→A、B、C、G、I、N
10②380/36②100
しば【芝】→B、G、I
5①19,154,165/16①137,293,305,306,307,312,332/17①305,306
しば【柴(植物名)】　54①186
じばい【ぢばい(はたんきょう)】→A
2⑤333
しばくさ【結縷草、柴くさ、柴草、芝草】→A、B、G、I
3③131,132/16①136/48①66,67/57②116
しばぐり【しば栗、柴栗】→F、N
2⑤333/25①113
しばぐりえむ【茅栗綀】
栗　19①187
しばのみ【芝の実】
芝　16①277
しび【しひ、シビ、しび】
稲　11②97/28②230,249/31⑤273

しぶがき【渋柿】→F、N　7②353/18①73,75,78/34⑧306
しぶがきのかわ【渋柿の皮】
　柿　14①214
しぶがきのさね【しぶ柿の核子】
　柿　13①144/18①74
しぶかわ【渋皮】
　栗　29①85
じぶんたね【自分種】
　蚕　18②255
しべ【しへ、しべ、蕊、蘂】→B　70④279
　稲　10②319/62⑦201/70④277
　楮　16①143
　紅ぼたん　54①59,62,64,68,69,70,71,72
　桜　54①147
　さざんか　54①112,114
　芍薬　54①76,77,83,84
　つつじ　54①118
　つばき　54①92,95,97,105,106
　てっせん　54①226
　白ぼたん　54①45,47,49,52,53
　ぼたん　54①36
しぼく【四木】→X　3③166/4①158,162,236,237,239,240/6①182/12①120,122,127/13①94,102,114,122,149/18①80,88,98,99,102,108/19①217/24①153/31④219/38③181/47③166,176/56①58/62①13
しぼくのるい【四木之類】　13①78
しぼつき【しぼ付】
　たばこ　4①117
しぼり【しぼり】→X
　紅ぼたん　54①62
　つばき　54①91,93
しぼりから【絞り茎】
　さとうきび　3①62
じぼりだいこん【ちぼり大根】→F、Z　3④336
しぼりりょう【絞り料】　2①128
しま【脂麻、芝麻】→ごま　2①115/19①142
しまあい【嶋藍】　34⑥161
しまいぶき【しまいぶき】　55③435
しまかんぞう【嶋くハんさう】　54①222
しまぎり【海桐、島桐】　14①47/56①47,48
しまく【脂膜】　69①123
しまだいこんたね【嶋大根種子】
　大根　44③249
しまなし【嶋梨子】　54①166
しまらん【縦班蘭】　55③344
しまり【〆り】
　はぜ　31④154,155,156
じむぎ【地麦】　5①129
じむし【地虫】→G　59④390
しめかんしゃ【〆甘蔗】
　さとうきび　30⑤400,401
しめじ【〆治、しめじ】→N　36③262/68④402
しめのほ【注連の穂】
　稲　30①56,81,118,142
しめりいね【しめり稲、湿り稲】
　稲　1①101,102
しもあわ【霜粟】→F　25①67,72
しもうさあまうり【下総甘瓜】　2⑤329,330
しもきび【霜黍】　30①105
しもきびじゅくす【霜黍熟】
　きび　30①140
しもきびほだす【霜黍穂出】
　きび　30①137
しもく【しもく(四木)】　41⑤249
しもくなえ【しもく苗】
　桑　47③171,173
しもつけ【しもつけ、下野、下野花】　16①37/54①172,223,304,305/55③312,326
しもつけそう【下野草】　54①223
しもふり【霜ふり(松)】　54①176
しゃ【柘】　47②138
しゃ【蔗】→さとうきび　50②158,159,160,161,166,168,182,189,210
しゃが【しやか、しやが、胡蝶、射干、(羑鳥)尾】→こちょうか　1②163/3④354/54①202,305/55②123,③262
じゃがいも【咬吧芋】→あーるどあっぷる、あっぷら、おかだごめ、かつねんいも、かんぷら、こうしゅういも、ごしょういも、じゃがたら、じゃがたらいも、じゅみょういも、しんしゅういも、せいだゆういも、せんだいも、ぜんだゆういも、ちちぶいも、ていぞういも、はっしょういも、ばれいしょ　70⑤314
じゃがたら【しやかたら、じやがたら、蛇形羅】→じゃがいも　13①168/14①382/56①86/62③62
じゃがたらいも【ジャガタライモ、ジヤガタライモ、ヂヤガタラ芋、遮伽佗羅薯】→じゃがいも　18④393,407/24①73/70⑤314,325
じゃがたらたばこ【咬噌吧烟草】　45⑦423
しゃかな【釈加な、釈加菜、釈迦な】→こまつな　28②140,145,④330
じゃがん【蛇含】→きじむしろ　55②123
しゃかんばな【射干花】
　ひおうぎ　20①168
しゃくしぎのなえ【志やくし木のなへ】
　きぶし　43③262
しゃくじょう【爵状】→いぬこうじゅ　55②122
しゃくすいび【勺卒薇】　56①127
しゃくすき【しやくす木】　56①98
しゃくたく【尺沢】　18①166
しゃくなげ【石南花、石楠】→Z　55③304/56①129
しゃくなんげ【しやくなんげ、柘南花】　54①112,190,306
しゃくまわりいじょう【尺廻り以上】
　はぜ　31④182
しゃくやく【しやくやく、芍薬、芍薬花】→N、Z　3④345,354,364/6①16/13①287/14①47/16①36/19①183/20①146/37①33,34/45⑦417,423/54①61,62,64,76,77,85,197,199,305/55②124,172,③209,277,306,421/56①129/62①14
じゃくろのき【柘榴の木】→ざくろ　13①121
じゃくろのき【柘榴の木(山桑)】　18①87
じゃこう【麝香】→G、N　54①238
じゃこうそう【しやかう草、麝香草】　28④333/54①305
しゃこわた【シャコ綿】
　綿　8①144
しゃしま【しやしま】　54①182
しゃじん【沙参】　70①14
しゃぜん【車前】→おおばこ　24①153/55②122
しゃのこずえ【蔗の標】
　さとうきび　50②161
しゃのは【蔗の葉】→B
　さとうきび　50②165/61⑧230
しゃぶし【しやふし】　56①109
しゃらそうじゅ【しやら双じゆ、沙羅双樹】　54①163,304
しゃらつばき【沙羅椿】　55③317
しゃりんばい【車輪梅】　55③313
しゃれたる【しやれたる】
　さつまいも　41②99
じゃんぼ【しやんほ、じやんぼ】→ざぼん　13①168/56①86
じゆ【地楡】→われもこう　55②122
しゆう【雌雄】　5③255/21①25,26,②116/70④277
　稲　22②99
　竹　6①186
　松　14①90
　蜜蜂　14①349
　綿　11②119/22②118
じゅう【獣】→G　62⑤115
しゆうあいたい【雌雄相対】
　竹　3④335
じゅういちがつにうえるべきもの【十一月可植物】　10①45
しゅうおく【周屋】　55③337
しゅうかいどう【しうかいだう、しうかいとう、秋海棠】→だんちょうそう　6①181/11③144/20①147/54①244/55②123,③312,365,449
しゅうかいどうのはな【秋海棠花】
　しゅうかいどう　19①186
しゅうかさい【搨科菜】→なたね　45③140
じゅうがつおきのせつ【十月起ノ節】
　蚕　47②108
じゅうがつにうえるべきもの【十月に可植物】　10①43
しゅうきゅうか【繡毬花】　55③311
しゅうさい【蕺菜】→じゅうやく→H　55②123
しゅうさい【臭菜】→なたね　45③140
しゅうじぎ【しうし木】　64④291
しゅうじゅく【秀熟】
　稲　30①79,80,90

麦　30①**114**
じゅうにがつにうえるべきもの【十二月可植物】　10①**46**
じゅうにけい【十二経】　8①266
じゅうにさんばのところ【十弐三葉の所】
かぼちゃ　29③253
じゅうにしちょう【十二指腸】→Z
69①41
馬　60⑦426, 430
じゅうにん【荏荏】→えごま
19①143
しゅうばち【衆蜂】　14①349, 352/48①223
じゅうはち【十八】→ささげ→N
28②147
じゅうはちかんささげ【十八くハんさゝげ】→ささげ
10②328
じゅうはちささげ【十八さゝけ、十八さゝげ、十八角豆、十八大角豆】→ささげ→F、N
10①24, 27, 30, 36, 38/28①22, ④334/62⑨341
しゅうめいぎく【しうめいきく、しうめい菊】　54①240, 305
じゅうやく【しうやく】→しゅうさい→H
55②123
じゅうよう【十葉】
つつじ　54①123
じゅうろく【十六】→ささげ
22①53
じゅうろくささぎ【十六ざゝき】→ささげ、ふろうえんどう
38③145
じゅうろくささげ【十六サヽケ、十六さゝけ、十六さゝげ、十六小角豆、十六豇豆】→ささげ、ふろう
2⑤329, 330/3④292/19①134/25①127, ②202/30③255/41②94
じゅかく【竪隔】→Z
馬　60⑦412, 414, 417
しゅく【守狗】→いぬ
60②88
じゅく【熟】
稲　30①80, 81, 90
麦　30①114, 115
じゅくお【熟苧】
からむし　34⑥158
じゅくか【熟瓜、热瓜】　37①32
まくわうり　12①246/17①259, 260, 261
じゅくき【じゆくき】
稲　17①24
しゅくこん【宿根】
菊　55①14, 18
さとうきび　50②164
せんきゅう　68③345
しゅくこんのくさ【宿根の草】
45⑦416
しゅくこんもの【宿根物】　68③330
じゅくし【熟柿】→N
柿　7②354, 355
じゅくしたるみ【熟したる実】
桑　56①178
じゅくじつ【塾実】
朝鮮人参　45⑦388
しゅくちょう【縮腸】
馬　60⑦431
しゅくば【宿馬】　4①57, 291
じゅくばしょう【熟芭蕉】
ばしょう　34⑥163
じゅくむぎ【熟麦】
麦　30①61, 126
しゅげいのもの【種芸の物】　3③116
しゆじ【しゆぢ(はるにれ)】
36②127
じゅずこだま【しゆす子たま】
大豆　17①193
じゅずぶさ【珠数房】→みつまた
48①186
じゅせい【寿星】
馬　60⑦463
じゅとうめん【樹頭綿】→きわた
15③340, 341
しゅばな【朱花】
もくれん　55③426
じゅみょういも【ジユミヨウイモ】→じゃがいも
70⑤325
じゅもく【樹木】→B
3③135, ④349/16①120, 121/25①106, 109/34⑥118/62①14/69②218
しゅもくなえ【しゆもく苗】
桑　56①202
しゅろ【シウロ、しゆろ、棕梠、棕櫚、椶櫚】→B、Z
2⑤329, 332/3①19, 21, 22, **50**/6①182/13①202/14①383/22①59/34①12, ⑥153/40④328, 333, **338**/41⑤246, ⑥267/54①178, 189, 306/56①112/68③362, 363
しゅろか【椶櫚花】　55③288
しゅろだね【棕梠種子】
しゅろ　34④70, ⑤110
しゅろちく【しゆろ竹、椶櫚竹、椶櫚竹】　54①178, 306/55③346/56①112
しゅろなえ【椶櫚なへ、椶櫚苗】
しゅろ　14①383/43③241
しゅん【駿】
馬　60⑦452
しゅん【橓】→むくげ
55③330
しゅんぎく【しゆんきく、春きく、春菊、茼蒿】→きくな、しんぎく、つまじろ→N、Z
2⑤329, 330/10①83/12①322/17①292/25②221/29④281/30①121, 138, ③282/31⑤269/33④232, ⑥**380**/41②118, ⑦334/44③207, 211/54①199, 305
しゅんぎくたね【茼蒿種】
しゅんぎく　29④279
しゅんぎくたねじゅくす【茼蒿種熟】
しゅんぎく　30①126
しゅんぎくは【しゆんきく葉】
19①180
じゅんさい【しゆんさい、蓴菜】→ぬなわ→I、N、Z
12①343/17①310/55③391/59③207
しゅんじん【春蕈】→しいたけ
45④212
しゅんたい【春苔】　27①151
しゅんめ【駿馬】　36①36
しゅんらん【しゆんらん、春蘭】
54①202, 217, 305
しょ【藷】→さつまいも
12①381, 382, 383, 386, 387, 388, 389
じょううし【上牛】　10①170
しょうか【醬瓜】→あおうり
19①151
しょうが【しやうか、しやうが、シヨガ、せうか、セウガ、せうが、生か、生姜、生薑、薑、邵瓜】→こしょうが、しょうきょう、はじかみ、はしばみ、ははしょうが→B、Z
3①34, ④**252**, 316, 317, 368, 378, 380/4①**153**/6①138/9①44/10①27, 29, 43, **81**, 82/11③145/12①71, 286, **291**, 294/13①289/19①152/20①320/24①163/25①127, ②222/28④334, 355/29①84/30③255/31⑤260, 277/34⑤94/37②206/40④302, **315**/41②103, ⑤246, 250, ⑥267, 276/44③206, 209/48①250/69②294/70⑥381
じょうがく【上齶】→Z
馬　60⑦453
しょうかさい【生瓜菜】→ほとけのざ
55②122
しょうがたね【生姜種】
しょうが　3④378
しょうがつちゅううえるべきもの【正月中可植物】　10①**20**
しょうがのは【生姜の葉】→B、N
しょうが　52①32
しょうき【正木】　55③466/57②198, 229
ぼたん　55③396
しょうき【小葵】→こあおい
13①300
しょうきだね【生気種】
蚕　47②118
しょうきょう【生薑】→しょうが→B、N
62①14
しょうぎり【将桐】　56①47
じょうくう【上腔】
馬　60⑦410
じょうぐわ【上桑】→I
桑　47②138
しょうぐん【勝軍】→ぬるで
56①71
じょうけつみゃく【静血脈】
馬　60⑦416, 417, 418, 419, 421, 422, 423, 424, 435
じょうけつみゃくさいかん【静血脈細管】
馬　60⑦419
じょうけん【上瞼】→Z
馬　60⑦445
じょうこう【上口】→Z
馬　60⑦429
人　69①53
じょうこしらえまい【上拵米】
稲　4①270
しょうし【松子】→N
朝鮮松　54①176
松　13①185
しょうじ【小眥】
馬　60⑦443, 445
しょうしえき【硝子液】→Z
馬　60⑦449, 450
じょうしゃきん【上斜筋】→Z
馬　60⑦445
じょうしゅういも【上州いも、常州いも】→さといも
42⑥398, 434
じょうしょう【上焦】→Z
馬　60⑥333
じょうじょうたね【上々種子】
大麦　21①55
しょうじょうば【猩々葉】
はげいとう　55③380
じょうじょうぼく【上々木】
はぜ　11①21
しょうず【小ツ、小豆】→N
62①13/65②90

じょうせい【上井】
馬 60⑥338,339
じょうだいこん【上大根】 28④350
じょうだね【上たね、上種、上種子】
蚕 35②290
大根 27①140
紅花 3④287/22④264
綿 3④280/8①15,234,273
じょうたばこ【上たはこ】→N
たばこ 4①118
じょうだんのえだ【上段の枝】
はぜ 11①41
しょうちょう【小腸】→Z
69①41,42
馬 60⑦428,430,431,462
しょうとう【省藤】 68③363,364
じょうとうのうま【上等の馬】
24①82
じょうなえ【上苗】
稲 27①115
杉 56②251,252,285
はぜ 31④161
じょうなえぎ【上苗木】
桑 61⑨354
じょうのうば【上農馬】 22①35
じょうのとり【上の鳥】
うずら 60①46,55
しょうのはなびら【勝の花片】
48①168
じょうのみ【上の実】
はぜ 11①17
じょうは【上葉】
たばこ 13①58,62
茶 13①83/56①179
じょうはぜ【上櫨】
はぜ 11①17,59
じょうはぜのみ【上櫨の実】
はぜ 11①58
しょうぶ【しやうふ、しやうぶ、せうぶ、菖蒲、泥菖】→H、I、N、Z
1①56/10①24,77,②366/12①51/16①103,332/17①306/23①22/24①153/25①58,③273,274/36③226/37②78,③259/38①6/40②134,③227/54①220,221,233/55③457/56①85/69②189
しょうぶせきしょう【菖蒲せきしやう】 54①233
しょうぶなえ【せうふ苗、菖蒲苗】
稲 12①140/19①31/29①45/32①35/37①15,45,③274/61①42
しょうぶのめ【菖蒲の芽】
しょうぶ 22①53
しょうぶらん【菖蒲蘭】 54①216
しょうぶん【性分】
麦 32②302
しょうべん【障瓣】
綿 15③337
しょうほ【小穂】
あわ 17①202
稲 16①80,86,87,94,101,103,104/17①25,29,33,44,79,104/21①35,41,47/37①17/39①22/61①43
麦 19①136
じょうほ【上穂】
稲 1①95/17①141
しょうぼく【小木】→B
11③142
桑 4①164
杉 56②268
はぜ 11①15,26,39,40,44,49,54/31④167/33②124,128
しょうぼく【憔木】
はぜ 31④224
じょうぼく【上木】
はぜ 11①14,15,19,20,21
しょうま【せうま、外(升)麻、升麻】→N
54①223,313/55②124
じょうまい【上米】→L、N、R
稲 2⑤329/10①52
しょうまく【障膜】
馬 60⑦419,420,423,424,430,431,435
じょうまゆ【上まゆ、上繭】
蚕 47①16,27,②133,147,148
じょうみ【上実】
はぜ 11①58,59/31④152,153,154,156,161,172
綿 21①70
じょうみゃく【静脈】→Z
69①42
馬 60⑦412
じょうめ【乗馬】 1②156
しょうもっこうつる【せうもつかうつる】
しょうもっこう 19②436
じょうもみ【上籾】
稲 3④276
しょうりく【商陸】→やまごぼう→N
2①81
しょうりん【小りん、小輪】
あおい 54①214
梅 54①138,141
おうれん 54①199
おとぎりそう 54①242
菊 54①230,249,251,253,254/55③404
黄平戸 54①209
きりんそう 54①224
こしおん 54①240
桜 54①146,147
さざんか 54①111,113,114
さつき 54①126,127,128,129,130,132,135
芍薬 54①81
武嶋ゆり 54①206
つつじ 54①116,117,118,119,120,121,122,123,124,125
つばき 54①88,89,90,94,95,98,100,104,108
なでしこ 54①212
日光きすげ 54①222
白ぼたん 54①46
ひなげし 54①201
姫ゆり 54①207
ひるがお 54①228
二葉あおい 54①202
へくそかずら 54①159
べんけいそう 54①200
桃 54①142,144
るこうそう 54①243
れんぎょう 54①158
しょうろ【松露、麦蕈】→N
10②339/52②88
じょうわた【上綿】
綿 8①284
じょおん【女苑】→はんおん
55②123
じょかきん【挈下筋】→Z
馬 60⑦445
しょかつさい【諸葛菜、諸葛菜】→かぶ
1④317/6①115/12①224
しょく【稷】→きび
8①78
しょくき【蜀葵】 55③329
しょくしょう【蜀椒】 13①178
しょくどう【食道】→Z
馬 60⑦409,412,413,414,428,429,432
しょくもつのなえ【食物之苗】
62③70
しょこん【藷根】
さつまいも 12①384
しょさいるい【諸菜類】 27①58
しょさく【諸作】 16①253
しょさくもう【諸作毛】 16①263
しょさくもうのは【諸作毛の葉】
19②449
しょさくもつ【諸作物】 25①139,142,144
じょじょうきん【挈上筋】→Z
馬 60⑦445
しょちょう【諸鳥】→G
16①135
しょのね【藷の根】
さつまいも 12①380
しょは【初葉】→N
茶 5①162,163,164
しょぼく【諸木】 3②72,③127/7②342/21①86,87,88/25①110/31④198/34①12
しょぼくねつき【諸木根付】
64④264
しょぼくのなえ【諸木の苗】
16①136
しょぼくのね【諸木の根】 16①261
しょぼくのるい【諸木之類】
13①184
しょよ【しよよ、薯蕷、藷蕷】→ながいも→N
12①367/70③222,⑤314
しょよつる【薯蕷蔓】
やまいも 19②436
しらお【白苧】→あさ→N
2①22
しらが【白髪】
人 56①56,57
しらかし【しらかし、白かし、白櫧、麪櫧】→B
16①165/48①220/54①186/56①104
しらがまつ【しらか松、白髪松】→おいまつ
55③434/56①114
しらき【白木】→どろのき
13①218/56①131
桃 55③259
しらぎくざき【白菊咲】
紅ぼたん 54①71
しらく【刺絡】
馬 60⑦459
しらけいろのき【しらけ色の木】
はぜ 11①19
しらけたね【しらけたね】
蚕 47①36
しらこ【白粉】→N、X
柿 48①198
しらさん【紫羅傘】→いちはつ
55②124
しらた【しらた】 16①178
しらつぐ【しらつぐ】 57②196
しらね【しらね、しら根】
稲 62⑨343
さつまいも 34③38,42,⑥132,133
しらはぎ【白萩】 28④332
しらふくじゅそう【白福寿草】
54①196
しらふじ【白藤】→F
56①98
しらほ【しら穂、白穂】
稲 22②109/23①111
しらぼしたね【白干種子】→A
稲 20①40

しらゆり【白ゆり】→F
54①208
しらん【しらん、紫らん、紫蘭】→しけい、しらんそう、びゃくきゅう→N
54①217,218,305/55②123
しらんそう【紫蘭草、紫蘭艸】→しらん
55③305,448
しり【尻】
蚕　35②295,383
綿　8①153
しりかまち【尻かまち】
やまいも　3④248
しりくそ【しりくそ】
綿　28②206
じりつ【地栗】→くろぐわい
12①348
しりのもち【尻ノモチ】
綿　8①56
しる【汁】→B、H、I、N
楮　38③182
さとうきび　3①62/48①217,218
しろあざみ【白莇】　28④333
しろあやすぎ【白綾杉】　55②162
しろいけな【白池菜】　42⑤324
しろいたや【白板や】　56①105
しろいばらぼたん【白薔薇】→しろばら
55③304
しろいも【しろいも】→さといも→Z
41⑤248,259,⑥275
じろう【地楼】→きからすうり
14①195
しろうのはな【白兎花】　55③299
しろうめもどき【白梅元木】→F
56①127
しろうり【しろうり、しろ瓜、越瓜、白うり、白ふり、白瓜】→なうり、にがうり→N
2⑤329,330/3④380/4①127/5①143/10①75/12①259,260/17①261/19①115/20②370,377/22①38/24③304/25①140,②216/28②147,157,174/29②122/30①128,131,③252/33⑥329,330,333,347/37②82/38③136,④247/41②94
しろうりたねじゅくす【越瓜種熟】
白瓜　30①134
しろうりはなさく【越瓜花咲】
白瓜　30①128
しろうるし【白うるし】
はぜ　11①49
しろえ【白蘇】→えごま→F
13①35
しろえごま【白蘇】→えごま
69②234
しろえだ【白枝】　57②115,116
しろかきうま【代掻馬】　36①49
しろかすり【白かすり】
つばき　54①105
しろかちたねむぎ【白カチ種子麦】
大麦　32①57
しろかつら【白桂】　56①117
しろかぶ【白蕪】　10①68
しろから【白から】
里芋　22④244
しろからし【白芥子】→からしな→F
37①35
しろからしな【白芥子菜】→からしな
2①118
しろかり【白鴈】　20①75
しろかわ【白皮】→B、N
麻　3①41
しろぎ【白ぎ】→ねぎ
19②428
しろきあわ【白き泡】
馬　60⑥371
しろききょうのはな【白桔梗花】
白桔梗　19①186
しろきこ【白き粉、白粉】
柿　48①196
なでしこ　55③286
はぼたん　55③265
しろきしん【白きしん】
おぎ　17①304
しろきね【白き根】
稲　15①27
ちょろぎ　12①352
しろきのぎ【白き芒】
稲　21①26
しろきめ【白き芽】
稲　36③196
しろきょうな【白京な】→とうな
33⑥369
しろぎり【しろきり、白桐】→はくとう
13①197/56①47,48
しろくき【白茎】　2①81/54①216
しろくま【白隈】
かきつばた　55③279
つばき　55③413
しろぐわい【白くわい】→くわい→N
17①307/54①232
しろけし【白けし】　33⑥378
しろごま【白巨】→F、G、I
19①169
しろこむぎ【白小麦】→しろむぎ→F
33④224
しろしで【白しで】→F
芍薬　54①80
しろじる【白汁】→B
稲　6②311
しろすぎ【白杉】　56①160,215
しろせんのうげ【白仙翁花】
54①237
しろだいこん【白大根】　34⑤90
しろだいず【白大づ、白大豆】→N
24③344/34③41,47,④66,⑥137,138/37③389/48①60
しろたてふ【白縦班】
とくさ　55③436
しろだも【白たも】→たまくさ
56①101
しろつげ【白つげ】　54①188
しろつつじ【白躑躅】　11①21
しろつばき【白椿】　28④332
しろなえ【代苗】　56②285
しろなし【白梨子】　56①126
しろなんてん【白南天】→べになんてん
3④346
しろにんじん【白にんじん】→F
22④260
しろね【白根】　5①69/16①75,78/19①157,②395
稲　4①55/5①74/6①57/7①47/11②88/17①44,46,50,51,59/29③213/30①35
うど　3③156
瓜　19②394
桑　56①204
さつまいも　11②110,111/33④209/34③38,⑥132/70③227
里芋　5③268/17①255
すいか　2①109
たばこ　2①86
とうがらし　2①86
なす　2①86,87
菜種　45③164
ねぎ　3①34,④252,304,327,366/10①65/17①274/28④332/36③294/38③170
ひえ　62⑨357
べんけいそう　55③351
みつば　3④319
やまいも　17①268
綿　7①96/29①66/40②50
しろねぐわ【白根桑】　56①192
しろのなえ【代の苗】
杉　56②252
しろはぎ【白はき】→F
11③150
しろはだのなえ【白はたの苗】
はぜ　11①19
しろばな【白花】　55③302
おみなえし　55③408
菊　48①204
霧島つつじ　55③294
さざんか　54①112
せっこく　55②150,152
はぜ　31④197
もくれん　55③426
しろはなぎり【白花桐】　56①47
しろばら【白ばら】→しろいばらぼたん
22②116
しろひゆ【白莧】→F
11③148
しろひるがお【白ひるがほ】
54①228
しろふ【白斑】→X
九枚笹　55③441
つばき　55②160
しろふさんぼく【白斑三木】
55②159
しろへんず【白へん豆】→はくへんず
33⑥348
しろぼし【しろほし、白ほし、白星】
さざんか　54①111,112,113,114
つばき　54①96,98,100,101,104,105,106,107,108,109
なし　46①23,24,27,51
はくうんぼく　56①98
しろぼしいり【白星入】
つばき　54①104
しろまきなえ【代蒔苗】
とうもろこし　3④253
しろまつ【白松】　49①37/56①52
しろまめ【白大豆、白豆】→B、F
3②73/5①101
しろみ【白実】
ねぎ　12①280,281,282/60⑥357/62⑨344
白ぼたん　54①42,43,44
しろみ【白実、白身】→Z
稲　37②140,142,148,149,152,153,157,158,160,165,166,169,177,180,181,182,223,226,227
紅花　19①120
しろみずあおい【白水あふひ】
54①231
しろむぎ【白麦】→あかむぎ、

しろこむぎ→F、N
33④224
しろむくげ【白木槿】→むくげ
55③335
しろめ【白芽、白目】
稲 17①46,50/30①19
しろもく【白もく】
つばき 54①98
しろもじ【白もじ】 44③206
しろやえ【白八重】 54①208
ひなげし 54①201
しろやなぎ【白柳】 56①121
しろりんどう【白りんだう】
54①240
しろれんげ【白れんげ】 54①162
しわたね【粃種】
綿 40②129
しわつく【ジハ付】
綿 8①242,244
しわば【シハ葉】
綿 8①236
しん【心】
馬 60⑤283,284,285,⑦416,418,420
しん【シン、しん、梢、心、真、芯、中梢】 7②346/28④335/29①87/36②127/55③476/70⑥421
小豆 5①168
油桐 39⑥334
稲 39⑥322
牛 60④174
瓜 4①15,19,129/6①122/21①83
からしな 4①151
菊 54①252/55①22,23,49,59
きゅうり 2①100/4①137/28④339
桑 47②139/56①202
紅ぼたん 54①60
ごま 23⑥335
ささげ 2①102
さつまいも 39①52
白瓜 2①108,109
すいか 2①110,111/21①83
大根 1④310
竹 5①171
たばこ 4①117/22②126/34⑤101
茶 5①163,164
つくねいも 22④273
つばき 54①94
とろろあおい 48①117
ながいも 2①129/22④271
なす 2①87/5①141
菜種 8①87
にんじん 62⑨368
はぜ 33②126
へちま 2①112
紅花 2①80
まくわうり 2①107
水菜 3④237
ゆうがお 2①113/3④245,253
綿 4①111/22④261,262/23⑥327/25②209/28①23/29①39/34⑤95/39⑥331/61②86
しん【新】
たばこ 4①118
じん【じん、仁】
藍 29③249
桃 68③353
綿 49①205
じん【参】→ちょうせんにんじん
45⑦374,391
じん【棯】 55②172
じん【腎】
馬 60⑤283,284,⑥340,⑦427,438,439,460,462
しんいも【新芋】→N
やまいも 3④247,248
しんうえいもかずら【新植芋かつら】
さつまいも 34⑥148
しんえだ【新枝】
はぜ 31④211
しんえだ【真枝】
菊 55①61
じんが【参芽】
朝鮮人参 48①235
しんがい【辛芥】→からし
15①75
しんかぶ【新科、新株、新蕪】
からむし 13①30
なでしこ 55③286
ねぎ 3④299
しんかん【神関】
馬 60⑦425,426,430,439
しんき【識危】→Z
馬 60⑦464
しんぎ【しん木、真木】→B
13①236
桑 4①163/56①178
楮 53①22
しんぎく【しんきく、しん蒿】→しゅんぎく→N
28②223,245/37②205
しんきのはな【真黄ノ花】
菊 55①61
しんぎのはな【しんぎの花】
紅花 17①221
しんぎのみ【しん木の実、真木の実】
麻 17①218
紅花 17①221
しんくき【真茎】
すいか 33⑥346
しんくさもみ【新草籾】
稲 2①50
しんくのはな【真紅ノ花】
菊 55①61
しんけい【神経】→Z
馬 60⑦409,412,429,452,456,457,460
人 69①118
じんけい【参茎】
朝鮮人参 45⑦394
しんけいようい【神経様衣】
馬 60⑦428
しんけいようまく【神経様膜】
馬 60⑦439
しんこむぎ【新小麦】→L
小麦 21①58
しんこん【新根】
朝鮮人参 45⑦418
じんこん【参根】
朝鮮人参 45⑦388,389,390,391,394,402,411/48①235,247
しんこんをふく【新根を吹】
杉 56②262
しんさん【神蚕】 35①47
じんし【腎子】
馬 60⑦460
しんしつ【心室】
馬 60⑦420
しんしゅ【新種】
稲 67⑤208
かぼちゃ 33⑥344
菊 55①14
紅花 45①33
しんしゅういも【信州薯】→じゃがいも
24①74
しんしゅうまめ【信宗豆】 33④211,212
しんしゅそう【真酒草】→たばこ
45⑥304
しんしょう【秦椒】→さんしょう
13①178
しんじょううり【新庄瓜】 4①128
しんしょうが【新生薑】
しょうが 2⑤331
じんじょうみゃく【腎静脈】
馬 60⑦462
しんしろね【新白根】
稲 29③223
じんせい【腎精】 62⑤115,116
しんぞう【心臓】→Z
馬 60⑤281,⑦412,414,418,420,421,422,429
じんぞう【腎臓】→Z
馬 60⑤282
しんそうか【深草花】 28④334
しんだいずは【新大豆葉】
大豆 4①127
しんたね【新種子】 19①170/20②390
しんちゃ【新茶】
茶 55②162
しんちゃば【新茶葉】
茶 4①159
しんちゅう【身中】
里芋 22④242,246
じんちょうげ【ぢんてうげ、紫丁香、沈丁花】 3④354/28④333/54①189,190,273/55②141,③262
じんちょうげのはな【紫丁香の花】
じんちょうげ 55③283
しんとう【荏桐】→あぶらぎり
13①199
じんとう【腎当】
馬 60⑥340
じんどう【腎道】→Z
馬 60⑥336,351
しんところ【真萆薢】→ところ
6①139
しんとまり【心トマリ】
あわ 5①92
しんなえ【新苗】 3③136
ねぎ 3④358
しんにんじん【真人参】 45⑦409
しんね【新根】→Z
55③474/56②289,290
菊 3④342,373
桑 47③170
じゃがいも 70⑤327
せきちく 48①203
だんとく 55③332
ながいも 3①37,38
ふき 3④326
しんね【真根】
なす 33⑥322
しんねたねしょうが【新根種せうか】
しょうが 25②222
しんのう【心嚢】
馬 60⑦417,418
しんのぞう【心の臓】 69①42
しんのたね【真のたね】
桑 47③174
しんのほ【真の穂】
杉 57②150,151
しんのみ【真の実】
油桐 15①87
しんのめ【真の芽】
桑 35②309
ごぼう 41④207
しんのゆ【心の兪】→Z
馬 60⑥342
じんのゆ【腎の兪、腎兪】
馬 60⑥340,348,350
しんのゆうりょく【真ノ勇力】

綿　8①186
しんば【しん葉、新葉】 4①159/55③459
藍　29③248
そてつ　55②142
茶　3①53/47④214
なす　12①243
しんば【しんば、しん葉、心葉、真葉、芯葉】
あわ　33⑥362
稲　6②315, 316/17①64/70⑥419
いんげん　24③303
瓜　6②314
かぶ　6②302
ごぼう　6①129/7②324
白瓜　38③136
すげ　3①46/13①74
大根　33⑥308, 309
大豆　6②319/27①102
たばこ　5③269/33⑥391/34⑤99/40②161
茶　6①158/47④208
なす　6①119, ②314/33⑥321
菜種　28②220
にんじん　24③304
はと麦　12①211
まくわうり　12①248, 254
みつば　22④266
綿　7②307, 308/13①15/15③368, 386
しんぱくのはな【真白ノ花】
菊　55①61
じんびょう【参苗】
朝鮮人参　45⑦402
しんぼ【真穂】 29①87
しんぼく【しんぼく、幹】 13①171
しい　13①210
しゅろ　13①203
たばこ　13①54
つばき　13①221
じんま【蕁麻】→いたいたそう
55②123
しんめ【しん芽、新芽、新目、真芽】 8①169/41④202/55③471/56②283
稲　9③245
桑　47③169, 171
杉　56②265, 266
茶　47④217
朝鮮人参　45⑦400
ねぎ　3④373
はぜ　11①31, 48, 49
べんけいそう　55③350
松　55②129
みずぶき　55③400
しんめ【真芽】
桑　35②352
菜種　41④208
しんめをふく【新芽を吹】
杉　56②265
しんもみ【新籾】
稲　67⑥278
しんやぶ【新藪】
竹　21①88
じんよう【参葉】
朝鮮人参　48①237, 244
しんよくい【真薏苡】→ずずだま
12①210
じんろず【参蘆頭】
朝鮮人参　48①248
しんわけ【新わけ】
茶　56①179
しんわら【新藁】→B
稲　24①15

【す】

す【巣】
蚕　47①28
す【洲】→G
大根　19①117/22④235/37①46/39①54
ずい【ずい、蕊、髄】→Z
16①261
稲　15①104
はす　12①340
すいうんそう【翠雲草】→じしばり
55②123
すいか【すいくハ、すいくわ、水瓜、西瓜】→Ｉ、N、Z
2①73, 74, 85, 86, 94, **109**, 110, 111, 128, 132/3①33, ④283, 312, 352/4①**134**, 135, 136/6①162, 163/10①75/12①**246**, 264, 265, 266, 267, 268/17①267/19①151, ②446/20①200, 210/21①83, ②133, 134/23⑥334/24①61, 74, 136, 141, 178/25①140, ②217/28①24, ②147, ④331/29②129, 141, 156/30①131, ③254/31⑤260/33④185, **210**, ⑥329, **345**, 347/36③241/38①10, 17, 18, ③176, ④246/39⑤268, 269, 278, 280, 285/40②99, 112, **147**, 148, ④302, **306**, 307, 309, **320**, 321, 322, 323/41⑤246/43②155, 161, 170/44③207, 210/45⑦423/62①13/69①40, 111, 121
すいかずら【すいかつら】→にんどう、ひだりまといふじ→N、Z
6①163
すいかたね【スイクワタネ、西瓜種子】
すいか　4①135/40④310
すいかたねじゅくす【西瓜種熟】
すいか　30①134
すいかつる【西瓜蔓】
すいか　19②435
すいかのはなおち【西瓜の花落】
すいか　52①46
ずいき【ズイキ、ずいき、芋茎】→あかずいき、からくい、からくいいも→N
39⑤291
里芋　5③268/17①254, 255, 256/39⑤262
すいこうじ【すい柑子】 13①168/14①382/56①86
すいし【水芝】→とうがん
19①151
すいしか【水梔花】→くちなし
11③147
すいしょうえき【水晶液】→Z
馬　60⑦448, 449, 450
すいしょうしらふ【水晶白斑】
つばき　55②160
ずいせつ【瑞雪】→きからすうり
14①195
すいせん【水仙】 3④306, 354, 374/11③145/28④333/54①222, 314/55③386, 448, 456
すいせんか【水仙花】 3④306/54①258, 314/55③420
すいせんのは【すいせんの葉】
水仙　17①178
すいせんのはな【水仙の花】
水仙　16①40
すいそう【水草】 7②243
すいとう【水稲】→いね→C、N
1①74/12①106
すいな【すいな】→すぎな
24①93
すいぼく【悴木】→G
はぜ　31④218
すいみゃく【水脈】
馬　60⑦434, 437, 446
すいめんようこつ【水綿様骨】
馬　60⑦445
すいようえき【水様液】→Z
馬　60⑦446, 447, 448, 450
すいれん【睡蓮】 11③144/55③390
すう【菘】→みずな→Z
2⑤331/12①**229**
すえ【すゑ、末】
稲　7①12, 29, 31
すえぎ【すえ木】 20①165
すえくち【末口】→X
56②277
すえくちうすまゆ【末口薄繭】
蚕　53⑤355
すえくちのうすまゆ【末口の薄繭】
蚕　53⑤336
すえくちまゆ【末口繭】
蚕　53⑤337
すえさんぶ【すゑ三分】
稲　7①29
すえしぶ【末四分】
稲　7①12
すえつむはな【末摘花】→べにばな
55③341
すえとめたるなえ【末留たる苗】
はぜ　11①26
すえなり【末なり、末就】
きゅうり　2①100
ささげ　2①102
すいか　2①111
なす　33⑥326
まくわうり　12①247
綿　9②209
すえのしん【末の芯】
綿　15③403
すえのもも【末の桃】
綿　7①101
すえば【すゑ葉、末葉】
藍　45②108
はぜ　31④158, 159
まくわうり　12①255
すえもと【根標】
さとうきび　50②166
すおう【すわう、蘇枋】→B
28④332/54①138, 170, 171, 314/55③247
すおうばな【蘇枋花】 55③277
すがき【蟄】
蚕　47②109, 117
すがきこ【すがき蚕、蟄蚕】
蚕　47②104, 116, 124, 147
すがきしかいこ【すがきし蚕、蟄きし蚕、蟄し蚕】
蚕　35①153, 154, 156
すがく【すがく、蟄く】
蚕　35①37, 153
すかしゆり【すかしゆり】 54①206, 208
すがみのすげ【緑莎】 6①163
すぎ【杉、椙、枚】→B、N、Z
3①19, 49, ③167, 168, 179, 181, ④349, 353, 379/4①236, 237/6①182/7②**361**/10①20, 84, ②335, 355/12①76, 120, 122/13①**188**, 191, 192, 194, 368/14①27, 28, 41, 66, 69, 71, 86, 89, 94, 95, 202, 301, 302/16①**157**/21①86, 88, ②133/22①59, ④**276**/25①107, 110, 112/28①93/31④192, 217/36②126/38③189, ④235,

251/39①57,59/42④258/45⑦400/53④246/55②158,③435/56①40,41,43,47,57,58,136,139,150,151,152,158,159,168,170,172,185,②241,259,262,264,265,269,270,271,273,276,277,278,279,280,281,282,284,285,286,287,291/57①18,②98,140,142,144,150,185,187,190,202,206/61①38/70⑥401
すきうま【鋤馬】　4①17,287
すぎえだは【杉枝葉】→N
　杉　38④238
すぎき【杉木】→B
　6①185/27①149/56②284
すぎきのみ【杉木の実】
　杉　56②242
すぎこえだ【杉小枝】
　杉　56①212
すぎだね【杉種、杉種子】　56①44
　杉　53④246/56①41,214,②242
すぎな【スギナ】→すいな→G、I、N、Z
　24①93
すぎなえ【杉なへ、杉苗】
　杉　3④278/14①82,90,92,383/24①142/31②70/38③195/39⑥335/42④247,⑥377,427,428/56①40,44,45,152,171,216,②240,249,250,253,259,269
すぎなえぎ【杉苗木】
　杉　56①213
すぎのき【すぎの木、杉ノ木、杉の木、枕之木】→B、G
　1②194,198/9①96/56②238,284,287/57②186
すぎのこだね【杉の末種子】
　小麦　38③176
すぎのなえぎ【杉の苗木】
　杉　56②272
すぎのね【杉の根】
　杉　56①45
すぎのみ【杉ノ実、杉の実、杉実】
　杉　14①69/56①43,44,46,159,161,162,164,211,212,213,214,215,216,②243
すぎば【杉葉】→B、N
　杉　27①61
すぎひのきのなえ【杉檜の苗】
　杉　5③269
　ひのき　5③269
すぎわた【杉綿】
　綿　8①230
すくさつる【酢草つる】
　酢草　19②436
すくぞ【すくぞ】
　稲　40④277
すくなびこくすり【スクナヒコクスリ】→せっこく
　55②148
すくなびこのくすね【スクナヒコノクスネ】→せっこく
　55②147
すくね【すくね】　33④209,211,220
　稲　33④218
　たばこ　33④213
　菜種　33④225
　ひえ　33④219
すぐね【直根】　55③466
　稲　70⑥398
　なす　63⑧442
すくみ【スクミ】
　綿　8①150
すくむ【すくム】
　綿　7①93
すぐりわら【すくりわら】→B、I
　稲　19①81
すぐれほ【勝れ穂】
　稲　7①31,40
すくろがや【すくろがや】
　すすき　20①188
すげ【スケ、すけ、すげ、菅】→B、G、Z
　1②140/3①46/4①123,124,125/13①73/17①304,305/22①57/29①82/69②303
すげうけ【菅うけ】
　あわ　33③168
すげのね【すげの根】
　すげ　17①305
すこしはらむ【少妊】
　稲　19①75
すじ【すじ、すぢ、筋】
　稲　36③196
　さつまいも　21①67
　筋ゆり　54①205
すじうり【すじうり】→F
　28②147
すじおもと【筋藜蘆】　54①257
すじしゃが【筋しやが、筋鳶尾】
　54①202,315
すじゆり【筋ゆり】　54①205
すずかけ【鈴懸】　55③293
すすき【すゝき、薄、芒】→おばな→B、G、I、N
　3④354/6①185/11①39/16①105,306,307/17①178/25①76/34⑥121,157/37③322/55③383,384,425/57②159/59④269
すすけ【煤気】→B、I、X
　大根　67⑤230
すすけあくすい【すゝけ悪水】
　藍　4①101
すずしろ【すゞしろ、鈴代】→だいこん→N
　24①32,153
ずずたま【ずゝ玉】
　にんにく　4①144
ずずだま【すゞだま、ずゝ玉、薏苡】→からむぎ、しんよくい、とうむぎ、ぼだいし、よくい、よくいにん→N、Z
　6①162/12①210/40④280
ずずたまそう【すゝたま草】
　17①304
すずだまのは【すゞ玉の葉】
　はと麦　41②132
すずな【鈴な、鈴菜】→かぶ→N
　24①32,153
すずはな【すゝ花】
　あわ　17①203
すずふりそう【鈴ふり草】　54①197
すずまめ【鈴豆】　19①151
すすみ【すゝみ】
　大麦　22④206
すずみ【鈴実】
　ぼたん　54①36
すずむし【鈴むし】　37③322
すずめ【雀】→G、I、N
　25①100/36②115
すずめがくれ【すゝめかくれ】
　漆　37①32
すずめぐさ【雀艸】→B
　31④183
すずめのまくら【すゝめの枕】
　16①135,306
すずめむぎ【雀麦】　12①167
すずらん【鈴らん】　55②124
ずずりこ【青芋】
　里芋　20①138
すた【蛹】
　蚕　35①51,156/47②133
すたね【徒種】
　そば　19②385,386
すたみ【スタミ】
　綿　8①150
すたりそば【捨り蕎麦】
　そば　41②121
すだれまつ【すたれ松】　56①53
すてづくりのなえ【捨作りの苗】
　なす　28④330
すてなえ【捨苗】
　稲　24①95/27①115
すね【スネ、脛】
　牛　60④196
　そば　2①53
すねて【スネテ】
　綿　19①101
すねのけ【すねノ毛】
　馬　60⑥368
すねむ【すねム】
　たばこ　62⑨363
すのこ【スノコ】
　鯨　15①34,36
すのごときしる【酢の如き汁】
　人　69①53
すべ【スベ】→B
　稲　8①207
すべりひゆ【すべりひゆ、すへり莧、馬歯莧】→G、N、Z
　10①72/12①318
すぼ【素穂】
　稲　11②98
すぼし【すほし】→A
　稲　25①45
すぼみおち【スボミ落】
　綿　8①263
すみしる【清汁】→B
　さとうきび　3①62
すみれ【すミれ】→ちてい→B、Z
　55②123
すみれぐさ【すミれ草、菫草】→N
　54①196,315/55②119
すもみ【徒籾】
　稲　19①36,78
すもも【すもゝ、李、李桃】→さもも→N、Z
　1①29/3③170/6①97,183/10①85/13①129/16①37,152/19①181/24①153/41⑤246,⑥267/54①144/56①98/62①14
すもものはな【李実花】
　すもも　19①181
すもり【巣守】
　鳥　35②381
すら【空】
　さつまいも　34⑥133,134,135
すりからし【すりからし】→からしな
　33⑥384
ずりきび【すりきひ、稷】→F
　43③248/69②344
すわえ【すはへ、ずはへ、気条、新条、発条、葼】　69②334
　麻　20①188
　梅　40②193/55③242,254
　桜　55③267
　綿　9②221
すわりね【居根】→Z
　朝鮮人参　45⑦411,414
すわるてうぃんど【スワルテ・ウィンド】→そば
　70⑤323

【せ】

せい【精】→X
60⑦460
せいきだね【青気種】
蚕　47②119
せいきつよきえだ【精気つよき枝】
はぜ　31④174
せいきのよわきえだ【精気の弱き枝】
はぜ　31④188
せいじゅく【成熟、生熟】
小豆　7②329
さとうきび　30⑤412
せいじょうけつみゃく【精静血脈】
馬　60⑦440
せいしょくしょき【生殖諸器】
馬　60⑦440
せいじん【せいぢん】
綿　28②178
せいそう【成草】
大麦　22④206,207,208
せいだゆういも【清太夫イモ】→じゃがいも
70⑤325
せいちょう【生長】→A
桐　3③167
くぬぎ　5①169
竹　5①172
ぬるで　3③171
せいつきたね【勢虳蚕】
蚕　47②101,119
せいどうけつみゃく【精動血脈】
馬　60⑦440
せいな【セイナ】
稲　24①121
せいのう【精嚢】→Z
馬　60⑦426
せいぼく【成木、盛木】　3③168/7②350/36②126,127/56②273,274,280,284,285,286,291/69①105
梅　7②351
漆　46③183,207,211,212
柿　7②354
栗　3④379
楮　56①177
杉　56②242,269,271
茶　47④208
なし　46①12,13,72,76,96
綿　8①233
せいぼくのえだ【成木の枝】
なし　46①77
せいぼくのわかえだ【盛木の若枝】
柿　7②354
せいり【生理】
あわ　5①96
せいるい【盛涙】→Z
馬　60⑦464
せきがま【石蒲】　55②170
せきけん【石莧】→はなつつき
55②124
せきしょう【せきしやう、せきせう、石菖】→B、H、I、N
16①37/17①308/54①217,242,309,310,311,312/55②143
せきしょうのいしつき【石菖の石付】　55②145
せきしょうぶ【石菖蒲】→N
11③146
せきじり【赤地利】→いしみかわ
55②124
せきすい【石蓫】　55②147
せきずい【脊髄】
馬　60⑦456
せきせつ【赤節】→ところ
14①164
せきそう【席草】→Z
14①107,110,113/69②303
せきちく【せきちく、石ちく、石竹】　3④354/11③142,143/19①185/28④333,351/37①34/45⑦417/48①203/54①212,213,313/55②124,173,③301,335,457
せきぼう【石茆】→こまゆみ
56①108
せきほうし【赤雹子】→からすうり
14①188
せきらん【石蘭】　54①217,313
せきりょうこつ【脊梁骨】→Z
馬　60⑦411,412,413,435
せきれい【セキレイ、せきれい、鶺鴒】→いねおうせとり、せきれん、むぎまきどり
16①39/17①168/24①93/60③143
せきれん【せきれん】→せきれい
24①93
せすじ【セスジ、背スジ】
牛　60④176,182,183
せた【せた】
綿　50①70
せっかかく【石花角】　55②166
ぜっかせん【舌下腺】
馬　60⑦409
ぜっこう【舌孔】
馬　60⑦409
せっこく【せきこく、石解、石斛、石薢】→いわとくさ、いわくすり、きんさ、きんしょう、すくなびこくすり、すくなびこのくすね、せんねんじゅん、ちょうせいそう、とらん、ひゃくじょうぜん、みたから、りんらん
54①229,313/55②135,146,147,154
せっこくそう【石斛草】　55②147
せっこくらん【石斛蘭、石薢蘭】
55②150,153
ぜっこつ【舌骨】
馬　60⑦409
ぜつじょうせん【舌上腺】
馬　60⑦409
ぜっせん【舌尖】
馬　60⑦408
せっていか【せつていくわ、節庭花】　54①202,313
ぜっぴん【絶品】
菊　55①63
ぜっぽん【舌本】
馬　60⑦408,414
ぜつり【舌理】
馬　60⑦408
せなか【せなか】
うずら　60①46
ぜにあおい【銭葵】→Z
28④351/55③283,329,458
ぜにば【銭葉】
なす　4①133
ぜにぶき【銭ぶき】
ふき　12①309
せのき【瀬の木】　56①124
せび【セヒ】
鯨　15①34,36
ぜふ【ぜふ】→つくねいも
17①295
せぼね【せぼね】
馬　60⑦411
せみ【蟬】　25①90,99/46①68
せり【せり、芹】→B、G、I、N、X
3③137,151,④297/4①153/6①162/10①30,38,46,72,②328/11③150/12①336,337/17①311/24①32,62,63,153/28④355/33⑥392/70⑥381
せりにんじんのは【芹にんじんの葉】
芹人参　10②340
せりね【セリ根、せり根】　21①86/39①57
桑　56①61,195,202,203,208
ゆり　54①303
せりみつば【野蜀葵】　38③131
ぜんいん【前陰】
鯨　15①34,36,38
せんえ【せんゑ、せん重、千重】
54①35/55③253
菊　55③363,405
紅ぼたん　54①69
つばき　54①89/55③255,389,421,426,430
天神花　55③377
にわざくら　55③276
花ざくろ　55③321
ばら　55③304
むくげ　55③357
せんえい【尖鋭】→Z
馬　60⑦417
せんおうげ【仙翁花】　55③294,335,346,448,457
せんから【剪夏羅】　55③335
せんきゅう【川芎】→B、H、I、N、Z
14①47/62①14
せんきんか【仙金花】　3④354
ぜんこ【前胡】→のたて→N
55②123
ぜんこん【全根】
やまいも　11③149
せんざいぎく【せんさい菊】　3④354
ぜんし【前歯】→Z
馬　60⑦453
せんしゅうら【剪秋羅】　55③346
せんじゅく【専熟】
小麦　24①82
せんしゅんら【剪春羅】→せんのうげ
55②123
せんそう【穿鬃】→Z
馬　60⑦464
せんそう【仙草】→たばこ
45⑥316
ぜんそうか【漢草花】　55③341
せんだいはぎ【せんたいはき、せんだいはぎ、仙台萩】→そとがはま、やまへんず
28④333/54①198,313/55②122,③305,448
せんだいも【センダ芋、馬鈴薯】→じゃがいも
24①74,136,142
ぜんだゆういも【善太夫薯】→じゃがいも
24①74
せんだん【センタン、せんたん、梅檀】→B、H
8①169/10②355/16①158/57②206
せんだん【千段】→Z
馬　60⑥332,348,350,356,362,369,371
せんだんぎ【せんたん木】　57②234
せんなり【千ナリ】→ひょうたん
19①151

せんなりふくべ【千なりふくべ】→ひょうたん
48①215,216
せんにく【閃肉】→Z
馬 60⑦444
せんにちこう【千日向、千日紅】→せんにちそう
28④333/54①242,313
せんにちそう【千日草】→せんにちこう
3④354
せんね【千根】→N
10①37
せんねんうん【千年菎】→おもと
55②106
せんねんじゅん【千年潤】→せっこく
55②147
せんのう【仙王、剪秋蘿】→せんのうげ
28④333/45⑦416,417
せんのうげ【せんあうけ、せんおふけ】→せんしゅんら、せんのう
54①313/55②123
せんび【尖尾】
馬 60⑦417
せんひかい【川萆薢】→ところ
14①164,165
せんひん【仙品】
菊 55①63
せんふき【せんふき】→あさつき
33⑥377
ぜんまい【せんまい、ぜんまい、紫蕨】→B、I、N
12①356/25①20,51
せんもう【旋毛】
馬 60⑦463,464
せんもと【仙本】 34⑤84
せんもとたね【仙本種子】
わけぎ 34⑤84
せんよ【せんよ】
さざんか 54①111
つばき 54①93,94,96,97,104,107,108
せんよう【せんやう、せんよう、千葉】
あおい 54①214
あやめ 54①220,226
おかこうほね 54①197
おぐるま 54①242
おにゆり 54①207
ききょう 54①210
菊 54①246,247/55①53
紅ぼたん 54①59
こくちなし 54①188
桜 54①147,148
さざんか 54①111
さつき 54①135
白つづみ花 54①198
せきちく 54①213
つつじ 54①116,118,121,123
つばき 54①88,89,90,92,93,94,96,98,101,102,103,104,105,106,107,108,109
とうばら 54①161
なでしこ 54①211,212
花しょうぶ 54①219
やまぶき 54①172
せんりょう【せんりやう、仙蓼、専両】 28④333/54①191,216,308

【そ】

そう【桑】→くわ→L
47②138
そう【獇】→いぬ
60②112
そうか【草花】 13①234,255
ぞうか【雑瓜】 12①269
そうかくらん【鸛霍蘭】→さぎそう
55②123
ぞうき【雑木】→B、N
3③118,167/12①123/25①110/28①93/32①216,217/36②126/38③190/61④175/64⑤351/70⑥401
そうきんれい【草金鈴】→あさがお
15①78
ぞうけのたね【雑毛之種子】 8①160
そうこん【草根】→N、X
69①92
そうじ【蒼耳】 24①153
そうしゃ【桑拓、桑柘】→くわ
35①33,65,202
ぞうじゅうい【糙渋衣】
馬 60⑦428
そうせきさん【草石蚕】→ちょろぎ
12①352
ぞうだ【ゾウタ、雑駄】→うま
1①31,②156/36①48
そうていそば【ソウテイソバ】→そば
70⑤316
そうとめかずら【そうとめかつら】→へくそかずら
54①159/56①118
ぞうのう【臓嚢】
馬 60⑦425
ぞうのうしょう【雑嚢梢】
馬 60⑦426
そうは【総葉】
たばこ 3①45
そうひ【総被】→Z
馬 60⑦425
そうび【薔薇】→ばら
55③276
ぞうふ【臓腑】 5①47/69①124
そうふうこつ【搶風骨】
馬 60⑦411
そうぼうようしょうまく【僧帽様障膜】
馬 60⑦418
そうぼく【桑木】→くわ
35①51
ぞうぼく【雑木】→B、G、N
12①124/14①79/31④217/41③186/56①134,136,145,149,152,167/57②140,144,146,169,170,187,188,202,203,204,227,230,232,233/61④172,⑩454
そうほん【草本】 15③340
そうまく【総膜】
馬 60⑦409
ぞうみ【そふみ】 56①122
そうめん【草棉、草綿、艸棉】→きわた
7①89,103/13①7/14①242/15③340,341
そうもく【草木】→N
6①139/7①5,②340/25①98,100,104,106,109/39①20/65③210/69①47,126
そうもくだんじょのたね【草木男女の種】 3②67
そうもくのかじつ【草木の果実】
69②347
そうもくのね【草木の根】→N
68①64
そうもくのは【草木の葉】→N
68①64
そうもくめお【草木雌雄】 7②232
ぞうもみ【雑籾】
稲 23①37,38/27①162
そうもん【喪門】→Z
馬 60⑦464
ぞうやく【雑役】→うま、めすうま
24①20
ぞうやくうま【ソウヤク馬】 1②156
そうよう【霜葉】
柿 56①79
そうり【腠理】
馬 60⑦461
ぞがてまめ【ぞがて豆】 22⑤355
そぎめ【そきめ】→Z
みかん 56①88
ぞく【簇】
蚕 62④107
そぐうなえ【そくふ苗】
稲 27①124
そくず【そくづ、蒴藋】 19①191/54①239
ぞくずいし【そくすいし、積随子】→ほるとそう
10①27,35,36,66,67
そくずそう【そくす草】→そてき
55②123
ぞくだん【続断】→おどりこそう
55②123
そくはく【そくはく】 54①183,274
そくみゃく【息脈】
馬 60⑥368
そこ【そこ】
紅ぼたん 54①59,60,66,68
さざんか 54①112
つばき 54①88
そこね【ソコ根、底根】
すいか 33⑥345
はぜ 31④157,161,162,167,168,181,204,215
麦 8①100
綿 8①277
そぞらご【ソヾラゴ】
里芋 24①112
ぞぞりご【ゾヾリゴ】→さといも
24①48
そそりごいも【そゝり子芋】
里芋 41②97
そぞろ【そゞろ】
里芋 9①99
そだち【生立】 40②52,86,119,137,187,188
そば 40②144
麦 40②104
ゆうがお 40②136
綿 39③147/40②46,49,50,109,110,112,125,129,130
そてき【蒴藋】→そくずそう
55②123
そてつ【火蕉、蘇鉄】→てつ、むろうし
34①11,⑤110,⑥121,153/54①256,282,283/55②142,166,③436
そとがはま【そとかはま】→せんだいはぎ
54①198
そとがわ【外皮】
茶 47③168
そとづらのほ【外面の穂】
稲 27①179
そとはなびら【外葩】
のうぜんかずら 55③366

そとわ【外輪】 70⑥420
稲　70⑥418,419
そね【ソネ】→しで
45④198,200,209
そねのき【ソネノ木、ソネの木】→しで
45④200,208/56①72
そば【ソハ、そは、ソバ、そバ、そば、蕎麦、蕎麦、㚡】→さんどそば、すわるてうぃんど、そうていそば、ぽれいごにゅむほりーすかるだちゅむ→D、H、I、L、N、Z
1④303,317/2①11,31,35,**52**,87,③**264**,265,④289,290,⑤325,327,329/3①29,③141,149,④230,292,298,344/4①25,**87**,88,166,184/5①47,102,103,111,112,115,116,117,118,119,151,152,153,154,167,176,③273,274/6①**102**,103,104,130,165,②273,301/9①51,94,99,108,115,121/10①34,36,48,**60**,②302,315,327,328,329,331,370,③**396**,397/11②120,121/12①66,111,**169**,170,171,188,365/13①36,207,360/17①161,162,209,210/18②261/19①100,101,103,156,165,169,205,210,②302,303,307,312,322,331,336,345,446/20①120,143,159,163,168,206,214,222,277,②385/21①**77**,81,②130,③156,176/22①39,40,41,59,②130,③161,164,167,④**239**,240,⑥384/23⑥316,319,**337**/24①77,117,138,141,③290,291,295,297,308,315,327,344/25①67,72,90,122,142,②210,213/27①149,150/28①15,28,33,④349/29②146,④281,283,284/30①105,139,③274,280,293/31②86,⑤271,272/32①69,77,99,**107**,108,109,110,111,113,115,116,216,②294,295,298,303,304,314,315,316/33①**45**,③**169**,170,④183,223,224,⑤256,⑥**366**/34⑧298/36①60,②116,117,124,③165,277,278/37①35,47,②175,203,③332,344/38①8,12,②81,③115,161,198,④247,264/39①**47**,63,②**112**,③152,⑤282,289/40②36,99,124,**143**,144/41②121,③185,④205,⑤245,⑥266,⑦330,331/42①34,40,⑤322,325,330/44①37,②148,153,③204,206,250/61①38/62①13,⑧261,⑨371/64⑤356,357/67③138,④169,181,⑤210,234,235,⑥288,309/68④405,415/69①40,②217,234/70⑤313,316,317,318,319,320,322,323,⑥380
そば　19①170
そばがら【蕎麦殻】→B、G、H、I、N
そば　70⑤321
そばじゅくす【蕎麦熟】
そば　30①139
そばだね【ソハ種、そば種、そば種子、蕎麦種、蕎麦種子】→H
4①87
そば　3④344/9①95/19①164,②385/30①134/39②113/44③250,251,252,253,254/67④169,⑤220
そばのから【蕎麦のから】→H
そば　14①214
そばのたね【蕎麦のたね、蕎麦ノ種子】
そば　20①140/32①166
そばのはな【そバの花】
そば　16①38
そばはなさく【蕎麦花咲】
そば　30①136
そばはなば【蕎麦花葉】
そば　24①134
そびそう【鼠尾草】 3④354/54①243,283
そま【麁麻】
麻　21①72
そまく【素膜】
馬　60⑦446
そめくさ【染草】→B
39①64
そよぎ【そよぎ】 54①185,283
そらえだ【空枝】
竹　57②160
そらは【空葉】
からむし　34⑥158
そらまめ【そらまめ、そら豆、空豆、蚕豆、天豆、蚕豆】→おおまめ(大豆)、からまめ、がんだいず、さんず、とうだいず、とうのまめ、とうまめ、とおのまめ、なつまめ、やまとまめ、ゆきわりまめ→I、N、Z
2⑤335/3②71,73,④242,243/4①234/5①144/6①162/7②**330**/10②327,328,329,331,370/12①65,171,195,196,197,198,199/13①367/14①235/17①213/18⑤468/21①81/22①46/28④351/29①79,②145,④282/30③282/33④186,**224**/37③377,389/38③166,200/39①63/40②145,146,③219,237,238/41②123,⑤245,⑥266,277/42③167/44①10,28,33,40/61④162/62③68,⑧268/69②217,350
そらまめたねじゅくす【蚕豆種熟】
そらまめ　30①126
そらまめのは【蚕豆の葉】
そらまめ　55③351
そらみびる【天実蒜】 10①64
そろいば【揃葉】
大根　27①71
そんじかかりそうろうなえ【損し懸り候苗】
稲　27①113

【た】

た【稲、田】→いね→A、D、L
8①65,140
たあとのむぎ【田跡之麦】 33④227
だい【台】→B
梅　54①289
からたち　54①277
桑　4①163
なし　46①64
だいおう【大黄】→G、H、N、Z
13①282/55②124
だいおう【大王】
蜜蜂　14①347,349,352
たいがい【苔芥】→なたね
45③140
たいがい【大芥】→からし
15①75
たいがいし【大がいし、大核子】
綿　8①15,50/23⑥327/40②129
だいかぶら【大蕪青子】 44③206,207
だいぎ【台木】→A、Z
桑　35②308,312
だいぎのもも【台木の桃】 14①369
たいく【胎駒】
馬　60⑦427
たいげき【大戟】 55②124
たいけん【帯剣】→Z
馬　60⑦464
だいこ【大根】→N
62⑤124
だいこん【だいこん、菜菔、大こん、大根、大根種、蘿蔔、萊菔】→おおね、すずしろ、だいこんな、はるあい、ほんだいこん、みずだいこん、らいふく、らふ、らふく→A、B、D、I、L、N、Z
1①28,④299,303,312,317/2①11,13,14,20,21,**54**,55,57,58,59,81,104,118,119,127,②147,③262,263,**264**,④278,286,287,289,290,307,⑤325,327,328,329,331,332/3①30,②72,③141,149,④217,219,225,239,244,246,258,263,283,286,292,298,311,**318**,322,338,352,361,365,367/4①**107**,108,109,175,201/5①105,107,110,111,113,126,132,157,168,②228,③273,278/6①11,16,20,104,110,**111**,112,113,114,115,116,126,127,128,130,150/7①5,②275,**313**,314,318,320,323/8①**107**,109,183,184/9①28,87,99,124/10①30,32,34,36,43,67,②328,329,331,370,③**397**/11②116,117/12①75,171,173,214,216,220,221,225,226,229,230,235,236,265,299,302/13①137,366,367/14①238,302/15②195,223/16①38,84,95,202,232,244/17①237,238,239,240,241,242/18②261/19①97,98,99,103,114,116,117,169,179,201,210,②387,443,446/20①119,127,148,150,159,186,216,217,221,265,306/21①**70**,71,72,81,②130,③156,157/22①41,53,②123,④**233**,234,235,236,238,⑥383/23⑤**261**,262,284,285,⑥**332**,333,334/24①136,141,③289,290,291,295,298,306/25①28,67,68,72,82,122,142,144,146,②208,210/27①139,141,145,147,195,225/28①29,②204,220,245,246,262,④346,350/29①83,②154,③251,④281,282/30①140/31④204,⑤272,273,278/32①51,**131**,132,133,135,136/33①**42**,③162,④187,231,⑥314,370,374/34④68,⑧297,299,310/36①65,②115,124,③241,250,295,296/37①31,35,46,②81,87,202,203,③389/38①8,11,23,②72,③123,159,195,207,④289/39①**54**,63,②**112**,③152,153,⑤257,280,282,285,288,

298,⑥330/40②144,145,188,③231,237,240/41②66,100,116,130,⑤245,⑥266/42②127,⑤326,331,⑥398/43①50,56,②181,183,185,188,197,③270/44①38,③207,248/45⑦416,417/47④230/61②88/62①13,⑦195,⑧264,⑨321,365,368,373,390/63⑧440/66①36/67⑤210,234,235,⑥279,288,306/68③325,④406,415,416/69①50,103,115,124,125,②329,339,345/70⑥387,416
大根 19①170
だいこんそう【たいこん草】→ろうが→I
55②123
だいこんだね【大こん種、大根たね、大根だね、大根種、大根種子、蘿蔔種】 1④310/28②166/41⑥276
大根 2①57/3①25,④226/5①99,111/6①104,114/9①37,87,90,91/10②331,376/19①165,②366,387,442/20②390/23⑤269,⑥334/24③290,299,345/28②261/29③251/32①134/34③45/37①34,②202/38③152/39②112/41⑤249/42⑤319,331/62⑨341,390/67⑤235
だいこんたねとりよう【大根種取用】
大根 41②103
だいこんな【大根菜】→だいこん→N
3④365/61①50
だいこんのこね【大根の小根】
大根 24①133
だいこんのしん【大根の心】
大根 27①196
だいこんのしんば【大根の心葉】
大根 27①196
だいこんのすきな【大根ノ透菜】
大根 63⑧441
だいこんのたね【大こんの種子、大根のたね、大根ノ種子】
大根 12①221/13①367/20①178/32①166
だいこんのとうび【大根頭尾】
大根 27①196
だいこんのねのひきあがりたる【大根の根の抽上りたる】
大根 27①146
だいこんのは【大根の葉】
大根 36②115
だいこんのはな【大こんの花、蘿蔔花】→N
55③408
大根 16①35
だいこんのみ【大根の実】
大根 11②121
だいこんば【大根葉、蘿蔔葉】→I、L、N
大根 29①39/69①59
だいこんばな【大根花、蘿蔔花】
55③285,408
だいこんみ【大根実】
大根 11②122
たいさい【苔菜】→なたね
45③140
だいじ【大眥】→Z
馬 60⑦443,444,445,448
たいしょう【戴勝】 25①99/35①33
だいしょうず【大小豆】 1④312,313,332,334/2⑤329/3③137,138,162/12①187/21①59,80,82/25①89/33④211/38①27/39①44/61①38,②87/67⑥309
だいしょうずたね【大小豆種】
大豆 21①37
だいしょうずつる【大小豆つる】
19②436
だいしょうのむぎ【大小ノ麦、大小の麦】 2④290/37③369/67⑥278
だいしょうばく【大小麦】 3③135,137,139,141/11①57/67⑥283,304
だいず【太豆、大ス、大豆、桓豆】→きまめ、のぞきまめ、ほんだいず、ほんまめ、ゆきしたまめ→B、I、L、N、R
1①15,30,106,③267,④307,313,315/2①11,35,39,40,41,62,134,③263,265,266,④278,281,286,289,295,⑤325,327,329/3①8,28,③139,149,151,④225,226,233,291,305/4①14,19,28,50,57,70,83,84,85,130,166,196,225,295,300/5①118,137,138,139,③250,275/6①11,39,54,55,73,88,94,95,122,130,176,177,224,②272,273,280,314,315,319/7②327,328/9①51,70,79,88,108,112,116,121,③247,251/10①8,32,41,44,154,②315,329,366,373,③395/11①8,9,②121/12①248,252/13①360/14①233/17①169,177,193,194,195,196,202,205/19①96,101,120,165,169,191,②302,331,337,385,441,446/20①120,158,166,209,221,238/21①38,②123,132,③156,157/22①39,40,42,53,54,58,②115,③158,160,167,169,④224,226,⑥369,370/23⑤260,261,271,⑥316,329,330,339/24①40,49,134,136,140,141,153,③287,297,308,327/25①13,50,55,72,74,90,118,121,122,142,②203,③263/27①68,95,103,122,131,140,141,144,152,192,194,198,199,210,211,263,286/28①11,26,43,44,45,②256,④338,348/29①34,80,②124,141,③242,④277,279/30③270,271,297/31②80,86,③114,⑤256/32①53,86,87,88,89,90,91,92,166,②294,295,303,304/33①35,36,37,③166,④181,211,212,⑥362/34③44,⑤87,90,92/35①21,②312/36①60,②118,③205/37②65,77,81,87,88,94,111,112,114,116,203,204,③318,329,333,344,362,385/38①11,14,17,②61,65,74,80,③113,115,136,150,152,178,④246,264/39①62,63,②102,112,119,③152,⑤271,272,280,296/40②47,99,188,③223,226,228,④297,309/41②77,93,131,③185,④205,⑤233,260,⑥277,278,280/42①31,35,40,45,57,②104,105,125,④269,⑤326,330,331,338/44①29,③204,205,237,247/45①30,34/60③141/61②80,82,84,85,87,90/62①13,⑨336,338,339,350,358,367/63③136,⑤321,322/64⑤335,344/65②90/67③138,⑤210,235,⑥288,306/68④405,413,415/69①40,115,②202,234/70④272,⑥380
大豆 19①170
だいずき【大豆木】
大豆 4①85
だいずさや【大豆さや】→I
大豆 22③167
だいずじゅくす【大豆熟】
大豆 30①139
だいずだね【大豆たね、大豆種、大豆種子】→L
大豆 2④284/4①84/19①164/20②390/27①95/30③271/32①88/33③166/43①75
だいずつぶ【大豆粒】
大豆 22③160
だいずなえ【大豆苗】
大豆 24①28/27①101,131
だいずのあぶら【大豆の油】→B
大豆 11②122
だいずのおび【大豆ノ帯】
大豆 32①88
だいずのくき【大豆の茎】
大豆 19②441
だいずのくきおりめつけてあるもの【大豆の茎折目付て有もの】
大豆 27①142
だいずのたね【大豆の種、大豆ノ種子】
大豆 2①12/32①166
だいずのね【大豆の根】
大豆 1③267
だいずのは【大豆の葉】→B、I、N
大豆 62⑨367
だいずのはな【大豆の花】
大豆 56①118
だいずのるい【大豆の類】 10②315,328
だいずは【大豆葉】→I
大豆 38②73
だいずはやびき【大豆早引】
大豆 25①73
だいずまきばら【大豆まきばら】
22②116
だいずるい【大豆類】 10①92
たいせい【大青】→いわぎきょう
55②124
だいだい【だいだい、大々、橙、橙実、楻】→N
1②208/10①85/13①168/25①111/28②272/54①167/56①86/62①14
だいちょう【大腸】→Z
馬 60⑦428,431,432
たいとうじゅくす【太稲熟】
稲 30①135
たいとうたね【タイトウ種】
稲 5①83
たいとうなえ【大唐苗】
稲 4①19,70
たいとうほだす【太稲穂出】
稲 30①133
たいとがら【秈がら】
稲 27①160
たいとだね【秈種子】
稲 27①159,163,165
たいとたばほのかた【秈たば穂方】
稲 27①157
たいとなえ【たいと苗】
稲 27①113,114,116
たいとのほ【秈の穂】
稲 27①158
たいともみ【たいと籾、秈籾】

稲　27①27,**158**,160,164,165
たいともみつぶ【籼籾粒】
稲　27①160
たいとわら【籼稈】→B
稲　27①155
たいね【田稲】→いね
4①73/10①52
だいのほそろい【大の穂揃ひ】
稲　29③233
たいはくのはな【大白の花】
綿　15③352
だいべんどう【大便道】
馬　60⑥352
たいぼく【大木】　3③168/16①137/21①86/32①219/39①58,⑥348/65③274
梅　16①151
えのき　16①140
えんじゅ　16①170
榧　16①146
くさぎ　16①154
くすのき　16①165
桑　4①164
けやき　16①159
楮　16①143
こしょう　16①161
さかき　16①166
桜　16①167
杉　16①157
すもも　16①152
つつじ　16①169
なし　46①95
にわざくら　16①171
はぜ　11①16,20,25,39,40,44/33②105,113,122,124
ひのき　16①158
まゆみ　16①162
柳　16①155,304,305
たいぼくのえだくばり【大木の枝配り】
はぜ　31④193
たいみゃく【帯脈】→Z
馬　60⑥340,353,361
だいみょうちく【台明竹、大名竹】→B
34⑥153/36③227/55③438,440
たいも【田いも、田芋】→さといも→N
8①**118**/24①48,141/30①136/34④66/41②92/70⑥381,387
たいもなえ【田芋苗】
里芋　8①158
たいもめだし【田芋芽出】
里芋　30①124
たいりん【大りん、大輪】　54①84
梅　54①138,139/55③254
大ゆり　54①208
かきつばた　54①234/55③279
菊　54①230,231,246,247,248,249,250,251,252,253,254,255/55③403
くちなし　54①188
紅ぼたん　54①56,57,58,59,60,61,62,64,65,67,68,69,72
桜　54①145,146,147,148
さざんか　54①113,114,115
さつき　54①126,127,128,129,130,131,132,133,134,135
芍薬　54①77,83
筋ゆり　54①205
せきちく　54①213
ためとも　54①206
つつじ　54①116,117,118,119,120,121,122,123,124,125
つばき　54①87,88,89,90,91,92,93,94,95,97,98,99,100,101,102,103,104,105,106,108,109,110/55③246,388,389,409,421,427
夏すかしゆり　54①204
夏つばき　54①163
のうぜんかずら　54①158
白ぼたん　54①38,39,40,41,42,43,44,45,46,47,48,49,50,51,52,53
花しょうぶ　54①219
はまなし　54①160
春すかしゆり　54①201
ひまわり　54①245
ひるがお　54①228
ぼたんばら　54①161
松本せんのう　54①210
むくげ　54①164
もくれん　54①162
桃　54①142,143,144
たいりんか【大輪花】　55③209
たうま【田馬】　27①19
たか【鷹】　16①36,38,39,257/25①98,99
蚕　35②384/47②135
たかあし【高蘆】　4①71
たがあわじゅくす【多賀粟熟】
あわ　30①140
たがあわほだす【多賀粟穂出】
あわ　30①137
たがいいね【たかひ稲】
稲　37②101
たがえたね【違種】
稲　19①36
たかおきこ【鷹起蚕】
蚕　47②104
たかがみねえびづるむし【鷹峯蘡薁虫】　49①207
たかきうま【田かき馬、田掻馬】
22④214/25③274/36③194
たかきたのいね【高き田の稲】
稲　23①81
たかきび【たかきび、高きひ、高黍、高秬】→もろこし→N
10①20,23,130,②363,③401/12①**179**/29④278/30③241,280/31④204/33⑥350/34⑧299/41②106/44②128,③206,233
たかこ【たか子、多賀蚕】
蚕　25①63/47②121
たかこのおき【タカコノ起】
蚕　47②121
たかすりのとり【鷹すりの鳥】
64④242
たがたたねもの【田方種物】
42②**98**
たかとまり【高休】
蚕　47①50
たかな【たかな、たか菜、高菜、菘、菘菜】→とくわか→B、F、N
3④237/9①28,34/10①30,38,43,45/17①249/21①74/25①144/29④284/30③284/31⑤272,276/33④188,232,⑥**368**/39①55,③149,153,154,155/41⑤245,⑥266/44③207,211/55③248
たかなえ【高苗】
藍　29③247
稲　29③222,237,238
たかなだね【高菜種子】
たかな　44③211
たかななえ【たかな苗】
たかな　31③117
たかなのたね【たかなのたね】
たかな　9①84
たかのいおき【鷹の居起、鷹の居起き】
蚕　35①55,135,141,170
たかのせつ【多賀ノ節】
蚕　47②107
たかのねおき【鷹の寝起】
蚕　47②136,144
たかのねむりおき【鷹の眠起】
蚕　35①129
たかぶ【田かふ】
稲　4①152
たかやすみ【鷹休ミ】
蚕　35①139
たからぐさ【宝艸】→いね
24①140
たからこう【たからかう】→ろうどく
54①244,281/55②123
たがらし【田蕨】→N
19②396
たがんほ【たがん穂】
稲　41②77
たくこ【沢姑】→きからすうり
14①195
たくしゃ【沢瀉】→N、Z
13①302/55③326
たくらん【たくらん、沢蘭】　54①217,281
たくわえなえ【貯苗】
稲　25②182
たけ【竹、笆】→B、G、H、N、Z
3②70,73,③180,④259,323,334/4①175,178,234,237,240/5①46,170,171,172/6①163,182,185/7②**364**,367/10①86,②335,358,372/12①72,125,127/13①222,226/15①106/16①37,**131**,282,293,**303**,305,313/17①302/19①191,②283/21①**87**/24①81,153/25①111,145/27①56,194/28①93/34⑥145/36③227/37③376/38③188,189,190,④268,272/39①**59**,60,④212,⑤298/41④204,⑤241/43①93/45⑤237,⑥332/54①177,281/55③451,453/56①112,113/57①25,②164,165,166,176,177,200,204,205/62⑧265/65③194/67③122/68③363/70⑥389,422
たけ【たけ、鷹】
蚕　62④90,97
たけ【茸、蕈】　12①351/50③244
たけ【尺ケ】
稲　1②144
たけかぶ【竹かふ】　57①21
たけぎ【竹木】→B
29④289/61④172/65②128,129,③274,275/68④394
たけこ【たけこ】
蚕　3①55
たけしま【たけしま、武嶋】　54①206
たけなえ【竹苗】
竹　57①24
たけにはなさく【竹に花咲】
竹　38③189
たけね【竹根】
竹　3③130/64④272
たけのうち【竹の内】
竹　30③258
たけのえだ【竹の枝】→B
竹　30①57/41③174
たけのおとこ【竹の男】
竹　3②71
たけのかぶ【竹ノ株】　69②218
たけのかれえだ【竹之枯枝】
57②115
たけのかわ【竹のカハ、竹の皮、竹之皮】→B、H、X

38④263
竹 34⑧307/65①41
たけのきりかぶ【竹の切株】
竹 28④353
たけのこ【たけの子、竹のこ、竹の子、竹ノ萌、竹子、筍、笋】→B、N
5①171/25①20
稲 36①44
寒竹 54①178/55③441/56①111,112
しゅろちく 56①112
竹 3②71,④335/5①172,173/6①186/7②365/10①86,153,154,②358,367/16①131,132,133/39①59/54①281/55③437/64④272/65①41/69②294
たけのたね【竹の種】
竹 13①226
たけのね【竹の根】→G
64④265
竹 16①122,132,223/57②161/64④291
たけのは【竹葉】→B、I
竹 55③453
たけのやすみ【たけのやすミ】
蚕 62④106
たけのるい【竹の類、竹之類】
10②335/56①111
たけやぶ【竹藪】→D
3④326
たけるい【竹類】 10①95
たこまつ【たこ松】 56①53
ださなえ【ダサ苗】
稲 8①67
たず【接骨】→にわとこ→I
10②355
たずい【多蕊】 69①136
だそう【挖喪】→Z
馬 60⑦464
ただいこんだねじゅくす【田大根種熟】
大根 30①125,126
たたきもの【たゝきもの】
蚕 35②401
たたらび【たゝらび】 19②395,396
たち【立】→W
綿 8①240
たちあおい【立葵】→からあおい
3④354
たちあおいのはな【蜀葵花】
たちあおい 19①185
たちき【立木】 34⑧301,302/56②266/61④172,175/64④290/68④412
くすのき 53⑥396
桑 47③174
楮 53①19
たちきのうとろ【立木のうとろ】
31④207
たちげ【立毛】→L、X
5①174/17①86/23⑥314,316/28①11,13,55,79,②136/62⑨367/64①48
稲 4①181/6①39/28①46,50,51,52,80,82,92/30②185,188,195/39④199/61①42/64①49/67①24
たちげできかた【立毛出来方】
23⑥310
たちすくみ【立チスクミ】
綿 8①57
たちね【命根、立根】 4①218,225/7②343/8①174,221/12①88,89/13①230,231,232,233/23⑥313/37③319/40②99/62⑧260,272/69②230,233,359
油桐 47⑤254
稲 2①48/7①29/8①79/12①58,135,136,144/23①50/37③306,320/39①22,31
梅 7②352
漆 13①110
大麦 12①154,158
栗 13①138/25①113
桑 24①29
杉 7②362
たばこ 62⑨344
茶 13①79
なす 6①119/12①242/24①61
菜種 29②151
なつめ 7②360
はぜ 47⑤269
松 49①37
麦 37③290
綿 8①49/34⑤95/62⑨338
たちば【立葉】
稲 70⑥417
おもと 55②106,108,109
綿 9②214
たちばな【橘】→N
3③166,171,180/16①148/24①153/54①168/55②134,135,165,166,167,171,173,180/62①14
たちばな【立花】
紅ぼたん 54①60
たちびれ【立ヒレ】
鯨 15①33,38
たちほ【立チ穂、立穂】
稲 7②370/32①32/37②169
なし 46①13
たちめ【立芽】
桑 47③173
たちわき【たちわき、立チ脇】→なたまめ
33④229/44③206,209
たちわた【立綿】
綿 8①22,23,38,39,195,231,233,236,240
たつ【タツ】
里芋 24①112
だつ【獺】 25①98
だっきょう【たつきやう】→らっきょう
44③207,255,256
たつね【たつ根、縦根、竪根、直根、立ツ根、立根】 55③474
麻 17①218
油桐 5②229,③279
稲 7①14,22,31/22②99
桑 5①161
たばこ 31⑤266
茶 4①158
なす 31⑤266
菜種 45③156
たで【たて、たで、蓼】→ほそばたで→G、N
10①24,27,30,41,**73**,95/12①**338**/17①285/19②436/25①140/29①84/33④188,233,⑥392/41⑤246,⑥267/54①216/55②124/62①13/70⑥381
たてがみ【鬣】
馬 60⑦454,457
だてしおくりなえぎ【伊達仕送り苗木】
桑 61⑨279
たてすじふ【縦筋斑】
寒すすき 55③347
たてね【立て根、立根】 21①86
稲 21①35,43
大豆 12①188
茶 6①154
たてふ【縦斑】
五枚笹 55③441
たでらん【蓼らん】→あい
20①279
たなえごめ【田なへ米、田苗米】→N
稲 27①29,227,233,249
たなえもみ【田苗籾】
稲 27①28
たなかうり【田中瓜】 4①131
たなこめ【たなこめ】→かわざかなのこ
24①93
たなつもの【たなつもの、水田種子】→いね→X
10②312/20①12,250/23①6,83/33①57/62⑧236,240
たなばただいこん【七夕大根】
11②115
たにおいね【田乳稲】
稲 1①99
たにわたり【谷渡り】 55②145
たぬきのいんのう【狸の陰嚢】
狸 35①87
たね【タネ、たね、核、核子、穀子、子、種、種ネ、種核、種子、種仁、仁、蛋種】→A、L、N、Z
2④278,291,307/3①25,③150,155/4①166,**195**,196,197,250/5③271/6①208/7①6,②280/10①27,30,33,34,35,36,38,41,43,45,47,56,62,72,73,79,84,97,103/12①53,**69**,70,71,72,73,84,94/16①84,87,92,93/17①37/21①8,55,86,②126,136/22①50/23①19,32,33,34,36,38,⑤265,⑥303/24①37,95,142,165,②233/25①119,139,142,147/28②142,145,152,215,264/29①34,35,41,42,82,②122,123,131,136,151,153,154,156/32①191/36②114/37③333/38③111,116,117,136/39①13,22,23,④190,⑤268,⑥336/40②161/41⑦327,335,336/45③171/54①274/56②238,285/57②184/62③69,⑧260,262,263,271,⑨321,371,381/64⑤360,361,362/67③139/69①34,61,②160,230,232,245,258,262,312,317,321,325,332,335,338,341,348,363/70⑤312,315
藍 3①42/6①150,152/10③385/13①41/21①73/25②213/28①21/38③135/39⑤257/41②111/45②69,101,102/69②357
青刈り大豆 2①44,45/22⑤351,⑥372
あかざ 17①289
麻 2①19,③262/4①93,94/5①89,90/6①147/9①32/11②118/13①33,34/17①218/24①38,77,③284/32①139,141,144/33③161/39②117,⑥329/43③243
あさがお 3④301/54①227
あさつき 17①276/33⑥378
小豆 2①41,③263,④278/5③275/10①57/11②113/12①191/22②127,④227,⑥370/32①98,99/33①35/38③150
あずまぎく 55③287,288
油桐 39⑥334/56①209/57②154
あらせいとう 54①298

あわ　2③262/4①81/5①95, ②228/6①98/12①172, 176/17①203/21①82/22⑤352, ⑥374, 375, 376, 377/31⑤262/32①100, 101, 105/33①39, 41, ④220/38②69/39①45/41⑤260/42②127/44③242, 243, 244, 246, 247, 248/62⑨337

いぬびえ　23①75

いぬまき　57②157, 228

稲　1①53, 55, ③260, 262, 273, 286/2①46, ④282/3①27, 28/4①38, 39, 69, 222/5①27, 33, 35, 36, 60, 82, ②221, 226, ③252, 255, 263/6①205, 206, ②284/7①12, 16, 20, 21, 28, 29, 31, 40, 41, 45, 46, 47, 50, ②283/8①208/9①106, ②197, 200, 201, 203/10①8, 50, 52, 53/11②87/12①58, 132, 139, 140, 141, 143/16①335/17①13, 14, 16, 20, 21, 52, 53, 54, 79, 88, 116, 141, 142/20②394/21①32, 33, 34, 36, 37, 41, 43, 44, 45, 47, 83, ②114/22①57, ②98, 99, 103, 107, 109, ④212, 214/23①37, 39, 41, 45, 47, 48, 58, 60, 76, 77, 102, 103, 107/24①117, 164, 177, ③283, 301/25①46, 47, 48, 51, 53, 139, ②180, 188, 192, 194/27①22, 27, 29, 158, 162, 181/28③319, 323, ④344/29③204, 262/30①18, 19, 20, 23, 33, 88, 89, ②193/32①22, 26, 28, 30, 34, 35/33①17, 23, 25/36①42, ②97, 98, 100, 101, 103, 104, 105, 106, 113, ③190, 195/37①15, 16, 31, 38, 44, ②95, 97, 101, 134, 139, 167, ③262, 271, 272, 273, 274, 275, 277, 286, 308, 318, 344, 378, 382/38①10, ②79, ③137, 138, 140, ④244/39①25, 26, 27, 29, 30, 32, 33, 36, 37, ④185, 194, 195, 196, 197, ⑥323, 326/41③170, 171, 172, 183, ④205, ⑤247/42②124/44③205, 217, 218, 219, 220, 221, 222, 223, 224, 225/56①104/61①36, ②101, ③128, 129/62⑨323, 324, 380/63⑧430, 431, 432, 433, 436/69①135, ②202/70④262, 277, ⑥396

いんげん　3④351, 357/22④267/24③304/33⑥335, 336

ういきょう　54①290

うぐいすな　4①104

梅　55③254

瓜　4①131/6①121/25①126, 145/62⑨340

漆　4①161/13①105/46③187, 203, 204, 205, 210/56①168

えごま　2①43, ③264/4①157/22②121/25②212/33①46, 48/38②71/39①48/42②126

えのき　56①62

えんどう　41②123

大阪鶏頭　54①276

大麦　2①62, ③264/4①78/5①124, 129/10①54/12①152, 153, 156, 160/21①50, 52, 55, 58, 59, 84, ④201/22②114, ③171, ⑥394/23①29/24①82, ③299/31②85/32①54, 62, 65, 67, 72, 79, 80/33①55/39①39, 40, 41, 42, ②121/62⑨377

陸稲　3③153/12①147/21①69/22②118, ④278, ⑤350, ⑥368/37③309/38②67, 68/39①46/61②80, 81, 82, ⑩426

おなもみ　54①286

蚕　3①56/18①89/22⑤349/24①15, 100/35①37, 50, 57, 59, 60, 62, 64, 101, 103, 120, ②390/47①18, 20, 33, 36, 37, 38, ②79, 80, 81, 82, 83, 84, 101, 133, 146, ③166/61⑨307/62④89, 91, 94, 96

かえで　54①154

柿　25①115/48①195, 196/56①78

かつら　56①117

かぶ　1④298, 323/2①59, 60/4①105/5①114/6①116, ②302/8①110/10①68/17①246/23⑥332, 333/25①144/28④350/32①138/33⑥376/38③163/41②116/44③257

かぼちゃ　24①74/29③254/33⑥344/36③197

唐鶏頭　54①279

からしな　2①120/4①151/33⑥384/38③177

からむし　13①25, 26

きからすうり　14①196

菊　10①83/48①207, 208/55①17, 64, 70

きび　2①28/5①107, ②228/17①204/21①77/28①27/33①28/38③156/39①46

きゅうり　2①98/3④337/4①136/20①130/33⑥340, 341, 342/38③127, ④247/41②90

京菜　30③284/33⑥377

桐　3④378/56①48

きんせんか　54①301

くりんそう　54①292

くろぐわい　12①348/28①24

桑　4①163/6①175/13①116, 118/25①116/35①105/38③182/39⑥333/47②138/63①53

くわい　3①18/4①152

けし　2①74/3①35/4①150/12①316/33⑥379/38③164/54①267

こうおうそう　54①296

楮　53①16

ごぼう　3①31, 32/4①145/6①130, 131/9①28/10①77/12①296, 298, 300/17①253, 254/22④256, 257, 258/24③303/28①18/31⑤250, 251/33④229, ⑥316/34⑤78/38③143/39②114/41④207

ごま　2③264/4①91/12①207, 209/22②128, ④248/23⑤268/33①35, 36

小麦　2①64, ③265/4①80, 231/10①55/12①167/21①56, 58, 59, 84, ②124/22②115, ③159, ⑥387, 388, 389, 390/24①140, ③299/32①58, 77/33①50, 51, 52, 55/38③175/39①43, 44, ②122/67⑥286

こんにゃく　3①32/25②224

桜　54①145, 147

ささげ　2①101, ③263, ④278/4①89/5①104/10①59/17①199, 200/22②127/25①141/33⑥352, 353/38③151

さつき　16①169

さつまいも　2①91/3①35/6①139/8①115/12①385, 388, 390/21①66/22④275/31⑤253/34⑧304/39①51, 52/61②88, 89, 90/70③215, 216

里芋　2①90, 91, ③263/3④304, 350/4①139, 140/5①106, ③268/6①133/9①52/21①63, 64/22④246/23⑥323/24①48/25②218/29③252/32①119/33④218/38②59, ③128/39①50/41②98/44③231, 232, 233/50②145

さとうきび　3①46/61⑧219, 229/70①14

三月菜　5①137

さんしょう　13①179

しおん　55③358

しそ　4①149

芝　17①306

じゃがいも　18④398, 410/70⑤327

しゅうかいどう　55③366

十六ささげ　2⑤330

しゅんぎく　4①154/33⑥380/54①305

しょうが　3①34, ④252, 316, 317, 378/4①154/10①82/12①292/17①284/25②222/40④316

白瓜　30③252

すいか　2①86, 109/4①135/24①74/33⑥345/40④307, 310, 311, 320

杉　3①49/13①189, 193/16①157/22④276/39①57, ⑥335/56①160, 161, 215, ②240, 241, 242, 243, 246, 247, 268

せきちく　48①203/54①212

せり　4①153

千日紅　54①313

そば　2①52, ③264, ④287/3④298/5①116, 117, 118, 119, 120/6①102/10①61/11②120/22①59, ⑤353/23⑥337/24①77, ③290/27①149, 150/30③280/32①108, 111, 112, 114/33①45/36②117/38②73, ③161/39①47, ⑤289/41②121/69②217/70⑤316, 318, 323

そらまめ　8①113/12①196, 199/38③166, 167

大根　1③269, ④310/2①54, 55, 56, 57, 58, 59, 78, ③264, ④278, 287/3④241, 258, 263, 308, 318, 335, 339, 371, 382, 383/4①107, 108, 110/5①110, 111, 112, 113, ②229/6①112, 113, 114/7②314/8①107, 108/9①124/11②116/12①215, 218, 222/17①238/20①131/22②124, ④234, 236, ⑤352, ⑥384/23⑥332, 333/24①133/25①67, 144, ②207/28①29, ④346/30③283/31⑤273/32①131, 132, 133, 134, 135, 136/33①44, ⑥307, 310, 372/34④68/37①46, ②202/38②72, ③123/39①54, ⑤288/41②101/44③204, 240/62⑨372, 373

大小麦　27①132

大豆　2①39, ③263, ④278/4①84/5③275/7②328/11②113/12①185, 187/15②184/22②116, 130, ⑥369/27①95, 198/28①22, 25/31②80/33①35/36②118/38③153, 154/44③199, 239, 241/62⑨336/67③137

たかな　25①144/39③149

竹　38③189

たばこ　2⑤333/3①45/4①116/6①210/17①282/22②125/

33③160,④212,213,⑥389/38④268/39⑤267/45⑥296/69②358
たびえ　39②100
だんとく　54①281
たんぽぽ　12①321
ちくばそう　54①274
ちしゃ　4①148/10①69/17①250/25①144/30③285/37①35
茶　3④360/4①158/5①165,166/6①156,161/13①80/18②270
朝鮮人参　45⑦415/48①230,241,242,243,246
つけな　22④233
つばき　55③431
とういも　38③129
とうがらし　2①84,86/3④254/4①155/33⑥350/52①33
とうがん　4①138/33⑥327,329/34⑤79,80/38③122
とうささげ　38③125
とうもろこし　22②122/41④206
唐蓮　54①272
とうわた　55③375
とろろあおい　48①117
菜　2③264,④278/25①67
ながいも　2①93,94,95,96,129/3①37,38/22④270
なし　46①60,61
なす　2①84,86,87/3①33,④284,330,351,353/4①133/5①140,141/6①117,118/10①76/12①239/20①130/21①75/22④250/23⑤270,⑥336/24①27,③302/25①126,145/30③242/33④230,⑥318,319,325,326/34⑤76/38③120,201/41②90
菜種　1④298,299,300,303,306,311,314,316,318/3④247/6①109/7②322/9①121/18①96/21①72/22③170,④230/23①26,27,28,⑤259/28②241/33①46,48,④225/39⑤279,290,⑥330/41④208/45③142,150,152,154,155,157,164,167,172,175/50①41,42,43,59,60,61,67,68,73,83,85,86,105/55③249
なたまめ　38③142
なでしこ　55③286
にがき　56①101
にら　10①65/33⑥379
にんじん　2①103,104,128/3④239,243,250,267,311,379/4①147/6①126,127/12①236/17①252/22②129,④259/28①28,④348/33⑥364/38③157,159/39②115/41②117/62⑨368
にんにく　12①290/17①272,273/33⑥369/38③169
ねぎ　3④293,324/4①142,143/12①278/24①142/25②223/30③286/33⑥358/39②116
野あざみ　55③302
はげいとう　54①279/55③449
はすいも　29③253
はぜ　31④158
裸麦　7②289/21①54/22⑤355,⑥391,392/31②84/33①53,54/36②116
はなずおう　56①105
ひえ　1③285/2①29,31,③263/5①97,98,100/10①60/21①82/22②117,⑥373/25②205/27①153/33①29,④219/36②115/38②65,③146,147,155/39①45/42②107
ひなげし　54①307
ひのき　16①158/56②287
ひば　56②282
ふき　10①70
ふじまめ　2⑤330/3④254
ふだんそう　33⑥367
へちま　2①113
紅花　2①80/3①20,43/4①103/6①153/10①81/13①45/17①221/22④264/25①128/33⑥386/40④317,318/45①34/61②91
ほうきぐさ　17①288
ほうせんか　54①271
ほうれんそう　3④363/12①301,302/17①251
ほおずき　4①156
星草　54①271
まくわうり　2①106,108/17①258
松　55②170/57②156
三川島つけな　2⑤331
みずあおい　54①304
水菜　4①106
みつば　3④319,332/22④265
みつまた　14①395
みぶな　30③284
麦　3④264,270/4①27/5③265/8①94,100/17①169/21①83/22⑥395,396,397/24①77,②239/28④344/29②148/30①104/31⑤283/32①50,②302/37②109,③359,360,363,369/38②58,③144,176,178,179/39①38,56,⑥332/40②102/41③181,⑤244,⑥274,⑦338/61①37,④158/62⑨343,376/63⑤320/68②251/70⑥402
むらさき　14①158/48①200,201,202
もっこく　57②159
もみのき　16①164
桃　2⑤333/3④374/40④330/54①142/55③259,262
もろこし　22④266/28①23/30③241/38③145/39②118
やまいも　3④247,249/12①372,376/38③130/41②110
山繭　47②134
ゆうがお　2①86,112/4①141/23⑥335/25①126/30③254/37①31,②206
ゆり　10①80
らっきょう　38③171/44③255,256
るこうそう　54①275
れいし　54①282
れんげ　23①17,18
わけぎ　62⑨379
綿　2③265/3①40,④225,280/4①111/5①108,109/6①141/7①89,**90**,91,92,94,118,119,②**304**,305,306/8①14,15,16,17,35,36,45,51,61,230,234,266,267,268,269,274,282/9②207,210,212,214,215,220,225/11②119/13①6,13,19,21,22/15③331,351,352,353,357,360,383,386,389,400,408/17①227,228,231/21①70/22②118,④261/28①23,③321,322,323,④337/29①62/32①146,147,149,150/33①30,31,34/34⑤95/38②62,③148/39①49,⑤270,⑥331/40②129/44③230/61②85,86,87,⑩421,425/62⑧275/69②223
たねあい【種子藍】
藍　20①281
たねあさ【種子麻、種麻】
麻　6①149/43①61
たねあし【種あし、種足、種足し】
稲　29②126
大根　29②143
綿　29②127
たねいちまいのかいこ【種壱枚の蚕】
蚕　35①105,108,112
たねいちまいぶん【種壱枚分】
蚕　35①117
たねいなむし【種子蝗】　31①21
たねいね【種子稲】
稲　27①173,180
たねいも【たねいも、タネ芋、種いも、種芋、種子芋、種薯、種藷】
さつまいも　2①91/3①35,④313,314/11②110/22④274/29④283,295/30③251/31⑤254,277/32①123,124,125,126,127,128/33④208,⑥337,339/34⑧303/70⑥406,407
里芋　3④351,364/4①139/10③396/18①154/21①82/24①48,113/32①118,121/41②96/61②89
ながいも　2①92,93,95/3①36,37/22④270/25②218
やまいも　3④247,248,270,309
たねいものけ【種芋の毛】
里芋　29③252
たねうむしもみ【種うむし籾】
稲　67⑤227
たねおおむぎ【種大麦】　67⑤224
たねおかだごめ【種糙】
じゃがいも　18④414
たねがえり【たねかへり、種かへり、種子かへり、種子ガヘリ、種子返り】→X
10①17
稲　10①48
大根　17①237/41②103
はぜ　11①17
綿　8①15
たねかえる【種かへる、種子かへる】
稲　10①51
いんげん　41②93
たねかずら【種子かつら】
さつまいも　34⑥135,136
たねかぶ【種かぶ、種科、種子かぶ、種蕪】→A
2①13,14,128/41②115
あさつき　4①144
ねぎ　2①79
たねかぶのささげ【種料の豇】
2①102
たねかぶら【種子かぶら】
かぶ　20①217
たねがみ【たね紙、種紙、蚕紙】
蚕　18②255,256/24①54/35①108/47①19,20,35,**38**,39,②81/61⑨300,⑩442
たねかやり【種かやり】
はぜ　11①21,59
たねかゆる【種かゆる】
かぶ　33⑥376
たねがれ【種子カレ】
綿　8①274
たねがわり【たねかハり、種かハり、種子カワリ、種子替リ、種替り】→F

稲　32①27,32
柿　18①75
大根　17①241
はぜ　11①21
たねかわる【たねかハる、種かハる】
稲　17①29
かぶ　17①243
たねかんしゃ【種甘蔗】
さとうきび　30⑤398,399
たねぎ【種木】→B
菜種　28②167
たねぎざくら【種木さくら、種木桜】　37③275,280,283,287
たねくび【種首】
きび　2⑤334
たねくり【種栗】
栗　3③170
たねこ【蛋蚕】
蚕　47②113
たねごぼう【種ごぼう】　17①252
たねささげ【種豇、種豇豆】　2①102
ささげ　2①85
たねしょうが【種せうが】
しょうが　37②206
たねすぎ【種杉】
杉　56①42
たねすぎのこ【種子杉の末】
小麦　38③175
たねそば【種蕎麦、種子蕎麦】
そば　4①87/29④297
たねだいこん【種子大こん、種子大根、種大根】　20①192
大根　1④305/2①13,104/10③397/27①196/28④350/29②154,③251/33⑥310/41②103
たねだいず【種大豆】→L
大豆　3④305/29④297/62⑨336/67③140
たねたいと【種子秈】
稲　27①159
たねづと【種子苞】
稲　30①19,32
たねつぶほしあげ【種粒干上ケ】
菜種　23①28
たねどり【たね鳥】　40④328
たねとりぎく【種子取菊】
菊　48①208
たねとるもの【種子取物】→X
10①30
たねな【タネナ、たねな、種菜、種子菜】　7②321/29③251/31⑤277/39⑥331
たねなえ【種苗】
稲　40③225
菜種　29②151
たねなしみかん【無核蜜柑】→F
14①382
たねなす【種茄子】
なす　28④329/31⑤267
たねにするね【たねにする根】
じおう　13①278
たねになるほ【種子になる穂】
稲　71①32
たねねぎ【種葱】
ねぎ　24①142
たねのかわ【種の皮】
わけぎ　41②119
たねのはな【たねのはな】
菜種　40④337
たねのみいり【種ノ実入】　24③295
たねばな【種子花】
大根　20①192
たねひさご【種瓠】→ゆうがお
2①113
たねふとき【種太き】
ながいも　22④271
たねほしげ【種ほしげ】
麦　29①11
たねほそき【種細き】
ながいも　22④271
たねまい【種米】
稲　39④195
たねまきざくら【種子蒔桜、種蒔桜】→Z
37①36/56①104
たねまきばな【種蒔花】　37③287
たねまつ【種子松】
松　57②156
たねまめ【種まめ、種子大豆、種豆】
大豆　15②184/24③327/25②203/38①17
たねみ【種実】　7②280
漆　46③186
はぜ　11①17
たねみのる【種子実、種子実ル】
ごぼう　19①112
なす　19①130
たねむぎ【種子麦、種麦】→L
大麦　32①47,54,56,64,68
小麦　33⑥381
麦　17①174/24①82,83/29④294/32①76,②289,301,302/37②201/38③178/41①13/61④156
たねめ【種芽、種子芽】
稲　27①34
白瓜　30③252
たねもと【種もと、種元】→M
蚕　47②144,145,146/56①207,208
たねもの【種もの、種子もの、種子物、種物】→L、X
2①13/3①25/5①175/7①66/14①57/15②175,185/17①39,52,59,60/24①136,③301/25①53,95/28④354/29①34/36③197/39④187,188,189,190/41②57/62③61/64⑤345
稲　1①26,27/5①18,②221/6①206/17①25,30,51,153
大麦　24③292
小麦　24③292
たねもみ【たねもミ、たね籾、種もミ、種子籾、種生籾、種籾】→A、L
稲　1①30,52,53,54,55,②141,③282/2②145,④278,279,281,283,284/3④222,223/4①37,72,169,217/5①60,②223,③255,260,275/6①23,24,25,28,29,85,206,207/11②87/17①13,15,16,17,18,19,20,21,22,23,24,25,26,34,39,41,42,43,44,45,46,47,49,50,51,58/18③352/19①31,63,②375,424/20①35,39,40,47,53,54,319/21①39/22②100/23①39,44,45,46,102,103,③153/24①36,②237/25①45,46,47,138,③270,272,275/27①26,28,29,35,160,163,164/29②155/30②193/31②76/32①20,23,24,25,30/33①14,15,16,23/36①42,43,②98,99,100,113/37①14,②126/38①9/39④185,186,190,193,200,⑤256/41①8,②69/42①34,38,39,44,51,④248/43③245/61⑤179,⑩412,413,414,415,418,419,420,422,428,429,433,439,441,444,445,447,448/62⑦204,⑨326/67④173,175,183/70④262
たねもやし【種子もやし】→A
稲　30②193
たねもやしかた【種萌方】→A
稲　1①55
たねよう【種子用、種用】
里芋　32①119
わけぎ　34⑤84
たねよどみ【種澱ミ】　18③368
たねりょうあさいと【タネレウ麻糸】　2①71
たねわた【種綿】
綿　15③395/22①56
たねをとるき【種子を取木】
たばこ　38③134
たねをとるだいこん【種子を取大根】
大根　38③159
たのあからみ【田のあからみ】
稲　28②232
たのあぜだいず【田の畦大豆】
27①274
たのいね【田ノ稲、田の稲】　3④340/10①149/24①135
たのかぶ【田のかぶ、田之株】
稲　8①65/28②186,230,250
麦　8①98
たのなえ【田ノ苗】
稲　38④256
たのみ【田ノ実】→L
24①123
たのむぎ【田の麦】　9①113
たのもみ【田の籾】　3④340
だば【駄馬】→うま、こにだ
1②156/61⑨388
たばいね【束稲】
稲　27①384/30①82
たばこ【たはこ、たばこ、タ葉粉、た葉粉、煙草、煙艸、多葉粉、丹波粉、田葉粉、怛跋穀、烟草、烟葉、烟艸、苔跋姑、莨、莨菪、莨若、烱草、妛、蔫】→えん、えんしゅ、えんめいそう、えんよう、おおみくさ、おもいぐさ、かいろ、きんしえん、しんしゅそう、せんそう、たんにくか、たんばこ、ちょうめいそう、なんそう、なんれいそう、にこしあな、はこ、はぼせ、はんごんそう、びんほうそう、ふいん、ふんそう、ぺちゅん、ぺてま、ぺとむ、へるぱ、ほんこつ、れいね→G、H、L、N、X、Z
1③268,④312/2①81,③265,⑤333/3①19,20,45,③145,④227,292/4①116,117,118,176,184/5①142,143,③269,274/6①19,210,211,212/7②275,332/9①78,85,115/10②328,329,363/11①57/12①242/13①53,55,57,60,61,62,63,64,347,368/14①44,202/17①281,283,284/18②275,276/19①96,103,165,169,②317,328,447/20①142,152,158,202,212,222/21①76,②132,③151/22①13,38,39,46,②125,126,④274/23⑥310,315,319/24①77,78,117,136,138,141/25①140,②214,③274/28①21,②138,157,④329,330/29①41,82,④271,278/30③243,272,280/31②76,78,④220,⑤251,253/32①93,94/33④181,212,⑤241,256,⑥389/

34⑤99,100/35②323,334/36②122,③197,240,290/37①31,33,②82,③362/38①23,③133,④248,284/39①56,②107,⑤267,280,290,⑥329/40②160,③216,225/41②113,⑤235,237,245,246,249,250,257,⑥267,272,273,277,280,⑦337/42②126/43①20,36,37,38,43,46,56,63,65,③243/44③205,227,228,229/45①30,⑥291,294,296,297,300,302,304,314,316,320,321,323,330,332,⑦423/47①24,45,④230/54①279/61①38,②88,90,⑨264/62①13,⑨317,330,336,339,357,363/67⑥288,306,307,309/69①78,102,②292,297,303,317,326,348,364/70⑥399

たばこぎ【たばこ木】→N
たばこ 28②201

たばここだち【たばここだち】
たばこ 28②201

たばこだね【たはこたね、たばこたね、たはこ種、煙草種子、多葉こ種、多葉粉種子、烟草種】
たばこ 13①65/17①282/20①135/24③302/25①53/34⑤86/36③197/62⑨372/68④412

たばこたねじゅくす【煙草種熟】
たばこ 30①135

たばこなえ【タハコナヘ、たはこなへ、たばこなへ、たはこ苗、煙草苗、多葉粉ナヘ、多葉粉子、多葉粉苗、烟草苗、莨苗、莨若苗】
たばこ 1③268/2①82,85,89/7②333/9①44/19①157,②337/20①135/22①56/33③160,⑤240/34⑤100/38④247,255,279/41⑤243/43③252/44③208/62⑨329,330,344/63⑧443/67⑥287
なす 3④231

たばこなえたね【煙草苗種子】
たばこ 19①166

たばこのしんば【烟草のしん葉】
たばこ 3①45

たばこのつちは【たばこの土葉】
たばこ 13①59

たばこのなえ【煙艸ノ苗、烟草ノ苗】
たばこ 31⑤266/69②358

たばこのね【たばこのね、たばこの根】
たばこ 23⑥319/41⑤236

たばこのはな【たはこの花】
たばこ 41⑤235

たはたたねもの【田畑種物】
42②120

たばたていね【束立稲】
稲 1①98

たはたむぎ【田畑麦】 39③155

たばねそのほ【タハネソの穂】
稲 27①185

たばむぎ【束麦】
麦 30①115

たびえ【田ひゑ、田稗】→ひえ→G
12①182/39②95/62③68

たびえじゅくす【田稗熟】
ひえ 30①140

たびえほだす【田稗穂出】
ひえ 30①138

たびらこ【たひらこ、黄花菜】→ほとけのざ→N
10①30,72/12①357,358

たふり【タフリ】→とんぼ
1②190

たま【玉】
水仙 3④307
なし 3④268
ゆり 54①303
綿 22④261,262

たまあさつき【玉あさつき】→あさつき
25②223

たまいぶき【円栢】 55③435

たまかずら【玉かつら】 55②121

たまかつら【玉桂】→かつら
56①118

たまかんざし【玉簪草】→ぎぼうし
3④354

たまき【たまき】
馬 60⑥332,356,371

たまきび【玉キヒ】→とうもろこし
19①151

たまくさ【玉くさ、玉草】→しろだも
10①21,41,84

たまぐさ【たまぐさ】 31①25

たまご【玉子、蚕卵、卵】→B、F、I、J、N
7②217
あひる 13①264
稲虫 23①110
蚕 3①54/35①43,50,57,②294/47②107,119,132,133
髪切虫 35②305
からす 21①10
くろおいむし 46①69
鶏 13①261/37②216,217,218,219/70④276

たまさや【玉莢】
とうもろこし 2⑤334

たまずさ【たまづさ、玉づさ】→からすうり
14①188,190

たますだれ【玉簾】 28④340

たまつばき【玉つばき、檀】 6①182/54①188,281

たまのお【玉の緒】 28④333

たまむしそう【たまむし草】→しかいりゅうが
55②125

たまもく【玉杢】 56①186

たまりね【溜根】→Z
朝鮮人参 45⑦411

たむぎ【田麦】→むぎ→L
9①19,51,107,111,114,117,123,③251,252,264/15②137/32①41/33③171,④227

たむらそう【たむら草、田村草、田村艸】 54①244,281/55③364

ためとも【ためとも】 54①206

たもき【多茂木】→あおだも→B
56①101

たもとゆり【たもとゆり】 54①205

たもの【田もの】→いね
24①165

たもみだね【田籾種子】
稲 33④181

たらきみ【タラキミ】→とうもろこし
19①151

たらのき【総木、緫木】 56①40,71

たらのほえ【たらのほゑ】
たらのき 16①36

たらよう【たらやう】 3④330/54①186

たらようじゅ【多羅葉樹】 54①281

たりえい【垂穎】
稲 37③341

たりほ【たり穂、垂穎、多利穂】
稲 3①8/24①161/37③311,334

だるまぎく【たるまきく】 55②124

たれえだ【垂枝】
れんぎょう 55③255

たろうだうり【太郎田瓜】 4①128

たわた【田わた】→L
28①12

たんけい【丹桂】 56①118

だんご【だんご】
紅花 40④318

たんごな【たんこな】→てんかいさい
55②124

だんごまゆ【だんごまゆ】
蚕 47①29,31

だんごもろこし【団子もろこし】→もろこし
2⑤334

たんじゅう【胆汁】 69①48,53,54

たんじん【丹参】→N
55②124

たんちょうか【丹頂花】 55③308,309

だんちょうそう【断腸草】→しゅうかいどう
55②123

だんどく【たんとく、だんどく、壇特、蘭蕉】→らんしょう
11③143,144/54①238,281/55③331,355,399

たんにくか【淡肉果】→たばこ
45⑥316

たんばこ【淡婆姑、淡芭菰】→たばこ
45⑥316

たんぽぽ【たんほゝ、蒲公英】→N、Z
11③147/12①321,355/33⑥392/38③124/54①198/55③287

たんみゃく【短脈】
馬 60⑦429,436

【ち】

ち【血】→Z
69①42,43

ちいさきいも【小キ芋、小き芋】
19①163
さつまいも 41②99

ちいさきうめのき【小キ梅ノ木】
梅 2①134

ちいさきは【小サキ葉】
なし 46①21

ちいさきまゆ【極小繭】
蚕 35②385

ちいさきもの【チイサキ物】
牛 60④164

ちかなり【近なり】
そば 36①60

ちがや【ちかや、茅】→つばな→B、G
16①105,306,307/45⑦398

ちがやのね【ちかやの根】→G
ちがや 64④278

ちからぜみ【ちからぜミ】 20①95

ちぎり【ちきり、千切】
麦 30①127

ぢく【ヂク】
なし　46①23,53
ちくしょう【畜生】　16①55
ちくぜんぼたん【筑前牡丹】　54①73
ちくばそう【ちくば草、竹馬草】　54①239,274
ちくぼく【竹木】→ところ→B　3②67,70/4①178/14①164/25①104/34①12/37③375/41⑤241/62③67/63④262/69②227/70②105,108,132,133,176,⑥415,420
ちくぼくのは【竹木の葉】　16①331
ちくようさい【竹葉菜】　48①211
ちくるい【畜類】　11①63/16①50
ちござさ【児笹】　54①179/55③441/56①113
ちごなえ【ちご苗、児苗】
稲　4①55/5①30,56,73/39⑤275
桑　35②308
ちごばな【ちご花、児花】　54①197,273
ちさ【ちさ、白苣、苣、萵苣、両苣】→ちしゃ→N、Z
2①71,121/3④219/4①147,148/5①142,143/6①162/10①34,43,45,46/11③148/12①304,354/17①250,251/19①103,165,②447/20①131,135,142,154/25①140,②207,220/28④349/29①83,②154/30③285/33④231,⑥368/41②91,118,122,⑤246,⑥267/56①103/62①13
ちさきのは【ちさ木の葉】
さんごじゅ　56①103
ちさなえ【ちさなゑ、チサ苗、ちさ苗】
ちしゃ　20①145/28④349/41⑤242,⑥273
ちさなえたね【白苣苗種子】
ちしゃ　19①167
ちさのは【萵苣の葉】→B
ちしゃ　12①354
ちしゃ【ちしや、苣、萵苣】→ちさ→B、N
9①34/10①20,31,32,36,38,40,69,76,②328/20②386/25①144,145/28①18,②142,145,148,261/30①121/31⑤272,276/33④187/37①31,35/62⑨392
ちしゃだね【ちしやたね、苣種】
ちしゃ　29④282/62⑨378
ちしゃだねじゅくす【苣種熟】
ちしゃ　30①134
ちしゃなえ【ちしやなへ】
ちしゃ　9①28
ちしゃのたね【ちしやのたね】
ちしゃ　9①84
ちしゃのとう【苣のトフ】
ちしゃ　28④354
ちずのせつ【智図ノ節】
蚕　47②107
ちそ【ちそ】→しそ
24①93
ちち【乳】→N
鯨　15①34,36
ちちぶいも【チヽブイモ】→じゃがいも
70⑤325
ちちゅう【蜘蛛】→くも
35①234,235
ちちり【ちゝり、松毬】
松　14①91,400
ちづこ【チヅコ、智図蚕】
蚕　47②115,120
ちてい【地丁】→すみれ
55②123
ちどめぐさ【チトメ草】→けいこつそう
24①140
ちどり【千鳥、衛】→べしべし
16①38/24①93
ちふ【地膚】→ははきぎ
11③147
ちもと【千もと、千本】→わけぎ→F、N
10①30,64/44③207
ちもとたね【千もと種子】
わけぎ　44③207
ちもとな【千本菜】→わけぎ
44③211
ちゃ【ちや、茶】→G、I、N、R、Z
3①19,52,③166,④360/4①158,234,236,240/5①74,106,116,154,162,163,164,167,172/6①154,155,159,173,181/10①20,84,②327,335/12①76,77,120,127/13①79,80,81,89,122,372/14①44,52,233,309,385/16①138/21②126,127/22①59/24①153/28①5,94,④349/29①82/31④220/34⑧298,313/38②82,③181,182/41⑤246,⑥267/44③198,207/47③166,169,176,④202,208,217/55②170/56①179/62①13,③70,⑧264/69②325,358
ちゃいろさしげどり【茶色さし毛鶏】　37②218
ちゃうりそう【茶売草】　55③367
ちゃえんのね【茶薗之根】
茶　31②76
ちゃかぶ【茶株】
茶　6①157
ちゃせん【茶筅】→N
菊　55①56
ちゃだね【茶種】
茶　1⑤350/18②269
ちゃのかぶ【茶の株】
茶　6①158
ちゃのき【茶の樹、茶ノ木、茶の木、茶之木、茶木】　5①109,161,163/16①261/29④278/34⑧298/43②205/47③169,177,④208/61①38/69①50
ちゃのき【茶の気】
茶　29①83
ちゃのきのえだ【茶の木の枝】→N
茶　25③262
ちゃのきのね【茶の木の根】
茶　16①139,261
ちゃのは【茶の葉】
茶　47④214,217/54①191/56①180
ちゃのはな【茶の花】　3④354/55③385
茶　16①40
ちゃのみ【茶の子、茶ノ実、茶の実、茶実】　10①41,43
茶　3④259/5①165/11②122/13①79,82/14①310/16①138/47③168,④203/56①164,179
ちゃば【茶葉】
茶　56①179
ちゃひきぐさ【雀麦】→N、Z
55③367
ちゃひきそう【茶引艸】　55③367,445
ちゃぼひば【茶保檜葉、矮鶏檜葉】　55②162,③435
ちゃらん【茶蘭】　54①216
ちゃわたのたね【茶棉のたね】
綿　7①100
ちゃんちん【香椿】→N、Z
6①184/69①125
ちゅう【虫】　62⑤115
ちゅう【中】
稲　11②91
ちゅういも【中芋】
さつまいも　32①128
ちゅううし【中牛】　10①170
ちゅうおい【中生】　69①43
ちゅうかわ【中皮】
杉　14①85
ちゅうくう【中腔】
馬　60⑦410
ちゅうぐり【中栗】→F
栗　25①114
ちゅうしだり【中しだり】
柳　55③255
ちゅうしょう【中焦】→Z
馬　60⑥333
ちゅうだん【中段】
はぜ　31④182
ちゅうできのところ【中出来の所】
稲　29③221
ちゅうなえぎ【中苗木】
桑　61⑨354
ちゅうのじょうみ【中ノ上実】
はぜ　11①59
ちゅうのみまこ【中の核マコ】
綿　50①70
ちゅうば【中葉】
藍　45②108
しなのき　56①121
なし　46①22,26,27,28,31,32,33,34,35,39,40,41,42,44,45,47,48,49,50,51,52,53,54,55
ちゅうはぜ【中櫨】
はぜ　11①17
ちゅうぶんにできたるいね【中分ニ出来タル稲】
稲　32①32
ちゅうぶんのいも【中分ノ芋】
さつまいも　32①124
ちゅうほ【中穂】
稲　1①95
ちゅうみ【中実】
はぜ　11①59
ちゅうみかん【中蜜柑】
みかん　14①385,387
ちゅうもの【中物】　53①44
紅花　22④264
ちゅうもも【中桃】
綿　8①43,45
ちゅうようすい【虫様垂】
馬　60⑦431
ちゅうりん【中リン、中りん、中輪】
梅　54①140
寒菊　54①259
菊　54①229,230,247,248,249,250,251,252,253,254,255/55③403,404
庚申ばら　54①160
紅ぼたん　54①56,57,58,59,60,61,62,63,64,65,66,67,68,69,70,71
こくちなし　54①188
桜　54①145
さざんか　54①112,113,114
さつき　54①126,127,128,129,130,131,132,133,134,135
芍薬　54①83
つつじ　54①116,117,119,120,121,122,123,124,125

つばき　54①87,88,89,90,92,93,94,95,96,97,99,100,101,102,103,104,105,106,107,108,109
てっぽうゆり　54①206
白ぼたん　54①38,40,41,42,43,44,45,46,47,48,49,50,51,52,53
はとばら　54①161
まりこゆり　54①201
ちょ【猪】　13①258
ちょう【てう、てふ、桃】
綿　7①103/8①37,38/13①9/17①230/23⑤274,275,282/30③268/40②46,48,51,53,59,129,130
ちょう【てう、蛾、芸蛾、芸蛆、蝶】
蚕　3①56/25①56,62/35①57,59,②402,③432/47①33,35,37,51,②80,81,99,109,125,126,132/53⑤330/62④98/69②295
ちょう【鳥】　62⑤115
ちょう【腸】　69①43,53,77
猪　3③158
鹿　3③158
ちょう【蝶】　59⑤428
ちょうおち【桃落】
綿　8①264
ちょうか【凋花】→M、N
綿　8①42
ちょうかく【腸隔】
馬　60⑦427,430,433,435
ちょうかくせん【腸隔腺】
馬　60⑦434
ちょうかくまく【腸隔膜】
馬　60⑦423,434
ちょうかくみゃく【腸隔脈】
馬　60⑦434
ちょうかんまく【腸間膜】→Z
69①41,42,43
ちょうじ【丁子、丁字】→N
54①199/55③262/56①69
ちょうじそう【ちやうし草、丁子草、丁子艸】　28④333,340/54①199,273/55③286
ちょうじゅう【鳥獣】→G
3②72,③113/5①139/48①379/61①34/66④187/67⑥262
ちょうじゅうろうぎ【鳥獣螻蟻】
5①140
ちょうしゅん【月季花、長春】
54①160/55③208,276
ちょうしゅんしろ【長俊ン白】
28④332
ちょうしゅんのはな【長春の花】
こうしんばら　20①58
ちょうしようび【着薔薇】　25①110
ちょうせいそう【長生草】→せっこく
55②147
ちょうせんあさがお【ちやうせんあさがほ、ちやうせん朝かほ】　54①228,274
ちょうせんあさがおのみ【朝鮮槿の実】
朝鮮あさがお　55③349
ちょうせんあし【朝鮮葦】　55③411
ちょうせんいばら【朝鮮いばら】
55③276
ちょうせんかさゆり【てうせんかさゆり】　54①208
ちょうせんこくのにんじん【朝鮮国の人参】　45⑦416
ちょうせんなたね【ちやうせんなたね、朝せん菜種】　21①27/22③163
ちょうせんにんじん【朝鮮人参】→おたねにんじん、じん、にんじん、ふしにんじん、るいしんそう
40②179/45⑦418,426/48①227
ちょうせんにんじんのたね【朝鮮人参の種】
朝鮮人参　45⑦409
ちょうせんのにんじん【朝鮮の人参】　45⑦421
ちょうせんばら【ちやうせん荊】
54①161
ちょうせんひば【ちやうせんひば】　54①182,274
ちょうせんまつ【ちやうせん松、てうせん松、朝鮮松】→おいまつ
14①89/54①176/56①114
ちょうたん【長短】
稲　27①112
ちょうちんげ【挑燈花】　54①224
ちょうめいそう【長命草】→たばこ
45⑥316
ちょうめいのとり【ちやう命の鳥】　60①45
ちょうもう【腸網】
馬　60⑦426,437
ちょうもも【桃桃】
綿　8①27,29,30,42,43,50,53,57,58,151,264,283
ちょうりょうそう【ちやうりやう草、張良草】　54①226,273
ちょうるい【鳥類】→G、I
16①50/69②305
ちょうろぎ【てうろぎ、甘露児】→ちょろぎ
12①352/69②339
ちょくちょう【直腸】→Z
馬　60⑦431,439
ちょっこんにんじん【直根人参】
竹節人参　68③360
ちょま【苧麻】→からむし→B、L、N
53②99,135
ちよみぐさ【ちよミ草、千代見艸】→まつ
24①140/54①33
ちょよ【薯蕷】→ながいも
38③129,130
ちょろぎ【てうろぎ、甘露子、甘露児】→じかじ、そうせきさん、ちょうろぎ、にゅうろぎ→N
25①140
ちらしなえ【散苗】
稲　27①112
ちりちりぐさ【ちりちり草】
56①170
ちりね【ちり根、散根】　40②99,100,127
綿　40②48
ちりばな【ちり花】
紅ぼたん　54①61
ちりめんは【縮面葉】
せっこく　55②147
ちん【矮狗】→いぬ
60②109
ちんぼく【椿木】　55②168

【つ】

ついえ【ツイヘ】
綿　8①273
ついえなるめ【費なる芽】
綿　9②208
ついたちそう【ついたち草】→ふくじゅそう
54①196
ついも【ついも】→さといも
10①24
ついゆる【ツイユル】
綿　8①273
つうせんそう【通泉草】→さぎごけ
55②124
つうもん【つうもん】
馬　60⑥334
つが【栂】→とが→B
6①182/34⑧301/53④244/56①120/57①18
つかいのはせめ【つかひのはせめ】
稲　29②149
つかうときのうま【遣ふ時之馬】
27①323
つがのみ【栂実】
つが　56①153
つかみなえ【つかみ苗】
稲　41②63
つがもみ【つがもミ】　54①184
つかれぎ【疲木】
はぜ　31④200
つき【つき、規、槻】→けやき→C
16①159/45⑤237/53④244/56①62,98,99,149,150,151,152,185
つきかげ【月影】
馬　60⑥361
つぎぐち【つき口】→A、Z
まんりょう　55②167
つきげ【騢】
馬　60⑦455
つきのき【つきの木、つ木の木】→N
56①98,99
つきもと【付本】
たばこ　4①117
つぎもみ【次籾】
稲　42④248,274,283
つくいも【ツクイモ、つくいも、ツク芋、つく芋、仏掌薯】→つくねいも、ぶっしょういも
3④268/22②129,④272/24①41,141/30③244/37③390/38④245,285
つくいもづる【つくいもつる】
つくねいも　22④273
つくづくし【土筆】→N、Z
12①358
つくつくぼうし【寒蟬】　25①99
つくねいも【つくねいも、つくね芋、束芋、仏掌薯】→かもあしいも、けいも、ぜふ、つくいも、ていも、ながいも、ぶっしょういも→F、N
3①18,19,25,38,②73/17①295/20①216/28①20/29①83,④284/36③293
つくねいもだね【茸藷種】
やまいも　5③269
つぐみ【ツぐみ】→N
44③206
つくも【莞】→ふとい
55③278
つぐり【つぐり】
松　13①185
つくりいも【作りいも】→ながいも
25②218
つくりしいたけ【作り椎茸】
48①221
つくりたけ【つくり竹】　54①179

つくりなし【造梨子】 46①60
つくりなたね【作り菜種子】 33④226
つくりにんじん【作り人参、作り人参】→にんじん→N 10①31,38,40
つくりもの【作物】→X 10①20/12①96,103/62③62
つけ【つけ、付】
紅ぼたん 54①56,60,61,62,63,64,67,69,71
白ぼたん 54①40,42,44,45,46,47,48,49,50,51,53
つげ【つげ、黄楊、槻、柘】 24①60/38③190/54①187,188,285/56①130
つけうり【つけ瓜、菜瓜、漬瓜】→N、Z 2①99,108,110,⑤329/12①259/20①156,195/28①22/33④210/39③145/40②149/41⑤245,⑥267
つけだいず【ツケ大豆】→A 39⑤272
つけたるたね【漬たる種子】
稲 11②87
つけな【つけな、つけ菜、漬な、漬菜】→K、N 2①81,⑤335/3④237/22④233/28④349,350
つけなかぶ【漬な蕪】 28④334
つけね【附根】
大根 41②101
つげのき【つけの木、つげの木】 16①167
つけものうり【漬物瓜】 24①136
つごも【三苓】 10①77
づしや【つしや、づしや】 30②187
蚕 70⑥422
つだしうま【つたし馬】 9①150
つたつる【蔦つる】
つた 19②436
つたもみじ【蔦紅葉】 3④354
つちいも【土芋】→さといも 33④182
つちにひきこみたるだいこん【土ニ引こみたる大根】
大根 27①146
つちね【土根】
朝鮮人参 48①247
つちは【土葉】→Z
桑 47①45
たばこ 13①63/45⑥289,335
つちはち【土蜂】 14①353
つちまじりのだいず【土雑りの大豆】 27①199
つちまめ【土まめ】
大豆 27①199
つつ【筒】
えごま 38③154
つついね【ツヽ稲】→Z
稲 37②137,138,139,141,154,165,169,195
つつぐち【筒口】
稲 1⑤353
つつじ【つつし、つヽし、つつじ、つヽじ、杜鵑花、躑躅】→I 3④354/6①158,181/11③142,143,150/16①36,169/36③227/54①115,136,175,284/55②142/66④187
つつじのき【つヽじの木】 16①168/24①61
つつしべ【つヽしべ】→X
寒菊 54①259
つばき 54①88,89,90,91,92,93,95,96,97,107
つづのたぶ【ツヾノ𣏓】 31①27
つつのみ【つヽの実】
しろだも 11②121
つづのみたぶ【ツヾノミ𣏓】 31①26
つつぼ【宛穂】
稲 9③256,295
つづみばな【つヽミ花、つゞみ花】 54①198,285
つづらご【ツヾラゴ】→さといも 24①48
つつりこ【ツヽリ子】
里芋 19①110
つなぎまゆ【つなぎまゆ】
蚕 47①16
つねのうるしぎ【常の漆木】 34⑧307
つねのむぎ【常の麦】 30③269
つの【角】
牛 24①60
つのばえ【角ばへ】
麦 30①109,112,113
つのはしばみ【角ノ榛】→はしばみ 56①130
つのまめ【角豆】→ささげ 67⑤210
つのり【つのり】
菜 24③291
つばき【つはき、つばき、山茶、椿、椿木】→かたし、かたひし→B、I、L、Z 5①171/6①164/10①20,83/11③142/16①145,169/31④208/38③188/45④212/48①8,13/49①249/53④219/54①87,111,175,283,284/55②142,164,167,168,180,③205,208,209,241,333,362,388,389,390,399,402,405,409,413,414,415,420,421,424,426,427,430,431,459,465/64④267/69①125
つばきしろふ【椿白斑】
つばき 55②140
つばきのえだ【椿の枝】→H
つばき 48①59
つばきのき【椿木】→B 62③70
つばきのは【椿葉】→B、H 48①31
つばきのはな【椿の花】 3④354
つばき 16①35
つばきのみ【椿の実】→B
つばき 10②335/34⑧307
つばきは【山茶葉】
つばき 56①65
つばくら【つバくら】→つばめ 16①35
つばくらまめ【つバくらまめ、つばくらまめ、鵲豆】→いんげん、ふじまめ→F 17①212/19①152/24③303
つばくらめ【燕芽】
稲 5①36
つばくろ【つばくろ】→つばめ 24①93
つばな【つばな、茅】→ちがや→Z 16①35/54①197
ちがや 10②360
つばなだち【つはなたち】
麦 17①173
つばなむぎ【つはな麦】
麦 25①82
つばみ【桑実】
桑 35②307
つばめ【ツバメ、つバめ、燕】→げんちょう、つばくら、つばくろ→G 16①37,38/17①67/24①93/25①58/35①202/68④401
つばめのこ【燕の子】 68④401
つびふくべ【蒲盧】→ひょうたん 19①151
つぶ【つふ、粒】→W
小豆 2④278
稲 7①43,44,50/20①328/23①42/25②186
そば 5①117
大豆 2④278
菜種 23①26
にんにく 2①120/4①144
ひえ 4①83
麦 3④275
つぶおち【粒落】
稲 27①157,187,377
つぶかずおおき【粒数多き】
大麦 21①26
小麦 21①26
つぶがらし【ツブカラシ、つぶがらし、白芥子、粒からし】→からしな→F、N 19①99,103,157,191,②447/20①142,164,174
からしな 19①164
つぶささげ【粒サヽケ】
ささげ 19①145
つぶだちたるね【つぶだちたる根】
ねぎ 12①282
つぶらめ【つふらめ】 10①62
つぶる【つぶる】→ゆうがお 34⑤86
つぶれこ【潰れ粉】
稲 5③251
つぼき【つぼき、つぼ木】 16①164,167,168,169,170,171
つぼみ【つぼミ、苞、莟み、莟、蕾、蕾蓓】→とうろう→A、Z 13①174/55③206,209,214,215,459,468
あおき 55③274
赤ふきのとう 55③246
あさがお 55③334
あめんどう 55③257
あんず 13①133
梅 55③240,247
おにばす 18①121
おもだか 55③359
がくあじさい 55③310,311
寒紅梅 55③419
がんぴ 55③335
菊 3④331/55①50,51,54,56,③300
きょうちくとう 55③362
桐 55③267
紅ぼたん 54①69
こうほね 55③256
すいか 40②148
水仙 3④306
つばき 55③388,399,430
とろろあおい 55③391
なし 46①13,79,88,89,90,91,94,95,99
なす 3④357
ねこやなぎ 55③415
はす 55③322
ぼたん 54①259,269/55③288,290,394
みかん 3④307
水菜 3④238
麦 68②251
桃 55③251
ろうばい 55③419
綿 7①103,108,115
つまじろ【つましろ、つま白、端白、茼蒿】→しゅんぎく

4①154/27①151
つまじろ【爪白】
おもと 55②109
つみおわりのめ【摘終リノ芽】
菊 55①46
つみこみ【摘込】→A
茶 5①164
つむじ【都無之】
馬 60⑦463
つむじけ【都無之計】
馬 60⑦463
つめ【爪】→I
69①42
つめぎわ【爪際】
馬 60⑥371
つめのね【爪の根】
馬 60⑥359
つめまわり【爪廻り】
馬 60⑥376
つもぎ【つもぎ(つぐみ)】→つもみ
24①93
つもみ【ツモミ(つぐみ)】→つもぎ
24①93
つや【つや】→X
つばき 54①93
白ぼたん 54①38,39,41,42,44,47
つやくさ【つや草】 55②123
つやつく【つや付】
蚕 47②115
つゆいね【露稲】
稲 27①373
つゆいも【露芋】→さといも→F
10①62
つゆくさ【つゆくさ、鴨跖草、露草】→はなだ、ぼうしばな、ほたるぐさ→N、Z
24①63/48①211/54①203
つゆつきのいね【露付の稲】
稲 27①177
つゆなきいね【露なき稲】
稲 27①369
つよねのとり【つよねの鳥】
うずら 60①55
つら【つら】
さつまいも 33⑥338
つらつき【つら付】
さつまいも 33⑥337
つりがねそう【つりかね草、つりがね草、鐘草、鐘艸、釣鐘草】→Z
54①199,224,240,285/55③305,368
つりしのぶ【つりしのぶ】 54①222
つる【鶴】 59③230
つる【ツル、つる、弦、蔓、莫】→I
28④334
あけび 40②84
あさがお 3④301/55③334
いんげん 22④268
瓜 4①129/6①122,123/62⑨369
えんどう 17①213/25②200/40②146
きゅうり 2①100,128/3④337,343/4①137/6①126/38③127
葛 50③240,241,245,247,248,249,251,252,253,270,273,279
ささげ 2①73/5①103/39②103
さつまいも 2①92/3①35,②71,④314/11②110/21①66,67/22④275/25②219/28④335/29③252/30③251,252/32①123/33⑥338,339/34⑧303,304,305/37③376/39①52,53/41④207/61②90/70③216,224,226,227,⑥405,406,407
さるまめ 17①217
じゃがいも 70⑤327
十六ささげ 38③145
白瓜 25②216/38③136,137
すいか 2①110,111/3④283,312/4①135/40②148,④308,309,322,323/69①111
せり 4①153
大豆 62⑨331
つくねいも 6①138
つるれいし 54①245
てっせん 55③313
とうささげ 38③125
ところ 15①90
ながいも 2①93,94,95,129/3①36,37,38/22④270,271,272
なたまめ 17①216
忍冬 24①125
ひし 17①300
ひるがお 55③344
ひるむしろ 23①75
ふじ 55③291
ぶどう 48①191,192
へちま 2①112
まくわうり 2①107,108/12①249,250
やまいも 3④247,268,305,306/5①143,144/6①136/12①368,369,370,371,372/22②129/38③130/39②116/62⑨328
やまのいも 49①201
ゆうがお 2①73/3④253/4①141/38③122/40②136,137
るこうそう 54①243
つるあずき【つるあつき】 17①211
つるいちご【つるいぢご、蔓覆盆子】 19①186/37①34
つるいも【萸(蔓)芋】 28④334
つるかわゆり【つる川ゆり】
54①205
つるくさ【つる草、蔓草】 49①148/54①275/55②121
つるくび【つるくび】
菜種 28②212
つるささげ【ツル豇豆、長さゝげ、長六角豆、蔓さゝげ、蔓豇】 2①127/12①201/41⑤250,⑥276
つるなるなえ【蔓なる苗】
さつまいも 33④208
つるのさき【つるの先】
ささげ 33⑥352
つるのしん【蔓の真】
きゅうり 25②216
ゆうがお 25②217
つるのすえ【ツルノ末】
きゅうり 19①113
つるは【蔓葉】
さつまいも 22④275
ところ 15①91
つるひじ【つるひち】
とうがん 34⑤81
つるまめ【つる大豆、蔓豆】 12①184/55③304
つるまめ【蔓まめ(ふじまめ)】
42④233
つるまめのはな【蔓豆の花】
つるまめ 55③268,316,427
つるみ【つるミ】
蚕 47①35,37
つるみどり【蔓みとり】
さつまいも 34④63
つるむ【つるむ】 41④203
つるむめもどき【つるむめもどき】 54①157
つるもどき【蔓もどき】 55③364,446
つるもの【つる物、蔓もの、蔓物】
5③278/28②188/36③241/55③356/70④273
つるるい【つる類】 39③145
つるれいし【苦瓜】→にがうり
19①151
つれなしぐさ【伴無草】→はす
24①140
つわ【つハ、つは、つわ、橐吾】→N、Z
12①309/33⑥392/54①243,285/55②123,③287
つわぶき【つわふき、石蕗、津和婦岐】 3④354/38③175/55②123
つわる【つハる】
杉 56②264
つんぼ【つんぼ】
綿 7②306

【て】

て【手】
きゅうり 19②435/20②380
てあしのゆび【手足の指】 7②229
てい【檉】 55②178
ていか【絡石】 54①157
ていかかずら【ていかかつら】
54①297
ていかんたい【提肝帯】
馬 60⑦437
ていく【ていく】→よしたけ
34⑥145
ていぞういも【テイゾウイモ】→じゃがいも
70⑤325
ていとう【蹄頭】→Z
馬 60⑥335,336,351,361,376
ていびか【鵄尾花】 55③278
ていも【手芋】→つくねいも
6①138/19①152,②436/41②110
ていり【蹄裏】
馬 60⑦456
ていりゅう【檉柳】 55③311
ておのくび【釿首】
稲 5①46
でかがみ【出かゝみ、出かゞみ、出屈み】
稲 1①22,25,26,51,52,55,70,86,②144
でがらのまい【出がらのまい】
蚕 43①60
できかげん【出来カゲン】
綿 8①187
できすぎ【出来過】→G
そば 28①28
できすぎそうろういね【出来過候稲】
稲 29②139
できたち【出来立】
稲 11⑤257/29③232,259
できばえ【出来はへ】
稲 5②221
できみ【出来実】
稲 9②200
できよきいね【出来能稲】
稲 24③299
てきるい【滴涙】→Z
馬 60⑦464
てぎれたねむぎ【手切レ種子麦】
大麦 32①57
てくび【手首】 36③345

でしん【デシン】 55③304,367

てだね【手種】
蚕 22⑤349

でだま【でたま】→れだま
55③324

てつ【鉄】→そてつ
55②171

てっかんこう【鉄捍蒿】→こんぎく
55②123

てづくりのなえ【手作之苗】
なす 28④330

てっせん【てつせん､鉄仙､鉄線､鉄線花】 16①37/28④332/54①226,297/55③313,320

てっせんか【鉄泉花】 55③390

でっちまめ【丁稚豆】→あずき
33④211

てっぽうゆり【袂ゆり】 28④333

てとりがみ【手取髪】
馬 60⑥373

てなえ【手苗】
稲 27①112/30①59

てなおり【手なをり､手直､手直り､手直り】
稲 17①28,67,81,84,85,88,98,109,124,134,138/19①74,75,214,②421/29③236
なす 29②141

てなり【手なり】
稲 17①76

でぬけ【出貫】
稲 37②168

でぬけほ【出貫穂】
稲 37②137,165

でのこりたね【出残り種】
蚕 47②114

てば【手羽】
鯨 15①33,34,36,38

てはぜ【手櫨】
はぜ 33②115

でほ【出穂】
あわ 37②204
稲 1①23,28,52,54,64,71,72,74,75,76,86,100,②144,147/3④219,229/8①279/10②322/11②95,106,⑤225,243/15①21,22,27,28,47/17①13,14,39/18⑥490/21①33,47,②113/23①42,73,111,③155,156/24②236,③283/25①90,②182/36①65,③209,259,267/37①41,②125,126,127,128,129,130,131,132,135,**136**,138,139,140,141,151,152,153,154,157,160,165,167,168,171,183,193,194,195,198,200,210,211,213,221/39①32/40②100,101/42①38/61①50,③132/62①14,⑨355/67④162,⑥305/70⑥425,426
大麦 21①51,53
ひえ 38②66/62⑨338
麦 3④281/23⑤259/36②117/40②104

でほのいね【出穂の稲】
稲 41②130

てまり【てまり】 16①37

てまりか【てまり花】 13①153

てらそ【てらそ】→てらつつき
24①93

てらつつき【寺ツヽキ】→てらそ
24①93

てりは【照葉】
寒すすき 55③425
菊 55③414

てりばな【照花】→あめばな
紅花 45①34,36,37,41,43

てんうんきん【転運筋】→Z
馬 60⑦445

てんか【天くわ】→あぶくたらす
56①131

てんか【天瓜】→きからすうり
14①195

てんか【甜瓜】→まくわうり
12①246/19①152/56①81

てんか【天茄】→こなすび､さや
19①152

てんかいさい【天芥菜】→たんごな
55②124

てんがいばな【てんがい花】
54①199

てんく【癲狗】→いぬ
60②110

でんこうのこうまつ【臀肛の後末】
馬 60⑦428

てんじんか【天神花】 55③377

てんどうか【天道花】→ひめぐりばな
19①181/37①32

てんなんしょう【てんなんしやう､天南星】→N､Z
54①203,297

てんにょか【天女花】 55③333

てんのえだ【天ノ枝､天之枝】
綿 8①43,239,242

てんのむし【天の虫】 62④87

てんぴむし【天日虫】 24①55

てんぼなし【てんぼなし】→けんぼなし
24①94

てんまりざくら【てんまり桜】
38①26

てんもくゆり【天目ゆり】 54①204

てんもんどう【天門冬】→N､Z
13①293/14①180/55③312

てんりゅうか【天笠花】→のはぎ
55②124

【と】

ど【駑】
馬 60⑦452

ど【荼】→にがな
12①355

といも【と芋､唐芋】→さつまいも→N
11②122/44③208

といもだね【唐芋種】
さつまいも 11②110

とう【たう､たふ､とう､とふ､苔､台､塔､薹】
大根 2①78/20②388/27①197/28④355
ちしゃ 12①304,305/17①250
にんじん 2①103/24③304
ふき 10①70/33④232
水菜 41②117

どう【胴】
綿 8①15

どう【とう】
うずら 60①46

とうあし【唐葦】 55③411

とうあずき【唐小豆】 17①211

とうあわ【たうあわ】 24①106

とうい【唐藺】 70⑥381

とういちご【唐覆盆子】 55③269

とういも【とういも､とう芋】→さといも→F
25①128,②218

とういも【たういも】 14①45/50③252

とうえんはく【唐ゑん白】 55②179

とうか【桃花】
桃 37①32

とうが【とうくわ､とうぐハ】→とうがん
17①265/41⑤246,⑥267

とうがき【とう柿】→いちじく→F
16①155

とうかたうり【とう堅瓜】 4①128

とうがたね【冬瓜種】
とうがん 38③123

とうがたねじゅくす【冬瓜種熟】
とうがん 30①140

とうがらし【たうからし､トウカラシ､とうからし､とうがらし､とふがらし､苛､唐からし､唐がらし､唐苛､唐芥､唐辛､唐椒､南蛮辛､白芥茎､蕃椒､蕃椒種､辣茄】→なんばん､なんばんがらし､ばんしょう→N､Z
2①74,**84**,86/3④**254**,367,368/4①**155**/5①142/6①162/9①50/10①24,27,29,41,81,82/12①**332**/17①285,286,287/19①123,②447/20①134,142,151,200/22①39/25①127,140/28④334/29①84,85,②122,④284/30③244/33④**230**,⑥350/38③120,121/39②107,109/45⑦423/47①24/62①13/68③364
とうがらし 19①170/68④412

とうがらしなえ【蕃椒苗】
とうがらし 29④279

とうがらしなえだね【南蛮芥子苗種子】
とうがらし 19①168

とうがん【冬瓜】→かもうり､すいし､とうが､はくか→N､Z
2⑤332/3①33/4①**138**,141/6①162,163/10①23,30,74,75/11③141/12①**246**,**261**,263,267,273/19①151,②446/20①153,181,200,201/25①126,140,②217/29④271/30①136,③254/33⑥**327**,329,334/34②24,④67,⑤79,81/38③122/39③145,⑤268,291/40②112,147/62①13

とうがん【鵝】 69①102

とうがんかずら【冬瓜かつら】
とうがん 34⑤79,81

とうかんぞう【唐萱艸】 55③316

とうがんだね【冬瓜種子】
とうがん 34⑤79,80

とうがんつる【冬瓜蔓】
とうがん 19②435

とうき【とうき､当帰､当皈】→H､N､Z
13①272,274/14①47/54①238,273/62①14

とうきし【冬葵子】→Z
13①299

とうきび【唐きひ､唐きび､唐黍､唐秬､蜀黍】→もろこし→G､N､Z
3②72/5①144/10①20,24,29,57/12①**179**,257/13①207/28①23/37③389/40②146/64④271/70⑥381

とうきび【たうきひ､たうきび､

タラキヒ、とうきひ、とおきび、とふきひ、玉蜀黍、唐きみ、唐黍、唐秬、豆黍、蜀黍】→とうもろこし
2①**105**/3④253/4①**89**,90/6①162/10①38,41/14①45/19①151/20①204/24①106,136,142/25①141/30③249,250,272,280,281/33⑥350/34⑧299/41⑤246/44③209/61④175/70①14

とうきびあかがみでる【蜀黍赤髪出】
とうもろこし　30①133

とうきびじゅくす【蜀黍熟】
とうもろこし　30①137

とうきびなんば【ときびなんば】
28②146

とうきびのたね【蜀黍の種】
とうもろこし　30③250

とうぎぼうしゅそう【唐擬宝珠草】　55③320

とうぎり【とうきり、唐桐、頳桐】→Z
3④379/14①47/54①189,222,272/55③345/56①48

とうくちなし【唐梔】　10②339

どうけつみゃく【動血脈】→Z
馬　60⑦415,416,417,418,419,421,422,423,424

どうけつみゃくかん【動血脈幹】
馬　60⑦419

どうこう【瞳孔】→Z
馬　60⑦447,448,449,450

どうごし【どふごし】
麦　10③400

とうごま【とうこま、とうごま、唐胡麻、蓖麻子、萆麻】→からえ、ひま、ひまし→Z
10①20,24,27,29,41,44,66,67,82/13①294/20①136,167/25①141/38③127/55③349

とうごり【とふごり】→にがうり
44③206,208

どうこん【瞳根】→Z
馬　60⑦447

とうさい【当才】→うま
24①20/27①326

どうさい【どうさい】→がま
24①93

とうさいいも【当歳薯】
ながいも　2①94

とうさいば【当歳馬】　27①273,326

とうささぎ【とうさゝき】→いんげん
24③303,304

とうささげ【唐豇豆、唐豇豆】
19①152/38③125

とうささげつる【唐大角豆蔓】
いんげん　19②436

どうし【瞳子】
馬　60⑦448

とうじばい【冬至梅】　55③421

とうじゃ【螣蛇】→Z
馬　60⑦464

どうしゅし【同種子】　10①16

とうしゅろ【唐棕櫚】　54①189

とうしんぐさ【とふしん草、燈心草】→いぐさ、りゅうじょうそう→G
1②150/55②122

とうず【刀豆】→なたまめ
12①206

どうすえ【胴末】
綿　8①271

とうそう【燈草】　13①66/14①107,108,111,112

とうだいこん【唐大根】　19①152

とうだいず【唐大豆】→そらまめ
28①30

とうだち【たう立、トウ立、とふ立、薹立、苳立】
かぶ　33⑥317
ごぼう　31⑤250/33⑥316
大根　33⑥375/41②103
当帰　13①273
びゃくし　68③347
紅花　33⑥387
水菜　33⑥376
もっこう　68③343

とうちさ【タウチサ、たうちさ、とうちさ、唐ちさ、唐萵苣、莙達】→ふだんそう→N、Z
2⑤330/6①162/12①**302**/17①**250**,251/19①152/33⑥368/38③123

とうちしゃ【唐ちしや】→ふだんそう
28②142

とうつわ【唐櫜吾】　55③391,446

とうでる【台出る】
ごぼう　41②104

とうとうこ【とうとうこ】→とうもろこし
9①50

とうな【たうな、とふ菜、冬菜、唐菜】→しろきょうな
4①104/21①**74**/25②208/33⑥**369**,370/34④67/55③248

とうな【菘】→あおな
27①151

とうなす【たうなす、トウナス、唐茄子】→かぼちゃ→F、I
14①301/22①38/23⑥334/24①75/69①81/70⑤338

とうなすのたね【唐なすの種】
かぼちゃ　2⑤332

とうなわ【とうなわ】→とうもろこし
24①106

とうねんのくわのみ【当年の桑の実、当年の椹】
桑　13①121/25①117

とうの【とうの】→くさぎ
64④294

とうのいも【とうのいも】→さといも→F
28②220

とうのきび【とうのきび、唐のきひ、唐のきび】→もろこし
17①208/62⑨364,366

とうのきびがら【とうのきびから】
たかきび　17①304

とうのきびなえ【とうのきひ苗】
62⑨330

とうのごま【とうのこま】→Z
17①293

とうのまめ【とうのまめ、とふの豆、唐の豆】→そらまめ
11⑤237,246,262/33⑥382/41⑤245

どうのもも【ドウノ桃】
綿　8①239

とうばく【稲麦】　12①19

とうばな【とう花】
大根　29③251

とうばら【唐荊】　54①161

とうまく【絖膜】
馬　60⑦439

とうまめ【たう豆、とうまめ、とふ豆、唐豆】→そらまめ
11②114,⑤238/12①**195**,204/34③42,43,44,47,④68,⑤88,89,97,⑥136/43①40/62⑨378

とうみゃく【潼脈】
馬　60⑦430,434,435

どうみゃく【動脈】　69①42,124

どうみゃくかん【動脈幹】
馬　60⑦435,461

どうみゃくだいかん【動脈大幹】→Z
69①42

とうむぎ【薏苡仁】→ずずだま→N
70⑥381

とうもろこし【たうもろこし、玉蜀黍、唐もろこし、蜀黍】→たまきび、たらきみ、とうきび、とうとうこ、とうなわ、なんばきび、なんばんきび→I、N
2⑤334/3④253,364,375/6①123/14①45/24①106/25①141/39①63/69①40

どうり【棠梨】　56①70

とうれん【唐蓮】→F
54①231,272/55③322

とうれんげ【とうれんげ、唐蓮花】　54①245,273

とうれんにく【唐蓮肉】
はす　54①169

とうろう【燈籠】→つぼみ
綿　9②220,222

とうろう【蟷螂】→かまきり
5①64

とうろう【唐蠟】→りゅうきゅうはじ→Z
10②**336**,337,359

とうわた【唐綿】→N
28④333

とうわたのはな【唐綿の花】
55③375

とおしのなえ【倒の苗】
稲　19①51

とおなり【遠なり】
そば　36①60

とおのまめ【とおの豆】→そらまめ
11⑤267

とが【とが、栂】→きゃらぼく、つが
14①95/54①185/57②142/70⑥401

どか【土瓜】→からすうり
14①188/50③245

とかぎ【とかき】→とかげ
24①93

とかげ【トカケ】→とかぎ
24①93

とがし【トカシ】→こがし
53④218

どがしば【ドガシ葉】
綿　8①265

ときしらず【時しらず】→きんせんか
55③278

ときび【ときひ、ときび】→もろこし
43②147,159,180,181

ときわ【常葉】　55②169

ときわかぶ【トキハカブ】→さかき、ひさかき
48①43

ときわぎ【ときわき、常盤木、常磐木】→I
3④348,352/7②341/16①165

ときわぎく【ときハ菊】　11③

147
どくあるくさきのねは【毒ある草木の根葉】　68②269
どくあるそうもく【毒ある草木】
68②293
どくえ【どくゑ、荏桐、独荏、罌子桐】→あぶらぎり
16①149/62③70/69①125,②298
とくさ【木賊】→B、Z
11③146/54①229/55②170,③436/70⑥381
どくそ【毒鼠】　40②69,70
どくそう【毒草】→G、H、I
6②300,301/25①117,118/60⑥343,362/68②269
どくだみ【どくだミ】→G、H、N、Z
19②396
とくなつ【とくなつ】　34⑥145
どくゆ【毒油】→あぶらぎり→H
15①83
とくわか【とくわか】→たかな
41②119
とげ【刺】
たらのき　56①71
はりぎり　56①124
とけいそう【時計草、時計艸、土圭草】　3④354/28④333/55③320,391
とこう【とこう】→かんあおい
55②173
とこだち【常立】→いぐさ
19①66
とこだちのいぐさ【常立の藺草】
いぐさ　20①31
とこなえ【床苗】
たばこ　41②113
とこなつだいこん【とこなつ大根】　28②261
とこなつもののきのは【とこなつ物の木葉】　27①61
とこりてんばな【とこりてん花】→なでしこ
24①93
ところ【ところ、黄蘚、野老、蘚、茬、萆蘚】→あまどころ、おにどころ、さんひかい、しんところ、せきせつ、せんひかい、ちくぼく、ところづら、にがところ、はくし、はくばっけい、ひかい、やろう→H、N、Z
6①139/10②338,359,360/14①161,162,163,165,168/17①271,272/20①180/61⑩459
ところづら【冬薯蕷葛、冬蕔蕷都良】→ところ
14①164
ところつる【野老蔓】
ところ　19②436
ところのひげ【ところのひげ】
ところ　15①92
とさか【とさか】
鶏　37②216,217
としぎり【年ぎり、年切】　13①249
柿　56①66
なつめ　18①65
としぎれ【欠枝、年キレ】
柿　56①66
はぜ　31④212
としこしぐさ【とし越草、年越草】→こむぎ、むぎ
24①140/37③302,370
としし【菟糸子(まめだおし)】→N
19②436
としなり【年なり】
柿　48①194
とじみ【とちミ、とち実】
白ぼたん　54①45
としよりうし【歳より丑】
牛　60④172
とち【とち、節】
紅ぼたん　54①56,58,63,64,65,66,67,68,69,70,71,72
白ぼたん　54①46
ゆり　54①303
とち【とち、栃、橡、杼、栩、椵樹】→N
6①182,183/10①84,②335/13①210/16①163/40②150/45⑦398,405/56①123
とぢしゃ【とぢじや】→ふだんそう
28②181
とちのき【とちの木、栃ノ木】→Z
1②173/16①163,319
とぢみ【とぢミ】
白ぼたん　54①42
とど【トゞ】　1②140
ととき【沙参】→N
55②124
とび【とび、鳶】→G
16①257/70②64
つばき　54①92,96,97
どび【ドヒ、ドビ、蘇醿】　11③149,150/19①180
とびいり【とびいり、とび入、とび入り】
かえで　54①153
ききょう　54①209
紅ぼたん　54①65
つつじ　54①119
つばき　54①87,88,89,90,91,92,94,95,97,99,100,102,106,107,108,109
もちのき　54①185
とびこ【飛子】
こんにゃく　25②224
とびむし【飛虫】→G
42③152
とべら【とべら】　54①190,273
とまり【とまり】
蚕　3①55
とまりがらす【とまり烏、泊り烏】　20①184/36①74
とみ【登美】→くわ
47②138
とみくさ【とミ草、富草】→いね
37③280,310,311,312,339,341,352,353,354,357
とめえだ【留枝】
綿　9②218
とめずからし【留すからし】→からしな
33⑥384
とめば【とめ葉、止葉、留メ葉、留葉】→Z
きび　40②124
たばこ　13①58/45⑥286,287,289,296,316/67⑥288
ともうま【友馬】　60⑥363,364
ともん【ともん】　57②140
どや【どや】
綿　40②53,59
どようささぎ【土用さゝぎ】
39③151
どようささげ【土用さゝげ】
39③145
どようまめ【土用豆】　36③205
とよしま【豊嶋】　54①205
とら【虎】　25①100
どらたね【どら種】
蚕　35①60
とらのお【とらのを、とらの尾、虎の尾、虎尾】　16①139/28④333/54①184,224,228,273/55③342
とらのおそう【とらのを草、とらの尾草、虎の尾草、虎の尾艸】→はくぜん
54①240/55②123,③323,342,445
とらふ【虎斑】→X
あおき　55③274
おもと　55②109
とらふおもと【とらふおもと】
54①257
とらふのなえ【虎婦の苗】
はぜ　11①19
とらもみ【虎モミ】　56①120
とらん【杜蘭】→せっこく
55②147
とり【鳥】→G、N
11①63/12①72/15①70/24①26,③273/40②166/42③191/45⑥309/51①11/54①233/60①46,51,52,55,56/66①34/67①15/69①91,124,②283,292
とりお【鳥尾】
鶏　37②216
とりかぶと【とりかぶと、烏頭、芨菫】→N
54①239,273/55③326,405,445
とりき【取木】→A
桑　35②312
とりき【鳥木】　56①98
とりけもの【鳥獣】　23①14
とりこ【取子】
藍　10③389
とりつきまゆ【取つきまゆ】
蚕　47①29
とりとまらじ【鳥とまらし】
56①130
とりとまらず【驻核】　56①130
とりとりもち【鳥取もち】→B
54①185
とりなえ【取苗】
稲　8①69/19①205/27①49
とりのはし【鳥のはし】　24①37
どろいね【どろいね】
稲　21②117
どろいも【泥芋】→さといも
8①188
どろき【とろ木】→どろのき
56①131
とろくすん【十六寸】→ふろう
33③167,④211,212
どろつきなえ【泥付苗】
稲　27①114
どろのき【とろの木】→しらき、どろき
56①131
とろろ【とろゝ、黄蜀葵】→やまとろろ→B
3①57,59,60/10①24,41,44
とろろのみ【トロヽノミ】
とろろかずら　10①79
どんおう【嫩秧】
稲　24①164
どんが【嫩芽】
じゃがいも　70⑤327,328
とんぱす【とんぱす】→いなご
24①93
どんびき【どんびき】→かえる
24①93
とんぼ【蜻蛉】→たふり→B、Z
7②272/36③225
とんぼう【トンホウ】　1②190

【な】

な【な、菜、菘、菁】→Ⅰ、N
2①70,72,104,②147,③262,263,**264**,④278,286,289,290,305,307,⑤325,327/3①24,**30**,③141,149,④219,258,292,365/4①26,87,**104**,136/5①81,94,98,109,110,114,137,143,144,145,②223,226,③273,278/6①104/7①5,②270,275,322/8①212,214/10②331,370/16①202,232,244/19①169,②302,317,387/20①120,②386,391/21①72,③156,157/22①13,41,②131,④**229**,230,231/23①21,24,25,26,27,28,⑥316,334/24①139,③284,288,290,291,295,298,301,306/25①28,38,67,68,72,82,144,146,②207/28①29,②156,182,212,213,219,221,223,231,246,251/29④281,282/31⑤272,273/33⑥302/36①65/38③115/39②**113**,③152,⑤298/43②198/45⑦416/47④230/62⑨321/68④406
かぶ　4①105
ない【ない、苗い、苗ひ】
稲　21②114/24③296/42①47
なす　21①76
ないけい【内景】
馬　60⑦401
ないしつ【内室】
綿　15③337
ないたけ【なひ竹、なゐ竹】　21①88/59④393
なうえな【なうゑな】→なたね
28②232
なうり【なうり、菜瓜】→しろうり
3③135/6①200/28②147
なえ【なへ、なゑ、苗、苗へ、秧】→Ⅰ、N
4①193,241,244,293/6②285/10①24,27,30,33,34,35,38,40,45,55,63,84/12①52,84,87,99/14①66/16①134,259/17①286/24①95/25①54,140/29①41,42/30②198/56②258,267/62⑨341
藍　4①100/6①151/10③385/13①39,42/17①222/21①73/25②214/45②102,103,104
あかね　13①48
あさつき　4①144
あざみ　12①354
油桐　5②229,③279/39⑥335
あわ　12①175,176/17①202
いぐさ　5①78,81/13①70
稲　1①47,49,66,93,94,③261,262,286,④325/2①46,47,④282/3③131,148,④223,264/4①40,41,45,54,55,210,216,217,218,219,220,222,223,224,225,227,233/5①18,20,30,36,37,38,42,43,56,57,64,65,70,72,73,74,②221,224,226,③257,258,260,261,262,263/6①30,42,44,46,48,54,56,58,60,63,85,②280,281,286,287,290,309,315/7①15,16,22,28,31,39,42,48,56,②240,242,247/9①42,67,70,71,72,76,②204,③254,273/10①8,52,②376/12①58,60,61,85,132,134,135,136,137,138,140,142,143,163,183/16①211,257,260/17①14,15,17,18,19,20,21,22,23,25,28,29,30,31,32,33,34,36,37,38,40,47,48,49,50,51,52,54,57,59,61,62,63,64,65,66,80,85,88,109,114,115,116,117,118,122,123/19②277,403/21①32,40,41,44,45/22①53,②107,④213/23①17,20,25,49,50,51,52,53,54,57,58,59,61,64,69,74,76,100,101,102,103,105,107,110,116,122,③149,150,152,155,156,④196/24①71,③296/25①46,48,49,50,②206/27①26,34,45,50,55,112,116,120,122,287,368/28②144,164,172,③319,④341,342/29①48,49,52,③232,233/30①28,34,51/31①8,19,20/32①39,41/33①22,③159/36③195/37②79,③382/39①34,④195,217,⑥322/40①7,8/41⑥269/42①28,②123/62⑨324,325,326,332,342,343,356,357/69①40,111/70⑥380
うこぎ　13①229
漆　4①161/13①105,106,109/16①141
えごま　12①313/17①207/22④262/25②212/33①47
大麦　5①128/12①157
陸稲　3③153/12①148
かぶ　12①226
からしな　12①233
からむし　34⑥157
菊　28④351
きび　4①90/5①107/10①57/21①77
きゅうり　3④337
桐　3①49/22④276
葛　50③252
栗　3③170,172
桑　5①160/13①116/16①141/25①115/39⑥333,334/47③171
くわい　3①35/12①347
けやき　16①159
楮　3①56/4①160/10①85/14①261/16①143
ごま　10①67/17①207
ささげ　12①202
さつまいも　25②219/33⑥339/70③226,227
さとうきび　48①218/50②150,151,153,164
しそ　4①149/25②221
しゅろ　3①22,50
杉　3①49/14①79/16①157/39⑥336/56②256,257,261,262,263,264
せんだん　16①159
大豆　5①41/27①102
たかきび　17①208,209
たかな　9①84
たばこ　13①62,371/17①283/23⑥317/28①21,④329/32①94/33④213/41⑥272
たんぽぽ　12①321
ちしゃ　4①147/17①250/28①18
朝鮮人参　45⑦396
とうがらし　4①155/17①285
なす　2①87,88,89/3④284,290,291,321,376/6①118/10①76/12①240,241,242,243,245/22④250/23⑥336/33⑥323
なずな　12①328
菜種　1④298,301,302,305/4①113/12①232/21①72/22③174/23①26/28②252/29①82/31②85/33①47/41⑤249
なつめ　25①112
ねぎ　4①143/10①65/22④255/25①126,144/28①29/30③286/33⑥360/41⑤250
はぜ　31④157,211,214
はと麦　12①211
ははこぐさ　12①358
ひえ　2①30/5①96,97,99,100/10①59,60/12①183/17①205/21①61/27①127,128/29①81/62⑨338
紅花　4①103,104/13①46
松　14①90
麦　6②279/12①56
もみのき　16①164
もろこし　22④266/28①23/31⑤262
ゆうがお　3④245/10①74/23⑥335
綿　15②186/22②119
なえあお【苗青】
杉　18⑤467
なえあし【苗足】
稲　17①19/22②103
なえいも【苗芋】
さつまいも　32①124
なえいろかわる【苗色替、苗色替ル】
稲　19①74,75
なえおい【苗をひ、苗生ひ】
稲　17①34,36,40,55,57,65
なえおいたち【苗生立】
稲　1①53,54,85
なえおいつき【なへ生付】
たばこ　41①12
なえおこし【苗おこし、苗発し】
稲　19②373,402
なえがしら【苗頭】
桐　3④320
なえかぶ【苗かふ、苗株、苗蕪】
稲　4①58/5②224/27①64,287/69②231
菜種　1④302
なえかりしき【苗芟敷】
稲　19①47
なえかんしゃ【苗甘蔗】
さとうきび　30⑤398
なえぎ【苗樹、苗木】　7②350/36②126/55③459,476/56②267,272,274,278,282,283,286/64①71,④250,262,275,285,290,293,297/68④412
油桐　47⑤249,250,251,259,260,264,268
漆　56①175/61②98,99
桐　3①49
栗　68③362
桑　18②255/24①28,29/61⑨262,275,276,278,280,285,287,289,293,305,308,311,325,330,341,342,358,362,364,371,379,380,383
楮　56①142
杉　56①162,163,171,②261,262,264,266
なし　46①61,105
はぜ　11①26,33/33②108,110,112,115,118,124/47⑤269,270,272
ひのき　56①168
みかん　14①388
なえぎね【苗木根】
桑　61⑨346
なえぎのうちすえ【苗木の内末】

はぜ　31④171
なえぎのねつき【苗木の根付】
56②272
なえくさ【苗草】→Ｉ
稲　3④300
なえくみる【苗くミる】
稲　29①48
なえぐり【苗栗】
栗　14①302
なえこえすぎ【苗痴肥】
稲　27①48
なえごし【苗ごし、苗腰】
稲　20①76/29①50
なえこすじ【苗小筋】
ひえ　27①129
なえじり【苗尻】
稲　19①59, 60
なえじりをすえる【苗尻をすゑる】
稲　30②194
なえたけ【苗竹】→Ａ
39①59
なえだち【苗立】
稲　9②201/22②98/24①41, 71/27①98/29②126/36①42
大豆　27①95
なえたね【苗種】
稲　37②97
なえだらぶとり【苗痴肥】
稲　27①42, 43
なえつきよう【苗付やう】
稲　27①23
なえつら【苗連】
稲　19①214
なえつる【苗ツル】
さつまいも　32①124
なえできすぎ【苗出来過】
稲　29③213
なえなえ【萎苗】
稲　19①216
なえね【苗根】
稲　4①210/23①109
なえのあし【苗の足】
稲　29①49/30③247
なえのあまり【なへのあまり】
稲　9①76
なえのいろ【苗の色】
稲　27①112/29①45
なえのおいたち【苗の生立】
稲　1①48/22②100
なえのかぶ【苗のかぶ】
稲　29①51
なえのかわ【苗の皮】
杉　56②259
なえのくさだち【苗の草立】
稲　11②90
なえのこし【苗の腰】
稲　7①21/33①21
なえのこね【苗の小根】
稲　17①76
なえのしょう【苗の性】
稲　17①56, 61
なえのしらね【苗の白根】
稲　23①109
なえのしり【苗の尻】
稲　30①41, 49
なえのしん【苗の真】　56②283
なえのしんば【苗のしん葉】
稲　16①260/22④214
なえのそだち【苗の育】
稲　23①63
なえのつる【苗ノツル】
さつまいも　32①127
なえのできよう【苗のできやう】
稲　27①114
なえのね【苗ノ根、苗の根、苗之根】　12①53, 85, 86/32①221/56②288/62⑧272
稲　11②94/12①58, 137/17①56, 81, 109, 115/23①61/29③205, 258/30②193
漆　46③206
杉　14①80/56②252
大豆　27①102
たばこ　17①283
菜種　45③160
なえのねざし【苗の根ざし、苗の根差】
稲　23①54, 60
なえのねづき【苗の根づき、苗の根付】
稲　1①66/23①95, 105
なえのねのいろ【苗の根の色】
稲　27①50
なえのは【苗の葉】
稲　17①115
なえのはすえ【苗の葉末】
稲　23①55
なえのひ【苗の日】
はぜ　31④163
なえのふし【苗のふし】
稲　17①116
なえのほそね【苗の細根】
楮　13①99
なえのめ【苗ノ芽】
さとうきび　30⑤406
なえのめさき【苗の芽先】
稲　22②103
なえのめだち【苗の芽立】
稲　35①83
なえのもと【苗ノ本】　19①157
なえのよしあし【苗ノ好シ悪シ、苗の善悪】
稲　17①118/32①35
なえは【苗葉】→Ｎ
稲　23①111/27①114
なえひごたい【苗日ごたひ】
ひえ　27①128
なえふし【苗ふし】
稲　23①58
なえまさし【苗間差】
稲　23①76
なえまつ【苗松】
松　14①400/57②156
なえめきり【苗芽切】
稲　24③283
なえめだち【苗芽立】
稲　27①46
なえもと【苗本】
稲　19①40/20①67/36②114/37①17, 18, 26
なえもの【苗物】→Ｘ
24①44/25①53, 58
なえりょう【苗料】
いぐさ　30①133
ながいね【長稲】
稲　7②269
ながいも【ながいも、薯、薯蕷、水薯、長いも、長芋、長薯】→きりいも、じねんじょ、しょよ、ちょよ、つくねいも、つくりいも、ながやまのいも、やまいも、やまのいも→Ｆ、Ｎ
2①**92**, 93, 94, 127, 129/3①18, 19, 20, **36**, 37/17①268, 269, 270/22④**270**, 272/24①142/25②218/29④271, 284/38④245
ながいもたね【薯蕷種】
ながいも　2①96
なかえだ【中枝】
菊　55①40, 44, 47, 48, 61
なし　46①73
ながかぶ【長蕪】→Ｆ
2⑤329
ながかぶな【永蕪菜】　10①68
ながきいね【長きいね】
稲　27①369
なかぎく【中菊】→Ｆ
菊　55①51, ③404, 405
ながきなえ【長き苗】　10①103
稲　29③221
ながきほ【長き穂】
稲　7①12
ながきめ【長キ芽】
里芋　5①106
ながきゅうり【長胡爪】　44③209
なかご【中実】
瓜　52①37
きゅうり　52①38
白瓜　52①31, 39
とうがん　52①45
ながささぎ【長さゝき】　41⑤248
ながささげ【なかさゝけ、長サヽケ、長さゝけ、長角豆、長小角豆、長大角豆】→Ｆ
11③145/19①134/24①61, 141/31⑤253/33⑥353/41⑤245, 248
なかじまあめんどう【中島牛心李】→Ｆ
55③449
なかてじゅくす【中稲熟】
稲　30①135, 136
なかてほだす【中稲穂出】
稲　30①132
なかなり【中成】
綿　9②209
ながね【長根】
すいか　40④321
なかのは【中之葉】
たばこ　22②126
なかのふし【中の節】
馬　60⑥358
なかのみ【中の実】
あわ　5②228
きび　5②228
そば　11②120
ながは【長葉】
とらのおそう　55③324
ながばあい【長葉藍】→あい
20①205
なかはなびら【中葩】
おうごんそう　55③287
つばき　55③243
のうぜんかずら　55③366
むしとりなでしこ　55③344
なかばはあおき【半ハ青キ】
麦　32②337
なかばはきに【半ハ黄ニ】
麦　32②337
なかばはきになかばはあおき【半ハ黄ニ半ハ青キ】
麦　32②301
なかふ【中斑】
せっこく　55②147
なかぶき【中ふき、中吹】
綿　13①10/30③287/32①150
ながふさ【長房】
はぜ　31④156
ながふろう【長ふろふ】→ささげ
33④229
なかほ【中穂】
稲　37②148, 158, 159, 160, 181, 210
なかまきのわた【中蒔の綿】　9②211
ながもい【長もい】
稲　37①15
ながもえ【長萌】→Ａ
稲　37①16
ながもえのたね【長もえの種子】
稲　20①52
なかもちうま【胎持馬】　27①326
ながやまのいも【長山の芋】→

ながいも
28①20

なかよほ【中よほ】
稲　30③277

なからし【菜芥子】→からしな
41②118, 119

なからはえ【なから生へ】
陸稲　20①321

ながれる【流れる】
紅花　20①221

なぎ【なぎ】→みずあおい
55③348

なぎなたこうじゅ【なぎなたかうじゅ】　13①301

なきり【なきり】　16①103/17①308

なし【ナシ、なし、梨、梨子】→N、Z
1①29/3①19, 22, **50**, ②73, ③166, 172, 182, ④268, 270, 307, 347/4①236/6①183/10①21/12①120/13①**134**, 137, 243/14①46, 201, 202, 372, 374, 381/16①**148**/19①190/21②133, 134/22①60/25①25, 112/29①85, 87/33⑥342/37①32, ③390/38③183/40②54, 99, ④269, 270, 272, 273, 276, 277, 278, 280, 281, 284, 286, 287, 289, 290, 293, 294, 295, 297, 299, 300/41⑤246, ⑥267/46①8, 16, 77, 98/53④248/54①163, 165, 166, 285/55③467/56①81/61①38, ⑩421/62①14/70②110, ⑥411, 416, 420
なし　54①285

なしぎ【梨子木、梨木】　46①76, 77, 78, 79, 104/56①107, 185

なしなえ【梨なへ、梨子苗】
なし　40④283, 284/61⑨275

なしのかわ【梨子の皮】
なし　13①137

なしのき【梨の木、梨子ノ木】→B
38④242, 243/40④276, 277

なしのね【梨木の根】
なし　14①378

なしのは【梨の葉、梨子之葉】
なし　29②131/56①121

なしのはな【なしの花、梨の花、梨花】→N
なし　19①181/20①168/55③273, 310

なしのほぞ【梨子の蔕】
なし　13①137

なしのみ【梨実】
なし　56①82

なす【なす、茄、茄子】→なすび、らくそ→N、Z
2①70, 74, 81, **84**, 86, 87, 88, 89, 94, 99, 100, 119, 132, 133/3④242, 249, 257, 282, 284, 287, 291, 297, 301, 315, 316, 321, 350, 351, 353, 354, 357, 358, 361, 367, 376, 377, 380/4①20, 21, **132**, 133, 134, 192, 201/5①**140**, 141, 142, 145, ②228, ③280/6①16, 20, **117**, 119, 120, 123, ②314/7②**332**/10①20, 24, 27, 29, 33, 34, 39, 76, 130/11①57, ③145/16①86/19①97, 103, **128**, 169, ②311, 331, 344, 445/20①130, 133, 142, 179, 213, 237, 238, ②370, 371, 392/21①**75**/22①38, 39, 53, ②125, 126, ④**250**, 252, 253/23⑥310, 311, **336**/24①136, 141/25①118, 126, 140, 145, ②215/27①144/28④329, 339, 354/29③254, ④271, 278/30①121, 128, 131, ③242/31②76, ⑤253, 254, 267/33④186, **230**, ⑥323, 324, 326, 374/34④67/36③197, 228/37②82, 205, ③345/38①18, ③121, 122, 176, ④250, 255/39①**55**, ②**107**, 109, ③148, 152, 153, ⑤268, 269, 278, 280, 285/40②57, 99, 123, 188, ③216/41②90, 91/42②126, ③174, 175, 177, 179, 184, ⑥390, 416, 424/43①39, 40, 43, 48, 57, ③251/44③206, 210/45⑦423/54①279/61①48, ②88, 90/62①13, ⑨344, 345, 366/63④167, 168, ⑧442/67⑤210, ⑥288/68③364/69①81, 100, 101, ②360/70⑥387

なすき【茄子木】
なす　4①134

なすたね【なすたね、なす種、茄子種、茄子種子、蕪子種子】
なす　3④254/4①132, 133/19②395/20②389/23⑤269/24③302/28④353/34⑤76/38①10/39②107, ③145/41②89/68④412

なすたねじゅくす【茄子種熟】
なす　30①140

なすでき【茄子出来】
なす　20②372

なずな【なづな、なづ菜、薺、靡草】→N、Z
10①30, 38, 46, 72/24①32, 153/25①99/33⑥392

なすなえ【なす苗、茄子苗、茄子秧、茄苗】　33⑥**318**
なす　2①85, 86/3④231, 249, 283, 284, 288, 290, 301, 315, 326, 378/4①134/6①119/10①76, ③400/19①165, ②337, 394, 445/20①145, 210, ②370, 374, 380/22③157/24①28, 61/27①59, 130, 134/28④330/36③197/37①30, 33/40③225/41⑤250/62⑨330

なすなえたね【茄子苗種子】
なす　19①166

なすのき【なすの木、茄の木】
なす　22④252/39②108

なすのたね【茄子ノ種】
なす　31⑤267

なすのなえ【茄子ノ苗】
なす　31⑤266

なすのね【茄子ノ根】
なす　31⑤267

なすのは【茄の葉】
なす　3①33

なすはなさく【茄子花咲】
なす　30①130

なすび【なすひ、なすび、茄、茄子】→なす→N、Z
3①33, ②73, ④218, 219, 242, 297/7②334, 335/9①78, 85, 86, 87/10②328, 329/12①237, 240, 241, 242, 243, 332/13①63, 358/16①37, 84, 95/17①262/20①133/22⑥370/28①20, ②138, 148, 157, 174, 207, 232/29①41, 82, 83, ②122, 129, 141, 156/34③50/37③390/41⑤245, ⑥267/42④267, 270, ⑤328, 331/43②151, 155, 156, 159, 161, ③243/63④167/69①41/70⑥399

なすびき【なすひ木】
なす　28②232

なすびたね【なすひたね、茄子種】
なす　10②359/62⑨368

なすびなえ【なすびなへ、なすひ苗、ナスビ苗】
なす　8①158/9①33/17①262

なすびのたね【なすひの種、茄子の種子】
なす　12①245/17①262/69①100

なするい【茄子類】　10①**75**

なだいこん【な大こん、な大根、菜大こん、菜大根】→N
1④298, 299/5②229/17①161, 162, 246/19②303, 307, 328/24①133/30③283/38③200
かぶ　17①245
大根　17①240

なただいず【なた大豆】→なたまめ
28①22

なたね【ナタネ、なたね、な種子、芸薹、菜タネ、菜たね、菜種、菜種子、蕪菁、蕪菁子、油菜、菘種、蕓薹子】→あぶらな、あぶらたね、あぶらなたね、うんだい、うんだいがい、うんだいし、かんさい、こさい、しゅうかさい、しゅうさい、たいがい、たいさい、なうえな、なたねかぶ、まきな、まんせいし、ゆうがい、ゆうさい、ゆうたい→B、D、F、I、N
1④297, 299, 301, 302, 303, 304, 306, 309, 312, 313, 315, 316, 317, 318, 324/2①53, ④288, 305/3④246/4①13, 19, 26, 27, 28, 31, 64, 70, 71, **113**, 114, 115, 151, 173, 184, 200, 244, 279, 299/5①33, 94, 98, 104, 108, 114, 131, 134, 135, 136, ②231, ③259/6①16, 43, 88, **108**, 109, 110, 114, 118, 164, 176, ②272/7②309/8①**82**, 86, 87, 89, 91, 107, 136, 141, 143, 144, 146, 147, 148, 152, 154, 155, 156, 160, 162, 163/10①43, ②376/11④182/12①170/14①42, 56, 225, 228, 229, 234, 407, 409, 410/15①75, 77, 96, ②190/19①118, 139, ②387/20①147, 191/21①38, **72**, 81, 84, ②132/22③155, 158, 159, 160, 164, 170, ④209, 234, 253/23①26, 28, 38, 64, 85, 116/24①40, 117, 141, ③299, 345/25②200/27①67, 70, 139, 151/28②138, 145, 220, ④353/29②123, ④277, 284/31⑤270, 281/33①**46**, 47, ③**170**, ④178, 183, **225**/34③44/35②312/38①12, 18, 23, 27, ③134, 156, 207/39①48, ②114, ⑤254, 257, 261, 279, 280, 282, 289, 296, ⑥330/40③218, 222, 238, 244, ④323/41④208/42⑤316, 319, 320, 321, 325, 333, 338/43①18, 88, ②126, 127, 130, 133, 182, 188, 197, ③264, 274/45③133, 134, 140, 142, 143, 144, 149, 159, 163, 168, 169, 170, 171, 175, 176/47④230/50①35, 36, 37, 40, 41, 42, 44, 55, 56, 58, 60, ②153/61④162, ⑩430, 436/62①13, ⑦186, 191, 192, 193, 199, 206, 211, ⑨390/63⑤319/68②290/69①40, 50, 62, 68, 75, 88, 98, 124, 125, ②217, 317
菜　20①130, ②389, 390

菜種　50①69,70,73,81,85,87,105,106,107

なたねかぶ【菜種蕪】→なたね 28④349

なたねがら【菜種から、菜種ガラ】→B、H、I、N

菜種　8①191/42⑤328

なたねなえ【菜種苗】

菜種　27①136/29②145/38③134

なたねのきりかぶ【菜種子の切株、菜種子の伐株】

菜種　15②161,162

なたねのね【菜種子の根】

菜種　69①97

なたねのはな【菜子の花、菜種子の花、菜種之花】

菜種　19②329,332/38③134

なたねのみ【菜種ノ身】

菜種　8①133

なたねはなざかり【菜種花盛り】

菜種　38①10

なたねもみがら【菜種モミカラ】

菜種　8①191

なたまめ【なたまめ、なた豆、山刀豆、刀豆】→たちわき、とうず、なただいず→N、Z

3①29/5①144/6①162/10①24,27,30,39,41,44,55,②316,③401/11③147,148/12①206/17①216/19①151/25①141,②203/28②147,188/30③244/33④229/37②205/38③142/41②93

なたまめたね【太刀豆種子】

なたまめ　34⑤86

なつあわじゅくす【夏粟熟】

あわ　30①135

なつあわほだす【夏粟穂出】

あわ　30①134

なつおうばい【夏黄梅】 55③335

なつきびじゅくす【夏黍熟】

きび　30①135

なつきびほだす【夏黍穂出】

きび　30①134

なつくさ【夏草】→A、G、I

11③148/40②112/54①196

なつげ【夏毛】→L

28①14,62/29①30,35/31⑤277/62⑨321,341,346,347,348,357,358,360,361,370,375,383/65②109,125

なつこ【夏蕈】→あきこ

45④206

なつごがみ【夏蚕紙】

蚕　35②279

なつごこだねがみ【夏蚕蚕種紙】

蚕　35②289

なつごのたね【原(夏)蚕のたね】

蚕　35②279

なつさくもう【夏作毛】 16①95,238,240,246/17①86,132,160,169,194/19①200

なつさくもつ【なつ作物】 27①70

なつささげじゅくす【夏大角豆熟】

ささげ　30①133

なつすかし【夏すかし】→あきすかし

54①204

なつだいこんたねじゅくす【夏大根種熟】

大根　30①128

なつだいこんのたね【夏大根の種】

大根　33⑥311

なつだいずのは【夏大豆の葉】

大豆　62⑨366

なつづた【なつつた】 55②121

なつな【ナツナ、なつな、夏菜】→ふだんそう→N

2①93/9①44/10①20,30,32,34,36,38,43,68/19①152,180/25②220

なつなたね【なつな種】

ふだんそう　9①44

なつひともじ【夏葱】 12①284

なつまめ【夏豆】→そらまめ→F

9③247,251/10①55

なつまめのなえ【夏大豆の苗】

大豆　62⑨323

なつみかん【夏蜜柑、夏蜜橘】

13①168/14①382/56①86

なつむし【夏虫】 36③233

なつめ【ナツメ、なつめ、夏目、棗】→N

3③166,169,179,182/7①68,②216,**359**,360/8①169/18①56,57,**62**,96,98,99,102,109/19①182,187/24①153/25①112/37①33,36/62①14

なつめ【夏芽】

はぜ　31④191

なつめのき【棗樹】

なつめ　18①63

なつめのきのね【棗樹の根】

なつめ　18①64

なつめのは【棗葉】

なつめ　18①63

なつめのめ【棗芽】

なつめ　18①63

なつもの【夏物】→N、X

3③141/12①153,232/18①95/29①37,72,77/33⑥333/38④255,283/44①19,26,②93,94/62⑨346,391

なつものなえ【夏物なへ】 62⑨317

なつゆき【夏雪】 54①223,286

なでしこ【なてしこ、ナデシコ、なでしこ、撫子、瞿麦】→くばく、とこりてんばな

3④354/24①93/54①211,212,286/55②123,③209,286,311,335,446

なとりぐさ【名取草】→ぼたん

24①140

ななえ【菜苗】

菜種　4①113

ななかまど【なゝかまど、七竈】

54①173,285/56①118

ななくさ【七草】→N、O

24①**153**

ななよう【七葉】

梅　54①138

なのかぶ【なのかぶ】

菜種　28②253

なのくき【菜の茎】

菜種　23①26

なのたね【なの種子、菜の種】

菜　20①178

菜種　22④240

なのね【なのね、菜の根】

菜種　23①27,28/28②252

なのはな【菜の花、菜花】 55③248,249,264,286,408

菜種　23①27

なのるい【菜の類】 10②328,331

なびひく【ナビ引】

綿　8①241

なべころげ【なべころげ】 19②436

なまあい【生藍】

藍　34⑥159,160

なまあさ【生麻】

麻　5①91

なまいね【なまいね、生いね、生稲、鮮稲】

稲　9①115/19①61/27①178,372/36③273

なまうれ【生熟】

はぜ　11①58

なまがら【生柄】

稲　9②201

なまきのきぐち【生木の木口】

はぜ　31④202

なまぐり【生ぐり】→N

栗　13①141

なまじゅく【生熟】 1①83,87,93

なまたけ【生蕈】 45④208

なまだね【ナマ種、生種】

稲　42②98,99,101,120,121

えのき　56①63

ほうきぐさ　2①72

なまところ【生萆薢】

ところ　14①179

なまなるあんず【生なる杏】

あんず　13①134

なまにんじん【生人参】

朝鮮人参　45⑦408

なまね【生藕】

はす　18①120

なまは【活葉、生葉】

藍　45②108

小豆　5①139

稲　19②421

大豆　5①139/62⑨366

なまはで【生葉出】

稲　19①215

なまばな【生花】

紅花　3①20,④287/45①39,43

なまぼし【なまほし、なま干し、生干】→K

稲　17①143,144

はぜ　11①58

紅花　45①35

なままゆ【なままゆ、生まゆ、生繭】

蚕　35②360,366/47①34,②100,101,147,148,149/53⑤334/61⑩442,443/62④109

なまみ【生実】

はぜ　31④210

なみかわ【並皮】

杉　14①85

なみかんぞう【並萱草】 55③316,321

なみは【並葉】

寒すすき　55③347

なめひらたけ【なめひら茸】

28④355

なもみ【なもみ、葈耳】→H

54①243,286

なよたけ【なよ竹】 65②129

なら【ナラ、なら、楢、櫧】→B、I、N

3①58/22③163,④**277**/24①12/38④289/45④209,⑤237/70⑥420

ならかしわ【大葉櫟】 69①70

ならのき【ナラノ木、ナラの木、ならの木、楢木】→I、N

14①294/22③162/45④200,208/56①61/61⑩452

ならのは【楢の葉】→B、I

なら　38①27

ならば【楢葉】→I

なら　38①26

なり【成】

稲　1①52,54,64

なりき【生り木、生木】→X

はぜ　11①22,32,33,34,38,52/31④162,163

なりじく【生稈】

すいか　40②148
なりつきのかた【なりつきのかた、なりつきの方】
さつまいも　70③226
なりつる【なりつる】
ささげ　17①199
とうがん　17①265
まくわうり　17①261
なりばな【なり花、就花、生り花、生花】
瓜　21①83
かぼちゃ　29③253
きゅうり　38③127
すいか　2①110, 111/21①83/33⑥345
とうがん　38③122
はぜ　11①22, 33
まくわうり　12①249, 250
ゆうがお　2①113
なりひら【なりひら、なり平】　54①177/56①111
なりみ【成実、生り実】
えんどう　25②201
十六ささげ　25②202
はぜ　11①14, 15
なりもの【なり物、生物】→N　37③271, 292/40②99, 108, 123, 136/42①58/68③363
なりよきうり【形能き瓜】
白瓜　38③137
なるい【菜類】→N　15②176
なるいのは【菜類の葉】
菜　15①94
なわしろぐみ【山茱萸、苗代くミ、苗代くみ】　10②339/56①119
なわしろない【苗代ない】
稲　42①36
なわしろなえ【苗代なゑ、苗代苗】
稲　27①48/28②154/37①22/70⑥396
なわしろのなえ【苗代の苗】
稲　1④325
なわしろめだち【苗代芽立】
稲　27①45
なわしろもみ【苗代籾】
稲　7②297/9①45
なんか【南瓜】→かぼちゃ→Z　24①74/62①13
なんきん【なんきん、眉児】→かぼちゃ　14①301/22①53, ③158/40④322/43②146, 150
なんきんえびね【なんきんゑびね】　54①198
なんきんぐり【南京栗】　56①56
なんきんまめ【なんきんまめ、南京豆、眉児豆】→ふじまめ　11③147/25①141/31⑤253/33⑥348/41⑤245, 248, ⑥266, 277
なんしょくそうぼく【南燭草木】→なんてん　54①192
なんそう【南草】→たばこ　45⑥316
なんてん【なんてん、南燭、南天】→なんしょくそうぼく、なんてんしょく→N　3④354/16①168/54①173, 192, 285/55②143, 165, 180, ③288, 299, 302, 303, 340, 457
なんてんしょく【南天燭】→なんてん　54①192
なんてんのき【なんてんの木】　16①167
なんばきび【なんばきび】→とうもろこし　10③401
なんばん【ナンバン、なんばん、南蛮】→とうがらし→N　2①81, 88, 94, 99, 127/4①155/24①142/36③197/39⑤280, 291/54①207
なんばんがらし【なんはんからし、なんばんからし、南ハンからし、南ばん辛、南蛮カラシ、南蛮辛、南蛮莘】→とうがらし　17①286/19①103, 169/20①212, ②383/37①33
とうがらし　19①165
なんばんきび【なんはんきひ、なんバんきび、なんばんきび、玉蜀黍】→とうもろこし　12①181/14①45/17①215/19①151/24①106/28①23
なんばんなえ【なんはんなへ、南蛮苗】
とうがらし　2①85/62⑨330
なんれいそう【南霊草】→たばこ　45⑥316

【に】

にういね【にう稲、積いね、積稲】
稲　27①261, 372, 376
にがうり【苦瓜】→つるれいし、とうごり　33④187, 229/34⑤86
にがうり【にか瓜】→しろうり　4①128
にがき【苦木】→H　56①101
にがそば【苦蕎麦】→みぞそば、やぶそば　70⑤323
にがたけ【にか竹、ニガ竹、苦竹、女竹】→B　10①86/27①218/34⑤110, ⑥153/56①112
にがつちゅううえるべきもの【二月中可植物】　10①23
にがところ【にがところ】→ところ→F、N　14①165
にがな【にがな、苦菜】→ど→N、Z　12①355/25①99
にがひさご【ニガヒサゴ】→くこ　19①151
にがゆり【苦ゆり】　20①148/37①35
にがゆりくさばな【苦百合草花】
にがゆり　19①187
にがゆりそう【苦百合草】　20①148
にがゆりのはな【苦百合花】
にがゆり　19①186
にきさきはぎ【二季咲萩】　55③347
にぎりなえ【にきり苗】
稲　41①8
にく【肉】→J、N、Z　29①87/62⑤115/69①83
猪　3③158
馬　60⑥369, 374
かぼちゃ　2⑤332
くるみ　16①145
鹿　3③158
はぜ　11①42, 44/31④153, 154, 178
みかん　56①92
にくそう【肉腠】
馬　60⑦461
にくようまく【肉様膜】
馬　60⑦457
にこしあな【ニコシアナ】→たばこ　45⑥316
にさい【二才】→うま　24①20
にさいいも【二歳薯】
ながいも　2①96
にしきぎ【にしきゝ、ニシキヾ、にしきゞ、鬼箭、錦木】→ままつねり→N　1②174/54①193, 268/55③345/56①108
にしきそう【にしき草、錦草】　54①239, 268/55③380
にしきだいこん【錦大根】　41②118
にじゅうろく【廿六】→ささげ　22①53
にそくはんなえ【二束半苗】
稲　1②144
にだんね【二段根】
杉　56②253
にちじん【日蕈】　45④212
にちにちそう【日ゝ草、日々艸】　28④333/55③332, 445
にっけい【につけい、肉桂】→B、N　14①66, 341, 342/53④248/54①186, 268/55②132, 140, 144
にっけいのみ【肉桂の実】
肉桂　14①402
にっこうきすげ【日光きすげ、日光黄萓】　54①222, 268
にっこうさん【日光産】
朝鮮人参　48①240, 241
にっこうらん【につくわうらん、日光蘭】　54①217, 268
にどい【二とい、二どい、二どゐ、二度居】
蚕　35②272, 295, 297, 384/47①21, 25, 26, 39/62④106
にどおき【二度起】
蚕　35②278, 279
にどのめ【二度の芽】
ごぼう　41④207
にどふろう【二度ふろふ】→ささげ　33④229
にどまめ【二度豆、弐度豆】→えんどう　25②200
ににく【にゝく】→にんにく　3④258
ににくいも【にゝくいも】→にんにく　36③228
にねんおい【二年生、弐年生】
なし　46①62, 63
にねんご【二年子】
楮　47③176
にねんしゃ【二年蔗】
さとうきび　50②164
にねんたね【二年種子】　19①169
にねんなえ【二年苗】
桑　5①160
はぜ　11①52, 53
にねんばえ【弐年生へ】
なし　46①12
にねんふる【二年古】
小豆　19①170
稲　19①32/20①39
瓜　19①170

きび　19①170
ささげ　19①170
ひえ　19①170
ひま　19①170
にねんもののじょうつぎなえ【二年物の上接苗】
みかん　14①388
にのえだ【二ノ枝】→Z
菊　55①22,26,30,31,32,37,53
にのめ【二ノ芽、二の芽】→Z
菊　55①23,24,25,32
桑　47①47
にのやとい【二ノヤトイ】
蚕　22⑤352
にばん【二番】→A、I、K、L、N、R
藍　62⑨359
きゅうり　20①130
大豆　62⑨364
たばこ　62⑨370
なし　46①87,88
なす　20①130
なでしこ　55③377
にばんあい【二番あひ、弐番あい、弐番藍】→A、B、X
藍　21①73/29③249,250
にばんあいめので【弐番藍芽の出】
藍　29③249
にばんあらもともみ【二番あらもと籾】
稲　27①381
にばんいねじゅくす【二番稲熟】
稲　30①140
にばんおい【二番生】
漆　13①109
にばんかす【二番カス】
麦　8①258
にばんくき【二番茎】
藍　45②109
にばんぐち【二番口】→B、X
稲　27①381
にばんぐちのもみ【にばんぐちの籾、二番口の籾】
稲　27①29,162
にばんげ【弐番げ、弐番毛】
稲　11⑤255,257
にばんざき【二番咲】
夏黄梅　55③335
にばんで【弐番出】
蚕　35①108
にばんでのしろね【二番出の白根】　19②394
にばんなえ【二はん苗】
たばこ　33③160
にばんなり【二ばんなり、二番なり、弐番なり、弐番生】
瓜　62⑨369
白瓜　33⑥348/38③137
なす　12①238/21①75/38③121/39①55/62⑨368
まくわうり　33⑥348
にばんなりのうり【二番ナリノ瓜】
きゅうり　19①114
にばんなりのわた【二番ナリノ綿】
綿　5①108
にばんのみ【二番の実】
藍　41②111
にばんのめ【弐番の芽】
藍　29③249
にばんは【二番葉】→A
藍　45②109
にばんばえ【二番ばへ】
いぐさ　17①310
にばんばな【二番花、弐番花】
稲　5③262
かきつばた　54①235
にばんぶけ【二番ぶけ】
柿　48①195
にばんほ【弐番穂】
なし　46①85,86
にばんほき【二ばんほき】
からむし　20①157
にばんめ【二番芽、二番目、弐番芽】
きゅうり　33⑥341
なでしこ　55③376
はぜ　11①29
にほんしん【二本真】→Z
菊　55①62
にゅうしじょうしんけいまく【乳糞状神経膜】
馬　60⑦409
にゅうじゅう【乳汁】→N
馬　60⑦455
にゅうび【乳糜】
馬　60⑦433
にゅうびかん【乳糜管】
馬　60⑦412,413,427,434,435/69①42
にゅうびそう【乳糜槽】
馬　60⑦434,435
にゅうぼう【乳房】
馬　60⑦455,456
にゅうろぎ【甘露子】→ちょろぎ
38③131
にょい【にょい】→ふとい
54①232,268
にょうかん【尿管】→Z
馬　60⑦439,441
にようまつ【二葉松】　56①52,53
にら【ニラ、にら、韮、蒜、菲、薤、韭】→きりにて、さんそう、ようきそう、らんじんさい→B、G、N、Z
2①79,80/3①34,④326,350/5①144/6①162/10①43,65/11③143,147,149/12①234,284,287,299,384/17①276/19①191/22①51/24①153/25①140/28④331,332/30③286/33④230,⑥379/34④68/38③169,173/41②120/62①13/69①93
にらのかぶ【韮のかぶ】
にら　12①286
にらのたま【蒜の玉】
にら　38③173
にらのね【韮ノ根】→N
にら　69②338
にれ【楡】→I
3③171/12①351/13①122/24①153/45④212
にわ【庭】→A、D、N
蚕　35②384/47②135
にわい【にわい、庭居】→Z
蚕　35②272,278,279,384/47①25,27
にわうめ【には梅、庭むめ、庭梅】→N
11③146/13①154/28④332
にわおき【ニワヲキ、場起、大起、庭起】
蚕　24①54/35②267,272,278,279,③430,431/47②112/56①193,201,208
にわおきこ【庭起蚕】
蚕　47②104
にわおこり【庭起、庭起り】
蚕　35①90,147
にわこ【大起、庭蚕、庭子、日土蚕】
蚕　3①55/25①63/35③427,428,432,433,436,437,438/47②122
にわざくら【にわさくら、桜桃、庭さくら、庭桜】→F
11③145/13①227/16①171/55③276,445
にわとぎ【ニワトギ】→にわとこ
24①94
にわとこ【にはとこ、接骨木、庭とこ】→たず、にわとぎ、にわとも→H
3④226/4①169/6①32/19①180/37①31
にわとこのめ【にわとこの芽】
にわとこ　38①23
にわとも【にわとも】→にわとこ
24①94
にわとり【にハ鳥、にわとり、鶏、鶏鳥、庭鳥】→G、I、N
1②185,187/10①9,②343,352/13①260,261,262/16①41/17①126/24③273/25①93,101/27①292/34④64/40④327,328,329/69②281,286,292/70④276
にわのい【庭の居】
蚕　6①190
にわのいおき【庭の居起】
蚕　35①55,170,②385
にわのおき【庭の起】
蚕　6①190/35①145
にわのおこり【庭の起】
蚕　35①121,151
にわのせつ【日土ノ節】
蚕　47②108
にわのねおき【庭の寝起】
蚕　47②136,144
にわのねむり【庭の眠】
蚕　35①129
にわのねむりまえ【庭の眠前】
蚕　35①147
にわのやすみ【にハのやすミ】
蚕　62④108
にわまえ【庭前】
蚕　35①145/47②145
にわやすみ【庭休ミ】
蚕　35①150
にん【仁】
綿　15③337,339,340
にんぎょういも【人形いも】
さつまいも　70③229
にんぎょういもうえ【人形芋植】
さつまいも　70③229
にんじん【にむしん、ニンシン、にんしん、ニンジン、にんじん、にんちん、胡羅蔔、胡蔔、胡蘿、胡蘿葡、胡蘿蔔、胡蘿萄、人じん、人参、人蔆、葱胡蘿】→きだいこん、こらふ、ちょうせんにんじん、つくりにんじん、ねんじん→B、H、N、Z
1①53/2①20,73,81,93,94,103,104,105,120,128/3①31,④239,243,246,250,267,311,317,379/4①146,147/6①126,127,128/10①72,②328/12①235,236,237/15②175,190,195/16①84,95/17①252/19①98,103,157,159,169,170,180,185,②387,446/20①131,142,149,157,194,②385/22①39,②129,④258/24①61,93,141,③304/25①128,144,②210,220/27①225/28①28,②181,190,245,262,④347,348/29①83,④277,284/30③272/31⑤269/33④187,231,⑥314,363/37①35,②82/38③195/39②115

/40②179, 180, ③231/41②116, ⑤245, 249, 250, ⑥267, 268/42⑥385, 386/43②184/44③211/45⑦377, 379, 381, 382, 390, 391, 394, 396, 399, 400, 408, 410, 415, 417, 420, 425, 426/48①227, 228, 229, 232, 235, 236, 238, 240, 241, 242, 244, 245, 246, 247, 248/55③356/62①13, ⑨368/68④415, 416/69①50/70⑥387
にんじんたね【にんじん種、にんしん種子、胡蘿蔔種、人参種、人参種子】　41⑥276
朝鮮人参　48①234, 237/61⑨268
にんじん　3①25/19①164/20②389/29③251/44③207
にんじんのたね【にんじんの種、人参之種】
にんじん　3④267/43①29
にんじんは【人参葉】
朝鮮人参　48①240, 241
にんどう【にんだう、忍冬】→すいかずら→N
6①163/20①180/24①153/54①158, 268
にんどうつる【忍冬蔓】
忍冬　19②436
にんにく【ニンニク、にんにく、大蒜、蒜、蒜子、葷】→ににく、ににくいも、ひる、ほくしゅうひる→G、H、I、N、Z
2①**120**/3④326/4①**144**/5①144/6①104, 162/12①**289**, 290, 291, 384/17①275/19①103, 169, ②447/20①152/24①141, 153/25①124, 125, ②224/28①28, ④331, 332, 349/30③286/33④187, 230, ⑥**369**/36③228/37①35/38③169, 171, 173/39④200/41②120/62①13, ⑨379
にんにく　19①164
にんにくだま【蒜玉】
にんにく　38③170

【ぬ】

ぬか【ぬか、糠、糖(糠)、稃】→B、H、I、L、N、R
25②230/29①28
稲　1①86, 99/4①180, 212, 217, 224/6①75/12①134/19①215/25②184/27①268, 382/28②258, 259, 260/30③277/37③307/39⑤295
ぬかご【ぬかご】
ながいも　22④270
ぬかばち【糠蜂】　46①96
ぬき【ぬき】
稲　4①181
ぬきほ【ぬき穂】→A
あわ　12①69
きび　12①69
ぬけふし【ぬけふし】　54①274
ぬなわ【蓴、蓴菜】→じゅんさい→Z
12①344/70⑥381
ぬららたも【ぬらゝたも】→あおだも
56①101
ぬるで【ぬるで、塩麩樹、樗、白膠、槭木】→かつのき、しょうぐん、めうるし→N
3③171, 182, ④264/17①251/19①181/54①170/69①47
ぬるでのき【ぬるての木、ぬるでの木、勝軍木、将軍木】→B
16①**162**/25①25, ③262, 264
ぬれいね【ぬれ稲】
稲　1①102
ぬれたるいね【ぬれたる稲】
稲　27①376
ぬれは【濡葉】→I
茶　47④214

【ね】

ね【根】→I、N、Z
2①123/3②70, ③131, 132, 161, 173/6①180/7①25/8①219, 222/12①65/13①232/15②165/16①75, 76, 86, 88, 91, 93, 95, 97, 136, 137, 183, 205, 242, 244, 255/21①86, 87, ②136/23⑥338/25①111/27①151/29①34, 87, 88/37③318/38③191/39①58/40②**99**/54①32, 299/56②259, 275, 288, 289/62⑦195, 196, 197, ⑧268, 270, 273, ⑨360/65②80, 89/68①64, ②291, ③333/69①38, 49, 50, 56, 57, 59, 60, 62, 77, 80, 93, 101, 104, 108, 122, 127, 129, 131, 132, ②247, 249, 250, 256, 257, 260, 291, 294, 313, 317, 321, 322, 329, 332, 336, 338, 339, 341, 342, 344, 346, 348, 350, 358, 360
藍　38③136/69①84
あおぎり　16①154
あかね　17①223
麻　5①90, 91/38③143
あさつき　38③168
小豆　5①139/22④228
油桐　39⑥335/47⑤254
あわ　12①177/38②69/62⑨341/66②100
イケマ　1②191
いたどり　69①69
いちじく　3④357
稲　1④326/3②67, ④264/4①40, 212, 219/5①65, 71, 73, 75, ②224, ③278/6②310/7①47/9③244/16①188/17①24, 44, 57, 88/21①35, 44/22④214/23①100, 109, 110, ③150, 151/27①50/29①56/36①51, 69/37①14, ②93, 94, 97, 104, ③274, 277, 308, 320, 321/38③139/39①32, 34, 36, ④217, ⑤279/40①8, ②100, 139/61③130, 131, ⑤179, ⑥187, 188, 191/62⑦207/67④165/69②230/70⑥398, 419
いのこずち　48①253
うど　3③155, ④317, 319, 328, 329, 332/25②222/38③174
瓜　6①122
漆　46③185, 187
えびね　55③301
おうごん　68③342
おうばい　55③426
おうばこ　38③124
おうれん　54①199/68③359
大麦　5①125/12①158/21①49, 52/39①40
陸稲　61②80, ⑦194
おみなえし　55③408
おもと　55②174
柿　56①66, 76
かぶ　5①114/6①116/17①245, 247
かぼちゃ　2①73
からむし　6①145
栝蔞根　68③350
かわやなぎ　6①185
柑橘類　3④300
ききょう　54①300/68③349
菊　3④332, 370/48①206, 207/54①301, 302/55①19, 20, 24, 34, 35, 36, 39, 45, ③400
きゃらぼく　56①110
きゅうり　3④337/38③127
桐　3④320/22④276, 277/56①49, 141, 210
くじゃくそう　54①257
葛　10②338/48①251/50③238, 246, 247, 248, 249, 251, 252, 253, 255, 279
くぬぎ　5①169, 170
くるみ　56①183
桑　5①159/24①29/35①75/39⑥334/47②139, 141, ③171, 173, 176/56①61, 193, 202, 203
くわい　12①347/28①23/54①232
楮　3①56/5③270/13①96/53①14, 16/61②94, 95
ごぼう　4①145/6①129/22④256/62⑨328, 365
ごま　3①29/33①37
さいかち　56①182
細辛　68③350
ざくろ　38③185
さつまいも　2①92/10①63/12①384, 385/21①67/22④275/34⑧304/39①52, 53/61②90/70③215, 216, 222
里芋　5①105, 106/10①61/22④242, 246/38③128/39⑥330/41②98
さとうきび　50②152, 161/61⑧219/70①20
さんしゅゆ　55③248
しおん　55③359
しのぶ　54①258
芝　5①145
じゃがいも　70⑤327, 328, 329
芍薬　3④345/54①305/68③346
十六ささげ　38③145
しゅろ　54①306
しょうが　2⑤331/38③131/48①250/62⑨350
すいか　2①73/40④310, 320, 321
水仙　3④306/55③386
杉　3①49/39⑥336/56①41, 43, 171, 211, ②255, 257, 258, 260, 261, 263, 266, 268
すげ　4①124
せきしょう　54①309, 310, 311, 312/55②143
せきちく　54①313
せり　3④297/4①153
せんきゅう　68③345
そば　22④240
大黄　68③340, 341
大根　2①55, 57/5①111, 126/6①111, 113/24③298/25①67/37①46/41②102/62⑨371, 373, 390
大豆　4①85, 196/5①41, 67, 139/17①194/33①37/38③144/40②47
たかきび　17①209
竹　3④334/38③188/39①59/55③437/57②160, 161/65①41
たばこ　23⑥319/24③303/38③133, 134/40②160/62⑨330/63⑧444

たらよう　3④330
だんとく　54①281
茶　3④260/5①162/6①157,158/56①179
朝鮮人参　45⑦388,396,397,402,403,410,411,415/48①228,229,235,236,237,238,243/61⑩459
つばき　54①284
てっせん　54①297/55③313
天門冬　68③354
当帰　54①238
ところ　15①93
ととろあおい　3①60
とりかぶと　54①239
とろろあおい　3①57/53①35
菜　25①67
なし　3①51/40④273/46①64,66,79
なす　2①88/3④231,249,285,357,376/5①140,141/15②165/24③302
菜種　1④314/5①131/18①95/39⑤290/45③161,165,169,170/69①88
なつめ　25①112
なるこゆり　54①203
にちにちそう　55③445
にら　3④326/69②297
にんじん　6①126,127,128/48①246
にんにく　33⑥369/38③169
ぬるで　16①162
ねぎ　3④241,262,293,299,304,324/4①143/25①144/38③170/41②120
はす　3①36,③176/10①77/12①340,342/17①298
はぜ　31④164,165,166,168,186,212
はぼたん　55③264
ばら　55③304
ひえ　5①99,③262/21①61/23⑤267,268/38②65/39①45
ひおうぎ　54①225
ひのき　56①168
ひるがお　18①122
ひるむしろ　5①68,69/25①58
ふうらん　54①295
ふき　2①121/3④341/4①149/25②214/28①22/33④232
ふじ　55③291
ふだんそう　41②118
ふとい　67④180
ぶどう　48①190,193
ぼうふう　68③347
ぼたん　55③466
牡丹皮　68③353
まこも　10①77/17①301
松　48①252/49①37/55②130,132,146
みかん　3①51,④307/56①87,89/69①104
みずあおい　54①304
水菜　4①107
みつば　3④319
みつばぜり　18①140
みょうが　28①18/33④232/38③123/60⑥377
麦　23⑥321/24②237/36②117/37③291,292/40②101,104,105,107/45②105/61④158/62⑨361,388,389/69①74
むらさき　14①148,155/17①223/48①200
もっこう　54①224/68③343
柳　25①147/55③452
やまいも　5①144
やまごぼう　38③125
ゆうがお　2①73/23⑥335/40②136
ゆり　10①80/33⑥384
よし　17①303
よもぎ　67④179
らっきょう　3④375/38③171
らん　55③343
れいし　54①282
綿　3④296/8①183,263/23⑤275,280,281,282,⑥327/40②48,51,59,130/61④169,⑩425/62⑧276/69①86,87

ねあがりまつ【根上りまつ、根上り松】　69①107
松　55②129

ねあらわぬなえ【根不洗苗】
稲　27①50

ねいも【ねいも、ね芋】　70⑥387
さつまいも　34③44

ねいり【根入】
稲　17①73/38③138
ごぼう　31⑤250
さつまいも　31⑤270/33④209
麦　17①162

ねいろ【根色】
稲　27①112

ねうど【根独活】　3④319

ねおきのせつ【寝起ノ節】
蚕　47②107,108

ねおろしつく【根下しつく】
桑　47②140

ねかぶ【根株】→A
69②229
麻　5①91
烏薬　68③352
くすのき　53⑥396
ごま　3①29

ねかぶさかい【根株さかひ】
稲　27①174

ねがらみ【根からミ】
藍　30④348
稲　61⑥189

ねぎ【ねキ、ねき、ねぎ、根葱、根葸、冬葱、葱】→あかぎ、あさつき、かりぎ、き、きなえ、しろぎ、ねぶか、ひともじ→B、G、H、N
2①78,81,118,127/3①34,③155,④240,241,251,252,262,293,296,304,324,325,327,357,359,362,366,370,373/4①143/6①16,85,151,162/7②270/10①20,29,45,46,65/11③147/12①276/17①274,275/19①130,169,②428,447/20①153/22①38,③158,④254,255/24①142/25①125,②223/28④331,332,347/29②122,154,④281/30③286/31⑤272/33④187/36③294/37①35,②82/38③170,④241/39②116/40③216/42④239
ねぎ　19①170

ねぎくだ【葱管】
ねぎ　19②428

ねぎだね【ねぎ種、葱種】
ねぎ　3④251/19①164/22①38/29④277

ねぎなえ【ねき苗、葱苗】
あさつき　4①143
ねぎ　19①157/39②116

ねぎなえのまた【葱苗ノ股】
ねぎ　19①131

ねぎね【葱根】
ねぎ　3④362

ねぎのたね【ねきの種】
ねぎ　17①274

ねぎのみ【葱の実】
ねぎ　3④293

ねぎまた【葸股】
ねぎ　19①131

ねぎるい【葱類】　10①65

ねぎわのくき【根際の茎】
稲　23①64

ねぎわのは【根きわ之葉】
菜種　8①88

ねくばり【根くハり、根くバり、根配、根賦】
稲　5③260/30①44/39④203/70⑥397

ねけ【根毛】
稲　25①45

ねこ【ねこ、猫】→G、I、N
3①56/10①9/13①175/18①170/24①31,44,③273/25①91,93,95/40②70,71,73,168/43③255/45⑥309/47①32,②141/52②124/60②109/62④89/67①18

ねこやなぎ【猫柳】　55③382

ねさき【根さき、根先、根先キ】
39①24/69①78
稲　7①15/37②93
柿　56①80
杉　14①78,79/56②252,255,258
大豆　12①186
菜種　45③156
肉桂　53④248
ぼたん　54①269
麦　61④158
ゆうがお　41②94

ねざさ【根笹】→G
54①179/55③441/56①113

ねざし【根さし、根ザシ、根ざし、根差】　8①125,171/41⑦326
稲　8①74/23①20,61/41②64
麦　8①99
綿　8①57

ねざす【根さす】
稲　36①44

ねしいね【寝し稲】
稲　31⑤274

ねしころし【ねしころし(どくぜり)】　6②300

ねじる【根汁】
朝鮮人参　45⑦390

ねずほ【ネヅホ、ねづほ】
藍　19①104,②436

ねずみ【ねすミ、鼠】→G、I
18①170/24①44/25①99/37①47/40②69,71,168

ねずみお【鼠尾】
大豆　36②118

ねずみのお【鼠の尾】
ねずみ　35①87/47②141,142

ねずわり【根居】
稲　5③258

ねせあい【ねせ藍】
藍　20①284,286

ねだま【根玉】
水仙　55③386,387

ねつき【根付】　21①86,87/39①57,58
藍　38③135
稲　8①81/21①45,46/23①20,③149/24②235/31⑤265/39①35/41⑤232/66⑧409
漆　46③207,212
菊　55①31,③300
楮　36②127
さつまいも　31⑤268/61②90
杉　56①171,②255,260,261,262
竹　3④259
なす　3④377/38③121
菜種　38③134
柳　65①19

ねづく【根つく、根付、根付く】 56②256, 266
稲　8①74/23①69/36①50
柿　3④346
桐　22④277/56①209
くるみ　56①183
桑　56①178, 208
杉　56②253, 263, 265, 269
たばこ　38③133
どろのき　56①131
なし　46①66/56①185
なす　39②108
ねぎ　38③170
ひえ　38③147
ひのき　56①47
ねっこ【根ツこ】
ながいも　22④271
ねなしぐさ【ねなし草】→ぶっこうそう→G
55②123
ねにえだで【根に枝出】
ごぼう　22④257
ねのあく【根のあく】
そば　62⑧261
ねのいろしろきくわ【根の白き桑】
桑　35①68
ねのから【根のから】
わらび　10②338
ねのきりくち【根の切口】 56②289
ねのきわ【根の際】
綿　69①86
ねのすえ【根の末】
桑　35②308
ねのすじ【根の筋】
ごぼう　22④257
ねのとおり【根の通り】
藍　19②448
ねのはりよう【根のはりやう】
稲　11②107
ねのみ【根の実】
にんにく　4①144
ねのめ【根の芽】
葛　50③241
ねのもみ【根の籾】
稲　41②73
ねは【根葉、葉根】→I
23⑥313
麻　3①41
かぶ　12①226
からむし　34⑥158
さつまいも　21①66
大根　12①220, 223
なたまめ　12①207
にんじん　25①128
ねばがわ【ねは皮】
藍　34⑥160
ねばき【膗木】
桑　35②353
ねばち【根鉢】
まつばらん　55②174
ねはらみ【ねハらミ、根はらミ】
稲　17①133
麦　17①178
ねばり【根ばり、根張】
稲　22②103/39①22/40②143
ねばりしる【黏汁】
とろろあおい　3①58
ねばりたるしる【ねばりたる汁】
馬　60⑥349
ねひげ【根鬚、根鬚け】 57②157
竹　57②164
ねぶか【ねふか、ネブカ、ねぶか、根ふか、根深、葱】→ねぎ→F、H、N
4①142/6①16/7②335, 336/8①183/10①20, 24, 30, 32, 38, 40, 43, 64, 65, ②370/12①276/15②175, 190, 195/17①59, 273, 275/18⑤467/24①141/28②190, ④334, 348/29①83/31⑤272/33⑥358/39④200, ⑤280, 291/43②169, 171, 178/69①39
ねぶかたね【ねふか種】
ねぎ　62⑨331
ねぶかなえ【ねぶかなへ】
ねぎ　10③401
ねぶかのたね【ねふかの種】
ねぎ　17①274
ねぶかのね【ねぶかの根】
ねぎ　12①280
ねぶと【根ふと】
稲　17①66
ねぶのき【ねぶの木、合歓木】→ねむ、ねむのき→Z
4①25/64④265, 269, 278, 283, 291, 293, 294, 297, 303
ねぶり【根ぶり】
稲　9②197
ねぶりしかいこ【ねふりし蚕】
蚕　35①139
ねまた【根扠】
大根　2①55
ねむ【合歓木】→ねぶのき、ねむのき
6①182
ねむぎ【寝麦】
大麦　5①129
ねむのき【ネフノキ、合歓木】→ねぶのき、ねむ→N
1②166/19①185/56①70/59④363
ねむのはな【合歓の花】
ねむのき　3④354/38①23
ねむのみ【合歓の実、合歓之実】
64④268
ねむのき　64④263, 271
ねむり【眠り】
蚕　35①37
ねむりぐさ【眠艸】 55③356
ねむりしかいこ【眠し蚕、眠りし蚕】
蚕　35①125, 126, 129, 135
ねもと【根もと、根元、根本】
39①24/62⑨357
稲　5③259/70⑥419
漆　46③206, 208
菊　55①60
桑　47③175
さいかち　56①63
さとうきび　30⑤411/50②151
すいか　40④322, 323
杉　22④276/56②253, 255, 260/57②152
茶　47④208
なし　46①62, 65, 67, 72
なす　39②107
ねぎ　62⑨344
はぜ　11①49/31④181, 182
まつばらん　55②137
みかん　3④308
みつまた　48①188
麦　11⑤231/37②202/68②249, 250, 258
綿　62⑨362
ねもとのは【根本之葉】
麦　8①100
ねよりいもをしょうじたるず【根より薯を生じたる図】→Z
じゃがいも　18④410
ねりまだいこんたねじゅくす【練間(馬)大根種熟】
大根　30①125, 126
ねをおろす【根を下ス】
たばこ　41②113
ねをさす【根をさす】 29①41
ねんじん【ねんじん】→にんじん
24①93
ねんないまきのだいこん【年内蒔の大こん】 19②384

【の】

のあざみ【野薊】→N
55③301
のいね【野稲】→おかぼ→F、Z
10①41/33④180, 209, ⑤243, 256/61②83/70⑥377, 424
のいばらのみ【野茨之実】
野いばら　68③354
のうかのえきとなるべきうえもの【農家の益と成へき植物】
14①340
のうしんけい【脳神経】
馬　60⑦448
のうしんしょけい【脳神諸経】
馬　60⑦450
のうずい【脳髄】
馬　60⑦456
のうぜん【のふぜん、淩霄】 54①157, 290
のうぜんかずら【淩霄花】 55③366
のうば【農馬】 4①182/21④191/22①35
のうま【野馬】 60③137/68②292
のうらく【のうらく】→あずき
40③223
のうるし【野うるし】 16①141
のがいうま【野飼馬】 2⑤335
のがいのうま【野飼の馬】 20①82
のがえり【野ガエリ】
稲　39⑤275
のぎ【禾、毛、芒】
稲　9②201/19②425/27①113/39①20
大麦　5①129
麦　3④264
のぎあるいね【禾有いね】
稲　9②201
のぎく【野きく】→くい→F
55②122
のぎのいろ【のきの色】
稲　27①50
のぐみ【野ぐみ】 44③206
のぐるま【野車】→おぐるま
55③333
のぐるみ【のぐるミ】 11③147
のぐわ【野桑】 35①66/47②137
のげ【のけ、のげ、の毛】
稲　17①17, 23, 24, 143, 144, 153/21①26/37②159, 169, 170, 171
小麦　22④210
麦　17①185
のげあるいね【の毛有稲】 21①34
のげいとう【のけいたう、野鶏頭】 54①237, 290
のげいね【のげ稲、芒稲】→F
稲　17①143/39①27
のこぎりそう【のこきり草、鋸草】→しそう、はごろもそう→N
54①225, 290/55②122
のごま【野こま、野ごま】 54①242, 290
のこりなえ【残り苗、残苗】
稲　9③274/23①100
のこりほ【のこりほ】
稲　28②225
のこりもみ【残り籾】

稲　24①36

のざさ【野笹】　54①179/56①113

のしたるは【のしたる葉】

たばこ　13①64

のしば【野芝】→I
16①306

のしらん【熨蘭】　55③368

のせらん【能勢蘭】→Z
55③368,369

のぞきまめ【のぞき豆】→だいず
28②152,236

のだいこん【野大根】→N
11②116

のだいず【野大豆】→F
10①41

のだけ【篦、野竹、篦】　10①86/16①133/54①177,178/56①112

のたて【野たて】→ぜんこ
55②123

のど【のと】　67④167

のはぎ【のはき】→てんりゅうか
55②124

のびり【ノビリ】→のびる
24①129

のびる【ノビル、のひる、蒜、野蒜】→のびり→N
3④326/10①31,38,64/19①126/33④187,⑥392

のぶき【野ふき】→F、N
4①149

のぶどう【ノブドウ】→N、Z
1②159

のべふす【偃】

麦　3③141

のぼり【登り】

稲　19②342

のぼりなえ【のぼり苗】

稲　7①17

のぼりはえ【のぼりはへ】

綿　9②221

のむぎ【野麦】　18①151

のらだいず【ノラ大豆】→えんどう
19①151

のらまめ【のら豆、豌】→えんどう
2①71,81

のり【のり】

稲　37②130,139,142,145,178

のりいり【のり入、法り入】→Z

稲　37②128,130,140,142,143,152,153,157,158,159,160,166,177,179,181,182,183,200,210,211

のりいりいね【のり入稲】

稲　37②129

のりうま【乗馬】　3③173

のりかたまり【のりかたまり、法りかたまり】→Z

稲　37②129,130,145,157,158,159,179,180,181

のりかたまる【のりかたまる】

稲　37②151,158,166

のりつく【海苔付】

海苔　14①297,298

のりのめ【海苔ノ芽】

海苔　45⑤242

のりのようなるにく【糊のやうなる肉】

はぜ　31④176

のりはいる【のり入る】

稲　37②224

【は】

は【は、葉】→B、I、N
4①147/6①184,185/10①79/16①76,86,88,95,136,155,205,261/21①31/25①140/27①151/38③171,④274/41②130,131/54①223,224,256/55②144/56②279,287/62⑦195,196,⑧262,268/66③150/68①64/69①38,39,41,59,69,80,85,102,125,②247,248,256,257,258,265,292,294,300,317,322,324,326,333,334,343,360/70⑥421

藍　3①42/4①101/6①151/13①40/17①223/28①21/38③135/45②69

あおき　55③274

あおぎり　16①154

あおな　17①249

あおもりそう　55③303

あかざ　4①150

赤ふきのとう　55③246

あけび　1②191

麻　4①95,295/5①91/9①88/21①73/39②117

あさがお　15①78/54①227,298

あさだ　56①123

小豆　5①139/23⑥330/38③151

あずさ　56①100

あせび　69①71

油桐　5③279/16①149

あやめ　54①220

あわ　66②100

いちじく　16①155

いちょう　56①70

いぬきはだ　56①109

稲　5①72,75/6①57/9③244/15①27/17①28/25①139/29①56/37②97,③272,320/39④206/62⑨360/68②250/70⑥382

いぼたのき　56①127

ういきょう　54①239/55③398/68③354

うど　38③174

うのはな　55③299

梅　54①289

瓜　6①122,123/62⑨369

漆　46③210

えごま　38③154

えぞひおうぎ　55③352

えんこう杉　55③435

えんじゅ　56①56

えんどう　22④268

老松　56①114

おうごんそう　55③287

大嶋ゆり　54①206

おおばぎぼうし　55③320

大麦　21①49/39①40,42

陸稲　61⑦194

おきなぐさ　54①197

おとぎりそう　54①242

おどりこそう　54①200

おもと　55②174,③340

かいづかいぶき　55③436

かえで　16①166/54①154,155/55③258

ががいも　18①149

柿　2⑤332/56①84

かきつばた　54①235,280/55③446

莪朮　68③357

かつら　56①117

かなみぐさ　49①148

かぶ　5①115/6①116,②302/17①242,247/23⑥332/38③162/41②115

がま　54①233

榧　56①120

唐鶏頭　54①279

からしな　15①76

からたち　68③356

唐たちばな　54①191

からまつ　55③434

からむし　4①99/34⑥157

唐ゆり　54①207

かわたけ　55③397

寒紅梅　55③385

かんぞう　18①140

がんぴ　55③335

寒ゆり　54①260

ききょう　54①210

菊　2①117,118/10①83/48①206/54①301,302/55①20,34,35,37,38,39,45,46,47,52,60,70

きび　40②124

ぎぼうし　55③402

きゅうり　2①128/41②90

きょうがのこ　55③327

ぎょりゅう　55③312

きんしばい　55③337

きんらん　55③345

くこ　38③124

くじゃくひおうぎ　55③364

葛　50③240,245,247,252

くすのき　16①165

くぬぎ　5①169

くるみ　16①145

くろもじ　56①98

桑　3①55/4①163,164/5①157,158/6①190/47①46,②84,137,139,③171/48①209/56①178,193,200,201,205

くわい　54①232

けし　55③325

けまんそう　54①197

けやき　56①99

楮　4①160/13①102/54①173/56①58,175/61②94

こうほね　55③256

こぶし　54①162

ごぼう　2①133/3②72/6①129/10①77/22④256,257/38③143

ごま　22④249/37②205

五枚笹　55③441

こまつな　2⑤331

さいかち　56①63

柴胡　68③342

さかき　48①59

桜　54①147,148/55③266

ささげ　2①73/23⑥330/38③152

さざんか　55③424

さつき　54①127

さつまいも　3②71/21①66/22④275/39①52,53/70③213,216,222,224,227

里芋　5①105,106/6①133/22④245,246/24①112/38③129

さとうきび　48①218/50②150,161,182

さわら　56①57

さんごじゅ　56①103

さんしょう　54①169/56①126

さんしょうばら　54①161

さんたんか　55③283

しそ　3④381/4①149

七月梅　55③380

しのぶ　54①258

しまらん　55③344

じゃがいも　70⑤327,328,329

しゃくなげ　54①190

しゅろ　3①21/55③288

しゅんぎく　4①154

しゅんらん　54①202

しょうが　4①153/40④316
しらかし　56①104
紫らん　54①218
じんちょうげ　55③262
すいか　40④323
水仙　54①259,314/55③386,420
すいれん　55③390
杉　16①157/38④244/56①41,160,②242
すすき　55③383
駿河らん　54①216
せきしょう　54①310,311,312
せきちく　54①313
せきらん　54①217
せっこく　54①229/55②151
せり　4①153
せんだん　16①159
そてつ　54①257,283
そば　6①104/17①209/38③161/70⑤317
大黄　68③341
大根　2①59/3④322/5①113/6①111,112,113/23⑤266,285,⑥332,334/24③298/38③159/41②101,102/52①25,26/62⑨373/67⑤230
大豆　4①85,127/5①102,139/6②319/17①195/23⑥330/41②95
竹　16①131/54①281
たばこ　2①81/4①117,118/23⑥317,318,319/25②214/28④331/30③272/32①94/36②122/38③133,134/39⑤290/40②160,161/45⑥291,294,296,298,307,313,318,323,324,327/62⑨363,370/63⑧444
たむしば　56①68
たもとゆり　54①205
たんちょうか　55③309
ちしゃ　4①148/17①250/41②122
茶　3①53/4①158/10②362
ちょうじそう　54①199
朝鮮あさがお　54①228
朝鮮かさゆり　54①208
朝鮮人参　45⑦394/48①238,244
朝鮮松　54①176
つけな　52①27
つつじ　55③282,294
つばき　16①145/48①8/55③388,389,405,426,427
つるうめもどき　55③365
つわぶき　38③175
てっせん　55③313
てんなんしょう　54①203
唐かんぞう　55③316
とうごま　55③350
冬至梅　55③421
とうじゅろ　54①189
唐つわ　55③391
とうもろこし　4①91
唐蓮　54①231
とちかがみ　54①234
土茯苓　68③358
どろのき　56①131
菜　25①144
なし　40④274/46①23,24,61,68,70,71,72,96,98,99
なす　28④330/39②108
菜種　18①94,95/38③163/45③152/69①88
なつぐみ　56①119
夏つばき　54①163
なでしこ　54①212/55③286,376
なんてん　55③341
にしきぎ　56①108
にら　69②297,338
にんじん　2①104/6①126,128/25①128,②220/41②117
忍冬　24①125
にんにく　38③169
ぬるで　3③171,④264/56①71
ねこやなぎ　55③382
野あざみ　55③302
のうぜんかずら　55③367
はくせいこう　54①222
白ぼたん　54①44
はげいとう　55③449
はす　12①339/18①120/55③323
はちく　55③438/56①112
はっか　68③349
はつゆり　54①201
はなずおう　56①105
はなちょうじ　54①192
はぼたん　55③265
はまぎく　55③410
はまぼう　55③362
ばら　55③304
ばらん　55③437
はりぎり　56①124
はんかいそう　54①225
はんのき　56①101
ひおうぎ　55③348
ひのき　56①46
ひめつげ　54①188
ひめひいらぎ　56①129
びようやなぎ　55③336
ひょんのき　16①167
ひるがお　18①122
ひるむしろ　25①58
びわ　40④326
ふじ　54①157
ふだんそう　38③123/41②118
ぶどう　48①191
ふよう　54①244/55③373
紅花　55③342/61②92/68③355
べんけいそう　55③351
ほうきぐさ　25②221
ぼうふう　68③346
ほおのき　56①73
ぼたん　54①36/55③394
ほっきんな　41②119
ほととぎす　55③368
まくわうり　2①108
松　16①140/55②131/56①52,53
まゆみ　56①72
みかん　56①88
水菜　4①107
みずぶき　55③400
みそはぎ　55③358
みつば　22④266
みつばぜり　18①140
麦　5②228/8①105/38③200
むくげ　55③331
むらさきしきぶ　56①122
めぎ　56①130
めはじき　54①238
もっこう　68③343
桃　54①142,143/55③251
柳　13①217/54①292/56①121
やまいも　38③130
やまごぼう　38③125
やまぶき　1②191/55③415
やまほととぎす　54①226
やまもも　16①159
ゆうがお　2①73/10①74/38③122
よもぎ　67④179
らん　54①287
りんご　55③276
るこうそう　54①243/55③356
わすれぐさ　54①221
綿　22④261/29①66/40②51,110/62⑧275/69①40
われもこう　54①240

は【歯】→Z
7②229
鯨　15①38

ば【馬】　13①258/60②88/62⑤115

はあい【葉藍】→B
藍　30④351,355,356

はあおにんにく【葉青にんにく】
にんにく　4①144

はい【肺】　69①42
馬　60⑤283,284,285,⑥333,⑦414,418

ばい【蓓】→Z
55③214,215
ふよう　55③373

はいいぶき【はゐ檉柏】　54①181

はいうり【匐瓜】→まくわうり
2①85,94

ばいか【梅花】
梅　37①30/54①158,231

ばいかそう【梅花草】　54①229

ばいかのうてな【梅花の台】
梅　52①43

はいかん【肺管】
馬　60⑦414,415

はいかんし【肺管支】
馬　60⑦415

はいかんどうじょうにみゃく【肺管動静二脈】
馬　60⑦415

はいき【肺気】
人　62⑤115

はいご【はい子、這蚕】
蚕　6①190/62④107

はいさき【はい先】
さつまいも　34④63

はいしょう【敗醤】→おとこえし
55②124

はいじょうけつみゃく【肺静血脈】→Z
馬　60⑦415,417

はいそう【敗草】→やぶれがさ
55②123

はいぞう【肺臓】→Z
馬　60⑤282

はいたちそうろうむぎ【はい立候麦】
麦　27①65,66

はいたるなえ【はいたる苗】
稲　27①114

はいどうけつみゃく【肺動血脈】→Z
馬　60⑦415

はいね【はい根、這根】　40②99,100
油桐　5②229,③279
ゆうがお　41②94

はいのぼる【はい登】
えんどう　41②123

はいのゆ【肺の兪、肺兪】→Z
馬　60⑥334,341,348,350,369,371

はいびゃくし【這白芷】→いぶき
31④192

はいびゃくしん【はい柏槇】
54①181

ばいも【貝舟(母)、貝母】→N
28④333/55③241,438

はいろ【葉色】
さとうきび　30⑤412
杉　56②263
大豆　38①12
松　55②130

はうすし【葉薄し】
たばこ 69①102
はうら【葉裏】
桑 47①45,46
大根 11②116
はえ【蝿】→G、N
16①37/70②64
はえあい【生相違】
稲 19①214
はえうり【はへ瓜、這へ瓜、這瓜】→まくわうり
2①108,127,132
はえがしら【生頭】
里芋 39②104,105,106
はえかた【生方】
大麦 22④206
はえぎれ【はへ切】
綿 62⑨338
はえぎわ【生ぎハ、生端】 15②162
大根 2①55
はえくち【生へ口、生へ口、生口】
8①150,180
稲 17①40
そらまめ 8①113
大根 24③289
麦 8①99,100
綿 8①16,18,31,49,52,56,230,234,243,269,274,282
はえくちおいたち【生口生立】
綿 8①242
はえさき【はへ先】
さつまいも 34③42,④62
はえざるふるたね【不生古種子】
19①170
はえそろい【生揃】
綿 8①36
はえたち【生立】
稲 8①66
朝鮮人参 45⑦403
綿 8①38
はえたちかぶ【生立カブ】
稲 8①81
はえね【生へ根】
ふじ 46①67
はえのしり【蝿の尻】
稲 36①50
はえむら【はへむら】
藍 10③386
はえもみ【はへもミ】
稲 62⑨324,332
ばえやなぎ【ばへ柳】
柳 56①183
はおもて【葉面】
桑 47③170
はかた【はかた】 54①206
はがた【葉形】 22④205/55②157
おもと 55②111
くじゃくそう 54①257
たばこ 45⑥287,327,329
松 55②128
まんりょう 55②135
はかま【ハかま、はかま、袴、苞、籜】
稲 5①46/17①146/19①73,81/20①106,107/29③240/37①29/40④281
さとうきび 70①19,24
ひば 55②180
はかまかず【袴数】
稲 29③233
ばかめ【バカ芽】
海苔 45⑤244
はがらし【はがらし、葉芥子】
10①72/29②154
はぎ【はぎ、萩】→はげ→B、H、N、Z
3③180,④354/16①38/17①304/28④333/36③213/37③322,335,338/54①245,267/55③348,358,384/56①72/68④415/70⑥389
はぎあさ【剝麻】
麻 19①97
はきかけ【はきかけ】
口紅せんのう 54①237
さざんか 54①113
つばき 54①92,94,96
はきこみ【はき込】 55②158
はぎたね【萩種】
はぎ 4①235
はぎのこ【萩の子】→B、I
10①63
はぎのはな【萩の花】
はぎ 56①103
はぎょう【葉形】
東せきしょう 54①233
かえで 54①152,153,154
桐 54①189
はげいとう 54①239
ひめこまつ 54①176
はぎれ【葉切レ、葉切れ】
なし 46①25,26
はきれめ【葉切め】
椿 56①175,176
ばく【ばく】
蚕 35①57,59
はくい【白衣】
馬 60⑦441
はくか【白瓜】→とうがん
19①151
はくき【葉茎】
大根 12①216
とろろあおい 3①58
菜種 12①231
はぜ 11①21
はくげしょう【はくげしやう】
54①267
はくこつ【膊骨】
馬 60⑦411
はくさい【白菜】 44③207,211
はくさかずら【はぐさかづら、ハクサ蔓】 55③313,367
はくさんかずら【白山蔓】 55③367
はくし【百枝】→ところ
14①164
はくじょう【白条】
馬 60⑦425
はくせいこう【はくせいかう、白青紅】 54①222,267
はくせいらん【白青蘭】 55③402
はくぜん【白前】→とらのおそう
55②123
はくちゅう【白丑】→あさがお
15①78
はくちょう【薄腸】→Z
馬 60⑦430,431,433
はくちょう【白鳥】 55③309
はくちょうか【白頂花】 55③294,309,375
はくちょうかくまく【薄腸隔膜】
馬 60⑦434
はくちょうげ【白丁花】 11③145/54①266
はくとう【白桐】→しろぎり
13①197
はくとうげ【白頭花】 54①188
はくどうみゃく【搏動脈】
馬 60⑦421
はくばい【白梅】→F、N
3④342
はくはつ【白髪】 38③124
はくばっけい【白茇】→ところ
14①164
はくへんず【白藊豆】→しろへんず→F
10②328
はくぼたん【白牡丹】 54①38,54,55,73
はくまい【白米】→B、K、N
あわ 4①81
はくまく【白膜】→Z
馬 60⑦446
はくもくれん【白もくれん、白木蓮】 54①162,266/56①107
ばくもんどう【ばくもんどう、麦門冬】→N、Z
13①303/54①215/55②124
はくやく【白薬】
きからすうり 14①195
はくよう【白楊】→はこやなぎ
13①217/56①48
はくようのえだ【白楊の枝】
柳 13①216
はくらん【はくらん、白らん、白蘭】→N
54①197,217,218,267
はくれんげ【白蓮花】→F
54①162
はげ【禿(萩)】→はぎ
4①234
はげいとう【葉鶏頭】→N、Z
28④333/55③380,449
はこ【把姑】→たばこ
45⑥316
はこねうのはな【箱根兎の花】→げんぺいう
55③306
はこねぐさ【箱根草】 54①258
はこねざさ【箱根笹】 54①179/56①113
はこねそう【はこね草】 54①267
はこねたけ【箱根竹】 54①178
はこねばら【箱根荊】 54①161
はこねゆり【はこねゆり】→ささゆり
54①206
はこべ【はこへ、はこべ、蘩蔞】→G、I、N、Z
10①38/17①295/24①153/56①170
はこべら【はこへら、はこべら】→N
10①72/24①32
はこやなぎ【はこやなき、はこやなぎ】→はくよう、まるばやなぎ、ゆきやなぎ
13①217/56①121
はごろもそう【羽衣艸】→のこぎりそう
28④333,340
はこわり【葉こわり】
藍 29③249
はさい【はさい】 41②76
はざいね【架稲】
稲 27①187,252
はざかけのいね【架懸の稲】
稲 27①189
はさき【はさき、葉さき、葉先、葉尖】
藍 4①101
稲 37②93/39①35
さとうきび 48①216
たばこ 4①117/41⑤237
菜種 45③157
麦 5③278
はさきおくれ【葉さきをくれ】
稲 17①66
はし【はし】
うずら 60①46,59
はじ【はじ、黄櫨、櫨、柞】→はぜ→Z
10②336/14①32,52,202,231,261,341,402,404/47⑤251/

55③409/69①125,②298
はしおれ【葉シヲレ】
綿 8①290
はしか【はしか】→B、I
稲 37②212/61②101
はじかみ【ハシカミ、はしかミ、はしかみ、はじかみ、薑】→しょうが→Z
4①153/12①291/17①284/19①152/20①320/25①141/29④278/30①135/38③131/69①50
はじかみめでる【薑芽出】
しょうが 30①126
はじかむかけ【ハジカムカケ】
麦 8①98
はじき【櫨木】 14①402
はじなえ【柞苗】
はぜ 47⑤268
はしね【はしね】
うずら 60①63
はしの【箸篠】→やだけ
45④206
はじのき【櫨の樹、櫨の木、櫨樹】→Z
14①27,31,41,231,321/69①78
はじのみ【櫨の実】
はぜ 14①229
はしばみ【はしバミ、榛】→かますはしばみ、つのはしばみ→N、Z
6①183/13①142,219/38③187/56①98,101,130/62①14/69①125
はしばみ【薑】→しょうが
6①162
はじみ【櫨実】→B
はぜ 50①88
ばしょう【はせを、ばせを、芭蕉】→ばしょうお→B
12①233/34①12,⑥162/54①229,267/55②106,③326,374,445/57②205/66⑦366
ばしょうお【わせを苧】→ばしょう→N
34⑥149
はしょうが【葉せうか、葉生姜、葉生薑】 2⑤329,331/3④218
しょうが 25②222
ばしょうげ【芭蕉毛】
馬 60⑥375,376
ばしょうなえ【芭蕉苗】
ばしょう 34⑥162
はしり【走り】
稲 33④217
はしりご【走蚕】
蚕 35②354
はしりざき【走リ先、走咲】
綿 8①27,42
はしりどころ【莨菪】 6①212
はしりほ【はしりほ、はしり穂、走り穂、走穂】
稲 1②147,③278/4①216/30①74,78,79,80,81,90/37③338
けいがい 27①70
麦 30①114,115
はしる【はしる】
稲 41②70
はす【はす、蓮】→つれなしぐさ、はちす、れん、れんこん→N、Z
3①36,③176/10①20,24,77/11③142,149/12①339/17①298/24①41,140/29④284/65②90/70⑥381
ばすいぼく【馬酔木】→あせぼ→Z
15①94/54①190/56①109
はすいも【蓮いも、蓮芋】→さといも→F、N
3④379/25②218/29③253/30③273
はずえ【葉末】
麻 5①91
稲 15①28
はすのは【蓮の葉】→N
はす 10②339
はすのはな【蓮の花】 3④354
はすのみ【蓮子、蓮実】→N、Z
10①36,39,41,43
はす 12①341
はずみばな【はつミ花、はづミ花】 55②140
ぼたん 54①269
はすめのかしら【蓮目のかしら】
はす 28①25
はぜ【黄櫨、櫨】→はじ→I
10①83,②337,359/11①6,9,13,14,15,16,24,27,31,33,36,41,52,53,54,59,60,61,62,63,64/31④152,164,165,172,173,175,182,192,194,198,201,202,204,205,206,209,213,214,216,217,218,219,220,223,224/33②105,110,117,118,119,120,127,130,133/34⑥153/61①38,48,51/69②312
はぜき【櫨木】 11①5,6,13,64/31④199,200,225/33②101,102,104,106,107,111,112,114,118,132/57②206
はぜなえ【櫨苗】
はぜ 31②70/33②106,107,109,113,115,116,117,122
はぜのかわ【櫨の皮】
はぜ 11①39
はぜのき【櫨、櫨之木】 10①41/33②129
はぜのなえ【櫨の苗】
はぜ 11①52
はぜのねさき【櫨之根先】
はぜ 33②122
はぜのはな【櫨之花】
はぜ 33②122,126
はぜのみ【櫨ノ実、櫨の実、櫨実、櫨之実】 10①44
はぜ 11①13,60/30③294/31②85,④210/33②101,108,116
はぜみ【櫨実】 33②106
はぜ 29④283/33②102,104,110,111,113,133
はぜる【はせる、葩煎る】→K
こうじ 51①46,47
ばせんこう【馬先高】→はまぎく
55②124
はせんもと【葉仙本】
わけぎ 34⑤84
はだ【肌】→C、D、I
62⑤115
はだあい【肌合】
綿 8①14
はたあわ【畠粟】 32①100,103,105,106
はだいず【葉大豆】→I
62⑨335
はたいも【畑いも、畑芋】→さといも
24①48/48①232
はだか【はだか、は田か、裸】→はだかむぎ
9①114/10②325,326/11②112,113,⑤219,222,226,238,241,242,246,247,263,267,268,271,274,280,282,284/22⑥379,391/29①70,71,76/31⑤281
はだか【粿】 72②271
はだかのほ【はだかの穂】
裸麦 11⑤246
はだかむぎ【はたか麦、はだか麦、裸麦】→かわ、かわむぎ、はだか、ひえむぎ、むぎ、むぎやす、むけやす→N
3④264,275,285/4①79/5①129/6①89/9①108,109,117/10①40,43,45/11⑤213,216,218,232,237,250/12①152/17①168/19①137/21①54/22④208/28④329,348/30①48,91,104,115,116/31②84,③117,⑤260,263,275,281/32①47,48,50,68,70,②297,299/33①53,54,④184,227,⑥385/34③44,⑤91,96/37③359/38③176/44③259,262/68②255,259
はだかむぎいろつき【裸麦色附】
裸麦 30①124
はだかむぎじゅくす【裸麦熟】
裸麦 30①126
はだかむぎたね【裸麦種子】
裸麦 44③259,260,261,262
はだかむぎほだし【裸麦穂出】
裸麦 30①124
はたくわい【畑慈姑】 70⑥381
はたけ【畑毛】 62⑨394
はたけいね【畑稲、畠稲】→おかぼ→Z
3①28/4①71,73/6①84,85/10①27,29,52,②315,328/12①147,149/21①81/24③290/33①24/37③309/39①46,63,64/40②181/44③205/61⑦193,196,⑩426/62⑧274
はたけな【はたけ菜】→みずな
12①229
はたせり【畑芹】 70⑥381
はたそば【畠蕎麦】 32①112
はただいず【畠大豆】 32①89
はたつまり【ハタツマリ】 6①173
はたつもの【野菜】→X
45③132
はたびえ【畠稗】→ひえ
6①92
はたまい【畠米】→おかぼ
4①72
はだまめ【ハダ豆】 8①44
はたむぎ【畑麦、畠むぎ、畠麦】→むぎ
9①19,51,111,115,117,120/11④185/32①47,49,61,63,71,74,②301,307/33④227/39③149
はたものまきだね【畑物蒔種】
21①30
はち【はち、蜂】→G
14①346,347,348,349,353/18①170/40④314,333,335/48①224,225/67⑥262/69①43
はちがつきりのたけ【八月切の竹】 28②209
はちがつにうえるもの【八月に植物】 10①37
はちく【淡竹】 6①186/7②364,365,366,367/10①86/54①177/55③438,440/56①112
はちくだけ【八九竹】 38③189
はちこうそう【八香艸】 28④333
はちす【はちす、蓮】→はす→Z

12①**339**,343/55③322
はちす【木槿】→むくげ
54①164
はちふくべ【鉢瓠】 19①151
はちみつ【蜂蜜】→H、I、N
蜜蜂 40④**333**,337
はちよう【八葉】
梅 54①138,139
つつじ 54①123
はつが【発芽】
なし 46①86,87,88
はっか【薄荷】→N、Z
13①298,300/55②124
はつかぐさ【廿日草】→ぼたん→A
24①140
はつかり【ハツカリ】
綿 8①186
はつき【葉付】
藍 10③391
はつきのまま【葉付ノ儘】
さとうきび 30⑤410
はつさきのたね【初咲ノ種】
紅花 19①121
はっしょういも【八升イモ、八升芋】→じゃがいも
70⑤325,326
はっしょうまめ【八升マメ、八升豆】→れいず
12①204/19①151/28②147
はつしろ【初白】
稲 19①74,75
はっせい【発生】
大麦 5①126,127
はつたけ【初茸】→N
36③262/68④402
はつでのね【初出の根】 19②394
はつなり【初なり】
瓜 62⑨340
きゅうり 20①130
なす 10③400/20①130/39②108
はつね【初根】
瓜 7②334
なす 7②334
はつふき【初ふき、初吹】
綿 32①150,152/62⑧276
はつゆり【はつゆり、初ゆり】
54①201,260,267
はでき【葉出来】
かぼちゃ 33⑥343
さつまいも 33⑥338
大根 33⑥307
はと【鳩】→G
25①98,99
ばとうじょう【馬頭娘】→かいこ
24①49,55
はとばら【はと荊】 54①161
はとむね【はとむね】
馬 60⑦411
はな【はな、英、花】→I、N、X、Z
6①180,②285/25①140/40②54,99,④313/51①71/55①52/69①125,②247,248,256,257,258,260,262,265,292,294,324,325,327,336,337,348,349,360/70④272,⑥411
藍 4①100
あおい 54①214
麻 21①73/38③144
あさがお 3④301/15①78/54①228/55③334
小豆 27①152
あずさ 56①100
あせび 54①189
甘茶 54①171
あめんどう 55③257,264
あやめ 54①220/55③282,302
あらせいとう 54①298/55③274
あんず 13①133
いちはつ 55③278
いちょう 56①70
いちりんそう 54①197
稲 2④287/5③280/6②311/17①28/23①77/25①90,②189/37②137,139,142,143,149,153,157,158,159,160,169,172,177,180,195,210,221/42①28/67⑥287/68②250/69①134
いぼたのき 56①127
いわふじ 55③363
ういきょう 54①239
梅 3③169/16①151/54①138,139,141/55③240,242,247,253,254,425
瓜 4①129/6①123
漆 4①161/56①50
えびね 54①198
延胡索 68③352
えんどう 55③418
おうごんそう 55③287
おうばい 55③426
おおでまり 55③321
おおやまれんげ 55③333
おけら 54①244
おにあざみ 55③302
おもと 55③340
柿 7②354
かきつばた 54①235,280/55③279
がくあじさい 55③310
かつら 56①117,118
かなみぐさ 49①148
かのこゆり 37②205
かぶ 6②302
がま 54①233
榧 56①120
唐鶏頭 54①279
からしな 15①76
かりん 56①72
かわやなぎ 69②189
寒紅梅 55③385
かんぞう 18①140
がんぴ 54①210/55③335/56①103
寒ゆり 54①260
寒らん 55③415
きからすうり 14①195
ききょう 54①210/55③354,355/68③349
菊 2①117,118/48①205,206/54①247,248,302/55①17,37,39,44,46,50,53,54,55,56,59,60,61,63,70,73,③299,300,313,405
ぎぼうし 55③402
きゅうり 4①137
ぎょりゅう 55③312/56①73
桐 56①48
きりんそう 54①224
きんしばい 55③337
きんせんか 54①301
きんらん 55③345
くがいそう 55③342
葛 50③245
くちなし 10②339
くぬぎ 56①62
くまがいそう 54①291
くまたからん 55③369
くもりゆり 54①208
栗 56①56
鶏頭 12①326/55③362
けし 3①34/4①150/17①214,215
げんげそう 54①225
紅ぼたん 54①56,58,59,60,61,62,64,65,66,67,68,69,71
こうほね 54①232/55③256
こくさぎ 56①71
こしおん 54①240
こなら 56①104
こぶし 54①161/56①105/67⑥302
ごぼう 3①31/22④257,258
ごま 62⑨363
桜 16①167/54①147/55③263,266,267,273,411
桜うのはな 55③292
さくらそう 55③303
ささゆり 54①209
ささりんどう 55③403
さざんか 54①112,114,115
さつき 16①168/54①126,134,135
さつきつつじ 37②219
里芋 23⑥325/39①50/41②97
さとうきび 48①218
さるすべり 39①15/54①173
さわおぐるま 54①199
さんしゅゆ 55③248
さんれいそう 38③124
しおん 55③359,377
七月梅 55③380
しまらん 55③344
しもつけ 54①172
じゃがいも 70⑤328
しゃくなげ 54①190/55③304/56①129
芍薬 54①76,81,305/55③277/68③345,346
しゃりんばい 55③316
しゅろ 55③288
しゅんぎく 4①154/12①323/55③419
紫らん 54①218
白瓜 38③137
じんちょうげ 54①189
すいか 4①135/40②147,④322
水仙 54①258,259,314,315/55③387
すもも 16①152/56①98
せきちく 54①213/55③301
せっこく 54①229
せっていか 54①313
せんきゅう 68③345
千日紅 54①242
せんのう 55③346
そば 17①209,210
大根 2④278/5①112/38③159/41②103/55③285/68②290
大小豆 27①139
大豆 6②319/23⑥329/27①152/40②47
武嶋ゆり 54①206
たちあおい 55③329
たばこ 23⑥318/34⑤99/38③134/67⑥306
たむしば 56①68
たもとゆり 54①205
たんちょうか 55③308
たんぽぽ 12①321
茶 6①155
朝鮮人参 45⑦381,382
つつじ 6①181/54①124/55③294
つばき 13①220/38③188/54①87,88,89,90,91,92,93,94,97,99,100,101,102,104,106/55③241,246,255,258,388,389,390,408,409,413,414,420,427,430,431

つゆくさ 24①63/27①71
つりがねそう 55③305
てんなんしょう 54①203
とういちご 55③269
当帰 54①238
唐桐 54①223
とうごま 55③350
冬至梅 55③421
唐つわ 55③391
唐蓮 54①231
とけいそう 55③320
とち 6①183/56①123
とちかがみ 54①234
どろのき 56①131
とろろあおい 3①57
菜 2④278
なし 3①50,③169/16①148/40④269,270,273/46①13,21,89,90,91,92,93,94,97,98,101/54①165,166/56①108
なす 3④285/24③302/38③121,④250
菜種 5①132,133/8①92/22④231,232/45③159,167,169,171/55③249/69①40
夏つばき 54①163
なでしこ 54①212/55③286,376
なんてん 55③340
にがき 56①101
にちにちそう 55③332
にわざくら 16①171
ねこやなぎ 55③382
ねじあやめ 54①202
のうぜんかずら 54①157/55③367
はぎ 55③384
はくせいこう 54①222
はくちょうげ 54①188/55③309
白桃 55③243
白ぼたん 54①39,40,41,44,45,47,48,49,50,51,52,53,54,55
箱根うのはな 55③306
ばしょう 55③374
はす 12①339,342
はぼたん 55③265
はまぎく 55③410
はまなし 54①160
はりぎり 56①124
春すかしゆり 54①201
ひおうぎ 55③348
緋桐 54①273
ひし 55③323
美人草 55③317
ひまわり 54①245
ひめばしょう 55③399
ひゆり 54①207
ひょうたん 48①216
びようやなぎ 55③336
びわ 40④326
ふうらん 54①217,295
ふき 12①309
ふくじゅそう 54①196
ふじ 54①156/55③291
附子 68③359
ふじばかま 54①215
ぶっそうげ 55③347
ふよう 54①294/55③372
ぶんどう 17①214
へくそかずら 54①159
紅花 3①44,62/4①103,104/6①152,153/10①81/13①45/22④264,265/25①128/36②122/38③165/40④302,303,304,305,318/45①36,38,40,44,49/61②92/68③355
べんけいそう 55③351
ほうおうひおうぎ 55③375
ぼうふう 68③347
ぼけ 16①153
ぼたん 37②206/54①269,270,271/55③289,395,396
ほととぎす 55③368
松本せんのう 54①211/55③311
みずあおい 55③349
みずばしょう 55③326
みずひき 55③382
みつまた 56①69
みょうが 12①307/25②222
麦 8①105/68②251
むくげ 54①164,289/55③357
むらさき 14①148
むらさきしきぶ 56①122
めぎ 56①130
もくれん 56①107
桃 3③169/16①151/54①142,143,144/55③259,272,293/68③354
やまぶき 55③275
やまぼうし 56①97
やまほととぎす 54①226
やまもも 16①159
ゆきやなぎ 55③250
ゆり 3①32/55③352,365,398
らん 54①216/55③343
蘭香梅 55③424
るこうそう 54①243
れんぎょう 54①158
れんげ 23①17,18
ろしゅくそう 54①200
わすれぐさ 54①221
綿 2⑤333/4①111/7①90,91/8①12,41,42,43,45,263,264/23⑤282/34⑤96/39⑥331/69①135
われもこう 55③397
はな【鼻】→N、Z
馬 60⑤283,⑥333,349,⑦452
人 7②229
はなあと【花跡】
はぜ 31④213
はなあやめ【花アヤメ】 28④333
はないき【鼻息】
馬 60⑥370
はなうり【花ふり】
まくわうり 17①261
はなお【花苧】→いちび
10①20,73
はなおさまり【花収り、花納、花納り】→Z
稲 1②147/18⑤464,465,466/37②149,165,166,180,226
はなおさまる【花収る】
稲 37②225
はなおち【花落】
綿 8①57
はなかいこう【花海紅】 56①70
はなかける【花かける】
稲 37②159,165,168,223
はなかずら【花かつら】→F
さつまいも 34③44
はなかたち【花形、花形ち】 55③364
あずまぎく 55③288
ぎぼうし 55③358
きょうがのこ 55③326
はなかつみ【花かつミ】 54①32
はながまつ【葉長松】 5④334
はながら【花がら】
そらまめ 12①196
はなき【花木】
油桐 5②229
はなくき【花茎】
あずまぎく 55③288
桜 54①145
はなぐき【花蕚、蕚】 55③214,215
梅 55③242
つばき 55③388
はなぐさ【花草】→Ｉ、N
25①109
はなけし【はなけし、花けし、花芥子】→F
33⑥378/54①201,267
はなざかり【花さかり、花盛、花盛リ、花盛り】→A
稲 5③262,263/30①80,81,90/37②142,168,193
そらまめ 8①112
菜種 8①91,92
麦 30①114,115
れんげ 9③248
綿 8①264,279
はなさく【花さく、花咲】→Z
41④202
稲 37②129
桜 54①146
綿 8①39
はなざくろ【花柘榴】→F
54①170/55③321,445
はなしくち【離口】 2①123
はなしべ【花しべ、蕊、蘤】→Z
えびね 55③300
がくあじさい 55③310
かざぐるま 55③303
寒らん 55③415
芍薬 55③306
しゅんぎく 55③292,418
水仙 55③420
すいれん 55③390
つばき 55③241,253,255,258,388,389,405,414,421,430
白ぼたん 54①50,55
はまぎく 55③409
ふよう 55③373
ぼたん 55③289,394
はなしょう【花性】
なし 46①91,92
はなしょうぶ【花しやうふ、花せうぶ、花菖蒲】 3④371,372/11③145/54①219,220,267/55③319/70⑥381
はなしょうぶのみ【花せうぶの実】
花しょうぶ 3④374
はなしる【花汁】→N
つゆくさ 48①213
はなずおう【花すわう、紫荊花】
54①314/56①105
はなだ【はなた】→つゆくさ→N
10①24,38,41
はなちょうじ【花丁子】 54①192,266
はなつき【花つき】
紅ぼたん 54①63
はなつく【花付】
小豆 41②95
すいか 40④322
はなつつき【花つゝき】→せきけん
55②124
はなつぼみ【花ツボミ】
菜種 8①89
はなぬきいたや【花ぬき板や】
56①106
はなのうち【鼻の内】
馬 60⑥334
はなのくき【花の茎】 55③457
はぼたん 55③445
はなのさかり【花のさかり、花の盛】
稲 5③263/7①12

はなのした【ハナノ下】
牛　60④188
はなのしべもと【花のしべ元】
紅花　33⑥387
はなのずい【花の蘂】
綿　15③371
はなのせいき【花の精気】
稲　15③339/70④278
はなのなえ【花の苗】
そらまめ　12①196
はなのなか【ハナノ中】
牛　60④182
はなのりん【花ノ輪】
紅花　19①156
はなばしら【鼻柱】
もぐら　24①101
はなはぜ【花櫨】　31④154,162,163,172,173,197,212,213,218,222,223,224/33②126
はなび【花美】
綿　8①14
はなびら【花びら、葩】→X、Z
55③214,215
あらせいとう　54①198
稲　70④279
おもだか　54①232
かきつばた　54①235/55③279
かざぐるま　55③303
ききょう　54①209
菊　55①13,52,56,62,63,64,③403,404
くじゃくひおうぎ　55③364
芍薬　55③306
しゅんぎく　55③418
仙人草　54①245
たもとゆり　54①205
つばき　55③253,255,389,413,414,415,421,430
ばしょう　55③374
花しょうぶ　55③320
ひおうぎ　55③348
ふくじゅそう　54①196
ふよう　55③372
ぼたん　54①36,270/55③289,394
ほととぎす　55③368
桃　55③259,266,272
やまぶき　55③274
やまぶきそう　54①197
やまぼうし　54①163
ゆり　55③330
蘭香梅　55③424
るこうそう　55③356
綿　15③352
はなふき【花吹】
綿　8①285
はなぶくろ【花袋】　55③215
綿　32①148
はなぶさ【はなふさ、英、花ふさ、花総、花房】→Z
55③215,216
あざみ　55③302
あじさい　55③310
あずまぎく　55③288
うのはな　55③299
おうごんそう　55③287
がくあじさい　55③311
菊　55③403,404
きりんそう　55③331
さんしゅゆ　55③247
しおん　55③359,374
芍薬　55③306
じんちょうげ　55③262
すおう　55③277
大根　16①35
ちしゃ　12①306
つばき　55③241,246,255,402,414,427,430
とうごま　55③349
とうわた　55③375
なし　46①90
なでしこ　55③294,376
はくさんかずら　55③367
ばしょう　55③374
はぜ　11①32/31④173,206
ひおうぎ　55③348
緋桐　55③345
ふとい　55③278
紅花　4①104/13①45
みずひき　55③382
ゆきやなぎ　55③250
ゆり　55③351,352
るこうそう　55③356
はなぶさのすえ【花ふさの末】
なし　46①90,91
はなみ【花菓、花実】→Z
15①32/19①188
藍　45②69
梅　38③184
さとうきび　70①14
綿　9②218,219
はなもとのかわ【花元のかわ】
なし　40④270
はなもよう【花模様】　36③212
はなゆ【花柚】→F、N
10①85
はなよしのゆり【花吉野ゆり】→ささゆり
54①206
はなれうま【ハナレ馬】
馬　38④290
はなれたるき【離れたる木】
はぜ　31④195
はなわ【花輪】
菊　55①52
はにく【葉肉】
たばこ　45⑥329
はにんじん【葉にんしん、葉人参】　62⑨331
にんじん　33④231
はね【羽】→B、Z
7②271
はのうら【葉のうら】
ごぼう　62⑨351
はのかたち【葉の形、葉形】
かつら　56①118
しゃりんばい　55③316
はのきれめ【葉の切め】
桑　56①178
はのくき【葉の茎】→N
えんこうそう　55③309
なんてん　55③341
よもぎ　48①294
はのこわり【葉のこわり】
藍　29③248
はのしん【葉の心】
よもぎ　48①294
はのすえ【葉の季】
ひえ　2①29
はのび【葉ノビ】
麦　8①98
はのりんず【葉綸子】
綿　8①13
ははきぎ【はゝきゝ、はゝきゞ、はわきゞ、地膚、箒キ木、箒木、帚木】→くさぼうき、ちふ、ほうきぎ、ほうきぐさ→N、Z
6①162/10②328/17①288/25①140,②221/28④346/33⑥349/38③145/39⑤280,291/41⑤246,⑥267
ははこぐさ【鼠麹草】→ごぎょう→N、Z
12①357,358
ははしょうが【母薑】→しょうが
19①152
ははだ【母駄】→うま→D
1②156
ははむまうし【母馬牛】　13①259
はびら【葉ビラ】
なし　46①20,21,22
はびろな【葉広菜】→みかわじまつけな
2①71
ばべん【馬鞭(くまつづら)】
24①153
ばほうか【馬瓟瓜】→からすうり
14①188
はほこる【葉ほこる】
稲　36②106
はぼせ【ハボセ】→たばこ
45⑥316
はぼたん【はほたん、葉牡丹】→かんらん→Z
55②124,③264,265,445
はまおぎ【はまおき、はま荻】
37②220/54①32
はまおもと【浜おもと】　54①229,267
はまぎく【はまきく、浜菊】→ばせんこう→F、Z
55②124,③409
はまくさのみ【浜草の実】　64④283
はまなし【はまなし】　54①166
はまなす【はまなす、玖璃花、浜なす、玫瑰】→はまなすび
11③145/54①160/55③303/64④289
はまなすのきのね【浜なすの木の根】
はまなす　64④285
はまなすのみ【浜なすの実】
はまなす　64④289
はまなすび【ハマナスビ、浜なすひ、玫瑰花】→はまなす
48①38/64④282
はまなすびのみ【浜なすひの実】
はまなす　64④283
はまぼう【はまぼう】　55③359
はままつのね【浜松之根】
松　64④289
はままつのみ【浜松の実】
松　64④283
はまめ【葉豆】→I
そらまめ　33④225
大豆　41②131
はまもっこく【浜もつこく】
54①186
はまゆうがお【浜壺盧】　41②94
はみかえし【ハミカエシ】
牛　60④174
はめ【葉芽】
大豆　30③271
はめだち【葉芽立】　38①9
はものね【葉物根】　55②165
はやあずきじゅくす【早小豆熟】
小豆　30①135
はやあずきはなさく【早小豆花咲】
小豆　30①132
はやうりいも【早うりいも】
28②189
はやくうえつけたるいね【早ク種へ付ケタル稲】
稲　32①37
はやくおちたるもみ【早く落たる籾】
稲　28③321
はやくしたてるなえ【早く仕立る苗】
なす　33⑥321
はやくつくるむぎ【早く作る麦】
33①52,53
はやささげ【早さゝけ、早豇豆】

→F
10①35,②361
はやしおん【早紫苑】 55③358
はやだいずじゅくす【早大豆熟】
大豆 30①135
はやだいずはなさく【早大豆花咲】
大豆 30①128
はやたのいね【早田の稲】 38③145
はやなつぎく【早夏菊】 55③299
はやふき【早咲、早吹】
綿 7①100,101/8①207
はやふきのわた【早ぶきの綿】
綿 15③389
はやぶさ【はやふさ】 16①38
はやぶとりのき【早太りの木】
はぜ 31④162
はやもの【早物】→F
33⑤239
はら【ハラ、腹】 7②346
牛 60④177,182,183
馬 60⑤283,⑦425
ばら【ばら、薔薇】→そうび
3④354/36②127
ばらのはな【薔薇の花】
ばら 38①23
はらみ【妊、孕】
稲 8①81,147,221/19①74
はらみいね【胎孕稲】
稲 15①43
はらみうま【孕駄】
馬 2①73
はらみかけ【孕カケ】
稲 8①80
はらみほ【孕穂】
稲 15①47
はらみめ【はらミめ、はらミ芽、盈め、盈芽】
稲 5②222,③257,258,260
はらみめなえ【はらミめ苗】
稲 5②222
はらわた【腸、腹わた】→I
いわし 5①48/36③199
ばらん【ばらん、馬蘭】→B
54①217,267/55③436,461
はり【はり、鍼】
おにひいらぎ 56①129
なす 5①141
はりおい【針生】
大麦 12①157
麦 37③290
はりぐち【はり口、針口】
馬 60⑥341,376,377
はりぐわ【はり桑】
桑 47①46
はりすぎ【刺杉】→F
13①227/56①160
はりたけ【針長】
あわ 5①93
はりなえ【ハリ苗、針苗】
稲 2④282/19①51/20①84,②395
はりね【はり根】
漆 61②99
桑 39⑥334
はりのき【はりの木、針の木、榿、榿の木】→はんのき→B、Z
4①25/14①202/16①305/25②229/38③190,201/55③397
はりめ【針目】→Z
馬 60⑥341,361
はりょう【菠薐】→ほうれんそう
19①152
ばりん【馬藺】→Z
55③304
はるあい【春合】→だいこん
33⑥371
はるあきにきざき【春秋二季咲】
ぼたん 55③395
はるかぶ【春株】
なでしこ 55③286
はるごこだねがみ【春蚕蚕種紙】
蚕 35②289
はるごのこだねがみ【片蚕の蚕種紙】
蚕 35②290
はるすかしゆり【春すかしゆり、春透百合】 54①201/55③263
はるたなえ【春田苗】
稲 30①35,56,77
はるなえ【春苗】
にら 12①284
はす 3①36
はるびのゆひと【腹帯のゆひと】
馬 60⑥368
はるぼけ【春木瓜】 55③262
はるぼたん【春牡丹】→Z
55③288,290,394,396
はるまきにんじん【春蒔にんじん】 2①128
はるまきのあわ【春蒔の粟】
31③114
はるまめ【春豆】 28②182/31⑤255
はるむぎ【春麦】 24②233
はるめ【春芽】
栗 18①68
さとうきび 3①47
茶 3④260
ばれいしょ【馬鈴薯】→じゃがいも
18④393,427/24①73,136,142/37②207/70⑤309,**325**,326,328,330,333,334,338,340
ばれいしょのず【馬鈴薯之図】→Z
18④407
ばれん【ばれん】 54①202,267
ばれんひおうぎ【ばれんひあふき】 54①225
ばわき【場脇】
蚕 35①59
はんおう【半黄】
梅 13①131
はんおん【はんおん】→じょおん
55②123
はんかいそう【はんくわいさう、はんくわい草】 54①225,226,267
はんげ【半夏】→G、N
16①36
はんげしょう【はんげしやう】
54①225
はんげそ【半夏苴】 19①106
はんげつようしょうまく【半月様障膜】
馬 60⑦418,435
はんげな【半夏菜】 42⑥387,390,394,397
はんごんそう【返魂草】→たばこ
45⑥316
はんしか【攀枝花】→きわた
15③340
はんじゅく【半熟】
稲 21①47
ばんしょ【蕃薯、蕃藷】→さつまいも→Z
6①139,140/34④**61**/50③252/57②147
ばんしょう【蕃椒】→とうがらし
19①123/29④271/30①128
ばんしょうじゅくす【蕃椒熟】
とうがらし 30①137
はんすいも【はんす芋】→さつまいも
34⑥135
ばんちょう【蟠腸】
馬 60⑦431
はんついも【はんつ芋】→さつまいも
34①11
ばんどり【バン鳥】 24①19
はんのき【はんの木、榿】→はりのき、き→B、Z
6①184,213/10②355/16①305/28④354/56①101
はんばのいね【はんばのいね】
稲 9①107
はんぼ【半穂】
稲 21①34
はんや【ハンヤ】 1②191
ぱんや【パンヤ】→きわた
15③340

【ひ】

ひ【脾】 17①18
馬 60⑤283,284,⑦427,429,436
ひい【脾胃】
人 5①46,47,50,61,③266/7②289/13①254,255
ひいらぎ【ヒイラキ、ひいらぎ、狗骨、柊、柊木】→ひらぎ→B、I
10②378/54①188,307/55②163/56①129
ひうち【ヒウチ】
稲 24①121
ひえ【ヒエ、ひえ、ヒヘ、ひへ、ヒヱ、ひゑ、稗、稷、穇、穇子、薭】→あきひえ、たびえ、はたびえ、へ→G、I、L、N、Z
1①15,③261,285,④317/2①13,**31**,32,34,35,37,73,③**263**,④281,284,286,288,289,291,305,306,307,⑤329/3①8,18,28,②71,72,③137,138,139,141,149,151,155,159,162,163,④224,227,231,292/4①14,15,19,27,**82**,83/5①41,67,68,93,95,96,98,101,112,116,118,124,135,137,167,②231,③274/6①11,16,**53**,54,55,75,**91**,92,93,125,151,165,176,②273/10①29,32,34,**59**,②302,312,315,327,328,329,331,363,③401/11①57/12①182,183/13①360/14①55/16①38,135,137,240,277/17①166,169,194,202,205,206,326/18①90,⑥493/19①64,96,103,157,169,170,205,②274,328,345,386,446/20①27,135,143,158,163,203,213,②371,383,385/21①38,60,**61**,62,79,80,82,84,②123,133,③149,150,157,④203/22①39,40,41,58,②117,③159,⑥372,386/23⑤257,258,**260**,261,262,263,264,265,⑥**337**/24①40,93,136,141,③295,297,327,345/25①20,40,50,53,55,59,72,79,89,90,118,121,122,②205,206,③274/27①57,67,127,128,133,152,153,158,160/28①25,45/29①35,52,81/30①121,136,139,③280

/31②78,④204,⑤262,263/33①28,③162,④182,219/34⑧296,309,310/35①21/36①60,67,②113,115,③261/37①33,②65,82,204,③272,333,345,362,376,389/38①9,11,17,23,27,②65,66,69,80,③114,146,147,176/39①45,46,57,61,62,63,64,②109,110,119,⑤268,272,279,280,296/40②53,100,113,114,123,124,132,142,188,189,③221/41②77,109,③186,④205/42②107,④238,⑥389,420,425,429/44①29,37/47②128/61⑩422/62①13,③68,69,⑧239,240,⑨338,339,357,364,365,366/63④170,⑤322,323/66②110/67①14,⑤235,⑥288,306,309/68④405,413,415/69①102,②202,217,333/70⑥380

ひえかっぱ【ひへかつぱ】
ひえ　24③289

ひえかぶ【稗科、稗株】
ひえ　22②120,130

ひえがら【稗柄】→B、I
ひえ　42⑥375

ひえき【稗木】→N
ひえ　42⑤336

ひえぐさ【稗草】→I
63④170

ひえじゅくす【稗熟】
ひえ　30①134,139

ひえだね【ひえ種、ひへたね、ひゑ種子、稗たね、稗種、稗種子】
あわ　3④226
ひえ　4①13,15,82/19①164/20②390/21①38,61/23⑤267/27①153/36②113/38③155,190/39②110/42②126/62⑨331

ひえなえ【ひゑ苗、稗なへ、稗苗、穇苗】
ひえ　2①29,30/4①44,50/5①81,137,152/6①92/10③397/19①65/27①67,68,127,128,263/36②113/42⑤322,326/62⑨338

ひえなえだね【ヒヘ苗種子】
ひえ　19①168

ひえのたね【稗の種】
ひえ　2①13

ひえのなえ【稗の苗】
ひえ　12①183

ひえのみ【稗の実】
ひえ　27①159

ひえば【ひゑ葉】
稲　17①67

ひえほだす【稗穂出】
ひえ　30①132

ひえむぎ【稗麦】→はだかむぎ
11④182

ひおうぎ【ひあふき、ひあふぎ、檜扇】→やかん
3④354/54①225,280,307/55②122

ひおうぎそう【檜扇艸】　55③348

ひかい【革薢】→ところ→N
14①44,161,165/15①87,93/61⑩459/70⑤313

びかく【麋角】
なれしか　25①101

ひかげだいず【日陰大豆】
大豆　32①87

びかれんげ【尾下蓮花】
馬　60⑦428

びかん【鼻管】
馬　60⑦444

ひがんばな【ひがん花】→G
16①38

ひき【ひき】
蚕　61⑨300,301,304

ひきがら【引がら、挽空】
菜種　50①71
綿　50①70

ひききりしき【挽切し木】
楮　53①17

ひきざくら【引桜】　56①68

ひきとり【ひき鳥、引鳥】
うずら　60①46,49,54,55

ひきぬか【引糠】
稲　9③256,295

ひきり【ひきり、曳理】
蚕　25①64/62④91

ひぎり【ひきり、赫桐、緋桐】
14①47/54①223/56①47,48

ひきりかいこ【ひきりかいこ】
62④107

ひきる【ひきる、老足】
蚕　35①153,③427

ひぐらし【ひくらし、日くらし】
10①140/67⑤220

ひげ【ひけ、ひげ、髭】→Z
稲　7①40/17①151
鯨　15①37

ひげかわ【ひげ皮】
とろろあおい　53①35

ひげたね【髭種子】
稲　7①39

ひげね【ひげ根、鬚根】　12①66/13①238/69②230,231,233,260,265
菊　48①206
朝鮮人参　48①246

ひげのなきいね【ひけのなき稲】
稲　17①153

びこう【鼻孔】
馬　60⑦453

ひこえ【ひこゑ】
うずら　60①50,56

ひこえあるとり【ひこゑある鳥】
うずら　60①50

ひごたい【ひごたい】　54①242,307

ひこばい【櫱芽】　69②322

ひこばえ【ひこばへ、櫱、秭、栫、梯】　19②426
稲　70④260
柿　7②353
さとうきび　50②158,159
とうもろこし　12①181
なつめ　7②360,361

ひこばえのえだ【彦生の枝】
菜種　23①26

ひさい【費菜】→みせばや
55②123

ひさかき【ヒサカキ、柃】→さかき、ときわかぶ
48①24,44,59

ひさぎ【楸】→I
55②160,172/56①48

ひさご【ひさご、王瓜、瓢、瓢子、瓠、瓠子】→ひょうたん、ゆうがお→Z
2①112/3②73/4①141/6①169/10②328/11③147/12①269,271/20①181/25①99/37③389/44③208
ゆうがお　21②133/54①228

ひさごうり【ひさごうり】→からすうり
14①188

ひさごつる【瓢蔓】
ひょうたん　19②435

ひささき【ひさゝき】　16①169/54①186,307

ひし【ひし、菱、薐】→B、N、Z
10①20,44,77,②339/16①37/17①299/54①233/55③323

ひじ【ひじ】　36③345

ひしぎたるね【ひしぎたる根】
からすうり　14①192

ひしご【ヒシゴ、ヒシ蚕、陽糸蚕、陽至蚕】
蚕　47②87,108,109,113,116,124

ひじのうえ【ひぢの上】
たばこ　34⑤100

ひじりのもも【仙の桃】　13①329

びじんしょう【美人蕉】　55③399

びじんそう【びぢんさう、美人草、美人艸】→ひなげし
28④351/54①201,307/55③316

ひせんのうげ【緋仙翁花】　54①237

ひそう【皮膝】
馬　60⑦460,461

ひぞう【脾臓】→Z
馬　60⑤281

ひたい【ヒタイ】
人　24①94

ひたしおきたるなえ【浸し置たる苗】
杉　56②261

ひたしもみ【浸籾】
稲　23①57,59

ひだち【肥達、肥立】
稲　5①37,42,43,56
菜種　5①132
ひえ　5①99

ひたもの【ひた物】
杉　56②269

ひだりまといふじ【左纏藤】→すいかずら
6①163

ひっこ【ひつこ】　37②217

ひつじ【ひつじ、ひつち、穭】
稲　19②301,424,425/20①108/23③150,151/24①121/37③339/41②72

ひつじ【ひつじ、羊】　10②303/13①258/34②20,⑥140,144/57②128/60⑦459

ひつじそう【ひつじ草】　55③390

ひつじばい【干土生】
稲　37③339

ひつじばえ【ヒツジバエ、羊ばえ】
稲　7②262
麦　5③267

ひつじほ【ひつし穂、穭穂】
稲　19①80,81

びっつ【ビッツ(トマト)】　2①84

ひづめ【蹄】
馬　5①149/39④213/60⑦455,457

ひでりいね【旱稲】→おかぼ→Z
6①84/12①106,147,149/62⑧274

ひどうみゃく【脾動脈】
馬　60⑦437

ひとえ【ひとへ、一重】→F
54①35
あおい　54①214
あじさい　54①171
あずまぎく　55③287
あめんどう　55③257,264
うまのあしがた　54①199
梅　54①138,139,140/55③240,242,247,254,425

えんこうそう　55③309
おうばい　55③426
おもだか　55③359
かんぞう　55③321
ききょう　55③354, 355
菊　54①250, 252, 253/55①53, ③253
きすげ　54①222
きょうちくとう　55③362
きんしばい　55③337
くじゃくひおうぎ　55③363
けし　54①201/55③325
こぶし　54①161/56①105
桜　54①146, 147/55③263, 266, 267
ざくろ　54①170
さざんか　54①111, 112, 113, 114/55③387, 408
さつき　16①168/54①127
しおん　55③377
七月梅　55③380
しでこぶし　54①162
しゃくなげ　55③304
芍薬　54①76, 79, 82, 83
しゅうかいどう　55③365
しゅんぎく　55③292, 418
水仙　54①258, 259
せきちく　54①213
つつじ　54①118, 123
つばき　54①90, 91, 92, 94, 95, 100, 103, 105, 106, 107, 108, 109/55③258, 388, 390, 402, 405, 409, 413, 414, 415, 431
てっせん　55③313
とういちご　55③269
唐かんぞう　55③316
冬至梅　55③421
とけいそう　55③320
夏黄梅　55③335
夏つばき　55③317
なでしこ　54①212
のこんぎく　55③326
のせらん　55③368
白桃　55③243
白ぼたん　54①55
花しょうぶ　54①219, 220
はまなし　54①160
ひおうぎ　55③348
ひなげし　54①201
びようやなぎ　55③336
ぶっそうげ　55③346
ふよう　54①244/55③372
ほおのき　55③283
またたび　55③312
むくげ　54①163/55③330, 334, 357
桃　54①143, 144/55③251, 272
やまぶき　54①172
ゆすらうめ　55③265
蘭香梅　55③424
ろうばい　55③419

ひとえいろもの【一重色物】
ききょう　3④372

ひとえきゃら【ひとへきやら】　54①185

ひとえのはな【ひとへの花】
梅　16①151

ひとえばな【一重花】
桃　16①151/55③262

ひとおき【初起】
蚕　35③429, 432, 433

ひとがたのにんじん【人形の人参】
朝鮮人参　45⑦414

ひとすじ【一筋】→F
稲　7①31

ひとつい【一ツ居】
蚕　6①190

ひとつご【一ツ蚕】
蚕　47②107, 120

ひとつごのせつ【一ツ蚕ノ節】
蚕　47②109

ひとつすべ【一ツすべ】
蚕　62④103

ひとつにつける【一ツにつける】
蚕　35①124

ひとつね【一ツ寝】
蚕　47②103

ひとつのいおき【一ツの居起】
蚕　35①129

ひとつば【ひとつは、一つ葉、一葉】　54①257, 307/56①122

ひとつひろけ【一ツひろけ】
蚕　6①190

ひとつぶおち【一粒落】
ぶどう　48①192

ひとつぶのまま【一粒のまゝ】
にんにく　20①152

ひとは【一葉】
葛　50③252

ひとふさえみ【一ふさゑみ、一房ゑみ】
綿　40②125, 128

ひとふしだち【一節立、壱節立】
稲　19①74, 75

ひともじ【ひともし、ヒトモジ、ひともじ、一ト文字、一もじ、一文字、葱、葱白、葸】→ねぎ→B、N、Z
4①143/5①144/7②**335**/9①28, 34, 116/10①24, 33, 34, 38, 40, 43, 65/12①148, **276**, 279, 287, 288, 384/13①39/19①98, 103, 130, ②428/20①128, 131, 134, 139, 193, 213/24①41, 141, 153/28①29/33④231, ⑥377/38③170/41②120/42④243/62①14/70⑥387

ひともじたね【葱たね】
ねぎ　12①278

ひともと【一元】
稲　62⑨356

ひな【ひな、雛】
鶏　13①260, 261, 262/69②285

ひなげし【麗春花】→びじんそう
55③316

ひなんせき【ひなんせき】　54①157

ひにく【皮肉】→Z
馬　60⑥369

ひね【ひね】
たばこ　4①118

ひねたけ【ひね竹】
さとうきび　61⑧220

ひねば【古葉】→I
菊　55①46
たばこ　45⑥285, 287, 294

ひねもみ【ひね籾】
稲　67⑥278

ひねよう【ひねやう】
麦　7①118

ひのき【ひのき、桧、檜、檜の木、檜木】→さきくさ→B、N、Z
1②177/3①19, 49, 58, ③167, 168, 179, 181, ④254/4①236, 237/6①182/10①20, 84, ②335/12①120, 122/13①192, 368/14①27, 28, 41, 69, **86**, 88, 89, 94, 95, 202, 301, 302/16①**158**/21①86, 88, ②133/25①110/38③189, ④251/39①57, 59/45⑦400/49①51/53④241, 243/54①182, 306/55②162, 166, 167/56①46, 47, 57, 67, 150, 151, 153, 168, 185, 208, ②238, 246, 259, 262, 264, 265, 273, 274, 278, 279, 280, 281, 282, 286, 287/57①18, ②142, 190, 202, 206/61①38/68④412/70②115, ⑥401

ひのきのなえぎ【檜の苗木】
ひのき　56②272

ひのきのみ【檜の実】
ひのき　56②243

ひのぞう【脾ノザウ、脾の臓、脾の蔵】
牛　60④174
馬　60⑥344
人　17①18

ひのゆ【脾の兪】
馬　60⑥343

ひのよし【日野よし】　55③368

ひば【ひは、檜葉、櫂】→あすなろ、あすなろう、あすひ、あて、あてひ
6①181, 182/55②139, 158, 166, 167, 180/56①57, ②240, 281, 286, 287

ひはつ【ひはつ(ひはつもどき)】→H
34⑥161

ひばのき【檜葉の木】　56②246, 274, 278, 280, 281, 283, 287

ひばら【ひはら】
馬　60⑥375

ひばり【ひはり、倉庚】　16①35/25①98

ひび【ひひ、ヒヽ】→いぬがや
43②177/56①120

ひひち【ヒヽチ】
稲　23③151

ひひょう【皮表】
馬　60⑦460, 461

びほん【尾本】→Z
馬　60⑥361

ひま【唐胡麻、蓖麻子】→からえ、とうごま→N
11②121/19①149, 169, 170

ひまき【披マキ】　56①67

ひまごたね【曾孫種】
朝鮮人参　45⑦416, 418

ひまし【ひまし、萆麻子】→とうごま→N、Z
13①294

ひまだね【唐胡麻種】
ひま　19①165

ひまなえだね【唐胡麻苗種子】
ひま　19①168

ひまわり【日廻、日車】→ひまわりそう
8①268/54①244

ひまわりそう【日廻り草】→ひまわり
3④372

ひまわりばな【日廻花】
ひまわり　19①181

ひむしのまゆ【火蒸の繭】
蚕　47②101

ひむしまゆ【火蒸繭】
蚕　47②149

ひむろ【ひむろ】　9①14/54①182, 306

ひめあざみのたね【姫あざミの種】
あざみ　17①288

ひめうり【ひめうり】　54①228

ひめぐりばな【日廻り花】→てんどうか
20①37

ひめこ【ひめこ】→ひめこまつ
16①139

ひめこぶし【ひめこぶし】→しでこぶし
54①162

ひめこまつ【ひめこ松、姫子松、姫小松】→ひめこ→B

6①182/54①176/55③434
ひめこもみ【ひめこ樅】 54①184
ひめしゃが【ひめしやが、姫薫尾】 54①202,307
ひめすぎ【姫杉】 16①157/56①41
ひめたで【姫蓼】 2⑤329,331
ひめつげ【ひめつげ】 54①188,285
ひめひいらぎ【姫狗骨】 56①129
ひめひごたい【ひめひごたい、姫ひごたい】 54①242,307
ひめびたい【ひめひたひ】 55②121
ひめゆり【ひめゆり、姫ゆり、姫百合】→さんたん→N
54①201,206,207,208/55②124,③330
ひめらん【ひめらん】 54①216
ひもをとく【紐をとく】
麦 19②429
ひゃくえ【ヒヤクエ、百エ、百会、百経】→Z
牛 60④208
馬 60④229,⑤283,⑥332,348,350,356,362,366,369,371
びゃくきゅう【白芨】→しらん
55③305
びゃくし【白芷】→N、Z
13①296/48①204
ひゃくじつこう【百日かう、百日紅】→さるすべり
21①10/39①15/54①173/55③377/56①127
ひゃくじょうぜん【百丈鬚】→せっこく
55②147
ひゃくしょうづかいのうま【百姓遣之馬】 61⑩442
ひゃくしょうのうま【百姓の馬】 25①28
びゃくしん【びやくしん、柏槇】 54①181,182,306
びゃくだん【びやくだん】 54①182,274
ひゃくなり【百なり】→ひょうたん
19①151
ひゃくは【百葉】→からしな
17①249
ひゃくはちかぶ【百八蕪】 38①11
ひゃくひろ【百ヒロ】
牛 60④174
びゃくぶかつら【百部桂】 56①118
ひゃくみゃくこん【百脈根】→えぼしそう
55②124
ひやしもみ【ひやし籾】
陸稲 38②67
ひやっこ【ひやつこ(ひよこ)】
37②218
ひゆ【ひゆ、莧】→ひょう、N、Z
6①162/10①24,30,33,39,41,44,②328/11③147/12①287,326/28④334/33⑥392/38③169
ひゅうがあおい【日向葵】 54①307
ひゅうがさんしょう【日向山升】
56①125
ひゆり【緋ゆり】 54①206
ひゆるい【莧類】 10①72
ひょう【標】 55③216
ひょう【蚫】
蚕 47②99,100,117,133,149
ひょう【莧】→ひゆ
62③69
びよう【美陽】→びようやなぎ
54①171
びょうこ【蚒蚕】
蚕 47②119
ひょうずな【兵主菜】→みずな
12①229
ひょうたん【ひやうたん、ヒヨウタン、瓢】→せんなり、せんなりふくべ、つびふくべ、ひさご、ひゃくなり、ふくべ
6①162/19①151/28①24
ひょうひ【表被】
馬 60⑦457
ひょうび【豹尾】→Z
馬 60⑦464
びようやなぎ【びやう柳、金糸桃、美容柳】→びよう
54①307/55③336,337/56①121
ひょうり【ヘウリ、蚫裏、蚫離】
蚕 47②99,109,110,116,125
包虫 5①75
ひよくひば【ひよく檜葉】 55②163
ひょん【檮】 54①185
ひょんのき【ひよんのき、ひよんの木、檮藤の木】 16①167/54①32,307
ひらき【開花】
なし 46①23,53
ひらぎ【ひらぎ】→ひいらぎ→B
28②275
ひらきは【開き葉】
はす 55③323
ひらぐき【ひらぐき】 9①101,104
ひらぐき【平茎】
ききょう 55③354
ひらくび【ヒラクビ、平首、平頸】→Z
馬 60⑤283,⑥354,355,373
ひらじく【ひらぢく、平茎】
ききょう 55③354
ねこやなぎ 55③381,382,415
ひらしべ【ひらしべ、平しべ】
芍薬 54①77,79,80,81,82,84
びらつきは【びらつき葉】
ひえ 27①128,129
ひらなえ【ひら苗、平苗】→Z
稲 8①66/61⑤179,182,⑥187,189,191
陸稲 61⑦194
たばこ 13①55
ひらはな【平花】
紅ぼたん 54①58,59,65
さざんか 54①115
つばき 54①87,93,94,98,103,105,108
白ぼたん 54①38,39,41,42,43,44
ひらばりしなえ【ひらばりし苗】
藍 41②111
ひらめ【平目】
にら 33⑥380
ひる【ひる、蒜】→にんにく
10①30,36,37/17①250,272/20①142/30①124,141/34④68
ひる【蛭】
蚕 62④88
ひる【蛾】
蚕 35①43,47,50,51,57,59,②278,279,402/47②131,133
ひるがお【ひるかほ、ひるがほ、昼かほ、昼顔、昼貌、昼皃】→G、N、Z
10①27,41,79/54①228,307/55③344,448
ひるがおつる【昼顔つる】
ひるがお 19②436
ひるくち【ひる口】
稲 37②137,138,141,144,157,165,168,194,223
ひるたねじゅくす【蒜種熟】
にんにく 30①126
ひるのは【ひるの葉】
にんにく 17①178
ひるむしろ【ひるむしろ、蛇床】→G、N
54①233,307
びろう【びろう】 54①189
びわ【びわ、枇杷】→B、N、Z
6①183/7②358/10①85,②366/13①160/16①37/29①85/38④250/40④325/53④248/55②173,③468/62①14/69②297
びわのはな【ひわの花、枇杷の花】
びわ 3④354/16①40
びわのみ【枇杷の実】→N
びわ 55③247
びんかずら【鬢葛】 50①87
ひんしょうまゆ【ひんせうまゆ】
蚕 47①25
ひんば【牝馬】
馬 60⑦411,426,439,453
びんほうそう【貧報草】→たばこ
45⑥316

【ふ】

ふ【麩、麸】
小麦 21①58/39①42
ふいり【斑入】 55②131
おもと 55②108,109,111
寒すすき 55③347
花しょうぶ 55③320
ひのき 55②140
ふいりば【斑入葉】
あじさい 55③310
ばらん 55③436
ばりん 55③305
ふいりはのはな【斑入葉の花】
つばき 55③389
ふいん【フイン】→たばこ
45⑥316
ふうちょうそう【風鳥草】 28④333
ふうめい【風明】
馬 60⑥369
ふうもん【風門】
馬 60⑥332
ふうらん【風らん、風蘭】 54①217,295/55②135
ふうりんそう【風輪草】→かのこそう
24①140
ふうれい【風れい、風鈴】 54①242,295
ふえたけ【笛竹】 38③191
ぶえん【無塩】
松茸 3④330
ふかいそう【ふかい艸】 55③342
ふかうめのき【深埋の木】
はぜ 11①54
ふかだのいね【深田の稲】
稲 20①100
ふかね【不可根】→Z
朝鮮人参 45⑦411
ふかみぐさ【深み草】→ぼたん
37③294
ふかみずのなえ【深水の苗】

稲　23③150
ふき【ふき、款冬、蕗、欵冬、欸冬、欵冬】→ふきくさ、みずぶき→N、Z
2①121/3③137/4①148/6①162,163/10①20,40,43,70/12①309/17①279/19①191/24①142/25②214/28①22,④351,353/29①83,84/33④232/37①31,32/38③174/41②120,⑤246,⑥267
ふき【吹】
綿　7①99/8①247/28②206/29①69/69②335
ふきあげまつ【吹上松】　56①53
ふきいだし【ふき出し】
綿　15③389
ふきかた【吹方】
綿　15③389/69①90
ふききり【ふき切、吹きり、吹切】→A
綿　2⑤333/7①94,101/8①185,225/28①44/61②87
ふききりたるわた【吹きりたる棉】
綿　7①90
ふきくさ【ふき草】→ふき
33⑥388
ふきこなす【吹こなす】
藍　38③136
ふきざかり【吹さかり、吹盛り】
綿　15③400/28③322
ふきぞめ【吹初メ】
綿　44①37
ふきだし【咲出し、吹出、吹出し】
綿　5③274/8①207,279/9②206,210,212,213,219,221
ふきだす【吹出す】→A
杉　56②253
ふきつめかさね【ふき詰かさね】
白ぼたん　54①46
ふきでる【吹出る】　56②289
ふきのとう【ふきのたう、ふきのとう】→N
ふき　16①35/17①279/54①173
ふきのね【蕗の根】→N
うど　3④317
ふき　3④326
ふきのは【ふきのは、ふきの葉、蕗の葉】→B
ふき　28②144/30①32,56/54①225
ふきのはな【ふきの花】
ふき　25②215
ふきよせ【吹寄】
稲　28④342
ふきわた【吹わた】
綿　9②209
ふく【ふく、吹ク、吹く】　56②290
稲　67⑤233
綿　7②304/29①67/38②63/40②44/69②234
ふくい【福蘭、宝蘭】　10②338/34①12
ふくぎ【福木】　34⑥153
ふくさ【フクサ】→ふだんそう
19①152
ふぐしば【ふぐしば】→あせぼ→Z
15①94
ふくじゅそう【ふくじゆ草、富久寿艸、福寿草】→がんじつそう、ついたちそう、ふくつくそう
3④308/10①38,72/24①155/54①196,294
ぶくじん【茯神】　48①252
ふくだち【ふく立、ふぐだち】
菜種　1④303,304,309/29②122
ふくたつ【ふくたつ】
にんじん　17①252
ふくちゅう【フク中】
牛　60④180
ふくつくそう【ふくつく草】→ふくじゅそう
54①196
ふくと【伏兔、福斗】→Z
60⑥334
馬　60⑥332,362
ふくべ【ふくべ、瓢、匏】→ひょうたん→B、N
10①23,38/19①151/36③250/38③122/48①215/54①228
ゆうがお　23⑥335/48①216
ふくめるほ【含める穂】
大麦　29①72
ふくらわたさね【ふくらわたさね】
綿　17①227
ふくりん【ふくりん、復輪、覆輪】
55②158/56②290
おもと　55②107,108,109
九枚笹　55③441
紅ぼたん　54①64
せっこく　55②147
なつぐみ　56①119
ふくりんふ【覆輪斑】
じんちょうげ　55③262
ふくろ【ふくろ、袋】
綿　8①15,16,51/9②208
ふけだのいね【深田の稲】→みずたいね
23①81
ふける【ふける】
稲　11④167
ふげんぼさつ【普賢菩薩】→N
稲　10①8
ふこく【布穀】→かっこう
20①72
ふこん【浮根】→G
7①25
稲　37③320
ふこんふよう【浮根浮葉】
稲　12①135
ふさ【ふさ、蕚】→Z
桜　54①145
にんにく　4①144
ふさくまゆ【不作繭】
蚕　53⑤335
ふさのかたち【房の形ち】
あずまぎく　55③288
ふし【負屍】→Z
馬　60⑦464
ふし【浮枝】　13①247
ふし【ふし、節】
稲　5①71,75/25①73/37②139/70⑥419
うずら　60①64
うど　3④328
蚕　47①29,31
きゅうり　2①100
さつまいも　22④275/30③252
すいか　2①111
竹　16①131,133
たばこ　22④227,237
ひえ　5①100
よし　17①303
ふじ【ふじ、藤】→B、G、I
3④354/10②339/19①181/20①180/25①90/28②189/37①32,33/39⑤293/40③237/45⑦400/54①156,225,295/55③291/64④295/70⑥389
ぶし【附子】→かぶとぎく
55②123
ふしいね【伏稲】→G
稲　23①40
ふしえだ【ふし枝】
麻　5②228
ふしおえ【不子生】
麻　24①77
そば　24①77
麦　24①77
ふしかげ【節蔭、節影】→Z
馬　60⑥351,356,372
ふじき【藤木】　64④264,266,275,276,277,285,286,287,288,289,291,292,293,294,295
ふじきのみ【藤木の実】
ふじ　64④271
ふしだか【節高】　62⑧262
ふしたちはらむ【ふし立はらむ】
麦　25①119
ふしたつ【ふしたつ、節たつ】
稲　17①29,58,62/20①68
ふじつる【藤蔓】→B
ふじ　19②436
ふじなでしこ【藤撫子、藤瞿麦】
55②119,③376
ふしにんじん【節人参】→ちょうせんにんじん
45⑦409
ふじのき【藤蔓】　69②349
ふじのはな【藤の花】
ふじ　20①168/22②120/37①36
ふじのみ【藤之実】
ふじ　64④263
ふじばかま【ふちはかま、ふぢばかま、藤はかま、藤袴、布知波賀万】　11③149/19②396/28④333/37③322/54①215,216
ふじまつ【ふじ松、富士松、落葉松】→からまつ
14①89/54①176,293/56①57
ふじまめ【ふじ豆、藤豆】→あじまめ、かきまめ、かじまめ、つばくらまめ、なんきんまめ、へんず→I、N
2⑤329,330/3④254,258,263,376/25②201
ぶしゅかん【ふしゆかん、仏手柑、枸櫞、櫞】　13①168/14①382/16①148/45⑦417/56①86
ふずくさ【仙人草】　54①245
ふずそう【ふづ草】　54①295
ふせいね【臥稲】
稲　61①49
ふせえだ【ふせ枝】
桑　47③170
ふせなえ【伏セ苗、伏せ苗、伏苗】→A
稲　5①57/25②189/39⑤277
ふぜん【附蟬】→Z
馬　60⑦458,459
ふそう【膚腠】
馬　60⑦461
ふそうか【不草花、扶桑花】→ぶっそうか
55②166,③346
ぶた【ふた、ぶた、家猪、豚、豕】
10②303/13①258/34②20,⑤105,⑥140,144,151,157/69②305,306/70③222
ふたえ【二重】
白ぼたん　54①55
ふたえだし【二重出し】
稲　4①45
ふたえひ【ふたゑ皮】
馬　60⑥346
ふたおき【蓋起、二タ起、二起】
蚕　24①47,54/35③426,430,

432, 433, 437
ふたご【ふたご(ひょうたんぼく)】 64④267, 287
ふたすじ【二筋】
稲　7①12, 29
ふたつい【二ッ居】
蚕　6①190
ふたつおき【二つ起、二つ起き】
蚕　56①192, 201, 205, 207
ふたつご【二ッ蚕】
蚕　47②107, 121
ふたつごのせつ【二ッ蚕ノ節】
蚕　47②109
ふたつね【二ッ寝】
蚕　47②104
ふたつのいおき【二ツの居起】
蚕　35①129
ふたつば【ふたつ葉、二ッ葉、二つ葉】
すいか　40④320
たばこ　62⑨330
綿　3④294/8①37
ふたつひろけ【二ツひろけ】
蚕　6①190
ふたつまゆ【二ツまゆ】
蚕　47①30
ふたとせぐさ【二とせ草】→あおむぎ、おおむぎ
6①86
ふたば【二葉、弐葉】→Z
38①9/41④202/56①185
いんげん　3④369
漆　46③205
葛　50③252
ごぼう　6①129
すいか　4①135
杉　56①212
そば　5①119
大豆　62⑨335
とうがん　4①138
なす　4①133
菜種　45③152
二葉あおい　54①202
松　56①167
綿　3②71/8①265/15③362/37③376, 377/61②86, ④172/62⑧276
ふたばぐさ【ふた葉草】 54①202
ふたばのまた【二葉のまた】
ねぎ　25②223
ふたふしだち【二ふし立、弐節立】
稲　19①74, 75
ふたふしほせざるいね【二節干ざる稲】
稲　27①179
ふたふしほせぬいね【二節干ぬ稲】
稲　27①188
ふたまたみまたあるほ【二俣三俣有穂】
稲　21①33
ふだんそう【ふだんそう、ふだん草、不断草、君達】→いつもな、かんさい、くんたつ、とうちさ、とうちしゃ、とぢしゃ、なつな、ふくさ、みそな→Z
3④238/12①302, 303/19①152/22③158/29①83/33④232, ⑥367/38③123/44③207, 211
ふだんな【ふだん菜】 10③401
ぶち【ぶち、駮】
馬　60⑦455
みょうが　10①70
ふちなえ【ふち苗、縁苗】
稲　4①41, 42
ぶつきり【ぶつ切】
蚕　35①59
ぶっこうそう【仏甲草】→ねなしぐさ
55②123, 135
ぶっしょういも【仏掌薯】→つくいも、つくねいも
6①136, 137, 138
ぶっそうか【ブッサウ花】→ふそうか
55③346
ふで【筆】
麦　8①99
ふでゆいたる【筆ゆひたる】
きゅうり　28④339
ふでをゆう【筆をゆふ】
麦　20①282
ふとい【ふとい、大藺】→つくも、によい
16①103/17①306/54①232/55③278
ふといなえ【ふとい苗】
稲　61⑤179, 182
ぶどう【ぶだう、ふとう、ぶどう、蒲桃、蒲萄、葡萄】→ぶどお、ぶんとつら→I、N、Z
10①24, 41, 79/12①307/13①160/14①46, 341, 369/22④268, 269/40④286/41⑤246, ⑥267/54①157, 295/55③312/69②292, 297, 317, 340
ぶどうつる【蒲萄蔓】
ぶどう　19②435
ぶどうまく【葡萄膜】→Z
馬　60⑦447, 448
ぶどお【ブドヲ】→ぶどう
1②159
ふときしぶがきのたね【太き渋柿の種】
柿　25①114
ふときたね【太き種】
ながいも　22④271
ふとなえ【太苗】
稲　7①12/41③173
ふとね【ふとね、太根】
稲　23①107
うずら　60①46
ふとねぎ【ふとねき】
ねぎ　17①275
ふとまゆ【太マユ】
蚕　35②400
ふともみたね【太籾種】
稲　41③172
ふとりそうなだいこん【ふとりそふな大根】
大根　27①146
ぶな【ふな】→B
36③320
ふなおき【船起】
蚕　47②104
ふなきはのはな【無斑葉の花】
つばき　55③389
ぶなくるみ【栒栗胡桃】 56①119
ふなご【ふなこ、フナゴ、ふな蚕、舟子、船蚕、武南蚕】 47②122
蚕　3①55/25①63/47②102, 121
ふなとまり【坩那休】
蚕　47①50
ふなのおき【船の起】
蚕　35①114
ぶなのき【栒栗木】 56①119
ふなのじぶん【船の時分】
蚕　35①145
ふなのせつ【武南ノ節】
蚕　47②107
ふなべ【槵】→I
桑　35①66, 105/47②83, 137
ふなやすみ【船休ミ】
蚕　35①141
ふなわら【ふなわら】 54①201
ふね【舟、船】
蚕　35②384/47②135/62④91
ふね【ふね、舟】
大豆　23⑥323
菜種　5①135
ふねのい【舟の居】
蚕　6①190
ふねのいおき【船の居起】
蚕　35①55, 129
ふねのおき【舟の起】
蚕　6①190
ふねのねおき【船の寝起】
蚕　47②136
ふねのねむりおき【船の眠起】
蚕　35①170/47②144
ぶゆ【蟁】 21①7
ふゆいちご【冬いちこ】 10①79
ふゆうえたるき【冬植たる木】
はぜ　31④164
ふゆかぶ【冬蕪】 67⑤235
ふゆかぶのたね【冬蕪のたね】
かぶ　33⑥317
ふゆき【冬木】 3④347, 348, 349, 352/7②341, 342, 345, 352/16①125, 167, 310
ふゆこむぎ【冬小麦】 3③163
ふゆな【冬な、冬菜】 2⑤335/20②391/25②207/39①55, ②118/68④416
ふゆぼたん【冬牡丹】 3④354/54①259, 295/55③208, 394, 459
ふゆまめ【冬豆】→えんどう
3②71, 73/37③377, 389
ふよう【ふやう、芙蓉】 28④332/54①173, 244, 294
ふよう【浮葉】
稲　37③320
ふりうりのなえ【振売之苗】
はぜ　33②116
ふるいなげ【古稲毛】
稲　17①94, 101, 107
ふるいねかぶ【古稲株】
稲　6①32, 36
ふるかずら【古かつら】
さつまいも　34⑥135
ふるかぶ【古かふ、古かぶ、古ル株、古科、古株、古抖、舊株】
いぐさ　3①46/4①120/5①78
稲　4①39, 43/5①13, 28, 66/6①34/27①124, 125
かきつばた　3④372
菊　3④342, 373
くぬぎ　14①53
楮　13①102/22①59/38③182
すげ　13①73
にら　3④326/12①284
ねぎ　3④358, 370
べんけいそう　55③350
れだま　55③324
ふるかぶたね【古かふ種子】
すげ　4①123
ふるかぶのしゃ【古株の蔗】
さとうきび　50②164
ふるき【古木】
くこ　16①153
桑　18①82
ふるきいなげ【古き稲毛】
稲　17①74
ふるきたね【古き種】
からしな　25①125
紅花　25①125
ふるくさのね【古草の根】
稲　6①37
ふるくさもみ【古草籾】
稲　2①50
ふるたけ【古竹】

江南竹 55③439
ふるたね【旧種子、古たね、古る種子、古種、古種子】 5③274/19①156/20①170, ②390/41②92
麻 4①94
小豆 22④226
あわ 22④227
稲 2①46/22④212
いんげん 22④269
えごま 2①43
えんどう 22④268
陸稲 22④278
かぼちゃ 33⑥344
からしな 22④263
きゅうり 2①100
ごぼう 12①299/22④256
ごま 22④247
小麦 22④209
ささげ 22④267/38③152
しそ 33④233
そば 22④239
そらまめ 7②331
大根 22④233
大豆 22④224
たで 33④233
なす 33⑥326
菜種 22④229
にんじん 38③158
ねぎ 22④254
紅花 22④264/45①33
水菜 41②117
みつば 22④265
もろこし 22④266
綿 7①101/8①16/22④260
ふるとり【古鳥】 40④327, 328
ふるね【古根、古植、宿根】 10①27, 45, 47, 64, 78, 79, 103/25①140/56②289/57②140
いぐさ 13①67/17①310
稲 8①73/17①87
からむし 4①98/10①73/13①29
菊 3④342, 373/10①83
楮 10①85/13①102
里芋 24①112
しちとうい 13①72
しょうが 4①153/12①293/20①320
せきしょう 17①308
せきちく 48①203
竹 3④326
にら 12①286
ねぎ 3④241, 293
ばしょう 34⑥162
はと麦 12①212
ふき 10①70/25②215
ほおずき 4①156
みずぶき 55③400
みょうが 4①148
やまいも 17①268
よし 17①303
わさび 3①39
綿 34⑤97
ふるねぎ【古葱】
ねぎ 3④362
ふるねのしん【古根の真】
ゆり 33⑥385
ふるのやすみ【ふるのやすミ】
蚕 62④106
ふるば【古葉】 55③454, 459, 475/60③136
稲 39①35
そてつ 55②142, 179
茶 13①87/56①180
まだけ 55③438
ふるまゆ【古まゆ】
蚕 35②361
ふるもみ【古籾】
稲 18⑥498
ふるもみだね【古籾種】
稲 19①32
ふるわたのたね【古綿の種】
綿 22①56
ふろう【ふらう、ふろう、ふろふ、不老、扶老】→いんげん、じゅうろくささげ、とろくすん、ふろうえんどう→N
10①24, 27, 30, 33, 36, 38, 58/24③303/30③255/33④186, 229/34③50, ⑤86/38④245/41②92/44③206/70⑥387
ふろうえんどう【不老豇豆】→ささげ、じゅうろくささぎ、ふろう
38③145
ふわまゆ【ふわまゆ】
蚕 47①25
ぶんござさ【豊後笹】 54①179/56①113
ぶんせいそう【文星草】 54①232
ふんそう【芬草】→たばこ
45⑥316
ぶんそうそう【盆甑草】→あさがお
15①78
ぶんだいゆり【ぶんたいゆり】
54①201
ぶんど【ぶんど】→ぶんどう
40③223
ぶんどう【ふんとう、ブントウ、ぶんとう、ぶんどう、ぶん豆、粉豆、緑豆、菉豆】→かつもり、ぶんど、まさめ、やえなり、やえなりまめ、りょくず、ろくず→B
5①144/12①173, **193**, 252/13①174/17①214/18①83/19①151/25①141/28①24/61④175/62⑨339
ぶんとつら【ぶんとつら】→ぶどう
64④267
ふんもん【賁門】
馬 60⑦429

【へ】

へ【へ】→ひえ
24①93
へいこうきん【閉肛筋】
馬 60⑦431
へいそく【平息】
馬 60⑥368
へいちぼく【平地木】 56①103
べいのうか【米嚢花】
けし 12①316
へいば【斃馬】
馬 60⑦400, 491/61⑩438
へいほうそう【苹蓬草】→こうほね
55③255
へきせいそう【壁生草】→いつまでぐさ
24①140
へきせき【襞積】
馬 60⑦434
へくそかずら【へくそかつら、百部桂】→そうとめかずら
54①159, 271
べこ【へこ】→うし
1②167
べここ【へこゝ】→うし
1②167
べしべし【べしべし】→ちどり
24①93
へそ【臍】
馬 60⑦455
へた【へた、蔕】 55③215
柿 56①78
なす 52①48
綿 28①44
へちま【へちま、糸瓜、絲瓜、慈瓜】→Ⅰ、N、Z
2①110, 111, **112**/3④368/4①**141**/6①162/9①50/12①**246**, **268**/19①152/25①140, ②217/28①24, ②147, 188/30③255/33④187, 229/34②24, ③50, ⑤86/39③145/44③206, 208/45⑦423/54①32
へちまのみ【糸瓜の子】
へちま 14①196
ぺちゅん【ペチユン】→たばこ
45⑥317
べつ【蘻】→わらび
14①181
べっこうのふいりば【鼈甲の斑入葉】
こうほね 55③255
べっこうふ【鼈甲斑、鼈甲班】
あおき 55③274
唐つわ 55③391
べったりふせ【へつたり伏】
稲 39①36
べつほう【鼈木】 56①67
ぺてま【ペテマ】→たばこ
45⑥317
ぺとむ【ペトム】→たばこ
45⑥303, 316
べに【紅花】→べにばな→B、N
10②374/29①82
べにがけふ【紅懸斑】
つばき 55②160
べにかつら【紅丹桂】 56①117
べにくさ【紅草】→べにばな
41②123
べにこおり【紅凍り】
紅花 3①44
べにしぼり【べにしぼり】
つばき 54①93
べにしもつけ【紅下毛】 11③146
べにしょう【紅焦】 55③399
べにすぎ【紅杉】 56①158, 160, 215, ②244
べにたけ【紅にタケ】 45④210
べにとびいり【べにとび入】
さざんか 54①113
つばき 54①105
べになんてん【紅南天】→しろなんてん
3④346/19①181
べにのかすり【べにのかすり】
さつき 54①128
べにのき【紅の木】
紅花 22④264
べにのはな【べにの花、紅花】
54①238/55③341
べにばな【べに花、紅花、紅粉花】→くれない、こうか、すえつむはな、べに、べにくさ→B、N
2①71, **80**, 81/3①18, 20, **43**, 44, 62, ④287/4①**103**, 104, 240/6①**152**/9①28, 78, 79, 87, 116/10①33, **80**/17①215, 220, 222/18②**269**, 272/19①96, 99, 103, 120, 156, 169, ②383, 431, 446/20①172/21②133/22①39, 56, ④**264**/25①71, 125, 127/28④349, 352/29④270, 284, 285/30③293/31④220/33⑥**386**/34④69/36②116, 122/37①34/38①12, 18, 19, 23, 27, ③164, 166/40④**303**, 304, 305, 317/45

①30,31,34,35,36,37,38,39,40,41,43,44,47,48,49,50,51/61②**91**/69②297,303,348
べにばなたね【紅花種、紅花種子】
紅花　3④287/19①164
べにばなたねじゅくす【紅花種熟】
紅花　30①134
べにばなのたね【紅花の種子】
紅花　19②431
べにばなのつぼみ【紅花のつほミ】
紅花　19②431
べにひゆ【紅莧】　11③148
べにひらど【紅平戸】　54①209
べにみかん【紅蜜柑】　14①382
へのまちうり【への町瓜】　4①128
へび【ヘビ、蛇】→へんび、へんぺ→G、N
5①64/18①169,170/24①93/45⑥309
へぼうり【へぼふり】
まくわうり　17①261
へらのき【へらの木】　56①121
へりぎれ【縁ぎれ】
菜種　7②322
へりなえ【へり苗】
稲　25②193/27①49
へるぱ【ヘルパ】→たばこ
45⑥317
べんけいそう【弁慶草、弁慶艸】→N
28④332,340/54①200,271/55③350,351
へんこつ【辺骨】→Z
馬　60⑦436
へんず【へん豆、扁豆、稨豆、萹豆】→ふじまめ→Z
10②316/12①204,205/22①53/25①141/34③50
へんつる【虹蔓】
ささげ　38③152
へんび【反鼻】→へび
59④345,358
へんぺ【へんぺ】→へび
24①93

【ほ】

ほ【ホ、ほ、穂】　3③145/4①65/7②345,346/21②136/29①41/39⑤298/40②53,100,114,115,132,188/62⑧270/69②317,321,324,332,348
あし　55③397
小豆　22④228,229
あわ　2①27/3①28/4①195/5①94,95/23⑤257/25①72/37③345/38②70/67⑥307
いぬびえ　23①75
稲　1⑤353,354/2③261,④288,⑤327,328/4①29,30,60,61,62,71,74,181,210,211,213,216,221/5①67,72,74,75,85,86,②224,③247,259,262/6①53,71,②290,309,311,316,317/7①29,31,43,45,50/10①16,②302/12①132,134/15①28/17①14,16,17,21,22,25,29,55,57,79,85,93/21①32,34,43,45,47,②112/22②108/23①38,42,50,73,81,83,③150,151/24①85,164,179/25②184,187,229/27①51,158,160,167,170,171,173,175,180,183,184,185,187,188,264,369,370,371,372,375,376,377,380,383/28②180,199,225,228,247,248,④343,344/29①46,58,②150,③216/36①51,②98,124,③209/37①9,28,29,②101,102,126,127,140,153,166,170,175,182,184,185,228,229,③272,331,356,382/39①25,27,35,36,②100,④185,186,190,195,196,⑤282,287,288/41③176,④204,⑦316/42①31/61①34,③128,⑤178,⑥188/62⑦201,204/67⑥287/68②247/69①135,②231/70④261,262,277,⑥397
大麦　2①73/4①79/5①129/12①160/21①50,55/22③156,163,④207/27①131/29①71/39①40,41,42/67⑥304
陸稲　22④278,279,280
おぎ　55③368
柿　2⑤333/7②353,354
がま　55③351
茅　6①185
かるかや　55③374
寒すすき　55③347
きび　4①90,195/6①101/39①46/40②131/41②105
葛　50③245
小麦　4①231/12①167/21①57
ささげ　4①89
さんしゅゆ　55③248
杉　57②150,151,153
すすき　6①185/55③383,384
たかきび　17①209
たで　12①338/17①285/54①216
とうもろこし　2①105
なし　46①12,62,63,64,85,86,87,88
菜種　28②166,222
ねぎ　2①79/25①125
はぜ　11①14,41,49
はまおぎ　37②220
ひえ　2①32,35/5①100/23⑤258/25①72/27①152/37③345/38②66/40②124
ぼたん　55③396
みかん　56①87,88,89
麦　1③268/3③159,④227,260/5③265,278/6①87/8①98/17①176/25①82/27①130/28④344/37③293,363,370/39①38/40②103,106,107,108/41②81,③184/68②249,250,251/69①40
桃　55③262
もろこし　22④267
綿　8①38
われもこう　54①240
ほ【抄】
柿　3③172
なし　3③172
桃　3③172
ほあい【ほあひ、穂相】　28①45
稲　28①27,44
ほう【苞】→Z
55③215
くぬぎ　56①62
ほう【ホウ】
人　24①94
ぼう【ぼふ】
蚕　35①51
ぼうーぶら【ボウーブラ】→かぼちゃ
24①74
ほうおうそう【鳳王艸、鳳凰草、鳳凰艸】　28④333/54①257,271/55②125,③312
ほうおうちく【鳳凰竹】　54①178/55③438
ほうおうひおうぎそう【鳳凰檜扇艸】　55③375
ぼうかわ【棒皮】
杉　14①85
ほうきぎ【はうき木、ほうき木】→ははきぎ、ほうきぐさ
62⑨345,380
ほうきぐさ【はゝき草、ほうき草、箒草、箒艸、蒂、苕草】→ははきぎ、ほうきぎ→N、Z
2①**72**,121/10①24,29,39,41,72,73/12①319/19①180,191/33⑥349
ほうきのみ【はうきの実、ほうきの実】→N
ほうきぐさ　64④263,270
ほうきみ【ほう木実】
ほうきぐさ　64④271
ほうげ【ほうげ】
綿　25②209
ぼうこう【膀胱】→Z
馬　60⑦427,438,462
ぼうこうたい【膀胱帯】
馬　60⑦439
ほうしこつ【棚子骨】→Z
馬　60⑦433
ぼうしばな【ぼうし花】→つゆくさ
24①63
ぼうしんどうみゃく【帽心動脈】
馬　60⑦418
ぼうしんみゃく【帽心脈】
馬　60⑦429
ぼうず【ぼうず、坊主】
稲　21①26
ねぎ　3④370,373
ぼうせい【萌生】
しいたけ　45④204
ほうせんか【ほうせんくわ、法仙花、鳳仙花】→N、Z
3④354/28④333/54①238,271
ほうちょう【豊頂】→B、Z
馬　60⑦417
ぼうどう【ぼうどう】
麦　30①127
ぼうね【棒根】　38③190
なす　38③120
ぼうふう【はうふう、ぼうふう、防風】→N、Z
4①**154**/10①24/12①332/55③322
ぼうぶら【ほうぶら、ぼうふら、ぼうぶら、ぼふふら、南瓜】→かぼちゃ→N、Z
2⑤332/9①50,80/12①**246**,268/14①301/17①267/23⑥334/41②94/69①81
ぼうふりむし【ぼうふり虫】→I
47①21
ほうら【穂杪】
麦　40②102,104
ほうらん【鳳蘭】　55③410
ほうれん【ほうれん】→ほうれんいそがき
25②221
ほうれんいそがき【ほうれんいそがき】→ほうれん
25②221
ほうれんそう【はうれん草、ホウレンソウ、ほうれんそう、ほうれん草、鳳輦草、菠薐、菠薐草、菠薐艸、菠薐菜】→からな、はりょう→N、Z
2⑤329,330/3④363/6①162

/10①38, 40, 68/12①301/17①251/19①152/25①145/28①28/30①121, 138/41②118/45⑦423

ほうれんそうたねじゅくす【菠薐草種熟】
ほうれんそう　30①126

ほえ【ほゑ】
ぬるで　16①162
まんりょう　55②168

ぼえ【ぼへ】　70⑥382

ぼえくき【ぼへ茎】
稲　30②192

ぼえでき【ぼへ出来】　70⑥393

ほお【朴】→ほおのき
7②364

ほおける【ほゝける】
綿　3④225

ほおじろ【ほうじゆろ】→ほじろ
24①93

ほおずき【ほうずき、ほうつき、ほうづき、鬼灯、鬼燈、山茨菰、酸漿】→さんしょう→G、N、Z
3④354, 380, 381/4①**156**/10②339/17①291/19①191/28④334/55③420/56①183

ほおのき【ほうのき、ほうの木、ほふの木、朴ノ木、朴の木、朴木】→ほお→B、N
9①14/13①210/16①**160**/48①326/55③283/56①48, 73

ほがしら【穂頭】
稲　11②98/30①59

ほかのうま【他家の馬】　27①372

ほき【ほき】
大根　24③290

ほきあい【ほきあひ、発生合】→I
3③136, 137

ぼくぎゅうば【牧牛馬】　34⑥140

ほくしゅうひる【北州蒜】→にんにく
10①64

ほぐち【穂口】
稲　25②189

ぼくば【牧馬】　3③179

ほくび【穂くひ、穂くび、穂首】
あわ　4①81/36③277
稲　5①46/24①117/37②91, 92
ひえ　4①83
麦　17①182/61⑩411

ほくびのもと【穂首の元】
稲　23①34, 37

ほくびのもとつえひとかた【穂首の元つ枝一方】
稲　23①38

ほくびのもとつえふたかた【穂首の元つ枝二方】
稲　23①38

ぼけ【ボケ、ぼけ、木瓜】→しどみ
3④354/16①**153**/28④332/54①173, 271

ぼけい【牡茎】
馬　60⑦441

ほける【ほける】
綿　23⑥328

ほこ【ほこ】→Z
芍薬　54①80

ほこる【ほこる】
かぶ　41②115

ぼさ【ぼさ】
菜種　4①115

ほさき【穂さき、穂先、穂先き】
37③375
あわ　62⑨363
稲　5③255/7①12, 29, 43, 83/9②200/17①16, 17/22②99, ④217/23①37, 81/25②189/29③263/37②125, 172, ③344/39①26/61②100, 102, ④170
ごま　4①91
そば　4①88
はぜ　11①50/33②124
ひえ　27①153
麦　5③278/40②106, 107

ほさきのすじ【穂先の筋】　3②70
稲　3②67

ほさきのでき【穂先の出来】
稲　22①55

ほし【ほし】
梅　54①138
おにゆり　54①207
かきつばた　54①234, 235
さざんか　54①111, 114
白ゆり　54①208
筋おもと　54①257
つばき　54①87, 89, 90, 91, 92, 93, 94, 95, 97, 103

ぼし【母枝】
なし　46①89

ほしいが【乾イガ】
麦　8①251

ほしいね【ほし稲、干いね、干稲】→A
稲　27①185, 187, 190, 372, 376/29②152/62⑨384

ほしかけ【干欠】
はぜ　11①58

ほしかのこ【ほしかのこ】
つばき　54①87

ほししね【ほししね】
稲　20①103

ほしそう【星草】　54①232, 271

ほしたね【干種子】
綿　8①273

ぼしのうま【母子の馬】　3③174

ほしばな【ほし花、干花】
紅花　3①20/45①50

ほしまゆ【干繭】
蚕　61⑩443/62④91

ほしまり【穂シマリ】
稲　39⑤259, 276

ほじり【ほしり】　55②141

ほじろ【ホジロ】→ほおじろ
24①93

ほずえ【穂末】
大豆　27①195

ほすくみ【穂すくミ】
稲　5③253

ほぞ【臍、蔕、蔕】　3②71
馬　60⑥353
すいか　24①74
そらまめ　37③377

ほぞおち【ほぞ落】→N
瓜　4①131

ほそきなえ【細き苗】
はぜ　11①20

ほそくち【ほそくち】
綿　28②206

ほそたけ【細竹】→B、J
3④334/45④206

ほぞち【熟瓜】→まくわうり
4①131, 135

ほそね【ほそね、細根、繊根】　4①225/48①246
稲　12①58/37②92
葛　48①251
くらら　48①253
栗　56②273
じゃがいも　70⑤327, 329
せきちく　48①203
大根　28②220
朝鮮人参　45⑦414
菜種　69①88
ひえ　27①129

ほそば【細葉】
おもと　55②108

ほそばたで【細葉たて】→たで
55②124

ほそもみ【細そ籾】
稲　36③319

ぼた【ほた、ぼた】
稲　6①76/27①380, 382

ぼた【ぼた】
しいたけ　61⑩453, 454

ぼだいし【菩提子】→ずずだま
12①211

ぼだうり【ほた瓜、ぼだ爪(瓜)】
10①75/44③209

ほたる【ホタル、ほたる、蛍、螢】→ほったろ→H
16①37/24①93/25①99/36③225/69①94

ほたるぐさ【蛍草】→つゆくさ
24①63

ぼたん【ほたん、ぼたん、牡丹】→なとりぐさ、はつかぐさ、ふかみぐさ→N、Z
3④298, 345, 354, 364/6①16, 217/7②345/13①234, 284, 287/16①36/24①140/37②206/45⑦417, 423/54①34, 66, 77, 268, 271, 295, 305/55①72, ③209, 265, 288, 372, 460

ぼたんこう【ほたん紅】　54①75

ぼたんのはな【ぼたんの花、牡丹花】
ぼたん　19①182/20①168

ぼたんばら【牡丹荊】　54①161

ほつが【騂牙】→Z
馬　60⑦453

ほつき【穂付】
稲　29③202, 263
麦　29③263

ほっきんな【ほつきん菜】　41②119

ほっきんなのみ【ほつきん菜の実】
ほっきんな　41②119

ほっこりべべ【ほツこりべゞ】→らんのはな
24①94

ほっせい【孛臍】→くろぐわい
12①348

ほったろ【ほつたろ】→ほたる
24①93

ほつぶ【穂粒】
稲　1①43, 53, 94, 95, 119/23①80
大麦　21①26

ほつぶかわ【穂粒皮】
稲　6②311

ほていそう【ほてい草、布袋草】→くまがいそう
54①200, 271

ほていそう【布袋草(ほていあおい)】　28④332

ほていちく【ほてい竹、布袋竹】
54①179/55③438/56①112/59④393

ほでそろう【穂出揃】
稲　8①77, 290

ぼてんうり【ぼてん瓜】　4①128

ほと【陰】
そらまめ　3②71/37③377

ほど【ホト、ほと】→N、Z
10①24, 62, 79/70⑤313

ほどうげ【保童花】　54①201

ほとけのざ【ほとけのさ、仏の座】→しょうかさい、たびらこ→N

10①30,72/24①32,153/55②122
ほととぎす【ほとゝきす、郭公、子規、時鳥、杜鵑】→かんのんちょう、じちょう、ほととげす→Z
16①36/23①82/24①93,168/37③287,310,316/38①22/54①226
ほととぎす【ほとゝきす、ほとゝぎす、郭公】→ほととぎすばな、もうじょじさい
54①238,271/55②122
ほととぎすばな【郭公花】→ほととぎす
55③368
ほととげす【ほとゝげす】→ほととぎす
24①93
ほとびる【ほとびる】
小豆　5③275
大豆　5③275
ほとみ【ほとミ】
稲　17①41,47,49
ほとり【ほとり、熱り】
藍　3①43
ほとりなえ【ほとりなへ】
稲　9①70
ほながい【穂ながい】
大麦　21①26
ほなみ【穂なミ】
稲　5②223
ほにでる【穂ニ出ル】
稲　29②143
ほね【骨】→I、N、Z
いわし　69①82
馬　60⑥336,346,⑦457
ほね【ほね】
たばこ　41⑤237
ほのあからみ【穂のあからミ】
稲　7①12
ほのうら【穂のうら】
きび　62⑨364
ほのかしら【穂の頭】
稲　5③263
ほのかたち【穂の貌】
稲　7①31
ほのかわ【穂の皮】
はぜ　11①49
ほのきざし【穂の芽】
稲　36①50
ほのくきすえかた【穂のくき末方】
稲　27①159
ほのしたえだ【穂の下枝】
稲　62⑧262
ほのしり【穂の尻】
はぜ　11①45,47/31④176
ほのつぎしょ【穂の接所】　55③469
ほのでぐち【穂の出口】
稲　41③175
ほのは【穂の葉】
みかん　56①89
ほのもと【穂の元、穂の本】　29①87
はぜ　11①45/31④176
ほのもとえだ【穂の本枝】　3②70/37③376
ほのもとのほう【穂の元の方】
稲　21①33
ほのもとまであおつぶなき【穂の本まで青粒なき】
稲　27①159
ほのわらう【穂の笑う】
ひえ　27①153
ほば【ほば】
稲　29③221
ぼば【牡馬】
馬　60⑦426,439,440
ほばらみ【穂孕、穂孕ミ】
稲　29③240
麦　30③293
ほはんぶんよりさき【穂半分ゟ先】
稲　29③203
ほぶり【穂ブリ】
稲　31⑤269
ほみじかい【穂短い】
大麦　21①26
小麦　21①26
ほみせぎ【穂見せ木】
はぜ　11①33
ほむぎ【穂麦】
麦　32②302
ほもちだし【穂持出し】
稲　3④266
ほもと【穂元、穂本】
稲　27①175
はぜ　11①42
ほもとにあおもみおおくあり【穂本に青籾多く有】
稲　27①159
ほりいりな【ほり入菜】　12①229
ほるとそう【千金子、続随子】→ぞくずいし→Z
10①23,38/69①124
ぽれいごにゅむほりーすかるだちゅむ【ポレイゴニュム・ホリース・カルダチュム】→そば
70⑤323
ぼろ【ボロ、ぼろ、母呂】
綿　7①100,101/8①60,225/28②206
ぼろ【ぼろ】　54①274
ほろのき【ほろの木】　54①183
ぼろわた【母呂綿】
綿　8①279
ほをけずりたるにくあい【穂を削たる肉合】
はぜ　31④177
ほんい【本藺】→いぐさ
14①115
ほんいね【本稲】→いね
27①113
ほんからまつ【本唐松】　54①176
ほんかわ【本皮】
楮　56①177
ほんかん【本幹】
馬　60⑦420
ほんかんちく【本漢竹】　56①111
ほんくきばかりのみ【本茎ばかりの子】
にんじん　12①235
ほんこつ【ホンコツ】→たばこ
45⑥317
ほんたい【本躰】
はぜ　31④195
ほんだいこん【本大根】→だいこん
41②101,103
ほんだいず【本大豆】→だいず
23⑥330/34③41
ほんつる【本蔓】
まくわうり　12①255
ほんなえ【本苗】
稲　27①116,124
ほんば【本葉】
すいか　4①135
たばこ　41②113/45⑥295
なでしこ　55③294
麦　70⑥402
ほんばこがみ【本場蚕紙】
蚕　35②368,413
ほんひい【本ヒイ】
牛　60④174
ほんぼく【本木】
はぜ　31④195
ほんまめ【ほんまめ】→だいず
17①193
ほんらん【本蘭】　55③364
ほんりゅうきゅうい【本琉球藺】→りゅうきゅうい
14①115

【ま】

まーじん【真称】→きび
34⑤86
まいこ【繭蚕】
蚕　47②124,125
まいたちしゃ【まいたちしや】
28②261
まいね【真稲】→いね
27①157,162,167,369
まいねかぶ【真稲株】
稲　27①157
まいは【舞葉】
たばこ　45⑥286
まいはき【まいはき】→B
54①201
まいはきそう【まいはき草】
54①293
まいも【まいも、真いも】→さといも→F
24①48/28②147
まうり【真瓜】→まくわうり
2①86/4①128/30③253/37①35
まえまえつぶろ【マヘマヘツフロ】→かたつぶり
1②190
まお【マヲ、真苧、麻苧】→からむし→Z
10①73,②358/13①25,26/19①110
まお【真苧】→あさ
34⑥161
まかじ【真かち】→かじのき
34⑥145
まがしら【まがしら】
馬　60⑥339
まき【槇】→B
10②335/14①95/34⑧301/55③435/56②264/61①38
まき【披】　56①47
まきうるし【真木漆】　61②98
まきおろしのたね【蒔卸の種】
稲　1①48
まきこみのもみ【蒔込ノ籾】
稲　27①36
まきたね【蒔種、蒔種子】→A
そば　32①113
菜種　45③171
麦　3④274/32①70
綿　7②305/8①282/15③381,391
まきな【まきな】→なたね→A
28②245,253,263,264
まきなえ【蒔苗】
菜種　5①132
まきば【巻葉】
はす　55③322
まきむぎ【蒔麦】→A
20①135
まきもの【蒔物】→A、L、X
3③140/5③246/38②79,③195,201
まくようい【膜様衣】
馬　60⑦428
まくわ【まくわ、真瓜、真桑(瓜)】→まくわうり→Z
28②147/40②149/62①13
まぐわうま【馬耙馬】　4①287

まくわうり【まくわふり、熟瓜、真桑瓜、甜瓜】→からうり、かんか、てんか、はいうり、はえうり、ほぞち、まうり、まくわ、みのうり、みのまうり→N
2①99,106,107,110/3④352/6①123/10①75/17①258/19①115,169/28①22/30①131,③253/33⑥329,330,333,347/38④246
まくわうりたねじゅくす【真桑瓜種熟】
まくわうり 30①134
まけなす【負茄子】
なす 27①130
まごいね【稲孫】
稲 37③339
まごたね【孫種】
朝鮮人参 45⑦416
まこも【まこも、菰、真菰、軟草】→こも→B、G、N
10①24,77,②337/16①103,318,332/17①301,302/22④222/29①82/54①233/70⑥381
まこもぐさ【まこも草、軟草】
37②78/54①220
まこもたけ【まこもたけ】
まこも 17①302
まこものね【まこもの根】
まこも 17①302
まさき【まさき】 54①188,293/56①41
まさきかずら【まさきかつら、薜茘桂】 54①156,157
まさきのみ【柾木の実】
まさき 55③345
まざしなえ【間指苗】→A
稲 39⑤279
まざしのなえ【間指ノ苗】
稲 39⑤281
まさめ【まさめ】→ぶんどう
12①193/31③111/41⑤245,⑥266
まさり【まさり】
綿 25②209
まし【磨歯】
馬 60⑦453
まじりさき【まぢり咲】
つばき 54①106
まじりたるたね【雑じりたるたね】 23①33
まじりほ【交り穂、交穂】→G、Z
稲 3④224/29②155/37②229
また【股、扠、椏】 55③216
ながいも 2①93,94
ねぎ 20①128
まだ【また、マダ】 1②158,195/56①130
またいも【扠薯】
ながいも 2①94
またげ【マタゲ】
綿 31⑤257
まだけ【苦竹、紫竹、真竹】→B
6①186/7②364,365,366,367/21①87/38③189/39①59/55③438,440/57②176,205,206
まだけのは【真竹の葉】
竹 57②200
またしろのくろげ【騧】
馬 60⑦455
またたび【またゝひ、またゝび、木天蓼】→N、Z
10①79/54①157,293/55③312
またぬき【またぬき】 56①121
まため【又芽】
綿 29②141
まつ【松】→ちよみぐさ→B、G、I、N、Z
3①48,③167,168,179,181,④289,349,353/6①185/9①14/10①20,84,②335,355/12①76,120/13①186,187,188,193/14①66,69,89,94,95,301/16①139/21②133/22①59/23④171/24①140,153/25①24,107,112,②229/28①93/31④217/34⑤110,⑧301/36②126/38③189,④235/39⑤298/47⑤270/48①252/49①16,196/54①175,176,290,293/55②128,130,③434/56①52,134,135,139,145,149,151,152,170/57②140,144,155,156,176,185,225,226,227,230,233/61①38/64①58,④302/66⑦368/67②93,⑤228/69①47/70②115
まつえだ【松枝】→B、N
松 5①170
まつえだは【松枝葉】→N
松 38④238
まつかさ【まつかさ、松カサ、松かさ、松毬】→A、N
松 14①91,400/55③243/56①53,58
まつき【松木】→B、N
29④289/57①18,②146,175,192,225/64④264,290,294,300
まっくろたね【真黒種子】
綿 8①15
まつげ【睫】→Z
馬 60⑦445
まつたいぼく【松大木】
りゅうきゅうまつ 57②224,231,232
まつたけ【松茸】→N
3④329,353/7②349/10②339/50③241
まつてく【まつてく】→まわてこ
34⑤111
まつな【まつな、松な、鹸蓬】→G、N
28④355/68②291/69①47,70,126,127
まつな【まつな(あおな)】 10①40
まつなえ【松苗】
松 13①186/14①402/16①139/31②70/57①21,22,24,26/61⑨359/64①58,71/68④412
まつのき【松の木、松之木】→B、N
25②231/41②41/45⑦400/57②123,133/61⑩454/66③154,⑥336/67③122
まつのきのかわ【松の木の皮】
松 50③265
まつのきのしんえき【松の木の津液】
松 14①95
まつのきのはだ【松木の肌】
松 50③279
まつのたね【松の種子】
松 3①48
まつのは【松の葉】→B、H
松 56①52
まつのはな【松花】
松 56①52
まつのみ【松の子、松の実、松子、松実、松之実】 56①144
松 13①185,187/14①90,91/16①139/56①53,167/57①21,22,24,26
まつのみどり【松のみとり】→B、N
松 64①57
まつば【松葉】→B、H、I、N、Z
3③142/55②174,175
松 27①61/38③190/40②180
まつばのあおつくり【まつばのあおつくり】
松 41⑥273
まつばらん【松葉らん、松葉蘭】
55②136,137,138,140,166,167,174
まつむし【松虫】→G
37③322
まつめ【松芽】
松 56①54
まつもとせんのうげ【松本せんおふけ、松本せんおふげ、松本仙翁花】 54①210,211,293/55③311
まつやに【松やに、松脂】→B
松 13①64/14①90
まてば【まて葉】→まてばしい
55②141
まてばしい【まてば椎】→まてば
13①210
まな【まな、真菜】 10①68,③401/28②213/29②154
まなえ【間苗、真苗】
いぐさ 5①81
稲 5①57,65/27①113
まなこ【眼】→Z
馬 60⑤283
まびきたるなえ【間引たる苗】
しゅんぎく 33⑥380
とうな 33⑥370
なす 33⑥321
まひのき【真檜】 56①172
ままこ【マヽ子】→N
綿 39⑤270
ままつねり【マヽツネリ】→にしきぎ
56①72
ままめ【真豆】→あずき
34⑤88,93
まむし【蚖】→N
45⑥309
まめ【まめ、大豆、豆、菽】→B、I、L、N、R、Z
1②164/2①27,39,40,⑤335/3①8/5①24,40,101,102,109,118,119,121,126,168,190/8①78,111,190/10①30,②302,312,314,③395/11②115/12①59,75,87,90,184,186,187,188,190/14①232,235/15②184,185/17①192/19①210/20①142,168/22①53,④225,226,240,259,265/23①82/24①40,105,153,161/25②195,205/27①66,70,195,198,199/28②158,174,182,217,218,224,236,242,243,260/31②80/34⑥127,128,137/41⑤245,249,⑥266/42①34/47②128,③176,⑤254/61④175,⑥188,189,191/62⑧239,268
なたまめ 17①216
まめがき【まめかき】→しなのがき→F
20①122
まめがら【豆から、豆がら、萁】→I、N
小豆 27①194
大豆 12①361,362/27①194,198/38③154/61④175

まめき【豆木】
小豆　34⑤88
まめせみ【まめせミ】　16①37
まめたね【豆種、豆種子】　43①38
いんげん　3④261
そらまめ　34③43
大豆　3④233
まめつぶ【豆粒】
大豆　27①212
まめなえ【菽苗】
大豆　27①143
まめのかぶ【豆のかぶ】
大豆　28②187
まめのき【豆の木】
そらまめ　11⑤246
まめのね【豆之根、菽の根】
そらまめ　8①113
大豆　27①142,143
まめのは【まめの葉、大豆葉、豆ノ葉、豆の葉、豆之葉、菽の葉】→B、I、N
9①111
大豆　5①138/11②114/14①235/22④259/25①66/27①143
豆　43①67
まめのはんわれ【豆弁】　49①51
まめは【豆葉】→N
小豆　5①139
大豆　5①139
まめまきどり【大豆まき鳥】→かっこう
20①167
まもく【まもく】　57②206
まもみ【真籾】
稲　44③209,226
まゆ【まゆ、繭】
蚕　3①8,55,56,③117,118,182/6②297/10②357/16①37/18②253/24①77,83/25①56,62,63,64/35①33,36,37,40,42,43,46,50,130,150,151,153,156,159,162,166,178,180,184,205,②262,264,268,280,282,283,288,348,356,359,361,367,383,390,391,395,396,402,③427,431,432,437/37②65/47①12,13,15,16,17,18,22,25,29,30,31,32,33,35,42,43,44,45,46,47,48,51,55,②77,79,80,82,98,99,100,103,104,105,109,113,116,117,124,125,126,128,130,131,132,133,134,135,142,143,146,149,③166/48①210/53⑤293,295,297,316,317,330,331,332,333,334,335,336,338,339,340,341,345,349,350,351,355,358,359,362,367/56①193,195,198,201,205/61⑨264,⑩440,443/62④87,91,98,107/69②201,295/70⑥422
まゆする【繭する】
蚕　47②95
まゆだね【まゆ種】
蚕　47①35
まゆつくり【まゆつくり、眉作り】　54①201,293
まゆのくず【繭の屑】
蚕　35②401
まゆはきそう【まゆはき草】
54①198
まゆひょうり【繭蚯離】
蚕　47②108
まゆみ【摩弓】→N
56①72
まゆみのき【まゆミの木】　16①162
まゆむし【繭虫】→I
蚕　35②396
まゆり【真百合】　55③330
まりこゆり【まりこゆり】　54①201,293
まる【丸】
馬　60⑦459
まるきだいのぶん【丸き大の分】
里芋　29③252
まるきなす【丸きなす】　62⑨368
まるけいとうげ【丸鶏頭花】
55③362,375,435
まるこきいも【まるこきいも】
里芋　28②148
まるさき【丸咲】
菊　54①250
紅ぼたん　54①57,58,59
白ぼたん　54①38
まるしで【丸して】
芍薬　54①80
まるづけ【丸漬(瓜)】　2⑤330
まるづけうり【丸漬瓜】→N
2⑤329
まるて【丸手】
さつまいも　33⑥339
まるね【丸根】
麦　17①171,173,176,178
まるば【円葉、丸る葉、丸葉】→I、Z
きゅうり　41②91
桑　47②138,③170
せっこく　55②147
茶　6①160
とらのおそう　55③324
どろのき　56①131
なす　4①133/21①76
まるばあい【丸葉藍】→あい→F
20①205
まるはち【マルハチ】　14①349
まるばのあつきくわ【丸葉の厚き桑】　47③169
まるばやなぎ【丸葉柳】→はこやなぎ
16①304
まるめろ【まるめろ】　54①166
まわてこ【まわてこ】→まつてく
34⑥153
まわりのね【廻りの根】
竹　13①222
まんえ【万重】　54①35
まんじつこう【万日紅】　28④333
まんじゅく【満熟】
稲　5①32
大麦　5①126,127
そば　5①103
ひえ　5①100
まんじゅさげ【まんじゆさけ、曼珠沙花】　54①244,293
まんせい【蔓菁】→かぶ
12①224
まんせいし【蔓菁子】→なたね
45③140
まんねんぐさ【万年草】　54①33
まんよう【まんやう、万やう、万葉】
紅ぼたん　54①61,63
さつき　54①128
つつじ　54①125
つばき　54①97,107
白ぼたん　54①54
まんりょう【万両、万量】　28④333/55②163,165,166,167,168,180

【み】

み【み、子、実、身、桃、椹】→N
4①196,218/6①183,②285/9②208/10①72,79,84/13①173,174/16①242/21①86/22④205/23④161,⑤271/54①35/69②242,247,256,257,262,265,326,337,360
あさがお　15①77,78,79,82
小豆　4①87
油桐　5③279/15①86/16①149
あらせいとう　54①198
あわ　5①96
あんず　10①85
イケマ　1②191
いちじく　3④345,346/16①155
いぬびえ　23①75
稲　2④288/4①213,220,224/5①37,67,83/6②290
芋　3④365
いんげん　3④238,242,283,288,368,369/17①212
梅　3③169,④342/10①85
うめもどき　55③380
漆　3①54/4①161,162/16①141
えんどう　3④243/17①213
大麦　4①79/5①128/12①160/24①82
おもと　55③340,410
柿　3③169/7②354/34⑧305
かし　16①165
かぶ　17①246,247
榧　3③171/16①146
からしな　10①80/15①76/17①249
唐たちばな　54①191
からはぜ　10②336
からむし　17①225
かりん　16①170
きからすうり　14①196
菊　55①64
きさご　69②300
きび　4①90
きゅうり　9①141
葛　50③245
くぬぎ　5①170
栗　3③170/16①147
くるみ　16①145
桑　4①163/16①141/47②137
くわい　3①18/4①152
けし　3①34/4①150/17①214
けやき　16①159/56①99
楮　16①143
紅ぼたん　54①57,60,61,62,63
こしょう　16①161
ごま　3①29/4①91,92/17①206
小麦　4①231/5①122
ささげ　17①198
里芋　3④350
さとうきび　3①46/48①218
さるまめ　17①217
さんしょう　10①83
しい　13①210
しそ　4①149
しゅろ　3①22,50/53④247/55③288
しらき　13①218
すいか　3④312/4①135
杉　16①157/22④276
すもも　16①152
せんだん　16①159
そば　3①29/5①118/10①60/17①210/27①150

大根　1③269/2④278/4①108/5①112
大豆　3④277,278/4①85
たばこ　4①116
たぶのき　31①27,29
ちしゃ　17①250/28①18
茶　3④259/4①158/6①155
朝鮮人参　45⑦381,382,396,399
つげ　16①167
つばき　13①220/16①145
つゆくさ　24①63
つるあずき　17①211
とうがらし　10①82
とうがん　17①266
とうもろこし　4①91/17①216/30③281
とち　16①163
とろろあおい　3①57
菜　2④278
ながいも　2①93,94,95
なし　3①22/16①148/46①98,99,100
なす　3④282,284,285,288,315/33⑥325
菜種　1④310/3①30/5①131
なら　22④277
にら　33⑥379
ぬるで　16①162
ねぎ　3④370,373
ねしころし　6②300
白ぼたん　54①38,39,40,41,42,44,45,46,47,48,49,50,51,52
はす　3①36/12①339,340,342/17①298
はぜ　11①17/31④155,157/33②113,126
はと麦　10②340
花しょうぶ　3④371
はなちょうじ　54①192
ひえ　4①83
ひし　17①300,301
ひのき　16①158
ふだんそう　30③284
ぶどう　48①191
ぶんどう　17①214
ぼうふう　4①155
ぼけ　16①153
松　3①48
みかん　3①52,④307,308/16①147
麦　3①28,④275,281,282/5③278/9①113/10②363/17①175,176,180/30③269
桃　16①151,152
やまもも　16①159
ゆうがお　10①74
ゆり　3①32
りんご　3④348/16①152
れんげ　23①17,18
綿　3④225,294/4①111/8①264/9②205/28③322

みいり【みいり、ミ入、実入、実入リ、実入り、身入】→L、Z
1③278/3④374/7①23/8①220,221/10②329/16①76,249,250,256,259,264/23⑥304,307/29①30/36②110/41⑤250
小豆　5①139/17①196,197
あわ　5①95
稲　3④228/4①212/5①21,43,65,66,75,③253,255,262/6①59,68/7①37,40,42,48,49/8①77/9②199,201/10①16/11②107,④176/15①54,②139/17①14,16,17,22,35,51,96,111,114,127,128,133,145/22②108/23①78,81,③150,155,156/25②182/27①29,157/29①58/31⑤266/36②106,③266,267/41②75
大麦　5①125,126,127,129/22④206,207/25②199/29①75/67⑥287
きび　10①58
ごま　17①207
小麦　5①121/25②198,199
さつまいも　21①66/22④275/31⑤267
里芋　5③268/22④247/41②97
そば　5①117,120/11②120/17①209/38②73
大根　1③269/17①240,241,242/22④237
大豆　5①139/7②328/11②114,115/23⑥329/29①81/36②118
とうがらし　10①82
菜種　3④246/5①133/8①89,92/11②117
はぜ　11①23,56
裸麦　31⑤275
麦　1③268/3④264/17①164,165,169,171,172,174,175,178/25①82/32②289/41②79/68②250
綿　8①15,46,279/9②209,213/23⑥328

みいる【実いる、実入る】
里芋　39①63
麦　5③278

みうえぎ【実植木】→A
10①45,46
はぜ　11①53/31④172

みうえなえ【実植苗】
はぜ　31④173

みうえのき【子うへの木、子うゑの木、実植之木】
柿　13①145/18①74
はぜ　33②115

みうえのなえき【実植の苗木】
はぜ　11①51

みおい【実生】
あおき　5①171
つばき　5①171
唐蓮　54①231
白ぼたん　54①51
桃　54①142

みおき【三起、箕起】
蚕　24①47,54/35③427,430,432,433,437

みおち【菓落】
綿　8①12

みかたち【実形】
大豆　22④224,226
つるうめもどき　55③365
菜種　22④232

みかどゆり【ミかどゆり】　54①208

みからし【実からし】
からしな　17①249

みかわじまつけな【三河嶋漬菜】→はびろな
2⑤329,331

みかん【ミかん、みかん、柑橘、橘、橘柑、橘子、密柑、蜜柑、榓柑、樒柑】→みつかん→N
3①19,22,**51**,②73,④307,308/7②**355**/10①85/13①168,171,173,176/14①45,56,341,382,383,385,387,388/16①**147**,148/23④177/25①111/28①94/29①85/35②334/37③390/38①24/40②99,④286,337/41⑤246,⑥267/45⑦417/46②132/54①168/56①86,87,89,90,91,92,93,94,95/61①38/62①14/69②292,297,317/70⑥411,416

みかんのき【ミかんの木】　16①147

みかんのは【榓柑の葉】
みかん　11①21

みかんのるい【柑橘の類、橘の類、蜜橘の類】　13①168,169,170,174,175,176,233

みき【幹、茎、真木、身木】　2①123/55③216/56②274,282,283/69②247,260,291,358/70⑥421
柿　2⑤332
かぼちゃ　33⑥344
菊　2①117
桐　3④320
くぬぎ　5①169
栗　25①114/56②273
桑　47③171,175/56①202
江南竹　55③439
桜　3④320
さるすべり　55③380
すいか　33⑥346
杉　56②252,255,260,265,271
たんちょうか　55③309
なす　33⑥322
なんてん　55③341
にわざくら　55③276
ひのき　56①47
松　5①170
みかん　56①89
れだま　55③324

みきあか【ミき赤】→いぶき
54①181

みきのなかごのき【幹の心木】
とろろあおい　48①117

みご【ミコ、みこ、ミご、みご、実稈】→B
稲　17①23/19①81/20①105,107/24③310/37②165/63⑧432/67⑤233

みごもと【みごもと、みご本】
稲　1③260/37②168

みじかいね【短稲】
稲　7②269

みじかきなえ【短き苗】　10①103
稲　27①114

みじかきほ【短キ穂】
稲　5①46

みじかもい【短もひ】
稲　37①15

みじかもえ【短萌】
稲　19①36

みじゅく【未熟】　5①84
小麦　5①122

みしょう【実生】→A
いぬまき　57②128
漆　46③185
菊　48①207/55①31,35,63
紅ぼたん　54①57,69
朝鮮人参　40②180
ねぎ　3④324
ねむのき　64④283
はぜ　31④160
はまなす　64④290
松　68④412
まつばらん　55②137

みしょうなえ【実生苗】
はぜ　11①51/33②116,125

みしょうのなえ【実生の苗】
はぜ　11①45

みしょうのやなぎ【実生の柳】
柳　1②150

みじんは【微塵葉】
藍　45②109

みずあおい【ミづあふひ、水あ

ふひ、水葵】→うきしょう、なぎ→N
54①197, 231, 233, 234, 304/55③348, 448/70⑥381
みずいね【水稲】→いね
12①106, 147, 149/61⑦195/62⑧274/70⑥**376**, 377, 378
みずいれかぶのなたね【水入蕪之菜種子】 33④**221**
みずかけぐさ【水かけ草、水掛草、水懸草】→いね
19①80/20①77, 97, 108
みずかげぐさ【水影草】→いね
37③279, 312, 356
みずくさ【水草】→G、I
3③151/4①197/10①76, 77, 103/11③149/16①293/17①305, 306, 309/19②374/23①64/33①25/45②105/54①231, 235, 262, 280, 292, 299, 307/55②172/59③207/67④180/70②180, ⑥379, 380, **381**
みずくさのるい【水藻の類】→G
55③349
みすじ【三筋】
稲　7①31
みすじなえ【三筋苗】
稲　27①111, 124
みすすぎ【みすゝ木】 57②196
みずだいこん【水大根】→だいこん
70⑥381
みずたいね【水田稲】→かただいね、ふけだのいね
5③263
みずたなえ【水田なゑ】
稲　28②154
みずとり【水鳥】 16①37/17①67, 90/59④390/69①102
みずな【ミズナ、みづな、ミつ菜、水ナ、水な、水菜】→うきな、えどな、きょうな、すう、はたけな、ひょうずな→N
2①71/3④237/4①**106**, 107/9①101, 104, 119/10①68, ③401/12①229, 231, 232/18①94/19①118, 201/20①307/24①141/25②207/28②156, 166, 213, 245, 261, ④349, 350/29①83/30③284/33①44, ④232, ⑥370, 376/36③197/39③153/41②117, 118/70⑥381, 387
みずなぎ【水なぎ】 55③359
みずにうく【水にうく】
稲　62⑨324
みずのでるなえ【水の出る苗】
稲　27①50
みずばしょう【水芭蕉】→Z
55③325, 448
みずばな【水花】
紅花　38③165/45①43, 49
みずひえ【水稗】 12①64
みずひき【ミつひき】→かいこん→A、D
55②123
みずひきくさ【水引草】 55③382
みずぶき【水蕗冬、芡、芡実】→おにばす→F、N
3③176/55③399/70⑥381
みずぶき【水蕗】→ふき
3④309, 341
みずほ【ミつほ】
稲　24①169
みせばや【ミせはや】→ひさい
55②123
みそ【身苴】→あさ→I、N
19①83
みそさざい【ミソサヽイ】→みそさんじき
24①93
みそさんじき【みそさんじき】→みそさざい
24①93
みぞそば【苦蕎麦】→にがそば
70⑥381
みそな【みそ菜、味噌菜】→ふだんそう
34④67, ⑤83
みそはぎ【ミそはき、溝萩、鼠尾草、鼠尾艸】→N
3①24/54①243/55③358
みそはぎのはな【落尾草花】
みそはぎ　19①186
みたから【ミタカラ】→せっこく
55②148
みたつもの【水田種子】→いね
3①8
みたね【実種】 62③70
みだれざき【みだれさき、乱咲】
紅ぼたん　54①60
つつじ　54①125
みだれなえ【乱苗】
稲　27①114
みだれはぎ【みだれ萩】 54①245
みだれもりあげざき【みだれもりあげざき】
紅ぼたん　54①60
みちばたのまめ【道ばたの豆】
28②236
みつおき【三つ起】
蚕　56①192, 196, 201, 207
みつかど【三角】→いぐさ
14①112
そば　37②203
みつかなえ【三ツかなへ】
あわ　33③168
みつかん【ミつかん、密柑】→みかん
54①168
みつきそうろうばしょう【実付候芭蕉】
ばしょう　34⑥163
みつくさき【ミツクサ木】 19①180
みつご【三ツ蚕】
蚕　47②107, 122
みつごのせつ【三ツ蚕ノ節】
蚕　47②109
みっつね【三ツ寝】
蚕　47②104
みっつまゆ【三ツまゆ】
蚕　47①30
みつば【ミツハ、三ツ葉、三つ葉、三葉、芙蓉葉】→みつばぜり→N
3④218, 319; 332/11③148, 150/19①191/22④**265**, 266/33⑥392
みつば【三ツ葉、三葉】
いんげん　41②93
きゅうり　41②91
二葉あおい　54①202
麦　63⑤317, 318
みつばぜり【ミつ葉せり、ミつ葉ぜり、三葉芹、野蜀葵】→みつば→N、Z
12①**337**/17①290/29①83, 84
みつばそう【みつは草】→やしょくさい
55②124
みつばち【ミツバチ、ミツばち、蜜蜂】 14①347/40④302, **313**
みつばちのす【蜜蜂巣】
蜜蜂　48①225
みつばもやし【三つ葉もやし】
みつば　3④319
みつまた【ミツマタ、ミツまた、結香、三ツ股、三つ胯、三ツ杈、三股、三胯】→けっこう、じゅずぶさ
14①259, 261, 399/48①119, 186/56①69, 143/61⑩457/69②292, 294, 298
みつまたたね【結香種子】
みつまた　69②312
みつまたのなえ【三股の苗】
みつまた　14①395
みつまたのみ【三胯実】
みつまた　56①143
みてらぬほ【実熟ぬ穂】
ひえ　27①153
みとおなり【実遠生】
そば　5①118
みとり【実取】→A、L
20②385/24③288, 295
みどり【ミとり、みとり、みどり】
さつまいも　34③43, 45, ⑥134
杉　25①112/56①212
みどりおいたつ【みどり生立】
杉　56①212
みとりささぎ【実取さゝぎ】→ささげ
33⑥352
みとりだいこん【実取大根】
33④183, 221, 222
みどりたつ【みとり立】
杉　56①43
みどりまつ【緑松】 55③434
みなえ【生苗】
桑　35②312
みなき【実なき】
稲　27①165
みなくちいね【水口稲】
稲　1①96
みなし【みなし、身なし】
稲　28②143, 259
みなせ【ミなせ、実なせ】
大豆　28①45
みなみえだ【南枝】
はぜ　11①41
みなり【実成、実生り】 1④304
なし　46①79
みなる【実生る】 69①104
なし　46①91
みねすわり【みねすわり】→きゃらぼく
54①184
みのあと【実跡】
はぜ　31④213
みのうてな【実の蒂】
綿　15③338
みのうり【美濃瓜】→まくわうり
4①128, 131/19①115
みのかしら【実之頭】
なたまめ　38③142
みのかわ【身の皮】
馬　60⑥356
みのけ【身毛】
馬　60⑥370
みのすげ【薹莎】 6①163
みのまうり【美濃真瓜】→まくわうり
30③253
みのらざるき【実乗さる木】
はぜ　31④198
みのり【みのり、実ノリ、実のり、実リ、実り、実熟、実乗、実登、実登り、実法、実法り、登、登り、登実、登熟】 3③132, 134, 135, 143, 145, 149, 161, 162/5①167/8①218/21①32, ②103/23①7, ⑥303, 304, 307,

310, 313, 315, 338/25③276/31④198/37②122, 123/38③150/41③182/47⑤252, 272/61⑥188, ⑩411/62⑧249, 254, 255, 262, 269/67⑥283, 288, 292, 309, 310, 314/68④394, 405/69①56/70⑥385
小豆 21①60
油桐 47⑤255
あわ 67⑥306
稲 3③148, ④266/5③281/7②286/9②200/10②321/11②91/12①144/15①55/21①35, 43, 44, 45, ②117, 118/22①47/30①80, 81, 90/31⑤274/37②81, 86, 91, 92, 94, 99, 101, 103, 104, 105, 106, 113, 126, 130, 137, 139, 158, 166, 167, 168, 180, 181, 183, 221/39①32/61①35/67⑤210, ⑥268, 280, 286, 308/70④280
えごま 3④292
大麦 5①129/21①49, 52, 53, 55/22②113/39①38/67⑥287
陸稲 3③153
かつら 56①101
栗 56①56
そば 22①59
大根 62⑨373
大豆 21①60/23⑥329, 330/37②112
菜種 5①133/45③159
はぜ 11①26/31④152, 153, 154, 156, 172
裸麦 21①54
ひえ 21①61/39①45
麦 3③151, ④260, 270, 275/10②326/30①114, 115/37②87, 109, 110, 201/39⑤254/61①37
綿 15③371
みのりあと【実り跡】
はぜ 31④212
みのりき【実り木】
はぜ 31④197, 212, 222
みのりのなえ【実のりの苗】
はぜ 11①48
みのりよきいね【稔よき稲】
稲 1①54
みのる【実ノル、実登る、実法、実法る、登る】
稲 15①56/37②162, 169, 172, 175, 215/39①36
えんどう 39①63
そば 39①47
そらまめ 39①63
菜種 5①132
みのるもの【実る物】 19②391
みはいる【実入ル、身入ル】
稲 8①78, 79
大根 8①109
みばえ【実はへ、実ばへ、実生、実生へ】→A
油桐 5②229, ③279
梅 3④342
杉 38③189
大豆 38③144
はぜ 11①14
みふしぐさ【みふし草、三ふし草、三節草】→いね
19①81/20①96, 108/24①140
みふしだち【三ふし立、三節立】
稲 19①74, 75
みぶせ【実伏せ】→A
なんてん 3④346
みぶせなえ【実伏苗】
漆 18②265, 266
みぶな【壬生な、壬生菜】 2①71, 133/30③284
みぼい【実生】
つばき 54①87
みまきなえ【実まき苗】
松 14①94
みみ【耳】→Z
7②229
馬 60⑤283, ⑦452
みみこ【耳子】
たばこ 34⑤101
みみず【ミヽズ、ミヽず、蚯蚓】→きゅういん、めめず→G、I
16①36/24①93/45⑦390/48①390
みみな【みゝな】→N
56①170
みむすび【実結、実結ひ、実結ビ、実結び】
柿 56①65
なし 46①20, 21, 22, 23, 24, 25, 26, 27, 28, 29, 30, 31, 32, 33, 34, 89, 90
みむすぶ【実結】→A
69②292
えんじゅ 56①56
みもの【実物】 11⑤237
稲 11⑤243
みゃくかん【脈管】
馬 60⑦419
みゃくらくまく【脈絡膜】→Z
馬 60⑦447
みやこはぎ【都コはぎ】 28④340
みやこひおうぎ【都日扇キ】
28④333
みやじまごよう【宮嶋五葉】
55②146
みやましきみ【深山しきみ、深山樒】 54①191, 304
みゆず【実柚】→ゆず
10①85
みょうが【ミやうか、ミやうが、みやうが、めうか、めうが、蘘荷、明が、苴う伽、茗荷、蘘荷】→N、Z
2①82/3④345/4①148/6①162, 163/10①20, 24, 40, 43, 70, ②328/12①306, 307/17①278/19①182, 191/24①41, 141/25①140, ②222/28①18/29①84/33④232, ⑥392/37①33/41②120, ⑤246, ⑥267/54①239/55②124, ③331/69②338/70⑥381
みょうがそう【ミやうが草】
54①239, 304
みょうがのこ【花、茗河ノ子、蘘荷子】→N
みょうが 19①187/37①36/69②338
みょうがのはな【蘘荷の花】
みょうが 55③398
みょうし【ミヤウシ】
稲 39⑤294, 295
みわた【実わた、実綿】
綿 8①271, 286/9②208/15③376, 382, 385/40②182/61⑩426

【む】

むえかえり【むへかへり、化造】
蚕 47①19, 39
むえでる【むへ出る、化出る】
蚕 47①19, 21, 23, 50
むえる【むへる】
蚕 47①19
むか【無花】
いちじく 3④346
むかご【むかこ、むかご、零余子】→N
つくねいも 6①138/22④272
ながいも 3①19, 38/10①61/20①156
やまいも 3④247/5①142, 143/6①137/10①38/12①375, 376, 377/38③130/41②110/43③262, 265
ゆり 12①323
むかごね【むかご根】
芹人参 10②340
むかぜ【むかぜ】→むかで
24①93
むかで【ムカデ】→むかぜ→G
24①93
むぎ【むき、むぎ、麦】→たむぎ、としこしぐさ、はだかむぎ、はたむぎ→A、B、I、L、N、Z
1①15, ③268, 269, 279, ④304, 315, 316, 317, 319/2①31, 32, 33, 65/3①8, 18, 28, 49, ③137, 141, 143, 144, 145, 148, 149, 150, 151, 152, 154, 159, 162, 163, ④225, 227, 258, 278, 281, 285, 287, 291, 294, 304/4①13, 23, 26, 28, 31, 59, 71, 72, 78, 79, 173, 184, 202, 228, 229, 230, 231, 244, 279/5①44, 45, 47, 81, 104, 108, 116, 122, 123, 125, 126, 128, 130, 135, 151, 152, 167, 176, 190, ②223, 225, 226, 227, 228, 231, ③250, 252, 259, 265, 266, 273, 278, 281, 286/6①10, 16, 43, 84, 85, 86, 87, 88, 89, 98, 118, 128, 165, 176, 183, 184, ②272, 273, 278, 279, 281/7①40, 94, 95, 118, ②288, 289, 290, 291/8①21, 78, 93, 95, 96, 97, 98, 99, 101, 105, 136, 141, 143, 144, 146, 147, 148, 152, 154, 155, 156, 157, 163, 186, 212, 224, 248, 258/9①10, 11, 19, 34, 38, 54, 62, 65, 66, 77, 80, 81, 82, 93, 94, 98, 101, 109, 112, 119, 121, 123, 127, 131, ②211, 212, 214/10①8, 31, 45, 46, 54, 63, 81, 90, 93, 104, ②312, 314, 315, 326, 327, 361, 375, ③388, 398/11②105, ④182/12①56, 74, 75, 94, 111, 131, 148, 152, 153, 158, 159, 160, 161, 163, 164, 165, 167, 171, 172, 195, 196, 197, 198, 199, 232, 240, 253, 360, 369, 371/13①18, 101, 106, 355, 356, 358, 359, 360, 361, 362, 366, 367, 372, 375/14①55, 56, 234, 409/15②190, 200, 217, ③368, 381/16①40, 188, 191, 239, 240, 258/17①19, 84, 85, 86, 132, 143, 161, 168, 169, 170, 171, 172, 173, 174, 176, 177, 180, 182, 184, 185, 242, 268, 326/19①139, 156, 160, 200, ②447/20①122, 131, 171/21①49, 50, 51, 53, 55, 83, 89, 90, ②102, ⑤222/22①40, 41, 53, 58, ②117, ③155, 172, 173, ④206, 226, 286, 292/23①24, 25, 28, 30, 38, 64, 82, 85, 86, 89, 116, ⑤257, 258, 264, 265, 268, 278, ⑥307, 308, 317, 321, 322, 327, 337/24①77, 109, 117, 139, 140, 153, ②237, 238/25①20, 40, 44, 54, 59, 60, 74, 79, 81, 82, 83, 119, 121, ②198/27①20, 59, 61, 62, 66, 130, 275/28①12, 13, 15, 16, 26, 29, 85, ②

142,152,203,215,232,263,264,271,③323,④329,344,352/29①11,15,35,42,69,70,71,72,73,77,80,②123,131,134,136,148,154,156,③212,④270,281/30①6,7,64,92,94,②191,③268,269,282/31②75,③113,⑤257,259,260,267,272,274,278,281,287/32①26,40,46,52,56,61,62,69,73,81,147,159,166,168,190/33①49,④178,196,⑤239,243,246,254,⑥314,323,355/34③44,47,⑤90,⑥152,⑦247,⑧296,297,310/35①21,②312/36①60,67,②117/37①45,②65,70,75,77,81,83,87,109,110,111,112,114,115,202,③255,260,290,291,292,293,296,297,358,359,360,362,363,368,370/38①8,9,17,21,23,②59,69,③115,140,146,148,153,171,175,176,177,178,179,200,④255,287/39①41,42,43,②97,121,③149,153,④187,⑤254,261,268,278,280,289,290,296,⑥331,332,333/40①14,②41,100,101,102,103,104,105,106,107,108,110,113,126,134,145,188,③215,216,217,218,226,235,④309/41①11,②79,81,123,③181,182,183,184,⑤244,248,253,257,⑦331,338/42①34,③162,⑤319,⑥416,417,422,437/43①40,③238/44①35,②92,94,③204/45③142,143,144,152,163/47②128,③176,④230/50②153,165,③247/61①37,51,②83,85,④157,158,159,161,162,167,⑦194,⑨281/62⑦187,191,192,199,206,⑧239,240,253,264,⑨317,321,336,339,346,347,374,375,377,383,387,388,389,391/63④169,⑤310,316,317,318,319,320,322/64⑤335,336,354,355,357,358/67④169,174,187,⑥273,277,286,304/68②246,249,250,251,255,256,257,260,261,264,④405,416/69①40,50,62,68,74,75,78,98,134,135,②175,202,222,232,234,239,327,348,357/70④272,⑤311,319,320,321,322,330,⑥378,380,395,398,399,401,402,404,413,415

むぎあお【麦青】
麦　8①38
むぎあとあわ【麦跡粟】　31⑤263
むぎあとのいね【麦後トの稲、麦跡の稲】　24①135/41③176
むぎいろつき【麦色付】
麦　38①11
むぎかっぱ【麦かつぱ】
麦　39②105
むぎかぶ【麦かふ、麦かぶ、麦株、麦抖】
小麦　4①232/12①168
麦　4①111/12①361/15③356/27①136/28②175/38③155,156/41②95
むぎから【麦カラ、麦から】→B、I、N
大麦　32①69
麦　10③400/17①184/25①60/37②110
むぎからね【麦から根】
麦　23⑤272
むぎくさ【麦草、麰】→おおむぎ→A、G
19①136/63④169
むぎけ【麦毛】　28①13/65②109
むぎこおい【麦小生】
大麦　29①76
むぎせみ【麦蟬】　16①37
むぎたなえ【麦田苗】
稲　30①35,51
むぎたね【麦たね、麦種、麦種子】
稲　5②225
大麦　9①114/12①154,160/22②114/23①29/28②195/29①72/32①48,51,52,53,57,71/39②119,120
小麦　28②242
麦　1③283/2④289,307/3④264,274/4①79/5②229,③265/7②293/8①217/9①117,②225/10②302,330/17①168,170,174/19②373/22①59/23⑥321/24②237/25①67/28②238/29②145,147/30①99/31②70,⑤283/32①56,167/37③361/38③177/41②78/42②91/62⑨376/68②256
むぎたのいね【麦田の稲】　19①64
むぎつぶ【麦粒】
麦　32②305
むぎつぶはんぶんあおき【麦粒半分青キ】
大麦　32①81
むぎつぶはんぶんはあおき【麦粒半分ハ青キ】
麦　32②289
むぎなえ【麦苗】
麦　3③151/13①20/37①36
むぎなたねのるい【麦菜種子の類】　15②176
むぎぬか【麦糠】→B、H、I、N
麦　8①258
むぎね【麦根】
大麦　12①161,162
麦　1④319/16①262/17①161,173,175,176/23⑤265,267,268,269,278/25②204
むぎねもと【麦根元】
麦　8①95
むぎのいが【麦のいか】→I
麦　30③269
むぎのおおね【麦の大根】
麦　25①121
むぎのかっぱ【麦のかつは】
麦　39②98
むぎのかぶ【麦の株、麦之株】
麦　8①143,152/10③389/15③402
むぎのから【麦之から】→B
麦　24②238
むぎのかりかぶ【麦の刈科、麦の刈株】
麦　15③381/27①143/30①47
むぎのきりかぶ【麦の切株、麦の伐株】
麦　15②161,162
むぎのくき【麦ノ茎】
麦　32②292
むぎのけ【麦ノ毛】→B
大麦　32①57
むぎのこね【麦の小根】
麦　17①172
むぎのしたば【麦ノ下葉】
麦　38④255
むぎのすずはな【麦のすゝ花】
麦　17①180
むぎのたちね【麦の立根】
大麦　12①154
むぎのたね【麦の種、麦ノ種子】
大麦　32①49
麦　3④275/52⑦314
むぎのでほ【麦の出穂】
麦　1①110
むぎのなかばはき【麦ノ半ハ黄】
麦　32②311
むぎのなかばはきになかばはあおき【麦ノ半ハ黄ニ半ハ青キ】
麦　32②293,299
むぎのね【麦の根、麦之根】
大麦　12①153,158/22④208/29①72,73
麦　1③268/3③150,④281/8①99/15②214,③356,401/16①240,262/17①160,169/23⑤265,267/36②117/37③290/40②146/61①37,④158,159/68②258/69①79,97
むぎのねから【麦の根から】
麦　23⑤272
むぎのねもと【麦之根元】
綿　8①178
むぎののげ【麦の芒】
麦　39①57
むぎのは【麦の葉】
大麦　21①53
むぎのはし【麦のはし】
麦　23⑥332
むぎのはな【麦花】
麦　68②251
むぎのひげ【麦の髭】→I
麦　23①105
むぎのほ【麦の穂】
麦　3③151/6①128/22④270,272/23⑥317,329/25①62
むぎのみ【麦の実】→Z
麦　68②253
むぎのみのり【麦ノ実ノリ、麦の登】
麦　30①114/32①15,②310
むぎのめ【麦のめ】
麦　5②226
むぎのもみがら【麦の殻】
麦　68②254
むぎのるい【麦の類】　10②315,325
むぎは【麦葉】
麦　27①20
むぎほ【麦穂】→Z
大麦　21①54
麦　8①150,251/17①184/23⑥321
むぎほくぼ【麦ほくぼ】→I
麦　9①81
むぎほでそろう【麦穂出揃】
麦　8①169
むぎまきどり【麦まき鳥、麦蒔鳥】→せきれい
16①39/17①158,168
むぎやす【むきやす、麦やす、麦安、裸麦】→はだかむぎ→N
12①156/28②198,199,236,245/36②116/37③360/43②169,181/44③207/68②259
むぎわら【むき藁、麦ハラ、麦わら、麦藁】→B、G、I、N
大麦　29①78
麦　8①38,194/9①81/27①133/32①105/37②110
むぎわらのね【麦わらの根】
麦　9②215
むく【むく】　47①46/55②136
むくげ【むくけ、むくげ、むぐげ、木槿】→しゅん、しろむくげ、ちはす→B、I

10①79/12①78/16①38/19①182/37①33/54①163,289/55③330,331,334,347,357,372,377

むくげのはな【木槿花】

むくげ 19①186

むくろじ【もくろじ、木欒子】 46①98/54①170

むくろじのさね【木くろじのサネ】

むくろじ 31①29

むけやす【ムケヤス、むけやす】→はだかむぎ 7②289/21①54

むし【むし、虫】→G、I、N、Q 3②72/5①140/13①123/15①70/16①260/23④167/30③259/35①184/37③322/40②56,57/47③166/69①124/70②68,⑥412

蚕 47①19,23,24,26,27,28,29,30,31,32,36,38,41,42,44,46,55,56,②107,143

むしいりば【虫入葉】 55③475

むしくい【虫喰】→G

小麦 2①64/4①231

大豆 30③298

むしくいのは【虫食の葉】

茶 6①160

むしくいわた【虫喰綿】

綿 40②47,54

むしくうなえ【虫くうなへ】

稲 41⑤257

むしつきはじめ【虫附はしめ】→A

稲 30②189

むしのかしら【むしのかしら】

蚕 47①24

むしのつきたるえだ【虫の付たる枝】 15①32

むしのなり【虫の形】

蚕 47①21

むしのふん【虫のふん】 62⑨378

むしまゆ【蒸まゆ】

蚕 47②147

むしめ【蒸芽】

稲 11④187

むしゃりんどう【むしやりんたう、むしやりんだう】 54①226,290

むだけ【むだけ】→X

稲 27①376

むたけいね【ムタケ稲、むたけ稲】

稲 27①184,384

むだはな【むだ花】

大豆 3④277

むだめ【むだめ】

ほおずき 3④381

むながいした【むなかい下】 67④167

むね【ムネ、胸】

馬 60⑤283,⑦410

むねのなか【ムネノ中】

牛 60④194

むびょうじょうぶなるき【無病丈夫なる木】

綿 8①14

むびょうわた【無病綿】

綿 8①290

むま【むま】→うま 41⑤235,⑥270

むまこ【むまこ】 1②167

むまのこ【馬の児】 13①259

むむがー【楊梅皮】 57②206

やまもも 57②134

むめ【むめ、梅】→うめ 41⑤246,⑥267/54①289/63④171

むめのはな【むめの花】

梅 54①229

むようのえだ【無用の枝】 29①87

むらおい【むらおい】

あわ 41⑥270

むらさき【むらさき、紫、紫草】→しこん、しそう、むらさきそう、やまね→B 14①147,151,157,158/17①223,224/45①30/54①123

むらさきおもと【紫おもと】 55②165,166

むらさきかぶ【紫蕪】 10①68

むらさきききょう【紫ききやう】 37①35

むらさきくき【紫茎】 54①216

むらさきしめじ【紫菌】 69②338

むらさきそう【紫草、紫艸】→むらさき 24①141/48①200,201,202

むらさきちしゃ【紫萵苣】→やくしゅそう→F 55②123

むらさきとびいり【むらさきとび入、紫とびいり、紫とび入】

さつき 54①129,132

つつじ 54①120,124,125

むらさきのつけ【紫のつけ】

白ぼたん 54①44

むらさきはなぎり【紫花桐】 56①47

むらさきふし【紫ふし】→F 54①290

むらさきもっこう【紫木香】 28④333

むらでき【むら出来】

稲 17①60,67

むらなりのき【むらなり之木】

はぜ 33②129

むらばえ【村生】

そば 5①117

むらぶとり【村ぶとり】

稲 27①43

むるいのめいはぜ【無類之名櫨】 33②115

むればち【群蜂】 14①349

むろうし【無漏子】→そてつ 55②171

むろのき【むろの木、樫】 35①87/56①153

【め】

め【め、芽、目】→I、L 5②232/9①36/16①137/25①140/27①34/38③191/45⑦391/55③468,469,470/56②289/67②99/69①34,70,②262,323,325,326,334,335/70⑥411

あおき 55③274

あさつき 38③168

あずまぎく 55③287

あやめ 55③302

あわぶき 56①131

稲 5①27,34,35,36,③251/9③245/16①86,88,94/17①17,20,21,22,23,24,25,26,32,33,34,40,42,43,44,45,46,47,50,51,85/21①44/22②101/23①44,45,46/25①46/27①31,32,33,35/29①45,③204,213/37②193,208,③274,287/39①33,34,⑤265/41②63/61③130

いわふじ 55③363

うど 3③155,156,④282,328,329/25②222/69②294

烏薬 68③352

漆 46③210/61②98

えびね 55③301

えんどう 55③418

大麦 23①29

陸稲 37③309

おなもみ 54①286

かえで 55③258

柿 2⑤332/25①115/54①278/56①75

かきつばた 55③282

かざぐるま 55③304

かし 22③163

かつら 56①117

かのこゆり 37②205

寒すすき 55③425

かんぞう 18①140

寒ぼけ 55③427

ききょう 55③354

菊 48①205/55①18,20,26,32,33,34,37,45,48,③300,414

ぎぼうし 55③402

桐 3①50,④378/22④277

くこ 16①153/38③124

葛 50③252

くぬぎ 5①169

栗 2⑤333/25①113/38③187/56①55,168

くろぐわい 12①348,349

桑 3①54/5①159/6①190/10②357/25①117/38③182/47①45,46,②139,140,③170,173,174,175,176/48①209/56①60,61,193,200,201,208

けやき 56①99

楮 3①56,57/5③270/53①16,17/61②94,95

呉茱萸 68③346

小麦 2⑤335

こんにゃく 3①32

ささげ 2①103/33⑥352,353

さつまいも 2①91,92/22④274/33⑥339/39①53/41④206/61②89/70③226,227,⑥406,407

里芋 2①90,91/3③151,④297/5③268/6②303/22④243,244,245,⑤356/24①48/33⑥354/41②96,97

さとうきび 3①46/48①218/50②150,151,152,153,157,158,164,165,166/61⑧230/70①18,19,20

さんしゅゆ 55③248

じゃがいも 18④411/70⑤329

芍薬 55③306

しゃぶし 56①109

しゃりんばい 55③316

しゅうかいどう 55③366

しゅうめいぎく 55③390

しゅろちく 55③346

しょうが 3①34

しょうぶ 69②189

すいか 3④283

水仙 55③387

すおう 55③277

杉 5③269

すすき 55③383

せんだん 57②234

そねのき 56①72

そば 38③161

大豆 4①196,197

竹 16①131

たばこ 13①371

だんとく 55③332

茶 55③385

朝鮮人参 45⑦399/48①236,241,244

つくねいも　22④273
つりがねそう　55③305
てっせん　55③313
天神花　55③377
とうがん　33⑥334
唐つわ　55③391
ながいも　3①36
なし　38③183/46①63,64,72,73,96
なす　22④250
菜種　29②151/45③169/55③249/61⑩436
なたまめ　38③142
夏黄梅　55③335
なでしこ　55③286
ねぎ　3④299,373
のこんぎく　55③326
のせらん　55③369
海苔　45⑤243,244,249
ばしょう　55③374
はす　55③322
はぜ　31④158,164,189/33②124,126
花しょうぶ　55③320
はぼたん　55③264,265
はまぼう　55③362
ひえ　23⑤268
緋桐　54①273
美人草　55③317
ひのき　5③269
ふよう　55③373
紅花　61②92
べんけいそう　55③351
ぼけ　55③262
ぼたん　55③396,465
牡丹皮　68③353
まだけ　55③438
まつばらん　55②137
みかん　56①88,89
みそはぎ　55③358
桃　3①52/55③251
柳　55③255
やまいも　3④248
やまのいも　49①202
ゆうがお　3④245
ゆすらうめ　55③266
るこうそう　55③356
綿　7①99,118,119/9①96,②220/38②63/40②53/61②86,⑩425
め【雌】→Z
7①100,②217,341/68②250/70④273
藍　45②102
麻　7②312
稲　7①31,②**286**/69①135
蚕　35①50,51
からたち　68③356
栝婁根　68③350
葛　50③252
ごぼう　7②326
杉　7②362
そらまめ　7②331
大根　7①5,②314,316
竹　41④204
なしみはばち　46①97
菜種　7②322/45③152,154,170,171
鶏　37②216,217
ゆず　7②356
綿　7①91,102,②304/61②86
めあい【目苔】
杉　56②271
めいこん【命根】
稲　70⑥398
めいちゅう【名虫】　62④86
めいね【女稲】
稲　3②67/5③255
めいはぜ【名櫨】　33②115
めいはぜのたね【名櫨之種子】
はぜ　33②118
めいはぜのなえ【名櫨之苗】
はぜ　33②101
めいも【女芋】
さつまいも　70⑥407
里芋　5③268
めうど【目うど】
うど　17①281
めうま【女馬、牝馬】→めすうま
38①21/40②111
馬　24①20
めうるし【雌漆】→ぬるで
54①170
めお【めを、雌雄、女男、牝牡】
7①5,6,**102**,②230,233,285,340,347,357/13①258/21①25/39①19,20/55③248/68②250,254/69①134,136/70④279
藍　45②102
稲　7②286/23①37/37③375/62⑦204/70④**272**,273
柿　7②353
からたち　68③356
栝婁根　68③350
葛　50③248,252
ごぼう　7②326
里芋　5③268
大根　7②316
竹　7②365
ところ　14①165
菜種　7②322
松　14①90/56①52
麦　68②251/69①135
れんぎょう　68③351
綿　7①89,92,98,99,103,②303,304
めおずい【雌雄蕊】　68②249
めおとなえ【妻夫苗】
大豆　5①41
めおまったきはな【両全花】
70④279
めかぶ【雌株】
稲　8①79
めがれ【芽枯】
稲　9②202
めぎ【め木、陰木、雌樹、雌木、女木】　7②232,343,345,346,347,348/41④203/70④273,276
油桐　5②229,③279
いちょう　13①165
漆　4①161/18②264,266/46③190
柿　7②353
椎　56①120
くぬぎ　7②363
さんしゅゆ　55③248
杉　7②362
なつめ　7②360
にしきぎ　55③345
ぬるで　16①162
はぜ　11①34/31④161,162
松　14①89
れんぎょう　55③255
綿　7①90,99,109/22②119/61④172/69①135
めぎおぎ【雌木雄木】
綿　7①109
めきじ【雌雉】
きじ　3①53
めきゃらぼく【めきやらぼく】
54①185
めきり【芽きり、芽切、目きり、目切】
稲　23①44,45,56/62⑨323,324
ごぼう　24③303
もろこし　62⑨330
やまいも　62⑨328
綿　40②128
めきり【女きり、女桐】
あおぎり　16①154
めきる【目きる、目切ル】
稲　17①41,43,45
しょうが　62⑨350
めきれ【めきれ、芽切、芽切れ、目きれ】　3④374
稲　17①17,25,32,47,49/22④213/37②76
茶　3④259
なす　3④289
にんじん　3④311
めぎれね【目切れ根】
なす　20②375
めくさ【雌草】
藍　45②102
めくず【雌葛】
葛　50③248
めぐろいげ【目黒イゲ】　31⑤259
めぐわ【女桑】→F
桑　47①46/56①178
めぐわ【芽桑】→I
桑　47②89
めさき【芽さき】
はぜ　11①20
めさきにすこしあおみ【芽先に少し青み】
はぜ　31④175
めざし【芽さし、芽ざし】　36②99
稲　25②192
めざす【芽ざす】　36②108
めしべ【雌蕊、雌蘂】→Z
70④279
稲　70④273,277,278,280,282
麦　68②253,254
綿　15③337,338,339,340
めす【雌、牝】→J
3①56
蚕　24①100/47②133
鶏　69②282,283
綿　28③322
めずい【雌蕊】　68②250
稲　62⑦204,205
めすうま【牝馬】→ぞうやく、めうま
馬　1②156/3③173,174,175,182
めすおす【牝牡】
麻　19②364
稲　19②279
めすぎ【女杉】
杉　56②243
めすぎのみ【女杉の実】
杉　56②244
めすのなえ【雌の苗】
綿　7①110
めずら【めづら】→うずらまめ
22①53
めずらしきたね【珍敷種】
はぜ　31④158
めだけ【めだけ、め竹、雌竹、女竹】→B
16①305/27①218/37③390/48①257/54①177/56①111/59④393
竹　3②71,④335/16①131,133,198
めだし【芽出、芽出シ、芽出し】→Z
69①103,②258
稲　9③243
小麦　22④211
ささげ　2①73
とらのおそう　55③324
ながいも　2①95
みつば　22④266

めだしがけ【芽出し掛】
藍　29③247
めだち【めだち、め立、芽立、芽茎、目立】　4①196/12①51/13①237/38①6
麻　4①94
稲　4①38,39/27①29,30,33/30③239/33③158
うど　12①327
漆　13①104,109
かし　13①209
からむし　13①30
桑　13①120
楮　13①95,96
さつまいも　33④208
里芋　12①364/33⑥356
さとうきび　61⑧219
茶　13①83
朝鮮人参　48①243
にわとこ　4①169
ひまわり　3④372
やまいも　12①372
めだつ【芽立】　38③194
桑　47①50
めだね【雌たね、雌種、女種、女種子】→F
3②67,70,71/5③246,271/37③375,376/61①34
小豆　5③275
稲　61①35
さつまいも　29③252
大豆　5③275
綿　7①100
めちょう【めてう、め蝶、雌蛾、雌蝶、女蝶】
蚕　3①56/35②402/47①35,37,38,②80
めでる【芽出、目出】
稲　27①26,27,30
めどおり【目通り(木)】　56②275,277,284
めどはぎ【メド萩】→F、Z
28④333
めとり【メトリ】
鶏　1②185
めなえ【めなへ、陰苗、雌苗、女苗】→おなえ
7①5
稲　7①14,40,41/19②279/22②99,100
杉　7②362
大根　18⑤469
菜種　45③152
松　14①92
綿　3②71/7①98,②304/11②119/22②119/37③377
めなえだち【芽苗立】
稲　22②103
めなえのほ【雌苗の穂】
稲　7①40
めなえほ【雌なへ穂、雌苗穂】
稲　7①12,29/28③321
めなもみ【めなもミ、めなもみ】→きれん→N、Z
54①243/55②123
めのいろ【芽の色】
はぜ　31④156
めのしべ【雌の蕊】
麦　68②254
めのたね【雌の種子】　7①5
めのちょうじすぎたる【芽ノ長シ過キタル】
稲　32①33
めのび【目のひ】
稲　17①28
めのほ【雌の穂】
稲　7①34
めのみ【雌の実】
稲　7①14
めのみじかき【芽ノ短カキ】
稲　32①33
めのもも【芽のもゝ】
綿　9②208
めばえ【芽生へ】
稲　25②181
めばえのもよう【芽生之模様】
稲　25②188
めばこ【眼箱】
馬　60⑦443
めばち【女ハち】　40④336
めばな【雌花】　70④273
めひつじ【女羊】
羊　34⑤105
めぶき【芽吹】
栗　3④379
茶　3④260
にんじん　3④240
花しょうぶ　3④371
めぶく【芽吹】
大根　3④364
めぶくれ【芽ふくれ、目ふくれ】
稲　9②202,203
めほ【雌穂、女穂】　4①195/12①69/21①25/23①32,33/37③376/39①20/40②135/63⑤315/69①134
稲　5②221,③252,255/7①12,36,50/21②116/22②99/23①37,38/29③203,215,261/36②98/37③272/39④185/41④204/61①43,③128,④170/62⑦204/63⑤302,304,307/69①135/70④273,276,277
大麦　3②71
麦　63⑤320/68②251
めまつ【雌松、女松】→あかまつ→N
16①139/54①175/55③433
松　14①90
めめず【めゝす】→みみず
24①93
めやなぎ【芽柳】→F
柳　55③255,448
めわた【雌綿】
綿　8①15
めわれ【芽割】
稲　9②202
めん【メン、雌】
稲　8①67
菜種　8①82,92
麦　8①93
綿　8①13,16,21,29,51/61④172
めんおん【雌雄】　8①266
綿　8①39
めんか【綿花】
綿　15③340
めんぎ【雌木】
そらまめ　8①113
菜種　8①83
綿　8①13,14,30,58
めんどり【雌鳥、牝鶏、牝鳥】→おんどり
あひる　13①263
鶏　13①261,262/40④327/69②282,284,285,287,288,289/70④276

【も】

もううりんのさんちゅう【毛羽鱗の三虫】　7②271
もうこう【毛孔、毛更】
馬　60⑦454,461
もうこん【毛茛】→きんぽうげ
55②124
もうじょうようい【毛茸様衣】
馬　60⑦428
もうじょじさい【毛女児菜】→ほととぎす
55②122
もうそうだけ【江南竹】　55③440,441
もうそうちく【江南竹、孟宗竹】
54①178/55③438/56①112/69①105
もうちょう【盲腸】→Z
馬　60⑦431,432
もうのう【網嚢】
馬　60⑦426
もうまく【網膜】→Z
馬　60⑦447,448,449,450
もうゆう【忘憂】→くりんそう、わすれぐさ
54①221
もうようまく【網様膜】
馬　60⑦409
もぐさ【もくさ】→よもぎ→B、G、H、I、N
17①293
もくせい【もくせい、木犀】　54①187,308/56①118
もくせいかつら【もくせい桂】
56①118
もくど【木奴】　18①68
もくぬ【木奴】　13①176
もくひ【木皮】→N
69①92
もくひつ【木筆】　54①162
もくふよう【木芙蓉】→Z
55③372
もくめ【杢目】　56①185
もくめん【木綿】→きわた
14①242,245
もくらんか【木蘭花】　55③425
もくれん【もくれん、木蓮】　54①162,308/56①107
もくれんか【木蓮花】　3④354/55③283
もくれんげ【玉蘭花、木れんげ、木蓮華】　54①162/56①107
もくれんじ【木欒子】　55③425
もじずり【もぢずり】　54①199,308
もず【もず、百舌鳥、鵙】　16①38/23④167/25①99/30①58
もずのこ【もずの子】
もず　16①36
もち【もち】→もちのき→L、N
54①185,186,308
もちごめのもみ【糯米の籾】
稲　30③247
もちだね【糯種子】
稲　20②395
もちない【もちない、餅ない】
稲　42①36,43
もちなえ【糯苗】
稲　20①61
もちのき【もちの木、柊棈】→もち
16①161/54①185
もちのもみ【もちノ籾】
稲　42④276
もちひつじ【糯ひつち】
稲　41②72
もちもみ【もち籾、糯籾、餅籾、餅籾】→F
稲　3④340/25①146/33④217/38②87/42①39,44,②90,④240,275,⑥399,401/44③226
もちもみたね【餅籾種】
稲　42②91
もちわら【もちわら、餅藁】
稲　9①119/25①72
もっか【目窠】
馬　60⑦443
もつけうし【モツケウシ】→かえる

1②192
もっこう【木香】→N
11③147/54①224
もっこうそう【もつかう草】
54①308
もっこく【もつこく、木解、木斛、柧】 53④219/54①156,186,189,190,191,308/55②164,167,③316
もて【もて】
稲　1②146,147
ねぎ　22④255
もてほ【もて穂】
稲　1①54,56,97
もてる【もてる、茂てる】
稲　17①28,33,37,85,87/19①41/37①29,②176,193
麦　16①256
もと【元、本】
いぐさ　5①80
稲　37②169
杉　3①49
もとえだ【元枝、本枝】
菊　55①46
なし　46①72,73,78
菜種　37③390
ひえ　3②71
綿　8①230,231,239,270/9②223
もとえだのにじょうつきたる【本枝の二条つきたる】
竹　7②365
もとかぶ【元株、本かぶ、本株】
からむし　13①30
くぬぎ　14①53
桑　56①202
楮　3①57
もとき【幹、本木】→A
はぜ　11①25,39
まくわうり　2①108
綿　9②221
もとぐち【元口】
杉　56②269
もとさき【本咲】
綿　8①44
もとさや【本さや、本莢】
ごま　2①115/17①207
もとすえ【本末】
さとうきび　3①46,47
もとぞえ【元添】
稲　9③244
もとだね【元種子、本種、本種子】
菜種　50①45
綿　8①15,232,238,239,240,273
もとちょう【本桃】
綿　8①57,270,271
もとつき【本付】
綿　8①232
もとつる【幹蔓】
ささげ　2①102
もとどう【本ドウ、本胴】
綿　8①241,246
もとなり【もとなり、元なり、元成り、本なり、本就、本成り】
40②123,136
いんげん　3④246,356,380
かぼちゃ　29③254/33⑥344
きゅうり　20②390
ささげ　2①102
大豆　3④278
なす　33⑥322,325
ひょうたん　12①273
まくわうり　12①247
綿　2⑤333/9②209
もとなりのさや【本なりのさや】
ごま　12①209
もとなりのみ【本なりの子】
えごま　12①314
もとね【元根、本根】 40②100,109
杉　56②252
はす　12①341
麦　40②102,104,105,106,107,108
ゆうがお　41②94
綿　40②46,48
もとのふとるいね【元の太トル稲】
稲　28④341
もとのほう【本ノ方】
いぐさ　5①79
もとのもも【元の桃】
綿　9②217
もとは【元葉】
藍　10③392
たばこ　22②126
ちしゃ　25②220
ふだんそう　25②220
もとはごみ【元葉ごミ】
藍　30④358
もとばな【元花】
大豆　67③138
なし　40④270
もとはらみ【元はらみ、本胎、本孕】
稲　8①77/27①51/37②135
もとはり【本張】
綿　8①232,236
もとぶき【もとぶき、本吹】
綿　8①47/13①10
もとぶけ【元ぶけ】
綿　7①90
もとぶさのはな【元房の花】
なし　46①90
もとふし【本節】
さつまいも　8①116
もとほ【本穂】
稲　17①20,51,116/37③344/41④205
もとまわり【元廻り】
稲　37②135,137,138,139
もとまわりいね【元廻り稲】→Z
稲　37②195
もとももつき【本桃付】
綿　8①42
もとわた【元わた、元綿、本綿】
綿　8①44/40②123,129
ものだね【物たね、物だね、物種、物種子】 4①195,196/7①57/10②330/12①69,70/23①33/25①140/27①365/28②213/29③245/31③121/61①34
もぼく【茂木】
綿　8①183,184,241
もみ【もミ、もみ、禾子、籾】→B、I、N、O、R、Z
22①32/28②243/42④250/62⑨325
稲　1①52,97,99,102,③261,262,279/2③259,④278/3④226,276/4①27,30,33,37,39,40,41,62,65,66,72,73,75,178,179,216,270,276,296/5①27,32,33,35,82,87,②221,222,231,③248,256/6①24,29,74,75,77,206,207/7①14,39,45,46,②242/8①212,260/9①42,44,45,46,47,48,49,50,128,②201,202,203/10②318,319/11②102,103,107,④180,184/12①139/15②200,236/17①14,15,18,19,22,23,24,26,30,32,33,34,37,40,41,42,43,44,45,46,47,50,52,57,59,60,116,117,142,143,144,145,330/19①173/20①176,322/21①32,34,35,40,41,43,47,89,②115,120,④195,197,198,199/22①42,57,②109,④215,219,220,221,222,223/23①37,45,46,47,56,57,61,62,80,82,103,③152,⑤257,270,⑥301,302,313/24①36,37,117,③283,298,301,344/25①21,77,79,②184,196,229,230,231/27①27,28,31,32,35,44,46,113,161,165,166,181,183,201,260,264,343,369,371,380,381,382,383,385/28①9,15,19,20,②143,234,244,④343/29①46,②121,156,③204,207,213,216,222,244,261,262,264,④276/30①18,81,82,83,③247,276,277,278,290,301/31①18,⑤258/32①33,42/33③158,159,④210,⑤257/35②303/36②98,99,105,③283,311,315,330/37①27,28,29,②87,88,130,143,149,160,170,171,172,175,177,185,186,187,188,192,193,226,227,229,③272,287,344/38②84,85,③137,138/39①26,31,33,④186,190,191,192,195,⑤265,266,288,293,294,295/40①8,②85,135,139,141,143,③244/41①9,10,②67,③170,172,173,177,178,179,⑤232,241,248,⑥275/42①38,65,②91,95,118,④242,243,246,281,282,⑥413/43①79,②191/44①17,18,20,②94,110,③227/61③129,130,133,134,④170,⑤179,⑩422/62⑤117,118,128,⑦191,199,201,202,204,205,209,⑨323,324,325,326,380/63①31,⑧431,432/67⑤208,⑥273,284,298/68②250,④412/69①61,134/70④270,273,277,279,280,⑥396,397,399/72②28
陸稲　12①147/22④279/37③309/61⑦194,195,⑩426
もみ【もミ、もみ、樅】→もみのき
6①182/14①95/21②133/25①110/34⑧301/45⑦400/49①196/53④244/54①184,290,308/56①120/57①18,②142,190,202,206/70⑥401
もみいりはな【籾煎花】
はぜ　11①54
もみいろ【籾色】
稲　27①50
もみがら【籾から、籾殻】→B、I
稲　37②182/70④278
もみかわ【籾皮】
稲　12①134/37③306
もみこ【籾子】
稲　67⑥284,292
もみこぼれ【籾こほれ】
稲　37②129
もみじ【モミヂ、もミぢ、もみぢ、もめ(み)じ、紅葉、栬】 3④354/19①191/24①93/37③334/54①152,153,154,155,277/55③409,448/59③215
しじみばな　55③267
とういちご　55③269
もみじなえ【紅葉苗】
稲　20①62
もみすわり【籾居り】
稲　29③205/41②62

もみだね【もみだね、もミ種、もみ種、籾たね、籾だね、籾種、籾種子】→A
稲　3④285/5①**32**,33,139,③252/6①24/7①12,36,**46**,②281,282/9②201/20①38/21④197/22①59,②101,③155,⑥368/23①38,**46**,47/24①136,③303/27①34/28②231,④354/29①45,②125,③222,261/30③246/31②70,⑤252,258/32①25,27,32,33,34,35/33①23,③158,165,④215/35①83/37②74,③266,276,378,381/38①15/39①39,②95,96/40②135,141,142/41⑤248,249,259,⑥275/43②135,③244/44①15,18,③212/61③125,128,133/62⑧262,⑨323,379/63⑤302,303,305/67②108,③133,⑥273,278/68④412/70⑥396,397
陸稲　61⑦195
もみだねのとりおさめ【籾種子ノ取リ収メ】
稲　32①27
もみつき【籾附】
稲　2③267
もみつぶ【籾粒】
稲　1①54/22④218/23①39,42,47/27①153,159
もみのあし【籾の足】
稲　29①46
もみのかわ【籾のかは】
稲　30③277
もみのかわうすく【籾之皮薄く】
稲　29④280
もみのかわのあつきたぐい【籾の皮の厚き類ひ】
稲　33①14
もみのき【もミの木】→もみ
16①**164**
もみのさや【籾の靮】
稲　23①62
もみのしり【禾子の尻】
稲　30①34
もみのしろね【籾の白根】
稲　33③159
もみのず【籾の図】
稲　70④282
もみのせいり【籾ノ生理】
稲　5①35
もみのひ【籾の干】
稲　27①179
もみのめ【もミの目、籾の目、籾の芽】
稲　17①28,32,47/23①42
もみのめだち【籾の芽立、籾ノ目立】
稲　33③159/39⑤263
もみほ【籾穂】
稲　27①184
もめん【草綿、木綿】→きわた→A、B、K、N
2⑤329/3③145/45⑦423/62⑧274/69②292
もめんのたね【木綿の種】
綿　35①229
もめんのはな【木綿の花】
綿　55③359
もも【もゝ、桃】→I、Z
2⑤333/3①19,22,52,③166,169,172,182,④347,349,374/4①236/6①183/8①263/10①21,84/12①120/13①157,158,243/14①341/16①**151**,152/23④177/24①153/25①25,98,111/29①85,87/36①68/40②50,54,99,131,④278/53④248/54①141,142,152,308/55③209,243,251,257,467/56①66,68/60③130/61①38/62①14/63④171,172/67⑥288/68③353/69①136/70⑥420
桃　54①144
やまもも　16①159,160
もも【もも、モヽ、もゝ、実、桃(綿のさっ果)】→Z
綿　2⑤333/3④279/4①111/5①108/6①143,②315/7①99,101,102,103,115,116/8①12,19,26,27,28,29,30,39,42,43,44,45,48,53,54,57,58,60,106,137,141,142,144,145,147,148,151,153,180,183,185,207,223,230,232,235,238,240,246,247,264,266,267,268,270,277,278,279,284,289/9②212,213,217,222/11②119/13①9,10,14,16,17,20,22/15③336,341,345,348,350,355,362,371,372,403,404/17①230/23⑤275,282/28①23,42,44/32①146,147,152/33①33/39⑥331/40②47,123,129,130/41②108/61②86,87/62⑧275,⑨362/67②114/69②292
ももき【桃木】　54①289/63④171/64④266
ももさね【桃核】
桃　18①161
ももつき【実つき、桃付、桃付き】
綿　8①30,138,227,234,236,237,242,244,245,271/40②46
もものえだ【桃ノ枝】
桃　56①66
もものき【桃の木】　63④171
もものくち【実の口】
綿　40②122
もものさね【桃之さね】
桃　64①71
もものつけもと【股の付本】
馬　33①25
もものなりかた【モヽノ成形】
綿　31⑤283
もものにく【もゝの肉】
綿　7②309
もものは【桃の葉】→H、N
桃　56①122
もものはな【桃の花、桃花】　3④354
桃　16①35/19①181/38①23
もものふき【桃の吹】
綿　7①97
もものみ【桃の実】
桃　14①368
もものみいり【もゝの実入、桃の実入、桃ノ身入、桃之身入】
綿　8①60,148/9②207,220
ももばな【桃花】
桃　55③293
ももはなのみのり【桃花の実のり】
綿　9②219
ももふきだす【桃吹出す】
綿　7①96
ももふく【桃ふく】
綿　6①142
ももみ【桃見】
綿　8①263
もやし【もやし、萌し】→N
稲　18⑥492/28③319
もやしたね【もやし種子、萠種子】
稲　2④282/20①52
もやしたるたね【もやしたる種子】
稲　33①24
もやしめ【もやし芽】
きゅうり　33⑥340
もやす【もやす】→A
稲　41⑥275
なす　20②373
もややなぎ【もや柳】　56①121
もよおし【催し】
稲　19②297
もらいなえ【もらひ苗】→A
20①223
もろこがみ【諸蚕紙】
蚕　35②278
もろこし【モロコシ、もろこし、毛呂黍、蜀黍、餹】→たかきび、だんごもろこし、とうきび、とうのきび、ときび、もろこしきび→B、N
3④219/19①151/20①135,167,204/21①60,80,81/22②121,③156,158,④**266**/25②211/31⑤262/37②204/38③145/39②**118**/40②146/56②248/62③68/68④413
もろこしきび【もろこしきび、唐きび、唐土きひ、蜀黍】→もろこし
12①**179**,180,257/17①208/64④263,264
もろこしなえ【モロコシナヘ】
もろこし　38④279
もんみゃく【門脈】
馬　60⑦423,424,437,438

【や】

やいた【やいた】
稲　28②225,234,243/29②156
やえ【やへ、八重】　54①35/55③325
あおい　54①214
あめんどう　55③257,264
あやめ　54①220,222
いばら　54①160,161
梅　13①130/54①138,139,140/55③247,254/56①108,183
えんこうそう　55③309
おもだか　55③359
寒紅梅　55③385
かんぞう　55③321
ききょう　3④372
菊　54①229,250,253,254/55①52,③299
きょうちくとう　55③362
くちなし　54①188
けし　54①201
紅ぼたん　54①57,58,60,61,63,64,68,71
こぶし　55③250
桜　54①145,146,148/55③263,266,267,273
ざくろ　54①170
さざんか　54①112/55③414,424
さつき　16①168/54①127,131,132,133,134
しでこぶし　54①162
しゅうめいぎく　54①240
白八重　54①208
水仙　54①258,259
せきちく　54①213
つつじ　54①117,118,119,120,121,122,123,124
つばき　54①87,88,89,90,91,92,93,94,95,96,97,98,99,100,101,102,103,104,105,106,107,108,109,110/55③240,241,246,258,399

なでしこ　54①211,212
のこんぎく　55③326
白桃　55③243
白ぼたん　54①40,42,47,49,51,53,54,55
花しょうぶ　54①219/55③320
美人草　55③316
ふよう　54①244/55③372
ほおのき　55③283
むくげ　54①163,164/55③377
桃　54①142,143,144/55③251,259,272
緑萼梅　55③242
ろうばい　55③419
やえおにゆり【八重鬼ゆり】
54①207
やえききょう【八重桔梗】　55③355
やえこうほね【八重かうほね】
54①197
やえしば【八重芝】　16①286
やえなり【ヤヘナリ、八重なり】→ぶんどう→I、N
17①214/19①151
やえなりまめ【八重生豆】→ぶんどう
39③152
やえほ【八重穂】
稲　19①80,81/20①108,109
やかず【矢数】
稲　23①77,③151
やかつ【家葛、冶葛、野葛】→うるしつた
18①113,114/50③244,245
やかん【射干】→ひおうぎ→N
55②122
やがん【夜眼】→Z
馬　60⑥351,363,⑦458,459
やかんか【野甜瓜】→からすうり
14①188
やきば【やき葉、焼葉】→くまざさ
54①179/56①113
やくごうのたね【薬合ノ種子】
綿　8①18
やくじゅう【薬汁】
葛　48①251
やくしゅしょうま【やくしゆ升麻、薬種升麻】　54①224,292
やくしゅそう【やくしゆ草、薬種草】→むらさきちしゃ
11①60/55②123
やくもそう【やくも草】　54①238
やぐら【やぐら】→F
紅ぼたん　54①71
やご【やこ】　40②53
稲　62⑨374
なす　62⑨366
綿　62⑨362
やさい【野さひ、野菜】→N
5①139,③278/10②360/19①202/21①30,82,83/29②154/30③231,283/31③120/33④186,228/34⑥149/38④242/39①23,64/41⑦333/44③208/45⑦400/52①11/61①51,57/62③61,⑧269/67⑥264/68③361,④411,413,415/69①36,39,41,78
やさいなえもの【やさひなゑ物】
41⑥275
やさいもの【野菜物】　29②141
やさいるい【野菜類】　34④66
やしのたけ【矢篠竹】　55①25
やしゃごたね【玄孫種】
朝鮮人参　45⑦416,418
やしょくさい【野蜀菜】→みつばそう
55②124
やすみ【やすミ、やすみ、休ミ】
蚕　6①190/47①21,26,③167/62④106,108
やすむ【やすむ】
蚕　47①24,25,50
やせいも【野菜芋】→さといも
44③209
やせうま【痩馬、疲馬】
うま　10①170/60⑥360
やせき【痩木】
はぜ　31④162
やせなえ【痩苗】
稲　29③222
はぜ　31④162
やだけ【箭竹、矢竹】→はしの→B
45④206/55③441/59④269,393
やちなし【谷地梨子】　56①126
やちば【谷地葉】　56①101
やつかほ【八束穂】
稲　37③286,310,311,314
やつで【八つ手】→Z
55③410
やとい【ヤトヒ】
蚕　24①77
やといこ【寄ひ蚕、寄蚕】
蚕　47②87,124
やとこいね【やとこ稲】
稲　17①25,44
やとこのいね【やとこの稲】
稲　17①114
やとこめ【やとこ目】
稲　17①51
やどめ【ヤトメ、ヤドメ、やどめ】→こつげ
47②146,147,148/54①188
やどめのき【やどめノ木、やどめの木】　47②97,147
やどり【ヤドリ】→B
蚕　47②123
やどりき【やどり木】　35①232
やどりにわおきこ【阿庭起蚕】
蚕　47②104
やどりにわこ【阿庭蚕】
蚕　47②123
やどりにわのせつ【阿庭ノ節】
蚕　47②108
やなぎ【やなぎ、柳、楊】→かざみぐさ→B、G、I、Z
1②184/4①25/10②355/12①351/13①122,215,216,217/16①155,282,293,303,304,307,312,332/19①180,190/20①234/24①140/25①110/28②189/31④192/36③229/37①30,31,③379/45⑦400/48①138/54①138,143,146,164,171,199,242,292/55②162,171,③312,336/56①121,183/64④263,264,265,266,267,269,274,286,287,291,294/65①19,②127,128,129,③275/70⑥420
やなぎのえだ【柳の枝】→B、N
柳　25①110,147/38③201
やなぎのき【柳の木】　35①197
やなぎのこえこいもよう【柳の小ゑこい模様】
柳　19①179
やなぎのね【柳の根】→N
柳　16①304
やなぎのは【柳の葉】→I
柳　56①126
やなし【矢梨子】　56①126
やに【やに】→B、G、I、X
このてがしわ　16①168
ぬるで　16①162
ほおのき　16①160
桃　16①152
やにうすき【やに薄き】
桑　47②88
やにぎりほ【八握穂】
稲　37③312,338,352,354
やにふかき【やに深き】
桑　47②88
やばい【野梅】　13①131,154
やはずふ【矢筈班】
寒すすき　55③347,425
やはずほ【矢筈穂】
稲　9②200
やはたいも【八幡いも】　64④271
やぶがらし【やふからし】　55②121
やぶこうじ【やぶかうじ】　54①192,292
やぶそば【ヤブソバ】→にがそば→N
70⑤323
やぶたばこ【天名精】　45⑦391
やぶにら【やぶにら】→らっきょう
12①287
やぶばな【藪花】
つばき　55③246
やぶほそば【やぶほそば】　54①191,292
やぶみょうが【やふめうか】→かくごそう
55②124,141
やぶれがさ【やふれかさ】→はいそう
55②123
やまいたね【やまいたね】
蚕　47①36
やまいちご【山覆盆子】　55③283
やまいぬ【豺】　60②110
やまいも【ヤマイモ、山いも、山芋、薯蕷】→ながいも→N
3①25,④267,270/6①135,136,137,138/10②338/11③149/22①38,56,②129/34④66,⑤94/39②116/70⑤314
やまいものみ【薯蕷子】
やまいも　3②73/37③390
やまうど【山独活】→N
3④282
やまうるし【山漆】→B
34⑧306,307
やまかえで【山楓】　54①154
やまがき【山柿】　56①84
やまがや【山茅】→B
10②338
やまからむし【山からむし】
36③244
やまきゅうり【山胡爪】　44③209
やまくさ【山くさ、山草】→B、G、I
3③155/30③230/70⑥379,380,403
やまくす【楠狍】　69①70
やまぐみ【山くみ】　10②339
やまくろき【山黒木】　57②134,206
やまぐわ【山桑】→くわ→I、N
35①42/36②127/47②132/54①163/56①97,199,205
やまぐわのはな【山桑の花】
山桑　56①119
やまこうぞ【山楮】→こうぞ
14①257/56①103,143
やまごうのそば【山郷之そば】
19②349
やまごうのなす【山郷ノ茄子】

19①129
やまごぼう【山こほう、山悪実、山牛房】→しょうりく→N、Z
10①77/17①294/38③124/54①228
やまざくら【山さくら、山桜】
10①139/16①166, 167/37③275/55③467/61⑩452
やましば【山芝】→I
16①306
やましばぐり【山柴栗】 37①36
やますげ【山菅】 10②338
やまたけ【山竹】 25①137
やまちさ【山ちさ】 56①103
やまといもつる【やまと芋蔓】
やまといも 19②436
やまとなでしこ【大和なてしこ】
37③321
やまとまめ【大和豆】→そらまめ
12①195
やまどり【山鳥】→G、N
17①126
やまとろろ【山とろろ】→とろろ
53①35
やまな【山菜】 5①138
やまなし【山なし、山梨子】→きなし
16①148, 170
やまなたね【山菜種子】 14①357, 404
やまね【山根】→むらさき
14①157
むらさき 48①202
やまのいも【やまのいも、山のいも、山の芋、山芋、山薬、薯蕷】→ながいも→N、Z
3④247, 248, 250, 305, 309/5①143, 144/12①307, 367, 368, 369, 370, 371, 372, 374, 375, 376, 377, 378, 379, 380, 381/17①268, 271/20①180/25①51/28②147, 190, 245, 262/34⑧307/62①13/68④416/70③213, 215
やまのいもるい【山の芋類】
10①62
やまのそば【山ノ蕎麦】 19①147
やまのだいずたね【山野大豆種子】
大豆 44③238
やまばえ【山生】
あせび 55③420
うめもどき 55③380
おみなえし 55③357
さるすべり 55③377
つるうめもどき 55③365
ほおのき 55③283
またたび 55③313
むらさき 48①202
やまはぜ【山櫨】→B
11①20, 59/31④161/35②272
やまはぜのみ【山黄櫨の実】
やまはぜ 10②337
やまはたあぜくわ【山畑畔桑】
桑 18②252
やまはたからいも【山畠唐芋】
29③217
やまはたのあさ【山畑ノ麻】
19①97
やまばと【山鳩】 44③206
やまはん【山礬】 53④219
やまひのき【山ひの木】 54①182
やまぶき【款冬(ふき)】→Z
54①172
やまぶき【款冬(つわぶき)】
70⑥381
やまぶき【やまぶき、山ふき、山ぶき、山吹、棣棠、蘇䕷】 3④354/6①181/11③146/16①36/17①304/19①181/25①90/54①172, 173, 292/55③276, 304
やまぶきそう【山吹草】 54①197, 292
やまぶきのはな【山吹之花】
やまぶき 38①22, 23
やまぶんすじなかてじゅくす【山分筋中稲熟】
稲 30①140
やまぶんすじわせじゅくす【山分筋早稲熟】
稲 30①140
やまへんず【山扁豆】→せんだいはぎ
55②122
やまほととぎす【山ほとゝぎす、山郭公】 54①226, 292/58⑤351
やままゆ【山まゆ】 47①11, 12
やままゆこ【山繭蚕】 47②134
やまもみじ【山もミぢ、山紅葉】
54①152, 153, 277
やまもも【やまもゝ、山もゝ、楊梅】→N、Z
6①183/10①21, 85, ②366/13①154, 155, 156/16①37, 159/38④250/48①57/54①144/62①14
やまもものみ【楊梅子の実】
やまもも 55③349
やまゆすら【山桜桃】 13①154
やまゆり【山百合草】→N
37①34
やまゆりくさのはな【山百合草花】
やまゆり 19①186
やらたけ【やら竹】 56①111
やらぶ【やら部】 34⑥145, 153
やりのほさき【鑓のほさき】
稲 29①51
やりばな【槍花】
うつぼぐさ 19①185
やろう【野老】→ところ
15①87
やわらかにく【軟肉】
おにばす 18①121
やんま【やんま】 36③225

【ゆ】

ゆ【柚】→ゆず
13①168/14①382/62①14
ゆうがい【油芥】→なたね
45③140
ゆうがお【いうかほ、いうかを、ユウガホ、ゆふかほ、ゆふかぼ、ゆふがほ、胡盧、瓢、夕かお、夕かほ、夕がほ、夕顔、夕貌、夕瓠、夕皃、夕白、壺盧、壺瓜、壺廬、瓠、瓠瓜】→かんぴょう、たねひさご、つぶる、ひさご、ゆうご→N、Z
2①70, 73, 85, 86, 88, 110, 112, 113, 128/3④245, 252, 284, 287/4①141/5①142, 143, 144/6①162, 163/10①23, 30, 38, 74, 130/11③145, 148/12①246, 263, 267, 269/16①84/17①263, 265/19①103, 165, 169, 170, 202, ②311, 432, 434/20①92, 152, 196, 197, ②370, 387/21①82, ②133/22①38/23⑥334, 335/24①92, 93, 141, ③303/25①126, 140, ②216, 217, ③265/30①128, 131, 135/33④187, 229, ⑥329, 333, 342/36③241/37①31, ②82, 206/38③122, 123/39①64, ③145/40②136, 147, 188/41②93, ⑤246, ⑥267/54①228/62⑨331, 345
ゆうがおつる【夕顔蔓】
ゆうがお 19②435
ゆうがおのはな【夕がほの花、夕顔の花】
ゆうがお 14①195/36③239
ゆうご【ゆふご】→ゆうがお
24①93
ゆうさい【油菜】→なたね
45③140
ゆうずい【雄蕊】
稲 69①134, 135
麦 68②251
ゆうたい【油苔】→なたね
45③140
ゆうどくそうもく【有毒草木】
68②268
ゆおうそう【ゆわう草】 54①224, 303
ゆきしたまめ【雪下大豆】→だいず
20①197
ゆきしろ【ゆき白、雪白】
つばき 54①92, 97, 100
ゆきな【雪菜】 39③153
ゆきのした【ゆきの下、雪の下】→きじんそう、こじそう→N、Z
54①224, 303/55②123/56①101
ゆきのしたまめ【雪のしたまめ】→F
20①197
ゆきやなぎ【雪柳】→はこやなぎ
55③250, 419
ゆきわりささげ【雪割さゝげ】→ささげ
25②202
ゆきわりまめ【雪割豆】→そらまめ
3④242
ゆけつ【輸穴】
馬 60⑥320
ゆこう【ゆかう(柚柑)】 14①382, 387
ゆす【ユス】→いすのき
48①375
ゆず【ゆず、ゆづ、柚、柚ツ、柚子】→みゆず、ゆ→N
10①85/16①148/29①85/38④250/41⑤246, ⑥267/42⑥438/54①168/56①86, 126/68③356/69②297
ゆずのき【柚の樹】→A
3④344
ゆすら【ゆすら、桜桃】→Z
13①153, 154/54①141
ゆすらうめ【ゆすら梅、桜梅、揺梅】→N
28④333/55③265, 266, 448
ゆずりは【ゆつりは、ゆづりは、ゆつり葉、ゆづり葉、譲り葉、譲葉】 30③230/54①186, 188, 302/55②162/56①104
ゆずりはのき【ゆずり葉の木】
27①224
ゆだね【ゆたね】→A
稲 23①7, 82
ゆてんそう【油点草】 55③368
ゆにょうかん【輸尿管】
馬 60⑦438, 439, 461
ゆび【指】
人 36③345

ゆま【油麻】→あさ
13①35
ゆみのき【弓の木】 56①99
ゆみはりふせ【弓張伏】
稲　39①36
ゆむし【湯蒸】→A、K
蚕　47②149
ゆむしのまゆ【湯蒸の繭】
蚕　47②100
ゆむしまゆ【湯蒸繭】
蚕　47②101,148
ゆめみぐさ【夢見草】→さくら
24①140
ゆやなぎ【湯柳】 16①155,304
ゆり【ユリ、ゆり、百合、百合草】→けんたん、より→N、Z
3①32,④354/10①24/11③150/12①323,325/16①37/24①41,93,136,141,153/33⑥384/37①35/38④253/54①204,205,221,222,259,302,303/55②123,③209,263,330,351,352,365,380,398/62①14/69①119
ゆりなえ【百合苗】
ゆり　43①24
ゆりね【百合根】
ゆり　2①115
ゆりのね【ゆりの根】→N
ゆり　12①324/54①302
ゆりのはな【百合の花】
ゆり　38①23
ゆりるい【百合類】 10①80
ゆわきかぶ【湯涌蕪】 4①104

【よ】

よいみ【良実】
はぜ　31④223
よう【羊】 13①258/60②88
よう【葉】
紅ぼたん　54①59
よう【榕】 34⑤111
よう【よう】
白ぼたん　54①43
ようかひえ【八日稗】 1③284
ようかまきのな【八日蒔の菜】
19②325
ようきそう【陽起草】→にら
12①284
ようさい【葉菜】 12①318
ようしぼく【羊矢木】 45④211
ようせん【陽仙】
馬　60⑦463
ようぜん【羊鬚】→Z
馬　60⑦458,459
ようちゅう【陽虫】 47②110
ようにゅう【羊乳】 70①14
ようのいっぽんしん【陽ノ一本真】
菊　55①62
ようば【用馬】 60③137
ようぼく【陽木】→いんぼく
7②341,342,343,345,349
ようらくそう【やうらく草、瓔珞草】 54①244,292
ようらくつつじ【瓔珞躑躅】
66④187
ようりゅう【楊柳】→B
4①215
よきくり【好栗】 3③170
よきたね【よき種、よき種子、能き種子、能たね】
稲　7①39
杉　13①193
なす　39①55
菜種　8①89
よきとぎ【よきとぎ】 44③206
よきな【よきな】
菜種　28②252
よきなし【好梨子】 3③168
よきほ【能穂】
稲　36②98/38③140
小麦　38③175
麦　38③179
よきもみ【よき籾】
稲　11②87
よく【棫】 55②171
よくい【薏苡】→ずずだま→Z
10②316,340/11③146/12①210,391/25①141
よくいにん【よくいにん、薏苡仁】→すずだま→N
3④287/68②255
よくこつかみゃく【臆骨下脈】
馬　60⑦435
よくしこつ【臆子骨】→Z
馬　60⑦411,412
よくとしのいね【翌年の稲】
29③235,243
よこね【よこね、横根】 8①174/13①230,231,233,241/55③474,475/69②233
稲　8①79/70⑥398
うど　3④332
柿　14①207
かぶ　23⑥333
桑　5①161
ごぼう　62⑨327
里芋　23⑥324
大根　23⑥333
竹　25①111
はぜ　31④204
松　49①37
綿　8①49/23⑥328/62⑨338,362
よこめ【横芽】
稲　36①44
よこもん【横紋】
朝鮮人参　45⑦400,410,415
よし【よし、芳、葭】→あし(葦)→B
2⑤326/10②337/16①307,332/17①178,303,304/37③333/45⑥332/66⑧399/67③130
よしたけ【能竹】→ていく
37②220
よしになる【よしに成】
あわ　62⑨337
よしのね【芳の根】→N
よし　64④278
よしのみ【芳の実】
よし　64④263
よしのゆり【吉野ゆり】 54①208
よす【よす】→いすのき
57②206
よすき【よす木】→いすのき
57②156
よすじまでのなえ【四筋迄の苗】
稲　27①111
よすのき【よすの木】→いすのき
57②104,124,188
よたか【夜鷹】 5①40
よたびのねむり【四度のねむり】
蚕　47③167
よだれ【よだれ】
稲　67④165
馬　60⑥344
よつおき【四つ起】
蚕　24①54
よつご【四ツ蚕】
蚕　47②108,123
よつごのせつ【四ツ蚕の節】
蚕　47②109
よつね【四ツ寝】
蚕　47②104
よつば【四葉】
瓜　4①129
よつぶさ【四ツぶさ】
綿　7①91
よどい【四ど居】
蚕　47①21
よどのやすみ【四度の休】
蚕　62④90
よどみおき【眠起】
蚕　35③429,430,437
よどみこ【よとミ蚕、眠蚕】
蚕　35③429,430
よどむ【よとむ】
稲　19①63
よな【よな】 34⑥142,145
よなき【よな木】 34⑤111
よねざわしおくりなえぎ【米沢仕送り苗木】
桑　61⑨279
よねんちく【四年竹】
竹　57②165
よふさにふきたるわた【四房にふきたる綿】
綿　15③395
よめ【与米】
馬　60⑦458
よめがはぎ【嫁か萩、娵カはき、娵かはき】→よめな→N
10①20,35,36,39,72
よめな【よめな】→けいちょうそう、よめがはぎ→N、Z
55②123
よもぎ【よもぎ、蓬、艾】→えもぎ、がいよう、もぐさ→B、G、H、I、N
10②366/16①68/25①58,140,143,③273/28④351/37②78
よもぎぐさ【艾草】→G
25①143
より【より】→ゆり
24①93
よりしべ【よりしべ】→Z
芍薬　54①77,79,81,82
よれさき【よれさき】
菊　54①254
よろいやりうし【ヨロイ遺牛】
8①105
よろしきなえ【宜敷苗】
ひえ　27①127
よわいぐさ【齢草】 24①140
よわうま【弱馬】 25①49
よわきなえ【よハき苗】
なす　12①241
よんそう【四草】 11②119
よんつぶならび【四粒ならび】
小麦　3②71
よんどのいおきぶり【四度の居起ふり】
蚕　35①62
よんどのねおき【四度の眠起】
蚕　47②142
よんばんば【四番葉】
綿　8①37

【ら】

ら【陰茎】
馬　60⑥356
らい【蕾】→Z
55③214,215
ふよう　55③373
らいかん【らいくハん】 10②309
らいせいのくさだね【来歳ノ草種】
稲　5①67
らいねんのむぎ【来年の麦】
29①37
らいふく【萊菔】→だいこん

2①59,60
らいふくのたね【萊菔の種】
　大根 2②147
らかんじゅ【らかんしゆ、らかんじゆ、羅漢樹】 54①183
らかんまつ【羅漢松】 25①110
らきょ【らきよ】→らっきょう
　43②157
らくそ【落蘇】→なす
　19①130
らそ【蓏蔬】 70⑥432
らっか【落花】
　梅 3④347
らっきょ【らつきょ、らつきよ】→らっきょう
　3④326,375/17①276/28②205
らっきょう【らつきやう、落京、薤、藠子】→かそう、だっきょう、やぶにら、らきょ、らっきょ、らんきょう→N、Z
　3①34/11③147,149,150/24①142/25②224/28④349/29④280/34④68/38③171/62①14
らっぱかん【喇叭管】
　人 15③339
らふ【蘿菖】→だいこん
　30①138
らふく【蘿蔔、蘿菔】→だいこん
　2⑤332/6①111,114,②315/30①124
らん【らん、蘭】 11③148,150/24①153/40②180/54①215,217,287/55②107,173,③300,343,410,415,461
らんか【蘭花】 54①216
らんき【蘭葱】→あさつき
　10①64,65
らんきょう【らんきやう】→らっきょう→N
　9①85/10①38,64/33⑥365
らんこうばい【蘭香梅】→Z
　55③424
らんし【乱枝】 11③143
らんしょう【蘭蕉】→だんどく→N
　55③331,355
らんじんさい【懶人菜】→にら
　12①284
らんじんそう【懶人草】 38③169
らんせい【卵生】→X
　蚕 47②92,98
らんそう【卵巣】
　人 15③339
らんでん【藍澱】→あい
　45②105
らんのはな【ランノ花】→ほっこりべべ
　24①94
らんるい【蘭類】 69②313

【り】

りうのけい【利宇乃計】
　馬 60⑦459
りくとう【陸稲】→おかぼ
　70⑥377
りくとうのなえ【稑穜の苗】
　陸稲 20①347
りくにしょうずるくさのたね【陸に生する草の種】 41⑦316
りつもう【立毛】 7①26/9③252,273/16①183,261/24②233
　稲 6①39/10②319,320
りゅうがんにく【りうがんにく】→N
　りゅうがん 54①170
りゅうきど【劉喜奴】→あわだちそう
　55②123
りゅうきゅう【りうきう】→さつまいも
　22①39
りゅうきゅう【席草】→いぐさ
　6①163
りゅうきゅう【琉球(豆の類)】
　22①53
りゅうきゅう【琉球(てっぽうゆり)】 54①206
りゅうきゅう【琉球(高麗ぜきしょう)】 54①233
りゅうきゅうい【りうきうゐ、琉球藺】→ほんりゅうきゅうい→V、Z
　3①47/10②338/13①72/14①43,107
りゅうきゅういたどり【りうきう虎どり】 55②173
りゅうきゅういも【りうきういも、蕃薯、蕃藷、琉球いも、琉球芋】→さつまいも→N、Z
　6①139/10①39,41,62,63/11①57/12①379/14①45/24①74/29①83/30③251,282/31⑤253,254,260,277/33⑥337/41④206/50③252/69①81/70③224
りゅうきゅうがま【琉球蒲】
　68③364
りゅうきゅうつつじ【琉球つゝじ】 20①58
りゅうきゅうはじ【琉球黄櫨】→とうろう、からはぜ
　10②308,337
りゅうきゅうはじのき【琉球はじの木】 10②336
りゅうきゅうゆり【りうきうゆり】 54①206,259
りゅうけ【立毛】 18⑥497/40②52,176,178/61④172,⑥188
りゅうこうちく【龍公竹】 13①226
りゅうじょうそう【竜常草】→とうしんぐさ
　55②122
りゅうず【竜頭】
　里芋 3④331,351
りゅうすい【流水】
　馬 60⑥335
りゅうせいそう【流星草】 54①232
りゅうのひげ【竜ノ髭、龍之髭】→Z
　42③170/55②124
りょう【粱】→あわ
　8①78
りょうきょう【良姜】→N
　55②124
りょうざい【良材】→B
　56②238
りょうず【両頭】
　朝鮮人参 48①239
りょうぜんか【両全花】 69①136/70④279
　綿 69①135
りょうそうちょうじゃ【凌霜長者】→かき
　14①200
りょうは【両羽】
　うずら 60①59
りょうぼく【良木】 12①123,124/13①188,194,212/14①28,86/31④212,219
りょうめん【両面】 54①182,274
りょうりからし【料理からし】→からしな
　33⑥384
りょくず【緑豆】→ぶんどう→I
　19①151/62⑨366
りょくとう【緑豆】 12①252
りん【リン、りん】
　藍 10③391
　紅花 45①34
　綿 17①226/23⑥327,328
りん【鱗】 7②272
りんかい【鱗介】 5③243
りんご【りんこ、りんご、林檎】→N、Z
　3①19,22,24,52,③166,170,④307,348/6①183/14①341/16①152/19①181,190,②332/40④284,286/54①166/55③276,467
りんこう【りん高】
　油桐 5②229
りんどう【りんだう】 54①240,274
りんらん【林蘭】→せっこく
　55②147

【る】

るいかん【涙管】→Z
　馬 60⑦444
るいけ【類毛】
　稲 28①93
るいこう【涙孔】→Z
　馬 60⑦444
るいしんそう【類参草】→ちょうせんにんじん
　45⑦409
るいせん【涙腺】
　馬 60⑦443,444
るいのう【涙嚢】→Z
　馬 60⑦444
るいふ【涙阜】
　馬 60⑦444
るこう【るかう】 54①243,275
るこうそう【縷紅艸】→Z
　55③356,446
るりそう【るり草】 54①199,275
るりひごたい【るりひごたい】
　54①242
るりやえかざぐるま【るり八重風車】 54①226

【れ】

れいし【れいし、苦瓜、藠子】→ごし→N
　9①50/10①24,36,79/54①245,282
れいし【霊芝】 24①153
れいし【茘枝】 54①245/56①81
れいず【黎豆】→はっしょうまめ
　19①151
れいちゅう【霊虫】 35①117/47①50,②110
れいつい【聆隧】
　馬 60⑦451,452
れいてい【茘挺】 25①100
れいね【レイネ】→たばこ
　45⑥317
れいろ【藜蘆】 55②106,③337
れだま【れたま、鷹爪、連玉】→でだま

54①158, 282/55③324
れん【蓮】→はす
12①342/55③322, 449
はす　12①340
れんぎょう【れんげう、蓮翹、連翹】→N
3④354/54①158, 282/55③254
れんぎょく【連玉】　54①158
れんげ【れんけ、れんげ、蓮花】→げんげそう、こえぐさ、ごかそう→I
17①23/54①91, 95, 96, 99, 105, 107, 162, 226, 228, 231, 245
ゆり　54①303
れんげざき【れんげさき、れんげ咲、蓮花咲】
紅ぼたん　54①58
白ぼたん　54①38, 39, 41, 43
れんげのはな【れんけの花】
れんげ　30③239
れんげのみ【れんげの実】　29②144
れんこん【蓮根】→はす→N
17①299/23④177
はす　11③150/12①341
れんし【蓮子】
はす　12①340, 341
れんにく【蓮肉】→N
はす　12①342/17①298

【ろ】

ろ【驢】　13①258
ろ【櫓】　19②424
ろうあか【老鴉瓜】→からすうり
14①188
ろういものこ【老薯の子】
ながいも　2①129
ろうが【狼牙】→だいこんそう
55②123
ろうぎゅう【老牛】　34⑥151/69①97
ろうけ【蠟気】→X
漆　46③204
ろうこ【螻蛄】　6②291
ろうざ【らうざ】　54①160
ろうざはまなす【らうざはまなす】　54①160
ろうし【老枝】　2①123
ろうし【狼歯】
馬　60⑦453
ろうじゅくのたね【老熟の種】
7②284
ろうちょう【老鳥】　69②285, 291
うずら　60①60
ろうどく【狼毒】→たからこう
55②123
ろうのき【らうの木】　69①78, 125
ろうのけ【蠟の気】
漆　46③186
ろうのしまり【蠟の〆り】
はぜ　31④152
ろうのみ【蠟の実】
漆　46③190
ろうば【老馬】　69①97
ろうばい【臘梅、蠟梅】　55③419, 424
ろうばさやぐち【老馬袖口】
馬　60⑦455
ろうぼく【老木】
かし　16①165
けやき　16①159
さんしょう　16①160
とち　16①163
なし　46①16, 75, 79
はぜ　11①26, 41, 53, 58/33②105, 123
みかん　16①147
もみのき　16①164
やまもも　16①160
ろうぼくのみ【老木の実】
松　16①139
ろうぼそう【老母草、老母艸】
55②106, ③337
ろうみ【蠟実】
漆　34⑧306
ろくかく【鹿藿】
葛　50③244
ろくがつあずき【六月小豆】→F
4①86
ろくがつぎく【六月菊】　55②124
ろくがつだいず【六月大豆】→F
4①85, 86
ろくがつにうえるべきもの【六月に可植物】　10①34
ろくがつにとりしょくするやさい【六月に取り食する野菜】
10①35
ろくがつまきたね【六月蒔種】
あわ　31⑤262
ろくず【ろくづ、緑豆、菉豆】→ぶんどう→Z
12①192, 193, 194/13①117/41⑤245
ろくず【鹿豆】→くず
葛　50③244
ろくすんふき【六寸ふき】
綿　11②119
ろくせんこつ【肋扇骨】→Z
馬　60⑦411
ろくちく【六畜】　4①52/13①237/24①49
ろくつつひる【六筒蒜】　10①64
ろくぶ【六部】　69②331, 332
ろくぶひらき【六分開キ】
綿　8①263
ろくぼく【六木】　28①93
ろくまく【肋膜】
馬　60⑦412
ろけ【ろけ】
漆　56①51
ろしゅくそう【路宿草】　54①200
ろず【蘆頭】
稲　20①61
朝鮮人参　45⑦414, 415/48①241/51①122/68③339
ねぎ　19②428
やまいも　12①372
ろずぎわ【ろずきわ】
うど　17①281
ろそうのこずえ【魯桑の梢】
桑　35②312
ろっかく【鹿角】
鹿　25①99
ろっかくむぎ【六角麦】→F
13①359/27①130
ろっかんきん【肋間筋】
馬　60⑦411
ろば【ろバ、驢、驢馬】　10②303/13①258
ろふく【蘆服】→F
10①67

【わ】

わいも【和芋】　62①13
わかあげかいこ【わかあげ蚕】
62④98
わかうれ【若カうれ】
藍　30④346
わかえだ【若枝、稚枝】　2①123/7②345
桑　5①157
ぼたん　55③290
わかおい【若生】　69①70
わかかえで【機樹、嫩機樹】　55③258, 267, 448
わかぎ【わか木、若木】　9①127/16①178/29①86/56②243
あおぎり　16①154
榧　16①146
桑　5①158
なし　46①16, 79, 93
はぜ　11①9, 32, 51/31④164, 212
やまもも　16①159
わかきえだ【わかき枝】
ざくろ　13①151
わかきかいこ【若き蚕】
蚕　35①126, 129, 135, 139
わかきなえ【若き苗】
稲　9②203
わかぎのほ【若木の穂】
みかん　53④247
わかくき【若茎】
ぼたん　55③290
わかご【若蚕】
蚕　35③430
わかさや【若莢】
なたまめ　38③142
わかすぎ【若椙】　3①49
わかたけ【わか竹、若竹】→B
竹　5①171/16①131
わかたけのこ【若竹の子】
竹　19②332
わかだち【わか立、若立】　12①351
桐　13①198
わかつの【嫩筍】
あし　18①128
わかづる【若蔓】
さつまいも　70⑥407
わかな【若菜】　55③248
わかなえ【わか秧、若苗、稚苗】
69②250
藍　45②103
稲　6②310, 315, 316/21①45/22②98/23①110, 111, 112/29①46, 47, ③224/37③310, 314/39①34/41②64/61①43
わかなえのねざし【若苗の根ざし】
稲　23①20
わかなえのは【若苗の葉】
稲　23①110
わかなえは【嫩苗葉】
つゆくさ　18①147
ぼうふう　18①140
わかなり【若なり】
へちま　25②217
わかね【わか根、若根、嫩根】
11③143
しょうが　4①153
朝鮮人参　48①240
はす　10①77
やまいも　17①268
わかねば【わか根葉】
まこも　17①301
わかば【わか葉、若葉、嫩葉、嫩葉】→B、I、N
稲　17①65
楮　13①102
大根　6①112
茶　5①163/6①173/13①87
なし　46①68
なつめ　18①63/25①113
ねぎ　10①65
柳　55③255

わかばしょう【若芭蕉】
ばしょう　34⑥163
わかほ【若穂】
稲　37②223
なし　46①71,72,73,79
はぜ　11①40
わかほえ【わかほへ、わかぼへ、わかほゑ】→I
16①134
うど　17①281
漆　16①141
くこ　16①153
楮　16①143
わかまつ【若松】
りゅうきゅうまつ　57②203
わかみどり【わかミどり】
たばこ　13①62
わかめ【わか目、若芽】　70⑥416
桑　5①159/35①75/47②140,141/56①192,194,202,205
しゅんぎく　55③446
すげ　17①305
なし　46①74
はぜ　11①19,29,31,49,58
綿　9②221
わかめもみじ【若芽紅葉】　55③258
わかやぎ【わかやき、若ヤギ】
綿　8①241/33①32
わかやまぎく【わか山菊】　28④333
わかわた【若綿】
綿　8①290
わきぎ【わきゝ】→N
10①30,64
わきいね【脇稲】
稲　19①41
わきえだしん【脇枝真】
杉　57②150
わきえだのみ【わき枝の実、脇ゑたの実】
紅花　17①221,222
わきしん【脇しん、脇真】
たばこ　1③269
わきつる【脇つる】
瓜　4①129
わきね【わき根、脇根】　4①218,225/12①88/37③319/62⑧272
稲　12①136/37③320
大豆　36②118
茶　4①158/6①154/13①79
なす　12①241,242/33⑥322
まくわうり　12①249
綿　33①30
わきのね【わきの根】　13①232
わきのは【わきの葉】
すげ　3①46
わきば【わき葉】
とろろあおい　48①117
わきみどり【脇みとり】
さつまいも　34⑥135
わきめ【わきめ、脇め、脇芽、脇目、膀芽】
大根　2①14
たばこ　4①117
ゆうがお　3④245
綿　17①226,230/29②141
わくのてつる【わくの手蔓】
わくづる　19②435
わけえだ【わけ枝】
藍　34⑥160
わけぎ【わけき、わけぎ、わけ木、分葱】→かりぎ、ちもと、ちもとな→N
9①101/10①36,38,40,64,②370/12①**276**,277,282,283,288/17①250,275/19①133/28①29,②205/30③286/33④230/41②119,120,⑤246,⑥267,275/62⑨379
わさび【わさひ、わさび、山葵、山薑】→N、Z
3①38/10①79/25①140/37②206/62①13
わさんのにんじん【倭産の人参】
45⑦396
わし【わし】　16①39/23①42
わしおん【和紫苑】　55③377
わすれぐさ【わすれくさ、わすれ草、萱草】→くりんそう、もうゆう→Z
54①221,222,276/55③321
わすれぐさ【萲草】　54①258
わせいのにんじん【倭生の人参】
45⑦409
わせうりなえ【ワセ瓜苗】
瓜　20②370
わせじゅくす【早稲熟】
稲　30①135
わせたね【早稲種子】→F
稲　30①121
わせなえ【早稲苗】
稲　2⑤328
わせのこ【わせの子】
稲　20①95
わせのたね【早稲の種子】→F
稲　36③190
わせのなまわら【早稲の生藁】
稲　62⑨384
わせのはつほ【わせの初穂】
稲　20①97
わせのはな【わせのはな】
稲　20①87
わせほだす【早稲穂出】
稲　30①130
わせもみ【早稲籾】→F
稲　10②331
わた【わた、草棉、草綿、棉、綿、木綿、艸棉】→きわた、こしゅう→B、I、N、R
2③265/3①18,21,40,②71,72,④225,257,275,**278**,280,**293**,294,296,304/4①193,298/5②230,③273,274,286/6②314,315/7①**89**,91,93,94,97,101,108,**113**,117,②**303**/8①12,16,37,38,42,46,48,49,60,71,86,95,122,124,128,129,136,154,186,199,207,221,224,226,230,239,243,254,255,263,267,268,269,271,275,281,283,285,287,288,289,290/9①34,54,66,80,②217,224/13①19,21/14①42,202,238,**242**,244,302/15②186,190,192,222,③329,330,331,340,341,344,345,352,367,379,405/18②**273**,274/21①69/22①39,56,57,③157/23①38,86,102,⑤271,272,273,278,280,281,282/24①135/28①11,12,14,42,43,44,79,②155,163,174,182,203,206,217,236,257,259,③322,④337,338,343/29①35,**60**,61,72,73,74,77,②124,127,140,③192,202,203,214,215,246,260,④279/30③268,287/31②80,④220,⑤257,283/33①**29**,30/36③274,289,300/37③376,389/38①11,17,26,27/39⑤282,291/40②37,40,**42**,44,45,46,47,48,50,51,53,54,58,59,60,61,99,**109**,112,113,114,120,121,122,125,126,127,128,130,132,144,145,147,182,183,184,185,187,188,189,③232,237/41②107,135/42②104,125/43②158,③269/44①29,33,35,37,38/45③142,144,154/48①117/50②153/61①30,38,②85,④161,167,169,172/62⑦199/67②114,116/68④413,415/69①40,50,58,73,83,84,86,88,89,107,111,134,135,②336/70④272,⑥380,416,420
ががいも　18①149
なまこ　50④300,301,302
綿　3④280/4①111,112/5①108,109/7①90/9②209,219/10①81/15③336,373/28①12,23,②196,198/29①25/49①205/67②113/69①90,②234,292,335
わだいおう【倭大黄】→N
13①283
わたえむ【わたゑむ、綿ゑむ】
綿　40②47,110
わたおいたち【綿生立】
綿　8①274
わたがら【綿がら】
綿　15②192
わたぎ【わた木、棉木、綿木】→B
8①47,264/29④278/67②111
綿　7①102/8①106,112,128,214/9①123,②207/15③386/23⑤282/28②231,234/29③215/61⑩421
わたざね【わたざね、綿さね、綿実】→I
綿　4①112/9①54/29①61,②127/39③146/62③70
わただね【わた種、綿タネ、綿たね、綿だね、綿種、綿種子】→B
綿　3④298,304/4①111/8①13,269/15③356/21①69/22①56,58/25②209/28②149,③322,④354/31⑤257/40②182/61④172/62⑧275
わたね【わた根、綿根】
綿　23⑤264,282
わたねかぶ【綿ね蕪】　28④351
わたねだいこん【綿ね大根】
28④347
わたのき【綿ノ木、綿の木、綿之木】
綿　8①46,137/15③368,372
わたのくり【綿の栗】
綿　29①66
わたのくりこ【綿之繰コ】
綿　8①270
わたのけ【綿の毛】
綿　15③360
わたのこちゃら【わたの小ちゃら】
綿　9①96
わたのこね【草棉の小根】
綿　7①96
わたのさき【綿之咲】
綿　8①51
わたのしょう【綿の性】
綿　15③397
わたのしらけたる【綿のしらけたる】
綿　40②44,58
わたのしん【わたのしん、綿の真】→I
綿　9①89/29①**66**,67,68
わたのせい【綿之情】
綿　8①189
わたのたね【綿のたね、綿の種、綿の種子】
綿　9②225/15③328,331/40②123

わたのてさき【わたのてさき】
綿　9①93

わたのなえ【綿の苗】
綿　15③402

わたのなかだいこん【綿のなか大根】　28②200

わたのね【わたの根、綿のね、綿ノ根、綿の根、綿之根】
綿　8①49, 228/13①21/15②183/23⑤264, 278, 279/28②192/29①61, 62, 63, 64

わたのねくばり【綿の根くばり】
綿　9②215

わたのは【綿の葉】
綿　29②138/69①59

わたのはえくち【綿之生へ口、綿之生口】
綿　8①141, 142, 144, 147, 151, 152

わたのはつぶき【綿の初ぶき】
綿　13①22

わたのはな【綿の花】
綿　15③351, 369

わたのふき【綿のふき、綿之吹】
綿　8①46/29①60, 69

わたのふきかた【綿のふき方】
綿　15③394

わたのふききれ【綿之吹切】　8①223

わたのみ【わたの実、綿のミ、綿の実】→Ｉ
綿　7②305/9②209/11②119/40④318/50①70

わたのみしゆうずいずせつ【綿の実雌雄蘂図説】
綿　15③332

わたのもと【わたのもと】
綿　28②177

わたのもも【綿のもゝ】
綿　9②208/15②192

わたは【綿葉】
綿　29①39

わたはえぎれ【綿生へ切レ】
綿　8①190

わたはえくち【綿生へ口、綿生口、綿生江口】
綿　8①138, 140, 145, 148, 153

わたばたけのむぎ【綿圃の麦】
29②138

わたふき【ワタフキ、綿ふき、綿吹】
綿　8①27, 47, 145, 149, 247, 277, 285, 289/28②202/31⑤283

わたふききり【綿ふき切、綿吹切】
綿　8①279/28①11

わたふく【棉吹、綿フク】
綿　7①100/31⑤256

わたふくる【綿フクル】
綿　5①108

わたふさ【棉ふさ】
綿　7①100

わたほんね【わた本根】
綿　23⑤281

わたまゆ【綿まゆ】→Ｎ
蚕　47①16, 29

わたみ【わた実、綿核、綿実】→Ｉ
綿　17①228/31⑤256/40②128, 129/41②107/50①59, 69, 70/61⑩425/69①89/70⑥402

わたりさんそう【渡り三草】
55②114

わたりだね【舶来種】　55③346

わたりどり【征鳥】　25①101

わつきね【輪付根】
松　56①53

わにんじん【和人参】→Ｎ
45⑦416

わまつ【和松】　14①89, 90

わら【わら、稿、藁、稈、苞】→Ｂ、Ｈ、Ｉ、Ｎ、Ｘ
4①299/8①127/28①44, 45
稲　1③279/2⑤327/4①60, 179, 181/5③251/6①71/7①14, 22, 43, 44, 83, 85/8①207, 211/9①102, 109, ③256/10②321/11②96, 97, 103, 106/16①212/17①151, 152/20①106, 107/22②105, 108, 109/23①37, 39, 40, 42, 43, 66, 81, ③150, 151/25②184, 196/27①188, 264, 369, 375, 383/28④343/29②150, ③244/31⑤274/36②106, ③209, 330/37①9, 12, 14, 29, ②99, 100, 212/61⑥187/62⑨369, 383, 384/66⑧397/67⑤210/68②250, ④404/70④269

わらいね【藁稲】
稲　27①260

わらくき【藁茎】
稲　23①111, ③151

わらしべ【わらしべ、藁しべ、稈しべ】→Ｂ、Ｉ、Ｎ
15①32
稲　27①380, 385

わらそこないそうろういね【わら損候稲】
稲　27①352, 374

わらたば【藁束】
稲　23①81

わらのあおきとき【藁の青き時】
稲　11②96

わらのしび【わらのしび】
稲　9①128

わらのしょう【藁の性】
稲　11②100

わらのしる【藁の汁】
稲　31①22

わらのずい【わらのずひ】
稲　19②275

わらのたけ【藁の丈】
稲　23①36

わらのにんご【藁のニンゴ】
24①145

わらのね【藁の根】→Ｎ
稲　23①81

わらのひ【稿の干】
稲　27①179

わらのふし【藁ノ節】→Ｎ
稲　5①75

わらのほ【稈の穂】→Ｂ
稲　27①185

わらび【わらひ、わらび、蕨】→けつ、べつ→Ｇ、Ｎ、Ｚ
2④284/10②338/12①357/14①44, 181, 182, 241/17①321/25①20, 51/34⑧306, 310/50③244, 270

わらびかずら【わらひかつら】
わらび　30③232

わらびのね【蕨のね、蕨之根】→Ｎ
わらび　30③234/34⑧306

わらびのわかはえのは【蕨ノワカハエノ葉】
わらび　32①25

わらみご【わらみこ】→Ｂ
稲　37②172

わりみ【わり実】
白ぼたん　54①38, 39, 42

わるき【悪木】→Ｂ
3③171/11①52/31④212
はぜ　33②112

わるだね【悪種】
綿　3④280

わるはぜ【悪櫨】　33②123

わるみ【悪実】
はぜ　31④211, 212, 218, 223

われもこう【われもかう、われもこう、吾木香、仙蓼】→じゅ→Ｚ
54①240, 276/55②122, ③397

わんすいも【わんす芋】→さつまいも
34⑥152

F　品種・品種特性

【あ】

あい【藍】→B、E、L、N、X、Z
かきつばた　55③279
あいさん【愛蚕】
蚕　35①42,43/47②132
あいちんさん【愛珍蚕】
蚕　35①42,43/47②132
あいづ【あい津、会津】
菊　54①253
たばこ　45⑥298
あいづわせ【会津わせ】
稲　25②186
あいのさか【あいの坂】
芍薬　54①84
あいのやま【あいの山】
つばき　54①93
あいばながわせ【アイバながわせ】
稲　61⑤181
あいわた【藍棉】
綿　7①100
あえつるもち【あへつるもち】
稲　41⑤232
あお【青】
ささげ　19①134
ひま　19①150
ふき　25②215
あおあかまめ【青赤豆】
小豆　10①57
あおあさ【青麻】
稲　37②138,140,141
あおあさがえり【青麻帰、青麻帰り】
稲　37②127,128,131,132,139,140,141,142,160,170,177,179,186,192
あおい【葵】
紅ぼたん　54①59
あおいしろ【青ひ白】
白ぼたん　54①49
あおいも【青芋】
里芋　6①134,②303
あおかし【あおかし、あおがし、あをかし】
あわ　41⑤233,234,242,260
あおかたば【青片葉】
おもと　55②109
あおからしな【青苛】
からしな　10①69
あおき【青木】
白ぼたん　54①54
あおこ【青子】
小麦　39⑤291
あおごめん【青ごめん】
なし　46①8,9,22,32
あおさがみ【青相模】
なし　46①10,43
あおせいがい【緑青海】
かえで　55③258,409
あおだいず【青大豆】→N
大豆　27①200/28①25/41②113/42②105/44③238,239
あおたで【青蓼】
たで　10①73
あおちしゃ【青苣】
ちしゃ　10①69
あおなえ【青苗】
菜種　45③161
あおなし【青梨、青梨子】→E
なし　46①38/54①166/56①108
あおのたり【青のたり】
ささげ　17①199
あおのるい【青の類】
なし　46①9,34
あおば【青葉】
おもと　55②106
かえで　54①153
あおばかえで【青葉楓】
かえで　54①153
あおはだ【青はだ、青畑】
大豆　17①194/19①140
あおはだだいず【青はだ大豆】→B
大豆　17①320
あおはやひえ【青早稗】
ひえ　10①59
あおひゆ【青莧】→N
ひゆ　10①72
あおひょう【青ひやう】→N
楮　13①93/56①176
あおへお【青へを】
楮　14①257
あおまめ【あおまめ、あを豆、青豆】→E、N
大豆　6①96/19①140/28②244/41⑤233,247,248,⑥279/42②125
あおまる【青丸】
せっこく　55②148,150
あおみ【青実】
おもと　55②107
あおむぎ【青麦】→E、N
裸麦　30①91
あおもろ【青もろ】
稲　1①51
あおやぎ【青柳】
つばき　54①108
柳　55③255
あおやぎもち【青柳餅】
稲　10①52
あおやしろ【青やしろ】
杉　56①215
あおやすろ【青やすろ】
杉　56①159
あおやま【青山】
白ぼたん　54①40
あおやましろ【青山白】
白ぼたん　54①47
あおわた【青わた、青綿】
綿　15③346,350,384/42②104
あおんぼう【アヲンボウ】
なし　46①32
あか【赤】
小豆　25②213
ささげ　25②202
じゃがいも　18④407
ふき　25②215
あかあさがお【赤あさかほ】
あさがお　54①227
あかあすかがわ【赤飛鳥川】
つばき　54①104
あかあずき【赤小豆】→B、E、I、L、N、R、Z
小豆　6①97
あかあわ【赤粟】
あわ　19①138
あかいし【アカイシ】
ごぼう　2①77
あかいしたろう【赤石太郎】
稲　6①80
あかいち【赤市】
稲　23①42
あかいね【あかいね、赤いね、赤稲】
稲　2⑤328/19①25,28,29,30/20①87/28①14/37①12,13,14
あかいも【赤いも(里芋)、赤芋(里芋)】→E、N
里芋　6①134/12①359,367/29③252/33⑥356
あかいも【赤薯(じゃがいも)】→E、Z
じゃがいも　18④410
あかえ【赤西麻】→E
えごま　19①143
あかえっちゅう【赤越中】
稲　24①117
あかお【赤苧】
からむし　10①73
あかがねめぬき【銅めぬき】
菊　54①254
あかかぶ【赤蕪】→E
かぶ　2⑤331
あかからいも【赤から芋】
里芋　22④244
あかからし【赤芥子】
からしな　10①80
あかかわ【赤皮】
大豆　38③115,154
あかがわだいず【赤皮大豆】
大豆　38③153,206
あかがんぴ【赤がんひ】
がんぴ　54①210
あかき【赤葱】
ねぎ　19①132
あかぎ【赤木】→Z
桑　56①60,192,200,204,205
綿　9②207,208,220/15③351
あかききょう【赤桔梗】
つばき　54①98
あかぎく【赤菊】
菊　41④204
あかぎなえ【赤木苗】
桑　18②252
あかぎのわた【赤木の綿】
綿　40②124
あかきび【赤きび、丹黍】→N

きび　17①204/19①146
あかきひゆ【赤き莧】
ひゆ　12①318
あかきょう【赤京】
稲　30①17
あかきわた【赤きわた、赤木わた、赤木綿】
綿　15③384/17①227, 231
あかぐさ【赤草】
稲　10①51
あかくわ【赤桑】
桑　56①178/61②97
あかけし【赤けし、赤芥子】
けし　17①215
つばき　55③430
あかこ【赤子】
小麦　39⑤291
あかこう【赤こう】
さつまいも　34④65
あかこうぞ【赤楮】
楮　14①258
あかこざき【赤子崎】
稲　6①81
あかこしみの【あかこしミの】
さつき　54①135
あかこぼれ【赤こほれ】
稲　25②196
あかごま【赤胡麻】→E
ごま　6①107
あかごめ【赤米】→E、G
稲　20①105
あかごめん【赤ごめん】
なし　46①9, 31
あかさか【赤坂】
菊　54①255
紅ぼたん　54①61, 65
なし　46①9, 41
白ぼたん　54①42
あかさがみ【赤さがみ、赤相模】
なし　46①10, 44
あかさこ【あかさこ、赤迫】
稲　9②200/41⑤232, 234, 247
あかささげ【赤サヽケ、赤さゝけ】
ささげ　17①199/19①145
あかざや【赤ざや、赤莢】
大豆　2①39/3④233/19①140
あかざれ【赤ざれ】
小麦　33④224
あかさんすけ【赤三助】
稲　2③259
あかし【あかし、明石】
紅ぼたん　54①72
白ぼたん　54①53
麦　41⑤253
あかしき【あかしき】
つつじ　54①121
あかしね【赤シネ、赤しね】
稲　19①25/20①87
あかしんば【赤しんば】
稲　6①80
あかずいき【赤すいき】→E、N
里芋　4①140
あかすぎ【赤杉】→E
杉　56①40, 41, 44
あかだいしろう【赤大四郎】
大麦　10①54
あかだけしはつげ【赤田けし葉つけ】
つげ　55②113
あかだね【赤種】→Z
菜種　45③164
あかだま【赤玉】→E、G
稲　3④263
あかちしゃ【赤苣】
ちしゃ　10①69
あかちりめん【赤縮緬】
つばき　54①94
あかつちかぶら【赤土蕪】
かぶ　4①23
あかつちつばた【赤土津幡】
かぶ　6②302
あかてぬぐい【赤手拭】
紅ぼたん　54①69
あかなえ【赤苗】
菜種　45③161
あかなかて【赤中稲】
稲　25②191
あかなす【赤茄子】
なす　10①75
あかなべしま【赤鍋嶋】
稲　6①80
あかのるい【赤の類】
なし　46①9, 30
あかはだか【赤裸】
大麦　10①54
あかはちまき【赤帽】
かぶ　2①60
あかばんとう【赤晩稲、赤番稲】
稲　44③217, 218, 225, 226
あかひげ【赤髭】
稲　10①51
あかびぜん【赤びぜん】
稲　22④223
あかびちく【赤未竹】
大麦　10①54
あかひゆ【赤莧】
ひゆ　10①72/18①138
あかひるがお【赤昼顔】
ひるがお　54①228
あかふ【あかふ】→X
さざんか　54①114
あかふろう【赤ふろう】
ささげ　10①58
あかべ【赤部】
ごま　10①66
あかべんや【赤弁屋】
稲　11⑤272
あかぼうず【赤坊主】
稲　24①116
あかまい【赤米】→E、G、N
稲　1①24/17①152
あかまるもちあわ【赤まる餅粟】
あわ　34⑤92
あかみおどろき【赤見驚】
つばき　54①94
あかむぎ【赤麦】→E
大麦　10①54
あかむぎやす【赤むぎやす、赤麦やす】
裸麦　12①152
麦　37③359
あかもち【赤もち、赤餅、赤糯、赤餅】
稲　1①51, ②152/4①275/10①52/22④221/30①17/37②200, 210/44①18
あかもちあわ【赤餅粟】
あわ　44③248
あかもの【赤物】
稲　33⑤243
あかもめん【赤もめん】
綿　22④262
あかもろ【赤もろ】
稲　1①51
あかやまとさんがい【赤大和三がい】
つばき　54①97
あかやろく【赤弥六】
稲　4①275
あかゆり【赤百合】
ゆり　10①80
あかりづき【赤り月】
さつき　54①129
あがりね【上リネ】
大根　19①117
あかわせ【赤わせ、赤早稲】
稲　4①274/6①80/37②132, 141, 142, 143, 170, 178, 188, 225, 228
あかわた【赤わた、赤綿】→B
綿　9②207/13①9/14①247/15③347, 348, 349, 408/42②104
あかわれこそ【赤我祐】
稲　10①50
あきあずき【秋小豆】→E
小豆　12①191
あきあわ【秋粟】
あわ　6①99/10②329/12①174/29①81/33⑥362/41②112
あきかぶ【秋蕪】
かぶ　4①105
あきかぶら【秋かぶら】
かぶ　20①130
あきかみあそび【秋神遊】
菊　55③403
あきぎく【秋菊】
菊　3④331, 332/28④333, 340/48①204/54①256, 259/55③400
あきぎぼうしそう【秋擬宝珠艸】
ぎぼうし　55③402
あきすかし【秋透】→E
ゆり　55③398
あきそば【秋蕎麦】
そば　61⑩435
あきだいこん【秋大こん、秋大根、秋蘿ヰ蔔ン、秋蘿蔔】
大根　2①73/3①30, ④241, 338, 368, 383/4①107/7②313/11②116/19①115, 116, 117, 186, ②325, 349/20①131, 156, ②380, 391/21①70, 71/22①39/28④346/33⑥311, 316, 371, 373/38③123/39②112/41②101/68④411
あきだいず【秋大豆】→あきまめ
大豆　1④313/9①87, 93/11②114/28①25/32①220, 221/33①38, ⑤249/41①12/67③140
あきつしま【秋津嶋】
つばき　54①91
あきでき【秋出来】
なし　46①102
あきなし【秋梨】→E
なし　46①14
あきねりま【秋ねりま】
大根　3④308
あきのやま【秋の山、秋乃山】
つばき　55③208, 388
あきへた【秋へた】
大豆　6①96
あきぼたん【秋牡丹】
ぼたん　11③149, 150/55③372
あきまめ【秋大豆、秋豆】→あきだいず
大豆　6①94/12①185, 187/33⑥362/67③137
あきみょうが【秋ミやうか、秋ミやうが、秋めうか、秋めうが、秋茗荷】
みょうが　3④345/4①148/12①307/17①278, 279/25②222, 223
あきもとこう【秋本紅】
紅ぼたん　54①61
あくでん【あくでん】
稲　22④222
あげはちょう【揚羽蝶】
金魚　59⑤428
あけぼの【あけほの、あけぼの、曙、明ぼの】
菊　54①250
さざんか　54①113
芍薬　54①84
つつじ　54①122

なし　46①9,29,41,63
白ぼたん　54①53
あげまつこう【上松紅】
紅ぼたん　54①61
あこし【畔越】
稲　10①49
あこだ【あこた】
瓜　10①75
あさいこばありとおし【浅井小葉有通し】
ありどおし　55②155
あさいこばきゃらびきひさぎ【浅井小葉伽羅引楸】
ひさぎ　55②154,161
あさいほそばしきみ【浅井細葉しきみ】
しきみ　55②156
あさいほそばすずがし【浅井細葉鈴がし】
かし　55②155
あさがすみ【あさかすミ、朝かすミ】
筑前白ぼたん　54①74
つつじ　54①124
あさから【朝柄】→Z
たばこ　45⑥299
あさぎ【あさぎ、浅黄】
梅　54①141
桜　54①146
さつき　54①129
白ぼたん　54①55
あさぎあさがお【浅黄あさがほ】
あさがお　54①227
あさぎさくら【浅黄桜】
桜　55③273
あさぎささげ【浅黄さゝけ】
ささげ　17①199,200
あさぎにゅうどう【浅黄入道】
大豆　25②205
あさぎり【朝霧】
白ぼたん　54①44
あさぎわた【あさぎわた、浅黄わた】
綿　17①227
あさくさ【浅草】
紅ぼたん　54①57,59
あさくら【朝倉】
さんしょう　54①169
白ぼたん　54①46
あさくらおうはんひさぎ【朝倉黄斑楸】
ひさぎ　55②160
あさつき【興葱、蘭葱】→E、N
あさつき　19①133
あさつま【あさつま】
つばき　54①95
あざなし【あざなし】
さつき　54①131
あざなしこしみの【あざなしこしミの】
さつき　54①136
あさひ【あさひ、朝日、朝陽】
稲　6①81
かえで　54①154
紅ぼたん　54①58,65
小麦　22④211
筑前紅ぼたん　54①75
白ぼたん　54①48
あさひうんぜん【あさひうんせん】
つつじ　54①120
あさひこう【朝日紅】
紅ぼたん　54①63,68
あさひなしきみ【朝比奈しきみ】
しきみ　55②113
あさひなよればまさき【朝比奈よれは正木】
まさき　55②157
あさひべに【あさひ紅】
白ぼたん　54①48
あさひまる【朝日丸】
なし　46①8,28
あさひやま【朝日山】
菊　54①251
紅ぼたん　54①69
筑前紅ぼたん　54①75
あさま【浅間】
筑前白ぼたん　54①73
あさわた【麻わた】
綿　13①9
あじうり【味瓜】→E
瓜　10①75
あしのつき【芦月】
筑前白ぼたん　54①73
あすかいごめん【飛鳥井御免】
なし　46①9,32,63
あすかがわ【あすか川】
菊　54①253
つつじ　54①125
あすかたんば【アスカたんば】
稲　61⑤181
あずま【あづま、東妻】
菊　54①255
紅ぼたん　54①72
あずまくれない【あづま紅】
さつき　54①134
あずましろ【あづま白】
芍薬　54①84
あせいし【あせいし】
つばき　54①90
あぜこし【畦こし】
稲　28①19
あぜこしもち【疇越餅】
稲　4①276
あっぱれ【あつはれ】
つつじ　54①122
あとぎく【後菊】
菊　55①19,22,23,26,31,33,34,39,46,49,50,51,53,59
あぶらや【油屋】
筑前紅ぼたん　54①75
あぼうきゅう【阿房宮】
菊　2①116,117
あまうり【甘瓜】→E、Z
瓜　6①123
あまがき【アマカキ、あまかき、甘柿】→N
柿　14①200,206,207/47②146/54①167/56①65
あまがさき【あまがさき】
つばき　54①88
あまがした【天ケ下】
菊　54①248
あまぐも【雨雲】
筑前紅ぼたん　54①75
あまざくろ【甘柘榴】
ざくろ　54①170
あまのがさき【天野崎】
つばき　54①108
あまのはら【天ノ原】
筑前白ぼたん　54①73
あまぼし【あまほし、烏柿】→K、N
柿　14①213
あまもち【甘糯】
稲　6①66,81
あみがさ【あミかさ】
菊　54①250
あみだいじ【あミだいじ】
小麦　22④210
あめいろ【あめいろ】
大豆　17①193
あめがした【あめかした、あめが下、天下】
芍薬　54①80
筑前白ぼたん　54①73
つつじ　54①118
白ぼたん　54①53
あめさや【あめさや】
大豆　6①96
あめやなぎ【飴柳】
柳　55③255
あめんどう【あめんたう】→E
桃　54①143
あやめ【あやめ】
白ぼたん　54①54
あらい【あらい】
つばき　54①97
あらき【あらき、荒木】
稲　3④264/22④220/25②191/36③209,267/43①43
あらきもみ【荒木籾】
稲　67④173
あらこ【荒子】
稲　23①43
あらしやま【あらし山】
さつき　54①127
あらつ【あらつ】
筑前白ぼたん　54①74
あらなみ【あらなみ、荒波】
つばき　54①101,108
あらふね【荒舟】
筑前白ぼたん　54①74
あららぎ【あららぎ】
つばき　54①97
ありあけ【ありあけ、有明】
菊　54①230,247
桜　54①148
筑前白ぼたん　54①74
なし　46①9,31,37
白ぼたん　54①52
ありどおし【蟻通、蟻通し】
寒すすき　55③347,425
なし　46①9,40
ありへい【アリヘイ】
なし　46①26
ありまつ【有松】
おもと　55②109
ありまやま【ありま山】
菊　54①230,255
ありまやろく【ありまやろく】
稲　41②69
あるかわ【ある川】
つばき　54①87
あわ【阿波】
綿　15③350
あわお【粟生】
筑前紅ぼたん　54①75
あわこ【阿波粉】
たばこ　2⑤333
あわじしま【あわじ嶋】
つばき　54①105
あわたぐち【粟田口】
紅ぼたん　54①72
あわは【安房葉】
たばこ　45⑥324
あわぶんこめつき【粟ぶんこめつき】
あわ　41⑥271
あわもち【粟餅】
あわ　42②108
あわもり【あわもり、粟もり、粟盛】
つばき　54①107
なし　46①8,10,28,48
あわゆき【あわゆき、あわ雪、粟雪、淡ゆき、淡雪、泡雪】
筑前白ぼたん　54①73
つつじ　54①120
つばき　54①100
なし　14①376/46①8,25,63/56①108
あんじょうまくわ【安城真桑】
まくわうり　17①261
あんどほそのぼ【アンドほそのぼ】
稲　61⑤181
あんめん【あんめん】
桃　16①151
あんゆう【安有】

白ぼたん　54①54
あんようじほそばひょん【安養寺細葉ひよん】
ひょんのき　55②155

【い】

いかだば【筏葉】
なんてん　55③341
いかるご【いかるご】
稲　22④222
いぎりす【イギリス】
稲　23③155
いくさか【生坂】
たばこ　45⑥295
いけのしましゃくやく【池の島芍薬】
芍薬　55③277
いけやろく【池弥六】
稲　30①17
いごいも【いごいも】→E
里芋　22④245
いさはい【いさはい】
つつじ　54①117
いさぶろう【伊三郎】
稲　8①207
いざよい【十六夜】
筑前白ぼたん　54①74
いさらこうばい【いさら紅梅】
芍薬　54①84
いしかわもち【石川糯】
稲　37②137,139,157,159,170,177
いしかわもちなかて【石川糯中稲】
稲　37②188
いしけやき【石欅】
けやき　56①100
いしたきもち【石滝餅】
稲　3④263
いしたてやろく【石立弥六】
稲　4①275
いしだまめ【石田豆】
大豆　6①96
いしたろう【石太郎】
稲　39④223
いしたろうぼうず【石太郎坊至】
稲　6①80,82
いしたろうわせ【石太郎早稲】
稲　6①80
いしちょうせいまきひのき【石長生巻檜】
ひのき　55②140
いしづ【石津】
たばこ　45⑥286,287
いしどう【石とう】
稲　41①9
いしまろ【石まろ】
蚕　47①18
いしやま【石山】
菊　54①249
紅ぼたん　54①72
白ぼたん　54①54
いしゆ【石柚】
ゆず　54①168
いしわり【石割】
稲　4①276
いずみしんでん【和泉新田】
たばこ　45⑥287,330
いずみわた【和泉わた、和泉綿】
綿　15③351,384
いずも【出雲】
紅ぼたん　54①63
白ぼたん　54①38
いずもば【出雲葉】
藍　45②100
いせいね【伊勢稲】
稲　17①14
いせがやしき【伊勢ヶ屋鋪】
たばこ　45⑥285
いせさきわけ【伊勢咲分】
菊　54①253
いせじこう【伊勢時行】
稲　6①81
いせじま【伊勢嶋】
おもと　55②108
いせしろ【いせ白】
稲　25①120
いせにしき【いせにしき、伊勢錦】
稲　61⑤178,181
いせのくにとばだねきだいず【伊勢国鳥羽種黄大豆】
大豆　2⑤334
いせやろく【伊勢弥六】
稲　30①17
いそきり【五十切り】
あわ　19①138
いただきいわひば【頂岩ひは、頂岩檜葉】
いわひば　55②140
ひば　55②119
いだてん【いだてん】
つばき　54①97
いたや【板家】→E
かえで　54①154
いちぎょうじ【一行寺】→Z
かえで　55③258,409
いちじゅうろう【市十郎】
筑前白ぼたん　54①73
白ぼたん　54①54
いちのみやほそばあおき【一宮細葉青木】
あおき　55②157
いちのみやほそばがし【一宮細葉がし】
かし　55②155
いちのみやほそばなぎ【一宮細葉なぎ】
なぎ　55②156
いちばんわせ【一番早稲】
稲　70④268
いちみやほそば【一宮細葉】
なぎ　55②116
いちもんじ【いちもんじ、一文字】
さつき　54①134
白ぼたん　54①43
いちよう【いちやう】
さつき　54①130
いちりん【一輪】
つばき　54①102
いちりんぼたん【一輪牡丹】
菊　54①251
いっきゅう【一休】
菊　2①117
つばき　54①89
いっさいもも【一歳桃】
桃　54①142
いっすんささげ【壱寸大角豆】
ささげ　10①58
いって【壱手】
稲　19①171
いっぽん【一本】
稲　23①42
いっぽんごま【一本ごま、壱本こま】
ごま　22④248,249
いっぽんせん【一本千】
稲　10①49
いっぽんねぎ【一本ねき】
ねぎ　22④255
いでくち【井手口】
稲　10①51
いとくり【いとくり】
桜　54①148
いとくれない【いとくれない】
さつき　54①133
いとざくら【いとさくら、糸桜】
桜　54①148/55③263,267
いとしだれ【いとしだれ】
柳　54①164
いとすすき【糸薄】→E
すすき　55③384
いとはぎ【糸はき】
はぎ　55③384
いともち【いともち、糸モチ、糸もち、糸糯】
稲　2③259/6①81/19①24,73/37②139,140,141,142,143,165,167,170,177
いともちわせ【糸糯早稲】
稲　37②187
いともみじ【いともミぢ】
かえで　54①153
いないずみ【いないつミ、いないづミ、イナ泉、いな泉、伊南和泉、稲いつミ、稲泉】
稲　2③260/4①275/19①24,27,29,73,②297,309,322/20①317,318,319/37①12,13,14,29
いなずま【稲妻】
筑前紅ぼたん　54①75
いなずみ【いなづミ】
稲　19①28
いなだ【いなだ】
桃　40④330
いなば【いなば】
つばき　54①99
いぬざくら【いぬさくら】
桜　54①148
いぬさんしょう【いぬさんせう】
さんしょう　54①170
いぬのえもち【犬のゑ餅】
稲　4①276
いぬのけ【犬ノ毛】
稲　6①80
いぬのはら【犬の原、犬之原、犬腹】
稲　5①61/41⑤232,241,247
いのこ【いのこ】
綿　15③351
いのししのつめ【猪の爪】
はぜ　31④152
いぶきこうはん【いふき黄斑】
いぶき　55②140
いぶきだいこん【伊吹大根】
大根　19①152
いぶきな【伊吹菜】
大根　12①223
いぶきぼうふう【伊吹防風】
ぼうふう　68③347
いまい【今井】
つばき　54①95
いましちべえ【今七兵衛】
綿　15③348
いまだいとう【今大塔】
稲　10①50
いまぼうず【今坊主】
稲　24①116
いまみや【いまミや】
芍薬　54①84
いもあらい【いもあらい】
芍薬　54①82
いもせ【いもせ】
つばき　54①104
いよ【伊予】
紅ぼたん　54①68
いよいね【伊与稲】
稲　41①8
いよはだか【伊予裸】
裸麦　33④227
いりえ【入江】
せっこく　55②152
いろよししだれ【色よししだれ】
桜　54①147
いわか【いわか、井王加】
稲　1①51,②151

いわがいね【いわが稲,岩が稲】
稲 18⑥490,493
いわこきん【岩古今】
せっこく 55②152
いわしみず【岩清水】
つばき 54①102
いわたき【岩滝】
つばき 54①100
いわつきこう【岩付紅】
芍薬 54①80
いわつきねぎ【岩付葱】
ねぎ 3④358
いわつつじ【いわつゝじ、岩つゝし】
つつじ 54①119,136
いわもと【岩本】
紅ぼたん 54①68
いわもとやろく【岩本弥六】
稲 6①81,82
いわややたほ【イワヤやたほ】
稲 61⑤181
いわややなぎたに【イワヤ柳谷】
稲 61⑤181
いわやゆっくり【イワヤゆツくり】
稲 61⑤181
いんげんささげ【隠元さゝげ】
ふじまめ 12①204

【う】

うえだ【上田】
紅ぼたん 54①57
せっこく 55②152
うえだたんご【上田丹後】
稲 30①17
うえだひさぎ【上田ひさき】
ひさぎ 55②161
うえのこざき【上野子崎】
稲 6①81
うえのしんば【上野しんは】
稲 6①80
うえもん【右衛門】
菊 54①256
芍薬 54①84
うえもんざくら【右衛門桜】
桜 54①147
うかい【鵜飼】
稲 23①41
うきぐも【うき雲】
さざんか 54①115
さつき 54①131
うきくれない【うきくれない】
さざんか 54①114
うきふね【うき舟、浮舟】
菊 54①253
筑前白ぼたん 54①74
うきょう【うきやう】
さざんか 54①112
うぐいす【うくいす】
菊 54①251
うこっけい【烏骨鶏】
鶏 69②286
うこん【うこん】
菊 54①251,255
うし【烏柿】
柿 56①85
うじがわ【宇治川】
菊 54①230
うしきまめ【牛木豆】
小豆 10①56
うじこう【うぢ紅】
菊 54①255
うしつなぎ【牛絆】
大豆 19①140
うじはし【宇治橋】
芍薬 54①83
うすいろ【うすいろ、薄色】
稲 10①52
ごま 10①66
桜 54①148
ささげ 10①58
うすいろからし【薄色芥子】
からしな 10①80
うすうんぜん【うすうんせん】
つつじ 54①120
うすかき【うすかき、薄かき】
かえで 54①153
つつじ 54①120
白ぼたん 54①53
うすかさね【うすかさね】
さつき 54①135
うすかすみ【うすかすミ】
つばき 54①89
うすかずら【うすかづら】
つばき 54①94
うすぎぬ【うすきぬ】
菊 54①255
うすぐも【うす雲、薄雲】
かきつばた 54①234
菊 54①255
そば 10①60
うすぐろひえ【薄黒稗】
ひえ 10①60
うずこう【うづかう】
さざんか 54①112
うすこうたいりん【薄紅大輪】
さざんか 54①115
うすこうばい【うす紅梅、薄紅梅】
梅 54①141
紅ぼたん 54①70
うすごろも【うすころも】
つばき 54①90,102
うすざくら【淡桜】
菊 55③404
うすさらさ【うすさらさ】
つばき 54①90
うすじも【うすしも】
つばき 54①97
うすじろ【薄白】
小豆 10①57
うすずみ【うすすミ、うすずミ、薄墨】
あおい 54①214
瓜 40②148
けし 54①201
むくげ 54①164
うすねずみ【薄鼠】
あわ 10①59
うすひらど【うす平戸】
ゆり 54①209
うすべに【うす紅、淡紅】
梅 56①108
かきつばた 55③279
うすむらさき【うすむらさき、うす紫】
菊 54①249
ささげ 17①199
うすゆき【うすゆき】
さつき 54①134
つばき 54①90
うずらこ【鶉子】
小豆 19①144
うずらふ【うづらふ】
大豆 17①193
うずらまめ【鶉豆】
大豆 6①96
うずらもち【うつら糯、鶉糯、鶉餅】
稲 10①52/37②143,171,188,228
うずりょうめん【うづ両めん】
さざんか 54①111
うそくち【ウソ口】
大根 44③248
うそくちだいこん【ウソ口大根】
大根 44③240,242,243,244,245,246,247,249
うだ【宇田】
菊 54①255
うだあかもち【ウダあかもち】
稲 61⑤181
うだいわむろ【ウダいわむろ】
稲 61⑤181
うだしろけ【ウダしろけ】
稲 61⑤181
うたたね【うたたね】
白ぼたん 54①50
うだほうきほ【ウタはうきほ】
稲 61⑤181
うだまき【宇多巻】
筑前紅ぼたん 54①75
うちいね【打稲】
稲 10①50/30③275
うちくもり【内曇】
つばき 54①108
うちくら【内蔵】
稲 10①50
うちだまり【内溜り】
稲 10①48
うちの【内野】
白ぼたん 54①45
うちのまきだいもんわせ【ウチノマキ大門わせ】
稲 61⑤181
うちもの【打もの】
稲 7①41
うちやま【内山】
白ぼたん 54①49
うつせみ【うつせミ】
さつき 54①131
うつのみや【宇都宮】
たばこ 45⑥299
うつり【うつり】
紅ぼたん 54①72
うなだれ【うなたれ】
ひえ 19②386
うば【ウバ】
たばこ 19①128
うばごろし【姥殺、媼殺シ】
あわ 5①94
うばざくら【うば桜】
桜 54①148
うばささげ【姥サヽケ】
ささげ 19①145
うぶきまゆ【生木まゆ】
蚕 47①12
うぶつちたね【生土たね】
蚕 47①12
うぶつちまゆ【生土まゆ】
蚕 47①12
うまあずき【馬小豆】
小豆 10①57
うまのこ【午ノ子】
筑前紅ぼたん 54①75
うめず【梅酢】
菊 54①250
うめづむらさき【梅津紫】
菊 54①250
うらじろ【うら白】
白ぼたん 54①41
うらなみ【うらなミ】
さつき 54①132
うりのとり【瓜の鳥】
きび 20②382
うる【うる(粳)、粳】→N
稲 28②259/37③271/41④205
陸稲 12①147/37③309
きび 12①177
うるし【うるし】
稲 11②96
きび 17①204
ひえ 17①205
うるしあわ【うるしあわ、うるし粟】→N
あわ 17①201,203
うるしがき【漆柿】
柿 14①214

うるしきび【うるしきび】
たかきび　17①209
うるしねのなかて【粳の中稲】
稲　10②316
うるしまい【うるし米】
稲　17①152
うるち【うるち、粳】→Ｉ、Ｎ
あわ　25②211/39①45/42②107,108
稲　2⑤326/4①71/6①84/10②314,315/22④218/30③276/33①24/70①13
陸稲　3③152,154
きび　6①100
うるちあわ【うるち粟、粳粟】
あわ　5①95/21①60/28①22
うるちいね【粳稲】
稲　22③173/36③209
うるちぐろ【粳黒】
稲　37②159
うるちまい【粳米】→N
稲　27①34/69②347,384
うるちもみ【粳籾】→E
稲　22①46
うるよね【糴】
稲　4①196
うんしゅうせっこく【温州石斛】
せっこく　55②150
うんぜん【雲山】
つつじ　55③294
うんりん【うんりん】
つつじ　54①124

【え】

えいかむりもち【纓かむり糯】
稲　37②192
えぐいも【ゑく芋、エグ芋】
里芋　19①111,②378
えぐち【江口】
芍薬　54①84
えごいも【ゑごいも】
里芋　17①255
えこしそ【ゑこしそ】
しそ　33⑥348
えぞ【ゑぞ】
紅ぼたん　54①72
えだかわ【枝川】
稲　1①51
えだかわいね【枝川稲】
稲　1①52
えだごま【枝こま、枝ごま、枝胡摩】
ごま　22④248,249
えだひえ【枝稗】
ひえ　10①60
えちがわ【ゑち川】
稲　28①19
えちご【ゑちご、越後】
稲　1①51/2⑤326/3④266/19①24
さざんか　54①113
ゆり　54①208
えちごしろ【越後白】
稲　4①275
えちごだいず【越後大豆】
大豆　42②126
えちごだね【越後ダネ、越後種】
稲　2⑤328
大麦　5①129,130
えちごまめ【越後豆】
大豆　6①96
えちごむぎ【越後麦】
大麦　5①129
えちごもち【越後餅、越後糯】
稲　3④263/37②132,171,183,185
えちごわせ【越後わせ、越後早稲】→Z
稲　5①62/37②170,208,210,211,221,230
えちぜん【越前】
菜種　28④353
えちぜんこうばい【ゑちぜん紅梅】
梅　54①141
えちぜんだね【越前たね】
蚕　47①17
えちぜんだねまみどりだいず【越前種真緑大豆】
大豆　2⑤334
えちぜんのくにさかただねくろあずき【越前国酒田種黒小豆】
小豆　2⑤334
えちぜんまゆ【ゑちぜんまゆ】
蚕　47①17
えっちゅういね【越中稲】
稲　24①116
えっちゅうくろすぎ【越中黒杉】
杉　56①40
えつほ【ヱツホ、ゑつほ、ゑづぽ、越穂】
稲　2③260/19①25,26,27/37①12
えど【江戸】
稲　4①275
えどあかほうおうちりめん【江戸赤鳳凰縮面】
たちばな　55②118
えといも【ゑと芋】
里芋　10①62
えどいも【江戸薯】
ながいも　2①94
えどうり【江戸瓜】
まくわうり　25②216
えどくら【江戸蔵】
稲　11⑤247
えどくろこう【江戸黒紅】
紅ぼたん　54①71
えどげき【江戸外記】
紅ぼたん　54①60
えどざい【江戸ざい】
つつじ　54①118
えどさくら【江戸桜】
桜　55③273
えどさらさ【江戸さらさ】
つばき　54①91
えどしろ【江戸白】
つつじ　54①125
えどだいこん【江戸大こん、江戸大根】
大根　20①131,192,②376,380/31⑤251
えどだね【江戸タネ、江戸たね、江戸種子】
大根　19①117/20①153,②380
えどだねくろだいず【江戸種黒大豆】
大豆　2⑤334
えどだねたいはくつるまめ【江戸種太白蔓豆】
ふじまめ　2⑤334
えどちさ【江戸苣】
ちしゃ　41②122
えどどうねんさんしょきたらよう【江戸同年三所黄多羅葉】
たちばな　55②118
えどなんばん【江戸なんばん】
とうがらし　4①156
えどはん【ゑどはん】
瓜　40②148
えどひえ【江戸稗】
ひえ　19②386
えどまめ【江戸豆】→Ｉ
そらまめ　12①196
えどまんよう【江戸万葉】
つつじ　54①119
えどむらさき【江戸紫】
菊　54①252
せきちく　54①213
花しょうぶ　54①219
えどわせ【江戸わせ、江戸早稲】
稲　30①16/37②170,186,211
えのきはだ【榎木はた】
瓜　10①75
えのこやなぎ【ゑのこやなき】
柳　54①164
えのしま【ゑのしま】
稲　22④220
えびて【ゑひて】
稲　2⑤328
えびらうめ【ゑびら梅】
梅　54①138
えみぜ【ゑミぜ】
小麦　22④210,211
えもん【ゑもん】
菊　54①253
えりこ【ゑりこ】→G
あわ　10①59
えんざがき【ゑんざがき】
柿　14①213
えんじゅ【延寿】
つばき　55②159
えんじゅあい【槐藍】→E
藍　19①105

【お】

おあさ【雄麻】
麻　13①32,35,36
おいえむらさき【おいへ紫】
さつき　54①129
おいね【雄稲】
稲　7②247
おいのかわら【狼川原】
たばこ　45⑥298
おいのさくらてまり【老桜手鞠】
芍薬　54①79
おいわけ【おいわけ】
さざんか　54①115
おうかん【黄官】
つばき　55②159
おうぎききょう【あふぎきけう、扇子桔梗】
ききょう　54①209,300
おうぎながし【あふぎながし】
つつじ　54①119
おうごん【黄金】
菊　54①254
おうごんばい【黄金梅】
梅　55③240
おうしゅう【奥州】
紅ぼたん　54①60
たばこ　13①66
おうしゅうかき【奥州柿】
菊　54①248
おうしゅうかすみ【奥州かすミ】
つばき　54①89
おうしゅうこう【奥州紅】
紅ぼたん　54①61
おうしゅうこそば【奥州小そば】
そば　22④241
おうしゅうだね【奥州種子】
蚕　6①190
おうしゅうなでん【奥州なてん】
桜　54①145
おうしゅくばい【鶯宿梅】
梅　54①139/55③254
おうしょうくん【王昭君】
筑前白ぼたん　54①73
おうまめ【雄豆】
大豆　38③144
おうみ【あふミ、近江】
さつき　54①129
なし　46①8,22,26,63
おうみかぶ【あふミ蕪】→E
かぶ　12①229

おうむ【あふむ、鸚鵡】
菊　55③322
つつじ　54①122
おおあい【大藍】→E
藍　19①105
おおあおまめ【大青豆】
大豆　10①55
おおあか【大赤】
ささげ　10①58
おおあかざ【大あかざ】
あかざ　17①289
おおい【大猪】
つばき　54①92
おおいきはや【大いきはや】
さざんか　54①112
おおいも【大いも、大芋】→E
里芋　6①134/10①61/12①359/41②97
おおいわか【大いわか】
稲　1①51
おおうすもも【大うす桃】
桃　13①157
おおうめ【大梅】
梅　54①139
菊　54①254
おおうめもどき【大梅嫌】
うめもどき　54①191
おおえ【大荏】
えごま　17①208
おおえまる【大江丸】
せっこく　55②146,147,148,150
おおえやま【大江山】
菊　2①116/54①252
おおえんじゅ【大ゑんじゆ】
ひいらぎ　54①188
おおおく【大おく】
稲　22④220,221
陸稲　22④279
おおおくて【大おく手、大晩稲】
稲　22④221,222/29②134
ごま　22④249
おおおそげ【大遅毛】
稲　30①17,18,32,54,78,81,128,133
おおがき【大垣】
稲　2③259
なし　46①37
おおがき【大柿】
柿　54①167/56①65
おおがしら【大頭】
裸麦　30①91
おおかたうり【大堅瓜】
瓜　4①23
おおかぶら【大かぶら】→E
かぶ　4①23
おおがま【大蒲】
がま　55③351
おおから【大辛】
とうがらし　19①123
おおがら【大から、大柄】
あわ　10①59
きび　10①57
おおがらあい【大がらあい】
藍　20①279,280
おおかわ【大川】
大豆　25②203
おおきだいずだね【大黄大豆種子】
大豆　19①140
おおきりしま【大きり嶋】
つつじ　54①116
おおきりむらさき【大きり紫】
つつじ　54①117
おおきんはる【大きんはる】
稲　10①50
おおくさおおどおりひいらぎ【大草大通柊】
ひいらぎ　55②156
おおくさぎ【大くさぎ】
くさぎ　16①153
おおくさまるばしい【大草丸葉しい】
しい　55②156
おおくさもっこく【大草もつこく】
もっこく　55②113
おおくちば【大くちは】
菊　54①252
おおくぼなかにししょうあかまるばじょう【大久保中西生赤丸葉上】
たちばな　55②118
おおぐり【大栗】→E
栗　6②304/18①69,71
おおくれない【大くれない】
菊　54①248
芍薬　54①83
おおごくび【大こくび、大ごくび】
綿　13①9/15③347
おおこしみの【大こしミの】
さつき　54①135
おおさか【大坂、大阪】
稲　23①42
大根　6①111
おおさかいへえばんだいかや【大坂伊兵衛万代かや】
榧　55②156
おおさかきくせいはりばがや【大坂菊清針葉かや】
榧　55②156
おおさかこううとうばくまのしい【大坂幸鵜頭葉熊の椎】
しい　55②155
おおさかこうえもんまるば【大坂幸右衛門丸葉】
こうじ　55②118
おおさかだね【大坂たね】
すいか　40④307
おおさかてんたほそばかなめ【大坂天太細葉要】
かなめもち　55②155
おおさかはなぐるま【大坂花車】
さつき　54①135
おおさかもち【大坂餅】
稲　10①52
おおさかもも【大坂桃】
桃　54①143
おおささげ【大羊角豆】
ささげ　5①104
おおさつま【大薩摩】
なし　46①10,51,63
おおさわ【大沢】
白ぼたん　54①46
おおじだいしほ【ヲヽジだいしほ】
稲　61⑤181
おおしだり【大しだり】→E
かえで　54①153
おおしだれ【大しだれ】→E
桜　54①147
柳　54①164
おおしぶがき【大渋柿】
柿　14①207
おおしぼり【大しぼり】
さつき　54①129
おおしま【大しま、大島】
なし　46①10,45
おおしまくす【大嶋くす】
くすのき　55②113
おおしもうま【大下馬】
稲　10①50
おおしらぎく【大白菊】
つばき　54①89
おおしらはす【大白蓮】
つばき　54①105
おおしろば【大白葉】
稲　6①80
おおしろぼうず【大白坊主】
稲　24①116
おおしんずい【大しんずい】
里芋　19②378
おおすじなるいね【大筋ナル稲】
稲　39⑤266
おおするが【大駿河】
なし　46①10,48
おおせぐろ【大背黒】
いわし　69②301
おおせんようちしゃ【大千葉苣】
ちしゃ　10①69
おおそば【大そバ、大蕎麦】
そば　10①60/17①209/25②213
おおた【太田】
ゆり　55③330
おおだいこん【大大根】
大根　12①221
おおたで【大蓼】→E
たで　10①73
おおちご【大児】
稲　10①50
おおちょうちん【大ちやうちん】
桜　54①146
おおちりめん【大ちりめん、大縮緬】
紅ぼたん　54①63,68
おおつか【大塚】
稲　29②145
おおつかちょうじまるはきゃらびきひさぎ【大塚長治丸葉伽羅引楸】
ひさぎ　55②154,161
おおつげ【大つげ】→E
つげ　54①187
おおつぶなるまめ【大つぶなるまめ】
大豆　17①194
おおつわせ【大つわせ】
稲　10②315
おおでまり【大手鞠】
桜　54①146
おおでらわせ【大寺早稲】
稲　61①43
おおとうもろこし【大とうもろこし】
とうもろこし　3④375
おおとこ【大とこ】
稲　10①50
おおなす【大茄、大茄子】
なす　6①120,②306,307
おおなすび【大なすひ】
なす　17①262
おおなたね【大菜種】
菜種　6①109,110
おおなみ【大なミ】
つばき　54①90
おおなんばん【大なんばん、大南蛮】
白ぼたん　54①47,53
おおにほんやま【大日本山】
柿　48①197
おおねぎ【大葱】→E
ねぎ　12①277,279,282,283
おおの【大野】
筑前白ぼたん　54①73
おおのせらん【大能勢蘭】
のせらん　55③369
おおのと【大のと】
稲　25②187,191,195
おおのほうおうすぎ【大野鳳凰杉】
杉　55②114
おおのほそばはなつばき【大野細葉花椿】
つばき　55②154
おおのむらたね【大野村種】
稲　2⑤328
おおば【大葉】
藍　45②100

おうれん　68③359
こうじゅ　68③353
おおはしおにしだ【大橋鬼した】
おにしだ　55②119
おおはしきんぎょ【大橋金魚】
なぎ　55②116
おおはしきんしなんてん【大橋金糸南天】
なんてん　55②162
おおはしこばまき【大橋小葉まき】
まき　55②156
おおはしちゃぼやっこなんてん【大橋矮鶏奴南天】
なんてん　55②162
おおはしむらくもひさぎ【大橋村雲楸】
ひさぎ　55②161
おおはだか【大裸】
裸麦　30①92
おおばなはくうん【大花白雲】
菊　54①252
おおはらせんなり【ヲヽハラせんなり】
稲　61⑤181
おおばんばん【大晩々】
陸稲　22④280
おおひともじ【大葱】
ねぎ　12①279
おおひびうり【大ひゞ瓜】
まくわうり　17①261
おおひょうたん【大瓢箪】
ゆうがお　10①74
おおひら【大平】
柿　54①167
みかん　14①385,387
おおひる【大蒜】→E
にんにく　19①126
おおふくりん【大覆輪】
おもと　55②108
おおふじ【大ふじ】
さつき　54①133
おおぶねぎ【大部葱】→V
ねぎ　3④327,358
おおへばる【大へはる】
稲　10①51
おおほ【大穂】→E
稲　4①276
おおぼとけもち【大仏餅】
稲　4①275
おおまくわ【大真桑】
まくわうり　10①75
おおまだら【大またら】
ささげ　10①58
おおまて【大真手】
稲　4①276
おおまんよう【大万葉】
さつき　54①128
おおみぞ【大ミぞ】
芍薬　54①77
おおみだれ【大乱】
つばき　54①92
おおみなと【大湊】
なし　46①9,39,63
おおむら【大村】
紅ぼたん　54①72
おおむらさき【おゝ紫】
さつき　54①132
おおもみじ【大もミぢ】
つばき　54①88
おおやま【大山】
たばこ　14①358
おおやまきたきぬ【大山北きぬ】
菊　54①252
おおやましょうじょう【大山しやうじやう、大山猩々】
菊　54①252
芍薬　54①80
おおやまだ【大山田】→Z
たばこ　45⑥292,319,324,335,337
おおやまだは【大山田葉】
たばこ　45⑥294
おおやろく【大やろく、大弥六】
稲　4①275/41②**70**
おおれんげ【大れんげ】
つばき　54①92
おおわかさし【大わかさし】
あわ　41⑤260
おおわた【大わた】
綿　15③351,384
おかくら【岡倉】
稲　4①276
おかざき【おかざき】
菊　54①254
おきくろつちひさぎ【隠岐くろ土楸、隠岐黒土ひさ木】
ひさぎ　55②157,161
おきのはま【おきのはま】
芍薬　54①85
おきほそばひさぎ【隠岐細葉楸】
ひさぎ　55②154,161
おきやろく【おきやろく】
稲　41②63,**68**
おく【おく、をく、晩、晩稲、晩登】→おくて
39①19,**60**
小豆　17①195,196
あわ　17①201
稲　21①79/23①41/36③209/62⑧274
陸稲　3③152
ごま　17①206
小麦　21①57/22⑥391
ささげ　17①199
里芋　21①63
大豆　25②203/36③205
たで　17①285
たばこ　17①282
つるあずき　17①211
とうがらし　17①287
なす　17①262/25②215
裸麦　21①54
ひえ　17①205
みょうが　17①278
桃　3④374
綿　17①227
おくあい【晩藍】
藍　10①27,67
おくあさ【奥麻】
麻　37①33
おくあずき【おくあつき、奥小豆、晩小豆】
小豆　6①97,98/17①195/25①142/62⑨349
おくあわ【おくあハ、おく粟、晩粟】
あわ　6①121/10①30/17①203/19①138/20①203
おくあわくさ【おく粟草】
あわ　20①212
おくいしたろう【晩石太郎】
稲　6①80
おくいせ【おく伊勢】
稲　41②**69**
おくいね【おく稲、奥稲】
稲　22①48/36③209/37②86,126/44①34
おくお【晩苧】
からむし　37①36
おくからむし【晩苧】
からむし　10①27,73
おくきょうじょうろう【晩京上郎】
稲　37①40
おくきんちゃくなす【おく巾着茄子】
なす　22④253
おくくろごま【晩黒胡麻】
ごま　6①107
おくこむぎ【おく小麦、晩小麦】
小麦　6①91/20①193/22⑥379
おくしね【おくしね、晩稲】
稲　20①111,275
おくしろさや【晩白莢】
小豆　6①98
おくだ【をく田、晩稲田、晩田】
稲　17①38/23①63/37③339
おくたい【おく太】
稲　41②**68**
おくだいず【奥大豆、晩大豆、晩菽】→おくまめ
大豆　6①96/10①34,41/19①139/20②371,382/37①33/62⑨339
おくたいとう【晩稲太唐、晩大唐】
稲　6①66,82/10①53
おくたね【おく種】
なす　3④358
おくたばこ【おくたはこ】
たばこ　17①281
おくちさ【おくちさ】
ちしゃ　20①195
おくちしゃ【晩苣】
ちしゃ　20①195
おくて【おくて、おく手、をくて、奥稲、奥手、後稲、後手、後穂、遅稲、晩、晩稲、晩手、晩熟、晩田、晩田稲、晩粳】→おく
39①60
稲　1①23,24,25,26,27,28,30,33,50,51,52,94,95,98,100,118,③269/2③261,④275,288/3④260/4①64,215,**216**,**275**/5①47,③257,275,281/6①23,29,43,47,52,65,66,68,71,72,79,**80**,83,206,②273,282,288,320/7①15,29,31,36,46,61,②240,285,286/8①67,68,69,76,77,207,290/9②199,200/10①27,32,41,49,**50**,51,52,②302,315,317,318,354/11②87,92,96,④171,⑤214,217,218,220,223,225,227,228,234,239,243,244,248,255,257,258,259,263,264,268,270,273,278,281,283/17①28,37,109,114,117,142,151/19①24,27,38,64,75,76,198,②289,301,377/20①99/21①24,**79**/22①32,②99,131,④217,220,222/23①80/24①113,141/25①75,121,122,②180,182,183,187,190,191,195,196/27①29,34,110,112,162,164,180/28①19,③321/29①46,58,②126,149,④286/30①17,18,19,20,32,53,54,78,80,③279/31⑤252/32①26,32/33①14,⑤243,248,250,257/34⑦251/36①53,③266/37①12,16,39,40,41,42,②128,129,130,131,132,139,154,167,169,175,178,181,182,195,200,212,213,215,221,228,③262,271,329,332,339/38①15,②53,③137,139/39④188,222,⑤275,282,283,292,293/40②101/41②73,④205/43③264/44③205/54①234/61③134,⑤181,⑩414,441/62①15,⑨375,384/67⑥280,305,307,308/70④262
えごま　22④263
からしな　22④263
桑　56①193
ごま　22④249

小麦　22④210/39①61
そば　22④241
なし　40④276
なす　17①262
菜種　22③163
綿　3④280/7①89/15③352/22④262
おくてあさ【晩麻】
麻　19①105
おくてあずき【穉小豆】
小豆　5①100
おくてあわ【晩手粟】
あわ　6①100
おくていね【晩田稲】→ばんとう
稲　17①152,317
おくてかるも【晩稲かるも】
稲　37②187
おくてきび【晩稲黍】
きび　6①102
おくてけあげ【晩田毛上】
稲　29④284
おくでしろ【晩出白】
稲　6①81
おくてそ【晩苴】
麻　19①106
おくてたいと【晩稲秈】
稲　27①113
おくてたね【晩田種】
稲　17①38
おくてつるひき【晩稲鶴引】
稲　37②188
おくてなし【おくてなし、おくて梨】
なし　40④277,282
おくてのいね【晩田の稲】
稲　17①58
おくてのくわ【奥手の桑】
桑　56①205
おくてのたね【晩稲の種子、晩田の種】
稲　17①58/36③190
おくてひえ【晩稲稗】
ひえ　6①93
おくてぼうずあわ【晩手坊至粟】
あわ　6①100
おくてまめ【穉豆】
大豆　5①101
おくてもみ【晩田籾】
稲　17①27
おくなかて【晩中稲】
稲　5③252/6①71/10①50,51
おくなし【晩梨】→N
なし　46①36
おくなす【おく茄、おく茄子】→E
なす　3④358/22④253
おぐにわせ【おくにわせ】
稲　1①51
おくひえ【おくひへ、おく稗、晩稗】
ひえ　6①93/10①27,59/19②386
おくまい【晩米】
稲　17①152
おくまめ【おくまめ、おく豆、晩大豆】→おくだいず
大豆　14①235/17①192,194/20①198/36③205
おくまめたね【晩椒種子】
大豆　19①140
おくみょうが【晩茗荷】
みょうが　10①70
おくむぎ【おく麦、晩麦】
大麦　32①70
麦　6①89/10②325/17①168/20①192
おくむぎたね【をく麦種】
麦　17①168
おくもち【晩餅】
稲　23①43
おくもの【晩物】
稲　39⑤275
おぐらやま【小くら山】
つつじ　54①123
おぐるま【をくるま、小車】
芍薬　54①77
つつじ　54①123
おくれいね【おくれ稲】→A
稲　37②168
おぐろ【小黒】
稲　6①80
ささげ　10①58
おくわせ【奥早稲】
稲　44①17
おごま【巨勝】
ごま　19①142
おごろ【おごろ】
綿　15③390
おさずむぎ【押さず麦】
小麦　2①64
おさや【おさや】
さつき　54①133
おしお【おしほ】
菊　54①255
さつき　54①133
おしさかじんらく【ヲシサカじんらく】
稲　61⑤181
おしさかたかさご【ヲシサカたかさご】
稲　61⑤181
おしょうらいいね【おしやうらい稲】
稲　37②185
おしろしらぎく【おしろ白菊】
つばき　54①94
おそあさ【晩麻】
麻　19①185
おそあずき【おそ小豆】
小豆　28①22
おそあわ【遅粟】
あわ　33④221
おそいね【おそいね、遅稲、晩稲】
稲　9①109/37①45/40③215/41②66
おそいんげん【おそいんけん】
いんげん　39②113
おそおかくら【遅岡倉】
稲　4①276
おそおき【遅おき】
稲　41②68
おそかぶ【遅蕪】
かぶ　41②115
おそき【おそき】
あわ　41⑤237
おそぎく【遅菊】
菊　2①116,117
おそきたね【晩キ種】
稲　5①83
おそきなかて【遅き中稲】
稲　6①66
おそきむぎ【をそき麦、遅き麦】
大麦　12①163,164
おそきょう【遅京】
稲　30①17
おそきょうぜん【晩饗膳】
稲　10①50
おそきわせ【遅き早稲】
稲　6①66
おそくちば【遅朽葉】
菊　55③405
おそこ【おそこ】
小麦　4①80
おそこきび【晩小黍】
きび　10①57
おそこむぎ【晩小麦】→E
小麦　19①137
おそざくら【おそさくら】
桜　54①148
おそしね【おそしね】
稲　20①318
おそそば【晩ソハ、晩蕎麦】
そば　19①148/32①109
おそだいず【遅大豆】
大豆　30①122
おそだいね【晩田稲】
稲　41①10
おそとうしろう【遅藤四郎】
稲　4①276
おそなかて【おそなかて、遅中稲】
稲　5③257,275/6①43/61⑤178
おそなからげ【晩半毛】
稲　10①51
おそなす【遅茄子】
なす　28④349/41②90
おそなすび【おそなすひ】
なす　28①20
おそなつめ【晩棗】
なつめ　7②360
おそなぬかご【遅なぬかこ】
稲　41②67
おそね【遅稲】
稲　37③339/41②72
おそはくとう【遅白桃】
桃　55③293
おそひえ【ヲソ稗、遅ひゑ、遅稗】
ひえ　2①36,37/33①28
おそふくとく【遅福徳】
稲　30①17
おそまんごく【遅万石】
稲　30①17
おそむぎ【をそ麦、遅麦、晩麦】
大麦　19①137
小麦　2①64
麦　17①179/62⑨382
おそもの【おそもの】
稲　9①108
おそやろく【遅弥六】
稲　4①276
おそらく【おそらく】
さつき　54①127
つつじ　54①123
おそらくこしみの【おそらくこしミの】
さつき　54①135
おそわせ【遅早稲】
稲　4①275/5③257,275
おそわた【おそわた】
綿　28②188
おだしろ【小田白】
筑前白ぼたん　54①74
おだたいはく【小田大白】
菊　54①252
おだわら【小田原】
菊　54①255
おち【おち】
芍薬　54①84
おでまる【ヲデ丸】
綿　8①46
おとご【乙子】
筑前白ぼたん　54①73
白ぼたん　54①43
おとこぐわ【男桑】→E
桑　47②138,③170
おとなし【おとなし】
つばき　54①96
おとめ【乙女、尾とめ】
稲　6①80
つばき　55②159
おとわたかね【おとわ高ね】
さつき　54①132
おとわやま【おとわ山】
さつき　54①132
つばき　54①93
おに【鬼】
ゆり　55③352
おにあかど【鬼あかと、鬼あか

ど】
麦　13①355,359
おにあざみ【鬼あざミ】→E、N
あざみ　17①288
おにきく【鬼菊】
菊　55③363
おにぐるみ【鬼くるミ】
くるみ　16①145
おにころし【鬼殺】
たばこ　45⑥291
おにすげ【鬼すげ】
すげ　17①305
おにひらぎ【鬼ひらき、鬼ひらぎ】
ひいらぎ　54①188/56①129
おにゆり【巻丹】→E、N、Z
ゆり　12①323
おにわか【鬼若】
菊　55③355
おね【尾根】
大根　36③295
おの【小野】
筑前紅ぼたん　54①75
白ぼたん　54①52
おのえ【おのへ】
さつき　54①134
おばこちさ【おばこちさ】
ちしゃ　4①148
おばた【小畑】
桑　56①60,201
おばたなえ【小幡苗】
桑　18②252
おはんちょうえもん【於半長右衛門】
稲　23①42
おふくもも【阿福桃】
桃　55③272
おぶち【おふち、おぶち】
楮　4①160/13①92/14①256,258/56①58,175
おぼろ【おほろ】
菊　54①255
おぼろづき【朧月】
白ぼたん　54①51
おまつ【雄松】→E
松　14①90,95
おみなえし【おミなへし】
菊　54①255
さつき　54①130
おむろがき【おむろかき】
柿　14①213
おもいほうき【思はふき】
ほうきぐさ　33⑥349
おもかげ【おもかげ、面かけ、面影】
筑前白ぼたん　54①73
つつじ　54①123
つばき　54①101
白ぼたん　54①53
おもだか【おもだか】
さつき　54①129
おやせいも【をやせいも】
里芋　28②147
おやだき【親抱き】
里芋　33⑥354,355
おやままつ【御山松】
松　56①53
おらしろ【おら白】
からむし　34⑥157
おらんだ【おらんた】
せきちく　54①213
おりいり【おり入】
さつき　54①127
おりかけ【をりかけ、折懸ケ】
なす　17①262/19①130
おりべ【織部】
紅ぼたん　54①58
おわり【尾張】
大根　6①111
白ぼたん　54①41,55
おわりげき【尾張外記】
紅ぼたん　54①60
おわりこう【おわり紅】
芍薬　54①80
おわりたいりん【尾張大輪】
つばき　54①107
おわりだね【尾張種】
大根　2⑤332
おんじょうじ【おんしやうじ】
さつき　54①134

【か】

かいうすごろも【皆薄衣】
つばき　54①96
かいさい【皆済】→L、R
稲　5①61
かいさいぼうず【皆済坊至】
稲　6①81
かいさん【かいさん】
つばき　54①107
かいさん【海蚕】
蚕　35①47
かいさんしぼり【かいさんしぼり】
つつじ　54①119
かいじさん【灰児蚕】
蚕　35①43
かいせい【カイセイ】
稲　5①61
かいだん【かいだん】
つつじ　54①118
かいつくろう【貝つくろふ、貝つぐろふ】
稲　11⑤244,273
かいどう【かいだう】
菊　54①256
芍薬　54①85
かいどうわせ【海道早稲】
稲　1②152
がいみろく【がいみろく、かいみ六】
稲　11⑤273,284
かいらき【かいらき】
さざんか　54①115
かおる【かをる】
つつじ　54①119
かが【加賀】
稲　42②101,121
かがこう【かゞ紅】
菊　54①248
かがこうばい【かゞ紅梅】
梅　54①141
かがしろ【加賀白】
稲　6①80,82
かかねうり【金瓜】
瓜　19①115
かがぼう【かゞ坊】
稲　25②191
かがぼうず【加賀坊至】
稲　6①81
かがみやま【かゝみ山、かゞみ山】
菊　54①250
つばき　54①105
かがもち【加賀餅】
稲　23①43
かがやなぎ【加賀柳】
柳　55③255
かがりび【篝火】
筑前紅ぼたん　54①75
かがわせ【かゝわせ】
稲　25②186,187
かき【かき】
楮　56①176
かきあやめ【柿あやめ】
あやめ　54①220
かきいろ【かき色】
ききょう　54①210
ささげ　17①199
かきうり【かき瓜】→E
瓜　6①124
かぎきび【鎰黍】
きび　10①57
かきこうばい【かき紅梅】
梅　54①141
かきこしみの【かきこしミの】
さつき　54①135
かきささげ【垣さゝけ、籬豇豆】→E
ささげ　12①202/17①199,200
かきね【垣根】
筑前白ぼたん　54①74
白ぼたん　54①54
かきふし【かきふし】
松本せんのう　54①211
かきぼたん【かき牡丹】
白ぼたん　54①55
かぎや【かぎや】
さつまいも　34④65
かきゅう【可休】
筑前白ぼたん　54①74
かきわっぱ【かきわつは】
菊　54①246
がく【がく】
あじさい　54①171
かぐやま【香来山】
筑前白ぼたん　54①73
かぐら【かぐら】
綿　15③346
かぐらおか【かくらおか、かぐらおか、神楽岡】
さつき　54①132,136
芍薬　54①84
かくれみの【隠れみの、隠れ蓑】
なし　46①8,27
かげうらまめ【陰うら豆】
大豆　6①96
かげきよ【かげきよ】
菊　54①253
かけもち【かけ餅】
稲　4①274
かげわせ【陰早稲】
稲　6①80
かごしま【かごしま】
つつじ　54①116
かさいも【嵩芋】
さつまいも　3④352
かさいわせ【葛西わせ】
稲　22④219
かざぐるま【風車】
菊　54①250
さつき　54①130
かささぎ【かさゝき、かささぎ、鵲】
芍薬　54①85
なし　46①8,10,29,45
かさしわせ【かさし早稲】
稲　2③259
かさね【かさね】
紅ぼたん　54①71
白ぼたん　54①46,54
かさねざくら【重桜】
筑前白ぼたん　54①73
かさねじょうほそばさざんか【重条細葉茶山花】
さざんか　55②155
かさねべに【かさね紅】
さざんか　54①114
かさのした【笠の下】
稲　7①50,51
かさわせ【笠早稲】
稲　19①24
かさん【夏蚕】
蚕　35①47
かざんじま【くわさん嶋】
つつじ　54①122
かし【かし】

あわ 41⑥271
かしうろん【かしうろん】
さつき 54①134
かじそ【かぢ苧】
楮 53①16
かしのこ【かしの子】
あわ 41②112
かしましろ【鹿島白】
稲 4①276
かじましろ【加島白】
つばき 55③413
かしまぜ【かしまぜ、炊交】
稲 23①42
かしまめ【くわし豆、菓子豆】→E
大豆 2⑤334/36③205
かじや【かぢや】
さつまいも 34④61
かしゅう【加州】
つばき 54①102
かしゅうろん【夏秋論】
菊 54①229
かしょ【果蔗】
さとうきび 70①10
がしょ【牙蔗】
さとうきび 70①9
かしわ【中鶏】
鶏 69②286
かしわぎ【柏木】
筑前紅ぼたん 54①75
かしわざき【かしわさき】
さつき 54①132
かしわのしろ【柏野白】
稲 4①275
かしわばら【柏原】
白ぼたん 54①51
かじわらうめ【かぢハら梅】
梅 54①138
かすがさと【春日里】
紅ぼたん 54①72
かすがの【かすかの、春日野】
菊 54①256
つつじ 54①124
つばき 54①87
かすみがせき【かすミがせき、霞関】
菊 54①255
つばき 54①104
かたあわ【堅粟】
あわ 6①100
かたうり【堅瓜】→E
瓜 6①124
かたなつ【片夏】
蚕 35①50/47②133
かたなつご【片夏蚕】
蚕 47②79
かたはのまつ【片葉の松】
松 56①52
かたはひえ【片羽稗】
ひえ 10①60
かたひげ【片髭】
麦 6①89
かちあわ【勝ち粟】
あわ 36③277
がっさん【月山】
稲 25②191
なし 46①9,35
かっぱこしみの【かつはこしミの】
さつき 54①135
かつやま【かつ山】
さつき 54①130
かつらぎ【かつらき、葛城】
紅ぼたん 54①68
さつき 54①129
かどせ【かどせ】
稲 1①50
かどのにゅうどう【門入道】
大豆 19①140
かなざわ【金沢】
紅ぼたん 54①63
かなすぎ【金杉】
紅ぼたん 54①67
白ぼたん 54①38
かなづち【金櫃、鎚】
あわ 5①94/19①138
かなまろ【かなまろ】
蚕 47①17
かなもり【金モリ、金森、金盛】
稲 2③259/19①24,73/20①88/37①29
かなもりさんすけ【金森三助】
稲 37①12
かなや【かなや】
稲 28④341
かなやま【金山】
白ぼたん 54①54
かにあずき【かにあつき、がにあつき】
小豆 43②156,183
かにたこさき【蠏田子崎】
稲 6①81
かにのめあずき【蟹の目小豆】
小豆 12①192
かねなり【かねなり】
稲 19①27
かねわり【鐲割】
裸麦 30①92
かのこ【鹿の子】
ゆり 55③365,380
かのこうんぜん【かのこうんせん】
つつじ 54①120
かばたいしづか【カバタいしづか】
稲 61⑤181
かばみ【椛実】
おもと 55②107
がびまめ【蛾眉豆】
ふじまめ 2⑤334
かぶうち【蕪内】
稲 37②138,139
かぶうちわせ【蕪内わせ、蕪内早稲】→Z
稲 37②137,138,141,142,157,158,170,171,177,186,192,210,223,226
かぶとごめん【かぶとごめん、兜ごめん】
なし 46①8,23
かぶはだいこん【蕪菁葉大根】
大根 19①117
かぶらだね【カフラ種子、下体種子】→たにこし
菜種 19①118
かへい【加平】
つばき 54①101
かまくら【鎌倉】→Z
柴胡 68③326,327,329,342
さざんか 55③424
かまくらさんがい【鎌倉三がい】
芍薬 54①84
かまやまあやめ【鎌山蕠蓀】
あやめ 55③282
かみあかしきりんかく【上明石きりんかく】
きりんかく 55②114
かみおせせらなんてん【神尾せゝら南天】
なんてん 55②113
かみがたのたね【上方の種】
大根 2⑤332
かみがたのむぎ【上方ノ麦】
大麦 5①130
かみこわせ【神子早稲】
稲 4①274
かみざいも【上座芋】
里芋 33⑥354,355
かみながしま【上永嶋】
おもと 55②108
かみらかん【上羅漢】
さつき 55③325
かめごろうもがみひさぎ【亀五郎最上楸】
ひさぎ 55②160
がもう【鵝毛】
菊 54①250
筑前白ぼたん 54①73
白ぼたん 54①51
かもむらさき【かもむらさき、かも紫】
菊 54①249
つつじ 54①122
かよい【かよひ】
かえで 54①155
かよいかのこ【通鹿子】
つばき 54①87
かよいこ【かよひ小】
菊 54①250
かよいちどり【通千鳥】
つばき 54①91
から【唐】
紅ぼたん 54①61
せっこく 55②150
そてつ 54①256
からあい【からあい、唐あひ、唐藍】→E
藍 10①27,67
つばき 54①90
からい【唐猪】
つばき 54①99
からいと【からいと】
つつじ 54①125
つばき 54①100
からいも【からいも、唐芋】→E、N
里芋 19①111/33⑥356
からかさ【からかさ】
つばき 54①98
からくさ【から草】
つつじ 54①123
からくわ【唐桑】
桑 47②137,138
からこ【からこ、唐子】
菊 54①256
ゆり 55③330
からごろも【から衣】
菊 54①256
からさいしん【唐細辛】
細辛 68③350
からさき【唐崎】
紅ぼたん 54①69
がらさび【ガラサビ】
ごま 38④262
からじし【からしゝ】
さざんか 54①114
からしなす【芥子茄子】
なす 10①75
からしろいも【柄白芋】
里芋 10①61
からす【烏】
稲 23①42
からすぎ【唐杉】
杉 56①41
からすもち【からす糯、烏もち、烏餅】
稲 3④265/6①81/10①52
からだか【柄高】
ひえ 10①60
からだかひえ【柄高稗】
ひえ 10①60
からたで【唐蓼】
たで 10①73
からつ【唐津】
紅ぼたん 54①58
からつつじ【からつゝじ】
つつじ 54①123
からつばき【唐椿】
つばき 55③258
からなんてん【唐南天】

なんてん　54①192
からはくちょうげ【から白丁花】
はくちょうげ　54①188
からひのき【からひの木】
ひのき　54①182
からふね【唐舟】
筑前紅ぼたん　54①74
からべに【から紅】
紅ぼたん　54①60
からぼたん【唐牡丹】
紅ぼたん　54①68
白ぼたん　54①53
からみだいこん【からミ大根】→E
大根　22④236
からむめ【からむめ】
梅　54①141
からもも【からもゝ、唐桃】
桃　54①144/55③272
からもり【空守】
ささげ　4①89
からゆり【唐百合】→E
ゆり　10①80
かりん【くわりん】
つつじ　54①124
かるかや【かるかや】
芍薬　54①85
かるこ【かるこ、軽子】
稲　2③260/25②187
かるも【かるも】
稲　37②128,132,141,143,171,228
かわえびすあわ【川夷粟】
あわ　44③247
かわぐるみ【川くるみ】
くるみ　56①182
かわごえ【川越】
まくわうり　25②216
かわごえまくわ【川越真桑】
まくわうり　17①261
かわしましょうたまごたらよう【河嶋生玉子多羅葉】
たちばな　55②118
かわち【河内】
稲　5①62
かわちぼたん【河内ぼたん】
綿　15③348
かわちわせ【河内早稲】
稲　6①80
かわちわた【河内わた】→V
綿　17①227
かわのうえ【川の上】
稲　30①17
かわべだいずたね【河辺大豆種】
大豆　17①193
かわやなぎ【河柳】→B、E
柳　13①214
かわらきび【川原黍】
きび　6①101
かわらなでしこ【かわらなでしこ】→N
なでしこ　54①212
かわらわせ【川原早稲】
稲　4①275
かわりあさがお【かわり朝がほ】
つつじ　54①120
かわりくるみ【かわりくるミ】
つつじ　54①125
かわりだね【異種】
せっこく　55②153
かわりふじきり【かわり藤きり】
つつじ　54①116
かんか【かんか】
つばき　54①89
かんぎく【寒菊】→E
菊　55③414
がんくい【鴈喰】
大豆　19①140
がんくいだいず【鴈喰大豆】
大豆　19①170
がんくいまめ【雁喰豆】
大豆　25②203,205
かんこう【寒紅】
梅　54①139
かんこうばい【寒紅梅】
寒紅梅　55③419
かんざくら【寒桜】→Z
桜　55③411
かんさん【寒蚕】
蚕　35①43/47②132
かんさん【緩蚕】
蚕　35③433,437
かんしゅ【漢種】→N
烏薬　68③352
延胡索　68③353
からたち　68③357
呉茱萸　68③346
常山　68③354
升麻　68③350
蒼朮　68③341
大黄　68③339,340
びゃくし　68③347
附子　68③359
麻黄　68③342
もっこう　68③343
良姜　68③357
かんしょういん【看松院、閑松院】
紅ぼたん　54①72
筑前紅ぼたん　54①74
かんしろうえりだし【勘四郎撰出し】
稲　25②191
かんだこざき【神田子崎】
稲　6①81
かんたん【かんたん】
つばき　54①98
かんちんさん【寒珍蚕】
蚕　35①42/47②132
かんとうまゆ【関東まゆ】
蚕　47①18
かんとうゆり【関東ゆり】
ゆり　12①323
かんとんにんじん【広東人参】→N
朝鮮人参　45⑦421,422
かんなし【くわんなし】
なし　54①166
かんのんじ【くわんをんし、くわんをんじ】
なし　54①166
かんばい【寒梅】
梅　54①139
かんべえのと【官兵衛のと】
稲　25②187
かんぼたん【寒牡丹】→E
ぼたん　55③395,396
かんろ【甘露】
なし　46①8,26

【き】

き【き】
ごま　28②205
きあい【木藍】
藍　45②100
きいちもんじ【黄一文字】
菊　54①230
きいのくに【きいの国】
さつき　54①130
きいのくにうんぜん【きいの国うんせん】
つつじ　54①120
きうめ【黄梅】
梅　54①141
きえもん【喜右衛門】
つばき　54①107
きおおばん【黄大盤】
菊　54①250
ぎおん【祇園】
なし　46①8,20,63
きがき【黄柿】
柿　14①213
ききょう【ききやう、きけう】→E、N、Z
ききょう　54①210
さつき　54①129
つつじ　54①125
ききょうしぼり【桔梗絞】
つばき　54①108
きくかさね【菊かさね】→E
つばき　54①93
きくざ【菊座】
かぼちゃ　2⑤332
きくしょっこう【菊しよつかう】
つばき　54①101
きくとぢ【菊とぢ】
白ぼたん　54①42
きくもも【菊桃】
桃　55③266
きくもり【きくもり】
さつき　54①129
きさくわせ【喜作わせ】
稲　41①8
きさらぎ【きさらぎ】
つつじ　54①122
きさらこうばい【きさら紅梅】
芍薬　54①84
きざわし【きざハし、木淡】→E、N
柿　14①213/56①81
ぎさん【魏蚕】
蚕　35①47
きじのお【きしの尾、きじの尾、萵苣】
稲　28①19
ちしゃ　4①148/19①125
きしべなききく【黄蕊なき菊】
菊　48①208
きしまふ【黄縦班】
おもと　55③340
きじょう【黄條】
せっこく　55②151
きしろかん【黄白かん】
菊　54①251
きすいよう【黄水揚】
菊　54①229
きすぎ【黄杉】→E
杉　56①40
きせっこく【黄石斛】
せっこく　55②153
きそ【木曾】
菊　54①255
きぞろしぶ【キソロ渋、きぞろ渋】
柿　54①167/56①66
きたいはく【黄太白】
菊　54①230
きたきぬ【北絹】
菊　54①255
きたさいこ【北柴胡】
柴胡　68③342
きたざわ【北沢】
つばき　55②159
きたざわきんぎょつばき【北沢金魚椿】
つばき　55②114,157
きだじま【木田島】
せっこく　55②147,151
きだじょう【木田条、木田條】
せっこく　55②147,152
きたのたいはく【北野太白】
白ぼたん　54①48
きたのとおやま【北野遠山】
白ぼたん　54①45
きたのはら【北原】
つばき　54①98
きちえもんきゃらひきつばき【吉右衛門伽羅引椿】

つばき 55②157
きちりめん【黄縮緬】
菊 54①254
きっかばい【菊花梅】
梅 55③253
きっかよう【菊花様】
せっこく 55②153
きっせきさん【頡石蚕】
蚕 35①43
きつねお【狐尾】
稲 2③260
きつねじこう【狐時行】
稲 6①81
きどう【きだう】
芍薬 54①84
きときわ【黄常盤】
菊 54①247
きなす【黄茄子】
なす 10①75
きにんじん【黄人参】→E
にんじん 19①122
きぬがわ【きぬ川】
さつき 54①134
きぬれさぎ【黄ぬれさぎ】
菊 54①251
きねり【木練】
柿 14①200
きのくに【きの国】
稲 2③259
きはし【黄はし】
菊 54①251
きはちあか【喜八赤】
稲 23①42
きはちはちまる【奇八八丸】
せっこく 55②147
きはつしも【黄初霜】
菊 54①251
きばな【黄花】→E、N
綿 15③349,390
きばなかぐら【黄花かくら】
綿 6①144
きばなのかぐら【黄花のかぐら】
綿 13①8
きびわせ【黍わせ】
稲 25②191
ぎふ【ぎふ】
さざんか 54①113
きぶぜん【黄豊前】
菊 54①253
きふね【きふね】
芍薬 54①84
きぼたん【黄牡丹】
白ぼたん 54①53,55
きまさ【黄正】
菊 54①231
きまつば【黄松葉】
菊 54①250
きまめ【黄豆】→E
大豆 25②203
きまゆだね【黄繭種】
蚕 35①195
きみ【黄実】
おもと 55②107
きみいでら【黄三井寺】
菊 54①249
きみさび【キミサビ】
ごま 38④262
きみふ【黄実斑】
まんりょう 55②135
きゃら【加羅】
柿 54①167/56①65
きゅうあんじ【久安寺】
おもと 55②107,③340
きゅうおう【韮黄】
にら 12①286
きゅうおうのこ【九王の子】
稲 10①48
きゅうごうむぎ【九合麦】
麦 22⑥395
きゅうさん【急蚕】
蚕 35③432,437
きゅうすん【九寸】
稲 22④221
ぎゅうにゅうかき【牛乳柿】
柿 14①213
ぎょあい【ぎよあい】
菊 54①252
きょう【京】
大根 6①111
ゆり 55③330
きょうあわ【京粟】
あわ 10①59
きょういずみ【京泉】
稲 25①121,②187/36③208,209,267
きょううめづ【京梅津】
菊 54①255
きょううめもどき【京梅嫌】
うめもどき 54①191
きょうえちご【京越後】
稲 3④266
きょうえび【京ゑひ】
稲 9②200
きょうかのこ【京かのこ】
稲 25②191
きょうげき【京外記】
紅ぼたん 54①60,65
きょうごく【京極】
紅ぼたん 54①69
白ぼたん 54①49
きょうこそで【京小袖】
芍薬 54①84
せきちく 54①213
きょうさんすけ【京三助】
稲 37①14
ぎょうじかん【ぎやうしくわん、行事官】
紅ぼたん 54①69,70
きょうしにんにく【キヤウシニンニク】
にんにく 19①126
きょうしょうじょう【京猩々】
紅ぼたん 54①64
きょうじょうせき【京上席】
稲 19①29
きょうじょうろう【京しやうろう、京ジヤウロウ、京ちやうろう、京上郎】
稲 19①24,26,41/37①18
きょうじょろう【京女郎】
稲 2③260/28①19
きょうしろう【京四郎】
稲 29②144
きょうぜん【きやうぜん】
稲 41②67
きょうだいこん【京蘿蔔】
大根 5①113
きょうつばき【京椿】
つばき 54①89
きょうとわせ【きようとわせ】
稲 28②227
きょうはやり【京はやり】
稲 4①275
きょうびょうしょ【夾苗蔗】
さとうきび 70①8
きょうむぎやす【京むぎやす、京麦やす】
裸麦 12①152/37③359
きょうもち【京もち、京餅】
稲 1①51,②152/10①52/37①29
きょうわせ【京早稲】
稲 23①41/30①16
ぎょくがく【玉蕚】
梅 55③242
ぎょくかよう【玉花葉】
おもと 55②108
ぎょくどう【玉堂】
筑前白ぼたん 54①73
ぎょくばい【玉梅】
梅 55③242
ぎょくはん【きよくはん】
芍薬 54①84
ぎょくぼたん【玉ぼたん、玉牡丹】
菊 54①230,247,302
ぎょくようひ【玉やうひ】
菊 54①254
きよたき【きよたき、清滝】
さつき 54①131
筑前白ぼたん 54①73
きりかね【きりかね】
さつき 54①127
きりがやつ【きりがやつ】
菊 54①250
桜 54①145
きりしま【きりしま、霧嶋】→E
つつじ 54①116,136
きりすみ【きりすミ】
つばき 54①108
きりつぼ【きりつぼ、桐壺】
菊 54①247
白ぼたん 54①38
きりむぎ【錐麦】
小麦 10①55
きりょうめん【黄両面】
菊 54①230
きりん【きりん】
菊 54①230,247
桜 54①148
つつじ 54①122
ぎんあくでん【銀あくでん】
稲 22④222
きんいり【金いり】
芍薬 54①84
きんいりつきのわ【金いり月のわ】
芍薬 54①84
きんか【きんくわ】
まくわうり 17①261
きんかうり【キン瓜ウリ】
瓜 19①115
きんがくじ【金学寺】
芍薬 54①80
きんかざん【金くわさん、金花山】
芍薬 54①83
せっこく 55②147,151
なし 46①10,26,47
きんかば【金樺】
菊 55③299
きんぎょ【金魚】
つばき 55②159
きんきょう【きんけう】
芍薬 54①84
ぎんぎょく【銀玉】
菊 54①250
白ぼたん 54①40
きんきれしべ【きんきれしべ】
さつき 54①133
きんけい【きんけい】
菊 54①255
きんこ【きんこ、金蚕、金子】→E
蚕 35①50/47①11,13,16,②132
きんご【金吾】
稲 43①43
きんこう【きんかう、金香】
菊 54①255
芍薬 54①84
きんこうげ【金香花】
芍薬 54①85
きんこうじ【きんかうじ】
蚕 47①16
きんこしまき【金こしまき】
芍薬 54①84
きんこまゆ【きんこまゆ】
蚕 47①11,13,16,29

きんごめん【金ごめん】
　なし　46①8,21,63
きんさんぎんだい【金さん銀たい】
　菊　54①254
きんさんこうだい【金ざんかうたい、金さん紅台】
　芍薬　54①79
きんざんじ【金山寺】
　芍薬　54①84
きんしうめ【きんし梅】
　梅　54①141
きんじさん【錦児蚕】
　蚕　35①43
きんしち【きんしち】
　稲　25②191
きんしで【金しで】
　芍薬　54①83
　つつじ　54①118
ぎんしで【銀しで】
　菊　54①247
きんしべぎく【金蕊菊】
　菊　55③421
きんしまる【金糸丸】
　なし　46①10,44
きんしゅうさん【きんしうさん】
　梅　54①138
きんすなご【金砂】
　菊　54①252
ぎんすなご【銀砂】
　菊　54①252
きんせん【きんせん】
　菊　54①256
ぎんそうべい【ぎんそうへい】
　稲　25②187
きんだい【金だい】
　つつじ　54①117
ぎんだい【銀たい】
　つつじ　54①117
きんたいぎょく【金大玉】
　菊　54①255
きんちゃく【巾着、巾著】
　稲　2①47/6①80/25②191
　なす　19①130
きんちゃくもち【巾着餅】
　稲　23①43
きんてい【金てい】
　菊　54①255
きんななこ【金なゝこ】
　寒菊　54①259
　菊　54①256
きんのきりさき【金の切さき】
　芍薬　54①84
きんのたまへり【金の玉へり】
　芍薬　54①84
きんのつる【金の蔓】
　稲　61②100
ぎんぱく【銀白】
　白ぼたん　54①54
きんぷくりん【金覆輪】
　せっこく　55②152
ぎんへい【ぎんへい】
　稲　25②187
きんへり【金へり】
　芍薬　54①84
きんまくわ【金真桑】
　瓜　40②148
　まくわうり　25②216
ぎんまくわ【銀真桑】→E
　瓜　40②148
きんみずひき【金水引】
　つばき　54①106
きんめぬき【きんめぬき、金めぬき、金目貫】
　蚕　47①16,17
　菊　54①254
ぎんめぬき【銀めぬき】
　菊　54①254
きんもも【金桃】
　桃　56①66
きんもん【金紋】
　菊　55③403
きんり【きんり】
　白ぼたん　54①46
きんれい【きんれい、金れい】
　菊　54①252,255
きんれん【金蓮】
　はす　12①340

【く】

くきむらさき【茎紫】
　ひま　19①150
くさと【草戸】
　稲　44①18
くさとわせ【草戸早稲】
　稲　44①43
くし【久志】
　たばこ　45⑥299
くしきみ【くしきみ】
　芍薬　54①84
くした【くした】
　稲　61⑩441
くじゃくひおうぎそう【孔雀檜扇草】
　ひおうぎ　55③363
くじよいもかい【クジヨいもかい】
　稲　61⑤181
くしょうぼう【くしやうぼう】
　稲　19②377
くずまめ【葛豆】→E、N
　ふじまめ　10①55
くだら【百済】
　朝鮮人参　45⑦432
くだり【下り】
　つばき　55②159
くだりあさいさんごじゅ【下り浅井さんこ樹】
　さんごじゅ　55②113
くだりいかたなんてん【下りいかた南天】
　なんてん　55②114
くだりうざわひわ【下り鵜沢ひわ】
　こうじ　55②117
くだりえんしゅうちゃぼ【下り遠州ちやほ】
　こうじ　55②117
くだりえんしゅうちりめん【下り遠州ちりめん】
　こうじ　55②117
くだりえんしゅうまるばしらふつる【下り遠州丸葉白斑つる】
　こうじ　55②117
くだりくるまやひりゅうがし【下り車屋緋竜樫】
　かし　55②114
くだりししまき【下り獅子槇】
　まき　55②114
くだりしちへんげつばき【下り七変化椿】
　つばき　55②114
くだりしらふちゃらん【下り白斑茶らん】
　こうじ　55②117
くだりせいしゅうあさいさきくだりつる【下り勢州浅井先下りつる】
　こうじ　55②117
くだりたけやしらふ【下り竹屋白斑】
　こうじ　55②117
くだりながしまはじかのかなめもち【下り永嶋初鹿野要もち】
　かなめもち　55②113
くだりひいらぎもくせい【下り柊もくせい】
　もくせい　55②114
くだりふくりんさくららん【下り覆輪桜らん】
　さくららん　55②114
くだりほそばかなめもち【下り細葉要もち】
　かなめもち　55②113
くだりまみやきふ【下り間宮黄斑】
　こうじ　55②118
くたりや【くたり屋】
　白ぼたん　54①54
くちば【くちば】
　つつじ　54①124
くちばぎく【朽葉菊】
　菊　55③363
くちばきりしま【くちばきり嶋】
　つつじ　54①117
くちべに【くちべに】
　つつじ　54①122
　つばき　54①91
くちやいも【くちや芋】
　さつまいも　34⑤95
くとう【苦桃】
　桃　68③353
くにしらずこう【国不知紅】
　紅ぼたん　54①61
くの【久野】
　筑前白ぼたん　54①74
くのへ【九戸】
　稲　19①24,25
くぼうがき【公方柿】
　柿　7②354
くぼさ【窪左】
　つばき　55②159
くぼささしばなぎ【窪左さし葉梛】
　なぎ　55②154
くぼすけこくぶんじあおき【窪助国分寺青木】
　あおき　55②157
くぼた【久保田】
　稲　37②138
くぼたしらふ【窪田白斑】
　なぎ　55②116
くぼたほそばごくき【窪田細葉極黄】
　なぎ　55②116
くぼたまめば【窪田豆葉】
　まき　55②117
くぼたまるば【窪田丸葉】
　なぎ　55②116
くぼたもち【久保田糯】
　稲　37②137,138,139,142,158,170,177,185
くぼたわせもち【久保田わせ糯】
　稲　37②157
くまがい【熊谷】
　なし　46①11,54,63
くまがえ【くまかへ、くまがへ】
　稲　19②377
　菊　54①256
　桜　54①148
くまがえつばき【熊谷椿】
　つばき　55③258
くまさか【くまさか、熊坂】
　菊　54①255
　筑前紅ぼたん　54①74
　つばき　54①107
くまの【熊野】
　稲　28①19
　紅ぼたん　54①72
　さつき　55③325
くまのわせ【くまのわせ】
　稲　10②315
くまもち【熊餅、熊糯】
　稲　3④265/37②128,141,170,177,192,229
くまもちわせ【熊糯早稲】

稲　37②192
くまわせもち【熊早稲糯】
稲　37②187
くめき【くめ木】
そてつ　54①257
くめはちまるばにっけい【久米八丸葉肉桂】
肉桂　55②155
くもい【雲井】
紅ぼたん　54①72
筑前白ぼたん　54①74
つつじ　54①119
白ぼたん　54①45
くもじり【蜘蛛尻】
大豆　19①140
くらおきまめ【鞍置豆】
大豆　6①96
くらかけ【くらかけ、鞍懸】
ささげ　25②202
大豆　10①56
くらかけまめ【クラカケ豆、鞍掛豆】
大豆　25②203,205
くらだかそば【くら高そば】
そば　22④241
くらはし【倉橋】
つばき　54①95
くらはしこう【倉橋紅】
紅ぼたん　54①61,65
くらみ【倉見】
たばこ　45⑥299
くりいも【くりいも、栗いも、栗芋】
里芋　6①134/12①359/17①254/19②378/22④244
くりもとほそばなんてん【栗本細葉南天】
なんてん　55②155
くりわせ【くりわせ】
稲　22④219
くるまがえしざくら【車返桜】
桜　55③272
くるまだ【車田】
たばこ　45⑥285
くるまやひりゅうがし【車屋飛竜かシ】
かし　55②155
くれない【くれない、紅】
あおい　54①214
紅ぼたん　54①63
筑前紅ぼたん　54①75
つばき　54①87
くれないこう【紅かう】
紅ぼたん　54①64
くれないずり【紅ずり】
麦　6①89
くれないやえ【紅八重】
なでしこ　54①211
くれは【くれは】
筑前紅ぼたん　54①75
くろ【くろ、黒】
小豆　25②213
からしな　19①135
ごま　28②205/37②205
ささげ　25②202
大豆　6①96
くろあずき【黒小豆】
小豆　6①97/10①57/19①144/27①200
くろあわ【黒アハ】
あわ　19①138
くろいしたろう【黒石太郎】
稲　6①80
くろいも【黒芋】
里芋　6①134/19①111
くろうり【クロ瓜】
白瓜　38④247
くろえ【黒ヱ】
えごま　19①143
くろえっちゅう【黒越中】
稲　24①117
くろお【黒苧】
からむし　10①73
くろかきまめ【黒垣豆】
ふじまめ　10①55
くろかつら【黒かつら】
さつまいも　34④61
くろがね【黒かね】
稲　25②187,191
くろかみ【黒髪】
稲　1②151
くろから【黒唐】
里芋　10①61
くろからしな【黒苛】
からしな　10①69
くろかわ【黒川】
稲　6①81
くろきび【黒黍、秬】
きび　10①57/19①146
くろきまめ【黒黄豆】
大豆　25②203
くろこうぞ【黒楮】
楮　14①258
くろこざき【黒小崎】
稲　6①80
くろこぼうし【黒小法師】
稲　10①50
くろごま【黒ごま、黒胡麻】→E、I、N
ごま　6①106/10①66/17①206,207/38④262
くろささげ【黒小角豆】→E
ささげ　41②113
くろさや【黒サヤ】
大豆　19①140
くろさんすけ【黒さん介、黒三助】
稲　2③260/19①26,28/37①13
くろじょうほうし【黒定法師】
稲　10①50
くろしんば【黒しんば】
稲　6①80
くろだいず【黒大豆】→B、E、N
大豆　17①194/20②382/27①200/28①25/41②113/42②105/44③241
くろちしゃ【黒苣】
ちしゃ　10①69
くろとり【黒鶏】
鶏　69②286
くろながいも【黒薯蕷】
ながいも　10①61
くろなす【黒ナス】
なす　19①129
くろなたね【黒菜種】
菜種　6①110
くろはちごうもち【黒鉢合餅】
稲　10①52
くろはやひえ【黒早稗】
ひえ　10①59
くろひえ【クロ稗、烏禾、黒稗】
ひえ　2①35,37/6①93/19①149
くろひげ【黒ひげ】
稲　1①51,52
くろひょう【黒ひやう】
楮　4①159/13①92/56①58,175
くろひらだいず【黒平大豆】
大豆　2⑤334
くろふし【くろふし、黒節】
がんぴ　54①211
松本せんのう　54①211
くろふね【くろふね】
つつじ　54①124,136
くろへお【黒へを】
楮　14①256
くろべに【黒紅】
紅ぼたん　54①67
くろぼうし【黒法師】
小麦　10①55
くろぼし【黒星】
つばき　54①97
くろまめ【烏豆、黒まめ、黒豆】→E、N
大豆　6①96/17①320/19①140/25②203,205/28②244/42②112,126
くろまるだいず【黒丸大豆】
大豆　2⑤334
くろめやなぎ【黒芽柳】
柳　55③255
くろもち【黒餅、黒糯】
稲　4①275/5①61/37②132,142
くろもちあわ【黒餅粟】
あわ　44③240,241,242,243,247,248
くろわせ【黒わせ、黒早稲】
稲　6①80/10①48/25②191/37②171
くろんぼう【クロンボウ】
なし　46①10,52
くわがた【鍬形】
おもと　55②111
くわがたしま【鍬形嶋】
おもと　55②109
くわがたば【鍬形葉】
おもと　55②106
くわこ【桑蚕】
蚕　24①100
くわこまゆ【桑子まゆ】
蚕　47①12
くわつ【桑津】
菊　55③404
くんせんし【君遷子】
柿　14①213

【け】

けいこ【雞子】
大豆　19①140
けいしゅ【佳主】
稲　3④266
けいそう【荆桑】
桑　4①163/6①174,175/13①115,116,118,119/18①81,84/35①43,46,65,66,②263,281,286,308/47②137,138/56①178,200
けいとうまめ【鶏頭豆】
大豆　6①96
けいね【毛稲】
稲　5①32,60/28④341,344/29②134/30③275/33④217/39④223,⑤295
げき【外記】
紅ぼたん　54①60,63
げきこう【外記紅】
紅ぼたん　54①62
けぐろ【毛黒】
稲　10①52
けこむぎ【毛小麦】
小麦　6①91
けさしろうあわ【けさ四郎粟】
あわ　44③244,247
けし【芥子】
紅ぼたん　54①62
白ぼたん　54①54
けしつばき【芥子椿】
つばき　55③241,389
けしべに【けし紅、芥子紅】
紅ぼたん　54①60,64
けしぼたん【けしぼたん、芥子牡丹】
紅ぼたん　54①67
白ぼたん　54①53

けしらかわ【毛白川】
稲　6①80
けしろ【毛白】
稲　10①52
けしろこざき【毛白子崎】
稲　6①81
けしんば【毛しんは】
稲　6①80
げっこう【月光】
つばき　54①88
けなし【毛なし】
稲　22①57
麦　37③359
けなしむぎ【毛なし麦】
麦　3①28
けのあるしゅ【毛のある種】
稲　22②100
けもち【毛もち】
稲　6①81
けらまつつじ【けらまつゝじ】
つつじ　54①121
けわせ【毛早稲】
稲　6①79
げんあんつばき【玄庵椿】
つばき　55③246
けんきち【鎌吉】
つばき　55②160
げんこ【玄古】→Z
たばこ　45⑥296
げんこたばこ【玄古たはこ】
たばこ　61⑩437
げんこば【玄古葉】
たばこ　45⑥296
けんさきば【剣先葉】
藍　45②100
けんざん【見さん】
つばき　54①89
げんさん【原蚕】→E
蚕　35①47
げんじ【源氏】
あおい　54①214
梅　54①138,141
けし　54①201
紅ぼたん　54①62
さつき　54①126,136
せきちく　54①213
げんじぐるま【源氏車】
なし　46①11,55
げんじこしみの【源氏こしミの】
さつき　54①135
げんじしぼり【源氏しぼり】
さつき　54①132
げんじまがき【源氏まかき】
さつき　54①131
げんじむらさき【源氏紫】
さつき　54①135
げんじょう【げんじやう】
つつじ　54①119
げんぺい【源平】→X
さつき　54①135
桃　55③259,272
げんぺいとう【源平桃】
桃　13①158/54①143/55③259
けんもつ【監物】
紅ぼたん　54①68

【こ】

こあい【小藍】
藍　10①67
こあおい【小あふひ】
あおい　54①214
こあか【小赤】
ささげ　10①58
こあかざ【小あかさ】
あかざ　17①289
こあかまめ【小赤豆】
小豆　10①57
こあこし【小畔越】
稲　10①49
こあわ【小粟】
あわ　12①176/42⑤331
こいうんぜん【こいうんせん】
つつじ　54①120
こいこう【こいかう】→X
つつじ　54①124
こいこうさんがい【こいかう三かい】
芍薬　54①84
こいさはい【小いさはい】
さざんか　54①114
ごいしまめ【碁石豆】
大豆　6①96
こいずみ【小泉】
紅ぼたん　54①68
白ぼたん　54①49
こいべに【濃紅】→X
かきつばた　55③279
こいも【小いも】→E
里芋　19②378/22④244
こう【構】
楮　13①91
こうえつ【光悦】
つばき　55③431
こうかさん【かうくわさん】
芍薬　54①83
つつじ　54①122
こうかん【紅萑】
せっこく　55②153
こうがんじ【光眼寺】
なし　46①8,26
こうきくかさね【紅菊重】
つばき　54①90
ごうさと【郷里】→Z
たばこ　45⑥299
こうさん【蚢蚕】
蚕　35①42/47②132
こうざん【紅山】
紅ぼたん　54①58
白ぼたん　54①46
こうし【かうし】
つつじ　54①123
こうししょ【交趾蔗】
さとうきび　70①8
こうしゃ【紅車】
つばき　54①105
こうじやあわ【糀屋粟】
あわ　44③247
こうしゅう【甲州】
梅　7②351/55③425
こうしゅううめ【甲州梅】
梅　7②350,351
こうしゅうごめん【甲州ごめん】
なし　46①10,50
こうしゅうしんば【甲州しんは】
稲　6①80
こうしゅうだいまる【甲州大丸】
柿　54①167/56①65
ごうしゅうねこやなぎ【江州猫柳】
ねこやなぎ　55③415
ごうしゅうひのたねあかあずき【江州日野種赤小豆】
小豆　2⑤334
こうしゅうまる【甲州丸】
柿　54①166/56①65
こうしょ【紅蔗】
さとうきび　70①8
こうしょく【かうしよく】
さつき　54①126
こうすけ【高助】
桑　18②252/56①60,193,201,205
こうすけくわ【高助桑】→Z
桑　56①178,201
こうぞ【楮】→B、E、L、N、Z
さつまいも　34④61
こうちんさん【蚢珍蚕】
蚕　35①42,43/47②131,132
こうとう【紅桃】
桃　54①143
こうなん【かうなん】
梅　54①138
こうばい【かうばい、紅梅】
梅　13①130/54①138/56①108,183
つつじ　54①117
こうばいてまり【紅梅手鞠】
芍薬　54①81
こうばし【コフハシ、こふはし、香、香はし】
稲　19①24/37②135,136,152,153,169,170,210
こうばしもち【香餅】
稲　10①52
こうはちあついた【幸八あついた】
こうじ　55②117
こうぼたん【紅牡丹】→E
紅ぼたん　54①69
こうめ【小梅】→E、N
梅　55③266/56①85
菊　54①255
こうやくれない【かうやくれない】
さつき　54①128
こうらい【かうらい、高麗】
菊　54①255
白ぼたん　54①47
こうらいあずき【高麗小豆】
小豆　10①56,57
こうらいくるみ【高麗くるみ】
くるみ　56①182
こうらいなす【高麗茄子】
なす　10①75
こうれん【黄蓮、紅蓮】
はす　12①340,342
こうろこうばい【かうろ紅梅】
梅　54①141
こえ【小荏】
えごま　17①208
ごえしろ【五重白】
白ぼたん　54①40
こえもんこぶできふ【小右衛門こふ出黄斑】
まき　55②117
こえんじゅ【小ゑんじゆ】
えんじゅ　54①188
ごおおくさまつだいらつげばひさぎ【後大草松平つけ葉楸】
きささげ　55②113
こおもと【小万年青】
おもと　55②111
ごかく【五角】
なし　46①10,53
こかじ【小かぢ】
さざんか　54①111
ごがつけつけ【五月毛付】
稲　28①9
ごがつささげ【五月さゝけ、五月さゝげ】
ささげ　17①197/23⑤259
ごがつだいこん【五月大根】
大根　6①113
ごがつもも【五月桃】
桃　55③272
こかど【小角】
そば　2①52
こがなし【こがなし】→V
なし　54①165
こがね【古金】
なし　46①21
こがねもち【小金餅】
菊　55③404
こから【小唐】
きび　10①57
こがらあい【小がらあい】
藍　20①279,280
こからしな【小苛】

からしな 10①69
こかわ【小河】
筑前紅ぼたん 54①75
こかわしろ【小河白】
筑前白ぼたん 54①73
こぎいね【こき稲】→A
稲 30③275
こきび【小黍】→E、N
きび 6①101
こきもの【扱もの】
稲 7①39,41
こきょう【こきやう】
つばき 54①90
こきりしま【こきり嶋】
つつじ 54①116
こきん【こきん】
さつき 54①127
こきんはる【小きんはる】
稲 10①50
こくいずみ【穀泉】
稲 25②191
ごくおくて【極晩稲】
稲 1①50
こくさぎ【小くさぎ】→N、Z
くさぎ 16①153
こくさん【黒蚕】
蚕 35①43
こくしろ【石白】
稲 6①80
ごくはく【極白】
白ぼたん 54①49,50
こくぶ【国府、国部、国分】→Z
大根 44③243,244,245,248,249
たばこ 40②174/45⑥285,286,289,319,324
こくぶひおうぎそう【国部檜扇艸】
ひおうぎ 55③348
こぐり【小栗】→E
栗 18①71
こくりゅう【黒竜】
なし 46①10,43
こくりょう【国領】
紅ぼたん 54①62
白ぼたん 54①39
こくりょうしろ【国領白】
白ぼたん 54①46
こくるみ【こくるみ】
つつじ 54①124
こくれない【こくれない】
さつき 54①128
こぐろだいず【小黒大豆】
大豆 17①194
ごくわせ【極早、極早稲】
稲 1①24,50/37②169,220
こけば【小けば】
稲 10①50
こげんまんよう【こげん万葉】
つつじ 54①117
ごこう【呉公】
小麦 30①92
ここうじゅ【小香薷】
なぎなたこうじゅ 13①301
ごごうはち【五合八】
あわ 36③277
ここうらい【小高麗】
小豆 10①57
ここのえ【こゝのへ、九重】
かえで 54①154
つつじ 54①125
ここのかだいこん【九日大根】
大根 22④237
ごごひゃく【五々百】
稲 4①276
ごごひゃくもち【五々百餅】
稲 4①274
こころづくし【心尽】
筑前白ぼたん 54①74
こざき【小崎】
稲 4①275
こざきまめ【子崎豆】
大豆 6①96
こざくら【小さくら、小桜】
菊 54①255
つつじ 54①117
つばき 54①94
こささげ【小さゝけ】→N
ささげ 17①200
こさぶろうもち【小三郎もち】
稲 22④221
こさらし【小さらし】
さつき 54①127
ござれもち【こされ餅、こされ糯、御座有餅】
稲 1①51/4①276/6①81/10①52
こさん【葫蒜】→E
にんにく 19①126
こしきぶ【こしきぶ】
つつじ 54①122
こじきまえ【こじきまへ】
蚕 47①12
こしじ【越路】
白ぼたん 54①50
こしなみ【こしなミ】
さつき 54①129
こしぶがき【小渋柿、椑、椑柿】
柿 14①206,207/56①83,84,85
こしぼり【こしぼり、小しぼり】
さつき 54①130
つばき 54①91
こしみの【こしミの、腰簑】→E
さつき 54①129
芍薬 54①85
つばき 55③414
ごしょ【御所】
白ぼたん 54①54
ごしょあわゆき【御所淡雪】
なし 46①10,50
こしょうじょう【小猩々】
菊 54①248
ごしょがき【ごしょかき、御所柿】
柿 6②305/7②353,354/13①144,146/14①200,213/18①75/56①75,76,81
ごしょぎく【御所菊】
なし 46①8,10,29,53
ごしょぐるま【ごしよ車】
つばき 54①93
ごしょこう【御所紅】
菊 54①248,255
ごしょてまり【御所手鞠】
芍薬 54①82
ごしょむらさき【ごしよ紫】
つつじ 54①121
こしらかわ【小白川】
稲 6①80
こじろ【こしろ、小白】
稲 4①275/25②187
ごま 10①66
ささげ 10①58
大豆 10①55
白ぼたん 54①53
こじろいね【小白稲】
稲 10①49
こじろういね【小次郎稲】
稲 5①61
こじろうり【小白瓜】
瓜 10①75
こじろぐさ【小白草】
稲 10①51
こしろば【小白葉】
稲 6①80
こしろぼうず【小白坊主】
稲 24①116
こしんずい【小しんずい】
里芋 19②378
こすじなるいね【小筋ナル稲】
稲 39⑤266
ごすんたか【五寸高】
稲 23①42
ごせのひがしちわらわせ【ゴセノヒガシちわらわせ】
稲 61⑤181
こせんぼんあお【小千本青】
藍 45②100
こせんぼんあかじく【小千本赤軸】
藍 45②100
こせんぼんりょうめんあかあお【小千本両面精】
藍 45②100
ごぜんまる【御前丸】
なし 46①37
こせんようちしゃ【小千葉苣】
ちしゃ 10①69
こそば【小そバ、小そば、小蕎麦】
そば 17①209/22④241/25②213
こだいこん【小大根】→N
大根 12①223
こだいとう【小大唐】
稲 10①53
こたけのむぎ【小丈の麦】
麦 22④224
ごちくぜん【後ちくぜん】
紅ぼたん 54①57
こちしゃ【小苣】
ちしゃ 10①69
こちょう【こてう、小てう】
さつき 54①130
つばき 54①90
こちょうきりしま【小てうきり嶋】
つつじ 54①117
ごっく【五ッ九、五九】
稲 23①41,80
こつげ【こつげ】→E
つげ 54①187
こつち【小つち】
稲 41①10
こつばき【小つばき、小椿】
さつき 54①133,136
こつぶ【小粒】
ごま 10①66
そば 10①60
こでまり【小手鞠】
桜 54①146
こてんじく【小天竺】
ささげ 5①104
こどうおくて【小堂後稲】
稲 10①51
ことご【小とこ】
稲 10①50
こなす【小茄、小茄子】
なす 6②307/10①75
こなたね【小菜種】
菜種 6①109,110
こなつまめ【小夏豆】
大豆 10①55
こにょうぼう【コニヨウバウ、こにようばう、小ニヤウボウ、小にようぼう、小女房】
稲 2③259/19①24,25,58,②280
こねもあわ【小ねも粟】
あわ 44③244,245,246,247
こねり【コネリ、こねり、木練】
柿 13①144,149/18①77/56①75,79,81
このせらん【小能勢蘭】
のせらん 55③369
このと【小のと】
稲 25②187,191
こはぎしょうこばひょん【古萩生小葉ひよん】

ひょんのき　55②155
こはちがつ【小八月】
大豆　5①95
こはつゆき【古はつゆき】
つつじ　54①125
こばわせ【こはわせ】
稲　42①43
こびぜんいね【小備前稲】
稲　10①49
こびなた【小向】
白ぼたん　54①39
こひび【こひゞ】
まくわうり　17①261
こひびまくわ【小ひゝ真桑】
まくわうり　17①261
こひゆ【小莧】
ひゆ　10①72
こびる【子ビル】
にんにく　19①126
ごぶいち【五歩壱】
稲　6①81
こふじ【こふじ、こふち、小藤】→E、Z
さつき　54①127
つばき　55③430
こぶんご【小豊後】
稲　2③260
こへばる【小へはる】
稲　10①51
こぼうき【小はゝき】→Z
菜種　45③161,164
こぼうし【小法師】
稲　10①50
ごぼうもち【御坊餅】
稲　4①276
こぼし【こほし】
稲　1①50
こぼれ【こほれ、こぼれ】
稲　22④219/23①41/25②195
小麦　22④211
こぼれいね【こほれ稲、こぼれ稲】
稲　25①122,②195/36③260
こぼれず【こぼれず、不盈】
稲　3④265/23①41/42②100,120
こぼれわら【こほれ藁】
稲　36③209
こまがやなかわせ【駒谷中早稲】
稲　37②187
こまがやわせ【駒谷早稲】
稲　37②132,141,142,143,170,178,228
こまくわうり【小真桑ふり】
まくわうり　17①260
ごましで【ごましで】
芍薬　54①83
こまだら【小またら】
ささげ　10①58
こまち【小町】
菊　55③404
紅ぼたん　54①72
筑前白ぼたん　54①73
こまとぐさ【小的草】
稲　10①51
ごまほし【ごまほし】
かきつばた　54①235
ごまめ【ごまめ】
大豆　17①194
こまる【小丸】
せっこく　55②148,150
こまるまゆ【小まるまゆ】
蚕　47①17
こみなと【小湊】
白ぼたん　54①40
こむぎおく【小麦おく】
小麦　22⑥389,390
こむぎなんきん【小麦南京】
小麦　22⑥387
こむらさき【こむらさき、こ紫、小紫】
菊　54①230,247,255
紅ぼたん　54①71
さつき　54①129
つつじ　54①125
こめむぎ【こめ麦】→N
大麦　41⑤254
こめむぎやす【米麦やす】→E
麦　37③359
こめむま【こめむま】
大麦　41⑥279
ごもんつきうり【御紋付瓜】
瓜　19①115
こやなぎ【小柳】
大麦　39⑤291
つばき　54①96
麦　4①79
こやろく【小やろく、小弥六】
稲　4①275/41②69
ごよう【五葉】→R
大豆　19①140
ごようだいず【五葉大豆】
大豆　17①194
こよし【小よし】→E
よし　17①303
こよしはら【小吉原】
稲　41①9
これはこれは【是ハ是ハ】
白ぼたん　54①50
これんげ【小蓮華】
つばき　54①95
ごろうまるぼうず【五郎丸坊主】
稲　6①80,82
ごろさく【五郎作】
芍薬　54①77,80
こわせ【こわせ、小早稲】
稲　1①51,②151/2③259/6①80
こわた【小わた】
綿　15③384
こんあさがお【こんあさがほ】
つつじ　54①120
こんいね【紺稲】
稲　25②187
こんいろ【紺色】
紅ぼたん　54①71
こんぎく【こんきく】→E
菊　54①255
ごんく【ごんく】
綿　28②188
ごんくろう【権九郎】
綿　15③349,351,390,394
こんごう【金剛】
せっこく　55②147
こんごうせん【金剛山】
ゆり　55③365
こんごうまる【金剛丸】
せっこく　55②147,151
こんしおん【紺紫苑】
しおん　55③388
ごんすけ【ゴンスケ、権助】
稲　2③259/19①24
こんのう【金王】
つばき　55②159
こんのうおきな【金王おきな】
まき　55②117
こんのうさくら【こんわう桜】
桜　54①147
こんのうゆりはつばき【金王ゆり葉椿、金王百合葉椿】
つばき　55②114,157
こんろんしょ【崑崙蔗】
さとうきび　70①8,9
こんろんそうき【崑崙層期】
なし　46①52

【さ】

ざい【ざい、ザヒ】
きび　38④262
さつき　54①131
つつじ　54①118
ざいぎょう【ざいぎやう】
つつじ　54①125
さいごく【西国】
裸麦　30①91
さいじょうがき【西条柿】
柿　14①201,204
さいふ【宰府】
つばき　55③426
さいふつばき【宰府椿】
つばき　55③427
さいふとびいり【さいふとび入】
つばき　54①107
さいわい【さいわい】
稲　11⑤272
さえきむらさき【佐伯紫】
紅ぼたん　54①70
さえぎん【さへきん】
稲　25②187
さおやま【さを山】
さつき　54①130
さが【嵯峨】
つばき　55③388
さかいふき【境ふき】
ふき　4①149
さかおとし【サカオトシ】
大豆　25②204
さかきばらじんちょうげ【榊原沈丁花】
じんちょうげ　55②113
さかずきつばき【盃椿】
つばき　55②162
さかた【酒田】
たばこ　45⑥299
さがほんあみ【嵯峨本阿弥】
つばき　55③431
さがみ【相模】
なし　46①63
さがら【さがら】
芍薬　54①81
さがりはくはん【下り白斑】
このてがしわ　55②163
さき【サキ】
大麦　31⑤276
さきから【さきから】
里芋　22④246
さぎしぼり【さぎしぼり】
つばき　54①97
さきであお【咲出青】
白ぼたん　54①49
さぎなでしこ【鷺撫子】
なでしこ　54①212
さきわけ【さきわけ】
梅　54①141
鶏頭　54①237
ふたおもて　54①130
さくみしょうたん【サクミシヤウタン】
柿　56①66
さくみょうたん【さくミやうたん】
柿　54①166
さくら【桜】
紅ぼたん　54①72
さくらいちょうせんくちなし【桜井朝鮮くちなし】
くちなし　55②113
さくらいまるば【桜井丸葉】
なぎ　55②116
さくらいまるばなぎ【桜井丸葉梛】
なぎ　55②156
さくらがわ【桜川】
つつじ　54①119
さくらぎく【桜菊】
菊　54①247
さくらきりしま【桜きり嶋】
つつじ　54①116

さくらじま【桜嶋】
はぜ　33②116
さくらふし【桜ふし、桜節】→E
松本せんのう　54①211
さくらべに【桜紅】
さざんか　54①115
さくらまんよう【桜万葉】
芍薬　54①83
さくらわせ【桜わせ、桜早稲】
稲　10②315/30①16
ざくろ【柘榴】
紅ぼたん　54①59
つばき　54①107
さけのこ【鮭子】
大豆　19①140
さこん【さこん】
桜　54①148
さざなみ【さゝなみ、さゞなみ】
さつき　54①126
芍薬　54①85
つばき　54①99
さざなみこしみの【さざなミこしミの】
さつき　54①135
ささばつばき【笹葉椿】
つばき　55③243
ささむらさき【佐々紫】
紅ぼたん　54①71
ささやま【さゝ山】
つばき　54①92
ささわた【さゝわた、さゝ綿】
綿　15③351, 384
ささわり【さゝわり】
芍薬　54①85
さじく【さじく】
芍薬　54①82
さしまぜ【指まぜ】
つばき　54①88
さじんはなしなんてん【佐甚葉なし南天】
なんてん　55②155
さじんまるばゆず【佐甚丸葉ゆず】
ゆず　55②154
さぞう【佐蔵】
稲　30①17
さたけ【さたけ】
菊　54①255
さつきささげ【五月豇】
ささげ　2①101
さつきだいず【皐月大豆】
大豆　2①130
さつきまめ【皐月菽】
大豆　2①87, 105
さつきもも【五月もゝ】
桃　13①157
ざっこくまめ【ざつこく豆、雑穀豆】
大豆　42②125, 126
さっしゅうせっこく【薩州石斛】
せっこく　55②153
ざつなし【雑梨子】→E
なし　46①60
さつま【薩摩】
つつじ　55③294
さつまうんぜん【さつまうんせん】
つつじ　54①120
さつまくれない【さつま紅】
さつき　54①128, 136
さつませんよう【さつませんやう】
さつき　54①131
さつまのしろすぎ【薩摩の白杉】
杉　56①40
さつまほおずき【さつまほうつき】
ほおずき　17①291
さつままるまるば【薩摩丸丸葉】
おもと　55②106
さつまむらさき【さつま紫】
さつき　54①130
さつまゆり【薩摩ゆり】
ゆり　12①323
さぬき【さぬき】
梅　54①141
白ぼたん　54①54
さぬきえんどう【讃岐円豆】
えんどう　43③254
さぬききゃらびきひさぎ【讃岐伽羅引楸】
ひさぎ　55②156
さぬきひさぎ【讃岐ひさき】
ひさぎ　55②161
さぬきほそばゆず【讃岐細葉ゆず】
ゆず　55②156
さねかずら【さねかつら】
ふじ　54①156
さねもり【さねもり】
菊　54①250
さの【佐野】
たばこ　45⑥299
さはしはくはん【佐橋白斑】
なぎ　55②116
さはしひめやっこなんてん【佐橋姫奴南天】
なんてん　55②162
さはしまるばしい【佐橋丸葉しひ】
しい　55②114
さはしゆりば【佐橋百合葉】
なぎ　55②116
さふそう【さふそう】
綿　15③384
さへいた【佐平太、左平太】
紅ぼたん　54①72
白ぼたん　54①53
さへえひよくばじゃがたら【佐兵ひよく葉ちやかたら】
ざぼん　55②156
さへえふくらもち【佐兵ふくらもち】
もちのき　55②155
さへえほそばゆり【佐兵細葉ゆり】
ゆり　55②155
さへえゆりばなぎ【佐兵衛百合葉梛】
なぎ　55②156
ざまた【ザマタ】
あわ　19①138
さむかわ【寒河】
たばこ　45⑥299
さむかわちょうせらなんてん【寒河丁セラ南天】
なんてん　55②162
さむかわひさぎ【寒河ひさき】
ひさぎ　55②161
さむかわまるばにっけい【寒河丸葉肉桂】
肉桂　55②156
さめがえ【さめがへ】
さざんか　54①113
さめさや【さめさや】
さざんか　54①115
さもも【さもゝ、早桃】→E
桃　13①157/16①151/54①144/55③272
さやささげ【さやさゝけ】
ささげ　17①200
さゆり【小百合】→E
ゆり　10①80
さよひめ【さよひめ、佐与姫、佐用姫】
蚕　24①83, 100
菊　54①249
筑前紅ぼたん　54①74
つつじ　54①123
さよまくら【さよ枕】
菊　54①249
さらぎはちかわ【サラギ八川】
稲　61⑤181
さらこ【さらこ】
稲　28①19
さらこう【さらかう】
芍薬　54①82
さらさ【さらさ、更紗】
梅　54①141
菊　55③404
さらさちご【更紗児】
梅　55③247
さらさりょうめん【さらさ両めん】
さざんか　54①111
さらしな【さらしな、更級】
筑前白ぼたん　54①74
白ぼたん　54①44
さるえ【猿ヱ】
えごま　19①143
さるがき【さるかき、猴柿】
柿　14①214
さるかわ【猿皮】
ひえ　10①60
さるかわひえ【猿皮稗】
ひえ　10①60
さるげうり【猿毛瓜】
瓜　19①115
さるのて【さるの手】
あわ　10①59
さるのみみ【さるの耳、猿の耳】
綿　15③349, 390
ざろん【座論】
梅　54①139
さわぎきょう【沢ききけう】→E
ききょう　54①210
さわくさ【湿草、隰草】　70⑥379, 380, 391
稲　70⑥378, 381
さわしがき【醂柿】→K、N
柿　14①214
さわべ【沢辺】
筑前白ぼたん　54①74
さんがい【三階】
紅ぼたん　54①62, 63
さんがいこう【三かいかう】
菊　54①249
さんかく【三角】
ごま　10①66
さんかげん【さんくわげん】
芍薬　54①80
さんがつこ【三月粉】
大麦　30①91
さんがつだいこん【三月大こん、三月大根】→はるだいこん→A、N
大根　3④320, 335, 339, 359, 382/4①107, 109, 110/6①111, 113/7②319/10①43, 68/12①215/17①238/20①153, ②391/21①71/25②207/37①46/38④241/44③249, 250, 251, 252
さんがつちしゃ【三月ちしや】
ちしゃ　43②180
さんがつほ【三月穂】
麦　17①168
さんきち【サンキチ】
なし　46①25
さんくろう【三九郎】
稲　4①275/5①62
ざんげつ【残月】
白ぼたん　54①48
さんげん【さんげん】
稲　25②187
さんこう【三光】
菊　54①255
ざんこう【残高】
筑前白ぼたん　54①73

さんごく【サンゴク、三国】
大豆　25②204,205
白ぼたん　54①38
さんごじゅ【珊瑚樹】
とうがらし　19①123
さんごろうくぎはまき【三五郎釘葉槇】
まき　55②156
さんごろうはりは【三五郎針葉】
まき　55②117
さんざえもん【三左衛門】
稲　36③267
さんさん【山蒜】
のびる　19①126
さんしき【三色】→X
つばき　55③413
さんしきそう【三色草】
さんしきそう　55②119
さんしちもち【三七餅】
稲　4①275
さんしちろうぼうず【三七郎坊至】
稲　6①81
さんしちろうもち【三七郎糯】
稲　6①81
さんじゃく【さんしやく】
菊　54①256
さんじゅうろう【三十郎】
稲　36③209
さんじゅうわせ【三十わせ】
稲　22④219
さんしょうぎく【さんせう菊】
菊　54①255
さんしょうぐわ【山桝桑】
桑　35①66/56①200
さんすけ【サンスケ、さんすけ、三介、三助】
稲　2③259/19①24,27,41,73/42①44
さんそう【山葱】
ぎょうじゃにんにく　19①126
さんだんか【三段花】
さざんか　54①114
さんど【三度】
稲　23①42
ざんとう【残燈】
筑前紅ぼたん　54①75
さんとくもち【三とくもち】
稲　22④222
さんどぐり【三度栗】
栗　56①56,153
さんねんだまり【三年黙】
稲　23①42
さんのう【さんわう、三納】
稲　4①274
つつじ　54①117
さんばひえ【三羽稗】
ひえ　10①60
さんばんいね【三番稲】
稲　33⑤257
さんびゃくめなし【三百目ナシ、三百目梨】
なし　40④282
さんほう【蒜葱】
あさつき　19①133
さんまる【三丸】
稲　3④264,265
ざんむ【残夢】
筑前白ぼたん　54①74
さんもん【三門】
白ぼたん　54①54

【し】

しうん【しうん】
芍薬　54①84
つつじ　54①124
しおかぜ【塩風】
紅ぼたん　54①57
しおがま【しほかま、しほがま】
桜　54①148
さつき　54①127
しおがまざくら【塩竈桜】
桜　55③272
しおたとびいり【塩田飛入】
つばき　54①92
しか【紫茄】
なす　19①129
しがい【紫芥】
からしな　15①75
しがいとなんてん【志賀糸南天】
なんてん　55②155,162
しがじゃがたら【志賀しやかたら】
ざぼん　55②113
しがちりめんひさぎ【志賀縮緬ひさき、志賀縮緬楸】
ひさぎ　55②156,161
しがつるなんてん【志賀つる南天】
なんてん　55②155
しがなんてん【志賀南天】
なんてん　55②165,178
しがにっけい【志賀肉桂】
肉桂　55②113
しがはくふくりん【志賀白ふくりん】
肉桂　55②162
しがみしま【志賀美嶋】
おもと　55②108
しかむら【四ケ村】
つばき　54①106,107
しからなす【しから茄】
なす　22④252
しきざき【四季咲】→E
かきつばた　54①235
せっこく　55②153
つつじ　55③325
しきざきかきつばた【四季咲燕子花】
かきつばた　55③293,346
しぎまめ【鵲豆】
ふじまめ　2⑤334
じくまき【軸巻】
なし　46①38
じぐわ【地桑】→A、E
桑　13①121
じけい【滋井】
白ぼたん　54①43
しげんこう【しげん紅】
つばき　54①93
しこく【四国】
稲　36③209,267
しこくいね【四国稲】
稲　36③267
しこくさらさ【四国さらさ】
つばき　54①104
しこくそば【四国蕎麦】
そば　36③277
しこくまめ【四国豆】
大豆　6①96
しこくもち【四国餅】
稲　28①19
しこんごう【紫金剛】
せっこく　55②147,151
じざいもんうめ【自在門梅】
梅　55③247
じざえもん【治左衛門】
梅　14①363
じさきこざき【地崎子崎】
稲　6①81
しし【しし、しゝ、獅子】
菊　54①256
さざんか　54①113
そてつ　55②142
つつじ　54①122
まき　55③435
ししあわ【シヽアハ、シヽ粟】
あわ　19①138
ししおどし【鹿威】
稲　10①51
ししくわず【獅子不食、鹿不食、猪不食】
あわ　6①100
ひえ　5①98/6①92,93
ししそてつ【獅々焦鉄】
そてつ　55②179
ししば【師子葉】
藍　45②100
ししひげ【しゝ髭】
あわ　36③277
ししもち【しゝもち】
陸稲　22④279
しじゅうにち【四十日】
きび　38④262
ささげ　10①58
大豆　19①140
しじゅうにちひえ【四十日稗】
ひえ　6①93
しじゅうにちわせ【四十日わせ、四十日早稲】
稲　1①51,②151
しじゅうわせ【四十早稲】
稲　10①48
ししゅつさん【四出蚕】
蚕　35①43/47②132
ししょ【紫蔗】
さとうきび　70①8
したくれない【したくれない】
さつき　54①127
したやおしょく【下谷おしよく】
こうじ　55②117
したやむらさき【下谷紫】
菊　54①230
しだりもみじ【独揺楓】
かえで　54①153
しだりやなぎ【垂柳、独揺柳】
柳　13①214/54①164/55③435
しだりりょくがくばい【垂緑萼梅】
梅　55③253
しだれ【しだれ】
桜　54①146
しだれうめ【しだれ梅】
梅　54①138
しだれぐり【したれ栗、しだれ栗】
栗　54①169/56①56
しだれもみじ【したれもミぢ】
かえで　54①153
しだれもも【しだれもゝ、しだれ桃】
桃　54①143
しだれやなぎ【垂柳】
柳　55③255
しだれれんぎょう【しだれれんげう】
れんぎょう　54①158
しちがつだいこん【七月大根】
→なつだいこん
大根　7②319
しちがつばい【七月梅】→E
梅　55③208
しちふく【七福】
稲　25②191
しちふくじん【七福神】
なし　46①10,45,63
しちへんげ【七変化】
おもと　55②111
しちりこうばし【七里香バシ】
大豆　25②205
しつくら【しつくら】
つばき　54①93
じつげつとう【日月桃】
桃　13①158
しっそう【湿草】　54①299
しでさんがい【しで三がい】
芍薬　54①80,82
してんのう【四天王】

菊 2①118
なし 46①37
じどう【ぢどう】
菊 54①251
しとく【四徳】
稲 44③214, 215, 216
じとく【自徳】
紅ぼたん 54①72
しながわ【品川】
白ぼたん 54①41
しなすもち【しなすもち】
稲 2⑤328
しなの【信濃】
かぶ 5①114
紅ぼたん 54①72
しなのうめ【信濃梅】
梅 13①131/56①183
しなのかき【しなのかき】→E、N
柿 14①213
しなのかぶら【信濃蕪】
かぶ 5①114
菜種 5①131/6①110
しなのじ【しなのぢ】
芍薬 54①85
しなのそば【信濃蕎麦】
そば 22④240
しなのだいこん【しなの大こん、信濃大こん】
大根 17①240
しなのだいず【信濃大豆】
大豆 17①194
じねんいも【自然芋】→N
ながいも 10①61
じねんご【じねんこ】
桜 55③266
じねんこじざくら【自然居士桜】
桜 55③266
しの【示野】
稲 4①274
しののめ【しのゝめ】
つつじ 54①125
しのぶ【信夫】
筑前紅ぼたん 54①75
しのぶはらこさんこばあせぼ【忍原小三小葉あせほ】
あせび 55②155
しのぶはらこばあせぼ【忍原小葉あせほ】
あせび 55②113
しのぶはらやしちすみひきさざんか【忍原弥七炭引茶山花】
さざんか 55②156
しのみや【四ノ宮】
筑前白ぼたん 54①73
じは【地葉】
たばこ 14①358
しばがき【しばがき】
つばき 54①105
しばぐり【しばくり、柴くり、柴栗】→E、N
栗 6②304/13①139/54①169
しぶがき【しふかき、シブカキ、しぶかき、シフ柿、しぶ柿、渋柿】→E、N
柿 6②305/13①146, 147/14①201, 202, 204, 214/16①142/19①190/28②206, ④355/38③188/47②146/56①66, 75, 76, 77, 81, 82, 83
しぶさわ【渋沢】
たばこ 45⑥299
しぶのおおがき【渋の大柿】
柿 14①206
しぶもち【渋糯】
稲 30①17
しほうしょうめん【四方正面】
菊 54①247
じほおずき【地ほうつき】
ほおずき 17①291
しぼしょ【子母蔗】
さとうきび 70①9
じぼり【ぢぼり】
大根 3④339
しぼりあさがお【しぼり朝がほ】
つつじ 54①120
じぼりだいこん【ちぼり大根、地ほり大こん、地ぼり大根】→E、Z
大根 3④336, 339, 352/62⑨390
しぼりべに【絞紅】
筑前紅ぼたん 54①75
しま【嶋】
大根 44③242, 244, 245, 246
しまい【嶋井】
筑前紅ぼたん 54①75
しまいも【嶋いも、嶋芋】
里芋 10①62/17①255/23⑥323
しまうり【縞瓜】
まくわうり 25②216
しまこくぶ【島国府】
たばこ 45⑥285, 325
しまだいこん【嶋大根】
大根 44③247, 248, 249
しまにら【島にら】
にら 34④68
しまよりきん【嶋より金】
芍薬 54①84
しみずほうし【清水法師】
稲 10①50
しみずぼうず【清水坊主】
稲 2③259
しめたけ【七五三竹】
稲 23①41
しもあかもち【霜赤餅】
稲 10①52
しもあわ【霜粟】→E
あわ 10②328/17①203
しもいね【霜稲】
稲 10①51/12①138
しもえび【下蝦】
稲 10①50
しもおい【しもおい】
稲 19②377
しもかいせい【下皆済、霜カイセイ】
稲 5①61, 62
しもくさ【霜草】
たばこ 45⑥299
しもささげ【霜さゝげ、霜豇豆】
ささげ 10②328/12①202
しもしらず【霜知らず】
菊 2①116
じもたず【ちもたす、ヂモタス、ヂモタズ、地もたす、不地持】
稲 19①24, 28, 29, 58/37①18
大豆 19①140
じもちつぎ【地持次】
稲 2③260
しものせき【下の関】
なし 46①10, 46, 63
しもばやし【下林】
稲 4①275
しもひえ【霜稗】
ひえ 10②368
しもふりごようのまつ【霜ふり五葉の松】
松 56①53
しもふりだん【しもふりだん】
つつじ 54①117
しもむらさき【しも紫】
さつき 54①131
しもらかん【下羅漢】
さつき 55③325
じゃがたら【じやがたら】
すいか 12①265
しゃきん【しやきん、砂金】
菊 54①230, 250, 254
しゃきんか【しやきんくわ】
芍薬 54①79
しゃくさん【柘蚕】
蚕 47②132
じゃくしゅうだねうすちゃだいず【若州種薄茶大豆】
大豆 2⑤334
しゃくせんぬき【借銭抜】
稲 23①42
しゃぐま【しやぐま】
つつじ 54①117
なでしこ 54①212
しゃくやくで【芍薬様】
朝鮮人参 45⑦421
しゃこう【しやかう】
さざんか 54①114
しゃさん【柘蚕】
蚕 35①42
しゃちのひれ【鯱の鰭】
菊 2①117
しゃちほこ【沙知保古】
筑前白ぼたん 54①73
しゃっこう【赤紅】
つばき 54①96
しゃむ【しやむ、傖鶏】
鶏 13①260/69②286
しゃむろ【しやむろ】
つつじ 54①124
つばき 54①106
しゃり【舎利】
紅ぼたん 54①66
しゃれかき【しやれかき】
花しょうぶ 54①219
しゃれもく【しやれもく】
さつき 54①132
じゅうごや【十五夜】
なし 46①9, 32
じゅうじろう【十次郎】
稲 25②195
しゅうじん【秋参】
朝鮮人参 45⑦388
しゅうちゅうさん【秋中蚕】
蚕 35①43
じゅうなり【十生】
とうがらし 19①123
じゅうにひとえ【十二ひとへ】
かえで 54①153, 154
しゅうはく【終白】
筑前白ぼたん 54①74
じゅうはちささげ【十八角豆】→E、N
ささげ 10①58
しゅうひろうかいさん【秋未老獬蚕】
蚕 35①43
しゅうぼさん【秋母蚕】
蚕 35①43
じゅうようにしき【十様錦】
はげいとう 11③141, 142, 143
じゅうりいも【十里いも】
里芋 17①255
じゅうりん【ぢうりん、十りん】
さつき 54①131
つばき 54①101
じゅうりんしろ【十輪白】
白ぼたん 54①42
しゅおうこう【しゆわう紅】
芍薬 54①84
しゅがき【朱柿】
柿 14①213
じゅがき【樹柿】
柿 56①85
しゅき【手毬】
白ぼたん 54①52
じゅけい【寿慶】
白ぼたん 54①44
じゅけいしろ【じゆけい白】
白ぼたん 54①40
しゅしゃ【朱砂】
紅ぼたん 54①63

じゅずくり【数珠操】
あわ　5①94
しゅぜんじ【しゆぜん寺】
菊　54①255
しゅっしょうしらずあおできふらかん【出生不知青出黄斑らかん】
まき　55②117
しゅっしょうしらずあかたらよう【出生不知赤多羅葉】
たちばな　55②118
しゅっしょうしらずかきば【出生不知柿葉】
こうじ　55②117
しゅっしょうしらずふくりん【出生不知復りん】
こうじ　55②117
しゅてん【酒天】
筑前紅ぼたん　54①75
しゅてんどうじ【酒天童子、酒呑童子】
菊　54①255
紅ぼたん　54①68
つばき　54①108
しゅらん【しゆらん】
つばき　54①91
しゅんじん【春参】
朝鮮人参　45⑦388
しゅんよ【舜誉】
紅ぼたん　54①66
しょうういきょう【小茴香】→N
ういきょう　68③354
じょうえびのけ【上蜆の毛】
稲　10①50
しょうかくそば【小角蕎】
そば　6①105
しょうかわぼうず【庄川坊至】
稲　6①80
しょうきち【小吉】
稲　2①47
しょうけい【昌慶】
つばき　55②160
しょうけいさくらばつばき【昌慶桜葉椿】
つばき　55②157
しょうけいなんてん【昌慶南天】
なんてん　55②113
しょうけいはくはん【昌慶白斑】
なぎ　55②116
しょうけいべにかけひさぎ【昌慶紅掛楸】
ひさぎ　55②160
しょうげんいん【松源院】
筑前紅ぼたん　54①75
じょうこく【しやうこく】
稲　37②102
じょうしゅう【上州】
稲　42②98,99,102,123
じょうしゅうたて【上州舘】
たばこ　45⑥335
しょうしょう【少将】
菊　54①250
しょうじょう【しやうしやう、しやうじやう、猩々】
かえで　16①166/54①152
菊　54①248/55③404
紅ぼたん　54①61
桜　54①148
さざんか　54①114
芍薬　54①81
つばき　54①104
なし　46①8,24,63
しょうじょうかんむり【猩々かんむり、猩々冠】
なし　46①8,25
しょうじょうこく【小上石】
稲　2③259
じょうじょうしろ【上々白】
白ぼたん　54①52
しょうじょうちょうしゅん【猩々長春】
庚申ばら　54①160
じょうじょうろそう【上々魯桑】
桑　35①68
しょうそう【小葱】
ねぎ　12①276
しょうない【庄内】
稲　36③209/42①53
しょうなごん【小納言】
小豆　10①56
しょうばん【相伴】
小麦　10①55
じょうぼう【上房】
稲　44①10
じょうほうし【定法師】
稲　10①50
じょうほん【上ほん】
つばき　54①103
しょうもち【シヤウモチ】
稲　19①24
しょうりょう【精霊】
なし　46①21
じょうろうささげ【上らうさゝけ】
ささげ　17①199
しょくこう【しよくかう】
さつき　54①128
しょしょ【藷蔗】
さとうきび　70①8
しらいも【白芋】
里芋　23⑥323
しらが【しらか、白髪】
あさつき　19①133
稲　42⑤336
松　55②146
しらかご【白駕こ】
稲　37①29
しらがまて【しらか真手】
稲　4①275
しらかみ【しらかミ】
芍薬　54①84
しらかわ【しらかわ、白かわ、白川】
稲　25②191/28④341,353/36③209
筑前白ぼたん　54①74
白ぼたん　54①44,52
しらぎく【白ぎく、白菊】
菊　41④204
つばき　54①102
なし　46①11,55
白ぼたん　54①39,44
しらぎくとじ【白菊とぢ】
つばき　54①92,108
しらくち【白くち】
楮　14①257
しらくも【白雲】
稲　23①42
しらこ【白蚕】
蚕　24①100
しらさか【白坂】
紅ぼたん　54①72
白ぼたん　54①54
しらさぎ【しらさぎ、白鷺】
つつじ　54①121
白ぼたん　54①50,51
しらすみまがい【白角紛】
つばき　55③424
しらたき【白滝】
なし　46①8,22
しらたま【白玉】
蚕　47①17
つばき　55③388
しらつゆ【しらつゆ】
つばき　54①92
しらなみ【しらなみ、白波】
さつき　54①130
筑前白ぼたん　54①73
しらはす【白蓮】
白ぼたん　54①39
しらひげ【しらひげ、白ひげ、白髭】
稲　1①24,②152/2③260/23①42
つつじ　54①121
つばき　54①100
しらひょう【白ひやう】
楮　13①93
しらふじ【しらふぢ、白藤】→E
さつき　54①131
ふじ　54①156
しらゆり【白百合】→E
ゆり　10①80
しらわせ【しらわせ】
稲　22④220
しろ【白】
小豆　25②213
かきつばた　54①235/55③279
からしな　19①135
きび　38④262
ごま　33⑥360/37②205
ささげ　19①134
じゃがいも　18④407
花しょうぶ　54①219
ふき　25②215
しろあさがお【白あさがほ】
あさがお　54①227
しろあずき【白小豆、白豆】
小豆　6①98/12①192,193/19①144
しろあやめ【白あやめ】
あやめ　54①220
しろあわ【白アハ】
あわ　19①138
しろいしいね【白石稲】
稲　1①51,52
しろいぬのはら【しろ犬之原】
稲　41⑤234
しろいね【白稲】
稲　2③259/19①27,58,73,②297,301,309,318,322,332/28①19/37①12,29
しろいも【しろいも、白いも、白芋】
さつまいも　70③235
里芋　2⑤329,330/6①134/12①365/19①111,②378/29③252/33⑥356
じろうごろうあずき【次郎五郎小豆】
小豆　41②77,113
しろうべえ【四郎兵】
稲　5①62
しろうめもどき【白梅嫌】→E
うめもどき　54①192
しろうんぜん【白うんせん】
つつじ　54①120
しろえ【白西麻】→E
えごま　19①143
しろえんどう【白円豆、白豌豆】→Z
えんどう　29②145/43③253/55③418
しろかいこ【白蚕】→Z
蚕　35①50
しろがき【白柿】
柿　14①213
しろかきまめ【白垣豆】
ふじまめ　10①55
しろかさね【白かさね】
さざんか　54①111
しろかし【白樫】
かし　13①205
しろかじ【白梶】
楮　14①256
しろがっそう【白がつさう】
白ぼたん　54①52
しろからいも【白唐芋】

里芋　10①61
しろからし【白からし､白芥子】→E
からしな　10①80/17①249
しろからべ【白カラベ】
えごま　19①143
しろかわ【白皮】
大豆　38③115,154
しろかわだいず【白皮大豆】
大豆　38③153,161,206
しろかわら【白かわら】
なでしこ　54①212
しろかん【白かん】
菊　54①251
しろがんぴ【しろがんひ】
がんぴ　54①210
しろき【白葱】
ねぎ　19①132
しろききょう【白桔梗】
ききょう　37①34,35
つばき　54①98
しろきこめ【白き米】
稲　17①152
しろきび【白キヒ､白きひ､白秬】→N
きび　10①57/17①204/38④262
しろきまゆ【白きまゆ】
蚕　47①17
しろきりしま【白きり嶋】
つつじ　54①116
しろぎんなん【白銀南】
大豆　38③144
しろげうり【白毛瓜】
瓜　19①115
しろけし【白ケシ､白芥子】
けし　19①135
つばき　55③421
しろげしつばき【白芥子椿】
つばき　55③430
しろこがら【白小から】
きび　10①57
しろごく【白極】
白ぼたん　54①49
しろこざき【白子崎】
稲　6①81
しろこしみの【白こしミの】
さつき　54①135
しろごたん【白五反】
白ぼたん　54①52
しろこぼれ【白こほれ】
稲　25②196
しろごま【白ごま､白胡麻】→E､G､I
ごま　6①107/17①206/19①142/20①166/23⑤268
しろこむぎ【白小麦､白小稜】→E
小麦　6①91/19①137
しろさき【白崎】
稲　25②187
しろささげ【しろさゝけ､白さゝげ､白角豆】
ささげ　12①202/17①199/19①145
しろさや【しろさや､白サヤ】
大豆　19①140/41⑤233
しろざれ【白され】
小麦　33④224
しろしき【白四季】
つつじ　54①121
しろしで【白しで】→E
芍薬　54①82
しろしね【白シネ､白しね､白稲､白志弥】
稲　1②151/19①24/20①89
しろしべ【白蕊】
白ぼたん　54①52
しろしまふ【白縦班】
おもと　55③340
しろしゃきん【白砂金】
菊　54①254
しろしゃれ【しろしやれ】
小麦　41⑤254
しろしんば【白しんば】
稲　6①80
しろすみのくらつばき【白角倉椿】
つばき　55③255
しろせきもり【白関守】
つばき　54①103
しろせんえ【白せんゑ】
つつじ　54①124
しろせんよう【白千葉】
つつじ　54①136
しろだい【白大】
小豆　10①57
しろだいしろう【白大四郎】
大麦　10①54
しろたいと【白たいと】
稲　28①19
しろたいとう【白太唐､白大稲】
稲　5①144/6①82
しろたえ【白妙】
白ぼたん　54①38
しろちぢみ【白縮】
白ぼたん　54①39
しろちょうしゅん【白長春】
庚申ばら　54①160
しろちりめん【白ちりめん､白縮緬】
紅ぼたん　54①67
むくげ　54①163
しろてなしささげ【白手なし豇】
ささげ　2①87
しろてんのこ【白てんのこ】
綿　40②124
しろどうかい【白とふかい】
稲　11⑤273
しろとり【しろとり､白鶏】
芍薬　54①84
鶏　69②286
しろながいも【白薯蕷】
ながいも　10①61
しろなす【白茄子】
なす　10①75
しろなすび【銀茄､白なすひ､白茄子】
なす　5①144/17①262/19①129
しろなんばん【白南蛮】
白ぼたん　54①51
しろにんじん【白ニンシン】→E
にんじん　19①122
しろのぎ【白芒】
稲　27①31
しろはぎ【白はき】→E
はぎ　55③384
しろはだか【白はたか､白裸､白躶】
大麦　10①54
裸麦　33④227
麦　10②325
しろばなかぐら【白花かくら】
綿　6①143
しろばなのかぐら【白花のかぐら】
綿　13①8
しろばもち【白葉もち】
稲　6①81
しろはやだいとう【白早大唐】
稲　10①53
しろはやひえ【白早稗】
ひえ　10①59
しろひえ【白ヒヘ､白稗】
ひえ　6①93/19①149
しろひげ【白ひげ】
稲　1①51
しろひとえ【白ひとへ】
梅　56①108
しろひゆ【白莧】→E
ひゆ　18①138
しろひょう【白ひやう】
楮　56①176
しろふし【白ふし】
松本せんのう　54①211
しろふたえ【白二重】
ききょう　54①210
しろへお【白へを】
楮　14①257
しろぼうし【白法師】
小麦　10①55
しろぼうず【白坊主】
稲　24①116,117
しろぼっち【白ぼつち】
小麦　22④210
しろまくわ【白真桑】
まくわうり　17①261
しろまつがえ【白松がえ】
つばき　54①93
しろまつもと【白松本】
松本せんのう　54①211
しろまめ【白豆】→B､E
大豆　28②244
しろまんえ【白万ゑ】
つつじ　54①125
しろみおどろき【白見驚】
つばき　54①88
しろむぎ【白麦】→E､N
裸麦　30①91
麦　41②81
しろめやなぎ【白芽柳】
柳　55③255
しろもち【白もち､白糯､白餅】→N
稲　1①51/30①17/42②101,121
しろもちあわ【白餅粟】
あわ　34⑤92
しろもみじ【白もミぢ】
つばき　54①104
しろもめん【白木綿】
綿　22④262
しろもろ【白もろ】
稲　1①24,52
しろやえ【白八重】
ざくろ　54①170
さざんか　54①114
しろやえなでしこ【白八重なてしこ】
なでしこ　54①211
しろやなぎわた【白柳わた】
綿　15③384
しろやまとさんがい【白大和三がい】
つばき　54①97
しろよしゅう【白予州】
稲　30①17
しろより【白より】
菊　54①253
しろりづき【白り月】
さつき　54①129
しろりんず【白りんす】
白ぼたん　54①43
しろろくだい【白六代】
菊　54①252
しろろくたん【白六反】
白ぼたん　54①52
しろわし【白鷲】
菊　2①117
しろわせ【白わせ､白早稲】
稲　5①62/20①88/25②186,187,191/37②131,135,136,152,153,169,200/61①43
しろわた【しろわた､白わた】
綿　9②207/15③351
しろわれこそ【白我祐】
稲　10①50
しわもち【しわ餅】

稲　42⑤338
しんくれない【しんくれない、しん紅】
菊　54①248
さつき　54①128
芍薬　54①81
筑前紅ぼたん　54①75
しんけ【真家】
菊　54①255
しんけしろ【新家白】
つばき　55③421
しんこうぼうず【深江坊至】
稲　6①81
しんし【しんし】
つばき　54①94
しんしゅうだねごしきいんげんまめ【信州種五色隠元豆】
いんげん　2⑤334
じんじょう【ぢんでう】
つばき　54①95
しんしょうなおし【身上直し】
稲　24①117
しんでん【しんてん、しんでん、新田】
たばこ　13①66/41⑤257,⑥272
しんでんうり【新田瓜】
まくわうり　17①261
しんどう【しんとう】
小麦　10①55
ひえ　10①60
しんとうひえ【しんとう稗】
ひえ　10①60
しんなし【シンナシ】
なし　40④284,287
しんのう【しんのふ】
菊　54①256
しんば【新葉】
稲　6①66
しんぽ【新保】
稲　4①275/5①62
しんぽごぼうもち【新保御坊餅】
稲　4①276
しんら【しんら】
菊　54①255
しんりょ【神慮】
白ぼたん　54①54

【す】

すいさん【水蚕】
蚕　35①46
すいしょう【水晶】
菊　55③403
すいしょうぶどう【水晶葡萄】
ぶどう　13①160
すいせんおもと【水仙万年青】
おもと　55②109
すいにら【すいにら】
にら　34④68
すいようきひ【水楊貴妃】
菊　54①250
すいようひ【すいやうひ、水揚妃】
菊　54①229,254
すえつぐべに【末次紅】
筑前紅ぼたん　54①75
すえつむ【すへつむ】
菊　54①249
すえのまつやま【末の松山】
白ぼたん　54①41
すおう【すわう】
菊　54①255
すおうばい【蘇枋梅、櫯枋梅】
梅　54①138/55③247
すがもやしちちりじりまいまさき【巣鴨弥七ちりぢり舞框】
まさき　55②154
すがもやしちなんばん【巣鴨弥七なんはん】
まき　55②116
すくはり【すくはり、栖張】
稲　10①50/28①19
すくみ【すくミ】
稲　28①19
ずこあわ【ずこ粟】
あわ　4①81
すざきやろく【須崎弥六】
稲　30①17
すじうり【筋瓜】→E
瓜　19①115
すじふろう【筋ふろう】
ささげ　10①58
すじまくわ【筋真桑】
まくわうり　17①261
すずうり【鈴瓜】
瓜　6①124
すずき【鈴木】
白ぼたん　54①49
すずきこんこひさぎ【鈴木こんこ楸】
ひさぎ　55②160
すずし【すゞし】
かいどう　55③275
すずなかほそばさざんか【鈴仲細葉茶山花】
さざんか　55②156
すずめいね【雀稲】
稲　10①51
すずめしらず【雀しらす】
稲　2③259/4①275/10②315
すずめのかめ【雀ノ甕】
大豆　19①140
すずめのはなさし【雀の鼻指】
あわ　10①59
すずめはぎ【雀はき】
はぎ　55③384
すずめもち【雀餅】
稲　4①274
すずゆうだししらふ【鈴勇出白斑】
茶　55②162
すその【すそ野】
なでしこ　54①212
すそのしろ【裾野白】
白ぼたん　54①39
すそのひば【すそのひば】
いわひば　54①257
すそのむらさき【すそ野紫】
つつじ　54①125
すながまち【砂ヶ町】
たばこ　45⑥285
すなはしり【砂走】
たばこ　45⑥285
ずばい【ずばい】
桃　54①143
すべべべに【すべゝ紅】
さざんか　54①115
すま【須磨】
白ぼたん　54①54
すみだがわ【角田川】
菊　54①253,254
すみのくら【角の倉、角倉】
つばき　55③424,426,430
すみのくらつばき【角の倉椿】
つばき　55③253,430
すやまぎ【須山木】
菊　54①253
ずりきび【づりきび】→E
きび　43③262
するがしろ【するが白】
芍薬　54①80
するがなでしこ【するが撫子】
なでしこ　54①212
するがまんよう【するが万葉】
つつじ　54①122
すわべ【諏訪部】
白ぼたん　54①48
すんしゅうこまくわ【駿州小真桑】
まくわうり　17①261
ずんばい【ヅンバイ】
桃　40④330
ずんばいもも【ずんばいもゝ】
桃　16①151

【せ】

せいうん【青雲】
白ぼたん　54①52
せいうんしろ【青雲白】
白ぼたん　54①51
せいおうぼ【せいわうほ、西王母】
桃　13①157/54①142
せいか【清花】
つばき　54①107
せいがい【青海】
かえで　55③258,409
せいがい【青芥】
からしな　15①75
せいかいしょ【青灰蔗】
さとうきび　70①8
せいがいは【せいかいは、せいがいは】
かえで　54①152
つつじ　54①118
せいぎょく【青玉】
つばき　54①94
せいこう【せいかう】
さざんか　54①115
せいさん【せいさん】
つつじ　54①117
せいし【西施】
筑前紅ぼたん　54①75
せいじ【せいぢ】
さつき　54①134
せいしょ【西蔗、青蔗】
さとうきび　70①8
せいしょうじ【せいしやう寺】
梅　54①141
せいすけ【清助】
稲　30①17
せいはく【せいはく、晴白】
菊　2①117
さつき　54①130
芍薬　54①82
せいひたいりん【せいひ大輪】
つばき　55③389
せいよう【せいやう】
さつき　54①135
せいらく【西洛】
紅ぼたん　54①66
白ぼたん　54①47
せいらん【晴嵐】
菊　2①117
せいりゅう【青竜】
なし　46①9,38
せいりょういん【清涼院】
白ぼたん　54①51
せきこう【せきかう】
菊　54①249
せきさん【石蚕】
蚕　35①47
せきでら【せき寺】
つつじ　54①123
せきもり【せきもり、せき守、関守】
菊　54①255
紅ぼたん　54①72
さつき　54①133
白ぼたん　54①41
せきや【せきや】
菊　54①249
ぜきゅう【是休】
白ぼたん　54①54
せきようじ【石甕寺】
筑前白ぼたん　54①74

せきりゅう【赤竜】
なし　46①36
せせもち【せゝもち】
稲　2③259
せつかも【せつかも】
芍薬　54①81
せっこう【雪紅】
つばき　54①104
せつざん【せつさん、雪山】
おもと　55②108
筑前白ぼたん　54①74
つばき　54①95
白ぼたん　54①44
せっさん【雪蚕】
蚕　35①46,47
せっちゅう【雪中】
つばき　54①100
せん【籼】
稲　6①52,66,71,82
せんいね【籼稲】
稲　6①209
せんえ【千重】
紅ぼたん　54①60,66
筑前白ぼたん　54①74
桃　55③266
せんえこう【千重紅】
紅ぼたん　54①68
せんえしき【せんゑしき】
つつじ　54①121
ぜんえもん【善右衛門】
つばき　55②159
せんがんや【千貫屋】
紅ぼたん　54①59,67,69
ぜんきょう【ぜんきやう】
つつじ　54①120
せんげんじ【せんけんじ】
菊　54①248
ぜんご【前呉】
たばこ　45⑥299
せんこうじ【泉香寺】
筑前白ぼたん　54①73
せんごく【仙石】
稲　3④266
ぜんじ【善次、禅師】
紅ぼたん　54①62
せんしこう【せんし紅】
つばき　54①92
せんじょう【仙乗】
白ぼたん　54①42
せんすなす【扇子茄子】
なす　10①75
せんだい【仙台】
ききょう　54①209
白ぼたん　54①54
せんだいこつぶ【仙台小粒】
稲　22④221
せんだいさきわけ【仙台咲分】
菊　54①247
せんだいだねちゃだいず【仙台種茶大豆】
大豆　2⑤334
せんだいわせ【仙台早稲】
稲　2③259/37②210
せんどう【仙道】
稲　19①24
せんどうわせ【仙道早稲】
稲　37①12
せんなり【せんなり、千なり、千成、千生り】
稲　37②171
とうがらし　4①156
なす　6①120/22④253
ゆうがお　54①228
せんは【徧苣】
ちしゃ　19①125
せんばづる【千羽鶴】
なし　46①8,27
せんふく【せんふく】
稲　1①23,50,52
せんぼ【せんほ】
稲　28①19
せんぼう【センボウ】
稲　5①62
せんぼん【千本】
稲　10②315/30①17
せんぼんあわ【千本粟】
あわ　40②123
せんぼんもち【千本餅】
稲　10①52
せんよう【せんやう】
さつき　54①128
せんようからし【千葉芥子】
からしな　10①80
せんようむらさき【千葉紫】
紅ぼたん　54①70
せんりょうぼたん【千両牡丹】
ぼたん　55③290

【そ】

そういり【宗入】
白ぼたん　54①54
そうえん【宗円】
白ぼたん　54①43
そうざえもんしろ【惣左衛門白】
筑前白ぼたん　54①73
そうじょうぼう【僧正坊】
なし　46①10,49,63
そうせき【宗碩】
おもと　55②106,③340
そうせきじま【宗碩嶋】
おもと　55②109
そうせきば【宗碩葉】
おもと　55②106
そうせきやこうぎょくあおき【宗碩夜光玉青木】
あおき　55②157
そうだもち【そうたもち、そうだもち】
あわ　41⑤233,234,260
そうたん【宗丹、宗旦】
むくげ　55③334,357
そうちく【相竹】
稲　6①80
そうちゅうばん【早中晩】
稲　10②318
そうでん【早田】
稲　12①132,139/37③332
そうまくり【惣まくり】
菊　54①253
そうましろだしとくわか【相馬白出徳若】
まき　55②117
そうまほそばしきみ【相馬細葉しきミ】
しきみ　55②157
そくえんじ【ソクエンジ、ソクエン寺、即園寺】
なし　46①10,53
ぞくこん【ぞくこん】
大豆　6①96
そこあか【そこあか、そこ赤】
あおい　54①214
むくげ　54①164
そこいれだいこん【底入大こん】
大根　10①67
そこしろ【そこ白】
あおい　54①214
けし　54①201
さつき　54①128
そさん【楚蚕】
蚕　35①43
そしだん【そしだん】
つつじ　54①121
そだなだいこん【そだな大根】
大根　22④236
そでうら【袖浦】
筑前白ぼたん　54①74
そでかのこ【袖かのこ】
さつき　54①132
そでしぼり【袖しほり】
まくわうり　17①261
そでのうち【袖の内】
筑前白ぼたん　54①73
白ぼたん　54①43
そでのかみ【袖の上】
筑前白ぼたん　54①73
そでまがき【そでまかき、袖まかき】
さつき　54①131,132
そとのはま【そとのはま】
菊　54①253
そねみ【そねミ】
菊　54①254
そめい【染井】
紅ぼたん　54①56
そめいいへえひいらぎつばき【染井伊兵衛柊椿】
つばき　55②157
そめいはちじゅうはちきちりめん【染井八十八生黄ちりめん】
たちばな　55②118
そめいろ【染色】
筑前紅ぼたん　54①74
そめかわ【染川】
筑前紅ぼたん　54①74
そめつくし【染尽】
筑前紅ぼたん　54①75
そより【ソヨリ、そより】
稲　4①275/5①62
そらだいず【空大豆】
大豆　67③138
そらたき【そらたき】
筑前紅ぼたん　54①75

【た】

たい【太】
稲　41②63,81
たいがいし【大核子】
綿　13①16
だいかくそば【大角蕎】
そば　6①105
たいげつ【対月】
筑前白ぼたん　54①74
たいこう【大紅】
紅ぼたん　54①67
だいこうわせ【大行早稲】
稲　6①80
だいこが【大古河】
なし　46①9,39,63
だいこく【大黒】
稲　1②152/3④265/36③209,267
ささげ　10①58
大豆　10①56/25②203
だいこくまめ【大黒豆】
大豆　6①96
だいこんかぶ【大根蕪】
かぶ　3④359
だいこんみのわせ【大根みのわせ】
大根　22⑥383
たいざんじざくら【泰山寺桜】
桜　55③273
たいざんふくんざくら【泰山府君桜】
桜　55③273
たいさんぼく【たいさんほく、大山木】
桜　54①147
つばき　54①107
たいしゅがき【大朱かき】
菊　54①248
だいしゅぎく【大朱菊】
菊　10①83
だいじょうこく【大上石】

稲 2③259
だいしょうじ【大正寺】
菊 54①253
たいしょっかん【たいしよくわん、大しよくわん】
菊 54①230,252
たいしん【太真】
筑前紅ぼたん 54①74
だいぜん【大膳】
白ぼたん 54①47
だいせんぼん【大千本】
稲 30①17
だいそう【大葱】
ねぎ 12①276
だいだん【だいだん】
つつじ 54①118
たいと【タイト、たいと、秈】→N
稲 5①57,58/27①51,112,155,156,157,159,160,162,163,166,167,252,264,369,386
たいといね【秈いね】
稲 27①160
たいとう【たいたう、太稲、大唐、秈】
稲 4①19,39,74/6①52,53,54,66,68,165/10②315/30①16,17,31,53,54,80,125/41②77/54①234/67④173
たいとういね【たいとう稲、大唐稲】
稲 4①26,59,69,73,74/5①82/6①70/10②302,315,317/17①88,152
だいどうおくて【大堂後稲】
稲 10①50
たいとうまい【大唐米】→N
稲 4①73,75
たいとうもち【大唐餅】
稲 10①53
たいとうわせ【大唐早稲】
稲 4①274
だいとくじ【大徳寺】
菊 54①251
だいなごん【大納言】
小豆 10①56/19①144
だいなごんあかあずき【大納言赤小豆】
小豆 10②328
だいなごんあずき【大なこん小豆、大納言小豆】
小豆 6①97,98
だいなんぶ【大南部】
なし 46①10,47
たいはく【太白、大白】
稲 4①276
菊 10①20,83/54①247/55③403
ささげ 10①58
大豆 10①55
綿 7①90
たいはくいね【大白稲】
稲 10①49
たいはくそう【大白草】
稲 10①50
たいはくだいず【大白大豆】
大豆 44③240
だいはんにゃ【大般若】
菊 54①250
だいふく【大福】
稲 44①18
だいぶんご【大豊後】
稲 2③259
たいへいらく【大瓶楽】
大豆 19①140
たいまい【太米】
稲 10①48,52,53
たいりん【大リン、大輪】
菊 48①204
紅ぼたん 54①65
筑前白ぼたん 54①74
たえまななほ【タエマなゝほ】
稲 61⑤181
たがあわ【たが粟、多賀粟】
あわ 30①130/41②112,113
たかお【高雄】
かえで 54①152
筑前紅ぼたん 54①75
たかおや【高尾屋】
稲 4①276
たかくぼまるばくちなし【高久保丸葉くちなし】
くちなし 55②154
たかこうぞ【高楮】
楮 14①259
たかさか【高坂】
稲 42①51,53
たかさかわせ【高坂わせ】
稲 42①53
たかさき【高崎】
稲 42②98,99,102,121,122,123,124
おもと 55②111
たかさきだね【高崎種】
稲 42②91
たかさご【たかさご、高砂】
稲 3④266/8①76,207/22④219
菊 2①117
さつき 54①127
芍薬 54①83
つばき 54①106
たかざむらい【高侍】
なす 19①129
たかそ【たかそ、高苧】
楮 14①259/53①16,17
たかだ【高田】
白ぼたん 54①43
たかだもち【高田餅】
稲 25②191
たかな【菘菜】→B、E、N
あおな 10①69
たかながらし【高ながらし】
からしな 12①233
たかね【高ね】→L
さつき 54①126
白ぼたん 54①50
たかねこしみの【高ねこしミの】
さつき 54①135
たかのつめ【鷹ノ爪】
おもと 55②111
たかのは【鷹の羽】
小麦 10①55
たかはしさぼてん【高橋さほてん】
さぼてん 55②114
たかまつ【たかまつ、高松】
稲 23①42
さつき 54①133
たかみやさきわけ【高宮咲分】
菊 54①248
たかやぼうず【高屋坊主】
稲 39④223
たきなみ【滝波】
つばき 55③390
たきや【タキヤ、たきや、滝谷】
大豆 25②203,204,205/36③205
たけおもと【竹万年青】
おもと 55②109
たけしま【竹島】
ゆり 55③352
たけだ【竹田】
筑前白ぼたん 54①74
たけなみ【たけなミ、たけなみ】
つばき 55③390
たけはら【竹原】
たばこ 45⑥299
たけまつ【竹松】
稲 6①80
たけもと【武元】
たばこ 45⑥285
たごのうら【田子の浦】
なし 46①10,44
たしろ【田代】
筑前紅ぼたん 54①75
筑前白ぼたん 54①74
ただだいこん【只大根】
大根 2①14,19,56,57,58,59
ただなわ【忠縄】
稲 4①276
ただなわまて【唯縄マテ】
稲 5①62
ただのり【たゞのり】
菊 54①248
たちば【起葉】
からしな 55③249
たつた【たつた、龍田】
かえで 54①152
紅ぼたん 54①72
つつじ 54①119
たつたがわ【立田川】
筑前紅ぼたん 54①75
つばき 54①109
たつたやわたぼ【タツタやわたぼ】
稲 61⑤181
たつなみ【たつなミ】
さつき 54①133
たて【舘】
たばこ 45⑥288,313,324,327,336
たであい【たてあゐ、タデ藍、蓼藍】
藍 13①41/19①105/45②100
だてぐわ【伊達桑】
桑 18②252/56①60
たてたばこ【舘煙草】
たばこ 19①128
だてのあかぎなえ【伊達の赤木苗】
桑 18②252
たては【舘葉】
たばこ 45⑥294
たでは【蓼葉】
藍 45②100
だてふくりん【伊達復輪】
せっこく 55②147
だてへん【伊達辺】
せっこく 55②152
たなかせんしょうするがたらよう【田中仙生駿河多羅葉】
たちばな 55②118
たなかべに【田中紅】
筑前紅ぼたん 54①75
たなだ【棚田】→D
稲 6①81
たなばた【たなはた】
つつじ 54①118
たなべわびすけ【田辺わびすけ】
つばき 55③415
たにこし【谷コシ】→かぶらだね
かぶ 19①118
たぬきのお【狸の尾】
あわ 10①59
たねおおつぶのもの【種子大粒の物】
稲 27①34
たねがわり【タネカハリ、たねがハリ、種子替ハリ、種子変リ、種変、種変り】→E
12①139
稲 1③260/8①78
柿 13①145/56①76
はぜ 31④161,172
まくわうり 12①247
綿 8①14/13①10
たねなし【種子なし】
みかん 14①387

たねなしみかん【種子なし蜜柑】→E
みかん　14①387
たのもくり【頼母栗】
栗　54①169
たまがき【玉垣】
筑前紅ぼたん　54①74
なし　46①9,34
たまかずら【玉かつら】
菊　54①251
さつき　54①133
たまがわ【玉川】
つばき　54①92
たまがわたね【玉川種】
稲　2⑤328
たまくちば【玉くちば】
菊　54①250
たまくれ【玉くれ】
菊　54①256
たまご【たまご、玉子】→B、E、I、J、N
なし　46①8,24
たまさり【田まさり】
陸稲　22④279
たまさりもち【田まさりもち】
陸稲　22④279
たまじし【玉獅子】
なし　46①10,48
たますだれ【たますたれ】
芍薬　54①84
たまのい【玉の井】
菊　54①256
たまものまえ【たまものまへ】
芍薬　54①85
たまやむらさき【玉や紫】
つつじ　54①118
たみや【田宮】
紅ぼたん　54①71
たむけやま【手向山】
紅ぼたん　54①72
ためともゆり【為朝百合】
ゆり　55③365
だるま【だるま】
芍薬　54①84
だるまむらさき【たるま紫】
さつき　54①134
たろべえもち【太郎兵衛餅】
稲　4①275
たわらうり【俵瓜】
瓜　10①75
たん【短】
ゆうがお　19①126
たんきり【タン切、たん切】
稲　36③209,267
たんご【丹後】
稲　25②191
たんごあわ【丹後粟】
あわ　10②368
たんじゅ【たんじゆ】
つばき　54①95
たんしゅうくれない【丹州紅】
せっこく　55②152
だんの【団野】
筑前白ぼたん　54①74
たんば【たんは、丹波】
稲　3④266/28①19
たばこ　13①65
たんばいちえいぞうほ【タンバイチ栄蔵ほ】
稲　61⑤181
たんばいちはすいけ【タンバイチはす池】
稲　61⑤181
たんばおおぐり【丹波大栗】
栗　54①169
たんばぐり【丹波栗】→V
栗　2⑤333
たんばだね【丹波種】
蚕　47①17
たんばわせ【丹波早稲】
稲　10①48
だんろく【団六】
稲　30①17

【ち】

ちかなり【ちかなり、ちか成、近成】
稲　25②187/37②132
ちく【ちく】
稲　4①275
ちぐさ【千艸】
ゆり　55③330
ちくしょ【竹蔗】
さとうきび　70①8
ちくぜん【ちくぜん、筑前】
おもと　55②108,③340
菊　54①255
紅ぼたん　54①57
白ぼたん　54①38
ちくぜんしろ【ちくせん白】
白ぼたん　54①41
ちくぜんふたえ【筑前二重】
白ぼたん　54①41
ちくぜんやろく【筑前やろく】
稲　41②70
ちくぶしま【竹生嶋】
稲　23①42
ちご【小児】
稲　10①50
ちごうめ【児梅】
梅　55③247
ちごおもと【ちこおもと】
おもと　55②109
ちござくら【ちごさくら】
桜　54①148
ちごぼたん【児牡丹】
白ぼたん　54①42
ちごむぎ【チコ麦】
裸麦　30①91
ちしおこう【ちしほ紅、千染紅】
紅ぼたん　54①57,61
ちしゅ【ちしゆ】
桜　54①147
ちそざ【知首座】
筑前紅ぼたん　54①74
ちそめ【千染】
紅ぼたん　54①56
ちちぶたて【秩父舘】→V
たばこ　45⑥319,335,337
ちぢみば【知々美葉】
藍　45②100
ちっこ【ちつこ】
稲　4①274
ちていひさぎ【地亭ひさき】
ひさぎ　55②161
ちどり【千鳥】
つばき　54①90
ちぶき【地ふき】
ふき　17①279
ちめい【知明】
瓜　10①75
ちもと【ちもと】→E、N
桜　54①147
ちゃぼ【ちやぼ、矮鶏】
とうもろこし　3④253
鶏　55③375
ちゃぼあさがお【ちやほあさがほ、ちやぼ朝かほ】
あさがお　54①228,298
ちゃぼとうきみ【ちやぼ唐きみ】
とうもろこし　3④375
ちゃむ【矮鶏】
鶏　69②286
ちゃわせ【茶早稲】
稲　61①43
ちゃわた【茶棉】
綿　7①100
ちゃんはんいね【占城稲】
稲　4①71/6①84
陸稲　12①147,149/37③309
ちゃんはんこめ【占城米】
陸稲　70⑥377
ちゅう【中】
ゆうがお　19①126
ちゅうがま【中蒲】
がま　55③351
ちゅうから【中辛】
とうがらし　19①123
ちゅうきりしま【中きり嶋】
つつじ　54①116
ちゅうぐり【中栗】→E
栗　18①71/68③363
ちゅうさん【中蚕】
蚕　35③437
ちゅうでん【中稲、中田】→A、D
稲　7①15,35,46/11②92/12①132,134,139,143/37③273,274/40③215/61⑩415
綿　22④262
ちゅうのせらん【中能勢蘭】
のせらん　55③369
ちゅうはく【中白】
つばき　54①105
ちゅうほん【中ほん】
つばき　54①94
ちゅうりん【中リン】
菊　48①205
ちよ【千代】
つばき　54①99
ちょ【楮】
楮　13①91
ちょうえもん【長右衛門】
つばき　55②160
ちょうえもんだしあけぼの【長右衛門出曙】
しろあやすぎ　55②162
ちょうくろ【蝶黒】
綿　15③347
ちょうくろう【長九郎】
綿　15③347
ちょうし【長子】
筑前白ぼたん　54①73
ちょうじ【ちやうじ】
つつじ　54①119
ちょうじがき【丁子柿】
柿　14①213
ちょうじくるま【丁子車】
菊　54①256
ちょうせいもも【長せいもゝ】
桃　54①144
ちょうせん【ちやうせん、てうせん、朝セン、朝せん、朝鮮】→Z
延胡索　68③353
鶏頭　55③375
なし　46①9,30,63
菜種　22③155,175/45③164
なでしこ　54①212
白ぼたん　54①48,54
まき　55③435
綿　8①28,29,31,46,270,271
ちょうせんくわがたば【朝鮮鍬形葉】
おもと　55②107
ちょうせんだね【朝鮮種】
おうごん　68③342
栝蔞根　68③350
朝鮮人参　45⑦396,408
菜種　22③159
ちょうせんだねにんじん【朝鮮種人参】
朝鮮人参　45⑦415,432
ちょうせんだねのにんじん【朝鮮種の人参】
朝鮮人参　45⑦423
ちょうせんだねふじまめ【朝鮮種眉児豆】

ふじまめ　2⑤334
ちょうせんのせい【朝鮮之性】
土茯苓　68③358
ちょうせんのたね【朝鮮之種】
おうごん　68③342
朝鮮人参　68③337
ちょうせんほうき【朝鮮ほふき】
ほうきぐさ　33⑥349
ちょうせんむらさき【朝鮮紫】
紅ぼたん　54①71
ちょうせんめかかず【朝鮮目かゝず】
たばこ　13①66
ちょうちん【ちやうちん】
桜　54①146
ちょうはちはちす【長八木槿】
むくげ　54①163
ちょうよう【ちやうやう、重陽】
さつき　54①132
なし　46①10,42
ちょうりょう【張良】
なし　46①10,52
ちよづるしろうずのじょうふ【千代鶴白うずの上斑】
まんりょう　55②135
ちょぼがき【ちょぼがき】
柿　14①213
ちり【ちり】
さつき　54①128
ちりかき【ちりかき】
楮　56①176
ちりめん【チリメン、ちりめん、縮緬】
かえで　55③258,409
菊　54①255
紅ぼたん　54①62
さつき　54①131
しそ　14①364/38④247
花しょうぶ　54①220
ちりめんかつらまるもの【縮面かつら丸もの】
かつら　55②137
ちりめんじそ【ちりめんしそ、ちりめん紫蘇、縮緬しそ】→N
しそ　25②221/33⑥348
ちりめんば【縮緬葉】
せっこく　55②146
ちりめんまる【縮緬丸、縮面丸】
せっこく　55②151
せっこくらん　55②147
ちんえ【ちん重】
つばき　54①102
ちんこ【ちんこ】
綿　13①9/15③348,390
ちんちくりん【ちんちくりん】
ほおずき　17①291
ちんぬく【鶴之子】
里芋　34⑤85

【つ】

ついなひき【つひなひき】
稲　4①274
つうかけ【つうかけ】
楮　53①16
つうてん【通天】
かえで　54①154
つうてんかえで【通天楓】
かえで　54①154
つがねのよしくじゃく【津金ノ由孔雀】
たちばな　55②119
つがねのよしするがちりめん【津金ノ由駿河ちりめん】
たちばな　55②119
つがる【津軽】
稲　2⑤326/4①274/25②191,195
つがるこく【津軽石】
大豆　2①39
つがるの【津軽野】
大根　6①111
つがるわせ【津軽わせ、津軽早稲】
稲　6①80/25②187
つかわき【塚脇】
たばこ　45⑥286
つきかげ【月かげ、月影】
つばき　54①103
なし　46①9,33
白ぼたん　54①44
つきけやき【槻欅】
けやき　56①100
つぎなかて【次中手】
稲　11⑤243
つぎのたに【次の谷】
稲　4①274
つきので【月の出】
なし　46①9,35
つきのわ【月の輪】
なし　46①11,55
つきまわし【つき廻】
稲　41①9
つくしこうばい【つくし紅梅】
梅　54①141
つくしさんば【ツクシさんば】
稲　61⑤181
つくしぶね【つくし舟】
芍薬　54①84
つくしやまだぼ【ツクシやまだぼ】
稲　61⑤181
つくなりきび【つくなり黍】
きび　6①102
つくねいも【つくねいも、つくね芋、甘藷、仏掌藷】→E、N
ながいも　10①61/17①269/20①155
やまいも　12①373,375/19①152/69②339
つくねところ【つくねところ】
ところ　17①272
つくみいも【つくミいも】
里芋　17①255
つじいも【つし芋】
里芋　10①61,62
つちかぶり【土冠】
大根　2①59
つちだいこん【土大こん】→N
大根　10①68
つちつかみ【土攫】
ながいも　2①95
つちまゆ【土まゆ】
蚕　47①11,15
つづらかけ【つゞらかけ】
楮　14①259
つづりかき【つゞりかき】
楮　13①92,95
つねいろだいず【常色大豆】
大豆　20②382
つのくに【つの国】
稲　41⑤232
つのはずこう【つのはづ紅】
芍薬　54①82
つばきあい【つばきあゐ、ツハキ藍】
藍　19①105/45②100
つばきは【椿葉】
藍　45②100
つばきや【つばきや】
紅ぼたん　54①72
つばくらまめ【燕豆】→E
大豆　6①96
つばくらもち【つばくら糯】
稲　2③259
つばたかぶら【津幡カブラ】
菜種　6①110
つぶがらし【白芥子】→E、N
からしな　19①135
つぶてむぎ【礫麦】
大麦　10①54
つぶれず【つふれず、つぶれす、つぶれず】
稲　19①26,28/37①12,13,14
つぼ【津暮】
たばこ　45⑥299
つぼあい【壺藍】
藍　10①67
つぼたで【壺たて】
たで　10①73
つまくれない【爪紅】
紅ぼたん　54①65
白ぼたん　54①43
つまじろ【つま白、爪白】
おもと　55②108
せきちく　54①213
つまべに【つまべに、爪紅粉】
さざんか　54①113
筑前紅ぼたん　54①75
つみ【柘】
桑　47②138
つや【つや】
紅ぼたん　54①61
つばき　54①95
白ぼたん　54①43
つゆいも【八花芋、露芋】→E
里芋　10①61
づらやろく【づら弥六】
稲　4①276
つらゆき【つらゆき】
菊　54①256
つりがね【つりかね】
つつじ　54①119
つるうり【蔓瓜】
まくわうり　25②216
つるがしぼり【つるがしぼり】
さつき　54①130
つるくび【つるくび、鶴くび、鶴首】
稲　19①24,73/20①88,89/37①29
つるごめん【つるごめん、鶴こめん】
なし　46①8,23
つるしがき【つるしがき、白柿】→K、N
柿　14①213/56①85
つるた【鶴田】→Z
桑　56①60,192,200,204,205
つるのい【鶴のゐ】
稲　37②171
つるのくちばし【鶴の觜】
はぜ　31④152
つるのこ【ツルノ子、つるの子、鶴ノ子、鶴の子、鶴子、鶴乃子】
里芋　12①359/22④245/33⑥354,355
大豆　25②205
なし　46①8,9,23,30,40
白ぼたん　54①42
まくわうり　25②216
つるのこいも【蔓ノ子芋】
里芋　6①134
つるひき【鶴引】
稲　37②128,132,139,141,159,160,171,179,187,228
つるひきいね【鶴引稲】
稲　37②143
つるほそ【つるほそ】
稲　41⑤232,234,247,257
つるわたりいね【鶴渡稲】
稲　37②183
つんぬく【つんぬく】
里芋　34④69

【て】

ていか【定家】
かえで　55③258,409
てがら【てがら】
菊　54①255
できごろ【てきころ】
稲　4①276
てきしょ【荻蔗】
さとうきび　70①8
できほ【出来穂】
稲　4①276
でじま【出じま】
なし　46①10,51
でしろ【出白】
稲　6①81
でっこ【デツコ】
大麦　30①91
でっぽ【でつぽ】
大根　22④235,237
てっぽう【てつぱう、てつぽう】
綿　15③349,390
てなし【手なし】
ささげ　2①101,127
てなしささげ【手なし豇豆】
ささげ　2①101
てぼたん【てぼたん】
つつじ　54①123
てりくさ【旱草】
綿　7①97/40②51
てりこう【てりかう】
菊　54①251
でわ【出羽】
大豆　19①140
でわたいりん【出羽大りん】
つばき　54①107
でわのくにあきただねしろだいず【出羽国秋田種白大豆】
大豆　2⑤334
てんじくなえ【天竺苗】
稲　70⑥377
てんじくまめ【天竺豆】
ふじまめ　12①204
てんじょうなり【天井生】
とうがらし　19①123
でんしん【田神】
稲　19①24
てんじんしぼり【天神絞】
つばき　55③421
でんない【テンナイ、でんない】
柿　54①166/56①66
てんにん【てんにん、天にん、天人】
菊　54①248
芍薬　54①85
てんのう【天王】
紅ぼたん　54①72
てんのうじかぶ【天王寺かふ、天王寺かぶ】
かぶ　2⑤331/3④359/12①228
てんひよう【てんひやう】
稲　1①51,52
でんべい【伝兵】
稲　1②151
てんまごんじゅうこばつげ【天満権十小葉柘植】
つげ　55②155
てんまちょうべえひいらぎもくせい【天満長兵衛柊もくせい】
もくせい　55②156
てんりゅうじ【天竜寺】
梅　54①141
菊　54①249

【と】

といちけなが【トイチけなが】
稲　61⑤181
とうあい【唐藍】
藍　13①41
とうあさつき【タウ胡葱】
あさつき　19①133
とういも【唐芋】→E
里芋　38③129
とうがき【塔柿】→E
柿　14①214/56①85
とうかずら【唐かつら、唐蔓】
さつまいも　34④61,65
とうぎんぺん【唐銀辺】
せっこく　55②152
とうぐこ【唐ぐこ】
くこ　13①228
とうくるま【たう車】
菊　54①247
とうぐろ【とう黒】
稲　25②191
とうげひば【たうげひば】
いわひば　54①257
とうこぼし【とうこほし】
稲　25①74
とうさん【烏蒜】
あさつき　19①133
とうじうり【東寺ふり】
まくわうり　17①261
とうしおん【唐紫苑】
しおん　55③359
とうじつうすべに【冬日薄紅】
筑前紅ぼたん　54①75
とうじつこむらさき【冬日濃紫】
筑前紅ぼたん　54①75
どうじもも【童子桃】
桃　55③251
とうしょ【糖蔗】
さとうきび　70①10,11,14
とうしろう【藤四郎】
稲　4①275
紅ぼたん　54①70
とうせっこく【唐石斛】
せっこく　55②148,150
とうせん【とうせん、唐船】
稲　41①10
筑前白ぼたん　54①73
とうだいじ【東大寺】
紅ぼたん　54①59,69
とうだいじこう【東大寺紅】
紅ぼたん　54①66,72
とうなす【唐茄子】→E、I
なす　10①75,76
どうねんくりもとえがわばえたらよう【同年栗本江川生多羅葉】
たちばな　55②119
どうねんみずのほかいっかしょばえするがつまじろ【同年水野外一ヶ所生駿河爪白】
たちばな　55②119
とうのいも【とうのいも、とうの芋、とふの芋、唐ノ芋、唐の芋】→E
里芋　4①139,140/17①254/22④242,243,244,247/23⑥323/28②147
とうひゆ【唐莧】
ひゆ　10①72
とうぼうし【唐稲子】
稲　38③147,206
とうほうせい【唐穂青】
稲　10①53
とうぼし【とうほし、唐干、唐米、唐法師】
稲　6①81/10①53/17①147/62②40
とうぼしいね【とうほし稲、唐穂稲】
稲　17①88,152
とうほしもち【唐干餅】
稲　4①275
とうまる【唐丸、鶤鶏】
鶏　13①260/69②286
とうまんや【登満屋】
紅ぼたん　54①67
とうみょう【とうめう】
芍薬　54①79,81
とうれん【唐蓮】→E
はす　12①342
とうろく【藤六】
柿　54①167/56①66
とおさんこばもち【遠三小葉もち】
もちのき　55②156
とおとおみ【遠江】
菊　54①253
とおやま【遠山】
白ぼたん　54①45,48
とおやまこうはん【遠山黄斑】
なぎ　55②116
とおやましろ【遠山白】
白ぼたん　54①48
とおやまだしこがね【遠山出黄金】
ちゃぼひば　55②162
とおやまだしはくはん【遠山出白斑】
ゆずりは　55②162
とおやままるばもち【遠山丸葉もち】
もちのき　55②156
ときしらず【時しらず】
大根　41②101
ときのはね【鴇の羽】
紅ぼたん　54①67
ときょうぜん【疾饗膳】
稲　10①50
ときわ【ときわ】
紅ぼたん　54①72
つばき　54①98
ときわむらさき【ときわ紫】
つつじ　54①121
とこいろ【常色】
大豆　19①140
とこなつ【とこ夏、常夏】
せきちく　55③286
筑前紅ぼたん　54①75
とこなり【とこなり】
梅　54①139
とこゆ【とこゆ】
ゆず　54①168
とさ【土佐】
綿　8①12,31,46,271
とさこさか【土佐小坂】
杉　56①40
とさのこさか【土佐の小坂】
杉　56①215
とさぼう【土佐坊】
なし　46①11,54
とさわた【土佐わた、土佐綿】
綿　8①28,29,263/15③350
としまやだししらふ【豊島屋出白斑】
ひよくひば　55②163
としみ【杜子実】
かいどう　54①144
としょ【杜蔗】
さとうきび　70①8
とそん【とそん】
稲　22④219
とだ【戸田】
稲　23①42
とたい【迅太】
稲　30①17
とだとびいり【戸田飛入】
つばき　54①96
とだべに【戸田べに】
筑前紅ぼたん　54①75
とたり【とたり】
里芋　22④245
とち【橡】

白ぼたん　54①54
とちぎ【栃木】
たばこ　45⑥299
どちどち【どちどち】
菊　54①255
とっそう【とつさう】
さつき　54①132
とっときねぎ【とつとき葱】
ねぎ　28④347
とっぱ【トツパ】
稲　31⑤252
ととう【稌稲】
稲　70②148,149
となみやろく【砺波弥六】
稲　4①275
とねり【舎人】
白ぼたん　54①40
とねりこう【舎人紅】
紅ぼたん　54①61
とびいり【とび入、飛入】
さつき　54①129
つばき　54①96,98,104
白ぼたん　54①49,55
とびか【酴醾花】
やまぶき　55③415
とびぐち【鳶口】
とうがらし　19①123
とびだし【とび出、飛出】
紅ぼたん　54①66,72
とびむめ【とびむめ、飛梅】
梅　54①140,141
とまや【とまや】
つつじ　54①122
つばき　54①103
とめ【留】
たばこ　45⑥286,287,289,319,336
ともえ【ともへ】
つばき　54①110
ともえうんぜん【ともへうんせん】
つつじ　54①120
ともだえっちゅう【トモダ越中】
稲　61⑤181
ともまつうり【舳松瓜】
瓜　19①115
とやま【ト山、と山】
柿　54①166/56①66
とやまわせ【外山早稲】
稲　41②**65**
とやろく【戸弥六、迅弥六】
稲　30①17/70④261
とやろくがえり【疾弥六返、迅弥六返】
稲　30①16,79
とやろくわせ【戸弥六早稲、疾弥六早稲】
稲　30①55,74,78,89/70④261
どようふじ【土用藤】
ふじ　54①156
とよかわ【豊川】
稲　23①42
とよきりしま【とよきり嶋】
つつじ　54①116
とよくに【豊国】
稲　23①42
とよぐるま【とよ車】
つつじ　54①123
とよさつま【とよさつま】
さつき　54①131
とよだきんとき【トヨダきんとき】
稲　61⑤181
とよのふりそで【豊のふり袖】
菊　54①252
とよむらさき【とよむらさき】
つつじ　54①120
とらそうせき【虎宗碩】
おもと　55②109
とらのお【とらの尾、虎尾】
あわ　19①138
梅　54①141/56①108
桜　54①146
とらのおさくら【虎の尾桜】
桜　55③272
とらふ【虎斑】
おもと　55②111
とらまめ【とら豆】
いんげん　22④269
とりどいね【鳥土稲】
稲　10①50
とりどり【とりとり】
つばき　54①88
とりのこ【鳥子】
白ぼたん　54①54
とりのした【鳥の舌】
小麦　10①55
とりのめ【鶏ノ目】
大豆　6①96
とりやまきゃらびきひさぎ【鳥山伽羅引ひさ木】
ひさぎ　55②157
とろくすん【十六寸】
大豆　10①55
どろほ【泥穂】
稲　23①41
とろめひえ【とろめ稗】
ひえ　10①60

【な】

ないき【内記】
白ぼたん　54①47
なえぎ【苗木】
白ぼたん　54①39
なか【中】
ごま　17①206
ひえ　17①205
なが【長】
ゆうがお　19①126
なかあずき【中カ小豆】
小豆　39⑤291
なかあわ【中粟】
あわ　10①29
ながあわ【長粟】
あわ　10①59
ながい【長井】
稲　19①24,25,26
ながい【永井】
紅ぼたん　54①59
ながいも【永芋】→E、N
里芋　10①61
ながいも　22④272
ながいも【長いも】
やまいも　12①375
ながいわせ【長井わせ】
稲　19①26/37①12
ながえだ【長枝】
きび　10①57
なかおくて【中晩稲】
稲　1①50
ながかぶ【長かふ、長蕪】→E
かぶ　2⑤331/3④359
菜種　6①110
なかぎく【中菊】→E
菊　55①19,24,33,34,36,39,44,52,60,71,73
なかぐり【中栗】
栗　56①55,56
ながこむぎ【長小麦】
小麦　10①55
ながさき【なかさき、長崎】
大麦　41⑤254,⑥279
たばこ　13①66
白ぼたん　54①47
ながさきいも【長崎いも】
里芋　33⑥354,355
ながさきたばこ【長崎煙草】
たばこ　19①128
ながさきもち【長崎もち】
稲　22④221
ながささげ【長さゝけ、長豇豆】→E
ささげ　10①58/12①203
ながざや【長ざや】
菜種　45③164
なかじま【中嶋】
稲　6①80
ながしま【永嶋、長島】
おもと　55③340
つばき　55②159,160
なかじまあめんどう【中島牛心季】→E
あめんどう　55③264
ながしまおおばにっけい【永嶋大葉肉桂】
肉桂　55②157
ながしまおもと【永嶋万年青】
おもと　55②112
ながしまがかりつばき【永嶋かゝり椿】
つばき　55②154
ながしまかまくら【永嶋鎌倉】
こうじ　55②117
ながしまきふもち【永嶋黄斑もち】
もちのき　55②113
ながしまきふらかん【永嶋黄斑らかん】
まき　55②117
ながしまこばまさき【永嶋小葉正木】
まさき　55②156
ながしますじかし【永嶋筋かし】
かし　55②155
ながしまはくはんいぬ【永嶋白斑いぬ】
まき　55②116
ながしまほそばあおき【永嶋細葉青木】
あおき　55②157
ながしまほそばさかき【永嶋細葉榊】
さかき　55②155
ながしまほそばなぎ【永嶋細葉梛】
なぎ　55②156
ながしままきばひさぎ【永島まきば楸、永嶋巻葉楸】
ひさぎ　55②154,161
なかしろ【なか白】
芍薬　54①84
ながしろなす【長白茄子】
なす　10①75
なかすじしま【中筋島】
せっこく　55②152
なかせ【中稲】
稲　4①176
なかたいと【中籼】
稲　27①113
ながつらいも【長つら芋】
さつまいも　3④352
なかて【なかて、中、中て、中稲、中手、中熟、中田、中田稲、中登、中穂】　22②131/39①19,**60**
小豆　17①195,196
あわ　17①201,202
稲　1①23,24,25,26,27,33,50,51,95,100/2③261,④275,⑤326/3④223,260,265/4①28,30,38,41,47,64,69,77,80,169,204,215,**216**,**275**/5②225,③256,257,275,281/6①15,23,29,46,47,52,58,62,65,79,**80**,②273,282,288,320/7①15,29,31,37,46,61,65/8①67,76,77,207,290/9②199,200,③243,252/10①

27,30,32,38,41,49,②315,317,318,354/11②87,96,④171,⑤214,216,218,219,222,225,228,233,238,243,255,256,257,258,263,264,272,277,280,282/17①28,37,38,109,114,117,120,122,142,151,152/19①198,②301/20①110/21①24,79,②115/22①32,②99,108,④217,219,220,221,222/23①80/24①113/25①72,②180,182,183,186,187,191/27①29,34,110,112,162,164,170,172,174,180,369/28①19/29②126,134,145,③258,④282/30①17,19,20,32,53,54,55,61,78,80,125,128,③247,279/31⑤276/32①32/33①14,⑤243,250/34⑦251/37①11,12,14,40,41,42,②102,129,139,167,169,175,181,182,194,212,213,215,222,228,③271,339/38②53,81/39④188,222,⑤275,282,290,292/40②101/41②66,73/61①29,49,51,③134,⑤181,⑩423,429,430/62①15,⑨375
いんげん　3④369
えごま　22④263
陸稲　22④279
ごま　22④249
ささげ　17①199
そば　22④241
大豆　17①192/22④240
たで　17①285
たばこ　17①282
つるあずき　17①211
とうがらし　17①287
なす　3④358,377/17①262/22④253/25②215
裸麦　21①54
ひえ　5①98/19②386/21①61
桃　3④374
綿　3④280/7①89,101/15③352
なかてあさ【中手麻】
麻　19①105
なかてあわ【なかてあハ、中手粟】
あわ　6①100/20①203
なかていね【中手稲、中熟稲】
稲　2④288/19①24,27,②289/27①159/37①11/44③205
なかていも【なかて芋】
里芋　3④371
なかてきび【中稲黍】
きび　6①101
なかてぐわ【中苗桑】
桑　56①193,205
なかてしらきび【中稲白黍】
きび　6①101
なかてせんなり【中手せんなり】
なす　22④253
なかてそ【中手苴】
麻　19①106
なかてだいず【中て大豆】→なかてまめ
大豆　61①56
なかてたいと【中て籼】
稲　27①113
なかてたいとう【中稲太唐】
稲　6①82
なかてたね【中手たね】
綿　7①100
なかてたばこ【中てたはこ】
たばこ　17①281
なかてのいね【中田の稲】
稲　17①15,53
なかてのたね【中田の種】
稲　17①27
なかてのつぎ【中手の次】
稲　22④220,223
陸稲　22④280
なかてのむぎ【中手の麦】
麦　17①84
なかてのもみ【中田の籾】
稲　17①58
なかてはやうれのぶん【中田早熟之分】
稲　29④282
なかてひえ【中稲稗、中手稗】
ひえ　6①93/21①61
なかてぶんご【中手ふんこ】
稲　37①12
なかてぼうずあわ【中手坊至粟】
あわ　6①100
なかてまい【中田米】→N
稲　17①24
なかてまめ【なかてまめ、中手大豆、中手豆】→なかてだいず
大豆　2④289/6①96/14①235/17①192/19②339/20①198,②371,382
なかてむぎ【中て麦、中手麦、中稑麦】
大麦　27①131
麦　6①89/38③150,177,178
なかてむぎたね【中手麦種】
麦　17①168
なかてもの【中手もの】
稲　19①30
なかてわせ【中稲早稲、中乎早稲】
稲　19①25/37②221
ながと【ながと】
菊　54①255
ながなす【長茄子】
なす　6①120/10①75/28④329,330
ながなすび【永茄子、長なすひ】
なす　17①262/19①130
なかなり【中なり】
まくわうり　12①247
なかにしこんげんひさぎ【中西根元楸】
ひさぎ　55②160
なかのがわあかげ【中ノ川あかけ】
稲　61⑤181
なかのて【中ノ手】
稲　19①27
なかのてお【中ノ手苧】
からむし　37①32
ながののよしするがまるば【長野ノ由駿河丸葉】
たちばな　55②118
ながは【長葉】
藍　19①105/20①279
なかひえ【中カ稗】　39⑤291
なかふじょう【中斑條】
せっこく　55②151
ながほ【長穂】
麦　6①89
ながほあわ【長穂粟】
あわ　6①100
なかぼろわせ【なかぼろわせ】
麦　17①168
ながみ【長身】
ごま　10①66
なかむぎ【中麦】
麦　10②325
ながむぎ【長麦】
大麦　10①54
麦　41⑤253
ながゆうがお【永夕顔】
ゆうがお　10①74
ながら【長柄】
筑前白ぼたん　54①74
なからげ【半毛】
稲　10①50
なかわせ【中早稲】
稲　37②168,169
ながわせ【永早稲】
稲　2③259
ながわらおおみわせ【ナカワラをゝみわせ】
稲　61⑤181
ながわらしもかづき【ナガワラしもかづき】
稲　61⑤181
ながわらたいほ【ナガワラたいほ】
稲　61⑤181
ながわらみのまる【ナガワラミの丸】
稲　61⑤181
ながわらもち【ナガワラもち】
稲　61⑤181
なぎのみや【なぎの宮】
芍薬　54①84
なごや【名護屋】
せっこく　55②152
なごやこえどしょうきたらよう【名古屋小江戸生黄多羅葉】
たちばな　55②118
なごやまる【名古屋丸】
おもと　55②106
なし　46①10,46
なごやまるば【名古屋丸葉】
たちばな　55②119
なごやまるばつましろ【名古屋丸葉爪白】
たちばな　55②119
なし【梨子】
白ぼたん　54①44
なししろ【梨子白、梨白】
白ぼたん　54①45,48
なすひえ【那須稗】
ひえ　19②386
なたね【菜タネ、菜種、蕪菁】→はな→B、D、E、I、N
かぶ　19①118
たばこ　45⑥325
なつあさ【夏麻】
麻　32①139
なつあずき【夏あづき、夏小豆】
小豆　7②329,330/9①34,51,80,94/11①57/12①191,192/28④334,338/29②129/31④168/62⑨339
なつあわ【夏粟】
あわ　6①99/12①174/29①81/32①216,221/33①42,⑤243,253,⑥361/41②112/67④164
なついも【夏芋】
里芋　22④244
なつかぶ【夏蕪、夏蕪菁】　1④317/2①72,78,133/33⑥316
なつぎく【夏菊】
菊　3④331,354,380/25①90/28④333,351/36③227/54①229/55③313,322,330,355,363
なつきりしま【夏きり嶋】
さつき　54①134
なつくりから【夏栗から】
菊　2①116
なつご【なつこ、夏蚕、夏子、原(夏)蚕】
蚕　6①189/10②357/24①100/35①42,47,50,116,②262,263,278,279,280,281,282,283,288,289,290,295,304,309,343,345,353,359,367,383,397/47①39,42,56,②79,94,117,133,134,③168
なつこだね【夏蚕種】
蚕　62④88

なつごろも【夏衣】
菊　54①256
筑前白ぼたん　54①73
なつすいせん【夏すいせん】
水仙　54①222
なつそば【夏蕎麦】
そば　5①118/61⑩435/68④413
なつだいこん【夏大こん、夏大根】→しちがつだいこん→N
大根　2①15,73,78,81,94,128,133,⑤329/3①30,④241,320,335,339,359,364,371,382,383/4①110/6①111,113/11②116/12①215,220/17①238/18⑤468/19①110,116,117,②337/20①130,153/21①71/22①38,③158,④235,236/23⑤269/24①28,141/25②207/27①71,263/28②142,145,148,④331,335,339/29④276/30①126/33①44,⑥307,308,309,310,311/38③206/39⑤261/40③217,218/41②100,101,103/43③243/62⑨328/68④411
なつだいこんたね【夏大根種】
大根　33⑥387
なつだいず【なつ大豆、夏大豆、夏菽】→N
大豆　1④313/6①94/9①34,51,80,94/10①23,36/11①57,②113,114/28①22/31④168,205/32①93,216,220,221/33①38,⑤243,⑥357/41②95
なつつくりのあわ【夏作クリノ粟】
あわ　32②314
なつでき【夏出来】
なし　46①101
なつなし【夏梨】
なし　46①14
なつねぎ【夏ねき、夏葱】
ねぎ　3④299,327/11③146/25②223
なつのおうぎ【夏のあふぎ】
つつじ　54①122
なつまめ【なつ豆、夏まめ、夏大豆、夏豆】→E
大豆　12①185/13①358/17①193,194/25②203/28②148/62⑨327,336,339,358,365,367
なつみょうが【夏ミやうか、夏ミやうが、夏みようが、夏めうか、夏めうが、夏茗荷】
みょうが　2①82/3④345/4①148/10①70/12①307/17①278,279/25②222/38③123
なつむぎ【夏麦】
麦　28①33
なつもも【夏もゝ、夏桃】
桃　13①157/16①151/54①144
なつやま【なつ山】
さつき　54①130
なつわけぎ【夏わけぎ】
わけぎ　12①283
なでん【なでん】
桜　54①145
ななばけ【七化】
つばき　55②159
なにぞ【なにぞ】
つつじ　54①120
なにわしぼり【なにハしぼり】
さつき　54①129
なびか【並河】
紅ぼたん　54①60
なびかこう【並河紅】
紅ぼたん　54①61
なべかぶり【鍋かぶり】
稲　23①42
なべこうじ【ナヘカウシ】
あわ　19①138
なべこわし【鍋こはし、鍋こわし】
稲　1①50,②151
なべしま【鍋嶋】
稲　6①80/42④275,276
なまずお【なまづを、鯰尾】
椿　13①93/14①257/56①176
なまずゆうがお【鯰夕顔】
ゆうがお　10①74
なまわせ【生早稲】
稲　2③259
なみおかもち【浪岡もち】
稲　1①51
なみかたわせ【並方早、並方早稲】
稲　37②127,169
なみしろ【並白】
菊　55③403
なみずきん【なミづきん】
芍薬　54①85
なみのうえ【浪の上】
稲　1②151
なみまくら【波枕】
白ぼたん　54①53
なみりょうめん【波両面】
さざんか　54①111
なむらむぎ【なむら麦】
麦　41②79
ならくれない【ならくれない】
紅ぼたん　54①66
ならさか【なら坂】
つばき　54①97
ならざくら【なら桜、奈良桜】
桜　43③245/54①147
ならしょうじょう【奈良猩々】
紅ぼたん　54①66
なりひら【なりひら】
かえで　54①154
なるこささげ【鳴子豇豆】
ささげ　10②328
なると【なると、鳴戸】
芍薬　54①85
つばき　54①109
白ぼたん　54①41
なんきん【南京】
あわ　19①138
かえで　54①153
小麦　22⑥391
なんきんいも【南京いも】
里芋　33⑥354
なんきんうめ【なんきん梅】
梅　54①141
なんきんこむぎ【南京小麦】
小麦　22⑥379,388
なんきんしぼり【なんきんしぼり】
つつじ　54①122
なんきんしゅ【南京種】
大黄　68③341
なんきんたねそえがきまめ【南京種沿籬豆】
ふじまめ　2⑤334
なんきんひるがお【南京昼顔】
ひるがお　54①228
なんきんまめ【南京豆】
ふじまめ　12①204,205
なんきんむらさき【なんきん紫、南京紫】
菊　54①230
つつじ　54①119
なんぜんじ【南禅寺】
菊　54①230,254
なんぜんじこうばい【なんせん寺紅梅】
梅　54①141
なんば【なんば、難波】
梅　54①140
菊　54①255
なんばんぼうき【南蛮箒】
ほうきぐさ　12①319
なんばんほおずき【なんばんほうつき】
ほおずき　17①291
なんばんほし【南蛮星】
つばき　54①108
なんばんもち【なんはんもち】
稲　41⑤234,247
なんばんゆうがお【南蛮夕顔】
ゆうがお　10①74
なんぶはちのへたねあおだいず【南部八ノ戸種青大豆】
大豆　2⑤334
なんぺいごしちばけつばき【南平五七化つばき】
つばき　55②155

【に】

にいたわせ【新田わせ、新田早苗】
桑　35①66/56①200
にえもん【仁右衛門】
稲　30①17
におうこう【香紅】
芍薬　54①83
においわせ【薫早稲、匂ヒハセ、匂ひわせ、嗅早稲】
稲　10①48/25①122/37②135,136/41②64
におうこう【にわうかう】
芍薬　54①83
にがところ【にがところ】→E、N
ところ　17①272
にがもも【にがもゝ】
桃　16①151/54①144
にがゆうがお【苦夕顔】
ゆうがお　10①74
にきさきつつじ【二季咲躑躅】
つつじ　55③282,293
にくもも【晩桃】
桃　55③254
にしあわ【ニシアハ、ニシ粟】
あわ　19①138
にしお【西尾】
白ぼたん　54①50
にしがわら【西河原】
たばこ　45⑥286
にしき【にしき】
菊　54①256
さつき　54①132
にしきぎ【にしきゞ】
さつき　54①127
にしきしぼり【にしきしぼり、錦絞】
つばき　54①99,109
にしきしょっこう【錦しよつかう】
つばき　54①101
にしやま【西山】
白ぼたん　54①46
にじゅんきりしま【二じゆんきり嶋】
つつじ　54①116
にじょう【二条】
白ぼたん　54①50
にじょうしろ【二条白】
白ぼたん　54①53
にすけ【仁助】
稲　25②195
裸麦　30①92
にたふし【ニタフシ】
稲　22④218
にっこう【ニツクハウ、日光】
くりんそう　54①201

ちしゃ　19①125
にっこうかえで【日光楓】
かえで　54①155
にっこうまる【日光丸】
せっこく　55②148,150
にとくこう【二徳紅】
紅ぼたん　54①72
にばんいね【二番稲、弐番稲】→A、L
稲　33⑤245,246,248,254,257/39④204/70④270
にばんこきび【二番小黍】
きび　41②106
にばんにうえるおくて【二番に植る晩稲】
稲　70④268
にべこうらい【にべかうらい】
芍薬　54①84
にほんいち【日本一】
つばき　55②159
にほんぎ【二本木】
稲　61⑤181
にほんみのり【日本実】
稲　61⑤181
にほんもち【にほん餅】
稲　3④340
にほんやま【日本山】
柿　48①197
にわざくら【にはさくら】→E
桜　54①147
にわだまり【庭溜り】
稲　10①48
にわとりほこ【鶏ほこ】
芍薬　54①80
にわのまり【庭の鞠】
菊　2①118
にんじんいも【にんじん芋】→Z
さつまいも　70③236

【ぬ】

ぬきくろ【ぬき黒】
稲　4①276
ぬけはく【抜白】
白ぼたん　54①47
ぬけふし【抜節】
松本せんのう　54①211
ぬのささげ【布羊角豆】
ささげ　5①104
ぬのひき【布引】
おもと　55②108,111
ぬまた【沼田】→Z
たばこ　45⑥324
ぬまむぎ【沼麦】
裸麦　30①92
ぬれぎぬ【ぬれきぬ】
筑前白ぼたん　54①73
ぬれさぎ【ぬれさぎ、濡鷺】
かきつばた　54①234
菊　10①20,83/54①251
芍薬　54①82

【ね】

ねいり【根入リ】
大根　19①117
ねいりだいこん【根入大こん】
大根　17①240
ねぎし【根岸】
紅ぼたん　54①61
ねこであわ【ねこで粟、猫手粟】
あわ　4①81/6①100
ねこのあし【猫の足】
あわ　10①59
ねこめ【猫眼】
大豆　19①140
ねざめ【ねさめ】
筑前白ぼたん　54①74
ねずあわ【ねず粟】
あわ　41②112
ねずみお【鼠尻、鼠尾】
大根　2①14/22④235
ねずみさや【ねすミさや】
大豆　41⑤233,247,248,⑥279
ねずみじこう【鼠時行】
稲　6①80
ねずみだいこん【ねずミ大根、鼠大根】
大根　6①113/10①67/12①223
ねずみはだか【鼠裸】
裸麦　30①92
ねずみまめ【鼠豆】
大豆　6①95
ねずみわせ【鼠早稲】
稲　19①24
ねつさん【熱蚕】
蚕　35①47
ねぶか【根深】→E、H、N
ねぎ　12①281,282
ねぶり【ねふり】
ごま　10①66
ねぼうず【根坊至】
稲　6①80,82
ねりきぬ【ねりきぬ】
さつき　54①131
ねりま【ネリマ、ねりま、練馬、煉摩】
大根　2①14,19,30,54,55,56,57,58,72,81,94,120,128/34④336,352,361/20②380,388/22④237/36③295
ねりまだいこん【ねりま大根、練馬大根】→Z
大根　3④339/22④236/25①67/36③197/41②101
ねりまだね【ねりま種、ねりま種子】
大根　2①15/20①153,②376,381
ねんこう【捻紅】
筑前白ぼたん　54①73

【の】

のあかもち【野赤餅】
稲　10①52
のいね【野稲】→E、Z
陸稲　10①52
のいも【野芋】
里芋　10①62
のうだのよしかしは【農田ノ由かし葉】
たちばな　55②119
のぎく【野菊】→E
菊　54①255
のぎくろき【芒黒き】
稲　27①31
のぎなきいね【芒なき稲】
稲　27①34
のきば【のきば】
梅　54①141
のげいね【の毛稲、芒稲】→E
稲　21②115/27①380
のげすくなきむぎ【のげすくなき麦】
麦　17①168
のげとそん【のげとそん】
小麦　22④210
のげながきおくむぎ【のげながきをく麦】
麦　17①168
のげなしさんすけ【禾なし三助、禾ナシ三寸毛、無禾三助】
稲　19①24,73/37①29
のけば【野けは】
稲　10①52
のざらし【野さらし】
稲　10①52
のしお【熨斗尾】
金魚　59⑤429
のしないぶんご【代内ふんこ】
稲　42①53
のだいず【野菽】→E
大豆　10①55
のだいとう【野大唐】
稲　10①53/33④181
のたで【野たて】
たで　10①73
のだふじ【野田藤】
ふじ　54①156
のちでおおくれない【後出大紅】
菊　54①248
のと【能登】
稲　3④264,265
のとうよ【野唐蕷】
ながいも　10①61
のとじこう【能登時行】
稲　6①80
のとしろ【のと白、能登白】
稲　4①276/25②191
のはぜ【野櫨】
はぜ　11①51
のひゆ【野莧】
ひゆ　18①138
のぶき【野ふき】→E、N
ふき　17①279
のふじ【野ふぢ】
ふじ　54①156
のぼりだいこん【上り大根】
大根　10①68
のむら【ノムラ、のむら、野むら、野村】
稲　19①24,26,29,41/37①18
かえで　54①152,153,155/55③258,409
のもち【野餅】
稲　10①52
のら【のら】
綿　13①9/15③348

【は】

ばいかよう【梅花様】
せっこく　55②153
ばいず【梅豆】
大豆　12①189
はいだわら【灰俵】
稲　5①62
はいよし【はいよし】
よし　17①303
ばかあずき【馬鹿小豆】
小豆　30①128
はかいも【はかいも】
里芋　22④245
はがくし【はがくし、葉隠シ】
あわ　41⑤233,234,242
はかたくれない【はかたくれない】
さつき　54①129
はかたしろ【はかた白】
さつき　54①126,136
はかぶり【葉かふり】
大根　44③249,254
ばかわせ【馬嫁早稲】
稲　10①48
はくうん【白雲】
白ぼたん　54①50
はくおう【はくわう、白黄】　54①205,206
つばき　54①101
ゆり　54①205
はくけんさん【白繭蚕】
蚕　35①47,51/47②132
はくさいにんじん【百済人参】
朝鮮人参　45⑦379,415

はくじょう【白條】
せっこく　55②151
はくちょう【白鳥】
菊　54①252
はくとう【白桃】
桃　54①143/55③251,262/68③354
はくばい【白梅】→E、N
梅　13①130/54①138/55③240/56①183
はくはんふゆつた【白斑冬蔦】
きづた　55②121
はくへんず【白扁豆】→E
ふじまめ　12①204
はくりん【白倫】
白ぼたん　54①51
はくれんげ【白蓮花】→E
つばき　54①99
はくろ【白露】
つばき　55③208,388
はけめ【刷目】
せっこく　55②151
はこお【箱尾】
金魚　59⑤429
はこね【箱根】
菊　54①255
はこねぐり【箱根栗】
栗　54①169
はごろも【はころも、羽ころも、羽ごろも、羽衣】
さつき　54①128
筑前白ぼたん　54①74
つばき　54①93
なし　46①8,10,22,51,63
はさきば【刃先葉】
藍　29③247
はさみむぎ【はさみ麦】
麦　4①79
はじかの【初鹿野】
つばき　55②159
はじかのごくきなぎ【初鹿野極黄なき】
なぎ　55②116
はじかのこばひいらぎ【初鹿野小葉柊】
ひいらぎ　55②155
はじかのではくはん【初鹿野出白斑】
ひいらぎ　55②163
はじかのにほんいちつばき【初鹿野日本一椿】
つばき　55②113
はじかみいも【はじかミいも】
里芋　17①255
はしひめ【橋姫】
かきつばた　54①234/55③279
はしもと【橋本】
菊　54①252
ばしょうは【芭蕉葉】
おもと　55②106
はすいも【はすいも、蓮いも、蓮芋】→E、N
里芋　3④363/6①134/12①365/17①254/22④245/33⑥356/38③130
はすきらい【蓮嫌】
白ぼたん　54①54
はせがわ【長谷川】
つばき　55②160
はせがわきゃらひきちゃ【長谷川伽羅引茶】
茶　55②157
はせがわつばき【長谷川椿】
つばき　55②113
はぜきび【はせ秬】
きび　10①57
はだかわせむぎ【裸早麦】
裸麦　41②80
はたけびえ【畑びゑ】
ひえ　12①182
はたけわせ【畑早稲】
稲　10①48,52
はたこぼうし【畑小法師】
稲　10①52
はたじょうほうし【畑定法師】
稲　10①52
はたしろ【はた白】
梅　54①138
はたつわせ【はたつわせ】
稲　19①29
はだな【はだな、はだ菜】
大根　12①215/52①45
はだの【秦野】
たばこ　45⑥299
はだのだいこん【はだの大こん】
大根　17①241
はたや【はたや】
稲　29②134,144,146
菜種　29②145
はたやろく【幡多弥六】
稲　30①17
はだよし【肌よし、肌善】
ながいも　2①95,96,129
はだよしいものこ【肌吉薯の子】
ながいも　2①96
はたわれこそ【畑我祐】
稲　10①52
はちえもん【八右衛門】
柿　54①167/56①65
はちえもんわせ【八右衛門早稲】
稲　19①24
はちおうじかき【はちわうじかき】
柿　14①213
はちがつあかさや【八月赤莢】
大豆　6①95
はちがつぎく【八月菊】
菊　2①116
はちがつまめ【八月豆】
大豆　6①96
はちかん【八〆】
綿　15③390
はちごうすり【八合摺】
あわ　5①95
はちごうもち【鉢合餅】
稲　10①52
はちこく【八石】
あわ　41⑤233,234,235,242,260,⑥271
はちこくだいず【八石大豆】
大豆　62⑨331
はちじゅうはちやもも【八十八夜桃】
桃　55③293
はちじょう【八丈】
金魚　59⑤429
はちじょうくれない【八でうくれない】
さつき　54①128
はちす【はちす】
菊　54①251
桜　54①148
はちにんまくら【八人枕】
ゆうがお　17①263
はちぶのしな【八分の品】
稲　3④265
はちぶぼう【八歩坊】
稲　44①18
はちまん【八幡】
稲　8①207
はちまんしろ【八幡白】
白ぼたん　54①40
はちや【はちや】→N
柿　54①167
はちゆうがお【鉢壺廬】
ゆうがお　19①126
はちよう【八葉】
かきつばた　54①235
はちりょうがき【八稜柿】
柿　14①213
はちわり【鉢割】
小麦　10①55
はちわりもち【鉢割餅】
稲　10①52
はつあらし【初嵐】
つばき　55③208,388,399,409
はつあらしつばき【初嵐椿】→Z
つばき　55③317
はつかわせ【廿日わせ、廿日早稲】
稲　10①48,②315/30①121,132
はつきりしま【初きり嶋】
つつじ　54①117
はっさく【八朔】
なし　46①9,31
はっさくつばき【八朔椿】
つばき　55③390
はっさくばい【八朔梅】→Z
梅　55③208,385
はつしぐれ【初時雨】
筑前紅ぼたん　54①74
はつしぼり【はつしぼり】
つつじ　54①121
はつしも【初霜】
菊　54①251/55③403
なし　46①10,43
白ぼたん　54①48
はっすんきばな【八寸黄花】
綿　15③346
はつせ【はつせ、初瀬】
菊　55③355
つばき　54①109
はつせやま【はつせ山】
つばき　54①106
はっとり【服部】
たばこ　13①55,65/45⑥286,336
白ぼたん　54①54
はっとりふじのき【ハツトリ藤の木】
稲　61⑤181
はつはな【初花】
つばき　54①88
はつはなぞめ【初花染】
紅ぼたん　54①69
はつや【ハツヤ】
柿　56①66
はつゆき【はつゆき】
つつじ　54①118
はつれゆき【はつれゆき】
さつき　54①128
はとこ【はとこ】
ひえ　19②386
はな【葉ナ】→なたね
かぶ　19①118
はないも【花いも】
里芋　22④245
はなうち【はな打】
稲　4①275
はなかがみ【花かゞみ】
さつき　54①131
はなかずら【花かつら】→E
さつき　54①133
はながたみ【花かたミ】
さつき　54①132
はなぐるま【花車】
菊　2①118
さざんか　54①115
つつじ　54①122
はなけし【花ケシ】→E
けし　19①135
はなざくろ【花ざくろ】→E
ざくろ　54①170
はなざろん【花ざろん】
梅　54①139
はなそろえ【花そろへ】
さざんか　54①115
さつき　54①130

はなたいはく【花太白、花大白】
綿　3④280/7①89
はなのえん【花のゑん】
菊　54①255
つつじ　54①124
はなのもと【花のもと】
さつき　54①133
はなもも【花もゝ、花桃】
桃　13①158
やまもも　13①154
はなやま【花山】
菊　54①256
はなゆ【花ゆ】→E、N
ゆず　54①168
はなれんじゃく【花れんじやく】
芍薬　54①77
はのした【葉ノ下】
ささげ　5①104
はのち【はのち】
稲　28①19
はばきわせ【はゞきわせ】
稲　1①51
ばび【馬嵬】
筑前白ぼたん　54①74
はびろ【羽ひろ、葉広】
稲　4①275
からむし　34⑥157
はびろわせ【葉広早稲】
稲　6①80
はまおぎ【はまおぎ】
菊　54①253
はまぎく【はまきく】→E、Z
菊　54①255
はまぼ【はまぼ】
むくげ　54①164
はままつ【はま松、浜まつ、浜松】
菊　54①255
なし　46①10,49,63
はやあい【早藍】
藍　28①21
はやあずき【早ヤ小豆】
小豆　39⑤286
はやいしたろう【早石太郎】
稲　6①80,②288
はやいね【はやいね、はや稲】→わせいね
稲　9①109/37①11
はやいも【早芋】→わせいも
里芋　3④371
はやえっちゅう【早越中】
稲　24①117
はやおおむぎ【早大麦】
大麦　19①136
はやおくて【早晩稲】
稲　29②134
はやかきつばた【早燕子花】
かきつばた　55③242
はやかみあそび【早神遊】
菊　55③363
はやき【はやき】
あわ　41⑤237
はやこ【はやこ】
小麦　4①80
はやこざき【早子崎】
稲　6①80
はやささげ【はやさゝけ、早サヽケ、早豇豆、早大角豆】→わせささげ→E
ささげ　2①101/17①197/19①145
はやしね【はやし稔、早稲】
稲　20①111/37③262
はやすいせん【早水仙】
水仙　55③386
はやそ【早苴】
麻　19①106
はやそば【ハヤソバ、早ソハ、早蕎麦、早熟蕎麦】
そば　19①148/32①109/70⑤316,317
はやた【早田】→D
稲　33④217
はやだいずだね【早大豆種子】
大豆　19①140
はやたいと【早秈】
稲　27①113
はやたいとう【早大唐】
稲　4①275/6①66,82/10①53
はやたかや【早高や】
稲　42④240,242,274,275
はやたばこ【早たはこ、早たばこ、早煙草】→わせたばこ
たばこ　23⑥318/33④213
はやちしゃ【はや苣、早白苣】
ちしゃ　20①195
はやづくりのあずき【早作ノ小豆】
小豆　2④284,288,289,307
はやてたばこ【早手たばこ】
たばこ　23⑥317
はやなかて【はや中稲、疾中稲、早中稲、早中種】
稲　4①169/6①43,66,108/10①49,50/30③279/61⑩441,448
はやなす【早茄子】→わせなす
なす　3④358/4①132/41②90
はやなすび【早茄】→わせなす
なす　19①129
はやなつめ【早棗】
なつめ　7②360
はやなぬかご【早なぬかご】
稲　41②65
はやなり【早なり】
なす　28①20
はやにんじん【早人じん】
にんじん　39③145
はやのと【早のと】
稲　25②191
はやはくとう【早白桃】
白桃　55③243
はやはくばい【早白梅】
梅　55③240
はやはだか【早裸】
裸麦　30①92
はやひえ【ハヤ稗、早ひへ、早びへ、早ヤ稗】→わせひえ
ひえ　2①36/33①28/39⑤286/40③224
はやふね【はやふね、はや舟】
芍薬　54①81
つばき　54①89
はやまきだいこん【早蒔大根】
大根　2①105,120
はやまきのむぎ【早まきの麦、早蒔之麦】
麦　28②264/29②153
はやまきまめ【はやまきまめ】
大豆　17①193
はやまきむぎ【早蒔麦】
麦　62⑨383
はやまめ【はやまめ】→わせまめ
大豆　20①197
はやむぎ【はや麦】→わせむぎ
大麦　27①131
麦　17①179
はやもち【早糯】→わせもち
稲　30①17
はやもの【はやもの、早物】→E
稲　9①108/11⑤267,268/31⑤259/33⑤245,246/61⑩415
はやものいね【早物稲】
稲　33⑤256
はやもののいね【早物の稲】
稲　38②81
はややえひとえ【早八重一重】
つばき　55③420
はややろく【はややろく】
稲　41②67
はやり【時花】
稲　5①73
はやりいね【時花稲】→X
稲　5①61,81
はやわせ【はやわせ、はや早稲、早ヤ早稲、早わセ、早わせ、早早稲、早々稲】
稲　2③259/4①169/7①14/20①87/25①122/37②136,153,181,210/39⑤282
綿　15③348
はやわた【早わた】→わせわた
綿　15③347/28②188
はやわたき【早綿木】→わせわた
綿　28②233
ばらすぎ【莿杉】
杉　56①40,215
はりこもち【張子糯】
稲　6①81
はりすぎ【刺杉】→E
杉　13①193
はりまきっこうつげ【播磨亀甲柘植】
つげ　55②155
はるあいだいこん【春あい大根、春あひ大根、春間大根】
大根　33⑥311,373,375
はるあさ【春麻】
麻　32①131,139
はるあわ【春粟】
あわ　32①101
はるかぶ【春蕪】
かぶ　24①28,142
はるきく【春きく】
菊　54①255
はるご【春蚕、春子、片蚕、片吞】
蚕　6①190,②290/10②357/35①50,77,116,②262,263,278,279,280,288,289,290,303,304,343,345,352,359,367,402/47①39,②78,94,98,133,134,③168/62④88
はるこま【春駒】
蚕　24①100
はるごま【春胡麻】
ごま　38④262
はるこまこ【春駒蚕】
蚕　24①100
はるだいこん【春大根】→さんがつだいこん
大根　20①148,153,②380/31⑤263/33⑥311
はるだいず【春大豆】
大豆　10①27
はるたばこ【春タハコ】
たばこ　38④268
はるつくりのあわ【春作クリノ粟】
あわ　32②314
はるひともじ【春葱】
ねぎ　12①282,283
はるふじなでしこ【春藤瞿麦】
なでしこ　55③294
はるわかだいこん【春若大こん】
大根　43②126
ばん【晩】
稲　11②91
はんかい【はんくハい、樊噲】
なし　46①9,38
ばんげ【坂下】
たばこ　45⑥298,327,330
はんげだいず【半夏大豆】
大豆　30①130
ばんしゅうねこやなぎ【播州猫柳】→Z
ねこやなぎ　55③381,415
ばんしゅうやろく【播州やろく】
稲　39②99

はんじろ【半白】
稲　36③267
ばんだいず【蛮大豆】
大豆　19①170
はんだおかん【ハンダおかん】
稲　61⑤181
はんだかすけぼ【ハンダかすけぼ】
稲　61⑤181
ばんでん【晩稲、晩田】
稲　7①15,16,35,46/12①132,134,139,140,143/37③273,274,332
ばんとう【晩稲】→おくていね
稲　37①14/67②113
ばんどうだいず【坂東大豆】
大豆　17①194
はんやこう【半弥紅】
紅ぼたん　54①61

【ひ】

ひいもち【冷餅】
稲　36③267
ひいらぎば【柊葉】
つばき　55②159
ひうめ【緋梅】
梅　54①141
ひえいさん【ひゑい山】
つばき　54①106
ひかき【稗柿】→N
柿　14①213
ひかるげんじ【光源氏】
白ぼたん　54①51
ひがん【ひかん】
桜　54①146
ひがんざくら【彼岸桜】
桜　19①181/38①9,10,11/55③263,267,411
ひがんぼうず【彼岸坊至】
稲　6①80
ひがんもち【彼岸糯】
稲　6①81
ひきすり【引すり】
稲　4①275
びぎょく【美玉】
筑前白ぼたん　54①73
ひくずれ【氷崩】
なし　46①8,21
ひぐちつげばきふひさぎ【樋口柘葉黄斑楸】
ひさぎ　55②161
ひぐちほそばあおだしひさぎ【樋口細葉青出楸】
ひさぎ　55②161
ひぐちほそばつばきひさぎ【樋口細葉椿楸】
ひさぎ　55②154
ひぐらし【日暮、日暮し】
さつき　54①131
白ぼたん　54①47
ひぐるま【火車、緋車】
つばき　54①109
ひこべえわせ【彦兵衛早稲】
稲　41②65
ひごむらさき【ひご紫】
つつじ　54①121
ひころくみばえ【彦六実生】
白ぼたん　54①52
ひざくら【ひざくら】
桜　54①148
ひさごゆうがお【ひさこ夕顔】
ゆうがお　10①74
びじょ【びじよ】
つつじ　54①118
ひじり【ひしり】
紅ぼたん　54①72
びぜん【備前】
紅ぼたん　54①65
びぜんいね【備前稲】
稲　10①49
びぜんうる【びぜんうる】
陸稲　22④279
びぜんむぎ【備前麦】
麦　38③176
びぜんもち【びぜんもち】
稲　22④222
ひたちころ【ひたちころ】
桜　54①148
ひだりまき【左巻】　19②436
こんにゃく　3②72
里芋　3②71/37③389
びちく【未竹】
大麦　10①54
ひぢりめん【緋縮緬】
紅ぼたん　54①69
びっちゅうころり【備中ころり】
綿　15③347
ひとう【火桃、緋桃】
桃　54①143/55③266
ひとえ【ひとへ、一重】→E
梅　13①130/56①108,183
桜　54①145
つばき　54①100,104/55③430
むくげ　54①164
ひとえあめがした【一重雨が下】→Z
つばき　55③427
ひとえしょうじょう【一重猩々】
菊　54①248
ひとえちご【一重児】
梅　55③247
ひとえまつかぜ【一重松風】
つばき　54①109
ひとえやまぶき【一重山ぶき、一重山吹】→Z
やまぶき　20①168/55③274,415
ひとしお【ひとしほ】
つつじ　54①117
ひとすじ【一筋】→E
つばき　54①103
ひとまる【人丸】
紅ぼたん　54①71
さつき　54①133,136
つばき　54①106
白ぼたん　54①44
ひとりたち【ひとりたち】
芍薬　54①84
ひなたさんしょう【日向さんせう】
さんしょう　54①170
ひのき【ひのき】
稲　1②151
ひのきわせ【ひのきわせ】
稲　1①51
ひので【日の出、日乃出】
稲　4①274
なし　46①9,21,35,39,63
ひのまる【日の丸】
菊　55③403
ひのまるぎく【日の丸菊】
菊　55③404
ひのもと【日の下】
なし　46①9,36,103
ひのれんげ【火蓮火】
つばき　54①99
ひはっか【ひはくか】
はっか　13①298
ひばり【ヒバリ】
きび　38④262
ひばりわせ【雲雀早稲】
稲　41②64
ひめあざみ【姫あさミ】
あざみ　17①288
ひめあやめ【姫あやめ】
あやめ　55③302
ひめうり【金鶩蛋】
瓜　6①124
ひめがま【姫蒲】
がま　55③351
ひめかわほね【姫河骨】
こうほね　55③256,309
ひめくるみ【ひめくるミ】→N
くるみ　16①145
ひめこ【姫子】
蚕　24①100
ひめこもち【姫子糯】
稲　37②137,170
ひめじみょうじょう【姫路明星】
紅ぼたん　54①64
ひめすげ【姫すげ】
すげ　17①304
ひめづる【ひめづる、姫づる】
稲　19①29/37①13
ひめつるもち【姫鶴糯】
稲　37②168,188,228
ひめつるもちなかて【姫鶴糯中稲】
稲　37②187
ひめふじ【ひめふぢ、ひめ藤】
ふじ　54①156,245
ひめもち【ひめ餅】
稲　41①9
びゃくがい【白芥】
からしな　15①75
ひゃくかげん【百くわげん】
芍薬　54①81
ひゃくじょうじま【百丈島】
せっこく　55②147,152
ひゃくしょうひょうたん【百生ひやうたん】
ゆうがお　10①74
びゃくだん【白だん】
菊　54①255
ひゃくは【ヒヤクハ】
ちしゃ　19①125
ひゃくまん【百万】
さつき　54①129
ひゃくめ【百目】
柿　48①196,197,198
びゃくれん【白蓮】
筑前白ぼたん　54①74
はす　12①342
ひゆり【火ゆり】
なでしこ　54①207
ひょうご【ひよふご】
稲　9①43
ひよどり【ひよとり】
桜　54①148
ひよひよぐり【錐栗】
栗　54①169
ひらうり【平瓜】
瓜　4①23
ひらかた【平方】
稲　30①17
ひらざ【平座】
紅ぼたん　54①69
ひらど【平戸】
つつじ　55③294
白ぼたん　54①54
ひらどしろ【平戸白】
白ぼたん　54①41
ひらはぎ【平はき】
小麦　10①55
ひらはひえ【平羽稗】
ひえ　10①60
ひらむぎ【平麦】
大麦　10①54
ひりゅう【飛竜】→Z
おもと　55②107
さざんか　55③414,424
ひりゅう【緋竜】
なし　46①10,42
びろうどいね【天鵞絨稲】
稲　25②187
ひろさわ【広沢】
紅ぼたん　54①61
白ぼたん　54①54

ひろしま【ひろ島、ひろ嶋、広島、広嶋】
菊 54①254
芍薬 54①85
なし 46①10,41,63
白ぼたん 54①46,49
ひろしましぼり【ひろ嶋しぼり】
さつき 54①128
ひろしまはだか【広島はだか】
裸麦 12①152
ひろしまむぎ【広島麦】
麦 37③359
ひわだまめ【檜皮豆】
大豆 5①95
ひわつきほうげ【ひわつき法花】
白ぼたん 54①51
びんろうしょ【檳榔蔗】
さとうきび 70①9

【ふ】

ふいりば【斑入葉】
さざんか 55③424
ふいりまんりょう【斑入万量】
まんりょう 55②134,135
ふえたけ【笛竹】
菊 54①255
ふかぐさ【深草】
菊 54①256
ふかざわとくさ【深沢とくさ】
とくさ 55②119
ふかしゃくまきばもち【深尺巻葉もち】
もちのき 55②156
ふきすみ【吹墨】
かきつばた 55③279
ふぎだいこん【苻切大根】
大根 19①117
ふくおうじ【ふくわうじ】
菊 54①256
ふくおか【福岡】
白ぼたん 54①42
ふくしまべに【ふく嶋紅】
さざんか 54①115
ふくじゅ【福寿】
紅ぼたん 54①59
ふくしゅうしゅ【福州種】
大黄 68③340
ふくしゅうせい【福州性】
大黄 68③341
ふくしゅうはだか【福州裸】
裸麦 33④227
ふくすみぜんこうじ【フクスミ善光寺】
稲 61⑤181
ふくすみながと【フクスミながと】
稲 61⑤181
ふくだいこく【福大黒】
稲 28①19
ふくとく【ふくとく】
稲 22④220
ふくとくもち【福徳糯】
稲 30①17
ふくべだね【瓠種子】
ゆうがお 19①126
ふくべゆうがお【ふくへ夕顔】
ゆうがお 10①74
ふくりんかたば【覆輪片葉】
おもと 55②108
ふくりんじま【ふくりん嶋】
おもと 55②108
ふげんぞう【ふげんざう】
桜 54①147
ふさきんしで【ふさ金しで】
つつじ 54①118
ふさだん【ふさだん】
つつじ 54①121
ふじあさがお【藤あさかほ】
つつじ 54①120
ふじい【藤井】
筑前紅ぼたん 54①75
ふじいろ【藤色】
紅ぼたん 54①71
ふじいろとび【藤色飛】
紅ぼたん 54①71
ふじおうぎ【富士黄耆】
黄耆 68③350
ふじかさね【ふぢかさね】
さつき 54①127
ふじきく【藤きく】
菊 54①255
ふじきりしま【藤きり嶋】
つつじ 54①116
ふじさらさ【ふぢさらさ】
さつき 54①130
ふしだか【節高】
きび 10①57
ふじたかね【ふぢ高ね】
さつき 54①133
ふじと【藤戸】
菊 55③313
ふじともえ【藤ともへ】
菊 54①256
ふじなでしこ【ふちなてしこ】
なでしこ 54①212
ふじなみ【ふぢなミ、藤波】
紅ぼたん 54①72
さつき 54①134
ふじのやま【ふじの山】
つばき 54①102
ふじのゆき【ふじの雪】
さざんか 54①115
芍薬 54①81
つばき 54①103
ふしば【臥葉】
菜種 55③249
ふじばかま【藤はかま】
つばき 54①106
ふしみときわ【伏見常盤】
菊 54①247
ふじもち【ふぢ餅】
稲 37①13
ふじものぐるい【ふじ物くるい】
つばき 54①99
ぶしゅうにごうはんりょうごくわせ【武州二合半領極早稲】
稲 2⑤326
ぶしゅうにごうはんりょうたね【武州二合半領種】
稲 2⑤328
ぶしゅうねりまたね【武州練馬種】
大根 2⑤332
ぶしゅうべにすぎ【武州紅杉】
杉 56①40
ふせこう【ふせかう、布施紅】
紅ぼたん 54①57,61,63
さざんか 54①112
ぶそう【無双】
つばき 54①98
ぶそうこしみの【ふさうこしミの】
さつき 54①135
ふたえくちべに【二重口紅】
さざんか 54①112
ふたえせんだい【二重仙台】
ききょう 54①210
ふたえそこべに【二重そこべに】
さざんか 54①115
ふたえたいりん【二重大りん】
つばき 54①89
ふたえべに【ふたへ紅】
さざんか 54①113
ふたえみ【ふたゑミ】
つつじ 54①123
ふたえむらさき【ふたへ紫】
つつじ 54①123
ふたおもて【ふたおもて、二面】
かえで 54①153
さつき 54①130
筑前白ぼたん 54①73
ふたつきがき【著蓋柿】
柿 14①213
ふたばあさがお【二葉あさがほ、二葉朝がほ】
あさがお 54①227,298
ふたふしもち【二節餅】
稲 10①52
ふたまた【ふたまた】
稲 11⑤272
ふたりしずか【二人しづか】
さつき 54①127
ふちゅううり【府中瓜】
瓜 19①115
ふちゅうまくわ【府中真桑】
まくわうり 17①261
ふでがき【ふでかき】
柿 14①213
ふでぼうふう【筆防風】
ぼうふう 68③347
ふといね【太稲】
稲 41③177
ぶどうがき【ぶどうがき】
柿 14①213
ふとき【太葱】
ねぎ 19①132
ふともみ【太籾】
稲 41③177
ふとよし【ふとよし、太よし】
よし 17①303
ふなんしょ【扶南蔗】
さとうきび 70①9
ふなんてん【斑南天】
なんてん 55②178
ふふうしょ【扶風蔗】
さとうきび 70①9
ふゆごもり【冬こもり】
つばき 54①99
ふゆねぎ【冬ねき、冬葱】
ねぎ 3④327,367/25②223
ふゆねぶか【冬葱】
ねぎ 12①282
ふゆのひ【冬日】
筑前紅ぼたん 54①75
筑前白ぼたん 54①74
ふゆもも【冬桃】
桃 13①157
ふよう【芙蓉】
白ぼたん 54①48
ふりそでくわ【ふり袖桑、振袖桑】
桑 61②97,⑨267,268
ふるかわ【古川】
紅ぼたん 54①72
ふるしぶなし【古出挙成】
稲 10①48
ふるやしちべにかけひさぎ【古弥七紅懸楸】
ひさぎ 55②160
ぶんえもんふくりん【文右衛門ふくりん】
柳 55②162
ぶんえもんまるばひさぎ【文右衛門丸葉ひさき】
ひさぎ 55②156
ぶんご【ふんこ、ぶんご、分後、豊後】
稲 5①62/19①25,27/25②187,191/37①12/42①38,51/44①15,18
梅 54①138
ぶんごいね【ふんこいね】
稲 42①38
ぶんごうめ【豊後梅】→N
梅 7②350/13①131/36③226/38③184/45⑦388/55③254/56①183
ぶんごしぼりつばき【豊後絞椿】

つばき　55③240
ぶんごば【豊後葉】
たばこ　45⑥335
ぶんごむらさき【ぶんご紫】
菊　54①249
ぶんすい【ふんすい、ブンスイ】
稲　36③209,267
ぶんずえ【ぶんずへ】
稲　25②191

【へ】

へいきち【平吉】
つばき　54①103
へいべえ【平兵衛】
桑　56①193,205
へちはりもち【へちはり糯】
稲　6①81
べにがき【紅柿】
柿　14①213
紅ぼたん　54①64
べにかけゆきのした【紅かけ雪の下】
ゆきのした　55②119
べにきりしま【へにきり嶋】
つつじ　54①116
べにきん【紅金】
紅ぼたん　54①61
べにけし【紅芥子】
紅ぼたん　54①62
べにしだれ【紅しだれ】
桃　54①143
べにしぼり【へにしほり、紅絞】
さつき　54①128
花しょうぶ　54①220
べにすいか【紅すいくわ】
すいか　40④307
べにちぢみ【へに縮】
筑前紅ぼたん　54①75
べにてまり【紅手鞠】
紅ぼたん　54①64
べににしき【紅錦】
松　55②146
べにのおおきり【紅の大霧】
つつじ　55③294
べにぼたん【べにぼたん】
さつき　54①134
べにまがき【べにまかき】
さつき　54①132
べにむらさき【べに紫】
さつき　54①133
へのまちうり【への町ふり】
まくわうり　17①261
へりきり【へり切】
さざんか　54①115
へりとり【へり取】
ささげ　17①199
べんけい【弁慶】
なし　46①11,54
べんてん【弁天】
小麦　33④226
べんのすけおうかんつばき【弁之助黄官椿】
つばき　55②157
べんのすけであおば【弁之助出青葉】
つばき　55②162

【ほ】

ほいとまえ【ほいとまへ】
蚕　47①12
ほうおう【鳳凰】
かえで　54①154
菊　54①247
ほうき【はゝき、箒】
菜種　45③164
ほうきもみじ【帚もミぢ】
かえで　54①153
ほうきもも【帚桃】
桃　54①142
ほうげ【法花】
紅ぼたん　54①72
ほうこいも【はう子芋】
里芋　10①61
ぼうさん【茆蒜】
にんにく　19①126
ほうしまゆ【奉糸繭】
蚕　47①12
ほうしょ【芳蔗】
さとうきび　70①8
ぼうず【ぼうず、坊主、房主】
稲　4①275/28④341
大麦　29①70,71,76
小麦　22⑥391/30①92
ぼうずいね【ぼうず稲、坊子稲、坊主稲】
稲　21②114/27①380/28④344/29②134/39⑤295
ぼうずこむぎ【房主小麦】
小麦　22⑥379,388
ぼうずさんすけ【坊主サンスケ、坊主さんすけ、坊主三助】
稲　19①24,26,②281
ぼうずむぎ【坊至麦】
麦　6①89
ぼうずわせ【坊至早稲、坊主早稲】
稲　4①275/6①79
ぼうぶら【ほふふら】
ゆうがお　10①74
ほうべに【ほうべに】
さざんか　54①114
ほうりんじ【ほうりん寺】
桜　54①148
ほおけ【ほゝけ】
大豆　36③205
ほかえし【ほかへし】
稲　28①19
ほきれはちこく【ほきれ八石】
あわ　41⑥271
ぼくあんつばき【卜庵椿】
つばき　55③241
ほくしん【北辰】
白ぼたん　54①53
ほくと【北斗】
菊　54①252
紅ぼたん　54①58
ほくとう【北東】
つばき　54①89
ぼけは【木瓜葉】
藍　45②100
ほこ【鉾】
稲　30①17
ほしくだり【ほしくだり、星くたり】
梅　54①141/56①108
ほしごめん【星ごめん】
なし　46①8,24
ほしそこしろ【星そこ白】
つばき　54①94
ほしちゅうじろ【ほし中白】
つばき　54①95
ほしの【星野】
白ぼたん　54①48
ほしひぐるま【星火車】
つばき　54①109
ほしめくぎ【ほしめくぎ】
菊　54①255
ほしりょうめん【星両面】
さざんか　54①111
ほそからやろく【細からやろく】
稲　22④220
ほそくち【ホソ口】
なし　40④278
ほそくちあおなし【ほそくち青梨】
なし　40④284
ほそささげ【ほそさゝげ】
ささげ　17①199
ほそだねのてつ【細種之鉄】
そてつ　55②179
ほそなり【細なり】
とうがらし　4①156
ほそね【ほそね】
大根　9①101,104
ほそねだいこん【細根大根】
大根　2⑤329/6①113
ほそば【ほそは、細は、細バ、細葉】
稲　19①24,25/37①12,②171/42①51,58
牛膝　68③353
ばいも　68③352
ほそばいね【細葉稲】
稲　37②102
ほそばもち【細ばもち】
稲　20①89
ほそみち【細道】
筑前紅ぼたん　54①75
筑前白ぼたん　54①74
ほそもち【ほそ餅、細糯、細餅】
稲　17①148/30①17/38③137/41②66,70
ぼだいだいず【菩提大豆】
大豆　2①130
ぼたん【牡丹】
ききょう　54①209
けし　54①201
ぼたんくれない【ぼたんくれない】
つつじ　54①124
ぼたんこう【ぼたん紅】
菊　54①255
ぼたんさくら【ほたん桜】
桜　54①148
ぼたんしぼり【牡丹絞】
つばき　54①91
ぼたんしゃくやく【牡丹芍薬】
芍薬　54①83
ぼたんせきちく【牡丹石竹】
せきちく　54①213
ぼたんつつじ【ぼたんつゝじ】
つつじ　54①121
ほっきょう【ほつけう】
菊　54①230
芍薬　54①84
ほっこく【ほつこく、ほつ国、北国】
稲　9②200/19①24,26,27,28,29,41,73,②281/20①89/28①19/36③208,209,267/37①12,13,14,17,29
大麦　5①130
ほっこくいね【北国稲】
稲　20①89
ほっこくわせ【北国わせ】
稲　10②315
ほっこり【ほつこり】
稲　4①275
ほとけのこ【仏の子】
稲　10①49
ほととぎす【ほとゝぎす、郭公】
菊　54①249
金魚　59⑤429
せきちく　54①213
ほとなしぼうず【ほとなし坊至】
稲　6①81
ほどのこ【ほとのこ】
大豆　10①55
ほどのれこ【ほとのれ子】
大豆　10①55
ほとり【ほとり】
つばき　54①95
ほとん【ほとん】
稲　22④219
ほなが【穂長】
小麦　19①137

麦　37③359
ほながむぎ【穂長麦】
大麦　32①57,58
ほみじかむぎ【穂短麦】
大麦　32①57,58
ほもつれ【穂もつれ】
あわ　67④164
ほらいも【法螺芋】
里芋　6①134
ぼり【ぼり】
つばき　54①90
ほりいれだいこん【堀入大根】
大根　28④349
ほりかけだいこん【堀かけ大根】
大根　22④235
ぼんあわ【盆粟】
あわ　4①81/6①100
ほんご【本蚕】
蚕　47②98
ほんぜんじ【本禅寺】
紅ぼたん　54①69
ほんだほそば【本多細葉】
なぎ　55②116
ほんだほそばなぎ【本多細葉なき】
なぎ　55②156
ほんだん【ほんだん】
つつじ　54①121
ぼんてん【梵天】
紅ぼたん　54①72
ぼんでんこく【ぼんでんこく】
陸稲　22④280
ほんはるご【本春蚕】
蚕　47②79
ほんましぼり【本間絞】
つばき　54①88
ぼんまめ【盆大豆】
大豆　14①235
ほんみょうぐろ【本妙黒】
稲　37②128,131,132,141,142,170,171,177,192,226
ほんみょうぐろわせ【本妙黒早稲】
稲　37②187
ぼんもち【盆餅】
稲　4①274/10①52
ほんりゃくいん【本略院】
紅ぼたん　54①72

【ま】

まい【舞】→Z
たばこ　45⑥286,287,289,319,336
まいづる【舞鶴】
なし　46①9,34
まいも【真芋】→E
里芋　4①139/6①134/10①61/39⑤262
まえぎく【前菊】
菊　55①18,19,24,25,26,39,51
まえきんざん【前金ざん】
芍薬　54①79
まがいもち【まがいもち】
稲　22④221
まがき【まかき】
さつき　54①126
まきぎぬ【まきゝぬ】
さつき　54①134
まきのと【槙ノ戸】
筑前紅ぼたん　54①75
まぐわ【真桑】
桑　35①66/56①200
まけやき【真欅】
けやき　56①100
まこうぞ【真楮、真楮苧】
楮　14①259/53①16,17
まござえもん【孫左衛門】
稲　4①274
まごたしょうきまるは【孫太生黄丸葉】
たちばな　55②118
まさむね【まさむね】
桜　54①148
まさめすぎ【正目杉】
杉　53④249
ましこ【ましこ】
菊　54①251,255
まじりぼ【まじりぼ】
稲　61⑤181
ましろ【真白】
白ぼたん　54①48
ますかがみ【ますかゝみ、ますかゞみ】
つつじ　54①123
つばき　54①106
またぐろ【股黒】
里芋　22④244
またごろう【又五郎】
大豆　6①96
またしちこぼれ【又七こぼれ】
稲　22④222
まだらひゆ【斑莧】
ひゆ　18①138
まちかね【待兼】
稲　23①41
まつ【松】
稲　4①274
まつお【まつを、松尾】
なし　46①37/54①166
まつかさ【松かさ】
つばき　54①109
まつかさつばき【松毬椿】→Z
つばき　55③243
まつかぜ【松風】
白ぼたん　54①53
まつかぜしぼり【松風しぼり】
つばき　54①100
まつかわ【松川】→Z
たばこ　45⑥298
まつしま【松しま、松島、松嶋】
さつき　54①126,136/55③325
芍薬　54①84
つばき　54①105
なし　46①10,49
まつしまこしみの【松嶋こしミの】
さつき　54①135
まつだ【松田】
たばこ　45⑥299
まつだいらつげはひさぎ【松平柘植葉楸】
ひさぎ　55②154
まつだいらであかみ【松平出赤実】
たちばな　55②118
まつなが【松長】
稲　5①62
まつなみ【松なミ】
さつき　54①135
まつのは【松の葉、松葉】
紅ぼたん　54①57
まつのはこう【松の葉紅】
紅ぼたん　54①57
まつむし【まつむし】
芍薬　54①85
まつもとうとうはつばき【松本鵜頭葉椿】
つばき　55②157
まつもも【松もゝ】
やまもも　13①155
まつやま【松山】
はぜ　14①231/33②116
まつやまはぜ【松山櫨】
はぜ　56①153
まつよ【待夜】
紅ぼたん　54①66
まて【真手】
稲　4①276
まぼうふう【真防風】
ぼうふう　68③347
まめがき【大豆柿】→E
柿　19①190/56①184
まめこんごう【豆金剛】
せっこく　55②146,147,151
まめぞうは【豆蔵葉】
おもと　55②109
まめふくりん【豆復輪】
せっこく　55②147,153
まめふじ【大豆藤】
ふじ　54①156
まやこうばい【摩耶紅梅】
梅　55③254
まゆずみ【まゆヅミ】
つつじ　54①122
まりばこ【まり箱、鞠箱】
なし　46①9,37,63
まるあい【丸藍】
藍　19①105
まるいも【丸芋】
里芋　10①61
まるがき【丸柿】
柿　14①204
まるこむぎ【丸小麦】
小麦　10①55
まるしけ【丸しけ】
紅ぼたん　54①72
まるちしゃ【丸苣】
ちしゃ　10①69
まるなし【丸ナシ】
なし　40④278
まるなす【丸茄子】
なす　6①120/10①75
まるば【丸葉】
藍　19①105/29③247/45②100
楮　14①256
しそ　14①364
升麻　68③350
土茯苓　68③358
まるばあい【丸葉藍】→E
藍　20①279
まるばきんか【円葉金花】
せっこく　55②151
まるばぎんぺん【円葉銀辺】
せっこく　55②152
まるはし【丸はし】
菊　54①256
まるばすいかずら【丸葉すいかつら】
すいかずら　55②121
まるばなかふ【円葉中斑】
せっこく　55②146,147,151
まるほど【丸ほど】
菊　54①255
まるやま【丸山】
桜　54①147
まんきちまるは【万吉丸葉】
こうじ　55②117
まんげつ【満月】
菊　54①256
筑前白ぼたん　54①73
まんごく【万石】
稲　44③211,212,218
まんごくわせ【万石早稲】
稲　30①16
まんしゅ【まんしゆ】
つばき　54①96
まんばい【万倍】
稲　6①81
まんぷく【万福】
あわ　36③277
まんよう【万葉】
さつき　54①128
まんようさき【万葉咲】
さざんか　54①112

【み】

みあか【実赤】
里芋　10①62
みあかいも【実赤芋】
里芋　10①61,62
みいでら【三井寺】
菊　54①249
さつき　54①131
みうら【三浦】
稲　4①274
みおつくし【ミをつくし】
つばき　54①108
みかいこう【未開紅】
梅　54①139
みかいどう【実海棠】
かいどう　54①144
みかさ【三笠】
なし　46①9,33
みかさやま【三笠山】
白ぼたん　54①53
みかづき【三日月】
なし　46①9,33
みかわ【三川】
菊　54①255
みかわさきわけ【三川咲分】
菊　54①247
みかわむらさき【三川紫】
さつき　54①130
みかんうり【密柑瓜】
まくわうり　25②216
みぎまき【右巻】　19②436
こんにゃく　3②72
里芋　3②71/37③389
みこし【見越】
紅ぼたん　54①58
つばき　54①96
みささき【みさゝき】
つばき　54①93
みざろん【実座論】
梅　54①139
みじかきささげ【短き豇豆】
ささげ　12①201
みじかきび【短カ黍】
きび　5①107
みじかゆうがお【短夕顔】
ゆうがお　10①74
みしらず【身不知】
小豆　19①144
みずいろ【水色】
小麦　10①55
みずうるし【水漆】→B
漆　4①161
みずえもんこう【水右衛門紅】
紅ぼたん　54①61
みずぐるま【水車】
さざんか　54①113
みずなし【水なし】
なし　54①166
みずの【水の】
つばき　55②160
みずのあおでなんばん【水野青出なんはん】
まき　55②117
みずのがかりむらさきひさぎ【水のがかり紫楸】
ひさぎ　55②156
みずのきまだらひさぎ【水の黄斑楸】
ひさぎ　55②160
みずのきゃらひきさざんか【水の伽羅引茶山花】
さざんか　55②155
みずのこばなんてん【水の小葉南天】
なんてん　55②155
みずのしょうきみ【水野生黄実】
たちばな　55②118
みずのしろでらかん【水野白出らかん】
まき　55②117
みずのばんだい【水野万代】
まき　55②117
みずのひさぎ【水のひさき】
ひさぎ　55②161
みずのひなたもち【水野日向持】
なぎ　55②116
みずのふなそこほそばひさぎ【水の舟底細葉楸】
ひさぎ　55②157
みずのほそば【水野細葉】
まき　55②117
みずのほそばがし【水の細葉がし】
かし　55②155
みずのほそばしゃりんばい【水の細葉車輪梅】
しゃりんばい　55②156
みずのほそばふなそこたらよう【水の細葉舟底多羅葉】
たらよう　55②156
みずのほそばふなはひさぎ【水の細葉舟葉楸】
ひさぎ　55②161
みずのほそばまき【水の細葉まき】
まき　55②156
みずのまるばひょん【水の丸葉ひよん】
ひょんのき　55②155
みずのまるばまき【水の丸葉まき】
まき　55②154
みずのむるいなぎ【水野無類なき】
なぎ　55②116
みずのや【水谷】
紅ぼたん　54①61
白ぼたん　54①41
みずひき【水引】
菊　54①256
みずぶき【水ふき、水蕗】→E、N
ふき　4①149/10①70/17①279
みそめぐるま【ミそめ車】
つつじ　54①119
みだし【見出し】
稲　25②187
みたびくり【三度栗】
栗　54①169
みだれかのこ【乱鹿子】
つばき　54①87
みだれがみ【乱髪】
筑前紅ぼたん　54①75
みだれきび【乱レ黍、乱黍】
きび　5①107/6①102
みだれこざき【乱子崎】
稲　6①81
みだれしょうじょう【みだれしやうじやう】
菊　54①248
つつじ　54①118
みだれべに【みだれ紅、乱紅】
紅ぼたん　54①61,67
筑前紅ぼたん　54①75
みちさかへいきちこばありどおし【道坂平吉小葉有通シ】
ありどおし　55②154
みつば【ミつば】
つつじ　54①119
みつばいも【三つ葉芋】→Z
さつまいも　70③239
みどりやなぎ【みどり柳】
柳　54①164
みとろこざき【みとろ子崎】
稲　6①81
みながら【みながら】
つつじ　54①119
みながわ【皆川】
菊　55③403
みながわしろ【皆川白】
菊　55③330
みなくちもち【水口もち】
稲　6①81
みなみさいこ【南柴胡】
柴胡　68③326,327,342
みなもと【ミなもと、皆本】
稲　6①81
つばき　54①104
みねのまつ【峯ノ松】
筑前白ぼたん　54①74
みねのまつかぜ【ミねの松風】
つつじ　54①119
みねのゆき【ミねの雪、峰の雪、峯雪】
さつき　54①134,136
つばき　55③409
みの【美濃】
稲　3④266
みのがき【ミのかき】
柿　14①214
みのかさ【ミの笠】
稲　4①276
みのごめん【美濃ごめん】
なし　46①10,52
みのしま【蓑嶋】
筑前白ぼたん　54①73
みのぶ【ミのぶ】
つつじ　54①125
みのまくわ【美濃真桑】
まくわうり　17①261
みのや【美濃屋】
筑前白ぼたん　54①73
みのわせ【蓑早稲】
稲　10①48
みはら【三原】
たばこ　45⑥299
みはるこう【ミはる紅】
芍薬　54①84
みますしらふ【三益白斑】
こうじ　55②117
みまだら【三まだら】
ささげ　10①58
みみわた【耳綿】
綿　15③394
みやぎの【宮城野】
はぎ　54①245/55③384
みやこのじょう【宮古ノ城、宮古城、都の尉、都ノ城】
おもと　55②111,174,③340
みやこひなまるばあせぼ【都比奈丸葉あせほ】
あせび　55②155
みやこふくりん【都復輪、都覆輪】
せっこく　55②146,147,153
みやしげ【宮重】→V
大根　3④339,361
みやしげせみばもっこく【宮重蟬羽もつこく】
もっこく　55②157
みやしげほそばじんちょうげ【宮重細葉沈丁花】
じんちょうげ　55②156
みやじま【宮じま、宮島】
なし　46①10,47,63
みやた【宮田】
稲　11⑤244
みやづ【宮津】
菜種　28④353
みやのまえ【ミヤの前、みやの前、宮ノ前】
稲　41⑤234,247
大根　6①111
みやのまえだいこん【宮の前大根】
大根　12①215
みやまぎ【ミやまぎ】
つばき　54①109

みやまざくら【深山桜】
桜　55③266,267
みょうかくじ【妙覚寺】
紅ぼたん　54①58
みょうきいん【ミやうきいん】
つばき　54①105
みょうぎかぶら【妙義かぶら】
かぶ　6②302
みょうじょう【ミやうぜう、めうぜう、明星】
菊　54①251
さざんか　54①113
筑前白ぼたん　54①74
みょうたん【ミやうたん】
柿　54①166
みょうとくじ【妙徳寺】
筑前白ぼたん　54①73
みょうれんじ【妙蓮寺】
つばき　55③402
みよし【みよし】
紅ぼたん　54①65
なし　46①8,25
白ぼたん　54①54
みよしの【三吉野】
つつじ　54①122
みろくしゅ【身禄種】
稲　61③134
みんぶ【民部】
紅ぼたん　54①58

【む】

むえん【無縁】
紅ぼたん　54①72
むかしこう【昔紅】
紅ぼたん　54①71,72
むかしさんすけ【昔三助】
稲　2③259
むかでや【百足や】
白ぼたん　54①51
むかでやま【むかで山】
芍薬　54①84
むくび【むくび】
楮　14①257
むくれんじ【欒】
大豆　19①140
むこうじまぜんえもんいっかくひいらぎ【向嶋善右衛門一角柊】
ひいらぎ　55②155
むさし【むさし】
紅ぼたん　54①63
むさしの【むさしの、むさし野、武蔵野】
菊　54①255
紅ぼたん　54①70
さつき　54①127
せきちく　54①213
白ぼたん　54①50
むじしろ【むじ白】
さつき　54①129
むじなくわずまめ【貉不食豆】
大豆　6①96
むしもちかき【蒸餅柿】
柿　14①213
むつのくにみやぎのたねくらかけだいず【陸奥国宮城野種鞍掛大豆】
大豆　2⑤334
むまのひ【午ノ日】
筑前白ぼたん　54①73
むめがえ【むめがへ】
さつき　54①132
むめばち【むめばち】
梅　54①139
むめわか【梅若】
菊　54①254
むらくも【むらくも、村雲】→P
かきつばた　54①234/55③279
つつじ　54①123
花しょうぶ　54①219,220
むらさき【むらさき、紫】
あおい　54①214
ささげ　19①134
ひえ　19②386
むらさきあやめ【紫あやめ】
あやめ　54①220
むらさきかざぐるま【紫風車】
さつき　54①131
むらさきかのこ【紫かのこ】
せきちく　54①213
むらさききりしま【紫きり嶋】
つつじ　54①116
むらさきこしみの【紫こしミの】
つつじ　54①121
むらさきしぼり【紫しぼり】
つつじ　54①121
むらさきしゃきん【紫砂金】
菊　54①254
むらさきせいがいは【紫せいかいは】
つつじ　54①118
むらさきだいこん【紫大根】
大根　10①68
むらさきたなばた【紫七夕】
つつじ　54①118
むらさきだん【紫だん】
つつじ　54①125
むらさきちしゃ【紫苣】→E
ちしゃ　10①69
むらさきちょうじ【紫丁子】
つつじ　54①119
むらさきちりめん【紫ちりめん、紫縮緬】
菊　54①255
花しょうぶ　54①220
むくげ　54①164
むらさきなす【紫茄子】
なす　10①75/19①130
むらさきひゆ【紫莧】
ひゆ　10①72
むらさきふし【紫節】→E
松本せんのう　54①211
むらさきふたえ【紫二重】
ききょう　54①210
むらさきふろう【紫ふろう】
ささげ　10①58
むらさきまんよう【紫万葉】
つつじ　54①121
むらさきむぎ【紫麦】
麦　6①89
むらさきやえ【紫八重】
なでしこ　54①211
むらさめ【むらさめ、村雨】
菊　54①256
さつき　54①134
つばき　54①100
むるい【むるひ、無類】
菊　54①256
紅ぼたん　54①63

【め】

めあかいも【芽赤芋】
里芋　41②98
めあさ【女麻】
麻　13①35
めいげつ【名月、明月】
さつき　54①128
筑前白ぼたん　54①73
白ぼたん　54①48
めきりしま【めきり嶋】
つつじ　54①116
めくらきび【目クラキヒ】
きび　19①146
めぐろ【めくろ、芽黒、目黒】
稲　4①275/23①42/25②191,195/28①14,20/30①17/36③208,209,267/41①10
大豆　17①193
めぐろしんば【目黒しんは】
稲　6①80
めぐろもち【目黒もち、目黒糯】
稲　6①81/36③267
陸稲　22④279
めぐわ【女桑】→E
桑　47②138
めごま【胡麻】
ごま　19①142
めしあわ【飯粟】
あわ　24①141
めじろ【めしろ、めじろ】
稲　42②103,124
大豆　17①193
めじろだいず【目白大豆】
大豆　10②328
めだか【目高】
楮　13①93/14①256/56①176
めだね【女種子】→E
稲　3②70
めったはっしょう【めつた八升】
稲　37②183
めどはぎ【めとはぎ】→E、Z
はぎ　55③384
めとらず【芽とらず】
綿　9②207,208
めな【鵤菜】
かぶ　5①114
めなしご【眼無蚕】
蚕　24①83
めひらぎ【めひらぎ】
ひいらぎ　54①188
めやなぎ【めやなぎ】→E
柳　54①164
めよししょうきほうおう【目吉生黄鳳凰】
たちばな　55②118

【も】

もあん【茂あん、茂庵】
紅ぼたん　54①56
白ぼたん　54①39,42,44,46,47,48,51,53
もうせん【毛氈】
かえで　55③258,409
もがみ【最上】
稲　42①53
ゆり　55③351
もく【もく】
さざんか　54①113
もくえもんこうばい【杢右衛門紅梅】
梅　54①141
もじあらい【文字あらい】
菊　54①256
もしお【もしほ】
紅ぼたん　54①67
もじずり【もぢずり、文字摺】
菊　54①251
紅ぼたん　54①72
もち【もち、糯、糯稲、糯米、餅、穤、餅】
あわ　22⑥376/25②211/41⑤233,242
稲　2⑤326/4①71/6①81,84,②273/7①15,31,34,37/9①43,49/10①48,53,②315/11②96/19①24,25,27,②377/22①32,②100,④218/27①34,181/28②143,144,259/30①17,③276/33①24/37①11,42,③262,271,344/41④205/42①45,51,53,55,58,60,66,④239,⑥434/43①43,75,78/70①13,⑥378

陸稲　3③152,154/12①147/37③309
きび　6①100
もちあわ【もちあわ、もち粟、糯アハ、糯粟、餅あわ、餅粟、秫、餅粟】→N
あわ　4①81/5①92,94,95/10①59/12①172/17①201,203,319/19①138/21①60,82/24①141/28①22/33⑥361/39②111/41②112/42②126,⑤326/62⑨366
もちいね【もちいね、もち稲、糯稲、餅稲、餅稲】
稲　1①51/5①61/7②276/10①51,②302,317/17①153/19①74,198,②289,339/20①99/22③173/24①141/25②187,191,195/27①180/36③208,209,267/39②95,99/42①62,④276
もちうるし【もち漆】
漆　4①161
もちうるち【糯粳】
陸稲　3③154
もちきび【もちきひ、モチキビ、もちきび、もち黍、黍、餅黍、稷、糯黍、秫、餅キヒ、餅黍】→I、N
きび　6①102/10①57/12①177/17①204/19①146/25②211/38④262/62⑨365/69②234,364
たかきび　17①209
もちごめ【もち米、糯米、餅米】→B、I、N
稲　1②152/17①151,152/48①374/69②347,384
はと麦　12①210
もちだいこん【餅大根】
大根　6①111/12①215
もちつつじ【もちつゝじ】
つつじ　54①118
もちひえ【もちひゑ、餅ヒヘ】
ひえ　17①205/19①149
もちまめ【もち豆、餅豆】
大豆　6①96/10①55
もちむぎ【糯麦】
麦　37③359
もちもみ【餅籾】→E
稲　22①46
もちわせ【もちわせ】
稲　10②315/19②332
もといしかわたかむろなんばん【元石川高室なんはん】
まき　55②116
もといっすん【もと一寸】
大豆　17①192
もとおおいけとうぎしししじんちょうげ【元大池東儀獅子沈丁木】
じんちょうげ　55②114
もとおおたみずのべにかけ【元太田水野紅懸】
こうじ　55②117
もとくだりそうまほそばしきみ【元下り相馬細葉しきみ】
しきみ　55②114
もとさがりべんのすけ【元下り弁之助】
つばき　55②159
もととうぎおおのはな【元東儀大野花】
まき　55②117
もととおやまあらきよればじんちょうげ【元遠山荒木よれ葉沈丁木】
じんちょうげ　55②113
もとまがりふちしがつるなんてん【元曲淵志賀つる南天】
なんてん　55②114
もとやまうちおおるいうけば【元山内大類受葉】
こうじ　55②118
ものかわ【もの川】
菊　54①253
芍薬　54①85
つばき　54①96
ものぐるい【物狂】
つばき　55③405
ものぐるいつばき【物狂椿】
つばき　55③243
もみきぬ【もみきぬ】
紅ぼたん　54①67
もみこぼるるいね【籾こぼるゝ稲】
稲　21②114
もみじ【もミぢ、紅葉】
菊　54①254
つばき　54①101
綿　15③347
もみじかさね【もミぢかさね】
さつき　54①134
もみじじこう【紅葉時行】
稲　6①80
もみじわた【紅葉わた】
綿　13①9
もも【もゝ】
さつき　54①133
ももいろ【桃色】
菊　2①118
ももきりしま【もゝきり嶋】
つつじ　54①117
もものか【桃の香】
菊　2①118
もよぎはく【細白】
白ぼたん　54①46
もりぐち【もり口】
稲　2⑤328
もりさき【もりさき】
紅ぼたん　54①65
もりささげ【もりさゝけ】
ささげ　33⑥352
もりもとしろ【森本白】
白ぼたん　54①42
もりやま【守山】
筑前紅ぼたん　54①75
もりやまえがわしょうきばまるば【守山江川生黄丸葉】
たちばな　55②118
もろ【もろ】
稲　1②152
もろきやろく【もろきやろく】
稲　41②71
もろこ【諸蚕】
蚕　35②263,279,345,402
もろこしたね【もろこしたね】
蚕　47①12
もんぐち【もんぐち】
白ぼたん　54①42
もんじゅ【文殊】
白ぼたん　54①49
もんしろ【紋白】
白ぼたん　54①49
もんにしき【紋錦】
つばき　54①109

【や】

やえあさがお【八重あさがほ】
つつじ　54①120
やえあめがしたつばき【八重雨が下椿】
つばき　55③246
やえがき【八重垣】
紅ぼたん　54①68
筑前白ぼたん　54①73
やえきりしま【八重きり嶋】
つつじ　54①116
やえくれない【八重くれない】
つつじ　54①124
やえげんじ【八重源氏】
つばき　54①98
やえこうばい【八重紅梅】
梅　54①141/55③240
やえこしみの【八重こしミの】
さつき　54①135
やえざくら【八重さくら、八重ざくら】
桜　13①213/54①147
やえしで【八重しで】
さざんか　54①112
やえしらくも【八重白雲】
つばき　54①99
やえたいはく【八重太白】
白ぼたん　54①47,49
やえちご【八重児】
梅　55③247
やえちりめん【八重縮緬】
紅ぼたん　54①68
やえなりささげ【八重成さゝげ】
ささげ　25②202
やえはくとう【八重白桃】
桃　55③259,266,293
やえはくばい【八重白梅】
梅　54①139
やえひとう【八重緋桃】
桃　55③259
やえひとえつばき【八重一重椿】
つばき　55③246
やえほし【八重星】
つばき　54①107
やえま【やへま】
つつじ　54①123
やえみょうじょう【八重ミやうぜう】
さざんか　54①112
やえやまぶき【八重山吹】
やまぶき　20①147/55③274
やえりょくかくばい【八重緑萼梅】
つばき　55③253
やきまめ【焼豆】→I
大豆　6①96
やぐら【やぐら、櫓】→E
紅ぼたん　54①62,67
やぐらくちば【やぐらくちば】
菊　54①254
やぐらげき【やぐら外記】
紅ぼたん　54①72
やぐらねぎ【櫓葱】
ねぎ　36③294
やしお【やしほ、八しほ、八入】
かえで　16①166/54①152
筑前紅ぼたん　54①74
つつじ　54①117
やすだ【安田】
稲　5①62
やそめ【八染】
紅ぼたん　54①64
やちばり【やちバり】
稲　4①275
やつがしら【魁、八ツ頭、八頭】→N
あわ　19①138,139
里芋　6①134/22④247
やつがしらいも【八ツ頭いも、八ツ頭芋】
里芋　22④242,244
やっこ【奴】
菊　55③404
やっこむぎ【奴麦】
麦　41②79
やつしろ【八しろ、八代】
さつき　54①132
つばき　54①105
やつなり【八生】
とうがらし　19①123
やつはし【八はし、八橋】

かきつばた 54①235
さざんか 54①115
つつじ 54①119
やつふさ【八つ房】
いんげん 3④368
やとめ【やとめ、屋とめ】
稲 6①82
つげ 54①285
やとめぼうず【屋とめ坊至】
稲 6①82
やなぎだ【柳田】→Z
桑 56①60,192,200,204,205
やなぎだなえ【柳田苗】
桑 18②252
やなぎだわせ【やなぎ田わせ】
桑 35①66
やなぎば【柳葉】
綿 28④338
やなぎぶんずい【柳ぶんずひ】
稲 25②187
やなぎもち【柳餅】
稲 10①52
やなぎわせ【柳わせ】
稲 1①51
やはぎ【やはぎ】
つばき 54①98
やはず【矢筈】
大麦 30①91
寒すすき 55③425
はぎ 55③384
やはずやろく【矢筈弥六】
稲 4①275
やはずわせ【矢はづわせ】
稲 37①13
やはた【八幡】
梅 14①363
やはたごぼう【八幡牛蒡】
ごぼう 6①130/12①299
やぶつばき【やぶ椿、山椿実、藪椿】
つばき 10①41/16①35,145/55③427,432
やぶところ【やぶところ】
ところ 17①271
やま【山】
かえで 55③258,409
やまあおいまる【山葵丸】
せっこく 55②147,151
やまあく【山あく】
にんじん 3④267
やまい【山井】
紅ぼたん 54①65
やまうば【山姥】
菊 54①256
やまお【山苧】
からむし 10①73,74
やまが【山家】
紅ぼたん 54①66
やまからす【山からす】
筑前紅ぼたん 54①75
やまからつかず【山から付す】
大豆 30③271
やまぐち【山口】
白ぼたん 54①47
やまざき【山崎】
稲 25②187,191
菊 55③355
やまざきもち【山崎餅】
稲 25②187
やまざくら【山桜】
桜 54①145/55③263,267
つばき 54①103
やまさつき【山さつき】
さつき 16①168
やまざと【山里】
紅ぼたん 54①67
筑前紅ぼたん 54①75
やましなざくら【山科桜】
桜 55③263,266,273,467
やましなささげ【山シナサヽケ、山階大角豆】
ささげ 19①145/20①199
やましなのささげ【山階のさゝげ】
ささげ 20①199
やましぶがき【山渋柿】
柿 13①149/18①77/56①79
やましろ【山城、山白】
大根 6①111
白ぼたん 54①49
やましろあさわた【山城麻わた】
綿 15③348
やまず【やまず】
楮 14①257
やまだいず【山大豆】
大豆 41②113
やまたかまるばさざんか【山高丸葉茶山花】
さざんか 55②155
やまだし【山出シ】
たばこ 41⑤257
やまだわせ【山田わせ】
稲 25②186
やまちしゃ【山苣】
ちしゃ 41②122
やまてらし【山てらし】
稲 1①51
やまと【大和】
稲 29②144/43①43
柿 6②305
やまとあらき【大和あらき】
稲 22④220
やまといも【大和芋】→N
ながいも 19①152/20①155/36③293
やまところ【山ところ】
ところ 17①271
やまとじこう【大和時行】
稲 6①80,82
やまとしろ【大和白】
芍薬 54①82
やまとほ【大和穂】
稲 61⑤181
やまとわた【大和わた】
綿 17①227
やまなし【山梨】
つばき 55②160
やまなしえんこうまき【山梨ゑんこふ槙】
まき 55②157
やまなしほそばありどおし【山梨細葉有通し】
ありどおし 55②155
やまのい【山の井、山野井】
筑前白ぼたん 54①74
白ぼたん 54①40
やまばな【山花】
紅花 45①40
やまびこ【山びこ】
つばき 54①100
やまぶき【山ふき、山蕗】
ふき 10①70/17①279
やまぶしこ【山伏子】
蚕 47①12
やままんよう【山万葉】
つつじ 54①124
やまもとちゃぼひば【山本ちやほ檜葉】
ひば 55②113
やまもとひば【山本ひは】
ひば 55②139
やまもり【山もり】
つばき 54①100
やまやなぎ【山柳】
柳 13①214
やまやろく【山弥六】
稲 30①17
やみのよ【やミの夜】
芍薬 54①84
やようか【八八日】
稲 19①24,26/23①41,80/25②191/31⑤252
やようかひえ【八八日ヒヘ】
ひえ 19①149
やよおか【やよ岡】
稲 4①274
やらくあずき【野楽小豆】
小豆 6①98
やりかたね【鎗かたね】
ひえ 6①93
やろく【野鹿】
稲 10①49
やろくもち【やろく糯、弥六餅】
稲 4①275/41②70
やろくわせ【弥六早稲】
稲 4①274
やわた【八幡】
稲 8①77
白ぼたん 54①40,55

【ゆ】

ゆうがすみ【夕かすミ】
筑前白ぼたん 54①74
ゆうきしろ【ゆうき白】
芍薬 54①84
ゆうぐれ【ゆふくれ、夕暮】
菊 54①255
紅ぼたん 54①66
ゆうしつ【有室】
綿 8①221
ゆうしで【ゆふしで】
菊 54①256
ゆうそう【ゆふさう】
さつき 54①129
ゆかり【ゆかり】
菊 54①255
ゆきあけぼの【雪あけぼの】
芍薬 54①85
ゆきぐるま【雪車】
芍薬 54①85
ゆきくれない【ゆきくれない】
さつき 54①127
ゆきした【雪下】
大豆 19①140
ゆきしで【ゆきして】
芍薬 54①85
ゆきしろ【雪白】
あおい 54①214
菊 54①256
つばき 54①102
なでしこ 54①212
白ぼたん 54①54
ゆきとおし【雪トウシ、雪通し】
なし 46①9,38
ゆきのあめ【雪の雨】
菊 54①256
ゆきのこ【雪の粉】
大麦 10①54
ゆきのした【雪の下】
大豆 2⑤334
たで 10①73
ゆきのしたまめ【雪の下大豆】→E
大豆 20②370
ゆきのみね【雪峯】
白ぼたん 54①47
ゆきのやま【雪の山】
さざんか 54①115
ゆきのよ【雪の夜】
白ぼたん 54①50
ゆきひら【ゆき平】
さつき 54①128
ゆきみねこばなぎ【雪峰小葉梛】
なぎ 55②156
ゆきわり【雪わり】
菊 54①230
大豆 17①192
ゆざんしょう【柚さんせう、柚

山枡】
さんしょう　54①169/56①126
ゆのや【ユノヤ】
稲　5①61
ゆりば【百合葉】
つばき　55②159

【よ】

ようかすいよう【やうくわ水揚】
菊　54①230
ようきひ【やうきひ、楊貴妃】
梅　54①141
かえで　54①153
菊　54①249
紅ぼたん　54①70
桜　45⑥296/54①145
さざんか　54①113
芍薬　54①84
つつじ　54①117
白ぼたん　54①53
ようきひざくら【楊貴妃桜】
桜　55③267
ようじょうらく【やうぜうらく】
稲　19②282
ようろう【養老】
なし　46①8,28,38
よかわ【横川】
つばき　54①103
よこぐも【横雲】
筑前白ぼたん　54①74
よこたばこ【横タハコ】
たばこ　19①128
よこち【横地】
筑前白ぼたん　54①74
よこや【横谷】
稲　6①80
よこやまひえ【横山稗】
ひえ　6①93
よごれ【よこれ】
稲　4①276
よごれあわ【よごれ粟】
あわ　41②112
よごれこそで【よごれ小袖】
白ぼたん　54①41
よしだ【よしだ、吉田】
紅ぼたん　54①63
大根　28④339,348,349,350
筑前紅ぼたん　54①75
白ぼたん　54①43
よしだだいこん【吉田大根】
大根　28④349
よしの【吉野】
稲　29②144
菊　55③403
桜　54①145
よしのがわ【吉野川】
さつき　54①126
よしのざくら【吉野桜】
桜　56①67
よしののさと【吉野之里】
白ぼたん　54①54
よしのむらさき【吉野紫】
さつき　54①134
よしのやま【吉野山】
つつじ　54①124
よしゅうたんご【予州丹後】
稲　30①17
よたけ【よたけ】
あわ　36③277
よつくら【四倉】
柿　56①85
よつやおおおかしょうきかしは【四ツ谷大岡生黄樫葉】
たちばな　55②118
よつやさんがい【四谷三階】
つばき　54①102
よてろく【ヨテロク】
稲　19①24
よどがわ【よと川、よど川】
菊　54①256
つつじ　54①121
よどこう【淀紅】
紅ぼたん　54①67
よどちりめん【淀縮緬】
白ぼたん　54①49
よねくら【米倉】
稲　36③209,267
よねこういまさくらばつばき【米幸今桜葉椿】
つばき　55②155
よねこうまるばさざんか【米幸丸葉茶山花】
さざんか　55②156
よねざわ【米沢】
たばこ　45⑥299
よねざわくわ【米沢桑】
桑　56①60
よねろく【よね六】
稲　2③260
よふし【よふし、四ふし】
稲　4①275,276
よらずいね【不寄稲】
稲　28④341
よりきん【より金】
芍薬　54①79
よりくま【寄熊】
稲　23①43
よりだいはんにゃ【より大はんにや】
菊　54①250
よりだし【寄出、撰出し】
稲　4①275/23①42
よりほ【より穂】
稲　6①80,82
よりまさ【よりまさ】
菊　54①254
よりむらさき【より紫】
菊　54①255
よれくちは【よれくちは】
菊　54①255
よろいそで【よろい袖】
菊　54①255
よろいどおし【よろいたうし、よろいとをし、よろひどふし、鎧どをし】
桃　2⑤333/13①157/16①151/54①144

【ら】

らいうん【雷雲】
つばき　54①101
らいちょう【らいてう】
桜　54①146
らいふくりん【鵜覆輪、鵜復輪】
せっこく　55②147,153
らかん【らかん、羅漢】→O
さつき　54①133
まき　55③435
らさん【らさん】
菊　54①255
らしょうもん【羅生門】
かきつばた　54①234
芍薬　54①79
なし　46①10,46,63
らっきょう【ラツキヨ】
あさつき　19①133
らんい【乱猪】
つばき　54①107
らんちゅう【らんちう】
金魚　59⑤443,444
らんちゅうぎょ【卵中魚】
金魚　59⑤443
らんば【蘭葉】
おもと　55②107,111
らんびょうし【乱拍子】
つばき　54①87

【り】

りさん【りさん】
筑前白ぼたん　54①74
りすのお【栗鼠の尾】
あわ　10①59
りっちゃ【立茶】
紅ぼたん　54①68
りふじん【李夫人】
みかん　14①382,385,387
りへい【利平】
裸麦　30①91
りへいむぎ【利平麦】
麦　41②81
りゅううんいん【竜雲院】
白ぼたん　54①51
りゅうおう【龍王】→Z
たばこ　45⑥285,291,324
りゅうおうまる【竜王丸】
なし　46①9,40
りゅうきゅう【りうきう】
そてつ　54①257
つつじ　54①118,136
りゅうきんこう【りうきんかう】
芍薬　54①84
りゅうさがわ【りうさ川】
つばき　54①94
りゅうはっか【りうはくか】
はっか　13①298
りゅうまめ【龍豆】
大豆　6①96
りょうあん【良安】
紅ぼたん　54①72
りょうとう【遼東】
朝鮮人参　45⑦432
りょうとうにんじん【遼東人参】
朝鮮人参　45⑦379,415,426
りょうみぞ【両溝】
裸麦　30①91
りょうめん【両面】
菊　54①247/55③404
さざんか　54①104,111
つばき　55③399
りょうりぐり【料理くり】
栗　54①169
りょうりささげ【料理さゝけ】
ささげ　33⑥352
りょくうんふくりん【緑運復輪】
せっこく　55②147
りょくがくばい【緑蕚梅】
梅　55③242
りょくき【緑輝】
せっこく　55②148,150
りょくきふくりん【緑輝覆輪】
せっこく　55②153
りょくばい【緑梅】
梅　55③242
りんじ【綸旨】
白ぼたん　54①46
りんしうめ【りんし梅】
梅　54①141
りんしゅううめ【隣州梅】
梅　7②351
りんず【りんず】
白ぼたん　54①42
りんずしろ【りんず白】
白ぼたん　54①40
りんてつ【りんてつ】
稲　1①51
りんぼう【りんぼう】
菊　54①252

【る】

るいさん【ルイサン】
なし　46①9,37
るいのもと【類の本】

稲　28④341
るすん【るすん】
つつじ　54①123
るりあさがお【るり朝かほ】
あさがお　54①227
るりやえ【るり八重】
ききょう　54①210
花しょうぶ　54①219

【れ】

れいあん【令庵】
筑前白ぼたん　54①74
れいし【茘子】
白ぼたん　54①51
れいししろ【れいし白】
白ぼたん　54①43
れいやん【れいやん】
白ぼたん　54①54
れんげこう【蓮華紅】
つばき　54①96
れんげつつじ【れんげつゝじ】
つつじ　54①124

【ろ】

ろあらき【ろあらき】
稲　3④265
ろうしゅうじさん【老秋児蚕】
蚕　35①43
ろうしょ【臘蔗】
さとうきび　70①8
ろうじん【老人】
菊　54①253
ろうそう【老僧】
紅ぼたん　54①71
ろくがつあずき【六月小豆】→E
小豆　6①98
ろくがつだいこん【六月大根】
大根　4①**107**
ろくがつだいず【六月大豆】→E
大豆　39⑤286/42⑤324,326,334,335
ろくがつまめ【六月豆、六月萩】
大豆　5①94,101,103,104/6①95/10②328,361
ろくがつもち【六月もち】
稲　1①51
ろくじぞう【六地蔵】
ごま　10①66
ろくじゅうはちにち【六八日】
稲　6①79
ろくしんがき【鹿心柿】
柿　14①213/56①85
ろくすけだいず【六助大豆】
大豆　10②328
ろくのじょう【六之丞】
桑　56①193,205
ろくぶわせ【六分早稲】
稲　2⑤328
ろくよう【六葉】
かきつばた　54①235/55③279
ろしゅうほそばみやましきみ【呂州細葉深山しきミ】
しきみ　55②157
ろそう【魯桑】
桑　4①163/6①174/13①115,118/18①**81**,84/35①43,65,66,②263,281,286,307,308,352/47②137,138,139,③170/56①178,200
ろっかく【六角】
あわ　19①138
大麦　2①62/5①129/41⑤254,⑥279
小麦　19①137
麦　4①79/6①89/17①168
ろっかくむぎ【六角麦】→E
大麦　41⑥277,278
麦　3①28/37③359
ろっくかくたね【六角種】
大麦　39⑤291
ろっこくあわ【六石粟】
あわ　67④164
ろふく【蘆菔】→E
大根　10①67,68

【わ】

わかくさ【わかくさ、わか草、若草】
梅　54①141
紅ぼたん　54①70
つばき　54①87
白ぼたん　54①45,49
わかさし【わかさし】
あわ　41⑤233
わかさやろく【若狭弥六】
稲　4①275
わかむらさき【わか紫、若紫】
菊　54①249,255
つつじ　54①123
わかやまだね【若山たね】
すいか　40④307
わがらしおん【和唐紫苑】
しおん　55③374
わさかし【わさかし】
あわ　41⑤234,242,260
わさくさ【わさ草】
稲　4①275
わさだ【早田】
稲　37③339
わさひこ【わさひこ】
稲　41⑤234
わし【鷲】
稲　23①42
わしがしら【わしかしら、鷲頭】
紅ぼたん　54①70
芍薬　54①83
わしのいただき【わしの頂】
紅ぼたん　54①69
わしのお【わしの尾、鷲の尾、鷲尾】
かきつばた　54①234
桜　54①146
なし　46①10,42
わすれご【わすれ子】
筑前白ぼたん　54①73
白ぼたん　54①54
わせ【ハセ、はせ、わせ、早、早せ、早稲、早田、早登、早苗、早穂】
22②131/39①19,**60**,61
小豆　7②330/17①195,196
稲　1①23,24,25,26,27,30,32,33,50,51,94,95,97,100,118,②151,152,③261,269,270/2③261,④275,288,⑤325,326,327,329/3④223,260/4①18,21,22,31,38,41,42,45,64,77,176,204,215,216,217,**274**/5①47,62,②225,③256,257,275,281/6①14,15,23,29,43,47,62,65,66,72,**79**,83,108,206,②320/7①12,15,16,21,23,29,31,35,46,61,65,②240,285,286/8①67,68,69,71,76,77,78,207/9①97,②199,200,③243/10①24,30,36,**48**,49,50,②302,315,317,318,354/11②87,91,92,96,④171/12①139,143/13①67/16①38/17①15,28,37,38,53,85,109,114,117,120,122,151,152/19①24,27,30,38,64,74,76,198,②289,377,421/20①99,110,265/21①24,**79**,②114/22①32,②99,104,106,108,④217,220,222/23①40,41,43,52,79/24①113,121,141/25①72,121,②180,182,191,195,196,③282/27①29,34,110,112,167,169,172,174,180,369/28①19,②143,215,③321,④353/29①46,47,58,②126,134,144,149/30①16,17,19,20,31,53,54,79,80,125,③247,275/31⑤252/32①26,32/33①14,18,⑤239,254/34⑦251/36①53,③260,266/37①11,12,14,40,41,②77,78,79,86,101,127,128,138,139,141,142,143,151,158,159,160,167,175,179,194,213,221,222,③271,273,274,329/38①15,③137,139/39④188,222,⑤275,279,282,287,292,296/41①8,10,②63,66,③177,④205,⑤253/42①44,45,51,④272,⑤325,334/43②179/45③150/54①234/61①49,50,③134,⑤181,⑩421,439,447/62①15,⑧274,⑨374,384/63⑧425/67②113,⑥279,305,307,308/70④261
いんげん　3④369
陸稲　3③152/22④279/61⑦193
からしな　22④263
きび　10①57
ごま　17①206/22④249
ささげ　17①199
そば　6①103/22④240
大豆　6①96/17①192/25②203/36③205
たで　17①285
たばこ　17①282
つるあずき　17①211
とうがらし　17①287
なし　40④290/56①108
なす　3④377/22④252/25②215
裸麦　21①54
ひえ　17①205/21①61/39①45
みょうが　17①278
麦　17①84
桃　3④374
綿　3④280/7①89,90,99,100,101/15③352/17①227/22④262
わせあさ【早麻】
麻　2①55/19①105
わせあずき【わせ小豆、早小豆】
25①51
小豆　6①97/10①27/17①195/19①144
わせあわ【わせあわ、わせ粟、早粟、早栗(粟)、早稲粟】
あわ　6①98/10①24,27,36,59,②363/17①201,202/19①138/32①101/33④221/37②204
わせいね【わせいね、わせいね、わせ稲、早稲いね】→はやいね
稲　9①93,105/17①142,152/22④217/42①29,38
わせいも【わせ芋、早せ芋】→はやいも
里芋　21①63/22④244
わせうり【早瓜】　28①21/37③329
わせえ【わせ荏】

えごま　22④263
わせお【早せ苧】
からむし　37①31
わせかた【わせかた、わせ方、早稲方】
稲　5③252/17①316,317
わせきび【早黍】
きび　6①101
わせくまがい【早稲熊カイ】
稲　19①24
わせくらあずき【早倉小豆】
小豆　6①98
わせくろごま【早黒胡麻】
ごま　6①107
わせくろさや【早黒莢】
小豆　6①98
わせぐわ【早稲桑、早苗桑】→Z
桑　35②352/56①192,200,205
わせげ【早稲毛】
稲　25②183
わせこきび【早小秬】
きび　10①35,57
わせこむぎ【わせ小麦、早小麦】→L
22②125
小麦　6①91/19①137/20①193/22④210/41②80
わせごめ【早稲米】→N
稲　5③248
わせささげ【早大角豆】→はやささげ→A
ささげ　19①145/42⑤324
わせしゅのもみ【わせ種の籾】
稲　17①58
わせしろさや【早白莢】
小豆　6①98
わせだ【早稲田、早田】→D
稲　23①63,67/40③215
わせたい【早太】
稲　41②66
わせだいこん【早大根】　31⑤269
大根　10②368/30①105
わせだいず【わせ大豆、早稲大豆、早大豆】
大豆　2③263/4①84/6①96/19①99,120,139,180,②307,331,339/25③273/37①33/38①12,③153/61①56
わせだいずのしろき【わせ大豆の白き】
大豆　17①320
わせたいとう【早稲大唐】
稲　6①52
わせたね【早稲種】→E
稲　17①27
菜種　22③158
わせたばこ【わせたばこ】→はやたばこ
たばこ　17①281
わせちょうせん【早稲朝せん】
菜種　22③163
わせとそんもち【わせとそんもち】
稲　22④219
わせなし【わせ梨、早梨】
なし　40④276/46①20
わせなす【わせ茄】→はやなす、はやなすび、わせなすび
なす　22④252
わせなすび【わせなすび】→わせなす
なす　17①262
わせなたね【早菜種】
菜種　6①142
わせのたね【早稲之種】→E
稲　24②236
わせのなかて【早稲の中稲】
稲　7①12
わせはやり【早稲時花】
稲　5①64
わせひえ【早稲稗、早稗、橦稷】→はやひえ→N
ひえ　2①11,32,36/4①20/5①98/6①93/10①23,35,36/21①61
わせぼうずあわ【早坊至粟】
あわ　6①100
わせほそば【早稲細葉】
稲　37②86
わせまい【わせ米、早米】→N、R
稲　17①24/42④274/61①51
わせまめ【わせまめ、わセ豆、わせ豆、早大豆、早菽】→はやまめ→A
16①38/22④259
大豆　2①39/17①192/20①173,197/22④233,240/28④348
わせまめたね【わせまめ種】
大豆　17①194
わせむぎ【わセ麦、わせ麦、早稲麦、早麦】→はやむぎ
6①110
大麦　10①54/19①137/22⑥394/32①47,60,66
小麦　10②373
裸麦　32①68,70,71,77
麦　6①89,118/10①49,②325/12①240/13①34/14①144/15③356,400/17①168,179/20①174,191/22④224/28②260/31④160/32①41,148,151/33①30,④212/38③116,150,155,176,178/39⑤278/41②77/62⑨336,349,382
わせむぎたね【わせ麦種】
麦　17①168
わせもち【わせ餅、早稲もち】→はやもち
稲　6①81/37①41
わせもの【わせ物、早物】　38③116
稲　37①42/39⑤275
ひえ　2①31
わせもみ【わせ籾、早稲籾】→E
稲　17①58/42④239
わせもも【わせもゝ、わせ桃、早稲もゝ】
桃　3④374/40④330
わせるい【早稲類】
稲　27①31
わせわた【早綿】→はやわた、はやわたき
綿　8①243,247/28②188
わそう【和桑】
桑　35①43,139
わたこまゆ【わた子まゆ】
蚕　47①15
わたすぎ【わた杉】
杉　56①41
わだほそばまさき【和田細葉正木】
まさき　55②157
わたりつる【渡鶴】
稲　37②139
わっぱ【わつは】
菊　54①246
わびすけ【わびすけ、侘助】
つばき　54①90/55③405,408,430
わらとり【藁取】
稲　33④217
わらや【わら屋】
筑前紅ぼたん　54①75
わりすおう【わりすわう】
菊　54①255
われずみ【われ角】
つばき　55③430

G　病気・害虫・雑草

【あ】

あいだのくさ【間ノ草】 5①114
あいのくさ【間の草】 5②226
あお【青】 7①116
あおいね【青稲】→E 7②264
あおおいづるむし【青笈虫】 46①13,97
あおかえり【青かへり】 29①67
あおかめむし【青かめ虫、青亀虫】 46①14,100
あおきになる【青木になる】 30③272
あおきむし【青き虫】 22④237
あおくだけ【青砕】 62②36
あおくちいさきむし【青く小き虫】 35①68
あおけむしのたね【アヲケムシノタネ、青けむしノたね】 40④271
あおだいしょう【青大将(虫)】 46①98
あおだち【青立】→ひえだち 3③154/37②107/67⑤208,233,234,⑥268,283,284,289
あおどかげ【青とかげ(ななふし類)】 17①275
あおはたじむし【青蟠自虫】 46①13,98
あおほうじゃりむし【青ホウヂヤリ虫】 46①12,70
あおまい【青米】→E 12①138/16①94,246/30①86/36①53/37①41/39④190,191/62⑦188
あおみ【青実】 37②142,143
あおみ【青ミ】 5②222
あおむし【青ムシ、青むし、青虫】 1⑤**356**/2①59/7①115,②317/23①**110**,111,112/29③201,237,238/30③264,265/35②307/36②115
あおむししんぐさり【青虫心腐り】 29③222
あか【あか、赤】 19②314/23⑥318
あかあり【赤蟻】→Z 45⑦394
あかいろなるやまい【赤色なる病】 35①77
あかいろのやまい【赤色之病】 8①55
あかきはえ【赤き蠅】 41②131
あかぐさり【赤ぐさり】 24①100
あかごめ【赤米】→あかまい→E、F 9②201/12①72,143/20①38/23①54
あかざ【あかざ】→E、N、Z 28②213
あかざけ【赤ざけ】→あかしぶ 35②307
あかさび【赤さひ、赤サビ、赤さび】 8①181/28①11/59⑤437,438
あかしぶ【赤しふ、赤しぶ】→あかざけ 36②109,120
あかそぶ【赤そぶ】 67⑥286
あかだね【赤種子】 33①47
あかだま【赤玉】→あかまい→E、F 27①201/62②36
あかだままい【赤玉米】→あかまい 27①209
あかてんのこ【赤てんのこ】 23⑤276/40②42,44,124
あかば【あか葉、赤葉】→E 1①70/12①221
あかばにち【赤葉にち】→いもち 6②312
あかまい【赤米】→あかごめ、あかだま、あかだままい→E、F、N 16①86,101,104,259/21①26/22①46
あかまゆ【赤まゆ】 24①100
あかむし【赤虫】→Z 20②392/38③114
あきいもち【秋いもち】→いもち 7①23
あきおち【あきおち、秋落】 7①**42**/11②107/28②240
あきおつ【秋落ツ】 8①80
あきおとり【秋劣】 31⑤252
あきくさ【秋草】→I 23⑤271/27①142
あきくさり【秋くさり】 8①72
あきてっぽうむし【秋鉄砲虫】 46①14,100
あきむし【秋虫】 11④169/23①55,**111**
あく【あく、灰汁】→B、H、I 56①192/59⑤440
あくしゅう【悪臭】 35②267,379
あくそ【悪鼠】→ねずみ 62③61
あくそう【悪瘡】→かさ 60⑥336,337,340
あくそう【悪草、悪艸】→くさ 5①65,68,74,135/24①62
あくちゅう【悪虫】→むし 4①211,212,213/11①39/70②127
あけ【あけ】 20①164
あげ【あけ、あげ、虫難】→むしいたみ 1④299/25③265/36③198
あけのいり【あけノ入、あけの入】 19②275/37①38
あさぬの【麻布】→B、N 47②82
あさのみ【麻の実】→B、E、I、N 47②82
あさは【麻鳥(すずめ)】 15①60
あさむし【麻虫】 2①78
あし【葦】→B、E 1①60
あしおれうし【足ヲレ牛】 60④171
あしきくさ【あしき草】 6②273
あしきくさきのにおい【悪き草木の匂ひ】 47②89
あしきにおい【あしき匂ひ】 35①62
あしきにおいあるき【悪き匂ひある木】 35①103
あしきにおいあるまき【あしき匂ひある薪】 47②92
あしきにおいのもの【悪き臭ひの物】 35①88
あしのおれたるとり【あしのおれたる鳥】 60①61
あしのねっする【足の熱する】 33①25
あしのはれ【足の腫】 14①179
あしふるくなりたる【あしふるくなりたる】 60①64
あしよわきとり【あしよハき鳥】 60①60
あずきのくさ【小豆の草】 27①147
あぜきしくさ【畝岸草】 30②188
あぜくさ【あぜ草、畦草、畔草、畔艸、疇草】→A、E、I 1⑤352,355/6①62,64/9①94/24①40,99/30①130/37①21/39②100,⑤291/43①46
あぜくそ【畷クソ】→D 5①68
あぜくろのくさ【畔くろの草】 25①49
あぜのくさ【あぜの草、畦之草、畔の草、畛ノ草】→I 9①99/27①154/32①21/34②21
あだおち【徒零】 69②250
あたまがし【アタマガシ】 8①181
あっき【悪気】→N、X 60④169
あぶ【あぶ、虻】→E 2②156/6①62/16①148,220,221
あぶらいたみ【油痛】 31①15
あぶらうじ【油ウジ】 5①115
あぶらけ【油け、油気】→I、N、X 35①62,88/47②82/56①206/59⑤439
あぶらのかかりたるとり【あふ

らのかゝりたる鳥】 60①62
あぶらむし【あふらむし、あふら虫、アブラ虫、あぶら虫、あぶら虫し、滑虫、油むし、油虫】→きらり 3④258,259,282/7②278/10①59/13①16/16①263/17①165/21②131/22④227/31④206/38③152/39②103/40④274,285/45⑦390/46①68,95/55①39,56/62②36
あぶろし【アフロシ、アフロし、アフロジ】 8①52,53,94,137,143,152,184,186
あぶろしむし【アフロシ虫、アブロシ虫】 8①12,19,38,44,56,97,99,139,150
あまみずおおくいれること【雨水多く入事】 59⑤439
あみ【網】 5①110,112
あめいたみ【雨いたミ、雨傷】 41②74,90
あめやけ【雨焼】 19②331/39②108
あら【跡実】 62④88
あらいじる【洗汁】→B、H、I 62⑨327
あらくさ【荒ラ草、荒草、大草】 4①55/27①142/39⑤281
あらくなる【あらく成】 60⑥374
あり【蟻】→E 2①134/3①51/5①22/10①59/11①55/24①61/25①125,128/31④179,206,207,208/41②95/45⑦394/46①68,95/54①282/55①25,②130,134,144,③461/56①207/62④90/68③341
ありくい【ありくい、ありくひ、ありくゐ】→Z 19②339,344/20①94,236
ありくいのむし【ありくゐの虫】 20①236
ありくいむし【ありくい虫、ありくひ虫】 19②331,349
ありこ【蟻子】→E 2①87,134/29③249
ありまき【アリマキ、ありまき、蟻まき、蟻巻】 7①26,114,②278,279,291,324,350/16①263/17①198,239/21②131/22②106/41②131/55①38/70⑥416
あわ【あわ(泡)】 60⑥344
あわくさ【あわ草】→E 9①80
あわのくさ【粟の草】 29②138/36③224

【い】

い【猪】→いのしし→E 40②114
いかえり【胃カヘリ】 60④171
いかのくろみ【いかのくろミ】 62⑨327
いきばり【イ気針】 60④172
いきり【いきり、熱、熱気】→X 27①164/31④211/35②268/62⑨366
いきりほめき【いきりほめき】 35②371,373,379,383
いきれそこねる【いきれ損ねる】 18①87
いしかわすずめ【いしかハすゝめ】 20①247
いしのいたみ【石の痛】 11①54
いしばい【石灰】→B、H、I、L、N 47②89
いしらず【居しらず、寝しらず】 35①170/47②144
いず【イズ、不寝】 35②380,384,385/47②111,144
いすらす【居すらす】 56①207
いたち【鼬、鼪鼠】→I、N 13①268/45⑦395/59⑤440
いだのくさ【藺田の草】 20①31
いたみ【いたミ、痛】 5①65/11④176/15②222/17①50,64/25①118
いたみけあれ【傷毛荒】 40④309
いたみぞん【痛損】 10①139
いたむ【いたむ】 17①65
いだり【いだり】 9①99
いとむし【糸虫】→E、Z 2①57,133,134/45⑦390
いなくさ【稂莠】→E 4①222
いなご【イナコ、いなこ、イナゴ、いなご、蝗、螽、螽蟖】→E、I、N、Z 5①74,79/13①68/15①26/17①154,155/20①241/23①111/30②186/40②56/41⑤259/70③214
いなごむし【いなこ虫、いなご虫】→いなむし 4①122/20①30
いなしべくさ【稲しべ草】 37①21
いなばにつきたるむし【稲葉に付たる虫】 15①70,106
いなばのむし【稲葉の虫】 15①103
いなむし【いなむし、いな虫、稲むし、稲虫、蝗、蝗災、蝗虫】→いなごむし、いねのむし→I 1①44,③266,273,275,⑤347,348,355/5③247,257,277,280/6①200/7①24,27,69,②275/12①382/15①9,12,25,26,30,67,68,74,96,②139/19②275,301,352/20①93,94,236,239/21①22/23①55,110,111,113/24①83,84/30①89,②191/31①5,6,7,8,9,11,12,14,15,17,19,20,22,24,27,⑤280/38③195/61①49/62⑦193/69①61,87,88,②308,344/70③216,⑥414,425,432
いなむしけ【稲虫気】 30②198
いなむしのきのたね【蝗の気の種子】 31①8
いぬ【狗、犬】→E、H、I、N 2①130/4①130/13①261/20①237,249/29②148/31④202/33②128,⑥326/62⑨377/68③333/69①84,86,②302
いぬつらむし【犬面虫】 46①12,71
いぬのやまい【犬の病】 60②103
いぬばい【狗蠅】 60②92,93
いねいたみ【稲傷、稲傷ミ、稲痛】 18⑥497/41②74,77
いねくさり【いねくさり】 41⑤257
いねそんじ【稲損じ】 15①99
いねつ【胃熱】 60⑥365
いねにつきたるむし【稲に付たる虫】 15①70
いねにつくむし【稲に付虫】 15①26
いねねつ【稲熱】→いもち 7②268
いねのくせ【稲の癖】 1①77
いねのどふけ【稲の土ふけ】 1①77
いねのむし【稲のむし、稲の虫】→いなむし 7②277/19②274/70⑥421,423
いねのやまい【稲ノ病、稲の病、稲の病ひ、稲之病、稲病】 5①71,75/7②264,268/23①110/30②193
いねふしもえ【稲ふしもゑ】 17①129
いねわずらいつき【稲煩付】 19①53
いのしし【猪、野猪】→い、しし(猪)→E、I、N、Q 3③116,157,158,159/5③276/6①29,72,92/11①37/13①208/14①206/16①192/17①165,179/21①28,②101/22①13,60/24①41/25①41/27①95/30①139,140,③280/31④202/32①191/34⑥134/39①10/62①14/64⑤354,360,362
いのねつ【イノネツ】 60④168
いばら【いばら、茨、荊蕀】→B、E、H、I 14①82/31④217/39⑤286/46③212
いもくさ【いも草】→I 33①24
いもち【いもじ、イモチ、いもち、いもぢ、稲熱】→あきいもち、あきばにち、いねねつ、いりもち、くびいもち、くろいもち、さきにち、つみきり、つゆにち、なえにち、にち、にちいり、ねち、ねつ、ひえいもじ、まいこみにち 4①45,137,152,211/5①72,②224,③260,279/6①200,②318/7①6,14,16,17,23,24,26,27,29,31,37,38,101,②268,269/15①30/22②98,102,106/23①110/24①136/28③319/29③205,213/35②380/36②101/39⑥323,327/40①8,②108,139/62⑨325,354
いもちというむし【いもちと云虫】 45③152
いもなぎ【芋梛】 5①68
いものくさ【いもの草】 9①79
いもむし【いもむし、いも虫、芋虫】 45⑦391/55②141,144/70⑥421
いもる【いもる】 30③265/41④205
いら【イラ】 31④208
いらむし【いらむし、いら虫】 5②229,③279
いりもち【いりもち、いりもぢ】→いもち 3④264,265/19①33,②275,276,388,389/37①38
いろくろきむし【色黒き虫】 11④174
いわしのかざ【いわしのかざ】 47①43
いんきょうおさまらず【陰茎不納】 60⑥356

【う】

う【鵜】→E

13①267
うえいたみ【植いたみ】 10③389
うえつけひえ【植付稗】 19②421/37①21
うえて【植手】 70⑥405
うえばかれ【植場枯】 1⑤351
うおのあぶら【魚の油】→H、I
6①190
うおのわたのくさりたるにおい【魚のわたの腐りたる臭】
35②378
うきくさ【うき草、浮クサ、浮草、萍】→E、I
5①70/8①69/9②198/17①63/22②107/24①81/62⑧273
うきね【浮根】→ふこん→E
22②107/62⑧273/69②231
うきねこ【ウキネ蚕】 47②112
うきは【浮葉】→ふよう→E
69②231
うきみ【浮子、浮実】 38③121,146,156
うぐろむし【うくろむし】→もぐら
11③142
うぐろもち【うくろもち、うぐろもち、土竜、土龍、鼹鼠】→もぐら
4①305/10②319/12①373,376/20①237/21②112/45⑦388,398,403/55②144
うごろ【ウゴロ、土龍】→もぐら→E
24①101,134
うごろもち【うころもち、鼹鼠】→もぐら
23①75/24①134/65②88/69①104
うさぎ【うさき、兎、兔】→E、I、N
3③157,159/5③276/10①9/14①206/17①179/27①95/31④202/56②256
うし【牛】→E、I、L、N、Z
10①11
うじ【うじ、うぢ、蛆、螂蛆、蝍蛆】
9②224/16①260/35②396/46①97,98,101/47②134/53⑤330
うしのけ【うしの毛、牛ノケ、牛の毛】 6②286/7②251/24①81/29②130
うしのけぐさ【牛ノ毛草】 7②251
うしのなんびょう【牛之ナン病】
60④163
うしのやまい【牛之病】 60④164
うしばえ【牛蠅】→E
5①103
うすいもち【薄いもち】 22②98
うすぐろきち【薄黒き血】 60⑥358
うすだち【薄立】→E
36①46
うちきず【打瘍】 60②92
うちのつまりたるとり【うちのつまりたる鳥】 60①61
うちみ【うちみ、うち身】→N
60⑥368
うちめ【打目】 60⑥338
うつけ【うつけ】 17①20
うつけまい【うつけ米】 16①86,88/17①85,147
うつける【うつける】→D
5③251/12①222
うつりが【うつり香】 47①24
うなぎ【うなぎ、鰻】→H、J、N
35①88/62④89
うなぎのかざ【うなぎのかざ】
47①43
うなぎをやくにおい【泥鰍を焼匂ひ】 6①190
うま【馬】→E、I、L、N、R、X
10①11
うまじらみ【馬シラミ】 56①72
うまじりひえ【馬尻ひゑ】→E
20①96
うまちくもびょう【午チクモ病】
8①275
うみ【膿】 60⑥353
うみえび【海鰕】 60②93
うみじる【膿汁】 60⑥344
うみち【膿血】 60⑥373
うめ【梅】→E、N、Z
59⑤439
うよろう【うよろう(弘法麦)】
25①40
うらがえりするうお【裏返りする魚】 48①257
うらむし【うら虫、裏虫】 9②221/10③386/25①47,139/30④348
うりかわ【瓜皮】 5①70
うりのかわ【瓜ノ皮】 7②249
うりのはえ【瓜の蠅】 12①256
うるしぎ【漆木】→E
56①206
うるしのき【うるしの木、漆の木】→E、N
35①88/47②82
うろこのなかにしらみわくやまい【鱗の中に虱わく病】
59⑤437
うろこはねあがりたるやまい【鱗はねあがりたる病】
59⑤439
うろろ【蠛蠓】 6①61,62,67
うわおち【ウハ落】→E
8①278,290
うわくさ【上草】 11②94,106
うわひ【うハひ】 60⑥339
うんか【うむか、ウンカ、うんか、うん蚊、雲霞、雲蚊、温夏、浮塵子、蠛】→こう(蝗)、こうちゅう(蝗虫)、さねもりむし、すいはくむし
15①30,60,61/17①154/29①57,③201,214,238,239,241/30②184,187,188,③264/40②140/62②36/70⑥416
うんかむし【ウンカムシ、うんかむし、雲霞虫】→こう(蝗)
30③265/35②344,380/41②129

【え】

えつ【越】 44①56/60④164
えとど【ゑとゝ】 25①66
えのこ【狗尾】 5①93,94,168
えのころあわ【ゑのころ粟】→E
33①41
えのころぐさ【狗尾草】→E、N
5①93
えりこ【ゑりこ】→F
30③270
えんき【煙気】 47②82

【お】

おえこぼれ【をへこぼれ】 42①64
おおが【大が】→B
17①139,180,181,203
おおかぜ【大風】 60⑥370
おおかみ【狼】→E
5①46/20①249
おおくさ【大草】→I
8①70,241/28②180,223/29①54
おおこし【太越】→Z
60④171
おおすくみ【大すくミ、大すくみ】 60⑥362,363
おおとり【鴻】→E
17①138
おおねつこし【大熱越】 60④178
おおぶく【大ぶく】 36①46
おおむし【大虫】 11④177/42①45
おおむしつき【大蝗付】→Q
15①43,101
おおやみ【大病ミ】 28④338
おかぶ【おかぶ】 17①62
おがむし【おが虫、ヲカ虫】 30②186/70⑥418
おぎ【荻】→B、E、I
31④217
おきあまこ【オキアマ蚕】 47②112
おきかえりのくさ【をきかへりの草】 17①124
おきちぢみ【起ちゝみ】 35③432
おごろ【おころ、おごろ】→もぐら
28②185,200
おごろもち【おころもち、おごろもち、をごろもち】→もぐら
28②128,191,194,199,262
おしゃり【オシヤリ】 47②111
おしゃれ【オシヤレ】 47②79
おそ【獺】→かわうそ
13①268,269
おだのくさ【小田の草】 37③327
おちうり【おち瓜】→E
12①256/62⑨340,369
おちたるむし【落たる虫】 15①101
おにひえ【鬼稷】 5①101
おもだか【ヲモタカ、沢瀉】→E、N、Z
5①68/7②249/24①81
おりめかきたるとり【おりめかきたる鳥】 60①62
おりめかさ【折目瘡】 60⑥358
おをさす【尾をさす】 60⑥360
おをたれさげるもの【尾を垂下るもの】 60②105

【か】

か【か、蚊】 6①62/7②272/12①305/16①148,220,221/36③224,225,233
かいこにどくいみ【蚕に毒忌】
35①87
かいこのしょびょう【蚕の諸病】
35②264
かいこのへん【蚕の変】 35①116
かいこのやまい【蚕之病】 56①187
かいこびょうなん【蚕病難】
47②110

がいちゅう【害虫】　7②317
かえつ【火越】→Z　60④170
かえつみたて【火越見立】　60④180
かえりほ【かゑり穂】　20②395
かえる【蛙、蛙螟、活東、螟】→かわず→E　5①40/27①47/29②126, 127/37③275/39④198
かえるこ【科斗】　27①47
かえるのこ【蛙の子】　33①18
かえるのはなとし【蛙鼻とし】　1①49
かおり【薫】→X　35③427
かかりもの【かゝりもの、かゝり物】　59⑤437, 438
かきくさ【かき草】　7②243
かきむし【かき虫】　66②100
かぐりぐさ【かくり草】→I　29③242
かさ【瘡】→あくそう（悪瘡）　60⑥337, 343, 345, 355, 359
かさのね【瘡の根】　60⑥337
かさぶた【瘡ぶた】　60⑥354, 358, 359
かし【カシ】　8①15, 223, 276, 277
かしけ【カシケ】　8①276
かじける【かじける】　70⑥382
かしらほそきかいこ【頭細き蚕】　35①170/47②144
かしらをかたむけはしるもの【頭を傾け走もの】　60②105
かずら【カツラ、かづら】→B、E　16①132/32①56/41②113
かずらむし【カヅラ虫】　46①71
かぜ【風】　60④168, 169
かぜいたみ【風痛】　42⑤335
かぜけ【風気】→N　60②105
かぜばれ【かせはれ、風バレ】→Z　60①62, ④171
かぜひく【風ヒク、風引く】　3④268/60④165
かぜひくうし【風ヒク牛】　60④170
かぜまけ【風まけ】　4①74
かたあからみ【片あからミ】　17①261
がたぎ【ガタギ】　23①111
かただおれ【片債】　45⑦402
かたつぶり【かたつぶり】→E　20①237
かたつむり【蝸、蝸牛】→つんなん→Z　5①161/6①148/30③270/55①34
かたのくさ【肩ノ草】　8①194
かたはらくされのつかれぎ【片はら腐の疲木】　31④194
かつお【カツヲ、かつを】　47②79, 111
かつきむし【かつきむし、かつき虫】　36②101, 102
がとうむし【蟦蛣虫】　55①35
かな【かな】　36②108
かなけ【かな気】→X　36②120
かなぶん【金ぶん】→こがねむし　40④285
かなぶんぶ【金ふんぶ】→こがねむし　40④286
かなむぐら【かなむくら】→E、Z　17①174
かなもぐら【かなもくら】　62⑨341
かなやけ【カナヤケ、かなやけ】　7②245, 264, 265, **266**, 267/23①35/28②216
かなよう【カナヤウ】　69②312
かに【蟹】→E、N　29③227, 228/30③261
かのうば【蚊のうば】　15①29
かのこ【鹿】　62①15
かび【カビ、かび、醭】→X　2①63/13①99/35①109, 130, 135, 171/38③186
かぶがれ【かぶがれ】　22④229
かぶくさり【株くさり】　61⑤182
かぶつ【かぶつ】　17①64, 112
かぶとむし【兜虫】　11④171
かぶにえ【株ニエ】　8①80
かぶにのぼりかかるむし【株に登りかゝる虫】　11④169
かぶれ【かふれ】　16①233
かふんのつかれ【過糞の疲れ】　7②279
かまきり【蟷螂】→E、Z　23①111
かまどむし【かまど虫】　40④269
かみいぬ【咬犬】　60②97
かみきりむし【髪きり虫】→きくすい、きくすいむし　35②305
かみにのぼるねつ【カミニ登ネツ】　60④168
がむし【蛾虫】　37③293
かめむし【亀虫】　13①40
かも【鴨】→E、N、O　6①44, 54, 56, 57, 63/11③141, 142/17①138, 179/25①82
かもしょう【紋虫】　69②345
かもめ【鷗】→E　4①92
かや【かや、茅】→B、E、I、N　11①23/56②272, 273/69②217
かやくさ【茅草】→B、I　5①135
かやつりぐさ【かやつり草】　7②243
かやりむし【かやりむし、かやり虫】　30①29, ②185, 192
がら【がら】　23⑥318
がらがらむし【ガラガラ虫】　46①69
からくたし【からくたし】　38③164
からくだし【カラクダシ】　35②380
からげむし【からけ虫、からげ虫】→Z　19②274, 275, 331/20①239/37①38
からす【からす、烏、鴉、馬】→むれがらす→E　5①48, 56, 94/13①80/16①248/20①247/22①60/24①37/27①150, 216/28④341/29①46, ②122, 126, 148/33②128/36②106/38③136, 163/39⑤277/48①257/49①95/55③471/62⑨326, 343, 377
からすむぎ【からす麦】→N　23⑤271
からすむし【からす虫】　30④348
からねじ【殻捻】　30①67
からみたるつる【からミたる蔓】　56②274
からむし【から虫、売虫】　3④223/15①26, 28/29②139
かり【雁】→がん→E　6①87/22①60
かれくさ【枯草】→B、I　27①22, 358
かれほ【かれ穂、枯穂】→E、Z　6②316/11⑤218
かわうそ【かハうそ、水獺、獺】→おそ　6①30/12①342/13①267, 268, 269/39④198
かわえび【川鰕】　60②93
かわず【蛙】→かえる→E、I、J　23①51
かわぶちくさ【川ぶち草】→B　27①154
かわむし【かわ虫】　17①195
かわらご【かハらこ、かはらご】　20①238, 247
かん【寒】　60④170, ⑥342/69②333
がん【雁、鴈】→かり→E　17①138, 179/20①248/25①82/33⑥337, 342/38④238
かんいたみ【寒痛、寒痛ミ】　3④259/31④159, 160, 169, 173, 184, 190, 194, 195, 196, 199, 216
かんきわまる【寒極】　60④170
かんごき【寒后気】　60④169
かんだち【寒立】→P　39④210
がんとう【がんとう】　67③138
かんねつ【寒熱】→N、P、X　60⑥332, 333, 364
かんねつのにびょう【かんねつの二病】　60⑤293
かんねつのやまい【寒熱ノ病、寒熱ノ病ヒ】　60③134, 135
かんのねつ【肝の熱】　60⑥339
がんのふんつきたるくわ【雁の糞付たる桑】　56①187, 206
がんびょう【眼病】　60⑥338
かんまけ【寒まけ、寒負】　34⑤96/46①74

【き】

ぎ【蚉】　7①27
きかぶ【木株】→E　46③212
きく【瘈狗】　60②103, 104, 109
きくさのわかはえ【木草ノ若ハヘ】　32①61
きくすい【菊虎、菊吹】→かみきりむし　2①116/45⑦394
きくすいむし【菊吸虫、菊虎】→かみきりむし　48①206/55③300, 400
きけん【瘈犬】→きょうけん　60②99
きごぼう【木牛蒡】→E　12①298/41④207
きじ【雉、雉子】→E、N、Z　5②228, ③276/13①80, 208/17①179/20①248/27①95/38②67, ④245
ぎしこうね【岸こふね】　31②83
きずぐち【瘡口】→N　60②105, 110
きずたね【疵種子】　19①163
きずをうける【創を受る】　60②92
きたれのがい【木垂ノ害】　32

①220

きつね【きつね、狐】→こ→E、Z 2①130,134/3④378/4①130/5①46/11①37/13①260,261,262/16①305/20①237,248/29②148/31④202/33②128/69①84,86,②282

きのあく【木のあく】 59⑤439

きのいたみ【木の痛ミ】 31④208

きのね【木の根】→E、I、N 19②390/62⑨381

きのめだち【木ノメタチ、木ノ芽立チ】→I 32①56,109

きのわずらい【木の煩ひ】 31④193

きめし【生飯】 60②96

ぎめむし【絡線虫】 55①45

きもはれ【気モハレ】→Z 60④171

きゃら【きやら】 47①43

きゅうかん【久寒】 60⑥360,361

きゅうねつ【久熱】 60⑥360,362

ぎゅうばせずれ【牛馬脊すれ】 14①179

ぎゅうばのくそ【牛馬の屎】 47②89

ぎゅうばのけむし【牛馬の毛虫】 10②336

ぎゅうばのせずれ【牛馬の背すれ】 15①93

ぎゅうばのはれもの【牛馬の腫物】 15①93

ぎゅうばのふん【牛馬の糞】→B、I 56①206

ぎゅうばのふんつきたる【牛馬の糞付たる】 56①187,206

ぎゅうばのふんつきたるくわ【牛馬の糞付たる桑】 35①88

ぎゅうばのふんつくくわ【牛馬ノ糞付桑】 47②82

きょうけん【狂犬】→きけん、せいけん、てんけん、はしかいぬ、びょうけん、ふうけん、やまいいぬ 60②96,99,105,106,107,108,109,110

ぎょとう【魚油】 62④89

ぎょにく【魚肉】→I、N 35①88/56①187,206

ぎょにくをやくにおい【魚肉を焼匂ひ】 25①64

きょねつ【虚熱】 60⑥340,344,366

ぎょるいのにたき【魚類の煮焚】 47②92

きょろ【きよろ】 7①45

きらり【きらり】→あぶらむし 10③391/30④348

きられ【きられ】 70⑥402,419

きりうじ【キリウジ、きりうじ、きりうぢ、切ウジ、切うじ、切虫、切螂蛆、蝎、蠐螬、蟟(蟥)】 5①140/7②275/9②224/16①263/27①71,144/29②125,127/35②308/62⑨389/69①50

きりきず【切キス、切キズ】→N、Z 60④172,224

きりむし【きりむし、きり虫、切り虫、切虫、蛴螬】 2①60,88,89/6①119/12①202,203,243,244,296/13①12,18,57/15③357/31⑤255/33⑥313,391

きりんむし【キリン虫、麒麟虫】 46①12,71

きわたぎり【木綿ぎり】 23⑥327

きんこついたみ【筋骨痛】 60⑥335

きんじゅう【禽獣】→E、N 19②399

きんばす【きんばす、睾丸癩】 60⑥367

【く】

くい【豸】 2①41

くいあらす【喰荒す】→Q 41③184

くいきりむし【食切虫】 27①121

くいどおり【クイドヲリ】 35②380,385

くえ【くゑ】 36②115,116

くさ【くさ、草、艸】→あくそう、ざっそう、はぐさ→B、E、I、N、X 1④319/3③153,154,155,④247/5①37,63,65,66,67,68,69,70,76,78,80,93,97,102,105,108,111,113,121,125,136,140,144,159,162,167,171,②224,③257,261/6①60,62,128,129,133,136,145,156,157,158,160,175,②269,286,287,303/7①25,26,42,95/8①70,76,110,112,113,191,199/9①28,34,53,55,70,83,86,87,103,105/10①53,59,65,③389,394,395,396,399/16①183,209,252,253,254,255/17①73,100,125/22④275/23①28,46,73,75,105,107,④194,⑤260,264,265,271,272,275,276,278,279,280,⑥315,329,332,333/24①36,38,42,52,99,171,②238,③285/25①51,52,54,56,59,116,125,128/27①54,60,67,108,121,152,288/28①27,②178,181,186,190,192,201,214,241,252,262,③320,322,④337,346/29①30,31,33,36,37,39,40,53,54,61,63,64,80,81,②125,145,148,153,156,③200,④279,281/30①89,③262,271,286,287/31②76,④168,205,⑤282/32①39,40,49,56,79,80,87,88,91,96,99,101,103,105,109,114,120,122,146,149,151/33①24,34,39,47,54,③162,165,④211,213,⑤250,251,⑥331,355,357,358,365/34⑧297,303/36②108/45③169/46③188

くさいたみ【草痛ミ、草病】 11⑤225/12①313

くさかぶ【草かふ、草株】 27①287/30②188

くさきむし【臭き虫】 46①100

くさくい【草くい】 30②188

くさぐさ【草々】 9②197

くさしば【草柴】→I 39⑤286

くさだち【草立】→E 33⑥338,352,353,382

くさなえ【草苗】 8①116,117

くさね【草根】→E、I、N 46③202,208

くさのがい【草の害】 7②230

くさのなえ【草の苗】 27①125,135

くさのね【草ノ根、草の根、艸の根】→B、E、I、N 5①89,96,98/11①54/12①86,170/17①75,94,100,104,105/23①49,50,51,74/27①139/30①43/31④157,215,216/32①37,52/38②57/41③173/48①231/56②254

くさびえ【草びえ、草稗、莠稗】→ひえ 4①21/7②236,243,252/19②421/20①34/39⑤285

くさみ【草実】→E 9②215

くさり【くさり】→A、X 17①62/21①50,71/23⑤277/41②81,⑤257/44②112/45①41/62⑨323,336,341,350,375,379

くさりいり【朽り入】 13①145

くさりおちる【くさり落ちる】 60⑥353

くさりきび【くさり黍】 44②106

くさりけ【腐気】 8①82

くさりこ【腐蚕】 47②112

くさりまい【くさり米】 40①7

くされ【腐】 24②238

くされむぎ【くされ麦】 11⑤262

くず【葛】→B、E、I、N 32①56

くすりせんずる【薬煎スル】 47②82

くせ【くセ、くせ、曲、僻、癖】 1①83,④328/3③145,150,151,④279,327/9②200,215,221/12①61,73,249,256/13①11,18,46/15③346/24③296/28③320,④346,352/30③246/33③159/37②122,164/38③115,199/40④316/41④205/45③157/55①34,35/59⑤441/60③131/62⑧262,269/63⑤319/69①74,②312/70④262

くせいね【癖稲】 1①76

くせいり【癖入】 28③322,④339

くせけ【曲気、癖け】 9②222/28③320

くせつき【くせつき、くせ付】 28①11,12,13,23,26,27

くせば【くせ葉】 28④330

くそむし【糞虫】 7②272

くだけこ【クダケ蚕】 47②111

くたびれやまい【くたびれ病】 60⑥362

くだりはら【泄瀉】 60⑥365

くたわ【クタハ】 60④169,171

くちかれ【口枯】 31④177,179,180

くちね【朽根】 70⑥417

くちびるやまい【唇病】 60⑥343

くびいもち【首イモチ、穂熱】→いもち 7②269,270

くびきればす【くびきればす、頭切ばす】 60⑥373

くま【熊】→E、I 19②297/20①249

くみむぎ【くミ麦】 17①182

くものい【蜘のゐ、蜘の囲、蛛の井】 6①158,160/17①115

くや【くや、グヤ、烏芋】 5①68

/6①63,②286
くらぐさり【くらくさり、くらぐさり】 41②69,71/70⑥419
くりのき【栗の木、栗木】→B、E、I、N 56②273
くりのむし【栗の虫】 45⑦390
くりむし【くり虫】→I 45⑦390
くるみのき【胡桃の木】→E 35①88/47②82/56①187,206
くるみのね【胡桃の根】 19②390
くろあぶらむし【黒油虫】 55②129
くろあり【黒蟻】 55①38
くろいもち【黒いもち】→いもち 4①211
くろおいづるむし【黒笈虫】→しろおいづるむし 46①12,69
くろがも【黒かも、黒鴨】→E 5①74/17①138
くろがれ【黒枯レ】 8①27
くろきこうらむし【黒きかうら虫】 22④253
くろきはむし【黒き羽虫】 2①54
くろきむし【くろき虫】 22④237
くろきりのようなるすこしあかめのむし【黒切の様成、少赤めの虫】 20②375
くろくさ【クロ草、くろ草、畔莠】 2④288/3④224/19①50
くろぐわい【黒くわひ】→E、N、Z 31②71
くろぐわいいも【黒慈芋】 5①65,68,74
くろさび【黒さび】 59⑤437,438
くろだいしょう【黒大将(虫)】 46①98
くろねきりむし【黒根伐虫】 20①237
くろのくさ【畔の草】 63⑤307
くろはたじむし【黒蟠自虫】 46①13,98
くろべ【黒べ、麦奴】 3④264/19①160/20①164/22①58
くろほ【烏穂、黒穂】 5②229/38③179
くろぼし【黒ぼし、黒星】 19②276/37①38
くろむし【クロ虫、黒ムシ、黒むし、黒虫】→I 7②317/30②185/35①88/41②129/56①192/70⑥418
くわ【桑】→E、I、N 60③130
くわい【烏芋、鳥芋】→E、N、Z 7②249,251
くわがら【クワガラ】 24①81
くわきれ【鍬切】 41②99
くわじらみ【桑しらみ】 35①77,②307
くわむし【蠋】 15①28,29
くんろく【薫陸】→B、H 62④89

【け】

け【毛】→E 7②271
けがえりというむし【けがへりといふ虫】 22④240
けがれ【穢】 3①56
けずりのこりくさ【削リ残リ草】 8①284
けだもの【けだもの、獣】→けもの、やじゅう→E、N 16①248/35①78
けつけつむし【孑々虫】 24②235
けつば【結馬】→Z 60③137,⑥332,333,365
けぼう【毛坊】 29①54
けむし【けむし、毛虫】 3①52/5③279/7②272/29②131/40④272/46①69
けむしのたね【ケムシノタネ】 40④271
けむり【煙】→H 35③428
けもの【獣】→けだもの→N 3③158/4①38/10①139,149,②361
けら【けら、土狗、螻、螻蛄】→E 5①15,22,24/6①40,208,213/17①205/22④278/61⑥191/69①50
けらくい【螻食ひ】 25②193
けらむし【けら虫】 29③241/56①53

【こ】

こ【狐】→きつね 62⑤122
こあぶらえ【コアブラヱ】 24①81
こあり【小蟻】 31④207
ごいさぎ【ごいさぎ】→E 17①138
こう【甲】 7②271,272,277
こう【蝗】→うんか、うんかむし 12①382/23①111/70③210
こうがい【蝗害】 15①21
こうげ【かうげ】 27①108
こうじむし【麴虫】 5①161
こうじょう【こうぢやう】 70⑥421
こうしょうむし【こうしやう虫、こうせうむし】 30③271
こうせい【鵁鶄】 45⑦394
こうちゅう【コウチウ、蝗虫】→うんか 24①83,84,85,86,102,135,139
こうちゅう【甲虫】 7②271,277,318
こうちゅう【香虫】 30②186
こうちょう【かふてう】 41②130
こうちょうむし【かふてう虫】 41②130
こうのとり【鴻の鳥】 4①48
こうはんぎわにてなくとり【かうはんきハにてなく鳥】 60①60
こうひ【こうひ】 57②184
こうふ【紅腐】 70⑤308
こうぶし【かうふし、かうぶし、こふふし】 16①252/31②71/33①32
こうらむし【かうら虫】 22④237
こうろ【コウロ】 7②318
こうろぎ【こうろき】 60⑥371
こえ【糞】→A、I 35①88/56①187
こえいたみ【こゑいたみ、こゑ痛、糞いたみ】 40②52/41⑥270
こえぐわ【糞桑】 35②267
こえすぎ【痴肥】 27①43
こえむし【壌虫】 61①30
こおび【こをび】 57②141
こおぶし【莎草】 69②350
こおろぎ【蟋蟀】→E 27①144
こがね【コガネ】 7②318
こがねむし【金虫、小金虫】→かなぶん、かなぶんぶ 5①115,161/15①29/46①70
ごぎょう【ごぎやう】→E、H、I 16①252
ごきんのどく【五禁の毒】 35②396
こぐさ【細草、小草】→H、I 1⑤352/5①67,68/8①74,112,175,191/9②215/16①179/17①99/27①142/28②198/32①75/61⑦194
こくぞう【虚空蔵】 35②343
こくぞうむし【コクゾウムシ】 35②380
こけ【こけ、苔】→E 16①147/48①240
こけむし【苔虫】 54①270
こごめ【こゞめ】→E、N 62⑨351
こごめむし【こゝめむし、こゞめむし、こゝめ虫】 16①263/17①195,198,215,239
こさ【こさ、木障】 3④374,375/16①125/17①100,209
こざわり【木障り】 3③128
ごじう【ゴジウ】 7②318
こしきれ【腰切】 60⑥349
こしたごもり【蚕下ゴモリ】 47②112
こしないら【腰ないら、腰内羅】 60⑥349,350
こしぬけ【腰ぬけ】 60⑥348
こしのなえたる【腰のなへたる】 60⑥349
こしば【小柴】→B、E、I 56②275
こしぼそ【コシボソ】 35②380,381,382
こすくみ【小すくみ】 60⑥362,363
こすげ【コスゲ】 24①81
こぜみかん【こせミかん】 16①147
こだねどくいみ【蚕種毒忌】 35①62
こちょう【小蝶】→E 15①29/19①210/20①175/23①110
こつゆ【木露】 47②89
こどもぎつね【子供狐】 38③158
ことり【小鳥】→E 5③276/6①72/25②210/38③144,159/61⑦195
こなむし【粉虫】→Z 45⑦391
こぬかむし【こぬか虫、糠虫、細糠虫、小ぬか虫、粉糠虫】 5①72,②228/6②318/15①29/25①47,139/31①6,7/32①37/67④165
こはくうむし【コハクウ虫】 34③54
こぶ【こふ(線虫)】 5②229
こぶ【こぶ】 60①63
こまかきむし【こまかき虫】 52①43
ごまかりあとのくさ【胡麻かり

跡の草】 33①37
ごまはしり【胡麻ハシリ】 5①112
こむぎのから【小麦のから】→B、E、I
69①96
こむぎむし【小麦虫、麳虫】 5①74,122
こむし【こ虫、小むし、小虫】
11①56/21①72/42①45
こめのむし【米の虫】→I
70⑥420,421,422
こめむし【コメムシ、米虫】 35②343,380
こめむしのあおきがごときもの【米虫の青きが如きもの】
9②222
こやしこたえ【こやしこたへ】
10①120
ごようむし【御用虫】 2①99
こり【狐狸】 13①263/45⑦395
ころ【ころ】→E
47②134
ころう【狐狼】 68①62
ごろう【五労】 6①236
ごわい【ごわひ】 62⑨348,360
こわむし【こわ虫し】 21②132
こんちゅう【昆虫】 19②399

【さ】

さーび【さはひ】 34⑤89
さい【サイ】 45⑤243,249
さいで【再出】 62④88
さおだち【棹立】 20①172
さかなやくにおい【肴焼匂ヒ】
47②82
さかもげ【逆モゲ】 5①132
さぎ【鷺】 6①54/39⑤277
さきにち【先にち】→いもち
6②312
さぎのしりさし【サキノシリザシ】→E
5①68
さくのむし【作の虫】 20①208
さくもうにわくむし【作毛にわく虫】 16①260
さくら【桜】→B、E、Z
59⑤439
さくをあらすむし【作を荒す虫】
10①141
さけ【酒】→B、H、I、N
6①190/62④89
さけのかす【酒のかす】→B、I、N
60②94
ささ【笹】→B、E、H、I、N、Z
31④217/46③212
ささあわ【ささ粟】 33①41
ささだち【さゝ立、笹立】 37②155,169,183,188,227
ささのね【さゝの根】 62⑨372,381
さしくさ【さしくさ】 62⑨360
さしほ【さし穂】 70⑥426
さしむし【さし虫、刺虫、指虫】→E
4①57,**210**,**212**/5①73/19②382
させ【させ】 35①77/56①193,205
さだちこころ【サダ血コヽロ】
60④214
ざっそう【雑草】→くさ→E、I
6①163/24①62
さねもりむし【実盛虫、蝗】→うんか
15①26,28,69/31①22
さび【さび、鏥】→A、B、X
13①74/45⑦402/59⑤437
さびやまい【さび病】 59⑤430,438,441
さぶ【さぶ】 4①213
さぶたち【さぶたち】 4①57
さむさあたり【寒さあたり】
47②111
さむさいたみ【寒傷ミ】 41②107
さめ【さめ、鮫】→I、J、N
35①82,②306,307/56①193,206
さる【サル、さる、猿】→E、I、Z
7②317/16①192/17①138,139,153,165/20①98,249/22①60/25①40,41/30①139,③280/36③263/41③184/45④205
さるびえ【サルビエ】 69②228
さるみょうじ【さるみやうじ】
41②131
さるみょうじむし【さるみようしむし、さるみようし虫】
30③271
さわり【障】→X
8①278
さんしょうのにおい【山枡の匂ひ、山椒ノ匂ヒ、山椒の匂ひ】
35①87/47②82/56①187,206
さんしょうむし【山枡むし】→Z
20①238

【し】

しいな【しいな、しゐな、秕、粃】→E、I、N、Z
7①36,73/15①28/16①86,94/17①179/20①38/25①116/36②99/37②143,169,171,180,181,183,184,187,192,193,196,221,225,227,228,229,③293,306,333,344,345,376/38③121,136,137,140,146,151,156,175,178/39①35,36,④190,191/61②100,101/62⑧262,275,⑨363,369,373/63⑧431,432/67⑤208
しいら【しいら、秕、粃】→E、I、N
12①72,86,88,112,134,167,192,247,305/13①21,32,118,273/41⑤242
じえき【時疫】→N
15①20,21
しえら【しへら】 21①46
しお【塩、潮】→B、H、I、L、N、Q、X
4①233/6①191/62④89
しおがみ【しをがみ】 29②148
しおけ【塩気】→H、I、P、X
35①62,88/47②82/53①14/56①194,204,206/59⑤439/69①107
しおむし【塩虫】 15①94/69①71
しおやけ【シホヤケ】 7②264/69②312
しか【鹿】→しし(鹿)→I
1④315/3③116,157,158,159/4①239/6①29,72,92/10①9,②318/11①39/12①126,167/14①206/17①57,138,139,153/22①13,60/25①41/27①95/30①139,140,③275,280/31④216/36③263/39①10/40②114,146/41③184/62⑨326
しげどうむし【重藤虫】 46①12,69
じごけ【地銭】 48①240
しし【鹿】→しか→E
12①183/13①37/20①211
しし【しゝ、猪、猪鹿】→いのしし→I、N
3③128,155/7②245/12①167/13①288/20①98/35①22/53①16,17
ししたるむし【死たる虫】 15①43
ししのひけたるとり【しゝのひけたる鳥】 60①61
じしばり【地しハり、地しばり】→E、Z
17①174/22③172
しじら【シヾラ】 35②380
しそくそんしょう【四足損傷】
60⑥351
しそくのはれ【四足腫】 60⑥346
したがりしば【下刈柴】 39⑤286
したくさ【下草】→B、I
14①88/16①136/53④246/56②257,274
したくろくよだれをながす【舌黒く涎を流す】 60②105
したしば【下柴】 56②268
したばおち【下葉落】 8①283
したまき【舌巻】 60⑥342
したやまい【舌病】 60⑥342
したをいだしあえぐもの【舌を出し喘ぐもの】 60②106
しちけつ【七結】 60⑥320,374
しつ【疾】→N
13①123
しっけ【シツケ(湿気)】→A、N
60④169
しっしょうのむし【しつ性の虫】
16①243,244
しっちのくさ【湿地ノ草】 8①159
しつれいのやまい【湿冷之病】
60④165
しにごめ【死米】 2④278/19①78/25①84/30①86/37①9
しにたるかいこ【死たる蚕】
47②144
しにのこるいなむし【死残る蝗】
31①7,12
じね【ジネ】 32①75
じねずみ【地鼠】→ねずみ
45⑦394
じねんこ【じねんこ、筣、篥】 5①172/16①132
しの【篠】→B
56②272,273,274
しのだけ【篠竹】→B、E
69②209,217
じのり【地のり】 23①51
しば【柴】→A、B、C、E、I、N
11①23/36②108/39⑤286/56②272,273,274/69②217
しば【芝】→B、E、I
41②82
しばくさ【芝草】→A、B、E、I
2⑤325/33②118
しばのふる【シバノフル】 5①103
しばむし【柴虫】 46①71
しびれ【痺】 60⑥334,335
しびれうま【しびれ馬】 60⑥348

しまかめむし【縞がめ虫、縞亀虫】 46①13,100
しまはなたかむし【嶋鼻高虫】 46①71
しまほうじゃりむし【縞ホウヂヤリ虫】 46①12,71
しみ【シミ】 35②380,396
じみ【しみ、じみ】 27①47,48
しみゃく【シミやく(死脈)】 60④170
じむし【地虫】→E 3④250/45⑦389/61①55
しもげる【霜ける】 21①68
しもまけ【霜まけ】 1①52
しもやけ【霜やけ】→N 2①129
しゃ【瀉】→N 60⑥375
しゃくし【しやくし】→しゃくとりむし 30③264,265
しゃくとりむし【尺とり虫、尺取虫、尺蠖】→しゃくし 15①28/23①110/35①77/46①68/56①192/66②100
しゃけつ【瀉結】→N 20①308
しゃけつば【しやけつ馬、瀉結馬】 60⑥366
じゃこう【麝香】→E、N 62④89
しゃで【シヤデ、しやで】 27①49,180
しゃりこ【シヤリコ、舎利蚕】 35②380,395
じゅう【獣】→E 62⑤122
じゅうがい【獣害】 3③116,127
しゅうき【臭気】→H 35③427/48①224
しゅうれい【秋冷】→P 36②121
しゅもつ【腫物】→N 60⑥346,353,362,371,373,374
しょう【蚣】 19②275
しょうかん【傷寒】→N 60②109
しょうじたるむし【生じたる虫】 15①101
しょうじょうぐも【猩々蜘】 46①13,99
しょうのう【樟脳】→B、H、N 35①62/47②82
しょうべん【小便】→B、H、I、L、N、X 62⑨327
しょうべんつまり【小便ツマリ】→N、Z 60④171
しょくどく【食毒】→N 47②79
しょくをくらわざるもの【食を喰ざるもの】 60②105
しょそう【諸草】 5①68/16①254
しょちゅう【諸虫】 5①38,③275,278/16①233,238,242,243,246,250/17①245,274
しょちょう【諸鳥】→E 4①38,39,48,50,92,166/6①29,54,63,92/7②293/16①192
しょちょうのくそ【諸鳥の屎】 47②89
しょろ【シヨロ】 35②380
じょろうむし【女郎虫】→ちゃいろかめむし 46①100
しらかび【白癬】→Z 45⑦400
しらがれ【白枯】 6②282
しらがれほ【白枯穂】→しらほ 5③262
しらける【しらける】 39①22
しらさび【シラサヒ、白サビ】 8①175,179,180,197,273
しらは【白葉】 62⑨344
しらほ【しら穂、白穂】→しらがれほ 7①45,46/8①280/17①140/23⑤258
しらみ【しらみ(アブラムシ)】 7②317
しらみ【しらみ(クワキジラミ)】 56①205
しらみ【虱、蝨】→はなしらみ→N 12①219/13①272/14①179/15①93/45⑥309/60②92,93
しらみほ【しらミ穂】 38②66
しらみむし【しらみ虫】 7②320
しろあぶらむし【白油虫】 55②129
しろうじ【白蛆】 30②184
しろおいづるむし【白笈虫】→くろおいづるむし 46①13,97
しろおかせ【白をかせ】 9②196
しろかび【白黴】→X 49①201
しろかびれ【白カヒレ】 8①127
しろがれ【代枯、白枯】 48①244/63⑧440,442/67④162
しろきこちょう【白き小蝶】 23①54
しろきはだかむし【白きはだか虫】 15①27
しろきふしあってみずでるかいこ【白き節あつて水出る蚕】 35①170
しろきむし【白きむし、白き虫】 35①77/40④314/56①205/70⑥415
しろくさ【しろくさ、素草、素艸、白艸】 23①17,65,95/31⑤263
しろごま【白ごま】→E、F、I 20①187
しろざけ【白ざけ】 35②307
しろさび【白さひ、白ざひ】 59⑤437,438
しろてんのこ【白てんのこ】 23⑤276/40②42,44,59
しろはがれ【代葉枯、代葉枯れ】 36①69,②106
しろみ【白実】 37②142,143
しろむし【白むし、白虫】 10③389/11①54/56①204
しわぶき【咳】 60⑥361
しんがれ【しんがれ、真枯】 22④228/39②111
しんきりむし【シン切虫、しん切虫】 40④278,285
しんくらうむし【螟】 15①69
じんこう【沈香】→B、N 35②294
しんざい【しんざい】 29②126
じんすいむし【参吸虫】→Z 45⑦394
しんたくなまかべのしつ【新宅生壁の湿】 56①208
しんとりのなきかねそうろう【新鳥のなきかね候】 60①64
しんねつ【心熱】 60⑥343,364,365,370
しんのねつ【心ノネツ、心の熱】 60④168,⑥358
じんのねつ【腎の熱】 60⑥340
しんむし【心虫、芯虫】 7②317/27①121

【す】

す【ス、す】→E 5①110,112/21①71/27①196/41②101
すいはく【水魄】 1③273
すいはくむし【すいはく虫】→うんか 1①24,25,76,77
すいぼく【衰木】→E 31④181
ずいぼく【ずい木】 57②229,230
すいむし【吸虫】 25①139/30①78
ずいむし【スイ虫、すい虫、ずい虫、すひ虫、髄蝗、蘂虫】→Z 15①98,105/17①112,202/25①47/30②187/55②130/70⑥382,393,417,420,421,422,423
すかけむし【巣掛虫】 23⑥332
すき【すき】 35①150
すきこ【すき蚕】 47②112
すぎな【杉菜】→E、I、N、Z 7②251
すぎのあおば【杉の青葉】 62④89
すぎのあおばをやくかざ【杉の青葉を焼かざ】 6①190
すぎのき【杉の木】→B、E 35①88
すぎのきんじょう【杉の近上】 56①187,206
すくみ【すくみ】 60⑥364
すげ【菅】→B、E、Z 5①68,74
すけはく【すけはく】 6②317
すじくさ【筋草】 8①38
すじけ【筋気】 60⑥335
すじすくみ【筋すくミ】 60⑥356
すじすりし【筋すりし】 60⑥371
すじのくさ【筋之草】 8①175
すじわた【筋綿】→Z 45⑦400
すす【煤】→B、H、I、O 6①191/35③428/38③157/56①192/59⑤439/62④89
すすき【薄】→B、E、I、N 57②141
すずき【鱸】→J、N 13①271
すずめ【雀】→のすずめ、むらすずめ→E、I、N 2①132/5①90/6①29,148/13①34/20①247/24①37/25②199/27①152,183/29②122/33①29/36②106/38③136/45②102/62⑤129
すずめのさかおけ【雀の酒桶】 46①71
すずめのした【雀の舌】 9②215
すずめのなん【雀ノ難】 5①100
すずめのふんつきたるくわ【雀の糞つきたる桑】 35①87
すずめのふんつくくわ【雀ノ糞付桑】 47②82
すなにてつまりたる【すなにてつまりたる】 60①61
すべりひゆ【すべりひう、すべりひゆ】→E、F、N、Z 16①254/23⑤271

すむし【すむし、巣虫】 11④166/30③264,265/55②129,③350,351
ずむし【菟虫】 1⑤348,357
すもう【スマウ】 7②264
ずらずらこ【ずらずら蚕】 47②112

【せ】

せいき【情気】 60④171
せいけん【猘犬】→きょうけん 60②99,107,110
せき【せき】 60⑥358
せすじのねつ【セスジノネツ】 60④169
せびき【セビキ、清ビキ】 60④171,212
せり【せり】→B、E、I、N、Z 24①81
せんじぐすり【煎薬】→N 47②92
ぜんねんのむし【前年の虫】 23①110

【そ】

そうがい【草害】 7②249,251
ぞうねつ【ザウネツ】 60④168
ぞうぼく【雑木】→B、E、N 56②271,273
ぞく【賊、蟹、蝛、蛾】→Z 1⑤348/5①71/7①27/15①28/19②275/20①238,239/23①109
そくかん【則寒】 60⑥360,361
そくねつ【則熱】 60⑥360,362
そこひ【そこひ】 60⑥339
そばがら【そはから】→B、E、H、I、N 56①192
そぶ【そぶ、渋】 40②102,104,107,108,113,139/67⑥278
そらほ【空穂】 38③156,157
そろえ【ソロへ】 7②249

【た】

だいおう【大わう】→E、H、N、Z 16①252,254
だいぎのくちかれ【台木の口枯レ】 31④181
だいこんのくさ【大根の草】 9①99
だいこんのむし【大根の虫】 7②317
だいずのくさ【大豆の草】→A 27①147/38③198
だいどく【大毒】 3③139/11①54
だいねつ【太ネツ、大熱】 60②109,④168,180,⑥366
だいねつびょう【太熱病】 60④166
だいばら【ダイバラ】 24①81
たいびょう【大病】 5①72
だいべんつまり【大便ツマリ】→Z 60④166
たいまつにつきたるむし【松明に付たるむし】 15①72
たかきくさ【高き草】 29①65
たがたのくさ【田方の草】 36③222
たかねさし【高根差】 23③150
だがれ【だがれ】 19②275
たきもの【たき物】→N 47①43
たぐさ【田草、田莠】→A、L 1⑤351/8①69/15①50/19①59,63/21①22,③156/24①81/27①108/37③326,327,328,329,330/39③147
たぐろぐろのくさ【田くろくろの草】 31①16
たぐろのくさ【田くろの草】 31①15
たけ【竹】→B、E、H、N、Z 59⑤439
たけのね【竹の根】→E 62⑨372
たしつ【田疾】 4①210
たちがれ【建がれ、立がれ、立枯、立枯レ】 4①121/24①61,136/40④305,317
たちくさ【立草】 1①68,70
たちぞいひえ【立添ひゑ、立添稗】 27①125
たちのび【立のび】 7①45
たつ【立】 19②281
だっこう【脱肛】→N 60⑥352
たで【タテ、蓼】→E、N 5①68/24①81
たてすてむし【館捨虫】 46①12,68
たてもちむし【館持虫】 46①12,67
だに【壁蝨】 60②92
たにし【たにし、田辛螺、田螺】→つぶ→I、J、N 1①49/6①27/23①51/27①47/28②143/29②127
たぬき【たぬき、狸】→り→I 5③276/11①37/13①260,261/16①305/20①249/25①50/31④202
たねくさり【種くさり、種子くさり】 8①88/62⑨329
たねずみ【田鼠】→ねずみ 6②283/24①134/61⑦195
たのくさ【田の草、田之草】→A、I 3④223/5③258/9①77/11④180,184/16①209,210/21②112,114/23①74/24①90/29①44,51,53,54,59/33④193/37②103/38①8/62⑨367
たのひえ【田之稗】 22②108
たばこ【たばこ、煙草、多葉粉、烟草】→E、H、L、N、X、Z 6①190/35①62,87,103/47①43,②82/62④89
たばこぐわ【たばこ桑】 35②267
たばこのむし【煙草の虫、烟草ノ虫、烟草の虫、烟艸の虫】 3①45/22①13/69②268/70⑥421
たばこばたけのしゅうき【たばこ畑の臭気】 35②267
たばこむし【たはこ虫】 62⑨358
たばこるい【たはこ類】 56①187,206
たはたのくさ【田畑の草、田畠の草】 12①84/37③318
たびえ【田ひへ、田稗】→たべ、ひえ→E 4①21,56,58,219/6①61,64/22②108/24①108,②235/39②100,⑤285/42⑥392
たべ【田べ】→たびえ 24①81
たむし【田虫】→N 37③326/41⑤240
たり【たり】 60⑥335,336
たりこ【タリコ、ダリ蚕、足蚕】 35②380,390,391/47②111

【ち】

ちいさきむし【小き虫】 13①62
ちがや【ちがや】→B、E 25①40
ちがやのね【ちかやの根】→E 62⑨372
ちからみ【地からみ】 25①40
ちぢけこ【チヾケ蚕】 47②112
ちぢけたるかいこ【ちゞけたる蚕】 35①170/47②144
ちぢみしぬる【ちゝみ死る】 56①187,206
ちちろうむし【蝮螂虫】 30②184
ちどく【地毒】 8①221
ちのほう【血之方】 60④166
ちばれ【チバレ】 24①49
ちまゆ【血繭】 24①100
ちゃ【茶】→E、I、N、R、Z 47②82
ちゃあさのみ【茶麻の子】 35①62
ちゃいろかめむし【茶色亀虫】→じょろうむし、わくさ 46①13,99
ちゃいろほうじゃりむし【茶色ホウジヤリ虫】 46①12,70
ちゅうあり【中蟻】 31④208
ちゅうさい【虫災】 23①112
ちゅうな【ちうな】 23⑤271
ちゅうなん【虫難】→むしのなん 9②200,③250,254
ちゅうびょう【虫病】 60③139
ちゅうぶけのとり【中風気の鳥】 60①61
ちょう【鳥】→とり 62⑤122
ちょう【蝶】 3④294/6①91/22④209/23①55/24①84,85/25①119/27①131/46①71,99/70⑥421
ちょうじゅう【鳥獣】→E 6①156/10①114,149/35②332
ちょうむし【てうむし、てう虫、てふ虫】 23⑤276/40②42,44,46,53,54,59
ちょうるい【鳥類】→E、I 4①305/62①15

【つ】

ついり【ついり】 40②42,45
つかれ【ツカレ】 60④229
つかれわずらい【つかれわすらい】 60④172
つきさき【つきさき】 60①62
つきめ【突目】→N 60⑥338
つくい【つくゐ】 60⑥356,360,361
つぐい【ツグイ、ツグヒ】→Z 60④172,208
つた【蔦】 16①132
つちあり【土蟻】 46①12,68
つちねずみ【土鼠】→ねずみ 47④203,208/56②247
つちむし【つち虫、土虫】 19②275/61①55
つちをくらう【土をくらふ】

60⑥364
つつがというむし【恙といふ虫】 35①222
つつとおしむし【筒通虫】 30②188
つつみむし【包ミ虫、包虫】 4①57,210,212/5①73,74/6②317
つづりむし【綴虫】 5①73,161
つとむし【苞虫】 23①111,113
つなみ【ツナミ】→らんきむし 46①96
つばめ【燕】→E 6①29
つぶ【螺】→たにし 37①15
つぼかれ【坪かれ】 4①212
つまび【ツマヒ、ツ磨火】 60④171,194
つみきり【つみきり】→いもち 6②312
つめくい【爪喰】 60⑥359
つゆ【露】 60④171
つゆにち【露にち】→いもち 4①211
つらわれ【ツラワレ】 5①68
つる【鶴】 17①179
つるかさ【つる瘡】 60⑥355
つるへかたつき【蔓へ形つき】 2①128
つんなん【つんなん】→かたつむり 34⑤87

【て】

てがれ【手枯レ】 24①67
できすぎ【痴肥】→E 27①107
てつ【鉄、銕】→B 35①62/47②82
てっぽうむし【鉄炮虫】 55②130
てのこむし【テノコ虫】 32①38
でのこり【デノコリ、出残り】 35②380,381
てりいたみ【旱痛ミ】→てりまけ、ひいたみ、ひがれ、ひでりまけ、ひにいたむ、ひのいたみ、ひまけ 40②187
てりまけ【てりまけ】→てりいたみ 27①139
てをにぎるもの【手をにきるもの】 17①63
てんぐむし【天狗虫】 46①13,98
てんけん【癲犬】→きょうけん 60②99,107
でんさい【田災】 15①14

【と】

とう【蟣、鬾、螣】 1⑤348/7①27/15①26
とうきび【とうきび】→E、N、Z 53①14
どうきりむし【胴きり虫】 2①25
どうくさり【胴腐リ】 8①71
とうしんぐさ【トウシン艸】→E 24①81
とうむし【とう虫】 11①39
どうむし【胴虫】 1①85,94
とうろうむし【とうろう虫】 9②223
どうをうちたるとり【どうをうちたる鳥】 60①59
とぎょ【蠹魚】 59④270
とく【蟘】→Z 19②275
どく【毒】→N 8①139,141,142,143,145,146,148,151,153
どくけ【毒気】→N、X 8①80,123,137,225/13①61
どくさり【木腐】 8①87
どくそう【とく草】→E、H、I 16①252,254
どくだみ【蕺菜】→E、H、N、Z 27①142/56②251
どくな【毒菜】 8①69
どくむし【毒虫】→N 46①71/60③139
とけつ【吐血】→N 60⑥358
とこめめず【とこめゝづ】 28②169
ところのこ【萆薢の粉】→N 14①176
とじむし【閉虫】 33②123
どじょう【泥鰌】→I、J 23①51/27①48
とちのみのごとくなるもの【杼の実の如くなる物】 23①75
とちのわずらい【土地の煩】 9②196
とび【とび、鳶】→E 5①56/16①248/49①95/62⑨343,377
とびあり【飛蟻】 6②319
とびこがね【飛コガネ】 7②318
とびしいな【飛粃】 37②162,176,227
とびむし【飛虫】→E 15①28/19②399/20①238
どふけ【土ふけ】 1①76
どようあとのむし【土用後のむし】 11④166
どようてっぽうむし【土用鉄砲虫】 46①13,99
どようまえのむし【土用前のむし】 11④166
とらこ【とらこ】 7①115
とり【鳥】→ちょう（鳥）→E、N 2①134/3①41/4①239/9①49/10①11,139,149,②318,361,③394/12①126,167,183/13①37,252/27①104/29①69/31②75/33⑤243/35①78/38③138,④241/39④198,200,201,⑥323/41②107/55③410/69②302/71①18
とりくさ【取草】→I 5①66/27①126/46①62,65
どろがめ【泥鼈】→J 6②310
とろむし【とろ虫】 4①210
どろむし【とろ虫、どろ虫、泥虫】→Z 5①73/6②315/19②274,275/20①239/25①47,139/37①38/39④211

【な】

ないひ【ないひ、内痞】 14①176/60⑥348,349
ないら【ないら、内羅、内乱】 6②310/14①176/19①212/60⑥320,333,334,342,349,358,371
なえいたみ【苗いたミ】 17①64
なえいもち【苗へいもち】 29③223
なえおおいたみ【苗大傷】 30①51
なえくさり【なへくさり】 41⑤261
なえこし【痿越】 60④170
なえたがい【苗違】 19①35,36
なえたがう【苗違ふ】 20①36
なえにち【苗にち】 6①30
なえのあぶらいたみ【苗の油いたミ、苗の油痛】 31①11,12,17
なえのいたみ【苗のいたミ、苗の痛ミ】 31①13,14,16
なえむし【苗虫】 15①28/30①27,②192
なえむら【苗むら】 16①259
なえわずらい【苗煩】 39④199
なえをそこなうむし【苗を害ふ虫】 23①112
なおる【なをる】 60⑥335,336,338
なかござし【なかござし】 20①236
なかござしむし【なかごさし虫、なかござし虫、中こざし虫】 19②274,275/37①38
なかさし【中サシ】 32①35
なかさしむし【中さし虫】→Z 29③247,248
ながむし【長虫】 25①139
なくだし【菜くたし】 17①239
なしじらみ【梨シラミ】 46①72
なつくさ【夏草】→A、E、I 9②196
ななしょう【七傷】 6①236
ななろう【蝮螂】 30②187
なのむし【菜の虫】 22①13/70⑥421
なまかべのしつ【生壁の湿】 35①171
なまず【鯰】 13①271
なまず【癜風】 60⑥354
なむし【菜虫】→Z 15①29/20①236
なめり【なめり】 7①114
なわしろぐさ【苗代草】→I 29②125
なわしろのやまい【苗代の病ひ】 23①61
なんくせ【難くせ、難癖】 7①5,38/13①61

【に】

にくばなれ【肉離れ】 33②129
にくりむし【似栗虫、肉裏虫】→Z 45⑦390,394
にげのぼるむし【逃登る虫】 15①100
にしひざ【ニシヒザ】 60④185
にち【ニチ、にち、稲熱】→いもち 4①211,212/6①216,②312,318/7②332/39④192,195,199,205
にちいり【にち入】→いもち 4①57
にゅうこう【乳香】→N、X 62④89
にゅうどうむし【入道虫】 30③271

にら【韮】→B、E、N、Z 7①37/22②102
にわとり【鶏、鶏とり】→E、I、N 10①11/11③141, 142/39③153/68③333
にんにく【蒜】→E、H、I、N、Z 7①37

【ぬ】

ぬかあり【糠蟻】 46①12, 70
ぬかうとみ【ぬかうとみ、糠疎】 60⑥364
ぬかむし【ぬか虫、糠虫】→Z 9②204/45⑦391
ぬぎさげ【ヌギサゲ】 35②380, 385
ぬくさあたり【暖さあたり】 47②112
ぬまりびょう【ぬまり病】 59⑤437
ぬりあぜのくさ【ぬりあぜのくさ】 28②194

【ね】

ねあぶらむし【根あぶら虫】→Z 45⑦390
ねいたみ【根傷】 41②89
ねうつくる【根うつくる】 12①300
ねがえし【根返し】 37②130
ねぎ【葱】→B、E、H、N 7①37/22②101
ねきり【根切】 2①84/20②392
ねきりのむし【根伐の虫】 20①237
ねきりむし【根キリ虫、根きり虫、根切虫、蚉】→Z 2①98, 131, 133/3④249, 377, 378/7②275/15①69/19①127, ②318/22④248, 253/45⑦391/62⑧259
ねくさ【根草】 7②250, 251/23⑤273
ねぐさり【根クサリ、根くさり】 8①72, 277/17①171
ねぐさる【根くさる】 16①95
ねぐされ【根腐】 33①31, 49
ねぐち【根朽】 70⑥395, 399, 400, 402, 419
ねこ【猫】→E、I、N 13①261, 262/27①163/33⑥326/45⑦395/69②302
ねざさ【ねさゞ】→E 28②192
ねざしむし【根さし虫、根ざし虫】 19②274, 275/20①239/37①38
ねざすくさ【根さす草】 17①99
ねさび【根鏽】 45⑦398
ねじむし【ねち虫】 10①80
ねじれ【ねじれ】 40④305
ねずみ【ねすミ、ねすみ、ねずミ、ねずみ、ネヅミ、鼠】→あくそ、じねずみ、たねずみ、つちねずみ、のねずみ、よめさ、よもの→E、I 1①31, 99/2①13, 14, ④288/3①17, 56/4①305/5①40/6①39/10①9/13①121/14①64/17①293/18①87/19①136/22④242/23①37, ⑥**338**/24①139, 142, 143/25①64/28②185, 225, 230, 248, ③321/29②155/30①82/34⑤80/35①22, 23, 86, 87, 101/36②107/37①46/38③130, 131, 140/39②97, ⑤271/43②186/45①33/47①31, 37, ②141/53②132/60①64/61②95/62④84, 89, ⑥150, ⑨379/65②88/66②120/68②248, 267
ねぜり【根芹】→N 7②252
ねち【ねち】→いもち 7①6, 29, 37, 38/27①51, 59
ねちつき【ネチ付】 27①167
ねつ【ねつ(さび病)】 5②228
ねつ【ねつ】→いもち 11④166, 172, 173, 174
ねつ【熱】 5①30, 36, 45, 71, 72, 103/7①23/60④170, 194, ⑥342, 364, 369
ねついり【熱入】 5①121
ねつこし【熱越】 60④170
ねつのわずらい【熱之ワヅライ】 60④192
ねつびょう【熱病】→N 60④180, 182/67④163, 167/69②275
ねつよきくさ【根つよき草】 16①210
ねなしかずら【根なしかつら】 25②204
ねなしぐさ【根なし草】→E 25②205
ねにわきたるむし【根にわきたる虫】 15①82
ねのくさる【根のくさる】 19②394
ねのはりたるくさ【根のはりたる草】 62⑨320
ねのやまい【根ノ病】 55①37
ねば【ね葉】 70⑥417
ねばりたる【ねばりたる】 60⑥358
ねむし【ネムシ、根むし、根虫】 1⑤348, **351**, 353, 355/4①57, 121, **212**/5①124, ②224, ③260/6①57/7②276/15①98/16①263/17①110, 205/22④207/35②380/38③115/39④212/55③400/61①37/62⑨317, 324, 326, 352/68③338
ねめしょうずるくさるい【根芽生する草類】 27①142
ねをきるむし【根をきる虫】 16①260
ねをとめる【音をとめる】 60①64

【の】

のうじ【野蛆】 30②185
のがわり【野がハり、野替り】 5③258, 260
のけかえり【のけかへり、のけ返り】 22④208, 251
のこりむし【残り蝗】 15①47/31①15
のすずめ【野雀】→すずめ 15②130
のだり【のだり】 33①43
のだれ【のだれ】 20①236
のどにうおのほね【咽喉に魚の骨】 60②94
のねずみ【野鼠】→ねずみ 6①138, 208, 213/19②297/20①94, 237, 238, 248
のびえ【野稗】→ひえ 5③262/40③237
のびえぐさ【野稗草】→ひえ 10②320
のみ【蚤】 27①316/36③224, 234/45⑥309/60②92, 93
のみのつづれ【のミのつゞれ】 17①174
のんきょ【のんきよ】 7①45

【は】

はい【はい(蝿)】 16①220, 221
はいけ【ハイケ】→X 32①37
はいたみ【葉傷み】 41②108
はいねつ【肺熱】 60⑥370
はいのねつ【肺の熱】 60⑥357
ばいらい【痞癗】 49①37
はうむし【昆虫】 35①78
はえ【蝿】→E、N 10①75/27①149, 297
はえけ【蝿気】 32①22, 109
はえほ【生穂】 23①40
はおろし【葉おろし】 41②129
はかりむし【尺蠖】 1⑤356
はがれ【葉枯】 1①64/8①69
はき【ハ気】 60④170
はぐさ【莠】→くさ→I 2①26, 27/3③113/12①89, 136, 184/19①49, 54, ②373/20①50, 260/23①74
はぐさり【葉腐り】 48①207
はくらうむし【蠛】 15①69
はこべ【はこへ、はこべ】→E、I、N、Z 17①174/62⑨341
はさきのふしかきたるとり【羽さきのふしかきたる鳥】 60①62
ばし【蜞】 30②186
はしかいぬ【はしか犬】→きょうけん 67④163
はしかみ【はしかミ】 17①195
はしぶ【葉渋】 17①165, 172/38③175, 201/62②36
はしりび【はしり火、走り火】 60⑥369
はす【はす】 60⑥372, 374
はた【はた】 30②186
はだかむし【躶虫】→I、N 7②271, 272, 278, 317, 356
はたけのくさ【畑の草】→A、I 22②120, 121
はだしらみ【肌しらみ】 7②261
はたむし【はた虫、畠虫】 6①151/55②130
はち【蜂】→E 46①101
はちむし【蜂虫】 46①14
はちゅう【把蜚】 30②186
ばった【はつた】 55②144
はと【はと、鳩】→E 3①40/5③276/17①179/20①248/22①60/24①37, 49/27①66, 95, 150/40④311/62⑨326, 335
はなが【端長】 46①98
はなかがむ【花かゞむ】 20①172
はなからこうぶし【花からかうふし】 25①40
はなきむし【羽なき虫、羽なき蝗】 15①24, 50
はなくされ【鼻腐】 30①86
はなくわきたるむし【羽なくわきたる虫】 15①106
はなしらみ【花虱】→しらみ 24①40
はなたか【鼻高】 46①98

はなたかほうぢゃり【鼻高ホウヂヤリ】 46①98
はなたけ【鼻たけ】 60⑥341
はなぢ【はな血、鼻血】→N 60⑥357
はなてっぽう【花鉄砲】 46①101
はなてっぽうむし【花鉄砲虫】 46①13,97
はなのさきかわくもの【鼻先かハくもの】 60②105
はなふき【鼻吹】 60⑥360
はなやまい【鼻病】 60⑥341
はにつきたるむし【葉に付たる虫】 15①91
はねあるむし【羽ある虫】 39④212
はねこむし【はね小むし、はね小虫】 20①238
はのあるむし【羽のある虫、羽のある蝗】 15①50,106
はのねをかきたるとり【羽のねをかきたる鳥】 60①62
はまくりむし【葉まくり虫】 15①29
はむし【ハムシ、は虫、羽虫、葉むし、葉虫】 1①85,⑤348/3①28/7②**274**,317/11①**56**/16①263/19②275/23⑥332/33⑥391/35②380/38③159/40①8,②100/62⑨324,328,344,352,356,364/69①71
はむし【羽虫】→Z 7②272/10②364/15①29/35①88/37③293/62④90/68④401
はむしつきたるとり【羽むしつきたる鳥】 60①63
はめ【蝮】 7②355
はやうれ【早うれ】 11⑤246
はやかぜ【はや風、早風】 60⑥370
はやこし【早越】→Z 60④171
はやとがめ【早とがめ】 12①144
はやび【はや火、早火】 60⑥370
はやりかぜ【早風】 33②130
はらいた【腹板】 60⑥353
はらいたみ【波罷痛】 60④166
はらじろ【腹白】 30①86
はらはる【ハラハル】 60④194
はらふくれ【腹ふくれ】 60⑥374
はらふとむし【はらふと虫】 25①47,139
ばらやぶ【荊藪】 69②217
はりがねむし【針金虫】→Z 45⑦389
はりくさ【針草、針艸】 23①88,104,105
はりちがい【針ちがひ、針血開、鍼違】 60④171,⑥376
はるむし【春虫】 3④250
はれあがり【腫あがり】 60⑥335
はれいたみ【腫痛】 14①179
はをくうむし【葉を喰ふ虫】 16①260
はをすかりのようになめるむし【葉をすかりの様になめる虫】 22④251
はをもちたるむし【羽を持たる蝗】 15①49
はん【鑁】 6②318
はんげ【半夏】→E、N 5①135
はんねつ【煩熱】 60⑥370

【ひ】

ひ【火】→N 3①56
ひいたみ【日イタミ、日傷、日傷ミ、日痛、日痛ミ】→てりいたみ 8①81/12①58/32①221/41②90/55①38,45
ひいもり【日いもり】 30③265
ひうくさむし【ヒウクサ虫】 30②186
ひえ【ひえ、ヒヘ、ひへ、ひゑ、ひ江、稗、䅬】→くさびえ、たびえ、のびえ、のひえぐさ、ひえくさ、ろうしゅう→E、I、L、N、Z 5①68,③262/7①25/8①71,72,76/11⑤277/19①62/22②107,④213/27①108,125,126,287,288/28①27,②164,178,191,193,207/29①50/30①18/31⑤258/32①23/33①23,④217/37①21,26/39①26
ひえ【令】→N 60④229
ひえいたみ【冷痛ミ】 12①98
ひえいもじ【冷いもぢ】→いもち 5③278
ひえくさ【ひえ艸、ヒヘ草、稗草】→ひえ 8①75/23①**74**,③156,④199
ひえだち【ひえ立、ひゑたち、ひゑ立、冷立】→あおだち→D 16①73/19②281,342,345/20①111/37①39,40,41
ひえのくさ【稗の草】 36③224
ひえも【ひゑ藻】 1①49
ひかり【ヒカリ】 35②380,383
ひがれ【日枯レ】→てりいたみ→Q 32②314
ひがんばな【ひがん花】→E 16①252
ひきくさ【引草】 8①119
びくにむし【比丘尼虫】 5①115
ひさび【日サヒ、日サビ】 8①48,181,229,238
ひじ【ヒヂ】 23①**108**,109,③156
ひじをねじたるとり【ひちをねぢたる鳥】 60①60
ひぜん【癬疥】 60②91
ひつじほ【ひづじ穂】 36②115
ひでりまけ【日照負】→てりいたみ 2⑤330,335
ひとむれむし【一トムレ虫】 46①69
ひとをさけみをかくすもの【人を避、身を隠すもの】 60②106
ひにいたむ【日に痛む】→てりいたみ→Q 29①66
ひのいたみ【旱のいたミ】→てりいたみ 7②349
ひはいる【火入ル】 8①117
ひまけ【干まけ、日まけ、日負】→てりいたみ 2①76/4①177/37②112
ひむし【日虫】 55①49
びゃくきょうざん【白姜蚕】→N 35②395
ひゃくちゅう【百虫】 30②194
ひゃくにちむし【百日虫】 23⑥327
ひやけ【日やけ】→Q、X 9②206
ひやけもみ【日やけ籾】 42①32
びょうがい【病害】 7②260
びょうき【病気】→やまい→N 8①122,128,137,140,148,153,154,243
ひょうきゃく【豹脚】 11③149
びょうけん【病犬】→きょうけん 60②96,106,107,110/67④163
びょうけんのかたち【病犬の形状】 60②**105**
びょうちゅう【病虫】 6①59/8①79,180/23①110
びょうなん【病難】→N、Q 47②111,113
びょうば【病馬】 60⑥363
びょうぼく【病木】 31④180
ひょっとぬけ【ヒヨツトヌケ】 35②380,391,394
ひよどり【ひよ鳥】 3①40
ひらくさむし【ひらくさ虫】 41②105,109,130
ひらだ【ひらだ】 29②126
ひらばり【ヒラバリ】 35②380,394
ひらむし【平虫】 30①78/41③175
ひりうま【ひり馬】 60⑥365
びりご【ビリゴ】 24①81
ひる【蒜】→H、N 22②102
ひる【蛭】 23①51,108
ひる【蛭(馬の眼病)】 60⑥339
ひるがお【旋花、昼顔、昼良】→E、N、Z 5①135/25②204,205/56②251
ひるむしろ【ひるむしろ、眼子菜、蛇床子、蛭筵】→ひるもぐさ→E、N 5①65,68,69,74/6①57,63,②287/31②71
ひるも【ヒルモ、ひるも、ひる藻、蛭藻】→I、N 17①67,126/23①50,**75**/24①81/25①58/37②104/38③139/42③172/62⑨348,360
ひるもぐさ【ヒルモ草、ひるも草】→ひるむしろ 16①257/17①67,68/37②104/38④244
ひるものね【蛭藻の根】 23①76
ひわどり【鶸どり】 14①151

【ふ】

ふう【蠱】 6②318
ふうけん【風犬】→きょうけん 18①163/60②99,104,106,108,110
ふうれい【風冷】 60④165
ふえ【ふへ】 24③296
ふくれやまい【ふくれ病】 59⑤437,438
ふこん【浮根】→うきね→E 23①73
ふじ【藤】→B、E、I 16①132/56②275,276
ふしいね【伏稲】→E 23①78
ふじかずら【藤葛】→B 56②274

ふしくらうむし【賊】 15①69
ふしだか【フシダカ】 35②380, 381, 382
ふしむし【ふし虫、節虫】 7②311, 329/12①160, 175/32①35/61⑤182, ⑦196
ふしゅう【蟲螽】 6②272, 292, 318
ふじょうまけ【不浄まけ】 35①88/56①187, 206
ふじょうるい【不浄類】 48①224
ふすべ【ふすべ】 39③150
ふぞろいよどまず【不揃不眠】 35③433
ふたえで【二重出】 27①175
ふつ【ふつ】 31②71
ぶと【ぶと、飛虫、蚋】 4①57/6①61, 62, 67/7②272
ぶと【ブト、蛹】 35②380, 396, 397
ぶどうむし【ぶどう虫】 33⑥336
ぶとおろろ【ぶとおろゝ】 4①57
ふはん【ふはん、蟲蠜】 6②318
ふま【蚣】 20①239
ふよう【浮葉】→うきは
7①25/23①73
ふらん【腐爛】 15①56
ぶりむしろ【ブリムシロ】 5①68
ふるいなむし【古蝗】 31①15, 16, 17, 20, 21
ふるくさ【古草】 8①73, 197
ふるむしがい【旧虫害】 7②318
ふるむしろ【古筵】 4①17
ふんづまり【糞つまり、糞結】 19①212/59⑤438
ふんのつまるやまい【糞のつまる病】 60⑥333

【へ】

べいろむし【ベイロ虫】 5①102
べた【べた】 7①114
へび【へび、蛇】→E、N
36②107, ③220/47①32
へんげむし【変化虫】 46①12, 13, 68, 95, 101
べんのはな【べんのはな】 28②162
へんぼう【へんぼう】 25①40

【ほ】

ほう【ホウ、ほう】 15①29
ぼう【ぼふ】 47②134
ぼう【蛩、蟊】 1⑤348/5①71/15①26, 27/23①109
ほうじくむし【ほうぢく虫】 23⑥330
ほうじむし【ホウジ虫】 31⑤264
ほうじょう【ほうぜう、ほうぢやう】 19②275/33①44, 46
ほうじょうむし【ほうぜう虫、ほうぢやう虫】 19②274, 275/37①38
ほうしんむし【疱疹虫】 46①12, 72
ほうそう【葑草】 70②148, 151, 154, 161, 163, 165, 168, 169, 170, 171, 172, 175, 177, 178, 180
ぼうそうけいきょく【茅草荊棘】 3③187
ぼうぞく【蟊賊】 5①71, 75/70⑥432
ほうちゅう【はふちう】 20①236
ぼうふりむし【ぼうふり虫】 60⑥339
ほうむし【昆虫】 20①236
ほうらくさ【穂うら草】 22②108
ほえ【ホヘ】 60④214
ほえのわずらい【ホエノワヅライ】 60④171
ほえるこえいでがたきもの【吠声出がたきもの】 60②105
ほおずき【酸醬】→E、N、Z
56②251
ほし【ほし】 40①8
ほしいきれ【干いきれ】 22④208
ほしがた【星形】 61②96
ほしかのしゅうき【干鰯の臭気】 35②378
ほしがれ【星枯】 48①206
ほしのかた【ほしのかた】 17①63
ほびえ【ほひへ、穂稗】 37①21, ②83
ほむし【穂虫】 1⑤348, 351, 353, 355
ほめき【ほめき】 35②267, 268, 375
ほめきうわおち【ホメキウハヲチ】 8①181
ほやいり【ほや入】 11⑤241
ほり【ホリ、ほり】→Z
19①210/20①175/22④208, 209
ほりむし【ほり虫】 70⑥415
ぼろし【ぼろし】 60⑥370, 372
ほんけつ【本結】 60⑥374
ぽんぽち【ほんほち】→N
16①80, 84, 88
ぽんぽちまい【ほんほち米】 16①94

【ま】

まいこみにち【まいこみにち】→いもち
6②312
まいむし【舞虫】 23⑥330
まう【マウ、まう、マフ、舞】 5①103/7②249, 332/24①61/29①62
まえだのくさ【前田の草】 29①23
まきいもち【まきいもち、牧いもち】 4①57, 210
まききむし【巻木虫】 46①12, 71
まきつきもの【マキツキ物】 32①56
まきはむし【巻葉虫】 46①12, 69
まきむし【まき虫、巻虫】 25①47, 139
まくり【まくり】 6②319
まこも【まこも】→B、E、N
42③172
ましら【ましら】 20①105/30③281
まじりひえ【馬尻稗】 19①62
まじりほ【ましりほ】→E、Z
20②395
またなき【蠎】 30②186
まちんのどくにあたる【馬銭の毒に中る】 60②91
まつ【松】→B、E、I、N、Z
59⑤439
まっくろのむし【真黒の虫】 67②116
まっこう【抹香】→B、H、N
35②294
まつな【まつな】→E、N
31②71
まつのきのね【松木の根】 62⑨372
まつむし【松虫】→E
30②186/31①5
まなこくらむもの【眼昏朦もの】 60②105
まみ【猯】 20①249
まめかえし【豆返し】 25②203
まめだおし【皷子花】 25②204
まめむし【豆虫】 55①38
まやごみ【マヤゴミ】 24①49
まるきけむし【丸き毛虫】 22④252
まるすげ【まるすけ、水葱】→N
6①63, ②286

【み】

みいりのさわり【実入の障】 9②221
みかんのきのるいにつくむし【蜜柑の木の類に付虫】 70⑥421
みしょうのくさ【実生の草】 17①125
みずいたみ【水病み】 11⑤227
みずくさ【水草】→E、I
5①68/16①211/17①138
みずくさのるい【水草のるい】→E
17①126
みずぐされ【水腐】→Q
68③362
みずでるかいこ【水出る蚕】 47②144
みずまけ【水負ケ】 25②187
みずむし【水虫】 7②272
みずもち【水もち、水持】→A、D、X
5①70/9②198
みずやけ【水やけ】 39⑥325
みずをひくとり【水をひく鳥】 60①63
みちしば【道芝】→I、N
24①91
みつすいむし【三吸虫】→Z
45⑦394
みのいりたるくさ【実の入たる草】 23⑤271
みのむし【蓑虫】 31④209
みのりたるくさ【実のりたる草】 33①54
みのるくさ【実のる草】 33①32
みみず【蚯蚓】→E、I
5①15, 22, 24, 92, 93/8①52/21②112/69①104
みみち【みゝち】 56①53
みみのやまい【耳病】→N
60⑥340
みょう【螟】 7①27
みょうないすずめ【めうないすゝめ】 20①247
みよさ【ミヨサ、ミよさ、みよさ】 20①39/35②380/61④167
みよさにたつ【みよさに立】 19②281
みをうばうけもの【実を奪ふ獣】 10①141

【む】

むかで【百足】→E
36③220

むぎかえし【麦返し】 19②374

むぎくさ【麦草】→A、E
23⑤271

むぎのくさ【麦の草】→A
9①37/38③195/62⑨320

むぎのほぐされ【麦ノ穂腐サレ】
32①41

むぎのむし【麦の虫】 70⑥422

むぎのやまい【麦之病】 8①100

むぎわら【麦藁】→B、E、I、N
69①96

むくどり【むく鳥】 20①221

むぐらもち【むぐらもち】→もぐら
3④383

むぐろ【土龍鼠】→もぐら
29②128

むくろねずみ【むくろ鼠】 37②205

むし【ムシ、むし、虫、虫シ、毒虫、蝗、蟲】→あくちゅう→E、I、N、Q
1①64,83,③268,④299,300,315,317,324,325,326,⑤349,350,351,352,353,354,355,357/2①40,78,98,108,⑤333/3①32,42,50,③141,145,153,④222,223,226,249,259,260,279,294,318,334,339,346,347,361,374,383/4①107,117,122,186,210,212,213,221,240/5①49,66,69,70,71,73,75,76,91,94,98,107,113,115,120,139,161,169,171,③247,248,253,264,269,271,273,277,278,280/6②285,290,291,309,310,314,318,319/7①23,26,27,28,31,38,43,44,69,83,84,**114**,115,②230,261,269,271,275,293,294,309,317,357,366/8①31,56,57,68,69,71,100,104,141,142,143,145,146,151,174,180,181,182,184,218,273,281/10①16,67,73,86,139,②319,320,364,③388,391/11②116,④169,177/12①70,71,131,139,190,203,216,219,221,222,226,231,251,257,298,316,317,336,377,389/13①11,15,42,62,72,102,140,141,168,215,216,217,225,371/14①176,179,381/15①13,14,16,18,19,20,21,24,31,41,43,44,45,46,47,48,50,51,52,53,54,55,56,60,61,63,64,65,68,82,86,94,98,99,104/16①152,154,158,233,240,241/17①24,25,61,63,114,115,145,223,239,240,243,284/18①69/19①97/20①209,222,235,②388,389/21①23,34,58,59,71,72,81,88,②112,113,116,117,122,123,131,132/22①59,62,②106,107,108,③172,④228,232,261,268,269/23①11,30,31,33,40,55,58,77,80,82,85,87,109,111,③157,⑤258,266,274,275,⑥332,333/24①73,112,171/25①114,117,125,139,143,144,145,146,147/27①57,59,128,133,143,144,145,153,205,273/28①21,②176,③320,④330,343,349,350/29①57,79,82,②131,③191,200,202,211,212,239,257/30①132,②198,③246,264,272,④347/31①22,②70,④208,209,⑤251,263,266,273,284,285/32①21,57,68,146/33①43,44,③161,164,④213,⑤250,⑥352,359,371/34⑤103/35①88,89,②305,306,346/36②115,117,③240,295,328/37①38,43,②202,③272,296,326,327,332/38②65,67,69,70,72,③133,134,152,179,183,193,195,196,198,201/39①13,14,24,27,35,42,43,54,63,④203,206,210,**211**,213,214/40①9,②97,140,144,161,④270,278,279,281,283,286,304,305,317,323,334,337/41②65,66,105,113,116,117,**129**,130,③175,④205,206,⑤236/42①45,64/43③252/45②103,106,③176,⑤243,245,⑥294,323,⑦389,390,391,394,399,403/46①12,13,16,65,67,70,72,90,95,96,97,98,99/47②134,139/48①191,206,238/49①37/50④313/53①44/54①270/55①38,39,73,②133,134,144,145/56①42,43,53,54,63,68,79,87,103,143,169,181,192,204,207,211,216/57②157/59④393/60③137,④168,169,181,186,⑥374/61①33,44,⑤179,⑥187,191,⑦195/62⑧260,269,⑨317,337,341,350,356,357,370,371,373,378/63⑧444/66①36/67④165,168,⑤227,231,235/68②267,③363,④401/69①32,43,61,②291,307,345,386,387/70②123,126,③213,216,⑥382,383,415,416,417,418,419,420,421,422,423,424,425/71①18

むしいたみ【虫傷、虫痛、虫痛み】→あげ、むしつきがい、むしのがい、むしのなん、むしまけ
11④171/41②63,66,108/55②133/67④165,168

むしいり【虫入】→Z
28④335/48①252/67④162

むしうま【虫馬】 60③137

むしおこり【虫発り】 29③200

むしがい【虫害】 7②**271**,313/24①136

むしくい【むしくひ、虫くひ、虫喰、虫喰ひ、虫食】→E
6①143/7①6,14,26,27,38/8①15/10①97,114,115/12①167/15③373/16①92,146/22②106,③160,④209,277/23⑤277/35②307/50④315/55①56

むしくいおれ【虫喰折】 16①84

むしくさ【虫草】 7②241

むしくせ【虫曲】 9②222

むしけ【むしけ、むし気、虫け、虫気】 1④303,319/4①195,219/6①101,②269,291,292/8①13,148,153/11②90,④169/12①48,58,73,94,102,136,140,149,170,175,177/13①18,19/16①165/23①11,32,36,50,53,58,59,63,72,101/29③257/30①28,29,②191,193,194/32①35,37,38/33④216,⑥322/34⑦250/37③272,273,274,293,294,306,345/40②110/41②74,101,107,108,④206,⑤236/61①33,50/62⑧260,269/69②221/70⑥382,383,393,416,417,418,424,426

むしけいたみ【虫気痛】 62⑧262

むしけつ【虫結】 60⑥374,375

むしけのいたみ【虫気の痛】
12①69

むしけのやまい【虫気の病】
70⑥423

むしけら【虫けら】 12①253

むしさし【虫さし、虫指、虫螫】 4①58/16①80,84,86,95,247/17①147,151,261,316,317,318/19②388/39④195,203,204,205,217/40②101,105,113,114,115,132,189/67③138,139

むしさす【虫さす】 16①88,236

むしつき【むし付、虫ツキ、虫つき、虫付、虫付キ、虫附】→Q
11④165,167,168,170,171,172,174,176/12①208/16①90,257/18①80/21①7,9,⑤228/27①151,167,285/28①45,③320,322/30③261,263,264,265,266,283/32①149,218,220,221,222/33④231/34④63,⑤90,93,102,104/36①42/40②173,187/41②117/45①34

むしつきがい【虫つき害】→むしいたみ
7②291

むしつきかた【虫つき方】 11④169

むしつきは【虫附葉】 40④285

むしつく【虫付、虫附】 17①17,20,62,73,147,226,265,305/40②172/41②109,111,112

むしつけ【虫付け】 11④166

むしなき【虫鳴】 60⑥375

むしのいろしろき【虫の色白き】
11④174

むしのうれい【虫の患、蝗のうれひ】 15①15,②139

むしのがい【虫のがひ、虫の害】→むしいたみ
1⑤353/21①8

むしのこ【虫の子】 12①336

むしのさわり【虫のさわり】
30③264

むしのたね【虫の種、虫之種】
30②188,196

むしのなん【虫の難】→ちゅうなん、むしいたみ
9②210,219/11②103

むしのね【虫の根】 59⑤439

むしのわき【虫のわき】 11④166

むしばえ【虫蝿】 32①27

むしばむ【虫バム】 38④263

むしまき【虫巻】 8①149

むしまけ【虫まけ】→むしいたみ
36②113

むしるい【虫類】 6②291/7①69,②313/10③395/70⑥415

むせかれ【蒸枯、蒸枯レ】 5①77,78

むなつき【ムナツキ】→Z

60④171
むなび【無ナ火】 60④171
むねをつきたるとり【むねをつきたる鳥】 60①59
むらがれ【むら枯】 4①219/7①19/12①136
むらすずめ【むらすゞめ、村雀】→すずめ
20①98, 238
むらどり【むら鳥】 20①98
むれがらす【群烏】→からす
20①239

【め】

めい【螟】→T
1⑤348/15①26/19②275
めいとう【螟螣】 70⑥432
めきりむし【芽切虫】→Z
45⑦391
めくさり【芽くさり】 44②112
めだしのなつくさ【芽出しの夏草】 9②198
めのいろあかきもの【眼色赤きもの】 60②105
めひる【目ひる】 60⑥339
めびる【目ビル】 60④171
めわたいつる【目わたいつる】
60①63
めをおこしてはえる【めをおこしてはへる】 30③268

【も】

も【藻】→B、H、I
23①51, 52, 75, 105, 107
もえいね【もゑ稲】 17①140
もえぐさ【萌草】 41②99
もえぐされ【モヱ腐】 38④266
もく【藻】→I
38③139
もぐさ【もくさ】→よもぎ→B、E、H、I、N
16①252
もぐさ【藻草、藻艸】→I、J
23①25, 51, 61, 69, 75, 76
もぐさのね【藻草の根】 23①49, 60
もぐさむし【モグサ虫】 46①67
もぐら【モグラ、もぐら、土鼠、土竜、土龍、鼹鼠】→うぐろむし、うぐろもち、うごろ、うごろもち、おごろ、おごろもち、むぐらもち、むぐろ
2①94, 95, 129, 132/3①38/6①39, 138, ②283/16①305/23①75, ⑥338/24①101/25③264/29③224/30①25/38③120/40②179/41②108, 110/48①238/55②144, ③466/56②247/65②79/68③338
もすけ【もす気】 11⑤252
もときのさわり【本木の障り】
9②221
もときり【元切り】 70⑥421
もときりむし【本切虫】 41②130/70⑥421
もとはむし【モトハムシ、モトハ虫、元葉虫】 7②276
ものね【藻の根】→I
23①52
もののけのわずらい【物ケ之ハヅライ】 60④216
もみおち【籾落】 27①175
もみもえたち【籾萠立】 1①99
ももをねじたるとり【もゝをねぢたる鳥】 60①60
もろもろのあく【諸の灰汁】
59⑤439
もろもろのむし【諸の虫】 15①74
もんぜんにてわるきにおい【門前ニテ悪キ臭ひ】 56①206

【や】

やきかれる【やきかれる】 11⑤256
やききず【焼キス】→Z
60④172
やくしゅのさわり【薬種のさわり】 35②379
やくしゅのにおい【薬種のにほひ】 35②378
やけ【ヤケ、やけ】 8①54, 137, 244
やけど【灼傷】→N
60②92
やけば【焼葉】 6①143
やけばな【やけ花】 40④305
やける【ヤケル】 45⑤245
やじめ【ヤジメ】 5①172
やじゅう【野獣】→けだもの
30③250, 251
やじゅうろうむし【弥十郎虫】
30③271
やそう【野草】→I、N
2⑤328
やなぎ【柳】→B、E、I、Z
59⑤439
やに【やに】→B、E、I、X
16①151
やまい【ヤマイ、やまひ、疾、病、病ヒ、病ひ】→びょうき→N
5①25, 30, 43, 44, 46, 55, 56, 61, 62, 65, 76, 82, 99, 103, 114, 121, 127, ③266, 278/7①6, 19, 23, 26, 38, 101, ②230, 261, 262, 267, 271, 292/8①42, 43, 44, 45, 46, 47, 48, 54, 56, 71, 129, 139, 143, 144, 145, 146, 147, 152, 171, 173, 174, 180, 182, 183, 184, 185, 186, 187, 223, 225, 226, 228, 229, 230, 238, 239, 241, 243, 244, 245, 247, 266, 271, 273, 276, 277, 278, 279, 283, 289, 290/12①73/16①84, 90, 91, 92, 126, 133, 233, 244, 257, 259, 260, 263, 264/17①25, 28, 29, 30, 31, 32, 36, 38, 50, 58, 63, 64, 65, 68, 114, 129, 132, 133, 134, 136, 155, 165, 167, 192, 193, 195, 197, 198, 202, 215, 237, 239, 240, 243/18②256/23①59/24①171/27①102/48①246/60②104, 108, ⑤284, 285/70⑥396
やまいいぬ【病犬】→きょうけん
7②261/60②97
やまいいる【病入ル】 8①69
やまいつき【やまひ付】 17①55
やまいどり【やまひ鳥】 60①59
やまいのき【病之気】 8①47
やまいむし【病虫】 5③252/7②232, 262
やまから【山から】 30③271
やまがれ【山枯】 41②90
やまくさ【山草】→B、E、I
5③265
やまどり【山とり、山鳥】→E、N
5③276/17①57, 139, 179/20①248
やまばち【山蜂】 14①347
やみ【やみ】 33①42
やもう【ヤマウ】 7②264
やりたてむし【鑓立虫】 46①12, 68
やわら【ヤワラ】 35②380, 391

【ゆ】

ゆえん【油煙】→B、X
35②294
ゆきがれ【雪枯】 61⑨340
ゆきぎえ【雪消】 25①121
ゆきにくさる【雪に腐る】 27①62
ゆるぎやまい【ゆるき病】 60⑥366

【よ】

よごれ【ヨゴレ】 45⑤241, 242
よせくさ【よせ草、寄草】 3④224/22②109
よせばむし【寄葉虫】 46①12, 68
よつあしすくむ【四足すくむ】
60⑥371
よっつのやまい【四つの病】
13①21
よとおし【節間通し】→Z
20①94
よとおしむし【よどをし虫、空通シ虫、節間通し虫】 20①236/30④348
よめさ【ヨメサ】→ねずみ
24①143
よもぎ【よもき、蓬、葎、艾】→もぐさ(もくさ)→B、E、H、I、N
9②215/25①40/27①142/33①32
よもぎぐさ【艾草】→E
32①75
よもぎのね【よもきの根】 33①39
よもの【ヨモノ】→ねずみ
24①143
よるくるうとり【夜ルくるふ鳥】
60①64
よるのむし【夜の虫】 15①24, 70

【ら】

ら【躶】 7②277
らい【癩】 13①156
らいねんのくさだね【来年の草種】 29①69
らいびょう【癩病】→N
60②91
らちあいひえ【埒交稗】 19①214, ②421
らちあいひえほ【らちあゐ稗穂】
20①96
らちゅう【躶虫】 7②271, 274, 277
らんきむし【乱鬼虫】→つなみ
46①13, 96
らんしょう【乱性】 35①171/47②145/56①201, 207

【り】

り【狸】→たぬき
62⑤122

りす【りす、貂鼠】 *45*⑦395
りほ【瘢蛀】 *69*②345
りんむし【りん虫】 *40*②59

【る】

るりほうぢゃりむし【瑠璃ホウヂヤリ虫】 *46*①12,70

【れ】

れいすい【冷水】→B、D、H、I、N *7*②273
れんじゃく【れんぢやく】 *29*①42

【ろ】

ろうこつ【労骨】 *60*⑥350
ろうしゅう【稂莠】→ひえ *6*①60,②286/*12*①84/*23*①74/*69*②228
ろうそくのけしあと【蠟燭之消跡】 *62*④89
ろうそくをけしたるかざ【蠟燭をけしたるかざ】 *6*①190

【わ】

わがれ【輪枯】 *45*①34
わきくさ【脇草】 *39*⑤282,283
わく【わく】 *23*⑥329
わくさ【ワクサ】→ちゃいろかめむし *46*①99
わくびょう【わく病】 *23*⑥330
わずらい【煩、煩ひ】→N *7*②264/*31*②81
わずらう【わつらふ、わづらふ】 *47*①25,27,43
わたいたみ【綿痛ミ】 *8*①274
わたすじのくさ【綿筋ノ草】 *8*①194
わたのくさ【わたの草】→A *9*①99
わたのなかのくさ【綿之中之草】 *8*①159
わたのねもとのくさ【わたのねもとのくさ】 *28*②177
わたのむし【綿虫】 *15*①105
わたのもとのくさ【綿の本のくさ】 *28*②175
わたのやまい【綿之病】 *8*①183,224
わたむし【綿虫】→Z *3*④225/*45*⑦390
わらび【わらび】→E、N、Z *57*②141
わらむし【わらむし、藁虫】 *5*①75/*6*②316,317
わるがれ【悪ガレ】 *8*①228
われいたみ【割レ傷ミ】 *41*③177

H 農薬・防除資材

【あ】

あおたばこ【青たはこ】 17①198
あおば【青葉】→B、E、I 2①88, 98, 99, 109
あく【あく、灰汁】→B、G、I 6②291/40②139, 140, ④281
あくた【あくた】→B、I、N、X 17①181
あくはい【あく灰】→B、I 11④165
あけびのみ【木通の実】 48①246
あさがお【朝顔】→E、Z 15①63
あさがおのあぶら【朝がほの油】 15①99, 105
あさがおのみ【蕣の実】→E 41②131
あさぎ【麻木】→B、E、X 39④198
あせび【あせひ、アセビ、あせび、馬酔木】→あせぶ、あせぼ、こばやし、よしび、よしみしば 6①112/21②131/30①28, 29, ②184, 189, 191, 193, 195/69①71
あせびのにじる【あせひの煮汁】 30②185, 186
あせびのは【アセビノ葉、馬酔木の葉】 15①63/30②185
あせぶ【あせぶ】→あせび 9①99
あせぼ【あせほ】→あせび→E 62⑨373
あせぼのき【あせぼの木、馬酔木】→E、Z 12①219/41②130
あせぼのは【あせほの葉】 33①43
あせみのしる【あせミの汁】 15①101, 105
あせみのはのせんじじる【馬酔木の葉の煎じ汁】 15①101
あせみのわかな【あせみの若菜】 63⑤303
あつきゆ【あつき湯】→B 20①167
あぶら【あふら、油】→あぶらみず、いちばんうちつめあぶら、いなむしをさるべきあぶら、いわしのあぶら、うおのあぶら、うなぎのあぶら、えあぶら、えのあぶら、おかみおてあてのあぶら、おけのあぶらみず、からしあぶら、からしのあぶら、からしのあぶらかす、きのみあぶらのしぼりかす、ぎょとうのおり、ぎょゆ、きりあぶら、くじらあぶら、くろいろのあぶら、げあぶら、けんごしのあぶら、ごまあぶら、ごまのあぶら、ころびのあぶら、ざつぎょあぶら、ざつぎょのあぶら、しびのあぶら、じょうあぶら、しょうげいゆ、しょうしんのくじらあぶら、しんのくじらあぶら、そなえあぶら、たねあぶら、たねのあぶら、たものあぶら、とうのごまのあぶら、とうみょうぼくあぶらみ、どくゆ、なたねあぶら、なたねとうのあぶら、にばんひきのあぶら、ふかさめのあぶら、まじりあぶら、まぜあぶら、まちかたたなあぶら、みずあぶら、みのあぶら、わたざねのあぶら→B、E、I、J、L、N、X、Z 1③266, 275, ④324, 325, ⑤349, 350, 354/5②228, ③247, 277, 278, 280/7①27/9③254/11①55, ④166, 168, 169, 171, 172, 174, 175, 176, 177/15①13, 16, 17, 18, 21, 22, 24, 25, 26, 27, 28, 29, 30, 31, 32, 40, 41, 42, 43, 44, 45, 46, 48, 49, 50, 52, 54, 56, 70, 74, 97, 100, 104, 105, 106/21①23/23①111/29①57, ③239, 241, 257/31①6, 7, 9, 16, 25, 27, 29, ⑤280/33⑤250/39④213, ⑥327, 328/41②129/61①44/67④165, 166, 173/69②308/72②34
あぶらかす【油糟】→B、I、L、N、X 10②336/45③176
あぶらぎり【油桐】→ころび→E、Z 15①32
あぶらのうきたるみず【油のうきたる水】 15①100
あぶらのちから【油の力】 15①55
あぶらみず【油水】→あぶら→B 15①48
あみ【あミ(網)】→B、I、J、Z 16①148
あらいじる【洗ひ汁】→B、G、I 12①222

【い】

いおう【硫黄】→B、I、N、X 5③280/13①168, 252/56①87
いしばい【石はひ、石ばひ、石灰】→B、G、I、L、N 3①51/8①**129**/15①**98**, 99/21②131/25①143
いしばいみず【石ばい水】→B 40④274
いちじくのは【いちゞくの葉】 3④349
いちばんうちつめあぶら【一番打詰油】→あぶら 31①28
いちょう【銀杏】→E、N 30②195
いと【糸、条】→B、J、K、N、R 2①134/5①48
いなむしにてきするひんるい【蝗に敵する品類】 15①**74**
いなむしをさるべきあぶら【蝗を去べき油】→あぶら 15①**74**
いぬ【犬】→E、G、I、N 3③157
いぬだいおう【いぬ大わう】→だいおう 17①198
いばら【荊】→B、E、G、I 5①46
いろりのはい【囲炉裏の灰、火炉の灰】→B、I 38③152/41②130, 131
いわしのあぶら【鰯の油】→あぶら 5③278/15①39

【う】

うおのあぶら【魚の油】→あぶら→G、I 30③265
うおをあらいしみず【魚を洗ひし水】 3①52
うしお【潮】→しお→B、D、I、N、Q 30②185, 187, 195
うしぼね【牛骨】 8①281
うずのせんじゅう【烏頭の煎汁】 33⑤250
うど【うど】→E、N 39⑥327
うなぎ【うなき、ウナギ、うなぎ、鰻、鰻鱺、鱣】→G、J、N 1④326/3①45/5①115, ③269, 278/6②310/9②221, 222, 223/12①221/23⑥333/31⑤273/33①44
うなぎのあぶら【鰻の油】→あぶら 31⑤273
うなぎのだしじる【鰻の出し汁】 23⑥333
うなぎのほね【鰻鱺の骨】 45⑦399

うまやごえ【廏肥】→B、I
56①193
うみざかなのひれ【海魚の鰭】
35①88/56①192,207
うみのも【海の藻】→I
11①55
うらじろ【山萮菜】 6①31
うるしねあわ【粳粟】 51①175
うるしのは【うるしのは】→E、N
40①8
うわみず【上水】→B、D、X
15①91

【え】

えあぶら【荏油】→あぶら→B、E
1⑤348/2①60
えごのみ【ゑごの実】 22④227,237
えさ【餌飼】→I
1⑤353
えのあぶら【ゑの油、荏の油】→あぶら→B、N
1④299/12①222/23⑥333
えもぎ【ゑもき、ゑもぎ】→B、E、N
39⑥327
えんか【炎火】 15①9,22
えんざい【塩剤】 8①282
えんじゅ【槐】→E、Z
30②195
えんしょう【焔硝、焰硝】→B、I
11④171,178

【お】

おうしとう【罌子桐】→E、Z
15①32
おうちのは【樗の葉】 31④207
おおう【雄黄】→B、N
13①252
おかみおてあてのあぶら【御上御手当之油】→あぶら
11④174
おがら【苧がら】→B、N
2①134
おけだいこ【桶大鼓】 39④212
おけのあぶらみず【桶の油水】→あぶら
15①49
おりと【おりと】→I
30②185,191
おりとそう【おりと草、おりど草】 30①29,②189,195

【か】

かいこ【蚕】→A、E、L
3①52
かいこのふん【蚕の糞】→E、I
56①193
かえし【かへし】→I
17①67
かねたいこ【鉦太鼓、鉦大鼓、鐘大鼓】 11④166,168,178/15①12,24
かぶだね【蕪種】→E
2①58
かぶら【かぶら】→E、N
60⑥339
かみのおち【髪の落】 55③466
かみのけ【かミの毛、髪の毛】→B、I、J、Z
5②228,③276
かみはた【紙旗】 15①24
かやく【加薬】 33⑤250
かやりび【蚊遣り火、蚊遣火】
6②290/20①93
からし【芥子】→B、E、I、N、Z
15①63
からしあぶら【芥子油、辛子油】→あぶら→B、N
15①75,101/31①8,11,12,13,15,22,28
からしのあぶら【芥子ノ油、芥子の油】→あぶら
15①99,105/69②344
からしのあぶらかす【芥子ノ油糟】→あぶら→I
69②344,345
からづつ【からづゝ、から筒】
20①211/41③184
からはぜのは【唐櫨の葉】 11②116
かりやす【かりやす】→B、E、Z
40④281
かわ【革】→B、I、J
3③158
かわうお【川魚】 35①88
かわうおのひれ【川魚の鰭】
56①192,207
かんすい【寒水】→B、D
69①61
かんぞう【甘草】→B、N
13①156
かんちゅうざい【寒中剤】 8①281
かんのみず【寒の水】→B、N
30①28,29,②195,③246
かんやつめ【寒八ツ目】 1④298,326

【き】

きあく【木灰汁】→B
55③351
きじのおぐさ【キヂノヲクサ】
27①48
きつねうど【狐うど】→さく
39④199
きつねささげ【苦参】→くらら
2①59
きつねささげのね【きづねささげの根】 1④299
きのみあぶらのしぼりかす【木の実油の醯粕】→あぶら
23①109
きばい【木灰】→B、I
27①47
きょうごぼうのは【京牛蒡の葉】
2①133
ぎょとうのおり【魚油の澱】→あぶら
40②140
ぎょゆ【魚油】→あぶら→B、I、N
1①77,⑤348/29③240
きりあぶら【桐油】→あぶら→B
5③277/15①99

【く】

くさぎ【くさぎ】→E、N
17①61,198
くさきをたきたるはい【草木をたきたる灰】 17①126
くさば【草葉】→B
2①89
くじらあぶら【鯨油】→あぶら
5③277/7②276/11④165,166,167,168,169,170,172,173,174,175,176,178/15①13,14,15,17,24,25,31,32,43,47,52,53,61,63,67,**74**,77,83,87,96,97,98,99,101,106/21①22,23/22②106/23①111,112/29③201/30①29,②195/39④212/41②129,130/67④165
くじらのあぶら【鯨の油、鯨之油】→I、N
3①28/5③277,278/6②310/7①26,27,69/8①71/28③320/30②185,193/33④216/39④212/62⑧269
くじらのきりにく【鯨の切肉】
3①38
くしん【苦参、苦辛】→くらら→N
1④299/7①116/8①53,282/12①219/13①62/15①29/21②131/39④213/62⑨373
くしんのね【苦参の根】→くらら
13①42
くすね【クスネ】 31④181,182,203
くすのきのは【楠の葉】 17①198
くすり【くすり、薬】→B、N
3③158/17①63/39④200/40②140,161,④286
くすりのき【薬の気】 5③269
くちなしのき【口なしの木】
16①305
くぬぎ【釣樟】→B、E、N、Z
5①72
くらら【苦参、苦辛】→きつねささげ、くしん、くしんのね→E
29①82/30①28,②184,185,187,189,191,193,195
くららすい【若参水】 69②267
くららね【苦辛根】 27①48
くり【栗】→A、B、E、N、Z
5①72
くりのは【くりの葉】→B、E
40①8
くろいろのあぶら【黒色の油】→あぶら
15①32
くわのは【桑の葉】→B、E、I、N
17①147
くんろう【クンロウ】→くんろく
40④286
くんろく【くんろく】→くんろう、わくんろく→B、G
41②130

【け】

げあぶら【下油】→あぶら
29③240
けいしんたものみ【桂心椋の実】
5③277
けいらん【雞卵】→B、E、N
3④361
けむり【烟】→G
25①114/35③427
けもののかわ【獣の革】 3③157
けんごしのあぶら【牽牛子の油】→あぶら
15①77

【こ】

こうばい【礦灰】 15①10
ごぎょう【ごぎやう、五ぎやう】→E、G、I 16①263/17①61
こぐさ【小草】→G、I 9①110
こくさぎのは【こくさぎの葉】 35①88
ごくじょうのさけ【極上の酒】 35①88
ごしんのるい【五辛のるい】 17①126
こぬか【粉糠】→B、E、I、N 56①193
このは【木の葉】→B、E、I、N、X 18①69
こばやし【小林】→あせび 12①219
ごまあぶら【胡麻油】→あぶら→B、N 11④165
こまがらはい【コマガラ灰】 8①273
ごまのあぶら【胡麻の油】→あぶら→B、N 30③265
ごみ【ゴミ】→B、D、I、X 17①181
こむぎから【小麦から】→B、I、N 21②131
こむぎわら【小麦藁】→B、E、I、N 37②82/38③152
ころび【ころび】→あぶらぎり→E 15①32
ころびのあぶら【油桐の油】→あぶら 5③278
ころびのみ【油桐の実】 5③277
こんにゃくだま【こんにやく玉、蒟蒻玉】→E 35①86/47②141/62④89
こんぶ【昆布】→B、J、N 47②141

【さ】

さく【さく】→きつねうど 39④199
さけ【酒】→B、G、I、N 2①134/8①281/35②382
ささ【笹】→B、E、G、I、N、Z 19②388
ささのは【笹の葉】→B、E、I、Z 38③195
ささば【笹葉】→B、E、I 39④212
さしぐすり【差薬】 33⑤250
ざつぎょあぶら【雑魚油】→あぶら 15①39
ざつぎょのあぶら【雑魚の油】→あぶら 15①97
さっちゅう【殺虫】 69②308/70⑥432
さっちゅうざい【殺虫剤】 69②386
さっちゅうのみょうこう【殺虫ノ妙効】 69②344
さとう【砂糖】→B、E、I、N 45⑦394
さねもりにんぎょう【実盛人形】 11④178
さんおうとう【三黄湯】 55③451

【し】

しお【塩】→B、G、I、L、N、Q、X 5③278/8①129,273,281,282/30②184/38③161/48①257/52④173/67⑤227
しお【潮】→うしお→N 30①29
しおけ【塩気】→G、I、P、X 8①55
しおのにがり【塩のにがり】→B 7②252/15①97,99
しおみず【塩水】→B、D、N、X 5②229,③279
ししくわず【師子クワズ】 31⑤273
しばのは【柴の葉】 12①219
しびのあぶら【鮪の油】→あぶら 15①39
じゅうがいのふせぎ【獣害之防】 3③157
しゅうき【臭気】→G 5③276
しゅうさい【蕺菜】→E 35②382
じゅうやく【ジウヤク】→どくだみ→E 35②382
じょうあぶら【上油】→あぶら 29③240
しょうがつじゅうごにちのかゆかまのあらいみず【正月十五日の粥釜の洗水】 38③120
しょうがは【生姜葉】 51①37
しょうげいゆ【正鯨油】→あぶら 29③201
じょうじょうのさけ【上々の酒】→N 47②112
しょうしんのくじらあぶら【正真の鯨油】→あぶら 15①31,39
しょうちゅうのかす【焼酎の糟】→I、N 56①193
しょうのう【樟脳】→B、G、N 23⑥338/31①14,23
しょうぶ【せうぶ、菖蒲】→E、I、N、Z 3④226/9①139
しょうべん【小便】→B、G、I、L、N、X 17①215/56①193
しる【汁】→B、E、I、N 15①91,94/69①71
しろみず【白水】→B、I 54①270
しんのくじらあぶら【真の鯨油】→あぶら 15①31
じんぷん【人糞】→I、N 6①186

【す】

す【酢】→B、N 15①47,48
すいぎん【水銀】 15①79
すす【すゝ、煤】→B、G、I、O 3④282/16①263/17①195,198,215,239/22④237/35①77/36②115/38②67/39⑥327/41②130/62⑨378
すすがや【すゝかや、煤かや】→B、I、N 17①181,195,198
すすきはなび【薄花火】 45⑦394
すすけたばこくき【すゝけ多葉粉くき】 30②189
すりぬか【すりぬか、糠摺】→B、I 30①29,②184,195

【せ】

せいすい【清水】→B 45⑦402
せきしょう【石菖】→B、E、I、N 30①27,28,29,②184,189,191,192,193,195
せきしょうのにじる【石菖の煮汁】 30②193
せんきゅう【川芎】→B、E、I、N、Z 8①281
せんじじる【せんじ汁、煎汁】→B 7①17/22②98
せんだのきは【せんたの木葉】 28③320
せんだのは【センタノ葉】 30②185
せんだん【セムダム、センタン、せんたん、苦楝、苦棟】→B、E 7①26/8①282/30①28,29,②184,193,195
せんだんえだは【せんタン枝葉】 8①53
せんだんのあおば【苦棟ノ青葉】 69②268
せんだんのえだ【苦棟の枝】 30②194
せんだんのえだは【苦棟の枝葉】 7①116
せんだんのきならびには【梅檀の木幷葉】 28③322
せんだんのは【せんたんの葉、せんだんの葉、せんだん之葉、苦棟の葉、梅檀の葉、苦櫟の葉】 8①71/10②319/11②116/13①62/22②106/29①82/33⑥391/38③133/40②161
せんにんそう【仙人草】→Z 30①27,28,29,②184,185,187,189,191,192,193,195

【そ】

そなえあぶら【備油】→あぶら 15①15,54
そば【蕎麦】→D、E、I、L、N、Z 2①134/7①26
そばがら【そばから、ソバガラ、蕎から、蕎麦から、蕎麦がら、蕎麦殻、蕎麦売】→B、E、G、I、N 5①69/7①26/21②131/28③

319,320,322/35①77/36②101,102/70⑥416
そばがらじる【蕎麦から汁】　70⑥416
そばがらのしる【蕎麦からの汁】　28③322
そばき【そば木、蕎麦木】→B　40②139,140
そばじる【蕎麦汁】　70⑥416
そばだね【蕎麦たね】→E　7①101
そばのから【蕎麦のから】→E　5③278
そばのさびがら【蕎麦の簸から】　70⑥416
そばのひご【蕎麦のひご】　29③205
そばのわら【蕎麦のハら】　22②106
そばわら【そば藁、蕎麦わら、蕎麦藁】→B、I　7①17,114,116/8①71/22②98
そめ【そめ】　62⑨326,332

【た】

だいおう【大黄】→いぬだいおう→E、G、N、Z　30①29,②191,195
たいこ【大鼓】→B、N　15①24,69,70,71,72/39④212,214
たいまつ【たいまつ、松明、明松】→B、N　1①77/3③158/5①102/11①56,④165,166,168,176
たいまつのひ【松明の火】　39④212
たけ【竹】→B、E、G、N、Z　2①134
たけたいまつ【竹たいまつ】　3③157
たけのかわ【竹ノ皮】→B、E、X　5①141
だしみず【出シ水、出し水、出水】　30②184,185,186,187,189,191,193,194
たねあぶら【種子油、種油】→あぶら→N　7①27/11④166,167,171,172,176/15①74,86,101/22②107/29③201
たねのあぶら【種の油】→あぶら　30③265
たばこ【たはこ、たばこ、多葉こ、多葉粉、田葉粉】→E、G、L、N、X、Z　8①282/17①61/30①29,②184,185,189,191,195
たばこがら【たはこから、煙艸殻、多葉粉から】→I、N　29③249/30②186,195
たばこのくき【たばこのくき、たばこの茎、煙草のくき、多波粉の茎、烟草のくき、烟草の茎、莨ノ茎、莨の茎】→B、I　2①84,134/3①42/5③257/7①28/10③387,392/11②90/13①42/21②131/22②107/55①39
たばこのくきじる【たばこのくき汁】　10③386,387
たばこのこな【たばこの粉】　10③387
たばこのはじる【煙草の葉汁】　55③351
たばこのほね【たは粉のほね、煙草の骨、多葉粉の骨】→B　31①24,④207/33①43
たばこのみず【烟草の水】→N　45⑦399
たばこのやに【たはこのやに、たばこの脂】→N　11①55/35②305
たものあぶら【椋の油】→あぶら　5③278

【ち】

ちゅうりょうかぶ【虫料かぶ】　2①55

【つ】

つち【土】→D、I　4①122
つなをさす【綱ヲサス】　5①74
つばきのえだ【つはきのゑだ】→E　39⑥327
つばきのは【椿の葉】→B、E　39④198
つばめのふん【つハめのふん、つバめのふん、燕のふん、燕の糞、鷰の糞】→I　5①69/6①63/17①67,138/25①58

【て】

てきやく【適薬】　15①63
てっぽうやく【鉄砲薬】　3③158
てびきゆ【手引湯】　70⑥416
てんぐさ【てん草】　56①207

【と】

とうき【当キ】→E、N、Z　8①281
とうのごまのあぶら【とうのごまの油】→あぶら　17①293
とうのごまのは【唐の胡麻の葉】　11②116
とうみょうぼくあぶらみ【燈明木油実】→あぶら　15①32
ときのこえ【鯨波】　15①24,69
どくけしのみょうやく【毒解之妙薬】　8①55
どくそう【とく草】→E、G、I　17①61,198
どくだみ【ドクダミ】→じゅうやく→E、G、N、Z　35②382
どくゆ【毒油】→あぶら→E　7①27/15①32,63
ところ【野老】→E、N、Z　15①63
ところのね【萆葜ノ根】→N　27①47
ところのみず【萆薢の水】　15①101
とりのそめ【鳥のそめ】　62⑨387
とりのはね【鳥の羽】→B　22④225
とりのふん【鳥のふん】→I、X　17①68
とりもち【とりもち、鳥モチ、鳥もち、黐】→B、N　2①134/11①55/16①148/31④206/55①39,56
どろ【泥】→B、D、I、X　4①122
どろみず【どろ水】→B、D、I　21②132

【な】

なたねあぶら【菜種子油、菜種油、種子油、蕓薹子油】→あぶら→N　5③277/15①14,15,24,32,47,52,53,63,77,86,87,96,97,99/21①23/33④216
なたねがら【菜種から】→B、E、I、N　39④211
なたねとうのあぶら【菜種子等の油】→あぶら　15①67
なまず【鯰】→N　3①45
なますぎのは【生杉の葉】　36③225
なままつば【生松葉】→I、N　30②186
なまよもぎえだは【生マヨモギ枝葉】　8①53
なもみ【なもミ】→E　17①198
なんばんみず【なんばん水】　2①134

【に】

にがき【苦木】→E　27①48
にがもものは【ニカ桃ノ葉】　32①57
にがり【にがり、塩胆】→B、N　15①32,63,97,98,105
にばんひきのあぶら【二番引の油】→あぶら　11④173
にわとこ【にはとこ】→E　39④199
にわとりのふん【鶏ノ糞、鶏の糞】→I　5①74/6①63/56①193
にんぎょう【人形】→X　3③158/15①24
にんじん【人参】→B、E、N、Z　39④200
にんにく【にんにく、蒜】→ひる→E、G、I、N、Z　3④226,268/13①217/56②247

【ぬ】

ぬか【ヌカ、ぬか、糠】→B、E、I、L、N、R　8①282/17①181

【ね】

ねぎ【葱】→B、E、G、N

56②247
ねずみはなび【鼠花火】　45⑦394
ねっとう【熱湯】→B、I、Q　2①134
ねばつち【ねば土】→B、D、Z　3①50
ねぶか【葱】→E、F、N　35②382

【は】

はい【はい、灰】→Z　2①78/3④318/5①115,③268,269,275/8①25,28,31,40,41,44,128,129,164,238/12①222,257,298/17①155,239/23⑥329,330/31④206,⑤273/33①18/38③159,201/39①56,⑤265/40②101,④281/41②107/44③220,221/45②110,③176/48①206/62⑨351
はぎ【萩】→B、E、N、Z　21②131
はぎのは【はぎの葉】→I　40①8
ばこつ【馬骨】→X　12①73
ばしょうのね【芭蕉の根】→B　13①269
はちみつ【蜂蜜】→E、I、N　2①134

【ひ】

ひなわ【火縄】→B、N　41②130
ひのきくず【ヒノキ粗】　5①115
ひはつ【蓽撥】→E　51①172
びゃくぶこん【百部根】　7①116/8①53
ひる【蒜】→にんにく→G、N　3③158

【ふ】

ふかさめのあぶら【鱶の油】→あぶら　15①39
ふだ【札】　55②144
ふんすい【糞水】→I　6①186

【へ】

へびから【蛇から】　11①39

【ほ】

ほおのみ【厚朴の実】　41②131
ほしうなぎ【干うなぎ】→I　9②223
ほたる【蛍】→E　35①86

【ま】

まじないぐすり【まじない薬】　39⑥327
まじりあぶら【雑魚油】→あぶら　15①31
まぜあぶら【交油】→あぶら　11④167
まちかたたなあぶら【町方店油】→あぶら　11④174
まっこう【抹香】→B、G、N　13①62/38③133/41②130
まつのは【松の葉】→B、E　1⑤348
まつば【松葉】→B、E、I、N、Z　13①272
まゆのひび【繭のヒヾ】　24①41

【み】

みずあぶら【水あぶら、水油】→あぶら→B、N　1①77,④324/40①8
みのあぶら【実の油】→あぶら　15①79,82
みょうやく【妙薬】→N　39⑥328

【む】

むぎぬか【麦ぬか】→B、E、I、N　3④249
むぎののぎ【麦ののぎ】→I　41②130
むしよけ【虫除ケ】→A　63⑤303
むしろ【莚】→B、N、Z　10③386

【も】

も【藻】→B、G、I　31④206
もぐさ【もくさ、もぐさ、艾】→よもぎ→B、E、G、I、N　13①168,252/16①263/17①61,198
もののね【物の音】　15①70
もものは【もゝの葉、桃ノ葉、桃の葉】→E、N　5①122/17①24,61,147,198/25①145/35①88/37③294/67⑤227

【や】

やくかんざい【薬寒剤】　8①281
やつめ【八ツ目】→I　1③268
やつめうお【八つ目魚】　1①77
やつめうなぎ【八ツ目ウナギ】　5①115
やまうるしのはえだ【山うるしの葉枝】　1④299
やましきみのえだ【山樒の枝】　62④89
やまそてつ【貫扇】　27①48
やまだしのいしばい【山出しの石灰】　23①109
やりてっぽう【槍鉄砲】　11④178

【ゆ】

ゆき【雪】→A、P　38③201
ゆきしる【雪汁】→B、D、X　10②324/37③272
ゆきみず【雪水】→B、D　25①147/38③146,147,148,154,155,156,201/55②133/69①61

【よ】

よしび【ヨシビ】→あせび　33④231
よしみしば【よしミ柴】→あせび　12①219
よもぎ【よもき、よもぎ、蓬、艾】→もぐさ→B、E、G、I、N　7①116/17①24,147/30①29,②191,195/35②382/56①87

【り】

りょうじのしよう【りやうじの仕様】　17①64

【れ】

れいすい【冷水】→B、D、G、I、N　47②112

【ろ】

ろうばい【蠟灰】→B　11④169

【わ】

わかめ【和布】　2①40
わくんろく【和琥珀】→くんろく　45⑦399
わせわらのはい【わせわらのはい、わせわらの灰】→B、I　16①263/17①147,195
わせわらばい【わせわらはい】→B、I　17①198
わたざねのあぶら【綿核の油】→あぶら　15①32
わら【藁】→B、E、I、N、X　7①26/38④242
わらにんぎょう【藁人形】→C、X　39④214
わらのやきばい【藁の焼灰】　45③152
わらばい【藁灰】→B、I　8①273/23①51

I　肥料・飼料

【あ】

あいかす【藍粕】 23①69,70,97

あいくず【藍屑】 23①70,89,97,98

あいごえ【藍肥】 10③398

あいごえさんばん【藍肥三番】 10③395

あいとめごえ【藍留肥】 10③400

あいなえとここやし【藍苗床肥シ】 30④350

あいのは【藍の葉】→N 1③284

あおがや【青茅】→B 4①27/10①100

あおかりしき【青刈しき、青刈敷、青芟敷】→かりしき 19①45,50,57,58,104/20①80,81/37①19,22,25,26,44

あおくさ【青くさ、青草、青艸】→B 8①127,158/10①120/11④180/22①56,②102,104,124,126,130,④232,234/24③307/28②150/29③204,206,212,213,217,230,238,263/30①106,③240,245/32①41/34⑦248/37①22,③260/39①32/40②111/41②143,144/60③141/61④162/69②241,328

あおごい【あをごい】 22⑥376

あおさ【乾苔、青さ、龍苔、陟釐】 22①45/25①30/62②36/69②351,352

あおさも【青さ藻】 41⑦325

あおしば【青柴】 34⑦248

あおしばくさ【青芝草】→B 69②327

あおしばのは【青柴ノ葉】 2④281

あおそ【滸苔】 69②351

あおな【青菘】→E 69②283,284

あおば【青葉】→B、E、H 11④182,184/37②98

あおびき【青挽】→A 2①30

あおびきだいず【青引大豆】→E 19①203

あおびきのまめ【青引のまめ】→E 20①169

あおびきまめ【青引まめ】→E 20①173

あおもののつかいくず【青物の遣ひ屑】 23①85

あか【あか、垢】 33①20,21

あかがい【魁蛤】→J 69②314

あかこ【あかこ、赤子】 59⑤432,443

あかごえ【あかこへ】 40③227

あかしる【あか汁、垢汁】 11①24/31④216

あかちゅうば【赤中羽】 69①83

あかつち【赤土】→B、D、E、N 5①49,③274/34⑥141

あかつちじのくわ【赤土地の桑】 35①57

あかとんぼ【赤蜻蛉】 59④290

あかにし【紅螺、蓼螺】→N 69②300,314

あかみず【垢水】 1④309/6①10,11/12①75

あがりごえ【あかり肥】 69①84

あかをあらいおとしたるみず【あかを洗落としたる水】 21①30

あきいわしのこ【秋いわしの粉】 1④329

あきくさ【秋くさ、秋草】→G 19①195/23①30/30③239

あきふゆのくさ【秋冬の草】 16①231

あきもののこやし【秋物ノ糞シ】 32①80

あく【あく、灰汁】→B、G、H 3①33/6①139/16①239,240/37②203,204/41③185/56①48/69①35,②271

あくじる【悪汁】 16①235,259/17①112

あくじる【あく汁】→B 41⑦333

あくすい【悪水】→B、C、D 3①18/16①121,233,235/33⑤239,240,243/34⑥140,⑦247,248,249

あくた【アクタ、あくた、あくだ、あぐた、あく田、芥、芥タ、芥微、埜芥】→ごみ、ちり、ちりあくた、ちりごえ、ちりはきだめ、はきごみ、はきだめのごみ、ほこり、やしきのごみ→B、H、N、X 2①82/3④359/4①148,149,200/5①28,29,85,102/6①156/12①92,170,307,347,360,380/16①93,99,124,125,132,139,205,230,231,237,238,240,241,255,257/17①61,65,110,111,172/19①109,②288/23⑥308,311,319,323/25①124/30①66,107/33⑥313,359,388/34⑧295,303/36②120/37③259,292/39⑤258,298/41②117,122,124,③174,180,⑦327,342/62⑧268,⑨392/69①35,69,79,121,②263/70③226,227

あくたごえ【あくたこへ、あくたこゑ、あくたごゑ、あくた肥、アクタ糞、あくた糞、芥ごえ、芥肥】 7②308/12①161/23⑥313,326,332,334,336/32①143/41②108,③181/69①79

あくたちゅうくさり【あくた中くさり】 23⑥323

あくたづか【芥塚】 29③217

あくたのくさりたる【芥の腐りたる】 14①93

あくたのちゅうくさり【あくたの中くさり】 23⑥324

あくのたれかす【灰水のたれかす】 41⑦328

あくはい【あく灰】→B、H 21①72

あくみず【涚水】 23①87

あげかす【あげかす】 50①67

あげつち【あけつち、あげつち】→D 9①29,31,37,91

あさいみずくわい【あさい水壅】 34⑤83

あさぎしば【浅木柴】 30①106

あさぎのしば【浅木の柴】 41③183

あさぎばい【浅木灰】→B 30①22,70

あさくさ【朝草】→A、B 31③114

あさごえ【麻糞】 5①44

あさざ【荇菜】→E、N、Z 69②351

あさとりたるは【朝とりたる葉】 47①48

あさのは【アサノハ、麻の羽、麻の葉、麻之葉】→E 2①54,57,118,119,120/3④222/6①30,149/38③197/44③210,231

あさのみ【麻の実】→B、E、G、N 25①50

あさのみあぶらかす【麻子油糟】 69②341

あさのやしない【麻ノ養】 32①77

あさば【麻葉】 2①55

あさはみ【朝食ミ】 2①72

あさゆうあらうこめのぬかしる【朝夕洗ふ米の糠しる】 7①59

あさり【あさり、蛤蜊、蜊】 56①215/69①119,121,②314

あさりがい【あさり貝】→J 11②89,94

あさりのから【蛤蜊の殼】 69①122

あしおぎのはい【芦荻の灰】 22④210

あじかわりたるかす【あぢかわりたるかす】 16①264

あしきは【あしき葉】 25①123
あしくさ【葭草】→よしのあおがり 23①97
あしのね【芦ノ根】 6①14
あしはやきこえ【足はやき糞】 7①95/13①14
あしも【あしも】 62⑨381
あしよとめ【足よとめ、足を(よ)とめ】 3④222,232
あずき【小豆】→B、E、F、L、N、R、Z 12①62,93/23①18/69②321
あずきがゆ【小豆粥】→N 60②96
あずきがら【小豆から、小豆稿、小豆萁】→E 2①130/27①210,212
あずきのかゆ【小豆の粥】 60②107
あずきのくき【小豆のくき】 16①239
あずきのさや【小豆のさや】 16①239
あずきのは【小豆の葉】→E 16①239/38③197
あすこえ【あす壅】 34⑥133
あぜくさ【畦草、畔草】→A、E、G 6①19/27①141/39⑤286
あぜくさよろしきぶん【畦草宜敷分】 27①147
あせごい【あせこい】 22③155
あぜのくさ【あせの草】→G 9①91
あぜまめ【疇大豆】→A、E、L 4①278
あたらしきこえ【新きこえ】 3①44
あたらしきしょうべん【新敷小便】 17①274
あだんは【あたん葉】 34③51
あつごえ【厚糞】 7②336,369
あとごえ【跡ごへ】→L 40④273
あとこやし【跡こやし】 18⑤465,471
あとむし【跡蒸】 5①154
あなくわい【穴壅】 34⑤84,104,105
あなごえ【あなごへ、穴こへ、穴ごゑ、穴肥】 8①19,20,22,36,122,188,189,234,235,238,239,240/14①152/15②194,③381/28②151/29②129/69①85
あひるのふん【家鴨の糞】 12①267,271
あぶら【あふら、脂膏、脂油、油、油脂、油膩】→B、E、H、J、L、N、X、Z 11④170/14①407/16①238,239,245,246,247,248,252/17①231/31④207/39②114/42⑤325/61①50/62⑦195,196,197/69①33,34,35,36,37,76,85,88,93,102,104,105,109,110,115,117,123,125,126,133,134,②241,243,255,259,275,280,293,294,295,298,299,300,305,306,307,309,318,324,326,330,334,339,341,360,361/70⑥392
あぶらえ【あふらゑ】→E、N、R 60①65
あぶらおおきもの【油多きもの】 16①238
あぶらかし【油カシ】 56①67
あぶらかす【あふらかす、あぶらかす、あふら糟、あぶら糟、魚油粕、芸薹枯、油かす、油漕(糟)、油糟、油粕、油粕類、油滓】→なたねかす、なたねのあぶらかす→B、H、L、N、X 1④325,327,329,330/3①28,30,31,32,33,34,③134/4①56,58,103,104,117,121,129,198,200,204,278/5①44,49,160,165,176,②227,228,③248,273/6①14,17,19,22,108,109,112,119,122,136,137,146,147,157,205,212,②271,279,286,314/7①18,59,94,95,②309,333/9②214,225,③250/10①74,91,104,②317,319,325/11①35,37,②112,116/12①99,100,101,155,156,217,236,243,249,254,293,300,369,372/13①13,57,61,62,83,275/14①35,73,78,117,119,144,151,152,154,176,302,305,310,342,377,381,394,400/15②178,194,195,③362,369,378,381,384,386,387,388,394,402,403/17①174,260,284/21①29,52,61,73,76/22②101,③161,④207,229,270,271,272,273,274,⑥365/23①27,69,70,⑥312,321,332,334/24①71/25①129/27①82,92,275/28①12,20,21,22,23,27,29/29①23,38,65,75,②129,140,141,143,144,151,③206,217,238,263/30③240,243,⑤398/31①28,29,④200,202/33①19,20,④177,216,⑥333,346/34⑤99/35②308/36②120/37②205,206,③259,274,360/38①23/39①56,⑤269,298/40①11,②175,④274/41②78,④208/44③210,227,228,249,250,251,252,253,254/45③167,176/47④213/48①200,206/50②156/55②170,173,175,176,③242,264,268,276,278,283,287,288,289,301,303,304,309,313,316,325,337,345,346,347,348,356,368,376,394,398,399,402,426,437,461/56①43,44,49,117,195,203,②286/61①37,43,44,50,⑧230,⑩426/62①14,⑧268,270/63⑤317,⑧439/69①36,50,60,75,85,86,87,88,89,102,103,110,111,②241,302,303,320,340,342,344,348/70①20
あぶらかすこ【油かす粉、油糟粉、油粕粉】 4①133,135/27①82/44③215,237,238,239,240,242,243,244,245,246,247,248,257
あぶらかすごえ【油かすこゑ、油糟こゑ、油糟肥】 4①58,200,203/69②341,345
あぶらかすじょうひん【油粕上品】 27①94
あぶらかすどろ【油糟泥】 4①115
あぶらかすのこ【油糟の粉、油粕ノ粉、油粕の粉】 4①118/6①147/14①152/15①81,③362,368,388,394/45③165/69①87
あぶらかすみずごえ【油粕水ごえ】 3①31
あぶらから【油から】 33⑥390
あぶらけ【油気】→G、N、X 14①411/16①247/17①112,113,136/29③193,217/32①80
あぶらけのもの【油気の物】 70⑥392
あぶらけのるい【油気のるい】 16①246/17①178
あぶらごえ【油ごへ】 9②214
あぶらこきるい【油濃類】 8①120
あぶらこな【油粉】 34⑤95
あぶらじる【油汁】→B、N 33⑤239
あぶらだま【油玉】 44②107,108,118,121,122,131,132,134,136,140
あぶらつよきこえ【油強肥】 8①123
あぶらなたねのあぶらかす【芸台子ノ油糟】 69②342,343
あぶらなのみあぶらかす【芸台子油糟】 69②341
あぶらのかす【あふらのかす、油のかす、油の糟、油の粕、油の滓】→X 22④208,210/33⑥325/38③156/45⑦396/61⑧220/69①115
あぶらのしぼりかす【油の絞糟、油の醢粕、油絞粕】 22①45/23①89/62②36
あぶらのるい【油の類】→N 10①74
あぶらはい【油灰】 63⑧441
あぶらもの【油物】 5①117
あまごみ【甘坽、細軟沙、軟沙】 69②356,357
あまみず【雨水】→B、D、P、X 3③145/38④287
あみ【あミ】→B、H、J、Z 33①43
あめ【灝】 23①87
あめかす【あめがす、粭糟、飴粕、飴糟】 3①45/22④274/29②129/33④177/40④327/69①119
あめのかす【飴のかす、飴のカス】 33⑥333,346/46①11
あらいじる【洗ひ汁】→B、G、H 3④307/27①307/41⑦333
あらいみず【洗ひ水】 69①91
あらきこえ【あらき糞】 3③153
あらきこえもの【荒き肥物】 24②234
あらきしば【あらき柴】 41⑦327
あらきやしない【あらきやしなひ】 41⑤257
あらごえ【あら肥、あら菌、アラ菌、荒こへ、荒肥、荒肥へ、粗菌】 2①14,102/8①19,106,232/28④352/29①30,38,44,②130,③199,200,212,217,263/31②83/33②128/41①12
あらつち【荒土】→D 63⑤309,311
あらぬか【あらぬか、あら糠、荒糠、米糲、糲、糲稃、稃】→もみがら→B、N 3①31,④248,326,365,376/11①37/16①240,256,264/22②120,128,129,130/33④232/37②201,202,③360/38②61,71/39①57/42②125/

69②241,282,283,284,291,338,349
あらぬかごえ【あらぬか肥、あら糠糞、荒糠糞、稃肥】 22②120,124,126/42②105/69②320
あらぬかこやし【荒糠こやし】 22②121,124
あらむぎ【あら麦】→E、N 40④327
あらめ【海帯】→J、N 69②351,352
あらやしない【あらやしなひ】 41⑤259
あらろしゃ【璞硇砂】 69②265,267,268,269,271
ありあいのこやし【有合の肥し】 15③403
ありあうもの【有合ふもの】 41⑦334
あわ【あわ】→B、E、L、N、Z 60①65
あわがら【あわから、あわがら、粟から、粟がら、粟柄】→B 3③139,④278/13①266/16①239/19①203/23⑥311/40①11
あわこい【粟こい】 22⑥366
あわごえ【あわこゑ、粟こゑ、粟糞】 22⑤349/23⑤262/41⑥270
あわせごい【合こい、合せこい】 3④226,228,299,301,302,304
あわせごえ【あわせごへ、合ごへ、合セこゑ、合せ肥、合肥、合糞】 1④329/3④222/9①17/22①51/41⑦326,338/42②104,105,107,108,125,126,127/54①264,265,266,267,268,269,271,273,274,275,276,278,279,281,282,285,286,287,289,290,291,292,293,294,295,296,297,298,299,300,301,303,305,306,307,308,309,311,313,315/55②173/69①87,②243,247,249
あわせつち【あわせつち】→A、D 9①119
あわせばい【あわせ灰、合セ灰、合灰】 22③172,173/38②50,58,61,66,67,68,70,72,③135,145,146,147,155,161,164,170,175,177
あわのこえ【粟の肥】 23⑤257
あわのこやし【粟のこやし】 23⑤262
あわのすくぼ【粟のすくぼ】 57②161
あわのぬか【粟ノ稃】 69②338
あわのほがら【粟の穂殻】 70③229
あわび【石決明】→J、N 69②314
あわびがい【あわひ貝】→B、J 56①215
あわびふくらに【蚫ふくら煮】 59④342

【い】

い【餧】→かいば 60③138
いいやまかす【飯山粕】 39③154
いえごみ【家ごミ】 17①175
いえまわりのこえつち【家まハりの肥土】 10②319
いお【いを】 16①248
いおう【硫黄】→B、H、N、X 5②228/6①119/12①243/33⑥325/38③121/69①53,62,65,118,132,②164,378,380,385
いか【烏賊】→J、N 59④377
いかす【イカス】 46①11,58
いかなご【いかなこ】 29④277
いかまるさし【烏賊丸さし】 59④292
いきくわ【生桑】 47②79,126
いきものあぶら【活物油】 69②310
いきものうもう【活物羽毛】 69②240
いきもののほねがら【活物ノ骨殻】 69②313
いきりのあるやしない【熱の有養ひ】 31④200
いけかわみぞなどのそこのこえたるどろ【池河溝なとの底の肥たる泥】 12①95
いけそこのどろ【池底の泥】 61④164
いけのそこのどろつち【池ノ底ノ泥土】 69②361
いけのどろ【池の泥】 55②173
いごえ【いこゑ、居糞】 32①21,24,46,47,48,49,50,65,66,72,75,80,120,123,128,131,134,135,136,139,142,143,144,145,150,152/41⑦318,322,327,330,331
いしぐう【石粉】 34③41,49,⑤99,⑥141
いしのむし【石の虫】 59④290
いしばい【石ばい、石灰、碟灰】→せっかいごえ、ふゆやきいしばい、しんせいせっかい→B、G、H、L、N 5②227,③248,273,286/6②291/8①130/11④173,184/16①107/23①89,106,109/24①13,50,51,67,71,72,81/30①71,89,③234/33⑤245/41④205/42④257,260,263,264/43①46/67⑥304/69①35,②164,270,296,307,318,375,376,377/70⑥388
いそくさ【磯草】 41⑦325,338
いそめ【いそめ、礒女】 59④302,303
いたち【鼬】→G、N 3①51
いちどのこえ【一度の肥】 23⑤275
いちばん【一ばん、一番、壱番】 11②118/23⑤275,282,283/50②156/69①83
いちばんえんしょう【一番焔消】 69②369
いちばんかけごえ【壱番掛肥】 30⑤397
いちばんくぐし【壱ばんくゞし、壱番くゞし】 9①97,100
いちばんごい【一番こい】 3④267,370
いちばんごえ【一ばんこゑ、一ばん肥、一番こへ、一番ごへ、一番こゑ、一番肥、一番糞、壱ばんこゑ、壱番こゑ、壱番肥、壱番糞】→ねつけごえ→Z 4①22/7①95,96/8①181,226,240/11②94,112/12①254/15③362,381,388,394,402,403/23①60,61,62,⑤262,263,266,272,274,275,278,279,281,282/27①136,147/28④337/29③248/30①69,109/33④213/40②114/45②105/50②156/69①107
いちばんこやし【一番糞、壱番肥し】→ねつけごえ 5③257/15③384/28③322
いちばんしご【壱番しご】→A 29③250
いちばんつまみごえ【壱ばんつまみごへ、壱番つまみごへ】 9①21,26
いちばんほんのこえ【一番本肥】 69②343
いちばんや【一番矢】 27①147
いったんごえ【一たん肥】 23⑤258
いとくず【糸屑】→E、N 2①21
いとのね【糸の根】→E 2①21
いとのは【糸の葉】 2①21
いとひきなっとう【糸引納豆】 69②325
いとめ【糸め、糸目】 59④306,355,387
いなかぶ【稲株】→E 22③155
いなご【いなご】→E、G、N、Z 60①65,66
いなごつち【いなこつち】→D 16①134
いなばほしか【因幡干鰯】 44①30
いなむぎ【いな麦】→E 9①150
いなむし【稲虫】→G 59④290
いぬ【狗、犬】→E、G、H、N 38③189/69①105,②296
いぬごえ【犬糞】 37②206
いぬのふん【犬のふん】 29①57
いぬのやしない【犬の養】 41⑦337
いね【稲】→E、Z 11④167
いねから【稲から】→わら→E 34③50
いねこやし【稲こやし】 29③212
いねのこえ【稲ノコヱ、稲のこゑ】 23⑥312/38④287
いねのこやし【稲のこやし】 10①104/16①246,264
いねのすくぼ【稲のすくぼ】→もみがら 57②161
いねわら【稲わら】→わら→B 3③139
いのしし【猪、野猪】→E、G、N、Q 69②296,305,314
いのししのあぶら【野猪ノ脂膏】→N 69②306
いば【芝】 41⑦323,330
いばくさ【芝草】 41⑦319,322
いばら【いばら】→B、E、G、H 41⑦327,330
いばり【イハリ、いばり、溺、尿】→しょうべん→N、X 3③135,136/12①73/41⑦313,320,321/69①37
いまむし【今蒸】 27①83
いもかずら【芋かつら】→E、

N 34⑥142
いもがら【芋から】→B、E 37①25
いもがらのるい【いもからの類】 19①57
いもくさ【芋草】→G 34⑤84
いもごい【芋糞】 38③163
いもごえ【芋肥】 10③396
いものかわ【芋のかわ】 23⑥334,335
いものこえ【いものこへ、芋ノ肥】 9①22/38④246
いものつる【薯の蔓】 2①130
いものひば【芋の干葉】 38③197
いものやしない【芋の養】 38③166
いりいわし【煎鰯】→いわし、ほしか 58④262,263
いりから【いりから】 69①113
いりこ【いり子】 56①215
いりぬか【煎り糠、煎糠】→ぬか→N 59④355,356
いりまめのこ【炒豆の粉】 13①270
いるか【海豚】→J、Z 69②302
いるりひとかえぶんのはい【いるり一替分の灰】 27①268
いれこやし【入糞し】 33⑥302
いれつち【客土、容土】→A、D 69②241,354,355,356
いろりのしたのはい【イロリノ下ノ灰】 38④283
いろりのはい【いろりの灰】→はい→B、H 36②120/41⑦327
いろりばい【いろり灰】 24②237
いわし【いハし、いはし、イワシ、いわし、鰯、鰯し、海鰮、鮋】→いりいわし、おおいわし、かかりめおおいわし、かすいわし、こいわし、さしいわし、しょういわしごえ、すないわし、せなかいわし、だしいわし、ちゅういわし、ちゅうばいわし、なまいわし、なまいわしのくさらかし、なましいわし、ひびいわし、ほんばいわし、まいわし、みずいわし、むしいわし、めだかいわし→B、J、N 1④329,330/4①56,152,198/5①45,47,49,50,53,55,114,117,160,②227/6①17,119,151,157/8①123,133,231,234/11④167/12①99,100,156,217,243,279,369/13①13,40,57,68,74,83,107,275/16①246/23⑥308,**309**,312/27①93/28①12,18,20,21,22,23,26,27,28,29,48/29①38,42,63,65,75,②130/30①47,③240/32①60,78,80/33①19,20,41,43,50,②105,128/37③360/40②176/41②75,79,96,98,107,133,③182,⑦314,315,335,336/42⑤324/46①11,57/59④356/62⑨352/64⑤338/69②298,299,300,301,302
いわしあぶら【鰯油】→J 61⑨322
いわしあぶらかす【鰯油粕】 69②303
いわしかす【鰯かす、鰯糟、鰯粕】→ほしか 2①130/3④268,293,305/22③156/38①8,9,10,11,12,14,16,17,23,24/56①182
いわしかすこ【鰯粕粉】→ほしか 10③397
いわしかすのこ【いわし糟の粉】→ほしか 3④305
いわしかすのせんじじる【いわし粕のせんじ汁】→ほしか 21①76
いわしこ【いはし粉、鰯し粉】→ほしか 37③259,273
いわしごえ【いわしこゑ、鰯こへ、鰯こゑ、鰯肥、鰯糞、鰯壌、鮋糞】→ほしか 4①58,106,123,124,155,198,204/5①55/9③250/32①79,80,152/33⑤240,254/41②90,⑦**335**,340
いわししめかす【鰯〆粕】→ほしか 58①46
いわししめかすのなべじる【鰯〆粕の鍋汁】→ほしか 23①89
いわしなどのこえ【鰯などの糞】→ほしか 12①101
いわしのかす【鰯の糟】→ほしか 3④302
いわしのくさらかし【いわしのくさらかし、鰯のくさらかし】 6①129/9②215,225/12①155,297/13①174,248
いわしのくさらしたる【鰯のくさらしたる】 56①92
いわしのこ【いわしの粉、鰯の粉、鮋ノ粉】→ほしか 4①92,95,108,109,111,123/5①105/12①254,372/17①228/41②78
いわしのこごえ【鰯の粉糞】→ほしか 4①105
いわしのしぼりかす【鰯の搾粕】→ほしか 23①72
いわしのしめかす【鰯のしめかす】→ほしか 70⑥392
いわしのならしごえ【いわしのならし肥】 23⑥318
いわやしゃり【岩屋舎利】 69②385
いんげん【鵲豆】→E、N 69②321
いんのやしない【陰の養】 62⑧269

【う】

ういこやし【ういこやし、うゐこやし】 16①243/17①245,283
うえきのこえ【栽木の肥】 29①40
うえくさ【植草】 30①70
うえくさごえ【植草肥、植草糞、植艸肥】 30①39,42,66,69
うえくさのこえ【植草の肥】 30①43
うえごえ【うへごゑ、種へ糞、種糞、植こえ、植コヘ、植こへ、植培、植肥、植糞、殖肥】 5③268/12①198/13①110,359/19①129/21①46/23①60,63,107,⑥318,323/28③319/29①65,75/31④199/33④178/39①35/50②153,156/62⑨390/69①88
うえこやし【うへこやし、植肥し】 14①119,151/39③147,149/45③149,164,165/69①87,97
うえしろごえ【植代こゑ、植代薗】 2①30/4①199
うえたのこやし【植田のこやし】 17①134
うえつくるこやし【種付るこやし】 12①197
うえつけごえ【うへ付こえ、植付こへ、植付こゑ、植付糞、植付屎、植附肥】 4①46,49,51,204/5③273/27①134/33③162/39⑤**273**,279
うえつけこやし【植附肥し】 5③251,273
うえつけのこえ【植付ノ肥】 39⑤297
うえつけやしない【植付養】 39④217
うえのこしたるなえ【植残したる苗】 16①264
うえものごえ【植物糞】 19②448
うえものごやし【植物肥し】 69①89
うおあらいしる【魚あらいしる、魚洗汁】 54①264,271,275,276,279,290,292,296,298,300,301,304,307,313,315
うおあらいみず【魚洗水】 69②360
うおかす【魚粕】 38③164,166,177
うおごい【魚こい】 55②170,172,175,176
うおごえ【魚こへ、魚こゑ、魚肉、魚肥、魚糞】 4①198,203/5①45/30②192/31⑤262/41④205/55②134,137,175/69①**91**,105,113
うおしめかす【魚〆粕】 23①70
うおじる【魚汁】→B 41⑦336/54①286/69①92
うおつぎ【魚つぎ】 41⑦335
うおとりけだもの【魚鳥獣】 12①97
うおとりのあらいみず【魚鳥のあらひ水】 29①38
うおとりのほねわたあろうたるみず【魚鳥の骨わた洗ふたる水】 7①59
うおのあぶら【魚のあぶら】→G、H 12①73
うおのあらいかす【魚の洗ひカス】 46①11
うおのあらいしる【魚のあらい汁、魚の洗汁】 33⑥320/54①267,274,275,276,279,285,293/69①56
うおのあらいみず【魚の洗水】 1④323/40②152
うおのこ【魚の粉】 5③257
うおのしめかす【魚の〆粕】 23①27
うおのしる【魚の汁】 17①267/33⑥355/70⑥392
うおのなべじる【魚の鍋汁】 23①89
うおのはらわた【魚の腸】→B

58③131/59④290,342,356
うおのわた【魚のわた、魚腸】 22④293/23⑤266/54①265/59④302/62②36
うおぼね【魚骨】 33⑤238/38①24,26/41④208
うおやとりるいのくび【魚や鳥類の首】 36②122
うおやとりるいのほね【魚や鳥類の骨】 36②122
うおるい【魚類】→J、N
8①22,26,120,133,231/16①113/17①112,113,136/27①48
うおるいのこやし【魚類之肥し】 29③263
うかば【うか葉】 34④70
うきくさ【浮草】→E、G
13①263/34④61
うぐいかす【鯎粕】 58①62
うさぎ【兎】→E、G、N
69②296
うし【牛】→E、G、L、N、Z
69②296,314
うしうまなどのほね【牛馬などの骨】 13①151
うしうまのふん【牛馬の糞、牛馬糞】 12①170/29①38
うしお【潮】→しお→B、D、H、N、Q
16①147,262/34⑤83/41②90,⑦332,333
うしかいぐさ【牛飼草】 29③227
うしけ【牛毛】 40②176
うしごえ【牛糞、牛菌】 2①62/70⑥**387**
うししき【牛敷】 8①**126**
うしのえさ【牛の餌】 37③370
うしのかいぐさ【牛ノ飼草】 29④281
うしのかいりょう【牛之飼料】 62②41
うしのこえ【牛のこへ、牛のこゑ、牛ノ菌】 2①47/28②142,178,182,189,200,204,214,233,275/29②139,154
うしのこえくさ【牛のこゑくさ】 28②187
うしのしき【牛之敷】 8①125
うしのしきごえ【牛の敷肥へ】 29③206
うしのしょうべん【牛の小便】 29②135
うしのたべもの【牛之食物】 8①159
うしのぬか【うしのぬか】 9①74
うしのふみぐつ【牛ノ踏ミクツ】 18③357
うしのふみわら【牛のふみわら】 28②204,233
うしのふん【牛ノ糞、牛の糞】→N
29①35,④278,286
うしのほね【牛の骨】 57②161
うしびやのこえ【牛びやのこゑ】 28②187
うしまみずくわい【うしま水甕】 34⑤78
うしやごえ【牛屋肥】 8①127/29①38,63,75
うすあか【薄赤】 69①83
うすうすごえ【薄々肥】 55①37
うすうすしょうべん【薄々小便】 55①31
うすきこえ【うすきこゑ、うすき肥、うすき糞、薄キこへ、薄きこゑ、薄キ肥、薄き糞】 2①55/4①164/12①203,254,366/13①14,56,96/15③362/21①76/23⑤275,280/29②143/31⑤250
うすきこえみず【淡き糞水】 3③152
うすきこやし【うすきこやし、薄キ肥シ、薄き肥し、薄き糞、薄き屎】 2①55/5③266/31⑤266/33①18,40,⑥390
うすきしたごえ【薄き下タ肥】 29③247
うすきしもごえ【薄き下こへ】 33③160
うすきしょうべん【うすき小便、薄き小便】 16①263/33⑥372
うすきふんすい【薄き糞水】 30①33,34
うすきみずごえ【淡水糞、薄き水肥】 18⑤470/69②**250**,267
うすくわい【薄くわい】 34④68
うすごい【うすこい、薄肥ひ】 21①76/63⑤317
うすごえ【うすこへ、うす糞、ウス屎、清糞水、薄こへ、薄ごへ、薄こゑ、薄肥、薄糞、薄屎、糞】 2①55,56,60,87,88,91,94,96,104,118,119,123/3④356/7①59,94,95,96,97,114/8①21,30,36,37,46,85,86,88,103,108,114,116,122,130,150,153,189/18⑤467,472/22②127/23⑤280/29③247,248/38②70/39①24,49,52,54,56/41①12/55①53/61②80,81/63⑤303,318/70①19,⑥405
うすこやし【うすこやし】 47③173
うすしょうべん【うす小便、淡小べん、淡小便、薄小便】 8①179/14①78,93/33⑥379/55③242,243,247,249,250,262,263,264,275,277,282,286,287,288,292,293,294,300,301,303,305,306,308,309,310,312,313,316,317,320,322,324,325,326,327,329,330,331,332,333,335,336,347,350,354,358,362,363,364,366,368,369,374,376,377,381,382,390,391,402,403,405,409,415,418,420/61②86,90
うすだいべん【淡大便】 55③243,249,254,262,300,305,335,342,349,394,398
うすだら【薄たら】 27①48
うすどろごえ【うす泥糞、薄泥糞】 4①159,160
うすまごえ【うす真糞】 4①78
うすみずくわい【薄水くわい、薄水甕】 34④67,68,⑤100
うすみずのこやし【薄水のこやし】 39③145
うすめごえ【薄め屎】 2①57
うすめのこえ【薄めの屎】 2①58,59
うそがい【うそ貝】 59④302
うちかわどろ【内川泥】 23①**87**
うちくわ【打桑】 62④91
うちげす【内けす、内げす】 27①78,81,84
うちごえ【うちごへ、打こへ、打こゑ、打尿、打糞、打屎】 4①210,211,212/5①53,91/9①38/11④183/33⑥364/39④205,⑤265,282/42⑤332
うちごえ【内肥】 29①38
うちこみごえ【打込こゑ】 28④329
うちせ【うちせ(ふじつぼ)】 41⑦337
うちだめ【内溜】 39③147
うちのこえ【内のこゑ】 28②204
うちまい【打米】 4①19
うつぎ【うつき】→B、E、Z
10①100
うつぎのは【うつぎの葉】→N
19①203
うどん【温飩】→N
59④355
うばき【ウバ木】 32①30
うばやなぎ【うば柳、姥柳】 19①50/37①22
うぶごえ【うぶ糞、産コへ、産糞、初肥培】→もとごえ
4①197/5①78,92,121,124,141/7②324
うぶこやし【うぶこやし】→もとごえ
17①170
うま【馬】→E、G、L、N、R
69②296,314
うまかいぐさ【馬飼ひ草、馬飼種、馬飼草】 19①203/27①147,**210**,326
うまかいばぐさ【馬飼葉草】 27①152
うまかいりょう【馬飼料】→L
22②129/24③**318**,322/66①41
うまくいしいな【馬食粃】 27①162
うまくいもの【馬食物】 27①381
うまぐつ【馬沓】→B
36②121
うまごい【馬コイ、馬ごひ】 19①127/27①366
うまごえ【馬コへ、馬こへ、馬こゑ、馬肥、馬糞、馬屎、馬腴、馬菌】→うまのこえ
3④327/9②214/11②94/18⑤469/19①45,58,104,105,106,109,110,114,117,120,122,124,125,131,132,138,143,144,147,148,149,162/20①284/24①38/25③279/27①282/29②139/37②206,③292,360/41④206,⑦314,316,**319**,324,325,327/42④257,⑤338,⑥387/43①18,39,42,43,50,81/44③209,210/70⑥**387**
うましょうすい【馬小水】 3④325
うましょうべん【馬小便】 3④229,242,284,285,288,317,325/22①38,56,②114,115,126/46①11
うまだいず【馬大豆】 4①278/23⑥**330**
うまつめ【馬爪】 69①105
うまにふませもうすこえ【馬にふませ申こへ】 28①16
うまのありこえ【馬のありこゑ】 34⑦249
うまのいばり【馬のいばり】 33⑥390
うまのかいば【馬の飼葉】→かいば
25①28,66,122
うまのかいりょう【馬ノカイ料、馬ノ粥科、馬の飼れう、馬ノ

飼料、馬の飼料、馬之飼料】 2①42,44,④288,292/6①243/14①235/17①194/37②82,86/38④258/39⑤286/62②41
うまのかて【馬の糧】 4①51,52
うまのかゆ【馬ノ粥】 5①139
うまのかゆだいず【馬の粥大豆】 4①15
うまのくさ【馬の草】 27①322
うまのくさこい【馬の草こひ】 48①245
うまのくつきれ【馬ノクツキレ】 18③357
うまのこえ【馬のこゑ、馬の肥】→うまごえ 11②112/37②103
うまのしょうべん【馬の小便】 3④227/4①199/56②248,249
うまのしょく【馬ノ食】 60③139
うまのしょくもつ【馬の食物】 62⑤119
うまのつぶごえ【馬の粒こへ】 46③187
うまのなつごえ【馬のなつこゑ】 27①86
うまのにょう【馬の尿】 46①58
うまのはみ【馬のはミ、馬のはみ、馬之はみ】→かいば 20②383,384/31②78
うまのはみもの【馬のはみ物】 4①171
うまのばり【馬のばり】 41⑦322
うまのふみくさ【馬のふミ草、馬のふみ草】→B 6②286/34⑦247
うまのふみごえ【馬ノ踏肥、馬の踏屎、馬ノ踏薗】 6②313/63⑧442,444
うまのふみしだき【馬の踏しだき】 25①123,124
うまのふみたるわら【馬のふミたるわら】 54①294
うまのふみわら【馬のふミ藁】→B 14①302
うまのふん【馬の糞】→B 29①35
うまのほね【馬の骨】 57②161
うまのぼろくそ【馬のぼろくそ】 27①68
うまのもの【馬の物】 27①327,328
うまのりょうべん【馬の両便】 23①85
うまふみ【馬ふミ】 62④95
うまふみのこのは【馬踏の木の葉】 22①45
うまふみのこのはごえ【馬踏の木の葉肥】 22①57
うまべん【馬便】 22②114,115,117,118,120,121,124,129,130/56②249,250,253
うまみず【馬水】 3④278,283,301,316,325,326,327,377
うまもの【馬物】 27①323
うまやくさごい【馬屋草こひ】 27①128
うまやくさごえ【馬屋草肥】 27①133,149/48①231
うまやごい【うまやこい、うまやごい、馬やこい、馬屋こひ、廏こい、廏肥ひ、厩こい】 3④252,254,278,282,289,306,309,316,317,320,327,329,365,376/20②378,381,391/27①20,23/37①45/38②57/39②98/48①231/63⑤317
うまやごえ【馬やこへ、馬や糞、馬屋こへ、馬屋ごへ、馬屋こゑ、馬屋ごゑ、馬屋培、馬屋肥、馬屋肥へ、馬屋糞、馬屋屎、馬屋薗、馬家肥、馬薗、廏こへ、廏ごへ、廏こゑ、廏培、廏肥、廏糞、廏屎、廏壌、廏薗、厩壌、厩ごえ、厩コへ、厩こへ、厩こゑ、厩肥、厩糞、厩屎】→まやごえ→B、H 3③131,149,152,154,156,④221,296,314,328,332,362/4①16,45,56,58,70,78,80,82,85,87,94,98,99,100,105,108,109,115,126,132,133,135,139,140,148,149,159,160,161,175,204,230/5①43,49,54,97,100,105,110,111,114,121,150,153,155,159,162,②226/6①14,15/9②214,215,③250/10②326,③395,396,397,398/11①35,36,38/12①140,286,292,372/13①25,279,285/14①93,343,402/16①93,257,258,259/17①61,110,111,133,134,171,205,206,219,240,244,256,281,284,285/19①45/22②104,③155,④207,208,232,234,241,250,251,273,274/23⑥308/24②234/25①54,120,125/27①24,149,282,359/28①12,26,30,④354/29②121/30①38,66,67,69,89,103,107,110/31②81,83,③109,④200,⑤256,257,260,265/33①17,37,40,48,55,④208,⑥318,337/37②75,③273/38①8,9,10,12,14,19,21,22,23,26,27,②52,57,72,④243,246,279,280,281/39①23,32,50,55,56,⑤279,289,290,298,⑥334/41②62,75,79,89,90,91,93,98,99,100,110,111,116,119,121,124/42②98,99,100,101,102,103,120,121,122,123,124,⑤320,321,328,330/43②124,141,159,174/50②156/56①51,61,174,195,201,202,203/61①48,49,②80,91,94,96,98,⑧229/62⑨317,320,327,328,331,332,344,345,350,361,371,378,381,388,389,391/68④416/69①60,96,②181,241,320,331,332,357
うまやこやし【厩肥し、馬ヤコヤシ、馬やこやし、馬屋コヤシ】 14①144/19①116,161/47①13
うまやしきごい【馬屋敷こひ】 21④197
うまやしきごえ【馬屋敷こえ】 21④193,195
うまやしない【馬やしない、馬やしなひ、馬養、馬養ひ】→まやごえ 19①139,140/30③243,249,252,272,282,293
うまやすすわら【馬屋すゝわら】 28①27
うまやそこ【馬屋底】→C 24②237
うまやつち【馬屋土、厩土】 4①39/6①13,15,27,87,118,133,136,138,153,156,177
うまやのくされたるふるきこえ【廏の腐たる古き薗】 61②92
うまやのこい【馬ヤノコヰ、馬屋のこひ】 2④281/20②392
うまやのこえ【馬屋のこゑ、馬屋の肥、馬屋の糞、厩ノこへ、厩ノ肥、厩之肥】→まやごえ 3④221/31⑤254/33①43,④177,229,232/37②77/40①7/48①193
うまやのこやし【馬屋のこやし、馬屋の糞】 1④300,301,306/17①111
うまやのしきこえ【馬屋の敷こえ】 21③155
うまやのたまりしょうべん【馬屋のたまり小便】 28①37
うまやのつぶごえ【馬屋ノ粒コへ】 19①108
うまやのながごえ【馬屋の長こへ】 33①50
うまやのはだすな【厩ノ膚砂】 5①29,97
うまやのふみくさ【厩之踏草】 33④208,216
うまやのわらごえ【厩の藁屎】 6①146
うまやはだ【馬屋膚、厩膚】 5①43,152
うまやわらごい【馬屋わらこひ】 27①20
うまやわらごえ【馬屋ワらこえ、馬屋稈肥】→まやごえ 27①286,359
うみうお【海魚】→J 7②256
うみかわのくさ【海川の草】 21①30/39①23
うみかわのも【海河ノ藻】 69②241
うみくわい【海壍】 34③47,⑥141
うみのも【海藻】→H 12①264
うみのもうめごえ【海の藻埋こへ】 11①36
うむしごえ【うむしこへ】 31③112
うめくさ【うめ艸、埋草】 11②90/31⑤270
うめごえ【埋こへ、埋ごへ、埋ごゑ、埋めこゑ、埋メ肥、埋肥、埋糞】 10①68,74/11①36,38,39/12①217,296,299,366/13①27,28,285/29②143/31⑤273,274/41②93,98,100,101,103,110,116,117,118,120,⑦335/69②221,328,329,349,351,357
うめたるこえ【うめたる糞】 13①40
うめみず【うめ水】 16①230,233
うらごえ【浦屎】 27①78,81,94,269
うりがら【瓜がら】 13①266
うりごやし【売屎】 6②271
うりのつる【瓜の蔓】→E 2①129
うるおい【うるをひ】 17①94
うるおうこやし【潤ふこやし】 9②223
うるち【粳米】→F、N 69②321
うるちきび【稷】→B、E、N 69②321,323,326
うるちまいのさけかす【粳米ノ酒糟】 69②347
うろこくず【うろこくず】 41

⑦337
うろのやしない【雨露の養ひ】 56①185
うわごい【うハこい、上肥ひ】 39②97,99,105/63⑤305,306,311,312,313
うわごえ【うハこゑ、うハ糞、うハ屎、うハ腴、うわ糞、上こへ、上ごへ、上こゑ、上ハごへ、上はごへ、上ハこゑ、上ハごゑ、上ハ肥、上ハ糞、上ワ糞、上ワ糞へ、上濃、上肥、上糞、上糞養、上屎】→うわごやし、おいごえ 2①128/4①28/5③286/6①41,90,109,146/9②214/10③398/16①248,257,258,264/17①133,172,205,210/20①183/21①66/22④240/23⑤262,276/24③289,307,309,327/28①26,④331,335,337,340,345,346,347,350/29①38,39,②127,135,143,145,147,148,151,④286/30①27,②192/32①63,65,66,142,143,147/37②203/38③200,④244,262/40②46,49,50,101,103,108,113,124,147,154,186,187,③235,238,242/41⑦318,335/43②131/62⑨325,328,332,343,360,361,373/63⑧442
うわごえくさ【上糞草】 29④295
うわごやし【うハこやし、上こやし、上ハこやし】→うわごえ 16①258,264/17①54,55,66,165,167,171,177,178,193,219,221,223,226,229,230,276,283/39③147,153
うわそぶ【上地溲】 23①85
うわため【上ハため】 22④231
うんねつのもの【温熱の物】 13①15

【え】

え【餌】 13①261
え【荏】→えごま→E、N 62⑧268
えかす【荏カス、荏かす、荏がす、荏漕(糟)、荏糟、荏粕、荏滓】→えごまかす 1①81,85,③265,267/2①130/3④227,228,321,361,377,378/19①49,58/20①229,②375/22①50,②102,116,124,125,129,④271,⑤351,⑥367,370,374,375,376,377,378,393/37①21,25,26,③360/38③133,156,162/39⑤273,297,298/40②175/69①110
えかすこ【荏かす粉】 3④223,226
えがら【ゑがら、亜麻から、荏から】 2①100,130/3③140/40①11
えがわのごみ【江川のごミ】 4①58
えきじゅう【液汁】→E、N 3③151
えぐさがら【荏草殻】→B 36③242
えごま【蓖麻】→え→E、L、R、Z 69②344
えごまかす【粟糟】→えかす、えのかす 19①57
えごまのあぶらかす【ゑごまの油かす、ゑごまの油糟、ゑ胡麻の油かす、荏胡麻の油糟、荏胡麻之油かす】 9②221/16①263/23⑥308,309,310,312
えごまのくきは【荏の茎葉】 45⑦396
えごまのは【荏の葉】 17①174
えごまのみあぶらかす【蓖麻子油糟】 69②341
えさ【餌】→H 1②187/69②283,285
えじき【餌食】→N 69②284
えしめかす【荏〆粕】 38①10,11,26
えださしごえ【枝さしこえ】→Z 45②106
えだねのあぶらかす【荏種ノ油糟】 69②342
えだは【枝葉】→B、E、N 65②129
えだま【荏玉】 22⑤350,351
えどまめ【江戸豆】→F 11④181
えのあぶらかす【荏油糟】 5①160
えのかす【荏のかす、荏之糟】→えごまかす 20①80/68③338
えのき【榎】→B、E、N 10①100
えのきのは【榎の葉】→E、N 10②342
えのくき【ゑのくき】 16①239
えのこ【荏子】 22⑥373
えのどろ【江の泥】 23①100
えのは【ゑの葉】 16①239
えび【海老】→J、N 58④253/59④307
えまきこい【荏蒔こい】 3④230
えん【塩】 62⑦195,196,200,201,206/69①34,98
えんしょう【えんせう、焔消、焔焇、焔硝、焰硝】→B、H 14①47,407,409/62⑦196,197,198,199,209/68②291/69①52,53,62,65,71,76,77,118,126,127,128,129,132,133,②164,241,261,262,263,264,270,271,275,276,277,291,325,332,334,363,366,367,369,370,372,373,374,378
えんしょうき【焔硝気】 62⑦211/69①102,127
えんしょうしつ【塩消質、焔硝質】 68②292/69①98
えんしょうのしお【焔硝の塩】 69①129
えんどう【ゑんとう、ゑんどう、円豆、豌豆】→E、N、Z 10②361/16①264/17①135/25①120/30①29,39,42,65,66,②192/38③145,146/41②62,⑤247/69①68,②321,323,326
えんどうがら【ゑん豆がら】 29②139
えんのこえ【塩の肥】 62⑦201
えんのしたあくた【縁ノ下芥、屋下芥】 69②241,355,364
えんのしたのごみ【縁の下の埃土】 38③162
えんのしたのじんかい【縁ノ下ノ塵芥】 69②364

【お】

おいきのあつきは【老木の厚き葉】 18①88
おいごえ【追こへ、追ごへ、追ひ肥、追肥、追糞、追壌】→うわごえ 4①124/5①29,30/9③246/29②130,138,145/31④159/34⑤99,⑦251/44②143,③210,227,228/61①43,50,56
おいごやし【追糞シ】 34⑦247
おいたちごえ【生立肥】 8①95
おおいわし【大いわし、大鰯、大鮋】→いわし 5①45,46,48/13①13/16①246/32①79/62⑨353
おおいわしごえ【大鰯糞】 4①152
おおうおのかす【大魚のかす】 61⑧219
おおかわばたのくわ【大河はたの桑、大河ばたの桑】 13①123/18①89
おおくさ【大草】→G 24③289
おおくわ【大桑】 47②102
おおまちかす【大町粕】 39③154
おおむぎ【大麦】→E、L、N 9①73,144/41②144/59⑤433/69②321,323
おおむぎからのはい【大麦からの灰】 33③169
おおむぎこ【大麦粉】 59④342
おおむぎのから【大麦のから】 38①19
おおむぎのこ【大麦の粉】→N 13①270
おおむぎもとごえ【大麦元こゑ】 24③306
おおむぎわら【大麦わら、大麦藁】→B、E 5①148/9①53,60,65/31③113/41⑤236
おおも【大も、大藻】 23①86/62⑨381
おかえさ【岡餌】 59④387,392
おかくさ【岡草】 39①23
おがくず【ヲガクヅ、鋸末】 38④285,286/40②179
おかは【おかは】 34⑥142
おから【おから】→きらず、とうふかす、とうふのかす、とうふのから、とうふのはな→N 39②116
おぎ【荻】→B、E、G 62②41
おきごえ【おきごえ、置ごへ、置肥、置屎】→はだごえ 6①157/8①286/15③361/41②102,107
おきこやし【をきこやし】 17①230
おぎないこえ【補肥】 8①221
おきにあるかいまじりのどろつち【沖にある貝交じりの泥土】 23①71
おきのかい【沖の貝】 23①86
おきのため【澳溜】 39③147,149
おきのどろつち【沖の泥土】 23①105
おきのも【沖の藻】 23①86,87
おくだのこやし【奥田之肥し】 29④277
おくのうわすす【屋ノ上煤】 69②241

おくはきのは【おくは木之葉】 34③51
おくりごえ【送り肥、送糞】 15③369,387/33④178,213
おけごえ【桶こへ、桶こゑ、桶ごゑ、桶肥、桶糞】 9②214,222/11②94,111,112,113,116,120/12①140,249,297,361/13①40/33①16,19,20,28,29,30,32,37,40,41,43,44,45,46,48,52,53,55/37③273
おさ【おさ】 41⑦332
おざさ【小笹】→E 39①32
おすい【汚水】 3③135/6①12,②286/10②320/12①74/25②182/39④210/69②181
おせん【汚泉】 6②286/12①75
おそごえ【おそこゑ、おそ肥、遅壌】→A 9②222/23⑤275,276/39⑥332
おだけ【男竹】→E 16①253
おだけのは【男竹の葉】 16①253
おち【をち】 16①257
おちば【おちば、おち葉、落葉】→B、E、N 3①22,③141,148,162/4①237/12①122/38③194/39⑥332/40①10/68③363,④416
おちばごえ【落葉糞】 3③134,141,143,163
おっつけくぐし【おつつけくゞし】 9①22
おっつけだいごえ【おつつけだいごへ】 9①85
おつぼのかきよけおおごみ【苧坪の掻除け大塵】 2①130
おとし【をとし】→C 27①16
おとしからのこな【落しからの粉】 25①50
おとしごい【落しこい】 27①188
おとしごえ【おとし肥】 23①84
おもきふじょう【おもき不浄】 16①258/17①221
おり【滓澱】→K 69②360
おりと【おりと】→H 10①100
おりま【おりま】 9①11,12
おんねつのもの【温熱のもの】 15③367
おんようすい【温養水】 69②276

【か】

かい【貝】 16①248
かいえん【海塩】→しお→B、N 69②241,275
かいがら【貝がら、貝殻】→B 3①27/69②315
かいがらばい【貝殻灰】→B 69②317,318
かいくさ【かひ草、飼草】 10①134/20①307,308/27①328/33④177
かいくさにざし【飼草煮ざし】 27①343
かいくさのこおり【飼草の箇】 27①212
かいくち【飼口】→A、M 10①134,135
かいごえ【買肥へ】 29③207
かいこのくそ【蚕の沙】→さんぷん 6①92
かいこのふん【蚕のふん、蚕の糞、蚕ノ屎】→さんぷん→E、H 4①163/12①161,271/13①36,116/18①82/23⑥308,309,310,320/25①116/37③361/38③182/47④213/56①202,203/69②240
かいこみごえ【かい込肥】 15③388
かいじる【飼汁】 60⑥365
かいそう【海草、海藻】→J、N 13①174/16①245/17①256/25①54,120/38①24,27/69②351,352
かいそうるい【海草類】 10①100
かいたてくわのは【飼立桑の葉】 47①40
かいちゅうのも【海中の藻】 29③254
かいのから【貝のから】 41⑦330
かいば【餌葉、飼ひ葉、飼馬、飼葉】→い、うまのかいば、うまのはみ、しりょう 10②373/24①99,③287/27①211,212/60③142
かいばぐさ【飼馬草】 27①147
かいひんのよりあくた【海浜の寄り芥】 41⑦330
かいまめ【かい豆、飼大豆】 19①103,②337/20②371,382/22⑥372,394,395,396,397
かいよう【飼やう】 16①123
かいりょう【かい料、かひ料、飼料】→L 16①123/25①28/27①213/29①16/36①62,63/37②83/38①16/40②178/47③171
かいるい【貝るい、貝類】 16①245,248,249/25①54,120
かいるいのこえ【介類の肥】 69①119
かいるいのにく【貝類ノ肉】 69②298
かいるいのはい【貝類の灰】 23①88
かえし【かへし、かゑし】→H 16①135,256
かかりめおおいわし【懸りめ大鰯】→いわし 27①94
かき【蠣】→N 3①27
かきがら【牡蠣殻】→B、J 69②314
かきがらはい【牡蠣殻灰】→B 69②318
かきくわい【かきくわい】 34④67,68,69,70
かきねごみ【かき根こみ】 56①117
かきのはのはい【柿の葉の灰】 5③274
かきようぶんのきあるこやし【火気陽分の気有こやし】 9②223
かくし【かくし】 4①15
かぐりぐさ【かくり草】→G 29③223,241,262/41①8,9
かけくわい【かげ壅、掛壅】 34③47,⑤90
かけごい【掛肥ひ、懸肥ひ】 63⑤317,318
かけごえ【カケゴエ、かけごえ、カケコへ、かけこへ、カケゴへ、かけごへ、かけこゑ、カケ肥、かけ肥、カケ糞、かけ糞、カケ屎、かけ屎、掛ケ肥、掛こゑ、掛肥、掛糞、懸こゑ、懸肥、懸糞、懸壅、懸屎、澆肥】→A 4①82,109,121,147/5①27,44,78,97,121,124,125,132,137,176/6①16,87,109,112,114,116,119,122,125,130,142,149,150,152,②314/8①55,96,97,98,100,101,111,112,117,128,130,159,160,163,164,186,199,269/25②198,199,200,201,207,208,209,210,211,214,215,216,218,220,222,223,224/27①42,48,62,75/28③319,322,④334,346,349,351/31⑤257/33④178,210,213,218,220,226,227,228,229,230,⑥336,343,347,355,360,377/34⑥140/39⑤273,283,289/41①12/42⑤325/54①265/62⑨316,325,328,330,331,342,344,345,347,357,358,362,363,364,365,370,371,378,389,391/69②342,387
かけふん【かけふん】 4①118
かげんのこやし【加減のこやし、加減の肥し、加減の肥繭】 1①88,89
かこえ【過肥、過糞】→かふん 8①181,182,220
かさいばい【葛西灰】 22③172
かしき【かしき、かしぎ、刈鋪】→かりしき 1④327/12①96/22①48/31⑤265/33⑤245,246/34⑦252/37③260,261
かしぎ【かし木】→E 33①19,24
かしきしば【かしき柴】 30③239
かじめ【かしめ】→J、N 41⑦337,338
かじめごえ【かしめこゑ】 41⑦337
かしらげ【カシラ毛】 7②251
かしわ【柏】→E 30③239/33①19
かす【かす、下す、糟、粕】→B、E、J、L、N、X 4①133,135,200/5③286/6①147/10③387/13①13/15③389/21①29,52,70,73/22①34,45,50,④240/28②138,144,156,163,176,185,282,④330,340/29②151/38③163,④245/39③155/40④304,317/42②98,99,100,101,102,103,120,121,122,123,124/58①46,50,51/69①87,88,89,108,118,②301,349/70⑥394
かすいわし【糟鰯】→いわし 13①45
かすおき【かす置】 28②185
かすこ【粕粉】 10③395
かすごえ【糟肥、粕糞】 18②288/69②349
かすにしん【糟鯡】 56①117
かすのこ【粕の粉】 15③388
かずのこ【数ノ子】→E、J、N 8①133
かすのしる【糟の汁】 12①309
かすほしか【糟干鰯、粕干か】→ほしか 38③135,177,199

かずらのは【藟の葉】 10②338
かずらのめだち【かづらの芽立】 10②319
かずらのるい【かつらのるい】 16①250
かずらのわかばえ【藟のわかバへ】 10②361
かずらるい【かつら類】→E 10①100
かするい【粕類】 29②130
かたえんしょう【片焰硝】 69②373
かたきこやし【堅キコヤシ】 46③202
かたくち【かた口】 62⑨355
かたこえ【かたこゑ、肩肥】 8①22/23⑤270
がたつち【潟土】 11②94,112,113,120
がち【がち】 34⑤97
かちくわい【かち壅、カヂ壅、かぢ壅、がち壅】→くちごえ(朽壅) 34⑤76,77,80,82,84,85,86,89,93,104,105,⑥137,157,159
かつおあたまかす【鰹頭粕】 38①12
かつおけずり【鰹ケツリ】 8①134
かつおのあたま【鰹の頭】 41③182
かつおのけずり【鰹ノケツリ】 8①133
かつおのけずりくず【鰹の削り屑】 7②315
かつおのわた【鰹のわた】 41③182
かつおぶし【鰹節】→N 55③343
かつおほしのけずりくず【鰹干のけづりくず】 23⑥332
かつおむくろ【鰹骸】 38①27
かっしき【かつしき】→かりしき 33③163
かっじき【かつぢき】→かりしき 1②144
かっちき【かつちき】→かりしき 37②77
かっちきごえ【刈鋪糞】→かりしき 18②288
かて【粮】→N 67⑥262
かどごえ【かと屎、門屎】 42④256,257
かどつち【門ト土、門土】 6①14,35,73/39⑤256,297
かなも【かな藻】→N 41⑦337
かねごい【金肥ひ】 63⑤305,309,310,313,317
かねごえ【かねごえ、かねこへ、かね肥、かね糞、金肥】 8①231,232,233,237,246/12①101/23①70,71,86,89/28④343/29①38/63⑤302,305,308,317
かぶ【かぶ】→B、E 17①135
かぶごえ【かぶ糞、株肥】 7①94,95/8①224
かぶなのあぶらかす【蕪菁の油糟】 12①98
かぶのおちば【蕪の落葉】 2①130
かぶのから【かぶのから】 2①21
かぶらな【蕪菜】→E、N、Z 10②361
かふん【過糞】→かこえ 7②258,261,262,274,278,336,350/8①80,99,101,183/69②250
かふん【火糞】 12①94
かべつち【壁土】→B、D 10②326/29①36,38,②143/31②76/38③162,199/44①12/62⑦197/69①75/70⑥387
かまえびのむし【かまゑびの虫】 59④356
かまどのうえのすす【竈上煤】 69②363
かまどのつち【竈の土】→D 69①75
かまどのなかのはい【竈の中の灰】 69①52
かまどのはい【竈の灰】 7①59/69①35
かまどばい【竈灰】 30①25,44,47,106
かまのしたのはい【カマノ下ノ灰】→B 38④283
かまのはい【かまのはい、かま之灰】→はい 34⑥163/41⑤254,⑥275,277,278
かみのけ【髪毛】→B、H、J、Z 7②334
かみのそりげ【髪のそり毛】 7②324
かみひげ【髪鬚】 7②258
かめ【亀】→J 16①248
かめのるい【亀のるい、亀の類】 7②256/16①245/17①112,113,136
かめるい【亀類】 16①249
かもののやきばい【柯物之焼灰】→はい 33④177
かや【かや、茅】→B、E、G、N 3③140/7①59/16①261/34②20,③41,48,50,⑤98,103,⑥140,⑦248/41③185/64⑤336
かやくさ【茅草、萱草】→B、G 3③142/33④177
かやくず【萱屑】 3④258
かやのは【かやの葉】→B、E 16①97,99,231,261/17①68,172
かやばい【かや灰】→はい 62⑨338
かゆ【粥】→N、Z 5①67/69②283
かゆくさ【かゆ草、粥草】 4①19,52
かゆぬか【かゆぬか】 16①223
かゆのひえたる【粥の冷たる】 60②96
から【から】→B、E、N 9①104,121/69①113
からし【からし】→B、E、H、N、Z 17①135
からしあぶらかす【芥子油糟】 69②341
からしから【からしから】 2①21
からしのあぶらかす【芥子ノ油糟】→H 69②342
からすのふん【烏の糞】 19②381
からだいずごえ【空大豆糞】 4①203
からぬか【からぬか】 29②130
からばい【から灰】→はい 33⑥379/34⑤78
からひえ【から稗】→N 56②286
からむし【カラムシ、カラ蒸し】 5①49,50
かりかぶ【刈株】→E 2①53
かりくさ【刈草、苅草】→A、B 4①16/8①158,160/9③250/10②361/11②88,90/18③352,354,⑥496/25①123,②214,③279/30①129/36③192,249/68③363
かりくそ【かりくそ】 42⑤328
かりくわ【かり桑、刈桑、伐桑】→A 35①59,②311,345/47③168,175/48①210
かりくわのは【刈桑の葉】 48①209
かりごえ【刈こへ、刈肥、刈糞】 10①104/22①48/41②75,98,99,134
かりこみごえ【刈込コヘ、刈込腴】 19①162/20①184
かりしき【カリシキ、刈シキ、刈敷、苅敷、芟敷】→あおかりしき、かしき、かっしき、かっじき、かっちき、かっちきごえ 1①49,81,88/2①47,④281,284,285,300,304/3④222,228/10①93/18③352/19①56,57/24③317,325/30③257/31⑤264/37①25/38①20,21,22,26,②82/66②120
かりしきぐさ【カリシキ草、かりしき草、刈しき草、刈布草、刈敷草】 2④300/3③137,148,149/37②98,99
かりしきごえ【刈敷糞】 10①91
かりしきど【刈蓄土】 36①46
かりだいず【刈大豆】 4①25,27,126,127/24③318/60③136
かりたるくさ【刈たる草】 3③144,145
かりづみ【かりすミ、かりづミ】 24③289,291
かりまめ【かりまめ、かり豆、刈まめ、刈豆、刈菽、薙豆】→E 3③148/22②130/24③287,288,295,297,331/25①28,66/38③158/60③138,140,141
かるかやたてごえ【刈茅立糞】 70⑥394
かるきえさ【軽き餌】 31④208
かるこえ【軽糞】 5①105
かれいね【枯稲】→E 11④166
かれくさ【かれ草、枯レ草、枯草】→B、G 3③136/7①59,97/12①92,170,360/13①15,285/23①23,27/25①84/33②107/41⑦324,330/62⑧268/64⑤336/69①35,②235
かれしば【枯芝】 60③141
かれたるこえ【枯たる糞】 13①46
かれは【枯葉】→B 25①123/37①25
かわ【枇】 69②339

かわ【革】→B、H、J 69①107
かわえさ【川餌、川餌さ】 59④305,306,307,311,316,347,349,356,368,386,387,392
かわおしごみ【川押ごミ】 20①29
かわきたるこえ【乾きたるこゑ】 12①369
かわきつち【乾き土】→B、D 62⑦197
かわくさりたるくさ【皮くさりたる草】 16①262
かわごえ【革肥】 69①105
かわごみ【河コミ、河ごミ、川ゴミ、川ごミ、川ごみ、川垢】→D 2①109/6①14,20/19①145,②280/23⑥308/37①39/46③204,206/69②356
かわざこ【川雑喉】 41②145
かわしいり【川しいり】 34④67
かわず【かわづ】→E、G、J 16①256
かわずぐさ【苦蕎麦】 6①243
かわすな【河沙、川砂】→B、D、L 21①67/69②181,354,356,358
かわぞこのさらいどろ【川底の浚泥】 30①106
かわちり【川埃】 46③186,187
かわづくも【川江鋪草】 19①162
かわどろ【何(河)泥、河泥、川どろ、川泥】 13①15,175/15③367/23①71,⑥308
かわのあらいよせのごみ【川の洗ひ寄せのこみ】 33①55
かわのあらいよせのすなつち【川の洗ひ寄の砂土】 33①34
かわのごみ【川のごミ】 20①82
かわのしいり【川之しいり】 34④71
かわのしいりみず【川のしいり水】 34⑤110
かわのすな【河ノ砂】→B 69②241
かわのそこのどろ【河の底の泥】 12①364
かわのにごれるみず【河の濁れる水】 69①61
かわも【川藻】→J 20①184/39①50
かわらぐさ【河原草】 29②128
かわらすぎ【河原杉】 10①68,100
かわるいのこえ【革類の肥】 69①103
かんぎょ【乾魚、干魚】 69②240,301,303,304
かんぎょすい【乾魚水】 69②302
かんくわ【乾桑】 47②126
かんごい【かんこい、寒こい】 3④230,249,274,308/55②173
かんごえ【寒肥、寒糞、寒菌】 41④206/47④208/56①43,195,203,208,215,②245
かんしゃのは【甘蔗ノ葉】 30⑤395
かんそう【乾桑】 47②88
かんともの【関東物】 8①133
かんのんそう【観音草】→E 10①100
かんばふん【乾馬糞】 12①301/13①223

【き】

きいしばい【新焼灰、新石灰】 69②355,375,376
ききいろ【きゝいろ、きゝ色】 22④207,225,228,230,231,240
ききかた【きゝかた、利かた】 41⑦325,328
きくごえ【菊肥】 48①205
きくさのは【木草の葉】→B 10①104
きくず【木くず】→B、Z 41⑦330
きさご【海螺、羸子、羸子】→B 22①45/62②36/69②299,301
きざみくわ【刻ミ桑】 47②115
きざみは【きざみ葉】 48①210
きしあぜくさ【岸あせ草】 10②364
きしなるくさ【岸なる草】 30③239
きしば【木柴】→B 32①213
きしばのは【木柴の葉】 40②152,172,176,177,179
きしゃご【きしやご】 40②176
きしょうべん【生小便】→しょうべん 3④289/28④334,347,353,355/33⑥372/41②117/62⑨329
きしょんべん【きしよんへん】 28②142
きすご【鱠残魚、鱠鮗魚】→J 58④256/59⑤433
きせっかい【生石灰】→せっかいごえ 69②385,386
きたなきみず【溷き水】 27①188
きたみ【きたみ】 58④256
きため【きため】 39②96,105,107,108,119,122
きっすいのこえ【きつすいの肥】 69①82
きのえだは【木ノ枝葉】 32①205
きのきりくず【木の切屑】 2①121
きのね【木の根】→E、G、N 3③149
きのはい【木の灰】→はい 69①52
きのみかす【木の実粕】 23①109/69①110
きのみずえ【木の稚枝】 23①31
きのめだち【木ノ芽立チ】→G 32①36,40
きばい【木灰】→はい→B、H 1④322/19①139/24①27,72/28④351
きばいごえ【木灰肥へ】 61③128
きびがら【きびから、きびがら、黍から】→B、E 2①73/13①266/16①239
きびがらのむし【黍殻の虫】 59④355
きびごえ【黍肥】 38④279
きびのこえ【黍ノ肥】 38④258,283
きみ【黄身】 59⑤433
ぎゅうがわ【牛皮】 34⑤76
ぎゅうがわくにやしぬか【牛皮くにやしぬか】 34⑤76
ぎゅうくそ【牛くそ】 61⑧229
ぎゅうし【牛屎】 69②261
ぎゅうば【牛馬】→E 5②227
ぎゅうばあらごえ【牛馬荒肥】 41①11,13
ぎゅうばかい【牛馬飼】 34①6,9,⑥118
ぎゅうばかいくさ【牛馬飼草】 31①21
ぎゅうばごえ【牛馬肥】 41①10
ぎゅうばごえのこなくず【牛馬糞の粉屑】 30①106
ぎゅうばしかなどのけ【牛馬鹿などの毛】 13①74
ぎゅうばのかい【牛馬の飼】 41②72/50③240,252
ぎゅうばのかわくず【牛馬の革屑】 69①105
ぎゅうばのくいもの【牛馬之喰物】 67④179
ぎゅうばのくいわら【牛馬之喰藁】 31②86
ぎゅうばのくさ【牛馬草】 34⑥142
ぎゅうばのけ【牛馬の毛】 40②176
ぎゅうばのこやし【牛馬の肥、牛馬の肥し、牛馬の糞、牛馬の糞し、牛馬之肥】 5③268,286/6①102/10①119,120/25①116/29③229,230,238
ぎゅうばのしきごい【牛馬の敷こい、牛馬の敷こひ】 21①30,43,63,65,71,76,85
ぎゅうばのしきごえ【牛馬のしきこへ、牛馬のしき糞、牛馬の敷こえ、牛馬の敷培】 7①39,59,97/21①73,75/39①54,57
ぎゅうばのしきわら【牛馬之敷藁】 29③217
ぎゅうばのしにょう【牛馬ノ屎尿】 69②277
ぎゅうばのしりょう【牛馬の飼料、牛馬の飼粮、牛馬之飼料】 10②335,338,363/14①176/28①36/30①127
ぎゅうばのつめ【牛馬の爪】 69①104
ぎゅうばのにく【牛馬の肉】 13①270
ぎゅうばのにべん【牛馬の二便】 40②154,176,180,187
ぎゅうばのにょうふん【牛馬の尿糞】 33④177
ぎゅうばのふみくさ【牛馬ノ踏草】 64⑤358
ぎゅうばのふみごえ【牛馬ノ踏ミ肥】 18③353,355
ぎゅうばのふゆがい【牛馬の冬飼】 41②106
ぎゅうばのふん【牛馬のふん、牛馬の糞、牛馬之糞】→B、G 5③267/12①169,217/16①254/29③217,263/34⑧303/37③259/39⑥332/40①12/41③180/56①92/70③214
ぎゅうばのふんまじりのかれくさ【牛馬の糞ましりの枯草】 6①133
ぎゅうばのほね【牛馬ノ骨、牛馬の骨】 69①92,②317
ぎゅうばのやしない【牛馬ノ養、牛馬の養ひ】 33①25/70⑤329
ぎゅうばのりょう【牛馬の料】 3③108

ぎゅうばひつじのくさ【牛馬羊草】 34②20
ぎゅうばふん【牛馬ふん、牛馬糞】→B 8①159/10②319, 358/12①161, 163, 218, 244, 289, 360, 367, 380/13①15, 28, 34, 61, 83, 96, 174, 222, 285/30①95/32①25, 65, 66, 120, 133, 134, 142, 143/34③50/44③211, 250, 251, 254, 255, 257, 258
ぎゅうばふんまぜごえ【牛馬糞交肥】 44③246, 249, 259
ぎゅうふん【牛糞】→B 11①36, 38/24①178/33⑤239
きゅうりのつる【胡瓜の蔓】 2①129
きょうくわい【きやうくわい、京くはい、京くわい、京壅】 34③49, ④67, 68, 69, 70, ⑤80, 81, 86, 92, 101, 105, ⑥141, 163
きょうごえ【京こゑ、京肥】 41⑤249, 254, 256, ⑥268, 271, 277, 278, 280/44③199, 210, 211, 227, 228, 243, 250, 251, 254, 257, 258
ぎょうこえん【凝固塩】 69②264, 265, 267
きょうごぼうのくきは【京ごぼうの茎葉】 2①129
ぎょうずい【行水】→N 16①262/23⑥308/31②69/41②133
ぎょうずいのみず【行水ノ水、行水の水】 41⑦332/55①37
ぎょうひ【澆肥】 48①187
ぎょかいのにく【魚貝ノ肉】 69②240
ぎょちょう【魚·鳥】→E、N 62⑧269
ぎょちょうのにく【魚鳥の肉】 5③273
ぎょとうのしめかす【魚油の〆粕】 40②176
ぎょとうのせんじがら【魚灯の煎がら】 69①36
ぎょにく【魚肉】→G、N 5③248/30①27, 29
ぎょにくすい【魚肉水】 69②302, 318
ぎょにくのせいこう【魚肉ノ性功】 69②300
ぎょにくのなまじる【魚肉ノ生汁】 69②303
ぎょべつ【きよへつ】→J、N 16①245, 246
ぎょゆ【魚油】→B、H、N 37②202, 204/69②240, 309, 310
ぎょゆのせんじかす【魚油の煎しかす】 41⑦336
ぎょるい【魚るい】 16①248
ぎょるいあらいじる【魚類洗汁】 48①205
ぎょるいのくさりたる【魚類のくさりたる】 17①206
ぎょるいのこえ【魚類のこゑ、魚類の肥、魚類の糞】 10①76/23⑥309, 312
ぎょるいのしずく【魚るいのしつく】 17①205
ぎょるいのにく【魚類ノ肉】 69②298
きらず【きらず、雪花菜】→おから→N 23①89/69①113
きりくさ【切草】 27①212
きりくず【切くづ】 13①266
きりくわ【切桑】→A 35②354/48①210/61⑩444
きりこい【きりこい】 3④254
きりごえ【切糞】 38①19
きりは【切葉】 35①105/47①41
きりは【桐葉】 38③197
きりまめ【切菽】 60③138
きりもち【切り餅、切餅】→N 59④342, 362
きりわら【きりわら、切藁】→B 23①85/28②141
きれわらんじ【きれわらんじ】 3③139
ぎろしゃせい【擬磠砂精】 69②269, 270
きわたかけごえ【木綿かけこへ】 62⑨359
きわたこやし【木綿こやし】 23⑤263
きわたざねのあぶらかす【木綿さねのあぶらかす、木綿さねの油糟、木綿ざねの油粕】 12①98, 99, 156/37③360
きわたのこやし【木綿のこやし】→わたのこやし 9②215
きわたのやしない【木綿ノ養】 32①147
きんこ【きんこ】 56①215
きんぴ【禁肥】 22④210, 228, 231, 246, 252, 274

【く】

くうんすい【煦温水】 69②267, 276
くき【くき、茎】→E、N、W 2①82/16①238/38③151
くきね【茎根】→E 60③136
くぐし【くゝし、くゞし】 9①22, 31, 33, 91, 100, 105, 120
くぐしそえがけ【くゞしそへがけ】 9①104
くこのは【くこのは】→N 60①65
くさ【くさ、草、艸】→B、E、G、N、X 1①48, 49, ②157/2④281, 284/3③136, 137, 138, 139, 140, 144, 151, 175, ④347/4①164, 182/5①147, 150/8①118, 126/9①60, 77/11①36, 37, ②92, 106/12①96/15③367/16①234, 235, 257, 261/17①54/18⑥493/21①43/22③155/23④173/24①105, 108/27①269, 324/28②182, 189, 191, 193, 199/29①43, ②126, ③230/30①120, ③248, 250/31④215, 216/32①25, 28, 33, 36, 40, 41, 205/33①17, ②108, 109, ③158, 159, ⑤239, 245/34⑤103, ⑦250, ⑧296/39①32/41②145, ③183/60⑥344, 358, 360, 364, 365, 368, 369, 371, 373/64⑤336
くさあくた【草芥】 34③51
くさおいのこやし【草をひのこやし】 17①223
くさがゆ【草粥】 4①19
くさがら【草から、草がら】→B 4①27/41⑦327, 330
くさがらごえ【草から屎】 6①146
くさかりしき【草刈敷】 1①88, 89
くさかりたて【草かり立て】 27①324
くさき【草木】→B、E、N 34⑧296
くさきのあおば【草木青葉】 34⑥142
くさきのうめごえ【草木ノ埋肥】 69②320
くさきのくさりごえ【草木腐肥】 69②320
くさきのめ【草木のめ】→E 25①129
くさきのめだち【草木の芽立】 30①43
くさきのわかば【草木の若葉】→N 10②363
くさきば【草木葉】→N 61⑩419
くさくまし【草くまし、草ぐまし】 8①115/61④166
くさげすい【草下水】 61⑩439, 447
くさごい【草こい、草肥ひ】 3③141/63⑤305, 309, 317
くさごえ【草こへ、草ごへ、草こゑ、草尿、草肥、草肥培、草糞、草屎、草菌、艸こゑ、艸肥、艸糞】 1③265, 267/2①55/3③131, 134, 136, 139, 140, 143, 152, 154, 163/4①199, 203, 204/6①13, 19, 20, 41, 212, ②279, 292/7①59/8①127/11④170, 171/12①93, 96/18②288, ⑤473/22②102, 114, 127/23①85/28④347/29②141/30①22, 25, 39, 70/32①25, 28/39④217, 218/41②116, ⑦316, 319, 320, 324, 325, 338, 340/42⑤321/48①231, 232/62⑧268, 269/63⑤303, 308/69①69, 126, ②181, 235, 241, 253
くさごみ【草ゴミ】 2④294
くさこやし【草こやし、草肥し、草肥菌】 1①80, 81/34⑦251
くさじから【くさじから】 34⑤76
くさしば【草しば、草柴】→G 13①68/40①11, 13
くさつくて【草つくて】 22②120, 121, 124, 126, 130
くさつくてごえ【草つくて糞】 22②118
くさにはこえのきのある【草にハ肥の気のある】 14①411
くさね【草根】→E、G、N 3③143
くさのこえ【草の糞】 41⑦320
くさのたねあるこやし【草ノ種アルコヤシ】 38④284
くさのね【草の根】→B、E、G、N 3③149/6①104
くさのまるごり【草の丸凝】 29③232
くさらかし【くさらかし】→A 24③303, 304, 305, 306, 307
くさらかしのつち【くさらかしの土】 41⑦322
くさらかしみずごえ【くさらかし水こゑ】 41⑦332
くさらしごえ【くさらし肥】 44①12
くさりかえり【くさりかへり】 17①65
くさりごえ【腐肥】 69②329, 331
くさりしずく【くさりしづく】

16①248
くさりたるくさ【くさりたる草】 12①347
くさりたるこやし【くさりたるこやし】 17①65
くさりたるしょうべん【くさりたる小便】 17①274
くさりたるもの【くさりたるもの】 17①284
くさりつち【くさり土、腐土】 20①81/27①134/41⑦339/61④162
くさりわら【くさりわら、クサリ藁、腐り藁、腐藁】 3①35/29②143/30③244/39⑤258,288
くさりわらくず【腐りわら屑】 2①95
くさりわらじ【くさり鞋】 2①95
くさるい【草類】 8①31/10①63
くさるいのこえ【草類の肥】 69①93
くされくちたるのもの【腐朽之物】 18③356
くされざかな【腐魚】 1①81
くされたるわら【くされたる藁】 33⑥355
くされみず【くされ水】 1④300,301
くされもの【くされ物、腐れ物】 7②255/33⑥368
くされわら【腐わら、朽れ藁】 33⑥335,337
くさわら【草藁】→B 1②148/67③134
くしだまり【櫛梳髪、梳垢髪】 69②313
くしのあか【梳頭垢膩】 69②311
くじゅうすなすくなし【九十砂少】 8①134
くじら【海酋、鯨】→B、J、N 5①45/33⑤238/40②176/69②302
くじらあぶらかす【海酋油粕】 69②303
くじらあぶらのかす【くぢら油のかす】 37②202
くじらいりかす【鯨煎粕】 62⑧268
くじらしび【鯨しび】 11①38
くじらのあぶら【海酋ノ油】→H、N 69②**308**
くじらのせんじかす【鯨のせんじかす、鯨の煎糟】 4①203/12①98
くじらのほね【海酋ノ骨、鯨の骨】 4①203/69②317
くじらのほねのあぶらかす【鯨の骨の油粕】 12①98
くず【葛】→B、E、G、N 10②338
くずだいず【くず大豆、屑大豆】 21①71/39①54
くすのき【楠の木】→E、S 16①249
くずのは【葛の葉、葛葉】→N 6①243/10①68,100,119/19①203
くずは【葛葉】→E 37②86
くそ【尿(屎)】 8①39,225
くそごえ【尿(屎)肥】 8①**122**
くそぬか【屎稃】 69②284
くぞば【葛葉】 24③287
くだしごえ【くたしこへ、くたしこゑ、くたし肥、くだし肥、下し糞、下肥】 4①111/16①258/17①173/54①264,267,271,273,276,277,279,282,283,286,290,292,293,297,299,300,301,305,307,313,314/69②**250**
くだしこやし【くたしこやし】 17①111,255
くだしはい【くたし灰】 17①166,282
くたた【くたゝ】 3④359
くだりくわ【下り桑】 36②127
くちかきくわい【くちかきくわい】 34④67
くちかくわい【くちかくわい】 34④66
くちごえ【口こへ】 62⑨327,336,339
くちごえ【朽壅】→かちくわい 34⑥159
くちわら【朽藁】 4①178
くにぎ【くに木】 30③239
くばりごえ【配り糞】 4①17
くま【熊】→E、G 69②305
くまし【クマシ、くマシ、くまシ、くまし】→まやごえ 8①**19**,20,26,31,36,94,95,102,105,107,111,112,113,115,**124**,125,126,131,136,139,141,142,143,145,147,148,149,151,153,178,188,189,211,214,217,222/15③369,386/28②199,200,214,263/40④316,317,318/43②198/61④162,169
くましわら【くましわら】 28②232
くまだいのぬれわら【隈台のぬれわら】 29②154
くまのあぶら【熊ノ脂膏、熊ノ油】→N 69②**306**,307
くみくさる【クミ腐ル】 8①128
くみごえ【くミごへ、くみごへ】 9①46,117,119
くもし【くもし】→まやごえ 41①12
くもしつち【くもし土】 29①38/41①11,13
くやし【くやし、壅】→こえ 34①9,②20,④67,69,**70**,⑤103/57②161
くらのはきよせにごとり【蔵ノハキヨセニゴトリ】 8①134
くりのき【栗の木】→B、E、G、N 3④221
くりのきのは【栗の木の葉】 25①129
くりのめ【栗の芽】→E 3④227
くりむし【栗虫】→G 59④356
くるまえび【車海老】→N 59④302
くるまごえ【車肥】 34⑤99
くるまこやし【車こやし】 20①183
くるみごえ【クルミコヘ、くるミ腴】 19①161/20①183
くるみのきのしば【クルミノ木ノ柴】 32①31
くるめごえ【クルメ糞】 19①115
くろかりせしくさ【くろかりせし草】 30③240
くろごま【黒こま】→E、F、N 55②137
くろさ【黒藻】 69②351
くろつち【黒土】→B、D 34⑥141
くろつちじのくわ【黒土地の桑】 35①59
くろどろ【黒泥】 23①102
くろぬた【黒ぬた】 41⑦340
くろはしのつち【くろはしの土】 36③249
くろむし【黒虫】→G 59④290
くろもく【黒蘊】 69②352
くわ【くハ、くは、桑】→E、G、N 3①55/4①16/10①100/25①62,63/35①24,60,108,113,114,117,118,124,125,126,129,130,135,139,143,147,150,151,156,234,②267,300,310,346,370,371,381,382,383,385,396,397,③427,428,429,430,431,432,433,436,437/47①25,27,41,②82,85,86,87,88,89,90,91,102,109,110,111,112,113,114,118,123,129,130,145,③167,169,170/53⑤335/56①208/61⑨302,304,305,⑩444/62④86,87,88,90,91,97,101,104,105,107/67⑥307
くわい【壅】→こえ 34③42,43,44,45,47,48,⑤81,84,86,103,108
くわいくばり【壅賦】 34⑤99
くわいしょう【壅性】 34⑤78
くわいつち【壅土】 34③44
くわえだ【桑枝】 47①55
くわのあおば【桑の青葉】 35①150
くわのあだばな【桑のあだ花】→E 35①105
くわのき【桑木】→B、E、N 47①50
くわのきりこ【桑の切粉】 35①114,125
くわのきりば【桑の切葉】 35①108
くわのこえ【桑の糞】 56①202
くわのずき【桑のずき】 36②122
くわののこり【残桑葉】 35③427
くわのは【くハのは、くわの葉、桑の葉】→B、E、H、N 3①56/10②342/19①203/25①117/35①109,111,126,180/47①24,26,27,28,43/62④104,105
くわのはな【桑の花】 35①105,111/48①210
くわのめ【桑のめ】→E 47③172
くわは【くわ葉、桑葉】→B、E 24①47,77/35①103,②346/47①18,19,20,21,23,24,25,26,41,42,43,48,②83,84,86,88,103,113/48①263/62④95,96
くわばな【桑花】 35①105
くわはのきりこ【桑葉の切粉】 35①112

【け】

け【毛】 69①107
げいぎょこつ【鯨魚骨】 69②314
けいし【鶏子】 13①270

けいし【鶏屎】 37②205/69②281,284,292
けいとうから【鶏頭から】 2①129
けいふん【鶏ふん、鶏糞】 1①81/6①13,16/9②215,225/11①35/13①46/33②105/38③127,164/44③210/69②286,303,358
けいふんぬか【鶏糞稃】 69②291
けかみ【毛髪】 7②258
けがらわしきこえ【けがらハしき糞】 13①45
げくわ【下桑】→E 47②85,86,87,88
げげでんごえ【下々田壅】 34⑥142
げごい【下こひ】 20②376
けごえ【毛肥、毫毛肥】 15③402/69①103,104,107,②312,313
げごえ【下こへ、下肥】→B、X 19②376/23⑥310/45③167
けしから【けしから】→E 2①21
けしのくき【けしのくき】 16①239
けしのは【けしの葉】 16①239
けしのやしない【けしのやしなひ】 30③293
げす【ゲス、げす、下ス、下す、下糞】 2①21/3④222,226,228,229,230,231,232,240,244,247,248,251,254,257,301,305,307,308,356,371,378/22①45,56,③175,⑤349/27①43,134/40②49,184/42⑤324/47④213,227
げすい【下水】→D 16①104,113,125,126,230,231,232,233,239,240,248,330/25①129/33⑥324,367/34⑧295/36①41/37②70,110,183/46③202,209
げすいのどろみず【下水の泥水】 12①366
けずくさ【けつ草】 37②103
けずくさこやし【けづ草こやし】 37②98
げすごえ【けすこへ、げすこゑ、けす肥、げす肥、ゲス糞、下す糞】 4①136/22⑤354/39④217/41①8,9,10,11,12,13
げすした【けす下、げす下、下す下夕】 27①16,41,42,44,90,107,127,267
げすしたつち【けす下土、げす下土】 27①92,94
げすはだ【けすはた、けすはだ】 27①16,43,63
げすはだつくりつぼのぶん【けすはだ作り坪の分】 27①41
けずりぐさ【けつり草、ケヅリ草、削草、鏟草】→A 1①81,89/2④300/20①80/36①46/37①25,②77/38①8
けずりしば【削芝】 5①152
けずりつち【けづり土】 29①35,38
げすわら【げすわら】 29②154
けだもののしるほね【獣の汁・骨】 70⑥392
けだもののつの【獣の角】 7②258
げでんのやしない【下田ノ養】 32①31
けものるい【獣類】→E 23⑥311
けるいのこえ【毛類の肥】 69①103
げんげ【ゲンゲ、砕米花、紫雲英】→たぶんず、れんげ 23①18,19/69①68
げんげばな【けんけ花】→れんげ 69①68
けんみくわ【乾味桑】 47②87,88,102,110,115,118,123,124
げんやのくさ【原野の草】 19②395,396

【こ】

こ【粉】→B、N、X 37①25/69①69,85
こあじ【小鯵】 58④256
こあぜのくさ【こあぜの草】 28②193
こい【コイ、こい、こひ、培い、肥ヒ、肥ひ、糞、養、屎ひ】→こえ 1④319/2④285,296,300,304,307/3④228,229,241,298,300,314,318,321,324,326,329,357,365,376/21①24,29,30,38,43,47,52,53,54,55,56,60,61,62,63,64,70,71,74,77,84,85,②117,125/22⑥373,375,377/27①59/31⑤257/37②160,③329/38③127,129,131,138,140,152,175,201/39②102,103,107,109/42③174/63⑤319
こいこやし【コイコヤシ】→こえ 2④281
こいし【小石】→B、D、J 4①164
ごいのかえし【五位のかへし】 16①257
こいみず【糞水】 38③161,193
こいみずため【濃水溜】 38③164
こいやしない【糞養】→A 38③157
こいわし【小いわし、小鰯、小鮋】→いわし→J 5①45,48/16①246/27①94/32①79/59④291,300,302
こいわしのこ【小鮋ノ粉】 5①53
こいわら【コイ藁】 2④285
こうお【小魚】→E、J 69②298
こうぞのずき【楮のずき】 36②122
こうぞのは【楮の葉】→N 10②342
ごうな【寄居蝦】 69②300
こうなご【コウナゴ】 5①45
こうのへり【鰆のへり】 34⑤76
こうひ【紅砒、紅魄】 69②275,381,382,383,384,385,386,387
こうひこう【紅砒鉱、紅砒礦】 69②355,382,386,387
こうひせき【紅砒石】 69②241,355,376,381,386
こうひばい【紅砒灰】 69②355,386
こうふん【厚糞】 7②262
ごうもう【毫毛】 69②311
こうもりのふん【かうもりのふん】 55②170
こうりょうのこえ【高料の肥】 5③248
こうるい【甲類】 7②256
こえ【コエ、こえ、コヘ、こへ、こゑ、培、肥、肥へ、肥培、糞、糞水、糞培、糞肥、沃、壅、屎、壌、菌】→くやし、くわい、こい、こいこやし、こえやし、こやし、じき、じきど、やしない、やしなえ→A、G 1③264/2①58,⑤325,331/3①42,49,51,④275,279,311,321,365/4①19,20,21,23,39,40,42,44,45,46,54,58,59,64,68,69,70,71,73,78,85,90,92,94,99,100,103,104,105,109,110,111,113,114,115,117,120,121,123,124,125,130,132,133,135,137,138,142,143,144,148,149,150,152,153,155,156,157,164,166,183,184,185,186,192,197,198,200,201,202,203,204,212,219,223,230,232,237,241,244,278,292,293,296/5①18,20,25,28,29,30,31,40,41,42,43,47,56,61,70,76,78,80,89,93,95,97,99,107,108,111,113,114,116,118,120,121,124,128,132,133,135,140,141,143,145,151,159,160,162,164,165,170,175,②222,③257,265,273,280/6①20/7①19,25,42,56,58,97,②254,255,257,269,270,274,308,316,350/8①36,41,42,43,57,60,61,67,71,75,77,79,81,84,86,88,89,100,101,103,105,106,109,110,113,118,119,120,121,124,128,129,130,131,132,137,139,142,143,145,147,152,154,181,183,186,194,219,227,232,239,240,241,242,246,264,267,269,270,279/9①10,11,18,19,28,34,38,42,46,47,48,51,52,56,57,66,67,70,76,79,80,85,86,87,99,104,120,123,127,128,131,③256/10①11,12,15,16,53,54,63,68,70,72,74,75,76,78,81,92,93,103,104,139,②320,377,③389,390/11②88,106,118,119,④165,166,167/12①53,55,58,61,62,66,86,89,91,92,93,94,96,97,98,99,101,102,103,107,133,137,143,144,147,161,169,171,174,175,178,186,189,194,197,202,203,207,217,218,220,235,248,249,252,255,257,267,272,273,277,279,292,296,297,298,302,310,313,318,324,350,353,361,362,364,367,368,369,371,372,376/13①14,16,20,25,26,36,38,44,46,54,56,62,65,68,70,72,74,80,81,83,105,107,110,116,118,119,136,145,156,158,168,174,175,189,216,228,249,273,275,279,283,285,291,295,351,359,366,371/14①60/15②136,③384/16①246,261/18①82,85/19②286/21①30,33,37,46,66,73,77,78,82,86,88,②117,118,124,132,133,③150/22①39,②107,113,114,115,

116,117,118,120,121,122,124,125,126,127,128,129,130,③170,175,④219,225,228,234,235,252,257,266,271,274,293,⑤349,350,351,352,353,354,355/*23*①19,27,30,52,54,58,59,72,88,100,109,⑤257,258,259,260,262,263,264,268,269,271,273,274,275,276,279,280,281,282,⑥301,302,308,309,310,311,313,314,315,319,324,330,332,334,336,337,338,340/*24*①13,38,62,71,135,148,②234,239,241,③283,284,287,290,302,303,306,307/*25*①48,50,59,82,116,120,121,122,123,124,②180,202,209,218,224/*27*①24,25,42,43,50,59,60,70,71,75,78,79,80,81,85,87,88,93,106,107,127,136,146/*28*①9,11,12,13,19,22,23,24,26,27,28,30,37,38,80,85,94,②142,148,163,174,176,207,240,241,242,258,③319,④330,331,332,334,335,339,340,341,346,347,350,352,353/*29*①8,13,31,33,34,35,37,39,51,53,63,75,77,84,88,②126,141,④294,295,296,298/*30*①47/*31*②83,⑤277,284/*32*①72,79,94/*33*①43,50,③169,170,171,④203,209,⑤240,250,⑥324/*34*⑥134,139,140,141,142,149,162,⑦254,⑧295/*35*①66,68,75/*36*②115,116,122,③193,195,249/*37*①10,19,20,②93,94,109,112,127,155,204,③259,260,261,292,308,320/*38*①16,③143,145,147,148,151,155,156,157,158,159,161,163,164,166,177,182,189,④243,245,262,274,282,283,284,285,289/*39*④204,205,206,210,213,216,218,219,230,⑤265,268,269,270,278,280,282,283,284,288,289,291,292,295,296,298,⑥323,324,326,327,329,330,331,333,343/*40*②41,49,50,51,53,54,58,59,67,88,89,90,100,102,107,113,119,124,125,128,132,134,139,145,148,172,176,177,180,182,185,187,188,③214,238,④273,274,283,304,305,309,315,317,318,322/*41*①13,②79,91,96,98,104,105,106,107,109,110,111,112,113,117,133,134,③171,172,174,181,④204,205,206,207,208,⑤234,235,237,244,249,250,255,259,⑥268,271,273,274,278,⑦313,314,316,318,319,320,321,323,331,334,335,336,339,340,341/*42*②98,101,③179,⑤322,331,⑥378/*43*①16,18,28,32,42,48/*44*②107,136,③205/*45*②101,⑦389/*46*①57,61,62,65,67,74,75,89,③205/*47*④203,208,227/*48*①117,188,190,191,194,206,216/*50*②150,152,156,157,183/*52*⑦314/*53*①14,16,④245,247/*54*①264,266,269,272,275,278,279,280,295,296,301,302,304/*55*①18,31,38,51,②134,135,137,140,142,③206,240,241,242,243,247,248,249,250,254,257,258,262,263,264,266,268,269,273,274,275,276,277,278,282,283,284,286,287,288,289,291,292,293,294,300,301,302,304,305,306,308,309,310,312,313,316,317,320,321,322,324,325,326,327,329,330,331,332,333,334,335,336,340,342,343,345,346,347,348,349,350,354,356,358,362,363,364,365,366,367,368,369,373,374,376,377,380,381,382,384,385,388,390,391,394,397,398,399,402,403,405,409,410,415,418,419,420,425,426,427,430,434,435,436,437,466/*56*①49,75,87,160,168,195,202,217,②245,248,249,253,254,256,285/*61*①32,33,37,49,②80,97,③128,④167,172,⑤179,⑦195,⑧219,230/*62*①14,④95,⑧260,261,268,269,270,272,276,⑨316,318,330,331,336,337,338,341,347,350,357,359,360,362,368,371,376,380,388,389,392/*63*①39,④261,⑤309,317,318,321,⑧433,434,440,441,442,444/*65*②90,91,122,125/*68*③338,④411/*69*①32,33,35,36,37,41,47,53,54,57,59,60,61,63,67,71,76,77,84,89,94,97,113,117,②180,328,348,357/*70*⑤318,⑥385,386,387,389,390,391,398,413,432

こえいばり【屎尿】 *19*①161

こえいれかた【尿入方、屎入かた】 *11*④173,181,184,186

こえかす【こへ糟、肥粕】 *10*③386/*41*②79

こえきれる【肥切ル】 *8*①130

こえぐさ【こへ草、こゑ草、肥草、肥艸、糞草】→E
*1*①64,68,80/*4*①293/*10*①100/*22*①53/*29*④292/*30*①43/*33*④215/*40*③227

こえぐさのくさりのこり【肥草の腐り残】 *30*①22

こえけ【肥気、糞気】 *8*①20,29,36,49,69,80,86,99,122,131,172,222,247,269/*19*②448/*23*①53,58,110/*45*③170/*69*①80,126

こえこしらい【薗こしらい】 *63*⑤295

こえこやし【薗蒋】 *62*③60

こえこやしのたくわえ【糞秣の貯】 *18*②287

こえしご【肥しこ】 *29*③250

こえしこみ【屎仕込】→A
*6*①13

こえしば【屎芝】 *62*⑨319

こえしゅうり【糞修理】→A
*5*①14,107,132,133,142,143,144,166

こえしょうべん【糞溺】 *41*⑦342

こえじる【こへ汁、こゑ汁、肥汁、糞汁、屎汁】 *1*①79/*5*①42,③259/*6*②313,314/*10*②319/*13*①156/*17*①172/*19*②383/*22*④288,293/*23*⑥308/*29*②139/*63*⑧433,442/*69*①107,②324

こえせい【肥情、肥勢】 *8*①29,44,45,91,92,103,185,233,237,240

こえそらまめ【肥蚕豆】 *30*①24

こえだち【肥立】 *8*①23,26,49,121,131

こえたるち【肥たる地】→D
*13*①17,105

こえたるつち【肥たる土】→D
*12*①271

こえたるどろ【肥たる泥】 *1*④328/*69*①72

こえぢから【こゑ力、糞力】 *41*⑦325,337,341

こえづか【肥塚、薗塚】→C
*30*①120/*63*⑧439

こえつけ【薗付】→A
*63*⑦374

こえつち【こへ土、コヱ土、こゑ土、肥土、糞壌、糞土、屎土】→B、D
*2*①82/*4*①161/*5*①177/*6*①108,112,119,155,156,157,158,175,180/*8*①89/*12*①189,203,206,239,240,262,307,373,376/*13*①116,175,249,250/*17*①87,95/*18*①82/*22*④227,235,250/*23*①29,30,71/*31*④202/*33*①24,28,29,31,32,34,41,48,51,52,53,54,⑤239,⑥367,380,389,390/*38*②62,④288/*40*④277/*41*①13/*61*④156/*62*⑧270/*69*①74

こえとなるは【肥となる葉】 *29*①81

こえどろ【糞泥】 *56*①94

こえなま【屎ナマ】 *22*⑤355

こえにくるい【糞肉類】 *10*①93,104

こえぬけ【肥抜、糞ぬけ】→D、E
*7*①95/*8*①131,147,149

こえのかげん【こえの加減、肥の加減】 *7*②268/*23*①110

こえのけ【こえの気、こゑの気、肥之気、糞の気】 *7*②309/*8*①57/*12*①97,249

こえのげ【糞ノ下】 *5*①45

こえのしかけ【肥の仕かけ】→A
*23*⑥301

こえのしさい【糞の子細】 *10*①104

こえのじゅつ【肥培の術】 *7*②292

こえのせい【肥ノ勢、肥之情、肥之勢】 *8*①42,43,79,131,185,235

こえのせいりょく【こえの勢力】 *7*②309

こえのたくわえよう【糞の貯へよふ】 *3*③143

こえのたしみず【こへのたし水】 *31*③109

こえのぬけ【肥之抜】 *8*①142

こえのぶんりょう【肥の分量】 *23*①61

こえのま【肥ノ間】 *8*①61

こえのもち【肥之持】 *8*①145,148,153

こえばい【こゑ灰、培灰、糞灰】 *1*④329/*5*①178/*12*①50/*21*①49/*29*③223/*30*①70/*41*⑦326,342

こえはこび【こへ運ひ】→A、Z
*10*①110

こえばなれ【肥ハナレ】 *8*①26

こえび【小海老】→Ｊ、N 58④250/59④303

こえぶそく【肥不足】 8①96,99,220

こえふん【屎糞】 22⑤354

こえぶんりょう【肥ぶんりやう、肥分りやう、肥分領】 23⑥312,324,327

こえみず【こへ水、こゑみず、こゑ水、培水、肥水、糞水、屎水】 2①120/3③141,144,145,150,151,152,153,154,156/6①56,119,127,136,138,152/7②309/12①302,376/13①190,203,228,248/18③359/21①47/22④227,261/23①116/24②237/25①116/27①62/28②142,143,145,149,156,181,183,193,212,220,231,232,233,237,245,246,253,260,268,274/32①63,102,110,111,119,126,132,133,134,135,141,147/33⑥313,318,319,333/37①14/38③162/39③144,150/61④162,164,166,⑤179,⑥187/62⑨318,319,320,330/70⑥410

こえむら【糞むら】→X 4①219

こえもち【肥持】→A 8①141,144/31⑤282,283

こえもの【肥物】 23①70,84,92,122,④176/24②240,241/27①76,80,127/48①199,200,209,217,240,260,319

こえものもちいかた【肥もの用ゐかた】 23④198

こえもり【肥盛】 23⑥314,336

こえもりかけ【こゑもりかけ】 23⑥314

こえやし【こへやし、こゑやし】→こえ→A 36②96,100,102,111,116,117,121,127

こえやしない【糞養】→A 4①237/10②321

こえわら【糞藁】 5①78

こえわらつくて【糞わらつくて】 22②117

こかす【小粕】 37③360

こがに【小蟹】 59④360

ごがら【ゴガラ】 8①126

こきこえ【こきこへ、こきこゑ、こき肥、こき糞、濃こゑ、濃糞】→のうふん、こきこやし 2①55/7②273,308/9②214/12①97,149,217,233,240,243,244,248,254,299,347/13①25,39,56,61,151,174,249,250/18⑤472/29①39/33⑥315,386/39①52,56/41⑦318/56①92,93/69①59

こきこえみず【こき糞水、濃糞水】 3③150/7②292/33⑥314

こきこやし【こきこやし、こき肥し、濃き糞、濃き糞し】→こきこえ 5③266,278/33⑥315,372

こきしたごえ【コキシタゴエ】 2①58

こきしょうべん【こき小便】 17①283/33⑥319

こきふんじゅう【濃糞汁】 69②244,249,250

こきふんすい【濃き糞水】 30①34,35

こきみずごえ【濃水糞】 7②270

ごぎょう【ごぎやう】→E、G、H 16①250

こく【穀】→E、N、X 69②240

こくごえ【穀肥】 69②320,321,323,325

こくさ【木草】 17①54,81

こぐさ【こ草、小草、莎】→G、H 9①66,77,89,103,104,107/16①249/33①19/38①26/60③136

こくさのるい【こくさのるい】 16①238

こくそ【コクソ、蚕くそ、蚕糞、蚕屎】→さんぷん→B 22⑤350,354/35②401/37③360/39②115

こくそから【蚕くそから】 39②105

こくぬか【穀糠】 7②257

こくもつのぬか【穀物のぬか】 13①266

こくるいのしずく【穀るいの雫】 16①233

こげつち【こげ土、焦土】 12①95/41⑦331

こごえ【こゝへ、こごへ、細肥、小こへ、粉こへ、粉こゑ、粉肥、粉糞、粉菌】 2①109/8①97,128,129,163/12①243,279/13①14,212,288/23⑥313,326,337/31④158,199,⑤266/33③161,④177,194,207,209,210,211,213,218,219,220,221,224,225,226,⑥314,316,319,320,323,361,365,368,369,380,381,386/41⑦323,327/69①61

こごえ【枯糞】 45②103

こごえ【細肥】 8①60,158,197,225

こごえ【小肥】 8①240

ごこくのから【五穀のから、五穀の殻】 3③140/16①236/40②176

ここつ【枯骨】 13①152

こしかす【こしかす】 41②144

こしば【小柴】→B、E、G 69①96

こっかくから【骨角殻】 69②240

こつち【粉土】→D 23①102

ことり【粉取】 22①34

ことりのえ【小鳥の餌】 62⑤119

こな【粉】 27①94/69①86,89,92,111

こなしこ【こなし粉】 10③387,388,390

こなしこほしか【こなし粉干か】→ほしか 10③390

こなしこぼれ【こなしこほれ】 16①265

こなのこえけ【粉の肥気】 69①87

こなほしか【粉ほしか、粉干鰯】→ほしか 23⑤277/29③248

こなもの【粉物】 27①92

こなや【こなや】 19①197

こぬか【こぬか、糠、小ぬか、小糠、粉ヌカ、粉ぬか、粉糠、粉糖(糠)、米ぬか、米糠、米粉糠、米粃】→ぬか→B、E、H、N 1①64/3④245,257,274,298,361,378/6①243/11①36,37/21①29,60,61,71/22①46,50,56,②114,115,117,118,126,③171,④231,235,252,274,⑤350,351/23①89,⑥309/24①71,③288,291,306/25①130/27①78,81,82,322,323/31④202/33④177/37②201,202,204,206/38①9,11,12,23,27/39①44,②119/40②179/48①199/56①203/62②36/69②247,340

こぬかごえ【粉糠肥】 69②339,340

このか【このか】 39③150,155

このかす【このかす】 11①36

このしろ【鰤】→J 40②176

このは【木のは、木ノ葉、木の葉、木之葉、木葉】→B、E、H、N、X 3③142/4①12,43/5①147/7①59/16①93,97,99,231,249,261/17①54,68,172/25①120/29②154/34③51/37①22/38①7,9/39①51,②120,⑤298/40①10/44③205/68④413

こばい【粉灰】 5①53

こはぎ【小萩】 10①100

こばのやしない【木庭ノ養】 32①108

こばむぎのやしない【木庭麦ノ養ヒ】 32①48

ごばん【五ばん】 23⑤266

ごばんごえ【五番肥、五番糞】 29③248/30①70

こふ【小麸】 22②117,118,124

ごぼうごえ【牛房肥】 38④241

こほしか【こほしか】→ほしか 23⑤278,279

ごま【こま、胡麻】→B、E、L、N、R、Z 12①62,93/23①18/55②176/62⑧268/69①67,②344

ごまあぶらかす【胡麻油糟、胡麻油滓】 3①45/69②341

ごまかす【胡摩粕、胡麻粕、胡麻滓】 33①50,②105,128/39⑤297/40②175/69①110

こまかなるこえ【細かなる糞】 13①28

ごまがら【胡麻から、胡麻売】→B 3③140/29③223

こますな【細砂】→B、D 34③47,⑥141

ごまぬか【胡麻糠】 3④290

ごまのあぶらかす【胡麻の油糟】 12①98/13①57,61

ごまのかす【胡麻之粕】 33④177

ごまのくき【ごまのくき】 16①239

ごまのこえ【胡麻ノ肥】 38④279

ごまのは【ごまの葉】 16①239/17①174

ごまめ【こまめ、ごまめ】→N 4①198/54①265,272,275,280,292,296,304,306,307,314/55②134

ごみ【こミ、こみ、ごミ、ごみ、塵芥】→あくた→B、D、H、X 3④289/4①12,13,32,64,65,294/16①93,99,124,125,132,139,205,230,231,237,238,240,241,255/17①61,65,110,111,172/23⑥311/34⑦246/36②115,120/37①15,39/41

⑦342/*54*①266,280,305/*61*①29/*62*⑨392/*63*⑤311/*67*③136/*69*①121,②366

ごみあくた【ごミあくた】→B、X
*16*①256,257/*17*①206,255,270,271,272,285

ごみあくたのくさりたる【ごミあくたのくさりたる】 *17*①205

ごみごえ【塳糞】 *18*②288

ごみすな【ごみ砂】→D
*29*②122

ごみつち【こミ土、こみ土、ごミ土、ごみ土、埃土】→D
*6*①135/*19*②288/*29*②122,143/*30*③242,252/*34*⑦248,249/*38*③198/*67*②111

ごみほこり【ゴミホコリ】 *5*①155

ごみみず【ゴミ水】 *38*④271

こむぎ【小麦】→A、E、L、N、Z
*69*②321

こむぎから【小麦から】→B、H、N
*23*⑥311

こむぎのから【小麦のから】→B、E、G
*38*①19

こむぎのこやし【小麦のこやし】
*22*③163

こむぎのすけ【小麦助】 *22*②115

こむぎのひきから【小麦の挽から】→B
*38*③197

こむぎのひきぬか【小麦の挽ぬか】 *23*⑥336

こむぎのぼし【小麦ノボシ】
*31*⑤260

こむぎのやしない【小麦ノ養、小麦ノ養ヒ】 *32*①50,58

こむぎわら【小麦藁】→B、E、H、N
*3*④239/*38*③189

こめ【米】→B、E、L、N、Z
*9*①143,144

こめあらいみず【米濯ヒ水】→しろみず
*69*②360

こめさけかす【米酒糟】 *69*②348

こめしろみず【米白水】→しろみず
*37*②206

こめぬか【米ぬか、米糠】→B、E、N
*3*①31,③134/*6*①14,**19**/*22*④207,252,264/*33*④177,225/*36*③193,242/*45*③154/*69*②340

こめのあらぬか【米ノ糲、米ノ稽】 *69*②338,339

こめのかししる【米の淅汁】→しろみず
*23*①85

こめのこ【米の粉】→B、N
*59*④355

こめのこぬか【米ノ粉糠】→B
*69*②339

こめのしる【米の汁】 *10*①70

こめのしろみず【米の泔水】→しろみず
*1*④323

こめのとぎじる【米のとき汁、米のとぎ汁】→しろみず
*3*④379/*33*⑥320,390

こめのぬか【米のぬか】→ぬか
*13*①270

こめのむし【米の虫】→G
*59*④355

こめのわら【米の藁】→わら→B
*33*⑥359

こめむぎぬか【米麦糠】 *69*②241

こめわら【米わら】→わら→B
*28*②189

こも【こも】→A、B、E、N、Z
*41*⑦327

こも【小藻】 *23*①**86**

ごもく【コモク、こもく、ゴモク、ごもく、芥、塵芥、糞壌、榼颸】→B、D、X
*8*①126,158/*9*①46/*14*①234/*15*③361,367/*27*①55,56,58/*36*③197/*43*②124,198,206/*45*③154,160/*47*③169/*50*②152,156/*55*③420/*61*④162/*62*⑦197,198/*69*①69,79,80,121,129,②181

ごもくつち【芥土】→D
*55*③263

ごもくのくさりたるもの【こもくの腐りたるもの】 *14*①266

ごもくのこ【こもくの粉】 *69*①80

ごもくようのもの【ごもくやうのもの】 *14*①343

こやし【コヤシ、こやし、越、土肥、尿、培、培養、肥、肥シ、肥し、肥やし、肥培、肥糞、肥養、肥養シ、肥薗、糞、糞シ、糞し、糞培、糞肥、糞肥し、糞養、糞苴、屎、屎し、腴シ、秠、秠艸、壒、薗、薗シ、薗し、秏】→こえ→A、L
*1*①26,32,35,47,48,49,57,59,70,78,**79**,80,**81**,82,83,84,85,87,88,89,90,91,92,93,94,95,102,103,119,②148,150,③261,④299,300,301,305,310,312,314,316,319,320,321,322,323,325,327,328,329/*2*①21,27,29,30,31,32,42,46,47,52,54,59,62,64,68,72,76,78,80,84,87,88,91,93,99,102,103,106,113,118,130,132,②155/*3*①19,20,27,29,32,33,34,35,37,38,42,45,50,③132,**133**,134,135,136,137,138,139,143,145,148,149,151,154,155,161,163,164,④262,298/*4*①158,177,218/*5*①137,152,171,174,②221,222,231,③247,248,258,260,261,263,266,267,273,274,283,284,286/*6*①9,20,27,28,40,41,43,47,59,85,90,99,101,102,103,106,108,112,119,122,127,129,133,136,146,147,151,154,155,157,175,176,204,211,②279,281,285,290,291,292,309,312,314/*7*①16,18,35,37,39,58,59,**94**,95,100,②233,256,258,260,262,265,268,269,315,316/*8*①12,151/*9*②215,216,217,218,219,222,③254/*10*①11,70,90,101,120,②362,364,③394,395/*11*①19,24,26,33,**35**,39,②91,③146,149,⑤262/*12*①57,64,74,75,80,92,95,99,102,103,122,133,135,140,143,153,156,169,196,198,211,243,244,255,261,264,300,346/*13*①29,48,61,79,88,101,174,208,271,347,351,352,353,354,355,366/*14*①33,34,35,78,82,101,113,119,152,154,176,179,207,266,303,312,343,368,369,377,378,381,402/*15*①43,52,93,97,99,②176,178,183,190,195,202,③345,378,394/*16*①75,78,80,81,83,84,86,92,98,99,102,105,107,113,123,124,125,138,139,143,145,148,149,165,202,203,205,206,208,209,211,218,228,229,230,231,232,233,234,235,236,237,238,240,242,243,244,245,246,247,248,249,250,252,253,254,255,256,257,259,261,263,264/*17*①54,55,64,65,80,81,85,86,87,93,94,97,98,102,107,110,112,126,130,131,132,133,134,136,151,160,166,170,171,172,176,177,180,194,198,204,205,207,215,221,223,226,229,231,232,241,252,255,256,259,262,267,270,271,272,273,274,281,284,285,286,290,295,305/*18*②255,261,④398,⑥496/*19*①132,②448/*21*①66/*22*①27,44,45,46,48,49,51,54,56,③157,158,160,161,164,170,④206,207,208,210,211,215,217,225,228,231,233,235,236,237,240,242,251,252,255,266,267,268,271,273,274,278/*23*①19,23,26,27,54,57,60,61,65,69,70,72,76,85,87,92,96,97,100,102,105,116,123,③152,④175,183,192,⑤257,⑥300,301,302,**307**,311,315/*24*③307/*25*①30,41,48,54,80,82,83,115,116,119,120,123,124,125,127,128,129,130,②182,185,188,214/*28*①5,11,③319,320,322,④353/*29*②134,149,③193,200,206,223,225,229,232,235,238,241,248,254,262,④279/*30*①103,⑤411/*31*①18,23,24,28,29,②69,76,78,③108,109,④222,⑤251,260,273,279/*32*①151,158,194,221/*33*①34,40,44,②105,112,113,119,120,123,129,④216,230,232,⑤239,243,246,⑥302,303,307,309,315,324,328,331,332,333,337,343,345,349,352,353,355,367,368,370,373,386,392/*34*⑧293,295,296,299/*35*②286,306,312/*36*①40,41,**46**,47,48,60,74,③**192**,193,194,195,197,242,249,294,316/*37*②103,111,205,206,③258,273,274,277,359,360,362,383,384/*38*①6,②50,51,52,58,59,61,62,65,66,67,68,69,70,71,72,82,③116,121,122,130,131,136,145,148,201,④245,278,286/*39*①13,**22**,23,24,25,26,29,31,32,36,40,41,42,43,44,45,46,47,48,49,50,51,52,54,55,58,64,③153,④199,202,203,**215**,223/*40*②46,52,53,60,101,102,103,104,107,108,112,113,114,115,120,149,

152,153,154,155,156,157,158,172,173,175,176,178,179,180,184,185,186/41②64,69,73,78,81,90,96,101,103,109,113,115,118,120,122,123,130,134,③183,185,④206,208,⑥268,⑦313,314,315,319,327,328,336,339,342/45③150,154,155,160,161,164,167,168,176,⑥291,297,304,313/46①11,③206,209,211,212/47②138,140,146,③168,169,170,171,173,175,⑤260,273/48①218/50①41,42,55,83,③252/53①17/54①265/55①52,②175,③303,337,359/56①93,182,②274/61①32,33,38,②81,85,89,95,97,③128,132,④162,164,166,169,170,175,⑨291,⑩414,415,417,419,424,425,429,430,433,435,436,439,441,446,447,448,458/62②36,⑤121,⑦193,195,196,197,198,199,200,201,206,211/63⑤298,303,321/67③138,⑥304/68②256,258,291,③338/69①29,30,40,43,44,45,46,47,49,54,55,56,58,61,62,63,65,67,68,69,70,72,73,74,75,76,77,78,79,80,81,83,84,85,88,89,91,92,93,97,98,100,101,102,104,105,109,110,113,115,117,118,119,121,122,124,127,128,129,130,131,132,②161,164,175,181,192,198,210,220,231,232,233,234,235,242,243,244,249,250,251,252,258,267,269,294,298,299,300,301,303,306,321,323,326,327,332,335,336,337,342,343,344,347,349,350,360,363,373,386,387/70③215,227,④262,263,269,⑤318,⑥385,387,388,389,390,391,392,394,409,412,413,416
こやしかけ【肥しかけ】→A 5②226
こやしぐさ【こやし草、肥シ草、肥し草、肥草、糞シ草】→A 1①91/10①119/29④290/33④215
こやしけ【壌気】 9③265
こやしじる【糞汁】 6①43
こやしする【肥する】→A 25①119
こやしつち【コヤシ土、肥シ土、肥し土】 22④228/38④238
こやしにゅう【こやし鳰、肥し鳰】 36③192,196
こやしのあわせみず【こやしの合水】 16①126
こやしのいちばん【肥しの一番】 69①40
こやしのききいろ【肥しのきゝいろ、肥のきゝ色】 22④215,216
こやしのしほう【糞の仕法】 1④297
こやしのじょうひん【肥し之上品】 29③217
こやしのにごりみず【肥しの濁り水】 29③231
こやしのぶんりょう【肥しの分量】 22④279
こやしのよしあし【こやしの善悪】 17①132
こやしはい【肥し灰】→はい 25①28
こやしはこび【こやし運ひ】 10①110
こやしぶんりょう【肥し分量】 23①60
こやしもといれ【壌元入】 9③279,280
こやしみず【こやし水】 55②176
こやしもの【肥しもの、肥し物、肥もの、肥物、屎物】 6②270,271/23①30,120,122,④176,193,197/27①77/39④216/62①14
こやしやしない【糞養】→A 10②375
こやしをこしらえる【肥しを拵へる】 41②133
こやす【肥ス】→A 69②240
こやばい【木屋灰】→はい 44③209,210
こやま【肥薗山】 1①84
こゆきこえ【コユキ肥】 31⑤260
こゆきしもごえ【コユキ下モ肥】 31⑤250
こり【こり】 69①83
ころもごえ【ころもごゑ】 28②141
こわごえ【強肥】 11①38
こわは【強葉】 62④96
こんすい【溷水】 20①230/27①17,268

【さ】

さえんごえ【菜園肥】 44②108
さおえんしょう【梢焔硝】 69②373
さかきぐさ【さかき草】 37②99
さかな【魚、肴】→J、N 31⑤262/48①205,206
さかなあぶらかす【魚油糟】 3③134
さかなごえ【さかなこへ】 5②222
さかなのあぶらかす【魚の油粕】 69②304
さかなのはらわた【魚の腹】 22①45
さかなやのにこな【魚屋ノ荷粉】 8①134
さかやきけ【月代毛】 69②311,312,313
さかやきのけ【月代ノ毛】 8①123/69②313
さかやきのそりげ【月代の剃髪、月代の剃毛】 7②258,334/23①53/69①103,104
さかやくわい【酒屋壅】 34⑤101
さく【さく】 6①14,19
さくいれごい【作入ごい】 22⑥372
さくいれごえ【さく入こゑ】 24③306
さくばのあぜつち【作場の畔土】 30①106
さくもうこやし【作毛こやし】 16①239
さくもうのから【作毛のから】 16①238
さけ【酒】→B、G、H、N 14①346
さけかす【酒カす、酒かす、酒糟、酒粕】→N 3①28,45,③134/9③250/22④274,⑤350/34④70/37②95/38①11,26,③133,148/48①200/55②170,③437/56①107/62④95/69①117,②241,283,346,347,349,358
さけかすごえ【酒糟肥】 69②348
さけかすのしる【酒糟の汁】 38③175
さけのかす【酒のカス、酒のかす、酒の糟、酒ノ粕、酒の粕、酒の滓、酒之糟】→B、G、N 11②89,④173/37②95,96/38①9,23/46①11,59/54①295/59④356/61⑩435/69①38,109,117,118,119
さけのかすのしる【酒の糟の汁】 12①308
さけのふるかす【酒の古かす】 16①264
さけのるい【酒の類】 10①70
ざこ【ざこ】→J、N 16①256
ざごい【さこい、ざごい】 39②102,109,110,118,119
ささ【さゝ、笹】→B、E、G、H、N、Z 9①29,60,72,85,88,104/11①36,37/24②240/31④215
さざえ【拳螺】→J、N 69②314
ささぎのふるば【豇豆の古葉】 38③197
ささくさしたのくろすな【さゝ草下之黒砂】 34③48
ささげ【さゝけ、大角豆、豇、豇豆】→E、N、Z 2①129/3③148/39②109/69②326
ささげのねごい【豇豆の根糞】 38③202
ささご【笹子】 59④344,360,362,392,396
ささごえ【笹屎】 42④251
ささのは【笹の葉、篠の葉】→B、E、H、Z 16①252/23①54
ささのふるは【笹の古葉】 28④341
ささば【笹葉】→B、E、H 24②234
ささまじりのくさ【篠交りの草】 3③140
さざめ【サヾメ】 24①71
さしいわし【刺鰯】→いわし 5①46
さしごい【さしこひ】 39④216
さしごえ【さしこへ、さしこゑ、さし肥、さし糞、差肥、指肥、指糞】 4①128,129,133,134,135/7①94,96/29③248/30①34,35,67,68,71,74,75,90/39④217/41②67,69/69①84,111,131
さしほしか【刺シほしか】→ほしか 61⑩415
さつきいねこやし【五月稲こやし】 39③149
さつきのねごえ【五月のねごゑ】 28②159
ざつごい【雑こひ】 21①61,62,70
ざっこく【雑穀】→N、X 13①263
ざっこくのしいら【雑穀の粃】 13①262
ざっそう【雑草】→E、G 28①20

さとう【砂糖】→B、E、H、N 31④207

さとうごえ【砂糖肥】 44②122

さとうしゅうりごえ【砂糖修理肥】 44②133

さとうちしゅうりごえ【砂糖地修理肥】 44②133

さとうみず【砂糖水】→B、N 14①346

さとうみつ【砂糖ミつ】→N 40④333

さとくさ【里草、里艸】 6①19/30①22

さとべのしばくさ【里辺の芝草】 30①70,106

さなぎ【サナキ、サナギ】→E 22⑤350,351,353

さば【さば、鯖】→B、J、N 58④256/59④377

さばのかわ【鯖の皮】 59④300,301

さめ【鮫】→G、J、N 5①45/40②176

さめかす【鰈粕】 58①62

さめのはらわたこやし【鮫の腸壊】 9②225

さやぬか【粃糠】→もみがら 23①85

さらぬか【サラヌカ、さらぬか、さら糠】→もみがら→E 28④331,335,340,348

さる【猿】→E、G、Z 69②314

さんがつむぎのやしない【三月麦ノ養ヒ】 32①50

さんさ【蚕沙】 6①13,16

さんし【蚕屎】→X 22⑤351/24①71/69②293,294,295

さんじゅうごえ【三重肥】 25①124

さんちゅうかす【山中粕】 39③154

さんどめのこやし【三度目の肥】 22④251

さんばん【三番】→A、B、E、K、L、M 7①95/8①27,106,144,226/10③389/15③381,394/23①63/50②156

さんばんごい【三番こい】 3④285,288

さんばんごえ【三ばんこゑ、三ばん肥、三番こゑ、三番肥、三番糞、三番薗】→A 3④284/7①96/8①26,31,40,54,105,122,149,151,153,198,199,225/14①154/15③388,394,403/22①51/23①60,61,⑤262,263,266,273/29③248/30①110/33④213

さんばんごやし【三番肥シ、三番肥し、三番糞】 5③257/15③384/30④347,350

さんばんみずごえ【三番水肥】 69②343

さんばんわたごえ【三番綿肥】 8①288

さんぷん【蚕ふん】→かいこのくそ、かいこのふん、こくそ 56①195,215

さんま【さむま、長鰮】 59④356/69②302,308

さんやのくさ【山野の草、山野之草】 19②288/29②139/38①10

【し】

しいな【粃】→E、G、N、Z 69②282,291

しいら【しいら、粃】→E、N、G 9①144,150/13①263,266

しいら【鱰】 40②176

しいりみず【しいり水】 34④67

しお【塩、汐、潮、鹹塩、鹹鹺】→うしお、かいえん→B、G、H、L、N、Q、X 8①16,17,60,130,185/17①178/23⑥337/29③217/31②76/33⑥377/46①57,58,59/62⑦196,197/68②291/69①33,35,36,37,53,70,71,74,76,85,93,104,105,109,117,123,126,127,128,130,131,133,134,②259,264,295,298,299,313,326,330,360,370

しおがまのくだけ【塩竈の砕】 69①116

しおがまのこげはい【塩竈の焦灰】→はい 12①169

しおから【塩辛】→N 9③250

しおくさ【塩草】→N 9③251

しおけ【塩気、塩肥、鹹塩、鹹鹺】→G、H、P、X 2①53/7②254/8①185,221/15③379,382/16①244/17①178/29③193,217/39①47/41⑦340/54①269/61①32/62⑧268/69②241,243,255

しおけあるこえ【塩気有ル肥】 8①136

しおけのあるしんふんにょう【塩気のある新糞尿】 2①99

しおけのあるすなごえ【塩気のある沙糞】 12①278

しおけのあるみずごえ【塩気のある水糞】 37③361

しおけのるい【塩気の類】 17①178

しおけもの【塩気物】 8①226

しおじみたるつち【塩じミたる土】 12①169

しおじる【塩汁】→N 6①102/16①233/41②90/61①32

しおづけもの【塩漬もの】 7②255

しおにがり【塩にがり】 40②49,52,179

しおのせり【塩ノセリ】 8①129

しおはまのにがり【塩浜のニかり】 29③217

しおふきがいのした【汐吹貝の舌】 59④316

しおもののうつしもの【塩物の移物】 48①205

しか【鹿】→G 69②296

じかす【地粕】 28②136

じき【じき】→こえ 1④324/40④328

しきくさ【敷草、敷艸】 30①66,107

しきくわい【敷壅】 34③51,⑤104

しきごえ【しき糞、布肥、敷キ糞、敷こゑ、敷ごゑ、敷培、敷肥、敷肥培、敷薗】 5③268/7①63/8①124/12①94/23⑤268,⑥324/32①66/39①32,51,55/55③277/61②81,89,92/62⑧269/69①70,97,100,101

じきど【蓄土】→こえ 36①40,41,46,47,48,50,60,74

しきわら【敷わら】→B 25③279

じごい【地こひ】 3④294

じごえ【地こゑ、地肥、地屎】→A、D 8①31,37,39,40,77,86,122,123,141,143,222,231,232,233,237,246/23①30/25①74/28④353/29①38/33④178,229/38④287/44③239,240,242,244,245,246,248,249,250,251,252,253,254,255,256,257,258,259,260,261,262/46①12,59,60,65

じごえ【自肥培】 21①29

しし【獅子】→G、N 41②145

ししばば【小便糞】 40②85

しじみ【蜆、蜆殻】→J 69②300,314

しそ【死鼠】 13①174

したくさ【下草】→B、G 13①83/64①60

したごえ【下タ肥、下タ薗、下薗、下肥、下糞、下壌】 1③268/5①151/9③243/23①86/25②198,200,207,208,211,212,214,218,219,222/31⑤266/61②91

したじ【下地】→A、B、D、K、N、X 24③291

したじごえ【下地肥】 11①18/31②78

したじのいれごえ【下地の入肥】 33⑥336

したじのこえ【下地之肥】 18⑤468

したじのこやし【下地之こやし、下地之肥やし】 18⑤465,467,470,471

じつあるこやし【実有こやし】 9②222

しつこやし【湿肥】 70⑥417

しなびたるは【しなびたる葉】 47①47

しにしば【死芝】 19①57

しにょう【屎尿】 20①182

しのざさ【しの笹】 5③273

しのねのは【シノネ葉】 32①20

じのやわらぐもの【地の和らぐ物】 13①67

しのようへい【篠葉柄】 38①7

しば【柴】→A、B、C、E、G、N 11①36,37/12①96/24②233,234/28②142/31④215,216/32①74/34⑦249/41③185/61⑩417/68④413

しば【芝】→B、E、G 5①46,50,146,152,153,155/9③250/16①252/24③307,325/36③249/41②134/62⑨318,319/65②129

しばあくた【柴芥】 5③272

しばうら【柴末】 36②100

しばきのめだち【柴木ノ芽立チ】 32①120

しばくさ【柴草、芝草、芝艸】→A、B、E、G 2④285/3③142,144,149,162/4①17/5①46,49,50,145,148,③272/6①14,19/9①23,37,57,58,59,61,64,69,88,92/10②317/12①383/13①346/17①81/20②384/24①

71,102/29②130,131/30①43/32①21,22,24,27,55,202/33②111/34⑧304/36②100/41①9,10,③184,185/43①58,59,60/60③136/61①48,49/69①70
しばくさごえ【芝草こゑ、芝草肥】 4①58/69②320,**327**,330
しばくさね【柴草根】 3③142
しばごえ【しばこゑ、しばごゑ、柴こへ、芝こゑ、芝肥、草根糞】 3③134,142,143,162,163/28④347/31②83/39⑥330/40③227,228/41⑦316/69②328
しばつち【芝土】→D
5①146/17①172
しばのね【芝之根】→B
33②123
しばのはい【柴の灰】→B
17①173
しばのめだち【柴の芽立】 30①125
しばはらのけずりぐさ【芝原のけつり草、芝原のけづり草】
19①57/20①80
しび【鮪】→J、N
40②176
しびかす【鮪糟】 69①**110**,113
しびこっぷん【鮪骨粉】 44③211,212,213,214,215,218
しびちゅうこ【鮪中粉】 44③248,250,257
しびぼね【鮪骨】 44③254,256
しぶ【渋】→B、N、X
16①238,239
しぶおおきもの【しぶ多きもの】
16①238
しぶふん【四分糞】 13①39
しぼりかす【搾粕】→N
15①97
しまいごえ【仕廻肥、仕舞ごゑ、仕舞糞】 13①17,22/69①108
しまさより【嶋細魚】 40②176
じまぜごえ【地交肥】 44③233
じまぜたて【地交立】 44③217,218,219,220,221,222,223,224,225,230
しみず【清水】→B、D、N、X
41②144/60③137
しめかす【〆かす、〆糟、〆粕、しめ粕、絞粕】→ほしか
21①66/22②102/38②62/55③336/61⑩415
しめがすいわし【〆粕鰯】→ほしか
23①89
しめかすこ【〆粕粉】 38②50
しめがら【〆から、しめがら】→L
22⑥369/39①49
しめはい【しめ灰】→はい
27①103
しめりくわ【湿り桑、湿桑】 47②89,111
しもあわから【霜粟から】 25①28
しもぐわ【霜桑】 35①73
しもごい【しもこい、下こい、下ゴイ、下ごい、下こひ、下ごひ、下肥ひ、下糞】→L
2④281,285/3④230,231,241,245,249,251,254,257,268,274,289,290,293,301,304,309,318,321,325,330,357,359,365,374,375,376,382/20②392/22⑥366,369,370,372,373,376,377,378,383,384,385,392,394,395,396,397/37①25,②95/38②51,68,72,③121,130,133,155,158/48①219,245/55②170,173,180/63⑤303,317,318
しもごいこいため【下糞濃溜】
38③135
しもごいため【下糞溜】 38③134
しもごいばい【下糞灰】 38③125,131,135,139,144,147,153,156,157,163,168,177,195,197
しもごえ【しもごえ、シモコヘ、しもこへ、下こえ、下ごえ、下コヘ、下こへ、下コヱ、下こゑ、下モこへ、下モこゑ、下も尿、下モ肥、下も肥、下モ糞、下も屎、下モ菌、下肥、下糞、下屎、下菌、人糞、薄肥、糞、糞壌、屎、屎肥】→じんぷん、ひとごえ、ひとのにべん、ふんにょう
1②143,144,148,④309,322,323,325,328,329/3④238,239,241,252,290,302,303,307,331,350,351,353,361,365,369,377/4①78,80,87,90,91,100,106,145,146,147,149,151,156/5①44/6①13,133/7①94/8①40,85,89/11④165,167,173,181,182,183/14①302/15③367,386,388,401/18⑤467,468,470,471/19①45,49,56,58,104,106,117,134,143,163,182,②286/22①50,②102,⑤350/24①38,③282,283,290,291,292,302,303,304,305,306/25①124,126,②180/27①41,42,43,71,94/30①24,⑤399/31⑤254,274/33③158,160,162,169/34⑤99,⑧303/35①73,75,②308/37①19,21,22,25,26,44,②94,95,96,109,202,③259/38①10,11,12,14,15,17,18,26,27,②57,62,66,70,72,73,③139,143,146,147,151,157,161,162,175,④244,279,280,281,283,288/39③145,147,148,149,150/41④205,206,207,208/42④284/43①20,39/45⑦396/46①11,57,58,59,66/47②141,③174/48①191,200,231/54①264/55②134,135,175/56①194,204/61②80,85,89,91,92,97/62②36,④95
しもこやし【しもこやし、下モ肥シ】 7①18/22②101/30④347,348,350
しもぬか【下ぬか】 3④252
しものやしない【下のやしなひ】
30③240
しもまごえ【下真糞】 4①150
しゃく【しやく】 58④250
しゃこ【蝦蛄】→N
22①45
しゃじつでい【炙日泥】 69②241,362
しゃじつのつち【炙日土】 69②354
しゃじつのでいど【炙日ノ泥土】
69②**361**
じゅうにく【獣肉】 69②240,**295**,298,299
じゅうにくじゅう【獣肉汁】
69②298,318
じゅうもう【獣毛】 69②313
じゅうゆ【獣油】 69②306,307,308,309
しゅうりごえ【修理糞】 5①150
じゅうるいのけ【獣類の毛】
69①104
じゅくしたるばふん【熟したる馬糞】 12①366/13①288
じゅくふん【熟糞】 12①147,178,286/13①42,48,68,179,196,288/14①388/15①81/38③121/69②244,245,249
しゅくわら【宿藁】 35②401
じゅんさい【蓴菜】→E、N、Z
69②351
しょう【蟓】 69②295
しょう【小】 23⑤266,278,279
じょう【溺、屎】 69①37
しょういわしごえ【正鰯こへ】→いわし
41②113
しょうかす【正粕】 29②129
じょうぐわ【上桑】→E
35①150/47②84,86,87
じょうごい【上こひ】 21①29,52
じょうごえ【上こへ、上こゑ、上培、上肥、上肥へ、上糞、上糞肥、上屎】→B
1①86/2①47,103/4①80,201/5①89,106/6②313/7①59/8①39,71,86,87,88,89,97,101,105,120,121,125,130,131,139,149,157,162,163,222/10①104,②317,319,320,329/12①98,99,101,102/23⑥301,302,308,310,312,313,315,316,318,320,326,338,339/24③291/29③199,200,205,212,260,262,263/39①23,41,50/40②49/41⑦335,336/45③167/69②303,332,346
じょうこぬか【上こぬか】 27①94
じょうこやし【上こやし、上肥し、上肥菌】 1①81,90/7①18,39/16①239,240/29③204,206
じょうじょうでんのやしない【上上田ノ養】 32①30
じょうしょく【常食】 47②87
しょうちゅう【焼酒】→B、L、N
69②348
しょうちゅうかす【せうちうかす、せう中かす、焼酒糟、焼酎糟、焼酎粕】 8①**122**,124,219,226/15③394/20②391,392/22②120/23①89,⑥309,**310**/29②129/30①71/37①25/41④208/48①191/69①**117**
しょうちゅうから【焼酎から】
23⑥308,336/33①20
しょうちゅうからごえ【焼酎からこゑ】 23⑥326
しょうちゅうのいりから【焼酎之煎殻】 33④216
しょうちゅうのかす【焼酒の粕、焼酎ノ糟、焼酎の糟、焼酎の粕、焼酎之糟】→H、N
7①18/15③382/19①57,162/20①184/22②101/25②214/31④202/41④205/51①112/56①203/69①**117**,118
しょうちゅうのから【焼酎之殻】
33④218
しょうちゅうをとりたるかす【しやうちうをとりたるかす】 16①264

じょうでんのやしない【上田ノ養】 32①30
じょうとり【上トリ】 8①134
じょうぬか【上糠】 8①16
じょうのこえ【上の肥】 11②94
しょうぶ【菖蒲】→E、H、N、Z
6①14
しょうべん【しやうへん、しよふべん、しよへん、小へん、小べん、小便、人尿、尿】→いばり、きしょうべん、しょべん、にょう→B、G、H、L、N、X
1①81,86,91,92,③267,268,④300,301,309,322,323,329/3①34,④230,239,246,257,308,314,317,326/4①44,56,68,69,78,90,91,93,95,100,105,106,109,110,116,120,130,136,137,140,141,142,146,147,150,151,153,155,156,198,200,202,203,204/5①29,44,114/6①13,**16**,18,19,87,90,109,119,129,136,138,142,148,153,156,157,②314/7①94,95,96/8①16,21,25,55,67,95,107,**123**,129,225,273/9①11,12,112,123/11①19,③149/12①219,240,242,277,279,280,282,305/13①174,190,202,252,359/14①73,119,179,381,394,400/15①81,②223,③357,403/16①244/17①221,228,245,262,263,272,273,283,284/18⑤462,464,470,473/19①49,125,131,136,167,②287,444,445,446,447,448/20①232,②391,392/22①45,⑥372/23①50,59,84,85,⑤262,263,266,273,277,⑥308,309/24①28,③287,292,301,302,303,304,305,307/25①123,125,126,②214,215/27①48,76,143/28④347,352,355/29①57/30①99,110/31②67,⑤251,266,267/33④212,216,218,229,230,231,232,⑥307,309,320,324,325,328,330,331,336,337,341,355,358,359,360,365,367,369,379,380,389,390/34③48,⑥140,141,⑦247,248,249,⑧295/36②120,③193,242,294/37①21,②70,109,110/38③175/39⑤265,273,297,⑥332,334/40②49,52,153,178,179,④304,307,317,322/41②90,91,115,119,120,122/44③209,210,211,255/45③152,154,167,168,176/46①11,59,③202,204,205,206,207/50②152/54①269/55②174,③250,264,276,278,282,302,321,334,350,368,386,387,398/56①93,161,195,202,203,②248/61②86,89,90,98,④162,164,166,167,⑤179,⑥187/63⑤318/69①35,**37**,38,39,40,41,43,46,47,48,49,50,56,57,70,74,86,87,93,94,98,111,128,129,②176,178,179,180,256,257,258,312,390/70③226,④263,⑥387
しょうべんくそ【小便尿】 8①161
しょうべんくわい【小便くわい、小便壅】 34③48,④67,68,⑤84
しょうべんごえ【小便こえ、小便こゑ、小便糞、小便壅】 4①10,40,45,69,70,81,82,84,90,91,93,104,105,110,114,121,129,133,137,142,143,144,148,149,151,152,**201**/34⑥141/39⑤269
しょうべんこやし【小便こやし】 18⑤463
しょうべんすい【小便水】 36②121/56①42,48,53,160,182,212
しょうべんだら【小便だら】 3④299
しょうべんなまこい【小便生こい】 3④282
しょうべんにみず【小便に水】 3④290
しょうべんぬか【小便稃】 69②**257**
しょうべんのおり【小便ノオリ】 31⑤250
しょうべんのこき【小便のこき】 33⑥323
しょうべんばい【小便灰】 4①111,128,136/6①27,85,101,112,122,125,129,133,136,137,142,150,175/19②446/20②370,384,391,392/27①268/61④167,169/69②**257**
じょうほしか【上干鰯】→ほしか
7②315
しょうみくわ【生味桑】 47②86,88,93,102,110,116,118
しょうみず【しよふ水】 40④284
じょうむるい【上無類】 8①26,41
じょうめんそう【上免草】 39④218
しょうゆかす【せうゆ粕、醤油カス、醤油かす、醤油糟、醤油粕】→N
3③134/8①60,**122**,127/21①63/22④207/25①130/30①71,89/39①48/46①11,59/69②241
しょうゆかすだし【醤油糠出し】 8①128
しょうゆかすのだし【醤油粕之出し】 8①225
しょうゆから【醤油から、醤油売】 33④225,⑥313,333,344,372
しょうゆのかす【醤油ノ糟、醤油の糟、醤油のかす、醤油の粕】 7①18/15③382/69①**108**,110,②350
しょうゆのから【醤油之売】→N
33④177
しょうゆのしぼりかす【醤油のしほりかす】 29③206
しょうゆのみ【醤油の実、醤油実、醤油之実】→N
29②130,144,148,③217,263
しょうよう【しやうよう、しようう】 40④305,312
しょうようすい【小用水】 40④322,323
しょぎょのあぶら【諸魚ノ油】 69②306
しょくもつるい【食物類】 10①100
しょこえ【諸糞】 5①55
しょじゅうのくそ【諸獣ノ屎】 69②261
しょそうのくさりたる【諸草のくさりたる】 17①255,284,285
しょたて【諸たて】 33⑤246
しょたてごえ【諸たて肥】 33⑤254
しょちょうのふん【諸鳥のふん】 16①255
しょっきなどをあらいしみず【食器等を洗ひし水】 69①56
しょべん【しよべん】→しょうべん
39⑥329
しょぼくのあおば【諸木の青葉】 25①54
しょぼくのわかほえ【諸木の嫩杪】 48①260
しらこ【しらこ、白子】→J
5②227/59④300
しらす【しらす、白砂】→D、R、Z
34⑦247,249/36②101/44③239,240
しらすな【白沙】→D
12①100
しらた【しらた】 59④392
しらたえび【しらた海老】→J
59④360
しらばい【白灰】→はい→B
27①57
しらも【龍鬚菜】 69②351
しらわら【しらわら】 28②215
しりげがりのくさ【しりげがりのくさ】 28②191
しりごえ【尻こへ】 40③228
しりのこえ【尻ノ肥、尻之肥】 8①144,149
しりょう【飼料】→かいば
1①65/2①68/3③173/6①243/16①236/31①21/68④401
しりょうのわら【飼料のわら】 10①119
しりょうむぎ【飼料麦】 28①36
しる【汁】→B、E、H、N
5①176/16①233/41⑦333/69①83,121
しるあめ【しるあめ】 40④333
しるごえ【しるこゑ、シル屎】 39⑤273,⑥329,333,334
しろ【しろ】 17①231
しろかす【白糟、白粕】 39③148,149,150,155/45③167
しろごえ【代糞】 7①16/30①89
しろごま【白胡麻】→E、F、G
59④362
しろごまのこ【白胡麻の粉】 59④342
しろほしか【白干鰯】→ほしか
23①60
しろみず【しろ水、洗米汁、白水、泔、洱水、泔水、泔水】→こめあらいみず、こめしろみず、こめのかししる、こめのしろみず、こめのとぎじる、しろみずごえ→B、H
1④300,301,309/3①54,④301/4①116,164/6①11,156,175/12①282,302,305,308,309/13①81,136,190/17①283/18①74,82,③359/28④353,355/30③255,273/37②206/38③175/40②180/41⑤242,⑥273/46③204,205,207/54①266/55②170,③436/56①54,117,176,177,179,194,204,212,216,217/63⑧444

しろみずごえ【白水こえ】→しろみず 4①149

しろわら【白藁】 29③217,263,264

じんあい【塵埃】 38③193,194/68③363/69②241

じんかい【塵芥】→B 2①130/3④341/9③250/31⑤254/37②206/61②97/64⑤336/69②181,364,373

じんかいのはきだめ【塵芥之掃溜】 33④227

じんかいるい【塵芥類】→B 30①120

しんかす【真粕】 28④337

じんかのにごり【人家の濁り】 41⑦339

じんかのふきくさ【人家の葺草】 30①108

じんかのふるかや【人家の古茅】 30①67

しんこ【しん粉】→K、N 59④362

じんこつ【人骨】 55②174

しんこやし【新こやし】 17①132

しんせいせっかい【新製石灰】→いしばい 69②376

じんにょう【人溺、人尿】→N 3③135/69②240,**255**,256,258,261,264

じんはつ【人髪】 69②313

じんばにょう【人馬溺】 63⑧444

じんばのあらいしる【人馬の洗汁】 4①203

じんばのしょうべん【人馬ノ小便、人馬の小便】 4①58/19①127

じんばのふん【人馬の糞】 3①38,45/6①21

じんぷん【人ふん、人糞、人糞】→しもごえ→H、N 1①81,86,89,90,91,④300/3①37,44,50,③134,135,143,④267,283,296,309,314,317,319,324,325,327,329,362,370,373,376/4①103/6①13,14,136,137,175,②313/7①59,60/9②222/11①35,36/12①96,98,100,155,279,290,293,316,368,380/13①36,45,72,83,106,275,285/15③384/21①29/22②102,114,115,116,117,118,120,121,122,124,125,126,127,128,129,130/23⑥308,**309**,310,332/24①27,62,71/29③212,217/30⑤397,398,399,411/31④200/33②104,105,106,112,122,128,⑥320,324,328,333,337,345,347,359,364,389,390/37②201,203,205,206,③360/40②154/55②173,175/56①49,61,63,67,107,117,177,182/62⑧268/63⑤308,⑧435,443/68③338/69①54,②240,241,243,**244**,246,247,249,251,252,253,255,256,258,259,260,303,318,325,335,348

じんぷんこい【人糞こい】 3④325

じんぷんこやし【人糞肥し】 3③134

じんぷんしょうべん【人糞小便】 3④325

じんぷんしる【人糞汁】 37②204,205/69②335

じんぷんのならしごえ【人ふんのならしこゑ、人糞のならしこゑ、人糞のならし肥】 23⑥323,332,333,335

じんぷんのまきごえ【人糞の蒔き肥】 23⑥332

しんまいのぬか【新米の糠】→ぬか 60②96

【す】

すいか【西瓜】→E、N、Z 69②326

すいかのせっかい【水化ノ石灰】 69②377

すいかのつる【西瓜の蔓】 2①129

すいどうつち【水道土】 33⑥344,367

すいゆうえんど【水·油·塩·土】 68②290,292

すえのこえ【末のこへ】 7①97

すえぶろ【据風呂】 23⑥308

すえぶろのみず【据風呂ノ水】 18③354

すえみず【すへ水】 41②133

ずき【ずき】 36②122

すぎな【杉菜、蕢】→E、G、N、Z 6①243/19①203

すぎのおがくず【杉ノヲガクヅ】 38④286

すぎのめ【杉の芽】 25②214

すぎみふせごえ【杉実臥糞】 56①215

すくぼ【すくぼ】→もみがら 22②130

すくも【すくも】→もみがら 9③250/29①38,②127,135,143,145,147,148,151,153,154

すぐりわら【搓リ藁】→B、E 39⑤298

すけ【介、助】 3④226,**228**,241,244,245,247,249,278,291,293,298,318,374/22②109,113,116/38①8,9,10,11,12,14,15,16,17,18,19,20,21,23,24,25,26,27/43②121

すけごえ【助ケ肥】 38①22

すけやりかた【助遣方】 38①6

すごもり【蟓】 69②294

すごもりひる【蚕蛾】 69②295

すごもりむし【蚕蟓】 69②295

すす【スヽ、すゝ、煤】→B、G、H、O 3④258/6①109,127/8①16,17,**129**/9②215/10②325/11①39/16①237,240,259/17①175/22④228,246,252,255/23①**88**,89,⑤263/28②271,④338/29①38/31④200/38③151,④244,287/63⑧435/69①75,78,79,117,②**363**/70⑥387

すすがや【スヽカヤ、すゝかや、すゝがや、煤かや、煤がや、煤茅、煤萱、煤埃】→B、H、N 2①87/11④166/13①96/16①237/19①136,162,②380/20①184/42⑤338/43②155/62⑨317/69①78,79

すすき【すすき、すゝき、薄】→B、E、G、N 34②20,③41,48,⑤98,103,⑥140/37②98/62②41

すすきかや【すゝきかや】 9②215

すすけ【煤気】→B、E、X 30①108

すすけたるわらくず【すゝけたるわらくつ】 19②381

すすけわら【すゝけわら、煤け藁】→B 33①37/41②107

すすごえ【煤肥】 69①**77**,②364

すすごみ【煤コミ】 38④288

すすなげくわい【すゝなげ壅】 34⑤95

すすばい【煤灰】 7②265/16①241/23①105,106/38①11

すすはきのすす【煤掃の煤】 38③202

すすふき【すゝふき】 34③50

すすほこり【煤埃】 56①215

すずめ【雀】→E、G、N 36③286

すすれかや【すゝれかや】 9②214

すすわら【すゝわら、煤わら、煤藁】 19②380/33⑥333,347/41②68,90,107,133,134/69①77,78/70⑥387

すっぽん【泥亀】→N 7②256

すて【すて】→L 33⑥325,347/41⑤233,236,260,⑥270,271

すてこ【すて粉】 33⑥390

すてごえ【捨テ肥、捨肥】 5③261/8①120

すてまき【捨巻】 25②206

すてみず【捨水】 33④178

すな【砂】→B、D、Q 4①65/5①29/16①93/34⑥141

すないわし【砂イハシ、砂鰯】→いわし 4①92/8①134

すなしば【砂芝】 16①252

すなつち【砂土】→B、D 16①257

すなどろ【沙泥、砂泥】 1④328/12①100

すなほしか【砂干鰯】→ほしか 38③196

すなまつち【砂真土】→D 14①302

すのかす【酢のカス】 46①11

すはい【す灰】 23⑤269

すぼみ【草】 2①46

すみ【炭】→B、L、N、R 5①29

ずりきびのぬか【稷ノ稃】 69②338

すりぬか【すりぬか、スリ糠、摺ぬか、摺糠、磨ぬか】→もみがら→B、H 28④345,354/39⑥329/41②144,145/45③155

【せ】

せいえき【精液】→X 69①74

せいけつえんしょう【清潔焰消】 69②373

ぜえたん【雑湛】 33④178,216,218

せきあげつち【堰上土】 1①81

せきごみ【堰埃】 2①98

せきしょう【せきしやう】→B、E、H、N 41⑤247

せきたんのはい【石炭ノ灰】→

はい 69②375
せきたんばい【石炭灰】 69②241
せきどろ【堰泥】 1①86
せくまし【畦くまし】 8①125
せごえ【畦肥】 8①53,60,105,122,129,225,240,244
せせな【せゝな】 3④284
せせなぎ【せゝなき、せゝなぎ、剰水】→C 19①197/20①230/23⑥309/41⑤242,⑥273/61②89
せせなぎじり【溷尻、涃尻】→D 19①197,②288
せせなぎのみず【せゝなきの水、剰水の水】 19②288/23⑥334,335
せせなぎみず【せゝなき水】 63⑤318
せせなげのどろ【せゝなげのどろ】 17①290
せせなつち【剰水土】 38③120,127,146,155,156,162,196,198
せせなつちのこ【剰水土の粉】 38③120
せせなのつち【せせなの土、せゝなの土】 3④238/36③242
せせなのみず【せゝなの水】 3④287,368
せついんのすな【せついんのすな】 28②146
せっかいごえ【石灰肥】→いしばい、きせっかい 5③251
せったのかわ【雪駄の革、雪踏の革】 69①105,107
せっちんのこえかす【セつゐんのこゑかす】 39⑥332
せなかいわし【せなかいわし】→いわし 16①246
せなき【せなき】 9②214
せひりょう【施肥料】 30⑤411
せり【せり】→B、E、G、N、Z 60①65
せんきゅう【川芎】→B、E、H、N、Z 55③434
せんぞくのおすい【洗足の汚水】 19②287
せんぞくのみず【洗足の水】 69①56
せんぞくみず【洗足水】 19①196/21①66,74,75/38②82/39①52,55
せんぞくゆ【洗足湯】 39③145/63⑤318
せんたく【洗濯】→N、O 23⑥307
せんたくのだくすい【洗濯の濁水】 1④323/7①59/12①95
せんたくのみず【洗濯ノ水、洗濯の水】 18③354/36②121/69①56
せんたくのゆ【洗濯の湯】 62⑧269
せんたくみず【せんだく水、洗濯水】 19①197,②288/37①45
ぜんまい【せんまい】→B、E、N 10①100

【そ】

そうえん【草塩】 69①47,70
ぞうくさ【雑草】 70⑥394,395
ぞうごえ【雑ごえ、雑こへ、雑こゑ、雑培、雑肥、雑糞】 7①59/8①96,136,139,141,143,145,147,148,149,153/12①101,102/21①43/22②101/30①27,39,②192/39①**32**,46,59/40②153,154,171,173/62⑨341,350
ぞうこやし【雑こやし】 7①18,34,39
そうじから【掃除から】 34⑤103
そうじぶん【掃除分】 34③48
ぞうじょうぶつかす【造醸物糟】 69②345
ぞうず【ざうす、ざうず、ぞうす、ぞうず、雑水】→B 1④309,323/27①300,302,307,311,322,323,327,328,343/28②187/33①19,⑥359/38①14/41②144
ぞうずごえ【雑水肥へ】 29③206
ぞうはい【雑灰】→はい 1④309,323,325,328,329
そうはく【糟粕】 69②267,341,345,350
そうめん【素麪】→N 59⑤433
そうもくのはい【草木ノ灰】→はい→B 69②245,247,257,307,311,320,**333**,348
そうもくばい【草木灰】→はい 69②241,**336**,337,341
ぞうりわらんず【ゾウリハランズ】 8①126
そえかけ【そへかけ、そへがけ】→A 9①97,100,105
そえごえ【そゑこへ、そゑ糞】 33③162
そくり【そくり】 16①256
そこごえ【底屎】 2①59
そせいえんしょう【麤製焔消】 69②371
そそぎごえ【沃ぎ糞水】 7②325
そば【蕎麦】→D、E、H、L、N、Z 69②321
ぞば【雑葉】 44③199,204,211,213,214,216,241
そばがゆ【蕎麦粥】 60②96
そばがら【そバから、そばから、蕎麦カラ、蕎麦から、蕎麦ガラ、蕎麦殻】→B、E、G、H、N 2①100/5①147,161/16①240/25①28/38④272/40①11
そばがらのはい【そばがらの灰】→はい→B 5③274
そばくき【そバくき】 16①240
そばごえ【蕎麦ゴへ、蕎麦糞】 5①145,155
ぞばだいず【雑葉大豆】 44③199
そばのこえ【蕎麦のこゑ】 41⑦340
そばのめくず【蕎麦芽屑】 38③197
そばまきごえ【蕎麦蒔こゑ】 24③306
そばわら【そば藁】→B、H 8①53
そらまめ【そらまめ、空豆、蚕豆】→E、N、Z 10②361/12①93/16①264/30①29,39,42,65,66,②192/33④215/69①67,②321,323,326
そりげ【そり毛、剃髪】 7②258,259/29③217

【た】

だい【大】→A 23⑤266,278,279
だいいちのふじょう【第一の不浄】 16①113
たいぎょ【大魚】→J 69②314
だいごえ【だいごえ、たいごへ、だいこへ、だいごへ】 9①13,17,18,25,27,35,38,45,46,48,56,69,86,89,91,95,102,103,108,111,112,123
だいこん【大こん、大根、莱菔】→A、B、D、E、L、N、Z 17①135/33④215/41②144/69②326,327
だいこんごえ【大根こゑ】 24③289/27①155
だいこんこやし【大根こやし】 36③242
だいこんそう【大根草】→E 44③205,211,214,217,218
だいこんねごえ【大こん根こゑ】 23⑤266
だいこんのおちば【大根の落葉】 2①130
だいこんのゆでじる【大根のゆで汁】 25①123
だいこんば【大根葉】→E、L、N 44③213
だいしょうずのから【大小豆のから】 3③163
だいしょうばくのから【大小麦のから】 3③140
だいしょうべん【大小べん、大小便】 9①44,104/16①227,229,230/21①29/29③206,263/39①22/55③437
だいしょうべんのこやし【大小便のこやし】 5③273
だいず【大豆】→B、E、L、N、R 1①64/3④228,268,290,293,337,361/4①19,52,182,183/6①48,243/7①18/12①93/16①239/17①134,135/22②101,102,③170,171,④207,⑥369,383/24①104,③318,322/25①49/33④216/37②95,96/38①9,10,11,12,16,18,19,23,26,27,③135,138,139/39②97,99/60③138,142/61⑩433/69①67,②321,322,**323**,324,326
だいずかす【大豆粕】 61⑩434
だいずから【大豆から】 16①239/19①203/23⑥323
だいずからのちゅうくさり【大豆からの中くさり】 23⑥323
だいずごえ【大豆こゑ】 41⑤254,⑥277
だいずこやし【大豆こやし、大豆糞】 37②95
だいずさや【大豆さや】→E 16①239
だいずのから【大豆のから】 3③139
だいずのこえ【大豆の肥】 27①142
だいずのしゅうのうかす【大豆

ノ収納カス】 31⑤272
だいずのなまふん【大豆ノ生糞】 69②322
だいずのねごい【大豆の根糞】 38③196,197
だいずのは【大豆の葉、大豆之葉】→B、E、N 20②383,384/24①105/29①81/34⑤88/50③252
だいずのひきから【大豆の挽から】 38③197
だいずは【大豆葉】→E 10①119/16①239/31③116
だいずひきわり【大豆挽割】→N 38①8
だいずまきごえ【大豆蒔こへ】 24③306
だいずゆびき【大豆湯ひき、大豆湯引】 3④245,262
たいすりぬか【太磨ぬか】 41②144
だいずをこやしにおく【大豆をこやしに置】 17①**135**
だいずをひたしたるみず【大豆をひたしたる水】 3③139
たいとういねのわら【大唐稲のわら】→わら 13①266
だいべん【人糞、人屎、大べん、大便、屎】→L 15③381/23①84,⑤257,262,263,266,277,278,280/24②237/29③206/40②153/55③240,241,248,250,257,258,263,269,273,275,284,289,291,303,304,306,310,313,316,317,321,322,324,325,330,333,336,345,346,347,362,365,367,374,380,384,385,419,420,426,435,436,459/69①35,38,46,48,**49**,53,128,129,②243/70⑥387
だいべんしょうべん【屎尿】 69①98
たいらぎ【玉珧】 69②314
たいわら【太藁】→わら→B 41②144
たうえごえ【田植こへ、田植糞】 19①195,②286
たうえこやし【田植肥し】 69①75
たうえさきやき【田植先キ焼】 24①51
たがい【田貝】 69②300
たかきびのぬか【黍ノ稃】→ぬか 69②338
たかくさ【高草】 41⑦330
たがたうちこえ【田方打糞】 5①76
たがたこえかた【田方屎方】 27①**77**
たがたこえくばり【田方糞賦】 5①**52**
たがたこやし【田方こやし】 38②80
たがたのこえもの【田方の肥物】 27①60
たがやしごえ【耕肥、耕糞】 30①67,68,71
たきはい【焚灰】→はい 1④322
だくじゅう【濁汁】 41⑦313
だくすい【濁水】→B、X 12①96/31②69/69①73
たけしば【竹柴】→B 5③273
たけのあぶら【竹のあふら】→X 3③140
たけのこのかわ【筝の皮】→B 23①54
たけのは【竹の葉、竹葉】→B、E 3①38/22①46,④255/23①54/37③274
たけばい【竹灰】→はい 44③210
たごい【田糞、田養】 38③161,163,193,197
たごえ【田こへ、田肥、田糞、田壊】 5①175/8①121,131/9③248,250,252/22⑤349/24②240/38④272/62⑨358
たこまくら【海燕】 69①121
たこやし【田こやし、田肥し】 17①113/41②123
たこやしやしない【田腴養】 20①79
だしいわし【出しいわし】→いわし 8①26
だしえさ【出し餌】 59④301,356
たしごえ【たし肥】 8①45
だしごえ【出しこゑ、出しごゑ、出シ肥、出し糞】 8①226/40②49,50,184,185/41⑦337
たず【たつ】→E 10①100
たすけ【助け】 3④242,246,251,253,257,260,282,297,299,301,306,315,318,324,325,326,327,337,349,362,365,373
たすけごえ【助糞】 3④238
たずのは【接骨の葉】 10②361
たたかれ【たゝかれ】 24①49
たたき【三和土】→D 69②243,**248**
ただごえ【タヽコヘ】 19①131
たたみごえ【たゝミごへ、たゝみごへ】 9①17,112
たたみど【畳土】 9③250,254
たちごえ【立こへ】 29②153
たづくり【田作、田作り】→N 24①71/54①265/55②176,③278/69②299
たつち【田土】→D 39⑤298/41⑤254,⑥278/62⑨331,381
たづのきのは【タヅノ木葉】 32①20
たづのきのめ【多津之木之芽】 9③251
たてごえ【たてごへ、建肥、立糞】 29②125/31②81/70⑥415
たてこやし【たて肥し】 33⑤251
たとりくさ【タトリ草】 32①30
たにし【田にし、田螺】→G、J、N 16①256/59④360/69②300
たにしょうじたるくさ【田ニ生シタル草】 32①37
たぬき【狸】→G 13①224/38③189
たね【種】 70⑥394
たねあぶらのかす【種油のかす】 17①260
たねかす【種かす、種子粕、種糟、種粕】→A、L 8①**122**,133/11④173,182,183,184,185,186/22⑥369,373,387,388,395,396,397/28②159/33②105,128/39③146,147,148,149,154,155/43②209/61④161,162,164,169
たねがらたきそうろうはい【種がら焚候灰】→はい 29②136
たねくさ【種子草】 33⑤239
たねごえ【種肥】 69①73,②323
たねだいこんのから【種大根のから】 2①21
たねのしめかす【種のしめかす】 70⑥392
たねばち【種鉢】 23①70,72
たねばちなたね【種鉢菜種】 23①89
たのくさ【田のくさ、田の草】→A、G 10①101/21①30/28②191/39①23
たのこい【田養】 38③129
たのこえ【田のこへ、田のこゑ、田の尿、田の糞】 10②319/11④182/12①200/28①26/38③151/41⑦316
たのこえしる【田のこへ汁】 33③164
たのこやし【田のこやし、田の肥し】 15①99/16①238/17①97,132,134,135,136/23①88/29③242/31③113/41⑤258,⑥279/45③143/69①87
たのやしない【田のやしなひ、田の養、田ノ養ヒ、田の養ひ】 17①132,133,136/19①192,197/32①24/38③167
たばごえ【タハコヘ】 19①122
たばこがら【莨から】→H、N 2①129
たばこくき【たはこくき、煙草茎、莨若茎】 30①70,89/56①215
たばこねごえ【たはこ根こへ】 62⑨358
たばこのくき【たはこのくき、たばこのくき、たばこの茎、煙草のくき、煙草の茎、煙艸の茎】→B、H 7①18/19①57/22②101/29①65/30①39/37①25
たばこのこえ【多葉粉ノ肥】 38④245
たばこのはい【煙草の灰】→はい 5③274
たばこはりごえ【たばこはりごゑ】 28②174
たはたこえくばり【田畠糞賦】 5①52
たはたのこい【田畑のこひ】 21①60
たはたのこえ【田畑のこえ、田畠のこえ】 3①29/21②123
たはたのこえもの【田畠の肥もの】 23①28
たはたのこえりょう【田畠の糞料】 30①127
たはたのこやし【田畑のこやし、田畑の糞し、田畠のこやし、田畠の肥し、田畠之糞】 10①101/16①230,239,265/23①86/29④277
たはたのやしない【田畑の養ひ、田畠ノ養】 19②372/32①205
たひ【多肥】 8①97
たびきごえ【田引糞】 4①199
たぶんず【田ぶんづ】→げんげ、れんげ 69①68
たべもの【食物】→N 69②283

たまがわしゃり【玉川舎利】 69②385
たまご【玉子】→B、E、F、J、N 59⑤433
たまごのきなるところ【卵の黄なる所】 13①270
たまごもち【玉子餅】 59⑤433
たまめ【田豆】 3③148
たまやあげ【溜屋上ヶ、溜屋揚】 23①71,89
たまやつち【溜屋土】 23①27,**85**,105
たまやみず【溜屋水】 23①84
たまり【糞水】 8①21
たまりつち【たまりつち、溜り土】→D 33⑤239/39⑥332
たまりみず【溜り水、溜水】→B、D 2①88/15③403/41②133/69①58
たむぎのひねりごえ【田麦のひねりごへ】 9①119
ため【ため、糞汁、溜、屎水】→C 22③157,④207,209,211,217,225,226,228,230,231,232,233,234,235,236,237,240,242,247,249,250,251,253,254,256,257,258,259,261,264,265,266,270,271,272,273,274,275,278,279/38③163/39②105,107,108,110,111,113,114,115,116,117,118,120,121,③147,148,149,150,154/41⑤258/42③170
ためいどろ【溜井泥】 43①40
ためごえ【タメコヘ、溜肥】 38④243/63⑧444
ためつち【溜土】 33⑤240,243
ためのおり【ためのおり】 22④207
だやごえ【駄屋肥】→まやごえ 30①66,107,108,111,112
たやしない【田養】 19①56/38③166
だら【だら】 2①55,81,104/36③242
だらごい【緩コイ】 19①161
だらごえ【タラコヘ、たらごへ、ダラコヘ、だらこへ、だらごへ、たらごゑ、だら糞、たら屎、だら屎】 11④183/19①127,128,166,②445,448,449/20①182/40④273,322
たらしめかす【鱈〆粕】 58①49
だる【たる、だる】 9①112,123/28④341/29①42,45,75,②123,134,139,140/31②84/33①55/41②75,121
たるごえ【樽肥、樽糞】 30①22,38,67,68,69,89,90,103,109,110,111,118,120
だるごえ【たるこへ、たるごへ、だるこへ、だるごへ、だるごゑ、たる肥、たる糞】 10③397/29②122,127,147,151,153,154,155/41②78,89,90,99,100,107,108,116,122,134,③182,183
だるしょうべん【だる小便】 29①38
だるのるい【たるの類】 10③398
だるふん【だる屎】 69①49
たわらいり【俵入】 27①211
たわらごえ【俵糞】 22②120
たわらぬか【俵糠】 29②139
たわらのくず【俵ノクズ】 8①126
だんご【団子】→N 59④342,356,362,363

【ち】

ちかかす【チカ粕】 58①51
ちからごえ【力ら肥】 61②90
ちのこやし【地の沃し】 41②48
ちゃ【茶】→E、G、N、R、Z 54①287,288
ちゃがら【茶から】 37②206
ちゃのきのこえ【茶ノ木ノ肥】 38④285
ちゃのこやし【茶の屎】 6①157
ちゅういわし【中鰯】→いわし 32①79
ちゅうくわ【中桑】 47②84,86,87
ちゅうごえ【中肥】→B 5③274/23⑥310/45③167
ちゅうこしなが【中こし長、中越長】 62⑨355/69①83
ちゅうでんのやしない【中田ノ養】 32①31
ちゅうのはほしか【中の羽干鰯】→ほしか 69①83
ちゅうば【中羽】 69①83
ちゅうばいわし【中ばいわし】→いわし 58④256
ちゅうはたのやしない【中畠ノ養】 32①76
ちゅうぶんのこやし【中分の肥し】 22④279
ちょうじゅうこつにく【鳥獣骨肉】 11①38
ちょうるい【鳥類】→E、G 23⑥311
ちょうるいのふん【鳥類ノ屎】 69②280
ちらしやしない【散シ養ヒ】 19①161
ちり【ちり、塵、埊】→あくた→B、X 10①63/16①124/19①109,②288/23⑥311/33⑥327/34⑧295/36②120/69①79,121
ちりあくた【チリアクタ、ちりあくた、チリ芥、ちり芥、塵あくた、塵芥、蘯あくた、埊芥】→あくた→B、X 2④281,285/5①155/7①63,94,97/12①94,101/13①250/19①161/25①126/33⑤238,⑥323,328,330,333,349,353,355/34⑥140/40①12/45③168/56①160
ちりあくたはきだめ【塵あくた掃ため】 7①59
ちりごえ【塵肥】→あくた 69①**79**
ちりこぬか【散こぬか】 27①208
ちりだめのくされつち【塵溜のくされ土】 34⑦249
ちりづか【塵塚】→C 54①263/70⑥415
ちりはきだめ【ちりはき溜】→あくた 21①67

【つ】

つかみごえ【つかミ肥、つかミ肥へ】 33⑥381,386
つかれごえ【疲糞】 7②278
つぎやしない【継養】 22④252
つくて【ツクテ、つくて】 22①49,50,56,②121,130,⑤349,353,354
つくてえんどう【ツクテヱンドフ】 22⑤352
つくてごえ【つくて糞】 22②115,116,120,128
つくば【就葉】 24①71
つくりあわせごえ【つくり合こえ、作合こゑ、作合肥】 23⑥308,321
つくりげすした【作りげす下】 27①42
つくりごえ【作こゑ、作りこへ、作りこゑ、作り肥、作リ糞、作糞、造り肥】 4①203/25①123,③279/33⑥338/34⑦249,250/36③294
つくりこやし【作りこやし、作り糞シ】 34⑦246,248
つくりつち【作り土】→D 62⑨328,340
つくりみず【作リ水】 64⑤336
つくりもののかす【造醸物ノ糟】 69②321
つけくわ【付桑】→A 47②86,87,109,116,120,121,122,123,124,126
つけこやし【付肥シ、附肥シ】→ねつけごえ 30④347,350
つけもののふるどこ【漬物の之古床】 29③217
つち【土】→D、H 4①164/16①231,255/27①267/34⑦249
つちいおう【土硫黄】 69②355,378,380
つちうにばい【膏風灰】 69②375
つちくろ【土坑】 30①64,106
つちごい【土肥ひ】 63⑤308,311,313
つちごえ【土ごえ、土こへ、土コヱ、土こゑ、土肥、土糞、土屎】→L、Z 4①58,**199**,203/6①20,125,212,②279,313/8①25,39,85,89,97,105,106,113,**126**,127,136,139,142,143,145,147,148,149,151,153,158,160,161,162,163,182,196,197,224,226,246/10②319,③394,395,400/12①272/16①258/17①112,172,194,206,284/22④226,230,231/23①71,⑤259,263,268,271,273,278,279,280/25②228/27①128/28④354/29②143/30①27,37,38,63,64,68,105,106,②192/33①46/38④281/39⑤255,258,272,297/40②125/41②78/62⑨317,318,319,327,328,329,331,334,339,343,350,365,371,378,381,387,389
つちこやし【土肥、土肥し、土肥薗、土秏】 1①39,81,86,88/36①46
つちたず【土たつ】 10①100
つちのつきたるしば【土の付たる芝】 16①230
つちばい【土灰】→はい 24①71,72/25①116/41④206
つちまじりのくさ【土マヂリノ草】 2④300
つちやきごえ【土焼こへ】 31

③113
つつじ【つゝぢ】→E 10③401
つつみどろ【堤ドロ】 11①36
つねのはい【常の灰】→はい 34⑦249
つねは【常葉】 48①209
つのまた【鹿角菜】→N 69②351
つばき【椿】→B、E、L、Z 16①249
つばめのふん【つはめのふん、つバめのふん】→H 16①257
つぶきごえ【つぶき肥】 44③209
つぶごえ【粒薗】 22③161
つぶこやし【つぶこやし、細肥薗】 1①81
つぼ【坪】 27①97
つぼごえ【坪こへ、坪肥、坪薗、壺こへ】 24①74/31⑤260/40③227,235/41②89/43①48/63⑧444
つぼしる【坪汁】 6①11,12
つぼつち【つほ土、坪土、壷土】 5①25,42,43,44,**45**,53,54,101,122,149,150,174/6①13,**15**/27①90,91,94,120,127/42⑤333,334
つぼやきつち【坪焼土】 27①134
つまじり【つまじり】 24③292,306
つまじりごえ【つましりこゑ、つまじりこゑ】 24③289,303,304
つまみごえ【つまみごへ、ツマミ肥、つまミ肥、つまみ肥、ツマミ糞】 5①49/9①**21**,79,80,108/10③387,388/30⑤397/41①12
つみ【つミ、つみ】 22⑥372,388/63⑤318
つみくわ【摘桑】 35②280,281,282,283,345
つみごい【つみこい、つみごい、つみこひ】→L 22⑥369,370,372,373,374,376,377,378,384,385,387,388,392,394,395,396,397
つみごえ【つみ肥】 25①120
つみしば【つミ芝】→A 42⑤324
つめ【瓜(爪)、爪】→B、D、Z 7②258/40②176
つめいし【詰石】→A 69②354
つめるいのこえ【爪類の肥】 69①**103**
つゆぐわ【露桑】 24①100/35③428
つよきこい【つよきこひ】 21①31
つよきこえ【つよきこゑ、つよき糞、強きこへ、強きこゑ、強き肥、強き糞】 7①97/12①149,175/28④341/29①66/33⑥328
つよきこやし【強き肥し】 33⑥367
つよきやしない【強き養ひ】 31④199
つよこえ【強糞】 7②267
つる【つる、蔓】→E 70③230
つるぼそう【つるほ草】 10②342

【て】

てあしのあらいみず【手足の洗水】 1④323
てあらいみず【手洗水】 37①45
でいごえ【デイ肥】 38④279
でいど【泥土】→D、N 12①101/35②317,318,327,330,332
てごえ【手糞、手屎】 2①108,119/5①44/6①22,②271
てばい【手灰】→はい 6①21
てまえきりのしもごえ【手前切の下屎】 11④186
てんこ【てんこ】 9①143
てんこもち【てんこもち】 9①144
てんづかもんづか【海盤車】 69①119
てんまかす【天満粕】 61④161

【と】

どうしごえ【同士肥】 69①89
とうしゃ【磠砂】 69①74
とうなす【唐茄子】→E、F 59④362
とうふかす【豆腐カス、豆腐糟、豆腐粕】→おから→N 3③134,139/46①11/69①**113**,②350
とうふのかす【とうふの粕】→おから→N 69①113
とうふのから【豆腐のから】→おから→N 60②96
とうふのはな【とうふの花、豆腐の花】→おから→N 33⑥333/69①113
とうふのゆ【豆腐の湯】→B、N 3③139
とうめいろさ【透明磠砂】 69②266,**268**,269
とうもろこし【玉蜀黍】→E、N 69②326
とおごえ【遠肥】 33⑥343
とおしあら【篩粗】 23①102
どがこえ【どがこゑ】 23⑤281
ときわぎ【ときわ木】→E 16①249
ときわぎのは【常盤木の葉】 10①100
どくえかす【どく荏かす】 40②175
どくそう【とく草】→E、G、H 16①250
どくだみのは【蕺菜の葉】 6①19
としとりくぐし【としとりくゝし、としとりくゞし】 9①22,97,122,125,134
どしゃ【土砂】→D 35②317,327,332
どじょう【どじやう、鯲】→G、J 16①256/59④360
どすいのつち【とすひの土】 4①13
とすのつち【とすの土】 42⑤333
とちのやしない【土地ノ養】 32①167
どば【とは、どば】 59④362,392,396
どばみみず【どば蚯蚓】 59④342,344
とびぐさ【河藻】 69②351
どぶ【どぶ】→C、D、X 3④317
どぶかわのどろ【溝河ノ泥】 69②241
どぶごい【どぶこい】 3④300
どぶごえ【どぶ肥】 3④258
どぶしる【どぶ汁】 3④257,299,326
どぶどろ【どぶどろ、溝泥】 47③173/69②354,**359**,360,361
どぶみず【どぶみず、とふ水、どぶ水、遠ふ水】→B 3④286,356,377/70③226
どべ【どべ】 58④256
とめくわい【留壅】 34⑤101
とめごえ【とめこゑ、とめ肥、とめ糞、止メこえ、止メ糞、止肥、留こへ、留メこへ、留肥、留糞、留屎】 4①69,80,110,114,117,129,147,151/5③273,274/10③394/13①57/15③381/23⑤276/25①128/29①65,②123,③248/30①111/38①18/39⑤261,276,282,283,298/40②51/41②79,113/42⑤321,330/44①33/45②105/50②156/61⑧230
とめこやし【留メ肥シ、留肥シ】 30④347,⑤397
とめふん【とめふん】 4①118
ともがら【友売】 5③274
ともごやし【友肥、友糞し】 3③140/5③274
どようくさ【土用草】 3③140
どようごえ【土用糞】 41④204,205,208
とり【トリ、とり、取リ、取魚、鰕、鰕リ】→ほしか 8①26,41,60,71,**120**,121,122,133,134,231/69①82,84
とりえ【とりゑ】 17①24
とりかす【とり粕】 44②122,131
とりくさ【取り草、取草、取莠】→G 19①197/36③192,249/41⑤247/44③199
とりくわ【取桑】 47②88
とりけだもの【鳥けた物】 4①203
とりのあぶらあげ【鶏の油揚】 59④342
とりのかえし【鳥のかへし】 3④227
とりのふん【鶏之糞、鳥ノ糞、鳥の糞、鳥ノ屎】→H、X 20①184/30⑤398/38①11/69①**119**,②240,281
とりのほね【鳥の骨】 48①205
とりふん【鳥糞】 69①**119**
どろ【泥】→B、D、H、X 4①294/5①141/13①175/69②360
どろごえ【泥こゑ、泥肥、泥肥培、泥糞】 4①44,80,81,82,106,110,114,147,202,203,204/7①59/12①93,95/13①15/15③367/62⑧268,269,270/69①**72**
どろつち【泥土】→B、D 23①86,87/69②181,360,361
どろふん【泥糞】 1④328
どろまごえ【泥真糞】 4①45,56,80,87,108,115,128,145
どろみず【泥水】→B、D、H

64⑤358
どろも【泥藻】 23①**86**
どんぼ【ドンボ】 8①158,191

【な】

な【菘】→E、N 69②319
ないかいも【内海藻】 41⑦325
ないごい【苗𦶑】 22①45
なえ【苗】→E、N 12①200
なえくさ【苗草】→E 33⑤239
なえごい【苗こひ】 21④198
なえごえ【なへこえ、なゑごへ、苗こゑ、苗ごゑ、苗肥、苗肥へ、苗肥培、苗糞、苗屎、苗𦶑】 4①203/8①66/12①61,93/23①18,87/27①50,80/29③206/55①37/62⑧268/63⑧435/69①**67**,70,②320,**325**,326,327
なえこやし【苗こやし】 39②96
なえどこのこえ【苗床の肥】 23①88
なえのためにもちいるこえ【苗のためニ用肥】 27①136
なえのやしない【苗の養】 56②**251**
なえはい【苗はい】→はい 38②51
なえはいたすけかすこ【苗灰助粕粉】 22①34
なかうちごえ【中打糞】 4①70
ながごえ【なかこゑ、長コヘ、長こへ、長こゑ、長糞】 19①116,162/25②219/33①19,21,24,48,50,51,52,53
ながこやし【長肥し】 37①26
ながしごえ【流シ肥、流し肥、流シ糞、流シ糞へ、流肥】→みずながしのおとしみず、みずながしのこやし、みずやじり、みずやのながしじる、みずやのながしみず、みずやのながれじり 32①25,64,133/33④178,207,231/69②387
ながしのげすい【流しの下水】→B 56①204
ながしのしたのどぶどろ【厨下ノ溝泥】 69②361
ながしのしる【流しの汁】 3④365
ながしのみず【ながしの水、流の水】 22①56/62⑧269
ながしみず【流し水】 3①18/23⑥308
ながも【川藺】 69②351
ながれがかりあくた【流れ掛り芥】 41⑦329
なくずあくた【菜粗芥】 5①147
なげごえ【投屎】 27①78
なごえ【菜こへ】 62⑨361
なすしゃり【那須舎利】 69②385
なすのこえ【茄子ノ肥】 38④286
なすのやしない【茄子の養】 19②444
なすびがら【茄子がら】 13①266
なだいこんこえ【菜大根肥】 3④365
なたね【菜種、菜種子、菘子、菘種子】→B、D、E、F、N 33④177/62⑧268/69②283,344
なたねあぶらかす【菜種子油粕、菘子油糟】 34③47,⑤101/69②341
なたねあぶらぐり【菜種子油ぐり】 34⑤87
なたねかす【菜種カス、菜種かす、菜種子かす、菜種子粕、菜種糟、菜種粕、菜種滓】→あぶらかす 3④306/34③49,⑥140/39⑤297/40②175/46①11,58/69①89,109,115
なたねがら【菜種カラ】→B、E、H、N 8①159
なたねくまし【菜種くまし】 8①162,163
なたねこえ【菜種こゑ】→A 4①32,200,201
なたねしめかす【菜種〆粕】 38①10,11,12,26
なたねのあぶらかす【菜種子の油滓、菜種之油粕、菘子ノ油糟、菘種ノ油糟】→あぶらかす 7②310/33④220/69②336,342,343
なたねのかす【菘種ノ糟】 69②342
なたねのこえ【菜種ノ糞】 5①14
なたねのこやし【菜種の𦶑】 22③164
なだほしか【灘干鰯】→ほしか 39⑤298
なつがりぐさ【夏刈草】 29③230
なつくさ【夏草】→A、E、G 3④329/22①45/36②120,121
なつげのこえ【夏毛ノ肥】 31⑤263
なづけのしおみず【菜漬の塩水】 69①128
なつごえ【夏こへ、夏肥、夏糞、夏𦶑】 1②148/2①59/22①48,49/56①195,202
なつこやし【夏こやし、夏秏】 1①81/36①46
なつさくのこえ【夏作ノ肥】 38④288
なっとう【納豆】→N 69②325
なっとうごえのせいほう【納豆肥ノ製法】→K 69②**324**
なつのこえ【夏之肥】 8①22
なつびき【夏引】 22②129
なつひきこえ【夏引こゑ、夏引糞】 4①204,205
なつもちいたるやしない【夏用たる養ひ】 31④199
ななしなまじりごえ【七品交肥】 56①216
なのこえ【なのこへ、菜糞】 5①176/9①104/38③198
なのゆでじる【菜のゆで汁】 25①123
なまいわし【なま鰯、生いわし、生鰯、生鮋】→いわし→J 4①204/5①47,48,105/6①14,**17**/16①246,247/29③206,248,263/30①71,111/33②128/39④217/59⑤433/70⑥393
なまいわしのくさらかし【生鰯のくさらかし】→いわし 9②214
なまうおごい【生魚こい】 55②176
なまき【なま木】→B 34⑦249
なまくこえ【菜蒔糞】 38③198
なまくさ【生ま草、生草】 5③267/41⑦324
なまくわ【生桑】 47②88,89,93,109,111,116
なまごい【なまこひ、生こい】 3④286/20②376/39④215
なまごえ【生肥、生糞】 2①84/3④262,322/18②272/19①114,128/69②244,245,246
なまこぬか【生こぬか】→ぬか 22④210
なまごめぬか【生米糠】 22④208,228,230
なまささやきたるはい【生篠焼たる灰】→はい 3④311
なましいわし【生しいわし】→いわし 8①**123**
なましば【生芝】 5①146,153
なまじゅくなるこやし【生熟なる肥し】 1①83
なまため【生ため】 22④212
なまのすす【生のすゝ】 22④210
なまふぐ【生ふく】 27①94
なまふすま【生ふすま】 22④230
なままつば【なま松葉、生松葉】→H、N 16①139,261
なまも【生藻】 32①143,144
なまわら【なまわら】→わら→B 28②246
なめくじ【蛞蝓】 69②283
なら【なら、楢】→B、E、N 30③239/33①19
ならしごえ【ならしこゑ、ならし肥】 23⑥308,326
ならのき【楢の木】→E、N 3④221
ならのは【楢ノ葉、楢の葉】→B、E 19①57/37①25
ならのめ【楢の芽】 3④227
ならのわかば【楢の若葉】 22②120
ならば【なら葉】→E 37②99,103
なわきれ【縄切】→B 7①63
なわしろうわごえ【苗代上こへ】 62⑨**342**
なわしろぐさ【苗代草】→G 31②77,③111/33①18,54,④225
なわしろごえ【苗しろ糞、苗代こへ、苗代ごへ、苗代こゑ、苗代尿、苗代肥、苗代糞、苗代屎、苗代壌、苗代𦶑】 9①18,22,33,34,35,44,88,93/11④181/16①250/21③156/22②**101**/27①75,76/38④235,243,272,273,279,289/42⑤314/61①43/62⑨327,357/63⑦356/68④412
なわしろこやし【苗代肥し】 23①56/29③223
なわしろじごえ【苗代地肥、苗代地屎】 27①44/38④287
なわしろじのやしない【苗代地ノ養】 32①20
なわしろだいこん【苗代大根】 25①120
なわしろだごえ【苗代田壅】→

A
34⑥142
なわしろのこえ【苗代のこゑ、苗代の糞】 10②361/12①200
なわしろのしたごえ【苗代之下壌】 9③251
なわしろのふみごえ【苗代の踏ごへ】 41②122
なわしろのやしない【苗代の養、苗代之養】 19①196,②287
なわむしろのきれ【縄莚のきれ】 3③139

【に】

にがりのしる【にがりの汁】 28④338
にくるい【肉類】 10①100
にごし【泔】→B
27①291
にごりざけのもろみ【濁酒ノ諸味】 69②283
にごりしる【にこりしる】 41⑦313
にごりみず【にごり水、濁水】→D
12①346/23⑥308
にしん【ニシン、にしん、鯡】→J、N
5①45,②227/7①18/8①120,121,133,134/11④170/22②101/24①71/29③263/39④216/40②176/42④238,239,248,256,257,258,264/46①11,57/47④213/55③337/56①67/69①111,113,②342
にしんかす【鯡かす】 56①43,49,195,203
にしんしめかす【にしん絞粕、鯡〆粕】 55③337/58①35
にだいず【煮大豆】 60③138
にどたすけ【二度助け】 3④307
にどめくまし【弐度目くまし】 8①162
にないおけごえ【檐桶壌】 9③250
にばみ【煮ばミ】 70⑥387
にばん【二ばん、二番、弐番】→A、E、K、L、N、R
7①96/8①23,26,40,60,106,141,144,186,225,226,231,234,239,242,247/11②118/15③402/23①63,⑤275,282/29①65
にばんくぐし【二ばんくゞし、弐ばんくゞし】 9①97,117,119,120,123
にばんごい【二はんこひ、二番こい】 3④268,285,288,370/21①85
にばんごえ【二ばんこゑ、二ばん肥、二番こゑ、二番肥、二番糞、弐ばん肥、弐番こへ、弐番こゑ、弐番肥】→A
7①95,97/8①20,22,36,38,46,53,57,137,139,142,145,148,149,154,184,189,230,233,235,236,243,279,282,284,287/10③388/11②94,112/14①154/15③381,388,394/19②445/22①51/23①60,61,⑤263,266,273,274,275,278,279,280,281,282,284,⑥326/28④337/29③248/30①70,110,113/33④213/38②82/42②105,107,108,125,126/44①30/48①219/50②156
にばんこやし【二番肥、二番肥シ、二番肥し、弐番こやし、弐番肥】 5③257/15③384/30④347,350/31⑤262/63⑤318/68②258
にばんつまみごえ【二ばんつまみごへ、二番つまみごへ】
9①22,26,123
にばんのこえ【二番ノ肥】 8①235
にばんはごえ【弐番葉菌】 43①54
にばんひきこえ【二番引こゑ】→A
4①22
にばんみずごえ【二番水肥】
69②343
にべんすい【二便水】 7②317
にまめ【煮豆、煮菽】→N
60③138,141
にゅうようごえ【入用糞】 4①109
にょう【ネウ、溺、尿】→しょうべん→X
2①72,84,119,132/5①30,89,91,108,140,160,162/38②82/69①37,54,②256
にょうごえ【尿肥】 8①100,106
にょうすい【尿水】 38②51,66,68,70,71,72,73/45②103
にょうばい【尿灰】→はい
2①24,47,52,56,74,79,81,91,102,106,115,121/5①89,90
にれ【枌】→E
10①100
にわとこのは【にはとこの葉】
3④262
にわとり【鶏】→E、G、N
3④308
にわとりのかいし【にわとりのかいし】 42②125
にわとりのたまご【鶏の玉子】→N
59⑤433
にわとりのふぐ【にハとりのふぐ】 42②104
にわとりのふん【にわとりのふん、鶏のふん、鶏ノ糞、鶏の糞、鶏ノ屎、庭鳥のふん、雞の糞】→H
2①80,87,111,112/3③153/4①104/5①160,②228/6①92/10①74/12①267,271,286/13①36,45/16①256,257/19②382/22④261/29②140/34⑤97/38③122/39⑤270/47④203,208/54①269/56①203/69②281
にわのしきごい【庭の敷こひ】
21①65
にわのちり【庭のちり】 34④70
にわのはきだめ【庭のはきため、庭のはき溜】→B
21①30/39①23
にわまわりのごみ【庭マワリノコミ】 38④284
にんにく【大蒜】→ひる(蒜)→E、G、H、N、Z
56①215
にんべん【人便】 29③217

【ぬ】

ぬう【ぬう】 40④277
ぬか【ヌカ、ぬか、糠、糟、糖(糠)、粰、稃】→いりぬか、こぬか、こめのぬか、しんまいのぬか、たかきびのぬか、なまこぬか、もちぬか→B、E、H、L、N、R
1①49,96,④329/2④281,285/3①32,38,45,④230,274/4①12,15,43,85,128,135,136,140,164,200,203/5①40,153/6①20,40,243/7②257/8①94,217/9①13,14,73,150/10①63,77,78/12①92,307/14①176,381/16①240,256,264/19①104/20①106,②374/21①52,84/22①45,⑤350,353,354,355,⑥369,370,372,373,374,375,376,377,383,384,385,388,391,392,394,396,397,398/23⑥308,310,321,334/24③308/25①116,②180,215/27①81,82,92,93/28②149,212,241,260/29②129,134,141,143,144,147,151,③206,217,263/30⑤395,397,398,399,411/33①50/34⑤101/36②115/37②94/38④280,281,283/39①41,45,56,⑤272,288,298/41②134,144/45③167/46①11,59,67,③206/54①264/60②96,③137,138,140,141,142,⑥344,358,360,364,365,368,369,371,373/61⑧230,⑩435/62⑧268,⑨320,327,336,381/69①102,②288,339
ぬかかすのるい【糠糟の類】
10①104
ぬかがゆ【ぬかかゆ】 16①123,222,234
ぬかごえ【ぬかこへ、ぬかこゑ、糠こへ、糠ごへ、糠肥、稃コヘ、稃糞、稃屎、粰屎、稃肥】
19①108,114,124,129,131,144,167,168,②448/24③288,290,291,306/29②147,148/69①101,②320,338,339
ぬかすくぼ【ぬかすくぼ】 3④246
ぬかづけのぬか【ぬかづけの糠】
69①128
ぬかつちしば【糠土芝】 5①47
ぬかのたぐい【糠の類ひ】→B
6①133
ぬかわら【糠藁】 5①153
ぬけがみ【ぬけ髪、脱髪】 7②259/69②311
ぬま【ぬま】→D
41⑦340
ぬまごえ【ぬまこゑ】 41⑦338
ぬまつち【ぬま土】→D
41⑦322,336,339
ぬまのそこのどろつち【沼ノ底ノ泥土】 69②361
ぬれくわ【ぬれ桑、濡桑】 35②264,372,375,384/47②89
ぬれごもく【ぬれごもく】 27①56
ぬれは【ぬれ葉】→E
47①47,48

【ね】

ね【根】→E、N、Z
27①269,366/69②327
ねぎこい【ねきこい】 39②116
ねぎのは【葱の葉】 2①130
ねこ【猫】→E、G、N
13①224/38③189/69①105,②296
ねごい【根糞、根養】 38③128,138,139,151,153,154,156,

162,164,175,176,177,195
ねごえ【根ごえ、根こへ、根ごへ、根こゑ、根ごゑ、根肥、根糞、根屎、根歯】 5②228,③280/16①237,239,240,243,249,250,251,258/17①108,109,110,111,112,113,118,133,134,135,136,206,210,219,226,228/20①183/22④231,278,279/23①25,29,⑤262,263,276,277,283/40②46,49,50,101,103,108,124,147,186,187/43①32,36,37,39/47④203/62⑨317,325,329,331,332,338,344,346/69①111
ねごやし【ねこやし、根コヤシ、根こやし】 16①240,241,245,248,252,257,258,264/17①66,167,172,177,195,204,217,221,222,223,229,238,240,244,255/19①162
ねずみ【鼠】→E、G
3①51/13①174/56①93/69①104
ねずみかいしょ【鼠かいしよ】
39②122
ねずみつち【鼠土】→D
29①38
ねずみのふん【鼠のふん】 55②170
ねずみも【鼠藻】 41⑦338
ねたるこえ【寝タル屎】 19①114
ねっきのつよきこやし【熱気のつよぎこやし】 1④323,328
ねつけ【根付】→A
7①42/31④205
ねつけごえ【根つけごへ、根付肥】→いちばんごえ、いちばんこやし、つけこやし、はつごえ、はつごやし
5②226/8①86/45②104
ねっとう【熱湯】→B、H、Q
33⑥378
ねは【根葉】→E
60③137
ねば【ねば】 30①107,108
ねばりまつち【ねハり真土】→D
17①110

【の】

のうふん【濃糞】→こきこえ
6①118,122,125,157,②291/12①62,66,93,217,361,370/13①175/21①73,75,76,84/38③120,134,136,138,196,198,201/69②244
のうりょう【のうれう】 69①74
のがたこやし【野方肥し】 67③127
のくぐし【野くゞし】 9①18,23,111,115
のぐさ【野草】 30①70
のぐさごえ【野草肥】 30①70
のごえ【のごへ】 9①104
のこりしね【残りし根】 23①18
のしば【野芝】→E
16①257/34⑦246/41⑥278
のぜり【前胡】 6①14,19
のやまのおかくさ【野山の岡草】
21①30
のやまのかや【野山のかや】
33①19
のやまのくさきのめだち【野山の草木の芽立】 30①70
のやまのざっそう【野山の雑草】
30①106

【は】

は【葉】→B、E、N
2①82/17①194/18①80/25①122/37③376/47①19,41,43,44,55,②85,86,135,③167,169/55③409/69②327
はい【ハイ、はい、灰、灰ひ】→いろりのはい、かまのはい、かもののやきばい、かやばい、からばい、きのはい、きばい、こやしはい、こやばい、しおがまのこげはい、しめはい、しらばい、せきたんのはい、ぞうはい、そうもくのはい、そうもくばい、そばがらのはい、たきはい、たけばい、たねがらたきそうろうはい、たばこのはい、つちばい、つねのはい、てばい、なえはい、なまささやきたるはい、にょうばい、はいくわい、はいごい、はいごえ、はいこやし、はいじゅう、はいしょうべん、はいしるけ、はいつくてごえ、はいにまぜたるいわしのこな、はいのるい、はいまぜ、はいや、はいるい、ふじょうはい、ふんばい(糞灰)、ほしばい、ほねがらばい、まきのはい、まきはい、まばい、やいとのはい、やきばい、やきばいごえ、やけばい、やたのはい、やっぱい、やまばい、わせわらのはい、わせわらばい、わらのじょうばい、わらのはい、わらばい→B、D
1④322,328/2①62,64,65,78,79,112,④281,285/3①33,③132,140,141,④222,226,228,229,230,232,251,274,293,301,302,305,307,324,325,326/4①15,16,39,80,85,87,93,99,100,105,106,107,111,116,128,130,135,136,142,145,147,149,151,163/5①28,29,31,40,44,45,47,48,49,50,55,78,90,92,97,102,105,108,114,119,126,160,165,174,178,②227,③272,274/6①14,16,17,18,19,22,40,87,90,92,102,103,108,116,118,130,145,146,147,150,204,212,②271,279,286,291,313/7①94,②256/8①16,26,60,65,66,130,139,145,154,181,183,185,186,188,195,196,221,224,225,226,244,269/9①53,83/10②326/11②90/12①73,95,96,100,101,155,156,163,169,174,175,185,218,380,383/13①116,119,291/14①78/15③379,381/16①228,229,235,237,239,240,246,247,248,252,264/17①19,111,194,205,270,271/18①82/19①49,108,196,②287/20①154,229/21①29,30,31,32,46,61,70,76,77,84,85,②125,③155/22①48,50,56,②114,115,116,118,120,121,124,126,128,129,130,③161,172,④207,209,218,228,230,231,233,234,237,240,247,254,256,257,258,259,261,264,⑥392/23⑤278,⑥327/24①26,40,72,③306/25①120,②202/27①56,57,60,76,85,92,96,128,149,322/28①13,20,26,27,30,②129,142,144,146,149,238,242,④335,340,341,346,348,349,351,354/29①38,75,②135,147,153,③205,206,212,217,231,263/30①27,③249,255,273,282,286/31②67,⑤265/32①205/33①35,④208,231,⑤238,246,⑥316,369,380/34③44,47,48,⑤87,94,97,⑥140,141,⑧303/37①21,22,②94,109,201,202,203,204,205,③259,360/38①7,10,11,12,17,27,③128,131,133,148,151,182,198,199/39①22,23,35,40,43,45,46,48,57,②104,105,114,122,④217,⑤270,272,297,⑥329,331,333/40①6,8,10,11,12,②49,52,124,128,④315,316/41②78,89,92,③181,⑥273,280,⑦326,327,328,329,336,337/42③165,④260,⑤322,325,328,329,332,337,338/43②145/44③210,211,217,218,219,222,223,225,250,251,255/45③155/52⑦314/55②173/61①32,37,50,②80,85,④167,⑩425,426/62⑧257,270,275,⑨328,329,331,332,336,342,350,352,353,354,381/69①34,35,80,84,86,94,133,②221,222,243,253,267,314,317,333,334,335,336,337,342,376,377,386,387,388/70③214,⑥387,388,393,399
はいいし【灰石】→B
24①13,15,16,145
はいがき【灰がき】 70⑥393
はいかす【灰カス】 2①57
はいくわい【灰壅】→はい
34③49,50,⑤84,87,95,98,105
はいごい【灰こい、灰ごい、灰こひ、灰ひこひ】→はい→A
3④231,233,251,267,296,314,325,326/21①53,61,71,76,85/27①133
はいごえ【はいこゑ、はひごえ、灰こえ、灰ごえ、灰コヘ、灰コヱ、灰こゑ、灰ごゑ、灰培、灰肥、灰肥培、灰糞、灰壅、灰屎】→はい→B
3①28,29,31,37,③134,140,141,143/4①58,72,80,198,199,203,204,230,232/6①84,87,97,②286,291/12①93,100,147,148,155,166,175,178,191,196,201,217,233,239,261,262,263,271,283,285,300,364/13①13/15③361/16①237/18②272,274/19①167,②448/21①76/22②128/23⑥313,327,329,337/25①124,②180,200,203,204,205,209,210,215,221,223,228/27①61,71,151/29③231,238/31⑤266/32①25/33⑤245/34③41,⑥137,140/37③309,360/38④241,243,272/39①42,45,48,55,56/41⑤247,248,249,⑥268,275,276,279,⑦326,330,331/45

③160/61②80,83/62⑧268,269/69①60,②181,243,**245**,258
はいこやし【灰こやし、灰肥し、灰肥菌、灰糞】→はい 1①81,③267,④300,306,318,323,324,326,333/2①12/17①202
はいじゅう【灰汁】→はい 69①34
はいしょうべん【灰小便】→はい 12①284
はいしるけ【灰汁け】→はい 6①104
はいつくてごえ【灰つくて糞】→はい 22②122
はいどこ【灰どこ】 28④343
はいにまぜたるいわしのこな【灰にませたるいわしの粉】→はい 17①228
はいのるい【はいの類、灰のるい】→はい 17①206,219
はいまぜ【灰交】→はい 44③257,258
はいや【灰矢】→はい 27①143
ばいよう【培用、培養】→A、J 5①92,104,105,142,143/39①65/68③355/69②251,377,380,384
ばいようごえ【倍養肥】 30⑤398
ばいようりょう【培養料】 69②389
はいるい【灰類】→はい 48①200
はえくちこえ【生口肥】 8①122
はかしょにちかきくわ【墓所ニちかき桑】 35②371
はきごみ【はきごミ】→あくた 16①231
はきだめ【はきため、はき溜、掃キ溜、掃き溜、掃ため、掃溜、掃留、掃留メ、払ダメ】 2①21,100,129/4①200/8①158/10②361/18③356/22③155/23①85/28④332,334/29③217/30①141/38③130,174/39①52,⑥332/42③160
はきだめごえ【はきためこゑ】 39⑥332
はきだめこえつち【はきため肥土】 10②358
はきだめこやし【はき積腴し】 20①227
はきだめちりあくた【はきためちりあくた】 19①197
はきだめのあくた【掃溜ノ芥】 5①171
はきだめのごみ【掃溜のごみ】→あくた 6①137
はきだめのしたつち【はきための下土】 33⑥389
はきだめのちり【掃溜の塵】 25①126
はきだめのちりあくた【掃溜の蘁芥】 30①67
はきだめのつちぼこり【掃溜の土埃】 30①106
はぎのこ【萩の子】→B、E 10①68,77,91
はぎのは【萩の葉】→H 19①203
はぎのめだち【萩の芽立】 30③244
はぎば【萩葉】 24③287
ばぎゅうにょう【馬牛溺】 69②240
ばぎゅうのふん【馬牛ノ糞】 69②240
はきよせ【掃寄】 28④353
はきよせもの【はきよせもの】 47④213
はきよせわら【掃寄藁】 28④354
はくえんしょう【璞焰消】 69②369,370
はぐさ【莠】→G 19②288
ばくさくのふんりょう【麦作の糞料】 30①106
はぐさのかわいたる【はくさの乾たる】 25①28
はくわ【葉桑】 61⑨302
ばけ【化】 59④303
はご【はご】 28②187
はごえ【葉ごえ、葉こへ、葉糞】 9②213/20①183,283,284
はこべ【はこべ】→E、G、N、Z 60①65
はさみむし【捜夾】→N 69②283
ばし【馬屎】 37②206/46①66/69②**259**,261
はしか【はしか、はしが】→B、E 4①15,43,200/29①38/41⑦322,324/62⑨320,381
はしば【葉柴】→N 37①22
はしりざき【はしりざき、走り先】 9①11,12,28,112/29①38
はしりまえのしずみず【走り前のしづ水】 70⑥390
はぜ【櫨】→E 10①100
はぜこやし【櫨こやし】 33②128
はだ【膚】→C、D、E 5①43
はだいず【葉大豆】→E 17①194/62⑨322,364
はだかむぎのやしない【裸麦ノ養ヒ】 32①50
はだかむし【はだかむし】→G、N 60①66
はたきごえ【はたきこゑ】 41⑦335
はたくぐし【畠くゞし】 9①97
はたくさるい【畑草類】 10①100
はたけくさ【畑草、畠草】 3④229/9①38
はたけごい【畑こい】 3④329
はたけごえ【畑肥、畑腴】 5③274/20①182/22①51
はたけなのあぶらかす【菘菜ノ油糟】 69②342
はたけのおかくさ【畑の岡草】 21①30
はたけのくさ【畑の草】→A、G 10①100
はたけのこえ【畑ノ肥、畠のこゑ】 38④284/41⑦**318**
はたけのこやし【畠のこやし、畠の糞】 16①237/17①97/62⑤118,119
はたけのこやし【畠毛の肥し】 23①98
はたけのとりくさ【畠のとり草】 9①93
はたけのほしくさ【畠のほし草】 9①45,46
はだごえ【はだごえ、はだこゑ、はだ肥、はだ菌、肌こえ、肌ごえ、肌こへ、肌ごへ、肌ごゑ、肌肥、肌糞、肌菌、膚肥】→おきごえ 1④306,323/2①21,57,102,103/3③136,137,138,141,142,144,149,150,151,162,163/4①230/5③273,274/6①87,90,102,118,122,125,142,153/7①94,119,②258/8①107/10②326/12①94,154,155,161,166,178/13①13/15③361/23①53,54/29②148/30①95,99/32①134,143/37③360,361/41④208,⑦326/69①103,②245,258,312,335
はたさくこやし【畑作菌】 22①45
はたさくのこやし【畠作のこやし】 17①112
はだずな【膚砂】 5①28
はだずなしよう【膚沙仕様】 5①150
はたたすけ【畑助け】 3④325
はたものごえ【畠ものこへ】 9①77
はたやしない【畠養】 19①**161**
はたようのくぐし【畠用のくゞし】 9①**23**,110
はちせぬか【八瀬糖(糠)】 22⑥390
はちみつ【はちみつ】→E、H、N 40④333
はつごえ【初肥】→ねつけごえ 8①230
はつごやし【初肥シ】→ねつけごえ 30④348
はつにしんのしめかす【鮪・鯡のしめかす】 70⑥392
はとのふん【鳩のふん、鳩の糞】 10①74/16①256
はな【花】→E、N、X、Z 48①224
はなおさまりごのこやし【花納後之こやし】 18⑤472
はなぐさ【花草】→E、N 42④237
はなごい【花こい】 3④307
はなごえ【花肥、花糞】 30①44,46,47,50,70,71
はなごやし【花肥シ】 55①51,52
はにしん【羽ニシン、骨鯡】 8①**121**/69②301
ばにょう【馬溺、馬尿】 3④377/5①152/19②449/69②261,264,265,267,270,271,277,331
ははそのは【柞ノ葉、柞の葉】 6①14,**18**,19/47②134
はばな【葉花】 48①209
ばふん【馬ふん、馬糞、馬屎、馬菌】 1①91,92/2①85,113,128/3④308,317,341,345,357,358,362,363,364,366,368,370,373,376,379,380/4①153,164,230/5①29,50,147,177/6①13,14,**16**,136,137,153,157/10①74/12①155,219,220,293/13①250,285/14①369,381/21①75/22①45/29②127,136/32①20,21,24,28,30,31,36,62,64,65,72,75,77,110,111,

115,119,121,122,123,125,128,132,135,136,139,140,141,142,144,150/33④177,⑤239,240,243,262,⑥356,359,369/34③48,49,⑤99,101,103,⑥162,⑦248,249,250/37①19,26,44,②206,③259/41②133,④205,208/44③220,221,227,228,232,237,238,239,240,242,243/45⑦396/46①11,59,③186,188,189,202/48①232/54①269,295,314/57②161/62②36/63⑤308/69①98,100,101,②294,331,332

ばふんこやし【馬糞肥し】 3④346

ばふんのほしたる【馬糞の干たる】 22④250

ばふんのほてり【馬糞のほてり】 3④367

ばふんのやしない【馬糞ノ養】 32①63

ばふんはだつけ【馬糞肌付】 44③227,248

ばふんまぜごえ【馬糞交肥】 44③215,219,229,230

はほしか【羽干鰯】→ほしか 69①84

はまかずら【浜かつら】 34⑥142

はまぐり【花蜊、蛤、文蛤】→B、J、N 3①27/56①215/69①119,②314

はまぐりがい【蛤貝】→B 3①29

はまぐりのから【文蛤の殻】 69①122

はまぐりのしる【はまくり之しる】 55②170

はまのはきよせ【浜ノハキヨセ】 8①134

はまぼしのほしか【浜干ノ干鰯】→ほしか 31⑤263

はまめ【葉豆】→E 24①104/31③111/41②96

はみ【はミ、はみ】 20①308/41②145

はみだいこん【はみ大根】 41②102

はみだいず【はミ大豆】 19①203

はみもの【はミ物】 13①262

はやごえ【早肥】 69②246

はやむぎのやしない【早麦ノ養】 32①74

はらごえ【腹ごゑ、腹肥】 13①14/15③362

はらごのふん【原蚕のふん】 6②290

はらやなぎ【原柳】 37①25

はらりごえ【ハラリ肥】 8①87

はらわた【腸】→E 48①205

ばり【ばり】 41⑦320

はりごえ【はりこゑ、はりごゑ】 28②138,157,174,175,177,181

ばりょう【馬料】 2①58

はるあぶらなのこえ【春菘ノ肥】 38④286

はるかしき【春かしき】 34⑦246,247

はるごえ【春糞】 4①124

はるこえぎれ【春肥切】 8①152

はるたいねのふんりょう【春田稲の糞料】 30①64

はるなつのくさ【春夏の草】 16①231

ばん【礬】 69②275

【ひ】

ひいらぎ【柊】→B、E 16①249

ひえ【ひゑ、稗】→E、G、L、N、Z 6①48,243/13①263/21④192/24③318,322/60①65/69②282,284,289,291,319

ひえがら【ひへから、ひへ柄、稗から、稗柄】→B、E 3③139,④278/19①203/23⑥311/25①28

ひえぐさ【稗草】→E 27①147

ひえごえ【ひへ肥、ひゑごゑ、稗こゑ】 24③306/27①63/38②65

ひえこやし【ひへこやし】 39②109

ひえなどのから【稗等之から】 34⑧296

ひえぬか【稗糠】→N 22②121

ひえのこえ【稗の肥】 23⑤258

ひえのこやし【ひえのこやし】 23⑤**263**

ひえのねごえ【稗の根糞】 38③202

ひかす【干粕】 7①59/15③394

ひがたのぬま【干かたのぬま】 41⑦323

ひかりしゃり【光舎利】 69②385

ひきごい【ひきこい、引こい、引こひ】 3④228/21①85/38②82

ひきごえ【ひき糞、引こへ、引ゴへ、引こゑ、引肥、引糞、引屎、洩糞、挽こへ】→A 4①22,45,56,58,82,95,115,146,197,201,204/5①132,②224,③247,251/6①16,30,149,151/7①95/23⑥313,319,326,327,335,337/25②210,221/28②187/33⑥312,331,332,360/38①19,23,②58/39⑤282/40③235,236/42⑤321

ひきこやし【引こやし、引肥し】 1④309,323,328/5③273/25①43

ひきわりだいず【挽割大豆】 38①17,18

ひさぎ【楸】→E 16①249

ひじき【羊栖菜】→B、J、N 69②351

ひしこ【鯷】→N 46①58

ひじょう【肥壌】 69①32

ひそう【砒霜】 69②383,384

ひそうせき【砒霜石】 69②383,384

ひつじくわい【羊壅】 34⑤97,106

ひつじのほね【羊の骨】 57②161

ひとごえ【人こゑ、人糞】→しもごえ 7②333/41⑤234,⑦313/50②156/56①44/70⑥**386**

ひとしゅう【人溲】 19②444,445

ひとしょうべん【人小便】 3④283

ひとのあぶら【人の脂】 69①56

ひとのしょうべん【人の小便】 3④377/22①46

ひとのにべん【人の二便】→しもごえ 40②153,176,178,179,180,187

ひねば【ひね葉】→E 47①47

ひねりごえ【ひねりごへ、ひねりこゑ、ひねり肥、捻肥】→A 9①105,117,119/23⑤263,264/30①106

ひのこうばい【砒ノ礦灰】 69②241

ひば【干葉】 38③152

ひばい【肥培】→A 21①52,53/69①123,②271,281,292,294,300,307,309,310,312,313,318,322,325,335,348,360,361,362,363,375

ひびいわし【ひゞいわし】→いわし 42⑤327

ひゃくかりごえ【百かり屎】 27①78

びょうしのいぬねこ【病死の犬猫】 33⑤239

ひようど【肥養土】 69②247

ひょうろうのあまりしる【兵粮ノ余リ汁】 60③142

ひょうろうまい【兵糧米】→N 41⑤251

ひりょう【肥料】→L 18③353

ひる【蛾】 69②294,295

ひる【蒜】→にんにく 38③148

ひるくわ【昼桑】 47②86

ひるも【ひるも】→G、N 3④230

【ふ】

ふううにこなれたるちり【風雨ニコナレタル塵】 2①74

ふううにこなれたるまやごえ【風雨ニコナレタル菌】 2①74

ふうかのせっかい【風化ノ石灰】 69②377

ふがら【麩幹】 23①89

ふきば【ふき葉】→N 37②98

ふぐ【ふく、ふぐ、河豚】→N 5①45/27①56,**93**/69②302,308

ふじ【藤】→B、E、G 10①100/33④215

ふじのは【藤ノ葉、藤の葉】→N 6①14,**18**,19,②313/11④183/19②376/25①120/33③159/39②96

ふじまめ【鵲豆】→E、N 69②326

ふじょう【不浄】 16①105,114,147,165,206,214,**227**,228,229,233,234,235,237,239,242,243,244,247,248,255,257,258,264/17①65,110,111,133,166,172,173,178,198,202,204,205,206,219,222,223,226,228,229,231,244,255,256,260,262,267,270,272,274,276,282,283,

284,285,287/33④212,216,225,229,230,231
ふじょうしょうべん【不浄小便】 33④177,178
ふしょうなるわら【不性なるわら】 16①236
ふじょうのうめみず【不浄のうめ水】 16①262
ふじょうのこやし【不浄之肥し】 34⑧300
ふじょうはい【不浄灰】→はい 17①210
ふすま【フスマ、ふすま、麦粉精、麦粉粕、麦粉皮、麦粃、麩すま】→B、L、N 21①60/22④207,210,231,235,⑤352,⑥369,383/23⑥336/39②107,③149/59④358/69②282,284,289,291,319,340
ふすまこうじ【ふすまこふじ、ふすま麴】 22⑥373,376
ふすまのこうじ【ふすまのこふじ、ふすまの麴】 22⑥373,376
ふせこやし【布施腴】 20①133
ふたえごえ【二重ゴエ、二重こゑ】→L 5①55/41⑦326
ぶたくわい【豚壅】 34⑤106
ぶたのあぶら【家猪ノ脂膏】 69②**306**
ぶたのくそ【家猪ノ屎】 69②261
ぶたのほね【豕の骨】 57②161
ぶどう【ふどう、ぶとう】→りょくず→E、N、Z 21①60/39①45
ぶどう【ぶどう(やまぶどう)】 39②96
ふなぞこのうおじる【船底の魚汁】 41⑦333
ふなべ【槌】→E 35①108,111,114
ふなむし【舟虫】 59④302
ふのかす【麩ノ糟、麩ノ粕】 69②350
ふみごえ【踏肥、踏糞】 7②252/69①97
ふみたるこえ【ふミたるこゑ】 41⑦323
ふみつち【ふミ土、踏土、蹈土】 4①12,43,**199**/5①43,49,53,54,101,**154**,174/6①14,**15**,35,73,156/42⑤321/62⑨393
ふみつちごえ【ふミ土こゑ】 4①58
ふゆがい【冬飼、冬飼ひ】→A 27①141/41②144,145
ふゆかいくさ【冬飼草】 1①102
ふゆかいりょう【冬飼料】 68④415
ふゆかけごえ【冬かけ肥】 8①162
ふゆけおいたちごえ【冬毛生立肥】 8①161
ふゆげす【冬げす】 27①43
ふゆごえ【冬こゑ、冬肥】 8①86,121,122,129/39⑥332/48①194/55②174
ふゆこごえ【冬細肥】 8①159,161
ふゆこやし【冬こやし、冬秏】 1①81,②148/36①46
ふゆみず【冬水】→B、D 61①29
ふゆやきいしばい【冬焼石灰】→いしばい 24①51
ふりごい【フリコヒ】 19①162
ふりごえ【フリコヘ、ふりこへ、ふりこゑ、ふり肥、フリ糞、ふり糞、振こゑ】 1①86,87/15③381/17①111/19①106,120,122,135,138,148,168/24③283,288,292/33①21/37③292/69①131
ふるいくつ【ふるいくつ】 39⑥332
ふるいけ【古池】 69②361
ふるうまのくつ【古馬の沓】 3③139
ふるかべ【古壁】 33⑥359,390
ふるかべつち【古壁土】 33⑥333,345
ふるかや【古かや、古茅、古萱】→B 4①200/30③250/34⑧296/44③231
ふるきしきごい【古き敷こい、古き敷こひ】 21①65,75
ふるぐつ【古くつ、古沓】 16①254/19②288
ふるごい【古こい、古こひ】 21①43,75
ふるごえ【古こへ、古薗】 2①115/21①30
ふるごみ【古ごみ】 3④247
ふるすすかや【古煤萱】 1①81
ふるぞうり【古草履】→B、N 7①63/29③217
ふるだたみ【古畳】→B、N 11①37
ふるだわら【古たわら、古俵】→B 3③139/11①38
ふるつち【古土】→D 30①64
ふるむしろ【古むしろ】→B 3③142
ふるやのかべつち【古屋のかべ土】 16①259
ふるわらじ【古草鞋、古艸履、古鞋】→N 19①197,②288/28④354
ふるわらんじ【古わらんぢ】 16①254
ふろすてみず【風呂捨水】 3④286
ふろのげすい【風呂の下水】 16①262
ふろのすてゆ【風呂之捨湯】 33④178
ふろのたまりみず【風呂の溜水】 22①45,56
ふろのみず【風呂の水、風呂之水】→B 14①78/15③403/36②121/38①18,19/41⑦332
ふろのゆ【風呂の湯】 41②133/56②248/69①56
ふろみず【ふろ水、風呂水】 3④282/23①50,59,60,84,85,88,102/28④329,330,334,354,355/29②144/31②76/37②110/38①14,17,18/70⑥390
ふろやした【風呂屋下】 44③217
ふろゆ【風呂湯】→B 62⑧269/63⑤304,318
ふん【ふん、糞、屎】→N、X 5①173/8①12/14①117,151,154/21①29/25①120/39⑤273,297/40②47,④327/41③174,⑦321/45③167,168/60③134/61②98/62⑧257/67①14/69①49,50,51,53,54,73,121,②176,178,179,242,243,244,251,256,281,292,294,390
ふんき【糞気】 7②269,270,274
ふんごえ【糞薗】 2①124
ふんじゅう【糞汁】 30①38/69②216,234,252
ふんしょ【糞苴】 69②162,165,178,231,240,292,296,302,303,307,310,314,317,351,376,385,389
ふんじょう【糞壌】 4①198/12①92,100,104/18①102/61①32,41/69①31,32,49
ふんしょうべん【屎尿】 69①97,129
ふんすい【糞水、屎水】→H 7②292,325,333/8①25,39,89,108,111,123,126,129,222/12①148,207,216,233,236,241,242,262,271,283,290,303,305,308,311/13①81,95,106,110,116,136,168,212,228/14①72,78,312,369,377,395/15①81/30①25,35,69,99,103,107,109/38③169/46③202,205,206,207/50③252/56①87,160/69①52,73
ぶんすい【ぶん水】 23⑥307,308,313,321,337
ふんすいごえ【糞水肥】 8①89
ふんそう【糞送】 3③127
ふんでき【糞溺】 30①66,107
ふんと【下糞】 40②153
ふんど【糞土】→D 69①52
ふんにょう【糞溺、糞尿】→しもごえ 12①95/41⑦313/69②270,331
ふんのじゅくしたる【糞の熟したる】 14①310
ふんばい【糞培】→A 3③117,154/4①193/6①211,②272,285,301,302,303,312,323,329/12①152/37③291/61④156/69②164,207,238,252,297,302,309,321,328,384/70⑥369
ふんばい【糞灰】→はい 22①38,49,79/62⑧252
ふんばいりょう【糞培料】 69②241
ふんやく【糞薬】 12①99
ふんよう【糞用、糞養】→A 1①79/4①198/8①25/10②326/12①106,192,221/15②243/30①35/32①209/41⑦313,315/69②181,340
ふんようのしな【糞養の品】 41⑦313
ふんりょう【糞料】→B 30①**63**,65,66,71,**105**/69②243,244,261,277,281

【へ】

へいじく【へいじく】 24②234,240
へちま【糸瓜】→E、N、Z 69②326
べにばなから【紅花から】 2①21
べんにょう【便溺】 12①94/69①70

【ほ】

ぼう【秷】 19①58

ぼうごえ【棒肥、棒糞】 3④300/13①13,14,250/15③362,367/69②302,341
ぼうしくまし【ボウシくまし】 8①125,163
ほうじょう【ホウジヤウ】 7②251
ぼうじょう【ぼふてう】→B 41②144
ほうせんかから【鳳仙花から】 2①129
ほうそ【ほふそ】 10③401
ぼうふりむし【ぼうふりむし、棒振虫】→E 59⑤432,443
ほかのたのこやし【外の田の肥】 23①18
ほきあい【ほきあい、ほきあひ】→E 3③140,141
ほきあいぐさ【ほきあい草、ほきあひ草】 3③136,137,138,145
ほこり【ほこり、埃】→あくた→X 23⑥311/25②182/40②152/41⑦342/54①266,280,306/69①78
ほし【ほし】 40④317
ほしあじ【干鯵】 69②301
ほしいわし【ほしいわし、干いわし、干鰯、干海鰮】→ほしか→N 1④327/9②214/12①98/16①246,247/17①230/40①7,10/45⑦396/69②301
ほしいわしのくさりたる【干いわしのくさりたる】 17①205
ほしいわしのこな【干いわしの粉】 17①174
ほしうお【干魚】→N 16①245
ほしうなぎ【干うなぎ】→H 41②145
ほしか【ホシカ、ほしか、乾魚、干か、干しか、干鰯、干加、干魚、干鰮、干鮋】→いりいわし、いわしかす、いわしかすこ、いわしかすのこ、いわしかすのせんじじる、いわしこ、いわしごえ、いわししめかす、いわししめかすのなべじる、いわしなどのこえ、いわしのかす、いわしのこ、いわしのこごえ、いわしのしぼりかす、いわしのしめかす、かすほしか、こなしこほしか、こなほしか、こほしか、さしほしか、しめかす、しめがすいわし、じょうほしか、しろほしか、すなほしか、ちゅうのはほしか、とり、なだほしか、はほしか、はまぼしのほしか、ほしいわし、ほしかすな、ほしかのこ、ほしかのこな 1①81/3①33,40,42,50,③134,④228/4①12,104,149,164,204,278/5①46,47,49,50,52,53,55,110,121,154,176/6①14,**17**,18,21,92,212,②271,281,291,292,313/7①18,59,95,②255,258,308,309,333/8①26,27,71,226/9①33,38,39,44,53,56,83/10②317,319,325,③386,387/11①35,37,②94,112,④170,181,182,183,186/13①346/14①117,151,152,154,178,310,342/15①97,②178,194,③362,369,381,384,387,388,402,403/16①246,247,248/17①136,226,260,284/21①29,43,46,52,60,62,63,66,70,73,84,85,④198/22①45,50,56,②101,102,④207,230,231,251,257,261,278,293,⑥372,373,374,375,376,377,378,384,385,390,399/23①53,60,62,72,**85**,89,③153,⑤262/24②239/25①129/28①20,26,27,30/29②130,③206,212,217,231,248,260,263,④277/30①22,25,71,75,110,111,⑤395,397,398/31②78,④202,⑤257,265/32①20,21,46,47,48,49,50,51,59,61,62,64,126,134,139,146,147,148,159,166,167,171,222/33①32/35②308,378/38②62,③135,139,140,146,153,155,156,176,195,199/39①22,31,32,35,41,44,46,47,48,49,52,56,④217,218,⑤265,297,298/40②46,49,50,51,53,124,125,150,152,171,172,173,176,184,④274,307,315/41②109/44①7,11,12,26,27,29,45,46,②131,132,143/45②104,105,③165,167/48①217/50②156/53④247/54①265/55②134,173,176,③276,282,304,305,337,354,362,363,368,391,402,403,436/56②286/58①45,②93,94,98,100,④262/61⑧219,230,231,⑩414,415,425,430/62①14,⑧268,270,⑨325,341,342,343,345,348,350,352,353,354,358,377,388,392/68③338,④412/69①40,41,50,60,75,**82**,83,84,89,92,102,110,111,113,118,124,②292,301,**302**,303,310,313,331,336,342,348,357/70⑥393,394
ほしかこ【ほしか粉、干か粉、干鰯粉】 23⑤266/44①31/48①218/61⑩425
ほしかごえ【干加こへ】 62⑨355
ほしかこなしこな【干鰯小成シ粉】 30④347,350,351
ほしかす【干かす、干粕】 28②136,159/61⑧220
ほしかすな【干鰯砂】→ほしか 38③120
ほしかだし【干鰯出シ】 30④348
ほしかだめ【ほしかため、干鰯溜】 22④228/38③128,135,146,147,155,166,175,176
ほしかのこ【ほしかのこ、ほしかの粉、干か之粉、干鰯ノ粉、干鰯の粉、干加の粉、干鮋ノ粉】→ほしか 5①116/9①39,46/14①152/15③382/23⑤263/39⑤273,283/44②140/51①112/62⑨383
ほしかのしる【干鰯の汁】 69①84
ほしかのだし【ほしかのだし】 40④322
ほしくさ【干草】→A、B 5③266,267/6①14/19①192/25②180/27①141,210,212,259/29②142,③217,229/39①32/41②144/63⑤302
ほしくさわら【干草藁】 5③265
ほしこ【干シコ】→N 46①11,58
ほしごえ【干ごへ、干こゑ、干肥】 10③398,401/25①126
ほしこやし【乾糞】 5③266
ほしざこ【干雑喉】 41②145
ほしな【干菜】→K、N 22⑤351
ほしにしん【干青魚、干鯡】→N 69①**110**,②301,331
ほしばい【干灰】→はい 1④298
ほしまごえ【干真糞】 4①203
ほしも【干藻】 32①64
ほしもごえ【干藻糞】 32①65
ほしもの【干物】→A、N、X 41②145
ほしゃうんりょう【補瀉温涼】 62⑧268
ほしゃおんりょう【補瀉温涼】 7②257
ほしわら【干藁】→A 41②144/44③214
ほすほりゆす【ホスホリユス】 69①93,94
ほせくわ【乾桑】 47②88
ほっけしめかす【鮀〆粕】 58①51
ぽったーす【ポツタース】 69①52,53
ほどろ【ほとろ、ほどろ】→B 6①158/12①96,161/13①15,57,82,275/22①48/37③292
ほね【骨】→E、N、Z 14①152/69①83,92,93,94,②314/70⑥392
ほねかす【骨かす】 61⑧219
ほねがらばい【骨殻灰】→はい 69②318
ほめきのくわ【ほめきの桑】 35②267
ほらのかい【冠貝】 69②314
ほりくさ【ほり草】→A 44③238,239,240
ほりごえ【ほりこへ】 28①13,18,20,21,22,26,27,30
ほりこみ【ほり込】 29①38
ほりこみごえ【堀込ミ肥、堀込肥】 30⑤395,397
ほりこみこやし【ほり込こやし】 23⑥312
ほりつち【堀土】→D 62⑨320
ほりのそこのどろつち【濠ノ底ノ泥土】 69②361
ほりのつちごえ【堀の土こへ】 62⑨331
ほりべのくさ【堀辺の草】 19②395
ほりまやごえ【ほりまやこゑ】 16①258
ほりまやつち【ほりまや土、堀まや土】 16①258,259
ぼろごい【ほろこひ】 25①126
ほろろ【ほろゝ】 6①177
ぼんくさ【盆草】→A 24①98
ほんごえ【本こへ】 38②62
ほんだわら【神馬草】 69②351
ほんのこえ【本肥】 69②**249**,250,343,344
ほんばいわし【本場イハシ】→いわし 8①134

【ま】

まいわし【真いわし、真鰯】→いわし 16①246/62⑨355
まえごえ【前糞】 5①94
まえむし【前蒸】 27①83
まきいれのこえ【まきいれのこゑ、まき入のこゑ】 28②149,253
まきえ【まき餌、蒔餌】 58④253/59④300
まきくわい【巻壅】 34③50,⑤95,97
まきごい【蒔きこひ、蒔こい】 3④226,227,274/21①56
まきごえ【マキコエ、まきごへ、マキ肥、まき肥、撒屎、蒔こへ、蒔こゑ、蒔ごゑ、蒔培、蒔肥、蒔糞、蒔屎】→もとごえ 3③162,④281/5①176/6①16,106,116,142/9①87,105,117,②214,225/12①209,217,225/13①54/14①409/21①72/23⑥311,312,313,326,338/24③305,306/25②200,207,208/27①92,94,107,110/29④294/31⑤257,282/39④202/41④208,⑥270/61①37/69①74,②342,345
まきこやし【蒔肥し】 14①342
まきつきこやし【蒔付こやし】 9②214
まきつけごえ【蒔付こえ、蒔付こゑ、蒔付肥、蒔付糞】→もとごえ→A 4①109/29④297/48①187,200
まきのはい【槇のはい】→はい 17①173
まきのむし【槇の虫】 59④307,356
まきはい【真木灰】→はい 20①183
まきものごえ【蒔物糞】 19②448
まきものこやし【蒔物こやし】 38②81
まぐさ【まくさ、馬草、秣】→A 1①96/2④293/11②115/16①113,251,307/17①303/20①79,87/24②233,234/25①28,40,84,119,129/30③248/32①175/33①25/36③201/37②77/42⑥372,373,376,442/62⑤119/64①61
まぐさごい【馬草こひ、秣糞】 38③120,121,128,130,135,143,151,152,154,163,164,166,171,174,175,176,177,193,194,195,197,198,199,200,201/48①245
まぐさごえ【秣養】 38③177
まぐさばのかれくさ【秣場之枯草】 62②41
まぐさまやごえ【秣廏肥】 68④416
まぐさよういもかずら【馬草用芋かつら】 34⑥148
まくず【マクヅ】 8①134
まくちえび【真口海老】→J 59④360,392
まこ【麻粉】 23①27,70
まごい【馬こい】 37②202
まごえ【真コヘ、真こゑ、真肥、真糞】 1③265,267,268/4①16,39,46,56,58,68,69,70,78,82,99,115,120,124,132,133,135,155,163,198,200,203,204,230,278/5①29,41,43,53,121/6①13,27,85,87,99,101,112,113,129,133,205,②279,313/34⑦249,250/36②100,122/70③226
まごえ【間こへ】 33⑥347
まごえがら【マ糞殻、真糞殻、真糞売】 5①28,105,135,147
まごえじる【真糞汁】 5①89,114
まごえまぜたて【馬糞交立】 44③231
まこばち【麻粉鉢】 23①27,72
まこめんじつ【麻粉綿実】 23①89
まごやし【間肥】 33⑥331,333,334
まごやし【真糞シ】 34⑦247
ましごえ【増こへ、増壊】 41②75/61①49,50
ましょうなるわら【真性なるわら】 16①236
ます【鱒】→J、N 69②302,308
ますかす【鱒糟】 69①110,113
まぜごえ【交肥、交糞】 44③210,220,221,222,223,224,225
まぜたて【交立】 44③227,228
または【叉葉】 48①209
まちごえ【待こへ、待肥】 33⑥328,329
まちこやし【まちこやし】 37②202
まつ【松】→B、E、G、N、Z 16①249
まつち【真土】→B、D 17①245
まつちじのくわ【真土地の桑】 35①59
まつのおがくず【松ノヲガクヅ】 38④286
まつば【松葉】→B、E、H、N、Z 16①261/28④329/38④285
まばい【まはい、真灰、真灰ひ】→はい 21①85/38②68,69
まめ【大豆、豆、菽】→B、E、L、N、R、Z 1②157/14①176/15②195/22④212,216,228,230,231,234,251,257,264,274,278,279,⑥376,384/23①87,88,89/60③137
まめかずら【豆かつら】→B 34⑥148
まめがら【豆から、萁、萁から】→E、N 25①28/27①210,212/34③51
まめがらまめ【萁豆】 19①203
まめがらまめぞもく【萁豆雑穀豆】 19①203
まめこうじ【豆こふし、豆こふじ、豆麴】→N 22⑥387,388,391,395,396,397,398,399
まめごえ【豆肥】 69①115
まめごえのせいほう【豆肥ノ製法】→K 69②324
まめそもく【豆そもく】 19①203
まめのは【まめの葉、豆ノ葉、豆の葉、菽ノ葉、菽の葉、菽葉、菽藿】→B、E、N 6①243/10①100,②373/11②115/14①176/19①203/24①105/27①210,212/37②82/60③136,137
まめのほこり【豆の埃】 38③199
まめのむしじる【豆の蒸汁】 23①87
まめふすまのこうじ【豆ふすまのこふじ】 22⑥377
まやごい【まやこひ、馬屋こい】 37②203/39②107,121
まやごえ【まやこへ、まやごへ、まや肥、ま屋こゑ、馬や肥、馬屋こえ、馬屋ごえ、馬屋薗、廐肥、廏肥、薗、厩こへ、厩こゑ、厩肥】→うまやごえ、うまやしない、うまやのこえ、うまやわらごえ、くまし、くもし、だやごえ、むまやごえ、むまやごやし 2①19,21,39,40,45,46,47,52,53,59,60,62,64,70,72,76,78,81,84,90,91,95,98,99,101,102,105,109,112,115,116,120,128/4①203/22③155,161,172,④250/23①27,85,89/24③291,302,307,325/27①106/29②139,141/37②205/41⑤244/61③127/69②235,253
まやしたぬか【厩下糠】 27①81,82
まやしたのぬか【馬屋下の糠】 27①81
まやしらす【馬屋白砂】 44③209
まやじる【まや汁】 37②204,206
まやつち【馬屋土】 4①39/62⑨320
まやのこえ【まやのこゑ、馬屋のこえ】 37②109/41⑤244
まやはた【馬屋はた】 42⑤334
まゆむし【繭虫】→E 35②401
まゆむしのほしたる【繭虫の乾たる】 35②401
まるごえ【囫圇糞】 69②302
まるば【まる葉、丸葉】→E、Z 47①25,41,42/62④107

【み】

みいのかす【みいノカス】 8①258
みいれのこやし【実入のこやし】 17①223
みうえくさようさんがつだいこん【実植草用三月大根】 44③204
みごえ【身糞】 10①104
みし【螺螄】 69②300
みしりくさ【みしり草】 41②62,75
みず【水】→B、D、X 27①322
みずあか【水あか】→X 62⑦206/69①68
みずいわし【水鰯】→いわし 30①111
みずうきくさ【水浮草】 3④230
みずくさ【水草、水藻】→E、G 3③137/13①263/39①23/69②321,351,352
みずくさのこえ【水藻肥】 69②351
みずくやし【水壅】 57②157
みずくわい【水くわい、水壅】 34③42,43,47,53,④62,63,67,68,70,⑤76,78,79,82,83,84,86,88,89,90,92,93,95,104

みずごい【水こい、水ゴイ、水こひ、水糞】 2①54/3④289,290/20②382,392/21①53,66,70,71/27①48/38③146,157,163,197
みずごえ【水コエ、水こえ、水ごえ、水こへ、水ゴへ、水ごへ、水こゑ、水ごゑ、水肥、水肥へ、水肥培、水糞、水壅、水屎】 1③267/2①56,72,80,84,87,91,93,99,119,120,128/3①29,31,32,34,40,42,43,54,③138/4①72,203/5①28,92,97,100,106,108,110,114,118,121,153,155,159,162/6①85,129,142,148,151/7①60,②317,333,334/8①124,246/9②214,215,223,224,225/12①95,96,97,98,100,108,148,160,219,221,233,240,242,262,263,286,289,297,308,370,372/13①15,55,186,190,207,252/14①57/15②174,175,③362,367,394,402,403/18②255,269,274/19①45,149/21①30/22②114/23①17,25,27,50,53,59,84,⑤259,264,268,269,280,⑥309,313,319,321/25②180,213,223/27①128,133,141/29①38,39,40,42,65,66,76,82,84,③204,206,213,217,262/30①99,103,141,142/31④159,⑤250,256,266,273/33⑥314,316,324,330,333,341,346,348,361,364,365,372,381,386/34⑤78,⑥133,134,137,140,141,157/36②110,122/37①19,③259,292/38①27,③148,167,④278/40②172/41②104,⑤236,⑥268,⑦318,321/42⑥387/44①34,46/48①193,199,211/56①51/61⑩425,426,435/62⑧269,⑨320/63⑧441/69①55,56,57,59,60,61,80,87,131,132,②181,243,251,253,267,269,272,276,297,307,309,317,340,343,344,357/70③226
みずごえもの【水肥物、水屎物】 27①67,267
みずこやし【水コヤシ、水こやし、水肥シ】 1④301/3④311/16①207/17①166/25①50/46③202
みずしょうべん【水小便】 5①40/33⑥390
みずだなじり【水棚尻】 19①197,②288
みずたのしたくさ【水田之下草】 29④281
みずため【水ため、水溜】→A、C、D 38③145,155,156,170,175,193/39②119
みずだら【水だら】 3④223/22①38/27①92
みずどぶ【水どぶ】 3④284
みずとりのふん【水鳥ノ屎】 69②280
みずながしのおとしみず【水流の落し水】→ながしごえ 1①81,92
みずながしのこやし【水流しの肥し】→ながしごえ 1①90
みずぶろのあかみず【水風呂の垢水】 1④323
みずぶろのげすい【水風呂の下水】 1①81
みずべのあおくさ【水辺の青草】 22②102
みずや【水矢】 27①143,144
みずやじり【水屋尻】→ながしごえ→C 61②98
みずやつち【水屋土】 33⑥333
みずやのながしじる【水屋ノ流汁】→ながしごえ 63⑧442
みずやのながしみず【水屋の流し水】→ながしごえ 1④322
みずやのながれじり【水屋ノ流レ尻】→ながしごえ 18③354
みそ【味曾、味噌】→E、N 21①76/22⑤350,351/39①56/41②144
みぞこうじゅ【雲早草】 10①100
みぞしる【溝汁】 11②111
みぞそこにたまれるおり【溝底ニ溜レル滓淀】 69②360
みぞそこのどろつち【溝底ノ泥土】 69②360
みぞつち【溝土】→D 11①36/29①38/31③110,④202
みそのくさりたる【味噌のくさりたる】 69①128
みぞのくさりつち【溝之腐り土】 29③217
みぞのすなつち【溝の砂土】 34⑤90
みぞのどろつち【溝の泥土】 14①266
みぞののろ【溝ののろ】 33①34
みそまめしる【味噌豆汁】 23①87
みちくさ【道草】 29①44/41③183
みちしば【道芝】→G、N 16①257
みちにすたるぞうり【道にすたる艸履】 7①59
みちのみず【道の水】 11①24
みつ【ミつ、蜜】→N 31④207/40④333/46①68,96,101/67⑥262
みつくわ【満桑】 47②123
みなせもみ【みなせ籾】 40④328
みぶとかす【実太かす】 41④208
みみず【みゝず、蚯蚓】→E、G 59④316,347,349,352,390,⑤433
みやこばな【都花】 9③248
みやでらのこえ【宮寺のこゑ】 28②204,220
みやのこえ【宮のこゑ】 28②193,275
みょうひ【妙肥】 8①222
みる【水松】→J 69②351

【む】

むぎ【麦】→A、B、E、L、N、Z 6①243/21④192/41②144
むぎあとのたのやしない【麦跡ノ田ノ養】 32①41
むぎいちばんごえ【麦一番こゑ】 23⑤266
むぎいねのぬか【麦稲のぬか】 13①222
むぎかけごえ【麦かけこへ】 62⑨316,327
むぎから【麦から】→B、E、N 2①21/33①19/41⑦324
むぎくまし【麦くまし】 8①161,162,163
むぎこ【麦粉】→N 59④362
むぎごい【麦ごい、麦こひ、麦養】 22⑥399/27①59,61/38③199,201
むぎごえ【麦こえ、麦こへ、麦こゑ、麦肥、麦糞】 3③140/5①29,48/16①256/17①175,178/23⑤262,283/27①55,60,62/41⑦330/42⑤319/44①11
むぎこやし【麦肥し】→A 31②76/41②134
むぎさくのやしない【麦作の養、麦作ノ養ヒ】 19②381/32①46,49
むぎじる【麦汁】 62⑨330
むぎたねのこやし【麦種の屎】 35②401
むぎにごし【麦にこし】 62⑨330
むぎぬか【麦ぬか、麦糠、麦糖(糠)】→B、E、H、N 3④229/7②251,257/8①126,130,160/12①293,353/21④191/23①88,105/33①55/38③131
むぎねごえ【麦根こへ】 62⑨361,388
むぎのあらかわ【麦の荒皮】 30①106
むぎのあらぬか【麦ノ稃、麦稃】→B 69②339
むぎのいが【麦のいが】→E 28②187,196
むぎのうわごえ【麦ノ上コヱ、麦ノ上ハコヘ、麦の上ハこゑ】 38④241,272/41⑦334
むぎのうわのこえ【麦ノ上ノコヘ】 38④238
むぎのぎ【麦穑】 5①105
むぎのこい【麦の養】 38③167
むぎのこえ【麦ノコヘ、麦のこへ、麦のこゑ、麦ノ糞、麦の糞、麦之肥】 5①14,44/8①152/9①19,122/10①104/23⑤260/28④352/31③111/38③194
むぎのこやし【麦のこやし、麦ノ肥シ、麦の肥し、麦の糞し、麦之肥し】 12①155/13①12/17①132,171/22④242/29③217/31②86,③110,118,⑤252,278,279
むぎのさけかす【麦酒糟】 69②347
むぎのしきごえ【麦之布きこゑ】 41⑦340
むぎのとりごえ【麦ノ取糞】 5①97
むぎのぬか【麦のぬか、麦ノ稃】→B、N 41⑦324/69②338
むぎのねごえ【麦の根こへ、麦の根こゑ、麦の根糞】 17①171/23⑤263/38③193/62⑨385
むぎのねごやし【麦の根こやし】 16①262
むぎのねは【麦の根葉】 13①21
むぎののぎ【麦の禾】→H

14①234
むぎのはしか【麦のはしか】→B 29①65
むぎのひげ【麦の髭】→E 23①109
むぎのふた【麦の蓋】 27①20
むぎのふんよう【麦の糞養】 38③194
むぎのもとごえ【麦ノ元こゑ】 24③309
むぎのやしない【麦ノ養】 32①122
むぎばかりのめし【麦ばかりの飯】 59⑤433
むぎはしか【麦はしか、麦バシカ】 5①141/62⑨327
むぎばたけのこやし【麦畑のこやし、麦畠のこやし】 16①257,262
むぎふ【麦麩】 39①45
むぎほくぼ【麦ほくぼ】→E 9①73
むぎまきごい【麦蒔こい】 3④230
むぎまきごえ【麦まきごへ、麦まぎごへ、麦蒔こへ、麦蒔肥】 9①104,108/24③287/31②81,83/42②104,105,107,108,125,126,127
むぎまきのひねりごえ【麦蒔の捻肥】 30①107
むきみ【剝身】 59④305
むぎもみのぬか【麦籾のぬか】 41⑦322
むぎわら【麦わら、麦藁】→B、E、G、N 3③145/5①100,105,148,171/28②189/29①44,59/41⑥270,271
むぎわらごえ【麦わらこゑ】 41⑤235
むくげ【木槿】→B、E 10①100
むし【虫】→E、G、N、Q 13①261/40④328/59④290/69②283,284,319
むし【ムシ、蒸】→A、B 27①83/39⑤278
むしいわし【むし鰯】→いわし 42⑤338
むしくさ【蒸草】 39⑤290
むしくさごえ【ムシ草屎】 39⑤289
むしくさり【蒸腐り】 69①70
むしくされ【蒸腐】 69②330
むしごえ【蒸糞、蒸屎】 5①116,117,118/39⑤255,256,258,297,298
むししば【蒸芝】 5①145,151,153,154,159,162
むしもの【蒸物】 5①49
むしろのくず【莚ノクズ】 8①126
むしろのやぶれ【莚之やふれ】 30③244
むまのふみくさ【馬踏草】 62②36
むまやごい【むまやこい】 38②81
むまやごえ【むまやこゑ、むま屋こゑ、むま屋ごゑ、廏肥】→まやごえ 41⑤234,235,236,247,254,256,257,258,259,⑥268,269,271,275,279,280/70③226
むまやごやし【廏肥】→まやごえ 50②153
むらこやし【むらこやし】 20②392
むるい【無類】 8①27,60,97,122,126,133,134,224,226,231,234,241
むるいかす【無類粕】 8①121,122,132

【め】

め【芽】→E、L 30③234
めおこし【芽起し】 23①59
めおこしのこえ【芽起しの肥、芽起の肥】 23①51,61,62
めかくし【めかくし】 33①50
めくらかす【めくら粕】 15③388
めぐわ【芽桑】→E 47②97,101
めしびつのあらいみず【飯櫃の洗ひ水】 60②96
めだかいわし【目だかいわし】→いわし 16①246
めだけのささ【女竹のさゝ】 16①253
めだけのは【女竹の葉】 16①253
めんじつ【綿実】 9③250/39①46
めんじつかす【綿実糟】 69①89

【も】

も【藻】→B、G、H 23①86,④173/29③217/31⑤262/32①46,49,50,51,59,60,63,79,80,120,133,135,142,143,147,148,167/33⑥338/40②152/41⑦325,337,338/64⑤338/69①47
もいか【藻烏賊】 58④256
もえごえ【萌糞】 18②288
もかじめ【藻搗和布】 32①24,72,75,76
もぎくわ【もぎ桑】 35①59
もく【もく】→G 40②176/62⑨392
もくえん【木塩】 69①47
もぐさ【もくさ】→よもぎ→B、E、G、H、N 16①250
もぐさ【藻草】→G、J 23①71/25①30
もくそうるい【木草類】 10①93
もくよくのあかしる【沐浴の垢汁】 12①96
もくよくのゆ【沐浴の湯】 12①95
もごえ【もこゑ、藻こへ、藻こゑ、藻肥、藻糞】 25②180/32①65,66,79,80,152/41⑦314,315,337/63⑧442
もずく【海藻、海蘊】→J、N 69②351,352
もちきび【黍】→F、N 69②283,321,323,326
もちごめ【糯米、餅米】→B、F、N 60③140/69②321
もちぬか【餅糠】→ぬか 60③137
もちのかす【糯の粕】 28④331
もちのすりぬか【糯の摺糠】→もみがら 28④355
もつほ【もつほ】 40②176
もとごい【元こい、元肥ひ、本こい】→もとごえ 3④250,378/39②105,108/63⑤302,308,310,311
もとごえ【元こゑ、元糞、本肥】→うぶごえ、うぶこやし、まきごえ、まきつけごえ、もとごい 24③290,292,327/38①18/39③149/42⑥395,406
もとまき【本蒔】 24③291,306
ものあらいばのすたり【物洗場の捨り】 41⑦339
ものがら【物から、物がら】→B 3③140/7①59/10②358/29①43,57/34⑧296/41⑦327,330
ものがらすたれ【物がらすたれ】 29①38
ものね【藻の根】→G 23①102
もば【藻葉】 9③251
もみ【もみ、籾】→B、E、N、O、R、Z 9①154,155/41②144/59④358
もみがら【殼、籾殼】→あらぬか、いねのすくぼ、さやぬか、さらぬか、すくぼ、すくも、すりぬか、もちのすりぬか、もみすりすくも、もみぬか、もみのぬか→B、E 2⑤331/69②314
もみごえ【籾肥】 2⑤331
もみごえ【揉ミ糞】 19①115
もみさやぬか【籾桁糖(糠)】 23①89
もみしいだ【籾しいだ】 27①381
もみすりすくも【籾摺すくも】→もみがら 29②148
もみぬか【籾ぬか、籾糠、籾糖(糠)】→もみがら→B、E、N 3④326/7②252/21①61,65/23⑥323/31⑤250,251/37②206/39①51/41⑦324/42⑥379/44③250,251,254
もみのぬか【籾のぬか】→もみがら 44③255
もめんざねのあぶらかす【木綿ざねの油かす、木綿実の油かす】 23⑥308,312
もめんざねのかす【もめんざねのかす】 23⑥309
もめんたねあぶらかす【木綿種油糟】 62⑧270
もめんまきごい【木綿蒔こい】 3④230
もめんみ【木綿実】 62⑧268
もも【桃】→E、Z 10①100
ももほうずき【もゝほうづき】 59⑤432
もや【もや】 10②361
もりごえ【もり糞】 22②125,126
もろこしから【もろこしから】 23⑥311

【や】

や【矢】 27①147
やいたかす【やいたかす】 29②154

やいと【やいと、灸】→D 27①80,84,85,87,88,92,93,94,97,105,106,119,120
やいとごえ【やいとこえ、やいと肥、やいと屎】 27①72,76,77
やいとのはい【灸の灰】→はい 27①56
やえなり【緑豆】→E、N 69②321,326
やおいごえ【やおいこへ】 9①79
やきいし【焼石】 22⑥394,395,396,397,398,399
やきくさ【焼キ草、焼草、焼艸】→B 5③262,273/18②276/32①204
やきごえ【やきこゑ、やきごゑ、やき糞、やき屎、火糞、焼ごえ、焼こへ、焼ごへ、焼ごゑ、焼肥、焼糞】 6②286,291/7①59/11①18,35,37/12①94,95,100,240/13①15,81,288/15③367/29②124,127,143,147/31②83/33⑥316/41⑦330/62⑧270/70⑥387
やきすみ【焼炭】→K 38①9
やきつち【やきつち、やき土、焼土、焙ぎ土】→A、D 2①71,86/5②227,③251,265,274,283,284/7①59/9①10,17,32,38,46,47,119,123/12①218,240,383/13①45,54,56/27①133,136,148,188,267,280/28④354/33②107,108/38④283/41①12,⑤254,⑥279,280/70②182,⑥389
やきつちごえ【焼土肥】 5③250,272,274
やきつちこやし【焼土肥し】 5③251
やきつちのこえ【焼土の肥】 5③248
やきのこしのしばき【焼キ残シノ柴木】 32①204
やきばい【やき灰、焼き灰、焼灰、焦灰】→はい→B 3①27/4①166/6①102/7①18/18②262/22①45,②101/33①54/34⑦249,⑧296,304/69①73,80,②181,253
やきばいごえ【焼灰コヘ】→はい 19①162
やきまめ【焼豆】→F 22⑥373
やけあとのはい【焼跡の灰】 1④318
やけつち【焼土】→D 29①36,38,75
やけばい【やけ灰】→はい 1②148
やごみ【屋ごミ】 16①240
やさいのしたば【野菜の下葉】 13①266
やさいのゆでじる【やさいのゆで汁】 16①233
やさいのゑりくず【野菜のゑりくづ】 13①263
やしきだめ【屋敷溜】 39③147,149
やしきのげすい【屋敷の下水】 16①230
やしきのごみ【屋敷のこミ、屋敷のごみ】→あくた 29②143/39②120
やしきまわりほりのつち【屋敷廻り堀の土】 31③111
やしない【やしない、ヤシナヒ、やしなひ、養、養い、養ナヒ、養ヒ、養ひ、養糞】→こえ→A、N 2④279,280,281/4①198,212/5①13,21,25,29,41,72,118,128,131,150/7①42/11②117,120/15①22/16①75,80,81,85,94,95,98,99,107,207,233,234,241,243,244,246,248,249,256,259/17①13,63,65,78,81,86,87,97,110,123,130,131,132,133,160,161,237,238,241,246,247,249,256,260,263,265,270,279,284,287,294/18②255/19①19,104,108,110,122,127,131,134,136,138,143,②286,346,376/20①23/22④205,267/25①130/29③192/30③241,242,243,244,249,250,251,253,254,265,267,268,272,273,280,282,283,284,285,286,287,293/31④157,200,201,202,204,205,215,216,220,221/32①20,21,22,25,55,75,87,89,90,91,97,98,102,103,110,111,113,119,171/37①9,10,11,12,14,18,19,21,22,26,44,45,③291,329,331,333,360,384/38③138,157,168,200/39④217,⑤254,257,261,264,269,276,278,281,285,291,297/40②41/41⑤254,257,259,⑦313,315,319,326/45⑦389,390,391/46①6,16,74/47①50/55①18,45,52,②133,144/62⑦195,⑧253/64⑤334,335,336,337,338,342,348,351,354,355,362/69①36,63,123,126,127,129,135
やしないいちばんかけ【養一番懸】 19①149
やしないごえ【養ひ肥】 11②95/68③326
やしないのちから【養ノ力】 32①63
やしないのつち【やしなひの土】 30③252
やしないのよしあし【やしなひの善悪】 17①130
やしないりょう【養料】→N 63⑧439
やしなえ【やしなへ、養へ】→こえ 19②380/37③383
やしょく【夜食】→N 47②85,87
やしょくくわ【夜食桑】 47②86
やすりくず【鑢屑】 69①104
やせはたのおぎない【やせ畑の補ひ】 19②380
やそう【野草】→G、N 29②129
やそうごえ【野艸肥】 30①43
やそうのかりごえ【野草の刈肥、野艸の刈肥】 30①39,43
やたのはい【ヤタノ灰】→はい 5①155
やちのくさ【谷地の草】 21①30/39①23
やっぱい【やつ灰、焼灰】→はい 20①183,184
やつめ【八つ目】→H 56①208
やといつち【やとい土】→A、C、D 16①81
やなぎ【柳】→B、E、G、Z 10①100
やなぎのは【柳ノ葉、柳の葉】→E 6①14/19①203
やなぎのむし【柳の虫】 59④307,356
やに【やに】→B、E、G、X 16①261
やねにふきたるかや【屋ネニ葺キタル茅】 32①135
やねのかやのくさりたる【屋根の萱の腐りたる】 3④378
やねのふるわら【屋根ノ古藁】 39⑤258
やねふきかえすすわら【屋根ふきかへ煤藁】 29③263
やねふきのあくり【屋根葺のあくり】 6①109
やねわら【屋根藁】→N 9③250
やのうえのすす【屋上ノ煤】 69②355
やぶれわらんじ【破レわらんじ】 36②121
やまかや【山かや】 16①237
やまくさ【山ぐさ、山草、山艸】→B、E、G 5②223,③264/6①19,②313/9①110/11④165,170,181/12①372/13①61,67,82/23⑥324/30①108/31⑤265,273/32①36,40/33④215,216/38①27/61⑩424,429,430,441
やまくさかりしき【山草刈敷】 38①24,25
やまくさげすい【山草下水】 61⑩448
やまぐわ【山桑】→E、N 56①192
やまごえ【山肥、山壌】 28①51/61①48/65②120
やましば【山しば、山芝】→E 7①18/16①257/22②101/29①35,38,43,44,59
やましばくさ【山柴草】 41①11
やましばつち【山芝土】 10②319
やまのかりしき【山の刈敷】 25①129
やまのふるくさ【山之古草】 8①112
やまのめかり【山のめかり】→A 28①12,13,26,27
やまのわかくさ【山の若草】 12①57
やまばい【山灰】→はい→B 34⑦249,250
やまみちのあまみず【山道の雨水】 31④216
やわすな【軟沙】 69②356,358
やわらかなるこい【和なるこひ】 21①31
やわらかなるこえ【和らかなる肥】 22④232

【ゆ】

ゆあみのあかじる【湯浴の垢汁】 7①59
ゆう【油】→N、X 62⑦200,206/69①98
ゆうだちあめ【夕立雨】→P 38④287

ゆうのこえ【油の肥】 62⑦201
ゆかしたくわい【床下壅】 34⑤76,80,84,85,90,94,97,105,⑥137
ゆかしたのつち【床下の土】→B
21①76/39①56/62⑦197/69①75
ゆかしたのふくつち【床下之ふく土】 34③50
ゆかのしたのごみつち【床ノ下ノコミ土】 38④282,283
ゆかのしたのつち【床の下の土】
21①71
ゆきどけみず【雪解水】→D
63⑧442
ゆどのこえみず【ゆとのこゑ水、ゆどのこゑ水】 28②128,154,156
ゆどのだめ【湯殿溜】 22③175
ゆなのは【ゆなの葉】 34④70
ゆびきまめ【茹豆、茹大豆、茹豆】→B
38③128,133,155,156,164

【よ】

ようきのこやし【陽気のこやし、陽気の糞】 1④301,306
ようきのつよきもの【陽気のつよき物】 12①80
ようすいぼりのごみ【用水堀のこミ】 4①13
よきこえ【よきこへ、よきこゑ、ヨキ肥、よき糞、好糞、上肥】
5③274/7①42/8①179/13①275/41⑥276/62⑧270,⑨340
よきこえつち【よきこゑ土】
12①366
よきこやし【よき糞し】 13①58
よきしょうべん【能キ小便】 5①90
よきふん【ヨキ糞】 5①107
よきもち【よき餅】 9①143,144
よくくさりたるこえ【よくくさりたるこゑ、よくくさりたる肥】 23⑤273
よくじょうのおり【浴場ノ滓迊】
69②361
よくじょうのみず【浴場ノ水】
69②360
よごれみず【汚穢水】 69②253
よしのあおがり【葭の青刈】→あしくさ
23①86
よしのわかばえ【茅ノ若バヱ、葭の若生】 23①30/38④289
よせえ【寄せ餌】 59④355
よた【ヨタ】 23①86
よな【よな】 34⑥142
よもぎ【よもぎ、蓬、蓬ギ、艾】→もぐさ(もくさ)→B、E、G、H、N
1③284/3④226,227/6①14,19/10①100/19①203/22①56
よもぎごえ【艾肥】 3④227
よらめ【よらめ】 40②176
よりくさ【寄草】 34③47,⑥141
よりすげ【寄りすげ】 41⑦325
よりよりこえ【寄々肥】 8①107
よるくうくさわら【夜喰草わら】
21④192
よろしきこえ【宜敷こゑ】 41⑦314
よわきこえ【弱きこえ】 3①34
よんばん【四ばん】 23⑤266
よんばんごえ【四ばん肥、四番こへ、四番こゑ、四番肥】 3④350/10③389/23⑤266,273/29③248/30①70,111
よんばんごやし【四番こやし】
45②105
よんばんとめこやし【四番留肥シ】 30④350

【ら】

らちぐわ【埒桑】 47②124,125,126,148

【り】

りくのくさ【陸の草】 41⑦325
りゅうぐうのいとまき【龍宮のいと巻】 11①36
りゅうばん【硫礬】 69②241
りょうひ【良肥】 8①222
りょうみくわ【良味桑】 47②87,88,116,118
りょうやく【良薬】→N
8①123/40②178,179
りょくず【緑豆】→ぶどう→E
12①62/23①18,19,87/69①67
りんざし【リン指】 10③390
りんじやしない【リンジ養ヒ、臨時養】 19①58,162
りんねしゅ【輪廻酒】 69①38,②256

【れ】

れいしょうのたぐい【冷性の類ひ】 13①15
れいすい【冷水】→B、D、G、H、N
60③139,140
れんげ【れんげ、五形花】→げんげ、げんげばな、たぶんず→E
29②129,134/30①39,42,64,65,66
れんげそう【れんげ草、蓮花艸】→N
29②130/30③239

【ろ】

ろうど【臘土】 69②243,246
ろくとう【菉豆】 12①93
ろしゃ【硇砂】 69②164,261,262,263,264,267,270,271,275,276,277,280,332,334,363
ろしゃせい【硇砂精】 69②269
ろしょう【硇硝】 69②325

【わ】

わかきくさき【若き草木】 1③268
わかくさ【わかくさ、わか草、若草、若艸】 5①146/7①18/10②319/11②88/16①250/22②101/28④341/29①45/40①10/62⑧265
わかし【わかし】 28④343
わかしごえ【湧シ糞】 5①176
わかたけのは【若竹の葉】 10②361
わかだち【若立、若立チ】 32①74,108
わかば【わか葉、若葉】→B、E、N
10①120/16①249/23①31/32①108/33④215/38③185/47①47/62④96
わかほえ【わかほへ】→E
16①249
わかめ【裙帯菜】→J、N
69②351
わがやのふるかや【吾屋の古茅】
30①108
わきくさる【湧腐ル】 5①26
わきごえ【脇肥】 69②341
わきみぞ【脇溝】 11②95
わごえ【輪こへ、輪肥、輪糞】
13①250/31⑤254/33⑥341,347,390
わせわらのはい【わせハらのはい、わせわらのはい】→はい→B、H
16①247/17①54
わせわらばい【わせわらはひ】→はい→B、H
16①259
わた【わた】→B、E、N、R
9③250/41⑦333
わたあなごえ【綿穴こゑ】 28②156
わたうぶごえ【綿生ブ肥】 8①158
わたくまし【綿くまし】 8①125,156
わたごえ【わたこへ、わたこゑ、わた肥、綿こゑ、綿肥、綿糞】
9①85/23⑤273/29①65/40②114/43②153
わたざね【綿さね、綿実】→E
33①20/38③197
わたつちごえ【綿土肥】 8①156,160
わたのこえ【わたのこへ、綿の肥】 9①22/69①118
わたのこやし【綿のこやし】→きわたのこやし
33①32
わたのしん【木綿の真】→E
4①203
わたのせこえ【綿之畦肥】 8①129
わたのにばん【綿ノ二番】 8①121
わたのねごえ【綿の根こゑ】
23⑤263
わたのはりごえ【綿のはりこゑ】
28②177
わたのみ【綿の実】→E
29②141
わたのみあぶらかす【綿子油糟】
69②341
わたのみのあぶらかす【綿ノ実ノ油糟】 69②342
わたみ【綿実】→E
45③167
わたみかす【綿核粕、綿実かす、綿実粕】 14①342,377,381,394,400/40②175/69①89,110
わたみのかす【綿実の粕】 14①305/69①89
わたみのしめかす【綿実のメ粕】
23①27
わら【ハラ、わら、藁、稈】→いねから、いねわら、こめのわら、こめわら、たいとういねのわら、たいわら、なまわら→B、E、H、N、X
1①84,103/2④281/3③138,139,140,142/4①28,182,203/5①150,154/6①20,41/7①59/8①126/9①60,107,110/

10②326/11①36,37,④167/12①92/16①234,235,236,237,256,257/23①30,⑥308,311,319,323,324/24③307/25②180/27①324/28②141,142,245,275,④347/29②129,③225,264/30①66,107,⑤395,411/33⑥318,359/38①14,16/39④213/41②66,68,73,③174,180,⑦327/60③142/62⑧268/67③134/69①35/70⑥387

わらあく【藁あく】→B
61②80

わらあくた【わらあくた、藁あぐた】→B
6①109/12①364

わらくさ【わら草、藁草】→B、N
1①80/33②128

わらくず【ハラクズ、わら屑、藁くづ、藁屑】→B
2①21,100,129/8①126/23①23/25①126

わらぐつ【藁くつ】→N
39①51

わらごい【わらこひ、わらごひ】
27①23,24

わらごえ【わらごえ、わらこへ、わらごへ、わら肥、藁こへ、藁こゑ、藁肥、藁糞、藁屎、藁腴、藁菌】 6①13/20①184/22①57,②117/24①71,73/25②223/27①23/29②128,155/36②121/39④217/61②85

わらごみ【わらごみ、藁ごミ、藁ごみ】 29②123,154/33⑥377

わらこやし【藁肥、藁肥し、藁肥菌】 1①80,81,84

わらじ【わらち、わらぢ、草鞋、鞋】→N
7①59,63/18③357/36②121/39⑥332

わらしべ【稈しべ】→B、E、N
27①324

わらすす【藁すゝ】 10②377

わらすべ【わらすへ】→B
20②378

わらつくて【藁つくて】 22②125

わらつくてごえ【藁つくて糞】
22②124

わらのじょうばい【ハラノ上バイ、ハラノ上灰、藁ノ上灰】→はい
8①181,225,245

わらのちゅうくさり【わらの中くさり】 23⑥323

わらのはい【わらの灰、藁の灰】→はい→B
4①122/12①285/15③367/17①54/25①28/54①264

わらばい【わらはい、わら灰、稿灰、藁灰】→はい→B、H
1④329/3①33,38,④246,250,314/15③357/16①258/17①65,205,228,272/22①45/23①25,88/25①124/27①48,93/29②121,127,135,147,148,154/30①39,103/36③195/38①18,19/45⑦396/55②173/61②91,⑤179,⑩446/62②36/69②245,257

わらはきだめ【藁掃溜】 5③286

わらびぐさ【蕨草】 10①65,77,91,100

わらほこり【藁埃】 3④314

わらむぎか【藁麦柯】 33④227

わりごえ【割こゑ】 40②49

わりだいず【割大豆】 42②98,99,100,101,102,103,120,121,122,123,124

わんなどあらいじる【椀等洗ひ汁】 27①291

J 漁業・水産

【あ】

あいかぎ【合鍵】 58⑤376
あいご【鮎子】→あゆ 58④248
あいじょう【合錠】 58⑤379
あいのあみ【間の網】→てんこ 58③132, 185
あいのいお【あいのいを】→あゆ 24①93
あいのす【相の洲】 59④287, 317
あいのすまわり【相の洲廻り】 59④309
あおきす【青鱚】 59④303, 305
あおさぎ【青サギ】→くじら 15①32
あおしま【青嶋】 58④247
あおとむらたていしおおどうろ【青戸村立石大道路】 59④328
あかいりぶね【阿伽入舟】 67②93
あかうお【あか魚、赤魚】→N 59②117, 122, 126, 147, 148, 149, 163
あかえい【赤ゑい】 59④391
あかがい【赤貝】→I 25①31
あかこんぶ【赤昆布】 58①60
あかすなあど【赤砂阿戸】 59②99
あかはら【赤腹】 59④287, 290
あかはらつり【赤腹釣】 59④286, 287
あかぼうくじら【赤坊鯨】 15①39
あかまがせきひせん【赤間関飛船】 14①322
あかみ【赤身】 58⑤343
あかもの【赤物】 49①214/62⑥155
あがりぶね【上り船】→Z 59④292
あきあじ【秋味】→さけ 58①44
あきあみ【秋網】 58③185, ④255
あきこうくずれした【安芸侯崩れ下】 59④361
あきづり【秋釣】 59④286, 361, 377
あきないぶね【商船】 15②270, 298
あきのくだりうお【秋の下り魚】 59④343, 365
あきのつり【秋の釣】 59④377
あきのよづり【秋の夜釣】 59④378
あげのうら【安下浦】→T 58④256
あげのうらおき【安下浦沖】 58④246, 248
あさあみ【麻網】 58③125, 182
あさいと【麻糸】→B、N 1②194
あさくさいけのみょうおんじ【浅草池の妙音寺】 59④340
あさくさたんぼ【浅草反甫】 59④327, 328, 344
あさり【あさり】 58③123
あさりがい【蜊貝】→I 40②151
あさりのなまがい【蜊の生貝】 3①23
あじ【鯵】→N 58④259/59④286, 300, 301/62⑥155
あじこ【鯵子】 58④253
あしだわら【あしたわら、あしだわら】→Z 59②109, 113, 155
あじろ【網代】→R 59③212
あずまばしきんじょ【東橋近所】 59④361
あずまばしした【東橋下】 59④277, 377
あたま【頭】→E 41②135/56①185/58⑤339/69①82, 83
あたり【当り】 59④284, 310, 311, 314, 359, 360, 362, 386, 387
あたりかた【当り方】 59④309, 343
あたりつり【当り釣】 59④320
あたりもの【当り物】 59④345
あづちあど【阿つち阿戸】 59②99
あど【阿ど、阿戸】 59②89, 93, 97, 104, 105, 106, 111, 112, 114, 124, 126, 150
あとがけあみ【後懸網】 58④258, 259, 260
あとかじひれ【跡楫ひれ】 59⑤446
あどふくら【あとふくら、あどふくら、阿どふくら、阿戸ふくら】 59②89, 95, 96, 125, 127, 150, 154, 155
あどふくろ【あどふくろ】 59②96
あどふみ【阿どふミ】 59②142
あどわり【あどわり、阿ど割、阿戸割】 59②97, 104, 106, 111, 113, 114
あなご【あなこ、穴子】 58④248, 260/59④307
あなごつり【穴子釣】 59④307
あなごなわ【あなこ縄】 58④260, 261
あなだこ【穴蛸】 58④248
あなつり【穴釣】 59④284
あば【あば】 41⑦333
あば【網羽】 62⑥155
あばら【豁】→E 58⑤339
あぶら【油】→B、E、H、I、L、N、X、Z 58①39, 40, 51, 52, ⑤344, 345
あぶらめ【あぶらめ】 58③131
あぶらめつり【あふらめ釣】 58③130
あまのり【甘海苔】 62⑥155
あみ【アミ、あミ、あみ、網】→B、H、I、Z 1②194, 197/5③243/23④183/25①31/58③121, 124, 126, 131, 182, ④246, 247, 248, 254, 255, 258, 259, 261, ⑤303, 320/59②89, 93, 94, 113, 144, 146, 148, 158, 159, 165, 166/62⑥154, 155/66⑦369/70②135
あみぐ【網具】 58②98
あみしごと【網仕事】 58③184
あみす【編簀】→B 23④183
あみそなえ【網備へ】 58⑤312
あみつきのくじらぶね【網附の鯨船】 58⑤303, 319
あみなわ【網縄】 2⑤332
あみにてとる【網にて取】 13①267
あみのいわ【網の鎮金】 48①386
あみはそん【網はそん】 59②107
あみふくろ【網袋】 58④256/59④299, 356
あみぶね【網舟、網船】 58②92, ④254, ⑤351/66⑦370
あめ【あめ】 59②117
あめりかいせん【アメリカ異船】 68④407
あめりかぶね【あめりか舟】 66⑥345
あやせがわ【綾瀬川】→T 59④384
あやせがわへん【綾瀬川辺】 59④332
あゆ【鮎、年魚】→あいご、あいのいお、おちあゆ、こもちあゆ、はらもちあゆ、ひお→N 10②343/14①358/16①40
あゆごあみ【鮎子網】 58④248, 250, 251
あゆつり【鮎釣】 59④287
あゆなめ【あゆなめ】 59④286, 302, 303, 304, 305
あゆのうお【あゆの魚】 14①358
あらあみ【あらあみ】 59②118
あらかせぎ【荒稼穡】 59④391
あらきだ【荒木田】 59④378
あらきだす【荒木田洲】 59④277
あらきだのす【荒木田の洲】 59④352

あらきだよこぼり【荒木田横堀】 59④328
あらこ【荒古】 59④280
あらなわ【あら縄】→B 59②108
あらまきさけ【あら巻鮭】 58①43
あらめ【あらめ、荒和布】→I、N 58③127/62⑥155
あわび【アワヒ、蚫、鮑】→I、N 1②178/31⑤282/58③123/61⑨323
あわびがい【蚫貝】→B、I 27①47
あんどん【行灯】 59③228
あんどんあみば【行灯網場】 59③230
あんば【あんば】 59②93,94,113,118,126,143

【い】

いいだこ【飯蛸】 59④304,305
いいだこつり【飯蛸釣】 59④286
いいと【伊糸】 58⑤379
いか【烏賊】→I、N 58③130,④247,248
いかずち【いかずち】 59④331
いかずちのまき【雷のまき】 59④368
いかだ【いかた、いかだ、筏】→B 14①70,356/15②271/16①275,277,325,329/30③288/53④242/55③341/59④362/62②41/64④258
いかつり【烏賊釣】 58③130
いかり【碇】 1②177/15②271,293
いかりつな【いかりつな、碇綱】 17①225/62⑥156
いかりばり【碇針】 59④388,389
いきあゆ【生鮎】 59①16
いけあゆ【生ケ鮎】 59①17
いけさき【鐖鋩】 62⑥155
いけす【生舟、生簀】→C 59①13,15,16,17,18,30,33,36,42,45
いけのつり【池の釣】 59④386
いこう【いこう】 59④358
いこうむら【井こう村】 59④328
いこくせん【異国船】 8①285
いさざ【魦】 58③124
いさざすき【魦すき】 58③124
いさな【勇魚】 58⑤284,285
いしがきあなづり【石垣穴釣】 59④342
いしつりぶね【石つり船、石釣船】 15②293,294
いしとり【石取】→A 58③183,184
いしぶね【石船】→Z 15②294
いず【出洲】 59④309
いずいむら【出井村】 58④251
いずおおしま【伊豆大島】 59④294
いそべ【磯辺】→D 58④250
いたおもり【板おもり】 59④390
いたやがい【板屋貝】→B 27①47
いちかわえどがたのす【市川江戸方の洲】 59④353
いちかわごばんしょ【市川御番所】 59④372
いちかわじゅく【市川宿】 59④372
いちかわどてどおり【市川土手通】 59④370
いちかわゆやがし【市川湯屋河岸】 59④356
いちのえむら【一ノ江村】 59④329
いちばんくき【壱番群来】 58①36
いちもんじお【一文字尾】 59⑤428
いっしき【一色】→T 59④358
いっぽんばり【一本針】 59④304,332,353
いと【糸、綸】→びん→B、H、K、N、R 1②193,194/5③243/58③130,④250,260/59④284,290,291,292,299,300,304,327,342,343,347,352,355,356,358,360,362,377,388,395
いとうきじゅうきゅう【糸浮十九】 59④347
いな【いな、伊奈】→ぼら 59④283,303,347,348,367/62⑥155
いなつり【いな釣】 59④385
いなりあい【稲荷合】 59④317
いのほり【猪の堀】 59④384
いまいのわたしまわり【今井の渡廻り】 59④368
いるか【江豚】→I、Z 58③124,125
いるかまわし【いるか廻し】 58③124
いわし【いわし、鰯】→B、I、N 5①176/6①37/15①97/29①22,③201/32①136,②324,325/36③198,199/58①45,②93,94,③123,124,④250,255,260,262/62⑥151/69①124/70⑥392
いわしあぶら【鰯油】→I 58①46
いわしあみ【いわし網、鰯あみ、鰯網】 58②90,93,94,97,④251,253,254,257,258,259,260,263
いわしあみあじろ【鰯網網代】 58④254
いわしくじら【鰯鯨】→くじら→Z 15①32
いわしつみぶね【鰯積船】 58④254
いわしのひきあげ【鰯ノ引キ揚ケ】 32②324
いわしひき【鰯引】 58③125
いわしみ【鰯見】 58③124
いわしりょう【鰯漁】 38①25/58②93,④252,255
いわしをひく【鰯ヲ引ク】 32②324
いんばぬま【印幡沼、印旛沼】 59④287,353

【う】

うお【うを、魚】→N 13①265,267/25①98/50③244/69①91,②388
うおなわ【魚縄】 58④254
うおみぶね【魚見船】 58③124
うおるい【魚類】→I、N 15①99/69②305,387
うき【浮】 59④327,348,358,386,387,389
うきいろ【浮色】 59④348
うきうお【浮魚】 59④282,291,348
うきき【槎木】 35①223
うきしたのかげん【浮下の加減】 59④347
うきた【浮田】 59④331
うきたちのうお【浮立の魚】 59④343
うきつり【浮釣】 59④284,342,356
うきのひきよう【浮の引様】 59④384
うきひょうたん【浮瓢箪】 59④344
うぐい【うぐひ、鯎】 16①34/59④286,290,307,356
うぐいつり【鯎釣】 59④287
うぐいばり【鯎針】 59④290
うけ【筌、筌ケ】 59③205,217,221,223,227,④290/62⑥155/70②135
うけじむら【ウケジ村】 59④334
うしだのいりぐち【牛田の入口】 59④328
うしだひぐち【牛田樋口】 59④344
うすてり【薄照】 59⑤436
うたうき【うたう木】 57②187
うちこみ【打込】 59④344,366
うちこむ【打込】 58③133
うちのふかあらあど【内深阿原阿戸】 59②100
うなぎ【うなぎ、鰻、鰻鱺、鱣】→G、H、N 3③175,④307/45⑤247/47⑤278/59④290,343,344
うなぎざる【うなぎ笊】 59④344
うなぎつり【鰻釣】 59④286
うなぎとり【鰻取】 34①9,⑥142
うなぎなわ【うなぎ縄】 59④392
うなぎのつりかた【うなぎの釣方】 59④390
うまのけ【馬の毛】→B 59④290,327,355,356
うまのせ【馬の瀬】 59④287
うみうお【海魚】→I 8①120
うみたなご【海たなこ、海たなご】 59④286,302
うむきのかい【宇武岐の貝】 21①92
うろこ【鱗】→Z 59⑤426,435/62⑥150

【え】

えい【鱝】→かすべ→N 58④247
えいたいきんじょ【永代近所】 59④361
えいたいばししたまわり【永代橋下廻り】 59④317
えいたいまわり【永代廻り】 59④277,377
えご【ゑご】 58③127
えささしかた【餌さし方】 59④343
えだばり【枝鉤】 58④250,260
えっちゅうあみ【越中網】 59③223,230

えっちゅうあみば【越中網場】 59③225,226
えどかいづかくがた【江戸かいづ角形】 59④301
えどかいづばり【江戸かいづ針】 59④395
えどかた【江戸方】 59④277,278
えどがたすまわり【江戸方洲廻り】 59④349
えどつり【江戸釣】 59④352
えどつりかた【江戸釣方】 59④378
えどどうぐ【江戸道具】 59④303,306
えどのかいづばりのかくがた【江戸のかいづ針の角形】 59④300
えどのつりかた【江戸の釣方】 59④304
えどまえどうぐ【江戸前道具】 59④306
えどまえのつり【江戸前の釣】 59④361
えどまえのどうぐ【江戸前の道具】 59④305
えなが【柄永、柄長】 58⑤376,379
えのしま【江の島】 59④286,298,299,300
えのとあど【衣之渡阿戸】 59②100
えび【ゑび、海老】→I、N 59④287,384,385/66⑦369
えびあみ【海老網】 62⑥155
えびお【海老尾】 59⑤428
えびつり【海老釣】 59④384
えゆのうお【ヱユノウヲ】 24①93
えらなしのはり【鰓なしの針】 59④389
えんまどう【閻魔堂】→Z 59④278,280,317
えんまどうした【閻魔堂下】 59④363,367
えんまどうしもす【閻魔堂下洲】 59④352
えんまどうわたしむこうかど【閻魔堂渡し向角】 59④378

【お】

おいあみ【追網】 49①209
おいきや【おいきや】 57②121,123,126
おいきやき【おいきや木】 57②123
おいたん【おいたん】 57②187
おいつぎぶね【追継舟】→Z 58③132
おいよせ【おいよせ】 59②146
おうお【男魚】→めうお 59⑤430,431
おうじえびやのうらがし【王子海老屋の裏河岸】 59④361
おうじがわ【王子川】 59④355
おうじがわながれだし【王子川流れ出し】 59④277
おうじながれだし【王子流出し】 59④379
おえきや【おゑきや】 57②187,188,224,225
おおあみ【大網】→B 58⑤367
おおあらめのあみ【大あらめの網】 15②295
おおいし【大石】→B、D 59②94
おおいそ【大磯、大礒】 59④286,293,296,300
おおうき【大浮】 59④344,362
おおかれい【大鰈】 59④286
おおかわかみて【大川上手】 59④345
おおかわすじ【大川筋】→D 59④343,356
おおかわばし【大川橋】 59④331
おおぎす【大鱚】 59④306
おおぎやのうらがし【扇屋の裏河岸】 59④361
おおこい【大鯉】 59②152
おおさかあしうけ【大坂葭筌】 59③225
おおず【大洲】 59④287
おおすぎむら【大杉村】 59④329
おおすずき【大鱸】 59③248
おおずみお【大洲澳】 59④306
おおづり【大釣】 59④284,304,306
おおとざきあど【大戸崎阿戸】 59②99
おおなぎなた【大長刀】 58⑤289,338
おおなみ【大波】→Q 58④251,253,256
おおなわ【大ナハ、大縄】→A、B、Z 59②89,93,96,102,108,114,117,119,121,122,123,124,130,143,150
おおはし【大橋】→C 59④277,377
おおはしした【大橋下タ】 59③244
おおはしぜんご【大橋前後】 59④277
おおはしまわり【大橋廻り】 59④378
おおはた【大畠】 58④247
おおはたけ【大畑】 59④358
おおひぐちうちそと【大樋口内外】 59④328
おおひらき【大開】 59⑤428
おおふな【大鮒】 59④390
おおぶね【大舟、大船】 1②177/3①23/57②98,126/58⑤300
おおまがり【大曲、大曲り】 59④360,367
おおみなせ【大水無瀬】 58④256
おおめばる【大めばる】 66⑦369
おおもりざい【大森在】 59④287
おおもりひびのなか【大森ひゞの中】 59④308
おかづり【岡釣】 59④384
おきかむろ【沖家室】→T 58④250,253,256
おきづり【沖釣】 25①31/59④275,276,283,322,377
おきてぐり【沖手繰、沖手操】 58④247,250,251,259,260,261
おきなか【沖中】→D 58⑤315,319,351
おきのはぜつり【沖の鯊釣】 59④316,377
おきば【沖場】 58⑤312,315,319,330
おきばり【置針】 59④392
おぐ【尾久】 59④358
おぐうまあらいば【尾久馬洗場】 59④378
おぐうまあらいばした【尾久馬洗場下】 59④277
おくどむら【奥戸村】 59④329,358
おくどわたしば【奥戸渡し場】 59④280,349
おぐわたしのむこう【尾久渡の向】 59④328
おけ【桶】→B、N、W、Z 58④262
おごい【牡鯉】 13①265
おこしあみ【起網】 58③184
おしあげうらいそきゅう【押揚裏いそ久】 59④328
おしおくりぶね【押送船】→Z 59④291
おしきぶね【尾敷船】→Z 58③133
おしまわり【押シ廻ハリ】 62⑥154
おしろひらかわそとのおほり【御城平川外の御堀】 59④325
おす【男魚】→おうお、めうお→E 59⑤436
おすあゆ【雄鮎】 59①13
おたからこさお【お宝子竿】 59④310
おだわらおき【小田原沖】 59④286
おだわらのうみ【小田原海】 59④290,291
おだわらはまて【小田原浜手】 59④291
おちあゆ【落鮎】→あゆ 59①13,15,16,17,21,22,33,36,42,43
おづつ【尾筒】 59⑤435,446
おづな【苧綱】→B 58⑤329
おてぶね【御手船】 66④196,200
おとこぎ【男木】→B、E 59②94,96,102,109,117,118,119,121
おとこぎつきおおなわ【男木付大縄】 59②108
おとこぎつきなわ【男木付き縄、男木付縄】 59②108,114,119
おとめがわおふだば【御留川御札場】 59④277
おとめがわごこうさつば【御留川御高札場】 59④362
おともぶね【御供船】 66④223,230
おなわ【苧縄】→B 15②295
おばけ【尾羽毛】→E 58⑤315,339
おふなではやふね【御船手早舟、御船手早船】 57②89,195
おふね【御船】 57②226/66④223,231
おふねかいぎ【御船楷木】 57②202
おめしぶね【御召船】 66④223,230
おものみした【御物見下】 59④368
おもり【おもり、ヲモリ、錘】→B 1②182/59④302,304,305,327,356,362,367,395,396/62⑥155
おやあど【親あど、親阿戸】 59②97,98,113,122
おやあどまつした【親あど松下】 59②126
おやうお【親魚】 59⑤430,431,432

おやく【おやく】 57②196
おやぶね【親船】 59④276
おりほ【織帆】 15②298
おろしゃのふね【おろしやの舟】 66⑥345
おんなわたし【女渡し】 59④349,367,370
おんぼう【をむぼう】 59④280

【か】

かい【貝】→N 22①51/23①102/25①31/50③244
かい【かい、カヒ、械、櫂、𦨞】→ろ→Z 1②177/58③133,⑤376/59④344/62⑥156
かいぎ【楷木】 57②91,174,175,184,198,208,209
かいせん【廻船】 16①283,285,286/53②99/56①139/58②96/66④196,199,200
かいせん【海船】 45①46,47
かいせん【楷船】 57②226,232
かいせんかいぎ【楷船楷木】 57②195
かいぜんじうら【海禅寺裏】 59④340,344
かいそう【海草、海藻】→I、N 5①138/16①35/62⑥155/67⑤232/69②222/70②129
かいぞくぶね【海賊舟】 67②100
かいづ【かいづ、かゐづ】 59④286,287,303,306
かいづかくがた【かいづ角形】 59④302
かいづざお【かゐづ竿】 59④362
かいづつり【加伊豆釣】 59④359
かいのさしよう【𦨞の差様】 59④322
かかえばこ【抱箱】 59④352
かがおづな【加賀苧綱】→Z 58③133
かがみ【かゝみ】 59②106,113
かがみかなわ【かゝミかなハ、かゝミかなわ】 59②96,108
かきあみ【かきあミ、かきあみ、かき網】 59②89,94,96,108,109,114,119,120,123,124,125,127,150,153,154,155,162,163
かきがら【蛎がら】→B、I 15①37
かぎざお【かき竿】 59②95,119,125
かきだつ【垣だつ】 15②271
かぎぼうし【かきほうし】 59②102,120
かくれづり【隠れ釣】 59④340,342
かけあがりば【欠上り場】 59④277
かけばり【掛針】 59④386
かこいふな【かこいふな】 59②163
かこう【囲ふ】→A、K 58③132
かこぶね【水主舟】 58③182,184
かさいたていし【葛西立石】 59④349
かさご【かさご】 59④304
かささじま【笠佐嶋】 58④255
かじ【柁、揖、楫】 1②158/15②271/57②196,197/62⑥156
かじお【楫尾】→Z 59⑤426
かじか【河鹿】 49①210
かしざお【河岸棹】 59④276
かじづか【楫柄】 62⑥156
かじのき【梶木】→B、E 57②126
かじばしらけた【梶柱桁】 58⑤376,379
かじめ【かちめ、かぢめ】→I、N 58③127
かじもとき【楫本木】 57②124
かじわらほりのうちむら【梶原堀の内村】 59④328
かす【粕】→B、E、I、L、N、X 58①35,36
かずのこ【鯟鯑】→E、I、N 58①30,33,34
かすべ【鮃】→えい 58①49
かすべあぶら【鮃油】 58①49
かずらなわ【かづら縄】 59②96
かた【カた、かた】 59②113,114,129,130,142,155
かたてんびんいっぽんはり【片天秤壱本針】 59④384
かたながし【片流】 59④368
かたばね【片ばね】 59⑤428
かたはまいわしあみ【片浜鰯網】 58②91
かちすくい【歩行救】 59③232,233
かちすくいあみ【歩行救網】 59③230
かつお【鰹】→L、N 44①50/59④286,291/62⑥151,155
かつおくじら【カツヲクヂラ】→くじら→Z 15①32
かつおつり【鰹釣】 59④290,291,292
かつおりょう【鰹漁】 38①25
かつぎょ【活魚】 58④263/62⑥151
かったいひぐちながれだし【かつたゐ樋口流出し】 59④280
かとぎさわ【かとぎ沢】 59②99,106,158
かとぎさわあど【かとぎ沢阿戸】 59②97
かないかり【金碇】 58⑤379
かながしら【鯒】 58④247
かながわ【神奈川】→T 59④286,304
かながわながれだし【神奈川流れ出し】 59④361
かなざわおきいわまわり【金沢沖岩廻り】 59④303
かなざわのうみ【金沢海】 59④286
かなづつ【金筒】 59⑤446
かなまちのつちだしした【金町の土出下】 59④363
かなわ【かなハ】→B、N、Z 59②125
かなわかがみ【かなわかゝみ】 59②120
かにわ【鹿羽、蟹羽】 59④278,317
かにわまわり【かにハ廻り】 59④356
かにわわたしむこうがし【かには渡し向河岸】 59④355
かねあて【鉄当】 58⑤331
かの【カノ】 1②193
かまくらおき【鎌倉沖】 59④286
かまくらゆいのはま【鎌倉由井の浜】 59④291
かまたむら【鎌田村】 59④329
かみのけ【髪の毛】→B、H、I、Z 59④355
かみのせき【上ノ関】→T 58④248,255
かみのせきおき【上ノ関沖】 58④246
かみひらいわたししたむこうまえ【上平井渡し下向前】 59④360
かみひらいわたしば【上平井渡場】 59④349
かみひらいわたしまわり【上平井渡し廻り】 59④357
かむろ【家室】 58④256
かむろぐち【家室口】 58④253
かめ【亀】→I 13①266/46①100/59④341,342/66⑦370/69①130
かめいどてんじん【亀戸天神】 59④384
かめいどろくあみだわきながれだし【亀戸六阿弥陀脇流れ出し】 59④328
かめたれ【亀たれ】 59④287
からしゃけ【干鮭】→さけ 58①44
からふね【唐舟】 59③217
かりかきとる【刈リ掻キ取ル】 62⑥155
かりふね【借舟】 59④306/67③131
かれい【鰈】→N 45⑤247/59④310,391
かれいつり【鰈釣、鱝鉤】 58④257,258,259/59④310
かれいつりりょう【鱝鉤漁】 58④256
かれいなわ【鰈縄】 59④392
かわ【皮】→B、H、I 58⑤344,345
かわがに【河蟹】 7②341
かわぐち【川口】 59④356
かわぐちわたし【川口渡し】 59④352
かわぐちわたしば【川口渡場】 59④278
かわさき【川崎】→D、T 59④287,306,378
かわさきだいしわたしばぜんご【川崎大師渡し場前後】 59④357
かわす【川洲】→D 59④287,317
かわず【かわづ】→E、G、I 17①138
かわすくいまわり【川洲杭廻り】 59④309
かわせっしょう【河殺生】→かわりょう 5④309
かわつり【河釣、川釣】 59④275,276,277,283,366
かわながしのいかだ【河ながしの筏】 14①86
かわぶね【川舟、川船】→B 45①46/53④223,239/61⑨324,340,⑩457
かわも【河藻】→I 69②222
かわら【航】 62⑥156
かわらわたしば【河原渡し場】 59④385
かわりょう【川猟】→かわせっしょう 59①19,④392
かんきのじせつのつり【寒気の

時節の釣】 59④332
がんくつべんてんまえ【岩窟弁天前】 59④286
かんさも【かんさも】 57②187
かんだがわどおり【神田川通り】 59④343
かんだのうちうえうえした【神田の内埿上下】 59③204
かんだん【かんたん、かんだん】 57②121,123,126,187,188,224,225
かんたんぎ【かんたん木】 57②123
かんちゅうにとりたるのり【寒中ニ取たるのり】 14①297

【き】

きす【きす、鱚】 59④286,287,303
きすご【鱠残魚、鱠残魚】→I 13①270/58④248
きすつり【きす釣、鱚釣】 59④269,282,287,309,310
きすつりば【鱚釣場】 59④308
きすのべさお【鱚延へ竿】 59④392
きたさんや【北山谷】 59④344,358
きねがわ【木下川】 59④344,349,358,363
きねがわむこうひぐちまえ【木下川向樋口前】 59④360
きねがわやくし【木下川薬師】 59④332,334
きねがわやぶのした【木下川藪ノ下】 59④328
きねがわわたし【木下川渡し】 59④280
きねがわへん【木下川辺】 59④384
きのねがわよこみおへん【木の下川横澳辺】 59④367
ぎょうとくうらじょうすい【行徳裏上水】 59④331
ぎょうとくかし【行徳河岸】 59④353,368
ぎょぎょつり【魬魚釣】 59④286
ぎょじょう【漁場】 35②378
ぎょせん【漁船】 41⑦333/58②91,93,④246,254/66④196,200
ぎょふのあみ【ぎよふのあミ】 16①143
ぎょべつ【魚鼈】→I、N 10②303/70②129,130,131,135
ぎょりょう【魚猟、漁猟】 2⑤332/57②230/66③141
きれしょつり【切所釣】 59④282
きれしょのつり【切所の釣】 59④276
きろうぎょ【黄臘魚】 69①93
ぎんうお【銀魚】 59⑤437
きんぎょ【金魚】→Z 3①25/45⑥309/48①256,257,258/59⑤424,429,432,436,437,438,439,444

【く】

くいあみ【杭網】 58③184
くいがかりせいご【杭掛り鯑】 59④367
くいこつ【杭兀】 59④280
くいまわり【杭廻り】 59④277
くじら【鯨】→あおさぎ、いわしくじら、かつおくじら、こくじら、ごとくじら、さかまた、ざとう、しゃれ、しろながす、すなめりくじら、せみ、つちくじら、ながす、はさみこもち、ひがんこもち、まっこうくじら→B、I、N 15①32/58③132,133,⑤284,297,302,328,331,338,351,361,362,365,367,369/59⑤421/66⑦371/69①124/70②100
くじらあみ【鯨綱(網)、鯨網】 15②295/58③132,133
くじらぐんせん【鯨軍船】 58⑤289,301,303,315
くじらとり【鯨捕】 58③132,⑤289
くじらぶね【鯨船】 58⑤315,329
くだりうおのせつ【下り魚の節】 59④367
くまあなあど【熊穴阿戸】 59②101
くまのひぐち【熊の樋口】 59④328
くまのひぐちながれだし【熊の樋口流れ出し】 59④278,378
くもで【蜘手】 58③130
くりふね【くり舟、くり船】 57②121,122,198,229,230
くりやまへん【栗山辺】 59④374
くろから【黒から】 59④304
くろかわ【黒皮】 58⑤343,344
くろだい【黒鯛】→ちぬ 59③214,④286,304,306
くろだいつり【黒鯛釣】 59④293,359
くわのきのうつぼぶね【桑の木のうつほ船】 35①55/47②136

【け】

けご【け子、蛙子】 6①30
けん【釼】→Z 58⑤289,324,376
げんかい【玄海】 58⑤300
けんぶん【見分】 58⑤315,330
げんべえぼり【源兵衛堀】 59④356
げんべえまつまわり【源兵衛松廻り】 59④309

【こ】

こあど【小阿戸】 59②99
こあみぐみさっぱ【小網組さつは】 66⑧403
こい【こい、鯉】→りぎょ→N 3③175/5①177/6①37/10②343/12①342/13①265,266,269,270/56①185/59②122,127,147,153,163,④342,363,388,389/64②121/69②295
こいし【小石】→B、D、I 59②125
こいしかわまるたばしへん【小石川丸太橋辺】 59④343
こいそ【小磯、小礒】 59④286,293,296,300
こいつり【鯉釣】 59④361,363
こいのひっかけ【鯉の引掛】 59④388
こいのふせかご【鯉の伏せ籠】→Z 59④397
こいわごばんしょわきひぐち【小岩御番所脇樋口】 59④331
こいわさくらかいどうほそながれ【小岩桜街道細流】 59④329
こいわし【小鰯】→I 58④253,261,262/62⑥155
こいわだむら【小岩田村】 59④374
こいわにまいばしやぶした【小岩二枚橋藪下】 59④329
こいわふたついけ【小岩二ツ池】 59④389
こうお【小魚】→E、I 15①97/17①321/58③126/59④284,286,304,306,359
ごうしあな【ごうし穴】→C、Z 59②88,89
こうせん【貢船】 64④243
こうのだいした【鴻ノ台下、鴻の台下】 59④363,368
こうのだいものみ【鴻の台物見】 59④374
こうめ【小梅】 59④332,358
こうめじょうすい【小梅上水】 59④334
こうめじょうすいぐち【小梅上水口】 59④328
こうめじょうすいどおり【小梅上水通り】 59④344
こうめちょう【小梅町】59④331
こうり【蛤蜊】 25①30
こえび【小ゑひ】→I、N 58④248
こおりきり【氷りきり】 59②89,97,119,120
こおりびき【氷り引、氷り引キ、氷り曳キ、氷引、氷引キ、氷曳】 59②89,93,102,106,113,114,115,116,122,125,132,134,139,140,142,146,147,148,149,156,157,158,159,163,164,165
こおりびきあみ【氷引き網、氷曳網】 59②102,107
こがさき【古賀崎】 59④368
ごかそんした【五ケ村下】 59④361
こかつおあみ【小鰹網】 62⑥155
こかとぎあど【小かとぎ阿戸】 59②99
こがよいぶね【小通い船、小通船】 36③216
こぎぶね【漕船】 58⑤331
ごくこいわし【極小鰯】 58④262
こくじら【児鯨】→くじら 15①32
こぐちやくしどう【小口薬師堂】→O 59②98
こけたひき【こけた引】 58③131
ごこうさつば【御高札場】→R 59④378
ごごしま【五郷嶋】 58④247
ごさいえんば【御菜園場】 59④328
こしがや【越谷】 59④281
ごしゅいんぶね【御朱印舟】 70⑥377
こす【小洲】 59④287,309
こすまくりあど【小スまくり阿戸】 59②101
こち【牛尾魚、鯒、鮲】→N 46②146/58④248/59④305,

391
こちあみ【こち網】 58④246,250,251,252,255,257,258,259,260,261,263
ごっとり【こつとり】 59②124
ごっとりざお【こつとりさお、こつとり竿、ごつとり竿】 59②88,89,95,96,102,119,123,143
ごっとりざおつきちゅうなわ【ごつとりさお付中縄】 59②95
ごっとりつきなわ【ごつとり付き縄、ごつとり付縄】 59②119,143
ごっとりなわ【こつとり縄】 59②130
こづり【小釣】 59④284,332
こでなわ【こで縄】→B 59②95
ごとくじら【ゴト鯨】→くじら 15①39
こどまりじおき【小泊り地沖】 58④248
こなわ【小縄】→B 59②94,108,117,119,121,123,124
このしろ【鰶、鰶魚】→I 58④247/62⑥155
こはしながし【小端流、小端流し】 59④366,368
ごばんしょ【御番所】→R 59④280
ごばんしょわきわたしばした【御番所脇渡し場下】 59④360
こびきあみ【小曳網】 59③230,232
こびきあみば【小曳網場】 59③233
ごひゃくらかんじした【五百羅漢寺下】 59④328
こぶかり【こぶかり】 59④361
こぶかりみお【小ふかり澳】 59④287
こぶち【小縁】 62⑥156
こぶな【小鮒】 13①266
こぶなつり【小鮒釣】 59④332
こぶね【小舟、小船】→B 1②177/14①298/46②132/57②122/58②91,③121,123,126,④250,⑤367/61⑨274/66④231,⑤279/67①23,②89,③132
ごへえあど【五兵衛へあど、五兵衛阿戸】 59②101,126
こまくいまわり【小間杭廻り】 59④377
こます【細簀】 23④182
こまついりくいまわり【小松入杭廻り】 59④363
こまついりぐちまえ【小松入口前】 59④361
こまつがわ【小松川】 59④358
こまつがわへん【小松川辺】 59④331
こまつひぐち【小松樋口】 59④280
こみなせ【小水無瀬】 58④256
こむらいどおり【小村井通り】 59④328
こめぶね【米船】 27①203
こも【海蓴】 59③199
こもう【罟網】 41②37
こもちあゆ【子持鮎】→あゆ 59①48
こもちごい【子持鯉】 13①265
ごようじんぶね【御用心船】 66④219
こりょうあみ【小漁網】 58④263
ごりんはなのき【五りん華の木】 59④280
ころひき【ころ引】 59②106
こん【鯤】 59⑤421/70②100
ごんげんほりしり【権現堀尻】 59②149,157
ごんしょうじ【権昌寺】 59④317
ごんしょうじしろめ【権昌寺白眼】 59④308
ごんしょうじにらみ【権昌寺にらみ】 59④287
こんぶ【昆布】→B、H、N 1②178/58①**56**,57
こんやした【紺屋下】 59④280
こんやわんど【紺屋湾土】 59④280

【さ】

さいとうなわ【サイトウナワ】 1②194,197
ざいもくぼり【材木堀】 59④332
さお【竿、棹】→B、C、N、Z 1②158/58③130/59②88,89,95,96,107,119,144,146,④283,284,290,291,299,300,302,306,309,310,314,320,342,343,344,347,352,355,356,357,358,361,362,365,366,367,377,384,386,387,388,389/66⑤279,⑥343
さおかき【竿かき】 58③123
さおつり【竿釣】 59④290,299,310,360,368
さかいあど【さかい阿ど、境あど、境阿ど】 59②126,150,152
さかいがわ【堺川】 59④307
さかいばしわき【堺橋脇】 59④328
さかきばらこうおんしもやしきまわり【榊原侯御下屋鋪廻り】 59④328
さかな【魚、肴】→I、N 3②72/5①176,③243/23①109,④182,184,200/59②111,127,154,156
さかなとり【魚とり、魚取】 28②222/34①9,⑥142
さかなのあたま【魚の頭】 69①93
さかまた【サカマタ】→くじら→Z 15①39
さかやしたかわじり【酒屋下川尻】 59④280
さきそろい【前揃】 59⑤428
さけ【鮭】→あきあじ、からしゃけ、さけあだつ、さけのうお 1②193/10②343/16①40/36③280,292/58①**41**,43,44,45
さけあだつ【鮭アダツ】→さけ 58①39,44
さけがり【鮭狩】 61⑨346
さけがわ【鮭川】 5④320,326
さけこ【鮭子】 58①43
さけしおびき【鮭塩引】 58①41
さけそわり【鮭ソワリ】 58①45
さけのうお【鮭ノ魚】→さけ 1②194
ざこ【ざこ】→I、N 17①138
さごうしま【佐郷嶋】 58④248
さごし【青魚子】 58④259
ざことり【ざこ取】 43②176
さざい【さゞい】→N 16①216
さざえ【サヾエ、栄螺】→I、N 31⑤282/58③123,129
ささがさき【笹ヶ崎】 59④329
ささきにしん【早割鯡】 58①29,30,31
ささみお【笹澳】 59④287
ささめ【さゝめ、笹目】 58①30,33
さしあみ【さし網】 58③**125**/59④392
さしお【指尾】 59⑤428
ざつこんぶ【雑昆布】 58①60
さで【さで】 24③317
ざとう【座頭、雑頭】→くじら 15①32/58⑤300,313,361
さの【佐野】 59④352
さのなかみなと【佐野中港】 59④280
さば【鯖】→B、I、N 6①37/59④286,300,304/62⑥155
さばつり【鯖釣】 58③**129**
さばりょう【鯖漁】 58④252
さめ【鮫】→G、I、N 58①**50**
さめから【鮫殻】 58①50
さらしふのり【晒布海苔】 58①61
ざりがに【退蟹】→Z 1②211
ざる【笊】→B、N、W、Z 59④344
さるがまた【猿ヶ俣】 59④280,352
さるがまたきれしょ【猿ヶ俣切所】 59④389
さわら【さわら、鰆】→N 44①21/62⑥154
さわらりょう【鰆漁】 58④252
さんしまいてほんのさお【三仕舞手本の竿】 59④327
さんしゅうえまたふりあみ【讃岐榎股擺網】 49①209
さんしゅうごちあみ【讃岐五智網】 49①209
さんしょううお【山椒魚】→はんざき 49①207
さんぜんごくのほばしら【三千石之帆柱】 56①173
さんのうおき【山王沖】 59②98
さんのうさんおき【山王山をき】 59②153
さんのうみやした【山王宮下】 59④362
さんぼんひぐち【三本樋口】 59④332
さんまいず【三枚洲】 59④309
さんやのくいまわり【三谷の杭廻り】 59④368
さんやのつちだし【三谷の土出し】 59④368

【し】

しいら【鱰】 59④291
しおいり【汐入】→D、Q 59④277
しおいりむらどてひのくち【汐入村土手樋ノ口】 59④328
しおかずのこ【塩鰊鯑】 58①36
しおとり【汐取】 59④309
しおゆくばしょ【汐行場所】

58④253
しこぶね【司子舟】 58③182,184
しさむら【志佐村】 58④255
ししお【獅子尾】 59⑤428
ししがふち【獅子ヶ淵】 59④378
ししぼね【鹿骨】 59④329
しじみ【シヽビ、蜆】→びし→I
23①102/50③241
しじみがい【蜆貝】→B
15①99
しずみいし【沈石】 58③130
したのせ【下の瀬】 59④287,311,317
したやかなすぎ【下谷金杉】 59④327
したやしゃみせんぼり【下谷三味線堀】 59④344
したやみのわうら【下谷三ノ輪裏】 59④344
したやみのわうらさんおやしきまわり【下谷三輪裏三御屋鋪廻り】 59④328
じつきうお【地付魚】 59④365
しってかがす【尻手かゝす】 58⑤379
じてぐり【地手操】 58④247,252,255,257,258,259,260,261
じてぐりあみ【地手操網】 58④253
しながわ【品川】 59④287
しながわさかいがわ【品川堺川】 59④355,357
しのざき【篠崎】 59④329,353
しのざきくいまわり【篠崎杭廻り】 59④368
しのざきだしまわり【篠崎出し廻り】 59④368
しのざきつちだしした【篠崎土出し下】 59④363
しのはらおとしさんぼんひぐち【篠原落三本樋口】 59④328
しのぼせおこめつみぶね【仕上世御米積船】 57②201
しばえび【芝海老】 59④361
しばて【柴手】 59③227,228,230,232
しばまた【柴又】 59④368
しばまたむこうずまわり【柴又向洲廻り】 59④353
しばまたむこうのす【柴又向の洲】 59④368
しび【しひ】→まぐろ→I、N
29③201
じびきあみ【地引網】 58②92
しぶえおとし【渋江落、渋江落し】 59④328,332,344
しぶすずきがた【四分鱸形】 59④377
じぶね【地船】 57②195
しめきりほり【〆切堀】 59④386
しもうさかた【下総方】 59④277,316
しもうさちょうし【下総銚子】 59④377
しもうさふかわ【下総布川】 59④352
しもうさふさ【下総房】 59④352
しもうさふさかわ【下総房川】 59④287
しもうさふさふ【下総房布】 59④357
しもかなまちのつちだししたぜんご【下金町の土出し下前後】 59④368
しもこんやした【下紺屋下】 59④349
しもば【下場】 59③227,228
しもはまべんてん【下浜弁天】 59②157
しもひらいわたしぜんご【下平井渡し前後】 59④360
しもり【しもり】 59④327,387
しもりざお【しもり竿】 59④327
しもりつり【しもり釣】 59④327
じゃみうお【じやみ魚】 59⑤428
しゃれ【シヤレ】→くじら
15①32
じゅうさんげん【拾三間】 59④328
しゅうのう【収納】→A、L、R、Z
58⑤344,350
じゅうもんじお【十文字尾】 59⑤428
じゅし【樹枝】 45⑤237,238,243,249
じゅずこのうなぎつり【珠数子のうなぎ釣】 59④343
しょうかくじまえ【正覚寺前】 59④331
しょうぎょ【小魚】 59④269
しょうごろうした【庄五郎下】 59④356
しょうごろうしたくいまわり【庄五郎下杭廻り】 59④280
しょうさいぐち【小才宜知】 59④309
しょうさいはぜ【小才鯊】 59④303
しょうさいふぐ【小才ふく、小才ふぐ、小才鰒、小才鰻】 59④286,302,305
じょうすいつり【上水釣】 59④282
しょうてんした【聖天下】 59④367
しょうぶあど【菖蒲阿戸】 59②100
しょうべんづり【小便釣】 59④362
しら【しら】 39③145/59①12,15
しらうお【白魚】 50③241/58⑤361,362/59③210,211,212
しらうおあんどうあみ【白魚行灯網】 59③228
しらかたうけ【白潟筌】 59③230
しらかたりょうば【白潟漁場】 59③201,244
しらこ【白子】→I
58①30,33,34
しらせ【白勢】 58⑤376
しらたえび【しらた海老】→I
59④384
しらなわ【しらなわ】 59①17
しらほ【白帆】 58⑤376
しりあみ【シリあミ、尻あミ、尻網】 59②89,96,107,108
しりかけ【尻カケ】 58⑤379
しろぎす【白きす、白鱚、鱠残魚】 59④305,309,311
しろぎすつり【鱠残魚釣】 59④311
しろくさあど【白草阿戸】 59②100
しろながす【白長須】→くじら
15①32
じろべえした【次郎兵衛下】 59④280,357,367
じろべえしたくいまわり【次郎兵衛下杭廻り】 59④363
じろべえのりきりむこうまえ【次郎兵衛乗切向前】 59④360
じろべえむこう【次郎兵衛向】 59④349
しろみよし【白みよし、白港板】 58②92,93
しん【しん、真】 59②93,95,97,98,99,100,101,113,114,116,122,124,126,142,156
しんあど【しん阿ど、新阿ど、新阿戸】 59②98,104,126,147,152,156
しんがし【新河岸】 59④368
しんかわ【新川】→D
59④331,344
じんぎょ【仁魚】 5①177/32①136
しんぞう【新ぞふ、新艘】 15②296/66⑧403
しんたら【新鱈】 58①48
しんば【新場】 59④392
しんふだ【しん札、真札】 59②89,93,97,98,104,105,111
しんまちうらおかりやばしきんぺん【新町裏御仮屋橋近辺】 59④329
しんまつ【新松】 59④287
しんみお【新澳】 59④287

【す】

ずいこつり【豆為古釣】 59④357
すいちく【水畜】 3③175,176/13①265,271
すおうがい【周防貝】 30①57
すぎほばしら【杉檣】 53④241
すくいなわ【すくい縄】 58③132,133
すじこ【筋子】 58①42,43,45
すしたまわり【洲下廻り】 59④277
すじなわ【筋縄】 15②295
すずがもり【鈴ヶ森】 59④287
すずがもりそとうちみお【鈴が森外内澳】 59④308
すずき【鱸】→G、N
13①270/16①34/58④259,263/59③199,200,202,204,207,208,211,248,④282,287,304,307,365,368,377
すずきぐち【すゞき口】 59⑤446
すずきつき【鱸突】 58③130
すずきつり【鱸釣、鱸鉤】 58④257,258/59④345,364,377
すずきつりりょう【鱸鉤漁】 58④253,256
すすきもとまわり【すゝ木元廻り】 59④358
すずきりょう【鱸漁】 59③209,244
すずなわ【スヾ縄、すゞ縄】 59②94,127
すなどり【漁捕】→M
20①224
すなどるうおのるい【漁魚の類】 69①45
すなぶね【砂舟、砂船】→Z
15②213,294
すなむらすさきのはちまんわき【沙村洲先の八幡脇】 59④328
すなめりくじら【スナメリ鯨】→くじら

15①39
すのこ【簀】→B、N 23④183
すのこたて【簀立】 23④182
すぶね【簀船】 62⑥151
すべなわ【スベ縄】→B、N 59②102,108
すべりつり【滑釣】 58④253
すまくりあど【須摩くり阿戸】 59②101
すみのくらぶね【角の倉舟】 16①211
すりばち【摺鉢】 59④309

【せ】

せいご【鮬】 59④282,283,361,365,366,367,368
せいごがた【鮬形】 59④320
せいごつり【鮬釣】 59④321,364,378
せいごなわ【鮬縄】 59④392
せいごばり【鮬針】 59④304,362
せきやど【関宿】 59④287
せこぶね【勢子船】 58⑤320,367
せと【瀬戸】 59④287
せとりぶね【瀬取舟】 46②148
せはらみ【背孕】 59⑤429
せびれ【背ひれ】 59⑤424,426,444,446
せぼし【セぼし、瀬ぼし】 59①11,12
せみ【セミ、脊見、背美】→くじら 15①32/58⑤313/62⑥156/69①124
せみのこもち【勢美の子持】 58⑤302,314,315
せわりにしん【背割鯡】 58①36
せんがいいそ【千貝磯】 58④256
せんげんした【千軒下】 59④280
せんげんふち【千軒淵】 59④277
せんざきあみ【千崎あミ】 42⑤324
ぜんさくおき【善作をき】 59②147
せんじゅおおはしぜんご【千住大橋前後】 59④362
せんじゅおおはしてまえ【千住大橋手前】 59④328
せんじゅさんのうした【千住山王下】 59④277
せんじゅさんのうしたうちきば【千住山王下内木場】 59④355
せんじゅさんのうしたまわり【千住山王下廻り】 59④378
せんすい【泉水】→C、D 59④342
せんすいのつりかた【泉水の釣方】 59④389
せんだいがし【仙台河岸】 59④277,317,361
せんだいぼりながれだし【仙台堀流出し】 59④377
せんちゅう【船中】 51①165
せんぼんまつ【千本松】 59④360,367
せんぼんまつした【千本松下】 59④280,356
せんぼんまつひぐち【千本松樋口】 59④329

【そ】

そうがい【双海】 58⑤300,301,303,319,351
そうがいぶね【双海船】 58⑤367
ぞうせん【造船】 57②90
そうだがつお【そうた鰹、そうだ鰹】 59④286,299
そこなしぶね【底なし船】→Z 15②293
そとのふかあらあど【外の深阿原阿戸】 59②100
ぞろりこ【ゾロリ子】 58①43

【た】

たい【鯛】→まだい→Z 10②381/24①167/36③198/44①26,47,48/58③125,④246,250,263/59④302
たいあみ【鯛網】 62⑥155
だいかいぎ【大楷木】 57②85,131
たいぎょ【大魚】→I 17①321/58③133,⑤312,338,339,343,362/59④269,284,349,359,360,362,366,378,⑤432,435,441,444
だいこつ【大骨】 58⑤339
だいしのわたし【大師渡】 59④306
だいしのわたしぜんご【大師渡し前後】 59④361,378
だいちしたむこうくいまわり【代地下向杭廻り】 59④277
たいつり【鯛釣】 59④302
だいひょうたん【大瓢箪】 59④368
だいぶね【台舟】→Z 58③132,182,184
だいろくてんか【第六天下】 59④277,278,378
たいをつるはり【鯛ヲ釣針】 1②178
たうちかに【田うちかに】 17①323
たかぎむら【高木村】 59②157
たかせぶね【高瀬舟】 15②297/62②41
たかつ【高津】 59④331
たかつり【高釣】 59④305,309
たがり【たかり】 58③123
たかりすき【たかりすき】 58③123
たきおけ【炊桶】 58⑤376,379
たくなわ【栲縄】 59③199
たぐりもの【手繰物】 62⑥155
たけえだ【竹枝】→B 45⑤237,238
たけざる【竹笊】 59④291
たけすすべり【竹簀すへり】 59④292
たけのづか【竹の塚】 59④358
たこ【蛸】→まだこ、みずだこ→N、Z 58③123/59④286,303
たこつり【蛸釣】 59④286
たすけぶね【助舟、助船】 67②89,90,93,97,99,③131
ただやくしした【多田薬師下】 59④277
たちこみ【立込】 59④287,299,306,309,352,391
たちこみつり【立込釣】 59④310,311,352
たちこみびく【立込びく】 59④314
たつば【立羽】 58⑤320,329,339
たて【タテ】 1②194
たてあみ【立網】 49①209
たていしこんやした【立石紺屋下】 59④357
たていしこんやしたがしくいまわり【立石紺屋下河岸杭廻り】 59④363
たていしざいもくやがし【立石材木屋川岸】 59④361
たていしへん【立石辺】 59④316
たていしむら【立石村】 59④336
たていしもみぐらへん【立石籾蔵辺】 59④367
たてかわどおり【立川通り】 59④384
たな【棚】→B、C、N 15②271
たないた【棚板】→N 57②181,197,225,226
たなご【鰪】 58④246
たなごつり【鰪釣】 59④355
たにし【たにし、田にし、田螺】→G、I、N 6①12,②291/16①114/17①138,215/19①34
たねうお【種魚】 23④182
たねまき【種蒔】→A、Z 59③211
たびふね【旅船】 41⑦333
たまがわ【玉川】 59④287
たまがわこもちあゆ【玉川子持鮎】 59①34,36
たまご【たまご、玉子】→B、E、F、I、N 59⑤424,430,432,434
たも【たも】 42⑤316/58③124,131
たら【鱈】→ひだら→N 58①48
たらあぶら【鱈油】 58①49
たらあみ【鱈網】 58③185

【ち】

ちか【チカ】 58①51
ちかあぶら【チカ油】 58①52
ちくほう【畜法】 49①209
ちぬ【海鱡、海鯽】→くろだい 58④246,247,250/62⑥155
ちぬなわ【海鱡縄】 58④250,251
ちゃぶね【茶船】 46②146
ちゅうなわ【中縄】→B 59②108
ちょうぎょ【釣魚】 59④281,302,303,304
ちょうし【銚子】 59④287
ちろり【ちろり】 58⑤367

【つ】

つがい【ツカイ】 58⑤379
つかし【つかし】 57②187
つかのこし【塚の越】 59④358
つかのこしどばしいちに【塚の腰土橋一二】 59④329
つかまあど【塚間あど、塚間阿戸】 59②98,126
つかましろうじしおじり【つかま四郎次汐尻】 59②156
つがるこうなみよけくいまわり【津軽侯波除杭廻り】 59

④362
つき【突】 58③130/59④391,392
つきあげ【突揚】 58③123
つきぐみ【突組】 58⑤367
つぎざお【継竿】 59④310
つきだし【突出シ】 58⑤376
つくりどじょう【作り鰍】 59④358
つくろいぶね【繕船】 56①152
つけうお【付魚】 58④250
つけぼら【つけ鯔】 58③**126**
つけやづり【付屋釣】 59④320
つじぶね【辻舟】 67②89
つちくじら【搥鯨】→くじら 15①39
つちすり【つちすり】 59⑤446
つちとりぶね【土取舟】 49①86
つつ【筒】 62⑥156
つといし【つと石】 59②110
つとこいし【つとこ石】→Z 59②94
つとのおみやげ【つとのをミやげ】 59②113
つな【綱】→B 1②158
つぶにしん【粒鯡】 58①29
つぶにしんぶね【粒鯡船】 58①29
つぶら【つふら、づふら】→B、Z 58③126,183
つぼとり【つぼとり】 42⑥400
つまみ【つまみ】 59⑤424,426
つり【釣】 59④282,285,287,290,291,299,300,309,310/62⑥154,155
つりあがりぶね【釣上り船】 59④291
つりあげ【釣リ揚ゲ】 62⑥155
つりいと【釣糸】 59④291,301,367
つりかた【釣方】 59④304,305,342,344,352,353,355,356,357,358,359,362,365,366,367,368,377,378,384,389,390
つりざお【釣竿】 59④314,387,392,393
つりさき【釣鋒】 62⑥155
つりどうぐ【釣道具】 59④283,285
つりばり【釣針】 49①124
つりぼり【釣堀】 59④386,387,390
つりりょう【釣猟】 58③130
つる【釣、釣る】 47⑤278/58③130,131,185
つるみがわながれだし【鶴見川流れ出し、鶴見川流出し】 59④306,361
つわち【津和地】 58④247

【て】

てがたぼうちょう【手形庖丁】 58⑤328
でかんじょうぼり【出勘定堀】 59④386,387
てぐす【テグス、手蛛、天蚕糸、蛛】→Z 58④263/59④290,300,301,311,317,356,360,361,365,377/62⑥155
てぐりあみ【手操網】 58④250,251
てさきぶね【手先舟】 58③132
てっぽうず【鉄炮洲】→T 59④277,361
てづり【手釣】 59④287,301,304,305,307,311,317,352,360,365,368,377
てづりはぜ【手釣鯊】 59④320
てでい【手でい】 58④248
てながえび【手長海老】 59④384
てなわあみかがす【手縄網かゝす】 58⑤379
てのつり【手の釣】 59④378
でびら【手平鰈】 58④247
てぶね【手船】 57②225/58①38,④247,254
てらのわき【寺の脇】 59④328
てんかぎ【天鍵】→Z 58③133
でんがくつり【田楽釣】 59④316
てんこ【てんこ】→あいのあみ 58③132,185
でんざえもんくいまわり【伝左衛門杭廻り】 59④280
でんざえもんした【伝左衛門下】 59④361,363,367
てんじんばしまえのわき【天神橋前の脇】 59④328
てんのうず【天王洲】 59④287,309
てんのうへん【天王辺】 59④358
てんびん【天秤】→B 59④304,377,387,389
てんびんえらなしばり【天秤腮なし針】 59④344

【と】

とあみ【ど網、投網】 49①124/58③126/59④392
とうあみ【唐網】 59③243
どうがしま【堂ヶ島】 59④331
とうせん【唐船】 13①163/45⑦424,425/49①198/57②85,88,89,91,121,123,124,131,195,226,232/68③320,324
とうせんかいぎ【唐船楷木】 57②181,209
とうせんごかいぎ【唐船御楷木】 57②187
とうせんなかがわら【唐船中艍】 57②224,225
とうせんのつな【唐船の綱】 13①203
どうそじんした【道祖神下】 59④360,363
とうだいじむら【東大寺村】 59④331
どうなわ【胴縄】 58⑤328
どうにしん【胴鯡】 58①30
どうのき【胴の木】→Z 58③132,133
とうふくら【とうふくら】 59②123
どうぶね【胴舟】→Z 58③132,133,182,184
どうまえぶね【胴前舟】→Z 58③132
どうろくじんした【道陸神下】 59④280
どうろくじんなかひぐち【道陸神中樋口】 59④367
とおりささみお【通笹澳】 59④309
とがさきわたしぜんご【戸ヶ崎渡し前後】 59④352
とくづり【徳釣】 59④317
どくばり【毒針】 59④342
としま【豊島】 59④378
としままきやがし【豊島薪屋川岸、豊島槇屋河岸】 59④352,378
としまむら【豊島村】 59④362
どしゃつみぶね【土砂つミ船】→Z 15②274
どじょう【どじやう、泥鰌、鰍、鰌】→G、I 3③175/16①114/17①138/24①51/59①17,④287,358,368
どじょうつり【鰍釣】 59④358
とだて【戸立】 62⑥156
とちぶね【渡地舟】 57②195
どてした【土手下】 59④328
とどうち【胡獱打】 58③**129**
とねがわ【利根川】→T 59④281,353,356,363,368,377,385
とねがわべり【利根川辺り】 59④329
とびきん【飛金】 59⑤428
どべちゃぶね【どべ茶船】 49①86
とま【苫】→B 15②293/58⑤376,379
とも【舳】 15②271
ともがわらぎ【艫艍木】 57②123,126
ともつな【トモ綱】 1②157
とものつぎどこ【艫ノ継床】 62⑥156
とらがわ【虎川】 59④277
とりあげ【捕り揚ゲ】→A、L 62⑥155
とりがい【鳥貝】 50③241
とりかじつり【取梶釣】 59④320
どろがめ【泥亀】→G 59④341,342

【な】

ながうら【長浦】 59④358
ながおかぶね【長岡舟、長岡船】 36③216
なかがわ【中川】→N 59④281,345,349,353,356,360,362,363,366,384
なかがわぐち【中川口】 59④280
なかがわごばんしょ【中川御番所】 59④349
なかがわさんぼんひぐち【中川三本樋口】 59④332
なかがわすじした【中川筋下】 59④316
なかがわむかい【中川向】 59④358
なかがわら【中かわら、中艍】 57②121,226
なかがわらぎ【中艍木】 57②123,126,187
ながきん【長金】 59⑤426,427
なかくぼ【凹】 59⑤428
ながさお【長竿】→B 59④393
ながしあみ【流網】 49①209
なかしおまわり【中汐廻り】 59④320
ながしつき【流突】 59④391
ながしつり【流し釣】 59④356,366,377
なかしま【中嶋】 58④247
ながしま【長島】 59④331
ながす【長須】→くじら 15①32/58⑤300
なかのあど【仲カノ阿戸】 59

②100
なかびらき【中開】 59⑤428
なかふなつけのおき【中舟付ケの沖】 59②156
なかほ【中帆】 15②271
ながれつり【流れ釣】 59④292,309
なげつり【投釣】 59④340
なさけじま【情ケ嶋】 58④253
なた【山刀】→B、Z 58⑤376,379
なつあみ【夏網】 58③184,④251,252
なぬしわき【名主脇】 59④332
なまあわび【生蚫】 58①54
なまあわびがい【生蚫貝】 58①55
なまいわし【生鰯】→I 58④262,263
なまこ【ナマコ、海鼠、生海鼠】→N 1②182/58③123,131,④247,248
なまずつり【鯰釣】 59④344,345
なまずなわ【鯰縄】 59④392
なまずばり【鯰針】 59④291
なまなまこ【生海鼠】 50④300/58①53
なまにしん【生鯡】→N 58①29,30,33
なまむぎ【生麦】→B 59④287
なまむぎひらみお【生麦平澪】 59④305
なみかずのこ【並鰊鯑】 58①34
なみみがき【並身欠】 58①33
なやぶね【納屋船】 58⑤315,330
なよし【なよし、鰡】→ぼら 13①270/66⑦369
ならべさお【並へ竿】 59④327,332
なるさわ【なる沢】 59②152
なわ【ナワ、なわ、縄】→B、L、R、W、Z 1②158,194/59②122,130,144,146,148,165/62⑥156
なわのあみ【縄の網】 1②193
なわぶね【縄舟】 38①25
なんごう【南湖】 59④286,293,300
なんごうのはま【南湖の浜】 59④299
なんぞういん【南蔵院】 59④280
なんぞういんしたむこうまえ【南蔵院下向前】 59④349

【に】

にいじゅく【新宿】 59④338
にいじゅくわたし【新宿渡し】 59④349
にいじゅくわたしば【新宿渡し場】 59④280
にく【肉】→E、N、Z 58⑤345
にごうはんりょう【二合半領】→R 59④389
にごうはんりょうさかやしたかわじり【二合半領酒屋下川尻】 59④352
にしあらいだいしよこぼり【西新井大師横堀】 59④328
にしあらいまわり【西新井廻り】 59④358
にしうら【西浦】 59④299
にしうらちごがふち【西浦児ケ淵】 59④300
にしかわ【西川】 59④281,317,345,352,353,360,377,385
にしかわぐち【西川口】 59④361
にしのかたあがりあど【西のかた上り阿戸】 59②100
にしのみお【西の澳】 59④309
にしぶかわ【西ぶかわ】 59②152
にしぶくろ【西袋】 59④280,356,360,367
にしぶくろくいまわり【西袋杭廻り】 59④363
にしぶくろしもうさがたのす【西袋下総方の洲】 59④349
にしふるかわあど【西古川阿戸】 59②98,126
にしふるとあど【西古戸阿戸】 59②99
にしん【鯡】→I、N 39⑤298/58①**29**,35,36,39/69①110
にしんのささめ【鯡之サヽメ】 58①35
にそうねりあみ【弐艘ねり網】 58④247,250,251,259,260,261
にたり【荷足り】 59④378
にのえむら【二ノ江村】 59④329
にばんくきにしん【弐番群来鯡】 58①36
にほんばり【二本針】 59④387
にもつぶね【荷物船】 44①53
によし【子丑】 62⑥156

【ぬ】

ぬいほあみ【ぬいほ網】 58③131
ぬいほのめのあらきあみ【ぬいほの目のあらき網】 58③125
ぬくめ【ぬくめ】 11⑤235
ぬくゆあど【ぬく湯阿戸】 59②101
ぬわ【ぬ和】 58④247

【ね】

ねそ【根苧】→B 58⑤376
ねづこうふがわ【根津甲府川】 59④361
ねづり【根釣】 59④287,304
ねむのきした【合歓木下】 59④362,363
ねらいづり【ねらひ釣、覘釣】 59④284,306,309
ねりあみ【ねり網】 58④246,250,251,252,259,260,261,263
ねりづり【練り釣】 59④309
ねんぐあみひき【年貢網引キ】 59②106

【の】

のうくり【のふくり】 58④247
のづり【野釣】 59④276,282,327,332,358,387
のなかのつり【野中の釣】 59④358
のぼりうお【登り魚】 58④250/59④360,365
のみ【鑿】→B 58⑤376,379
のり【海苔】 14①**292**,294,297,298/25①30/45⑤235,236,238,240,241,242,243,244,247,248,249,250
のりとりぶね【海苔取舟】 59④306
のりとるこぶね【のり取る小ふね】 14①294
のりばいよう【海苔培養】 45⑤234,235,238,239,243,248
のりも【のり藻】 10②362

【は】

はーりーぶね【爬竜舟、爬竜船】 57②89,195,196
ばいよう【培養】→A、I 45⑤235,240,246,247,248,249
はえなわ【拼縄】→B 62⑥155
はがま【羽釜】 58⑤376,379
はぎこぶね【はき小舟】 57②122
はげあみ【はげ網】 58④256,257
はげうお【はげ魚】 58④256
はげこぶね【はげ小船】 57②197
はこねはやかわさんまいばし【箱根早川三枚橋】 59④290
はこねはやかわながれだし【箱根早川流出し】 59④294
はこねゆもととうのさわ【箱根湯本東の沢】 59④286
はさみきん【挟金】 59⑤428
はさみこもち【はさみ子持】→くじら 58⑤351
はしじま【端嶋】 58④247
はしむかいいなりのわき【橋向稲荷の脇】 59④328
はしら【檣】→B、C、N 57②196/62⑥156
はしらじま【柱嶋】 58④247
はしりにしん【走り鯡】 58①36
はしりぶね【走り船】 59④325
はずお【筈緒】 62⑥156
はぜ【沙魚、鯊】 58④247/59④286,287,306,316,317
はぜなわ【鯊縄】 59④392
はせん【破船】 15②293
はたくち【はた口】 58④254
はたはた【鰭々】→Z 1②198
はちぞうばしした【八蔵橋下】 59④331
はちだあみ【八手網】 58②91/62⑥155
はちまんうら【八幡裏】 59④384
はちめ【はちめ】 58③125
はつかわ【初ツかわ】 59②113
はっしゃくあみ【八尺アミ】 1②182
はっぴゃくこくつみのふね【八百石積の船】 14①383
はなおかぼりしりあど【花岡堀尻あど】 59②97
はなかわどよねやがし【花川戸米屋河岸】 59④317
はなすじ【鼻筋】 59⑤446
はねさお【はね竿】 59④305,

317
はねだ【羽根田】 59④287
はねだおおずまわり【羽根田大洲廻り】 59④308
はねだべんてんした【羽根田弁天下】 59④306
はねだべんてんしたどおり【羽田弁天下通り】 59④361
はまぐり【蛤、蚌貝、槖蠹】→B、I、N
25①100/27①47
はまざかい【浜境】 59②104
はまざかいあど【浜境阿ど、浜境阿戸】 59②98,104
はまち【鰣】 58④259
はも【鱧】 58④247/62⑥155
ばもう【馬毛】 59④311
はもの【刃物】→B、Z
58⑤297,328
はや【鋢】→Z
58⑤289,376
はやうちあみ【早打網】 58③125
はやかぎ【早鍵】 58③132
はやなわ【早縄】→R
58⑤331
はらもちあゆ【腹持鮎】→あゆ
59①16
はり【針】→A、N、Z
59④284,290,291,292,300,302,304,305,311,320,342,358,360,361,365,366,377,387,388,389,392,395
はりげ【針毛】 59④362,367
はりはちりんいちぶたいりんのかたち【針八厘一分大輪の形】 59④387
はるりょう【春漁】 59③227
はんざき【ハンザキ】→さんしょううお
49①207
ばんせん【番船】 66④220
ばんたろうぶね【番太郎舟】
58③182,183
はんのき【半の木】 59④356
はんのきした【半の木下】 59④378
はんのきしたまわり【はんの木下廻り】 59④277
ばんぱく【蛮舶】 15③325/45⑦424

【ひ】

ひうお【氷魚】→しらうお→N
59③210,227
ひうおあみ【氷魚網】 59③212
ひお【氷魚】→あゆ
49①210
ひがきかいせん【菱垣廻船】 62②41
ひがしおやあど【東親阿戸】 59②99
ひがしかたあがりあど【東かたあがり阿戸】 59②100
ひがしふるかわあど【東古川阿ど、東古川阿戸】 59②99,126
ひがんこもち【彼岸子持】→くじら
58⑤351
ひきあみ【引網】 58③125
ひきあわせづり【引合釣】 59④284,361,365,368,377
ひきだす【引出ス、引出す】→A、K
59②88,89,93,95,96
ひきたまりあとさき【引留り跡先】 59④328
ひきづり【引釣】 59④284,366,377
ひきとめつり【引留釣】 59④290
びく【畚】→B
59④314
ひけた【ひけた】 58④251
ひごい【緋鯉】 59④342
びし【ビシ】→しじみ
23①102
ひじき【鹿尾菜】→B、I、N
62⑥155
ひしゃく【柄杓】→B、N、W、Z
58⑤376,379
ひだら【干鱈】→たら
58①48
ひっかけ【引掛】 59④291,292,348,388,389
ひっかけつり【引掛釣】 59④344
ひどこ【火床】 58⑤376,379
ひび【ひゞ】 59④287
ひびたて【篊立】 45⑤236,237,249
ひらいしょうてんしたくいまわり【平井聖天下杭廻り】
59④363
ひらいしょうてんわたしむこう【平井聖天渡し向】 59④328
ひらいわたし【平井渡】 59④280
ひらいわたしば【平井渡し場】
59④355
ひらた【艜】 67②90,96
ひらたぶね【ひらた船、平太船、平田船】 16①282/67②90,93
ひらば【平場】 59④277
ひるづり【昼釣】 59④286
ひるはま【昼浜】 59④391
ひれ【ヒレ、鰭(鯨)】 15①33,38
ひろしまかきひび【広島牡蠣篊】
45⑤243
びわひれ【琵琶鰭(鯨)】 15①36
びん【緡】→いと
59④269

【ふ】

ふかがわうちきばたちかわどおり【深川内木場立川通り】
59④355
ふかがわきば【深川木場】 59④332
ふかがわそときばまわり【深川外木場廻り】 59④384
ふかみぞ【深ヶ溝】 59④287
ふかわ【布川】 59④353
ふくろ【ふくろ】 59②88,89,93,94,108,114,117,118,119,121,123,124,126,127,142,154,159
ふくろあみ【ふくろあミ】 59②89,117
ふくろつきいし【ふくろ付キ石】
59②90
ふくろふだ【ふくろ札】 59②107
ふご【畚】→B、W、Z
47⑤278
ふさ【房】 59④353
ふし【ふし】 59⑤444,446
ふしづけ【ふしづけ】 13①267
ふせかご【伏セ籠】 59④397
ふだ【札】 59②100
ふたがみじま【二神嶋】 58④247
ふだたてぎ【札立木】 59②105
ふだて【踏立】 62⑥156
ぶどうのは【蒲萄葉】 59⑤428
ふな【ふな、鮒、鯽】→N
3③175/5①177/6①37/10②343/12①341,342/13①265,266,269,270/50①67/59②97,117,120,122,123,126,127,147,148,149,150,151,152,153,156,157,158,159,161,162,163,165,④274,287,306,327,386,389
ふないかし【ふないかし】 59②155
ふないた【船ナ板、船板】 16①165/62⑥155
ふなお【鮒尾】 59⑤428,429,435
ふなき【船木】 57②225
ふなぐ【船具】 57②209/58②98
ふなじるし【舟印、船符】 62⑥152/66④196
ふなせ【鮒背】 59⑤424
ふなつり【鮒釣】 59④269,287
ふなづり【舟釣、船釣】 59④282,347,384,385
ふなばしはま【船橋浜】 59④316
ふなばり【船ナ梁】 62⑥156
ふなぼりまわり【船堀廻り】
59④355
ふなやよへえぼり【鮒屋与兵衛堀】 59④387
ふね【舟、船】 1②158,177,182/5①109/14①70/15②214,270,293,295/16①217,329/17①300/23①86/25①131/33⑤259/36③224/40②60,65,158/42①35,③179,183,192,194,④265,281,283/43②191/44①22,25,29,31,32,48,52/46②132,148/47②136/48①169/50①50/51①88,157/53④241/56①159,170,173,214,②238/57②88,121,134,139,193,207/58①42,②92,③122,124,126,127,129,130,131,132,133,182,183,184,④247,248,250,251,253,256,258,⑤289,303,312,315,320,328,329/59④276,283,299,300,306,309/61⑨274,276,327,328,329/62⑥148,155,156,⑦181,195,212/64④282/65③213,233,277/66④196,203,207,217,220,225,230,⑤271,274,275,279,⑥343,⑦369/67②90,91,92,93,99,③122,125,132,④174/69①79
ふねかいぎ【船楷木】 57②132,133,175,192,199
ふねのおおつな【船の大綱】
13①203
ふねのどうぐ【舟の道具】 10②338
ふねのとま【舟の苫】 10②338
ふねのひきづな【船の引綱】
29②120
ふねのほ【船の帆】 15②271
ふのり【ふのり、海苔、布海苔】→B、N
31⑤264/53①40/58①60/62⑥155
ふゆあみ【冬網】 49①209/58④261,262
ふゆきのしたむこうまえのす

【冬木下向前の洲】 59④349
ぶり【鰤】→N 58①50,③183/59④309/62⑥155
ぶりあみ【鰤網】 58③133,182,183,185,202
ぶりあみかせぎ【鰤網稼】 58③183
ふりだしさお【振出し竿】 59④355
ぶりなわ【ふりなハ、ふり縄、ぶり縄】 59②95,102,119,125
ふろ【風炉】 58⑤376
ふんのあな【糞穴】 59⑤446

【へ】

へぐり【平郡】 58④247,250,253,255
へぐりじま【平郡嶋】 58④256
へさき【舳先、艫】 15②271/59④309
へさきがままえ【舳釜前】 59④310
へさきがわら【舳艍】 57②224,225
へさきがわらぎ【舳艍木】 57②123,126
へそ【臍(鯨)】 15①34,36,38
へび【筌】 59③216
べんてん【弁天】 59②165,④298
べんてんしたふなつきまわり【弁天下舟付廻り】 59④357
べんてんじま【弁天嶋】 59②149

【ほ】

ほ【帆】 58⑤379/62⑥156
ほう【苞】 58③131
ぼうだら【棒鱈】 58①48
ほうちょう【庖丁】 58③133,⑤344
ほかわりにしん【外割鯡】 58①32,33
ぽかんぽかん【ぽかんぽかん】 59④344
ぼくづり【扑釣】 59④320
ほげた【帆桁】→Z 62⑥156
ほこも【帆こも】 16①276
ほそうき【細浮】 59④366
ほそたけ【細竹】→B、E 59④357
ほそながうけ【細長筌】 59④320
ほそめ【細和布】→N 58①60
ほっけ【𩸽】 58①51
ほっけあぶら【𩸽油】 58①51
ほばしら【帆柱、帆檣、檣】 15②271/53④241,242/56①159,172,185,215/57②140
ほばしらぎ【檣木】 57②98,120,123,126,131,187,224,225
ぼら【鯔、𩹉】→いな、よし 58③126,④247/59④283,287,303,347,348,367/62⑥155
ほらがい【ほらかい、螺貝】→B 16①216/70②100
ぼらつり【鯔釣】 59④287,299,310,347,348,352,353,378,385
ほりきり【堀切】 59④328,332,358
ほりしり【堀尻】 59②101,150
ほりしりあど【堀尻あど】 59②147
ぼれい【牡蠣】→N 45⑤247
ほんもくさき【本牧先】 59④304

【ま】

まーらんせん【馬艦船】 57②134,171,195,196
まえさくじ【前作事】 58⑤289
まえす【前洲】 59④287,311,317
まえすまわり【前洲廻り】 59④349
まかせあみ【まかせ網】 58②93
まがりかどのす【曲り角の洲】 59④378
まがりがね【曲り金】 59④338
まがりがねじょうすいどおり【曲り金上水通り】 59④329
まがりがねわたしきんぺん【曲金渡し近辺】 59④361
まがりがねわたしば【曲り金渡し場】 59④280,349
まきそ【まきそ】 59②107,118
まきのや【槇の矢、槇野矢】 59④277,378
まきやがし【槇屋河岸】 59④277,362
まぎりのふね【間切之舟】 57②197
まきわら【まきわら】→B 59②121
まくちえび【真口海老】→I 59④361
まくらあみ【枕網】 1②193
まくりくいまわり【まくり杭廻】 59④363
まぐろ【鮥】→しび→N 59④292
まぐろあみ【鮪網】 58③133,183,184,202
まぐろつり【鮪釣、鮥釣】 59④291/62⑥155
まぐろつりりょう【鮪釣猟】 58③185
まぐろなわ【鮥縄】 59④292
まぐろりょう【鮪漁】 67⑤218
まくわおおひぐち【まくわ大樋口】 59④280
まさき【正木】 59④308,317
ます【鱒】→I、N 1②178/10②343/58①38
ますあだつ【鱒アダツ】 58①39
ますあぶら【鱒油】 58①40
ますしめかす【鱒〆粕】 58①39
ますのうお【鱒の魚】 16①34
まだい【真鯛】→たい 59④286,304
まだこ【真鮹】→たこ 1②199
まだらお【斑尾】 59⑤428
まつえもんほ【松右衛門帆】 15②271
まつかいぎ【松楷木】 57②139
まっこうくじら【真甲鯨】→くじら 15①39
まつした【松下】→T 59②104,142
まつしたあど【松下阿ど】 59②113,116
まつしたおやあど【松下親あど、松下親阿ど、松下親阿戸】 59②97,147,150,152,156
まつど【松戸】 59④356,357,368
まつばらいけ【松原池】 59④389
まつぶしせきわく【松伏堰枠】 59④281
まつもと【松本、椿(松)本】→T 59④329
まつやま【松山】 59④277,378
まつやました【松山下】 59④356
まとも【真帆】 15②271
まなべがし【間部河岸】 59④361
まなべがしまわり【間部河岸廻り】 59④277
まるあし【丸葭】 59④287
まるき【丸木】→B、N、Z 1②157
まるきぶね【丸キ舟】→Z 1②193
まるきん【丸金】 59⑤426,427
まるた【まるた】 59④306
まるたうお【まるた魚】 59④287,356
まるはな【丸鼻】 59⑤446
まるふち【丸淵】 59④352
まるやまおんどんす【丸山おんとん洲】 59④306,308
まるやましたおんどんす【丸山下おんとん洲】 59④287
まんたあど【まん田阿戸】 59②101
まんたおき【まん田おき】 59②126
まんだら【曼陀羅】 59④358
まんだらむら【曼陀羅村】 59④329

【み】

み【身(鯨)】 58⑤344
みうらみさき【三浦三崎】 59④286
みがきにしん【身欠鯡】 58①33
みかわしまじぞうばのながれ【三河島地蔵場の流】 59④328
みかわしまへん【三河島辺】 59④344
みかわしままわり【三河島廻り】 59④358
みかんかご【蜜柑籠】 59④341
みかんかわひらた【蜜柑川艜】 46②148
みさお【水棹】 62⑥156
みずおけ【水桶】→B、Z 58⑤379
みずだこ【水鮹】→たこ 1②199
みずたる【水樽】 58⑤376/62⑥156
みずにない【水荷ひ】 58⑤379
みずます【水鱒】 58①38
みずやがし【水屋河岸】 59④277,317
みたち【三太刀】 58②92
みつお【三ツ尾】→Z 59⑤427,428,429,435
みつき【見ツキ、見突】 1②178/59④391
みつぎのこざお【三継の小竿】 59④355

みなせ【水無瀬】 58④247,250,251,253,255
みなみおやあど【南親阿戸】 59②100
みなわ【水縄】 62⑥156
みなわよろずかがす【身縄鏋かゝす】 58⑤379
みゃくづり【脈釣】 59④340
みやしも【宮下】 59④367
みょうしょうじした【妙昌寺下】 59④363,368
みょうしょうじしたながしだし【妙昌寺下流出し】 59④368
みよし【みよし】 58②92
みる【海松】→I 59③199

【む】

むぎわらこもち【麦藁子持】 58⑤351
むきん【無金】 59⑤428
むこうえら【むかふゑら、向えら】 59⑤428,446
むこうじまいなりした【向島稲荷下】 59④277
むこうじまいなりしたまわり【向島稲荷下廻り】 59④377
むこうじまいなりのしたくいまわり【向島稲荷の下杭廻り】 59④362
むこうじまごこうさつばしたまわり【向島御高札場下廻】 59④384
むこうじまなかす【向島中洲】 59④352
むねかけかがす【胸カケかゝす】 58⑤379
むらぶね【村舟、村船】 41⑦333/66④219,⑤279
むろつ【室津】 58④255
むろつうら【室津浦】 58④263
むろつみりょうば【室積漁場】 58④255

【め】

めうお【女魚】→おうお→E 59⑤436
めきれにしん【目切レ鯡】 58①35
めぐみがわ【恵川】 59④328,344
めごち【女鮲】 59④309,314
めばる【鮴】 58④246,250
めばるつり【免波留釣】 62⑥155
めばるつりりょう【鮴釣漁、鮴鉤漁】 58④250,251,252
めふ【海布】 59③199
めぼら【女ほら】 58③126

【も】

もうお【藻魚】 59④286
もぐさ【藻草】→G、I 58③126
もくべえあみぶね【杢兵衛網船】 66⑦369
もし【もし】→よつであみ 58③124
もじたも【綟子たも】 59③232
もずく【海雲】→I、N 62⑥155
もちあみ【持網】→Z 1②197
もっそうばしら【持双柱】 58⑤328
もっそうぶね【持双船】 58⑤328,329,331
もった【もつた】 58③131
もとぶね【元船】 36③216/46②148,149
もばら【藻原】 58③131
もみぐらした【籾蔵下】 59④363
もり【銛】 58⑤320,324,342
もりぶね【守舟】→Z 58③182,184
もろこしふね【唐舟】 12①20

【や】

やいねうお【やいね魚】 43①55
やぎりのわたしぜんご【矢切渡し前後】 59④368
やくこぶね【役小船】 58⑤331
やくしきんぺん【薬師近辺】 59④332
やくぶね【役船】 58⑤312,319
やくらあど【やくらあど】 59②98
やごうち【谷河内】 59④329
やしま【矢嶋】 58④247,250
やしんでんわたし【弥新田渡、弥新田渡し】 59④278,317,352
やしんでんわたしば【弥新田渡し場】 59④378
やしんでんわたしばさき【弥新田渡し場先】 59④356
やす【やす】→Z 58③123,130/59④314
やつなわ【八ツ縄】 59④392
やとわら【やとわら】 59②94
やない【柳井】 58④247
やなぎばしわき【柳橋脇】 59④356
やなぎひぐちおく【柳樋口奥】 59④328
やなぎほり【柳堀】 59④328
やなわ【矢縄】 58⑤376
やぶした【藪下】 59④332
やふち【矢縁】 59④280
やほ【弥帆、矢帆】 15②271/62⑥156
やまいうお【病魚】 59⑤438
やまとせん【大和船】 57②171,209
やまべ【山べ】→Z 3④289
やりまた【やり又】 59②102,119,125
やりまたぼう【やり又ほう】 59②95,97

【ゆ】

ゆいがはま【由井ヶ浜】 59④286
ゆいなわ【ゆい縄、結なハ】→B 59②94,102
ゆうむら【油宇村】 58④251,255
ゆうむらのうちかたやまおき【油宇村之内片山沖】 58④246
ゆかりあど【ゆかり阿戸】 59②99
ゆもととうのさわ【湯本東の沢】 59④290
ゆやがし【湯屋河岸】 59④368

【よ】

よこかわ【横川】 59④344,356
よこてかご【横手籠】 59④345
よこてつり【横手釣】 59④377
よこみ【横見】 58④253
よこみむら【横見村】 58④255
よしゅうおおずいしふし【予州大洲石伏】 49①210
よつお【四ツ尾】→Z 59⑤435,446
よつぎ【四ツ木、四木】 59④331,336,358
よつぎじょうすいどおり【四ツ木上水通り】 59④328
よつで【四ツ手】 59④392
よつであみ【四ツ手網】→もし 59③220
よつであみば【四ツ手網場】 59③228
よつでのあみ【四ツ手ノ網】 1②193
よつでば【よつて場】 42③183
よつでばしょ【四ツ手場所】 59③228,229
よつのりふね【四ッ乗船】 23①91
よつまた【四ツ俣】 59④328
よづり【夜釣】 59④286,344
よどがわぶね【淀川船】 62⑦181
よなごとかいうけ【米子渡海筌】 59③233
よなで【夜撫】 58③129
よはま【夜浜】 59④391
よひきあみ【夜引網】 62⑥155
よぶこうら【呼子浦】→T 58⑤289
よりかずのこ【撰鰊鯑】 58①34
よりみがき【撰身欠】 58①33,34
よるのつり【夜の釣】 59④345
よろず【鏋】→Z 58⑤289,376
よろずかがす【鏋かゝす】 58⑤376
よんけつのあみ【四結の網】 58⑤300,319
よんたんたてあみ【四反立網】 58④253,257,262

【ら】

らんせん【蘭船】 68③320,324

【り】

りぎょ【鯉魚】→こい 59④325
りゅうせん【龍船】 11⑤236
りょう【漁、猟】 23④199/52⑦283/59②163
りょうけ【領家】 59④358
りょうごく【両国】→T 59④277
りょうごくあおやぎがし【両国青柳河岸】 59④317
りょうごとぶね【漁事船】 56①139
りょうしかしぶね【猟師貸舟】 59④378
りょうしくみあい【猟師組合】 59①13
りょうせん【猟船】 1②177/67

りょうば【漁場】 *58*④246,248,250,251,252,253,255,256,259,260
りょうばね【両ばね】 *59*⑤428

【れ】

れんぼり【連堀】 *59*④388,389

【ろ】

ろ【櫓、艪】→かい→Z *15*②293/*57*②196,197/*58*⑤315,379/*62*⑥156
ろおし【艫押、驢押】 *58*⑤314,315,330
ろがわら【艫鋸】 *57*②224,225
ろぎ【櫓木】 *53*④249
ろくごう【六郷】 *59*④378
ろくごうのわたし【六郷渡】 *59*④378
ろくたんほ【六反帆】 *57*②195
ろくとがわ【六戸川】 *59*②142
ろくぶ【六部】 *59*④363,367
ろくぶなかひぐち【ろくふ中樋口】 *59*④280
ろくろぶね【轆轤船】 *15*②294
ろっけんあたり【六軒辺】 *59*④367
ろっけんくいまわり【六間杭廻り】 *59*④280
ろっけんぐち【六軒口】 *59*④356
ろっけんぐちくいまわり【六軒口杭廻り】 *59*④362
ろっけんまつした【六軒松下】 *59*④360
ろつりかがす【艪釣かゝす】 *58*⑤379

【わ】

わかなご【若なこ】 *59*④286
わかなごつり【若なこ釣】→Z *59*④293
わかめ【若和布】→Ｉ、N *58*①60/*62*⑥155
わた【わた】 *59*①17
わたしば【渡し場】 *59*④349
わたしぶね【渡舟】 *36*③328
わたり【わたり】 *58*③132
わたりとうせん【渡唐船】 *57*②139
わらさつり【鰤子釣】 *59*④310
わらづと【藁苞】→B *58*③131
わんど【湾渡】 *59*④349

K　加　工

【あ】

あいかえしそめよう【藍返し染様】 48①77
あいがた【合形】 48①84
あいげんだんそめよう【藍げんだん染様】 48①77
あいけんぼうそめよう【藍兼房染様】 48①83
あいこなし【藍こなし】→Z 10③392
あいこぶちゃそめよう【藍コブ茶染様】 48①72
あいずみこしらえよう【藍墨製様】 48①64/49①**90**
あいぞめ【藍染】→N 48①27,54,90
あいだし【あゐ出し】 45②110
あいだしよう【藍出様】 48①52
あいだまじょうちゅうげのめきき【藍玉上中下之めきき】 30④**357**
あいだませいほう【藍玉製法】 3①**43**
あいだまにすなをもちいるぎ【藍玉ニ砂ヲ用ル儀】 30④357
あいどこつかまつる【藍床仕】 30④356
あいとびいろぞめ【藍鳶色染】 48①31
あいとびいろそめよう【藍とび色染様】 48①80
あいなんきんそめよう【藍南京染様】 48①78
あいねさせよう【藍ねさせ様】 4①102
あいねずみそめよう【藍鼠染様】 48①83
あいねせよう【藍ネセ様】 19①**104**
あいのせいほう【藍の製方】 18②271
あいはながみこしらえよう【藍花紙製やう】 48①**211**
あいみなといろそめよう【藍ミなと色染様】 48①30
あいむらさきいろそめよう【藍紫色染様】 48①80
あおがいおきよう【青貝置様】 53③**180**
あおぐ【あふぐ】 47④214
あおしおづけ【青塩漬】 14①365
あおづけ【青漬】 14①364
あおびき【青挽】 47②148
あかつちづけ【赤土漬】 33⑥349
あかとびいろそめよう【赤鳶色染様】 48①80
あかねぞめ【あかね染】 13①50
あかもと【赤元】 51①72,132
あきあらい【秋洗ひ】 51①37
あくごき【あくごき】 17①219,220
あくこしらえよう【灰汁拵様】 48①59
あくせんじ【灰汁煎】 29④287
あくどやきよう【堊土焼やう】 49①31
あくに【灰汁煮】→A 14①176,179
あくにたれる【あくにたれる】→A 13①49/48①66
あくにてゆでる【灰汁にてゆでる】 14①181
あげ【あげ、揚】 50①55,82,85
あげいと【上糸】 43②141
あげうち【揚打】 50①82
あげざけ【揚酒】→N 51①94
あげざけくちはりよう【醴酒口張様】 51①153
あげしぼり【揚しぼり】 50①67
あげび【あげ火】 13①87
あけぼのそめよう【明ぼの染様】 48①76
あげまえ【揚け前、揚前、醴前】 51①51,62,69,78,80,85,86,87,93,96,105,107,109,130,144,145,147,148,150,151,152,153,154,170
あさいととり【麻糸取】 36①65
あさおのとりよう【麻苧のとり様】 36③243
あさこき【麻こき】 42⑥399
あさごきり【朝後切】 27①223
あさに【麻煮】 24①99/42⑥399
あさむし【麻ムシ、麻むし】 1②175/43③258
あさをうむ【麻をうム、麻をうむ】 17①**333**
あし【足】 51①44,47,62,85,87,96,97,107,131,132,144,146,156,158,159,160,162,173
あしをしる【足を知る】 51①149
あせる【あせる】 50①45
あそうしゅのほう【麻生酒の法】 51①116
あそうしゅべつほう【麻生酒別法】 51①**118**
あたためる【温める】→A 49①132
あたり【当り】 51①50
あつび【熱火】 51①51,160
あつゆにつける【熱湯に漬】 12①302
あとがま【跡釜】 36②128
あぶらあげ【油揚】→N 70③239
あぶらかすみずごえをせいするほう【油糟水肥ヲ製スル法】 69②**343**
あぶらせんじよう【油せんし様、油せんし様】 53③166,178,180
あぶらせんじる【油煎る】 58⑤344
あぶらにしぼる【油にしぼる】 15①87
あぶらのしぼりかた【油の搾りかた、油の搾り方】 14①228/50①38
あぶらのしぼりよう【油の榨リ様】 50①113
あぶらはやさらしのくでん【油早晒の口伝】 14①228
あぶらひき【油引】 43①31
あぶらをしめとる【油をしめ取】 13①292
あぶる【炙、炙ル、炙る、焙る】→A 3①53/12①312/49①120,121,173,214/52②120/56①83
あまくちしかけ【甘口仕掛】 51①145
あまくちのつくりかけよう【甘口の造懸様】 51②**195**
あまじお【甘塩】 52①27,31,32,37,38,53,56/58①43
あまぼし【あまほし、甘干】→F、N 56①78,185
あみこしらえ【あミ拵、網拵】 58③183/59②107,108,118,123
あむ【アム、編】 2①54,④305
あやめいろそめよう【あやめ色染様】 48①46
あやをとる【綾を取】 53②125
あらあらい【荒洗ひ】 41⑦333
あらい【洗ひ】 29④287
あらいおけほしかげん【洗ひ桶干シ加減】 51①37
あらいき【荒息】 51①57,95,106,113,145
あらいきぬき【荒息抜】 51①50,75,83,91
あらいきよむるほう【洗浄方】 53⑤352
あらいばり【洗ひ張、濯張】 22①72/48①65,66
あらいよう【洗様】 49①24
あらう【あらう、あらふ、洗ふ】→A 17①318/40④303,305,318/53①31,37
あらおをうむ【あら苧をうム】 13①69
あらかい【荒櫂】 51①49,56,60,61,68,70,77,85,92,93,104,107,109,115,118,119,145,146
あらがけ【荒掛】 51①80

あらくさけずり【荒草けづり】 53①46
あらくひきわる【荒くひきわる】 17①320
あらくもむ【あらくもむ】 13①87
あらしおい【嵐追】 53④217
あらしをおう【嵐ヲ追】 53④226
あらづき【荒つき、麁舂】→A 17①185/19①104,105
あらなおし【荒直し】 51①151
あらね【あら寝、荒寝】 30④355,356
あらねみず【荒寝水】 30④355
あらのし【あらのし】 13①64
あらふき【荒吹】 61⑨339/69②381
あわかけ【泡かけ、泡掛、泡掛け】 51①48,70,73,74,75
あわかげん【泡加減】 51②188
あわこふる【粟こふる】 42⑤336
あわつき【あわつき】 63⑦396
あんばい【あんばい、塩ばい、塩梅】 41⑦341/52①48,④180

【い】

いおうせいほう【硫黄製法】 48①**392**
いかきもと【笊籬元】 51①56
いかけ【鋳かけ】 43①49
いき【息】 51①43,44,45,161
いきぬき【息抜】 51①50,109
いくよぞめ【幾世染】 48①39
いこくばり【イコク張】 48①48
いしがきこもん【石垣小紋】 48①76
いしずり【石摺】 48①159
いしのくりぬき【石の繰貫】 65④319
いしばいやき【石灰焼】→R 48①**316**,319
いしわけ【石訳】 61⑨339
いたとり【板取】 61⑨339
いたながし【板流し】 49①22,92,143,144
いたにひきわる【板に挽割】 56①160
いたぶたをする【板蓋をする】 56①179
いたみ【伊丹】 51①108
いたみりゅう【伊丹流】 51①**105**,108
いたりやふらんすりょうこくとりいとのほう【意・佛両国繰糸の方】 53⑤**354**
いたりやほう【意太利方】 53⑤355
いたをさく【板ヲ割ク】 32②323
いちばん【一番】 50①54
いちばんあらい【一番洗】 49①26
いちばんうち【一番打】→A 50①60
いちばんえぶり【壱番杁】 51②204
いちばんおり【一番泥、壱番泥】→X 51①87,154,155,163,166
いちばんかい【壱番かひ】 51②204
いちばんこしき【一番甑】 50①82
いちばんそめ【壱ばん染】 48①14
いちばんたき【壱番焚】 61⑧234
いちばんひ【壱番火】 51①162
いちばんひいれ【壱番火入】 51①154
いちばんぶるい【壱番揺ひ】 48①295
いちばんめしぼり【一番目しぼり】 50①61
いちびそをたつにないよう【莔麻苧を経になひやう】 14①**147**
いちやつけおく【一夜漬をく】 13①180
いっこくのおけしこみ【壱石之桶仕込】 52⑥256
いっぽんだいこんにほす【壱本大根に干】 27①215
いと【糸】→B、H、J、N、R 25③259
いとうみ【糸績】→いとにひく、うむ 43②136,138,140
いとおり【糸織】 37②72,88
いとぐちをつぐ【糸口を継】 53⑤348
いとくり【糸繰、糸操、繰】 14①331/18①107/35②279
いとこしらえ【糸拵】 14①328
いとぞめ【糸染】 42⑥441
いとつむぎ【糸つむき】→いとをつむぐ 43②121,127,129,130,131,132,133,134,203,205
いととおし【糸通し】→B、Z 43①19,20,22,27,28
いととり【糸とり、糸取、糸取り】→A 25①18/35②278,343/36③317/42⑥413
いととりかた【糸繰方】 53⑤354
いととりしほう【糸取仕法】 35①166
いととりよう【糸取様】 35①**162**
いとにくる【いとにくる、糸に繰】 35②263/62④109
いとになう【糸になふ】 14①147
いとにひく【糸にひく】→いとうみ 47①16
いとのしかた【糸の製】 50③275
いとのしよう【糸の仕様】 50③277
いとのせい【糸の製】 53⑤298
いとはた【糸はた、糸機】 22①72/25①84/37②72
いとはたおりもの【糸機織物】 62④86
いとはたぬいばり【糸機縫針】 22①68
いとひき【糸引、糸挽】→いとをひく 24①83/29①27/42⑤333/47②99,101,117,125,134,142
いとひき【糸引、苧引】 1①38/18⑥498
いとひく【糸ひく】 42⑤329
いとへのりをする【糸江糊をする】 53②129
いとよりかけ【糸よりかけ】 42③188
いとをくる【糸を繰】 35①205,②357,366
いとをすがぬるしよう【いとをすがぬる仕様】 35①166
いとをつぎよる【糸をつぎよる】 17①333
いとをつむぐ【糸をつむぐ】→いとつむぎ、うむ 15③399
いとをとる【糸をとる、糸を取】 14①31/34⑧311/35②361
いとをひく【糸を引、糸を挽】→いとひき 47②77/56①198
いふくをぬいつづる【衣服を縫つゝる】 25①79
いもあらい【いも洗イ】 42⑥370
いものおおふき【鋳物大吹】 53④235
いりかた【炒かた】 50①85
いりこしたてかた【煎海鼠仕立方】 50④**300**
いりしぼる【煎絞】 58①35
いりちゃのほう【炒リ茶ノ法】 32②312
いりてからをさる【炒てからを去】 13①164
いりてすりくだく【炒りてすりくだく】 13①134
いる【煎、炒る】 13①88/41②138/49①204/50①45,85/58①54
いろあげ【色上】 49①113,120,121
いろあげる【色上げる】 49①118
いろえものふるでのほう【色絵物古様の方】 49①121
いわしなどのあぶらをとるほう【海鰮等ノ油ヲ取ル法】 69②**308**

【う】

ういぞえ【うゐ添】→はつぞえ 51②189
ういなおし【うゐ直し】 51②209
うきすこしらえよう【うきす拵様】 24③340
うこんぞめ【うこんそめ、う金染】 16①89/48①34
うすづく【舂、舂く】→つく→A 18①151/48①254,265
うすとり【うすとり、うす取】 9①134/27①221
うすにいれつく【碓に入つく】 14①172
うすにてことなす【碓にて粉となす】 14①214
うすにてこまかにつく【臼にて細かにつく】 13①43
うすにてつく【うすにてつく、碓にて搗く、臼にてつく、臼にて搗】→A 3①44/14①169/17①319/18①159
うすにはたく【臼にはたく】 27①216
うすにひく【磨に挽】 27①216
うすぬき【臼抜】 19①104
うすび【薄火】 51①159,173
うすびいれ【薄火入】 51①51
うすひき【臼引、臼挽、碾磨】→A 52③134/61⑨325,339
うちあげ【打あげ】 50①83
うちかけほす【うちかけ干す】 13①276
うちどり【内取】 51①112
うちひしぐ【打ひしぐ】 14①197

うちわた【打綿】→N 36③244
うつ【打】→A 51①51
うつす【移す】 51①47
うつのほう【ウツの法】 48①156
うどんうち【うとん打、うどん打】 42③151,179
うぶぞめ【初染】 48①22
うみかた【績方】 53②114
うみぞめ【うミそめ】→O 27①236
うみつむぎ【うみつむき】 25①25,26
うむ【うむ】→いとうみ、いとをつむぐ、お、おうみ 10②370
うむしやき【うむし焼】→A 52④169
うむす【うむす】→A 9①88,126
うめざけ【梅酒】 13①131
うめしゅのほう【梅酒之法】 24③340
うめづけ【梅づけ、梅漬】→N 3④381/9①141/12①311/42⑥428
うめづけのほう【梅漬之方】 24③340
うめつけよう【梅つけよふ】 9①140
うめのきぞめ【梅木染】 48①90
うめぼしのしよう【梅干しの仕様、梅干の仕様】 29①86/38③184
うらばをかききりほす【末葉を欠切干】 30①136
うりづけ【爪(瓜)漬】 24③341
うるしあぶらあわせよう【漆、油合せ様】 53③166
うるししゅあわせよう【漆朱合せ様】 53③180
うるしぬりもの【漆塗物】 48①173
うるしべんがらあわせよう【漆、弁から合せ様】 53③167
うわおき【上置】→N 52②119
うわぞめ【上染】 48①27

【え】

えだがきのしよう【枝柿の仕様】 48①194
えだがけ【枝懸】 51②201
えどしゅんけい【江戸春慶】 53③181
えどちゃいろそめよう【江戸茶色染様】 48①86
えどむらさきぞめ【江戸紫染】 48①14,25
えどむらさきそめよう【江戸紫染様】 48①81
えぶり【杁】→A、B、X、Z 51②186
えぶりいれ【杁入】→かいいれ 51②195,203
えぶりいれよう【杁入様】 51②192
えぶりのいれよう【杁の入様】 51②201
えぶりよう【杁様】 51②197
えぼしたたきぬりよう【烏帽子たゝき塗様】 53③171
えます【ゑます】 17①318
えんしょうさいせいじょうのほう【焔消再清浄ノ法】 69②371
えんしょうせいほう【焔消製法】 69②367
えんしょうせいをせいするほう【焔消精ヲ製スル法】 69②272

【お】

お【苧】→うむ→B、E、N 25③260
おうみ【苧うミ、苧うみ、苧績】→うむ、おをうむ 4①34/24①28/53②131
おうむこと【苧績事】 24③316
おおからし【大枯し】 51①48,83,91,133,135,143,146
おおきかいせい【大器械製】 53⑤296
おおきねづき【大杵づき】 48①265
おおさかせいほう【大坂製法】 49①46
おおさかりゅうあぶらしぼりかた【大阪流油搾り方】 50①73
おおなしじ【大梨地】 53③176
おおみずつくり【大水造り】 51①95,157
おおむぎつき【大麦舂】 40③223
おおもち【大餅】→N 25③287
おおもと【大元】→N 51①102
おおわくあげかえしのほう【大枠揚返の方】 53⑤352
おおわくすぐあげ【大枠直揚げ】 53⑤355
おおわくどり【大枠繰】 53⑤325,352
おかせさらし【苧綛晒し】 36③187
おけしのほう【桶師の法】 48①161
おけどうぐあらう【桶道具洗ふ】 51①35
おさめおく【おさめ置、収めをく、納め置】→A 13①87,99,141
おさめおくほう【収め置法】→A 13①162
おさゆる【押ゆる】 51①49
おしおく【おし置】 41②143
おしこめ【押込】 49①78
おしたて【押立】 53④218
おしぶた【押蓋】→Z 52①26,55
おしろいやきよう【白粉焼様】 49①136
おつぎ【苧ツギ】 24①28
おとしがけ【落し掛】 51①49
おとすほう【落す方】 48①47
おひき【苧挽】→B 24①99
おめしなんどちゃいろそめよう【ヲメシ納戸茶色染様】 48①71
おもいあう【おもひ合】 49①114
おやす【おやす】 50①82
おり【おり、泥、油脚、滓穢】→I 24③347/49①205/50②195/51①39,40,52,81,86,114,148,152,155,157,164,172,175,176,②207
おりあぐる【織上る】 53②132
おりいだす【織出、織出す】 14①241/50③244/53②129
おりだし【織出し】 29③261
おりつむぐ【織つむぐ】 62④85
おりどめ【織留メ】 48①13
おりとりよう【おり取様】 51②207
おりぬい【織縫】 35①40
おりのひきよう【泥の引様】 51①87
おりびき【泥引】 51①62,94,105,148,153,154,155,164
おりひきよう【泥引様】 51①69,78,86,96,97,107,110,115,154,161
おりもの【織もの、織物】→N 35①223/62④98
おりわざ【織わざ】 47①9
おりをひく【泥を引】 51①173
おる【織、織る】 5①80/36③163/37②65/49①255/50③244,247,275,277,279/53②97,99,107,120,130,135/69②203
おをうむ【苧をうム、苧をうむ、苧を績】→おうみ 6②290/13①69/36③162/53②102,135,139
おをつくるほう【造苧法】 3①41
おんなのいとむすび【女の糸結び】 50③275

【か】

かい【械、櫂】 41②141/51①65,95,145
かいいれ【械入、櫂入】→えぶりいれ、はつえぶり、はつがい、はつがいいれ 41②140/51①58,59,91,92
かいきぞめ【カイキ染】 48①75
かいはいみずのほう【貝灰水の方】 48①31
かいをいれる【かいヲ入れる】 61⑧225
かえりをとる【かゑりを取】 48①174
かがみあわ【鏡泡】 51①72,82,130
かがみとぎ【鏡磨】 48①386/49①140
かきあげる【かき揚る】→A 52⑦306
かきいろそめよう【柿色染様】 48①82
かきしぶこしらえよう【柿渋拵様】 24③349
かきたつきる【かきたつきる】 53③180
かきたばこねせよう【カキ煙草寝様】 19①127
かきつき【柿ツキ、柿搗】 18①75/56①77
かきならす【抓ならす】→A 50②201
かきのせいほう【柿の製法】 25①115
かきほしよう【柿干様】 48①194
かきまぜ【かきまぜ】→A 50③256,262,265,268
かきまぜる【かきまぜる】→A 53①40
かきまわす【かき廻す、攪廻す】→A 50②187,195,197,209/53①

31,⑤330

かけ【かけ、掛、掛け】 40②156/51①56,59,60,64,67,70,73,74,75,76,77,80,83,91,92,101,102,103,104,105,109,119,136,145,146,②203

かけおく【かけ置】→A 41②142/56①184

かけかた【掛方】 53④227

かけしおのかい【掛け塩の櫂、掛塩の櫂】 51①49,76,84

かけしまい【掛仕廻】 51①61,78

かけつぎ【かけつき】 42③155

かけてほす【掲て乾す】 3①61

かけどめ【掛け留、掛留、掛留め】 51①49,60,61,68,69,75,76,77,84,85,92,93,95,104,106,107,109,119,120,121,131,135,137,138,141,144,145,146,147

かけな【かけ菜、懸菜】 36③295

かけぼし【懸干】→A、Z 49①66

かげぼし【かけほし、かげぼし、かけ干、かげ干、蔭干、陰干】→A 3④322,329,341,344/12①311,365/34⑧307,308/38③123,175/41②91,101/48①24,34,64,134/49①91/52①45/55③365/59④391/60①62/68③354

かけみず【掛水】→A 51①39

かける【掛る】→A 51①48,49,118,135

かこい【囲】→A、C 58①42/67⑤231

かこいおく【かこひ置、かこゐ置、囲置、囲置く】→A 13①64/36③262/50④300,308/51①163,167

かこいざけあしのこころえ【囲酒足心得】 51①163

かこいよう【囲様】→A 51①174

かこう【囲、囲う】→A、J 36③261/51①25,166

かございく【籠細工】 54①178/56①111

かごぞめ【籠染】 48①30

かさざいく【笠細工】 18②276

かさぬい【笠縫】 5④335/22①57

かさねぼし【かさね乾】 47①30

かさはり【笠張】 43①24,25,26,27,28,29,30,31

かざりこっかくざいく【飾り骨角細工】 48①152

かしぐ【かしく】 36②116

かじずみきり【鍛冶炭伐】 10①118

かじゅつりゅうせいつつづめ【火術流星筒塡】 65④357

かしよう【かし様】→A 13①49/51②183

かしわぞめ【かしは染】 48①88

かしわもちこしらえよう【柏餅拵様】 24③339

かすしぼり【糟しぼり】 50①54

かすづけ【糟漬、粕漬】→N 13①131/52①56

かすにつける【糟に漬る】 12①259

かすにてなおしよう【粕にて直し様】 51①176

かせいとそめかた【かせいと染方】 48①16

かせぎかた【稼方】 53④233

かせしぼり【かせしほり】 43②139

かせぞめ【かせ染】 43②140

かせるいあかぞめのほう【カセ類赤染の方】 48①63

かたげかえる【かたげかへる】 53①26

かたなとぎ【刀磨】→M 48①386

かたにつちをいれにんぎょうをつくる【形に土を入人形をつくる】 14①278

かたほり【形彫】 48①388

かちぐりのしよう【搗栗の仕様】 38③187

かちぐりのほう【かち栗の法】 25①114

かちんぞめ【かちん染】 35①230

かつおぶしこしらえよう【鰹魚節拵やう】 49①214

かっこんせいぞう【葛根製造】→くずこしらえかた 48①250

かっぷのせい【葛布の製】 50③238

かなひき【かなひき】 17①220

かねのだしよう【鉄漿の出様】 48①57

かねふさぞめ【カネフサゾメ】 48①83

かばちゃそめよう【蒲茶染様】 48①70

かばとじ【かバとぢ】 17①330

かぶづけ【蕪漬】 41②143

かぶらぼし【かぶらほし】 17①245

かまきり【かま切】 52④166

かまたき【釜焚】→L、M 29④274

かまだし【竈出シ】→A 53④227

かまだしいれ【竈出シ入】 53④233

かまにてむす【釜にて蒸、釜ニ而蒸ス】→A 33④207,208

かまぬり【かまぬり】→N 52⑤204

かみがたりゅうのしぼりかた【上方流の絞り方】 14①228

かみこぞめ【紙子染】 48①90

かみすき【紙漉】→かんすき、きすき、はるすき、はんしすきたて→M 4①102/48①98,118/53①14,16,33,46

かみすきよう【紙漉様】 48①108

かみすくこと【紙漉こと】 30③296

かみせいさく【紙製作】 48①110

かみたち【紙裁】 48①388

かみにすく【紙にすく、紙に漉】 14①259,261,399/16①170

かみのすきよう【紙の漉やう】 14①41

かみのつくりかた【紙のつくりかた】 47③177

かみはり【紙張】 24③342

かみをすく【かミをすく、紙を漉】 14①27,30,263,264,404/16①143/30③234

かみをすくほう【漉紙法】 3①58

かもす【醸す】 27①255

からいり【乾煎】 69②308

からうち【からうち】 49①173

からかみこもん【唐紙小紋】 48①76

からくちしかけ【辛口仕掛】 51①146

からし【枯し】 51①48,91,102,106,108,109,129,135,145

からしづくり【からし造り】 24③348

からしにっすう【枯し日数】 51①82

からしもと【からし元】→N 24③346

からしよう【枯し様】 51①107

からす【カラス、からす、枯す】 48①37/51①35/53③173,176,178,179,181,182

からだき【から焚】 52⑦309

からに【から煮、乾煮】 48①393/69②306

からぬりしよう【唐塗仕様】 53③173

がらより【ガラヨリ】 58⑤308

かりちゃのせいほう【刈茶の製法】 14①314

かわかしかた【乾シ方】 53④225

かわかしよう【かわかし様】 53③170

かわかす【かわかす、乾かす】→A 14①187/50②209/52①45/53③165,171,172,173

かわきたるにんぎょうをやく【乾きたる人形を焼】 14①282

かわははぎ【かわはゝき】 5④336

かわみずにさらす【川水にさらす】 3①59

かわむき【かわむき、皮むき】→A、B 43②187/53①19

かわむきよう【皮むきやう】 48①197

かわをけずる【皮をけづる】→A 13①147

かわをさりほす【皮を去干】 12①365

かわをつく【皮をつく】 38③187

かわをはぐ【皮をはぐ、皮を剝】→A 33④207,208/50③273

かわをむきとる【皮をむきとる】 53①22

かわをむく【皮をむく、皮を剝】→A 38③129,130,143,144,171,184/39②117/56①184

かん【かん】 52⑥258

かんきょうをせいするほう【かんきやうを製する法】 13①289

かんごみ【かんこみ、かんごミ、かんごみ】 52⑤204,207,209

かんざらし【寒晒し、寒瀑シ】→A、N 5①120/41②72

かんしゃしめしぼり【甘蔗〆絞り】 30⑤400,404

かんすき【寒漉】→かみすき 53①44

がんせきざいく【岩石細工】 5④330

かんづくり【寒造、寒造り】→

N 18②284/24③347/51①73, 79, 80, 84, 87, 90, 91, 94, 96, 120, 138, 139, 143, 149, 150, 153, 156, 157, 165, 167
かんづくりさけはるあげよう【寒造酒春上様】 51②208
かんづくりのしこみ【寒造の仕込】 18②257
かんてんせいしよう【寒天製しやう】 49①194
かんとうのしぼりかた【関東の搾り方】 50①40
かんとうりゅう【関東流】 50①73
かんとうりゅうのしぼりかた【関東流の絞り方】 14①228
かんぶどうをつくるほう【乾葡萄をつくる法、乾葡萄を造る法】 13①162/14①370
かんもと【寒元】→N 51①90, 91, ②182, 186
かんもとしいれよう【寒元仕入様】 51②185

【き】

きいとせいほう【生糸製方】 53⑤292, 293
きいとのせいほう【生糸の製方】 53⑤296
きいろぞめ【黄色染】 48①34
きいろぬりよう【黄色塗様】 53③174
きがみすきだし【木紙漉出】 56①143
ききょういろそめよう【桔梗色染様】 48①45
きけぞめ【黄汁染】 61②93
きけをだす【黄気ヲ出】 19①120
きさごごえのせいほう【海螺肥ノ製法】 69②300
きざみたて【刻立】 50④318
きざみほす【きざミほす】 17①321
きざむ【刻む】→A 36③182
きしぼり【生しぼり】 41②141
きじろいろ【生地ろ色】 53③182
きすき【生漉】→かみすき 53①44
きたまど【北窓】 51②193, 195
きたまどつくりよう【北窓造様】 51②191
きちゃいろそめよう【黄茶色染様】 48①74
きっこうあわ【亀甲泡】 50②192, 197
きぬぬいばりうちよう【衣縫針打様】 49①174
きぬねりよう【きぬねりやう】 48①13
きぬをおる【絹を織】 47②77
きのかわのくいよう【木の皮の喰様】 23④166
きびこおりやまそめよう【キビ郡山染様】 48①44
きゅうごうみず【九合水】 24③346
きゅうとごしょうみず【九斗五升水】 24③347
きょうしゅんりょうぬりよう【京春涼ぬり様】 53③170
ぎょくざいく【玉細工】 48①357
ぎょにくすいのせいほう【魚肉水ノ製法】 69②299
きりあらい【切洗、切洗ひ】 2①54, 59
きりかける【切掛る】 50③273
きりこみ【切込】→A、D、E 58①36
きりすてる【切捨る】→A 50④313
きりづけ【切漬】 24①134
きりばなつくりよう【勝花作り様】 48①166
きりぼし【切ほし、切干、截干】→N 2④284/12①263/17①200/19①202/38③195
きりほす【切ほす】 17①321
きりぼりこもんがた【切ぼり小紋形】 48①76
きりもみ【錐もみ】 41②129
きりよう【切様】→A 48①145/52④167/53③180
きりわりほす【きりわりほす】 17①321
きんぎんざいく【金銀細工】 49①137
きんぎんやきつけのほう【金銀焼附之方】 49①131
ぎんざいく【銀細工】 48①386
きんしぼり【金しほり】 61⑨339
きんぬりしよう【金塗仕様】 53③176
きんぱくうちよう【金箔打様】 49①153
きんぱくおきよう【金はく置様】 53③175
きんぱくすりつけのほう【金箔すり附の方】 49①134
きんふき【金吹】 61⑨325
ぎんふきたて【銀吹立】 61⑨323
ぎんふきなおし【銀吹直し】 61⑨327
きんふきめ【金吹目】 61⑨339
ぎんふきめ【銀吹目】 61⑨339
ぎんろうのほう【銀鑞の方、銀蠟の方】 49①130, 135

【く】

くきづけ【茎漬】→N 41②143
くきをさる【茎を去】 13①43
くささらし【草晒】 49①195
くさらかしのほう【腐かしの方、腐ラカシの方】 49①130, 133
くさらかす【くさらかす】→A 53①29
くしがき【串柿】→N 13①147/18①78, 98/56①78
くしにさす【串にさす】 38③188
くずこしらえかた【葛製法】→かっこんせいぞう 50③253
くずすり【葛摺】 34⑤109
くずぬのをおる【葛布を織】 50③270
くずのせいほう【葛の製法】 14①45
くすべる【くすべる】 5③278
くずれざけひさしくもたせよう【崩れ酒久敷持様】 51①168
くずをせいする【葛粉を製する】 14①241
くだきする【くだきする】 13①32
くだりかけ【下り掛、下り掛け】 51①48, 70, 73, 74, 75
くちなしぞめ【山枝子染】 48①88
くちはり【口張】 51①105, 109
くちはりよう【口張様】 51①86, 93, 94, 96, 147, 153
くみあげ【汲揚】→A 50②209
くみとる【汲取る】→A 50②198
くみわける【汲分ける】 51①76
くむ【汲】 24③335
くりいとのじゅつ【繰糸の術】 53⑤293
くりいれ【操入】 50③275
くりいろぬりしたじしよう【栗色塗下地仕様】 53③178
くりうめこもんそめよう【栗梅小紋染様】 48①77
くりうめそめよう【栗梅染様】 48①79
くりうめちゃそめよう【栗梅茶染様】 48①38
くりかえし【繰返し】 53⑤340
くりかえす【繰返す】 53⑤349, 352
くりかたうんてん【繰法運転】 53⑤298
くりかばちゃそめよう【栗蒲茶染様】 48①38
くりかわちゃいろそめよう【栗皮茶色染様】 48①74
くりたくわえよう【栗貯様】 49①202
くりとる【繰取】 47②110
くりぬき【操貫】 65④318
くりのかこいよう【栗のかこひやう】 29①85
くりふねつくり【くり舟作】 57②168
くるめる【くるめる】→A 37①25
くろいろぞめ【黒色染】 48①19
くろうるしくろめよう【黒漆黒メ様】 53③166
くろごめづくり【黒米造、黒米造り】 51①95, 157
くろざとうせいほう【黒砂糖製法】 50②187
くろざとうやきよう【黒砂糖焼やう】 61⑧227
くろぞめのほう【黒染の方】 48①87
くろちゃそめよう【黒茶染様】 48①86
くろとびいろぞめ【黒鳶いろ染】 48①30
くろとびいろそめよう【黒鳶色染様】 48①80
くろなおしあめ【くろ直しあめ】 61⑧229
くろなんどちゃそめよう【黒なんど茶染様】 48①45
くろぬり【黒ぬり】 48①175, 178/53③169
くろめうるしくろめよう【黒め漆黒め様】 48①175
くろめる【くろめる】 48①175, 176
くろやき【くろやき、くろ焼、黒焼】→A、N 3①45/12①333/16①145/38③175/59②134, 135/60⑥343, 357, 359, 364, 372, 373, 374
くわきぞめ【桑木染】 48①90

【け】

けじかげん【けじ加減】 34⑥160
けじかた【けじ方】 34⑥160
けずりかた【削方】 53④242
げたこしらえ【下駄こしらへ、下駄拵へ】 42⑥441/43①91
けふきそめよう【毛吹染様】 48①81
けんか【研化】 49①54
けんぷしたぞめ【絹布下染】 3①44
けんぼういろそめよう【けんぼう色染様】 48①86
けんぼうぞめ【兼房染、憲房染】 48①59,83
けんぼうそめよう【けんぼう染様】 48①83

【こ】

こいちゃそめよう【こひ茶染様】 48①86
こうじしよう【麹仕様】 51①41
こうじつかいよう【麹遣ひ様、麹遣様、麹使様】 51①94,107,110
こうじふかし【糀ふかし】 42③180
こうずづけ【神津漬】 41②143
こうぞかけ【楮掛】 29④287
こうぞかわにょう【楮皮煮様】 48①103,110
こうぞきり【楮切】 29④287
こうぞむし【楮ムシ】 31⑤249
こうぞをむす【楮を蒸】 14①259
こうのいけりゅう【鴻池流】 51①101
こうのものつける【香物漬る】 41②142
こうひせきねりとるほう【紅砒石煉リ採ル法】 69②381
ごうもうひばいのせいほう【毫毛肥培ノ製法】 69②311
こうやくねり【膏薬練り】 42⑥376
ごうわ【合和】 50②188
こおりざとうしよう【氷砂糖仕様】 61⑧228
こおりぼし【氷干】 24③338
こおりやまそめよう【郡山染様】 48①83
こがねぞめ【黄金染】 48①82
こがねちゃそめよう【黄金茶染様】 48①74
こがねむしぞめ【黄金虫染】 48①75
こきぬり【こきぬり】 5④307
こぐ【こく】 30③285
こくそうしよう【こくそう仕様】 48①177
こげちゃそめよう【焦茶染様】 48①69
ここしらえ【粉拵へ】 50①60
ござうち【こさ打】 5④337
こしきむし【こしき蒸】 41②81
こしたるかすをひにかわかすず【漉したる糟を日ニ乾かす図】→Z 18④403
こしまい【小仕廻】 51②195
ごしゃくしまい【五尺仕舞】 51②208
こしらえ【拵】→A 2①54,59,60
こしらえかた【拵方】→A 14①333/53④241
こしらえよう【拵様】→A 34①11
こそげとる【こそげとる】 53①35
こたるづめ【小樽詰】 14①364
ごとみそのほう【五斗味噌の法】 18①158
こなしとり【小成シ取】→A 30④358
こなにする【粉にする】 17①330
こなひき【粉引】 43②135,147
こなをとる【粉を取】 17①321
こぬかみずごえのせいほう【粉糠水肥ノ製法】 69②340
こはまりゅう【小浜流】 51①108
ごばんがけ【五番掛】 51①103
こびき【木挽】→A、B、M、R 56②246
こめあらい【米洗イ】 42⑥372,410
こめつけよう【米漬様】 51①90
こめとぎ【米とき】 42③204
こめとぎよう【米研よふ、米研様】 51①39,40
こもん【小紋】 48①41,42,52,77,79
ころす【殺す】→A 53⑤331
ころばしに【ころばし煮】 3④372
こわくどり【小枠繰】 53⑤355
こわり【小割】→L、N 24①25,26/49①35
こをふく【粉をふく】 56①185
こんじょうぬり【こんてうぬり】 53③178
こんぞめ【紺染】 29③215/48①28
こんにゃくだまののりこしらえよう【蒟蒻玉の糊拵様】 48①60

【さ】

さい【淬、焠】 49①172
さいしき【彩色、投彩】 14①284,287,291/48①377,380
さいする【焠する】 49①176
さいをかけさす【さいをかけさす】 16①176
さえぎりかい【遮り櫂】 51①49
さおにかけほす【竿にかけ干】 13①292
さかごめむし【酒米蒸】 29②157
さがす【摝】 51①50
さかだき【酒たき】 52④181
さかなのしおきり【魚の塩切】 41⑦332
さきぬりよう【さきぬり様】 53③179
さきをかける【鋒をかける】 49①177
ざぐり【座繰】→Z 53⑤305,347
さけあげ【酒上、酒揚】 51①35,②207
さけあけよう【酒釃様】 51①150
さけあげる【酒上る】 51②209
さけいっぽんにうつ【酒壱本に打】 51①78
さけつくり【酒造、酒造り】 36③245/41②133,142,③174/49①206/51①21,25,132,②209
さけつくりかた【酒造方】 24③346
さけとり【酒取】 41②141
さけにつくる【酒に作る、酒に造る】 17①316,317
さけのひいれ【酒の火入】 2①135
さけのふた【酒の蓋】 51①51
さけをいっぽんにうつ【酒を壱本に打】 51①61,69
さけをくわえにる【酒を加へ煮る】 14①190
ざこやき【ざこヤキ】 43②144,178
さとうさんばんたきこみ【砂糖三番焚込】 30⑤409
さとうせいほう【砂糖製法】 3①47/30⑤403,404/61⑧214
さとうづけ【砂糖漬】→N 13①131
さとうにばんたきこみ【砂糖二番焚込】 30⑤408
さとうのせいほう【砂糖の製法】 15②138/61⑧222
ざどり【座繰】 53⑤340,341
さなぎをころす【蛹を殺す】 53⑤331
さねくばり【サネクハリ、さねくはり、さねくバリ、さねくばり】 13①147/18①76,77/25①115/56①78,79,184
さねとりよう【実核取やう】 48①195
さます【さます】 24③338
さみずばり【さ水張】 48①12
さらし【さらし、晒し】 14①250/36③187/50③245
さらしあげ【晒揚】 50③268
さらしかた【さらし法】 50③268
さらしかたのしほう【晒方の仕法】 53②113
さらしかわかす【さらし乾す】→A 12①302
さらしくずのしかた【曝葛の仕法】 50③265
さらしせいほう【晒し製法】 11①13
さらしほしあぐ【晒し干上】 53②132
さらしよう【さらしやう】 61⑧225
さらしろうのしかた【晒蠟の仕方】 15②138
さらす【さらす、晒、晒す、晒らす、曝】→A 3①41,60/14①250/24①50/31④155/36③179,187/48①14,15,253/50③253,268/56①123/61⑧216,225,226
さわしがき【サハシカキ、さハしがき、醂柿】→F、N 13①146/14①214/56①77,83,85
さわす【さハす、淘浄】 13①146/16①154/18①132,146
さんしょうをおさめおく【山椒を蔵めをく】 13①181
さんとうりゅう【三島流】 50②192
さんばん【三番】→A、B、E、I、L、M 50①55/51①103,②193
さんばんえぶり【三番杁】 51

②198
さんばんおり【三番おり、三番泥】 51①87,155,②208
さんばんがけ【三番掛】 51①104
さんばんかけとめ【三番掛留】 51①76,77
さんばんぞえ【三番添】 51②189,190,191,192,193,195,196,197,198,199,201,203,204,205,206,207
さんばんのそえ【三番之添】 51②206
さんばんひ【三番火】 51①162
さんばんふき【三番吹】→E 61⑨339
さんばんみず【三番水】 30④355
さんばんめしぼり【三番目搾り】 50①67
さんまなどのあぶらをとるほう【長鰮等ノ油ヲ取ル法】 69②308
さんよう【算用】→C、L 51①50,61,63,85,86,94,117,119,137,138,②192,199,205
さんわりこうじ【三割糀】 24③346
さんわりこみ【三わりこみ】 52⑤213

【し】

しあげたるにんぎょうをかこう【仕揚たる人形を囲ふ】 14①292
しおおし【塩押】 52①32,33,39,42,48,49
しおがき【塩柿】→N 56①77
しおきり【塩切】 58①38,39,42,43,48
しおせいほう【塩製法】 52⑦299
しおだし【塩出、塩出し】→A 23①104/52①44,48,49,51,54,55
しおづけ【塩づけ、塩漬】→N 9①141/11②117/12①293,312,356/13①153/29①85/33④232,⑥349,353,366/36③200/41②90/58①36,42,43,55/67⑤231
しおに【塩煮】→N 30③232/67④180
しおにあわす【塩に合わす】 36③182
しおにつける【塩に漬る、塩漬ケル】 8①30/13①131
しおにてにる【塩にて煮る】 12①376
しおひく【塩引】 52⑤218
しおふり【塩振り】 58①54
しおみずにつく【塩水に漬】 13①180
しおみそにつけおく【塩醤に漬置】 13①181
しおやき【塩やき、塩焼】→M 5④315,326,327,328,339
しおやきあげ【塩焼揚】 52⑦305,307
しおやきじぎょう【塩焼事業】 49①256
しおゆにゆびく【塩湯にゆひく】 12①325
しおをにる【潮を煮る】 69①116
しかけ【仕掛】→A 51①79,90
しかんちゃそめよう【芝翫茶染様】 48①73
じきあげ【直揚】 53⑤323
しきり【仕切】 50①82
しこみ【仕込】→A 24③346
しこみよう【仕こみ様、仕込様】 24③333,336,337/52⑤215
しこんしほう【紫根仕法】 48①9
しこんぞめ【紫根染】 48①47
ししひ【しゝ干】 13①85/18①76
ししひのとき【しゝ干の時】 13①147
じしろがた【地白形】→N 48①77
しそうめ【紫蘇梅】 41②143
しそづけ【紫蘇漬】→N 3④381
じぞめ【地染】 48①26
したじ【下地】→A、B、D、I、N、X 39②105/48①15,27,28,31,40,71,72,74,75,77,78,79,80,83,86,87,88,90,152,154,176,178/53③181
したじさらしかた【下地さらし方】 48①16
したじぞめ【下地染】 48①26,27,28,30,31,46,87
したぞめ【下染】 48①26,29,30,35,36,37,38,39,43,44,45,71/69①63
したておさむる【仕立収る】 13①276
したてかた【仕立方】→A 50④307
したてもの【仕立てもの】 37②72
したひき【下搽】 48①150
したみとる【したミとる】 52①56
したむ【したム】 50③262,281,282
しちりょうぞめ【七りやう染】 48①87
しとね【シトネ、しとね、しどね】 17①189/27①301,316
しのまき【篠巻】 15③342,343
じばもちめ【地場持目】 29④274
しぶがきをととのえるほう【渋柿を調る法】 13①146
しぶのとりよう【渋のとりやう】 14①204
しぶのぬけること【渋の抜事】 38③188
しぶをぬく【渋を抜】 38③188
じぶんせい【自分製】 18②271
しぼり【しぼり、搾り】 50①40,67/64①82
しぼりあぐる【しぼり揚る】 50①85
しぼりあげ【しぼり揚】 50①83
しぼりかた【しぼり方、絞り方、榨り方】→A、M 45③175,176/50①42,113,②169
しぼりとる【絞リ取ル、搾採、搾採ル】→A 69②309,341,346,350
しぼりほす【しぼり干】 67⑤231
しぼりよう【絞り様、搾り様】 50①73,②208
しぼる【しほる、しぼる、絞る、搾る、窄る、醧】→A 3①47/24③335,349/38③188/40④303,318,331/45③133/48①393/49①197,198,204/50①36,37,42,45,54,55,58,59,60,61,69,73,82,83,88,112,②168,169,181,201,208,209,210,③255/52②106/69①78,89
しまあがり【嶋上り】 43②123
しまい【仕廻、仕舞】→A、W 24③346/51②193
しまいそえ【仕まいそへ、仕廻そへ】 41②140,141
じまき【地巻】 48①77
しまだて【島立】 53②115,131
しまもめんのおりはた【縞木綿之織機】 29③236
しみらかす【しミらかす】 67⑤231
しめりちゃいろそめよう【湿茶色染様】 48①74
しめる【しめる】→A 48①143/50①112/52④181
じゅうにくすいのせいほう【獣肉水ノ製法】 69②296
じゅうにひき【十二引】 47②101
しゅうるしあわせよう【朱漆合様】 48①173
しゅうるしくろめよう【朱漆黒メ様】 53③165
しゅぬりうるしあわせよう【朱塗漆合せ様】 53③165
しゅぬりにしゅよけいいれぬつけよう【朱塗ニ朱余計不入付様】 53③180
しゅんけいぬり【春慶塗】 53②138
しゅんけいぬりよう【しゆんけい塗様】 48①178
じょうおもてをうつ【上面をうつ】 13①69
しょうがつづかい【正月づかひ】 23⑤285
しょうがつもちつき【正月餅つき】→O 28②273
じょうげぶりかえす【上下ふり帰す】 34⑥160
じょうざいく【上細工】 17①332
じょうしゅ【醸酒】 70⑤321,333,341
じょうだいそめよう【上代染様】 48①84
じょうちゃせいほう【上茶製法】 3①53
じょうちゃをこしらゆるほう【上茶をこしらゆる法】 13①83
しょうちゅうとりよう【焼酒取様】 11②123/51①111
しょうちゅうをとるほう【焼酎を取法】 70③230
しょうのうせいぞうのほう【樟脳製造ノ法】 53⑥396
しょうへいぞめ【正平染】 48①7,88
しょうぼし【生干】 50③245
しょうめんずり【正面摺、正面搨】 48①156,159
しょうゆかた【醤油方】 24③334
しょうゆこうじこしらえ【醤油糀拵】 44①35
しょうゆしこみ【しようゆしこミ、醤油仕込】 9①133/31⑤279,283
しょうゆせんじ【醤油せんし】 42③178
しょうゆつくり【醤油作り】

42⑥436
しょうゆつくりよう【せうゆつくりよふ】 9①**136**
しょうゆねかし【醤油ねかし】 42⑥393
しょうゆひいれ【醤油火入】 42⑥446
じょうろ【蒸露】 70⑤334
しょくかしぐわざ【食かしくわさ】 25①14
しょくにたく【食にたく】 17①319
しょくもつをこしらう【食物を拵ふ】 25①18
しょくよう【食用】→N 70⑤**331**
しょくようほう【食用法】 70③**239**
しょどしぼり【初度搾り】 50①61
しらいとのさらしかた【白糸の曝方】 53②113
しらげかしぐ【しらけかしく】 25①61
しらばいあくこしらえよう【白灰アク製様】 48①59
しらぼし【しらほし】→A 25①115
しるにてせんじる【汁にて煎じる】 17①322
しろくろさとうせいほう【白黒さたう製法】 15②302
しろざとうしよう【白砂糖仕やう】 61⑧214
しろざとうせいほう【白砂糖製法】 50②**194**
しろざとうたきおきかた【白砂糖焚置方】 61⑧**234**
しろざとうにつける【白砂糖に漬る】 14①180
しろせい【白製】 50②187,197
しろぬりしよう【白塗仕様】 53③**170**
しろぼしあわびしたてかた【白干鮑仕立方】 50④307
しろみそつくり【白味ソ作り】 42⑥445
しろめのほう【白目の方】 49①135
じんき【ぢんき(打綿)】 15③343
じんきまき【じんきまき、じんき巻、じんき蒔】 43②122,128,132,143,205,209
しんこ【真粉】→I、N 15③405
しんこくり【真粉操】 15③408
しんこにする【しんこにする】 49①27
しんしゅぐち【新酒口】 51①55,105,120,121,133,142,143,145,157,167
しんしゅづくり【新酒造り】 51①37,105
しんすい【浸水】→A 49①75
じんだあこしらえよう【じんだア調よふ】 9①**138**
しんちゅうろうのほう【真鍮蠟の方】 49①135
じんりきしぼり【人力搾り】 50①59

【す】

すいしゃしぼり【水車しぼり、水車搾り】 50①**58**
すいひ【水干、水飛】→A 18①113,115,120,131/48①370,371,373,376/49①10,11,15,27,**46**,52,89,90/50③263,282
すえる【居る】 24③338
すえをつみてよきちゃをせいするほう【末を摘てよき茶を製する方】 14①**317**
すおうぞめ【蘇方染、椻枋染】 48①33,38
すきかくる【すきかくる】 53①43
すきこむ【すきこむ】 53①29
すきだす【漉出ス】 56①69
すきたて【漉立】 53①9
すきなおし【すき直し】 9①101
すく【漉】 48①113/53①40
すぐあげ【直揚】 53⑤351
すぐあげのほう【直揚の方】 53⑤**351**
すくいあげる【漉ひ揚る】 3①60
すげがさぬい【菅笠縫】 5④311,312,313,314
すけづち【助槌】 50①73
すごきすつる【すごき捨る】 53①26
すごし【簀漉】 48①371
すずざいく【スヽ細工、錫細工】 49①160
すすたけちゃそめよう【煤竹茶染様】 48①70
すすぬぐい【煤拭】 49①12
すずはくをうちよう【錫箔を打様】 49①**159**
すたむ【すたム、すたむ】 50③256,265,268
すためきる【すためきる】 50③262
すためとる【すため取】 50③268
すなこし【砂漉】 51①**177**
すなづけ【砂漬】 33⑥349
すなをむすぶ【砂を結ふ】 50②198
すにつくる【酢につくる】 17①316,317
すにひたす【醋に浸す】 12①305
すのさじかげん【醋のさし加減】 13①50
すのほう【酢之方】 24③**337**
すましのりこしらえよう【スマシ糊拵様】 48①65
すみかたしめよう【スミ模〆様】 49①81
すみせいほう【墨製方】 49①**75**
すみぞめ【墨染】 48①28
すみだわらづくり【炭俵作】 53④233
すみにやきいだす【炭に焼出す】 14①53
すみやき【炭やき】→L、M 27①300
すみやきかた【炭焼方】 53④214
すみやく【炭焼】 36③275/56①62
すみをやく【炭を焼】 24①25
すやき【素焼】 48①369,370,374,380/49①190,191
すりうるし【摺漆】 53③171,172,173,176,178,181,182
すりつける【すり付】→A 49①120
すりつぶす【すりつぶす】 17①322
する【する】 49①82,91,133/53③165
すをつくる【すヲ作る】 9①138

【せ】

せいか【成化】 49①125
せいし【製糸】 53⑤294,355,367
せいしかた【製し方】 14①242/21①74
せいししまい【製し仕廻】 50②194
せいしつうるしあわせよう【青しつ、漆合セ様】 53③174
せいしつぬり【青漆ぬり】 48①174,175
せいしつぬりよう【青しつ塗様】 53③**174**
せいしのじゅつ【製糸の術】 53⑤290
せいしのほうほう【製糸の方法】 53⑤292,370
せいしゅになおし【清酒煮直し】 51①**172**
せいしゅひやなおし【清酒冷直シ、清酒冷直し】 51①169,**174**
せいしゅもと【清酒元】 51①132
せいしよう【製し様】→A 14①182,364/48①253
せいぞうかた【製造かた】 47④227
せいぞうほう【製造方】→A 47④217
せいたいいろそめよう【青黛色染様】 48①30
せいたいねずみいろそめよう【青黛鼠色染様】 48①44
せいふん【製粉】 70⑤**332**,341
せいほう【製方、製法】→A 10②363/14①**168**,**191**,322,323/15②302/25①117/50①35/53⑤290
せいほうかた【製法方】→A 50②169
せいようほう【西洋法】 53⑤349
せいれんじゅつ【製煉術】 69②371
せがわぞめ【瀬川染】 48①40
せきそうさきよう【席草裂やう】 14①**125**
せちかち【せちがち、節かち】 27①207
せちづき【節舂】 35②343
せちびき【せちびき】 27①286
せっかいをせいするほう【石灰ヲ製スル法】 69②**376**
ぜにあわ【銭泡】 50②188,192
ぜにこま【銭こま】 53②103
せりがけ【競掛】 51①49
せんぎり【繊截】 38③195
せんざいちゃいろそめよう【センサイ茶色染様】 48①72
せんじ【せんし】 53③164,170,171,178
せんじだす【煎シ出ス】 69②309
せんじちゃ【煎じ茶】 13①87
せんじつめる【せんし詰る、煎じ詰る】 53③166,180/69①52
せんじもちいる【せんし用る】 17①304
せんじよう【せんしやう、煎じ様】 13①50/61⑧227
せんじる【せんじる、煎じる】 13①63
せんずる【煎する】 48①218
せんちゃにせいす【煎茶に製す】

14①312
せんぽう【煎法】 33⑥394

【そ】

そうじ【掃除】→A、N 51①163
そうしあげ【惣仕揚】 50①40
そうしかた【繰糸方】 53⑤311
ぞうすいのくちあけ【雑炊の口明】 30①119
そえ【そへ、添】→N 24③346/51①49, 50, 60, 61, 63, 64, 70, 73, 75, 76, 78, 83, 84, 86, 91, 94, 95, 102, 103, 106, 107, 108, 109, 118, 119, 121, 135, 136, 137, 138, 144, ②182, 183, 189
そえかけ【そへかけ、添掛】 41②141/51①58, 117, ②189, 201
そえかける【添掛る、添懸ル】 51①49, 119, ②188
そえしこみ【添仕込】 51①59
そえのほう【添の法】 33⑥393
そぎかた【枌方】 53④241
そぎへぎ【そきへぎ、そぎ片き】 42⑥375
そぎをへぐ【枌ヲ片グ】 32②323
そせんじるほう【蘇センじる法】 53③164
そとどり【外取】 51①111, 112
そとにしみらかす【外に凍かす】 27①215
そばがき【そバかき】→N 17①320
そばきり【そバきり】→N 17①320
そばもち【そバもち】→N 17①320
そめ【染】→L 42⑥400/48①17
そめあがり【染上り】 48①14
そめかた【染方】 14①330, 333/48①12, 51
そめぎぬほしよう【染絹干やう】 48①13
そめつけ【染付】 13①41, 44, 48/14①247/21①74
そめもの【染物】→N 40②58, 151/48①23, 25, 29, 41, 44, 53, 55, 59, 64, 81, 88/62⑤119
そめよう【染やう、染様】 13①49/48①9, 11, 14, 25, 26, 27, 28, 29, 53, 55, 58, 87, 91, 212
そめる【染、染ル、染る】 48①10, 29, 46, 52, 69, 77/49①90, 91, 198/69①63
そらいろそめよう【空色染様】 48①29
そろばんのつぶこしらえよう【算盤の粒拵様】 48①120

【た】

だいいちばんうす【第壱ばん臼】 27①222
たいか【大火】→Q 53④216
たいこだるぶんまわし【たいこ樽分まわし】 48①163
だいこんづけ【大根づけ】→N 9①124
だいこんつけかた【大根漬方】 24③342
だいこんつけよう【大こんつけよふ】 9①139
だいこんつり【大こんつり】 43②195
だいにちしたじ【大日下地】 53③181
たいはくさとうしよう【大白砂糖仕やう】 61⑧222
たいへいずみやきしかた【大平墨焼仕方】 49①41
たいようにさらす【大陽にさらす】 53⑤330, 331
たがかけ【たがかけ】 42⑥388
たかわき【高わき】→X 61⑧223, 229
たきあげる【焚揚る】 50②195
たきつめる【焚つめる、焚詰ル】 30⑤404/69①127
たきなおす【焚直す】 50②210
たきびのうえにつる【焼火の上につる】 13①131
たくあんづけ【たくあんづけ】→N 23⑤284
たくわいかた【貯ひ方】 21②123
たくわえおく【貯おく】→A 50③263
たくわえかた【貯方】→A 21③153
たくわえよう【貯へやう、貯へ様】→A 7②299/22①62
たけざいく【竹細工】→M 5④338/10②358/42③198/43①47, 49/48①388
だしかた【出シ方】 53④227
たたきくだく【たゝきくだく、たゝき砕く】 13①42/14①214
たたきつちのしよう【三和土の仕様】 48①382
たたきよう【たゝき様】 53③172
たたく【たゝく、叩く、扣く、擲く】→A 48①104, 105, 113/53①35, 37
たたみにうつ【畳にうつ】 13①69, 71
たたむ【畳む】 53②132
たちくり【立くり】 15③405
たちわたくり【立綿操】 15③405, 408
たていとのしほう【竪糸の仕法】 53②120
たてごみ【立ごみ】 27①261
たてせいしよう【楯製し様】 48①373
たてびき【タテビキ】 24①99
たてむすび【竪結び】→L 14①332
たなおろし【たなおろし】→L 21⑤229
たなにつみたて【棚に積立】 24①25
たにしたき【たにしたき】 43②155
たねのほうじよう【種のほうじやう】 28②220
たべものこしらえ【食物拵】 22③173
たまうち【塊打】 50①40
たまごいろそめよう【玉子色染様】 48①82
たまごぞめ【玉子染】 48①43
たまずみすりよう【玉墨擂様】 48①60
たまでき【玉出来】 30④356
たまにとる【玉ニ取】 24③333
たまみそのほう【未醤の法】 18①159
たまむしぞめ【玉虫染】 48①75
たまりかた【たまり方】 24③335
たまりつけやき【溜付焼キ】 24①26
ためぬりしよう【ため塗仕様】 53③171
たもちかた【保かた】 47④230
たらす【垂ス】 53⑥397
たる【たる、垂、垂る】 50①54, 81, 82, ②201, 204
たるづめ【樽詰】 51①156, 164
たるぬき【樽ぬき、樽抜】 14①215/38③188
たるぶんまわし【たるぶんまわし】 48①164
たるる【垂る】 50①50
たれこむ【垂込む】 50①60
たわらづくり【俵作】 53④218, 222, 227
だんごごしらえ【団子拵】 42③151
たんざくにきる【短冊に切】 41②115
だんじょえんむすびのもちやき【男女縁結びの餅焼】 25③265
たんばのでん【丹波伝】 13①60

【ち】

ちぢみおりのしわざ【縮織の仕業】 53②97
ちどりがけ【ちとりかけ】 36③317
ちゃあぶり【茶あふり】 10①118
ちゃいんでんそめよう【茶いんでん染様】 48①78
ちゃげんだんそめよう【茶げんだん染様】 48①77
ちゃせいぞう【茶製造】 47④214
ちゃぞめ【茶染】→N 48①36
ちゃたくわえよう【茶貯様】 47④227
ちゃのこしらえ【茶ノ拵ラへ】 32②313
ちゃのこととのえ【茶之子調】 34⑦255
ちゃのせいほう【茶の製方】 10②362
ちゃのはむしよう【茶の葉蒸やう】 47④214
ちゃんぬり【ちやんぬり】 10②336
ちゅうがた【中形】 48①84
ちゅうじお【中塩】 52①54, 58
ちょうごう【調合】→A 40②150/48①66, 175/49①27, 60, 77, 129/50③263/51①122/52⑥253, 254/62⑧270/68③318
ちょうじちゃそめよう【丁子茶染様】 48①70
ちらしぬり【ちらしぬり】 53③169
ちりめんしょく【縮緬織】 35②315
ちんさらし【賃晒】 24①50
ちんていせんごうほう【沈底煎熬法】 69②268
ちんていほう【沈底法】 69②266

【つ】

つかいよう【遣用】→N 41②120
つきあわす【つき合、搗合】 18①159/49①20
つぎあわす【接合】→A 49①9,154
つきかえす【搗返す】→X 41②139
つきくだきふるう【搗砕羅】 18①159
つきくだく【つき砕く、搗くたく】→A 3①58/18①120
つきこす【突簁】 51①51
つきこなし【つきこなし】→N 17①328
つきこみおく【搗込置】 41②139
つきこむ【搗こむ】 41②137
つきただらかす【搗たゝらかす、搗爛】 11②122/18①115
つきつぶす【搗つふす、搗づふす】 36③182
つきていとにする【つきて糸にする】 17①332
つきはぐ【搗はぐ】 41②81
つきひき【搗挽】 41②40
つきひしぐ【つきひしく】 17①322
つきふるう【搗羅】 18①154
つきむぎ【つき麦、搗麦】→N 38③198/42③164
つきむぎほし【搗麦干】 42⑥435
つきもの【つきもの】 42③166
つぎもの【接物】 48①178
つぎものうるしあわせよう【つき物漆合せ様】 53③169
つぎものしたじ【接物下地】 48①175
つぎものしよう【継物仕様】 53③169
つきよう【搗やう】 3①43
つきわる【つきわる】 17①320
つく【つく、杵、搗く】→うすづく、はたく 18①158/37②75,87/48①255
つぐ【接、接く】 49①9,129
つけ【漬】 2①59
つけあわす【付合す】 49①116
つけおく【漬置】→A 13①147/28④357
つけおし【漬押】 52①44
つけこう【付香】 49①137
つけざんしょう【漬ざんせう】 13①180
つけだいこん【漬大根】 25②207
つけな【つけな、漬菜】→E、N 9①124/25②208
つけなつけよう【つけなつけよふ】 9①139
つけほう【漬法】 33⑥373
つけもの【漬物】→N 12①259
つけものかた【漬物方】 24③341
つけよう【漬やう】 3④333
つける【漬】 2①54
つちびなつくりよう【土雛作様】 48①379
つちをあらう【土をあらふ】 14①197
つづきおり【続織】 14①329,330
つつみおく【苞置】→A 38③122
つづり【つゝり】 30③248
つづりさし【つゝりさし】 25①18
つづれのにしきおりよう【綴れの錦織様】 49①225
つぼへつめる【壺へ詰る】 41②143
つぼむ【つぼむ、蓓む】 24③346/51①72,91,106
つぼむる【蓓、蓓むる】 51①47,82,108,129,130,132,134,135,141
つぼめ【蓓め】 51①73,119
つぼめどき【蓓め時】 51①64
つぼめよう【蓓め様、蓓様】 51①72,82,102,107,109
つぼめる【つほめる、蓓める】 51①66,67,②204
つまみひねる【つまみひねる】 56①184
つみ【つミ】 47①31
つむぎうみ【紡績】 27①15
つめざけしなん【詰酒指南】 51②209
つめる【詰る】 51①49,159
つやうち【光沢うち】 48①75,78,82,83
つやだし【光沢出】 48①65,67
つりおく【釣置】→A 3④323
つりがき【ツリカキ、つりかき、ツリ柿、つり柿】→ほしがき 13①147/18①76/56①78
つりだいこん【釣大根】→ほしだいこん→N 41②102
つるかけなおし【鉉かけ直シ】 27①319
つるしがき【つるし柿】→ほしがき→F、N 7②355
つるしほす【釣し干】 50④300
つるす【つるす】→A 53②120
つるをとりておる【蔓をとりて織】 14①242

【て】

ていれ【手入】→A、C、N 51②197
ており【手織】 35②401/47②77,130
てがえし【手返し】→A 45①44/51①43,50,151
てかせにかけるず【手綛に掛る図】→Z 53②139
てからみ【手からミ】 17①333
てきすいする【滴垂スル】 53⑥397
できよしあしをしる【出来善悪を知る】 51①149
てぐりのせい【手繰の製】 53⑤293
てさばき【手サバキ、手さばき】→A 47④217,221
てせいぞめ【手製染】 38④273
てついこみ【鉄鋳込、鉄鋳込ミ】 65④319,320
てついろがえしそめよう【鉄色返し染様】 48①79
てづくり【手作り、手造り】→L 14①224/36③312
てつなんどちゃいろそめよう【鉄納戸茶色染様】 48①71
てっぽうせいぞう【鉄炮製造】 49①150
てどり【手繰】 53⑤305,306,339,340,341,344,349,359
てどりほう【手繰方】→Z 53⑤304,340
てどりほうほう【手繰方法】 53⑤341
てにてもむ【手にてもム、手にて揉ム】 50②208,③262
てひき【手挽】 24①83
てびきかん【手引かん、手引間】→X 51①113,160,162,172,176
てぼいたす【手ぼ致】 43②178
てぼし【手干】 45①49
てりかきいろそめよう【熟柿色染様】 48①35
てわざ【手わざ】→A 47①9
てんじょうかけ【天井掛】 53④216,225,230

【と】

とうきり【とう切】 10③391
とうげぬりしよう【とうけ塗仕様】 53③169
とうざづけ【当座漬】→N 41②93/52①50
とうじつつけ【当日漬け】 51①50
とうすをたてる【とふすをたてる】 9①96
とうせい【擣精】 2②163
とうせいちゃいろそめよう【当世茶色染様】 48①69
とうせんさくじ【唐船作事】 57②168
どうたれ【とうたれ】 52⑦311
とうちゃのせい【唐茶の製】 14①318
とうなつけよう【唐菜漬様】 33⑥370
どうのけはりがねせいしよう【銅の毛はりがね製し様】 49①162
とうのつちえらみよう【胡粉撰様】 49①90
とうふ【豆腐】→N、Z 52②82
とうゆしぼりよう【灯油搾り様】 49①204
とおす【通す】→A、Z 50①55
とかす【とかす】 53③181
ときとばし【時飛】 51①50
とぎみがき【研磨】 48①177
とぐ【とぐ、研】 16①175/53③165
とくさいろそめよう【木賊色染様】 48①73
とこかえし【床返シ】 30④355
とこへいれよう【床へ入様】 4①102
ところをせんじる【ところを煎じる】 14①178,179
どさやき【ドサ焼】 53④227
とちもちこしらえ【栩餅拵】 56①123
ととのえる【調へる】 53②110
とばす【飛】 51①49
とばせよう【飛せ様】 51①107,137
とびねずみいろそめよう【とび鼠色染様】 48①82
とびわき【飛ひわき、飛びわき】 61⑧227,229

とまあみ【苫あみ】→A 5④337
とみず【斗水】 51①49,94,96,97,107,108,114,115,137,140,149,150,157,②193,196,203,204,205,206
とめ【止、止メ、留、留め】 48①34,46,90/51①64,78,86,94,95,119,138,149
とめる【留る】→A 48①20,23,69
どようあらい【土用洗ひ】 51①36
どようぼし【土用干】→A 17①321
とりあげ【取揚】 47④221
とりあわす【とり合す】 41⑦341
とりいと【繰糸】 53⑤304,350,356,358
とりいとこしらえかた【繰糸製方】 53⑤356
とりいとのほう【繰糸の方】 53⑤339
とりいとほう【繰糸法】 53⑤349
とりかえし【繰返し】 53⑤357
とりゆのじょうど【繰湯の常度】 53⑤298
とりゆのほう【繰湯の方】 53⑤338
とる【繰】 53⑤334
どろうすつくりよう【泥磨作り様】 48①293
どんすがえしそめよう【どんす返シ染様】 48①78

【な】

なおし【直し】→N 52⑥254
なおしおく【直し置】 50②204
なおしかた【直し方】 40②157
なおしせいしよう【直シ製仕様】 51①168
なおしたく【直し焚く】 50②194
なおしよう【直し様】 51①175
なおす【直す】 51①167,174,177
なか【中】 24③346/51①78,86,94,144
ながいけ【長いけ】 49①200
なかいり【中いり】 50①85
なかうち【中打】 50①82
なかくみ【酤】 51①51,152
ながししごと【流仕事】 27①319
なかぞえ【中添】 51②189
なかみずをうつ【中水を打】 50③273
ながれがわにさらす【流川にさらす】 14①180
なかわけ【中分、中分け】 51①49,50,75,76,84,91,92,95,106,107,109,137,145,146,149
なすびつけよう【なすひつけよふ】 9①140
なだすいしゃしぼり【灘水車しぼり】 50①69
なだめ【灘目】 50①69
なづけ【菜つけ、菜漬】→N 24③342/42③190
なつけかた【菜漬方】 24③342
なつざけもたせよう【夏酒持様】 51①163
なっとうかた【納豆方】 24③336
なっとうごえのせいほう【納豆肥ノ製法】→I 69②324
なっとうにる【納豆煮る】 25③286
なっとうねせ【納豆ねせ】 22③176
なでびき【撫搽】 48①74
なべすみとり【なべすみ取】 27①321
なべたき【鍋焚】 10②381
なべなおし【鍋直し】 43①49
なべにいれかきまわす【鍋に入かき廻す】 14①314
なべにいれる【鍋に入る】 13①88
なまおかだごめりこくせい【生糙利国製】 18④398
なまおかだごめをりこくせいのどうぐにておろすず【生岡田糙を利国製の器械にて卸す図】→Z 18④403
なまかべちゃいろそめよう【生壁茶色染様】 48①75
なまこひき【生粉挽】 41②80
なまぼし【生干】→E 3④295/38③165/50④300,308/56①82/69①36
なままゆにもどすほう【生繭に戻す方】 53⑤333
なまりやまのこしらえよう【鉛山之製様】 49①143
ならづけ【ならずけ】→N 9①141
ならづけをつける【なら漬ヲ漬る】 42⑥432
ならりゅう【奈良流】 51①101,102,103,104,105,136
ならろくしょうせいほう【奈良録青製方】 49①48
なれかげんみよう【なれ加減見様】 51①57
なわにてあみほす【縄にてあミ干】 13①148
なわにはさむ【縄ニ挟ム】 33④214
なわをなう【縄をなふ】→A 14①31
なんきんそめよう【南京染様】 48①42
なんきんのりのほう【南京糊の方】 48①42
なんどちゃそめよう【なんど茶染様】 48①36
なんどほう【納戸方】 24③333
なんばんのここしらえよう【番椒の粉製様】 49①218

【に】

にあぐ【煮あぐ】 14①173
におり【煮泥】 51①97
にかげん【煮かけん】 61⑧227
にかたつ【煮香立】 51①51
にがみさる【苦味去】 14①173
にくろめどうのほう【煮黒メ銅ノ方】 49①127
にくろめのほう【煮黒めの方】 49①135
にごき【煮こき、煮扱】 3①41/30③285
にこむ【煮込】 51①51,159
にごりざけつくる【濁り酒造る】 41②140
にじってより【廿手より】 24③316
にせべにのほう【偽紅の方】 48①20
にせむらさきそめよう【贋紫染様】 48①46
にたき【煮焼】 27①336
にたて【煮たて】 53⑤335
につける【煮付る】 69①110
につむる【煮つむる】 3①47
につめ【煮詰】 3①62
にてほす【煮て干】 50④302
にどたき【二度焚、弐度焼】 61⑧226,234
にどに【二度煮】 61⑧224
にねり【煮煉】 49①188
にばん【二番、弐番】→A、E、I、L、N、R 50①54,82,85/51②189
にばんあらい【二番洗】 49①26
にばんうす【弐ばん臼】 27①222
にばんえぶり【弐番朳】 51②198
にばんおり【二番泥、弐番泥】→X 51①87,154,155,163,166
にばんかい【弐番かひ、弐番櫂】 51①61,68,77,②204
にばんがけ【二番掛、弐番掛、弐番掛け】 51①103,119
にばんかけどめ【弐番掛留、弐番掛留め】 51①59,68,118
にばんこしき【二はん甑】 27①221
にばんしぼり【二番搾】 49①205
にばんぞえ【弐番添】 51②189,190,191,192,193,195,199,201,203,205,206,207
にばんたき【弐番焚】 61⑧234
にばんつき【二番搗】 24③349
にばんとり【二番取】→A 24③336
にばんなおし【弐番直し】 51①151,②209
にばんに【二番煮】 49①198
にばんひ【二番火、弐番火】 51①157,159,161,162
にばんひいれ【弐番火入】 51①154
にばんふき【弐番吹】 61⑨339
にばんみず【弐番水】→A、Q 30④355
にばんもみ【二番揉】→A 5①163,164
にぶかし【煮ふかし】 67⑤235
にまいがた【二枚形】 48①42
にまえあわのみよう【煮前泡の見様】 51①64
にもと【煮元】 51①64,78
にもとつくりかた【煮元造方】 24③348
によう【煮様】 36③179/48①104,112/51①64
にる【煮】→A 2①19/53①31
にろくしょうのほう【煮緑青ノ方】 49①121
にんじんほうせい【人参法製】 45⑦408

【ぬ】

ぬい【繡】 35①223
ぬいくるむ【ぬいくるム】 16①219
ぬいばりのわざ【縫針の技】 62④85
ぬいもの【ぬゐもの、縫物】 25①28/63⑦397
ぬかづけ【糠漬】→N 33⑥373

ぬかみそのほう【米粃味噌の法】 18①157
ぬきそのしほう【貫苧の仕法】 53②113
ぬきとり【抜取】→A 61⑨325
ぬくめ【ぬくめ、温め】 51①47,67,72,73,91,106,108,132,133,134,135,136,141,②189
ぬくめいれ【温め入】 51①70,129
ぬくめいれよう【温め入様】 51①73,82,102,107,130
ぬくめひきかげん【温め引加減】 51①82
ぬのさらし【布さらし】 5④311,314,316
ぬのさらす【布さらす】 48①15/53②98
ぬのそめよう【布染やう】 48①16
ぬのはた【布機】 24①28,50
ぬりあわす【ぬり合す】 41⑦328
ぬりすり【糊擂】 27①289
ぬりものかたじしよう【塗物堅地仕様】 48①176
ぬりものしたじ【塗物下地】 49①45
ぬる【ぬる、塗】→A 53③173,178,179,181,182

【ね】

ねかしほう【ねかし法】 3①62
ねかせこむ【寝せ込ム】 33④214
ねかせほし【寝せ干シ】 33④214
ねさしおく【ねさし置】 40④303
ねさす【ねさす、寝さす】→A 17①219/41②138,139,140
ねさせる【寝させる、罨せる】 41②138/48①114,195/50③273
ねずみいろそめよう【鼠いろ染様、鼠色染様】 48①43,82
ねずみこもんそめよう【鼠小紋染様】 48①41
ねずみのしたぞめ【鼠の下染】 48①60
ねせおく【寝せ置】 33⑥393
ねせる【ねせる、寝せる、寝る】→A 20①150/24③335,336,339/45①36,44/61②92
ねばつちにてぬる【ねハ土にてぬる】 17①327
ねり【練】 47④225
ねりあげ【煉上ケ、煉揚】 50②188,189,192,198,214
ねりあげる【煉揚げる】 50②209
ねりひき【練り引】 49①24
ねりみょうばんしよう【煉明礬仕様】 48①64
ねりもの【ねりもの、ねり物】 42③184/67④179
ねをつける【根を漬】 33⑥365
ねをほりてんかふんにせいする【根を掘天花粉に製する】 14①196

【の】

のきしたにつるしほす【軒下に釣し干】 38③188
のぐるみぞめ【ノグルミ染】 48①90
のす【のす】→A 13①64
のぞきそめよう【ノゾキ染様】 48①28
のばす【延す】 51①49,60/53②120
のりいれ【糊入】 14①331
のりせいよう【糊製様】 48①92

【は】

はあいねさせよう【葉藍寝させ用】 30④355
はいかげん【灰加減】 34⑥160
はいふき【灰吹】→N 49①137,138,145
はえり【羽ゑり】 13①85
はかりめ【秤目】 2②163
はぎ【剝き】 30③285
はぎそろえる【はぎ揃へる】 13①99
はぎとる【はぎとる】→A 36③243
はぎほし【剝干】 14①147
はく【掃】 27①312,324
はぐ【剝】 20①189,213
はくまい【白米】→B、E、N 51①39
はぐろかねこしらえ【鉄漿拵様】 48①23
はけあらい【刷毛洗ひ】 48①65
ばけねずみいろそめよう【化鼠色染様】 48①44
はこざいく【箱細工】 48①388
はこにいれおく【箱ニ入置】 56①185
はこにいれたくわう【箱に入貯ふ】 14①300
はさむ【ハサム】→A 56①78
はしけずる【箸削る】 27①245
はしのこしらいつくりよう【箸の拵ひ製様】 48①139
はしゃぎ【はしやぎ】 47④217
はすりのおおなべにている【羽すりの大鍋にて煎】 14①314
はぜる【葩煎】→E 51①43
はた【機】→B、C 35②415
はたいとくり【はた糸繰】 42③179
はたおり【はたおり、機織、幡織、紝織】→B、M、Z 3①8/25①18,28/42③151,152,155,170,⑥419,421,445,446/43①18/62⑧246/63⑦365,367
はたおる【機をる】 35①211
はたく【ハタク、はたく】→つく→A 17①319/27①216/48①370
はたご【はたこ】→B 36③170
はたごしらえ【はた拵へ】 42⑥419
はただて【機立】 53②107
はたつづり【機綴り】 6①149
はたまき【はたまき、はた巻】 42⑥419,443
はたもの【機物】→N 35①222
はたをおる【機を織、機を織る】 14①31/25③274
はたをへる【はたをへる】 42⑥373
はつえぶり【初杁】→かいいれ 51②197
はつがい【初櫂】→かいいれ 51①49,75,76
はつがいいれ【初櫂入】→かいいれ 51①59
はつかき【初かき】 51②198,204
はつぞえ【初添】→ういぞえ 51②189,190,191,193,199,201,203,205,206,207
はったいひき【はつたい引】 43②147
はつりとる【はつり取】 49①45
はつる【はつる】→A 49①44
はつわかし【初わかし】 61⑧223,224,227
はとねずみいろそめよう【鳩鼠色染様】 48①44
はながたのぞきしよう【花形ノゾキ仕様】 48①171
はなける【はなける】 17①186
はなじおのせいほう【花塩の製方】 49①189
はなつく【花付】 51①43
はなふりなおしよう【花降直し様】 51①148
ばにょうのえんしょうをとるほう【馬溺ノ焔消ヲ採ル法】 69②271
はものうつ【刃物うつ】 16①189
はやさらし【早晒】 50①88
はやだしのほう【早出の方】 48①50,51
はやだち【早立】 51①46,64,71,132,141
はやだちする【早立する】 51①21,72,129
はやもとしよう【早元仕様】 51①131
はやをうつ【はやを打】 42③152
はりよう【張様】 48①12/49①223/51①153
はるすき【春漉】→かみすき 53①44
はるつくり【春造り】 51①90,94,95,96,105,108,110,120,121,129,138,140,141,142,143,144,148,149,153,156,157,165
はをせんじる【葉をせんじる】 15①94
はをのしあぐる【葉をのし上る】 13①64
はをひねりちぢむる【葉をひねりちゞむる】 29①83
はんからし【半枯し】 51①48,70,73,74,75,129
はんしすきたて【半紙漉立】→かみすき 29④286
はんしろに【半白煮】 3④372
はんまいつき【飯米つき、飯米搗】 27①204/38④275/42④269
はんもと【半元】 51①47,71,102
ばんりきしゃほうじてん【万力車法自転】 53⑤298

【ひ】

びいどろきりよう【火剤切様】 48①323
ひいれ【火入、火入れ】→A、N 42⑥416/51①40, 51, 52, 155, 157, 159, 161, 162/53④216, 226
ひいれくちはりよう【火入口張様】 51①154
ひいれなおし【火入直シ】 51①169
ひいれよう【火入様】 51①159
ひえむし【稗むし】 42⑥398, 431, 436, 438, 445
ひがえりかま【日帰り竈】 53④233
ひかげん【火加減】 50②193, 204, 209
ひがさなおし【日傘直し】 43①49
ひきこ【挽粉】→B、N 7②289
ひきこなす【ひきこなす】 17①330
ひきそめる【搽染る】 48①62
ひきだし【引出】→B、N 53④217
ひきだす【引出す】→A、J 53⑤345
ひきとる【升簖】 69②349
ひきよう【挽様】 49①24
ひきわり【ひきわり】→A、N 9①137/67④179
ひきわる【引わる、引割、挽わる、挽割】→A 17①319/36②116/41②106, 138, 139, 140/42③166/68①59
ひく【引、搽、搽ク、搽く】 48①12, 24, 26, 30, 31, 34, 35, 36, 37, 38, 39, 40, 41, 43, 44, 45, 46, 53, 54, 56, 60, 61, 66, 69, 71, 72, 73, 74, 75, 76, 77, 78, 79, 80, 81, 82, 83, 88, 90, 92, 157, 158, 176, 178, 179, 212, 213, 380/49①45, 49, 77, 116, 125, 131, 132, 133, 177/53③181
ひく【引(皮をはぐ)、挽(皮をはぐ)】 20①213/61②95
ひく【挽挽(石臼をひく)、挽(石臼をひく)、磑(石臼をひく)】→A 42⑤315/49①14, 16, 17, 22, 24, 27, 32, 33, 46, 47, 50, 51, 52, 190, 204, 218/62⑤120
ひく【挽(絹糸をひく)】 47②106, 149
ひげをむしりとる【髭をむしりとる】 14①169
ひざんしょう【干山椒】→N 13①180
ひしおのほう【ひしほの法】 24③339
ひたきよう【火焼やう】 49①29
ひだみそのほう【飛騨味噌の法】 18①159
ひつぶんまわし【櫃分まわし】 48①162
ひとえものぬいなおし【単物ぬひ直し】 42③152
ひとくちどり【一口繰】 53⑤359
ひとしおおし【一塩押】 52①53
ひとしまい【一仕舞】 51②207
ひとすじだて【一筋立】 53②114
ひとつならべ【一ツ並】 53⑤333
ひとはいれ【一葉入】 48①110
ひとはふるい【一葉振ひ】 48①112
ひとはやき【ひとはやき】 16①191
ひとりぐり【一人繰】 53⑤294
ひなたぼし【日向干】 48①11
ひなわこしらえよう【火縄拵様】 48①127
ひにかけたるまゆ【火に掛たるまゆ】 47①34
ひにかわかす【日にかわかす】 56①184
ひにてふすべかわかす【火にて烘べ乾す】 13①147/18①75
ひにほす【日にほす、日ニ乾、日に乾、日に干、日に晞す】→A 3①44, 61, 62/12①311/13①46/14①180, 187, 193, 214/17①321/24③340/35②360
ひねりあわす【ひねり合わす】 53⑤312
ひねる【捻る】→A 51①40
ひのかげん【火の加減】 50②198
ひまえ【火前】 51①156, 157, 158, 159
ひまえじせつをしる【火前時節を知る】 51①157
ひもくり【紐くり】 43②132
ひものりつけ【紐のり付】 43②132
ひやかし【ひやかし】 40②158
ひゃくづけ【百づけ】 9①140
ひやしづくり【冷し造り】 51①105, 107, 137, 141, 147
ひやしわかし【冷沸】 51①148
ひやむぎうち【冷麦打】 42③182
ひらおり【平織】 50③275
ひるごきり【午後切】 27①223
びろうどいろそめよう【ビロウド色染様】 48①86
ひろげる【ひろける】 56①180
ひわちゃいろそめよう【ヒハ茶色染様】 48①72
ひわちゃそめよう【ヒハ茶染様】 48①36
ひをたくのほう【火ヲ焚クノ法】 53⑥397
びんろうじぞめ【檳榔子染】 48①88

【ふ】

ふかし【ふかし】 50①40
ふかしかけ【ふかし掛】 24③348
ふかしだし【ふかし出】 24③347
ふかす【ふかす】 24③335, 336/36②128/50①54/56①177/61⑩460/67⑥318
ふきあわす【吹合、吹合す】 49①112, 113, 115, 116
ふきえ【吹画】 48①41, 81
ふきかけ【吹懸】 38③188
ふきたてる【吹立る】 49①146
ふきとる【ふき取】 50③256
ふく【ふく、吹】 49①147, 172/53③179
ふくろあらう【袋洗ふ】 51①152
ふごしよう【ふこ仕やう】 61⑧228
ふじいろそめよう【藤色染様】 48①45
ふじいろめひきそめよう【藤色目引染様】 48①79
ふじねずみいろそめよう【藤鼠色染様】 48①44
ふしみにんぎょうこしらえよう【伏見人形拵様】 14①274
ふじむらさきいろそめよう【藤紫いろ染様】 48①80
ふじむらさきそめよう【藤紫染様】 48①83
ふすべがき【烘柿、栱柿】 13①146/56①77
ふすべかわかす【薫べ乾す】 13①131
ふすべる【烘べる】 18①75
ふたくちどり【二口繰、二口取】 53⑤307, 309, 310, 312, 347, 359
ふたくちどりまんりきじかけ【二口取万力仕掛】 53⑤340
ふたつにわってほす【弐ツに割て干】 41②143
ふたりぐり【二人繰】 53⑤294
ふつかおし【二日押】 51①150, 151
ふつかづけ【二日漬け】 51①50
ふつじょう【沸醸】 70⑤321
ふといとひき【太ト糸引】 47②148
ふとしぬり【ふとしぬり】 53③179
ふとりよう【麩取様】 52④165
ふなあげ【舟上、舟上ケ、船上ケ】 52⑥251, 258
ふねさくじ【船作事】 57②168, 171, 196
ふます【ふます】 50①60, 67
ふみあらう【踏洗ふ】 50④309
ふみくだく【ふミくだく、踏くだく】 50①54, 55, 82, ③262
ふみしぼる【踏絞る】 3①62
ふむ【ふム】→A 50①40, 58
ふゆがみ【冬紙】 14①30, 263/53①37
ふゆこみ【ふゆこみ】 52⑤216
ふゆづくり【冬造り】 24③347
ふゆに【ふゆに】 52⑤215, 217
ふらんすほう【仏蘭西方】 53⑤355
ぶりあみこしらえかた【鰤網拵方】 58③183
ふるいとる【ふるひ取】 13①43
ふるう【ふるふ、篩ふ】→A 47④217/49①22, 27, 85/50①45, 81, ②209/52①30
ぶんきんめきき【文金目利】 49①141

【へ】

へかた【へ方】 14①332
へぎこしらえ【批拵】 2①19
べにかばちゃいろそめよう【紅かば茶色染様】 48①70
べにせいほう【紅製法】 3①44
べにぞめ【紅染】→N 48①20
べにとびいろぞめ【紅鳶色染】 48①31
べにばなせいほう【紅花せいほう】 40④303

べにばなぞめべにこしらえよう【紅花染紅製様】 48①22
べにばなねかすほう【紅花畬法】 3①**62**
べにばなのせいしかた【紅花の制し方】 18②269
べにばなのせいほう【紅花の製方】 18②271
へらし【ヘラシ】 52⑦305
べんがらうるしくろめよう【弁から漆黒メ様】 53③**166**
べんがらみずひき【ベンガラ水挽】 49①**32**
べんがらやきよう【鉄丹焼やう】 49①**28**

【ほ】

ほいろあんばい【焙爐あんばい】 29①82
ほいろかげん【ほいろかげん】 29①83
ほいろひかげん【火いろ、火加減】 13①85
ほうきもゆい【ほうきもゆい】 28②137
ほうじ【ほうし】 6①160
ほうじむしひきかた【焙蒸挽方】 47②149
ほうしゃつぎ【ホウシヤ銲】 49①132
ほうずる【はうずる】 14①317
ぼうせき【紡績】→X 6①149
ぼうにてふくろをおさえしぼる【棒にて袋を押絞る】 14①172
ほくちあわせよう【火くち合せ様】 48①134
ほくちせいほう【火口製法】 48①**133**
ほごすきかえし【反古漉返シ】 5④313
ほしあぐ【干アク、干し上、干上ぐ】→A 13①43,46/56①79
ほしあぐる【干揚る】→A 50③273
ほしあげ【ほしあげ、干上ケ、干揚、干揚ケ】→A 13①289/58①35,36,39,46,60,61,62
ほしあげてやく【干揚て焼】 14①282
ほしあげる【ほし上る、干し上る、干上る】→A 13①99/14①172/53①22
ほしうり【ほし瓜】→N 12①259
ほしうりのしよう【干瓜の仕様】 38③137
ほしおく【干置】→A 28④357
ほしがき【乾柿】→つりがき、つるしがき→N 6①173
ほしかげん【干かけん、干かげん】→A 23⑤285/53③175
ほしかた【干方】→A 50①45
ほしかぶ【干かふ、干蕪】→N 6①116/12①229/28④351
ほしかわかす【干かハかす、干乾かす】→A 13①164/50③260,263,268
ほしころす【干殺す】 53⑤330
ほしさらす【干さらす、干晒す】 13①131,134,180
ほしだいこん【ほし大根、干大根】→つりだいこん→B、N 9①124/12①222/23⑤284
ほしだいこんのほう【干大根の法】 12①223
ほしだて【干立】→A 29④287
ほしたるまゆ【干したるまゆ】 47①34
ほしておく【ほして置】 17①321
ほしてたくわえおく【ほして貯置】 14①173
ほしてつけなおす【干て漬直す】 14①180
ほしてもむ【ほしてもむ】 17①293
ほしととのえ【干調】 34①11,⑥152
ほしな【干菜】→I、N 6①117
ほしぶどうせいしよう【乾葡萄製し様】 48①192
ほしよう【干様】→A 14①364
ほす【ほす、干す】→A 50④300,308,313/52①31,33,34,35/53①22
ぼだいしょう【菩提性】 51①**56**,**57**,**59**,**60**,**61**,**62**,**69**,**78**
ぼだいつくりかた【ぼだい造り方】 24③348
ほとぼらす【漫す】 3①41
ほねがらばいをせいするほう【骨殻灰ヲ製スル法】 69②**314**
ほりとり【掘とり】→A 14①197
ほんかたじ【本堅地】 48①176
ほんづき【本舂】 19①104
ほんづくり【本造】 24③346
ほんぬりしたじのしよう【本塗下タ地の仕様】 53③**164**
ほんもと【本元】 51①47,②201

【ま】

まかないかた【賄方】 24①35
まきうち【巻うち】 48①67
まきうつす【巻移す】 53②116,121
まきえかきよう【蒔絵書様】 53③**175**
まきえしよう【蒔絵仕様】 53③**174**
まきかた【巻方】 14①332
まきぞめ【捲染】 48①87
まくりほし【マクリ干】 48①147
まげものざいく【曲物細工】→M 48①**143**
まぜあわす【まぜ合す】→A 41②143
まづき【まつき】 17①186
まつたけつけよう【松たけつけ用】 9①142
まつたけほしかた【松茸干方】 3④329
まつばいろそめよう【松葉色染様】 48①73
まつばずりそめよう【松葉摺染様】 48①41
まねんきかいもちいかた【磨撚器械用方】 53⑤347
まねんせい【磨撚製】 53⑤293
まねんせいきかいどり【磨撚製器械繰】 53⑤343
まめごえのせいほう【豆肥ノ製法】→I 69②**324**
まゆえらみわけかた【繭撰別方】 53⑤**334**
まゆしょうよつづけ【繭正四ツ附】 53⑤305,341
まゆたくわえかた【繭貯方】 53⑤**330**
まゆにかさのほう【繭煮嵩の方】 53⑤**336**
まゆにかた【繭煮方】 53⑤**335**,338
まゆにとり【繭煮取】 53⑤335
まゆのいとくちをたてるほう【繭の糸口を立る方】 53⑤**345**
まゆのかわとる【繭のかわとる】 35②360
まゆのとりかた【繭の繰方】 53⑤296
まゆのとりさばき【繭のとりさばき】 47①8
まゆのにかさ【繭の煮嵩】 53⑤336
まゆのにかた【繭の煮方】 53⑤296,298,335
まゆをにる【まゆを煮、繭を煮】 35①205/53⑤299
まるごき【丸ごき】 49①246
まるぼし【丸干】 33⑥311
まわたかけ【真綿かけ】→M 42③185
まわたしたてよう【真綿仕立様】 35①**178**
まんじゅうこしらえ【まんちう拵】 42③182
まんねんづけ【万年漬】 33⑥349
まんねんほくちこしらえよう【万年火くち拵様】 48①134

【み】

みがきよりのほうほう【磨撚の方法】 53⑤304
みがきよりほう【磨撚方】 53⑤305
みがく【ミがく、磨】 16①175/53③173,176,181,⑤306,340,341,349,350
みくちどり【三口繰】 53⑤359
みずかえ【水替】→A、B 27①307
みずかえよう【水替様】 27①215
みずがため【水かため、水がため、水堅】 48①30,33,43,44,45
みずく【みづく】 17①333
みずくみ【水汲】→Z 25①14/51②199
みずくみよう【水汲様】 51①61,63,69,78,86,94,107,110,137,②205
みずぐるましかけ【水車運転】 53⑤358
みずこうじ【水麹、水糀】 51①57,68,75,83,84,91,92,94,102,103,104,106,108,109,136,②190,192,203
みずこうじしよう【水麹仕様】 51①110
みずごき【水ごき】 17①220
みずさし【水指】 51①32
みずじょうげはちごうちがえ【水上下八合ちかへ】 52⑤209

みずだし【水出し】→A 52②120
みずに【水煮】 3④285,288
みずにいだす【水に出す】 13①42
みずにたてる【水にたてる】 17①322
みずにつけさらす【水に漬さらす】 35①178
みずにつける【水に漬】→A 3①44
みずにてあらう【水にてあらふ】 14①169
みずにでせんじる【水ニて煎じる】 60⑥362
みずにひたす【水ニひたす、水にひたす】→A 14①147/39②117
みずねり【水練】 47②134
みずひき【水挽】 48①99
みずひき【水引】 52⑤214,218
みずひきこしらえ【水引製】 48①148
みずひきそめよう【水引染様】 48①150
みずへつけおく【水へ漬おく】 53①26
みずもと【水元】→N 51①64,70
みずをうつ【水を打】 50②208
みずをかゆ【水をかゆ】 14①173
みずをしぼる【水を捩る】 3①60
みずをふきかける【水を吹きかける】 50③275
みそおろし【味噌おろし】 36③182
みそかき【味そかき】 42⑥419
みそかた【味噌方】 24③333
みそこしらえよう【みそ調よふ】 9①136
みそしかた【味噌仕方】 24③333
みそしこみ【味噌仕込】 43②190
みそたき【ミそ焚、味そたき、味噌焚】 42④248,249,⑥378
みそつき【みそつき、味噌搗】 9①132/36③182/42③187
みそつくる【味噌造る】 41②137
みそづけ【味噌漬、醤漬】→N 12①293/25②217
みそに【ミそ煮、味噌煮】 2①12/29②157/39③146,154
みそにかくす【醤に蔵す】 12①353
みそにぎり【みそにぎり、味噌にぎり】 42⑥378,415
みそにしよう【味噌煮仕様】 49①219
みそにつけたる【ミそにつけたる】 12①311
みそふみ【味そふみ】 42⑥378
みそむし【味そむし】 42⑥378
みため【実溜】 52⑦306
みっかおし【三日圧、三日押】 51①151
みっかづけ【三日漬け】 51①50
みつきり【蜜切】 40④338
みつきりとり【蜜切取】 40④334
みつづけ【蜜漬】 13①293
みつとる【ミつ取る】 61⑧216
みつにつける【蜜に漬】 12①353
みつにてせんじる【蜜にて煎じる】 13①153
みつやきよう【ミつ焼やう】 61⑧226
みなといろそめよう【湊色染様】 48①30
みなとぞめ【ミナト染】 48①71
みなとのもくずり【ミナトノモクズリ】 48①72

【む】

むかいしお【むかひ塩】 23①104
むぎしらげ【麦しらけ】 44①37
むきとり【むきとり】 53①19
むぎのこいりはじめ【麦の粉煎初】 30①119
むぎのこをいる【麦の粉を煎】 30①129
むきよう【むきやう、剝様】 19①109/53①26
むく【ムク、むく】 31⑤249/38③122/47①30
むこうかい【向ふ櫂】 51①49,76,85
むし【蒸】 40②180/51①56,②192/61②95
むしあげ【蒸揚】 47④220
むしあげる【むしあける、蒸揚る】 47④217/56①179
むしかげん【蒸加減】 47④214
むしこがす【蒸焦ス】 62⑥151
むしさらし【蒸さらし】 12①379
むししまい【蒸仕廻】 50①54
むしじゅくす【蒸熟】 18①65,79
むしてつきあわす【蒸て搗合す】 18①158
むしはぎする【蒸シ剝キスル】 32①144
むしはぐ【蒸剝】 13①98
むしもの【むし物】→N 67④179,181
むしやき【蒸焼】→A 68①108/70③219
むしゆで【蒸蕩】 5①92
むしよう【むしやう、むし様、蒸やう、蒸様】→A 3①53/5①89/13①84/48①247/51①40,57/56①179
むしろうち【むしろ打、筵打、莚打】 9①13,23/43①31,91
むしろおり【むしろおり、むしろ織、むしろ折、筵織、莚おり、莚織】→B、Z 5④336/22③155/42③159,160,161,162,190,④250,251,283/56①122/63④270,⑦388,389,391,392,394,395/68④416
むしろおるしなん【莚織指南】 14①129
むしろすり【莚すり】 43①92
むしろにいれもむ【莚に入もむ】 14①314
むしろにてほす【むしろにてほす】 56①180
むしろのうえにてもむ【莚の上にてもむ】 13①88
むしろをおる【莚を織】 14①31/30①133/38③201/68④396
むしろをかぶせもむ【莚をかぶせもむ】 14①314
むす【むす、蒸、蒸ス、蒸す】→A 3①53/6①160/13①98/21①73/24③339/36③181,243/40②158/41②137,138,139,140,141/49①136,204,205/50①60,③247,273/51①37,43,50,65,77,90,92,113/53①19,33,⑤331,334,335,⑥396/56①83/62⑤118/69②308/70③230,⑤321
むすびつぐ【結びつぐ】 14①333
むめしるだしよう【梅汁出様】 48①57
むめぞめ【ムメ染】 48①48
むらさきぞめ【紫染】 48①13,59
むらさきぬり【紫ぬり】 53③178

【め】

めがねしよう【眼鏡仕様】 48①363
めしたきよう【飯たきよふ、飯たき様】 27①262/41②132
めしづけ【飯漬】 58①37
めしむしよう【食蒸様】 51①117,②202
めしをたく【飯を焚】 69①100
めっき【渡金】 49①119,140
めっきいろあげのほう【鍍金色上之方】 49①120
めっきつやだしあらいよう【鍍金光沢出洗様】 49①132
めっきふるでのほう【鍍金古様の方】 49①121
めっきるいあかとりほう【減金類垢取方】 49①134
めぬり【目塗】 49①44
めばり【目ばり、目張】 3④333/47④227/52①43,58
めひきしよう【目引仕様】 48①47
めんるいしたて【麺類仕立】 11②121

【も】

もうせんいろあげしよう【毛氈色上仕様】 48①61
もえぎいろそめよう【萌黄色染様】 48①73
もえぎびろうどいろそめよう【萌黄ビロフド色染様】 48①73
もくがたそめのほう【木理形染の方】 48①72
もぐさこしらえよう【艾絨製様】 48①294
もくめたがやさん【木目たかやさん】 53③176
もくらんじきそめよう【木蘭色染様】 48①20
もじりがき【綟りがき】 49①234
もちあわこふる【餅あわこふる】 42⑤336
もちこし【持籠】 51①50
もちこしらえ【もち拵】 42③166
もちせいぞう【黐膠製造】 48①254
もちつき【もちツキ、もちつき、もち搗、糯搗、餅つき、餅搗、餅つき】→Z 9①132,133,134,154/27①220,245,249/36③163,189,

334/42③191,204,④251,284,⑥372,377,404,407,410,415,442,446/43①92,②135,142,181,197,207,209,③274/67⑥298
もちにこしらえる【餅にこしらへる】 17①319
もちにする【餅ニスル】 19①121
もちにつくる【餅に造る】 3①44/13①46
もちむし【餅蒸】 29②157
もちめ【持目】 29④272
もちをつく【餅を搗、餅を搗く】 36③259,274
もと【元】→N 51①61
もとおこし【元起、元起し】 51①49,73,74
もとおり【元下り】 51②190
もとおろし【元おろし、元卸】 51①52,134,②185
もとかきよう【元掻様】 51①65,71,81
もとからし【元枯し、本枯し】 51①70,73,74,75,129,130,133
もとしこみよう【元仕込様】 51①58,94,107,109
もとつくり【本作り】 33⑥393
もとつぼめ【元蕾め】 51①81
もとなおし【本直し】 51①113,114
もとにかげん【元煮加減】 51①65
もとみずくみよう【元水汲様】 51②184
もとめしかげん【元食加減】 51①57
もみあらう【もミ洗ふ】 53②112,132
もみあわす【揉ミ合す】→A 50②210
もみくだく【もミくだく】 65④357
もみだししよう【揉出仕様】 48①63
もみだす【もみ出す】 60⑥356
もみなやす【もミなやす】 12①222
もみふやす【揉ミ増す】 50②198
もめん【もめん、木綿】→A、B、E、N 40③217,218,219
もめんいとひき【木綿糸引】 29②157/40③214
もめんいとをよる【木綿糸をよる】 42③156
もめんおり【木綿織】 38②82
もめんこしらえ【木綿こしらへ、木綿拵】 40③217,222,245,246
もめんさらしよう【木綿晒様】 48①66
もめんしたじぞめ【木綿下地染】 48①30
もめんしのまき【木綿しのまき】 42③157
もめんそめかた【木綿染方】 48①16
もめんとること【もめん取事】 24③316
もめんばた【木綿機】→B、Z 36③290
もめんむらさきそめよう【木綿紫染様】 48①14
もめんより【木綿より】 42③155,156,158,166,167
もめんをよる【木綿をよる】 17①332
もようをぬいよう【模様を縫ひやう】 49①221
もろおり【諸織】 50③275,277
もろこしのはた【もろこしの機】 35①223
もろはくそえがけ【諸白添懸】 51②199
もろみくちはりよう【醪口張様】 51①153
もろみつくり【モロミ作り】 48①165
もろみなおし【醅直シ、醅直し】 51①169,170,171
もろみもと【醅元】 51①131
もんしゃぬりよう【文砂塗様】 53③170
もんつける【紋付る】 48①23
もんねり【紋練】 48①42

【や】

やおやものたくわえよう【八百屋物貯様】 49①200
やき【徤】 49①172,176
やきあげ【焼揚】 52⑦299,300,307,313,314,325
やきいれる【徤る】 49①171
やきかえ【やき替】 8①162
やきかえる【ヤキ替ル】 8①157
やきかた【焼方】 53④236
やきごめをつく【やき米を搗】 41③171
やきすみ【焼炭】→I 4①22
やきする【淬する、徤する】 49①173,175
やきよう【焼やう】 48①321/49①30,196/61⑧229
やつなからのおさ【八ツ半の筬】 50③275
やつびき【八ツ引】 47②101
やなぎちゃいろそめよう【柳茶色染様】 48①74
やなぎちゃぞめ【柳茶染】 48①37
やにねり【脂煉】 49①111
やまうるしぞめ【山漆そめ】 48①83
やまはぜぞめ【山はぜぞめ】 48①83

【ゆ】

ゆきさらし【雪晒】 53②135
ゆきにさらす【雪に曝す】 53②135
ゆずのたくわえよう【柚の貯様】 49①202
ゆすりあげる【ユスリ揚ル】 47④222
ゆせん【湯せん、湯煎】 14①289,291/17①272,299,311/48①224
ゆせん【油煎】 52③140,141
ゆせんにかく【湯せんにかく】 14①289
ゆで【ゆで】 17①299
ゆでかげん【ゆで加減】 13①276
ゆでさわす【ゆでさハす、ゆでさわす】 17①302,321
ゆでてほす【ゆでゝほす】 17①321
ゆでる【ゆでる、茹、茹る】 17①301/38③169,171/50③260
ゆに【湯煮】→A 13①276,277,289/24①26
ゆびき【ゆびき、茹、茹き】→A、N 12①288,309,318,321,326
ゆびきじゅくす【煠熟、煠熟す】 18①63,113,120,122,127
ゆびきほす【茹き干】 12①356
ゆびきもの【茹】 12①329,343
ゆびく【ゆびく、茹く、煠、煠熟】 12①354/13①86/18①128,131,132,134,137,138,139,140,141,146,147,148
ゆびくちゃ【湯びく茶】 13①86
ゆむし【湯蒸】→A、E 47②97
ゆりあらい【淘浄】 18①79
ゆりさる【淘去】 18①116
ゆるぎより【ゆるきより】 27①317

【よ】

ようか【鎔化】→X 49①127,129
ようかする【鎔化する】 49①130
ようかんがみたばこいれしよう【羊がん紙たはこ入仕様】 48①150
ようじをつくる【楊枝を作る】 48①139
ようせいだいきかいとりいと【洋製大器械繰糸】 53⑤344
よこびき【ヨコビキ】 24①99
よつめにつくる【四つ目に作る】 17①329
より【撚、撚り】 53⑤306,340,341,349,350
よりあわす【撚合す】 53⑤348,354,372
よりかけ【よりかけ】→Z 42③188
よりつむぐ【より紡く】 36③170
よりなしにおる【縷なしに織】 53②129
よりのかけよう【よりの掛様】 53②103
よりをかける【撚をかける、縷をかける、縷を掛、縷を掛る】 50③275/53②103,106,116,129
よんばん【四番】 51①103
よんばんおり【四番泥】 51①87
よんばんかけ【四番掛】 51①104
よんわりこうじ【四割糀】 24③346

【ら】

らんかじょうせい【爛化醸製】 45②70,110
らんきょうつけよう【らんきやうつけよふ】 9①141
らんびき【錫蒸】→B 45⑥308

【り】

りかんちゃいろそめよう【リクワンチヤ色染様】 48①72
りゅうきゅうのせいほう【琉球の製法】 50②142
りゅうきゅうのでん【琉球の伝】

*50*②189
りゅうきゅうりゅう【琉球流】 *50*②168, 192, 193
りゅうすいにひたす【流水に漬す】 *3*①62
りょうり【料理】→N *7*②354/*10*①105, 117, 179, ②339/*12*①189, 303, 305, 307, 309, 316, 318, 319, 321, 325, 330, 337, 342, 353, 356, 358, 374/*15*①75/*16*①153/*17*①299
りょうりちょうさい【料理ちやうさい】 *17*①252

【ろ】

ろうびき【蠟搽】 *48*①168
ろくにんぐり【六人繰】 *53*⑤294
ろこちゃいろそめよう【ロコ茶色染様】 *48*①72
ろっこくしこみのおけ【六石仕込之桶】 *52*⑥249
ろにている【炉ニて煎】 *35*②360

【わ】

わかしつぎ【わかしつき】 *16*①185
わかす【わかす】 *49*①150
わき【湧】 *41*②141
わきあわす【鑠合】 *49*①117
わきすぎる【わき過ル】 *24*③338
わきとける【沸鎔る】 *49*①129
わぎり【輪切】 *38*③122
わく【沸く】→X *49*①130
わけすり【わけすり】 *43*②181
わける【分る】 *51*①50
わざいく【輪細工】 *54*①177/*56*①111
わたうち【綿打】 *15*③343/*43*②122, 128, 132, 135, 136, 143, 179, 189, 209
わたうみ【綿績】 *43*②135, 136
わたきり【綿切】→B *25*①18
わたくり【綿くり、綿操】→B、Z *15*③405/*36*③317/*43*②178, 179/*49*①163
わたくりうま【わたくり馬】 *15*③405
わたつむぎ【綿つむき、綿つむぎ】 *43*②128, 130, 132, 197, 200, 205, 208
わたとり【わたとり】→A、Z *47*①9
わたはより【綿はより】 *43*②179
わたひき【綿引】 *27*①285
わたりとうせんさくじ【渡唐船作事】 *57*②169
わたをあらう【綿を洗ふ】 *35*①191
わたをつむぐ【綿をつむぐ】 *14*①31
わらせいほう【藁制法】 *67*⑤233
わらにてゆう【わらにてゆふ】 *13*①64
わらびつけよう【わらひつけ用】 *9*①141
わらみのつくりよう【藁簑作り様】 *25*①135
わりざんしょう【割サンセウ】 *48*①76
わりてほす【割て干】 *33*⑥354
わりひき【わり挽、割挽】 *42*③166, 194
わんかぐのつぎよう【椀、家具の継様】 *53*③169

L 経 営

【あ】

あい【藍】→B、E、F、N、X、Z
38①22
あいいったんとりめ【藍壱反取目】 19①104
あいぎん【間銀】 67③135
あいくち【合口】 45①40,50
あいこなしひやといちん【藍小成シ日雇賃】 30④358
あいごみそうば【藍ごミ相場】 30④358
あいさく【あゐ作、藍作】→A
10③385,392/30④352,353,358,359/45②69,70
あいさく【間作】→かんさく→A
62⑦192
あいさくいったん【藍作壱反】 30④347,352
あいさくほうさくねんのてどりつもり【藍作豊作年之手取リ積リ】 30④352
あいたい【相対】→R、X
41⑦333/58②96
あいつきちん【藍搗賃】 30④352
あがりた【あがり田】 9①57,67
あがりまい【上り米】 36③210
あきげ【秋毛】 10③395/16①192/29①35/66②88/67⑥309
あきさく【秋作】→A
10③393/11①62,⑤255/24①67/25①82,89,90/28①85/29②156/31③120/32①47,60/37②129/38③115/41⑦323/66①49/67⑥283,287
あきない【あきなひ、商、商ヒ、商ひ】→M
5①109/23①123/28①61/39④194/42⑥387/50①43/53①29/62③73,⑦207/68③327
あきないもの【商ひもの、商物】 3④278,331/14①120/22④255
あきなう【商ふ】→ひさぐ
46①101,102/50③247,263,264/53①18,②99/68④396/69①83,91
あきねんねんろく【秋年々録】 8①207
あきのはたさく【秋ノ畠作】 32①37
あきのみとり【秋の実取】 21①29
あきはんのうぶん【秋半納分】 21④201
あきひようのちんまい【秋日傭の賃米】 24①122
あきんどのりえき【商人の利益】 14①39
あげさく【上作】 23④188
あげさくぬし【上作主】 23④189,190
あげさくまい【上作米】 23④189
あげしとつつみいりよう【上ケしと包入用】 24③328
あげた【揚田】 6②271
あさ【麻】→B、E、N、Z
19②310,344
あさいち【朝市】 62⑥152/67⑤213
あさいったんとりたば【麻壱反取束】 19①106
あさつきいったんのとりこく【胡葱一反ノ取石】 19①133
あさつくり【麻作り】→A
4①94
あさはん【朝半】 44③199,208,243,248,252,260
あずかりてがた【預手形】 67④175
あずき【小豆】→B、E、F、I、N、R、Z
19②320/22③160,⑥363,364,365,367,381,382,383,385,386,393,400
あずきいったんのとりこく【小豆一反ノ取石】 19①144
あずきさく【小豆作】 8①286
あずけ【預】 42③161/44②86
あずけさく【預作】 28④343
あずけまい【預米】 44②86
あぜうちてま【畔打手間】 63⑤296
あぜきり【畦キリ、畦切】→A
24①150,151
あぜくさかり【畦草刈】→A
24①151
あぜぬり【畦ヌリ】→A
24①150,151
あぜまめ【畔大豆】→A、E、I
41②113
あそびきん【遊金】 63③113
あたい【価、価ヒ、値ひ、直】 3①11,19,21,③107,109,128,134,172,④337/5③273,274/28②180/32②296/36③314
あたりさく【当り作】 30③300
あたりだ【当り田】→D
27①72
あたりて【当り手】 30③301
あつみ【厚実】 16①85,95,97,99,102,103/17①72,119,136,158,160
あてくち【あて口】 30③300
あとごえ【後肥】→I
24①151
あとさく【跡作】→A
29①30,31,79,81
あとしばくばり【アト芝クバリ】 24①151
あとちのいなさく【跡地の稲作】 30①104
あな【穴】 36③327
あぶら【油】→B、E、H、I、J、N、X、Z
24③268
あぶらいしばいさくりょう【油石灰作料】 64②140
あぶらかす【油粕】→B、H、I、N、X
24①152
あぶらかすのだい【油糟の代】 50①42
あぶらさんとう【油算当】 50①42
あぶらしめちん【油〆賃】 22①37
あぶらだい【油価、油代】→R
14①56/15①22/28①34/43③244,264
あぶらだなかま【油田仲間】 45③134/50①37
あぶらたれくちのけんとう【油垂口の見当】 50①105
あぶらちゃや【油茶屋】 45③134/50①37
あぶらでかた【油出かた】 50①45
あぶらにわりたれ【油弐割垂】 50①106
あぶらのあたい【油の値】 50①37
あぶらをもとむるあたい【油を求むる価】 15①66
あまぐんやすみかぶ【海士郡休株】 46②144
あまりして【余リシ手】 8①260
あみな【あミな、編菜】→N
19②303,307,310,320
あみふ【編夫】 30①84,116
あみやく【編役】 30①83
あめようい【雨用意】 28②238,246
あゆだい【鮎代】 59①40,41
あらかんじょう【荒勘定】 50①67,85
あらくれ【あらくれ、荒クレ】→A、D
20②395/24①151
あらけんとう【荒見当】 50①42,43
あらしこ【あらしこ、あらし子、荒仕子、嵐子】 10①129,163/16①47,48,49,50,179,181,183,206,209,213/17①159,179/29①12/31③108,114,121,123,124,126/67④184,185
ありあわせのこえ【有合之肥】 22④288
ありこめ【有米】 28①41,46,82,83,84,86,87,92
ありだいず【有大豆】 28①43
ありだか【有高】→R
11⑤230

ありだぐんくみかぶ【有田郡組株】 46②144
ありだぐんみかんぐみ【有田郡蜜柑組】 46②143
ありまち【有町】 28①41
あれ【荒】→D
29①33
あわ【粟】→B、E、I、N、Z
22⑥363,364,365,367,381,382,383,385,386,393,399/38②84,86,87/41⑤251
あわいっせぶんてすうのつもり【粟壱畝分手数之積】 29④298
あわいったんのとりこく【粟一反ノ取石】 19①138
あわさく【粟作】 44③210/67④164
あわせ【袷】→N
22④293
あわぬきてまだい【粟ぬき手間代】 42②110

【い】

い【イ】→ゆい
36③207
いえのこ【家子】→N
6①211
いえのこげにん【家子下人】 6①21
いえのしるし【家の印】 14①134
いえふきしだい【家ふきし代、家ふき師代】 64④261,273
いけにゅうよう【池入用】 65②99,100
いざらい【井ザライ】→C
24①152
いしうすひきそうろうてま【石臼挽候手間】 24③341
いしだい【石代】 24①50
いしにんそく【石人足】 65③278
いしのまきぜにそうば【石巻銭相場】 67⑤224
いしのまきそうば【石巻惣場】 67⑤223
いしばい【石灰】→B、G、H、I、N
24①152
いしばいのだい【石灰之代】 64②140
いずしふだ【出石札】 43③253
いそん【違損】 10②324
いたぎ【板木】→B、N
65③277
いだのり【藺田の利】 13①70
いち【市】 3①16/6①136/25①90/30③234/53②131
いちきれ【壱切】 67⑤213,214,216,217,218,223
いちだひきとりじんばだい【壱駄引取人馬代】 21④192
いちにちうる【一日売】 4①144
いちにちがち【壱日ガチ】 8①258
いちにちしぼり【一日しぼり】 50①70
いちにちだ【一日田】 4①51,52
いちにちひとりのちんまい【一日一人の賃米】 25①50
いちにちぶんしょにゅうよう【一日分諸入用】 28①34
いちにちやく【一日役】 33②107
いちにんしごと【壱人仕事】 50①42
いちにんつくりたろくたん【壱人作り田六反】 25①49
いちにんどりいちにちとりいとめかた【一人繰終日繰糸表】 53⑤362
いちにんまえ【壱人前】 28②141/33④223
いちにんまえいちにちのしごと【壱人前一日之仕事】 24③313
いちにんまえいちにちぶんにゅうよう【壱人前一日分入用】 21④184
いちにんまえななせはん【一人前七畝半】 23⑤272
いちねんいげにん【壱年居下人】 67④184
いちねんのしゅうのう【一年の収納】 21⑤229
いちば【市場、市庭】 25①28/38④264,276/45①35,40,48/58②99
いちばいばいそうば【市売買相場】 25③286
いちばんいね【壱番稲】 70④270
いちばんかきならし【一番掻平均】 22④282
いちばんぐさてちん【壱番草手賃】 9③282
いちばんくさとり【壱番草取】→A
20②395
いちばんけずり【一はんけづり】→A
23⑤284
いちばんさく【一番作】→A
18④413
いちばんすき【一番鋤】→A
22④282
いちばんひえ【壱番稗】 41②109
いちび【いち日】→B、E、N
28②274
いちぶにもみいっしょう【一歩にもミ壱升】 28①88
いちぶのだいず【一歩の大豆】 28①32
いちぶのもみ【一歩のもミ、一歩の籾、一歩之籾】→E
28①32,41,44,46,50,51,52,87,89,90
いちぶばん【一分判】 56①85
いちぶびき【壱部引】 35②408
いちまいぶん【壱枚分】 47①38
いちまち【市・町】→N
6②270
いちもうとり【一毛取】 19①108,123,149
いちもうはんとり【一毛半取】 19①132
いっきかぎりのもの【一季限り之者】 29②160
いっきのみうり【一季の身売】 18②282
いっけんぶん【壱軒分】 29④272,287
いっけんまえ【壱軒前】→M
37②110,113
いっけんまえぶん【一軒前分】 59②134
いっこくなりごもんめ【壱石成五匁】 28④342
いっこくにつきよんしょうべり【壱石ニ付四升べり】 27①274
いっさく【一作】 29①29/62⑦192,207,⑨318
いっさくあたりのでんち【一作当りの田地】 41②50
いっさくのり【一作ノ利】 32①138
いっしょうびよう【壱升びよふ】 9①30,31,121,128
いっしょうまい【壱升米】 9①147
いったんにつきこやしづもり【壱反ニ付肥シ積り】 30④350
いったんにつきはあい【壱反ニ付葉藍】 30④351
いったんのり【一段の利】 13①216
いってのしごと【一手之仕事】 8①202
いっぴょうだい【一俵代】 4①102
いっぴょうにつきいっとり【壱俵ニ付壱斗利】 63①40
いっぴょうのこめ【壱俵の米】 30③278
いっぷこうでんつもり【一夫耕田積】 20①41
いできいんずう【藺出来員数】 4①122
いでにゅうよう【井手入用】→R
65②102
いといち【糸市】 35②409
いといちあきない【糸市商ひ】 35②410
いとうみちん【糸績賃】 53②114
いとおりもの【糸織物】 22⑥365
いとかい【糸買】 1②209
いとかけめ【糸掛目】 35②408
いとくりちん【糸くり賃】 35②289
いとだい【糸代】 14①141/18②257
いとどいや【糸問や、糸問屋】 35②392,393,405,407,412
いとどいやこうせん【糸問屋口銭】 35②412
いとどいやばいばいさんぽう【糸問屋売買算法】 35②405
いととりにんずう【糸取人数】 35②360,367
いととりひとりやく【糸取一人役】 35②288
いとに【糸荷】 35②409
いとにもつ【糸荷物】 35②412
いとねだん【糸直段】 35②392/47②105,106
いとひきちんぎん【糸挽賃銀】 47②105
いとめ【いと目、糸め、糸目】 35①130,②268,269,288,314,322,356,360,363,372,405,408,409,410,③433,437/42⑤333/43③253/47②79,105,106,148,③167/53⑤305,316,317,350,360,362/61⑩443/62④91,98
いとめかた【糸目形】 47②116/56①196,201,205
いなかつぎ【稲担】 30①82
いなさく【稲作】→A、N、Z
1①29,43,44,49,58,69,70,80,86,87,89,94/5②225/10②321/24②239/25①89,90/29②131/30①32/34⑧312/36①64/39③146/44③211/68②267/69②307/70⑥378
いぬるげじょ【いぬる下女】 9①148
いぬるけらい【いぬる家来】 9

①132,148
いねいっさく【稲一作】 32①26
いねかり【稲刈】→A、O、X、Z 21②119
いねかりだし【稲かり出し】 17①85
いねかりてつだいにん【稲かり手伝人】 27①268
いねかりてま【稲刈手間】 63⑤297
いねかりふ【稲刈夫】 30①82
いねこき【稲扱】→A、B、Z 22④283,289/30①82
いねこきおとし【稲コキヲトシ】 24①151
いねこきちん【稲こきちん】 28①48
いねこきてま【稲扱手間】 63⑤297
いねつけあげ【稲付揚】 22④282
いねつけあげちんせん【稲附揚賃銭】 22④289
いねのたばかり【稲の束刈】 19②325
いねのり【稲の利】 13①41
いねばんやまばんちん【稲番山番賃】 43③270
いねみとり【稲実取】 34③54
いねよっかほしあげ【稲四日干上ケ】 24①151
いへん【違変】 46②139
いもいったんのとりこく【芋壱反ノ取石】 19①110
いもだね【芋種】→E 22⑥366
いもたねだい【芋種子代】 21④203
いもほりしゅうのうてま【芋ぼり収納手間】 21③148
いりあげもみ【入上籾】 63①35
いりくさだい【入草代】 28②279
いりくち【入口】 38④249
いりくちまい【入口米】 63③111
いりさく【入作】 1①92/38④248/42②110/67⑤220
いりさくおねんぐ【入作御年貢】 21③144,145,146,147,148,149,150,151,152/42②89
いりさくねんぐ【入作年貢】 42②87
いりさくねんぐせん【入作年貢銭】 42②116
いりさくはんねんぐ【入作半年貢】 21③153
いりさくまい【入作米】 63③141
いりつけ【入付】 25②185/38④271,273
いりはらい【入り払】 5①87
いりめ【入目】 32②321/34⑥146
いりめぎん【入目銀】 41⑤249,251
いりよう【入費】→にゅうよう 53⑤320
いるい【衣類】→N 21③159
いるいいっさいだい【衣類ひ一切代】 21④187,188
いるいそめだい【衣類染代】 22①37
いるいにゅうよう【衣類入用】 28①35
いれこ【入こ】→A 23⑤283
いれこみ【入込】 1①88/24①148
いれふだ【入札】→R 5④333/14①34,38,101,134/28②210/57①9,13/65③280/67②89
いわいのさかだい【祝ひの酒代】 14①409
いんきょでん【隠居田】 42②114
いんきょりょう【隠居料】 21⑤229,231,232
いんぐわ【いん鍬】→Z 22④289

【う】

うえかえにんそく【植替人足】 56①213
うえかえばたこしらえにんそく【植替畑拵人足】 56①163
うえごいだい【植こひ代】 21④194
うえしろかきならし【植代掻平均】 22④282
うえしろまでてま【植代まて手間】 21④193
うえしろまでのぶん【植代迄ノ分】 21④196
うえたふりごえだい【植田振りこえ代】 21③144
うえつけこいだい【植付こひ代】 21②120
うえつけにんそく【植付人足】 56①163
うえつけぶん【植付分】 21③151
うえてま【植手間】 21③148/33③165
うえなえぎせん【植苗木銭】 64④290
うえもののり【植物の利】 47⑤250
うおせりば【魚羅場】 62⑥150
うおそうば【魚相場】 59④291
うきて【浮手】 8①260,261
うけおい【請負】 23④199
うけおいしょうもん【請負証文】 36③201
うけおいにん【受負人】 57①9
うけおろし【うけおろし】 9①62
うけぐち【請口】 9③255
うけさく【請作】 23④164,175,176,188
うけさくのもの【請作のもの】 11④177
うけとりてがた【受取手形】 45①48
うけばたけ【受畠】 5①114
うけはらい【請払】 5④315
うけもちのぶん【請持ノ分】 32①102
うごろとるてすう【土龍捕手数】 24①151
うし【牛】→E、G、I、N、Z 29④290,291,292,293,294/30①25,92,93,95,97,98,101
うしいっぴきはんにんずう【牛壱疋半人数】 44②96
うしおいちん【牛追賃】 28②282
うしかいにゅうよう【牛飼入用】 44②160
うしきゅうぎん【牛給銀】 28②279
うしのそんりょう【牛の損料】 28①35
うすづくり【薄造り】 51①27
うすひきちん【うすひきちん】 28①48
うすひきてくばり【臼引手配】 8①259
うすまわし【臼舞】 30①84,85
うちおこし【打起シ】→A 24①150
うちおとこ【内男】 27①368
うちこなしやといにんそく【打こなし雇人足】 56①213
うちとりいっさいのてまぶん【打取一切ノ手間分】 21④200
うちのおとこ【内之男】 27①368
うちまき【打蒔】→A 23⑤283
うちわ【内輪】→N 42④240
うちわちょうめん【内輪帳面】 42④258
うつてま【打手間】 21③146
うないてま【ウナイ手間】 2④295
うないてまぶん【耕手間分】 21④196
うねとく【畝得】 30③278
うま【馬】→E、G、I、N、R 22④282/24①150,151/30①24,93,94,97/38②84,85,86,87/41⑤251
うまいち【馬市】 61⑨376,377,378,388
うまかいりょう【馬かいりやう】→I 66②108
うまかわり【馬替り】 42④240,271
うまさんびきごぶ【馬三疋五分】 21④194
うまだい【馬代】 38②84/61⑨377
うまつかうげにん【馬仕下人】 4①279
うまなんびきだい【馬何疋代】 21②120
うまにひきのだい【馬弐疋ノ代】 21③145
うまのちとり【馬ノ血取り】→A 24①152
うまやしきごえだい【馬屋敷こえ代】 21②120,④193
うまよいだいひき【馬よい代引】 42②87
うみかい【紡ミ蚕イ】 41②39
うみそうめんだい【うミそうめん代】 9①162
うらけ【うらけ、裏毛】 28②233,236,245,254,271/67③138
うらじづくり【裏地作り】 20①208
うり【瓜】→E、N 19②341
うりいったんのくれすう【瓜一反ノ塊数】 19①115
うりかい【うりかひ、売買】 3①20/14①38,40,120/15③409/25①73,84
うりき【売木】 56②276,277,278,282,284
うりこ【売子】 46②134,139,149
うりごめ【うり米、売米】 1①54,104/21①48,②115/27①202,203/39①37/67⑤225
うりさばき【売さハキ、売捌、売

捌き】 14①31, 33/29④283, 286/40④331/58④251
うりさばきだいきん【売捌代金】 63④262
うりさばく【売り捌ク】 62⑥150
うりぞめ【売初め】 25③260
うりだいきん【売代金】 46②134
うりだいぎん【売代銀】 4①144
うりちゃ【売リ茶】 32②296
うりつけきん【売付金】 28②259
うりて【売手】 67④169
うりね【売直】 31④153
うりねだん【売直段】 15③378
うりば【売場】 46②146, 152, 153, 155
うりばしょ【売場所】 46②135
うりはらい【売払】 12①375/29④289
うりびと【売人】 36③331
うりもの【売物】 4①170/8①160/22④237, 255, 271/25①67/27①255
うりやま【売山】 53④232
うりよね【糶】 12①70/37③272
うりわたす【売渡す】 13①101
うるもの【売ル者】 5①119
うわのり【上乗】→R 45①46, 47
うんそう【運送】 3③110/4①238/12①123/15③343, 410
うんそうのついえ【運送の費】 12①377
うんそうふ【運送夫】 30①86
うんちん【うんちん、運賃】 24③322/36③245, 284/44①32/45①46, 47/50①89/52⑦317/57②169/62⑥151/64③185
うんちんとりふね【運賃取船】 53④249

【え】

えい【永】 21③162, 163, 164, 165, 166, 167, 168, 169, 171, 172, 173, 174/22①33, 35, 36, 37, 41, 42, ④283, 286, 288/36③306/68④407
えいかり【穎刈】 37①17
えいたいばぐみ【永代場組】 58②99
えいったんのとりこく【西麻壱反ノ取石】 19①143
えき【益】 3②70/12①367/14①337, 340, 341, 346, 354, 364
えぎとりてま【柄木取手間】 10①118
えごま【荏】→E、I、R、Z 19②303, 317, 320, 328, 335, 338, 347
えごまさく【荏作】 19②344, 351
えぞちがこい【蝦夷地囲】 58①39
えどうり【江戸売】 58②99
えどだし【江戸出】 59①16
えどだわら【江戸俵】 22⑥364, 365
えどづみ【江戸積】 15③410/51①26, 27, 28, 29, 62, 94, 114, 138, 146, 155, 160, 163, 164, 166, 167
えどづみこころえ【江戸積心得】 51①165
えどづみといや【江戸積問屋】 15③409
えどのぼりきん【江戸登り金】 46②149
えどばん【江戸判】 49①142
えどまわし【江戸廻シ、江戸廻し】 46②132, 133, 136, 139/58②98
えどまわり【江戸廻リ、江戸廻り】 46②132, 141, 142, 144, 147, 148, 150, 151
えどみかんふなやど【江戸蜜柑船宿】 46②146
えどゆきうんちん【江戸行運賃】 53④228
えんにちいち【縁日市】 25③279
えんろこうえきのついえ【遠路交易之費】 35②332

【お】

おいかけうま【追駈馬】 36③198
おいにうつ【追に打】 10①135
おいめ【債】 35①213
おうかんてひまのついえ【往還手隙之費】 34⑥134
おうこう【往行】 16①221
おうごん【黄金】 67①61/69②269/70②84, 86, 115, 116
おうしゅうのいといち【奥州の糸市】 35②405
おうりやま【御売山】 57①12, 28, 30, 31, 32, 33, 34, 36, 37, 38, 40, 41, 42, 43, 44, 46
おうりやまだいぎん【御売山代銀】 57①47
おおいち【大市】 35②409, 410
おおうしのえき【大牛の益】 29①14
おおさかいちば【大坂市場】 7②300
おおさかそうば【大坂相庭】 50①89, 92, 97, 107
おおさかふなちん【大坂舟賃】 8①132
おおざくにん【大作人】 21①38/36③272
おおぞん【大損】→Q 10①133
おおたか【大高】 67⑥292
おおづくり【大作、大作り】 10①58/28①17, ②160, 249/39①29, ④186, 222, 224, ⑤293, ⑥322/41②66
おおとり【大取】 8①243
おおびゃくしょう【大百姓、大百性】 4①293/9③263, 290, 294/22①63, 65, 66/28②125, 147, 160/61⑨264/64①48/69②197, 225
おおまゆからいとくりちん【大繭から糸繰賃】 35②289
おおまゆまわたむきちん【大繭真綿むき賃】 35②289
おおむぎ【大麦】→E、I、N 19②335/41⑤251
おおむぎいったんのとりこく【大麦壱反ノ取石】 19①137
おおむぎだい【大麦代】 41⑤261
おおむぎみとり【大麦実取】 21④202
おおわだいと【大和田糸】 22⑥364, 382, 383, 385, 387, 393
おおわだいとしん【大和田糸新】 22⑥382
おかいあげきん【御買上げ金】 36③246
おかいあげだいぎん【御買揚代銀】 53④227
おかいあげねだん【御買揚直段】 53④224
おかいいれ【御買入】 53④222/61⑨279
おかいうけそうば【御買請相場】 67⑥307
おかいうけねだん【御買請直段】 67⑥285, 310
おかだごめとりあげたわらいれてま【糙取上俵入手間】 18④413
おかね【御金】 66①52, 55, 58, 59, ②88, 104, 105, 107
おかぼのとりこく【おか穂の取石】 19②377
おかわさげ【御川下け】 36③325
おきだし【沖出、沖出シ】 1③275, 280
おきまわし【沖廻し】 36③218
おきわたし【沖渡し】 36③219
おくらそうば【御蔵惣場】 67⑤225
おくりじょう【送り状】 35②313
おくりにもつ【送り荷物】 45①46
おけいりこくつもり【桶入石積り】 51①34
おけたんごそんりょう【桶たんこ損料】 28①35
おけばかり【桶量】 62⑥150
おこしてま【起し手間】 63⑤296
おごりのばぐだい【奢り之馬具代】 21④192
おさまり【収り】 3③116, 119, 126, 129, 148, 160, 163, 165, 167, 168, 169, 171, 174, 176, 179, 180, 181, 186
おさまりのりじゅん【収りの利潤】 3③106
おさまる【収る】 3③171
おさめとる【収取】 5①150
おしろいざ【白粉座】 61⑨322
おそめだい【苧染代】 36③213
おちばだい【落葉代】 21④192
おつみだし【御積出】 53④222
おてつだい【御手伝】→R 64④277
おてもときん【御手元金】 63④254
おとこ【男】→E 8①212/9①16/24①81/29①59
おとこでがわり【男出代リ】 43③273
おとこゆい【男ゆひ】 19②407
おなご【女】 29①12
おねんぐ【御年貢】→R 42②96
おねんぐこしらえ【御年貢拵へ】→A 21②120
おねんぐじょうのうまいこしらえ【御年具上納米拵へ】 24①152
おねんぐせん【御年貢銭】 42②94
おび【帯】→N 22④293
おやうけ【親請】 28②271
おやかたかぶのじぬし【親方株の地主】 25③260
おやかたのとく【親方の徳】 28②282
おやくうんちん【御役運賃】 45①43
おらんだぶね【阿蘭陀船】 49

①211
おり【織】 14①333,336
おりおんな【織女】 14①337
おりかた【織方】 14①340
おりかたさんとう【織方算当】 14①333,337
おりきわめ【おりきわめ】 28②258,278
おりて【織人】→M
14①337
おりてま【織手間】 14①137,140/53②131
おるところのてま【織所の手間】 14①129
おろし【おろし】 9①26,27,31,34,35,36,57,58,59,67,68,70,71,80,81,82,83,87,88,90,98,106,121
おろしうり【卸売】 3④381
おろしだ【下シ田】 6①20
おろしだこう【おろし田考】 9①70
おろしちん【おろしちん】 9①57,71,106
おろしにん【卸人】 11④177
おろしまい【卸米】 36③331
おろしよう【おろしよふ】 9①62
おろす【おろす】 9①73
おわりうり【尾張売】 46②151
おわりまわり【尾張廻り】 46②150
おんえき【御益】→X
14①31,33,34,39,40,101,229,266,406
おんぎん【恩銀】→R
29④273
おんちょう【御帳】→R
58②99
おんつだし【御津出し】 36③341
おんな【女】→E、N、X
8①176,191,193,194,195,197,198,200,201,209,210,211,213,216,249,250,261/9①94
おんなしごと【女産業】 24③315
おんなてま【女手間】 9③283
おんなども【女共】 8①190,196,212
おんなのて【女の手】 18②250
おんなのてま【女の手間】 10①111
おんなのてまかばい【女の手間かはい】 20②384
おんなのひまとり【女ノ隙取】 24③341
おんなはんぶんかせぎ【女半分稼】 18④417
おんなわらべ【女童】→X
27①198

【か】

かいあげば【買上場】 14①31
かいいれ【買入】 34⑥148/38④235,282/39④212/48①188,224/53④229,243/57②171/58④263/61⑨374,375,377,378,384/62⑦187/65③277/67③132,⑥299,309
かいいれかた【買入方】 50①69,87
かいいれねだん【買入値段】 49①22
かいかかり【買掛り】 25③280
かいかけ【買カケ】 8①163
かいこ【かひこ、蚕、飼蚕】→A、E、H
4①22/14①251/18①91,②249,250,252,253,256,257/47②78,83,86,88,89,92,94
かいこうかしょく【開荒貨殖】 3③165
かいこする【蚕する】 25①71
かいこちゅうにゅうようのしょしな【飼蚕中入用の諸品】 47②97
かいこのはんえい【蚕の繁栄】 35①99
かいこのりじゅん【蚕の利潤】 13①119/18①85
かいこば【蚕場】→C
18②251
かいこふさく【蚕不作】 35①119
かいこをかう【蚕を飼ふ】→A
18①89
かいさい【皆済】→F、R
43①93/46②135,139/61①51
かいしゃ【会社】 53⑤297
かいしょ【会所】→R
14①34,35,38,101,337,340
かいじょう【海上】→D
5①190/53④249
かいぞめ【買初め】→N
25③260
かいだいずいったんのとりたば【飼大豆一反ノ取束】 19①140
かいちん【飼賃】 34⑥150
かいつみそうろうふね【買積候船】 58①29
かいて【買手】 4①144/11①60/42①31,38/49①76/67④169/69②310
かいととのう【買調】 8①164
かいとり【買取】 3③128
かいはつ【開発】→A、D
3③160
かいばりょう【飼ば料】 21④192
かいもとめ【買求】 8①163
かいりょう【飼料】→I
21④191
かえしろ【替代】 4①93
かえち【替地】 36③208
かえりに【帰荷】 30①83,116
かえりりそく【返り利足】 63⑧428
かかしかたづけ【案山子片付】 24①151
かかりもの【掛り物、懸物】→R
14①83/45①43/46③188/53④238,239
かきいれ【書入、書入れ】 29①21/63③141
かきいれかし【書入貸】 2②161
かきいれもの【書入物】 2②164
かきかえ【書替】 28②281
かききゅうせん【掻給銭】 46③193
かきとりしゅうのういっさいのてま【かき取り、収納一切の手間】 21③151
かきはなし【かきはなし】→A、C
42①37
かくだま【角玉】 45⑥293
かくつつみ【角包】 45⑥293
かけあい【懸合】 3④365
かけがかり【かけがゝり】 28②257
かけきん【かけ金、掛金】 36③297/42③178,⑥423
かけぎん【かけ銀】 39⑥341
かけごえつもり【かけ肥積り】 8①156
かけさく【懸作】 6①82/9③255,256/11②103
かけさくしよう【懸作仕様】 9③296
かけさくのきめ【懸作之究】 9③254
かけだい【かけ代】 41⑤250
かけとりさいそく【掛とり催促】 2②164
かけふだ【掛札】 50①37
かけぼしとくまいのつもりがき【懸干徳米之積書】 7①86
かけめ【かけめ、かけ目、掛ケ目、掛目、掛匁、懸め、懸目】→X
9①129/11②108,⑤254/44②102/50③275,④306/53①16,17,19,29,35,②100,115,130,131/61⑩456/70③228
かけものひょうぐだい【掛ケ物表具代】 44①44
かけわたし【かけわたし】 28②257
かけをとる【掛をとる】 36③190
かこいぐさ【囲草】→B
56①214
かこちん【水夫賃】 57②220
かごにんそく【籠人足】→M
65③277,278
かこへこころづけ【水主へ心付】 50①102
かざいしょくじどうぐ【家財喰事道具】 22④283
かさく【過作】 7①56,70/14①52
かさくせたいどうぐ【家作世帯道具】 22④294
かさくとりたて【家作取建】 1①39
かさくりょう【家作料】 64④301
かさだい【傘代】 43①8,29,33,37,39,40,77,92,93,95
かさだい【かさ代、笠代】 9①55/24③268
かさなおしだい【傘直し代】 43①94
かさなりり【複り利】 2②160
かしうり【貸売】 2②164
かしかた【貸かた】 9①94
かしかたのさいそく【貸方のさいそく】 9①135
かしぎんざ【かし銀座】 44②112
かじし【加持子、加地子】 16①279/23④187/29①19,51,69/42⑥400,401,402,438,439,440,442,444,445/67⑥291
かじしまい【加地子米】→こさくまい
42⑥402
かしつけ【貸附】 61⑨275,381/63③109,112,113,114/67⑥294
かしつけきん【貸附金】 63③115
かしつけせん【借付銭】 33⑤264
かしつけもときん【貸附元金】 64③175
かじのちんむぎ【鍛冶ノ賃麦】 32②323
かじのてま【鍛冶の手間】 10①118
かす【かす】→B、E、I、J、N、X
68②267

かすだい【かす代】 41⑤252
かせ【かせ、綛】→N 14①333,336
かせぎ【かせき、稼】→A、M 4①34/25①84/36①60,61/38③154/39④193,⑤268,286/50③247/58③124,126,127,130,131,185,④247,250,251,252,253,254,255,256,257,258,259,260,261/68④408,416
かせぎのじょえき【稼の助益】 50①113
かせぐ【稼】 50①43
かせだい【綛代】 14①335,337
かたあらし【片荒し】→A 37①38
かたぎりもの【かたきり物、かた切物】→A 21③146,147,151,152,153
かたげさく【片毛作】→りょうけのさく、りょうもうづくり 24①117/28①15
かたびら【かたひら】→N 41⑤251
かためうり【かため売】 28②211
かためよせ【片目よせ】→A 23⑤284
かたや【片家】 66⑧406
かちょうまい【加調米】 29③203
かちょうまいだい【加調米代】 29③260
かつお【かつほ】→J、N 41⑤251
かつおざ【鰹座】 8①132
かっぷ【割賦】→R 46②138,149,150
かどなし【無門者】 66⑧407
かないてまつぶしりょう【家内手間潰料】 21③169
かないものてまつぶれぶん【家内者手間潰れ分】 21④187
かなえかけ【叶掛】 34⑤109
かなざわせんこうざ【金沢線香座】 49①86
かなりちん【かなり賃】 9③260
かなりてま【かなり手間】 9③259
かね【かね、金】 5②231/28②259/39⑥343
かねがしぜにうけ【金がし銭受】 2②160
かねだか【金高】 53②99
かねめ【金目】 62⑨338
かねもうけ【金もふけ】 67⑥299
かばい【加陪】 19①208
かびかり【かび刈、穎刈】→A 19①41,②315
かびかりまし【穎刈増】 19①213
かぶ【株】→N、R 46②138
かぶざ【株座】 49①153
かぶしろ【株代】 24①11
かぶすぐよみ【かぶすぐよみ】 28②211
かぶのもの【下部の者】 25①65
かぶもちぬし【株持主】 49①153
かぶよみ【かぶよみ】 28②211
かぶらいったんとりこう【蔓草一反取考】 19①118
かぶんのり【過分の利】 12①360,362,365,375
かべかり【かべかり】 19①41
かぼく【家僕】 5①7,29,84,191/6①60,166,202,204,214/24③263/27①142,236,261/42⑥397
かぼくだんじょ【家僕男女】 27①256
かまだい【かま代】 28①35
かまたき【釜焚】→K、M 30⑤403
かまて【鎌手】 30①82,115
かまどをたおす【竈をたをす】 18①102
かみがたのそうば【上方の相場】 50①111
かみすきのもうけ【紙漉の儲】 14①264
かみのりぶん【紙の利分】 14①30
かみふだ【紙札】→B 1③273
かみをすきてりをうる【紙を漉て利を得る】 14①399
かややにゅうよう【茅屋入用】 24③330
かよいちょうだいせん【通表代銭】 27①217
かよいぼうこう【かよい奉公】→ほうこう 28②131,258
からいもいったんぶんてかずのつもり【唐芋壱反分手数之積】 29④295
からかたうりわたしねだん【唐方売渡直段】 50④315
からかたかいわたしねだん【唐方買渡直段】 50④303,310,313,317,318,319,323
からこき【からこき】 23⑤284
からさおうち【連枷打】→Z 30①115
からじり【軽尻】 61⑨274/62②38
からまるけ【から丸け】 63⑤297
からもの【唐物】 36①36
かり【刈】→A、W 29②145
かりあげてまちん【苅上ケ手間賃】 9③283
かりいねもちはこびちん【苅稲持運賃】 9③283
かりいれ【借入】→A 67③132
かりかま【かりかま】 41⑤250
かりぎん【借り銀】 28①66
かりぜに【借り銭】 31③120
かりたば【刈束】 62⑨346
かりてま【刈手間】 62⑨384
かりとりいれのてま【刈取入の手間】 21③152
かりふ【刈夫】 30①64,70,106,107
かりまし【刈まし】 42①56,58,60,61,62,63,66,67
かりもの【借り物】 29③194
かりわけ【刈り分ケ】 67⑥272,291
かるいざわまでのだちん【軽井沢迄ノたちん】 24③323
かわおろし【川下シ】 46②150
かわぎしばのえんきん【川岸場の遠近】 22①55
かわくだり【川下り】 61⑨327
かわさげ【川下、川下け】 36③215,216,217,218,284
かわすな【川砂】→B、D、I 56①213
かわせ【為替】 35②412/62⑦185
かわせてがた【為替手形】 35②413
かわせりそくきん【為替利足金】 35②412
かわどべかきいれちん【川泥かき入賃】 9③281,291
かわはぎちん【皮剥賃】 53④239
かわむきちん【かわむき賃】 40④338
かわらしさくだい【瓦師作代】 64②140
かわらだい【瓦代】 64②140
がんきん【元金】 21③171,172/63③115/64③176
かんさく【間作】→あいさく(間作)→A 31④220
かんしゃしめこ【甘蔗〆子】→M 30⑤403
かんしゃできかんめ【甘蔗出来貫目】 30⑤405
かんじょう【勘定】→R 36③163,210,217,336/38④235,249,250,264,275/40③246/42②92,93,95,96,117,118,⑥373,384,394,430/46③191,193,194/47②105/50①42/53④228,233/59④388/62⑥150/63②87,③110,111/65③225/66①62/69②289
かんじょうちょう【勘定帳】 36③162
かんじょうのさしひきあい【勘定之差引合】 9③285
かんとうのそうば【関東の相場】 50①111
かんぴょうだい【かんぴよふ代】 9①162
かんめ【貫目】→W、X 36③217
がんり【元利】 21③174/30③234/33②108,112,114
がんりすます【元利済】 65②104

【き】

きいとあらためかいしゃ【生糸改会社】 53⑤295,358
きこくだい【キコク代】 40④298
きずきやく【築役】 30①64,67,106
きせるだい【煙管代】 21④186
きだか【木高】 46③191
きぬし【木主】 46③193
きばだい【木ば代】 21④190
きばなうり【生花売】 18②272
きびいったんのとりこく【黍一反ノ取石】 19①146
きめしょうもん【極証文】 36③216
きゅうきん【きう金、給金】 3④276,277/21③142/22①66/23⑥304,341/36③184/38④249,250,275/40①12/42②86,109/63③98/69②288
きゅうぎん【給銀】 4①277/5③249/28②162,258,271,278,279/29①17,18,19/41②41/43③244,264/45③143/49①41/67④185
きゅうじゅうめのしょう【九十目の正】 49①73
ぎゅうばだいきん【牛馬代金】 22①66
ぎゅうばのうりかい【牛馬の売

買】 31③123
ぎゅうばのかよいじ【牛馬の通ひ路】 22①27
きゅうふち【給扶持】 9③240
きゅうぶん【給分】 18①58/28①35,②148
きゅうまい【給米】→R 27①263,310/36③335/41②41/43①49,80/64④301/67④184
きゅうまいきん【給米金】 25①85
きゅうまいぎん【給米銀】 67④185
きゅうりいったんのかぶすう【胡瓜一反ノ塊数】 19①113
ぎゅうりょく【牛力】 30⑤395,403,412
きりちん【伐賃】 14①83/53④238,239,240
きりでま【切手間】 5①19
きりひき【切引】→R 38④271
きわたいったんとりめ【木綿一反取目】 19①124
ぎん【銀】→B 4①93,130,277/5①108,143/7①87/28①42/32①189
きんぎん【金銀】→B、N 33②101/36③169
きんぎんかえしよう【金銀返用】 22⑥364
きんぎんせん【金銀銭】 27①254
きんぎんのついえ【金銀の費】 10②342
ぎんさつ【銀札】 1③273,274/9③280/43③254,255,259,265,266/44①13,19,44,53,②106,110/47⑤275/67③135,⑤218,219,220,223,225
きんしゅ【金主】 21⑤228
ぎんしゅ【銀主】 1①26/31②73
きんす【金子】 21②106,127,134,⑤223,224,227,228,231,232/35①198,200/36③246,305/37②115,119,③380/39⑥343/42③175,176,178,188,⑥370,379,382,384,388,391,399,401,406,410,415,419,423,431,440/43①16,25,29,30,39,43,46,47,50,54,62,67,74,77,87,88,95,③247/45①48/46②133,135,156/49①141/61⑨285,325,372/63②86,87,88,89,③99,109,112,113/64①45,52,55,②117,③172,④283/66②104,106,107,109,110,⑤286,287/67①29,34,35,36,37,⑥307,310
ぎんす【銀子】 5④315/34⑧313/43②174/44①13,53,57/47⑤255,257/66③156/67④175
きんせん【金銭】 3③133,134,177,180/7①73/21⑤214/36③155/67⑥274/68④395/70②70
ぎんせん【銀銭】 31④212,213,224
きんせんふまわり【金銭不廻り】 21④205
ぎんだか【銀高】 11①15,31/57①10
ぎんだかのもくろく【銀高之目録】 41⑤250
ぎんなおし【銀直し】 47②105
きんのう【金納】→R 25③286
きんのうねだん【金納直段】 25③286
きんのそうば【金の相場】 28②257
きんのとりひき【金の取引】 28②257
きんぱくだい【金箔代】 49①77
ぎんめ【銀目】 44②140/45③167/69①118
きんめち【金目地】 2①68

【く】

くいものばんのげじょ【喰物番之下女】 29②152
くぎのだい【釘之代】 64②139
くさあらし【草あらし】 11⑤277
くさかり【草刈】→A、Z 63⑤297
くさかりにんぷ【草刈人夫】 46③189
くさかりわらわ【草刈童】 4①277
くさぎり【草切、艸切】→A 23④188,190,191
くさきりかぶ【草切株】 23④191
くさぎりというめいもく【草切といふ名目】 23④188
くさぎりのじんりょく【草切之人力】 29③236
くさぎりのなまえぬし【草切の名前主】 23④191
くさてにんそく【草手人足】 14①114
くさとり【草取、草取り】→A、B、Z 21③146,147/56①163,213,214
くさとりてま【草取手間】 22④216/63⑤297
くさとりにんぷ【草取人夫】 46③188
くさとりふ【草取夫】 30②188
くさとりぶん【草取分】 21③151
くさわらだいぎん【草藁代銀】 67③134
くじらぐみ【鯨組】 58⑤284,289,362,365,367
くすりだい【薬代】 43①58
くすりといや【薬問屋】 14①322
くちあい【口合】 33②133
くちいれ【口入】 44①51,53
くでま【工手間】 16①214,217/22③169
くみあいたうえ【組合田植】 9①72,76
くみあけ【組あけ】 58⑤362,365
くみがしらへおさめものてかず【組頭へ納モノ手数】 24①152
くみかぶ【組株】 46②134,136,138,139,142
くらおさめまい【蔵納米】 36③215
くらしき【蔵敷】 52⑦317/63①40
くらもの【蔵物】 14①134
くらもみ【蔵籾】→R 24③326,327
くらやど【蔵宿】→R 36③218/52⑦317
くり【くり】 14①333,335,336
くりあわせ【操合】→A 37②112,123
くりいとだか【繰糸高】 53⑤295
くりだか【繰高】 53⑤296,305,306
くりてま【操手間】 14①331
くるまいちりょう【車壱輌】 30⑤403
くるめやすし【くるめ安し】 41②50
くれかえし【くれ返し】→A 20②395
くれもの【くれ物】 24③267
くろきずき【坑築】 30①107,108
くろきり【くろ切】 20②395
くろくのひゃく【九六ノ百】 48①196
くろくひゃくもん【九六百文】 48①202
くろとり【くろ取】 20②395
くわ【くわ、鍬】→B、Z 22④282,289
くわいち【桑市】 24①76
くわいりたか【桑入高】 47②104
くわうりだい【桑売代】 43①38
くわがしら【鍬頭】→X 38②85,86
くわだい【桑代】 47②105
くわだいぎん【桑代銀】 35②314
くわつみちん【桑摘賃】 35②281
くわつみてま【桑摘手間】 35②281
くわとり【鍬取】→A、X 38②84,86
くわにゅうようだか【桑入用高】 47②103,105
くわねだん【桑直段】 61⑩444
くわのやくせん【桑の課銭】 18①100
くわはあきない【桑葉商イ】 24①76

【け】

け【毛】 67④176/70④270
けいえい【経営】 36①66
けいちょうきん【慶長金】 66②114
けいちょうきんぎん【慶長金銀】 66②114
げおかだ【下岡田】 18④413,414,416,417,418
げおりのさんとう【下織の算当】 14①335
げげおかだ【下々岡田】 18④413,414,416,418
げげなん【下々男】 34⑥124
げげのくりあわせ【毛々の繰合】 11②117
げさく【下作】 4①178,179/6①206/9③254,255,256,259,288,290,291,295/19②355,356/28①56/36③272/69①32
げさくじぶんてまつもり【下作自分手間積】 9③260
げさくたちみ【下作立見】 9③291
げさくたちみちん【下作立見賃】 9③291
げさくにん【下作人】 9③239,254/23④191/63③98,125,141/65②123

げさくにんさくりょう【下作人作料】 9③284,292
げさくのうけぐちごかじょう【下作之受口五ケ条】 9③255
げさくのさくりょう【下作之作料】 9③256,289
げさくのとくまい【下作之徳米】 9③255
けしいったんのとりこく【罌粟一反ノ取石】 19①134
げじき【下直】→したね 5①45,163,③270/9①72,81,③264/11④174/15①74/21②108,③149,④203,205/22①14,15,⑥365,382/25①29,73,94/27①94/28①53,②126,182,259,260,277,④357/29③203,215/31④155/33①47,②115,127/35①57,143,②357,366/39③154,155/54①303/62⑦188/68②264,265,266
げしまいったんのつもり【下縞壱反之積り】 14①333
げじょ【下女】→ほうこうにん 3③175/4①277/5①180/8①21,37,159,177,179,201,205,214,215,216/9①9,16,31,33,34,38,51,55,56,58,60,65,66,76,77,78,81,84,87,94,99,103,110,111,121,125,129,130,132,146,147,153/15③353/24①11,35/27①247,300,303/28②138,259,④357/31②66,79,86,87,③113,121,123,126/36③224,316,335/38②84,86,④236,248,249,258/40①12/42③150,159,196,④242,248,265,⑥423,442,445,446/43①17,②125,142,208,③237,264/45③143/49①157,158/62⑨393,397,398/63①55/64④302/67④184,185
けしょうかなものだい【化粧鉄物代】 64②139
げじょきゅうまい【下女給米】 25③287
げじょでがわり【下女出代り】 43③244
けずり【けづり】→A 23⑤283
けっさん【決算】 44①16,21
げでんいったんぶ【下田壱反歩】 21④198
げでんいったんぶぶん【下田壱反歩分】 21③144
げなん【下男】→ほうこうにん 3④277/8①158,159,177,202/9③240/15③353/23④164,⑥300,303,304/24①16,103/25③260,287/36③163,224,310,316,319/38②85,④236,248,249,258/42③159,179,198,⑥423/43①17,②125,132,147,208,③265/45③143/61⑨314/66⑥336/69②288
げなんきゅうまい【下男給米】 25③287
げなんげじょ【下男下女】 24①139,144
げなんにょ【下男女】 3④276
けにん【家人】→ほうこうにん 5①138
げにん【下人】→ほうこうにん 2①25,68/4①9,277/5①8,14,174,175/6①70,166,214,②271/7①72/8①179,203,206/10①9,15,141,180/12①49,50,152,157/13①259,264,345,346/16①126/17①159,179/22①50,68/23⑤272,⑥303,304/24①102,122,③274/25①135/28①37,②132,133,169,172,210,213,226,250,258,266,278,280,③323,④330,343,344/29①22/30①77,117/31②66,69,75,84,86,87/37③361/38②83,85/41⑤238,239,255,256,258,⑥277,278,279/42③172,④240,248,254,255,257,258,260,261,277,280/44③202,203,217,229/46③197/61①28,37/62⑧257,⑨304,397,398,404/66⑦362/67④169,184,185
げにんいしょうだい【下人衣裳代】 34⑤107
げにんいれかわり【下人入替り】 40③246
げにんしょざっぴ【下人諸雑費】 34⑤107
げにんてまならびにしょざっぴ【下人手間幷諸雑費】 34⑤106
げにんのきりまい【下人の切米】 62⑨397,399
げにんのでがわり【下人の出代り】 24①148
げはたいったん【下畑一反】 35②283,287
げはたいったんぶさつまいもさく【下畑壱反歩さつま芋作】 21③148
げびゃくしょう【下百姓】 4①170,171,173,182,238,280/37②114/62⑨401/64⑤339,360,361
げふ【下夫】→ほうこうにん 10①171/23⑥303
げぼく【下僕】→ほうこうにん 6①211,215,238
けらい【家来、家頼、家礼】→ほうこうにん→R 1①116/2①135,②157/5①14,15,42,52,57,60,69,84,161,164,177,178,179,180,181/9①9,11,12,16,24,34,55,56,60,65,77,78,81,94,95,115,125,130,143,144,145,146,147,148,149,150,151,152,153,155,157,160,163,168/25①36/27①208,237,238,247,257,318/31③125/36③169,182,184,192,206,222,223,235,238,240,244,248,252,260,273,277,311,316,327,335/38④238,239,255,258,267,278,289/40②65,66/41⑦334/42⑤334/44①34,36/64④253,258,266,282,293,303,306
けらいげじょ【家来下女】→ほうこうにん 9①15,154,161
けらいのきゅうまい【家頼の給米】 36③335
けるい【家類】 27①249
げんぎん【げんぎん、現銀】 35②408,409,410
げんぜに【現銭】 31③120
げんぶんぎん【元文銀】 49①124
げんぼく【減木】 46③193
けんやく【倹約】→N 5①59/10②332

【こ】

こあきない【小商、小商ひ】→M 62⑦184/68②265,④395
こあぜとり【小アゼトリ】 24①151
こいいっさいだい【こひ一切代】 21④202,203
こいごしらえ【こひ拵へ】 21④199
こうえき【カウエキ、交易】 1②203/4①237/5①190/7①73/31④220
こうか【高価】 3③108,④368/25③286/33②119,⑥333/68③320,321,339,④399,400
こうかいね【耕稼稲】 4①214
こうかねんちゅうぎょうじ【耕稼年中業事】 4①9
こうきん【甲金】 23⑥322
こうぎん【高銀】 10②328,329
こうげ【高下】 8①162,163
こうさく【高作】 5③248
こうさくじんばにゅうよう【耕作人馬入用】 2③260
こうさくちょう【耕作帳】 2②155/21①38
こうさくちょうしだい【耕作帳次第】 21①36
こうさくてま【耕作手間】 17①86
こうさくのてま【耕作の手間】 23①38
こうさくひとてま【耕作人手間】 2③262
こうじいれちん【こふじ入ちん】 9①136
こうじき【高ぢき、高直】→たかね 5③270/7②351,359/11④174/18①89/21②108,④184,191,203,207/22①14,67,⑥363,364,365/25①39,91,130/27①263/28②274,④338/29③215/31①23,③120/33②101,132/35①57,143,②344/36①66/38③140/62③71,⑦188,209/68②264,265,266/69①51
こうじきなるもの【高直なる物】 13①123
こうじきのうまだい【高直之馬代】 21④192
こうせん【口銭】 53②135/58②96
こうぞ【楮】→B、E、F、N、Z 38①22/53④239
こうぞのだい【楮の代】 14①52
こうぞのり【楮の利】 13①123/18①89
こうり【高利】 23④190/25①86/36①65,②128,③332
こうり【小売】 42①38/50①42/67⑥303
こうり【厚利、高利】 3①21,54/5③270,281/12①346,362,390/13①35,46,48,101
こうりあるもの【厚利ある物】 12①210
こうりがし【高利貸】 63①40
こうりかた【小売方】 52⑥253
こうりねだん【小売り直段】 49①23
こうりのもの【厚利の物】 3①15,16,18,19,22,25/12①374/13①74,282,286,295
こうりょう【高料】 56②269,270

こうりょく【合力】 32②323/36③275/43③246,251,252,253,257,258,267,268,269,270/44①22,26,33,43,45/63①45/64⑤350/66②91/67①29,30,31,33,34,35,36,37,39,40,41,56,63,64,65/69②180,252

こうりょくにん【こふろく人、合力人】 9①67,114/44①25

こうろうのじんりょく【耕労の人力】 30①97

こえいっさいのだい【こえ一切ノ代】 21④200,201

こえかけ【こゑ掛、肥カケ】→A
23⑤283/24①151

こえがね【こへ金】→こやしだい、こやしにゅうよう、こやしもといれ、こやしもといれりょう、こやしりょう
62⑨394

こえくばり【糞クバリ】→A
24①150

こえそん【こへ損】 21①32

こえだい【こえ代、こへ代、肥へ代、肥代、糞代】 5①25/21③147,148,149,151/23⑥301,322/24②239/28①33,38/29③250/30④351/41②79/62⑨339

こえだいきん【肥代金】 67①34

こえだいぎん【肥代銀】 7①83

こえのいんずう【肥の員数】
22①51

こえのついえ【糞ノ費】 5①135

こえものだい【肥物代】 27①62

こえもりちょう【こゑ盛り帳、こゑ盛帳】 23⑥314

こえようい【糞用意】 4①171

こおり【箇】→W
45⑥295,329/48①50,201/49①72

こがい【コガイ、こがい、蚕飼、養蚕】→さんぎょう、さんしょく、さんよう(蚕養)、ようさん→A、M
16①36,142/22①57/24①27,30,47,49,54,76/35①20,22,23,36,119,240

こがい【小買】 29②139

こがいする【蚕】 18①106

ごかいどう【御廻銅】 1③282

ごかいまい【御回米、御廻米】→R
36③201,215,216,245,283,284

こかたでいり【小方出入】 36③207

こかたや【小片家】 66⑧407

こがみいちまいのまゆめ【蚕紙一枚の繭目】 35②322

こぎうちとるてま【こき、打取手間】 21③152

こぎてま【こき手間】 28④344

こぎとり【こき取】→A
21②119

こぎとりてま【こき取手間】
21④193

こぎのぼる【漕キ登ル】 32②317

こぎり【小ギリ、小切】 24①150,151

こきん【古金】 49①139

こぎん【古銀】 49①124

こく【石】 20①100,111/24③290,291,306

こぐ【こく】→A
20②396

こくさんのかんべん【国産の勘弁】 14①218

こくし【穀子】→E
12①72

こくすう【石数】→X
69②232

こくそうば【穀相場】 21②108/67⑥272,274,275,288,309/69②289

こくだか【石高】→R
3④310

こくどり【こく取、穀とり、穀取、石取】→X
3③154,161,162,163,164/18⑤465,466/19②386,387/22④220,221,228,232,241,242,245,262

こくどりおおつもり【石取大積】
2③262

こくもつそうば【穀物相場】 3④276/66③149/67⑥265,269,278,285

こくもつとりおさめのいんずう【穀物取収の員数】 22①50

こくるいそうば【穀類相庭】
67④174

ごごうずり【五合すり、五合ずり、五合摺】 22①33/24③298,315/37②186

ごごうずりもみ【五合ずり籾】
24③344

ごごうびき【五合引、五合挽】
61②81,101

ごごうびよう【五合びよふ】 9①81

こさく【小作、承細】→したさく→M
6①88/14①409/23④161,162/24③327/25②185,③260,271,286/27①23/34⑧314/36③208,223/38④250,271,275/39④230/42③156,192,195,④281/67⑥284

こさくあずけまい【小作預ケ米】
67⑥272

こさくいりつけ【小作入付】
25②195

こさくいれ【小作入】 24③326

こさくおろし【小作おろし】
36③170

こさくおろしまい【小作おろし米】 36③330

こさくかた【小作方】 63②87

こさくかんじょう【小作勘定】
43②209

こさくだ【小作田】 42③152

こさくちょうめん【小作帳面】
38④235

こさくとりたて【小作取立】
38④273

こさくにん【小作人、佃人】→したうけにん、したさくのもの
3③116,117,125,126,128,129,156,160,161,162,163,165,181,186,188/23①107,③156,④164,166,188,191,192/24①62/25①80/36③330,331,332/38④249,267,281/63①44

こさくねんぐ【小作年貢】 38④267

こさくねんぐきん【小作年貢金】
25①83

こさくのこりまい【小作残り米】
42③155,163,205

こさくのもの【小作のもの、小作之者】 25②196/39④218/67⑥291

こさくはん【小作判】 42③153

こさくはんとり【小作判取】
42③151

こさくひきかた【小作引方】
67⑥291

こさくへいりつけ【小作へ入付】
25②190

こさくまい【小作米】→かじしまい、さくとくまい
36③210,231/38④267/42③158,164,198

こさくまいおさめ【小作米納】
36③330

こさつ【小札】 43①47

こさんのもの【古参の者】 36③335

こしいれまい【越入米】 44①42

ごしかえ【五四かへ】 44②172

こしこく【越石】 63②85

こしこくまい【越石米】 36③331

こしつ【故実】 34⑤107,108

ごじっけんひとり【五十間一人】
23⑤271

ごじっこくいじょうのたか【五十石巳上の高】 23④164

こじぬし【小地主】 23④190,191,192

ごじゅうさんしゅく【五十三宿】
66⑥345

ごじゅうめかえ【五十目替】
49①72

ごじょうまいつけうまかたへぶせん【御城米附馬方へ夫銭】
24③323

こしらえてすう【拵へ手数】
24①150

こぜに【小銭】 43①15,25

ごせひとり【五せ壱人】 23⑤270

こぞのちょう【去歳ノ帳、去年ノ帳】 5①57,87,154

こだか【小高】 18②288

こだかこさく【小高小作】 4①203

こだかのひゃくしょう【小高の百姓】 25①135

こづかい【小遣ひ、小夫】 21⑤232/24③322,323

こづかいぎん【小遣銀】 29②159

こづくり【小作】→A
39①29

こづくりのいえ【小作りの家】
27①180

こっぱいたきれうんちん【木端板切運賃】 64②140

こてぎり【小手切】→A
63⑤296

こてんまぶねだい【小てんま舟代】 59④378

こども【子供】→N
30⑤403

こなしてまちん【こなし手間賃】
9③283

こなとり【粉取】 22①59

こにしゅ【小弐朱】 42②90,91,94,109,111,114,117

こにっきちょう【小日記帳】
44①41

ごはいしゃく【御拝借】→R
63④183,188,191,199,204,206,215,219,222,230,235,237,246,250,253,254,255,263

こばさくとく【木庭作得】 32①160

こびゃくしょう【小百姓、小百性】 7①67,73/9③242,264/18③354/22①42,63,67/25①24,51,85,86,88/28①64/29③194,205,207,216,218,244,263,265/34⑧317/36③158,159,274/41③185/61①34,③133/64①48,49,57/67①65/69②226
こびる【小昼】→N 47②105
ごぼういったんとりたば【午房一反取束】 19①112
ごま【こま、胡麻】→B、E、I、N、R、Z 19②303,307,310,317,320,328,332,335,341,347
ごまいっせぶんてすうのつもり【胡麻壱畝分手数之積】 29④298
ごまいったんのとりこく【胡麻一反ノ取石】 19①141
こまえ【小前】 14①141/15①63/18②256,284/23④165/24①50,②235/28①60,②244,249/36③167,308/46②150/49①94/63②89,③99,142,④257,259,262,263/66⑧392,395,397,402,407,409/67②98
こまえしゅう【小前衆】 63①43
こまえののうか【小前の農家】 3①17
こまえのひゃくしょう【小前の百姓】 14①355
こまえのもの【小前の者、小前之もの、小前之者】 23④162/33②133/58①29
ごまさく【胡麻作】 19②344,351
こまどうぐにゅうよう【こま道具入用】 28①36
ごまのあたい【胡麻之直】 19②338
こまものしちしな【小間物七品】 24①102
こまわりふだ【小廻り札】 63③129,130
こみせ【小ミセ】 1②162
こみぞさらいとうまでのぶん【小溝さらひ等迄ノ分】 21④193
こむぎ【小麦】→A、E、I、N、Z 19②320,335,344/22⑥363,364,365,367,381,383,385,386,393,399/38②84,86,87/41⑤251
こむぎいったんのとりこく【小麦壱反ノ取石】 19①137
こむぎさくいれ【小麦作入】 22②126,127,128
こむぎだい【小麦代】 41⑤261
こむぎのつくり【小麦の作】 1③269
こめ【米】→B、E、I、N、Z 2③261,262/22④281,287,291,292,⑥364,365,366,367,368,381,382,385,386,393,399/41⑤251
こめあがりかた【米上り方】 11④185
こめあがりだか【米上り高】 11④169,182,183,185,186
こめいっこくつくりそうろうにゅうよう【米壱石作候入用】 28①47
こめうけとりてがた【米受取手形】 67④174
こめうんそう【米運送】 2③261
こめきれ【米切】 42①38
こめこしらえいっさいのてま【米拵へ一切ノ手間】 21③143,145
こめさび【米籭】→A 30①84,85
こめすりすくなし【米すり少し】 21①32
こめそうば【米さうば、米惣場、米相場】 21④206/35①191/38④233,234/42①29/62③71/66②92/67⑤220,224,⑥279,295,297
こめだい【米代】 41⑤257,261/43①67/44②119
こめだいきん【米代金】 63③111/66②107
こめたかね【米高直】 9①72/28①64
こめつきついえ【米搗費】 41②131
こめつけ【米付、米附】→A 42②109,③157,158
こめでき【米出来】 4①59/27①173,273,281,285
こめとりだし【米取出し】 17①85
こめぬかつもり【米粃積り】 51①39
こめねだん【米値段、米直段】 1①23,25,③275/25③276/36③228,335/42①29,35,38/44①37
こめのあたい【米の値】 19②310
こめのうりはらい【米ノ売払】 38④265
こめのそうば【米の相場】 28①43
こめのねだん【米の直段】 11⑤257
こもだい【こも代】 24③322
こもの【小者】→N、R、X 8①159,195,196,203,209,258/24①148
こものいちばんぬき【こ物一はんぬき】 23⑤284
こものつみ【こ物つみ】 23⑤284
こものとりいれ【小物取入】 23⑤284
こやし【こやし、肥、肥シ】→A、I 38②84,85,87
こやししいれりょう【壌仕入料】 9③251
こやしきん【こやし金】 63②88
こやしだい【こやし代、肥シ代、肥し代、屎代、壌代】→こえがね 6②271/9③284/14①137,409,410/23⑤284/29②158,③260/30④350,352/62⑦193/63⑤297
こやしだいぎん【肥し代銀】 29③260
こやしだいずだい【肥し大豆代、肥大豆代】 22④281,289
こやしだいまい【糞代米】 29②157
こやしだいりぎん【肥シ代利銀】 30④352
こやしてあてつもり【肥手当積】 18④413
こやしてま【肥し手間】 61②90
こやしとりくばりだちん【こやし取賦り駄ちん】 46③188
こやしにゅうよう【糞入用】→こえがね 4①109,115,118,277
こやしはこびてま【肥し運ひ手間】 63⑤297
こやしもといれ【肥シ元入、壌元入】→こえがね 9③254/30④353
こやしもといれりょう【壌元入料】→こえがね 9③279,292
こやしりょう【肥し料】→こえがね 14①114
こやろう【小野郎】 69②288
こよう【雇用】 31⑤279
こらいのでんち【古来之田地】 41②49
こわり【小割】→K、N 56①213

【さ】

ざい【財】 3③125/5③251
ざいもくだいりょう【材木代料】 57②169
さいもんのいち【西門の市】 35①206
さいようううりはらいぎん【採用売払銀】 57①28
さいようううりはらいだいぎん【採用売払代銀】 57①29,30,32,33,34,35,37,38,39,42,44,46
ざいり【財利】 3③111
さえんつくり【さゑん作、さゑん作り】 39⑥327,336
さおとめ【五月女、早乙女、早苗女】→X、Z 21②119/36②114/38④257/41②64
さおとめせん【五月女銭】 21④206
さおとめゆい【五月夫婦ゆひ】 19②407
さかだい【酒代】→N 44①57/62⑦193/64④258
さかだいわり【酒代割】 42②110
さかだいわりあい【酒代割合】 42②114
さかて【酒手】→N 24③323
さかなだい【肴代】 29①21
さきうり【先うり】 10②376
さきがねうり【前金売】 35②414
さきぜに【先銭】 28②211
さきん【砂金】→B 56①111/58①34,35,38,39,40,42,46,48,49,50,51,52,57,60,62
さくあずけ【作預】 28④343
さくあれ【作荒】→X 1①44
さくいれ【作入】→A 22②121,125,126
さくえき【作益】 41⑦315,335,342
さくおとこ【作男】 23④194
さくかた【作方】→A、E、X 38④271/39⑥351/40②118,172,③217,218/44①17/45⑥291/61①30,38,42/62⑨321,394,403/66④205/67②110
さくこ【作子】 64⑤361
さくしかた【作仕方】→A 65②121,125
さくだか【作高】 4①171

さくとく【作得、作徳】 2③268,269,270,271/10②317,320/11②102,107/13①348,349/14①409,410/19①207,②359/21②105/22①37/23⑥305/25①80/29③192,202,203,260/31②70,④221,222/32①111,125,129,174,177,180,182,184,186,188,193,194,204,②298/33②110/34⑧293,294/37②155/38①9,14/40④315/41③185/61④157/62⑨373/64⑤334,336,337,338,348,349,350,351,354,355,360,361/65②83/67⑥292/68④416
さくとくいりつけまい【作徳入付米】 25③286
さくとくのぶん【作徳の分】 15①22
さくとくまい【作徳米】→こさくまい
22①35/36③163
さくなみ【作なみ】 11⑤257,263
さくにゅうよう【作入用】 28①82/65②83
さくにん【作人】→M
1④326/9①34,36,③265,274,292,295/23④188/33⑤249,256,259/38④249/41②49,50,⑦326/44③202,203,204/65②82
さくにんいちにんまえ【作人一人前】 32①177,196,198
さくにんのとく【作人の徳、作人之徳】 9③242/28①83
さくのにゅうよう【作の入用】 28①51,52,53,54,55
さくひ【作否】 11⑤277
さくま【作間】→D
14①263/38②82/41③185
さくもりちょう【作盛帳】 23⑥315
さくりょう【作料】 9①30,34,③285/44①44/62⑥156
さくわり【作割】 8①91,188
さけあげにんずう【酒揚人数】 24③347
さけいっしょうきって【酒壱升切手】 43③257
さけきって【酒切手】 43③234,236,252,258,267,269,270/44①16,17,50
さけさかな【酒肴】→N
41⑤251
さけじまわり【酒地廻リ】 22⑥386
さけにしょうきって【酒弐升切手】 43③258,272,273
さけめい【酒銘】 43③254,255,273
ささげいったんのとりこく【白豆一反ノ取石】 19①145
さしひき【差引、指引】→A、R
31②84,③123
さつ【札】 43①15,16,39,71,81/44①38/67②99,⑤218
さつきのゆい【皐月の唯諾】 20①316
ざつこくあがりひき【雑石上リ引】 18④419
ざっこくだい【雑穀代】 67①64
ざつじだい【雑事代】 9③284
ざっぴ【雑費】 34⑤107/53④242/68③339,361/69②288
ざつよう【雑用】 29③246
ざつようきん【雑用金】 61⑨363
さとうせいほうにん【砂糖製法人】 30⑤403
さとうできめかた【砂糖出来目方】 30⑤405
さどきん【佐渡金】 70②107
さどせん【佐渡銭】 70②107
さばきかた【捌方】 53②99
さばけくち【捌口】 14①31
さびて【簸手】 30①86
さびふ【簸夫】 30①86
さらしだい【晒代】 53②135
さらしちん【さらし賃】 5④316
ざるがい【ざる買】 42⑤324
さんがく【産額】 45⑤248
さんぎょう【蚕業】→こがい(蚕飼)
35①14,23,98,118,121,162,195,232,237,238,②258,263,264,287,302,314,319,321,333,342,345,368,371,374,379,381,401,402,413,③425,426,438/47②78
さんけのさく【三毛の作】 29①29
さんごうずり【三合すり】 67⑥272
さんごうつき【三合搗】 67⑥287
さんしょく【蚕職】→こがい(蚕飼)
35①253
さんそうのぎょう【蚕繅の業】 35①253
さんでんち【散田地】 19②280
さんでんちょう【散田帳】 43③234
さんとう【算当】 14①113,114,228/47②105/50①43,55,59,69,71,113,②150,169,183
さんときゅうしょういり【三斗九升入】 50①89
さんとはっしょういり【三斗八升入】 50①105
さんとめおりのといや【桟留織の問屋】 14①327
さんとめじまさんとう【桟留縞算当】 14①333
さんにんてま【三人手間】 38②54,57,66,74/42②90
さんにんやく【三人役】 1①88,89/53④216,226
さんねんのあまり【三年の余り、三年の仂り】 3③176,177,178,179,188
さんばん【三番】→A、B、E、I、K、M
38③135
さんばんぐさ【三ばん草】→A
23⑤284
さんばんくさてちん【三番草手賃】 9③282
さんぶつかいしょ【産物会所】 14①67
さんぶのり【三分の利】 13①20
さんめん【算面】 53④229
さんもうとり【三毛取】 19①104,120,121,122,140,141,144,145,146
さんよう【蚕養】→こがい(蚕飼)
14①47
さんよう【算用】→C、K
5①54/22①15/42④264,⑤339/44①39/45①36,50/51①29/53①46
さんようちがい【算用違ヒ】 5①54
さんようちょう【算用帳】 42④233/44①41
さんようつもり【算用積リ】 8①286
さんりんとりたて【山林取立】 36②126
さんりんのり【山林の利】 13①208

【し】

しいやいち【椎谷市】 36③229
しいれかかりもの【仕入掛り物】 45①42
しいれねだん【仕入直段】 21②109
しいれもとねだん【仕入元直段】 50①89,102
じうり【地売】 51①26,27,29,166,167
しえき【仕役】 30①85,86
しえきついえ【仕役費】 30②188
しお【しお】→B、G、H、I、N、Q、X
41⑤251
しおかせぎ【塩稼】 52⑦324
しおがまやく【塩釜役】→R
5④315
しおくりにもつ【仕送り荷物】 61⑨274
しおだい【塩代】 9③284/14①368
しおのだい【塩の代】 41⑥278
じおや【地親】 23④189/38④249/63①44/67⑥291
しかくせん【四角銭】 67⑤222
じかたありものさんよう【地方有物算用】 28①40
じきうり【直うり】 14①39
しきせ【仕着、仕着せ】 2②155/3④277/41⑤251
じきましぎん【直増銀】 50④319
しきものちん【敷物賃】 57②220
しきり【仕切】 50①42/53④229
しきりかんじょう【仕切勘定】 46②149
しきりきん【仕切金】 46②137
しきりさんよう【仕切算用】 45①41
しきりたかね【仕切高値】 45①41
しきりねだん【仕切直段】 14①34
しきりひょう【仕切表】 45①37
しきりもくろく【仕切目録】 35②392
しけいと【絓糸】→N
22⑥364,368,382,387,394,400
じげにんとせい【地下人渡世】 41③186
しげもりまちかみどてまちいち【茂森町上土手町市】 1②210
じごえだい【地肥代】 23③153
しごとのはか【仕事のはか】 15②167
しごとわり【仕事割】 63⑦355
しこみちん【仕込賃】 4①288
しさく【四作】 6①104
ししゅつ【支出】→ついえ
3③102
じじるし【地印】 52⑥254
じしんつくりだ【自身作り田】 27①362
じしんのこむぎ【自身之小麦】 42⑥388

したうけにん【下請人】→こさくにん 23④192
したきよんかだい【下木四荷代】 28①48
したさく【下作】→こさく→A 28④338/31②70/32①42/39①15,⑥339/40④293/43③264,265/47①45/62⑦192/68②264
したさくちょう【下作帳】 44①45
したさくのもの【下作の者、小作の者】→こさくにん 15①54/28②194
したさくぶん【下作分】 31②84
したし【下仕】 36③156
したじごしらえいっさいぶん【下地拵へ一切分】 21④193,196
したね【下値、下直】→げじき→E 1③273/4①124,127,200,201/23⑥301,302/36③223,245,246,284/40④294,331/42①29,31,35/45①40,41,48,49/46②136,137/48①199,200,202,217/49①87,140/51①22,23,25,27,28,29,30/53④224,242/56①216,②270/58①39,42/61⑨279,⑩444/64⑤344/67④181,⑤238,⑥274,275,285,306,307,308,309/69②287,303/70②109,110,111
したびら【したびら】 41⑤250
しち【質】 23④188,190/67④185
しちいれ【質入】 25①85/63②89
しちいれのしな【質入の品】 2②164
しちごうつき【七合つき】 24③297
しちち【質地】 38④276/63④254,261
しちもつ【質物】 25①17,63/43②144/47⑤273/63③112/66②91/67①26,28,38,④175
しちもつほうこうにん【質物奉公人】→ほうこう 31②87
しっきゃくもの【失脚物】 46③188
じっこくもち【拾石持】 5③284
じとうのえき【地頭の益】 14①322
じどうのそんえき【事動の損益】 19①5
しなてくばり【品手くバり】 12①82
じならしならびにこやしもちはこび【地平し并壌持運】 9③281
しなわけ【品分ケ】 2②160
じぬし【地主、地主し】 14①70/15①54/23④162,187,188,189,190,192/25③263,271,272,273,275,280,286,287/28①94/30③300,301/33②101/36③236/44①46/62⑧282/63①49,③111,125/64⑤359/67⑥272,284,291,293/69②228,229
しはい【支配】→A、R 46②134
しはか【為ばか、為果敢】 19②401,406/20①49
しばくさおろし【柴草おろし】→A 9①58,59
しはんあさ【四半朝】 44③243,245
しぶがみつぎだいにんそく【渋紙継代人足】 43①8
じぶんきりだし【自分伐出シ】 53④242
じぶんだ【自分田】 42⑥382
じぶんづかい【自分づかひ】 15③376
じぶんのげじょ【自分の下女】 29②135
じぶんのこむぎ【自分の小麦】 42⑥386
じぶんのむぎ【自分之麦】 42⑥385
しぼく【子僕】 19①206
しぼりかたにんそくてまづもり【絞方人足手間積】 50②169
しぼりだか【しぼり高】 50①55
しぼりちん【搾賃】 48①217
しぼりてちんぎん【搾り人賃銀】 50①71
しぼりやなかま【搾り屋仲間】 50①43
しまいのて【仕舞の手】 27①197
しまもめんそめちん【縞木綿染賃】 29③215
しめうり【〆売】 68③331
しめがら【しめから】→I 22⑥393
しもごい【下ごい】→I 22⑥391,398,399
じもと【地元】→R 9③241,254,255,256,259,260,273,289,290,291,292,295
じもとのとくよう【地元之徳用】 9③290,291
じもとのとくようまし【地元の徳用増】 9③292
じもとのましとくまい【地元之増徳米】 9③289
しもにたつかい【下仁田夫】 24③323
しものもの【下の者】→N 28②206,210,247
しもべ【僕】→R 5①174/6①60/56②292
しもべどもつかわしもの【僕共遣し物】 29②158
しもやど【下宿】 59①18
しもんせん【四文銭】 21③176
しゃくぎん【借銀】 28①50
しゃくざい【借材、借財】 21⑤229/23④163/31②73
しゃくざいせん【借債銭】 27①351
しゃくせん【借銭】 10①12,136/23①42/28①6
しゃくまい【借米】→R 10①12,13/35②414
しゃくようかきいれ【借用書入】 63②86
しゃくようぎん【借用銀】 43③246
しゃくようにん【借用人】 2②164
しゃっきん【借金】 14①410/21②106,119,③158,④182,⑤223,228/23⑥299,302
しゃりき【車力】 35②316
じゅういちのしょう【十一ノ正】 49①73
しゅうがく【収額】 45⑤244,245
じゅうしゃ【従者】 20①312
じゅうどぶんみずとりちんせん【拾度分水取賃銭】 9③291
しゅうにゅう【収入】 3③102
しゅうのう【収納】→A、J、R、Z 21①29,50,③151/22④226,230/23①97,⑥322/39①10,11,13,26,27,30,32,42,43,46,53/45③161,167,168/62⑦192,193
しゅうのうてま【収納手間】 9③284
しゅうのうまでそうてま【収納迄惣手間】 21④201
しゅうのうまでぶん【収納迄分】 21④202
しゅうり【修理】→A、C 5①174
しゅうりだい【修理代】 4①278
しゅうりちん【修理賃】 28②179
しゅく【宿】 63①36,43,49,51,55,57
しゅこうだい【酒肴代】 21④187
しゅこくだい【種穀代】 63④255
しゅじんのた【主人の田】 27①72,361
しゅっこく【出穀、出石】 1①25,26,27,34,43,44,46,51,52,53,54,59,60,62,67,71,78,86,87,92,94,96,98,99,118,119,120,②146/2③267,268,269,270/36①42,43
しゅっさく【出作】→たそんいりさく、でづくりち 14①52
しゅっつ【出津】 57①18
しゅっぴ【出費】→ついえ 3③102
しょう【商】→M、R 49①70,71
じょううけ【定請】 36③223
じょうおかだ【上岡田】 18④413,414,417,418
じょうおとこきゅうきん【上男給金】 21④206
しょうかく【小角】 53④240
しょうぎょう【商業】 41②41
しょうきん【正金】 42③164,⑥405/63②86,87/67⑤218,219,223
しょうぎん【正銀】 9①14,15,39,65,88,116,118,129,149/29④273
しょうきんぎん【正金銀】 1③274
じょうさく【上作】 4①178,179,181/5③248/11④165/15③371,385/19②356/23⑥340/24①49/35①143,145,147,206,②268,280,322,375,378,380/47②146
じょうさく【定作】 14①261
じょうしまいったんのつもり【上縞壱反之積り】 14①336
じょうじょうはたいったんごまさく【上々畑壱反歩ごま作】 21③147
しょうちゅう【焼酒】→B、I、N 41⑤252
じょうでんいったんかりいねこう【上田壱反刈稲考】 19①67
じょうでんいったんぶしょてま【上田壱反歩諸手間】 21

④193
じょうでんいったんぶのにゅうよう【上田壱反歩の入用】 21②119
じょうでんいったんぶぶん【上田壱反歩分】 21③142
じょうとうのおとこ【上等の男】 24①102
しょうとくにぶきん【正徳弐分金】 66②114
しょうにん【證人】 2②164
じょうにん【常人】 35②288
じょうねだん【上値段】 36③213
しょうのう【小農】→だいのう 6①19,20,23,45,206,238,②290,291,293/16①50,75,76,77,78,86,93,94/17①311
しょうのう【正納】 25③286
じょうのう【上納】 23④189
じょうのおとこ【上之男】 31②87
じょうのさくにん【上之作人】 31②70
しょうばい【商売】→M 4①141,199/5④317,320/36①67/40②73/53④232,233,238,239,240,241,242,246,247,248/57②122,128,129,175,185,191,197,203,206,207/66④197,204
しょうばいかせぎ【商売かせぎ】 66①62
しょうばいごと【商売事】 66④199
じょうばたいったん【上畑一反、上畑壱反】 35②281,282,287
じょうばたいったんぶだいずさく【上畑壱反歩大豆作】 21④199
じょうばたいったんぶだいずまき【上畑壱反歩大豆蒔】 21③146
じょうばたいったんぶへおおむぎさくつけ【上畑壱反歩へ大麦作付】 21④201
じょうびゃくしょう【上百姓】 4①114,170,171,182/37②114/64⑤339
しょうべん【小便】→B、G、H、I、N、X 23⑤283
しょうべんにどがけ【小便二度掛】 24①151
しょうほう【商法】 53⑤343
じょうまい【上米】→E、N、R 22⑥363
じょうまい【定米】 29①14
しょうむぎ【正麦】 68②267
じょうやとい【定雇】 61⑨365
しょうゆこうじいれちん【せうゆこふじ入ちん】 9①137
しょうり【小利】 10①133
しょうりょうせいさん【商量精算】 53⑤295
じょえき【助益】 50③241
しょかかり【諸掛り】→R 53②131,135
しょぎん【所銀】 5④310
しょくじんのみち【織紝のミち】 41②39
しょくにんてまだい【職人手間代】 21④190
しょくりょう【食料】→N 38②84/69②288
しょこくのさくとく【諸穀ノ作得】 32①9
しょさしひき【諸差引】 67⑥275
しょしき【諸式、諸色】→B、N、X 21③170,④206/22⑥363,364,365/33②109,127/50④315/53⑤343/66③150,158/67②99/68④400,409
しょしきかんじょう【諸色勘定】 53④229
しょしききんだい【諸色金代】 64②139
しょしきのそうば【諸色の相場】 21②121
じょちゅう【女中】→R 9①31,37,55,60,61,68,77,91,101,103,105/22③167/28②188,198/38③184/54①198/67⑥297
しょちょうめん【諸牒面】 2②168
しょてまかかり【諸手間掛り】 21③150
しょどうぐしゅうふくりょう【諸道具修覆料】 47②106
しょどうぐそんりょう【諸道具損料】 28①35
しょどうぐだい【諸道具代】 28①32
しょにゅうよう【諸入用】→N、R 14①113/21②106,③169/33②108/37②70,88,114/44①42,44,49/45④210/47⑤257/56①163/65②85
しょぶせん【諸夫銭】 21④199
しょぶせんはんのうぶん【諸夫せん半納分】 21④203
しょぶせんぶん【諸夫銭分】 21②120
しょむ【所務】→R 11①9,59/31④217/33①32,46/35②259,263,281,282,283,286,287,302,323,345,346,352,353,369,413,414/41③186
しょむかた【所務方】→R 3④235
しりょうぶん【飼料分】 21④192
しるだい【汁代】 9①118
しろまがこみ【しろまが込】 33③165
しんいとかんびき【新糸欠減】 35②405
じんえき【人役】 10②381
しんかいだ【しんかい田、シンガイ田、しんがい田】→ほまちだ→D 24①122/27①72,362
しんかえだ【しんかへ田】→ほまちだ 42④261,267
しんがしつけおくり【新河岸附送り】 24③322
しんぎん【新銀】 31⑤253
しんくみかぶ【新組株】 46②143
しんこむぎ【新小麦】→E 22⑥382
しんしょう【身上】→N 5①116/14①341/16①227,228
しんだい【身代、身躰】→N 23⑥299,300/36②113/38④248,249,265
じんばいんずう【人馬員数】 4①53
じんばがかり【人馬がゝり】 2②155
じんばにゅうよう【人馬入用】 2③259
しんむぎ【新麦】→N 22⑥382
じんりょく【人力】→X 5①15,20,43,150,154,167,③288/6①211/29④290,291,292,293,294,295,296,297,298,299/30③240,261,265,266,278/31④155,175,193,202,219,224/33②101
じんりょくのついえ【人力の費】 30①68,98
じんりょくのろうひ【人力の労費】 31④147
しんるいてつだい【親類手伝】 36③228

【す】

すいあん【水安】 41②62,65,68,69,71,73,76,96,111
すいしゃしゃくよう【水車借用】 42⑥388
すえさく【末作】 6②271,279,293
すぎいた【杉板】→B 53④240
すきいちにちちんぎん【すき一日賃銀】 33②107
すぎうえかえ【杉植替】 56①214
すぎうえかえにんそく【杉植替人足】 56①163
すぎかわ【杉皮】→B 53④240
すきさき【すきざき】→B 41⑤250
すぎだいしょうえらみにんそく【杉大小撰人足】 56①163
すぎたるまるくれき【杉樽丸榑木】 53④241
すきちん【鋤賃】 33②108
すきちん【漉賃】 53①29
すぎなえほりたてにんそく【杉苗掘立人足】 56①163
すぎふねいた【杉船板】 53④241
すぎまるた【杉丸太】→B 53④240
すぎやま【杉山】→D 39⑥341
すげがさ【菅笠】→B、Z 22④283,290,293
すすわらかい【煤藁買】 41②134
すだれ【すたれ】→B、N 56①213
すて【すて】→I 41⑤251
すてうり【捨売】 9③263
すなだい【砂代】 30④352
すのこば【簀場】 58④263
すべてこえのてすう【スベテ肥ノ手数】 24①152
すみ【炭】→B、I、N、R 47②106
すみいちば【炭市場】 38④289
すみかねさくりょう【すみ・かね作料】 64①41
すみきやま【炭木山】 42②87
すみしょうばい【炭商売】 57②204
すみだいぎん【炭代銀】 53④228
すみたきぎうり【炭薪売】 4①13
すみねだん【墨直段】 49①73
すみのぶんりょう【炭の分量】 53⑤295
すみやき【炭焼】→K、M

38①22
すりあげ【摺上】 22④215
すりこみ【すりこミ】→A 21②115
すりだし【摺出し】 23④189
すりたていっさいぶん【すり立一切分】 21④196

【せ】

せいせん【正銭】 63⑧427
せいどう【青銅】→B 42③150
せいほうのしあげさんとう【製法の仕上算当】 50②182
せがいちん【せがひ賃】 50①68
せきあげ【堰揚】→A、C 63⑤297
せこ【勢子】→N、R、X 52⑦322
せっき【節季】 36③163
せっきかんじょう【節季勘定】 61①51
せっきのかんじょう【節季の勘定】 29①21
せっきはらいかた【節気払方】 28②274
せとり【瀬取】 46②146,148
ぜに【せに、ぜに、銭】→B、N、R 1②140/2③267,269/3③170/5③243,285/21③175,176,④183,⑤214/22①34,35,36,37,71,⑥363,364,365,368,381,382,383,385,386,393/23①112,③154/24③345/25③263/36②127,128,③180,313/38③201/39⑥340,343,346/40①12/42②92,111,118,③173,191,199,201,⑥376,377,404,405,406,412,414,437,438,440,441/43①10,27,29,30,46,47,71,94/46③188/48①388/58①34,35,36,38,39,40,42,43,45,46,48,49,51,52,55,56,59,60/59①34,35,36,42,47/61④170/62③74,76/63①40,④188,189,191,204,206,207,215,219,220,222,230,235,237,238,246,250,251,253,256,258,259,⑤296,297/64④261,273,301/66②107,③160/67⑥275/70②111
ぜにかおい【銭かほひ】 20②384
ぜにがしかねうけ【銭がし金受】 2②160
ぜにかね【銭金】 21⑤214,223
ぜにそうば【銭相場】 22⑥400/36①66/69②287
ぜについえ【銭費】 27①77
せりうり【せり売】 67⑤217
せんざい【銭財】 3③107,112,114
せんざいをうること【銭財を得る事】 14①241
せんだいそうば【仙台惣場】 67⑤216,220,224
せんだいつうほう【仙台通宝】 67⑤222
せんどうたちあい【船頭立会】 36③216

【そ】

そう【桑】→E 35②292
そうけ【そうけ】→B、N、Z 41⑤251
ぞうさまけ【造作まけ】 12①101/13①195
ぞうしおんな【ざうし女】→X 27①238
そうつけまい【惣附米】 63⑥340
そうてまかかり【惣手間掛り】 21③149
そうば【さうば、惣場、相場、相庭】 14①38,99,334/22③166,167,168/24①76/25①90/30⑤408/37②88/38④234,250,265/40④331,339/42②89,③164,⑥407/45①40,43/48①12/50①42,71,85,②183/53②131,④228,229/58①29,34,63/61⑩442,443/62③74,75/63⑤308/66②92,110,⑧406/67②99,⑤214,225,⑥297,309/68②265,④399,408,409/69②291,310
そうばまい【相場米】 19①77/20②396
そうばをたつ【相場を立】 15③409
そうぶつもり【惣夫積り】 10①112
そうまい【惣米】 28①88,89,90,91
ぞうよう【造用】 10②322
そくかず【束数】→A 5①87
そくがりいりつけ【束刈入付】 25②195
そこう【鼠耗】 70⑤308
そぞりとり【そゞり取】 30①115
そだい【噌代】 9③284
そとぐみ【外組】 9①76
そとだわら【外俵】 23⑥322
そなえ【備】 3③133/8①258
そのとしめしかかえそうろうもの【其年召抱候者】 27①345
そば【そは、蕎麦】→D、E、H、I、N、Z 19②328/22⑥363,381,382
そばいったんとりこく【蕎麦一反取石】 19①148
そばいったんぶんてすうのつもり【蕎麦壱反分手数之積】 29④**296**
そばさく【そば作、蕎麦作】→A 19②293,296,337
そめ【染】→K 14①333,335,336
そめだい【染代】 14①330/36③323/43③274
そめだいきん【染代金】 53②131
そめちん【染ちん、染賃】 3④277/24③268,316/28①35/61⑨325
そめねだん【染直段】 53②115
そろばんづくり【算作り】 23④174
そん【損】 5①115,116
そんえき【損益】 4①170,186/7①6/32②293
そんきん【損金】 47⑤275/51①29/66⑦370
そんしつ【損失】 11②102
そんとく【損徳】 4①215
そんぼう【損亡】→Q、X 12①375/13①361
そんまい【損米】 17①147,316
そんもう【損耗、損毛】→Q、X 3④234/11⑤218,238/12①164/16①327,331
そんりょうまい【損料米】 29③265

【た】

た【田】→でんち→A、D、E 22④287,291
だい【代】 53②115,116,130
だいいちばいばい【第一売買】 4①131
だいえい【代永】 22①34
たいえき【大益】 14①321,342,373
たいがいつもりがき【大概積書】 9③281
だいかく【大角】 53④240
だいきん【代金】 50①92,93,94,95,96,97,98,99,100,101,102,103,104,105,106,107,108,109,110,111/53②129/56②285/61⑨359,⑩430,443/62⑦185/63④189,204,207,220,238,251,253,255,256/64③177/69②289,291
だいぎん【代銀】 4①163,278,279,283,284,286,287,288,289,290,291,292,293,294,295,296,297,298/11④168/14①52/29③203,263/46②134/49①11,22,59,86,88,89,93,153/50①106/53①16,17,29,44,46,④221,222,223/57①28,29,30,32,33,34,35,36,38,39,40,41,42,43,44,46,47/63③130/65②87/68②265/69①117
だいきんす【代金子】 38④276
だいこん【大根】→A、B、D、E、I、N、Z 22⑥366
だいこんいっせぶんてかずのつもり【大根壱畝分手数之積】 29④**296**
だいこんいったんとりたば【蘿蔔一反取束】 19①116
だいこんば【大根葉】→E、I、N 22⑥365
たいしゃく【大借】 63⑤301/66⑧392
だいず【大豆】→B、E、I、N、R 19②314,332,338/22④286,⑥363,364,365,367,381,382,383,385,386,393,400/38②84,86,87
だいずいったんのとりこく【大豆一反ノ取石】 19①139
だいずいったんぶんてかずのつもり【大豆壱反分手数之積】 29④**297**
だいずうえ【大豆植】→A、Z 23⑤284
だいずさく【大豆作】→A 19②297,300,307,310,317,320,324,328,331,335,341,344,347
だいずそうば【大豆相場、大豆相庭】 22③160/67③138
だいずだい【大豆代】→R 42⑥407
だいずだね【大豆種子】→E 21④200
だいずにない【大豆荷】 23⑤284
だいずひき【大豆引】→A 23⑤284

だいせん【代銭】→R 4①143, 203/9③277/27①320, 347/29④294, 295, 296, 297, 298, 299/38②76, 77/49①15/53②132, ④229/57②86, 177, 178/58①50, 54/59①24, 25, 35, 36, 40, 48/61⑨376, 380, 383/63④175, 176, 177, 178, 179, 180, 181, 182, 183, 185, 186, 187, 188, 189, 190, 191, 192, 193, 194, 195, 196, 197, 198, 199, 200, 201, 202, 203, 205, 206, 207, 208, 209, 210, 211, 212, 213, 214, 215, 216, 217, 218, 219, 220, 221, 222, 223, 224, 225, 226, 227, 228, 229, 230, 231, 232, 233, 234, 235, 236, 237, 238, 239, 240, 241, 242, 243, 244, 245, 246, 247, 248, 249, 250, 251, 252, 253, 254, 255/64④273, 274, 285/66②110
だいそうば【代惣場、代相場】 67⑤213, 216, 217, 218, 222, 224
たいちぶかりもみつもりこう【田壱歩刈籾積考】 19①70
たいったんうちおこし【田壱反打起シ】 24①151
たいったんさくにんぷ【田壱反作人夫】 19①65
たいったんつくりかかりにゅうようつもり【田壱反作り掛り入用積り】 24③325
たいったんなわしろしきつもり【田一反苗代敷積】 20①41
たいったんぶつくりかた【田壱反歩作方】 24①150
だいなし【代なし】 4①202
たいにうま【鯛荷馬】 36③198
だいのう【大農】→しょうのう 6①43, 45, 64, 70, 72, 88, 205, 206, ②271, 274, 277, 290, 298/16①50, 75, 76, 77, 78, 86, 93, 94, 95/17①311
だいのうか【大農家】 6②271
だいふくちょう【大福帳】 43③234
だいぶつ【代物】 30③294, 303
だいべん【大べん】→I 23⑤283
だいほうさく【大豊作】→ほうさく 21④206/67⑥308
だいまい【代米】 4①278
たいり【大利】 3③183/5①111, 112/14①49, 346
だいりょう【代料】 15③342, 344
たうえ【田植】→A、Z 21②119/24①151
たうえいっさいのてま【田植一切ノ手間、田植一切の手間】 21③143, 144
たうえてつだい【田植手伝】 42②120
たうえてま【田植手間】 28①26
たうえてまだい【田植手間代】 42②109, 112, 115, 117
たうえのにんそくやといちん【田植の人足雇賃】 62⑦193
たうち【田打】→A 20②395
たうない【田耕】→A、Z 21③142
たうないてまぶん【田耕手間分】 21④193
たうないぶん【田耕分】 21③144
たうなえにんぷぶん【田うなえ人夫分】 21②119
たがうさく【違ふ作】 20②384
たかきいっさいのぶん【田かき一切ノ分】 21②119
たかきしたごしらえいっさいのぶん【田かき、下拵へ一切ノ分】 21③144
たかきしたごしらえてま【田かき、下拵へ手間】 21③142
たかきゅうぎん【高給銀】 28②258
たかごじっこくもちのひゃくしょう【高五拾石持之百姓】 38②84
たかじっこく【高拾石】 23⑥301
たがた【田方】→A、D 19②323, 327, 330, 336, 340, 350/22④286/24②233/36①56, ③208/67⑥291
たがたにっき【田方日記】 29②156
たがちのところのぎょう【田勝の所の業】 22①57
たかとおおたてそうば【高遠御立相場】 67⑥277
たかとおまちかたといやばらい【高遠町方問屋払】 67⑥307
たかにじっこくもちのひゃくしょう【高弐拾石持之百姓】 38②83
たかね【高値、高直】→こうじき、ねだんこうじき→F 3③177/4①93, 124, 143, 144, 200, 201/5①108/8①281/23⑥302/32①78/36③166, 225, 226, 228, 335/38③146, 167/40④284, 294/41⑤257, 261/42①29/45①34, 40, 41/46②132/47②105, 106/48①200, 209, 324/49①46, 77, 93/51①21, 24, 25, 27/53②129, ④242/56①216/57①13, ②171/58①31, 57/59①39, ③239, 241/61④169, 175, ⑩443, 444/63③122, 127/65③244/66②114, ③149, 150, 158/67②99, ④174, ⑤238, ⑥269, 274, 283, 287, 300, 301, 302, 304, 306, 311/68④395, 400, 409/69①82, 111, ②289, 291, 303, 323/70②109, 110, 111
たかひゃっこくもちのひゃくしょう【高百石持之百姓】 38②86
たかまえのひゃくしょう【高前之百姓】 63③98, 99
たがやしてまちん【耕手間賃】 9③281
たがやしならびにかきならしやというまはなとりにんまぐさだい【耕并掻平均雇馬鼻取人秣代】 22④289
たがやしやというまちんせん【耕雇馬賃銭】 22④282
たきぎ【薪】→N 22④284/50①68
たきぎうりはらいだいぎん【薪売払代銀】 32②327
たきぎおおづもり【薪大積り】 51①30
たきぎだい【たきゞ代、薪代】→まきだい 9③284/28①34/50①71, 86/53①46
たきぎのついえ【薪の費】 15②227
たきぎのぶんりょう【薪の分量】 53⑤295
たぐさ【田草】→A、G 21②119
たぐささんどぶん【田草三度分】 21④196
たぐさとりさんどぶん【田草取三度分】 21④193
たぐさにどとり【田草二度取】 24①151
たくわえ【蓄】→N 3③188
たけだい【竹代】 44②159
たこくまい【他国米】 27①203
たごしらえおろし【田ごしらへおろし】 9①63
たさく【田作】→はたさく 3①18/9③249/11④178, 182, ⑤227/19②293, 295, 299, 302, 306, 310, 313, 316, 334, 343, 347/40②181/44②80, 89, 91, 93, 94/61⑩432, 436
たしきん【足金】 38②85, 87
だしこく【出石】→R 22⑥390, 398
だしじょう【出し状】 28②259
たしたじこしらえぶん【田下地拵へ分】 21②119
だしちん【出賃】 53④240
たしょばらい【他所払】 46③194
たせん【多銭】 3③107
たそんいりさく【他村入作】→しゅっさく 61⑩440
ただいこん【田大根】 41②102
ただか【田高】→R 24①50
ただかし【只貸】 2②161
たたみだい【畳代】 53②135
たちあい【立会】→R 58②97
たちげ【立毛】→E、X 65②82
たちげけんぶん【立毛見分】 42③192
たちまい【立米】 67④185
だちん【だちん、駄ちん、駄賃】 21④206/22①33, 35, ⑥399/25①39, 40/35②313, 314, 412/36①62/40④283, 286/42④271/43①30/44②107, 112, 136, 140, 160/61⑨300/63①40, ③127/64①58/66①35, 62
だちんうんそう【駄賃運送】 22①55
だちんせん【駄賃銭】 48①201
たづくり【田作】→A、M、X 1①117/34⑧312/36①59/51①24/67④162, 168
たつくりだか【田作り高】 36①54
たていと【立糸】→N 22⑥368, 400
たてふね【立舟】 59④332
たてむすび【竪結び】→K 14①333, 335, 336
たてる【タテル】 24①77
たとりこく【田取石】 24③297
たなおろし【店卸】→K 62⑥150
たなおろしかんじょう【棚卸勘定】 36③162
たなごしらえ【棚拵】 56①213
たなちん【店賃】 25①83
だに【駄荷】→X 43③250

たにんぷ【田人夫】 20②395
たね【たね、種】→A、E、N、Z 22④287,291,292/38④249,250
たねおおづもり【種子大積】 20①158
たねおろし【種卸し】→A 18④412
たねかす【種粕】→A、I 22⑥390,398,399,400
たねかず【種数】→X 35③431
たねごえだい【種こえ代、種子こえ代】 21③143,145,146,150,152,153
たねこむぎ【種小麦】 38②84,85,87
たねそん【種子損】 21①32
たねだい【種子代、種代】 3④240/21③148/24①135/61⑩442/67①14
たねだいず【種大豆】→E 38②84,85,87
たねつもり【種つもり】 24③295
たねのいんずう【種の員数】 22①51
たねのもみよんしょうだい【種の籾四升代】 28①48
たねむぎ【種麦】→E 22④286,292/38②84,85,87
たねもの【種物】→E、X 38②84,86
たねものにゅうよう【種子物入用】 2③262
たねものぶんりょう【種子物分量】 33④180
たねもみ【種籾】→A、E 24①150/38②84,85,87
たねもみえらび【種籾エラビ】→A 24①151
たねもみだいぎん【種籾代銀】 67④162
たのあざな【田の字ナ】 28②164
たのかりあげ【田の刈揚】 24①151
たのくさとりそうてま【田ノ草取惣手間】 21③143,144
たのくさとりちん【田之草とりちん】 28①48
たのくさとりてま【田のくさとり手間】 62⑨356
たのくさとりてまだい【田之草取手間代】 42②109
たのつくり【田の作】 1③269
たのでき【田のでき】 27①83,91/28②224
たのほひろい【田の穂拾ヒ】 24①151
たのみ【田のみ】→E 24①172
たばこ【たはこ、煙草、多葉粉】→E、G、H、N、X、Z 19②320,332/34⑤108/38①22
たばこあきない【煙草商い】 36③240
たばこいったんのとりめ【莨若壱反ノ取目】 19①127
たばこだい【たはこ代、煙草代、莨代】 9①55/21④186/42⑥407
たばこつくり【煙草作り、烟草作】→A 18②247/21③151
たばこりょう【煙草料】 29④288
たはた【田畑】→D、Z 22④286
たはたいりつけ【田畑入附】 63③98
たはたかせぎてま【田畑カセギ手間】 2④275
たはたこうさくおおつもり【田畑耕作大積】 2③267
たはたこうさくてま【田畑耕作手間】 21③142
たばたさくつけ【田畑作付】 38④235
たはたさくとく【田畠作得】 32①153
たはたさくにんきわめ【田畑作人きわめ】 43③232
たはたしよう【田畠仕用】 57②98
たはたなつさく【田畑夏作】 19②322
たはたねんじゅうやというま【田畑年中雇馬】 22④292
たはたのおろしあげ【田畑のおろし上】 36③169
たはたのおろしびき【田畑のおろし引】 36③163
たはたのかいにん【田畑の買人】 36③331
たはたのしょうもん【田畑の証文】 36③332
たはたのたか【田畑の高】→R 24①50
たはたのつくり【田畠の作り】 23①121
たはたのりとく【田畑の利徳】 36③332
たはたぶづもり【田畑夫積り】 10①109
たはたまじりいちにんぶんつくりたて【田畑交り壱人分作立】 22④286
たはたみずいりしょうもん【田畑水入証文】 25③271
たびだし【旅出し】 18②269
たまいと【玉糸】 22⑥364,368,382,385,387,394,400
たまごだい【たまご代】 40④327
たまわりみずみ【田廻リ水見】 63⑤297
たむぎ【田麦】→E 9①119/11④185/17①84/25①82/31⑤281/39③149,154,157/40②107/61①37
たもうり【手網売り】 62⑥150
たもちかた【田持方】 22③157
たり【たり、垂、垂り】 17①145/51①21,62,69,78,86,94,96,97,138,148,149,②196
たりかた【垂り方】 50①87
たるだい【樽代】 50①89,102
たれ【たれ、垂】 50①41,56,83,85,86
たれあぶら【垂油】 50①71
たれかた【垂かた】 50①86
たれくち【垂れ口、垂口】 50①41,42,105
たわた【田綿】→はたわた→E 29①61/39③147/40②51/43②172
たわらあみ【俵あみ、俵編】→A、Z 18④413/24①152/63⑤297
たわらこしらえちん【俵拵賃】 9③283
たわらだい【たわら代】 28①48
たをひろくつくるもの【田ヲ広ク作クル者】 32①37
たんいりつけ【反入付】 25②190
たんせ【反畝】 9③256/23④187

【ち】

ちかさくのえき【近作の益】 29①13
ちこく【地石、地斛】 30①14,15
ちだい【地代】→R 25①83/28①32/33②110/47⑤255/64③164/65②106
ちだいきん【地代金】 23④188,189
ちぢみいち【縮み市、縮市】 36③198,212/53②132,134
ちぢみかいとる【縮買取】 53②134
ちぢみぬのいち【縮布市】 53②134
ちゃえんまさく【茶園間作】 47④230
ちゃがし【茶菓子】→N 47②106
ちゃくしゅう【着舟】 43②125
ちゃだい【茶代】 28①34
ちゃづくり【茶作】 18②247,269,274
ちゅうおかだ【中岡田】 18④413,414,415,417,418
ちゅうかんしらべ【中勘調べ】 27①79
ちゅうさく【中作】→X 5②225
ちゅうしまいったんのつもり【中縞壱反の積り】 14①335
ちゅうじょうしょほうさくのつもり【中上所豊作之積】 30④351
ちゅうでんいったんかりいねこう【中田壱反刈稲考】 19①69
ちゅうでんいったんぶ【中田壱反歩】 21④196
ちゅうどころのつもり【中所之積】 30④350
ちゅうなん【中男】 4①277
ちゅうね【中直】 3①11
ちゅうばたいったん【中畑一反】 35②282,283,287
ちゅうやのはんまい【昼夜の飯米】 10②322
ちょうしばぐみ【銚子場組】 58②99
ちょうせん【丁銭、長せん、長銭】 21③160,④184/63①34
ちょうせんのわたり【朝鮮之渡り】 68③346
ちょうのさき【てうのさき】 41⑤251
ちょうめん【帳面】→R 5①60/22①50,51/23①24/27①79,214,263/28②143,145,164/36③271,336/38③115,④233,271,273/43②122,123/48①237/58⑤342,343/59④388/63⑦355
ちょうもく【鳥目】 2②164/33⑤244,251/36③174,301,335/66②119/67⑥296
ちょうもくせん【鳥目銭】 62⑤122
ちょうるいいのしかなどくいあらすそんしつ【鳥類猪鹿等喰荒損失】 22①32
ちょま【苧麻】→B、E、N 19①109
ちょまいったんとりたば【苧麻壱反取束】 19①109

ちょまねだん【苧麻直段】 53②100
ちりめんざ【縮緬座】 61⑨322
ちん【ちん、賃】 9①27/23④201/32②297,337/33②107,108
ちんうえ【賃植】 8①192
ちんがり【賃借り】 29③208
ちんぎん【ちん銀、賃金、賃銀】 9①65/28①63/30⑤402,403/31④191,223/44①21/53⑤342/63③129
ちんしゃく【賃借】 29③218
ちんせん【賃銭】→R
1①68,109/9③255/24③325,326,327,328/29①27,③265,④288/31③120/34⑧309/48①130/49①86/53④223/57②220/66③149
ちんそ【賃苧】 53②114
ちんちぎり【ちんちぎり】 9①81
ちんとり【賃取】→M
28②206
ちんとりかせぎ【賃取稼】 53④232,248
ちんなし【ちんなし】 9①12
ちんひき【賃挽】 29③194
ちんまい【賃米】 64②125/65②90
ちんまいだて【賃米立】 29③244

【つ】

ついえ【費、費え、費へ、弊】→ししゅつ、しゅっぴ、にゅうひ、ものいり
3①17,18,③102,178/5①24,48,176/31④218,219,220/36①58,②114,③156,173,182,200,245,265,312,313,318,341/37①45,③345/41②35,42,44,45,46,48,50,52/47②130/50①43,②161/53⑤333,367/57②158/62⑧257,264,⑨334,392/64⑤362/65②81,90,91,137,③277/68③362/69①29,37,78,②175,239,372
ついえてま【費手間】 2④300
ついえる【費る】 69①57
ついはいしゃくふしんきん【追拝借普請金】 64③165
ついほうますとり【搗法升取】 9③278
ついほうもみのますめ【搗法籾之升目】 9③267
ついほうもみますめ【搗法籾升目】 9③269
つうしょう【通商】 68③324
つうせん【通船】 15③379/45④198/57②207/58⑤289/63⑤299/65③194,233,282
つうせんじゆう【通船自由】 35②318
つうせんのじゆう【通船の自由】 35②317
つうよう【通用】 18①105
つうようきん【通用金】 49①139
つうようぎん【通用銀】 49①123,124
つうようぶんきん【通用文金】 49①141
つきちん【搗賃】 36③328
つきにろくどのいち【月に六度の市】 25①84
つきべり【つきへり、つきべり、搗へり、搗減、搗減り、搗滅、舂へり、舂べり、舂減】 5③274/11②100/14①235/21①35,47,49,52,53/29①42,43,58,59/36②124/39①22,37,40,④228/41②64,65,66,67,68,69,70,71,72,73/62⑦188
つぐない【償】 27①310
つくり【作り】→A
2①69
つくりあらす【作荒】 38③114
つくりかた【作方】→A
24①152/45⑥320/61②96
つくりかたにんぷ【作方人夫】 24①151
つくりかたのこと【作方之事】 24③319
つくりかたのてま【作り方の手間】 14①137
つくりかたぶんりょう【作方分量】 22①31
つくりこみ【作り込】 21②118
つくりだかこくすう【造高石数】 3④310
つくりたて【作り立】 22④280
つくりてま【作でま、作手間】 2④294,295,299,303,308/12①325
つくりてまだい【作手間代】 24②233,236,238,239
つくりどうぐ【作道具】 22④293
つくりぬし【つくり主】 30③301
つくりのさんとう【作りの算当】 14①137
つくりまし【作り増】 10②314,317
つけおくり【附送り】 67⑥292
つけこく【付石】 2②161
つけつぼ【付坪】 4①202,203,278
つさげ【津下】 53④225,228
つだしのにんぷ【津出しの人夫】 10①111
つだしば【津出場】 62②36
つちごえ【土こゑ】→I、Z
23⑤283
つちつきてま【土つき手間】 21④190
つちとりふ【土取夫】 30①64,106
つちにんそく【土人足】 65③278
つちにんそくてま【土人足手間】 65③277
つちぶしんにんそくつもり【土普請人足積り】 24③328
つつみちん【包賃】 24③329/50①102
つとめび【務日】 27①263
つなぎせん【繋き銭】 36③328
つなぬきせん【つなぬき銭】 67⑥297
つねのさん【恒の産】 5①184
つばき【椿】→B、E、I、Z
67⑤224
つぶがらしいったんのとりこく【白芥子一反ノ取石】 19①135
つぶさび【粒簸】 30①115
つぶほし【粒干】 30①116
つぶれかぶ【潰レ株】 46②152
つぶれきん【潰金】 21③170,172
つみきん【積金】 63②88
つみごい【つみごい】→I
22⑥391
つみこし【積越】 57②230
つみだす【つミ出す】 53①26
つみに【積荷】 57②207
つもり【積リ、積り】 3③168,169,177/8①256
つもりかた【積リ方】 8①249
つもる【つもる】 47①38
つりぶねやど【釣舟宿】 59④378
つるかえしくさとり【つる返し、草取】 21③148

【て】

て【手】 8①177
てあき【手明】 30①82
ていた【手板】→B
45①46
ていり【手入リ】 32①73,103,②295,300,310,320
でいり【出入】 25③269
でいりちょう【出入帳】 42⑥423,445
でいりのもの【出入ノ者、出入の者】→X
28②128/36③182,205,329/62⑥150
ていれのひかず【手入レノ日数】 32①194
でうるし【出漆】 46③192,194,199
てがい【手飼】→A
2①68
てがた【手形】→R
10①194/38④290
でがわり【でかわり、出替、出替り、出代リ、出代り】 24③265,316/28②266/31②86,87/38④236
でがわりのしもべ【出代りの僕】 6①215
できあわ【出来粟】 44③244,245,246,247,248
できいね【出来稲】 61⑩414,415,416,417,419,426
できお【出来苧】 4①97
できおおかぶ【出来大蕪】 44③257
できかぶ【出来蕪】 44③256
できからいも【出来唐芋】 44③233,235,236,237
できさといも【出来里芋】 44③231,232,234
できしお【出来塩】 29④274
できそば【出来蕎麦】 61⑩435
できだいず【出来大豆】 44③241
できたいはくだいず【出来大白大豆】 44③240
できだっきょう【出来たつきやう】 44③255
できまい【出来米】 4①186/10②319/61⑩420,422,423,439,442,446,447,449,451
できまし【出来まし、出来増】 9③239,240,242,255,262,263,265,270,274,276,278,286,287,288,290,291,297/10②319/11②89/12①144
できましあらつもり【出来増荒積】 9③274
できましげんまい【出来増現米】 9③292
できましのたか【出来増之高】 9③263
できむぎ【出来麦】 4①79
できもみ【出来籾】 61⑩430,434,444,445
てくばり【手くバり、手配、手賦】→A
5①150,174/8①248/12①50/36①63

てぐり【手くり】→A 37②109
てご【てご】→B、W 9①126
てさく【手作】→A 5①143
でさくだか【出作高】 39⑤256
てさくのもの【手作のもの】 25②196
てざけいりようつもり【手酒入用積】 9③284
てすうりょう【手数料】 24①50,135
てちょう【手帳】→N 27①66
てづくり【手作、手作り】→K 1①69/2①67,68/6①20/22①66/23①58,62,107,③150,152,154/25①80/28④343,344/36③192,206,208,209,210,312/37②180,185/38③114,④248,249,250,276/44①37/61④175,⑨374/67⑤209,235
でづくりち【出作地】→しゅっさく 37②159
てづくりのはたけ【手作りの畑】 36③156
てつけきん【手附金】 42⑥407,442
てつけわたし【手付け渡】 47②105
てつせん【鉄銭】 57②91
てつだい【手伝、手伝ひ】→A、R 4①63/10②380/37②74,100/42②92,96,113,120,③156,161,171,179,180,186,201,202,④235,236,242,243,245,249,257,267,271,276,⑤315,330,331,336,338,⑥372,373,394,397,399,400,401,403,407,410,415,416,420,424,425,426,428,433,434,435,439/43①28,②124,125,129,130,131,133,134,140,141,153,160,172,179,180,185,194,199,200,202,209/44②163/47⑤249/62⑥156/64④258,259,260,261,262,263,264,265,266,269,270,274,275,276,277,278,286,288,291,292,294,295,306/66⑤287
てつだいにんそく【手伝人足】→R 42②103,119
てつだいのもの【手伝ノ者】 62⑥150
てつだいひようだい【手伝日用代】 64②139
でっち【テツチ、てつち、でつち、丁子、丁児】 9①75,103,109/15②196/38④242/49①158
てつのだい【鉄之代】 64②139
てどり【手取】 18②257/53②131
てどりまい【手とり米】 30③299
てにす【手にす】 41⑤258
てにん【手人】 42⑤325,338/44①14/66④230
でにんそく【出人足】 44②95,136,138,140,163,164,165,166,169,170
てぬぐい【手拭】→B、N 22④293
てのまわる【手ノ廻ル】 38④254
てはい【手配】 58⑤300
てひま【手隙】 34①9,10,③39,47,53,⑤102,⑥131,132,133,148,152
でふね【出船】 51①156/62⑥152
てま【てま、手間】 2④293,297,300,301,305,306,307,308/3①19,④275/4①18/5①54,68,83,85,107,111,112,134,143,145,164,②224,226,③261,284/6①49/7①25,88/8①160,174,191,209/9①48,78,106/10②380/13①58,371/14①141,266,410/16①188,195,200/17①40,81,134,141,160,161,214,229/18④415,416,417/19①47/22④233,234,248,286/23①38,47,65,81,122,④197,⑥333,341/24①151,②235/25①17,39,60,61,62,72,78,136/27①72,130,157,196,212/28②175,189,194,198,216,223,231,236,242,249,251,252,254,264,④342/29①68,71,76,79,②145,158,③200,203,207,213,215,218,226,236,264/30③295/31⑤278/32①60,62,67,74,②288,290,293/36①54,②108,110,117,118/37③261/38②52,53,54,55,59,60,61,62,63,65,66,67,68,69,70,71,72,73,③115,139,④238,241,246,257/39①25,④186,⑥348/40②193,④296,299/41②50,79/42②90,94,117,118,119/45③169/47②134/50①41,58/53①19,46,②110,⑤349/56①153/61①35,②98,101,④166,⑤179,⑩443/62⑨319,339,346,347,363,367,377,380,383,392/63⑥341/64⑤335,336,337,341,347,348,351,357,362
でまい【出米】 27①203
てまいり【手間入、手間入リ】 9③264,280/20①181/31④159,209/32①53,81,174,175,180,②296
てまえ【手前】→N 39④202/41⑤251,⑥278/50①42,③251
てまえよう【手前用】 36②127
てまがえ【手間替】→ゆい 24①43/29③207,218,244,265/44①25,26,45,48,49
てまかきはなし【手間かきはなし】 42①35
てまかし【手間貸】 38④263
てまかず【手間数】 24②241
てまがわり【手間換り、手間替り、手間代り】 36③207/42③192
てまくり【手間繰】 30①55
てまそん【手間損】 21①32
てまだい【手間代】 9③252/21②120,③141,150,④190,194,196,198,201,202,203/36②114/38④250/42②87,90,92,94,95,96,97,109,111,112,113,115,118,119,③199,⑥391
てまだし【手間出】 4①18
てまちょう【手間帳】 42⑥379
てまちん【工傭銭、手間賃】 9③284/14①266/18①105/50①40/64②140
てまついえ【手間費】 1⑤347,350/5①58,86/9②207/14①333/22④240/37①26
てまつぶれ【手間潰れ】 21②114
てまつもり【手間積】 18④412
てまどり【手間取、手間取り】→M 29③241/38④276
てまどりねだん【手間取直段】 42①35
てまのついえ【手間のついへ】 41②136
てまののび【手間ノ延ヒ】 32①184
てまひま【手間ひま、手間隙】 16①261/29①36
てまひやといほうこうにん【手間日雇奉公人】→ほうこう 22①66
てまぶん【手間分】 21④196,198
てまりょう【手間料】 29③250
てまわし【手まハし、手回し、手廻、手廻シ、手廻し】→A 4①221/12①138,144,171/13①20/16①195,205,206,208,213,217,219,254/17①23,52,103,143,145,152,169,184,187,207,220,320/20①333/36①53/37②110,123,196,③319/38②58,83,③115,④238,264/39①35,45,52,61,⑤293/40①14,②64,117/46③184/49①68/51①31/62⑨359
てまわり【手廻り】 37②201/38①8,15,22,②79,85,③114,176,④276/39①32/41③173,178,182/67③137/68④414,415
でみ【出実】 34⑤77,84,93,94,106
でめ【出目】 2③266
でんじゅりょう【伝授料】 49①10
てんじるし【天印】 52⑥254
でんち【田地】→た→D、Z 25①85
でんちうりこみ【田地売込】 36③231
でんちしちいれ【田地質入】 43③246/63②86
でんちとりはなし【田地取はなし】 36③231
でんちのかきいれ【田地の書入れ】 29①21
てんま【伝馬】→R 63③129
てんまかきせん【伝馬舁銭】 22④283
てんまかきやく【伝馬舁役】 22④293
てんまかきやくきん【伝馬舁役金】 22④290
てんましょやくせんいっさいぶん【伝馬諸役せん一切分】 21④195
てんまだい【伝馬代】 21④199

【と】

といしだい【といし代】 41⑤251
といやかぶ【問屋株】 46②144
といやこうせん【問屋口銭】 35②408/53④242
とううすそんちん【とううす損ちん】 28①49
とうがらしいったんのとりかず

【南蛮辛一反ノ取数】 19①123
どうぐそんちん【道具損ちん】 28①49
どうぐそんりょう【道具損料】 50①56,57,68,71,86
どうぐだい【道具代】 14①272
とうさく【当作】→X 36①54
とうじんだて【党人だて】 20①69
どうせん【銅銭】 57②91
とうせんにゅうしん【唐船入津】 49①211
どうちゅうすじちんせん【道中筋賃銭】 61⑨383
とうはくらい【唐舶来】 50②143
とうびゃく【当百】 21③176
とうふやのかんばん【豆腐屋ノ看板】 1②161
どうぼく【憧僕】 5①31
とうゆ【とほゝ油】→B、N 22④293
とおけとり【斗桶取】 30①86
とおし【とおし】→A、B、D、Z 41⑤250
とおしうま【通し馬】 61⑨389
とおしとり【簏取】 30①84,85
とおりふだ【通札】 63⑧426
ときがし【時かし、時貸】 39⑥343/42②94,⑥396,431
とく【徳】 28①5
とくえき【徳益】 11①8
とくしつかんがえ【得失勘へ】 51①25
とくでん【徳田】→D 38④276
とくぶん【得分、徳分】→もうけ 5①50/9③279/14①219,224,228,235,245,266,330,334/16①176/17①17/28①33/33②102,133/34⑧303/53①19
とくぶんたしょう【徳分多少】 31④217
とくまい【徳米】→R 23④189,190/33②110/36③210/61①39/63②86,87
とくよう【徳用】 33②102,104
としのいち【年の市】 24①148
どじんのたすけ【土人の助】 50③241
とせいのたすけ【渡世の助】 13①166/56①183
とせいはたらきかた【渡世働方】 56①151
とせんば【渡船場】 65③178
とちそうおうのこえ【土地相応の肥培】 7②254
とどけうんちん【届運賃】 64②139
とどけだい【届代】 64②139
とね【トネ、とね、舎人、土子】 2④280/19①214/20①71,75,290
とねり【舎人】 19①65
とひかわぎしばのうんそう【都邑川岸場の運送】 22①27
とびぐちのだい【鳶口之代】 64②139
とまりやど【泊り宿】 61⑨260
とりあがり【とりあがり、取揚り】 3①19,20,22
とりあげ【とりあけ】→A、J 37②160
とりいれ【取入】→A 3③138,④302/23⑤277/28③323/37②221/38①19/39⑤255/40②100,101
とりおさめ【収納】→A 69①44
とりおさめる【取収る】→A 15③382
とりおとり【取劣り】 5③288
とりかえおきなおし【取替置直し】 2②160
とりかせぎ【取稼】 23①28
とりかた【取方】 22③160
とりきやとい【取木雇】 61⑨280,281
とりこく【取穀、取石】 1①64/2③261,262/19①60,②279,280,281,301,335,345,370,390/20①110,326,330/24③326,327/37①8,9,26,39,44,45/63⑤316
とりこくつもり【取石つもり、取石積】 24③297
とりこくのつもり【取穀積】 19①134
とりだか【繰高】 53⑤320,337,340,342
とりだし【取出し】 17①231
とりたてもの【取立もの】 42③160,184,188,205
とりちん【取賃】 44②158
とりちん【繰賃】 53⑤350,357
とりつぎしょ【取次所】 61⑦196
とりてま【繰手間】 53⑤343,344,350
とりてま【取り手間】 32①61
とりひき【取引】 33⑤260
とりひきかんよう【取引勘用】 28②137
とりふ【取夫】 30①63,67,108
とりまし【取まし、取増】 5②219,③268,283,284,285,287,288
とりみ【トリミ、トリ実、とり実、採実、取ミ、取実】→A 1①22,23,24,27,47,55,56,61,67,119/3④219,261/5①47,61,62,82,83,94,98,101,107,128,129,142,③252,257,265/6①109/7①6,12,22,26,36,40,42,58/9②198,204,213,219,③252,256/10①115,②318/11②89,90,91,95,98,99,104,105,115,117/12①93,103,159,189,196,198,209/13①11,16,36/16①101,105/17①15,30,37,57,82,85,90,93,106,112,121,123,126,159,161,165,168,169,177,193,202,203,209,211,217,319,320/21①22,49,50,57,58,62,78,79,89,②124/22②100/23①24,28,38,40,61,95,106,123,③156,④174,175,193,195,196/24②233/25①47,54,89,119,125,139,②199,206/27①126,144,149,162,167,263/29①36,③202,210,214,221,226,227,233,256,258,259/30①59/31⑤269,285/33③170,171/34①9,②20,⑤90,93,95,96,98,108,⑥122,123,⑧296,297,298,299,314/36③195/37②160,161,175,176,179,184,195,229,③291/38①14,21,②73,③114,116,146,148,154,161,166,④250,257,278/39①29/51①24/61①43,③125,④158,⑤178,179,⑥187,⑩435,436/62⑧254,275,⑨321,336,338,347,349,350,352,363,370,376,383,388,391/67②116,③137,138,⑥268,270,271,272,273,275,279,283,284,288,291,292,304,305,310/68②250
とりみあわ【取実粟】 21③149
とりみたいがい【取実太概】 33④180
とりみのつじ【取実の辻】 29①35
とりみもみ【取実籾】 21③144,145
とりめ【とりめ、取め、取収、取目、収納】 4①89,114,115,125,180/8①246,263,268,280/14①119,154/15③347,348,350,355,372/19②372,373/40①14/41②64,65,66,70,71,74,③172,177/62⑦205/69①58,90/70⑥378
とりもみ【取籾】 24③326
とんやかぶ【問屋株】 46②139,152,153,154,155,156

【な】

ないしょく【内職】 14①335
なえあとはたむしかえしにんそく【苗跡畑むし返シ人足】 23③154
なえぎだい【苗木代】 33②123
なえぎとりじょうやといにん【苗木取定雇人】 61⑨286
なえぎとりやとい【苗木取雇】 61⑨279
なえくばり【苗配り】→A、Z 21④193,196
なえしたててま【苗仕立手間】 21③148
なえだのあぜのくさとり【苗田の畦ノ草トリ】 24①151
なえとりてま【苗取手間】 63⑤297
なえとりならびにうえつけてまちん【苗取幷植付手間賃】 9③281
なえをうえつけたるてま【苗ヲ種へ付ケタル手間】 32①39
ながおかせんどうしょうもん【長岡船頭証文】 36③216
ながおかふなかいしょ【長岡船会所】 36③201
なかがいかぶ【仲買株】 46②139
なかかん【中勘】→R 47②105
なかぎりてまちん【中切手間賃】 9③281
なかつちのばしょ【中土之場所】 22②115
なかどおりじんぶつはんりょうだい【中通人物飯料代】 21④185
ながねんぷ【長年賦】 67③134
なかのつち【中之土】 22②113
ながはまさんぽう【長浜算法】 35②408
なかまだ【中間田】 24①67,68
なかまにてかう【中間にて買】 29①15
なかやど【中宿】→R、X 43③247
なご【名子】 2①15,16,68,②157,158,167/25③259,260,291/36③214,333,340/41⑤239,255/64④309
なごけ【名子家】 41⑤241
なしだい【なし代】 40④298

なしをおおくつくりてりをうる【梨を多く作りて利を得る】 14①372
なすいったんのとりすう【茄子一反ノ取数】 19①129
なつあきうまのだい【夏秋馬ノ代】 21④201
なつげ【名付(夏毛)】→E 11⑤218,219,237,241,246,250
なつさく【夏作】 8①89/14①30/17①132,160,161,162,165,166,197,205,206,243/21②124/23①89,⑤263/25①90/29②156,③213,④281/38④261,287/40②54,103,127/62⑨316,383/67③138,⑥289
なつとるつくり【夏とる作り】 20①120
なつのかいこ【夏の蚕】 18②285
なつはんのうぶん【夏半納分】 21④200,202
なつものおとこてま【夏物男手間】 23⑤283
なつものおんなてま【夏物女手間】 23⑤284
なて【魚代】 62⑥153
ななじゅうめのしょう【七十目の正】 49①73
なばたけてつだい【菜畑手伝】 42⑥388
なべかりちん【鍋かり賃】 53①19
なまもみさび【生籾簸】 30①82
なみひゃくしょう【並百姓】 22①66/64⑤339,360,361
ならしそうば【ならし相庭】 50①70
なわ【縄】→B、J、R、W、Z 56①213
なわしろいっさいのてま【苗代一切ノ手間】 21③144
なわしろいっさいのてまぶん【苗代一切ノ手間分】 21④196
なわしろうちちん【苗代打ちん】 42⑥416
なわしろごいだい【苗代こひ代】 21②120
なわしろしょてま【苗代諸手間】 21③142
なわしろてつだい【苗代手伝】 42⑥417
なわしろてま【苗代手間】 63⑤297
なわしろほしかだい【苗代干か代】 21④197
なわしろみずみ【苗代水見】 21③144
なわしろよりうえたのみずみ【苗代より植田の水見】 21③143
なわだい【なわ代】 28①48
なわない【縄綯ひ】→A、Z 63⑤297
なん【南】 59①30
なんにょ【男女】→X 29①17,27,②122,155,157
なんにょつかいかた【男女つかい方】 29②159
なんりょう【南鐐】 36③335/43③263

【に】

にあげ【荷揚】 30①82
におや【荷親】 46②134,135,136,143,149
にごうずり【弐合すり】 67⑥272
にこうせん【荷口銭】 45①47
にごうへり【二合へり】 28①13
にさくどり【二作取り】→A 18③368
にしゅばん【弐朱判】 66②114
にだんうちこみ【二段うちこみ】 48①244
にちようざ【日用座】 44②102,103,104,105,121
にちようだい【日用代】 28②225,271
にちようのあまり【日用の余り】 3①18
にっき【日記】→X 31②68
にづくりちん【荷つくり賃】 35②412
にっとう【日当】 30⑤402
につみ【荷積】 46②150
にてま【煮手間】 53⑤333,334
にどのあきいれ【弐度の秋入】 41②145
にどのとりみ【二度の取実】 18④411
ににんやく【弐人役】 1①61
にぬし【荷主】 35②412/45①37/46②156/58②97/61⑨368
にぬしだい【荷主代】 46②149,150,151
にねんさく【二年作】 17①132
にばん【二ばん、弐番】→A、E、I、K、N、R 23⑤283/38③134
にばんあいのり【二番藍の利】 13①43
にばんいね【二番稲】→A、F 41②73,116
にばんかき【二番掻】 22④282
にばんくさてちん【弐番草手賃】 9③282
にばんけずり【二ばんけづり】→A 23⑤284
にばんさく【二番作、弐番作】→A 18④413/38③135/41②62
にばんすき【二番鋤】→A 22④282
にばんたばこ【二番煙草粉】→N 38③134
にばんちゃ【二番茶】→N 10②370
にばんぬき【二ばんぬき】→A 23⑤284
にばんひえ【弐番稗】 41②116
にもうさく【二毛作】 19①217/24①40
にもうとり【ニ毛取、二毛取】 19①103,105,110,111,113,114,116,117,122,123,127,128,130,134,135,138,139,140,146,147,148
にもうとりざついしあげひく【弐毛取雑石上引】 18④418
にもちふ【荷持夫】→R 30①68,70,109,110,112
にもちふのえき【荷持夫の役】 30①69
にもつ【荷物】 45①46
にゅうさつ【入札】 14①98,322
にゅうとうかしざしきかりちん【入湯貸座しきかり賃】 5④309
にゅうひ【入費】→ついえ 53⑤296,343/56①216,217
にゅうよう【入用】→いりよう→N、R、X 23①12,③152,155/28①47/33②106/36③168,313,316/37②89/38②83,84,④238,247,262,269,270,273,290/39③155,156,④226/42②111,③175/44①9/45①41/46③189,190/47②104,105,106/49①14/52⑦317/56①162,163,213,214/58③182/65②71,99,100,106
にゅうようぎん【入用銀】→R 5④331
にゅうようたかつもり【入用高積】 47②103
にゅうようのくわつもり【入用の桑積り】 47②103
にゅうようまい【入用米】 65②137
にわだち【庭立】 30①86
にわにやといたるもの【庭に傭ひたる者】 27①246
にわりいちぶたれ【弐割壱歩垂】 50①107
にわりごぶたれ【弐割五歩垂】 50①110
にわりさんぶたれ【弐割三歩垂】 50①109
にわりにぶたれ【弐割弐歩垂】 50①108
にわりよんぶたれ【弐割四歩垂】 50①110
にんきゅう【人給】 28②248,271,279
にんじんいったんとりかず【胡蘿蔔一反取数】 19①122
にんじんだいきん【人参代金】 48①239
にんずう【人数】 35③431
にんそく【人足】→M、N、R、X 4①94/14①266/24①72/28①65,78/33②107,108,111/39④186/40①12,④284/42②102/43③247/44①12,30,31,32,41,②84,95,163/50①60,②169/56①162/59②89/61②82/62⑨316,318,334,335,345,359,373,375,379/63③128,129/65③280/66⑧396
にんそくかかり【人足懸り】 65③278,279
にんそくがわり【人足かわり】 42⑥401
にんそくだい【人足代】 56①163
にんそくちん【人足賃】→R 14①266/39④220/59①24,25,26,35,39
にんそくづいえ【人足づいゑ】 28②254
にんそくましちん【人足増賃】 59①47
にんにくいったんのとりかず【蒜壱反ノ取数】 19①125
にんぷ【人夫、人歩】→M、R、X 8①217/9①74,③260/10①113,114,118/21②106,118,133/23①12,③151,④178/24①148/25①78/27①55/30④347/31④222/34①7,⑥119/46③189,190,212/48①356/49①95/61⑧218/70②113
にんぷちんせん【人夫賃銭】 46③189,191

にんぷてま【人夫手間】 16①330
にんぷのかおい【人夫のかほい】 20②392
にんぷのたしょう【人夫の多少】 30③289
にんぷのついえ【人夫之費】 57②228

【ぬ】

ぬいちん【縫賃】 48①150
ぬか【糠、糖(糠)】→B、E、H、I、N、R 22⑥364,365,399
ぬかがい【糠買】 29②139
ぬかだい【糠代】 43③269
ぬきかえ【抜替】 2②160
ぬけうり【抜売】 57②207,209
ぬひ【奴婢】→ほうこうにん 6①166/10②303,368,381/16①231/19①5/27①219/38④261,263
ぬひぎょうりょう【奴婢業量】 27①282
ぬひつとめかん【奴婢勤間】 24①103
ぬぼく【奴僕】→ほうこうにん 1①111,112,113,④330/5①122/6①150,165,②274,275/10②304/12①49/19②360/20①314/37③258/38③112,④266/41②42/45⑥331
ぬりてま【ぬり手間】 63⑤296

【ね】

ねあい【直合】 28②274
ねあがり【値上り】 51①22
ねうち【直打】 8①281
ねぎいったんのとりたば【葱一反ノ取把】 19①131
ねぎつくり【葱作】→A 3④370
ねぐみ【直組】 53④224,232,233
ねさがり【値下り】 51①22
ねだて【直立】 49①62
ねだん【値段、直段】 1①53,④311,312,315,324/3①11/4①93,118,127,278/5③270,④329/10②329/13①101/15②301/21②121,④205,206,207/22④210,275/25①40,67,94/28①43,64,②211,③323/29①21/30④351,357,358/31②86,④155/33②110,112,115/34⑧306/35②357,366/36②97,③179,212,215,292,318/37②114/38④265,275,276/40④300,331,335,338,339/42①31/44②112/45①34,37,38,48,50/46①101,102,②132,133,136,137,138,139,144,③191/47②134/48①12,107,196,198,199,200,224,244/49①12,16,22,62,71,85,86,93,175/50①42,56,59,85,86,87,③251,277/51①26,29,30,97,166/52⑦317/53①19,②98,④245,246/56②278/58①29,30,33,34,35,36,38,39,40,41,42,43,44,45,46,48,49,50,51,52,53,54,55,56,57,59,60,62,63/59②149,152/61④169,⑨279,307,382,384,⑩443,456/62⑥150,⑦188,209,⑨339,373/63①40,49/64④257,⑤344/65③244,277/66③149,158/67④177,181,⑥274,287,305,307/68②264,265,266/69①82,109,②287,289,342
ねだんげじき【直段下直】 29①79
ねだんこうじき【直段高直】→たかね 15③391,408
ねだんのこうげ【直段の高下】 14①136/15③391
ねちがい【直ちがひ、直違】 7①83,87
ねちがいのえき【直違之益】 7①87
ねはらいにんぷ【根払人夫】 46③191
ねんき【年季】 38②85
ねんきゅう【年給】 24①102
ねんぐ【年貢】→R 9①128/38④276
ねんぐのついえ【年貢の費】 10②323
ねんじゅうかんじょう【年中勘定】 43③274
ねんじゅうこづかい【年中小遣】 22④293
ねんじゅうなつふゆやぐ【年中夏冬夜具】 22④293
ねんじゅうにだしきるこめ【年中ニ出切米】 27①204
ねんじゅうにゅうよう【年中入用】 28①34
ねんじゅうのつもり【年中の積り】 31③125
ねんじゅうはんまい【年中飯米】 28②279
ねんじゅうむらにゅうよう【年中村入用】 22④283,290,293
ねんじゅうよりあいつとめ【年中寄合勤メ】 24①152
ねんちょうのさおとめ【年長の早乙女】 29②135

【の】

のう【農】→M、R、X 35②292
のうかのえき【農家の益】 14①29,33,38,41,101,340,363
のうかのたいえき【農家の大益】 14①42
のうぎょうこうじゅつせん【農業後術銭】 63⑧426
のうぎょうてくばり【農業手配】 61①47,54
のうぎょうのしかた【農業の仕方】 22①63
のうぎょうぶんりょう【農業分量】 27①266
のうぐ【農具】→B、Z 38②84,85,87
のうぐいっさいのだい【農具一切ノ代】 21④201,202
のうぐだい【農具代】 21④189,195,197,199,200,204
のうぐねだん【農具直段】 15②300
のうぐのだい【農具の代】 21②120
のうぐのついえ【農具の費】 10②322
のうぐむけ【農具向】 24①152
のうさくのさんよう【農作の算用】 22①67
のうじのにっき【農事の日記】 21⑤211
のうそうのぎょう【農桑の業】 35②258,302,303,324,369
のうそうのこう【農桑の功】 6①189
のうにんのさくとく【農人の作徳】 11②91
のうふひとり【農夫一人】 30①22
のうまい【納米】→R 42①65
のおこしにんそく【野起人足】 33②107
のこりごめ【残米】→R 37②114
のとりのめかた【野取の目方】 15③373
のぼせ【登セ】 45①45
のぼせいと【登セ糸、登糸】 22⑥364,368,383,385,387,394,400
のり【のり】→B、N 14①333,335,336
のわざやといにん【野業雇人】 28③323

【は】

はあいそうば【葉藍相場】 30④358
はあいはうりそうろうもの【葉藍葉売候者】 30④358
はいいち【灰市】 24①47
はいごひょうだい【はい五俵代】 28①48
はいしゃく【拝借】→R、X 46②135,152,153/63③110/67①14,③131,④174,176,⑥277,285,310
はいしゃくがんきんり【拝借元金利】 64③176
はいしゃくだか【拝借高】 64③174
ばいばい【売買】 3①12,19,20,21,41,56,58/4①159,162,238/16①200,209/22⑥386/25①94
ばいばいちょうあい【売買帳合】 28②137
はいふ【配符】→R 42⑥372
はか【はか】→X 20①73,91
はかいく【ハカ行】 8①191
ばかえにんそく【場替人足】 8①257
はがき【羽書】 67⑤217,219
はくぎん【白銀】→B 6②297/67④162
ばくさく【麦作】→むぎさく→A 12①197,198/13①367/61⑩433/62③75
ばぐだい【馬具代】 21④191
ばくだいのえき【莫太の益】 3②67
ばくだいのざい【莫大の財】 18①89
はくらい【舶来】 68③320,321,322,323,325,340,347,365
はこいれ【箱入】 53④222
はこだい【箱代】 40④339
はこびてま【運ひ手間】 63⑤297
はしせん【はし銭】 42②115
はしため【婢女】 6②299
はじのみのだい【櫨の実の代】 14①52
はじのみをうる【櫨の実をうる】 14①52

ばしょうり【場所売】 58①41,57
はぜきばいばい【櫨木売買】 31④212
はぜだい【櫨代】 33②109,112,119
はぜとくぶん【櫨徳分】 33②109
はぜなえねだん【櫨苗直段】 33②117
はぜのうりね【櫨の売値】 11①13
はぜのとくぶん【櫨之徳分】 33②117
はぜのみねだんこうげ【櫨の実値段高下】 11①58
はぜのみのしょむ【櫨の実の所務】 11①63
はそんにゅうようぶん【はそん入用分】 21④187
はたいったんさくいりよう【畑壱反作入用】 24③326
はたかきならしふつかやというま【畑掻平均二日雇馬】 22④288
はたかた【畑方】→A、D、R、X
19②323,327,330,336,340,350/22④286/36③208,209/67⑥283,288,291,298
はたかたうちおこしなえどこごしらえにんそく【畑方打起し苗床拵人足】 23③153
はたかたこやしだいずだい【畑方肥し大豆代、畑方肥大豆代】 22④288,292
はたかたじょうやとい【畑方定雇】 61⑨295
はたかたにたんぶ【畑方弐反歩】 22①38
はたかたまきもの【畑方蒔物】→A
42②104,125
はたきちん【はたき賃】 50①68
はたけさお【畠竿】 44③214
はたけたがやし【畑耕し】→A
21③152
はたけにつくるむぎ【畠ニ作クル麦】 32②301
はたけねんぐみすて【畑年貢見捨】 23③154
はたけのおさまり【畑の収り】 3③160
はたけのつくり【畠の作り】→X
23①122
はたご【旅籠(賃)】 61⑨370
はたごしらえしょてま【畑拵へ諸手間】 21④199
はたごしらえにんそく【畑拵人足】 56①163
はたごだい【旅籠代】 53②131
はたこなし【畑こなし】→A
21③152
はたこむぎ【畑小麦】 22②114
はたさく【畑作、畠作】→たさく→A、D、X
1①117,118,③272,④315/2④286,288/3④327/9③294/16①244,245,248/19②293,295,299,301,302,306,310,312,313,316,320,334,343,347/21②131/24②233/33⑤250,251/36①59,60,67,③224,263/37①45/38②79,④254/40②181,③230,231,233/41②134/42①45,49/44②80,91,94,③208/57②125,126/61①35/64⑤334,360/67②114,⑤209,⑥307,309
はたさくとりこくじょうほう【畑作取穀定法】 2③265
はたしきでみくばり【畠敷出実賦】 34⑤105
はただい【畑代】 56①162,163,214
はただい【機代】 14①337
はたねんぐせん【畑年貢銭】 42③205
はたらきしろ【働き代】 14①181
はたらきちん【働き賃】 14①31
はたらきにんずうつもり【働人数積り】 51①31
はたわた【畑綿】→たわた
39③147
はちおうじそうば【八王子相場】 22⑥363,364,365,367,381,382,385,386,393
はちおうじよっかそうば【八王子四日相場】 22⑥399
はちまる【八丸】 29④273,287
はついち【初市】 25①29/28②129
はついと【初糸】 35②409
はつねうり【初直売】 28④338
はないち【売花市】 55③205,395
はながみだい【鼻紙代】 21④184
はなどりにん【鼻取人】 22④282,288
はなどりにんそくちん【鼻取人足賃銭】 22④282
はなみずあてかけにさんど【花水アテカケ二、三度】 24①151
はなれしょうもん【離レ証文】 46②156
はのだい【葉の代】 29①81
はまだし【浜出し】 8①132
はまむけ【浜向ケ】 18②275
はやうま【早馬】 66⑤275
はやびき【早引】 35②408
はゆい【把結】 30①115
はらいかた【払方】 38④264/42②109/57①12/61⑨379/67⑥274
はらいまい【払米】 63③111
はるおしのしゃくよう【春をしの借用】 30③233
はるかせぎ【春かせき】→M
4①34
はるざんよう【春算用】 30③233
はるしきり【春仕切】 30③234
はるそうば【春相場】 44②110
はん【半】 39③145/46①76
はんあさ【半朝】 44③253
はんか【半価】 5①181
はんきほうこう【半季奉公】→ほうこう
25①83
はんぎょう【判形】→R
46②150
ばんきん【判金】 49①142
はんさく【半作】→A
11④171,178/41②74/42①40/45①34/67④164,⑤210
はんじょう【繁昌】→N
46②134/58②98/62④87,89,92,⑥150,⑦184,⑧249,250,253,⑨394
はんだい【飯代】 50①68,71
はんだて【半立】 9①128
ばんちん【番賃】 43③274
はんつきのべ【半月延】 35②408
はんてま【半手間】 29②138
はんにち【半日】 4①52
はんにちだ【半日田】 4①51,53
はんにんやく【半人やく】 9①71
はんね【半直】 8①134
はんねんぐ【半年貢】 21③152
ばんはくらい【蛮舶来】 48①171
はんびきやく【半疋やく】 9①71
はんひる【半昼】 44③214,216,220,234,235,238,239,252,260,261
はんぶだい【半分代】 11④173
はんぶんてま【半分手間】 35②354
はんもう【半毛】 3③160,162/9③259/28①11/62③75/67⑥268,272,309
はんよなべぶんりょう【半宵分量】 27①280
はんりょう【飯料】→N
22④292/34⑤107/38②84,85,86
はんりょうせん【半両銭】 49①131
はんりょうだい【飯料代】 21②120,③141,143,145,146,147,148,149,150,152,153,④185,188,190,192,194,197,198,200,201,202,203
はんりょうむぎ【はんりょう麦】 38②87
はんりょうもみ【飯料籾】 38②87

【ひ】

ひあい【日あい、日合】 27①72/33②112
ひいち【日市】 20①224
ひえ【ひゑ】→E、G、I、N、Z
41⑤251
ひえいったんのとりこく【稗一反ノ取石】 19①149
ひえかり【ひえ刈】→A
23⑤284
ひえきん【稗金】 67⑥301
ひえゆえ【ひへゆへ、ひゑゆゑ】 42⑥383
ひかえづくり【扣作】 25①25
ひがけなわ【日掛縄】 63④175,185,189,192,200,205,207,216,220,223,231,236,238,247,251,262
ひがけなわない【日掛縄索】 63④255,259,260,261,262,263
ひきあい【引合】→A
42⑥406,407/43①59,60,73/49①86/53④224/62⑨339
ひきあげ【引上ケ】 24①150
ひきあて【引当】 18②282/25①85/30③304/31②73
ひきかた【引方】→R
67⑥272,284
ひきかたかんべん【引方勘弁】 23④189
ひきちん【挽賃】 53④240
ひきとりいっさいぶん【引取一切分】 21④196
ひきゃく【飛脚】 7②284/37②136/43①29,②178,195,③272/61⑨286,313,317,356/64④251/66④230,231,⑧396
ひきゃくだい【飛脚代】 64③197

ひく【挽】 67⑥310
ひさぐ【ひさぐ】→あきなう 14①368
ひぜに【日銭】 1③274
びた【鐚】 22③162,⑥364,365,367,392/63①41,55
びたせん【ビタ銭、鐚銭】 24①73/48①169
ひとえもの【単物】 22④293
ひとかえり【一反り、壱反り】 27①270
ひとづかい【人遣、人使】 1①111/41⑥278
ひとつぼう【一ツ宝】 49①124
ひとつぼにもみいっしょうげ【壱坪ニ籾壱升毛】 22④280
ひとで【人手】 3③131,155,156,163,164,166/5①25,150/10①110/38④288
ひとでのついえ【人手ノ費へ】 5①50
ひとでま【人でま、人手間】 3③155/4①225/12①197,198,199/13①74,371/16①222/17①196/23⑥314,318,340/25①52,54,55,56,67,76,81,84,119/29①53/30③235/31②70,④172,222/37③291,318,384/38④242,243,246/39⑥349,351/41⑤258/62④87,94,⑨318
ひとでまついえ【人手間費】 23⑤271
ひとぬし【人主】 24③265
ひとのてくばり【人ノ手配り】 5①31
ひとやく【人役】 41③179,181,182,186/53①46
ひとやとい【人雇】 8①79/9③284,291
ひとりしごと【壱人仕業】→W 50①40
ひとりずさ【ひとり従者】 20①49
ひとりちんぎん【壱人賃銀】 33②107
ひとりづくり【壱人り作、壱人作】 25①122,123
ひとりてま【一人手間、壱人手間】 23①90/25①38,59/38②50,51,52,57,58,60,73,75,76/42②92,110
ひとりてまのつくりまえ【壱人手間の作り前】 23④175
ひとりてまのもの【壱人手間の者】 23④175
ひとりにだかり【壱人弐駄かり】 27①243
ひとりねんじゅうのふちつもり【壱人年中ノ扶持積り】 24③319
ひとりのよなべ【壱人の夜なべ】 27①197
ひとりびき【壱人挽】 49①24
ひとりもちまえぶんりょう【壱人持前分量】 34⑥124
ひとりやく【一人役、壱人やく、壱人役】→W 9①15,34,70,71/33②107/35②314/41③186/61⑩457
ひとをやとう【人おやとふ、人ヲやとふ、人を雇、人を雇ふ】 31③110,111,112,115/41⑤258,259
ひのきいた【檜板】→B 53④240
ひのきがさ【檜笠】→B 53④241
ひのきかわ【檜皮】→B 53④240
ひのきづな【檜綱】 53④241
ひのきほばしら【檜檣】 53④241
ひのきまるた【檜丸太】 53④240
ひま【隙】 5①83/34③42,⑧314
ひまいったんのとりこく【唐胡麻一反ノ取石】 19①150
ひまだし【隙出し】 24③265
ひまとり【隙取】 34③37
ひまぶ【日間歩】 30④352
ひゃくかりぶんこえものぶんりょう【百かり分屎物分量】 27①94
ひゃくしょうとせいつもり【百姓渡世積】 28①32
ひゃくしょうのてま【百姓之手間】 29③194
ひゃくしょうのとく【百姓の徳】 28①36
ひゃくしょうのにゅうよう【百姓の入用】 28①49
ひゃくしょうほうこう【百姓奉公】→ほうこう 29②159
ひゃくしょうめんめんばやし【百性面々林】 64①58
ひゃくめまでのもの【百目迄の者】 28②135
ひやとい【日雇】→M、X 1①68,69/8①193/10①118/28②166/42②86,87,89,90,91,92,93,94,95,96,97,110,111,112,114,115,116,117,③152,176,187,196,198,202/43③274/44①9,10,11,13,14,15,16,19,20,45/63③126
ひやといせん【日雇銭】 42②118,119,⑥387
ひやといだい【日雇代】 28②279
ひやといちん【日雇ちん、日雇賃】 42⑥426/61⑩458
ひやといてま【日雇手間】 36③228
ひやといにん【日雇人】→M 30⑤402/42③195/44②163,166,169
ひよう【ひよう、ひよふ、日よふ、日傭、日用】→M 5①14,66,166/8①193,197/9①75,114,121,128/28②160,165/31②81/42⑥406,407/44②159
ひよう【費用】 3③114,118,125,176,177,179,181,186,188/25①11/30③303/38④230/45⑤238/53⑤297,298/62⑨348,387/64④310/69②211
ひょう【俵】→B 37②115/39④188/44③228/63③133
ひようかせぎ【日用かせき】→M 28①61
ひようだ【日用田】 27①72,361,362
ひようちん【日雇賃、日傭賃】 5③283/9③285/29①81/42⑥446/45③143
ひようにん【ひよふ人、日用人、傭人】 3③130/9①73,75,147/44②134,135,137
ひようにんそく【費用人足】 62⑨346,348,353,360,367,382
ひらだいず【平大豆】 19②307,328,335,347
ひらねだん【平直段】 29③261
ひらまい【平米】→N 19②293,295,299,303,306,310,313,316,320,323,327,330,334,336,340,343,347,350/37②88
ひりょう【肥料】→I 24①135
ひるはん【昼半】 44③250
ひろさきおりかいしょ【弘前織会所】 47①56
ひわりのてどり【日割之手取】 9③286

【ふ】

ぶ【夫】→M 43②142,163,172/44③245
ふうたい【風袋】 51①164,165,166/58①34,35
ふうたいびき【風袋引】 35②408
ふうふつくりたて【夫婦作立】 22④291
ふえき【夫役】→R 30③278,301
ぶかりもみ【歩刈籾】→W 19②325
ふきかわり【吹替り】 66②114
ふきなおし【吹直シ】 66②114
ぶきん【夫金】 63①34
ぶぎん【夫銀】→R 4①10,34
ふくろがい【ふくろ買】 42⑤324
ふくろそんりょう【袋損料】 50①86
ぶげん【分限】→ぶんげん 4①172/6②269,270,271,326/10②375/16①46,53,122,123,124,128,186,191,227,230,233,236,311/23①121,122,123,④163,164,169,174,⑥298,299,306/24①16,123/25①21,③263/27①254/29②120/31④222/32①188/33⑥299
ぶげんしゃ【分限者】 40②121,194
ふさく【不作】 3④223,227,260,281,362/7①23,40,61/8①264,268,287/9③250,278,294/11②111,113,114,④170,173,176/15①14,③371,389/19①198,②289,354,355,356,388,390,429/21①64/24①84/28②277/36②97,100,117,118,121,123/37①18,24,40,41,43,44,45,47,②112,122,129,131,155,192,194,215/39④216,⑥323,326/40②40,90,119,146,161,185/41④208/42①29,45,64,65/47②83,106,146/52⑥253/61③131,⑩431,435/62③60,④87,97,⑦205/64③169,186/65②109,123/66①38,42,②91,92,⑥343/67③139,⑤208,210,224,235,237,238,⑥278,316/69②310,312
ふじきだい【夫食代、扶食代】 21③151/67①28
ふじきだいきん【夫食代金】 67①34
ふじきととのえだいきん【夫食調代金、扶食調代金】 67①34,36
ふじのてま【不事の手間】 21③143
ふじりんじのにゅうよう【不時

臨時之入用】 22④294
ふしんかたつもり【普請方積】 65②81
ぶすう【夫数】 10①112
ふすま【ふすま】→B、I、N 22⑥366
ふそく【不足】 3③119
ふだ【札】 43①14
ふだいれ【札入】 57①12,17/62⑥150
ふたえごえ【二重肥】→I 23⑤283
ふたけ【二毛】 14①410/45③143
ふたげさく【ふた毛作】 20①123
ふたげとる【二毛とる】 14①410
ふたさく【二タ作、二作】→A 1④335/2④294/4①71/62⑦207
ふたつくり【二作り】 62⑨318
ふたつぼ【二ツ宝】 49①124/70②111
ふだぬし【札主】 57①13
ふだのかきかえ【札の書かへ】 2②160
ふだもと【札元】 1③274
ふたりてま【二人手間、弐人手間】 38②53,55,57,59,66,68
ふたりひき【二人挽】 49①14
ふち【扶持】→N、R 2④293/21⑤232
ふちきゅうきん【扶持給金】 21⑤216
ふちまい【夫持米】→N、R 41②68
ぶつき【歩付】 18②253
ふづくり【不作り】 40④304,305
ぶづもり【夫積り】 10①128
ふていれ【不手入】 36①65
ぶてま【夫手間】 31③112/34⑦257
ぶどまり【歩止り】 44②168
ふなかた【船方】 36③217
ふなかんじょう【ふな勘定】 59②154
ふなちん【舟賃、船賃】 40②66/50①102/58③182,183,184/59④305/65③277/67③134
ふなづみ【舟積、船ナ積、船積】 15③409/46②149,150/52⑦307,325/62⑥150
ふなば【舟場】 61⑨274,370/66⑤271
ふなばしてんま【船橋伝馬】 63③129
ふなまわし【船廻し】 46①102
ふなわたし【舟渡】 27①257
ぶにん【ぶにん、無人】 28②150
ぶにん【夫人】 27①108,119/48①369/49①95
ぶにんのそん【夫人の損】 27①62
ふねのいりめ【槽之入目】 19②286
ふねのうんちん【船の運賃】 15③343
ふねわたしだい【船渡し代】 43①48
ふのう【不納】 5①73
ぶまる【夫丸】 57②158
ぶやく【夫役、歩役】→R 10①112/30③278
ふゆげ【冬毛】 8①86
ふゆさく【冬作】 6①88/8①89/11④185/21②117/29②121,130,131,132,133,143,149
ふゆづくり【冬作り】 11④185
ふりうり【振売】 33②116
ふりこめ【ふり米】 24③322
ふるい【ふるひ】 41⑤250
ふろせん【風呂銭】 47②105
ぶんきゅうせん【文久銭】 21③176
ぶんきん【分金、文金】 33⑤241/49①141/61⑨377/66②119
ぶんげん【分限】→ぶげん 3③178,④381/7①56/10①166,②333/12①47,62,67,92,114,124,286/13①111,137,319/14①358/40②97/61①28/62⑧250,280
ぶんこつつみ【文庫包】 45⑥293,298
ぶんじぎん【文字銀】 49①124
ぶんじきんぎん【文字金銀】 46②141
ぶんち【分地】→D 63③126
ぶんど【分度】 63④258,259
ぶんばん【分判】 49①142

【へ】

へ【へ(綜)】→B 14①333,335,336
べいか【米価】 6②298,318/68①43,②247/70⑤308,312
べいこくそうば【米穀相場】 67⑥280
べいこくねだん【米穀値段】 36③228
べいさく【米作】 7①41
べいせん【米銭】→N 5③248/41②51/64④310
べいせんとりやり【米銭取遣り】 31③123
べにばないちば【紅花市場】 45①42
べにばないったんとりめ【紅花一反取目】 19①120
へんさいにん【返済人】 2②164
べんとうもち【弁当持】 63③129

【ほ】

ほうえいきん【宝永金】 66②114
ほうこう【奉公】→かよいぼうこう、しちもつほうこうにん、てまひやといほうこうにん、はんきほうこう、ひゃくしょうほうこう→M、N、R、X 34⑧314/36③323
ほうこうにん【奉公人、奉行人】→げじょ、げなん、けにん、げにん、げふ、げぼく、けらい、けらいげじょ、ぬひ、ぬぼく、めしつかい、やっこ 8①200,256/10①101/22①67,⑥363,366/23⑥304,341/24②236/25①71,③269,283/27①244,257/28②258,281/29①19,26,②154/33①25/34⑥125,151/38④275,278,289/62⑧257/63③98
ほうこうにんいちにんぶん【奉公人壱人分】 22④286
ほうこうにんうけじょう【奉公人請状】 24③264
ほうこうにんおとこ【奉公人男】 28②282
ほうこうにんおとこいちにんぶん【奉公人男壱人分】 22④280
ほうこうにんおんな【奉公人女】 28②282
ほうこうにんきゅうきん【奉公人給金】 22④281,287
ほうこうにんしきせ【奉公人仕着】 22④288
ほうこうにんでいり【奉公人出入】 25③286
ほうこうにんなつふゆしきせ【奉公人夏冬仕着】22④281
ほうこうにんねんじゅうはんまいばく【奉公人年中飯米麦】 22④281,288
ほうこうにんみそ【奉公人味噌】 22④281
ほうさく【宝作、豊作】→だいほうさく 3③168/5②231/6①212/7①6/8①267/9③262,263/21①9,10,17,78,④194,207/22①14,32,②103,④222,294/25①95,③270,276/28②144/30④359/31⑤280/35①232/36③246,273/39①15,47/41④206/45③170,171,172/48①213/61③131,⑥188,⑩431/62③60,79,⑤126/66④205/67⑥263,273,283,309,311/68②246,247,259,267,④395/69②276,362/70③228
ほうろく【奉録】 3③177
ほかのさく【外の作】 23⑥319
ぼく【僕】 5①17,123,166/50①43
ほしあげいっさいぶん【干上一切分】 21④193
ほしあげしょてま【干上ケ諸手間】 21③152
ほしあげぶん【干あけ分】 21②119
ほしかだい【干か代】 21④194
ほしかにぬし【干鰯荷主】 58②96
ほしばおくり【干場送】 30①83,116
ほしひろげのおんなひとり【干攤の女壱人】 27①160
ほしべり【干減】 2③269/4①97/22①32
ほしもみさび【干籾簸】 30①83
ほしゆいふ【干結夫】 30①83,116
ほだだい【榾代】 24①50
ほねおりだい【骨折代】 38④249
ほねおりてまいり【骨折手間入】 9③281
ほねおりりょう【骨折料】→R 9③295
ほまち【ほまち、外待】 20①100,101/21⑤214/68③326,335
ほまちかせぎ【ほまち稼】 68③327
ほまちだ【穂末田】→しんかいだ、しんかえだ 20①100
ほりごえいっかだい【ほりこへ壱荷代】 28①48
ほりとりにんそく【堀取人足】 56①163
ぼんいち【盆市】 25③279
ほんかど【本門】 66⑧406
ほんきって【本切手】 5④315
ほんさく【本作】 5①142/6②271,279/14①52/28②215
ぼんぜっき【ぼんぜつき】9①95
ほんだちん【本駄賃】 1③282
ほんて【本手】 28①49

ほんばこがみいちまい【本場蚕紙一枚】 35②280
ほんはたさく【本畑作】 34⑧293
ぼんはらい【盆払】 25③280
ほんまい【本米】→R 36③210
ほんり【本利】 65②82,83,87,103

【ま】

まえきん【前金】 47②105/61⑨381/67⑥297
まえぎん【前銀】 4①280/5④310,328/53④225,229,233
まえだれぬの【前たれ布】 24③268
まえちんせん【前賃銭】 53④229
まかないにゅうよう【賄入用】 47②105
まがのさき【まがのさき】 41⑤250
まき【巻】 14①333,335,336
まきうり【薪売】 4①13
まきかたならびにみずかえにんそく【蒔方幷水かへ人足】 23③153
まきこみ【蒔込】→A、D 24①150
まきだい【薪代】→たきぎだい 42⑥444/50①56,57
まきちん【巻賃】 30④352
まきつもり【蒔積り】 8①66
まきてま【蒔手間】 21③146,147,152,153
まきなわだい【巻縄代】 30④352
まきむしろ【巻莚】 30④352
まきもの【蒔物】→A、E、X 36③198/38①7,12,③154/39②103/61①36/62⑨333,336,338/67④173
まきりょう【薪料】 44②159
まぐさだい【秣代】 22④282,288
ましちん【まし賃、増賃】 29①18/48①218
ましぶち【まし扶持】 28①35
ますかず【升数】 7①43,44,50,83
ますつき【升つき】 62⑨332
ますとり【升取】→R 28②203,256/37②160,185,186,192,193
ますめ【升目】→A、B、X 10②364/47②116
ますめとり【升目取】 3④228
またうり【又売】 53④233
まちかたはらい【町方払】 40③247
まちそうば【町相場】 11④176
まついだこづかい【松井田小夫】 24③323
まつのきだい【松木代】 42⑥445
まつぼりつくり【まつぼり作、まつぼり作り】 29①26,27,28
まびきてま【間引手間】 21③147
まめ【豆】→B、E、I、N、R、Z 22④288,292
まゆとりだか【繭繰高】 53⑤350
まゆめ【繭目】 35②280/47②106
まゆめかた【繭目形】 47②147
まるた【丸太】→B、N 53④240
まるだま【丸玉】 45⑥295
まるにまかりありそうろうもの【丸に罷在候者】 27①336
まるにん【丸人】 27①343
まわしふ【舞夫】 30①86
まんが【まん鍬】→A、B 22④283,289
まんごくとおしのつもり【万石とうし之積り】 21④190
まんさく【まんさく、満作】 3④223/5①87/15①99/16①81,179,246,258,262,264,278/17①112,119/19②372,388,390,429/31④224/37①40/40②119,128,133,161,182,183,188/62③60,⑨343/67②114,⑤238
まんじゅうきって【饅頭切手】 44①20

【み】

みあきないしよう【実商仕様】 46①101
みいり【実入】→E、Z 1③280/7①24/35①119
みうり【身売】 18②282,284
みかんうりだいきん【蜜柑売代金】 46②153,154,155
みかんぐみ【蜜柑組】 46②143,149
みかんくみかぶ【蜜柑組株】 46②142
みかんじょう【未勘定】 42②116
みかんだいうけとりきん【蜜柑代請取金】 46②144
みかんだいきん【蜜柑代金】 46②135
みじゅくのそん【未熟ノ損】 5①83
みずあらし【水あらし】 11⑤277
みずかきてくばり【水掻手配】 8①252
みずかけてま【水かけ手間】 62⑨356
みずかげんみまわり【水加減見廻り】 24①151
みずくみのてまちん【水汲の手間賃】 9②207
みずぐるまにじゅうにんきひとりいちにちくりいとひょう【水車二十人器一人終日繰糸表】 53⑤362
みずたいったんぶんてすうのつもり【水田壱反分手数之積】 29④290
みずたうちてま【水田打手間】 62⑨335
みずたのいね【水田の稲】 15③396
みずとりちん【水取賃】 9③282,285,290
みずとりちんせん【水取賃銭】 9③294
みずとりてま【水取手間】 9③284
みずとりにちようぎん【水取日用銀】 30④351
みずとりやといいれ【水取雇入】 9③254
みずねんぐ【水年貢】 28②195,283
みずのみまわり【水の見廻り】 24①151
みずみいっさいぶん【水見一切分】 21④194,196
みせ【見世】 62⑥150
みせこうりもの【店小売物】 49①87
みそだい【味噌代】 28①34
みちうり【道売】 51①167
みっつぼ【三ツ宝】 49①124/70②111
みつまたをらいちにうええきあること【三股を畾地に植益ある事】 14①395
みてうちじっぱいっそくづみ【三手打拾把壱束積】 18⑤462
みとで【水戸様】 48①168
みとり【実とり、実どり、実取、実取り】→A、E 1③268,269,④303,307,308,309,311,312,315/3④225,305/11①8/21①26,27,34,35,44,45,46,47,53,79,②114,117,③148,149,150,151,152,153/24①95,112/36②110,111,113,114,115,117,118/39①35,36
みとりごま【実取ごま】 21③147
みとりだいず【実取大豆】 21③146
みながけ【皆懸】 48①295/49①86,88
みなくちまい【水口米】 1④326,327
みのうりかい【実の売買】 15①87
みのしろきん【身代金】 24③264,265
みのしろきんす【身代金子】 24③264
みのしろせん【身代銭】 34⑤107
みのしろまい【身代米】 67④185
みのりかた【実法り方】 21②121
みのりすくなし【実法り少し】 21①32
みのりだか【実法高】 63⑤298
みぶせばたこしらえにゅうよう【実臥畑拵入用】 56①211
みまかない【三賄】 42①37
みまよせそうば【御馬寄相場】 63①40
みをあきなう【実を商ふ】 46①14
みをとりてひさぐ【実を取てひさぐ】 14①308
みんりょく【民力】 30①56,③288
みんりょくのついえ【民力の費】 30①7

【む】

むぎ【麦】→A、B、E、I、N、Z 19②314/30③301
むぎあがりだか【麦上り高】 11④184
むぎいっさく【麦一作】 32①172,②304
むぎかちてくばり【麦カチ手配】 8①257
むぎかりふ【麦刈夫】 30①115
むぎこきてまだい【麦こき手間代】 42②110
むぎこめだい【麦米代】 42②112

むぎさく【むき作、麦さく、麦作】→ばくさく→A、D 1①91/2④294/3④231,260,**274**,286/4①229,230/11⑤222,231,250,271,274,280,282/14①201/16①192/19②293,296,300,307,310,317,324,328,331,337,341,344,355,379/22①60/24②233,**237**,238,239/25①121/31②83,③106,120/32①26,66,80/38①8/40②134/41②62,77,78,③180,183,⑦323,326/42⑥420/44②93/61⑩411/62①11,③76/63③136,⑥340/65②120,121,125/66①35,39,43,48,49,②92,102/67①38,⑥278,283,288,292,301/68④411/70⑥395,401,402

むぎさくおとこてま【麦作男手間】23⑤**282**

むぎだいきん【麦代金】66②107

むぎたいったんぶんてすうのつもり【麦田壱反分手数之積】29④**291**

むぎたねだい【麦種代】67④174

むぎちぎりおろし【麦ちぎりおろし】9①81

むぎなし【麦なし】68④404

むぎのこえだい【麦の肥代】28①33

むぎのでき【麦ノ出来】32①164,165

むぎのとく【麦の徳】28①49

むぎのとりだか【麦ノ取リ高】32①78

むぎひきかえ【麦挽替】2①34

むぎひとさく【麦一ト作】30⑤395

むぎまき【麦蒔】→A、D、Z 23⑤283

むぎまきつけいったんぶんてすうのつもり【麦蒔付壱反分手数之積】29④**293**

むきん【無金】63③115

むげにん【無下人】45①48

むしでま【蒸手間】5①153

むしとりぶん【虫し取分】21③151

むしゅのう【無取納】44③204

むしろをおるつもり【織莚算斗】14①**127**

むでん【無田】→D 9③263

むどぞう【無土蔵】45①48

むらじゅうありまいみつもり【村中有米見積】28①**46**

むらふればんつとめ【村触番勤メ】24①152

むらやくにちやくちんぎん【村役日役賃金】63③129

むりそく【無利息、無利足】63②87,③109,111,112,113,114,④262/67③134,135,⑥294

むりそくきん【無利足金】63④183,188,191,199,204,206,215,219,222,230,235,237,246,250,253,261

【め】

め【目】→E、I 8①271

めあけこえかけ【目あけこゑ掛】23⑤283

めかた【目形】46③199/47②149/56①193,205/58①30,31,33,34,35,39,44,45,46,48,49,50,51,54,60,62

めきれ【目切レ】2③265

めし【飯】→B、N、Z 14①333,336

めしだい【飯代】28②225/29④288/50①56,57,86

めしたうえ【飯田植】4①19

めしつかい【召仕、召使、奴婢】→ほうこうにん 5③247/38④232/40②67/41②42/42③158/55③268/62④86/63①55

めしつかいのもの【召仕の者】25①37/36①61

めしつかわるるだんじょ【召使はるゝ男女】23④166

めんきりあいたい【免切相対】43③267

めんきりのみ【免切野見】43③267

めんめんいばやし【面々居林】64①58

【も】

もうけ【もうけ】→とくぶん 9①62

もぐさざ【もくさ座】61⑨322

もくろみ【目論見】→C 57①14

もち【餅】→E、N 22⑥399

もちおくり【持送り】→A 59①24,25,26

もちじちょう【持地帳】2②155

もちだ【持田】21①46/27①362

もちだか【持高】4①277/24①50

もちはか【持果敢】19②406,411,412,418

もといれ【元入】14①272

もといれそん【元入損】9③253

もとかた【元方】→R 14①250

もときん【本金】63③113,115

もとごやしょしきだい【元小屋諸色代】64②140

もとすます【元済】65②107

もとで【元手】5③283/23④197

もとできん【本手金】63③112

もとりすます【本利済、元利済】65②103,104,106

ものいり【ものいり、物入】→ついえ 1①67,71/9③290/10②332/30③264

ものいりさしひきかんじょう【物入差引勘定】9③263

ものかずちょうめん【物数帳面】27①149

もばらいち【茂原市】38④234

もみごしょうだい【籾五升代】21④194

もみすり【籾スリ、籾摺】→A、Z 21①47/24①151

もみすりたていっさいぶん【籾すり立一切分】21②119

もみすりたてぶん【籾すり立分】21④194

もみすりまいだい【籾摺米代】42②119

もみたねだい【籾種子代】21②120

もみにこく【籾にこく】20②396

もみのあらさび【禾子の荒簸】30①82

もみほし【籾干】→A、Z 30①83

もみほしあげしゅうのういっさいのぶん【籾干上、収納一切ノ分】21③143

もやいにしてととのえおく【催合にして調置】29③208

もやしちん【燃賃】49①75

もよりくみかえだか【最寄組替高】63①46

もらいりそく【貰利足】63⑧427

もんせん【文銭】→B 21③176/24①73

【や】

やきはた【焼畑】→D 34⑧**301**,302

やきはたさく【焼畑作】34⑧293,294

やくしゅだい【薬種代】67④176

やくにんそく【役人足】42②122,③176

やくりょう【薬料】62⑥156

やさいだい【野菜代】9③284

やしきかない【屋敷かない、屋敷叶】57②219,220

やしきげにん【屋敷下人】44③203

やすきゅうぎん【安給銀】28②258

やすみおふじかた【休御ふち方】28①49

やすめおく【やすめ置】37①38

やそうよんそくだい【野草四束代】28①48

やちんしききん【家賃鋪金】45①48

やっこ【やつこ、奴】→ほうこうにん 3①9/20①303/28①36

やとい【雇、雇ひ】2②159/31③120,126/36①54,③207,208,227,272,327/42②103,122,123,124,④231,233,235,236,237,239,240,241,242,244,248,258,264,265,266,267,268,269,270,272,274,275,279,280,282,283,284/44①8,11,16,51,52,③217/56①214/61⑨277,289,296,300,301,302,304,305,312,344,359/62①14

やといあい【雇合】29②131,132

やといいれ【雇入】42⑥439/53④225

やといいれちょうめん【雇入帳面】42⑥422

やというま【雇馬】61⑨274

やといおんな【雇女】45①44

やといせん【傭銭】3③130

やといだ【雇田】4①18

やといだい【雇代】56①216

やといちん【雇ヒ賃、雇賃】14①409/32②322

やといど【やとい人、やとゐど、雇人、傭人】14①125/27①262,337/28②125/42⑤325/50①43

やといにん【やとひ人、やとゐ

人、雇ひ人、雇人】 9③273/20①69/23①122,④194/24③271/29③194,244/30③233/36③166,272/42③198,④283,⑤338/43③253/61⑨378/63③131
やといにんそくだい【雇人足代】 56①163
やといびと【雇人】 45③143
やといぶね【雇舟】 61⑨274
やとう【やとふ、雇ふ】 9①125/47②147
やどちん【宿ちん、宿賃】 2②159/25①83
やとわれびと【雇人】 29③265
やねかさくりょう【屋根家作料】 36③228
やねふきてま【屋根葺手間】 36③228
やぶしんちんぎん【家普請賃金】 63③134
やぶしんやとい【家普請雇】 64④273
やまこうぞだい【山楮代】 42②91
やましたくさそうば【山下艸相場】 22③162
やましたてりょう【山仕立料】 57②120,122,124,125,127,128,129,130,131,132,134
やましとにゅうよう【山しと入用】 24③329
やまだい【山代】 53④232,233,242/56②268
やまてはさみだい【山手挟代】 22①36
やまみちつくり【山道作り】 24①152

【ゆ】

ゆい【ユイ、ゆい、ゆひ、結、唯、唯諾】→い、てまがえ、ゆう 2④**278**/20①68/33①56,57/42⑥382,383,384,387,388,394,421,433
ゆう【ユウ】→ゆい 24①43
ゆうずうきん【融通金】 63②87
ゆうずうもときん【融通元金】 63②88
ゆえ【ゆへ】→ゆい 63⑥341,⑦376
ゆずりわたしおきそうろうたはた【譲渡置候田畑】 63③98,111
ゆちん【湯賃】 5④309,312,321,333
ゆりこしらえ【ゆり拵】 20②396

【よ】

よいかえし【よいかへし】 42②87
ようさん【養蚕】→こがい(蚕飼)→A 3①8,③118,126,164,166,168/6①**189**,190,262/14①**251**,253/24①9,21,47/35①12,14,51,120,184,②258,259,281,282,283,284,287,288,301,303,315,316,317,318,319,320,321,323,324,327,332,335,341,342,343,344,345,346,356,361,369,370,371,376,378,380,382,384,392,401,403,411,413,414,415/37③261/45②69/47②89,110,127/61⑨300,301,304,384,⑩411,435,440,442/62④92
ようさんいちじょうぶん【養蚕一畳分】 35②280
ようさんのぎょう【養蚕の業】→A 35①194/53⑤370
ようすいふしん【用水普請】→C 21③144
ようすいぶしんてま【用水普請手間】 21③143
ようすいふしんとうのにんぷ【用水普請等ノ人夫】 21②119
ようべん【用弁】 56②277
よくねんたねものぶん【翌年種物分】 22①32
よこはまそうば【横浜相場】 53⑤298
よさく【余作】 14①52,217,261,266,382
よせちん【寄せ賃】 29④273
よせん【余銭】 46③191,193
よち【余地】→D 14①235
よつぎひきふね【四ツ木引舟】 59④332
よつぼう【四ツ宝】 49①124/70②111
よなべのぶんりょう【宵之分量】 27①**277**
よにんてま【四人手間】 38②54,62,73
よにんやく【四人役】 1①61
よねざわそうば【米沢相場】 61⑨380,382
よまい【余米】→R 3②70/37③376
よみたてもの【算建物】 62⑥150
より【余利】 3③165
よりふ【撰夫】 30①86
よわたりつもり【世渡積】 28①32

【ら】

らいねんのむぎさく【来年の麦作】 30①60,61
らくさつ【落札】 42⑥373,379,415,416/57①12,13

【り】

り【リ、利】 3①20/4①239/12①317,390/13①31,46,71,94,101,115,176,204,206,259,262,286,292,294,296,368,369,370,373/14①30,32,46,47,52,94,113,148,158,181,187,199,200,202,204,233,244,261,263,274,294,308,316/21③158,162,163,164,165,166,167,168,169,171,172,173,174,④182
りえい【利永】 64③174,175
りえき【利益】 13①200/14①31,229
りおおし【利多し】 47③176
りかた【利かた、利方】 14①34,56,228
りきえき【力役】 30①7
りきん【利金】 63②88,③112,113,114,115
りくちうまつき【陸地馬駅】 22①55
りくのだちん【陸の駄賃】 15③343
りくまわり【陸廻り】 46②148
りこく【利穀】 2②147
りじゅん【利潤】 3①18,③111/4①238,239/5③252/6②272,285,305/9②206,207/12①49,53,63,74,101,103,123,126,144,147,150,234,293,309,315,346,362,369,374,375,382,390/13①7,11,16,94,145,160,264,286/14①28,244,264/18①75/23①27/31④152,219/41②42/56①159
りせん【利銭】 34⑤107
りそく【利息、利足】 3④277/9③294/21③171,173/23⑥341/27①203,254/30③304/63②87,88
りそくぶん【利足分】 42②110/43①25,46,95
りそくまい【利足米】 27①254
りつき【利付】 42②90,94,95,114/53④228
りとく【利徳】 11①9/36③212,213
りなし【利なし】 64①45
りばい【利売】 13①286
りぶん【利分】 4①215/12①227,311,314/13①9,11,41,56,62,65,66,93,97,101,173,176,264/14①53,55,137,224,231,261,264,334,335
りむぎ【利麦】 68②267
りもう【利毛】 2②164
りょうがえ【両かへ、両替】 2②160/42①29,38/61⑨380,382,385
りょうがえそうば【両替相場】 67⑤225
りょうけのさく【両毛の作】→かたげさく 29①29
りょうさく【両作】 7①40
りょうぶつ【料物】 30③295
りょうもうづくり【両毛作】→かたげさく→A 65②125
りょしゅく【旅宿】 61⑨342,379
りをうる【利を得る】 12①199
りんじのとくぶん【臨時ノ得分】 5①135

【れ】

れいもつ【礼物】→N 30③301/41⑦333

【ろ】

ろくごうさんじゃくずり【六合三勺すり】 24③344
ろくごうずり【六合すり、六合摺】 19①207/22①41/24③315/37②195/70④270
ろくごうびき【六合引】 61②100
ろくじゅうむしろ【六拾莚】 27①160
ろくじゅうもんめきんいちりょう【六拾目金壱両、六十目金壱両】 50①103,105
ろくせん【六銭】 33⑥333
ろくとまき【六斗蒔】→D

64⑤358
ろくぶはやびき【六歩早引】 35②405

【わ】

わかしゅ【若衆】 47⑤256
わかぜ【若勢】 42①32
わきうり【脇売】 57②134/58④251
わくき【枠木】 65③277
わけさく【分作】 2①49
わけさくだ【分作田】 2①68
わけさくはた【分作畑】 2①68
わけどり【分取】→A 24①151
わけに【分荷】 45①47
わせこむぎ【早小麦】→F 19②314
わたかえしだ【綿返し田】 9③249
わたかけ【綿掛ケ】 43②142, 203
わたくしもの【私物】 29①26
わたさく【わた作､草棉作､棉作､綿作】→A 7①92, 98, 102, 108/8①35, 182, 185, 234/9③249/22②120/40②182, ③230/44①18, 27, 30/67③139
わたし【わたし】→M 28②179
わたしかた【渡し方】 22③160
わたしだ【渡田】 42②102
わたしづくり【渡し作】 22③157
わたしまい【渡し米､渡米】 36③328
わただい【綿代】 28①35/44②118
わたつぎのなたね【綿継之菜種】 8①139
わたつぎのむぎ【綿継之麦】 8①139
わたねだん【綿直段】 15③390
わたのとし【綿ノ年】 8①139
わたのみつもり【綿之見積】 8①241
わたのりかた【綿の利方】 15②194
わもの【和物】 36①36
わらうり【藁売】 4①29
わらきがい【わら木買】 9①11
わらだい【藁代】 43③269
わらつみじこう【藁積事考】 19①85
わらのかたづけ【藁の片着】 30①82
わらほし【藁干】→A､Z 30①83
わらほしかえし【藁干し返シ】 63⑤297
わらんじだい【わらんじ代】 21④184
わりちん【割賃】 53④241
わりつけ【わり付】→A 23⑤284
わりつけくさ【わり付草】 23⑤284

M　諸稼ぎ・職業

【あ】

あおそつくり【青苧作】 61⑨277,374
あおたけうり【青竹売】 36③227
あおものや【青物屋】 3①37
あきうど【あきうど、商人、買人】→あきんど 40④301/47①37/50①43/53①11,⑤337/69②364
あきて【明手、明人】 50①73,86
あきない【商、商ひ】→あきんど→L 3③110,111,118,120,178/23⑥299
あきないごと【商ひ事、商事】 23④199,200/25①39,71,83
あきなういえ【商ふ家】 14①224
あきびと【商人】→あきんど 12①122/13①41,101/53⑤342,350
あきんど【商家、商人、商年(人)】→あきうど、あきない、あきびと、うりあきなうぎょう、しょうか、しょうこ、しょうばいにん、しょうみん、せおいあきない→Z 2②159,162/3③110,112,114/4①94,130,142,160,162,237/7①108,②359/10②381/14①34,38,39,42,101,340,373,374/15①32,②231,③343/16①59,64,247/21②109,⑤229/23④163/25①62/28②125,257,259/29①19/35②413/36①36,66,67,③190,198,228,240,290,294,337/40④315/42⑥389/43①16/45①49/47②106/48①201/51①22,24/53②99/58②94,96,98/59②163,③212/61⑩424/62⑥153/63①58,③127/65②120/66④194/67⑤223,⑥274/70②68
あつがみすき【厚かみ漉】 5④307
あとづけ【跡付】 29④272,273
あとといや【跡問屋】 46②155
あのうがた【穴生方】 65④333
あぶらうり【油うり、油売】 11④177/45③132,134/50①35,36,37
あぶらうるもの【油売もの】 45③133
あぶらしぼり【油搾り】 50①54,81
あぶらしぼりのかた【油搾りの方】 50①45
あぶらしぼりや【油搾り屋】 15①96
あぶらしめ【油搾】 62①18
あぶらや【油屋】→Z 3③170/15①87/18①96/23①28/28②220/35②326/43①11,94/45③175/49①54/50①43
あま【海士、海人、蜑】→おとこあま 4①35/24①147/30③282/31⑤282/58③126,127/62①18
あみや【網屋】 59③226,242
あめがしたのおおんたから【あめがしたのおほんたから】→ひゃくしょう 17①119
あめや【飴屋】 40②107
あやつり【操】 62①18
あゆとり【鮎取】 59①43
あらものや【荒物や】 43②136
あれちほり【荒地堀】 3③130
あんま【按摩】→ざとう 23④180/36③303/42⑥385,386,387

【い】

い【医】→いしゃ 3③174/68③323
いえだいく【家大工】→だいく 16①217
いおうあきんど【硫黄商人】 48①392
いおうほりこ【硫黄掘り子】 66③138
いか【医家】→いしゃ 13①278,282,287,292/70⑥369
いかい【ゐかひ】 65③219
いかだし【筏師】 14①70
いかだのり【筏乗】 53④242,243
いかん【医官】→いしゃ 18①55
いけだのうえきや【池田の栽樹家】 55③345
いけばなし【挿花者】→はなきり 55③205,206,209,432
いざかや【居酒(屋)】 63①50
いし【医師】→いしゃ 3③173/14①162/23⑥310/24③273/40②56/41②44/42③174,175,184,196/43③254/44①33/48①332/62⑥156,⑧278/64①77/66④201/67④176,⑥317/69①32,33,102
いしかた【石方】 44①42,51/65③277
いしきり【石工、石切】 57①13/62①18/64①41
いしく【石工】→いしや、きりこみいしく 59③214/64②119/65④342
いしばいれんじゅう【石灰連中】 43①91
いしや【いしや、石屋】→いしく 9①34/24①149/42④245/43③241
いしゃ【いしや、医師、医者】→い、いか、いかん、いし、おいし、おいしゃ、かんい、くすし、じい、しょうにいしゃ、とうけい、ひんい、りょうか 1①75,119/6①9/12①103/16①63,64/17①131,132/28②220/32②335/38④280/40②68,81,85,89,90,96,166/41②45,⑦341/42④236,284/43③254/59②135/62①18/66⑦365/69①44
いしゃしゅう【医者衆】 31③122
いじゅつ【医術】 41②44
いせおし【伊勢御師】 36③333
いせおしさま【伊勢御師様】 27①230
いせおんし【伊勢御師】 36③333
いせのくにのくすりや【伊勢国之薬屋】 42③198
いせやまだのおし【伊勢山田の御師】 25③284
いたこ【イタコ】 1②167
いちこ【イチコ】 1②167
いちまちざいもく【市町材木】 62①18
いちまちのほうこう【市・町の奉公】 6②270
いっけんのひゃくしょう【一軒之百姓】 34⑧314
いっけんまえ【一軒前】→L 37②71
いとしょうばい【糸商売】 35②392
いとしょく【糸職】 35②415
いととりおんな【糸取女】 35①162
いととりこ【糸取子】 61⑨264
いとのうりて【糸の売人】 35②410
いとはたをかせぐ【糸機を稼】 25①28
いとひきおんな【糸引女】 1②175/47②101,149
いなかのさいくにん【田舎の細工人】 29①36
いもかい【芋かい】 28②211
いものし【鋳物師】 10②381/16①183/24①113/62①18
いものふきや【鋳物吹屋】 53④235
いりだいく【杁大工】 64②119
いりだいくとうりょう【杁大工棟梁】 64②134

【う】

うえきかぎょうのもの【植木家業者】 55②175
うえきや【うゑき屋、花戸屋、栽樹家、植木や、植木屋、植木師】→たくだ、らくだ 3①49,51/14①383/16①157/33②108,116/40④278,286/42③187/54①183/55②109,③209,210,455/56②293/66⑥335/68③356,358,363/69①100,107,115,②247,261,302,313,324
うおうり【魚売】 15②196/29①21
うおしょうにん【魚商人】 62⑥150
うおどんや【魚問屋】 59④306
うかいふなびと【うかひ船人】 23①41
うしかい【うしかい、牛飼、牧童】 9①73/10②368/13①259/29①12,73,②120,125
うしぐるま【牛車】→B 62①18
うしつかい【うしつかい、うし遣、うし遣い、うし遣ひ、牛つかい、牛ツカヒ、牛遣ひ】→A 9①50,51,78,102,114/28②159,161,162,169/29①15/50②169
うすつぎ【臼継】 42④231,275
うすづくり【臼作り】 36③314
うすや【うす屋】 28②213
うちしごと【内しごと】→A 9①122
うまおい【馬おい】 9①9,15,24,72,77,96,102,104,118,150
うまかい【馬飼、馬飼ひ、牧童】→A 24①81,98/27①212,224,238,301,312,320,326,327,329
うまかた【馬士、馬方】→まご、むまかた→A 2④280/15②196/24③265,271,310,317,318,321,322,323/28②259/35②313/42②87/63①50
うまひき【馬引】→Z 61⑨323
うまやきとうさる【厩祈禱猿】 24③354
うみし【海師】 70②108,109,110,112
うりあきなうぎょう【売商ふ業】→あきんど 36③213
うりなかがい【瓜中買】 4①21
うりにん【売人】 45①43/58②97
うるしざいくのひと【漆細工の人】 3③169

【え】

えかき【画書】 42④269
えきばやくにん【駅場役人】 61⑨284
えさし【餌さし】 62⑤129
えし【画工】 62①18
えっちゅうかよい【越中通イ】 24①68
えどといや【江戸問屋】 46②136,144,151/58②98,99
えどむらさきや【江戸紫屋】 48①7,17
えびす【ゑびす】 24③356
えんかん【閹官】 60⑦459
えんきょ【ゑんきよ(隠居)】 24①94

【お】

おいし【御医師】→いしゃ 44①32/66④218,219,228
おいしゃ【おいしや】→いしゃ 59②134
おうかんがた【往還方】 63①57,58
おうぎおり【扇折】 62①18
おおさかかじまやてだい【大坂加嶋屋手代】 61⑨315
おおさかといや【大坂問屋】 14①137,250/50②182
おおさかのさいくにん【大坂の細工人】 29①36
おおさかのしぼりや【大阪のしぼり屋】 50①83
おおさかのといや【大坂の問屋】 15③409
おおだかのひゃくしょう【大高の百姓】 25①135
おおだかひゃくしょう【大高百姓】 18②279
おおたかもち【大高持】→ひゃくしょう 5①167/39⑥339
おおたかもちひゃくしょう【大高持百姓】 4①181
おおといや【大問屋】 14①327/69①83
おおみたから【おほミたから、大御民、百姓、万民】→ひゃくしょう 1①16/3①6/7②376/23①6,83
おおみたみ【百姓】→ひゃくしょう 7②221
おおんたから【おゝんたから、おほんたから、おほん宝、百姓】→ひゃくしょう 20①12/22⑤356/24①94/29①91/41②53/62③60,⑧235,244
おかやむらひゃくしょう【岡谷村百姓】 59②116
おきあい【沖合】→X 58⑤312
おきなかのしんでんびゃくしょう【沖中之新田百姓】 9③294
おきや【おきや】→おけや 24①94
おけや【おけや、おけ屋、ヲケヤ、桶や、桶屋】→おきや 9①101/24①94/28②209,③323/42③185,④244,245,270,274,275/43③270,274/44①15,27,35,43,49,50,51,52,57
おけゆい【桶ゆひ】 13①225
おこして【おこし手】 24③348
おさかんて【御左官手】 65④356,357
おしば【押場】 30⑤407
おしばとうりょう【押場棟梁】 30⑤408
おしょう【和尚】→ぼうず 70②67,68
おてっぽうしょくにん【御鉄砲職人】 3④380
おてらさま【お寺様、御寺様】→ぼうず 47⑤269,270
おとこあま【男海士】→あま 58③127
おとこのよなべ【男の宵べ】 27①247
おどりきょうげん【踊狂言】 62①18
おのとり【斧取】 57②132
おひきおんな【苧挽女】 24①99
おひゃくしょう【御百姓】 1④296/3④226/21②135/31③126/56①133,134,140,142,143,144,148,149,151
おぶけ【御武家】→さむらい 16①175,181,183,185,186,189
おまちやくにん【御町役人】 64④248
おもておひゃくしょう【表御百姓】 63①47
おやかた【親方】→X 23①117
おやくしょづめ【御役所詰】 53④225
おやくにん【御役人】 1①47,48/9③270,277,280/28①63/30③303/36③281,308,323,338,342/39⑥340/42①65,③180,195,200/43②142,③265/47⑤263,279,280/59①11,33,48,57,59,③228,231,237,248/61⑨277,346,348,372,374,375,385,⑩434,440/63①51/64①60,66,67,68,69,④279/66①44,50,52,③146,④202,219,231,⑤258,263,292/67①54,②97,104,105,④174,⑥273,297,299
おやくにんさま【御役人様】 27①255
おやくにんしゅう【御役人衆】 66④203
おやじ【親司】→N 50①59
おりて【織者】→L 49①229,240
おりどの【織殿】→N 35②392
おりどのや【織殿屋】 17①331
おりはたあいかせぎそうろうもの【織機相挊候者】 29③215
おりや【織屋】 14①327
おるくち【織口】 15③343
おんたから【百姓】→ひゃくしょう 10②302
おんなのわざ【女の業】 30③296
おんなよせ【女寄セ】 29④272
おんなわざ【女業】 22①57

【か】

かいいれのといや【買入の問屋】 14①134
かいくち【買口】→A、I 45①36,50
かいこ【買子】 45①40
がいこくきいとしょうにん【外国生糸商人】 53⑤293
かいこし【蚕師】 18②256
かいこをぎょうとする【蚕を業とする】 25①29
かいじょうあきない【海上商】 40②60,61
かいにん【買人】 3④276/45①43/58②97

かうひと【飼人、畜人】 14①352, 353/59⑤427, 444/60③142
かきこ【掻子】 46③193, 196, 197, 198
かぎょう【家業】 2⑤323/3③124/5①7, 58, 64, 127, 138, 177, 179, 184/11①62, 63, ②103/12①17/14①244/21⑤225/25①7, 10, 24, 44/29②158, ③245/33①56/36①68/57②169
かくしばいたや【隠し売女家】 3③113, 114
がくしゃ【学者】 2②139
がくしょう【学生】 36③157
がぐや【画具屋】 49①47
がくりょうしゅう【学寮衆】 43①71
かけや【掛屋】 45①49
かこ【カコ、水主、水夫】 1②201/15②293/45⑥298/49①216/57②219/58③183, ⑤301, 314, 329, 330, 365/66④207
がこう【画工】 49①9/54①213/55①53
かごかき【駕籠舁】→ろくしゃく 62①18
かごにんそく【駕籠人足】→L 44①26, 28
かごふ【籠夫】 61⑨323
かごや【籠屋】 42③199
かさぬいもの【笠縫者】 4①126
かざりや【錺屋】 49①116
かし【菓子】→かしや 45①49
かし【炊】 29④272
かじ【かち、かぢ、鍛治（冶）、鍛冶】→かじや 4①287/5④344/6②322/10②381/16①64, 175, 176, 179, 188, 189, 191, 192/27①15/32②322/36③296, 312, 313/40③214/49①10/62①18/64①41
かじけひゃくしょう【かじけ百姓、かぢけ百姓】 4①212/6①21
かじざいく【加治細工、鍛冶細工】 31③120/57②185
かじとり【梶取、楫取】 1②177/36③218
かしや【菓子屋】→かし 3④375/50②143/53④234
かじや【かしや、かじや、鍛冶屋】→かじ、かまかじ、のうかじ 38③200/42③190, ⑥418/43①16, 30, 36, 71, 72, 75, 89, ②136/44②158/61④172/62⑤121
かしょく【稼穡、稼穑】→A 5①7, ③244, 245, 248, 281, 283, 285, 288/6①5, 34, 262/10②297, 302, 303/18③351/23①83/37②121, ③252, 253/38①21, ③112, 204/40②37, 38/62⑧243/67⑥263, 264/68④394/70④258, ⑤311, ⑥369, 371, 434
かしょく【家職】 5①31, 127, 150, 180, 181, 184/10①115, 125, 142, 143, ②313/16①46/17①72, 153/25①6, 7, 12/29③245
かしょくのもの【稼穡の者】 23④170
かしら【頭】→N、R、X 50①56, 57
かしらし【頭師】 14①272
かしらふり【頭振】→ひゃくしょう 5④335, 336
かしわで【かしわで、膳夫】 59③198
かせぎ【カセキ、稼、拵】→A、L 2④293/5③284, 286/22①57
かせぎあきない【拵商】 5③285
かせぎにん【かせき人】 28②138/39⑥349
かせぎはたらき【拵はたらき】 30③304
かたぎや【樫屋】 50①50
かたなかじ【刀剣鍛冶】 48①387
かたなとぎ【刀磨】→K 62①18
かち【歩】→R、X 40②161/46③205
かっぱや【合羽屋】 49①11, 22, 27, 33
かとう【下等】 30⑤405
かとうひゃくしょう【下等百姓】 30⑤399
かどだち【門立】 62⑥157
かどや【門屋】→まえち 22①65, 66
かどやひゃくしょう【門屋百姓】 22①66
かなやまし【金山師】 49①145
かなやまのほりこ【金山のほりこ】 29①33
かねほり【かねほり、金堀、金鑿】 62①18/64①41
かべぬり【壁塗】→さかん→N 62①18
かまかじ【かまかぢ】→かじや 16①189
かましこみかた【竈仕込方】 53④225
かまだいく【釜大工】 10②380
かまたき【釜たき、釜焚】→K、L 10②380/29④272/30⑤400
かまたきひやとい【釜焚日雇】 29④273
かまびと【竈人】 53④214, 222, 227, 229, 232, 233
かみい【かみい】 24①94
かみがたおもてあきんど【上方表商人】 53④241
かみし【かみし（紙師）】 39⑥343
かみしもや【上下屋】 43②133
かみすき【かみ漉、紙すき、紙漉】→すくひと→K 3①57/5④313, 341/18②289/20①235/22①57/35②335/53①44/62①18
かみすきおんな【紙漉女】 29④287, 288
かみすきども【紙漉とも】 30③295
かみすきのもの【紙漉之者】 56①143
かみすきひゃくしょう【紙漉百姓】 4①160
かみすきわざ【紙漉業】 53①9
かみといや【紙問屋】 5③271/14①264
かみなかがい【紙中買】 53①43
かみや【紙屋】 29④286
かみやしょく【紙屋職】 29④286
かみゆい【カミユイ、髪結】→N 24①94/36③184/43①56, ②124, 126, 141, 142, 175, 178, 181, 205/68④399
かみゆいどこ【髪結床、篦頭舗】 7②259/23④164/69②311
がらすや【硝子屋】 69②273
かりうど【狩人】 36③263/58③129/61⑨313, 316/62①18
かわうけおいにん【川請負人】 23④183
かわうけにん【川請人】 23④184
かわかた【川方】→R 23④182
かわごし【川越】 62①18/63⑤322
かわぬし【川主】 23④183
かわらもの【河原もの】 21①55
かわらや【瓦屋】 43①61, 66
かんい【官医】→いしゃ 18①6
かんおんけいし【寒温計師】 53⑤328
かんしゃかき【甘蔗カギ】 30⑤399
かんしゃしめこ【甘蔗〆子】→L 30⑤401
かんしょう【豻商】 49①92
かんじん【勧進】→O 36③274
かんなぎ【神巫】 18①173
かんにん【官人】→R 69②197, 198
かんぬし【神主】 24③354, 357/36①34/59③203
がんぶつし【贋物師】 49①132

【き】

ききり【木伐】→きこり→A、Z 14①70
きぐすりや【木薬屋】 34⑧307
きけつし【剞劂氏】 13①316
きこり【きこり、山樵、樵、樵夫、木こり、木樵】→ききり、しょうふ、そま、そまこ、そまびと、やまがつ→A 1②140/5③243, ④334/9①10, 11, 125, 127, 135/13①206/39⑥343/41②35/62①18, ②41/68③339
きざいく【木細工】 57②185
きじうつわし【木地器工】 62①18
きじひき【木地引、木地挽】 5④334, 344
きどんや【木問屋】 63①27, 28, 58
きぬぬいひめ【絹縫姫】 35①222
きのこし【菌師】→たけつくり 45④208, 209
きびむき【黍ムキ】 30⑤399
きゅうぎんとり【給銀とり】 28②186
ぎゅうばのばくろう【牛馬の馬労】→ばくろう 62②41
きょうぜんじごじゅうじ【教善寺御住持】 9①157
きょうのさいくにん【京の細工人】 29①36
ぎょか【漁家】→りょうし 62⑥154
ぎょぎょう【漁業】 2⑤323, 324/38①24/58②90, 91, 92, 93, 94, 100
ぎょくじん【玉人】 48①357
ぎょしゃ【駅者】 24①35

ぎょしょう【漁樵】 5③243,244
ぎょじん【漁人】→りょうし 1②183/62⑥149
ぎょふ【漁夫、漁父】→りょうし 1②178/2⑤336/3①24/49①124/59③203/62⑥153
きりこみいしく【切込石工】→いしく 65④331
きりこみのいしく【切込の石工】 65④333
きりだし【剪花者、剪出】→はなきり 55③205,291,310,395,396,409,424,430,431
きりだしにん【剪花者】→はなきり 55③394
きわり【木わり】→A 9①135
きんぎんせんりょうがえのざ【金銀銭両替之坐】 62①18
きんちゃくきり【きんちやくきり、きんちやく切】 16①51/29①26
きんぱくや【金箔屋】 49①153
ぎんもちのしょうにん【銀持の商人】 28①67

【く】

くしこうがいのさいくにん【櫛・笄之細工人】 62①18
くすし【侍医】→いしゃ 68①54
くすりうり【薬うり】 39⑥348/61⑨303
くすりや【薬屋】 12①293,294,311,312,342,377/13①159,173,276,277,280,288,289,292,294,296,299,301,302/40④313,331/56①92
ぐそくし【具足綴】 62①18
くまひき【くまひき】 5④355
くみにん【汲人】 24③347
くみもの【組物】 35②392
くもすけ【雲助】 23④179
くりいとこうじょ【繰糸工女】 53⑤295
くりや【繰屋、操屋】 15③343,376
くりやびと【くりや人】 23①14
くるまや【車屋】 24③345/40④327/42⑥390,435/66⑤275
くろくわ【くろくわ、九六鍬、黒くわ、黒鍬】 7②333/15②143/24①149/39⑥**347**/42⑥405,406,407,425,435,436
くわかまのぎょう【鍬鎌之業】 68④397
くわとんや【桑問屋】 47②105

【け】

げいしゃ【芸者】 36③303/61⑨321,347
けいせい【傾城】 22①72/62①18
げいにん【芸人】 68④396
げか【外科】 66④201,218,219,228
げたし【けたし(下駄師)】 39⑥343
げのう【下農】 10①10,11,16,50,78,105,114,115,119,131,132,133,134,136,146,170,178/23①61
げのうにん【下農人】 3③133/13①360/62⑧254
げのうふ【下農夫】 25①20/29①54
げののうにん【下の農人】 23①74
げのひゃくしょう【下の百姓】 62⑨398,400,405
げぶんののう【下分の農】 10①15
けんこう【硯工】 48①341,345
けんこうか【硯工家】 48①334,350

【こ】

こあきない【小商ひ】→L 23④199
こあきんど【小商人】 53⑤298/68②247
こう【工】 3③102,106,107,108,111/5①17/16①129/18①105/22①60/24③263/25①32/62①17
こううんかしょく【耕耘稼穡】 23①82
こうか【耕家】→ひゃくしょう 24①170
こうぎょう【耕業】→ひゃくしょう 31②66
こうさくのうぎょう【耕作農業】 9③270,285
こうさくのうにん【耕作農人】 9③281
こうさくのひと【耕作の人】→ひゃくしょう 25①118
こうさくほうこう【耕作奉公】 6②270
ごうし【郷士】→R 3④382/33⑤255/41②50,51,52,53/64⑤334,340,348,353
こうじし【麹師】 51①31
こうしゃ【耕者】→ひゃくしょう 15②130
こうじや【こふじや、糀屋】 9①137/43②189,201,204
こうしゃののうふ【功者の農夫】 23④196
こうじょ【工女】 53⑤292,296,297,307,342,345,349,350,356,357
こうしょう【工商】 3③109,181/5①7/6①201
こうしょう【工匠】 24①159/70②111
こうしょうのひと【工商の人】 1③270
こうじん【耕人】→ひゃくしょう 30①6
こうじん【工人】 2②**165**/3③107,110/4①237/12①122
こうどう【工道】 6①144
こうのうのわざ【耕農ノ業】→ひゃくしょう 69②162
こうふ【耕夫】→ひゃくしょう 23④162,173/24①161
こうや【かうや】→こんや 24①94
こうりさかや【小売酒屋】 68④396
こえかいにん【屎買人】 27①250
こがい【こがひ、蚕飼】→ようさんか、ようさんし、さんか、さんぎょうか→A、L 20①235/62①18
こかた【小方】→しょくにん 23①117
こがみあきんど【蚕紙商人】 35②290,414
こくといや【穀問屋】 3④276
こくや【穀屋】 39③156
こざいく【小細工】→A 23④180
こさく【古作】→L 48①239
こじき【コジキ、乞喰、乞食、乞食き】→こつじき、ざとうのはいとう、そでごい、はいとう、ものもらい、ほいと 1②167/3③107/6②299/10①197/16①47,48/21⑤211/22①69/23①76,④178,190/25①91,92/27①248,294,295,307,335/40②108/45⑥332/59③239/62⑨304/63⑤299,314/66⑤278,287
こじつか【故実家】 25①12
ごじゅうじ【御住寺、御住持】→ぼうず 9①168/24①94
ごじゅうっさま【ごじうツさま】→ぼうず 24①94
ごしゅうりだいく【御修理大工】 64②119
ごぜ【こぜ、瞽女】 27①295/36③274,300
こだねのとんや【蚕種ノ問屋】 47②127
こつじき【コツジキ、こつじき、丐食】→こじき 1②167/18④392/62③73,74
こどうぐや【小道具屋】 49①110
こびき【木挽】→A、B、K、R 14①70/24①149/42③166,167,175,177,178,180,181,203,④233,⑥437/43①60/62①18/64②139/66⑥342
こびききもいり【木挽肝煎】 64②138
こびきしょくにん【木挽職人】 42③165
こびきにん【木引人】 57②132
ごふくおりどの【呉服織殿】 62①18
こぶつてん【古物店】 1③259
こまばののうゆ【駒場の農諭】 24①178
こまものうり【こまものうり】 39⑥349
こまもののみせたな【小間物見世店】 62①18
こまものや【小間物屋】 59④290
こむそ【コムソ】→こむそう 24①94
こむそう【虚無僧】→こむそ、こもんそ 36③274
こめあきんど【米商人】 70④280
こめや【米屋】→S 24①15/29①59
こめをつきてしょうばいにするもの【米をつきて商売にするもの】 17①328
こもろおやくにん【小諸御役人】 64①65
こもろやくにん【小諸役人】 64①54
こもんそ【こもんそ】→こむそう 24①94
ごようききちょうにん【御用聞町人】 1③274
こよみのはかせ【暦のはかせ】 16①29

ころう【古老】 16①317,323,325/31⑤280
こんぴらかんぬし【金毘羅神主】 43①46
こんや【コンヤ、こんや、紺屋】→こうや、そめものや、そめや 10②381/14①250/23①97/24①94/29③248/30④357/42③185/43①14,36,50,②136,139,140,150/48①29,55,66,67,92,370/49①87/53②115/62①18,⑤119,⑨359

【さ】

さいくし【さい木し(細工師)】 39⑥343
さいくにん【細工人】 10①203/14①272/16①175/17①331/29①19/44①13/48①55,324,328/49①123,142,169
ざいけ【在家】→D、N 38③172
さいぞう【才蔵】 1②207
ざいまわりかたり【在廻談り】 36③303
ざいもくや【材木屋】 14①70/43②123
さいもん【さいもん(祭文語り)】 42②86
さいりょう【宰領】→N 35②409
さかなや【肴屋】 40②152/42⑥441
さかや【酒や、酒屋、酒家、酒造家】 14①204/17①328/18②289/24①15/27①204/36③162/38④265,282/39③154,155,156/40②157,④327/42⑥372,388,401,402,411,412/43②132/44②158/49①194/50②195,③265/56①127/63③121,127/66⑤272
さかろくてん【酒六店】 66⑥334
さかん【サカン、左官】→かべぬり、しゃかん 24①94,149/44①13,23,40,42,44,47,48
さくにん【作人】→ひゃくしょう→L 4①193/6②293/7①27,60/8①220,247/12①72,101,108,133,164,165,176/13①18,356/16①279/23①17,96,③157,④192/28①5,61,84,92/29③190,199,202,210,245,246,256,④272/30④359/32①110,176,191,199/33⑥299,329/34⑥152,⑦246,250,251,255,256/36②98/37①29,③308/39④199,⑤256,283,297/40②61,185,④281/48①199,229,236,245/62⑧253,254/64⑤337,360/65②84,99,122,123,124/67③133
さくふか【作腐家】 52②88,118,125
さけしょうばい【酒商売】 27①255
さけすづくり【酒酢造】 62①18
さけてん【酒店】 23④168/30③298
さしもの【指物】→N 48①388
ざっこくあきない【雑穀商ひ】 68④403
ざとう【座頭】→あんま→N 24③278/27①295/36③274,300,302,303
さとうせいほうし【砂糖製法師】 44②160
さとうといや【砂糖問屋】 14①98,321
さとうのといや【砂糖の問屋】 14①322
ざとうのはいとう【座頭のはいとう】→こじき 9①167
さとかたのどみん【里方の土民】 17①179
さまして【さまし手】 24③348
さみせんのかわかい【サミセンの皮買】 48①155
さむらい【侍】→おぶけ、し、じざむらい、しじん、したいふ、でんろくのし、ぶけ、ぶし、ぶふ 10①109/16①159
さむらいしゅう【士衆、侍衆】 1①108/10①165
さむらいぶん【侍分】 34⑧314,315
さらしや【晒屋】 50③268/62①18
さるひき【猿引、猿牽】→Z 5④308,323/60③132
さわひゃくしょう【沢農】 18①121
さんか【蚕家】→こがい 35①237,③426,434
さんぎょうか【蚕業家】→こがい 47②79
さんぎょうのいえ【蚕業の家】 35①191,②371
さんば【産ば】→X 9①146
さんばのぎょう【産馬の業】 3③175
さんばん【三番】→A、B、E、I、K、L 29④272
さんぷ【蚕婦】 6①191/10②357/47②92
さんべ【山家】 45①40,42,43,48,49,50
さんほうし【算法師】 21⑤211

【し】

し【士】→さむらい→R 3③106,110/18①103,105/24③263/25①32
じい【侍医】→いしゃ 18①21,55
しいれや【仕入屋】 14①35,247,250/15③343
じいんそうりょ【寺院僧侶】→ぼうず 62①18
じいんだんな【寺院旦那】 36③274
しおがまや【塩釜屋】 5④334/52⑦318
しおし【塩士】 5④315,328/52⑦302,308,312,322,323,324,325
しおとんや【塩問屋】 39③153/52⑦317
しおや【塩屋】→C 67②96
しおやき【塩焼】→K 62①18
じかたおやくにん【地方御役人】 64①69
しかん【仕官】 41②53
しかん【祠官】 24①171
しごとし【仕事師】 3④259
しこんつくりにん【紫根作り人】 48①16
じざむらい【地士】→さむらい 41②50
しじん【士人】→さむらい 25①32
じじん【寺人】 60⑦460
しそつ【士卒】 10①97
したいふ【士太夫、士大夫】→さむらい→R 18①91,104/31⑤246
したばたらき【下働、下働き】 50①40,56,57,59
しちかた【質方】 2①68
しちや【質屋】 39④188/67④175
しとや【しとや】 42⑥440,441
しなだまとり【品玉トリ】 5①16
しばいもの【しばい者】 36③254
じばもちめひやとい【地場持目日雇】 29④272
しぼりがしら【搾り頭】 50①67,68
しぼりかせぎ【しぼり稼】 50①43
しぼりかた【搾りかた、搾り方】→A、K 50①60,81
しぼりて【しぼり人、搾り人】 50①43,55,56,57,59,73,82,86
しぼりてがしら【搾り人頭】 50①40
しぼりや【絞り屋、搾り屋】 45③175/50①40
しぼりをくくるいえ【絞りをくゝる家】 14①250
しまいだな【仕廻店】 5①18
しまふなんど【嶋舟人】 43①46
しみずだにそうかいどう【清水谷滄海堂】 60②111
しめこ【〆子】 30⑤400
しもたや【下夕屋】 38④248
しゃかん【しやかん】→さかん 24①94
しゃくとり【杓取】 61⑨321
しゃけ【社家】 25③280/40②166/58③126/59③227/64②116/67⑥268
しゃし【社司】 45③133/50①36/59③203,219
しゃしぼりにん【蔗絞り人】 50②169
しゃじん【社人】 23②142
しゃそう【社僧】→ぼうず 66④188,189
しゃむけ【社務家】 45③133/50①35
しゃもちはこびにん【蔗持運ひ人】 50②169
しゃもん【沙門】→ぼうず 24①44/40②190/70②68
じゅうじ【住持】→ぼうず 27①234
じゅうしょく【住職】→ぼうず 36③215
しゅうのう【衆農】 18①174
じゅがく【儒学】 33①10
しゅげんじゃ【修験者】 66④200
じゅしゃ【儒者】 23①113/40②166/62①18/68④396
しゅしょくのわざ【種植の業】→A

31④147
しゅぞうか【酒造家】 3①18
しゅぞうのいえ【酒造の家】 3③169
しゅっけ【出家】→ぼうず 1③270/24③273/38③172/40②166/45⑥297/62⑧276/64①51/66③159,160/70⑥425
しゅっけがた【出家方】 28②184
しゅっけしゃもん【出家沙門】 10①16
しゅっけしゅう【出家衆】 28②233
しゅりょう【狩猟】 60②89
じゅんさ【しゆんさ、巡サ、巡さ、巡査】 59②143,144,146,152,158,159,161,165
しょう【商】→L、R 3③102,106,108/16①129/18①105/22①60/24③263/25①32/40②116/62①18
しょうか【商家】→あきんど 3③107,112,④234/6①144,186/23①28,123/25③280/30①62/36③159,162,189/41②41/53②99/62⑥149
じょうがしや【上菓子屋】 40④331
じょうきか【蒸気家】 53⑤369
しょうぎょ【樵漁】 5③243
しょうく【小工】 48①384
しょうこ【小賈】 35②414
しょうこ【商賈】→あきんど 3③103/35②320,334/36③155/53⑤304/70②110
しょうこのひと【商賈ノ人】 70②111,135
しょうし【匠師】 10①96
しょうじゅつ【商術】 41②44
しょうせきや【硝石屋】 53④234
じょうとうのひゃくしょう【上等ノ百姓】 30⑤398
しょうにいしゃ【小児医者】→いしゃ 38④287
しょうぬし【庄主】 53④222,223,225,228,229,230
じょうのう【上農】 3③134/4①177,206/6①18,37,47,67,②269,313/10①9,10,16,50,85,105,114,132,137,159,168,170,177,180/17①159/23①61/24①174/25①36
じょうのうか【上農家】 30③232
じょうのうし【上農士】 8①120
じょうのうにん【上農人】 3③133/10②323/23⑥310/29①15/62⑧254
じょうのうにん【上納人】 34⑥123
じょうのうふ【上農夫】 12①48/22①40,46/25①20/29①54/32①159/37②66,70,79,81,115,116,118/69②229
じょうののうにん【上の農人】 1①24,88/23①74
じょうのひゃくしょう【上の百姓、上の百性】 10①101/62⑨393,396,401
じょうのふ【上の夫】 10①171
しょうばい【商買、商売】→L 2⑤323/3③177,182/6①62/8①201
しょうばいにん【商買人、商売人】→あきんど 32②330/62④89
じょうはまこ【上浜子】 29④272
しょうふ【樵夫、樵父】→きこり 13①206/56②292
じょうぶんののう【上分の農】 10①15
じょうぶんののうふ【上分の農夫】 10①9
しょうみん【商民】→あきんど 2⑤336
しょうみん【小民】 12①203
じょうるり【浄瑠璃】→N 62①18
じょうるりかたり【上留利語り】 24③278
じょうわき【上脇】 29④272
しょく【職】 5③249
しょくかた【職方】 49①109,110,118
しょくじょ【織女】→O 35①235,②293/53②100,130
しょくにん【喰人、職人】→こかた→Z 4①237/12①122/16①129,184,200/24③279/27①249,296,331/28③323/36①67/45⑥322/49①227/63③124,133/66④224,⑥342/67⑥274/68④399,403
しょくにんがしら【職人頭】 50①40
しょくろくしじん【食禄士人】 25①32
じょこう【女工】 6②290/35①203
しょこうしょう【諸工商】 7②289
しょじのちこれなきひゃくしょう【所持之地無之百姓】 47⑤255
しょりん【書林】 15②136
じょろうや【蓄妓家】 3③102
しらかたりょうし【白潟漁師】 59③209,220,229,239,241,243,244,245
しろすみやまこ【白炭山子】 53④214
しんきのひゃくしょう【新規之百姓】 31③126
しんさく【新作】→A 48①239
しんしょく【神職】 10②374/36③276/44①49/70⑥425
しんちゅうや【真鍮屋】 49①116
しんでんびゃくしょう【新田百姓】 9③244,291,295/64①57
しんとうしゃ【神道者】 35①96
じんのう【人農】→ひゃくしょう 16①50
しんびゃくしょう【新百姓】 18②289
しんぶつ【しんぶつ】→しんぼち、ぼうず→O 24①94
しんぼち【シンボチ、しんぼち】→しんぶつ、ぼうず 9①161/24①94
しんりきまんざい【神力万歳】 1②207

【す】

すいこう【水工】 10②322
すいさんか【水産家】 45⑤235
すいしゃ【水車】→C 18②289
すいれん【水れん、水練】→R 16①315,316/62①18
すえつぐりょうし【末次漁師】→りょうし 59③210,224,231,240,243,245,246
すきさいくにん【鋤細工人】 4①283
すきて【漉人】 14①30
すきとるみ【耜とる身】 7②378
すぎわい【産業、生業】→N 3③120/10②297,331,333,339/35①206/49①143,153,210
すくいて【すくい手】 24③348
すくひと【漉人】→かみすき 14①263
すくりやまこ【スクリ山子】 53④241
すけこ【すけ子、助子】 36③199
すけみず【助水】 29④272
すすおとこ【すゝ男】 25③286
すずりうり【硯売】 48①332
すずりしょう【硯匠】 48①345
すなどり【すなとり、漁人】→りょうし→J 57①30,31,32/58②90,91,93,98,③121/62①18
すみいようやき【炭窰やき】→すみやき 27①296
すみし【墨師】 49①63/62①18
すみするもの【墨為る者】 49①60
すみや【墨屋】 49①62,84
すみやき【すみやき、炭焼】→すみいようやき→K、L 5④330,334,341/39⑥343,347/57②133/62①18
すみやきにん【炭焼人】 27①320
すみやまこ【炭山子】 53④230,237
すもうぎょうじ【相模行事】 62①18
すもうとり【角力取】→N 36③260

【せ】

せいぎょう【生業】 6②322/53①9
せいしこうじょ【製糸工女】 53⑤295
せいしじょこう【製糸女工】 53⑤343
せいしにん【製糸人】 53⑤296,297,336,342,356,358
せいぞうにん【製造人】 53⑤292,297,298,304,356,358
せいのう【精農】→ひゃくしょう 22③163
せいほうにん【製法人】 30⑤400
せおいあきない【背負商】→あきんど 1④295
せがい【せがい】 50①73,81
せきぞろ【節季候】 38④274
せとやき【瀬戸焼】 5④330
せりがいのもの【セリ買の者】 53②134
せりふりうり【糶振売】 62①18
ぜんじ【禅師】→ぼうず 52①21

ぜんちしき【善智識】→ぼうず 36③302
せんどう【船頭】 21②108/36③216,218/40②66/49①216/59④291,292,305,309,320,321,322,377/62①18,⑦212

【そ】

そうけ【僧家】 70②61
そうけんか【装剣家】 49①103
そうけんしょくし【装剣飾師】 49①103
そうねんののうふ【壮年の農夫】 30①133
そうびゃくしょう【惣百姓、惣百性】 64①62/67①25,27
そうめんや【素麪屋】 49①15
ぞうりつくり【草履作】→A 62②41
そうりょ【僧侶】→ぼうず 25③285/27①235/70②60,70
そえづち【添槌】 50①59,67,68
そでごい【そでごひ、袖乞】→こじき 33②118/62③73/67①26,29,32,33,40,41,46,48,49,53,65
そとしょうばい【外商買】 23⑥339
そま【杣】→きこり→D 44①10,11,12,15,16,52,53,54/62①18
そまこ【杣子】→きこり 53④242
そまびと【杣人】→きこり 32②324/40②57/56①99
そめものや【染物や、染物屋】→こんや 3③169,171/10②374/42③185
そめや【染屋】→こんや 15③343/18②289
それし【それ師】 18②271

【た】

だいく【匠工、大工】→いえだいく→R 5①17/9①159,160,164,165/10②381/14①57,58/16①64,66,216/21⑤211/24①149,③279/28③323/29④278/36③224,268,313,317,318/42③170,171,185,186,200,201,④233,235,236,239,242,245,246,249,270,277,⑤338,⑥424,425,427,442,443,444,445/43②123,131,134,180,③252,262,273,274/44①10,13,14,15,16,17,19,22,23,26,34,35,39,41,42,43,44,47,49,50,51,52,54,57/48①384,388/49①41,155,156/56①122/59①23/62⑥155/64②138,④258,259,285/66⑥342
だいくのじょうず【大工の上手】 29①19
だいこんや【大根屋】 52①61
だいしょう【大商】 35②413
だいしょうののうか【大小の農家】 5③274
だいそう【代僧】→ぼうず 9①152
たいへいばいどんや【大平灰問屋】 49①86
たかあみ【鷹羅】→B、Z 49①207
たかおおくもちたるのうにん【高多く持たる農人】 14①52
たがそう【多賀僧】→ぼうず 40④295
たかもち【高持】→ひゃくしょう 22①67/23④161/28①56/39③156/42③192/63③99/67⑥292
たかもちさくにん【高持作人】→ひゃくしょう 65②89
たかもちのひゃくしょう【高持ノ百姓、高持の百姓】 36③229/38④248
たかもちびゃくしょう【高持百姓】 22①67/39④230
たかをとるもの【鷹ヲトルモノ】 1②185
たきぎうり【薪木売】 36③223
たきぎとり【薪取】→A 25①51
たくだ【槖駄】→うえきや 54①32
たくみ【工ミ】 10①142
たけざいく【竹細工】→K 10②381
たけつくり【菌師】→きのこし 45④198,205,212
たご【田子】→ひゃくしょう→X 30③259
たしょかせぎ【他所拵】 29③203
たたみさし【畳さし、畳刺】 14①141/62①18
たたみし【畳師】 24①149
たたみや【畳屋】 42⑥403,445,446/44①48
だちんばをつかう【駄賃馬を遣ふ】 4①170
たづくり【田作り、農業】→ひゃくしょう→A、L、X 1③261/7②219
たなきひゃくしょう【無田百姓】 25①20,51,87,88
たねあきうど【種商人】 35①196
たねし【種師】 18②255
たねもと【種もと、種元】→E 35①60,119,170,171,172/62④87
たねものや【種物屋】 42⑥405
たびと【田人】→ひゃくしょう 21①92,93
たまし【玉師】 30④356,358,359
たまや【玉屋】 48①363
たみ【農、農民】→ひゃくしょう→N 13①335/38③111
たみのいえ【農家】→ひゃくしょう 13①371
たもち【田持】→ひゃくしょう 67⑥283
たゆう【太夫】→N 1②207/9①144,147
たゆうさま【太夫様】 43①46
たるおけや【樽桶屋】 62①18
たるや【樽や】 43②177

【ち】

ちぢみかいだしのもの【縮買出シの者】 53②134
ちぢみとんや【縮問屋】 53②132,134
ちぢみぬのなかがい【縮布仲買】 53②134
ちぢみをおるおなご【縮を織女子】 53②139
ちとり【ちとり】→A 9①148
ちゃし【茶師】 3④360
ちゃじん【茶人】 52③137
ちゃみせ【茶店】 11④172
ちゃや【茶や、茶屋】→C 40②68,122,④334/52①26/61⑨309,365/66①45,47,51,③138,④194,⑤272,⑧396
ちゅういかのひゃくしょう【中以下の百姓、中以下之百姓】 47⑤249,251
ちゅうげん【中間】 25①40/44①52
ちゅうとう【中等】 30⑤405
ちゅうとうひゃくしょう【中等百姓】 30⑤398
ちゅうのう【中農】 10①16/23①61
ちゅうのうふ【中農夫】 25①20/29①54
ちゅうののうにん【中の農人】 23①74
ちゅうのひゃくしょう【中の百姓】 62⑨397,401
ちゅうびゃくしょう【中百姓】 4①53,277,280/24①76/37②114
ちゅうふ【中夫】 10①171
ちゅうぶんのさくにん【中分の作人】 28①32
ちゅうぶんののう【中分の農】 10①15
ちょうか【町家】→E、N 14①86,140,272,355/22①61,62/36①41,③291/41⑦342/55②143/68③315
ちょうこう【彫工】 49①103
ちょうにん【町人】 1③275/14①38,54,55,340/16①122,129,184,279/22①61/24①49/25①32/28①63/30③291/36③294/39④194,⑥343/40②65,67,91,162/41②40/57①12/62⑧248,280/64④310,⑤344/66②108,112,④195,196,197,⑧395/68②247
ちょうらくじごじゅうじ【長楽寺御住持】 9①157,159,163,166,167
ちんしわざ【賃仕業】 24①68
ちんつぎ【賃接】 11①50
ちんでんのもの【賃田の者】 27①135
ちんとり【賃取】→L 33⑤251

【つ】

つぎて【接手、接人】 14①402/31④191/33②126
つくりざかや【造酒屋】 2②163/3④310/69②349
つくりさけかた【造酒方】 2①68
つしまおし【津嶋御師】 42⑥403

【て】

てしょく【手職】 18②279,285,289

てっぽうし【鉄炮師】 49①152
てっぽうせいか【鉄炮製家】 49①152
てづま【手爪間】 62①18
てほあみがさ【手ほ編笠】 10①135
てまどり【手間取】→L 2①34/36①61
てまにん【手間人】 2①68
でんか【田家】→ひゃくしょう→X 12①99,121/13①354
でんぷ【田夫】→ひゃくしょう 10①14,137,139,143,171,175/16①184/17①187,317,318,319,320,321,322/62①19
てんもんれきか【天文暦家】 5③281
でんろくのし【田禄ノ士】→さむらい 70②111

【と】

といぐち【樋口】 24③347
といまる【問丸】 52①13/53①10
といや【問屋】→とんや 14①34,35,114,134,136,187,239,247,250,272,323/15③409,410/46②133,134,135,136,137,138,139,144,149,151,152,153,154,156/49①22/50①42/53④232/59③214,223/62①18
とうか【陶家】 48①374
どうか【道家】 60②89
とうぐわうち【とうくわ打、唐鍬打】 28①69,70/65②76
とうけい【刀圭】→いしゃ→B 70⑥372
とうじ【杜氏】 14①224/40②157
どうじゃ【道者】 42⑥418
どうしん【道心】 42③190/64①52/66③158
どうしんもの【道心者】 36③166,274,301
とうぞく【盗賊】 3①15,③108,109,113/5①166/6①25/24③270/27①254/41②47
どうそさま【どうそさま】→ぼうず 24①94
どうや【銅屋】 49①116
どうらんし【とふらん師】 61⑨268
とうりょう【棟梁】→N、R、X 30⑤400/62⑥156
どかた【土方】 44①42/65③277
とぎこう【研工】 48①333,341
とぎや【とぎや、磨工】 16①175/48①387
とぐわうち【とくわ打】 65②75
とけいし【時計師】 15②253
ところのてしょく【所の手職】 18②276
とせいにん【渡世人】 33⑥317,322
とばやのおし【鳥羽屋之御師】 64①47
どびゃくしょう【土百姓、土百性】 16①119/21②130/31⑤246/47⑤258
どみん【土民】→ひゃくしょう 4①175,179/12①24/13①237/16①47,48,49,50,51,53,54,58,59,61,65,67,68,78,82,87,110,113,119,120,123,125,126,127,128,169,171,175,176,181,184,186,187,188,189,190,191,192,193,194,200,205,210,216,218,219,220,221,227,228,229,230,233,234,235,236,243,249,254,257,261,262,269,278,279,280,281,284,287,294,295,297,311,312,313,315,316,318,324,327/17①71,72,78,86,113,119,127,131,132,153,158,159,166,174,206,216,217,221,224,226,228,240,242,249,251,252,254,255,261,267,268,273,276,290,292,300,305,308,310,315,318,319,320,322,325,330/24①6/25①7
どやがしら【どやがしら、どや頭】 50①40,41
とやまくすりや【富山薬屋】 43①58
とりいとこうじょ【繰糸工女】 53⑤362
とりうけおいにん【鳥請負人】 23④183
とりおい【鳥追】→A、O 10②353
とりかい【鳥買】 69②285
とりこ【工女】 53⑤326
とりどんや【鳥問屋】 40④339
とんや【問屋】→といや 3④276/15③343/36③232/40④300,301/42⑥387,414/45①46/48①217,219/53②132,135/58②96,97,98,100,④251/61⑨273,274,275,276,368,370,388,⑩435/63①27,35,42,43,58/66②88,115,③141/67②113
とんやもと【問屋元】 63①47

【な】

ながおかろうにん【長岡浪人】 36③256
なかおりかみすき【中折紙漉】 5④308
なかがい【中買、仲買】 14①70/15③376/30④358/36③213/45①40,43,48,49,50/46②133,134,136,137,138,139,152,154,156/50①42/53②134/58②97,98,99
なかがいにん【中買人、仲買人】 5④331/67⑥309
なかがいのいえ【仲買の家】 15③343
なかし【仲仕】 62①18
なかのり【中乗】 59④292
なだのおおさかや【灘の大酒屋】 49①194
なにわしょりん【浪華書林】 53①60
なにわのしょし【浪華の書肆】 15①68
なまりほり【鉛掘り】 49①143
なりわい【農業】→ひゃくしょう→N 54①32
なりわいのいえ【稼穡の家】→ひゃくしょう 23①7
なんじゅうおひゃくしょう【難渋御百姓】 63①40

【に】

にうりざかや【煮売酒屋】 68④396
にうりや【煮売屋】 30③298
にかわや【膠屋】 49①59,93,94
にしかわのもろはく【西川の諸白】 45①49
にしんぎょぎょう【鯡漁業】 58①31
にわかばたらき【俄働】 31②71
にんじんさくにん【人参作人】 48①244
にんじんほり【人参堀】→A 68③339
にんそく【人足】→L、N、R、X 23①117/25①41/66⑤286
にんぷ【人夫】→ひらぶ→L、R、X 9①30,147/25①131/32②319

【ぬ】

ぬいふみ【ぬい踏】 29④272,273
ぬいものし【縫女、縫物師】 47②129/62①18
ぬいや【縫屋】 49①221
ぬし【塗師】 5④307,344/62①18
ぬしや【ぬしや、塗師屋】 24①149/49①23
ぬすっと【盗人】 3③107,112,113/10①147/31②67,④168,212/53②114
ぬすびと【盗人】 27①265,333,347,348/29①21
ぬのぶくろをひさぐいえ【布袋を鬻家】 52②115
ぬりものし【塗もの師】 11①61

【ね】

ねぎ【祢宜、禰宜】 31④225/36③267/44①44
ねんぐふそくのひゃくしょう【年貢不足之百姓】 18②283
ねんじゅうかせぎ【年中かせぎ】 5④334

【の】

のう【農】ひゃくしょう→L、R、X 3③102,106,107,108,110,114,115,117,118,119,120,135,136,176,177,178,181,④234/5①7,127,③243,④307/10①147,150/23①112/24①123,149,153,159/25①32
のうおとこ【農男】→ひゃくしょう→Z 1②140/24①81,176
のうか【濃家、農家】→ひゃくしょう→N、Z 1①39,52,64,67,69,87,106,107,111,112,115,116,118,④295,296,297,317,330,336,⑤347,350/3①15,17,③102,134,141,173/5①190,③246,249,260,263,268,283,284/6①35,69,74,130,134,144,149,150,161,166,177,185,

186,202,203,204,211,212,213,214,216,238,②270,271,272,274,289,290,292,323/7①49,66,②288,289,301,350,361/8①218/9②219/10②302,335,349,362,377,378,381/11①64,②112/12①13,24,26,29,30,92,93,113,184,193,197,205,290,363,366/13①315,330,371,373/14①31,38,41,42,43,44,45,47,52,54,58,111,132,140,141,147,200,219,228,229,231,233,239,261,263,264,272,309,340,354,355,359,382,404/15①12,18,25,62,69,74,96,②134,136,137,165,166,178,200,204,207,218,227,244,270,③328,397/18①109/19②401,402,403,406,408,409,410,411,414,416,420,421,422,424,425,426,427,428,429,432,433,434,436,440,441,443/21①22,49,57,90,②101,③155,④204,⑤229/22①8,18,49,50,56,60,62,67,72,③164/23①9,19,32,92,123,④161,162,170,172,⑥297,298/24①8,10,53,159,177/25①10,11,27,75,76,③271,284/27①60,256,257,263/29②158/30③235,240/31④219,⑤249/34⑤93/35①206,②335,343,347/36③155,159,163,169,184,189,191,195,197,205,206,242,259,266,270,289,296,312,313,317/37③318,333,345,346/38③169/39①11,13,16,39,65/41②36,41,47,52,57/45③176/47②130,⑤250/48①144,272/50③240,249/53①17/54①198/61①46,③126/62①12,19,③60,66,73,④86,⑦193,⑧236,248,249,250,253,254,257,265,267,270,277,280/67⑥299,303/68②245,251,255,261,④396,403,411/69①29,32,33,49,54,60,63,78,80,82,85,88,89,90,91,96,97,102,②296,321/70②123,177,③231,⑥372,388,391,411,413,414,417,425,432,434

のうかげみん【農家下民】 3③187

のうかじ【農かぢ】→かじや
16①176,180,186

のうかしゃ【農家者】→ひゃくしょう
15②131/19①9

のうかんよぎょう【農間余業】
68④394

のうぎょう【農げう、農業】→ひゃくしょう→A
3①63,③107,108,114,116,117,120,126,128,165,168,179,180,183,④219,232/4①170,172,183,184,203,242,250/5①5,6,87,111,148,②219,③248,249/6①5,21,62,67,189,200,208,211,216,218,238,②304,326/7①53,②220,232,372/9③285/10①126,②303,304,322,339/11②91/12①16,17,24,25,28,30,47,83,103,104,374/13①319,321,323,325,326,328,332,335,336,341,342,343,345,354,357/14①30,31/15②133,139,197/19②359,361,400/21①7,9,23,91,93,②101,102,110,④181,⑤211/22①10,18,19,27,60,69,72,75,④205/23①9,10,14,35,④162,164,170,183,184,193,199,200,⑥297,298,299,314,339/24①6,8,165,170,171,174/25①6,10,26,②178/27①60/29①8,③190,210/31②70,④218/32②328/33①12,13/34⑧315/35①23,232,②314,333,342,343/36①63,72,②113,③206/37②66,68,70,71,78,88,111,121,③252,253,255,258,377/38①6,20,24,②86,④249/39①10,13,18,66,④207,230,231,⑤257,292/40②57,75,83,119,157,162,164,165,166,188/41②35,⑦342/44①15/47②108,⑤261/50③241/56②262,275/58②100/61①39,52,③125/62③73,④86,88,⑤128,⑦184,⑧236,237,239,248,252,260,265,266,271,⑨404/63②85,③106,121,126,137,④261/66⑤264/67①26,⑥263,264/68③316,327,363,④395,409,412,414/69①31,45,54,②175,177,178,186,187,190,193,194,196,197,199,202,208,227,228,281,349,384/70②61,④270,⑥413

のうぎょうか【農業家】→ひゃくしょう
69②261

のうぎょうとせい【農業渡世】→ひゃくしょう
63②90,③107

のうぎょうにん【農業人】→ひゃくしょう
11④181/62⑤120

のうぎょうのかせぎ【農業の稼】→ひゃくしょう
25①51

のうぎょうのもの【農業の者】→ひゃくしょう
11②91

のうぐかじ【農具鍛冶】 15②301

のうぐだいく【農具大工】 15②267

のうぐとりつぎ【農具取次】
15②301

のうさくにん【農作人】→ひゃくしょう
62⑤126

のうじ【農事】→ひゃくしょう→A
2⑤323,324/3①6,③155,④221/4①170/5①5,6,18,58,60,87,116,136,142,146,165,166,173,174,178,182,190,191/6①32,62,65,②325/7①48,50,58/10②321/12①21,25,27,50,82,91,107,171,290/13①114,343,344,345,352/15①61,62/19②359

のうしゃ【農者】→ひゃくしょう
70⑥433

のうじん【農人】→ひゃくしょう
12①49

のうそう【農桑】→A
5③243/12①47/18②250

のうそう【農叟】 24①161

のうにん【濃人、農人】→ひゃくしょう
1③278,286,④296,309,312,⑤347/2②155/3①6,11,15,25,26,63,③113,149,④327/4①16,46,57,79,169,172,173,182,193,205,217,222,223,228,239,240,241,277/5①167,172,③283,284/6①20,21,23,33,59,61,62,67,83,102,104,132,141,164,165,166,200,202,203,204,208,210,211,239,②269,272,293,320/7①5,6,48,53,②217/9③256/10①21,53,63,104,123,143,194,②362,372/11④167,168/12①18,27,29,46,47,48,51,63,67,82,84,92,111,112,126,135,154,164,170,171,180,194,197,198,199,232,290,363,365,374,389/13①259,260,262,328,346,348,349,351,353,355,356,359,361,363,365,366,367,371,372,373,375,376/14①30,32,57,60,101,217,234,235,238,309,410/15①61,②134,229,231,③372,381,403,404,405,409/16①178,179,180,182,183,186,209,213/17①37,38,41,42,43,75,105,110,113,118,119,121,132,133,136/18⑤461/19①190,192,②284,287/20①223,224,232,233,302,303,304,313/21①83/22①10,11,27,60,61,66,71/23①28,36,66,97,120,121,122,②134,④174,175,177,183,184,192,⑥301,314,320,325/24①40,67,92,123/31③106,④222,⑤285/32①7,93,94,116,207,②324,336/33①12,41,⑤240/36①67,②129,③242/37②180,188,189,③258,313,383/38①22,③169,197/40②64,74,119,134,151,156,162,185,186/41②41,43,73,136,⑥266,⑦334,342/45③159/50①41,③279/53①19/56①119/61①28/62⑦192,193,⑧253/63⑤321,322/64①81,⑤335/66①46,51,52,⑤263/67①59,⑥265/69①38,59,93,122,129,130/70③216,⑥383,409,410

のうのいえ【農の家】→ひゃくしょう
3③112

のうのみぶん【農の身分】 31③106

のうふ【農夫】→ひゃくしょう
2②139,⑤330,333/3④373/4①193,240/5②219,③263,285,288/6①9,17,34,35,37,41,47,53,58,68,69,74,112,149,150,166,198,201,238,②325/10①11,14,131,139/12①104,107/13①314/15①15,16,②163,192,197,244,③329,346/16①177,193,198,199,206,211,213/17①23,51,65,74,81,84,86,87,94,95,96,104,108,119,134,141,176,197/18①104/19②433/22①8,27,49,79/23①28,40,41,66,④179,⑥301,305,311,315,319,320,325,340/24①8,19,85,109,149,161,166/30①5,23,24,25,32,33,34,35,37,38,39,40,41,42,43,44,45,46,47,48,49,50,60,

62,65,66,73,74,75,76,89,90,92,93,94,95,96,97,98,99,101,102,103,104,110,111,112,113,114,117,118,126,132,141,142,②188/31④148,⑤267/36①33,36,37,③243,244,245,310/40②116/48①260/61③125,⑩421/62③60,⑦180,184,185,191,⑧268/65③219/70②61,154,178,③210,⑥424,426

のうふ【農婦】　10②377

のうふのぎょう【農夫の業】→ひゃくしょう
10①15

のうほ【農圃、農甫】　12①162/16①84,95,103,112/17①17,19,23,29,30,39,43,58,59,62,63,66,79/19①5,②363/20①352/40②195/68②244

のうほをつとむるひと【農圃をつとむる人、農圃を勤る人】→ひゃくしょう
1④320,335

のうみん【農民】→ひゃくしょう
1③259/3①63,②72,③104,106,109,114,133,136,137,149,181,183,188/4①34,35,172,182/5①185/6①6,141,186/7②227,374/10②374/12①17,21,24,30,83,101,103,132,231/13①344,346,354,357,361,366,367,373/15①14/21①23/22①18,23,29,50,②131/23①9,14,109,④173,200,⑥300/24①124,160/25①8,12,13,20,22,89,122,②178/30①52,③239,255,288/31④221/32①7,8/35①236,238/37③254/38①9,③112/41②53,④202/45⑦379,410/50②144/62⑧248/66①37/67⑥263,264,314/68③316,④394,395/69②238/70③212,217,⑤311,319,⑥379,402,408

のりや【海苔家】　45⑤246

【は】

ばい【馬医】　60⑥320/67④167

ばいた【売女】　3③118

ばいたや【売女屋】　3③108,181

はいとう【はいとう】→こじき
9①165,167,168

はいやき【灰焼】→A
57②185

ばいやく【売薬】　67⑥274

ばいやくあきんど【売薬商人】
35②334

はかせ【博士】　24③353

はがまとり【羽釜取】　29④272,273

はかりにん【計人】　63①50

ばくえき【博奕】→N
3③113

ばくえきもの【博奕者】　3③113

ばくちうち【ばくちうち】　16①51

ばくと【博徒】　3③102/68④396

はくや【箔屋】　49①154,158

はくらく【伯楽】24①49/62①18

ばくろう【馬喰、馬口労、博労】→ぎゅうばのばくろう
1①64/10①101,135/24①49/36①62,③229/62①18

はこび【はこび】　24③347,348

はじをもちたるのうにん【櫨を持たる農人】　14①52

はじん【は人】　27①352

はたおり【織女】→B、K、Z
47②129

はたごや【はたこや】　17①266

はたや【織工】　53⑤342

はなきり【剪花者】→いけばなし、きりだし、きりだしにん→N
55③209,210,249,255,273,288,386,389,405,449,455

はなや【花や、花屋】　4①154/42⑥441/45①40,41,42,48,50/70⑥390

はまこ【浜子】　29④273,282

はまどんや【浜問屋】　53④223,225,228

はるかせぎ【春挊】→L
30③233

はるこま【春駒】　10②353/27①295

はるしごと【春仕事】　18②285

ばん【番】→X
23④182

はんこうほり【板行彫】　62①18

ばんしょう【番匠】　36③268/62①18

ばんそう【伴僧、番僧】→ぼうず
9①157,161,163,168/38④274/43①22,③250/66③153

ばんとう【伴頭、番当】→R
22⑥363,366/62①18

はんびゃくしょう【半百姓】
24①70

はんまいいらずのひよう【飯米入らずの日雇】　29①13

はんよなべ【半宵】　27①280

はんりょうし【半漁師】　59③229,230,231,232

【ひ】

ひかん【被官】　10①148,188,200,201,203/62①17

ひきゃくや【飛脚屋】　43①30

ひとりとんや【独り問屋】　58②98

ひものや【ひものや、檜物や、檜物屋】→まげものし
13①212/16①207/48①143

ひゃくこう【百工】　10①194

ひゃくしょう【農家、農人、農夫、百姓、百性】→あめがしたのおおんたから、おおたかもち、おおみたから、おおみたみ、おおんたから、おんたから、かしらふり、こうか、こうぎょう、こうさくのひと、こうしゃ、こうじん(耕人)、こうのうのわざ、こうふ、さくにん、たかもち、たかもちさくにん、たご、たづくり、たびと、たみ、たみのいえ、たもち、でんか、でんぷ、どみん、なりわい、なりわいのいえ、のう、のうおとこ、のうか、のうかしゃ、のうぎょう、のうぎょうか、のうぎょうとせい、のうぎょうにん、のうぎょうのかせぎ、のうぎょうのもの、のうさくにん、のうじ、のうしゃ、のうじん、のうにん、のうのいえ、のうふ、のうふのぎょう、のうほをつとむるひと、のうみん、ひゃくせい、もうと
1①23,40,50,53,72,②148,③271,275,276/2④278,283,286,287,288,290,291,293/3④340,381/4①9,18,19,23,28,58,59,74,79,98,114,121,148,170,172,179,181,182,184,186,202,204,234,235,238,240,241,244,245,265,273,276,279/5①17,42,137,177,179,180,②231,③248,249,250,284,285,④307,308,309,311,312,314,335,336/6①37,53,212,213,216/7①23,26,40,49,73/8①201,245/9③239,246,248,252,264,270/10①7,8,12,15,49,78,83,85,97,98,107,122,124,148,150,151,152,153,154,158,166,167,168,170,175,177,178,179,182,②300,303,304,312,313,318,321,322,323,331,332,345,359,363,375/11②89,95,102,④172/13①328,371/14①35,54,64,254,263,266,302,409/15①52,②196/16①121,123,129,138,232/17①119/18②250/21①25,38,92,②102,103,108,109/22①10,66,75/23④164,192/24①21,102,148,149,154,155,156,161/25①24,26,30,39,40,41,44,57,60,62,66,70,77,80,85,86,119,131,141,③259,260,276,277/27①174,254/28①13,34,36,38,47,53,56,61,63,85,94,②125,126,189,237,239,253,277,279/29①11,13,14,16,59,③193,199,203,207,210,211,215,218,219,221,260,266/30③266,278,291,304/31②66,69,71,72,③106,115,128/32①9,52,150,152,169,178,179,180,181,182,183,184,185,186,187,188,190,192,195,197,199,217,②290,291,299,303,304,307,308,313,316,318,320,321,322,324,325,326,327,328,329,331,332,333,334,335,336,339/33①56,57,58,②105,⑤238,244,245,246,247,254,257,259,261,262/34①6,10,13,14,15,②20,23,30,⑤112,⑥118,123,143,144,145,146,147,151,⑧299,311,312,314,316/35①83,119,191,208,253,②292,320,324,344,401,409/36①48,54,57,58,59,65,67,②120,③159,160,172,189,194,214,216,217,218,227,229,230,255,268,282,285,291,292,302,305,308,324,325,328,332,336,339,340,341,343/37②65,66,70,71,80,113,115,118,123,168,③369,378/38①8,16,19,②83,85,86,③200,④242,248,257,259,263,278,288/39④182,183,184,187,195,196,202,203,206,208,220,223,⑤295,⑥323,326,341,343/40①8,12,14,②40,42,43,65,67,91,118,121,122,149,③239/41②35,36,40,44,45,46,49,50,51,52,53,136,③171,181,185,⑤241,⑦319,337,342/42①29,31/44①32/45①33,34,38,③143,167,168,⑥297/46②133,136/47①29,③166,⑤249,256,262,

263,277,279/48①201,202,217/50③247,279/53④248/57①12,13,20,21,22,②100,103,104,105,119,120,129,133,138,140,142,148,169,172,175,181,185,187,192,194,196,199,202,204,208,212,220,224,226,227,231,232/58④261,264/59③227/61①34,39,44,45,52/62②33,⑦187,⑧244,281,282,⑨344,353,394,396,397,401,402,403,404/63①34,42,47,49,50,54,55,③99,102,110,113,115,121,133,142,143,④183,189,192,200,204,207,215,220,223,231,236,238,247,251,254,261,⑤298,314,⑦355/64①57,58,59,61,65,67,71,72,73,77,79,②124,③195,④243,244,249,254,308,309,⑤334,340,341,342,344,345,346,347,348,350,352,353,355,356,359,360,363,364,365,366/65①10,②81,87,128,③189,197,201,206,277,280/66①35,37,38,39,41,42,43,44,45,46,47,48,49,50,51,52,55,57,64,68,②88,94,102,104,106,107,115,116,119,③156,157,④197,199,205,⑧409/67①33,38,40,59,63,64,②102,103,③137,④172,174,175,176,⑤235,⑥301,313/68①62,63,②264,265,④397,403,411/69②163,177,179,180,181,186,187,190,194,195,196,197,198,199,206,207,208,209,210,211,212,213,214,215,224,225,226,252,253,277,323,335,349,364/70⑥389

ひゃくしょうかぎょう【百姓家業】 62⑨316

ひゃくしょうかた【百姓方】 21②101,102/24①85

ひゃくしょうのいえ【百性の家】 10①76,116

ひゃくしょうのうか【百姓農家】 35②303

ひゃくしょうのかぎょう【百姓の家業】 25①11

ひゃくせい【百姓】→ひゃくしょう 62②26

ひゃっこくもちひゃくしょう【百石持百姓】 4①171

ひやとい【日雇、日傭】→L、X 25①50,83,142/29①18/36①54,58,61,62/39④202/41②50/44①21,22,25,26,27,28,29,30,31,33,34,35,36,37,38,39,40,41,43,44,46,48,51,53,56/45①49/58⑤343,345,350,367

ひやといにん【日雇人】→L 63③98

ひよう【ひよう、日雇、日傭、日用】→L 5①183/24③271/25①39/29①11,73/39⑥339,349/62①18/65②81,89,90

ひようがしら【日用頭】28①50

ひようかせぎ【日雇挊、日用かせき、日用かせき】→L 9③294/65②89,125

ひようかせぎのもの【日用かせきのもの】 28①61

ひょうぐし【表具師】 24①149/62①18

ひようとり【日用取、日雇取、傭作】 3③107/4①170/40②161

ひらにんそく【平人足】 63③132,134

ひらぶ【ひらぶ】→にんぷ 9①103

ひりょうとり【日料取】 11⑤277

ひるぬすっと【昼盗人】 10①101

びわざとう【琵琶座頭】 62①18

ひわだかわらし【檜皮瓦師】 62①18

ひんい【貧医】→いしゃ 68③324

びんちょうやまこ【備長山子】 53④224,233

ひんのう【貧農】→ひゃくしょう 14①108/23⑥302

【ふ】

ぶ【夫】→L 32②321

ふきや【吹屋】 53④235/61⑨327

ふくのうにん【福農人】 12①159

ふくろもののみせたな【袋物之見世店】 62①18

ぶけ【武家】→さむらい 3③177/10①10/14①57,86,140/16①122,123,127,129,192,221,222,223,270,275,295,300/23④161/40②66,94/41②35/47②130/50③279/55②143/62⑦184/65③249

ふこ【腐孤】 20①104

ふこうのひゃくしょう【不功の百姓】 7①48

ぶし【武士】→さむらい 1③270/3①5/10①16,179/23④162,⑥303,315/24③273/62⑧247,251/69②194

ふしゃ【巫者】 36③268

ふしゅく【巫祝】 62⑥157

ふじょしのしょく【婦女子の職】 14①273

ふしんふ【普請夫】 32②317

ふたがわざいさかなや【二川在肴屋】 42⑥399

ふだとりりょうし【札取漁師】→りょうし 59③233

ふちや【ふち屋】 48①363

ぶっしゃ【仏者】→ぼうず 23①113

ふでし【筆匠】 62①18

ふながたとんや【舟形問屋】 61⑨371

ふなこ【船子】 62⑥152

ふなだいく【船大工】→ふなちく 16①217

ふなちく【船筑】→ふなだいく 57②185,215

ふなでのもの【舟手の者】 62⑨319

ふなぬし【船ナ主、船主】 49①216/62⑥151,156

ふなのり【船乗】 35①191

ふなびと【舟人】 5①109

ふなやど【船宿】 46②148/59④304

ふなやどうはち【船宿宇八】 59④305

ふなやどたしろう【船宿太四郎】 59④305

ふなやどまんきち【船宿万吉】 59④305

ふねまえ【舟前】 24③347

ぶふ【武夫】→さむらい 24①159

ふみかた【踏かた】 50①73

ふみびと【踏人】 29③264

ふゆかせぎ【冬稼、冬侍】 6①238/39④193

ふるかねかい【古銅買】 62①18

ふるたののうふ【古田の農夫】 23④175

ふろや【風呂屋】 36③184

ぶんごのくにのひゃくしょう【豊後の国の百性】 31①7

ぶんじん【文人】 24①159

【へ】

へいけ【平家】 62①18

へぎや【批屋】 52⑦307

へたかじ【下手かぢ】 16①177

べつかせぎ【別挊】 9③285

べにや【紅屋】 45①31

べんがらや【ベンガラ屋、紅から屋、鉄丹屋、弁がら屋】 48①24,376/49①11,22

【ほ】

ほいと【ホイト、保伊登】→こじき 1②167,207

ほうこう【奉公】→L、N、R、X 5①177

ほうじょう【方丈】 66③150,153

ぼうず【坊主】→おしょう、おてらさま、ごじゅうじ、ごじゅうっさま、じいんそうりょ、しゃそう、しゃもん、じゅうじ、じゅうしょく、しゅっけ、しんぶつ、しんぼち、ぜんじ、ぜんちしき、そうりょ、だいそう、たがそう、どうそさま、ばんそう、ぶっしゃ、ほうだんそう、りっし、りっそう、ろうそうさま 23④174

ほうだんそう【法談僧】→ぼうず 23④170,171

ほしかあきんど【干鰯商人】 58②97

ほしかどんや【干鰯問屋】 40②152/58②90

ほそもの【細者】 27①149

ぼてふりあきない【棒手振商】 5③284

ほめいしゅや【保命酒屋】 44①55

ほりぬきし【堀抜師】 23①117

ほりもの【彫もの】 36③268

ほりものし【彫家】 49①107,111

ほんぞうか【本草家】 70①13,⑤323

ほんびゃくしょう【本百姓】 63③140

ほんりょうし【本漁師】→りょうし 59③230,231

【ま】

まいこ【舞子】→N
62①18
まえち【前地】→かどや
22①65,66
まがいべっこうや【紛鼈甲屋】
69①104
まげものざいく【棬物細工】→K
62①18
まげものし【曲物師】→ひものや
16①166
まご【馬士、馬子】→うまかた、むまかた
27①156,372/66③138
まずしきひゃくしょう【貧シキ百姓】 32②323,330
またぎ【股木】 1②203,204
まちかたばいにん【町方売人】
22①61
まちや【町家】 7②289
まちやくにん【町役人】 61⑨321
まつきりだしにん【松切出し人】
49①41
まるよなべ【丸よなべ、丸宵、丸宵べ】 27①279,280,281
まわたかけ【真綿懸ケ】→K
61⑨277
まんざい【まんざい、まんざひ、万歳】→Z
1②208/9①143/27①295/39⑥348
まんじゅう【まん中】→N
45①49

【み】

みかんといや【蜜柑問屋】 46②152
みこ【神子、巫姫】 18①173/62①18
みずがしや【水菓子屋】 46②133
みずのみのひゃくしょう【水呑の百姓】 14①309
みずのみのもの【水のミの者】
14①52
みずのみびゃくしょう【水飲百姓、水呑百姓】 14①409/18②289/25①20,26/63③140
みせたな【見世棚】→N
67⑤216,223
みそしょうばい【味噌商売】
49①219
みそや【味噌屋】 23①88
みちすじかせぎ【道筋稼】 65②120
みちのかせぎ【道の稼】 65②121
みやこのえぼしおり【洛之烏帽子折】 62①18
みやづかさ【宮司】 62①18
みんか【民家】→N、Z
3③126,174/7②256/12①325,357,358/13①252/21②103,104,105/30③236,258,299

【む】

むえんひゃくしょう【無縁百姓】
57①22
むぎなぎそうろうよなべ【麦なぎ候夜なべ】 27①349
むじなもりむらとんや【狸森村問屋】 61⑨370
むしろうけ【むしろ請】 24③348
むしろのといや【表の問屋】
14①134
むたかにん【無高人】 65②89
むたかのひゃくしょう【無高の百姓、無高之百姓】 23④164/63③110
むでんもののひゃくしょう【無田者之百姓】 9③295
むまかた【馬方】→うまかた、まご
62①18
むらさきや【紫屋】 48①11
むらびゃくしょう【村百姓】
18②289

【め】

めがねうり【目鏡売】 14①322
めがねや【眼鏡屋、目鏡屋】 14①322,323/40②79
めしもり【飯盛】 22①72

【も】

もうと【間人】→ひゃくしょう
30②198
もぐさとり【藻草取】 25①31
もぐさや【もぐさ屋】 48①295
もちめひやとい【持目日雇】
29④273
ものうり【物売】→Z
4①34
ものもらい【物もらい、物もらひ、物貰】→こじき
28②138/29①21/62⑥157/67④169
ものもらいのひにん【物貰の非人】 25①26
ものもらいのもの【物貰之者】
27①294
もめんうり【もめんうり】 39⑥349
もめんかせぎ【木綿挊】 9③294
もめんや【木綿や】 43①16
ももうり【桃売】 5④325/42⑥428
もり【もり、傅母】 21④188/28②180
もりこ【もり子】 42②111

【や】

やおや【八百屋、野菜屋】 3④302,380/15②196/40②57/49①200
やきうり【焼売】 24①50
やきすみうり【焼炭売】 36③275
やきにん【焼人】 53④221,227
やきものし【焼物師】 62①18
やくかん【訳官】 60⑦400
やくざごろつき【靡法妄行】 3③102
やくしゅといや【薬種問屋】
14①98
やくしゅや【薬種屋】 3①44/7②356/14①322,346/68③345
やくしゅやくてん【薬種薬店】
68③328
やくそうほり【薬草掘】 62①18
やくてん【薬店】 3③169,171/48①57,58,251/49①11,47/68③327,339
やくばらい【厄払】→N
1②208
やくほ【薬鋪】 45⑦374
やざおなおし【矢竿直シ】 53④234
やじん【野人】 5①177/18①121
やといふ【傭夫】 70②111
やどや【宿屋】 61⑨301
やねし【屋根師】 49①157
やねふき【やねふき、家根葺】→N
9①30/62①18
やねや【やねや、屋根屋、家根屋】 9①30/42③161,④270/63③132,133,134
やまかせぎ【山カセギ、山稼、山稼キ、山挊】→A
2④290,291/9③294/25①29,51/29③261/53④230,242,248
やまかたさとかたかせぎ【山方里方稼】 4①170
やまかたのどみん【山方の土民】
17①179
やまがつ【山賤】→きこり
10①96,151/62①19
やまこ【山子】 49①41,42/53④218,225,229,230,232
やまし【山師】→R
5④338/18④394,395/34⑧309/48①392/56①138,151/70②88,107,108,112,113,114,117,118,134
やまだし【山出し】→A
14①70
やまど【山人】 4①35
やまぬし【山主】 28①93/53④222,232,242/63①44
やまのかせぎ【山の稼】 65②121
やまぶし【山伏】→Z
36③300/48①356/63①55
やまをしたてるひと【山を仕立る人】 56②293

【ゆ】

ゆうきゃく【遊客】 2①68
ゆうじょ【遊女】 5①69
ゆうどしゃ【有土者】 5③244
ゆうなべ【夕なへ】→よなべ
28①35,36,38
ゆうれきのそう【遊歴の僧】
49①193
ゆなべ【ゆなべ】→よなべ
28②243
ゆばこう【腐皮工】 52③141
ゆばんとう【湯番頭】→R
5④338
ゆみとりのいえ【弓取の家】
47②77
ゆみやのさいく【弓矢細工】
62①18
ゆや【湯屋】 53④235/69②361

【よ】

よい【宵】→よなべ
27①248
ようさんか【養蚕家】→こがい
35①254
ようさんこうしゃ【養蚕功者】
35①145
ようさんし【養蚕師】→こがい
61⑨265
ようさんのさんぎょうか【養蚕の産業家】 47②79
ようさんのとうどりにん【養蚕

の棟取人】 47②92
ようしょう【洋商】 53⑤292,294,344
よかせぎ【余稼】 62⑧274/68③326
よきひゃくしょう【善キ百姓、能百姓】 18③355/28①56,64
よぎょう【余業】 17①158
よしごと【夜仕事】→よなべ→A
25①74
よしょく【余職】 17①72,153
よなび【ヨナビ、よなび】→よなべ
24①19/28③323
よなべ【よなへ、よなべ、宵なべ、宵べ、夜ナヘ、夜なへ、夜ナベ、夜なべ、夜索、夜鍋】→ゆうなべ、ゆなべ、よい、よしごと、よなび、よのべ、よるのわざ
5③286/6①149/8①208,210,212,213,214/9①13,15,16,23,**24**,25,77,78,102,103,109,112,114,115,118,121,122,126,128,129,130,132,134,135,145/14①129/24①19,102,103,③316/27①193,211,240,241,242,243,244,245,246,247,250,269,270,271,272,324,327,341,342,354/28②150,155,209,224,242,267/30③248/31②84/38②54,68,77,80,81,82/41⑤253/42③155,160,161,162,164,169,170,178,181,182,183,188,204
よなべしごと【夜ナヘ仕事、夜ナベ仕事】 8①191,214
よのべ【夜延】→よなべ
24①19
よみうり【読うり】 61⑨303
よりぬし【寄主】 45①39
よるのわざ【夜の業】→よなべ
25①78

【ら】

らいし【耒耜】→B
18①13
らくだ【郭駝】→うえきや
11①5

【り】

りっし【律師】→ぼうず
48①20
りっそう【律僧】→ぼうず
48①21
りょうか【療家】→いしゃ
68③339
りょうこ【漁戸】→りょうし
5③243
りょうし【漁師、漁夫、猟師】→ぎょか、ぎょじん、ぎょふ、すえつぐりょうし、すなどり、ふだとりりょうし、ほんりょうし、りょうこ→Z
1②178,183/15②270/23④200/35①191/45⑥298/58②97,98/59①12,19,②144,146,148,149,151,③209,222/64④242/70②130,135
りょうでんのし【領田ノ士】
70②178,184
りょうのう【良農】 3③128/35②334
りょうのうふ【良農夫】 69②323
りょうばのもの【猟場の者】
25①30
りょうりにん【料理人】→R
43②200/47②88
りょうりや【料理屋】 53④234/69①91
りょうりやうめしょう【料理屋梅正】 61⑨386
りょうりょう【猟漁】 10①10

【れ】

れんぱいわかのそうしょう【連誹・和歌之宗匠】 62①18

【ろ】

ろう【蠟】 5④318
ろうこう【老功】 36③205
ろうこうののうにん【老功ノ農人、老功の農人】 12①27/32①176/69①129,130,134
ろうしゃ【老者】 33⑥300
ろうそうさま【老僧様】→ぼうず
24①94
ろうそくし【蠟燭師】 62①18
ろうにん【浪人、牢人】 27①295/36③274,301/41②52/42②118/48①55/53②97/59③243/64①61,72,74,75,80,②114,120
ろうにんもの【浪人者】 47⑤256
ろうのう【老農】 1①27,32,76,81,88,91,92,117,120,③265,270,④296,321,⑤347,350/3③151,④217,292/4①6/6①23,49,58,59,83,161,184,215,217,②281,285,321/8①247/10②366,381/12①13,21,25,27,101,159/13①357/14①376/15①55,③331/16①86,88,96,99,241,246/17①16,24,32,35,38,41,45,46,50,51,53,57,59,61,64,65,67,81,113,129,131,133,134,136,158,231/18①41,102,②270/19②274,276,279,280,396,401/21①92/23①9,10,36,⑥297,325,339/24①63,136,159,176,178/25①8,10,46,67,89,101,125,130,141,143,144/30③258,266,270,278/31⑤247/32①5,6,7,8,12,13,15,16,78,83,96,97,105,129,131,132,137,141,142,145,146,148,164,165,167,168,169,198,201,202,203,206,②286,291,314,315,316/33①58,③172/36②97,③195,197/38③116,130,178,203,④246,247,256,262/40②37,38,83/45③171,175/61④156/63⑧425/69①32,37,51,②228,322/70⑥432
ろうのうにん【老農人】 37②192
ろうのうふ【老農夫】 5③281/39①67/62⑧252,276
ろうのうろうほ【老農老圃、老農老甫】 18③351,369/33⑥299
ろうほ【老圃、老甫】 3①6/4①6/6②285/12①21/19②425,426/35②383/38③116/48①117/69①37
ろうみん【老民】 30③246
ろうりょうしゃ【老漁者】 45⑤235
ろくしゃく【陸尺】→かごかき
43③250

【わ】

わじまあま【輪島海士】 58③126
わたし【渡し】→L
28④342
わたしもり【渉人、渡守】 36③328/62①18
わたつくるひと【綿作る人】 5③280
わたといや【綿問屋】 14①244/15③343,404,408
わたなかがい【綿仲買】 14①244/15③343
わだみちょうりょうし【和田見町漁師】 59③224
わやくや【和薬屋、和薬舗】 50③264/55③337
わらざいく【藁細工】→A、X
9③294/18②285
わらじつくり【草鞋作】→A、Z
62②41
わらびうり【わらひ売】 5④325

N 衣食住

【あ】

あい【アイ、あい】→B、E、F、L、X、Z 42⑥396/52⑦301,302
あいいく【愛育】 3③174
あいかわ【相皮】 67⑤228
あいくり【藍芋】 62③61
あいけし【藍消し】 36③323
あいじま【藍縞】 53②129
あいぞめ【藍染、藍染め】→K 36③323/40②152/48①29/49①223
あいぞめのぬの【藍染ノ布、藍染の布】 1②140/49①91
あいそめもの【藍染物】 48①63/49①92
あいぞめもめんうちじ【藍染木綿うち地】 49①223
あいのは【藍の葉】→I 1③284/6①230/60⑥344
あいのもの【あいのもの、あいの物】 4①122,123
あいはてそうろうもの【相果候者】 25①91
あいびろうど【藍天鵞絨】 36③322
あいもの【あい物】 25①66
あえしお【醬塩】 10②379
あえのもの【醬もの】 10②340
あえまぜ【あへまぜ】 12①263
あえもの【あへもの、あへ物、和、和もの、和合物、和物、醬物】 3④363/4①89/5①104,106/6①117,122,129/10②363/12①102,103,259,312,318,319,321,323,326,328,329,353,354,367/16①60/17①200,212,302,311/38③124/41②92,93,119/67⑤231
あえものしお【あへもの塩】 37③383
あえもののこうばし【あへ物のかうバし、和物のかうばし】 12①314/13①134
あおあかざ【灰条】 18①137
あおいかみ【あをい紙】 9①158
あおうめ【青梅、梅子】→E 18①170/52①35,36
あおうめづけ【青梅漬】 52①35
あおえ【青画】 48①375
あおがえる【青蛙】 41②145
あおがみ【青紙】 43①28,30
あおきは【青木葉】→B 3④323
あおくさのもち【青草の餅】 24①42
あおくさもち【青草餅】 24①36
あおくちあずき【青口小豆】 52⑥253
あおこ【あをこ】 9①162
あおこ【青粉】 52④168,179
あおこんぶ【青こんぶ、青ごんぶ】→こんぶ 43①23,35,84,85
あおざし【青さし、青刺】 10②363/25①54
あおしきなりあかししろしくろし【青・黄・赤・白・黒】 60⑤279
あおじそ【青しそ】→しそ→E 52①43
あおしる【青汁】 45⑥307
あおしるのみ【青汁の実】 41②115
あおすすきのはし【青薄の箸】 25①71
あおすだれ【青すたれ】 36③256
あおすだれふ【青すだれ麩、青簾麸】 52④179,180
あおそ【青苧】→からむし→E 5④344/19①172
あおた【蒳】 62②39
あおだいず【青大豆】→だいず→F 24③333
あおたけ【青竹】→B 25③265/60①63
あおちゃ【青茶】→ちゃ 25①66
あおづけのうめ【青漬の梅】 14①365
あおとうがらし【青蕃椒】 52①37
あおなしたし【青菜したし】 43①9,84
あおなしらあえ【青菜白あへ】 22③176
あおなんばん【青ナンバン】→とうがらし→E 49①218
あおにぎて【青幣】 53①9/56①177
あおのしる【青の汁】 41②102
あおのり【陟釐】 5①138
あおはし【青箸】 25③280
あおばぞめ【青葉染】 16①90
あおはなのくき【青花の茎】 60⑥362
あおばなのは【青花の葉】 60⑥362
あおばれ【青はれ、青腫】 38③151/67④173,186
あおびきいと【青挽糸】 47②99
あおひとぐさ【青人草、蒼生】→じんみん 3①8/20①12/24①140
あおひゆ【莧菜】→F 6①170/18①137
あおひょう【あをひやう】→F 18①137
あおまつば【青松葉】→B、E 52①54
あおまめ【青豆】→だいず→E、F 44①47
あおみ【あをミ、青ミ】 9①144,145/28④357
あおむぎ【青麦】→E、F 17①186/62⑧247
あおむぎのしる【青麦の汁】 7②295
あおむしろ【青莚】 14①110,120,359
あおもりおどり【青森踊】 1②174
あおゆ【青柚】 52①49
あかあかざ【舜芒穀、藜藋】 6①170/18①137
あかあめ【赤飴糖】 6①230
あかいい【赤いゝ】 33②131
あかいも【紫芋(里芋)】→E、F 6①169
あかいわし【赤いわし】 17①322
あかうお【赤魚】→J 67⑤218
あかえ【赤絵】 48①55,376,377
あかかじすあえ【赤かじすあえ】 43①65
あかがねなべ【銅器】→どうなべ→B 18①120
あかがり【皹】→ひび 69①124
あかきび【赤きび】→F 17①319
あかざ【あかさ、アカザ、藜】→E、G、Z 5①138/6①169/10①31/18①137/24①126/62③61/67⑤231
あかざのあつもの【あかざのあつもの、あかざの羹】 12①329/16①60
あかざのみ【あかさの実】 10①42
あかし【あかし、明松】 42⑥385/57②90,175,198,199,224
あかしいれ【あかし入】 24①124
あかしお【赤塩】 52⑦308
あかしきなりしろしくろしあおし【赤・黄・白・黒・青】 60⑤279
あかしひ【明し火】 19②284
あかしまつ【あかし松、明し松】 10①116/37②74,88
あかしゃくやく【赤芍薬】 68③345,346
あかずいき【赤ずいき】→E、F 6①134
あかすり【垢すり】 4①141
あかせり【赤芹】 18①133
あかぞめ【赤染】 49①198

あかつち【赤土】→B、D、E、I 60①62
あかとうがらし【赤とうがらし】→とうがらし 52①33
あかにし【アカニシ、赤にし】→I 60④197,⑥374
あかね【あかね】→E、X、Z 24③328/60⑥354
あかひゆのしる【紫莧の汁】 18①169
あかまい【赤米】→E、F、G 1③274/51①39,40
あかまつのそとあらかわ【赤松の外荒皮】 1③284
あかまま【赤まゝ】 27①251
あかみしまのり【赤みしまのり】 9①162
あかみそ【赤みそ】→みそ 28④359
あかめし【あか飯】 28②250
あかりあぶら【明油】→ともしあぶら 56①98
あかりまど【明り窓】 53⑤331
あき【秋】 29②144
あき【明】 20①48,52
あきがい【あきがい】 9①146
あきかぎ【あきかき】 27①319
あきな【秋菜】→E 24③342
あきなすび【秋茄子】→なす 52①24
あきにわ【秋場】 12①92
あきのなりわい【秋のなりはひ】 12①18
あきのほう【アキノ方、あきの方、明ノ方、明の方】 19①82,②365/29④270/37②68,70/56①72
あきのほうがく【明きの方角】 25③287
あきのものから【秋の物から】 25①57
あきひえ【秋ひへ】→E 67④181
あきふゆどよう【秋・冬・土用】 60⑤280
あきまわり【秋廻り】 36③302
あきもち【秋もち、秋糯、秋餅】 1①112/19②424/24①118
あきょう【阿膠】 49①94/55①55
あくぎょう【悪行】 3③108
あくさくのとし【悪作ノ年、悪作の年】 30⑤398/36③281
あくじ【悪事】 8①202
あくしつ【悪疾】 3③112/36③220
あくそう【悪瘡】 12①355/14①95,178/45⑥306,308/61⑩460
あくた【あくた、芥】→B、H、I、X 16①126/69②253
あくたれるそうけ【灰汁たれるさうけ】 27①356
あくねん【悪年】 9①72
あくま【悪魔】 5①177
あくまい【悪米】→E 3①25/8①260/17①29,44,149,150/28②260/36③331/39④218
あげ【あけ】 28②233
あげざけ【揚酒、醴酒】→さけ→K 51①86,153,154,171
あげどうふ【上豆腐】→Z 52②89
あげとき【揚斎】 67⑥297
あけび【あけひ、通草】→E、Z 10①42/62③62
あけびのかわ【あけひのかわ】 59②135
あけびのは【燕履ノ葉】 67⑤231
あけびのわかもえ【木通嫩芽】 18①145
あけびわかば【木通嫩葉】 6①170
あげふ【あけ麩】 52④181
あげもの【上ケもの、上もの、上物】 9①9,143,148
あこうじお【赤穂塩】→しお(塩) 52⑥254
あさ【あさ、麻】→たいま、まあさ→B、E、L、Z 1②175/3①24,③180/6①146,147/13①31/15③328/17①220,225,331,333/48①68/59④342,343/69②201
あさあぶら【麻油】 52②117,121,122
あさいと【麻いと、麻糸】→B、J 1②175/17①332/36③242,243/48①14/69②272
あさうら【麻裏】 24①102
あさお【麻緒、麻苧】→からむし→B、E 3④224/36③244/53①9/58④263
あさおき【朝起】 34⑥152,⑦255
あさおりめし【朝下飯】 27①209
あさがみしも【麻上下】 25①21,23,27,③260,266/36③158,174/64④307
あさかわ【麻皮】 70②110
あさぎ【浅木】→B 53④222
あさぎじまちぢみ【浅黄縞縮】 36③213
あさぎずみ【浅木炭】 53④222
あさぎぞめ【浅黄染】 36③323
あさぎな【求食菜】 19②443
あさくみのみず【朝汲の水】 27①299
あさころも【あさ衣】 30③259
あさざ【山絲苗、荇絲菜】→E、I、Z 6①170,171
あさざい【浅才】 53④239
あさぜん【朝膳】 43③232
あさだのみ【あさたの実】 10②335
あさだんご【朝団子】 43③260,267
あさちゃ【朝茶】 8①261/30③248
あさつき【あさつき、あさ付、胡葱、浅つき、蘭葱】→E、F 10①21,25,28,46,47/18①166/62③62
あさづけ【浅漬】 52①25
あさな【麻菜】 6①148
あさながね【朝長寝】 28②150
あさぬの【麻布】→B、G 2②145/6①141,144/13①7/24③328,329/25①118/27①255/47①11/49①90
あさね【朝寝】 34⑥152,⑦255
あさねひるね【朝寝昼寝】 5①181
あさのおくず【麻の苧屑】 6①141
あさのかしら【麻のかしら】 17①333
あさのきれ【麻ノ切、麻の切】 53③170,171
あさのくいもの【朝之食物】 27①320
あさのじん【麻の仁】 24①126
あさのぬの【麻の布】 6①219/35①236
あさのみ【麻仁】→B、E、G、I 18①166/62③62
あさのわくそ【麻のわくそ】 20②383
あさはおり【麻羽折】 62⑨404
あさはかのうた【朝果敢の歌】 19②415
あさばかま【麻袴】 62⑨404
あさはた【麻はた】 17①331
あさはん【朝はん】→あさめし 9①122,144,145,146,147,148,149,150,151,154
あさひるしょく【朝午食】 27①346
あさひるりょうめし【朝午両飯】 27①364
あさびん【浅備】 53④223,234
あさびんのじょうすみ【浅備ノ上炭】 53④222
あさまやま【浅間山】 48①294
あざみ【あさミ、あざミ、莇、薊】→のあざみ→E、Z 1③283/5①138/10①28,31,42,44/19①201,202
あざみのは【あさミの葉】 67⑤232
あさめし【朝めし、朝飯】→あさはん 9①9/21③156,④181/23⑤274/24①53,66,③265,316/25①14,23,37,66,③263,264,271,273,275/27①209,236,237,239,240,241,242,243,244,245,247,251,312,320,327,355,364/28②131,237,240,247,250/29②152/34⑧311/36③316/37②69,80/42③179/66⑤282
あさめしのたくひ【朝飯の炊火】 27①290
あさゆうのしょくじ【朝夕の食事】 25①49
あさゆうもちうるちゃ【朝夕用ふる茶】 14①316
あじ【あし、鯵】→J 28②205/41②135
あじ【阿字】 27①232
あじ【味】 3①52
あしかり【蘆雁】 49①73
あしきる【足切ル】 24①52
あしげうまのつめ【芦毛馬爪】 60⑥345
あしごさい【あしごさい、足ございい】 59②136,138,141
あしごしらえ【足拵】 59②133,135,139,140
あしさぎ【蘆鷺】 49①72
あしだ【あした、足高】→B 24③271/27①335,338
あしだお【あした緒】 48①128
あしつきのぼん【脚付の盆】 36③161
あしつの【蘆筍】 18①128
あしなか【あしなか、足なか、足中】→B、Z 24①75/28①38,②136
あしのうらぎれ【足の裏切レ】 24①98
あしのつの【芦筍】 6①170
あしのめ【雀舌草】 6①171

あじろろん【網代論】 62⑥154
あじわい【味ひ、味合】 19②360/41②69
あじわいのよしあし【味ひの善悪】 17①258
あしをきる【足をきる】 28②243
あずき【あづき、小豆、赤小豆、赤豆、菉】→しょうず→B、E、F、I、L、R、Z 6①228/9①148, 153, 154/18①166/19①174/20①177/24①127, ③340/25①21, 66/27①240, 249, 315, 317/28④357/38④239/40③230/43①35, 63, ③240/56①126/60②92/62③62, 67/66③149/67⑤211, 213, 214, 217, 223, 224, ⑥295, 310
あずきいりだんご【小豆入団子】 23①65
あずきがい【あづきがい】 28②133
あずきがゆ【アヅキカユ、小豆かゆ、小豆粥、赤小豆粥】→I 4①10/10②354/25①25, 27, ③263, 264, 266, 276/36③165, 170/38④239/43③236, 269
あずきぞうに【赤小豆雑煮】→ぞうに 27①236
あずきに【あづきに】 9①152, 159, 164
あずきのもち【あづきの餅】 9①154
あずきは【小豆葉】 19①201
あずきめし【あづき飯、小豆めし、小豆飯、赤小豆飯】 6①77/25③269, 284, 286/27①239, 240, 242, 243, 244, 245, 246, 247, 250, 251/28④358/29②156/43③264, 271, 273
あずきもち【あづき餅、小豆餅、小豆餅】 24①122/27①233, 240/64④269
あずさにえる【梓にゑる】 15②134
あずまや【東屋】 59④286, 304
あぜきしば【畦木柴】 4①28
あせんやく【アセンヤク】 60④204
あそうしゅ【麻生酒】 51①116
あそび【遊、遊ひ】→O 36③204, 252/42③155, 181, 199, ④254, 255, 261, 269, 277, 283, ⑥440/43②122, 191/63⑥348
あそびかい【遊会】 42③156
あそびさんげつ【遊ひ山月】 10①176
あそびにん【遊人】 68④396
あそびび【あそび日、あぞび日、遊ひ日、遊び日、遊日】→やすみびあそびび 9①9, 12, 15, 16, 23, 33, 85, 94, 100/20①334/27①247, 250, 251, 262, 271, 293, 311, 337, 348, 355, 386/42⑥370, 373, 375, 376, 379, 382, 385, 387, 388, 389, 390, 391, 394, 396, 397, 398, 399, 409, 410, 411, 412, 415, 416, 418, 423, 424, 427, 428, 432, 435, 436, 442, 443
あそびゆみひき【遊び弓引】 42⑥426
あそぶ【遊ふ】→O 36③168, 291
あたご【あたご】→O 40③216
あだび【仇火】 31②69
あたらしきもの【新敷物】 29②158
あたりづき【あたり月】 9①167
あちゃらづけ【阿茶蘭漬】 52①50
あついた【あついた】 62④98
あつがみ【あつ紙、厚紙】→B 5④325/48①157
あっき【悪気】→G、X 45⑥308/62⑧278
あつけ【暑気】 38③198
あつさいたみ【暑傷ミ】 41②91
あつし【アツシ、厚子】 1②183/2⑤334
あつもの【あつもの、あつ物、羹、臛】 12①259, 311, 319, 328, 344, 354/13①131/18④428/38③169/52②120, 122
あてがい【擬】 18②284
あどうらさけ【阿戸浦酒】 59②105
あとこびるめし【後小昼飯】 4①52
あどさけ【阿戸酒】 59②109
あどわりさけ【阿戸割酒】 59②105
あないち【穴市】 38④237
あぶら【あふら、あぶら、油、油汁】→せいゆ→B、E、H、I、J、L、X、Z 1④297/3①20, ③170, ④247/6①110, 116/7②322/9①85, 158, 164/10①66, 67, ②335/11②117/12①226, 227, 231, 232, 234, 312, 314/13①35, 199, 200, 218, 220, 294/14①42, 56, 199, 219, 225, 229, 245/15①83, 96/17①249/18①94/23①28, 29/24①62, ③279/25①84/28④360/31⑤287/33①47/36①65, ③184, 262/38③127, 185, 188, ④245, 259/39①48, ③154, ⑥345/41④208/42③175, ⑥394, 432, 437, 445/43①25, 30, 92, 93, ②124, ③252, 274/44②165, 171/45①33, ③132, 142, 143, 164, 172, 175, 177, ⑥335/49①205/50①35, 37, 41, 42, 43, 50, 54, 55, 56, 57, 58, 59, 60, 61, 67, 68, 69, 70, 81, 82, 83, 85, 86, 87, 88, 92, 94, 95, 96, 97, 98, 99, 100, 102, 103, 105/52④174, 179/57②90/59⑤433/61①30/62③70, ⑦193/66④207/68②291/69①82, 83, 113, ②301, 341
あぶらあげ【あふらあげ、あぶらあけ、あぶらあげ、油あけ、油上、油上ケ、油上ゲ、油揚】→K 9①152, 158, 159, 162, 163, 164/17①208/27①237/28④358/36③292/43①9, 16, 17, 23, 36, 55, 63, 84
あぶらあげのもち【油上ケの餅】 24①126
あぶらあげめし【油揚飯】 25③269
あぶらあげるい【油あけ類】 18①166
あぶらえ【あふらゑ、油荏】→え→E、I、R 20①177/60①63/67⑥297, 310
あぶらかい【油買】 43②131, 137, 147, 153, 161, 177, 186, 192, 198, 207
あぶらかす【油滓】→B、H、I、L、X 52②100, 115
あぶらかわらけ【油土器】 62②43
あぶらけ【油気】→G、I、X 14①175
あぶらげ【油煠】 52②117
あぶらさし【油指】 62②44
あぶらざら【油皿】 43①94
あぶらしみ【油しミ】 14①175
あぶらじる【油汁】→B、I 45③134
あぶらしん【油しん】 36③329
あぶらつき【油付】 14①175
あぶらな【あふらな、あぶらな】→なたね→E、Z 19①201/20①307
あぶらのせんじかす【油のせんじ粕】 58⑤345
あぶらのるい【油の類】→I 36③159, 335
あぶらび【油火】 5③249/28②199
あぶらろうそく【油蠟燭】 10②304
あぶりがき【炙り柿】 6②305
あぶりこ【あふりこ、焙籠】→B 28②243/62②43
あぶりもの【あぶりもの、炙、炙物、炙物】 10②378/12①193/27①236/28②184
あぶりやき【炙り焼き】 27①349
あへん【あへん】 40④331
あほう【あほう】 40②75
あぼし【網干(塩)】 52⑥252
あま【アマ、あま、天】→あまだ、あまにかい、おおあま、ずし 4①101/5①106/24①147/27①223, 325, 327, 340, 354/47②95
あまがき【甘柿】→F 14①214, 215
あまがさ【雨傘】 30③259, 285
あまかわ【あま皮】→E 16①140
あまきひさごのは【甘き瓢の葉】 12①272
あまごめ【あま米】 52⑥254, 255
あまさぎ【あまさぎ】 29②156
あまざけ【あま酒、甘酒、甜酒、醴、醴酒】→さけ→B 2②152/9①114/10②371/14①221/24①122/25③271/40②155/41②139, 140/51①149/52⑥255/62⑤118
あまざけこうじ【醴麹】 52①49
あましょうじ【雨障子】 14①174/62⑦195/68②290/69①100, 125
あまじる【甘汁】 50②156, 181, 187, 188, 194, 197, 198
あまだ【あまだ】→あま 9①14, 81
あまど【雨戸】→B 66⑥337, 341
あまどころ【萎蕤】→E 6①169
あまな【甘菜】 6①170
あまにかい【天二階】→あま 27①218
あまのがわ【天河、天川】 28④361
あまのみはしら【天の御柱】 62⑧252

あまぼし【烏柿、甘干】→ほしがき→F、K 13①148/14①201/18①76/38③188
あまりがゆいれるこおけ【余りかゆ入る小桶】 27①300
あみがさ【網笠】 1②140
あみな【アミナ、あミな、あみな、編ナ、編な】→L 2③264/19①118,120,156,201,202,②387,388/20①215,②386
あめ【あめ】 52⑥249,256
あめ【あめ、糖、飴】→B 5④314/24①127/33⑥393/38③170/40②107,151,155/41②81,⑦341/50②157,159,210/70③234
あめのかぐやま【天香山】 3①8
あめのき【粘糖ノ気】 69②347
あめのみや【雨の宮】 10②364
あめふりばな【あめふりはな】→ひるがお 18①122
あもこうせん【阿茂香煎】 25①92
あや【綾】 67⑥315
あやき【あや木】→B 30③234,303
あやすぎむぎ【翅麦】 6①172
あやつり【操】 5①181
あやとりのいと【綾取の糸】 53②126
あやにしき【綾錦】 10②357/35①223
あやへり【あやへり】 20①106
あやめのふろ【あやめの風呂】 24①66
あゆ【鮎】→たまがわこもち、たまがわこもちおんあゆ、ほしあゆ→J 5④349/41②119/42④272,274,277/59①11,12,13,17,21,23,25,29,32,33,34,36,38,39,41,47/61⑨328
あゆのつきあい【鮎ノ付合】 42④233
あら【あら】 44①24
あらあらいおけ【荒洗い桶】→B 41⑦333
あらいかぶ【洗蕪】 19①202
あらいがみ【洗ひ髪】 52①53
あらいぐすり【アラヰ薬、洗ひ薬】 60④218,⑥354
あらいざお【洗竿】 18⑥497
あらいだいこん【洗大根】→だいこん 3④295
あらいたるいるい【あらひたる衣類】 15①93
あらいもの【洗物】 16①232
あらうてま【洗手間】 38④264
あらかたづけ【荒かたづけ】 28②202
あらかわ【荒皮】→E 67⑥317
あらきこな【あらき粉】 17①188
あらきりゅうとりてぼうのて【荒木流捕手棒ノ手】 24③274
あらくず【荒葛】 14①239
あらくだけ【あらくだけ】 25①84
あらこざき【あらこざき】 1④332
あらごめ【荒米】→こめ 17①330
あらじお【荒塩】→しお(塩) 52⑦308
あらそうじ【荒そうじ】 28②202
あらちゃ【あら茶】→ちゃ 14①316
あらばしり【荒走り】 51②207,209
あらむぎ【あら麦、荒麦】→E、I 17①185,187/41②138
あらめ【あらめ、荒和布、粗和布、和布、崑崙菜】→I、J 5①138,④354,357/6①172/9①148,152,159,162,165/17①321/38③197/42③173/43③261/67④177,⑤232
あらもみ【あら籾】 36③215
あらわらじ【あらわらじ】 59②141
ありあわせのりょうり【有合の料理】 25③286
ありつき【在附、有付】 32①186/34①13,15,②30,⑥145/66①36
ありのみ【ありのみ】→なし 28②233,234
あるじ【主人】 3①16/15③353
あるへいとう【有平糖】 44①54
あろうめん【阿漏めん】 42③203
あわ【あわ、粟、禾】→B、E、I、L、Z 2②145/10①40,42/11②111/16①311/17①319/18①100,107,109,138/23④165/25①22,39,43,66/28②280,④359/29①28/36③334/41③185,⑤232/43③262/51①171,173/62③62/67⑤228,⑥269,272,275,289,295,297,311,317/68②290/69②199,347/70⑤334
あわがゆ【粟カユ】 38④239
あわこがねもち【粟こかね餅】 43③274
あわごめ【粟米】 19①174,②370/42②112
あわせ【あわせ、袷、帢】→L 8①165,167,286/10①197/21③159,④183/35①116,123,131/36③221/37②176/47①11/48①79/59②139/62④90/67⑤234/68②246
あわせがき【あわセ柿】 5④325
あわせはだぎ【あわせはだき】 59②132
あわせもの【袷物】 67⑥268
あわぜんざいもち【粟ぜんざい餅】 43③274
あわなどのめし【粟等飯】 27①233
あわぬか【粟ぬか、粟糠、粟糖(糠)】→B 1③283/5①138,139/30③235/67⑥297
あわのから【粟のから】 23⑤269
あわのひきぬか【粟の挽ぬか】 67⑥302
あわのもち【粟の餅】 25①21
あわび【蚫、鮑】→にばんほしあわび、のしあわび、ほしあわび→I、J 5④347,351,356/58①55
あわめし【粟飯】 14①173/62③66
あわもち【粟餅、粟餅】 36③163,204,222/40③247
あわもり【琉球酒】 70⑤333
あわもりしゅ【あわもり酒】 70③230
あわや【阿は屋】 49①73
あわゆき【あハゆき、淡雪、泡雪】 52①57,②88,118
あわわかし【粟ワカシ】 38④261
あん【あん】 24③340
あんかけ【あんかけ】 42④283
あんかけどうふ【アンカケドウフ】→とうふ 52②120
あんじんそうろん【安心争論】 36③285
あんず【杏、杏子】→E、Z 10①31/13①134/62③62/69②347
あんずのさね【杏仁】 18①162
あんたいのこう【安胎の功】 18①133
あんどう【行灯】 62②43,44
あんとうふ【アントウフ、あんとふふ】→とうふ 52②88,119
あんどん【あんどん、行灯、行燈】 5①84/24①98,③279/27①207/35②294/36③262/40②63/59④302/66②101
あんどんそうじ【行灯掃除】 42③199

【い】

い【酏】→E、Z 51①15
い【藺】→B、E 6①171
いあぶら【猪油】 60⑥363
いい【飯】 7②299/10②315/12①70,183,193,195,212,341,380/63③133
いいか【いゐか】 5④350,351,355,356
いいがい【いい貝】 5④357
いいずし【飯すし、飯鮓】 33②130/58①37
いいで【飯豊】 19②430
いいでうし【飯豊牛】 19②430
いいでさんちょうじょうのゆきのむらぎえ【飯豊山頂上の雪の村消】 19②430
いいびつ【飯櫃】 7②300
いえ【屋、家、家居、居家】→かおく 3③109/4①124/5①18,70,86,127,③285/9①12/10①141/16①228/21③155/23④177/24①134/25①16,41/28①12,49/29①8,19,26/36③289/41⑦329/56②238/62⑧276/63⑤301/66⑤256,262,272,⑥339,⑦363/67③129,⑤217/69②197,364
いえい【屋舎、家居】 3①17/16①236/23④164/31②68/35①222/55③464
いえいどぞう【家居土蔵】 15②294
いえかぶ【家株】 22①20/63④254
いえがまえ【家構】 19①192,②284
いえぐすり【愈薬】 60⑥337,341
いえくに【家国】 25①32
いえくら【家蔵】 31②71,72
いえこし【家腰】 4①91,138,141,151,160/27①366

いえざいもく【家材木】 57②171
いえしゅうり【家修理】 4①74
いえそうぞく【家相続】 31③130
いえそうぞくのもの【家相続の者】 22①66
いえつぎ【家継子】 63⑧425
いえづくり【家作り】 16①128, 166
いえつくろい【家繕ひ】 1①38
いえのあま【家の天】 27①222, 343, 353
いえのこ【家の子、家子】→L 5③289/16①47, 48, 49, 50, 54
いえのしゅうり【家の修理、家之修理】 10①117/28①36, 49
いえのぞうさく【家之造作】 62②39
いえのそら【家ノソラ】 31⑤277
いえのつくろい【家の繕】 31③115
いえのにかい【家の二階】 3①45/35①120
いえのふきかえ【家の葺替】 19②380
いえのふきかや【家のふきかや、家の葺萱】 1①64/17①303
いえのふきくさ【家のふきくさ】 17①166
いえのほんま【家の本間】 25③263
いえはそんどころ【家破損所】 8①157
いえふき【家葺】 57②200
いえふきかえ【家葺替】 29④280
いえふぐし【家ふぐし】 63⑦372
いえぶしん【家ふしん】→かさく、やぶしん 39⑥349
いえほごし【家ほごし】 64④257
いえみまい【家見舞】 43①12, 14
いえもち【家持】 18②289
いえもちのみぶん【家持之身分】 31②67
いえもちはじめ【家持始】 19②430
いえもちようじん【家持用心】 27①258
いえやね【家屋ね】 67③129
いえをたつる【家ヲ立ツル】 32②323
いおう【いわう、イヲワ、硫黄】→B、H、I、X 49①132/60①63, ④197, ⑥354
いおもて【藺表】 4①122
いか【いか、烏賊】→するめ、ほしいか→I、J 5④349, 351/44①24
いかき【箣】→B、Z 14①169, 172, 173, 184, 187, 192, 197
いがき【井かき】 20①106
いかきめし【笊籬食】 51①57
いかくろづくり【烏賊黒作】 5④355
いかのぼり【いかのぼり】 9②199
いかりくさ【淫羊藿】 6①171
いかわりどき【居替り時】 67④185
いきもののかわ【活物ノ皮】 69②201
いぎれい【威儀例】 27①329
いくえい【育嬰】 61⑩416, 421
いくさだて【軍たて】 44①17
いぐち【いぐち】 29①26
いけのつるべ【井のつるべ】 27①355
いけばな【生花、挿花】 23①64/40②160/44①37/55③209, 246, 247, 248, 251, 254, 265, 266, 267, 268, 269, 272, 274, 278, 288, 290, 292, 303, 310, 316, 323, 331, 334, 335, 340, 341, 352, 356, 367, 380, 385, 395, 397, 399, 410, 411, 414, 426, 432, 435, 436, 439, 441, 453, 458/61⑨303/70⑥389
いけび【いけ火】 30①139
いご【囲碁】 36③167
いこう【衣桁】 62②44
いごぐさ【いご草】 25①31
いごみ【いごミ、いご味】 22④245, 246
いさみ【いさミ】 10①124
いざらいざけ【ゐざらひ酒】 24①38
いしいし【いしいし】 28④357, 358
いしがきのどだい【石垣の土台】 14①90
いしき【居敷】 9①168
いしだのがく【石田の学】 61④156
いしつき【石つき】 43②130, 131
いしどう【石堂】 17①141
いしのこな【石麪】 6①172
いしばい【石灰】→B、G、H、I、L 60⑥354
いしみかわ【赤地利】→E 6①171
いしみがわ【いしみがわ】 60⑥369
いしみくわ【イシミクワ】 60④197
いしみつ【石蜜】 70①13, 14, 23
いしゃぐすり【いしゃ薬】 17①64
いしやしろ【石社】 30③247
いしゃのいえ【医師の家】 35②378
いしゃよびそうろうびょうにん【医者昭候病人】 27①350
いしょう【衣裳】 5①181/24①20
いしょうひいな【衣裳雛】 14①272
いしょく【衣食】 12①122/36③155/47③166/57②168, 169/62⑧276, 280/67⑥263
いしょくじゅう【衣・食・住、衣食住】 3①15/23①92/35②335/61①39/62③60, ④85
いしょくどめ【衣食留】 2②155
いしょくほうじょう【衣食豊饒】 7①53
いすのき【いすの木】→E 49①94
いずみや【泉屋】 67②96
いせごせんぐう【伊勢御遷宮】 43③242
いせどうふ【伊勢豆腐】→とうふ 52②120
いせのくにしらこかたうりのしこみがみ【伊勢国白子形売の仕込紙】 48①213
いそく【衣束】 24③264, 268
いた【板】→B、Z 14①89, 90/56②271/67③123
いたい【遺躰】 8①220
いたいけがき【板生垣】 3④356
いたおし【板押】 27①223
いたがえし【板返し】 42④268
いたかべ【板壁】 66⑤280
いたぎ【板木】→B、L 56②269
いたぐら【板蔵】 3④340/46①103
いたじき【板敷】→B 16①122, 236/24③333, 336/49①223/51①36/66②117/69②364
いたち【鼬】→G、I 62③74
いたちささげ【茶花児】 6①171
いたてんじょう【板天井】 66⑦363
いたどり【いたとり、いたどり、虎杖】→E、Z 6①170/10①28, ②363/17①321/18①134/19①201/20①306
いたのま【板の間】 24①54/35①130
いたばり【板ばり】 49①72
いたみ【痛】 18①73
いたや【板屋】 6①213/16①122, 237/62⑨361
いたやね【板屋根】 62⑤119, ⑨360
いちいこ【櫟子】 10①45
いちいのみ【橡子樹】 18①116
いちご【いちこ、苺子】→E 10①29, 31, 34, 42/69②347
いちじく【一柚、無花菓】→E 6①168/62③62
いちじたよう【一事多様】 19②399
いちじゅういっさい【一汁・一菜、壱汁壱菜】 24③278/43③250, 252, 264
いちじゅうごさい【壱汁五菜】 43③250
いちじゅうさんさい【壱汁三菜】 43③236, 271
いちじゅうにさい【一汁弐菜】 43③234
いちぞくのわずらい【一族の煩】 10①122
いちどふち【壱度扶持】 63③131, 132
いちにちやすみ【一日休】 29②157
いちばまちや【市場町家】 25①22
いちばん【壱番】 41②140
いちばんいと【壱番糸】 48①116
いちばんいりこ【壱番煎海鼠】 50④306
いちばんしょうゆ【壱ばんせうゆ】→しょうゆ 9①137
いちばんしょうゆのかす【壱ばんせうゆのかす】 9①137
いちばんす【一番酢】 24③338
いちばんぜん【一ばん膳】 9①159, 160
いちばんたばこ【一ばんたばこ】 9①75, 81
いちばんちぢみ【一番縮】 53②132
いちび【いちび、商麻】→B、E、L 14①129, 130, 144/17①225
いちびそ【いちび苧、商麻苧】 14①147

いちまいきしょうもん【一枚起請文】 5③246,250
いちまち【市町】→L 21⑤213/34⑧306,307
いちゅう【委中】 18①165,166
いちょう【銀杏】→ぎんなん→E、H 6①168
いちょうだいこん【いちやう大根】→だいこん 28②128
いちるい【一類】 16①228
いっかいちぞく【一家一族】 10①188
いっかうち【一家うち】 9①143
いっかく【一角】 3④341
いっかくがん【一角丸】 42②86
いっかくじゅう【一角獣】 7②258
いっけ【一家】 27①214
いっけ【壱毛】 63①51
いっけしんるい【一家親類】 27①254
いっさいのどく【一切の毒】 18①132
いっしゅひとたる【一種一樽】 25③281
いっちょうがけ【壱丁懸、壱挺懸】 49①76
いっちょうがた【壱丁形】 49①71,72
いっぱいぐい【一盃食】 67⑤213
いっぱいめし【一はい飯】 27①305
いっぱん【一飯】 27①305/29①29
いっぷくのたばこ【一ふくのたはこ】 30③238
いっぽんしまいもと【壱本仕舞元】 51②184
いっぽんばしら【壱本柱】 27①319
いつみん【逸民】 35②303
いでたちにん【出立人】 27①305
いと【いと、糸】→かな→B、H、J、K、R 1②175,③279/2①22/3①8,③126,④350/4①163,164/6②297/7①90/10②357,376/13①122,123/15③348,350/16①143/17①231,333/18①87,91/25①37/35①33,36,40,46,50,51,143,150,151,162,178,184,206,222,②261,262,269,276,282,283,314,315,321,335,345,352,356,357,360,361,369,393,400,404,405,408,409,411,412,413,③432/37②65,③387/38③185/43①50/47①16,17,18,25,27,30,31,45,46,48,55,②77,88,99,110,130,133,134,135,142,149,③168/48①17/50③275,④307/53②103,106,107,110,113,116,126,128,135,⑤330,333,334,337,338,340,344,348,350,351,353,354,357,358/56①177,178,195,200,201/61⑨264/62④91,98,110/63⑧439/69①63,②201,203,295/70②111
いといりじま【糸入縞】 35②401
いといりもめん【糸入木綿】 43③236
いとうり【糸瓜】→へちま 52①46
いときぬ【糸絹】 3③182
いとくず【糸屑】→E、I 35②401
いとぐち【糸口】 15③395,405,408,409/35①156,162,166,②360/47②117,148/53⑤336,341,345,347
いとごんにゃく【いとごんにやく】 9①162
いどざけ【いど酒】 43③257
いとだい【糸代】 36③303
いとのつけぐち【糸の付口】 35②357
いとまき【イトマキ】 52③136
いとまきゆば【いとまきゆハ】 52③133
いとまのみ【暇の身】 5①184
いとまゆ【糸繭】→E 53⑤290
いとわた【糸綿】 4①163/13①114,115/18①80/35①21,22,183
いなか【田舎】→じかた、でんしゃ 17①331,332/34⑤90,109
いなかのいえ【田舎の家】 25①62
いなご【いなこ】→E、G、I、Z 60①64
いなさく【稲昨】→A、L、Z 41③185
いなばよせやすみ【稲葉寄休】 25③282
いぬ【犬】→E、G、H、I 62③74
いぬい【戌亥】 62②52
いぬかわ【犬皮】 1②196
いぬたで【兎児酸、墨記草】→Z 6①171/68①152
いぬたでのこうせん【いぬたての香煎】 25①92
いぬどくさ【水木賊】 68③342
いぬなずな【江薺】 6①171/18①138
いぬのかわ【犬ノ皮】 1②196
いぬのにく【犬の肉】 18①166
いねあげ【いねあげ】 28②127
いねかぶのね【稲かぶの根】 1③272
いねかりざけ【稲苅酒】 9③284
いねのはな【稲の花】 25③263
いのあぶら【猪の油】 60⑥337,340
いのくくり【井のクヽリ】 27①301
いのくすりちょうごう【医之薬調合】 38①9
いのこずち【いのこづち、山莧菜】 6①170/60①61
いのこぼたもち【亥の子ぼた餅】 43③267
いのしし【猪】→E、G、I、Q 12①172/24①126/69①91
いのししのあぶら【ヰノシヽノアブラ】→I 60④218
いのやくほう【医の薬方】 15①63
いはい【位はい】 66⑥337
いばらしょうび【薔薇】 6①171
いばり【溺】→しょうべん→I、X 13①269
いびら【いひら】 10①22,25,28
いふく【衣服】→きもの 2②144/3③110,113,125,177,186,188/6①213,218/7①72,②303/8①219,222/10②302,358/13①7,37,114/16①62/18①80/23④167,⑥307/25①84,118,③276/27①255/33⑤245/34⑥161,⑧313/35①21,184,222,230,234,240/36③158/38④231,233/47②135,143/48①89/49①221/62④85,⑧274/69②203/70②110
いふくだい【衣服代】 21③169
いふくとせんたく【衣服与先濯】 8①222
いふくはじまり【衣服始り】 35①222
いぶせきこや【いふせき小屋】 25①20
いぶせきや【いふせき屋】 25①8
いま【居間】→おえ、でい→Z 4①64/27①355
いまがわのせいし【今川の制詞】 16①51
いまけ【居負】 5①116
いまひまくさ【今ひまくさ】 51①19
いまよう【今様】 36③303
いむしろ【莞莚】 62②39
いむら【居村】 20①109
いも【いも、芋】→さといも→E、Z 9①143,144,151,162/10①35,37,39,44,②352/19①202/23④165/28②127,129,131,141,142,204,205,233,251,267,276,④357/36③159,291/38④238/68①60
いも【芋(甘藷)】→さつまいも 11②111/34⑤107,108,109,⑦255
いもがしら【芋頭】→さといも→B、E 28②275
いもかずら【芋かつら】→さつまいも→E、I 34⑥147
いもかずらば【芋かつら葉】 34⑥148
いもがゆ【芋カユ】 38④239
いもこ【薯粉】 70⑤332
いもしゅ【芋酒】→さけ 33⑥393
いもじる【芋しる、芋汁】 24①118/43③251
いもづる【いもつる】→E 10①32,34,36
いもなどのにもの【芋なとの煮物】 25①22
いもにもの【芋煮物】 25③282
いものから【芋のから】 68④406,416
いものくき【芋の茎】→E 19①202/25①39
いものくきは【芋の茎葉】 25①66
いものこ【芋の子】→E 10①25
いものさい【いものさい、芋のさい】 28②211,226
いものしょうちゅう【芋の焼酒】→しょうちゅう 11②123
いものしる【芋のしる】 28②211
いものなまくき【芋の生茎】 20①306
いものは【芋の葉】→B、E 5②231/10①33
いものるい【薯類】→E

6①168
いや【居屋】 20①38,104
いやかす【いや糟】 41②80
いやく【医薬】 32②335/50③238/69①32/70⑥369
いやしきそうじ【居屋敷掃除】 33⑤238
いりあいのかね【入相の鐘】 27①367
いりうのはな【イリウノハナ】 52②123
いりうるこめ【炒粳米】→こめ 18①154
いりがし【いりくわし】 17①320
いりぐち【入口】 60③133
いりこ【煎粉、炒粉、炒米粉】 4①90/5①112,139/6①84,②305/25①115/41②135
いりこ【煎海鼠】→ななばんいりこ、はちばんいりこ 29④283/50④300/58①53
いりごめ【いり米】→やきごめ 25③275
いりこもみ【炒米粉籾】 6①76
いりしお【炒塩】 18①172
いりでらにゅうよう【入寺入用】 43③241
いりどうふ【いり豆腐、炒豆腐】→とうふ 52②121,③139
いりぬか【いりぬか、煎糠】→I 6②299/43③270
いりのじ【入の字】 19②422
いりむぎ【入り麦】→B 9①84
いりもち【炒もち】 27①249
いりょう【医療】 68③315,340
いりわり【入割】 44②103
いるい【衣類、衣類ひ】→きもの→L 9①170/10②370/15③395/16①58,193/21③170,④183/25①63/27①255,262,335/28①49,50/33⑤255/38④263/57②121/67④171/69②202,205,263,355,390/70⑥415,422
いるいのあか【衣類の垢】 14①179
いるごのこ【イルゴノ粉】 39⑤295
いるごのもの【煎粉ノモノ】 39⑤294
いるり【いるり】→いろり 27①292,306,319
いるりのふち【いるりのふち】 27①31
いれいせん【イレイセン】 60④205
いれこ【入こ、入子】 27①309/62②43
いろせんべい【色せんべい】 25③263
いろみず【色水】 24③334
いろり【イロリ、いろり、囲炉裏、囲爐裏、火炉、火爐、地爐、爐】→いるり、じろ、にわいろり、ゆるり、ろ 1①109/3④239/4①139/5①86,106/13①84/15②227/24①40,147/27①333,335/30③236,248/31③122/37②79/38③121,131,170/41②89/42⑥379,446/43①64/47②99,100/48①114,137/49①138,175
いろりかぎ【火爐かぎ】 27①314
いろりぬり【イロリぬり】 42⑥394
いろりのたきび【地爐の焚火】 14①129
いろりのふち【火爐のふち】 27①311
いろりのま【いろり之間】 67①55
いわい【いわひ】 9①143,145
いわいざけ【祝酒】 25③258,262,266,270,281/28②141
いわいざけさんこん【祝酒三献】 25③287
いわいばな【祝花】 42⑥372
いわきとざん【岩木登山】 1②209
いわし【いわし、鰯】→ほしいわし→B、I、J 5④350,351,355,356/9①154/28②276,④357/29②156/41②135/59②105
いわししおから【いわししほから】 17①322
いわしなどのあぶら【鰯等の油】 11②121
いわしのかしら【鰯の頭】 10②378
いわしのめざし【鰯の目さし】 62⑤122
いわしやきもの【鰯焼もの】 28④359
いわたけ【岩茸、石耳】→E 6①172/10①39
いわはぜ【山枇杷】 6①168
いんきのとし【陰気ノ年】 37①45
いんきょ【インキヨ、いんきよ、隠居】 9①161/21⑤212,229/24①94/28②155,203/31③107/39②91/40②97/42②115,127,③184,⑥373/43①72,③254,260,262/44①27,35/63③123,126,④262,⑦358/64⑤355/66②88,115,120,⑧402/67②105/68④396
いんぎょう【印形】→R 36③185,186
いんきょしゃ【隠居者】 23⑥333
いんきょしょうにん【隠居聖人】 43③241
いんきょぶん【隠居分】 33②121
いんきょや【隠居屋、隠居室】 2①125/63③134
いんぎん【穇豆】 62③62
いんげん【隠元】→E、I 52①50
いんげんあおづけ【菜豆青漬】 52①50
いんげんまめ【隠元豆、眉児豆】→E 6①169/28④358
いんし【隠士】 35①247
いんしょく【飲食】 4①198/5③286/23⑥307/24①10/25③283/69①77
いんしょくのごみ【飲食の五味】 10②379
いんしょくのはなし【飲食之咄】 8①201
いんしょくれい【飲食例】 27①236
いんしんもつ【音進物】 10①192
いんちのひと【陰地の人】 29③244,245
いんちん【インチン】 60④165
いんどう【陰道】 3③113
いんとく【陰徳、隠徳】 33②128/60②110/62⑥150,⑧278/67②96,97
いんねん【陰年】 8①184,218
いんはたどの【斎服殿】 35①21
いんばん【印判】→R 31②87
いんびょう【陰病】 7②250
いんぶつ【音物】→しんもつ 10①188,189,190,193/25①22,24,③260,261,276/52①26/62⑨304/64④261,263,273
いんぼう【寅卯】 62②52
いんもん【陰門】 15③339/18①169
いんようすい【飲用水】 65④315
いんようのじゃねん【陰陽ノ邪念】 5①31
いんろう【インロウ、印籠】 1②172/24①93
いんろうづけ【印籠漬】 52①37
いんろうゆば【いんろふゆバ】 52③133

【う】

ういきょう【茴香】→E、Z 60⑥367/68③354
ういろうもち【卯良餅】 43①13
うえ【うゑ、餓、飢】→き(飢)→Q 12①375/16①48,140,311/23④201
うえかつゆるひと【うえかつゆる人】 41⑤244
うえにおくこな【上に置粉】 27①316
うえまわり【上廻り】 28②270
うお【魚】→J 13①271/16①297/25①118/62②40
うおきりぼうちょう【魚切包丁】 25①87
うおとりのしる【魚鳥の汁】 12①337
うおとりのみ【魚鳥之身】 8①30
うおのあつもの【魚の臛】 13①179
うおのどく【魚の毒】 6①228
うおのにく【魚の肉】 62⑤116
うおのみ【魚の身】 70③239
うおのめ【魚の眼】 23④182
うおやまち【魚屋町】 69①91
うおるい【魚類】→I、J 16①242/29②160
うかし【うかし】 27①118
うかしる【うか汁】 27①118,243
うかん【卯歓】 51①18
うきぐものとみ【浮雲の富】 3③113
うきろん【浮キ論】 62⑥154
うぐいすそで【鶯袖】 37③310
うぐいすな【鶯菜】→E 10①34/62③62
うけにん【受人、請人】 24③265/28②271/31②87/43③272/46②139/63①47,53
うこうさん【禹功散】 18①165,171
うこぎ【うこき、ウコ木、五加、五加苗】→B、E、Z 6①170/10①28,31/60④218/67⑤231

うこぎなえ【五加苗】 18①146
うこぎのね【ウコキの根、五加木の根】 18①172/28④360
うこん【鬱金、鬱金根】→E 52③133/68③357, 358
うこんこ【鬱金粉】 55③399
うさいかく【烏犀角】 3④341/44①29
うさぎ【うさぎ】→E、G、I 24①126
うさぎのあたま【兎ノ頭】 6①234
うし【烏柿】→ほしがき 13①147/18①73, 75/56①77
うし【牛】→E、G、I、L、Z 62③74
うしお【汐、潮】→B、D、H、I、Q 10②379, 380/52⑦300, 301, 303, 311, 312
うじがみのきらい【氏神の嫌ひ】 19②430
うじこ【氏子】 10②374/16①50
うじどうふ【宇治豆腐】→とうふ 52②85
うしのあし【牛の足】 35①215
うしのお【牛の尾】 10①44
うしのふん【牛の糞】→I 6①233
うしひくほし【牽牛星】 20①171, 333
うしひる【うしひる】 18①151, 152
うじゃ【ウジヤ(烏蛇)】 60④201
うしょう【羽觴】 51①17
うず【烏頭】→とりかぶと、ぶし→Z 54①239/68③359
うすいろきょうぞめ【うすいろ京染】 45②106
うすがみ【薄紙】→B 48①98, 102, 103, 157
うすくち【薄口】 43①12/51①96, 97
うすくちのさけ【薄口の酒】→さけ 51①174
うすぐろきしお【薄黒き塩】→しお(塩) 52⑦309
うすすりうたぶし【磨すり歌節】 27①334
うすば【薄刃】→B、Z 48①387/62②43
うすべり【薄縁】→B 10②338/64⑤356
うすもの【羅】 15①29
うそかけ【ウソ掛】 36③319
うた【国語、童謡】 5②220/27①327
うたい【謡】 24③273/36③159
うだう【ウダウ】→うど 24①127
うたうたい【謡うたひ】 27①320
うたじょうるり【哥上瑠璃】 5①181
うちかたづけ【内かた附】 42⑥445
うちだし【打出し】 4①97
うちつぶし【打つぶし】 3③109
うちながし【内なかし】 16①233
うちみ【うちミ、打身、打撲】→G 3④324/6①232/14①178/15①93/17①301
うちみのくすり【打身の薬】 62⑤118
うちもののかし【打ものゝ菓子】 14①173
うちやね【内屋根】 36③295
うちわ【団扇】→おうぎ、せんす、とううちわ→B、Z 2②166/43③258
うちわ【内輪】→L 42④248, 251, 272, 276
うちわた【打綿】→K 15③343/35①230/43①19
うつぎのは【うつ木ノ葉】→I 60⑥364
うつし【ウツシ】 48①98
うつしがみ【ウツシ紙】 48①103
うつばり【梁】 14①89, 90/70③229
うつぼぐさ【夏枯草】→E、Z 18①145/68①154
うづまきづけ【渦巻漬】 52①38
うつわ【器、器物】→B 48①374, 377/49①160/54①304/56①83
うつわざら【器皿】 48①366/49①124
うつわもの【うつハ物、器、器物】→B 3④268/7②361/12①122, 124, 270, 271, 272, 390/13①210, 216, 217/36③292/45⑦423/47①23, ②132/48①366, 368, 374/49①49, 90, 125, 133, 140, 160/52②123/54①231, 264, 272, 299, 309/56①184/59⑤444/64⑤356
うてい【烏裎】 51①17
うてんこう【右転鶻】 22①64
うど【ウト、うと、独活】→うだう、どっかつ、やまうど→E、H 2④284/6①169, 236/10①25, 28/18①139/36③199/52①50/62③62
うとくのもの【有徳の者】 66④195
うどのね【うとの根、ウドの根】 28④360
うどのもやし【独活の萌し】 69①101
うどみそづけ【独活味噌漬】 52①45
うどん【うとん、温飩、饂飩】→むぎきり→I 17①188/21①58/23①29/24①15, 47, 48, 83, 126/25②199/43①17, 21, 55, 65/62②40
うどんこ【うとん粉、うどん粉、麪粉】 52④168, 176, 181/69②339
うどんどうふ【うどん豆腐】→とうふ 52②120
うどんのこ【うとんの粉】 52④166
うどんのこぶ【ウドンノコフ】 60④185
うなぎ【うなぎ】→G、H、J 24①127
うなぎかばやき【鰻鱺炙】 52③140
うにこうる【一角】 69①103
うねがた【ウネ形】 49①73
うのはな【うのはな】→おから 52②119
うば【うば(ゆば)】 52③132
うば【乳母】 22①61
うばがわ【うば皮】 27①313
うばのち【うばのち】 18①145
うばゆり【象山】→E 6①169
うぶぎ【うぶぎ】 43③268
うぶたちいわい【産立祝】 43①28
うぶや【ウブヤ、産屋】→おびや 24①94/27①248/28②133
うま【馬】→E、G、I、L、R 62③74
うまいもの【膏梁】 15①20
うまかいおしき【馬飼折敷】 27①308
うまごやし【苜蓿】 6①169
うまにくわれたる【馬に喰われたる】 62⑧279
うまのあぶら【馬の脂】 6①233
うまのくすり【馬之薬】 60④163
うまのはなむけ【馬の鼻向】 24①60
うまれご【生レ子、赤子】 24①20/50③251
うみぞうめん【うミぞうめん】 9①162
うみべむらかた【海辺村方】 67④165
うみべむらむら【海辺村々】 67④167, 173
うめ【梅】→E、G、Z 6①168/9①140/24③340, 341/38③184/42③174, ⑥385, 423/52①34/62③62
うめず【梅ず、梅酸】→B 24①127/52①35
うめづけ【梅漬】→K 3③169/18①170/24①125/29①86, ②137/41②143
うめにうぐいす【梅に鶯】 49①73
うめのす【梅の酸】 52①50
うめばちうり【梅瓜】 6①169
うめひしお【梅干醤】 38③184
うめぼし【干梅、梅ほし、梅干】 3④342, 382/7②350/13①131/14①363, 364, 368/18①170/22③176/29④279/36③226/38③184/40④303/52①35, 43/53④248/55③254
うめぼしづけ【梅干漬】 52①34
うめみ【梅実】 10①31
うやく【烏薬】 68③352
うら【杪】→B 27①337
うら【裏】 36③322
うらいた【天井】 35③427
うらうちがみ【裏うち紙】→みす 48①98
うらぎぬ【裏絹】 35②400
うらじろ【山菜】 6①171
うらもんのと【裏門の戸】 27①77
うり【うり、瓜】→ほしうり→E、L 9①141, 142/12①318/24③341/27①233, 243/28②205/52①30, 31, 32, 37, 53/62⑤118
うりいえ【売家】 47⑤271
うりもみ【うりモミ】 28④358
うりるい【瓜類】→E 6①169
うる【うる(粳)】→F 28②273
うるい【うるい】→E 19①201, 202/20①307/66③150
うるか【うるか】→しおから

42⑥396
うるごめ【うる米、粳米、糯(粳)米】→こめ
18④406/24③340/36③328/48①374
うるし【うるし、漆】→B、E、R、Z
20①307/60⑥355/62③61
うるしあわ【うるし粟】→F
17①319
うるしこし【ウルシコシ】 48①98
うるしこしがみ【ウルシコシ紙】
48①105
うるしぬり【うるし塗】 13①112
うるしぬりのうつわもの【うるしぬりのうつハ物】 13①112
うるしね【粳米】 51①97,98
うるしのき【うるしの木】→E、G
13①109
うるしのは【漆の葉】→E、H
10①28
うるしまけ【うるしまけ】 11①61
うるしまけのくすり【漆まけの薬】 11①61
うるしみ【うるし実】→E
10①46
うるち【粳】→F、I
38②84,85
うるちきび【稷】→B、E、I
69②347
うるちまい【粳米】→F
27①248/51①116
うるちまいのこ【粳米の粉】
36③221
うるのもち【うるの餅】 41②72
うるめ【うるめ】 41③174
うれい【愁】→Q
10①122,179
うろくず【うろくず】 17①315
うわおき【ウハ置、うは置、上置】→K
27①248,251,299,309,311,312
うわおきのこな【上置の粉、上置之粉】 27①301,315
うわおきめし【上置飯】 27①118
うわぎ【上着】 25①118
うわきな【うわきな、うわき菜】
10①28,32
うわぞうり【上草り、上草履】
5①164/42⑥412
うわはり【上はり】 67③124
うわや【上屋、上家】 22⑥386/34⑦249
うわゆ【上湯】 5④334
うん【温】 18①131,148
うんえき【雲液】 51①17
うんえき【温疫】 62⑧277,278
うんかどし【うんかとし】 29③239
うんしょう【雲松】 49①73
うんせん【雲泉】 51①17

【え】

え【西麻】→あぶらえ、えぐさ→E、I
19①174
えい【ゑい】→J
28②184,233
えいじつ【栄実】 68③333,354
えいたいのもの【永代之者】
27①254
えいらくせん【永楽銭】 48①169
えいらくつうほうせん【永楽通宝銭】 48①169
えき【疫】 3④349,350/6①229
えきしつ【疫疾】 70⑤312
えきしつのわずらい【疫疾ノ患】
70⑤314
えきじゅう【液汁】→E、I
30⑤412
えきちゃ【易茶】→ちゃ
18②271
えきびょう【疫病】 6①229/66③150/67④176,⑤212,220,237
えきびょうし【疫病死】 67⑤209
えきれい【ゑきれい、疫癘】 6①225/38③184/41⑤241
えぐさ【荏草】→え→E
36③262
えごまのあぶら【荏胡麻の油】→えのあぶら
45③133/50①36
えじき【餌食】→I
69①36
えそ【ゑそ】 28②233
えだ【枝】→E
4①26/13①210/28②132/41②112
えだお【枝苧】 17①218
えだがき【枝柿】 48①196,198/56①85
えだぎ【ゑた木、ゑだ木】 9①25,36
えだは【枝葉】→B、E、I
12①121/13①206
えだまめ【ゑだ豆、枝豆】 52①54
えだまめしおづけ【枝豆塩漬】
52①54
えちご【越後(縮)】 13①49
えどざけ【江戸酒】→さけ
51①165,166,167
えどづみもろはく【江戸積諸白】→もろはく
51①26,27,157,162
えどぼうこう【江戸奉公】 38④253
えなくだらず【胞衣不下】 6①234
えのあぶら【荏の油】→えごまのあぶら→B、H
11②121
えのき【榎】→B、E、I
20①307
えのきのは【榎の葉、榎葉】→E、I
10①25,28,31,②363
えのころぐさ【莠草子】→E、G
6①170
えのながきはんがい【柄の長きはんがい】 27①317
えのみじかきはんがい【柄の短きはんがい】 27①317
えのみとうがらし【ゑの実とうがらし】 52①49
えび【海老】→ほしえび→I、J
41②119
えびす【ゑびす】→O
14①284
えびすあえ【ゑびすあへ】 22③176
えびづるのかわ【ヱヒツルノ皮】
1②159
えほう【恵方】 22⑤349/25①23,24
えぼし【烏帽子】 36③334
えましむぎ【ゑまし麦】 17①186
えもぎ【エモギ】→よもぎ→B、E、H
60④179,181,187
えようぶしん【ゑよふぶしん】
9①12
えりかけ【襟かけ】 43①11
えりこ【えりこ、ゑりこ、ゑり粉】
10①39/36③166,316
えりこもち【ゑり粉餅、撰粉餅】
36③166,222
えりそ【撰苧】 24①99
えん【莚】 24①167
えんぎ【縁蟻】 51①18
えんぐ【艶具】 11①13/31④225
えんぐ【烟具】 45⑥314,332
えんぐみ【縁組】 63③124
えんごさく【エンゴサク、延胡索】 60④166/68③329,352
えんした【椽下】 3④375
えんじゃ【縁者】 36③160
えんじゅのめ【槐樹芽】 6①171
えんしょ【縁醑】 51①18
えんしょう【塩醤】 6①37
えんしょう【厭勝】 48①169
えんしょうそぎ【縁觴素蟻】
51①18
えんそ【塩噌】 35②342,343
えんどう【ゑんと、ゑんとう、ゑんどう、豌豆】→E、I、Z
10①32/24①93/30③232/40③230/62③62
えんどうじる【豌豆汁】 24①77
えんどうめし【豌豆めし】 43③251
えんどく【烟毒】 45⑥309
えんどくのほう【烟毒方】 45⑥310
えんのした【縁の下】 18①70
えんばい【塩梅】 13①131
えんほ【豇穂】 38③152
えんみ【塩味】 62⑥151/68①59/69①122/70②106
えんよう【烟葉】→E
45⑥282
えんるい【縁類、遠類】 9①12/63③139

【お】

お【苧】→からむし→B、E、K
3①40,41/4①10,24,34,96,97,99/5①91/6①146,148/7②311/11②118/13①33/14①358/17①220/24①11,③316/25①28,37/33④185/36③179/41⑦333/50③247,273,275,277/53②103,106,114,138/56①177/58④263/68④394
おい【笈】→B、Z
46①69,97,98
おい【おひ】→ちゃのま
27①387
おい【老】 34⑥125
おいのみのたのしみ【老の身の楽】 31③108
おう【醞】 51①15
おうかのこ【王瓜の粉】 14①193
おうかん【秧還】 6①172
おうぎ【黄耆、黄芪】 60⑥373/68③329,350
おうぎ【扇子】→うちわ(団扇)
40②78
おうぎ【甕蟻】 51①18
おうぎのかん【扇の間】 19②

380
おうごん【黄金】→きん 35①210
おうごん【黄岑、黄芩】 60④166, 168, 183, 187, 195, 197, ⑥340, 355, 369/68③329, 342, 350
おうさく【黄蜡】 14①353
おうしゃ【おふしや】 11⑤275
おうじゅんそうとう【黄順草湯】 60④211
おうしょう【王将】→しょうぎ 10①131
おうせい【おふせい】→E 67④181
おうそう【黄相】 60④179, 181, 183, 201, 215, 221, 223
おうそうししゅうろう【王・相・死・囚・老】 60⑤279, 280
おうだん【黄胆】 69①74
おうちゃくもの【横着者】 10①147
おうどうじんしゃ【王道仁者】 18①185
おうにんのかっせん【応仁の合戦】 10②313
おうばく【ワウバク、黄栢、黄柏】→B 60④166, 168, 187, 189, 195, 197, 199, ⑥341, 374
おうめじま【青梅島】→V 48①65
おうゆうばい【王友酯】 51①17
おうれん【ワウレン、わうれん、ヲウレン、黄蓮、黄連】→B、E 2②153/6①163/45①30/54①199/60④166, 168, 177, 181, 183, 187, 189, 195, 197, 201, 205, 207, 213, 215, 225, ⑥340, 375/68③323, 327, 329, 358, 359
おうれんとう【黄蓮湯】 60④183, 187
おえ【おへ、お居、大家】→いま 27①312, 321, 384
おおあま【大天】→あま 27①219, 223
おおいけのうお【大池の魚】 13①268
おおう【ヲヲウ、雄黄】→B、H 18①162, 164, 169/60④164
おおうのさいまつ【雄黄の細末】 18①170
おおかたくち【大片口】 43①12
おおかに【大かに】 17①323
おおかべ【大壁】 62②39
おおがわりのもろはく【大変の諸白】 51②206
おおさかあさづけ【大坂浅漬】 52①26
おおさかきりづけ【大坂切漬】 52①25
おおさかしぼりのあぶら【大坂搾りの油】 50①85
おおさかじんく【大坂じん九、大坂甚九】 36③253
おおさかづきみつぐみ【大杯三ツ組】 42⑥376
おおざけ【大酒】 10①101/28②125/39⑥341
おおさば【大さば】 9①72, 75
おおざら【大皿】 44①24
おおしだのは【大歯朶の葉】 6①232
おおじめ【大じめ】 28②274
おおしゅう【大州】 10②348
おおしる【大汁】 43①17, 21, 23, 36, 84, 85
おおしろくい【大白食】 25①22
おおしろさとう【大白砂糖】 70①13
おおしろすみ【大白炭】 53④235
おおすみ【大角】 43①66
おおせんこう【大せん香】 9①158, 164
おおそうじ【大そうじ】 21⑤229
おおそく【大そく】 17①215
おおたきぎ【大薪木】 57②192
おおだらい【大たらひ】→B 59⑤442
おおて【大手】→R 29②123
おおと【大戸】 27①294, 301, 322, 335
おおといりぐち【大戸入口】 27①353
おおとぐち【大戸くち、大戸口】 27①158, 324, 328/35①147
おおとしよりにてあるきかねそうろうもの【大年寄にてあるき兼候者】 27①294
おおどなべ【大土鍋】 69②268
おおなべ【大なべ】→B 27①319
おおにんじん【大人参】 49①124/60④177, 199, 201, 213
おおねだね【蘆菔種子】→E、X 19①175
おおねつ【大熱】→P 66⑤282, 284
おおばこ【おふはこ、車前、車前菜、車前子、車前草、芣苢、芣苢、芣莒】→おばこ、かいるは、かえるは、しゃぜんし、まりこ→E、Z 5①138/6①169, 171, 232, ②297/18①128/19①201, 202/20①306/60⑥376
おおはち【大鉢】 58⑤343
おおはんがい【大はんがい】→しゃくし→B 27①313
おおはんぎりおけ【大半切桶】→B 14①312
おおばんもち【大ばん持】 27①387
おおひでりのとし【大旱ノ年】 69②323
おおびら【大平】 9①30, 103
おおふき【大フキ】 60④191
おおぶく【大ぶく】 10②352
おおぶくろ【大袋】 15③373
おおふで【大筆】 43①92
おおぶどうのは【大蒲萄の葉】 1③283
おおまき【大薪】 57②139
おおまゆみ【大梓】→E 19①201
おおまるずみ【大丸炭】 53④235
おおむぎ【大麦】→E、I、L 2②145, 148, 150/10①32/14①220/19②310/22⑥363, 364, 365, 367, 381, 383, 385, 386, 393, 399/24③334, 335, 337, 338, 339, 354/28①34/41②140/67④169, 177, ⑤211, 220, ⑥269, 272, 274, 275, 278, 280, 289, 295, 297, 301, 303, 306, 308, 311/68②265, ④398/69②347
おおむぎいり【大麦炒】 6①230
おおむぎから【大麦がら】→B 24③320
おおむぎぬか【大麦ぬか】 67⑥297
おおむぎのいりこ【大麦の炒粉】 18①76
おおむぎのこ【大麦の粉】→I 6①228
おおむぎひきわり【大むぎ引わり】 62③75
おおむね【大棟】 27①190
おおむら【大村】 36③253, 277
おおもち【大もち】→K 9①154
おおもと【大元】→K 51①121
おおやけ【大やけ】 27①239
おおゆきふるとし【大雪降年】 19②356
おおわり【大割】 53④235
おおわん【大椀】 24③316, 317
おかいこのやわらかもの【お蚕の和らか物】 22①61
おかぐじな【岡ぐちな、陸ぐぢな】→たんぽぽ 19①201/20①307
おかざり【おかざり】 9①162
おかざりもち【御飾り餅】 36③321
おかし【御菓子】 22③167, 168
おかすいれん【岡水練】 68③328
おかせ【苧かせ、苧綛】→かせ 36③179
おかだくろごめ【岡田玄糙】→けかちいも 18④399, 403
おかだしろごめ【岡田白糙】→けかちいも 18④399, 403
おかたばなし【おかた咄】 34⑦256
おかぶごめ【岡部米】→こめ 17①85, 148
おかべ【おかべ】→とうふ 52②82
おかぼ【岡穂、陸稲】→E 6①172/62②40
おかみしも【御上下】 67①56
おから【雪花菜】→うのはな、から、きらず、せつりんさい、とうふかす、とうふから、とうし、とうしん(豆籸)、とうふのかす、とうふのから、とうふのはな、まめもち→I 52②123
おがら【麻から】→B、H 59②105
おかん【悪寒】 18①165/66⑤282
おき【烘、熓】 48①106, 137, 168, 329, 363/49①30, 32, 70, 175, 176/50②188, 198/61⑩455
おきうしのとし【起丑の年、起丑之年】 19②320, 324, 331, 335, 341, 355
おきづけ【置漬】 41②93
おきな【翁】 5③282
おきなぐさ【白頭翁】→E 6①171
おきび【熓火】 48①89, 175, 330
おきもの【御着物】 18②250
おきゃくのわん【御客の椀】 27①297
おきょう【御経】 43③250
おくざい【屋材】 32①217
おくささげ【晩さゝけ】→E 10①42
おくさま【奥様】 66⑤283, ⑧407
おくすりれい【御薬礼】 43②

147
おくずわたいれ【苧屑綿入】 36③245
おくてのこめ【晩田の米】→こめ 17①146,316,317
おくてまい【晩稲米、晩田米】→こめ 17①147,317,318/27①209
おくなし【晩梨子】→なし→F 10①44
おくなんど【奥納戸】 66⑥335,342
おくば【奥場】 4①63
おくやまが【奥山家】 16①61
おくりもの【贈物】 27①217,218
おぐるま【旋覆花】→E 6①171
おけ【桶】→たる、はんぎり→B、J、W、Z 3④285,333,381/7②354/12①386/13①74,146/14①173,184,185,193,197,214,365/17①322,323/18①158/24③342/27①294,296,300,309,314,319,320/33⑥371/36③163,181,183,329/49①15,219/50①60/52①22,27,30,32,37,46,②88,94,106,④165,181/67③124
おけあらい【桶あらい】 43②136
おけつ【瘀血】 14①193
おけまがりずし【桶まかり鮓】 5④325
おけら【蒼木、蒼朮】→Z 6①170/18①127/62③61
おけわ【桶輪】 36③181,182
おご【おこ】 10①21
おこころづけ【御心付】→R 66④197
おこしずみ【おこし炭】 24③338
おこめ【御米】→こめ→R 9③295/24①122
おこり【おこり、瘧】 6①233/24①91/40②162/42④266
おこりのやまい【瘧之病】 68③354
おさいさま【お骰さま】 21⑤219
おさがき【おさがき】 5④338
おさけ【御酒】→さけ 59①18/61⑨259,304,310,312,341,347,357,372,387/66⑤285
おし【ヲシ(啞)】→ゆうし 24①94
おじ【伯父】 21⑤211
おしき【をしき、折敷】→ぜんおしき→B 13①85/27①292,308,344/36③161,341/48①174/49①9/62②43,④103
おしきひつ【折敷櫃】 27①296
おしきぼん【折敷盆】 27①296
おしぐすり【押薬】 60⑥336
おしこみごうとう【押込強盗】 25①91
おじめ【緒〆】 48①358,359,362
おしもち【をしもち、押もち、押餅】 27①204,223/28②273
おしょうじんかいもの【おしやうじん買物】 42②116
おしょうろ【尾菖蒲】 62③65
おしる【御汁】 16①60/27①348
おしろい【おしろい、おしろひ、をしろい、白粉、賦粉】→ごふん→B 14①190,191,198/15①90,91/16①90/18①115/45⑦390/49①137/50③263/69①62,63
おしろいした【おしろいした】 14①193
おずし【御厨子】 27①233
おぜん【御膳】→ぜん(膳) 66①57,③153
おそうじ【御掃除】→そうじ 43②197
おぞうに【御雑煮】→ぞうに 25③261
おそうめのみ【晩梅実】 10①33
おそだにできるひえ【晩田に出来るひゑ】 17①319
おそっぺ【おそツペ】→ゆきぐつ 24①17
おそなえじる【御供汁】 28④359
おそなえもち【御そなへ餅】 42⑤317
おそろたきぎ【おそろ薪木】 34②20
おそわらびな【晩わらひな】 10①32
おだい【おだひ】→めし 51②185
おたねにんじん【御種人参】→E 68③337,360
おだのもりそで【小田守袖】 20①13
おだわらごじん【小田原御陣】 62⑧248
おだわらめいぶつ【小田原名物】 59④292
おちば【落葉】→B、E、I 16①140/57①22
おちまつば【落松葉】 29④286
おちゃ【御茶】→ちゃ→R 18②270/28④357,358,360/66⑤290
おちゃづけ【御茶付、御茶附】→ちゃづけ、ならちゃ 24①122/43①17,21,23
おちょうだい【おちやうだい】 19②415
おてやまずみ【御手山炭】 53④235
おときのしる【御斎之汁】 52②84
おときまい【御斎米】→ときまい 36③322,334
おとこどもおしき【男共折敷】 27①308
おとこどもおしきだな【男共折敷棚】 27①318
おとこどもわん【男共椀】 27①308
おとこのひや【男のひ屋】 28②271
おとこふんどし【男ふんどし】 27①312
おとこべや【男部屋】 69②289
おとこまつ【男松】→E 67⑥317
おとしわら【をとしわら】 28②233
おとな【大人】 70⑥404
おどり【躍、躍り、踊、踊り】→O、Z 24①98/27①349,386/36③259
おどりおんど【踊り音頭】 36③253
おどりしょうぞく【踊装束】 36③254
おながや【御長屋】 61⑨292
おなごのながち【女子の赤】 18①133
おなんどちゃ【御納戸茶】→X 36③322
おにあざみ【大薊】→E、F 18①133
おにどころ【野老】→E 10①25,42,44,46,47
おになずな【菥蓂】 18①138
おにばす【芡実】→E 6①168
おにばすのみ【おにばすのみ】 18①120
おにゆり【巻丹】→E、F、Z 6①168/18①125
おぬの【緒布】 1②195
おのみ【おの実】 52④179
おはぎ【おはぎ】 43①83
おはぐろ【おはぐろ】→B 24①125
おはぐろかね【お歯黒鉄漿】→かね(鉄醬)、はぐろかね 62⑤120
おはぐろぼち【おはぐろぼち】 42②91,112
おばこ【おはこ】→おおばこ 10①25,28,31,34
おはち【おはち(御鉢米)】 9①148,155,161,166
おはちいれ【御鉢入】 62⑤123
おはちまい【御鉢米】 44①43
おはつほまい【御初穂米】 43③272
おはなたば【御花束】 43①85
おはらいだな【御秡棚】 10②352
おび【おび、帯】→L 1②140/5①178/9①158/21③159,④183/27①255,316/53②119,122/61⑨322/66⑦364
おひき【御引】 27①214
おびたな【帯タナ】 1②140,195
おびど【帯戸】 22③169
おひねり【おひねり】 25①22
おびや【おびや】→うぶや 24①94
おひれ【尾鰭】 29②160
おふきん【御ふきん】 59①39
おぶく【御仏供】 27①241
おぶくおさがり【御仏供御下】 27①239
おふけ【苧笥】 1①23
おふだ【御札】→O 22③168/23①113/24③353
おぼくぎ【オボクギ】 24①26
おみき【御神酒】→O 59③202/66④189
おみず【御水】 11⑤254
おみなえし【女郎花、如良花、敗醬】→E、Z 2④286/6①171/19①201/20①306
おめし【御めし】 47①29
おめしなかいれ【おめし中入】 47①16
おもきみ【おもき実】 17①330
おもし【重し、重石】→B 3④295,367,368/24③342/33⑥349
おもだか【水慈菰】→E、G、Z 6①171
おもだち【重も立、重立】 36③161,172,186,253,269,302,329,335,339,340/63④257,259,262
おもて【表】 5①80/14①110,

141
おもとせん【おもと撰】 55②111
おもゆ【稀粥】→とりゆ 18①112,123,129
おもりいし【重り石】 33⑥371
おや【親】→ふぼ 22①67,68,69,71,74/23④173,197,⑥305/31③107/35①190
おやかたどり【親方取】 43③236
おやきょうだい【親兄弟】 21⑤219/27①315
おやじ【親司】→M 42④237,251,255,257,266
おやしき【御屋舗、御屋鋪】→R 48①17/66⑤284
おやずみ【親炭】 53④235
おやせんぞのゆいごん【親先祖の遺言】 31③131
おやだいだいのせんぞ【親代々の先祖】 31③128
おやつまこ【親妻子】 31③128
おやのあと【親之跡】 33⑤264
おやわん【おやわん、親椀】 3④331/22④253/42②108,126,127
およりとうばん【および当ばん】 9①148
おらんだのしょ【阿蘭陀の書】 62⑦205
おり【折】→B、W 24①54/27①224
おりいた【折板】 27①221
おりかけどうろう【折かけ灯籠】 49①166
おりぎく【おり菊】 9①159,164
おりくさつぎ【織草つぎ】 27①312
おりさし【おりさし、折さし】 36③242
おりたばこ【下りたばこ】 27①349,364
おりどの【織殿】→M 35①21,②415/47①9
おりば【織殿】 14①337
おりはじめ【織初メ】 48①13
おりぶた【折蓋】 24①54
おりほん【折本】 35②261,263,345,352,353,374,402
おりもの【をり物、織もの、織物】→たんもの→K 3③180/4①103/13①373/14①340/22⑥364,368/47①9,16,18/48①65/49①221,223,227/68④394
おりもの【折物】 43②170
おりものいと【織物糸】 13①44
おりょうり【御料理】 66①57/67①55
おろし【おろし】 28④358
おろしだいこん【おろし大根】→だいこん 11①61/28④357/41②122
おわた【苧綿】→R 6①141
おんえき【瘟疫】 68③316
おんこく【御穀】 27①230
おんじ【遠志】 60⑥340/68③354
おんしゃり【御舎利】 37③382
おんじょうげ【御上下】 43③252
おんしんざけ【音信酒】 64④260
おんせい【温清】 51①17
おんだなえ【おんだなゑ】 28②144
おんとく【御徳】 16①181,184
おんともしび【御燈】 31④225
おんな【女】→E、L、X 8①267
おんなこどもわん【女子共椀】 27①309
おんなどもはしばこ【女共箸箱】 27①308
おんなどもふじょうのもの【女共不浄之物】 27①355
おんなどもべや【女共部屋】 27①335
おんなどもわん【女共椀】 27①308
おんなのかみ【女の髪】 11②122
おんなのしょうべん【女の小便】 60⑥363
おんなのそでぐち【女之袖口】 33⑤245
おんなのひや【女のひ屋】 28②271
おんなべや【女部屋】 27①355
おんなべやのいりぐち【女部屋の入口】 27①317
おんなほうばい【女朋輩】 27①355
おんなやもめ【女やもめ】 29③261
おんなゆのじ【女ゆのじ】 27①312
おんばこ【車前葉】 62③61

【か】

か【火】 3③178
か【斝】 51①18
かい【介、貝】→ほしがい→J 16①297/27①318
かい【かい(粥)、かひ】 27①301/52⑥254,255
かいえん【海塩】→B、I 1②180/69①98
かいきいわい【快気祝】 43①39
かいぐい【買食】 27①347
かいごめ【かい米】→こめ 52⑥255
かいこや【蚕室】→さんしつ 35③438
かいこやつくりしよう【蚕家作仕様】 35①89
かいし【潰死】 66⑤257,260,262
かいしゃ【膾炙】 70③222
かいじゃくし【貝杓子、買杓し】→B 15①99/24③338/43①44/62②43
かいしんろう【改心楼】 63⑦366
かいせき【会席】 52①57/63⑧429
かいせつ【海蜇】 49①213
がいせん【咳喘】 14①174
かいそう【海草、海藻】→I、J 6①172/16①297/17①315,322/62③69/68①60
がいそう【欬嗽】 14①198
かいそうのるい【海草の類】 17①321
かいぞめ【買初】→L 10②353
かいちゅう【蛔虫、蚘虫】 14①173/18①115/45⑥308
かいちゅうかたぎぬ【懐中肩衣】 24①12
かいちゅうのひと【海中ノ人】 18④411
かいどうすじ【海道筋】 5③286/36③306/37②196/66⑧406
かいのみ【かひの実】 27①210
かいばしら【貝柱】 22③176
かいはん【開板】→じょうし(上梓) 1④297/60①67
かいもの【かい物、買物】 27①347/28②276
かいやきかい【貝焼介】 27①318
がいよう【艾葉】→よもぎ→E 6①170,233/60⑥357,358
かいるいのしおから【貝類の塩から】 17①322
かいるは【かいるは】→おおばこ 18①128
かいれき【改暦】 6①32
かえで【楓】→E 45④207
かえるは【かへるは】→おおばこ 19①201
かおかくし【かをかくし】 9①158
かおく【家屋】→いえ、かたく、じゅうきょ、すみか、たく、みんか 2①125
かおのくすり【顔の薬】 15①90
かおのごい【かおのごい】 9①60
かか【かゝ、家々】→つま 27①258/29①20,21
かかあ【嬶】→つま 24①52
ががいも【蘿摩】→こがみ→Z 6①170/18①148
かかえじゅう【抱重】 44①12
かかきくべいしゅん【家々麹米舂】 51①18
かかざしき【嬶座鋪】→Z 24①147
かかつとうきゅう【夏葛冬裘】 18④428
かがみもち【鏡糯、鏡餅、鏡餅】 10②352/24①12,15/27①223/43③232,234,274/58④246/67②107
かがり【かゝり】→B、Z 16①310
かがりび【篝火】 66④201
かがん【下岸】 51①18
かき【書】 36③170
かき【垣、墻】→A、C、D 3④345/16①123/38③145/62②39
かき【かき、柿、柿実】→じゅくし、なまがき、みずがき→E、Z 6①168,②304,305/10①39/18①76,101/24①126,127/28②128,133,233/43①21,63,85,②187/44①8/48①194,195,197/52①57/56①77/59①60,②109/62③62
かき【かき、蠣】→ぼれい→I 5④355/41②119,122
かき【火気】→P、X 47①33
かきいばら【金剛刺】→Z 6①171
かきかすづけ【柿粕漬】 52①57
かきかべ【垣壁】 10①101
かきからしどし【掻枯し年】 18②266

かぎぐすり【かき薬】 67④167
かきじく【書ぢく】 21⑤215
かきしも【柿霜】 56①82
かきしらやき【牡蠣白焼】 6①231
かきず【柿酢】 7②355
かきたて【書立】→A、R 36③338
かぎたばこ【嗅煙草、鼻烟草】 45⑥317,318
かきづき【かきづき、柿づき、柿餻】 13①147/14①214/18①73
かきつけ【書付】→R 36②129/41⑦343/59②88/62⑨346,357,370,380,383
かきでら【柿寺】 62⑧277
かきね【垣根】→C 3①50/6①213/10①79
かきのかわ【柿の皮】→E 6②299,306
かきのしぶ【柿のしぶ】 62⑧279
かぎのすみ【鑰の炭】 38③170
かきまめ【垣豆、垣萩】→ふじまめ→E 10①35,37,42,44
かきみ【かき実】 10①42
かきもち【柿餅、柿餅】 25①115/56①85
かきもち【かき餅】 28④359
かきもの【書もの、書物】→R 2②168/61⑨313
かきゆい【垣結、墻結】→C 2①124/42②90
かぐ【家具】 31②68/38④276
かくいつ【嗝噎】 14①174
かくぎょう【角行】→しょうぎ 10①131
がくし【学士】 3①24
かくしばいた【隠し売女】 3③107,113
かくしゃ【客舎】 30①6,7
かくにしきぶ【角錦ふ、角錦麩】 52④175,181
かくまるろくい【角丸六位】 42②114
がくもん【学問】 16①140/21⑤215
かくらん【くわくらん、霍乱】→はくらん 11⑤275/12①290/17①266/24①92/38③169,④261/65③280
がくりょうこう【学寮講】 43①18
かぐるい【かぐるい】 9①129
かくわた【角綿】 35②400
かくん【家訓】→かほう 24③272
かけおち【欠落】 24③264/28①82/42③150/63③127
かけきんとう【掛金燈】 18①148
かけこうじ【掛麹】 51①46,65,80,117
かけせん【かけ銭、掛銭】 36③297/43③244/63⑧427
かけどめみず【掛留水】 51①139,140,141
かけどめめし【掛留め食、掛留食】 51①63,144
かげにんぎょう【影人形】 42⑥440
かけばん【掛盤】 62②43
かけぶとん【かけ蒲団】 36③318
かけほしたるこめ【掛ほしたる米、掛干たる米】→こめ 62⑦188
かけまい【かけ米、掛け米、掛米】→こめ 51①49,71,84,85,90,96,97,103,104,115,116,117,138,140
かけめし【掛け食】 51①104
かけもの【掛ケもの、掛もの、掛物】 43③244,250,261,269/44①32
かけわん【掛わん】 9①162
かご【籠】→B 1②159/13①86,148/14①221/16①318
かこいざけ【囲酒】→さけ 51①140
かこいまい【囲米】 7①43/36③246
かこいもみ【囲籾】 39①27
かこう【嘉肴】 25①32
がこう【鵝黄】 51①17
かごてとう【カコテトウ】 1②159
かごのふた【籠の蓋】 29①22
かさ【カサ、瘡】→くさ、こかさ 14①174/24①62,125/69①32
かさい【果菜】 6②299
かざい【家材、家財】 21③158,④182,⑤223,224,225,228/22①69/24①154,③273/31②72
かざい【貨財】 18①105
かざいどうぐ【家財道具】 23⑥301
かさいのふせぎ【火災の防ぎ】 7②358
かざいれ【風入】→A 63②90
かさかきつけ【傘書付】 49①70
かさかけ【かさかけ】 59②136,138
かさく【家作】→いえぶしん 1①39/2④283,289,292/3③128/22①37/34⑥149,⑧300/36③282/37②74/53④246/57②121,140,199/58②97/61⑨340/62①15/63③109,111,133,137/64④253,254,257,258,261,290,296,302,306
かさくふしん【家作普請】 1①39
かさくようのかや【家作用之かや】 34⑥118
かさくようのすすき【家作用之すゝき】 34⑥118
かざぐるま【風車】 54①225
かさしお【かさ塩、笠塩】→しお(塩) 5④354,356,357
かさほこ【笠鉾】 19①216
かざりばな【飾花】 42⑥410
かざりまつ【カサリ松、飾松、荘松】→かどまつ 30①117/38④274,276
かざりもち【飾餅】 36③159
かざりもの【飾物】 27①232
かさん【家産】→しんだい 2⑤324/18②276
かさん【夏残】 51①18
かし【くハし、くわし、菓子】 4①75,91/5④353/7②353,354/10②328/12①181,189,195,325,349,352,379,389/13①132,134,142,144,148,149,164,173,196,210/14①165,173,174/17①188,307/18①76/21①57,⑤213/23①112/33④224/34⑧306/38③183,184,185,187/40②151,155/41②39/42③151/43①57,③250,261/48①20/51①123/56①78,79,91/61⑨363/62⑤125/67⑤213/70③213,220,239
がじ【鵝児】 51①18
かしこ【菓子粉】 10②340
かじしょうぞく【火事装束】 67②91
かじずみ【加治(鍛冶)炭】 57②192,199,201,203
かじつ【暇日】 3③141,142
がじつのさいしる【賀日菜汁】 27①334
かしのこな【樫の粉】 11②123
かじのたすけ【家事の助】 13①149/18①77
かしのみ【かしの実、樫の実、樫子、樫実】→E 5②231/10①42,44,46/25①43
かじば【火事場】 42⑥402
かしばこ【菓子箱】 64④270
かしぼん【菓子盆】 2⑤331/43③242
かじみまい【火事見舞】 24①112
かじめ【かしめ、かちめ、かぢめ】→I、J 17①321/67④179,⑤232
かしもち【かし餅】 36③221
かしもり【くわしもり】 9①159
かしや【借や】 28①56
かしゃ【歌社】 51①17
かしゃく【霞酌】 51①18
かじゃく【下若】 51①17
かしゅう【黄独、何首烏】→E、Z 6①169/18①126/62③62
かじゅつ【火術】 49①152
がじゅつ【我朮、莪述、莪朮】 40②180/60④185,⑥375/68③329,357,358
がじょう【牙杖】 48①138
がしょうせい【画焼青】 48①376
かしょく【貨殖】 3③104,129/5①192
かしよね【淅】 51①39,40,56,57,80,105
かしら【頭】→M、R、X 8①200/22①70
かしらつき【頭付】 28②128
かしらぶん【頭分】 24②235/36③322/59③245/61①34
かしわのは【柏葉】→B 18①154
かしわもち【柏餅】 42③172
かしわんもの【菓子椀物】 52④177
かす【かす、糟、粕、滓】→B、E、I、J、L、X 2②148/14①185,191/17①145,146,322/24③341,347/28④357/37③273/41②138,139,140/45③176/51①25,81,98,113,145,153,164,165/52①32,33,45,46,51,53,55,56,57,②115,④182,⑥258/62⑤118/69①109
かすごだい【かすご鯛】→Z 24①175
かすしぼりのさけ【粕しほりの酒】→さけ 51②210
かすづけ【糟漬、粕づけ】→K 38③171/52①14
かすづけのかす【粕漬のかす】 52①30

かすに【かすに】 28④360
かすねほり【かすねほり】 41⑤245
かずのこ【かづのこ、数の子、数子】→E、I、J 9①143,144,154/24①42/27①237,238/28②128,④360/43③232
かずのこぐさのみ【葟の実、葟実】 10①28,31
かずのこひき【数子引】 27①236
かすゆざけ【かすゆ酒】→さけ 24①161
かずらふすま【かつらふすま】 30③236
かすり【かすり】 53②128
かせ【かせ、綛】→おかせ、→L 14①246,331,334,337,340/15③343/41②112/43①14,36/48①16,29,53,67
かぜ【風邪】 2②151/42⑥414
かぜあたらぬいえ【風あたらぬ家】 47②91
かせき【火石】 60④195,197,223
かぜきり【風きり】 59②132,134
かせぐもの【稼く者、稼もの】 10①142/68④396
かぜけ【風気】→G 41②113/61⑨306,307
かぜぬきのあな【風抜の穴】 35①89
かぜのみや【風の宮】 10②364
かせまい【かせ米】→くずまい 28②251
かせん【過銭】 27①293,388
がせんし【画箋紙】 48①156,157,160
かぜんはくしゅ【花前白酒】 51①18
かそ【嘉蔬】→E 18①140
かそう【家相】 62⑧265,266,267
かぞく【家族】 29②160
かぞくきょうかい【家族教誡】 27①254
かたいしゃくしきなんさんかく【火体赤色南三角】 60⑤281
かたいなか【片田舎】 17①327
かたかご【かたかご】 18①119
かたぎ【堅木】→B、E 49①29,94/53④221,234
かたきすみ【かたきすみ】 52④168
かたぎずみ【堅木炭】 53④234/69②368
かたぎびん【堅木備】→びんちょう 53④222
かたく【家宅】→かおく 3③110,127/4①237
かたくちのうつわ【片口の器】 52①25
かたくちはし【片口箸】 56①131
かたくり【かたくり】 18①119
かたくりのね【片栗の根】 19①200
かたこ【旱藕】 6①169
かたご【かたこ】 18①119
かたずみ【かたすみ、かたずみ、かた炭、堅炭】→B 3①53,④360/5④318,319/28②269,276/49①172/69②381
かたぬぎ【肩ヌギ】 8①166
かたはいれ【片羽入】 50③275
かたはかま【肩袴】 42④254
かたはく【片白】 51①26,27,28,29,40,63,69,94,95,96,97,105,107,108,110,137,138,140,141,149,150,152,153,157,162,164,166,167
かたはくかす【片白粕】 51①111
かたひしのあぶら【かたひしの油】 11②121
かたびら【かたひら、かたびら、帷子】→L 10①117,197/13①31/14①44/19②433/36③221/61⑨322/67⑤234/70⑥383
かたびん【堅備】→びんちょう 53④218,234
かたぶし【堅節】 62⑥151
かたべに【かた紅】 3①44
かたみわけ【かたミわけ】 9①161,165
かため【片目】 5①80
かためくり【片メクリ】 8①266
かたやすめ【かたやすめ】 42⑤328
かたわもの【片輪もの】 27①294
かち【徒士】 43③250/66④224
かちぐり【かちくり、かち栗、勝栗、搗栗】 10②352/13①141/14①302/18①70,71/25①114/29①85/32①218/34⑧307/36③161/56①85,169/60①61,63/62③62
かつうおぶし【カツウヲブシ】 49①214
かつうやく【火痛薬】 60④164
かつえ【かつゑ】 16①48
かつえしぬ【かつゑ死】 16①47,48
かつえる【かつゑる】 16①311
かつお【かつを、鰹】→なまかつお→J、L 5④350,351/10②352/42⑤315/43③248
かつおぶし【かつほ節、鰹節、松魚節】→はながつお→I 11①60/30①57/38③197/40②184/41③174/42③152/43①10,13/52④181/56①66/60②92/70⑥401
かっき【渇饑】 18④423
がっき【楽器】 13①198
がっきまい【月忌米】 9①155
かっけ【脚気】 6①233
かっこく【葛穀】 50③238,244,245
がつごのめ【がつごのめ】 18①127
かっこん【カツコン、葛根、葛粉】→くずね→E 6①230/18①171/48①250/50③245,264/60④223,⑥351,354,364,367
かっこんとう【葛根湯】 21⑤233/50③264
かっこんのしる【葛根の汁】 18①171
がっさんふだ【月参札】 24③352
かっせき【くハつせき、クワセキ、滑石】→B 60①61,④165,179,183,187,193,201,203,205,209,211,⑥376
かって【勝手】 34⑤93
かってども【勝手共】 42④266
かってなにかとこころえ【勝手何角心得】 9①136
かってのにわ【勝手の庭】 15②227
かってのま【勝手の間】 24①54
かってのよきもの【勝手ノ好キ者】 32②297,337
かってぶん【勝手分】 42⑥406
かってもの【勝手者】 27①348
かっとうこん【葛藤根】 50③245
かっぱ【かつハ、かつ羽、雨衣】→B 10②336/13①199/16①194
かっぱ【河童、河伯】 36③239
かっぱじ【合羽地】 50③277
かっぷん【葛粉】 50③245
がっぺき【合壁】 10②335,339,349,355
がっぺきのなか【合壁の中】 24①76
がっぺきまわり【合壁まハり】 10②335
かつらいし【カツラ石】 43③241
かつらな【かつらな】 10①25
かつらまめ【かつら豆】→E 10①39,44
かて【カテ、かて、かで、加飯、糧、粮】→つねのかて→I 1④316,317/2④284,286/5①174,③268/6②301,302,304/12①349/13①142/14①45,161,187,214/17①195,268,278,289,299,300,302,311,315,320/21①71/22①41/25①20,22,30,43,66,②221/27①313/34⑧310/36①73,③261/38③129,151,152,159,162,166/50③240,256/61①51/62③67/67⑤230,231,232,235,⑥313/68①65,79,98,101,104,111,136,148,151,161,④403,405,406
かてくさ【粮草】 25①61
かてな【糧菜、粮な、粮菜】 19①110,②387,443/20①306
かてなふそくなるとし【粮菜不足成年】 19②387
かてのたし【糧のたし】 14①173,176,185,239
かてのたすけ【糧の助】 14①169
かてのりょう【糧の料、粮の料】 17①251,252,255,256,272,273
かてむぎ【粮麦】 20①266
かてめし【かて飯】 25①15,68,79
かてもの【糧】 39①39
かてりょう【粮料】 10①49,133,②332
かど【カド、門】→D 1②171/62②39
かとうづけ【加藤漬】 3④368
かどきんすいもく【火・土・金・水・木】 60⑤279
かとく【家督】 10②332/21⑤212/31③107/33②132/41②40
かとくそうぞく【家督相続】 21⑤212,224
かどぐち【かどぐち、門口】 27①339/28②275
かどのひや【門のひ屋】 28②128
かどまつ【門松】→かざりまつ 10②352,378/24①13/25③264,265,287/27①224
かどまつくい【門松杭】 56①134,149

かとりのきぬ【かとりの絹】 35①213
かな【カナ、かな】→いと 6①144/36③179/53②107,112
かない【家内】 3③179/5③286/9③294/16①202,227/25①37/29②150,157,160/35②351,371,375,378,379
かないあんぜん【家内安全】 21⑤221/24①154
かないおきて【家内掟】 24③270
かないざっこくはんまい【家内雑穀飯米】 4①171
かないのにんべつ【家内の人別】 21⑤229
かないのはごくみ【家内のはごくみ】 30③300
かないのもの【家内のもの、家内者、家内之者】 27①250,303,329/29①11,12,13,72,②152
かなきん【金巾】→E 14①246
かなけのいと【かなけの糸】 35②366
かなじゃくし【かなしゃくし】→B 37③383
かなも【かなも】→I 67④181
かなもの【鉄物】→B、X 41②95
かなわ【鉄輪】→B、J、Z 66⑥339
かに【かに】→E、G 24①126
かにしおから【かに塩から】 17①322
かにわらい【疳笑】 24①73
かね【かね】→B 11⑤254/16①277
かね【かね、鉄醬】→おはぐろかね 17①251/38③184/53②139
かね【金】 5①7
かねのしもく【鐘のしもく】 13①203
かねもち【金持】→ふうか、ふうじん、ふくけ、ふくしゃ、ふけ、ふにん、ふゆう 21⑤227/66③158
かのう【かのふ】 9①25,27,35,36,37,48,50,52,54,59,92
かのえかのと【庚辛】 62②51
かのぶん【菓之分】 6①168
がばのわかめ【がばのわかめ】 18①127
かばやき【かバやき】 52③140
かぶ【家生】 10②333
かぶ【かふ、かぶ、蕪、蕪菜】→かぶら、すずな、ほしかぶ、まるかぶ→L、R 10①21,39,44,46,47/19①202/24③319/25①22,66/41②143/43①84/52①25/62⑥152/67④179
かぶき【歌舞伎、哥舞伎】 5①128,181
かぶし【カブシ】 27①246
かぶしき【株式】 18②243
かふすべ【蚊ふすべ】→かやり 14①175
かぶな【蕪菜】→E 62③67
かぶね【蕪根】→E 67⑤229
かぶねり【蕪煉】 2②148
かぶのかれは【蕪之枯葉】 62③63
かぶのくき【蕪の茎】 52①56
かぶは【蕪葉】 67⑤229
かぶら【かふら、蔓菁】→かぶ(蕪)→E、H 10①42/17①319/18①153
かぶらかしらづけ【かぶら頭漬】 27①118
かぶらな【蕓薹】→E、I、Z 6①169
かぶらめし【蕪飯】 38④253
かぶりもの【かぶり物】 27①331
かぶろ【かぶろ】 14①284
かべ【かべ】→とうふ 52②82,85
かべ【かべ、壁】 16①111/27①219/47⑤278/62⑤120/66⑤256,⑥336,⑦362/69②253,288
かべいた【壁板】 36③308
かべかき【壁かき】 42②94
かべかこい【壁囲】 41②106
かべしたじ【壁下地】 5③272
かべしっくい【壁シツクヒ】 48①381
かべそしょう【壁訴訟】 63③141
かべぬり【壁ぬり、壁塗、壁塗り】→M 1①38/43①70/44①21,23,42
かべぬるつち【壁ぬる土】 69①72
かほう【家法】→かくん 21⑤217
かぼちゃ【かほちや、カボチヤ、かぼちや、東瓜、南瓜】→ぼうぶら→E 24①126,127/28②205,211,226,④358/38④253/62③62,65
かぼちゃがゆ【カボチヤカユ】 38④239
かぼちゃのからしあえ【南瓜のからしあへ】 24①127
かぼちゃのにつけ【かぼちゃの煮付】 24①122
かま【かま、窯、竈】 5③272,273/13①259/14①278,282,284/41⑤247/48①318,320,322,364,365,370,377/49①20,28,29,30,31,42,97,100,192/53④215,217,218,221,222,223,226,230,235,237
かま【かま、釜】 1①42/4①159/5①92,③273,275/9①132,133,137/10②379,380/13①86,98,100/16①180,182/18①157,158/22①36/23①102/25①112/27①219,221,222,298,307,315,323/29①82,③249/30③295,304,⑤404,405,409,412/33⑥394/36③181,182,322/38③128,143,154/39④204/40②183/41⑦328/47②148,149,④216/48①55,56,103,110,111,112,114,115/49①7,49,70,71,72,92,94,95,196/50③260,273/51①31,32,37,40,45,50,65,83,103,112,122,136,159,160,168,②202/52②100,④178,⑥252,253,254,258,267,⑦305,306,307,308,309,313,314,318/53①29,31,⑥396,399,400/56①177,179/58①35,36,39,40,46,51,52,62,⑤344,345,362/59②99/61②95,⑧234,⑨265/62②43/63⑧434/67⑥317/69②181,197,203,253,271,288,309,367,370,371/70①22,24,③228,229,230
がま【蒲】 23④181
かまいし【釜石】 27①310,312
かまいしのうえ【釜石之上】 27①300,306
かまかけ【釜かけ】 44①13
かまき【かま木】 27①261
がまござ【蒲席】 62②39
かまごたえ【鎌応へ】 5①125
かました【釜下】 27①322
かましたたきぎ【釜下薪】 27①222
かまぞこ【カマゾコ】 52③139
かまだき【かまだき、釜焚】 9①16,25,27,36,48,50,54,92,122,124/31②79
かまつか【かまつか】→つゆくさ 10①34
がまづの【蒲筍】 18①127
かまど【かまど、竃、竈】→へつい→Z 7②256/15②227/19①8,192,②284/22①68/28②243/30⑤400/32②295,297,298,306/35①162/37③328/41③171/49①36,68,196/52③135,136,137,⑦305,306,311,312/53⑥396,397,398/62⑥151/64⑤350,351/66⑥339/69①75,②181,253,265,368,377
かまどいっけん【竈一軒】 9③240
かまどかず【竈数】 18②249/64⑤350
かまどぬりじょ【竈塗所】 19①192,②284
かまどのかぎつるしのなわ【竈の鑰釣の縄】 38③182
かまどまし【竈増】 9③279
かまぬり【釜ぬり】→K 42⑥439
かまのした【釜の下】 27①327
がまのつの【蒲筍】 6①170
かまのまえ【釜の前】 27①258,338
がまはばき【蒲はゞき、蒲巾脛】 1②140/36③319
かまぶこ【かまぶこ】 9①155
かまぼこ【かまほこ、かまぼこ】 22③176/28②184,233
かまや【釜屋】→C 16①126,127,236/30①133
かまやきたきぎ【釜焼薪】 49①94,196
かまやまわり【かまや廻り】 28②270
かまゆ【釜湯】 30⑤412
かみ【加味】 29①84
かみ【上】 27①236,237,238,240,241,242,243,244,245,246,248,251,252,262,301
かみ【かミ、紙】→B 3①11,24,57,58,59,60,③180/10①85/13①369,373/14①40,262,265/24③334/25①21,③262/27①29/30③274,295,296,303/36③159,213/38①22/42⑤315,316,⑥411,435/43①19,30,35,55,92/45①30,⑦424/48①100,102,104,110,111,113,116,118,129,156,157,159,186,213/49①158/53①9,10,11,16,17,26,33,37,43,46,52/54①105/56①58,69,85,

103,143,176/57②210,212/59②97,105/61⑩457,458/62④98,⑤120,121,⑦195/63①27,53/69①127/70②110,⑥401
かみいるり【上いるり】 27①302,318,320,330,333,350,353,355
かみいろり【上いろり、上火爐、上火爐裏】 27①314,350,356
かみおぞうり【紙緒草履】 24①102
かみかさ【髪瘡】 60⑥358
かみかしらをとりあげる【かミかしらをとり上る】 16①50
かみがたののうかのかまど【畿内の農家の竈】 15②229
かみざ【上座】 24①147/27①345,346
かみさかやき【髪月額、髪月代】 5①180/36③184
かみさかやきしごと【髪月代仕事】 27①346
かみさかやきなどする【髪・月代抔する】 25①37
かみしも【上下】 14①57/27①227/36③250/43②133/48①12/61⑨339/66③157
かみしもじ【上下地】 50③275,277
かみしょうき【紙小駄】 37②78
かみじらみ【髪蝨】 31①25,26
かみすり【かミすり】 24①93
かみそり【カミソリ、剃刀】→B 2②157/15②301/24①93/36③184/48①384,387
かみそりど【剃刀砥】→B 43①76
かみだいどころ【上台所】 27①219,320,330
かみだいどころいろり【上台所火爐】 27①330
かみだな【神棚】 44①57/66⑥342
かみなりぼし【雷ぼし】 52①62
かみなりほしうり【雷干瓜】 52①39
かみのあぶら【髪の油】 49①82
かみのくいもの【上之食物】 27①314
かみのくいものなべ【上の食物なべ】 27①319
かみのこより【紙のこより】 50①87
かみのすいじゃく【神の垂迹】 10②374
かみのつち【神の土】 3④383
かみのま【上の間】 27①331
かみのめし【上の飯】 27①315
かみのめしびつ【上の飯櫃】 27①315,320
かみのもの【上の者、上之者】 27①249,303,308,318,330,355
かみのものゆうはん【上の者夕飯】 27①350
かみのわん【上の椀】 27①297
かみのわんあらいはんぞう【上の椀洗ひはんぞう】 27①300
かみばんじょうのきみ【上万乗君】 5③246
かみふすま【紙衾】 67①29,34,36,39
かみぶん【上分】 28②184
かみまと【神的】 42⑥433
かみめしのゆなべ【上飯の湯鍋】 27①302
かみもののものくうま【上者之物食ふ間】 27①356
かみゆい【かみ結】→M 27①362
かみゆう【髪結ふ】 27①351
かみよ【神代】 16①60/66④190
かみょう【家苗】 63③123
かみよこじょ【上横所】 27①330
かみるい【紙類】→B 14①355
かみをそるもの【かミをそるもの】 9①164
がみん【餓民】 23④197,200,201
がみん【苛民】 23④195
かめ【亀】 12①318
かめ【かめ、瓶】→つぼ(壷)→B、C 3④285,333,375/12①386/13①147/16①143/17①322,323/27①299/47②89/56①208
かめい【家名】 5①70
かめいそうぞく【家名相続】 21⑤224
かめいたいし【亀板石】 44①33
かめくど【瓶公土】 67③123
かも【鴨】→E、G、O 5④350/24①126/41②136
かもい【鴨居】→B 14①89
かもうり【かもふり】→E 43③262
かもえ【鴨柄】 62②39
かもごぼう【かも牛房】 22③176
かもじたばこ【髢たばこ】 45⑥286
かものあつもの【鴨のあつ物】 12①266
かや【かや、茅、萱、萱草】→B、E、G、I 1①107/4①32/5①122/6①170,213/25①28,68,69/31③118/33⑤262/36③201,210,235,260/49①7
かや【かや、蚊屋、蚊帳、蟵】 21③160/25②206/36③224/40②103,104/62②44/66⑥335,340
かや【榧】 2②152/6①168/62③62
かやく【かやく】 52①35
かやしゅ【栢酒】 51①123
かやのあぶら【榧の油】→B 10②335
かやのおちば【かやの落葉】 16①210
かやのみ【かやの実、榧子】→B、E 10①39,42,44/18①116
かやぶき【かやふき、茅葺】 16①119,122,237/40②162/69②363
かやぶきのおく【カヤフキノ屋】 5①177
かやぶきのやね【茅葺の家根】 55③414
かやや【茅屋、萱屋】→C 1③272/5①133
かややね【萱屋根】 62⑤122
かやり【蚊屋り、蚊遣、蚊遣り】→かふすべ 36③224,225,233/45⑥309/48①295
かゆ【かゆ、粥、水飯】→I、Z 1①110/2②148/5③266/6②297/10②354/12①183,193,196,212/13①134/15①14/17①206,216,301,318,319/18①114,121,142/24③308,338/25①92/27①291,295,298,299,301,309,313,344/29①28,29/36③171/38③167,④239/41②113,131,140/59③239/62⑤116/63①33/66④201/67①53,59,⑤212,229,233/68①59,98,99,105,111,148,155
かゆだご【かゆだこ、粥だご】 27①240
かゆだんご【かゆだんご、粥たんご、粥だんご】 27①237,238,239,245
かゆづえ【粥杖】 30①119,120
かゆなべ【かゆ鍋、粥なべ】 27①313
かゆのあまり【かゆの余り】 27①239
かゆめし【かゆめし、粥めし】 67⑤228,232
から【から(稈)】→B、E、I 16①126
から【から(おから)】→おから 52②119
から【果蓏】 41②39
から【から(いもがら)】 41②97
からあわ【から粟】→E 67⑤218
からいと【空糸】 35②400
からいも【唐芋】→さつまいも→E、F 41②100
からおおむぎ【から大麦、殻麯】 19①174/67⑤211,213,216,217,218,219,220,222,223,227
からかさ【カラカサ】→B 24①44
からかさがみ【唐笠紙】 5④312
からかねなべ【銅鍋】 52①51
からかみ【唐紙】→B 43①8,9,18,51,52,60,61,62,94/48①188/62⑤120/67③124
からかわ【から皮、辛皮】 13①181/52①44,54
からきこ【辛き粉】 15①75
からきび【からきび、殼黍】 19①174/20①177
からくさ【唐草】 43①61
からこ【唐人子】 52④177
からざかないれてかゆだんご【から魚入て粥たんご】 27①239
からさけ【から酒】→さけ 24①122
からし【からし、芥子、白芥子】→からせ→B、E、H、I、Z 2②151/9①159/19①174/24①126,127/52①48
からし【枯シ】 51①80
からしあぶら【からし油】→なたねあぶら→B、H 13①199
からしかぶ【からし料】 2①120
からしず【からし酢】 44①24
からしたねのあぶら【芥子種の油】→なたねあぶら 11②121
からしのは【芥子の葉】 10①28
からしは【芥子葉】 10①22,46,

47
からしみそ【からしみそ】→みそ 28④358
からしもと【からし本、枯し元】→K 40②155,156/51①83
からしょくさい【菓葅食菜】 52①10
からしる【カラシル】 52②123
からすうり【瓜樓】→E、Z 6①169
からすうりね【烏瓜根】 67⑤229
からすうりのね【瓜楼根】 18①115
からすし【カラスシ】 52②124
からすのはらわた【烏の腸】 60⑥364
がらすのびん【硝子ノ壜】→Z 69②279
からすむぎ【燕麦】→G 6①171
からせ【からせ】→からし 9①159
からたち【枳穀(殻)】→きこく、げず→B、E 34⑧308
からつ【からつ】→B 52④175
からつもの【磁器、唐津物】→せともの 48①55/49①156
からどし【空年】 19②335,350,356
からとりのは【からとりの葉】 67⑤231
からのうしょ【唐農書】 38③178
からはふ【からはふ】 9①159,164
からひえ【殻穇子、稈稗】→I 6①213/19①174
からふき【唐吹】 43①36
からまりはな【からまりはな】→ひるがお 18①122
からみ【からミ、からみ】→X 17①276/36③292/39②112
からむぎ【から麦】→E 67⑤221,227
からむし【からむし、苧、麻苧】→あおそ、あさお、お、からむしお、かんばそ、そ、ちょま→E、R、Z 1①16/4①10,99/10①73,②302/24③329/30③285/34⑥158/36③179/48①68
からむしお【からむし苧】→からむし→E 6①146/14①44
からむしのしょうちゅう【から蒸の焼酎】→しょうちゅう 33⑤250
からむしのね【苧根】 6①169
からむしのはくき【苧麻葉茎】 6①232
からめて【搦手】 22①64
からもみ【から籾】→E 67①26
からわた【空わた】 35②400
からんせい【火乱星】 36③255,256
かりあげのもち【刈あけの餅、芟揚の餅】 19②424/20①335
かりあげやすみ【刈上げ休】 25③282
かりぎぬ【狩衣】 35①230
かりしば【刈柴】 10①116
かりにて【刈煮】 27①246
かりひる【かりひる】 18①166
かりほしかや【刈干萱】 25①68
かりやざいもく【仮屋材木】 57②118,199,201,226,227
かりょう【過料】→R 27①289,308,309,338,363
がりょう【画梁】 35①202
かるた【かるた】 36③167,322
かるたあわせ【かるた合】 25③265
かるわざ【かるわさ】 61⑨314
かれい【カレイ、鰈】→J 1②195/5④350
かれいい【かれ飯】 20①70
かれみょうばん【枯礬】 6①230
かろ【瓜婁、瓜蔞】 60⑥350,353
かろう【河漏】 6①104/12①171
かろうにん【瓜蔞仁】 45⑥310/60⑥351
かろうもくかんとう【瓜婁木寛湯】 60④195
かろく【家禄】 21⑤225/36③156
かろこん【瓜婁根、瓜蔞根、括蔞根、活蔞根、栝婁根】 48①250/60④195,⑥364,367,372,373/68③350
かろにん【栝婁仁】 68③350
かわ【かわ】 52④165
かわあそび【川遊び】 36③239
かわお【皮緒】 27①255/68④400
かわかんしゃ【川かんしや】 37②85
かわこくすり【皮粉薬】 60⑥363
かわごろも【皮衣】 1②196
かわじしゃ【河苣】→E 10①25,28
かわたけ【皮茸】 44①10
かわにな【川蜷】 6①230
かわひき【皮ひき、皮引】 36③296
かわもく【川もく】 66③150
かわもずく【河絲】 6①172
かわや【厠】→せっちん→C 3④349,350/5①176/7①17,26/19②286,288/20①229/66⑦363
かわら【かわら、瓦】→ひらがわら、ふるがわら→B 42④235,274/43①66/48①313,318/66⑤255,⑧394,402
かわらぐみ【野桜桃】 6①168
かわらけ【かわらけ】→B 43③252
かわらさいこ【翻白菜】 6①171
かわらすずり【瓦硯】 48①355
かわらちしゃ【水萵苣】 6①170
かわらなでしこ【川原撫子】→F 6①170
かわらぶき【瓦葺】 42③179
かわらふきあわせめ【瓦ふき合目】 48①382
かわらふせ【瓦伏セ】 43①67
かわらや【かわら屋、瓦屋】 16①237/66⑥332
かわらやね【瓦屋ね】 62⑨360
かわりざけ【替り酒】→さけ→B 51①29,167,174
かん【くわん】→ひつぎ 9①159,164
かん【寒】 18①127,134
かん【かん】 27①236
がん【鴈】 41②136
かんえいつうほう【寛永通宝】 48①169
かんえいつうほうせん【寛永通宝銭】 48①170
かんえん【寒烟】 49①73
かんえん【鹹塩】 52⑦285
かんえんのせんそう【灌園の仙叟】 55①15
かんおみまい【寒御見舞】 44①56
かんか【寒菓】 18④393
かんか【間暇、閑暇】 5①190,191
かんか【くわん寡】 10①10
かんがき【寒攉】 27①208
かんがきみそ【寒加きミそ】→みそ 27①349
かんかく【棺椁】 6①187
かんかこどく【くわん寡孤独、鰥寡孤独】 10①196/23④197
かんかこどくのもの【鰥寡孤独の者】 23④162
かんかつ【乾葛】 50③245
がんぎ【かんぎ、雁木】 36③316
かんきょう【カンキヨ、乾姜、干姜】→B、Z 12①293,294/18①169/60④165,⑥345,352,361,371
かんぐう【旱藕】 18①119
かんくどり【寒苦鳥】 10①117
かんくのあめふるとし【寒九之雨降年】 19②356
かんけ【官家】 60②88,89
かんげ【勧化】 43②122,③242/63①55
かんさい【蕇菜】 52②119,③140
かんざけ【かん酒】→さけ 59②105
かんざし【かんざし】 29①27
かんざまし【かんさまし】 52①30
かんざらし【寒晒し】→A、K 28④359
かんざらしだいこん【寒曝大根】→だいこん 27①214
かんざらしまい【寒曝米】 27①217
かんさんやく【乾山薬】 12①377
かんし【寒士】 18①106
かんしつ【干漆】→B 60⑥357
かんしつのしびれ【寒湿の痺】 45⑥306
かんじゃ【疳邪】 41②114
かんしゃく【疳積】 45⑥306
かんしゃじゅう【甘蔗汁】 70①13
かんしゃとう【甘蔗餳】 70①11
かんしゅ【漢種】→F 68③326
かんしゅそうもく【漢種草木】 68③321
かんしゅのやくそうぼく【漢種の薬草木】 68③315
かんしょ【甘薯】→さつまいも→E 6①168
かんじょう【郢城】 51①18
かんす【くわんす、鑵子】→てどり 1②140/62②43/67③123
かんすい【還酔】 51①17
かんすいせき【カンスイセキ、カンスイ石、寒水石】→B、V

60④179,181,187,197,204,221
かんぜおんぼさつ【観世音菩薩】 10①8
かんぜぶ【かんせ麩】 52④168
かんぞう【萱草、萓草】 10①21/18①139/62③61
かんぞう【かんさう、カンゾウ、甘草、甘艸】→B、H 1④330/2②149/6①230,236,237/11⑤254/12①102,230/18①154,155/40②180/45⑥310/60①60,④165,166,169,177,179,181,183,185,189,191,193,195,197,199,201,203,207,209,211,213,215,217,219,221,222,223,227,⑥342,350,353,357,361,367,369,371,372/68③323,329,340
かんそんのとし【干損の年】 29①13
かんだ【かんだ】 66④195
かんづくり【寒造】→K 18②240
かんづくりのてざけ【寒造の手酒】→さけ 24①70
かんづくりのにごりざけ【寒作の濁酒】→さけ 24①35
かんづくりもろはく【寒造り諸白】→さけ 51①85,86,148
かんてん【かんてん、寒天】→B 44①24/49①194,195,196,198/52①57
かんてんのめ【管天ノ眼】 70②57
かんとう【官糖】 70①13
がんとう【頑糖】 70①24
かんとうしゅ【郫筒酒】 51①18
かんとうのあぶら【関東の油】 50①85
かんどく【かんとく、かんどく】→とくり 9①143,146,149,155
かんとんにんじん【広東人参】→F 2②151
かんなべ【燗鍋】→ちろり 62②43
かんにい【カンニイ】 14①239/50③256
かんぬきつむぎ【くわんぬき紬】 48①83
かんねつ【寒熱】→G、P、X 14①193
かんのみず【寒の水】→B、H 9①133,137/52①30
かんのみずさらすこめ【寒の水曝す米】→こめ 27①215
かんのみずひき【くわんの水引】 9①158
かんのんじる【観音汁】 52②120
かんはく【歓伯】 51①17
かんばそ【カンバソ】→からむし 24①99
かんばつのじせつ【旱魃の時節】 19②397/37①43
かんばつのせつ【旱魃の節】 31④203
かんばつのとし【干魃の年、旱魃の年】 19②277/25①16/29①13/31④191
がんぴし【がんぴ紙、雁緋帋】→かんひす 14①261,399
かんひしんはいじん【肝･脾･心･肺･腎】 60⑤279
かんひす【カンヒス】→がんぴし 56①69
かんひはいはいじん【肝･脾･肺･肺･腎】 60⑤279
かんびょう【疳病】 69①43
かんびょう【乾杪】 27①225
かんぴょう【かんひやう、かんぴよう、干瓢】→E 3④253/4①141/5①144,④340/10①35/12①263,270/19①126/21②133/36③242,250/38③122,④242/40②184/52④180/62③62
がんびょう【眼病】 2②152/43③240
かんふ【姦富】 3③118
かんぶつ【乾物】 11③147
かんぶつのるい【乾物の類】 7②300
がんぶり【かんぶり(瓦)】 43①66
がんまん【願満】 28②281
かんみ【甘味】→X 32①99
かんみまい【寒見舞】 43③273
かんみん【姧民】 23④198
かんめし【間食】 51①59,63
かんもくたんふがんきんそう【肝木胆腑眼筋爪】 60⑤282
かんもと【寒元】→K 51①81
かんやく【寒薬】 60④168
がんやく【丸薬】 62⑧278
がんらいこう【鴈来紅】→はげいとう→E 18①149
かんろ【かんろ、甘露】 46②133/66②100
かんろばい【甘露梅】 52①36

【き】

き【飢】→うえ 5①139
き【木】→ざいもく→E 28②210
き【綺】 35①237
き【毀】 6①217
ぎ【儀、義】 16①47,54/21⑤220
きあん【机按】 66⑤255
きいと【生糸】 47①55/53⑤294,295,298,303,304,305,306,308,312,314,315,316,320,323,325,326,331,340,341,348,350,352,355
きいりざら【きいり皿】 19②416
ぎえん【蟻縁】 51①18
きぎく【黄菊】→E 62③62
きぎくのはな【黄菊の花】 52①44
ききょ【気きよ】 17①266
ききょう【キキヤウ、キキヨ、桔梗】→E、F、Z 45①30/60④165,195,199,⑥348,349,361,363,365,373/68③349
ききょうしま【桔梗しま、桔梗縞】 36③212
ききょうなえ【桔梗苗】 6①170/18①141
ききん【喜金】 51①17
ききんのしょく【飢饉の食】 18①95
ききんのときのかて【飢饉の時の糧】 15①91
きく【規矩】 62⑨303
きく【菊】→きっか 6①169/18①140
きく【欅】 24①18
きくきり【菊桐】 49①72
きくくん【麹君】 51①18
きくげつ【麹蘖】 51①18
きくざけ【きく酒、菊酒】→さけ 10②372/43③264/51①18
きくしゃ【麹車】 51①18
きくしゅうさい【麹秀才】 51①18
きくすい【菊水】 51①17
きぐすり【木薬】 43①57
きくせい【麹生】 51①17
きくづけ【菊漬】 52①44
きくどう【菊童】 14①190
きくのたとえ【菊のたとへ】 41②50
きくのはな【菊の花】→E 10①42
きぐのるい【器具の類】 7②343
きくはい【麹盃】 51①17
きくや【麹也】 51①18
きくらげ【きくらげ、木耳、木茸】→E 9①162,163/14①356/52①50,②121
きけつ【気結】 14①194
きけん【きけん】 54①243
きけんかいせいさん【瘈犬快生散】 60②106
きけんこうしょうきゅうゆさん【瘈犬咬傷救愈散】 60②109
きこうふぞろいなるとし【気候不揃なる年】 15①68
きこく【キコク、枳殻】→からたち→E 60④165,168,177,193,199,207/68③356,357
きごも【きごも】 27①289
きこりぶし【きこりふし】 19②414
きこんのくすり【気根の薬】 3④263
きざい【器財】→B 69②197
きざけ【生酒】→さけ 9①72
きざみおのみりょう【きさみ御呑料】 45⑥283
きざみこんぶ【刻ミ昆布、刻昆布】→こんぶ→Z 50④318,319
きざみすし【刻鮓】 58①36
きざみづけ【きざミ漬】 52①24
きざら【木皿】 36③321
きざわし【木さわ柿】→E、F 10①37
きじ【きじ、雉子】→E、G、Z 5④350,352/24①126/41②122
ぎし【義士】 16①48
きじおう【生地黄】 68③329
ぎしぎしのなえ【羊蹄苗】→Z 18①141
ぎしぎしのね【ぎしぎしの根】 60⑥359
きじつ【忌日】 5①164
きじのお【雉子の尾】→E 10①25,29
きしめじ【黄纘蕈】 6①172

きじやき【きしやき、雉子焼】 52②120/70③239
きじゅず【きじゆず】 9①158,164
ぎしゅん【宜春】 51①17
きしょ【基緒】 47①55
きしょうもん【起証文】 24①154
きじょうゆ【生醤油】→しょうゆ
3④331
きず【生酢】 3④285,375
きず【疵】 24①52/25①93
きすい【既酔】 51①17
きずぐち【瘡口】→G
18①163,164,169
きずし【きづし、木すし、木ずし】
9①37,46,48,50,52
きずやみ【金瘡】 18①134
きせ【キセ、キせ】 48①98,103,105,107
きせいとう【気清湯】 60④165,227
ぎせいどうふ【擬製豆腐】→とうふ
52②121
ぎぜつ【義絶】 63③118
きせる【キセル、きせる、煙管、奇施流、烟管、烟筒】→けそろ
1②195/7①27/21③161/22①37/24①93/38④236/43①63/45⑥296,310,314,315,332,337/49①131,132/62②44
きせるのらう【キセルのラフ】
48①145
きせるのらうたけ【煙管のらう竹】 14①157
ぎぜんう【鬼箭羽】 6①226
きそろう【結鼠瘻】 14①194
ぎだ【疑蛇】 51①18
きだいず【黄大豆】→だいず→E
52②94
ぎだゆう【義太夫】 36③302
きたるころも【着たる衣】 15①59
ぎち【ギチ】 30⑤409
きちじつ【吉日】 51①21
きちまるた【きち丸太】→B
57②203
きっか【キツクワ、菊花】→きく(菊)→E
60④165/68③355
きつけぐすり【気附薬】 69①92
きつけさん【気付散】 60④201
きっすい【きつすい】 14①354
きつねあざみ【泥胡菜】→E
6①171
きつねのめしがい【半夏】 6①171
きつねふくろ【孤ふくろ】 6①233
きてしお【木手塩】 42⑥376
きなこだんご【きなこ団子】
52①57
きなこにあわもち【黄粉に粟餅】
24①70
きなりあおしあかししろしくろし【黄・青・赤・白・黒】 60⑤280
きなりくろしあおしあかししろし【黄・黒・青・赤・白】 60⑤280
きなりしろしくろしあおしあかし【黄・白・黒・青・赤】 60⑤279
きぬ【絹、絹帛、帛】 3③126/5④308,312/6①141/13①7/15③328/17①331/18①90,91,105,107/25①29/35①23,40,183,184,206,223,②293,403/47②77,130,143/48①7,12,13,17,20,23,26,42,43,65,87,88,91,156,157,158/49①223/61⑧229,⑩440/63①49
きぬいと【絹糸】→さんし
18②251/42③188/49①236
きぬおり【絹織】→けんぱく、けんぷ
14①48
きぬかつぎ【絹被キ】 30①141
きぬがみ【絹紙】 49①52
きぬぎれ【絹裂】 49①121,122
きぬちりめん【絹縮緬】 40②161
きぬねり【絹ねり】 13①49
きぬびつ【衣櫃】 62④85
きぬるい【絹類】 27①255
きぬわた【きぬわた、きぬ綿、絹綿】 13①8,369/18②251/70②67
きね【木根】 27①268
きのおちば【木の落葉】 16①210
きのこ【きのこ、茸】→くさびら、ほしきのこ→E
24①125/42⑥436
きのこじる【茸汁】 36③292
きのこるい【茸類】 62③61
きのとどこおり【気の滞】 12①333
きのね【木の根】→E、G、I
38③195
きのはのかて【木ノ葉ノカテ、木葉粮】 2④283/19①201
きのみ【木ノ実、木の実】→E
25①66/67⑥292/68②290,④407
きのめ【木ノ芽、木の芽】→E
44①24/68②248,268,293
きのめあえ【木ノ芽あへ】 44①24
きのめづけ【木ノめ漬】 67⑤231
きのわかば【木之若葉】 62③61
きばそう【鬼針草】 6①171
きはだ【きわだ、黄柏】→B
6①236/60①64
きばち【キバチ】→B
8①260
きばな【黄花】→こうじ→E、F
24③348/51①44
きばな【黄花】 54①173
きばなこうじ【黄花麹】 51②183
きばら【木原】 27①325
きび【きひ、きび、黍、秬】→たかきび→B、E、Z
10①37/16①311/17①319/28①34/62③62/67⑤227,⑥317/68②290/69①32
きびそ【生皮苧】 53⑤369
きびもち【きび餅】 40③247
きびょう【奇病】 3④323
きびら【キビラ】 49①255
きふ【寄附】 36③333
ぎふ【蟻浮】 51①18
きぶし【木フシ】→B
60④211
きぶつ【器物】→B
3③110/4①237
きぶんとどこおりそうろうもの【気分相滞候者】 27①335
きへい【気平】 18①113
ぎぼうし【紫萼】 6①171
きみつ【キミツ、木ミつ】 40④334,335,337
きもの【きもの、衣服、衣物、着物】→いふく、いるい
5②231/9①158/27①355/29①12/49①236/59②138/61①46,47/62①15/67⑥262/70②142
きもん【きもん、鬼門】 16①57/38③184
きやえだ【木やゑだ】 28②128
ぎゃくしん【逆臣】 5③284
きゃくつきあい【客附合】 41②137
きゃはん【脚半、脚絆、脚袢】 6①243/25①28,29/36③264/62⑦212
きゃら【伽羅】 5①47
きゅう【きゆ(灸)、灸】→A
18①162/24①126/38③169/39⑥342/40②59/70⑥413
きゅういみ【灸忌】 24①127,129
きゅううん【九醞】 51①17
きゅうか【窮家】 33⑤246,258
きゅうかすじのしそん【旧家筋之子孫】 29②160
きゅうぎょう【休業】 24①98,109
きゅうこうげどくたん【救荒解毒丹】 18①147,172
きゅうこうのしょくひん【救荒之食品】 6①167
きゅうこく【旧穀】 1④316/4①229/12①151/37③255
きゅうこん【九献】 51①19
きゅうじ【灸治】→O
36③178/44①12,33,47/45⑥309
きゅうじつ【休日】 21③141/23①68,69,④164/25①44/27①263,323,336,362/28②279/36③168,180,184,190,248,252,259,260,261/37②74,77,79,80/38④276/40③215,216,217,218,222,223,225,227,229,230,231,232,233,235,237,238,239,240,241,242,244,245/42③180/43②122,130,131,143,156,166,③262/49①41/53④229/59①10,36/61⑩460/63③121,⑦382,383,384,385,386,387,390,392,393,395,396,399
きゅうじのよもぎ【灸治の蓬】
10②366
きゅうすえ【灸すえ、灸すへ】
43③266,269
きゅうすゆるひ【灸据ゆる日】
36③178
きゅうそく【休息、休足】 1①36,37,38,39,103,112/29③211
きゅうてん【灸点】 45⑥309
きゅうでん【宮殿】 22①21/31④225/69②364
きゅうにち【灸日】 24①10
きゅうばし【灸箸】 17①239
きゅうばん【九番(なまこ)】→Z
50④304
きゅうばんいりこ【九番煎海鼠】
50④303
ぎゅうひ【求肥】 14①187
きゅうみん【窮民】 3①16,17/5①71/6①167/15①14/18②278/23①30,④162,190,200
きゅうみん【救民】 6②299

きゅうもぐさ【灸もくさ】→もぐさ 17①294
ぎゅうようやく【牛用薬】 60④165
きゅうり【きうり、きふり、胡瓜】→E、Z 9①141,148/10①34,35,37/27①243/41②143/52①37,38/62③62,⑥152
きゅうりかんどう【久離勘当】 22①70
きゅうりょう【救療】 68③321
ぎゅうろう【牛蠟】 11①13/31④225
きょ【居】 19②416
ぎょ【魚】→さかな→E 40②177
きょうあく【凶悪】 3③120
きょういとなづけ【京糸菜漬】 52①27
きょううずふ【京うす麩】→Z 52④173
きょうおう【姜黄】 68③357
きょうおしろい【京ヲシロヒ】 49①136,137
きょうかつ【キヤウクワツ、キヨクワツ、姜活、羌活】 60④165,169,177,185,189,193,199,207,213,217,⑥348/68③347
きょうがわらすり【経瓦摺】 43③240
きょうくちかいとうや【京口買当屋】 43③239
きょうげん【狂言】 24①76/62⑧283/67⑥315
きょうさん【凶蚕】 3③118
きょうじつ【凶日】 51①21
きょうしゃ【香車】→しょうぎ 10①130
ぎょうじゃこう【行者講】 42⑥415
ぎょうじゃにんにく【山葱】→E 68①90
きょうしゅ【杏酒、狂酒】 51①18
きょうじゅう【姜汁】 18①151,165
ぎょうしゅんのよ【堯舜の世】 24①165
きょうしょ【経書】 69②206
きょうじょう【教場】 62⑥148
きょうじん【凶人】 3③119
ぎょうすい【凝水】 70①13
ぎょうずい【行水】→I 16①50,230/37②68,69
きょうせん【京銭】 48①169
きょうぜんじだいほうが【教善寺大奉加】 9①150
きょうそく【きやうそく、脇息】 13①122/18①88/62②44
きょうそん【杏村】 51①17
きょうだい【兄弟】 21⑤216,218/22①23/23⑥305/24③275/31②66
きょうだいおやこ【兄弟親子】 23⑥315
きょうちゅうのひそく【胸中の痞塞】 45⑥306
きょうづか【経塚】 44①14
きょうどう【教道】 3③104,188
きょうどうしゃ【狂道者】 27①157
きょうにん【キヤウニン、杏仁】→B、E 18①154/60④164/68③354
きょうひ【胸痺】 14①198
きょうふう【驚風】 7②294
きょうべい【狂米】 51①17
きょうへき【嬌碧】 51①17
きょうまいり【京参り】 43②190
きょうもん【経文】 70⑥425
きょうやく【狂薬】 51①18
きょうり【郷里】 50③241
きょおくのうち【居屋の内】 19①63
きょきょう【鉅橋】 69②199
ぎょくえき【玉液】 51①18
ぎょくし【玉脂】 51①18
ぎょくしょ【玉蛆】 51①18
ぎょくゆう【玉友】 51①18
ぎょくらく【玉落】 51①17
ぎょくろ【玉露】 51①18
きょじゃく【虚弱】 14①199
きょじん【虚人】 8①223
きょせつもうご【虚説妄語】 66③155
きょたく【居宅】 6①213
ぎょちょう【魚鳥】→E、I 16①59
ぎょどく【魚毒】 12①309,311/17①304/18①132/38③131,175,185
ぎょにく【魚肉】→G、I 12①331,333
きょねん【虚年】 19②300,307,317
きょびょう【虚病】 42③170,181,185
ぎょべつ【魚鼈、魚鼈】→I、J 6①144,219/68①60
ぎょゆ【魚油】→B、H、I 66④207
ぎょるいのしおづけ【魚類の塩漬】 52①14
きょろ【去露】 51①17
きょろう【虚労】 14①198
きら【綺羅】 5③248/10②357
きらず【きらず、雪花菜、綺羅豆】→おから→I 43①26/52②119/67⑥274/69①115
きらずもち【きらず餅】 67⑥274
きりあらめ【切あらめ】 9①158,163
きりいも【切芋】→E 70③229
きりきず【切疵】→G、Z 17①301
きりこ【きりこ】 27①233
きりこ【切粉】 45⑥293,319,320
きりこんぶ【切昆布】→こんぶ 25③287
きりさげとま【切下げ苫】 25③287
きりずみ【桐炭】 69②164
きりだいこん【切大根】 41②101
きりながもち【桐長持】 3④253
きりのき【桐の木】→B、E 60⑥342
きりはこひきだし【桐箱引出】 3④253
きりばん【切盤】→B 27①298,317
きりべ【切経】 35②276
きりぼし【きりほし、切干、截干】→K 28②175/33⑥375/38③159,162/41②97,120/70③229,230
きりぼしいものこ【切干芋の粉】 70③239
きりぼしだいこん【切干大根】→だいこん 67⑤230
きりむぎ【きりむき、切麦】 17①188/25③276
きりもぐさ【切モグサ】 48①296
きりもち【切餅、切餅】→I 25③263/27①224/36③165,166
きりやきもの【切やきもの】 28②175
きりんけつ【キリンケツ】 60④203,204,205
きりんそう【キリンソウ】→E 60④225
きるい【着類】 42①58
きれ【切れ】→たんもの 33⑥327
きれめ【切れめ】 10①49
きろ【祈魯】 51①17
きろう【生蠟】→B 14①41,43,229,232
きわた【きわた、生綿】→わた→E、Z 8①285/17①220
きん【饉】 5①139
きん【金】→おうごん→B 3③178
きんかとう【金花湯】 43①52
きんかん【きんかん、橘柑、金柑】→E 52①58/62③62
きんかんしおづけ【金柑塩漬】 52①58
きんき【禁忌】 24③268
きんぎん【金銀】→B、L 5①17,69/9①169/10①85,129,134,179,190
きんぎんか【金銀花】→E 34⑧308/51①122/60④209
きんぎんざいこく【金銀財穀】 23⑥311
きんぎんどうふ【金銀豆腐】→とうふ 52②118
きんぎんべいこく【金銀米穀】 67⑥264
きんぎんべいせん【金銀米銭】 10①83/16①49/23⑥310,311/61①39/63③122,141
きんさい【金彩】 48①377
きんざんじ【金山寺】 42⑥395
きんざんじみそ【金山寺味噌】→みそ 43③273
きんし【金脂】 51①18
きんじ【金字】 38③182
きんしゅう【錦繍】 6①191
きんじゅう【禽獣】→E、G 68①60
きんしゆば【金糸ゆバ】 52③139
きんじょ【近所】 36②128/40②125,③224/41⑦327,328,329/55②130/56②281/62⑧265,⑨383/63①45,56,③109,110,114,118,120,121,122,123,124,126,127,137,138,139,140,141,143/64①74/67①40
きんしょう【金将】→しょうぎ 10①131
ぎんしょう【銀将】→しょうぎ 10①131
きんじょがっぺき【近所合壁】 66④215
きんしんのろうじん【近親の老人】 24③341
きんせんさいかく【金銭才覚】 5③283
きんせんたはた【金銭田畑】 3

③125
きんそう【金瘡】 18①73/45⑥308
きんたいはくしきせいはんげつ【金体白色西半月】 60⑤281
きんちゃくふ【きんちやくふ】 52④180
きんとうがん【金冬瓜】 52①46
きんどすいもくか【金・土・水・木・火】 60⑤279
ぎんなん【ぎんなん、銀杏】→いちょう→E、Z 10①39/17①323/24①126/52②121/62③62
きんぱ【金波】 51①18
きんばい【金醅】 51①17
きんぱくおき【金薄置】 49①77
きんぴら【きんぴら】 22③176
きんひらむぎ【矮脚麦】 6①172
ぎんぷん【銀粉】→B 48①377
ぎんまい【銀米】 28①67/41②35
きんらんで【金襴様】 48①377
きんらんどんす【金らん緞子】 62④98
きんるい【菌類】 6①171
きんろう【勤労】 5①31

【く】

くいあわす【喰合す】 41②100,104
くいあわせ【喰合】 41②122/62③65
くいいたみ【喰傷】 41②91,93
くいしお【食塩】→しお(塩) 55③241
くいつぎ【食次】 2①64
くいつみ【喰積】 62⑤116,117
くいな【喰菜】 41②94,97,122
くいもの【喰物、食物】→しょくもつ 3④363/4①173,181,182,183/23④165/24③272/27①281,295,297/41②135
くいりょう【食料】 55③325
くがいばり【公界張】 5①181,182
くがつにとりしょくするやさい【九月に取食する野菜】 10①42
くき【くき、茎】→E、I、W 6②298/52①25,32,52/68①81,95,110,128,132,148,151,159
くきづけ【くき漬、茎漬】→K 2①57/67⑤235
くきは【茎葉】→E 6①134/12①302
くきはのわかき【茎葉のわかき】 12①299
くくたち【くゝたち】→E 12①228
くぐみ【くゝミ】 19①201
くくり【クヽリ】 27①300
くくりかのこ【縊り鹿の子】 55③326
くこ【くこ、枸杞、枸杞苗、磚子苗、莇】→B、E、Z 6①76,170,171/10①28,31/62③61/67⑤231
くこし【枸杞子、枸杞子】 13①227/68③329,355
くこちゃ【枸杞茶】→ちゃ 10②339
くこのなえ【枸杞苗】 18①145
くこのは【くこの葉】→I 10①25
くさ【草】→B、E、G、I、X 24①71/25①43
くさ【瘡】→かさ、こかさ、そう 24①127
くさいちご【覆盆子】 6①168
くさかぶれ【草かぶれ】 17①31
くさかやぶき【草茅葺】 62②39
くさき【草木】→そうもく→B、E、I 6②299
くさぎ【臭梧桐、常山】→こくさぎ、じょうざん,→E、H 6①171/62③61/67⑤231
くさきのねは【草木の根葉】 67⑥303
くさきのは【草木ノ葉、草木の葉】→E 17①315/30③232/38③151/69②201
くさぎのは【クサギの葉】→E 28④353
くさきのはをくらうどくけしのほう【食草木葉解毒法】 18①172
くさきのわかば【草木の若葉】→I 25①20
くさきば【草木葉】→I 67⑤231,⑥304
くさけ【くさけ】 14①178
くさたねあぶら【草種子油】 45③133/50①36
くさね【草根】→E、G、I 68①44,48,②244
くさのね【草の根、草根】→B、E、G、I 18①114/68①63,②290,④407
くさのねきのみ【草根木実】 3③108
くさのねは【草の根葉】 68②292
くさのは【草の葉】→B 34⑧310/68②248,268,289,290,293
くさびら【菌】→きのこ→E、Z 13①102
くさぶきこながや【草葺小長屋】 67③125
くさまき【草槇】→B、E 6①213
くさむくげ【草槿】 5①138
くさもち【くさもち、草餅、艾餅】→よもぎもち 10②360/12①358/27①227,233,240
くし【櫛】 16①167/24①103/29①27/36③184
くし【串】→B 2②166/5①177
ぐし【ぐし】 36③228
くしがい【くしかい、串貝】 28②128/58①55
くしがき【くし柿、串かき、串柿】→ほしがき→K 5④311,317,349,350/6②305,306/13①148/14①201,204,358/16①143/18①73,76,90,107/21②127/24①126,127/25①115/27①227,228,229,232/56①184/60⑥365
くじき【くじき】 3④324/14①178/15①93
くじきのくすり【折傷の薬】 62⑤118
くじぐみ【鬮組】 42④274
くしこ【くしこ】 5④352
ぐじな【ぐじな、ぐぢな】→たんぽぽ 18①134/20①306
くしなまこ【串海鼠】 5④344
くしばこ【櫛箱】 24①98
くじゃく【くじやく】 9①159
くじゅうな【九十菜】 10①28,32,33
くじら【くしら、くじら、くぢら、鯨】→B、I、J 5④350,355,356/24①126/25③276/28②128,133,④357/36③207/41②122/62⑨327/67④180
くじらうた【鯨歌】 58⑤302
くじらじる【鯨汁】 36③276,280,336
くじらにく【鯨肉】 58⑤343
くじらのあぶら【鯨の油】→H、I 11②121
くしん【クシン、苦参、苦辛】→H 6①227/48①253/60④187,⑥345,348,350,351,353,359,375
くず【くず、葛、葛粉】→B、E、G、I 6①169/11②111/14①172,173,174,185,187,194,198,239,241,356,404/28④360/50③247,251,260,264,265,268,270,279,281,282/52④182/69①115
くずあん【葛あん】 52②120
くずいと【葛糸】 50③275,277
くずこ【葛粉】→B 37②206/48①251/50③240,248,261/52②119,121/70③220,230,⑤332
くずこに【葛粉煮】 70③239
くずそ【葛苧】→Z 50③277
くずたまり【葛たまり】 52②119
くずぬの【葛布】 14①241/50③244,247,253,270,275,278
くずね【くす根、くず根、葛根】→かっこん→E 10①22,25,46,47/25①91/67⑤229,⑥272,292,293,298
くずのあも【葛のあも】 1③283
くずのこ【葛の粉、葛粉】 10②338/18①113
くずのこをとりしあとのかす【葛の粉をとりし跡の粕】 25①92
くずのね【葛ノ根、葛の根、葛之根】→E 17①321/19①200/25①66/62③65/66③150/68④406
くずのは【葛ノ葉】→I 5①139
くずまい【くづ米、屑米、屎米】→かせまい、こごめ、ゆりご 1①104/6①76,165,②270/29②151
くずまめ【葛菽】→E、F 10①44
くずもち【葛餅】 50③270
くすり【くすり、薬、薬り】→B、H 3④375/5①47,84/7②355/8①183,273/12①309,311,342,363,374/13①66,130,131,134,173,294,297,298,300,304/14①157,162,174,370/

15①91,97/18①65/25①145/36③335/40②150,180,192/41②44,72/42③199,⑥378,406,412,414,415,423,440/43①59,②122,123,124,127,129,130,131,133,134,146,147,169,170/44①10,31,53/50③264/51①15/54①199,224,238,239/56①91/59⑤438/60①59,60,61,62,63,66,②100,103,105,106,109,④163,164,168,169,⑥334,335,338,339,340,342,345,354,355,358,359,361,364,365,375/62⑤115,⑧268,270,278/67④168/69①33,45,46,59,98,109,118,131/70③213

くすりとり【薬取】 42③180,184,186

くすりに【薬り荷、薬荷】 42⑥397,432,434

くすりのにんじん【薬の人参】 3③137

くすりれい【薬礼】 42⑥410

くずわた【くづ綿】 15③371

くせありのもと【曲有之元】 51①133

くせき【狗脊】 12①356

くせごと【癖事】→R
10①148

くそうずのあぶら【臭水の油】 69①76

くぞふじのねのこ【くぞふじのねのこ】 18①113

くだけまい【くたけ米、くだけ米、砕け米、砕米】 1①104/19①78/36③215,330/39⑤295/62⑦188/67⑤235

くだもの【菓、菓子】→すいか(水菓)、みずがし→E
7②343/27①227/62③62,69

くだものるい【菓類】 7②359/27①235

くちいと【口糸】 53⑤356

くちすぎ【口すき】 4①170

くちな【くちな】→にがなつな
19①201

くちなし【くちなし】→B、E
10①31/52②121

くちば【口場】 4①63,64

くちばいちご【鶏冠果】 6①171

くつ【沓、履】→B
1③268/25①14/35①216/36②117/63④262,269

くつかご【沓籠】→R
43③250

くど【くと、くど、曲突、竈、灶】 7②300/9①133/29①18/41⑦327,328,329/56①180/62②43

くどつき【くどつき】 28②213

くどぬり【くどぬり、公土ぬり】 42⑥396,429,439/44①13

くどば【公土場】 44①9

くぬぎ【橦、樸、檞】→B、E、H、Z
45④207/67⑤230/68①190

くぬぎのかわ【国木ノ皮】 6①232

くぬぎのどんぐり【椚之団栗】 62③65

くねんぼ【くねんぼ、久年母】→E
9①162/44①10

くのぎのみ【くの木の実】→E
5②231

くばい【クハイ】 60④164

くまのあぶら【熊の脂】→I
69①124

くまのい【熊の胃、熊の胆、熊胃、熊胆】 40②151/60④201,⑥339/68③361/69①53

くまのかわ【熊ノ皮】 1②196

くまのにく【熊ノ肉】 1②203

くまのびんちょうのすみ【熊野備長ノ炭】 53④234

ぐみ【胡頽子、茱萸】→E
6①168/36③226/62③62

くみかざり【組飾】 62⑤117

くみたて【組立】 18②284

くみだな【くみだな】 28②273

くみちゃ【汲茶】→ちゃ
25③271

くみひも【組紐】 35②401

くみゆば【くミゆバ】 52③133,140

くみん【苦民】 23④198

くもじ【くもじ、クモヂ】 24①134/52①25,62

くものすはきとり【蛛のす掃取】 27①293

くやみのもち【悔之もち】 42③157

くらかけまど【くらかけ窓】 53⑤332

くらげ【水母】 49①213,214

くらしかた【暮方】 37②113

くらすう【蔵枢】 27①258

くらののき【蔵ノ軒】 5①79

くらはしら【蔵柱】 51①36

くらもち【蔵持】 25③262

くり【くり、栗】→A、B、E、H、Z
5④349,354/6①168,②304/9①162/18①101/24①127/43①85/45④207/49①202/62③62/67⑤230

くりきのねだ【栗木ノねた】 42⑤338

くりこ【くり子、くり粉、繰子、繰粉、操粉】→E
9②208/15③343,348,349,350,351,376,389,405,408/40②109,123

くりこいい【栗子飯】 10②372

くりしょうが【くり生姜】 52②121

くりのき【栗木】→B、E、G、I
42⑥378

くりのはなくろやき【栗の花黒焼】 11①61

くりのみ【栗実】→E
10①39

くりはい【栗はひ】 31⑤279

くりわた【くりわた、繰リ綿、繰綿、操綿】→E
15③343,397/17①227/32①152,163/40②182/61②87,⑩426

くるまえび【車海老】→I
43①35,36

くるまび【車火】 36③255

くるまやつきまい【車屋撞米】 24③348

くるみ【くるミ、くるみ、胡桃、胡桃仁】→ひめくるみ→B、E
6①168/10①39,42/24①126/52②121,③140/62③62/70③239

くるみこ【胡桃粉】 6①231

くるみのにく【胡桃肉】 18①155

くるみのみ【胡桃の実】 52②119

くるみもち【くるみもち】 28②184,204

くれないのなえ【紅藍苗】→Z
18①134

くれんこんぴ【クレンコンヒ】 60④211

くろ【黒】 33⑥360/50②182

くろおかだごめ【玄糙】→けかちいも
18④406,407,415,420

くろかわかぐら【黒川かぐら】 42⑥403

くろきかす【黒き粕】 51①96

くろきくず【黒き葛】 50③256

くろくず【黒くず、黒葛】 14①239/50③251,260,261,262,263,264,281

くろくずこ【黒葛粉】 50③240

くろぐわい【烏芋、葧臍】→E、G、Z
6①168/18①125/49①201

くろごま【烏麻】→E、F、I
52②121

くろごまのあぶら【黒胡麻の油】 38③124

くろごめ【黒米、糲米】→こめ
4①52/6①217/9①136,149/16①58,59,60/27①205,247

くろざとう【クロサタウ、くろ砂糖、黒さたう、黒沙糖、黒砂糖】→さとう
3①62/14①98,99/38③184/43①44/48①218/50②142,143,194/61⑧217/62⑧279/70①12,13,③240

くろしきなりあおしあかししろし【黒·黄·青·赤·白】 60⑤280

くろしゅす【黒繻子】 58⑤343

くろぞめ【黒染】 14①246/36③322

くろだいず【黒大豆】→だいず→B、E、F
2②149/24③333,336/43③270,273/51①122/64④260

くろだまぐう【黒玉宮】 24③355

くろちりめんのはちまき【黒縮緬の鉢巻】 58⑤331

くろづき【くろづき、黒づき】 27①118,204,210,220,269

くろづきまい【黒づき米】 27①206,209

くろづくり【黒作り】 5④349/29②138

くろとび【黒鳶】 36③322

くろぬの【黒布】 25①118

くろのり【くろのり、黒のり、黒海苔、紫苔】 5④348,353,354,357/6①172

くろほう【黒保】 29④287

くろぼしあわび【黒干蚫、黒干鮑】 58①54,55

くろまいのいい【黒米の飯】 40②74

くろまめ【くろ豆、黒豆】→だいず→E、F
6①228/9①155/44①47/60④211/62③62

くろまめのにしめ【黒豆のにしめ】 9①147

くろまめのにじる【黒大豆の煮汁】 60②94

くろまめめし【黒豆飯】 43③237

くろやき【黒焼】→A、K
6①231

くろやきもちごめ【黒ヤキ餅米】→こめ
60④218

くろゆかた【黒浴衣】 36③254

くわ【クハ、桑】→E、G、I
20①307/35①103/60④164

くわい【くわい、烏芋、慈姑】→

E、G、Z 6①168/10①42,44/23①76/43①85,③240/49①201/68①60
くわいぎせる【くはひきせる、くはひぎせる】 27①329,335,348
くわえ【くわへ】→E 28②234
くわえぎせる【くわへきせる】 39⑥338
くわがみ【桑紙】 48①118
くわしお【くハ塩】→しお(塩) 9①118
くわとりのうたふし【鍬取の歌節】 27①334
くわのえだ【桑の枝】→E 3④323
くわのき【桑木】→B、E、I 60⑥340
くわのきのくろやき【クワノキノ黒焼】 60④224
くわのきのね【くわの木のね】 60①61
くわのは【桑ノ葉】→B、E、H、I 60⑥364
くわのみ【桑の実、桑椹、椹】→E 6①168/18①80,91/25①117/69②347
くわもち【桑餅】 36③221
くわやき【鍬焼】 58⑤361
くわろしね【くわろし根】 10①44
ぐん【群】 10②348
くんか【君下】 51①18
くんきのもの【葷気の物】 27①235
くんこう【君后】 24①167
ぐんじ【軍事】 5①192/6①32
くんししじん【君子士人】 13①254
くんしん【君臣】 21⑤216/22①23
くんしんさし【君臣佐使】 18①21
くんしんじょうげ【君臣上下】 3③186
くんぷ【君父】 62⑧281

【け】

けいうんえき【傾雲液】 51①18
けいえき【瓊液】 51①18
けいがい【ケイガイ、けいがい、ケイガヒ、桂界、荊芥、荆芥】→E、Z 13①300/25①146/27①70/60④165,185,189,193,207,217,⑥350/68③353
けいぎ【瓊蟻】 51①18
けいきくれ【けいきくれ】 41②41
げいげいくよう【鯨鯢供養】 58⑤365
けいざい【経済】 35②314,319,333,368,413,414
けいざいのひと【経済の人】 35②315,316
けいざいのみち【経済ノ道】 69②158
けいさん【卦算】 62②44
けいさん【桂盞】 51①17
けいざんのたま【荊山の璞】 20①347
けいし【桂枝】 51①122/68③357
げいじゅつ【芸術】 3③112
けいしん【ケイシン、桂心】→E 60④203,205,209,215,225
けいずだて【系図だて】 20①224
けいせつのがく【蛍雪の学】 38③203
けいとう【鶏冠苗】→はげいとう→E、Z 6①169
けいとうかじつ【鶏頭花実】 6①233
けいとうげ【けいとうけ、鶏頭花】→E、Z 10①34,35,37
けいとうげのなえ【雞冠苗】 18①141
げいのう【芸能】 16①140
けいふん【桂粉】 60④166
けいま【桂馬】→しょうぎ 10①130
けいめい【鶏鳴】 37③387
けいめいじぶん【鶏鳴時分】 42⑥396
けいも【けいも、黄独】→E 6①168/18①126
けいやくこ【けいやくご】 9①163
けいやくむすこ【けいやくむすご】 9①161
けいやくむすめ【けいやく娘】 9①161
けいらくのけったい【経絡の結滞】 45⑥306
けいらん【鶏卵】→たまご→B、E、H 6①233/40④327/41②145/42③190/69②284,285,287,291
げお【下苧】 4①97
げおもて【下表】 4①123
けが【怪我】 24①52/27①222
けかちいも【けかち芋】→おかだくろごめ、おかだしろごめ、くろおかだごめ、しろおかだごめ、しろくろおかだごめ、なまおかだごめ 66③138
けがにん【怪我人】 24①20,145/61⑩438/66④201,214,⑧404
げがみ【下紙】 14①259
げけつ【下血】 12①333
げこ【下戸】 36③337
げこく【下穀】 3③108
けさ【袈裟】 48①21
げざかな【下魚】 25①118
けさごろも【袈裟衣】 36③158
けし【けし、御米花、罌粟】→E、Z 6①170/20①177/52②119,③140/62③62
けしあわ【罌子粟】 19①174
けしば【けし葉】 10①25
げしま【下縞】 14①328,329
げじょどものこども【下女共の子共】 27①355
げじょのぞうり【下女のそふり、下女のぞふり】 9①29,37
げす【下子】 5①177
げず【げず】→からたち→E 34⑧308
げすのちえ【げすのちゑ】 28②229
けずりだいこん【削り大根】→だいこん 25①22
けぞういんどうふ【花蔵院豆腐】→とうふ 52②87
けそうぶみ【けしやう文】 19②415
けそく【華足】 36③301,322
けそろ【けそろ】→きせる 24①93
けた【ケタ、けた】 11⑤214,215,220,223,278
けた【けた、、桁】 57②131/66②98/67③127
げた【げた、下駄】→ぬりげた 1②188,202/3④242/9①123/21③160,④184/24①149/43①90,91
げたお【下駄緒、下駄苧】 2①22/43①94
げたは【下駄歯】 43①90
げたばこ【下駄箱】→E 44①56
けだもの【獣】→E、G 13①271
けたゆき【桁行】 51①42
けっき【血気】 8①266
けっきふじゅん【血気不順】 3④324
けっけつ【結血】 18①94
けっしょう【血症】 3④324
けっしんのこ【缺唇の子】 19②431
げっすいけがれ【月水穢】 24③268
けっせん【結扇】 24③352,353,354
けっとう【けつとう】 59②132,139
けつにょう【血尿】 18①162,166
けっぱくとう【潔白糖】 70①13
けっぱん【血判】 46①105
げっぺい【月閉】 14①193
けつめい【決明】 44①33
けつりん【血淋】 12①355
げどく【解毒】 6②299/18①40
げどくほう【解毒方】 6②300
げとり【下鳥】 25①118
げにんのしょく【下人の食】 41⑤254
げのちぢみ【下の縮】 53②128
げはくのこめ【下白の米】→こめ 27①117
げひんのいと【下品の糸】 53⑤350
げひんのふしいと【下品のふし糸】 47②134
けぶりだし【けふり出し】 16①127
げまい【下米】 28②259,280/62①15
けまん【けまん】 54①197
げみそ【下味噌】→みそ 24③333
けむりめ【煙眼】 2②152
けもの【獣】→G 69①91
げもの【下物】 53①44
けもののにく【獣の肉】 62⑤116
げや【下家】 22⑥386
けやき【欅】→B、E 48①8
けやきのは【欅木葉】→E 6①171
けらいあそびび【家来遊日】 24③266
けらば【けらば】 43①61
けらみの【ケラ蓑】 1②140
けん【絹】 35①12
けんい【絹衣】 25①118
けんか【喧嘩】→R 10①10/29①22

げんかい【諺解】 19②354
げんかんのとし【厳寒之年】 19②356
けんご【牽牛】 60⑥350,353,355,361,366
けんこう【犬咬】 18①147
けんごうし【ケンゴフシ】 60④205
げんこうりてい【元亨利貞】 35①183
けんごし【ケンゴシ、ケンゴ子、牽牛子】→E、Z 6①230/15①77/60④166,177,191,193,197,211,⑥345,349,373
けんじゅつ【劔術】 24③273,274
けんしんろう【硯蜃楼】 49①72
けんずい【けんずい】 28②250
けんぞく【けんそく、眷属】 10①197/16①228/17①315/23②134/62①19
けんちえん【ケンチエン】 52②121,122
けんちくざい【建築材】 57②88
けんちん【ケンチン】 52②122
けんちんまき【けんちんまき】 52②121,③139
けんつえん【巻繊】 52②122
けんなんしょうこう【剣南焼香】 51①18
けんぱく【絹帛】→きぬおり 70②110
けんびょう【硯屏】 62②44
けんびん【繭餅】 35①98
けんぷ【絹ふ、絹布】→きぬおり 4①103/13①37,44/23④167/27①255/33⑤245,255/35①229/48①91/62④86,92,98
げんぶ【玄武】 55②172
げんぷく【元服】 28②133/42⑤315
けんぷのるい【絹布之類】 62③60
げんまい【玄米】 1③283/2①48,49,50/24③319,337,345,348/25①91/38④274/42⑥375,379,389,393,394,428,436/43①80,83/47⑤262/62⑧247/63⑤298/67⑥284,293,294,295
けんみかん【けんみかん】 28②128,233
けんやく【倹約】→L 12①113,114,115,116,117,119/62⑧280
けんやくしっそ【倹約質素】 5③248
けんゆう【県邑】 10②312
けんよう【絸幺】 47①55
けんよう【遣用】 49①73

【こ】

こ【粉】→B、I、X 4①297/5①151/12①193/13①85/14①181,187,191,192,193,194/38③142/39①43/41②79,80/50③246,247,248,249,265/67④169,179,180,181,⑥295,317,318/70③214,220
こ【子】 22①67,68,69,71,72
ご【碁】 22①79/24③273/27①257/31②68/36③291
ご【棋】 27①257
こあさつき【小胡葱】→E 18①166
こあざみ【小薊】 18①133/20①307
こあゆ【子鮎】 29②137
こい【鯉】→J 18①141/24①127/43②178
ごいし【碁子】 52②124/62②44
こいのふくろ【鯉のふくろ】 60①62
こいばらのは【小茨の葉】 17①321
こいまけ【糞まけ】 38③169
こいるい【小衣類】 27①146
こう【醢】 2②148
こう【糕】 52②85
こう【孝】 62②28
こう【講】 35②415
ごう【郷】 10②348
こうい【更衣】 20①264
こうえんぼく【香煙墨】 49①73
こうおつ【甲乙】 62②51
こうか【カウクワ、紅花、香花】→E、Z 60④166,179,181,183,185,195,199,203,205,209,211,217,219,⑥364
こうか【かうか】→せっちん 17①263
こうがい【笄】 42③158
こうかけ【こうかけ、甲かけ】 24①17/59②138
こうかけきん【講かけ金】 42⑥413
こうかけたび【こうかけたび】 59②138
こうかさん【紅花散】 60④181
こうがんないちょう【睾丸内吊】 18①165
ごうかんぼく【合歓木】→ねむのき 60⑥373
こうぎ【公義】→R 10①9
こうきょう【黄嬌】 51①17
こうきん【黄斤】 50③244
こうきんのぞく【黄巾の賊】 35①220
こうげ【香花、香華】 25③258,279/27①233,234/36③239,250,251,301/60③131
こうけつそう【狗齧瘡】 18①73
こうこ【江湖】 59④270
こうこう【孝行】 8①202/21⑤217
こうこうのみち【孝行の道】 31③106
こうこく【皇国】 3①25/24①168,178
こうさくあたいつとめかた【耕作当勤方】 34①13
こうし【孝子】 10②333/24①166
こうし【格子】 62②39
こうじ【かうじ、かふし、かふじ、こふし、こふじ、麴糵、糀、麹】→きばな、こめこうじ、しろばなこうじ、しんきく、ねこうじ、はな、はなこうじ、みそこうじ、むぎこうじ、もとこうじ、わるこうじ 2②163/3④306/6①225/9①133,136,139,153,③284/10②377/14①220,221/18①158,159,④406/24③319,333,334,335,337,339,342,346,347,348/27①237/31⑤283/33⑥393/36①65/38③199/40②151,158/41②137,138,139,140,141,⑦336/43③267,270,271/51①45,46,94,96,97,102,109,114,115,117,119,144,146,②182,183,190,191/52⑥249,256/62⑤118/67⑤235,236/69②345/70③230,⑤321,334
こうじ【小路】 66⑦362/67⑥297
こうじ【乳柑子】 62③62
こうじいた【糀板】 24③335,338
こうじづけ【麴漬】 52①49
こうじのあし【麴の足】 51①43
こうじのはな【麴の花】 51①46,47
こうしのはなのはだばかま【犢の鼻の褌】 20①92
こうじばな【かうし花、麴花】 17①135/52⑥253
こうじぶた【糀ぶた】→B 14①185,193,198
こうじまい【こふじ米、麴米、糀米】 9①136/51①114,115,116,118,②182
こうじみそ【糀味噌】→みそ 40②146
こうじめし【麴食】 51①43
こうじもと【糀元】 62⑤118
こうじゅ【香薷】→E、Z 68③353
こうじゅ【香壖】 51①17
こうじゅう【こふ中、講中】 9①12,155,160,162,165
こうじゅうのしゅう【講中の衆】 9①149
こうしょうし【工商士】 10①175
こうしょうのやから【工商の輩】 25①8
こうしょくのはなし【好色之咄】 8①201
こうしん【庚申】→O 62②51
こうずく【紅荳蔻】 68③357
こうすくい【香匙】 62②44
こうせん【香泉】 51①17
こうせん【かうせん、こうせん、香煎】→はったい 4①75/10②315/17①187/18①116/25③285/63⑤322/67⑥317
こうぞ【楮苧】→B、E、F、L、Z 53①9
こうぞ【楮桃樹】 6①171
こうぞがみ【楮帋】 14①399
こうぞかわかみ【楮皮紙】 48①118
こうぞのかみ【楮の紙】 14①261
こうぞのは【楮の葉】→I 38③182
ごうそんのもの【郷村ノ者】 32②312
こうた【小唄】 24③273
こうだい【高台】 48①374
こうたけ【こうたけ、岩茸、崑崙蕈】 6①172/9①162/62③61
ごうち【碁打】 42④272
こうちわ【小うちハ】 47②98
こうていちゅうしん【孝弟忠信】 3③119
こうていちゅうしんのおしえ【孝弟忠信ノ教】 33①9

こうていのみち【孝弟の道、孝弟之道】 12①16/24①170
こうでん【香奠】 43③265,274
こうでんちょう【香奠帳】 43③243
こうでんまんじゅう【香奠まんちう】 43③268
こうと【苟屠】 51①17
こうどう【高堂】 69②364
ごうとう【強盗】 3③108
こうにん【香仁】 60④195
こうねつ【口熱】 2②152
こうのかい【香の会】 40②156
こうのもの【かうのもの、かうの物、糠物、香のもの、香の物、香之物、香物】→つけもの 3④286,298,318,322,336,352,367,368,377/6①124,②302/10②376/12①238/16①60/17①216,240,241,261/24③278/27①118,209,297,298,305,316,331/41②115,141,142/43①23,③272/44①51/52①12,13,21,24,27,57/64①82
こうのものおしいし【香物押石】 44①51
こうのものきるほうちょう【香の物切る庖刀】 27①317
こうのものしたのくずづけ【香物下の屑漬】 27①308
こうのものばち【香の物鉢】 52①25
こうば【香馬】 51①17
こうばい【黄醅(もろみ)】 24①163
こうばい【黄醅(酒異名)】 51①17
こうはく【孔白】 51①18
こうばん【香盤】 45③144/69①73
こうびょう【廓廟】 35①235
こうびょうのふく【郊廟之服】 35①33
こうふう【黄封】 51①17
こうぶし【カウブシ、香附子】 6①171/11①60/60④164,185,187,189,195,215/68③348
ごうふだ【ごう札】 28②144
こうぶつうほうせん【洪武通宝銭】 48①169
ごうぼう【郷氓】 18①190
こうぼうむぎ【蒒草】→E 6①171
こうぼく【厚朴】→E 6①236/14①358/60④215,217/68③349
こうほね【川骨】→E、Z 60⑥345,357,367,368,372
こうほん【香本】 60④215
こうみょうたん【光明丹】→B 9①162
ごうみん【郷民】 30②187
こうむかぎょう【公務稼業】 5①183
こうめ【小梅】→E、F 36③226
こうめい【紅明】 51①17
こうめぼし【小梅干】 52①50
こうめん【紅面】 51①17
こうやく【膏薬】 13①185/43①75,84/45⑥308
ごうやく【合薬】 66④220
こうやどうふ【高野豆腐】→こおりどうふ 7②301
こうやまめのは【高野菽の葉】 10①22,29
こうやまめは【高野菽葉】 10①25
こうゆう【紅友】 51①17
こうらいべり【高麗べり】 19②416/20①71
ごうり【郷里】 10②349
こうりょう【膏梁】 6②314
こうりょう【香料】 9①168,169/44①12,14,21,28,33,39,41,43,52
こうるい【柑類】→E、Z 46②133
こうろ【香炉】 62②44
こうろくふうきのひと【高禄富貴の人】 13①253
こうろけはったい【かうろけはつたい】 30③232
こうろん【口論】→R 29①22
こうわん【講椀】 43③235
こえ【肥】→こえまつ 49①196
こえたるまつ【肥たる松】 27①323
こえび【小ゑび、小海老】→I、J 24①127
こえまつ【こゑ松、肥松】→こえ、ちやからあかし→B 14①129/15①50/27①299,325,340
こえまつのひ【肥松の火】 30③248
こえやけ【こへやけ】 43③256
ごおう【ゴヲウ】 60④165
こおりおろし【氷おろし】 14①172
こおりこんにゃく【氷こんにやく】 43①23,53,65
こおりざとう【氷りさとふ、氷砂糖】→B 3①63/49①189/51①122/61⑧229
こおりどうふ【凍り豆腐、凍豆フ、氷豆フ】→こうやどうふ 27①216/43①35,36
こおりやまぞめ【郡山染】 49①22,23
ごかい【五戒】 10①167
ごかいごじょう【五戒五常】 10①9
こがいや【蚕屋】 24①30/35③431
こかがみ【小鏡】 27①232
こかさ【小瘡】→かさ、くさ 17①31
こがさ【小傘】→B 43①27,66,95
こがし【小菓子】 43①10
こがし【こかし】→はったい 17①187
こがしそうろうもの【こがし候者】 27①308
こがたな【小刀】→B 17①245,301/18①169/48①388
こがたなつか【小刀柄】 49①113,116
ごがつだし【五月出し】 33⑥375
ごがつにしょくするもの【五月に食する物】 10①33
ごがつのたすき【五月のたすき】 9①60
こがねのへら【こがねのへら】 19②415
こがねよう【黄金用】 49①73
こがみ【こがみ】→ががいも 18①148
こがみのね【こがみの根】 67⑥298
こがらし【こがらし】 9①158
ごき【ごき、御器】 19②416/30①133
こきこなし【扱墾】 62②40
こきにて【こき煮て】 27①246
こきび【小秬】→E、F 10①37,40
こぎょ【枯魚】 6②274
ごきょう【五教】 12①12
ごぎょう【五形】 10②353
ごぎょう【五行】→Z 7②229,230/19②360/21①7,②110/35①245/39①11/40②156/55③203/62⑧266
ごぎょうきか【五行気化】 7②259
ごぎょうじゅんぞく【五行准属】 7②229
ごぎょうのそうしょう【五行の相生】 7②228
ごぎょうのはこび【五行の運び】 7②233
ごぎょうよもぎ【五行蒿】 18①141
こぎりがみ【小切紙】 42⑥389
こぎれ【小切】 48①14
こく【穀】→E、I、X 3③177/12①363
ごく【極】 13①86
こくい【国医】 18①15
ごくう【御供】 24③352,354
ごくうまい【御供米】 42⑥445
こくおん【国恩】 5③285
こくさ【こくさ】 56①206
こくさぎ【蜀漆】→くさぎ→F、Z 18①133
こくさんのもめんるい【国産之木綿類】 14①326
こくじこよみ【国字暦】 62⑧246,267
ごくじょういと【極上糸】 35②408/47②148
ごくじょうさく【極上作】 27①68
こくしょうざら【こくしやう皿】 36③280
ごくじょうのちぢみ【極上の縮】 53②98
ごくじょうまい【極上米】 7①43
こくしょく【穀食】 13①210
こくず【子屑】 35②381
こぐすり【散薬、粉薬】→B 60②109,⑥367/62⑧278
ごくたいはく【極大白】 14①99
ごくづめ【極詰】 13①85
こくとう【黒糖】 50②143/70①12,13,25,29
ごくねち【ごくねち】 12①291
こくのたくわえ【穀の貯】 18②285
ごくひんもの【極貧者】 67③134
こくみん【国民】→じんみん 3①5/17①14,119,169
こくもつ【穀物】→E、X 25③287/63⑤323/67①53,⑥287/68④408/70⑤322
こくもつのあえもの【穀物の醬物】 10②331
ごくらくじょうど【極楽浄土】 17①131
こくるい【穀類】→X 6①172/17①315/67⑥317/69②360
ごけ【後家、孀寡】 9①169/28①61/37③356/63③130/65②90

ごげ【碁奩】 62②44
ごけいり【後家入】 9①169,170
ごけいりのもの【後家入のもの】 9①170
こけらめし【こけら飯】 70③229
こけん【古硯】 48①332,338,339
ここ【古語】 16①66
ごこう【五香】 5④317/41②38
こごえじに【凍死】 18①112/65③280
ごこく【五穀】→X 13①271/17①315,320,321/68②292
ごこくのきっきょう【五穀の吉凶】 10②354
ごこくまんさく【五穀満作】 10②332
ここつ【虎骨】 60⑥362
ここのつくど【九ツくど】 28②214
こごめ【こ米、小米、粉米】→くずまい、こめ→E、G 6①76/7①73/8①260,261/10②375/23①82/27①201,208,260/30③277,290/43①33/51①39,96,97/52①30/61①51,④167/63⑤298
こごめしゅ【小米酒】 51①96,157
こごめもち【小米糯】 28④359
こごりこんにゃく【こゞりこんにやく】 9①162
こころはまり【心はまり】 18②288
ござ【こさ、ごさ、御座】→へりとり、へりとりおもて→B 4①122,123/5④308,309,323
ごさい【吾儕】 5①7
ござおもて【莞莚表】 18②276
こざかな【小魚】 25①87
こさかん【子盛】 8①221
こざけ【粉割、粉米】 1③283/62②40
こささげ【小大角豆】→F 10①35
こさし【小さし】 43③250
こさぶえ【胡狭筎】 49①211
こざら【小皿】→てしおざら 9①144/28④357/44①8
こし【輿】 1②202
こし【コシ(吉野紙)】 48①98,103,105,107
ごじ【五痔】 14①174/15①93/18①116
こしいた【腰板】 16①123
こしいたみ【腰いたミ、腰痛み】 5④334/25①60
こしかけ【腰かけ】 13①122/18①88
こしき【コシキ、こしき、甑】→せいろう 3①57/6①160/9①133/13①49,84,88,98,100/18①126/27①221/28②273/31⑤249/42⑥378/48①29,53,115,165,247,319/49①97,145,219/50①53,60,61,81,82,③273/51①40,111,112,②183,190,191,202,208/56①177,179/67⑥317/69②308
ごしき【五色】→X、Z 56①173/62③77,78
ごしきおおとり【五色鳳】 49①73
ごしきぐも【五色雲】 56①100
こじきだし【乞食出】 27①165
こじきだすもの【乞食出物】 27①162
ごしきのいと【五色の糸】 35①46
ごしきのくも【五色の雲】 56①186
こしけ【腰気】 41②102
こししよ【コシシヨ(漉し塩)】 60④165
こじたて【香筋立】 62②44
ごしつ【ゴシツ、牛膝、午膝】 27①70/48①253/60④165,169,177,185,213,215,227,⑥344,345,348,351,355,364,367/68③353
こしはり【腰張】 41②102
こしひき【腰引】 66④195
こしゆ【腰湯】 40②168/41②102,120
こしゅ【古酒、陳酒】 43①85/51①25,56/69②374
ごしゅ【御酒】 51①19
ごしゅうぎ【御祝儀】 61⑨319,321,357,359
ごじゅうにんおこう【五拾人御講】 42③178
ごしゅこう【御酒肴】 61⑨278
ごしゅゆ【ゴシユ、五朱萸、呉茱萸】 2②153/60④191,215/68③329,346
こしゅん【菰筍】 18①127
こしょう【こしよふ、胡枡、胡椒】→E 1②195/6①231/11⑤254/18①169/52②120/68③323
ごしょう【五性】 7②271/16①120
ごじょう【五常】 16①44,54/17①42/27①256
こじょうさい【姑娘菜】 18①148
こしょうのこな【こしやうの粉】 24①126
ごしょうのほうだん【後生の法談】 36③171
ごじょうのみち【五常ノ道】 70②56
こしらえだっきょう【拵たつきやう】 44③255,256
ごしん【五辛】→E、X 10②328,367/38③172,173
ごしんぞう【御新造】 9①161
ごしんどうぐ【ごしんどうぐ、ごしんどふぐ】 9①148,152
ごしんりょ【御神慮】 66④190
ごすいのとし【五水之年】 67⑥299
こすさ【こすさ】→まつば 42⑤319,320,321,322,328
こすだ【こすだ】 41⑥275
ごせっくのおわり【五節句の終】 10②372
こせん【古銭】 48①168,169
こせんこう【小せん香】 9①164
ごせんどおはらい【五千度御祓】 24③352
ごぜんりょう【御膳料】 18②270
こそうじ【小そうじ】 21⑤229
こそで【小袖】→R 14①175/16①193/50①43
こそでびつ【小袖櫃】 62②44
こそでわた【小袖綿】 15③408
こだいこん【小だいこん、小大こん】→だいこん→F 10①37/52①52
こたけづつ【小竹筒】 36①33
こだし【小ダシ】 1②140
こたつ【こたつ、火入、火燵、巨燵、炬燵】 5③275/8①165/9①139/22①68/33⑥340/36③318/40②168/41②141/66⑧394
こたつかけ【こだッかけ、こだつかけ】 59②132,139
こたつきり【こたつ切】 42⑥402
こたつさな【火燵サナ】 43①12
こたつひいれ【こたつ火入】 42⑥399
こたつひつ【コタツ櫃】 42⑥400
こたつやぐら【こたつ櫓】 36③318
こだんな【小旦那】 64①54
こち【こち】→J 44①24
ごちょうたばこ【五町煙草】 45⑥337
こっかあんぜん【国家安全】 21⑤221
こづかい【小遣】 21④187
こづかいせん【小ツカイ銭、小遣ひ銭】 29①20,26/38④237
こづかいぶん【小遣分】 21④188
こっけいちょうめん【鵠形鳥面】 18①39
こつすいほ【骨砕補】 18①154
こて【こて、小手】 6①244/19②416/25①28
こてい【戸庭】 10②297
こてりょうじ【小手療治】 62⑤118
こと【琴】 40②157/48①152/56①141
こどうぐ【小道具】→B 29①12,27
ことうづけ【粉糖漬】 24③342
ことかけしろ【事かけしろ】 16①192
こどく【蠱毒】 14①194
ごとく【五徳】 62②43
こどくのもの【孤独之者】 57①22
ことのいと【琴の糸】 13①122/18①87/38③185
ことのばら【小殿原】 30①117,119
ごとみそ【ごと味噌、五斗味噌】→みそ 6①225/10②377/41②135,139,140/43③270
こども【こども、子供、子共、子児、児共、小供、小共、小児】→こわらわ、わらし、むらのこども、わらべら、わらわ→L 2①135/5①91,177/9①145/10②333,377/21⑤214,232/22①71,74/23④172,173,180,182,197,198/24①11,36,145,148/25①49,73,94/27①36,184,211,234,258,264,370,376/28①49,50,②165,180,182,189,200/29①12,13,20,21,27,28,53,②149,159,③264/33⑤254/34⑧306/63③132/68①190
こどもかい【子供会】 63⑦363
こどもしょもつ【子供書物】 42⑥407
こどものそだてかた【子供ものそだて方】 21⑤212
ことりあわせ【小鳥あはせ】 60①44
こな【小菜】→E 39⑤289/41②143
こな【粉】 11②120/25②213/27①247,248,255,289,299,

316,381/28④359/41②121
ごない【五内】 8①266
ごないくん【御内君】 44①39
ごないせい【御内政】 44①25
こなからし【粉辛らし】 3④367
こななきめし【粉無き飯】 27①305
こなひきぶし【粉挽曲】 30①129
こなべ【小鍋】 27①311,319
こなまぜたるめし【粉雑たる飯】 27①305
こにもの【こにもの】 9①152
こにゃくしらあえ【こにやく白和へ】 43①21
こにゃくにしめ【こにやく煮〆】 43①21
こにんじん【小人参】→E 60④177,191,213,219
こぬか【こぬか、小糠、粉糠、米粃】→こめぬか、ぬか→B、E、H、I 1③283/6①172,224,225/17①322/18①157,158/23⑤285/52①22/60①64/67⑤213,217,218
こぬかづけ【粉糠漬】 2①15
こぬかみそ【米粃味噌】→みそ 6①224
こねじる【こね汁】 27①318
このは【木ノ葉、木の葉、木葉】→B、E、H、I、X 5①139/18①114/20①307/21③155,157/22③173/24①142,②238,241/25①66/68①48,63
このはかて【木の葉粮】 20①307
このみ【菓】→E 35①213
このみあぶら【木ノ実油】 53④245
このみのあぶら【果子の油】 45③133/50①36
ごのめ【罫】 62②44
このわた【このわた、海鼠腸】 5④344,352
こば【木羽】 48①369
ごばいし【五倍子】→ふし(五倍子)→B 3③171/14①323,357,404/17①251/60⑥337,354
こはく【虎珀、琥珀】→B 13①185/14①95
ごはつそう【五八草】 60⑥345
ごはん【御飯】→はん、べいはん、めし 24①53/27①240/28④358,359,360/36③321,322/43①9,17,21,23,65,84,85/44①24
ごばん【碁局】 62②44
こばんがい【小ばんがい】→しゃくし 27①313
こばんがいえ【小ばんがい柄】 27①313
こばんし【小半紙】 43①54
ごび【午未】 62②52
こびさし【小庇】 54①32
こひしゃく【コヒシヤク、小杓】→B 27①301/52②106
こひつ【小櫃】 58③183
こひばち【小火鉢】 53②130
こびら【小平】 9①30
こびり【コビリ】 24①53
こびる【小昼】→L 23④179/25①49/36③207
こびるめし【子昼飯、小昼飯】 4①18,52/24①53,③316/25①66
こふ【姑婦】 35①205
こぶ【こぶ】 9①143,144,155,162
ごふく【呉服】 35②334
こふだ【小札】 24③353
こぶた【小ふた】 43③250
こぶりむぎ【コブリ麦】 39⑤296
ごふん【胡粉】→おしろい→B、D 49①136
こぶんかせぎのせつ【古文稼之説】 34⑤109
ごへい【御幣】 43①12
ごへいもち【ゴヘイ餅】 24①26
ごぼう【こほう、ごぼう、ごぼふ、悪実、牛旁、牛ほう、牛房、牛蒡、午房、午蒡、午蒡】→E、Z 2②150/6①169,226/9①143,144,145,152,155,162/10①21,37,42,46,47,②352,378/18①153/25①21,22,87,③261/27①236,237/28②128,131,133,141,142,184,204,205,233,④357,359/36③276,280,291,292,336/38④238/43①11,17,20,21,23/44①9/52①37,②121,④174,179/62③62/67⑤231/68①60
ごぼうじる【牛房汁】 28②205
ごぼうなどのにもの【牛房抔の煮物】 25①22
ごぼうのさい【牛房のさい】 28②129
ごほうのたみ【五方の民】 35①246
ごぼうは【牛房葉】→B 67⑥272
ごぼうみそづけ【牛旁味噌漬】 52①37
こぼしたるまめ【こぼしたる豆】 27①315
こぼれ【こぼれ】 36③316
こま【駒】 62②44
ごま【胡麻、苰】→ふるごま→B、E、I、L、R、Z 18①166/19①174/20①177/41②121/62③62/67⑤224
ごまあぶら【胡麻油、香油】→B、H 6①230,231/18①155,170/70③239
こまい【古米】→E 7①83/37②213/51①21,22,70,71,143/67⑤216
こまい【こまい、木舞】 24③330/67②107
こまいぬにない【駒戌荷ひ】 43②186
こましお【細塩】→しお(塩) 52⑦308
こまつやあば【小松やアば】 9①98
ごまのあぶら【こまのあふら、ごまのあぶら、ごまの油、胡麻の油】→B、H 10②335/11①61,②121/52④181/59②134,135/60⑥358
ごまみそ【胡麻ミそ】→みそ 2②152
ごまめ【こまめ】→たづくり→I 25①22
こまゆみ【小まゆみ】→E 20①307
こまゆみのは【小梓の葉】 19①201
こまるた【小丸太】 14①86
ごみ【ゴミ】 16①126
ごみ【五味】→Z 4①175,180/17①18/40②149,153,154,156/41④203/62③77
ごみし【五味子】→E 54①157/60⑥362/68③329,346
こみそ【こミそ】→みそ 27①239
こみそしる【こミそ汁】 27①236
ごみちょうわ【五味調和】 50②146
こむぎ【小むぎ、小麦】→A、E、I、L、Z 9①147/10①32/17①188,318/19①174/20①176/24③334,335,337,353/28②280/30③231,301/41②139,140/43③255/52④182,⑥249/66③149/67④177,⑤211,214,217,220,227,⑥269,272,274,275,278,287,295,301,303,308/69②347,350
こむぎから【小麦がら】→B、H、I 24③320
こむぎこ【小麦粉】→せいめん 21③176/23①65/42⑥386,427
こむぎだんご【こむぎだんご、小麦だんご、小麦団子】 9①147/30①129
こむぎのこ【小麦のこ、小麦の粉、白麪】→B 17①189/18①155/28②136
こむぎのこかす【小麦の粉かす】 52④165
こむぎのひきかす【小麦之引かす】 41②137
こむぎもち【小麦餅】 33③165
こむぎわら【小麦藁】→B、E、H、I 29④280
こむらがえり【こむらかへり】 6①233
こめ【稲米、米】→あらごめ、いりうるこめ、うるごめ、おかぶごめ、おくてのこめ、おくてまい、おこめ、かいごめ、かけほしたるこめ、かけまい、かんのみずさらすこめ、くろごめ、くろやきもちごめ、げはくのこめ、こごめ、さんきねはんつきたるこめ、さんぽうにいれおきたるこめ、じょうはくのこめ、じょうはんまい、しろきこめ、すねくさきこめ、すめかゆごめ、だいじのこめ、たなえごめ、ちゅうはくまい、ちゅうはくもちごめ、つぶごめ、なかてのこめ、なかてまい、なまごめ、にがみおおきこめ、ぬりごめ、のりごめ、はちぼく、ひきごめ、ひつじこめ、ひらごめ、ほがけのこめ、ほしあしきこめ、まごめ、むしごめ、むろのとこごめ、めのふときこめ、もちごめ、やきごめ、よきこめ、よね、りゅうきゅうまい、りょうはんまい、りょうまい、ろうまい、わせごめ、わせまい→B、E、I、L、Z 1①95,96,99,106,②203/2②148/3①18,25,③108,109,

④265/4①23,182/5①61,62,69,82,③251/6②297,298/7①12,36,40,43,44,50,83/8①162,285,287/9①26,59,62,63,64,70,71,72,81,88,106,121,129,137,138,144,150,151,152,161,166,③284/10①49,②317,322,376/11⑤214,216,217,219,220,221,223,224,230,234,238,240,241,243,244,247,248,249,257,258,259,264,265,268,269,270,272,273,278,280,281,283,284/12①139,180,181,212/13①346,360,364/14①64,108,235/15①59/16①60,61,84,86,88,94,103,212,256,311/17①12,13,14,15,17,18,19,20,21,30,33,34,36,39,40,44,53,56,57,72,73,74,76,78,79,80,85,86,87,111,113,116,122,125,127,128,129,130,135,142,144,145,146,147,180,216,315,316,317,318,329/18①131/20①105/21①21,26,49,60,89,90,②112,120,121,③144,145,④206/22①33,34,42,48,②109,③160,④215/23①12,13,38,41,42,66,67,72,80,82,107,116,④165,166,168,169/24①12,71,120,123,135,140,③298,317,338,348/25①13,17,21,22,24,25,26,30,31,61,66,78,86,94,118,②196,230,231,③262,263/27①167,179,201,203,204,207,208,209,210,220,240,250,268,270,271,272,274,343,379,381,382,385,386/28①34,35,41,42,43,50,51,52,②259,279,280,282,③323,④343/29①12,20,28,29,43,51,54,③203,207,215/30③258,277,278,291,300,301/32①42/33⑤240,241,243,250,257,259/34⑧312/35①215,②292,380/36①57,65,66,②101,113,116,124,③180,218,245,311,314,315,334,335,341/37①8,9,27,28,29,②69,76,86,87,88,100,105,106,114,152,182,184,185,186,214,③332,344,345/38③195,④250,267,274/39①27,37,③156,④184,186,218,223,224,227,228,⑤276,283,⑥322,346/40②73,75,85,155,158,③239/41①9,10,②57,65,66,67,70,73,74,80,97,99,105,106,112,122,123,131,132,③174,179,④204,⑤232,256,⑦341/42①31,45,②95,119,③151,183,④231,236,240,242,244,246,248,250,251,255,256,257,258,260,266,267,271,272,277,279,280,281,283,⑥388,390,402,406,407,435,436,438,441,442,443/43①12,38,45,62,72,74,75,76,77,78,79,89,③234,244,255,264,265,266,269,270/44①10,14,33,39,48,②110/48①12,265/49①85/50③255/51①11,22,23,24,25,26,27,28,29,38,42,43,46,47,57,58,59,65,75,80,86,87,119,②184,185,190,191,193,202/52⑥250,253,257,⑦321,325/56①92/57②210/61②81,100,101,102,③125,⑤178,⑥189,191,⑦193,195,⑨326/62①13,③66,67,72,73,76,⑤115,116,117,118,120,125,126,129,⑥157,⑦187,204,205,208,⑧244,⑨341,357,367,384,394/63③110,114,133,⑤311,314,322/64④257,285,296,301/65②86,87,99,102,105,107,123,135/66①35,44,46,47,51,52,55,57,58,59,61,64,65,②103,104,110,③157,④197,207,223,224,⑦364,⑧402,404,409/67①23,32,33,34,35,53,54,63,64,②96,99,114,③133,135,④170,173,174,176,177,179,181,185,186,⑤209,211,212,213,214,216,217,218,219,220,223,224,225,228,237,238,⑥269,274,275,278,280,284,287,288,291,294,295,298,301,303,305,308,309,310,311,317/68①63,77,98,99,105,111,151,155,②250,259,261,265,266,290,291,③316,317,④398,403,405/69①76,88,102,118,119,②199,202,276,322,323/70②63,③213,214,④270,273,277,278,280,⑥371,378,415/72②28

こめかうべきこころえ【米買へき心得】 51①21

こめがこい【米囲】 36③245

こめかす【米糟】 62⑤118

こめこ【米粉】→こめのこ→B 19①215/25③269/52④171,177,179,180,182/66③149/67⑥297

こめこうじ【米麹、米糀】→こうじ 11②122/51①138

こめだわら【米俵】→B、Z 29①21/67②99,③123

こめつきあしもとまい【米搗足元米】 66⑧402

こめつきぶし【米つき節】 27①334

こめとぎおけ【米とぎ桶】 27①300

こめぬか【米糠、粃糠】→こぬか、ぬか→B、E、I 6②270,299,306/25①91/41②139,142,143

こめのいりこ【米のいりこ】 24①99

こめのくさもち【米の草餅】 25①43

こめのこ【米のこ、米ノ粉、米の粉、米粉】→こめこ→B、I 11②123/18①121/23①65/25①112,115/28②136/50③256,265/52④170,173,174,175/56①78/61⑩459/68①111,143,173,190

こめのとく【米の徳】 62⑤115,125,126

こめのめし【米のめし、米の飯】 9①143,144,145,146,147,148,149,150,151,152,153,154,155/25①22,50/29②150

こめのもち【米の餅】 25①21,71

こめむぎ【米麦】→F 18①71

こめむぎいりよう【米麦入用】 31③113

こめめし【米めし】 9①143,147

こめろ【小女】 29①75

こも【コモ、こも、菰首】→A、B、E、I、Z 1②205/6①170/9①9

こもち【小もち、小餅】→O 27①223,232,233

こもち【粉餅】 37②87

こもちな【子持菜】 10①22,25

こもつの【菰首】 18①127

こもの【小物】→L、R、X 43①55/66⑧401

こもんくらら【小紋くらら】 42⑥389

こもんじ【小紋地】 14①247

こやく【こやく(業厄)】 39⑥342

こやずまい【小屋住】 66⑤259

こやね【小屋ね、小屋根】 10②358/27①193

こゆれんがん【古萸連丸】 2②153

こよう【小用】 15②165

こようをきくもの【小用をきくもの】 15②196

こり【こり、骨折、骨柳】 13①216/35①103/62②44,④88

ごりょう【ごりやう】 19②415

ごりょうし【五霊脂】 18①169

こりをとる【こりを取】 43③232

ごりん【五倫】 13①337,343

ごりんごじょう【五倫五常】 22①75

ごりんごじょうのみち【五倫五常の道】 21⑤222

ごりんのみち【五倫の道】 13①319,320,321,323,326,331,336,337,340/21⑤215,218/22①23/23⑥303/38③172

ごれいこう【五れいかう】 60①64

ごれいさん【五令散】 2②153

ごれいそれき【呉醴楚瀝】 51①18

ころ【木呂】→まき→B 24①25/27①222/36③185/49①94

ころうそく【小蠟そく】 43①53

ころがき【ころ柿、胡盧柿】→ほしがき 14①201/56①84/62⑤121

ころも【衣モ】 70②69

ころもあげ【ころもあげ】 9①162

ころもけさ【衣袈裟】 43③261

ころもばこ【衣筐】 66⑤257,264,272

ころり【ころり】 68④399

ころるい【木呂類】 27①326

こわいい【強飯】 23①65/36③256

こわきつよきあさ【こわきつよき麻】 17①333

こわた【小ワた】 35②400

こわたり【古渡り】 49①47

こわめしむしのせいろう【強飯むしの蒸籠】 47②97

こわらわ【小童】→こども 3③175/27①195,217

こわり【小わり、小割】→はりき→K、L 24①25/53④218,235

こんがすり【紺かすり】 53②129

こんきゅう【困窮】 3③108/5①150

こんきゅうしゃ【困窮者】→なんじゅうもの

21⑤226
こんきゅうのもの【困窮ノ者、困窮之者】 5①112/33⑤253
こんきゅうむら【困窮村】 64③172,⑤344
こんげんのふぼ【根元の父母】 63⑤314
こんじ【紺地】 34⑥161
こんしょう【袞裳】 35①235
ごんずわらじ【ごんずわらじ】 24①17
こんとび【紺鳶】 36③322
こんにゃく【こんにやく、菎にやく、菎蒻、蒟蒻】→E 9①152,158,162,164/10①47/25③261/28②211,233,276,④357,359,360/29①35/36③276,291,336/42④267,275,277/43①21,63,83,84/60⑥367/62③62,65
こんにゃくしらあえ【こんにやく白和、こんにやく白和え】 43①23,65,85
こんにゃくのさい【こんにやくのさい】 28②251
こんにゃくのしろあえ【こんにやくのしろあへ】 9①165
こんにゃくほそぎり【こんにやくほそ切】 28②133
こんのぬの【紺布】 24③328
こんのまえだれ【紺の前だれ】 29①20
こんぶ【こんふ、こんぶ、海帯、昆布、混布】→あおこんぶ、きざみこんぶ、きりこんぶ、さんぼうこんぶ、だこんぶ、だしこんぶ、つけこんぶ、ねたらいこんぶ、ほそめ、みずからこんぶ、むすびこんぶ、もとそろえこんぶ→B、H、J 6①172/10②352/25③261/28④360/36③161/43③252/44①24/45⑦424/49①215,216,217/50④318/52①55/69①110
こんぶにしめ【こんぶ煮しめ】 27①243
こんぺいとう【金平糖、金米糖】 15③339/44①11
こんみん【混民】 23④199
こんりん【金輪】 70②77
こんろんのへきぎょく【崑崙の璧玉】 20①342

【さ】

さ【醝】 51①15
さあや【さあや】 48①65,66
さい【賽】 62②44
さい【さい、菜、菜ひ】 3③155/9①147,149,151,153/11②117/12①316,337,354,363/13①102,227/21②101/25②202/27①239,242,243,244,248,250,298,334,342,344,349,351/28②127,128,131,141,142,175,204,205,250,251,276/29①28,84/41②136,⑦342/67①55
さいおんじけしょし【西園寺家諸士】 10①163
さいがき【さいがき】 43②206
さいかく【才覚】 5①138/33⑥299
さいかく【サイ角、犀角】 7②258/60④165/69①103
さいかち【皀莢】→E、Z 62③61
さいかちのわかば【皀莢嫩葉、皂莢樹嫩芽】 6①170/18①146
さいきち【才吉(和紙)】 36③186
ざいけ【在家】→D、M 16①113,127,283
さいこ【サイコ、柴胡】 45①30/60④165,168,177,185,189,191,195,207,213,⑥362/68③323,326,327,329,342
ざいこく【財穀】 12①113
さいごくのあぶら【西国の油】 50①85
さいことう【柴胡湯】 60④191
さいこはんげ【葉(柴)胡半夏】 42⑥411
さいし【妻子】 3①9/5①166,175,177,182/17①315/21⑤228/23①92,②134,④164,173,189,⑥304/24③278/25①31,63/28①5,82/29②152,159/30③281,291/31②66,71
さいしけんぞく【妻子眷属】 31③107
さいしゅ【催主】 55②109,112
さいじょ【妻女】→つま 5①69/32②295,298,324
ざいしょ【在処、在所】 4①61/5①177,180/10②349
さいじょうひん【最上品】→X 69②301
さいしょく【菜色】 12①227/68①43/70③211,⑤308,341
さいしょく【菜食】 6①144,162
ざいしょのひとびと【在所人々】 27①19
ざいしょのもの【在所の者、在所之者】 27①27,214
さいしん【サイシン、細辛】→E 18①169/60④166,227,⑥357/68③329,350
さいそ【菜蔬】→やさい→E 15②141/19①201
さいだね【菜種】 48①201
さいたん【柴潭】 51①18
ざいちゅうじんか【在中人家】 5③284
ざいにん【罪人】 5③285
さいのめとうふ【さいのめとうふ】→とうふ 9①159
さいのもの【さいの物、菜のもの、菜の物】 28②190,④329,332,346
さいばし【菜箸】 52①25
ざいほう【財宝、財寶】 3①16/5③285/24③273/41②40
ざいまき【才真木】 22③162
さいまつ【歳末】 9①146
さいみ【さいみ】 25①118
さいみそ【さいみそ】→みそ 24③339
ざいめい【在名】 28②259
ざいもく【材木】→き→B 3③167/16①140/44①44/50②188/56②270/57②89,104,115,118,121,138,139,146,170,171,174,175,181,199,208,226
さいもの【菜もの、菜物】 28④351,353
さいりょう【宰領】→M 43③250/66⑧407,410
さいりょう【菜料】 27①230
さいれいのどうぐ【祭礼之道具】 27①228
さいろう【菜粮】 19①201
さいわいだけ【芝】 49①207
さえん【さゑん】→D 41②135
さえんかて【さゑん粮】 20①306
さえんのわかば【茶園の若葉】 40②151
さお【棹】→B、C、J、Z 48①153
さおとめもらい【早乙女もらひ】 25③263
さかがす【酒がす】 42⑥411
さかずき【盃、盃キ】→ちょく 9①165/41②137/48①349/51①174/59②105/61⑨305/62②43
さかずきだい【盞台】 62②43
さかだい【酒代】→L 21③161/36③175
さかだる【酒樽】→B 33⑤259
さかて【酒手】→L 44①21
さかな【サカナ、さかな、魚、肴】→ぎょ→I、J 1①106,108/9①75,143,144,146,149,151/12①312/13①129,373/23①45/24①11,32,112,③278/25①87/27①236,237,238,239,241,242,243,244,246,247/28②128,205,④360/29②120,121,137,138/33⑤254,259,260/37②118,119/41②135,③174/42④267,⑥407/45①49/51①123/52②85/58⑤343/59①12,21/61⑨299/67②93/70⑥385
さかなあら【さかなあら】 9①144
さかなさば【肴鯖】 27①237
さかなのめだま【魚の眼玉】 23④181
さかむかえ【酒迎】 42⑥418/66④194
さかもり【酒盛、酒盛り】 24①13,③278/25①25,③282/36③230
さかやき【さかやき、月代】 16①50/23④164/24①93/27①329,334,337,350,362
さかやきをそる【月代をそる】 30③247
さき【沙嬉】 51①17
さきおり【裂織】 5①177
さきばこ【先箱】 43③250
さきをり【サキヲリ】 1②183
ざくざくじる【ざくざく汁】 16①60
さくじ【作事】 16①121,122,228,229,232/57②121
さくじき【作食】→R 1④315/4①279
さくにわ【作庭】 27①164,165,210,219,316,341
さくのまがり【作之間刈】 28①34
さくらづけ【桜漬】 52①43
さくらのみ【桜の実】→E 36③226
ざくろ【石榴、柘榴】→じゃくろ→E 6①168/62③62
さくろう【索郎】 51①18
さけ【酒、酒酵、酉、米汁】→あげざけ、あまざけ、いもしゅ、うすくちのさけ、えどざけ、おさけ、かこいざけ、かすしぼりのさけ、かすゆざけ、からさけ、かわりざけ、かんざけ、かんづくりのてざけ、かんづくりのにごりざけ、かんづくりもろはく、きくざけ、きざけ、さんしょうざけ、じざけ、したみざけ、しょうがつざけ、じょうじょうのさけ、しょうぶざけ、しろざけ、しんしゅ、すみざけ、すみたるさけ、せいしゅ、せちざけ、つめざけ、てざけ、てづくりのさけ、てづくりのにごりざけ、とそざけ、どぶろく、なおしざけ、なつざけ、なまざけ、なみさけ、にごりざけ、にざけ、ねりざけ、はじかみいりざけ、はるざけ、ひいれざけ、ひかえざけ、みちうりざけ、むぎざけ、もちごめしゅ、ももざけ、もものさけ、やおほりのさけ、やまざけ、れいしゅ、わるざけ→B、G、H、I
1①90,106,108,112,②167/2①135/3①35,④331,340/5①17/9①72,75,81,82,94,141,143,144,146,149,151,152,155,158,159,160,163,165/10②315,375/11②122,123/12①193,389/13①227,373/14①176/17①145,146,323/18①119,162,164,④393,406/21⑤233/22①14/23①65,④164,**168**/24①26,32,37,38,126,③275,345,348,354,357/25③262,271,281/27①19,227,228,229,235,236,237,238,341,347,353/28②204,250,251,276,③323,④357/29①35/33⑤250,254,⑥361,393/36③162,174,229,292/38④268,271,282/39⑥345/40②53,150,151,**155**,158,160,174,④313,314/41②136,137,③171,174,179,⑤258,⑦341/42②116,③167,172,175,176,179,190,195,④237,239,242,245,249,251,254,255,256,257,258,260,261,265,267,268,271,272,274,275,277,278,279,280,281,283,284,⑤315,316,⑥372,400,401,414,432/43①36,94,③243,246,249,251,252,274/44①24,48,②117/45③168,⑥304,307,314,⑦424/47①43/48①165/49①110/51①12,13,14,15,16,19,21,25,26,27,28,29,30,31,35,39,40,45,46,50,51,52,53,58,61,62,64,77,80,81,82,85,88,90,96,101,104,112,117,122,123,131,132,135,136,137,141,142,144,147,148,151,152,158,159,160,161,162,163,164,165,166,168,169,172,173,174,175,177,②182,183,184,189,196,199,201,203,204,206,207,208,210/52①50,②122,123,⑦312/56①215/58⑤302/59①11,21,22,②93,97,105,123,151/60④179,181,225,⑥357,366/61⑨301,307,323,347,359,386/62⑤118,⑥152/63①49,55,⑧428/64④261/66③138,⑤291,⑦370/67②93,⑥275,278,279/68②291/69①38,39,41,43,77,118,125,②345,346,347,348,360/70①23,③214,230,239,⑤320,333,⑥385,404
さけ【サケ、鮭】 5④349/6①215
さけあたり【酒当り】 42②86
さけい【沙揭】 51①17
さけいみょう【酒異名】 51①**17**
さけかす【酒かす、酒糟、酒粕】→I
6①225/18①158/22⑥365/42⑥373/43③270/52⑥251,252/66③149
さけがたきひまついえ【避がたき隙費】 23④194
さけことば【酒言葉】 51①47
さけさかな【酒肴】→しゅこう→L
28②128,133,184,205,233
さげじゅう【提重】 1②167/44①39,41/62②43
さけしょうゆ【酒醬油】 3④372
さけとりのからきしょうちゅう【酒取のからき焼酒】→しょうちゅう
51②209
さけのあらいしる【酒の洗汁】 41②139
さけのいたみ【酒の傷】 41②141
さけのかす【サケノカス、酒のかす、酒の糟、酒の粕】→B、G、I
9①142/41②139/45③168/60④218/69①100
さけのさかな【酒のさかな、酒の肴】 3④371,372/9①149/38③184/69①110
さけのしおびき【鮭の塩引、鮭塩引】 6①214/25①22
さけのすし【鮭の鮓】 58①45
さけのたたき【鮭の叩】 58①45
さけのとく【酒之徳】 51①**14**
さけのはらら【鮭のはらゝ】 36③159
さけのひ【酒ノ火】 24③348
さけのふるだる【酒の古樽】 14①364
さけのみ【酒呑】 42④233,243
さけのもと【サケノモト、原醅】 70⑤321,334
さけぶるまい【酒振舞】 42③200
さけまい【酒米】 36③322
さけめし【酒飯】 51①138
さけらんしょう【酒濫觴】 51①11,13
さけをもる【酒を盛】 36③269
ざこ【ざこ】→I、J
41③174/43②189
ささ【篠】→B、E、G、H、I、Z
51①19
さざい【さゝい】→J
5④351,354,356,357
ささいた【さゝ板】 24③329
さざえ【栄螺】→I、J
41②119,122
さざえのふたかい【栄螺の蓋貝】 6①232
ささぎのちゃがい【さゝぎの茶かい】 28②205
ささげ【さゝげ、大角豆】→E、I、Z
10①35,37,39/19①174,202/20①177/28④358/52①56/62③62
ささげのは【さゝけのは、さゝけの葉、豇豆の葉】 10①34/19①202/20①306/25①66
ささげもの【捧げ物】 23②142
ささちまき【笹粽】 36③221
ささまき【サヽマキ】 24①92
ざざんざのはままつ【さゞんざの浜松】 66④194
さし【さし】 28②184,205
さしかさ【さし笠】 12①312
さじき【桟敷】 1②169
ざしき【ざしき、座敷、座舗】 9①82/19②416/24①13/27①202,218/35①120,121/37②85
ざしきのえん【座敷の掾】 27①216
ざしきのそうじ【座敷のそふじ】 42⑥445
さしこ【褸裂】 6①243
さしこぬの【サシコ布】 1②140
さしさば【刺鯖】 5④340,344,348,351,352,353/27①246/43③257
さしどこ【差床】 34⑥141
さしみ【さしミ、指身】 3④336,363/12①318,344/17①311
さしみたかとう【指身たかたう】 3④338
さしもの【梁】→M
27①218
さしものざいく【指物細工】 62⑤119
さしものはんきり【さし物半きり】 37②72
さす【さす】 24③330/66⑦363
さすけ【佐介】 51①19
ざぜんまめ【座禅豆】 52①35
させんりゅう【左旋龍】 22①64
さちょう【叡鳥】 51①17
ざつがみ【雑紙】 70②134
ざつき【座着】 43①88
さつきうえづきもの【サツキ植月物】 27①205
ざつけ【座附】 27①352,374
ざっこ【さつこ】 42③173
ざっこく【雑穀、雑石】→I、X
4①182/17①206,272,273,299,315,318,319,320,321/25①118/34⑦251/35②342/62③67/66④224/67①32,37,41,53,④179,187,⑤232,⑥313/68④403,407/70⑥404,415
ざっこくのから【雑穀のから】 4①235
ざっこくのめし【雑穀の飯】 70③229
さっさ【札瘥】 18①13
ざっしょく【雑食】 4①182/6②297
さつま【薩摩】 62③62
さつまいも【サツマ芋、さつま芋、さつま藷、甘薯、甘藷、薩摩芋、蕃薯】→いも、いもかずら、からいも、かんしょ、といも、りゅうきゅういも→E、Z
6①168/24①127/28④360/38④253/66⑧401/68①60/69②347
さつまや【さつま屋】 67①24
さつまやき【薩摩焼】 69②268
ざつやく【雑薬】 68③317
さでき【さで木】 24③310
さと【里】→D
10②349
さといも【さといも、芋、家芋、青芋、里いも、里芋】→いも、いもがしら、たいも、はすいも、やつがしら→E
6①169/9①155/10①42/18①153,166/22③176/25①73,76,③261/28②184,④359/

36③276,280,292,336/38④253/43①9,21,23,65,84,85/44①9/67⑥318
さといものは【里芋之葉】→B 62③62
さとう【さたう、サトウ、さとう、さとふ、沙糖、砂糖、磋糖】→くろざとう、しょとう、しろざとう、しろした、すな、はくとう、べにさとう、むらさきさとう→B、E、H、I 3①11,46,47,④372/6①233/13①134,293/14①34,38,98,101,105,321,322,323/24③340/30⑤400,404/40②151,④278/43③261,267/44②172/45⑥308,309,310/48①217/49①188,189/50②142,144,146,156,157,158,159,160,181,182,183,188,189,190,192,197,199,201,208,③262/55③351/60④205/61⑧216,225,226,227,229,231/69②317/70①8,10,11,13,14
さどう【左道】 3③108
ざとう【座頭】→めくら→M 10②321
さとうづけ【砂糖漬】→K 3④377/52①14
さとうのき【甘蔗】→E 69②347
さとうみず【砂糖水】→B、I 3④375
さとうみつ【砂糖みつ、砂糖密、砂糖蜜】→I 3①62,④375/52①36,52
さとうもち【砂糖餅】 43①52
さとご【里子】 4①277
さとそだちのもの【里育ちの者】 25①51
さとはっかそん【里八ケ村】 64①60
さとむらはっかそん【里村八ケ村】 64①61
さなご【さなこ】 63⑤298
さねわた【さねわた】→E 17①227
さば【さば、鯖】→ぼんさば→B、I、J 5④350,351,355,356/10②370/27①236/43①35,36
さばきりめ【さばきりめ】 27①236
さばこ【鯖子】 5④352
さはち【さはち、砂鉢】 9①162/48①257/53③166/62②43
さばのきずし【鯖ノきすし】 5④353
さばのこ【鯖ノ子】 5④348
さまつ【椵茸】 62③61
さまつたけ【さまつたけ】 5④352
さみ【差味】 28④358
さみず【白水】→B 67⑤232
さみせん【サミセン、三絃】→しゃみせん 24①94/62⑥152
さめ【鮫】→G、I、J 5④350
さや【さや、角、莢】→E、W、Z 12①205/17①199,212/68①146
さら【皿】→ひらざら→B、E、Z 9①145,146,155/22③176/27①302/29②137/48①374,377/49①160
さらいのしょく【嗟来之食】 67①48
さらさ【さらさ、花布】→E 24③352,354/48①171,345/54①111,124,126
さらさぞめ【花布染】 49①70
さらし【さらし】 9①158,164
さらしあぶら【晒し油、晒油】 50①85,88
さらしくず【晒葛、曝葛】 50③245,263,268
さらしこ【晒し粉】 34⑧306
さらしじ【晒地】 14①247
さらしてぬぐい【さらし手ぬぐい、さらし手拭】 9①159,160,164,165
さらしのてぬぐい【晒の手拭い】 58⑤350
さらしはくふ【晒白布】 48①65
さらしもめん【晒し木綿】 22①57/48①77
さらしろう【晒蠟】 14①229
さらもり【さらもり】 28②184
さりゃく【差略】 36③322
ざる【笊】→そうけ→B、J、W、Z 3①62/62②43
さるとり【申酉】 62②52
さるは【さる葉】 19①201/20①307
ざるもと【ざる本】 40②155
さわあざみ【苦芙、苦芙、刺薊菜】 6①169,170/18①134
さわしがき【醂柿】→F、K 18①73
さわてまい【沢手米】 66⑧402,404,406
さわら【さわら】→J 9①154
さわらつくりみ【さわら作身】 44①24
さん【琖】 51①18
さん【算】 23④163
さん【餐、飧】 6①201/25①7
さん【盞】 49①54
さんえ【産穢】 24③268/43③232
さんか【山果】 3③170/18①123
さんか【山家】→やまが 14①239,241,369,406/19①122,②297/37①36,41,②81/47②91/53①37/69①91
さんかい【参会】 34⑥152
さんがい【三がい】 19②416
さんかいのちんもつ【山海の珍物】 24①51
さんがいぶし【さんかいぶし】 36③253
さんかくのちまき【三角の粽】 36③221
さんがつだいこん【三月大根】→だいこん→A、F 10①25,28
さんがつだし【三月出し】 33⑥374
さんがつにとりしょくするやさい【三月に取り食する野菜】 10①28
さんがつみっかつかいようのごぼう【三月三日遣用の牛房】 34⑤78
さんきさんこう【三棄三興】 18④394
さんきねはんつきたるこめ【三杵半つきたる米】→こめ 40②162
さんぎょうのしょ【蚕業の書】 35②301
さんきょく【三極】 10②345
さんきらい【さんきらい、山帰来、山木萊】 10①28,32/60④187
さんげん【三絃】→しゃみせん 36③302/66④194,195
さんごくめし【三穀飯】 2①41
さんごごうなべ【三五合なべ】 27①318
さんこんし【山根子】 60④187
さんさい【三才】 10②345
さんさいのわ【三才の和】 19②361
さんざし【山杷子】 6①230
さんし【蚕糸】→きぬいと 68④394/69②242
さんしし【サンシ々、山子子、山梔、山梔子】 14①323/60④166,181,183,193,197,221,⑥355/68③326,329,351
さんしち【三七】→E 25①146
さんしちそう【三七草】→E 48①258/59⑤438
さんしちのね【三七のね】 60①59
さんしつ【蚕室】→かいこや 35①37,98,②378,415,③425,426,427,432,434/47①56,②91,92,93,94,95,111,113,130
さんしつのなげし【蚕室の根押】 35③428
さんしのむし【三尸の虫】 13①152
さんじゅつ【算術】 21⑤212
さんじゅつけいこ【算術稽古】 21⑤211,212
さんしょう【山椒、椒樹】→ひざんしょう→B、E、Z 3④289/6①171,233/52①44,49,②120/62③61
さんしょう【山庄】 10②349
さんしょうざけ【さんせう酒】→さけ 10②352
さんじょうなべ【三升なべ】→B 27①319
さんしょうのきの【山椒の木の】 36③253
さんしょうのこ【山椒の粉】 52②119
さんしょうのみ【山椒の実】 52①44
さんじん【山人】 48①250
さんしんたん【三神丹】 24③352
さんずいのとし【三水の年、三水之とし、三水之年】 19②314,318,331,344,350,355
さんずん【三寸】 30①32,56,57,58,59,87,117/51①19
さんずんだま【三寸玉】 36③256
さんそう【酸棗】 18①63
さんそうかい【酸棗麪】 25①112
さんぞうき【三雑木】 53④222
さんそうのしょじゃく【蚕桑の書籍】 35②301
さんぞくゆい【三束結】 42②86
さんちゅう【山中】 3①38,③108/6①139,157/7①43/12①126,170,217/13①89,132,140,176,210/16①133,160,165,170,178,206,209,250/25①43/28①26,28,30/31④202/32①130/38①20,22/40②154/45④205,208,209,210,212/48①219,221,252/53④

236/56①62,94,169/57②119,120,131,133,139,186,191,205,225,227,234/65②125/67③130,131/68③349/69①51,91/70②115,119,141
さんちゅうちゅうどく【三虫虫毒】 18①116
さんちょうがけ【三丁懸】 49①71,73
さんていいろは【三体いろは】 62②54
さんとく【三徳】 10①139
さんどふち【三度扶持】 63③131
さんとめじま【桟留縞、桟留嶋】 14①327,328,333,337,406
さんねんたくあん【三年沢庵】 52①23
さんねんふさがり【三年塞】 19①82
さんねんまい【三年米】 5①83
さんねんみそ【三年味噌】→みそ 52①45
さんばいず【三杯酸、三杯醋】 52①50,53
さんはく【酇白】 51①18
さんばく【さんばく】 41②135
さんばん【三番(あわび)】→Z 50④311
さんばんぜん【三ばん膳】 9①159
さんばんほしあわび【三番干鮑】 50④310
さんぴつ【算筆】 24③274/31⑤246
さんぷきんせい【産婦禁制】 18①146
さんぶちくわ【三分竹輪】 29②156
さんぼう【三宝、三方】 15①93/25③263/27①229/36③161,171/62⑤116
さんぽう【算法】 21⑤211
さんぼうこんぶ【三宝昆布】→こんぶ 43③250
さんぼうにいれおきたるこめ【三宝に入置る米】→こめ 30③258
さんぼんのじょうしろ【三品の上白】 14①98
さんもんたどん【三文たとん】 55②166
さんやく【サン薬、山薬】→Z 3①36/6①135,137/34⑧307/60④164,179
さんやく【散薬】 43①13,58
さんやのかてな【山野の粮菜】 19②443
さんようふく【蚕養福】 24①21
さんりょう【三稜】 40②180/68③348
さんりんなきむらざと【山林なき村里】 25①84

【し】

し【糸】 35①12
じ【痔】 7②355/12①291
しいぐさ【しひ草】 10①34
しいだ【しいだ】→しいな→E 27①295
しいたけ【しいたけ、しゐたけ、香蕈、椎鼠、椎茸】→ちゅうしいたけ、つぶしいたけ、ひらしいたけ→E 5④349,354/6①172/9①162/10①25,39/14①356/36③292/38④242/40②184/44①9,24/50④326/62③61
しいな【秕】→しいだ→E、G、I、Z 10②375
しいなまい【秕米】→E 62②40
しいなもち【しゐな餅】 1③284
しいのみ【椎の実、椎子、椎実】→E 6①168/10①42,44,46/18①122/25①43/62③62
しいら【しいら、鱰】→E、G、I 5④350,354,355
しいらのきりやきもの【しいらの切焼物】 28②250
じいん【寺院】 69②364
じうりもろはく【地売諸白】 51①26,27,28
じえき【時疫】→G 2②149/6①226/45⑦409/67④184
しえたけ【しへたけ】 22③176
しお【しお、シホ、しほ、塩、鹵】→あこうじお、あらじお、うすぐろきしお、かさしお、くいしお、くわしお、こましお、しょうゆのしお、たまじお、たれしお、つけしお、つけなしお、つとしお、つぼしお、どうだれじお、どうだれのしお、にざまししお、はなじお、はまじお、ふるはましお、みずしお、みそのしお、やきしお、よせじお→B、G、H、I、L、Q、X 1①108,③283/3④295,297,298,331,333,342,367,368,375,381/5④309,310/6①144,219,224,225,227,236/8①222/9①118,133,136,137,138,139,140,141,142/10②362,379,380/14①66/15①97/17①321,322/18①94,114,122,132,134,146,158,159,④406/21④206/23⑤285/24③319,333,334,335,336,337,339,340,341,342,345/25①21,117/27①291,298,308,331/28①34,②138,④357/29①28,④272,273/31③120,⑤283/33⑥349,371,374,375/34⑧313/36①65,③182/38③137,184,199,④261/39③153/40②179/41②80,137,138,139,140,142,143/42③175,④238,248,274,⑥436/43①57,69,82,③255,270,271,274/45③177/49①190,193,213/50③260,264/52①10,12,22,23,24,25,26,27,30,31,33,34,36,38,39,42,43,44,45,50,51,52,53,54,55,56,58,②86,120,124,④165,166,168,170,172,174,176,178,179,181,⑤204,205,206,207,208,209,210,211,212,213,214,215,216,218,220,221,222,223,224,⑥249,251,252,253,254,255,256,257,⑦283,284,285,301,305,306,307,308,309,311,312,313,314,316,317,318,320,321,325/54①269/59⑤433/60④220/62⑤119,⑧247,279/63①51/64④274,285/66③149,④223/67③123,⑤235,236,⑥274/68①59,70,71,82,84,85,87,90,95,96,97,98,103,106,107,112,114,127,133,137,140,141,142,143,144,145,149,151,152,159,162,163,164,170,174,175,178,183,185,186,188,189,②287,④394,407,408/69①45,46,62,116,②372/70②97,98,129,135,③219
しお【潮】→H 52⑦299
しおあじ【塩味】 49①52/69①47
しおあゆ【塩あゆ】 16①60
しおあら【塩あら】 5④353
しおいなだ【塩鮲】 29②156
しおいりちゃ【塩入茶】→ちゃ 25③271
しおいわし【塩鰯】 4①64/5④348/25①22,31/36③207/58⑤343
じおう【地黄】→E、Z 12①230/60④168,183,197,219,⑥358/68③345
じおうせん【地黄煎】 50②160
しおうめ【塩梅】 13①131/56①183
しおおしなすび【塩押茄子】 52①24,42,49,50
しおがき【塩柿】→K 13①147
しおかげん【塩加ケン】 8①222
しおから【しほから、塩辛】→うるか→I 17①321/58①45,③127/59④292
しおからるい【塩から類】 25①31
しおかれい【塩鰈】 5④348
しおくさ【塩草】→I 16①113
しおくじら【塩鯨】 5④353/66④207
しおこだわらいっぴょう【塩小俵壱俵】 22③167
しおざかな【塩肴】 25①22
しおざかなのめ【塩魚の眼】 23④181
しおざけ【塩鮭】 25③259
しおさば【塩鯖】 29②138
しおさんしょう【塩山椒】 52①44
しおしいら【塩しいら】 5④348,353
しおじる【塩汁】→I 52⑦314
しおすずき【塩鱸】 59③248
しおだいのくび【塩鯛の首】 60⑥359
しおたで【塩蓼】 52①50
しおだら【塩鱈】 5④351/25①22,86
しおづけ【塩漬】→K 3④367/10②338/12①234
しおづけぜんまい【塩付せんまひ】 5④319,320
しおづけのもの【塩漬の物】 13①154
しおで【牛尾菜】 6①171
しおに【塩煮】→K 23①76
しおのたくわえ【塩の貯】 18①115
しおびき【塩引】 25③263,287/36③280,336/58①41,42,43/61⑨385
しおぶり【塩ぶり、塩鰤】 28②142/58①50
しおほっけ【塩鯱】 58①51
しおます【塩鱒】 1①112/25①

22,86,③259/58①38
しおまつたけ【塩松茸】 52①54
しおみず【塩水、汐水】→B、D、H、X 41②142/52①32,43,44/69①125
しおもの【しを物、塩物】 28②226/41②52
しおゆ【塩湯】→B 45⑥309
しおをやくたきぎ【塩を焼薪】 13①187
しおん【四恩】 16①62
しか【しくわ】 9①159,164
しか【四哥】 19②414
しか【紫霞】 51①17
しか【鹿】 69①91
しか【柿花】→ほしがき 13①148/18①76/56①78,85
じがいあえ【自害あへ】 17①200
しかがた【鹿形】 49①73
しかく【四角】 27①299
しがく【志学】 5①5
じかた【地方】→いなか、ゆう(邑)→R、X 18②247/28①56
じかたしょ【地方書】 65③250
じかたのしょ【地方の書】 65③253
じかたのふう【地方の風】 53⑤357
じかだん【直談】 27①331
しがつだし【四月出し】 33⑥374
しがつにとりしょくするやさい【四月に取り食する野菜】 10①31
しかにく【鹿肉】 60④201
しかのつの【鹿角】→B、E 60⑥374
じかのともしりょう【自家の燈し料】 15①96
しかのふくろつの【鹿茸】 69①103
じき【時気】 12①358/60②104,106
じき【磁器】 48①369,376/69②164
じき【喰】 23④200,202
しきい【鴫居、敷居】 14①89/62②39/67①15
しきいた【敷板】→B 27①218
しきけた【しきけた】 66⑦363
しきしどうふ【色紙豆腐】→とうふ 52②87,88
しきだい【敷台】 67①15
しぎふ【鴫麩】 52④174
しきみこう【樒香】 24③352
しきみそ【敷みそ】→みそ 28④360
しきみのうち【閾の内】 27①338
しきもの【敷もの、敷物】 21④187/24①89/40②85/41②134/49①41,72,155,159/56①160/57②219/62②39/68③364
じきやすめ【食休】 29①12
しきよく【しきよく】 39⑥341
しきり【仕切り】 69②282,284
じきろう【食籠】 62②43
しきんたん【紫金丹】 44①33
しけ【絓】 35②357
しけいと【絓糸】→L 35②401
しげき【茨荊】 36①63
じげしょ【地下処、地下所】 16①51,52
じげにん【地下人】 24③273/30①30/64①79
しこ【市沽】 51①18
じこ【事故】→E 32②306
じごくふろがま【地獄風呂釜】 49①172
じこつぴ【地骨皮】 60④164,⑥346
しごとば【仕事場】→D、X 27①331
じざい【自在】→B、Z 15②227
じざけ【地酒】→さけ 51①121,122
しし【しゝ、獅子】→G、I 12①291/41②104,122
じじ【祖父】 21⑤211
ししうど【差活】 6①236
ししおどり【獅子踊】→O 67⑥315
ししきも【猪胆】 2②153
じしつ【痔疾】 3④345/45⑥310
ししのにく【猪肉】 12①330/24①127
ししのにくのあつもの【猪肉のあつ物】 12①266
しじみがいのしる【蜆貝の汁】 6①230
しじみのさじ【蜆の匕】 15①41,100
ししゃ【死者】 66②99
じしゃ【寺社】 9①144
しじゅうくにちのもち【四十九日の餅】 9①163
しじゅうにやくいり【四十二厄入】 10②354
じじゅん【事醇】 51①17
ししょ【四書】 3③186/12①29/40②89
ししょう【師匠】→せんせい 18②256/24①11/25③280
ししょく【紙燭】 10②336
じしろがた【地白形】→K 14①247
じしんあれすもうばんづけ【地震荒相撲番附】 66⑥343
しせいのそなえ【死生の備】 3③176
しそ【シソ、しそ、紫蘇】→あおじそ、ちりめんじそ→B、E、Z 6①169/9①141/11①60/18①141/24①127,③340/25①145/28④358/29④279/41②143/52①35,49/60④165,189,⑥351/62③62
しぞう【死贈】 51①17
しぞく【積粟】 35②341
しそくにく【四足肉】 24③268
しそし【紫蘇子】→E 13①297/45⑥310/68③326,354
しそしる【紫蘇汁】 14①365
しそづけ【紫蘇漬】→K 12①305/52①42
しそのは【紫蘇のは、紫蘇の葉】→B、E 10①31/38③184/52①33,34,36,37
しそのほ【しその穂】 52①43
しそのみ【しそノ実、しその実、紫蘇の実】→E 24③337/52①42,49,53
しそまき【紫蘇巻】 3④342
しそまきうめ【紫蘇巻梅】 14①364
しそん【子孫】 3①9,16,③112,115,119,126,④355/5①182,191,③250,287/10①12/21⑤225/22①79,②131/23④195,⑥297/24①8,170,172,173,③263,268/28①6/29②158/31③108,131,⑤246,247/33②117,⑥300
じそん【児孫】 24①169
しそんえいきゅう【子孫永久】 31③107
しそんはんえい【子孫繁栄】 47⑤252
しそんはんじょう【子孫はんじやう】 28②278
したい【柿蔕】 56①85
じだいず【地大豆】→だいず 52⑤210,215
したおび【下帯】 19②433
したき【下木】→B 57①22
したぎ【下着】 9①158
したくだい【支度代】 43①81
したこな【下粉】 30③234
したし【したし】→ひたしもの 43①17
したじ【下地】→A、B、D、I、K、X 9①167/47⑤279
したじまい【下地米】 1③275
したしもの【したしもの、したし物】→ひたしもの 28④358/41②119/43③250
したねのすみ【下直のスミ】 49①81
したひも【下紐】 27①316
しだみ【したミ、したみ】→どんぐり 18①116/19①201
したみざけ【したミ酒】→さけ 52①30
したん【シタン】→B、Z 60④165
しちがつだし【七月出し】 33⑥375
しちがつにとりしょくするやさい【七月に取り食する野菜】 10①36
しちくのこ【紫竹の子】 10①28
しちけんじん【七賢人】 49①73
しちどぞう【質土蔵】 2①125
しちのいましめ【四知の誡】 41②47
しちほうじゅうざい【七方十剤】 18①21
しちもつだし【質物出し】 67④175
しちゅう【市中】 13①89
しちゅう【子丑】 62②52
しちゅうさんじん【市中散人】 5①192
しちょう【紙帳、紙張】 24①57/35①143,②373/62④97
しちりん【七りん、七甃】→B 47②98/62②43
しつ【疾】→G 54①258
じついん【実印】 25③261
しっか【失火】 36③186
じっかん【十干】→X 41④202
じっかんじゅうにし【十干十二支】 21①11/67⑥263
じっかんじゅうにしのもじ【十幹十二支之文字】 62②51
しっき【疾気】 41②112,143
しっくい【シツクヒ】→B、X 48①381
しつけ【躾】→A、G

24③273
しつけきんし【シツケキンシ(しつけ糸)】 49①174
しつけのはんりょう【仕付之飯料】 34⑦251
じっし【実子】 21⑤230
しっそう【湿瘡(梅毒)】 68③316
しっそう【湿瘡(疥癬)、楊梅瘡(疥癬)】 7②250/70⑤338
しったん【湿痰】 14①178
しっちんばんぽう【七珍万宝】 5③249
しつひ【湿痺】 14①178
じっぷ【実父】 21⑤211
しっぺい【疾病】 5①191/23①92/32②306/68①44
しつらく【佚楽】 5①184,190
しで【紙手】 10②353
していけいやく【師弟契約】 46①104
じていじびん【自剃自鬢】 36③184
しとう【刺刀】 18①169
じどう【児童】 5②220
しどうきん【祠堂金】 43③235
しどうまい【祠堂米】 42⑥403
しとだる【四斗樽】→B
3④295/14①214/33⑥373,374/50④307/52①21
しとだるぐらいのおけ【四斗樽くらゐの桶、四斗樽ぐらゐの桶】 14①169,172
しとだるようのおけ【四斗樽やうの桶】 14①192,197,298
しとみ【蔀、蔀ミ】→B
10②358/27①260,264,379,386/62②39
しどめ【木瓜】 62③62
しなだま【品玉】 21①55
しなのかき【軟棗】→E、F
6①168
しにかかりそうろうもの【死かゝり候者】 25①95
しにん【死人】→Q
24①145/28②281/36③172/40②70/44①34
しにんのかおそりたるもの【死人のかをそりたるもの】 9①160
しぬるもの【死者】 40②90
じねんいも【自然芋】→じねんじょ→F
10①42
じねんじょ【蕷】→じねんいも、じねんじょよ、つくねいも、ながいも、やまいも→E
62③65
じねんじょよ【自然薯蕷】→じねんじょ
34⑧307
しのじをきらうやから【四の字を嫌ふ族】 19②431
しののみ【篠の実】 19①201
しのは【しのは】→わだいおう
18①141
しば【しば、柴】→A、B、C、E、G、I
4①28/6②270/10①134/19①207/25①28,84/28②128,138,199,201,202,203,210,268,269,270,271/30③234,303/31⑤249,279/43①69/44③198/49①44/52⑦314/61④167/62①13/66⑤287/69②218,376
しばい【しはい、芝居】→むらしばい→Z
36③261/39⑥346,348/61⑨301,302,314/62⑧283/67⑥315
しはいのひゃくしょう【支配之百性】 30②198
しはかかたびら【為果敢帷子】 19②433
しばかや【薪萱】 25①70
しばぐり【茅栗】→E、F
6①168
しばざかな【芝肴】 44①49
しばざかなだい【芝肴代】 44①48
しばたきぎ【柴薪】 4①34/30①119,120,142
しばたけ【蜂窠蕈】 6①172
しばのたぐい【柴の類】 27①18
しばのどんぐり【柴之団栗】 62③65
しはのまつ【四派の松】 56①54
しばやき【芝やき】 28②133
しばるい【芝類】 15②229
じばん【じばん】→じゅばん
24①94
しび【しひ、しび、鮪】→ぼんしび、まぐろ→I、J
5④351/24①126/67④180
じびょう【持病】 3④322/62⑧278
しふ【紙布】 53①20
しぶ【渋】→B、I、X
7②355
じぶ【じぶ】 27①246
しぶがき【渋柿】→E、F
5①139/25①115/43①62
しぶがきのほしかわ【渋柿之干皮】 62③65
しぶがみ【渋紙】→B、Z
14①204,314,317/22③169/43①12
じぶき【地ふき】 16①128
じぶきりざかな【しぶ切肴】 27①246
じふく【時服】 29②159
じふし【地膚子】 12①320
じぶつどう【持仏堂】 25①14/27①232,233
じぶとのもめん【地太の木綿】 53②119
じぶんようじ【自分用事】 4①98
じべい【持餅】 18④393
しへき【四壁】→D
10①86/16①119,134/63④262/69②246
しほう【仕法】→A、C
31②72
しぼう【死亡】 25①17
じほう【治方】→A
18①160
しぼりかす【しぼりかす】→I
15①91
しぼりじ【搾り地】 14①247
しぼりじる【しほり汁、しぼり汁】→B
36③292/52①35
しぼりみつ【絞り蜜】 14①353
しぼりゆかた【しぼり浴衣】 36③254
しま【縞】 22①57/25①29/53②128
じまい【地米】→R
67⑤223,⑥284
しまいおきそうろうしな【仕廻置候品】 67⑤223
しまだゆば【しまたゆバ】 52③133
しまだわげ【島田わげ】 53②139
しまもめん【島木綿】 14①242
しまるい【嶋類】 14①244
しみず【清水】→B、D、I、X
25①15/52④180
しみんせいよう【四民生養】 7①53
しめ【七五三】 25③265/62⑤117
しめ【しめ、注連】→B
28②276/40②191/62⑤117
しめがい【〆貝】 58①55
しめかざり【しめかざり、七五三かざり、七五三飾り、注連かざり、注連錺】 10②352,354,378/25③264,287/28②274
しめこん【〆こん】 22③176
しめじ【〆治、しめし、卜治、蕈菌】→E
3④333/6①172/10①39/28②233/62③61
しめない【しめない】 28②274
しめなわ【〆縄、しめ縄、七五三、注連縄】→A、X
20①51,106/37②68,69,70/39④199/42④252/53②114/60③131
しめふぐ【〆ふく】 44①47
しめもの【しめ物】 4①154
しも【下】 27①236,237,238,239,240,241,242,243,244,245,246,248,251,252,301
しもいるり【下いるり】 27①318,330,336
しもいろり【下火爐】 27①314,330,350
しもく【しもく】→B
47③171
しもざ【下モ座】→Z
24①147
しもざしき【下モ座シキ】 24①54
しもじょ【下所】 27①350
しもせっちん【下モ雪隠】 27①202
しもだいどころ【下台所】→R
27①319
しもつとう【四物湯】 13①278,282/60④165,184,201
しものくいもの【下の食物】 27①318
しものさい【下のさい、下の菜】 27①306,316
しものせんぞくたらい【下の洗足たらい】 27①312
しものちょうずだらい【下の手水たらい】 27①312
しものぼくり【下之木履】 27①328
しものめし【下の飯、下之飯】 27①301,307,310
しものめしとるこびつ【下の飯取小櫃】 27①300
しものめしなべ【下の飯なべ】 27①316
しものもの【下の者、下者、下之者】→L
27①262,315,319
しもぶん【下分】 28②184
しもめし【下飯】 27①316
しもやけ【しもやけ、霜やけ】→G
6①231/59②133,134,135,137,138,140
しもやけぐすり【しもやけくすり】 59②134
しもゆ【下湯】 5④334
じもり【地盛】 42④235
しゃ【紗】 67⑥315
しゃ【瀉】→G
70②161,182,③219

しゃい【社囲】 51①17
しゃく【しやく、積】 40②151,180
しゃく【爵】 51①18
しゃく【シヤク】 60④203
しゃくいた【尺板】 56②270
じゃくか【若下】 51①17
じゃくがん【若岸】 51①17
しゃくき【積気】 55③336,337
しゃくぎ【酌蟻】 51①18
しゃくくん【酌君】 51①19
しゃくけん【酌賢】 51①18
じゃくこ【若觚】 51①18
しゃくし【しやくし、杓子、飯鍬、飯匙】→おおはんがい、こばんがい、ひしゃく→B 24③352,353,354/27①217,317/37③387/52④173,176,179/62②43
しゃくしゃくやく【赤芍薬】 13①287
しゃくじゅ【積聚】 69①32
しゃくしょ【酌蛆】 51①18
しゃくせい【酌聖】 51①18
じゃくそん【若村】 51①17
しゃくのわずらい【しやくの煩】 16①108
しゃくびゃくのり【赤白痢】 14①198
しゃぐま【しやぐま】 54①248
しゃくやく【シヤクヤク、芍薬】→E、Z 60④164,165,166,183,185,197,201,203,209,223,⑥363,365/68③345
しゃくやくとう【芍薬湯】 60④183
しゃくようもの【借用物】 27①256
じゃくりょう【若両】 51①17
じゃくろ【じやくろ】→ざくろ→Z 12①219
しゃけつ【瀉血】→G 14①198
しゃこ【蝦蛄】→I 43①35
じゃこう【ジヤカウ、ジャカフ、ジヤコウ、ジヤ甲、シヤ香、ジヤ香、霍香、麝香】→E、G 11⑤254/12①121/59④345,358/60④165,179,181,183,189,197,199,201,217,221,223,224,225
じゃこうしょうじほう【蛇咬傷治方】 18①168
じゃこうのくすり【蛇咬の薬】 6①231
じゃしゅうもん【邪宗門】 66④189/69②242
しゃぜんし【シヤゼンシ、車前子】→おおばこ 18①128/60④168,187,195,⑥340
しゃぜんそう【車前草】 18①147
じゃだつ【シヤダツ】 60④201
しゃだんしゅうふく【社壇修復】 36③270
しゃっきんしょばらい【借金諸払】 25①84
しゃてい【舎弟】 29②154
じゃふ【邪富】 3③119
しゃみせん【しやみせん、三味セン、三味線】→さみせん、さんげん 1①113,114,②168/24①94,③273/31②68/36③291/40②157/48①152,153/61⑨321
しゃみせんいと【三味線糸】 48①154
しゃみせんざお【三味線棹】 48①154
しゃみせんのかわ【三味線の皮】 48①154
しゃやく【瀉薬】 40②152/60⑥374
じゃり【砂リ】 30⑤412
しゃりんさい【車輪菜】 18①128
しゅ【朱】 60①63
しゅ【酒】 40②177
じゅう【重】 27①296
じゅういちがつにとりしょくするやさい【十一月に取食する野菜】 10①46
しゅうか【秋菓】 68①48
じゅうがつにとりしょくするもの【十月に取食する物】 10①44
しゅうぎ【祝儀、祝義】→O、R 10①179/36③174/44①13
じゅうきょ【住居】→かおく 3③161
じゅうくもめん【十九木綿】 13①49
しゅうげん【祝言】 10①122
じゅうごにちのこな【十五日の粉】 27①208
じゅうごやぶどう【十五夜ぶどう】 48①192
じゅうざかな【重肴】 61⑨347,386
じゅうじ【従事】 51①17
しゅうしゃがん【舟車丸】 18①162,165,166
じゅうじゅん【十旬】 51①17
しゅうそう【愁帚】 51①18
じゅうたく【住宅】 2②144
じゅうたろうかた【十太郎方】 1④334
じゅうづめざかな【重つめ肴】 59②105
しゅうと【しうと】 9①168,169
しゅうとがた【舅旁】 33②114
しゅうとめ【しうとめ、姑】 9①168,169/22①68/35①189
じゅうにがつにとりしょくするやさい【十二月に取食する野菜】 10①47
じゅうにくみはい【十二組杯】 71⑨90
じゅうにし【十二支】 10②345/41④202
じゅうにどう【十二銅】 27①227,228,230
じゅうにひとえ【夏枯草】 6①170
じゅうのう【十能】→Z 62②43
じゅうばこ【ぢう箱、重箱】 9①155/38④263/48①152/62②43
じゅうはち【十八】→E 28②184
じゅうはちささげ【十八大角豆】→E、F 10①35,37
じゅうばんいりこ【拾番煎海鼠】 50④302
じゅうびょう【重病】 17①64
しゅうひんのこころざし【周貧の志】 18④427
じゅうみ【重味】 13①271
しゅうやく【衆薬】 45⑦426
じゅうやく【銃薬】 69②370
じゅうるい【従類】 2②142
しゅうろ【秋露】 49①73
じゅうろくささげかすづけ【十六さゝげ粕漬】 52①56
しゅえん【酒ゑん、酒宴】 5③285/23④164/33⑤253/42③151/61⑨276,308/63③105,117,121,⑧426/66④194
しゅおうびょう【酒黄病】 14①194
しゅき【酒器】 12①270/36③292
しゅき【腫気、水腫】 18①134/38③122
しゅきやまい【腫気病】 67⑤236
じゅくし【じゆくし】→かき→E 16①143
じゅくしうめ【熟梅】 24③340
じゅくじおう【ジユクジヲウ、ジユクヂヲウ、熟地黄】 60④165,185,201,203,205,211,227
しゅくしゃ【宿砂、縮砂】 60⑥363,365,366/68③357
しゅくはん【粥飯】 70②68
じゅくみつ【熟蜜】 14①353
しゅくんのおん【主君の恩】 16①62,63
しゅげいのしょ【種芸の書】 13①314
しゅこう【酒肴】→さけさかな 5①181/13①154/21③161/33⑤260/38④255,274/42③173/44①9/53④229,230/61⑨265,276,281,299,306,309,312,319,330,365/66④194
しゅこうりょう【酒肴料】 53④233
しゅじゃく【朱雀】 55②171
しゅしょう【酒醤】 69②203
しゅじょう【衆生】 5③246
しゅじょうのおん【衆生の恩】 16①62,64
しゅしょく【酒食】 10②364,366,378/25①38,③260/37②68,69,70,75,78,79,82,85,87,88/62⑧283/66⑤273
しゅしょく【酒色】 41②46
しゅしょくのしょ【種植の書】 12①21
しゅしょくばくえき【酒色博奕】 3①16
しゅじん【主人】→ていしゅ、やぬし→R、X 5①31/21⑤216
しゅじんのもの【主人の物】 27①316
しゅす【しゆす、繻子】 23④167/48①65/62④98
じゅず【珠数、数珠】 24①12/43③261
じゅずも【じゆす藻】 67④181
しゅせい【酒製】 38④280
しゅせい【酒星】 51①15
しゅぜんじ【朱ぜんじ】 48①108
しゅぞめがみ【朱染かみ、朱染紙】 5④312,337
じゅつがい【戌亥】 62②52
しゅっとう【出頭】 10①193
しゅとう【種痘】 42⑥377,424,426,443,444
じゅどう【儒道】 21⑤218,220
しゅどく【酒毒】 12①265/14①174/52②87
しゅどく【腫毒】 18①149
しゅぬりにしたるもの【朱ぬりにしたる物】 13①113
じゅばん【ジユバン、ちはん、チバン、襦伴、襦袢】→じばん、ぬののじゅばん

6①243/8①165/14①174/21③159,④183/24①94/37②72
じゅひ【樹皮】 18①13/68②244/70⑤312
しゅびょう【腫病】 2①42
しゅもつ【種(腫)物、腫物】→G 12①291,318/45⑥308
じゅりょく【醽緑】 51①18
しゅろぼうき【しゆろほうき】 56①113
じゅん【醇】 51①15
しゅんかん【しゆんかん】 36③187
しゅんかんざら【筍羹皿】 44①43
しゅんぎ【春蟻】 51①17
しゅんぎく【六月菊、茼蒿】→E、Z 6①169,171
じゅんさい【蓴菜】→E、I、Z 6①170
しゅんじゅうまわり【春秋廻り】 36③329
しゅんじゅうりょうどさいじつにたるもの【春秋両度祭日煮たる物】 27①295
しゅんじゅん【逡巡】 51①18
しゅんせん【舜泉】 51①17
しゅんそ【春蔬】 68①48
じゅんそうとう【順草湯】 60④166
じゅんちゅう【醇酎】 51①17
しゅんとう【酸疼】 14①193
じゅんようし【順養子】 21⑤232
しょ【書】 27①256
しょ【醑】 51①15
しょう【庄、荘】 10②349
じょう【鎖】→とのじょう 27①260
じょういと【上糸】 35②357,400/53⑤335
しょうういきょう【小茴香】→F 68③329
しょううん【性温】 18①113,126,127,133,138,139,140,141,146,151
しょうえん【庄園】 10②349
じょうお【上苧】 4①96/17①219
しょうおう【升黄】 60④191
じょうおもて【上表、上面】 4①123/13①68,70
しょうか【松花】 51①18
しょうか【瘍科】 70⑤313
しょうか【小家】 6②270/9③295/36③173,186,240,262/38④253,267/47②93/48①329/61⑨270/64④250/67①22,②90,96/68④396
しょうが【しやうか、しやうが、生姜】→なましょうが、べにしょうが、わかしょうが 3④382/10①37,39/14①359/24①126,127/28②233/40②71/49①200/52①33,35,49,50,53,54/62③62
しょうがい【小疥】 14①174
じょうかく【城郭】 22①64
じょうがし【上菓子】 14①173
じょうかす【上粕】→B 52①32,⑥257
じょうかたはく【上片白】 51①28
しょうかつ【消渇】 14①193,198
しょうがついも【正月芋】 10③396
しょうがついるい【正月衣類】 38④273
しょうがつおそなえ【正月御供】 40③247
しょうがつこ【正月衣】 10②352
しょうがつざけ【正月酒】→さけ 41②140
しょうがつだし【正月出し】 33⑥373
しょうがつにとりてしょくするさえんやさい【正月に取りて食する菜薗野菜】 10①21
しょうがつはんりょう【正月飯料】 9③294,295
しょうがつまい【正月米】 28②273
しょうがつもち【正月餅】 10②378/30①142
しょうがつようのにしめ【正月用のにしめ】 9①155
しょうがのは【生姜の葉】→B、E 52①52
しょうがみそづけ【生姜味噌漬】 52①32
しょうかん【性寒】 18①115,119,121,125,128,131,137,139,141,145
しょうかん【しやうかん、傷寒】→G 40②85/41⑤241/45⑦409/66⑤282
じょうがん【上岸】 51①18
しょうかんかつ【性寒滑】 18①131,138
しょうき【瘴気】 45⑥308
しょうぎ【将ぎ、将基、将棋】→おうしょう、かくぎょう、きょうしゃ、きんしょう、ぎんしょう、けいま、ひしゃ 10①128,129,130,131,135,136/24③273/31②68/36③167,291
じょうき【上気】 8①223
じょうきぬ【上絹】 48①373
しょうぎばん【将棋盤】 62②44
しょうきょう【生姜】→B、E 6①236
じょうきょう【上京】 43③242,245,263
じょうげ【上下】 24③331
じょうこ【上粉】→B 30③234
じょうこ【上戸】 38③184
しょうごうぎん【聖号銀】 43③241
じょうこうじ【上麹】 51①45
しょうごくかん【性極寒】 18①114
しょうこだちのぶん【小木立之分】 22③162
しょうこん【松根】→B 2①15
しょうさいよう【小宰羊】 52②82
じょうさくねん【上作年】 27①374
じょうさくのとし【上作ノ年、上作之年】 18⑥490,495,498/30⑤398
しょうさん【小産】 24③268
じょうざん【常山】→くさぎ 18①133/68③354
じょうさんぼうさとう【上三宝砂糖】 30⑤394
しょうし【松子】→E 5④334
しょうじ【障子】→B、C、Z 1②205/43①12,13,14,17,19,89,90,93/45⑥283/49①72/62④98/66③140,⑤289,⑧394/67③124
じょうし【上梓】→かいはん、はんこう 55③204
じょうし【上紙】 4①160/13①92
しょうじあなをつづる【障子穴を綴る】 47②94
しょうじがみはり【障子紙はり】 27①219
しょうしのもの【焼死の者】 25①93
しょうじはり【障子はり、障子張】 42③193,⑥445/43②180,199
しょうじばりのびょうぶ【障子張の屏風】 47②95
じょうしま【上縞】 14①328,330
じょうしゅ【上酒】→B 33⑤260/35②334/51①26
じょうしゅう【上州(大豆)】→だいず 52⑤206,209,210,211,212,213,217,219,221,222,223
しょうじゅういめつのことわり【生住異滅の理】 35①184
じょうしゅうだいず【上州大豆】→だいず 52⑤204
しょうじょうか【小乗家】 70②81
じょうじょうげんまい【上々玄米】 24③344
じょうじょうしゅ【上々酒】 56①206
じょうしょうちゅう【上焼酒】→しょうちゅう→B 51①112
じょうじょうのさけ【上々の酒】→さけ→H 56①187
じょうじょうのじゃこうのこ【上々の麝香の末】 18①170
しょうじょうひ【しやうじやうひ】 62④98
じょうじょうまい【上々米】 10②317
しょうしょく【小食】 40②167,168
じょうしょく【常食】 8①222
じょうしょく【上食】 17①315,318,319
しょうじんじる【しよふじん汁】 52④173
しょうじんなべ【しやうじんなべ】 27①295
しょうず【小豆】→あずき→E 7②301
じょうず【じやうづ】 24①17
じょうずいしゃ【良医】 18①166
じょうすみ【上炭】 41②36/53④218
しょうせいりゅうとう【小青龍湯】 2②151
じょうせん【じやうせん】 61⑧227
しょうぞく【装束】 43①17
しょうそずき【生苧ずき】 53①29
しょうだいかん【性大寒】 18①116

しょうたいじょう【請待状】 43③261
じょうだいぞめ【上代染】 14①246/48①84
じょうたばこ【上たばこ】→E 13①57,58,61,62
じょうちぢみ【上縮】 53②130
じょうちゃ【上茶】→ちゃ→B 3①11/13①82,83/14①316/44③198/47④214
じょうちゃこ【上茶粉】 43①40
しょうちゅう【火酒、焼酒、焼酎】→いものしょうちゅう、からむしのしょうちゅう、さけとりのからきしょうちゅう、じょうしょうちゅう→B、I、L 11②112,122/18④406/33⑥393,394/41⑤256,⑥278/45⑥316/51①107,111,112,113,114,115,②207/52②87/68②291/69①77,100,118,125,②347,349/70③230,⑤331,333,334
しょうちゅうのかす【せうちうの粕】→H、I 25①66
じょうちゅうはくまい【上中白米】 27①208
しょうとう【正当】 42⑥427
しょうどう【鐘堂】 70②69
じょうとう【常燈】 10②368
しょうどく【小毒】 18①133/68②269
じょうとれどし【上取れ年】 21③149
しょうないぶ【庄内麩】 52④170
しょうに【小児】 7②294/28②133/30③270/70⑥404
しょうにのかん【小児の疳】 24①73
しょうにのごかん【小児の五疳】 38③124
しょうにのせんへき【小児の閃癖】 14①194
しょうにのたいどく【小児の胎どく、小児の胎毒】 14①178/15①93
しょうにのひけつ【小児の秘結】 38③127
しょうにのむし【小児ノ虫】 5①115
しょうねん【小年、少年】 32②295,298,324
しょうのう【せうのう、樟脳】→B、G、H 13①276/16①165/45⑦424/53④249/60②93/69①47
じょうのちぢみ【上の縮】 53②128
しょうのはなし【将ノ咄】 8①201
しょうのゆう【将ノ勇】 5①31
しょうばいがみ【商売かみ】 5④318
じょうはく【上白】 16①59/27①220/50②182
じょうはくのこめ【上白の米】→こめ 51①113
じょうはくのもちごめ【上白の餅米】 51①113
じょうはくはんまい【上白飯米】 27①208
じょうはくぶっくまい【上白仏供米】 27①205
じょうはくまい【上白米】 10①50,52/17①329/18①129/27①204,206,275
じょうはくもちごめ【上白餅米】 51①114
しょうはんげとう【小半夏湯】 2②151
しょうばんにん【相伴人】→Z 43①21,22,64,85
じょうはんまい【常飯米】→こめ 27①205,206,269,281
しょうひ【青皮】 13①173
しょうびうん【性微温】 18①116,126,132,141
しょうびかん【性微寒】 18①125,134,145,151
じょうひん【上品(鉄砲)】 49①151
じょうひん【上品(墨)】 49①76,77,89
じょうひんのあいずみ【上品の藍挺】 49①90
じょうひんのいと【上品ノ糸】 47②126
じょうひんのすみ【上品の墨】 49①75,81
じょうひんのるい【上品之類】 41②136
しょうふ【漿粉】→B 41②80
しょうぶ【菖蒲】→E、H、I、Z 6①170/18①126/36③220/59④391
じょうふく【常服】 18①104
しょうぶごと【勝負事】 27①339
しょうぶこん【昌蒲根】 60⑥371
しょうぶざけ【菖蒲酒】→さけ 43③251
しょうぶしょう【勝負せふ】 43③251
しょうぶたち【菖蒲太刀】 1②209
しょうふのり【しよふのり】 52④182
しょうへい【性平】 18①116,120,122,125,126,127,133,134,137,139,140,141,151
しょうへいかん【性平寒】 18①148
しょうへいじゅう【性平渋】 18①120
しょうへいほうじゅく【昇平豊熟】 3③102
しょうへき【春碧】 51①18
しょうべん【小便】→いばり、じんにょう→B、G、H、I、L、X 18①165/40②69,70,71
しょうべんじょ【小便所】 19①196,②287/27①224,353/34⑦250
しょうべんつまり【小便滞】→G、Z 2②153
しょうべんへい【小便閉】 6①230/55③367
じょうぼ【茸母】 12①358
しょうほうが【小奉加】 9①151
じょうぼく【上墨】 49①75
じょうぼんのまじわり【上品の交】 41②40
しょうま【シヨウマ、升マ、升磨、升麻、舛麻】→E 60④181,185,189,191,195,211,213/68③350
しようまい【私用米】 30①84
しょうまい【正米】 34③54/42⑥389/67⑥277
じょうまい【上米】→E、L、R 2②163/7①83/10①50/17①22,97,149,150,316/25②186,190/28②259/30③277/33⑤259/39④218,⑤294/62①15/69①87
しょうまかっこんとう【升麻葛根湯】 18①162,163,169
じょうみん【烝民】 18①154
しょうむ【瘴霧】 45⑥307
じょうむぎまい【上麦米】 3④276
じょうむしろ【上莚】 14①129
じょうめいかめい【上茗下茗】 51①18
じょうもと【上元】 51①71
しょうもん【証文】 31②87
じょうやく【上薬】 41⑦341
しょうゆ【しやうゆ、せうゆ、正ゆ、正油、醤油】→いちばんしょうゆ、きじょうゆ、しんしょうゆ、たまりじょうゆ、にばんしょうゆ 3④367,368/6①231/9①133,137,141/12①288/14①219,221,224,225,231/17①268/21①57/22④282/23①116/24③335,336/25①113,②200/29①35/30③232/33⑥366/36①65/38③166,171,④242,280/41②81,100,112,123,139,140,⑦341/42④255,⑥416,434/43①16,②124,140,③255/50③260,264/52①25,26,30,48,50,②120,121,122,123,③139,⑥253,258,267/67②96,③123/68①70,107,137,144,163,④407/69①45,②345,350,360/70③239
しょうゆかす【せうゆかす、醤油滓】→I 6①224/9①138/18①158
しょうゆこうじ【せうゆこふじ、醤油麹】 2①12/9①154
しょうゆじょうかす【醤油上粕】 52⑥251
しょうゆじる【醤油汁】 28④358
しょうゆだいず【醤油大豆】→だいず 31⑤283/42③177
しょうゆのから【醤油のから】→I 30③232
しょうゆのこうじ【せうゆの糀】 17①188
しょうゆのしお【せうゆの塩】→しお(塩) 9①118
しょうゆのみ【せうゆノ実、醤油の実、醤油実】→I 41②139/66③149/67①54,②96
しょうゆのるい【醤油の類】 68①59
しょうゆまめ【醤油豆】 6①224
しょうゆもろみ【正ゆ諸味】 52⑥257
しょうよう【昌陽】 18①126
しょうよきくすり【性よき薬】 13①292
じょうらくがじょうのり【常楽我浄の理】 35①183
しょうりく【シヤウリク、商陸】→E 17①294/60④164
しょうりょう【性涼】 18①125,139,141,149
しようりょうのもみ【私用料の籾】 30①83

じょうるり【ジヤウルリ、じよふるり、浄瑠璃】→M 24①94,③273/31②68/36③291,302,304/42④279,⑥418/62⑥152
じょうるりぼん【浄瑠璃本】 24①12
しょうれい【性冷】 18①126
しょうれいり【性冷利】 18①123,137
しょうろ【松露、麦蕈】→E 6①172/52①55/62③61
しょうろう【松醪】 51①17
じょうろう【上臈】 5①177
しょうろうびょうし【生老病死】 35②374
しょうろどうふ【松露豆腐、麦蕈豆腐】→とうふ→Z 52②88,118
しょが【書画】 36③303
しょき【暑気】→P 38③169,173/56①207
しょきあたり【暑気当り】 43①58
しょきうかがい【暑気伺】 25③276
しょきぐ【諸器具】 25③276
しょきみまい【暑気見舞】 25③276/44①34
しょく【卓】 62②44
しょく【食】 3③106,110,115,118,126,④234/23⑤274/25①43/27①341/28①37,38/29②137/62⑧274/68④405
しょくあたり【食当】 2②150,153
しょくえん【食塩】 69①35,46,47,②371
しょくがたきのあらそい【職がたきの争ひ】 7②372
しょくき【食気】 12①333
しょくぎょう【職業】 23④161,163
しょくさい【食菜】 7②301
しょくじ【食餌、食事】 5①59,139,180/8①261/10①105/16①140/17①216/24①47/25①23,66/27①247,334/29②152/30③238,264/50①40/62⑨304/66⑤274/67⑤218,⑥275/70②69,③219
しょくじこころえぐさ【喰事心得種】 62③71
しょくしょう【食傷】 5①76/6①229
しょくす【食す】 50③238,264,265,279
しょくする【食する】 50③260,263
しょくたい【食滞】 1①84
しょくだい【燭台】 62②44
しょくどく【食毒】→G 12①291,322/18①166/38③169/62③69
しょくにく【食肉】 69②203
しょくばしら【食柱】 25①65
しょくひん【食品】 10②335/12①327/13①130/18①149
しょくほう【食法】 68①211
しょくまい【食米】 37②114
しょくもつ【食物】→くいもの、たべもの、ふじき、りょうしょく、ろうしょく、ろうもつ 4①74/5③249/6①213/7②299/10①13,83,100/11②120/12①171,207,374,388/17①206/21①31,③170/23①13/25①37,91,92,93/30③234/45⑦424/50③240/62③67,⑤115,⑧280/67⑥262,263,269,317/69②178,201,202,205,263,355,390/70②64
しょくもつのきんき【食物の禁忌】 60②110
しょくもつのたすけ【食物の助、食物の助け】 12①220,376/47⑤260
しょくよう【食用】→K 3④324/11②122/25②223/32①119/33⑥308/68①60,②245/69①47
しょくよう【食養】 69①32
しょくようのいも【食用ノ芋】 32①125
しょくりょう【食料】→L 29③203,213/62⑤129/68①57,59,②264,③348,353/69①113,②174,175,201,238,239
じょこうのかくしき【女功の格式】 13①70
しょさい【諸菜】 27①262
しょざい【処剤】 18①195
しょさんたっしゃ【書算達者】 31②67
しょし【処士】 45④209
じょし【女子】→X 24①20
しょしき【諸色】→B、L、X 44①44/46②149/48①25/59①28,57,58,59,60/66①35
しょしつ【諸湿】 14①174
しょじゃ【暑邪】 7②358
しょじゃ【諸邪】 14①194
しょじょう【書状】 13①102
じょしょく【女色】 62⑧283
じょせい【助成】 36③275
しょせき【書籍】 22①76
しょたいどうぐ【所帯道具】 16①61/17①330
しょたん【諸痰】 14①174
しょちゅうおみまい【暑中御見舞】 43①52
しょっき【食器】 3③110
しょっきゃく【食客】 42③203
しょとう【蔗糖、蔗餳】→さとう 70①11,23
しょにゅうよう【諸入用】→L、R 21⑤211
しょにゅうようわり【諸入用割】 9①152
じょねつ【序熱】 41②114
しょは【初葉】→E 41②122
しょぼくちくいえようざい【諸木竹家用材】 27①194
しょみん【庶民、諸民】→じんみん 16①78/17①315/25①89/35①36
しょもつ【書物】 38④263/40①14,②81/48①54/53①44/58②93,94/61⑩431/62⑦190/70⑥377,403,415,420,422
しょよ【薯蕷】→やまのいも→E 49①200/52②120
しょよのこな【薯蕷の粉】 52②118
しょりょう【諸糧】 12①379
しょれい【諸礼】 10①122
じょろり【じよろり(浄瑠璃)】 24①94
しらあえ【白あゑ】→しろあえ 28②233
しらあん【しらあん】 52③140
しらお【白苧】→E 2①20
しらが【しらが】 9①162
しらがすあえ【しらがすあへ】 9①162
しらがゆ【白かゆ、白粥】→B 24①122/35①99/41②73/68①63
しらきぬ【白きぬ、白絹】 9①158/47①10
しらきのおしき【白木の折敷】 25①118
しらきのさんぼう【白木の三宝】 36③161
しらげ【しらけ、しらげ、精、精米、白穀、白米】→はくまい→A 1④329/7②288/12①70,101,379/37③344/62②40/71①38
しらげあわ【精粟】 1③284
しらげよね【しらげ米、精粳米】→はくまい 30①117,118/62⑤116
しらこ【白粉】→E、X 18①76/27①249
しらしぼりあぶら【白しぼり油】 50①87
しらしめ【白しめ】 10②335
しらそ【白苧】 5①92,④344/36③179
しらち【白沃】 18①133
しらとり【白鳥】 24①125
しらべいと【調糸】 53②118
しらみ【しらミ、虱】→G 10②336/14①174/15①79,93/27①316/45⑦390
しらみぐすり【しらミ薬】 43②131
しらみひも【しらミ紐】 15①79
しらゆば【白ユバ】 52③140
しらん【シラン、白丸(及)、白及】→E 6①171,236/60④199
しりあて【尻あて、尻当】 6①243/24①125
しる【汁】→B、E、H、I 9①143,144,145,146,147,148,149,150,151,152,153,159,162,164/12①321/13①366/17①302/24①144/27①197,209,236,237,238,239,240,241,242,243,244,245,246,251,252,298,305,310,334,344/28②128,131,133,141,184,204,205,276,④357,358,359,360/29②137,138/30⑤404/37②85/38③125/41②104,135,136/43①9,③232,237,272/44①24/50②181,187,194,195,197/60⑥354/66③138/67①55/70③230
しるうけ【汁菜】 8①222
しるすまし【汁すまし】 28②233
しるだいこん【汁大根】→だいこん 27①196
しるな【汁菜】 1①65/2①118
しるのみ【汁のミ、汁の子、汁の実、汁実】 3④363,376/18④410/33⑥352/41②120/52①24/67⑤231
しるべいし【記石】 67②112
しるみそ【汁ミそ】→みそ 9①146
しるわん【しるわん、しる椀、汁椀】 9①75/27①249,307/42②108,127

しろ【白(白米)】 28③323,④357,360
しろ【白(もち米)】 28④359
しろ【白(白砂糖)】 50②187,194,195,198
じろ【地炉】→いろり 53⑤332
しろあえ【しろあへ】→しらあえ 9①152,160,162
しろいか【白烏賊】 5④350
しろいと【白糸】 4①103
しろいものくき【白芋の茎】 38③130
じろう【治聾】 51①17
しろうずふ【白うす麩、白うず麩】 52④172,173
しろうらつむぎ【白裏紬】 61⑨359
しろうり【越瓜、黄路瓜、白瓜】→E 6①169/52①31,39/62③62
しろおかだごめ【白糙】→けかちいも 18④411,414,415,416,419
しろかたびら【白帷衣】 36③254
しろかわ【白皮】→B、E 62③65
しろきいと【白き糸】 35①203
しろきこめ【白き米】→こめ 27①205
しろきび【白きび】→F 17①319
しろきや【白木屋】 45⑥332
しろくず【白葛、白葛粉】 14①172/50③240,251,262,263,281
しろくろおかだごめ【白玄糙】→けかちいも 18④407,415,416,417,418,419
しろぐわい【慈姑】→E 18①125
しろこうじ【白糀、白麹】 3④295,367,368/24③348/51①113,②183
しろざけ【白酒】→さけ 51①17,121
しろざとう【シロサタウ、白砂糖】→さとう→B 3①62,63/14①98,99/30⑤398,407,408,409/40④284/50②142,146,164,182,195,198,201,214/52①36,48/61⑧226,229/70①12,14
しろじ【白地】 25①29/30⑤407
しろしきなりくろしあおしあかし【白·黄·黒·青·赤】 60⑤279
しろした【白下】→さとう→B 50②214
しろしたじ【白下地】 30⑤394,398,401,407,408
しろだいず【白大豆】→だいず→E 24③333/43①65/67⑥274
しろたんぽぽ【白鼓釘】 6①170
しろちぢみ【白縮】 53②129
しろちりめん【白縮緬】 61⑨359
しろつむぎ【白紬】 61⑨358
しろで【白磁】 48①375
しろにぎて【白幣】 53①9/56①177
しろのねじだんご【白のねぢだんご】 27①248
しろばし【白箸】 5④317/22③167
しろばな【白はな、白花】 17①188/51①44,81,119
しろばなこうじ【白花麹】→こうじ 51①44,81,121,143,②182
しろふ【白麩】 52④174
しろぼしあわび【白干鮑、白干鮑】 58①53,54
しろみず【白水】 17①323
しろみそ【白みそ、白味噌】→みそ 22③176/24③334/28④359
しろむぎ【白麦】→E、F 28①34,②279,280
しろむく【白むく】 14①175
しろめし【白飯】 24③317/27①251/28②174/42③182
しろもち【白餅、白餠】→F 10②353/36③166
しろもの【しろもの】→とうふ 52②82
しろもめん【白木綿】 15③343/21④206/48①29,30,42,60,67,140/61②93/66④224
しろもめんいと【白木綿糸】 49①234
しろゆば【シロユバ】 52③136
しろゆりのね【白百合ノ根】 6①231
しん【信】 16①53,54/21⑤221/62②31
しん【しん】→とうしん 24③279
じん【燼】 27①332
じん【仁】 16①46,54/21⑤220/24③275,277/62⑧288
しんいつ【真一】 51①17
しんいも【新芋】→E 3④287
じんか【人家】 3③157/12①291,391/13①114,260,264/25①104
じんがさ【陣笠】 67②91
しんかしょうちょうぜつけつもう【心火小腸舌血毛】 60⑤282
しんき【神旗】 27①228
じんき【人気】 8①285/36③187
じんき【壬癸】 62②51
じんぎ【じんき(祝儀の引出物)】 24③279
じんぎ【仁義】 62⑧281,284
じんぎ【神祇】 10①9
しんきく【シンギク、神麯、神麹】→こうじ 48①252/60④223,⑥342
しんぎく【しんきく、真菊】→E 44①8/62③62
じんきのよしあし【人気の善悪】 36③336
しんきはんし【新規半紙】 22③169
じんきょ【腎虚】 5①70
じんぎょう【ジンゲフ】 60④227
じんぎれいち【仁·義·礼·智、仁義礼智】 3③115/35①183/69②203,204
じんぎれいちしん【仁義礼智信】 16①46
しんくさのもち【新草の餅】 24①36
しんけ【新家】 18②289
しんげつろう【新月楼】 24①160
しんこ【しんこ、しん粉】→I、K 33⑥383/49①31
じんこう【ヂンカウ、沈香】→B、G 43①44,50,53,71,84/59③217/60④165,183,189,193,199,215,217,223
じんこうとう【沈香湯】 60④189
しんこく【新穀】 1①25,26,100,④316/4①229/10②376/12①151/36③261,290/37③255/62⑧245
しんこく【神国】 17①117
しんこくのだんご【新穀の団子】 10②369
しんごぼう【新牛蒡】 52①50
しんごも【新ごも】 27①221
しんさい【新菜】 25③270,283,284,286
しんさつ【診察】 42⑥392
しんし【辰巳】 62②52
しんし【新糸】 10②376
しんしゃ【シンシヤ、辰砂】→B、D 6①232/60④165,179,181,183,187,195,205,221
じんじゃ【神社】→O 69②364
しんしゃせき【辰砂石】 44①33
しんしゅ【神酒】→さけ 51①19
しんしゅ【新酒】→さけ→B 24③346,347/40②155/51①27,50,55,56,68,69,70,71,73,74,75,76,77,108,129,130,141,144,148,149,150,153,169/59①21,23
しんしゅう【新蒭】 51①18
しんしゅかたはく【新酒片白】 51①167
じんじゅつ【仁術】 18①22/62⑧278/68①57,③321
しんじゅつのほう【賑恤の方】 18④393
しんしゅもと【新酒元】 51①71,72,129
しんじょ【寝所】 24①12/31③121
しんしょう【しんしやう、身証、身上】→L 1③274/5①30/7①56/25①86/28②125/29①14,19,20,22,23,35,68/31②66,67,72,③108,125,128,130/32①188/34⑧314/36①66
しんじょういも【進上芋】 28②218,220,267
しんしょうどう【申椒堂】 18①6,①195
しんしょうのさわり【身上之障り】 31②68
しんしょうのたりふそく【身上の足り不足】 21①80
しんしょうゆ【新正ゆ】→しょうゆ 52⑥250
じんしん【仁心】 5①7
じんしんのまつりごと【仁信の政】 10①146
じんすいぼうこうじこつし【腎水膀胱耳骨歯】 60⑤282
じんせい【人世】 5①38
しんせいけん【斟聖賢】 51①18
しんせき【親戚】 25③280,284,285
しんぞく【親属、親族】 23①65/24③275/31④218
じんだあ【じんだア】 9①133
じんだあじる【じんだア汁】 9①144
しんだい【しんたい、身体、身帯、

身代、進退、進躰、成業】→かさん→L 1①78,102,③271/16①129/22①61/28①5,12,32/29①8,22
しんたいとうつうれんきゅう【身体疼痛攣急】 14①178
しんたく【新宅】 35①171/47②145
しんたん【薪炭】→まき 53⑤367/63⑧429
しんどぞう【新土蔵】 2①125
じんにょう【人尿】→しょうべん→I 18①164,169
じんのみち【仁の道】 60②89
しんばい【新醅】 51①18
じんばおり【陣羽織】 58⑤331
しんはん【心煩】 5①106
しんはんもん【心煩悶】 14①194
じんひかんしんはい【腎·脾·肝·心·肺】 60⑤280
しんひはいじんかん【心·脾·肺·腎·肝】 60⑤279
しんぶし【新節】 43①53
じんぷん【人糞】→H、I 18①161,164,169
しんぼく【神木】 42①49
しんまい【新米】 7①83/10②318,369/28①64/42①28,④240,276/48①99/51①21,70,71/67⑤223
しんまいめし【新米飯】 25③282
しんみょうえん【真妙円】 43①94
じんみん【人民】→あおひとぐさ、こくみん、しょみん、たみ、みたみ 2⑤323/66①37
じんみんひきうつし【人民引移】 18④420
しんむぎ【新麦】→L 10③400/67①48/68②266
じんめんじゅうしん【人面獣心】 3③113
しんもつ【進物】→いんぶつ、せいぼのしんもつ 10①188,189,190,191,192,193,194,197,200/25①24/27①259,266
しんやとりたて【新家取建】 18④420
しんゆう【申酉】 62②52
しんりょ【神慮】 36③268,270/70②117
じんりょ【人慮】 5①64
じんりん【人倫】 3③113,187/12①16/16①119
じんりんのみち【人倫の道】 12①12,16,17/13①325
しんるい【親類】 3③120/9①164/21⑤231,232/23①65,④169,⑥305/24①76/25①24,③262,276,287/28②128/29③207,208/31②66/36③159,161,172,187,190,227,251,252,253,276,291,292,296,297,327,332,336/37②70,75/38④232,263,266,290/42③158,⑥370/46①105/59②145/61①47/62⑥152,⑧277,281/63①45,55,56,②87,88,89,③100,109,110,114,118,120,121,123,124,126,127,137,139,140,141,143,④262/64①74,④301,310/66④204,⑤258,282/67②97,⑥297,314
しんるいえんじゃ【親類縁者】 35①83
しんるいのさんかい【親類の参会】 50①43
しんるいむすびいんぎょう【親類結印形】 63③139
しんるいゆうじん【親類友人】 3③110
しんるいよしみ【親類好身】 31②74

【す】

す【簀】 14①204,224/24③335/36③244
す【す、酢、醋】→B、H 3④285,363/6①231/7②354/9①72,75,138,139,141/12①332/17①145,146,323/18①120/23①45/24③337,338/29①35/33⑥366/38③171/41⑦341/43①35,63,94/49①136/62⑤118/69①125,②360
すあい【すあい、すあひ、すあゐ】 27①237,238,241,242,243
すあいじる【すあひ汁】 27①240
すあえ【酢合】 3④299/38③195
すい【水】→X 3③178
すいか【西瓜】→E、I、Z 10①40,42/24①126/62③62
すいか【水菓】→くだもの 21②134
すいかかすづけ【西瓜粕漬】 52①46
すいかずら【すいかつら、金銀花、忍冬、忍冬葉、葱冬】→E、Z 3④323/6①163,170,171/34⑧308/62③66
すいかずらのは【忍冬葉】 18①146
ずいき【すいき、ズイキ、ずいき、づいき、茎】→E 5②231/19①217/28②204,233,④358/62③62
すいぎょく【水玉】 27①233
すいこう【酔候】 51①17
ずいこう【随香】 51①17
すいこくか【水剋火】 19②374
すいじゃく【垂迹】 60⑤281,282
ずいじゃく【瑞雀】 51①17
すいしゅ【水腫】 18①147
すいたいこくしきほくえんきょう【水体黒色北円形】 60⑤281
すいとう【すいとふ、水とふ】→すいとん→C、E 41②80,90,91,92,97,99,110,116,119,122,136
すいどもくかきん【水·土·木·火·金】 60⑤280
すいとん【すいとん】→すいとう 16①111
すいのふたばこ【スノイフタバコ】 45⑥317
すいもの【すい物、吸もの、吸物】 9①162/12①325,344,353/22③176/24①175,③278/30①117,119/36③291,292/38④236,253,254/43③232,236,250,264,272/44①8
すいものわん【吸物わん、吸物椀】 42⑥376/62②44
すいろう【水粮】 1①109
ずいろちん【瑞露珍】 51①18
すう【枢】 27①314,331
すうそん【数樽】 51①17
すうべい【芻米】 45③177
すえのぎょうじ【末の業事】 27①204
すえひきのいと【末引の糸】 53⑤337
すえふろおけ【居風呂桶】→ふろおけ 47②97
すがいと【すか糸】 17①332
すがき【すかき】 16①122,236
すかり【すかり】 25①138/36③319,320
すかれ【すかれ】 36③292
すぎ【杉】→B、E、Z 68①59
すぎあぶら【杉脂】 6①231
すぎえだは【杉枝葉】→E 38④241
すきぐし【すき櫛】 43①53
すきたてのはんし【漉立之半紙】 29④287
すぎな【すきな、杉菜、接続草、培続草】→つくし→E、G、I、Z 6①169/10①25,28/18①132/68①151
すきなおしがみ【漉直し紙】 43①23
すぎのあついた【杉の厚板】 36③308
すぎのひつ【杉の櫃】 13①64
すぎば【杉葉】→B、E 27①340
すぎばし【杉箸】 48①139
すきもの【酸物、酢きもの】 18①170/69①54
すぎわい【すぎハひ、すぎはひ、すきわひ、すぎわひ、活計、生計ひ】→たつき、とせい、よわたり→M 12①63,122/21②121,④181,204,⑤229/23①121,122,④197/24①124/28①61/40②134
すぎわえかた【すぎあへ方】 21③170
すぎわら【杉原】 48①98,102,103,105,107/53①40
すぎわらふうかみ【杉原封かみ】 5④313
ずきん【づきん】 16①58
すくいまい【救ひ米】→R 68②247
すぐなるみち【すくなる道】 17①131
すごろくばん【双六盤】 62②44
すざい【すさい】 27①243
すし【すし、鮓】 24①126/52①35,②124
ずし【つし、づし、厨子】→あま→C 4①82,96,139/10①62/16①122,123,127,128/27①234/28②202,220,232,234,249,270,271/43②124,125
すじたて【スヂタテ】 49①240
すしゃこ【酢蝦蛄】 43①36
すじゆば【スヂユバ、すぢゆバ】 52③136,140
すずうり【金鶖蛋】 6①169
すすがや【煤かや】→B、H、I 11①38
すすき【薄】→B、E、G、I 36③210
すずき【鱸】→G、J 41②136

すずこ【すずこ】 1③284
すずしろ【酒々代】→だいこん→E 10②353
ずずだま【薏苡仁】→よくいにん→E、Z 18①119
すすとり【すすとり、すゝとり、すす取り、すゝ取り】 9①128,129,135,153/42⑥445
すずな【すゝ菜、鈴菜】→かぶ(蕪)→E 10②353/67④180
すずのうつわもの【錫のうつハ物】 13①173/56①92
すすはき【すゝはき、煤掃、煤払】→A、O 10②377/42③202/44①38
すすはきそうじ【煤はき掃除】 24①148
すすはらい【すゝはらひ、煤掃ひ、煤払、煤払ひ】→O 25③285/27①211,218,245/28②204,260,270,271/29④289/47②94
すずみ【涼み】 27①330
すずめ【雀】→E、G、I 24①126
すずめかずら【すゝめかつら】 34⑧308
すずり【硯】 24①159,160/38③196/48①327,328,329,330,332,335,336,342,348,349,351,355,390
すずりのすみ【硯の墨】 24①126,127
すずりばこ【硯筥】 62②44
すずりぶた【硯ふた、硯ぶた、硯蓋】 9①162/22③176/28②233/36③292/38④253/62②44
すた【すた】→B 41⑤247
すだれ【スタレ、スダレ、すだれ、簾】→B、L 1②186,205/12①180/13①112
ずつう【頭痛】 45⑥307/66⑤283
すっぽん【川鼈】→I 6①230
すておぶね【捨小舟】 52①39
すてゆ【すてゆ】 42③203
すな【砂】→さとう 50②157,160,164,193,198,199,209,210,214/61⑧225,226,227,234/70①11,13
すねくさきこめ【酢寝臭き米】→こめ 51①56
すのこ【すのこ、簀子】→B、J 16①119/69①73,74
すのこがき【簀子攪】 62②39
すびつ【炉】 62②43
すべなわ【すべ縄】→B、J 36③228
すべらひゆ【すへら莧】 10①33
すべりひゆ【馬歯莧】→E、F、G、Z 6①170/18①138
すべりひゆじる【馬歯莧汁】 18①169
すべりびょう【すべりびやう】 24①126
すまし【すまし、羹】 24③334/28④360/52③139/70③239
すましすいもの【すまし吸物】 52④173
すみ【炭】→まき→B、I、L、R 2④283/4①22,32,33/5④308/6①159/7②363/10②335/13①84,206/14①383/16①169/25①84/27①56,261,270,271,306/30③234/36③275,318/38④289/40②168/41②139/42⑥412/45④198,207/47④214/48①8,59,106,137,175,321,329/49①32,113,138,145,147,172,192/53④216,217,221,222,228,230,233,235,⑤296,320,361/56①180/57②156,199,201,204/62⑤121/63①51/69②315,382,387/70⑥401
すみ【墨】 24①105/36③159,185/38③196/41②100/43①54,55,③232/48①157,160,351/49①53,54,56,57,60,61,62,64,65,66,67,68,70,71,72,74,76,78,80,82,85,94,100/55①53/57②210,212/63①27,53
すみか【住家】→かおく 16①128
すみがわら【角瓦】 43①61
すみけし【炭消】 62②43
すみけしつぼ【炭消壺】 7②301
すみざけ【すみ酒、澄酒】→さけ 9①114/51②206
すみそ【すミそ、酢ミそ、酢味噌、醋ミそ、醋味噌】→みそ 3④363/12①280,288,343,344/38③171/59①12
すみたるさけ【清酒】→さけ 18④406
すみちりめんのはおり【墨縮緬之羽織】→はおり 63①49
すみとり【すミ取、すみ取、炭取、炭取り】→A、B 12①270/27①295,302/42⑥372/47②98
すみび【炭火】 29①83/35①116,143,156,②366,372,375,③427/38③165,182,183/47①33,②99/52②117/53⑤332/56①185/61②93/62④98
すみほえ【炭杪】 4①34
すみやきところむら【炭焼所村】 66②109
すみれぐさ【菫草】→E 6①171
すめかゆ【スメ粥】 31⑤283
すめかゆごめ【スメカユ米】→こめ 31⑤283
すもう【角力、相撲】→O 1②209/36③257,261/42④272,279
すもうあそび【相撲あそび】 20①224
すもうけんぶつ【角力見物】 42④237,242,282/43②125,181
すもうとり【すまふ取、角力取】→M 14①284/27①386
すもうのとりて【角力の取手】 1③278
すもうのほうが【角力の奉加】 9①151
すもうみ【角力見、相撲見】 42④272/43③265
すもみ【すもみ】 33⑥311
すもも【すもゝ、李、李子、李実】→E、Z 6①168/10①35/24①126/62③62/69②347
すやきなべ【坩鍋】 69②268
ずらり【すらり、ずらり】 27①58,332
すりがらし【すりがらし】 12①234
すりこぎ【スリコ木、擂木】→B 1②174/62②43
すりしょうが【すり生姜】 3④372
すりたてまい【すり立米】 21④195
すりぬかわら【すりぬか藁】 61④169
すりばち【すり鉢、摺鉢、擂鉢】→B 3①59,62/33⑥365/48①60/52①43,51/62②43
すりみそ【摺味噌】→みそ 3④363
すりもち【すり餅】 9①147
するがし【スルガ紙】 48①118
するなわ【する縄】 36③228
するめ【スルメ、するめ、鯣】→いか 1②178/5④355,356/25①22,③261/28②133,205,④357/29②120,121/36③159,161,336/38③169/43③236/64④273
するめいちれん【鯣一連】 24③353
すわのはし【諏訪の橋】 24①91
すんぱくむし【寸白虫】 2②151,152/18①116
ずんべ【ずんべ】→ゆきぐつ 24①17,18

【せ】

せいきょう【政教】 3③113
せいくん【聖君】 10②381
せいけんじゅんかさん【猘犬潤和散】 60②107
せいさんし【聖散子】 68③319
せいし【生糸】 53⑤342
せいじ【青磁】 48①374
せいじ【政事】 5①192
せいしゅ【清酒】→さけ→B 25①22/48①165/51①19,36,52,87,132,149,174,176
せいしゅう【青州】 51①17
せいじゅう【聖従】 51①17
せいじん【聖人】 10②297
せいせい【清聖】 51①18
せいせい【聖清】 51①17
せいたい【セイタイ】 60④165,179,181,187
せいちょう【清重】 51①17
せいとう【清糖】 70①13,29
せいどう【正道】 3③117,120
せいひ【青皮】 56①92/60④215
せいふく【盛服】 35①36
せいぼのしんもつ【歳暮の進物】→しんもつ 27①214
せいまい【精米】→はくまい 6①217/25①78,②182,184,189/30①32,56,57,117
せいみん【生民】 5①7,③243
せいみんのしょく【生民の食】 13①314
せいみんのみち【生民の道】 13①313
せいめい【性命、生命】 3③106/8①219
せいめん【精麪】→こむぎこ

52②118
せいやく【聖薬】 70②105
せいゆ【清油】→あぶら 15①83/45③133/50①36
せいようのかざぶくろ【西洋の風袋】 47②93
せいらんこう【清蘭香】 43③265
せいりゅう【青竜】 55②171
せいりょうたん【清涼丹】 42⑥419
せいれい【精霊】 5①41
せいろう【せいろう、蒸籠】→こしき→B、Z 3①53/14①259/24③340/47②99,100/49①214/52①54/62②43/67⑥318
せかい【世界】 3③108
せがれ【悴、倅】 25①23/29②154/36②110
せがれぶんのもの【悴分の者】 25③259
せきこう【セキカウ】 60④187,203,213
せきし【赤子】 40②95/70⑤308
せきしょ【セキシヨ】 60④218
せきしょう【せきしやう、せきせう】→B、E、H、I 17①309/60①60
せきしょうぶ【セキシヨブ】→E 60④164
せきせいしき【席正式】 42④281
せきたん【石炭】→まき 29④273/69①133,②221,378,379
せきちくのよりょう【積蓄の余糧】 5②220
せきのくすり【セキの薬】 43①57
せきはん【せきはん、赤飯】 2⑤329/24①77/25①71,③262,278,280,281,282/27①227,229,230,244,251/28②133,141,226/38④274/41②72/43①28,33,36,39,63,82/62⑤125
せきひつ【せきひつ】 59②97,105
せきびのぞく【赤眉の賊】 35①213
せきやく【石薬】 70②127
せぎょう【施行】 25①93
せきりゅうひ【セキリウヒ】 60④164
せこ【勢子】→L、R、X 10①149
せこつくり【勢子作り】 58⑤315
せたいどうぐ【世帯道具】→Z 66⑥340
せたいどうぐじづくし【世帯道具字尽】 62②43
せち【セチ、せち】 25③259,263/28②131
せちぎょう【セチギヤウ(節饗)】 25③260
せちざけ【節酒】→さけ 25①22
せついん【せついん、雪隠、泄院】→せっちん 8①53/28①37,②137,233,271/54①192
せっかん【折鑑】 5①128
せっきもち【節季餅】 39③155
せっくまい【節く米】 42⑤321
せっこう【石甲】 60④168,179,193,197,215
せっしゃ【泄瀉】 38④261/68①59
せった【雪踏】 23④164/24①102
せっちん【せっちん、セツチン、雪陰、雪隠】→かわや、こうか、せついん、べんじょ 1④322/2①125/4①138,141/6①15,108/10①101/16①123,128,227,228/17①263/19①197,②287,288/22①49/24①93,134,③331/25①41,120/27①90,224,324,332/38④279,280,283,284,285/40②179/42⑤328,⑥436/43①64/63③133,134/64④261
せっちんのこし【雪隠の腰】 4①138
せっちんのはいば【雪隠の灰場】 27①322
せっちんのやね【雪隠ノ屋根】 38④288
せっとう【窃盗】 60②88
せつりんさい【雪林菜】→おから 52②119
せど【せど、迫門】→B、D 20①70/62②39
せとぐち【脊門口】 27①294
せともの【瀬戸物、陶器】→からつもの、とうき(陶器)、やきもの(陶器) 48①55/49①9/53③169/62⑤123
せなあて【セナアテ、背当】→Z 1②140,159
ぜに【銭】→B、L、R 25③262
ぜにがた【銭形】 49①72
ぜにかます【銭カマス】 1②140
ぜにきんす【銭金子】 21⑤230
ぜにもち【銭持】 66③158
せほう【世宝】 49①72
せやく【施薬】 22①13
せり【セリ、せり、芹、水芹】→B、E、G、I、X 6①169/9①162/10①21,25,28,31,33,46,47,②353/18①133/22③176/43①17/45①31/62③61/67⑤231
せりにんじん【芹人参】 10②340
せりむじん【せり無尽】→むじん 66②91
せわた【背腸】 5④348,353,354
せわにん【世話人】→R、X 42③184/43②140/59①61/63④265
せん【盤】 69②197
せん【疝】 3④323
せん【せん】 67④180
ぜん【膳】→おぜん、ねこあし 9①159/27①234/38④270/43③236,250,268,270/62②43
ぜんおしき【膳折敷】→おしき 48①174
せんき【疝気】 2②151/5①128,④333/6①232/14①174/15①93/16①108/38③175/51①123
せんきびょう【疝気病】 56①130
せんきゅう【センキウ、川弓、川芎】→B、E、H、I、Z 3④323/8①272/13①281/60④165,166,169,177,183,185,191,195,197,201,203,207,209,219,⑥351,358/62⑧278/68③344
ぜんこ【センコ、ゼンゴ、ゼンゴフ、前胡、前後】→E 60④164,165,177,189,191,193,207/68③353
せんこう【せんこ、せんこ、せん香】→B 9①158,164/14①86/37②85/43①44,53,71,94
ぜんこうじみやげ【善光寺土産】 42⑥418
せんざい【せんさい】→D 17①242,270,315/38①23
せんざいぼく【千歳墨】 49①73
せんしき【先式】 41②40
せんじぐすり【煎薬】→G 43①13
せんじぐち【撰糸口】 35②288,289
せんじゃ【撰者】 55②109,112,121
せんしゃく【疝積】 6①139
せんしょう【疝症】 3④322
せんす【扇子】→うちわ(団扇) 1②169/24③351/27①256/42③152,⑤316/43①25,54,③234,236,241,242,245,248,252,254,260,272/44①11/54①209/61⑨305
せんすだい【扇子代】 36③174
せんすばこ【扇子箱】 42⑤315
せんずみ【千づミ】 19②415
せんせい【先生】→ししょう 70②68
せんそうか【川草花】 18①139
せんぞく【せんそく、洗足】 16①230/21③160/29③211
せんぞのあと【先祖之跡】 31②73
ぜんたい【蟬退】 18①165
せんだいおう【仙大黄】 10①25,28
せんだいおうのは【仙大黄のは】 10①31
せんだいほしいい【仙台干飯】 70③239
せんたく【せんたく、せんだく、洗だく、洗濯、洗濁】→I、O 9①87,94,128,130,132,145,153/14①179/24①139/25①18/29①27/37②72,88/42③151,167,203,⑥392,393,394,395,396,397,399,403,404,405,416,420,435,437,438,445,446
せんたくしる【せんたくしる】 39⑥332
せんたくだらい【せんだく盥】→たらい 24①135
せんたくどまり【洗濯泊り】 25③283
せんたくにゅうよう【せんたく入用、洗濯入用】 21③159,④183
せんたくひま【せんたく暇、せんたく隙】 24③267/25①77
せんたくまい【せんだく米】 9①16
せんたくもの【洗濁物】 42⑥439
せんたくやすみ【洗濯休】 42⑤338
ぜんだな【膳棚】 27①297,317
せんち【せんち】 24①93
せんちゃ【煎茶】→ちゃ 5④308/25③271/36③334/

69①51
せんでい【洗泥】 51①18
せんとうしゅ【千筒酒】 51①18
せんにん【仙人】 10①177
せんにんまえ【千人前】 36③296
せんね【千根】→E 10①21
せんのうがくしょう【賤農学商】 3③102
せんぷう【癬風】 14①174
せんべい【せんへい、せんへい、せんべい、煎餅、煎餅】 5④311/27①255/43①10,16,85,88,③261/62⑥152/68①138
せんべつ【餞別】 24①60
せんまい【洗米】 10②353
ぜんまい【せんまい、ぜんまい、狗脊、狗背、紫蕨、紫萁、薇】→B、E、I 6①169/10①25/17①321/18①131/19①201,202/20①307/36③199/62③61/70⑤341
せんまいづけ【千枚漬】 52①36
せんみん【賤民】 32①136/60②88
せんやく【仙薬】 36①34
せんわら【秈藁】 6①213
ぜんわん【膳わん】 5②231

【そ】

そ【苧】→からむし 14①241,261
そ【疽】 6①140
そいと【粗糸】 53⑤298,314,337,342
そう【繪】 35①12
そう【瘡】→くさ(瘡) 5④334
そううん【曾縕】 51①18
そうか【草菓】 68②289,292
ぞうか【雑家】 41②37
そうかいどう【滄海堂】 60②100
そうかくし【皁角子】 60⑥346
ぞうき【雑木】→ぞうぼく→B、E 1①65/15②229
そうぎごのこころえ【葬儀後のこゝろへ】 9①165
そうきせい【サウキセイ、桑寄生、草気情】 60④165,227,⑥351
ぞうきのこ【雑木の子】 3④333
ぞうきのしば【雑木の柴】 48①114
そうきゅうじつ【惣休日】 28②280,281
そうくよう【惣供養】 43①21
そうけ【さうけ、そうけ、そふけ、飯籮】→ざる→B、L、Z 5④324,336,337/27①216,217,292,302,306,356/52④165
そうけたたき【さうけ打木】 27①306
そうこう【糟糠】→B 6①187/58③121
そうこく【相こく、相剋、相尅】 7②229/16①120,305/39①14/62⑧266/67⑥263
そうこん【草根】→E、X 18①13,157
そうこんばい【走根梅】 50③245
そうざい【惣菜】 19①22
そうさし【惣サシ】 1②197
そうじ【そうじ、掃除】→おそうじ、のんばき→A、K 10②377/21⑤229/24③331/27①224,351/28②203,204,205/43②159,173,174,196,199,202,210,③263,266,268
ぞうじ【ざうし、ざうじ、雑食】 5①94,104,106,110,137,138,143,144/17①249,322/27①317,318
ぞうじかいのみ【ざうじかゐの実】 27①317
そうしきいりよう【葬式入用】 9①169
そうしきこころえ【葬式心得】 9①157
そうしきごのこと【葬式後のこと】 9①160
そうしきのぜん【葬式のぜん】 9①164,165
そうしつ【瘡疾】 68③316
ぞうしとうだいまつ【雑司燈台松】 27①314
ぞうしのさほう【雑仕の作法】 27①290
そうしぼん【草紙本】 49①134
ぞうしもののわん【雑司者の椀】 27①315
そうしゅう【掃愁】 51①17
そうじゅつ【サウシツ、サウジツ、さうじゆつ、サウ朮、ソヲジツ、草ジツ、草朮、蒼朮】 17①139/60④165,166,177,185,189,191,207,213,217,227/68③326,327,329,341
そうしょう【相性、相生】 16①120,305/36①47/39①14/40②156/41④203,204/62⑧266/67⑥263
そうしょう【宗匠】 10①183
そうしょう【争訟】 3③121
そうしょうそうこく【相生相尅】 7②230,233
ぞうしる【雑汁】 6①112,134
ぞうしんもつ【贈進物】 62⑥152
ぞうすい【ざうすい、ソウスイ、雑汁、雑水、雑炊】 5①178/8①222/16①59/17①273,319/25①68,78,79/29①28,29/30③231,233,283/38④239/41②90,91,92,97,98,116,119,122,136
ぞうすいがゆ【雑炊糜】 27①313,314
ぞうすいだいこん【雑炊大根】→だいこん 36③296
ぞうすいな【雑水菜】 41②101
ぞうすいなべ【ざう炊なべ】 27①317
ぞうすいなべのふた【雑炊鍋の蓋】 27①317
ぞうすいのこな【雑水之粉】 28①34
そうせい【蒼生】 18①6,④423/24①161/69②227,277
そうせいそうこくのり【相生相尅の理】 21①62,②128
そうぞく【相続】 22①42/23⑥300
そうぞくにん【相続人】 21⑤230
ぞうちゃ【雑茶】→ちゃ 6①159
そうとうけんげき【争闘劔戟】 5①178
ぞうとうしもつとう【増当四物湯】 60④203
そうどく【瘡どく(できもの)】 14①198
そうどく【瘡毒】→ばいどく 40②84
そうどくふらんのところ【瘦毒腐乱の所】 14①179
ぞうに【ぞうに、ぞふに、雑煮、雑煎】→あずきぞうに、おぞうに、ひきものぞうに、みかがみあずきぞうに、みかがみぞうに、もちぞうに 7②302/9①9,10,15,143,144,145/10②352/27①238/28②128,132,133,④359,360/29②120/30①117,119/40③214/43②121,③232,236/44①8/58④246
ぞうにのぜん【雑煎ノ膳】 38④232
ぞうにもち【そうに餅、雑煮餅、雑煮餅】 24①11,27/25①23,③259,261/28②127/36③159
そうねつ【壮熱】 14①194
そうねんのおとこ【壮年ノ男】 32②324
そうねんのひと【壮年の人】 36③304
そうねんのもの【壮年ノ者】 32②295
そうのさんえ【僧の三衣】 35②403
ぞうのわん【雑の椀】 27①297
そうはく【糟粕】 69②346
そうはく【桑白】 60⑥357,358,372
ぞうぼく【雑木】→ぞうき→B、E、G 12①120/38④289/45④207/50②192/68①59
ぞうぼくまき【雑木薪】 53④238
そうみうすはれ【惣身浮腫】 18①129
ぞうめし【雑飯】 36①73/67⑥313
そうめん【さうめん、そうめん、素麪、素麵、麫麵】→なみそうめん、ひやそうめん、ひやむぎ→I 5④336,343,347/9①149/14①48/17①188/18①166/25①71,②199,③276,280/28②184,④358/33④224/42④272/43①56/64④306
そうもく【草木】→くさき→E 6①170/25①117/69②253
そうもくのね【そうもくの根】→E 62③74
そうもくのは【そうもくの葉】→E 62③74
そうよりあい【惣寄合】→よりあい 36③171
そうらく【桑落】 51①17
そうらくしゅ【桑落酒】 51①18
ぞうり【ざうり、そうり、ぞうり、そふり、草り、草履】→ふるぞうり、わらぞうり 1②202/5①93,125/7①84/9①158,163/11②100/14①112,124/19①88/21③160,④184/24①149,③312/25①18,27,29,72/27①27,300,335,338,379/28②136,270/29①23/31②71/34⑦247,⑧312/40③217/42⑥438,444/44①52

/62⑤121
ぞうりとり【草履取】→R 43③250
そうりょう【惣領】 10②333/24③273
そうろ【双鷺】 49①72,73
そうん【蘇雲】 51①17
そえ【添へ】→K 33⑥393
そえのみずこうじ【添の水麹】 51①67
そえまい【添米】 51①59,84,②182,183
そえみず【添水】 51①139,140,141,②184
そえめし【添食】 51①43,59,67,69,75,83,91,103,109,117,119,133,145,146
ぞがてあずき【そがて小豆、ぞがて小豆】 42②107,108,126
ぞがてうり【ぞがてうり】 42②107,108,126
ぞがてにんじん【ぞがて人参】 42②104
そぎき【そぎ木】 42⑥375
そぎもとき【枌本木】 42⑥442
そくさいえんめい【息才延命】 31③107
そくし【即死】 24①129
そくずくろ【ソクズ黒】 60④218
ぞくだん【ゾクタン】 60④169,197
ぞくぬの【属布】 3①44
そくん【素君】 52②82
そこくさいひん【麁穀菜品】 10②379
そこへ【そこへ】 40②181
そこまめ【そこまめ】 6①232
そざんのあらたま【楚山の荒珠】 11①5
そし【麁紙】 3①58,60
そじき【粗食、素食、麁喰、麁食、麤食】 5①7,127,177,181/16①242/23④164,166/25①65,66/36③156/37③378
そせんのすし【素饌の鮓】 52③140
そだ【麁木】→まき→B 21③154
そちゃ【麁茶、麤茶】→ちゃ 14①234/66⑤289
そっちゅう【卒中】 69②269
そで【袖】 16①193
そでさるのかわ【袖猿ノ皮】 1②196
そとがはまふなうた【外浜船歌】 1②200
そどく【素読】 3③186/31⑤246
そとだな【外棚】 19①192
そのひぐらし【其日暮し】 68④403
そば【そバ、そば、蕎麦】→ぼんそば、まるそば→D、E、H、I、L、Z 2②148,151/11②111/12①291/17①320/19①174/20①177/24①125,126,127/25①91,③262/36③291/37②70/38③175/39⑤295/41②121,③185/62③62/67⑤213,227,⑥272/70⑤324
そばがき【蕎麦かき】→K 6①103
そばかす【そバかす】 14①190
そばがま【そば釜】 27①302
そばがら【そはから、蕎麦から、蕎麦殻】→B、E、G、H、I 1③272/6①172/11①61
そばきり【ソバキリ、そは切、蕎麦斬、蕎麦切】→K 5①119,120/6①104/10②315/11②120/12①171,215,283/24①126/25③276,284/36③207,278,290,291,292/38④280/62②40/70⑤320
そばこ【そはこ、そは粉、そば粉、蕎麦粉】 12①171/21③176/24③356/25①21,③287/36③175,316/43③273/60⑥365/62⑧278
そばただいこん【蕎麦田大根】→だいこん 6①104
そばな【薺苨】 6①171
そばのこな【そば之粉】 34⑦255
そばのは【蕎麦のは】 10①33
そばのめくそ【蕎麦ノ目くそ】 1③283
そばのめはな【蕎麦のめはな】 25①39,79
そばばな【そば花】 67④179
そばぼと【蕎麦ぼと】 6①103
そばめくそ【蕎麦めくそ】 67⑥302
そばもち【蕎麦餅】→K 1③284
そはん【疎飯、麤飯】 6①55,72/40②167,168,174,177
そふ【祖父】 21④206
そほう【素卦】 3③179,182
そみん【疎民】 23④196
そめお【染苧】 53②131
そめどの【染との】 47①9
そめはかまじ【染袴地】 50③277
そめもの【そめもの、染物】→K 7②353/13①50/14①35/16①145/17①222
そめるいと【染る糸】 53②113
そらまめ【そら豆、苑豆、空豆、蚕豆】→E、I、Z 6①169/28②280,④358/30③232/40③230/62③62/67②99
それい【麤糲】 23①92
そろばん【そろはん、そろばん、算盤、十露盤】 5①54/16①129,184/36③170/40②81/42④248/43①21/48①120,123/69②198
そんぎ【樽蟻】 51①18
そんきょかんきょ【村居閑居】 13①253
そんどう【村童】 25①21,38
そんはく【村白】 51①17
そんみん【村民】 3③121/25③291
そんり【村里】 5③289/12①21/14①232,233,341

【た】

たい【鯛】→なまだい 5④350,355/24①126/41②136
たい【たい】 14①284
たい【太】 41②135
たい【胎】 14①194
だい【醍】 51①15
だいあくさく【大悪作】 27①68
だいあくにん【大悪人】 31④196
たいいんぼうしょく【大飲飽食】 45⑥307
だいおう【ダイヲウ、太黄、大黄】→E、G、H、Z 6①230,236/60④166,181,187,191,193,197,205,211,223,⑥348,349,353,355,361,367,369,373/68③323,325,329,339,340,341,343
たいか【大家】 36③173,262/67②96/69②364
たいかこうう【大厦高宇】 18④428
だいがさ【台笠】 27①228
だいかん【大寒】 18①147
だいきち【大吉】 17①35
だいきゅう【大灸】 18①164
だいきゅうひゃくそう【大灸百壮】 18①161
たいぎょ【棘鬣魚】 52②120
だいきょう【大凶】→Q 3④273
たいぐし【たいぐし】 42⑥391
だいくど【台公土】 67③123
たいげふつう【帯下不通】 14①194
たいこ【タイコ、太鼓、大鼓】→つづみ→B、H 1②166,168,180/6②317/11⑤254/19①216/25①38/30①57,76,130/35①77,②284/36③267/67②92/70⑥423
だいこ【大根】→E 62⑤119
だいこく【大黒】→O 14①284
だいこくこう【大国香】 49①73
だいこくせん【大黒銭】 48①169
だいこくばしら【大黒柱】 67③125
だいごぜん【大御膳】 24③353
だいごぜんごくりょう【大御膳御供料】 24③352
たいこぶ【たいこ麩】 52④178
だいごみ【醍醐味】 52①49
たいこやぐら【太鼓櫓】 1②169
だいこん【大こん、大根、蘿蔔、萊蔔、菔】→あらいだいこん、いちょうだいこん、おろしだいこん、かんざらしだいこん、きりぼしだいこん、けずりだいこん、こだいこん、さんがつだいこん、しるだいこん、すずしろ、ぞうすいだいこん、そばただいこん、たくあんだいこん、つちだいこん、つりだいこん、なだいこん、なつだいこん、ななくさだいこん、なますだいこん、なまだいこん、にうだいこん、ぬきなだいこん、のだいこん、はたのだいこん、ひらだいこん、ぶえんづけだいこん、ふせだいこん、ふゆようのだいこん、へぎあいだいこん、ほしだいこん、もみなころのだいこん、もりぐちだいこん、よごしだいこん、わぎりだいこん→A、B、D、E、I、L、Z 1③283/6②298/9①139,140,143,144,145,146,155/10①21,39,42,44,46,47,②352/13①365/16①59/18①153/19①202/23④165/24③342/25①22,39,66,78,87,112,③261,284/27①215,236,237,239,245,251,294,365/28②127,128,129,131,133,184,250,251,276,④357,359/29②156/36③159/38③175/41

②121,142,143/43①21,23,84,85/52①21,22,23,24,25,26,35,45,50/62③62,67,⑥152/67④179,⑤213,214,231,⑥303/68①60,②290/70③239
だいこんあさづけ【大根朝漬】 27①118
だいこんいちょうぎり【大根いちやう切】 28②133
だいこんおろし【大根ヲロシ】→B
38④280
だいこんかてきりたて【大根糧切立】 1③283
だいこんがゆ【大根カユ】 38④239
だいこんざい【大こんさい、大こんざい】 9①143,144,145,146,148,151,153,154,155
だいこんじる【大根汁】 27①250,291/28②129,250
だいこんぞうすい【大根雑炊】 36③161
だいこんづけ【大根つけ、大根漬】→K
24③342/36③321
だいこんな【大根菜】→E
50③264
だいこんなます【大根なます】 28②251
だいこんのあえもの【大根の和物】 27①118
だいこんのおろし【大根のおろし】 25③282
だいこんのかれは【大根之枯葉】 62③63
だいこんのこぎり【大根の小切】 25①79
だいこんのしぼりじる【大根ノシボリ汁、蘿蔔の絞汁】 18①170/32①218
だいこんのはな【大根の花】→E
28②144
だいこんば【大根葉】→E、I、L
5②231
だいこんばかりのみそしる【大こんばかりのみそ汁】 9①143
だいこんひば【大根干葉】 3④322/66③150
だいこんへぎあい【大根へぎあひ】 27①238
だいこんぼし【大根干】 24①70/36③207
だいこんほしな【大根ほし菜】 36③295
だいこんみそづけ【大根味噌漬】 52①31
だいこんめし【大こんめし、大根飯】 9①144/27①291
だいこんわぎりじる【大根輪切汁】 27①245
たいさい【大歳】 3③178
だいじのこめ【大事の米】→こめ
27①77
たいしゃ【台榭】 22①21
だいじょうふで【大上筆】 43①92
だいしょうべんひけつ【大小便秘結】 13①295
たいしょく【大しよく】 39⑥341
だいじん【大身】 23⑥299
だいじんぐうおはらいだな【大神宮御祓棚】 27①227
たいしんのもの【大身之者】 67⑥302
だいず【たいす、大豆】→あおだいず、あおまめ、きだいず、くろだいず、くろまめ、じだいず、じょうしゅう、じょうしゅうだいず、しょうゆだいず、しろだいず、なつだいず、ひねだいず、みそだいず、もとなぎのだいず→B、E、I、L、R
2②148/3①18,④276/6①225,②299/7②301/9①132,136,138,154/10②377/14①220/16①58/17①213,320/18①157/24③333,334,335,339/25①21,66,91,③261/27①241,249,317/28②259,280,④361/31⑤283/38③199/39③154/41②137,138,139,140/42⑥371,402,405,409,442/43③255,271/44①47/49①219/51①123/52②106,⑤205,207,215,⑥249,253,⑦302/56①126/66③149/67②99,④179,181,⑤211,213,214,216,217,218,224,237,⑥272,274,280,297,301,303,310,317/69②350
だいずきなこ【大豆きなこ】 27①118
だいずくず【大豆屑】 30③232
だいずのしる【大豆の汁】 18①157
だいずのは【大豆の葉、大豆之葉】→B、E、I
20①306/67④179
だいずのひきわり【大豆之ひきわり】 67④180
だいずひきわり【大豆引割】→I
41②137
だいずまぜそうろうめし【大豆ませ候飯】 27①241
だいずよんどまきのとし【大豆四度蒔之年】 19②356
だいぜんこん【大善根】 47⑤250
たいそう【大棗】 7②360/42⑥387/68③354
だいだい【橙皮】→E
3④323
だいだい【太々】 24③266
たいと【秈】→F
27①240
たいどう【胎動】 5①106
たいとうじき【大唐食】 4①27
たいとうまい【大唐米】→F
6①48
たいとうめし【太唐飯、大唐飯】 6①72,134,139
たいとうわら【大唐藁】→B
4①28,74
だいとくようまい【大徳用米】 61⑦196
だいどころ【だい所、台所】→みずや→Z
3④305/24③271,331/27①218,219,286,289,298,300,316,320,327,341,354,384/66⑦362/69①56
だいどころいろりのひ【台所火爐の火】 27①338
だいどころたきぎ【台所薪】→まき
24③320
だいどころのいたじき【台所の板敷】 27①159
たいとまい【たいと米、秈米】 27①118,206,209,238,269,385
たいとまいめし【秈米飯】 27①250
たいとめし【たいと飯、秈と飯、秈飯】 27①118,237,238,239,240,241,242,243,244,245,246,247,248,250
たいともし【たいともし】 42⑥430
だいなんさく【大難作】 27①351
だいにほん【大日本】 21②102
たいのせぎり【鯛のせきり】 44①24
たいのはまやき【たいのはまやき】 28②184
たいはい【大盃】 58⑤302,343
たいはく【太白】→B
50②204
たいはくのこ【大白の粉】 14①172
たいはくのさとう【大白の砂糖】→B
14①172/50②204
だいひき【台引】 52④177
だいびき【大引】 9①152,162
だいびょうにん【大病人】 27①350
たいふ【胎婦】 8①268
だいべんつまる【大便秘結】 18①129
だいべんのふさがり【大便の閉】 6①230
たいほう【大法】 3③176
だいほうねん【大豊年】→ほうねん
8①247/23⑤277/67⑥305,306,308
たいぼくのぶん【大木之分】 22③162
たいま【大麻】→あさ
53②99
たいまつ【たいまつ、タイ松、タヒマツ、手火松、松火、松明、続松、明松、炬、炬火】→たえまつ→B、H
1②159/6②317/8①128/13①142/15①22,24,26,28,30,49,51,60,68,69,70,71,72/16①166,310,314/23⑥330/24①67,75/27①178,258,332,340,347/31④209,225/33⑤254,255/37③326/45③132/50①35/58⑤339/66④194,215
たいまつのあかり【松明の明り】 15①50
たいまつび【明松火】 27①332/33②124
たいまつもえがら【松明燃燼】 27①178
だいみょうぶ【大名麩】 52④171
たいも【田芋】→さといも→E
30①137
だいもくねがい【代目願】 43②143
たいもじる【田芋汁】 24①118,122
だいもん【大門】 25③265/36③270/70②69
だいや【代屋、代家】 64④244,253,279,282,293,297,301,302,303,305,306,308
だいようのひけつ【大用の秘結】 12①321
だいりがわら【内裏瓦】 48①355
だいりゅうせい【大竜星】 36③255,256
だいりん【大リン】 43①53

だいわ【だいわ】 28②273
たうえうた【田植唄、田植歌】 24①68,70/30①57/37③312
たうえことば【田植言葉】 19①215/36③165
たうえざかな【田植さかな】 9①72
たうえつけごのはんまい【田うへ付後の飯米】 27①206
たうえつけまい【田うへ付米】 27①205
たうえのうた【田植の唄、田植之歌】 22②116/24①48
たうえぶし【田植ふし】 19②414
たうえめし【田うへ飯】 27①117
たうた【田うた、田歌】 10②366/20①72/23①65,82
たうちざけ【田打酒】 9③284
たうちはんまい【田打飯米】 1①35
たえまつ【たへまつ、たゑまつ】→たいまつ
39⑥337/59②97,121
たがいどし【違年】 19①32
たかきび【高黍、高秬】→きび→E
10①40/30③231
たかつき【高杯】 62②43
たかとう【たかとう】 3④336
たかな【たかな、菘菜】→B、E、F
10①21,25,29,47
たかのつめ【鷹の爪】 13①85
たかはりちょうちん【高張挑灯】 58⑤339
たかまど【高窓】 35①131
たから【宝】 5②232
たがらし【石竜芮】→E
6①171
たからば【たから葉】 68④406
たきあぶら【焚油】 31①28
たきいし【焚石】 31③120
たきかや【焚萱】 25①68
たきぎ【たきゞ、たき木、焼木、薪、薪柴、薪木、焚木】→まき→L
1①35,91,103,108,109,110,②181,③284/2①16,②155,④283,289,290,291,292,309/3③125,167,171/4①32,90,115,235,236,237/5①14,83,122,170,176,③272,④308/6①144,219,②297/7①72,②363/9①127,131/10①107,116,117,134,②335,376,380/12①125/13①109,200,205,206,208,209,210,212,215,216,219,376/14①86,90,91,94,202,282/15②227/16①113,140,155,165,210,235,237/19①197,207,②283,288/20①309/21④192/24①27,77,139,145/25①28,40,57,84/27①61,76,194,222,259,262,266,268,281,325,340,365/28①38/29①18,28,④286,288/30⑤403,412/31②69,77,86,③112,118,④198,⑤249,279/34①6,9,⑥142,152,⑦248,252/35②316/36①62,②116,128,③185,249,308/38③190,195,④265/39⑤286,291,⑥345/40②73,177,③215,216,217,218,219,222,223,224,236,237,244,245,246/41②37/42⑥441/48①313,318,319,365,369,375,377,393/49①20,29,30,31,94,192/51①30,31,32,112,②202,203/52⑦284,301,302,305,307,308,313/53①19,22,⑤296,320,361/55③268/56①101/57②146,156,185,188,199,201,204,231/59②105/61④169,175,⑩457/62①13,⑨394/63①34/64①57,61,62,83,⑤337,351,360/66①35,68,④197,⑤287/67②90,③123,127,⑤217,238/69②218,372,376/70①24,②105,128,182
たきぎくず【薪くず】 27①218
たきぎにう【薪にう、薪積】 27①22,148,152,154,194
たきしば【焚柴】→まき
61④162,169,170,175
たきすみ【たきすみ】→まき
39⑥347
たきだししょ【焼出し所】 67①59
たきつけ【焚付】 50③255
たきび【たき火、焼火】 22②101/25①16/35②373
たきびのかき【焼火の火気】 35①171
たきもの【たきもの、たき物、薪物、焚もの、焚物】→まき→G
6①101/21③155/25①57/31②69,84/70③230
たきよう【焚用】 36②126
たく【宅】→かおく
24①144
たくあんだいこん【沢庵大根】→だいこん
52①24,30,31,37,53
たくあんづけ【沢庵漬】→たくわん→K
3④286,295/52①21,24,38,42
たくあんのこうのもの【沢庵の香物】 62⑤119
たくあんひゃくいちづけ【沢庵百一漬】 52①24
だくけん【濁賢】 51①17
たぐさざけ【田草酒】 43③257
たくしゃ【タクシヤ、沢瀉】→E、Z
6①236/60④166,185,191,207,⑥366/68③348
たくのろ【宅の爐】 25③265
たくはつ【タクハツ】 42⑥412
たぐりゆば【たぐりゆバ】 52③133
だくろう【濁醪】 6①214,②274/51①17
たくわえ【貯】→L
3③176/25①17/34①11
たくわえこく【貯へ穀、貯穀】 21②122/68②247,259
たくわえまい【たくハヘ米】 62③75
たくわん【たくわん】→たくあんづけ
42⑥402
たけ【竹】→B、E、G、H、Z
49①73,125
たけうま【竹馬】 43③250
たけかご【竹かご、竹籠】→B、Z
5④335/12①377
たけがた【竹形】 49①73
たけす【竹ず】→B、C
49①214
たけどく【茸毒】 62③62
たけのこ【竹ノ子、竹の子、竹子、竹之子、竹筍、筍、笋】→ほしたけのこ→B、E
5④336/6①170/10①31/18①151/24①127/28②175,184/42③173/44①24/52①58,②124,③140/62③62
たけのごう【竹のごう】 28②128
たけのこしおづけ【笋塩漬】 52①58
たけのこまき【筍巻】 52③140
たけのこよごし【竹之子よこし】 42③173
たけのこりょうり【笋料理】 10②358
たけのひ【竹の火】 48①374
たけのひなわ【竹の火縄】 48①116
たけのみ【竹実】→B
6①172
たけのらう【竹の羅宇】 45⑥331
たけふしにんじん【竹節人参】 68③360
たけぼうき【竹ぼふき】→B、Z
9①129
たこ【たこ】→J、Z
24①127/28②184,233
だご【たご、だご】→だんご
27①249,302,348
たごうのもの【他郷之者】 33⑤263
たこはた【蛸旗】 1②135
だこんぶ【ダコンブ】→こんぶ→Z
49①216
だし【山】 27①254
だしこんぶ【ダシ昆布】→こんぶ
49①217
だしじる【だし汁】 11②121
だしちゃ【出し茶】→ちゃ
13①88
たしょえんごく【他所遠国】 9②199
たすき【タスキ、たすき、襷、襷襷】→B
1②197/4①51/6①244/9①60/39④207
たすけのみず【義漿】 22①75
たそんいっかうち【他村一家うち】 9①160
だたい【堕胎】 61⑩416
たたかれいわし【タヽカレ鰯】 24①50
たたきぼう【扣棒】 27①292
たたきものごや【殴物小屋】 2①125
ただなます【只鱠】 27①237
たたみ【たゝミ、畳】→ふるだたみ→B
14①107,141/16①236/27①255/36③234/47①33,②102,⑤278/62④96,97,⑧248/64⑤356/66⑤280,⑥340/67③124/69①73
たたみうちへや【畳うち部屋】 27①218
たたみおもて【畳表】 4①122/5④309/14①219/25①38/42⑥446
たたみおもてがえ【畳表替】 44①16
たたみのおもて【畳の表、畳の面】→B
13①66,72/14①43,107,111,140/17①306/25①67
たたみのした【畳の下】 33⑥352
たたみのとこ【畳の床】 14①141/20①106/62⑤121

たたみのへり【畳の縁】 36③243
たたみのへりぬの【畳の縁布】 14①359
ただれ【たゞれ】 17①31
たちあいしゅう【立会衆】 43③236
たちあいじゅう【立会中】 43③243
たちうち【太刀打】 24③274
たちせんにん【立仙人】 49①72
たちばな【橘】→E 28②128
たちぼてい【立ぼてい】 14①284
だちんちょう【駄賃帳】 61⑨370
たつ【経】→たて 14①129,130,144,147
たついと【経】 14①129
たつき【たつき】→すぎわい 58③122/66⑤278
たつぎ【竪木】→B 53④216,226
たづくり【田つくり、田作、田作り】→ごまめ→I 10②352/24①13/43③232,236
たつくりうお【たつくり魚】 37②69,76
だっこう【脱肛】→G 3④345
たつしょうさん【幸生散】 19②425
たっつきのこしあて【たつ付の腰当】 58⑤331
たつみ【辰巳】→P 62②52
たて【経】→たつ 49①231,248/50③275,277
たで【たて、蓼、蓼芽菜】→ほたで→E、G 6①169/10①33/24①127/33②130/52①49,⑥258
たていと【タテ糸、経糸、建糸、縦糸、竪糸、立糸】→L 47②134/49①226,227,228,233,236,237,240,248,249,254/50③277/53②106,113,114,116,128,129,130,131/56①122
たてかえ【立替】 63③133
たてがさ【立笠】 27①228
たてぐ【建具、立具】→B 27①218,219/47⑤278
だてさし【伊達サシ】 1②197
たてちゃ【立茶】→ちゃ 25③271
たてのはじめ【経の始め】 49①246
たでば【たで場】 15②294
たてひいな【立雛】→ひな 14①272
たでほ【たて穂】 10①42
たてもの【竪物】 43③273
たてもののむね【立物の棟】 27①190
たてやまとうじ【立山湯治】 42④270
たどん【たどん】 14①175
たな【棚】→B、C、J 27①308,315/28④338
たな【店】 27①164
たないた【棚板】→J 27①219
たなえごめ【田苗米】→こめ→E 27①249
たなばたかいもの【七夕買物】 42⑥390
たなばたのほっく【七夕の発句】 36③250
たなばたぶどう【七夕ぶどう】 48①191
たなばたぼし【七夕星】 37②82
たなもと【たなもと】 28②138
たにし【たにし、田にし】→つぼ、ほしたにし→G、I、J 10①25/24①127/67④180
たにしのにく【田螺の肉】 6①230
たにん【他人】 31②66
たぬきじるいも【狸汁藷】 28④360
たね【たね】→A、E、L、Z 21①55
たねあぶら【種子油、種油】→なたねあぶら→H 15①83/43①11,94
たねあぶらのしらしぼり【種子油の白絞】 50①88
たねというあぶら【種と云油】 28①29
たねぬきとうがらしにっこうづけ【種抜蕃椒日光漬】 52①33
たねはご【種はご】→まき 61④169
だのう【惰農】 5③245
たのかみのもち【田の神の糯】 19②424
たのくさぶし【田莠ふし】 19②414
たのもし【たのもし、頼母子】 36③296,297,298,299/39⑥340/40④285/42③167,169,170,176,191,⑥373,376,377,378,379,402,403,404,405,409,415,416,442/43②201/62⑨399
たのもしこうぎょう【頼母子興行】 36③297
たばこ【たはこ、たばこ、煙草、多葉粉、佗波古、烟草、莨】→E、G、H、L、X、Z 1①65,②140,195/3①24,③180/5④342,348/9①114/13①371/14①358/21③161/23④164/24③308/28②237,250/29①12/31③122/34⑦255/38④255/40②68,174/42⑥406/43①88/44①13/45①31,⑥287,288,289,303,306,310,313,314,315,318,319,332,335,337,338,339/48①142/50③252/65①42/67⑥274,297,301,303,311
たばこいっしきのぐ【煙草一式の具】 45⑥322
たばこいれ【たはこ入、煙草子入、煙草入、多葉粉入、烟草入】 21③161,④186/24①110,③354/43①19/45⑥314,331/61⑨347/62⑤117
たばこがら【煙草茎】→H、I 62③70
たばこぎ【たばこ木】→E 28②220
たばこじぶん【たばこ時分、多葉粉時分】 9①132,146
たばこすいがらのはい【煙草吹殻灰】 59⑤439
たばこのいき【たばこのいき】 60①63
たばこのき【たばこの木】 40①13
たばこのこ【煙草の末】 45⑥309
たばこのじく【煙草のぢく】 60②93
たばこのひ【たばこの火】 47⑤274
たばこのみ【たばこのみ】 27①332
たばこのみず【烟草の水】→H 45⑥308
たばこのやに【煙草の脂】→H 48①326/60②93
たばこふき【煙草吹】 21③161
たばこぼうちょう【たばこ庖丁】 48①387
たばこぼん【煙草盆、煙盆、烟盆】 45⑥314,315/62②44
たばこやすみ【たばこ休】 27①346,350
たはたかざい【田畑家財】 35②326
たばたきぎ【束薪】→まき 27①326
たび【タヒ、たひ、たび、足袋】 8①166/15②197/21③159,④183/24③352/27①255/33②127/38④273
たびのひも【たびのひも】 28②186
たびらこ【たひらこ、たびらこ、黄瓜菜】→E 6①170/10①21,25,②353/18①134
たふ【太布】 3①44/17①225/25①29
たふさぎ【犢鼻褌】 19②433
たべもの【たべ物、給物、食物】→しょくもつ→I 10②366/27①335,336,339,342,351,353/28②137/38③187,198/39④187/41④202,⑥279,⑦333,341/69①43,48,53,63
たべりょう【給料】 22①19
だぼく【打撲】 14①174
たま【玉、餅子】 18①159/24③333,334
たまいもの【給物】 4①79,139,141,148,182/28①36/66③149/67②90
たまがわこもち【玉川子持】→あゆ 59①24
たまがわこもちおんあゆ【玉川子持御鮎】→あゆ 59①26
たまご【たま子、玉こ、玉ご、玉子、鶏卵、卵】→けいらん、にわとりのたまご→B、E、F、I、J 14①358/24①127/28②233/36③292/40④328/52②121,④175/62⑤117,124/69②284,285,286,287,291
たまごのしろみ【玉子の白ミ】 62⑧279
たまじお【玉塩】→しお(塩) 5④354
たましぼりもようのゆかた【玉しぼり模様の浴衣】→ゆかた 36③254
たまずみ【玉すみ、玉墨】→B 49①42,84,85,86,87,93
たまつしま【玉津嶋】 49①73
たまび【玉火】 36③255
たままゆいと【玉繭糸】 53⑤357
たまみそ【玉味噌】→みそ 40②158
たまり【たまり、溜り、留り】 17①268/24③336,337,345/

25①146/42⑥436,441,442/51①123
たまりじょうゆ【溜醤油】→しょうゆ
18④406
たまわり【給り】 4①137
たみ【民】→じんみん→M
3③106,107,108,110,112,114,115,121,④234/10①155/35①208
たみのかまど【民のかまと、民の竈】 11①63/62②26
たみのかまどのにぎわい【民のかまどの賑ひ】 13①103
たみのよう【民の用】 13①220
だみん【堕民】 23④195,196,198
たむし【タムシ、田むし、田虫】→G
14①174,178/38③170
たやすみ【田休】 27①246,247
たやすみのはんまい【田休の飯米】 27①205
たゆう【太夫】→M
14①284
たら【鱈】→ひらきだら、ほしだら、もみだら→J
1①112/5④349,351/41②119
たらい【盥】→せんたくだらい→B
30③252,285/36③329/40②168/62②43,44
たらきりづけ【鱈切漬】 5④355
たらのき【鵲不踏】 6①171
たらのね【たらの根】 66③150/67⑥298
たり【垂】 24③347
たる【樽】→おけ→B、W
9①137/14①221/16①143/33⑥374
たるき【たる木、垂木、椽木、棰】→B
10②358/14①83/42⑥400/43①68/53④246/56②277
たるきたけ【垂木竹】 30①120
たるざかな【樽肴】 43③241/44①52
たるぬきかき【樽ぬき柿】 14①214
だるま【ダルマ】 49①72
だるまづけ【達摩漬】 52①38
たれこも【たれ薦】 27①202
たれしお【たれ塩】→しお(塩)
52⑦307
たれしる【垂レ汁】 30⑤400
たれみそ【たれ味噌】→みそ
41②138
たれみつ【垂蜜】 50②182
たろうじ【太郎子】 19②415
たわけ【たわけ、田分】 10②333/40②75
たわらずんべ【俵ずんべ】 24①17
たん【痰】 6①231
たんいん【痰飲】 14①174
たんがい【痰痎】 2②151
たんかつ【短褐】 66⑤277
たんぎゃく【痰瘧】 14①194
だんご【たんこ、だんこ、だんご、団子、団粉、粢子、餌、】→だご→I
1①63/4①90/6①76,82,101,103,139,172,173/9①151,153/11②111,123/12①193,212/14①176,192,197/16①111/18①120,121/24①53,③340/25①25,79/27①233,238,240,241,248,251/30③231/33⑥361/36③261,290,316/38④264/39④214/41⑤255/43③257,261/50③256,264/62⑤118,121/67④180,181,⑤213,228,230,233,⑥317/69①115/70③229
だんごぞうすい【団子雑水、団子雑炊】 6①112/25①21
だんごちまき【団子粽】 36③221
だんごのこな【だんごの粉、団子の粉】 25①78/27①247
だんごのぞうじる【団子の雑汁】 6①117
だんごもち【団子餅】 10②377
たんごや【丹後屋】 43③239,262,265
たんじ【たんじ】 43①13
だんし【男子】 24①13,20,102
たんしつ【痰疾】 45⑥316
たんしょう【痰症】 14①180
だんじょしょびょう【男女諸病】 3④324
たんじん【丹参】→E
6①226
たんす【箪笥】 8①14/14①54/42③197/66⑤280
だんす【ダンス】 49①77
たんちくよう【淡竹葉】 18①147
たんちゅうよりあい【旦中寄会】 43③241
たんつう【痰痛】 2②151
だんな【旦那】 28②245/29①12
たんなわ【反ナワ、反縄】 1②195
たんばや【たんばや】 66②112
たんばん【胆礬】→B
18①161,162,163
たんぽ【湯婆】 62②44
たんぼたきぎ【田甫薪】 1①65
たんぽぽ【たんほゝ、蒲公、蒲公英】→おかぐじな、ぐじな→E、Z
6①169/10①22,25,29/18①134/19①201/62③61
たんみ【淡味】 5①48
たんもの【反もの、反物】→おりもの、きれ、つぎ、つぎきれ、つぎのきれ、ぬの、めんぷ、もめんじ、もめんぬの
14①34,35/15③341/48①9,10,13,17
たんもののり【反ものゝ糊】 14①187
だんゆ【暖湯】 8①223
だんりん【檀林】 43③263

【ち】

ち【知、智】 16①51,54/21⑤221
ちえ【智恵】 16①51
ちかぼし【近星】 24①109
ちかみち【捷径】 22①11
ちぎれすなくいいりこ【チギレ砂喰煎海鼠】 50④315
ちぎれほしあわび【チキレ干鮑】 50④315
ちぎれわらんず【ちきれわらんづ】 41②48
ちくこう【竹光】 51①17
ちくざん【竹山】 49①72,73
ちくし【竹紙】 49①158
ちくせき【蓄積】 12①113
ちくせつさい【竹節菜】 18①147
ちくよう【竹葉】→Z
51①17
ちくれき【チクレキ】 60④166,197
ちくろ【竹露】 51①18
ちくろう【竹醪】 51①17
ちくわ【チクワ、竹わ】 29②137/52②118
ちけ【ちけ】 11⑤235
ちけい【地形】→D
67①12,15
ちさ【ちさ】→ちしゃ→E、Z
10①35/44①24
ちさもみ【ちさもみ】 29②137
ちしき【知識】 1①90
ちしご【知死期】 47①23,39
ちしゃ【苣、萵苣】→ちさ→B、E
6①230/10①21,25,28,33,37,40,44,46,47
ちすいかふう【地水火風】 35①183
ちせい【治生】 3③176
ちそう【ちそう】 28②267
ちそう【地相】 62⑧265,266,267
ちち【致知】 12①18
ちち【乳】→E
24①123
ちち【父】 22①67/24①55,70
ちちのむこ【乳のむ子】 30③285
ちちはぎ【乳萩】 62③61
ちぢみ【縮、縮み】→ちゅうのちぢみ
36③162,184,198,206,212,213/53②97,107,131,132,134,135
ちぢみいと【縮糸】 36③163
ちぢみお【縮苧】 36③225
ちぢみおるいと【縮織る糸】 53②99
ちぢみかな【縮かな】 36③179,187
ちぢみちゃ【縮茶】→ちゃ
53②132
ちぢみぬの【縮布】 53②98,99,102,128,135,136
ちぢみのいと【縮の糸】 36③170
ちぢみのおがせ【縮の苧かせ】 36③179
ちぢみのたていと【縮の立糸】 53②102
ちどめ【血とめ、血留】 6①233/45⑥308
ちどめぐすり【血ドメ薬】 60④225
ちとりざけ【血取酒】 24①49
ちのごけい【地ノ五形】 60⑤283
ちのはれ【乳の腫】 38③124
ちのみご【乳呑子】 30③259
ちまき【粽】 10②366/24①92/25③273/27①227,233,241,242/36③221/37②78/43③250
ちみん【遅民】 23④196
ちも【チモ、知母】 60④193/68③353
ちもと【ちもと、千本】→わけぎ→E、F
10①25,47/18①166
ちゃ【茶】→あおちゃ、あらちゃ、えきちゃ、おちゃ、くこちゃ、くみちゃ、しおいりちゃ、じょうちゃ、せんちゃ、ぞうちゃ、そちゃ、だしちゃ、たてちゃ、ちぢみちゃ、ちゅうぶんのちゃ、てせいちゃ、てんとうてんちゃ、とうちゃ、なかちゃ、にばんちゃ、ばんちゃ、ひきちゃ、めいちゃ、ゆちゃ、ゆびきちゃ、よきちゃ→E、G、

Ⅰ、R、Z 1①65,108,112/6①160,233/9①107,153/10①31,②378/12①196,212/13①88,89,102,227,371,373/14①309,310/23⑤274/24③316/25①15,21/28②133/30③289/32②296/34⑧299/36③250/37②69,85/38④274/39④207/40②68/41②143/42③151,⑥402/43①40,47,50,③250/45⑥304,307,314/47④230/52⑥257/53②132/56①180/61⑨370,⑩457/62⑦195/64④262/66③144,④227,⑤291/67①55,②91,92,③123,⑤231/68①105/69①51,65/70③213
ちゃあずきめし【茶あづき飯】 28②233
ちゃいれ【茶入】 24①92
ちゃうけ【茶うけ】 12①312,352,376,389/41②135
ちゃがい【茶がい】 28②128,205
ちゃがし【茶菓子】→L 24③340/62②40
ちゃかた【茶方】 55③424
ちゃがま【茶釜】 1②140/25①88/27①299
ちゃがゆ【茶粥】 41②73/52①62
ちやからあかし【ちやからあかし】→こえまつ 57②198
ちゃきんゆば【茶巾ゆバ】 52③133
ちゃくみぢゃわん【茶くミ茶わん】 9①159,160
ちゃしつ【茶室】 52①13/55③303,408,418,432
ちゃじま【茶島】 48①65
ちゃしゃく【茶杓】 3④334
ちゃせき【茶席】 55③248
ちゃせん【茶筌】→E 25③271/62②43
ちゃせんじがら【茶煎から】 67⑤231
ちゃぞめ【茶染】→K 36③323/48①55
ちゃだい【茶台】 43③261/62②43
ちゃづけ【茶つけ、茶づけ、茶漬、茶付、茶附】→おちゃづけ 9①146,147,150/23④179/28④360/35①200/43①65
ちゃつぼ【茶壺】 7②294
ちゃつみ【茶ツミ】→A 5①181
ちゃどう【茶堂】 6①161
ちゃのきのえだ【茶の木の枝】→E 25①66
ちゃのこ【ちやの子、茶の子、茶之子】 24①53/30③231/34⑦255/36③222
ちゃのま【茶の間、茶間】→おい 27①218,219,258,299,333/62④96
ちゃのまぐち【茶間口】 27①165
ちゃのまたき【茶間焼】 27①223
ちゃのままえぐち【茶の間前口】 27①202
ちゃのまやく【茶之間役】 42③150,152,198,201
ちゃのみず【茶の水】 27①299
ちゃのみわん【茶呑椀】 43①12
ちゃのゆ【茶の湯、茶湯】 14①53/27①234/36③303/61⑨321
ちゃひきぐさ【雀麦】→E、Z 6①170/18①151
ちゃふたふくろ【茶二袋】 24③353
ちゃべんとう【茶弁当】 66④194,195,218
ちゃほいろ【茶ほいろ】 47①33
ちゃみず【茶水】 8①222
ちゃめし【茶飯】 59①61
ちゃやんぼう【茶屋ン坊】 36③328
ちゃわん【茶わん、茶椀、茶碗】→B、Z 17①262/24③340/25③271/27①298/41②132/43③273/48①33,168,370,374/50②188,195,197/53②103,130,③164,165,166,170,174,178,180/56①160/59④301,⑤434/62②43/69①62,64
ちゃわんざけ【茶碗酒】 30③299
ちゃわんむし【茶碗むし】 44①8
ちゃわんもの【茶碗物】 43③272
ちゃをのみいわう【茶を呑祝ふ】 53②132
ちゃんちん【香椿葉】→E、Z 6①171
ちゅう【酎】 51①15
ちゅう【忠】 62②30
ちゅうおもて【中表】 4①123
ちゅうかたのすみ【中堅の炭】→まき 49①172
ちゅうけい【中啓】 43③261
ちゅうげん【中元】 43①56
ちゅうこう【忠孝】 62⑧281
ちゅうこうのみち【忠孝ノ道、忠孝の道】 31⑤246/69①44
ちゅうさくのとし【中作の年】 36③272
ちゅうしいたけ【中しいたけ】→しいたけ 9①162
ちゅうしま【中縞】 14①328,330
ちゅうじょうはくまい【中上白米】 27①205
ちゅうしょく【昼食】 22③157/30③258/34⑧311
ちゅうしん【忠臣】 24①167
ちゅうしんこうてい【忠信孝弟】 3③115,188
ちゅうしんこうていのみち【忠信孝弟の道】 3③186
ちゅうでん【中殿】 27①229
ちゅうとう【柱棟】 41②37
ちゅうねつしょうしょ【中熱傷暑】 14①199
ちゅうのごけい【中ノ五形】 60⑤283
ちゅうのちぢみ【中の縮】→ちぢみ 53②128
ちゅうはく【中はく、中白】 16①59/27①204,220/50②182/70①13
ちゅうはくまい【中白米】→こめ 27①206
ちゅうはくもちごめ【中白餅米】→こめ 27①204
ちゅうはばちりめん【中幅ちりめん】→ちりめん 48①7
ちゅうはん【中はん、中飯】→ひるめし 9①9,75,114,143,144,145,146,147,148,149,151,154/22①63/28③323,④358/43③252
ちゅうはんのかゆ【中飯の粥】 27①208
ちゅうはんのめし【昼飯の飯】 27①320
ちゅうぶう【中風】 3④297/14①174,178/15①93
ちゅうぶんのちゃ【中分ノ茶】→ちゃ 32②296
ちゅうまい【中米】 28②259/62①15
ちゅうみん【中民】 3③124
ちゅうもみ【中もミ】 9①158,164
ちゅうわり【中割】 53④235
ちゅうわん【中椀】 41②112
ちゅうわんもの【中椀物】 52④174,178
ちょう【疔】 6①140,230
ちょうあし【蝶足】 62②43
ちょういのふく【朝衣の服】 35①183
ちょうか【町家】→E、M 39⑥348/40①11,12/64④310/66②91,98,④203,206,230
ちょうか【癥瘕】 18①94
ちょうかいりぐち【町家入口】 62⑤122
ちょうきん【長金】 22①80
ちょうさい【調菜】 3①36
ちょうし【てうし、銚子】 27①293/62②43
ちょうじ【丁子、丁字】→E 11⑤254/48①70/49①72/51①122/60④183,185,193,199,201,217,219/68③323
ちょうしこう【釣詩鉤】 51①18
ちょうじのこ【丁子の粉】 16①109
ちょうじゃ【長者】 16①53/23⑥325
ちょうしょく【朝食】 4①52/27①260
ちょうずのひさく【手水のひさく】 12①270
ちょうずば【手水場】 41②90
ちょうずばち【手水鉢】 27①302/54①192
ちょうせいぼく【長生墨】 49①72
ちょうせんのごくひん【朝鮮之極品】 68③339
ちょうちん【ちうちん、ちやうちん、ちよちん、でうちん、挑灯、提灯、提燈、烑灯、烑燈】→はこじょうちん→B 1②159,168/24③279/33②127/37②85/58⑤339/59②97,121/61⑨344/62②44/66⑤256,⑧396/67③123
ちょうど【調度】 18④394/35①240
ちょうのひ【偶日】→はのひ 27①387
ちょうはい【朝拝】 27①237,246,247
ちょうはいもち【朝拝餅】 27①204,205,224
ちょうはいもどり【長配戻り】

42④233, 260
ちょうひ【癥痞】 45⑥306
ちょうふう【腸風】 14①198
ちょうぶんせん【邕文選】 51①18
ちょうへき【癥癖】 14①194
ちょうへき【重碧】 51①18
ちょうぼのしょくさい【朝暮之食菜】 33⑥300
ちょうまん【ちやうまん】 17①293
ちょうめい【長命】 3③119
ちょうめんがみ【帳面紙】 63①53
ちょがん【著岸】 51①17
ちょく【猪口、猪口】→さかずき
22③176/28②133, 184, 205, 233/43①17, 21, 23, 65, 84, 85/49①8/52①53/62②43
ちょくのさら【猪口の皿】 5③272
ちょしゅ【杼酒】 51①17
ちょてい【猪蹄】 60⑥355
ちょま【苧麻、紵麻】→からむし→B、E、L
35①236/53②102, 130
ちよもと【千代本】 59④286, 304
ちょろぎ【甘露児】→E
6①168
ちらし【ちらし】 30③231, 232, 235
ちりがみ【ちりかみ、ちり紙、塵紙】→B
5④307, 313/48①116/53①29, 35
ちりがみなかほう【散紙中保】
29④286
ちりめん【ちりめん、縮緬、縮面】→ちゅうはばちりめん、ひぢりめん→Z
14①174/23④167/33⑤255, 264/35②315/48①12, 13, 14, 23, 65/53⑤313/54①49, 63/67⑥315
ちりめんぐち【縮緬口】 35②288, 289
ちりめんじそ【ちりめんしそ】→しそ→F
52①43
ちりめんじそのは【縮緬紫蘇の葉】 52①33
ちりめんぶ【ちりめん麩】→Z
52④176
ちりょう【治療】 44①31, 37, 39, 41
ちろり【ちろり、銚釐】→かんなべ
41③171/62②43
ちん【ちん(狆の人形)】14①284
ちんき【ちんき(薬)、ぢんき(薬)】
42⑥370, 373, 413
ちんこう【珍肴】 36③280, 291
ちんすい【沈水】 56①118
ちんぜん【珍膳】 38④254
ちんぴ【チンヒ、陳ヒ、陳皮】
11①60/13①173/56①91/60④164, 193
ちんぶつ【珍物】 10①142, 193
ちんみ【珍味】 11②121/25①32

【つ】

ついしゅ【堆朱】 52②123
ついそん【墜損】 14①174
ついたて【衝立】 62②44
ついふくのもの【追福者】 27①234
ついりどし【ついり年】 40②124
つうしょ【通書】 57②219
つうやく【通薬】 38③127
つうゆう【通邑】 3③119
つうよういと【通用糸】 35②408
つえ【杖】→B
12①329, 330/13①122/18①88/43③261
つえもち【杖持】 43③250
つかいせん【仕銭】 33⑤241
つかいどく【つかい徳】 16①176
つかいふだ【使札】 36③186
つかいみず【使い水】→D
11⑤250
つかいみずておけ【遣ひ水手桶】
27①301
つかいもの【ツカイ物】 38④242
つかいよう【遣用】→K
58①36, 37, 43, 45
つかもとや【塚本屋】 67②96
つき【月】 24①109
つぎ【つき、つぎ】→たんもの
24③328, 329/27①312
つきあわ【つきあは、突粟、搗粟】
20①176/25①91/67④169, ⑤216, ⑥274, 302
つきいみのさだめ【月忌の定メ】
9①167
つきおおむぎ【突大麦】 67⑤214, 219, 227
つきおきまい【搗置米】 41②131
つきかえし【つき反し】 27①241
つきかえしだんご【つき反しだんご、つき反シ団子】 27①241, 251
つぎきれ【綴きれ】→たんもの
41②130
つきくさ【月草】 18①147
つきこ【突粉】→B
67⑤233
つきこなし【搗搓】→K
62②40
つきさわり【月さはり】 27①297
つきだし【突出】 49①198
つきにわ【舂き場、舂場】 19①192, ②284/20①227
つきのき【つきの木】→E
20①307
つぎのきれ【つぎの切レ】→たんもの
4①94
つきのせい【月精】 49①72
つきひえ【突稗】 67⑤216
つきまい【舂米】 4①217
つきみのもち【月見の餅】 36③261
つきむぎ【突麦、搗麦、舂麦】→K
20①176/21①52, 53, 59/24③319, 336, 344/39①43/41②80, 138/67③123, ④169, ⑤218, 219, 227
つきめ【つき目】→G
6①232
つぎめぎん【継目銀】 43③241, 265
つきもち【搗餅】→B
61⑨362
つぎもの【継物】 42⑥435
つくえ【机】 43①88, 95/62②44
つくし【土筆、筆頭菜】→すぎな、つくづくし
10①25/68①151
つくしかすづけ【土筆粕漬】
52①53
つくしのほ【つくしの穂】 52①53
つくづくし【つくつくし、土筆、筆頭菜】→つくし→E、Z
6①169/28④361/62③61
つくねいも【つくね芋、仏掌薯】→じねんじょ→E、F
6①169/10①42, 46
つぐみ【鶫】→E
10②378
つくりにんじん【作リ人参】→E
10①25
つくりまい【造り米、造米】 51①70, 114, 116, 118, 138
つくりみ【作り身】 44①8
つくりやまい【作病】 1①58
つけうめ【漬梅】 36③226
つけうり【漬瓜】→E、Z
6①124/19①115
つけかす【漬糟、漬粕】 24③345/42⑥431
つけぎ【引火奴、付木、附木】→B
3④378/22③167, 168/49①132/53⑤345/62②43/67③123
つけぐすり【付薬】 2②152/60⑥353, 355, 359, 372, 373
つけこんぶ【漬昆布】→こんぶ
52①55
つけしお【つけ塩】→しお(塩)
9①118
つけな【つけな、つけ菜、漬菜】→E、K
1④316/9①139/10②376/27①197/28④330/52①27/59②140, 141
つけなしお【つけな塩】→しお(塩)
9①118
つげのまくら【ツゲノ枕】 24①61
つけぶし【ツケブシ】 56①71
つけみず【漬水】→B
51①56, 57, 118
つけもの【つけもの、漬モノ、漬もの、漬物】→こうのもの→K
6①104, 110, 113, 120/7②313/9①143, 144, 145, 146, 147, 148, 149, 151/12①223, 228, 268, 309/27①196, 349, 351/28④354/33⑥309, 365, 375/48①165/52①11, 13, 49/62⑤118/67③123
つけものおけ【漬物桶】 67③123
つけものだいこん【漬物大根】
27①197
つけるは【漬る葉】 27①197
つけわらび【漬蕨】 2②152/52①51
つこう【ツコウ】 60④199
つさ【つさ】 10①31
つしごぎ【ツシゴギ】 24①27
つちあけび【つちあけび】 60⑥368, 369
つちおもみ【土尾籾】 6①76
つちかべ【土壁】 69①52
つちだいこん【土大根】→だいこん→F
41②142
つちてほん【土手本】 53①10
つちな【土菜】 2④286
つちにんぎょう【土人形】 14

①272,273,274,276
つちのえつちのと【戊己】 62②51
つちのだんご【土の団子】 68②269
つちのま【土の間】 6①238
つちはちゅうおうにくらいす【土ハ中央に位す】 19②360
つちひいな【土雛】→ひな 14①272,274
つちびな【土偶】→ひな 48①380
つちもの【土物】 48①369
つちやき【土焼】 48①369
つちゆ【土油】 69②378,379
つつ【筒子】→B 62②44
つつじのはな【つゝじの花】 24①127
つつそで【筒袖】 50①43
つつほくち【筒火くち】 48①133
つづみ【ツヽミ、つゝみ、鼓】→たいこ 1②168/19①216/23①83/37③326
つつみがき【つゝミ柿、つゝみ柿、烘柿】 3③169/6②305/56①82,83
つつみぜに【包銭】 36③159,174,175,280,300
つつみび【包火】 27①332
つづら【つつら、つゞら、葛籠】 5④343/13①216/62②44
つづらふじ【防巳】→B 6①236
つづれ【つゞれ、綴】 10②358/68④411
つづれにしき【綴綿】 49①233
つづれぬのこ【つゞれ布子】 62⑧248
つづれのにしき【綴の錦、綴レノニシキ】 49①240
つとしお【苞塩】→しお(塩) 10②381
つとどうふ【ツトドウフ、ツト豆腐】→とうふ→Z 52②88,118
つとふ【つと麸】 52①50
つなぬき【つなぬき】→B、Z 28②260/43②196
つなひき【綱曳】→O 36③168
つねぎ【常着】 14①175
つねのかて【常の糧、常之糧】→かて 13①210/62②40
つねのしる【常の汁】 27①118
つねのはんまい【常の飯米】 27①209
つねのめし【常のめし、常之飯、常飯】 9①153/27①242,248
つねまい【常米】 70④269
つのまた【鹿角菜】→I 6①233
つばなのね【茅花根、茅芽根】 6①170/18①139
つぶがらし【つぶがらし】→E、F 20①176,178
つぶごめ【粒米】→こめ 19①216
つぶしいたけ【つぶしいたけ】→しいたけ 9①162
つぶしもと【潰シ元】 51①135
つぶひえ【粒稗】 25①91
つぶむぎ【つぶ麦】 17①182
つぶれや【潰家】→Q 24①20/34⑧296/68④396
つぼ【つぼ】→たにし 24①126
つぼ【坪(料理)、壺(料理)】 9①152,159,162,164/22③176/28②184,233,④357/36③207/43①21,23,65,84/44①24
つぼ【坪(食器)】 62②43
つぼ【つぼ、石囲、陶、壺】→かめ→B、Z 7②294,301,354/8①274/12①71,222,386/13①152,179,181/14①365/15①41,100/18①65/24③340/38③124/52①57
つぼがめ【壺瓶】 25③271
つぼき【坪木】 53④238
つぼざら【坪皿】 43③272
つぼしお【坪塩】→しお(塩) 10②381
つま【妻】→かか、かかあ、さいじょ、にょうぼう、へらとり 22①72/24①55/25①87/35①189,190
つまくれない【つまくれなゐ】 18①148
つまご【つまこ】→わらぐつ 56①43,161,213
つまじろかに【つま白かに】 17①323
つままわり【つま廻り】 3④289
つみいれどうふ【ツミイレ豆腐】→とうふ→Z 52②88,118
つみな【つミな、つミ菜】 67④180
つむぎ【紬】 3③126/17①331/18①91,105,107/25①29/27①255/35②269,401,403/47②134/48①17/56①85/61⑩440
つむぎいと【紬糸】 53⑤369
つめざけ【詰酒】→さけ 51②208
つゆくさ【鴨跖草、露草】→かまつか→E、Z 6①170,231/18①147/27①70
つゆけやすみ【露気休み】 25③276
つよきひ【武火】 48①55/49①30/69②268/70①24
つりだいこん【つり大根】→だいこん→K 28②133,141,142
つりとうだい【つり燈台】 24①124
つりび【釣火】 30①139
つりびと【釣人】 59④299,301,303,307,325,331
つる【蔓】 70③230
つる【鉉】 27①319
つる【箸】 27①292
つるし【つるし】 6②306
つるしがき【つるし柿、釣し柿、釣柿】→ほしがき→F、K 6②305/7②354/14①201/21②127/56①82,85,184
つるのかすり【つるのかすり】 53②129
つるのこえ【鶴の声】 49①73
つるばし【つるばし】 27①219
つるも【海腸】 6①172
つわ【つわ、槖吾、橐吾】→E、Z 6①169/10①21,28,33/18①131
つんぼ【耳聾】 14①193

【て】

で【で】 24①94
てあししびれ【手足しびれ】 3④324
てあて【手当】→A 68③318
てあぶり【手炉】 62②44
てい【弟】 62②29
でい【亭】→いま 27①218,255
ていかきょうのたんざく【定家卿の短冊】 25①94
ていきん【庭訓】 5③289
ていしゅ【亭主】→しゅじん 5①57,65/24①11,13,146,③278,331/25①23,25,36,58/29②135,152,157/31②67
ていしゅあいつとむべきじょうじょう【亭主可相勤条々】 24③330
ていしょく【滞食】 70⑥404
でいど【泥土】→D、I 70⑤312
ていふうさん【定風散】 18①163
でいりぐちのと【出入口の戸】 53⑤332
でいりのと【出入の戸】 53⑤332
ていれ【手入】→A、C、K 64①53
ていれき【葶藶、亭藶】 18①138/60⑥340,351
ておいむぐすり【テヲイム薬】 60④164
ておのうち【てうのうち】 16①119
てがみ【手紙】 42③164,188,⑥388,395,406,424,431/43①24,50/59①41,②144/64①72
てがらのこと【手柄之事】 8①202
でがわりやすみ【出替り休ミ】 43②206
てききょう【玓杏】 51①17
できさとうしろしたじ【出来砂糖白下地】 30⑤405,406
できし【溺死】 25①16
できにこきお【出来煮こき苧】 44③231
できもの【できもの】 14①190,191
てさげ【手提】 44①56
てざけ【手酒】→さけ 9③284/29②120,121
てしおざら【手塩皿】→こざら 52①25
でしな【でしな】 19①202
てしょく【手燭】 62②44
てずま【手つま】 61⑨314
てせいちゃ【手製茶】→ちゃ 43③244
てちょう【手帳】→L 48①271
てつぎ【手次】 19②450
てつぎのてら【手次ノ寺】 24①12
てっきょう【鉄橋】→B 62②43
てづくりごぼうば【手作牛蒡葉】 67⑤232
てづくりのさけ【手醸之酒】→さけ 62②40
てづくりのぞうり【手作の草履】 24①102

てづくりのにごりざけ【手造りの濁酒】→さけ 25③287
てつだう【手伝ふ】 36③333
てつなべ【鉄器】 18①120
てつのほうちょう【鉄刀】 18①126
てっぱつ【鉄鉢】 49①140
てっぽううちよう【鉄炮打様】 24③275
ててっぽう【てゝつほう】 18①134
ててら【てゝら、手出裸】 19②433/20①91,99,264
ててれ【てゝれ】 20①92
てでれ【テヾレ】 5①178
てどうぐ【手道具】 66⑥340
てどり【テトリ、手ドリ】→かんす 1②140
てどりいと【手繰糸】 53⑤343
てどりせいのきいと【手繰製の生糸】 53⑤340
てならい【手習、手習い、手習ひ】 16①65/21⑤211,215,217,218,219/27①351/36③169,170,174,180,189,190/42⑥440/43①8,15,28,56,②140/44①15
てならえ【手習へ】 21⑤212,215
てぬぐい【てぬぐい、てぬぐひ、手拭】→ながてぬぐい→B、L 6①243/9①85,158/21③159,④183,⑤212/38④255/39④207/42③171,174,⑥414/43①10,94/48①67/62⑤128,⑥152
てぬぐいじ【手拭地】 14①247
でば【出刃】 62②43
でば【出葉】 24①70
てばこ【手匣】 62②44
てまえ【手前】→L 28①50
てまえのともしりょう【自家の燈し料】 15①54
てまえふち【手前扶持】 63③131,132
でまち【出町】 43③253,257,268,271,272
てみやげ【手土産】→みやげ 62⑥152
てもち【手もち】 9①143
てらこ【寺子】 36③169/43①8,10,52,55,69,93,95,③232,257
てらこや【寺子や】 43②123
てらなっとうづけ【精舎納豆漬】 52①53
てらにゅうよう【寺入用】 43③262
てらのきょういく【寺の教育】 36③322
てらのにゅうよう【寺之入用】 43③246
てらのぼり【寺登り】 21⑤211
てらはんぎょう【寺判形】 36③186,214
てらはんとる【寺判取】 43③243
てらや【寺屋】 43②126
てりょうじ【手療治】 68③316
てんか【天下】→R 69②198,204,225
でんがく【田ガク、田角、田楽】 39④214/42④257,260/50②201/52②85,122
てんかこっか【天下国家】 21①9/24①6
てんかたいへい【天下太平、天下泰平】 21⑤221/24①166
てんかたぎ【天堅木】 53④222
でんかつつしみ【田家慎】 20①304
てんかふん【天花粉】 14①185,195,196,197,198/18①115/48①251
てんぐ【テング】 24①94
てんぐじょう【テングゼウ、天狗帖、天具上】 43①9/48①98,160,211
てんげんのじゅつ【天元の術】 40②81
てんこう【天功、天工】 7②230/12①12
てんこう【天光】 30⑤408
てんこう【天行】 14①194
てんごさま【てんごさま】 24①94
てんし【天駟】 35①183
てんじ【天時】 7②217
でんしゃ【田舎】→いなか 12①121
てんじょう【天井】→B、C、Z 1②169/10②358/16①122/20②394/66⑦362
てんじょういた【天井板】 43①10
てんじょうのうえ【天井ノ上】 32①129
てんしん【点心】 42⑥412
てんじんいくん【天神遺訓】 43③269
てんじんそう【天神草】 60④209
でんせんびょう【伝染病】→はやりのやまい 62⑧278
でんたく【田宅】 5①184
てんちきしん【天地鬼神】 3③112
てんちこっか【天地国家】 3③115
てんちじんのさんさい【天・地・人の三才、天地人の三才】 21⑤217,231/22①17
てんちのおん【天地の恩】 16①62
てんちのり【天地の理】 17①180
てんちゅう【天中】 53④223
てんどう【天道】 5①190/16①119
てんとうてんちゃ【奠湯奠茶】→ちゃ 43③261
てんどうのうんこう【天道の運行】 3③109,178
てんとくじ【てんとくじ、てんとく寺、天徳寺】 62⑤121/67①26,54
てんなんしょう【テンナンシヨ、天南星】→E、Z 18①162,165/60④189,⑥341,343,377
てんねんしぜんのどうり【天然自然の同理】 21⑤214
てんのうじかぶら【天王寺蕪】 52①56
てんのうじふ【天王寺麩】 17①245
てんのうへねがいまと【天王へ願的】 42⑥441
てんのごけい【天之五形】 60⑤283
てんのとき【天の時】→A 16①120
てんのみち【天のミち、天の道】 17①114/19②359,360,361,393/20①250
でんぱたふく【田畠福】 24①21
てんぴ【天日】 3③161,162,163,④351,367,368
てんぴ【天火】 8①128
てんまく【てんまく】 9①158,161,164
てんもく【天目】 49①117,120
てんもんどう【天門冬】→E、Z 6①169/68③354
てんやく【転薬】 44①26,38,39
てんゆう【天雄】 68③359
てんり【天理】 17①72

【と】

と【戸】 24③270/25③269,285/27①261,297,314
ど【土】→X 3③178
とい【とい】→とうゆ 24①94
といふるまい【徙移振舞】 64④306
といも【唐芋】→さつまいも→E 11②111
といものだんご【唐芋の団子】 11②123
どう【槽】 48①152,153,154
とううちわ【唐団扇】→うちわ 14①165,168
とうえき【湯液】 18①13
とうえきしんきゅうのじゅつ【湯液鍼灸の術】 18①195
とうえもんどころ【湯右衛門所】 5④334
とうか【桃花】 51①17
とうか【燈火、燈灯】 27①209,310,335,340/66⑤275,277
とうがい【どうがい】 28②274
とうがらし【たふがらし、とうがらし、唐からし、蕃椒】→あおなんばん、あかとうがらし、なんばん、わとうがらし→E、Z 9①141/33⑥366/38③175/52①33,38,49,50,53,54,58/55③451/59⑤438/62③62
とうがらしのからみ【とうがらしのからミ】 52①37
とうがん【冬瓜、唐瓜】→E、Z 10①42,46,47/52①45/62③62
とうがんみそづけ【冬瓜味噌漬】 52①45
とうき【タウキ、たうき、当キ、当帰、当皈】→E、H、Z 6①236/8①272/13①272,276,277/54①238/60④165,166,169,183,185,197,199,201,203,205,209,211,219,227,⑥352,358/68③344,345
とうき【陶器】→せともの 35②334/48①55,377
とうきび【とうきひ、とふきび、唐黍、蜀黍】→とうもろこし→E、G、Z 30③231,232,233/41③185/43①27
とうきびがら【とふきびから】→B 61④175

とうきびめし【とうきひめし】 30③233

どうぐべや【道具部屋】 24①149

とうくらげ【トウクラゲ】 49①213

とうぐろ【唐黒】 14①98

どうぐわり【どふぐはり】 11⑤255

とうごぼう【とうごぼう】 18①126

とうざい【東西】→A 51①17

とうざぐい【当座食】 27①206

とうざづけ【当座漬】→K 2①108

どうざんのすみ【銅山の炭】 1③274

とうし【渡紙、唐紙】 14①261/40②72/48①160/49①76/53①11

とうし【統糸】 47①55

とうし【豆滓】→おから 52②119

とうじ【湯治】 36③234/37②86/42②115,④242,257/61⑨263/64④301

とうじがい【とうぢがい(冬至粥)】 28②259

とうしそうろうもの【凍死候者】 25①93

とうしみ【とうしミ、とふしミ】→とうしん 9①158,164

とうしゅがでん【陶朱が伝】 13①265

どうじょうあがり【道場上り】 36③180

とうしょく【灯燭】 36③250/69②197

とうじる【とうじる】 59②140

とうしん【トウシン、とうしん、灯心、燈心】→しん、とうしみ 13①66/14①111/24①93/49①75/67③123

とうしん【痘疹】 12①331

とうしん【豆粐】→おから 52②119

どうしんぼうず【道心坊子】 27①295

どうすいがん【導水丸】 18①165,171

とうすみ【とうすみ】 24①93

とうせん【唐銭】 48①169

とうそう【糖霜】 70①8

とうそう【痘瘡】→はしか 3④341/6①232

とうぞくのふせぎ【盗賊のふせぎ】 13①227

とうだい【灯台】 43①87,88

とうだいおう【唐大黄】 62⑧278

とうだいおきどころ【燈台置所】 27①330

とうだいび【燈台火】 27①260,311,349,382,387

とうだいまつび【燈台松火】 27①310

どうだれじお【竈垂塩】→しお(塩) 52⑦311

どうだれのしお【竈垂の塩】→しお(塩) 52⑦309

とうちさ【莙薘菜】→E、Z 6①169

とうちゃ【唐茶】→ちゃ 13①87,88/56①180

とうちゃのごく【唐茶の極】 13①88

どうとく【道徳】 62⑧284

とうなべ【唐なべ】 13①87

どうなべ【銅鍋】→あかがねなべ→B 52②121

とうなん【盗難】 37②117,118

とうにん【タウニン、桃仁、当ニン、当仁】 6①230,236/13①159/60④164,166,211/68③353

とうのきのは【とうのきのは】 18①133

とうのきば【とうの木葉】 67⑤231

とうのつち【唐ノ土】→B 49①136

とうのは【とうの葉】 25①39

とうばつ【盗伐】 63①54

とうばん【とふばん、当ばん】→X 9①89,148

とうばんのもの【当番のもの】 9①152

とうふ【たうふ、とうふ、とふふ、豆フ、豆ふ、豆乳、豆腐、菽乳、菽腐】→あんかけどうふ、あんとうふ、いせどうふ、いりどうふ、うじどうふ、うどんどうふ、おかべ、かべ、ぎせいどうふ、きんぎんどうふ、けぞういんどうふ、さいのめとうふ、しきしどうふ、しょうろどうふ、しろもの、つみいれどうふ、つとどうふ、とやどうふ、ならどうふ、にしきどうふ、ふじみどうふ、まつかわどうふ、もみじ、やきどうふ、ゆどうふ、りょうりどうふ、ろくじょうどうふ→K、Z 2②148/9①152,155,158,159,162,163,164/14①172/15①97/17①320/24①13,144,③278/27①216,217,236,237,244,255/28②127,133/36③180,230,276,280,291,292/42④255,258/43①9,17,21,23,26,85,94/44①8/52②82,84,120,121,122,123,③135,140/63①49/67④179,⑥274/69②345

とうふあつもの【豆腐羹】 52②84

とうふあんかけ【豆腐あんかけ】 42④250

とうふかす【雪花菜、豆腐粕】→おから→I 6①172/25①91

とうふから【とうふから、豆腐から、豆腐殻】→おから 1③283/67⑤214,216

とうふく【萄蔔】 51①17

どうぶく【胴服】 10①179

とうふじる【豆腐汁】 29②156/36③207

とうふたまご【とふふたまご】 52②121

とうふのあぶらあげ【とうふの油あげ】 15②165

とうふのうば【豆腐のうば】→ゆば 52③132

とうふのかす【豆腐ノかす、豆腐の糟】→おから→I 50③264/66③150

とうふのから【豆腐のから】→おから→I 52①50,②119

とうふのはな【とふふのはな】→おから→I 52②119

とうふのやっこ【とうふのやつこ】 28②184

とうふのゆ【豆腐の湯】→B、I 52②123

とうふふわふわ【とふふふわふわ】 52②120

どうべん【童便】 18①165

どうべんせい【童便製】 38④280

どうぼうきょくせんせい【道傍麺先生】 51①18

とうぼく【唐墨】 49①75

とうみょう【灯明、燈明】→ろうそく 25③258,279/27①227,228,229,230,232,233/36③251,301/40②94/43①88,③264,274/45③132,133/50①35,36/66⑥342

とうみょうのあぶら【燈明の油】 15①13

とうむぎ【回回米】→E 6①170

どうもう【童蒙】 35①14

とうもろこし【玉蜀黍、唐黍】→とうきび、ときび、ときびなんばのき→E、I 62③62/69②347

とうや【当屋】→R 43②199

とうやく【唐薬】 68③320

とうやくみ【唐薬味】 11⑤254

とうゆ【燈油】→とい→B、L 13①35,46

とうゆがっぱ【桐油がつハ】 13①199

とうようさんぴつ【当用算筆】 68④398

とうようのせわもじ【当用之世話文字】 68④397

とうりょう【棟梁】→M、R、X 3③167/13①214

とうりょうのざい【棟梁の材】 45④198

とうりんしゅ【豆淋酒】 51①122

とうろう【灯籠、燈籠】 1②166,168/27①254/36③251,252/38④266/40③236/43①63,③258

とうろうじ【燈籠児】 18①148

とうわた【唐綿】→わた→E 35①230

とおきおもんぱかり【遠き慮】 3③180

とおび【遠火】 35②375

とかい【都会】 14①369,373/36③250

とがにん【科人】 10①149

どき【土器】 30①32,56/49①111,192/69②265

ときぐし【とき櫛】 43①89

ときび【稷(きび)】 18①128

ときび【ときひ(とうもろこし)】→とうもろこし 28②280

ときびなんばのき【ときびなんばの木】→とうもろこし 28②220

ときまい【とき米、斎米、時米】→おときまい、ぼんときまい 9①148,161,166/36③159,160,178,334/43③235,238,240,252,262,267,273,274/44①10,28,33,39/67⑤212

ときわずし【常盤鮓】 52③140

どきんすいもくか【土・金・水・木・火】 60⑤279

とく【徳】 16①175,177,178,179,180,183,186,187,188,189,192,193,200,201,203

どく【どく、毒】→G 5①106,143,158/16①154/18①157

どくけ【毒気】→G、X 18①169,170

どくけし【解毒、毒けし、毒消】 18①115,172/25①117/56①121,129

とくしゃ【徳者】 33②127,132

どくじんとう【独参湯】 17①50

どくだみ【とくたミ、蕺菜】→E、G、H、Z 6①170/18①132/60⑥350,353

とぐち【戸口】 25①92,93/36③320/37②78/67①12

とくひつ【禿筆】 36③157

どくへび【毒蛇】 18①168/25①51

とくまんぼう【トクマンホウ、登具麻武保宇】 1②140

どくみん【独民】 23④197

どくむし【毒虫】→G 15①79/18①170/25①51/36③220

どくや【毒矢】 45⑥307

どくやく【毒薬】 68③358

とくゆう【督郵】 51①17

とくり【陶、徳り、徳利】→かんどく、とっくり 2①112/13①181/15①105/41③171/44②117/48①89/52①35/56①208/61⑧229/62②43

とけつ【吐血】→G 14①198

とこ【とこ】→C、D 28②276

とこかべぬり【床壁塗】 43①34

とこさかいかべ【床境壁】 43①33

とこつきのざしき【床付の座敷】 23④164

とこのま【床ノ間】 31②72

とこのまのはしら【床の間の柱】 14①82

とこばしら【床柱】 56②269

ところ【ところ、草蘚、野良、野老、草蘚】→E、H、Z 6①168,232/10①22/18①123/19①200/28②128/61⑩460/62③65/66③150/67④181,⑤229,⑥272,273,292,293

ところてん【ところてん、璚枝】 6①172/17①311

ところのこ【ところの粉】→G 14①172

ところのこうのう【萆蘚の功能】 14①174

ところのね【ところの根、野老の根】→H 67⑥298/68④406

どざ【土座】 13①59/16①126,229,236/19①192,②284/24③333,338

とざい【吐剤】 45⑥309

とさかのり【鶏冠芝】→Z 6①172

とさぶ【土佐麩】 52④181

とざん【登山】→Z 42⑥417/43③245,246,248,264,267/66④190,194,216

どさん【土産】 70②108,109,111,125,127,133,134,183

どさんもの【土産物】 21⑤213

としおとこ【年男】 24③267/43③232

としき【歳木】 10②352

としぎりつかい【年切遣ひ】 21②123

としぎりつかいりょう【年切り遣ひ料】 21②122

としこしまき【年越薪】 31②87

としし【免糸子】→E 13①184

としだま【年玉】→O 9①15,144/24①11,12/25①21/38④232/43①8,9,10,11,12,13,③232,234,236,274/67⑥297

としとくじんのたな【年徳神ノ棚】 29④271

とじとみ【戸蔀】 25①92

としとりさかな【としとりさかな】 9①154

としのほうきょう【年の豊凶】 3①11/12①363

としばんのしゃちゅう【年番の社中】 30①125,132

としゃ【吐写】 18①154

としゅ【斗酒】 51①17

としょうじ【戸障子】 27①218/35①141,③431/40②70/62②39/66③139,⑤255,280,289,⑥341,⑧394

どじょうじる【鯲汁】 29②150

どじょうすいもの【どじやう吸もの】 59①22,23

としより【年寄、老人】→ろうじん、ろうねん→R 33②126/66①48,②102,③151/67①48/68①190

どじん【土人】 14①112/31⑤280

どすいもくかきん【土・水・木・火・金】 60⑤280

とせい【渡世】→すぎわい 3③108,111,113,114,130,172/5①5,④334/16①58/18②249,257,284,286,290/28①65,66,67/29③261/36①54

どせい【土星】 24①109,110

とそ【屠蘇】 51①18

どぞくのれい【土俗ノ例】 31⑤284

とそざけ【屠蘇酒】→さけ 10②352

どたいおうしきちゅうしかく【土体黄色中四角】 60⑤281

とだな【戸棚】 27①297,354,384/47①20

とだなこしらえ【戸棚拵】 44①14

とだなのと【戸棚の戸】 27①311

とち【栃】→E 67⑤230

とちがねめし【トチガネメシ(土地兼飯)】 25③269

とちな【とちな】 19①201,202/20①307

とちのみ【トチノミ、とちのミ、とちの実、止知乃美、天師栗、栃の実、栃実、橡実】 6①168/10①42,45/18①115/19①201/23④166/25①43/60④220/62③65

とちのやさい【土地の野菜】 25③280

とちゅう【トチウ、ト中】 60④165,177,213,218

どっかつ【ドツクワツ、独活】→うど 60④165,177,207,213,227/68③348

とっくり【陶、得利】→とくり 7②301/21②132

とっくりかや【とつくりかや】 19①201

ととき【沙参】→E 62③61

とときにんじん【沙参】 6①171

となり【となり】 24①17,18

とね【利根】→ねぎり 24①25

とのじょう【戸の錠】→じょう 25③287

とひ【都鄙】 13①89

とびのわた【鳶腸】 60⑥345

とびふだ【飛札】 64④310

どびん【土瓶】→やかん(薬缶) 31⑤267/48①366/49①8,9/62⑦184/67③123

とふ【塗苧】 5③245

どぶくりょう【土茯苓】 68③358

どぶさ【ドブサ】 24①16

どぶざけ【とふ酒、どぶ酒】→どぶろく 9①114,151,152

どぶづけ【酴醿漬】 52①27

とふろうがわら【都府楼瓦】 48①355

どぶろく【とぶろく、濁酒】→さけ、どぶざけ、にごりざけ 6①55/10②371/24①126

どま【土間】→C 3①43,45,④224,259/27①224/32①23,25/38③154,200/41②134,⑦329,336/47②90/48①137/49①72/50③273/51①154/53⑤332,333/62⑧248/63⑤304,⑧444/67①12,13,⑤228/69②282,284,288

とまふき【苫ふき】 19②381

とみのはじめ【富の初】 3③120

とみひそうろうぶし【戸箕籔候節】 27①334

どみんのいえ【土民の家】 16①122,236,237

どみんのほんや【土民の本屋】 16①236

とめぐすり【とめ薬】 60⑥345

とも【友】→ほうゆう、ともだち 5①179/31③122

どもくかきんすい【土・木・火・金・水】 60⑤280

ともし【燈し】→Z 15①77,86

ともしあぶら【灯し油、灯油、燈し油、燈油】→あかりあぶら→B 10②336/12①312/13①199/14①199/42⑥393,405,423,432,433/45③132/49①112/50①35/60②93

ともしだい【燈台】 27①223,308,320,387

ともしび【灯、燈、燈し火、燈火】 8①260/15①24,70/25①84/27①209,233/31④225

ともしまつ【燭松、燈松】 27①319,329,347

ともしもの【ともし物】 40①14

ともしりょう【燈し料】 15①74

ともすくい【友救】 67⑥265

ともだち【朋友】→とも 35①83
とやどうふ【とや豆腐】→とうふ 52②120
とゆう【とゆう(樋)】 28②221
どよういわし【土用鰯】 25③276
どようくじら【土用鯨】 25③276
とらう【寅卯】 62②52
とり【とり、鳥】→E、G 1①106/9①164/13①271/25①118
とりい【鳥居】→B、C 49①72
とりがき【鳥柿】 6②305
とりかぶと【鳥冠】→うず、ぶし(附子)→E 54①239
とりごみいと【取ごみ糸】 35②357
とりざかな【取肴】 24③278/29②138/43③232
とりつくろいこうそ【取繕こう苧】 58④263
とりつり【鳥釣】 59④342
とりなおししゅほう【取直趣法】 63④254,259
とりにげ【取逃】 24③264
とりのくち【鳥の口】→やきごめ→O 23①48
とりのくちまい【鳥のくち米、鳥の口米】→やきごめ 24①36/27①249
とりのくちをやく【鳥の口をやく】 41③171
とりのこかみ【とりのこ紙】 54①80
とりのこしろ【鶏子白】 52②120
とりのにく【鳥の肉】 62⑤116
とりばち【とり鉢】 52④166
とりみそ【鳥ミそ】 52②120
とりもち【とりもち】→B、H 60①64
とりもののうた【とりものゝ歌】 35①95
とりゆ【とりゆ】→おもゆ 24③338
どろかたずけ【泥方付】 66⑤287
とろろいも【とろゝ芋】 3④268
とろろじる【とろゝ汁】 24①126/53①35
どんかんのとし【鈍寒之年】 19②356
とんきんにっけい【東京肉桂】→にっけい 60④201
どんぐり【どんぐり、檞実】→しだみ 6①168/18①116/68①190
とんころりん【とんころりん】 11⑤253,268
とんし【頓死】 69②269
とんしんち【貪瞋癡】 5③249
どんす【緞子】 67⑥315
どんぶり【丼】 9①162/43③250
どんぶりばち【丼鉢】 62②44
どんみん【貧(貪)民】 23④194
とんやざしき【問屋座敷】 61⑨386

【な】

な【な、菜、菘】→やさい→E、I 13①365/18①153/24③342/25①22,39,66,78/27①209/28②141,233,250,④357,360/67⑥303/68①60
なあぶら【菜油】→なたねあぶら→B 52②117
ないお【ナイヲ】 24①102
ないぎ【内義】 29①59
ないくいりょう【ない喰料】 31⑤270
ないしつ【内室】 44①17/52①14/66⑦365
ないぶつ【内仏】 27①233
ないやく【内薬】 10①198/60⑥348,349,350,351,353,355,357,358,361,362,363,364,365,366,367,368,369,371,372,373,374,375,376
ないれ【菜入レ】 24①17
ないろ【菜色】 38③151,152
なえ【苗】→E、I 12①305,323
なえぬすびと【苗ぬす人】 11⑤253
なえは【苗葉】→E 68①91,107,153,163
なえふっていのとし【苗払底の年】 27①111
なおし【直シ、直し】→K 24③340/51①168,170,171,172
なおしざけ【直し酒】→さけ 51①176
ながいも【薯蕷、長いも、長芋】→じねんじょ、やまといも、やまのいも→E、F 10①22,44,47/22③176/62③62/70③239
ながいものむかご【薯蕷実】 10①40
なかいれ【なかいれ、中入】 15③395/47①30
なかいれぐち【中入口】 15③405
なかいれわた【中入わた、中入綿】 14①247/35②401
ながえ【長柄】→R 43③250
なかおり【中折】→B 42⑥403/63①53
なかおりいろがみ【中折色紙】 5④318
なかおりがみ【中折かみ、中折紙】→B 5④307,312,318,319,330,335
なかがわ【中川】→J 49①73
なかがわすみ【中川墨】 49①73
ながきいふく【長き衣服】 23④199
ながぐい【長喰】 29②152
ながし【流尾】→C 3④286
ながしまくみあいじょうせいれんじゅう【永嶋組合城西連中】 55②112,114,119
ながじゃく【長尺】 50③274
ながすみ【長炭】→まき 53④218
ながたちのもち【長立の餅】 36③161
ながたちもち【長たち餅】 36③175
ながたな【菜刀】→B 48①387
ながたばこ【長たばこ】 28②150,230,237
なかたびのながきあさ【中たびのながき麻】 13①30
なかちゃ【中茶】→ちゃ 9①82,83,96,107,114,115,154
なかつぎむしろ【中次莚】→むしろ 14①124
ながてぬぐい【長手拭】→てぬぐい 6①244
なかてのこめ【中田の米】→こめ 17①168
なかてまい【中田米】→こめ→F 17①146,147,316,317,318
ながと【長戸】 19①192,②284
なかとびら【中扉】 27①229
なかとみのはらい【中臣祓、中臣秡】 24①18/67④168
なかまき【中マキ】 52③136
なかみず【中水】 51①138,139,140,141
なかみそ【中ミそ】→みそ 52②120
ながもち【長持】 14①54/42③197/44①56/47②97/62②38,44/66④207
ながや【長屋】 42③179/43③262/61⑨363/66②105,④224,⑦363,364/67①12,15,②97,③127
なかやすみ【中休】 27①364
ながやすみ【長休】 28②185,210,264,271
なかやすみのほよう【中休之保養】 33⑤253
ながるるかすみ【なかるゝ霞】 51①19
ながれ【流】 30①34,57,59
ながれのいずみ【なかれの泉】 51①19
なかわけめし【中分食】 51①109
なかわた【中綿】 2⑤334/70②110
なきり【菜切、菜刀】→なぼうちょう 27①317/62②43
なぐりごま【ナグリゴマ(独楽)】 5①40
なげこみ【なげこみ】 9①168
なげし【なけし】 36③170
なこうどれい【仲人礼】 42③202
なざくざくじる【菜ざくざく汁】 16①60
なし【なし、梨、梨子、梨実】→ありのみ、おくなし→E、Z 2②151/6①168/10①37,39,42/38④242/40④277/42⑥432/46①101,102,103/52①57/62③62/69②347/70②68
なしかすづけ【梨糟漬】 52①57
なしのしる【梨子の汁】 38③183
なしのはな【梨子の花】→E 38③183
なじる【菜汁】 36③207
なす【茄、茄子】→あきなすび、なすび、はなおちなすび→E、Z 6②306/10①34,35,37,42/19①202/24①126/27①233,243/28④358/41②143/52①24,30,32,42,53/62⑥152/67④179
なすがゆ【茄子カユ】 38④239

なすしぎやき【茄子鴫焼】 28④358
なすじる【茄子汁】 27①244
なすづけ【茄子つけ、茄子漬】 36③321/43③271
なずな【薺】→E、Z 6①170/10①21,25,46,47,②353/18①138/62③61
なすにもの【茄子煮物】 27①248
なすび【なすひ、なすび、茄子】→なす→E、Z 9①140,148/10①39/27①243,244/28②184,204,205/52①24,48,49/62③62
なすびしおおしづけ【茄子塩圧漬】 52①42
なすびのは【なすびの葉】 20①306
なすぼし【茄子干】 25③286
なだあぶら【灘油】 50①58
なだいこん【菜大こん、菜大根】→だいこん→E 17①315,322/30③231
なたね【菜種、菁子】→あぶらな→B、D、E、F、I 19①175/43①44,46
なたねあぶら【なたねあぶら、菜種子油、菜種油、菘子油】→からしあぶら、からしたねのあぶら、たねあぶら、なあぶら、みずあぶら→H 14①225/15①83/45③133,134/49①205/50①36,37,88/69①76,②307
なたねがら【菜種から、菜種稈】→B、E、H、I 4①115/6①213
なたねのあぶら【菜種子の油】→B 50①37
なたまめ【なたまめ、なた豆、刀豆】→E、Z 6①169/10①35,37,39,42,44/52①44/62③62
なたまめのかすづけ【刀豆粕漬】 52①44
なだれふき【頽レ蕗】 1③283
なついしょう【夏衣裳】 34⑤107
なつがっぱじ【夏合羽地】 14①241
なつぎそ【ナツギソ】 24①99
なづけ【菜漬】→K 24③342/52①26
なつこしのいいまい【夏越の飯米】 23①80
なつごのいとぐち【夏蚕の糸口】 47②134
なつざけ【夏酒】→さけ 51①163
なつすみ【夏墨】 49①71
なつせいのすみ【夏製の墨】 49①76
なつだいこん【夏大こん】→だいこん→F 29②137
なつだいず【夏菽】→だいず→F 10①37
なっとう【なつとう、納豆】→I 24③337/28②244/52①53
なっとうじる【納豆汁】 27①237
なつな【夏菜】→E 10①21,25,28,31,33,35,37,39,46
なつのしる【夏之汁】 68④415
なつののみかん【夏の呑間】 51①159
なつはんまい【夏飯米】 1①69
なつめ【なつめ、棗】→E 6①168,236/10①39,42/18①101/62③62
なつもの【夏物】→E、X 41②141
なつやみ【夏病】 30①58
なで【なて、撫】 25②221
ななかま【七釜】 19②415
ななくさ【七草】→E、O 10②353
ななくさおみ【七草おみ】 28②129
ななくさがゆ【七種粥】 25①24/36③161
ななくさぞうすい【七艸雑水】 28④357
ななくさだいこん【なゝぐさ大根】→だいこん 28②129
ななくさのかゆ【七草の粥】 67⑥313
ななばんいりこ【七番煎海鼠】→いりこ(煎海鼠) 50④304
なにわづのみち【難波津の道】 20①352
なのざくざく【菜のざくざく】 16①60
なは【菜葉】 29①28
なぶき【菜蕗】 6①76
なべ【なべ、鍋】→めしなべ→O 1①42/3④331/5①35,④343/6①159/15①86,②227/16①180,182/22①36/27①222,293,294,297,298,300,302,303,309,310,317,321,341,353/30③304/35①162/37②76/40②183/41②144/47②97/48①8,47,62,89,135/50②187,188,192,193,194,195,197,198,210/52①30,②121,122,③136,137,140/53①19,②110,112,120/55②134/56①180/61⑧214,215,223,224,226,231/62②43,⑥151/66⑥339/67③123,⑥317/68②290/69①124,②197,203,288,306,308,367/70①22,25
なべかま【なへ·かま、なべ釜、鍋釜】 24①112/27①292,293/32②322/40②193/53④235/66②105/67④171/68④398
なべかり【鍋かり】 25①24
なべだな【鍋棚】 27①293
なべのしりをあたためいだかす【鍋ノ尻を煥め懐かす】 23④182
なべぶた【鍋蓋】 24①90/31④207
なべやき【なべやき】 52④174
なぼうちょう【菜庖丁】→なきり 6①241
なまいも【生芋】 41②99/70③230,239
なまえんしょう【生焔硝】 3④334
なまおかだごめ【生岡田糙、生糙】→けかちいも 18④402,406,414,419
なまがき【生柿】→かき(柿) 24①126
なまかつお【生鰹】→かつお 11①60
なまかつね【生かつね】 67④170
なまかべ【生壁】 47②145
なまがれ【生かれ、生がれ】 52⑤204,205,206,209,216,217
なまがれもの【生かれ物】 52⑤207,215
なまきのえだ【生木の枝】→まき 25③264
なまぐさ【腥物】 27①262
なまぐさもの【腥物】→B 30①34
なまぐり【生栗】→E 18①70,170
なまけもの【偸安懶惰】 3③102
なまこ【なまこ、海鼠】→J 24①125/45⑦424
なまこ【生粉】 41②114
なまごめ【生米】→こめ→B 5①151/24①125
なまざかな【生肴】 64④260
なまざけ【生酒】→さけ 51①51,87,155,163
なまさばにつけ【生鯖煮付ケ】 29②137
なまじおう【生地黄】 60④166,185,201,203,209,211,225
なましば【生柴】→まき→B 31⑤249
なましょうが【生姜、生薑】→しょうが 18①155/24③337
なます【なます、膾、鱠、噲】 3④241,363/9①143,162/12①259,305,337,365/17①266/25①22/27①209,236,237,238,239,240,241,242,243,244,245,246,247,251/28②128,133,205,233,④357,358,359/36③207,280,296/38③130/42④268/43①21,23,65,85,③232/52③139/70③220,239
なまず【なまず】→H 24①126,127
なますあえ【鱠すあへ】 9①152
なますあしらい【鱠あしらい】 41②118
なますざら【膾皿】 43①36,③272
なますだいこん【鱠大根】→だいこん 27①221
なますだいこんぼし【なます大根干】 36③296
なますのぐ【膾の具】 12①332
なますのこ【鱠の子】 41②102,115
なまずのたたきな【鯰の扣き菜】 22③176
なまそばのは【生蕎麦の葉】 11①61
なまだい【生鯛】→たい 29②137
なまだいこん【生大根】→だいこん 52①30,④177
なまだいずのこ【生大豆之粉】 52④179
なまにしん【生鯡】→J 1①58,112
なまにんにく【生にんにく】→にんにく、ひる(蒜) 24①127
なまはんか【生半弱】 68④396
なまぶ【なま麸、生ふ、生麸】→ふ 52④166,168,170,171,172,173,174,175,176,177,178,179,180,181,182
なまふき【ナマフキ】 60④221

なまふくらしば【生ふくら柴】→まき 27①326
なまぶし【生節】 62⑥151
なままつ【生松】 18①154
なままつば【生松葉】→H、I 48①177
なままめ【生黄豆】 18①154
なまみそ【生味噌】→みそ 45⑥310
なまわらび【生蕨】→わらび 2②152
なまわりき【生割木】→まき 27①222
なみ【並】 51②183
なみさかまい【並酒米】 51②183
なみさけ【並酒】→さけ 43①62/51②182,189,197,204,205,206,208,209,210
なみそうめん【なミそうめん】→そうめん 5④347
なみてっぽう【並鉄炮】 49①151
なみにたま【波ニ玉】 49①72,73
なみにめ【波ニ目】 49①72
なめし【菜飯】 38④253
なめろく【なめろく】 27①288
なら【楢】→B、E、I 45④207/67⑤230
ならしもち【ならしもち】 28②273
ならずもの【ならすもの、ならずもの、ならす者】 36③166,201,235,244
ならちゃ【なら茶】→おちゃづけ 12①199
ならづけ【奈良漬】→K 3④352/52①27,49
ならづけうり【奈良漬瓜】 52①31
ならづけのこうのもの【奈良漬の香物】 62⑤118
ならどうふ【奈良豆腐】→とうふ 52②85
ならのき【楢の木】→E、I 24①26
ならのどんぐり【楢之団栗】 62③65
ならのみ【ならのミ、ならの実、楢の実、楢実】 2②148/19①201/23④166/25①43
なりもの【なり物】→E 11⑤254
なりわい【生業】→M 3③119,180/48①332,356
なるい【菜類】→E 6①169
なるこゆり【黄精】→Z 6①168
なるこゆりのわかなえ【黄精苗】 18①127
なわおび【縄帯】 50①43
なわからげ【縄繊】→A 62②39
なわくず【縄くず】 27①218
なわささげ【紫児豆】 6①169
なわのおび【縄の帯】 62⑧248
なわばり【縄はり】→A、C 16①270
なわび【縄火】 36③255
なわゆい【縄ゆい】 16①119
なんがん【南岸】 51①18
なんぎにん【なんぎ人】 39⑥343
なんぎょく【軟玉】 52②82
なんざん【難産】 6①233
なんじゅう【難渋】 67②107
なんじゅうもの【難渋者】→こんきゅうしゃ 29②161/66⑧407
なんしょう【南星】 18①163,164
なんそく【難足】 66④195
なんてん【なんてん】→E 11⑤254
なんてんのみ【なんてんの実】 16①167
なんど【納戸】→ものおき 27①218,331,384/35①120,121/66⑥336
なんとぎょえんぼく【南都御煙墨】 49①72
なんどべや【納戸部屋】→ものおき 27①202
なんにょのけっしょう【男女の血症】 14①178
なんばん【ナンバン】→とうがらし→E 49①218
なんばんゆば【南蛮ユハ】 52③140
なんまい【難米】 36③308
なんむら【難村】 18②282

【に】

にいがたうた【新潟歌】 36③253
にいじん【にいじん】→にんじん 43①9,16,23,84
にいよね【新米】 62⑧245
にいよめ【新嫁】 25①25
にうだいこん【にう大根】→だいこん 27①197
にうめ【煮梅】 55③254
にえゆ【熱湯】→B 52①51
におい【香ひ】 13①61,88
にかい【二階】 5①33/35①121/45①35/47②95/49①219/51①81,154/66⑥336/67②89,③123,124,125,127,130,139
にかいあがりくち【二階上り口】 28②203
にかいさし【二階さし】 67③123,124
にかいした【二階下】 51①70
にかいのすのうえ【二階の簀の上】 25①62
にがきはくろやき【青苦葉黒焼】 6①230
にがくさ【苦草】 24①98
にかご【ニカゴ】 24①20
にがしお【苦塩、鹵汁】→にがり 10②381/52②86,106,115,118,③138
にかたぎ【二堅木】 53④222
にがつだし【二月出し】 33⑥374
にがつにとりしょくするやさい【二月に取り食する野菜】 10①25
にがところ【にがところ】→E、F 17①321
にがな【剪刀股】→E、Z 6①171
にがなつな【苦草藤】→くちな 19①201
にがみおおきこめ【にがみ多米】→こめ 17①146
にがり【にかり、ニガリ、塩胆、胆水】→にがしお→B、H 49①189,190/52⑦306,307,308,309
にかわ【膠】→B 6①232
にぎ【二木】 1②174
にきごぎょう【二気五行】 60⑦401
にきび【面皰】 14①190
にぎりめし【にぎりめし、握りめし、握り飯、握食、握飯】 27①341/30③290,298/36③207/43③252/67②91,96
にく【肉】→E、J、Z 40②177
にくしょく【肉食】 33⑤254
にごりざけ【にごり酒、濁り酒、濁酒、濁醪】→さけ、どぶろく 2②152/4①64/6①55,72,77/10②371/24①16/25①23,③284/27①244/29②150/33⑤250/36③158,205,292/37②70,214/51①120/59③202/62⑤118/70⑤333
にざけ【煮酒】→さけ 27①234/51①160
にざまししお【煮ざまし塩】→しお(塩) 52①44
にしき【錦】 56①108
にしきぎ【錦木】→E 6①226
にしきで【錦様】 48①377
にしきどうふ【にしきとうふ、にしきどふふ】→とうふ 9①162
にしきのへり【錦のへり】 20①106
にしきふ【錦麸】 52④182
にしみやふだ【西宮札】 24③356
にしめ【にしめ、煮〆、煮染】 9①143,144,155,169/25③262/27①242,244/28④359
にしめもの【にしめ物】 12①325
にじゅうてがけ【二重手掛】 60③131
にしょうたきがま【二升炊釜】 3④331
にしょうどくり【二升壜り】 69②272
にしょうなべ【二升鍋】 35②349
にじる【煮汁】→B 3④333/40②184/41②120
にしん【にしん、鯡、鰊】→ほしにしん→I、J 5④351/25①87/27①239,243/36③207,230/60②94
にしんこぶまき【にしんこぶ巻】 69①112
にしんすし【鯡鮓】 58①36
にせざかな【にせ肴】 27①236
にせものせんとくのうつわ【偽物宣徳の器】 49①140
にせやくしゅ【贋薬種】 45⑦421,422
にちよう【日用】 36①37,59,61/41②57,135/45⑥304,⑦423/50②143/52①12/56①58/69①47,②243
にちょうがけ【二丁懸】 49①71
にちようだき【日用焚】 53④

234
にちようのぐ【日用之具】 68③364
にちようのしな【日用之品】 68④408
にちようのしょくもつ【日用の食物】 12①205
にちようのたすけ【日用の助】 12①366
にちようのひつけぎ【日用の火附木】 53⑤345
にっきずみ【日記墨】 49①59, 93
にっけい【ニツケイ、肉桂】→とんきんにっけい→B、E
6①236/14①346/60④165, 166, 168, 177, 183, 189, 199, 201, 219, 227/68③355, 356
にっぽんもめんのはじまり【日本木綿の始り】 35①229
にな【煮菜】 2①135
にのみやあやつり【二ノ宮操】 59①50
にばん【二番、弐番】→A、E、I、K、L、R
14①224/50④305
にばんいりこ【弐番煎海鼠】 50④305
にばんかけどめのめし【弐番掛留の食】 51①69
にばんかけどめめし【二番掛留食】 51①60
にばんしょうゆ【二ばんせうゆ、二ばんぜうゆ、弐番醤油】→しょうゆ
9①137, 138/41②131, 140
にばんす【二番酢】 24③338
にばんぜん【二ばん膳】 9①159, 160
にばんたいともみ【二番秈籾】 27①295
にばんたきこみ【二番焚込】 30⑤409
にばんたばこ【二ばんたばこ】→L
9①56
にばんちゃ【弐番茶】→ちゃ→L
47④217
にばんのちぢみ【二番の縮】 53②134
にばんはしり【弐番走り】 51②207
にばんほしあわび【弐番干鮑】→あわび
50④311
にばんまい【二番米】 27①209
にばんむぎ【二番麦】 27①295
にまめ【にまめ、煮豆】→I
24①70/27①237, 238, 244/28②128
にもの【にもの、に物、煮物】 9①148, 150/12①263, 337, 376, 389/17①212/29②156/36③207/40②146/52①51, ③139
にゅうおう【乳泓】 51①18
にゅうぎ【祝木、二歩木】 25③264/30③234, 303/42⑥372, 405, 410, 444
にゅうぎ【乳蟻】 51①18
にゅうくきょうそうさん【柔狗強壮散】 60②108
にゅうこう【乳香】→G、X
60④165
にゅうしゅ【乳酒】 51①18
にゅうじゅう【乳汁】→E
6①230
にゅうよう【入用】→L、R、X
38④264/39⑥347/41②108, 117, 118, 119, 138/66③156/67③123
にゅうよう【乳癰】 12①322
にゅうようのしな【入用の品】 36③169
にょうぼう【女房】→つま→Z
1②140/21⑤217/25③260/29①12, 13, 16, 21, 22
にょらいさま【女らひさま】 21⑤219
にら【にら、韮、薤韮、韭】→B、E、G、Z
6①170/10①21, 25, 31, 34, 35, 37, 39/18①162/24①127/60①63/62③62
にらじる【韮汁、韭汁】 18①162, 165
にらのね【韮の根】→E
2②150
にれのは【枌の葉】 10①28
にれのみ【楡銭樹】 6①171
にわ【庭】→A、D、E
66⑧395
にわあま【庭天】 27①80
にわいろり【庭火炉裏】→いろり
27①219
にわうめ【郁李子】→E
6①168
にわおおと【庭大戸】 27①260
にわか【ニワカ】 36③253
にわかけんぶつ【にわか見物】 43②190
にわかべぬり【庭壁ぬり】 44①47
にわかまど【庭釜】 70③230
にわつき【庭築】 43①65
にわとこのえだ【にわとこの枝】 3④323
にわとり【にハとり、鶏】→E、G、I
12①291/62③74
にわとりのあつもの【鶏のあつ物】 12①266
にわとりのたまご【鶏の玉子】→たまご→I
24①126/49①188
にわとりのにく【鶏肉】 12①330
にわぬり【庭塗】 43①65
にわのにかいのうえ【庭の二階の上】 27①164
にわび【庭燎】 50①35
にんげんせいめいのもと【人間生命の本】 7①45
にんじん【にんしん、ニンジン、にんじん、にんちん、胡蘿蔔、人しん、人じん、人参】→にいじん→B、E、H、Z
1④330/3③137/12①102/17①50/18①153/22③176/25③261/27①236, 237, 331/28②128, 133, 234, ④357, 359, 360/29①29/38④287/41⑤258, ⑦341/43①21, 65, 83, 85/44①9/51①122/52①56/60①60, ④169, 197, 199, 227, ⑥350, 353, 361, 372, 376/62③62/66④201/67⑤231/68①60, ③323, 325, 329, 337, 338, 339/69①85/70③239
にんしんのおんな【懐胎之女】 8①268
にんじんのは【人参の葉】 10①22
にんじんみそづけ【胡蘿蔔味噌漬】 52①56
にんそう【人瘡】 14①194
にんそく【人足】→L、M、R、X
43③250
にんどう【ニンドウ、人ドウ、人冬、忍冬】→E
6①232/24①125/34⑧308/60④165, 185, 187, 191, 195, 207, 213, 218, 219
にんどうしゅ【忍冬酒】 51①122
にんどうのくきば【忍冬の茎葉】 6①228
にんにく【にんにく、大蒜、蒜】→なまにんにく、ひる→E、G、H、I、Z
10①25, 28/12①171/18①166/62⑨327
にんぷ【妊婦】 5①106

【ぬ】

ぬいこうそ【縫こう苧】 58④263
ぬいばり【縫はり】→Z
37③386
ぬいもん【ぬひ紋】 49①223
ぬか【ぬか、糠、糖(糠)、穢】→こぬか、こめぬか、もちごめのぬか→B、E、H、I、L、R
5②231/9①139, 140/10②375/14①191/23⑤285/30③232, ⑤404/33⑥374, 375/41②142/52①22, 23, 30, 32, 38, 46/62⑤118, 119, ⑨339/69②253
ぬかづけ【ぬかづけ】→K
52①31
ぬかはったい【ぬかはつたひ】 30③232
ぬかみそ【ぬかみそ、ぬか味噌、糠ミそ、糠味噌】→みそ
10①117/25①79, 86/52①30, 31
ぬかみそづけ【ぬかみそ漬、糠味噌漬】 52①27, 48
ぬかもの【ぬかもの】 67⑥303
ぬき【貫】 66⑦363
ぬき【緯】 50③275, 277
ぬきいえ【貫家】 57②199
ぬきくすり【抜薬】 60⑥337
ぬきそ【ヌキソ】 53②113, 114
ぬきでわた【抜出綿】 35①103
ぬきなだいこん【ぬきな大根】→だいこん
28②184
ぬきのいと【ヌキの糸】 53②116
ぬさ【幣】 1②169, 180, 193/20①334
ぬすっとようじん【ぬす人用心、盗人用心】 28②137, 272/31③121
ぬすみ【盗】 3③112
ぬた【ぬた】 25①66
ぬの【布、麻布】→たんもの→B
1②195, 197/4①10, 34/10①117/14①241/17①220/24①59, ③316/35①183/45①30/48①66, 67, 87, 91/50③240
ぬのこ【ヌノコ、ぬのこ、布子】→ののこ
6①141/15①55/17①220/18①39/21③159, ④183/22④293/24①94/35①230/41⑤251/47①11/48①79/68②246/70②110
ぬのしりがい【布しりがい】 24③329
ぬののじゅばん【布ノ黼半】→じゅばん
1②196
ぬののふくろ【布の袋】→B

15①79/25①112
ぬのはおり【布羽織】→はおり 40②161
ぬのめ【布目】→X 53①10
ぬのもめん【布木綿】 25①29/30③248
ぬめもの【ぬめ物】 48①65
ぬりきばち【塗木鉢】 62②43
ぬりげた【ぬり下駄】→げた 68④400
ぬりごめ【ぬりごめ】→こめ 27①356
ぬりごめ【塗籠】 24①161
ぬりもの【ぬり物】 13①373/47①23
ぬるで【勝軍木】→E 6①232
ぬれえん【ぬれゑん、濡縁】 13①104/43①10

【ね】

ね【根】→E、I、Z 12①340/13①32,227/33⑥365/38④253/41②104/68①77,79,92,94,98,108,134,136,138,139,150,153,160,169,170,172,②244,248
ねあかし【根あかし】 57②198
ねいじん【佞人】 36③335
ねうし【子丑】 62②52
ねがいやすみ【願休】 43③258,259,260
ねかわ【根皮】 14①346
ねぎ【ねき、葱】→ひともじ、ねぶか→B、E、G、H 2②150/6①170,228/10①21,37,44/18①166/28④360/52④174/62③62/68①60
ねぎのしろね【葱の白根、葱白】 6①234/18①162
ねきり【根伐】→とね 24①25
ねくず【根葛】 1③275
ねこ【ねこ、猫】→E、G、I 14①284/62③74
ねこあし【猫足】→ぜん 62②43
ねこうじ【寝麴】→こうじ 51①45,46
ねござ【寝蓙】 22①36
ねこだ【藁籍】→B、Z 62②39
ねこだもち【ネコダ餅】 24①25
ねこのよだれ【猫の涎】 18①170
ねささのほ【根笹之穂】 62③66
ねさせみそ【寝させ味噌】→みそ 10②377
ねずみがり【ねづミがり】 43②145
ねずみくい【鼠喰】 35②366
ねずみたけ【家鹿菌】 6①172
ねぜり【根せり】→G 17①311
ねだぎ【ねた木、ねだ木】 61①33/66⑦363
ねたらいこんぶ【ネタラヒ昆布】→こんぶ 49①217
ねつ【熱】 40②85
ねつけ【根付】 48①358
ねつしつ【熱疾】 14①194
ねつにんにょう【熱人尿】 18①161
ねっぱん【熱煩】 13①134
ねつびょう【熱病】→G 38③183
ねつやく【熱薬】 12①291/60④168
ねつろう【熱労】 14①194
ねなが【ね長】 10②352
ねのあかきせり【根の赤き芹】 24①125
ねぶか【ねふか、ねぶか、根深】→ねぎ→E、F、H 9①162/10①21,31,34,37,39,47/28②233
ねぶかじる【ねふかじる、ねふか汁】 28②226,251
ねぶと【ねふと、ねぶと】 6①231/14①179
ねま【ね間、寝間】 27①339,340,341,350,351,353,354
ねまき【寝巻】 62②44
ねました【ね間下】 27①338
ねむしろ【寝席、寝莚】 10②338/13①66,70
ねむのき【合歓木】→ごうかんぼく→E 3④323
ねりあぶら【ねり油、練油】 40②164/43①11,29,44,53,63,68,87
ねりがゆ【ねりかゆ、ねり粥】 16①111/67⑤230
ねりきぬ【練絹】 48①156
ねりざけ【練酒】→さけ 51①121
ねりべい【ねりべい、ねり塀】 1④322/12①94/41⑦329
ねりみそ【ねりみそ】→みそ 52②121
ねんきあけ【年季明】→R 10①179
ねんきとぶらい【年忌とぶらひ】 36③187
ねんくぼう【野牛房】 62③61
ねんじゅうのいりようたきぎ【年中ノ入用薪】 31⑤249
ねんしじゅのうちょう【年始受納帳】 38④232
ねんじゅういりようのやさい【年中入用之野菜】 31②69
ねんじゅうかってこころえ【年中かつて心得】 9①143
ねんじゅうのやすみび【年中の休日】 25①36
ねんとうのかがみもち【年頭の鏡餅】 27①224
ねんとうのもの【年頭之物】 27①15
ねんぶんのはんりょう【年分之飯料】 33⑤246,250

【の】

のあざみ【小薊】→あざみ→E 6①169
のいちご【槷子】 6①170
のう【脳】 53⑥396,397,398
のうい【農衣】 6①150
のううた【農歌】 19①215/20①342,348
のうか【農家】→ひゃくしょうや→M、Z 6①182,183,213,239/24①54
のうかしゃりゅう【農家者流】 33①9
のうかしょくもつ【農家食物】 30③283
のうかどうもう【農家童蒙】 3①63
のうかのにわ【農家の庭】 15②227
のうかのぶじき【農家の賦食】 18①65
のうかのほんい【農家之本意】 29②158
のうかのろ【農家の炉】 24①147
のうぎょうしょ【農業書】 41④209
のうぎょうのしょ【農業の書】 41③170
のうぎょうばなし【農業咄】 34⑦256
のうげき【農隙】 5④308
のうこう【農工】 3③113
のうこうしょうのみち【農工商の道】 3③118
のうさくのしょせき【農作の書籍】 9②193
のうし【直衣】 36③334
のうじおび【農事帯】 21③159
のうしょく【農食】 6①163,164,183,184,211/10②325,328,331,339,343,354,363,370,375
のうみんやしきがまえ【農民屋敷構】 19①190
のうやすみ【農休】→のやすみ→O 24③267
のうれん【暖簾】 14①246
のえんどう【野豌豆】→Z 6①170
のがけ【野ガケ】 38④253
のかずのこぐさのみ【野葟の実】 10①28
のかずのこぐさのは【野葟葉】 10①32
のかて【野粮】 20①306,307
のき【のき、軒】 10②366/27①376/28②254
のきぎわ【軒際】 5①142
のきぐち【軒口】 3④350
のきした【軒下、簷下】→D 23①26,37/48①379/49①218/69①72
のきば【軒端】 4①116,139,141/27①212
のこぎりそう【蓬竜】→E 6①171
のし【のし、熨斗】 5④347/24③352
のしあわび【熨斗鮑】→あわび 5④344
のしいと【のし糸、熨斗糸】 53⑤357,369
のしがき【のしかき、のし柿】→ほしがき 48①194,196,197
のしつぎ【のしつぎ】 27①312
のぞき【のそき】 44①54
のだいこん【野大根】→だいこん→E 10①21
のっとう【のつとふ】 44①49
のっぺい【のつへい】 28②133
のにんじん【野胡蘿蔔】→Z 6①170/18①147
ののこ【のゝこ】→ぬのこ 24①94
のびる【のびる、沢蒜、野ひる、野びる、野蒜】→E 6①170/10①25,28/18①151,152,166/62③61
のぶかわ【のぶ皮】 58④263
のぶき【和尚菜】→E、F 6①171
のぶどう【野葡萄】→やまぶど

う→E、Z 68①88
のべ【のへ、ノベ、のべ】 48①98,102,105,107
のべ【野辺】 67⑥297
のべがみ【ノベ紙、のべ紙】 48①99,100/66③149
のぼり【幟、幟り】→P 36③221/59④291/66⑤291/67②90,91
のぼりしらすそうめん【上りしらす素麪】 5④347
のぼりたら【上り鱈】 5④355
のぼりほしたら【上り干鱈】 5④355
のます【呑す】 41②145
のまめ【蹘豆】 6①170
のみくち【呑口】→B 51①21
のみとりはな【のみとりはな】 18①133
のみはき【蚤掃】 36③234
のみみず【のミ水、呑水】 8①285/16①214/23①115,116
のみよう【呑用】 44③228
のみりょう【呑料】 45⑥296
のみりょうのは【呑料の葉】 45⑥319
のやすみ【ノヤスミ、野やすみ、野休】→のうやすみ→O 24①70/28②184,281
のやまのかてくさ【野山のかて草】 25①39
のり【のり(海苔)】 44①8
のり【のり、粘】→B、L 25①66/37②86
のりかけ【乗掛、乗懸け】→R 62②38/66④195
のりごめ【糊米】→こめ→B 27①247,309
のりもの【乗物】 66④218,219
のりや【乗屋】 23①92
のろし【狼煙】 66④193
のんばき【ノンバキ】→そうじ 24①28

【は】

は【葉】→B、E、I 4①27/6②298/12①228,319,321,354,366/13①32,210,227,228/16①140/17①196,199,211,212,213,295,311/24③310/33⑥365/41②97,104,112,142,143/52①53/59⑤438/68①71,80,81,85,86,94,95,96,97,98,99,100,101,104,105,109,110,128,131,136,137,143,144,147,151,152,159,161,162,164,168,172
は【刃】 3③130
ばいかあぶら【梅花油】 50①88
はいかい【俳諧】 31②68
ばいかづけ【梅花漬】 52①43
はいくず【灰葛】 14①239/50③251,260,264,265/69①115
はいくずこ【灰葛粉】 50③260
はいごんだいちょうびひそく【肺金大腸鼻皮足】 60⑤282
はいしん【敗シン】 60④166
はいずみ【灰ずミ】→B 49①38
はいそう【肺燥】 14①198
ばいそう【黴瘡】 18①195
はいそうのぜん【はいそふの膳】 9①160
はいた【歯痛】 45⑥307
はいたぐすり【歯痛薬】 43①57
はいちゅうのもの【盃中物】 51①18
はいちょ【盃字】 51①17
ばいどく【梅毒、黴毒】→そうどく(瘡毒) 14①174,178/15①93
はいどくさん【敗毒散】 60④165,177,207
はいとりおけ【灰取桶】 27①322
ばいにく【梅肉】 52①43
はいひじんかんしん【肺·脾·腎·肝·心】 60⑤279
はいふき【灰吹】→K 62②44
ばいも【貝母】→E 68③329,352
はえ【蠅】→E、G 30③259
はおり【羽織】→すみちりめんのはおり、ぬのはおり、ひとえはおり 1②167/8①165/25①21,88/27①255/36③264/40②161/61⑨322
はおりはかま【羽織袴】→ひとえもののはかま、ふるばかま 25①21,37,88,③259,260,266/36③336
はかま【袴】→ひとえもののはかま、ふるばかま 14①57/25①27,58,③259/36③221/50③244
はかまじ【袴地】 14①241/50③275,279
はかまはおり【袴羽織】 36③158,160,165,189,253,269
ばかもの【馬鹿者】 68④396
はぎ【はぎ】→B、E、H、Z 28②128
はぎそ【剝苴】 19①172
はきもの【はきもの、はき物、履キ物、履物】→B 2②156/9①24/24①147,149/27①255/62⑥152,⑨376,402
はきものるい【履物るい】 24①145
ばくえき【はくゑき、博奕】→ばくち→M 3③107,108,112,114,118,181/22①14,19,69,71/24①13,③271/25①26/27①257/36③167,276,322/39⑥345/41②46/42③178,201/62①19,⑧283/63①52,③102,105,117,119,120
ばくえきしゅしょく【博奕酒色】 5①8,127
はくおく【白屋】 51①17
はくがく【はくかく】 16①140
はくぎ【薄儀】 9①160
はくぎょく【白玉】 51①17
ばくげ【バクゲ】 60④223
はくさん【白粲】 24①163
はくし【白柿】→ほしがき 13①148/18①76/56①78,82,83
はくずい【白随】 51①18
はくそう【白霜(干柿の白粉)】 56①82
はくそう【白霜(白砂糖)】 70①29
はくそう【帛桑】 51①17
ばくち【ばくち、ばぐち、博奕】→ばくえき 28②125,128/29①26/40②193
ばくちく【爆竹】 36③166
はくとう【白唐(糖)、白糖】→さとう 43①50/50②143/70①12,13,25,29
はくとうおう【白頭翁】 68③346
はくばい【白梅】→E、F 13①131
はくばく【白薄】 51①18
ばくはん【麦飯】→むぎめし 62③66,75
はくふ【白布】 36③243/53②129
はくふん【白粉】 60⑥357
はくまい【白米】→しらげ、しらげよね、せいまい、まごめ→B、E、K 3④276/4①52/6①48/7①83/9①16,75,130,132,133,136,143,145,146,153,158,161,164/10①8,52,②377/11⑤213,228,233,239/16①94/17①147/18①114,123/19①173/24①26,36,③322,323,344,346,347,348,356/27①233,237,238,241,311/28③323/29①28/35②342,343/36③161,166/37②213/38④261,274/39④228/41②140,141/43①15,27,41,53,54,56,57,62,71,80,89,95,②140,③262,267,273,274/48①265/62⑤128,⑨380/66③149,④207/67②96,③123,⑤213,219,⑥301,306/68①59,②247,④399
はくまいめし【白米飯】 27①270
ばくもんどう【麦門冬】→E、Z 6①169/45⑥310/68③352
はくらん【ハクラン】→かくらん→E 24①92
はぐろ【はぐろ、歯黒】→B 27①353/54①170
はぐろかね【鉄漿】→おはぐろかね→B 27①356
はげいとう【後庭花、俊庭花】→がんらいこう、けいとう→E、Z 6①170/18①149
はこ【箱】→B、C、W、Z 8①14/13①179/27①145/42⑥444/62⑥150
はこあぶら【箱あぶら】 22③167,168
はごいたわり【はこ板割】 25①27
はこいりさかずき【箱入盃】 43③248
はこぐら【箱蔵】 3①17
はこじょうちん【箱挑灯】→ちょうちん 35②393
ばこつし【馬骨刺】 14①194
はこのふた【箱の蓋】→B、Z 24①54
はこぶくろ【箱袋】 43①12
はこべ【はこへ、はこべ、繁縷、繁蔞、蘩縷】→E、G、I、Z 6①169/10①21,46,47/18①134/19①201/24①126
はこべら【蘩蔞】→E 10②353
はこや【はこや】 59⑤439

はさみばこ【挟箱】→R 62②44
はさみむし【はさミむし】→I 60①60,62,65,66
はし【箸】→B、Z 2②166/3①53/13①86/24③354/27①299/62②43
はしおさめやきめし【箸おさめ焼飯】 43③274
はしおり【端折】 49①216
はしか【はしか、麻疹、痲疹】→とうそう(痘瘡) 7②359/11⑤275,276/40④287,300/46①72/55②178/68④399
はしかのくすり【疹の薬】 12①269
はじかみいりざけ【薑煎酒】→さけ 49①213
はしば【葉しは】→I 37②86
はしばみ【榛、薑】→E、Z 6①168/18①122/62③62/68①179
はしばみくり【榛栗】 18①122
はしばみのみのあぶら【榛の実の油】 45③132/50①35
ばしょ【場所】 50④326
ばしょうお【芭蕉苧】→E 34⑥161
はしょうふう【破傷風】 18①163,164,166
はしら【柱】→B、C、J 3③167/10②358/43①68/49①12,33/51①42/54①175/57②131,203/60③130,132/64②138/66⑥342,⑦363/67③123,127
はしらぎ【柱木】→B 56②280
はしらたて【柱立】 42④235
はしり【はしり】 28②127,203
はじろう【櫨蠟】 50①88
はす【はす】→れんこん→E、Z 28②233
はず【ハツ、巴豆】 60④166,211,⑥356
はすいも【はすいも、水芋】→さといも→E、F 6①169/11⑤254
はすのね【蓮根、蓮藕】 18①120/52①50
はすのは【荷葉、蓮の葉、蓮葉】→E 6①232,234/60⑥344,357,372
はすのみ【蓮実、蓮藕】→E、Z 6①168,170/18①120,121
はすのわかば【藕蓉、藕蓉】 6①170/18①120
はぜにまける【櫨にまける】 31④224
はぜのは【はせの葉】 10①28
はぜのみくろやき【櫨の実黒焼】 11①61
はぜまけ【櫨負】 11①61
はぜまけみょうやく【櫨負ケ妙薬】 11①60
はた【はた、旗、幡、籏】 27①228,229,230/30①76,130/41⑤240/66⑤291
ばた【バタ】 36③244
はたいもがら【畑いもから】 67⑤231
はだおび【はた帯、肌帯】 21③159,④183
はだかむぎ【はだか麦】→むぎやす→E 68②264
はだかむし【はだかむし】→G、I 60①59,60
はたきこ【はたきこ、はたき粉】→B 33⑥384/52⑤205,208,209,211,212,214,215,217,219,222,223
はたさくもうのろうさい【畑作毛の粮菜】 19①201
はたせ【はたせ】 9①60
はたのだいこん【野蘿蔔】→だいこん 18①153
はたばこ【葉莨】 43①56
はたもの【機物】→K 47①8
はたようのやきしば【畠用の焼柴】 9①18
はちがつだし【八月出し】 33⑥375
はちがつにとりしょくするやさい【八月に取り食する野菜】 10①39
はちく【淡竹】 49①140
はちく【坡竹】 51①18
はちこくさんけい【八石参詣】 63⑦362
はちざかな【鉢肴】 36③292/43①21,65
はちばんいりこ【八番煎海鼠】→いりこ 50④304
はちぶものくぎ【八分ものくぎ】 9①158
はちぼく【八木】→こめ 38③194/43③236/66①46
はちまき【鉢巻】 58⑤302
はちみつ【蜂蜜】→E、H、I 14①354,357,404/49①207
はちもと【鉢元】 55②119
はちや【はちや】→F 52①57
はついり【初入】→O 43③236
はつうまだんご【初午ダンゴ】 24①27
はつお【初尾】 16①59/19②415/24③353,355,356/43②200
はつおうけとりのしょじょう【初尾請取ノ書状】 24③352
はっか【ハツカ、薄荷】→E、Z 11①60/25①145/60④165,189/68③329,349
はっかしる【薄苛汁】 18①170
はつきこだいこんさんばいづけ【葉附小大根三杯漬】 52①52
はづけ【葉漬】 29④284
はっけい【八景】 49①73
はっさんけんいち【八算見一】 68④397
はっすん【八寸】 62②43
はっすんにゅうめん【八寸にうめん】 9①162
はっすんばこ【八寸箱】 42④245
はったい【はつたい】→こうせん(香煎)、こがし、むぎこがし 17①187
はつたけ【はつたけ、紫蕈、初だけ、初茸】→E 3④333/6①172/44①12,40/45①31/52①55/62③61
ぱっち【バツチ】 8①165,166
はつちぢみ【初縮】 36③212/53②134
はつとう【初頭】 36③297
はづのうわかわ【はづの上かわ】 60①60
はつむこ【初聟】 25①26
はつもの【初もの、初物】→X 17①141/21⑤230
はつゆめづけ【初夢漬】 52①48
はつよめ【初嫁】 25①26
ばとう【馬桐】 51①17
はとり【葉取】→A 33⑥364
はな【花(食べ物)】→E、I、X、Z 68①145,189/52①43
はな【花】→こうじ→E、Z 14①220/24③333,334,335,336,339,348/40②158/41②137/51①80,94,117,②182
はないろしま【花色縞】 53②130
はなおちなすび【花落茄子】→なす 52①48
はながし【花ぐわし】 9①158
はながつお【花がつほ、花かつを、花鰹】→かつおぶし 44①8/52①53,②121
はながみ【鼻紙】 21③160
はながみふくろ【鼻紙袋】 62⑤117
はなきり【花切】→M 43②197
はなぐさ【花草】→E、I 2②148
はなくちがみ【花くち紙、花口紙】 48①211
はなこうじ【花麹、花糀】→こうじ 11②123/51②182/52①26
はなじお【花塩】→しお(塩) 10②381/49①189
はなしま【花しま】 36③212
はなしる【花汁】→E 14①349
はなずもう【花角力、花相撲】 24①98/25③281
はなぞめ【花染】 1②180
はなだ【はなた】→E 10①36
はなだは【はなた葉】 10①31
はなぢ【はな血、衄、衄血】→G 12①291/38③170
はなづけ【花漬】 29①86
はなのいんいつ【花ノ隠逸】 55①72
はなのしる【花の汁】 14①348,349,354
はなのふうき【花ノ富貴】 55①72
はなび【花火、華火】 27①254/36③255/43①80
はなびけんぶつ【花火見物】 43①79,81
はなまるうり【花まる瓜】 52①46
はなまるうりかすづけ【花丸瓜糟漬】 52①46
はなまるづけ【花丸漬】 52①46
はなみ【花見】 38④253/66④194
はなもち【花餅】 67⑤230
はなやく【花役】 42⑥404
はなゆ【花柚】→E、F 49①203
ばにゅう【馬乳】 51①17
はにゅうのすみか【はにふの住家】 25①13
はねす【はねす】 36③183,227,

240
はねつき【はねつき】 36③168
はねばり【はねはり、ハネバリ】 27①258,325
はのいたみ【歯の痛】 6①232
はのくき【葉の茎】→E 70③230
はのひ【奇日】→ちょうのひ 27①387
はは【母】 5①5/22①67/25①87/35①215
ばば【ばゞ、祖母】 21⑤211/29①14
ははおや【母親】 21⑤211
はばきがさ【脛瘡】 12①318
ははきぎ【地膚】→E、Z 6①169
はばきのき【はばきのき】 42⑥418
ははこぐさ【鼠麹草】→E、Z 6①170/18①141
はびろいも【葉弘芋】 30①117
はふ【破風】 35①130/67②89,③124
はぶたい【はぶたひ】 48①12
はぶたえ【羽二重】 14①174/48①373/51①148
はぶたえぐち【羽二重口】 35②288,289
ばべんそう【バベン草】 60④165
はまぐり【はまぐり、蛤】→B、I、J 9①143,154,155/10②360
はまざかな【浜肴】 36③280
はまじお【浜塩】→しお(塩) 52⑥250
はまつきまがいいん【浜付紛印】 35②408,410
はまみ【浜見】 5①181
はみがきようじ【歯磨楊枝】 24①60
はむかで【蜈蚣】 18①170
はめいた【羽目板】 60③132
はもろきもの【牙脆き物】 12①215
はやがね【早鐘】 66④218
はやかめのやくほう【早か目の薬方】 19②425
はやす【はやす】 10②354
はやずし【早鮓】 29②137
はやづけ【早漬】 27①196
はやゆうめし【早夕飯】 25③259
はやりうた【流行歌】 36③303
はやりのやまい【時行ノ病、流行の病】→でんせんびょう 32②306/62⑧278
はやりめ【流行眼】 2②152
はやりやまい【はやり病、流行病】 10②359/11⑤253/39⑥342/68③316
はやりやまいのぞきおんやく【疫癘除御薬】 1④337
はらあて【腹あて】→B、Z 16①209
はらいたむ【腹いたむ】 17①266
はらぐすり【腹薬】 37③339
はらくだり【泄瀉】 18①129
はらのなかのむし【ハラノナカノムシ】 45⑥308
はらはりいたみ【腹張痛】 6①227
はらみおんなさんご【妊婦産後】 18①134
はらや【ハラヤ】 60④225
はり【針、鍼】→A、J、Z 36③303/43①54/48①388
はり【はり、梁、樑り】 5①33/24③330/36③170/49①33/53②120/60③131,132/66②98,⑥342,⑦362,363/67①23,③127
はりき【ハリキ】→こわり 24①25
はりぎ【梁木】 57②131
はりごぼう【はりごぼふ】 9①162
はりしごと【針仕事】 47⑤256
はりたけ【鶏㙡】 6①172
はりだこ【はりたこ、張蛸】 5④348,353
はりなかびき【梁中挽】 36③182
はりのこころもち【鍼ノ心持】 8①48
はりもの【張もの】 7②353
はりゆき【梁行】 51①41,42
はるおりのちぢみ【春織の縮】 53②102
はるがみ【春紙】 53①37
はるごのいと【春蚕の糸】 47②134
はるざけ【春酒】→さけ 25①23/51②206
はるなつあき【春・夏・秋】 60⑤279
はるにれのは【枌のは】 10①31
はるまわり【春廻り】 41⑤259
はるやなぎのね【春ヤナギノネ】 60④218
はるやなぎのは【春ヤナギノハ】 60④218
はれき【腫気】 38③125
はれぎのいしょう【晴着の衣装】 47②77
はれもの【腫物】 1③265/6①231/38③124,169/42③185
はれやまい【腫病、水腫】 45⑥309/62③67
はをしょくす【葉を食す】 38③150
はん【飯】→ごはん 29①29
ばんいた【盤板】→B 27①221
はんがい【はんがい、飯鍪】→へら 27①299,314
はんがえ【はんがえ】→へら 27①292
ばんかしゅん【万家春】 51①18
はんかたびら【半帷子】 6①243
はんき【飯器】 25①12/60⑥376
はんぎ【播木】 56①67
はんぎうち【板木打】 25③272
はんぎり【はんきり】→おけ→B 37②72
はんきりがみ【半切紙】 43①88/59①60
はんげ【半夏】→E、G 14①323/48①251,252/60④217,⑥362/68③327,346
ばんけい【晩景】 5①100
ばんこ【万古】 49①73
はんこう【板行】→じょうし(上梓) 39④224,225/48①331/67⑤233
はんごう【芋葉】 62③67
ばんこくのえき【萬国の益】 15②138
ばんこみ【番込】 30⑤409
はんごんえん【返魂烟】 45⑥308,316
はんごんそう【劉寄奴草】 6①170
はんし【半紙】→B 29④287,288/42③164/53①9,40,44/61⑩458
はんじょう【繁昌、蕃昌】→L 3③188/5①183/41②53,54/49①73/64①54,66/66④188,204,206/67②105,109/68④396/70②153
はんじょうのち【繁昌の地】 16①113,242
はんしょく【飯食】 70②142
ばんじろ【番白】 30⑤409
はんしんふずい【半身不随】 14①178
ばんすい【番水】→A、R 52⑥251,256
ばんだいのたから【万代の宝】 3①21
はんちゃ【はんちや】 43②124
ばんちゃ【ばん茶、番茶】→ちゃ 5①163,164/14①310,316/25③287/52⑥257
ばんちゃづけじぶん【晩茶漬時分】 42⑥386
はんてん【半んてん、絆衣】 21③159,④183/59②132,139
はんどう【はんどふ、盤銅】 9①138/62②44
はんにちあそびび【半日遊日】 27①355
はんにちやすみ【半日休】 43③238,240
はんにゃとう【般若湯】 51①17
はんばき【ハンバキ】 56①63
はんばく【はんばく、はん麦、半麦】 9①144,146,147/41②135,136
はんばくめし【はんばくめし、はん麦めし】 9①144,150
はんぽん【板本】 39④224
はんまい【はんまい、はん米、飯米】 1①25,35,52,61,65,67,68,104,107/7①83/9①13,30,82,121,130,164/21①34,②115/24①148/25①24/27①205,207,274,275,343/28②125,138/29②158/34①11/39⑥350/43①62/49①41/63①51,③133,134/64①41
はんまいはくまい【飯米白米】 27①230
ばんもち【はん持、ばん持、番持】 27①341,387
ばんやくすみ【番役済】 52⑥253
ばんやすみ【晩休】 43③238
はんりょう【飯料】→L 2②144,145/5②231,③248/10②327/11②111,113/24③319/33⑤245/34③53,⑤109,⑥134,144,147,152,153,⑦254/43③274/56①134,149/57②100,126,146,147,148/61①50,②90/63③134
はんりょうよう【飯料用】 33⑤243
ばんわたしそうじ【番渡し掃除】 42③199

【ひ】

ひ【燈】 11①13
ひ【碑】 47⑤280
ひ【火】→G 5③275/24③270/28②240,247/35①145,153,③433,437,

438
ひいきょ【脾胃虚】 18①133, 134
ひいきょかん【脾胃虚寒、脾胃虚寒】 6①104/38③161
ひいきょかんのひと【脾胃虚寒の人】 12①171
びいどろしょうじ【びいとろ障子】 59②161
ひいな【ヒイナ、ひいな、ひゝな、雛】→ひな 10②360/14①271, 272, 273/48①379
ひいのやまい【脾胃ノ病】 32②335
ひいらず【火不入】 51②182
びいる【ビイル】 70⑤321
ひいれ【火入】→A、K 14①175/62②44/67④167
ひいれざけ【火入酒】→さけ 24③347/51①36, 163
ひうお【干魚、氷魚】→J 59③210, 211, 212
ひうち【火打】 1②140, 195/43①36, 69
ひうちいし【火打石、火燧石】 1②171/48①323
ひうちかま【火ウチカマ、火打カマ】 1②171, 172
ひうちどうぐ【火打道具】 67③123
ひうちばこ【火打箱】 37③383/62②43
ひえ【ひえ、ひゑ、稗】→わせひえ→E、G、I、L、Z 2②145, 146/10①37, 40, 42/16①311/17①319/18①100, 107, 109/22①62, ⑥367, 382, 383, 385, 386, 393/23④165/24①148/25①22, 43, 66, 86, 94/29①28/38②84, 86, 87/41③185/62⑤120/66③149/67①29, 33, 34, 35, 38, 40, 43, 44, 45, 46, 47, 48, 51, 53, ②99, ⑤228, ⑥269, 272, 274, 275, 278, 287, 289, 295, 297, 301, 303, 311, 317/68②290, ④403/69①32, ②347
ひえ【冷】→G 41②102
ひえいりこ【稗炒粉】 6①92
ひえがゆ【ヒヘ粥、稗粥】 6①92/38④239
ひえき【稗木】→E 4①28
ひえたるみず【冷水】 60②91, 95
ひえたるもの【冷物】 60②92
ひえぬか【稗糠、稗糖(糠)】→I
22⑥366/67⑤213
ひえのから【稗のから】 23⑤269
ひえのこ【稗の粉】 25①25, 39, 78, 79/67⑥297
ひえみ【稗実】 67⑤228
ひえめし【ひへめし、稗飯】 62③66, 75
ひえもみ【稗籾】 67⑤218
ひかい【萆薢】→E 70⑤341
ひかえざけ【引へ酒】→さけ 51①167
ひかき【烏柿】→ほしがき→F 14①46
ひがけなわないのしほう【日掛縄索の仕法】 63④269
ひがさ【日傘】 42③158/68④400
ひがし【干菓子】 17①166/25②199
ひがしひさし【東庇】 2①125
ひかど【ヒカド】 70③239
ひかん【火熂】 33⑥319
ひかんしんはいじん【脾・肝・心・肺・腎】 60⑤280
ひがんもち【ヒガン餅、彼岸餅】 24①27/43③238, 262
ひきうけにん【引請人】 63①47, ③126
ひききずし【鯿きすし】 5④353
ひきこ【引粉、挽粉】→B、K 41②100/70③229
ひきごめ【挽米】→こめ→A 7②297
ひきだし【抽匣】→B、K 62⑥150
ひきたるいと【引たるいと】 47①34
ひきちゃ【ひきちや、挽茶】→ちゃ 13①89, 107/69①50, 51
ひきて【ひきて、引手】→B 9①152, 159, 162, 164
ひきでもの【引出物】 10①201
ひきぬき【挽抜】 59①60
ひきのかわ【鯿ノ皮】 5④353
ひきもち【引もち】 28④359
ひきものぎ【引物木】 57②131
ひきものぞうに【ひきもの雑煎】→ぞうに 43③234
ひきわた【引わた】 47①15
ひきわり【ひきわり、挽キ割、挽わり、挽割】→A、K 2②148/17①318/67⑥301
ひきわりこ【ひきわり粉】 17①216
ひきわりのむぎ【ひきわりの麦】 17①318
ひきわりむぎ【引わり麦】 52④165
ひぐれ【日暮】 36③255, 271
ひこうじ【非工事】 24①104
びこうろくどうこう【備荒録同校】 18①195
びこく【備穀】 68④408
ひざかな【干肴】 25①22
ひさぎのは【櫁の葉】 19①201
ひさげ【ヒサゲ】→Z 1②164
ひさご【ヒサコ】 1②164
ひさし【庇、廂】 10②358/36③316/43①67/66⑤256
ひさしふき【庇葺】 43①67
ひざら【火サラ、火皿】 7①27/8①270
ひざんしょう【乾蜀椒】→さんしょう(山椒)→K 55③454
ひし【菱、菱肉】→B、E、Z 6①168/10①42, 44/17①321
ひじ【非時】 43②200
ひしお【ひしお、ひしほ、醬】 24③335, 336/29①86/51①13/52①53
ひじき【ひしき、ひじき、ひちき、羊栖菜】→B、I、J 6①172/10①21/67④177, 181, ⑤232
ひしこ【ひしこ】→I 25①31, 86
ひしこしおから【ひしこしほから】 17①322
ひしのみ【ひしの実、芰実】 18①121/67④180
ひしはなびら【ひし花びら】 52②85
ひしゃ【飛車】→しょうぎ 10①131
ひじゃがん【避邪丸】 6①225
ひしゃく【桧杓、柄杓、楡杓、椸】→しゃくし→B、J、W、Z 14①192/15①83/38③165/62②43/69②201
びしゅ【美酒】 25①32/51①17
びじょ【美女】 35①211
びじょう【美譲】 51①18
ひじょうのとき【非常の時】 15②261
びしょく【美食】 5①76, 177
ひじわた【臂綿】 35②400
ひじんかんしんはい【脾・腎・肝・心・肺】 60⑤280
ひすみ【火炭】 49①90
ひぜん【ヒゼン、ひぜん】 14①174, 178/15①93
ひたし【ひたし、浸し】→ひたしもの 9①162/28④359
ひたしな【ひたしな】 61②92
ひたしもの【ひたし物、浸し物、浸物】→したし、したしもの、ひたし 3④363, 380/10②340/12①321, 323, 326, 328, 329, 337, 344, 354, 367/29①79/38③124/41②121, 123
ひだなのうえ【火棚之上】 34⑥135
ひだみそ【飛驒味噌】→みそ 6①225
ひぢりめん【ひちりめん】→ちりめん 54①69
ひつ【ひつ、桶、櫃】→B 1③259/7②300/22④275/27①145, 224, 296, 297, 300, 303, 316, 319, 341/36③207/66⑤280
ひつか【筆架】 62②44
ひつぎ【棺】→かん 10①141
ひっし【筆紙】 41④209
ひつじこめ【ヒツジコメ】→こめ 6①172
ひったりあまくち【為浸甘口】 51①144
ひつと【火つと】 17①139, 181, 203
ひつぼ【火坪】 61⑩455
ひつぼ【燧壷】 1②171
ひつぼく【筆墨】 36③156, 170
ひつぼくのりょう【筆墨の料】 36③215
ひどいふしんにくち【脾土胃腑身肉乳】 60⑤282
ひとえ【単】 8①219, 285
ひとえはおり【単羽織】→はおり 40②161
ひとえもの【ヒトヘモノ、ひとへもの、単物】 8①165, 167, 286/21④183/35①123, 131/68②246
ひとえもののはかま【単物の袴】→はおりはかま、はかま 36③221
ひとかまのめし【一釜の飯】 15①59
ひどこ【火どこ】 16①109
ひとたのもし【人頼母子】 1①45
ひとにぎりのだいず【一握の大豆】 27①315
ひとのいのち【人の命】 16①140
ひとのかいたい【人之懐胎】 8①264

ひとのくすり【人の薬】 12①388
ひとまし【人増】 9③279
ひとまね【人真似】 5③287
ひともじ【ひともし、ひともじ、一文字、葱】→ねぎ→B、E、Z
10①25,28,31,33,36,39,42,46,47/24①127/38③175
ひとり【日とり、日取】 42④231,233,237,238,239,240,241,242,243,245,246,248,249,251,254,255,257,258,260,261,262,264,265,266,267,268,269,270,271,272,273,274,275,277,278,279,280,281,282,283,⑤339,⑥397
ひとりきょうげん【独狂言】 10①117
ひどんす【緋どんす】 48①65
ひどんぼ【干どんぼ】 24①70
ひな【ひな、雛】→たてひいな、つちひいな、つちびな、ひいな、ひなにんぎょう
14①271/24①42/42⑥415
ひなかざり【雛かさり】 37②75
ひなにんぎょう【雛人形】→ひな
25③271/62⑤120
ひなもち【雛餅】 43③240
ひなわ【火なわ、火縄】→B、H
1②204/5①86/17①139/48①128
ひなわつけぎ【火縄ツケギ】 1②195
ひなわび【火縄火】 57②133
びなんかずら【ひなんかつら】 34⑧308
ひねだいず【ひね大豆】→だいず
52⑤219
ひねり【ひねり】 43①81
ひのえひのと【丙丁】 62②51
ひのき【檜】→B、E、Z
6①213
ひのしょく【日の食】 10①13
ひのたきりょう【火のたき料】 24①142
ひのもと【火の元】 27①333
ひのもとようじん【火の本用心、火元用心】 27①329,342
ひのやけど【火傷】→やけど
14①179
ひのようじん【火の用心、火之用心、火用心】 7①73/27①254,258,290,329,335/28②137,138,243,272,④344/31②67,③121,④216/39⑥338,339/40②175
ひば【ひバ、干葉】 1③283/3④322,323/6②298/22⑥365/24③298/25①66/34⑧310/52①24/67⑤230,⑥302/69①115
ひはいじんかんしん【脾・肺・腎・肝・心】 60⑤279
ひばし【火箸】→B、Z
62②43
ひばち【火ばち、火鉢】→B
5③275/30②189/33⑥319,340/47①20,33,②91,95/48①363/49①8,70/62②44,④97,⑤121,⑦184
ひばのにじる【干葉の煮汁】 41②102
ひばん【火ばん】 8①166
ひび【胼】→あかがり
14①190
ひふきだけ【火吹竹】 14①83/15①105/23①118/47②98/49①172/62②43/70⑥422
ひふきづつ【火吹筒】 49①135
ひぶせふだ【火防札】 24③353
ひへい【糜餅】 70②63
ひぼ【ひぼ】 24①93
ひぼのり【ひほのり】 5④347
ひま【唐胡麻】→E
19①175
びまい【美米】 3①25
ひまし【蓖麻子、革麻子】→E、Z
18①164/19①175
ひまど【遊民】 40①12
ひまん【痞満】 14①194
びみしゅ【美味酒】 8①222
ひむしいと【火蒸糸】 47②101
ひめ【姫】 35①55
ひめくるみ【姫胡桃】→くるみ→F
56①85
ひめゆり【山丹】→E
18①125
ひめよもぎ【野艾蒿】 6①171
ひも【ヒモ、紐】→B
15①79/24①93/69①63
ひもかわ【ひもかわ、紐皮】 2①135
ひもの【干魚】 38③197
ひものり【紐海苔】 5④348
ひゃくいちづけ【百一漬、百壱漬】 33⑥373,374
びゃくがいし【白芥子】 68③354
びゃくきょうざん【白姜蚕】→G
47②111
びゃくし【白シ、白芷】→E、Z
18①165,169/60④165/68③329,347
びゃくじつ【白ジツ】 60④223
びゃくしゃくやく【白芍薬】 13①287/68③329,345
びゃくじゅつ【白朮】 45①30/54①244/60④179,189,199,⑥349,351,361,366/68③341
ひゃくしょうくいもの【百姓喰物】 4①90
ひゃくしょうしきのみぶん【百姓式之身分】 29②161
ひゃくしょうじょうちゅうげ【百姓上中下】 62⑨393
ひゃくしょうたまいもの【百姓給物】 4①89,91,139,279
ひゃくしょうたまわり【百姓給り】 4①105,130
ひゃくしょうねんぶん【百姓年分】 33⑤243
ひゃくしょうのあんないしゃ【百性の案内者】 10①178
ひゃくしょうのいんとく【百姓の陰徳】 3①16
ひゃくしょうのくいもの【百姓之喰物】 41②136
ひゃくしょうのこども【百姓之子供】 29②160
ひゃくしょうのつま【百性の妻】 10①117
ひゃくしょうのはなし【農夫の話】 15②152
ひゃくしょうのもち【百姓の餅】 41②70
ひゃくしょうみょうが【百姓冥加】 29①52
ひゃくしょうや【百姓家】→のうか
4①38,43,127,138/27①255/33②114/66④216
ひゃくしょうやしき【百姓屋敷】 4①235
ひゃくせん【百川】 51①18
ひゃくそう【百草】 60⑥343,351,357,369,372
びゃくだん【白ダン、白檀】 43①11,14,21,36,93/60④165
びゃくだんぬりわん【白檀塗椀】 48①179
ひゃくみ【百味】 10①114
ひゃくみかやくづけ【百味加薬漬】 52①49
ひゃくやくちょう【百薬長】 51①18
ひやじる【ひやしる、ひや汁】 12①311/17①276
ひやそうめん【涼そうめん】→そうめん
59①11
びゃっこ【白虎】 55②172
びゃっことう【白虎湯】 2②152
ひやみず【冷水】→B、D、X
45⑥309/60②106
ひやむぎ【冷麦】→そうめん
2①135/38④263
ひやりかい【ひやり会】 24③271
ひゆ【莧】→E、Z
10①31,33,37/12①318
ひょう【ひやう】 24①126
ひょう【醥】 51①15
びょうき【病気】→やまい、わずらい→G
8①179,204/11⑤254/28②281
びょうけみまわり【病家見廻り】 42⑥432
びょうしつ【病疾】 65③280
びょうしょ【廟所】 4①266
びょうしん【病身】 3③119
びょうしんたんめい【病身短命】 3③119
びょうしんもの【病身者】 27①255
びょうたれ【ひやうたれ】 67④180
ひょうちく【瓠畜】 52③140
ひょうとう【氷糖】 70①13,29
びょうなん【病難】→G、Q
21⑤228/23④194
びょうにん【病人】→やまいもの、びょうみん
3③119/5①84/8①177,206/17①203/27①294/31③110,112,115,120,122
びょうにんのしょくもつ【病人の食物】 12①212
びょうにんやくよう【病人薬用】 34⑥151
びょうぶ【屏風】 25①6/43③240,241,243,249,268/47②91,95
びょうぶのふちこしらえ【屏風ノフチ拵へ】 42⑥426
ひょうほんのち【標本の治】 18①21
ひょうまい【俵米】 25①44/45③176
びょうまえ【廟前】 3④355
びょうみん【病民】→びょうにん
23④197
びょうよう【病用】 42⑥382,413,421
ひょうろう【兵粮】 10①166/17①186/58⑤300/67④170,173,185,⑥313
ひょうろう【俵粮】 62②40
ひょうろうのそなえ【兵粮の備へ】 18④407
ひょうろうまい【兵糧米】→I

41⑤232,245
ひょうろうもみ【兵粮籾】 67④162
ひよけ【日よけ】 24③329
ひよどりそう【ヒヨドリ草】 60④218
ひら【平】→B、Z 9①143,144,149,152,155,159,162,164/19②293/22③176/27①236,237,238,239,243,244,245/28②128,133,205,233,④357,358,360/29②137/43①9,17,21,23,36,65,84,85
ひらいと【平糸】 35②357
ひらおりはかまじ【平織袴地】 50③277
ひらかべ【平壁】 49①34
ひらがわら【平瓦】→かわら 43①61/48①137
ひらきだら【ひらき鱈】→たら 5④355
ひらごめ【ひら米】→こめ 24①99
ひらざら【平皿】→さら 41③174/43③232,236,272/44①8,9,24/62②43
ひらしいたけ【平椎茸】→しいたけ 43①35
ひらだいこん【平大根】→だいこん 27①196
ひらたけ【平茸、蘑菰】 6①172/43①36
ひらのもの【平の物】 3④363
ひらまい【平米】→L 19①173/20①175
ひらゆば【平ユバ】→ゆば 52③136
ひりゅうず【飛竜頭】→ひりょうず 43①21,23,65,85
ひりゅうずふ【ひりゆう頭麩】 52④179
ひりょうず【ひりようづ】→ひりゅうず 9①162
ひる【ひる、蒜】→なまにんにく、にんにく→G、H 10①21,28,42
ひる【蛭】 25①61/30③259,262,263
ひるおき【午起】 27①322
ひるおりたばこ【昼下たばこ】 27①289
ひるがお【鼓子花】→あめふりばな、からまりはな→E、G、Z 6①169/18①122
ひるこふだ【蛭児札】 24③356
ひるぜん【昼膳】→ひるめし 43③232,234
ひるたき【昼たき】 24③323
ひるにくわれたる【蛭にくわれたる】 38③169
ひるね【ひるね、午寝、昼寝】 9①95/27①303,305,306,310,314,315,333,342,348/28②210,③323/31②67
ひるねながね【ひるね長寝】 28②150
ひるねのあいだ【昼寝之間】 27①340
ひるのうちにみずがえ【昼の中に水替】 27①308
ひるはかのうた【昼果敢の哥】 19②415
ひるはん【ヒル飯、昼飯】→ひるめし 8①216
ひるはんのくいもの【昼飯の食物】 27①328
ひるむしろ【眼子菜】→E、G 6①171
ひるめし【午飯、中飯、昼飯】→ちゅうはん、ひるはん、ひるぜん 1②140/4①52/23⑤274/24①53/25①15,40,66,68,79,③259,263/27①118,247,250,251,252,270,272,276,300,311,321,362,364/28②275/36③207,303/38④232/43②128/63①33,41,③131/64④304/66⑤271,⑥332
ひるめしあがり【昼飯あかり】 36③311
ひるめしのめし【中飯之飯、昼飯之飯】 27①311
ひるも【ひるも】→G、I 6①229
ひるやすみ【昼休】 24③308/65①42
ひるゆうめし【午夕飯】 27①248
びろうど【ビロウド、びろうど、天鵝絨、天鵞絨】 48①157,158/62④98/67⑥315
びろく【美禄】 51①14,17
ひろそで【広袖】 53②119
ひろぶた【広蓋】→B 36③292
ひろぼん【広盆】 47②80
ひろゆば【広ユバ】→ゆば 52③136
ひわ【ヒハ】 27①221
びわ【枇杷】→B、E、Z 6①168/24①126/46①101/62③62
びわのは【枇杷の葉、枇杷葉】→B、Z 6①230/45⑥310/60⑥376
びわのみ【枇杷実】→E 10①34
びわよう【枇杷葉】 7②358
ひをきりかえ【火をきり替】 30①133
ひをたくところのうえ【火を焚所の上】 33⑥378
ひをつけそうろうもの【火を付候者】 27①325
ひんか【貧家】→ひんみん 5①7/14①273,292/25①50
ひんきゅう【貧窮】 5③249/23④197
ひんきゅうこどく【貧窮孤独】 5①183
ひんきゅうのもの【貧窮之者】 61⑩422
びんすい【鬢水】 38③124
ひんせん【貧賎、貧賤】 3①15,26/5①178
びんちょう【備長】→かたぎびん、かたびん→C 53④228
びんつけ【びんつけ、びん付、鬢付、鬢附】 14①230,231,321/24①103/29①27/38④290/50①87,88
びんつけあぶら【鬢附油】 14①31
びんつけかずら【ひん付かつら】 34⑧308
ひんどう【貧童】 25①22
びんどうぐ【びん道具】 21③160,④184
びんのうのし【憫農の詩】 15①60
ひんみん【貧民】→ひんか 3③124/15①68/18①76/23④191,196,202/25①17,23,26,73,86,88,115,③263/38①14/47⑤256
ひんみんのさいし【貧民の妻子】 30①129
ひんみんのしょく【貧民の食】 18①74
びんろう【檳榔】 60⑥351
びんろうじ【ビンラフジ、ビンロウジ、ビンロフシ、ビンロワジ、檳榔子】→B 45⑥309/60④185,193,195,205,213,217,⑥375/68③323
びんろうしゅ【檳榔酒】 51①18

【ふ】

ふ【府】 10②348
ふ【麩】→なまぶ、やきふ 17①189/50③263/52④165,166,167,168,169,173,174,175,177,182/69②345
ふいと【経糸】 48①116/49①230
ふうか【富稼】→かねもち 5①43
ふうき【富貴、冨貴】 3①26/5①178/17①72
ふうくのほうほう【風狗の方法】 18①190
ふうけんこうしょうじほう【風犬咬傷治法】 18①161
ふうしつ【風湿】 14①174,179/18①146
ふうじん【富人】→かねもち 5①150,③244
ふうぞく【風俗】 3③113/12①19/36③187,254,332
ふうどく【風毒】 14①179/38③169
ふうねつ【風熱】 18①133
ふうふ【夫婦】 21⑤216,217/22①23/24③277/35①211/62⑨393
ふうみ【風味】 13①88,129/16①152,160,264/17①168,200,208,241,242,258,259,260,262,284,311,316,323/22④218,219,220,221,222,223,235,236,240,241,243,245,256,260,267,279
ふうれんとう【風連湯】 60④166
ふえ【ふゑ、笛】 1②166,168,180/11⑤254/35①77/41⑤240
ぶえん【ぶゑん】 27①243,250
ぶえんじる【ふゑん汁、ぶゑん汁】 27①240,243
ぶえんづけ【ブエン漬】 27①196
ぶえんづけだいこん【ぶゑん漬大根】→だいこん 27①209
ぶえんなべ【ふゑんなべ、ぶゑんなべ、ぶゑん鍋】 27①295,318
ぶえんに【ぶゑん煮】 27①239
ぶえんもの【ぶゑん物】 27①241
ふかい【不快】→X 42⑤334,336,⑥381,382,388,389,392,397,405,411,422,423,424,426,429,436/43②

160,182,183,204,205,③255/44①30,39,41
ふかけ【跗かけ】 6①243
ふかひれ【鱶鰭】 50④313
ふかゆきのとし【深雪の年】 36③341
ふき【フキ、ふき、款冬、蕗、欵冬、欸冬】→E、Z 6①169/10①31,33/18①131/19①201,202/28②175/29②137/38③175/41③174/44①24/52①51,②124,④174,179/60④181/62③61/67⑤232
ふき【福貴】 67⑤237
ふぎ【不義】 25①26
ふきかえ【ふきがへ、葺かへ、葺替】→やねふき 10②377/24①134/36③227,228,241
ふきがや【ふきかや、葺茅】 5①122/17①184/24③330
ふきから【煙糞】 45⑥309
ふきくさ【葺草】 5③251/30①127
ふきぐすり【吹薬】 60⑥373,374
ふきじ【ふきぢ】 20①221
ふきしゅのくすり【不亀手の薬】 35①191
ふきつけ【吹付】 48①392
ふきのくき【蕗の茎】 20①307
ふきのとう【ふきのとう、蕗のとう】→E 10①21,47/29①84
ふきのとうのじく【蕗のとふの軸】 28④361
ふきのね【ふきの根、蕗の根】→E 11①61/41②38
ふきば【ふき葉】→I 67⑤232
ふきみずづけ【蕗水漬】 52①51
ふきもの【吹物】 27①339
ふきよう【葺様】 24③330
ぶきょく【舞曲】 36③267,276
ふきんきれ【ふきん切】 59①29
ふく【服】 3③176/35①36
ふぐ【ふぐ】→I 24①126
ふくい【福衣】 40②75
ふくえ【福ゑ】 40②75
ふくおけのたちばな【福桶のたちはな】 28②127
ふくかのもの【福家之者】 33⑤258
ふぐきりめ【ふくきりめ】 27①236,239
ふくけ【福家】→かねもち 21④182,⑤229/33⑤246
ふくしゃ【福者】→かねもち 16①140
ふくしゃびょう【腹瀉病】 1①84
ふくすけ【福介、福助】 14①284,287
ふくぞうり【覆草履】 62⑤121
ふくちゅうのむし【腹中の虫】 70⑥433
ふくつう【腹痛】 18①154/24①125,126
ふくで【ふく手、福手】 24③267/25③281
ふくでもち【福手餅】 25③263
ふぐのどく【河豚の毒、河鲀の毒】 12①309/18①132
ふくのはじめ【福の初】 3③120
ふくばち【ふくばち、福鉢】 40②75
ふくびき【福引】 36③167
ふくべ【瓢】→B、E 24①92
ふくべるい【瓢類】 62③62
ふくやく【服薬】 13①185/69①32
ぶくりょう【ブクリウ、ブクリワ、ふくれう、伏苓、茯苓、茯芩】 13①184/14①95,323,357,404/17①321/18①154,155/45①30,⑦424/48①252,253/60④165,166,169,179,181,185,187,189,191,199,203,207,209,211,223,⑥340,345,352,357,365,369,371,372/64②121
ぶくりょうかん【伏竜肝】 6①233
ふくるい【服類】 25③259
ふくろ【袋、布腸】→B 15②245/27①286
ふくろいわいざけ【ふくろ祝酒】 59②109
ふくろつの【ふくろ角】 60①62
ふくわかし【福わかし】 30①119
ふくわかしおみしる【福若しをみ汁】 28②128
ふくわかしな【福わかし菜】 10②353
ふけ【富家】→かねもち 6②304
ふけい【父兄】 22①69
ぶげいしゅぎょう【武芸修行】 25①32
ふけいするもの【不経するもの】 3④324
ふけいふこう【不敬不孝】 3①16
ふこう【不孝】 25①26
ふさ【フサ】 1②174
ふざい【不材】 7②217
ふさくねん【不作年】 28①56
ふさくのとし【不作の年、不作之年】 18⑥490,495,497,498/28①84
ふさしりがい【ふさしりがひ】 13①49
ふし【父子】 21⑤216/22①23/25①87,88
ふし【ふし(五倍子)】→ごばいし 17①251/34⑧308/43①71/60⑥355
ふし【ふし(糸のこぶ)、節(糸のこぶ)】 35①59,②357,400
ふじ【藤】 62③61
ぶし【附子】→うず、とりかぶと 68③359/69①85
ふしいと【ふし糸、節糸】 47②147,148
ふしうしのとし【ふし丑之とし】 19②350
ふじき【夫喰、夫食、扶食、賦食】→しょくもつ 2⑤331,335/16①163/17①86,102,120,186,196,200,202,211,212,213,217,241,319,320/18①91,96,99,153,②282/19①200/20①212/21①58,63,②125,126,③149,150,④203/23③156,④162/24②238,241/25①86/33②105,133/34⑧294,303,305,306,307,309,310,314/35②258,341,342,343,344/36③308/38①8,13/39①43,44,50/41③185/50③249/62①15/63③109,④255,261/66①36,45,46,51,55,②103,104/67①14,26,28,29,34,35,36,37,38,39,41,42,43,52,54,56,②99,⑤209,220,225,227,⑥277,285,301,308,310,314/68①60,63,④405/69②210,213/70③229,231
ふじきこく【夫食穀】 21①59
ふじきたか【賦食高】 18①101
ふしきぬ【節絹】 35②401
ふじきまい【ぶじき米、夫食米、扶食米】 21①57/25③284/36③327
ふじごとのせつ【不時事の節】 21①62
ふじごり【葛簾】 50③253
ふじな【ふぢな】 19①201
ふじのかて【不時の料】 10②327
ふじのきょうでん【不二の教伝】 61③124
ふしのこ【フシノコ】→B 14①357
ぶしのじゅつ【武士の術】 10①15
ふじのは【ふしの葉、藤ノ葉、藤の葉】→I 2④284/10①28,②363/17①321/19①201/20①307/67⑤231
ぶしのみち【武士の道】 3①5
ふじのわかば【藤嫩芽、藤嫩葉】 6①170/18①146
ふじば【藤葉】 9①55/10①25/18①147
ふじまめ【眉児豆、楊枝豆】→かきまめ→E、I 52①56/62③62
ふじみどうふ【フジミ豆腐】→とうふ 52②118
ふじゅくねん【不熟年】 67⑤230
ふじゅくのせつ【不熟の節】 47⑤248
ふじゅんなるとし【不順なる年】 15①65
ふじゅんねん【不順年】 21①10
ふじゅんのとし【不順の年】 7①74
ふしょ【浮蛆】 51①17
ふじょ【婦女】 35①14
ふしょう【富商】 6②298
ふじょうのいるい【不浄之衣類】 27①354
ぶしょうぼん【武将盆】 9①162
ふじょのかみのあぶら【婦女の髪の油】 10②335
ふしん【ふしん、普請】→C 9①11,12,25/10①105/38④272,274/39⑥349
ふしんきゅうじつ【普請休日】 63⑦357
ふじんちのみち【婦人血の道】 62⑤122
ふじんちのめ【婦人乳癰】 18①134
ふしんみまい【普請見舞】 42⑥407
ふすじ【麪筋】 49①75
ふすま【ふすま】→むぎぬか、むぎのぬか→B、I、L 24③334,336/25①66,91/30③235,236/66③149
ふすま【襖】 66⑤255,289
ふすま【衾】 13①102/15③395/62②44/67①26

ふすまがみ【ふすまかミ、ふすま紙】 5④321,330
ふすまはり【ふすまはり】 43③268
ふすまぼね【襖骨】 22③169
ふすまみそ【ふすま味噌】→みそ
41②137
ふせ【布施】 27①234/36③334
ふせいき【ふせい気】 30②186
ふせいのき【不正の気】 30②191
ふせうしのとし【臥丑の年、臥丑之年、伏丑の年、伏丑年、伏丑之年】 19②293,296,307,314,317,328,337,344,347,355
ふせだいこん【伏大根】→だいこん
27①196,197
ふせや【フセヤ】 5①178
ふぜんにん【不善人】 3③188
ふぜんのひと【不善の人】 3③186
ふそ【父祖】 3③125,188/5①70/25③259
ふそく【富足】 3①15
ふた【蓋】→A、B、C、X
27①224/39④204
ふだ【札】 36③301
ふたごも【蓋コモ】 27①221
ふたの【ふたの、二幅】 19②433/20①92
ふだはり【札はり】 42⑥410
ふたりからこ【二人唐子】 49①73
ふち【ふち】 27①350
ふち【夫持、扶持】→L、R
21①89/47⑤272
ふちいた【縁板】 36③308
ふちがしら【縁頭】 49①113,117
ふちとり【縁とり】 36③156
ふちまい【扶持米】→L、R
21①89/66⑤286
ふちゅうのもの【府中ノ者】
32②312
ぶちんごめんにん【夫賃御免人】
34⑥125
ぶちんにん【夫賃人】 34⑥125
ぶつ【ぶつ】 23④179
ぶっき【仏器】 27①233
ふっきおえ【服忌汚穢】 38③172
ぶつくりょう【仏供料】 1④326
ぶっしんのぐ【仏神の具】 24①8
ぶっしんのそなえもち【仏神の供餅】 27①224
ふっときょうげん【古戸狂言】
42⑥375
ぶっぱんのたききりょう【仏飯の焼料】 24①26
ぶつま【仏間】 3④355
ぶつもんのしょうごん【仏門の荘厳】 35②403
ふで【筆】 1③271/3③158/14①286,289,291/24①159,160/36③159/43①54,55,56,92,93,95/48①34/49①67,121,133/52①13/53③180/54①162,213/55①71/57②210,212/63①27,53
ふできのとし【不出来の年】
27①113
ふといと【太糸】 53⑤313,357
ぶどう【蒲桃、蒲萄、葡萄】→E、I、Z
6①168/62③62/69②347
ぶどうしゅ【蒲萄酒、葡萄酒】
13①163/51①18
ふとぬの【ふと布、太布】 15③373/36③243
ふとぬののひとえもの【太布の一重物】 36③243
ぶとのくち【ぶとの口】 28②129
ふとはし【太箸】 31⑤279
ふとん【フトン、ふとん、浦(蒲)団、蒲団、布団】→よぎふとん
15③395/24③329/30③235/36③196,290/40②85/49①60/62②44,④97/64④262/66③151/67⑤234
ふな【鮒、鮒魚】→J
6①230,231/24①126,127/43②169
ふないくさ【船軍】 58③124
ふなこぶまき【鮒こぶまき】
22③176
ふなもち【船持】 25③262
ふなわら【ふなわら】 60⑥349
ふにん【富人、冨人】→かねもち
3③109,118,119,124,125,174,175,179,180,182
ふのり【ふのり】→B、J
67⑤232
ふはく【布帛】 69②203
ふはく【浮白】 51①18
ふぼ【父母】→おや、りょうしん
5①191/8①221/21①23,⑤216/22①72/23①92/24①167,③275/28①5/30③281,291/31②66/32②335/35①210/36③156,239/38③172,④231,232,270,286/39①18,20/55③203/62⑧249/63⑤299,300,301,323/67①53/69②185/70④259
ふぼこっくんのしおん【父母国君之四恩】 27①256
ふぼにつかえる【父母ニ仕】
10①122
ふぼのおん【父母の恩】 16①62,63
ふぼのせい【父母之精】 8①220
ふみいた【櫪】 60③130
ふみおけ【踏桶】 36③181,182
ふみばこ【文箱】 62②44
ふゆいしょう【冬衣裳】 34⑤107
ふゆう【富有】→かねもち
5①7
ふゆがこい【冬ガコイ】 2④290
ふゆぎのわた【冬着の綿】 36③244
ふゆたきぎ【冬薪】 1①26,38,80
ふゆようのだいこん【冬用の大根】→だいこん
28④350
ふようのきるい【不用之着類】
33②111
ぶらい【無頼】 3③112
ぶらつきあそび【ふらつき遊ひ】
63③105
ぶり【ふり、ぶり、鰤】→J
5④350,351,354,355,356/9①143,154,155/27①236/28②128,131,133,④360/36③159,336/43③273
ぶりかすに【ふり粕煮】 28④357
ぶりなどのやきもの【鰤などの焼き物】 25①22
ぶりのあら【ぶりのあら】 9①143,155
ぶりのさかに【ふりの酒煮】
44①9
ぶりんくくり【ぶりんくゝり】
27①316
ふるがわら【古瓦】→かわら
48①355
ふるぎ【古着】 66⑧407
ふるごき【古ごき】 17①262
ふるごま【古胡麻】→ごま
20①178
ふるさしこ【古さしこ】 50①43
ふるしとだる【古四斗樽】 14①284
ふるせあさのは【古せあさノ葉】
60⑥364
ふるぞうり【古草履】→ぞうり→B、I
29②123
ふるだたみ【古畳】→たたみ→B、I
3③139
ふるつか【古塚】 13①204
ふるて【古手】 42⑥442
ふるばかま【古袴】→はおりはかま、はかま
10①179
ふるはましお【古浜塩】→しお(塩)
52⑥249
ふるひば【古干葉】 3④323
ふるほねかさ【古骨傘】 43①41,42,64
ふるまいもち【振舞餅】 61⑨363
ふるむぎ【古麦】→むぎ
10③400/68②266
ふるもめん【ふるもめん】→もめん
47①15
ふるわた【古綿】→わた
6①230
ふるわらじ【古わらじ】→わらじ→I
27①325
ふるわん【古椀】→わん→B、Z
15①83,100
ふればんたきぎ【触番薪】 32②316,327
ふろ【フロ、ふろ、風呂、風爐、浴室】→ゆどの
3④323/5①176/8①222,223/9①19,77,122,129/24①118/27①262,296,332,354/31③109/41⑦334
ふろう【ふろう】→E
10①35,37
ふろう【浮臘】 51①17
ふろうのは【ふろうのは】 10①33
ふろおけ【ふろ桶、風呂桶】→すえふろおけ
24①75/27①219/42⑥446/48①162
ふろおけあらい【風呂桶洗ひ】
27①293
ふろおけにていれ【風呂桶ニ手入】 27①306
ふろがま【風呂釜】 42⑥372
ふろしき【風呂しき、風呂敷】
1②140/42⑥396,405,426/43①12,25,26,③252/47①20/48①22,29,53,189/61⑨321,322/62④88,⑦180,212
ふろしきじ【風呂敷地】 14①246
ふろのした【ふろの下】 28②243
ふろのみずはる【ふろの水はる】

27①307
ふろば【ふろば、風呂場】 28②271/42⑥425
ふろばこしらえ【風呂場拵へ】 42⑥436
ふろはりておけ【ふろはり手桶】 27①312
ふろふき【ふろふき】 27①196
ふろふんだん【フロフンダン】 27①356
ふろやすみび【風呂休日】 27①295
ふわふわいも【ふはふは藷】 28④360
ふん【糞】→I、X 2②153
ぶんか【文火】→ゆるきひ 45④206
ぶんきん【文錦】 35①46
ぶんげい【文芸】 27①257
ふんこ【奮虎】 70①13
ぶんごうめ【ぶんご梅】→F 24③340
ぶんこぐら【文庫蔵】 67①12,15
ぶんこづくえ【文庫机】 43①27,56
ぶんさん【分散】 62⑨400/63⑤301
ふんしゃく【粉錫】 49①136
ぶんだい【文台】 62②44
ふんだん【フンダン】 27①300,302
ぶんちん【文鎮】 62②44
ふんぽん【粉本】 40②72
ぶんまい【分米】→R 23④164
ぶんりょう【分量】 7①22
ぶんりょうのせいど【分量の制度】 3③181

【へ】

へい【塀】 44①23/65③249/66⑧395/68③363
へいけんそくかいさん【閉犬速開散】 60②108
べいこく【米殻、米穀】 1①42/2⑤323,324/3③108,109,177/4①192/5③246/6①219,②297/8①160/12①106,116,117/13①354/14①219,229/23⑥305/24①122/28①67/35②344/36①68,③166,245,246,284/41②47/45⑥304,320/58②96,③127/59③239,241/62⑧274/63⑤322/66④219,⑤286/68②248,④395,399,400,404/69②362/70②84,105,110,111,⑥371
へいじけんむのらん【平治建武の乱】 10②313
へいじつのさい【平日之菜】 27①334
へいしょ【兵書】 17①129
べいせん【米銭】→L 25③283/36①67,③169,300/62⑧280,281/70②67
へいてい【丙丁】 62②51
へいと【綜糸】 49①254
べいとく【米徳】 62⑤126,129
へいなおし【塀直し】 44①50
へいねん【平年】 36③272,273
べいばく【米麦】→X 25①114/34⑦251
べいはん【米飯】→ごはん 2①135/63⑤321
へいふう【屏風】 18①140
へいふく【平服】 25③263,272,280
へいほう【兵法】 24③273,274
へいみん【平民】 23④194
へぎあいだいこん【へぎあゐ大根】→だいこん 27①241
へきえこうさいたん【辟穢広済丹】 18①172
へききんし【碧金糸】 35①46
へきこう【碧香】 51①17
へきみん【癖民】 23④198
へきゆう【碧友】 51①17
へきれんばい【碧蓮酯】 51①17
へこはち【へこ鉢】 43①14
へそじゃこう【臍麝香】 18①169,170
べちぎ【別儀】 13①88
へちま【へちま、布瓜、絲瓜】→いとうり→E、I、Z 6①169/52①55/62③62
へちまかすづけ【糸瓜糟漬】 52①55
へちまのはなおち【糸瓜の花落】 52①55
へちまをくろやき【糸瓜を黒焼】 6①230
へつい【へつい、竈】→かまど 13①87/15②227/62②43
べっか【別火】 24③268
べっこうづけ【鼈甲漬】 52①48
べっこうのこな【鼈甲の粉】 6①233
べつせいぎょくろ【別製玉露】 47④227
べっとうがま【べつとう釜、別当かま、別当釜】 27①292,302,303,309,319
べつのなべ【別の鍋】 27①349
べつびけ【別火家】 66⑧401
ぺっぺ【ぺっぺ】 24①20
べつや【別家】 16①236
べに【紅粉】→B、E 14①42
べにいろぞめ【紅色染】 36③322
べにおしろい【紅白粉】 35①236
べにかすり【紅粉かすり】 53②129
べにきり【紅粉切】 10②315
べにさとう【紅砂糖】→さとう 70①12
べにしょうが【紅生姜】→しょうが 52①35
べにぞめ【紅染】→K 1②180/7②351/14①42
べにぞめのもめん【紅染ノ木綿】 1②180
べにばな【紅花】→B、E 10①32/45①33/51①122/68③326,329,355
べにばなのなえ【紅花苗】 6①169
へのいと【綜の糸】 49①234
へび【蛇】→E、G 62⑧279
へびくい【蛇咬】 18①147
へびのかみたるくち【蛇の咬たる口】 18①169
べべ【衣】 24①20
へや【部屋】 27①331,356
へやずみ【部屋住】 21⑤225
へら【箆】→はんがい、はんがえ→B、W 3①54
へらいも【へら芋】 41②99,100
へらとり【へら取、箆取】→つま 1①108
へりとり【へりとり、縁取】→ござ 5④343/16①236/62②39
へりとりおもて【へり取表】→ござ 4①122,123
へりぬの【へり布】 24③329
べんけいそう【鎮火草】→E 6①171
べんじょ【便所】→せっちん 27①258
へんしんきらのもの【遍身綺羅者】 35①184
べんできへいけつ【便溺閉結】 18①165
べんとう【べんとふ、弁当、餉】 7②350/9①150/24①30/29②120/30③290/36①33/40②167/42③193,④233,240,245,254,260,263,268,271,278,279,283/43①34,35,③250/59②109/61⑨306/62⑦181/66④227/67②93
へんれい【返礼】 36③160

【ほ】

ほうい【方位】 62⑧265
ほうおう【鳳凰】 16①154
ほうおんこうかいもの【法恩講買もの】 9①152
ほうが【奉加】→O 29①21
ほうがいのふしん【法外之普請】 33⑤264
ほうかわ【ほうかわ】 67⑤232
ほうきぐさ【地膚、莄草】→E、Z 18①137/62③62
ほうきぐさのみ【箒草実】 10①42
ほうきのは【ほうきのは】 18①137
ほうきのみ【地膚実】→E 67⑤231
ほうきょう【豊凶】 3②70,③106/6①94,②304/8①218/14①125/21①10/35③425/39①14/70④280,⑤309
ほうきょうのとし【豊凶のとし】 36③336
ほうぐみ【法組】 68③330
ほうこう【奉公】→L、M、R、X 10①179/28①82
ぼうこん【茅根、防コン】 18①139/60④164
ぼうさい【茅柴】 51①18
ほうさくのとし【豊作の歳、豊作の年】 36③261,272,308/62⑦188
ほうざんこう【豊山香】 49①73
ぼうし【帽子】 1②140
ぼうしゃ【茅舎】 18④427
ほうしゃせん【報謝銭】 43①86
ほうしゅ【宝珠】 49①72
ほうじゅく【豊熟】 3④340/6①89
ほうじゅくのとし【豊熟の年】 24①101
ぼうしょ【亡所】 63⑤301/64④243
ぼうしょう【ホウシヨ、芒硝】→B 60④165/62⑧278

ほうじょうきょうさく【豊饒凶作】 5③247
ほうじょうのつるぎ【豊城の剣】 20①347
ほうしょがみ【奉書紙】→B 48①133/49①76/54①59/55③450
ほうしょくだんい【飽食暖衣】 30③291
ぼうしわた【ぼうしわた、ぼうし綿】 47①16,30
ほうせんか【鳳仙花】→E、Z 6①170/18①148
ほうそう【疱瘡】 1②142/3④330/38③183/40②85/41②114/43①39,③254,269,272,273/44①52,54/46①72,100/59③209/62⑤124/66③150
ほうそううえ【疱瘡種】 42⑥425
ほうそうぐすり【ほうそふ薬】 43②134
ほうそうのくすり【痘の薬】 12①269
ぼうそん【亡村】 5③285
ほうだん【法談】 36③300
ほうだん【飽煖】 18①57
ほうちょうるい【法帖類】 48①158
ほうとう【ほふとふ】 41②80,99
ほうとう【放蕩】 3③124
ほうねん【ほうねん、豊年】→だいほうねん 3③109,114,177,178/5①39,87,118/6①208,209,②271,305,313/7①74/8①247,264,268/10②316,317,326,329,353/12①81,117/15①14/18①65,71,78,91/21②116/23⑤277/24①20,56,122,162/25①17,47,139,③280/27①171/28④361/31④221,224/35①119/37③335,340,346/38③152,④234/40①14,②161,166/41②49,121/50③251/61⑩434,436/62③61,67,78,⑨322,333,349,371/66⑥343/67③139,④184,⑤231,232,235,238,⑥262,264,284,303,315/70⑥383,411,423
ほうねんし【豊年紙】 14①259
ほうねんしゃし【豊年奢侈】 3③108
ほうのう【奉納】 42④260/62⑤126
ほうばい【朋輩、傍輩】 10①130/27①296,316,320,329,332,337,343,347,352,354,355,365
ほうび【褒美】 10①142
ほうびき【宝引】→ほびき 24①13/25③265/36③167,276,322/38④237
ぼうふう【ボヲフウ、防風】→E、Z 6①236/10①22,25/18①140,162,163,164,165/60④165,166,169,185,189,191,207,217,227/62③61/68③329,346,347
ぼうぶら【ほうふら、ほふふら】→かぼちゃ→E、Z 10①42/67④179
ほうべた【ほうべた】 24①94
ほうべん【方便】 16①321,329
ほうほん【報本】 19②430
ほうゆう【朋友】→とも 21⑤216,218,231/22①23/23⑥305/24①16,172,③275/25③285/62⑧281
ぼうゆう【忘憂】 51①17
ほうらい【蓬莱】 10②352/43③232
ほうれんそう【ほうれん草、鳳蓮草、鳳連草、鳳輦草】→E、Z 10①22,40,42,46/24①125/62③62
ほえ【ホエ、末枝、杪】→まき→B 4①16,33/24①25,139
ほえしば【杪柴】→まき 4①32,165
ほおう【蒲黄】 60⑥351,353,357,373,374
ほおずき【酸醤、酢醤】→E、G、Z 6①170/18①148
ほおのき【厚朴樹】→B、E 6①171
ほおのきのは【厚朴葉】 18①147
ほがけのこめ【穂掛の米】→こめ 30①78
ぼき【戊己】 62②51
ほく【ほく】 69①136
ほくがん【北岸】 51①18
ほくしん【北辰】 40②69,73
ぼくだい【墨台】 62②44
ほぐちいおう【火ぐち硫黄】 48①392
ぼけくろやき【木瓜黒焼】 6①230
ぼけのき【木瓜の木】 6①233
ほご【反古、反紙】 11①43/48①111
ぼさつ【菩薩】→O 10①8/24①123
ほし【ほし】 41⑤259
ほしあしきき【干あしき木】 49①29
ほしあしきこめ【干悪敷米】→こめ 27①387
ほしあゆ【ほしあゆ】→あゆ 16①60
ほしあわび【干鮑】→あわび 58①53
ほしい【干飯】 5②231
ほしいいのゆ【糒湯】 68①63
ほしいか【干いか、干烏賊】→いか 5④349,351/27①244
ほしいわし【干鰯】→いわし→I 29②120,121
ほしうお【干魚】→I 16①60
ほしうおのおやきもの【干魚の御焼物】 16①60
ほしうどん【干温飩】 43①56
ほしうり【干瓜】→うり→K 52①49
ほしえび【干海老】→えび 67②96
ほしがい【干貝】→かい(貝) 24③352
ほしがき【乾柿、干柿】→あまぼし、うし、くしがき、ころがき、しか、つるしがき、のしがき、はくし、ひかき→K 3③169/6②305/14①201/18①73/56①82/62⑧279
ほしかぶ【ほしかぶ、干蕪】→かぶ(蕪)→K 9①148/67⑤214,216
ほしきざみだいこんじる【干きざミ大根汁】 27①242
ほしきのこ【干茸】→きのこ 3④330
ほしくさ【穀積草】 6①171
ほしくり【乾栗】 18①170
ほしこ【ほし子、干子】→I 25③259/52④178
ほしこ【干粉】 67⑤230
ほししょうが【乾薑、干薑】 6①231/18①155
ほしぜんまい【干ぜんまい】 70③230
ほしだいこん【ほし大根、干大根】→だいこん→B、K 27①196,241/41②101,③174/42③173/43①17,21,23,36/44①24/52①45,49,50
ほしだいこんじる【干大根汁】 27①241
ほしたけのこ【干筍】→たけのこ 14①358
ほしたにし【干田螺】→たにし 67⑤230
ほしだら【干鱈】→たら 5④349,355
ほしな【ほしな、乾菜、干な、干菜】→I、K 1④316/2②147/17①319/24③319/25①28/27①197,294,309,310,311,312/36③295
ほしながゆ【乾菜粥】 2②150
ほしなぞうしきざみそうろうほうちょう【ほし菜ざうし刻候庖刀】 27①317
ほしなねり【干菜煉】 2②148
ほしにしん【干鯡】→にしん→I 1①65,112
ほしば【ほし葉】 25①39
ほしひき【干鯿】 5④348,353,354
ほしまつえだ【干松枝】 27①222
ほしもち【干餅】→もち(餅) 1①112
ほしもの【乾物】→A、I、X 10②338
ほしゃ【補瀉】 18①21
ほじょ【甫助】 55②110
ほじょう【蒲城】 51①17
ほしわらび【干蕨】→わらび 29②137,156
ほそいと【細糸】 18①169
ほぞおち【熟瓜】→E 19①115
ほそがき【細書】 43①92,93
ほそくちのいと【細口の糸】 15③349,408
ほそくちのじょうもめん【細口の上木綿】 15③397
ほぞこしらえ【臍こしらへ】 43①68
ほそびきぼん【細引盆】 40③236
ほそめ【ホソメ】→こんぶ→J 49①216
ほだ【ほた、ほだ、榾】 9①10,11/24①11,37/28②276
ぼだいしゅ【ほだい酒】 41②142
ほたざけ【ホタザケ】 24①38
ほたで【穂蓼】→たで 52①37
ぼたのもみ【ぼたの籾】 6①76
ぼたもち【ぼた餅、ぼた餅】 30①33/43③264
ほだらぎ【ホダラ木】 25③264
ぼたん【ボタン、牡丹】→E、Z 60④215,⑥351

ぼたんひ【ボタンヒ、牡丹皮】 60④164,209/68③353
ほっくかい【発句会】 42④242
ほっけん【ほつけん】 13①49
ほっこくのきぬわた【北国の絹綿】 12①124
ほて【ほて】 34⑦255
ほて【甫手】 30①78
ほど【ほと、ほど】→ほどいも→E、Z
10①22,25,42,44,46,47/67⑥272
ほど【火土】 19①193,②284
ほどいも【土圞児】→ほど
6①168/18①125
ほどき【ほどき】 11⑤254
ほとけどうぐ【仏道具】 43①54
ほとけのざ【仏の座】→E
10①21,25
ほとけのみみ【仏耳草】 6①171
ほどこし【施し】 21⑤226
ほどこしまい【ほどこし米】 62③74
ほなが【穂長】 53④216
ほね【ほね】→E、I、Z
9①149
ほびき【穂引】→ほうびき
27①347
ほや【ほや】 66③150
ほやく【補薬】 60⑥341
ほよう【保養】 3③174/41②137
ほりね【堀根】→A
34⑧310,314
ぼれい【ぼれい、牡蠣】→かき(蠣)→J
60①63,⑥348,350,353,361,371,374
ぼろ【襤褸】 6①141
ほんおもて【本表】 14①107
ぼんかいもの【盆買物】 36③249/42②114
ぼんくまい【盆供米】 42③182
ほんぐわ【本グハ】 60④164
ほんざしき【本ザシキ】 24①94
ぼんさば【盆鯖】→さば
43③257
ぼんしび【盆鮪】→しび
24①98
ほんぜん【本膳】 22③176
ほんぞう【本草】→U、X
18①185
ぼんそば【盆蕎麦】→そば
2①118
ほんでんうり【白路瓜】 6①169
ぼんときまい【盆斎米】→ときまい
43③258
ほんなべ【本なべ】 27①349
ほんのりもの【本乗物】 62②38
ほんびん【本備】 53④221
ほんびんちょう【本備長】→まき
53④236,237
ほんふ【本富】 3③118
ぼんべん【ボンベン】 47⑤280
ぽんぽち【陳倉米】→G
62②40
ぼんまい【盆米】 28②204
ぼんまつ【盆松】 42⑥390,391,430
ぼんもち【盆餅】 24①98
ほんや【本屋、本家】 16①124,126,228,229,232,236/66②116

【ま】

まあさ【真麻】→あさ
17①225
まあさかみしもじ【真麻上下地】
61⑨359
まいこ【舞子】→M
27①254
まいたけ【丁蕈、樌耳】 6①172
まいだまき【マヒダマ木】 27①221
まいたれ【まいたれ】 4①51
まいびる【前昼】 27①247
まいびるだんご【まい昼団子、前びる団子、前昼団子】 27①250,251,339
まえかけ【前かけ】→B、Z
24①121,125
まえだれ【まへたれ、前だれ、蔽膝】→Z
6①45,244/24①121,125
まえなめしのしたべり【前なめしノ下へり】 24③328
まえんけしょうのもの【まゑん化生の物】 16①192
まおう【マワウ、マ黄、麻黄】
60④164,165/68③342
まかない【まかない、賄、賄ひ】
4①51/9①158/10①9
まかないだい【賄代】 36③297/64④261
まがりごと【曲り事】 10①148
まき【真木、薪、槇】→ころ、しんたん、すみ、せきたん、そだ、だいどころたきぎ、たきぎ、たきしば、たきすみ、たきもの、たねはご、たばたきぎ、ちゅうかたのすみ、ながすみ、なまきのえだ、なましば、なまふくらしば、なまわりき、ほえ、ほえしば、ほんびんちょう、まきほだ、まつえだ、まつえだは、まつき、まつくず、まつそだ、まつのき、まつのわりき、まつば、まつふし、まつわりき、まめがら、まるき、まるきずみ、まるきわりのすみ、まるたきぎ、むぎわら、やあば、やまのたきぎ、わら、わらき、わらしば、わりき
2①12/21③154/22③163/36③201,235,260/37②74,88/38①14,15,②79,④237,262,273,276/41②36,132/42⑥436/43③273/45④198/48①8/50②188,192/53①19,④226,235,⑥398/57①22/66⑦370/69①100,101,②363,368
まきころ【薪木呂】 5④329
まきたばこ【巻烟草】 45⑥317
まきづけ【巻漬】 52①50
まきに【薪荷】 42③161
まきにしきふ【巻錦麩】 52④180
まきのりょう【薪の料】 17①303,308
まきのわりき【槇の割木】 24③319
まきほだ【薪榾】→まき
24①25
まくそ【マクソ】 24①134
まぐねしや【マグネシヤ】 15①97
まくら【枕】 24①61/62②44,⑤117
まくり【まくり】 66⑤289
まぐろ【鮪】→しび→J
5④350,356
まくわうり【真桑瓜】→E
62③62
まご【孫】 3③120
まごむすめ【孫女】 33②114
まごめ【真米】→こめ、はくまい
53④229
まこも【まこも、茭児菜】→B、E、G
6①171/60⑥357,372
まこもちまき【真こも粽、真古毛ちまき】 37②78,79
まさひきわり【柾挽割】 56①140,150
まじない【禁呪、咒】 3④350/21⑤232
まじないのしるし【呪の験】
31④223
ましょう【麻升】 60④166
ます【鱒】→I、J
5④349
またぐつ【又くつ、又ぐつ】 24①17,145
またざえもんやしき【又左衛門屋鋪】 63①38
まただび【まただび、木天蓼】→E、Z
3④323/6①170
まただびのは【木天蓼葉】 18①146
まだのきのかわ【マダノ木ノ皮】
1②159
またばしら【俣柱】 57②188
まだぶくろぬいいと【級袋縫糸】
2①22
まちだみせや【町田店屋】 33⑤264
まちやのひんなるもの【町家の貧成者】 25①51
まつ【松】→まつふし→B、E、G、I、Z
24③319/27①306/35①103/48①313,370/51①73/68①59
まつえだ【松枝】→まき→B、E
36③161/38④262
まつえだは【松枝葉】→まき→E
38④241
まつおう【松王】 62③61
まつかさ【松華、松卵】→A、E
3④341/6①172
まつかざり【松カサリ、松かざり、松飾り】 15①93/38④236,237,275/40③247
まつかぜすずり【松風硯】 24①105
まつかたわり【松片割】 57②198
まつかぶ【松株】→B
43①31
まつかわ【松皮】 18①154/52③139/67⑤229,⑥316/68④406
まつかわがみ【松皮紙】 48①119
まつかわだんご【松皮団子】 6①172
まつかわどうふ【松皮豆腐】→とうふ→Z
52②88,118
まつき【松木】→まき→B、E
24③309/30⑤412/49①31/50②192/63①51
まづき【真突、真搗】→A
28③323
まつきえだは【松木枝葉】 48①114
まつくず【松屑】→まき
27①306

まっこう【まつこふ、まつ香、抹香】→B、G、H 9①158, 164/10②339/14①86
まつざい【松才】 53④239
まつそだ【松そだ】→まき 24③309
まつたけ【松だけ、松茸、松竹】→E 3④333/9①142/10①39/24①125/28②233, 234/45①31/52①54/62③61
まつたけのかげほし【松茸の陰干】 3④330
まつたて【松たて】 42③204
まつともし【松燈シ】 27①298
まつな【まつな、杜蛎菜】→E、G 6①170/10①31
まつのあいかわ【松ノ相皮】 67⑤228
まつのあまかわ【松のアマ皮】 24①126
まつのあらかわ【松の荒皮】 67⑥317
まつのうわかわ【松之上皮】 62③65
まつのかわ【松の皮】 67⑥316
まつのかわのこうせん【松の皮の香煎】 25①92
まつのかわもち【松の皮餅】 68②268
まつのき【松之木】→まき→B、E 57②139
まつのきのひで【松の木のひで】 25①84
まつのこ【松の粉】 67⑥317
まつのちゅうわり【松の中割】 14①282
まつのひで【松之蒒】 62③70
まつのみどり【松のみとり】→B、E 60⑥363
まつのわりき【松の割木】→まき 48①321, 369/49①196
まつば【松葉】→こすさ、まき→B、E、H、I、Z 6①233/25①28/38④237, 247, 273, 274
まっぷ【末富】 3③118
まつふし【松節】→まき、まつ 42⑥409
まつりけんぶつ【祭り見物】 27①349
まつりざけ【祭り酒】 9①149, 151
まつりど【祭り人】 42④231, 270
まつわりき【松割木】→まき 27①266/30⑤403/44②159
まど【マト、マド、窓、囱】 1②186/27①219/35①89, 130/47②90/51①42/60③132, 133/66⑤290/67②89
まとい【的射】 67②99
まとざ【間人座】→Z 24①147
まなばし【生蔭箸】 62②43
まにん【磨人、麻仁】 60④166, 211
まびき【間引】→A、Z 22①12, 13, 66
まびきな【間引菜】 10①37/12①228
ままこ【まゝこ】→E 19①201
まむし【まむし】→E 62⑧279
まめ【まめ、大豆、豆、菽】→B、E、I、L、R、Z 3④277/10①39/18①158, 159, ④406/19①174/20①176/24③333, 334, 335/28②233/68①146
まめいり【豆いり、豆煎】 23⑤274/24①80, 99
まめがに【まめかに】 17①323
まめがら【豆から、豆殻】→まき→E、I 25①20, ③265/61④175
まめがらのこうせん【豆からの香煎】 25①92
まめこうじ【大豆麹】→I 18①157
まめしばい【豆芝居】 43①66
まめじる【豆汁】 52②106, 118, ③135, 136
まめのこ【まめの紛(粉)、豆の粉】 24③339/36③207/50③262
まめのご【豆油】→B 52②94, 100, 115, ③135, 138
まめのは【菽の葉】→B、E、I 10①31, 33
まめのもやし【大豆のもやし】→もやし 69①101
まめは【豆葉】→E 10①35
まめふじのね【豆めふじの根】 21⑤233
まめもち【豆餅】→おから 52②119
まもり【守】 24③354
まゆいと【繭糸】 53⑤342/56①203
まゆだんご【まゆだんご】 35②285
まゆなりのだんご【繭形りの団子】 24①26
まゆのわた【繭の綿】 6①219
まゆみ【まゆミ、檀木】→E 6①171/60⑥346
まゆみのきのは【マユミノ木ノ葉】 2④283
まゆよつつけいと【繭四ツ附糸】 53⑤357
まりこ【まりこ】→おおばこ 18①128
まりこしのは【まりこしの葉】 67⑤231
まるかぶ【丸かぶ】→かぶ(蕪) 27①197
まるき【丸木】→まき→B、J、Z 27①223
まるきずみ【丸木炭】→まき 53④218
まるきわりのすみ【丸木割ノ炭】→まき 53④223
まるすげ【丸すけ】→G 67④180
まるそば【丸蕎麦】→そば 11②120
まるた【丸太】→B、L 62②39
まるだい【㊇】 49①73
まるたきぎ【丸薪木】→まき 57②185
まるづけうり【まるづけ瓜、醬瓜】→E 52①37, 38, 39
まるぼん【円盆】 62②43
まわしぎ【マワシ木】 1②174
まわた【真ワた、真わた、真綿】→B 3③126/5①109/6①141, 144/7①64/10②302, 376/18②251/35①51, 59, 177, 178, 180, ②269, 282, 283, 321, 322, 345, 369, 397, 400, 404, 405, 413/42⑥438/43①23/45①30/47②134/53⑤340, 369/61⑨385
まんきゅうきん【万九金】 42⑥433
まんじゅう【まんちう、鰻頭、饅頭】→M 17①188/44①28, 33, 43, 52/52④172/62③65, ⑥152/70③220
まんねんす【万年酢】 17①323
まんねんな【不断菜】 62③62

【み】

み【子、実】→E 12①340/17①199, 206/41②112/68①88, 99, 102, 105, 108, 148, 168, 173, 176, 177, 179, 181, 187, 190
みあらいどころ【身洗所】 16①126
みいりよきとし【実入能年】 38③178
みかがみあずきぞうに【ミ鏡赤小豆蔵煮】→ぞうに 27①238
みかがみぞうに【ミ鏡雑煮、御鏡蔵煮】→ぞうに 27①238
みかがみもち【御鏡もち、御鏡餅】 27①204, 222, 227, 228, 229, 232
みかさづけ【三笠附】 24①13/63③117, 119, 120
みかん【みかん、橘子、密柑、蜜柑】→E 2②151/27①227, 228, 229, 232/36③161/43①10, ③273/46②133, 134, 135, 136, 137, 138, 139, 144, 146, 147, 148, 150, 151, 155/62③62/69②347
みき【御酒、神酒、造酒】 9①147/19②418/20①77/25①37, ③270, 278, 280, 282/27①227, 229, 230/28②128, ④358/30③258, 299/35①37, 98, ②406/36①33, ③276/40③228, 229, 239/42③175/43①21, 36, 65, ③232, 236, 247, 250, 252, 264, 271, 272/53④229/58④246/60③131/62⑥152/67⑥279
みきのや【幹能屋】 45②110
みささげ【実さゝけ】 17①200
みしお【実塩】 52⑦301, 302, 303, 305, 307, 308, 309
みじかじゃく【短尺】 50③275
みしまのり【みしまのり、三嶋のり】 9①162/44①10/49①198
みす【簾】 1②186
みす【ミス、ミヅ】→うらうちがみ 48①98, 103, 105
みず【水】 24③334, 335, 336, 337, 338, 339, 346/27①365/33⑥393/52①58/69①125
みず【水(へちま水)】 2①112
みずあおい【水葱】→E 6①171
みずあぶら【水油】→なたねあぶら→B、H 3④334/14①225, 231/38③163/43①29, 36, 80/66③150
みずいれ【水滴】 62②44

みずがき【みづ柿】→かき(柿) 43①82
みずがし【水菓子】→くだもの 14①174,372,373
みずがみ【ミス紙】 48①107
みずがめ【水瓶】 62②43
みずからこんぶ【みづから昆布】→こんぶ 52①50
みずきのみ【鶏頭実】 6①170
みずこ【水粉】 5①129
みずこぼし【水コボシ】 49①175
みずしお【水塩】→しお(塩)→Q 10②381
みずせり【水蘄】 5①138
みずだな【水棚】 19①193,194,②284,285/41⑦332,339
みずでたま【水出玉】 49①73
みずとし【水年】 12①382
みずな【寒菜、水な、水菜】→E 6①170/28②128,133,④359/44①8/48①374/52①27
みずなたね【水なたね】 43③260
みずなみがた【水波形】 49①72
みずにおぼれたるりょうじのしかた【水に溺れたる療治の仕方】 23④181
みずのえみずのと【壬癸】 62②51
みずのこ【水のこ】 17①187
みずのみ【水のミ、水飲】 27①350,365
みずはち【水はち】 27①233
みずばりためおけ【水はり溜桶】 27①316
みずひき【水引】 1②169/48①148,149
みずぶき【水蕗、芡】→E、F 52①51/62⑤116
みずぶきのみ【芡実】 18①120
みずぶろ【水風呂】 38④279
みずまけ【水負】 67⑤230
みずみぞうり【水見草履】 24③317
みずもと【水元】→K 51①129
みずもやし【水糵】 51①46
みずや【水や、水屋】→だいどころ 6①12/24①93/27①286,289,298,300,302,303,312,316,319,320
みずやいた【水屋板】 27①296
みずやかたにざ【水屋方二座】 27①336
みずやぐち【水屋くち、水屋口】 27①202,294,324
みずやのうち【水屋の内】 27①312
みずやのそとばしら【水屋の外柱】 27①300
みせざい【店菜】 24①51
みせたな【見せたな】→M 16①129
みせもの【見せもの】 61⑨314
みそ【ミソ、ミそ、みそ、噌、味そ、味噌、醬】→あかみそ、からしみそ、かんがきみそ、きんざんじみそ、げみそ、こうじみそ、ごとみそ、ごまみそ、こみそ、こめぬかみそ、さいみそ、さんねんみそ、しきみそ、しるみそ、しろみそ、すみそ、すりみそ、たまみそ、たれみそ、なかみそ、なまみそ、ぬかみそ、ねさせみそ、ねりみそ、ひだみそ、ふすまみそ、むぎみそ、やきみそ→E、I 1①106/2①39/9①136,143,148,152,159,162/10②328/12①196,199,223,309,311/14①224/17①322/18①157,159,④393,406/22④288,293/23①87,88/24①51,52,③317,333,345/25①113/27①198,298,303,306,308/29①35/30③231,232/31⑤283/33⑥383/36①65,③181,183/38③166,167,199,200,④242,280/39③154/40②155/41②80,93,100,123,⑥277,⑦341/42④249,⑥402/43③271/50③260/52①31,33,37,45,46,55,56,②120,⑥253/60④218,⑥341,343/61⑨326/63①51/64④274,285/66③149,④197,207,223/67①63,64,③123,④179,180/68①59,70,71,84,85,87,95,96,97,103,106,107,112,114,127,133,137,140,141,142,143,144,145,149,151,152,162,163,164,170,174,175,178,183,185,186,188,189,④407/69①45,②360/70⑥404
みそあえ【味ソ和】 43①21
みそおけ【味噌桶】 52①31,36
みそかのわたくし【晦日のわたくし】 28②274
みそこうじ【みそこふじ、味噌かうし、味噌糀】→こうじ 9①128,153/17①188/39③154/42③168
みそこおけ【味噌小桶】 27①303
みそこし【醬漉】 62②43
みそざい【味噌菜】 24①51
みそしる【ミそ汁、みそ汁、味噌汁、味噌汁、未醬羹】 7②354/9①143,144,147/18①162/28④357/45⑥309,310/50③264/52②84,③139/63⑤322/69①115
みぞそばのは【野蕎麦の葉】 10①31
みそだいず【味噌大豆】→だいず 24③319,333
みそたきじる【味噌焚き汁】 63⑤322
みそだる【味噌樽】 38③200/62②43/67③123
みそづけ【ミそづけ、味噌漬】→K 38③142/52①14,27,37
みそづけのみそ【味噌漬のみそ】 52①30
みそのしお【みその塩】→しお(塩) 9①118
みそのたまり【みその溜】 52①36
みそはぎ【鼠尾草】→E 6①234
みぞはり【溝針】 43①75
みそまめ【味噌大豆、味噌豆】 14①233,235/36③182
みたみ【御民】→じんみん 3①8,9,63
みち【道】→C、D 22①11
みちうりざけ【道売酒】→さけ 51①167
みちくさ【道くさ】 28②210
みちしば【知風草】→G、I 6①170
みつ【ミツ、ミつ、みつ、蜜】→I 3④375/6①226/12①358/14①346,348,353,354/18①155/24①127/30⑤409/40④313,333,334,335,336,337,338/48①223,224,225/49①188,189/50②198,199,201,204,209,214/52⑥252,255,256/56①77/60④201/61⑧216,217,225,226,228
みつぎ【見次】 10①13
みつぐみ【三つ組】 9①144,152
みつけ【蜜気】 50②201,204,208,210
みつだれお【三ダレヲ】 24①102
みつねり【密練】→B 51①168
みつば【前胡】→E 62③61
みつばぜり【ミつばぜり、三つ葉芹、野菊葵、野蜀葵】→E、Z 6①169/10①22,25,28,31/18①140/52①52
みつばたまりづけ【三ツ葉溜漬】 52①52
みっぷ【蜜夫】 42③155
みつまたがみ【ミツマタ紙】 48①118
みつもの【三つ物】 9①164
みつわん【三ツ椀】 25①118
みとし【御年】 23①83
みとりのふし【箕取の節】 27①334
みのこめ【薗草】 6①171
みまい【見舞】 42⑥370/43①13
みみ【み々】 49①223
みみかき【耳かき】 16①168
みみな【耳菜】→E 18①141
みみなぐさ【巻耳】→Z 68①100
みみのやまい【耳病】→G 42③152
みもち【身持】 5①179/16①140
みもとよろしきもの【身元宜敷者】 31⑤287
みや【宮】→O 56②238
みやげ【ミやげ、土産】→てみやげ 21⑤213/40②195/42⑥399,413/43①10,19,23,25,26,47,82,③241,252,260/44①21,49,53/58①36,37,43,55/59①17,60
みやげもの【土産物】 24③353/61⑨349
みやびざかな【雅肴】 8①222
みょう【茗】 28①34
みょうが【茗荷、茗荷子、蘘荷、蘘荷子】→E、Z 10①28,31,35,37/62③62
みょうがたけ【茗荷茸】 52①49
みょうがのこ【めうかの子、茗荷の子】→E 10①39/52①50/60⑥377
みょうがのねとは【茗荷の根と葉】 6①226
みょうばん【明凡、明礬】→B、X 6①232/60⑥340,343
みょうやく【妙薬】→H 13①295/38③122,124,125,

127,142,169,170,175,183,184/59④391/60②107,108/62⑤116
みりん【美淋酎、味淋】 51①115/52②121
みりんしゅ【味淋酒】 51①114,122/52①48,49
みるな【鶻胡菜】 6①172
みろくうた【弥勒謡】 25③278
みわ【みは】 51①19
みわら【身藁】 67⑤233
みをやしなう【身を養ふ】 41⑦342
みんおう【民翁】 30③303
みんおく【民屋】 68①62
みんか【民家】→かおく→M、Z 30③251
みんかのかって【民家の勝手】 38③166
みんかののき【民家の軒】 12①205
みんかのひとびと【民家人々】 3③116
みんかんのぶじき【民間の賦食】 18①71
みんこ【民戸】 30③232,235
みんざ【みんざ】 24①93
みんしょく【民食】 6①189/12①379/13①313
みんせいのよう【民生の用】 12①20
みんよう【民用】 6①185/12①19/13①8,213,218,219
みんようにせつなるもの【民用ニ切ナル物】 32①99

【む】

むえんのもの【無縁之者】 27①234
むかえだんご【迎団子】 43③258
むがくむのう【無学無能】 33⑤264
むかご【むかご】→E 10①37,40
むかでのあぶら【百足の脂】 69①124
むかわりつき【むかわり月】 17①153
むぎ【麦】→ふるむぎ→A、B、E、I、L、Z 9①136,138,147,154/11②111/13①371/14①64/16①311/17①186,188/18①100,107,109,131,138/23④165,166/24③317,337,339/25①22,61,66/27①246/29①12/30③232,233/31⑤283/38②84,86,④274/41②139,③185,⑤256/42③165,194,⑥438,441,444/43①45,46,③240/62①13/66②92,③149/67①26,28,29,33,34,35,37,38,40,43,44,45,46,48,51,52,53,63,64,②99,③133,④179,⑤227,⑥287,317/68①77,98,111,151,155,②248,259,265,266,290,④398,403/70⑥371
むぎいい【麦飯】→むぎめし 12①199
むぎかいもち【麦かい餅】 67④169
むぎから【麦から】→B、E、I 25①57/58③130
むぎかりもち【麦かり餅】 37②87
むぎきびのこ【麦きびの粉】 14①192
むぎきり【麦きり】→うどん 42③164
むぎこ【むきこ、麦粉】→I 24①48,③356/25①21/70③239
むぎこうじ【麦麹、麦糀】→こうじ 41②138/70⑤321
むぎこがし【麦こかし、麦焦】→はったい 62②40/63⑤322
むぎさくあしきとし【麦作悪敷年】 19②429
むぎざけ【麦酒】→さけ 51①15
むぎしょく【麦食】 17①318
むぎだわら【麦俵】→B 67②99,③123
むぎだんご【麦団子】 10②366
むぎぬか【麦糠(糠)】→ふすま→B、E、H、I 30③233
むぎのいりこ【麦の炒粉】 18①116
むぎのこ【麦の粉】 14①197/25①78,79/50③256/61⑩459
むぎのにじる【麦の煮汁】 41②138
むぎのぬか【麦のぬか】→ふすま→B、I 30③232
むぎのひきわり【麦之ひきわり】 67④180
むぎばな【麦ばな】 66③149
むぎひきわり【麦挽割】 62②40,⑤120
むぎまめ【麦豆】 22④287
むぎみそ【麦味噌】→みそ 14①224/30③232/41②138
むぎめし【麦めし、麦飯】→ばくはん、むぎいい 14①173/17①187/24③339/28③323/30①129,③231,233,235/40③230/50①40/62③66/63④183,189,191,200,204,207,215,220,222,231,235,238,246,251,254,257,⑤321/69①102
むぎもち【麦もち、麦餅】 1③284/12①199
むぎもやし【麦もやし】→もやし 2②150
むぎもやしのこな【麦芽の粉】 70③234
むぎもろこしのこ【麦蜀黍の粉】 14①176
むぎやす【麦安】→はだかむぎ→E 67②99/68②264
むぎゆ【麦湯】 63⑤322
むぎわら【麦わら、麦藁】→まき→B、E、G、I 6①213/28①34/29④280
むぎわらび【麦わら火】 3④224
むぎわらふき【麦わらふき】 19②381
むくげのきのは【槿樹葉】 18①154
むくげのは【むくけの葉、木槿のは】 10①28,31
むぐらもちよけのまじない【むぐらもち除の咒】 3④383
むこ【むこ、婿】 9①169/22①72
むこう【むかふ、向】 9①144/27①236,237,238,239,241,243,246/28④358
むこう【無功】 5①35
むこどり【むこどり、聟取】 9①168/24①42
むし【虫】→E、G、I、Q 18①73
むじ【無地】 53②128
むしいと【蒸糸】 47②99
むしがい【むし貝】 5④347/58③127
むしけのとし【虫気の年】 12①389
むしごめ【むし米】→こめ 62⑨369
むししょうずるとし【蝗生ずる年】 15①22
むしつきたるとし【蝗付たる年】 15①31
むしつきとし【虫付年】 1⑤352
むしつきのとし【蝗付の年】 45③176
むしどし【虫年】 5③251/12①389/29③238,239
むしのやまい【虫の病】 45⑥309
むしば【むしば】 2②152
むしばら【虫腹】 41②93
むしぼし【虫ぼし、虫干、虫干シ】→A 25③276/27①145/42⑥394,426/43①50
むしまめ【蒸大豆】 49①219
むしめし【蒸飯】 51①57
むしもち【糕、餻】 18①115,120,121
むしもの【むし物、蒸し物】→K 36③187/43②135
むしゃわらじ【武者草鞋】 58⑤331
むしゅくもの【無宿もの、無宿者】 36③275/63①56/68④396
むしろ【むしろ、莚】→なかつぎむしろ、わらむしろ→B、H、Z 1①107/14①107,108,110,112,113,114,119,120,124,125,129,130,137,140,141/38④268/66⑥338,339
むじん【無尽】→せりむじん 59①50/66②91
むじんこう【無尽講】 43③248,270
むすこ【躮】 5①65
むすび【むスび、むすび、結】 9①146/27①305/59②109
むすびこんぶ【結び昆布】→こんぶ 25③266
むすびそ【結苧】 24①99
むすびめし【結ひ飯】 27①348
むすびゆば【結ゆば】→ゆば 44①10
むすめ【女メ、娘】 24①11,54,55/29①14,25
むそう【無双】 60③133
むたいものかい【無体物買】 67⑤223
むだて【むた手】 10①131,146,147,160,176,188
むなず【棟簀】 27①190
むね【棟】→B 1②163/27①190/60③132
むねあげ【棟上ケ】→O 44①21,40
むねき【棟木】 40④328/67③124
むねふだ【棟札】 36③268
むばんいりこ【無番煎海鼠】 50④307

むまひつじ【午未】 62②52
むみょうい【ムミヤウイ】→B 60④218
むみょうし【无名子】 48①376
むら【村】 5③284/10②349
むらいっか【村一家】 28②127
むらうち【村うち】 9①160
むらかた【村方、村落】→D、R 15②217/25③270,273,277,282
むらかたのれい【村方之礼】 43③232
むらがら【村から、村がら、村柄】 41③182/47⑤261,262/63③99,④254,255,260,262/65②120,121,122,123
むらさき【紫】 36③322
むらさきさい【紫菜】 52③140
むらさきさとう【紫砂糖】→さとう 70①12,13
むらさきぞめもめん【紫染木綿】→もめん 61⑨325
むらさきたけ【紫茸】 48①201
むらざと【村里】 3③116,120,127,160,179,181,187/7②373/10②348,381/12①74,75,125,131,149/13①357/16①112,113,114,121,127,128,136,180,190,202,237,242,269,270,288,294,295,297,311,312,313,314,317/17①42,54,84,85,86,154,237,242,256,276,278,300,305,309,317/25①107,129,131/41⑦342
むらざとのどうし【村里の同志】 31④218
むらしばい【村芝居】→しばい 24①101
むらそうどう【村騒動】 63③113,116
むらのこども【村の子共】→こども 27①249
むらまつかた【村松方】 48①212
むらや【村落】 27①217
むらやましりょたく【村山氏旅宅】 53②136
むろのとこごめ【室の床米】→こめ 51①47
むろめし【室食】 51①42,43,45,46

【め】

め【芽】 12①327
め【布】→わかめ(和布) 27①118
めいげつついも【明月芋】 30①137
めいげつぶどう【明月ブタウ】 48①192
めいしゅ【名酒】 43③242
めいすいや【茗水椰】 51①18
めいそん【明樽】 51①17
めいちゃ【名茶、銘茶】→ちゃ 3④360/56①180
めいぶつ【銘物】 16①64
めいもん【迷悶】 5①106
めいよのくすり【名誉の薬】 13①32
めうし【めうし】 5②231
めかすむ【眼かすむ】 45⑥308
めがね【メガネ、眼鏡、目鏡、靉靆】 40②79/48①172,363/50①38
めかるがみ【目軽紙】 48①211
めきき【目利】 5①171
めぐすり【目薬り】 42⑥407
めくそがみ【目糞紙】 43①52
めくら【目暗】→ざとう 18①114
めざい【目摧】 27①208
めざらそうけ【目ざらサウケ】 27①221
めし【メシ、めし、食、飯】→おだい、ごはん→B、L、Z 1①108,⑤355/2②150/5①50,82/6①172/7①43,83/8①204,222/9①144,151,152/10①8,②318,325/12①319/18①119/21②126/23④179/24①26,34,53,123,③337,338,348/25①22,113,114,117,②196/27①238,248,291,292,301,305,310,312,315,316,335,337,341,342,344,348,349/28②128,④358/29②150,156/30①78,③258/32①99,122,②302/35①200/36②116/37②85,③272,381,382/39④204/40②183/41②64,65,66,67,68,69,70,71,72,73,79,80,97,99,109,112,141,③174,⑦342/42③151,176,195/43②186,195,③232,237,272/50③255/51①33,44,45,46,50,53,56,67,68,76,77,83,84,85,90,92,95,103,105,106,108,110,114,118,136,②191,192,195,201,202,203,206,207/52③140/58①45,③182/61②83,⑤178,⑦195/62⑦188/66③144,⑥339/67①23,⑥273/68①99,105,111,④400/69②203/70③213,⑤320,331/71①38
めしかて【飯糧】 21①48/39①37
めしくいそうろうばしょ【飯食ひ候は所】 27①330
めしざい【飯さい、飯菜】 41②102,115/42③173
めしじるやさい【飯汁やさひ】 21③161
めしたき【めしたき】→Z 42③203
めしつぎ【飯次】 62②43
めしつぶ【飯粒】 70⑥372
めしなべ【飯なべ、飯鍋】→なべ 27①297,299,301,316
めしのかたまり【飯のかたまり】 60②94
めしのかわり【飯ノ代リ】 32①218
めしのゆ【飯のゆ、飯の湯】 27①302,314,315
めしばち【飯鉢】 62⑤122
めしばん【飯番】 42③195,199,200,201
めしびつ【飯びつ、飯櫃】 27①305,317/47②89
めしまめ【飯豆】 27①198
めしもち【飯餅】 40③218
めしやき【飯焼】 24③309
めしゆなべ【飯湯鍋】 27①302
めしわん【飯椀】→わん 48①87,218
めっきかなぐ【鍍金金具】 49①132
めなもみ【稀薟苗】→E、Z 6①170
めなもみのなえ【稀薟苗】 18①139
めぬり【目ヌリ】 2④290
めのしょびょう【眼の諸病】 6①232
めのふときこめ【目のふとき米】→こめ 27①209
めはじき【益母草】 6①232
めまつ【女松】→E 67⑥317
めん【麪、麵】 12①193/18①119/21①54,57/43③257/68①99,102
めんかつ【麪葛】 50③245
めんきりさけ【免切酒】 43③267
めんそう【面瘡】→R 14①194
めんぱ【めんぱ、面桶】→B 24③317/25①15,68
めんばん【麪板】 44①47
めんぷ【棉布、綿布】→たんもの 15③326/27①255/61⑩431
めんぷく【綿服】 27①254
めんるい【麵類】 10②367/24③278,341
めんるいのしる【麪類の汁】 41②138

【も】

もうかぞめ【もうか染】 36③254
もうかまがい【まうか紛ひ】 14①246
もうしのせつ【孟子の説】 18①56
もうじゃ【盲者】 36③303
もうじん【盲人】 23③154/36③302
もうせん【毛せん、毛氈、毛氊】 9③248/48①62/54①237/66④194,195
もうめん【毛綿】 14①245
もえぎうら【萌黄裏】 36③322
もえのこりのき【燃残りの木】 25③265
もえび【燃火】 27①31,32
もく【木】 3③178
もくかどごんすい【木火土金水】 4①175/7②271
もぐさ【もくさ、もぐさ、百草、艾、艾絨】→きゅうもぐさ→B、E、G、H、I 10②366/18①161/32②335/38③169/48①294/60①62
もぐさのは【蓬艾の葉】 40②151
もくそうのね【木草の根】 66③150
もくたいしょうしきとうだんきょう【木体青色東団形】 60⑤281
もくつう【木通】→B 40②84/54①157/60④169,177,207,211,⑥357/68③348
もくどかきんすい【木・土・火・金・水】 60⑤279
もくひ【木皮】→E 68①44
もくべえいや【杢兵衛居家】 66⑦363
もくよう【木葉】 18①40,41,157
もくよく【もくよく】 9①159,164
もくよくにゅうよう【沐浴入用】

21④185
もぐらのくろやき【土竜の黒焼】 41②145
もくろう【木蠟】 31④225
もじ【もメ(綟子)】 53③176
もずく【もづく、海雲】→Ｉ、Ｊ 5④352/41②119
もち【モチ、もち、餅、糯、糯米、糯餈、餈餻、糕、餠、餻餅】→ほしもち→Ｅ、Ｌ 1①58,103,112,②210/2②148/3④340,341/6①101,104/7②301/8①222/9①15,133,145,146,153,160,161,166,169/10②353,374,375,377/12①171,181,183,195,291,314,358/13①46,210/14①176,187,214/16①83,111,163/17①272,299/18①113,116,151,④407/19②424/21①54,58/22③176,④219,221,279,280/23①43/24①11,25,26,32,36,109,118,134,148/25①21,43,65,73,76,92,146,③262,263,266,271,273,274,275,280,281,282,284,286/27①220,222,237,243,244,245,246,248,249,302,348/28②127,128,233,251,273,279,④357,358,359/30①77,117/33⑥361/35①240,②285/36③207,233,276,291,335/37②69/38②84,85/41②67,70,105,106,112/42③175,④271/43①10/44①8/50③270,279/52②87/56①62,77/61⑨385,⑩459,460/62③65,⑤125/67⑤217,228,232,233,⑥317/68①79,98,99,102,111,139,143,146,148,173,190,④406/70③214,⑤320
もちあわ【もち粟、餅粟】→Ｆ 67⑥274/70③239
もちい【もちい】 10②352
もちがし【餅菓子】 10②315
もちかゆのめし【餅粥の飯】 30①120
もちきび【黍】→Ｆ、Ｉ 69②347
もちぐさ【蓬艾、餅草、艾葉】 27①240/40②151/62③61
もちごめ【もち米、糯、糯米、餅米、餅米】→こめ→Ｂ、Ｆ、Ｉ 2⑤329/9①121,151/11⑤216,217,219,221,223,228,233,239,243,244,247,248,258,264,268,273,278,280,282/13①147/17①147,148/18④407/22⑥363/24①126,③339,340/25①115/27①204,215,220/28②131/36③163,221,328/42④231,239,245,⑥397,443/43①46,③237,268/44①48/51①97,114,116,121,122,②182/62⑤125/67②107,⑤211,213,223,225,⑥274
もちごめこ【餅米粉】 52④172,181
もちごめしゅ【餅米酒】→さけ 51①97,157
もちごめのこ【餅米の粉】→Ｂ 52④175,178
もちごめのとぎじる【餅米のとぎしる】 9①138
もちごめのぬか【餅米のぬか】→ぬか 9①138
もちじる【餅汁】 28②141
もちしろ【糯白】 28④360
もちしんまい【糯新米】 67⑤223
もちぞうに【餅雑煮】→ぞうに 25①21
もちだま【餅玉、餅玉】 25③263,266/36③165
もちだんご【餅団子】 62⑤121
もちつきうす【餅搗臼】 29④270
もちのあれ【餅のあれ】 12①193,389
もちのいったかゆ【餅のいつたかゆ】 9①145
もちばな【餅華、餅花】→Ｂ 25①25,27/36③170
もちまい【餅米】 62⑦188
もちよりこ【餅より粉】 36③221
もちわたりもの【持渡り物】 68③315
もっか【モツクワ、木瓜、木花】 60④185,187,217,227,⑥351/68③329,350
もっこう【木香】→Ｅ 11⑤254/60④165,168,181,⑥365,375/68③343
もっとい【もつとい】 24①93
もつへ【モツヘ】 1②140
もてこいさあ【モテコイサア、もてこいサア】 36③253
もと【元、本、酛】→Ｋ 18④406/24③346/33⑥393/51①21,39,46,47,65,66,67,68,70,71,72,73,74,78,80,82,86,90,94,96,97,102,106,108,117,119,130,131,132,133,134,135,136,141,144,145,146,②182,183,184,188,189,190,191,193,199,201
もとあわ【元泡】 51①102
もとこうじ【元麴】→こうじ 51①57,65,71,80,117
もとこく【元石】 2②147
もとしな【元品】 2②147
もとしみずや【元清水屋】 67②96
もとしよう【元仕様】 51①90
もとそろえこんぶ【元揃昆布】→こんぶ 58①59
もとなぎのだいず【本なぎの大豆】→だいず 27①198
もとのず【原図】 68①58
もとのちちはは【元の父母】 61③125,130
もとまい【元米、本米】 51①39,56,65,70,71,80,90,96,97,116,118,138,②182,183
もとみず【元水】 51①50,56,57,64,65,71,81,102,106,117,118,131,137,138,139,140,141,②184,185,199,205
もとめし【元食、元飯】 51①65,71,81,119,②184,185
もとゆい【モトユイ、もとゆひ、元結】 9①85/24①93,103/29①27/36③159,335/38④290/40②164/43①68,92,94,③261
もとゆいあぶら【元結油】 21③160,④184
ものおき【モノヲキ、物置】→なんど、なんどべや 24①93/66⑤256/69②364
ものき【ものき】 24①93
ものつきぶし【物擣ふし】 19②414
ものひきうた【物挽歌】 27①334
ものまけ【物まけ】 4①57
ものもう【物もふ】 36③160
もみ【籾】→Ｂ、Ｅ、Ｉ、Ｏ、Ｒ、Ｚ 13①371,372/14①64/18①100/22①62/38④267/42⑥412/63①27,28,29,34,36,37,38,41/68②259,④407
もみあらぬか【籾荒ぬか】 67④179
もみいか【もミ烏賊、揉烏賊】 5④349,351
もみかちぶし【籾かち節】 27①334
もみじ【もミぢ】→とうふ 52②82
もみたばこ【揉たはこ、揉みたはこ】 45⑥316,318
もみだら【もミ鱈、揉鱈】→たら 5④349,351,355
もみなころのだいこん【もみ菜頃の大根】→だいこん 41②143
もみぬか【もみぬか、籾ぬか、籾糠】→Ｂ、Ｅ、Ｉ 30③232,233/67④179
もみまい【籾米】 33⑤258
もめん【もめん、毛綿、木綿】→ふるもめん、むらさきぞめもめん→Ａ、Ｂ、Ｅ、Ｋ 1①108,②169,195/2②145/5④344/7①90,②303/9①60/10②339/14①244,245,246,247,250/15③341,378,395,397/17①331/18①104,105,112/24③329/33⑤245/35①229/36③213,243,345/37②72/38②87,④273/42⑥400/43③236,247/44①11/45①43/48①14,15,17,26,27,28,29,30,31,34,35,36,37,40,41,43,44,45,46,47,48,53,61,66,80,86,87,156,157,189/49①60,92,136,221,223,224/50③277/59④342/61②92,93/66③150/69①63/70②110
もめんいと【木綿糸】 50③275/59④343
もめんおび【木綿帯】 6①244
もめんかせ【木綿綛】 14①327
もめんぎれ【木綿切】→Ｂ 33⑥318,340
もめんじ【木綿地】→たんもの 36③254
もめんじま【木綿縞、木綿島、木綿嶋】 14①406/29③261/48①47,48/49①255
もめんじまかせいと【木綿縞かせ糸】 29③215
もめんしろのこばた【木綿白之小旗】 66④223
もめんつぎ【木綿つぎ】 49①82
もめんつづれ【木綿綴】 62③60
もめんてぬぐい【木綿手拭】 36③159
もめんぬの【木綿布】→たんもの→Ｂ 24③264/35①230
もめんのいふく【木綿の衣服】 23④167
もめんのおりしま【木綿の織縞】 53②119
もめんのひとえ【木綿の一重】 36③243
もめんるい【木綿類】 14①326

もも【桃、桃子】 6①168/10①35/46①101/62③62/69②347
ももかわ【桃皮】→B 60⑥376
ももざけ【桃酒】→さけ 43③243
もものきのかわ【桃の木の皮】 60⑥375
もものきのは【桃の木の葉】 60②91
もものさけ【桃の酒】→さけ 10②360
もものは【桃の葉】→E、H 56①187,206
もものみずつけ【もゝの水つけ】 28②184
ももひき【股引】 6①243/21③159,④183/25①28/36③264
もやい【催合】 67②89
もやし【モヤシ、モヤし、もやし、蘖】→まめのもやし、むぎもやし→E 1②164/12①194/28④361/40②107/41②81/51①45,46,47
もようぞめ【模様染】 36③254
もらいざけ【貰ひ酒】 36③337
もりぐちだいこん【守口大根】→だいこん 52①45
もりぐちだいこんかすづけ【守口大根粕漬】 52①45
もりて【もり手】 20①312
もろくち【もろくち】 9①158,159,164
もろこし【もろこし、蜀黍】→B、E 19①175/67⑤227
もろは【諸羽】 50③275
もろはく【諸白】→えどづみもろはく 51①26,27,28,29,63,69,83,84,94,95,96,105,108,110,114,137,138,139,141,150,152,153,161,162,164,②182,183,189,195,197,207,208,209
もろはくかす【諸白粕】 51①111
もろはくまい【諸白米】 51②183
もろはくもと【諸白元】 51②182,189
もろみ【もろミ、もろみ、諸味、醪、醅】 14①221/51①34,35,40,49,50,51,53,60,61,62,68,82,103,104,107,108,116,120,130,131,144,145,150,151,154,169,170,②192,195,196,198,199,201,204,207,208/52⑥253,257
もろもろのくさけ【諸のくさけ】 15①93
もんがみ【紋紙】 43①16
もんきぬ【紋きぬ】 47①10
もんこ【門戸】 5①177
もんじん【門人】 18①6,①23/46①104
もんぜつし【悶絶死】 53⑤333
もんぜん【門前】→V 38④232
もんれい【門礼】 43③234

【や】

やあば【やアバ、やアば、焼柴、焼葉】→まき 9①18,19,23,24,27,33,89,92,97,98,100,102,105,120,122,125,134
やいた【屋板】 64⑤337,351
やうつり【家移り】 42④246,272/44①25
やうつりさけ【家移り酒】 42④231
やえなり【八重成】→E、I 62③62
やおほりのさけ【八醞酒】→さけ 51①11,16
やがや【屋茅、屋萱】 19②283/36③227/38④274
やがやかり【屋カヤ刈】 38④272
やかん【やかん、射干】→E 54①225/60⑥346
やかん【薬缶、薬鑵】→どびん 22①36/40②193/62②43
やきいい【焼飯】 27①300
やきいも【やきいも】 28②233,234
やきがや【焼萱】 36③256
やきごめ【やきごめ、やき米、焼米、糄米】→いりごめ、こめ、とりのくち、とりのくちまい 7②297/10②369/20①54/28②144/29①20/30①33/37②76,③282/42③165,⑥396/62②40
やきざかな【焼魚】 36③292
やきざこ【焼雑魚】 36③292
やきさより【焼さより】 44①9
やきしお【焼塩】→しお(塩)→B 18①129/52⑦312
やきしば【焼柴】 9①18,93
やきつけ【やき付】 27①247
やきどうふ【やきどうふ、やきどふふ、焼豆ふ、炙豆腐】→とうふ→Z 9①155,162/28④357,359/52②89,117
やきどうふのしん【炙豆腐の心】 52②123
やきふ【焼麩】→ふ 25②200/52④166
やきまつたけ【やき松竹】 28②233
やきみそ【焼味噌】→みそ 18①114/24①51,52/63①33
やきみょうばん【焼明礬】→B 52①54
やきめし【やき飯、焼飯】 1②140,195/24③309,317/35①197,198/37③379,380/42④260
やきもち【焼餅、焼餅、鬠】 25①49/36③290,316/62⑥152/68①138
やきもの【やき物(陶器)、焼物(陶器)】→せともの 13①373/57②121,139
やきもの【やき物、焼もの、焼物】 27①238/28②128,131,133,141,184,205,233/29②137
やぐ【夜具】 8①222/30③236/42⑥426/62⑧247/67①26,34,36,39
やくいり【厄入】 10②367
やくじ【薬餌】 60⑥320
やくしゅ【薬種】 10②300,303,339,340,359/12①19,20,103,204,212,234,323,331,377/13①272,282,284,287,288/14①191,217/15①63,77/17①212,293,294,309/18①105/21②101/23①13/25①140/37③254/38③187/40②84,155/45①30/47②111/50③240/51①122/54①157,160,199,203,225,243,244,245/55②178/62①14,③70,⑤115,⑦196/67④176/68③317,318,320,321,324,325,328,329,330,334,351,362/69①51,85,92,105,131/70②134,⑥415,420,422
やくしゅるい【薬種類】 7②300
やくすみのばん【役済之番、役済番】 52⑥250,254
やくせい【薬製】 38④280
やくそう【薬草、薬艸】 3①12,②72/25①140,143/31④220/36③220/43③256/45⑦423/68③335,361/70②127
やくそうぼく【薬草木】 68③334,365
やくちょう【薬長】 51①18
やくとう【薬湯】 3④323
やくどし【厄歳】 36③155
やくにんのねいしん【役人の佞心】 10①190
やくのう【薬能】 40②150,155/69①105
やくばらい【厄払、役払】→M 10②367/42②86
やくびょう【疫病】 38③173
やくひん【薬品】 15①90/48①253/56①82/68③315,336,354,355,359,362,363
やくぶつ【薬物】 3④350/45⑦423,425
やくほう【薬方、薬法】→A 11⑤253/62③77/68③318
やくぼく【薬木】 68③333
やくみ【薬味】 38④280
やくよう【薬用】 45⑦432/48①250/49①94/55③325
やくようにかわ【薬用膠】 49①94
やぐら【屋倉】 66⑦368
やぐら【櫓】 65③249
やくりょう【薬療】 68③315,318,319,321
やくりょうのほう【薬療之法】 68③317
やけど【やけど】→ひのやけど→G 62⑧279
やげん【やげん、薬研】→B 12①153/52④181
やこう【夜黄】 51①17
やこう【夜行】 27①256
やごし【屋腰】 5①70,79
やごめ【やごめ】→やもめ 24①94
やさい【やさい、雑菜、野菜】→さいそ、な→E 1④316/2⑤323,324/3①12,④338,342,361,373/8①222/23⑥333/25①87,②208,220,③259,260,263,287/29①28/34⑥147/38③197/62②40,③66/67⑤231,⑥292,313/68②290,292
やさいかて【野菜粮】 25②207
やさいしょか【野菜諸瓜】 3③126
やさいのつけもの【野菜の漬物】 7②351
やさく【屋作】 36③185,210/64⑤356
やさくぶしん【屋作普請】 36③227
やしきおおそうじ【屋敷大掃除】 25③279
やしきがまえ【屋敷構】 19①190

やしきさかいあらため【屋敷境改】 42③168
やしきまわりかきなわ【屋敷廻垣縄】 1①36
やしきまわりのかき【屋敷廻りの墻】 38③201
やしない【養】→A、I
4①229
やしないまい【養米】 2③268, 269, 270, 271
やしないりょう【養料】→I
69②276
やしょく【夜喰、夜食】→I
24①122/25①22/28④358/30③264/36③321, 337/38④259
やじん【野陣】 66⑤263
やすみ【やすミ、休ミ】 28③323/40③224
やすみたばこ【やすミたはこ】
28①37
やすみのこと【休之事】 24③308
やすみびあそびび【休日遊日】→あそびび
27①340
やすみま【休間】 27①370
やすむひ【やすむ日】 9①118
やすめやま【休山】→A
53④229
やそう【野草】→G、I
18①22
やたい【屋台】 61⑨314
やたて【矢立】 5①54
やたらづけ【やたら漬、家多良漬】 3④367/52①53
やつおき【八ツおき、八ツをき】
28②150, 185, 191
やつがしら【魁、八ツ頭】→さといも→F
6①134/62③62
やつくど【八ツくど】 28②214
やづくり【屋作り、家作、家造り】→やぶしん
33⑤262/35①123/47⑤278
やっこ【奴こ】 27①295
やつものくぎ【八つ物くき】 9①164
やど【宿】 5④334/32②317/36③300, 339/38④290/42③150, 151, 152, 155, 157, 158, 165, 180, 191, 193, 194/45①37, 40, 47/53②134/61⑨261, 274, 276, 277, 286, 289, 295, 302, 307, 321, 323, 324, 338, 357, 366, 370, 372, 386/66③138, ⑧394/69①77
やどたのもし【宿頼母子】 36③296, 298
やどならい【宿習】 11②104, 114
やどにひきとりやすみ【宿に引取休】 29②121
やどもと【宿元】 24③271
やなぎごうり【柳籠裏】 44③198
やなぎたけ【柳蛾蕈】 6①172
やなぎのえだ【柳の枝】→B、E
3④323
やなぎのね【ヤナギ之ネ】→E
60④219
やなぎばし【柳箸】 48①142
やにふかきたばこ【脂深き煙草】
45⑥310
やぬい【屋ぬい】 16①128
やぬし【家主】→しゅじん
1①42, 66, 111, 112, 113, 114, 115/22①50, 61/35①87/39⑥325, 349/63①49
やね【やね、屋ね、屋根、家根】→C
4①138/5①144/9①29, 30, 129/10②358/21④187/28①24/36③295/37②78/44①12/47⑤278/49①94/56①67/62②39, ⑦197/66⑧394/69①77, 78, 100, ②282, 363, 364/70⑥406
やねいし【屋ね石】 18⑥497
やねうら【やねうら】 47①37
やねがえ【屋根がへ、屋根替、家根替】→やねふき
43①19, 80/44①41, 51/63③133, ④261
やねがや【やね萱、屋かや】→B
19①192/64①57
やねかり【屋根刈】 44①41
やねがわら【屋根瓦】 66⑤256
やねくさむしり【屋根草むしり】
42③164
やねしゅうり【屋根修理】 6①73
やねなおし【やね直し】→やねふき
42④236
やねにふく【屋根に葺】 6①185
やねのあまもり【やねの雨もり】
28②155
やねのくさひき【やねのくさひき】 28②155
やねのぐし【家根のぐし】 25③274
やねのしゅうふく【屋根の修覆】
24①134
やねのむね【屋ネノ棟】 5①138
やねのむねなわ【家上之棟縄】
31②84
やねのゆきをおろす【屋根の雪を卸す】 25①85
やねふき【やねふき、屋ねふき、屋根ふき、屋根葺、家根葺、家上葺】→ふきかえ、やねがえ、やねなおし→M
4①28, 74/9①29/20①107/24③330/27①262, 296, 341/31②79/42③161, 162, ④235, 246, 258, 260, ⑤338, ⑥381, 382, 393, 394/43①70/44①21, 23, 42
やねふきかえ【屋ね葺替、屋根葺かへ、屋根葺替、家根葺替、家上葺替】 2①125/29④289/31②75, 86/37②74/43①20/44①9/66⑥340
やねふく【やねふく】 9①51
やねぶしん【屋根普請、尾根フシン】 31③116/38④265
やねまくり【屋根まくり】 42④235
やねむね【屋根棟】 67②89
やねわら【屋根藁】→I
44①12
やのうえ【屋の上】 12①205
やはずそう【鶏眼草】→Z
6①171
やひとつ【屋壱ツ】 33⑤262
やぶしん【屋普請、家普請】→いえぶしん、やづくり→R、Z
36②127/38④235, 276/43②130, 133, 134/57②168, 171/62⑨316, 373/63③126, 133/64④301/69①75
やぶしんさだめ【家普請定】
63③132
やぶそば【犂蔞】→E
6①171
やぶれいるい【弊れ衣類】 30③304
やぶれきもの【やぶれきもの】
9①160
やぶれごろも【破衣】 30①139
やぶれとしょうじ【破れ戸障子】
47②94
やぶれふとん【破ふとん】 30③236
やぶれまど【破れ窓】 47②94
やぶれや【壊れ屋】 47②94
やまあざみ【やまあざミ、大薊】→Z
6①169/18①133
やまい【疾、病、痾】→びょうき→G
5①7, 8, 48, 76, 138, 183, 184/8①202, 220, 267/11⑤255/12①318/15①79/67⑤212/70⑥433
やまいいぬのうれい【風犬の患】
18①160
やまいも【山芋、山薬】→じねんじょ→E
10①25, 46/18①125/43①17/49①201
やまいもの【やまひもの】→びょうにん
17①56
やまいわいのもち【山いはひの餅、山悦ひの餅】 27①224, 237
やまうつぎ【山うつき】 20①307
やまうつぎのは【山揚盧葉】
19①201
やまうど【山うど】→うど→E
52①45
やまうば【山うば】 66②119
やまうるしのは【山漆の葉】→B
19①201
やまおけ【やまおけ、やまをけ】
9①159, 164
やまおしき【山折敷】 25①21, 22
やまか【山菓】 13①155
やまが【山家】→さんか→D、X
24①12/25①43/40④334, 336/41⑦314/48①142, 222/64①73/65③219/67③122/69①39, 96
やまかて【山糧、山粮】 19②325/20①307
やまかわがり【山川狩】 10①175
やまくこ【やま莇】 20①307
やまぐみのかわ【山ぐみの皮】
3④341
やまぐわ【柘樹】→E、I
6①171
やまこかたすみ【山子方炭】
53④229
やまごぼう【山牛蒡、山胡芒、商陸】→E、Z
6①170/18①126/62③61/67⑤232
やまごぼうのは【山牛房の葉】
1③283
やまごぼうは【山牛蒡葉】 68④415
やまざくらのかわくろやき【山桜ノ皮黒焼】 6①233
やまざけ【山酒】→さけ
24①26
やまささ【山笹】 6①213
やましゃくやく【山芍薬】 68③345
やましょうが【高良姜】 6①171
やましょうろ【山松露】 6①172

やまそだちのもの【山育の者】 25①51
やまちしゃ【山苦賣】 6①169
やまといも【築芋】→ながいも→F 62③62
やまとうた【大和歌】 17①13
やまとせんきゅう【大和川芎】 8①281
やまとてんじょう【大和天井】 16①122
やまととうき【大和当帰】 8①281
やまどり【山鳥】→E、G 42⑥370
やまにんじん【防風】 6①169
やまぬすびと【山盗人】 57①20,21
やまのいも【山のいも、山の芋、山之いも、山薬、薯蕷】→しょよ、ながいも→E、Z 6①168,231/9①162/12①388/24①127/25①21/28②128,133/49①200/52④171
やまのき【山の木】 27①261
やまのしたき【山下夕木】 22③163
やまのたきぎ【山の薪】→まき 27①337
やまのふき【山のふき】 18①131
やまはっか【水蘇】 6①170
やまぶきのね【山蕗の根】 3④341
やまぶどう【山蒲萄、瑣々葡萄】→のぶどう 6①168/10①42
やまべんとうわりご【山弁当わりご】 24①30
やまめのすりみ【鯶の摺身】 29②137
やまめのみそづけ【鯶の味噌付】 29②137
やまもも【山もゝ、楊梅】→E、Z 10①35/69②347
やまもものかわ【やまもゝのかわ】→B 60①61
やまゆり【山丹】→E 6①168
やまわけころも【山わけ衣】 30③248
やむね【屋棟】 16①123
やもめ【ヤモメ、やもめ、孀】→やごめ 24①94/27①261/28①61/65②90
やをふく【屋ヲ葺ク】 32②323

【ゆ】

ゆあおづけ【柚青漬】 52①57
ゆいのう【結納】 44①52
ゆう【邑】→じかた 10②349
ゆう【ゆう】→I、X 28④357
ゆういんばくえき【遊婬博奕】 5③285
ゆうがお【夕顔】→E、Z 10①35,37,39/62③62
ゆうがおのは【夕顔の葉】 10①33/20①306
ゆうげ【夕飯】→ゆうはん 50③260
ゆうげい【ゆうげい、遊芸】 21⑤225/28②125/36③291
ゆうし【ゆふし(唖)】→おし 24①94
ゆうしき【有識】 3③104
ゆうしで【木綿四手】 20①334
ゆうしょく【夕食】→ゆうはん 4①52
ゆうじん【遊人】 24①165
ゆうすい【酉水】 51①17
ゆうそく【有職】 10①193
ゆうはかのうた【夕果敢の歌】 19②416
ゆうはん【夜食、夕はん、夕飯】→ゆうげ、ゆうしょく、ゆうめし 8①166/9①75,143,144,145,146,147,148,149,150,151,154/21③156,④181/27①262/28②127,128,211,276,③323,④358/36③207,221,251,276,316,327/41②136/42③179,④269,274/43①9,14/66⑤274,⑥341
ゆうみん【遊民】 10①194/16①171/17①309/18②278/22③164/23④163,201/62⑧248,280/67④172
ゆうめし【夕飯】→ゆうはん 24①53,③316/25①15,22,53,66,70,76,79,③263,269,281,282,286,287/27①118,221,236,237,238,239,240,241,242,243,244,245,246,247,249,250,326
ゆうり【邑里】 10②312,349
ゆおび【湯帯】 20①92
ゆか【ユカ、床】→C 1②186/62②39,⑧248/66⑧401,402/67①13/69①74
ゆかいた【床板】 66⑥343
ゆがきさい【ゆがき菜】 13①46
ゆかした【床下】 48①25/62⑤117,⑦196/69①76/70③228
ゆかた【ゆかた、浴衣】→たましぼりもようのゆかた 14①246/37②72/40②195/61⑨322
ゆかたじ【浴衣地】 14①247
ゆかのうえ【床のうへ、床の上】 13①59/30③254
ゆかのした【床の下】 62⑦198/70⑥406
ゆがま【湯釜】→C 69①47
ゆきおろし【雪おろし】 36③319
ゆきがこい【雪かこひ、雪囲】→Z 1①39/36③289
ゆきぐつ【雪キくツ、雪くつ、雪沓】→おそっぺ、ずんべ 25①18,27,36/42④248/59②135,136,138
ゆきのした【ユキノシタ、虎耳草】→E、Z 6①171/60④218
ゆきのしたのは【雪きの下の葉】 59②134
ゆきひら【ユキ平】 43①53
ゆきやけ【雪ヤケ】 1②196
ゆきわぶ【雪輪麩】 52④182
ゆげい【遊芸】 63⑧426
ゆさん【遊山】 36③262
ゆず【ゆず、柚、柚子】→E 10①42/24①127/49①203/52①57/62③62
ゆずのたね【柚ノ種】 6①234
ゆすらうめ【桜桃樹】→E 6①168
ゆずりうけたるかぶ【譲請たる株】 22①69
ゆたか【穣】 3③178
ゆたん【湯単】 14①246
ゆちゃ【ゆちや、湯茶】→ちゃ 30③290,298
ゆづけめし【湯漬飯】 1①63
ゆつのつまぐし【湯津爪櫛】 51①11,16
ゆつぼ【湯坪】 5④321,333,334
ゆで【湯手】 2①112/12①269
ゆどうふ【湯豆腐】→とうふ 52②122
ゆどの【湯殿】→ふろ 16①126/38④279
ゆとりしょく【ゆとり食】 16①61
ゆとりめし【ゆとりめし】 16①94
ゆなべ【湯なべ】 27①319
ゆぬし【湯主】 3④269
ゆのかわ【柚の皮】 38③175
ゆのやけど【湯傷】 14①179
ゆば【ゆば、湯葉、豆腐皮、腐皮】→とうふのうば、ひらゆば、ひろゆば、むすびゆば→U 7②301/52②119,121,③132,137,140
ゆびき【湯引】→A、K 43③273
ゆびきちゃ【湯引茶】→ちゃ 28④358
ゆびのはれもの【指之はれもの】 42③196
ゆまき【湯まき】 20①93
ゆみ【弓】→R、Z 42⑥441
ゆみいるさま【弓射ル様】 24③275
ゆみけんぶつ【弓見物】 42⑥423
ゆみにいく【弓ニ行ク】 42⑥428
ゆみのけいこ【弓之稽古】 61⑨308
ゆみのたのしみ【弓の楽しミ】 20①224
ゆみひき【弓挽】 42⑥433
ゆみや【弓矢】→R 1②169
ゆみをもよおす【弓ヲ催す】 42⑥427
ゆむしいと【湯蒸糸】 47②101
ゆやけど【湯火傷】 6①233
ゆやなぎのは【湯柳ノ葉】 60⑥364
ゆり【ゆり、百合】→E、Z 6①168/10①22,25,33,35,42,46,47/18①125/19①201/43①21/62③62
ゆりご【ゆりご、淘粉、揺粉】→くずまい 5①106/19①78,215/25①21,78,86
ゆりごのくさもち【ゆりごの草餅】 25①43
ゆりごのこな【ゆりごの粉】 25①49,79
ゆりごもち【ゆりご餅】 25①21,73
ゆりのね【ゆりの根】→E 12①325/70③239
ゆりのみ【ゆりの実】 10①37
ゆりみそあえ【百合味噌合】 43①65
ゆるきひ【文火】→ぶんか 48①62,65/49①112
ゆるご【ゆるこ、ゆるご、震粉、淘粉】 6①75,139,165,②270/27①248,343
ゆるごのこな【ゆるごの粉】 6①76

ゆるごのみ【ゆるこの実】 *6*①76
ゆるごもち【ゆるこ餅】 *40*③247
ゆるやかび【文火】 *49*①30,89
ゆるり【ゆるり】→いろり *12*①239/*13*①259/*28*②127,129
ゆるりのつちねばいところ【ゆるりのつちねばい所】 *28*②275

【よ】

よいだおれ【酔倒れ】 *31*④196
ようかん【やうかん、やふかん、ようかん、羊羹】 *42*③151/*43*①11/*44*①21/*70*③220
ようかんがみ【羊カン紙】 *48*①150
ようきつよきとし【陽気強き年】 *1*①74
ようきゃくひ【腰脚痺】 *18*①94
ようぐら【用蔵】 *67*③131
ようこつ【幺忽】 *47*①55
ようこんさっさ【夭昏札瘥】 *70*⑥369
ようし【養子】 *21*⑤230/*28*②125
ようし【夭死】 *3*③119/*5*①70
ようじ【楊子、楊枝】 *5*③269/*13*①214,217/*48*①138,139/*55*①39/*56*①121
ようしゅ【癰腫】 *14*①194
ようじょう【養生】→A *66*⑤284/*70*⑥413
ようせん【瑤泉】 *51*①18
ようそ【癰疽】 *6*①230/*10*①198/*13*①32
ようちのひと【陽地の人】 *29*③244,245
ようつう【腰痛】 *3*④323/*14*①178/*15*①93
ようとう【洋糖】 *70*①13
ようにんじん【ヤウニンジン】 *60*④165
ようねん【陽年】 *8*①184,218
ようばいひ【楊梅皮】 *53*④239/*60*⑥350,353
ようふ【養父】 *25*①87
よおう【余殃】 *3*③112
よぎ【夜着】 *8*①166/*21*③160/*30*③235/*36*③290/*42*④245,269/*62*②44,④97/*64*④262/*66*③151/*67*⑤234
よきいと【上糸】 *53*⑤338
よきこめ【よき米】→こめ *17*①330
よきしゅう【能衆】 *41*②73
よきちゃ【よき茶、好茶】→ちゃ *14*①317/*60*②91
よぎのわた【夜着の綿】→わた *36*③244
よぎふとん【夜着蒲団】→ふとん *35*①101/*43*①71
よきみ【よき実】 *17*①330
よきむら【通邑】 *3*③149
よきものかくもの【能もの書もの】 *31*②73
よくいにん【薏苡仁】→ずずだま→E *6*①168,232/*12*①212
よくどのたみ【沃土之民】 *18*①56
よこ【緯】 *14*①129
よこいと【緯、緯糸、横糸】 *22*⑥382/*49*①237,240/*53*②113,114,120,129,130,131,⑤313
よこお【横苧】 *36*③179
よこおり【横折】 *64*④249,301,304
よこざ【横座】→Z *24*①147
よごし【よこし、よごし】 *27*①242/*61*②92
よごしだいこん【よこし大根】→だいこん *27*①237
よこちまき【横ちまき】 *36*③221
よこのいと【緯の糸】 *49*①232
よごれめし【よこれ飯】 *25*③286
よしず【ヨシズ、よしず、ヨシヅ、芦簾】→B、Z *1*②169,186,205/*36*③244
よしのこ【よしのこ】 *18*①128
よしのね【よしの根】→E *17*①304
よしのめ【よしのめ】 *18*①128
よしむらすおう【吉村周防】 *49*①72
よせじお【寄塩】→しお(塩) *52*⑦310
よせちょうきん【寄帳金】 *43*②133
よつぶ【四粒】 *29*①21
よなべのたきもの【夜なへの焼物】 *10*①116
よね【よね、米】→こめ *24*①161/*37*③381/*40*②75
よのなかしちえんのおしえうた【世中七猿教歌】 *62*②49
よのね【世の根】 *7*②371/*29*①52
よばなし【夜咄】 *31*②67
よはん【ヨハン、夜飯】 *24*①53
よばんあさともねること【夜番朝共寝る事】 *27*①342
よばんたきぎ【夜番薪】 *27*①325
よまききゅうり【余蒔胡瓜】 *52*①55
よまわり【夜廻り】 *66*⑥341
よみ【読】 *36*③170
よみがえり【ヨミガヘリ】 *24*①94
よみかき【読書】 *7*①72
よみかきさんよう【読ミ書キ算用】 *24*③273
よむぎもち【よむき餅】→よもぎもち *37*②75
よめ【嫁、娵】 *22*①68/*33*②114
よめがはぎ【娵かはき、娵か萩、娵ヶ萩、蘩蒿、藾蒿】→E *6*①170/*10*①22,25,28,31/*18*①139
よめじがいり【よめじがいり】 *24*①94
よめとり【よめどり、婦取】 *9*①168/*24*①42
よめな【娵菜】→E、Z *62*③61
よめのごき【斫合子】 *6*①171
よめむこ【嫁聟】 *24*①15
よもぎ【よもき、よもぎ、逢、蓬、蓬ギ、蓬菜、艾葉】→えもぎ、がいよう→B、E、G、H、I *1*③284/*5*②231/*10*①28/*18*①134/*36*③220/*67*④179,⑤232,⑥317
よもぎな【よもきな】 *10*①25,32
よもぎのは【よもきの葉、艾葉】→B *18*①132/*61*⑩460
よもぎもち【芥餅、嫩艾餻】→くさもち、よむぎもち *18*①132/*25*①53
よよのともし【夜々の燈し】 *15*①96
よりあい【寄合】→そうよりあい→R *50*①43
よりおや【寄親】 *10*①189
よりかせ【よりかせ】 *36*③330
よりこ【よりこ(くず米)】 *42*④248,274,279
よりこ【よりこ(木綿糸)】 *67*⑥301,303,309,311
よりこもち【より粉餅】 *36*③163
よりした【撰下】 *59*①40,42,49
よりずもう【寄り角力】 *36*③259
よりつどう【寄り集ふ】 *36*③162
よりてん【ヨリテン】 *49*①198
よりなきいと【撚なき糸】 *35*②357
よるおりめし【夜下飯】 *27*①209
よるずもう【夜角力】 *36*③259
よろいふき【よろいふき】 *24*③330
よわたり【世渡り】→すぎわい *3*③112/*36*③252
よをおさめるね【世をおさめる根】 *40*②75
よんちょうがけ【四丁懸】 *49*①71,73
よんどまきのとし【四度蒔の年、四度蒔之年】 *19*②331,347
よんもんたどん【四文炭団】 *69*②265

【ら】

ら【羅】 *35*①237
らいがん【らいぐわん】 *54*①188
らいそう【癩瘡】 *41*②104
らいびょう【ライ病、癩病】→G *3*③119/*24*①129/*55*②131
らいふう【癩風】 *18*①195
らう【ラフ】 *48*①145,146,147
らおたけ【らお竹】 *3*④328
らがんせき【ラガン石】 *60*④221
らくがん【らくかん】 *43*①8
らくこのみ【らくこのミ】 *17*①56
らくしょ【落書】 *64*①80,81
らくやきもの【楽焼物】 *48*①369
らしゃ【らしや】 *62*④98
らせきそう【羅石草】 *6*①229
らち【埒】→A、B、D *62*②39
らっきょう【らつきやう、楽薤】→E、Z *52*①52/*62*③62
らっきょうさんばいづけ【薤三杯漬】 *52*①52
らふしゅん【羅浮春】 *51*①18
らんえい【蘭英】 *51*①18
らんきょう【らんきやう】→E *9*①141
らんぎょう【乱行】 *5*①70
らんじゃ【らんじや】 *54*①187
らんじゃたい【らんじやたい】 *54*①112
らんしょう【蘭生】→E

51①18
らんぽう【蘭方】 62③77
らんやく【蘭薬】 68③320

【り】

り【醨】 51①15
りえん【離縁】 63③124
りか【梨花、梨華】 13①137/51①17
りきりょう【力量】 5①69
りくごう【六合】 65③209
りこう【リコウ】 24①94
りさ【梨楂】 51①17
りさん【離散】 25①17
りさんたいさん【離散退散】 68④396
りっか【立花】 36③303/54①157, 164, 172, 173, 176, 177, 181, 191, 203, 206, 224, 225, 242, 259, 314/56①112, 121, 127/61⑨303
りっき【六気】→X 55③203
りっけい【六経】 22①23
りびょう【痢病】 2②152/6①233/38③169, ④261/40②85/60⑥366/62⑧278
りむ【吏務】 5①184
りゅう【竜】 49①72, 73
りゅういん【溜飲】 15①97
りゅういんびょう【留飲病】 21⑤212
りゅうか【流霞】 51①18
りゅうがんにく【竜眼肉】→E 68③358
りゅうきっぱん【龍吉粁】 12①358
りゅうきゅういも【琉球芋】→さつまいも→E、Z 10①42
りゅうきゅうぜんざい【琉球せんざい】 70③240
りゅうきゅうまい【琉球米】→こめ 1③274
りゅうきゅうむしろ【琉球莚】→B、V 14①359
りゅうけつ【留血】 14①194
りゅうじゃじんちょう【龍麝沈丁】 12①20
りゅうせい【竜星】 36③255
りゅうたん【竜タン】 60④164
りゅうのう【竜能、龍脳】→B 12①121/60④165, 179, 189, 201, 221
りゅうぼ【りうぼ】 27①309, 311
りゅうもん【竜門】 48①12/49①73
りゅうりゅうしんく【粒々心(辛)苦】 5②220
りゅうれい【劉伶】 51①18
りょういのくすり【良医の薬】 17①64
りょうきょう【良姜】→E 60⑥361/68③357, 358
りょうぐぜん【霊供膳】 27①233
りょうこう【良香】 60⑥365
りょうじ【療治】→A、X 40②71, 84, 85, 162/42⑥370, 409, 416/44①25/45⑥316/66④214/67④177/68③321/69①100, 101/70⑥413
りょうしちさまごそうでんのもの【良七様御相伝之物】 9③266
りょうしばこ【料紙箱】 62②44
りょうしょく【糧食】→しょくもつ 2⑤325/68①211/70⑤313
りょうしん【両親】→ふぼ 21⑤216, 217/27①234
りょうはんまい【粮飯米】→こめ 58②100
りょうぶ【山茶科、令法】 6①170, 172/27①294
りょうぶのは【りやうふの葉】 17①321
りょうぼ【りやうぼ、りよほ、山茶料】 5②231/6②297/27①275, 310
りょうまい【糧米】→こめ 66④196, 223
りょうみん【良民】 23④193, 194, 202
りょうやく【良薬】→I 12①102/13①278, 281, 284/60②104, 110/70⑥433
りょうやく【療薬】 68③315
りょうよう【療用】 68③324
りょうらきんしゅう【綾羅錦繍】 35②403
りょうらきんしゅうのきひん【綾羅錦繍の貴品】 35②370
りょうり【料理】→K 9①162/25③269/28②250/29②137/38③125
りょうりすいくち【料理吸口】 4①144
りょうりどうふ【料理豆腐】→とうふ 52②121
りょうりぼうちょう【料理庖丁】 48①388
りょえん【閭閻】 18①190
りょこつ【リヨコツ】 60④204
りょじん【旅人】 35①197
りろ【リロ、梨芦】 60④164, ⑥353
りんか【隣家】 27①258/28④341/29③207
りんかんしゅ【檎奸酒】 51①18
りんきょう【臨邛】 51①17
りんご【林檎、林檜】→E、Z 6①168/62③62/69②347
りんさん【臨産】 27①218
りんしつ【淋疾、痳疾】 6①230/14①174/15①93/41②106, 120
りんしょく【吝嗇】 5①182/12①119/62⑧280, 281
りんず【りんず】 48①65, 66/62④98
りんずのうちしき【綸子の打敷】 43③240
りんとう【りんとふ】 43②209
りんびょう【痳病】 38③175

【る】

るさん【流散】 69②199, 210

【れ】

れい【醽】 51①15
れい【礼】 16①49, 54/21⑤221/24③275/37②68, 69, 70, 75, 79/42⑥413
れい【醴】 51①15
れいえん【黎衍】 51①18
れいがくけいせいのほう【礼楽刑政ノ法】 33①9
れいかけ【礼かけ】 43①58
れいき【黎祁】 52②82
れいぎ【礼儀、礼義】 3①15, ③186/37③254/62⑥152
れいげん【黎元】 30①8
れいし【茘支】→E 62③62
れいしゅ【冷酒】→さけ 18①169/25③262/51①160
れいしょ【黎庶】 20①341
れいすい【冷水】→B、D、G、H、I 24③340/38④261/52②100/60⑥335, 336, 339
れいせつ【礼節】 24①174
れいせん【醽醁】 51①18
れいだいおう【令大黄】 60④179, 181
れいたくしょろう【麗沢書樓】 70⑥426
れいてんがい【霊天蓋】 60⑥374
れいのおしえ【礼の教】 62⑧284
れいのみち【礼の道】 62⑧281
れいはい【礼拝】 16①49, 50
れいふき【令フキ】 60④179
れいみん【黎民】 18①22/19①5
れいもつ【礼物】→L 24③355/36③161, 173
れいやかく【レイヤカク】 60④165
れいやく【令薬】 60④181, 197
れいようかく【羚羊角】 60⑥337
れきがく【暦学】 40②78
れきもん【暦文】 17①29
れんぎ【れん木】 24①26
れんぎょう【レンゲフ、連翹、連堯】→E 6①236/60④213/68③326, 351
れんげ【蓮花】 59④292
れんげそう【砕米薺】→I 6①171
れんこん【れんこん、蓮こん、蓮根】→はす→E 9①162/10①22, 25/22③176/43①36/44①10/52①35/62③62/68①60
れんじ【連子】 36③298
れんじたのもし【連子頼母子】 36③297
れんじまど【蓮子窓】 62②39
れんにく【蓮肉】→E 17①321

【ろ】

ろ【炉、爐】→いろり→B、C 3①53, ④222/25①15/35②367/36③196/45④206, 207/52③135/62④98/66⑧399
ろう【らう、らふ、蠟】→B 4①162/10②337/11①13/14①27, 43, 219, 229, 231, 245, 354, 403/16①141, 162/43①53
ろう【屢】 6①140
ろう【醪】 51①15
ろうおう【老翁】 36①36
ろうおう【老嫗】 2⑤330
ろうかく【楼閣】 31④225/69②364
ろうかん【郎官】 51①17
ろうぎのみ【螻蟻の身】 30③

292
ろうくたぱこ【ロウクタパコ】 45⑥317
ろうさいたくわえ【粮菜貯】 19①202
ろうしゅ【臘酒】 51①18
ろうじょ【老女】→R 35①190
ろうじょう【臘譲】 51①18
ろうしょく【粮食】→しょくもつ 25②184,196
ろうじん【老人】→としより 3④363,368/8①223/27①109,255/32①172/34⑧306/35①203/36③253/37②134,155,167,180,194/38④241/39②91,④201/40②40,42,43,45,46,47,48,60,68,83,84,86,88,99,106,109,110,113,114,120,121,122,123,127,130,133,135,136,137,140,154,164,174,178,184,③224/45⑥292/48①142/56①57/58③131/59⑤424/60①56,66/61①52/63③109,122,132,④262/64①55,⑤361/65③227/66④195,223,⑤284,⑦370,⑧398/67①13,26,63,②108,⑥265,273/68③326,④398,400,401
ろうすい【老衰】 5①70
ろうそう【老僧】 42④283/62⑧276/70②62,63,64
ろうそく【らうそく、ろうそく、蠟そく、蠟燭】→とうみょう 9①158,164/10②335,337/11①13/13①294/14①31,231,321/27①229,235/35②294/39⑥345/42②86/43①11,14,15,21,35,71,80,81,83,94/66④207,223,⑧397
ろうにゃくなんにょ【老若男女、老弱男女】 18①39/25①49
ろうねん【老年】→としより 32②295,298,324
ろうば【老婆】 35①191,194
ろうばい【臘醅】 51①17
ろうまい【粮米】→こめ 12①199/13①365/67④176
ろうみ【臘味】 51①17
ろうもつ【粮物】→しょくもつ 31③106,115,117,120
ろうもん【楼門】 49①226
ろうらんし【漏藍子】 68③359
ろうろうこどく【牢浪孤独】 5①184
ろうろうのみ【牢浪ノ身】 5①166
ろおん【魯温】 51①17
ろがんせき【ロガン石】→B 60④179
ろくかくせい【鹿角精】 69①92,105
ろくかくそう【鹿角霜】 69①92,105
ろくがつだし【六月出し】 33⑥375
ろくくん【六君】 51①17
ろくじゅういちのが【六拾一之賀】 44①11
ろくじゅうろくしゅう【六十六州】 10①200
ろくじょう【ろくぜう、鹿茸】 3④341/7②258
ろくじょう【六条】 52②122
ろくじょうどうふ【鹿茸豆腐】→とうふ 52②122
ろくしょうなべ【六升鍋】 28④357
ろくしん【六親】 62①19
ろくしんけんぞく【六親けんそく】 10①135
ろくそ【ロクソ】 60④165
ろくそう【鹿葱】 18①139
ろくだい【鹿台】 69②199
ろくともと【六斗元】 51②186
ろくみがん【六味丸】 13①278
ろこうせき【ロ庚石】 60④197
ろじ【ろじ】 24③356
ろしゃ【廬舎】 18④394
ろっきょうごもう【六経語孟】 12①12
ろっぷ【六腑】 6①92
ろのかぎ【爐のかぎ】 25③287
ろのひ【爐の火】 25①88
ろはく【魯薄】 51①17
ろぶち【ろぶち、炉縁、爐ぶち】 27①219,354/48①152
ろみ【魯味】 51①17,18
ろよう【路用】 21⑤219
ろれるたぱこ【ロレルタパコ】 45⑥317

【わ】

わいなんかひん【淮南佳品】 52②82
わいなんじゅつ【淮南術】 52②82
わかうり【嫩瓜】 68①113
わかえびす【若恵比須】 10②353
わかきもの【若き者】→X 28②250/29②157/33②127/36③304
わかしょうが【若生姜】→しょうが 52①37
わかだいこく【若大黒】 10②353
わがつまたるもの【我妻たる者】 27①352
わかとう【若党】 43③250/44①52
わかなえ【嫩苗】 68①76,78,84,90,106,112,127,171
わかながゆ【若菜かゆ】 43③234
わかば【わか葉、若葉、嫩芽、嫩葉、嫰葉】→B、E、I 6②298/16①154/17①195,321/18①120,128/38③182/68①70,79,82,83,89,111,113,114,130,133,140,141,142,145,149,150,154,158,165,166,173,174,176,182,183,184,185,186,188
わかまつ【若松】 55③435/67⑥317
わかめ【若芽、軟筍、嫩芽、嫩苗】 24①70,71/68①73,74,87,135,155,156,175,178,180,189
わかめ【わかめ、緑帯菜】→め→I、J 5④348,354,357/6①172/28②184,④358/67⑤232
わかめこ【和布粉】 2②148
わかめじる【わかめしる】 28②174
わかもの【若者】 27①109,343/33②126/40③224/42②118,⑥410/59②123/61⑩416/63③138,⑦356,358,362,371,382,385,394,398/66⑤279/67②90,93,⑤236/68④406
わかものどもにんぎょうまわし【若者共人形廻シ】 59①21
わがやのこども【我家の子共】 27①316
わかれんちゅう【若連中】 24①13/25③283
わき【ワき】 19②414
わき【和気】 37③259/61①28
わき(け)ぎ【わきゝ】→E 10①25,42,47
わきが【胡臭】 18①94
わきぐち【脇口】 10①180
わきば【わき葉】 6②298
わぎりだいこん【輪切大根】→だいこん 58⑤343
わくかど【わくかど】 35②276
わくのいと【枠の糸】 53②124
わけぎ【わけき、わけぎ、分葱】→ちもと→E 10①21,28,46,②360/18①166
わごう【和合】→X 61③132
わこくのざい【和国の財】 12①392
わさび【わさび、山葵】→E、Z 3④372/6①169/52①51,②120
わさびおろし【山葵おろし、山薑擦】→B 14①179/62②43
わさびかすづけ【山葵粕漬】 52①51
わじめ【輪注連】 30①117
わすきのとうし【和漉の渡紙】 48①188
わずらい【煩】→びょうき→G 27①336
わせごめ【早稲米】→こめ→F 12①212/29①58
わせのこめ【わせの米】 17①168
わせひえ【わせひゑ、早稗】→ひえ(稗)→F 10①37/17①319
わせまい【わせ米】→こめ→F、R 17①145,147,316,317,318
わせわせのこ【わせわせの粉】 9①149
わせわら【早稲藁】→B 4①28
わた【わた、棉、綿、絮】→きわた、とうわた、ふるわた、よぎのわた→B、E、I、R 6①141,143/7①72,90,92,②309/9②209/10①116/11②119,120/14①242,246,247,359/15③342,350,351/17①226,230/18①91/21①70/22⑥368,400/25①117/28①42/29①20,21/35①12,222,229,230/36③233/38③129/42⑥371,372/43①19,29,30,35,80/47①15,16,18,25,27,29,30,31,②142,147/48①156/49①126/53③181/56①178/67①34,35,36,42/68④394/69②201,295,372
わだいおう【わだいわう、和大黄】→しのは→E 18①141/68③339
わたいと【綿糸】 36③290/50③277
わたいれ【わた入れ、綿入、綿入レ、絮入衣】 8①165,166,167/10②372/18①112/36③244/37②125,128,176,214/

38④254/42③177/62④90/67⑤234
わたいれはおり【綿入羽織】 40②162
わたいれもの【綿入物】 67⑥268
わたくし【わたくし】 28②282
わたくしび【わたくし日】 28②177,185,222
わたくず【綿屑】 35②401
わたぬぎ【ワタヌキ】 38④254
わたぶき【わたぶき】 18①131
わたぼうし【綿帽子】 36③159
わたまし【わたまし】 10①105
わたまゆ【綿繭】→E
53⑤290
わたみあぶら【綿実油】 50①69
わたり【渡り】 27①218/68③341,343,347,350,351,352,357,358
わたりしな【渡り品】 68③322
わたりもの【渡り者】 10①201
わたりもの【渡り物】 10①63/68③364
わちゅうさん【和中散】 8①183/24③354
わっこう【ワツ香】 60④165
わっぱ【ワッハ】 1②140
わとうがらし【輪とうがらし】→とうがらし
52①50
わとうし【和渡紙、和唐紙】 14①261,399/48①118
わなべ【わな経】 35②276
わにんじん【和人参】→E
10②340
わびごと【侘事】 10①160
わほうしょうにがんさん【和方小児丸散】 45⑦409
わぼく【和墨】 49①75
わやく【和薬】 68③327
わやくしゅ【和薬種】 14①358
わら【わら、藁】→まき→B、E、H、I、X
1③272/3④222,360/6①213/15②227,229/25③265/27①178,262/29②157/31②69/49①7/56①180/67⑤233,⑥316/69②253
わらいぼてい【笑ひぼてい】
14①284
わらかぶのこうせん【藁株の香煎】 25①92
わらき【わらき、わら木】→まき
9①25,148
わらくさ【藁草】→B、I
1①26
わらぐつ【藁沓】→つまご→I
36③181,182,316,319/63⑧443
わらし【童子】→こども
25③262
わらじ【わらし、ワラジ、わらじ、わらち、わらぢ、草鞋、藁履地、藁鞋】→ふるわらじ、わらんじ、わろうじ、わろじ→I
4①10,34,105,279/6①238,239/7①84/9①158,164/10②343/11②97,100/13①203/15②196,197/19①88/24①94,149/25①14,18,27,37,72/27①338,344/28②136/29②123/30③248/33⑤244/38④273/39③144/40②69/42③155,④254,256,⑤319,⑥412/53②132/56①161,213/59②137,139,140/62⑤121/63④262,269/66⑤259/67①49
わらじだい【草鞋代】 43①18
わらしば【わら柴】→まき
28②250
わらしべ【藁しべ】→B、E、I
22①61
わらぞうり【わらそふり、わらぞふり】→ぞうり
9①23,103
わらたいまつ【藁炬火】 6①57
わらだんご【藁団子】 6①172
わらのね【わらの根】→E
67⑥318
わらのふし【藁の節】→E
1③284
わらび【わらひ、わらび、蕨、蕨萁】→なまわらび、ほしわらび→E、G、Z
6①169/9①141/10①25/18①131/19①201/20①307/25①91/36③199/43①34,36/52①51,②124/62③61/67④180,⑤229,⑥272/70⑤341
わらび【わら火】 27①347/29①83
わらびこ【わらひこ、わらびこ、わらび粉、蕨粉】→B
14①183,357,404/30③232/43①29,30/68①138/70⑤332,333
わらびな【わらひな】 10①28
わらびね【わらひ根、蕨根】 1③272/10①22,25,37,46,47/67⑤229
わらびのこ【わらびの粉、蕨の粉、蕨粉】 2②148/10②338/18①114,115,128,131/66③150/68①79,96
わらびのね【わらびの根、蕨の根、蕨之根】→E
19①200/25①92/62③65/67⑥318/68④406
わらびのふるね【蕨の古根】
60⑥359
わらびもち【わらび餅、蕨餅】
14①187/50③270
わらぶき【藁葺】→C
69②363
わらべら【童ら】→こども
30③282
わらむしろ【藁莚】→むしろ→B、Z
14①129
わらもち【藁餅】 62⑤121/67⑥318
わらや【藁屋、藁家】 35①130/47②77
わらわ【童】→こども
13①264/34⑥125
わらんじ【わらんし、ワランジ、わらんじ、わらんち、わらんぢ】→わらじ→B
9①103,130/14①209/15②197/17①173/21②117,③159,④183/24①17,94,149,③312/27①56,335/34⑧312/37②68,71,79/40③217/56①44/62⑦212
わり【わり】 67⑥273
わりき【わり木、割木】→まき→A、B
24③347/27①223,267,268,281,343,387/28②132,202,270,273/30③303/31⑤279/42④257,280/43②208/44②166/48①370/49①68,192/52⑤204,206,211
わりきのかわ【割木の皮】 48①369
わりぎん【割銀】 43③262
わりご【ワリゴ、わりご、破子、破籠】 24①17,30,31
わりな【割菜】 3④363
わりむぎ【わり麦、割麦】→A
10②363/68②247
わるこうじ【悪麹】→こうじ
51①45
わるざけ【悪酒】→さけ
51①176,177
わろうじ【わろふし】→わらじ
28①36
わろじ【わろし】→わらじ
28①38
わん【椀、碗】→ふるわん、めしわん→B
1②153,187/27①118,249,250,291,292,294,298,299,302,303,309,314,315,319,321,323,344,348/41②144/42⑥444/48①98,226/52①12,②119/56①82/62②43/69②197,201
わんあらいおけ【椀洗ひ桶】
27①294
わんおしき【椀折敷】 13①112
わんかぐ【椀かく】 66⑦369
わんざら【椀皿】 27①292

O　年中行事・信仰

【あ】

あいぜんじ【愛染寺】 24③350
あおいかつらのまつり【葵かつらの祭】 36①35
あおしだいみょうじんのごさいれい【蒼紫大明神の御祭礼】 25③273
あかはなむらきしぼじん【赤花村鬼子母神】 43③244
あきさいれい【秋祭礼】 27①254
あきのこなしはじめ【秋のこなし初】 30①118
あきばさま【秋葉様】 42⑥402,442
あきばさん【秋葉山】 42⑥370,371
あきばさんふだ【秋葉山札】 42⑥406
あきばさんもうで【秋葉山詣で】 42⑥406
あきばじ【秋葉寺】 42⑥386
あきふるまい【秋振舞】 25③284
あきまつり【秋祭】 27①228
あさくさかやでら【浅草かや寺】 55②111
あさせっく【朝節句】 28②174
あしなずち【脚摩乳】→てなずち
51①11,16
あしゅら【阿修羅】 10①199
あそび【あそび、遊ヒ、遊び】→N
42⑥379,427/43①45,60,②181/63⑥346
あそびほこう【遊ひ歩行】 36③253
あそぶ【遊ぶ】→N
42⑥392,396,410
あたご【愛宕】→N
10②368
あたごえしき【愛宕会式】 40③232
あたごこう【愛宕講】 10②354/28②133
あたごならびにこうじんさんけい【愛宕並荒神参詣】 1②209
あたごやま【愛宕山】 42②86,109
あたごやまいとくいん【愛宕山威徳院】 24③352
あつた【あつた】 24③351
あまくまのうし【天熊人】 47②128
あまくまびと【天熊人】 20①12/35①20/62⑧239,240
あまくまんどのしん【天熊人の神、天熊人神】 35①96,98
あまごい【雨乞、雨請】 8①289/10②321,368/19②341,352,353/20①272/42①34,③175/43①59
あまごいおれいおどり【雨乞御礼踊り】 43①60
あまつかみ【天津神】 58③122
あまつこやねのみこと【天殊棟命】 35①23
あまてらすおおみかみ【天照皇太神、天照皇大神宮、天照太神、天照大御神、天照大神】→てんしょうだいじん
3①8/4①250/6①89/10②312/20①7/27①229/35①20/37③252,382/47②128/69②202,206,242,292,299
あまてらすおおんかみ【天照皇大神宮、天照太神】 40②162/62⑧239,240,241
あまてらすすめおおんがみ【天照皇太神】 35①96
あまてらすだいじんぐう【天照太神宮】 16①60
あまてらすひおおみかみ【天照日大神】 23④172
あまてらすめかみ【天照女神】 47①8
あまのくまひとのかみ【天熊人の神】 37③382
あまのくまんどのしん【天熊人神】 35①23
あまのむらきみ【天村君】 35①23
あみだ【阿ミた、阿弥陀】 60⑤282/63④267,268
あめあそび【雨遊び】 42⑥388
あめいわいあそびび【雨祝イ遊日】 42⑥388
あめやすみ【雨休、雨休ミ】 43②161,167/44①34,35
あらきじんじゃ【荒城神社】 24①171
あらひとがみ【現人神】 65③210
ありわらでら【在原寺】 15③390,392
あんじょうじ【安浄寺】 36③161
あんようじ【安養寺】 43②174,201/66④200/67②96
あんらくいん【安楽院】 42②89

【い】

いいずみかんのんどう【飯泉観音堂】 66②117
いおうじ【医王寺】 44①9,12,35
いきみたま【生身玉】 10②370
いけづのかんのん【池津の観音】 36③254
いけばなかい【生花会】 44①8
いざなぎのかみ【伊奘諾ノ神】 69②365
いざなぎのみこと【伊奘諾尊】 62⑧252
いざなみのおおみかみ【伊邪冉大神】 69②242
いざなみのみこと【伊奘冉尊】 62⑧252
いしどうやくし【石堂薬師】 1②208
いずもおおがみ【出雲大神】 23①6
いずもたいしゃ【出雲大社】 43③265
いせぐう【伊勢宮】 59③214/64①47
いせぐうまつり【伊勢宮祭】 24③355
いせこう【伊勢講】 28②133/42⑥412/43②125,139
いせさんぐう【いせ参宮、伊勢参宮】 43③258,262/44①16/45①47/62⑦180
いせのうちとのおんかみ【伊勢の内外の御神】 62⑦180
いせのおんみや【伊勢の御宮】 7②373/16①119
いせのげくうのだいじんぐう【伊勢ノ外宮ノ大神宮】 69②243
いせまつり【いせ祭り】 9①122
いせりょうだいじんぐう【伊勢両大神宮】 69②299
いたけるのかみ【五十猛神】 62⑧242
いちいり【市入】 9①56
いちおうじ【一王子】. 36③270
いちおうじみやさいれい【一王子宮祭礼】 36③267
いちじょういん【一乗院】 66④189,198
いちだいのぞうきょう【一代之蔵経】 66④187
いちだいのまもりほんぞん【一代之守本尊】 62②46
いちちたまひめのみこと【市千魂姫命】 35①23
いちのみやすわみょうじん【一ノ宮諏訪明神】 67⑥279
いちのみやまつり【一ノ宮祭、一宮祭】 27①240,245,250
いちりゅうまんばいのきねん【一粒万倍の祈念】 30①32,57
いつか【五日】 25③273
いつかせっく【五日節句】 25①58
いつきだいみょうじん【斉大明神】 35①23
いっこうしゅう【一向宗】 24①134
いっこうしゅうとりこし【一向宗取越】 1②210
いっこうしゅうのじいん【一向宗の寺院】 25③285

いっこうもんと【一向門徒】 23④169,170
いっしゅうきほうじ【一週忌法事】 9①166,167
いっしゅうきよりのほうじ【一週忌よりの法事】 9①166
いどかえ【いどかへ】→C 43③257
いなばまつり【稲場祭】 6①72,77
いなばよせ【稲場よせ、稲場寄せ】→A 36③273
いなほかけ【稲穂かけ】→A 17①140
いなみさんけい【井波参詣】 42④233
いなむしをおくる【稲虫を送る】 10②368
いなり【稲荷】 24①21/60⑤282/61⑨303
いなりさま【稲荷様】 28④360/47②128
いなりしゃ【稲荷社】→Z 43③254
いなりしゃさんけい【稲荷社参詣】 1②208
いなりしんじ【稲荷神事】 2⑤329
いなりだいみょうじん【稲荷大明神、稲生大明神、飯成大明神】 6①200/35①97,98,②284/37③381,382/62⑧239
いなりみょうじん【稲荷明神】 25③269
いぬのこついたち【犬の子朔】 25③269
いぬやまずいせんじ【犬山瑞泉寺】 64②115
いねかり【稲刈】→A、L、X、Z 25①27
いねかりのひ【稲刈の日】 36③170
いねこきいわい【稲扱祝】 29②156
いねしまい【いねしまひ】→A 9①150
いねなりだいみょうじん【稲生大明神】 37③381
いねのかりそめ【稲の刈初】 19②365
いねまつり【稲祭】 6①77
いねよせのひ【稲寄せの日】 36③274
いのこ【いのこ、いの子、亥ノ子、亥の子、猪の子、猪子】 28②251,④359/30③247/40③218,242/42⑥399,439/44①48
いのこまつり【亥子祭】 30①77
いのみや【いの宮】 66②113
いまべんてん【今弁てん】 59②147
いみかま【忌鎌】 30①82
いもちおくり【いもち送】 37③326
いもめいげつ【芋名月】 10②371
いわいごと【いわひ事、祝ひ事】 20①49,171
いわいび【祝日】 27①348,353
いわどのさん【岩殿山】 42③162
いわどのさんかんのん【岩殿山観音】 42③196

【う】

うか【うか(倉稲魂)】 19②415
うかのかみ【宇賀神】 4①250/10②375,377/16①56
うがのかみしょうおう【宇賀神将王】 6①200
うかのみたま【宇迦之御魂、倉稲魂】 10②375/19①8/37③252,282,381/47②128
うかのみたまのしん【倉稲魂神】 35①97
うかのみたまのみこと【倉稲魂命】 6①200/35①96/37③383
うけもち【保食】 62④86
うけもちのかみ【宇気母智神、食保命、保食の神、保食神、保倉神】 3①8/4①250/24①140/35①20,21,96,97,98/37②65,③252,357,381,382/47②128/62⑧239
うさまみょうおう【宇佐魔明王】 22①49
うじがみ【氏神】 10②374/16①50/24①11/25③283/28②127/31②74/43②140,174
うじがみさいじつ【氏神祭日】 27①244
うじがみさいれい【氏神祭礼】 42⑥394
うじがみさま【氏神様】 43①60
うじがみへさんけい【氏神へ参詣】 40③214,239
うじがみまいり【氏神参り】 42⑥428
うじがみまつおだいみょうじん【氏神松尾大明神】 27①228
うじまいり【氏参り】 42⑥399
うしまつり【牛祭】 30①129
うじみや【氏宮】 10②354,364
うじみやこう【氏宮講】 10②354
うすい【碓氷】 24③353
うすのくちあけ【臼の口明】 30①118
うすのつきぞめ【臼の搗初】 29④270
うたいぞめ【うたひ初】 36③159
うたかい【歌会】 44①37
うちぞめ【打初】 29④270
うないばた【耕畑】 22⑤349
うぶすな【産宮、産土神】 35①77/66⑧397
うぶすながみ【産神、産土神、生産神】 23④170/24①108,133/36①33/42⑥392/64②115/66⑤256,280
うぶすなさいれい【産神祭礼】 67⑥279
うぶすなのじんじゃ【産土の神社】 30①81,117
うぶすなのみや【うぶすなの宮】 39⑥350
うぶすなまつり【産神祭】 18①101
うぶすなみやのこう【産宮の講】 1①21
うまがみ【馬神】 60③143
うまのりぞめ【馬のり初メ】 42⑥370,409
うままもりがみ【馬守神】 60③143
うみぞめ【ウミゾメ】→K 24①11
うらせっく【裏節句】 25③272,274
うらぼん【ウラボン、うら盆、盂蘭盆】 10②370/24①101/25③280
うらぼんあそびび【うらぼん遊日、浦盆遊日】 42⑥392,431
うりやきのいわい【瓜焼の祝】 30①141
うるうしょうがつ【閏正月】 27①248
うるうづきのまつり【閏月之祭】 27①248
うるおいあそび【潤遊び】 43①64
うんたくじ【雲沢寺】 43③262

【え】

えいきゅうじ【永久寺】 15③392
えいせんじ【永泉寺】 64④264,277
えいへいじ【永平寺】 1②165
えせきもとまつり【江堰元祭り】 25③272
えにちじ【恵日寺】 19②352,353
えびす【ゑびす、恵比寿、恵比須】→N 10②352/16①65/24①21
えびすこう【恵美寿講、蛭子講】 24①133/38④238
えびすさんけい【ゑびす参詣】 43②123
えびすじんじゃ【恵比須神社】 59③213
えびすだな【恵比須棚】 41③179
えびすのみや【夷ノ宮】 30①33
えびすまつり【蛭子祭】 58④246
えびすみや【夷宮】 30①58,77
えぼしぎ【ゑぼしぎ】 39⑥346
えま【絵馬】 24③356/62⑤127
えんしょうじ【円正寺】 66⑦364,370
えんじょうじ【円城寺】 59③207
えんにち【縁日】 16①58
えんめいじ【延命寺】 64①51,53,55

【お】

おいかた【おい方】 11⑤254
おいせこう【御伊勢講】 10②354
おおあなむちのみこと【大巳貴命、大已貴命】 6①200/35①78
おおおんだ【大御田】 11⑤266
おおさなぶり【大さなぶり、大早苗分離】 20①78,79,334
おおそうしき【大ぞふしき、大葬式】 9①157,166
おおそうしきのほうじ【大葬式の法事】 9①167
おおたのみこと【大田命】 37③383
おおたままつり【大魂祭り】 58④246
おおとし【大年、大年シ】 27①224,227,228,245/28④359
おおとしのかみ【大年の神】 30①33,58,77
おおとしのよる【大年の夜】 27①214
おおとしや【大年夜】 27①229
おおなむち【大已貴】 60⑦400

おおなむちのおおかみ【大名持大神】 59③197
おおなむちのみこと【大己貴尊、大己貴命】 22①10/30③259/37③383
おおはらみょうじん【大原明神】 24①165
おおひるめのみこと【大日霎尊】 35①96
おおみそか【大晦日】→P 28②133,275
おおみね【大峯】 10②368
おおみねこう【大峰講】 10②354
おおみや【大宮】 27①340
おおみやひめのみこと【大宮姫命】 37③383
おおもりざいばけいなり【大森在化稲荷】 59④306
おおやまざき【大山崎】 45③133/50①36
おおやませきそん【大山石尊】 24③350
おおやまちごのごんげん【大山児之権現】 64②118
おかぐら【御神楽】 24③266/42③162,⑥441
おがちおおさわじょうほうじ【雄勝大沢上法寺】 70②117
おがみ【おがみ】 9①16,145
おきつひこのみこと【澳津彦命】 35①23
おきつひめのみこと【澳津姫命】 35①23
おきながたらしひめのみこと【気長足姫尊】 37③383
おきなこう【翁講】 42④279
おくらいりのしょうがつ【御蔵入之正月】 42③200
おくりぼん【送り盆】 42⑥430
おくる【送る】 11④165,166,167,168
おくわさん【御鍬山】 43①83
おしまわし【おしまわし】 42④255,257
おすわさま【御諏訪様】 42④233
おせっく【御節句】 42④254/67⑥297
おそなえ【御供】 16①58,59,60
おだいもくおんかたぎ【御題目御形規】 43③242
おたいや【御退夜】 43①86,90
おたうえのまつり【御田植の祭】 10②312,364
おたまやまいり【廟参】 43③257
おたんや【おたんや】 9①146
おぢや【小千谷】→T 36③335
おづどうせんじ【小津洞泉寺】 43①17,24
おつや【御通夜】 36③321
おとき【御斎】 27①234/36③171,201,301,321,334/43①23/66③153
おとくにち【乙九日】 24①118
おとごのついたち【乙子の朔日】 10②377
おとこやま【男山】 45③133/50①36
おどり【踊】→N、Z 10②370
おとりこし【御取越】→C 11⑤266/36③301/43①79,83,85
おとりこしごほうじ【御取越御法事】 36③301
おにじんぐう【鬼神宮】 1②165
おねはん【御涅槃】 27①240
おのはじめ【斧始】 64②133
おはつほ【御初穂】 27①228/31③116
おはらい【御祓】 24③353/66⑦364
おはらいせん【御祓銭】 24③353
おはらえ【御はらへ】 43②166
おひまち【御日待】 40③216
おぶくみず【御仏供水】 27①290
おふせ【御布施】 9①152,157,159,161,162,163,165,166,167/36③327
おふだ【御札】→N 22③167
おふみ【御文】 36③268
おみき【御神酒】→N 37③282/47③166
おみこしおどうぐ【御神輿御道具】 27①230
おみやゆせん【御宮湯銭】 43①63
おゆたて【御湯立】 43①45,63
およリ【およリ、御寄】 9①148,152/43②136
およりこう【小寄講】 43②199
およりほうおんこう【およリ法恩講】 9①152
おりひめ【織姫】→しょくじょ 47①10
おりめ【折目】 34⑤93
おんき【御忌】 27①296
おんだ【御田】 11⑤266
おんだのさいれい【御田の祭礼】 17①118
おんたけさん【御嶽山】 24③354
おんとうおどり【おんとふ踊】 61⑨325,327
おんなのれいじつ【女の礼日】 37②69

【か】

かいおういん【海翁院】 64①51
かいごう【会合】→R 63⑦358
かいこういん【快光院】 66④200
かいこしゅごじん【蚕養守護神】 62④84
かいこのかみ【蚕の神】 10②377/62④101
かいこのみおやのかみ【養蚕の祖神】 62④84
かいこまつり【蚕祭り】 35②285
かいさいざけ【皆済酒】 24①133
かいざんそしのおんき【開山祖師の遠忌】 23④171
かいじんさい【海神祭】 23②141
かいたん【廻旦、廻檀】 24③351,352,353,354,356/36③300,301,333,334
かいたんやど【廻旦宿】 36③300
かいのう【開農】 61⑩460
かか【嫁菓】 13①253/18①64
かかのしゅ【菓稼の呪】 38③183
かかのまじない【菓稼の呪】 38③185
かがみならし【鏡ならし】 10②354
かきぞめ【かきぞめ】 28②132
かきぞめおこしぞめ【書初おこしそめ】 43③232
かきのきこうじんぐう【柿木荒神宮】 67②111
かきのもとでら【柿本寺】 15③390
かきのもとのひとまろみょうじん【柿本人麿明神】 53①11
かくしゅうじ【革秀寺】 1②208
かくせいざんふくしょうじ【鶴聲山福昌寺】 64②115
かくせち【かくせち】 25③283/39⑥346
かぐつちはやまひめ【軻過突智埴山姫】 62④101
かざまつり【風祭、風祭り】 19②274/20①334/24③267/25③280/63⑥348
かさもりじんじゃ【笠守神社、瘡守神社】 59③209
がじつ【賀日】 27①250,388
がじつれい【賀日例】 27①236
かしゅのこと【嫁娶ノ事】 32②323
かすがさいれい【春日祭礼】 24③267
かすがだいみょうじん【春日大明神】 16①60
かぜのぼん【風盆】 42④272
かそう【嫁棗】 18①64
がっき【月忌】 25③285/36③334
かづのだいにちどう【鹿角大日堂】 56①164
かどび【門火】 2①135
かどまついわい【門松祝】 42⑥446
かないねんしさかずき【家内年始盃】 43③232
かのういん【加納院】 42③150
かべしまたじましゃ【加部嶋田嶋社】 58⑤312
かまあげ【鎌上】 27①246
かまいわい【鎌いわゐ、鎌祝ひ】 29②150/43③268
かまいわえ【かまいわへ】 9①150
かまおさめ【鎌納】 24①118
かまく【鹿摩供】 44①37
かまくわもちはな【鎌鍬餅花】 30①142
かまどのかみ【竈の神】 10②352
かまどめあそびび【鎌止メ遊日】 42⑥426
かまのふたのついたち【釜ノ蓋之朔】 38④264
かままつり【鎌祭】 6①72,77
かみおくり【神送り】 25③283/27①244/42⑥375,445
かみごと【神事】 2④279
かみごとしたく【神事仕度】 63⑥350
かみてんのうさま【上天王様】 42③178
かみなりよけふだ【雷除札】 24③353
かみむかい【神迎ひ】 25③283/27①244
かも【賀茂】→E、G、N 36①33
かゆいわい【かゆ祝】 43②124
からいとのかみ【柄糸の神】 47①11
かりあげ【刈あげ、刈上】→A 4①31,64/6①72/36③274
かりしまい【刈仕廻】→A

36③274
かりんいん【花林院】 64①51
かれいのことはじめ【嘉例之事初】 31②75
かわせがき【川施餓鬼】 42⑥429
かわりぼん【替り盆】 42④267
かんあたかあしつひめ【神吾田鹿葦津姫】 62⑧241
かんぎいん【歓喜院】 48①20
がんじつ【元日】→P 7②372/10②352/25①20/27①232,337/38④233
がんじつあさ【元日朝】 28④359
がんじつがんたん【元日元旦】 16①49
がんしゅ【願主】 23②142
かんじょう【勧請】 20①273
かんじょういん【灌頂院】 67①18
かんじん【勧進】→M 10①12
かんぜおんぼさつ【観世音菩薩】 37③382
がんたん【元旦】 25③258/36③158/38④232
かんのん【観音】 60⑤281/66③155/70②117
かんのんえしき【観音会式】 40③232
かんのんかいちょう【観音開帳】 36③255
かんのんこう【観音講】 24①134/42⑥379,385,388,395,424,436/43①20,44,62,66,83,84,86
かんのんさま【観音様】 66⑥337
かんのんじ【観音寺】 67①23
かんのんまいり【観音参り】 66③158
かんのんまつり【かんのんまつり】 9①146
かんのんみかくしすぎ【観音身かくし杉】 56①164
かんのんめあけ【観音目あけ】 42⑥416
かんびょう【菅廟】 15①13
かんぶつしょじさんけい【灌仏諸寺参詣】 1②208

【き】

きうのまつり【祈雨の祭り】 20①272
ぎおん【祇園】 66⑥333
ぎおんえ【祇園会、祇園会】 24①83/40③231/42⑥388
ぎおんまつり【ぎおんまつり、ぎおん祭り】 9①87,147
きくのせっく【菊の節句】 24①117/36③266
きこりぞめ【樵初】 30①119
きたの【北野】 24①105
きちゅうみまい【忌中見舞】 9①160,165,168,169
きつきおおかわのみや【杵築大かは宮】 59③198
きっこうでん【乞巧奠】 35①223
きっしょ【吉書】 42⑥370,409
きとう【きとう、祈禱】 17①154/18①174/23①113
きとうさいきょのかい【祈禱斎居の戒】 18①190
きとうりょう【祈禱料】 35②352
きぬぬぎ【きぬゝき】 25①65
きのえね【きのへ子】 43③237
きぶねのみょうじん【貴布祢の明神】 20①274
きゅうじ【灸治】→N 43③238,243,251,260,264
ぎゅうばのれいをまつる【牛馬の霊を祭】 30①129
きょうおうじ【経王寺】 43③261
きょうじゅいん【教寿院】 64④270
きょうぜんじ【教善寺】 9①9,148,152
きょうとにんなじ【京都仁和寺】 66④189
きょうとほんざん【京都本山】 43③258
きょうとみょうおういん【京都明王院】 44①32,36
ぎょくしみょうじん【玉子明神】 3①22
きんぬぎついたち【きんぬぎ朔日、衣脱朔日】 25③275/36③233
きんりゅうじ【金龍寺】 42⑥373,375,383,402,403,412,416,423,428,433,436,440

【く】

くがつここのか【九月九日】 68④414
くがつせっく【九月節句】 28②226
くがつのさいれい【九月の祭礼】 36③208
くがつまつり【九月祭り】 28②233
くさまのかんのん【草間の観音】 25③279
くしなだひめ【奇稲田姫】 51①11,16
くしやたまのみこと【櫛八玉の命】 59③197
くじょうじ【久城寺】 59③221
くすりおり【薬降】 37②78
くせんはっかい【九山八海】 70②77,80,81,82,116
くどじかんのんさんけい【久渡寺観音参詣】 1②209
くにち【九日】 36③276
くにつかみ【国津神】 58③122
くにとこたちのみこと【国常立尊】 62③77
くまのしゃ【熊野社】 66③151
くよう【供養】 36③328
くらいれ【蔵入】→A、R、Z 4①31,64
くらびらき【蔵開、蔵開き】 25③262/36③162/42⑥370,409/43③232
くらびらきのしゅうぎ【蔵開の祝義】 25①24
くらまでら【鞍馬寺】 70②67
くりいとのかみ【繰いとの神】 47①11
くりめいげつ【栗名月】 10②373
くれおとし【くれおとし、くれ落し】 9①84,87,147
くれはのやしろ【呉服祠】 35①223
くろばねだいおうじ【黒羽大雄寺】 56②240
くわいれ【鍬入】→A 3④238/25①26/68④411
くわいれそめ【鍬入そめ、鍬宥初】 20①48/38③112
くわいれのいわい【鍬入のいわひ】 37②69
くわぞめ【鍬そめ、鍬初、钁初】→Z 4①46/9③262,263/10②353/20①48/29④270/30①117,118/44①9
くわぞめしゅうぎ【鍬初祝儀】 61①47
くわだてはじめ【鍬立初メ】 24①27
くわのむしおくり【桑の虫送り】 35①77
くわはじめ【くわはしめ】→A 30③230
くわはじめのひ【鍬始之日】 27①19

【け】

けいぎょうじ【敬行寺】 36③334
げくう【外宮】 24③352
げくうだいじんぐう【外宮太神宮】 47②128
けんぎゅう【けんぎう、牽牛】 19②430/35①223/38④264/47①36
けんしょうじ【見性寺】 43③271
けんせいし【献生子】 10②360
けんちゅうばらい【建中払】 38④274
けんどうせんにん【乾道仙人】 35①178
けんにんじ【建仁寺】 56①164
げんぷくざけ【元服酒】 42④255

【こ】

こいばしおさめ【扱箸納】 24①119
こうがくじ【光岳寺】 66⑧394,395,396
こうさくのまつり【耕作の祭、耕作の祭り】 19②274,275
こうしん【庚申】→N 28②280
こうじん【荒神】 24③355
こうじんふだ【荒神札】 24③356
こうじんまい【荒神舞】 44①49
こうしんまち【庚申待】 10②354/22①32/28②133/68④401
こうしんやど【庚申宿】 42⑥370,390,402,442
こうせんじ【光専寺】 43②133
こうせんじ【光泉寺】 66⑦365
こうぜんじ【興禅寺】 47⑤258
こうそだいしごしょうき【高祖大師御正忌】 27①241
こうだいじ【広大寺】 45⑥297
こうでんじ【光伝寺】 66④200
こうとうじ【江東寺】 66④200
こうみょうじ【光明寺】 44①11,32/47⑤263,277
こうみょうしんごん【光妙真言】 48①335
こうやさん【高野山】 27①235
こうやさんれんげじょういん【高野山蓮花定院】 24③351
こうりんじ【黄林寺】 45⑥297

ごえいく【御影供】 25①44
ごえんまつり【御ゑん祭り】 43②189
ごおう【午王】 24③353,354
ごおうづえ【牛王杖】 30①119,120
ごおうふだ【牛王札】 30①119
こがいかみ【蚕飼神】 24①55
こがけふどうかいちょう【志縣不動開帳】 1②208
こかたせつ【子方節】 28④357
ごがつせっく【五月節句】→P 27①227,233/28②174/68④414
ごがつのかざりしょうぶ【五月の餝り菖蒲】 59④391
ごがつよっか【五月四日】 34⑤78
こきぞめ【扱キ初】 29④270
ごきとう【御祈禱】 11④167/42⑥383/43①17,③254/66④190,197,198/67⑥268
ごきとうおふだ【御祈禱御札】 59③221
ごきとうふだ【御祈禱札】 24③352,353,354/59③221
こくうぞうぼさつ【虚空蔵菩薩、虚空蔵菩(薩)】 37③382/62②47
ごくげつおおみそかのばん【極月大三十日晩】 9①155
こぐちやくしどう【小口薬師堂】→J 59②126
ごくでん【御供田】→D 16①45
こくぶんじ【国分寺】 45⑥285,297
ごくらくじべんてんあん【極楽寺弁天庵】 43①71
ごこうはじめ【御講始め】 36③173
ごこくじ【護国寺】 66④200
ごこくじんかぐら【五穀神神楽】 1②210
ごこくほうじょうのきとう【五穀豊饒の祈禱】 10②312
ござ【御座】 43①15,27,32,59
ごさいれい【御祭礼】 24③354/42④260/66④190
こさなぶり【小さなぶり】 20①333
ごしそう【御使僧】 36③285
ごしゃしんめいぐう【五社神明宮】 66④200
ごじゅうねんのほうじ【五十年の法事】 9①167
こしょうがつ【小正月】 25①25
ごすいじゃく【御垂跡】 47①10
ごずてんのう【牛頭天王】 36③270/66⑦363
ごせっく【五節句】→P 10②366/16①49/28①35/34⑧311/61①47
ごせんぞさま【御先祖様】 31③130
ごせんどこりとり【御千度垢離取】 66⑥339
こそうしき【小葬式】 9①157,163,167,168
ことがみおくりあそびび【事神送り遊日】 42⑥413
ことし【小年】 27①245
ことしろぬしのみこと【事代主の命】 59③197
ことはじめ【事初メ】 42⑥375
ことび【事日】 22①45
こなしぞめ【こなし初】 30①56
ごなんえ【御難会】 43③264
ごはだいごんげんまつり【五は大こんげん祭】 24③356
ごほうえ【御法会】 36③201
ごほうじ【御法事】 11⑤266
ごほんぞん【五本尊】 60⑤281
ごほんち【御本地】 16①56
ごほんぼう【御本坊】 11⑤266
ごまふだ【護摩札】 24③356
こむぎほかけ【小麦ほかけ】 42③174
こめはつほ【米初穂】 10②373
こもち【小餅、小餅】→N 25③262/36③168
こもちつき【小餅搗】 36③163
こもちのとしとり【小餅の歳とり】 36③165
ごもんしゅさま【御門主様】 36③286
ごもんぜきさま【御門跡様】 36③285
こやすみ【小休】 29②137
ごようずみしゅうぎひまち【御用済祝儀日待】 59①61
ころもがえ【衣がへ】 10②362
こんごうじ【金剛寺】 43③232,247
こんじきひめ【金色姫】 35①54/47②135
こんぴら【金比羅、金毘羅】 10②368/14①322,323/44①34/62⑦180,181,185
こんぴらさま【金比羅様】 42④277
こんぴらだいごんげん【金比羅大権現】 27①229
こんぴらまつり【金比羅祭】 24①133
こんれい【婚礼】 42⑥414

【さ】

さいけ【さいけ】 30①58
さいこうじ【西光寺】 43②174,181,182,188,③244
さいごくじゅんれい【西国順礼】 35②406/43③256,260
さいじつ【祭日】 27①341,353
さいしょういんはなそなえ【最勝院華名供】 1②208
さいのかみ【さいの神、幸の神、妻の神、歳の神】 25①25,③262,265,286/36③167
さいのかみのそなえ【歳神の備】 25①21
さいび【さい日】 25①26
さいほうじ【西法寺】 1②165
さいれい【祭礼】 5①180/10①122/16①50/34⑧311/36③239,261,269,276,338/62⑥150/67⑥298
さいれいごと【祭礼事】 40③240
さいれいはなまつり【祭礼花祭り】 42⑥442
ざおうごんげん【蔵王権現】 25③275
ざおうだいごんげんさいれい【蔵王大権現祭礼】 25①68
さぎちょう【サギチヤウ、左儀長、左義長、左吉兆】 10②354/25③265/43①12/61①47
さぎのちょう【三毛打】 25③265
さくどめのしんじ【作留の神事】 37②79
さくもうにやまいつくをまつる【作毛に病付をまつる】 17①154
さくらいじ【桜井寺】 66④200
さげちょう【さげ長】 63⑦358
さなえのまつり【早苗の祭り】 20①54
さなえびらき【早苗開】 1②142
さなぶり【さなぶり、早苗分離】 19②416,417,418/20①77/28②176/41③175
さなぶりいわい【早苗分離祝】 20①77
さなぶりのいわい【さなぶりの祝ひ】 20①78
さなぼり【さなほり】 41⑤232,256/43③252
さなぼりのいわい【さなぼりの祝】 30①59
さねもりむしおい【さねもり虫おい】 41⑤240
さねもりをおくる【実盛を送】 10②368
さのぼり【さのほり、佐登】 10②367/23①65/28④342/40③229
さのまつり【蜡の祭り、増祭】 19①8/20①334
さばい【さばい、皐社】 30②194/41③171,174
さばいおろし【さばひおろし】 30①56
さばいのいわい【さばいの祝】 41③174
さばいのかみ【さはひの神、さばひの神】 30①33,57,58,77,82
さばいまつり【さばい祭】 30①32
さばいやすみ【サハイ休】 30①77
さばいやすめ【さばひやすめ】 30①77
さばのめし【青飯のめし】 25①12
さびらき【さびらうき、さひらき、さびらき、佐開、最立、作開】→A、P 3④278,279/5②223,③256/6①119/7①20/10②364/21②109/23①65/27①97,104/30①58/40③228/43①43/62⑤128,⑧245/68④413
さるたひこのみこと【猿田彦命】 59③216,217
ざれい【坐礼】 10②374
さんがつせっく【三月節句】→P 14①272,377/27①227,233/28④359/36③180
さんがつのせっく【三月の節句】 24①42
さんがつみっか【三月三日】→A、P 9①33/24③266
さんがつみっかせっく【三月三日せつく、三月三日節句】 9①146/37②75
さんがにち【三ヶ日、三ケ日】 24①11/25①24
さんきょう【三教】 20①348
さんぐ【散供】 24③354,355
さんぐうかんのんこう【三宮観音講】 64④264
さんけい【参詣】 16①57,58/36③239,248,250,251,255,257,261/40③233/42②86,③157,163,165,172,180,189,191,196,④237,245,267,269,272,⑥370,372,386,388,392,399,430/43①14,18,20,25,

27,44,51,53,57,59,64,71,75,86,②197,③236,239,240,241,249,252,256,260,264,270,274/56①64/57①23/61⑨303,327,339/66④189,⑤254,255,256/67⑥279
さんけいだんじょわかもの【参詣男女若者】 36③322
さんけいのもの【参詣の者】 36③321
さんこうあん【三光庵】 42④245,279
さんしゃ【三社】 16①**60**
さんしゅうほうらいじ【三州鳳来寺】 16①110,190
さんしゅうほんこうじ【参州本光寺】 43①15
さんじん【蚕神】 35①37,77,96,98,99,178,183/47②128
さんじんまつり【蚕神祭】→Z 35①**96**
さんねんのほうじ【三年の法事】 9①166
さんのう【山王】 60⑤282
さんのうかぐら【山王神楽】 1②209
さんばいいわい【三はい祝】 30③258
さんばいおろし【三盃おろし】 30③258
さんばいのあがり【さんばいのあがり】 9①82
ざんぼう【懺法】 24③356
さんぼうこうじん【三宝荒神】 35①96
さんまいやぶっかい【三昧耶仏戒】 27①256
さんや【産夜】 27①248
さんようじん【蚕養神】 47①10
さんれいさんせんじゅいんせいふくじ【蚕霊山千手院星福寺】 62④84

【し】

しうのまつり【止雨の祭り】 20①270
じおうど【じやうど】 24①94
しきばらい【四季祓】 24③355
しきび【式日】 27①247/43②135,174,178
しこくへんろにん【四国遍路人】 44①7
ししおどり【獅子踊】→N 1②209/61⑨324,325,326,327
ししまい【しゝまい】→Z 9①147
しじゅうくにち【四十九日】 9①161
しじゅうくにちほうじ【四十九日法事】 9①161,166
しじゅうに【四十二】 28②133
しじゅうにねんが【四十二年賀】 43③236
じしゅのかみ【地主の神】 27①229
じじょうじ【自成寺】 64①52,53,55
じぞうぼさつ【地蔵菩薩】→E 37③382
じぞうまつり【地蔵まつり】 43②176
したむかえ【下迎】 43③260,262
しちがつたなばた【七月七夕】 27①227/54①173
しちがつなのか【七月七日】→A 24①105
しちこんせん【七金山】 70②78,87,94,95,116
しちしょうさん【七松山】 45①51
しちねんのほうじ【七年の法事】 9①166
しちめんさんさんけい【七面山参詣】 1②210
しちやのいわい【七夜の悦、七夜之祝ひ】 27①248,251
しちやのしゅうぎ【七夜之祝儀】 42⑥407
じっそうぼう【実相坊】 24③351
じとうじ【慈等寺】 43③234,258,267
しながわまちべんてんかぐら【品川町弁天神楽】 1②209
しぶおとし【しぶおとし、渋落シ】 38④263/63⑥346
しほうはい【四方拝】 16①45
しゃかにょらいあそびび【釈迦如来遊日】 42⑥413
しゃかねはん【釈迦涅槃】 1②208
しゃかのねはんえ【釈迦の涅盤会】 25①38
しゃしょくしん【社稷神】 4①250
しゃしょくをまつる【社稷を祭る】 4①25
しゃにちのやすみ【社日の休】 25①73
しゃにちやすみ【社日休】 25①37
じゅういちめんかんのんさんけい【十一面観音参詣】 1②209
じゅうおうどう【十王堂】 24①94/64①52
じゅうおうまいり【十王参】 1②208
しゅうぎ【祝儀】→N、R 42②109/44①19,50/53④229/54①167/62⑥156/63③125,137/64④273
じゅうごにち【十五日】 16①49/25③266
じゅうごにちかゆ【十五日粥】 30①119
じゅうごや【十五夜】 38④268
じゅうごやのつきみ【十五夜の月見】 25③281
じゅうさんにちこう【十三日講】 43③262
じゅうさんねんのほうじ【十三年の法事】 9①166
じゅうさんや【十三夜】 25③282/36③267
しゅうし【宗旨】 36③214
しゅうしせん【宗旨銭】 42⑥378
じゅうしちかいき【十七回忌】 42④281
じゅうしちねんのほうじ【十七年の法事】 9①166
じゅうにしんさま【十二神様】 44①39,40,42,44
じゅうにしんしゃ【十二神社】 44①42
しゅうはんあそびび【宗判遊日】 42⑥378
じゅうよっかとしこし【十四日年越し】 28④357
じゅうろくだいぜんしん【十六大善神】 43①15
しゅみせん【須弥山】 10①199/70②77,78,79,80,81,95,102
じゅやくじ【寿薬寺】 66⑦365
しゅんれい【春礼】 25③270
しょうおうじ【性応寺】 43②150
じょうおんじ【常恩寺】 64④266,269
しょうがつ【正月】→P 5①30/10①122,176,②377/15①93/18②291/19②274/24①**11**/25①20,③**258**/27①232,235/28①35,④359/29②120/30①117/31②74/36①72,③171,173,322/37①7,②68/38②79,82,④265,276/42③175,177,178,179,④**254**,⑥409/43①8,③232/44①7/61⑩460/62①11,⑤116/67②107,⑥297,298,313/68④411
しょうがつがんじつ【正月元日】→P 27①236,251/28②127/36③158
じょうがっき【常月忌】 9①167
しょうがつくわぞめ【正月鍬初】 9③262
しょうがつさい【正月祭】 22①32
しょうがつさんがにち【正月三ケ日】 9①9/10①158/24③266/27①248,329
しょうがつついたち【正月一日、正月朔日】 9①143/18①64/27①15
しょうがつななくさ【正月七種】 63①53
しょうがつのしき【正月の式】 31⑤279
しょうがつのよそおい【正月の儀ひ】 27①225
しょうがつみっか【正月三日】 27①341,355
しょうがつもちつき【正月餅搗】→K 30①142
しょうきゅうじ【シヤウキウジ】 24①94
しょうけじ【しやうけ寺】 24①94
じょうげん【上元】 10②354
じょうげんじ【浄源寺】 66④200
じょうこういん【城光院】 24③356
じょうこうじ【常光寺】 42⑥388,391,400,420,430
しょうこんさい【招魂祭】 24①85
じょうし【上巳】→P 10②360
しょうじきむらかんのん【正直村観音】 42③189,190,196
じょうしのせっく【上巳の節句】 27①240
じょうじゅいん【成就院】 42③157
じょうしょうじ【浄照寺】 36③320
しょうつきやすみ【正月休】 29②137
しょうてっちせん【小鉄囲山】 70②95
しょうとくじ【正徳寺】 66①56
じょうどしゅうおんき【浄土宗御忌】 1②208
じょうどしゅうじゅうや【浄土宗十夜】 1②210
じょうどしんしゅう【浄土真宗】

36③268, 321
じょうみ【上ミ】 54①173
じょうみのみのひ【上ミの巳の日】 24①42
しょうみょうじ【勝妙寺】 43③234, 235, 236, 238, 239, 241, 244, 245, 246, 248, 249, 252, 253, 254, 255, 256, 257, 258, 261, 262, 263, 265, 267, 270, 272
しょうらいび【シヤウライ火】 24①98
じょうらくえ【常楽会】 44①12
しょうりょうだな【精霊棚】 27①233
しょうりょうまつり【精霊祭、精霊祭り】 38④266/42⑥391
しょうりょうむかい【生霊迎ひ】 25③279
しょうりんいん【松林院】 67⑤214
じょうりんじ【常林寺】 66③150, 153, 154
じょうりんじ【浄林寺】 66④218, 220, 223, 231
しょおんれい【諸御礼】 16①49
しょきばらい【暑気払ヒ】 38④261
しょくじょ【しよく女、織女】→おりひめ→M 19②430/35①223/38④264/47①36
しょっこうしん【職工神】 18②276
しょとくじ【諸徳寺】 63⑦383
しょや【初夜】 27①341
しらかたじんじゃ【白潟神社】 59③203, 204
しらかたみょうじん【白潟明神】 59③208
しらさわみょうじんしゃ【白沢明神社】 56①172
しろぞめ【代初】 29④270
しろみて【代充】 29②137
しろみていわい【代充祝】 29②137
しろみてのいわいび【しろミてのいわひ日】 9①85
しろみてやすみ【代充休】 29②137, 138
しんかいまつり【新開祭り】 42④272
じんぐうじ【神宮寺】 57②126
じんぐうよみや【神宮夜宮】 1②209
しんごんしゅうそのいみび【真言宗祖の忌日】 25①44
しんじ【神事】 28②281/34⑧311
じんじ【人事】 7②217
しんじさいれい【神事祭礼】 38④271
じんじつ【人日】 10②353/24①14
しんじゃ【信者】 16①54
じんしゃ【仁者】 16①47
じんじゃ【神社】→N 4①266/31④225/36③269, 270/37②68/62⑥156/63③103/66③142, ④189/70②118, 122
じんじゃさいれい【神社祭礼】 37②75
じんじゃぶっかく【神社仏閣】 14①86
しんしゅうじ【シンシウジ】 24①94
しんしょうじ【しんしやう寺】 24①94
しんじれい【神事例】 27①227
しんぜんみかがみなおし【神前御鏡直シ】 27①239
しんとう【神道】 16①60/17①131
しんとうはらい【神道祓】 40②86
じんなのか【尽七日】 66⑤292, 293
しんねん【新年】 14①162
しんばんぼう【信板坊】 24③351
しんぷくじ【真福寺】 36③159, 160/59①19
しんぶつ【神仏】→M 3④354
しんぶつさんけい【神仏参詣】 24①104
しんぶつのほうけん【神仏の奉献】 3③176
しんめいぐう【神明宮】→Z 64②115
しんめいぐうごさいれいさかだい【神明宮御祭礼酒代】 24③357
しんめいさま【神明様】 27①227/28②274
しんめいさんのうかぐら【神明山王神楽】 1②208
しんめいだいみょうじんゆたてあそびび【神明大明神湯立遊日】 42⑥437
しんりゅうじ【真龍寺】 66⑤305
しんれい【神霊】 17①13

【す】

すいじん【水神】 24③355/30②195/60⑤281
ずいほうじ【瑞峯寺】 43③234, 239, 252, 254, 258, 260, 269
すがやおにじんじゃ【菅谷鬼神社】 42③180
すきぞめ【すき初、耕初、鋤そめ、鋤初メ、犂初】→A 10②353/29②121/37③253/38④233/42⑥370, 409/62⑤127, ⑧245/67⑥264
すくなびこなのみこと【少彦名の尊、少彦名命】 6①200/22①10/35①78
すけしこう【助資講】 59①19
すこなひこ【小彦】 60⑦400
すさのおのみこと【素戔鳴尊、素盞烏尊】 51①11, 16/62⑧240, 242
すす【煤】→B、G、H、I 22③176
すすはき【煤掃】→A、N 36③333
すすはらい【煤払】→N 38④274/42④252, 270, 271, 283/52②85
すみよし【住吉】 61⑨303
すみよしおはらい【住吉御祓】 53④229
すみよしさいれい【住吉祭礼】 36③260
すみよしさま【住吉様】 42④256, 279
すみよしだいみょうじん【住吉大明神】 58②93/66⑦370
すみよしのおたうえ【住吉の御田植】 10②364
すみよしみょうじん【住吉明神】 50①36
すもう【角力】→N 33⑤255
すわ【諏訪】 36③270
すわおんしゃ【諏訪御社】 42③162
すわぐう【諏訪宮】 64①47, 48
すわぐうおはらい【諏訪宮御祓】 24③355
すわしゃ【諏訪社】 36③257
すわどう【諏訪堂】 42④265

【せ】

せいしぼさつ【勢至菩薩】 62②46
せいてんいわい【晴天祝】 42③175
せいでんのまつりごと【井田の政】→R 36①72
せいぼ【歳暮】 6①130/9①155/24③355, 357/25③287/27①259/36③214, 329, 332, 334, 336, 337/42⑥446/43③273/67⑥297
せいぼう【せいぼふ】 9①135
せいぼのれい【歳暮の礼】 10②378
せがき【施餓鬼】 24①92, ③356/42⑥430
せがきくよう【施餓鬼供養】 1①77/38④265/66⑤290
せがきまいり【施餓鬼参り】 40③236
せきでん【籍田、藉田】→R 12①46/36①73/37③253/67⑥264/68④411/69②186/70⑥371
せきどうさん【石動山】 42④261
せきぶしんしまい【堰普請仕廻】 36③229
せじきえ【施食会】 43①57
せち【せち】 43②122
せっき【節気】→P 38③201
せっきしゅうぎ【節季祝儀】 42⑥446
せっく【節供、節句】 10①122/24①34/25①43, 70, ③271, 273, 274/27①259/28②141/36③161, 189, 190, 220, 221, 222/37②78/40③222, 227/41②135/42④242, 277, ⑥377, 420, 423/43①26, 27, 41, 53, ③244, 251, 264/61⑨296/62⑥150/66⑤291
せっくおんれい【節句御礼】 61⑨347
せっくきゅうじつ【節句休日】 40③240
せっくのとりこし【節句の取越し】 25③282
せっくやすみ【節句休】 25③266/43③252/63⑦380
せっくれい【せつく礼、節句礼】 9①146/43③243, 264/63③121
せっつのくにてんのうじ【摂津国天王寺】 17①186
せつど【セツド】 24①15
せつび【節日】 24③267
せつぶん【節分】→P 10②378/25③261
せつぶんついな【節分追儺】 2⑤329
せつぶんとしこし【節分年越シ】

22③176
せつぶんのよ【節分の夜】 27①246
せりだにさん【芹谷山】 42④254
ぜんこうじ【善光寺】 48①155/66⑧391
ぜんこうじにょらい【善光寺如来】 35①196
ぜんこうじにょらいさま【善光寺如来様】 66⑤259
ぜんこうじまいり【善光寺参】 66③158
せんじゅいん【千手院】 67①23
せんしゅうじ【専宗寺】 43②185
せんじゅかんのん【千手観音】 62②46
せんじゅじ【千手寺】 48①20
せんぞねんき【先祖年忌】 67⑥297
せんぞのきょうさい【先祖の享祭】 3③176
せんぞのたまや【先祖の霊屋】 30①33,78
せんぞのとう【先祖之塔】 31②74
せんぞのねんかい【先祖之年回】 31②66
せんぞのはい【先祖の牌】 36③239
せんぞのびょうしょ【先祖之廟所】 34⑧300
せんぞのぼしょ【先祖の墓処】 36③251
せんたく【せんたく】→I、N 9①15
せんばおさめ【センバ納】 24①119
ぜんぽうじ【善法寺】 66④200
せんぼえ【遷暮会】 43①71
せんりゅうじさま【泉竜寺様】 42①34

【そ】

そうあそび【惣遊び】 42⑥430
そうおくりあそびび【惣送り遊日】 42⑥445
そうこうじ【宗江寺】 64①51,52,53,54,55
そうこくじ【相国寺】 57②188
そうしき【葬式】 9①157/42③156,④257,269,271,279,⑤336,⑥370,415,433,435/43②129,131,164,175,186,③260,261/44①26,28,29,30,35,40,51/63⑧427
そうせんじ【宗泉寺】 64④263
そうたいじ【崇台寺】 66④200
そうぶつさま【惣仏さま】 9①152
そうやままつり【惣山祭】 53④229
そうれい【葬礼】 23④**168**,169/35①211/36③329/43②178
そし【祖師】 36③301,320
そしき【祖師忌】 43①87
そしこう【祖師講】 43③244,252
そとば【卒都婆】 58⑤362
そばきりぶるまい【蕎麦切振舞】 36③292
そばのふるまい【そはの振舞】 36③291
そばぶるまい【そは振舞、蕎麦振舞】 36③290

【た】

だいえんじごずてんのうよみや【大円寺午頭天王夜宮】 1②209
たいきゅうじくまのよみや【袋宮寺熊野夜宮】 1②209
だいぎょういんぎょうじゃこう【大行院行者講】 1②208
だいこく【大黒】→N 10②352/16①**56**,59/40②69,73,74
だいこくてん【大黒てん、大黒天】 27①227,228/40②68
だいこくてんじん【大黒天神】 16①56,57,65
だいこんいわい【大根いわひ】 25③284
だいさん【代参】 23①113
だいさんふだ【代参札】 24③354
だいじさん【大慈山】 18①39
たいしどう【大師堂】 44①47
たいしのじんじゃ【太子ノ神社】 70②174
たいしゃく【帝釈】 10①199,200/46①105
たいしょういん【大正院】 24③357
だいじょういんまんみょうじ【大乗院満明寺】 66④188
だいじょうか【大乗家】 70②81
だいじんぐう【大神宮】 37②157
だいじんぐうさまのおはらい【大神宮様之御祓】 42③204
だいじんぐうたいま【太神宮大麻】 25③284
だいずめいげつ【大豆名月】 10②373
だいせがき【大施餓鬼】 66⑤290
だいせじきえ【大施食会】 43①25
だいちじ【大智寺】 42③150,182
だいてっちせん【大鉄囲山】 70②95
だいとくじだいほうが【大徳寺大奉加】 9①151
だいにち【大日】 60⑤281
だいにちにょらい【大日如来】 62②47
だいはんにゃ【大ハンニヤ、大はんにや、大般若、大盤若】 42④261,⑥372,410/43①17
だいはんにゃえ【大般若会】 43①11
だいふくじ【大福寺】 43②122
だいふくはがため【大福歯かため】 43③232
たいまでら【当摩寺】 15③390
たいや【待夜、逮夜、迨夜】 36③327/44①10/66⑤254
たいれい【大礼】→R 68④411
たいろうというれい【大牢といふ礼】 35①40
たうえいわい【田植いハひ】 20①73
たうえのひ【田植の日】 25①50/36③165
たうえのれい【田植の礼】 9①85
たうえはじめ【田うへ初、田植初】→A 10②364/41③174
たうえぶるまい【田植振舞】 36③207
たかおかずいりゅうじ【高岡瑞立寺、高岡瑞龍寺】 6①82/42④272
たがかんのんいん【多賀観音院】 24③353
たがぐう【多賀宮】 59③215,220,221,228,233
たかさかいなり【高坂稲荷】 42③157,174
たがだいみょうじん【多賀大明神】 43①71
たきはじめ【たき始】 10②354
たぐさやすみ【田草休】 43③257
たけのはないなり【竹のはないなり】 59①11
だしこ【大師講】 9①130,153
たつた【龍田】 10②364
たてのかく【楯の閣】 36③251
たてのそん【楯の尊】 36③250
たてのそんぞう【楯の尊像】 36③255
たなぎょう【棚経】 43③257,258
たなくらじょうりゅうじ【棚倉常隆寺】 56②240
たなばた【七夕】→P 10②369/19②430/24①98,③267/25③278/33⑥345/38④264/42⑥390/44①37/61⑨321
たなばたせっく【七夕節句】 27①242
たなばたのせっく【七夕の節句】 37②82/43①54
たなばたまつり【七夕祭】 1②166
たなまつり【たな祭り】 28②204
たにくみさん【谷汲山】 43①53
たねまきはじめ【種子蒔初】→A 19②365
たねまつり【種子祭】 6①77
たのうちぞめ【田の打初】 25①24
たのかみ【田の神】 10①8,②375/19②415,424/20①77,335/30①120
たのかみふだ【田神札】 24③356
たのかみまつり【田ノ神祭】 1②210
たのかみをまつる【田の神を祭る】 19②418
たのまれのついたち【たのまれの朔日】 25③281
たのみ【たのミ】 9①100
たのみのせっく【たのみの節句】 24①108
たのみのついたち【たのみの朔日】 25③281
たのむのせっく【たのむの節句】 10②371
たのも【田の面】 36③259
たのものいわい【頼の祝ひ】 25①71
たはたたがやしはじめ【田畑耕し始】 68④411
だび【荼毘】 43③261
たびこうでん【たび香でん】 9①168
たまつり【田祭、田祭り】 6①55,77,②274/42④267
たままつり【魂祭り】 36③249
たもんてんのう【多聞天皇】 10①8

だるまき【達磨忌】 43①75
たわらびらき【俵開】 42⑥410
たをまもるかみ【田を守神】 30①117
だんおつ【檀越】 70②60,63,64,68
だんか【旦家】 36③333
たんご【端午】 10②366/24③267
たんごせっく【端午節句】 27①241
たんごのいわい【端午の祝ひ】 25①58
たんごのくにおおばらのやしろ【丹後国大原神社】 35①23
たんごのせっく【端午の節句】 66⑤291
たんごみょうきゅうじ【丹後妙久寺】 43③261
だんな【旦那】 24③265
たんないごんげんしゃ【丹内権現社】 56①164
だんなでら【旦那寺、壇那寺、檀那寺】 30①119/36③160,172,178,201,239,248,251,252,261,300,301,322,334/38④265,266
だんなでらめいきょうじ【旦那寺明鏡寺】 36③173

【ち】

ちそくあん【知足庵】 43③258,269
ちぢみおりはじめのひ【縮織始の日】 53②132
ちょうけいじ【長慶寺】 43①71,87
ちょうごくじ【長国寺】 66⑤290
ちょうとじ【帳とぢ】 10②353/43③234
ちょうはいび【長配日】 42④254,255
ちょうよう【重陽】→P 10②372
ちょうようせっく【重陽節句】 27①244
ちょうらくじ【長楽寺】 9①9,135,143,155,161,165,166/43③244
ちょうらくじおこう【長楽寺おこふ、長楽寺御講】 9①89,124,148
ちょうらくじごくごくだいほうが【長楽寺極々大奉加】 9①150
ちょくしがんじょうじ【勅使願成寺】 42⑤322
ちんじゅ【鎮守】 20①270/24③355/25③283/36③269
ちんじゅしゃ【鎮守社】 25①70
ちんじゅどう【鎮守堂】 25①37
ちんじゅのみや【鎮守の宮】 25③270,280,282

【つ】

ついぜんいけばな【追善生花】 44①9
ついぜんちゃかい【追善茶会】 44①9,14
ついたち【朔日】 16①49/25③266
ついたちごさいれい【朔日御祭礼】 24③267
ついたちゆう【朔日夕】 27①227
つきいみ【月忌】 9①167
つきぞめ【春そめ】→A 10②353
つきだて【築館】 1②208
つきなみ【月並】 36③173/43②190
つきなみのおより【月並の御寄り】 36③190
つきなみほうらく【月並法楽】 24③357
つきまち【月待】 68④401
つきみ【月見】 25①73,76/59①21
つきよみのみこと【月読尊】 37③382
つくりぞめ【作初メ】 40③215
つしま【つしま、津嶋】 24③353/42⑥373
つしまこうせん【津しま講銭、津嶋講銭】 42⑥387,413
つつに【筒煮】 25③263
つなうち【つな打】 4①10
つなひき【綱引】→N 42④254
つやほうだん【通夜法談】 36③321
つゆけのぼん【露気の盆】 24①101
つるがおかはちまんぐう【鶴岡八幡宮】 54①168
つるぎごんげん【劔権現】 25③272

【て】

でぞめ【出初】 6①32
てっちせん【鉄囲山】 70②78,79,80,87,88,95
てなずち【手摩乳】→あしなずち 51①11,16
てら【寺】 28②220/36③221,253
てらおこう【寺御講】 27①239
てらかた【寺方】 9①144
てらさんけい【寺参詣】 42④258
てらふせ【寺布施】 43③240,268
てらへまいる【寺へ参る】 27①349
てらまいり【寺まいり、寺参り】 9①130,153/36③190/42⑥432
てらまちかんのんどう【寺町観音堂】 66①41
でんじ【殿寺】 66⑥340
てんしょうだいじん【天照太神、天照大神】→あまてらすおおみかみ 13①314,336,338/47①10
てんじん【天神】 30①141
てんじんこう【天神講】 36③180
てんじんさいれい【天神祭礼】 38④239
てんじんさんけい【天神参詣】 1②208
てんしんちぎ【天神地祇】 5③285/21⑤221
てんじんばやしさいれい【天神林祭礼】 24③266
てんじんまいり【天神参り】 43②169
てんちのしんれい【天地の神霊】 17①72
てんどうぐう【天道宮】 64②115
てんのう【天王】 36③270
てんのうさま【天王様】 42③178/66⑥333
てんのうじろうもん【天王寺楼門】 49①240
てんのおりひめ【天の織女】 35①213
てんましゃ【手間社】 59③228
てんまてんじんぐう【天満天神宮】 10②371

【と】

とうえいさん【とうゑい山】 60①42
とうこうじ【東光寺】 43①9,11,14,15,17,20,25,26,44,45,50,57,62,66,71,75,89
とうさいこまちりやき【当歳小馬ちりやき】 27①251
とうさいばちりやきいわい【当歳馬ちりやき祝】 27①247
とうじ【東寺】 12①253,254
どうじょう【道場】 36③178/43②126,184
とうしょうぐう【東照宮】 45⑦425/66④189,200
とうしょうごんげん【東照権現】 60①42
とうしょうだいしんくん【東照大神君】 20①351
どうそじん【道祖神】 25①26
どうそのかみ【道祖の神】 20①225
とうだいじ【東大寺】 25③291
どうとうがらん【堂塔伽藍】 14①86
とうふくじ【東福寺】 40②72
とうみょうりょう【灯明料】 47⑤252
どうむかえ【道迎】 43③260
どうやしろごこくじんかぐら【堂社五穀神神楽】 1②208
どうやしろよみや【堂社夜宮】 1②208
とうらくじ【東楽寺】 43③242,258
とうれんじ【東蓮寺】 45⑥297
とおかこう【十日講】 43①82
とがくしやまほうこういんじょうせんいん【戸隠山宝光院常泉院】 24③352
とき【斎】 23④169/27①234/34⑧310,311/42④266
ときまいりょう【とき米料】 9①124
どきょう【読経】 42⑥388,400
とくぜんじ【徳善寺】 36③161
とざのさじんじゃ【都坐ノ佐神社】 30①119
としがみさま【歳神様】 67②107
としごいのまつり【としごひの祭】 62⑦176
としごえのばん【としごへの晩】 9①154
としこし【とし越、年越】→P 10②354/31②87
としだま【年玉】→N 42⑥370,409,410
としとくじん【歳徳神、年徳神】 10②352/27①228/40③214/67⑥313/68④401
としとり【年とり、年取り】 25③287/36③336
としまいまつり【祈年祭り】 69②187

どじん【土神】 10②353,354,357,363,372,373,374/12①110,157/21①8/23⑥303/61①36,37,⑥191
とちのかみ【土地の神】 37③361/62⑧250
とちのしん【土地の神】 12①157
どっこしちめんさんけい【独孤七面参詣】 1②208
となみのじいん【戸波の寺院】 36③256
とのさまおまつり【殿様御祭り】 29④271
とのさまぼん【殿様盆】 42④255,279
とのせすわかぐら【外瀬諏訪神楽】 1②208
とゆけのすめらおおみかみ【豊受皇大神】 23④172
とようけのおおみかみ【豊受ノ大神】 69②242
とようけのかみ【豊宇気廼茄実、豊受の神】 24①164,175
とようけびめ【豊受姫】 69②262
とようけひめのかみ【豊宇気毘売ノ神、豊受姫ノ神】 47②128/69②202,243
どようふるまい【土用振舞】 25③276
とよおかさんのうしゃ【豊岡山王社】 43③265
とりおい【鳥追】→A、M
20①335
とりこし【取越】 43③243/44①17
とりこしほうじ【取越法事】 44①52
とりのくち【鳥ノ口、鳥の口】→N
20①54/23①48/24①36
とりのくちやき【鳥の口焼】 30①33
とりみのはじめ【取実の始】 25①72
とろへい【とろへい】 9①145
とんどう【とんどう】 28②133

【な】

ないくう【内宮】 24③352
ないせんじ【ないせん寺】 24①94
ないぞめ【ナイゾメ】 24①11,16
ないぶつみかがみおろし【内仏御鏡下シ】 27①238
なえやく【苗厄】→A
41③172
なかじまぐんいちのみや【中島郡一之宮】 64②119
なかのくにち【中ノ九日】 24①117
ながやごずてんのう【長屋牛頭天王】 43①48
ながれしょうがつ【流れ正月】 25③266
なげもち【擲餅】 62⑥156
ななくさ【なゝ草、七種】→E、N
39③144/40③215
ななくさたたき【七草たゝき】 28②129
ななくさのせっく【七草の節句】 25③261
なのかまいり【七日参り】 9①161,166
なべ【鍋】→N
27①307
なべかまやすみ【鍋釜休み】 25③265
ならなんえんどう【南都南円堂】 54①168
なりいわい【鳴祝ひ】 25①20
なわしろそなえもの【苗代そなへ物】 28②144
なわないぞめ【なはなひぞめ、縄ないそめ】 27①266/43③232
なわのないぞめ【縄のない初】 25①23
なわのよりぞめ【縄のより初メ】 24①16,17
なんしゅんじ【ナンシユンジ】 24①94
なんととうだいじ【南都東大寺】 70②116
なんとほっけじ【南都法華寺】 60②112

【に】

にいくそびめ【新糞姫】→はにやすびめのみこと
69②242
にいぼん【新盆】 38④266
にいやまごんげんしゃ【新山権現社】 56①173
におつひめのかみ【保津姫神】→はにやすびめのみこと
69②242
にがつのせつど【二月の節人】 24①32
にしほんがんじ【西本願寺】 36③285
にじゅうごねんのほうじ【廿五年の法事】 9①167
にじゅうはちにち【廿八日】 16①49
にじゅうはちにちしょうがつ【廿八日正月】 24①15
にちげつふううのまつり【日月風雨の祭り】 22①32
にひゃくとおか【二百十日】→C、P
24③267
にひゃくとおかかぜのぼん【二百十日風盆】 42④238
にひゃくとおかとりこしあそびび【二百十日取りこし遊日】 42⑥430
にひゃくとおかれいあそびび【二百十日礼遊日】 42⑥430
にほんさんしょべんざいてん【日本三所弁才天】 35②406
にゅうさいじ【入西寺】 66⑤256
にわあがり【庭あかり、庭上り】 27①386/37②88
にわあげ【場あげ、庭上ケ、庭揚】→A
27①203/41③179/43③270
にわじまい【庭仕舞】→A
27①203
にんなじ【仁和寺】 13①213

【ぬ】

ぬまくないみどうかんのん【沼宮内御堂観音】 56①164

【ね】

ねこみや【猫宮】 3①56
ねずみおくり【鼠おくり、鼠送り】 19②297/66②120
ねはん【涅槃】 40③218
ねはんえ【ねはん会、涅槃会】 25③270/36③180
ねはんき【涅槃忌】 43①20
ねはんぞう【ねはんざう、捏槃像、涅槃像】 27①233/36③180/40②70,71,72,73
ねむたまつり【合歓祭】→Z
1②209
ねむりながし【ねむり流し】 61⑨321
ねんが【年賀】 6①130
ねんきとむらい【年忌弔】 28②133
ねんこくふにょうのまつり【年穀豊饒の祭】 10②364
ねんし【ねんし、年始】 9①9,12,143,144/24③356,357/31②87
ねんしのれい【年始の礼】 24①12
ねんとう【ねんとふ、年頭】 9①9,10/27①259/42④254
ねんとうごしゅうぎ【年頭御祝儀】 36③174
ねんとうのおれい【年頭の御礼】 43②122
ねんとうのごしゅうぎ【年頭の御祝儀】 36③173
ねんとうのれい【年頭の礼、年頭之礼】 36③175/47⑤248
ねんとうれい【年頭礼】 44①7
ねんぶつ【念仏】 66⑥337
ねんぶつえこうやすみ【念仏回向休】 43③263
ねんれい【年礼】 32①5/36③161,172,174/42③150,151,152,153,156,⑤315,⑥370,372,409,410/43③232,234,237,238,239/44①9,10,11/63③121,⑦356,358/64④274,285,290,293
ねんれいやすみ【年礼休】 63⑦357

【の】

のあがりしょうがつ【野上り正月】 42③174
のうぎょうのかみ【農業の神】 7②373
のうぐいわい【農具祝】 30①119
のうぐび【のふぐ日】 9①14,144
のうだて【農立】→A
25③270
のうはじめ【農はしめ】 37②69
のうまんじ【能満寺】 44①45
のうやすみ【農休、農休ミ、農休み】→N
25③274/42⑥385,422/43①45
のえびすまつり【野恵比須祭】 1②210
のざき【野崎】 43②125
のせおふだ【能勢御札】 43③261
のはつまわり【野初廻り】 43②121
のやすみ【野休み】→N
36③222
のやすみちゃのこ【野休み茶の子】 36③222
のりだめし【乗リ試シ】 62⑥

156

【は】

はいおくり【はい送り】 27①249
はいしょじ【牌所寺】 67⑤212
はいそう【はいそう、はいそふ、はい葬】 9①158, 159, 160, 164, 165
はか【墓】 16①324
はかそうじ【はかそふじ、墓掃除】 42⑥429/43②210
はかそろえ【墓そろへ】 43③257
はかまいり【墓参り】 24①98/37②85/42⑥372/43③248, 254, 258, 259, 267, 268, 270
はきぞめ【ハキ染メ、掃そめ】 10②353/56①72
はくうんじ【白雲寺】 64②115
はくさん【白山】 64②118
はくさんだいごんげん【白山大権現】 27①228
はくさんまつりまと【白山祭的】 42⑥436
はくちょうさん【白鳥山】 42⑥428
はしいわえ【はしいわへ】 9①150
ばしょうき【芭蕉忌】 42④245
はちおうじじゅうや【八王子十夜】 59①57
はちがつじゅうごにち【八月十五日】 28②211
はちがつついたち【八月朔日】 24③267
はちじゅうねんが【八十年賀】 43③236
はちじゅうはちかしょまいり【八十八ヶ所参り】 27①295
はちじゅうはちのいわい【八十八乃祝】 42⑥411
はちまん【八幡】 36③270/60⑤281
はちまんぐう【八幡宮】 10②371/16①60/42④272/64①47, 48
はちまんぐうかぐら【八幡宮神楽】 1②208
はちまんぐうさいれい【八幡宮祭礼】 1②209
はちまんぐうさんけい【八幡宮参詣】 24③267
はちまんさま【八幡様】 43①45
はちまんさままつりあそびび【八幡様祭り遊日】 42⑥433
はちまんしゃ【八幡社】 36③261
はちまんみだにょらい【八幡弥陀如来】 62②47
はついり【初入】→N 43③248
はつうま【初午】 1②208/2⑤329/7②373/24①26/25①38, ③269/40③217/42⑥375/43②130/47①43, 44, ②128/55③254
はつうまのひ【初午ノ日】 27①245
はつうままつり【初午まつり】 35②285
はつおをくぐ【初尾おくゝ】 41⑤253
はつかぎおん【廿日祇園】 24③267
はつかこう【二十日講】 36③170
はつかしょうがつ【二十日正月、廿日しようがつ、廿日正月】 9①16, 145/24①14/25③266/37②70
はつこう【初講】 43③235
はっさく【八朔】→P 25③281
はつたいや【初退夜】 43①9
はつばらい【初払】 30①87
はつはる【初春】 16①49
はつひな【初雛】 43③236
はつほ【初穂】 23①113/31③116/36③333/43①83/47⑤251/62⑧250
はつほしんのう【初穂進納】 24③351
はつやま【初山】 28②128/43②121
はつれい【初礼】 40③227
ばとうかんのん【馬頭観音】 24①55
はなかい【花会】 44①22
はなまきえんまんじ【花巻円満寺】 56①164
はなまつり【花祭り】 42⑥404
はにつれいしん【土津霊神】 18①175, 176/20①351
はにやすびめのみこと【埴安姫命】→にいくそびめ、におつひめのかみ 69②242
はまさきかみまつり【浜崎神祭】 31⑤278
はりさいおんな【はりさい女】 10②352
はりせんぼこう【はりせんぼ荒】 25③285
はるなさんみやのぼう【榛名山宮之坊】 24③353
はるなます【春鱠】 44①23
はるのくわいれはじめ【春の鍬入初】 19②365
はるまつり【春祭、春祭り】 20①334/27①228, 241
ばれきじん【馬櫪神】 60③131, 143
はんあそび【半遊び】 42⑥415
はんこだいおう【盤古大王】 10①8
ばんどりび【はんとり日】 42④255

【ひ】

ひえぼうあわぼう【稗棒・粟棒】 42⑥372, 410
ひかわみょうじん【氷川明神】 67①13, 23
ひがん【彼岸】→P 10①122/25③270
ひがんえ【彼岸会】 36③178
ひがんのちゅうにち【彼岸の中日】→P 24①27
ひがんまいり【彼岸参り】 42⑥375
びしゃ【毘沙】 10①8
びしゃもんてん【毘沙門天】 24①21
びしゃもんてんのう【毘沙門天王】 70②67
ひちやいわい【七夜祝ひ】 27①248
ひでりあまごい【旱魃雨乞】 62②36
ひのおおみかみ【日ノ大御神】 23①6
ひまち【日待】 22①32/28②133/40③230, 241/42③191, 192, 193, ⑥370, 383, 384, 385, 391, 397, 409, 415, 420, 422, 435, 436/63③121, 136, 137/68④401
ひまちあそびび【日待遊日】 42⑥438
ひまちきゅうじつ【日待休日】 63③105
ひみぜんそう【氷見禅僧】 42④239
ひむろのせっく【氷室の節句】 24①80
ひもとき【紐解】 38④253
ひもろぎ【ひもろぎ、神籬、脤】 10②357, 375/30①32, 56, 77
ひゃくしょうのはなみ【百姓の花見】 25③281
ひゃくたくじ【百沢寺】 1②180
びゃっこじ【白狐寺】 1②208
びゃっこじさんけい【白狐寺参詣】 1②209
ひらおか【平岡】 10②354/43②124
ひろさきねんちゅうぎょうじ【弘前年中行事】 1②208
ひろせ【広瀬】 10②364

【ふ】

ぶう【舞雩】 10②368
ふうちんさい【風鎮祭】 25③281
ふかすなみやかぐら【深砂宮神楽】 1②208
ふかすなみやさんけい【深砂宮参詣】 1②208
ふかつやくしじ【深津薬師寺】 44①37
ふくおかじ【福岡寺】 42④267
ふくじゅいん【福寿院】 43③257
ふくじょうじ【福成寺】 43③268
ふくらぐう【福浦宮】 27①229, 340
ふくらまつり【福浦祭】 27①242
ぶけいわい【武家祝】 1②210
ふげんぼさつ【普賢菩薩】→E 37③382/62②47
ふじみや【ふじ宮】 59②122
ぶしゅうかなざわしょうみょうじ【武州金沢称名寺】 54①153
ふたごじまべんざいてん【双子嶋弁才天】 58⑤312
ふたほしまつり【二星祭】 1②209
ぶっかく【仏閣】 31④225/63③103/66③142, ④189/70②86, 87
ぶつじ【仏事】 36③168
ぶつじさくぜん【仏事作善】 36③171, 178
ぶつじほうじ【仏事法事】 27①254
ぶつじれい【仏事例】 27①232
ぶっしん【仏神】 3④355/5①164/16①55/17①154
ぶっしんごさいれい【仏神御祭礼】 16①49
ぶつぜんおはな【仏前御花】 43①21
ぶつだん【仏壇】 43③258/66⑥337
ぶつどう【仏道】 17①131/21⑤218

ふっとごんげん【古戸権現】 42⑥399
ぶっぱんこう【仏飯講】 43①64
ぶっぽう【仏法】 21⑤219
ぶっぽうはじめ【仏法初メ】 40③215
ぶつみょう【仏名】 42④245
ふどう【不動】 27①230
ふどうそんこうみょうまんだら【不動尊光明曼多羅】 27①232
ふどうみょうおう【不動明王】 62②47
ふなおろし【船ナ卸シ】 62⑥156
ふなだま【船魂】→Z 58④246
ふなまつり【船ナ祭】 62⑥156
ふねいわい【船いわひ】 25③262
ふねのりぞめ【船乗初】 58④246
ふゆしょうがつ【冬正月】 31⑤269
ふるのやしろ【布留社】 15③390
ふるまいのせつ【振舞之節】 24③278
ふるやしろ【ふる社】 15③392
ふんぼ【墳墓】 36③156,250
ふんぼぼだいじ【墳墓菩提寺】 25③259

【へ】

へびのみや【筌の宮】 59③216
べんざいてん【弁財天】 42④237,247
へんしょうじかんのんさんけい【遍照寺観音参詣】 1②209

【ほ】

ほういんのか【報因の果】 35①184
ほうえ【法会】 24①85
ほうおんこう【報恩講、法恩講】 9①152/24①94,134/25③285/36③301,302,320/43②181,185,197,198,199,200,③268/44①50
ほうが【ほふが、奉加】→N 9①150/36③328/42⑥446
ほうかい【法界】 1②209
ほうじ【法事】 9①161,167
ほうじなどぶつじ【法事等仏事】 27①234
ほうじょうえ【放生会】 10②371
ほうしょうじ【法昌寺】 42③150
ほうそうがみ【疱瘡神】 24③355
ほうみょういん【宝明院】 64④257
ほうらいくいつみ【蓬莢喰摘】 14①162
ほうらいじ【鳳来寺】 40②40/42⑥383/48①344
ほうらいのかざり【蓬莱のかざり】 14①169
ほうりゅうじ【法隆寺】 15③390,392
ほがけ【ほがけ、穂かけ、穂がけ、穂掛、穂掛ケ、穂懸】 17①141/19②429,430/20①97,335/30①77,78/31⑤272/33⑥322/43③262/61①50,56
ほくしんそんせい【北辰尊星】 6①200
ほこじごんげん【鉾持権現】 67⑥268
ぼさあげ【菩薩揚】 49①211
ぼさつ【菩薩】→N 5③246/16①228/17①13,129
ぼしょ【墓所】 25①70/34⑧300/36③249,251/57①23
ぼだい【菩提】 31③107
ぼだいじ【菩提寺】 25①88,③278/27①233,236
ぼだいしょ【菩提所】 25①70
ほっけこうじゅう【法華講中】 43③255
ほっけしゅうおんなこう【法華宗御名講】 1②210
ほとけ【仏】→S 16①228/17①13,129
ほねひろい【骨ひろい】 43③261
ぼん【ぼん、盆】→P 1①38/6②274/9①94/10②370/18②291/25③266,280/27①337/31⑤260/36③248,251,252/37②85/38④264/42④273/67⑥297
ぼんうちついたち【盆うち朔日】 25③278
ぼんおどり【盆踊、盆踊り】 1②209/25③280/61⑨324,326,328
ほんがんじ【本願寺】 15②296/33②131/64④268
ほんがんじしゅう【本がんじ宗】 53①20
ぼんき【盆季】 33⑥345
ほんこ【ほんこ】 24①94
ほんこうじ【本光寺】 66④223
ほんこうじ【本高寺】 43③261
ほんごくじ【本国寺】 38④274
ほんざんのみょうが【本山の冥加】 23④171
ぼんじたく【盆支度】 63⑥348
ぼんじゅうきゅうじつ【盆中休日】 36③256
ぼんじゅうよっか【盆十四日】 24③267
ぼんしょうがつ【盆正月】 5①180
ぼんしんじ【盆神事】 28①35
ぼんすすはらい【盆すゝはらひ】 28②202
ぼんそうじ【ぼんそふじ、盆掃除】 9①94/24①98/25③279
ぼんぞうり【盆草履】 24①102
ぼんそなえ【盆供】 42⑥391
ぼんだな【盆棚、梵棚】 37②85
ぼんちゅう【盆中】 36③258,322
ぼんちゅうたままつり【盆中魂祭】 1②167
ぼんてん【梵天】 46①105
ぼんながれ【盆流れ】 25③280
ぼんのやぶいり【ほんのやぶ入】 28②204
ぼんまいり【盆参、盆参り】 36③239,248,252/43③257
ほんまつり【本まつり】 9①151
ぼんまつり【盆祭り】 10①122
ほんゆだてそうあそびび【本湯立物遊日】 42⑥424
ぼんれい【盆礼】 9①146/25①70/42④272/43③258
ぼんれいのとりやり【盆礼のとりやり】 9①94

【ま】

まいだま【まい玉】 25①25,③263,266
まつお【松尾】 24③355
まつおか【松岡】 27①340
まつおじ【松尾寺】 27①227,230,232
まつおじきょうしょう【松尾寺経誦】 27①228
まつおじほんしゃ【松尾寺本社】 27①228
まつおだいみょうじん【松尾大明神】 27①227
まつおみょうじんのうじこ【松尾明神之氏子】 27①244
まつおみょうじんのみこしごこう【松尾明神の神輿御幸】 27①228
まつがおか【松か岡】 27①228
まつしまみょうじん【松嶋明神】 66④200
まつり【祭、祭り】 5①128/9①108/27①337/28④359/33⑤255
まつりごと【祭ごと】 20①94
まめうち【豆うち、豆打】 7②328/28②275
まゆだま【繭玉】 25③263
まりしてん【まり四天】 66①58
まんしょうじ【満勝寺】 24③355
まんだら【曼陀羅】 43③242
まんぷくじ【万福寺】 42④269,281,283

【み】

みきあげあそびび【神酒上ケ遊日】 42⑥393,420,424
みこまい【神子舞】 40③229,231,241
みしまのみょうじん【三嶋の明神】 20①273
みずたにだいみょうじん【水谷大明神】 35①22
みたちのやきごめこしらえ【みたち之やき米拵】 42③165
みっか【三日】 25③271
みっかさなぶり【三日サナブリ】 2④286
みっかしょうがつ【三日正月】 25①56
みっかのしゅうぎ【三日之祝儀】 63③104
みつぞういん【密蔵院】 64②115
みとしのかみ【御年の神】 23①65
みなくちいわい【水口祝イ】 41③174
みなくちまつり【水口祭、水口祭り】→Z 30①33,57/37②76
みなくちまつる【水口まつる】 40②36
みなとまちしんめいさまごさいれい【湊町神明様御祭礼】 61⑨314
みののくにすはらたいじん【美濃国洲原大神】 23①113
みのぶもうで【みのぶ参詣】 45①47
みのり【御法】 42⑥416
みのわかんぬし【箕輪神主】 24③351
みのわだいじんぐうおふだ【箕輪太神宮御札】 24③357
みみょうどう【みミやう堂】

66⑦364
みや【宮】→N 9①149
みやこうおはらい【宮講御祓】 24③354
みょうおういん【明王院】 44①27
みょうきょうじ【妙経寺】 43③249,250,261
みょうけんこう【妙見講】 43③270
みょうけんだいぼさつ【妙見大菩薩】 6①200
みょうじん【明神】 24①91
みょうちょうじ【妙長寺】 43③270
みょうれんじ【妙蓮寺】 44①28
みろくのよ【みろくの世】 33②127

【む】

むいかとしこし【六日年越、六日年越し】 28②129,④357
むかいせがき【迎イ施餓鬼】 42⑥391
むかえせがき【迎施餓鬼】 42⑥430
むかえび【迎火】 24①98
むぎのかりはじめ【麦の刈初】 19②367
むぎはつお【麦初尾】 19②429
むぎはつほ【麦初穂】 10②369/43①45,71
むぎひまち【麦日待】 42⑥418
むしおい【虫追、蝗逐】 15①22,24,68,70
むしおくり【むしおくり、虫おくり、虫送、虫送り、蝗をくり】 6②317/11④178/15①22,24,68,72/19②275/23①113/27①250/30①76,130,③264/35①78,82/37③326/39④212,214/43③256
むしおどり【虫踊】 33⑤253
むしよけまつり【虫除祭】 24①84
むすびのおおかみ【産霊ノ大神、産霊大神】 69②184,192,201
むすびのかみ【産霊神】 69②379
むすびのみあや【産霊ノ神機】 69②188
むねあげ【棟上】→N 43②133,138
むらかたねんれい【村方年礼】 67⑥297
むらごこうちゅう【村御講中】 36③322
むらのてら【村の寺】 36③334
むりょういん【無量院】 66③154

【め】

めいげつ【名月、銘月】 24①109/36③261
めいにち【命日】 36③327
めふじんじゃ【売布神社】 59③202

【も】

もちいれい【もちい礼】 42⑥372
もちきり【もち切】 18①64
もちどまり【餅泊り】 25③266
ものび【ものび】 24③316
もみ【籾】→B、E、I、N、R、Z 24③352,353,354,356
もめんぼうず【木綿ほうす】 42③166
もりもの【盛物】 12①389/67⑤213
もりものりょう【盛物料】 44①40
もれあげ【モレ上ケ】 24①122
もんじゅぼさつ【文殊菩薩、文珠(殊)菩薩】 10①8/37③382/62②47
もんようじ【門葉寺】 64④303,304

【や】

やおよろずのかみふだ【八百万神札】 24③356
やぎとう【家祈祷】 42④254/44①35
やきゅういなり【箭弓稲荷】 42③157,163,172,174,176,180,191,201
やくし【薬師】 36③270/42⑥370,409/60⑤281
やくしどう【薬師堂】 36③204/42③169,190,⑥416/66⑦363
やくしのえんにち【薬師の縁日】 36③204
やぶいり【やふ入、薮入、養父入、藪入】 8①156/25③283/28②133,205/43②124
やぶだいみょうじん【養父大明神】 35①22
やまいり【山入】→R 22⑤349
やまいりはじめ【山入始】 38②79
やましろのくにみょうしんじ【山城国妙心寺】 56①54
やまとひめのみこと【倭姫命】 69②299
やまとみょうじん【大和明神】 15③393
やまなむらこうだいじ【山名村広大寺】 45⑥289
やまのかみ【山ノ神、山の神、山神】 24①14,26/30①119/56①172/60⑤281/61⑨327,339/70②144
やまのかみのせちえ【山神の節会】 10②353
やまのかみまつり【山神祭、山之神祭】 27①230,238/53④230
やまのかんのんざんほう【山ノ観音儀法】 1②208
やまのこう【山講】 24①13
やまのこうあそびび【山ノ講遊日、山の講遊日】 42⑥375,399,438
やまのてら【山之寺】 43②138
やままつり【山祭、山祭り】 27①230,245/53④233
やまよりこう【山寄講】 43①47,91

【ゆ】

ゆいしょうじ【唯称寺】 42④277
ゆうきゅうさんごさいれい【悠久山御祭礼】 25③281
ゆうきゅうさんさいれい【悠久山祭礼】 25①74
ゆうぜっく【夕節句】 24①66
ゆきごおりをうる【雪氷ヲ売ル】 1②209
ゆぎょうじ【遊行寺】 36③328
ゆだて【湯立テ】 42⑥394
ゆだてあそびび【湯立遊日】 42⑥396,401
ゆだてそうあそびび【湯立惣遊日】 42⑥429
ゆどのはじめ【湯殿初】 43③232
ゆばな【湯花】 24①108

【よ】

ようきまつり【陽気祭り】 67⑥306
ようさんだいみょうじん【養蚕大明神】 35①178/37③382
よっかまつり【四日祭り】 66⑥344
よねやまやくし【米山薬師】 25①53

【ら】

らいじんのまつり【雷神の祭】 37②79
らいでんじ【雷電寺】 38④274
らかん【羅漢】→F 40②72/70②63
らくようとうふくじ【洛陽東福寺】 54①154

【り】

りっしょうじ【立正寺】 43③238,250,261
りゅうぐうこう【竜宮講】 59③221
りゅうぐうのやしろ【竜宮の社】 16①281
りゅうしょういん【龍昌院】 67②96
りゅうしょうぜんじ【龍昌禅寺】 58⑤362
りゅうふくじ【竜福寺】 57②126
りょうだいじんぐう【両大神宮】 47③166
りょうどこう【両度講】 24①134
りょうはじめ【漁初】 58④246
りんせんじ【林泉寺】 64④243,247,253

【る】

るいしゅうのねんれい【類衆之年礼】 43③236

【ろ】

ろうじつ【臘日】→P 24①139
ろうはちき【臘八忌】 43①89
ろうはちのぜんじょう【臘八之禅定】 43③271
ろくさい【六斎】 40③236
ろくさいねんぶつ【六斉念仏】 15①24
ろくじぞう【六地蔵】→Z

*64*④282, 296
ろくじぞうそんせきぞう【六地蔵尊石像】 *27*①233
ろくじゅういち【六十一】 *28*②133
ろくじゅういちねんが【六十一年賀】 *43*③236

【わ】

わかぎむかい【若木迎ヒ】 *24*①12
わかなとり【若菜取】 *40*③214
わかひるめのみこと【稚日女尊】 *35*①21, 222
わかみず【わか水、若水】→B *10*②352/*25*①20, ③260/*28*②127
わかむすびのかみ【稚産霊日神】 *35*①21
わかむすびのしん【稚産霊神】 *35*①97
わかむすびのみこと【稚産霊尊】 *35*①96
わこういん【和光院】 *66*④189, 200
わさうえ【わさ植】→A *41*⑤232
わさんこう【和讃講】 *24*①134
わせとり【わせとり】→A *9*①149
わたかいたん【綿廻旦】 *36*③300
わっとくどうやしろ【和徳堂社】 *1*②208

P　暦日・気象

【あ】

あおあらし【青嵐】 37③302

あかぐも【赤雲】 4①205/8①256

あきあめ【秋雨】 13①10,20

あきあれ【秋荒】 1①97,99,100,101,③287

あきおおかぜ【秋颶】 7①31/37③306

あきかぜ【秋風】 9②199/10①176/20①276/27①176/37②111,③302,322,326/41④206/51①157,162,163,166,167,174,177/63⑧435

あきかんれい【秋寒冷】 5③281

あきさめ【秋雨】 7①102/8①243,244/23⑤277/28④361

あきしも【秋霜】 2①91/36①41/62⑨329

あきてり【秋テリ、秋旱】 8①25,149,152,228,229/10①82,②324

あきどよう【秋土用】→はるのどよう
2①120/4①60,85/5④354,355,356/8①12/11②96/14①155/22④206,229,232,239,242,257,263,264,268/24②240/25②193,223/27①188,268,271,364/28①29/33④224/37①36/39②119/41②118,119,121/46①65,67,74,86,87,88,③186,203,210/47②107,④203/48①192,194/58③183/62⑨376/68④416

あきどようさめ【秋土用さめ】 11②112

あきどようちゅう【秋土用中】 22②113,114

あきのおおかぜ【秋ノ大風、秋の大風】 23⑥318/32①93

あきのき【秋ノ気】 8①147,148

あきのしも【秋の霜、秋之霜】 19①199,②290/22②120

あきのしゃにち【秋の社日】 38③123

あきのせつ【秋の節】 5③252

あきのてり【秋ノテリ】 8①56

あきのどよう【あきの土用、秋のどよう、秋ノ土用、秋の土用、秋之土用、穐ノ土用】→はるのどよう
1④305/2④278,290/3①28,30/4①28/5①83/6①67,81,90,95,97,143/7②290,341,345/8①93/9②212,213,③252/10②326/11②117/12①154/14①72/17①168/21①10,72,74,②126,127/22①54/23⑤259,261,262,267/25②199,219,224/28②226,④351/29③252/30③243,282,286/31⑤256,275/32①23,25,31,47,51,54,55,56,59,74,75,87,109,151,168/33①49,⑥385/37③360/38①19,③144,164,167,175,176/39①15,40,55,⑥329/40②103,146/41②102,115,117,118/45⑥294/46①60,③196/48①235,241/55③346,418/56①160,②242/58③183/59④358/60⑤284,⑥332/61②88/62⑨377,382

あきのどようい り【秋の土用入】 38①18

あきのどようちゅう【秋の土用中】 21①49

あきのながあめ【秋の長雨】 17①63

あきのはやしも【秋の早霜】 20①212

あきのひがん【秋のひかん、秋ノひがん、秋のひがん、秋ノ彼岸、秋の彼岸、秋の彼峯、秋之ひかん、秋之彼岸】→しゅうぶん、はちがつのひがん
1③276/2③263/3①35,④305,329/5①137/6①86,97,108,109,142,143/11②96/16①318/17①213,214,221,243,250,251,263,272,273,275/18⑥490,493/19①136/20①164,214/21①64/22②118/23①17,25,78,⑤262/24①105,109,③289,291/25①46,124,125,139,②190,212/28①20,22,29,30,④346/32①96/36①53,③294/38③145,194/40②160/41②122,132/46③196/51①87/54①146/55③277,278/58③125

あきのひゃくご【秋の百五】 20①253

あきのれいき【秋ノ冷気】 5①118

あきはる【秋春】 54①271

あきひがん【秋ひかん、秋ひがん、秋彼岸、秋飛雁、秋飛鴈】→はちがつのひがん
1①26,35,97,98,99,②147,149/2①122,③261,262,263,264,265,④291/3④350/4①149,212/9①77/20①266,②372/22④206,209,219,232,233,235,252,257,273/23①25,41,49,78,101/24②236,237,240,③349/25②183,196,209/27①149,271,301/33④209,217/39②112,122/55③243,247,250,258,263,273,274,275,276,282,286,288,292,294,300,301,303,305,306,313,316,317,321,322,326,327,336,342,344,347,351,385,418,420,436,437,466/58③127/67⑤228/69②337

あきひがんまえ【秋彼岸前】→A
55②129

あきひでり【秋日てり】 17①63

あくび【悪日】 66⑥342

あくふうう【悪風雨】 8①170

あさぎり【浅霧】 59④275

あさぎり【朝雰、朝霧】 4①206,207/20①275/23③147

あさしみ【朝しミ】 9①10,11,19,127,133

あさじめり【朝滋リ】 5①133

あさしも【朝霜】 21①31/42③193

あさつゆ【浅露、朝露】 3④294/5①110,171,③280/11①28/19②396,397/23⑥324,330,334/27①352/70⑥417

あさにじ【朝虹】 4①207

あさひ【朝日】 54①309,310

あさひので【朝日の出】 67⑥280

あさひやけ【朝日やけ】 42③181

あたたかきひ【温日】 27①47

あつごおり【厚氷】 24②237

あつさのとし【暑の年】 1①68,71,83

あつさもうれつ【暑猛烈】 8①227

あつゆき【厚雪】 1①54

あとしがつ【後四月】 44②122

あぶらいれのてんき【油入の天気】 31①8

あぶらび【油日】 42③169,170

あまぐも【雨雲】 38④287

あまけ【あまけ、雨け、雨気】 5③266/8①83/16①209/17①52/27①170/28②136,157,170,174,210,263,273

あまげしき【雨気色】 27①86,374

あまだれ【雨ダレ】 31⑤267

あまどし【あまとし、雨とし、雨年】 2①34,49,86,④287/3④296/7①97,②275/8①46,56,58,72,229/12①137,210/19①62,160/20①86,143/27①97/28②172,188,189,193/30③270/31⑤267/33③168/37①23,24,40,42,47,②168/39②108,110/45①35/47①48/69②384/70③214,⑥378,382,398,401,404,405,415,417,424

あまみず【雨水】→B、D、I、X
45④211

あめ【あめ、雨】→D
3③145,158/7①55/10②347

/12①75/17①60/22①17/37③274,359,361/38②79,④274/39①15,49,52,⑥327/40②80/42①30,31,36/47④227/55③340,414/63⑧435/68②246/70②137,138,140,148,154,155,161,162,164,166,167,169,177,181,183
あめあがり【雨あがり､雨上リ】→A
8①146/23⑥324,330
あめあげく【雨あげく】 28②259
あめおおきとし【雨多年】 8①268
あめかぜ【雨風】 5①177/10①97/13①97,172/23①28/38③200/47①45/56①90
あめがちどし【雨勝年】 8①100
あめがちのとし【雨勝の年】 2①108
あめきり【雨霧】 12①152
あめしげきとし【雨しけき年､雨しげき年､雨繁き年】 7②276,360/29③211/33①31,51/35②346
あめしげきとしがら【雨繁き年柄】 29③200
あめつづき【雨つゝき､雨続】 1①80/25①16/27①133/34⑤102
あめつづきのとし【雨つゞきの年】 1④302
あめつづきむしあたたか【雨続き蒸暖】 1①25
あめつゆ【雨露】 5③276/12①190/23①71,72,86,97,102,⑤261/27①218/30④348,349/37①10/41④203/45⑤250/55③471
あめてんき【雨天気】 37②131/43②121,130,132,133,135,136,137,142,143,144,146,148,151,153,158,159,161,162,163,168,169,173,174,177,178,179,181,182,185,186,187,188,189,190,193,195,196,203,205,208
あめどお【雨遠】 30③283
あめのあがり【雨の上り】 23⑥334
あめのき【雨の気】 7①47
あめのしげきとし【雨ノ繁キ年】 32②315
あめのふりばれ【雨ノ降霽】 5①121
あめはれ【雨霽】 5①99
あめび【雨日】 3③140/8①166
あめひより【雨日和】 1①99
あめふり【あめふり､雨ふり､雨降､雨降り】 1③276/5①146,155/7①34,38/9①37,41,58,87,96,②225/19②376/21①66/27①105,127,182/28③322/29②123/30④356/31③124/59②155
あめふりざむ【雨降寒】 27①215
あめふりつづき【雨降り続､雨降続】 27①29,32,370
あめふりとし【雨降年】 3③168/27①128
あめふりまえ【雨降前】 5①140
あめふるとし【雨降る年】 7①39
あめふるひ【雨フル日､雨降日】 3④376/5①140
あめゆき【雨雪､雨雰】 2②156/21①12,19/23⑥311/27①196,218
あやう【あやふ】 51①21
あらあめ【あら雨】 31④158
あらし【あらし､嵐】 3④266,353/8①174/22④261/25①31/37②129,131,③326,327,328,329,345/39④223/43①76/45③170/47①46/55②132
あらしお【荒汐】→Q
59④362
あらね【あらね(あられ)】 42①57
あられ【あられ､雹､霰】 5①119/10①105,②347/16①40/20①266/22④232/27①175/40②80
あれ【荒】 1③263/45①47
あれき【荒気】 29②154
あわせちゃくようのじこう【袷着用の時候】 47②91

【い】

いかづち【雷】 10②347
いざよいのつき【十六夜の月】 41②51
いちやしも【一夜霜】 33⑥340
いちよう【一陽】 19①131
いちようらいふく【一陽来復】→Y
25①103
いっしゃくのゆき【一尺の雪】 30②191
いっすんのゆき【一寸の雪】 30②191
いて【いて､凍】 28②261,268,269,273,④350
いとゆう【いとゆふ】 35①226
いなさ【いなさ､東南風】 41②108/42③161/59④322/70⑥383
いなずま【いなつま､いなづま､稲妻】 10②348/16①37/20①95/62⑤125
いなびかり【稲光､電､電光】 1①29/10②348/25①98/62⑤125/70⑥423
いぬのひ【戌の日､戌之日】 21②136/31⑤272/34⑤111
いのこ【亥猪､玄猪】 29②121/30①77
いのひ【亥の日】 10②374/22②123
いわくも【岩雲】 8①168
いんかん【蔭寒】 24①91
いんき【陰気】→X
21①87/29①72/48①227/69②272
いんせい【陰晴】 7①64
いんなるとき【陰成時】 8①201
いんねつ【陰熱】 5①71
いんふう【陰風】 5①72
いんようかねたるとし【陰陽かねたる年】 17①155
いんようしょうちょう【陰陽消長】 7②233
いんようのきこう【陰陽の季候】 7②236
いんれいふじゅん【陰冷不順】 3④235
いんろ【陰露】 62①14

【う】

うき【雨気】 7①96/21①16/24③302/32①125
うご【雨後】 51①154
うしおのさかんなるとき【潮のさかんなる時】 13①238
うしつ【雨しつ､雨湿】 21①69/35①113,③426
うしとらのかぜ【丑寅風】 21①20
うすい【雨水】 12①143/25①98,101/27①22/34⑤86,110,111,⑥159/40②135/44③206/55①18,③465/70①19
うすいしょうがつちゅう【雨水正月中】 30①113
うすいのせつ【雨水の節､雨水之節】 34④60,66,⑤83
うすいび【雨水日】 34⑤87
うすぐも【薄雲】 8①169/36①71
うすぐもり【薄雲り､薄曇り】 37②128/66⑥338
うすごおり【薄氷】 68④416
うすじも【薄霜】 8①165
うすゆき【薄雪】 25③270
うだつ【うだつ】→しもばしら
40②104
うちゅう【雨中】 7①60/28④346,352/51①154
うづき【卯月】 10②362
うてん【雨天】 4①116/5①97,117,118/10②379,③386,387,389,394/11⑤237/15②197/21①9,54/22②101/24①47,99,121,149/25①55,89/28②248,275/40②80/51①154/59①10,12,13,19,28/67④165
うてんどし【雨天年】 9③247,294
うまのひ【午の日､午之日】 22②124/35①183
うみかぜ【海風】 11①28
うみしりなり【海尻ナリ､海尻鳴､海尻鳴リ】 8①17,167,168
うよう【雨暘】 3③143
うるうづき【閏月】 16①30/20①267/21②109,110/28②138
うるうどし【閏年】 28②270,279
うるおい【うるおい､うるをい､潤い】 11⑤227,241,243,251,257
うるおいまわり【潤廻り】 11⑤255
うろ【雨露】 6①88/17①21,246/37③320/56②292/66①37,48/69①34,52,58,②229,244,282,332,364,366/70②127,133,155,161,180,181,182
うろのき【雨露の気】→X
31④183
うわいて【うわいて】 28②218
うわしお【上汐】 59④385
うんき【雲気】 8①17,167/35①190
うんせい【雲晴】 21①13

【え】

えんしょ【炎暑】 5①56/35③427,428,430,431
えんてん【ゑんてん､炎天】 5①117/36③243/38④261/41⑥278/46③187/52⑦299/55③289,351,387,394/56①99,②261/60②106/69①73
えんてんのじぶん【炎天の時分】→A
36③224
えんねつ【炎熱】 3④346/30③285,⑤411,412
えんねつのじょうき【炎熱の蒸

気】 27①167
えんふん【塩雰】 41②108

【お】

おおあめ【大あめ、大雨】→Q 1④299/2①84,85,89,92,104,105,⑤328/5①41,42/7①22,29,31,37/8①163,166,167,274,275,279,282,287/9①48,83/10①92,③394/16①318,319,321,322,325,327,330/19②301,304,308,311/20②375,393/21②104/22②105,④232,234,235,247,259/23③148,⑤282/27①39,46,66,257/28①73,②160,179,181,184,193,196,200,251,256,③320,④361/29②135,139/30③270/32①88,207,208,209,210,211,212,213/33⑥324/34②21,⑥146,⑧295/35①145/36②117/37②202/38③138,199,④256/39①17,③144,156/40②105,140/41②81,99,112/42①34,36,③156,165,171,179,180,181,182,184,185,188,198,④261,⑤328,⑥384,417,431,434/43②154/44①28,44/45①35,⑦403/48①241/55②130,137,③464/59①12,22,③208,210/61⑨275,276,302,305,306,308,312,352,371,386/62①11,④95,⑨319,380,385/64⑤336,361/65③197,206,212,216,249/66②116,⑤272,273/67①12,14,②111,③122,④164,⑤237,⑥268/70②97,100,143
おおあめおおしぶき【大雨大シフキ】 8①169
おおあめかぜ【大雨風、大風雨】 42②99/43②142/55③461
おおあめしぶき【大雨シブキ】 8①168
おおあらし【大嵐】→Q 37②128,129,130
おおあれ【大荒】 8①275/27①215/42⑥432/61①51/64④253/67⑥309
おおいなさ【大いなさ】 59④392
おおかぜ【おほかぜ、大風、暴風】→ぼうふう→Q 2①85/4①57,122/7①29,37,64,102/8①280/10①122/11①51,⑤225,253/12①82,164,314/13①10,20,65,200/15①29,③355/17①37/19②301,304,308/21①19,20,⑤228/22②99,③158,164,⑥385,386/23①11,12,77,78,②132,133,134,136,137,141,③147,⑤276,277/24①56/27①257/28②268/31⑤280,281,285/32②303,315,316/33①41/34③49,⑤96,108,⑥146/35②374/37③362/38④243/40②42,45,59,187/41⑤237,243/42①28,29,40,49,57,③165,⑥385,419/43①28,80/45③170,④204/46①77/52⑦312/55②132,③471/61①50,⑥187/62①12,⑦200,⑨349,352,360,363,364,375,380,382/63③123/64④253/65③249/66②92/67②111,⑥309/70②126
おおかぜあめ【大風雨】 8①17
おおかぜおおあめ【大風大雨】 4①170/5③253,258
おおかみなり【大雷】 42⑥431/43①56/59④275
おおくだりのみなみかぜ【大くだりの南風】 47②93
おおさめ【大雨】 23①78
おおしお【大汐】 59④277,306,360
おおしおまわり【大汐廻り】 59④349,384,385
おおしぐれ【大時雨】 43①41,75,76
おおじみ【大じミ】 59②134
おおしも【大霜】 2①24/19②297,307,309,311/20①319,②379/31④164,173,190/35①73/67⑥271,288
おおてり【大テリ】 8①48
おおにしかぜ【大西風】 23③147
おおねつ【大ネツ、大熱】→N 8①290
おおねつひでり【大熱日旱】 8①283
おおはくう【大白雨】 43②169,170
おおはやのかぜ【大はやの風】 11⑤231
おおひ【大日】 41②111
おおひでり【大日てり、大日照、大日照り、大旱】→Q 2①73,84/5①85/8①105/32①110/37①47/42①30,31,35,36/51①24/63⑧432/64⑤344
おおひょう【大氷】 19②345
おおびより【大日和】 59④275
おおふぶき【大雪吹、大颪】 1③277/25③285/36③342
おおぶり【大ぶり】 28②160,216
おおみず【大水】→A、Q、X 22②105/28②185/32①206,215,②333/38④256
おおみそか【大晦日】→O 21③157/24①11/30①142
おおみそかのよる【大晦日の夜】 31④198
おおみなみかぜ【大南風】 29②138/51②207/59②148,151,④378,392
おおやませ【大東風】 42①34
おおゆき【大ゆき、大雪】 4①79/5①121,124,125,127,128,129/9①128/11⑤257/16①41/19②302,305/20②374/23①80/24①20,27,144,②240/28②272/31④194/32①60/36③172,325/37①7,47/40②104/42①28,29,40,⑥412,445/44①9/45⑤250/59②125,134,138,151/61⑨363,366/70②133
おおゆきどし【大雪どし】 9①10
おおゆきまる【大雪丸】 1③278
おきばえ【沖ばへ】 70⑥382,383
おくれじお【後れ汐】 59④306
おさむ【おさむ】 51①21
おそきおおかぜ【晩キ大風】 32①221
おそじも【遅霜】 37②175
おって【追手】 70③219
おぼろざむ【おほろ寒】 42③157
おぼろなるよ【朧なる夜】 27①178
おりき【おりき】 19②379
おんしつ【温湿】 5①75
おんだん【温暖】 5①26/35③426,427
おんぷう【温風】 25①99

【か】

かいこぜんあくのようき【蚕善悪の陽気】 35③438
かいこにあしきようき【蚕に悪き陽気】 35③436
かいこによきようき【蚕に善陽気】 35③437
かいすいみちひき【海水満涸】 65③210
かいせい【快晴】 6①136,147/25①89/29②123
かいちょう【海潮】→X 23②131,137
かいとう【解凍】 25①98
かき【火気】→N、X 5①75
かげん【下弦】 25①109,110
かさ【かさ】 4①207
かじつ【夏日】 3①58/10②379
かすみ【霞】 10②347/47②89
かぜ【風】→Q 2①74/3③158/4①205/5①119/6②323/7①36/10②347/12①75/17①60/18①164/28②144/35①86/39⑥334,335,336/55③340
かぜしも【風霜】 5①62
かぜのき【風の気】 31③115
かぜのしずかなるひ【風ノ静カナル日】 32①201
かぜのつよきひ【風の強日】 33①21
かぜのよど【風の淀】 20①34
かぜひでり【風旱】 8①236
かたてり【かたてり、片てり】 11⑤262/16①263/17①155,239
かたふり【かたふり、片ふり、片降】 11⑤262/16①263/17①155,239
かのと【かのと】 21②136
かみなり【神鳴、雷、雷鳴】→らいでん、らいめい 5①76/7②331/16①35/17①264/25①98,100/36①70/37②214/39①17/40②80/42③176,⑥386,388,393,394,421,425,431,433,443/43①28,31,35,47,49,55/44①34/48①221/56①100/59④275,276/60⑥370/66①34,③152,④192,⑧394
かみなりのせつ【雷の節】 59④275
かみはんげつ【上半月】 12①208/34⑤111
かみわたし【神ワタシ】 31⑤276
からかぜ【から風】 67④162
からしお【から潮】 34⑤80
かれしおのとき【かれ潮の時】 13①238
かわき【かわき】 16①331
かわぎり【川雰】 18②253
かん【寒】→E 1③276/17①24,25,31,56/24③285/25①147/27①214,216/28②268/37①22,23,26,②88,128/38③130,166/39①15/40②104,107/41②43,③171/44①52/45⑥291/47②83/51①70,83,84,85,87,

95,②191/54①314/55③254/58③183,185/59④327/62⑨321,322,349/67①26/68③357,358,363/69①61,②162,260,338,383
かんあき【寒明キ】 2④304
かんあけ【寒明】 19①182,183,198,②289,305,340/37①32,33/38①11/59④391/62⑨316,391/63⑤305,319,⑦358/68②246
かんいり【寒入】 19②343/25③284
かんいん【寒陰】 8①96
かんいんのき【寒陰之気】 8①88
かんう【旱雨】→S
5①175
かんかつ【旱渇】 70②167
かんき【寒気】 3④367/5①126/6①89/7②356/8①165/9②195,196,198,212,213/12①51,154,156,161,293,297,299,381,384,387,388/13①7,81,116,151,171,176,179/14①79,93,105,142,213,303,310/16①69/21①12,50,52,54,65,87/22②113,④206,237,254/23①17/24①28,133,②237/25①116/27①26,216/29①56,72,73,②154/31④164,200/32①60,207,②303/33②128/36②117,③185,289/37①12,17,39,42,47,②109,③259,360,361/38①24,④254/39①33,40,41/40②102,105,116,127,④313,314/42⑥370/44①50,51/45③157,165,169,170/46①73,③206/47①10/48①237/49①194,198/50②157,158,159,160,161,165,167,181,189,210/51①70,74,81,106,130,132,176,②203/54①278,281,283,309,310,313/55①70,②166,③387/56①89,94,171,②250/59④316,⑤437/60③135/62①12,14,⑧258,⑨390,391/63⑤322/64②121/67①29,39,⑥275/68③332,359/69②162,260,305,333,338,357,383,384/70②110,③216,225,④269,⑤330,⑥406
かんきしっけ【寒気湿気】 32①125
かんきのとし【寒気の年】 19②281
かんきふぶき【寒気ふゞき】
27①225
かんくのあめ【寒九の雨、寒九之雨】 1①29/19②302,310,338,343
かんけん【寒暄】 18④427
かんざき【かんさき、かんざき】
59②113,122
かんさめ【寒さめ】 41③183
かんさんじゅうにち【寒三十日】
35①86
かんさんのあめ【寒三の雨】 1①29
かんじ【寒じ】 19②346
かんしつ【寒湿】→D、X
35③426,427
がんじつ【元日】→O
55③209
がんじつのりっしゅん【元日の立春】 28④361
かんしも【寒霜】 33⑥340
かんしょ【寒暑】 3③150/8①96/25①7/39①13/59③204/70②126
かんじよう【かんじ様、寒し様】
19②298,336
かんしょふうう【寒暑風雨】
24③274
がんしん【元辰】 70⑥371
かんすい【旱水】→A、Z
8①154
かんたけ【寒たけ】 62⑨316,317,389
かんだち【寒立】→G
23①40
かんだん【寒暖】 6②271/8①99/12①253/14①112/15②243,③345/24①47/25①10/55②131,143/58③127/63⑤301,303/68③322,326,332,333/70①19
かんだんせいう【寒暖晴雨】
35②371
かんだんそうしつ【寒煖澡湿】
35①246
かんだんふううのようき【寒暖風雨の陽気】 35③426
かんちゅう【寒中】 1①29,②141/3①45,④230/5①73,137,171,172/6①25,63,135,177/7②333/8①97,101,186/12①58,71,253,377/13①174,273,279/14①72,381/15②195/16①147,259,261,262/17①31,35,41,65,178/19②295,298,302,305,310,313,316,319,323,326,329,333,336,340,350,354,356/21①12,19,53,②115,116/22①58,②114,④254,257,270,272,273/23①21,22,23,33,46,52,71,101,106,③156/24③335,346/25①30,89,117,147/28④330,332,338,357/29①87/31④196/33④221,227,232/36①42/37②196,③260,272/38①17,18,19,③120,134,175,184,189,195,201,④275/39①42,49,②97,④192,193/40②134,④313/41④206,208/45③170,⑤243,244/47②83,④208/48①196/49①70/50③264,269/51①79,80,83,95,106,107,121,138/52⑦284/54①139,269,270,305,314/55①18,25,②130,133,134,165,174,175,179,③240,241,242,248,250,257,258,262,263,269,273,275,278,282,284,286,287,289,291,300,303,305,306,309,310,313,316,317,321,322,324,325,330,333,335,336,344,345,346,347,358,362,365,367,369,374,380,384,385,391,394,395,398,399,405,411,414,415,419,426,427,430,435,455,459/56①42,51,69,92,107,209,②245/58③123,132/59②132,133,③215,⑤442/61④158,⑧229/62④95,⑧259,⑨344,391/63⑤296,298,302,303,304,305,307,308,309,311,316,319,322,⑧431/66②119/67①26,⑤212,231/68②246/69①50,②249,250,297,301,306,307,317,344,349/70③220
がんちょう【元朝】→R
27①329
かんてん【旱天】→てり
19①113,114,129,②296,300,395/37①23,24,43/69②232
かんてん【寒天】 52③134/70②69
かんなづき【神無月】 10②373
かんねつ【寒熱】→G、N、X
69①34
かんねん【寒年】 37①40
かんのあき【寒のあき、寒の明】
40②103/61④158
かんのいて【寒の凍】 28③323
かんのいり【寒の入】 17①30,36/28②266/40②134/62⑨389,390
かんのうち【寒のうち、寒の中、寒の内、寒中】 9①134/10②377/12①71,223/13①285,292/16①330/17①180/40②101,113,134,139/51②196,207/56①112/62⑨391
かんのゆきけ【寒の雪け】 9②210
かんばつ【干魃、旱魃】→ひでり→Q
6①213/10③394,397/14①303/19①53,100,②294,304/20①271,273/21①64/22②99/33⑥315/40②181/66⑦362
かんばつねん【旱魃年】 2④287/9③282/10③388/19①147,158,160
かんぷう【寒風】 2②156,⑤327/5①159/8①169/14①105/16①40/25①105/29②122/30③296/31④195/33②126/35②347/36③243/39④192,⑥334/41②111/42③151/46①63/47②83/54①269/55③205,206,414,418/58③131,⑤314,315/62⑧265/69①45,②246/70③228,⑥406
かんまえ【寒前】 45⑤243,244/51①138/55③275,300,316/62⑨317,387,392
かんりょうのき【寒涼ノ気】
70②148
かんれい【寒令、寒冷】 18①39/30⑤412/35②307,③426/55③461/69②164
かんろ【寒露】 2①47,55/8①114/25①100,103,②211/27①176,187/29④282,283/33④208/34④62,63,68,69,⑥159/38①12,③166/44③206,207/48①244/55①51
かんろくがつせつ【寒露九月節】
22③169/30①41,64,90,96
かんろくがつのせつ【寒露九月の節】 25②183,213
かんろのせつ【寒露の節、寒露之節】 28④353/34③49,④68,⑤89,91,⑥159

【き】

きうんふじゅん【気運不順】 5①71
ききりよけきちじつ【木伐除吉日】 34⑤112
きくづき【菊月】 10②372
きこう【気候、季候】 1①28/15①19/20①250,251/21①13,14,15,19,25,46,82,90,②102,108,131/22①27,②131/23①10,40,79,105,⑥337/25①101,②178,191
きこういんれい【気候陰冷】
15①27,55
きこうのかんだん【気候の寒暖】

29③256

きこうのふじゅん【気候の不順、気候之不順】 29③191,200,211,257

きこうふじゅん【気候不順、季候不順】 15①52,65,67/31①6,7,21

きさらぎづき【衣更着月】 10②357

きしゅう【季秋】 51①64

きしょく【気色】 27①16,45,56,75,101,127,172,179,185,186,192

きせつ【奇雪】 31⑤280

きたうしとらのかぜ【北丑寅風】 21①20

きたかぜ【北かぜ、北風】 3①33,49,50/5①34,72,73,74,91,127/7②261,279,319/8①184/11①27,28/21①13,20,50/23①11/25①89/28③322/30②187/34⑤89/35①110,131/42③152,191/59④321,322/61①33

きたかぜのれいき【北風の冷気】 7②320

きたのおおかぜ【北の大風】 23①78

きっしょうにち【吉祥日】 42①48

きのかわり【気のかハり】 7①56

きゃくすい【客水】 8①41,81,289

きょうう【強雨】 52⑦285/55①19/70②125,144,181

きょうかん【強旱】 2①104

きょうふう【強風】 33④221

きり【キリ、きり、雰、霧】 8①223/10②347/12①75/16①37/20①275/21①15,17/28①10/32①58/37③321,327,328,329,346,359/42③179,184,191,192,202,⑥426/62⑨349

きりあめ【霧雨】→ふんう 12①152

きりさめ【雰雨】→ふんう 25①89/42③184

きをきらざるひ【木不伐日】 34⑤112

【く】

ぐ【颶】 41⑤240

くがつせつ【九月セツ、九月せつ、九月節】 2③264/3④335/9①110/17①165/19①138,139,147,148,188,199,②290,309,328/20①173/22③169,④254/25①103/27①176/37①46,47/38①12/43③260/55①51/67④169

くがつちゅう【九月中】 2①79/3④243,257,258/19①138,139,143,188,199,②290/20①173/23①80/25①103/27①189/37②109/38①12/43③263/48①243/55①54,③336/57②208/67④170/70③216

くがつちゅうそうこう【九月中霜降】 33④217,223,224,225,226,231

くがつどよう【九月ドヨウ、九月どよふ、九月土用】 9①85,113/21③157/24②237,③292/27①281/29①71/30①37,92,101/41②77/48①192

くがつどよういり【九月土用入】 38②58,③200

くがつどようじゅう【九月土用中】 61⑩453

くがつどようまえ【九月土用前】 63③136

くがつのせつ【九月ノ節、九月の節、九月之節】 1①26,97/2④284,289,290,298,302,305/3④243/5①124,157/17①316/18⑥491/19①143,②332/20①174,252/25①75,②211/28②209/31③117/32①21,26,41,64,72,76,77,103,215,②310

くがつのちゅう【九月ノ中、九月の中、九月之中】 19①106,147,199,②290,304,326,328/20①253,281/25①110/38①18/63⑤315

くがつのちゅうそうこう【九月ノ中霜降】 33④221

くがつのどよう【九月ノ土用、九月の土用】 30①65,97/32①60,61

くじゅうくや【九十九夜】 29①62/47②91,95,101

くだりかぜ【下り風】 47②93

くだりのかぜ【くだりの風】 47②92

くちいきみゆるとき【口息見ゆる時】 51①129

ぐふう【颶風】→Q 52⑦310

くも【雲】 10②347

くものいきり【蜘の囲切、蜘蛛の網切】 70⑥411,423

くもりび【雲り日】 39②103

くろはえ【黒はへ】→しろはえ 29③222

くろび【黒日】 1③277

くんじょうのき【薫蒸ノ気】 5①75

【け】

けあめ【毛雨】 42⑥388

けいちつ【啓蟄】 3①51/8①97/25①98/27①25/44③206/55①19

けいちつにがつせつ【啓蟄二月節】 30①113

けいちつにがつのせつ【啓蟄二月の節】 25②222

げし【げし、夏至】→ごがつちゅう

1④313/2①13,26,27,33,35,36,40,46,47,48,70,79,81,87,90,102/5③281/6①159/7②269,272,275,308,322,325,342,350,360/8①22,65,67,287/10②318,346/12①54,79,134,143,160,187/13①10,37/15③355/21②109/22②99,④206,209,210,225,264/25①99,102,②199,212/27①126,135/28①19,25,27,④329/29④278,279/30③258,260,⑤397,409/31⑤257/32①29,37,91,92,114/33④227/34④62,⑤88/35②278/37②125,126,134,③306/38①11,③112/43③251/44③207/47②99/55①35/56②264/61①49,⑦194,⑩415,428,441,445,447/62⑧259/68④413,414/69②191,333,334,337

げしごがつちゅう【夏至五月中】 23③148/30①78,79,88,130

げしごがつちゅうのせつ【夏至五月中の節、夏至五月中之節】 25②213,220,223,224

げしごがつのせつ【夏至五月之節】 25②205

げしのせつ【夏至之節】 22②125

けちがんのひ【結願之日】 27①26

げっしょく【月しよく、月そく、月蝕】 19②314,323/40②82/41⑤241/66⑧399

げんかん【厳寒】 2⑤332/5①13,126,127

【こ】

こあられ【小霰】 36③320

こうよう【亢陽】 12①95,107

こおり【氷、氷り】 10②347/21①12/35②291/42⑥397/59②138

ごがつげし【五月夏至】 28①9,62,④342,348

ごがつさむさ【五月寒サ】 28④338

ごがつせつ【五月セツ、五月せつ、五月節】 2①79,③264/5①176,③256/9①65,66/17①113,114,117,121,196/19①38,74,75,104,119,122,127,131,137,139,185,198,②401/20②372/21①46,63,②108,③155,156/22④209,273,275,⑤350,351/23①17,30,31,50,63,65,95/24①86/25①102/28①24,29,②173,④339,345,347,348/29②132,③199/33③164/35②278,303,307/37①16,34,41,42,②79/38①11/40②141/43③246/51①87,156,157/55①34/56①52/61①55,⑦194,⑩413,450/63③131,136,⑤308,309/67④164

ごがつせっく【五月節句】→O 20①48

ごがつせつぼうしゅ【五月節芒種】 48①187

ごがつちゅう【五月中、五月中フ】→げし

2③264/3④223,250,291,292/9①74,76/11②114/17①118,204,205/19①38,39,65,127,185/20①150,166,②372/21①46,②109,127/22②99,104,113/23①58,63,③151,⑤278,⑥335/24②233/25①102/28②174,④335/29③199/31②80/32①86,90/33③162,166,167/35①66,131/37①16,34,41,42,②125,219/38①8,11,16,26/39①35,⑥333/40③223,225,239/41①8,9,10/47②99,138/54①279/55①35/58③129,185/59④311,365,366/61①56,⑩414,415,421,422,429,439,448/62⑨349,359/63③136/67⑥267,278/68④414/70⑥383

ごがつちゅうのせつ【五月中の節】 25②199,212

ごがつちゅうぼうしゅ【五月中芒種】 33④231

ごがつつゆ【五月つゆ、五月梅雨】 32①120/41①12,13
ごがつつゆうち【五月梅雨内】 11②110
ごがつでり【五月照り】 28④342
ごがつにゅうばい【五月入梅】 32①149/33⑥353/38③166
ごがつのあめ【五月の雨】 20①267
ごがつのさむさ【五月の寒サ】 28④337
ごがつのすえのせつ【五月の末の節】 13①15
ごがつのせつ【五月のせつ、五月ノ節、五月の節、五月之節】 2④282,285,286,290,295,296,300,301/5③256,257/12①134,143/16①168/17①58,117,119,194/19②289,296/20①54,174,192,194,252/23⑤259,261,267,268,269,272,278,279,281/24①87/25①141,②188,198/27①124/28①20,27/29③213,233/30③258,260/31③113,114/32①31,37,64,65,76,77,102,114,146,149,216,②292,294,296,304,305,306,310,318/37①16,②78,③306/38③158/39①35,48/40②103,107,132/41⑤250,255/61①49,⑩426/62⑨342/70⑥382
ごがつのせつぼうしゅ【五月之節芒種】 33④225,227
ごがつのちゅう【五月ノ中、五月の中、五月之中】 1④313/12①134,139,160,187,202/13①10,37/14①149/17①114,195/19①113,125,127,129,132,167/20①54,156,180/23①57,⑤258,261,268/24③283/27①135/29③233,237/31③113,⑤264/33①14,③164/37①41,42,③273/39①48/40②141/45③172/62⑨323,333,343/64②124
ごがつのながあめ【五月ノ長雨】 32①41
ごがつはげん【五月はげん】 23⑤261
ごがつはんげ【五月はんけ、五月はんげ、五月半夏】 19①120/21①66/30③270/38④262/41①10,12/61⑩435
ごがつはんげしょう【五月半夏生】 28①62
ごかん【沍寒】 27①216,220,225
こくう【こくう、穀雨】 2①16,19,82,84,85,90,92,113/3①53/16①35/25①99,102/27①58,75/29④276/30⑤394/44③205,206,207,229/47②101/55①24/61⑦194/62④103
こくうさんがつちゅう【穀雨三月中】 30①55,115
ごくかんねん【極旱年】 8①270
ごくかんのじぶん【極寒ノ時分、極寒の時分】 36③218/55①70
ごくかんのせつ【極寒之節】 34④64/67①39
ごくげつ【極月】 10②377
ごくしょ【極暑】 7②241/24①91,③340
ごくねつ【極熱】 19②315,318
ごくねつまえ【極熱前】 18①87
こさめ【細雨、小雨】 2⑤328/5①41,125/7①60/21①31,66/23①11/39①17,24
こさめながせぞら【小雨長瀬空】 23③148
こさめまじりのしっぷう【槖交リノ湿風】 5①72
こしお【小汐】 59④277,362,366,392
こしおまわり【小汐廻り】 59④385
こじけ【小時化】 70⑥411,423
ごじゅうにちのひでり【五十日の旱】 10②319
こしょうじつ【枯焦日】 34⑤111
ごせっく【五節句】→O 6②274/10②353
こち【こち、東風】 1①31,③272,277,278/15①41,100/17①59/20①264,276/40②100,122/54①140/59④321
ごっかん【極寒】 8①99/21①10/22③164/51①81
こゆうだち【小夕立】 8①280
こゆき【小雪】 24①27
こよみ【こよミ、暦】 4①205/5③246,256,287/7①56/24③352/25①141/40②78,81,④328/41⑥266
こよみのにじゅうしせつ【暦之廿四節】 38①6

【さ】

さが【さか、佐賀】 59④321,322,386
さけさらく【鮭サラク】 1②194
さししお【差潮】 23①118
さつき【さつき】 6①93/10②366
さつきでり【五月照リ】 8①68
さびらき【さひらき】→A、O 6①42,43,127/22④261
さみだれ【さミたれ、五月雨、五日(月)雨】 5①36,37/6①92/10①81,176/15①59/16①37/17①119/23①83/24①70/25①55,60,63/28④340/33①31,39,②122/36③223,227/37③310,313,314,316,330/62①14/65②88
さみだれづき【さミたれ月】 37②112
さむいよる【寒夜】 8①165
さむかぜ【寒風】 47②125
さむきけ【寒気】 68①53
さむきせつ【さむき節】 17①87
さむきとし【寒きとし、寒き年】 1③263,278
さむさ【寒、寒サ、寒さ、寒冷】 35③436/36③196/37②131/41②107/50②160/55③340
さるのひ【申の日】 3①43/33⑥386
さんかいしんどう【山海シントウ、山海震動】 8①168,169
さんがつこくう【三月穀雨】 22②116
さんがつこくうちゅう【三月穀雨中ウ】 28④341
さんがつせいめい【三月清明】 22③155
さんがつせいめいのせつ【三月清明の節】 35①99
さんがつせつ【三月セツ、三月せつ、三月節】 9①31,32,33,34,36/16①35/17①35/19①105,180/20①151,②370/22④267/23①102/25①102/27①271/28①23,24/29③204/30③251/37①31/43③238/51①90/55①22/61①54/67④163
さんがつせっく【三月節句】→O 3④324,363/23⑤263/58③124/67⑤208
さんがつちゅう【三月中】 17①196,285/19①180,181/20①153,②370/21①73/22①39,④236,⑤349/23①38,50,53,56/25①102/28④331/29③204/31③111/33⑥335/37①15,31,32/38③121,134,206/39①59/41①10,⑤260/47②83/55①24,③332/61①55,⑦194/63③136
さんがつちゅうこくう【三月中穀雨】 33④218,219,232
さんがつどよう【三月とよう、三月ドヨウ、三月どよふ、三月土用】 4①126,134/9①25,26,33,34,42/10①75/19①34,35,39,113,114,123,166,180,181/22①48/25①47/30①53,114,115,③239/32①141,149/33①24,28,②122,④215/36③205/37①16,31,32,③273/39③145/41①11/68④412
さんがつのせつ【三月ノ節、三月の節、三月之節】 2④281,283/3①53/4①159/5①127,③281/9②201/12①202,205/13①83,253/17①37,58,117,260/27①63/31③111,112/32①24,93,221/38③170,190,194/47⑤254
さんがつのせつせいめい【三月之節清明】 33④210
さんがつのちゅう【三月ノ中、三月の中】 19①131,134,135,②293,317/20①164/25①141/27①75/29①45/43③243/62④103
さんがつのちゅうこくう【三月ノ中穀雨】 33④221
さんがつのどよう【三月ノ土用、三月の土用】 10①81/19①105/20①37/30③238/32①144,148
さんがつひがん【三月彼岸】 3④349
さんがつひがんちゅう【三月彼岸中】 36③181
さんがつひでり【三月日照り】 10①90
さんがつみっか【三月三日】→A、O 33⑥377
ざんしょ【残暑】 1①29/5①75,76,118,124/8①147/21③156/24①91,163/28④349/35②291/37②130,183,215/38①8,②73/51①56,59,62,69,70,72,74,75,76,129,130,141/55①45/56①61,118/59⑤441
さんとう【三冬】 6①158
さんとうのかん【三冬の寒】 6①141
さんどよう【三土用】 31⑤256,275
さんぱくのゆき【三白の雪】→つがいのゆき 30②191

さんぷく【三伏】 6①67,164,200/13①225/18①39/36①51/69②322
さんぷくのなつ【三伏の夏】 18②240
さんよう【三陽】 19①131
さんりんぼう【三隣亡】 3④364
じあめ【地雨】 11⑤227

【し】

しいじのていき【四時の掟軌】 20①347
じう【自雨】 21①13,18,②107
しうん【紫雲】 36①36
しおい【しほひ】 20①143
しおかぜ【塩風、潮風】 2⑤325/8①16/13①20/35②378/42①58/45⑦400/64④271
しおけ【潮気】→G、H、I、X 3①47
しおけむり【潮烟】 5①72
しおこうまん【潮高満】 23③148
しおこみ【潮込】→Q 52⑦311
しおさしひき【汐さし引】 66⑥345
しおそこ【汐底】 59④385
しおどき【汐時、潮時】→A 16①297/23①73
しがつしょうまん【四月小満】 22②118
しがつせつ【四月セツ、四月せつ、四月節】→りっか 2③263/3④278,281,349/9①41,**55**/17①260/19①39,134,138,139,144,145,146,181,182,②307,317,321,341,401/20①36,②371/22①39,54,④209,241,247,266/23①17,95/25①102/28④348/37①32,33/38①11,②61,67/51①156/55①30/61①56/63③136/67④163
しがつちゅう【四月中、四月中ウ】 2③263,265/3④291,292/5③256/9①**58**/19①144,146,148,182,183/20①37,152,165,166,167,179,②371/21①70,77,②127/22④209,278,⑤349,350,⑥368,369,374/23①77,⑥336/25①102/28④345,346,349/29③230/30①75,④347/31③113/37①33,③306/38①11,26,②62,65,67,③139,150,151,152,153,154/39①46,②102,103,109/55①32/56①52,167/58③124/63③136,⑤308,309/68④413
しがつちゅうしょうまん【四月中小満】 33④219,222,226
しがつのせつ【四月ノ節、四月の節、四月之節、四日(月)ノ節】 2①22,④282,284,299,304,305,306/6①42/13①22/19①108,114,148/20①148,165,167,191/21①60,②110/22②119/24③283/27①97/28①21,22,25/29③229/31③112/32①93,②292,293,294,295,296,297,299,305,311,314,318/33④208,⑥322/37①16/38①8,10/43③243
しがつのせつりっか【四月之節立夏】 33④221
しがつのちゅう【四月ノ中、四月の中、四月の中ウ、四月之中】 19①110,114,122,127,129,138,139,141,142,145,149,198,②289,290,401/20①192,193,252/22②121,127,130/24③288/27①104/28④354/29①62,80,③225/30③268/33③167/37①16/39①49/43③246
しがつのちゅうしょうまん【四月之中小満】 33④228
じかなえび【地火苗へ日】 21②136
しがばしら【しがはしら、しが柱】 19②379/20①190
しがわたり【しか渡り】 42①29
しき【四き、四気、四季】 8①170/10②346/12①79,164,214,303,305,338/16①29,81,103,104,121,123,125,126,132,166,176,218,227,229,241,242,249,259,288,294/17①37,66,72,80,83,112,133,158,299,308,310,315,325/41⑥266/62⑧270
じき【時気】 62①11
しきどよう【四季土用】 5③282
しきのくも【四季の雲】 62⑨319
しきはっせつ【四季八節】 1④305
しぐれ【時雨】→むらさめ 10②347/11②101/16①40/20①269/21①14,18,20/37②213,214/39①17/43①10,12,20,24,34,50,55,60,63,78,79,81,82,84,85,86,89/70②151,179
しぐれかぜ【時雨風】 21①20
しぐれぐも【時雨雲】 21①14
しぐれてんき【時雨天気】 43①76
しぐれゆき【時雨雰】 21①18
しけ【しけ、時化】 25①31/39①35/43①48,59,67/70⑥411,412
しけぞら【しけ空】 16①321,322
じけむり【地けむり、地煙】 19②388
じこうのかんだんふじゅん【時候之寒暖不順】 8①180
じこうのじゃせい【時候之邪勢】 8①129
じこうのふじゅん【時候の不順】 7②320
じこうふじゅん【時候不順】 23①111
しせつ【四節】 24③355
しちがつせつ【七月セツ、七月節】→りっしゅう 2④304/9①**90**/19①74,76,83,84,122,186,②324/20①156/22④224,225/25①102/27①151/28①19,22,②198/35②291/37①35/38①12,②63,72/43③254/54①302/55①44/61①56/63③136/67④165/68④415
しちがつせつりっしゅう【七月節立秋】 33④217,229
しちがつちゅう【七月中】 2③264/4①124,125/9①92,**95**/19①75,187/20①174,②372/21②127/22④217/23①80,⑤276/25①102/27①271/28②199,200/31③114/37①16,35/38③161/41①12/55①46/56①52/57②199/58③183/61⑩446/67④167/68④415
しちがつちゅうしょしょ【七月中処暑】 33④231
しちがつのせつ【七月ノ節、七月の節、七月之節】 1①25/2④288,290,291,292,298,302,305/9①90/12①169/19①116,②442,443/20①150,158/28①21/31③115/32①93,108,109,115,116,133,146,②315,316/38①11,12/61①50/68④414
しちがつのせつりっしゅう【七月之節立秋】 33④210,219
しちがつのちゅう【七月ノ中、七月の中、七月之中】→そばのちゅう 17①165/19①106,125,130,139,144,145,146,167/20①173/23⑤261/27①152/31③115/32①110,111,112,113/33④211/43③256
しちがつぼん【七月盆】 14①364/15③369/17①298/33⑥353
しっき【しつき】 29①72
しっけ【しつ気、湿気】→ふんき→D、X 3①20,24,34,35,36,37/5①33/8①118/10③389/29①75
じっし【十死】 41②95
しつねつ【湿熱】 7①38
しっぷう【湿風】 47②144
じっぽうぐれ【十方暮】 8①251
しみこおり【凍氷】 31④194
しめり【しめり】→X 8①83
しめりけ【しめり気】 29①73
しも【しも、霜】→そう 1①54,④305,⑤355/2①29,34,44,45,49,52,72,74,85,92,95,96,105,117,118,119,121,⑤333/3④238,367,380/4①221/5①111,119,132/6①30,87,118,165/7①54/10①45,61,67,105,②347/12①60,75,111,138,192,196,211,253,263,318,320,361,369,381,385,386/13①36/16①100/17①60,66,209,255,317/18⑥491/19①198,②289,302/20①251,252,253/21①77/22④231,239,241,252,257,266,268,279/23①80/24①44,117,138/25①90,146/27①76,149/28①28,②163/30③273/31⑤277/32①26,108,114,124,125,②315,316/33③160,170,⑥321,335,339,348,369/34⑧294,304,305/35②307/36①42,68,69,②106,109,③155,178/37①41,47,②130,131,175,203,③260,291,332,333,362/38②73,③120,121,129,134,136,159,④268,270/39①24,47,53,56,②112,113,119,③147,④203,⑥334/40①15,②144,146/41②62,76,99,111,121/42①40,③194/44③206/46③212/47④227/48①194,208,218/50②157,158,159,160,165,166,181/51①67,70,71,73/54①171,279,289,294,310,311,314/55①54,③240,340,345,410,414,461/56①50,78,81,175,180,184,②250/62④95/63⑧435/67⑥262,288/68②250/69②162,235,269,334,336,338,383/70①20,②137,138,140,

148,149,154,155,161,162,164,166,167,169,170,177,181,183,③225,228,④269,⑤317,318,323
しもあれ【霜荒】 1④314
しもうさこち【下総東風】 59④321,322
しもかぜ【霜風】 5①112,159/38③162/56②249
しもかたどよう【下片土用】 30①61
しもけ【霜気】 25①47,50/49①218/69②357
しもこおり【しも氷】 30③298
しもさかい【霜境】 2④284
しもつき【霜月】 10②375
しもつきせつ【霜月節】 19②316
しもつきのせつ【霜月ノ節、霜月之節】 19②340/32①64
しもつきのはつさるのひ【霜月の初申の日】 4①103
しもどけ【霜解】 32①209
しものかぜ【下の風】 59④321
しものけ【霜の気】 17①66/20①85
しものふる【霜の降】 30⑤406
しものやくび【霜の厄日】 27①76
しもばしら【霜柱、氷柱】→うだつ
17①175,177/25①82/69②385
しもはんげつ【下半月】 12①208/34⑤111
しもふり【霜ふり、霜降、霜降り】 16①40/21①67,75/27①29,352,374/30⑤410/34⑧306/38②54,③122,200/50②159/55③395/61⑩435/68②247,④416/70③215
しもゆき【霜雪】 5①159/10①62/13①173/25①17/55②140/56①91
しゃおうう【社翁雨】 10②357
しゃにち【社日】 6①200/10②357,371/22②113/24①32/25②211,③270,282/38③206/61①47/68④411
じゃばらぐも【蛇腹雲】 21①12,13,16,18
じゅういちがつせつ【十一月セツ、十一月せつ、十一月節】 9①124/19②319,333,343/23①80/25①103/27①202/28②255/43③266/63③136,⑤318/67④170
じゅういちがつちゅう【十一月中】→とうじ
21①88,②109,③141,157/25①103/27①203/28②259
じゅういちがつちゅうとうじ【十一月中冬至】 33④225
じゅういちがつとうじ【十一月冬至】 30①28
じゅういちがつのせつ【十一月の節、十一月之節】 19②305/31③118/62⑨387
じゅういちがつのちゅう【十一月の中】 12①381/63⑤318
じゅううん【重雲】 21①15
じゅうがついのばん【十月猪の晩】 4①109
じゅうがつせつ【十月セツ、十月せつ、十月節】→りっとう
3④257/8①207/9①119,120/19①188,199,②290,295,329,332,349/22④206,239/23①80/25①103/27①193/28②235/30⑤404,406/43③263/55①59/63③136/67④170
じゅうがつせつりっとう【十月節立冬】 33④227
じゅうがつちゅう【十月中】 9①121,122/19①188,②298/22③173,174,④206,210/23①80/25①103/27①201/29③253/32①60,90/43③266/67④170
じゅうがつちゅうしょうせつ【十月中小雪】 33④208,222,224
じゅうがつのせつ【十月ノ節、十月の節、十月之節】 2④289,290,291,305/12①294/17①168/19②294,336/20①156/23⑤267/31③117/32①41,47,51,55,64,72,76,131,②311/33⑥386/38①27
じゅうがつのせつりっとう【十月ノ節立冬、十月之節立冬】 33④213,217,219,221
じゅうがつのちゅう【十月ノ中、十月の中、十月之中】 2①121/19②319,323,326,338,340,343,349/20①156/23⑤267/30⑤404/33⑥310/37③360,363/63⑤317
しゅうじ【秋至】 16①40
しゅうしょ【秋暑】 29②146/37②169,175,214,215
じゅうにがつせつ【十二月セツ、十二月節】 9①131/25①103/28②267/67④171
じゅうにがつちゅう【十二月中】 25①103/27①220/63⑤319/67④171
じゅうにがつとうじ【十二月冬至】 30⑤404
じゅうにがつのせつ【十二月の節、十二月之節】 21②110/27①214/31③118/63⑤318
じゅうにせつ【十二節】 40②81/41⑥266
じゅうはちや【十八夜】 3④224
しゅうぶん【秋分】→はちがつちゅう、あきのひがん
1⑤355/2①24,43,45,52,55,62,63,112,②156/8①161/10②346/12①79/13①52,185/21②109/23①11/25①100,103,②196,198/27①169/29④281,282/33④208,212/34⑥159/37②128,193,201,220/44③206/55①50/58④255/62⑧270/63⑤315/69②191,192
しゅうぶんのせつ【秋分之節】 34③49,④60,67,⑥159
しゅうぶんはちがつちゅう【秋分八月中】 25②183/30①21,78,81,90
しゅうぶんはちがつちゅうのせつ【秋分八月中の節】 25②213
しゅうようしゅうりょう【秋陽秋涼】 1①28
しゅうれい【秋冷】→G
7②241/29②146
しゅくさつのき【粛殺ノ気】 5①76
しゅじゅきょうじつ【種樹凶日】 34⑤111
しゅつばい【出梅】 21②108
じゅんう【潤雨】 37②213,214,215/61①48,50
しゅんかん【春寒】 8①168/27①30
しゅんき【春気】 33⑥381
じゅんき【順キ、順気】 5②221,③253,260,280,283/8①274,275,279,282,287/18⑤463
しゅんじゅうのひがん【春秋の彼岸】 36③261/38①6
しゅんじゅうひがん【春秋彼岸】 47④208
しゅんじゅうひがんのころ【春秋彼岸のころ】 18①101
しゅんせつ【春雪】 24①139
しゅんだん【春暖】 8①168,169
しゅんぶん【春分】→にがつちゅう
2①13,46/8①65,115,156/10②346/12①79,143/13①185/21②109/23①50/25①98,101,112,139,141/27①55/29④271/34⑤98,110,111/37②125,126,133,③273,274,292/40②135/44③204,206/55①21/59②156/62⑧270/67⑥298,311/69②190,192,217,246,297,357
しゅんぶんどよう【春分土用】 25②209
しゅんぶんにがつちゅう【春分二月中】 25②223/30①42,114
しゅんぶんのせつ【春分の節、春分之節】 22②125/25①139/34④66,⑤85,86,94,96,97
しゅんぶんのどよう【春分之土用】 25②181
しゅんわのき【春和の気】 12①55
しょ【暑】 21①12
しょうがつ【正月】→O
9①9/10②352/19②309/22③164,⑤349/24①14,16/27①324/44③204
しょうがつがんじつ【正月元日】→O
38③185
しょうがつじゅうごにちもち【正月十五日望】 19②299
しょうがつせつ【正月節】→りっしゅん
28①18/55①17/63⑤319/67④171
しょうがつせつぶん【正月節分】 16①33/67⑤235
しょうがつちゅう【正月中】 12①143/21①86/25①101/27①22/32①65/33⑥373/39①57/40②135/55①18,③253,300,310/57②185/58③131
しょうがつちゅううすい【正月中雨水】 33④229
しょうがつのせつ【正月ノ節、正月の節】 10②346/17①292/25①101/27①15/31③109,110/32①30
しょうがつのちゅう【正月ノ中、正月の中】 13①185/17①192/31③109/37③274/63⑤319/70①19
しょうがつのなかば【正月の中】 6①32
しょうがつはつうま【正月初午】 34⑤80
しょうがつもち【正月望】 19②293,296,303,306,310,314,316,320,323,327,336,340,343,347,350
しょうがつもちあれ【正月望あれ】 19②355
しょうがつりっしゅん【正月立春】 19②321

しょうかん【小寒】 17①30,33,35,36/25①101,103,③284/27①214/34④67,⑤91/42①30/43③271/44③208/45③157/47②81/55③421/63⑤318
じょうき【蒸気】→B、X 5①75
じょうげん【上弦】 25①109,110
じょうし【上巳】→O 25①143/55③266,267,272,273
しょうしょ【小暑】 2①26,27,33,36,37,40,44,52,54,62,64,81,120,②156/16①36/21②109/25①99,102,103/27①127,136,138/29④279/44③206,207/47②118/55①36,37,44
しょうしょろくがつせつ【小暑六月節】 23③149/30①80
しょうしょろくがつのせつ【小暑六月の節】 25②215
しょうせつ【小雪】 2①121/8①84,85,93/22③174/25①100,103/27①190,192,193,201/29④284/38①19/44③206,208/49①95
しょうせつじゅうがつちゅう【小雪十月中】 25②218,222/30①91,96,105,113
しょうせつじゅうがつちゅうのせつ【小雪十月中の節】 25②183,219,220
しょうせつせつ【小雪節】 34⑤91
しょうせつのせつ【小雪之節】 34⑥137,138
しょうのつき【小の月】 28②273
しょうまん【小マン、小満】 2①22,39,41,42,44,72,74,82,84,85,86,98,102,103,105,106,108,109,111,112,115,116/22②119,③157,158/25①99,102/27①104,126/29④277,278/34⑥159/38①11,③154/44③205,207/48①187/55①32
しょうまんしがつちゅう【小満四月中】 24③304/25②181/30①48,50,60,73,75,115,127
しょうまんしがつちゅうのせつ【小満四月中の節】 25②218,219
しょえん【暑炎】 5①75
しょき【暑気】→N 3④260/8①152/10①106/21①11,18,64,83/27①151/30①76,③264/32①55,108,202/35①145,147,150/36①71,③233/38①15,21/40②117,127/42③173,175,178,179,182,183,184,⑥386/46①61,74/47②144/49①24/51①157,162,163,174/55①38/59④311,⑤441/67⑥303/68③364
しょきもうげん【暑気猛厳】 8①225
しょしつ【暑湿】 35①150/70⑤312
しょしゅう【初秋】 6①114
しょしょ【処暑】 2①16,57,59/8①31,45,46,47,72/22②130/25①99,102/27①152/29④281/33④211/44③206,207/55①46,52
しょしょしちがつちゅう【処暑七月中】 22④239/23③149/28④349/30①61,80,81
しょしょしちがつちゅうせつ【処暑七月中節】 25②202
しょしょしちがつちゅうのせつ【処暑七月中の節】 25②217,218
しょしょしちがつのせつ【処暑七月の節】 25②214
しょしょろくがつせつ【処暑六月節】 25②216
しょしょろくがつのせつ【処暑六月の節】 25②202
しょちゅう【暑中】 22④243/29①87,③192,193
しょてん【暑天】 52③134
しょとう【初冬】 5①192
しょねつ【暑熱】 35③436
しょふく【初伏】 1②146,147,③276/28②180/36①50/37②126,127,135,209
しろはえ【白はへ】→くろはえ 29③222
しわす【師走】 10②377
しんどう【シン動】 8①168

【す】

すいかん【水干、水旱】→Q 5①38,175/6②272/8①138,241/12①182
すえのさびらき【すへのさびらき】 22④261
すえはんどよう【末半土用】 39⑤282
すきまのかぜ【透間の風】 35①116
すずかぜ【スヾ風、涼風】 8①166,169
すずしき【風涼】 35③427

【せ】

せいう【晴雨】 8①15,54/10③389/21①9,11,12,13,19,20,49,②108/23①60,④201,⑥304/24②240/25②209,③284/35①191/37②194,③307/39①13,14,16,17,18,40,⑤269,292/45⑤240,241/55②131,143/58③131/61①29,57/68④414
せいうてんき【晴雨天気】 45②106
せいてん【晴天、青天、霽天】 3②72/5①147,155,③263/7①45,56,60/8①14,167/10③387/21①14,16,17,20,59/22④249,265/23③147/24①109,133,③284/25①55,89/27①145,146/28②203/31③124/37③273,292/38③129,133,135,150,154,158,178,184,186/39①43/40②80,161/41②108/42③150,151,152,153,155,157,158,159,160,161,162,163,164,165,166,167,168,169,170,171,172,173,174,176,177,178,179,181,182,183,184,185,186,187,188,189,190,191,192,193,194,195,196,197,198,199,200,201,202,203,204,205,⑥370,372,373,376,377,378,379,380,381,382,383,384,385,386,387,388,389,390,391,392,393,394,395,396,397,398,399,400,401,402,403,404,405,406,407,409,410,411,412,413,414,415,416,417,419,420,421,422,423,424,425,426,427,428,430,431,432,433,434,435,436,437,438,439,440,441,442,443,444,445,446/44①7,8,9,10,11,12,13,14,15,16,17,19,20,21,22,23,25,26,27,28,29,30,31,32,33,34,35,36,37,38,39,40,41,42,43,44,45,46,47,48,49,50,51,52,53,54,56,57/47②84,85,86,87,102,140/48①12,251/50①45,②165/51①154,156,164/52②122/54①106/55①55/56①42,216,217/59①11,15,17,18,30,33,38,40,41,42,44,45,46,49,51,52,53,56,57,58,59,61,⑤431/62⑦204/63⑧444/67④165/69①79,②217,223,247,271,357
せいてんうてん【晴天雨天】 31③123
せいとう【盛冬】 23①22
せいなんのおおかぜ【西南ノ大風】 5①132
せいなんのようき【西南ノ陽気】 5①132,158
せいふう【晴風】 35③426
せいふう【西風】 7①114
せいぼせつぶん【歳暮節分】 7②289
せいめい【清明】 2①15,70,72,74,76,78,79,80,81,91,③259/8①115,118/25①99,102,111/27①63/29④271,276/30⑤394/34④64,⑤85/44③204,205,206/55①22,③455/70①19
せいめいさんがつせつ【清明三月節】 30①20,53,114,115
せいめいさんがつのせつ【清明三月の節】 25②215,219
せいめいのせつ【清明の節、清明之節】 7①47/11②87/34⑤92,94,98,⑥159
せいよう【青陽】 7②241
せがみ【セガミ、瀬ガミ】 31⑤281,282
せきせつ【積雪】 2⑤332/53②113
せつ【雪】→ゆき 55③418
せつ【節】→ちゅう 17①72/19①5/24③338/29②134,135/35②278,279
せっき【せつき、節気、節季(時節)】→O 9①151/38④233/53④229/67②107
せっき【節気、節季(二十四節気)】 1④320/12①80,82,134/37③306/62⑧254,271
せつじょう【雪上】 48①67
せっちゅう【雪中】 2④291/10①122/24②241/27①343/36③213,218,313,341/39③144/40③247/48①68/53②114/67⑥298
せつのすえ【節の末】 17①58
せつのせっく【節の節句】 20①47,48
せつのなかば【節の半ハ】 17①58
せつぶん【せつふん、せつぶん、せつ分、節ぶん、節分】→O 1①30,③276/3④322,374/4①169/9②212/10③385/13

①38/16①31,34,41/19①188,②333,350/21②110/22①44/28①23,②240,272,④353/37①30/38②65/40②131/42⑥409,446/43②122,208/45③172/58③185,④246/59②116/67④171,⑤235/68④401,415

【そ】

そう【霜】→しも 55③418
そうき【燥気】 8①128
そうこう【霜降】 2①39,71,82,91,129/9②212/25①100,103,②198,199/27①189/29④282,283/34③45,⑥138/38①12/44③208/55①54/69②191
そうこうくがつちゅう【霜降九月中】 25②209/30①81,90,97
そうこうくがつちゅうのせつ【霜降九月中の節、霜降九月中之節】 25②183,219
そうこうのせつ【霜降の節、霜降之節】 34③44,49,④68,69,⑤88,97
そうしゅん【早春】 8①186
そうせつ【霜雪】 33③161/35①46/38③167/39④222/45⑦381/55②130,③205,206/56②292/59③215/61⑧220/63⑤301/70②126,127
そうせつふうう【霜雪風雨】 5③246
そばのちゅう【そばの中】→しちがつのちゅう 9①95

【た】

だいあくび【大悪日】 51①21/66⑥341,342
たいいんれき【大陰暦】 21②136
たいう【大雨】 25①99/62⑦206,209
だいえんねつ【大炎熱】 27①349
たいか【大夏】 33⑥345
だいかん【大寒】 7②352/8①274/16①34,41/17①30,33,35,36/25①101,103/27①214,215,220,225/30⑤404/34⑤87/41④207/42③150/43③271/44③208/55③377/63⑤319
だいかんだち【大かん立】 64①43
だいかんちゅう【大寒中】 55③421
だいかんのせつ【大寒の節、大寒之節】 31④195/34④63,67,69,⑤91,92,⑥138
だいきっしょうび【大吉祥日】 51①21
たいしょ【大暑】 1①110/2①26,79/3④261,344/8①150,274/16①37/24②240/25①99,102,103,②201/27①145/29④280/37②194/42③179,182/44③206,207/55①38,③451/56①43,176
たいしょちゅう【大暑中】 15①55
たいしょのせつ【大暑の節】 15①55
たいしょろくがつちゅう【大暑六月中】 23③149
たいしょろくがつちゅうのせつ【大暑六月中の節】 25②216,217
たいせつ【大雪】 22③174/25①100,103/27①190,192,202/29④285/44③206,208/65③218
たいせつじゅういちがつのせつ【大雪十一月の節】 25②200
だいなるかぜ【大なる風】 27①150
だいのつき【大の月】 28②273
たいふう【大風】→ぼうふう→Q 7①14
だいふうう【大風雨】→Q 16①155/23③148/25①41,75/38④265/43②172/55②135/57②191/61⑥188,⑧230/66②109,116/67⑥307,308
たいよう【太陽、大陽、大阳】→X 21①11,14,15,17,18,19,②111/48①229
たいようのうち【大陽の内】 21①58
たいようれき【大陽暦】 21②135,136
だいらいう【大雷雨】 8①290
たかしお【高汐】→Q 23②134
たかしも【高霜】 19①199,②290/37①41
たかなみ【高浪】→Q 23①12,②132,133,134,136,137,140
たかにち【高にち】 59④277
たかゆき【高雪】 46①73
だし【東風】 36②114
たつあき【立秋】→りっしゅう 55③369
たつひ【たつひ】 19②379
たつみ【辰巳】→N 59④322
たつみかぜ【辰巳風、巽風】 19②274,304,308,322/70②122,123
たつみのかぜ【東南の風】 23①11,111
たなばた【七夕】→O 6①99,113/12①174
たなばたぼん【七夕盆】 12①217
たねまきどよう【種子蒔土用】 19①35
たろうづき【太郎月】 10②352
だんう【暖雨】 30③242
だんき【暖気】 3④260/8①168,169/15③379,383/21①10/25①62/27①310/32①207/55③242
たんご【端午】 25①140,143
だんようのき【暖陽の気】 5③282
だんわ【暖和】 8①165

【ち】

ちかにち【地火日】 34⑤111
ぢごち【東北風】 70⑥383
ちふくにち【地福日】 34⑤112
ちへん【地変】 8①167
ちゅう【中】→せつ(節) 35②278,279
ちゅうう【中雨】 8①170/9③244
ちゅうかぜ【中風】 62⑨363
ちゅうげん【中元】 6①113/10②370/13①58/14①120/24①98/36③253/40③236
ちゅうしゅう【中秋】 10②326/13①360/16①38/19②451/51①64,163/68④405
ちゅうしょ【中暑】 42⑥425
ちゅうとう【中冬】 51①79
ちゅうにち【中日】 5①33/19①82
ちゅうのひ【中の日】 35①37
ちゅうふく【中伏】 1②147,③277/28②180/36①50,51/37②126,127,209
ちょうじつ【長日】 41②129
ちょうせき【潮汐】→D 5③243/45⑤239
ちょうちょうぐも【蝶々雲】 59④322
ちょうび【調日】 19①84/20①150
ちょうよう【重陽】→O 6①135/17①168/51①18/59①48/70⑤315

【つ】

ついり【ついり、入梅、霖、霖雨】→にゅうばい 23①40,62,63,③147,149,④194,⑤276,277,281/24①86,87/40②51,187/62⑨364,367
つがいのゆき【番の雪】→さんぱくのゆき 30①28,②191
つきのじゅうごにち【月の十五日】 28②140
つきので【月の出】 40②79,80
つきほがらかなるよる【月朗なる夜】 27①178
つきよざかり【月夜盛り】 41②101
つくばならい【筑波ならひ】 59④322
つゆ【ツユ、つゆ、雨露、入梅、梅雨、梅天、楳天】→ながせ→C 4①229/5①63/6①88,②287/7①40/8①18,24,137,145,146,147,150,158,163,179,186,189,195,202,227,230,231,232,233,234,235,236,237,241,242,246,250/10②324,347/11③143/12①111,143,163,278,305,311/13①19,97/14①73,117,119/21①10,50/25①111/30①60,③244,251,270/32①20,47,56,59,60,61,81,83,86,89,90,95,96,101,103,104,108,124,126,127,128,168,203,216,221,②290,292,293,297,299,301,302,303,304,305,306,333,334,336,337/33①35,④208,213,218/36①49,51/37③293,306/39①15,⑥335/45②105,④202/47③172/48①248,380/51①11/53①35/55②137,③283,325,329,331,336,347,468/64⑤336/70③226,⑥382,383,405
つゆ【露】 5①111/6①165/7①54/10②347/28②222/40②127,128/55③414/68②250/70②137,138,140,148,149,154,155,161,162,164,166,167,169,177,181,183

つゆあがり【梅雨あがり、梅雨上り、梅雨上り】 8①227/30①107,132/70⑥400
つゆあけ【入梅晴】 9③269
つゆあさき【露浅き】 27①374
つゆあめ【入梅雨】 8①224
つゆうち【露内】 11⑤227
つゆかぜ【入梅風】 31④190
つゆけ【露気】 21①17/25①60
つゆじぶん【入梅時分】 14①394
つゆじも【露霜】 19①199,②289,290,401/20①252/23①37/24①172
つゆぜんご【入梅前後】 38③207
つゆなか【梅雨中】 8①274/27①121/30①74,128
つゆのうち【露之内】 31②78
つゆのおそれ【梅雨ノ恐レ】 32①83,84,②300,301
つゆのじぶん【梅雨の時分】 29③237
つゆのはれ【梅雨の晴】 30③268
つゆふり【露降】 1②149
つゆまえ【入梅前、梅雨前】 12①222/14①381
つゆり【墜栗花】 51①157
つよきひ【強き日】 1①75
つらら【ツラヽ、氷柱】 1②206/10②347

【て】

てり【テリ、てり、照、照り、旱、旱天】→かんてん 8①41,42,48,57,150,151,168,182,242,275,278,279,283/16①213/23⑤273,275,276,280,281,282/24③290,295/27①38,129,137,138,142,146/28①81,④345,349/38③161/39①15/40②42,45,47,54,108,124,127,133,146
てりくち【旱口】 8①227
てりこみ【照込】 23①73
てりつづき【テリツヽキ、てり続、照続、旱つゝき】 8①117,140/23⑥300/27①67,139
てりつめ【照詰】 34⑥159
てりどし【テリ年、てり年、照年、旱年、旱魃年】→ふりどし 8①46,128,149,185,268/23⑤281/27①143/40②47,51,124,176
てりふり【旱降】 27①145
てりもよう【照もよふ】 37②224
てんかにち【天火日】 34⑤111
てんき【天キ、天き、天気】 4①205/10②379,③397/11②101/16①321,324/22①50,④230/24①109/25①30,45,46,47,67,68,72,81,124,139,146,147/27①25,34,46,76,93,97,102,103,128,152,160,172,180,214,225/28②145,156,177,207,211,212,238,241,248,250,256,④331,361/29①11,33,37,64,65,73,74,77,80,②121,123,136/30③276/31③124,⑤259
てんきあしき【天気あしき】 27①31
てんきかいせい【天気快晴】 30③265/34③49
てんきせいう【天気晴雨】 25②181
てんきつごう【天気都合】 23①24
てんきつづき【天気続】 27①375
てんきどし【天気年】 28②151,172,175,182,188
てんきのもよう【天気の模様】 29③211
てんきふじゅん【天気不順】 15①14/35①143
てんきよきひ【天気ヨキ日】 5①109
てんぐかぜ【天狗風】→ぼうふう 8①249
てんしゃにち【天しや日、天赦日】 42⑥373/43②122/62⑥150/66⑦362
てんちじゅんき【天地順気】 5③247
てんちのへん【天地之変】→Q 8①158,170
てんぷくにち【天福日】 19①82,83/34⑤111
てんぺん【天変】 8①167

【と】

とうじ【とうし、とうじ、冬至】→じゅういちがつちゅう 1①29/5③281,④354,355,356/7②292,313,314,334/8①109/9①126,②195/10②346,375/12①51,79,134,328,381,384/16①30,41/17①26,73,158,172/18⑥491/19①131,②294,298,302,305,309,316,319,323,326,329,333,336,338,340,343,346,349,350,354/21①87,②109/22①53/23①22/24①139/25①101,103,②208/27①203/28①9/29④286/30②191,③284,⑤402/32①56,72/33⑥372,389/34⑤91,92/36①42/38④271/39①58/40②134/43③269/44③208/45③157,④211/46③210/49①198/50②159/55③421,424/56①57/58③183,185/62⑧258/67④171/69②189,191,192,246,334/70③216
とうじのせつ【冬至之節】 34⑥138
とうしゅう【稲秋】 38④238
とうふう【東風】 7①114/25①89,98
どおうよう【土王用】 34④62
どおうようのせつ【土王用之節】 34④60
ときならずあくふう【時ならす悪風】 1②141
としこし【年越し】→O 28②242
としのはじめ【年の始め】 7②289
どてぐも【土手雲】 59④275
どよう【トヨウ、どよう、どよふ、土用】 1①62,③276/2①19,40,44,52,54,56,57,58,59,60,64,123,④281,283,286,287,288/3③143,144,152,154,163,④223,224,225,227,229,230,233,239,244,245,253,258,260,266,278,292,294,301,306,307,308,311,318,322,330,338,349,374,381,383/4①23,81,82,95,108,124,125,130,169,210,211,221,241/5①20,38,59,73,103,105,108,109,153,163,③259,264/6①61,67,68,86,118,136/7①23,42,95,97,②308,354,355/8①30,31,52,71,72,102,114,140,142,147,157,162,233,234,242,269,274,275/9①28,29,42,85,86,87,88,89,90,91,92,113,②213,218/10②346,368,373,③396,401/11④169,187/13①62/14①117,342,377/15③369,387,388,394,395/16①29,32,36,37,40,41,142,194,247,250/17①208/18⑥492/19①188/21①58,59,60,②110,111,③156/22①39,②101,103,108,114,123,130,③170,④207,217,226,230,235,257,261,262,275,279,⑤352,⑥383,384,387,390/23①70,③149,151,⑤268,269,273,276,282,⑥327/24①90,91,121,②236,③286,290,295,296,334/25①45,47,48,60,65,66,67,70,141,②183,190,192,193,199,212,③270,272,273,276/27①26,45,55,63,67,71,73,75,96,137,138,139,140,141,143,145,148,149,151,176,279/28①24,62,②218,④330,338,342,347,349,352/29①66,67,73,82,②142,147,149,③250,④279,280,283/30①124,125,132,134,139,③243,268/31②82,③115,117,④184,⑤264,272,283/32①20,96,98,137,②315/33③161,164,165,168,169,170,⑥365/35②279,303/36①47,51,71,③190,191,241,266/37①15,31,②76,82,109,125,126,133,135,151,164,194,201,202,203,208,209,220/38①6,8,10,③112,124,143,148,158,164,194,198,207/39①36,43,45,47,49,54,②95,112,④206,⑤257,268,282,285/40②44,46,51,81,100,132,142,③241/41②62,63,64,77,101,112,⑤234,⑥270,271/42①35,③178/43③254/44①32,③206,207,208/45①35,②107,⑦382,396/46③211/47②106,③176,④208/51①29/54①279,302/55②142,179,③346/56①105,202/58③124,129,183/60⑤279,280/61①49,54,57,②94,⑥187,188,⑧230,⑩425/62⑨338,359,367,382/63⑤315,⑥350,⑦385,⑧433/67③140,④163,164,169,171,⑤209,210,220,⑥267,268,279/68④412/69②335/70⑥402
どようあき【土用あき、土用明き】 38①21,③145/40③223/70④263
どようあきのせつ【土用秋の節】 7①22
どようあけ【土用あけ、土用明】→どようさめ 38①11,③207/59④343,393/62⑨323,336,337,338,363,365,366,375,382/67⑥287,305/68④415
どようあと【土用後】 25②211

どよういり【土用入】 15③389, 403/38①27, ②58, ③147/40③231/43③263/50②157/62⑨358, 362, 364
どよういりぐち【土用いりぐち、土用入口】 37①34/39②110, 111
どよううしのひ【土用丑の日】 36①51
どようおわり【土用終り】 5①113/13①63
どようぐち【土用口】 9②216
どようさめ【土用さめ、土用覚、土用醒】→どようあけ 11②113, ⑤245/30①125, 134, 140/41③177/44③234
どようじぶん【土用時分】 36③241/37③293, 306, 308/40③222, 224, 232/68④412
どようじゅう【土用中】→なからどよう 1②146/3③137/7①23/12①217/13①63/19①59/22②103, 105, ③159, ④211, 217, 218, 224, 261, 263/30①133, ③262/31⑤276/33①33, ③171/36②123, 124, ③235/37②194/38①8, 14, 15, 21/39①43, 50, ③153/40③241/41④206, 207/45⑦382/50②156/56②264/59④311/67④165, ⑤227, 234, ⑥268, 283, 303/68②246, ④415/69②337/70⑥424, 426
どようすぎ【土用過、土用過キ】 25②212/36①46, ②124/39⑤284
どようぜんご【土用前後】 11④167/37②194/38③207/55①37/56①42, 48, 49
どようなかば【土用中、土用中は、土用中ば、土用半】 6①66/21①19/31⑤269/38③198/62⑨364, 375
どようのあきがた【どようのあきがた】 28②194
どようのいり【土用の入、土用の入り】 12①191/40②103
どようのいりふつかめ【土用入二日目】 25③270
どようのいりまえ【土用ノ入前】 5①100
どようのうち【土用の中】 13①20, 58
どようのせいてん【土用ノ晴天】 8①237
どようのせつ【土用ノ節】 8①235
どようのてり【土用ノテリ】 8①56
どようのひより【土用の日和】 28④347
どようのりんう【土用之霖雨】 8①224
どようはっせん【土用八専】 12①82
どようまえ【どよふまへ、土用前】 5①107, 162/6①66/9①38, 39/11④170/14①381/30③260/36①46, 47, ②124/37②193/38①15, 21, ②66, ③198/40②47, ③221/59④366, 384/69②336
とらのひ【寅の日】 34⑤80
どろふる【泥ふる】 43③240
どんてん【曇天】 29③211

【な】

なえすてび【苗捨日】 1②143
ながあめ【ながあめ、なが雨、永雨、永霖、長あめ、長雨、霖雨】→りんう 2①114/3④353/5①71, 103, 112/7①61, 64, 92, ②360/10①90, 114, 116, ②321, 326/12①82, 314/19②300/20①269, 270/22④208, 227, 268/23⑤275/29②136/30①45, ③268/31②80/32①58, ②297, 299, 303, 333/33①32, 38, 49/35②263, 307, 328, 372, 375, ③428/37②112/40①7/41②81, 100, 129/45①41, ③144, 163/55②137/61②93/64⑤347/67②110, ④164/69②221/70④280, ⑥383, 391
なかしお【中汐】 59④277, 366
ながしけ【長しけ】 37②176
ながせ【永瀬、長瀬】→つゆ 11⑤227/23①11
ながてり【長照】 25①128
なかどよう【中土用】 22③161/56①101
なかのどよう【中の土用】 20①163
ながひでり【長旱】 5①71/30①96/31④179/41③175
ながゆき【長雪】 5①111
なからどよう【なからとよう】→どようじゅう 28②192
ながれぼし【流星】 4①208
なぎ【なぎ、和波】 15②293/66⑦362
なぎびより【浮薔日和】 59④274
なごし【名越】 44③205
なごりのしも【名残の霜】 36①44
なつあき【夏秋】 59④307
なつあめ【夏雨】 1①78/5①118/28④361
なつかぜ【夏風】 20①276
なつき【夏気】 23①85
なつじゅうふじにれいき【夏中不時に冷気】 1①22, 33, 54
なつじゅうふじのれいき【夏中不時の冷気】 1①24
なつじゅうれいき【夏中冷気】 1①23
なつてり【夏てり】 23⑤277
なつどよう【夏どよう、夏土用】 1①32, ③264/2①123, ②147, ③264, ④287, 302, 307, 308/3④307, 346, 349, 353/4①45, 57, 84, 87, 122, 124, 129, 144, 162, 210, 221/6①114/12①170/16①262/17①194, 196, 203, 209, 211, 218, 219, 223, 225, 241, 243, 251, 259, 305/19①75/20①157/21①10, 59, 64, 88, ②112/22④224, 233, 237/23①76, 77/25②189, 208, 210, 222/28①13, ④354/29③259/33④207, 213/37②202/39④206/40②142/41②108/45②107, ⑥285, 294/46③212/47②107/48①231/51①36, 40, 94, 116, 157, 165/52①31/55②146, ③380/56①212/58③130/60⑤284/62⑨373, 379/63⑧440/67⑤227, 228, 234/68②246
なつどようすぎ【夏土用過】 11②120
なつどようちゅう【夏土用中】 22②119
なつどようまえ【夏土用前】 11②114
なつのき【夏の季】 17①116
なつのきたかぜ【夏ノ北風】 5①73
なつのせつ【夏の節】 1①62
なつのどよう【夏ノ土用、夏の土用、夏之土用】 1③264, ④298, 305/3①30, ③140/4①57, 211, 231/5①38, 79, 91, 108, 110, 117, 131, 163/6①61, 103, 112, 113, 128, 148, 151, ②273, 312, 317/7②311/9②198, 212, 217, 222, ③252/10②320, 361/11①45/12①167/13①239/14①93, 389, 394/16①245/17①195, 224, 230, 238, 240, 252/18⑥490, 493/19②321, 342/20①213/21①14, 71, ②127/25①120, ②206, 213, 218, 223/27①24/28①23/29③236, 241/30③253, 255, 270/31⑤256/32①23, 87, 95, 97, 108, 116, 131, 132, 134, 141, 142, 143, 144, 221, ②314/33⑥362/36①47, 51, 60, ③243/38③128, 143, 148, 153, 158, 173, 186, 188/39①15, 44, 47, 54/40②143, 144/41②77, 91, 139/48①55, 242/51①168/52①22, 50/55②129, ③277, 293/58③127, 183/61②88
なつのどようあけ【夏の土用明】 38③125/62⑨328
なつのどようじゅう【夏の土用中】 13①62/21①77
なつのひでり【夏之旱】 8①150
なつのひゃくご【夏の百五】 20①252
なつのゆうだち【夏のゆふだち】 29①57
なつはんどよう【夏半土用】 5③259
なつひでり【夏日てり】 17①63
なつぶんどよう【夏分土用】 25②182
なみかぜ【浪風】 16①325
ならい【ならひ】 17①59/59④321
ならいかぜ【ならひ風】 59④387
なわしろかぜ【苗代風】 35①90
なわしろひでり【苗代旱】 10①90
なんとうのかぜ【南東風】 21①13, 19, 20
なんぷう【南風】 16①325/21①50, ②107/54①314
なんぷう【難風】 70③219

【に】

にがつ【二月】 10②357
にがつしゃにち【二月社日】 24③355
にがつせつ【二月セツ、二月せつ、二月節】 9①21, 22, 23/16①35/17①28, 282/19②335/21①74/22①38, ④241/23①29/27①25/38③195/39①55/43③232/51①90, 95/55①19/67④163
にがつちゅう【二月中】→しゅんぶん、はるひがん 12①143/17①28, 36, 255/19①179/20①36/21①12, 63, 73, 75, 86, 87, ②108, 109, ③141/22①38/28①19/37①30

/39①57,59/41①9,10/54①276,305

にがつちゅうしゅんぶん【二月中春分】 33④216

にがつのせつ【二月ノ節、二月の節】 2④282/13①170,192,240/17①27,35,58,74,192,260/28①21/31③110,111/32①28,②318/33⑥319,335/38③190,191

にがつのせつけいちつ【二月ノ節啓蟄】 33④215

にがつのちゅう【二月ノ中、二月の中、二月中】 12①239,253/13①185/17①36,194/19①179,②323/22③155/27①55/31③111/38③182/54①274,275,282/55①21

にがつのちゅうしゅんぶん【二月ノ中春分】 33④207

にがつのひがん【二月のひかん、二月ノ彼岸】 32①119,123,144/33①28,⑥335

にがつひがん【二月ひかん、二月ひがん、二月彼岸】→はるひがん
4①92,110,132,147,154,200/6①32,156/10①48,74/11②110/17①263,267,285,288/19①82,111,116,124,126,166,167,168,②293,296,300,303,306,310,315,317,330,340,351/20①133,152/21①53,③154/28④331/30①18,22,24,37,42,③241/31④160,196,⑤252,253/32①28,75,118,120,122,126,128/33②122,④212,229,230,231,232,⑥313,327,337,343,348,349,350/41③171/62⑨317,320/63③135/68④412

にがつひがんちゅう【二月彼岸中】 30①114

にがつひがんちゅうにち【二月彼岸中日】 4①116

にがつひがんのちゅうにち【二月彼岸の中日】 4①38/6①23/19①39/25①138

にきのひがんちゅうにち【二季ノ彼岸中日】 5③281

にし【西】→Z
59④322

にじ【虹】 10②348/25①99,100

にしかぜ【にし風、西風】 2①119/15①41,100/17①51,60,62/21①12,15,18,20,②107/22④214,230,264/23①11,64,101,③147/30①51/36①71/37②215/39①17/41②101/42③201,⑥370/43①28,30,31,39,40,43,57,58,60,72,76,78,80/55③395/59④386/62⑨360/64④242,261/70③215

にしかぜのれいき【西風ノ冷気】 32①111

にじゅうしき【二十四気、廿四気】→ほんせつ
5①59/37③334

にじゅうしきななじゅうにこう【二十四気七十二候】 22①27

にじゅうしせつ【二十四節】 12①79/41⑥266

にちげつのえいきょ【日月ノ盈虚】 5①59

にっしょく【日しよく、日食、日蝕】 19②354/40②82/41⑤241/67④164

にっそく【日そく】 19②295,314,323,327/42⑥396,432/66⑧399/67②107,108

にどのわかれのしも【二度のわかれの霜、二度之わかれの霜】 19①199,②290

にひゃくとおか【二百十日、二百拾日、二百十日、弐百十日】→C、O
1②147,③270/4①221/6①93,②309/7②249/8①46,83,107,161,276/9①98,99,②199,219,③252/13①65/14①120/17①38,39/22②108,124,126,③170,④226,239/23①77,⑤261/24①101,102,104,③296/25①141,144,②189,③280,281/27①152,155,293,301,306,308,333/28②199,207,③323,④338,350/29①84,②143/30①135,136,③280,281/31⑤264,272/33④224/36③259/37②126,131,139,140,157,158,179,183,200,211,212/38③161/39②114,④207/40②44,101,125,128,143,144/41②73,116/42⑥393/43①60,③256/44①38,③207/58③127/61①56,②87/62⑦204,⑨370,372,374/63⑦393/67④167,⑥267,268,283/68④415/69①134/70④280

にひゃくとおかのせつかぜ【二百十日の節風】 15③384

にひゃくはつか【二百廿日、弐百廿日】 1②147/6①68,93/8①284/22③164,④217,226/23①11/27①154,167/28②209,④340,343,347/37②179/38③207/39②114,118/40②101,144/41②116/42③184/62⑨371/63⑥349/67⑥268,308

にゅうばい【入梅】→ついり
1①35,②143,149,③277/2①47,116/3④250,267,330,335/5③270/8①104/9②214,216,221,224,③244/10②318,364,366,③388/11①43,⑤251/21①19,86,87,②108/22②116,117,120,121,125,127,④206,209,225,263,264,266/25①55,63,141,③274/27①124,293/28④334/31⑤250,266/33⑥310,324/35②278/37②134/38①18,②69,③156/39①58/41②73,74/43③251/44③205,207/45②105/46①64/47④230/49①188/55①34,37/56①52,208,②262,265,266,275/58③125,129/61②88,92,⑧230/63⑥346,⑦378/67④164/68④413

にゅうばいちゅう【入梅中】 29②139/41④207

にょう【二陽】 19①131

【ぬ】

ぬくさめ【温雨】 5①126,127,128,133,140,147,155

【ね】

ねっき【熱気】→X
62⑨360

ねのひ【子の日】 22②124

ねゆき【根雪】 1①99,②196/19②295,298,302,305,309,313,316,319,323,326,336,338,340,343,349,354/27①190

【の】

のこりしも【のこり霜、残霜】 17①65,66,259

のぼり【のぼり】→N
37①7

のわき【暴風、野入、野分】→ぼうふう
8①167/10②372/16①31/20①277

のわきのおおかぜ【野分の大風】 16①322

【は】

はえ【はへ、南風】 11④166,169/29③238

はくう【白雨】→ゆうだち
10②347/31④159/42⑥427/43②164/67③127

はくうかぜ【白雨風】 31④190

はくうん【白雲】 42③188/45⑦425/66④193,195

ばくしゅう【麦秋】→A
16①36/25①99/30①126/37③292/38④238

はくろ【白露】 2①16,20,56,62,63/8①31,45,46/16①38/25①99,100,103,②198,212,213/27①155/29④281/37②128,③311/44③206,207,234/55①49,③455

はくろのせつ【白露の節】 27①152

はくろはちがつせつ【白露八月節】 25②207,223/30①61,80,81,90

はくろはちがつのせつ【白露八月の節】 25②202,220

はげん【はけん、はげん】→はんげしょう
22⑥374,378

はちがつ【八月】 10②371

はちがつじゅうごや【八月十五夜】 22②113

はちがつしゅうぶん【八月秋分】 34②22

はちがつしゅうぶんのせつ【八月秋分の節】 34⑤76

はちがつせつ【八月セツ、八月節】 2④288/9①100/17①165/19①76,112,118,124,125,127,132,138,139,167,187,201,②307/20①173,174,206/21③156,157/22④217/25①103/27①155/28①29/37①36,41/43③256/54①302/55①49/67④167

はちがつせつはくろ【八月節白露】 33④217

はちがつちゅう【八月中】→しゅうぶん、はちがつのひがん
2③264/13①185/19①38,76,125,132,187,188/21②108,109,112/25①103/27①271/28①18,19,29/33④212/37①16,36,41,46/38③170,193/43③260/48①192/54①295,302,307,314/55①50/61①57/63⑤315

はちがつちゅうしゅうぶん【八月中秋分】 33④223

はちがつちゅうのせつ【八月中の節、八月中之節】 3④335/25②196,198

はちがつつゆ【八月梅雨】 29③243

はちがつのせつ【八月ノ節、八月の節、八月之節】 2④289,292,307/5①74,③281/19①109,110,141,144,146,150/20①137,158/23⑤262/25②198/31③116/32①49,77,87,168,215/33⑥371/39③149/62⑨380

はちがつのせつはくろ【八月之節白露】 33④210,220

はちがつのちゅう【八月ノ中、八月の中、八月之中】 13①52/17①165/19①122,149,②331,349/20①157,213/24③338/27①169/31③116

はちがつのひがん【八月ノ彼岸、八月の彼岸】→あきのひがん、あきひがん、はちがつちゅう
30①127/32①66

はちがつひがん【八月ひかん、八月ひがん、八月彼がん、八月彼岸】 4①150/11②114/14①85/19①136,167/22①54/28④349,355/30①24,37,120,④346/31③115,⑤270,271,272/32①47,54,73,101/33④213,219,225,231,232,⑥371,377,380,381,382/39③149,153/40③232/68④415

はちがつひがんちゅう【八月彼岸中】 31⑤274

はちがつひがんまえ【八月彼岸まへ】 11②115

はちじゅうはちや【八じう八夜、八拾八夜、八十八ヤ、八十八や、八十八夜】 1①35,②142,③277,278/2①15,16,19,23,29,30,31,78,86,106,112,115,133,②155,③259/3①40,54,④225,229,231,233,234,238,246,279,280,281,291,292,301,330,342,347,352/6①94,97,146,189/7①92,117,②305,341,342,345,349,356,358/8①12,17,98,100,118,140,150,165,166,167,168,169,188,190,230,234,240/9①53,54,②212,③243/10③401/11②87,113,119,④180,181,183/13①10/15③355,377,379,383,386,388,391,400/17①65/19①140,181,199,②290/20①251/21①61,64,69,86,87,③155/22②98,116,120,121,127,128,129,③156,④212,224,226,255,277,278,⑤349,⑥366/23①56,57,58,59,③148,151,⑤257,270,271,277,⑥326,330/24①44,③304/25①47,141,③273/27①75,76,96/28②142,146,147,150,154,156,③323,④334,335,337,341/29①80,②125,126,127,③204,213,214,247,④276,277/30①125,③245/31②76,⑤253,255,258,259/32①24,151/33①30,④209,211,215,⑥345,347,352,353,357/35①73,101,131,②278,303,307,348,352/36①44,③197,198/38①8,9,15,17,18,26,③137,138,189,195,206/39①45,48,49,50,58,②97,③146,147,⑤270,⑥334/40②141,③224,④306,308,311,320/41②107/43③243/44③207/46①89,③204/47②92,94,③172,④227/50②150/55③208,288,293,394,440/56①119,②250,273/58③127,④251,252/59④287,343,347,364,⑤431/61①55,②84,⑦194,⑩415,425/62⑧275,⑨326,339/63⑦372/65②90/67④163/68②250,④401,412,413/69②357/70⑤317,326

はちじゅうはちやのしも【八十八夜ノ霜、八十八夜の霜、八十八夜之霜】 19①114,198,199,②289/36①44/37①32

はちじゅうはちやのつゆ【八十八夜之露】 31②77

はちじゅうはちやまでのしも【八十八夜迄之霜】 19②290

はつかみなり【初雷】 3④239/5③275

はづき【葉月】 10②371

はっさく【八朔】→O
6①113/10②371/12①217/23③148/24①108/36③259

はつしも【初霜】 6①149/21①20/45⑥295/46①43/70①18,③227

はつしもふり【初霜降】 30①140

はっせつ【八節】 10②346/12①79/37③334/41⑥266/62⑧270

はっせん【八せん、八専】 4①241/38③113/40②81/42①36

はっせんのひ【八専之日】 27①194

はつどよう【初土用】 20①163/21①70

はつなつ【初夏】→りっか
7②250,333

はつねのせつ【初子の節】 34③44

はつひ【初陽】 21①58

はつゆき【初雪】 6①113,158/19①188/42⑥402/43③269

はつらい【初雷イ】 24①40

はなぐもり【花曇】 24①40

はまかぜ【浜風】 23⑥336

はやきしも【早キ霜】 32①221

はやじも【早しも、早霜】 19①198,②289/20①275/23①40/32②303

はるあき【春秋】 38①25/52⑦299,300,301,302,307,312/54①262,271/59④286,287,306/65①42,43/67⑥275

はるあきのりょうひがん【春秋の両彼岸】 55③268

はるあきりょうひがん【春秋両彼岸】 55③282,293,366,410

はるかぜ【春風】 17①62/20①276/64④262

はるかぜつづき【春風続】 27①67

はるさめ【春雨】 8①100/10①176/31④175

はるしも【春霜】 13①20/22②120

はるしょうがつ【春正月】 21②110

はるたつ【春たつ】→りっしゅん
20①263

はるたつひ【春たつ日】 30③230

はるだんよう【春暖陽】 5③281

はるどよう【春とよう、春土用】 1①35,58,59,60,93,②142/2①15,③262,263,264,④283,292,294,295,299,303/4①82,83,84,85,86,88,121,128,138,141/6①137/17①211,212,214,215,223/25②188,202,210,211,212,214,218,220,221,222,223,224/27①65,247,315,333/31⑤260/36②108/37②204/39②117/45①34/46③210/47②107/48①211/55②142/56①51,53,61,62,67,70,99,202,208,209/61②88

はるどようさめ【春土用さめ】 11②113

はるどようぜんご【春土用前後】 56①195

はるどようまえ【春土用前】 46③186

はるのかぜ【春の風】 9②199/17①63

はるのさんばん【春ノ三番】 5①89

はるのしも【春ノ霜、春の霜、春之霜】 2①25/19①198,199,②289/39⑤254

はるのしゃにち【春の社日】 38③123

はるのせつ【春之節】 34④60,⑥135

はるのどよう【はるのとよう、春ノ土用、春の土用、春之土用】→あきどよう、あきのどよう
2③263,④290/3①48,51/4①221/5①38,92,96,101,108/6①94,101/7①117/8①66/11①40,②92/13①20/17①114,193,195,197,202,203,206,207,212,216,226,267/20①52,149/21①59/23⑤257,258,261/25②192,205,218,219/27①127/28④331/29③225/30③249,252,255,268,286/31⑤255,256,258,259,263,282/32①20,21,22,30,56,139,140,141,142,144/35②308,312/36①44/37②204/38③136,137,142,144,147/39①44,③145/55②128,③264/56①55,117,160,167,182/58③127/60⑤284,⑥332/68④413

はるのどよういり【春の土用入り】 18⑥490

はるのどようまえ【春の土用前】 25②216

はるのはちじゅうはちや【春の八十八夜】 20①251

はるのはんどよう【春ノ半土用】 5①104

はるのひがん【はるのひかん、春のひかん、春ノヒガン、春のひがん、春ノ彼岸、春の彼岸、春之彼岸】 3①27,33,36,42,④217,240,241,346/4①13/5③270/6①24,32,118,136,148,②281/7②292,356/9①103,③242/10②326/11①40/14①72/17①205,208,222,225,255,263,265,266,284/19①149/21①66,86/22②98/23①24,⑤260,⑥326/24①109/25①46,47,73,139/28①9,20,21,22,23,④329

/30④346/38③125,127,133,147,159,182,191,193,④272/39①52,57,⑥332/40②160/41②92/46①62/48①235/50②150/56②240,265/59④391/61⑩436/70③214,215,226,④262

はるひがん【はるひかん、春ひかん、春ひがん、春彼岸、春飛岸、春飛雁】→にがつひがん、にがつちゅう 1①35,54/2④281,283,292/3④287,289,291,336,339,347,348,352,364,374,379/4①90,104,136,139,155/5①124,165,③270,279/6②280/11②87/14①85,88/22①57,②109,123,125,127,④212,236,241,256,257,266,267,270,274,276/23①17,25,101,⑤259,⑥321,323/24②237,238,③283,301,302/25②179,180,213/27①270,271,364/29③213/31④157,160,164/32①118/33④209,213/35①68/39⑥330/41②91,92,93,94,95,96,97,98,103,105,108,109,111,③170/45③167/46①64,96/47②139/55③240,241,248,250,255,256,262,263,269,273,274,275,276,277,282,283,284,287,289,291,292,301,302,303,304,309,310,312,316,317,320,321,324,325,326,327,329,330,332,333,334,335,340,346,347,348,349,350,355,356,357,358,362,363,364,366,368,369,373,374,376,377,380,381,382,383,384,385,390,391,394,397,398,399,400,403,410,414,426,430,434,435,436,465,466,468/56①109,②262,263,264,265/58③123,124,125,185/59④391,392,⑤443/61②99,⑩430/67⑤228,235/68④411

はるひがんすぎ【春彼岸過】 11②117

はるひがんちゅう【春彼岸中】 55③257

はるひがんちゅうにち【春彼岸中日】 1②141,149/4①216/36①43

はるひがんのけちがんのひ【春飛岸の結願の日】 27①300

はるひがんのちゅうにち【春の彼岸の中日】 6①23

はれくち【晴口】 8①186,235,236,241,242,250

はれくもり【霽陰】 5①40

はれび【晴日】 8①166/30③276

はれふり【晴雨】 27①256

はんげ【はんけ、ハンゲ、はんげ、半げ、半夏】 1①100,②143/2①30,33,104,④282,285,286,290/3④223/8①230,240/9①76,79,82,83/10③388,390/11⑤251,276/13①15/15③367,394/17①58/18④398,⑤463/19①106,126,137,139,143,185,201,②304,382/20①157,167,169,174/21①63,70,73,③156/22①48,②99,104,109,126,127,129,130,③158,④227,273,275/23①57,⑤258,273,275,276,278,279,280,281/24①76,②233,③304/25①142/29③251,④278,279/31⑤254,282/33①22,③159,161,164,166,167,④208,220,⑥338/36①53,60/37①17,34,②77,81,112,125,126,134,164,178,194,200,209,③293,308/38③207/39①48,49,52,②95,112,④205,206/40②44,45,46,48,49,50,54,113,143/41②57,98/42⑥387/43③251/44③205,207/46③196/51①157/56①52/61②88,⑩423,433,437,439/62⑨337,356/63③131,136,⑦382/67⑥267,279/68④413

はんげあめ【半夏雨】 31⑤267

はんげしょう【はんけしやう、はんげしやう、はんけ生、はんげ生、半夏星、半夏生】→はげん 3①27,31,②72,④219,314,339,383/4①17,41,69,86,121,210/5①73,171,③257/6①44,92,93/7①95/8①73,116,160,195,236/10②318,324,367/13①40/15③388,389,394/17①109/21②109/22⑤351,352/25①99,141,③274/27①95,126,127,135/28①19,23,25,27/30①74,75,130/32①21,24,26,31,53,87,89,91,92,98,99,101,105/35②279,303,307/37②151/39⑤282/40③230,231/43②156/48①251/56②264/61①56/63⑥346/67④164

はんげすぎ【半夏過】 40②100

はんげぜんご【はんけ前後】 39②115

はんどよう【半土用】 5①24,89/24①99/36③190/40③231

はんび【半日】 20①150

はんまえ【はん前】 11⑤252

【ひ】

ひあし【ひや(あ)し】 28②190

ひえ【ひへ、冷】→X 8①184/23①40

ひかげん【日カゲン】 8①241

ひがしうしとらかぜ【東丑寅風】 21①13

ひがしかぜ【東風】 17①52,59,62/20①277,②375/23③147/37①7/42①40,③150,156,157,158,159,164,167,174,181,182,184,187,191,202,204/59④274,275,282,321,322,347,367,386,387/64④297

ひがしだいふうう【東大風雨】 23③147,148

ひかり【電】 66③152

ひかりもの【ひかり物】 66②116

ひがん【ヒカン、ひかん、ヒガン、ひがん、彼岸、比がん、比岸、皮岸、飛雁、飛鴈、飛鳫】→O 1①36,97,③276/2①32,②155,④289,307/3④222,238,245,246,252,253,254,255,286,291,339,347,349,352,357,363,368,370,371,382/4①169/5①13,14,27,78,120,128,133,140,146,148,③265/6①99/7②319,345/8①65,98,101,103,107,111,115,156,161,186/9①19,22,24,25,26,100,101,102,104,105,107/10③395/11①25/16①30/17①262/18⑥490/19①136,150,179/20①99/21①10,②108/22②108,115,③168,④211,239,250/23①22,⑥321/24①27,28,29,108,113,③282,285,291,295,296,333/25①45,73,111,140,141,②180/27①22,24,25,26,37,58,59,155,271,279/28②138,139,141,142,213,214,215,217,218,219,222,④330,334,347,351,352,353/29②122,145/30①121,137,③238,243,254/31②76,③110,④174,175,183,⑤253,272/32①52,94/33③158,171,④207,208,⑥319,321,337,340,341,372/37①15,16,30,36,②74,76,89,133,176,178,180,193,201,205,208,212,215,225,227/38③194,195,199,④244,268/39①15,42,50,51,55,58,②104,107,⑤261/40②47,81,101,106,134,145,146,③237,238/41①8,②62,98,100,106,107,③170,173,182,④206/42①28,29,⑥395/43③238,260/44①13,40,③206,207/45②101,③150,169,170,⑤236/46①62,63,68,③186,203/48①187,190,192,235,241/51①174/55③266,286/56①103,123,②246,259,264/58④250/59④342,361/61⑦193,⑧229,⑩430,454/62⑨322,323,327,328,329,330,332,335,345,374,378/63③133,⑥349,⑦366/67④163,169,⑥268,283,288,308

ひがんあき【彼岸明キ】 40③218

ひがんいり【彼岸入】 44③204

ひがんいりぐち【彼岸入口】 37①36

ひがんけちがんのひ【飛岸結願之日】 27①22

ひがんさめ【彼岸醒】 30①122

ひがんしょにち【彼岸初日】 25③270

ひがんすぎ【彼岸過】 37②225/56②250

ひがんちゅう【ひかん中、彼岸中】 14①395/21③155/36③261/38③191,195/40③216/67⑥268

ひがんちゅうにち【彼岸中日、飛鴈中日】 1②142/11④182/27①26/35①101/36①43,②99/39④193,194,195,196,⑤262/41②62/42⑥375/44①14/62⑨323

ひがんづき【彼岸月】 36③260

ひがんのいり【彼岸之入】 19②344

ひがんのいりくち【彼岸ノ入口】 37①30

ひがんのけちがん【飛雁の結願】 27①159

ひがんのけちがんび【彼岸の結願日】 6①24

ひがんのじぶん【彼岸ノ時分】 5①155

ひがんのしょにち【彼岸の初日】 19①34

ひがんのちゅうにち【彼岸ノ中日、彼岸の中日、彼岸ノ仲日】→O 18⑥492/25①46/38④247/

69②190,191
ひがんまえ【彼岸前】 5①33/7②354/11①41/23①52/40③217/41④208/45⑦400
ひこぼし【ひこぼし】 20①258
ひざかり【ひざかり】 9①65
ひさめ【氷雨】 4①57
ひしお【干潮】 35②317,318
ひすじ【日筋】 8①256
ひつじの日【未の日】 30①78
ひでり【ひてり、ひでり、干、大旱、日てり、日でり、日干、日照、日照り、日旱、亢暵、旱、旱リ、旱り、旱天、旱魃、旱魃り】→かんばつ→Q
1④299/2①25,43,71,74,81,88,104,⑤329/3①32,36,40,51,③145,150,153,154,④356/4①116,134,180,191,192,214,233,234/5①38,41,55,72,97,102,103,104,110,116,118,124,125,128,154,175/6①25,99,121,150,151,156,166,175,176,②292,303,314/7①23,31,38,60,96,②246/8①15,41,49,55,79,81,138,139,150,154,206,238,270,282,285,286,287,289/9②211/10①54,62,63,82,91,②321,322,③387,388,390,399/11②114,⑤222,227,256/12①52,71,74,90,105,106,131,148,183,186,188,210,211,221,236,242,244,247,256,273,277,278,293,308,314,364,365,368,370,377,380,381,389/13①11,13,14,29,34,36,39,42,54,81,82,95,105,116,119,133,145,156,168,179,186,245,248/15①52,③345,367/16①97,100/18②252/20①271/21①16,19,66,②112/22④206,208,214,226,227,229,230,234,242,243,244,245,266,279,280/23①40,73/24①90,92,③288,306/25①55,56,60,115,116,127,129/27①140/30①76,112,③255,263,265/31②80,④155,158,159,160,167,214,⑤285/33①32,34,41,②119,③161,168,⑥324,328,336,359,370/34①9,③39,54,⑤78,88,101,102,103,⑥133,142,⑧299,303,305/36①68/38①7,③131,152,158/39①17,49,51,52,②97/40②108,133/41②74,91,97,104,121/46③206/48①216,250/55③241/57②157/61⑥188,⑦193,195/62①11,⑧259,274,⑨367/64①49,⑤336,337/65③218/66④196/67⑥304/69①56,61,②221/70⑤311,⑥399
ひでりがち【旱勝】 34⑤81
ひでりがちのせつ【旱勝之節】 34④63
ひでりつづき【旱つゝき、旱照り続き、旱続】 5①117/25③274,275/27①68/35②372
ひでりつづきのとし【旱続の年】 35②346
ひでりどし【ひてり年、ひでり年、日旱年、旱リ年、旱り年、旱年】 2①54,78,85/3③168/7①25,②275,278,317,360/8①44,58,81,137,146,270,284/10①82/12①137,382/20①86/24③290/31⑤267/32①72,109/33③165/40②182/48①209,237/69②300,323/70⑥398,404,405,415
ひでりのせつ【旱之節】 22④265
ひでりのとし【ひてりノ年、ヒテリ之年、日照のとし、旱のとし、旱の年、旱りの年】→Q
4①129/8①137/10①97,②368/15①22/24③290/36①53/47④217
ひでりぶそく【ひでり不足】 24①92
ひとのくちいきみゆるじせつ【人の口息見ゆる時節】 51①70
ひので【日の出】 40②79,80/59④274
ひゃくご【百五】 19①140
ひゃくごにちのしも【百五日の霜】 19①182
ひゃくごのあさ【百五之朝】 19②341
ひゃくごのしも【百五ノ霜、百五の霜、百五之霜】 19①114,115,129,198,②289/20①134,179,222,223,②374/61②95
ひゃくごのしもあけ【百五の霜明】 20①169
ひゃくごまえ【百五前】 19①113
ひゃくとおかのしも【百十日の霜、百十日之霜】 19①199,②290
ひゃくにちのひでり【百日のひでり】 29①36
ひやけどし【ひやけ年】 28②216
ひょう【ひやう、氷、雹】 5①89/42①57/44①27/61⑩421/70④262
ひょうせつ【氷雪、冰雪】 19②301/23①92
ひょうちゅう【氷柱】 1②206
ひょうまじりのおおかぜ【冰交之大風】 19②342
ひょうらん【氷乱】 21⑤228
ひより【日より、日和、日和り】 6①191/7①55,56/8①168,170/21①16,18,20,②127,136/23⑤277/27①105,118,129,154,155,171/28④329,346,352,361/29①45,74,③235,238/30③268,271/35①194
ひよりあしきとし【ひよりあしきとし】 9①22
ひよりのいんせい【天気の陰晴】 12①112
ひよりよきとし【ひよりよきとし】 9①108

【ふ】

ふうう【風雨】→Q
2①88,105,④279/3③150/5③264/6②272/7①21,41,56,②346/8①17,166/12①82,90,93,109,153,154,241,251/13①20,36,63,65/21①11/22②103,119/23⑤259,⑥300,310/27①34,359/31③110/32①73,②300,320/35①190,197/37②125/63⑤301
ふううおおあれ【風雨大荒】 5③262
ふううそうせつ【風雨霜雪】 36①54
ふうかん【風寒】 8①118/11③146/12①114,121,153/13①171/56①89/69②201/70⑤312
ふうき【風気】 5①19,46/12①139,155,160/14①112/18①70/37③273/57②147/65④357
ふうこん【風根】 57②133
ふうしつ【風湿】 36①70
ふうすい【風水】 30③261,266
ふうせつ【風雪】 44①10/61②95
ふうそう【風霜】 12①170/13①80
ふうろう【風浪】 23②134
ふかぎり【深霧】 59④275
ふかつゆ【深露】 27①352,374
ふかゆき【深雪】 4①42,43/25①104,105/27①217
ふきこう【不気候】 2②147
ふじおろしおおかぜ【冨士おろし大風】 16①323
ふじのほめき【不時のほめき】 7②320
ふじゅくかのえ【不熟かのへ】 21②136
ふじゅんき【不順気】 5③248,271
ふじゅんのかんれい【不順の寒冷】 24①27
ふじゅんのとしがら【不順の年柄】 35③438
ふじゅんれいき【不順冷気】 8①223
ふじをろしのおおかぜ【冨士をろしの大風】 16①322
ふぶき【吹雪、雪吹】 1①39,②205
ふみづき【文月】 10②369
ふゆ【冬日】 55③340
ふゆかぜ【冬風】 20①277
ふゆかんちゅう【冬寒中】 14①312
ふゆき【冬気】 23①85
ふゆきこうふせい【冬気候不正】 19②332,346
ふゆどよう【冬土用】 47②108/60⑤285
ふゆどようさめ【冬土用さめ】 11②118
ふゆどようまえ【冬土用前】 11②117
ふゆのくれ【冬の暮】 20①253
ふゆのせつ【冬の節】 21②110,116
ふゆのどよう【冬の土用】 10①110/33⑥373,381,383/41②139
ふゆのはちじゅうはちや【冬の八十八夜】 20①253
ふゆゆき【冬雪】 20①277,278
ふり【降、降り】 24③295/27①211
ふりあがり【フリ上リ】 8①146
ふりてり【降照】 27①147
ふりどし【ふり年、降年】→てりどし
23⑤281/27①143
ふりばれ【降霽】 5①140
ふるひ【降日】 29②121
ふんう【雰雨】→きりあめ、きりさめ
68④401
ふんき【雰気】→しっけ
30②188
ふんだしくも【ふん出し雲】 59④275,322

【へ】

へんき【偏気】 5①71

【ほ】

ぼうじつ【望日】 20①335

ぼうしゅ【芒種】 2①26,27,89,98/8①67,70,73,159,190,251/25①99,102,103,②188,198,221/27①69,104,124,126/29④278/34④62/38①11,17/44③205,207/55①33,34,35/61⑦194/70⑥382

ぼうしゅごがつせつ【芒種五月節】 23③148/25②207,219/30①50,54,73,75,115

ぼうしゅごがつのせつ【芒種五月の節、芒種五月之節】 25②181,200,201,214,218

ぼうしゅのせつ【芒種之節】 34④63,69,⑥159

ぼうふう【暴風】→おおかぜ、たいふう、てんぐかぜ、のわき→Q
12①111/37③333/38③161

ほくせいふう【北西風】 42③188

ほくなんのかぜ【北南の風】 17①62

ほしはら【星原】 42③173

ぼそうじつ【母倉日】 34⑤112

ほっかいうしおかぜ【北海潮風】 35②376

ぼん【盆】→O
4①56,96,111,141,153,156,199,220/27①148/28②203/48①319/49①41/67④168

ぼんあと【盆後】 46①101,102/61⑩435/67⑥306

ほんじも【本しも、本霜】 19①188,199,②290,401/20①252,253/55②166

ほんせつ【本節】→にじゅうしき
37①40,41

ぼんぜんご【盆前後】 36③257

ぼんまえ【盆まへ、盆前】→A
6①61/36③192/37②213,214/38④274/39③149,153,154/40④300/46①74,101/48①219/67⑥279,305/69②336

【ま】

まぜかぜ【西南風】 70⑥383

まつかぜ【松風】 60①51/66④195

まっぷく【末伏】 1①100,②147,③277/28②180/36①51/37②126,127,209

まっぷくのひ【末伏の日】 1①28

まど【窓】 59④274

まにしのかぜ【真西の風】 23①11

まんちょう【満潮】 34⑤80/52⑦311

まんばいにち【万倍日】 19①82

【み】

みずしも【水しも、水霜、露霜】 1①25,72,75,②141/18⑥497,498/19①188,②332/36①69/37②175/42①34/55②166

みずのえねのひ【ミづのゑねの日】 16①58

みずのえのひ【ミつのへの日】 21②108

みぞれ【ミそれ】 16①40

みついたち【三朔日】 5①127

みつゆき【密雪】 65③219

みなづき【水無月】 10②367

みなみ【南】 59④321

みなみかぜ【南風】 3①49,50/5①73/17①52,59/21①12,20/23①12,64/25①89/37①7,②128/38③166/39①40/40②100,122/41②108,④206/42①40,③152,160,161,162,163,164,165,166,167,169,170,171,173,174,176,177,179,182,183,184,186,187,189,192,200/47②92,95,112/51②196/54①288/56①167/59④277,387/62①12,④90

みなみかぜがち【南風勝】 29③211

みなみかぜのくだりけしき【南風のくだり気色】 47②93

みなみしけ【南しけ】 16①322,323,324

みなみたつみかぜ【南辰巳風】 21①13,19

【む】

むぎのあき【麦の秋】 37③295,296,299,300,301,302

むぎわらひより【麦藁日和】 30①51

むしあたたかなるとし【蒸暖なる年】 1①76

むしあつきせつ【むし暑き節】 29③211

むしうどるくのせつ【驚蟄の節、驚蟄之節】 34④66,67,⑤86,90,95

むもれひより【むもれ日和】 41②108

むらくも【ムラ雲、村雲】→F
8①256/37①7

むらさめ【むらさめ、急雨、時雨、村雨】→しぐれ
10②347/19②304/20①268/27①164/37②213,③327/42①36,⑥379,429,431,438

むらてり【ムラ旱】 8①224

【も】

もう【濛】 21①17

もうしょどし【猛暑年】 8①229

もちのじゅうごにち【望の十五日】 19②330,334

もつにち【没日】 10②346

もや【もや、靄】 6①126/8①167

【や】

やくび【役日】 1③277

やまおろし【山をろし】 20①165

やましんどう【山シントウ】 8①168

やませ【やませ】 25①89

やませあめ【東風雨】 67⑤237

やまなり【山鳴り】 8①168

やみぐち【闇口】 41②101

やよいづき【弥生月】 10②360

やよいのせつ【弥生の節】 17①57

やよいのちゅう【弥生の中】 20①150

やわら【和】 8①226,228,229

【ゆ】

ゆうぎり【夕霧】 4①207

ゆうだち【ゆうたち、ゆふだち、ゆふ立、白雨、夕たち、夕立、夕立雨】→はくう、ゆだち→Z
3④381/10③391/11①24,⑤227/15③330/16①37,317/17①63/20①274,275/23⑤277,281/24①62,83/29①18,33,56/33②119/37③293/47①45

ゆうだちあめ【夕立雨】→I
1⑤355/25①56

ゆき【ゆき、雪、雪キ、雱】→せつ→A、H
1⑤355/2①77,④275,282,283,⑤327,333/4①120,121,159,164,207/5①13,14,44,78,89,111,121,125,126,127,128,129,130,132,133,152,②227,③266/6①87,153,156/9①11,18,27,135/10①105,②347/12①71,162,244,253/17①242,250,251/18⑥491/20①215,②375/21①10,11,12,70/22①17/24②238/25①27,38,39,41,127,146/27①16,20,26,59,190,267,270,271,307,332/28②266/30③273/36①33,47,68,70,②97,108,109,116,117,③155,167,172,178,180,183,185,186,187,190,193,195,196,200,316,320/37①12,15,16,22,36,42,46,47,②175,③260,291,363,368,369,370/38②75,79,82,③120,134,136,④274/39①15,49,③155,157,④183,193,203,204,⑤254,296/40①14,②50,80,104,135,172/41②62,76,111,⑤236/42①29,64,③150,151,199,204,⑥370,372,375,376,403,405,406,407,409,412,414,439,440,444,445,446/43①10,12,16,18,20,22,23,81,86,88,89,90,91,93,94,②121,126,130,131,192,204,③238/44①7,50,51/45⑦403/46①61,76,77,③202,209,210/47④203,208/48①68,111,210,235,236,238,241,295/51①48/53②99,114/54①176,294,310,311,314/55①18,②134,③299,410,414,461/56①42,72,87,114,②264,270,283/58⑤314/59②126,143,148,③215/61①29,48,②80,85,89,91,99,④159,⑨275,⑩453/62①12,⑧260/63⑧439/65③217,218,219/67⑤237,⑥262,275,303/68②246/69②189,190,192/70②137,138,140,148,149,154,155,161,162,164,166,167,169,170,178,181,183,③225,229

ゆきあられ【ゆきあられ、雪あられ、雪霰】 25①104,105/35①143/42①28

ゆきかぜ【雪風】 27①190,195

ゆきかん【雪寒】 29④270

ゆきぎえ【雪消】 1①31,33,35,36,39,43,56,65,85,②145/6①150/25①28,125,129,②192,198,200,201,202,207,208,222,223,③266/27①22,61,67,204/36②99
ゆきぐも【雱雲】 21①18
ゆきけ【雪気】 27①26,202
ゆきしも【雪霜】 3①45/5①140,165/11②92/12①59,60,66,114,147,153,155,159,248,301,366/13①25,133,197/14①73,93/17①210,213,218,238,241,242,247,290/33④207
ゆきだま【雪玉】 1①29
ゆきどけ【雪解】 2⑤327
ゆきのき【雪の気】 27①195
ゆきのふりしく【雪の降敷】 1①29
ゆきふり【ゆきふり、雪ふり、雪降】 1③279/19②401/25①104,105/27①190,216/28②272/63⑦360,362
ゆきふりつむ【雪降積】 27①204
ゆきまえ【雪前】 11③145
ゆきまる【雪丸】 1③273
ゆきみぞれ【雪ミぞれ、雪霰】 20①217/27①359
ゆだち【ゆだち】→ゆうだち 28②199

【よ】

よいあき【宵秋】 20②391
ようか【陽夏】 7②241
ようかふぶき【八日フヾキ】 24①144
ようき【陽気】→X
3④353/5①20,26,56,63,66,70,72,85,126,146,147,149,③258,281/24③295,348/31⑤277/35③426,427,429,430,431,432,433,434,436,437/36①33,44,70/37②194,210,215,③259,287,290,321,382/38③154/39①57,③147,④195,197/40②103,104,144,147/41④205/45③143,④204/47②83,101,113,118/48①227,236/51①93/55①18,③387,395,464/56①166/60③134/61①33/62④86,89,90,⑦204,205,⑧237,256,257,258,265,273/67⑥268,269,278,287,301,309/68②249,③338/69①81,②344/70④280,⑥418,422,423
ようず【南風、陽吹】 35①131,145/51①93,154,164
ようずかぜ【西南風】 35②383
ようなるとき【陽成時】 8①201
ようねつ【陽熱】 5①71
ようふう【陽風】 21②107
よかぜ【夜風】 21①20
よかん【余寒】 7①94/10②330/12①216/13①20,21/24①91/31④164,175,187/36③196/54①283,288/55①18/70①19,⑤328
よかんはるしも【余寒春霜】 7①101
よきしめり【よきしめり】 62⑨341
よこぐも【横雲】 4①205
よざむ【夜寒】 4①213
よつゆ【夜露】 2①116,117/3④283/13①31/15③378/20①285/21①17,75/38③145/45②108
よばいぼし【よばひ星】 4①206
よろしきひ【宜敷日】 27①31

【ら】

らい【雷】 21②107/55③215
らいう【雷雨】 3④381/21①14,15/22③157,④232/35①171/37②183/42③179,184,190,⑥387,388,389,390,391,392,393,394,426,427,428,429,431/43①49/45④211/47②145/56①207/61⑩421/62⑤125/67⑥279,301/70②105,125,127
らいうん【雷雲】 21①16
らいき【雷気】 21①12/39①17/42③160,169,178,182,187
らいこう【電光】 62①14
らいし【雷師】 19②303
らいたろう【らい太郎】 20①274
らいてい【雷霆】 69②366
らいでん【らいてん】→かみなり
66②100,116
らいめい【雷鳴】→かみなり
1①29,③276/21①12,14/30①134/42③166,194/45④213/67②89/69②366

【り】

りっか【立夏】→しがつせつ、はつなつ
2①16,39,45,72,73,97,101,102,103,105,112,113,121/3④278,349/8①169/10②346/12①79/16①36/25①99,102/27①97/29④277/33④208/34⑥159/37②125,134,203,204/38①10,17,③145,146,148,189,197,206/41②57/44③205,207,229/47②98,118/55①30/61②84,88/62⑧270/70⑥382
りっかしがつ【立夏四月】 25②203,209
りっかしがつせつ【立夏四月節】 22③155,157/25②181/30①20,43,45,48,53,58,60,73,114,115
りっかしがつのせつ【立夏四月の節】 25②212/30①46
りっかのひ【立夏の日】 35①78
りっしゅう【立秋】→しちがつせつ、たつあき
2①27,34,37,60,118,119/3①29,30/6①102/7②272/10②346/12①79,169/13①196/16①37/22②99,108,123,130/23①72,73,③155/24③289/25①99,102,144/27①71,148,149,151/28④348/29④281/37②126,127,204/38②73,③112/44③207/48①211/51①55,56/55①40,44,48,49,52,③264,358,372,374,385,394,421/62⑧270
りっしゅうしちがつせつ【立秋七月節】 23③149/25②208,217,220,221/30①61,80,90
りっしゅうしちがつのせつ【立秋七月の節、立秋七月之節】 25②200,203,213,214
りっしゅうのせつ【立秋の節】 1①28/27①152
りっしゅん【立春】→しょうがつせつ、はるたつ
1③276/4①169/7②349/10②346,357,378/12①79/13①240,241/15③379/16①31,33/17①33,65,114,116,169,180/19①131,②295,303,305,314,321,333,339,351/20①262/23①27,③148/25①98,101,147/27①15,20/28④329/33⑥307,310,313,318,327/34④66,⑤86/37③297/39⑤254/45③170/47④213/51①79/55①17,③209,240,272,273,299,319,369,372,413,426,452/62⑧270,271/67④163,171/69②334,357
りっしゅんしょうがつせつ【立春正月節】 30①113
りっしゅんのかすみ【立春の霞】 1①30
りっしゅんのせつ【立春の節、立春之節】 34⑤84,87,90
りっとう【立冬】→じゅうがつせつ
2①11,19,54,59,60,71,72,119,120,132/3④227/8①93/10②326,346/12①79/16①40/22②113/25①100,103,②183/27①193,194,279,300/29④283,284/34⑥137/38①19/44③206,208/48①224/49①95,195/51①55,70/55①59,③289/61②99/62⑧270
りっとうじゅうがつせつ【立冬十月節】 25②208/30①90,92,96,97,104
りっとうじゅうがつちゅうのせつ【立冬十月中之節】 25②224
りっとうせつ【立冬節】 34③44
りっとうのせつ【立冬の節、立冬之節】 34③45,49,④68,⑤89,91,⑥159
りょうき【涼気】 37②194
りょうひがん【両彼岸】 55③337
りょうふう【涼風】 25①99
りんう【淋雨、霖雨】→ながあめ
5①38/6①91,143,205,②315/7①14,64/9②212,214,217/10②347/11①43/12①105/18①95/21①9,14,16,18,19,⑤228/22②99/23⑤264/25①55,119/30③270/31④179/32①168,215/37②107/38③152,153,167/39①17/48①248/51①163/54①303,305/68①62,④401/70②100,101,120,126,144,157,167

【れ】

れいう【冷雨】 35②263,374
れいおん【冷温】 27①93
れいかん【冷寒】 5①124
れいかんのき【冷寒の気】 5③282
れいき【冷気】→X
1①47,52,54,64,73,75/3④260,292/5①34,74,75/6①88/7①18/8①166,167,268,274,278/15①55/21①9,10,19,45,50,58,60,65,68,69,70,72,79,82,83,②115,⑤

228/22②101,103,105,④216/23①11,⑥319/24①113,②235/27①151/30③265/32①43/35②291,373,③431,433/37②194/39①14
れいきがち【冷気勝】 23①111
れいきがちなるとし【冷気がちなる年】 7②276
れいきなるとし【冷気成年】 21①47
れいきねん【冷気年】 21①31,79
れいきのとし【冷気の年】 1①25,28,32,43,51,55,56,71,73,74,75,78,83,87,94,96,100,118,119
れいしょ【冷暑】 21①47
れいだん【冷暖】 5①29
れいねん【冷年】 3③154
れいふう【冷風】 8①168/35①145,②373/69②272
れいふう【涼風】 8①170
れつじつ【烈日】 27①176

【ろ】

ろうじつ【臘日】→O 30①28,②191
ろうせつ【臘雪】 24①139
ろうぜんばんせつ【臘前番雪】 24①139
ろくがつ【六月】 10②367
ろくがつかみかたどよう【六月上片土用】 30①61
ろくがつしもかたどよう【六月下片土用】 30①80
ろくがつせつ【六月セツ、六月節】 2③264/9①84/19①74,75,83,120,129,135,137,145,186,②307,338/20②372/23③151,156/25①102/33③168/35②279/37①34/43③251/55①36/56①52/67④164
ろくがつちゅう【六月中】 19①186/25①102/27①145/37①34/41①12/55①38,③358/59④393/63③136/67④165
ろくがつちゅうたいしょ【六月中大暑】 33④230
ろくがつちゅうのせつ【六月中の節】 25②201
ろくがつどおうようのせつ【六月土王用之節】 34③45
ろくがつどよう【六月ドヨウ、六月どよふ、六月土用】 3①41/4①87,105,126,131,135/6①153/7②325/9①86,137/10①68,③391/11②112,③150/13①69,301/14①73,78,85,119,146,220,305,310,364,377/16①193,195/19①38,65,66,83,84,101,104,106,109,115,116,118,121,130,140,147,201,②277,283,296,301,315,318,339,348,440,442/20①149,265,②372/22①49,④255/23⑤263,269,⑥314,324,334/24①63,②236,③307,335/25①111/27①205/28①18,22,24,28/30①60,64,73,76,80,89,②194,③273,④351/31⑤270/32①31,37,41,89,97,101,115,122,135,136,141,203,216/33①38,42,45,②125,④220,⑥345,362,363,367/34⑥142/35②290/37①22,35,②127,206/38②63,③133,153/39③152/41①11,②101,112,115,116,⑤232,249/46①101/50②156/54①279,301,302/56①61,202,②264/67⑥268/68④414,415/69①70,73/70④263,265,⑥383
ろくがつどようちゅう【六月土用中】 3①46/11②94/30④346/36②108,③182/37①40/39③153/41②111/61②97
ろくがつどようまえ【六月土旺(用)前、六月土用前】 15②176/19①59
ろくがつのせつ【六月のせつ、六月ノ節、六月の節】 2④286,298,302,304,305/7①115/17①57,209/19①134/20①174,198/23⑤280,281,282/24①87/27①138/30③260/31③114/32①216,②292/37②204/59④391
ろくがつのちゅう【六月ノ中】 19①122/43③254
ろくがつのどよう【六月ノ土用、六月の土用】 19②443/20①150,156,173/24③289/30①37/32①62,90,103,112,114,116,124,131,133,144
ろくがつはんげ【六月半夏】 30③270/38④262

【わ】

わかしお【若汐】 59④349,360,392
わかしおまわり【若汐廻り】 59④384
わかれじも【別れ霜】 3④369
わき【和気】 5①14,26/7①54/12①121/13①135/62⑧265
わすれじも【わすれ霜】 17①65
わたぐも【綿雲】 36①71
わるあつきてんき【わるあつき天気】 30③264
わるかぜ【狂風】 27①152,193
わるむし【悪むし】 31①7,21,22

Q　災害と飢饉

【あ】

あがのがわつつみきれ【阿賀野川堤切】 25②205
あきかぜのわざわい【秋颶の災】 4①217
あくすいこうとう【悪水荒濤】 41②37
あさまきょうさい【浅間凶災】 3③108
あさまのさいへん【浅間の災変】 3③177
あさまやけ【浅間焼】→やけだし 61⑩433
あなでみず【穴出水】 65①31
あらしお【荒汐】→P 66⑧410
あれどし【荒歳】 67①59/70⑤314

【い】

いいうえ【飢饉】→ききん 68①52
いがじしん【伊賀地震】 66⑥343
いさく【違作】 21①10,15,24,③150,④194,200/39①26,67/47②108/62③63,67,④89/67⑥286,287,288,289,309,310/68②259,261,269,293,④395
いさくきょうねん【違作凶年】 24①122
いさくねん【違作年】 21①10,②116
いしくらきれ【石倉切レ】 66②97
いしざりすなふり【石ざり砂降】 66②101
いしすなふり【石砂降、石砂降り】→やけだし 66①37,38,39,41,45,46,64
いずおおしまやけ【伊豆大島焼ケ】 66②92
いつがいのききん【乙亥の飢饉】 18①41
いなむしのがい【蝗虫の害】→むしつきのわざわい、むしのわざわい 30①62
いのしし【野猪】→E、G、I、N 18①90
いのししあれ【猪荒、猪荒レ】 32①165,171,174,175,176,177,178,180,181,182,186,187,188,189,190,191,192,193,197,210,217/64⑤354,355,356,360,362
いのしししかのがい【猪鹿の害】 3③127
いりかわ【入川】 4①244
いりみず【入水】 23②139

【う】

うえ【飢、饑】→ききん→N 3①35,③108,178/5③249/6①137/7①69/12①199,342,353/13①142/17①315/18①57,59,154/25①112,117/34①11
うえじに【飢死】→がし、きめいし 4①243
うえにん【餓人、飢人、饑人】→がしにん、がしのもの、きみん 3③107/5③266/6②299/18①112/41⑤243/66①58,③150,158/67①26,27,28,29,31,32,33,34,35,36,37,38,40,41,63,64,65,④169,170,171,174,175/68①63
うえひゃくしょう【飢百姓】 67①28,29,38,39
うえをたすく【飢を助く】 12①353
うしお【潮】→B、D、H、I、N 16①321
うちみず【内水】 67①15
うまどしのおおみず【午年の大水】 3③108
うれい【罹ひ】→N 44①27

【え】

えどこうじまちしゅっか【江戸糀町出火】 42③170

【お】

おおあめ【大雨】→P 13①266/16①270
おおあめふり【大あめふり】 62③72
おおあらし【大あらし】→P 62③75,76
おおかじ【大火事】 46②134/62③75
おおかぜ【大風】→たいふう→P 5①38/6①200/8①80,81/10②335/12①64/16①34,122,128,270/17①315/25①17
おおかぜにやむ【大風に病む】 11⑤255
おおかぜのなん【大風のなん、颶の難】 13①58/41⑥271
おおかぜのわざわい【大風の災、颶のわざハい】 12①134/23②138
おおさかのたいさい【大阪の大災】 70⑥432
おおしおたたえのみず【大汐湛の水】 23②134
おおしおなみ【大潮浪】 16①325
おおじしん【大地震】→じしん 8①286/11⑤235,236,257/23①12,②131/42①30,③176,⑥424/43①80/66①38,39,41,48,②91,100,④215,216,⑤254,255,272,⑥333,334,335,344,⑦364,⑧391,394,398/67⑤237
おおじしんゆり【大地震ゆり】 66②98,⑥341
おおぞん【大損】→L 34⑥119
おおたがい【大違ひ】 67⑥279,287,288,307
おおつなみ【大つなみ、大津浪】 66⑥345/67⑤237
おおなみ【大波、大浪】→J 16①284/66⑤274,⑧410
おおひすたり【大日捨】 42①31
おおひそん【大日損】→かんばつ 64①69
おおひでり【大日旱、大旱、大旱天】→かんばつ→P 5①38/8①256,280,283/18①173/36①37/38③114
おおふしさく【大不仕作】 11④186
おおまんすい【大満水】→こうずい 21①19
おおみず【大水】→こうずい→A、P、X 10①12/11⑤276/16①34,268,280,284,293,294,296,303,306,307,308,**309**,311,312,319,325,327/23①12,④178/27①257/28①12/32①61,83,②303/39②97/40①7,②87/41⑤233,241,259,⑦324/42①45,④261,⑥419,431/61④172,⑥187,188,⑨274,367,371/62③76/64③173/65②91,③173,179,181,185,186,189,199,200,201,205,212,218,226,227,228,238,247,250,276/66②92,94,95,96,97,109,112,113,117/67①12,14,16,24,34,35,36,56,②111,115
おおみずまんすい【大水満水】 16①34
おおむしつき【大虫付】→G 1⑤347,349
おおやけ【大焼】→やけだし

66③139,140,141,142,151
おおゆり【大ゆり】→じしん 66⑥338,341,343,344,345
おおわれ【大われ】→D 42①31/66⑥336
おきつなみ【澳津波】 5①5
おしあげみず【をし上水】 66⑤272
おしかけ【押欠】 65①16
おしきり【押切、押切リ、押切り】 25①16/39③156/59①15/64②119/65③227,243,276/66②93,94,95,96,109,112,113/67①22,②87,100,112,③122,127,128,130,131
おしきる【押切】 65①19,20,③274
おしこみ【押込】 20①34
おしみず【押水】 16①128
おそまきのなん【遅蒔の難】 40②112

【か】

かいそん【皆損】 37③333/64③172/67①24,④164,172,187
かいむりゅうしつ【皆無流失】 66⑧406
かえいのじしん【嘉永の地震】 23②141,④177
かえんふきだし【火ゑんふき出シ】 66②101
かけながれ【欠流】 65③284
がこう【餓荒】→ききん 69②165
かさい【火さい、火災】 3①17/21⑤228/23④178/28③321/64⑤350
かざかれ【風槁】 19②320
かじ【火事】 5①175/10①122/11⑤236/24①104,109,③270/25①93,94
がし【餓死、饑死】→うえじに 4①243/5①166,②231/6②297/12①228/15①65/24①122/25①94/31③126/39①16/47⑤250/51①23/62③61,67,72,78,⑧280/63⑧425/66②106,③149,150,158,159/67②99,④162,174,182,185,186,⑥262,265,275,299,316/68①63,64,②293,④395,399,407
かじつかんばつ【夏日旱魃】→かんばつ 15②218
がしにん【餓死人】→うえにん 67⑥274,275
がしのもの【餓死の者】→うえにん 25①92
かぜ【風】→P 12①114,227/19①198,②289
かぜあれ【風荒】→たいふう 62③60
かぜおれ【風折、風折レ】 10①11,114,115/32①140/57②166
かぜかさい【風火災】 33②132
かぜがれ【風枯】 39①35
かぜこぼれ【風こほれ】 10①53
かぜしもひょうのてんさい【風霜雹ノ天災】 5①115
かぜのさわり【風の障】 9②199
かぜのなん【風の難、風難】→たいふう 11②103/12①181
かぜひでりのさいへん【風旱之災変】 34⑤109
かぜひでりのわざわい【風旱之災】 34⑤108
かっすい【渇水】→かんばつ→X 22④213/43③248/62①13/66④196
かなん【火難】 16①155/37②117/46③185/63④261
かなんのわざわい【火難の災】 6①211
がひょう【餓莩】→ききん 6①167,②299,304/67①58,61/68①43,②244/70⑤341
がひょうのうれい【餓莩の患】 18①39
かぶりみず【かぶり水】 11⑤232,245
かわおし【川をし、川押】 19②328/20①100,124/66③142
かわかけ【川欠】→こうずい 19②328/22①54/25①131/36③229,257/56①183/63①30
かわくずれ【川崩】 4①244
かわまし【川まし】 20①29/37①39
かわみずで【川水出】 67⑤208
かわよけこうずい【川除洪水】→こうずい 4①244
かんしつのてんさい【旱湿の天災】 45②69
かんそん【干損、旱損】→かんばつ 3③178/6①213/19②302,323,353/22①17/23①76,77/25②193/27①139/30④348/31②79/32①125,129,192,222/33④221/36③223,235/37③309,345/61①34/62②35,⑧274,⑨321/63①46,⑧442,443/64②113/65②100,105,③256/66⑧391,392/67①16/69②161,195,213/70②150,154,162,163,168,176,178,179,184
かんてん【旱天】→かんばつ 6①94/38③128
かんとうおおみず【関東大水】 67①18
かんとうのおおみず【関東の大水】 3③177
かんばつ【かんはつ、干魃、旱ばつ、旱魃】→おおひそん、おおひでり、かじつかんばつ、かっすい、かんそん、かんてん、ひでり、ひやけ、ひわれ→P 1①43,80,④336/2①105,⑤327/3④290,298,340/4①192/5①118/6①39,200,208,②314/7①14,29,38,②247,346/10①114,②322,323,③392/11⑤225,227,242,243,256,262,276/12①105/15①48,49,②171,222,245/18①95/19②276,300,311,324,325,337,344,352/22①48,②105/25①17,③285/27①41/29①29,36/30③261,④349,356/31④214,⑤262/33③161,⑥349,379/36①71,③236/37①23,24/38③161,201/39①52/41②73/48①199/50②146/62①13,③60,61,⑧274/66⑧391,392/67④162,⑥263,305,310/69①56,②161,206/70②126,141,162,179
かんばつのなん【旱魃の難】 25①82
かんろうのわざわい【旱潦の災】 65③211

【き】

き【毀】 3③178
きが【飢餓、饑餓】→ききん 6②296,299/14①162/23④197
きかつ【飢渇、飢餲】→ききん 1③281/18①59/23④168,194/36①61,73/50③240/66④197/67⑤212,213,218,227,230,235,⑥273,281,295,316,318
きかつのもの【飢餲の者】 25①93
きかん【飢寒】 3③107/39①64/47⑤250/58③122/69②179
きかんにくるしむ【飢寒に苦む】 12①115
きかんのうれい【飢寒ノ患、飢寒の患】 37③254,346/69②208
きかんのうれえ【飢寒のうれへ、飢寒の憂へ】 12①18,83,118/38③117
きかんのくるしみ【飢寒の苦しミ、飢寒ノ苦ミ、飢寒の苦み】 12①114/37③345/55①72
きかんのやから【飢寒の輩】 17①72
きき【飢饑】→ききん 21①62
ききん【きゝん、飢饉、荒歉、饑饉】→いいうえ、うえ、がこう、がひょう、きが、きかつ、きき、きけん、きだい、きぼう、けかち、こうけん、とうたい 1③272,275,276,④336/2②147,148,149/4①243/5①138,②231,③248,249/6①91,104,116,132,139,173,229,②304,306,318/12①182,227,228,325,363,388/13①206,210,362,363,364,366/14①44,65,169,173,176,187,192,197,217,241/15①12,13,18,25,59,63,65,67/17①63/18①39,41,77,91,121,122,151,153/19②310,325/22①62/23①15,76,92,④162,166,193/24①123/25①89,115,117/35①213,215,②344/38③146,151,163/39①11,15,16,46/40②166,171/50③249,264,279/59③239/62②40,③76,⑨338,373/63④254/66③159/67⑥262,265,266,280/68①62,63,64,②245,246,247,248,256,259,261,264,268,269,292,293,④394,395,400,401,407,408,412,417/69①115,②175,195,384/70⑥372
ききんきょうねん【飢饉凶年】 35②258
ききんしのぎ【飢饉しのぎ】 29①28
ききんどし【飢歳、飢饉年、荒歳、荒年】 4①242/7②289/13①363/18①65,132,172/68②264/70⑤326
ききんのうれい【飢饉の患】 18①42
ききんのうれえ【飢饉のうれへ】

12①149
ききんのそなえ【飢饉のそなへ、飢饉の備】 15①17,55/18①55/50③244
ききんのたすけ【飢饉の助】 38③187
ききんのてあて【飢饉の手当】 50③241,256
ききんのとし【きゝんの年、飢饉のとし、飢饉の年】 12①195/29①29/50③240
ききんのなん【飢饉の難】 4①237/12①122
ききんのわざわい【飢饉の禍】 12①388
ききんのわずらい【飢饉の患ひ】 15①62
きけん【饑歉】→ききん 68②244
きさい【飢歳、饑歳】 14①161/18①57/19②386/36①68/40②38,167
きさいりゅうぼう【饑歳流亡】 18①191
きだい【飢餒、饑餒】→ききん 60⑦432/68①44,45,57,211
きぼう【飢乏】→ききん 3③102
きみ【気味】 18④393
きみん【飢民、饑民】→うえにん 18①40,55,56,154/25①117/68①63,②269
きめいし【飢命死】→うえじに 67⑤209
きゅうこうのおんそなえ【救荒の御備】 18①55
きゅうこうのじゅつ【救荒の術】 18①14
きゅうせつ【急切】 42④240,260,261
きょう【凶】 3③102,154
きょうかん【凶旱】 70④259
きょうき【凶饑】 41②36
きょうこう【凶荒】 2⑤323/18①22,57,173/23①92,④193/69②178,208,267,387/70⑤310,312,340
きょうこうのとし【凶荒の年】 3③177
きょうこうひえたち【凶荒冷立】 3④260
きょうさい【凶歳】 2⑤323/34⑤109
きょうさく【凶さく、凶作】 2①57,②147/3③118,168,④265/5②220,③248,263/6①89,115,143,206,208,209,②271,296,299,303,304/14①217/15①13,14,55/18②285/21①7/22①14/25①89,90/27①175,204,205/28④361/30④353/33②133/35②344/36①73,③296/37②131/45③170/47⑤248/48①213/62③72,76,78/67⑥262,274,315/68②267,④401
きょうさくのとし【凶作の年】 2②145/36③276
きょうさくのとしがら【凶作之年柄】 27①159
きょうとおおじしん【京都大地震】 66⑥344/67⑥280
きょうねん【凶年】 3①17,18,③107,109,110,176,177,178,181,188/4①35,243/5①87,118,129,139,③244/6①89,201,203,208,228,262,②270,299,306,313/7①69,74/10②333/11①62/12①81,112,113,114,115,116,117,199,227,228,349,363,374,388/13①176,362,364,366,367/18①56,58,59,78,90,151/22①56,62/23①15,④162,166,193,⑤277,⑥303,305/24①112,122,133,172/25①17,89,117/32①187,188/33②132,⑤243,251/34①11,⑤109/35①119,②342/36①68,③166,261,275/37③333,345,346/38③116,150,152,157/39①15,60,65,67/40②37,38,64,145,161,162,185,187/41②46,49,74,121,⑤243/47⑤250/50③251/53①26/56①94/61⑩424,442,459,460/62③63,67,75,78,79,⑧280/63②86/64⑤361/66③138,141,159/67①28,37,38,59,④162,186,⑤227,238,⑥264,265,270,281,302,311,315,316/69①115/70③231,⑤308
きょうねんききん【凶年飢饉】 2②145/3①16/12①374/37②107
きょうねんきさい【凶年飢歳】 18④428
きょうねんとうたい【凶年凍餒】 18①191
きょうねんのじせつ【凶年の時節】 36③295
きょうねんのそなえ【凶年の備】 18①99
きょうねんのたすけ【凶年の助】 29①79/38③190
きょうねんのなん【凶年の難】 7①85/11②103
きょうねんのなんぎ【凶年ノ難儀】 32①186
きょうほうじゅうしちじんしのきょうさく【享保十七壬子ノ凶作】 31③126
きょうほうじゅうしちねどしこうさい【享保十七子年蝗災】 31①24
きりいれ【切入】 23③147,148,149,151,157
きれこみ【切込】 65③200,227,228/67②87,89,93,111,116

【く】

くいあらす【食荒らす】→G 36③263
くいからす【喰枯す】 69①88
くいそんずる【食損する】 45④205
くずれや【崩家】 27①257
ぐふう【颶風】→たいふう→P 11③144

【け】

けあげずのとし【不毛上之年】 31②84
けかち【けかち】→ききん 66③159

【こ】

こうかんふうりん【蝗旱風霖】 3④234
こうけん【荒倹、荒歉】→ききん 5③244/68①213
こうさい【荒歳】→むしのわざわい 11②123/25①112,114/68①57,58
こうさい【荒災】 70⑤311
こうさい【蝗災】 7①24/15①16,32,52/31①29/69①87,88
こうずい【洪水、淇水】→おおまんすい、おおみず、かわかけ、かわよけこうずい、すいがい、すいさい、すいそん、すいなん、すいぼう、でみず、まんすい、みずそんぼう、みずつかり、みずで 1③275,282,④315,317,⑤355/4①188,189,190,191,214,244/5①38/6①41,44,68,69,92,185,200,219,②298,299/7②296/10①12,122,②321,335/11⑤232,242,245,252,253,254,256,257,262,263,267,276/12①74,105,114,131,133,183,227/13①266/14①253/15①64/16①112,268,270,283,294,307,308,312,313,324/17①37,57,116,303,315/19②301,322,342/21①13,15,21,②112/22③159/25①16,17,131/27①257/28②151/29①60,72/31②80,④214,215/32①67,68,69,73,168,183,184,185,190,211/33①22/34⑦257/35②302,327,328,332,412/36①37,71,②107,115/37③308,345/38③200/41②75/42⑥430/50②146/59③210,227,239,246/62①13,③72,⑧266/63③123/65②78,87,108,133,③212,223,235,249,276/66④196,215,⑤292/67②95,③122,123,124,125,127,128,129,131,136,139,④164/69②161,195,206/70②100,157
こうずいのなん【洪水の難】 25①130,147
こうせい【荒歳】 18①56,71,115
こうせいのだん【荒政の談】 18①40
こうねん【荒年】 14①192,197/21①71/39①54/68①64/70⑤315,⑥405,412
こうねんのそなえ【荒年の備】 14①191
こうねんのたすけ【荒年の助け】 14①182
ごくうえにん【極飢人】 67④172
ごこくそんぼうのとし【五穀損亡の年】 12①375
こしみず【こし水、越水】 16①271/65①14,20,24,25,26,27,29,30,33,38,③249,250,276
こひびり【小ひゞり】 66⑥336
こみみず【込水】 4①191
ころび【ころび】 41⑤241

【さ】

さいか【災禍】 3③102,112
さいがい【災害】→たいへん 12①112/70②116
さいごくのききん【西国の飢饉】 15①61
さいなん【災難】 3③115/16①

315
さいれい【災沴】 18①190
さかさみずおしこみ【逆水押込】 64③173
さかみず【逆水】→D、X 66⑤262,305
さくみずあらし【作水あらし】 11⑤277
さくらじまのへん【桜島の変】 66④190
さむきなん【寒き難】 40②112
さるどしのききん【申年の飢饉】 24①122
さわてぬれ【沢手濡】 66⑧402

【し】

しお【汐、潮】→B、G、H、I、L、N、X 6②282/39⑤254
しおいり【汐入】→D、J 23③156/66⑧401,402,409
しおこみ【塩込】→P 66⑧409
しおこみいり【塩込入、汐込入】 66⑧402,409
しおのどく【潮の毒】 6②283
しおひたり【潮ひたり】 16①323
じさけ【地裂】 27①257
じしん【地震】→おおじしん、おおゆり、しんさい、ゆり、ゆるぎ 10②348/11⑤235,236/16①34,122/23①116,②131/27①257/40②80/42③155,170,173,176,⑥406,420,424,440/59④275/61⑩438/65④346,354/66①49,②99,③139,④192,193,197,199,202,214,⑤258,263,278,⑥334,345,⑦362,364,365,⑧392,394,398,399,406,408,409,410/70⑥412
じしんかわながれ【地震川流レ】 61⑩438
じしんくずれ【地震崩レ】 61⑩438
じしんゆり【地震ゆり】 66②99,⑥338,345
しちねんのかんばつ【七年の旱魃】 22①62
しなのぜんこうじおおじしん【信濃善光寺大地震】 66⑥344
しにん【死人】→N 59③210/61⑩438/66③150,④184,200,⑤270,271,307,308,⑥343,⑦368/67①18,24,③131,⑤213,⑥302
しもがれ【霜枯】 24②233,236
しゅっか【出火】 42⑤334,⑥402,418/43①32,②209/49①41,43/57②121,133,134/63①52,③138/64④297,298/66①68,④222,⑤258,259/67⑤214
しょむしのわずらい【諸虫之煩】 30④348
しろやぶれ【白破れ】 51①24
じわれ【地われ】 66⑥334,342
しんさい【震災】→じしん 68④399
しんしゅうあさまのたいへん【信州浅間の大変】 66④190
じんぷうあくう【迅風悪雨】 8①168

【す】

すいがい【水害】→こうずい 23④183/31⑤265/67①15
すいかびょうなん【水火病難】 3①16
すいかん【水カン、水旱】→P 5①18,104/6①92,②303,323/7②241/8①167/10①115,②322/17①74,84,95,96,103/19①198,201,②289/21⑤228/30①62/36①64,68/38①7/57②76,77/65③218
すいかんきこう【水旱饑荒】 15①9
すいかんそん【水旱損】 61③131
すいかんのうれい【水旱の患】 39①13
すいかんのさいやく【水・旱ノ災厄】 70⑤319
すいかんのそん【水旱の損】 10②323
すいかんのとし【水旱の年】 10①139
すいかんのなんぎ【水干の難儀】 38③146
すいかんのわざわい【水旱の災】 7②230/18①173
すいかんふうこう【水旱風蝗】 68①57
すいかんふうそん【水旱風損】 10①139
すいさい【水災】→こうずい 16①269/23②140,141,142,③155,④178/25①107
すいし【水死】 67①21
すいしにん【水死人】 67①19
すいそん【水損】→こうずい 1③273/3③178/4①179,190,191/9③244,245/10①11/11④186,⑤246/12①183/16①283,284/17①34,36,105,127/22①17/23①76,77,⑥315/25②193/30④348,349/31④214/32①125,129,184,190/34①6,7,②21,⑥118,119,121,146/61④157,164,172/62②35,③60,61,68,⑨321/64③164,165,172/65③200,202,204,227/66①48,②121,⑧391/67①16,41,②89,95,97,103,115,⑤234
すいそんこうしょ【水損荒処】 36③264
すいなん【水難】→こうずい 4①191/6①83/16①102,280,293,294,297,313,315/46③185/63④261/66⑤283/67①16,28/69②161,213
すいぼう【水亡】→こうずい 7②245,296
すな【砂】→B、D、I 66②102
すないし【砂石】→D 66①35,36
すないしふり【砂石降り】 66①35
すないり【砂入】→D 36③257/67②97,104,④164
すなおしだし【砂押出シ】 66②97
すなふり【すなふり、砂降、砂降り】→やけだし 45⑥290/62③76/65③172/66①34,36,41,54,56,②103,③140,150,151

【せ】

せっそん【切損】 64②130

【そ】

そんぼう【損亡】→L、X 4①233/65③218
そんもう【損毛】→L、X 41⑤241/69②229/70⑥415
そんもうのとし【損毛の年】 12①196

【た】

たいか【大火】→K 15②296/42⑤334/47⑤276/62③76/64④297/66⑥345
たいがい【大害】 5③253/23①97,②132,④183
だいかんばつ【大干魃、大旱魃】 2①57,74/3④259/19②352,353/20①272/27①38/66⑧391,392/67⑥279,299
だいききん【大ききん、大きゝん、大飢饉、大饑】 11①62/15①65/18①80/21①10,④207/27①251/38③162/51①23/62③76/67⑥293,298,299/70⑤319,320
だいきょう【大凶】→N 15①55
だいきょうこう【大凶荒】 63④254
だいきょうさく【大凶作】 25①90/67⑥292
だいきょうねん【大凶年】 15①61/18①96/23⑤277
だいこうずい【大洪水】 1③273/16①310,311/19②328/21②103/35①195,196/37③378/67②87,⑤237
だいこうねん【大荒年】 21①7,24
だいこくがい【大国害】 24①44
だいすいさい【大水災】 38③116
だいずさくひやけ【大豆作日焼】 19②350
だいそんぼう【大損亡】 17①89
だいそんもう【大損毛】 32①191/64⑤345
だいなんぎ【大難儀】 16①311
たいふう【大風】→おおかぜ、かぜあれ、かぜのなん、ぐふう、ふうそん、ふうなん、ぼうふう→P 15①64
だいふうう【大風雨】→P 7②296/62③69
だいふうそん【大風損】 66①39,42,49
だいふさく【大不作】 8①81,280/36②113/62③72/67⑥309
たいへん【大変】→さいがい 19②322/42⑤334/64③173/65③227,228/66①43,52,③143,154,155,159,160,④184,190,196,201,204,205,206,207,215,216,223,232,⑧396,398,405,406/67④162,168,172,187,⑤236/70②121
だいへんさい【大変災】 66⑤258
たえむ【田ゑム】 16①335

たかしお【高汐、高潮】→P　12①64/16①323/66⑧402

たかなみ【高浪】→つなみ→P　16①323, 325/23④178

たかみず【高水】→A、D　42①28/65③186

だくすいのせつ【濁水之節】　61⑩456

だしおしきり【出し押切】　66②96

たはたそんぼう【田畠損亡】　65③218

たんすい【湛水】　25①131/64③171

【ち】

ちじょうすい【地上水】　67①19

【つ】

つきうめ【築埋】　23③149, 151

つつみきりいれ【堤切入】　23②135

つつみきれ【堤切】　25②206/67②111

つつみきれこみ【堤切込】　67②99

つなみ【つなみ、津波、津浪】→たかなみ　16①286, 322, 323, 324/66②99, ④199, 231, ⑦364, 365, ⑧394, 395, 398, 399

つぶれなや【潰納屋】　67③131

つぶれや【潰れ家、潰家】→N　66⑤264, 305, ⑧404/67①19, 21, ②97, ③131

つゆのなん【梅雨の難】　39①40

【て】

でみず【出水】→こうずい→D　4①188/6②315/7②296/9③254, 273, 274/21①13, ②103, 105/23①12, ②141/25①30, 60, 131/27①257/29②136/30③268, ④349/31①18, ⑤280/36③223, 237, 238/37①24/38③150/39③156/42③179, 180/43③253/59①12, 15, ③227, ④277, 343, 344, 345, 365, 366, 377/64②135, ③182, 184, 196/65③174, 179, 181, 184, 185, 189, 191, 192, 193, 197, 198, 200, 202, 205, 207, 210, 224, 228, 229, 243, 244, 246, 247, 248, 267, 282, 283/66⑤292/67①19, 29, 31, 37, 38, 39, 40, 63, ②98, 111, 115

てんさい【天災】　5①38, 116/7①60, 61, 65, 74/8①24/10②318, 325, 331/15①64/22④205/32①94/35②263, 287, 307, 343, 346, 382/36②113/37②131, ③343/38③113, 116/45③171/62⑧261/63④261/66⑧400/67⑥265, 269, 280/68④398, 400/70⑤308

てんさいちか【天災地禍】　12①19

てんさいちへん【天災地変】　5③262

てんちのさいなん【天地の災難】　16①128

てんちのへん【天地之変】→P　27①257

てんぺんさいがい【天変災害】　3④235

てんぽうどのきょうさく【天保度之凶作】　68④399

てんぽうりょうどのきょうさく【天保両度之凶作】　68④406

【と】

とうたい【凍餒】→ききん　18①56, 109

としのさいおう【年の災殃】　34⑦250

どぞうはんつぶれ【土蔵半潰れ】　66⑧402

どぞうひびわれ【土蔵ひびわれ】　66⑧401

どてかわながれ【土手川ながれ】　41⑤241

どてぎれ【土手切レ】　66②96

どろうみ【泥海】→D　66⑥338, 339

どろおし【泥押し】　66③143

【な】

ないしお【ない潮】　16①286

なえふさく【苗不作】　67⑤209

ながあめかんれいのとし【長雨寒冷年】　19②308

ながかんばつ【長旱魃】　3④258

ながみず【永水】　11⑤252

ながれや【流家】→Z　66④214, ⑤280, 306, 307, 308/67①19, 21, ③126, 127

なで【なて、雪頽】　19②350/25①108

なみのうれい【波の患ひ】　41②57

なんせん【なん船】　11⑤236

なんぷう【難風】　5①5

【に】

にしやまのほうらく【西山之崩落】　66⑤257

にしやまほうらく【西山崩落】　66⑤257

にばんみず【弐番水】→A、K　67②93

にわさきぎれ【庭先切】　66⑧402

【ね】

ねっとう【熱湯】→B、H、I　66③141, 142

【の】

のび【野火】　56②287, 288

【は】

はたけほしわれる【畠旱われる】　16①335

はたさくたがう【畑作違】　19②443

はちねんのこうずい【八年の洪水】　22①62

はるしものなん【春霜の難】　23⑥326

はんいたみや【半いたみ家】　67③131

【ひ】

ひいし【火石】→やけだし　66③151, 155

ひいしふり【火石降り】　66③151, 152

ひえだちのうれい【冷立之患】　38①21, 22, 25

ひがれ【日枯】→G　37②107/39①35

びこうちょちくのほう【備荒儲蓄之法】　18①97

びこうのたすけ【備荒の助】　69①115

ひそん【干損、日損、旱損】　1①43, 45/7②246, 247/8①283/10①11, 53, ②321, 322, 323, 327/12①149/16①74, 75, 83, 91, 92, 96, 97, 216, 333, 335/17①34, 36, 37, 79, 104, 105, 106, 127, 223, 230/19②300, 337, 339, 353/23⑥315/28①80/35②302, 332/37②215/61④157/64①48, 68/67④162

ひそんじ【日損じ】　1①73

ひでり【ひてり、日てり、日でり、旱、旱天、旱魃】→かんばつ→P　1④315, 317, 327/3③178/7②308/8①146/12①113, 114, 227/16①80, 91, 93, 244, 263/69①58, ②224

ひでりいたみ【旱痛】　62⑧260

ひでりかれ【旱かれ】　67⑥306

ひでりそん【旱損】　7②241

ひでりのうれい【旱の患ひ】　41②57

ひでりのとし【魃ノ年】→P　2④287

ひでりのなん【旱の難】　11②103

ひでりのわざわい【旱ノ災】　70⑤341

ひにいたむ【日にいたム】→G　17①98

ひにかかる【火にかゝる】　28②199

ひびわれ【ひびわれ】　66⑧402, 403

ひやけ【日やけ、日焼】→かんばつ→G、X　10②323/16①102/19②315, 322, 351

びょうなん【病難】→G、N　63④261

ひわれ【日われ】→かんばつ　66⑧391

【ふ】

ふうう【風雨】→P　10①117/62③61

ふううのなん【風雨の難】　13①22/25①82

ふううのわざわい【風雨の災】　10②321, 372

ふううひでりのなん【風雨旱の難】　12①382

ふうすいかん【風水旱】　29③191, 211, 257

ふうそん【風損】→たいふう　4①93, 211/12①314/13①65/32①94, 125, 129, 192/38④262/67④162/68④399

ふうなん【風難】→たいふう 6①83/9②200/11①44/15③384/22②101/31④187/43②172/62⑨321
ふうなんのうれい【風難之患】 38①25
ふかみず【深水】 23①12, 40, 50, 62, 63, ③150, 155
ふきだしそうろういしすな【ふき出シ候石砂】 66②108
ふじさんやけ【富士山焼】→やけだし 65③172/66①34, 37, 38, ②96
ふじさんやけいしすなふり【富士山焼石砂降、富士山焼石砂降り】 66①48, ②87

【へ】

へんさい【変災】 66⑤254, 256, 257, 259, 273, 292

【ほ】

ぼうふう【暴風】→たいふう→P 19①198, ②289
ほうらく【崩落】→やまくずれ→Z 66⑤270, 305, 306, 307, 308
ほりたて【堀立】 65③174, 184
ほりながし【掘流】 67②97

【ま】

ましかわ【増川】 20①124
まるふさく【丸不作】 19②312, 315, 345
まるやけ【丸やけ】 66⑥345
まんすい【満水】→こうずい→D 9③245/16①112, 268, 270, 271, 273, 280, 283, 287, 293, 308, 310, 321, 325, 333, 334/17①89, 303/23②132/34⑦257/35①197, 198/36③229/37③379/42③180/65①12, 14, 19, 21, 24, 29, 37, ③248, 249, 250, 267, 269, 272, 273, 275, 276/66①39, 42, 48, ②96, 97, 109, 114, 117

【み】

みずあふれ【水溢】 30①45
みずおし【水押】→D 7①14, 36/16①127/22②99, ④218
みずおしあげ【水押上ケ】 65③197
みずおしひらき【水押開】 65③226
みずかぶり【水冠】 25②182, 206
みずぐされ【水腐】→G 25①131, ②182, 189/64③169/66⑧410
みずこみ【水込】 4①190
みずしお【水潮】→N 16①324
みずそこ【水底】→D 9③245
みずそんぼう【水損亡】→こうずい 65③186, 197, 203
みずつかり【水漬り】→こうずい 67③123
みずで【水出】→こうずい→D 8①275/65①16, ③228
みずながれ【水流レ】 61⑩438
みずなし【水なし】→D 66⑧406
みずにいたむ【水にいたむ】 17①98
みずぬまり【水ぬまり】 65②109, 116
みずのうれい【水の患ひ】 41②57
みずのえねどしだいききん【壬子年大飢饉】 31④221
みずのでばな【水の出はな】 16①307
みずのなん【水の難】 11②103
みずまし【水まし】 19②345

【む】

むぎさくひやけ【麦作日焼】 19②350
むし【虫】→E、G、I、N 6②323/12①114, 227
むしいりのとし【虫入之年】 34⑦250
むしつき【むし付】→G 1④327
むしつきのわざわい【虫付の災ひ】→いなむしのがい 36①69
むしのわざわい【虫の災】→いなむしのがい、こうさい 23①113
むもう【無毛】 10②323

【や】

やきからす【焼枯す】 56②287
やきだし【焼出し】 66④197
やけいえ【焼家】 66⑤305
やけいし【焼石】 66③142, ④218, 231
やけいわ【焼岩】 66④217
やけおしだし【やけおし出し】 62③76
やけくずれ【灼ケ崩レ】 70②119
やけすな【焼砂】 65③172, 174, 175
やけだし【焼出】→あさまやけ、いしすなふり、おおやけ、すなふり、ひいし、ふじさんやけ 66③139, 152, ④215
やけば【焼場】→D 66④218
やまくえ【山クヘ】 8①275
やまくずれ【山くづれ、山崩、山崩れ】→ほうらく 16①128/22①54/36③307/48①336/63③123/66⑥337, ⑧391/67⑤237
やまさわこうずい【山沢洪水】 67⑤235
やまみず【山水】 66④218
やまやけ【山焼】 4①166/42⑥375/66④196, 215, 216

【ゆ】

ゆきおれ【雪をれ】 16①132
ゆり【ゆり】→じしん 66⑥333, 334, 336, 338, 339, 340, 343, 344, ⑦364
ゆりこみ【ゆりこみ】 27①257
ゆるぎ【ゆるぎ】→じしん 66⑦371

【よ】

よあらし【夜荒】 24①41
ようさつのへん【夭札之変】 18①173

【り】

りゅうし【流死】 66②116, ③159, ④200, 204, 205, 214
りゅうしつ【流失】 66⑧401, 405
りゅうしにん【流死人】 66⑧404
りゅうぼう【流亡】 68①63
りゅうみん【流民】→Z 18①39
りゅうりぎょうこつのたみ【流離行乞の民】 18④427

【れ】

れいきのわざわえ【冷気の災へ】 21①22

【わ】

わざわい【災】 5①69, ③247/25①106
わざわえ【災へ】 8①167

R　自治と社会組織

【あ】

あいいれ【合入レ】 41②49
あいかた【藍方】 30④352
あいけづけ【合毛附】 62②36
あいたい【相対】→L、X 65②122,123,124
あいばいっかんのかかりもの【藍場壱巻之懸リ物】 30④352
あいびゃくしょう【相百姓】 29③201,216,218/38④232,276
あいぶぎょう【相奉行】 64①71
あいみにん【相見人】 52⑦321
あいやく【合役】 64⑤346
あいわっぷ【合割符】 58④261
あかさかやくにん【赤坂役人】 42⑥390
あかさかわたしば【赤坂渡し場】 66⑤275
あかつかおはやし【赤塚御林】 63③133
あかはちまき【赤八巻】 57②217
あがりがみ【上り紙】 5④318
あきしまり【秋縮】 42④239,275
あきつのたみ【秋津の民】 24①12
あきばんのみょうしゅ【明番之名主】 63①31
あくすいよけごふしん【悪水除御普請】 64③165
あくでんのりょう【悪田の料】 47⑤252
あげまい【上ケ米】 28①63
あげめん【上ケ免】 4①244
あさぎしむらつなとりおやま【浅岸村綱取御山】 56①145
あさだい【あさ代】 59②145,146
あしかがのがっこう【足利の学校】 6①216
あしがる【足軽】 4①265/10①166/32②309,311/36③175,280,282
あしがるめつけ【足軽目付】 32②329
あしやく【足役】 29③260
あしやくせん【足役銭】 63③131,134
あじろ【網代】→J 58④255,260,⑤319
あじろうおつきば【網代魚付場】→うおつきあじろば 57①8
あじろぐみ【網代組】 58④254
あずかりしょ【預所】 65③193
あずかりでら【預り寺】 64①53
あずき【小豆】→B、E、F、I、L、N、Z 25①76
あずさゆみ【梓弓】 56①100
あぜみちけんぶん【畝道見分】 61⑨324
あぜをあらそう【畔を争ふ】 19①8
あそめつけやど【阿蘇目附宿】 33④176
あたまわり【頭割】 58④261
あちん【亜鎮】 2⑤336
あつかい【曖】 57②194/64①60
あつかいやく【曖役】 34⑥152
あつかいやくにん【曖役人】 34⑥145,147,150,151
あとばしきり【跡場仕切】 25③276,277
あどわりねんばん【阿戸わり年番】 59②105
あなあきびき【穴明引】 44②85,94
あぶらえ【油荏】→E、I、N 25①76
あぶらおてあて【油御手当】 11④174
あぶらだい【油代】→L 63①57
あぶらてあて【油手当】 11④170
あべこうのごじょうか【阿部侯の御城下】 15③383
あぼうきゅう【阿房宮】 40②75
あまきごかちゅう【天城御家中】 67③131
あまきのおやしき【天城之御屋敷】 67②103
あまくさらくじょう【天草落城】 58②93,94
あまのかいひめ【天養媛】 35①23
あまりち【余地】→D 44③199,202,241,261
あゆごよう【鮎御用】 59①10
あらいごばんしょ【荒井御番所】 66⑧406
あらおたてやま【新御立山】 57①24
あらかごぶぎょう【荒籠奉行】 65③240
あらたてやま【新立山】 57①10,14,26
あらためだし【改出】 34⑧312
あらためやく【改役】 63②90
あらためやくにん【改役人】 36③218,340,341/66④208
あらものだいぎんさだめ【荒物代銀定】 63③129
あらやむらようさんや【荒谷村養蚕屋】 61⑨280
あらやようさんや【新屋養蚕屋】 61⑨307
ありだか【有高】→L 63①30/64①49
ありまそうどう【有馬騒動】 66④189
あるが【有賀】→T 59②142,157,158,159,163
あるがむら【有賀村】→T 59②160
あるき【アルキ、あるき、歩行】 24①13/42⑥390/63①43
あるきち【歩行地】 63①35
あれちけんぶん【荒地見分】 42⑥397
あれちしたけんぶんふだ【荒地下見分札立】 42⑥397
あんげりあじん【漢厄利亜人】 70⑤325

【い】

いあん【医案】 68③319
いえしたのねんぐ【家下の年貢】 30③294
いえなみわり【家次割、家並割】 63③113,130,138
いえべつぶげんわり【家別分限割合】 63①56
いがのかみさまおやくしょ【伊賀守様御役所】 66②122
いくみ【井組】 64②114,125,132
いくみだか【井組高】 64②125
いけなりびき【池成引】 44②82,90
いけほり【いけ掘り】 11⑤255
いこく【異国】 3④323/16①169
いしせおやくしょ【石瀬御役所】 36③264
いしせごじんしょ【石瀬御陣処】 36③307
いしせごじんや【石瀬御陣屋】 36③230,264
いしばいやき【石灰焼】→K 57②215
いしびや【石火矢】 67⑥302
いじゅう【以従】 62⑧288
いじん【夷人】 58①39,44,45,50/68③324/70③224
いずごちぎょう【伊豆御知行】 66②88
いぜこ【居瀬古】 43①8
いちじょうけ【一条家】 10①188
いちばん【壱番】 52⑦318
いちばんしおて【一番塩手】 52⑦324
いちばんとりおさめ【壱番取納】 33⑤259,260
いちばんやま【壱番山】 57①9
いちまわりそうとう【壱廻惣湯】 5④333
いちりょうぐそく【一両具足】 10①109

いっきほうき【一揆蜂起】 6②322
いっきむしゃ【一騎武者】 10①186
いでにゅうよう【井手入用】→にゅうよう→L 65②104,107
いと【糸】→B、H、J、K、N 30③302
いなぎ【稲置】 10②312
いなごううけたまわりやく【伊奈郷奉役】 32①185,187
いなばさまごりょうちゅう【稲葉様御領中】 36③280
いぬめ【犬目】 33⑤255
いねほしば【稲干場】→C 25①76
いみぞねがい【井溝願】 65②101
いやしきおねんぐまい【居屋敷御年貢米】 67③134
いよのかみ【伊与の守】 20①273
いりあい【入合】 64①61
いりあいのさかい【入会之境】 62②37
いりあいのち【入会之地】 64①57
いりあいやま【入会山、入合山、入相山】→かりしきやま 18②260/24①11,50,②240
いりかかりちょうもとてだいなみ【杁懸帳元手代並】 64②134
いりかかりてだい【杁懸り手代】 64②131
いりかかりてだいみならい【杁懸り手代見習】 64②134
いりきぎん【入木銀】 30③302
いりくみ【入組】 34①7
いりこみのち【入込の地】 25①40
いりこみのところ【入込之所】 64①60
いりひおふせかえごしゅうふく【圦樋御伏替御修覆】 64③196
いりびゃくしょう【入百姓】 4①262/5①39/63①39,47
いりぶぎょう【杁奉行】 64②123,130,133,134,135
いりもり【杁守】 64②128
いりもりやく【杁守役】 64②123,124
いりょう【井領】 23④189
いるかおんいけごかいはつ【入鹿御池御開発】 64②119
いるかしんでんがしら【入鹿新田頭】 64②120
いるかみやけ【入鹿屯倉】 64②112
いれふだ【入札】→ふだいれ→L 63③103,119,120,121,④261
いれふだほう【入札法】 24①148
いれめ【入目】 2③269
いんいれ【印入】 61⑩449
いんかんちょう【印鑑帳】 63③124
いんぎょう【印形】→N 25①86/27①352/57②199/63③142
いんぎょうとりちょう【印形取帳】 63③122
いんけん【印券】 45③133/50①36
いんし【印紙】 57②194,204,208,212,214
いんぜん【院宣】 45③133/50①36
いんばん【印判】→N 32②329

【う】

うえたてじょ【植立所】 56①138
うえつけおんわり【植付御わり】 64③169
うえにんちょう【飢人帳】 66①60
うえにんぶち【飢人扶持】 66①63
うえにんふちまい【飢人扶持米】 66①57
うえのおしろ【上野御城】 66⑥343
うえのおやくしょ【上野御役所】 61⑨280,329
うえのごじょうない【上野御城内】 66⑧392
うえのようさんおやくしょ【上野養蚕御役所】 61⑨290,302
うえのようさんかた【上野養蚕方】 61⑨319
うえのようさんかたおやくしょ【上野養蚕方御役所】 61⑨294
うえのようさんかたやくしょ【上野養蚕方役所】 61⑨341
うえはらしんでんがしら【上原新田頭】 64②120
うえはんまい【飢飯米】 64⑤345
うえふち【飢扶持】 66①49,60,②110
うえものしょにゅうよう【植物諸入用】→にゅうよう 47⑤275
うおつきあじろば【魚付網代場】→あじろうおつきば 57①30,31,32,46,47
うきめん【浮免】 44③225
うけいん【請印】 59①60
うけぐら【請蔵】 64①64,65
うけしょ【請書】 63③142
うけじょう【請状】 57①23/67④185
うけだか【請高】 28①82
うけたまわりやく【奉役】 32①5,10,14,15,16,51,82,106,164,169,177,180,181,184,185,196,198,199,223,②286,287,295,306,308,309,310,316,317,318,319,320,321,322,326,327,328,329,330,331,332,333,339,341/64⑤337,338,339,340,341,342,343,346,353
うけとりちょう【請取帳】 36③305
うけめん【請免】 47⑤271
うしざき【牛裂】 10①152
うちぎん【打銀】 4①171
うちくび【うち首】 49①142
うちまわりのもの【打廻り之者】 57①13
うちまわる【打廻る】 57①24
うちゆいっかい【内湯壱廻】 5④333
うっち【掟】 34①10,②20,23/57②148,185,194,214
うっちがしら【掟頭】 57②196
うねだか【畝高】 28①52
うふ【舁夫】 22①19
うま【馬】→E、G、I、L、N 25①30/63①44
うまさし【馬指】 62②37
うまぼさ【馬ほさ】 34⑥151
うままわり【馬廻】 66④208,211
うまやく【馬役】 63③128,129
うらがおてあて【浦賀御手当】 61⑩433
うらむらおくらしょ【浦村御蔵所】 36③280
うらむらくみがしら【浦村組頭】 36③324
うらむらくらしょ【浦村蔵所】 36③320
うるし【漆】→B、E、N、Z 30③302
うわのり【上乗り】→L 36③216,217
うんじょう【運上】 13①370/14①101/23④183/25①107/58②98
うんじょうか【運上家】 58①44
うんじょうきん【運上金】 5④338/23④182/70②128
うんじょうぎん【運上銀】 62⑥151

【え】

えいあれおたかびき【永荒御高引】 67②104
えいおさめるしなもの【永納る品物】 36③305
えいかたくれなり【永方暮成】 42②115
えいぐみ【ゑい組】 34⑥147
えいたいそうもち【永代惣持】 63②86
えいたいそんぽう【永代村法】 63③98
えいたいそんぽうぎてい【永代村法議定】 63③142
えいたいだか【永代高】 63⑤299
えいとり【永取】 64③206,207,209
えき【役】 32①8
えきし【駅使】 30①5,8,9
えきでん【易田】 69②239
えきば【駅場】 18②261/25①29
えきや【駅家】 6①238
えきやど【駅宿】 68④396
えぐみむらむら【江組村々】 25③272
えごま【荏胡麻】→E、I、L、Z 36③325
えごまだい【荏胡麻代】 36③304,305
えぞちごよう【蝦夷地御用】 56①145
えぞのらん【蝦夷の乱】 36③284
えた【穢多】 29①16,17/36③329
えだごう【枝郷】 36③158,160/64②115
えどおかんじょう【江戸御勘定】 36③264
えどおさめしょうや【江戸納庄屋】 36③245
えどおやくしょ【江戸御役所】 66③146
えどおやくにん【江戸御役人】 66①36,38,50,56
えどおやしき【江戸御屋敷】 25③285/66②107

えどきしゅうごかいしょ【江戸紀州御会所】 46②157
えどきもいり【江戸肝煎】 46②150
えどきんごく【江戸近国】 15②152
えどごようにん【江戸御用人】 66②103
えどざ【江戸座】 49①142
えどやくしょ【江戸役所】 66③147
えふ【江府】 67④186
えみし【蝦夷】 1②135
えんごうのうけたまわりやく【遠郷ノ奉役】 32②318
えんそんかすけやく【遠村加助役】 62②37
えんでん【爰田、轅田】 69②238

【お】

おあげ【御上、御上ケ】 59①30, 32, 33, 44, 45, 46, 53, 54, 55, 56, 57, 58
おあげあゆ【御上ケ鮎】 59①30
おあげち【御上ケ地】 66②87
おあげび【御上ケ日】 59①38, 41, 49, 50
おあしがる【御足軽】 43③273/61⑨260, 262
おあずかりしょ【御預り所、御預所】 28①63/52⑦319, 320, 321
おあゆ【御鮎】 59①24, 41, 44, 45, 46, 48, 49, 50, 53, 54, 55, 56, 58
おあゆごよう【御鮎御用】 59①57, 60
おあらため【御改】 4①273
おいごふしん【追御普請】 64③195
おいこめ【追籠】 10①200, 201
おいしおで【追塩手】→しおてまい
52⑦324
おいただきだ【御頂田】 59③205
おいとま【御暇】 59①18, 22, 60/61⑨267, 314, 356, 365/64②124/66④216, ⑤283, 284, 285, 287, 289/67①54
おいまい【追米】 42④283
おうえき【御植木】 24①132
おうかんごようむき【往還御用向】 63①42
おうかんちょうもと【往還帳元】 63①51
おうかんみいれ【往還見入】 57①9, 37, 38, 47
おうかんむきちょうもと【往還向帳元】 63①30
おうかんもとかた【往還元方】 63①53
おうけいんぎょう【御受印形】 64③195
おうけいんび【御受印日】 59①11
おうけどし【御請年】 27①352
おうけれんばん【御受連判】 64③188
おうじょう【王城】 16①57
おうちぐみ【邑知組】 52⑦317
おうちくら【御内蔵】 66④219
おうまじるし【御馬印】 66④227
おうままわり【御馬廻、御馬廻り】 66④222, 224, 227, 229
おおあなあき【大穴明】 44②92
おおいやく【大井役】 42③164
おおかたのところ【大形之所】 57②231
おおがろう【大家老】 64①81
おおきもいり【大肝入】 67⑤239
おおくちかわよけごふしん【大口河除御普請】 66②96
おおくみがしら【大組頭】 64④280, 281
おおくら【大蔵】 67⑥292, 297
おおくらしょう【大蔵省】 53⑤294
おおこうぎ【大公儀】 66③146
おおごこうぎさま【大御公儀様】 66①42, 43, 49, 51, 52
おおございもく【大御材木】 57②188
おおさかごうんそう【大坂御運送】 29④284
おおさかごじょうだい【大坂御城代】 64①48
おおさかよりき【大坂与力】 30③303
おおさからくじょう【大阪落城】 58②96
おおさばくり【大さはくり】 57②148
おおしまびと【大島人】 57②198
おおじょうや【大庄や、大庄屋】→そうじょうや、そうだいしょうや、とむら
11①66/18⑥500/25①23/28①63, 92/29③196/43③234, 271/44①44, 54/53④230/61⑩432/64④247, 256, 279, 280, 281/67②90, 92, 105, ③133, 134, 135, ④170, 174, 185, 187
おおすけおてんま【大助御伝馬】 66①41
おおせわやく【大世話役】 67⑥294
おおそで【大袖】 16①300
おおだいかん【大代官】 64②134
おおだてこおりかたようさんやくしょ【大館郡方養蚕役所】 61⑨262
おおだてごかちゅうおやくえんかた【大館御家中御薬園方】 61⑨262
おおだてようさんおやくしょ【大館養蚕御役所】 61⑨262
おおづつ【大筒】 49①151/61⑨320/67②103, ⑥302
おおて【大手】→N
22①64
おおてんま【大伝馬】 25①30
おおとのさま【大殿様】 66①52, 57
おおなわのうち【大縄の内】 4①266
おおばりのむらようさんや【大張野村養蚕屋】 61⑨290
おおばんぐみ【大番組】 64①75/67⑤221
おおみわけ【大見分】 66③146, 149
おおめつけ【大目附】 33⑤247/67⑥296
おおめつけよこめ【大目附横目】 33⑤258
おおゆうずうせわやく【大融通世話役】 67⑥294
おおよこめ【大横目】 66④209, 211, 222, 229
おおよりあい【大寄合】 25③261
おおわきざし【大脇指】 10①179
おおわりぎん【大割銀】 44①57
おかいあげあゆ【御買上鮎】 59①47
おかいえき【御改易】 66④189, 216
おかいしょ【御会所】 46②135, 137, 139, 155/64④251, 307, 310/67①55
おかえち【御替地】 36③257/66①66
おかかり【御掛り、御懸り】 36③263/59①29
おかきだし【御書出】 39④194/65②147
おかご【御加籠(役職)】 61⑨335
おかご【御籠】 66①57
おかこい【御囲】 68④408
おかこいこく【御囲穀】 68④409
おかこいなえ【おかこい苗、御囲苗】 11⑤276, 277
おかこいまいしゃそう【御囲米社倉】→しゃそう
61⑩449
おかこいやま【御囲山】→おとめやま
56①150
おかごわき【御加籠脇】 61⑨257, 258
おかざきおしろ【岡崎御城】 16①281
おがさわらけ【小笠原家】 48①139
おかしだか【御貸高】 4①173
おかしつけ【御貸附】 52⑦318/64③173
おかす【おかす】 34⑥146
おかすしょ【おかす書】 57②213, 215, 216
おかた【御模】 57②174
おかたなばこ【御刀箱】 66④227
おかたやくしょ【御方役所】 57①10, 14
おかちめつけ【御徒歩目附】 67①27
おかって【御勝手】 57①12
おかべがき【御壁書】 10①168
おかまい【御構ひ】 66④206/68③329
おかみ【御上、御上ミ】 3③126, 182/24①85, 133/25①93/27①175, 247/31①5, ③116/33②101/36③265/39⑥340, 341/42①65/47⑤250, 259, 273/59②160/64④243, 244/66①49, 52, ③156, 157, ④194, 196, 197, 202, 218, ⑤263, 292/67②95, 96, 97, 105, 106, 107, 108, ⑥291, 293, 306, 309
おかみさま【御上様】 22①67/23⑥320/47⑤270/59③228/63①27, 37, 38, ②89, ③101, 143, ⑧425/66⑥339/67③133
おかやのたいじん【岡谷之大人】 67②106
おかよいばん【御通番】 66④227
おかりあげぎん【御借上銀】 42④272
おかりち【御借知】 27①201
おかりば【御狩場】 10②343
おかわよけ【御河除、御川除】 66②88, 94, 112, 113, 115
おかわよけごふしん【御川除御

普請】 66②93,96
おかんじょう【御勘定】 28①56/36③265/43②200,201/64①45/66②88
おかんじょうがしら【御勘定頭】 25③276/42①64
おかんじょうぎんみやくいりひがかり【御勘定吟味役杁樋懸り】 64②134
おかんじょうぎんみやくかしらどり【御勘定吟味役頭取】 64②134
おかんじょうしょ【御勘定所】 25③261/53④244/56①138/67①37
おかんじょうちょうさんとう【御勘定帳算当】 43②127
おかんじょうぶぎょう【御勘定奉行】 61⑨335,⑩450/64②133/67①31
おかんぬしながもち【御神主長持】 66④229
おきて【掟】 62①19
おきてがきじょうもく【掟書条目】 25①26
おきなわけんかんぎょうかちょうこころえ【沖縄県勧業課長心得】 57②82
おきなわけんだいしょきかん【沖縄県大書記官】 57②78
おきめとだい【御極斗代】 9③287
おきよめながもち【御清長持】 66④229
おきりかえ【御切替】 64③176
おきりまい【御切米】 28①64/64②123
おきりわけ【御切わけ】 65②124
おぎんみどころ【御吟味所】 25③261,276
おくおおめつけ【奥大目附】 66④218
おくがき【奥書】 36③186/51②192/63②96,③142
おくがきいんぎょう【奥書印形】 33②133
おくげ【御公家】 66②120
おぐそく【御具足】 66④218,219,226
おくちいれぎん【御口入銀】 44①54,55,57
おくちぎん【御口銀】 53④245
おくちまえどころ【御口前所】 46②149,150
おくにがえ【御国替】 47⑤248/66②87
おくにじゅう【御国中】 57①8,12,13,18,19,23,25,26
おくにのたゆう【御国の太夫】 41④209
おくにぶぎょう【御国奉行】 16①278
おくばりすずき【御配り鱸】 59③248
おくみあい【御組合】 64③175
おくら【御蔵】 1①104,105/27①201/30③278,289,290,291,297,298/36③218,338,341/40③239/42③199/43②128,③273/63①56,57,③128/64①64/66④200
おくらいりかんじょう【御蔵入勘定】 63①46
おくらいりむら【御蔵入村】 11②102
おくらいれ【御蔵入】→A、Z 4①66,279/6①68,77/42③164,200/57②182,183/62⑨403/63①34/66①35
おくらおさめ【御蔵納】 41③178,179/62②36
おくらおさめまい【御蔵納米】 28②264
おくらかた【御蔵方】 42④283/57②169,187
おくらかたたかわり【御蔵方高割】 42④275
おくらごと【御蔵事】 42④280
おくらじめ【御蔵〆】 63①33,34,51/67⑥285,310
おくらじゅうにんぐみ【御蔵十人組】 42④277
おくらしょ【御蔵所】 5④310/6①77,209/28①63/29②152/36③340,342
おくらするめ【御蔵鰑】 42④277
おぐらだいらおやま【小倉平御山】 56①168
おくらだわら【御蔵俵】 9①128
おくらちょうめん【御蔵帳面】 42④276
おくらつき【御蔵付】 29④282,284,286
おくらづめ【御蔵詰】 28①63
おくらばらい【御蔵払】 41③179
おくらばん【御蔵番】 36③325/43①51
おくらばんきゅう【御蔵番給】 63①49
おくらびらき【御蔵開き】 25③266
おくらふ【御蔵夫】 57②182
おくらぶしん【御蔵普請】 2④289
おくらまい【御蔵米】 5③264/6①78/27①273/29②144/67⑥297
おくらまえにゅうよう【御蔵前入用】→にゅうよう 22①42/36③305
おくらもと【御蔵元、御蔵本】 25③266,270,273,277,281,286/61⑨269,270/63①58/64①46/66⑤283,288
おくらやしき【御蔵屋鋪】 64①47
おくりくやく【送リ公役】 32②311,331
おくりのやく【送リノ役】 32①9
おくるわ【御曲輪】 66④225
おぐんだいしゅう【御郡代衆】 33⑤241
おけみおたちみ【御検見御立見】 36③281
おけみしゅう【御検見衆】 36③281
おこうりぶ【御郡夫】 67④164
おこおりかた【御郡方】 3④310/39④183
おこおりしょ【御郡所】 6①229/25③261
おこおりぶぎょう【御郡奉行】 41⑦334,343/43③244,256,265/52⑦323,324/64④247,252,273,275,279,280,281,297/67②95,105
おこおりぶぎょうしょ【御郡奉行所】 30①30/64④248,249,250,280,290,293,305
おこおりやく【御郡役】 28①56/63①31
おこくどりだしやく【御穀取出役】 43③270
おこころづけ【御心付】→N 43③266
おこころづけべいぎん【御心付米銀】 57①12
おこしがたな【御腰刀】 10①126
おこしょう【御小姓】 61⑨335
おこなんど【御小納戸】 66④228
おこなんどづめ【御小納戸詰】 66④228
おこなんどながもち【御小納戸長持】 66④227
おこばらいしょ【御小払所】 5④315
おこびと【御小人】 61⑨374,383
おこびとめつけ【御小人目付】 66③149
おこめ【御米】→N 6①78/29④286/36③217/64④274,290,293
おこめおさめ【御米納め】 36③280
おこめつだし【御米津出】 29④291
おこめつだししゅうのう【御米津出収納】 29④293
おこめわりつけおちょうめん【御米割付御帳面】 66①60
おこや【御小屋】 42③184
おさ【酋長】→むらおさ 1②135
おざいもく【御材木】 16①119/57②124,227
おさおいれ【御竿入】→けみ 4①273
おさおうけ【御竿請】 64①60
おさおだか【御竿高】 9③274,287,292
おさおまえ【御竿前】 64①65
おさかいめぶぎょう【御境見奉行】 61⑨257,258
おさかいめぶぎょうとりつぎ【御境見奉行取次役】 61⑨259
おさかおやくしょ【小坂御役所】 59②146
おさかずき【御盃】 10①142
おさくじ【御作事】 57②226
おさくじかた【御作事方】 30③303
おさげちょう【御下ケ帳】 67⑥293
おさしがみ【御差紙】 43②183/63③137
おさしくわえきん【御差加へ金】 36③246
おさしず【御差図、御指図】 48①217/57②166,172,179,224,235
おさしものさお【御差物竿】 66④226
おさだめがき【御定書】 4①265
おさだめだい【御定代】 33⑤243,251
おさだめだいねんぐ【御定代年貢】 33⑤246
おさだめね【御定直】 2②163
おさだめのしゅくば【御定之宿馬】 61⑩442
おさだめやくぎん【御定役銀】 48①98
おさだめろくしゃくさんずんざお【御定六尺三寸竿】 4①269
おさたるひと【長たる人】 1④336
おさびゃくしょう【長百姓、長百性】→かしらびゃくしょう

18②284/21①25/25①20,26,37,86,88/61⑩440/63①31/67①25,53
おさめうるし【納漆】 66①35
おさめかたのやくにん【納方の役人】 25①77
おさめだか【納高】 18①102
おさめなぬし【納名主】 36③284
おさめるたか【納る高】 5③285
おしいれまい【御仕入米】 52⑦318
おしお【御塩】 5④315
おしおがえ【御塩概】 52⑦321,322
おしおかた【御塩方】 42④245
おしおき【御仕置】 22①11,12,22/34⑧316
おしおてまい【御塩手米】 5④315/52⑦317,321
おしおば【御塩場】 67⑤220
おしおますまわり【御塩升廻】 52⑦319
おしおやきばがた【御塩焼場方】 52⑦322
おじかた【御地方】 43③256
おじかたごしはいしょ【御地方御支配所】 66①49
おじきしょ【御直書】 59③210/66②106
おしこめ【押込、押籠】 36③285/44①25
おしたて【御仕立】 33②118
おしたてにゅうようきん【御仕立入用金】 64③166
おしたやく【御下役】 67⑥294
おしたやくにん【御下役人】 67②97,104,107,③131
おしみずくみ【押水組】 52⑦312,317
おしむきがえ【御仕向がゑ】 33⑤241
おしょうや【御庄屋】 29③196,265
おしょもつばこ【御書物箱】 66④227
おしろごふしん【御城御普請】 66①42
おしろまい【御城米】 63①50
おしろまわりごふしん【御城廻り御普請】 66①48
おすくい【御すくひ、御救、御救ひ】 1③284/6②304/18①56/62③75/66①47,49,②107
おすくいうえたて【御救植立】 56①151
おすくいかた【御救方】 67⑥294,295
おすくいかたおせわ【御救方御世話】 68③314
おすくいきん【御救金】 66②108
おすくいくだされまい【御救被下米】 66⑧406
おすくいごや【御すくひ小屋】 62③75
おすくいさくじき【御救作食】 1③274
おすくいしな【御救品】 67①25
おすくいすて【御救捨】 67③134
おすくいぶしん【御救普請】 67①54
おすくいふしんりょう【御救普請料】 66⑧406
おすくいまい【御すくひ米、御救米、御赦米】→すくいまい 47⑤277/59③239/62③72,75/66①45,④214/67②96,97,98,107,③133,④174,175,183,⑥273,293/68②247
おすくいやく【御救薬】 68③327,328,329,330
おすくいやま【御救山】 53④232
おすけがわりゅうぞうさまけらい【小介川龍蔵様家来】 61⑨356
おすてこく【御捨石】 9③249
おせきしょ【御関所】 66①66
おせっしょうかたおやくしょ【御殺生方御役所】 59③229,232
おせわやく【御世話役】 59①35
おぜんばん【御膳番】 66④228
おぞうりとり【御草履取】 66④218,219
おそえやく【御添役】 59③240/61⑨265,269/67⑥283,289
おそなえあぶらごしほう【御備油御仕法】 31①10
おそなえやく【御備薬】 68③328
おそばやく【御側役】 59③211,237
おそばゆうひつ【御側祐筆】 66④229
おだいかん【御代官】 4①66/6①75/18②262/36③174,185,281,282,283,285/38④288/42①28,64,65/43③266/44①17,20,34/57①8,11,12,13,14,19,20,21,22,23,26/61⑩432,440,450/62②38/64①58,66,④247,248,252,254,257,273,279/65③186,232/66①44,45,54,66,②86,87,88,89,102,107,112,116,117,120,⑦370/67①13,31,40,②97,103,104,⑥283,289,296/68③318,327
おだいかんさま【御代官様】 1④296/24②241
おだいかんしはい【御代官支配】 64②123/65③186
おだいかんしょ【御代官所】 25③260,266,273,276,281,292/29③195/57①9,12,13,18,19,21/64②128,③201,④249,250,254,256,275,281,305,310/66①67/68③318
おたいぐみ【小田井組】 59②108,142,147,156
おだいどころ【御台所】→みだいどころさま 59③248/66①42,④201,219,229
おだいみょう【御大名】 59③247/62⑦187
おだいみょうさま【御大名様】 66④197
おたかいれ【御高入】 64③169
おたかおやど【御鷹御宿】 42③203
おたかがたおやくしょ【御鷹方御役所】 59③229
おたかがり【御鷹狩り】 64①47
おたかしょうさま【御鷹匠様】 42③204
おたかの【御鷹野】 62⑧276
おたかのえ【御鷹の餌】 36③286
おたかのえのごよう【御鷹の餌の御用】 30③303
おたかべけごよう【御鷹部家御用】 59③223,230
おだけんかんかあいせいかいしゃ【小田県管下藍製会社】 45②110
おださげ【御駄下】 1①64,105
おださげまい【御駄下米】 1①35,36
おたしりょう【御たし領】 66②87
おたすけ【御助】 66①52
おたすけごや【御助小屋】 67⑤212
おたすけぶしん【御たすけ普請】 67①61
おたちみ【御立見】 9③255,256
おたちみどころ【御立見所】 9③267
おたてうら【御立浦】 58④246,247,255
おたてがさ【御立傘】 66④218,219,227
おたてやま【御立山】→ひゃくしょうやま 3④269/47⑤274/57①8,10,11,12,13,14,18,19,20,21,22,23,25,26,28,29,30,31,32,33,34,35,36,37,38,39,40,41,42,43,44,45,46,47,48/58④255/59③233
おだわらおやくにんしゅう【小田原御役人衆】 66②102
おだわらごようにん【小田原御用人】 66②103
おちばさらえ【落葉浚】→A 63①44
おちゃ【御茶】→N 23⑤268
おちゃや【御茶屋】 57①34/66④203
おちゅうげん【御仲間】 59③205/63①56
おちゅうげんましきん【御中間増金】 63①33
おちゅうごしょう【御中小姓】 66④219,227
おちょうじ【御でうじ】 59②122
おちょうめん【御帳面】 46②150/61⑩432,450/64①58,66
おつかいみ【御使見】 43②187
おつき【御附】 66④219
おつきそえ【御附添】 61⑨262,280,285,286,293,296,301
おつきそえやく【御附添役】 61⑨267,268
おつきたて【御築立】 23④188
おつぎばん【御次番】 66④228
おっきょう【越境】 62①19
おつぐない【御償】 6①219,②282,299
おつめまい【御詰米】 66⑧402
おつもり【御積】 65②82/67③136
おてあて【御手あて、御手当】 1①102/11④168,172,176,178/62③72
おてあてごじょうめん【御手当御定免】 22①33
おてあてまい【御手当米】 64③177
おていし【御手医師】 44①50
おていれ【御手入】 68③329
おてがた【御手形】 57②226
おてだい【御手代】 36③174,232,282,283,342/61⑨303,307,365,372,386,⑩450/66②119,③156/67①31,40,54,②114
おてだいしゅう【御手代衆】 36③175/38④288/66③146,

147
おてつき【御手付】 31①9
おてつだい【御手伝】→L 65③195/66②113,114,③149
おてつだいぶしん【御手伝御普請】 65③188
おてどうぐながもち【御手道具長持】 66④229
おてもと【御手元】 57①48/68③335
おてやま【御手山】 57①9,17
おてんま【御伝馬】 25①29/61⑨257,258,259,266,269,284,319,320,335,336/62②37/63①38
おてんまじゅくにゅうよう【御伝馬宿入用】→にゅうよう 22①41/36③304
おてんまのぞきどころ【御伝馬除所】 63①38
おてんまぶれ【御伝馬触】 61⑨317
おどうぐ【御道具】 10①194/57②210/66④219
おとおりごよう【御通御用】 63②85
おところがわり【御所替り】 64①66
おとしより【御年寄】 61⑩449/67⑥296
おとな【大人】 67②102
おとなびゃくしょう【長人百姓】 64④280,281
おとなりりょうおししゃ【御隣領御使者】 30③303
おとのさまやま【御とのさま山】 39⑥341
おとめがわ【御留川】 59④317,352,356,362
おとめがわごこうさつ【御留川御高札】 59④378
おとめやく【御留役】 67⑥289
おとめやま【御留山】→おかこいやま、おはやし、おはやしち、おはやしやま 41③186/56①135,145,149
おとも【御供】 61⑨259
おとりあつかい【御取扱】 24②242
おとりいれ【御取入】 68③362
おとりか【御取か、御取箇】→とりか 9③287,288/28②278/64③164,169,172,176
おとりかまし【御取箇増】 9③289,291
おとりしらべ【御取調】 36③283
おとりたて【御取立】 9③249/39⑥341/44①50/56①143/59①48/64③164/66②88/67③134,⑥306,309,310
おとりたてごよう【御取立御用】 44①44
おとりつぎ【御取次】 57②89/61⑨381/66①52,④222,229/67①55,②107
おとりはなし【御取放】 64③172,175
おとりみ【御鳥見】 59③229,230
おとりわけ【御取分、御取分ケ】 56①139,140,150
おながつか【御長柄】 66④226
おながつかぶぎょう【御長柄奉行】 66④226
おなぎなた【御長刀】 66④218,219,226
おなっしょ【御納所】 6①219/40③239/46②149/63①31,41,42/66①49
おなわ【御縄】 62②35/64①65
おなわいれ【御縄入】 61⑩424
おなわうけのごでんち【御縄請の御田地】 23⑥315
おなわちょう【御縄帳】 64①66
おなわのうち【御縄の中】 3③120
おなわひき【御縄引】 64②118
おなんどきん【御納戸金】 64①45
おねだん【御直段】 43③255,269/67⑥297,307
おねんぐ【御年く、御年貢】→ねんぐ→L 2⑤329/5②231/6①73,206/9①104,117,118,126,128,150,③249/10①13/11①9,63/14①52,101,113,137,341,346/16①67/17①38,86,121,141,315/21②118,④200,201,202,203/22①19,④288,292/23④189/28①30,38,49,82,85,86,③321/29①20,22,25,51,③203,④283/30③233,277,289,298,299,300,301/31②72,73,87,③115,128,129,⑤278/33②105,106,⑤258/34⑧292,311,312,313/37②88,114,115/38②82,④267/40④299/42②86,③165,183,199,⑥402,439/43②203,205,206/47⑤270/58②100/59②111/61⑩440,449/62②36,⑧250/63①41,②87,③118,134,⑤295,300,314/64①48,49,60,④308/65②83,122,123,124/66①35,64,②88,91,⑧391/67④173,⑥275,284,291,307/68②264,④397,404/69②210,335
おねんぐおさめ【御年貢納、御年貢納メ】 21②120/28①62/36③308/42③165,166/63①33/65②91
おねんぐかいさい【御年貢皆済】 42⑥405,445/67⑥285
おねんぐかた【御年貢方】 43③273
おねんぐきん【御年貢金】 36③304
おねんぐしゅうのうのば【御年貢収納之場】 31③106
おねんぐじょうのう【御年貢上納】 30①138,③288/33⑤256/34⑧313/36③197
おねんぐしょかかり【御年貢諸懸り】 33②110
おねんぐしょかんじょう【御年貢諸勘定】 63③102
おねんぐしょやく【御年貢諸役】 22③162
おねんぐち【御年貢地】 14①358/33②101/39⑥333
おねんぐちょうしたため【御年貢帳認メ】 59①41
おねんぐなよせちょう【御年貢名寄帳】 63①53
おねんぐのこりまい【御年貢残米】 67⑥277,306,310
おねんぐはしばかり【御年貢端計り】 42③200
おねんぐはつおさめ【御年貢初納】 25③281
おねんぐまい【御年貢米】 2③267,268,270/6①77/9③295/15②238/21①34/22④281,287,291/29③244,260/30③290/31③116/33②133/42③163,164,166,199/63⑤298/66②107/67①14,15,24,②114,④176
おねんぐまいおさめ【御年貢米納】 38②82/42③164
おねんぐまいおたてねだん【御年貢米御立直段】 67⑥277
おねんぐまいさんよう【御年貢米算用】 24①132
おねんぐもみ【御年貢籾】 63①57
おのりもの【御乗物】 66④227
おはさみばこ【御挟箱】 66④218,219,227
おばしょ【御場所】 56①136,141,149,150,151,152
おばしょすじ【御場所筋】 59③230
おはたもと【御旗本】 3①24
おはつまい【御初米】 30①118
おはつまいりょう【御初米料】 30①121,125,132
おはやし【御林】→おとめやま 18②263/42①49,③153,179/63③106/64①57,58,59/66②109,110
おはやしかちつけ【御林歩附】 63①51
おはやしち【御林地】→おとめやま 18②266
おはやしやま【御林山】→おとめやま 42⑥390
おはやしやまみ【御林山見】 63①37,57
おはらい【御払】 36③245/52⑦317/56①145/61⑨374/63①35/64③173/65①33
おはらいきん【御払金】 68③329,330
おはらいだし【御払ひ出し、御払出し】 68③328,329,330
おはらいち【御払地】 58②97
おはらいなおし【御払直】 68③329,330,346,354
おはらいながもち【御祓長持】 66④229
おはらいねだん【御払直段】 67⑥297
おはらいひん【御払品】 68③331
おはらいまい【御払米】 7①83
おはらいやま【御払山】 56①145,146
おはりがみねだん【御張紙直段】 22①34,41
おばん【御番】 66④203,222
おばんにん【御番人】 66①66
おひきかた【御引方】 9③245/36③282/67⑥273,284,293,298
おひきゃく【御飛脚】 59①22/66④209
おひともち【御人持】 6①78
おひらき【御開】 33②118
おひらきたておんたはた【御披立御田畑】 56①151
おひわり【御日割】 59①22
おぶぎょう【御奉行】 4①191,233,265/16①46/25③292/36③230/39④183/42⑤332/59③237/61⑨320/64④279,307/66①44,45,52,⑤258,290,292/67②98,102,114
おぶぎょうさま【御奉行様】 42④231,260
おぶぎょうさまごけんぶん【御奉行様御見分】 27①285
おぶぎょうしゅう【御奉行衆】

16①47,51,53,295/66③157
おぶぎょうしょ【御奉行所】 10①165/25③260,276/66③156,157
おぶぎょうしょく【御奉行職】 2③271
おぶぎょうやくしょ【御奉行役所】 64④252
おぶぐかた【御武具方】 44①17
おぶけかた【御武家方】 7②373
おふち【御扶持】→ふち 1③272/10①154/43③256/64②123/68③329
おふちかた【御扶持方】 66①43/68③335
おふちにんとむら【御扶持人十村】 4①265
おふちまい【御扶持米】 1③282/66①58,61,63
おふなぐら【御船倉】 66④200
おふなでぶぎょう【御船手奉行】 57②89,135,196
おふなぶぎょう【御船奉行】 66④230
おふなや【御船家】 59③232
おふれ【御ふれ、御触】 29①20/31①9,⑤253/51①27
おふれがき【御触書】 22①11
おふれじょう【御触状】 66①63,65,66
おへかびと【おへか人】 57②185
おぼえがき【覚書】 32②325,326
おほりかた【御堀方】 59③237
おほりたて【御掘立】 48①244
おまかないがしら【御賄頭】 67①55
おまかないかた【御賄方】 59①25,47/66⑤291
おまかないてがた【御賄手形】 61⑨368
おまかないにゅうよう【御賄入用】→にゅうよう 63①33
おまちどころ【御町所】 61⑨317
おまちぶぎょうしょ【御町奉行所】 61⑨330
おまつりたのすいろん【御祭田ノ水論】 42⑥388
おまわり【御廻り】 36③342/66④203
おまわりやくにん【御廻り役人】 67⑥299
おみうえしょ【御実植所】 11①65
おみならい【御見習】 43③266
おみのばこ【御簑箱】 66④227
おめぐみきん【御恵金】 63③99,110,115
おめぐみやくきん【御恵役金】 63③109
おめしうま【御召馬】 66④227
おめしがえやくにん【御召替役人】 66④227
おめつけ【御目付】 10①147/43③265/66⑤289,290
おめつけほんせき【御目付本席】 43③256
おめみえ【御目見、御目見へ】 10①142/25③275
おもちやり【御持鎗】 66④226
おもてだか【表高】 64①48
おもとじめ【御元〆、御元締】 25③261/36③305
おものいり【御物入】 56①145/57②138,183,187,212/64④274,309/65②130,③228,233/66①42,49/68③328,329,330,335
おものざ【御物座】 57②119
おものなり【御物成】→とりか 9③259,276,288/42①65/66①35,42,49,65,②115/67④173
おものなりごめん【御物成御免】 9③249
おものなりごめんのこめだい【御物成御免之米代】 9③260
おものなりだか【御物成高】 67④173
おものぶぎょう【御物奉行】 57②89,172,194,198,204,208,209,213,214,218
おもやいやま【御催合山】 61⑩438
おやかたさま【御屋形様】 66②86
おやく【御役】 64①62,66,67
おやくうるし【御役漆】 46③192
おやくえん【御薬園】 61⑩458/68③326,334,335,339,340,341,342,343,345,346,347,352,353,354,357
おやくがえ【御役替】 43③256
おやくかかりさま【御役掛様】 63①41
おやくかた【御役方】 44①54/47⑤274
おやくぎ【御役儀】 16①46,47
おやくきん【御役金】 63③109,110,111,112,113,114,115,131
おやくぎん【御役銀】 1③275/5④331/23④189
おやくごめん【御役御免】 66②120
おやくざ【御役座】 29③195
おやくしょ【御役所】 11①66/36③173,174,176,185,217,280,281,282,287,305,306,323,325,340/42③177/43②178,184/47⑤258/49①154/53④245/58⑤330/59①25,26,35,48,②102,145,152,159,160,③235,241,242/61⑨270,281,285,292,293,303,304,305,308,322,343,344,356,359,362,364,365,378/63③129,130/64①69,③173,193,198,④250,252,279,310/66②121/67⑥269,310
おやくしょおかこいない【御役所御囲内】 68④407
おやくしょおふれだしのにちやくちんぎん【御役所御触出之日役賃金】 63③128
おやくしょごよう【御役所御用】 63②85
おやくしょさま【御役所様】 30④356/66①43,60,61,⑧409
おやくしょぶるまい【御役所振舞】 61⑨386
おやくすじ【御役筋】 53④236
おやくだか【御役高】 63①35,51
おやくつとめだか【御役勤高】 63①44,50
おやくぬきだか【御役抜高】 63①27
おやくまいすじ【御役米筋】 65②135
おやくや【御役屋】 61⑨273,278
おやしき【御屋敷】→N 46②135,137,139/61⑨259/66⑤285
おやしきさま【御屋敷様】 46②135/66①51
おやど【御宿】 59①10/66④219
おやぶ【御藪】 30③288
おやま【御山】 56①150/57①11
おやまいりぐち【御山入口】 56①172
おやませいおしめかた【御山制御締方】 56①133,148
おやまぶぎょう【御山奉行】 47⑤260,265,268/56①135,138,149
おやまぶぎょうしょ【御山奉行所】 53④237
おやまもり【御山守】 56①134,135,149
おやまやく【御山役】 56①135,149
おやまよこめ【御山横目】 3④288,304/38①28
おやり【御鑓】 66④218
おゆみごじんや【生実御陣屋】 63③138
おらんだうつし【紅毛うつし】 15②301
おらんだじん【阿蘭陀人、蘭人】 54①258/70⑤321
おらんだのくにのしょじゃくほんやくしょ【和蘭国の書籍翻訳所】 68①54
おわた【御綿、御纊】→N 67①27,55
おわっぷ【御割符、御割苻】 66①52,63,64,②107,108,110
おわっぷごちょうめん【御割符御帳面】 66①61
おわっぷちょう【御割付帳】 66①59
おわっぷちょうめん【御割符帳面】 66①60
おわっぷまい【御割符米、御割附米】 66①63/67⑥291
おわっぷもの【御割符物】 66①62
おわりごよう【尾張御用】 53④243
おんあつかいさま【御扱様】 61②82
おんいけごかいはつ【御池御開発】 64②114
おんうけがき【御請書】 36③265/59②152
おんうまや【御厩】 4①27
おんうらがき【御裏書】 9③280
おんおきて【御掟】 22①24
おんかきつけ【御書付、御書附】 57①14/59③228,239,241/64③188/66①36,45,②107
おんかし【御家士】 15②293
おんかみ【御上】 15③328
おんぎん【恩銀】→L 35②344
おんげち【御下知】 18②250/36③176/59③229,232/63①37,38,③101/64③172/66⑤275
おんけひき【御毛引】 1③280
おんけみさまじゅう【御毛見様中】 1③279
おんけみねがい【御毛見願】 1③279
おんこうりょうち【御公領地】 4①71
おんこくえき【御国益】 33②120
おんこものなり【御小物成】→こものなり

43③255,259,269/63①34
おんこやがた【御木屋方】 57①24
おんざつよう【御雑用】 9③277
おんさばき【御捌】 9③280
おんしまりあい【御殿り合】 9③279,294
おんしょむだい【御所務代】 57①10
おんせぎょうごや【御施行小屋】 1③272,280
おんたはたすなはききん【御田畑砂掃金】 66①46
おんたはたすなはきりょう【御田畑砂掃料】 66①46,47,55
おんちょう【御帳】→L 57②190
おんつじみみつもり【御辻見々積】 9③266
おんてした【御手下】 9③278
おんとう【遠島】 49①142
おんとうごくかいさく【御当国改作】 4①173
おんふせかえ【御伏替】 64③171
おんふだ【御札】 56①135,149
おんべつこうむりすじのごかいじょう【御別蒙筋の御廻状】 36③176
おんみこみ【御見込】 9③279
おんみつぎ【御みつぎ、御貢】→ねんぐ 10①128/33①12/62③77
おんみつぎもの【御貢物】 41③178,184
おんみとりのたんしんでん【御見取之反新田】 9③263
おんもくろみ【御目路免、御目論見】 64③172,173/66①48
おんもよりがえ【御最寄替】 36③230,264
おんようりょう【陰陽寮】 37③326
おんよけだか【御除高】 64②120
おんよこめしゅう【御横目衆】 10①148,165
おんよりき【御与力】 67④174
おんりまい【御利米】 28①59
おんりょしゅく【御旅宿】 30①30/59①13,16,22,38,43,51,53,59
おんわりつけ【御割付】 9③274

【か】

かいぎいれめちょう【楷木入目帳】 57②197
かいぎすんぽうさだめちょう【楷木寸法定帳】 57②135
かいけいけんさいんちょう【会計検査院長】 57②81
かいごう【会合】→O 63①49,51,53,54,③119,142,⑦364,367,368,369,373,377,386,388,⑧428,429
かいさい【皆済】→ねんぐかいさい→F、L 1①98/4①34,186/5③285,287/18②281,284/23④191/29①20/34⑦254/36①58,③341/38②82/42①65/43②206/44①57/61⑩440,449/63①44,③118,④263/64③164,⑤344,345,355,356
かいさいうけとりしょうこ【皆済請取証拠】 31②72
かいさいごつう【皆済五通】 42④250
かいさいじょう【皆済状】→Z 4①186
かいさいしょうこ【皆済証拠】 31②73
かいさいにちげん【皆済日限】 61⑩430
かいさいのきりがみ【皆済の切紙】 10①142
かいさく【改作】 4①186,265
かいさくおぶぎょう【改作御奉行】 39④184
かいさくおんそうそう【改作御草創】 4①35
かいさくこうか【改作耕稼】 4①34
かいさくぶぎょう【改作奉行】 4①306
かいじつ【会日】 18①101
かいじつのりょう【会日の料】 18①108
かいしょ【会所】→L 33⑤241,245/36③232,283/43②139,188,200,201,202,203,205,206,207,208/63③131/66③157
かいじょう【廻状】 28①63/57①12
かいじょうづかい【廻状使】 63③130
かいじょうのう【皆上納】 11④174
かいじょうみいり【海上見入】 57①37,42
かいじょうみいりのところ【海上見入之所】 57①44,46
かいじょうみいりのやま【海上見入之山】 57①34
かいじょうめあて【海上目当】 57①8,9,47
かいじょうよりみいりのところ【海上より見入之所】 57①36
かいのうよろこび【皆納悦】 63①34
かいはつりょう【開発料】 66②110
かいぶん【廻文】 10①181
かがのこくほう【加賀の国法】 18②290
かかりだか【掛高】 65②142
かかりば【掛り場】 65③193
かかりもの【かゝりもの、懸り物】→L 28①83/30③266
かかりものぎんのう【かゝりもの銀納】 30③294
かぎ【嘉儀】 32②318
かきたて【書立】→A、N 57①18,21
かきつけ【書付】→N 36③329/38②87/41⑦325/44①42/47⑤260/57①8,13,18,19,②183,196,197,213,214,218/59①47,57,60,②113,152/63①30,31/64④248/65②100,101/66①34,41,61,②121,③157,⑧406/67①19,31,33,36,40,54
かきもの【書物】→N 36③284
かぎやく【かき役、鍵役】 24①38/39③158
かぎわり【かき割、鍵割】 59②164/67⑥296
かくしめつけ【隠し目付、隠目付】 32①198/33⑤256
かくしよこめ【隠横目】 33⑤258
かくのだてこおりかたおやくや【角館郡方御役屋】 61⑨337
かけだか【掛高】 64③195,196,197
かけつけにん【掛付人】 63①52
かけやく【欠役】 63③129/64②123
かご【加籠】 61⑨319,320,336
かこいにんぷ【囲人夫】 66④230
かこいひえ【かこい稗】 36③308
かこいもみのくら【囲籾之蔵】 61⑩422
かごそ【カゴ訴、駕籠訴】→じきそ 24①85,86
かさかご【笠籠】 61⑨258,259,320
かさくぎねがい【家作木願】 24①132
かじ【鍛冶】 36③305
かじまやみょうだい【加嶋屋名代】 61⑨319
かじやくしょ【梶役所】 30③294,295
かしら【頭】→かしらびゃくしょう→M、N、X 10①160/34⑥143,145,165/39⑥339
かしらがしら【頭頭】 57②103
かしらたつやく【頭立役】 18①58
かしらびゃくしょう【頭百姓】→おさびゃくしょう、かしら 13①372/23④162,197/29③208/32②323/62⑨402/64⑤346/67④175
かしらやく【頭役】→X 57②223,231,234,235
かしらやくのもの【頭役之者】 57②194
かせいふ【加勢夫】→X 34②21
かせぎはんまい【拵飯米】 64⑤345
かせん【科銭、過銭】 10①134/57②86,120,122,124,125,126,127,128,129,131,132,134,174,175,176,177,178,194,232
かぞう【加増】 5③284
かたい【かたい】 42②118
かたいやく【過怠役】 10①134
かたな【かたな、刀、刀剣】→B 6②322/10①15/14①57/16①106,129,160,175,183,185,186,189/42③158,170/48①383,384,389/61⑨309/66④202/69②203
かたなかけ【刀掛】 42⑥388
かち【徒夫、歩】→M、X 63①44,③129
かちしたよこめ【徒下横目】 66④222
かちよこめ【徒士横目】 66④222
かってかたとしより【勝手方年寄】 52⑦323
かってしょうばいごめんきょ【勝手商売御免許】 53④232
かっぱかご【合羽籠】 61⑨336
かっぷ【割賦】→L 34⑧313/36③323,338,340/67③134
かどでのかぎ【首途ノ嘉儀】

32②319
かなえ【叶】 34⑤107
かなりおんてつだい【かなり御手伝】 9③260
かぬまじょうすけ【鹿沼定助】 61⑩431
かねほりいしきりぶぎょうやく【金ほり·石きり奉行役】 64①41
かねやま【かね山】 5④332
かぶ【株】→L、N 67③136
かぶうち【株内】 47⑤265
かぶうちのひゃくしょう【株内之百姓】 47⑤248,249,262
かぶしょうや【株庄や、株庄屋】 47⑤248,249,264
かまえのけんじゃ【構之検者】 57②134
かまくらかいどう【鎌倉街道】 66④195
かまつりょう【科松料】 57②85,91,224,225,229,231,232
かまどあらため【竈改】 59③243
かまどめ【鎌止、鎌留】 20①81/24①113/42⑥387
かまどめのほう【鎌留の法】 18②259
かみ【上、上ミ】 24①41/28①83/31②66,72,③106,130
かみいぐみ【上井組】 64②126,131
かみいんないおばんしょ【上院内御番所】 61⑨275
かみくらふだ【上蔵札】 64④293
かみすきおばしょ【紙漉御場所】 56①143
かみだいましぶん【紙代増分】 63①28
かみつぐしゅつやく【上津具出役】 42⑥392
かみつぐやくにん【上津ぐ役人】 42⑥404
かみのおものいり【上之御物入】 64④308
かみひろやくしょ【上広役所】 42④245
かみやくしょ【紙役所】 30③303
かやかりさだめ【茅刈定】 63③132
かやく【課役】 10①178,②313/45③133/50①36/62②26/68④407
かやば【かや場】→D 42⑥433
かやばやま【茅場山】 42⑥433
かややまのくちあけ【かや山之口明ケ】 24②240
かよい【通ひ】 30③295
かよいつけ【通付】 42④245
からたけやまあたい【唐竹山当】 57②215
からびと【唐人】 12①382
からむし【苧】→E、N、Z 30③302
かりごめ【借り米】 23④191
かりしきやま【刈敷山】→いりあいやま 38①21
かりそうやまあたい【仮惣山当】 57②218
かりてがた【仮手形】 61⑨284,285,288,289,290,294,301,302
かりば【狩場】 10①101,149
かりひっしゃ【仮筆者】 57②213
かりめんじょう【仮免状】 36③283
かりやくしょうや【仮役庄屋】 36③337
かりやまあたい【仮山当】 57②202,213,214,215,216,218
かりょう【過料】→N 36③325/43②180/57①21/63①44,45,48,49,50,53,54,56,③119
かりょうせん【過料銭】 56①138
かろう【家老】 64①44/66④216,229/69②179,180,181,213
かろうしゅう【家老衆】 10①5,142/66④203
かろうしょく【家老職】 3①23
かわかた【川方】→M 43②192/66②116
かわかたおやくにん【川方御役人】 66②115
かわがわごけんぶんさま【川々御見分様】 64③173
かわがわごふしんくにやくかかり【川々御普請国役懸】 36③306
かわぐちおやとい【川口御雇】 43①19,37
かわごえおもて【河越表】 67①55
かわごえおやくにん【川越御役人】 42③150
かわざらいおてつだい【川さらひ御手伝】 66②108
かわざらえ【川浚】→C、Z 35②330,332
かわはたしるしば【川畑記場】 53④223
かわほりおおかわよけごふしん【川堀大川除御普請】 66①42
かわよけごふしん【川除御普請】 4①245/65③247
かわよけじんりき【川除人力】 57①21
かわよけにゅうよう【川除入用】→にゅうよう 65③244
かわよけぶぎょう【川除奉行】 4①59/66②94,96
かわらあたい【川原当】 57②215
かわらみどのごてん【川原見殿御殿】 61⑨344
かわりち【代知】 66①67
かん【かん】→かんまい 24③321,324
かん【官】 5③244,245
かんか【干戈】 69②206
かんが【官衙】 30①6
かんぎじむらぐみ【歓喜寺村組】 46②143
かんきょ【官許】 53⑤294/61⑩458
かんし【官司】 5③244
かんしゃ【官舎】 30①9
かんしゃのふしん【館舎ノ普請】 32②316
かんじょ【官女】 35②369
がんしょ【願書】 28①94/36③176
かんじょう【勘定】→L 36③337,343/43③235/63③134/64①45
かんじょう【感状】 10①15
かんじょうがしら【勘定頭】 66①66
かんじょうしょ【勘定所】 64⑤345
かんじょうぶぎょう【勘定奉行】 66④220,221,228
かんじょうやく【勘定役】 64①82
かんじょうやくにん【勘定役人】 63③102
かんしょく【くわんしよく】 9①150
かんそう【官倉】 30①86,141
かんちょう【官長】 30①9
がんちょう【元朝】→P 20①7
かんてい【漢帝】 35①223
かんてい【鑑訂】 30①86
かんどう【勘当】 63③118
かんとうおとりしまりかた【関東御取締方】 61⑩431
かんとうひかたおとりしまりやく【関東火方御取締役】 61⑩435
かんにん【官人】→M 35①208
かんのうきょく【勧農局】 24①176,185
かんば【勘場】 53④218
かんぷ【官府】 30①8,132
かんぶつ【官物】 67①58,59
かんまい【かん米】→かん 24③321
かんゆかた【勧諭方】 67⑥273,294,296

【き】

きいとみがきよりせいきょうじゅしょ【生糸磨撚り製教授所】 53⑤294
きさき【妃】 35①210,220
きしゅうおやしき【紀州御屋敷】 46②146,155
きしゅうごかいしょ【紀州御会所】 53④247
きしゅうごかちゅう【紀州御家中】 46②139
きしゅうのかぎ【帰州ノ嘉儀】 32②319
きしゅうみかんかたきもいり【紀州蜜柑方肝煎】 46②155
ぎそう【義倉】→しゃそう 18④393/68①43
きだいぎん【木代銀】 53④245
きたぐみ【北組】 59②116,138,142,147,148,149,150,152,157,164
きたこおりかた【北郡方】 3④292
きって【切手】 9①127
きってはんもつ【切手判物】 62⑥152
きのみかたおやくしょ【木実方御役所】 59③236
きば【騎馬】 66④222,224,229
きばばんとう【騎馬番頭】 66④229
きばものがしら【騎馬物頭】 66④221
きめた【極田】 23④192
きめとだい【極斗代】 9③239
きめめん【極免】 23④192
きもいり【肝煎、肝入、胆煎】→しょうや、なぬし、むらのさんやく 1④336/4①233/6②293,304/10①159/11④169,173,175,176,178,184/18①58,96,99,100,102,103,104,106,107,115,173,②284,⑤474/28①94,95/32①196,198,②308,309,323,329,331,332,333,

339/39④187,188/42①60,④258,267,⑤315,339/43③269/46②134,156/61⑨259,262,264,265,266,267,268,269,270,274,288,323,324,325,331,332,333,334,349,360,387/64④249,250,256,280,281,⑤338,346/66⑧390/67⑤238,239
きもいりきゅう【肝煎給】 43③270,274
きもいりきゅうまいだい【肝煎給米代】 4①278
きゅうきゅうけんびせん【急救兼備銭】 63⑧427
きゅうきゅうせん【救急銭】 63⑧427
きゅうきゅうりょう【救急料】 13①325,326/18①55
きゅうけい【宮刑】 60⑦460
きゅうこう【救荒】 6②300/18①41,④393/67①57,58,59/70③210,⑤309,319
きゅうしょ【給所】 28①63,64/47⑤249,256,261,262,274,276,279/62⑨403
きゅうち【給地】 57①25
きゅうにん【給人】 4①66/47⑤257
きゅうにんりょう【給人領】 32②297
きゅうねんみょうしゅ【休年名主】 63①31
きゅうば【弓馬】 69②226
きゅうまい【給米】→L 64②125
きょうぎ【協議】 63③112
ぎょうしゅんのまつりごと【堯舜の政事】 12①47
ぎょうしゅんのみち【堯舜の道】 12①28
きょうどうしょく【教導職】 24①170
きょうひきゃく【京飛脚】 35②412
きょうます【京升】 4①271/9③277,289
ぎょうみんのほうこ【堯民の封戸】 20①347
きょうや【京屋】 35②412
きょうり【郷吏】 5①6,190,191
きょじょう【許状】 50①36
きりしたんあまくさせいばつ【切支丹天草征伐】 38④265
きりしたんごせいきん【切支丹御制禁】 36③185
きりしたんぶぎょう【きりしたん奉行】 64①54
きりづかい【切遣】 42④250,251,255,283,284
きりぬすみ【伐盗】 57②230,231,232
きりひき【切引】→L 38④267
きりまいせん【切米銭】 42③169
きわたまちおやくしょ【木綿町御役所】 43②131
きんかた【金方】 37②88,114,115
ぎんかた【銀方】 42④284/65②135
きんごうのうけたまわりやく【近郷ノ奉役】 32②318
きんこくおすくい【金石御救】 68④409
きんざ【金座】 49①141
ぎんさつおうらがき【銀札御裏書】 9③296
ぎんざんおやくや【銀山御役屋】 61⑨339
きんじょうのう【金上納】 36③245
ぎんじょうのう【銀上納】 11④175
きんじょほうがくのくじ【近所方角の公事】 10①122
ぎんすでいり【銀子出入】 43③271,272
きんぜい【金税】 45②69
きんのう【金納】→L 25①85/36③304
きんばん【勤番】 57②90,206,207,215/62⑥147
きんばんかこ【勤番水夫】 57②220
ぎんみかた【吟味方】 63③122
ぎんみにん【吟味人】 52⑦321

【く】

くいしから【杭しから】→さかいろん 57①18
くいみしき【喰実敷】→やきはた→D 57②146
くうからだか【空穀高】 62②35
くさぎりまたおきて【草切又掟】 23④187,190
くさだか【草高】 4①266,267,268,269,277/11④182/19①206
くさづかい【草使】 32①195,②319,327
くさなぎのつるぎ【草薙剣】 51①16
くじ【公事】 5①182/10①10/16①67/21⑤218/30③292/31⑤246/36③257,304,333/40②193/62⑧281,283
くじ【鬮】 4①263/27①313
くじかぶちょう【公事株帳】 28②264
くじそしょう【公事詔訴、公事訴訟】→そうろん 29①22/63③99,100,137
くじでいり【公事出入】 22①24
くじとり【くじとり、くじ取り、鬮取】 4①263/27①376/42④279/44②156/58④255,260/59②97,105,③225,238/63③112,133
くすう【工数】 66⑧407
くせごと【曲事】→N 16①67/63①43
ぐそく【具足】 10①128,141/16①223
ぐそくばこ【具足箱】 61⑨258,259
くち【口】 19①206
くちあき【口明き】 41⑦337
くちあけ【口明】→やまのくちあけ 20①81
くちえい【口永】 22①41
くちまい【口まい、口米】 4①268,269/22①34/24③323/36①56,57/59②111/62②36
くちめばらい【口目払】 30③301
くつかご【轡籠】→N 66④227
くにごおり【国郡】 10①96
くにざかい【国境】 65③200
くにざと【国郷、国里】 10①96/16①235,261,279/17①13,72,326
くにざとじゅんけん【国郷順見】 10①96
くにのえき【国の益】 14①40,95,108,140,238,410/50②141
くにのついえ【国の費】 15③344
くにばん【国番】 59③211
くにやくきん【国役金】 22①42
くにやくぎん【国役銀】 36③306
くにやくせんのう【国役先納】 63①31,34
くぼうさま【公方様】 25③292/62⑨404/66②120
くぼたうえのおやくしょ【久保田上野御役所】 61⑨269,374
くぼたうえのようさんや【久保田上野養蚕屋】 61⑨280
くぼたうえのようさんやくしょ【久保田上野養蚕役所】 61⑨277,284
くまげごさいばん【熊毛御才判】 29③218
くまもとやく【熊本役】 33⑤246
くまもとやくにん【熊本役人】 33⑤245
くみ【組、与】→W 19②312/22①22/53④225
くみあい【組合、組合ヒ、与合】 9①67,72,73,75/11②103,⑤255/18②280,281/21⑤231,232/25③260/34①10,③53,⑥147/36③216,230,232,280,324,342/42③158,169/43②128,129,131,142/57②119/59①13,②107/62⑥152/63①43,45,50,54,②88,③109,110,114,118,120,121,122,123,124,126,127,137,138,139,140,141,143/64③169,181,182,184,186,187,201/67③134,135,136
くみあいいちるい【組合一類】 18②242,243
くみあいがしら【組合頭】 4①233/39④187/42④250
くみあいしょうや【組合庄屋】 43③270
くみあいしょうやしゅう【組合庄屋衆】 43③266
くみあいむら【組合村】 36③216,323/64③198,199/67②92
くみあいわり【組合割】 36③280
くみうち【組内】 36③175,324/66⑧404
くみうちしつめちょうめん【組内仕詰帳面】 66⑧394
くみおや【くみおや、組親】 25③287/39⑥340
くみかえ【組替】 63①34
くみがしら【組頭、与頭】→むらのさんやく 2⑤331/3④258,259,321,335,359,377/9①128/16①51/18①58,96,99,102,103,104,106,107,115,173,⑥500/24①12,104,148/25①20,21,23,26,27,37,43,73,77,85,86,88,③259,260,262,266,270,273,276,277,281,286,287/28②127/34⑧314/36③264,281/42③168,170,172,

178,188,189/44①46/61⑩435,440,450/63①29,30,35,43,58,59,②89,95,③100,101,102,103,104,107,108,109,115,119,120,121,122,123,124,125,126,127,130,132,133,137,138,139,140,142,145/64①50,③198/66①37,39,44,46,②102,107,⑧390/67①27,30,42,64,65,③135,⑤239
くみがしらぎんみがかり【組頭吟味掛、組頭吟味掛リ】 63③101,**104**
くみがしらたはたさくばめつけ【組頭田畑作場目附】 63③101,**106**
くみがしらとしより【組頭年寄】 63③101
くみがしらとしよりやく【組頭年寄役】 63③**104**
くみがしらみずめつけ【組頭水目附】 63③101,**105**
くみがしらむらめつけ【組頭村目附】 63③101
くみがしらむらめつけやく【組頭村目附役】 63③**105**
くみがしらやく【組頭役】 64①77
くみした【組下、與下】 5④315/10①187
くみじゅう【与中】 34⑥149
くみにんそく【組人足】 36③229
くみのぞき【組除キ】 63③118
くみはん【組判】 42⑥433
くみばんちょう【組番帳】 63①36
くみひゃくしょうだい【組百姓代】 63③120,122
くみわり【組割】→X
36③323,340
くみわりはいふ【組割配符】 36③232
くもつ【貢物】 10②331
くやく【公役】 5①182/10①101,107,122,133/32②295,311/41②54
くやくのもよおし【公役の催】 10①132
くら【鞍】→C
6②322
くらい【位】→D
28①82,83,84
くらいれ【蔵入、蔵入れ】→A、O、Z
6①**73**/72①15
くらぐみ【蔵組】 36③325
くらぐみちゅう【蔵組中】 36③341
くらごけんぶん【蔵御見分】 1③273
くらしきおだいかん【倉敷御代官】 67②102
くらしきまい【蔵敷米】 36③309
くらしょ【蔵所】 5④310/25①77/36③216,217,308,325
くらしょやくにん【蔵所役人】 36③280
くらち【蔵地】 58②97
くらづめまい【蔵詰米】 36③342
くらてだい【蔵手代】 36③218
くらばらいかんじょう【蔵払勘定】 36③217
くらばんにん【蔵番人】 36③342
くらまい【倉米】 19②332
くらまわりごふういん【蔵廻り御封印】 36③342
くらもと【蔵元】 25①23,27,73,③260/33⑤259/34⑥150/57②90
くらもみ【蔵籾】→L
24③344,345
くらやしき【蔵屋敷】 14①134
くらやど【蔵宿】→L
6①68,77,78
くりはしおせきしょ【栗橋御関所】 65③232
くるまさいようおうりはらい【車採用御売払】 57①48
くれかんじょう【暮勘定】 25③286
くれなりおねんぐ【暮成御年貢】 42②110
くろがしら【畔頭】 29③199,210,221/58④254,261/61⑩432
くろがしらどころ【畔頭所】 58④254
くわがた【鍬形、鍬方(形)】 1①16/8①13/55②106
くわした【鍬下】 36③210/67②104,106,114
くわしたさんねん【鍬下三年】 36③210
くわどめ【鍬留】 20①80
くわはた【鍬はた】 28①94
くわばたけけんぶん【桑畑見分】 61⑨323,385
くわばたけとうりょう【桑畑棟梁】 61⑨256,257,266,269
くわやく【桑役】 43③259
ぐん【軍】 22①19
くんおさ【君長】 32②335
ぐんじ【郡司】 16①295
ぐんしはい【郡支配】 32①5,6,7,8,9,10,13,15,177,180,199,223,224,②285,286,287,308,309,310,313,317,326,328,329,339
くんしゅ【君主】 32②318
ぐんしゅ【郡主】 16①63,68
くんじょう【君上】 5①177
ぐんそんをつかさどるひと【郡村を司る人】 15①66
ぐんだい【郡代】 4①181/33⑤243,245,246,247,251,252,260/64⑤334,338,340,343,352,353,364,365,366,367
ぐんだいしゅう【郡代衆】 33⑤248/66②102,105
ぐんだいしょく【郡代職】 64①40
ぐんちゅう【郡中】 36③283
ぐんちゅうしょうやじゅう【郡中庄屋中】 44①44
ぐんちゅうわり【郡中割】 22①42/36③232,307,340
ぐんちゅうわりきん【郡中割金】 65③207
ぐんちょう【郡庁】 3④218
ぐんちょう【郡長】 24①179/61③133
くんどう【訓導】 24①171
くんふじん【君夫人】 69②197
ぐんぽう【軍法】 10①96,172
ぐんやく【軍役】 10①122/36①62/62⑧248/68④408
ぐんやくしゅう【郡役衆】 47⑤268
ぐんり【郡吏】 5①158/37②121

【け】

けいごやく【警固役】 25③275
けいさつ【げいさつ、げさつ】 59②165,166
けいさつしょ【けいさつ所】 59②159,161
けいたいふ【卿大夫】 69②197
けいばつ【刑罰】 3③113/5①70
けいふしょむしたしらべ【京府庶務下調】 18④428
けいもち【系持】 34⑥123,143,146
けかしらづけ【毛頭附】 42④275
けじょうありがかりじょうのう【毛上有懸上納】 9③279
けじょうのおんみはからい【毛上之御見斗ひ】 9③280
けそろい【毛揃】 62②36
げそん【下村】 36①55,57
げだい【下代】 10①179/65②111
げち【下知】 36③284/39⑤274/57②119,121,148,174,182,185,192,193,194,202,204,206,219,223,231,234/58⑤303/59③228,231/63③105,138/64①71,⑤334,339,340,341,342,343,344,352,353,354,356,357,358,364,365,366,367/66⑤264
げちにん【下知人】 32①217,②308,309,311,320,322,331,332,333
げちやく【下知役】 34②30,31,⑥148/57②235
けつけだか【毛付高、毛附高】 28①88,89/64③185,186
けつけめん【毛付免】 28①33,44,55,58,59,60,85,86,87,88,89,90,91,93/65②98
けっさんよりあい【決算寄合】 42④284
けつだんしょ【決断所】 10①165
けみ【検見、毛見】→おさおいれ、けんみ、こけみ、ごけみ、ごけんみ、さおいれ→Z
5④331/10①122,123/17①86/22①55/23⑤270/25①73/41②49/63⑧425/64①44/65②100
けみしゅう【検見衆】 36③282
けみた【毛見田】 23④192
けみちょう【検見帳】 36③282
けみづけ【毛見付】 10②323
けみのごさた【毛見之御沙汰】 28①53
けみわくいれ【検見枠入】 42③195
げめん【下免】 6②284/10①177/21②118/67⑥293
けらい【家来】→L
21⑤216/61⑩432/66③153
けんか【喧嘩】→N
63③137
けんかん【県官】 3③181/33①9
げんぎんじょうのう【現銀上納】 64⑤344
けんし【検使】 10①153/57①13
けんじゃ【検者】 34②21,23,30/57②91,183,185,186,188,190,191,192,193,194,195,196,197,198,200,203,206,207,208,209,214,216,219,220,235
けんしやくしょ【絹糸役所】 61⑨264
けんじょうぶつ【献上物】 10②343

けんたいみょうしゅ【兼帯名主】 24①12
けんたいやく【兼帯役】 63③107
けんち【検地】→ごけんち 4①166/10②316/64①48,60/65②147,③226/66④215
けんちおあらため【間地御改】 64④279,281
けんちごぶぎょう【検地御奉行】 64④252
けんちちょう【検地帳】 36③204,282
けんちむら【検地村】 4①265
けんちょう【県庁】 53⑤294
げんぴ【元妃】 35①32
げんぶ【現夫】 57②220
けんぶせん【懸歩銭】 22①55
げんぶづかいごめん【現夫遣御免】 34③53
けんぶん【見分】 14①235/36③200,201,235,257/41⑦329/42④256,257,261,269/47⑤280/56①149/57①8,22,23,②119,185,195,201,209,222,223,227,230/59①18,30/61⑨257,260,261,262,263,264,265,266,267,269,270,275,278,280,288,290,291,292,293,294,295,312,322,325,326,327,328,330,336,337,338,339,340,342,344,345,349,360,387/63③123,125/64①77,②130,131,132,133,134,135/65②71,120,③232,247/66②102,③146,147,149,④193,194,215,216,⑧397,403/67②90,111,⑥269,288
けんぶんやく【撿分役】 32①198
けんぶんやくにん【見分役人】 25①91
げんぺいのたたかい【源平の戦ひ】 66④202
けんまい【検米】 36③341
げんまい【見米、現米】 9③240,267,269,274,277/43③266
けんみ【検見】→けみ 14①235/57②188,203/61⑩424,431,440,442
けんやくかたのしまりやくにん【倹約方之締役人】 33⑤264
けんやくかたのよこめ【倹約方之横目】 33⑤255
けんやり【剣槍】 6②322
けんれい【県令】 57②77,81,82/62⑧288/70⑤340
げんろういんぎかん【元老院議官】 47③177

【こ】

こあみぐみ【小網組】 66⑧403
こいしかわおやくえん【小石川御薬園】 68③351
ごいちにん【御一人】 7②374
ごいはいながもち【御位牌長持】 66④224
ごいんきょ【御隠居】 66②87
ごいんし【御印紙】 57②196,197,209
ごいんそえおく【御印添置】 57②202
ごうあしがる【郷足軽】 32①198
こうえもんぐみ【幸右衛門組】 36③214,329
ごうおくら【郷御蔵】 67①13
ごうおまわり【郷御廻り】 42③192
ごうおまわりさま【郷御廻り様】 42③199
ごうおめつけさま【郷御目付様】 42③184
こうか【公家】 41②35/70⑤308,309
ごうかたりんじおかこい【郷方臨時御囲】 67⑥292
こうぎ【公儀、公義】→ごこうぎ→N 1③273,④336/5①182/10①12,49/22①11/36③167,171,245,246,261,274,284,285,287,307/41⑤238/46②135,155/57①22,②139/58①36/61⑩449,456/62①19,⑧247/64①48,65,72,79,81,84/67①61/68③315,331/69②214/70⑥377
こうぎおいし【公儀御医師】 3④297
こうぎおてまえ【公儀御手前】 66④224
こうぎごと【公儀事】 64①60
こうぎじょうのう【公儀上納】 36③308
こうぎのおきて【公儀の掟】 24①154
こうぎょう【鴻業】 67①57
ごうぐら【郷蔵】 14①62,64/36③308/67①28,38,②98/68④407,408,409
ごうぐらしょ【郷蔵所】 36③308
こうごうこうき【皇后后妃】 35②415
こうさくあたい【耕作当】 34①14,②20/57②148,185,215
こうさくげちかた【耕作下知方】 34⑥147
こうさくけんぶん【耕作見分】 34③52
こうさくそうぬしとりかた【耕作惣主取方】 34⑥149
こうさくひっしゃ【耕作筆者】 34⑥144,145,147,150,151
こうさつ【高札】 33⑤259
こうさつのいちばんとりおさめ【高札之壱番取納】 33⑤259
こうさつば【高札場】 22①74
ごうさとのしつやく【郷里ノ執役】 70②177,178,184
こうし【公子】 69②197
こうじ【公事】 3④235/5①6
ごうし【郷士】→M 10②300/32①198,199
こうしつ【公室】 14①38
こうしふたえのとくぶん【公私二重の徳分】 13①101
こうしゃく【公借】 31②73
ごうしゃく【郷借】 43③267,270
ごうしゅうはちまんひきゃく【江州八幡飛脚】 35②412
こうしゅかた【耕種方】 11④165
ごうじゅく【郷宿】 66⑧394
こうじょ【皇女】 35①178
こうじょう【江城】 54①258,314
こうじょうがき【口上書】 32②308
こうしょおこしかえりおあらため【荒所起返り御改め】 36③264
こうしょく【后稷】 5①7/12①12,16/19①8/20①7/33①9/37③252/69②186,225
こうしんのちわけ【甲辰ノ地分ケ】 64⑤359,362
こうする【貢スル、貢する】 45⑦374,426
こうせい【荒政】 70③211
こうぜい【公税、貢税】 5①18/6①165,182,189,212/19①206/69②196,197,198,212,213,225
こうそ【公訴】 36③331
こうぞなえぎおかいあげ【楮苗木御買上】 56①142
こうそまい【公租米】 19①206
こうそめん【公租免】 19①206
こうぞやく【楮役】 43③269
こうぞやくしょ【楮役所】 30③303
ごうそんしゅつやく【郷村出役】 18②244
ごうそんとうどり【郷村頭取】 18②291
ごうそんとりしまりかた【郷村取締り方】 61⑩432
ごうそんやくにん【郷村役人】 18③350
ごうちゅう【郷中】 38④276/39①35/63①28,30,33,36,37,41,47,51,58/64⑤341,342,350,354,357/66①52,②115/67③130,⑥289,294,296,297,299,305
ごうちゅうしょうや【郷中庄屋】 25③262
ごうちゅうのようぎん【郷中ノ用銀】 32①199
ごうちゅうよりあいざ【郷中寄合座】 63⑧429
ごうちゅうわりつけ【郷中割苻】 63①43
こうちょう【高聴】 31③130
こうちょう【貢調】→ねんぐ 6①262/45③133/50①36
こうていのきさき【黄帝の后】 10②357
ごうてだい【郷手代】 30③303
こうでん【公田】 17①121/19①206
ごうにゅうよう【郷入用】→にゅうよう 63①40
こうのう【公納、貢納】 22①41/68④404
ごうのやくにん【郷之役人】 33⑤241
こうはんのはっせい【洪範の八政】 13①313
こうひ【后妃】 35①28,33,36,40
こうへんのごさた【公辺の御沙汰】 36③333
こうほう【工部】 18①57
こうまい【公米、貢米】→ねんぐ 21④195,197/22①33/36③218/45②69
ごうまわり【郷廻り】 30①30
ごうめつけ【郷目付】 30③303
ごうもう【合毛】 36③283/43③266
こうやくぎん【公役銀】 64⑤344,345,346,353,355,356
ごうやくにん【郷役人】 64⑤352,364,366/65②135,137
こうよう【公用】 28①59,65/40②161/57②91/65②82,83/66⑤285
こうりょう【公領】 61⑩412
ごうりょくざっこく【合力雑穀】

67①29
ごうれい【号令】 22①64
こうろん【口論】→N 63③137
ごうんじょう【御運上】 33②101/58②100
ごうんじょうぎん【御運上銀】 5④310,332/53④247/58④260/59③210,223,230
ごうんじょうざいもく【御運上材木】 34⑧302,309
ごうんじょうざん【御運上山】 5④332
こえくさやま【肥草山】→D 30①62
こおものなり【小御物成】 66①64
こおり【郡】 10②348
こおりおぶぎょう【郡御奉行】 66①55,59/67①55
こおりかたてだいやく【郡方手代役】 32②329
こおりかたやくにん【郡方役人】 61⑨260
こおりちゅうかんじょう【郡中勘定】 25③286
こおりのつかさ【郡のつかさ】 41③170
こおりびきにゅうよう【氷引き入用】→にゅうよう 59②145
こおりびきねんぐ【氷曳年貢】 59②111
こおりぶぎょう【郡奉行】 25③276,292/32①5,10,15,16,82,223,②285,286,287,290,291,303,310,312,313,316,317,318,322,325,326,327,328,329,332,333,341,342/34⑦261/57①48/61⑨257,⑩432,440/64①82,⑤361/66④208,229
こおりぶぎょうしょ【郡奉行所】 32①14,42,152,177,181,184,196,197,198,199,223,224,②309,322,324,327,329,332,338,339,341/57①12,13,18/64⑤344,345
こおりや【郡屋】 67④176
こおりやく【郡役】 47⑤259,260,268,274/64⑤338
こおりやくにん【郡役人】 64⑤352,364,365,366
こおりやくのしょふしん【郡役の諸普請】 25①41
こおりやくのふしん【郡役の普請】 25①53
ごかいかく【御改革】 52①61
ごかいさいじょう【御皆済状】 6①78
ごかいさく【御改作】 4①244,262/6①61,77,210
ごかいさくおぶぎょうしょ【御改作御奉行所】 39④183
ごかいさくしょ【御改作所】 39④194,225
ごかいさくのごほう【御改作之御法】 39④230
ごかいそん【御廻村】 36③342/44①17
ごかいそんおとおり【御廻村御通り】 24①132
ごかいはつ【御開発】 64②121,123,129/68③331
ごかいまい【御廻米】→L 24③321
ごかいまいとりしらべ【御廻米取調】 36③283
ごかせい【御加勢】 59①16,19/67②103
ごかそんいりぬまくみあい【五ケ村入沼組合】 64③199
ごかそんまい【御加損米】 67③133
ごかち【御徒士】 61⑩450/66④218,219,226,231
ごかちゅう【御家中】 4①27/42①65
ごかちゅうでいりかた【御家中出入方】 25③281
ごかちゅうやくや【御家中役家】 25③285
ごかってむき【御勝手向】 14①55,64
ごかっぷ【御割賦】 66④197
ごかろう【御家老】 25③292/33⑤247/64④251,307/66①66,⑤258/67⑥296
ごかろうさま【御家老様】 59③211/67①55
ごかろうしゅう【御家老衆】 10①165
ごかんじょ【御官所】 56①127
ごかんじょうやく【御勘定役】 66③146
ごかんもんたか【五貫文高】 18①98
ごきふ【御寄附】 64④301
こぎふねくやく【漕船公役】 32②331
ごきゅうじょ【御救助】 53④249
ごきゅうにん【御給人】 6①77,78
ごきゅうにんまい【御給人米】 6①78
ごきゅうようまい【御急用米】 41③177
ごきんじゅうめつけ【御近習目付】 66④228
ごきんせい【御禁制】 69②321
ごきんはく【御禁船】 45⑦421
ごぎんみ【御吟味】 36③231,264
ごくいん【極印】 49①141,142
こくえき【国益】 7①51/14①56,89,95,229,231,244,253,264,403,406/35②319,323/53①9,16/62⑦212/68③365
こくおう【国王】 36③156,158,286
こくおうさま【国王様】 16①53
こくくん【国君】 69②195,196,199,213
こくし【国司】 10②349/59③203/64①73
こくしゅ【国主】 16①63,67,68
こくだい【石代】 36③215
こくだいきん【石代金】 36③245,325
こくだいさんぶいつ【石代三分一】 36③283
こくだいじょうのう【石代上納】 36③215
こくだか【石高】→こくもり→L 18②249/28②264/61⑩414,415,416,434,449/64①48,64/70②161
こぐちけんぶん【小口見分】 42④245
こくど【国土】 10②331/17①86,134,158,175
こくどのけいえい【国土の経営】 69②159
こくどめ【穀どめ、穀留】 62③73/67⑥273
こくどりおやくにんさま【穀取御役人様】 42③188,199
こくほう【国法】 10①96
こぐみ【小組】 36③230
こくもり【石盛】→こくだか 22①31/62②35
ごくもん【ごくもん】 29①26
こくよう【国用】 12①20,28,115/13①212,320,362/14①31/39①59/45③134,176/50①37/57②138,139,142,145,172,181,187,208/68③324,347/69②179,226/70①14
ごぐんだい【御郡代】 31①9/64④246,247,252,305,307,308,310/66①66
ごぐんだいしょ【御郡代所】 64④248,251,270,274,281
ごぐんてだい【御郡手代】 64④247,307
ごぐんやく【御軍役】 4①273
ごけにん【御家人】 67⑥302
こけみ【小毛見】→けみ 28①55,56,57,84,85,86,87,88,89,90,91,92,93
ごけみ【御検見、御毛見】→けみ 1③279,280/18⑥498/28①52,53,82,83,85,87,88,89,90,91,92/36③263,282/38④288/42①56,64,③192,194/43③265,266/61⑩424,431,442/64③172,④247/67①24
こけみすたり【小毛見捨り】 28①57
こけみすたりだか【小毛見捨り高】 28①56
こけみちょう【小毛見帳】 28①92
ごけみねがい【御毛見願】 1③279
こけみのもの【小毛見のもの】 28①92
こけみやくにん【小毛見役人】 28①92
ごけらい【御家来】 61⑨259,335,387/66②112/67⑤239
ごけん【五けん】→ごにんぐみ 11⑤255
ごけんし【御検使】 34⑥164/67⑤212
ごけんじょうごようみかん【御献上御用蜜柑】 46②134
ごけんじょうすずき【御献上鱸】 59③247
ごけんじょうみかん【御献上蜜柑】 46②150
ごけんち【御検地】→けんち 4①244,262,265/22①63/28①15,51,52,53,54/36③234/62②35/64①48,65,66/65②147
ごけんちうけたがた【御検地請田方】 64③208
ごけんちざお【御検地竿】 28①40
ごけんちひきもの【御検地引物】 4①265
ごけんぶん【御けん分、御検分、御見分】 11④178/22①55/27①273,285/28②233/36③265,307,342/42④238/44①48/56①150/57②222,223/59①18,44,45,②102,③237,238/64③177,④253,256,272/66①36,52,②110,113,117,④205,⑤258,⑦370,⑧409/67②96,97,104,105,114,③131,137,⑥269,283,284,288,289,293
ごけんぶんしゅう【御検分衆】

1①102
ごけんぶんぶぜに【御見分夫銭】 67⑥284,293
ごけんみ【御検見】→けみ 5③284/62②36
ごごう【五郷】 63③130
ごこうえき【御公役】 31③106,110,112,115,120
ごこうぎ【御公儀、御公義】→こうぎ 1③272,274/16①48,49,53,54,67,184,278,294/31③107/36③230,245/58②99/59③210,247,248
ごこうぎごさほう【御公儀御作法】 66①43
ごこうぎさま【御公儀様、御公義様】 16①52/23⑥315/31③126,⑤253/33②133/41⑤239/46②152,153,155,③183/59③223,225,230/62②38,③75/66②88,91,108,112,115,116/67①54
ごこうぎしゅう【御公儀衆】 41⑤239
ごこうぎにん【御公儀人】 16①46,47
ごこうごみん【五公五民】→さんこうしちみん、しこうろくみん 36③283
ごこうこやく【五口小役】 36①56
ごこうさつ【御高札】 16①46/22①11,24/59④317,352/63③117
ごこうさつば【御高札場】→J 63①58
ごこうそ【御公訴】 3③121
ごごうにんそく【五郷人足】 63③129
ごこうまい【御公米】 67④175,176,177,186
ごこうまいはいしゃく【御公米拝借】 67④174
ごこうよう【御公用】 23⑥339/31③121
ごこうりょく【御合力】 61⑨364/69②210
ごこくれい【御国例】 5③274
ござ【御座】 57②222
ごさいかくきん【御さいかく金】 39⑥343
こざいくぶぎょうしょ【小細工奉行所】 57②219
ございふや【御在府屋】 61⑨320,321,322
こさか【小坂】 59②143,144,145,147,148,151,152,153,157,166
こさくめん【小作免】 63①35
ござぶぎょう【御座奉行】 57②223
こさわだむらようさんや【小沢田村養蚕屋】 61⑨266,267
ごさんやく【御三役】 58⑤312,331/64②131
こざんよう【小算用】 28②267
ごさんようば【御算用場】 6①229/52⑦319,320,321,322,323,325
こじつせん【故実銭】 57②212
こじつはんまい【故実飯米】 57②210,212
ごじとう【御地頭】→じとう 14①267,272,360,406/15①75/16①49,53,314/17①38,86/22①61/28②278/64①66,④303/66⑦367,370,⑧398/67⑥268,273,283
ごじとうおやくしょ【御地頭御役所】 43②183
ごじとうさま【御地頭様】 16①46,47,51/66②86,102,⑧402,406
ごじとうしょ【御地頭所】 67①14,25,26
ごじとうやく【御地頭役】 64①62
ごしはい【御支配】→しはい 36③264,265,284/53④244/61②82,102/66①52,②88,89,③146,156,157/67①40
ごしはいおだいかん【御支配御代官】 66③147,156
ごしはいさま【御支配様】 61②102/67⑥288,298
ごしはいしょ【御支配所】 33②119/64③172/66①50
ごしはいのち【御支配之地】 64①83
ごしほう【御仕法、御主法】→ごしゅほう 9③240,289/14①55,65/56①138/68④408
ごしゃりょう【御社領】 16①60
ごしゅいん【御朱印】→しゅいん 36③264/45①30/62⑧277/63⑤299/66④226
ごしゅいんだか【御朱印高】 66①59,61,62,②107
ごじゅうくみ【伍什組】 18②284
ごじゅうくみあい【伍什組合】 18②**242**,250
ごしゅうのう【御収納】→しゅうのう→A 1③264/2③**266**,④291/5③248,284,287/6①68,75,77,238/11④185,186/23④183/24①132/36③280/40③239,241,242,243,244,245/63⑤298,314,322/64②132/67⑥310
ごしゅうのうかた【御収納方】 2④290/64②135
ごしゅうのうしょうまいおさめ【御収納正米納】 25③284
ごしゅうのうとりたて【御収納取立】 1①72
ごしゅうのうのこりまい【御収納残米】 67⑥309
ごしゅうのうまい【御収納米】→しゅうのうまい 1①39,64,72/2③266/6①78/18⑥494/25③277
ごしゅうはん【御宗判】 63①36
ごしゅご【御守護】→しゅご 11①13
ごしゅこう【御趣向】 47⑤251,274,280
ごしゅごさま【御守護様】 66①52
ごしゅっせきん【御出せ金】 39⑥340
ごしゅっちょうしょ【御出張所】 42④247,268
ごしゅっちょうちょうめん【御出張帳面】 42④246
ごしゅつやく【御出役】 43②142/59①26/67⑥297
ごしゅほう【御主法】→ごしほう 56①134,149/68③318,325
ごじゅんけん【御巡見】→じゅんけん 42⑤332/62②37
ごじゅんけんさまごよう【御巡見様御用】 64④256
ごじゅんけんし【御巡見使】 30③303
ごじょう【御状】 28①63
ごじょうい【御上意】 66④202
ごじょうか【御城下】→じょうか 41③170,179,182,183/44①7,34,54,57/56①135,149,150,162,167/57①24,46/59③205,208/66④195,196,197,199,200,203,205,214,217,225/67④169,⑤212,216
ごじょうし【御上使】 66②120
ごじょうしき【御定式】 64③171,181
ごじょうしゅさま【御城主様】 31⑤253
ごじょうだい【御城代】 66④222,⑥343
ごじょうち【御上知】 36③230,324
ごしようちょう【御仕様帳】 64③166,169
ごじょうのう【御上納】→じょうのう 7①83/11①9/31③115/33②133,⑤258/36③290,339/37②88/39⑥341/40③239/53①52/63②85,③118,⑤295,298,314/66①35
ごじょうのうだか【御定納高】 64③176
ごじょうのうまい【御上納米】→じょうのうまい 40③239,240,241,242,243/66①35
ごじょうほう【御定法】 25③284
ごじょうまい【御上米】→じょうまい 25②230
ごじょうまい【御定米】 64③173
ごしょたいかた【御所帯方】 57②169
ごしょむ【御所務】 16①278,314/57①10,11,14/65①33
ごしりょう【御私領】 36③185,186,216,281,323,325,329
ごしんでん【御新田】 36③285
ごじんや【御陣屋】 21①91/36③230,307
ごじんやしゅうちゅう【御陣屋衆中】 36③339
ごしんりょう【御神領】 45③133,⑦410/50①35/59③204,205
ごせいさつ【御制札】 7②373/28②127
ごせっしょうかた【御殺生方】 59③237,239,241,242,246
ごせんかく【御先格】 6①77
ごぜんまい【御膳米】 6①81/29④285
ごぞうさいれ【御造佐入】 57①24
ごそしょう【御訴訟】 46②155/64①58,65,66,67,79/66①41,42,45,49,52,58,60,②102,109
こそで【小袖】→N 16①300
ごたかめん【御高免】→めん 67②87
ごたりょう【御他領】 64①62,83/68④404
ごちぎょう【御知行】→ちぎょう

66②86, 87, 107
ごちぎょうしょ【御知行所】 61⑩433/65②128
ごちゅうしんじょう【御注進状】 →ちゅうしんじょう 66①34, 41
こちょう【戸長】 59②145, 148, 151, 152
ごちょうじ【御停止】 5④334
ごちょうじごと【御停止事】 2②158
こちょうやくば【戸長役場】 59②144, 148, 149, 151
ごついほう【御追放】 67①54
ごつうが【御通駕】 30③303
ごつうこう【御通行】 25①59
こっかのにぎわい【国家の賑ひ】 56①159
こっきん【国禁】 45⑥295, 303, 332, ⑦422/62⑥154
こでんくみあい【古田組合】 64③198, 202
ごでんち【御田地】 5③286/9③251, 256, 257, 261, 265, 277, 278, 279, 294, 295/23④183/33①57, ②105, 106, 117, 118, 132
ごてんまあて【御伝馬当テ】 42③165, 166
こでんむら【古田村】 64③197
ごとうけ【御当家】 58②93
ごどうしん【御同心】 66⑤288, 289
ことじ【ことじ】→さすまた 66⑥341
ごどぞう【御土蔵】 33②101
ごなっしょまい【御納所米】 29②151
ごなっしょまかないのもみ【御納所賄之籾】 63①51
こなんど【小納戸】 66④211
ごにゅうきん【御入金】 56①144
ごにゅうひ【御入費】 53⑤342
こにゅうよう【小入用】→にゅうよう 28①59, 63, 66/43②139
ごにゅうよう【御入用】→にゅうよう 36③284/57②233/59③236/64②138, ③166, 181, 197/65②102, 105, 107, 135, ③189, 231/66②112/68③328, 331, 363
ごにゅうようううるし【御入用漆】 46③193
ごにゅうようきん【御入用金】 56①145/64③168
ごにゅうようごふしん【御入用御普請】 64③169
ごにんがしら【五人頭】 9①89
ごにんぐみ【五人組】→ごけん 16①47, 50, 67, 295/39⑥337, 338/43③262/57①21/63①56/67②105
ごにんぐみおや【五人組親】 25③259
ごにんぐみがしら【五人組頭】 67③135
ごにんぐみごじょうもく【五人組御条目】 25③261
ごにんぐみせり【五人組せり】 57①21
ごにんぐみちょう【五人組帳】 24①14/34⑧316/36③176, 186
ごにんぐみのかしら【五人組之頭】 67⑥296
ごにんくみやく【五人組役】 67②108
ごにんそく【御人足】→にんそく 64①43, 44, 45, 68, 69, ④308/66⑤291
ごねんぐかんじょう【御年貢勘定】 59①50/63①33
ごねんわりのおすくいまい【五年割之御救米】 66①64
ごのうまい【御納米】 5④340
ごはいしゃく【御拝借】→L 67②108
ごはいしゃくきん【御拝借金】 64③173
ごはいしゃくじめん【御拝借地面】 46②155
こばさくていし【木庭作停止】 64⑤334, 338, 340, 341, 342, 343, 344, 348, 350, 352, 354
こばさくのほう【木庭作ノ法】 32①198, 199
こばさくのほうれい【木庭作ノ法令】 32①177, 195
こばしり【小走り】 64①42
ごはっと【御法度】 3③107, 112, 113, 119, 187/16①67/22①54/25①94/36③171/57②178, 198, 206/59④392/62⑧249, 284/63③117, 143/65②89
ごはっとのしゅうもん【御法度之宗門】 24③265
ごはっとば【御法度場】 59③230
こばていし【木庭停止】 64⑤363, 367
こばのあけまえのたいほう【木庭ノ明ケ前ノ大法】 32②338
こばのげち【木庭ノ下知】 32②339
ごはんし【御判紙】 61⑨331
ごはんしどめ【御判紙留】 61⑨256
ごばんしょ【御番所】→J 42⑤334/43③267, 269/46②155/61⑨273, 370
ごはんもの【御判もの】 63①30
ごばんわり【碁番割、碁盤割】 4①263/6①33, 209, 210/42④279, 280
こびき【木引、木挽】→A、B、K、M 10①175/36③305
こびと【小人】 10①166
ごひょうじょう【御評定】 61⑨348/66②115/67②104
ごふういん【御封印】 36③342
ごふうみ【御風味】 59①29
ごふしん【御ふしん、御普請】→じぶしん→C 4①191, 233/16①281/36③306, 307/42④241, 245, 246, 254, 260, 261, 267, 268, 269/44①15, 42, 56, 57/56①134/57②121, 124, 138, 168, 181, 187, 188/61⑩434/64①68, 69, ②129, 133, 134, ③165, 166, 168, 169, 170, 172, 177, 185, 188, 196, ④247, 279/65②81, 82, 106, 130, 136, 137, ③189, 190, 226, 228, 229/66①67, ②88, 112, 113, 115, 117, ③149, ④206, ⑤263, 271, 272, 292/67①19, ②98, 99, 102, 108, 113, 114, ③136, ④164
ごふしんうけあい【御普請請合】 66②112
ごふしんおてつだい【御普請御手伝】 43③238/67①19
ごふしんおぶぎょう【御普請御奉行】 66②108
ごふしんかた【御普請方】 65②147
ごふしんくみあい【御普請組合】 64③198
ごふしんけんぶん【御ふしん見分、御普請見分】 42④231, 245, 255
ごふしんごにゅうようきん【御普請御入用金】 64③166
ごふしんじょ【御普請処、御普請所】 30①120/64③187/65③174, 188/67②105, ③135
ごふしんだいございもく【御普請大御材木】 57②88
ごふしんにゅうよう【御普請入用】→にゅうよう 65②83, 101/67②115
ごふしんば【御普請場】 28①65
ごふしんぶ【御普請夫】 30③302
ごふしんぶえき【御普請夫役】 67②99
ごふしんぶぎょう【御普請奉行】 65②111/66④224, 230
ごふしんもくろみ【御普請もくろミ】 66③147
ごふしんもくろみやく【御普請目論見役】 66③146
ごふしんやく【御普請役】 64③166, 172, 173/65③186
ごふしんやくごよう【御普請役御用】 59①18
ごふしんやくもとじめ【御普請役元〆】 65③226/66③146
ごふしんわたしやくかいしょ【御普請渡シ役会所】 66③147
ごふちにん【御扶持人】 39④188, 189
ごへいもん【御閉門】 36③285
こほう【古法】→A 36①43/60⑦460/64⑤341, 342, 343, 353, 359, 360, 361/65③226, 227/67①59
こほう【戸部】 18①57
ごほう【御法】 28①38, 50/36③283/57②178, 194, 212, 232/61①51
ごほうぎょ【御放魚】 64②121
ごほうこう【御奉公】 33⑤262
ごほうこうにん【御奉公人】 63①37
ごぼうずしゅう【御坊主衆】 67①55
ごほうび【御褒美】 5④338
ごほんじん【御本陣】 38③148/59③210/61⑨337, 338, 388/66④196, 205, 219, 220, 221, 225
ごほんまる【御本丸】 25③262
ごま【胡麻】→B、E、I、L、N、Z 30③302
こまえわり【小前割】 28①88
こまきごてん【小牧御殿】 64②120
こまつむらごかいさくしおはま【小松村御開作塩浜】 29④272
こまばおやくえん【駒場御薬園】 68③334, 358
ごみしん【御未進】 28①64/65②124
ごみょうだい【御名代】 59③218/66①44, 47, 50, ②120, ③146, 149
ごむじん【御無尽】 63①41
ごむじんきん【御無尽金】 63

①34
こめあしきくに【米あしき国】 17①150
こめあらため【米改】 36③341
こめあらためにんそく【米改人足】 28②264
こめおくら【米御蔵】 57②210
こめおさめ【米納】 24①132/27①201/36③280
こめかたきんのう【米方金納】 42②115
こめぐらじょ【米蔵所】 27①311
こめさしがみ【米さし紙】 42④268
こめじょうのう【米上納】 11④168
こめだし【米出し】 36③320
こめただし【米直し】 43①82
こめのさしつき【米のさしつき】 36③341
こめやどのてだい【米宿の手代】 36③218
ごめん【御免】→めん 36③284/58②99
ごめんあい【御免合】 28①36
ごめんかた【御免方】 41③184
ごめんじょう【御免定】 28①53,58,82/44①52/66⑧394/67⑥293
ごめんじょうおだし【御免定御出し】 28①58
ごめんじょうがしら【御免状頭】 43③256,266
ごめんずみ【御免済】 30①30
ごめんだか【御免高】 63①37
ごめんちょうだか【御免帳高】 66①62
ごめんとだい【御免斗代】 67②104
ごめんふだ【御免札】 59③244/63①43
ごめんわり【御免割】→めんわり 44①56
こもの【小者】→L、N、X 36③342
こものきん【小物金】 36③304
こものなり【小物成、小物成り】→おんこものなり 28①52/30③302/36③304,325/63①31,43/66①65
こものなりしたぶぎょう【小物成下奉行】 30③303
こもりもの【籠り者】 10①153
こもろごよう【小諸御用】 63①48
こもろりょうそうどう【小諸領騒動】 64①58
ごもんつきのこざし【御紋付ノ小指】 53④230
こやく【小役】 28①59
こやくぎん【小役銀】 36③325
こやくぎんのう【小役銀納】 36③325
こやくにん【小役人】 30③303/34⑧292,314
こやしきりまい【小屋仕切米】 38④274
ごゆうひつ【御祐筆】 66④229
ごよう【御用】→F 28①65
ごようあみ【御用網】 59②106
ごようあゆ【御用鮎】 59①13,25
ごよういけす【御用生舟】 59①12
ごよういり【御用入】 57②227
ごようおとめがみ【御用御留紙】 56①143
ごようがかりみずぶぎょう【御用懸り水奉行】 64②129
ごようかご【御用籠】 59①28,41,43
ごようきん【御用金】 63①34/67①56/68④407,408
ごようぎん【御用銀】 43③238
ごようざい【御用材】 56①133,134,148
ごようざいもく【御用材木】 57①18
ごようしば【御用柴】 56①134,149
ごようしゃ【御用捨】 66①49
ごようしゃまい【御用捨米】 66①42
ごようしゃもの【御用捨物】 66①65
ごようしら【御用しら】 59①12
ごようじんやま【御用心山】 57①46
ごようすじ【御用筋】 36③264
ごようずみ【御用炭】 53④222/57①41
ごようちょうちん【御用挑灯】 53④230
ごようどころ【御用所】 66①54,55,57,②103,105
ごようにっき【御用日記】 63①56
ごようにん【御用人】 66①66
ごようにんきば【御用人騎馬】 66④227
ごようぬの【御用布】 34⑥161
ごようのごじょう【御用の御状】 28①62
ごようはじめ【御用始】 25③266
ごようふだ【御用札】 59①23,29,32,34,39,42,44,45,47,49,50,53,54,56,59
ごようふなあみ【御用ふな網】 59②106
ごようぼく【御用木】 53④244/56①133,145,148,153/57①8,9,②120,124,126,132,175,178,188,190,191,192,196,198,199,202,225,228,229,233
ごようぼくちょう【御用木帳】 57②123,131,132,187,188,190
ごようぼくのうつぎ【御用木之空木】 57②203
ごようぼくやま【御用木山】 57①38,47
ごようまい【御用米】 7①83
ごようまつたけやま【御用松茸山】 57①39
ごようみずぶぎょう【御用水奉行】 64②129
ごようむきちょうめん【御用向帳面】 42③155
ごようむきりんじてまかかりぶん【御用向臨時手間懸り分】 21③141
ごようものざ【御用物座】 57②210
ごようやど【御用宿】 63①47
ごらんどころ【御覧所】→Z 58⑤331,339
ごりがいちょうだいのぶん【五里外頂戴之分】 22①33
ごりとくぎん【御利徳銀】 57①12
ごりょう【御料、御領】 16①319/36③175,214,215,257,282,283,284,304,307,324,325,329,338/47⑤250,256,263,274/58①60,62,④252/61⑨379/62②37,38/64①83/65②131,135,③174,184,194/67⑥273,274
ごりょうごく【御領国】 39④199
ごりょうごく【御両国】 47⑤259,280
ごりょうこくじゅう【御領国中】 57②172
ごりょうごけみ【御料御検見】 36③282
ごりょうごじんや【御料御陣屋】 36③230
ごりょうしゅ【御領主】→りょうしゅ 14①33/25③265,275,286/61⑩420,431
ごりょうしゅさま【御領主様】 62③78/66⑤259,272,290
ごりょうしょ【御料所、御領所】 25③271/36③176,245,282,306,338,341/65③184/66①66,67,②86/67⑥277
ごりょうち【御領知、御領地】→りょうち 36③173,176,340/56①140/59③204/61⑩433
ごりょうちゅう【御領中】 36③257
ごりょうづめふしんじょ【御料詰普請所】 65③172
ごりょうない【御領内】 53④214/61⑩442/66④187,201/68④404,407,408,409
ごりょうぶん【御領分】 36③230/56①144,159/63⑧425/64①58,62,65,79/65②128/66①37,42,②103,④196,⑧404,406,407/67⑥268,269,273,298
ごりょうほうごじょうもく【御領法御条目】 25③266
ころもやくにん【挙母役人】 42⑥388,389,397,403
こわり【小割】 64①60/66①64
こわりじょうもみうちわりせん【小割定籾内割銭】 2③267,269,270,271
こわりまい【小割米】 2③267,268,270,271
こわりめんつけちょう【小割面付帳】 66①64
ごんげん【権現】 59②116,117,122,143,144,148,149,150,151,152,153,157,164
ごんげんぐみ【権現組】 59②107,142,147,156

【さ】

さい【宰】 35②319
さい【ざい(采)】 23⑥303
ざい【ざい(在)】 62③74
ざいかた【在方】 37②135/47⑤251,257,258,259,274,278,280/56①72/66④223/68③363
ざいかたごふしんやく【在方御普請役】 65③186
さいきょ【裁許】 5①183
さいきょにん【裁許人】 4①171
さいち【采地】 18①91
ざいちゅう【在中】 28①65
ざいちゅうこにゅうよう【在中小入用】→にゅうよう 28①62
ざいちゅうしょうや【在中庄や】 28①63

ざいちゅうならしだか【在中ならし高】 28①59
ざいちゅうぶしん【在中普請】 65②81
さいばん【才判(判断)】 67④170
さいばん【才判、裁判】 57①11,20,21,25,26,29,30,31,33,34,35,36,38,39,40,42,43,44,45,46,47
ざいばん【在番】 34⑥144,145,165/57②90,206,207,220
ざいばんがしら【在番頭】 34⑥146
ざいばんにん【在番人】 57②134
ざいひよう【在日用】 65②135
ざいやくにん【在役人】 28①65
さいりょうじゅう【宰領中】 62②37
さいれいにゅうよう【祭礼入用】→にゅうよう 36③269/63①56
さおあげ【竿揚】 42④281
さおいれ【竿入】→けみ 4①166/36③281/44①46/66④215
さおうち【竿打】 4①265/64④280,281
さおがしら【竿頭】 9③278
さおした【竿下】 4①167
さかいけんぶん【境見分】 42④277
さかいづか【境塚】 64①60
さかいまわり【境廻り】 42④272
さかいめろん【境目論】 29①26
さかいろん【界論、境論】→くいしから、さんきょうろん 20①225/61⑨372/62⑧281,282
さがおもて【佐賀表】 66④197
さかたおんまちぶぎょう【酒田御町奉行】 64④248
さきじょう【先状】 33⑤247
さくじかたやくにん【作事方役人】 66④224
さくじき【作喰、作食】→N 4①173
さくじきおんかしまい【作食御貸米】 4①35
さくらのおばば【桜之御馬場】 66⑤259
さけごはっとのおふれ【酒御法度御触】 51①26
さげふだ【下札】→X 10①123
さげふだしらべ【下札調】 44①26
さげふだわずらい【下札煩】 10①122
さげふだわたし【下札渡】 44①50
さごごううけたまわりやく【佐護郷奉役】 32①182,183
ささやまのくちあき【さゝ山之口明】 24②240
さしおとしまい【差おとし米】 36③218
さしがみ【差紙】 43②128
さしぐち【指口】 28①33,59
さしごめあらため【さし米改め】 36③218
さしだし【差出、差出し】 28①52/57②187
さしつぎ【差次】→A 9①128
さしひき【差引】→A、L 57②119
さしひきかっぷ【差引割賦】 36③340
さしふだ【差札】 63①50
さしむら【差村】 66②120,121
さすごううけたまわりやく【佐須郷奉役】 32①32,42,105,150,152,168,169,174,198,203
さすごうくさつかいや【佐須郷草使屋】 32②327
さすまた【指股】→ことじ→B 10①196
さだめきりかえ【定め切替】 36③176
さだめだか【定高】 52⑦321,322/64③176
ざっこくごよう【雑穀御用】 2③266
さっとう【察当】 63①45,48
さとうよきちろうさまてだい【佐藤与吉郎様手代】 61⑨315
さとおさ【里長】 2⑤336
さどざ【佐渡座】 49①142
さとのおさたるひと【里の長たる人】 21①38
さばくり【さはくり、捌庫理】 34②30/57②103,183,185,192,194,196,197,213
さびわきざし【錆脇差】 10①135
さむらいほう【侍法】 10①143
ざもと【座元】 57②208
さやぐち【鞘口】 10①196
ざん【ザン】 24①132
さんかん【三官】 35①36
さんきょうろん【山境論】→さかいろん 43③244
さんきん【参勤】 32②318
さんきんこうたい【参勤交代】 25①59
さんぐ【山虞】 56①155
さんぐんのみずわけ【三郡之水分ケ】 9③282
さんげんながつか【三間長柄】 66④226
さんこう【三公】 10①140
さんこうしちみん【三公七民】→ごこうごみん 21④195
さんごく【三国】 11①5
さんざいの【散在野】 25①84
さんざいのち【散在の地】 25①40
さんざいば【散在場】 25①129
さんと【三都】 15②218
さんねんごめん【三年御免】 65②86
さんのまるひゃくしょう【三之丸百姓】 59②116
さんばんごしゅうのう【三番御収納】 40③240
さんぶつとりたて【産物取立】→X 61⑨256
さんぶつやくしょ【産物役所】 14①36
さんぼ【蚕母】 35①37,40,116
さんみん【三民】 36①67,72,73/68④394,403,416
さんや【山野】 29④277,281
さんようちょういんとり【算用帳印取】 42④269
さんようばのぶぎょう【算用場の奉行】 4①306
さんりんがかり【山林係】 57②92
さんりんかかりかん【山林係官】 57②85
さんりんかた【山林方】 14①65
さんりんのまつりごと【山林の政】 57②78
さんわりののび【三割之延】 9③290

【し】

し【士】→M 16①129
じいほうげん【侍医法眼】 68①45
しおがえ【塩概】 52⑦323
しおかけあいみにん【塩懸相見人】 52⑦318,319
しおがまやく【塩釜役】→L 5④310,314,326,327,328,334
しおがまやくぎん【塩釜役銀】 5④309
しおてまい【塩手米】→おいしおで、じょうしきしおてまい 5④328,340,345/52⑦322,324
じかぐみおくらどころ【直組御蔵所】 25③289
じかた【地方】→N、X 63①48/65③225/66②116
じかたおだいかん【地方御代官】 66①34,60,64
じかたおやくしょ【地方御役所】 66①42,43,47,50,55,59,65,66
じかたおんやく【地方御役】 64①40
じかたかかりのやくたく【地方掛りの役宅】 25③276
じかたごようむき【地方御用向】 63①42
じかたむきちょうもと【地方向帳元】 63①30
じかたやくにん【地方役人、地方官人】 64①57/69②198
しがつかいさい【四月皆済】 25③273
しかん【史館】 3④269
じきそ【直訴】→かごそ 10①160
じくみあい【地与合】 34②21
しぐんし【四郡司】 19①9
じげ【地下】 29④271,299/36①73/57①10,11,22,23/61⑩449/66①37
じげおあずけやま【地下御預ヶ山】 57①40
じげきば【地下木場】 57①21
じげぐら【地下蔵】 66⑧402
じげしたくさ【地下下草】 57①21
じげしまりあい【地下〆り合】 29④271
じげしょいりめ【地下諸入目】 58④261
じげしょかかりもの【地下諸掛り物】 61⑩420
じげちゅう【地下中】 61⑩416/66⑧407
しげどうゆみ【重藤弓】 46①69
じげやくにん【地下役人】 57①13
じげやままわりのもの【地下山廻り之者】 57①20
しこうしょうにん【士工商人】 33⑤247
しこうしょうゆうみん【士･工･

商・遊民】 62①17
しこうろくみん【四公六民】→ごこうごみん
36③283
しこうろくみんのほう【四公六民の法】 24①151
ししのよもりとうばん【猪ノ夜守当番】 24①152
じしゃぶぎょう【寺社奉行】 43③246/64①54
じしゃりょう【寺社領】 61⑩412
ししょ【士庶】 20①341
ししょうぎょのさんとう【士・商・漁ノ三等】 62⑥157
じしんばん【自身番】 63①57
したいふ【士大夫】→M
69②195, 199
したくさいりあい【下草入会】 63①53
したくさいりこみ【下草入込】 64①61
したやく【下役】 44①17/59②149/66③147, ④221/67②104, 107
したやくにん【下役人】 65②122/66④220, 230
じだんしょ【示談書】→ないさい
59②152
しちかたごじょうしき【質方御定式】 2②161
しちがつわり【七月割】 63①31
しちぼくわりつけ【七木割付】 42④251
しつじのたいふ【執事の大夫】 18①30, 31, 32, 33
しっせいたいふ【執政太夫】 61⑩432
して【仕手】 57②177
してんだい【司天台】 40②78, 79
してんのう【四天王】 51①16
しと【司徒】 12①12, 16/22①64/37③252/69②204
じとう【地頭】→ごじとう、そうじとう
2②157/3③126/10①86, 98, 117, 128, 170, ②322, 323/14①134, 233, 337, 355/15①15, ②294, 295/16①63, 67/22①24, 73/23④193/25③264/34②20, 23/35①119, 120/36①57, 59, ③285/41②49/43②128/47⑤248, 249, 257, 260, 261, 265, 268, 269, 270, 272, 275, 277, 279/50③241/57②90, 204/62①19, ⑤128/64①81, ④304/65②128/68②256
じとうしょ【地頭所】 67①29, 34, 35, 36, 42
じとうだい【地頭代】 34①14, ②21, 23, 30, 31/57②91, 119, 185, 186, 190, 194, 195, 196, 212, 214, 235
しとくせい【私徳政】 10①13
じとくばらい【地徳払】 63③110
じどこごねんぐ【地床御年貢】 11①22
しなのひと【支那の人】 45⑥316
しのう【司農】 18①39
しのうこうさんみん【士農工三民】 2⑤323
しのうこうしょう【士農工商】→しみん
1①111/4①184/10①194, ②354/18①103/33①56/35②323/38③111/39①10/41②46/62⑨395/68③314
しのうのかん【司農ノ官】 33①9
しはい【支配】→ごしはい→A、L
34⑧300/36③324/61⑩428/66①66/67④170
しはいかんじょうがしら【支配勘定頭】 64②134
しはいかんじょうやくがしら【支配勘定役頭】 64②134
しはいしょ【支配所】 3④312/64①45/66①67
しはいにん【支配人】→X、Z
4①171/61⑨339
しはいのやくにん【支配之役人】 34⑧316
じばらいまいだいきん【地払米代金】 36③215
じはん【寺判】 25③261
じぶしん【自普請】→ごふしん
61⑩423/64③165, 172, 173, 176, 197
じぶんふしん【自分普請】 65③195
じぶんものいり【自分物入】 64④308, 309
しほうさだめがき【仕法定書】 63①58
じまい【地米】→N
11②102
しまいおあげ【仕舞御上ケ】 59①59
しまざき【嶋崎】 59②146
しまはちかくみ【島八ケ組】 52⑦318
しまや【嶋屋】 35②412
しまり【縮】 39④188, 189
しまりしょ【縮所】 49①216
しまりにん【締人】 33⑤257
しまりやく【締役】 33⑤238, 239, 241, 244, 252, 256, 258
しまりやくにん【締役人】 33⑤238, 241, 242, 244
しみん【四民】→しのうこうしょう
3③106, 111/4①184/10①16, 143, 155/18①96, 104, 176, ②251, 267/20①7/24①123/25①7, 8, 13/38③172
じめんよつなり【地免四ツ成】 1④326
しもあがたごじょうまい【下県御上米】 24③323
しもいぐみ【下井組】 64②127, 131
しもだいどころ【下台所】→N
66④229
じもと【地元】→L
9③240
しもにたわたし【下仁田渡し】 24③323
しもばしり【下走】 29①22
しもはらしんでんがしら【下原新田頭】 64②120
しもべ【僕】→L
61⑨320, 335, 336, 347, 368, 370
しゃくまい【借米】→L
35②344
しゃしょく【社稷】→X
18①30/20①341
しゃそう【社倉】→おかこいまいしゃそう、ぎそう
18①176/20①351
しゃそうこく【社倉穀】 61⑩440
しゃっこ【大領】 1②135
しゃめん【差免】 57①21, 22, 23, 41, ②129, 145, 199, 204, 205, 207, 225, 233
しゃりょう【社領】 32②297/59③218/64①47, 48, 65
しゅいん【朱印】→ごしゅいん
70②70
しゅう【州】 10②348
しゅうかんのはっと【周官ノ法度】 57②80
しゅうぎ【祝儀】→N、O
36③280
しゅうしあらため【宗旨改】→しゅうもんあらため
64①54
しゅうしあらためじはん【宗旨改寺判】 25③270
しゅうししょうもん【宗旨証文】 9①89
しゅうしやく【宗旨役】 63③130
じゅうにしょおばんしょ【十二所御番所】 61⑨263
じゅうにしょまちようさんや【十二所町養蚕屋】 61⑨263
しゅうのう【収納】→ごしゅうのう→A、J、L、Z
1③260/2③266/5③285/25③273/36①57, 58, 66, ③280, 281/39④184/69②196
しゅうのうまい【収納米】→ごしゅうのうまい
4①279/29②149
しゅうふ【州府】 32①5, 7, 8, 179, ②316
しゅうふくじょ【修覆所】 67④174
しゅうもんあらため【宗門改】→しゅうしあらため
63①47
しゅうもんあらためちょう【宗門改帳】→にんべつちょう
24①14/25③291
しゅうもんおあらため【宗門御改】 43③244
しゅうもんおくり【宗門送り】 24①14
じゅうもんじ【十文字】 66④227
じゅうもんじのやり【十文字の鑓】 16①181
しゅうもんちょう【宗門帳】 25③261/36③171, 176, 185, 215/44①14/64①54
しゅうもんのあらため【宗門の改メ】 24①14
じゅうやくにん【重役人】 1③280
しゅくだか【宿高】 63①50
しゅくん【主君】 10①193
しゅご【守護】→ごしゅご
10②349/53①10/62①19/67①60
しゅごおすくい【守護御救】 67①61
しゅじん【主人】→N、X
10①13, 15, 147, 148, 150, 155, 156, 160, 175, 176, 181, 184, 186, 188, 189, 191, 192, 193, 200, 201, 202
しゅつぎんちょう【出銀帳】 32②328, 330
しゅっせいごほうび【出精御褒美】 9③239
しゅっせいしょうにょういくおてあて【出生小児養育御手当】 22①67
しゅっせいりょう【出情料、出精料】 9③240, 265, 278, 279, 280

しゅっせん【出銭】 57②169
しゅっちょうやくしょ【出張役所】 53④223,228
しゅっとうしゅう【出頭衆】 10①129,183
しゅつば【出馬】 65③199
しゅつやく【出役】 36③217,218
しゅほうしょ【主法書】 36③284
じゅんけん【巡見、順見】→ごじゅんけん 5①156/36③281
じゅんけんし【巡見使】 1②201
じゅんばん【順番】 62②37
しょう【商】→L、M 3③107
しょうおうかいさく【承応改作】 4①71
じょうおおすけ【定大助】 62②37
じょうか【城下】→ごじょうか 5③284/12①189/34⑧306,307
しょうがつぶんこにっき【正月分小日記】 44①14
じょうかまち【城下町】 66⑥343
しょうかん【庄官】 5②219,③288/10①98,123,146,147,148,159,196/16①50,67,68,295/22①63,73,75/23④163/59③202
しょうかんやく【庄官役】 10①122
しょうぐん【将軍】 33①12
しょうこく【小国】 13①271
じょうしきけんぶん【定式見分】 64②130
じょうしきしおてまい【定式塩手米】→しおてまい 52⑦324
じょうしじゅんけん【上使巡検】 32②318
しょうじどの【庄司殿】 10②349
しょうしょき【掌書記】 24①178
じょうすけごう【定助郷】→すけごう 66②120
じょうすけつとめだか【定助勤高】 63①50
しょうぜい【正税】 30①86
じょうそん【上村】 18②282/36①55,57
じょうづかい【定使】 3④312,318/24①13/42③160,162/63③131,133,134
じょうづかいきゅう【定使給】 38④274
しょうない【庄内】 66②120
しょうによういくりょう【小児養育料】 22①13
しょうにんがしら【証人頭】 58④261
しょうにんぐら【証人蔵】 25③277
しょうにんみょうが【商人冥加】 43②127
じょうのう【定納】 4①267,268,269
じょうのう【上納】→ごじょうのう 1①33/2②161,③260/9③255,265,287,288,295,297/11②114/18①106/23④188/25①73,77,78,81,85,122/30③233,291,297,298/31③116,129/34①10,⑤90,⑧300,311/36③245,305,306/43③269/46③194/56①142
じょうのううるし【上納漆】 46③192
じょうのうかいさい【上納皆済】 24①132/32①188,189,197
じょうのうかいさいきん【上納皆済金】 36③245
じょうのうかた【上納方】 34⑥147
じょうのうにん【上納人】 36③339
しょうのうのおんはやし【樟脳之御林】 68③334
じょうのうのこり【上納残】 66②107
じょうのうぶつ【上納物】 22①64/25①67/34⑥144,145,⑧312
じょうのうまい【上納米】→ごじょうのうまい 1①54,98,102,104,105/28②264/62⑨404
じょうのうまいだか【上納米高】 62⑨403
しょうばいやま【商売山】 53④223
じょうばふ【乗馬夫】 57②219
じょうばん【定番】 63①49
じょうひやとい【定日雇】 63③132
じょうふ【定府】 33⑥373
じょうへい【常平】 68①43
じょうほう【定法】 3④310
じょうまい【上米】→ごじょうまい→E、L、N 30③289
じょうまいこれあるくにぐに【上米有之国々】 17①149
じょうまわり【定廻り】 4①265
しょうみょう【小名】 61⑩412
じょうめん【定免】→めん 4①267,268,269/17①86/41②49/61⑩431,435,449/65②100,101,106/67①24,⑥269
しょうもんれんいん【証文連印】 63③143
しょうや【庄や、庄屋】→きもいり、なぬし、むらおさ、むらのさんやく、りせい→Z 1①102/3④274,279,285,309,377/4①181/5③275/8①285/10①159/13①359,372/14①373/16①47,51/24②242/25①20,21,23,26,27,37,43,44,58,73,77,85,86,87,88,③258,259,260,261,263,266,270,272,273,274,275,276,277,280,281,282,284,286,287,291/28①92,94,95/29①21,22,③199,210,221/30①30,③230,304,306/31④227/33⑤257,258,259/34⑧292,314/36③160,172,175,216,217,219,229,232,259,269,280,281,284,305,308,323,337/40①5,③215,239,④293/41①14/42⑥370,433/43②122,178,179,③256/44①23,50,54,55/47⑤248/53②98/58④254/61⑩432,440,450/63①42/65②137/66④214,⑧390,394,396,407,409,410/67④175
しょうやぶん【庄屋分】 64①64
じょうやまくにん【定山工人】 57②214,215,216,218
しょうやもとつきやく【庄屋元月役】 61⑩420
しょうややく【庄屋役】 1①72
じょうりん【上林】 54①50
しょえきごめんのところ【諸役御免之所】 5④338
しょかかり【諸懸り】→L 36③307/63②87
しょかかりもの【諸掛り物】 61⑩419
しょかんじょうちょうめん【諸勘定帳面】 63②88
しょきゅうまい【諸給米】 23④189
しょく【稷】 13①313
じょこく【助穀】 67①53,54
しょざ【諸座】 57②191,192
しょし【諸士】 10①49/67⑤216
しょじょうのう【諸上納】 31②72,87
しょじょうのうせん【諸上納銭】 31②73
しょじょうのうぶつ【諸上納物】 30④352
しょしょのかしらやく【諸所之頭役】 33⑤247
じょせいぎん【助勢銀】 47⑤264,274
しょたいふ【諸大夫】 69②211
しょたかがかり【諸高懸】 22①66
じょちゅう【女中】→L 66④219
しょにゅうよう【諸入用】→にゅうよう→L、N 29①51/36③229,236,269,338,341/44①54/59②106/63①27,46/64②131/68③330
しょばんひにん【所番非人】 24②241
しょふしん【諸普請】→C 61⑩420,423,449
しょぼくうえたてぎんみかた【諸木植立吟味方】 56①133,148,149
しょぼくおしたてがかり【諸木御仕建掛】 53④250
しょむ【所務】→L 41②46,50
しょむかた【所務方】→L 57①10
しょやく【諸役】 25①83/30③300,301/36①59/56①138/63③122,132,⑤295,300/64①66,②115
しょやくぎ【諸役義】 27①254
しょやくぎん【諸役銀】 5④331,332
しょやくしゅっせん【諸役出銭】 63③110
しょやくしょ【諸役所】 57①12/66④202,203
しょやくにゅうよう【諸役入用】→にゅうよう 30③300
しょやくにん【諸役人】 10①142/34⑥123/36③174,307/63①48,52,54,③100,101,104,109,111,115,116,120,121,122,126,130,142/64①57/65③229/67①56
しょやくにんさま【諸役人様】 27①350
しょりょう【所領】 10①193
じょりょく【助力】 47⑤256,275,279/63③126/67①25,26,27,49,52,53,③134
じらい【地雷】 66④202
しらかたりょうしがしら【白潟漁師頭】 59③224
しらかたりょうしなかま【白潟

漁師仲ま、白潟漁師仲間】 59③230,231
しらかたりょうしなかまじゅう【白潟漁師仲ま中】 59③226,227
しらさわおやま【白沢御山】 56①172
しらす【白州】→D、I、Z 36③185
しりごむち【尻五鞭】 34⑥147,150,151
しりょう【私料、私領】 16①319/24①14/36③214,215,282,305,338/58①63/62②37,38/65③184,194/67⑥273,274
じりょう【寺領】 32②297/36③270/65②128,129
しりょうけみ【私領検見】 36③281
しろぶしん【城普請】 10①175/16①270
しろまい【城米】 64①58
じわり【地割】→A 4①263/10①122,123/34①6/42④271,277,278,279,280/64③169
しんいけごふしん【新池御普請】 31①18
しんかいかんえん【新開官園】 2⑤329
しんがしごじょうまい【新河岸御城米】 24③323
じんがね【陣鐘】 66⑤263
しんきにゅうよう【新規入用】→にゅうよう 36③323
しんぐういけだおやくしょ【新宮池田御役所】 53④228
しんぐうおてやま【新宮御手山】 53④245
しんぐうごりょう【新宮御領】 53④225,237,244
しんぐうごりょうない【新宮御領内】 53④224,228,230,233,245
じんぐうじむらようさんや【神宮寺村養蚕屋】 61⑨295
じんぐうじようさんや【神宮寺養蚕屋】 61⑨285,289
しんくみごしはい【新組御支配】 67①65
しんこう【進貢】 57②88
しんしきごふしん【新敷御普請】 65②124
しんじごはっと【新寺御法度】 64①52,54
じんじゃのふしん【神社ノ普請】 32②316
しんじょうえ【新嘗会】→だいじょうえ 7②372/36①72
しんしらいへい【信使来聘】 32②318
しんじん【清人】 3④346
じんだいこ【陣太鼓】 58⑤351/66⑤263
しんでんうけ【新田受、新田請】 64③181,183,184,185,186
しんでんがしら【新田頭】 64②120
しんでんさいきょ【新田才許】 42④238
しんでんつもり【新田積】 65②81,82
しんでんつもりちょうめん【新田積帳面】 65②81
しんでんねがい【新田願】 65②100
しんでんまい【新田米】 62⑨403
しんでんやくにん【新田役人】 63①41
じんばしょにゅうよう【人馬諸入用】→にゅうよう 63③102
じんばしょやく【人馬諸役】 63③98,114
じんばしょやくちんぎんさだめ【人馬諸役賃金定】 63③128
じんばつぎたて【人馬継立】 61⑩431
しんびょう【寝廟】 35①40
しんびらきおしたてかたごよう【新開仕立方御用】 33②111
しんふだ【新札】 36③237
しんぶつのさくじりょう【神仏之作事料】 47⑤270
じんや【陣屋】 36③285
しんややくしょ【新屋役所】 61⑨347
しんりんほう【森林法】 57②80

【す】

すいし【水司】 70②178,184
すいばらおしはい【水原御支配】 36③324
すいれん【水練】→M 64②125
すいれんきゅうだか【水練給高】 64②124
すいれんども【水練共】 64②124
すいれんのもの【水練之者】 64②123,124
すいろん【水論】→たみずろん、みずあらそい 1①72/6①198/30①62/36③257
すえつぐりょうしなかまじゅう【末次漁師仲ま中】 59③225,227
すえつぐりょうしねんぎょうじ【末次漁師年行司】 59③224
すきたがやしのみわざ【すき耕しの御業】 7②372
すぎのきごようしょ【杉木御用所】 42④254
すくいまい【救米】→おすくいまい→N 23④191
すぐやり【直鑓】 16①181
すけあいぎん【助合銀】 67④170,172,174
すけごう【助郷】→じょうすけごう、ましすけごう 25①29/62②37/66②121
すけごうだか【助郷高】 66②121
すけにんそく【助人足】 64③196
すけやく【佐役、助役】 32①15/63③130
ずだか【頭高】 57②120,201,208
すたり【捨タリ】 32②334
すたりけんぶん【捨タリ撿分】 32②333
すたりだか【捨り高】 28①86,87
すたりむら【捨むら】 65②122
ずちょう【図牒】→X 19①218
すなさらえのかやく【砂浚の課役】 35②317
すなしゃくおあらため【砂尺御改】 66①62
すなどめやく【砂留役】 43①33
すなはきとりかんじょう【砂掃取勘定】 66①54
すなはきりょう【砂掃料】 66①60,②107
すなはきりょうおんきん【砂掃料御金】 66①47,55
ずびき【頭引】 57②132
ずびきにん【頭引人】 57②185
すみ【炭】→B、I、L、N 30③302
すみかたおやくしょ【炭方御役所】 53④222
すみかたしたやく【炭方下役】 53④225
すみごてんごようきき【隅御殿御用聞】 56①133,148
すみやくぎん【炭役銀】 5④331
すやり【素鎗】 66④227
するがごばん【駿河御番】 64①52
すわやましんでんなぬし【諏方山新田名主】 25②233
すんしまい【寸志米】 9③288
すんのう【寸納】 18②281

【せ】

せいいき【西域】 12①264
せいくろう【清九郎】 64②124
せいさつ【制札】 10①12,151/47⑤274
せいじゅう【西戎】 35②324
せいじんのまつりごと【聖人の政】 12①12,16
せいだいちゅうじょう【西台中丞】 18①175
せいでん【井田】→D 10②333/69②239/70②65,70,71
せいでんのほう【井田の法】 17①121
せいでんのまつりごと【井田の政】→O 6①216
ぜいふ【税賦】 6①201
せいほう【制法】 10①142,143
せいようじん【西洋人】 53⑤343
ぜいれん【税歛】 10②332,351
せき【関】 50①36
せきがたぶぎょう【関方奉行】 61⑩434
せきぐみ【堰組】 36③257
せきごふしん【堰御普請】 63①31
せきごふしんじょ【堰御普請所】 30①142
せきさらえごふしん【堰浚御普請】 64④308
せきしょ【関所】 32①9,178,179,181,②330,336
せきしょのふしん【関所ノ普請】 32②316
せきて【堰手】 67②102
せきでん【籍田】→O 13①313
せきでんのれい【籍田の礼】 36①73
せきぶぎょう【堰奉行】 65③240
せぎょうがゆ【施行粥】 67④175
せこ【勢子】→L、N、X 10①175
ぜこやくみちつくり【瀬古役道

造り】 43①66
せつこう【接貢】 57②88
ぜっこう【絶交】 24①104
せっぷ【切府】 66④224
せどがた【勢頭方】 57②219
ぜに【銭】→B、L、N 57②210
ぜにおくら【銭御蔵】 57②210
ぜにぐら【銭蔵】 57②91,208
ぜにねんぐ【銭年貢】 64①58
せわにん【世話人】→N、X 47⑤274/59③214/67①32,33,41,48,49,51
せわやく【世話役】 47⑤273/59①48,60/67⑥269,294
せんぎ【詮議】 57①17,18
せんぎもの【詮義物、詮議物】 42④235,250,255
せんこく【銭穀】→X 32②329,330
せんごくふ【千石夫】 30③302
せんここう【千戸侯、千戸候】 3③180/12①124,286/56①94
ぜんしゃくまい【前借米】 67②98
せんぞのかぶ【先祖の株】 22①61
せんのう【先納】 40③240
せんばいかた【専売方】 18②275

【そ】

そうきんだかしわけちょう【惣金高仕訳帳】 64③166
そうけみ【惣毛見】 28①57
そうごうおすくい【惣郷御救】 63①51
そうこうさく【惣耕作】 34①14
そうこうさくあたい【惣耕作当】 34①14,②21,23,30,31
そうごけみ【惣御毛見】 28①82,84
そうじとう【惣地頭】→じとう 57②213,214,218,220
そうしゃばん【奏者番】 10①125
そうしゅうみくりやごりょうぶん【相州御厨御領分】 66②103
そうじょうや【惣庄屋】→おおじょうや 33⑤238,241,243,251
そうだい【惣代】 36③175,283/43③250/46②135/59②143,144,148,149,151/66⑧390,396
そうだいしょうや【惣代庄屋】→おおじょうや 36③307
そうだいにゅうよう【惣代入用】→にゅうよう 36③323
そうだいにん【惣代人】 59②108
そうだか【惣高】 61⑩414,416,417,419,420,423,431,448
そうどしより【惣年寄】 52⑦321,323
そうぬしとり【惣主取】 34⑥146,148
そうひゃくしょうだい【惣百姓代】→ひゃくしょうだい 66①39
そうびょう【宗廟】 35①203
そうぶぎょう【惣奉行】 57②223
そうむらかいじつ【惣村会日】 18①101
そうむらよりあい【惣村寄合】 18①102
ぞうめん【増免】 65②103,104,105,106
ぞうもの【雑物】→X 34③53/57②193,220
そうもんちょう【惣門帳】 63①43
そうやくにん【惣役人】 10①151,196/63①44
そうやまあたい【惣山当】 57②91,119,174,186,190,195,196,212,213,215,224,235
そうやまぶぎょう【惣山奉行】 57②222,223
ぞうりとり【草履取】→N 36③282/61⑨258,319
そうりん【倉廩、倉廪】→C 24①174,175/35②341/39①11/70⑤308,314
そうろん【争論】→くじそしょう 63③100,107,119,120
そえかわむらようさんや【添川村養蚕屋】 61⑨344
そえばん【添番】 63①49
そえやく【添役】 63③145
そがけ【曾我家】 48①139
そくりょうかた【測量方】 30③303
そぜい【租税】 3③165/23①92
そとがわごふしんじょ【外側御普請所】 30①142
そなえまい【備米】 63⑧428
そにんなわ【訴人縄】 64①65
そのこにあたれるやく【其ノ戸ニ当レル役】 32①8
そまやまかたやくにん【杣山方役人】 57②166
そまやましはい【杣山支配】 57②88
そまやまほうしき【杣山法式】 57②148,168
そらせきごふしん【空せき御ふしん、空せき御普請、空堰御ふしん】 42④233,240,246
ぞんじよりちょうめん【存寄帳面】 66①38
そんちおこしかえり【損地起返り】 36③176
そんぴ【村費】 24①148
そんぽう【村法】 18②246/22①44/63③119
そんぽううけしょ【村法請書】 63③143
そんり【村吏】 2⑤336/5①190/20①330

【た】

だいかん【代官】 18⑥499/25①23/30③303/36③219,281,282
だいく【大工】→M 36③305
たいこう【大公】 58②99/59④269
たいこく【大国】 13①271
だいごふしん【大御普請】 57②131
たいしじゅうななかじょうけんぽう【太子十七ヶ条憲法】 24①174
だいしと【大司徒】 6①214
たいしゅ【太守、大守】 10①101/19①8/35①232
たいしゅうごようきん【対州御用金】 44①41
たいしゅさま【太守様】 30①32
たいしょう【大将】→X 10①96,149/67⑥302
だいじょうえ【大嘗会】→しんじょうえ 7②372/13①338
だいしょうぐん【大将軍】 22①64
だいしょきかん【大書記官】 57②81
たいしょっかん【たいしよくわん】 16①192
だいず【大豆】→B、E、I、L、N 25①76/30③300/36③325
だいずあらためのやくにん【大豆改の役人】 30③298
だいずぎんのう【大豆銀納】 30③294
だいずだい【大豆代】→L 36③304,305
だいずだいまい【大ス代米、大豆代米】 2③267,268,270,271
だいせん【代銭】→L 57②208
だいそく【大束】 30③302
たいてん【退転】 4①244/22①42,66/63⑤301
たいとうごめん【帯刀御免】 1③274/64②120,④307,309,310/66③155
たいとうのひと【帯刀の人】 41②47
だいにほんすいさんかい【大日本水産会】 45⑤234
だいにほんのうかい【大日本農会】 24①185
だいはん【代判】 57①15
だいひっしゃ【大筆者】 34⑥118
たいふ【大夫】 18①39
だいぼむらどうぜんくみがしら【大保村同前組頭】 25②232
だいみょう【大名】 25③291/36③284/40②65,119/41②53/43①68/49①225/56①94/59③210/61⑩412/66③141,151,④207/67⑥298,302/69②214
たいれい【大礼】→O 36③306
たうえおかしまい【田植御借シ米】 66①64
たか【高】 9③242/10②350,376/22①31,41,42/25①29/28①33,50,51,53,54,55,58,59,60,81,83,85,86,87,88,89,90,92/36①63,67,③281,305/38②83,85,86/61⑩440,451/63①27,28,29,30,35,③98/65②101,105/70②158
たかいれ【高入】 63①34
たかうちぎん【高打銀】 4①278
たかおおきもの【高多きもの】 18②245
たかおだむらようさんや【高尾田村養蚕屋】 61⑨373
たかがかり【高掛、高掛り】 63①36,55,56/67③134,⑥293
たかがかりいっさいぶん【高懸り一切分】 21④202
たかがかりもの【高掛り物、高懸り物】 63⑤295,300
たががかり【田掛り】 39③159
たかきりかえ【高切替】 44①39

たかちょう【高帳】 64③195,197,198
たかつき【高附】 28①82
たかぶぎょう【高奉行】 34①14,15,③52,53
たかまえ【高前】 63③122
たかまわりかかりもの【高廻懸り物】 4①278
たかめん【高免】→ねんぐ、めん 6②281/18②246/40①7
たかめんくらいだか【高免位高】 1③264
たかやく【高役】 64④311
たかやくきん【高役金】 42③179
たかやくふしん【高役普請】 61①48
たかやまおもて【高山表】 24①14
たかわり【高割】 36③229/63①36,50,③112,130/64③169,181,183,185,196/67⑥296,297
たかわりせん【高割銭】 36③340
たけぎきりもち【竹木伐持】 65②136
たけぎん【竹銀】 30③302
たけだけ【武田家】 69②161
たけぶぎょう【竹奉行】 10①154
たけやく【竹役】 30③288
たけやり【竹鑓】 67②102
ださげ【駄下、駄下ケ】 36①62,63
だしこく【出穀、出石】→L 67①46,47,48
だしまい【出米】 57②169
だしやま【出山】 56①168
たしろごりょう【田代御領】 41⑦315,319,325
たすけあい【助合】 63③126
ただか【田高】→L 15①15
たち【たち、太刀】 10①15/16①129,175,183,185,186
たちあい【立会、立合】→L 36③229/43②155/44①46/57①13/63①33,34,35,41,42,47,57,60,③110,111,115/64③172,187,195,④280/67②92,98
たちあいおさびゃくしょう【立会長百姓】 63①58
たちあいおひゃくしょう【立会御百姓】 43③258,260,264
たちあいかんじょうちょうめん【立合勘定帳面】 63①38
たちあいけんぶん【立会見分】 63①45
たちあいのもの【立会之者、立合之者】 63①37,48
たちあいやく【立会役】 36③219
たちあいわり【立会割】 36③338
たちぎん【立銀】 61①51
たちげあれ【立毛荒】 28①58
たちみ【立見】 9③256
たつづき【他続】 41②50,51
たてなおし【建直し】 56①149
たてなわ【縦縄】→A、B 3③165
たてふだ【建札】 36③283
たてり【立り】 42④257
たなぶおやまぶぎょう【田名部御山奉行】 56①133,148
たなべごりょうない【田辺御領内】 53④232
たねまいおんかしつけ【種米御貸付】 9③293
たはたさくばめつけ【田畑作場目附】 63③137
たはたしさくせいほうさだめ【田畑仕作制方定】 63③135
たはたのたか【田畑高】→L 28①50
たはたのねんぐ【田畑の賦税】 22①64
たはためつけ【田畑目附】 63③122
たぼさ【田ほさ】 34⑥151
たぼさにん【田ほさ人】 34⑥147
たみおさ【民長】 20①341
たみずろん【田水論】→すいろん 20①226
ためいけねがい【ため池願】 65②101
たやくふしん【田役普請】 30①119,122
たりょう【他領】 3④380/10①96
たわらなりおさめ【俵形納】 1①105
たわらまわし【俵廻、俵廻シ】 2③266
たんせん【反銭】 10①117
だんちゅう【檀中】 43①14
だんなしゅう【旦那衆】 23④162
だんなみょうだい【旦那名代】 67②91
たんぶわり【反歩割】 64①68/67⑥283,293

【ち】

ちーるはちまき【黄八巻】 57②217
ちからやく【力役】 30③302
ちかん【地官】 65③223
ちぎょう【知行】→ごちぎょう 3③179/10①201/30①15/36③281/40②65/41②51/45①30/57②90,199/62⑧248/64①61/67①20
ちぎょうしゅう【知行衆】 57②204
ちぎょうしょ【知行所】 47⑤248/64③199,200/67①37,42
ちぎょうだか【知行高】 4①273
ちぎょうのた【知行ノ田】 32①32
ちぎょうぶおさめかた【知行夫納方】 57②199
ちぎょうまちまどうてい【知行町間道程】 4①271
ちくぜんのくにとふろう【筑前国都府楼】 48①355
ちくどうんざしき【筑登之座敷】 57②174,217
ちくば【竹馬】 61⑨258,259,320
ちけんじむぐんそんふくそうだい【地券事務郡村副惣代】 24①168
ちだい【地代】→L 64③170
ちぢみうんじょう【縐運上】 53②98
ちっきょ【蟄居】 63③119
ちつろくりょうち【秩禄領知】 3③179
ちゃ【ちや】→E、G、I、N、Z 30③302
ちゃのしたがかり【茶ノ下懸】 18②270
ちゅうごくじん【中国人】 70③224
ちゅうごしょうしゅう【中小性衆】 10①16
ちゅうじ【中司】 19②450
ちゅうしんじょう【注進状】→ごちゅうしんじょう 66①42
ちゅうせん【鋳銭】 67⑤222
ちゅうそん【中村】 36①55,57
ちゅうとうにん【昼頭人】 61⑨260
ちゅうろう【中老】 66④210,211
ちょうせんじん【朝鮮人】 45⑦420
ちょうせんじんらいへい【朝鮮人来聘】 45⑦408
ちょうせんらいへいくにやく【朝鮮来聘国役】 36③306
ちょうとうざ【帳当座】 57②91,208,218
ちょうばちょう【丁場帳】 42④242,255,260,268
ちょうふ【長夫】 22①75
ちょうめん【帳面】→L 28①52/30③295/33⑤241/36③214,217,229,280,281,283,309,338,343/42④248,250,251,254,255,260,275,⑥422,431/44①9/57②202,210,214,233/58④260/59①59/63①30,34,47,48,②86,③102,125/64①54,③195,196/65②107,137,③278,279/68②247
ちょうめんのたてかた【帳面のたて方】 36③341
ちょうもとかた【帳元方】 63①51
ちんせん【賃銭】→L 57②182
ちんだい【鎮台】 2⑤328,329,331,335,336

【つ】

つうこくあらためどころ【通穀あらため所】 62③73
つえつき【杖付】 28①95
つかいばん【使番】 36③174,185,219
つかさ【司】 18④392
つぎおくりにもつ【継送荷物】 62②37
つきそい【附添】 61⑨347
つきそいやく【附添役】 61⑨263
つぎたて【継立】 36③232
つきまわりおおじょうや【附廻り大庄屋】 67②104
つぐちおくら【津口御蔵】 33⑤258
つくぼう【突棒】→B 10①196
つくろいにゅうよう【繕入用】→にゅうよう 68③329
つけよこめ【付横目】 33⑤247
つじかち【次書】 34⑥144
つだしまい【津出米】 36①56,57
つちだぐみ【土田組】 52⑦317
つつごううけたまわりやく【豆酘郷奉役】 32①197

つつみごふしんふ【堤御普請夫】 67②98
つつみぶしんいりはしはつたかがかり【堤普請杁橋初高懸り】 23④189
つとめだか【勤高】 64③170
つとめぼし【勤星】 57②194
つば【鍔】→B 49①113
つぶれ【潰】 22①42
つぶれびゃくしょう【潰百姓、禿れ百姓】→やすみびゃくしょう 18②283/63②85,③126,141
つぶれむね【潰棟】 63②87,③98,109
つぶれむねとりたて【潰棟取立】 63③109
つぼがり【坪刈、坪刈り】→Z 22①55/36③281,283/62②36
つぼきり【坪切】 24②240/42③193
つみひえぐら【積稗倉】 61⑩422
つめしょ【詰所】 25①59
つめやくにん【詰役人】 34⑥148
つもりかたちょうめん【積方帳面】 65②86
つもりたてちょう【積立帳】 65②144
つもりちょう【積帳】 64③187
つらかかり【面かゝり】 36③340
つるがたようさんや【鶴形養蚕屋】 61⑨323
つるぎ【つるき、釼】→B 16①189/22①19

【て】

てあげ【手上】 4①244
ていおうのみやこ【帝王の都】 10②348
ていかんし【邸監司】 30①9
ていくぐ【文子】 57②185
でいり【出入】 36③231,257,304,333/43③273/62⑧281,283/63①54,③100,107,119,137/64①60/67④185
でいりかけあい【出入懸合】 36③231
でいりごと【出入事】 59②159
てうちざけ【手うち酒】 59②152
てがた【手形】→L 57②89,175,193,209/61⑨288
てぐさりにゅうろう【手鎖入牢】 22①70
てこ【手子】 57①10,11,12,19,20,22,24
てこのもの【捍之者】 64②124
てじょう【手錠】 43②142/67②103
てだい【手代】 24①143,③353/36③283,333,334/42③193/53②100/61⑨306,⑩432,435,440/62①18/64④279/65②111/66②108,④218
てだいしゅう【手代衆】 66③147
てだいばんとう【手代番頭】 3①16
てつかい【手使】 32②295,331
てつだい【手伝】→A、L 36③215,236
てつだいにんそく【手伝人足】→L 64①45
てっぽう【鳥銃、鉄砲、鉄炮】→B 16①186/22①19/47⑤280/49①150/61⑨320/66④203,223,226
でにんぷ【出人夫】 1①39
てふだ【手札】 57②216
てほんまい【手本米】 36③280
てまえにゅうよう【手前入用】→にゅうよう 65③193
でみずごけんぶんおやくにん【出水御見分御役人】 42③179
でやくなみにんそく【出役次人足】 63③129
でやくば【出役場】 42⑥403
てらいれ【寺入】 57②126,175
てらじょうもん【寺証文】 36③215
てらたてなおし【寺たてなをし】 39⑥350
てらち【寺地】 64①52,53
てらはん【寺はん】 9①89,148
でんい【田位】 70②158
てんか【天下】→N 62③77
てんかのごはっと【天下之御法度】 68④397
てんかのりえき【天下之利益】 47⑤265
てんし【天子】 16①45/35①36
てんしさま【天子様】 7②372
でんしゅん【田畯】 13①316/18③350/69②180,181,182,190,207,253
てんそうのおちょうめん【てんそう之御帳面】 66①56
でんちかたしまりやく【田地方締役】 33⑤251
でんちごぶぎょう【田地御奉行】 34②29
でんちしょうもん【田地証文】 63②86
でんちぶぎょうしょ【田地奉行所】 34③36
でんちほう【田地方】 34②30
でんちわり【田地割】 4①262,263
てんのう【天皇】 65③210
でんぷのしょうぜい【田賦の正税】 30①7
てんぽうどのごかいかく【天保度之御改革】 68④399
てんま【伝馬】→L 36①62,63,③286/61⑨288,295,330,372/63①43,44
てんまやく【伝馬役】 16①221
てんまよない【伝馬余荷】 4①278
てんやくのかみ【典薬頭】 18①15,187
てんりょう【天料】 24①14

【と】

といにゅうよう【樋入用】→にゅうよう 65②87,102,107
といやにんばわりふれ【問屋人馬割触】 62②37
といややくにん【問屋役人】 53④228
とうい【東夷】 35②324
とうおうなかむらはん【東奥中村藩】 63④270
とうきょうつきじかいぐんしょ【東京築地海軍所】 53⑤367
とうきょうのうだんかい【東京農談会】 24①177
どうぐもち【道具持】 36③282
とうけん【刀劍】 18①105
とうざ【当座】 57②224,227,231,233,234
とうざいりょうおだいかんしょ【東西両御代官所】 65③180
とうじまさいばん【当島才判】 57①24
とうしょくしょ【当職所】 57①13,21,22
とうじん【唐人】 12①171,223,266,282,285,291,314/13①88,176,199,258/38③171,180/45⑦421,422/47②109/56①94/62⑦186/63⑤322
どうしん【同心】 30③303/61⑩450
どうしんしゅう【同心衆】 67④174
とうせんのもの【唐船の者】 17①189
とうそう【刀槍、刀鎗】 24①159,160/69②197,226
どうちゅうおぶぎょう【道中御奉行】 61⑩431/66②121
とうどり【頭取】→A、X 34①13/57②135
とうのうめんじょうおんわりつけ【当納免定御割付】 25③286
とうふくじむらやくにん【東福寺村役人】 66⑤281
とうまいおふりかえ【当米御振替】 67⑥310
とうもとかた【当元方】 63①47
とうや【当屋、当家、禱屋】→N 10②371/29④271/30①118/43②139/66⑧402
とうやく【当役】 47⑤273/57①26
とうやくにん【当役人】 66⑧392
とうりょう【棟梁】→M、N、X 1③275
とおざきうらしたうけかた【遠崎浦下請方】 29④283
とおめとぎき【十眼外聞】 33⑤241,247,252,257
とおりごはん【通御判】 61⑨273,370
とが【科】 57②125,128
とがまい【科米】 34⑥148,151
とがむち【科鞭】 57②86,133,174,193
とぎき【外聞】 33⑤239
とぎくみ【冨来組】 52⑦317
とぎくら【冨来蔵】 27①273
とくがわけ【徳川家】 69②194,214
とくとり【徳取】 67②107
とくまい【徳米】→L 67④173
どこう【土貢】 61⑩419,420
ところづかい【所遣】 34①10
ところにんそく【所人足】 65②135
ところやく【所役】 34⑥151/57②212,216,219,220
どしゃかたおやくにん【土砂方御役人】 43②186
どしゃどめおやくにん【土砂留御役人】 43②186
としより【年寄】→N 3③114,121,181,④284/10

①98/25①85/39⑥347/43②128/47⑤263,266,272/52⑦323/61⑩432/63①28,30,58,59,③104,105,122/66①68,③157
としよりなみ【年寄並】 52⑦321,323
とそく【徒足】 34⑥144
とだい【斗代】 4①**266**,267,273/10②316,350/52⑦312/65②101
とだいおんきめ【斗代御極】 9③292
とだか【土高】 9③255
とだて【斗立】 22①33,34,41,42
となりむらのやくや【隣村の役家】 24①104
とねます【斗根升】 6①210
とのさま【殿様】 25③262/33⑤259/36③218/42①65/43③238/59②116,③211/64①65/66①36,43,44,45,46,47,50,51,52,55,56,57,58,61,②103,104,105,106,④202,225,231,⑧407/67①55
とのさまごこう【殿様御講】 43②141,198
とののおくら【殿之御蔵】 64①41
とばおもて【鳥羽表】 66⑧394
とまりやま【留り山】 24③330
とみおかのせいしば【富岡の製糸場】 53⑤342
とむら【十村】→おおじょうや 4①59,179,181,233,237,244,245,306/5④344,346/39④188,189,203/52⑦318
とむらくわまい【十村鍬米】 4①278
とむらせんぎ【十村詮義】 4①171
とむらやく【十村役】 4①306
とめおく【留置く】 36②126
とめやま【留山】 24①132
どめん【土免】 17①86
ともぎんみ【ともきんみ】 39⑥**339**
ともつぶれ【友潰】 22①67
とよさきごううけたまわりやく【豊崎郷奉役】 32①178,179,180
とり【取】 28①58,59,83,84,87,88,89,90,91
とりか【取箇】→おとりか、おものなり、ねんぐ、ものなり 22①55/68④404
とりかた【捕方】 59①53
とりかたごよう【捕方御用】 59①51,53
とりしたば【とり下場】 36③264
とりそだてやく【取育立役】 18②264,265
とりつぎ【取次】 66④208,209,210,211,212,222
とりて【捕手】 25①91
とりまい【取米】 22①33/28①33,55,82,83,87/65②102
とりまいつけ【取米附】 28①92
とりもちまわり【取持廻り】 24①13
どれい【奴隷】 22①19
どんとう【鈍刀】 10①200

【な】

ないさい【内済】→じだんしょ 43③271,272
ないしょなわ【内所縄】 64①65
ないみちょう【内見帳】 36③283
ないむだいしょきかん【内務大書記官】 57②81
なえぎとりきかかりやく【苗木取木掛役】 61⑨287
ながえ【長柄】→N 61⑨258,259
ながえやり【長柄鎗】 25③275
ながおかごほんじょう【長岡御本城】 25③285
ながおかごりょうぶん【長岡御領分】→T 36③324
ながおかごりょうほう【長岡御領法】 25③292
ながおかしょおやくしょごようきゅうじつ【長岡諸御役所御用休日】 25③289
ながおかりょう【長岡領】→T 36③257,324,329
なかがわくみあい【仲川組合】 59③213
なかかん【中勘】→L 44①51,56
なかぐみ【中組】 59②116,138,147,148,149,150,164
なかくみがしら【中与頭】 42③167,169,203,204
ながさきいりよう【長崎入用】 66④220
ながさきごよう【長崎御用】 58①60
ながさきごようたわらもの【長崎御用俵物】 58①54
ながさきたわらもの【長崎俵物】 58①60
ながさきやくしょ【長崎役所】 49①216
ながさきやくにん【長崎役人】 49①216
なかすじ【中筋】 66①42
なかづかい【中使】 56①51
なかとりくら【中取り蔵】 33⑤258
なかのぐみ【中ノ組】 59②107
なかのごじんや【中野御陣屋】 66③147
なかのじょうおししゃ【中之条御使者】 66⑤285
なかのじんや【中野陣屋】 66③146
なかまばやし【仲間林】 67⑥307
なかみ【仲見】 30③303
なかやど【中宿】→L、X 25①77
ながわきざし【長脇差】 62⑦180
なぎなた【長刀、偃月刀】 16①129,175,183,186,189,191/22①19/43③250/66④202/67②103
なぎのおはやし【南木の御林】 66③141
なごやく【名子役】 36③339
なつあきおねんぐ【夏秋御年貢】 30④352
なっしょ【納所】 41③179/47⑤248
なっしょさんよう【納所算用】 42④258
なっしょたかわり【納所高割】 42④275
なつなりのねんぐ【夏成の年貢】 4①235
なつのねんぐ【夏の年貢】 18①91,96
ななつ【七ツ】 4①167
ななて【七手】 6①78
ななひんうんじょう【七品運上】 53②98
なぬし【名主】→きもいり、しょうや、むらのさんやく 3③114,121,181/16①68/21①25/24①104,148/25①85,③259,291/42③164,171,175,182,184/59①10,26/61⑩435/62②35,36/63①27,28,30,33,34,35,38,41,43,56,58,②85,89,90,95,③99,101,102,103,104,107,108,109,115,119,120,121,122,125,126,130,132,137,138,140,142,145,④262/64①58,64,③198/65③227/66①37,39,43,44,45,46,47,49,50,55,56,58,59,60,63,64,66,68,②102,107,108,115,121,③157,⑤256,⑦365/67①28,30,31,33,34,35,36,37,38,40,41,42,64,65,②90,93,104,105,106,107,108,③135
なぬしもと【名主元、名主本】 63①47,48,51,53
なぬしやく【名主役】 64①65,77
なもと【名元、名本】 10①147,159,160,165,183
なよせ【名寄】 10①122,123/19①218
なよせちょう【名寄帳】 63①33,34
ならしもみ【ならしもミ】 65②98
なり【成】 2③268,270,271,272
なりこく【成石】 36①**55**
なりまい【成米】 36①56/43③273
なわ【縄】→B、J、L、W、Z 3③165/30③302
なわしろぶぎょう【苗代奉行】 5③276
なわびき【縄引】 64④279
なんばん【南蛮】 13①6

【に】

にいがたごかいまい【新潟御廻米】 36③323
にいがたごしゅつやく【新潟御出役】 36③216
にいごううけたまわりやく【仁位郷奉役】 32①190,192
にごうはんりょう【二合半領】→J 59④280
にしおおしろ【西尾御城】 16①281
にしおのおしろ【西尾の御城】 16①281
にしぶぎょう【西奉行】 57②182
にしやまがすじ【西山家筋】 66②120
にしやまぶぎょう【西山奉行】 57②179,182
にじゅうばんやま【弐拾番山】 57①17
にちげん【日限】→A、X 63①44
にちようせん【日用銭】 57②88,182,183,208
にっしゅうごようせん【日州御用船】 53④236
にっしゅうみてやま【日州御手

山】 53④214,218,235
にのまるひゃくしょう【二之丸百姓】 59②116
にばん【弐番】→A、E、I、K、L、N 52⑦318
にばんがい【二番貝】 60③140
にばんごしゅうのう【弐番御収納】 40③239
にばんしおて【二番塩手】 52⑦324
にばんやま【二番山】 57①9
にぶまい【弐夫米】 28①59
にほんいっとうおあらため【日本一統御改】 4①273
にもちふ【荷持夫】→L 57②219
にゅうよう【入用】→いでにゅうよう、うえものしょにゅうよう、おくらまえにゅうよう、おてんまじゅくにゅうよう、おまかないにゅうよう、かわよけにゅうよう、ごうにゅうよう、こおりびきにゅうよう、こにゅうよう、ごにゅうよう、ごふしんにゅうよう、ざいちゅうこにゅうよう、さいれいにゅうよう、しょにゅうよう、しょやくにゅうよう、しんきにゅうよう、じんばしょにゅうよう、そうだいにゅうよう、つくろいにゅうよう、てまえにゅうよう、といにゅうよう、ぶやくまいにゅうよう、むらしょにゅうよう、むらにゅうよう、むらむらこにゅうよう、むらじゅうのふじにゅうよう、むらやくにゅうよう、もくざいにゅうよう、ようすいにゅうよう、りんじにゅうよう→L、N、X 36③280,307,328,340/47⑤275,277/56①145/57①18,②85,89,133,201,204,208,212,220/59②145,146,166/63①35,47,51,54,55,57,58,②88,③109,113/64③196/65②82,86,103,104,105,135,146,③175,180,195,207,241,242/66④231/67②108/69②180
にゅうようきん【入用金】 36③306/63①34
にゅうようぎん【入用銀】→L 4①173
にゅうようぎんまい【入用銀米】 65②85
にゅうようたか【入用高】 36③307
にらがわのごじんや【仁良川の御陣屋】 21①95
にんじんかたせいほうおやくしょ【人参方製方御役所】 48①228
にんじんせわにん【人参世話人】 48①239
にんそく【人足】→ごにんそく→L、M、N、X 25①29/32②317/36③200,232,236,307,342/59①23,24,32,35,39,42,44,50,56,57,②156,165/63③122,131/64①43,83,②125,140,③171,177,181,182,183,184,185,186,187,188,195,196,197/65①30,42,②78,86,102,104,105,107,135,136,144,145,146,③187/66①38,48,62,②95,③149,⑤263,291,292/67①12,13,15,②93,98,102,112,⑥283,305/68③335
にんそくおてあて【人足御手当】 68③329
にんそくがかり【人足掛り】 65③244
にんそくきゅうまい【人足給米】 64②124
にんそくきん【人足金】 65③244
にんそくちん【人足ちん】→L 65②86
にんそくちんまい【人足賃米】 64②125
にんそくまい【人足米】 67⑥293
にんぷ【人夫】→L、M、X 30③288,302,303/47⑤265/63③122/64②124,125,④243/65②134,136/66④224/68③328
にんぷしょにゅうようつもりちょう【人夫諸入用積帳】 65②136
にんぷちょう【人夫帳】 42④272
にんべつ【人別】 11④176
にんべつあらため【人別改】 63①53
にんべつせん【人別銭】 63①36
にんべつちょう【人別帳】→しゅうもんあらためちょう 25①30/36③171,185,186/42④254,257,258,283/63③124

【ぬ】

ぬか【ぬか】→B、E、H、I、L、N 66①65
ぬきこく【抜石】 63①37,42
ぬきだか【抜高】 63①37
ぬしづく【主付】 16①279
ぬしづけさま【主附様】 42④260
ぬすみこおりびき【ぬすミ氷引】 59②152

【ね】

ねちょう【根帳】 57①23
ねん【念】 24①14
ねんきあけ【年季明】→N 64③176
ねんぎょうじ【年行司】 59③214,245,246
ねんぐ【ねんぐ、年グ、年貢】→おねんぐ、おんみつぎ、こうちょう、こうまい、たかめん、とりか、ねんぐまい、ねんご、みつぎ、ものなり→L 1①105,117/3③121,126,165,168,176,179,182/4①171,180,280/5①18,81,182/6①201/7①66,73/9①37/10①12,13,15,153,②302,313,331,332,343,375,376/11②104/13①347,372/14①263/18①65,99,102,106,108,109,②284/23④189,191/24①94/25①83/28①94/30③294/32①197/33⑤260/34①11,⑥143,144/36①59,②97,③210/42⑥442,446/59②111/61⑩430,434,444,451/62①19,⑨403/63①44/64④311,⑤341/68③361
ねんぐかいさい【年貢皆済】→かいさい 10①12,②375/32②319
ねんぐかけ【年貢かけ】 42⑥438
ねんぐこうむ【年貢公務】 33①12
ねんぐしゅうのう【年貢収納】 36③286
ねんぐじょうのうのたすけ【年貢上納の助】 18①71,78
ねんぐせん【年貢銭】 42②115
ねんぐだし【年貢だし】 9①115
ねんぐち【年貢地】 14①355/46②134
ねんぐちょう【年貢帳】 42④251
ねんぐととのえ【年貢調】 10①111
ねんぐのすたり【年貢ノ捨タリ】 32②333
ねんぐのとりたて【年貢の取立】 3③114
ねんぐのわりつけ【年貢の割付】 25①85
ねんぐはかり【年貢斗】 4①32
ねんぐはつおさめ【年貢初納】 25①73
ねんぐはやおさめ【年貢早納】 25①81
ねんぐふるさがり【年貢古下リ】 18②283
ねんぐまい【年貢米】→ねんぐ 1①26,33/6②270/25①76,77,85
ねんぐわり【年貢割】 43②206
ねんご【ねんご】→ねんぐ 24①94
ねんしのかぎ【年始ノ嘉儀】 32②319
ねんじゅうのにんそく【年中の人足】 28②264
ねんないかけためしもみ【年内掛様籾】 63①40
ねんばんのむら【年番之村】 59②105

【の】

のう【農】→L、M、X 16①129
のうがっこう【農学校】 24①177
のうかのかぶ【農家の株】 22①61
のうかん【農官】 18③349,351/69②207
のうぎょうかた【農業方】 34⑦262
のうぎょうのつかさ【農業の司】 10②323
のうぎょうのりし【農業の吏司】 10②314
のうぎょうぶぎょう【農業奉行】 69②180
のうこうしょう【農工商】 10①201,②381/18①104
のうさくおぼえがき【農作覚書】 32②286,287,288,316
のうせい【農政】 64⑤339,343,362,363/69②187,194,199,204,208,211,253,263
のうせいがく【農政学】 69②252,303,385
のうせいのがく【農政ノ学】

69②158, 226, 227
のうせいのもと【農政ノ本】 69②380
のうだん【農談】 24①167
のうだんかい【農談会】 24①174, 176
のうまい【納米】→L 15①62/22①34/25①85/29②144/34⑦254/36③281
のうみんいしょくのさだめ【農民衣食の定】 25①118
のうみんのえき【農民ノ役】 32①9
のうむげちやく【農務下知役】 34⑥146
のうむやく【農務役】 34⑥145
のうむやくにん【農務役人】 34⑥144
のうをつかさどるやく【農を司る役】 15①61
のがた【野方】→D、T 30③303
のきわりあい【軒割合】 63①55
のけち【除地】→D 36③204, 270/64①72, ④303
のこりごめ【残米】→L 66①35, ⑧402/67⑥285, 310
のこりなえおんわりつけ【残苗御割付】 9③277
のしろぶぎょう【能代奉行】 61⑨320
のしろまちどおりようさんや【能代町通養蚕屋】 61⑨268
のしろようさんや【能代養蚕屋】 61⑨266
のておとり【野手御取】 64①61
のてまい【野手米】 36①56
のてもみ【野手籾】 64①61
のばしらたて【野柱立】 43②168
のべせ【延畝】 9③255/67③137
のやま【野山】→D 30①43
のらおさ【野等長】 25①36
のりかけ【乗掛】→N 61⑨259
のりびゃくしょう【乗百姓】 63①47

【は】

はいしゃく【拝借】→L、X 32①188/64③173, ⑤345
はいしゃくきん【拝借金】 53④228/64③164
はいしゃくまい【拝借米】 67③134, ⑥298/69②210
ばいしん【倍臣】 65③218
はいふ【配符】→L 19①218
はいほうのもの【背法の者】 10①142
はかりかた【計方】 30③290
はかりや【計屋、計家】 30③290, 291, 298
はぎおくらおさめ【萩御蔵納】 29④286
はぎおくらおさめもちごめ【萩御蔵納餅米】 29④285
ばぐ【馬具】 16①129, 186
はくらくやく【伯楽役】 66①65
はこだておやくしょ【箱舘御役所】 2⑤329
はこだてまわしまい【箱舘廻し米】 36③284
はさみばこ【挟箱】→N 61⑨258, 319, 335
はしばかりよりあい【端計り寄合】 42③200
はしりきゅうまいだい【走り給米代】 4①278
はしりばん【走番】 32②321
はたうちやく【畠打役】 4①265
はたおり【畑折】 4①167
はたがしら【籏頭】 10①5, 166
はたかた【畑方】→A、D、L、X 61⑨262, 268, 271, 287, 289, 292, 303, 305, 311, 317, 363, 365, 386
はたかたおとくとり【畑方御徳取】 67②114
はたかたおねんぐ【畑方御年貢】 42②95, 114
はたかたかかり【畑方懸り】 61⑨288
はたかたきん【畑方金】 66①35, ②107
はたかたごかそんまい【畑方御加損米】 67③134
はたかたこくだいず【畠方石大豆】 29④286
はたかたはんめんなりかえ【畑方半免成替】 67②108
はたかのう【畠叶】 34⑤94
はたけおねんぐ【畠御年貢】 11①8
はたけとやしきのねんぐ【畠と屋敷の年貢】 23④176, 177
はたけのじょうのう【畠の上納】 11②111
はただか【畠高】 61⑩419
はたちしはいにん【畑地支配人】 61⑨262
はためん【畑免】→やまめん 65②103, 104
はたもと【旗本】 61⑩412
はたものきんのう【畑物金納】 25①81
はたやむらおくら【畑屋村御蔵】 42①40
はちごううけたまわりやく【八郷奉役】 32①12, 14, ②286, 288, 300, 306, 316, 325, 338
はちごうのうけたまわりやく【八郷ノ奉役】 32②329
はちぶ【ハチブ、八分】 24①104
はちまんや【八幡屋】 35②412
はつおあげ【初御上ケ】 59①22, 28
はつおさめ【初納】 36③280, 304, 340/43②188
はつごなっしょ【初御納所】 40③239
はっちょうちぜきみずばん【八丁地堰水番】 63①46
はっと【法度】 5①182/10①12
はっとがき【法度書】 43②126
はつなわ【初縄】 64①65
はつよりあい【初寄会】 40③215
はなおか【花岡】 59②143, 144, 150, 151, 152, 157, 158, 165, 166
はなおかそうだい【花岡惣代】 59②152
はなおかなかぐみ【花岡中組】 59②142
はなおかむら【花岡村】 59②149
はなおかよんくみいっとう【花岡四組一統】 59②147
はなししゅう【噺衆】 10①201
はまおくら【浜御蔵】 63③128, 129, 138
はまかたかきやく【浜方書役】 64④280
はまべすなよけあいなりそうろうところ【浜辺砂除相成候所】 57①37
はむら【葉村】 58④255
はやしおねんぐ【林御年貢】 64①58
はやしけんち【林検地】 64①58
はやなわ【早縄】→J 67②103
はらいかしら【払頭】 33⑤259
はらいもの【秡物】 4①266
はらいものちょう【秡物帳】 4①266
はらいやま【払山】 63①53
はるごふしん【春御普請】 30③302
はるほうこう【春奉公】 33⑤245
はるめい【原名】 34⑥146
はん【藩】 18④392
はんがしら【判頭】 63③100, 120, 141/67②92, 96, 98, 105, 113, ③136
ばんがしら【番頭】 66④208, 210, 212
はんがた【判形】 65②100/66①68
はんぎょう【判形】→L 36③215/43③262
ばんぐみ【番組】 57①8, 9, 10, 14, 18, 26/58④254, 255, 260
ばんぐみやま【番組山】 57①9, 11, 19, 47
はんげんのさくほう【半減の作方、半減の作法】 45⑥300, 320, 321
ばんこく【蛮国】 6①210/70①14
はんしゅう【半収】 6①77
ばんしょ【番所】 34②20/57②90, 177, 186/66④218/67⑥297
はんじょうのう【半上納】 11④174, 178
ばんしょづかい【番所遣】 57②174, 175, 176, 177, 178, 195
ばんすい【番水】→A、N 8①289/36③236, 237/64①68, 70/67⑥304, 305
はんせん【判銭】 36③214
ばんた【番太】 24③357
ばんとう【番頭】→M 66④209
ばんにん【番人】→X 36③186/47⑤271, 272
ばんのもの【番之者】 67⑥309
はんめん【半免】→めん 67③134
はんものなり【半物成】→ものなり 64①80
ばんや【番屋】→C、Z 34⑥147

【ひ】

ひかえだか【扣高】 24②240
ひがしぶぎょう【東奉行】 57②182
ひがしやまぶぎょう【東山奉行】 57②179, 182
ひかたとうぞくあらため【火方盗賊改】 61⑩431
ひきかた【引方】→L 67⑥288, 293
ひきじ【引地】→D

6①209/42④277,279
ひきじわりだし【引地割出】 42④278
ひきにんそく【引キ人足】 59②156
ひきもの【引物】 4①266
ひきゃくちん【飛脚賃】 36③307
ひきわたしごよう【引渡御用】 44①23
ひぐさ【日草】→X 24①82
ひこねはん【彦根藩】 47④202
ひごのまつりごと【肥後之政事】 33⑤249
ひだのくにぐんだい【飛騨国郡代】 24①69
ひっこしかたてつだいきん【引越方手伝金】 64②117
ひっこしりょう【引越料】 66②110
ひっしゃ【筆者】 34⑥146,150,151/57②87,90,91,119,181,182,185,195,199,203,207,212,218,219,220,224
ひっせい【筆せい】 59②149,151
ひっせいさま【筆せいさま】 59②148
ひとかぶひとりやく【一株壱人役】 42③188
ひとくみ【一保】 18①98
ひとつぼおためし【壱坪御ためし】 67⑥289
ひにん【ひにん、非人】 3③107/7②256/10①197/16①47,48/23④201/25①91,92,94,95/36③166/62③74
ひばん【火番】 63①49
ひゃくうらそえ【百浦添】 57②88,187
ひゃくしょういばやし【百性居林】 64①60
ひゃくしょうそうどう【百姓さうだう】 29①26
ひゃくしょうだい【百姓代、百性代】→そうひゃくしょうだい、むらのさんやく 25③286/61⑩435/63①42,48,58,59,②94,③100,107,119,121,122,125,131,141,144/64③198/67①42
ひゃくしょうつかさ【百性司】 10①147
ひゃくしょうなかま【百姓仲間】 25①58
ひゃくしょうなかまち【百姓中間地】 36③269
ひゃくしょうもちやま【百姓持山】 63③106
ひゃくしょうやく【百姓役、百性役】 64③171,181,187,197
ひゃくしょうやま【百姓山】→おたてやま 57①23
ひゃくしょうよりあい【百性寄合】 64①57,58
ひゃくしょうよりあいばやし【百性寄合林】 64①59
ひゃくまんごく【百万石】 65③227
ひやしがき【ひやし書】 57①48
ひやといがしら【日雇頭】 59③244
ひょうじょうしょ【評定所】 34①15/46②135/57②116,135,148
ひょうちゃくにん【漂着人】 57②90,201
ひょうろうだい【兵粮代】 67④170,174
ひよかしら【ひよかしら】 39⑥347
ひらかんじょう【平勘定】 43③266/66①66
ひらきねんぐ【開年貢】 43②200
ひらじょ【平等所】 57②178
ひらびゃくしょう【平百姓】 4①306/24①12
ひらやま【平山】 56①135,149
ひろいだしちょう【拾出帳】 42④282
びんじん【閩人】 45⑥303/70③224

【ふ】

ぶいち【歩一】 61⑩456
ぶいり【歩入】 6①77
ふいん【符印】 57①13
ふえき【夫役】→L 67②99,③135
ぶがり【歩刈、歩苅】→A 4①269/9③267,269,270,273,274
ふかんでん【不堪田】 36①72
ぶき【武器】 47②130/68③364
ぶぎ【歩木】 9③272
ふきあげかたおやくにん【吹上方御役人】 48①246
ふきかえし【ふき返し】 68④409
ぶぎくみようならびにぶれいのしだい【歩木組様并歩入之次第】 9③271
ぶぎょう【奉行】 10①142,175,188,②313/12①228/14①30,32/16①315/62⑦188/66④226
ぶぎょういん【奉行印】 57②194
ぶぎょうしょ【奉行処、奉行所】 10①147,149,150,188,192
ぶぎょうにん【奉行人】 16①63,316
ぶぎょうのもの【奉行之物】 65①42
ぶぎょうやくにん【奉行役人】 10①155,193
ぶぎん【夫銀】→L 4①171,278
ぶぎんがかり【夫銀掛り】 43②208
ぶぎんとりあつめ【夫銀取集】 43②208
ぶぎんわっぷ【夫銀割符】 42④262
ぶぐかたやくにん【武具方役人】 66④220
ふくこちょう【副戸長】 24①168
ぶぐぶぎょう【武具奉行】 66④230
ふこ【府庫】 35②341
ぶじ【武事】 62⑥148
ふじきがし【夫喰貸】 67⑥294
ふじきゆうずうせわやく【夫食融通世話役】 67⑥294
ぶじとう【夫地頭】 57②185,194
ぶじょう【武城】 32①5,10
ふじょまい【扶助米】 67③133
ふしんかかり【普請掛リ】 63③133
ふしんざお【普請竿】 28①68
ふじんせいふ【夫人世婦】 35①36,40
ふしんにんそく【普請人足】 64①69
ふしんぶぎょう【普請奉行】 32②317/64①68
ふしんぶぎょうしょ【普請奉行所】 57②88,178,186
ふしんもくろく【普請目録】 65③227
ふしんやばん【不寝夜番】 25③272
ふしんりょう【普請料】 66④216
ふしんわりかた【普請割方】 28①68
ふぜい【賦税】 35②319,341
ぶせん【夫せん、夫銭】 10①117/21④195,200/22①42/63①31,48
ぶせんうけはらいもと【夫銭請払元方】 63①53
ぶせんそうば【夫銭相場】 67⑥285,310
ぶせんねだん【夫銭値段】 67⑥297
ぶせんぶん【夫せん分】 21④201
ふだ【札】 36③283
ふだいれ【札入】→いれふだ 28①93
ぶだか【夫高】 32②330/57②185,199
ふたつぼおためし【弐坪御ためし】 67⑥289
ぶだて【夫立】 34⑥144
ふだもちがしら【札持頭】 34⑥151
ふち【扶持】→おふち→L、N 10①197
ふちまい【扶持米】→L、N 42①65/66④197
ふちゅう【府中】 32①9/41⑦313
ふづかい【賦遣】 34③53
ぶづかい【夫使ヒ】 32②329,332
ぶづかいちょう【夫使帳】 32②328,330
ふっこえいあんのしゅほう【復古永安之趣法】 63④183,188,191,199,204,206,215,219,222,230,235,238,246,251,253
ふっこくのしんりんほう【仏国ノ森林法】 57②80
ぶつじのふしん【仏寺ノ普請】 32②316
ふでそめおくらしょ【筆染御蔵所】 27①272
ふでやく【筆役】 44①56,57
ぶどうぐ【武道具】 16①186
ふともち【太餅】 22①42
ふなばんしょ【舟番所】 66⑤271
ふなぶぎょう【船奉行】 66④210,211
ふにもつ【夫荷物】 30③303
ぶにんそく【夫人足】 30③302
ふねあらためぶぎょう【船改奉行】 57②90,207
ぶねん【不念】 57②174
ふのう【不能】 65③219
ぶふやくにんそくあて【歩夫役人足当】 37②74
ぶまい【夫米】 30③302/36①56/57②220
ぶまいくもつ【分米貢物】 22①27
ぶまめ【夫豆】 30③302
ぶやく【夫役、歩役】→L

18①58/30③302,303/31③106/62①19/68④397,407,408
ぶやくまいにゅうよう【夫役米入用】→にゅうよう 28①33
ふゆごふしん【冬御普請】 30③302
ふらんすじん【払郎察人】 70⑤325
ふるたしんでんひゃくしょう【古田新田百姓】 25②232
ふるちょう【古帳】 36③341
ふるまぎぬまくみあい【古間木沼組合】 64③196
ふれ【触】 27①247/30③303/34⑧313
ふれごと【触事】 24①13
ふればん【触番】 24①13
ぶんおうのきさき【文王の后】 35①223
ぶんがく【文学】 35①12
ぶんごうさだいぐうじ【豊後宇佐大宮司】 66④210
ぶんちさま【分地様】 42④277
ぶんまい【分米】→N 9③276,289/36①55,56/62②35
ぶんまいのうぶつ【分米納物】 22①27

【へ】

へいきんわり【平均割】 36③307
べいこくこうし【米国公使】 53⑤293,294
へいべえぐら【平兵衛蔵】 36③309
へいもん【閉門】→Z 33⑤255
べっとう【別当】 64②115
べんごじょうのう【弁御上納】 33②132
へんじょう【返上】 11④170,173

【ほ】

ぼうかしら【棒頭】 61⑨286,287
ほうき【邦畿】 10②348
ほうげん【法眼】 18①6
ほうこう【奉貢】→L、M、N、X 30①85
ほうこうにんおひきもどし【奉公人御引戻】 22①67
ほうじょうきゅうだい【北条九代】 10①188
ほうせい【保正】 18①22,37,40,41,56,152
ほうとくぜんしゅきん【報徳善種金】 63④254,263
ぼうびやめいじん【棒火矢名人】 49①151
ほうよう【法様】 57②145,146,147
ほうれい【法令】 5①14/56①156
ほしちょう【星帳】 57②89,194
ほそぐちいりぬまくみあい【細口入沼組合】 64③200
ほそもち【細餅】 22①42
ほっとうにん【発頭人】 29①26
ほねおりりょう【骨折料】→L 9③279
ほみ【穂見】 64⑤341
ほりきりにんそく【堀切人足】 64④247
ぼんげ【凡下】 67⑤216
ほんごう【本郷】 64①66
ほんごく【本石】 64①66,67
ほんじあらため【本地改】 64①53
ほんじん【本陣】 61⑨324,339,340,366,371,388/66⑥334
ほんちょう【本朝】 13①6
ほんでんのかえき【本田の課役】 30①142
ほんでんのかえきぶん【本田の課役分】 30①120
ほんでんめん【本田免】 62⑨403
ほんとすじ【本斗筋】 65②135
ほんとまい【本途米】 22①34
ほんのう【本納】 9③288
ほんぽう【本邦】 12①391
ほんまい【本米】→L 28①59/66①64
ほんます【本升】 6①210
ほんめん【本免】 22③162/67⑥293
ほんやく【本役】 13①371/64⑤346
ほんろく【本録】 66③154

【ま】

まえやくにん【前役人】 57②148
まかないてがた【賄手形】 61⑨259
まがみのごふしん【真上御普請】 66⑤274
まきかたにんそく【巻方人足】 64②124
まきやま【薪山】→A、D 36③210/42⑥379,400,401,402,403/57①22
まぎり【間切】 34①14,15,③52,⑥143/57②128,132,133,134,144,181,182,183,185,187,188,189,191,192,193,194,195,196,199,201,204,208,210,212,215,219,220,227,228,230,233,235
まぎりじちょう【間切地帳】 57②190
まぎりちょうほん【間切帳本】 57②195
まぎりやま【間切山】 57②118,119,120,124,201,227,234
まきわりあい【蒔割合】 63①37,55
まぐさば【秣場】→D 3③120/25①76,129
まくはり【幕張】 47⑤277
まさむね【正宗】 25①94
まさむねのおんたち【正宗之御太刀】 66①57
ましきみやけ【間敷屯倉】 64②112
ましきゅうわり【増給割】 63①31
ましきん【増金】 63①34
ましすけごう【増助郷】→すけごう 66②120,121
ますいれ【桝入】 36③283
ますたてやくにん【升立役人】 42⑥440
ますとり【ます取り、升取】→L 33⑤259/57②185,215/62②36
まち【町】 62③74
まちおくりてんま【町送伝馬】 61⑨256
まちかた【町方】 11④176/25③260,292/40③214/59③237,242,243/66④197,215,216,223,224,230,231
まちぎり【町切】 28①52
まちとしより【町年寄】 59③243
まちぶぎょう【町奉行】 25③292
まちやくしょ【町役所】 59③243
まちやくにんしょ【町役人所】 59③239
まついだわたしごじょうまい【松井田渡し御城米】 24③323
まつおしたてしき【松御仕立敷】 57②233
まつおはやし【松御林】 64④290
まつしまぐみ【松嶋組】 58⑤367
まめ【豆】→B、E、I、L、N、Z 30③301
まる【丸】 30①100
まわしだか【廻シ高】 2③266
まんぞ【マンゾ】→むらにゅうよう 24①148
まんぞう【万雑】→むらにゅうよう 24①148

【み】

みうえぶぎょう【実植奉行】 11①66
みえむらけいかえん【三会村景花園】 66④202
みかど【帝】 10①14/35①40
みかんおくちぎん【蜜柑御口銀】 46②141
みかんおさめやくにん【蜜柑納役人】 46②150
みかんかたきもいり【蜜柑方肝煎】 46②150
みかんかたそうだい【蜜柑方惣代】 46②137,157
みかんしょうや【蜜柑庄屋】 46②150
みぎょうしょ【御教書】 45③133/50①36
みしゅうてがた【未収手形】 64⑤344
みしん【未進】 1③260/9③294,295/10①12,101,179/14①101/23④190,191,192/30③233,303/34①11,15/62②36/66②91/69②210
みしんかた【未進方】 10①178
みしんだて【未進立】 1①104
みしんまい【未進米】 23④192
みずあらそい【水あらそひ】→すいろん→Z 20①226
みずかけろん【水掛論、水懸け論】 36③237/63③119
みずじょうばん【水定番】 63①36
みずちょう【水帳】 19①218/28①92
みすて【見捨】 28①93
みすてだか【見捨高】 28①55
みずとりのかえき【水取の課役】 30①142

みずのみやく【水呑役】 36③340
みずのみやくせん【水呑役銭】 36③339
みずばん【水ばん】→A 43②160,165,166,168
みずばんにん【水番人】 19②348/64①68
みずばんのもの【水番之者】 63③105
みずひきのもの【水引の者】 1①88
みずひきもの【水引者】 1①72,76
みずふせぎごふしん【水ふせき御普請】 66⑤258
みずまわりやく【水廻り役】 23①17
みずみきゅう【水見給】 63①37
みずめつけ【水目附】 63③122
みずもり【水もり】→X 65②79
みずやくしょ【水役所】 64②124,125,128
みた【御田】 20①113
みだいどころさま【御台所様】→おだいどころ 66①41,49
みだいゆみ【御台弓】 66④226
みたからのおさ【百姓の長】 23①7
みたじりおふなで【三田尻御船手】 29④270
みたじりさいばん【三田尻才判】 57①41
みたて【見立】 4①171,179,244,245/27①175
みたてどし【見立年】 27①352
みちづくり【道つくり】→C 9①104
みちのくのくにのこうのどの【陸奥国の守殿】 68①54
みちふみにんそく【道踏人足】 36③320
みつぎ【御調、貢】→ねんぐ 2②142,143/3①9/5①177,③248/7①66/10①15,101,133,142,②303,331,332,333,351,376/18②286/20①113/21①48/22①66/23①83,④184/24①161/25①13,14/33①57/35①203/36①58,③304/39①37/41②57/45⑦379/58⑤284/61⑩427/62②26/68①48
みつぎまい【ミつき米】 25①84
みつぎもの【みつきもの、御調物、貢、貢物】 10①117,194/20①113,114/22①55/24①172/25①17/30①83,84,85,86,87/36①57/37③345/62①15
みつぎりょうのこめ【貢料の米】 30①84
みつけだか【見付高】 28①54
みっつはちぶめん【三ツ八分免】 61⑩449
みつめん【三つ免】 42④279
みとさまおかりば【水戸様御狩場】 61⑩461
みとはんごりょうち【水戸藩御領知】 38①28
みねごううけたまわりやく【三根郷奉役】 32①188,190
みのう【未納】 65③219
みはた【御旗】 66④226
みやこおさ【造長】 10②312
みやでらどうやく【宮寺堂役】 63③130
みやぶしん【宮普請】 43②141
みょうが【冥加】 2②142,143
みょうじたいとう【苗字帯刀、名字帯刀】 34⑧314/41②52/66③157
みょうじたいとうごめん【苗字帯刀御免】 64②120/66③156
みょうとう【名頭】 31⑤284,287
みるかしむらのおさ【見借邑之長】 31⑤247

【む】

むぎとりおさめのほう【麦取収ノ法】→A 32②333,334
むぎめん【麦免】 67②108
むこうふれだし【向触出】 61⑨266,322
むじわり【無地割】 42④274
むしをさるせいど【蝗をさる制度】 15①65
むしをさるのしき【蝗をさるの指揮】 15①66
むたか【無高】 5④338
むついちのせきじい【陸奥一関侍医】 68①65
むとくのきみ【無徳の君】 10①203
むねがかり【棟懸り】 36③229
むねんぐ【無年貢】 11④186/34⑧292,312,314/65②82,103
むらいっとうのりえき【村一統之利益】 47⑤265
むらうけ【村請】 64③164,172
むらうちきゅうじつ【村内休日】 23①68
むらうんじょうば【村運上場】 64②121
むらおくり【村送り】 42①28
むらおさ【村長、邑長、里長】→おさ、しょうや 3①5/6②299,304/7②239,371,373/14①70/15①18/19①13/20①12,351/23④161,162,167,179,197,200,201/25①22/30①117,132/31⑤246/36③158,268/61①39/63②89/68②259/70④261
むらおさやく【村長役】 47⑤264
むらおさやくにん【村長役人】 68④398
むらおやくにんしゅう【村御役人衆】 43③236
むらかいうけ【村買請】 67⑥297,309
むらかいごう【村会合】 63③122
むらがこいひえ【村囲稗】 36③308
むらがしら【村頭】 36③332
むらかた【村方】→D、N 24①148/47⑤265/66④232
むらかたきろく【村方記録】 28②284
むらかたしゅうちゅう【村方衆中】 24③270
むらかたしょうもん【村方証文】 28②284
むらかたしょうや【村方庄屋】 25①70
むらかたたくわえむぎ【村方貯麦】 67①31,34,35
むらかたちょうめん【村方帳面】 42④231,242,251
むらかたねんぐわり【村方年貢割】 42⑥443
むらかたのはし【村方の橋】 36③214
むらかたのみち【村方の道】 36③214
むらかたゆうずう【村方融通】 63②88
むらかたよりあい【村方寄合】 42④248,250,283
むらかんじょう【村勘定】 30③233
むらきみ【邑君】 10②312
むらきりづかい【村切遣】 42④251
むらぐらい【村位】 31①18
むらげちにん【村下知人】 32①5,7,10,14,178,179,185,198,199,②295,309,310,316,317,318,323,324,325,326,327,328,329,330,339,341/64⑤338,339,340,346
むらげよう【村下用】 23④189
むらこうさく【村耕作】 34①13,14
むらこし【村越】 57②214
むらごようすじ【村御用筋】 36③264
むらさかい【村境】 59②115/66⑤289
むらさかいまわり【村境廻り】 42④277
むらさじ【村佐事】 34⑥151
むらじゅういりあい【村中入合】 39③158
むらじゅうのふじにゅうよう【村中之不時入用】→にゅうよう 47⑤270
むらじゅうもちののやま【村中持の野山】 36③201
むらしょ【村所】 11①63
むらじょうほう【村定法】 63③110,114
むらじょうや【村庄屋】 28②249
むらしょにゅうよう【村諸入用】→にゅうよう 63③112
むらすくい【村救】 36③343
むらぞうようわり【村雑用割】 36③340
むらそなえ【村備】 18②266,267
むらだか【村高】 18②257/36③246/63②85/64③183,184,196/67①37,⑥284
むらちく【村筑】 34⑥151
むらつかさ【村司】 4①177
むらつぎ【村継】 30③303/32②330/64④256,279
むらつつたねかりきん【村筒種子借り金】 66①64
むらなかいっとうのじょりょく【村中一統之助力】 63③112
むらなみのやく【村並ノ役】 32②310
むらにゅうよう【村入用】→にゅうよう、まんぞ、まんぞう 30③303/42⑥373,446
むらにゅうようきん【村入用金】 42⑥433
むらにんそく【村人足】 37②77/42④257
むらにんべつちょう【村人別帳】 36③340
むらのかんじょう【村の勘定】 30③304

むらのさんやく【村ノ三役、村之三役】→きもいり、くみがしら、しょうや、なぬし、ひゃくしょうだい、むらやくにん
18②284,③351
むらのつかさ【村の司】 20①330
むらのべまい【村延米】 22①33
むらはっと【村法度】 64②121
むらばっとう【村ばつたう】 39⑥346
むらはつより【村初寄】 43③236
むらばんしょ【村番所】 66④217
むらはんじょう【村繁昌】 63③115
むらぶ【村夫】 67④164
むらぶせん【村夫銭】 22①55
むらぼさ【村ほさ】 34⑥151
むらまどい【村まどひ】 47⑤252
むらまわり【村廻リ、村廻り】 32②330,331/42④239,260/57①22
むらまわりばんにん【村廻り番人】 36③231
むらまわりばんにんきゅう【村廻り番人給】 36③338
むらむらこにゅうよう【村々小入用】→にゅうよう
28①64
むらむらのげちにん【村村ノ下知人】 32①9,13,177
むらむらのやくにん【村々之役人】 67⑥269
むらむらみずちょう【村々水帳】 66①68
むらめつけ【村目附】 63③122
むらもちのの【村持の野】 7①67
むらもとだか【村元高】 64③211
むらやく【村役】 16①184/18②245,257,280,281/22①24,45/30③302/31⑤264/36③158,159,165,167,172,186,189,200,201,214,221,235,239,253,254,263,264,265,269,281,295,296,305,322,325,332,336,339,341,343/40③239/47⑤249,255,258,265,273,277/63①55,③110,130,131/64③181,185,186,187,188/65③207,280
むらやくにゅうよう【村役入用】→にゅうよう
30③266
むらやくにん【庄官、村やくにん、村役人】→むらのさんやく
9③248/22①19,55,73/23①69/24①12,13,14,104,132,②241/25①38/27①247/28②127/31②72/33②133/34⑥144,145,146/36③185,229,281,324,329,338,340,341/39④182,⑥346,347/40③214/42③158,164,169,179,187,189,193,⑥398,433/43②126/47⑤264/61⑩431,460/62⑧240,248/63③99,107,108,112,113,115,116,118,119,120,122,124,125,131,133,134,138,④262,⑦383/64②115,⑤352,364/66④193,220,⑤264/67①25,27,40,53,②90,96,98,111,113,⑥296
むらやくにんしゅう【村役人衆】 43③243
むらやくにんのしはい【村役人の支配】 31③128
むらやくば【村役場】 67②96
むらやくもと【村役元】 66⑤270
むらやま【村山】 18②260
むらやまあたい【村山当】 57②119
むらようすい【村用水】 63③105
むわき【無脇】 43③266

【め】

めざし【目差】 34⑥146
めつけ【目付】 10①98,147,148,149,180,182
めつけしゅう【目付衆】 10①146,159
めつけにん【目付人】 63①52
めばらい【目払】 30③302
めふだ【目札】 36③217
めん【面】 37②114
めん【免】→ごたかめん、ごめん、じょうめん、たかめん、はんめん
2③267/4①244/5①18/10①175/11④182/19①206/23④176,177/28①44,52,53,55,56,58,82,83,86,88,89,90,91/37③346/41②49/61②100/65②83,86,99,100,101,103,105,123,124/67②104
めんい【免位】 70②158
めんおさだめ【免御定】 28①**52**
めんきょ【免許】 57②122,129,175
めんきょてがた【免許手形】 57②134,135
めんじょう【免状、免定】 17①86/28①57
めんじょうだか【免定高】 28①86
めんじょのち【免除の地】 45③133/50①35
めんそう【免相】→N
2③266
めんちがい【免違】 28①86
めんつけちょう【面付帳】 34⑥146/57②214,216,218
めんなおし【免直し】 36③176,264
めんはかり【免図り】 4①237
めんびき【免引】 4①190
めんぶ【免夫】 57②215,216
めんふだ【免札】 59③243
めんわり【免割】→ごめんわり
25①85/28①**58**,**82**,83,92,②267/43③268,271

【も】

もあいぐみ【模合与】 34⑥149
もあいもち【模合持】 34①6
もあいやま【模合山】 57②120
もうしぐち【申口】 57②218
もくざいにゅうよう【木材入用】→にゅうよう
57②91
もくろみちょう【目録見帳、目論免帳】 62②35/66①48
もちおくりにんそく【持送り人足】 36③232
もちくみがしら【持組頭】 66④226
もちにんそく【持人足】 59①29,41
もちびとにんそく【持人人足】 66④220
もちやま【持山】→D
7①69
もとおかむらおおしょうや【元岡村大庄屋】 67④187
もとおやごう【元親郷】 64①61
もとかた【元方】→L
63①34,56
もとじめ【元〆】 66③147
もとじめどころ【元〆所】 25③276
もとじめやく【元〆役】 64①82
もとむら【本村】 3③160/36③160
もとよしおぶぎょう【本吉御奉行】 5④310
もとわり【元割】 63①31
ものがしら【物頭】 10①169/66④210,222,226
ものがしらしゅう【物頭衆】 61⑨308
ものなり【物成】→とりか、ねんぐ、はんものなり
10②316,317,350/13①349/28①59/32①43/61⑩419,439/64②124/67②104
ものなりおさめひえてあて【物成納稗手当】 38①17
ものなりちょう【物成帳】 28①60
もみ【籾】→B、E、I、N、O、Z
36③308
もみおねんぐ【籾御年貢】 64①58
もみかかりもの【籾掛もの】 63①48
もみぐら【儲粟倉、儲蓄倉】→C、Z
18①39,55/68①63
もみじょうのう【籾上納】 24①132
もみだか【籾高】 63①34/64①48
もみねんぐ【籾年貢】 9①128
もみわりあい【籾割合】 63①34
もやいごしらえ【催合拵】 29③244
もり【盛】 28①93/65②83,86,100,101,106
もんばん【門番】 36③175

【や】

や【矢】 10①141/61⑨309
やかたさま【屋形様】 61⑨292
やかやかりさだめ【屋茅刈定】 63③133
やきいん【焼印】 53④223/57②122,134,135,191,197,230
やきぬし【焼主】 53④229
やく【役】 5①30
やぐ【野虞】 35①33
やくぎ【役儀】 5①7,144,156
やくぎん【役銀】 5④331,333,338/32①189,197,②329
やくぎんかいさい【役銀皆済】 32②319
やくしょ【役所】→Z
14①30,38/36③215,285,307,337/49①153/57①17,②86,88,89/58⑤312/59②144,③237/61⑨289,313,314,386/

63①49,②96,⑦399/64②128,④280
やくしょちょう【役所長】 57②85,87,88
やくしょまわし【役所廻し】 59②97,108
やくせん【課銭】 18①99
やくだい【役代】 63①27
やくだいもみ【役代籾】 63①27,28,47
やくだか【役高】 63①34,35,44,46
やくにん【役人】 3③121/10①150,152,155,159,175,188,189,192,193/25①23,③260,263,272,273,274,275,276,280,282,287/28①64,65/30③290,294,304/32①179,180,190/34⑥150,166/36③265,280,338/40②161,③227/41⑦329,333/43②128/48①217/53④223/57①9,10,12,13,19,20,24/59②106,148,151/61⑨257,266,269,286,304,329,338,342,372,⑩435,459/62⑧284/63①31,36,37,41,47,48,57,②89,③102,114,122,125,130/64①53,④247,280,⑤355,356,364,365,366/65②78,③193,240,278,279/66①67,68,②102,③147,149,157,④222,230,⑧392,407,409/67②92,108,113/69②180,213,226
やくにんしゅう【役人衆】 10①117,156,164,165,166,181/25①24
やくば【役場】 59②115,144,149,151/67②95,⑥284
やくひやとい【役日雇】 63③114,132,137
やくひやといちんぎんさだめ【役日雇賃金定】 63③131
やくまい【役米】 23④189/28①59
やくむき【役向】 31⑤246
やくもと【役元】 42⑥403/63①43/67⑥289,291,297,307
やくもみ【役籾】 63①30,42
やくや【役家】 24①148
やくやくつとめかたならびにしょじしまりかた【役々勤方幷諸事締方】 34⑥143
やくりょう【役料】 47⑤273/63①29
やくりょうぎん【役料銀】 32②327
やくりょうましぶん【役料増分】 63①28
やくりょうもみ【役料籾】 63①30
やしきうち【やしき打】 42④271
やしきおねんぐ【屋鋪御年貢】 34⑧300
やしきけんぶん【屋敷見分】 42④246,258
やしきねんぐ【屋敷年貢】 67②108
やしきわり【やしきわり】 42④271
やすみびゃくしょう【休百姓】 →つぶれびゃくしょう 63③110,126,130
やつしろほんおくら【八代本御蔵】 33⑤259
やどくみがしら【宿組頭】 63①28
やどさげ【宿さけ】 59②166
やどつき【宿付】 57②219
やどもみ【宿籾】 63①37
やなみやく【家並役】 63①48
やねやにんべつちょう【屋根屋人別帳】 63③132
やのね【箭の根】 16①191
やはず【矢はづ】 59⑤427
やぶしん【家普請】→N、Z 57②219
やまあき【山明き】 38①21
やまあたい【山当】 57②89,125,126,132,141,148,174,177,185,186,188,190,191,194,195,199,203,213,214,215,216,218,224,225,229
やまいり【山入】→O 24①10
やまいりくみあい【山入組合】 24①11
やまがしら【山頭】 61⑨339
やまがた【山方】 30③303
やまかたおやくにんさま【山方御役人様】 42③190
やまかたてだい【山方手代】 66④231
やまかたとりしまりやく【山方取締役】 33⑤263
やまかたのだいかん【山方の代官】 30③288
やまかたやく【山方役】 14①341/57①20,23,②223,234,235
やまかたやくにん【山方役人】 57①11,19,20
やまがり【山狩、山狩り】 24①41/59①51
やまぎん【山銀】 43②139,200
やまくにん【山工人】 57②89,103,105,127,141,174,177,183,185,186,191,193,194,195,199,204,208,213,218
やまけんぶん【山見聞】 53④214,237
やまさくにんぷ【山作人夫】 1①39,40
やまし【山師】→M 57②89,132,141,174,177,183,185,186,191,193,194,195,208,213,214,215,216,218
やまそとごしはい【山外御支配】 38②87
やまて【山手】 43③255,269
やまてまい【山手米】 36①56
やまと【大和】 59②158,159,165
やまねんぐ【山年貢】 40④338
やまのくち【山の口】 67⑥286
やまのくちあき【山の口明キ】 24①49
やまのくちあけ【山のくちあけ、山の口明、山之口明、山之口明ケ】→くちあけ 24②239,241/30①118,③231
やまひっしゃ【山筆者】 57②186,235
やまぶぎょう【山奉行】 14①402/53④244/57②85,87,88,91,117,119,126,134,136,149,166,168,180,181,185,186,187,191,195,196,197,198,199,201,203,204,207,212,213,214,215,216,218,219,220,221/64①58/66④218
やまぶぎょうしょ【山奉行所】 57②172,235
やまぶぎょうしょきぼしつぎちょう【山奉行所規模仕次帳】 57②84,173
やまぶぎょうしょきぼちょう【山奉行所規模帳】 57②77,84,118
やまぶぎょうしょくじちょう【山奉行所公事帳】 57②84,181,220
やまぶぎょうひっしゃ【山奉行筆者】 57②175,188,190,191,192,193,194,196,197,200,208,209
やまぶぎょうひっしゃつめしょ【山奉行筆者詰処】 57②89
やまふだぎん【山札銀】 30③302
やまふだまい【山札米】 9③288
やままわり【山廻り】 57①23,25
やままわりのもの【山廻り之者】 57①22
やまみ【山見】→A 63①35,37,42,51,57
やまみまわり【山見廻】→A 57②223,224,235
やまめん【山免】→はためん 28①55,57,60,84/57②227/65②99,104,105
やまもり【山守】 3④259
やまやく【山役】 64①62
やり【槍、鑓】 10①130/14①57/16①129,175,181,183,186,189,191/22①19/61⑨258,259,336/66④203
やりのえ【鎗の柄】 13①205
やりもち【鑓持】 25①40/61⑨320,323

【ゆ】

ゆうし【有司】 18①109,175,176/20①9/22①55/30①8,9/45④210/67①58/70②108,112,118
ゆうずうせわすじならびにむらかたとりしまり【融通世話筋幷村方取納り】 67⑥269
ゆうちょう【邑長】 18①22,37,40,41,56,151,152
ゆうどうのきみ【有道の君】 10①203
ゆうはん【熊藩】 55①13
ゆきがこいにんそく【雪囲人足】 25①77
ゆきこもじょうのう【雪菰上納】 25①74
ゆきほりにんぷ【雪掘人夫】 25①29
ゆぎょうのじゅんこく【遊行の巡国】 30③303
ゆざおだいかんしょ【遊左御代官所】 64④300
ゆざごうおおしょうや【遊左郷大庄屋】 64④252,279,280,301
ゆざごうおだいかん【遊左郷御代官】 64④268
ゆざわまちようさんや【湯沢町養蚕屋】 61⑨286
ゆざわようさんや【湯沢養蚕屋】 61⑨279,296,299,300
ゆばんとう【湯番頭】→M 5④321,333
ゆみ【弓】→N、Z 13①122/16①186/18①88/22①19/40②41/56①100/66④223,226
ゆみてっぽう【弓鉄炮】 65①11
ゆみや【弓矢】→N 37③254/69②197,206

ゆやく【湯役】 5④309
ゆやくぎん【湯役銀】 5④309,312,321,333,338
ゆんちゅ【与人】 34⑥146

【よ】

ようえき【傜役】 20①351
ようきん【用金】 62⑧248
ようさいいん【養済院】 70③217
ようさんおやくしょ【養蚕御役所】 61⑨375,380,381
ようさんかかりやく【養蚕懸り役】 61⑨276
ようさんかた【養蚕方】 61⑨257,266,269,292,306,362
ようさんかたおやくしょ【養蚕方御役所】 61⑨284,336
ようさんかたかかりやくにん【養蚕方掛役人】 61⑨260
ようさんかたてだい【養蚕方手代】 61⑨315
ようさんさしひきやく【養蚕指引役】 61⑨262
ようさんや【養蚕屋】 61⑨260,262,263,265,269,270,276,279,280,301,320,321,325,337,372
ようさんやくしょ【養蚕役所】 61⑨304
ようすいいでほりでつとめ【用水井手堀出勤】 29④291,293
ようすいにゅうよう【用水入用】→にゅうよう 4①278
ようにん【用人】 66④208/69②179
ようふ【用夫】 43②170
よけちょう【除帳】 63③118,127
よこすかおしろ【横須賀御城】 16①284,323
よこてかちゅうようさんがかり【横手家中養蚕懸り】 61⑨276
よこめ【横め、横目】 3④305,306,308,309,377/10①146,147,148,149,150,151,152,180,181,182,184/25①26/33⑤247/34⑧292/57①18
よこめしゅう【横目衆】 10①98,124
よつはちぶめん【四ツ八歩免】 61⑩423
よつものなり【四つ物成】 13①347
よどりょう【淀領】 36③324
よない【余荷】 36③232/63①58
よないきん【余荷金】 63①37
よないせん【余荷銭】 36③284
よないまい【余内米】 10②323
よばんぐみ【夜番組】 36③214
よまい【余米】→L 36③218/64③176
よまいだい【余米代】 64③174,175
よもち【世持】 34⑥147,151
よらごううけたまわりやく【与良郷奉役】 32①193,195,197
よりあい【寄合】→N 28①66/42③157,192,202,④231,248,250,254,265,267,277,282,283/43②160,167/59②151
よりあいけっさん【寄合決算】 42④283
よりあいそうだん【寄合相談】 36③338
よりあいびき【寄合引キ】 59②164
よりあいぶち【寄合扶持】 16①52
よりきがしら【与力頭】 67⑥302
よろい【よろい、よろひ】 16①129,300
よろいかぶと【鎧兜】 10①15
よろずぞうわりちょう【万雑割帳】 36③340
よんかそんちょうもと【四ケ村帳元】 63①51
よんくみうけとりちょうめん【四組請取帳面】 63①56
よんくみちょうもと【四組帳元】 63①53
よんばんごしゅうのう【四番御収納】 40③240

【ら】

らいこうじおくら【来迎寺御蔵】 36③280

【り】

り【吏】 20①330,331
りけん【利剣】 10①200
りし【吏司】 10②300,322
りせい【里正】→しょうや 3④221,237,238,239,242,245,246,249,254,259,260,282,284,285,288,313,315,361,382/5③244/6②299/35①11/37②121/62⑧288/67①58,60,61
りゅうけめん【立毛免】 47⑤271
りょうおくごてん【両奥御殿】 18②250
りょうおんまる【両御丸】 59①47
りょうがけ【両掛、両懸ケ】 61⑨258,259,320,323,335
りょうしがしら【漁師頭】 59③215,223,227,229,232,235,237,238,240,241,242,245,246
りょうしがしらまえ【漁師頭前】 59③223,230,246
りょうしがしらやく【漁師頭役】 59③214
りょうしそうだい【猟師惣代】 59②152
りょうしとしよりやく【漁師年寄役】 59③246
りょうしねんぎょうじ【漁師年行事】 59③244,245
りょうしゅ【領主】→ごりょうしゅ 3③181/10①6,14,128,151/14①29,31,32,34,35,38,39,40,54,55,64,65,88,101,102/20①351/22①24,73,74/23④193/25①87,③262/32①184/62⑤128,⑦187,⑧281/69②194
りょうしゅのえき【領主の益】 14①27,33
りょうしゅのごかってむき【領主の御勝手向】 14①65
りょうしゅのりとく【領主の利得】 14①35
りょうそうじとう【両惣地頭】 34①14/57②183
りょうち【領知、領地】→ごりょうち 10①109,147,169,186,196,201/47⑤261
りょうちんだいこう【両鎮台公】 2⑤325
りょうとう【領頭】 62①17
りょうふだ【漁札】 58④247
りょうむらわり【両村割】 36③269
りょうりにん【料理人】→M 61⑨336
りんごう【隣郷】 24③331
りんじ【綸旨】 45③133/50①36
りんじおやすみつぶれ【臨時御休潰れ】 25③289
りんじごようどめ【臨時御用留】 3④292
りんじにゅうよう【臨時入用】→にゅうよう 63①41
りんつけ【厘付】 62②35
りんばん【輪番】 57①18

【る】

るけい【流刑】 57②122,126

【れ】

れい【令】 24③277
れんぱんしょ【連判書】 39④203
れんぱんじょう【連判状】 39④216,222

【ろ】

ろうしゃ【籠舎】 64①58,70,79,80,82
ろうじょ【老女】→N 66④218
ろうばんとう【老番頭】 66④222
ろうや【牢屋】 33⑤244,247,249,252,258
ろくしゃくきゅう【六尺給】 36③304
ろくしゃくきゅうまい【六尺給米】 22①42
ろくだんちょう【六段帳】 63①34,40
ろくぶかた【六分かた、六分方】 28①54

【わ】

わかいものぐみ【わかひもの組】 39⑥346
わかさじい【若狭侍医】 68①50,60
わかたてやま【若立山】 57①9,10,14,47
わかものがしら【若者頭】 63③120,131
わかものぐみ【若者くみ】 39⑥347
わかやま【若山】→T 28①63
わかやまごりょうない【若山御領内】 53④222,232,245
わきがろう【わき家老】 64①81
わきざし【わきさし、脇差、脇指】

16①106, 160, 189/62⑦212/66⑥341/67①55
わきざしのさき【脇指の鋒】 49①230
わきのまちおだいかんしょ【脇野町御代官所】 36③263
わきのまちごじんや【脇野町御陣屋】 36③173, 175, 230
わきのまちさいばんきゅう【脇野町宰番給】 36③329
わきむらのしょうや【脇村之庄屋】 33⑤258, 260
わじゅんのよりあい【和順之寄合】 42④231
わせまい【早米】→F、N 29④282
わた【綿】→B、E、I、N 30③302
わっぷぎん【割符銀】 43①66
わらびなわ【蕨縄】→B 30③302
わりかけ【割懸け】 36③307
わりかた【割方】 36③214, 338
わりち【割地】 18②282
わりちょうめん【割帳面】 36③307
わりなおし【割直】 34①6
わりば【割場】 63①43
わりぶしん【割普請】→C 28①68
わりふちょう【割府帳】 31⑤253
わりもと【割元、割本】 25①23, ③260, 276/36③323, 324/40①5/63③99
わりもととうやく【割元当役】 25③292
わりやま【割山】 24②239
わりわたす【わり渡す】 68②261

S 人　名

【あ】

あいきどの【相木殿】 64①72
あいざん【愛山】 53⑤365
あいだきゅうざえもん【相田久左衛門】 61⑨260
あいづこう【会津侯】 45④209
あおきあつのり【青木敦書】→あおきぶんぞうこんよう 70③217
あおきくろうえもん【青木九郎右衛門】 66④222
あおきにえもん【青木仁右衛門】 66①36,60,63,64
あおきぶんぞうこんよう【青木文蔵昆陽】→あおきあつのり、せいあつのり 3①35
あおと【青砥】→あおとかきゅう 59③203,246
あおとかきゅう【青砥可休】→あおと、かきゅう 59③247
あおとかわち【青砥河内】 59③236
あおとさえもん【青砥左衛門】 10①188
あおとさきょうのしん【青砥左京進】 59③204,205
あおとし【青砥氏】 59③203
あおとなにがし【青砥某】 23①13
あおとやぎえもん【青砥屋儀右衛門】 59③237,240,241
あおやまいなばのかみ【青山因幡守】 64①40,47,58,62,75,83
あおやまし【青山氏】 67②114
あかえやゆうじろう【赤絵屋勇次郎】 48①84
あかしじろう【明石次郎】 53②97
あかつきかねなり【暁鐘成】→かねなり 15③334/60②88
あかねやとうべえ【茜屋藤兵衛】 61⑨307
あきもとせっつのかみ【秋元摂津守】 67①37,39,42
あきやすりゅうぞう【秋保龍蔵】 61⑨285,289,301,330,365
あきよし【明義】→おかだあきよし 18④394
あくたがわ【芥川】 68③334
あさいなじゅうざえもん【朝井那重左衛門】 64④273,279
あさえもん【浅右衛門】 63①60
あさえもん【浅右衛門】 66③146
あさくらこう【朝倉公】 55②135,136
あさくらしゅじん【朝倉主人】 55②174
あざとうえかた【安里親方】 57②172
あざとペーちん【安里親雲上】 57②166
あさねのや【朝寝舎】→えんえもん、ふちざわさだなが 2①10
あさのえいすけ【浅野永助】 64②135
あさのかんだゆう【浅野勘太夫】 66④218
あさのきいのかみ【浅野紀井守】 65②147
あさべえ【浅兵衛】 67③133
あさみべんのすけ【麻見弁之助】 43③256,266
あしかがしょうぐんよしまさ【足利将軍義政】 13①326
あしだうもん【芦田右門】 64①74
あしなし【葦名氏】 20①351
あだちそうえつ【足立宗悦】 43③238
あつのぶおう【篤信翁】 6①184
あつよし【篤好】→こにしあつよし 7②221/21①93
あなん【阿難】 24①21
あぶらやげんぱち【油屋源八】 42③151
あぶらややすけ【油屋弥助】 49①38
あべいせのかみ【阿部伊勢守】 67①20
あべげんごべえ【阿部源五兵衛】 64④302
あべげんだゆう【阿部源太夫】 46①104
あべごへえ【阿部五兵衛】 64④279,281
あべびっちゅうのかみ【安部備中守】 66②86
あべれきさい【阿部櫟斎】 69①105
あまこかつひさ【尼子勝久】 59③243
あまのげんたい【天野玄岱】 44①39
あまはしちえもん【天羽七衛門】 64①58
あみやいちろべえ【網屋市良兵衛】 58②96
あみやじんえもん【網屋甚右衛門】 59③244
あやは【綾羽、綾織】 35①223,②415
あやはとり【あやはとり、綾羽織、漢織】 47①9,10,11,36,②129
あらいはくせき【新井白石】 48①169
あらいまごべえ【新井孫兵衛】 66②112
あらかきちくどうんペーちん【新嘉喜凡親雲上】 34⑥166
あらがきにや【新垣仁屋】 34⑥118
あらきへいすけ【荒木平助】 39④197,200
あらぐすくペーちん【新城親雲上】 34⑥166
あらやかんぞう【荒谷寛蔵】 61⑨263
あらやちゅうべえ【荒谷忠兵衛】 61⑨325
あらやとくぞう【荒谷徳蔵】 61⑨358
ありかわこふじ【蟻川小藤】 67①55
ありさかていさい【有坂蹄斎】 50③278
ありさわ【有沢】 45①42
ありすがわのみや【有栖川宮】 24①174
ありまげんごえもん【有馬源五右衛門】 34⑦262
ありましゅりだゆう【有馬修理太夫】 66④189
あるがよそうえもん【有賀与惣右衛門】 67⑥289,294
あんきし【安喜之】 59⑤421
あんざいはりまのかみ【安西播磨守】 60⑤293
あんじんさんけんきち【安神散顕吉】 42⑥391
あんどうきはち【安藤喜八】 66②119
あんねんおしょう【安然和尚】 70②67
あんろくざん【安禄山】 6①212

【い】

いいだしげきよ【飯田重清】 33①58
いいだたねのぶ【飯田胤宣】 3①22
いいだはちへい【飯田八平】 66①66
いいづかなへえ【飯塚名兵衛】 18⑥499
いいはらともしち【飯原友七】 66③147
いいん【伊尹】 18①13/69②177
いえうえかた【伊江親方】 34①15/57②116,135
いえつぐこう【家継公】 66②114
いえのぶこう【家宣公】 66②114
いえもん【伊右衛門】 64④258,294
いおはらかんさい【庵原菡斎】

→かんさい(藺斎)
2⑤324,336
いがのかみ【伊賀守】 66②121
いがらしことよじあつよし【五十嵐小豊次篤好】 39④231
いかりやしょうべえ【碇屋庄兵衛】 64④294
いかりやなおすけ【碇屋直助】 11④176,185
いくえもん【幾右衛門】 63①29,59,60
いぐちまたはち【井口又八】 30③306
いくのすけ【幾之助】 63①29,59
いけえもん【池右衛門】 65②116
いけだうえきやわたはん【池田栽樹家綿半】 55③389
いけだきはちろう【池田喜八郎】 64③169
いけだげんごえもん【池田源五右衛門】 66④211
いこまはんざえもん【生駒半左衛門】 66④221
いさいせんせい【鷾斎先生】 68①213
いざえもん【伊左衛門】 67⑥294
いざきろくろうべえ【井崎六郎兵衛】 43③238
いさはやひょうご【諫早兵庫】 66④208
いざわやそべえ【井沢弥惣兵衛】
→やそべえ
64③165,169,193,198/65③188,240
いしいきいち【石井喜市】 63⑧428,429
いしいさだいちろう【石井貞一郎】 61⑨372
いしいさもんじ【石井佐文次】 42③151,172,183
いしいしょうごろう【石井庄五郎】 67⑤239
いしいしんざぶろう【石井新三郎】 64④311
いしいだいぞう【石井代蔵】 61⑨260
いしいたぞう【石井多蔵】 42③169,171,182
いしいとうきち【石井藤吉】 38③205
いしいひょうご【石井兵庫】 61⑨263
いしいやごへえ【石井弥五兵衛】 3④269
いしいよいちろう【石井与一郎】 61⑨286,300
いしおしちべえ【石尾七兵衛】 64③199,200
いしがきちくどうん【石垣筑登之】 34⑥118
いしがきどんくろう【依斯我気曇燿籠】 33⑥301
いしがきぺーちん【石垣親雲上】 34⑥166
いしかわいがのかみ【石川伊賀守】 61⑩449
いしかわいちろうざえもん【石河市郎左衛門】 66④228
いしかわかずいち【石川和市】 63⑧429
いしかわたみはる【石川民治】 61⑨363
いしかわちょうのじょう【石川長之丞】 63⑧429,441
いしかわてつごろう【石川鉄五郎】 63⑧429
いしかわのとのかみ【石川能登守】 64①58,60
いしかわまんのすけ【石河萬之助】 66④228
いしかわりきのすけ【石川理紀之助、石川理記之助】 63⑧428,429,431
いしかわりきのすけさだなお【石河理記之介貞直】 63⑧426
いしくういち【石工卯市】 65④333
いしぐろのちひろ【石黒の千尋】 47②78
いしざきさま【石崎様】 42④243,254
いしざわひょうご【石沢兵吾】 57②82
いしだぶんごろう【石田文五郎】 1③275
いしち【伊七】 11④167,180
いしづしょうえもん【石津庄右衛門】 57①15,38
いしばし【石橋】 37③375
いしばしし【石橋氏】 3②67
いしはら【石原】 65④341
いしはらくらのしん【石原内蔵之進】 66④210,212,229
いしはらなおえもん【石原直右衛門】 66④211
いしはらへいじろう【石原平次郎】 65④333
いしはらよいちざえもん【石原与一左衛門】 67②104
いしやはんしろう【石屋半四郎】 66②108,109
いしやまじゅうぞう【石山重蔵】 64④281,302
いしやまじろうえもん【石山次郎右衛門】 64④252
いしやまへいない【石山平内】 64④307
いずみくらんど【泉蔵人】 61⑨259
いずみこう【泉候(侯)】 69②209,212
いずみのかみさま【和泉守様】 65②128
いずみもともざえもん【泉元茂左衛門】 64③199
いずみやでんざえもん【和泉屋伝左衛門】 5④338
いせていじょう【伊勢貞丈】 52②84
いせやでんさぶろう【伊勢屋伝三良】 58②97
いそごろう【磯五郎】 61⑨307,308
いたがきりはち【板垣利八】 61⑨279
いたくらこう【板倉公】 18①175
いたくらせひょうえ【板倉瀬兵衛】 66④222
いちえもん【市右衛門】 32①12,20,46,86,95,100,107,118,139,170
いちおう【一翁】 47③177
いちくさいどうさん【為竹斎道三】 3④297
いちざえもん【市左衛門】 32①13,121
いちざえもん【市左衛門】 64④257,260,264
いちじょうどの【一条殿】 10①5
いちじょうふさいえきょう【一条房家卿】 10①98
いちだゆう【市太夫】 63①59
いちだゆう【市太夫】 64①81
いちのじょう【市之丞】 64①44,47,48,52,53,54,58,64
いちべえ【市兵衛】 32①12,48,86,96,100,107,139,170
いちべえ【市兵衛】 61⑨307
いちべえ【市兵衛】 64①81
いちべえ【市兵衛】 66⑧390,394,407,409,410
いちみやとうま【一宮藤馬】 32①15
いちろうえもん【市郎右衛門】 10①154
いちろうえもん【市郎右衛門】 43③234,239,271
いちろうざえもん【市郎左衛門】 63①37,42,60
いちろうじ【市郎次】 67①65
いちろうた【市郎太】 66⑤258,273,274,282,287
いちろべえ【市郎兵衛】 43③238
いちろべえ【市郎兵衛】 61⑨363
いちろべえ【市郎兵衛】 66②115
いっきゅうおしょう【一休和尚】 43③248
いつぐん【逸群】 18①30
いっさ【一左】 24①134
いっしきあきのかみ【一色安芸守】 64③172
いっとうおしょう【一凍和尚】 43③248
いでおのじさだおき【井出斧次定興】 15②253
いでかんえもん【井出勘右ヱ門】 11③149
いでさへいなおまさ【井出左平直政】 15②253
いでし【井出氏】 15②301
いでぶんざえもんおきまさ【井出文左衛門奥正】 15②253
いといぶんぺい【糸井文平】 43③241
いとうきゅうべえ【伊藤及兵衛】 61⑨276,290,292,294,302,310,330,341,343,347,376,381
いとうきんご【伊東金吾、伊藤金吾】 61⑨268,321,322
いとうくまじろう【伊東熊次郎】 67①20
いとうごうざえもん【伊藤郷左衛門】 66②115
いとうこれのり【伊藤維則】 18①191
いとうこれのりしょうだい【伊藤維則松台】 18①55
いとうしょうさく【伊藤正作】 5③244
いとうしんきち【伊藤新吉】 59③235
いとうせいえもん【伊東政右衛門】 57①30
いとうせいはちろう【伊藤政八郎】 61⑨274
いとうそうざえもん【伊藤惣左衛門】 29③196,199,210,221
いとうたろべえ【伊藤太郎兵衛】 61⑨260
いとうのぶさき【伊藤信前】 5③289
いとうはんざえもん【伊藤半左衛門】 57①15,46
いとうふくじ【伊藤福治】 63⑧429
いとうふじまつ【伊藤藤松】 63⑧428,429
いとうぶんない【伊藤文内】 66①43,45,50,54,59,②96,

103
いとうゆうせん【伊藤猶扇】 11③147
いとうゆうたく【伊藤雄卓】 66④219
いとまんさとうぬしぺーちん【糸満ぁ親雲上】 34⑥165
いとん【倚頓】 10②303/38③117
いながきしゅうぞう【稲垣周蔵】 31⑤282
いながきせっつのかみ【稲垣摂津守】 66⑧391
いなばこう【因幡侯】 59③247,248
いなばこたんごのかみ【稲葉故丹後守】 66②87
いなばさま【稲葉様】 36③176,257,340
いなばたんごのかみ【稲葉丹後守】 36③173,230
いなばたんごのかみ【稲葉丹後守】 66②87
いなばのかみ【因幡守】 64①40,48,50,51,52,61,62,64,75
いなばまんじろう【稲葉万次郎】 67①20
いなばみののかみ【稲葉美濃守】 66②87,94
いなはんざえもん【伊奈半左衛門】 59①25,26,35,48/64③201/66①66,67,68,②87,107,110,112,114
いのうえけんぞう【井上謙蔵】 43③234,238,265
いのうえさだじろう【井上貞次郎】 61⑩433
いのうえし【井上氏】 42③150,156,175,176,181
いのうえちからみなもとのかんこく【井上主税源観国】 7②221
いぶきのや【伊吹廼屋】 3①6
いぶきのやのひらたあつたね【いぶきの屋の平田篤胤】 21①93
いへいた【伊平太】 63①59
いへえ【伊兵衛】 27①208
いへえ【伊兵衛】 29③196,221
いへえ【伊兵衛】 43③236
いまいさぶろうえもん【今井三郎右衛門】 43③239
いまいし【今井氏】 43③240
いまがわりょうしゅん【今川了俊】 66③160
いまなりとうべえ【今成藤兵衛】 38③205
いまむらえいせん【今村英川】 18④429
いまむらげんだゆう【今村源太夫】 39④187,189
いまむらただいち【今村唯市】 59③240
いまりやそうきち【いまりや宗吉】 11④168,181
いやどうさとうぬしぺーちん【伊舎堂ぁ親雲上】 34⑥165
いりえまたえもん【入江又右衛門】 66④209,211
いわたたんだゆう【岩田丹太夫】 43③234,238
いわてとうざえもん【岩手藤左衛門】 66②88
いわながなにがし【岩永某】 65④333
いわながはちろうたゆう【岩永八郎太夫】 66④210
いわはしたへえ【岩橋太兵衛】 65②111
いわむら【岩村】 57②81
いわむらし【岩村氏】 57②77
いんけいしゅう【殷荊州】 70⑥372
いんげん【ゐんげん】 17①212
いんげんぜんじ【隠元禅師】 10②328
いんだいほんのういんしょうにん【院代本能院聖人】 43③234
いんちゅう【殷紂】 13①321/22①21
いんのちゅうおう【殷紂王】 40②163
いんまきしょうべえ【印牧庄兵衛】 39④187,189

【う】

う【禹】 6②321/12①113/24①18/51①13/69②177,197,206,207
ういち【卯一】 65④341
うえがきせい【上垣生】 35①253
うえがきもりくに【上垣守國】 →もりくに
35①6,11,15
うえきし【植木氏】 61⑨319
うえきしろうべえ【植木四郎兵衛】 61⑨256,257,266,269,320,322,335,336,338,348,370,380,381,383
うえきとしさだ【植木利定】 61⑨284
うえきやごんじろう【植木屋権次郎】 55②137
うえきやぜんえもん【植木屋善右衛門】 55②112
うえさとちくどうんぺーちん【上里筑登之親雲上】 34⑥165
うえじけ【上治家】 49①81
うえすぎ【上杉】 57②81
うえすぎし【上杉氏】 57②77
うえだあきなり【上田秋成】 65③219
うえだいちがく【上田一学】 2③271
うえだじへえ【上田治兵衛】 49①75
うえだしゅんぞう【上田俊蔵】 33②134
うえのえいぞう【上野栄蔵】 66③147
うえのまたきち【上野又吉】 11①66
うえのみやのみこ【上宮太子】 60⑦400
うえはらし【上原氏】 1②190
うきち【宇吉】 61⑨372
うきょうのしん【右京進】 10①128
うしごめともべえ【牛込友兵衛】 64①82
うじやすこう【氏康公】 17①187
うちこしはちえもん【打越八右衛門】 34⑦262
うちだきょうしけい【内田恭思敬】 70⑤316
うちだやたろう【内田弥太郎】 70⑤341
うちだゆうい【内田友意】 59③214
うちのいちろうざえもん【内野市郎左衛門】 32①15
うつみこのえもん【内海此右衛門】 63②96
うどのはちろうさぶろう【鵜殿八郎三郎】 66④208
うぬまこくぼう【鵜沼国懋】 18④395
うねめさま【采女様】 65②128
うばらのや【薔薇舎】 68①54
うへいじ【宇平次】 67①30,42
うへえ【宇兵衛】 11④187
うへえ【宇兵衛】 63①59
うへえ【宇兵衛】 64④257
うめぞう【梅蔵】 63①27,28,38,58
うめづいちべえ【梅津一兵衛】 61⑨300
うめづけ【梅津家】 70②157
うめのさくえもん【梅野作右衛門】 32①15
うらべいちだゆう【占部市太夫】 66④210
うんけんりしざい【雲間李士材】 6①225
うんのまたじゅうろう【海野又十郎】 67①27,30,37,42

【え】

えいおう【衛鞅】 69②238
えいざいぜんじ【栄西禅師】 56①164
えいめい【永命】 31⑤284
えぐちもとはる【江口元治】 67②105
えさかせいえもん【江坂清右衛門】 64②129
えざきぜんざえもん【江崎善左衛門】 64②114
えざきへいはち【江崎兵八】 64②120
えじ【恵慈】 60⑦400
えじま【江嶋】 59③204
えじりりょうざえもん【江尻領左衛門】 38②87
えちごのいわきち【越後ノ岩吉】 61⑨279
えちごやすけさぶろう【越後屋助三郎】 61⑧220
えちぜんや【越前屋】 61⑨321
えつおうこうせん【越王勾践】 38③117
えとうせんせい【江藤先生】 62①10
えとうやしち【江藤弥七】 62①20
えどやきちべえ【江戸屋吉兵衛】 66⑥335
えどやよざえもん【江戸屋与左衛門】 61⑨275,367,371
えはしじんしろう【江橋甚四郎】 61⑨360,363
えんえもん【円右衛門】 66②121
えんえもん【圓右衛門】→あさねのや､ふちざわさだなが
2②168
えんぎてい【延喜帝】 45③133/50①36
えんじゅいん【延寿院】 18①187
えんじゅいんどうさんたちばなじゅこく【延寿院道三橘寿国】 18①15
えんぞう【園蔵】 61⑨280
えんてい【炎帝】→しんのう
18①13/20①341,347/45⑦375/70⑥370
えんていしんのう【炎帝神農】→しんのう
4①250
えんどういずみのかみ【遠藤泉

野守】 66②113,114
えんどういへえ【遠藤伊兵衛】 63⑥353
えんどうしほう【遠藤志峯】 68①64
えんどうへいえもん【遠藤兵右衛門】 38④288
えんどうへいえもん【遠藤兵右衛門】 66③147
えんどうりょうざえもん【遠藤良左衛門】 63⑦402
えんのうばそく【ゑんのうばそく】 47①12
えんのぎょうじゃ【ゑんの行者】 47①11

【お】

おうぎやじゅうべえ【扇屋重兵衛】 15②301
おうきょ【応挙】 29①10,90
おうけいこう【王荊公】 65③222
おうしゃく【王灼】 70①8,23
おうじん【応神】 13①337
おうちょううえかた【翁長親方】 34⑥164
おうてい【王禎】 20①7
おうていしょうすがわらしずひこ【王鄭章菅原静彦】 24①175
おうはくせき【王白石】 24①162
おうようし【欧陽子】 12①19
おうりょう【王良】 6①214
おおいしくらのすけ【大石内蔵助】 43③244
おおいたてわきどの【大井帯刀殿】 24①69
おおうちきざえもん【大内喜左衛門】 3④382
おおうちけいぞう【大内敬蔵】 37②121
おおうちし【大内氏】 53①10,11
おおうら【大浦】 32①10
おおうらさだえもん【大浦貞右衛門】 32①15
おおうらしちじゅうろう【大甫七十郎】 58②90,93
おおおかきよのすけ【大岡喜代之助】 66④227
おおおかごろうえもん【大岡五郎右衛門】 66④227
おおおかはちざえもん【大岡八左衛門】 66④230
おおきた【大喜多】 44②172
おおぎやじろべえ【扇屋治郎兵衛】 61⑨368
おおくぼえっちゅうのかみただひろ【大久保越中守忠寛】 47③177
おおくぼかがのかみ【大久保加賀守】 58⑤367
おおくぼかがのかみ【大久保加賀守】 66①34,②87,96,102
おおくぼさがみのかみ【大久保相模守】 66②86,93
おおくぼしちろうえもん【大久保七郎右衛門】 66②86
おおくぼちゅうあん【大久保仲庵】 66④228
おおくらおう【大蔵翁】→おおくらながつね
68②244
おおくらかめおう【大蔵亀翁】→おおくらながつね
15①10,③326/70④258
おおくらせい【大蔵生】→おおくらながつね
15②131
おおくらとくべえながつね【大蔵十九兵衛永常】→おおくらながつね
15②301
おおくらながつね【大蔵永常】→おおくらおう、おおくらかめおう、おおくらせい、おおくらとくべえながつね、かめおう、こうようえん、こうようえんおおくらながつね、こうようえんしゅじん、こうようえんろうじん、なんぽうおおくらし
14①27,69,107,161,217,271,321,363,411/15①12,66,67,②134,141,183,243/23①111/45③132,177/50①35,73,113,③240/62⑦176,180/68②245,294/69①31,67,96/70④260,272,281
おおさかてんた【大坂天太】 55②111
おおさかのせいえもん【大坂之清右衛門】 61⑨308
おおさかや【大坂屋】 44①55
おおささぎのおおじ【大鷦鷯の皇子】 62②26
おおしおかくのすけ【大塩格之助】 67⑥302
おおしおはんざえもん【大塩伴左衛門】 66④209,211,229
おおしおへいはちろう【大塩平八郎】 67⑥302
おおしま【大しま】 43②205
おおすがなかやぶ【大菅中養父】 65③218
おおぜきみつひろ【大関光弘】 38②88
おおだいらよぶんじ【大平與文次】 25③258
おおだいらよへえ【大平與兵衛】 25③258
おおたきとうざえもん【大滝藤左衛門】 64④283
おおたけりえもん【大竹理右衛門】 66④228
おおたさぶろうざえもん【太田三郎左衛門】 43③240
おおたしょうすけ【太田祥介】 57②81
おおだてさま【大舘様】 1③272
おおつかいちのじょう【大塚市之丞】 64①42,77,83,84
おおつかたみえもんゆきまさ【大塚民右衛門行昌】 64①84
おおつかちゅうざえもん【大塚忠左衛門】 30③306
おおつかとうべえ【大塚藤兵衛】 59③229
おおつきしげさだ【大槻茂禎】 68①54
おおつきしげつむげんりょう【大槻茂蓄玄梁】 18①195
おおつぜんざえもん【大津善左衛門】 66①39,41,42,44,45,46,54,55,56
おおつぼうじ【大坪うし】 24①167
おおつぼおう【大壼翁】 24①176
おおつぼきくせん【大坪菊仙】 24①173
おおつぼきくせんし【大坪菊仙子】 24①159
おおつぼきくせんたいろう【大坪菊仙大老】 24①164
おおつぼきくせんぬし【大坪菊仙ぬし】 24①165
おおつぼけい【大坪兄】 24①159
おおつぼし【大坪子、大坪氏】 24①159,162,165,166
おおつぼしゅじん【大坪主人】 24①172
おおつぼたいおう【大坪大翁】 24①175
おおつぼにいち【大坪二市】→きくせん、しゅうじゅさいきくせん、にいち
24①173,177
おおつぼにいちろうじん【大坪二市老人】 24①168
おおつぼのしゅじん【大坪の主人】 24①160
おおつぼのろうおう【大坪の老翁】 24①179
おおとも【大友】 10①5
おおとものさでひこ【大伴狭手彦】 24①83
おおにしえいざえもん【大西栄左衛門】 66③147
おおにしかくのえもん【大西覚之右衛門】 66①36,60,63,64
おおぬききちざえもん【大貫吉左衛門】 61⑨273,368,370
おおのきいちべえ【大野木市兵衛】 53①60
おおのさま【大野様】 42④269
おおのし【大野氏】 42③152,④267
おおのひろみ【大野広海】 41④209
おおはしまたべえ【大橋又兵衛】 63②96
おおはたさいぞう【大畑才蔵】 65②97,111,117
おおはつせわかたけのすめらみこと【大泊瀬幼武の天皇】 47②77
おおはまぺーちん【大浜親雲上】 34⑥166
おおはらさんえもん【大原三右衛門】 66④228
おおむらくらのしん【大村内蔵之進】 66④207
おおむらさま【大村様】 66④207
おおむらしなののかみ【大村信濃守】 66④207,208,210
おおむらじゅうべえ【大村重兵衛】 66④208
おおもとごんえもん【大元権右ヱ門】 29④299
おおやつしちろう【大谷津七良】 1③280
おおやまじぶのすけ【大山治部之介】 32①15
おおよしながとのかみ【大喜長門守】 24③351
おおわだもんぺい【大和田門平】 61⑨258
おかくにひこ【岡邦彦】 24①157
おがさわらうこんしょうげん【小笠原右近将監】 66②108
おかじまぎぞうえもん【岡嶋儀三右衛門】 47⑤266
おかだ【岡田】 18④423
おかだ【岡田】 68③334
おかだあきよし【岡田明義】→あきよし
18④397
おかだおう【岡田翁】 18④427
おかだくにたろうあきよし【岡田邦太郎明義】 18④392

おかだすけしちろう【岡田助七郎】 39④184
おかだてんえもんよしとも【岡田典右エ門義智】 18④392
おがたひょうえもん【緒形兵右衛門】 64①40
おかだよしひさ【岡田義久】 18④392
おかのため【岡野為】 52⑦283,284
おかべおにのすけ【岡部鬼之助】 10①124
おかべゆうさく【岡部勇作】 5④307
おかむらし【岡村氏】 24①69
おかよしかた【岡義方】 70⑥376,434
おかりょうひこ【岡亮彦】 24①176
おがわえんのすけ【小川円之助】 61⑨286,300
おがわぜんべえ【小川善兵衛】 59③205
おがわたざえもん【小川多左衛門】 70③220
おがわためしち【小川為七】 44①56
おきのかみ【隠岐守】 64①54,67
おぎのだいはち【荻野大八】 66③146
おぎのともえもん【荻野伴右衛門】 66③146
おぎのぶんご【荻野文吾】 66③146
おぎはらさま【荻原様】 59①42
おきふながしらろくろうえもん【沖舟頭六郎右衛門】 61⑨306
おぎわらおうみのかみ【荻原近江守】 66①67
おくだいらかくすけ【奥平覚助】 66④228
おくだいらぎへえ【奥平儀兵衛】 66④228
おくだいらくろうえもん【奥平九郎右衛門】 66④219
おくだゆきあき【奥田之昭】→ゆきあき
30①5
おぐにりょうあん【小国良庵】 66④228
おくむらよごえもん【奥村与五右衛門】 66①66
おくやまこうえもん【奥山恒右衛門】 66④208,209,210,229
おくやまこえもん【奥山小右衛門】 66④227
おけやげんぞう【桶屋源蔵】 59④365
おさかりきごろう【小坂力五郎】 68③365
おざきたろべえ【尾崎太郎兵衛】 63②96
おざきはんざえもん【尾崎半左衛門】 66④221
おざわしょうくろう【小沢庄九郎】 3④382、
おしげんざえもん【忍源左衛門】 66②112
おしのやよへえ【押野屋与兵衛】 47②127
おたいいくさぶろう【小田井幾三郎】 59②98
おだくらろくざえもん【小田倉六左衛[門]】 3④269
おだこうそんせいあんみなもとのせいちょう【小田侯孫誠庵源成朝】 18①23
おだだいさく【織田大作】 24②242
おだよししゅじん【小田喜主人】 52①10
おだわらや【小田原屋】 52①13
おだわらやしゅじん【小田原屋主人】 52①21
おちあいじえもん【落合次右衛門】 66④209
おちあいしんぱち【落合新八】 64②114
おちあいぜんえもん【落合善右衛門】 64②124
おちあいにすけ【落合仁助】 44①54,56
おちあいへいざえもん【落合平左衛門】 64②120
おちかどの【お千賀殿】 63②87
おちなおすみ【越智直澄】→なおすみ
70③240
おにのすけ【鬼之助】 10①126,128
おにまつうら【鬼松浦】 10①187
おぬきそうえもん【小貫捴右衛門】 42②86,109
おぬきまん【小貫萬】 22①17
おぬきまんし【小貫萬志】 22①9
おぬきやまただのすけ【小貫山忠之助】 61⑨293,344
おのえもん【小野右衛門】 63①60
おのおかさま【小野岡様】 61⑨360
おのおかじゅうだゆう【小野岡十太夫】 61⑨281
おのけいほ【小埜蕙畝】 48①246
おのざきさま【小野崎様】 61⑨358
おのさま【小野様】 66⑤289
おのじゅうえもん【小野十右衛門】 32①15
おのせんせい【小野先生】 48①348
おののたかむら【小野篁】 6①216
おのらんざん【小野蘭山】→らんざん、らんざんせんせい
48①348/68①53
おのらんざんせんせい【小野蘭山先生】 48①391/49①158
おばらうちゅう【小原宇仲】 61⑨286,288,296,366
おふね【於布根】 24①165
おふねこじ【小舟居士】 24①159
おまん【おまん】 53②97
おやまこざえもん【尾山小左衛門】 64①42,64,77
おやまだたろう【小山田太郎】 17①186
おやまだはりまのかみ【小山田播磨守】 66④210
おやまやすだゆう【尾山安太夫】 64①70
おわりのむらじ【尾張連】 64②112
おんだたのも【恩田頼母】 66⑤258
おんでん【穏田】 47①8
おんぼうしへいじ【おんぼふ四平次】 58②90
おんみょうじありむねにゅうどう【陰陽師有宗入道】 23①13

【か】

かいがすけえもん【貝賀助右エ門】 58②90
かいせんおしょう【階千和尚】 42⑥372
かいのすけ【貝之助】 10①152,153,154,155
かいばら【貝原(益軒)】 11③141/38④272
かいばら【貝原(楽軒)】 21①55
かいばらあつのぶ【貝原篤信】 1①17/12①14
かいばらおう【貝原翁(益軒)】 15①26/18①138,141
かいばらおう【貝原翁(楽軒)】 21①25
かいばらきゅうべえあつのぶ【貝原久兵衛篤信】 48①86
かいばらこうこ【貝原好古】 13①316
かいばらし【貝原氏(益軒)】 3②70
かいばらし【貝原子(楽軒)、貝原氏(楽軒)】 22①26/40②38
かいばらせんせい【貝原先生(益軒)】 6①139,173,179
かいばらせんせい【貝原先生(楽軒)】 37②105,106/40②137/68④405
かいばらせんてつ【貝原先哲(益軒)】 15①29
かいばららくけん【貝原楽軒】→らくけん
1④295/12①21,46/13①319,378/56①164
かいふやかんべえ【海部屋勘兵衛】 53①60
かえもん【嘉右衛門】 64④248,251
かえもん【嘉右衛門】 67③135
かおる【薫】 45⑥287,297,324
かがやえんじろう【加々屋円次郎】 64④249,250
かがやきゅうべえ【加賀屋久兵衛】 53⑤328
かがやへいぞう【加賀屋兵蔵】 61⑨326,332
かぎ【賈誼】 70②73
かきち【嘉吉】 53④214,236,237
かきのもとのひとまろ【柿本人麻呂】→ひとまる
53①10
かきのもとのまちぎみ【柿ノ本ノ大夫】→ひとまる
62⑥147
かきゅう【可休】→あおとかきゅう
59③196
かくぎょうそんし【角行尊師】 61③128
かくしげひで【加来茂英】 60⑦408,443
かくじょせん【郭恕先】 70②146
かくだいし【角大師】 35①84
がくへい【学平】 42⑥380
かくぼく【郭璞】 60③143
かくやひめ【各谷姫、各夜姫】 35①178/47①9
かくろうさま【覚瀧様】 42④250
かけいはりまのかみ【筧播磨守】

64③165
かけざえもん【かけ左衛門】 64④264
かけつ【夏桀】 13①321/22①21
かげつ【花月】 24①168
かげやま【影山】 59③204
かげんきち【夏原吉】 15①10
かこう【霞耕】 70⑥434
かざえもん【加左衛門】 64①81
かさはらごだゆう【笠原五太夫】 2⑤335
かさはらさぶろうえもん【笠原三郎衛門】 64①66
かざん【華山】 62⑦182/70⑤336
かざんみなみけいき【華山南啓期】 68①46
かざんわたのべぬし【華山わたのへぬし】 62⑦176
かし【和氏】 69②186
かじたぶない【梶田武内】 43③256
がしほうしん【画師方信】 72②36
がしゅうこう【賀州公】 18①176
がしょう【鵞少】 35①158,168
かしろう【嘉四郎】 67③136
かしわぎこえもん【柏木小衛門】 64①72
かしわぎしゅうらん【柏木秀蘭】 37②222
かしわや【かしはや】 61⑨370
かずえのかみ【主計頭】 66④205
かすがひこいち【春日彦市】 67⑥294,295
かすけ【嘉助】 64④259,260,263,269,270
かすみやちゅうごろう【香住屋忠五郎】 43③238
かせきゅう【綛久】 49①62,81
かせつ【華雪】 24①168
かせやきゅうべえ【綛屋久兵衛】 49①56,84
かせんせんせい【果僊先生】→みやじたちゅう 70⑥433
かせんみやじおう【果僊宮地翁】→みやじたちゅう 70⑥369
かせんやまおか【霞川山岡】 62③70
かたおかげんえもん【片岡源右ヱ門】 58②92
かたぎりとらきち【片桐寅吉】 52②125
かたやまえりのすけ【片山江里之助】 66④208
かたやまちゅうざえもん【片山仲左衛門】 66④226
かついげんごえもん【勝井源五右衛門】 66④226
かつえもん【勝右衛門】 61⑥192
かつえもん【勝右衛門】 63①60
かつきぎゅうざん【香月牛山】 18①138
かつきぎゅうざんおう【香月牛山翁】 18①115
がっさんちょうろう【月山長老】 64④303
かつたさじえもん【勝田左次右衛門】 43③246
かつたろう【克太郎】 67③135
かつべもとえもん【勝部本右衛門】 9③291
かとういさなおうきのなおひで【加藤勇魚翁紀尚秀】 62⑧236
かとうかずえのかみ【加藤主計頭】 16①295
かとうかんさい【加藤寛斎】 3④217,221,235
かとうくんなおひで【加藤君尚秀】 62⑧288
かとうせいべえ【加藤清兵衛】 59④291
かとうためさだ【加藤為貞】 35①254
かとうだんえもん【加藤団衛門】 64①71
かとうはちえもん【加藤八右衛門】 18⑥500
かとうややすべえ【加嶋屋安兵衛】 61⑨330,336,338,344,346,347,358
かとうりょうしち【加藤良七】 9③257
かなぎげんていろう【金木玄貞老】 66⑦365,371
かなぐすくちくどうんぺーちん【金城筑登之親雲上】 34③36
かねこたつごろう【金子辰五郎】 63⑧428,429
かねこようえもん【金子要右衛門】 42③151,152
かねなり【鐘成】→あかつきかねなり 45③139
かねん【家年】 42④250
かのうおう【夏ノ禹王】 69②186
かのうごうすけ【加納郷助】 66①46,47,48,51,53,54,56,60,61,②104,105
かのこぎなにがし【鹿子木某】 65④324
かのこしろう【鹿野小四郎】 5①5
かのし【鹿野氏】 5①190
かのやすよし【鹿野安好】 5①185
かへえ【加兵衛､嘉兵衛】→くろさわかへえ 64①41,43,44,45,47,48,49,52,54,57,61,72,73,74,75,78
かへえ【嘉兵衛】 66⑧390
かべやすざえもん【加部安左衛門】 66③156
かまくらでんか【鎌倉殿下】 45③133/50①36
かまた【鎌田】 10①170
かまたくろうえもん【鎌田久郎右衛門】 29③210
かまやなおぞう【釜屋直造】→なかむらなおぞう 61④176
かみちょうさきちょうえもん【上町先長右衛門】 43③247
かみやじきち【神谷治吉】 64②134
かめおう【亀翁】→おおくらながつね 70④258,259
かめきち【亀吉】 42②92
かめきょうじゅう【亀協従】 53②136
かめやけんすけ【亀屋謙介】 42⑥373
かめやしんきち【亀屋新吉】 61⑧220
かもざえもん【鴨左衛門】 64④264
かもすえたか【賀茂季鷹】 43③255
かものすけ【鴨之助】 64④257
かものよしひら【賀茂の幸平】 20①274
かやかんどうはぐらてんそく【可也簡堂羽倉天則】 50③239
からさわ【唐沢】 18②262
からつさま【唐津様】 66④207
かわい【川合】 37③375
かわいさま【川合様】 42④261,274
かわいし【川合氏】 3②67
かわいし【河相氏】 44①44,54
かわいしゅうべえ【河相周兵衛】 44①55
かわいせいべえ【河相清兵衛】 44①56
かわいたんじ【河合丹次】 43③234
かわいちゅうぞう【川合忠蔵】→かわいろうのう 29①91/38④257,286,287
かわいとうじゅおう【川合桃寿翁】 24③340
かわいなおだゆう【川井直太夫】 66④227
かわいろうのう【河合老農】→かわいちゅうぞう 69①59
かわごえし【川越氏】 50②144
かわごえふくん【川越府君】 67①58
かわさきやいちべえ【川崎屋市兵衛】 49①87
かわしげまさ【河重政】 59⑤444
かわせごろうえもん【河瀬五郎右衛門】 57①15,44
かわせやきじゅうろう【かわせ屋喜十郎】 61⑤178
かわちさんざえもん【河内三左衛門】 64②119
かわちやげんしちろう【河内屋源七郎】 15②136
かわちやちょうべえ【河内屋長兵衛】 15③411
かわつ【川津】 59③204
かわつちょうべえ【川津長兵衛】 59③213
かわなべじろうざえもん【川鍋次郎左衛門】 66④208
かわなべじろうざえもん【川鍋治郎左衛門】 66④220
かわのかんえもん【川野勘右衛門】 66②113
かわまたぜんざえもん【川又善左衛門】 1③275
かわまたもんざえもん【川又文左衛門】 3④269
かわみなみしろべえ【汾陽四郎兵衛】 34⑦261
かわむらたいちろう【河村多一郎､川村多一郎】 61⑨292,309,377
かわもとや【川本屋】 44①51,53
かわもとやきちべえ【川本屋吉兵衛】 44①13
かわらさだいじん【河原左大臣】 35①230
かんあんおう【歓庵翁】 69②159,163,208,388
かんう【関羽】→P 35①220
かんえもん【神右衛門】 59③205
かんえもん【勘右衛門】 61⑨268

がんかい【顔回】 70②65
かんこう【桓公】 5①192
かんさい【藺斎】→いおはらかんさい
2⑤324,337
かんさい【寛斎】 3④219,355
かんさいいしざかそうてつ【竿斎石阪宗哲】 68①45
かんざきぶえもん【神崎武右衛門】 66④218
かんざぶろう【勘三郎】 64④265,280,281,291
かんしさい【寛子斎】 62⑤129
かんしさいたいらのなおしげ【寛子斎平直重】 62⑤129
かんじゅうろう【勘十郎】 64④265,292
かんじょうしょう【菅丞相】 54①140
かんしん【かん信、韓信】 10①200/18①58
がんそいへえ【元祖伊兵衛】 27①228
かんぞう【寛蔵】 61⑨325
かんだきさぶろう【神田喜三郎】 64②134
かんだばしさま【神田橋様】 59①24,39
かんだよのきち【神田与之吉】 29③221
かんちゅう【寛仲】 42⑥376
かんなおき【菅直木】 49①151
かんなべせんせい【神辺先生】 44①11
かんのさんぼん【菅ノ三品】 38④286
かんべえ【勘兵衛】 61⑨277,301,302
かんべえ【勘兵衛】 64①80
かんべえ【勘兵衛】 64④264
かんべえ【勘兵衛】 66②119
かんむてんのう【くわんむ天皇】 16①57
かんゆ【韓愈】 15①10

【き】

き【棄】 12①12/33①9
きうちとうべえ【木内東兵衛】 61⑨267
きえもん【喜衛門】 3④321
きえもん【㐂右衛門】 9③279
きえもん【喜右衛門】 32①13,29,75,92,99,105,115,122,135,138,144,150,173,202
きえもん【喜右衛門】 36③174
きえもん【喜右衛門】 61⑨270,288,311
きえもん【喜右衛門】 63②95
きえもん【喜右衛門】 64④262
ぎえもん【儀右衛門】 59③237,238,240,242
ぎえもん【儀右衛門】 63①60
きかんどう【晞幹堂】 68②292,293
きき【姫棄】 69②186
きぎょうあんうんちょうほうし【幾暁庵雲蝶法師】 6①173
きくせん【菊仙】→おおつぼにいち
24①153,155,157,173
きくせんおおつぼろう【菊仙大坪老】 24①178
きくせんし【菊仙子、菊僊子】 24①160,162,171
きくせんぬし【菊仙ぬし、菊仙大人】 24①169,176
きくちかつら【菊地桂】 61⑨262
きくちきゅうえもん【菊池九右衛門】 5④310
きくちさま【菊池様】 42④243,254,277
きくちとうしろう【菊地藤四郎】 61⑨261
きくちろくろうえもん【菊池六郎右衛門】 39④197
きくらじゅうえもん【木倉十右衛門】 66⑦368
きげつさい【其月斎】 62③70,79,④100
きざえもん【喜左衛門】 61⑨360,363
きさぶろう【喜三郎】 64④268
きさやしんしろう【木佐屋新四郎】 9③263,291
きし【季氏】 35②319
きし【箕子】 40②163
ぎし【羲氏】 69②186
きしだやしょうざえもん【岸田屋庄左衛門】 43③238
きしゅうさま【紀州様】 43③262/46②135
ぎじゅつあん【義術庵】 42④242
きすけ【喜助】 29③196,256,266
ぎすけ【義助】 43③238
きぞう【喜蔵】 61⑨261
きそうこうてい【きそうこう帝】 55②178
きそうじ【喜惣治】 64④281
きそうた【喜惣太】 61⑨374
きそよしなか【木曾義仲】 13①326
きたごうしめい【北郷子明】 68①58,65
きたごうもとたか【北郷元喬】 68①209
きだちもりさだ【木立守貞】 1①18
きたばたけげんい【北畠玄意】 52②84
きたはらしひょうえ【北原四兵衛】 64①81
きたむらこくじつ【北村穀実】 58③122
きちえもん【吉右衛門】 32①13,25,64,89,102,111,119,172
きちえもん【吉右衛門】 59①10,11,19
きちえもん【吉右衛門】 61⑨324,331
きちえもん【吉右衛門】 64④268,275,278,294
きちざえもん【吉左衛門】 61⑨323,331
きちざえもん【吉左衛門】 64④278,280
きちじ【吉治】 61⑨356
きちすけ【吉助】 10①151
きちべえ【吉兵衛】 61⑨324,331
きちべえ【吉兵衛】 64①44
きちべえ【吉兵衛】 67③136
きっかわさきょう【吉川左京】 67①20
きてい【季定】 35①216
ぎてき【儀狄】 51①13
きなせしょうざぶろう【木名瀬庄三郎】 38①28
きなんろうしゅじん【奇南楼主人】 45⑥282
きぬがさないだいじん【衣笠内大臣】 15③331
きぬがさないふこう【衣笠内府公】 6①203
きぬどめけいかんほけん【衣関敬貫甫軒】 18①6,55
きのいまもりあそん【紀今守朝臣】 6②325
きのしたせいざえもん【木下清左衛門】 8①11
ぎのぶんこう【魏ノ文侯】 18③349
きのややすべえ【木屋安兵衛】 61④172
ぎのわんうえかた【宜野湾親方】 57②148
ぎのわんぺーちん【宜野湾親雲上】 57②179
きはく【岐伯】 4①206
きはち【喜八】 23①42
きはち【喜八】 61⑨356
きはち【喜八】 64④264,269,306
きはつ【姫発】 69②199
きびのおとど【吉備大臣】 37③369
きふう【紀風】 49①35
きへえ【喜兵衛】 39②91
きへえ【喜兵衛】 64④257,258,259,260,261,262,266,274,279,286,292,293,295,296,297,301
ぎへえ【儀兵衛】 32①13,127
ぎへえ【義兵衛】 43③236
ぎへえ【義兵衛】 67③133
ぎへえ【儀兵衛】 67⑥294
きむらこうきょう【木村孔恭】 49①206
きむらしちだゆう【木村七大夫】 28①56
きむらそうべえ【木村惣兵衛】 61⑨260
きもう【希孟】 18①175
きもりさだ【木守貞】 1②166
きゃんさとぬしぺーちん【喜屋武里之子親雲上】 57②179,221
きゅうあん【汲黯】 18①108
きゅうえもん【久右衛門】 59①40
きゅうけいさんじん【鳩渓山人】 70①26
きゅうごろう【久五郎】 64④263,277
きゅうざえもん【九左衛門】 64④277,288,294
きゅうざぶろう【久三郎】 61⑨269,362
きゅうざぶろう【久三郎】 64④278,286
きゅうすけ【九助】 64④264
きゅうだゆう【九太夫】 63①37,57,60
きゅうたろう【久太郎】 64①40,49,50
きゅうべえ【久兵衛】 10①7
きゅうべえ【久兵衛】 59①11,60
きゅうべえ【九兵衛】 64①81
きゅうべえ【久兵衛】 64②114,120
きゅうほうしゅじん【鳩方主人】 55①16
ぎょう【尭、堯】 6①213/12①16,113/13①341/20①8/35①244,②342/36①37/37③252/67⑥263/69②177,197,205,207,225
ぎょうえほうし【堯慧法師】 54①153
きょうえんしゅじん【杏園主人】 45⑥282
ぎょうきぼさつ【行基菩薩】 60②97
きょうごく【京極】 60②112

きょうごくさどのかみ【京極佐渡守】 67①20
ぎょうたい【暁台】 35①148
ぎょうてい【堯帝】 20①7/35①46
きょうのたかお【興野隆雄】 56②239
きょうやじゅうえもん【京屋十右衛門】 61⑨337
きよさだ【清貞】 10①180
きよさだこう【清貞公】 10①15,98,123,129,163,169,196
きょしゅうどうじんまさのり【虚舟道人正徳】 68②244
きよむね【清宗】 10①152,154,180
きよむねこう【清宗公】 10①14,123,124,128,150,151,163,172,186
きよもりにゅうどう【清盛入道】 13①326
きょゆう【許由】 12①270
きょろく【許六】 6①176
きりきさま【桐木様】 42④254
きりゅうし【吉柳氏】 31①30
きろく【喜六】 64④306
きんざぶろう【金三郎】 64④263,266,268
きんざぶろう【金三郎】 66⑤264,288
きんじゅうろう【金十郎】 61⑨372
ぎんしょうあんずいげんおしょう【吟松庵瑞巌和尚】 6①159
きんだいろうじん【琴台老人】 52①11
きんちょうせんせい【錦腸先生】 68①213
きんめいてんのう【欽明天皇】 47①9,11
きんろく【金六】 61⑨315

【く】

くうかい【空海】 38③179,180
くうやしょうにん【空也上人】 15①24
くえもん【九右衛門】 11④175,185
くきこう【九鬼侯】 69②389
くさかべ【くさかへ、日下辺】 37②67,121
くさばいていほう【草場韡棣芳】 58⑤369
くさまさとき【草正辰】 63④270
ぐしちゃんうえかた【具志頭親方】 34①15/57②116,135,149,181
ぐしちゃんうえかたさいぶんじゃく【具志頭親方蔡文若】→ぶんじゃく 57②76
くしべしんしち【櫛部新七】 29③195
くしやじゅうすけ【櫛屋十助】 59④366
ぐしゅん【虞舜】 13①319,336/38③111
くすのき【楠】→E、I 38④282
くすのきまさしげ【楠正成】→なんこう 10②335/40②164
くすりじん【薬甚】 42⑥370,382,387,409
くたみりえもん【久田見理右衛門】 67①42
くつげん【屈原】 10①200
くつたうまだゆう【屈田右馬太夫】 24③353
くどうへいはち【工藤平八】 43③266
くにいせいれん【国井清廉】 24①179
くにさきじへえ【国東治兵衛】 53①60
くのうえもん【久野右衛門】 66②121
くのすけ【九之助】 25②232
くぼおわりのかみ【窪尾張守】 10①151
くぼかんぱち【久保勘八】 66②87
くぼたごんじろう【窪田権次郎】 61④162
くぼたじょうざえもん【久保田丈左衛門】 66①44,54,55,56,58,59,66
くぼたしんじゅうろう【久保田進十郎】 66③146
ぐほん【虞翻】 70②139
くまがいいへえ【熊谷伊兵衛】 52⑦319
くまがいじゅうえもん【熊谷十右衛門】 61⑨280,307
くまもとこう【熊本侯】 5③271
くまもとすけだゆう【熊本助太夫】 66①56,58,②115
くめごろべえ【久米五郎兵衛】 64④311
くらくうじ【工楽氏】 15②298
くらくおう【工楽翁】 15②295,297
くらくまつえもん【工楽松右衛門】 15②270
くらしなじゅうすけ【倉品十助】 43③265
くらたやいちじゅうろう【倉田屋市重郎】 64③172,175
くらみつひょうえもん【倉光兵右衛門】 61⑨265
くらんど【蔵人】 10①178
くらんどどの【蔵人殿】 10①197
くりばやししんえもん【栗林信右衛門】 64④249,250
くりはられいすけ【栗原礼助】 66③147
くりやがわにえもん【栗谷川仁右衛門】 56①40,157
くれは【呉羽、呉服】 35①223,②415
くれはとり【くれはとり、呉織、呉服織】 47①9,10,11,36,②129
くろうえもん【久郎右衛門】 66⑤264
くろうざえもん【九郎左衛門】 64④264
くろうどさま【内蔵人様】 67⑤239
くろうどの【九郎殿】 10①126
くろがねや【くろかねや】 44①57
くろがねやたすけ【鉄屋太助】 44①7
くろかわさくすけ【黒川作助】 57②81
くろさわかざえもん【黒沢加左衛門】 64①60
くろさわかへえ【黒沢加兵衛、黒沢嘉兵衛】→かへえ(加兵衛) 64①40,51,57,71,72,77,84
くろさわさじえもん【黒沢左次右衛門】 64①41
くろせどの【黒瀬殿】 10①129
くろだごりゅう【黒田五柳】→ごりゅう 59④393
くろまるごろべえ【黒丸五郎兵衛】 61⑨340
ぐんじし【郡司氏】 3④238
くんとうさんじん【君洞山人】 62⑧288

【け】

けいがん【嵆含】 70①11
けいてい【景帝】 35①216
けいふじん【契夫人】 47②135
けいほうおう【髻峯翁】 39①11
けさ【けさ】 53②97
けつ【桀】 35①244
げつあん【月菴】 13①223,224
げっかぼうらいほう【月華坊来宝】 40②36
けっちゅう【桀紂】 5①172
けつふ【潔婦】 35①187
げんあぺーちん【源阿親雲上】 57②166
げんあんおう【元庵翁】 69②160,208,389
げんいちろう【源一郎】 61⑨256
げんえもん【源右ヱ門】 11③147
げんえもん【源右衛門】 32①12,13,21,27,51,71,87,91,98,100,103,107,113,118,120,134,139,143,170,173,②306
げんえもん【源右衛門】 42③175
げんえもん【源右衛門】 64④294
げんえもん【源右衛門】 66③153
げんきおしょう【元機和尚】 56②240
げんきつ【原吉】 15①11
けんくん【建君】 18①32,33,34
げんけいこう【源敬公】 64②113,120,121
げんこ【玄扈】 18①140,147
げんこ【玄古】 61⑩438
けんこう【兼好】 35①159/60②88/70②73
げんこう【元厚】 42⑥387,389,390,409,413,414,415,418,424,428,431,436,437,438,439
げんこう【玄光】 47⑤266
げんこうどう【元広堂】 46①50,89,104
けんこうほうし【兼好法師】 13①213
げんこぼう【玄古坊】 45⑥296
げんさくけんくん【元策建君】 18①30
げんざろう【源三郎】 61⑨265
げんざんみよりまさ【源三位頼政】 55②145
けんし【建氏】 18①187
げんじゅうろう【源十郎】 64④257
げんじゅうろう【源十郎】 66⑧390
げんじゅうろう【源十郎】 67②105,108
けんじゅどう【硯寿堂】 62⑦178
げんしろう【源四郎】 61⑥189
げんせいしょうにん【元政上人】

43③242
げんたく【玄沢】 68①52
げんたつ【元達】 42⑥387
げんだゆう【源太夫】 43③234, 246,255,273
げんちゅう【元仲】 42⑥383
げんていろう【元貞老】 42⑥418
げんとく【玄徳】 35①216,220
げんぱく【元伯、玄伯】 68①52, 53,54
げんぱち【源八】 61①52
げんばどの【玄蕃殿】 52⑦317
げんばのかみひろみちおう【玄蕃頭弘道王】 24①84
げんぴせいりょうし【元妃西陵氏】 47①56
げんべえ【源兵衛】 61⑨268, 366
げんめいかおう【玄明窩翁】 69②184,237,280,320,354
げんめいてんのう【元明天皇】 37③383
げんゆう【元雄】→たむらげんゆうげんだい 45⑦432
げんりょう【玄梁】 68①52

【こ】

こうえいろうじょせん【江英楼如泉】 52①62
こうえつ【光悦】 55③432
こうえもん【幸右衛門】 44①54
こうきてい【康熙帝】 35②261, 292,369
こうけいふじん【光契夫人】 35①54
こうし【孔子】→ふうし 3③126/6②321/24①174/35②320,369/69②193,207,213
こうしごろうえもん【孝子五郎右衛門】 63⑤299
こうしょく【耕識(后稷)】→X 17①121
こうしょくがいし【好食外史】 52①11
こうじろなべしまやへいざえもん【神代鍋嶋弥平左衛門】 66④208,211
こうしんいんでんさま【高真院殿様】 59③210,244
こうせい【孔聖】 40②83
こうそ【高祖】 43③242
こうそうこうてい【孝宗皇帝】 15①64
こうそだいし【高祖大士】 43③260
こうだぜんだゆう【幸田善太夫】 24①74
こうちょう【公長】 7①33
こうちょう【黄長】 70①25
こうてい【黄帝】 4①206/35①32,183,223/51①13/69②197
こうていうゆうし【黄帝有熊氏】 62④86
こうていのきさきせいほうし【黄帝の后せいはうし】 62④101
こうとくひょうご【幸徳兵庫】 24③352
ごうないかつすみ【郷内勝清】 18①40
こうのけ【河野家】 10①183
こうのし【河野氏】 19②451
こうのつうじょ【河野通如】 23⑥306
こうのとくべえ【河野徳兵衛】 23⑥297,341
こうのみちうじ【河野通氏】 10①151
こうのみちただ【河野通正】→みちただ 10①86
こうふうし【孔夫子】 10①194/20①8
こうぼうだいし【弘法大師】 7②289/21⑤218/66⑥337
こうほぶんぱくがはは【公父文伯か母】 3③180
こうめい【孔明】 6①115/35①220
こうようえん【黄葉園】→おおくらながつね 15①56,66,②303/45③176/50①38
こうようえんおおくらながつね【黄葉園大蔵永常】→おおくらながつね 15②302
こうようえんしゅじん【黄葉園主人】→おおくらながつね 14①163
こうようえんろうじん【黄葉園老人】→おおくらながつね 15①61
こうらくしゃしょうさく【耕楽舎正作】 5②220
こうりきさこんだゆう【高力左近太夫】 66④215
こうりきさま【高力様】 66④189
こうりゅう【公劉】 69②180, 253
こえもん【小右衛門】 67①30, 42,54
ごえもん【五右衛門】 64①78
ごえもん【五右衛門】 64④260, 267
ごおうふさ【呉王夫差】 38③117
ごかしわらのいん【後柏原院】 59⑤424
こかんしれん【虎関師錬】 52②84
ごかんのかんてい【後漢の桓帝】 12①228
こきょう【胡嶠】 24①178
ごきょうごく【後京極】 6②325
ごくがないだいじん【後久我内大臣】 37③339
こくらこう【小倉侯】 68④408
ここう【壼公】 24①176
こざえもん【小左衛門】 64①44,48,58,65,66
ござやもへえ【御座屋茂兵衛】 66⑧394
ごししょ【伍子胥】 10①200
こじまいえもん【小嶋伊右衛門】 66③146
こじまじょすい【児島如水】 7①6/63⑧431/70⑥416
こじまとくしげ【児島徳重】→とくしげ 5③252/7①86,110,123
こしろう【小四郎】 64④265
ごしんくん【御神君】 61①45
こすけがわさま【小介川様】 61⑨387
こすけがわじろうえもん【小介川治郎右衛門】 61⑨386
こせきやいちべえ【小関弥一兵衛】 42①64
こそう【瞽瞍】 20①261
ごだいしょうぐん【五代将軍】 63⑤299
こだまさがみのかみ【児玉相模守】 24③354
こだませんせい【児玉先生】 23①113
こだまちくごのかみ【児玉筑後守】 24③355
こだまちょうのすけ【小玉長之介】 63⑧428
こだまでんざえもん【児玉伝左衛門】 61②103
こたろう【小太郎】 64④259, 265
こちょうかんのじょう【戸長勘之丞】 59②144
こちょうこう【顧長康】 70①10
ごとうしょうざぶろう【後藤庄三郎】 49①141
ごとうだいべえ【後藤大兵衛】 66④209
ごとばいん【後鳥羽院】 54①139
こにし【小西】 7②221
こにしあつよし【小西篤好】→あつよし、こにしし、こにしとうえもん、こにしとうえもんあつよし、とうえもんあつよし 7②217,227,376/21①91/23①33/62⑧276
こにしし【小西氏】→こにしあつよし 3②67/37③375/69①101
こにしせっつのかみ【小西摂津守】 16①295
こにしとうえもん【小西藤右衛門】→こにしあつよし 69①129
こにしとうえもんあつよし【小西藤右衛門篤好】→こにしあつよし 23①110
このえいん【近衛院】 24①44
こばやしげんぎ【小林元宜】 21①91
こばやしさま【小林様】 43③268
こばやししちろべえ【小林七郎兵衛】 66④230
こばやししんべえ【小林新兵衛】 15③411
こばやしたんえもん【小林丹右衛門】 65①43
こばやしばくぞう【小林貘蔵】 43③234,238,256,266
こばやしまごしろう【小林孫四郎】 64③177
こひがときたね【小比賀時胤】 70③231
ごふうていさだとら【五風亭貞虎】 72⑪84
ごへいじ【五平次】 67①27,28, 30,31,33,34,35,36,37,38, 41,42,55,64
こへえ【小兵衛】 43②131
こへえ【小兵衛】 63②90,95
こへえ【小兵衛】 64④259
こへえ【小兵衛】 66③155,156, 157
ごへえ【五兵衛】 65④348,358
こぼりさま【小堀様】 43②195
こまきひゃくえもん【駒木百右衛門】 42①64
こまつさま【小松様】 39④207
こまのすけ【駒之介】 66⑤256
こまのめろくべえ【駒ノ目六兵衛】 61⑨347
ごみずのおいん【後水尾院】 6②325
ごみずのおてい【後水尾帝】 52②85,119,124
こみやまじろうえもん【小宮山

次郎衛門】 3④341
こむらじんざえもん【小村甚左衛門】 61⑨260
こむろくない【小室宮内】 61⑨290,294,302,310,330,347,362,364,381
こめはち【米八】 66⑤264,274,289
こめや【米屋】→M
43③249,268
こめやもえもん【米屋茂右衛門】 11④166
こめやよしち【米屋与七】 43③234
こめやよへいじ【米屋与平次】 43③234,238,248,253,257,273
こやまいちじゅうろう【小山市十郎】 61⑨262
こやまし【小山氏】 61⑧221,232
こやまひこべえかんれい【小山彦兵衛寛嶺】 35②416
こよあんねすにこっと【コヨアンネスニコット】 45⑥316
ごりゅう【五柳】→くろだごりゅう
59④327,363,365,366,368
これきち【此吉】 67③136
ころくうえーかた【小禄親方】 34⑥165
ごろざえもん【五郎左衛門】 10①7
ごろざえもん【五郎左衛門】 43③273
ごろざえもん【五郎左衛門】 63②95
ごろざえもん【五郎左衛門】 64④258,259,265,267,269,277,288,291
ごろしち【五郎七】 66③146
ごろべえ【五郎兵衛】 11④175,184
ごろべえ【五郎兵衛】 43③241,244,247
ごろべえ【五郎兵衛】 64④274
ごろべえ【五郎兵衛】 66③156
ごんえもん【権右衛門】 66⑧390
ごんくろう【権九郎】 15③349
ごんしろう【権四郎】 64④265,292,295
ごんすけ【権助】 61⑨356
こんどういだゆう【近藤伊太夫】 65②111
こんどういわみのかみ【近藤石見守】 66②86
こんどうくらんど【近藤蔵人】 61⑨270
こんどうこうえもん【近藤好右衛門】 66④227
こんときのじょう【金時之丞】 61⑨287,294,302,307,312,319,320,321,322,347
ごんべえ【権兵衛】 64①45
こんやすえもん【金易右衛門】 61⑨277,290,294,302,308,311,320,321,322,330,335,338,341,343,344,347,381
こんやゆうじろう【紺屋勇次郎】 48①55
ごんろく【権六】 61⑨339

【さ】

さいうしゅく【崔兎錫】 14①161
さいおんじ【西園寺】 10①6
さいおんじさねみつきょう【西園寺実光卿】 10①197
さいおんじどの【西園寺殿】 10①5,129,166
さいぎょうほうし【西行法師】 40②108
さいじゅん【蔡順】 18①80/35①213,215
さいしょく【崔寔】 35①99
さいすけ【才助】 43②131
さいすけ【才助】 44①50,55
さいとうかくざえもん【斎藤角左衛門】 43③266
さいとうこうえもん【斎藤幸右衛門】 46③201
さいとうしろうじ【斎藤四郎次】 32①15,32,42,159,164,174,177,178,181,196,198
さいとうそうざえもん【斎藤惣左衛門】 38④274
さいとうべっとうさねもり【斉藤別当実盛】 15①69
さいとうもざえもん【斎藤茂左衛門】 59③237
さいとうよごへい【斎藤与五平】 3④285,288,377
さいべえ【才兵衛】 32①13,25,65,90,97,103,112,119,133,138,142,172,201,203,219,②286,287,288,291,292,294,300,301,302,306,307,308,310,312,313,332,336,337
さいよう【蔡邕】 70②150
さいりん【祭(蔡)倫】 70②134
さかいきゅうざ【酒井久左】 16①278
さかいさだゆう【酒井佐太夫】 43③256
さかいすけだゆう【酒井助太夫】 66④211,212
さかいちゅうざえもん【坂井忠左衛門】 39④187
さかいはやとのしょう【酒井隼人正】 66⑦370
さかいひゅうがのかみ【酒井日向守】 64①53,56,79
さかいや【堺屋】 49①95
さかいややえもん【境屋弥右衛門、堺屋弥右衛門】 49①59,93
さかきばらたくみ【榊原内匠】 64③200
さかきばらよしの【榊原芳野】 52②125,③141
さがさま【佐嘉様、佐賀様】 66④207,209,210,211
さかたひこざえもん【佐方彦左衛門】 57①15,33
さがてんのう【嵯峨天皇】 37③369
さかなしなにがし【坂梨某】 65④331,344,356
さかのうえげんだい【坂上玄台】 45⑦380,426
さかのすけ【坂之助】 64④308
さかのぼる【坂登】 45⑦374
さがみにゅうどうそうかん【相模入道崇鑑】 60②98
さがみのかみときよりこうぼこう【相模守時頼公母公】 24③278
さかもとしゅんさく【坂本俊作】 31⑤284
さがわしんえもん【佐川新右衛門】 57①15
さきたこう【崎田公】 37②121
さきち【佐吉】 61⑨258
さくえもん【作右衛門】 64②120
さくえもん【作右衛門】 64④292
さくぎぜんざえもん【柵木善左衛門】 64①81
さくざえもん【作左衛門】 63①60
さくざえもん【作左衛門】 64②114
さくじゅうろう【作十郎】 64④276,287,291
さくべえ【作兵衛】 11④171
さくべえ【作兵衛】 61⑨258
さくべえ【作兵衛】 64④258,259
さくべえ【作兵衛】 67①51
さくまげんばのじょう【佐久間玄蕃丞】 6①210
さくらいあつただ【桜井篤忠】 35①12
さくらいかくべえ【桜井覚兵衛】 31⑤250
さくらいさま【桜井様】 43③268
さくらいりょうぞう【桜井良蔵】 43③238
さくらそうごろう【佐久良惣五郎】 24①86
さけろく【酒六】 66⑥334
さごきんえもん【佐護金右衛門】 32①15
さごもざえもん【佐護茂左衛門】 32①15
ささきまさきち【佐々木政吉】 61⑨340
ささじまぶぜん【笹嶋豊前】 5④328
ささやまじゅうべえ【篠山重兵衛】 66③146
さじえもん【佐次右衛門、左次右衛門】 64①47,④264
さじへえ【佐次兵衛】 64④258,259,260,286,292,293,295,306
させ【佐瀬】 19②450/20①12
させし【佐瀬氏】 19①8
させしよじえもん【佐瀬氏与次右衛門】 20①347
させよじえもん【佐瀬与次右衛門】 19①13/20①341,351
させよじえもんすえもり【佐瀬与次右衛門末盛】 19①6
させりんえもん【佐瀬林右衛門】 20②396
さぜん【左膳】 45①51
さだお【定雄】→みやおいさだお
3①5
さたけこう【佐竹侯】 69②276
さだしち【貞七】 14①211
さだしち【定七】 61③127
さだただ【貞忠】 10①196,197,198
さだとし【定利】 61⑨298,352
さだのり【定規】 2②143
さとうけいしろう【佐藤敬四郎】 61⑨263
さとうしろべえ【佐藤四郎兵衛】 61⑨276
さとうたん【佐藤坦】 15①11
さとうちゅうえもん【佐藤忠右衛門】 36③264
さとうちゅうざえもん【佐藤仲左衛門】 39④187,189
さとうつぐのぶ【佐藤次信】 53②97
さとうとうざえもん【佐藤藤左衛門】 64④284,308
さとうとうぞう【佐藤藤蔵】→とうぞう
64④302,305,307
さとうぬいのすけ【佐藤縫殿助】 64④247,291,294

さとうのぶひろ【佐藤信淵】→のぶひろ 69②166,182,237,280,320,354,390
さとうのぶひろげんかい【佐藤信淵元海】 69②184
さとうもんたろう【佐藤紋太郎】 24③350
さとうよきちろう【佐藤与吉郎】 61⑨309,312,347,356,386
さどのかみ【佐渡守】 64①51
さなだ【真田】 38④282
さなだげんごえもん【真田源五右衛門】 66④210,226
さの【佐野】 65④341
さのいちろうえもん【佐野一郎右衛門】 65④333
さのたろうざえもん【佐野太郎左衛門】 43③240,258
さぶろうえもん【三郎右衛門】 32①129
さぶろうえもん【三郎右衛門】 64①67,81
さぶろべえ【三郎兵衛】 64①54,57,58,64,72
さぶろべえ【三郎兵衛】 64④259,266,295
さへえ【左兵衛】 10①176,178
さへえ【佐兵衛】 64④275,288,291,292
さへえどの【左兵衛殿】 10①196,197
さまだし【佐間田氏】 39①67
さるやないき【申屋内記】 24③353
さんえもん【三右衛門】 15①15
さんえもん【三右衛門】 64④257,260
さんえんどう【三猿堂】 58⑤359
さんきち【三吉】 32①13,25,64,89,102,111,119,172
さんくろう【三九郎】 61⑨339
さんけいせい【杉渓生】 24①178
さんざえもん【三左衛門】 61⑨266,267
さんざえもん【三左衛門】 67⑤238
さんぞう【参蔵】 61⑨258
さんぞうほうし【三蔵法師】 60⑤294
さんたろう【三太郎】 64④280
さんち【三千】 61③124
さんのじょう【三之丞】 54①315
さんのじょう【三之丞】 61⑨273
さんもじやはちじゅうろう【三文字屋八十良】 58②98,99

【し】

じえだいし【慈恵大師】 62②49
じえもん【治右衛門】 64④280
じえん【慈円】 37③328
しおやせいじゅうろう【塩屋清十良】 58②96
じかくだいし【慈覚大師】 70②119
しがげんば【志賀玄蕃】 66④216
しがぜんべえ【志賀善兵衛】 61⑨284,285,289
しがへいま【志賀平馬】 57①15,35
じきしん【直心】→つちやまたさぶろう 4①306
じきしんやのう【直心野衲】→つちやまたさぶろう 4①7
しきなうえかた【識名親方】 57②116,135
しきやぺーちん【志喜屋親雲上】 57②220
しぎょう【士業】 68①44
しげむね【重宗】 10①180
しげやまちゅうだゆう【重山忠太夫】 24③354
しこう【始皇】→しんのしこう 36①34/69②239
しこう【子貢】 5①192/13①313/70②65
しこうてい【始皇帝】 40②75
じざえもん【治左衛門】 47⑤258,259,263,265,266,272,273,275,276,277
じざえもん【次左衛門、治左衛門】 64④257,264,291,294
しさん【子産】 68③314
ししどしりょうだゆうまさひで【宍戸氏涼太夫正秀】 20①278
じすけ【次助、治助】 43③238,239,240,241,243,256,258,266,269,270,273
しせきせんせい【紫石先生】 68①213
しぜつこう【四絶公】 42④250,251,254,279,280,284
したやつりどうぐやとうさく【下谷釣道具屋東作】 59④327
したやまつもとし【下谷松本氏】 59④327
しだろくえもん【志田六右衛門】 66①57
しちえもん【七右衛門】 43③234,238,240,243,257,258,260,261,263,267,270,273
しちえもん【七右衛門】 61⑨288,328,372
しちえもん【七右衛門】 67⑥294
しちざえもん【七左衛門】 64④266
しちせいせんりゅうふうやぼうせっしゃ【七世川柳風ヤ坊雪舎】 24①169
しちのじょう【七之丞】 64①81
しちべえ【七兵衛】 15③349
しちべえ【七兵衛】 64①81
しちろべえ【七郎兵衛】 59③214
しちろべえ【七郎兵衛】 67①30,42,64
じちん【時珍】→りじちん 3②70/12①288,333/18①141,151/45⑦388/49①127/54①215,217,232,238
じちん【慈鎮】 60②99
しのざきひつ【篠崎弼】 70⑥370
しのざきやござえもん【篠崎弥五左衛門】 63②85,86,③99
しのざきやへえ【篠崎弥兵衛】 63②95,③99
しのはらしゅんぞう【篠原俊蔵】 59①19
しのぶぶんえもん【忍文右衛門】 61⑨263
しばざきよそざえもん【芝崎与惣左衛門】 64①71
しばせん【司馬遷】 69②214
しばたさいち【柴田佐一】 61⑨257
しばたし【柴田氏】 6②322
しばたじゅうべえ【柴田十兵衛】 66④221
しばはらりゅうさい【芝原立斎】 66④218
しばむらとうえもん【柴村藤右衛門】 67①31,54
しぶえちょうはく【渋江長伯】 68③334
しぶえないぜん【渋江内膳】 61⑨281
じぶえもん【治部右衛門】 61③124,125,127
しぶやげんぱち【渋谷源八】 42③182
しぶやこんのうまる【渋谷金王丸】 54①147
しぶやそうべえ【渋谷惣兵衛】 64④252
しぶやろくえもん【渋谷六右衛門】 64④252
しへいじ【四平次】 58②91
じへえ【治兵衛】 64④265
しまだそうずい【島田桑瑞】 50③239
しまだみせ【嶋田店】 59①29
しまやはんざえもん【島屋半左衛門】 43③238,248,265,268,271,273
しみずかくだゆう【清水覚太夫】 53④230
しみずかんえもん【清水勘右衛門】 57①14,29,47
しみずぐんじ【清水軍治】 36③174
しみずさだじ【清水定治】 11④165
しみずし【志水氏】 43③261
しむらまごしち【志村孫七】 54①315
しもいつぐんげんじゅ【志茂逸群玄寿】 18①34
しもつけのかみすがわらあそんやすのり【下野守菅原朝臣保徳】 2⑤324
しもむらじろうべえ【下村治郎兵衛】 18⑤461
しゃか【釈迦】 40②70/60⑤282
じゃくすい【若水】 18①119
しゃっこさにくな【大領沙尼具那】 1②135
しゅいち【主一】→とみづかし 38④230
しゅうえもん【周右衛門】 44①54
じゅうえもん【十右衛門】 61⑨326
じゅうえもん【十右衛門】 63①29,59
じゅうえもん【十右衛門】 67⑥294
しゅうこう【周公】 13①314/18①32
しゅうこうきん【周公瑾】 69②239
しゅうこし【秋胡子】 35①187,189,190
しゅうこしがつま【秋胡子が妻】 35①187
しゅうざんれん【舟山廉】 58⑤371
しゅうじゅさい【秋寿斎】 24①168
しゅうじゅさいきくせん【秋寿斎菊仙】→おおつぼにいち 24①7
しゅうじゅさいきくせんし【秋寿斎菊仙子】 24①170

じゅうじろう【重次郎】 53④214,236
じゅうすけ【重助】 64④276,295
しゅうせん【舟川】 52①61,62
しゅうぞう【秀蔵】 67③133
じゅうぞう【重蔵】 11④175
しゅうそしょうにん【宗祖上人、宗祖聖人】 36③171,201
しゅうそしんらんしょうにん【宗祖親鸞上人】 25③285
しゅうのぶんおう【周の文王】 35②259
しゅうへい【周平】 44①55
しゅうべえ【周兵衛】 44①31
じゅうべえ【十兵衛】 64①81
しゅうぼくおう【周穆王】 6①220
しゅうゆ【周瑜】 36①35
しゅくりゅう【宿瘤】 35①208,210
しゅし【朱子】 38④237
しゅだつちょうじゃ【須達長者】 70②86
しゅてんどうじ【酒天童子】 51①16
しゅぶんこう【朱文公】 6①208
しゅん【舜】 12①12,16/13①341/20①8,261/24①163/35①178,244,②342/36①37/37③252/67⑥263/69②177,197,207,225
しゅんえん【春園】 24①164
しゅんぜい【俊成】 37③277,340
じゅんなてい【淳和帝】 10②343
しゅんりゅうおしょう【春龍和尚】 59③199,207,208
しよ【子輿】 52⑦282
しょう【象】 20①260,261
しょういつこくし【聖一国師】 40②72
しょういんさま【正因様】 67①25,27,55
しょういんしゅごとうき【松陰主後藤機】 70⑥433
しょううんいんさま【松雲院様】 6①184
しょうえもん【庄右衛門】 11④187
しょうえもん【庄右衛門】 61⑨296
しょうえもん【庄右衛門、庄衛門】 64①40,49,50,77
しょうえもん【庄右衛門】 64④257
じょうえもん【丈右衛門】 43③238
じょうえもん【丈右衛門】 66③139
じょうえもん【定右衛門】 67①31,33,35,36,40
しょうえん【松園】 24①159
しょうおう【松翁】 38③205
しょうかん【蕭翰】 24①178
しょうきち【庄吉】 61⑨278,348,349,352
しょうきち【庄吉】 64①42,45,77
しょうくろう【正九郎】 35②315
じょうけい【定啓】 2②168
しょうけいせんせい【昌桂先生】 62③77
しょうこう【少康】 51①13
しょうごろう【庄五郎】 63②95
じょうざえもん【丈左衛門】 63①30,59
しょうさく【正作】 5③245
しょうざぶろう【庄三郎】 11④187
しょうざぶろう【庄三郎】 49①142
じょうざんじりゅう【常山峙龍】 53⑤291
しょうしけん【尚志軒】→ひょうざえもん
48①47,55,57,59,61,67,90,91,106,114,118,160,206,209,250,251,287,325,334,335,336,339,344,347,348,349,350,351,373/49①36,37,38,86,95,136,188,210
しょうじごろうえもん【庄司五郎右ヱ門】 58②97
しょうじしんたく【正路新宅】 67②109,116
しょうじへいぞう【庄司兵蔵】 61⑨265
しょうじゅけん【松寿軒】 40④269
しょうじゅけんせんりゅう【松寿軒千龍】 40④302
しょうぞう【正造】 43③236,243,258,260,262,264,266,267,273
じょうそうさんじょう【醸窓三上】 24①165
しょうちくがくじん【小竹学人】 70⑥370
しょうとくたいし【聖徳太子】 35①28,123,183/70②131
しょうとくてい【称徳帝】 37③369
じょうのいちだゆう【城野市太夫】 66④216
しょうはく【尚白】 6①143
じょうへい【丈平、譲平】 42⑥370,372,373,375,376,377,378,379,380,381,382,392,394,395,396,398,399,400,401,402,404,405,406,409,410,413,414,415,416,417,418,419,420,421,423,424,425,426,427,428,430,432,433,435,436,438,439,441,442,443,445,446
しょうべえ【荘兵衛】 53④218,249
しょうべえ【庄兵衛】 64④270
しょうむてんのう【聖武天皇】 70②116
しょうりんさい【松林斎】 45②110
しょうりんのりただ【庄林法忠】 10①195
しょかつこうめい【諸葛孔明、諸葛孔明】 1④317/6①166/12①224/38③162/40②163
しょく【稷】 69②177,206
しょくさんじん【蜀山人】→なんぽ
14①274
しょざえもん【所左衛門】 43③254,257
じょふく【徐福】 36①34
しょへい【所平】 39⑥351
しょめーる【叔未児】 60⑦400
しらかわ【白河】 13①325
しらかわこう【白河侯】 45④208
しらかわのいん【白河院】 13①362
しらすぎへいべえ【白杉平兵衛】 43③238
しろいしせいべえ【白石清兵衛】 66③149
じろうえもん【次郎右衛門】 64①41
じろうきち【次郎吉】 67①54
しろうざえもん【四郎左衛門】 64④264
じろうざえもん【次郎左衛門】 64④267
しろうじ【四郎次】 32①199
じろうべえ【次郎兵衛】 14①383
しろべえ【四郎兵衛】 34⑦262
しろべえ【四郎兵衛】 64④247,257,261,264,274
しんえもん【新右衛門】 64④265
じんえもん【甚右衛門】 14①327
じんえもん【甚右衛門】 64④264
しんおう【シン王】 60④163
しんかわごんすけ【新川権助】 61⑨357
じんぐうこうごう【神功皇后】 13①336,338/45③132/50①35/56①177/62⑧243
しんくろう【新九郎】 67④168,187
しんけん【甄権】 18①133
しんげん【信玄】→たけだしんげん
65③199
しんげんこう【信玄公】 17①187
しんこうこう【秦孝公】 69②238
じんざえもん【甚左衛門】 11④171
じんざえもん【甚左衛門】 64④267
しんしこう【秦始皇】→しんのしこう
22①21
じんしち【甚七】 64②123
じんじろう【甚次郎】 64④280
しんすけ【新助】 63①60
しんすけ【新介、新助】 64①79,80
しんせい【深正】 24①167
しんぞう【新蔵】 59①17,19,22,23,25,33,34,35,36,41,43,48,49,54,61
しんぞう【新蔵】 64④286,288,292,294
じんぞう【甚蔵】 61⑨296,360
じんたろう【甚太郎】 64④265,275,295
しんどういずみのかみ【進藤和泉守】 64④292
しんどううじゅうろう【進藤右十郎、進藤宇十郎】 64④251,252,254,255
しんどうせいえもん【進藤清右衛門】 11①66
しんのう【神農】→えんてい、えんていしんのう、しんのうし
6①200/8①264/10②375/19①8/22①10/38③111/40②187
しんのうし【神農氏】→しんのう
20①7/70⑥369
しんのしこう【秦始皇】→しこう、しんしこう
13①321
じんのじょう【甚之丞】 61⑨288
じんべえ【甚兵衛】 67①63,64
じんぼいちえもん【神保市右衛門】 46②137
じんぼいちろうえもん【神保市

郎右衛門】 57①15,34
じんむてい【神武帝】 62⑧244
じんむてんのう【神武天皇】 13①337/62⑧245
しんむらちゅうべえ【新村忠兵衛】 42④265
しんやでんべえ【新屋伝兵衛】 59③243
しんらんしょうにん【親鸞上人】 36③301

【す】

すいけいえんのあるじとうしか【水茎園あるし登之夏】 24①161
すいけんしょうこう【翠軒章行】 30①5
ずいこうたかのせんせい【瑞皐高野先生】 70⑤316
すいちくおう【水竹翁】 55③203
ずいのようだい【隋煬帝､随(隋)煬帝】 13①321/22①21
すいふろうこう【水府老公】 2⑤333
すうしょうきつ【鄒従吉】 18①175
すうわじょう【鄒和尚】 70①23
すおうのこくじんいわまさのぶひこ【周防の国人岩政信比古】 23①13
すがいぜんざぶろう【須貝善三郎】 64④306
すがおさま【菅生様】 61⑨362
すがおひゃくべえ【菅生百兵衛】 61⑨273,279,290,294,302,313,316,330,347,348,381
すがぬまごろべえ【菅沼五郎兵衛】 66④226
すぎうらいちがく【杉浦一学】 66①44
すぎしりゅうけい【杉氏立卿】 68①44
すぎしんご【杉新吾】 66④208
すぎしんごろう【杉新五郎】 66④227
すぎたきん【杉田勤】 68①50
すぎたげんぱく【杉田玄白】 68①52
すぎたし【杉田氏】 68①49
すぎたたはちろう【杉田太八郎】 61⑨307
すぎたりゅうけい【杉田立卿】 68①53,60,211
すぎのじんごべえ【杉野甚五兵衛】 66④224
すぎのじんべえ【杉野甚兵衛】 66④208
すぎもとこうせき【杉本孔碩】 48①330
すぎもとしょうべえ【杉本庄兵衛】 30②196,198
すぎやまこえもん【杉山小右衛門】 66①44,45,46,47,54,59,66
すぎやまさんえもん【杉山三右衛門】 66②94
すけえもん【助右衛門】 32①12,63,111,125,141,147,172
すけえもん【助右衛門】 58②91
すけごろう【助五郎】 64④264
すけたろう【助太郎】 61⑨285,295
すじんてんのう【崇神天皇】 10②321/13①314/62⑧243/68④394
すずき【鈴木】 44①31,38,48
すずききゅうべえ【鈴木久兵衛】 64②114
すずきさくえもん【鈴木作右衛門】 64②114
すずきしょうだゆう【鈴木庄太夫】 42③171
すずきちくだゆう【鈴木筑大夫】 64④311
すずきとさやなまろ【鈴木土佐梁満】 23⑤257
すずきとしたみ【鈴木俊民】 70③210,220
すずきなにがし【鈴木某】 45⑥293
すずきぶんえもん【鈴木文右衛門】 67①31,35,36,40,54
すずきまたじ【鈴木又治】 67⑥294
すずきもざえもん【鈴木茂左衛門】 67①37,64
すずきゆうぞう【鈴木祐蔵】 61⑨363
すずりやへいしち【硯屋平七】 48①332
すだないき【須田内記】 61⑨305
すどうわだえもん【須藤和田右衛門】 66①66
すながわし【砂川氏】 10②297
すながわしやすい【砂川氏野水】 10②299
すながわやすい【砂川野水】 6①212/10②300,312,345
すはらやもへえ【須原屋茂兵衛】 15③411
すみじゅうごうえもん【墨住郷衛門】 64①69
すやまかつえもん【陶山勝右衛門】 66④228
すやまながろう【陶山存】 32①10,224
すやまりきえもん【陶山理喜右衛門】 66④226
すりとうふごんのかみ【すり豆腐権守】 52②85
するがだいなごん【駿河大納言】 64①61,75

【せ】

せいあつのり【青敦書】→あおきぶんぞうこんよう 70③210
せいあん【清庵】→たけべせいあん 18①6,15,186,190
せいあんけんし【清庵建氏】 18①185
せいあんせんせい【清庵先生】 68①48
せいあんたけべおう【清庵建部翁】→たけべせいあん 18①21
せいあんたけべせんせい【清庵建部先生】 68①214
せいあんたけべよしまさげんさく【清庵建部由正元策】 18①55
せいうんしゃふうかく【青雲舎風鶴】 36②96
せいえもん【清右衛門】 11④187
せいえもん【清右衛門】 32①13,27
せいおう【成王】 13①314
せいごろう【清五郎】 11④168,172
せいごろう【清五郎】 67①33,36,40
せいさいいしだあつし【醒斎石田篤】 15③327
せいさく【清作】 11④172
せいじ【清治】 11④182
せいしち【清七】 61⑨300
せいしち【清七】 64④274
せいしち【清七】 66⑧396
せいじゅかん【清寿館】 42⑥370,373,384,386,390,392,393,394,395,396,399,401,402,405,411,418,420,424,425,427,428,430,434,438,439,440,441,442,443,445,446
せいしょうなごん【清少納言】 25①54
せいじん【聖人】 6①86
せいすけ【清助】 64④249,250
せいせい【正誓】 24①169
せいぞう【清蔵】 61⑨273,287,288,289,293
せいちゅうあんとうけい【靖中庵桃渓】 53①60
せいとう【成湯】 69②177
せいのびんおう【斉閔王】 35①209
せいはち【清八】 64④264,268,276,277
せいはちろう【政八郎】 61⑨383
せいふうろうしゅじん【清風楼主人】 58⑤371
せいべえ【清兵衛】 43③238
せいべえ【清兵衛】 61⑨270
せいべえ【清兵衛】 64①80
せいむてんのう【成務天皇】 10②312
せいりょう【清良】 10①5,7,146,147,157,159,164,166,167,168,170,171,172,175,178,179,180,183,184,185,186,187,188,197,200
せいりょうし【西陵氏】 35①33
せいわてんのう【清和天皇】 6②325
せきうじ【関氏】 40②82
せききそう【石希聡】 48①331,335,336,339,340,343,344,346,347,348,349,350,351,352,354
せききない【関喜内】 61⑨299,376,379,382
せきぎょくどう【積玉堂】 35③435
せきぐちげんれん【関口源濂】 35①247
せきねますかつ【関根益勝】 68④394
せきねもへえ【関根茂兵衛】 52③142
せきねやのすけ【関根矢之助】 68④417
せきぶんじろう【関文次郎】 66③146
せきやちゅうべえ【関屋忠兵衛】 11④178,186
せことくべえ【世古徳兵衛】 66④226
ぜしん【是真】 24①167
せそん【世尊】 6①220
せつ【契】 12①12,16/37③252/69②204,205,206
せったん【雪たん】 43①25
せってい【雪提】 15③392
ぜにやきたろう【銭屋喜太郎】 56①173
せりだにあじゃり【芹谷阿闍梨】 42④265

ぜんえもん【善右衛門】 32①12,13,20,46,86,95,100,107,118,139,144,170
ぜんきち【善吉】 66⑧390
ぜんくろう【善九郎】 64④260,263
ぜんけろくろべえ【善家六郎兵衛】 10①6
せんごくえちぜんのかみ【仙石越前守】 67①20
せんごくさきょう【仙石左京】 43③238
ぜんざえもん【善左衛門】 32①31
ぜんざぶろう【善三郎】 63①29,59
ぜんざぶろう【善三郎】 64④257,258,259,260,261,265,266,267,269,270,274,276,285,286,289,291,294,295
せんじ【専治】 61⑨268
ぜんじゅうろう【善十郎】 64④287,291
ぜんじゅうろう【善十郎】 67③135
ぜんしろう【善四郎】 64④258,260,275,286
ぜんすけ【善助】 61⑨363
ぜんぞう【善蔵】 11①66
ぜんぞう【善蔵】 64④286
せんだいや【仙台屋】 61⑨371
せんだしゅうべえ【千田周兵衛】 44①20
ぜんだゆう【善太夫】 43③238
せんたろう【千太郎】 64④289
せんたろう【泉太郎】 67③135
ぜんたろう【善太郎】 64④257,258,260
せんのすけ【専之助】 61⑨362
ぜんのすけ【善之助】 25②232
ぜんべえ【善兵衛】 61⑨276,372
ぜんべえ【善兵衛】 63①29,59
ぜんべえ【善兵衛】 64④257,260,274,286,287,288
ぜんべえ【善兵衛】 67⑤213
ぜんゆう【冉有】 19①14/35②319
ぜんろく【善六】 61⑨358

【そ】

そうあん【宗案】 10①7,130,135,146,147,158,159,164,165,166,167,168,170,172,173,176,179,180,183,185,186,187,188,195,200
そうえき【宗益】 42⑥380,390
そうえもん【惣右衛門】 64④257,266,267,275,276,277,287,288,292,294
そうおうせい【宗応星、宋応星】 69①95,113,②384
ぞうき【蔵器】 18①134
そうきち【惣吉】 64④265
そうぎほうし【宗祇法師】 6①203
そうきん【宋均】 18①174
そうさいぞうす【宗哉蔵子】 43③260
そうざえもん【惣左衛門】 43③232,236,238,240,243,244,255,258,259,262,269
そうざえもん【惣左衛門】 61⑨363
そうざえもん【惣左衛門】 64④259,268,269,281,295
そうざぶろう【惣三郎】 32①12,24
そうざぶろう【宗三郎】 61⑤179,182
そうざぶろう【惣三郎】 64④257
そうし【曾子】 69②165
ぞうし【像師】 43③261
そうしち【惣七】 64④277,289,295
そうしろう【惣四郎】 64④274
そうじろう【惣治郎】 63①60
そうじろう【惣治郎】 64④275,277
そうすけ【惣助】 43③236,255,258,261,262,263,272
そうすけ【惣助】 64④264
そうせき【宗碩】 55②111
そうた【惣太】 61⑨363
そうだぎあん【宗田義晏】 31⑤247
そうたろう【宗太郎】 67②108,③133
そうちん【宗珍】 10①128,129
そうていのせんてい【崇禎の先帝】 45⑥303
そうのきそうてい【宋徽宗帝】 12①358
そうのこうそう【宋の高宗】 25①7
そうのじょういちゅう【宋の聶夷中】 25①7
そうのじんそうこうてい【宗ノ仁宗皇帝】 24③275
そうへい【惣平】 43③232,236,240,243,244,252,258,260,262,263,264,269
そうべえ【惣兵衛】 67①65
そうほんぜんじ【宋本禅師】 70②104
そうま【惣馬】 40④284
そうみん【宗珉】 49①107,114
そうよ【宗輿】 49①114
そうらん【宗蘭】 20①348
そうりん【桑林】 42④250
そえだせいえもん【添田清右衛門】 61⑨286,372
そおう【楚王】 10①165
そがのおおおみいなめのすくね【蘇我大臣稲目宿禰】 64②112
そきょう【蘓恭】 70①13
そくゆうけん【息遊軒】 5①172
そとうば【蘇東坡】→とうば、とうはこじ 68③319/70⑥371
そね【曾根】 18①23
そねきほういさん【曾根希方意三】 18①195
そねでわのかみ【曾根出羽守】 24③353
そのざわえい【園澤英】 53⑤291
そのだえんざえもんともはる【園田圓左衛門友晴】 4①209
そのださじゅうろう【園田左十郎】 4①306
そのだのりあき【園田憲章】 33⑤265
そのべだいじろう【園部代次郎】 61⑨273
そへえ【曾兵衛】 64④264
そぼいていじろう【祖母井定次郎】 66③147
そらい【徂徠】 23④165
そろりしんざえもん【そろり新左衛門】 43③248
そんけんおう【損軒翁】 13①315
そんさいせんせい【尊斎先生】 68①214
そんしんじん【孫真人】 6①227
そんりょう【孫亮】 70①11

【た】

だいう【大禹】 68①48
だいおう【大王】 47②136
たいがくなかむらかん【対岳中村幹】 24①177
たいぎ【太衹】 35①137
だいくそうじゅうろう【大工宗十郎、大工惣十郎】 65④333,342,354
だいくもすけ【大工茂助】 65④330
たいげん【太玄】 13①316
たいこうせいすい【太公西水】 60⑦400
だいこくやへいしち【大黒屋兵七】 3④250
だいさく【大作】 66⑤287
だいし【大師】 10②335
たいしゅうせんせい【大秀先生】 24①69
たいしゅなおまさこう【太守直政公】 59③218
だいしゅん【大舜】 20①260
だいじろう【代二郎】 61⑨370
だいしんいん【大心院】 34⑦262
たいそうこうてい【太宗皇帝】 15①63
だいと【大卜】 42⑥370
たいなかし【田井中氏】 61④158
だいなごんよしなおこう【大納言義直公】 16①278
たいらのあつたね【たひらの篤胤】→ひらたあつたね 3①6
たいらのしんのうまさかど【平親王将門】→まさかど 16①29/64①72,73
たいらのつねもり【平ノ経盛、平経盛】 54①178/56①111
たいりょう【戴良】 48①338
たいれいこう【泰嶺候】 30①5
たかいこざえもん【高井小左衛門】 57①15,45
たかうじしょうぐん【尊氏将軍】 4①272
たかえすちくどうんぺーちん【高江洲凡親雲上】 34⑥165
たかおかさま【高岡様】 1①72
たかぎまさとし【高木正年】 45⑤234,250
たかさきまさなお【▽高崎正直、高崎正直】 60⑦408,443,487
たがさま【多賀様】 42⑥403,404,428
たかしまきとうじ【高嶋喜藤次】 66③147
たかすぎまたべえ【高杉又兵衛】 29③195
たかだおのはち【高田斧八】 59③229
たかださくえもん【高田作右衛門】 39④187,189
たかださぶろうえもん【高田三郎右衛門】 66②94
たかだせきざえもん【高田関左衛門】 40①5
たかつきかんすけ【高筑勘助、高槻勘助】 66①44,45,46,47,48,50,53,55,②103,104,107
たかつよしすけ【高津吉助】

55②106
たかときにゅうどう【高時入道】 10①188
たかとし【高利】 53③182
たかなか【隆中】 56②240
たかなが【高長】 41②53
たかのうんぱち【高野運八】 61⑨285,289,301
たかのちょうえい【高野長英】 70⑤309
たかのまもる【高野譲】 70⑤315
たかのよじえもん【高ノ与次右衛門、高野与次右衛門】 42①32,33,34,52,53,56,57,59,60,61,62,64,66,67
たかはし【高橋】 70②154,155
たかはしうんたいときよし【高橋雲台時義】 18①196
たかはしかわちのかみ【高橋河内守】 61⑩450
たかはしきゅうべえ【高橋久兵衛】 59①10,36
たかはしごんぱち【高橋権八】 67⑥294
たかはしさま【高橋様】 59①16,40
たかはしじょうさく【高橋常作】 1⑤347
たかはしじょうさくたねとみ【高橋常作種富】 1⑤357
たかはししんべえ【高橋新兵衛】 61⑨338
たかはしぜんぞう【高橋善蔵】 11①65
たかはしよへえ【高橋与兵衛】 42③151
たかはた【高畑】 64①82
たかみやぐすくさとうぬしぺーちん【高宮城ゐ親雲上】 34⑥165
たがもくえもん【多賀杢右衛門】 66②94
たがやしもつな【多賀谷下綱】 61⑨260
たかやすぺーちん【高安親雲上】 57②213
たかやましちろうざえもん【高山七郎左衛門】 64①54
たかやまじんごべえ【高山甚五兵衛】 67①56
たからちくどうんぺーちん【高良筑登之親雲上】 34④60,⑤85
たきぐちなおごろう【滝口直五郎】 66③147
たきさぶろう【滝三郎】 63①29,59
たきざわちょうえもん【滝沢長右衛門】 67⑥283
たくあんおしょう【沢庵和尚】 52①21
たくえもん【宅右衛門】 61⑨363
たくぜんいんきょ【琢善隠居】 36③250
たぐちごろうざえもん【田口五郎左衛門】 66③146
たぐちちゅうざえもんよしなり【田口忠左衛門慶成】 24②242
たくませんせい【琢磨先生】 29①54
たくも【卓茂】 18①174
たけうちのしん【武内の臣】 13①336
たけかわみどりまろ【竹川緑麿】 47③177
たけだいちさぶろう【竹田市三郎】 6①82
たけだじゅうろうだゆう【竹田十郎太夫、竹田十郎大夫】 66④210,211,230
たけだじんえもん【竹田仁右衛門】 65②101,107
たけだしんげん【武田信玄】→しんげん
69②195
たけだやすべえ【武田安兵衛】 61⑨315,319,320,321,322,341,342
たけべし【建部子】 6②300
たけべせいあん【建部清庵、建部清菴】→せいあん、せいあんたけべおう
6②299/18①6,14/68①44,52,57,209
たけべのおじ【建部翁】 68①53
たけべよしまさせいあん【建部由正清菴】 68①65
たけべよしみさんせい【建部由巳三省】 18①55
たけべよしみずりょうさく【建部由水亮策】 18①55
たけまつ【竹松】 63①60
たけもとくざえもん【武本九左衛門】 32①15
たけやまちょうおぶぎょうさま【竹山町御奉行様】 66⑤288
たごえもん【太五右衛門】 67①54
たざえもん【多左衛門】 3④245
たざえもん【太左衛門】 63②95
たさかじゅうへい【田坂重平】 59③235
たしおきちべえ【田塩吉兵衛】 64①44
たしち【太七】 43③238
たしち【多七】 64④280
たじまし【田嶋氏】 42③161
たじまのよさぶろう【但馬ノ与三郎】 61⑨304
たすみ【田隅】 33⑥395
たせいきちべえ【多勢吉兵衛】 18②270
たぞう【多蔵】 42③160
ただえもん【只右衛門】 63①59
ただしちろう【忠七郎】 61⑨271
たたみやへいじ【畳屋平次、畳屋平治】 59④310,348
たちいはく【館医伯】 53⑤290
たちさぶろう【館三郎】 53⑤299,303
たちばなさこんしょうげん【立花左近将監】 66④211
たちばなのいひつ【橘猪弼】 60⑦400
たちはらでんじゅう【立原伝十】 3④279
たていしよごえもん【立石与五右衛門】 67⑥283,289
だてまごさく【伊達孫作】 61⑨279
たなかきゅうぐ【田中休愚】 66②88,115,116
たなかしょうじろう【田中庄次良】 58②96
たなかじんえもん【田中仁右衛門】 53④214
たなかとうざえもん【田中藤左衛門】 61⑨267,361
たなかひょうえもん【田中兵右衛門】 66④209
たなべさま【田辺様】 42④261
たにがわへいだゆう【谷川平太夫】 66④229
たにざきへいざえもん【谷崎平左衛門】 66④229
たにしろきよみつ【谷城清充】 71①6,42
たにたんないましお【谷丹内真潮】 41②54
たにもと【谷本】 44①43
たにもとげんさつ【谷本玄察】 44①50
たにもとし【谷本氏】 44①26,38,41,51,52,53,56
たにや【谷屋】 27①214
たねまつ【種松】 67③136
たねむらてん【種村転】 66④227
たねむらへいはちろう【種村平八郎】 66④211
たはらやさたろう【田原屋左太郎】 42③158
たへえ【太兵衛】 59①18,19,21,34,38,46,61
たへえ【多兵衛、太兵衛】 64①80,81,④257,303
たまいし【玉井氏】 53⑤292
たまでみねざね【玉出峯実】 35①230
たまものまえ【玉藻前】 24①44
たまやてつごろう【玉屋鉄五郎】 48①357
たむらげんゆうげんだい【田村元雄玄台】→げんゆう、らんすい
45⑦381
たむらげんゆうせんせい【田村元雄先生】 45⑦377
たむらにざえもん【田村仁左衛門】→たむらよししげ、にざえもん
23①34
たむらまろ【田村麿】 56①164
たむらよししげ【田村吉茂】→たむらにざえもん、にざえもん、よししげ
21①91,95,②135,③176,⑤234
たむらよしゆき【田村善之】 45⑦433
ためいえ【為家】 35①177
だるまだいし【達磨大師】 27①232
たろうえもん【太郎右衛門】 59③242
たろうえもん【太郎右衛門】 63②95
たろうざえもん【太郎左衛門】 43③234,236
たろうざえもん【太郎左衛門】 66⑧394
たろうざえもん【太郎左衛門】 67②113
たろうじ【太郎次】 42③151
たろぞう【太郎蔵】 25②233
たろべえ【太郎兵衛】 11④177
たわらまごのすけ【俵孫之介】 32①15
たんけい【丹渓】 18①134
たんごのかみ【丹後守】 65③193
だんじ【団治】 44①55
たんじゅうろう【丹十郎】 64④269,302
たんば【丹波】 10①128
たんばやとうけい【丹波屋桃渓】 15②303
たんぽく【潭北】 22①66
たんぽくし【潭北子】 22①26

【ち】

ちかだかめじろう【近田亀次郎】 66③149
ちがやへいじ【千賀彌平次】 66⑦370
ちかやまし【近山氏】 16①278
ちくごこう【筑後侯】 72②36
ちくごのかみ【筑後守】 24③356
ちくしょきりやまごうくんしゅうし【竹所桐山郷君州氏】 24①160
ちくぜんさま【筑前様】 66④207
ちくそう【竹叟】 51①11
ちへん【智習】 70②62,63,64
ちゃたんおうじ【北谷王子】 34①15/57②117,136
ちゃやかんべえ【茶屋勘兵衛】 61⑨284
ちゅう【紂】 35①244
ちゅうえもん【忠右衛門】 43③238
ちゅうえもん【忠右衛門】 61⑨275,315
ちゅうざえもん【忠左衛門】 32①10
ちゅうざえもん【忠左衛門】 63①27,28,58
ちゅうざえもん【忠左衛門】 66⑤264
ちゅうざんきょしょうしょしょう【中山居松所章】 24①162
ちゅうざんせいおうりゅうしょう【中山清王劉勝】 35①216
ちゅうだゆう【忠太夫】 64①60
ちゅうのおう【紂ノ王】 69②199
ちよ【ちよ】 53②97
ちよ【ちよ】 61③124
ちょううんしょう【趙雲崧】 69①61
ちょうおう【趙王】 35①220
ちょうかいひん【張介賓】 12①333
ちょうきち【長吉】 64④287,289,291,295
ちょうきもう【張希孟】 18①173,174
ちょうくん【張君】 35①232
ちょうけん【張騫】 35①223
ちょうこ【趙固】 60③143
ちょうごろう【長五郎】 61⑨280,364
ちょうざえもん【長左衛門】 32①12,21,51,87,100,107,118,140,170
ちょうざえもん【長左衛門】 66③141,156,157
ちょうさきちょうえもん【町先長右衛門】 43③261
ちょうさきよえもん【町先与右衛門】 43③247,248,262
ちょうし【趙氏】 69①62
ちょうしち【長七】 14①322,323
ちょうじやへいべえ【丁子屋平兵衛】 15③411
ちょうじろう【長次郎、長治郎】 64①42,44,50,77
ちょうじろう【長次郎】 64④266,269
ちょうじろう【長次郎】 66⑥339
ちょうすけ【長助】 1②167/64④301
ちょうすこう【趙子昂】 43③255
ちょうせい【張成】 35①98
ちょうたん【張湛】 35①232
ちょうちょうさ【張長沙】 18①13
ちょうでんす【兆殿司】 40②72
ちょうのじょう【長之丞】 63⑧428
ちょうひ【張飛】 35①220
ちょうべえ【長兵衛】 61⑨347
ちょうべえ【長兵衛】 64④258,302
ちょうようこう【張養浩】 18①175
ちよじょ【千代女】 24①68
ちよろくろうえもん【千代六郎右衛門】 61⑨301
ちんえん【椿園】 69②182,390
ちんじんぎょく【陳仁玉】 45④212
ちんぞんちゅう【沈存中】 24①18
ちんふよう【陳扶揺】 69①54,②251

【つ】

つぐゆき【倫之】 32①10
つしまのかみ【対馬守】 66②122
つだおおすみのかみ【津田大隅守】 61⑩450
つだかげひこ【津田景彦】 62⑦178
つたやじゅうざぶろう【蔦屋重三郎】 72⑪84
つちやしゅうぞう【土屋周蔵】 61⑨330,344,348
つちやへいはちろう【土屋平八郎】 59③237
つちやまたさぶろう【土屋又三郎】→じきしん、じきしんやのう 4①306
つつみぎへい【堤儀平】 66④208
つなさわし【綱沢氏】 3②67
つなとう【綱任】→わたなべつなとう 33①9,56
つなよしこう【綱吉公】 66②114
つねじ【常次】 11①65
つねはち【常八】 64②124
つばきまさかず【椿真和】 15③327
つぼうちへいえもん【坪内平右衛門】 24②242
つらゆき【貫之】 1②172
つるがやじゅうべえ【敦賀屋十兵衛】 48①332,335
つるたうのすけ【靏田卯之助】 66③146

【て】

ていか【定家】 6①201/35①226/37③311
ていぎょう【帝堯】 20①261
ていけん【定賢】 3①5
ていこく【鄭国】 10②322
ていさい【蹄斎】 45③174
ていとく【貞徳】 37③340
ていりゅう【貞柳】 37③356
てきすい【滴翠】 66⑤254
てだいそうえもん【手代惣右衛門】 61⑨304
てづかのたろうみつもり【手塚太郎光盛】 15①69
てつけせいはち【手附政八】 61⑨262
てつごろう【鉄五郎】 48①362
てつぶんちょうろう【鉄文長老】 64④243,247,284
てらさわこう【寺沢侯】 58⑤367
てらにしくらた【寺西内蔵太】 31①9
てるただ【照忠】 8①11
でんえもん【伝右衛門、傳右衛門】 32①13,77,138
でんきち【伝吉】 64④287,288,295
でんぎょうだいし【伝教大師】 16①57/43③240
でんざえもん【伝左衛門】 63①27,28,58
でんざえもん【伝左衛門】 67⑥294
でんざぶろう【伝三郎】 64④260,261,274,293,296
てんじ【天智】 62⑧243
でんじ【伝次】 10①128
でんしち【伝七】 37②66,89,115,118,119,121,123,154
でんしち【伝七】 64④285,296
てんじてんのう【天智天王】 51①11
でんしろう【伝四郎】 64①45
でんじろう【伝次郎】 64④281
でんすけ【伝助】 61⑨278
でんすけ【伝助】 64④302
でんともなお【田友直】 3③104,106,188
でんぱち【伝八】 61⑨285
でんべえ【伝兵衛】 63①60

【と】

どいいずのかみきよむねこう【土居伊豆守清宗公】 10①124
どいうじ【土井氏】 14①383
どいかいのかみ【土井甲斐守】 66②108
どいさへえ【土居左兵衛】 10①144
どいせいりょう【土居清良】 10①5
といやしちろべえ【問屋七郎兵衛】 59③214,215,221,224,226,227,229,232,235,246
とう【湯】 6②321
とうえい【董永】 35①211,213
とうえもん【藤右衛門】 7②221,376
とうえもん【藤右衛門】 31①30
とうえもん【藤右衛門】 42③194
とうえもん【藤右衛門】 64④260,274
とうえもん【藤右衛門】 67①31
とうえもんあつよし【藤右衛門篤好】→こにしあつよし 7②374
とうえん【東垣】 18①134
とうえんめい【陶淵明】 70②61
とうおう【湯王】 12①113
とうきしょう【董其昌】 43③240
とうぎょう【唐堯】 13①319,

336/38③111/69②186
とうきょうろくせいせんりゅう【東京六世川柳】 24①157
とうぐ【唐・虞】 69②238
とうけい【桃渓】 7①79,88
とうさい【陶斎】 43③248
とうさい【董斎】 66⑤288,290
とうざえもん【藤左衛門】 63②94
とうざえもん【藤左衛門】 64④243,244,247,253,257,262,284,308,310
とうじえんそうげん【冬至園葱元】 2①135
とうじまもくざえもん【東嶋杢佐衛門】 66④209
とうじゅうろう【東十郎】 61⑨312
とうじゅうろう【藤十郎】 66⑤264
とうしゅこう【陶朱公】 3③175/13①216,258/38③117
とうしょうごんげんさま【東照権現様】 4①273
とうしょうしんくん【東照神君】 37③255/63⑤294
とうしょうだい【藤松台】 18①6
とうしろう【藤四郎】 64④268
とうじろう【藤次郎】 43③239
とうすいあんほぶん【東水庵歩文】 36②129
とうすいきくちふじわらたけき【東水菊池藤原武樹】 60⑦401,408,443
とうすいせんせい【東水先生】 60⑦491
とうすけ【藤助】 64④266,269,280
とうせいゆう【滕成裕】 45④199,200
とうせき【盗跖】 36①35
とうぞう【藤蔵】→さとうとうぞう
64④244,247,248,249,250,251,253,254,255,281,298,301,306,308,309,310,311
とうどういずみのかみ【藤堂和泉守】 67①20
とうとうけんとすい【稲々軒兎水】 39①67
とうのしんそう【唐ノ神宗】 38④234
とうのすけ【東之助】 61⑨356
とうのたいそう【唐ノ大宗】 5①71
とうば【東坡】→そとうば
10②348/12①329/18①138
とうはこじ【東破(坡)居士】→そとうば
6①176
とうはち【藤八】 11④169
とうべえ【藤兵衛】 46②132,133
とうべえ【藤兵衛】 61⑨258
とうべえ【藤兵衛】 66②119
とうへき【東壁】 15③340/70①13
とうぼうじょうかずなが【東坊城和長】 52②85
どうめいきゅうべえ【道明久兵衛】 3④381
とうようさわだてつ【東洋澤田哲】 68①212
とうりゅうせん【藤立泉】 45⑦375
とおやまいんし【遠山隠士】 55②163
とがししちざえもん【富樫七左衛門】 64④243
ときたんごのかみ【土岐丹後守】 65③193
ときもざえもん【土岐茂左衛門】 43③248
ときわさだなお【常盤貞尚】 22①66
とくしげ【徳重】→こじまとくしげ
7①51,67,75,100
とくしげたいじん【徳重大人】 5③253
とくしまのゆうじろう【徳嶋之勇次郎】 49①189
とくそうし【禿箒子】 62②42
とくながたつすけちのり【徳永達介千規】 30①143
とくのうじぶざえもん【得能治部左衛門】 65②111
とくほんおう【徳本翁】 62⑧278
とこう【杜康】 51①13
としぞう【利蔵】 67③135
としたかこう【利敬公】 56①164
としび【杜子美】 6①184
としまきざえもん【豊嶋喜左衛門】 66④218
としより【俊頼】 37③298
とだいせのかみ【戸田伊勢守】 24③353
とだせんせい【戸田先生】 62①10
とだまたえもん【戸田又右衛門】 57①15,36
とつかさぶろうえもん【戸塚三郎右衛門】 63①27
どっくうじつおう【独空実応】 20①349
ととやしちろうざえもん【魚屋七郎左衛門】 43③247
ととやじろへい【魚屋次郎平】 43③234,238
とのものかみ【主殿頭】 66④205
とば【鳥羽】 13①325
とみかわうえーかた【冨川親方】 34⑥165
とみしまぺーちん【冨島親雲上】 57②213
とみたさま【富田様】 61⑨358
とみたし【富田氏】 42③161
とみたたきち【富田太吉】 42③152
とみづかし【富塚氏】→しゅいち
38④230
とみながとうごろう【冨永藤五郎】 66④227
とみながとくざえもん【冨永徳左衛門】 66④220
とみながやとうじ【冨永弥藤次】 66④210,226
とみやきえもん【富谷㐂右衛門】 9③278,296
とみやもんぞう【富谷門蔵】 9③279
とめたじへえ【留田治兵衛】 61⑨281
ともいえ【知家】 37③329
ともさぶろう【友三郎】 47⑤249,250,264,265
ともつすずきし【鞆津鈴木氏】 44①31,32,34,36,57
とやませんせい【外山先生】 42③166
とやろうじん【戸谷老人】 14①162
とよおかみょうらくじやよえもん【豊岡妙楽寺や与右衛門】 43③252
とよじろう【豊次郎】 64④290
とよだきんえもん【豊田金右衛門】 66③146
とよたけ【豊武】 44①37
とよだちょうえもん【豊田長右衛門】 32①15
とよはらたすけ【豊原多助】 64④248,272
とらきち【虎吉】 11④170
とらきち【寅吉】 43②132,149,158
とらきち【寅吉】 66⑤273,274,280,281,287
とらやなにがし【虎屋某】 50②143
とりいしんべえ【鳥居新兵衛】 64②129
とりいたんばのかみ【鳥井丹波守】 64③200,201
どんか【嫩菓】 64①51,52,53
どんかおしょう【嫩菓和尚】 64①55
どんそうおしょう【嫩宗和尚】 64①55
とんやさくえもん【問屋作右衛門】 61⑨371
どんよおしょう【嫩誉和尚】 64①51,52,53

【な】

ないとうせんせい【内藤先醒】 44①37
ないとうもくすけ【内藤杢允】 67⑥296
なおいでんろく【直井伝六】 65③226
なおざえもん【直左衛門】 66②121
なおすみ【直澄】→おちなおすみ
70③221,222
なおぞう【直造】→なかむらなおぞう
61④157,167,⑤186,⑥192
ながいきえもん【永井喜右衛門】 43③256
なかいきちろうべえ【中井吉郎兵衛】 66③147
なかいじんべえ【中井甚兵衛】 46②151
ながいせいえもん【永井清右衛門】 53④236
なかいとうさぶろう【中居藤三郎】 49①217
ながいひぜんのかみ【永井肥前守】 56①84
ながいもくべえ【長井杢兵衛】 66⑦371
なかえとうすけ【中江藤介】 32①15
なかえれいたろう【中江礼太郎】 31⑤257
ながおかぶんべえ【長岡文兵衛】 66③146
なかおし【中尾氏】 58⑤301,351
ながおしげたか【長尾重喬】 23①7
ながおとざえもん【長尾戸左衛門】 18⑥498
なかおなにがし【中尾何某】 58⑤289
なかがわかんすけ【中川勘助】 66②86
なかがわさだきち【中川貞吉】 61⑨286,296,330,372
なかがわよえもん【中川与右衛門】 57①15,40

ながさかはぎすけ【長坂萩助】 64②134
ながさきげんぞう【長崎源蔵】 61⑨281
ながさきしちざえもんしげちか【長崎七左衛門茂親】 1③285
ながさきせんぞう【長崎専蔵】 61⑨302
ながさきぶんぞう【長崎文蔵】 61⑨264
ながさきやはんべえ【長崎屋半兵衛】 25①89,95
ながさわしげあき【長澤茂昭】 60⑦492
なかざわとうざえもん【中沢藤左衛門】 64①56,66
なかざわようてい【中沢養亭】 45⑦381
なかじまいちえもん【中嶋市右衛門】 66④221
なかじまきんべえ【中嶋金兵衛】 66④221
なかじまさくざえもん【中島作左衛門】 43③256
なかじまさだゆう【中嶋佐太夫】 64①82
ながしまし【長嶋氏】 42③151
なかじましんすけ【中嶋新助】 66④229
なかせこかえもん【中世古嘉右衛門】 64④247,248,250,251,252,254,255,268
なかたまき【中環】 69①130/70④273
ながたもえもん【永田茂右衛門】 66①66
なかたりざえもん【中田理左衛門】 43③247
なかつかささだえもん【中務貞右衛門】 58④264
なかつかささま【中務様】 66④219
ながぬまくろうえもん【長沼九郎右衛門】 57①14,19
ながぬまごろうざえもん【長沼五郎左衛門】 61⑨288,296,366
なかのさじゅうろう【中野佐十郎】 42③166
なかのさぶろうえもん【中野三郎右衛門】 61⑨293,294,311,312,314,357
なかのひこさぶろう【中野彦三郎】 42④270
ながはまちくどうんぺーちん【長浜凡親雲上】 34⑥166
なかみねしんあい【仲嶺真愛】 57②81
なかむらあきよし【中村章好】 15②134
なかむらいえもん【中村伊右衛門】 38③165
なかむらうざえもん【中村宇左衛門】 43③266
なかむらくろうえもん【中村九郎右衛門】 66④211
なかむらげんぞう【中村源蔵】 56①51
なかむらしへえ【中村四兵衛】 39④187,188
なかむらしょえもん【中村諸右衛門】 66④227
なかむらぜんえもん【中村善右衛門】 35③434
なかむらそうじろうしげのぶ【中村惣次郎重信】 67④188
なかむらたけえもん【中村武右衛門】 1③275
なかむらなおぞう【中村直蔵】→かまやなおぞう、なおぞう 61④156
なかむらよしとき【中村喜時】→よしとき 1①21,121
なかやぶへえ【中屋武兵衛】 5④331
なかやまいずものかみ【中山出雲守】 66②113
なかやまだいすけ【中山大輔】 48①350,355
なかやまつねごろう【中山恒五郎】 67②107
なかやまつねじろう【中山常次郎】 67③131
なかやまのぶよし【中山信義】 21①91
なかやまひこえもん【中山彦衛門】 64①58,68,69
なかやまびせき【中山美石】 15①62
なかやまゆうへい【中山雄平】 55③211
なかよしさとうぬしぺーちん【仲吉ゟ親雲上】 34⑥166
なかよしちくどうんぺーちん【仲吉筑親雲上】 34②31
なかよしちょうあい【仲吉朝愛】 57②81
なぬしまたいち【名主又市】 38③148
なべしまかがのかみ【鍋嶋加賀守】 66④209
なべしまびぜんのかみ【鍋嶋備前守】 66④209
ならしょうざえもん【奈良庄左衛門】 61⑨262
なりたえいた【成田永太】 53③182
なりたごえもん【成田五右衛門】 46③201
なりたしさいおう【成田思斎翁】 35②259
なりたじゅうべえしさい【成田重兵衛思斎】 35②264,416
なりたたかとし【奈利多高利】 53③182
なりたちゅうごろう【成田忠五郎】 61⑨381
なりひら【業平】 35①200
なるしませんせい【成嶋先生】 67①48
なるせし【成瀬氏】 51①116
なるせやござえもん【成瀬弥五左衛門】 64①81
なんこう【楠公】→くすのきまさしげ 43③240
なんていし【南亭子、南貞子】 49①132,139,158
なんぽ【南畝】→しょくさんじん 15②298
なんぽう【南方】 10①129
なんぽうおおくらし【南豊大蔵氏】→おおくらながつね 50③238
なんりゅういんでんさま【南龍院殿様】 46②133

【に】

にいち【二市】→おおつぼにいち 24①174
にいやまやにざえもん【新山屋仁左衛門】 46②133
にえもん【仁右衛門】 41②35
にえもん【仁右衛門】 66③138
にきしさんえもんのじょうまさよし【仁木氏三右衛門尉政義】 20①278
にざえもん【仁左衛門】→たむらにざえもん、たむらよししげ 21①91/39①66
にざえもん【仁左衛門】 43③272
にざえもん【仁左衛門】 64②114,120
にざえもん【仁左衛門】 67①46
にしおおきのかみ【西尾隠岐守】 64①54
にしかわし【西川氏】 40②78
にしはるうえーかた【西原親方】 34⑥165
にしむら【西村】 57②81
にしむらいそごろう【西村磯五郎】 61⑨307
にしむらいちべえ【西村市兵衛】 61⑨307
にしむらけんれい【西村県令】 57②78
にしやまのしょうにん【西山の上人】 3④263
にすけ【仁助】 64④264,280
にちおんし【日遠師】 43③250
にちにんし【日忍師】 43③250
にちにんしょうにん【日忍聖人】 43③245,252
にちゆうしょうにん【日勇聖人】 43③261,262,263,264
にっきゅうおう【日休翁】 13①315
にったよしさだこう【新田義貞公】 17①186
にのみやきんじろう【二宮金次郎】 63④265
にのみやせんせい【二宮先生】 63④267,269
にへえ【仁兵衛】 64④259,260,306
にほんふじどうせんし【日本不二道先師】 61③124
にわごろうざえもんのじょうながひで【丹羽五郎左衛門尉長秀】 4①273
にわしちろうえもん【丹羽七郎右衛門】 64②124
にわしのぶひでどの【丹羽氏信秀殿】 17①150
にわしょうはく【丹羽正伯】 6①229
にわまたすけ【丹羽又助】 64②114
にわまたべえ【丹羽又兵衛】 64②120
にんとく【仁徳】 13①337/62⑧243
にんとくてい【仁徳帝】 62②26
にんとくてんのう【仁徳天皇】 10②312
にんとくのみかど【仁徳の御門】 13①329

【ぬ】

ぬいのすけ【縫之助】 40④282,284
ぬきなしげる【貫名苞】 5③245
ぬのかわまさのすけ【布川政之介、布川政之助】 61⑨290,294,330,336
ぬまたいっさい【沼田一斎】

42③176
ぬまたまんべえ【沼田万兵衛】 42③161
ぬまたやまんべえ【沼田屋万兵衛】 42③163

【ね】

ねぎしくろうざえもん【根岸九郎左衛門】 66③146
ねごろきゅうべえ【根来九兵衛】 39④187,189
ねじめこしえもん【禰寝越右衛門】 34⑦262
ねもとし【根本氏】 3④235
ねもとしげよし【根本重僖】 3④235
ねもとせいべえ【根本清兵衛】 61⑨309
ねもとためすけ【根本為介、根本為助】 61⑨290,307,330
ねもととけ【根本兎毛】 61⑨279,286,287,299,300,366
ねもとりざえもん【根本利左衛門】 3④219,221,232,233,279

【の】

のういんほうし【能因法師】 20①273
のうきちどう【能記智道】 36③285
のうしゅうきたし【濃州木田氏】 55②151
のうほうえん【穠芳園】 24①168
のぎていのしん【乃木程之進】 59③236
のぐちさとごろう【野口里五郎】 66④227
のぐちたへえ【野口太兵衛】 66④229
のざきげんべえ【野崎源兵衛】 42③153
のざきたけざえもん【野崎武左衛門】 67③133
のざわさくのえもん【野沢作之右衛門】 66④230
のぞきこたいふみなもとのよしまさ【莅戸故大夫源善政】 18②291
のぞきたいふ【莅戸大夫】 18②284
のだじんざぶろう【野田甚三郎】 3④381
のづただごろう【野津忠五郎】 59③240,241
のなかでんえもんけんざん【野中伝右衛門兼山】 3①23
のぶあき【信昭】 69②165
のぶうみ【信海】→はやしのぶうみ
42③156,158,159,164,172,175,176,180,189
のぶおかへいろく【信岡平六】 44①55
のぶながこう【信長公】 4①273
のぶひろ【信淵】→さとうのぶひろ
69②165,289,371,388
のまやきゅうべえ【のまや九兵衛】 5④331
のむらさとぬしぺーちん【野村里之子親雲上】 57②166,179,221
のむらそういち【野村宗一】 24①177
のらいわじろう【野良岩治郎】 64④302
のりあき【憲章】 33⑤240,245
のりただ【法忠】 10①195

【は】

ばいえん【梅園】 39②91
ばいけん【梅軒】 18④423
ばいし【梅子】 39②91
はぎわらかくざえもん【萩原覚左衛門】 66①66
はぎわらげんざえもん【萩原源左衛門】 65③193
はくえき【伯益】 70②147
はくけい【白圭】 10②303/18④423
はくげん【白玄】 68①54
はくらくてん【白楽天】 16①65/40②166/60④163,⑤293
ばくろちょうちょうべえ【馬喰丁長兵衛】 59①41
はこやごへえ【箱屋五兵衛】 59④360
はざまはんぞう【間半蔵】 66③147,156
はしのかくむ【橋靏夢】 38③112
はしもとこざえもん【橋本小左衛門】 43③238
はすいけなべしまかいのかみ【蓮池鍋島甲斐守】 66④208
はすぬまさま【蓮沼様】 61⑨361
はすぬまちゅう【蓮沼仲】 61⑨277,278,317,330,338,361
はすみおとじろう【蓮見音次郎】 59①18
はすみおとじろう【蓮見乙次郎】 66③147
はせがわせったん【長谷川雪旦】 15①51
はせがわなおひろ【長谷川尚寛】 38①28
はせりえもん【長谷利右衛門】 66④228
はたけやまぶざえもん【畠山武左衛門】 61⑨263
はだごんのすけ【羽田権之助】 66④228
はたし【秦氏】 36①34,35
はたじんすけ【羽多仁助】 61⑨286
はたはんしろう【畑半四郎】 1③275
はちえもん【八右衛門】 42③161
はちえもん【八右衛門】 63①30,59
はちえもん【八右衛門】 64④264
はちじゅうろう【八十郎】 64④259,274,285
はちじろう【八次郎】 43③243
はちすきちえもん【荷吉右衛門】 66②94
はちぞう【八蔵】 64④260,263,276
はちのしんさま【八之進様】 66④219
はちのへさま【八ノ戸様】 1③282
はちべえ【八兵衛】 64④267
はちべえ【八兵衛】 67⑤214
はちまんたろうよしいえ【八幡太郎義家】 56①164
はちろうえもん【八郎右衛門】 32①12,59,88,96,101,109,118,170,203
はちろうえもん【八郎衛門】 64①80
はちろうざえもん【八郎左衛門】 64①80
はちろうじ【八郎次】 43③238
はちろべえ【八郎兵衛】 10①187
はちろべえ【八郎兵衛】 32②312
はちろべえ【八郎兵衛】 59③245
はちろべえ【八郎兵衛】 61⑨324
はちろべえ【八郎兵衛】 63①59
はついん【発隠】 60②99
はっせいせんりゅうりゅうたい【八世川柳柳袋】 24①176
はったかんざえもん【八田勘左衛門】 66②112
はっとりこじゅう【服部小十】 16①278
はっとりそとえもん【服部外右衛門】 64④243,246,247,252,272,284,311
はっとりどうりゅう【服部道立】 48①246
はないかずよし【花井一好】 68②251,254/69①135
はながさぶんきょう【花笠文京】 52①13
はねだじゅうろうざえもん【羽田十郎左衛門】 66④210,211
ばばうこん【馬場右近】 52⑦321
はまかわぺーちん【浜川親雲上】 57②172
はまぐちみちよし【浜口迪吉】 70⑥376
はまちりへえ【浜地利兵衛】 67④187
はままつしんしち【浜松新七】 61⑨261
ばみょうぼさつ【馬鳴菩薩】 60⑤294
はやかわとみさぶろう【早川冨三郎】 66③146
はやしいちごろう【林市五郎】 61⑨273,277,279,288,361,366,373
はやしさじへえ【林左次兵衛】 65②116
はやしだげんあん【林田玄庵】 66④218
はやしでんだゆう【林伝太夫】 43③242
はやしのぶうみ【林信海】→のぶうみ
42③205
はやしばらくろうざえもん【林原九郎左衛門】 66①59
はやたけしんすけ【早武新助】 64①78,83
はやのせいき【早野正己】 70④259
はらぐちしちろうえもん【原口七郎右衛門】 66④228
はらだせいえもん【原田清右衛門】 66③146,156
はらだへいしろう【原田平四郎】 64②119,134
はらだよざえもん【原田与左衛門】 64②119,134
はらむらくまきち【原村熊吉】 61③133
はりまや【播磨屋】 61⑨328,333
はりまやさくべえ【播磨屋作兵

衛】 61⑨321
はるたよきち【春田与吉】 59③229
はるのやのあるじかばまさむら【春の舎のあるし蒲正村】 24①172
はんえもん【半右衛門】 67①27,29,31,33,35,36,39,46,54,55
ばんえもん【伴右衛門】 44①55
ばんこうざえもん【伴幸左衛門】 64④247
はんざえもん【半左衛門】 44①55
はんざえもん【半左衛門】 66②119
ばんしょうさいしゅじんうえのほうしゅく【万昌斉主人上野包淑】 31④227
はんすい【范雎】 19②423
はんせんかく【半仙客】 52①11
はんち【樊遅】 6②321
はんない【半内】 64④281
はんのじょう【半之丞】 64①80
はんぺい【半平】 64④266,269
はんべえ【半兵衛】 66②119
はんれい【范蠡】 38③117

【ひ】

ひがしやまいん【東山院】 59②114
ひかちくどうんぺーちん【比嘉筑登之親雲上】 34⑥165
ひこえもん【彦右衛門】 63②95
ひこざえもん【彦左衛門】 43③238,240,253,257,258,262,266,267,270,272,273
ひこざえもん【彦左衛門】 63②95
ひこざえもん【彦左衛門】 64④259,265,267,306
ひこざえもん【彦左衛門】 67②105
ひこさく【彦作】 41①14
ひごさま【肥後様】 66④207
ひこしち【彦七】 61⑨285
ひこじろう【彦次郎】 64④263
ひこそう【彦惣】 61⑨356
ひこねよきち【彦根与吉】 55②146
ひごのかみまさゆき【肥後守正之】 18①175
ひこべえ【彦兵衛】 64④277,292
ひこべえさま【彦兵衛様】 42④263
ひさの【久野】 55①53
ひさのいんし【久野隠士】 55①46,62
ひさのかりん【久野花麟】 55①16
ひさのじょう【久之丞】 61⑨259
ひしやまたんごのかみ【菱山丹後守】 24③354
びしゅうたいしゅだいなごんみつともこう【尾州大守大納言光友公】 51①116
びじょごぜん【美女御前】 51①16
びぜんのちょうべえ【備前ノ長兵衛】 53④223
ひぜんやげんきち【肥前屋源吉】 11④172
ひでしまおう【秀島翁】 55①14
ひでしましゅじん【秀島主人】 55①73
ひでよしこう【秀吉公】→ほうたいこう 4①273/16①295/66②86
ひとまる【人丸】→かきのもとのひとまろ、かきのもとのまちぎみ 37③311,339/54①145/62⑥147
ひなさいべえ【比名才兵衛】 44①56
ひのこざえもん【日野小左衛門】 66②88
ひめじさま【姫路様】 43③261
ひめじまし【姫島氏】 55①70
びゃくかくぎさいとうつう【白鶴義斎藤通】 70⑤309
ひゃくしょうぜんろく【百姓善六】 3①24
ひゃくしょうのつえもん【百性の津右衛門】 10①170
ひゃくべえ【百兵衛】 61⑨313
ひゅうがのかみ【日向守】 64①57,58,60,64,65,66,67
ひょうえもん【兵右衛門】 32①12,59,88,96,101,109,118,170,203
ひょうえもん【兵右衛門】 43③234,236,238,241,255,257,264,270
ひょうえもん【兵右衛門】 64④264
ひょうごのかみ【兵庫頭】 58⑤367
ひょうごややえもん【兵庫屋弥右ヱ門】 58②98
ひょうざえもん【標左衛門】→しょうしけん 27①228,229,230,247/49①86
ひょうざえもん【兵左衛門】 32①12,48,86,96,100,107,139,170
ひらかわしんえもん【平川新右衛門】 61⑨268
ひらたあつたね【平田篤胤】→たいらのあつたね、ひらたおんぬし、ひらたのうし 3②72
ひらたおんぬし【平田御大人】→ひらたあつたね 21①95
ひらたし【平田氏】 32①10
ひらたのあつざね【ひら田の篤真】 7②379
ひらたのうし【平田ノ大人】→ひらたあつたね 21⑤233
ひらたやじえもん【平田弥次右衛門】 32①15
ひらどいきのかみ【平戸壱岐守】 66④210
ひらのていしろう【平野定四郎】 56①146
ひらまつゆうのすけ【平松勇之介】 67③140
ひらやまかんのすけ【平山勘之允】 64④307
ひろきち【広吉】 61⑨285
ひろせてん【広瀬典】 15②132
ひろなかいうえもん【広中伊右衛門、広仲伊右衛門】 66①43,45,50,②103,104
びんおう【閔王】 35①208,210

【ふ】

ふうかく【風鶴】 1③260
ふうし【夫子】→こうし 13①313
ふえもん【ふ右衛門、符右衛門】 64①50,77
ぶえもん【武右衛門】 63②94
ぶおう【武王】 13①313
ふかしゅう【深周】 44①16,20,56
ふかつしゅうへい【深津周平】 44①53
ふかまちごんろく【深町権六】 41⑥280
ふくしまあさえもん【福嶋浅右衛門】 39④188
ふくしまみずまさ【福嶋瑞昌】 66④228
ふくだせいすけ【福田清助】 65③192
ふくだせんそうてい【福田宣宗禎】 70⑤316
ふくだそうてい【福田宗禎】 70⑤312
ふくとくやさんえもん【福徳屋三右衛門】 5④333
ふくむらたろべえ【福村太郎兵衛】 59③214
ふくやまうえかた【譜久山親方】 57②149
ふくやましゅんちょう【福山舜調】 45⑦378,381
ふくろやまごろく【袋屋孫六】 51②210
ぶざえもん【武左衛門】 22③176
ぶざえもん【武左衛門】 61⑨263
ぶざえもん【武左衛門】 67⑤238
ふじいさいすけ【藤井才助】 59③235
ふじいしょうざえもん【藤井正左衛門】 57①15,43
ふじいゆきまろ【藤井行麿】 45②70
ふじいろくろうじ【藤井六郎次】 64②134
ふじたさくえもん【藤田作右衛門】 61⑨260
ふじたさんえもん【藤田三右衛門】 56①173
ふじたしんえもん【藤田新右衛門】 41①14
ふじたまさのり【藤田順則】 33①10
ふじたゆうせん【藤田祐詮】 19①14
ふじなみかんぬし【藤波神主】 24③266,352
ふじのさんえもん【藤野三右衛門】 66⑦370
ふしみいん【伏見院】 60①44
ふじもとすけざえもん【藤本佐左衛門】 30①30
ふじもとやない【藤本野内】 61⑨258
ふじわらげんぞう【藤原源蔵】 67②104
ふじわらこうりん【藤原光林】 56①40,157
ふじわらていかん【藤原貞幹】 48①332
ふじわらのあつみつ【藤原敦光】 13①326
ふじわらのためすけ【藤原ノ為相】 54①153
ふじわらよしふさ【藤原良房】 6②325
ぶそん【蕪村】 35①239

ふたつかむらまたべえ【二塚村又兵衛】 6①82
ふちざわさだなが【淵澤定長】→あさねのや、えんえもん 2①9
ふちざわはつたろう【淵澤初太郎】 2②168
ふっき【伏犠、伏羲】 8①264/35①32,183/37③252
ぶっだ【仏陀】 24①166
ふでまつ【筆松】 61⑥187
ふとなわさま【太縄様】 61②82,102
ふなきだんぞう【舟木団蔵】 61⑨374,375
ふなさかがへい【船坂雅平】 24①169
ふなさかよへい【船坂与平】 24①171
ふなばししちべえ【舟橋七兵衛】 64②114
ふねのおおぎみ【船王】 62⑥146,147
ぶへえ【武兵衛】 31④227
ふまいけんおう【不昧軒翁】 69②160,208,349
ふまいけんのおきな【不昧軒ノ翁】 69②383
ふゆつぐこう【冬嗣公】 37③369
ふるかたちくどうんぺーちん【古堅凡親雲上】 34⑥166
ふるがねやさへえ【古金屋左兵衛】 5④331
ふるかわ【古河】 48①351
ふるかわごろべえ【古川五郎兵衛】 66③146
ふるかわやよしだゆう【古川屋嘉太夫】 61⑨306
ふるかわやろくろうえもん【古川屋六郎右衛門】 61⑨309,311,314,316,385
ふるごおりぶんえもん【古郡文右衛門】 65③178
ふるとくきえもん【古徳喜衛門】 3④359,382
ふるやうじ【古矢氏】 55③326
ふるやろくじょう【古屋六丞】 39④184
ぶんえもん【文右衛門】 43③236,257,258,260,262,267,271,272
ぶんえもん【文右衛門】 63②95
ぶんおう【文王】 10①191/59④269/69②177
ぶんけきっこうとうえもん【分家亀甲藤右衛門】 42③191
ぶんけとうえもん【分家藤右衛門】 42③157,191,197,202,204
ぶんこう【文公】 5①192
ぶんごやしょうしち【豊後屋正七】 18⑤461
ぶんごろう【文五郎】 61⑨363
ぶんじゃく【文若】→ぐしちゃんうえかたさいぶんじゃく 57②77
ぶんじろう【文治郎】 63①60
ふんせんそうじょう【粉川僧正】 60⑤294
ぶんぞう【文蔵】 61⑨264,326
ぶんぞう【文蔵】 66⑤273,274,281,282,284
ぶんぶくげんだゆう【ぶんぶく源太夫】 24③356
ぶんべえ【文兵衛】 61⑨280

【へ】

へいあんいんしどろどうじん【平安隠士泥道人】 60⑥321
へいえもん【平右衛門】 63①29,59
へいえもん【平右衛門】 66②119
へいきち【平吉】 43③245
へいきち【平吉】 66⑥335
へいきち【平吉】 67①42,46
へいきつ【丙吉】 70⑥425
へいけ【平家】 66④202
へいけこれもり【平家惟盛】 53④230
へいごろう【平五郎】 61⑨263
へいざえもん【平左衛門】 63②95
へいざえもん【平左衛門】 64②114,120
へいし【平氏】 59③203
へいすけ【平介、平助】 32①13,71,91,98,104,113,134,143,173,219
へいすけ【平助】 39④198
へいすけ【兵助】 64④262
へいぞう【兵蔵】 43②136
へいぞう【兵蔵】 61⑤178
へいぞう【兵蔵】 67①54
へいない【平内】 64④266
へいはち【平八】 61⑨285
へいべえ【平兵衛】 29③196,210,219
へいべえ【平兵衛】 32①12,63,102,127,141,147,171
へいろく【平六】 63②95
へきとうろうほけんぺい【碧桃老圃健平】 24①164
べんか【卞和】 11①5
べんじ【弁治】 61⑨336
へんじゃく【扁鵲】 56①57/70⑥418
べんむる【鞭武爾】 60⑦400

【ほ】

ほうくん【放勲】 69②204,205
ほうさい【邦斎】 58⑤371
ほうざんいんさま【宝山院様】 59③210
ほうしゅうてい【豊秋亭】 58⑤285
ほうしゅうていりゆう【豊秋亭里遊】 58⑤366
ほうじょう【北条】 45①42
ほうじょううじしげ【北条氏重】 66②86
ほうじょううじつな【北条氏綱】 66②86
ほうじょううじなお【北条氏直】 66②86
ほうじょううじまさ【北条氏政】 66②86
ほうじょううじやす【北条氏泰】 66②86
ほうせんじさま【宝泉寺様】 42④281
ほうたいこう【豊太閤】→ひでよしこう 45⑥332
ほうねんしょうにん【豊年証人】 24①155
ほうへい【彭炳】 18①175
ほかませんちょう【外間専張】 34⑤113
ほかまちくどうんぺーちん【外間筑登之親雲上】 34⑤76
ぼくどう【樸堂】 43③249,250
ほしなじゅうえもん【保科十衛門、保科重衛門】 64①54
ほしのかへえ【星野嘉兵衛】 66④227
ほしのこじゅうろう【星野小十郎】 66④228
ほしのとうえもん【星野藤右衛門】 66④209,210,211,229
ほしのぬいのじょう【星野縫殿之亟】 66④229
ほずみほあん【穂積甫庵】 6①237
ほそいよしまろ【細井宜麻】 40②195,196
ほそかわ【細川】 13①326
ほそかわえっちゅうのかみ【細川越中守】 66③149,④209/67①20
ほそかわこう【細川侯】 6①173
ほそぎいおつね【細木庵常】 30①143
ほそぎげんすけいおつね【細木源助庵常】 30①9
ほその【細野】 64①82
ぼたんやかじゅうろう【牡丹屋嘉十郎】 55③291
ほったし【堀田氏】 37②121
ほとけ【仏】→O 24①21
ほりおうえもん【堀尾右衛門】 67③135
ほりおこう【堀尾侯】 59③205
ほりおたてわきせんしょうよしはる【堀尾帯刀先生吉晴】 59③207
ほりおやましろのかみうじはる【堀尾山城守氏春】 59③243
ほりおやましろのかみただうじ【堀尾山城守忠氏】 59③218
ほりおわへい【堀尾和平】 61⑨293
ほりぐちせいじろう【堀口清治郎】 64③200
ほりこうけん【堀好謙】 60⑦400
ほりながじへえ【堀長次兵衛】 61⑨295
ほりへいたざえもん【堀平太左衛門】 33⑤244
ほりまござえもん【堀孫左衛門】 39④187,189
ほりやぶんえもん【堀谷文右衛門】 66③149
ほんあみこうえつ【本阿弥光悦】 55③431
ほんおかむらし【本岡村氏】 24①69
ほんじょうやじえもん【本庄屋治右衛門】 61⑨276
ほんだえちぜんのかみ【本多越前守】 16①324
ほんだごんぞう【本多権蔵】 64④247
ほんだごんぱち【本田権八】 59③240
ほんだとしあき【本多利明】 52⑦285
ほんだもとよし【本多元良】 66④219
ほんのういんしょうにん【本能院聖人】 43③241
ほんまちかんえもん【本町勘右衛門】 64①45
ほんやしょうきち【本屋庄吉】 59④327,365,366

【ま】

まえだしちべえ【前田七兵衛】 66③139
まえだぺーちん【前田親雲上】 34②31
まきのじょう【牧野城】 68①50
まきのすおうのかみ【牧野周防守】 64①69,72
まきやじざえもん【牧弥次左衛門】 66④208,209,210,211,229
まけつ【真毛津】 35①222
まごえもん【孫右衛門】 64④263
まござえもん【孫左衛門】 40②196
まござえもん【孫左衛門】 43③247,248
まござえもん【孫左衛門】 63①60
まごさく【孫作】 39④220,222
まごしろう【孫四郎】 61⑥189
まさかたこう【正容公】 20①352
まさかど【将門】→たいらのしんのうまさかど 64①73
まさしげ【政重】 72⑯102
まさのすけ【政之助】→ぬのかわまさのすけ 61⑨313
まさひで【正秀】 35①84
ますかわち【益河内】 57①17
ますぞういえ【升蔵家】 27①276
ますだこたろう【益田小太郎】 61⑨258
ますださま【増田様】 39④206,216
ますだじえもん【益田治右衛門】 61⑨257,259,267,271,317,330,341
ますだしゅんこう【増田春耕】 35②260
ますだはんすけ【増田半助】 39④189,202
ますはしぶんのじょう【増橋文之丞】 61⑨265
ますみ【真澄】 24①179
ますやいちざえもん【桝屋市左衛門】 66⑥333
ませわさぶろう【間瀬和三郎】 61⑩432
またえもん【又右衛門】 32①12,20,46,86,95,100,107,118,139,170
またざえもん【又左衛門】 33②106
またざえもん【又左衛門】 59①10,11,18,19,43,50,55,61
またざえもん【又左衛門】 63①27,28,58
またざえもん【又左衛門】 64④257,259,260,261
またしろう【又四郎】 63①29,59
またべえ【又兵衛】 64②114
またべえ【又兵衛】 64④257,260
まついごろうだゆう【松井五郎太夫】 67⑥294,295
まついじんたろう【松井甚太郎】 64②134
まついそうざえもん【松井惣左衛門】 29③196
まつうらおとえもん【松浦音右衛門】 64④297
まつおかげんたつ【松岡玄達】 48①338
まつおかでんさぶろう【松岡伝三郎】 43③239
まつおごんだゆう【松尾権太夫】 66④219
まつがうらのぞうろくどう【松賀浦の蔵六堂】 54①33
まつくらながとのかみ【松倉長門守】 66④189
まつくらぶんごのかみ【松倉豊後守】 66④205
まつざかじょうざえもん【松坂丈左衛門】 66④227
まつだいらいなばのかみ【松平因幡守】 64①51,52,75
まつだいらいよのかみ【松平伊予守】 66②108
まつだいらうきょうのすけ【松平右京亮】 61⑩434
まつだいらえっちゅうのかみ【松平越中守】 68③339
まつだいらおおいのかみ【松平大炊頭】 67①20
まつだいらおおくらたいすけ【松平大蔵大輔】 6①155
まつだいらかいのかみ【松平甲斐守】 66②108
まつだいらすおうのかみ【松平周防守】 6①229
まつだいらだいぜんのだいぶ【松平大膳太夫】 67①20
まつだいらちくぜんのかみ【松平筑前頭】 66④210
まつだいらでわのかみなおまさ【松平出羽守直政】 59③209
まつだいらでんじゅうろう【松平伝十郎】 66④208,209
まつだいらとのものかみ【松平主殿頭】 66④187,204
まつだいらみきのかみ【松平ミキノ守】 66②108
まつだいらやまとのかみ【松平大和守】 61⑩433,434
まつたろう【松太郎】 53④214,236,237
まつながさえもん【松永佐右衛門】 64②140
まつながつねさぶろう【松永恒三郎】 64②141
まつのおしょうこう【松野尾章行】 30①143
まつのそうごろう【松野惣五郎】 66④227
まつのだんえもん【松野弾右衛門】 66④227
まつむらやそべえ【松村弥三兵衛】 32①15
まつもとくろうえもん【松本九郎右衛門】 66④228
まつもとさま【松本様】 59①49
まつもとやしょうさく【松本屋尚作】 42⑥385
まつやじんしろう【松屋甚四郎】 61⑨304
まつやまこう【松山侯】 45④210
まつらでんじさだむねにゅうどうそうあん【松浦伝次貞宗入道宗案】 10①144
まとはやしろべえ【的早四郎兵衛】 59③213
まなべわかさのかみ【間部若狭守】 67①20
まんきち【万吉】 61⑨348
まんすけ【万助、萬助】 61⑨287,311
まんぞう【満蔵】 67③131
まんねんでんきち【万年伝吉】 64④247

【み】

みうらたいらのなおしげ【三浦平直重】 62⑤115
みうらとうはく【箕浦東伯】 44①12
みうらはんろく【三浦伴六】 66①57
みうらぶんえもん【三浦文右衛門】 2③259
みかわややへいじ【三河屋弥平次】 45⑥340
みきやひこざえもん【三木屋彦左衛門】 43③248
みこたごへえ【神子田五兵衛】 5④310
みこやきぞう【神子家喜蔵】 67③122
みさこ【ミ艸子】 24①177
みさとおやかた【美里親方】 34①15
みさわしきょうしゃくし【三沢氏狂尺子】 19①9
みずの【水野】 49①112,114
みずのげんろく【水野源六】 49①112
みずのさこんしょうげん【水野左近将監】 66④209
みずのせんせい【水野先生】 21⑤233
みずのたんばのかみ【水野丹波守】 64③199
みずのつしまのかみ【水野対馬守】 67①31
みずほりとうごろう【水堀藤五郎】 69②323
みそやきちべえ【味噌屋吉兵衛】 44①55
みたにごんだゆう【三谷権太夫】 59③203
みちうじ【通氏】 10①151,152
みちしげ【通茂】 37③326
みちただ【通正】→こうのみちただ 10①14,182,184
みつけんさま【密賢様】 42④274
みつぞうじさま【密蔵寺様】 42④281
みつはしへいえもん【三橋兵右衛門】 64②134
みつみぞやそべえ【三溝八十兵衛】 67⑥289
みつもりじんざえもん【三森甚左衛門】 61⑨330,347
みとめいくん【水戸明君】 3①24
みどりかわえいぞう【緑川栄蔵】 45④208
みどりかわなにがし【緑川某】 45④209
みながわおう【皆川翁】 39①15
みながわたん【皆川亘】 39①66
みなとちょうざえもん【湊長左衛門】 61⑨265,267
みなとやもんべえ【湊屋門兵衛】 61⑨289,301
みなもとのかねよりこう【源兼頼公】 45①30
みなもとのつなちか【源綱近】 59③218
みなもとのとしより【源俊頼】 37③298

みなもとののぶきよ【源信精】 18②241
みなもとのれっこう【源烈公】 3④218
みなもとよしみつこう【源義光公】 45①30
みのかさのすけ【蓑笠之助】 66②89,116,117,120
みのすけ【巳之助】 61⑨287,311,316,317,385
みのまつ【巳之松】 61⑨360
みほのあそんまさつね【三穂の朝臣真恒】 59③197
みみょういんさま【微妙院様】 6①81,173/52⑦317
みやうちけんごろう【宮内兼五郎】 61③124
みやおいさだお【宮負定雄】→さだお 3①9,15
みやおいさへいさだお【宮負佐平定雄】 3①63,②72
みやおいのさだお【宮負の定雄】 3①5
みやかわ【宮川】 70②152,153
みやがわこのも【宮川此面】 66④208
みやきち【宮吉】 64②123
みやぐすくちくどうん【宮城筑登之】 34②31
みやけへいじえもん【三宅平次衛門】 64①69
みやざき【宮崎】→みやざきやすさだ 1③259/4①232/18①68/21①55/40②137/70⑥378
みやざきいわたろう【宮崎岩太郎】 66④232
みやざきおう【宮崎翁】→みやざきやすさだ 13①315/33⑥302/70①15
みやざきし【宮崎子】→みやざきやすさだ 40②38
みやざきしゅう【宮崎脩】 62⑥146
みやざきせい【宮崎生】→みやざきやすさだ 70⑥409
みやざきせんせい【宮崎先生】→みやざきやすさだ 6①25
みやざきやすさだ【宮崎安貞】→みやざき、みやざきおう、みやざきし、みやざきせい、みやざきせんせい、やすさだ 1①17,④295/4①203,240/6①104/12①13,22,46/15③331/23⑥297/39①11/70①14
みやざきやすさだおう【宮崎安貞翁】 21①25
みやざわぜんぞう【宮沢善蔵】 61⑨269
みやじかん【宮地簡】 70⑥373
みやじかんかんふ【宮地蕳寛夫】 70⑥376
みやじたちゅう【宮地太仲】→かせんせんせい、かせんみやじおう 70⑥432
みやながしょううん【宮永正運】 6①6,263
みやながまさよし【宮永正好】 6②326
みやむらじょうきち【宮村丈吉】 61⑨286
みやむらまござえもん【宮村孫左衛門】 64③177
みやもとたゆう【宮本太夫】 9①150
みやらぺーちん【宮良親雲上】 34⑥166
みよしこう【三好侯】 68④407
みよしさきょうだゆう【三好左京太夫】 10①6
みわうもん【三輪右門】 61⑨268
みんのたいそ【明の太祖】 18①56

【む】

むかいげんしょう【向井元升】 18①137,151
むかいし【向井氏】 45⑥314
むじんどう【無尽堂】 10②299
むま【馬武】 1②135
むらえもん【村右衛門】 66②115
むらおかきゅうえもん【村岡久右衛門】 61⑨367
むらかみけんもつ【村上監物】 36③284
むらかみつぐすえ【村上嗣季】 67⑥281,318
むらきやへい【村木弥平】 67②104
むらたおくえもん【村田奥右衛門】 66④228
むらたゆうしろう【村田祐四郎】 45②110
むらまつやおせき【村松屋おせき】 42⑥377
むらやまなおゆき【村山直之】 58①63
むれき【無暦】 24①175
むろがとざえもん【室賀戸左衛門】 64①69

【め】

めいじのせいじょう【明治の聖上】 24①174
めいぜんかんのあるじ【明善館のあるし】 47③177
めぐろせいざえもん【目黒清左衛門】 61⑨270
めはやちょうごろう【目早長五郎】 38③165

【も】

もうし【孟子】→U 6①189/7②216/22①26/24①174/35②258,374/38④233/69②189,204,205,207
もうまんねん【孟万年】 38④254
もうりたしょうたろう【毛利田庄太郎】 70③220
もうりてるもと【毛利輝元】 10①6
もうりまただゆう【毛利又太夫】 39④187,188
もうりもとなり【毛利元就】 59③204
もえもん【茂衛門】 11④180
もえもん【茂右衛門】 64①41
もえもん【茂右衛門】 64④257,264,269,295
もくざえもん【杢左衛門】 64①80
もくべえ【杢兵衛】 66⑦364,369,370,371
もざえもん【茂左衛門】 32①13,148
もざえもん【茂左衛門】 64④260,269
もさぶろう【茂三郎】 29③196,199,208
もちだいちがく【持田一学】 24③356
もちづきさんえい【望月三英】 6①229
もとおりせんせい【本居先生】 3①17,26/59③199
もとおりのうし【本居宇斯】 3①5
もとつな【基綱】 3④235
もみじてい【紅葉亭】 40②39,195
もみじや【もみぢ屋、紅葉や、紅葉屋】 23⑤258,276,277/40②36,196
もめんやさだしち【木綿屋定七】 61⑤178
もりうじ【森氏】 59⑤435
もりかわつねはち【森川常八】 64②123
もりかわはちろう【森川八郎】 66④210
もりくに【守國】→うえがきもりくに 35①122
もりけいぞう【森慶蔵】 43③242,271
もりじろへい【森地路平】 59③229
もりたいちまつ【森田一松】 39②91
もりちへいざえもん【森地平左衛門】 66⑥334
もりつねまさ【森常政】 59⑤444
もりながよし【森長義】 57②78,81
もりひろでんべえ【森廣傳兵衛】 9②195
もりへい【守平】 23④181
もりやさだゆう【守屋佐太夫】 66②86
もりやとねり【守屋舎人】 44③198
もりやよりみつ【守屋頼潤】 60⑦408
もろきざえもん【茂呂喜左衛門】 61⑨261
もんえもん【紋右衛門】 43②121,122,123,124,125,126,127,128,129,130,131,132,133,134,135,136,137,138,139,140,141,142,143,144,145,146,147,148,149,150,151,152,153,154,155,157,158,159,160,161,162,163,164,165,166,167,168,169,170,171,172,173,174,175,176,177,178,179,180,181,182,183,184,185,186,187,188,189,190,191,193,194,195,196,197,199,200,201,202,203,205,206,207,208,209
もんえもん【紋右衛門】 44①55
もんぞうさま【門蔵様】 9③296

【や】

やえもん【弥右衛門】 64④265
やおう【埜桜】 24①166
やおじ【八百治】 52①11
やかひさとうぬしぺーちん【屋嘉比ぁ親雲上】 34⑥165

やかひちくどうんぺーちん【屋嘉比筑親雲上】 34②30
やぎじろうえもん【八木次郎右衛門】 66②86
やぎせいごろう【八木清五郎】 64③169
やくろう【弥九郎】 61⑨363
やごえもん【弥五右衛門】 64④265,270
やごへえ【弥五兵衛】 64④264
やざえもん【弥左衛門】 44①55
やざえもん【弥左衛門】 64④264
やざえもん【弥左衛門】 66⑤291
やじべえ【弥次兵衛】 64④278
やじまきまた【矢嶋喜又】 66④221
やじまはんざえもん【矢島半左衛門、矢嶋半左衛門】 57①14,42
やすいせんぞう【安井千蔵】 66③147
やすえもん【安衛門】 64①80
やすえもん【安右衛門】 64④247,257,261,274
やすけ【弥助】 64④276,277,288,292,295
やすごろう【安五郎】 47⑤262
やすざえもん【安左衛門】 63①29,59
やすざえもん【安左衛門】 66③156,157,159
やすさだ【安貞】→みやざきやすさだ 12①14
やすだ【安田】 45①42
やすだしんべえ【安田新兵衛】 67⑥294
やすだゆう【安太夫】 64①80
やすへい【保平】 44①55
やすべえ【安兵衛】 40④317/61⑨315,321,322,342
やすべえ【安兵衛、保兵衛】 63①29,59
やすまゆいべえ【安間唯兵衛】 61⑨313,316
やすもとみつまさ【安本光政】 61⑥190
やぞう【弥蔵】 64④257
やそうた【弥惣太】 44①10,11,12,13,14,15,21,22,23,26,28,29,30,32,39,41,43,47,51,55
やそはち【弥三八】 66⑧390
やそべえ【弥三兵衛】 25①87
やそべえ【弥惣兵衛】→いざわやそべえ 65③192
やだぼりきざえもん【矢田堀喜左衛門】 36③264
やたろう【彌太郎】 61⑨273
やながわやちゅうしち【柳河屋忠七】 11④176,185
やなぎしょうべえ【柳庄兵衛】 66②95
やなぎだきゅうざえもん【柳田九左衛門】 66①36,37,38,39,41,45,48,52
やなぎだしんていぞう【柳田真鼎蔵】 70⑤316
やなぎだていぞう【柳田鼎蔵】 70⑤313
やなぎだりざえもん【柳田利左衛門】 66②102
やなぎばりょうふ【柳葉漁夫】 24①175
やのさくらだゆう【矢野佐九羅太夫】 59③209
やはたむらきゅうべえ【八幡村九兵衛】 64①45
やはちろう【弥八郎】 59①25,26,34,35,36,48,54,61
やはちろう【弥八郎】 64④280
やひつだい【野必大】 48①91
やへいじ【弥平次】 45⑥338
やまうちひさいちろう【山内久市郎】 11①66
やまうちぺーちん【山内親雲上】 57②172
やまがたいちざえもん【山県市左衛門】 57①48
やまがたひこべえ【山方彦兵衛】 57①15
やまがみはんべえ【山上半兵衛】 32①15
やまかわきちごろう【山川吉五郎】 61⑨347
やまかわぺーちん【山川親雲上】 34②31
やまぎし【山岸】 53⑤292,295
やまぎしげんのすけ【山岸源之助】 53⑤303,371
やまぎしじゅうざえもん【山岸十左衛門】 52⑦321,322
やまぐちげんばまさひろ【山口玄蕃正弘】 4①273
やまぐちこうきち【山口孝吉】 64②141
やまぐちしんざえもん【山口新左衛門】 52⑦320
やまぐちながと【山口長門】 24③357
やまぐちながとのかみ【山口長門守】 24③351
やまざきさかのすけ【山崎坂之助】 64④273,279,280,304,305,309,311
やまざきさくべえ【山崎作兵衛】 61⑨339
やまざきじんごべえ【山崎甚五兵衛】 61⑨341
やましきゅうえもん【山師久右衛門】 56①172
やましたしょうしょ【山下松処】 24①159
やましたせいえもん【山下清右衛門】 32①15
やましたちゅうはち【山下仲八】 67⑥294
やましなどうあん【山科道安】 52③141
やましろのかみ【山城守】 59③207
やましろのかみうじはる【山城守氏晴】 59③207
やまたかはちざえもん【山高八左衛門】 64③199
やまだぎざえもん【山田儀左衛門】 64②134
やまだじえもん【山田治右衛門】 65③192
やまだじゅうたろう【山田十太郎】 1④295,337
やまだせいくろう【山田清九郎】 64②123
やまだせいじろう【山田清次郎】 66③147
やまだそうざえもん【山田惣左衛門】 61⑩428
やまでらさま【山寺様】 66⑤275,283,287
やまとやぜんえもん【大和屋善右衛門】 61⑨386
やまな【山名】 13①326
やまなかそうさぶろう【山中宗三郎】 61④170
やまなかだいすけ【山中大輔】 48①332
やまなかやえもん【山中弥右衛門】 64④311
やまぬいどの【山縫殿】 57①14,19,48
やまのべあかひと【山野辺赤人】 45①31
やまむらやしょうべえ【山村屋庄兵衛】 42⑥370
やまもとかすけ【山本加助】 52⑦319
やまもときさぶろう【山本喜三郎】 28②285
やまもときちえもん【山本吉右衛門】 66③147
やまもとじゅさひでみ【山本壽佐秀實】 60④229
やまもとしょうぞう【山本庄蔵】 61②102
やまもとせひょうえ【山本瀬兵衛】 52⑦317
やまもととうすけ【山元藤助】 53④250
やまもとへいだゆう【山本平太夫】 64②134
やまもともざえもん【山本茂左衛門】 64③200
やまもとやぶざえもん【山本屋武左衛門】 43③238
やまもとろくろうべえ【山本六郎兵衛】 14①376
やようさんじん【野陽山人】 22①9
やりやこはち【鑓ヤ小八】 49①110

【ゆ】

ゆいべえ【唯兵衛】 61⑨313,317
ゆうきとくえいますお【結城得英升育】 18①195
ゆうぐし【有虞氏】 13①313
ゆうざえもん【祐左衛門】 63①27,28,58
ゆうじゃく【有若】 69②198
ゆうしょうせい【幽嶂生】 24①173
ゆうすけ【勇助】 11④171
ゆうせんほういん【宥専法印】 66⑦370
ゆうとくいんさま【有徳院様】 6①229/68③315
ゆうのすけ【勇之介】 67③129,136
ゆうほうていえいろ【有芳亭英露】 55①73
ゆうや【由也】 24①164
ゆうりゃくてんのう【雄略天皇】 24①42/35①177
ゆうりゃくてんのうのおきさき【雄略天皇の御后】 62④101
ゆうりゃくてんのうのきさき【雄略天皇の后】 35①24
ゆきあき【之昭】→おくだゆきあき 30①6,7,8
ゆはら【湯原】 59③204
ゆはらたへえ【湯原太兵衛】 44①56

【よ】

ようざえもん【要左衛門】 63①60
ようじょうそうじょう【葉上僧正】 10②335
ようすう【姚崇】 15①69

ようすけ【要助】 43③234,247
ようせん【楊泉】 35①36
ようりょう【鷹梁】 24①179
よえもん【与右衛門】 67⑤214
よこかわえんとうざんどう【横河園陶山堂】 15②303
よこがわし【横川氏】 30①7
よこやまういちろう【横山宇一郎】 61⑨361
よこやまこうざえもん【横山幸左衛門】 66④211,228
よさえもん【与三右衛門】 32②286,287,289,291,292,300,301,306,307,308,310,312,313,332,336,337
よさく【与作】 66⑧390
よしいただえもん【吉井只右衛門】 66②96
よじえもん【与次右衛門】 20①12,352
よしかわしょうさく【吉川正作】 66③147
よしざえもん【嘉左衛門】 43②124
よしざえもん【嘉左衛門】 63②85,③99
よしざわさへえ【吉沢佐兵衛、吉澤左兵衛】 67①37,64
よししげ【吉茂】→たむらよししげ
21①93
よしだげんのすけ【吉田源之助】 64③172,173
よしだちゅうえもん【吉田忠右衛門】 61⑨273,362
よしだのけんこう【吉田の兼好】 38③187
よしだまごえもん【吉田孫右衛門】 57①15,31
よしだろくえもん【吉田六衛門】 64①68
よしち【与七】 43③238
よしとき【喜時】→なかむらよしとき
1①17
よしなりへいだゆう【吉成兵太夫】 61⑨309
よしまさ【義政】 13①328
よしみねのやすよ【良峰の安世】 10②343
よしむらのぶちか【吉村延親】 24①155
よしむらへん【吉村辺】 66④210
よしむらよもさく【吉村与茂作】 59③229
よしもとやじへえ【吉本屋治兵衛】 61③124
よしやひょうえもん【吉屋兵右衛門】 36①74
よしゆき【喜之】 66④232
よじろう【与次郎】 64④275,276,288,291
よしわらさだのしん【吉原定之進】 64②116
よせやまうえかた【与世山親方】 34⑥164
よそうえもん【与惣右衛門】 64④257,268
よそべえ【与惣兵衛】 64④260
よだそうぞうとくひで【依田惣蔵徳英】 24③263
よだのひぜん【依田之肥前】 64①74
よなばるうえかた【与那原親方】 57②179
よねきつせいえもん【米津清右衛門】 16①280
よねきつでわのかみ【米津出羽守】 16①280
よねざわこう【米沢侯、米沢公】 45④209/61⑨304
よへいじ【与平次】 67①32
よへえ【与兵衛】 43③239
よへえ【与兵衛】 64④260
よりよし【頼義】 51①16
よろずやじんすけ【萬屋仁助】 11④174,183

【ら】

らいこう【雷公】 45⑦375
らいこう【頼光】 51①16
らおう【羅翁】 59③196
らくおうこう【楽翁侯】 43③240
らくけん【楽軒】→かいばららくけん
12①14,25,26,28,30,197
らくぼく【楽木】 4①306
らざんせんせい【羅山先生】 45⑥332
らふ【羅敷】 35①220
らんこう【闌更】 35①128
らんざん【蘭山】→おのらんざん
48①355
らんざんせんせい【蘭山先生】→おのらんざん
48①340,388/70⑥377
らんすい【藍水】→たむらげんゆうげんだい
45⑦381

【り】

りえもん【利右衛門】 10①182,183
りえもん【理右衛門】 11④171,181
りえもん【利右衛門】 32①12,25,62,89,96,101,110,118,126,141,147,171
りかい【李悝】 18③349,④423
りきゅう【利久】 56①164
りざえもん【利左衛門】 32①12,24
りざえもん【理左衛門】 43③239
りじちん【李時珍】→じちん
12①309/18①125
りしん【李紳】 6①201
りへえ【利兵衛】 24①69
りゅうけい【立卿】 68①45,54
りゅうざんし【龍山師】 43③242,250,255,261,262,267,270
りゅうしょうどうのあるじ【龍章堂の主】 15①68
りゅうすいけん【柳水軒】 44①49
りゅうどう【龍洞】 24①179
りゅうどう【龍道】 66③154
りゅうび【劉備】 36①35
りょうごこじ【了悟居士】 5③249
りょうさくくん【亮策君】 68①49
りょうじゅうおしょう【了重和尚】 64④243,247,262,281,282,300,301
りょうぞう【鐐蔵】 42⑥372,373
りょうた【蓼太】 35①104
りょくけんやせんけんほ【緑軒野先謙甫】 20①342
りょしゅう【呂州】 55②111
りょたいけい【呂大径】 45⑦422,425
りょぼう【呂望】 59④269
りんいだいおう【霖異大王】 35①54/47②135
りんすけ【林介】 35②315
りんせんじおしょう【林泉寺和尚】 64④270
りんなうす【林軟斯、林娜斯】 60⑦400/70⑤323,326

【れ】

れいこうどうしゅじん【令光堂主人】 49①75
れきえんいしざかけいそうけい【櫟園石阪圭宗圭】 68①211
れっこう【烈公】 3④360
れんにょしょうにん【蓮如上人】 66⑤254

【ろ】

ろうし【老子】 40②94/70②106
ろうにんじんくろう【浪人甚九郎】 64②119
ろうべんそうず【良弁僧都】 70②116
ろくがわちょうざぶろう【六川長三郎】 64①41
ろくぎょうさんし【禄行三志】 61③124
ろくざえもん【六左衛門】 63①60
ろくせいせんりゅう【六世川柳】 24①167
ろくだいめわふうていせんりゅう【六代目和風亭川柳】 24①175
ろくべえ【六兵衛】 43③237,241
ろくべえ【六兵衛】 66③156
ろくろうえもん【六郎右衛門】 32①12,13,21,51,87,100,107,118,123,139,170
ろくろうえもん【六郎右衛門】 39④197
ろくろうえもん【六郎右衛門】 61⑨316
ろくろうざえもん【六郎左衛門】 39⑤299
ろくろべえ【六郎兵衛】 10①187
ろくろべえ【六郎兵衛】 43③239,240,245,246,264,272
ろけいきょう【呂恵卿】 70①18
ろこくのひじり【魯国の聖】 61③125
ろじつぶげんじょう【呂実夫元丈】 70③211
ろふう【蘆風】 42④250

【わ】

わいなんおう【淮南王】 35①32
わいなんおうりゅうあん【淮南王劉安】 52②84
わかいらつこ【稚郎子】 62②26
わかのうじ【若野氏】 45③134/50①37
わかのうじなにがし【若野氏某】 45③133/50①35
わきち【和吉】 61⑨287,361
わぐりとうえもん【和栗藤右衛

門】 *59*③209
わしずこえもん【鷲頭小右衛門】 *57*①15,39
わしゅうのけんれいいけだくん【和州の県令池田君】 *50*②143
わすけ【和助】 *61*⑨296
わそうじ【和三次】 *53*②98
わだしげじゅうろう【和田重十郎】 *66*④228
わたなべ【渡辺】 *33*①9,56
わたなべいおりだゆう【渡辺伊織太夫】 *43*③265
わたなべおのまつ【渡部斧松、渡辺斧松】 *61*⑨324,328,356
わたなべきざえもん【渡辺喜左衛門】 *43*③234,238,248
わたなべじゅうろうざえもん【渡辺十郎左衛門】 *32*①15
わたなべせいはち【渡辺清八】 *64*④247
わたなべぜんざえもん【渡部善左衛門】 *59*③240,241
わたなべたねざえもん【渡辺種左衛門】 *66*④208
わたなべつなとう【渡辺綱任】 →つなとう *33*①13
わたなべのたいしょう【渡辺之大将】 *67*②105
わたなべばんしゅ【渡辺蕃主】 *18*①6
わたやゆうぞう【綿屋勇蔵】 *61*⑨368
わだよそうざえもん【和田與惣左衛門】 *66*④221

T 地 名

【あ】

あいかぐん【秋鹿郡(島)】 9③249
あいかぐんさだやま【秋鹿郡佐田山(島)】 59③216
あいかみむら【相神村(石)】 5④336,339,340
あいかわむら【相川村(静)】 65③189
あいき【相木(長野)】 64①74
あいだけむら【相瀧村(石)】 5④308
あいちぐん【愛知郡(愛知)】 17①149
あいづ【あひづ(福島)、会津(福島)】→おうしゅうあいづ、でわのあいづ 18②275/19①9,②274,277,374,376,378,379,380,386,430,444,451/20①279,281,282,283,351/37①45/45④209/46①37/62③72
あいづぐん【会津郡(福島)】→むつのくにあいづぐん 45⑥298
あいづぐんまくのうち【会津郡幕内(福島)】 20①12
あいづぐんまくのうちむら【会津郡幕の内村(福島)】 19①13
あいづごりょう【会津御領(福島)】 20①9
あいづさん【会津山(福島)】 20①261
あいば【あいは(愛知)】 16①322
あいばむら【合場村(奈)】 61④170,⑤179
あおいでむら【青出村(富)】 5④330
あおき【青木(埼)】 42③194,205
あおき【青木(愛媛)】 10①98
あおきむら【青木村(福岡)】 67④183
あおしまかなや【青嶋金屋(富)】 42④270
あおづか【青塚(山形)】 64④275
あおづかむら【青塚村(山形)】 64④256,259,280,286,287,289,297
あおむら【阿尾村(富)】 5④323,326
あおものちょう【青物町(茨)】 3④366
あおや【青柳(大分)】 33③164
あおやま【青山(埼)】 42③153
あおやま【青山(東)】 59④306
あおやまむら【青山村(埼)】 42③153
あがうら【あが浦(広)】 58④263
あかおか【赤岡(高)】 30①68
あかかみむら【赤神村(石)】 5④348
あがかわ【阿賀川(福島)】 25①131
あかさか【赤坂(愛知)】→さんしゅうあかさか 40②195
あかさかぐんぬたむら【赤坂郡沼田村(岡)】 67②104
あかさかさん【赤坂山(長野)】 66⑤275,277,290
あかさきむら【赤崎村(石)】 52⑦300
あかざわ【赤沢(長野)】 63①29,36,42,43,50,51,56,57
あかし【明石(兵)】→ばんしゅうあかし 15②238/53②97/55②109
あかすみむら【赤住村(石)】 5④340
あかた【赤田(秋)】 42①31,45
あかたきむら【赤滝村(奈)】 48①355
あかだにむら【赤谷村(岐)】 40①5
あかつか【赤塚(千)】 63③133,134
あかつち【赤土(茨)】 45⑥336
あかつちむら【赤土村(石)】 4①24,93,106
あがつまぐんいまい【吾妻郡今井(群)】 66③159
あがのがわ【安(阿)賀[野]川(新)】 65③237
あかぼりがわ【赤堀川(茨、埼)】 65③232,233/67①19
あかまがせき【赤間関(山口)】 15①31
あかゆ【赤湯(山形)】 18②252
あかりまた【赤利又(秋)】 1③280
あがわ【吾川(高)】 30①18
あき【安芸(広)】 13①369/14①104/62①17
あきかわどおり【秋川通(東)】 59①44,45
あきぐん【安芸郡(高)】 30①18
あきた【秋田】→でわのあきた 46③197/56①140,150/61⑨273,385/69②276/70②159
あきたきんこうじの【秋田金光寺野(秋)】 70②153
あきたくぼた【秋田久保田(秋)】→くぼた(久保田) 61⑨363
あきたぐん【秋田郡(秋)】 61⑨267
あきたぐんみなみひないなぬかいちむら【秋田郡南比内七日市村(秋)】→なぬかいちむら 61⑨264
あきたまち【秋田町(山形)】 64④269
あきたやまだ【秋田山田(秋)】 63⑧426
あきつしま【秋津州(日本)】 58⑤289
あきのくに【安芸国(広)】 14①201
あきのくにひろしま【安芸の国広嶋(広)】 15③410
あきのみやじま【安芸の宮島(広)】→みやじま 62⑦181
あきはまむら【秋浜村(石)】 5④314
あきま【秋間(群)】→A 66③143
あきやま【秋山(新)】 25①130
あぐに【粟国(沖)】 57②171
あぐにじま【粟国島(沖)】 57②170
あくみぐん【飽海郡(山形)】 64④310
あげお【上尾(埼)】 42③176
あけち【明知(岐)】 42⑥413
あげのうら【安下浦(山口)】→J 58④264
あけびむら【山女村(富)】 5④329
あげむら【上ケ村(兵)】 43③236
あこう【赤穂(兵)】→ばんしゅうあこう→V 15③377
あさか【安積(福島)】 37②66,67,136,227
あさかい【浅貝(新)】 25①107
あさかさんくみ【安積三組(福島)】 37②185
あさくさ【浅草(東)】 14①297/59④327
あさくさざいもくちょう【浅草材木町(東)】 52③141
あさくさたわらまち【浅草田原町(東)】 42③176
あさくさなみきまち【あさくさ並木町(東)】 72⑪84
あさくさはなかわど【浅草花川戸(東)】 59④310
あさとむら【安里村(沖)】 34④60,⑤85
あさない【朝(浅)内(秋)】 61⑨269
あさの【浅野(石)】 4①35
あさのがわ【浅の川(石)】 4①233
あさのむら【浅野村(石)】 5④314
あさばしょう【浅羽庄(静)】 16①284
あさばのしょう【浅羽の庄(静)】 16①283

あさばらむら【浅原村(岡)】 *67*②96
あさひ【朝日(新)】→さんとうぐんあさひむら *36*③267,323,328
あざぶ【麻布(東)】 *59*④306
あざぶひろおのはら【麻布広尾之原(東)】 *68*③332
あさま【浅間(群、長野)】→あさまやま、しんしゅうあさまやま、しんしゅうのあさま *66*③139,141,143,153/*68*③346
あさまい【朝(浅)舞(秋)】 *70*②164
あさまいむら【朝前(浅舞)村(秋)】 *61*⑨280
あさまむら【浅間村(兵)】 *43*③254,257
あさまやま【浅間山(群、長野)】→あさま、しんしゅうあさまやま、しんしゅうのあさま *45*⑥290/*64*①82/*66*③139
あさむし【浅虫(青)】 *1*②175
あさむら【麻村(香)】 *44*②95
あしお【あし尾(栃)】→やしゅうあしお *21*②103
あじおかむら【味岡村(愛知)】 *64*②141
あしがやしんでん【芦ヶ谷新田(茨)】 *64*③201,203,207,209
あしがやむら【芦ヶ谷村(茨)】 *64*③191,199,200
あしかわ【芦川(山梨)】 *65*③201
あしざき【芦崎(富)】 *5*④333
あしだ【芦田(長野)】 *64*①56,61
あしだぐんふくだむら【芦田郡福田村(広)】 *44*①27
あしだごう【芦田郷(長野)】 *63*①57
あしだだけ【芦田岳(長野)、芦田嵩(長野)】 *64*①44,62
あしだふるまち【芦田古町(長野)】 *63*①27/*64*①40
あしだむら【芦田村(長野)】 *64*①80,81
あしだやま【芦田山(長野)】 *64*①62
あしだやまみなみたけ【芦田山南嵩(長野)】 *64*①61
あじのむら【味野村(岡)】 *67*③133
あしのやま【芦野山(京)】 *48*①384
あしはら【芦原(日本)】 *10*①63
あしゅう【阿州(徳)】→あわのくに(阿波の国) *10*②300/*14*①48/*20*①236,279/*21*①74/*45*⑥299/*69*②357
あしゅうかつうらぐん【阿州勝浦郡(徳)】 *48*①353
あじろむら【網代村(長崎)】 *32*①51
あすかがわ【飛鳥川(奈)】 *36*①36
あすかむら【飛鳥村(山形)】 *64*④247,274
あすけ【足助(愛知)】→さんしゅうあすけ *42*⑥371,372,391,414,423,433,435,436,444
あそ【麻生(福井)】 *5*③263
あそうむら【麻生村(秋)】 *61*⑨261,268
あそさん【阿蘇山(熊)】 *69*①62
あそぶむら【遊部村(富)】 *5*④316
あだ【安田(沖)】 *57*②128
あたか【安宅(石)】 *4*①190
あたかしんむら【安宅新村(石)】 *5*④310
あたごさんこまつばら【愛宕山小松原(山形)】 *45*①31
あたごした【愛宕下(秋)】 *61*⑨344
あたごしたきゅうけんやしき【愛宕下九軒屋敷(秋)】 *61*⑨295
あたごしたとりきはた【愛宕下取木畑(秋)】 *61*⑨349
あたごしたはたけ【愛宕下畑(秋)】 *61*⑨292
あだちぐん【足立郡(埼、東)】 *67*①14
あだちぐんはらまむろむら【足立郡原真(馬)室村(埼)】→はらまむろ *42*③151
あだちぐんまみやむら【足立郡真(馬)宮村(埼)】 *42*③169
あたみ【あたミ(静)】→ずしゅうあたみ *14*①399
あだん【阿淡(兵、徳)】 *35*②333
あっけし【アツケシ(北)】 *58*①57
あつた【熱田(愛知)】→びしゅうあつた *16*①278
あつたしんでんのつつみ【熱田新田の堤(愛知)】 *23*②133
あっとり【有鳥(岐)】 *43*①8,25
あつみ【温海(山形)】 *64*④301
あてらざわえき【左沢駅(山形)】 *61*⑨274,367
あなべ【穴部(神)】 *66*②121
あなべむら【穴部村(神)】 *66*②88
あに【阿仁(秋)】 *1*③280
あにがわ【阿仁河(秋)、阿仁川(秋)】 *61*⑨261,265
あにわ【安庭(岩)】→しずくいしどおりあにわむら *56*①137
あは【安波(沖)】 *57*②128
あひょう【安俵(岩)】 *56*①146
あひょうどおり【安俵通(岩)】 *56*①164
あぶらと【油戸(愛知)】 *42*⑥407
あべかわ【阿部川(静)、安倍川(静)】→すんしゅうあべかわ *16*①282,325/*65*③183,184,185,186
あべっとうむら【阿部当村(富)】 *5*④320
あま【海士(和)】 *65*②108,109,111
あまがさき【アマガサキ(兵)】 *40*④329
あまき【天城(岡)】 *67*③130
あまきむら【天城村(岡)】 *67*③131
あまくさ【天草(熊)】→ひごあまくさ *33*⑤251/*48*①390
あまくさじま【天草嶋(熊)】 *14*①105
あまくさとみおか【天草富岡(熊)】 *66*④220
あまぐん【海士郡(和)、海部郡(和)】 *46*②133,135,138/*53*④247
あまないむら【天内村(秋)】 *61*⑨324
あみだやま【阿弥陀山(滋)】 *48*①341
あめま【雨間(東)】 *59*①31,34,53,54
あめまむら【雨間村(東)】 *59*①56
あめりか【亜墨利加】→きたあめりか *70*⑤325
あめりかしゅう【アメリカ州】 *45*⑥303
あやし【愛子(宮城)】 *67*⑤223
あやせがわ【綾瀬川(埼、東)】→J *65*③232/*67*①19
あゆかいむら【鮎貝村(山形)】 *61*⑨273,370
あようむら【阿用村(島)】 *9*③249
あらい【あら井(静)】 *66*⑥345
あらいけ【荒池(福島)】 *37*②179
あらいみなと【荒井湊(静)】 *16*①285
あらいむら【荒井村(福島)】 *19*②347
あらかわ【荒川(埼、東)】 *22*④218/*67*①12,15,18,19
あらかわ【荒川(山梨)】 *65*③197,201
あらかわむら【アラ川村(滋)】 *48*①341
あらき【荒城(岐)、荒木(岐)】 *24*①34,76,120
あらき【荒木(兵)】 *40*②182
あらきへん【荒城辺(岐)】 *24*①9
あらきむら【荒木村(兵)】 *43*③255
あらこだ【荒小田(長野)】 *64*①75
あらさわ【新沢(秋)】 *42*①45
あらしま【安楽島(三)】 *66*⑧404
あらじゅく【新宿(茨)】 *3*④237,242,246
あらじゅくむら【新宿村(茨)】 *3*④221,232,235,279
あらせごう【荒瀬郷(山形)】 *64*④246,262
あらせむら【荒瀬村(秋)】 *61*⑨265,266,267
あらたにむら【荒谷村(石)】 *5*④307,308,309
あらと【荒戸(砥)(山形)】 *61*⑨389
あらとむら【荒戸(砥)村(山形)】 *61*⑨273
あらはま【荒浜(宮城)】 *35*②412
あらはま【荒浜(新)】 *36*③199
あらまち【荒町(山形)】 *64*④260,266,269
あらもとむら【あら本村(大阪)】 *43*②196
あらや【新屋(秋)】 *61*⑨315,341
あらやしきむら【荒屋敷村(富)】 *5*④320
あらやむら【新屋村(秋)】 *61*⑨386
あらやむら【荒屋村(富)】 *5*④316
あらやむら【あら屋村(石)、荒

屋村(石)】 27①272,307

ありきむら【有城村(岡)】 67③122

ありだがわ【有田川(和)】 65②66,85

ありだぐん【在田郡(和)、有田郡(和)】 46②132,133,135,142,151/53④247

ありたむら【有田村(長崎)】 66④214

ありのむら【有野村(山梨)】 65③203

ありまつむら【有松村(石)】 4①21

ありみねむら【有峯村(富)】 5④334

ありよし【有吉(千)】 63③128

あるが【有賀(長野)】→R
59②89,96,106,116

あるがむら【有賀村(長野)】→R
59②105

あるがむらつちとりば【有賀村土取場(長野)】 59②101

あれむら【阿連村(長崎)】→さすごうあれむら
32①13,15,16

あわ【安房(千)】→あわのくに(安房のくに)
62①17/68③332,343,356/70④260

あわ【阿波(徳)】→あわのくに(阿波のくに)
10①6/19②444/56①159,214/62①17/65③236/70④260

あわい【粟井(香)】 44②157

あわがさき【粟ケ崎(石)】 4①190

あわがさきむら【粟ケ崎村(石)】 5④312

あわぐらむら【栗(粟)蔵村(石)】 5④342,345,348

あわじ【淡路(兵)】→たんしゅう(淡州)
15③325/50④323/62①17/70②102

あわじしま【淡路島(兵)】→たんしゅう(淡州)
65③216,217/69②385

あわじのくに【淡路国(兵)】→たんしゅう(淡州)
14①104

あわしろ【粟代(愛知)】 42⑥430

あわつむら【粟津村(石)】 5④309

あわのくに【安房国(千)、安房之国(千)】→ぼうしゅう(房州)
14①102/64①51,53

あわのくに【阿波ノ国(徳)、阿波の国(徳)、阿波国(徳)、阿波之国(徳)、粟国(徳)】→あしゅう、あわ(阿波)、あわのくにとくしま、とくしま
3①21/5③245/20①282,283/48①50,353/49①169,173,189/66⑥345

あわのくにいや【阿波国祖谷(徳)】 25③291

あわのくにつばきどまり【粟ノ国椿泊(徳)】 62⑥146

あわのくにとくしま【阿波国徳島】→あわのくに(阿波の国)
48①55,75

あわのくにみょうどうぐんいのつ【阿波国名東郡猪(渭)津(徳)】 20①278

あわのこじま【粟ノ小嶋(徳)】 62⑥147

あわのすむら【粟ノ須村(東)】 59①53

あわはら【粟原(茨)】 3④248

あわはらむら【粟原村(富)】 5④323

あんぞうむら【安蔵村(富)】 5④334

あんとく【安徳(長崎)】 66④192,201

あんとくむら【安徳村(長崎)】 66④200,213,215,216

あんなか【安中(群)】 24③322/66③151

あんゆう【安邑(中国)】 3③179

あんようじ【安要寺(富)、安養寺(富)】 42④233,247,274

あんようぼう【安養坊(富)】 6①155

あんらくじむら【安楽寺村(愛知)】 64②115

【い】

いいおかどおり【飯岡通(岩)】 56①137

いいぎす【五十洲(石)】 5④353

いいぎすむら【五十洲村(石)】 5④345,352

いいし【飯石(島)】 9②196

いいしぐん【飯石郡(島)】 9③268

いいずみ【飯泉(神)】 66②117

いいずみむら【飯泉村(神)】 66②96

いいだ【飯田(長野)】→しもいなぐんいいだじょうか
42⑥373,411/67⑥269

いいだむら【飯田村(茨)】 3④254,321

いいだむら【飯田村(石)】 5④346,354

いいだむら【飯田村(香)】 30⑤394

いいづか【飯塚(埼)】 67①13,15,23

いいづか【飯塚(新)】 36③160,161,239,257,275,323

いいづかむら【飯塚村(秋)】 18⑤474

いいづかむら【飯塚村(福岡)】 11④166,180

いいでさん【飯豊山(山形、福島、新)】 19②298,302,305,309,312,313,316,319,322,323,326,328,329,331,333,335,336,338,340,342,343,346,348,349,353

いいでら【飯寺(福島)】 20②371

いいぬま【飯沼(茨)】→しもうさのくにいいぬま
64③173,186,200,201,202,204

いいぬましんでん【飯沼新田(茨)】→しもうさのくにいいぬま
64③169,181,195,208

いいのがわ【飯野河(宮城)、飯野川(宮城)】 67⑤216,217,218,223

いいぶちしんでん【飯淵新田(静)】 65③188

いいむら【飯村(栃)】 42②86

いいやま【飯山(長野)】 66⑤259

いう【意宇(島)】 59③228,229

いうぐん【意宇郡(島)】 9③251/59③227,228,241/61①52

いうぐんおおくさむら【意宇郡大草村(島)】 59③212

いうぐんたまつくりむら【意宇郡玉造村(島)】 9③268

いうぐんにしつだ【意宇郡西津田(島)】 59③209

いうぐんのぎやま【意宇郡乃木山(島)】 59③203

いえじま【伊江島(沖)】 57②170,171

いおりだにやま【庵谷山(富)】 5④331

いが【伊賀(三)】 16①317/38③179/46②150/62①17/66⑧391/69②234

いがうえの【伊賀上野(三)】 66⑥343

いがながせ【伊賀長瀬(三)】 40④278

いがのくに【伊賀の国(三)、伊賀国(三)】 16①283/66⑥343

いかりむら【五十里村(富)】 5④322,323,325,328

いかりむら【五十里村(石)】 5④350

いがわむら【飯川村(石)】 5④335

いき【壱岐(長崎)】→いっしゅう
58⑤362/62①17/70②103

いきがや【生萱(長野)】 66⑤263

いくたまのしょう【生霊の庄(大阪)】 10②349

いくちむら【井口村(長崎)】 32①12,21,51,87,100,107,118,139,170

いくぼむら【飯久保村(富)】 5④322

いくりだにむら【井栗谷村(富)】 5④321

いくろむら【伊久留村(石)】 5④342

いけがみむら【池上村(神)】 66②87

いけぐろ【池黒(山形)】 18②251,257,261,267,269,274

いけだ【池田(大阪)】→せっしゅういけだ
14①214/35②334/55③291,355,396

いけだきのべ【池田木の部(大阪)】→きのべむら
14①363

いけだむら【池田村(富)】 5④324

いけだむら【池田村(福岡)】 11④168,181/67④183

いけづ【池津(新)】 36③159,160,180,231,255,270

いけのしま【池之嶋(大阪)】 43②189,201,204

いけのしり【池ノ尻(山口)】 58④264

いこ【伊古(長崎)】 66④202

いこまやま【生駒山(大阪、奈)】 15③397

いさいだ【井細田(神)】 66②121

いさいだむら【井細田村(神)】 66②87

いざえもんしんでん【伊左衛門新田(茨)】 64③189,203,208,210

いさはや【諌早(長崎)】 11②87,93,94,98,111,113,114,122

いさはやごう【諌早郷(長崎)】 11②101

いしい【石井(埼)】 42③150,151,156,157,158,159,162,163,164,165,166,169,172,174,175,176,179,180,181,182,184,185,191,195,196,197,199,205
いしいむら【石井村(埼)】 42③155
いしいむら【石井村(石)】 5④344
いしがき【石垣(沖)】 34⑥125
いしがきのしょう【石垣之庄(和)】 46②137,151
いしがきやま【石垣山(神)】 66②86
いしかね【石包(岐)】 43①34,54,76
いしかわ【石川(石)】 6①211
いしかわ【石川(長野)】 66⑤263
いしかわぐん【石川郡(富)】 39④220
いしかわぐん【石川郡(石)】 4①12,18,23,53,59,71,80,93,98,106,112,113,126,131,146,147,158,184,190,198,202,215,232,240,266,267,269,274,277,279/5①136,④311/6①81
いしかわぐんかみさと【石川郡上里(石)】 4①21
いしかわぐんごくでんむら【石川郡御供田村(石)】 4①306
いしかわぐんつるぎ【石川郡鶴来(石)】→つるぎ 47②147
いしかわぐんまつむら【石川郡松村(石)】 39④195
いしかわむら【石川村(秋)】 61⑨323
いしきりおはらむら【石切小原村(石)】 5④311
いしじえき【石地駅(新)】 36③284
いしじはま【石地浜(新)】 36③198
いしぜ【石瀬(新)】 36③324
いしだ【石田(東)】 59①43,57
いしだむら【石田村(東)】 59①58,59
いしだむら【石田村(富)】 4①169/5④324
いしなざか【石名坂(茨)】 38①28
いしなむら【石名村(新)】 25③290
いしのまき【石巻(宮城)】 67⑤216,217,218,219,224,225
いしのまきうら【石巻浦(宮城)】 67⑤213
いしのまきうらまち【石巻浦町(宮城)】 67⑤213
いしはざのふたつもり【石原の二つ森(愛媛)】 10①98
いしはら【石原(熊)】 33④181
いしまる【石丸(大阪)】 43②126,127,131,132,133,136,137,146,148,149,150,153,154,155,156,159,160,162,163,164,177,184,186,188,189,190,191,192,193,200,201,202
いじみのへん【五十公野辺(新)】 25②181
いしむら【伊師村(茨)】 38①25
いじり【井尻(山梨)】 62⑧288
いず【伊豆(静)】→ずしゅう 14①399/17①330/46②133/48①188/50③251/62①17/66②88,99/68③357/70①17,④260
いずし【出石(兵)】→たじまのくにいずし 35①12/43③232,236,238,241,248,253,254,257,268,271,273
いずのくに【伊豆国(静)】→ずしゅう 14①102/48①169
いずのくにかも【伊豆の国賀茂(静)】 20①273
いずのくにみしま【伊豆国三島(静)】→みしま 16①29
いずのはちじょうじま【伊豆ノ八丈島(東)】→はちじょう、はちじょうがじま、はちじょうじま 69②379
いずのやまやま【伊豆の山々(静)】 16①110
いすぱんかこく【イスパンカ国(スペイン)】 45⑥317
いずへん【伊豆辺(静)】 68③334
いずみ【泉州(大阪)、和泉(大阪)】 13①7/14①246/15③386,396,397,399/40②183/45⑥336/50②195/58②94/62①17/69①83/70①17
いずみかわちしんでん【泉河新田(大阪)】 45⑥336
いずみしんでんむら【泉新田村(山形)】 64④265,291,292,302,306
いずみなかおむら【泉中尾村(富)】 5④323
いずみのくに【和泉の国(大阪)、和泉国(大阪)】→せんしゅう 14①103/15③329,376
いずみのくにおおとりぐんあたり【和泉国大鳥郡辺(大阪)】 15③385
いずみのむら【泉野村(石)】 4①24,25,27,82,87,109,116,118,126
いずみむら【和泉村(秋)】 61⑨261
いずみむら【泉村(石)】 4①21
いずみむら【泉村(長崎)】 32①51
いずも【出雲(島)】 5①109/15①32,83/59③248/62①17/66⑧406/68③337
いずもいむら【出雲井村(大阪)】 43②205
いずもざき【出雲崎(新)】 36③198
いずものくに【出雲国(島)】 10②373/40②74/47⑤253/58⑤362/59③198,216
いずものくにしらかた【出雲国白潟(島)】→しらかた、しらかたちょう 59③201
いずものくにひのかわ【出雲国簸之川(島)】 51①11
いするぎ【石動(富)】→えっちゅういまいするぎ 42④257,265,267
いせ【伊勢(三)】→せいしゅう 3①17/12①24/14①103,104,105,316/16①179,180,246,282/17①118,174,227,243,245,249,299/23①88/38③179/43③258,271/45③143,164/46②150/47③166,177/54①32/59③212/62①17,⑦199/63⑤294/66⑥345/69②231/70①17
いせあなつ【伊勢洞津(三)】 60⑦408
いせしんりょう【伊勢神領(三)】 23①42
いせだいじんぐう【伊勢太神宮(三)】 15②231/24①84/30①33,58,77,78
いせちょうがし【伊勢町川岸(東)】 46②153
いせないくう【伊勢内宮(三)】 48①348
いせのくに【伊勢国(三)】 14①310/48①347
いせのくにまちやむら【伊勢国町屋村(三)】 61⑩413
いせのくにわたらいぐんいすずがわ【伊勢国渡会郡五十洲川(三)】 48①347
いせのくにわたらいぐんやまだ【伊勢国渡会郡山田(三)】→やまだ(三) 16①29
いせのつ【伊勢の津(三)】 69①68
いせまち【伊勢街(群)】 70⑤313
いせまち【伊勢町(長野)】 66⑤259
いせよっかいち【いせ四日市(三)】 66⑥343
いせりょうむら【伊勢領村(富)】 5④317
いせん【渭川(中国)】 3③180
いそざき【磯崎(茨)】 3④259,261
いそざきむら【礒崎村(茨)】 3④335
いそのかみ【石上(奈)】 15③390
いそまつ【磯松(青)】 1②181
いそむら【礒村(茨)】 64③200
いたが【板荷(栃)】 48①239,245
いたがむら【板荷村(栃)】 48①228
いたどめ【板留(青)】 1②170
いたばし【板橋(東)】 55②172
いたばしじゅく【板橋宿(栃)】 48①227,245
いたばしむら【板橋村(神)】 66②100
いたはな【板鼻(群)】 66③151
いたみ【伊丹(兵)】→せっしゅういたみ 14①214,383/35②334
いたみひがしのむら【いたミ東野村(兵)】→ひがしのむら 40④286
いだむら【井田村(石)】 5④337
いたもちがわ【板持川(福岡)】 67④168
いたもちむら【板持村(福岡)】 67④183
いたやのきむら【板屋野木村(青)】 18⑥495
いちがみむら【市神村(山形)】 64④246
いちきむら【一木村(愛媛)】 30③289
いちこくばしがし【壱石橋川岸(東)】 46②135
いちこくばしみなみがし【壱石橋南川岸(東)】 46②152
いちしぐん【一志郡(三)】 65②121,131
いちのくら【一倉(大阪)】 56①61
いちのさかむら【市坂村(石)】

5④342
いちのせき【一関(岩)】→おうしゅういちのせき 18①14,39,55,95/68①63
いちのせむら【市野瀬村(富)】 5④317
いちのはらむら【市の原村(石)】 5④312
いちのみや【一之宮(千)】 58②92
いちのみや【一ノ宮(香)】 30⑤394
いちのみやむら【一宮村(富)】 5④322
いちのみやむら【一宮村(石)】 5④339
いちば【市場(兵)】 43③234,243,270
いちばむら【市場村(兵)】 43③260,262
いちぶにぶむら【壱歩弐歩村(富)】 5④317
いちむら【市村(広)】 44①35,55
いちむらしんでん【一(市)村新田(長野)】 64①80
いちりづか【一里塚(茨)】 3④352
いちわきむら【市脇村(和)】 65②128
いつかいち【五日市(東)】 59①31,49
いつかいちむら【五日市村(秋)】 61⑨263
いっこくばた【壱石畑(長野)】 59②99
いっしき【一色(神)】→J 66②121
いっしきちょうかしどおり【一色町川岸通り(東)】 58②99
いっしきむら【一色村(神)】 66②87
いっしゅう【壱州(長崎)】→いき 32①213
いっちょうだ【壱町田(神)】 66②99
いで【井堤(京)】 49①210
いでぐろ【井手黒(京)】 48①384
いと【伊都(和)】 28①56
いと【怡土(福岡)】 67④174,175,185
いといのごう【糸井の郷(兵)】 35①22
いとがのしょう【糸我之庄(和)】 46②132
いとぐん【怡土郡(福岡)】 67④165,168,170,172,173,175
いとせ【糸瀬(長崎)】 32①191
いとやちょう【糸屋町(京)】 35②392,393
いどらふ【イドラフ(ロシア)】 36③284
いな【伊南(福島)】 19②353
いな【伊奈(東)】 59①31,46
いな【伊奈(長崎)】 32①137
いなかだて【田舎館(青)】→いなかのしょういなかだて 1②173
いなかのこおりごほんまつ【田舎の郡五本松(青)】 36①33
いなかのしょういなかだて【田舎庄田舎館(青)】→いなかだて 1①121
いなぎ【稲木(茨)】 3④263,308,309
いなぎむら【稲木村(茨)】 3④304,305,308,313
いなぎやま【稲木山(茨)】 3④306
いなぐん【伊奈郡(長野)】 40②143/45⑥295
いなごう【伊奈郷(長崎)】 32①12,15,131,141,146,153,154,155,156,157,160,161,162,163,185/64⑤334,340,341,342,344,347,353,358,360
いなごううなつらむら【伊奈郷女連村(長崎)】→うなつらむら 32①78,②286,289
いなごうくはらむら【伊奈郷久原村(長崎)】 32①13,123,129
いなごうししみむら【伊奈郷鹿見村(長崎)】→ししみむら 32①59,88,96,101,109,118,170,203/41⑦337
いなごうしもかしだきむら【伊奈郷下樫瀧村(長崎)】→かしたきむら、しもかしだきむら 32①24
いなば【因幡(鳥)】→いんしゅう 50④323/56①40,159,214/59③248/62①17
いなぶねむら【稲舟村(石)】 5④347
いなみ【井波(富)】→えっちゅういなみ 42④233,240,251,260,264,265,272,284
いなむら【伊奈村(東)】 59①47
いなむら【伊奈村(長崎)】 32①12,59,88,96,101,109,118,170,203
いなりやま【稲荷山(長野)】 24③350/66⑤256,257,258,284,292
いなりやましゅく【稲荷山宿(長野)】 66⑤259
いなわしろ【猪苗代(福島)】→きたいなわしろ 2④275,281/19②302,337/20①262
いぬまるむら【犬丸村(石)】 5④309,310
いぬやま【犬山(愛知)】 64②139
いのき【椿ノ木(大阪)】 43②163
いのくち【井之口(岐)】 43①62
いのくち【井ノ口(和)】 46②144
いのくら【猪倉(京)】 48①384,391
いのみょうむら【猪野名村(新)】 25③291
いばらきぐん【茨城郡(茨)】 45⑥292
いぶきやま【伊吹山(岐、滋)】→おうみいぶきやま 49①152
いふく【伊福(長崎)】 66④202
いへやじま【伊平屋島(沖)】 57②170
いほう【伊北(福島)】 19②345,353
いまい【今井(奈)】 15③390,391
いまいがわ【今井川(愛知)】 64②115,118
いまいずみ【今泉(埼)】 42③190/67①15,24
いまいずみむら【今泉村(秋)】 61⑨288
いまいずみむら【今泉村(埼)】 67①63
いまいするぎ【今動(富)】 6①11
いまいち【今市(栃)】 21②103/22①33,34/45⑦426
いまいち【今市(奈)】 15③390
いまいちじゅく【今市宿(栃)】→やしゅうにっこういまいちじゅく 48①227,240,244,245
いまいのむら【今井の村(高)】 30①6
いまいむら【今井村(群)】 66③154
いまいむら【今井村(神)】 66②87
いまいむら【今井村(長野)】 39③154
いまいむら【今井村(愛知)】 64②118
いまうら【今浦(三)】 66⑧404
いまえむら【今井(江)村(石)、今江村(石)】 4①89/5④308
いまざと【今里(大阪)】 8①284
いまざわしんでん【今沢新田(静)】 16①323
いまじゅく【今宿(福岡)】 33⑥347/67④176
いましゅくむら【今宿村(秋)】 61⑨280
いまじょう【今庄(福井)】→えちぜんいまじょう 65③217
いまだむら【今田村(長野)】 61③124,125,127
いまづ【今津(兵)】 40②182/50①58
いまふくしんでん【今福新田(山梨)】 65③198
いまべつ【今別(青)】 1②175,178,181
いままち【今町(新)】 36③260
いまみやしんけ【今宮新家(大阪)】 7①86
いまむら【今村(長野)】 67⑥294
いまむら【今村(長崎)】 66④205
いみずぐん【射水郡(富)】 4①267/5④321/6①71,②282,320/39④189
いもせわじゅう【芋瀬輪中(静)】 65③194
いもりあげさかむら【井守上坂村(石)】 5④344
いよ【伊予(愛媛)、予州(愛媛)】→よしゅう 15①31,③325/31①27/48①385/56①153/58②94/62①17/70②102
いよのくに【伊与国(愛媛)】 48①202
いよのくにうわぐん【伊予国宇和郡(愛媛)】→うわ 31①25
いよのくにおち【伊与の国越(愛媛)】 20①273
いよのくにまつやま【伊予国松山(愛媛)】→まつやま(愛媛) 48①355
いりたんむら【入谷村(富)】 5④320
いりやま【入山(群)】 66③158
いりやまずむら【不入斗村(東)】

45⑤245,248
いるか【入鹿(愛知)】 64②112,114,115,120,139,140
いるかうえはら【入鹿上原(愛知)】 64②114
いるかかみおしんでん【入鹿神尾新田(愛知)】 64②121
いるかがわ【入鹿川(愛知)】 64②118
いるかでしんでん【入鹿出新田(愛知)】 64②117
いるかむら【入鹿村(愛知)】 64②114,115
いろがわ【色川(和)】 53④214,228
いわいぐん【盤井郡(岩)】 45⑥297
いわがせむら【岩ヶ瀬村(富)】 5④324
いわきさん【岩木山(青)】 1②165,180,201
いわくにごりょう【岩国御領(山口)】 58④247
いわくらむら【岩倉村(長野)】 66⑤260,270,280,306,307,308
いわさき【岩崎(茨)】 3④252
いわさき【岩崎(神)】 66②94,113
いわさきがわ【岩崎川(秋)】 61⑨276
いわさきはらしんでん【岩崎原新田(愛知)】 64②127
いわさきむら【岩崎村(愛知)】 64②125,127
いわした【岩下(群)】 66③140
いわした【岩下(長野)】 24③330/64①61
いわせぐん【岩瀬郡(福島)】 45⑥297
いわだ【岩田(新)】 36③224,257,263,275,276,323
いわだてむら【岩館村(秋)】 61⑨323
いわで【岩出(和)】 65②66
いわとごうやまだ【岩戸郷山田(福岡)】 11①65
いわとむら【岩戸村(千)】 63⑦383
いわの【岩野(新)】 36③259,324
いわの【岩野(長野)】 66⑤263
いわのむら【岩野村(長野)】 66⑤257,258,272,273,275,277,279,281,284,287
いわのめざわ【岩野目沢(秋)】 18④392
いわぶちむら【岩淵村(静)】 65③179,180
いわふね【岩船(千)】 58②91
いわふねぐん【岩船郡(新)】 25③290
いわみ【岩見(島)、石見(島)】 15①32,83/62①17
いわみのくに【石見の国(島)】 53①10
いわむら【岩村(岐)】 42⑥370,409,419,432
いわやどうむら【岩谷堂村(岩)】 68①64
いわやまち【岩谷町(秋)】 42①45
いわわだ【岩和田(千)】 58②91
いん【殷(中国)】 51①18/69②199
いんきょうざん【員嶠山(中国)】 35①46
いんしゅう【因州(鳥)】→いなば
14①246,250/47⑤248,256
いんない【院内(秋)】 61⑨372
いんばやしむら【院林村(富)】 6①131
いんやく【印役(山形)】 45①31

【う】

うえーだ【親田(沖)】 34②22
うえきえき【植木駅(熊)】→ひごのくにうえきえき
11④183
うえだ【上田(新)】→うおぬまぐんうえだ
36③320
うえだ【上田(長野)】→しんしゅううえだ、しんしゅううえだへん
45⑥296/61⑩437,438,442
うえだいつかまち【上田五日町(新)】 36③268
うえだがわ【上田川(新)】 25①130
うえだごう【上田郷(新)】 53②129
うえだごじょうか【上田御城下(長野)】 61⑩442
うえだどおり【上田通(岩)】 56①136,137,145,184
うえだどおりおとべむら【上田通乙部村(岩)】 56①169
うえだむら【上田村(岩)】 56①136,183
うえだむら【上田村(富)】 5④324
うえだりょう【上田領(長野)】 64①61/67①18
うえつけむら【植付村(大阪)】 43②122,126,127,138,142,143,154,162,163,166,168,169,170,171,172,174,175,178,189,201,207
うえの【上野(秋)】 61⑨295,312
うえの【上野(東)】 43③238
うえのはらまつばやし【上ノ原松林(長野)】 67⑥301
うえのむら【上野村(富)】 5④319
うえはらしろおおみね【上原城大峯(長野)】 59②99
うえはらのしろみね【上原之城峯(長野)】 59②97
うえむら【上村(石)】 5④336
うおざき【魚崎(兵)】 50①58
うおづ【魚津(富)】→えっちゅうにいかわぐんうおづえき、にいかわぐんうおづ
6①11
うおぬま【魚沼(新)】 36③230,244,307/53②98,134
うおぬまおぢやへん【魚沼小千谷辺(新)】 25③265
うおぬまぐん【魚沼郡(新)】→えちごのくにうおぬまぐん
25③290/36③259,338/53②99,128
うおぬまぐんうえだ【魚沼郡上田(新)】→うえだ(新)
25①142
うおぬまぐんつまりごう【魚沼郡妻有郷(新)】→つまり
25①130
うおぬまぐんみつまた【魚沼郡三俣(新)】→みつまた
25①107
うおのじむら【魚地村(石)】 5④341
うかいがわ【鵜飼川(山梨)】 65③197,199,201
うかいむら【鵜飼村(石)】 5④346,354,355
うかがわむら【宇加川村(石)】 5④345
うがたむら【鵜方村(三)】 66⑧396
うかわむら【鵜川村(石)】 5④341,345,350,352
うさ【宇佐(高)】 30①68
うさばる【宇佐原(大分)】 33②133
うじ【宇治(京)】→じょうしゅううじ、やましろうじ
6①155,160/13①83,89/14①201,310,316,317,385,410/15③392/16①283/29①83/54①66/56①180/59③212/69②359
うしおえ【潮江(高)】 30①130
うしおづ【潮津(石)】 42⑤321,336
うしおろしむら【午(牛)下村(石)】 27①271
うしがくび【午(牛)か首(石)】 27①272
うじがわ【宇治川(滋、京)】 65③225,236
うしじま【牛嶋(秋)】 61⑨365/70②146
うしじまむら【丑嶋村(神)、牛嶋村(神)】 66①38,②92
うしつむら【宇出津村(石)】 5④341,342,343,344,345
うしぬま【牛沼(東)】 59①31,46
うしぬまむら【牛沼村(東)】 59①44
うじのちゃえん【宇治の茶園(京)】 69①50
うしのや【牛谷(福井)】 5①25
うしぼり【牛堀(茨)】→ひたちうしぼりむら
61⑩422
うじまむら【鵜嶋村(石)】 5④346
うしゅう【羽州(秋、山形)】 4①181/14①271/45⑥294,299
うしゅうあきた【羽州秋田】 1②211,④296/15①16,②271
うしゅうあきたやまもとぐんのしろ【羽州秋田山本郡能代(秋)】→のしろ
1④337
うしゅうかめだ【羽州亀田(秋)】→かめだ(秋)
18④395
うしゅうもがみやまがたもとみっかまち【羽州最上山形本(元)三日町(山形)】 38③165
うしゅうゆりぐん【羽州由利郡(秋)】 18④397
うしゅうよねざわ【羽州米沢(山形)】→よねざわ
53②135/61⑨257,266,269
うしろく【牛鹿(長野)】 64①45
うしろくむら【丑鹿村(長野)、牛鹿村(長野)】 64①44,56
うす【ウス(有珠)(北)、臼(有珠)(北)】 2⑤330,331
うすい【碓氷(群)】→じょうしゅううすいごおり
66③143
うすいとうげ【碓井峠(群、長野)】 25①130
うすたにむら【臼谷村(富)】 5④316

うすなかむら【臼中村(富)】 5④318
うたいし【歌石(愛知)】 42⑥382,383,395,434,437,439
うだごおり【宇多郡(奈)】→やまとうだごおり、やまとのうだごおり 15③391
うたつやま【▽卯辰山(石)】 26①22
うたびざか【有旅坂(長野)】 66⑤264
うたびむら【有旅村(長野)】 66⑤264,308
うちあげぐみ【打上組(佐)】 31⑤253
うちあわ【内安房(千)】 58②93
うちうら【内浦(石)】 52⑦300,301/58③129
うちうらむら【内浦村(石)】 5④352/58③124
うちかたしんぼむら【内方新保村(石)】 5④311
うちかんだもといわいちょう【内神田元岩井町(東)】 42③158
うちごおり【宇智郡(奈)】 15③387
うちこしむら【打越村(石)】 5④309
うちたむら【打田村(和)】 65②95,114,115
うちのむら【内野村(埼)】 67①54
うちのやま【内野山(茨)】 64③204
うちはら【内原(山形)】 18②252,262
うちむら【内村(長野)】 64①62
うちやま【内山(神)】 66②94
うちやまむら【内山村(神)】 66②110
うちやまむら【内山村(長野)】 24③353
うちやむら【内屋村(石)】 5④342
うつのみや【宇都宮(栃)】 61⑩432,458
うつのみやりょう【宇都宮領(栃)】 45④209
うつのむら【宇津野村(山形)】 61⑨274
うてち【内越(秋)】 42①28
うてつ【ウテツ(青)、宇鉄(青)】 1②183
うなつらむら【女連村(長崎)】→いなごううなつらむら 32①83,②291,292,300,301,306,307,310,313,332,336
うにゅうむら【鵜入村(石)】 5④353
うねのむら【畝野村(兵)】 55③268
うのうらむら【鵜浦村(石)】 5④336,337,340
うのきむら【鵜木村(秋)】 61⑨293,294
うばがふところしんでん【姥ケ懐新田(長野)】 63①41,54
うはら【兎原(兵)、菟原(兵)】 49①207/50①58
うまがえし【馬返し(栃)】 21②103
うみべしんでんえがわぎわ【海辺新田江川際(東)】 58②99
うむぎ【卯麦(長崎)】 32①191
うめやしき【梅屋敷(東)】 14①365
うやま【宇山(長野)】 64①45
うやまむら【宇山村(長野)】 63①37/64①44,56,57
うゆるすらんど【ウユルスランド(ドイツ、オランダ)】→おらんだ 45⑥307
うら【浦(新)】→さんとうぐんうらむら 36③194,323
うらが【浦賀(神)】→そうしゅううらが 58②99
うらがみ【浦上(広)】 44①7,12,50,52
うらかみむら【浦上村(石)】 5④344
うらがみむら【浦上村(広)】 44①49,55
うらかわ【ウラカワ(北)】 58①57
うらさ【浦佐(新)】 36③260
うらしむら【浦志村(福岡)】 67④183
うらじゅくはま【浦宿浜(宮城)】 67⑤214
うらだ【浦田(岡)】 67③122
うらだむら【浦田村(秋)】 61⑨265
うらど【浦戸(高)】 30①68
うらべむら【浦辺村(千)】 61⑩419
うらむら【浦村(新)】 36③216,217,259,281,325,340
うりづらむら【瓜連村(茨)】 3④321
うるうがわ【閏川(福岡)】 67④168
うるうむら【閏村(福岡)】 67④183
うるしだんむら【漆谷村(富)】 5④319
うるしばらむらてんぐいわ【漆原村天狗岩(群)】 61⑩434
うるしやま【漆山(山形)】 18②251,257,266,269,274
うるしやまむら【漆山村(山形)】 18②244,247,259,269
うるのむら【宇留野村(茨)】 3④261
うわ【宇和(愛媛)】→いよのくにうわぐん 58④263
うわのむら【上野村(秋)】 61⑨287
うわば【上場(佐)】 31⑤259,274
うわまち【上町(茨)】 3④351,352
うわやしんでん【上谷新田(千)】 38④245
うんしゅう【雲州(島)】 9②212,216/43③265
うんなん【雲南(中国)】 49①127
うんの【海野(長野)】 64①61

【え】

えいざん【ゑい山(滋、京)】 16①57
えいしょうむら【永昌村(長崎)】 11②101
えいたい【永代(東)】 61⑩421
えいたいちょう【永代町(東)】 58②97
えいのくに【衛の国(中国)】 35②369
えぐちむら【江口村(茨)】 64③182,196,202
えくにむら【ゑくに村(三)】 65②123
えこうざか【ゑこう坂(長野)】 59②99
えこむら【恵古村(長崎)】 64⑤343
えさし【江差(北)】 58①59,62
えさしごおり【江刺郡(岩)】 68①64
えぞ【ゑぞ(北)、夷蝦(北)、蝦夷(北)】→おくえぞ 13①339/16①318/45⑥316/48①326,358,362/68③349,359/69①36/70⑤322
えぞちまつまえ【蝦夷地松前(北)】→まつまえ 56①110
えぞまつまえ【ゑぞ松前(北)】→まつまえ 66③141
えそむら【江曾村(石)】 5④336
えだむら【江田村(富)】 4①169
えちご【越後(新)】→えちご、えちごにいがた、えちごのくに、えつこく、えつのうしろ、しもえちご、にいがた 4①94,183,199/6①21,199/14①44/15②152,209,225/16①152/17①226/18②269,270,275,289/21①46/25①28,104,106/36③249/39①35/46①17,③196,197,198/48①68,348/53②99/56①143/61②87,91/62①17/65③237/66②87/68②247,③337,346/69①133,②231
えちごあらかわ【越後荒川(新)】 39⑤298
えちごしゅうながおか【越後州長岡(新)】→ながおか 25①8
えちごながおか【越後長岡(新)】→ながおか 39⑤298/60⑦492
えちごにいがた【越後新潟】→えちご 52⑦317
えちごのくに【越後の国(新)、越後国(新)、越後之国(新)】→えちご 3④263/4①240/25①104,130,141/36③306/37②220/40②141,142/48①354/65③237/69①76/70②152
えちごのくにあかさか【越後国赤坂(新)】 49①207
えちごのくにうおぬまぐん【越後国魚沼郡(新)、越后国魚沼郡(新)】→うおぬまぐん 53②98,136
えちごのくにかすがやま【越後国春日山(新)】 6①5
えちごのくによねやま【越後国米山(新)】→よねやま 70②177
えちごむらかみ【越後村上(新)】 6①160
えちぜん【越前(福井)】→えつのまえ 4①71,153,183,190/5①21,25,36,③276/6①199,②322/12①300/15①32,83/35②321/42④265,267/45③164/48①20,210,389/49①158/62①17/65③217
えちぜんいまじょう【越前今庄(福井)】→いまじょう 47②98

えちぜんおおの【越前大野(福井)】 49①131
えちぜんつるが【越前敦賀(福井)】 5③277/15②225/69①110
えちぜんのくに【越前ノ国(福井)、越前の国(福井)、越前国(福井)】 16①194/48①197,354/70②68
えちぜんのくにつるが【越前ノ国敦賀(福井)】→つるが 69②305
えちぜんふくい【越前福井】 39⑤298/66⑥344
えちぜんみくに【越前三国(福井)】→みくに 4①199
えつ【越(富)】 48①155,293
えつこく【越国(新)】→えちご 25①8
えつたかおか【越高岡(富)】 49①127
えっちゅう【越中(富)】→えっちゅうのくに、えつのなか、とやま 4①23,29,50,59,63,71,94,98,157,171,183,240,267,284/6①65,68,87,146,211,②276,288,297,300,305,319/47②98/48①20,43,155,210/49①210/52⑦316/56①159,215/62①17
えっちゅういなみ【越中井波(富)】→いなみ 47②98,127
えっちゅういまいするぎ【越中今石動(富)】→いするぎ 4①125
えっちゅういみずぐん【越中射水郡(富)】 52⑦285
えっちゅうおおくぼ【越中大久保(富)】 24①120
えっちゅうおがみがわ【越中雄神川(富)】 48①354
えっちゅうかわかみ【越中川上(富)】 6②281
えっちゅうごかやま【越中五ヶ山(富)、越中五箇山(富)】→ごかやま 4①175/6①92
えっちゅうさかい【越中境(新、富)】 25①130
えっちゅうたかおか【越中高岡(富)】→たかおか(富) 4①156
えっちゅうたてやま【越中立山(富)】→たてやま 24③351/55③326
えっちゅうとなみぐん【越中砺波郡(富)】→となみぐん 4①169,267/6①6
えっちゅうとやま【越中富山】→とやま 4①155/35②334
えっちゅうにいかわぐん【越中新川郡(富)】→にいかわぐん 4①71
えっちゅうにいかわぐんうおづえき【越中新川郡魚津駅(富)】→うおづ 48①130
えっちゅうのくに【越中国(富)】→えっちゅう 48①250
えっちゅうのくににいかわぐんじんづうがわ【越中国新川郡神通川(富)】 49①143
えつのうしろ【越ノ後(新)】→えちご 70②102
えつのなか【越ノ中(富)】→えっちゅう 70②102
えつのまえ【越ノ前(福井)】→えちぜん 70②102
えど【荏土(東)、江戸(東)、江都(東)、東都(東)】→おえど、ぶしゅうえど 3①19,23,24,58,②67,④319,327,381/7②259/12①230/14①46,48,79,82,99,137,191,193,200,214,215,246,261,301,310,316,359,363,365,370,373,383,399/15①90,97,②213,214,218,225,③409,410/16①109,157,207,279/17①238,261,268,272,329/18③358,④393/21①91/22③168,171,⑥366/25①104/30①5,8,9/36①36,③197,232,241,284,285,303,306/37③375/38③177/40②78,165/42③175,176,190,191,192/45⑥285,291,294,295,296,298,299,313,319,335,336,⑦396,403/46②133,134,136,138/47③177/48①118,150,170,190,201,296,358,381,382/49①110,173,174,175,213,219/50①89,④323/51①26,88/52①21/53②103,④240,248,249/54①189,205/56①140,②269,287/58②94,96/59①17,23,③210,211,248,④290,291,299/61②82,⑨292,365,372,⑩421,431/62③75,76,⑦184,186/63⑦371,381,383,389,393,394,400/64③185/66①38,41,42,43,44,45,46,48,49,50,51,52,55,56,58,②100,101,102,103,104,105,106,108,109,112,114,117,③155,④230,231,⑥345,⑧406/67①19,26,④162,174,⑤237/68①211,②247,251,254,③316,332,333,334,343,345,356,357/69①98,101,121,②211,212,311,314
えどうちうみ【江戸内海(東)】 58②100
えどおほりのうち【江戸御堀之内(東)】 66②115
えどおもて【江戸表(東)】 14①56/36③245,286/46②133,134,135,136,137,139,149/50①102/53④222/64④251,307,310/65③233/66①43,57,③146,154,④205,⑤273/67①19,27,48,55,⑤219,233,⑥302
えどがわ【江戸川(埼、千、東)】 65③232,233,238/67①19
えどかんだすだちょう【江戸神田須田町(東)】 46②157
えどきんざい【江戸近在】 3①37
えどこでんまちょう【江戸小伝馬町(東)】 15③411
えどざい【江戸在】 3④304/14①46
えどしたや【江戸下谷(東)】 14①372
えどしながわ【江戸品川(東)】→しながわ 48①169
えどしばしんめいまえ【江戸芝神明前(東)】 69②273
えどすがも【江戸巣鴨(東)】→すがも 3①25/56②245
えどそめい【江戸染井(東)】→そめい 56②259
えどにほんばしどおり【江戸日本橋通(東)】→にほんばし 15③411
えどのつきじ【江戸の築地(東)】 68①54
えどばしひろこうじ【江戸橋広小路(東)】 46②135
えどばしみなみづめ【江戸橋南詰(東)】 46②155
えどふかがわ【江戸深川(東)】 53④247
えどまえうちうみ【江戸前内海(東)】 59④321
えどまち【江戸町(埼)】 42③166
えどみかわしま【江戸三河島(東)】→みかわしま 56②261
えぬまぐん【江沼郡(石)】 4①89,159,240,266,267,268,269,273/5④309
えぬまぐんだいしょうじ【江沼郡大正持(聖寺)(石)】→だいしょうじ(大聖寺) 4①273
えのめむら【鮟目村(石)】 5④336,337,339,340
えばらぐん【荏原郡(東)】 45⑤238,239,241,247,248
えび【海老(愛知)】 42⑥378,387,388,397,406,411,412,413,421
えべすいし【ゑべす石(長野)】 59②99
えまわり【江廻り(高)、江廻(高)】 30①20,24,32,33,35,79,125,130
えまわりのろくごう【江廻の六郷(高)】 30①141
えん【燕(中国)】 3③179/45⑥313
えんしゅう【遠州(静)】→とおとうみ 14①99,113,211,272,273,337,387,411/15①14,②151/16①147,148,246,279,285,323/17①224,228/45⑥299/50②195,③247,279/61④161/68②246
えんしゅういしうち【遠州石打(静)】 61⑩452
えんしゅうかけがわ【遠州掛川(静)】→かけがわ 14①241/50③270
えんしゅうさがら【遠州相良(静)】 14①364
えんしゅうしらすか【遠州白須賀(静)】 14①376
えんしゅうなかべ【遠州中ぺ(部)(静)】 42⑥373
えんしゅうはまな【遠州浜名(静)】 14①383
えんしゅうはままつ【遠州浜松(静)】→はままつ 15②151/45③164/66④189
えんしゅうまいさか【遠州舞坂(静)】→まいさか 14①293
えんしゅうみくらむら【遠州三倉村(静)】 61⑩457
えんしゅうよこすかみなと【遠州横須賀湊(静)】→よこすか、よこすかみなと 16①283

えんつうじむら【円通寺村(神)】 66②92
えんやむら【塩冶村(島)】 9③267

【お】

おいかわ【おい川(兵)】 43③244
おいごしんでん【生子新田(茨)】 64③209
おいごむらしんでん【生子村新田(茨)】 64③204,205,212
おいせむら【小伊勢村(石)】 5④342
おうう【奥羽】 18①39/68②247,269,293,③346/69②298
おううにしゅう【奥羽二州】 67⑥265,274/68①43,213
おうか【相賀(佐)】 31⑤281
おうき【王畿】 13①377
おうぎた【扇田(秋)】 61⑨325,358
おうぎたむら【扇田村(秋)】 61⑨262,263,325,332
おうぎばしのよこかわ【扇子橋之横川(東)】 58②97
おうぎまちや【扇町屋(埼)、扇町谷(埼)】 42③185,187,188,190,195,197,198,201,202,204
おうじ【王子(東)】 55②172
おうしゅう【奥州】 4①42,181,199/15①65,②225/16①61,70/17①150,221,243/18①64/25①131/31①9/35①195,②322,409,411,413/38③165/42①31/45⑥294,299,319,336/46①88,98/47②98/48①209,210,326,344/49①207/53⑤340/56②240/58②94,100/62④94,⑦206/65③236/67⑤237,⑥274,275,298/68③329/69②231,286
おうしゅうあいづ【奥州会津(福島)】→あいづ 35①196,②303/37③378/56①97/68③349
おうしゅうあいづぐんまくのうちむら【奥州会津郡幕内村(福島)】→まくのうち 19①6
おうしゅうあおもりこめまち【奥州青森米町(青)】 49①75
おうしゅうあぶくまがわ【奥州大(阿武)隈川(宮城、福島)】 35②327,412
おうしゅういしかわぐん【奥州石川郡(福島)】 16①108
おうしゅういちのせき【奥州一関(岩)】→いちのせき 6②299/18①55/68①44,57
おうしゅういわき【奥州岩城(福島)】 50①41
おうしゅうじ【奥州路】 35①153
おうしゅうしのぶ【奥州信夫(福島)】→しのぶ 35①230
おうしゅうしらかわ【奥州白川(福島)】→しらかわ(福島) 68③359
おうしゅうだてごおりだてむら【奥州伊達郡伊達村(福島)】→だて 35①196
おうしゅうたなくら【奥州棚倉(福島)】→たなくら 67⑥274
おうしゅうつがる【奥州津軽(青)】→つがる 47①8/48①240,246
おうしゅうなんぶ【奥州南部(青、岩、秋)】→なんぶ 25①89
おうしゅうふくしま【奥州福嶋(福島)】→ふくしま 35②408
おうしゅうへん【奥州辺】 35①162
おうせ【会瀬(茨)】 38①24
おうづ【麻生津(和)】 65②128
おうづにしわき【麻津西脇(和)】 40④285
おうみ【近江(滋)、淡海(滋)】 10②328/12①229,230/13①219/14①46/16①179,180,182/17①174,227,243,245,249,299/47②98/49①11/62①17/65③213,216/70②140
おうみいぶきやま【近江伊吹山(滋)】→いぶきやま 12①223
おうみこすい【近江湖水(滋)】 67⑤238
おうみすいこ【近江水湖(滋)】 59②102
おうみのくつきだに【近江の朽木谷(滋)】 6①165
おうみのくに【近江国(滋)】 16①216,283/17①310,331/48①212,340/70②68,141
おうみのくにおおつえき【近江国大津駅(滋)】→おおつ 48①120
おうみのくにくりたごおり【近江国栗田郡(滋)】 15②158
おうみのくにくりもとぐんやまだむら【近江国栗本郡山田村(滋)】 48①211
おうみのくにしんじょうむら【近江国新條(城)村(滋)】 61⑩412
おうみのくにひこね【近江国彦根(滋)】→ひこね 69②305
おうみのくにやまだむら【近江国山田村(滋)】 48①211
おうみのこすい【近江の湖水(滋)】 66④190
おうみのみずうみ【近江の水海(滋)】 16①283
おうみひこね【近江彦根(滋)】→ひこね 65③218
おうみへん【近江辺(滋)】 6②302
おうめさわい【青梅沢井(東)】 59①18
おうらむら【小浦村(石)】 5④340,346,356
おうらむら【尾浦村(長崎)】 64⑤349
おえど【御江戸(東)】→えど 10②348
おおあみ【大網(千)】 38④274
おおいがわ【大井川(静)】 15①15/16①282,319,325/63⑤322/65③181,185,188,189,191,193,241
おおいし【大石(山形)】 18②251
おおいし【大石(兵)】 50①58
おおいしだ【大石田(山形)】 45①46
おおいしだえき【大石田駅(山形)】 61⑨367
おおいずみのくに【大泉国(大阪)】 48①216
おおいたごおり【大分郡(大分)】 14①140
おおいむら【大井村(山形)】 64④259,260,263,280,281
おおいむら【大井村(東)】 45⑤248,252
おおいむら【老(大居)村(和)】 53④246
おおいわ【大岩(群)】 66③143
おおうち【大内(香)】 30⑤406
おおうちのめむら【大内之目村(山形)】 64④270
おおうちむら【大内村(愛媛)】 10①182
おおうらむら【大浦村(長崎)】 32①51
おおえ【大江(石)】 27①90,129,350,367,372
おおえど【大江戸(東)】 45⑥282
おおえむら【大江村(岡)】→びっちゅうのくにおだぐんおおえむら 44①16
おおえやま【大江山(京)】→たんばのくにおおえやま 58⑤343
おおおかへん【大岡辺(長野)】 66⑤288
おおがき【大垣(岐)】 14①373,374
おおがきむら【大垣村(島)】 9③249
おおかくまむら【大角間村(石)】 5④341
おおかたむら【大方村(茨)】 3④261,293
おおかど【大門(富)】 42④231,267
おおがま【大釜(岩)】 56①129
おおがみ【大神(東)】 59①18,32,38,41,42,51,53,55,59
おおかみむら【狼村(富)】 5④317
おおかわ【大河(福島)、大川(福島)】 19②322,325,337,338,341,345,348,352,402/20①44
おおかわ【大川(新)】 36③265,274
おおかわ【大川(兵)】 28④348
おおかわ【大川(和)】 65②93,95,117
おおかわしゅく【大川宿(秋)】 61⑨320
おおかわすじ【大川筋(和)】 65②66,96
おおかわみお【大川ミホ(東)、大川澪(東)】 45⑤239,252
おおかわむら【大川村(秋)】 61⑨259,331
おおかわむら【大川村(石)】 5④345
おおかわらしゅく【大河原宿(京)】 66⑥333
おおかわらむら【大川原村(京)】 66⑥333
おおぎみ【大宜味(沖)】 34②22/57②119,128,182,188,201,202
おおくしむら【大串村(埼)】 42③184
おおくぞきんざん【大葛金山(秋)】 61⑨325,326,332
おおくち【大口(秋)】 61⑨269
おおぐち【大口(茨)】 64③182
おおぐちしんでん【大口新田(茨)】 64③207,211
おおぐちむら【大口村(茨)】

64③180,195
おおぐちむらしんでん【大口村新田(茨)】 64③191,203,211
おおくぼ【大久保(秋)】 61⑨259,320
おおくぼ【大久保(茨)】 3④254/38①24
おおくぼ【大久保(埼)】 67①61
おおくぼ【大久保(東)】 55②143
おおくぼしゅく【大久保宿(秋)】 61⑨320
おおくぼむら【大久保村(秋)】 61⑨288,331,340
おおくぼむら【大久保村(茨)】 3④251
おおくぼむらへん【大久保村辺(愛媛)】 30③265
おおくわ【大桑(愛知)】 42⑥372
おおさか【大坂、大阪、浪花(大阪)、浪華(大阪)】→せっしゅうおおさか、せっつのくにおおさか
3③136/5③274/7①86,121/10②349/11⑤236/12①199,215/14①98,99,120,134,136,191,198,201,241,246,247,250,264,293,310,316,321,322,358,359,363,364,373,374,376,383/15②167,171,190,212,216,218,229,296,297,301,③350,377,396,404,408,409,410/16①207/17①268,272,328,329/18⑤466/29①26/36③284,303/40②56,165,182,④282,286,309,329,331/41②117,⑦342/43②123,133,143,144,179,180,183,185,187,191,199,201,208/45③134,175,⑥335/46②132/48①22,24,50,55,103,123,124,138,139,154,155,202,258,293,332,348,349/49①10,11,12,14,15,16,17,22,23,38,42,45,46,59,71,76,81,84,86,92,93,127,140,141,152,153,157,174,175,223,225/50①37,43,50,73,81,83,85,88,106,③263,268/53②134,④234/56①67,②269/58②98/59⑤424,426/61④162,⑨336,362/62⑦181,184,185,208/64①48/65③222/66③141,⑥345/67④162,⑥302,316/68②247,255,③315,339/69①63,79/70③210,211,220
おおさかうつぼえいたいはま【大坂うつほ永代浜(大阪)】 69①83
おおさかおもて【大坂表、大阪表】 50④318/53④218
おおさかきたえどほり【大坂北江戸堀(大阪)】 18⑤461
おおさかきたきゅうほうじまち【大坂北久宝寺町(大阪)】→きゅうほうじ
15②136
おおさかざいなんばむら【大坂在ナンバ村(大阪)】 40④281
おおさかさかい【大坂堺(大阪)】→さかい(堺)
6①144/15②211
おおさかしぎの【大坂シギ野(大阪)】 48①60
おおさかしんさいばしとおりばくろうまち【大坂心斎橋通博労町(大阪)】 60②110
おおさかしんさいばしばくろうまち【大坂心齋橋博労町(大阪)】 15③411
おおさかしんまち【大坂新町(大阪)】 59⑤443
おおさかてんのうじ【大坂天王寺(大阪)】→てんのうじ
49①225
おおさかてんま【大坂天満(大阪)、大阪天満(大阪)】 7②332/52①61
おおさかどうじま【大坂堂嶋(大阪)】 35①191
おおさかのうにんばし【大坂農人橋(大阪)】 15②267
おおさかほんまちにちょうめ【大坂本町二丁目(大阪)】 61⑨368
おおさかみなみきゅうほうじまちなかはし【大坂南久宝寺町中橋(大阪)】 15②301
おおさかよこほりえもめんやばし【大坂横堀江木綿屋橋(大阪)】 49①88
おおさかよどがわすじ【大坂淀川筋(大阪)】 15②213
おおさかよどばしみなみつめ【大坂淀橋南詰メ(大阪)】 61⑧220
おおさき【大崎(秋)】 61⑨269,270,342
おおさき【大崎(茨)】 64③182
おおさきむら【大崎村(秋)】 61⑨270,293,342
おおさきむら【大崎村(茨)】 64③211
おおさきむら【大崎村(石)】 5④339
おおざさ【大笹(群)】 66③140,143,149,154,156,157
おおざさしゅく【大笹宿(群)】 66③141
おおざしむら【大刺村(青)】 56①173
おおざと【大里(沖)】 34③52
おおさとまち【大里町(三)】 66⑧395
おおさわ【大沢(愛知)】 42⑥403
おおざわ【大沢(石)】 5④342
おおさわしんでん【大沢新田(茨)】 64③183,191,196
おおざわむら【大沢村(石)】 5④341,353,354
おおしおむら【大塩村(栃)】 22②101
おおしば【大芝(大阪)】 43②121,126,127,128,134,141,142,143,144,145,146,147,148,149,150,151,152,154,155,156,157,158,159,160,161,162,163,164,165,166,167,168,169,170,171,172,173,174,175,176,177,179,180,181,182,184,185,187,188,191,192,193,194,196,201,206,210
おおしま【大島(新)】 36③228,328
おおしま【大しま(鹿)、大島(鹿)】 14①98/50②164,168,192/57②209/69①92
おおしまぐん【大島郡(山口)】 57①46
おおしまぐんくかむら【大島郡久賀村(山口)、大嶋郡久賀村(山口)】→くか
29③199,208,210,219,221,266
おおしまむら【大嶋村(富)】 5④318
おおしまむら【大嶋村(静)】 16①285
おおじまむら【大嶋村(岡)】 67③135
おおしみず【大清水(長野)】 59②98,126
おおしみずむら【大清水村(富)】 5④317
おおず【大洲(愛媛)】→よしゅうおおず
53①11
おおすぎむら【大杉村(石)】 5④308
おおずごりょう【大洲御領(愛媛)】 58④246,247
おおすみ【大隅(鹿)、大隈(鹿)】 17①150/45⑥285,297/48①354/62①17/66④188/70④260
おおすみのくに【大隅国(鹿)】 14①104/45⑥302
おおすみのくにかじき【大隅国加治木(鹿)】 48①169
おおすみのくにそおぐん【大隅国噌唹郡(鹿)】→そおぐん
45⑥336
おおせむら【大瀬村(山形)】 61⑨273
おおぞ【大磯(兵)】 43③239
おおた【太田(茨)】 3②67,④261,286,313,382/38①18,28
おおた【太田(埼)】 67①15
おおだいがはら【大台ヶ原(奈)】 61⑦193
おおたき【大滝(秋)】 42①45
おおたきむら【大滝村(秋)】 61⑨263
おおたきむら【大瀧村(富)】 5④320
おおたけ【大竹(広)】 53①29
おおだて【大館(秋)、大舘(秋)】 1③275/61⑨261,262,325
おおだてちょう【大館町(秋)】 61⑨257,332
おおたに【大谷(大阪)】 43②121
おおたに【大谷(和)】 65②66
おおたにむら【大谷村(秋)】 42①45
おおたにむら【大谷村(石)】 5④346,357
おおたにむら【大谷村(島)】 61①48,49,52
おおたむら【大田村(山形)】 64④302
おおたむら【太田村(茨)】 3④276
おおだわらむら【太田原村(石)】 5④342
おおたわらりょう【太田原領(栃)】 45⑥293
おおつ【大津(滋)】→おうみのくにおおつえき
14①373/45①46/48①124
おおつか【大塚(兵)】 35①22
おおつかど【大塚戸(茨)】 64③182
おおつかどむら【大塚戸村(茨)】 64③211
おおつかむら【大塚村(秋)】 61⑨356
おおつてなが【大津手永(熊)】 33④176
おおつなむら【大網(綱)村(長崎)】 32①191
おおづみだに【大積谷(新)】

36③223,227
おおつむら【大津村(石)】→ながおかぐんおおつむら 5④336,340
おおつむら【大津村(高)】 30①121,125,132
おおつよこたに【大津横谷(滋)】 40④325
おおていけしんでん【大手池新田(愛知)】 64②127
おおてむら【大手村(愛知)】 64②127
おおてらむら【大寺村(福島)】 19②352,353
おおでんま【大伝馬(東)】 54①315
おおど【大戸(群)】 66③143,156,157
おおどいけ【大百池(千)】 63③133
おおどいけたに【大百池谷(千)】 63③132,134
おおとまりむら【大泊村(石)】 5④348
おおどむら【大戸村(岡)】 44①36
おおともごくでんむら【大友御供田村(石)】 5④312
おおともむら【大友村(石)】 5④312
おおなかいむら【大中居村(埼)】 67①29,32,40,41
おおなかむら【大中村(茨)】 3④231
おおなませ【大生瀬(茨)】 3④285,377
おおなませむら【大生瀬村(茨)】 3④288
おおにしむら【大西村(富)】 5④316,317
おおの【大野(北)】 2⑤325
おおの【大野(和)】 40④287,301
おおの【大野(長崎)】 66④202
おおのぐん【大野郡(岐)】 24①103
おおのごうしんでん【大生郷新田(茨)】 64③179,203,208,210
おおのじょうか【大野城下(福井)】 48①20
おおのしんでん【大野新田(静)】 16①323,324
おおのしんむら【大野新村(富)】 5④323
おおのだい【大野台(秋)】 61⑨264
おおのむら【大野村(長崎)】 66④213
おおば【大場(石)】 49①218
おおはさまどおり【大迫通(岩)】 56①57,65,140,146,151,159,195,203
おおはさまどおりたっそべむら【大迫通達曾部村(岩)】→たっそべむら 56①184
おおはたちょう【大畑町(青)】 56①173
おおはまおき【大浜沖(茨)】 64③169
おおはましんでん【大浜新田(茨)】 64③190,203,206,210
おおばやし【大林(広)】 9①117
おおばやし【大林(熊)】 33④176,181
おおはら【大原(島)】 9②196
おおはらぐん【大原郡(島)】 9③249,251,268
おおはらぐんだいとうむら【大原郡大東村(島)】 9③268
おおはらだいとう【大原大東(島)】 9②206
おおばりの【大張野(秋)】 61⑨359,362
おおばりのむら【大張野村(秋)】 61⑨290
おおばんちょう【大番町(東)】 55②180
おおひなたむら【大日向村(長野)】 64①49,77
おおぶけ【大更(岩)】 56①44
おおぶけどおり【大更通(岩)】 56①162
おおふなぎ【大舟木(山形)】 61⑨368
おおふなぎむら【大舟木村(山形)】 61⑨367
おおぼら【大洞(長野)】 66③154
おおほらやま【大洞山(愛知)】 64②118
おおほりきへん【大堀木辺(熊)】 33④176
おおまえ【大前(群)】 66③146
おおまがりむら【大曲村(秋)】 61⑨277,279,280,285,290,295,298,300,301,363,373
おおまきむら【大巻村(山形)】 61⑨274
おおまきむら【大牧村(富)】 5④321
おおまぎむら【大間木村(茨)】 64③199
おおまこし【大間越(青)】 1②211
おおますむら【大増村(長崎)】 32①12,20,46,51,86,95,100,107,118,139,170
おおまち【大町(宮城)】 67⑤212
おおまち【大町(秋)】 61⑨261
おおまちどろのきむら【大町泥木村(石)】 5④342
おおまる【大丸(東)】 59①58
おおみぞ【大溝(長野)】 59②100
おおみぞ【大溝(滋)】 48①345
おおみやむら【大宮村(茨)】 3④340,381
おおみやむら【大宮村(埼)】 48①199,201
おおむら【大村(長崎)】 58⑤362
おおむらりょう【大村領(長崎)】 58⑤367
おおむろさん【大室山(長野)】 66⑤263
おおむろむら【大室村(栃)】 68④417
おおもり【大森(東)】 14①293
おおもり【大森(愛媛)】 10①7
おおもりはま【大森浜(北)】 2⑤325
おおもりむら【大森村(東)】 45⑤245,248
おおや【大屋(長野)】 64①61
おおやぶ【大養父(藪)(兵)】 35①22
おおやま【大山(神)】→さがみのくにおおやま 65③174/66②101
おおやまむら【大山村(秋)】 61⑨350
おおやまむら【大山村(山形)】 64④283
おおやまむら【大山村(長崎)】→よらごうおおやまむら 32①13
おおら【大浦(秋)】 42①31
おおらむら【大浦村(秋)】 42①47
おおわけごおり【大分郡(大分)】 14①113
おおわに【大鰐(青)】 1②164
おが【男鹿(秋)】 61⑨270
おがきむら【小垣村(石)】 5④352
おかざき【岡崎(愛知)】→さんしゅうおかざき 14①103/16①280/42⑥423
おかしないむら【笑内村(秋)】 61⑨265
おかだ【岡田(長野)】 66⑤263
おかだむら【岡田村(長野)】 61⑩444
おがち【雄勝(秋)】 70②122
おがちぐんくわがさきむら【雄勝郡桑崎村(秋)】 1⑤357
おがちすかわ【雄勝須河(秋)】 70②174
おかの【岡野(神)】 66②120
おがのこすい【男鹿ノ湖水(秋)】 70②144
おかのむら【岡野村(神)】 66②92,109,116,119
おかむら【岡村(富)】 5④320
おかや【岡谷(長野)】 59②116
おかやむら【岡谷村(長野)】 59②106
おがわ【小川(埼)】 42③174
おがわ【小川(東)】 59①18,21,23,31,32,33,36,49,55
おがわ【小川(長野)】 59②142,159
おがわ【小川(佐)】 58⑤312,315
おがわおんせん【小川(温泉)(富)】 5④333
おがわじま【小川島(佐)、小川嶋(佐)】 31⑤281/58⑤284,297,300,303,350,367,371
おがわむら【小川村(東)】 59①33,55
おがわむら【小川村(長野)】 59②101
おがわむら【小川村(岐)】 40①5
おがわむら【小川村(岡)】 67③133
おき【隠岐(島)】 50④322/56①153/62①17/70②102
おぎ【荻(山形)】 18②261,272
おきかむろ【沖家室(山口)】→J 58④263
おぎがわ【小木川(愛知)】 64②115,118
おぎくぼむら【萩(荻)久保村(神)】 66②87
おきごう【沖郷(山形)】 18②276
おぎさわ【荻沢(山形)】 18②249,257
おきた【沖田(山形)】 18②268
おきつ【興津(静)】 14①259
おきなみむら【沖波村(石)】 5④345,350
おきのえらぶじま【沖永良部島(鹿)】 57②209
おきのくに【隠岐国(島)】 15②208
おぎのふくろ【荻野袋(山形)】 61⑨275,371
おぎのやむら【荻谷村(石)】 5④338
おきむら【沖村(石)】 5④309
おくあぶぐん【奥阿武郡(山口)】 57①30

おくいいし【奥飯石(島)】 61①49
おくいるか【奥入鹿(愛知)】 64②115,118,121,123,124
おくいるかがわ【奥入鹿川(愛知)】 64②118
おくいるかむら【奥入鹿村(愛知)】 64②117,118,131
おくえぞ【奥ゑぞ(北)】→えぞ 16①39
おくおのむら【奥小野村(兵)】 43③238,249
おくくまの【奥熊野(三、和)】 53④234
おくぐん【奥郡(石)】 39④207/52⑦292,299,300,301,306,307,312,316,318,320,324
おくだに【奥谷(島)】 9③245
おぐちむら【小口村(愛知)】 64②126
おぐに【小国(山形)】 64④301
おぐに【小国(熊)】 33③161
おぐにだに【小国谷(新)】 36③250
おくの【奥野(兵)】 43③262
おくのだいら【奥之平(岐)】 43①9
おくのやまむら【奥山村(富)】 5④334
おくのやむら【奥谷村(石)】 42⑤339
おくぼむら【小窪村(富)】 5④324
おぐめむら【小久米村(富)】 5④324
おくやま【奥山(奈)】 66⑥336
おぐら【小倉(和)】 65②95,96
おぐらむら【小倉村(秋)】 61⑨360
おけがわ【桶川(埼)】 42③176,190
おけがわじゅく【桶川宿(埼)】 48①202
おごおり【小郡(山口)】 57①38
おこし【おこし(愛知)】 16①282
おころがわ【小来川(栃)】 48①239
おさか【小坂(長野)】 59②106,116
おさかおきとおり【小坂おき通り(長野)】 59②125
おさかかんのんひがた【小坂くわんおん日向(長野)】 59②101
おさかかんのんやま【小坂くわんおん山(長野)】 59②97
おさかむら【小坂村(長野)】 59②105,115,165
おさきむら【尾崎村(茨)】 64③182,196,201
おさだむら【長田村(京)】 28④349
おさと【小里(茨)】 38①25
おさとごう【小里郷(茨)】 38①6,20,28
おさながわ【幼川(愛知)】 64②115
おさながわどおり【幼川通り(愛知)】 64②119
おさりざわ【尾去沢(秋)】 1③282
おさるべ【小猿部(秋)】 1③281
おざわごう【小沢郷(茨)】 38①6,7,13,22,28
おざわどうざん【小沢銅山(秋)】 61⑨333
おざわのかねやま【小沢ノ金山(秋)】 61⑨265
おざわむらどうざん【小沢村銅山(秋)】 61⑨327
おしおうら【小塩浦(石)】 42⑤332
おしおつじ【小塩辻(石)】→かしゅうえぬまぐんおしおつじむら 5①44,190
おしたて【押立(東)】 59①58
おしだりむら【押垂村(埼)】 42③196
おしのむら【押野村(石)】 5④311
おしまだむら【小島田村(長野)】 66⑤256
おしまむら【小嶋村(兵)】 35①190
おたい【小田井(長野)】 59②116,122,143,144,148,149,150,151,152,153,157,164
おたいたつこうじ【小田井立小路(長野)】 59②97,104
おたいみやのみなみ【小田井宮ノ南(長野)】 59②98
おだがわむら【小田川村(山梨)】 65③203
おだけむら【小竹村(富)】 5④322
おだわら【小田原(神)】 14①102,364/17①187/59④290/66①34,37,41,42,43,44,45,46,47,48,49,50,51,52,57,58,59,60,64,66,67,68,②86,88,98,99,101,102,103,104,107,114,115
おだわらしゅく【小田原宿(神)】→そうしゅうおだわらしゅく 66②120
おだわらちょうかし【小田原町河岸(東)】 59④392
おだわらにしぐん【小田原西郡(神)】 66②91,99
おだわらりょう【小田原領(神)】 65③173/66①67,②87
おちあい【落合(山形)】 18②268
おちふしむら【落伏村(山形)、(落)伏村(山形)】 64④264,265,267,274,277
おぢや【小千谷(新)】→O 18②275/36③179,198,199,212,228,231,239,240,244,253,260,290,291,303,314/53②97,129,134
おぢやまち【小千谷町(新)】 53②98
おつかど【乙門(岐)】 43①8,10,15,24,29,32,69,85
おつかわ【乙河(秋)】 70②164
おっさかむら【越坂村(石)】 5④356
おっぷやま【尾太山(青)】 1②191
おとがさきむら【乙ヶ崎村(石)】 5④345
おとかわ【音川(秋)】 70②164
おとくにぐん【乙訓郡(京)】 45⑥286
おとざわむら【音沢村(富)】 5④330
おとづ【乙津(大分)】 14①359
おとはら【乙原(岐)】 43①12,13,15,22,23,24,27,30,33,34,35,36,38,45,51,52,53,56,66,67,71,74,79,80,82,83,92
おとべむら【乙部村(岩)】 56①137,183
おにやなぎ【鬼柳(岩)】 56①146
おにやなぎ【鬼柳(神)】 66②117
おにやなぎどおり【鬼柳通(岩)】 56①140,150
おぬき【小貫(茨)】 3④275
おぬきむら【小貫村(茨)】 3④261
おぬきむら【小貫村(栃)】 42②86,118
おばなざわ【尾花沢(山形)】 61⑨275,363,371,388
おはま【小浜(三)】 66⑧404
おばま【小浜(福井)】 5③264
おびえりょう【帯江領(岡)】 67②102,103
おひがしまち【御東町(秋)】 61⑨361
おまた【尾岐(福島)】 19②301
おみ【ヲミ(長野)】 48①118
おみむら【於美村(長野)】 61⑩445
おもうむら【小間生村(石)】 5④343
おもがわ【重川(山梨)】 65③197,199,201,202
おもてうみ【表海(三)】 66⑧396
おものがわ【御物川(秋)】 36②107
おやさわ【親沢(長野)】 64①74
おやざわ【親沢(新)】 36③179,224
おやべがわ【小矢部川(富)】 6①215
おやまごりょうむら【小山御領村(熊)】 33④176
おやまじゅく【小山宿(栃)】 21④206
おやまむら【小山村(秋)】 61⑨341
おらんかい【おらんかい(朝鮮)】 13①339
おらんだ【阿蘭陀(オランダ)、阿蘭(オランダ)、紅毛(オランダ)、和蘭(オランダ)】→うゆるすらんど 15②253/45⑥307/60⑦400/69①29,52,60,98,125/70④272,273,276,⑤313,314,322,323,325,327,328,335
おりおの【遠里小野(大阪)】 50①35,37
おりおのむら【遠里小野村(大阪)】→つのくにおりおのむら 45③132,134,168/50①35
おりとむら【折戸村(石)】 5④346,356
おろしゃ【ヲロシヤ(ロシア)】→きたいち 36③285
おわせ【尾鷲(三)】 14①383/53④234/66⑧405
おわむらたつこうじ【大和村立小路(長野)】 59②97
おわり【尾張(愛知)】 12①215/14①104,105,242/16①180,246,325/17①174,227,241,243/23①7,45/40②196/46①17/53④239/62①17/66⑥345/69②231/70①24
おわりちたぐん【尾張知多郡(愛知)】 70①17,23
おわりのくに【尾張国(愛知)】 14①406/16①278/56①153/64②112
おわりのくにちたごおり【尾張国知多郡(愛知)】→ちたぐ

ん 15②143
おわりのくににわぐん【尾張国丹羽郡(愛知)】→にわぐん 17①149
おわりのみやしげ【尾張の宮しげ(愛知)】 3①25
おんせんやま【温泉山(長崎)】 66④185,187,189,198
おんな【恩納(沖)】 57②119,182,197,202,227,233
おんなむら【恩名村(茨)】 64③168,183,191
おんなむらしんでん【恩名村新田(茨)】 64③204,208,209
おんべがわ【御幣川(長野)、御平川(長野)】 66⑤259,282,292
おんべがわむら【御幣川村(長野)】 66⑤258
おんやば【御野場(秋)】 61⑨280

【か】

か【加(石)】 48①155,293
か【河(大阪)】 50②159
か【夏(中国)】 3③180/51①18/69②238
かい【甲斐(山梨)】 13①369/16①152,170,325/17①187/35②321/45⑥291/62①17/68①50,③362
かいがんざん【海眼山(インド)】 35①54/47②135
かいぐち【貝口(長崎)】 32①191
かいぐらむら【垣倉村(和)】 46②137,144
かいこつ【回紇(ウイグル)】 24①178
かいさいぐん【海西郡(愛知)】 17①149
かいそむら【鹿磯村(石)】 5④352,353
かいちむら【垣内村(大阪)】 43②195
かいづか【貝塚(大阪)】 48①354
かいづかむら【貝塚村(千)】 38④255
かいづむら【海津村(富)】 5④323
かいとうぐん【海東郡(愛知)】→びしゅうかいとうぐん 17①149
かいどころむら【飼所村(長崎)】 64⑤341,344
かいのくに【甲斐国(山梨)】 48①334/56①85/64①77/67⑥309
かいばら【柏原(兵)】 28④347
かいふきむら【貝吹村(石)】 5④342
かいふな【貝鮒(長崎)】 32①191
かいほつ【開発(富)】 42④247,254
かいむぐらむら【皆葎村(富)】 5④318,319
かいよう【会陽(福島)】 20①341
かいようよんぐん【会陽四郡(福島)】 20①341
かえつのう【加越能(富、石)】 4①169,203,243/6①11,20,65,144,206,210,219/49①87
かえつのりょうしゅう【加越の両州(富、石)】 5③253
かが【加賀(石)】→V 12①356/18④392/35②321/48①43/56①67/62①17/68③329,359
かがぐん【加賀郡(石)】 5④313
かがのくに【加賀国(石)】 56①173
かがみ【香我美(高)】 30①18
かきなやむら【柿谷村(富)】 5④324
かきのき【柿木(岡)】 67②87,89,98,100,104,105,111
かきもち【柿餅(千)】 38④265
がくおんじむら【楽音寺村(大阪)】 43②132
がくでんはらしんでん【楽田原新田(愛知)】 64②126
がくでんむら【楽田村(愛知)】 64②126
かくのだてどおり【角館通り(秋)】 1③281
かくのだてまち【角ノ館町(秋)、角館町(秋)】 61⑨337,349
かくまがわ【角間川(秋)】 61⑨350,373
かくまがわむら【角間川村(秋)】 61⑨280,340
かくまむら【鹿熊村(富)】 5④330
かけがわ【掛川(静)】→えんしゅうかけがわ 14①241/15②151/50③247,277
かけがわまち【懸川町(高)】 30①7
かけつか【欠(掛)塚(静)】 16①323
かけつかみなと【欠(掛)塚湊(静)】 16①285
かけつかわじゅう【懸塚輪中(静)】 65③194
かけのやま【欠ノ山(岩)】 56①136
かけはし【梯(石)】 4①216
かごしまおもて【鹿児島表】 53④237
かごどむら【籠渡村(富)】 5④318
かごやま【加籠山(秋)、籠山(秋)】 61⑨327,333
かごやまがわ【籠山川(秋)】 61⑨261
かさい【笠居(香)】 30⑤394
かさいにしむこうじま【葛西西向島(東)】 55②112
かさおか【笠岡(岡)】 44①19
かさしむら【笠師村(石)】 5④336
かさどやま【笠戸山(山口)】 57①25
かざなし【風無(石)】 27①272
かさま【笠間(茨)】 42②109,117,119
かさまいむら【笠舞村(石)】 4①24,25
かさまむら【笠間村(石)】 4①23,131
かざわえき【金沢駅(秋)】 61⑨276,286,289,301
かじかざわ【鰍沢(山梨)】 65③177,204,229
かじかわすじ【加治川筋(新)】 25②181
かしこむら【賢村(和)】 46②148
かしたき【樫滝(長崎)】 64⑤344
かしたきむら【樫滝村(長崎)】→いなごうしもかしだきむら 64⑤344
かじばしのみなみがし【鍛冶橋之南川岸(東)】 46②156
かしはら【柏原(岐)】 24①13
かしばら【樫原(岐)】 43①9
かしまぐん【鹿島郡(石)】 4①267
かしまごおりひなたかわむら【鹿島郡日向川村(茨)】 62④84
かじまち【鍛冶町(秋)】 61⑨286
かじまち【かし町(長野)】 66⑤259
かじむら【鍛冶村(北)】 2⑤327
かじむら【鍛冶村(神)】 66②94
かしゅう【加州(石)】 4①50,58,59,71,73,113,125,146,157,169,181,183,216,226,240,266,270,271,284/6①211,②276,320/48①105,108,166,176,210,260/68③327
かしゅう【河州(大阪)】 48①272/49①207
かしゅうあさのがわ【加州浅野川(石)】 49①210
かしゅういこまやま【河州生駒山(大阪、奈)】 55③345
かしゅういしかわぐん【加州石川郡(石)】 4①24,268,273
かしゅうえぬまぐんおしおつじむら【加州江沼郡小塩辻村(石)】→おしおつじ 5①185
かしゅうかすがやま【加州春日山(石)】 48①369,372
かしゅうかなざわ【加州金沢(石)】→かなざわ 48①176,332,382
かしゅうかりたむら【河州刈田村(大阪)】 55③281,291
かしゅうきんじょう【加州金城(石)】 48①215
かしゅうきんぷ【加州金府(石)】→きんぷ 49①112
かしゅうこんごうさん【河州金剛山(大阪、奈)】→こんごうさん 55③365,426
かしゅうさんぐん【加州三郡(石)】 4①64
かしゅうたかいだむら【河州高井田村(大阪)】 55③424
かしゅうつばた【加州津幡(石)】 48①263
かしゅうつるぎ【加州鶴来(石)】→つるぎ 47②98
かしゅうのはくさんしたおぞうむら【加州之白山下尾添村(石)】 48①34
かしゅうのみ【加州能美(石)】→のみ 5①136
かしゅうのみぐん【加州能美郡(石)】 4①267,268/48①109
かしゅうのみぐんわかすぎむら【加州能美郡若杉村(石)】→わかすぎむら 48①376
かしゅうまっとうちょう【加州松任町(石)】→まっとう 49①263
かしゅうもとよしまち【加州本吉町(石)】→もとよし 48①25
かしゅうやまなか【加州山中

(石)】 48①109
かしゅうよどがわ【河州淀川(大阪)】→よどがわ 48①272
かしゅうよんぐん【加州四郡(石)】 4①273
かしゅうわかすぎむら【加州若杉村(石)】→わかすぎむら 48①55
かしわぎむら【柏木村(石)】 5④342
かしわざき【柏崎(新)】 36③213/39⑤298
かしわじま【神集嶋(佐)】 31⑤264
かしわの【柏野(石)】 4①23,113,115/6①211
かしわのむら【柏野村(石)】 4①23
かすが【春日(島)】 9③245
かすがい【春日井(愛知)】 64②113,114
かすがいぐん【春日井郡(愛知)】 17①149
かすがいはらしんでん【春日井原新田(愛知)】 64②127
かすがむら【春日村(長野)】 24③357
かすがよしえむら【春日吉江村(富)】 5④317
かすげむら【粕毛村(秋)】 61⑨324
かずさ【上総(千)】 46②133/62①17/66③151/67①19
かずさくじゅうくり【上総九十九里(千)】 69①83
かずさのくに【上総国(千)】 14①102/58②90,97/69②310
かずさのくにくじゅうくりはま【上総国九十九里浜(千)】→くじゅうくりはま 58②92
かすみがせき【霞か関(東)】 42③170
かすみむら【香住村(兵)】 43③239
かすや【粕屋(福岡)】 67④174
かすれい【粕礼(茨)】 22③157
かたいわむら【片岩村(石)】 5④345
かたかい【片貝(新)】 36③280,323,324
かたかみ【堅神(三)】 66⑧404
かたくらむら【片倉村(長野)】 24③322
かただむら【片田村(三)】 66⑧404
かたひら【片平(福島)】 37②66,67,89,121
かたやなぎ【片柳(埼)】 42③155,156
かたやまづ【片山津(石)】 5①39
かっくみ【川汲(北)】 2⑤325
かつせまち【勝瀬町(埼)】 42③188
かった【勝田(広)】 9①118
かつぬましゅく【勝沼宿(山梨)】 48①190,192
かづのぐん【鹿角郡(秋)】 1③282
がっぽ【合甫(青)】 36①36
かつらがわ【桂川(京)】 10①141
かつらぎさん【葛城山(大阪、奈)】 15③397
かつらだにむら【桂谷村(石)】 5④341
かつれんまぎり【勝連間切(沖)】 34③41
かどおむら【門尾村(鳥)】 47⑤277
かどがさわ【門ケ沢(秋)】 1③280
かどべむら【門部村(茨)】 3④335
かどむら【加戸(鹿渡)村(秋)、鹿渡村(秋)】 1③280/61②103,⑨260,320,331
かどやま【神田山(茨)】 64③179,182,197
かどやましんでん【神田山新田(茨)】 64③192,203,206,211
かどやまむら【神田山村(茨)】 64③195,211
かどやまむらしんでん【神田山村新田(茨)】 64③211
かどやまよこてしも【神田山横手下(茨)】 64③211
かないしま【金井嶋(神)】 66②113,115,119,120
かないしまむら【金井嶋村(神)】 66②88,92,109
かながわ【加奈川(神)】→J 22⑥368,390,392,398
かなさかちょう【金坂町(秋)】 61⑨262
かなざわ【金沢(石)】→かしゅうかなざわ 4①10,13,21,22,29,33,60,66,78,89,105,106,112,113,115,126,131,140,142,152,153,156,165,170,182,199,201,202,204,277/5④338/39④231,⑤261,262,268,298/42④242,264/49①38
かなざわいままち【金沢今町(石)】 5④331
かなつ【金津(福井)】 4①190
かなながわ【神奈(流)川(群、埼)】 65③232
かなひらむら【金平村(石)】 5④308
かなや【金谷(静)】 14①241
かなや【銕屋(兵)】 35①22
かなや【金谷(和)】 46②144
かなやほんごう【金屋本江(富)】 42④260
かなやほんごうむら【金屋本江村(富)】 5④316
かなやむら【金谷村(和)】 46②150
かにえ【蟹江(愛知)】 16①278
かにた【蟹田(青)】 1②182
かぬま【鹿沼(栃)】→しもつけのくにかぬまむら 61⑩431,432
かぬまがわ【鹿沼川(栃)】 61⑩431
かねこ【金子(埼)】 67①13,15
かねこむら【金子村(神)】 66①60,②87
かねさわ【金澤(茨)】 38①24
かねざわ【金沢(山形)】 18②252
かねざわむら【金沢村(秋)】 61⑨279,296
かねやま【金山(山形)】 18②251,257,261,272,273/61⑨371
かねやまえき【金山駅(山形)】 61⑨275
かねやまたに【金山谷(福島)】 19②345,353
かねやまむら【金山村(山形)】 18②266/61⑨366,388
かのあしごおり【鹿足郡(島)】 53①11
かのうえつさんしゅう【加能越三州(富、石)】 4①183,262
かのうむら【加納村(富)】 5④324,325,326,327,328
かのさわむら【鹿野沢村(山形)】 64④274
かのつめ【鹿ノ爪(秋)】 42①40
かのむら【鹿野村(石)】 5④346,354
かばさん【加波山(茨)】 42②109
がび【蛾眉(中国)】 35①46
かぶうちむら【蕪内村(福島)】 37②179
かぶとむら【甲村(石)】 5④345,351
かぶとやま【甲山(埼)】 42③183,184
かぶらき【鏑木(千)】 63⑦380,385
かぶらきむら【鏑木村(千)】 63⑦391
かべまち【可部町(広)】 9①118
かほく【河北(石)】 4①21/39⑤288
かほくぐん【河北郡(石)】 4①53,146,158,198,240,266,267,268,269,273/6①71
かほくぐんやまがた【河北郡山方(石)】 47②98
かほくのかた【河北の潟(石)】 4①234
かぼちゃ【柬蒲塞(カンボジア)】 24①74
かま【かま(三)】 66⑧405
かまがしま【釜ヶ嶋(新)】 36③324
かまがた【鎌形(埼)】 42③150,151,155,180,183,184,185,187,189,190,192,201,205
かまくら【鎌倉(神)】 54①181
かまくらがし【鎌倉川岸(東)】 46②153
かまそ【鎌曾(岐)、鎌曾(岐)】 43①8,35,56
がまた【蒲田(青)】 18⑥492
かまたにむら【釜谷村(石)】 5④340
がまたむら【蒲田村(青)】 18⑥498
かまなしがわ【釜無川(山梨)】 65③191,197,**198**,200,202,203,204
かまなしがわどおり【釜無川通(山梨)】 65③191
かみあさ【上厚狭(山口)】 57①36
かみいさざわ【上伊佐沢(山形)】 18②251
かみいなあたり【上伊那辺(長野)】 67⑥309
かみいなごう【上伊那郷(長野)】 67⑥294
かみいふく【上伊福(岡)】 67③134
かみいわい【上岩井(新)】 36③296
かみいんないむら【上院内村(秋)】 61⑨366,369
かみえちご【上越後(新)】 53②99
かみえちごのたかだ【上越後の高田(新)】 25①130
かみおぎ【上荻(山形)】 18②255,266
かみおざきむら【上尾崎村(茨)】 64③165,202
かみおしだり【上押垂(埼)】 42③175
かみかいはつむら【上開発村

（富）】 5④317
かみがた【畿内、京摂、五畿内、上かた、上がた、上ミ方、上方】→かんさい、きのくに 5①108,109/6①86,87,②303,318/10①81/12①165,197,254,312/14①45,56,110,117,141,200,201,235,241,301/15①14,31,32,52,56,②171,176,177,183,196,202,222,225,227,233,③348,360/17①238/18③353,⑤465,473/21①22,27/28①22/29①19/35②412/45③143,144,149,150,161,163,164,168,169,172/46①88,98/47①18/50①40,41,45,③251/52①12/61②87/62⑦180,185,191,192,193,199,207/65③241/69①98,110,113,117,121/70④268
かみがたおもて【上方表】 53④239,248,249
かみがたすじ【上方筋】 11②87,100,119
かみがたへん【上方辺】 4①103/21②101
かみがも【上賀茂（京）】 36①35
かみぎょう【上京（京）】 69①51
かみくづろむら【上久津呂村（富）】 5④323
かみごう【上郷（千）】 63③129
かみごう【上郷（長崎）】 64⑤338
かみこまつむら【上小松村（山形）】 64④290,294
かみごりょうむら【上御領村（広）】 44①11
かみさだむら【上佐田村（島）】 9③247
かみさんとう【上三島（新）、上三嶋（新）】 36③175,323,342
かみしんでんむら【上新田村（静）】 15①15
かみずえむら【上末村（愛知）】 64②114,124,127
かみずえむらしんでん【上末村新田（愛知）】 64②127
かみせとむら【上瀬戸村（富）】 5④330
かみそが【上曾我（神）】 66②121
かみたがみむら【上田上村（石）】 5④313
かみたこむら【上田子村（富）】 5④322
かみたつみむら【上辰巳村（石）】 5④312
かみちゅうだい【上中代（熊）】 33④176
かみつぐ【上ツグ（愛知）、上津ぐ（愛知）、上津具（愛知）】 42⑥379,380,387,388,391,393,398,400,402,403,406,407,411,412,416,417,418,420,421,423,425,427,428,434,435,436,437,438,440,441,442,445
かみつくれ【上津久礼（熊）】 33④176
かみとねがわ【上利根川（群、埼）】 65③233,236/67①19
かみなかしまむら【上中嶋村（和）】 46②143
かみながせむら【上長瀬村（長野）】 64①80
かみなかむら【上中村（石）】 5④341
かみなしむら【上梨村（富）】 5④318
かみなわむら【神縄村（神）】 66②101
かみなんばたむら【上南畑村（埼）、上南畠村（埼）】 67①27,32,41
かみね【上根（広）】 9①118
かみのうとりばし【上直鳥橋（佐）】 11⑤232
かみのかわ【上三川（栃）】 21④206
かみのさわむら【上野沢村（山形）】 64④290
かみのせき【上之関（山口）】→J 57①45
かみのせきございばん【上ノ関御宰判（山口）】 29④286
かみのむら【上野村（石）】 5④340
かみのやま【上山（山形）】 45①42
かみはちまんむら【上八万村（徳）】 10③401
かみはちやまむら【上鉢山村（兵）】 43③239,264,269,273
かみふじづかむら【上藤塚村（山形）】 64④279
かみふだ【上布田（東）】 59①58
かみまつらぐんからつりょう【上松浦郡唐津領（佐）】 58⑤284
かみむら【上村（埼）】 67①22,31,35,36,40,61
かみもろいむら【上諸井村（静）】 16①324
かみやえはら【上八重原（長野）】→やえはら 64①60,64,69
かみやえはらきみづか【上八重原君塚（長野）】 64①46
かみゆだしんでん【上弓田新田（茨）】 64③205,210
かみゆのかわ【上湯の川（北）】 2⑤325
かみよかわむら【上余川村（富）】 5④325
かみよしたにむら【上吉谷村（石）】 5④307
かみわすみむら【神和住村（石）】 5④342
かめいど【亀井戸（東）、亀戸（東）】 14①365/55②172
かめおうむら【亀王村（福岡）、亀〔王〕邑（福岡）】→ちくごのくにたけのぐんかめおうむら 31④218,227
かめがいやま【亀谷山（富）】 5④332
かめだ【亀田（北）】 2⑤325
かめだ【亀田（秋）】→うしゅうかめだ 42①45
かめだやま【亀田山（島）】 59③207,243
かめのお【亀尾（北）】 2⑤324,333,336
かもうだ【蒲生田（山形）】 18②252,268
かもうだむら【蒲生田村（山形）】 18②261
かもがわ【加茂川（京）、賀茂川（京）】→けいしかもがわ 10①141/36①35
かもがわむら【鴨川村（石）】 5④343
かやくさむら【茅草村（秋）】 61⑨265
かやはしりょう【萱橋領（栃）】 21①91
かやばむら【茅（萱）場村（静）】 65③194
かやふり【萱振（大阪）】 8①284
かやべじゅうさんかそん【カヤベ（茅部）拾三ケ村（北）】 49①216
かやまむら【栢山村（神）】 66②96
がやむら【賀谷村（長崎）】→よらごうがやむら 32①13
から【から（中国）、漢土（中国）、唐（中国）】 8①269,271/12①356,379,382,388,390/13①132,160,187,342,373/14①99,147,242,251/15①22,69,③328/18①122/19①8/29①30/38③200/47③170/49①124,126/50③244/57②121/58①60/68③346/70①11,23,②88,115,③217,⑥378,403
からかわむら【唐川村（兵）】 43③247
からくに【から国（中国）】 47②77
からこす【カラコス（ベネズエラ）】 45⑥303
からす【唐洲（長崎）】 32①191
からすがわ【烏川（群、埼）】 65③232,236,239/67①19
からすやまりょう【烏山領（栃）】 45⑥293
からつ【唐津（佐）】→ひぜんのからつ 31⑤282/41⑤244/58⑤367/66④231
からつごじょうか【からつ御城下（佐）】→ひぜんからつごりょう、ひぜんのからつ 58⑤300
からつへん【唐津辺（佐）】 50④321
からないさか【唐内坂（青）】 1②174
からのくに【唐国（中国）】 4①163
からのち【唐の地（中国）】 12①353
からやま【唐山（中国）】 48①86,138,169
かりやど【借宿（長野）】 24③323
かりわ【刈羽（新）】 53②98
かりわぐん【刈羽郡（新）】 25③291/36③242
かりわの【刈和野（秋）】 61⑨285,337,365,366/70②167,170
かりわのえき【刈和野駅（秋）】 61⑨284,295
かりわのむら【刈和野村（秋）】 61⑨277,278,280,289,290,291,298,301,302,349,368,373
かるいさわのしゅく【軽〔井〕沢の宿（長野）】 66③151
がるせ【かるせ（神）、かる瀬（神）】 65③173/66②96,109,112,113,116
かるべ【軽部（岡）】 67②87,89,100,111,113
かるべむら【軽部村（岡）】→くぼやぐんかるべむら、しもかるべ

67②87,97,98,106
かるまい【軽米(岩)】 2①118
かわうち【川内(秋)】 42①40,45
かわうちちょう【川内町(青)】 56①168,173
かわうらむら【河浦村(石)、川浦村(石)】 5④346,357
かわうれ【川宇れ(愛知)、川宇連(愛知)】 42⑥378
かわおと【川音(神)】 66②117
かわおとがわ【川乙川(神)】 65③174
かわかみ【川上(奈)】 56②268
かわきたぐん【川北郡(福井)】 4①190
かわきたごう【川北郷(山形)】 64④242
かわぐち【川口(埼)】 59④392
かわぐちえき【川口駅(新)】 25①130
かわぐちむら【川口村(岩)】 56①143
かわぐちむら【河口村(秋)】 61⑨261
かわぐちむら【川口村(山梨)】 24③353
かわくぼ【河窪(熊)】 33④176
かわごえ【川越(埼)】→ぶしゅうかわごえ 42③150,151,152,153,155,156,157,158,159,160,161,162,163,164,165,166,169,174,175,176,177,182,183,187,188,189,190,191,194,197,198,199,200,201,203,204,205/67①13,20,54
かわごえみなみまち【川越南町(埼)】 42③153
かわごえりょう【川越領(埼)】 67①20,42
かわさき【川崎(東)】→D、J 59①43,56
かわさき【川崎(神)】 14①376/59①41/66②88,115
かわさきのざい【河崎の在(神)】 14①373
かわさきりょう【川崎領(神)】 66②116
かわしま【川島(茨)】 3④261
かわしま【河嶋(埼)】 42③170
かわじり【川尻(茨)】→D 38①24
かわしりむら【河尻村(石)、川尻村(石)】 5④340,345,346,354
かわしりむら【河尻村(熊)】 11④175,184
かわじりむら【川尻村(静)】 65③188
かわぞえすじ【川副筋(佐)】 11⑤276
かわた【川田(沖)】 57②128
かわだ【川田(長野)】 66⑤263
かわだ【川田(大阪)】 43②122,123,124,134,146,147,170
かわだむら【川田村(山梨)】 65③200
かわだむら【川田村(大阪)】 43②127,129,130,131,133,134,169
かわたや【川田谷(埼)】 42③150,153,158,162,164,165,166,183,188,192,200,201,204
かわち【河内(愛知)】 42⑥426,431,433,438
かわち【河内(大阪)】 8①167/10②321/13①7,369/14①104,113,247/15②165,③329,347,349,351,352,372,397,399/18⑤466/40②183/45③157,⑥336/49①255/62①17/63⑤294/69①73,83,②234
かわちぐんしもかもうむら【河内郡鴨[下蒲生]村(栃)】→しもかもうむら 39①66
かわちこんごうさん【河内金剛山(大阪)】→こんごうさん 65③209
かわちにった【河内新田(大阪)】 4①176
かわちのくに【河内国(大阪)】 10②354/13①226/15③395,396,398,402,408/18⑤461/64②119/69①107
かわちへん【河内辺(大阪)】 12①349
かわちむら【河内村(石)】 5④342
かわちむら【河内村(長崎)】 32①51
かわちやしんでん【河内屋新田(愛知)】 64②114,119,120
かわつらむら【川連村(秋)】 61⑨299
かわとい【川樋(山形)】 18②252,257,269
かわなかじま【河中島(長野)、川中島(長野)】→しんしゅうかわなかじま 53⑤290/66⑤258,259,262,272,278,279,285
かわなむら【川名村(静)】 66②99
かわねがわ【河根(川)(新)】 25③266
かわべ【川辺(秋)】 70②119
かわべ【川辺(岡)】 67②112
かわべきみがの【河辺君ヵ野(秋)】 70②153
かわまた【川また(福島)】 62③72
かわむら【河村(神)、川村(神)】 65③173/66①34,35,39,60,62,②88,93,95
かわむらがるせ【河村岸流類瀬】 66②96
かわむらきし【河村岸(神)】 66①36,63
かわむらぐん【河村郡(鳥)】 47⑤270
かわむらむこうはら【河村向原(神)】 66①36,63
かわむらやまきた【河村山北(神)、川村山北(神)】 66①36,63,66,②113
かわらご【河原子(茨)】 38①24
かわらさきむら【河原崎村(富)】 5④316
かわらしろ【河原城(茨)】 3④380
かわらだ【河原田(大阪)】 43②145,151,153,158,194,195
かわらとおりまち【川原通町(山形)】 45①34
かわらなみやま【河原波山(富)】 5④331
かわらべむら【河原部村(山梨)】 65③198
かわらまち【河原町(兵)】 43③238
かわらやまむら【河原山村(石)】 5④307
かん【漢(中国)】 3③179/10①200/18①108/19①19,35,43,58/35①232/52②84
かんぎじむら【歓喜寺村(和)】 46②142,144
かんこく【漢国(中国)】 12①207
かんさ【関左】 68①213
かんさい【関西】→かみがた 45⑥313
かんざき【神崎(茨)】 3④380
がんしゅうざん【岩鷲山(岩)】 56①53,129,167
がんじろむら【雁代村(静)】 16①285
かんすけしんでん【勘介新田(茨)、勘助新田(茨)】 64③184,192,195,203,206,210,212
かんせん【関陝(中国)】 18①173
かんだがわすじがし【神田川筋川岸(東)】 46②152
かんださくまちょう【神田作間町(東)】 40②78
かんだしもさえきちょう【神田下佐柄木町(東)】 46②154
かんだすだちょう【神田須田町(東)】 46②145,152,153,155
かんだはなぶさちょうがし【神田花房町川岸(東)】 46②154
かんたん【邯鄲(中国)】 35①220
かんちょう【漢朝(中国)】 51①13
かんど【漢土(中国)】 15①9,11/19②422,424,425/20①8/69①29,54,94,②206,228,230/70①14,17,20
かんど【神門(島)】 9③239,247,252,269
かんとう【関東】 3③135,136,173,180/4①125,178,235/7②278/14①110,190,241,242,250,321,337,376/15①14,96,②135,137,154,161,176,184,214,③408/16①279/17①243/19②276,374,375,378,379,380/21①13,27/35①120,195/36③229/37①45,②139/39①15/45③152,163,168,⑥313,335,336/47②98/48①169/50①40,41,52,60,73,81,83,③255,257/52①12,27/53④247/58②90,93,94/61⑩411,426/62⑦192,193/65③226,227,232,237/68②245,247,258,③342,349,351,361/69①37,83,89,98,109,121,②220,230,231,234,287,298,299/70③210
かんとうすじ【くわん東筋、関東すぢ、関東筋】 7②296/19②386/21①22,69,70/25①10,24,25,26,39,40,41,54,121/35①121/62③74,75,76
かんとうのへん【関東の辺】 7②275
かんとうはちかこく【関東八ヶ国】 64①72
かんとうへん【関東辺】 35①156
かんどぐん【神門郡(島)】 9③249,267,268
かんとん【広東(中国)】 68③358/70⑥403
かんながわ【神流川、神奈(流)川(群、埼)】 65③232/67①19
かんなべ【神辺(広)】 15③383/44①55

かんのしんでん【神尾新田(愛知)、神尾神田(愛知)】 64②115,121,123,124,125,131
かんのだいら【神尾平(愛知)】 64②115
かんはっしゅう【関八州】 10②348/46①18,20,36,37,88,98,99/62⑦211/67⑤237/68②247
かんばやしこうやむら【上林興屋村(山形)】 64④280
かんばら【鎌原(群)】 66③143,148,156,157
かんばら【蒲原(新)】 25①53/36③293
かんばらぐん【蒲原郡(新)】 25①131,③291
かんばらぐんかやばむら【蒲原郡萱場村(新)】 46①104
かんばらぐんさどやまむら【蒲原郡佐渡山村(新)】 25①87
かんばらしゅく【蒲原宿(静)】 65③178
かんほうちゃ【東埔寨(カンボジア)】 70⑥376,377
かんらぐん【甘楽郡(群)】 45⑥288

【き】

ぎ【魏(中国)】 35①220
きい【紀伊(三、和)、紀井(三、和)】 15③325/45③143/62①17/68③356/70①17,④260
きい【基肄(佐)】→ひぜんきい 32①37,93,220
きいのくに【紀伊国(三、和)】 7②351/14①103/16①147,246
きいのくにくまの【紀伊国熊野(三、和)】 16①165
きおろしむら【木颪(下)村(千)】 61⑩420,421
ぎおんもんぜん【祇園門前(京)】 52②87
きかい【喜界(鹿)、鬼界(鹿)】 14①98/50②164,168,192/69①92
きくた【菊田(山形)】 18②276
きくち【菊池(熊)】 33④176,177
きこう【崎江(長崎)】 60⑦400
きさい【騎西(埼)】 67①20
きさかむら【木坂村(長崎)】 32①12,63,111,141,147,172
きざわ【木沢(香)】 30⑤406
きしみやま【岸見山(山口)】 57①40
きしむら【岸村(神)】 66②101
きしもと【岸本(高)】 30①68
きしゅう【紀州(三、和)】→きのくに 6①143/10②363/11①34/12①24/14①45,98,246,382,383,387/15②168/35②334/45⑥299,321/46②137/48①217,224,349,350,390,391/49①42,88,89,194,214/50②192,195,③263,268/53④234/58②91,94,97,98/61⑥187/62⑦180/65②120,122,125,133,③241/66⑥345/68③356
きしゅうかだ【紀州加多(和)】 14①293
きしゅうかだのうら【紀州加太浦(和)】 58②90
きしゅうくまの【紀州熊野(三、和)】→くまの 14①383/48①222,350/49①38/50①50/53④214/58⑤362
きしゅうくまのうら【紀州熊野浦(三、和)】→くまのうら 58⑤367
きしゅうくまのさん【紀州熊野山(三、和)】→くまのさん 55②151
きしゅうくまのじ【紀州熊野路(三、和)】→くまのじ 45⑥331
きしゅうこうやさん【紀州高野山(三、和)】→こうやさん 56①153
きしゅうごりょう【紀州御領(三、和)】 65②147/66⑧405
きしゅうさまりょうぶん【紀州様領分(三、和)】 48①217
きしゅうしおつ【紀州塩津(和)】→しおつ 58②93
きしゅうすはらうら【紀州栖原浦(和)】→すはら 58②90
きしゅうたなべ【紀州田辺(和)】→たなべ 48①320
きしゅうとつがわ【紀州十津川(奈、和)】 6①165
きしゅうのうみべ【紀州の海辺(三、和)】 14①70
きしゅうむろぐんたなべじょうか【紀州牟婁郡田辺城下(和)】 48①320/49①41
きしゅうゆあさうら【紀州湯浅浦(和)】→ゆあさ 58②90
きしゅうりょう【紀州領(三、和)】 61⑩413
きしゅうわかのうら【紀州和歌浦(和)】→わかのうら 48①350
きしゅうわかやま【紀州若山(和)、紀州和歌山】→わかやま 48①216/52①47
きじょか【喜如嘉(沖)】 34②22/57②128
きじょかむら【喜如嘉村(沖)】 34②31
きずみむら【木住村(石)】 5④342
きそ【木曾(長野)、木曾(長野)】 13①210/16①158/23①12/48①118/53④241
きそがわ【木曾川(長野、愛知)】→しなののくにきそがわ 16①315,319,325/17①149
きそさん【木曾山(長野)】→しんしゅうきそさん 53④243
きたあさいむら【北浅井村(石)】 5④309
きたあさばむら【北浅羽村(埼)】 42③151
きたあめりか【北亜墨利加(アメリカ)】→あめりか 24①78
きたありまむら【北有馬村(長崎)】 66④214
きたいいづか【北飯塚(千)】 38④274,287
きたいち【北夷地(ロシア)】→おろしや 58①38
きたいなわしろ【北猪苗代(福島)】→いなわしろ 19②347
きたうら【北浦(秋)】 61⑨329
きたうらむら【北浦村(秋)】 61⑨333
きたおおいでむら【北大出村(長野)】→しんしゅういなきたおおいで 67⑥289,293,294
きたおゆみ【北生実(千)】→みなみおゆみむら 63③128
きたかた【北方(福島)】 19②336,353
きたかた【北方(愛知)】 42⑥442
きたがた【北方(岐)】 43①11,24,56,63,64,68,80,87
きたがたむら【北方村(石)】 5④346
きたかみがわ【北上川(岩)】 56①150/65③236
きたかみがわすじ【北上川筋(岩)】 56①136,150
きたこうやむら【北興屋村(山形)】 64④264
きたさんちゅう【北山中(長野)】 66⑤255
きたしながわじゅく【北品川宿(東)】 45⑤252
きたじまむら【北嶋村(富)】 5④330
きたしんぼりちょう【北新堀町(東)】 58②96,97
きたたじまむら【北田島村(埼)】 42③175
きたなかじまむら【北中島村(山形)】 64④268
きたならおかむら【北楢岡村(秋)】 61⑨278,280,289
きだにむら【木谷村(三)】 66⑧405
きたの【北野(京)】 52②87
きたのはらしんでん【北野原新田(愛知)】 64②126
きたはら【北原(長野)】 66⑤259,274
きたはらむら【北原村(石)】 42⑤339
きたひない【北比内(秋)】 1③280
きたひなたむら【北日当村(千)】 38④257
きたひらのちょうにちょうめ【北平野町二丁目(大阪)】 49①59,93
きたふくますむら【北福升村(山形)】 64④263,276
きたみなと【北湊(和)】 46②148,150
きたみょう【北名(長崎)】 66④213
きたむら【北村(石)】 5④315
きため【北目(長崎)】 66④213,215,221
きため【北目(熊)】 33④176,177
きためむら【北目村(山形)】 64④274
きたや【北谷(埼)】 67①13,15
きたやま【北山(福島)】 19②342
きたやまごう【北山郷(奈)】 56②268
きたよこがわ【北横川(千)】 38④285
きたよしだ【北吉田(千)】 38④248,279,287
きづがわ【木津川(京)】 16①282
きつき【杵築(大分)】 14①359
きづき【杵築(島)】 59③201
きつきじょうか【杵築城下(大

分)】 14①113
きったん【契丹(中国)】 6①212/24①178
きつねじま【狐嶋(富)】 42④261
きづむら【木津村(石)】 5④315
きない【畿内】 4①199/6①143/9②205,206,208,216,217/12①13,21,24,143,159,196,197/13①8,22,330,351,356/14①55,56,228,233,238,406,407,410/15②137,150,151,167,269/31④220/37③274/45③177/50②151,159,③257/55③208/56①85/62①17/68②247/69①38,57,68,71,83,89
きないごかこく【畿内五箇国】 62①17
きないへん【畿内辺】 13①374/15②135/21①69,70
きなし【木内(兵)】 43③234,264
きなしむら【木内村(兵)】 43③236,239,248,254,267
きぬがわ【きぬ川(茨、栃)、鬼怒川(茨、栃)、絹川(茨、栃)】 16①282/21①13/22③159/64③197/65③232
きのかわ【紀ノ川(和)】 48①216/53④243
きのくに【紀国(三、和)、木国(三、和)】→きしゅう
3①47/55③211
きのくに【畿ノ邦】→かみがた
70③210
きのさきおんせん【城崎温泉(兵)】 35①191
きのべむら【木の部村(大阪)】→いけだきのべ、せっしゅうきのべ
55③291
きのめむら【木ノ目村(埼)、木芽村(埼)、木之目村(埼)、木野目村(埼)】 67①29,32,40,41,65
きのもと【木ノ本(三)】 53④234
きのもとしゅく【木の本宿(滋)】 49①152
きば【木場(東)】 59④269
きぶねむら【貴布禰(木舟)村(富)】 4①125
きまち【木町(富)】 42④237
きみがの【君カ野(秋)】 70②157
きむら【木村(兵)】 43③240
きもつき【肝付(鹿)】 53④218
きもつきぐんしきねごう【肝属郡敷根郷(鹿)】 48①354
きゃくぼう【客坊(大阪)】 43②148,177
きゅうしゅう【九州】 4①184/10②348/11①20/14①52,117,218,241,242,247,256,258,293,322,323,341,347/15①16,17,32,②156,176,202,229,③330/45③143,164,175/49①46/50③249,252,255,256,257,279,④317/62⑦185,186,190,208,211/68②255/69①71,133/70①17
きゅうでんむら【久田村(石)】 5④341
きゅうほうじ【久宝寺(大阪)】→おおさかきたきゅうほうじまち
43②123,149,180
きよう【崎陽(長崎)】 70③231
きょう【京】 3③136/10①128/12①215,229/14①79,191,293/15②190,216,218,297/17①272/20①70/35②409/40②165/41⑦342/43②190,191,③241/48①349,382,384/49①10,45,92,153,174,175,176/50③263/52①27/53②134/54①247,248,250,254/56②269/66③141,⑧406/67④162/68②247,③315/69①81
きょうおおさか【京大坂】 7②258,351/15②196,218
きょうさんじょう【京三条】 64①77
ぎょうだ【行田(埼)】 42③152,160,161,189,191,192,195,196,199,203
きょうたかおさん【京高雄山(京)】 68③347
きょうたかがみね【京鷹ケ峯】 68③346
きょうちゅうはちまん【峡中八幡(山梨)】 62⑧288
きょうと【京都】 4①185/10①159,②335/12①229,230,259,268/13①144/14①48,246,271,272/15②184,296,③379,383,387,391,397/16①207/17①268/35②392,405,412,413/36③285/43③240/45①31,③157/48①142,148,152,332,345,348,364/49①154/51①23/54①314/55②146,154,③273/56①75,81/62⑦181/65③216/66④195/69②159
きょうといちじょう【京都一条】 69①51
きょうといなりやま【京都稲荷山】 62⑧239
きょうとしじょう【京都四条】 13①217/56①121
きょうとだいぶつまえ【京都大仏前】 14①272
きょうとたかがみね【京都鷹ケ峯】 68③334
きょうとにしじん【京都西陣】 14①327
きょうにしじん【京西陣】 35②415
きょうばし【京橋(東)】 46②133,138
きょうひがしのとういんあねがこうじのぼる【京東洞院姉小路上ル(京)】 61⑨368
きょうへんさが【京辺嵯峨(京)】→さが
48①330
きょうらく【京洛(京)】 55①14
きよかわ【清川(山形)】 62③72
きよたき【清滝(京)】 48①339
きよの【清野(長野)】 66⑤263
ぎょようぐん【漁陽郡(中国)】 35①232
きりいしむら【切石村(秋)】 61⑨261,268
きりかわ【切川(大阪)】 43②142
きりしまやま【霧島山(鹿、宮崎)】 45④208
きりやけ【桐ヤケ(切明)(青)】 1②170,196
きん【金武(沖)】 57②118,119,182,197,202,227,233
きんかざん【金花山(岐)】 48①345
きんたいばし【錦帯橋(山口)】 62⑦181
きんぷ【金府(石)】→かしゅうきんぷ
49①89
きんぷさん【金峯山(奈)】→やまとのくにきんぷさん
70②115,116,117
きんりゅうざん【金龍山(佐)】 11⑤254

【く】

ぐうしゅう【隅州(鹿)】 45④208,212
くか【久賀(山口)】→おおしまぐんくかむら
29④286
くきの【久木野(熊)】 33⑤263
くげた【久下田(栃)】 61⑩428
くげどむら【久下戸村(埼)】 67①27,28,30,31,33,34,35,37,38,42,64,65
くごう【公卿(岐)、公郷(岐)】 43①13,26
くごのせ【ぐごの瀬(滋)】 16①283
くさおか【草岡(山形)】 61⑨309
くさおかむら【草岡村(山形)】 61⑨287,292
くさか【日下(島)】 9③267
くさかむら【日下村(大阪)】 43②126
くさぎむら【草木村(石)】 27①272,307
くさたき【草滝(山口)】 57①41
くさどむら【草戸村(広)】 44①17
くさばな【草花(東)】 59①18,32,46
くさぶか【草深(広)】 13①70
くし【久志(沖)】 57②119,128,182,201,202
くじ【久慈(茨)】 38①24
くしうむらへん【櫛生村辺(愛媛)】 30③251
くしがみね【櫛ヶ峯(三)】 66⑧396
くじがわ【久慈川(茨)】 16①282/38①7
ぐしかわ【具志川(沖)】 57②118,181,182,202,204,235
ぐしかわまぎり【具志川間切(沖)】 34③41
くじぐん【久慈郡(茨)】 38①28
くじゅう【久住(大分)】 33③158,161
くじゅうきんざい【久住近在(大分)】 33③168
くじゅうきんぺん【久住近辺(大分)】 33③164,165
くじゅうくりはま【九十九里浜(千)】→かずさのくにくじゅうくりはま
69②310
くしょうだむら【九升田村(秋)】 61⑨340,350
くずおか【葛岡(秋)】 42①45
ぐすく【城(沖)】 34②22
くすそん【久須村(長崎)】 64⑤345
くずばむら【葛葉村(富)】 5④324
くすり【クスリ(釧路)(北)】 49①217
くだりなわて【下り縄手(大阪)】 43②170

くちいろがわ【口色川(和)】 53④230
くちおの【口小野(兵)】 43③237,253,255,256,257,258,263,264,269,270
くちおのむら【口小野村(兵)】 43③234,236,238,241,249,267,271,273
くちくまの【口熊野(和)】 53④234/65②101,107
くちぐん【口郡(石)】→のうしゅうくちぐん 52⑦291,299,301,305,306,307,310,311,312,314,316,317,320,321,324
くちぐんうちうら【口郡内浦(石)】 52⑦292,293,302
くちぐんそとうら【口郡外浦(石)】 52⑦293
くつかけ【沓掛(長野)】 24③323
くつかけしんでん【沓掛新田(茨)】 64③204,210
くつかけむら【沓掛村(茨)】 64③204
くつかけむらしんでん【沓掛村新田(茨)】 64③192,205,212
くつなじま【忽那島(愛媛)、忽那嶋(愛媛)】 30③251,301,302
くどじさん【久渡寺山(青)】 1②191
くどやま【九度山(和)】 65②128
くなじり【クナジリ(ロシア)】 36③284
くにがみ【国頭(沖)】 57②119,128,171,182,201,202
くにがみがた【国頭方(沖)】 57②105,119,120,124,132,134,147,170,182,199,203,204,219,220,226,227,228,230,231,232,233,235
くにさきごおり【国東郡(大分)】 14①113,140
くにじまむら【国(柴)嶋村(大阪)】 14①247
くになか【国中(山梨)】 65②121,③197,199,204
くになか【国なか(奈)、国中(奈)】 15③390,391,392,394,405
くにみつむら【国光村(石)】 5④343
くぬぎたにむら【櫟谷村(石)】 5④342
くぬぎづか【椚塚(山形)】 18②252
くねのはま【久根ノ浜(長崎)】 32①32,42,159
くねむら【久根村(長崎)】→さすごうくねむら 32①13,106
くのうさん【久能山(静)】→するがふちゅうくのうさん 68③358
くのぎむら【久木村(石)】 5④335,340
くのむら【久野村(神)】 66②87,121
くのむら【久野村(島)】 9③268
くびき【頸城(新)】 53②98
くびきぐん【頸城郡(新)】 25③291
くぶいち【九分一(群)】 39②91
くぼいしきむら【久保一色村(愛知)】 64②124,126,128
くぼた【久保田(秋)】→あきたくぼた 1③279/61⑨256,257,259,285,287,296,300,322
くぼた【窪田(山形)】 18②276,277
くぼた【久保田(茨)】 22③160
くぼむら【窪村(富)】 5④325
くぼやぐんかるべむら【窪屋郡軽部むら(岡)、窪屋郡軽部村(岡)】→かるべむら 67②109,116
くまあな【熊穴(長野)】 59②97,142
くまがや【熊谷(埼)】 42③188
くまがわ【熊川(東)】 59①32,40,46,51
くまがわむら【熊川村(東)】 59①25,26,29,35,36,48
くまげ【熊毛(山口)】 57①44
くまさかむら【熊坂村(石)】 42⑤316
くまたむら【隈田村(長崎)】 66④214
くまの【熊野(三、和)】→きしゅうくまの 14①353,354/15①31/48①225,254/49①210/51①33/53④216,233,235,236,243,245,248/65②66/70④260
くまのうら【熊野浦(三、和)】→きしゅうくまのうら 53④240
くまのさん【熊野山(三、和)】→きしゅうくまのさん 53④236,246,249
くまのじ【熊野路(三、和)】→きしゅうくまのじ 66⑧405
くまのしんぐうざいあたしかむら【熊野新宮在アタシカ村(三)】 61⑥187
くまもと【熊本】→ひごくまもと 56①159
くまもとごじょうか【熊本御城下(熊)】 11④175
くまもとごりょう【熊本御領】 5③276
くまもとごりょうたかせ【熊本御領高瀬(熊)】 11④175
くまもとごりょうふなじまむら【熊本御領船嶋村(熊)】→ふなじまむら 11④185
くまもとごりょうれんだいじ【熊本御領蓮台寺(熊)】→れんだいじむら 11④175
くまもとのじょうか【熊本の城下】 69①61
くまんたにむら【熊谷村(石)】 5④346
くめぐん【久米郡(鳥)】 47⑤259
くめじま【久米島(沖)】→さっしゅうくめじま 57②170
くめの【久米野(熊)】 33⑤246
くめのこおり【久米の郡(鳥)】 47⑤263
くもずがわ【雲出川(三)】 65②121
くらいがわむら【位川村(石)】 4①23
くらがりとうげ【暗峠(大阪、奈)】 15③397
くらかわむら【鞍川村(富)】 5④323
くらさわ【倉沢(静)】 14①259
くらしき【倉敷(岡)】 67②92,102
くらしきにった【倉敷新田(岡)】 67③129
くらみ【倉見(兵)】 43③258
くらみむら【倉見村(兵)】 43③234,236,237
くらもちしんでん【倉持新田(茨)】 64③196
くらもちむら【倉持村(茨)】 64③183,191
くりかわしりむら【九里川尻村(石)】 5④345
くりきさわ【栗木沢(山形)】 61⑨367
くりきさわむら【栗木沢村(山形)】 61⑨274
くりはし【くりはし(埼)、栗橋(埼)】 62⑦187/65③232
くりやがわどおり【厨川通(岩)】 56①136,137
くりやがわどおりしのぎむら【厨川通篠木村(岩)】 56①52
くりやがわどおりしもくりやがわむら【厨川通下厨川村(岩)】 56①145
くりやましんでん【栗山新田(茨)】 64③188,200,202,209,210
くりやまむら【栗山村(茨)】 64③199
くりやまむら【栗山村(石)】→のとのくにくりやまむら、のとのくにはくいぐんくりやまむら 5④335
くるすむら【来栖村(富)】 5④319
くるまざか【車坂(東)】 52②87
くるみだにむら【狖谷村(石)】 5④339
くるめごりょうぶん【久留米御領分(福岡)】 31①6,18
くろいし【黒石(青)】 1②167
くろいし【黒石(岡)】 67③122,135
くろいじむら【黒井地村(愛媛)】 10①7
くろいわ【黒岩(岩)】 56①136,150
くろいわ【黒岩(埼)】 42③174,189
くろえ【黒江(和)】 40④337
くろかわ【黒川(愛知)】 42⑥379,403,405,409,410,413,417,421,423,424,425,426,431
くろかわ【黒川(和)】 40④282,297
くろき【黒木(和)】 65②112
くろきむら【黒木村(和)】 65②113
くろくらむら【玄倉村(神)】 66②98
くろさきむら【黒崎村(石)】 5④339
くろさわ【黒沢(長野)】 64①73
くろさわじり【黒沢尻(岩)】 56①146
くろせ【黒瀬(秋)】 42①31
くろせ【黒瀬(愛知)】 42⑥428
くろだ【くろ田(愛知)、黒田(愛知)】 42⑥378,382,385,410,413
くろたき【黒滝(奈)】 56②268
くろたきごう【黒滝郷(奈)】 48①355
くろだにむら【黒谷村(富)】 5④330

くろだむら【黒田村(石)】 4①146
くろだむら【黒田村(島)】 9③243,245,247,268
くろばねりょう【黒羽領(栃)】 45⑥293
くろひらがわ【黒平川(愛知)】 64②118
くろまるむら【黒丸村(石)】 5④346
くろんぼ【崑崙(セイロン)】 45⑥317
くわたぐん【桑田郡(京)】 45⑥286
くわな【桑名(三)】→せいしゅうくわな 16①278/59③210/66⑧391
くわのいんむら【桑院村(富)】 5④324
くわはら【桑原(神)】 66②117
くわばらむら【桑原村(福岡)】 67④176
ぐんない【郡内(山梨)】→こうしゅうぐんない 56①85
ぐんない【郡内(愛媛)】 30③247,261,301,302
ぐんまぐんくらがのじゅく【群馬郡倉ケ野宿(群)】 48①210

【け】

けいし【京師(京)】 13①376,377,378/18④428/70②153,③220
けいしかもがわ【京師加茂川(京)】→かもがわ 48①339
げいしゅう【芸州(広)】 9②205/68③350
げいしゅうごりょうかまがり【芸州御領蒲刈(広)】 58④263
げいしゅうごりょうくれうら【芸州御領呉浦(広)】 58④263
げいしゅうりょう【芸州領(広)】 44①35
げいしゅうりょうおがた【芸州領尾形(小方)(広)】 53①29
げぐうのばば【下宮の馬場(岡)】 67②93
げじょう【下条(新)、下條(新)】 36③179,224
げしろむら【下代村(石)】 5④341
けたぐん【気多郡(兵)】 43③271
けたぐんなやむら【気多郡納屋村(兵)】→なや 35①11
げだやま【下田山(富)】 5④332
けちむら【雞知村(長崎)】→よらごうけちむら 32①13,15,16,69,219,②291,292,300,301,306,307,310,313,332,336
けつかむら【毛塚村(埼)】 42③160
けらまじま【慶良間島(沖)】 57②170
けんしゃくじむら【剣積寺村(山形)】 64④257
げんじょうりん【源常林(青)】 36①36
けんにんじもんぜん【建仁寺門前(京)】 52②87
げんぷくじむら【玄福寺邑(秋)】 70②70

【こ】

ご【呉(中国)】 10①200/35①220
こあみちょうがし【小網町川岸(東)】 46②154
こいじむら【恋路村(石)】 5④346,356
こいずみ【小泉(宮城)】 67⑤212
こいずみ【小泉(奈)】 15③387
こいせりょうむら【小伊勢領村(富)】 5④316
こいち【小市(神)】 66②120
こいちむら【小市村(神)】 66②109
こいちむら【小市村(長野)】 66⑤263,271
こいで【小出(山形)】 61⑨297
こいで【小出(新)】 53②129
こいのしょう【子位庄(岡)】 67②96
ごいのしょうしまくらむら【五位ノ庄島倉村(富)】 6①131
こいわさわ【小岩沢(山形)】 18②252,257
こいんぜみむら【小院瀬見村(富)】 5④318
こうが【甲賀(三)】 66⑧404
こうが【黄河(中国)】 69①61
こうぎたむら【河北村(愛知)】 64②126
こうざい【香西(香)】 30⑤406
こうじはやぶさ【糀隼(東)】 55②163
ごうしぶち【郷子淵(長崎)】 64⑤361
こうじまち【糀町(東)】 46②146,156
こうじやむら【麴谷村(東)】 45⑤245,248
こうしゅう【甲州(山梨)】 3①38,④333/14①46,200,201,370,372,382,399/16①148/21①70/45⑥291,319/48①118,186,190,191,192,194,195,335,358/49①207/56①82,85/62⑤121/65③172,177,183,188,191,197,207,226,228,229,236/67⑥302/68③341,346,348,350,354/69②161,195
こうしゅう【広州(中国)】 68③343
ごうしゅう【江州(滋)】 4①188,199/12①229/13①218/14①201/15①32/35①153,195,②303,360/45③150,⑥300,321/46①38/47①18/48①210,313,316,319,337,389/50②190/55②152,③415/56①82/62⑦181/63⑤294/69①110
ごうしゅうあねがわ【江州姉川(滋)】 35②327
ごうしゅういぶき【江州伊吹(滋)】 68③344
ごうしゅうきのせ【江州黄瀬(滋)】 61④158
ごうしゅうくさつ【江州草津(滋)】 49①11
ごうしゅうくつきじょうか【江州朽木城下(滋)】 48①341
ごうしゅうくにともむら【江州国友村(滋)】 49①152
こうしゅうぐんない【甲州ぐんない(山梨)、甲州郡内(山梨)】→ぐんない→V 62③76/68③341
こうしゅうぐんないりょう【甲州郡内領(山梨)】 65③172
ごうしゅうこすい【江州湖水(滋)】 35②317
こうしゅうこまぐんあなやまむら【甲州巨摩郡穴山村(山梨)】 24③354
ごうしゅうたかしまぐん【江州高嶋郡(滋)】 48①330,332
ごうしゅうたかしまぐんかもむら【江州高嶋郡加茂邑(滋)】 48①332
ごうしゅうながはま【江州長浜(滋)】→ながはま 35②405,407
ごうしゅうなんばむら【江州難波村(滋)】 35②315
ごうしゅうはらむら【江州原村(滋)】 61⑩450
ごうしゅうひの【江州日野(滋)】 38③165
こうしゅうふじかわ【甲州藤川(山梨)】→ふじがわ 48①330
こうしゅうへん【甲州辺(山梨)】 35①88
ごうしゅうみなくち【江州水口(滋)】 49①151
ごうしゅうよねづ【江州米津(滋)】 14①373
こうじろ【神代(長崎)】 66④197,211
こうず【河内(福島)】 37②121
こうずけ【上野(群)】 13①123,193,369/17①226/18①89,159/21②130/25①131/45⑥288,297/56①41,153,159/62①17/66③151/67①19/68③349,361
こうずけぬまた【上野沼田(群)】 48①354
こうずけのくに【上野国(群)】 17①219/48①211
こうずけのくにたまむらしゅく【上野国玉村宿(群)】→たまむら 61⑩433
こうずけふじおか【上野藤岡(群)】 64①75
こうずち【上有知(岐)】 24②242
こうだい【上田井(和)】 40④330
こうだしんでん【幸田新田(茨)】 64③203,206,210,212
こうだちむら【神立村(大阪)】 43②186
こうだむら【幸田村(茨)】 64③169,197
こうだむら【向田村(石)】 5④339
こうだむらしんでん【幸田村新田(茨)】 64③192
こうち【高知、高智(高)】→とさのくにこうち 30①63,67,68,118,130,141,142/41③174,182
こうち【交趾(ベトナム)】 45⑥316/70④258
こうちがわ【河内川(神)】 66②113
こうちこく【交趾国(ベトナム)】 24①74
こうづ【国津(神)、国苻津(神)】 66①44,59,②102
こうつきむら【上槻村(長崎)】→さすごうこうつきむら 32①106

こうと【江都(東)】 15①11/18①6/50③238/53②134/55①14/60⑦408,443/68①49/69①135
こうとう【高唐(中国)】 18①175
こうとなかばし【江都中橋(東)】 18①187
こうなみむら【高波村(石)】 5④346
こうなみむら【神並村(大阪)】 43②169
こうなん【江南(中国)】 10①140
こうのす【鴻巣(茨)】 3④313
こうのす【鴻巣(埼)】 42③176,197,203
こうのす【鴻巣(新)】 36③276
こうのすむら【鴻の巣村(茨)】 3④249
こうのすむら【鴻ノ巣村(新)】 36③208
こうのやましんでん【鴻野山新田(茨)】 64③188,203,209,210
こうふ【江府(東)】 10②348/42③169/45⑥291,298
こうふ【甲府(山梨)】 23⑥328/65③200
こうべ【神戸(兵)】 50①58/53⑤294
こうみ【小海(長野)】 64①74
こうみむら【小海村(長野)】 24③351,357
こうめざわ【小梅沢(長野)】 59②98
こうもう【紅毛(オランダ)】 45⑥316,317,318
こうもう【紅毛(西洋)】 48①358
こうやさん【高野山(和)】→きしゅうこうやさん
10②335/48①219/53④234/62⑦181/66②86/69②385
こうやわたりむら【幸屋渡り村(秋)】 61⑨265
こうら【小浦(大分)】 14①359
こうらい【かうらい(朝鮮)、高麗(朝鮮)】 16①295/24①83/60⑦400
こうらいこく【高麗国(朝鮮)】 45⑦426
ごうろくむら【合鹿村(石)】 5④344
ごえく【越来(沖)】 57②118,181,182,202,204,235
ごえくまぎり【越来間切(沖)】 34③41
こえとむら【越渡村(石)】 5④341
こおり【桑折(福島)】 18①90
こおりやま【郡山(岩)】 56①51
こおりやま【郡山(山形)】 18②268,273
こおりやま【郡山(福島)】 37②175,214,215
こおりやま【郡山(奈)】 15③390,391,392,394
こおりやまぐみ【郡山組(福島)】 37②185
こおりやまむら【郡山村(山形)】 61⑨274,367/64④264
こが【古河(茨)】 14①376/42③151,172,175/65③233
こかいがわ【小貝川(茨、栃)】 65③232/67①19
ごかしょむら【五ヶ所村(三)】 66⑧405
こがねまるむら【小金丸村(福岡)】 67④183
こがまむら【小釜村(石)】 5④339
ごかやま【五ヶ山(富)、五箇山(富)】→えっちゅうごかやま
6①84,103,110,116,165
ごかやままつおむら【五ヶ山松尾村(富)】 5④318
こかわ【粉河(和)、粉川(和)】 40④293/65②96,112
ごかん【後閑(群)】 66③143
ごかん【後漢(中国)】 18①80/35①232
ごかんじま【五貫嶋(静)】 65③180
ごかんじまむら【五貫嶋村(静)】 65③178
ごきしちどう【五畿七道】 4①273/16①269/62①17/65③248
ごきない【五畿内】 4①112,125,158,175,176,183,185,188,203,230/6①31,88/10②323,340,348/15③331,343,376,385,409/16①179,180,182,216/17①150,174,227,230,241,243,245,249,261,299/29③191,192/38③167/40②182
こくぞうさん【虚空蔵山(長野)】 66⑤258,262,264,265,267,269,270,271,306,307,308
こぐち【小口(和)】 53④214
こぐつわむら【小轡村(千)】 38④241
こくぶ【国府(鹿)】→さつまのこくぶ
45⑥336
こくぶむら【国府村(大阪)】
43②164
こくぶんじ【国分寺(鳥)】 47⑤268
こくぶんじむら【国分寺村(鳥)】 47⑤260
こぐるすむら【小来栖村(富)】 5④318
ここく【胡国(モンゴル)】 12①207
ごこく【呉国(中国)】 35①223
こざ【古座(和)】 53④234/65②101
ござむら【御座村(三)】 66⑧394
こさわだむら【小沢田村(秋)】 61⑨268,361
こし【古志(新)】 25①53,131/36③230
こじおうせんまち【古地黄煎町(石)、古地黄(銭)町(石)】 4①24,25
こしかむら【越賀村(三)】 66⑧404
こしぐん【古志郡(新)】 25③290
こしぐんゆうきゅうさん【古志郡悠久山(新)】 25③273
こしじ【越路(新)】 6①198
こしぼそむら【腰細村(石)】 5④348
こじま【小嶋(東)】 59①58
こじま【小島(三)】 66⑧397
こじまむら【小島村(青)】 1①91
こじまやしき【小嶋屋敷(宮城)】 67⑤213,214
ごじゅうめむら【五十目村(秋)】 61⑨278
ごじょう【五条(大阪)】 43②128
ごじょう【五条(奈)】 40④301
ごじょうかきんざい【御城下近在(佐)】 31⑤264
ごじょうみかげどう【五條御影堂(京)】 52②87
ごじょうむら【五条村(大阪)】 43②143,153,167,185,186,187
ごしょだいら【御所平(長野)】 64①73
ごしょの【御所野(秋)】 61⑨336
ごしょのはら【御所野原(秋)】 70②169,170
こじらかわ【小白川(山形)】 45①31
こすいどおり【湖水通り(福島)】 37②86
こすがなみむら【小菅波村(石)】 11④187
こすぎしんまち【小杉新町(富)】 5④333
こすぎむら【小杉村(富)】 5④328
こせ【古瀬(佐)】 11⑤251
ごせ【御所(奈)】→わしゅうごせ
15③387,390/56①81
こせと【小瀬戸(岡)】 67②102,103
こせのうち【古瀬の内(佐)】 11⑤276
こたき【小滝(山形)】 18②251,257,261,266,272
こたきむら【小滝村(山形)】 61⑨370
こだくみむらかまのたに【小匠村竃ノ谷(和)、小匠村竈ノ谷(和)】 53④214,228
こだてはなむら【小立花村(秋)】 1③280
こちぼらぐち【木知洞(原)口(岐)】 43①31
こちむら【古地村(岡)】 67②87,112,113
ごちょう【後町(長野)】 66⑤259
こちんだ【東風平(沖)】 34③52
こっつ【木津(愛知)】 64②139
こつな【小網(綱)(長崎)】 32①191
こつなぎむら【小繋村(秋)】 1③272,281/61⑨261,268
ごてんば【御殿場(静)】 66②101
こてんみょうむら【小庭名村(新)】 25③291
ことう【湖東(滋)】 5③252/7①6,86
ごとう【五島(長崎)、五嶋(長崎)】→ひぜんのくにごとう
15①15,31/50④310,321/58⑤362
ことうながはまのきたすまいむら【湖東長浜之北相撲村(滋)】 35②265,416
ことうら【琴浦(和)】 48①350
こどまり【小泊(青)】 1②178
こどまりしんむら【小泊新村(石)】 5④346
こどまりむら【小泊村(石)】 5④346
こなかいむら【小中居村(埼)】 67①29,33,40,41,65
こなかの【小中の(東)、小中野(東)】 59①31,54
こなませ【小生瀬(茨)】 3④285
こなん【湖南(中国)】 70①17
ごねおむら【五根緒村(長崎)】

32①51
このうら【金ノ浦(秋)】 70②119
ごのへ【五戸(青)】 56①140,151
ごのへおくせむら【五戸奥瀬村(青)】 56①65
このめ【木ノ目(岡)､木之目(岡)】 44①7,10,52,53
このめむら【木之目村(岡)】 44①27
こばとりむら【小服部村(山形)】 64④257,258,259,260,261,263
こはびろ【小羽広(秋)】 42①45
こばやし【小林(愛知)】 42⑥419
こばやしむら【小林村(栃)】 68④400
こはらだ【小原田(福島)】 37②160,188
こはらだむら【小原田村(福島)】 37②159,179
こぶたまたむら【小二又村(富)】 5④318
ごふない【御府内(東)】 58②98/62⑦184/68④396
ごへん【五辺(新)】 36③161
こま【こま(朝鮮)】 16①295
こまきはらしんでん【小牧原新田(愛知)】 64②114,127
こまきむら【小牧村(愛知)】 64②114,120
こまぎむら【小真木村(山形)】 64④264
こまぐん【巨摩郡(山梨)】 45⑥291
こまつ【小松(石)】 4①216/5④310/6①11
こまつお【小松尾(香)】 44②83,84,91
こまつじむら【小松寺村(愛知)】 64②126
こまつじむらしんでん【小松寺村新田(愛知)】 64②126
こまつばらむら【小松原村(長野)】 66⑤260,272
こまつむら【小松村(山口)】 29④277,283,286
こまば【駒場(東)】 24①177
ごみさわ【ごミ沢(長野)､五味沢(長野)】 59②98,126,142
こみなとへん【米湊辺(愛媛)】 30③240,247,301,302
こみなとまわり【米湊廻(愛媛)】 30③262,277
ごみほりむら【五味堀村(秋)】 61⑨265
ごみょうむら【五明村(長野)】 66⑤264
こめのい【米野井(千)】 63⑦400
ごめん【後面(免)(高)】 30①68
こもだ【小茂田(長崎)】 32①42
こもだむら【小茂田村(長崎)】 →さすごうこもだむら 32①13,34
こもり【小森(長野)】 66⑤254
こもれしんでん【薦れ新田(長野)】 63①37
こもろ【小諸(長野)】 64①40,51,53,54,62,66,75,82,83
こもろぐん【小諸郡(長野)】 64①61
こもろしゅく【小諸宿(長野)】 63①37
こもろよらまち【小諸与良町(長野)】 64①75
こもろりょう【小諸領(長野)】 64①58
こや【小屋(岡)】 67②89
こやどかわ【小宿川(群)】 66③143
こやどむら【小宿村(群)】 66③153
こやのはま【高野の浜(山形)】 64④293
こやまむら【小山村(富)】 39④218
こやむら【小屋村(茨)】 22③174
こやむら【小屋村(岡)】 67②92,100
こよ【小代(群)】 66③153
こよこかわ【小横川(長野)】 67⑥305
ごりょうむら【御領村(広)】 44①20
これい【五嶺(中国)】 70①20
これまさ【是政(東)】 59①58
ごろう【五郎(愛媛)】 30③289,299
ごろうまるむら【五郎丸村(愛知)】 64②125
ごろべえしんでん【五郎兵衛新田(茨)】 64③203,208,211
ころも【挙母(愛知)】 42⑥388
こわくびむら【強首村(秋)】 61⑨340
こわた【小和田(長野)】 59②89,96,116,143,146,152,157,158,164,165
こわたむら【小和田村(長野)】 59②106,146,158
ごんげん【権現(長野)】 59②125
ごんげんどう【権現堂(埼､東)】 65③232
ごんげんどうがわ【権現堂川(埼､東)】 65③232/67①19
こんごうさん【金剛山(大阪､奈)】 →かしゅうこんごうさん､かわちこんごうさん 8①40,275/15③397
こんごうじ【金剛寺(兵)】 43③269
こんこうじむら【金光寺村(秋)】 61⑨260
こんごうじむら【金剛寺村(兵)】 43③236,237,239,240,241,244,245,246,248,264,265,272
こんさむら【神津佐村(三)】 66⑧405
ごんしょうじ【権正寺(富)】 42④233,239,240,243,244,272
こんろんこく【崑崙国(中国)】 35①229

【さ】

さいかい【西海(石)】 5④340,344
さいかい【西海(長崎)】 32①94
さいかい【西海(西日本)】 3③180/32①93
さいかいどう【西海道】 70⑥404
さいかいどうきゅうかこく【西海道九ヶ国】 62①17
さいがねむらゆざわつぼおんせん【西金村湯沢坪温泉(茨)】 3④269
さいがわ【才川(石)】 4①35,190,233
さいがわ【さい川(長野)､犀川(長野)】 25①130/66⑤257,258,262,263,265,267,270,271,292,306,307,308
さいかわしちむら【才川七村(富)】 5④317
さいき【佐伯(京)】 48①384
さいき【佐伯(大分)】→ほうしゅうさいき 58④263
さいごう【西郷(長崎)】 66④202
さいごうむら【西郷村(島)】 9③250
さいごうむら【西郷村(長崎)】 66④213
さいごく【西国】 4①153/6①146,173/10②371/12①266/13①123/14①55,165,214,228,233,254,301,337,341,359,385,387,407,411/15①12,24,25,32,69,98,②201,202,225,③410/16①246/18①89,154/24①106/29③191,214,258/35②344/39④212,213/40②176/42①31,⑥387/45③150,163,172/46①17/48①375/49①94/50①41,73,83/53①14/58②94/62⑦185,192,200,207/67④162,⑥316/68②245,247/69①34,78,81,83,89,110,②231/70③231
さいごくいっとう【西国一統】 11①62
さいごくすじ【西国筋】 21①22
さいごくへん【西国辺】 21①69,②101/34⑧306
さいじょう【西条(広)】 14①201
さいしょうじむら【西勝寺村(富)】→となみぐんさいしょうじむら 5④317/6②305
さいじょさん【妻女山(長野)】 66⑤275,277
さいだいじ【西大寺(奈)】 15③392
さいづ【才津(新)】 36③228
ざいもくざか【材木坂(富)】 5④333
ざおうがたけ【蔵王か嶽(山形)】 45①30
ざおうむら【蔵王村(新)】 36③244
さが【嵯峨(京)】→きょうへんさが､やましろさが 10①139,②358/48①384/55③431
さが【佐嘉(佐)】 11②93
さが【嵯峨(長崎)】 32①191
さかい【境(秋)】 70②170
さかい【酒井(山形)】 18②268
さかい【サカイ(茨)】 22③170
さかい【堺(大阪)】→おおさかさかい､せんしゅうさかい 15③385/46②132
さかいえき【境駅(秋)】 61⑨284,295
さかいぎむら【境木村(熊)】 11④173
さかいだ【境田(岩)】 56①63
さかいちょうろっかくくだる【堺町六角下ル(京)】 35②416
さかいでむら【酒出村(茨)】 3④255
さかいまち【境町(茨)】 22③

160,168
さかいむら【境村(秋)、堺村(秋)】 61⑨277,280,290,302,337,349,373
さかいむら【逆井村(茨)】 64③190
さかいむら【堺村(富)】 5④334
さかうえごう【坂上郷(茨)】 38①6,24,28
さかきむら【榊村(青)】 1①92
さかさいしんでん【逆井新田(茨)】 64③204,205,209
さかさいむらしんでん【逆井村新田(茨)】 64③212
さかじりむら【坂尻村(石)】 5④341
さかた【酒田(山形)】 42①35/45①46,⑥294/64④243,248,252,253,256,257,262,263,264,268,272,282,283,286,297,308,309,310
さかたこやのはま【酒田高野の浜(山形)】 64④283
さかたしんちひがしまち【酒田新地東町(山形)】 64④262
さかたてんまちょう【酒田伝馬町(山形)】 64④258
さかたなかまち【酒田中町(山形)】 64④243,247,249,250,254,255,304,308
さかたはちけんまち【酒田八軒町(山形)】 64④263
さかたふるこめやまち【酒田古米屋町(山形)】 64④263
さかたほそさかなまち【酒田細肴町(山形)】 64④278
さかてむら【坂手村(茨)】 64③179,180
さかど【坂戸(埼)】 42③150,151,152,160,161,162,165,170,174,175,178,179,187,192,194,197,198,199,202
さかどまちつき【坂門町付(茨)】 3④352
さがの【嵯峨野(京)】 10①141
さかば【坂場(愛知)】 42⑥376
さがみ【相模(神)】 16①109,246/62①17
さがみのくに【相模国(神)】 14①102
さがみのくにおおやま【相模国大山(神)】→おおやま 56①99
さがみのくににしごおり【相模国西郡(神)】→にしぐん 66②86
さがみのくにはだの【相模国はだの(神)】→はだの 17①241
さがみのやまやま【相模の山々(神)】 16①110
さがむら【佐賀村(長崎)】 32①12,63,102,127,129,141,147,171
さかもと【坂本(群)】 24③322,323/66③151
さかわ【さかわ(神)、酒匂(神)】 16①282/66①44,②121
さかわがわ【酒匂川(神)】→そうしゅうさかわがわ 65③172,173,174/66②108
さかわむら【酒匂村(神)】 66①66,②87,108
さきおおつ【先大津(山口)】 57①33
さきしま【崎島(三)】 66⑧396
さきぶさむら【崎房村(茨)】 64③199
さぎもりむら【鷺森村(石)】 4①93
さくぐん【佐久郡(長野)】 64①61,77/67⑥298
さくぐんあいき【佐久郡相木(長野)】 64①73
さくしゅう【作州(岡)】 48①347/49①207
さくのぐん【佐久之郡(長野)】 64①51
さくめ【作め(東)、作目(東)】 59①44,55
さくめむら【作め村(東)、作目村(東)】 59①18,44
さくらいむら【桜井村(長野)】 64①81
さくらばやしむら【桜林村(山形)】 64④264
さご【佐護(長崎)】 32①137,145/64⑤361
さごごう【佐護郷(長崎)】 32①12,15,24,78,82,96,131,146,153,154,155,156,157,160,161,162,163,165,168,169,182,184,202,206,②330/64⑤342,343,345
さごごうにたうちむら【佐護郷仁田内村(長崎)】 32①21,51,87,100,107,118,139,170
ささがわむら【笹川村(富)】 5④329
ささがわむら【笹川村(石)】 5④343
ささざきやま【笹崎山(長野)】 66⑤277
ささだいらむら【笹平村(長野)】 66⑤260,271
ささつかしんでん【笹塚新田(茨)】 64③189,203,208,210
ささなみむら【笹波村(石)】 5④336,346
ささわらがわ【笹原川(熊)】 65④312,318
ささわらむら【笹原村(熊)】 65④320
さしか【佐志賀(長崎)】 32①191
さしゅう【佐州(新)】 68③327
さす【佐須(長崎)】 32①137
さすぐん【佐須郡(長崎)】 32①13
さすごう【佐須郷(長崎)】 32①15,106,153,154,155,156,157,160,161,162,163,164,165,181,189,191,199
さすごうあれむら【佐須郷阿連村(長崎)】→あれむら 32①71,91,98,104,113,134,143,173,219
さすごうくねむら【佐須郷久根村(長崎)】→くねむら 32①121
さすごうこうつきむら【佐須郷上槻村(長崎)】→こうつきむら 41⑦331
さすごうこもだむら【佐須郷小茂田村(長崎)】→こもだむら 32①27
さすなむら【佐須奈村(長崎)】 32①12,21,51,87,100,107,118,140,170/64⑤345
さたがわ【佐田川(島)】 9③247
さだひろむら【定広村(石)】 5④341
さっしゅう【薩州(鹿)】→さつまのくに 4①182/6①139/11①21,43/14①110/31④152,153,220/45④208,209,⑦409/50②168,192/54①189/65④315/66④190/69①92,②357
さっしゅうくめじま【薩州久米島(沖)】→くめじま 55②142
さっしゅうやくのしま【薩州屋久の嶋(鹿)】 14①69
さっしゅうりょう【薩州領(鹿)】 11①20,21
さったとうげ【さつた峠(静)】→すんしゅうほらむらさったとうげ 14①259
さって【幸手(埼)】 62⑦187
さってりょうおおしまむらしんでん【幸手領大嶋村新田(埼)】 38③148
さつま【さつま(鹿)、薩摩(鹿)】 3①35/12①379,390,391/14①45,82,98,120,321/16①70/17①150/31④147/33⑤240/45⑥285,302/54①257/55②170,174/56①160/58②94/62①17/65③240/66④188/68③356,357,358/69②357/70①14,④260
さつまのくに【薩摩の国(鹿)、薩摩国(鹿)】→さっしゅう 10②336/11①24/14①104/24①74/45⑥283/58②90/70③224
さつまのこくぶ【薩摩の国府(鹿)】→こくぶ 35②334
さつまのさくらじま【薩摩ノ桜島(鹿)】 69②379
さつめ【佐津目(島)】 9③268
さど【佐渡(新)】 6①21/62①17/68③341/70②102
さどがしま【佐渡か嶋(新)】 66③141
さどさんちゅう【佐渡山中(新)】 68③326
さどのきんざん【佐渡ノ金山(新)】 70②107
さとほんごうむら【里本江村(石)】 5④339
さとみのちむら【里水内村(長野)】 66⑤267
さなみむら【佐波村(石)】 5④340
さぬき【さぬき(香)、讃岐(香)】 10①6/14①99,104/15③325/50②169/62①17/66⑥345/70④260
さぬきのくに【讃岐国(香)】→さんしゅう(讃州) 14①98
さぬきむら【左貫村(茨)】 3④274,360
さの【佐野(兵)】 43③232,234,264
さのむら【佐野村(石)】 5④343
さのむら【佐野村(長野)】 53⑤295,320
さのむら【佐野村(兵)】 43③236
さぶろうまる【三郎丸(富)】 42④231
さへいたしんでん【左平太新田(茨)】 64③188,200,202,207,210
さほ【佐保(長崎)】 32①191
さほむら【佐保村(長崎)】 32①13,25,64,89,102,111,119,172
さみずむら【三水村(長野)】 66⑤264,268,305
さやま【狭山(大阪)】 10②321
さよのなかやま【小夜中山(静)】

50③270
さらしなぐん【更科郡(長野)】 45⑥295
さるか【猿賀(青)】 1②173
さるがいしがわすじ【猿ケ瀬(石)川筋(岩)】 56①195
さるがばんば【猿ゲ馬場(長野)】 48①118
さわ【沢(福井)】 5①25
さわい【沢井(東)】 59①31,55
さわうちどおり【沢内通(岩)】 56①140,150
さわたり【沢渡り(群)】→じょうもうさわたり 66③140
さわたり【さわたり(岐)】 16①282
さわまつむら【沢松村(愛媛)】 10①183
さわら【早良(福岡)】 67④174,185
さわらぐん【早良郡(福岡)】 11①24
さんいんどう【山陰道】 70⑥404
さんいんどうはちかこく【山陰道八ヶ国】 62①17
さんえんのあいだ【参遠之間(静、愛)】 61⑩452
さんがわ【寒川(香)】 30⑤406
さんかわづむら【三川津村(島)】 9③245
さんきょう【三京】 56①144
さんきよむら【三清村(富)】 5④316
さんけんづかしんいけ【三間塚新池(奈)】 28②135
さんげんや【三軒屋(岡)】 67③128,130
さんしゅう【三州(富、石)】 6①21,108,184,207
さんしゅう【三州(愛知)、参州(愛知)】 14①158,272,273,274,337,387,410/16①246,280,317/17①261/45⑥299/48①389/61④161/62⑦186,187,190,206
さんしゅう【山州(京)】 56①81
さんしゅう【讃州(香)】→さぬきのくに 14①322/35②333/61⑧232
さんしゅうあかさか【三州赤坂(愛知)】→あかさか 40②36,196
さんしゅうあすけ【三州足助(愛知)】→あすけ 17①256
さんしゅうあつみぐん【三州渥見郡(愛知)】 14①293
さんしゅううとうむら【参州ウトウ村(愛知)】 61⑩415
さんしゅうおおかわぐんつるはむら【讃州大川郡鶴羽村(香)】 48①354
さんしゅうおおのむら【参州大野村(愛知)】 61⑩456
さんしゅうおかざき【三州岡崎(愛知)】→おかざき 14①411/17①333
さんしゅうかたのはら【三州かたの原(愛知)】 16①322
さんしゅうこんぴら【讃州金毘羅(香)】 15③379
さんしゅうしょうどしま【讃州小豆島(香)】→しょうどしま 49①207
さんしゅうたかまつごりょう【讃州高松御領(香)】→たかまつごりょう 58④251
さんしゅうたはら【三州田原(愛知)】→たはら 14①273
さんしゅうほうらいじさん【参州鳳来寺山(愛知)】 48①344
さんしゅうよしだ【三州よし田(愛知)】→よしだ(愛知) 16①189
さんじゅうろく【三十六(大阪)】 43②155
さんじょう【三条(兵)】 40②182
さんじょうどおり【三条通(京)】 69①51
さんせいじ【三瀬寺(青)】 1②184
さんせいじむら【三瀬寺村(青)】 1②186
さんたんしゅう【三丹州(京,兵)】 35②321
さんちゅう【山中(長野)】 66⑤258,260,288,289,291
さんでんむら【三田村(石)】 5④341
さんとう【三島(新)、三嶋(新)】 25①53,131/36③230/53②98
さんとう【三嶋(鹿)】 69①92
さんとうぐん【三島郡(新)、三嶋郡(新)】 25①130,③290/36③175
さんとうぐんあさひむら【三島郡朝日村(新)】→あさひ 25③272
さんとうぐんうらむら【三島郡浦村(新)】→うら 25③258
さんな【三名(山南)(広)】 13①70
さんのうはら【山王原(神)】 66②121
さんのくら【三倉(群)】 66③143
さんのせ【三之瀬(岐)】 24①13
さんのへ【三戸(青)】 2①65/56①140,150
さんのへどおり【三戸通(青)】 2①35/56①65,142
さんへいどおり【三閉伊通(青、岩)】 56①44,104,139,151,162
さんみょうむら【三明村(石)】 27①272
さんようどう【山陽道】 12①24/70⑥404
さんようどうはちかこく【山陽道八ヶ国】 62①17
さんよし【サンヨシ(青)】 1②191,195

【し】

しいばさんない【椎葉山内(宮崎)】 34⑧292
しうんじしんでん【紫雲寺新田(新)】 70②153
しおかわ【塩川(山梨)】 65③197,202
しおかわ【塩川(長野)】 64①56,58
しおかわ【汐川(岡)】 67③130
しおさわしんでん【塩沢新田(長野)】 64①41
しおつ【塩津(滋)】 45①46
しおつ【塩津(和)】→きしゅうしおつ 58②93
しおのはむら【入の波村(奈)】 61⑦193
しおはまうら【塩浜浦(石)】 42⑤324
しおはらむら【塩原村(石)】 5④308
しおや【塩屋(石)】 42⑤315,324,334,336
しおや【塩屋(沖)】 34②22/57②128
しおやぐん【塩谷郡(栃)】 45⑥292
しおやむら【塩屋村(沖)】 34②31
しがうらむら【志か浦村(石)、志賀浦村(石)】 5④345,352
しがらき【信楽(滋)】 6①160
しきげごおり【式下郡(奈)】 15③391
しぎさん【志貴山(大阪、奈)】 15③397
しぎのぐち【しぎの口(大阪)、しぎ野口(大阪)】 49①84,86
じぎょういちばんちょう【地行壱番丁(福岡)】 33⑥299
じけむら【寺家村(石)】 5④346,356
じげむら【地下村(兵)】 43③236
しこく【四国】 10②304/14①104,247,250,258,322/15③329,410/17①228/29③192/44①23/45③143/48①50,55,355,356/49①169/50④317/53④249/55③330/58⑤362/62⑦192,207/66⑧405/67④162/68②247/69①83/70①17
しこくやしま【四国屋嶋(香)】 53②97
しこくりょう【四国領】 31①25
しさいはらばやし【四才原林(長野)】 67⑥301
しさわむら【宍粟村(岡)】 67②96
ししくざん【獅子吼山(インド)、獅々吼山(インド)】 35①54/47②135
ししざわ【獅子沢(秋)】 1③282
ししずむら【鹿頭村(石)】 5④336
しじっちょうむら【四十町村(福岡)】 11④171,181
ししみむら【鹿見村(長崎)】→いなごうしししみむら 32①12/64⑤353
しじゅうしだおやま【四十四田御山(岩)】 56①145
しじゅうせ【四十瀬(岡)】 67②93,102,③135
しじゅうせむら【四十瀬村(岡)】 67③127,131
しずくいしがわ【雫石川(岩)】 56①137
しずくいしがわどおり【雫石川通(岩)】 56①150
しずくいしどおり【雫石通(岩)】 56①146,172
しずくいしどおりあにわむら【雫石通安庭村(岩)】→あにわ 56①56
しずない【シツナイ(静内)(北)】 58①57
したのうちかわ【志多内川(長崎)】 64⑤361

したのうら【志多浦(長崎)】 32①191
したまち【下町(埼)】 67①20
しちとう【七嶋(鹿)】 14①110, 120
しちどう【七道】 4①175
しちのへ【七戸(青)】 56①140, 151, 170
しちのへどおりいたのさわむら【七戸通板ノ沢村(青)】 56①65
しちぶいちむら【七歩一村(富)】 5④324
しつみ【七海(石)】 27①73, 243, 270, 271, 272
しつみむら【七海村(石)】 5④345, 350
じとうまちむら【地頭町村(石)】 5④336
しどまえかわ【志戸前川(岩)】 56①172
しとむら【志登村(福岡)】 67④183
しとり【倭文(鳥)】 29②123, 144
しとりむら【倭文村(鳥)】 29②138
しながわ【品川(東)】→えどしながわ 14①297/59④306, 307/66①56, 59, 60, 61, ②105
しながわのざい【品川の在(東)】 14①373
しながわほうだい【品川砲台(東)】 45⑤238, 239
しなの【信濃(長野)】 16①61, 152, 170, 180, 325/17①219, 226/18①159/25①106, 130/32①217/34⑧297/35②262/45⑥295, 296/62①17/65③236/66③138/67①19, ⑤237/68②247
しなのがわ【信濃川(新、長野)】 25①106, 130, 131/65③237
しなのさかい【信濃境(新)】 53②128
しなのじ【信濃路(長野)】 16①317
しなののくに【信濃国(長野)】→しんしゅう 16①278/23①45/24①74/40②143/45⑦396/48①392/66⑧391
しなののくにきそがわ【信濃国木曾川(長野)】→きそがわ 23①10
じねんこむら【笹子村(秋)】 61⑨388
しののい【しのゝ井(長野)、篠の井(長野)】 66⑤258, 259, 282
しののいむら【しのゝ井村(長野)】 66⑤256
しのぶ【信夫(福島)】→おうしゅうしのぶ 35①196
しばがきむら【柴垣村(石)】 5④339
しばかわ【芝川(静)】 65③177
しばく【芝区(東)】 45⑤252
しばざき【芝崎(東)】 59①55, 60
しばざきむら【柴崎村(東)、芝崎村(東)】 59①10, 56, 57
しばたぐみ【新発田組(新)】 25②232
しばたぐみまのはらしんでん【新発田組真野原新田(新)】 25②219
しばの【柴野(秋)】 42①64
しばむら【芝(柴)村(静)】 16①324
しばむら【芝村(奈)】 28②282
しぶい【渋井(埼)】 67①61
しぶいむら【渋井村(埼)】 67①23, 27, 29, 31, 33, 39, 46, 55
しぶかわ【渋川(群)】→じょうもうしぶかわ 39②116
しぶさわ【渋沢(長野)】 66③138
しぶみがわ【渋海川(新)】 25①130, ③272/36③216, 224
しぶや【渋谷(東)】 53②136
しべりあ【失白利亜(ロシア)】 70⑤322
しま【志摩(三)】 62①17/66⑥345/70①17
しま【志摩(福岡)】 67④174, 175, 185
しまがわら【嶋ケ(島川)原(長野)】 64①49
しまぐん【志摩郡(福岡)】 67④162, 175
しましもぐん【島下郡(大阪)】→せっつのくにしましも 45⑥286
しまじり【島尻(沖)、嶋尻(沖)】 34①12, ③52, 53
しまだしゅく【嶋田宿(静)】 65③188
しまぬき【嶋貫(山形)】 18②268
しまね【島根(島)】 59③228, 229
しまねぐん【島根郡(島)、嶋根郡(島)】 9③243, 245, 247, 268/59③227
しまねぐんあさくみ【島根郡朝酌(島)】 59③201
しまねぐんあさくみむら【島根郡朝酌村(島)】 59③228
しまのくに【志摩国(三)】 14①103
しまばら【嶋原(長崎)】→ひぜんしまばら 66④184, 187, 189, 201, 205
しまばらむら【嶋原村(長崎)】 66④213
しまむら【嶋村(茨)】 3④327, 337
しまむら【嶋村(富：大門町)】 5④322, 325
しまむら【嶋村(富：小矢部市)】 5④316, 319
しまむら【嶋村(和)】 40④308, 309, 317, 330, 334
しみずがわ【清水川(山形)】 45①31
しみずむら【清水村(石)】 5④345
しむら【志村(東)】 68③332
しもあさ【下厚狭(山口)】 57①35
しもあらやむら【下荒谷(屋)村(石)】 5④314
しもいしばしむら【下(石)橋村(栃)】 21①91
しもいしはら【下石原(東)】 59①58
しもいち【下市(奈)】→やまとのくによしのごおりしもいちむら 48①254
しもいなぐんいいだじょうか【下伊奈郡飯田城下(長野)】→いいだ(長野) 61③124
しもいんない【下院内(秋)】 61⑨275, 339
しもいんないむら【下院内村(秋)】 61⑨350
しもうさ【下総(茨、千)】 5③271/14①102, 113, 382/15②227/21②130/56①153/62①17, ⑦180, 181, 184, 185, 187, 211/65③233/66③151/67①19/70④269
しもうさおおうら【下総大浦(千)】 3①25
しもうさせきやど【下総関宿(千)】 3①25
しもうさのくに【下総国(茨、千)】→しもつふさのくに 3①12/15②155
しもうさのくにいいぬま【下総国飯沼(茨)】→いいぬま、いいぬましんでん 64③164
しもうさのくにいんざいはら【下総国印西原(千)】 61⑩419
しもうさのくにかとりぐん【下総国香取郡(千)】 3①9
しもうさのくにかとりぐんまつざわ【下総国香取郡松沢(千)】 3①63
しもうさのくにかとりぐんまつざわむら【下総国香取郡松沢村(千)】→まつざわむら 3②72
しもうさのくにかとりのこおりふまむら【下総ノ国香取ノ郡府馬村(千)】 3①24
しもうさのくにかとりのこおりみやもとむら【下総ノ国香取ノ郡宮本村(千)】 3①22
しもうさのくにぎょうとく【下総国行徳(千)】 69①121
しもうさのくにこが【下総国古河(茨)】 14①373
しもうさのくにそうまぐん【下総国相馬郡(茨)】 16①30
しもうさのくにちょうし【下総国銚子(千)】→ちょうし 58②93
しもうさのくにゆうきへん【下総国結城辺(茨)】→ゆうきへん 35①195
しもえちご【下越後(新)】→えちご 25①131
しもおぎ【下荻(山形)】 18②257, 266
しもかしだきむら【下樫瀧村(長崎)】→いなごうしもかしだきむら 32①12
しもかじまち【下鍛治町(青)】 1②209
しもかどおむら【下門尾村(鳥)】→やかみぐんしもかどおむら 47⑤262
しもかねまち【下金町(茨)】 3④258, 259
しもがも【下賀茂(京)】 36①35
しもかもうむら【〔下〕蒲生村(栃)】→かわちぐんしもかもうむら、やしゅうかわちぐんしもかもうむら 21①91
しもかるべ【下軽部(岡)】→かるべむら 67②89, 90, 92, 114
しもかわさきむら【下川崎村(富)】 6①263

しもぎょう【下京(京)】 69①51
しもくげど【下久下戸(埼)】 67①23
しもくさばな【下草花(東)】 59①18
しもくづろむら【下久津呂村(富)】 5④323
しもくりやがわむらじゃのしま【下厨川村蛇ノ島(岩)】 56①136
しもげぐんおりもとむらえだごうさいばる【下毛郡折元村枝郷才原(大分)】 33②119
しもごう【下郷(千)】 63③129
しもごう【下郷(長崎)】 64⑤337
しもこうさいじむらやま【下弘西寺村山(神)】 66②110
しもごぜむら【下後丞村(富)】 5④316
しもこまつむら【下小松村(山形)】 64④263
しもさえきちょう【下佐柄木町(東)】 46②153
しもさんとう【下三嶋(新)】 36③175
しもじ【下知(高)】 30①130
しもじま【下嶋(神)】 66②117
しもじまむら【下嶋村(富)】 5④319
しもじょう【下条(山形)】 45①31
しもずえむら【下末村(愛知)】 64②127
しもせとむら【下瀬戸村(富)】 5④330
しもたこむら【下田子村(富)】 5④322
しもたつみむら【下辰巳村(石)】 5④312
しもだて【下館(茨)】 61⑩424, 427
しもだてむら【下館村(茨)】 61⑩424
しもちゅうだい【下中代(熊)】 33④176
しもつい【下津井(岡)】 15③379
しもつうら【下津浦(和)】 58②93
しもつぐ【下津具(愛知)】 42⑥370
しもつくれ【下津久礼(熊)】 33④176
しもつけ【下野(栃)】 15②227/17①219/21②130/25①131/42③204/45⑥292, 293, 294, 297, 319, 320/56①153/62①17/66③151/68③337, 361/70④269
しもつけとちぎ【下野栃木】 3④358
しもつけにっこうさん【下野日光山(栃)】→にっこうさん 48①343
しもつけのくに【下野ノ国(栃)、下野国(栃)】 3④380/23①34/45⑦425/61⑩428/69②385
しもつけのくにかぬまむら【下野国鹿沼村(栃)】→かぬま 61⑩429
しもつけのくにかわちぐん【下毛野国河内郡(栃)】 21①91
しもつけのくにとちぎ【下野国栃木】→とちぎ 3④327
しもつけのくになす【下野国那須(栃)】 19②380
しもつけのくになすの【下毛州奈須野(栃)】 18④393
しもつふさのくに【下つ総の国(茨、千)】→しもうさのくに 3①5
しもでむら【下出村(富)】 5④320
しもてらやま【下寺山(埼)】 42③151, 201
しもてらやまむら【下寺山村(埼)】 42③195
しもとさ【下土佐(高)】 30①49
しもとしかずむら【下利員村(茨)】 3④245
しもとねがわ【下利根川(茨、千)】 65③232, 237/67①19
しもとむら【下当村(山形)、下堂村(山形)】 64④257, 258, 259, 263, 264, 265, 266, 267, 268, 269, 275, 276, 277, 285, 286, 287, 288, 291, 292, 294, 295, 301, 302, 306
しもとりごえむら【下鳥越村(石)】 5④345
しもながい【下永井(山形)】 18②255
しもながいごう【下永井郷(山形)】 18②249
しもなかしまむら【下中嶋村(和)】 46②143
しもながせむら【下長瀬村(長野)】 64①80
しもなしむら【下梨村(富)】 5④318, 319
しもなんばたむら【下南畠村(埼)】 67①22, 46, 51
しもにた【下仁田(群)】 24③322
しものざわしんでんむら【下野沢新田村(山形)】 64④265, 292
しものざわむら【下野沢村(山形)】 64④264, 291, 294
しものじょう【下之城(長野)】 64①80
しものじょうむら【下之城村(長野)、下野城村(長野)】 64①49, 80
しものせき【下ノ関(山口)、下の関(山口)、下関(山口)】→ながとのくにしものせき 39④212, 213/48①351
しものはらしんでん【下野原新田(愛知)】 64②126
しものみ【下実(岐)】 43①37, 48
しものむら【下野村(愛知)】 64②126
しもはちやま【下鉢山(兵)】 43③243, 257, 258, 260, 263, 269, 270
しもはちやまむら【下鉢山村(兵)】 43③234, 238, 240, 267, 273
しもはらしんでん【下原新田(愛知)】 64②114
しもふだ【下布田(東)】 59①58
しもまきのむら【下牧野村(富)】 5④326
しもまきむら【下牧村(石)】 5④309
しもまち【下町(熊)】 33④176
しもまちのがわ【下町野川(石)】 5④349
しもむじなむら【下狢村(埼)】 67①51
しもむら【下村(岡)】 67③128
しももろいむら【下諸井村(静)】 16①324
しもやえはら【下八重原(長野)】 64①64, 69
しもやまむら【下山村(山形)】 61⑨273
しもやまむら【下山村(新)】 26①131
しもやまむら【下山村(山梨)】 65③205
しもゆだしんでん【下弓田新田(茨)】 64③205, 210
しもよしだじま【下吉田嶋(神)】 66②96
しもよしたにむら【下吉谷村(石)】 5④307
しもよない【下米内(岩)】 56①137
じゃくえつ【若越(福井)】 5③277
じゃくしゅう【若州(福井)】 48①336/61⑨306
じゃくしゅうおにうぐんみやがわだに【若州遠敷郡宮川谷(福井)】 48①336
じゃくしゅうみかたぐんかわらいちむら【若州三方郡河原市村(福井)】 5③289
しゃくせんじむら【釈泉寺村(富)】 5④330
じゃじま【蛇嶋(石)】 5①36
じゃのさきがわ【蛇ノ崎河(秋)】 70②144
しゃまに【シヤマニ(様似)(北)】 58①57
しゃむろう【暹羅(タイ)】 70⑥376
しゅう【周(中国)】 10①191, ②303/51①18/69②238
じゅういちや【十一屋(石)】 4①25
じゅういちやむら【十一屋村(石)】 4①24
じゅうさんつか【十三塚(茨)】 61⑩423
しゅうしむら【舟志村(長崎)】→とよさきごうしゅうしむら 32①12, 51
じゅうにしょ【十二所(秋)】 1③275
じゅうにしょまち【十二所町(秋)】 61⑨263, 264
じゅうにしんでんむら【十二新田村(長野)】 66⑤264, 308
しゅうふ【州府(長崎)】 32②312, 318
じゅうろはらむら【十郎原村(石)】 5④342
しゅがい【珠崖(中国)】 70③222
しゅくがわら【宿川原(神)】 59①58
しゅけいじはやし【守桂寺林(長野)】 67⑥301
しゅごまちむら【守護町村(富)】 5④322
しゅせん【酒泉(中国)】 51①15
しゅっと【出雲(島)】 9③239, 247, 252, 267
しゅっとぐん【出雲郡(島)】 9③243
しゅっとぐんみなみむら【出雲郡南村(島)】 9③268
しゅり【首里(沖)】 34⑤112/57②147, 220
しょう【商(中国)】 69②238
しょういんむら【正印村(富)】

5④329
しょういんむら【正院村(石)】 5④346,354
しょうえもんしんでん【庄右衛門新田(茨)】 64③184,191,197,203,207,211
じょうがなる【城平(岡)】 67②94
しょうがわ【庄川(富)】 5④321
じょうかわはら【上川原(東)】 59①59
じょうこうじむら【城光寺村(富)】 5④322
じょうさいまくのうち【城西幕内(福島)】→まくのうち 20①351
じょうざぐん【上座郡(福岡)】 41⑤245
じょうざん【常山(中国)】 3③180
しょうじだに【庄司谷(石)】 42⑤339
しょうじやま【障子山(北)】 2⑤325
しょうしゅう【漳州(中国)】 45⑥316
じょうしゅう【常州(茨)】→ひたちのくに 3①58,62/18①23/21①13/45⑥320,336/48①348/61⑩426
じょうしゅう【上州(群)】 3①56/17①331/21①14/25①106/38③179/45⑥290,297,319,329/48①202,210,384/61⑨307/65③236,239/67①18
じょうしゅう【城州(京)】 6②325
じょうしゅううじ【城州宇治(京)】→うじ 14①234
じょうしゅううすいごおり【上州碓氷郡(群)】→うすい 35①238
じょうしゅうごう【上州郷(茨)】 3④382
じょうしゅうさがりんせんじのへん【城州嵯峨臨川寺ノ辺(京)】 48①390
じょうしゅうたかさき【上州高崎(群)】→たかさき 35①242/45⑥289/65③240
じょうしゅうたてむら【上州舘村(群)】 45⑥290
じょうしゅうとば【城州鳥羽(京)】→とば 13①41
じょうしゅうなのかいち【上州七日市(群)】 18①151
じょうしゅうなるたき【城州鳴滝(京)】→なるたき 48①389
じょうしゅうぬまた【上州沼田(群)】 48①354
じょうしゅうふじおか【上州藤岡(群)】 64①75
じょうしゅうふしみ【城州伏見(京)】→ふしみ 14①273
じょうしゅうみと【常州水戸(茨)】→みと 45⑥304/48①168
じょうしゅうやまざき【城州山崎(京)】→やまざき(京) 45③133/50①36
じょうしゅうやまな【上州山名(群)】 45⑥336
じょうじょうしんでん【上条新田(愛知)】 64②125
しょうどしま【小豆島(香)】→さんしゅうしょうどしま 65③216
しょうない【せう内(山形)、庄内(山形)】 2⑤334/46③196,197,198/62③72
じょうはな【城端(富)】 4①71/6①11
しょうみょうじだに【勝妙寺谷(兵)】 43③249
しょうむら【庄村(和)】 46②144
じょうもう【上毛(群)】 3③117,121,124,130,166,180
じょうもうあがつまぐん【上毛吾妻郡(群)】 3③174
じょうもうさわたり【上毛沢渡(群)】→さわたり 70⑤312
じょうもうしぶかわ【上毛渋川(群)】→しぶかわ 3③104,106,188
しょうりゅうきゅう【小琉球(台湾)】 45⑥302
しょうれんじむら【清冷寺村(兵)】 43③236,245,268
しょく【蜀(中国)】 3③179/35①220/70①17
じょなん【汝南(中国)】 35①213
しらが【白鹿(島)】 59③243
しらかた【白潟(島)】→いずものくにしらかた 59③227,228,229,246
しらかたちょう【白潟町(島)】→いずものくにしらかた 59③209
しらかたわだみまち【白潟和田見町(島)】 59③235
しらかわ【白河(福島)、白川(福島)】→おうしゅうしらかわ 15②132/37②179,195/45④208
しらかわ【白川(京)】→やましろしらかわ 36①35
しらかわ【白川(熊)】 33④176/69①61
しらかわぐん【白川郡(福島)】 45⑥297
しらかわごう【白川郷(岐)】 24①12
しらかわすじ【白川筋(熊)】 33④178
しらかわのじょうか【白川の城下(福島)】 35②412
しらかわりょう【白河領(福島)】 17①150
しらき【白木(山形)】 64④280
しらぎのくに【新羅国(朝鮮)】 62⑧242
しらこ【白子(埼)】 42③159
しらねのどうざん【白根の銅山(秋)】 1③282
しらやまだむら【白山田村(石)】 5④307
しりさべ【シリサベ(尻沢辺)(北)】 49①216
しろいし【白石(佐)】 11②92
しろいぬまむら【白井沼村(埼)】 42③188
しろうまむら【白馬村(石)】 5④337
しろおむら【白尾村(石)】 5④314
しろがねちょうがし【白銀町川岸(東)】 46②135
しろきむら【白木村(山形)】 64④278,280
しろこ【白子(三)】 65②121
しろとり【白鳥(愛知)】 64②140
しろとりうらしんまち【白鳥浦新町(香)】 61⑧220
しん【信(長野)】 70⑤325
しん【晋(中国)】 5①192/35①36/60③143/70②72,73
しん【秦(中国)】 3③179/10②322/18①67/40②75
しん【清(中国)】 35②261/69①61
しんいりがまむら【新入釜村(石)】 5④340
しんうつぼちょう【新靫町(大阪)】 70③220
しんうめやしき【新梅屋敷(東)】 14①365
しんえつ【信越(新、長野)】 68②269,293
しんきため【新北目(熊)】 33④176,177,181
しんぐう【新宮(和)】 53④234,236,243
しんぐうおもて【新宮表(和)】 53④214
じんぐうじむら【神宮寺村(秋)】→せんぼくじんぐうじ 61⑨277,278,279,289,301,340,350,373
じんぐうじむら【神宮寺村(石)】 5④314
しんこうじかわ【神光寺川(島)】 9③247
しんざいけ【新在家(兵)】 50①58
しんじこ【宍道湖(島)】 59③204,209
しんしゅう【信州(長野)】→しなののくに 3①56/4①240/14①201/16①148/35①148,156,196,②347/42⑥372/45⑥290,319,⑦409/47②98/48①118,155,202,326,392/53⑤290,303,342/56①82/61⑩442/64①74/65③177,183,188,194,198,202/66③147,⑧391/67①18/68③360
しんしゅうあさまやま【信州あさま山(群、長野)、信州浅間山(群、長野)】→あさま、あさまやま、しんしゅうのあさま 1③282/62③76/70②120
しんしゅういくさか【信州生坂(長野)】 45⑥336
しんしゅういなきたおおいで【信州伊奈北大出(長野)】→きたおおいでむら 67⑥318
しんしゅううえだ【信州上田(長野)】→うえだ(長野)→V 66③138
しんしゅううえだへん【信州上田辺(長野)】→うえだ(長野) 35①195
しんしゅうおいわけ【信州追分(長野)】 61⑩437
しんしゅうかわなかじま【信州川中嶋(長野)】→かわなかじま 35②327
しんしゅうきそさん【信州木曽山(長野)】→きそさん 56①153
しんしゅうくわばらむら【信州桑原村(長野)】 61⑩438
しんしゅうこもろ【信州小諸

(長野)】 66③143
しんしゅうすわ【信州諏訪(長野)】→すわ 49①124
しんしゅうすわこ【信州諏訪湖(長野)】 65③194
しんしゅうすわのうみ【信州諏訪の海(長野)】 25①130
しんしゅうすわのこすい【信州諏訪の湖水(長野)】 24①91
しんしゅうたかいぐん【信州高井郡(長野)】 53⑤320,345
しんしゅうとがくしやま【信州戸隠山(長野)】→とがくしやま 42③175
しんしゅうのあさま【信州ノ浅間(長野)】→あさま、あさまやま、しんしゅうあさまやま 69②379
しんしゅうはにしなぐん【信州埴科郡(長野)】→はにしなぐん 45⑥336
しんしゅうまつしろごりょう【信州松代御領(長野)】→まつしろ 61⑩438
しんしゅく【新宿(神)】 66②99
しんじょう【新せう(山形)、新庄(山形)】 61⑨275,363,366,371,388/62③72
しんじょう【新庄(奈)】 15③390
しんじょう【新庄(和)】 53④223,232,234
しんじょうむら【新庄村(富)】 5④332
しんしろ【新城(愛知)】 42⑥370,376,377,378,387,392,394,399,401,406,410,418
しんたつ【信達(福島)】 61⑨263,265
しんたんこく【震旦国(中国)】 40②70
しんでん【新田(山形)】 18②252
しんでん【新田(群)】 66③153,154,155
じんでんむら【神田村(富)】 5④330
じんどうむら【神道村(石)】 5④352
しんとねがわ【新利根川(茨)】 65③232/67①19
しんぼむら【新保村(富)】 5④324
しんぼむら【新保村(石)】 5④341,345
しんまち【新町(長野)】 66⑤255,264,305
しんまちむら【新町村(長野)】 66⑤262,268/67⑥289
しんみょう【新明(富)】 42④277
しんむら【新村(石)】 42⑤315
しんむらうら【新村浦(石)】 42⑤324
しんやしき【新屋敷(新)】 36③323,324,337
しんよう【津陽(福島)】 20①347

【す】

すいじんやま【水神山(静)】 65③178,179,180
すいねいさんざん【遂寧繖山(中国)】 70①23
すいばら【杉原(岐)】 43①50
すいふ【水府(茨)】 3③104,④381
すえ【須恵(福岡)】 31⑤284
すえつぐ【末次(島)】 59③209,225,226,227,228,229,242,243,244,245
すえとうむら【末嶋村(静)】 65③194
すえともむら【末友村(富)】 5④316
すえむら【洲衛村(石)】 5④342
すおう【周防(山口)】 14①104/31③126/62①17,⑦181
すおうのくに【周房国(山口)】 48①119
すおうのやまぐち【周防の山口】→やまぐち 53①10
すがい【須谷村(和)】 46②144
すがいけむらなか【菅池村中(石)】 5④336
すがお【菅生(茨)】 64③182
すがお【須加尾(群)】 66③143,154
すがおむら【菅生村(茨)】 64③169,211
すかがわ【須賀川(福島)】 37②213
すがた【菅田(島)】 9③245
すがたにむら【菅谷村(石)】 5④342
すがたむら【姿村(富)】 5④326
すがたむら【菅田村(島)】 9③268
すがも【巣鴨(東)】→えどすがも 55②172/56②293
すがや【菅谷(茨)】 3④352
すがやほりのうち【菅谷堀の内(茨)】 3④313
すがやむら【菅谷村(茨)】 64③200
すがわ【須川(新)】 36③236
すがわむら【須川村(富)】 5④320
すぎたにむら【杉谷村(長崎)】 66④197,213
すぎなむら【杉名村(新)】 25③291
すぎのき【杉木(富)】 42④231,236,245,254,255,270,272,284
すぎのもと【杉の本(埼)】 67①15
すぎもりむら【杉森村(石)】 5④337
すぎやまむら【杉山村(山形)】 61⑨274
すごえがわ【菅生川(愛知)】 16①281
すごろくむら【双六村(秋)】 61⑨329,333
すさき【須崎(高)】 30①68
すざく【朱雀(京)】 15②157
ずしゅう【豆州(静)】→いず、いずのくに 45④208,209/55③377
ずしゅうあたみ【豆州熱海(静)】→あたみ 55②142
ずしゅうていしのうら【豆州手石浦(静)】 58②90
すず【珠洲(石)】 5④341,347
すずがみねむら【鈴ヶ嶺村(石)】 5④343
すずきしんでん【鈴木新田(東)】 45⑤249
すずぐん【珠洲郡(石)】 4①267/5④354
すそむら【須曽村(石)】 5④340
すそむら【洲藻村(長崎)】 32①69
すのまた【すのまた(岐)】 16①282/17①149
すばしりむら【須走村(静)】 66②101
すはら【栖原(和)】→きしゅうすはらうら 58②93
すみだがわ【すミ田川(東)】 21①13
すみよし【住吉(大阪)】→せっつのくにすみよし 17①118/45③132,133/50①35
すやま【巣山(愛知)】 61⑩456,457
すやまむら【巣山村(愛知)】 61⑩416
するが【するか(静)、駿河(静)、駿州(静)】 14①242/15①32,83/16①147,246,325/46②133/48①118,187,188/54①315/56①69,143/62①17,⑦181/65③236/68③332,343,356,364/70①17,④260
するがのくに【駿河国(静)】→すんしゅう、すんのくに 14①103/15①87/35①177/40②103,141
するがのくにいまいずみむら【駿河国今泉村(静)】 63⑤299
するがのくにふじぐん【駿河国富士郡(静)】 51①11
するがのくによしわら【駿河国吉原(静)】→よしわら(静岡) 48①186
するがのふじ【駿河ノ富士(静)、駿河の富士(静)】→ふじ(山梨、静) 66④190/69②379
するがふちゅうくのうさん【駿河府中久能山(静)】→くのうさん 68③334
するがまち【駿河町(東)】 52②87
すわ【諏訪(長野)】→しんしゅうすわ 67⑥309
すわごおり【諏訪郡(長野)】 40②143
すん【駿(静)】 68③357
すんがーむら【寒水川村(沖)】 34③36
ずんこう【松江(中国)】 59③207
すんしゅう【駿州(静)】→するがのくに 14①99/48①186/50②195/54①176,314/65③177/66①34,②101,103,108/68②246
すんしゅうあべかわ【駿州安倍川(静)】→あべかわ 48①354
すんしゅううきしまがはら【駿州浮島が原(静)】 15①94
すんしゅうえじりしゅく【駿州江尻宿(静)】 38③148
すんしゅうおきつ【駿州奥津(静)】 14①399
すんしゅうすんとうぐんふじまがりむら【駿州駿東郡藤曲村(静)】 63④265

すんしゅうふじぐん【駿州富士郡(静)】 17①256/69①71
すんしゅうふちゅう【駿州府中(静)】 17①258
すんしゅうほらむらさったとうげ【駿州洞村薩埵峠(静)】→さったとうげ 61⑩457
すんしゅうみくりや【駿州御厨(静)】 66②99
すんしゅうみやがわ【駿州宮川(静)】 48①354
すんしゅうゆい【駿州由井(静)】 14①399
すんしゅうゆいしゅく【駿州由井宿(静)】 14①259
すんのくに【駿の国(静)】→するがのくに 50②192

【せ】

せい【斉(中国)】 3③180/5①192/35①208
せいしゅう【勢州(三)】→いせ 14①407/24③353/43③240/45⑥299,321/48①348/55②150,151/65②120,122,131
せいしゅうあさがらむら【勢州朝柄村(三)】 61③127
せいしゅうくわな【勢州桑名(三)】→くわな 59③210
せいしゅうたきぐんあさがらむら【勢州多気郡朝柄村(三)】 61⑤178
せいしゅうふたみがうら【勢州二見浦(三)】 48①348
せいど【西土(中国)】 3③179,182
せいなごうやむら【清名幸谷村(千)】 38④285
せいび【勢尾(三、愛知)】 61⑩411
せいようかめやま【勢陽亀山(三)】 15②297
せいろうへん【聖籠辺(新)】 25②181
せーへんおううえん【セーヘンオウウェン(オランダ)】 70⑤322
せきぐちむら【関口村(秋)】 61⑨299
せきしゅう【石州(島)】 14①259/53①11,12/69①133
せきしゅうたかつの【石州高角(島)】 53①58
せきのしたむら【関ノ下村(千)】 38④259
せきはら【関原(新)】 36③198,199,261
せきむら【関村(千)】 38④279
せきめむら【関目村(大阪)】 43②150
せきもと【関本(茨)】 22③174
せきや【関屋(香)】 44②102,104
せきやはま【関屋浜(香)】 44②111
せた【勢田(滋)】 16①283
せた【瀬田(熊)】 33④181
せたへん【瀬田辺(熊)】 33④176
せたむら【瀬田村(長崎)】 64⑤341
せつ【摂(大阪、兵)】 50②159
せっか【摂河(大阪、兵)】 7②296
せっかせん【摂河泉(大阪、兵)】 15②142/45③157
せっこうせきもん【浙江石門(中国)】 45⑥313
せっこく【摂国(大阪、兵)】 69①129
せっしゅう【摂州(大阪、兵)】→せっつのくに 7①100/8①285/14①247,368/15②151,207,③356,378/48①258/49①210/55③426
せっしゅうありま【摂州有馬(兵)】 12①197
せっしゅういけだ【摂州池田(大阪)】→いけだ 14①53/35①223,②415
せっしゅういけだむら【摂州池田村(大阪)】 53④256
せっしゅういたみ【摂州伊丹(兵)】→いたみ 49①206/51②210
せっしゅううはらごおりなだ【摂州兎原郡灘(兵)】 14①48
せっしゅうおおさか【摂州大坂】→おおさか 14①383/15②300/16①110/48①265/69①62
せっしゅうかわべごおりただのごう【摂州川辺郡多田郷(兵)】 55③268
せっしゅうかわべごおりやましたたに【摂州川辺郡山下谷(兵)】 55③268
せっしゅうきたやまへん【摂州北山辺(大阪)】 55③267
せっしゅうきのべ【摂州木ノ部(大阪)】→きのべむら 14①258
せっしゅうさほ【摂州佐保(大阪)】 62⑧276
せっしゅうさほむら【摂州佐保邑(大阪)】 7②217
せっしゅうただ【摂州多田(兵)】 49①12
せっしゅうてんのうじ【摂州天王寺(大阪)】→てんのうじ 17①245
せっしゅうなにわづ【摂州浪速津(大阪)】→なにわづ 59⑤444
せっしゅうにしなりぐん【摂州西成郡(大阪)】 15②142
せっしゅうにしなりのこおりかしま【摂州西成の郡加嶋(大阪)】 48①168
せっしゅうにしのみや【摂州西之宮(兵)】→にしのみや 58②93
せっしゅうはっとり【摂州服部(大阪)】→はっとり 45⑥321,336
せっしゅうひがしなりぐん【摂州東成郡(大阪)】 10②349/48①256
せっしゅうひょうご【摂州兵庫】→ひょうご 15③410
せっしゅうひらの【摂州平野(大阪)】→ひらの 15③376
せっしゅうみのおやま【摂州箕面山(大阪)】 55③409
せっしゅうむこ【摂州武庫(兵)】→むこ 49①207
せっしゅうやまもと【摂州山本(兵)】→やまもとむら(兵) 35①73
せっしゅうろっこう【摂州六甲山(兵)】 49①11
せっせいふくはら【摂西福原(兵)】 50②144
せっせん【摂泉(大阪、兵)】 35②317
せっつ【摂津(大阪、兵)】 13①7/14①48,104,113,385/15③329,351,352,395/45⑥286/50②181/62①17/69①83,108
せっつのくに【摂津の国(大阪、兵)、摂津国(大阪、兵)】→せっしゅう、つのくに(大阪、兵) 3②67/23①33,110/37③375/40②182,183/50②201/62⑦184/69①73
せっつのくにおおさか【摂津国大坂】→おおさか 16①283/66②86
せっつのくにしましも【摂津国島下(大阪)】→しましもぐん 20①273
せっつのくにしましものこおりさほむら【摂津国嶋下ノ郡佐保村(大阪)】 7②221,376
せっつのくにすみよし【摂津国住吉(大阪)】→すみよし 45③132/50①35
せっつのくににしなり【摂津国西成(大阪)】 49①194
せっつのくにひょうご【摂津の国兵庫】→ひょうご 15②270
せっつのひがしの【摂津の東野(兵)】→ひがしのむら 14①388
せといしはら【瀬戸石原(長崎)】 66④188,189
せとしんむら【瀬戸新村(富)】 5④330
せとものちょう【瀬戸物町(東)】 46②138
せのやま【瀬ノ山(和)】 65②66
せはらだ【瀬原田(長野)】 66⑤258,292
せはらだむら【瀬原田村(長野)】 66⑤256,257,260
せむら【瀬村(長崎)】 32①13,31,144
せりかわむら【芹川村(新)】 25①49
せりかわむら【芹川村(石)】 5④337
せりだん【芹谷(富)】 42④236,237,245,248,250,258,261,263,264,265,266,267,271,274,281
せりょうむら【瀬領村(石)】 5④308
せん【泉(大阪)】 50②159
ぜんこうじ【善光寺(長野)】 39③153/42⑥399/66⑤255,257,259,263
ぜんこうじがんせきちょう【善光寺かんぜき町(長野)】 39③155
せんごくむら【千石村(富)】 5④329
せんじゃくこしど【千尺越戸(新)】 36③236
せんしゅう【泉州(大阪)】→いずみのくに 18②274/40④286,287/48①217,249,354/50②192/58②91
せんしゅうかみいしづ【泉州上石津(大阪)】 59⑤444
せんしゅうさかい【泉州さかい

(大阪)、泉州左海(大阪)、泉州堺(大阪)】→さかい 8①89/15②142,295,300,301/49①152/50①88/59⑤424,443/69①57
せんしゅうさかいへん【泉州境辺(大阪)】 48①256
せんしゅうはまでらへん【泉州浜寺辺(大阪)】 55③344
せんじゅかもんじゅく【千住掃部宿(東)】 59④387
せんじゅじゅく【千住宿(東)】 38③149
せんじゅどうむら【千手堂村(埼)】 42③156,157,158,161
せんじょうがはら【戦場が谷(原)(栃)】 21②102
せんぞく【千束(東)】 61⑩461
せんだ【千田(広)】 44①15,16,22,26,34,35,36,57
せんだい【せんだい(宮城)、仙台(宮城)】 1③282/45①49/50④302,310,311/62③72/67⑤212,214,223,224/68③344,348,359
せんだいごりょう【仙台御領】 56①143
せんだいむら【千代村(石)】 5④343
せんだむら【千田村(広)】 44①7,10,14,55
せんづしまむら【千つ嶋村(神)、千津嶋村(神)】 66②92,109,116,117
ぜんなみのかま【善なミのかま(長野)、善波之釜(長野)】 59②98,104,113
せんぼ【千保(富)】 42④251,271,277,280,281
せんぼく【仙北(秋)】 1③275,280/61⑨309,310,330/70②119,158
せんぼくがわ【仙北川(秋)】 65③236
せんぼくぐん【仙北郡(秋)】 61⑨267,356
せんぼくぐんたざわむら【仙北郡田沢村(秋)】 61⑨271
せんぼくさかいみねよしかわ【仙北境峯吉川(秋)】 70②117
せんぼくじんぐうじ【仙北神宮寺(秋)】→じんぐうじむら 70②167
せんぼくしんでんむら【仙令(北)新田村(山形)】 64④266,280,281
せんぼくよこざわの【仙北横沢野(秋)】 70②153
せんぼくよどかわ【仙北淀河(秋)】 70②169

【そ】

そいずみ【祖泉(富)】 42④281
そう【宋(中国)】 70②72,73
そうあん【崇安(中国)】 18①175
そうげんむら【宗玄村(石)】 5④346
そうじゃ【惣社(岡)】 67②90,91,96
そうしゅう【総州(千)】 3①62/58②97
そうしゅう【相州(神)】 4①178/45⑥299/54①198/66②99,101,107,108/68③327
そうしゅううらが【相州浦賀(神)】→うらが 58②98
そうしゅうおだわらしゅく【相州小田原宿(神)】→おだわらしゅく 66②121
そうしゅうさかわがわ【相州酒匂川(神)】→さかわがわ 65③172
そうしゅうはこねやま【相州箱根山(神)】 54①258
そうしゅうみうらぐんしたうら【相州三浦郡下夕浦(神)】 58②93
そうしゅうゆうき【総州結城(茨)】→ゆうき 35①196/37③378
そうだ【惣田(岡)】 67②89,90
そうま【相馬(福島)】 37②214
そうまりょうみはる【さうま領三はる(福島)】→みはる 62③72
そおぐん【噌唹郡(鹿)】→おおすみのくにそおぐん 45⑥285,302
そが【曾我(神)】 66②101
そこく【楚国(中国)】 70②72,73
そとうら【外浦(石)】 52⑦301,302
そとしんでん【外新田(新)】 25②219
そとだに【外谷(新)】 36③179,183,199
そとのはま【外の浜(青)】 1①22,118
そとはらむら【外原村(石)】 27①272,307
そとひすみむら【外日角村(石)】 5④314
そね【曾根(新)】 25③266
そねだ【曾根田(福岡)】→やすぐんそねだむら 31①18
そのむら【園村(富)】 5④322
そびむら【曾比村(神)】 66②96
そぼくむら【曾福村(石)】 5④345,352
そまだ【杣田(京)】 48①384
そまたむら【曾又村(石)】 5④341
そむら【曾村(長崎)】 32①190
そめい【染井(東)】→えどそめい 54①32/55②172/56②293
そめしまち【染師町(宮城)】 67⑤217
そやまむら【祖山村(富)】 5④320,321
そやまむら【曾山村(石)】 5④342
そんぶつさん【尊仏山(神)】 66②91

【た】

だいえんじ【大円寺(青)】 1②209
だいかく【大覚(岡)】 67②89
だいかくの【大学(覚)野(秋)】 61⑨267
だいかんばむら【大勧場村(富)】 5④320
だいぎのみなと【だいぎの湊(静)】 16①285
だいくちょう【大工町(岩)】 56①172
だいげんじむら【大源寺村(富)】 5④317
だいご【醍醐(京)】 6①155/13①89
たいざん【泰山(中国)】 10①196/70④259
たいしゅう【対州(長崎)】 45⑥300,⑦426,432/48①389
だいしょうじ【大正寺(秋)】 42①45
だいしょうじ【大正(聖)寺(石)】→えぬまぐんだいしょうじ 42⑤336
だいしょうじごりょう【大聖寺御領(石)】 11④165
だいとう【大唐(中国)】 17①121/60⑤294
だいねんじむら【大念寺村(石)】 5④339/52⑦312
だいほうじ【大宝寺(山形)】 45①31
だいみん【大明(中国)】 6①82
たいむら【田井村(石)】 5④312,313
だいもん【大門(長野)】 64①62
だいもん【大門(福岡)】 67④169
だいもんむら【大門村(長野)】 64①83
だいもんむら【大門村(広)】 44①55
だいもんやま【大門山(長野)】 64①62,83
たいら【多比良(長崎)】 66④202
たいらむら【平村(富)】 5④325
たいらむら【多比良村(長崎)】 66④213,221
たいらむら【平村(熊)】 33④176
たいらむら【平良村(沖)】 57②182
だいらむら【大平村(富)】 5④329
たいわんこく【大寛国(台湾)】 45⑥302
たえむら【田江村(富)】 5④324
たかいぐんあずまやさん【高井郡四阿山(長野)】 48①392
たかいごおりなかのまち【高井郡中野町(長野)】 53⑤295
たかお【高尾(京)、高雄(京)】 48①338,384,389
たかおか【高岡(富)】→えっちゅうたかおか 4①125/5④333/6①11/42④231,233,235,236,237,239,240,242,244,246,248,250,251,255,256,257,258,265,269,271,273,274,281,283
たかおか【高岡(高)】 30①68
たかおかせいぐん【高岡西郡(高)】 30①18
たかおかとうぐん【高岡東郡(高)】 30①18
たかおだむら【高尾田村(秋)】 61⑨280,288,291,340,350
たかおむら【高尾村(秋)】 42①45
たかがき【高柿(茨)】 3④237
たかがきむら【高柿村(茨)】 3④244
たかがみね【鷹ヶ峯(京)】→らくのたかがみね 68③358
たかがみねのこんちいんのりょうぶん【鷹峯ノ金地院ノ領分(京)】 48①389
たかがわらむら【高川原村(和)】 65②104

たかき【高木(岩)】 56①146
たかきぐん【高来郡(長崎)】 66④184,187
たかぎしむら【高岸村(愛媛)】 30③265
たかぎてんのうこうじ【高木天王小路(長野)】 59②104
たかぎむら【高木村(長野)】 59②97,98,99,158
たかくらむら【高倉村(茨)】 3④282
たがぐん【多賀郡(茨)】 38①28
たかさか【高坂(埼)】 42③157,158,164,169,171,180
たかさき【高崎(群)】→じょうしゅうたかさき 24③322,323/45⑥289/66③151
たかさき【高崎(千)】 66⑦370
たかさご【高砂(兵)】→ばんしゅうたかさご 15②270,294,298
たかさごみなと【高砂湊(兵)】→ばんしゅうたかさごうら 15②294
たかしば【高芝(和)】 53④234
たかしばぐち【高芝口(和)】 53④228,230
たかしま【高島(新)】 36③275
たかしまぐん【高嶋郡(滋)】 48①340,341,345
たかしまぐんかも【高嶋郡加茂(滋)】 48①345
たかすな【高砂(神)】 66①44,45,50
たかだ【高田(長野)】 66⑤259
たかだ【高田(奈)】 15③391
たかたむら【高田村(石)】 5④337
たかたむら【高田村(福岡)】 67④183
たかつき【高月(東)】 59①18,38,40,45,46,49,51,54,57
たかつきむら【高月村(東)】 59①25,29,35,36,48,54
たかつや【高津屋(島)】 9③268
たかとお【高遠(長野)】 67⑥269,273,311
たかとおごりょうぶん【高遠御領分(長野)】 67⑥269
たかとり【高取(新)、高鳥(新)】 36③179,223
たかとり【高取(奈)】 15③390
たかなし【高梨(山形)】 18②268
たかなし【高梨(新)】 36③280,323,324
たかねおむら【高根尾村(石)】 5④344
たかねざわ【高根沢(栃)】 39①67
たかのすむら【鷹巣村(秋)】 61⑨326,332
たかのすむら【鷹栖村(富)】 39④200
たかばたけむら【高畠村(石)】 4①146
たかはま【高浜(長崎)】 48①350
たかばむら【高場村(茨)】 38①28
たかはら【高原(茨)】 38①25
たかまつ【高松(香)】 44②160
たかまつごりょう【高松御領(香)】→さんしゅうたかまつごりょう 58④252
たかまつむら【高松村(石)】 5④315
たかやま【高山(青)】 36①70
たかやまちょう【高山町(岐)】→ひだたかやま 24①103
たかやむら【高屋村(石)】 5④346,357
たかれ【田枯(愛知)】 42⑥385
たがわむら【田川村(富)】 4①125
たきがわ【滝川(秋)】 61⑨269,270
たきがわら【瀧川原(和)】 46②132
たきがわらむら【瀧川原村(和)】 46②143
たきざわむらまつやしきおやま【滝沢村松屋輔御山(岩)】 56①145
たきのさわむら【滝ノ沢村(山形)】 64④264
たきのみや【滝之宮(岡)】 67③122,130
たきのや【建野屋(兵)】 35①23
たきむら【瀧村(和)】 46②143
だくじゃくむら【大工廻村(沖)】 57②181
たぐち【田口(愛知)】 42⑥370,376,380,382,383,384,385,390,394,395,397,400,401,402,403,404,409,412,413,414,418,425,428,429,431,434,435,438
たぐちむら【田口村(和)】 46②144,150
たけあい【竹合(茨)】 3④245
たけあいむら【竹合村(茨)】 3④309
たけくまちょう【竹熊町(茨)】 3④337
たけしま【武嶋(滋)】 35②407
たけたごりょう【竹田御領(大分)】 33③158
たけなりむら【竹生村(鳥)】 29②123
たけのうちむら【竹の内村(奈)】 15③390
たけのごう【竹の郷(愛知)】 23③147
たけのした【竹之下村(静)】 66②101
たけのはなちょう【竹花町(神)】 66②99
たけはら【竹原(山形)】 18②252,269
たけべむら【武部村(石)】 5④335,336,339
たけまつむら【竹松村(神)】 66②92,109,116
たこ【多古(神)】 66②121
たこいずみむら【田子泉村(富)】 5④322
たこぐん【多胡郡(群)】 45⑥288
たこじまむら【蛸嶋村(石)】 5④346,354
たこむら【多古村(神)】 66②87,115
だざいふ【太宰府(福岡)、大宰府(福岡)】 15③325/54①140
ださか【駄坂(兵)】 43③234,243,251,273
ださかむら【駄坂村(兵)】 43③241,264,269
たざわむら【田沢村(新)】 53②131
たしか【田鹿(愛知)】 42⑥420,421
たしかむら【たしか村(愛知)】 42⑥419
たじま【但馬(兵)】 13①123,178,369/18①89,90/35①23,132,153,155,157,163,164/49①174,175/62①17
たじまきのさきゆやま【但馬城崎湯山(兵)】 48①355
たじまとよおかがわ【但馬豊岡川(兵)】 35②327
たじまのくに【但馬国(兵)】→たんしゅう(但州) 35①22
たじまのくにいずし【但馬国出石(兵)】→いずし 35①247
たじまのくにきのさき【但馬国木の崎(兵)】 14①293
たじまのくにきのさきぐんおしまむら【但馬国城崎郡小嶋村(兵)】 35①190
たじまのくについやま【但馬国津居山(兵)】 35①194
たじまのくにやぶのごおり【但馬ノ国養父ノ郡(兵)】 3①56
たじりうら【田尻浦(石)】 42⑤324
たじりむら【田尻村(石)】 5④340
たじりむら【田尻村(福岡)】 67④183
たしろ【田代(群)】 66③154
たそうら【田曾浦(三)】 66⑧405
たたい【湛井(岡)】 67②92
ただちむら【田多地村(兵)】 43③265
たちばな【立花(岩)】 56①136,150
たちばなむら【橘村(石)】 42⑤339
たちむら【館村(石)】 5④313
たっそべむら【達曾部村(岩)】→おおはさまどおりたっそべむら 56①65
たつた【龍田(奈)】 10①141/15③390,392
だったん【たつたん(モンゴル)、韃靼(モンゴル)】 12①207,231/13①339/18①94/35②292
たつのくち【辰の口(茨)】 3④239,252,275,315,361
たつのくちむら【辰の口村(茨)】 3④233,285,321,333,359,364,382
たつのむら【辰野村(長野)】 67⑥294
だて【伊達(福島)】→おうしゅうだてごおりだてむら 18②255/35①196/56①199/62③72
たていし【立石(東)】 59④358
たていしむら【立石村(兵)】 43③234,239,273
たていしやま【立石山(大阪)】 43②138,③241
たておか【楯岡(山形)】 45①34/61⑨367,371,388
たておかえき【楯岡駅(山形)】 61⑨367
たておかむら【楯岡村(山形)】 61⑨275
たてかべむら【立壁村(石)】 5④346,356
たてぬい【楯縫(島)】 9③239,247,252,269
たてぬいぐん【楯縫郡(島)】 9③250,263,268,278

たてのむら【立野村(熊)】 33④176,182
たてばやし【館林(群)】 65③233
たてやま【立山(富)】→えっちゅうたてやま 42④271
たてやまみなみ【立山南(富)】 49①143
たてやまゆ【立山湯(富)】 5④333
たどつ【多渡津(香)】 14①323
たどののしょう【田殿之庄(和)】 46②132
たなかちょう【田中町(秋)】 61⑨386
たなかむら【田中村(石)】 4①23,131
たなかむら【田中村(愛知)】 64②127
たなくら【棚倉(福島)】→おうしゅうたなくら 56②240
たなくらかいどう【棚倉海道(福島、茨)】 38①28
たなぶ【田名部(青)】 56①67,139,158,170
たなぶどおり【田名部通(青)】 56①138,146,151,162,168,173
たなべ【田辺(京)】→たんごのくにたなべ 5②225,232,③260,261,264,282,284,288
たなべ【田辺(和)】→きしゅうたなべ 53④223,224,230,232,233,234
たなべはやうら【田辺早浦(和)】 49①214
たなやむら【棚谷村(茨)】 3④374
たにぐちむら【谷口村(石)】 5④314
たにやむら【谷屋村(富)】 5④324
たにやむら【谷屋村(石)】 5④335,352/27①272
たねがしま【種ケ嶋(鹿)】 47⑤280
たねざき【種崎(高)】 30①68,128
たねむら【種村(秋)】 61⑨324,331
たのうら【田の浦(福岡)】 11④178,186
たのくち【田ノ口(愛媛)】 30③289
たのしたむら【田下村(富)】 5④319
たのしまむら【田嶋村(石)】 5④313
たのはまむら【田浜村(長崎)】 32①12,24
たばこじま【タハコ島(トリニダード・トバゴ)、タバコ島(トリニダード・トバゴ)、荅跋姑島(トリニダード・トバゴ)、荅跋鶴島(トリニダード・トバゴ)】 24①78/45⑥302,303,336
たはら【田原(愛知)】→さんしゅうたはら 16①322
たぶせ【田布施(山口)】 29④286
たぼら【田洞(岐)】 43①31,60
たまがわ【玉川(東、神)】 45⑤246/67①19
たまがわどおり【玉川通(東)】 59①30
たましま【玉嶋(岡)】→びっちゅうのくにたましま 15③379,382/44①9,12,13,15,30,35,47,48,49,52,53,56
たまち【田町(宮城)】 67⑤217
たまむら【玉村(群)】→こうずけのくにたまむらしゅく 61⑩433,435
たまやまむら【玉山村(岩)】 56①53
たまりふち【溜り淵(愛知)】 42⑥370
たまる【田丸(三)】 40④278/65②121,122
たみなと【田港(沖)】 34②22
たむかいむら【日(田)向村(富)】 5④318
たむら【田村(石)】 5④344
たむら【田村(長崎)】→にいごうたむら 32①13,190
たむらぐん【田邑郡(福島)】 45⑥297
たらがむら【田楽村(愛知)】 64②114,127
たるがわしんでんむら【樽川新田村(山形)】 64④253,257,258,260
たろう【太郎(山形)】 18②251,261,266,272
たろうだむら【太郎太村(石)】 4①23
たろうべえづかむら【太郎兵衛塚村(石)】 5④315
たろうむら【太郎村(山形)】 18②257
たろすけむら【太郎介(助)村(静)】 16①324
たわらまち【田原町(東)】 42③159
たわらもと【田原本(奈)、俵本(奈)】 15③387,391,394,395/28②282/61④172
だんぎしょむら【談儀所村(石)】 5④314
たんご【丹後(京)】 13①123,369/18①89/35①132,153,155,157,163,164,②376/43③270/47②98/49①207/56①153/62①17
たんごたじま【丹後但馬(京、兵)】 35②378
たんごのくにこうもりのさと【丹後国かうもりの里(京)】 35①23
たんごのくにたなべ【丹後国田辺(京)】→たなべ(京) 5②219
たんごのくにゆらのみなと【丹後国由良の湊(京)】 15②208
たんしゅう【丹州(京)】 35②351/48①334/55②150
たんしゅう【但州(兵)】→たじまのくに 48①355/49①174
たんしゅう【淡州(兵)】→あわじ、あわじしま、あわじのくに 10②333,337
だんしゅう【弾(騨)州(岐)】→ひだ、ひだのくに 48①354
たんしゅうおおち【丹州大内(京)】 48①389
たんしゅうおおや【但州大屋(兵)】 35①15
たんしゅうなりあい【丹州成相(京)】 56①52
たんしゅうゆらがわすじ【丹州由良川筋(京)】 35②327
たんだ【谷田(大阪)】 43②129,130,131,135,137,147,148,149,150,151,152,153,155,157,161,162,163,166,176,177,179,185,187,188,190,191,192,196,198,199
だんのまち【段の町(香)】 14①322,323
たんば【丹波(京、兵)】 13①53,55,140,141,178,193,302/18①69,70,90/29①83/35①23,132,153,155,157,163,164/43③263/45⑥286,296/47①17,②98/48①334,384,391/49①207/56①41,159/62①17/69①83
たんばいち【たんバ市(奈)、丹波市(奈)】 15③390,391,392/28②272,274
たんばがわ【丹波川(長野)】 65③236
たんばじ【丹波路(京)】 55③283
たんばのくに【丹波の国(京、兵)、丹波国(京、兵)】 6②305/14①385/16①160
たんばのくにあやべ【丹波ノ国綾部(京)】 69②389
たんばのくにいかるがぐんじゃくおうじさん【丹波国何鹿郡石王寺山(京)】 48①334
たんばのくにおおえやま【丹波国大江山(京)】→おおえやま 51①16
たんばのくにみやがわ【丹波国宮川(京)】 48①336
たんばのささやま【丹波の笹山(兵)】 45⑥336

【ち】

ちいさがたぐん【小県郡(長野)】 64①51,61
ちいさがたぐんたなかまち【小県郡田中町(長野)】 64①77
ちいさがたぐんひがしうえだむら【小県郡東上田村(長野)】 64①77
ちいさがたぐんやざわむら【小県郡矢沢村(長野)】 64①84
ちかおかむら【近岡村(石)】 5④312
ちがせ【千ケ瀬(東)】 59①31,38,46,50,54
ちくご【筑後(福岡)】 11①43/14①105,259/17①150/49①213/50①41/56①144/62①17/65③240/66④188/69②357
ちくごがわ【筑後川(福岡、佐、熊、大分)】 65③236
ちくごのくに【筑後の国(福岡)、筑後国(福岡)】 14①402/31①6
ちくごのくにくるめ【筑後国久留米(福岡)】 11④171,176,185
ちくごのくにたけのぐんかめおうむら【筑後州竹野郡亀王邑(福岡)】→かめおうむら 31④148
ちくごまち【筑後町(山形)】 64④266

ちくごやながわ【筑後柳河(福岡)】→やながわ 11④171,172,181
ちくしゅう【筑州(福岡)】 12①22/13①378
ちくしゅうくろさき【筑州黒崎(福岡)】 48①335
ちくぜん【筑前(福岡)】 6①25/11④168,181,⑤275/14①105,259/32①220/50①41/52②119/54①75/56①144/62①17/66④188/70①14,②102
ちくぜんのくに【筑前の国(福岡)、筑前国(福岡)、筑前州(福岡)、筑前之国(福岡)】 11④168/13①316/15③331/40②137
ちくぜんのくにあきづき【筑前国秋月(福岡)】 14①293
ちくぜんのくにふくおか【筑前国福岡(福岡)】 11④180
ちくぜんふくおかごりょういしさかむら【筑前福岡御領石坂村(福岡)】 11④165
ちくぜんみかさごおり【筑前三(御)笠郡(福岡)】→みかさぐん 15①12
ちくぶじま【竹生嶋(滋)】 35②406/67⑤238
ちくまがわ【ちくま川(長野)、千曲川(長野)、筑摩川(長野)】 25①130/39③145/66⑤287,290
ちくまけん【筑摩県(長野)】 59②106
ちしょうやま【知生山(愛知)】 42⑥370
ちずじま【千つ嶋(神)】 66②120
ちたぐん【知多郡(愛知)】→おわりのくにちたごおり、びしゅうちたぐん 17①149
ちだむら【千田村(和)】 46②143
ちちぶ【秩父(埼)】→ぶしゅうちちぶ 3③166/45⑥329
ちちぶぐん【秩父郡(埼)】→むさしのくにちちぶぐん 45⑥290
ちちぶぐんない【秩父郡内(埼)】 45⑥291
ちちぶぐんみつみねさん【秩父郡三峰山(埼)】→みつみねさん 42③172
ちちぶすすきへん【秩父薄辺(埼)】 45⑥337
ちづか【千塚(山梨)】 65③202
ちづかむら【千塚村(山梨)】 65③201
ちとせやま【千歳山(山形)】 45①31
ちのうらむら【千浦村(石)】 52⑦300
ちばなむら【知花村(沖)】 57②181
ちまちむら【千町村(千)】 38④249
ちゃたん【北谷(沖)】 57②118,181,182,202,204,235
ちゃまち【茶町(秋)】 61⑨315
ちゃんばん【占城(ベトナム)】 70⑥376,377,378
ちゅうか【中華(中国)】 35②292/56①81,200/70②82,87,125,142,143,147
ちゅうぐうむら【中宮村(石)】 5④312
ちゅうぐん【中郡(高)】 30①20,24,32,33,54,55,117,118,119,125,129,133,135,136
ちゅうごく【中国】 3③180,④298/4①125,184,203/6①31,146/10①6,②304/14①228,233,238,242,247,250,258,264/15③410/16①180,182/17①228,245,249/29③192/31④220/35①51,125,153,162,②344/45③143,164,177,⑥336/46①17/47②134/49①46/50③251,④317,323/54①243/56①40,200/62⑦181,192,207/65③226/67④162/68②247,③342,343,④400/69②231/70②155,156
ちゅうごくすじ【中国筋】 17①243/29③191,192
ちゅうごくへん【中国辺】 13①123/18①89/35①77
ちゅうなざわむら【中名沢村(新)】 25③291
ちょうあん【長安(中国)】 6①191
ちょうかいさん【鳥海山(秋、山形)】→でわのちょうかいさん、でわのとりのうみ 70②119
ちょうざえもんしんでん【長左衛門新田(茨)】 64③204,208,209
ちょうし【てうし(千)、銚子(千)、長支(千)】→しもうさのくにちょうし 21②104/58②94,96,97/65③233/66③142
ちょうしぐちむら【銚子口村(石)】 5④313
ちょうしゅう【長州(山口)】 48①352
ちょうしゅうのせんざき【長州の千(仙)崎(山口)】 58⑤362
ちょうせん【朝鮮】 12①337/13①339/32②331/45⑥316,⑦432
ちょうせんこく【朝鮮国】 45⑦374,379,408,420,423
ちょうだ【丁田(和)】 65②128
ちょくしむら【勅使村(香)】 30⑤394
ちょしゅう【滁州(中国)】 18①56
ちよまちむら【千代町村(石)】 5④335,336,339
ちろも【千尋藻(長崎)】 32①191
ちん【陳(中国)】 3③180

【つ】

つがぐんにっこうさん【都賀郡日光山(栃)】→にっこうさん 45⑦425
つかごし【塚越(埼)】 42③152,163,164,169,194,205
つかのやま【塚ノ山(新)、塚野山(新)】 36③261,323,324,328
つかはらむら【塚原村(神)】 66②95
つかはらむら【塚原村(長野)】 64①77,81
つがる【津がる(青)、津軽(青)】→おうしゅうつがる 1②211,③280,282/25①94/42①40/49①215/50④302,303/56①47,67,138/62③72/67⑥275
つがるどうのまえむら【津軽堂野前村(青)】→どうのまえむら 1①21
つがるのこおり【津軽ノ郡(青)】 1②135
つくし【筑紫(福岡)】 20①236/62⑧242
つくだしま【佃島(東)】 45⑤238
つくばぐん【筑波郡(茨)】 3①58
つぐみ【津汲(岐)】 43①33,37
つぐみむら【津汲村(岐)】 43①93
つくれ【津久礼(熊)】 33④177
つけちむら【付知村(岐)】 24②236,241,242
つじどうむら【辻堂村(和)】 46②143
つしま【津嶋(愛知)】 42⑥427
つしま【対馬(長崎)】 36③306/50④322/58⑤362/62①17/70②103
つしまのくにしもあがたぐん【対馬国下県郡(長崎)】 48①355
つだのさと【津田の里(島)】 59③215
つちざきみなとまち【土崎湊町(秋)】 61⑨306
つちだ【土田(長野)】 59②99
つちぶちがわ【土淵川(青)】 1②171
つつごう【豆酘郷(長崎)】 32①13,15,154,155,156,157,160,161,162,163,197,206,222
つつごうつつむら【豆酘郷豆酘村(長崎)】 32①29,75,92,99,105,115,122,135,138,144,150,173,202
つづみがたき【鼓滝(兵)】 49①210
つつみね【堤根(埼)】 67①13
つつむら【豆酘村(長崎)】 32①13
つづれこ【綴子(秋)】 61⑨324,326
つづれこまち【綴子町(秋)】 61⑨324
つづれこむら【綴子村(秋)】 61⑨261,325,332
つなぎ【繋(岩)】 56①137
つなぎ【津南(奈)木(熊)】 33⑤260,263
つなとりかわ【綱取川(岩)】 56①137
つのくに【津の国(三)】 58②94
つのくに【摂州(大阪、兵)、摂津の国(大阪、兵)、摂津国(大阪、兵)、摂津(大阪、兵)、津の国(大阪、兵)、津国(大阪、兵)】→せっつのくに 12①349/13①219,369/15①30,②154,191,238,③349,350,372,391,396,397,400,408,409/21①91/45③134,155,157,⑥283/48①286/50①58/55③273/62⑦185,186,190,191,200,206/68②257,258/69①87,111/70④259
つのくにおりおのむら【摂津国遠里小野村(大阪)】→おりおのむら

50①37
つのくにたかつき【津国高槻(大阪)】 7②227
つのぐん【都野郡(山口)】 57①43
つのごう【津ノ郷(広)、津之郷(広)】 44①27,43
つのしたむら【津ノ下村(広)、津野下村(広)】 44①32,38,45
つのだ【角田(三)】 66⑧397
つは【津波(沖)】 34②22/57②128
つばきどまり【椿泊(徳)】 62⑥146
つぶえしんばし【粒江新橋(岡)】 67③127
つぶえむら【粒江村(岡)】 67③122,131,133
つぼうむら【坪生村(広)】 44①55
つぼの【坪野(新)】 36③276
つまり【妻有(新)】→うおぬまぐんつまりごう 36③179,197,294,320
つまりのしょうたざわむら【妻在庄田沢邨(新)】 53②136
つらじま【連嶋(岡)】 67③132
つりょう【津領(三)】 65②131,132,136
つる【津留(熊)】 33④176
つるおか【鶴岡(山形)】 64④244,247,251,253,270,273,274,281,282,285,290,293,304,310
つるおかあらまち【鶴岡荒町(山形)】 64④247
つるが【敦賀(福井)】→えちぜんのくにつるが 4①199/45①46
つるがごう【敦賀郷(福井)】 5③281
つるがた【鶴形(秋)】 61⑨268
つるがたむら【鶴形村(秋)】 1③280/61⑨260,261,333
つるぎ【鶴来(石)】→いしかわぐんつるぎ、かしゅうつるぎ 4①118,164/47②147
つるぎじむら【劔地村(石)、釼地村(石)】 5④341,343,348
つるさき【鶴崎(大分)、霍崎(大分)】 14①359/31⑤285
つるさきへん【鶴崎辺(大分)】 33③165
つるまがわ【鶴沼川(福島)】 20①44
つるまちむら【鶴町村(石)】 5④342
つるみわじゅう【鶴見輪中(静)】 65③194
つるむら【つる村(三)】 40④278
つるむら【津留村(熊)】 65④348
つわざきむら【津和崎村(福岡)】 67④183

【て】

であい【出合(兵)】 43③247
てい【手結(高)】 30①68
てごしむら【手越村(静)】 65③183
てしろ【手城(広)】 44①7,22,29,31,41,51
てしろむら【手城村(広)】 44①14,25,32,55
でしんでん【出新田(愛知)】 64②114
てっぽうず【鉄砲洲(東)】→J 46②146
てっぽうまち【鉄砲町(長崎)】 66④222
てどりがわ【手取川(石)】 4①112,118,190,191
てへん【手辺(兵)】 43③250
でまち【出町(富)】 42④235,270,272,274,275
てらいむら【寺井村(香)】 30⑤394
てらお【寺尾(富)】 42④256,257,267
てらさかむら【寺坂村(兵)】 43③273
てらさきむら【寺崎村(茨)】 42②96
てらだ【寺田(岩)】 56①136
てらのおか【寺ノ岡(三)】 66⑧397
てらのした【寺ノ下(三)】 66⑧397
てらばやし【寺林(岩)】 56①146
てらまち【寺町(山形)】 64④268
てらまちむら【寺町村(富)】 5④331
てらやま【寺山(埼)】 42③150,164,166,169,174,202
でわ【出羽(秋、山形)】 4①94,199/6①21/15①65,②225/16①61/17①221/21①22/25①131/42①31/46①20,36,88,98,99/62①17,⑦206/65③236/67⑤237,⑥298/68③337/69②231,286
でわおうしゅう【出羽奥州】 1②198
でわのあいづ【出羽の会津(福島)】→あいづ 31④220
でわのあきた【出羽の秋田(秋)】→あきた 12①356
でわのくにあきた【ではの国あき田(秋)】 62③72
でわのくにむらやまぐん【出羽国村山郡(山形)】 45①30
でわのくによねざわ【出羽国米沢(山形)】→よねざわ 53②99
でわのちょうかいさん【出羽ノ鳥海山(秋、山形)】→ちょうかいさん 70②118
でわのとびしま【出羽ノ飛島(山形)】→とびしま 70②119
でわのとりのうみ【出羽ノ鳥ノ海(秋、山形)】→ちょうかいさん 69②379
でわのもがみ【出羽の最上(山形)】→もがみ 13①46
でわもがみ【出羽最上(山形)】 4①104
てんじく【天ちく(インド)、天ヂク(インド)、天ぢく(インド)、天竺(インド)】 8①269/10①8/13①339/16①29,56,57/23④172/35①54/45⑥307/47②135,136/51①13/53①10/60⑤294/70②82,85,86,87,88,125,④258
てんじくりょうじゅせん【天竺霊鷲山(インド)】 40②73
てんしょうじ【天正寺(富)】 5④332
てんしょうじむら【天正寺村(富)】 5④332,334
てんじんがわ【天神川(島)】 59③232,233
てんじんしんでんむら【天神新田村(山形)】 64④274
てんじんばやし【天神林(茨)】 3④238,240,243
てんじんばやしむら【天神林村(茨)】 3④245,362
てんじんむら【天神村(山形)】 64④264
てんどう【天堂(山形)、天童(山形)】 45①34/61⑨363,371,388
てんどうやしき【天道屋敷(愛知)】 64②115
てんなす【一名代(沖)】 34②22
てんのうさん【天王山(大阪)】 43②173
てんのうじ【天王寺(大阪)】→おおさかてんのうじ、せっしゅうてんのうじ 49①226
てんのうむら【天王村(秋)】 61⑨293,294,329
でんぽう【伝甫(和)】 28①63
でんぽうじ【伝法寺(岩)】 56①137,146
てんまちょう【伝馬町(愛知)】 62⑦180
てんまちょうしんでん【伝馬町新田(静)】 65③183,184
てんままち【伝馬町(山形)】 64④259,260,263,269
てんりゅう【天流(長野)】 59②134
てんりゅうがわ【天竜川(長野、静)】 16①282,285,319,325/65③194,236/67⑥305
てんりゅうなだ【天竜灘(静)】 16①283

【と】

といで【戸出(富)】 5④333/42④231,245,247,251,254,256,258,265,271,272,274,284
とう【唐(中国)】 6①84,176,212/10①193,②322,357,358,360,366,368,371,377,381/12①149/15①10/16①30/17①121/36①72/52⑦282/70③214
とうおうやながわ【東奥梁川(福島)】 35③434
とうかい【東海】 35②405/66⑥345
とうかいどう【東海道】 4①158,203,230/14①242,337,359,376,406/15①69/16①160,282,285,317/17①150,228/32①204/65③178/69①71/70⑥404
とうかいどうごせん【東海道五川】 65③172
とうかいどうじゅうごかこく【東海道十五ケ国】 62①17
とうかいどうすじ【東海道筋】 15①14,17,②200/17①266/62⑦211
どうがやちむら【堂ケ谷村(石)】 5④346
とうきょう【東京】 52②87,88,③133,141/53⑤292,294,369
とうきょうちほう【東京地方】

45⑤235
とうきょうのよしはら【東京の芳原(東)】 52②124
とうきょうほんちょう【東京本町(東)】 53⑤328
とうぐん【東郡(茨)】 38①6,27,28
とうげ【戸毛(奈)】 15③390
とうげ【峠(岡)】 67②89
とうげむら【道下村(石)】 5④341,344,345,352/48①374
とうこうじむら【東光寺村(青)】 1①117
とうごく【東国】 13①123,369/14①55/15①17,③410/18①89/24①106/35①51,120,123,125,153/40②176/45③150/47②134/48①169,186,199,211/50③241/56①200/61⑩412/62⑦186,192,207/69①34,78,81,②305/70④270,⑤317,319,323
とうごくすじ【東国筋】 21②101/35②261,361
とうざいごうちゅう【東西郷中(高)】 30①135,136
どうざきむら【堂崎村(長崎)】 66④214
とうざん【唐山(中国)】 45⑦388,399,408,420/48①375/49①127
とうさんどうすじ【東山道筋】 35②332,413
とうさんどうのくに【東山道之国】 35②315
とうさんどうはっかこく【東山道八ケ国】 35②321
とうしゅうしむら【唐舟志村(長崎)】 32①51
とうせんどうはっかこく【東山道八箇国】 62①17
とうてんじく【東天笠(インド)】 70⑥377
とうと【東都(東)】 15①51,67/18①23/40②36/45④199,200,208,209,⑥296,304,337,⑦381/48①48,98,118,125,190,192,202,326,334,345,350/49①123,142/52⑦285/53②136/55②114,119/56②293/61③126/68①45/69①109/70③211,⑤315
とうど【唐土(中国)】 6①191,200,205,219,②272/10①14/16①29,56/18③353/20①7/22①10/23④172/37③252,255/48①339/56①155,178/58⑤289/59③207/63⑤299/68③342,343/69①38,54
とうとしば【東都芝(東)】 18①23
とうないみょうむら【藤内名村(新)】 25③291
どうのまえむら【堂野前村(青)】→つがるどうのまえむら 1①117,121
とうのみね【多武峯(奈)】 15③390
どうはん【道半(新)】 36③194,280,323,328
とうぶ【東武(埼、東)】 15②163
とうぶえど【東武江戸(東)】 48①294,335
とうふくじむら【東福寺村(長野)】 66⑤287
とうほく【東北】 14①141/15①16
とうほくのくに【東北の国】 5③277/15①16,56
とうみょう【東明(兵)】 50①58
どうむら【道村(和)】 46②143
どうめきおおがくまむら【百成大角間村(石)】 5④344
とうめむら【当目村(石)】 5④342
とうり【東里(兵)】 43③234,236,240,259,262,268
とうりだに【刀利谷(富)】 6①84
とうりむら【刀利村(富)】 5④318
とうりむら【東里村(兵)】 43③247,267
とうりん【桃林(中国)】 35①220
とうろ【東魯(中国)】 20①7
とおかいちば【十日市場(千)】 63⑦367
とおかまち【十日町(山形)】 45①42
とおかまち【十日町(新)】 53②99,129,131,134
とおだわくやまち【遠田涌谷町(宮城)】 67⑤214
とおとうみ【遠江(静)】→えんしゅう 14①242/46②150/62①17/70②141,④260
とおとうみのくに【遠江国(静)】 14①103
とおのいいでむら【遠野い[い]て村(岩)】 56①52
とおのくこ【遠の国(静)】 50②192
とおりむら【通り村(石)】 5④340
とがくしやま【戸隠山(長野)】→しんしゅうとがくしやま 42③176/67⑥279
とがのお【栂尾(京)】 6①155/13①89
とがみたけ【砥上嶽(福岡)】 31①19
とがむら【戸賀村(秋)】 61⑨329,333
とぎ【冨来(石)】 27①214,250,271,272/52⑦300,306
ときくにむら【時国村(石)】 5④345
とぎちょう【冨来町(石)】 27①270,271
とぎみち【冨来道(石)】 27①204
とくじ【徳地(山口)】 57①42
とくしま【徳島】→あわのくに(阿波の国) 48①55
とくしまじょうか【徳島城下】 66⑥345
とくだ【徳田(岩)】 56①137,146
とくだどおり【徳田通(岩)】 56①172
とぐち【戸口(埼)】 42③155
どぐち【土口(長野)】 66⑤263
とぐちむら【渡久地村(沖)】 57②182
とくなりむら【徳成村(石)】 5④342
とくなりやうちむら【徳成谷内村(石)】 5④342
とくのしま【とく(の)嶋(鹿)、徳の島(鹿)、徳の嶋(鹿)、徳之島(鹿)】 14①98/50②164,168,192/57②209/69①92
とくまん【徳万(富)】 42④283,284
とくもとむら【徳用村(石)】 4①131
とこしない【十腰内(青)】 1②165,201
ところぐち【所口(石)】 6①11
ところばらむら【所原村(島)】 9③249
とさ【土佐(高)】→V 10①98,166/14①56,99/15③325/56①153/58②94,⑤362/62①17/66⑥345/68③356/70④259,⑥369
とさぐん【土佐郡(高)】 30①18
とさのくに【土佐ノ国(高)、土佐の国(高)、土佐国(高)】 14①265,342/15③350,408/53④234/56①153
とさのくにこうち【土佐国高知】→こうち(高知) 3①23/70④261
としかず【年員(茨)】 45⑥320
としかずごう【利員郷(茨)】 3④245,257
としま【戸嶋(秋)】 61⑨278
としまえき【戸嶋駅(秋)】 61⑨295
としまむら【戸嶋村(秋)】 61⑨277,284,302,374
どしゅう【土州(高)】 10①5,188/14①264/18①187/48①334/53①11/55②153/70⑥426,432
どしゅうにしでら【土州西寺(高)】 48①334
とだ【冨田(島)】 59③205,207
とちお【トチウ(栃尾)(新)、栃尾(新)】 25③266/53②129
とちおぐみ【栃尾組(新)】 25③292
とちぎ【栃木】→しもつけのくにとちぎ、やしゅうとちぎ 3④331
とちくぼ【栃窪(山形)】 61⑨368
とちくぼむら【栃窪村(山形)】 61⑨368
とちゅうだ【土生田(山形)】 61⑨371,388
とちゅうだむら【土生田村(山形)】 61⑨275
とつか【戸塚(神)】 66②105
とづき【東月(秋)】 70②167
とっこむら【独鈷村(秋)】 61⑨326
とつぼむら【外坪村(愛知)】 64②114,125,127
どてちょう【土手丁(青)】 1②207
とどろがわ【轟川(熊)】 65④312,318
とどろむら【轟村(熊)】 65④320
となかざわしんでん【戸中沢新田(新)】 36③280
となきじま【渡名喜島(沖)】 57②170
となみぐん【砺波郡(富)】→えっちゅうとなみぐん 4①71/5④316/6①79,131,②283/39④188,189,203,223,224
となみぐんおかむら【砺波郡岡村(富)】 4①125
となみぐんさいしょうじむら【砺波郡西勝寺村(富)】→さいしょうじむら 6①139
となみぐんふくみつむら【砺波郡福光村(富)】→ふくみつ 6②305

とねがわ【とね川(茨、群、埼、千)、刀禰川(茨、群、埼、千)、利根川(茨、群、埼、千)、利根川(茨、群、埼、千)】→J 21①13/22④218/38③194/61⑩434/64③173,176/65③232
とねがわのあたり【とね川の辺り(茨、群、埼、千)】 21②104
とねぐん【利根郡(群)】 45⑥297
とのきや【渡野喜屋(沖)】 34②22/57②128
とのにゅうむら【外入村(山口)】 58④263
とのまち【殿町(長野)】 66⑤259
とのむら【外之村(山形)、外野村(山形)】 64④268,280,281,285
とば【鳥羽(京)】→じょうしゅうとば、やましろのとば 12①253/13①43/37③328
とはのむら【戸羽野村(静)】 16①324
とびしま【飛島(山形)】→でわのとびしま 70②135
とびしま【飛島(愛知)】 23③149,151,155
とびしまいりみずどころ【飛島入水所(愛知)】 23③154
とびしまみお【飛島澪(愛知)】 23③147,148
とびしまもとのみお【飛島元の澪(愛知)】 23③148
とぶね【飛根(秋)】 61⑨323,328
とぶねむら【飛根村(秋)】 61⑨261,268,324,331
とまり【泊(沖)】 57②135,195,207
とまりまち【泊り町(富)】 5④329,330
とまりむら【泊り村(福岡)】 67④183
とみがうらむら【冨浦村(長崎)】 32①51
とみぐすく【豊見城(沖)】 34③52
とみた【富田(青)】 1②211
とめぐん【登米郡(宮城)】 45⑥297
とめぐんおいのかわら【登米郡狼川原(宮城)】 45⑥298
とも【鞆(広)】 44①30
ともだ【友田(東)】 59①51
ともちばし【砥用橋(熊)】 65④331
ともちふなつばし【砥用船津橋(熊)】 65④327
とものつ【鞆津(広)】 15②295/44①21,22,23,24,25,26,27,28,29,31,32,33,34,35,36,38,43,53,55
ともべ【友部(茨)】 38①25
ともりむら【戸守村(埼)】 42③182,188,189
とやま【富山、冨山】→えっちゅう、えっちゅうとやま 5④333/6①155/49①143
とやまごりょうながさわ【富山御領長沢(富)】 5④333
とよあしはらのみずほのみくに【豊葦原のみづほの御国(日本)】 21①93
とようらむら【豊浦村(大阪)】 43②129,136,141,198
とよおか【豊岡(青)】 1②170
とよおか【豊岡(兵)】 43③248
とよおかうらまち【豊岡うら町(兵)】 43③264
とよおかしんまち【豊岡新町(兵)】 43③260
とよおかむら【豊岡村(秋)】 61⑨260
とよかわ【豊川(愛知)】 23①42/42⑥379,382,385,388,392,394,395,398,400,404,405,407,409,416,417,423,436,444,445,446
とよさき【豊崎(長崎)】 32①137
とよさきごう【豊崎郷(長崎)】 32①12,15,131,145,153,154,155,156,157,160,161,162,164,165,168,178,181,201,②330/64⑤348
とよさきごうしゅうしむら【豊崎郷舟志村(長崎)】→しゅうしむら 32①20,46,86,95,100,107,118,139,170,218
とよさきごうにしつやむら【豊崎郷西津屋村(長崎)】→にしつやむら 32①93
とよた【豊田(石)】 27①271
とよむら【豊村(長崎)】 32①51
どろがわ【泥川(奈)】 53④243
とろぶ【途呂武(茨)】 64③165
とんだ【富田(和)】 53④234

【な】

ないいんむら【内院村(長崎)】 32①13,77,138
ないとうしんじゅく【内藤新宿(東)】 14①82
なえぎりょう【苗木領(岐)】 24②241
なおいむら【直井村(茨)】 22③174
なおえむら【直江村(石)】 5④312
なか【那珂(福岡)】 67④174,185
ながあなぶしむら【那賀穴伏村(和)】 65②65
ながいけ【長池(京)】→やましろのながいけ 13①283
なかいばら【中井原(和)】 46②144
なかいばらむら【中井原村(和)】 46②151
なかいみなみむら【中居南村(石)】 5④352
なかいむら【中居村(石)】 5④342,343,344,345,352
ながいむら【長井村(長野)】 66⑤265,306
なかえちごながおか【中越後長岡(新)】 25①130
なかおか【中岡(茨)】 3④249
ながおか【長岡(新)】→えちごしゅうながおか、えちごながおか 25①10,68,104,141,142,③266/36③213,224,228,239,240,244,290,291,303,314
ながおか【長岡(高)】 30①18
ながおかいしうち【長岡石内(新)】 36③231
ながおかぐんおおつむら【長岡郡大津村(高)】→おおつむら 30①118
ながおかごりょうぶん【長岡御領分(新)】→R 25②194
ながおかせんじゅまち【長岡千手町(新)】 25③279
ながおかどおり【長岡通(岩)】 56①137
ながおかまち【長岡町(新)】 25③275
なかおかむら【中岡村(茨)】 3④259
ながおかりょう【長岡領(新)】→R 25①37,74,③271
ながおかりょうかわにし【長岡領川西(新)】 36③257
ながおかりょうにしぐみ【長岡領西組(新)】 25③258
ながおかわきのまち【長岡脇野町(新)】 36③259
なかおさか【中小坂(埼)】 42③156,194
なかおむら【中尾村(神)】 66②98
ながおむら【長尾村(石)】 5④342,345,348
なかがみ【中頭(沖)】 34①12/57②171,181
なかがみがた【中頭方(沖)】 57②105,118,119,120,126,170,199,203,204,219,226,231,232,233,235
なかかめのちょう【中亀丁(秋)】 61⑨319
なかがわ【中(那珂)川(茨、栃)】 21①13/45⑥292
なかがわ【中川(埼、東)、仲川(埼、東)】 65③237,238/67①19
なかぐすく【中城(沖)】 57②181,182,202,220,235
なかぐすくまぎりうえはら【中城間切上原(沖)】 34⑤89
ながくぼ【長久保(長野)、長窪(長野)】 64①62,83
なかくぼたへん【中窪田辺(熊)】 33④177,181
なかくまの【中熊野(和)】 53④234
なかぐん【那珂郡(茨)】 38①28/45⑥292,293
なかぐん【中郡(神)】 66②87,100,101
なかぐんやまだむら【那珂郡山田村(福岡)】 11①66
なかこば【中木場(長崎)】 66④192,201
なかこばむら【中木場村(長崎)】 66④213,216
なかさいむら【中斉村(石)】 5④342
ながさかむら【長坂村(石)】 4①25
ながさかむら【長坂村(富)】 5④325
ながさき【長崎】 3①25,④323/10②336/11⑤253,275/12①378,379,390/13①258,281/17①145/45⑥286,336,⑦422,424,425/53⑤340/54①65/58①53/61⑨327/66④230,231/70③224
ながさきざいしまばら【長崎在嶋原(長崎)】 14①104
ながさきとうどさんさくらのばば【長崎東土山桜馬場(長崎)】 45⑥303
ながさきむら【長崎村(山形)】 61⑨274
ながさきむら【長崎村(石)】 5

④339
なかざわしんでん【中沢新田(新)】 36③323
なかざわむら【中沢邑(長野)】 53⑤292
ながさわむら【長沢村(石)】 5④339
なかさんちゅう【中山中(長野)】 66⑤255
なかしま【中嶋(岡)】 67②87,93,98,100,104,112
なかじま【中島(新)】 36③328
なかじま【中嶋(石)】 5①39
なかじま【中嶋(岐)】 24①50
なかじま【中嶋(大阪)】 15③376
ながしま【長島(三)】 66⑧405
なかしまむら【中嶋村(岡)】 67②87,116
なかしまむら【中島村(福岡)】 11④172
なかしまむら【中嶋村(佐)】 11④170
なかしまむら【中嶋村(熊)】 33④176
なかじまむら【中嶋村(山形)】 64④275,278,294
なかじまむら【中嶋村(神)】 66②87
なかじまむら【中嶋村(石)】 5④337,339/27①271
なかじむら【中地村(長野)】 64①81
なかしんでん【中新田(神)】 65③172,173
なかしんでん【中新田(静)】 16①323
なかすぎ【中杉(三)】 66⑧397
なかすじ【中筋(神)】 66②101
なかすじ【中筋(兵)】 55②109
ながせ【長瀬(長野)】 64①58
なかぜむら【中挾村(石)】 5④336
ながせむら【長瀬村(長野)】 64①80
なかせんどう【中山道】 67①49
なかた【中田(愛知)】 42⑥375,395,399,432,441
なかだ【中田(山形)】 61⑨275
なかだ【中田(富)】 42④265,267
なかたしろ【中田代(秋)】 42①45
なかだて【中館(秋)】 42①31
なかだて【中館(茨)】 61⑩428
ながたに【長谷(兵)】 43③234
なかたむら【中田村(秋)】 61⑨363
なかだむら【中田村(富)】 5④327
ながたむら【長田村(石)】 4①142/5④312
なかちょうむら【中町(帳)村(秋)】 42①45
なかつがわ【中津川(山形)】 18②276
なかつがわ【中津川(岐)】 61⑩447
なかつごりょうさなみむら【中津御領さがみ(佐波)村(福岡)】 11④168
なかつちん【中津鎮(大分)】 33①10
なかつま【中間(香)】 30⑤394
ながと【長門(山口)】 14①104/31③126/49①7,10/62①17
なかとさ【中土佐(高)】 30①49,58
ながとのくに【長門国(山口)】 48①351
ながとのくにしものせき【長門国下の関(山口)】→しものせき
16①110
ながとほそえ【長門細江(山口)】 70①17
ながとむら【長戸村(富)】 49①143,144
ながとろ【長瀞(山形)】 18②268
なかなみむら【中波村(富)】 5④327
ながぬま【長沼(千)】 63⑦357,358
なかぬまむら【中沼村(神)】 66②109
なかの【中野(青)】 1②196
なかの【中野(茨)】 3④260,261
なかの【中野(富)】 42④231
なかの【中野(愛媛)】 10①86,151
なかのかわ【中之川(埼、東)】 65③233
なかのごう【中之郷(三)】 66⑧395
なかのごうむら【中江村(富)】 5④320,330
なかのごうむら【中ノ郷村(静)】 65③179
なかのしま【中の島(新)、中之島(新)】 25②212,221,228,229,230,231
なかのしまぐみ【中之島組(新)】 25②232
なかのしまごう【中之嶋郷(新)】 25②178
なかのしまへん【中之島辺(新)、中之嶋辺(新)】 25②192,199,202,204,205,206,209,210,211,218,219,220,222,224,230
なかのまたむら【中野俣村(山形)】 64④247,274
なかのみょう【中ノ名(神)】 66②119
なかのみょうむら【中ノ名村(神)、中之名村(神)】 66①41,②92
なかのむら【中野村(東)】 59①11
なかのむら【中野村(静)】 16①324
なかのむら【中野村(和)】 46②144
ながのむら【長野村(熊)】 65④315
なかのめ【中野目(秋)】 42①45
なかのめ【中野目(山形)】 18②268
なかのめむら【中野目村(山形)】 64④264
なかばし【中橋(東)】 46②138
ながはしむら【長橋村(石)】 5④345
ながはた【長畑(栃)】 48①239
なかばたけむら【中畑村(富)】 5④318,319
ながはま【長浜(滋)】→ごうしゅうながはま
14①373/35②406
ながはま【長浜(愛媛)】 49①210
ながはら【永原(奈)】→わようながはら
61⑥189
ながはらむら【永原村(奈)】 61④176
なかばんむら【中番村(和)】 46②143,150
なかひめ【中姫(香)】 44②95,106
なかひめむら【中姫村(香)】 44②111
なかふしきむら【中伏木村(富)】 5④326
ながべ【長部(千)】 63⑦385
ながべむら【長部村(千)】 63⑥353,⑦385
なかまち【中町(山形)】 64④251,253,255,260,263,266,294
なかまち【中町(長野)】 66⑤259
なかまちばたけ【中町畑(山形)】 64④283,293
なかまるこむら【中丸子村(長野)】 64①80,81
ながむねえんざん【長棟鉛山(富)】 5④331
なかむら【中村(富)】 5④324/42④231,245,247,250,257,260,267,270,272,274,279,281,284
なかむら【中村(石)】 5④314,342
なかむら【中村(京)】 48①384
なかむら【中村(愛媛)】 30③297
なかむらがわ【中村川(三)】 65②131,132,133,136
なかやちむら【中谷内村(富)】 5④323
なかやま【中山(山形)】 18②251/61⑨274
なかやま【中山(埼)】 42③185,190
なかやま【中山(和)】 40④318
なかやまが【中山家(神)】 66①35,②101
なかやまむら【中山村(山形)】 61⑨273,279
なかやまむら【中山村(埼)】 42③184
なかやまむら【中山村(石)】 27①272,307
なかよない【中米内(岩)】 56①137
ながら【長良(岐)】 43①16
ながらのかわ【長柄の川(大阪)】 14①247
ながる【流留(宮城)】 67⑤220
なぎさわ【名木沢(山形)】 61⑨275,388
なぎさわむら【名木沢村(新)】 25③291
なきじん【今帰仁(沖)】 57②119,182,197,202,227,233
なぎのむら【名木野村(新)】 25③290
なぎやまむら【名木山村(新)】 25③291
なきりむら【波切村(三)】 66⑧404
なぐさぐん【名草郡(和)】 53④247
なぐら【名倉(愛知)】 16①190/42⑥376,380,383,385,386,410,438
なぐら【名倉(和)】 40④287,301
なご【名護(沖)】 57②119,182,202,227
なごや【名古屋(愛知)、名護屋(愛知)】→びしゅうなごや
14①273,373/16①317
なごやむら【名古屋村(佐)】 58⑤312
なしたんむら【梨谷村(富)】 5

④319
なすぐん【那須郡(栃)】 45⑥292
なすのがはら【奈須野か原(栃)】 61⑩428
なすびがわむら【茄子川村(岐)】 61⑩448
なだ【灘(兵)】→せっしゅううはらごおりなだ 14①48,214/50①58,73
なだちむら【名立村(新)】 25③291
なたのしょうしもたむら【名田庄下田村(福井)】 39⑥351
なちさん【那智山(和)】 53④230,246
なつずみむら【夏住村(富)】 5④316
なつめむら【夏梅村(兵)】 43③236
なつやけむら【夏焼村(富)】 5④320
ななお【七尾(石)】 5④338/48①20,330
ななつじま【七ツ島(石)】 58③129
ななめいすじ【七名筋(神)】 66②88,101
なにわ【難波(大阪)、浪花(大阪)、浪華(大阪)、浪速(大阪)】 15②231,303/48①345/50②143/54①32/55②109,③205,207,208,267/60②88/62②42/65③213/69①130/70③220
なにわうえまちへん【浪花上町辺(大阪)】 55③396
なにわえ【難波江(大阪)】 37③311
なにわたかつ【難波高津(大阪)】 62②26
なにわづ【なにハづ(大阪)】→せっしゅうなにわづ 54①140
なにわのうら【難波の浦(大阪)】 16①283
なにわももやま【浪花桃山(大阪)】 55③268
なぬかいちむら【七日市村(秋)】→あきたぐんみなみひないなぬかいちむら 61⑨264,326
なぬかまち【七日町(山形)】 45①42
なは【那覇(沖)】 34⑤100,109/50②164/57②147,195,207
なはくにんだむら【那覇久米村(沖)】 57②135
なはまぎり【那覇間切(沖)】 34⑤112
なびろうむら【名平村(新)】 25③291
なぶねむら【名舟村(石)】 5④347/58③129
なべがさき【鍋ヶ崎(三)】 66⑧395
なべくら【鍋倉(山形)】 64④301
なべた【鍋田(山形)】 18②268
なみきむら【並木村(埼)】 67①29,32,40,41,65
なみのへん【波野辺(熊)】 33③161
なめりかわ【滑り川(神)】 23①13
なや【納屋(兵)】→けたぐんなやむら 43③250
なやぼり【納屋堀(高)】 30①6,7
なら【奈良】 13①213,377/15③387,390,391,392/17①328/28②272,282/49①243,249/66⑥344
ならつ【奈良津(広)】 44①7
ならづむら【奈良津村(広)】 44①34,54
ならはせかいどうたんばいち【奈良初瀬街道丹波市(奈)】 61⑦196
なりあい【成合(香)】 30⑤394
なりた【成田(山形)】 18②255
なりひら【業平(東)】 55②172
なるお【鳴尾(兵)】 40②182/50①58
なるか【啼鹿(福井)】 4①190
なるかわやま【鳴川山(大阪)】 43②184
なるさわむら【成沢村(茨)】 3④261
なるたき【鳴滝(京)】→じょうしゅうなるたき 48①338,384
なるやま【成山(大阪)】 43②127,128,130,147,149,150,152,153,159,163,164,170,177,179,183,185,186,188,189,190,191,196,201,209
なわりむら【名割村(新)】 25③290
なんあん【南安(中国)】 70①25
なんえんぶしゅう【なんゑんぶしう(日本、中国、インド)、南閻浮州(日本、中国、インド)】 16①40/70②82
なんかいどう【南海道】 4①125/14①406/16①160/17①150/70⑥404
なんかいどうろっかこく【南海道六箇国】 62①17
なんご【なんこ(神)、南湖(神)】 66①44,45,47,51,55,②102,103
なんごうふた【南郷布田(熊)】 33④176
なんごちゃや【難後ちや屋(神)】 66②103
なんぜんじそと【南禅寺外(京)】 52②87
なんち【南地(大阪)】 55②109
なんと【南都(奈)】 48①60/49①56,62,70,72,75,76,84
なんばりむら【南張村(三)】 66⑧394,397
なんばん【なんバん、南番、南蛮】 12①330/13①339/15③328/49①127/70⑥376,378
なんばんこく【なんばん国、南蛮国】 8①269/17①267/45⑥316
なんばんのねっこく【南蛮之熱国】 8①270
なんぶ【なんぶ(青、岩)、南部(青、岩)】→おうしゅうなんぶ 1③282/42①40/48①344/49①215/50④302,303,310,311/61⑨325/62③72/67⑥275
なんぶはちのへ【南部八の戸(青)、南部八戸(青)】 25①89,95
なんぽうきつきはん【南豊黄(杵)築藩(大分)】 18④429

【に】

にあげば【荷上場(秋)、荷揚場(秋)】 61⑨327,332,333
にあげばむら【荷上場村(秋)】 61⑨261
にい【仁位(長崎)】 32①137,②295,312
にいがた【新潟】→えちご 25①131/36③216,217,218,219,284
にいかわぐん【新川郡(富)】→えっちゅうにいかわぐん 4①180,267,270/5④329/39④210
にいかわぐんうおづ【新川郡魚津(富)】→うおづ 6①144
にいごう【仁位郷(長崎)】 32①12,15,97,132,142,148,153,154,155,156,157,160,161,162,163,167,168,169,190,191,192,203,206
にいごうたむら【仁位郷田村(長崎)】→たむら 32①25,64,89,102,111,119,172
にいごうめいそん【仁位郷銘村(長崎)】 41⑦314
にいぜきむら【二井(新)関村(秋)】 61⑨288
にいだ【仁井田(高)】 30①68,128
にいだごう【仁井田郷(高)】 30①57
にいだむら【二井田村(秋)】 61⑨264,326,332
にいつ【新津(新)】 25②202,204,205,209,210,211,212,219,220,222,224,230,231
にいつぐみ【新津組(新)】 25②232
にいつごう【新津郷(新)】 25②178
にいつへん【新津辺(新)】 25②188,190,199,206,221
にいの【新野(長野)】 42⑥372
にいむら【仁位村(長崎)】 32①190
にいやま【新(仁井)山(秋)】 61⑨270
にいろね【二色根(山形)】 18②252
にえむら【仁江村(石)】 5④345
におさきむら【鳰崎村(秋)】 61⑨361
にぎょうむら【仁行村(石)】 5④342
にし【西(新)】 25③266
にしおおい【西大井(神)】 66②121
にしおおいむら【西大井村(神)】 65③174/66②115
にしおわり【西尾張(愛知)】 17①237
にしがさきむら【西ケ崎村(静)】 16①324
にしかずさ【西上総(千)】 38④263
にしかた【西県(高)】 30①41,51,52,55,59,65,66,67,68,69,70,71,73,75,77,80
にしかわうち【西川内(山梨)】 65③205
にしかわつむら【西川津村(島)】 9③268
にしぎょう【西京(京)】 45②106/52②87,88,③133/70②68
にしぐみ【西組(新)】 25③270
にしぐん【西郡(神)】→さがみのくににしごおり 66②87
にしごおり【西郡(山梨)】 65

③205
にしごおり【西郡(岡)】 67②96
にしごし【西越(新)】 36③175,226
にしさんちゅう【西山中(長野)】 66⑤258
にしじん【西陣(京)】 35②392
にしたかはしむら【西高橋村(山梨)】 65③229
にしだにしんでん【西谷新田(新)】 36③323
にしたにむら【西谷村(石)】 5④337
にしだむら【西田村(富)】 5④322
にしち【西地(北)】 58①48
にしつやむら【西津屋村(長崎)】→とよさきごうにしつやむら
32①51,94
にしてんじく【西印度(インド)】 70⑤325
にしどうりむら【西同笠村(静)】 16①323,324
にしどまりむら【西泊村(長崎)】 32①12,48,51,86,96,100,107,139,170
にしね【西根(青)】 1①22
にしね【西根(岩)】 56①137
にしねしもとおり【西根下通り(青)】 1①118
にしのいち【西の市(京)】 35①223
にしのこおり【西の郡(愛知)】 16①322
にしのたに【西谷(香)】 44②80,83,88,89,91,92,94,96,98,99,123,139,140,142,148,164
にしのぶさわむら【西延沢村(神)】 66②96
にしのみや【西ノ宮(兵)、西の宮(兵)】→せっしゅうにしのみや
40②182/50①58
にしのむら【西ノ村(香)】 44②103
にしはちまん【西八幡(山梨)】 65③199
にしはま【西浜(山形)】→ゆざごうにしはま
64④284,310
にしはら【西原(沖)】 57②181,182,202,220,235
にしひさいりょう【西久居領(三)】 65②131
にしひら【西平(岐)】 43①14
にしぶ【西部(富)】 42④231
にしふきだむら【西蕗田村(茨)】 64③199
にしみかわ【西三河(愛知)】 17①237
にしみの【西美濃(岐)】 17①237
にしみのへん【西ミの辺(岐)】 24②236
にしみょうむら【西名村(新)】 25③259,291
にしむら【西村(和)】 46②143
にしむら【西村(沖)】 34⑤76,113
にしもないほりまわりむら【西馬音内堀廻り村(秋)】 61⑨372
にしやま【西山(福島)】 19②342,352
にしやま【西山(長野)】 66⑤273,280,293,306,307,308
にしやまむら【西山村(石)】 5④348
にじょう【二条(京)】 69①51
にしろくじょう【西六条(京)】 43②191
にた【仁多(島)】 9②196/61①49
にた【仁田(長崎)】 64⑤342,345,358
にたうちむら【仁田内村(長崎)】 32①12
にたくみ【仁田組(長崎)】 64⑤344
にたぐん【仁多郡(島)】 9③268
にっかわ【日川(山梨)】 65③197,199,201,202
にっこう【日光(栃)】→やしゅうつがぐんにっこう、やしゅうにっこう
29①85/40②179/48①245/68③329
にっこういまいちじゅく【日光今市宿(栃)】 48①235
にっこうさん【日光山(栃)】→しもつけにっこうさん、つがぐんにっこうさん、やしゅうにっこうさん
45⑦410/55②150/68③337,339,359
にっこうさんちゅうぜんじのいけ【日光山中禅寺の池(栃)】 16①318
にっさか【日坂(静)】 50③270
にっちゅうがわ【日中川(福島)】 19②342
にっぽん【日本】→みずほのくに、やまと、やまとのくに
3③180/6①141/8①269/12①172,390/13①18/16①64,90/17①145/70②82,87,88,125
にっぽんこく【日本国】 16①60,70
にのみや【二ノ宮(東)】 59①42
にほんばし【日本橋(東)】→えどにほんばしどおり
55②143
にほんまつ【二本松(福島)】 35②408,410/37②175
にょおか【女岡(秋)】 42①45
にらがわ【仁良川(栃)】 21①91
にれしんでん【仁連新田(茨)】 64③181
にれまち【仁連町(茨)】 64③185
にれまちしんでん【仁連町新田(茨)】 64③179,190,195,204,209
にわ【丹羽(愛知)】 64②113
にわぐん【丹羽郡(愛知)】→おわりのくににわぐん
64②115
にわむしかのしょう【丹羽虫鹿庄(愛知)】 64②113

【ぬ】

ぬいむら【縫殿村(秋)】 61⑨286,339
ぬかた【額田(大阪)】 43②186
ぬかたむら【額田村(大阪)】 43②124,131,137,147,153,161,177,192,198,207
ぬかのめ【糠野目(山形)】 18②277
ぬしろのぐん【渟代郡(秋)】 1②135
ぬだはら【怒田原(神)】 66②118
ぬだむら【怒田村(神)】 66②101,109,110
ぬのうらむら【布浦村(石)】 5④346
ぬのしたむら【布下村(長野)】 64①49
ぬのひき【布引(和)】 40④323
ぬまくない【沼宮内(岩)】 56①136,146
ぬまくないどおり【沼宮内通(岩)】 56①143,167
ぬまくないどおりみどうやま【沼宮内通御堂山(岩)】 56①150
ぬまくないゆきうら【沼宮内雪浦(岩)】 56①53
ぬまた【沼田(新)】 36③159,160,193,230
ぬまだてむら【沼館村(秋)】 1③280/61⑨340,350,373
ぬまづ【沼津(静)】 66②99

【ね】

ねいか【寧夏(中国)】 69①61
ねいぐん【婦負郡(富)】 4①71,267/5④333
ねえでるらんどこく【ネエデルランド国(オランダ)】 45⑥317
ねぎし【根岸(東)】 52②87/55②173
ねこざねしんでん【猫実新田(茨)】 64③203,207,211
ねこざねむらしんでん【猫実村新田(茨)】 64③192,211
ねごろがわ【根来川(和)】 65②93,110
ねじゃめ【根謝銘(沖)】 34②22
ねじゃめむら【根謝銘村(沖)】 57②188
ねつ【根津(長野)、禰津(長野)】 24③321/64①62
ねつごりょう【根津御領(長野)】 24③322
ねば【根羽(長野)】 42⑥373,375,384,385,386,387,388,391,393,395,405,406,407,410,411,412,413,414,415,420,424,426,431,432,435,436,440,442,444,445,446
ねもとつぼ【根本坪(茨)】 3④361
ねりまざいかたやま【練馬在片山(東)】 68③334
ねりまむら【ねりま村(東)】→ぶしゅうねりま
4①175
ねろめ【根路銘(沖)】 34②22

【の】

のう【能(石)】 48①155,293
のう【乃生(香)】 30⑤406
のうじま【能嶋(広)】 44①7
のうしゅう【能州(石)】→のとのくに
4①50,59,71,94,98,157,266,270,271/52⑦322,323/58③131
のうしゅう【濃州(岐)】 45⑥299,321/48①345/55②150,151/56①82
のうしゅうぎふ【濃州岐隼(阜)】 35②303
のうしゅうぎふしま【濃州岐阜

嶋(岐)】 35②327
のうしゅうくちぐん【能州口郡(石)】→くちぐん 47②98
のうしゅうしまのじ【能州嶋地(石)】 39④200
のうしゅうねもとむら【濃州根元村(岐)】 64②118
のうしゅうはくいぐん【能州羽咋郡(石)】→はくい 4①141,267
のうしゅうはくいぐんかみのむら【能州羽咋郡上野村(石)】 48①115
のうしゅうもとすぐん【濃州本巣郡(岐)】 48①346
のうしゅうよんぐん【能州四郡(石)】 4①267,268,269,273
のうとりがわ【直鳥川(佐)】 11⑤251
のうのち【能の地(石)】 52⑦283
のがた【野形(長野)、野方(長野)】→D、R 63①29,43,50,51
のがみ【野上(茨)】 3④275
のぎぐん【能儀郡(島)】 9③248
のぐちむら【野口村(愛知)】 64②118
のざきむら【野崎村(石)】 5④339
のじまむら【苗嶋村(富)】 5④317/6①139
のじり【野尻(宮城)】 67⑤223
のじり【野尻(島)】 9③249
のじりむら【野尻村(富)】 5④317
のしろ【能代(秋)】→うしゅうあきたやまもとぐんのしろ 61⑨269,311,320,321,322,328,333,364
のしろまち【能代町(秋)】 61⑨266
のせ【能勢(大阪)】 43③258/44①41
のせみょうけんやま【能勢妙見山(大阪)】 7②329
のぞき【及位(山形)】 61⑨275,371
のだ【野田(千)】 63③129
のだ【野田(愛知)】 64②115
のだむら【野田村(山形)】 61⑨274
のつはる【野津原(大分)】 33③161,165
のと【能登(石)】 4①23,284/5④335/42⑥385/48①43,58,63,81,98,99,210/49①204,249/62①17
のとのくに【能登の国(石)、能登国(石)】→のうしゅう 48①50,197,260,295/49①37,256/58③121/69②385
のとのくにくりやまむら【能登国栗山村(石)】→くりやまむら 48①118
のとのくにしか【能と国四ケ(石)】 48①15
のとのくにはくいぐんくりやまむら【能登国羽咋郡栗山村(石)】→くりやまむら 48①110
のとはま【能登浜(石)】 39⑤298
のとべ【能登部(石)】 5④338
のとべしもむら【能登部下村(石)】 5④338
のとべむら【能登部村(石)】 5④336
のとわじま【能登輪嶋(石)】 48①173
のねむら【野根村(高)】 30②197
ののいち【野々市(石)】 4①12,23,113,115,200/39⑤287
ののいちむら【野々市村(石)】 4①23/5④311
ののがみごう【野々上郷(茨)】 3④340/38①6,7,8,28
ののはま【野々浜(広)】 44①52,53
ののはまむら【野之浜村(広)】 44①39
のは【饒波(沖)】 34②22
のぶさわ【延沢(神)】 66②115
のぶさわむら【延沢村(神)】 66②92
のへじ【野辺地(青)】 56①140,170
のへじどおり【野辺地通(青)】 56①151
のみ【能美(石)】→かしゅうのみ 6①211/39⑤288
のみぐん【能美郡(石)】 4①89,159,198,240,266,269,273/5④307
のみぐんこくふむら【能美郡国府村(石)】 4①216
のみぐんこまつ【能美郡小松(石)】 4①273
のむら【野村(石)】 5④314
のもと【野本(埼)】 42③157,174
のりきよむらへん【則清村辺(新)】 25②181
のりさだ【則定(愛知)】 42⑥370,372,376,383,385,388,403,404,413,430,431,436,438
のろししんむら【狼煙新村(石)】 5④346
のろしむら【狼煙村(石)】 5④346,356

【は】

はいげ【灰下(新)】 36③223
はいじま【拝じま(東)、拝島(東)、拝嶋(東)】 59①10,11,13,16,21,22,23,38,42,43,44,48,49,57,58
はいじまむら【拝嶋村(東)】 59①10,22,28,29,49
はえばる【南風原(沖)】 34③52
ばがうらむら【祖母浦村(石)】 5④339
はがぐん【芳賀郡(栃)】→やしゅうはがぐん 22①67/45⑥293
はかざ【袴挟(兵)】 43③253,254,257
はかざむら【袴挟村(兵)】 43③237,238,271,273
はかた【博多(福岡)】 41⑤244
はぎうだ【萩生田(山形)】 18②268
はぎおむら【萩生村(山形)】 61⑨300
はぎだいら【萩平(愛知)】 42⑥391
はぎなが【脛永(岐)】 43①81
はぎのやむら【萩野屋村(石)】 27①307
はぎはら【萩原(奈)】 61⑤178
はぎはら【萩原(香)】 44②160
はくい【羽喰(石)】→のうしゅうはくいぐん 5④335
はくさいこく【百済国(朝鮮)】 35①222
はくさん【白山(東)】 45⑦374
はくさん【白山(石)】 6①84/65③217
はくしゅう【伯州(鳥)】 47⑤256,277
はくしゅうおもて【伯州表(鳥)】 47⑤261
はぐりぐん【葉栗郡(愛知)】 17①149
はぐろのやま【羽黒ノ山(青)】 1②211
はぐろむら【羽黒村(愛知)】 64②115,123,125
はぐろむらしんでん【羽黒村新田(愛知)】 64②125
はげやまむら【羽毛山村(長野)】 64①49
はこざき【箱崎(福岡)】 33⑥343
はこだて【箱館(北)、箱舘(北)、箱立(北)】 2⑤325,329,330,331/36③284/49①216,217/58①62
はこだておもて【箱舘表(北)】 2⑤324
はこどの【箱殿(大阪)】 43②159
はこね【箱根(神)】 54①258/70②141
はこねがさき【箱根(ケ崎)(東)】 59①50
はこねのこすい【箱根ノ湖水(神)】 70②141
はこみや【筥宮(石)】 5①66
はしお【箸尾(奈)】 15③391
はしたむら【土下村(鳥)】 47⑤249,250,251,252,257,259,261,263,270,277
はしづめむら【橋詰村(長野)】 66⑤305
はしづめむら【橋爪村(愛知)】 64②125
はしづめむらしんでん【橋爪村新田(愛知)】 64②125
はしなみ【橋波(島)】 9③268
はしば【橋場(岩)】 56①137
はじむら【はし(土師)村(広)】 9①147
はしもと【橋本(和)】 65②66
はしもとむら【橋本村(山形)】 64④264,269
はすがたしんでん【蓮潟新田(新)】 25②219
はせ【初瀬(奈)】 10①141/13①213
はせどう【長谷堂(山形)】 61⑨388,389
はせどうむら【長谷堂村(山形)】 61⑨370
はせべしんでん【長谷部新田(東)】 59①59
はた【幡多(高)】 10①98
はたえむら【波多江村(福岡)】 67④183
はたぐん【幡多郡(高)】 30①57,119
はたけなか【畑中(埼)】 42③156,157
はたなかむら【畠中村(富)】 4①125
はだの【はだの(神)】→さがみのくにはだの 66②101
はだむら【羽田村(愛知)】 23⑤270
はたや【畑屋(秋)】 42①64

はたやむら【畑谷村(秋)】 42①52,60,61,62,67
はちおうじ【八王子(東)】 22⑥366/59①19,21
はちがさきむら【八ヶ崎村(石)】 5④339
はちけんまち【八軒町(山形)】 64④266,268
はちけんや【八軒屋(岡)】 67③129
はちけんやちょう【八軒屋丁(島)】 59③248
はちこく【八石(千)】 63⑦356,357,362,371,376,377,378,380,382
はちじょう【八丈(東)】→いずのはちじょうじま 66③141
はちじょうがじま【八丈が嶋(東)】→いずのはちじょうじま 35②368
はちじょうじま【八丈島(東)】→いずのはちじょうじま→V 55②136,145
はちのたむら【八ノ田村(石)】 5④341,352
はちのへ【八戸(青)】 2①112
はちのへりょう【八戸領(青)】 56①140,150
はちまん【八幡(岩)】 56①146
はちまん【八幡(島)】 59③215
はちまんたいむら【八幡平村(秋)】 1③280
はちもり【八森(秋)】 1③280/61⑨323
はちもりおおまごし【八森大間越(秋)】 1③281
はちもりぎんざん【八森銀山(秋)】 61⑨323
はちもりむら【八チ森村(秋)】 61⑨322,331
はづこしむら【初越村(静)】 16①324
はったむら【治田村(三)】 66⑥337
はっとり【服部(大阪)】→せっしゅうはっとり 4①176
はっとりがわむら【服部川村(大阪)】 43②131
はっとりこや【服部興屋(山形)】 64④275
はっとりこやむら【服部興屋村(山形)】 64④280,286,287,288,289
はつむら【初村(福岡)】 67④183
はづむら【筈(羽津)村(三)】 61⑩413
はとりむら【羽鳥村(静)】 65③184
はなおか【花岡(長野)】 59②106,115,116,122,145
はなおかむら【花岡村(長野)】 59②105,106
はなかわどちょう【花川戸町(東)】 59④348
はなだてえき【花立(館)駅(秋)】 61⑨289
はなだてむら【花立(館)村(秋)】 61⑨291
はなまき【花巻(岩)】 56①136,150
はなまきどおり【花巻通(岩)】 56①162
はなまきにぐん【花巻二郡(岩)】 56①44,139
はなみむら【波並村(石)】 5④345,350
はにうむら【埴生村(富)】 5④316
はにしなぐん【埴科郡(長野)】→しんしゅうはにしなぐん 45⑥295,296
はにゅう【羽生(埼)】 42③187
はにゅうまち【羽生町(埼)】 42③184
はにゅうりょう【羽生領(埼)】 65③232
はねおむら【羽根尾村(群)】 66③146
はねじ【羽地(沖)】 57②119,182,201,202
はねだむら【羽田村(東)】 45⑤245,249
はねつき【羽付(山形)、羽附(山形)】 18②252,267,269
はねむら【羽根村(石)】 5④345,356
ばば【馬場(宮城)】 67⑤223
ばば【馬場(茨)】 3④284
ばばごし【馬場腰(岐)】 43①26,85
ばばしんでん【馬場新田(茨)】 64③190
はばむら【羽場村(長野)】 67⑥289
ばばむら【馬場村(茨)】 3④285,288,377/64③199
ばばむら【馬場村(石)】 5④348
ばばむら【馬場村(静)】 16①324
ばばむらしんでん【馬場村新田(茨)】 64③200,202,209,210
はまぐすむら【浜久須村(長崎)】 32①12,20,46,51,86,95,100,107,118,139,170
はまさき【浜崎(山口)】 57①47
はまじまむら【浜島村(三)】 66⑧404
はまだごりょう【浜田御領(島)】 53①11
はままつ【浜松(静)】→えんしゅうはままつ 31⑤282/66④189
はままつはん【浜松藩(静)】 14①411
はまむら【浜村(石)】 5④309
はまわき【浜脇(大分)】 14①359
はむら【羽村(東)】 59①31,50,51
はやうら【早浦(和)】 48①320
はやかしむら【早借村(富)】 5④323
はやかわ【早川(山梨)】 65③183,197,205
はやしま【早嶋(岡)】→びっちゅうのくにはやしま 15③382
はやみごおり【速見郡(大分)、速水郡(大分)】 14①113,140
はら【原(静)】 66⑥345
ばらのしんでん【茨野新田村(山形)】 64④264
ばらのむら【茨野村(山形)】 64④264
はらまち【原町(群)】 66③143,156,157
はらまむろ【原真(馬)室(埼)】→あだちぐんはらまむろむら 42③152
はらやま【原山(兵)】 48①384
はりま【播州(兵)、播摩(兵)、播磨(兵)】 13①7,369/14①104/15②191,③329/45③154/52②88/56①153/62①17,⑦181/69①83
はるがむら【春ヶ村(愛媛)】 30③271
はるなさん【榛名山(群)】 39②96
はれやま【晴山(岩)】 2①47
ばんしゅう【播州(兵)】 3④279,381/14①410/15②204,③383/45③167,④209,⑥299/49①207/52⑦311/60④229/65③216
ばんしゅうあかし【播州明石(兵)】→あかし 15②203,204/53②97
ばんしゅうあこう【播州赤穂(兵)】→あこう 49①189
ばんしゅうかこがわ【播州加古川(兵)】 35①195
ばんしゅうさよのやま【播州小夜ノ山(兵)】 49①207
ばんしゅうしかま【播州しかま(兵)】 35①230
ばんしゅうじんざいぐんふくさきむら【播州神西郡福崎村(兵)】 43③261
ばんしゅうたかさご【播州高砂(兵)】→たかさご 15③410
ばんしゅうたかさごうら【播州高砂浦(兵)】→たかさごみなと 15②270
ばんしゅうなだてふたみ【播州灘手二見(兵)】→ふたみ 15②238
ばんしゅうひめじ【播州姫路(兵)】→ひめじ 15②207,③377
ばんどう【坂東】 17①193/48①227
はんのうらむら【半浦村(石)】 5④337,340

【ひ】

ひいのかわ【日井の河(島)、日井の川(島)】 9②196,206
ひえいさん【ひゑい山(滋、京)】 16①56,59
ひえばたけむら【稗畠村(富)】 5④330
ひえばら【稗原(島)】 9③249
ひがしいわはなむら【東岩鼻村(群)】 48①210
ひがしうんなむら【東雲名村(静)】 65③194
ひがしえぞち【東蝦夷地(北)】 58①57
ひがしえびさかむら【東老海坂村(富)】 5④322
ひがしかすがいぐん【東春日井郡(愛知)】 64②141
ひがしかた【東県(高)】 30①40,41,51,52,54,59,64,65,66,67,68,69,70,71,74,75,78,80,110,111,113
ひがしかつらお【東葛尾(福島)】 37②136
ひがしかわうち【東川内(山梨)】 65③205
ひがしごおり【東郡(山梨)】 65③200,205
ひがしこが【東空閑(長崎)】 66④202
ひがしこがむら【東空閑村(長

崎)】 66④213
ひがししんまち【東新町(石)】 5④338
ひがしち【東地(北)】 58①38,48
ひがしどうりむら【東同笠村(静)】 16①323,324
ひがしなかむら【東中村(富)】 5④316
ひがしね【東根(青)】 1①22,23,104,118
ひがしのむら【東野村(兵)】→せっつのひがしの 14①383
ひがしのむら【東ノ村(和)】→いたみひがしのむら 65②95,112,113
ひがしひろかみむら【東広上村(富)】 5④326
ひがしふきたむら【東蕗田村(茨)】 64③199
ひがしぼ【東保(富)】 42④233,270
ひがしぼむら【東保村(富)】 5④317,321
ひがしむきみなみまち【東向南町(奈)】 49①75
ひがしむら【東村(石)】 5④343
ひがしむら【東村(和)】 46②143
ひがしめ【東目(長崎)】 32①63
ひがしやま【東山(福島)】 20②384
ひがしやまがすじ【東山家筋(神)】 66②88,101,120
ひがしやまだしんでん【東山田新田(茨)】 64③204,205
ひがしやまむら【東山村(静)】 16①324
ひがた【日形(方)(和)】 40④337
ひがの【ひかの(長野)】 66⑤259
ひきすなむら【引砂村(石)】 5④346
ひきだ【引田(栃)】 48①239
ひきだ【引田(東)】 59①31,42,45,46
ひきだむら【疋田村(奈)】 15③390
ひきの【引ノ(広)】 44①7,23
ひきのむら【引野村(広)】 44①28,30,55
ひぐちむら【樋口村(長野)】 67⑥294
ひぐれ【日暮(山口)】 57①41
ひげたむら【日下田村(石)】 27①272
ひご【肥後(熊)】 5③271,274/8①285/11②116/14①104,105/15①15/17①150/33⑤240,244,246,247,260/38④267/46①17/48①215,349,390/49①42/50①41,④326/56①159,214/62①17/65③240/66④188/68③350,353
ひごあまくさ【肥後あま草(熊)】→あまくさ 16①165
ひごおもて【肥後表(熊)】 33⑤265
ひごくまもと【肥後熊本】→くまもと 49①37
ひこさん【彦山(福岡、大分)】→ほうしゅうひこさん 12①339/41⑤259
ひこね【ひこね(滋)】→おうみのくにひこね、おうみひこね 35②407
ひごのあそ【肥後ノ阿蘇(熊)】 69②379
ひごのくに【肥後の国(熊)、肥後国(熊)】 6①173/14①293/15①15/16①147/31⑤247/48①348
ひごのくにあまくさ【肥後国天草(熊)】 48①348
ひごのくにうえきえき【肥後国植木駅(熊)】→うえきえき 11④174
ひごのくにくまもと【肥後国熊本】 11④172,182
ひごのくにこうしぐんおおつ【肥後の国合志郡大津(熊)】 69①61
ひごのくにやつしろ【肥後国八代(熊)】→やつしろ 46②132
ひごやつしろぐん【肥後八代郡(熊)】 48①349
ひさいずみ【久泉(富)】 42④275
びさんのにしゅう【尾三の二州(愛知)】 15②144
ひじ【日出(大分)】 14①359
ひじうちむら【土淵村(兵)】 43③248
ひじくろ【土黒(長崎)】 66④202
ひじくろむら【土黒村(長崎)】 66④213
ひじじょうか【日出城下(大分)】 14①113
ひしね【菱根(島)】 9③267
ひしゅう【飛州(岐)】 5④331,334/24①176
ひしゅう【肥州(佐、長崎、熊)】 45⑦409
びしゅう【尾州(愛知)】 3④294,339/7②333/14①272,273,327,337,407/16①279/17①149/45⑥300,321/48①376/55②152/61④161
びしゅう【備州(岡)】 65③216
びしゅうあつた【尾州熱田(愛知)】→あつた 16①277,317
びしゅうかいとうぐん【尾州海東郡(愛知)】→かいとうぐん 15②151
ひしゅうすごうむら【飛州スガハ(数河)村(岐)】 49①143
びしゅうち【尾州地(愛知)】 24②236
びしゅうちたぐん【尾州智多郡(愛知)】→ちたぐん 15②300
びしゅうとべむら【尾州戸辺村(愛知)】 61⑩414
びしゅうなごや【尾州名古屋(愛知)】→なごや 14①271/49①225
びしゅうみやのえき【尾州宮の駅(愛知)】 62⑦180
ひぜん【肥前(佐、長崎)】 3③173/14①45/15①31/17①150/48①385/49①214/58⑤369/62①17/65③240/66④184,187,188
びぜん【備前(岡)】 8①285/11①13/14①104,312/15③329,384/49①213,214/62①17/67②102,103/69①68,83
ひぜんからつごりょう【肥前唐津御領(佐)】→からつごじょうか 11④170
ひぜんきい【肥前基肄(佐)】→きい(基肄) 45⑥321
ひぜんしまばら【肥前島原(長崎)】→しまばら 48①390
ひぜんしゅう【肥前州(佐、長崎)】 45⑥300
びぜんしゅう【備前州(岡)】 45⑥299
ひぜんのからつ【肥前の唐津(佐)】→からつ、からつごじょうか 48①387
ひぜんのくに【肥前国(佐、長崎)】 14①104/48①350
びぜんのくにおかやま【備前国岡山】 15③379
ひぜんのくにからつりょう【肥前の国唐津領(佐)】 58⑤289
ひぜんのくにくりむら【肥前国久里村(佐)】 11④169
ひぜんのくにごとう【肥前国五嶋(長崎)】→ごとう 69①113
ひぜんのくにはまさきえき【肥前国浜崎駅(佐)】 11④168,181
ひぜんのくにはまむら【肥前国浜村(佐)】 69①73
ひぜんのくにまつら【肥前国松浦(佐)】 24①83
ひぜんりょう【肥前領(佐、長崎)】 11①16,28
ひだ【飛騨(岐)、飛驒(岐)】→だんしゅう 6①160/16①61,152,170,324/18①159,②255/25①130/35②262/47②98/56①40,159,215/62①17
ひだいむら【比田井村(長野)】 24③354
ひだかぐん【日高郡(和)】 53④248
ひたかつむら【比田勝村(長崎)】 32①51
ひたごおりくままち【日田郡隈町(大分)】 14①242
ひたごおりまめだまち【日田郡豆田町(大分)】 14①242
ひだたかやま【飛騨高山(岐)】→たかやまちょう 24①169
ひたち【常陸(茨)】 16①246/17①219/45⑥292,293,294/58②94/62①17/65③233/66③151/67①19/68③361
ひたちうしぼりむら【常陸牛堀村(茨)】→うしぼり 61⑩422
ひたちがわ【常陸川(茨、埼、千)】 65③233
ひたちないむら【比立内村(秋)】 61⑨265,266
ひたちのくに【常陸ノ国(茨)、常陸国(茨)】→じょうしゅう(常州) 3①24,58/37③375/38①28/48①343/62④84/68④400
ひたちのくにつくばさん【常陸国筑波山(茨)】 35①178
ひたちのくにつくばやま【ひたちの国つくばやま(茨)】 47①10
ひたちのくにとよらみなと【常陸国豊良湊(茨)】 35①55/47②136
ひたちのくにふかわ【常陸国ふ

かわ(茨)】 16①278
ひたちのくにみと【常陸国水戸(茨)】→みと 3②67
ひたちへん【ひたち辺(茨)】 55②129
ひたちみとごりょう【常陸水戸御領(茨)】 16①323
ひだのくに【飛驒の国(岐)、飛驒国(岐)】→だんしゅう 24①147,176
ひだのくにみのわ【飛驒の国箕輪(岐)】→みのわ(蓑輪) 24①173
ひだやま【飛驒山(岐)】 16①158
ひだやまざかい【飛弾(驒)山境(長野、岐)】 25①130
ひつ【比津(島)】 9③245
びっちゅう【備中(岡)】→B 8①285/9②205,216/10②333/14①46,104,250/15②150,204,③329,376,384,385/35②333/45④210,⑥335/49①7,8,12,22/56①153/62①17,⑦181/67②116/69①68,83
びっちゅうのくに【備中国(岡)】 38④286/69①59
びっちゅうのくにおだぐんおおえむら【備中国小田郡大江村(岡)】→おおえむら 29①91
びっちゅうのくにたましま【備中国玉嶋(岡)】→たましま 15③410
びっちゅうのくにはやしま【備中国早嶋(岡)】→はやしま 15③379
びっちゅうやない【備中柳井(岡)】 44①46
ひづめ【日詰(岩)】 56①137
ひづめちょう【日詰町(岩)】 56①143
ひづめむら【日詰村(富)】 5④324
ひでがしまむら【日出嶋村(石)】 5④340
ひといちむら【一日村(秋)】 61⑨260
ひなたむら【日名田村(富)】 5④324
ひなたわだ【日向和田(東)】 59①31
ひの【日野(東)】 59①58,59
ひのせとむら【樋瀬戸村(富)】 5④318
ひのやむら【日谷村(石)】 42⑤338
ひのりょうしゅう【肥の両州(佐、長崎、熊)】 66④184
ひみ【氷見(富)】 6①11,21/39④212/42④261/48①20
ひむかたかちほ【日向高知穂(宮崎)】 14①45
ひむがのくに【日向国(宮崎)】 70④260
ひめじ【姫路(兵)】→ばんしゅうひめじ 15②203,204
ひゃくざわ【百沢(青)】 1②191
ひやまじ【檜山路(三)】 66⑧396
ひやまじむら【檜山路村(三)】 66⑧397
ひやまむら【比(檜)山村(秋)】 61⑨260
ひゅうが【日向(宮崎)】 14①99,316/45⑥286/49①71,87,89,207/50④326/56①153/58④263/62①17/66④188
ひゅうがのくに【日向の国(宮崎)、日向国(宮崎)】 3④383/14①104,310/35①21/50①50,②164/53④246/65④315
ひゅうがのくにのべおか【日向国延岡】 50②168
ひゅうがもろかたぐんまんがたごうやなぎつる【日向諸県郡馬開(関)田郷柳水流(宮崎)】 65③213
ひょうご【兵庫】→せっしゅうひょうご、せっつのくにひょうご 15②295/50①58
ひようむら【日用村(石)】 27①272,307
ひらお【平尾(京)】 48①384
ひらお【平生(山口)】 29④286
ひらおか【平岡(秋)】 42①45,64
ひらおか【平岡(和)】 65②110,113
ひらおかむら【平岡村(和)】 65②108,112
ひらか【平鹿(秋)】 70②164
ひらかおおや【平鹿大谷(屋)(秋)】 70②174
ひらかこんだやち【平鹿根田谷地(秋)】 70②182
ひらかじゅうごの【平鹿十五野(秋)】 70②153
ひらかた【平方(埼)】 42③153
ひらかますだまとさん【平鹿増田間戸山(秋)】 70②117
ひらかよこて【平鹿横手(秋)】 70②144
ひらきむら【開村(秋)】 61⑨280
ひらさかのうみ【平坂の海】 16①282
ひらさわ【平沢(東)】 59①19,50
ひらさわむら【平沢村(富)】 5④325,330
ひらたごう【平田郷(山形)】 64④247,264,274
ひらたむら【平田村(島)】 9③247,250,263,268,278
ひらつかしんでん【平塚新田(茨)】 64③179,204,208,209
ひらつかむら【平塚村(茨)】 64③188,200
ひらつかむらしんでん【平塚村新田(茨)】 64③201
ひらど【平戸(長崎)】 15①15,31/33⑥393/50④310,321/58⑤362/69①113
ひらの【平野(大阪)】→せっしゅうひらの 15③396
ひらのむら【平野村(大阪)】 17①227
ひらのめ【平野目(大阪)】 15③376
ひらま【平間(茨)】 22③162
ひらまやま【平間山(茨)】 22③162
びらむら【比良村(石)】 5④345
ひらやま【平山(千)】 63③129
ひらやま【平山(愛知)】 42⑥406
びるだんむら【蛭谷村(富)】 5④329,330
ひろ【ひろ(広)(和)】 40④337
ひろおかむら【広岡村(石)】 4①142
ひろくないむら【広(久)内村(秋)】 61⑨337,349
ひろさき【弘前(青)】 1②168
ひろせこうの【広瀬鴻野(岐)】 24①69
ひろせごおり【広瀬郡(奈)】 15③391
ひろせのごう【広瀬郷(岐)】 24①9
ひろせまちむら【広瀬町村(岐)】 24①76
ひろた【広田(兵)】 40②182
びわのこすい【琵琶ノ湖水(滋)】 70②141
びわのたいこ【琵琶ノ大湖(滋)】 70②140
びわはら【ひは原(香)、枇杷原(香)】 44②157,158
びん【閩(中国)】 70①17,③214
びんご【備後(広)】 8①285/9②205/11①13/13①7,70/14①46/15②150,③329,351,384,385/45⑥335/48①351/62①17/69①83
ひんこく【豳国(中国)】 69②180,253
びんごしゅう【備後州(広)】 45⑥299
びんごのくに【備後の国(広)、備後国(広)】 14①107/17①310/48①350
びんごのくにとものつ【備後国鞆津(広)】 15②294
びんごのくにふくやま【備後の国福山(広)、備後国福山(広)、備后国福山(広)】→ふくやま(広) 15②231,③410/45②110
びんごふくやま【備後福山(広)】 15②153/35②317
びんざん【岷山(中国)】 70②142

【ふ】

ふえふきがわ【笛吹川(山梨)】 65③197,198,199,200,201,202,204
ふかえ【深江(兵)】 50①58
ふかえ【深江(長崎)】 66④192
ふかえむら【深江村(長崎)】 66④213,215
ふかがわうみべしんでんおなぎがわちょう【深川海辺新田小名木川町(東)】 58②97
ふかがわこまつちょう【深川小松町(東)】 58②99
ふかがわにしまちよこちょう【深川西町横町(東)】 58②97
ふかざわ【ふか沢(秋)】 42①31
ふかざわ【深沢(新)】 36③194
ふかざわむら【深沢村(新)】 36③216
ふかたむら【深田村(石)】 5④344
ふかつ【深津(広)】 44①15,20,23,40
ふかつむら【深津村(広)】 44①44,47,55
ふかみむら【深見村(石)】 5④352,353
ふかややもとまち【深谷矢本町(宮城)】 67⑤214
ふかわむら【苻川村(神)】 66②110
ふかわらむら【深原村(富)】 5④323
ふくおか【福岡(岩)】 56①140,150
ふくおか【福岡】 67④167,174,

185
ふくおかどおり【福岡通(岩)】 56①142,146,172
ふくおかどおりなみうちとうげ【福岡通波打峠(岩)】 56①52
ふくおかまち【福岡町(富)】 5④320
ふくがわ【福川(山口)】 29④276
ふくがわむら【福川村(秋)】 61⑨293,294
ふくしま【福しま(福島)、福嶋(福島)】→おうしゅうふくしま 18①90,106/35②409,410,412,413
ふくしま【福島(高)】 30①68
ふくしゅう【福州(中国)】 45⑥316/70①12
ふくだ【福田(茨)】 3④313
ふくだ【福田(広)】 44①36,39,48,53,56
ふくださかい【福田境(秋)】 42①45
ふくだしんでん【福田新田(岡)】 67③132
ふくでみなと【福田湊(静)】 16①285
ふくでむら【福田村(静)】 16①285
ふくとめむら【福富村(石)、福冨村(石)】 5④311/39⑤299
ふくの【福野(富)】 6②283
ふくのむら【福野村(石)】 5④340
ふくますむら【福升村(山形)】 64④259,260,263,267,269,270,274
ふくみつ【福光(富)】→となみぐんふくみつむら 6②283/42④254
ふくめざわむら【福米沢村(秋)】 61⑨294
ふくやま【福山(岡)】→びんごのくにふくやま 67②92,100
ふくやま【福山(広)】 15③383/44①49,57
ふくら【吹浦(山形)】 64④293
ふくら【福浦(石)】 27①203,214,243,250,270,271
ふくらむら【吹浦村(山形)】 64④243,256,289
ふくらむら【福浦村(石)】 5④339/27①204
ふくろむら【袋村(石)】 5④314
ふげし【鳳至(石)】 5④341,347
ふげしぐん【鳳至郡(石)】 4①267/5④347
ふけだ【吹田(熊)】 33④176
ふげんやま【普賢山(長崎)】 66④192,215
ぶこう【武江(東)】 54①315
ふさがしむら【汗村(栃)】 61⑩428
ふさくに【総国(千)】 45⑥297
ふじ【富士(山梨、静)】→するがのふじ 24①56/54①176/68③346
ふじ【富士(愛知)】 64②115,118,119
ふじかね【藤金(埼)】 42③150
ふじがわ【不二川(山梨、静)、富士川(山梨、静)】→こうしゅうふじかわ 16①282,319,325/48①186/65③177,185,197,204,205,229/66⑧406
ふしき【伏木(富)】 6①21
ふじことむら【藤事(琴)村(秋)】 61⑨324,331
ふじさきむら【藤崎村(山形)】 64④285,293,296,300,301,302,304,306,308,309,310
ふじさわ【藤沢(神)】 66①46,51,54,55,②104,105
ふじさん【富士山(青)】 18⑥491
ふじさん【不二山(山梨、静)、富士山(山梨、静)】 36①34/48①186/62③76/65③172/66①34,②100,101,108/67⑤238/70②119
ふじた【藤田(茨)】 3④225
ふじたむら【藤田村(茨)】 3④222
ふじつか【藤塚(大阪)】 43②202
ふじつかやま【藤塚山(大阪)】 43②135,142,206,207
ふじと【藤戸(岡)】 15③382/67③130
ふじとむら【藤戸村(岡)】 67③133
ふじなみ【藤並(和)】 46②143
ふじなみむら【藤波村(石)】 5④339,345,349
ふじのおむら【藤之生村(山形)】 64④284
ふじのごう【藤之郷(三)】 66⑧395,396
ふじのたな【藤の棚(奈)】 61⑦196
ふじのやま【不二の山(山梨、静)】 59④275
ふじはまむら【藤浜村(石)】 5④348
ふしみ【ふしミ(京)、ふし見(京)、伏見(京)、伏水(京)】→じょうしゅうふしみ、やましろのくにふしみ 13①157,159/14①273,373/15②296/40④284/43②191/45②106/46②132/49①199/62⑦181/69①51
ふしみちょう【伏見町(京)】 49①198
ふしみのももやま【伏見の桃山(京)】 7②350
ふしみふかくさ【伏見深草(京)】 10①141
ふじみや【ふじ宮(長野)】 59②116
ふじもり【藤森(秋)】 61⑨346
ぶしゅう【武州(埼、東、神)】→むさしのくに 3①25,36,37/4①175/21①14/48①202/56①215/61⑨307
ぶしゅうあだちぐん【武州足立郡(埼、東)】 48①198
ぶしゅうあだちぐんしかてぶくろむら【武州足立郡鹿手袋村(埼)】 69②323
ぶしゅういたばしえき【武州板橋駅(東)】 48①357
ぶしゅういるまぐん【武州入間郡(埼)】 67①33,35,37,42
ぶしゅうえど【武州江戸(東)】→えど 16①110
ぶしゅうおけがわしゅく【武州桶川宿(埼)】 48①199
ぶしゅうおし【武州忍(埼)】 3①25
ぶしゅうかさいぐんにごうはんりょう【武州葛西郡二合半領(埼)】 69②335
ぶしゅうかわごえ【武州川越(埼)】→かわごえ 69①68
ぶしゅうしかてぶくろむら【武州鹿手袋村(埼)】 69②389
ぶしゅうせきむら【武州関村(埼)】 61⑩418
ぶしゅうたまがわ【武州玉川(東)】 14①399
ぶしゅうちちぶ【武州秩父(埼)】→ちちぶ→V 45⑥304,336
ぶしゅうねりま【武州練馬(東)】→ねりまむら 3①25,④365
ぶしゅうはとがやしゅく【武州鳩ケ谷宿(埼)】 61③124
ぶしゅうふかやしゅく【武州深谷宿(埼)】 61⑨307,308
ぶしゅうへんたまがわ【武州辺玉川(東)】 14①261
ぶじょう【武城(東)】 32②318
ふじわらだ【藤原田(長野)】 64①44,45,56,57
ふじわらだむら【藤原田村(長野)】 64①60
ふせたかだ【布施高田(長野)】 66⑤264
ふせむら【布施村(富)】 5④323
ぶぜん【豊前(福岡、大分)】 14①104/17①150/50④326/56①144/62①17/66④188
ぶぜんこくら【豊前小倉(福岡)】 11④186/15②294
ぶぜんのくに【豊前国(福岡、大分)】 15②294/48①351
ぶぜんのくにうさぐんうえだむら【豊前国宇佐郡上田村(大分)】 33②134
ぶぜんのくにこくら【豊前国小倉(福岡)】 11④178
ふそうこく【扶桑国(日本)】 35①6
ふたあなむら【二穴村(石)】 5④339
ふたい【二居(新)】 25①107,108
ふたえぼりむら【二重堀村(愛知)】 64②140
ふたがみ【二上(大阪、奈)】 15③397
ふたがみむら【二上村(富)】 5④322
ふたご【二子(岩)】 56①146
ふたづかむら【二塚村(富)】 5④326
ふたつちゃや【二ツ茶屋(兵)】 50①58
ふたつやまへん【二ツ山辺(新)】 25②219
ふたまたお【二又尾(東)】 59①31
ふたまたがわむら【二又川村(石)】 5④342
ふたまたむら【二俣村(石)】 5④313
ふたみ【二見(兵)】→ばんしゅうなだてふたみ 61⑧221
ふたみむら【二見村(兵)】 60④229
ふたらさん【二荒山(栃)】 45⑦410
ふちのえむら【渕上村(石)】 5④312
ふちゅう【府中(静)】 65③183
ふちゅう【府中(広)】 44①55
ふちゅう【府中(長崎)】 32①93,129,197,209,②317,319,322,323,329,331,336/64⑤334,351

ふちゅうむら【府中村(石)】 5④336
ふっさ【福生(東)】 59①31,41,45,53,54
ふっさむら【福生村(東)】 59①32
ぶっしょうじむら【仏生寺村(富)】 5④322,323,324,325
ふっと【古戸(愛知)】 42⑥370,375,377,391,394,395,398,410,411
ふっとむら【払戸村(秋)】 61⑨293,294
ふつむら【符津村(石)】 5④308
ふつむら【布津村(長崎)】 66④213
ふどうさわ【不動沢(新)】 36③161,224,227,263,276,323,324,328
ふどうじまむら【不動嶋村(石)】 5④309
ふとげむら【二曲村(石)】 5④308
ふないじょうか【府内城下(大分)】 14①113
ふなおか【船岡(秋)】 70②157,170
ふなおか【船岡(京)】 37③327
ふながた【舟形(山形)】 61⑨366,388
ふながたえき【舟形駅(山形)】 61⑨275
ふなかたむら【船形村(千)】 66⑦367
ふなかわむら【舟川村(秋)】 61⑨329
ふなこし【舟越(秋)】 61⑨270
ふなこし【船越(山口)】 58④263
ふなこしむら【船越村(三)】 66⑧404
ふなさかむら【船坂村(和)】 46②144
ふなじまむら【船嶋村(熊)】→くまもとごりょうふなじまむら 11④176
ふなつ【船津(三)】 66⑧396
ふなば【舟場(長野)】 66⑤263
ふなばし【舟橋(千)】 69①121
ふなばしがわ【舟橋川(福井)、船橋川(福井)】 4①190/65③217,218
ふねがさわ【船ヶ沢(秋)】 61⑨363
ふねさわ【船沢(秋)】 70②170
ふみつむら【文津村(愛知)】 64②126
ふみつむらしんでん【文津村新田(愛知)】 64②127
ふみでむら【文出村(長野)】 59②100
ふもとむら【麓村(秋)】 42①45
ぶようこうりゅう【武陽高柳(埼)】 38③112
ぶようそめい【武陽染井(東)】 54①315
ふらんす【仏国】 53⑤312
ふらんすこく【フランス国、払郎察国(フランス)】 45⑥316/70⑤338
ふりーすらんど【フリースランド(オランダ)】 70⑤322
ふるえむら【古江村(石)】 5④337
ふるかわ【古川(宮城)】 67⑤224
ふるかわ【古川(岐)】 24①47,76,148
ふるかわ【古川(香)】 44②157,158
ふるきため【古北目(熊)】 33④176
ふるきみむら【古君村(石)】 5④345
ふるたむら【古田村(愛媛)】 30③294
ふるといでむら【古戸出村(富)】 42④263
ふるはま【古浜(石)】 4①216
ふるまぎしんでん【古間木新田(茨)】 64③189,196,203,209,210
ふるまぎぬましんでん【古間木沼新田(茨)】 64③183
ふるまぎむら【古間木村(茨)】 64③168,169,183
ふるまち【古町(長野)】 63①29,43,50,51,54
ふるまちむら【古町村(長野)】 24③356
ふるやかみむら【古谷上村(埼)】 67①36
ふれざかむら【触坂村(富)】 5④324
ふろうくら【不老倉(秋)】 1③282
ぶんぎょう【分狭(校)(石)、分校(石)】 5①66/42⑤315
ぶんご【豊後(大分)】 10①5,166/14①43,104,105,108,110,113,117,129,130,136,140,322,359/15①10,15/17①150/31③126/49①124/50④323,326/55③340/56①144/62①17,⑦181/66④188/68③344/70④258
ぶんごうすき【豊後臼杵(大分)】 48①347/60⑦408,443
ぶんごおかりょう【豊後岡領(大分)】 14①45,47
ぶんごくすぐん【豊後玖珠郡(大分)】 49①137
ぶんごさいき【豊後佐伯(大分)】 69①83
ぶんごのくに【豊後の国(大分)、豊後国(大分)】→ほうしゅう(豊州) 14①137,355/23①111/48①347
ぶんごのくにひた【豊後の国日田(大分)】 14①404
ぶんごのくにひたごおり【豊後国日田郡(大分)】 14①242/15①98,③330/62①20
ぶんごひじ【豊後日出(大分)】 60⑦408,443
ぶんごひた【豊後日田(大分)】 15①14
ぶんごひたまめだまち【豊後日田豆田町(大分)】 31①9

【へ】

へいあんじょう【平安城(京)】 16①216
へいさかむら【平坂村(愛知)】 16①281
へいはちしんでん【平八新田(茨)】 64③193,203,206,210
へぐらじま【舳倉島(石)】 58③126
へたれむら【部垂村(茨)】 3④276
べっく【別宮(石)】 6①211
べっくむら【別宮村(石)】 5④307
べっしょ【別所(長崎)】 66④188,189
べっしょだにむら【別所谷村(石)】 5④341
べっぷ【別府(大分)】 14①359
へなん【平南(沖)】 57②128
へびだむら【蛇田村(富)】 5④329,331
へんだ【遍(辺)田(千)】 63③129
へんとなむら【辺土名村(沖)】 57②182

【ほ】

ぼう【房(千)】 68③357
ほうえいざん【宝永山(静)】 70②119
ほうおうだけ【鳳凰岳(山梨)】 48①335
ほうおんじむら【報恩寺村(茨)】 64③180
ほうがむら【保賀村(石)】 11④187
ほうき【伯耆(鳥)】 43③240/50④323/62①17
ほうきだむら【法木田村(茨)】 64③199
ほうきのくに【伯耆国(鳥)】 47⑤272
ほうきのくにくめぐんはしたむら【伯耆国久米郡土下村(鳥)】 47⑤248
ほうきのだいせん【伯耆の大山(鳥)】 59③215
ほうきょうじむら【法鏡寺村(大分)】 33②117
ぼうじま【房しま(岐)、房じま(岐)、房嶋(岐)】 43①11,13,22,58
ほうしやなぎ【法師柳(山形)】 18②268
ほうしゅう【豊州(大分)】→ぶんごのくに 33①10
ぼうしゅう【房州(千)】→あわのくに(安房の国) 16①246/21②104/45⑥299/54①314,315/58②97/67①19/68③327,346
ぼうしゅう【防州(山口)】 13①93
ぼうしゅうあまつ【房州天津(千)】 58②93
ぼうしゅういわくに【防州岩国(山口)】 48①390/53①29
ぼうしゅううら【房州浦(千)】 66②99
ぼうしゅうかずさ【房州上総(千)】 14①56
ほうしゅうさいき【豊州佐伯(大分)】→さいき 18①55
ぼうしゅうはまおぎ【房州浜荻(千)】 58②93
ほうしゅうひこさん【豊州彦山(福岡、大分)】→ひこさん 12①338
ほうじょうごう【北条郷(山形)】 18②247,269
ほうしょうじ【法祥寺(山形)】 45①31
ほうじょうづ【放生津(富)】 6①21,②282/42④249,250,265,269
ほうだい【砲台(東)】 45⑤252
ほうだつ【宝達(石)】 5④338
ぼうちょう【防長(山口)】 35②317

ほうのうさぐん【豊ノ宇佐郡(大分)】 33①9
ほうよう【陽鳳(鳳陽)(中国)】 18①56
ほうらいじ【鳳来寺(愛知)】 17①256/42⑥399,437
ぼうるごにぃ【ボウルゴニィ(フランス)】 70⑤338
ほくえつ【北越(新、富)】 24①18/35②334
ほくりく【北陸】 3③180/35②405
ほくりくどう【北陸道】 10①158/70⑥404
ほくろくどうななかこく【北陸道七箇国】 62①17
ほごむら【保古村(石)】 4①23
ほしおむら【星尾村(和)】 46②143
ほしかわ【星川(埼)】 67①19
ほしまた【干又(群)】 66③139,140,146,155,157
ほしまたむら【干又村(群)】 66③143
ほしやむらしんざいけ【布施屋村新在家(和)】 65②128
ほそきしんむら【細木新村(富)】 5④316
ほそごえ【細越(三)】 66⑧397
ほそさかなまち【紬(細)肴町(山形)】 64④286
ほそつぼむら【細坪村(石)】 42⑤337
ほそまむら【細間村(埼)】 38③205
ほそみ【細見(兵)】 43③254
ほそみむら【細見村(兵)】 43③237,241,255,265
ほそやむら【細屋村(石)】 5④341
ほそやむら【細谷村(長野)】 63①60
ほっかい【北海】 15②294
ほっき【法吉(島)】 9③245
ほっこくすじ【北国筋】 17①97/35①156
ほての【布袋野(愛知)】 14①327
ほない【保内(茨)】 3④360
ほないごう【保内郷(茨)】 3④375
ほないしもつはら【保内下津原(茨)】 3④317
ほりえちょう【堀江町(東)】 46②138,145,146,153,154
ほりえろっけんちょう【堀江六軒町(東)】 52③140
ほりしり【堀尻(長野)】 59②97,125,126
ほりだむら【堀田村(富)】 5④325
ほりないたい【堀内台(秋)】 61⑨267
ほりのうち【堀之内(新)】 53②134
ほりのうちむら【堀の内村(山形)】 64④264
ほりのうちむら【堀の内村(石)】 4①23
ほりまつ【堀松(石)】 27①271,272
ほりまつむら【堀松村(石)】 5④335,338,339,340
ほりむら【堀村(茨)】 3④340
ぽるとがる【ホルトカル(ポルトガル)】 45⑥317
ほろいずみ【ホロイツミ(幌泉)(北)】 58①57
ほろづき【母衣月(青)】 49①215
ほんうら【本浦(三)】 66⑧404
ほんがわむら【本川村(山形)】 64④264
ほんぐう【本宮(愛知)】 64②118
ほんぐう【本宮(和)】 53④241
ほんごう【本郷(埼)】 67①12,18,22,31,35,36,40,41,61
ほんごう【本郷(愛知)】 42⑥410,411
ほんこうじむら【本江寺村(石)】 5④346
ほんごうむら【本郷村(千)】 58②92
ほんごうむら【本江村(石)】 5④341
ほんじょ【本所(東)】 3①24/55②141,142,143
ほんじょう【本庄(秋)】 42①34,35,38/61⑨386
ほんじょう【本庄(埼)】 14①365
ほんじょう【本庄(熊)】 33④176
ほんじょうむら【本庄村(愛知)】 64②126
ほんじょうりょう【本庄領(秋)】 42①35
ほんちょう【本町(青)】 1②162
ほんとのはら【ほんとの原(群)】 66③154
ほんふるまぎしんでん【本古間木新田(茨)】 64③189
ほんまち【本町(三)】 66⑧395
ほんりょうむら【本領村(富)】 4①125

【ま】

まいさか【舞坂(静)】→えんしゅうまいさか 14①293
まいのえ【廻江(熊)】 65④315
まうらむら【真浦村(石)】 5④345
まえおおつ【前大津(山口)】 57①31
まえかわ【前川(神)】 66①44,②102
まえかわ【前川(三)】 66⑧399,400
まえごうち【前河内(埼)】 67①15
まえだむら【前田村(秋)】 61⑨265,326,327,332
まえだむら【前田村(鹿)】 44③202,223,224,225,238,239
まえなみむら【前波村(石)】 5④345,350
まえはらしんでん【前原新田(愛知)】 64②115
まえばる【前原(福岡)】 67④176
まえみね【前美禰(山口)】 57①34
まえむたむら【前牟田村(福岡)】 72②22
まえやま【前山(長崎)】 66④201,214
まがみ【マガミ(長野)】 66⑤271
まがめ【真亀(千)】 38④265
まがりむら【曲村(石)】 5④337
まき【巻(新)】 25③266
まき【真木(熊)】 33④177,181
まきざわどうざん【真木沢銅山(秋)】 61⑨327
まきさわのどうざん【真木沢の銅山(秋)】 61⑨265
まぎらむら【間明村(石)】 4①146
まくのうち【幕ノ内(福島)、幕内(福島)】→おうしゅうあいづぐんまくのうちむら、じょうさいまくのうち 19①8/20①341
まくのうちのさと【幕内の里(福島)】 19②450
まくのうちのむら【幕の内の邑(福島)】 20①347
まくろ【間黒(愛知)】 42⑥370
まげしむら【曲師村(埼)】 67①31
まごべえしんでん【孫兵衛新田(茨)】 64③188,200,202,207,210,211
ましい【増井(茨)】 3④318
ましいなごうつぼ【増井長尾坪(茨)】 3④250
ましいむら【増井村(茨)】 3④267,312
ましたぐん【益田郡(岐)】 24①61,103
ますがた【桝形(愛媛)】 30③288
ますがわむら【升川村(山形)】 64④257,260,267
ますだむら【升(増)田村(秋)、増田村(秋)】 61⑨279,280,288,296,339,349
またてしんでん【馬立新田(茨)】 64③203,210
またてむらしんでん【馬立村新田(茨)】 64③206,212
まだらめ【班目(神)】 66②120
まだらめむら【斑目村(神)、班目村(神)】 65③173/66②91,93,94,108,109,113,116,117,118,119
まだらめむらいのみや【班目村猪之宮(神)】 66②115
まちい【町居(石)】 27①363
まちいむら【町居村(石)】 48①47
まちだむら【町田村(神)】 66②87
まちぶくろむら【町袋村(富)】 5④330
まちむら【町村(長崎)】 66④214
まちや【町屋(茨)】 38①28
まついだ【松井田(群)】 24③322/64①58/66③143,151
まつえ【松江(島)】 9③283/59③196,199,205,207,208,236,241,243
まつおか【松岡(茨)】 3④238
まつおかひらつな【松岡平綱(茨)】 3④356
まつおかむら【松岡村(静)】 65③177,178,179
まつおかむら【松岡村(兵)】 43③271
まつかわ【松川(岩)】 56①136
まつかわ【松川(山形)】 61⑨273
まつきむら【松木村(秋)】 1③280
まつくらやま【松倉山(富)】 5④331,332
まつさか【松坂(三)】 65②120,121,122,125
まつさかみなとまち【松坂湊町(三)】 61⑤178
まつさき【松崎(香)】 44②118,119

まつざきえき【松崎駅(福岡)】 11④176
まつざきむら【松崎村(福岡)】 11④185
まつざわ【松沢(秋)】 1③280
まつざわ【松沢(山形)】 18②252
まつざわむら【松沢村(千)】→しもうさのくにかとりぐんまつざわむら 3①5/63⑦384
まつした【松下(長野)】→J 59②98
まつしまがわ【松嶋川(岩)】 56①136
まつしろ【松代(長野)】→しんしゅうまつしろごりょう 25①130/53⑤299,303/61⑩438/66⑤257,258,259,263,272,275
まつだ【松田(神)】 66①39,60,62
まったぐんいけだむら【松(茨)田郡池田村(大阪)】 18⑤461
まつだしょし【松田庶子(神)】 66①63
まつだそうりょう【松田惣領(神)】 66①63
まつだそうりょうむら【松田惣領村(神)】 66②120
まつだむら【松田村(神)】 66②88,93,101
まつでらむら【松寺村(石)】 5④314
まっとう【松任(石)】→かしゅうまっとうちょう 4①12,17,23,41,44,45,59,78,79,80,112,115,147,232/6①11/39⑤268,298
まつなぎむら【馬繋村(石)】 5④346,357
まつなみむら【松波村(石)】 5④342,345,346,356
まつの【松野(静)】 48①186
まつのきむら【松の木村(石)】 27①271
まつのやま【松の山(新)】 36③234
まつばらうら【松原浦(和)】 48①320
まつばらむら【松原村(大阪)】 43②125
まつまえ【松まへ(北)、松前(北)】→えぞちまつまえ、えぞまつまえ 1②183,201/15②294/36③284/39⑤298/46①19/48①211/49①215,216/50④310,311/56①47,57,67,151/58①62/62③72/69①110,113,②301
まつまええぞち【松前蝦夷地(北)】 50④302
まつまえしま【松前しま(北)】 36③284
まつまえのうら【松前の浦(北)】 69①110
まつもと【松本(長野)】→J 67⑥269
まつもとむら【松本村(茨)】 64③200
まつもとりょう【松本領(長野)】 66⑤262
まつやま【松山(埼)】 42③185
まつやま【松山(岡)】 45④210
まつやま【松山(愛媛)】→いよのくにまつやま 48①356
まつやまごりょう【松山御領(愛媛)】 58④246,247
まつやまむら【松山村(静)】 16①324
まないたぐらむら【俎倉村(石)】 5④341
まないたぶち【真名板淵(青)】 1②184
まなぐら【万能倉(広)】 44①26
まのしんでん【間(真)野新田(新)】 70②153
まのむら【真野村(宮城)】 67⑤220,225,238
ましした【壗下(神)】 66②119
ましたむら【壗下村(神)】 66②92,109
まみがさき【馬見ヶ崎(山形)】 45①30
まむろ【馬室(埼)】 42③182
まりこむら【丸子村(山形)】 64④258,259,260,265,267,269,277,278,280,288,291
まるい【丸井(香)】 44②157
まるす【丸ス(和)】 40④300
まるぬき【丸貫(埼)】 42③152
まるやま【丸山(秋)】 42①49
まわきむら【真脇村(石)】 5④346,356/58③124
まわし【真和志(沖)】 34③52
まわり【廻(長崎)】 32①191
まんざやま【万座山(長野)】 66③138
まんざわ【満(万)沢(山梨)】 48①186
まんしんこく【満清国(中国)】 69②384
まんだ【まんだ(長野)】 59②97
まんちょうめ【万丁目(岩)】 56①146

【み】

みうちむら【見内村(富)】 5④324
みえむら【三会村(長崎)】 66④193,194,197,202,213
みかげ【御影(兵)】 50①58
みかさぐん【御笠郡(福岡)】→ちくぜんみかさごおり 31①18
みかわ【三河(愛知)、三州(愛知)、参河(愛知)】 14①242/16①180,281,325/17①174,227,228,243/23①88/46②133,150/48①384/62①17,⑦186
みかわあたり【三河辺(愛知)】 67⑥302
みかわしま【三河島(東)】→えどみかわしま 56②293
みかわたはら【三河田原(愛知)】 14①163
みかわのくに【三河ノ国(愛知)、三河国(愛知)、参河国(愛知)】 14①103/35①229/48①344/62⑦180/69②318
みかわのくにいわほり【三河国岩堀(愛知)】 17①300,301
みかわのくによしだ【三河国吉田(愛知)】 15①62
みきみょうむら【三木名村(新)】 25③290
みぎわらむら【三木(右)原村(佐)】 11④171
みくに【三国(福井)】→えちぜんみくに 4①190
みくにとうげ【三国峠(群、新)】 25①130
みくりやむら【御厨村(神)】 66②87,107
みこがはま【神子が浜(和)、神子ヶ浜(和)】→V 48①387,390
みこしみずむら【神子清水村(石)】 5④308
みさと【美里(沖)】 57②118,181,182,202,204,235
みざと【見里(沖)】 34②22
みさとまぎり【美里間切(沖)】 34③42
みざむら【見座村(富)】 5④319
みしま【三嶋(静)】→いずのくにみしま 66②99,101
みしょう【御庄(愛媛)】 10①7
みずうみ【水海(滋)】 45①46
みずき【水木(茨)】 38①24
みずなしかわはら【水無し川原(長崎)】 66④215
みずなしむら【水無村(秋)】 61⑨265,327
みずぶちむら【水渕村(石)】 5④313
みずほのくに【水穂国、瑞穂の国、瑞穂国】→にっぽん 3①8,25/20①12/62⑧235
みぞくち【溝口(岐)】 43①19,22,23,47,81,83,90
みだいがわ【御勅使川(山梨)】 65③197,203
みたけ【みたけ(埼)】 67①15
みたじり【三田尻(山口)】 29④276,282/57①40
みたに【三谷(富)】 42④236
みたに【三谷(和)】 40④317/65②128
みだれはしむら【乱橋村(富)】 5④322
みたんだ【三反田(茨)】 3④351,381
みちのく【陸奥】 62①17/68①52
みついし【ミツイシ(三石)(北)】 58①57
みっかいちむら【三日市村(富)】 5④320
みつかいちむら【三日市村(石)】 4①23,131
みつきだむら【三木田村(秋)】 61⑨268
みつきの【三月野(兵)】 35①22
みつくちむら【三口村(石)】 5④313
みつけ【見附(新)】 36③260
みつたにむら【三ツ谷村(石)】 5④308
みつなり【三ツ成(山口)】 57①41
みつのさわ【三ノ沢(長崎)】 66④202
みつのさわむら【三之沢村(長崎)】 66④213
みつまた【三俣(新)】→うおぬまぐんみつまた 25①108
みつまどおり【三間通(山形)】 18②252
みつみねさん【三峰山(埼)】→ちちぶぐんみつみねさん 3④261
みつゆきむら【三つ雪(光行)村(福岡)】 11④177
みと【水戸(茨)】→じょうしゅうみと、ひたちのくにみと 42②118/45④208,209,⑥295,297,319,336
みどうむら【御堂村(岩)】 56

①136
みとおおた【水戸太田(茨)】 37③375
みとじょうか【水戸城下(茨)】 3④261
みとだ【水戸田(富)】 5④333
みとのぐん【緑野郡(群)】 45⑥288
みとりょうあかつち【水戸領赤土(茨)】 45⑥320
みなくちむら【水口村(茨)】 64③201
みなせがわむら【皆瀬川村(神)】 66②98
みなづきむら【皆月村(石)】 5④345,352,353/58③129
みなと【湊(茨)】 3④250,295
みなと【ミナト(佐)】 31⑤284
みなとまち【湊町(秋)】 61⑨257,269,293,294,309,311,312,313,316,319,329,334,357,385
みなとまち【湊町(宮城)】 67⑤219
みなとむら【湊村(長野)】 59②142
みなとむら【湊村(静)】 16①324
みなとむら【湊村(佐)】 58⑤312
みなみありまむら【南有馬村(長崎)】 66④214
みなみおゆみむら【南生実村(千)】→きたおゆみ
63②85,90,③98,99,128
みなみかずさちょうじゃまち【南上総長者町(千)】 38④261
みなみかずさひあり【南上総日ヤリ(在)(千)】 38④261
みなみかた【南方(愛知)】 42⑥390,442
みなみがた【南方(岐)】 43①71
みなみがたむら【南方村(石)】 5④346,355
みなみかづの【南鹿角(秋)】 56①152
みなみかやばちょう【南茅場町(東)】 58②96
みなみしながわしゅく【南品川宿(東)】 45⑤248
みなみしながわむら【南品川村(東)】 45⑤252
みなみしもはらむら【南下原村(愛知)】 64②127
みなみのやま【南の山(福島)、南之山(福島)】 19②301,353
みなみのやました【南之山下(福島)】 19②345
みなみはた【南畑(岩)】 56①137
みなみばんばちょう【南番場町(東)】 52②125
みなみみや【南宮(長野)】 59②97,126,157
みなみみやよこがわ【南宮横川(長野)】 59②101
みなみみょう【南名(長崎)】 66④213,216
みなみむら【南村(石)】 5④339,346
みなみむら【南村(京)】 48①384
みなみむら【南村(和)】 46②143
みなみめ【南目(長崎)】 66④213,214,223
みなみよこかわ【南横川(千)】 38④245,246,274,281
みね【三根(長崎)】 32①137,145,②295,312
みねごう【三根郷(長崎)】 32①12,15,132,153,154,155,156,157,160,161,162,163,189,206,②296
みねごうしたかむら【三根郷志多賀村(長崎)】 64⑤344
みねごうみねむら【三根郷三根村(長崎)】 32①25,62,89,96,101,110,118,125,141,147,171
みねごうよしだむら【三根郷吉田村(長崎)】 32①217
みねむら【三根村(長崎)】 32①12,126,129
みねやま【峰山(岐)】 43①34
みねよしがわ【(峯)吉川(秋)】 70②117
みの【ミノ(岐)、ミの(岐)、美濃(岐)】 6①160/10②328/13①369/14①46,201,376,382/16①282,324/17①241/23①88/25①130/40④295/46①17,18,20,38,79,88,98,99/47②98/48①346/62①17/64①74/69②231
みのぐんたかつののさと【美濃郡高角里(島)】 53①12
みのぐんたなか【御野郡田中(岡)】 67③134
みのごおり【美濃郡(島)】 53①11
みのざわ【蓑沢(栃)】 22②101
みのじ【美濃路(岐)】 62⑦181/65③217
みのちばし【水内橋(長野)】→Z
66⑤262,305
みのちむら【水内村(長野)】 66⑤264,305
みののくに【美濃国(岐)】 16①278/17①149/48①345/49①12,22/56①84/69①87/70④269
みののくにいけだ【美濃の国池田(岐)】 45③176
みののくにおおがき【美濃の国大垣(岐)】 14①373,380
みののくにごくらくじむら【美濃国極楽寺村(岐)】 61⑩446
みののくにたけがはな【美濃国竹ヶ鼻(岐)】 23①116
みのべ【見延(岐)、身延(岐)】 43①18,54
みのわ【箕輪(長野)】 67⑥309
みのわ【蓑輪(岐)】→ひだのくにみのわ
24①34
みのわむら【蓑輪村(岐)】 24①26,50,133
みはる【三春(福島)】→そうまりょうみはる
37②136/45⑥294
みひらき【見開(兵)】 43③248
みほがさき【三保ヶ崎(島)】 59③199
みほのせき【三保の関(島)】 59③201
みほのみさき【三保の御崎(島)】 59③197
みまさか【美作(岡)】 62①17
みまさかのくに【美作国(岡)】 48①347
みませ【御畳瀬(高)】 30①68
みみうらむら【耳浦村(富)】 5④323
みみく【見々句(島)】 9③249
みむろ【三室(長崎)】 66④202
みむろむら【三室村(石)】 5④340
みやうち【宮内(山形)】 18②251,257,266,269
みやうちしんでんむら【宮内新田村(山形)】 64④280
みやうちむら【宮内村(山形)】 18②261/64④265,269,270,280,297
みやうちむら【宮内村(兵)】 43③238,267
みやうみむら【宮海村(山形)】 64④278,280,289,290
みやがわ【宮川(新)】 36③280
みやがわ【宮川(三)】 16①282
みやがわしんでん【宮川新田(新)】 36③323
みやきしゅく【宮木宿(長野)】 67⑥296
みやきむら【宮木村(長野)】 67⑥296
みやけ【三宅(兵)】 43③253,257,262,264,270
みやけじま【みあげ(三宅)嶋(東)】 66③141
みやけむら【三宅村(兵)】 43③234,236,240,243,249,258,266,267,273
みやこ【都(京)】 12①327,377
みやこじま【宮古島(沖)】 57②170
みやこどおり【宮古通(岩)】 56①104,159
みやこむら【宮古村(三)】 65②131
みやざきむら【宮崎村(山形)】 61⑨367
みやざわ【宮沢(秋)】 61⑨269
みやざわむら【宮沢村(秋)】 61⑨294,328,333,362
みやしたむら【宮下村(愛媛)】 10①7
みやじま【宮島(広)】→あきのみやじま
62⑦180,185
みやじゅくむら【宮宿村(山形)】 61⑨274
みやだにむら【宮谷村(石)】 5④341
みやたむら【宮田村(山形)】 64④274
みやどころむら【宮所村(長野)】 67⑥294
みやのうちしんでんむら【宮野内新田村(山形)】 64④242
みやのうちむら【宮野内村(山形)】 64④256,264,268,269,278,280,281,294
みやのこし【宮腰(石)、宮野腰(石)】 4①23,47,170,190,199/6①11/39④195
みやのこしぐち【宮腰口(石)】 4①29
みやのこしみちすじ【宮腰道筋(石)】 4①12
みやのだい【宮ノ台(神)】 66②115
みやのだいむら【宮代(台)村(神)】 66②92
みやのまえむら【宮前村(滋)】 48①341
みやはら【宮原(熊)】 46②132
みょうがだにむら【名(明)ヶ谷村(新)】 25③290
みょうがやまむら【名ヶ山村(新)】 25③290
みょうぎさん【妙義山(群)】 49①194
みょうげむら【名下村(新)】

25③291
みょうけんやま【妙見山(大阪)】 35②351
みょうごさわむら【名後沢村(新)】 25③291
みょうじ【如(妙)寺(和)】 40④287,301
みょうだいじむら【明大寺村(愛知)】 16①281
みょうばるむら【女原村(福岡)】 67④183
みよしむら【三吉村(広)】 44①12,32,54
みるかしのさと【見借ノ里(佐)】 31⑤247
みわ【みわ(奈)、三わ(奈)、三輪(奈)】 14①48/15③390,392/28②282/61④164,172
みわ【三輪(岡)】 67②105
みわむら【三輪村(岡)】 67②90,105
みわやま【三輪山(奈)】 37③296
みん【明(中国)】 69①95
みん【閩(中国)】 45⑥313,337
みんこく【閩国(中国)】 12①386
みんなじま【水納島(沖)】 57②215
みんまや【ミムマヤ(青)、三馬屋(青)】 1②178,183

【む】

むかいかいと【向垣内(大阪)】 43②133,152,153,154,164,193
むかいちょう【向井町(茨)】 3④380
むかいのしろ【向能代(秋)】 61⑨322
むかいもとおりむら【白(向)本折村(石)】 5④309
むぎくらむら【麦倉村(埼)】 38③205
むくの【椋野(山口)】 29④286
むくのみ【椋之実(岐)】 43①18,27,65
むくのみばやし【椋之実林(岐)】 43①60,67,68,69,70,72,88
むこ【武庫(兵)】→せっしゅうむこ
50①58
むこうしきじむら【向敷地村(静)】 65③183,184,186
むこうじま【向嶋(東)】 55②172
むさし【武州(埼、東、神)、武蔵国(埼、東、神)、武蔵(埼、東、神)】 13①123,369/14①102,113,382/18①89/21②130/35②321/38③179/62①17/66③151/67①19
むさしの【むさし野(埼、東、神)、武蔵野(埼、東、神)】 21①93/55②173/62③70
むさしのくに【武蔵の国(埼、東、神)】→ぶしゅう
3①35
むさしのくにさいたまぐん【武蔵国崎(埼)玉郡(埼)】 65③232
むさしのくにちちぶぐん【武蔵秩父郡(埼)】→ちちぶぐん
45⑥289
むじなむら【狢村(埼)】 67①46,48
むせきむら【無関村(石)】 5④339
むつ【陸奥】 1②140/21①22/45⑥297/68③337
むつのくに【むつの国、陸奥国】 48①344/62③72/70②89
むつのくにあいづぐん【陸奥国会津郡(福島)】→あいづぐん
19①8
むでん【無田(愛媛)】 10①7
むにょうのむら【麦生野村(石)】 5④342
むねおか【宗岡(埼)】 67①20
むねおかむら【宗岡村(埼)】 67①20
むらいむら【村井村(石)】 5④311
むらなかはらしんでん【村中原新田(愛知)】 64②114,120
むらなかむら【村中村(愛知)】 64②114
むらぬきむら【村貫村(茨)】 64③200
むれむら【武連村(石)】 5④341,352
むろまち【室町(東)】 46②138,145,153,155

【め】

めい【銘(長崎)】→G
32①191
めいじ【米地(兵)】 35①22
めいのはま【妙ケ(姪)浜(福岡)】 11④167
めが【女鹿(山形)】 64④293
めがむら【女鹿村(山形)】 64④263
めぐろ【目黒(東)】 55②172/59④306
めぶちむら【女淵村(長野)】 61⑩443
めめきむら【女米木村(秋)】 61⑨341,350
めや【目谷(西目屋)(青)】 1②196

【も】

もうらむら【茂浦村(秋)】 61⑨323,331
もおか【真岡(栃)】 61⑩425
もがみ【もがミ(山形)、最上(山形)】→でわのもがみ
18②269/20①351/62③72/67⑤216,223
もがみがわ【もかミ川(山形)、最上川(山形)】 37③340/65③236
もがみやまがた【最上山形】 45①30
もがみやまがたりょう【最上山形領】 70②128
もがみやまでら【最上山寺(山形)】 67⑤223
もくのさわ【杢之沢(山形)】 18②251
もたいむら【茂田井村(長野)】 64①40,81
もちだ【持田(島)】 9③245
もちづき【望月(長野)】 24③356
もづむら【雲津村(石)】 5④354
もてぎ【茂木(栃)】 42②87
もとうんのむら【本海(野)村(長野)】 61⑩441
もとおかむら【元岡村(福岡)】 67④162,164,167,173
もとぶ【本部(沖)】 57②119,182,197,202,215,227
もとよし【本吉(石)】→かしゅうもとよしまち
4①190,199/5④310
もとよししづがわ【本吉志津川(宮城)】 67⑤214
もにわ【最(茂)庭(福島)】 62③72
ももうらむら【百浦村(石)】 5④340
ももせがわむら【百瀬川村(富)】 5④320
もりお【森尾(兵)】 43③243,246,251,255,262,264,273
もりおか【盛岡(岩)】 56①47,164
もりおかごりょうぶん【盛岡御領分(岩)】 25①94
もりおかむら【森岡村(秋)】 61⑨260
もりおむら【森尾村(兵)】 43③234,239,266
もりこしむら【森腰村(石)】 5④346
もりたけ【森岳(長崎)】 66④206
もりぶ【森部(岐)】 24①13
もりまえ【森前(岐)】 43①32
もりむら【森村(山形)】 61⑨278
もりやま【守山(長崎)】 66④202
もりやまむら【守山村(富)】 5④323
もりやまむら【守山村(長崎)】 66④196,202,205,219
もろえむら【諸江村(石)】 4①24,294
もろかわじゅく【諸川宿(茨)】 64③165,182
もろかわむら【諸川村(茨)】 64③182,184,195,196,202
もろこし【もろこし(中国)、支那(中国)、西蕃(中国)、中華(中国)、唐シ(中国)、唐土(中国)、唐(中国)】 3①6/7①100,②289,300/12①19,24,113,132,228,270,329,344,349/13①6,7,9,211,339,341/14①181/15①63,③328,340/16①51,64,90,161,295/17①144,147,151/18②251/20①251,260,262/35①32,36,98,183/37③369/40②62,72,75,94,164,169,182,185,186,187,188/45⑥303,308,313,316,318/53①10,11/55②111/62④86,101,⑤116/70②61,62
もろこしいんさん【中華陰山(中国)】 35①46
もろこしこく【唐国(中国)】 60④163
もろこしせいのくに【もろこし斉国(中国)】 35①208
もろこしそう【諸越宋(中国)、中華宋(中国)】 15①64/35①191
もろこしたくけん【中華涿県(中国)】 35①216
もろこしちょう【もろこし趙(中国)】 35①220
もろよしむら【師吉村(福岡)】 67④183
もんぜん【門前(京)】 48①384
もんでんかしわぐら【門伝柏倉(山形)】 45①31

【や】

やえばさわ【八重場沢(長野)】 59②101
やえはら【八重原(長野)】→かみやえはら 64①44,47,49,52,54,57,61,66
やえはらしんでん【八重原新田(長野)】 64①61
やえはらむら【八重原村(長野)】 64①65
やえやまじま【八重山島(沖)、八重山嶋(沖)】 34⑤97,⑥165/57②171,172
やお【八尾(大阪)】 8①284/15③396/43②122,124,133,134,140,172,196,199,207
やがいむら【谷貝村(茨)】 22③174
やかたばるむら【屋形原村(福岡)】 41⑥280
やかび【屋嘉比(沖)】 34②22
やかみぐんしもかどおむら【八上郡下門尾村(鳥)】→しもかどおむら 47⑤249,261
やがむら【谷ヶ村(神)】 66①66
やぎ【八木(奈)】 15③391
やぎはしむら【八木橋村(秋)】 61⑨264
やくおうじはやし【薬王寺林(長野)】 67⑥301
やくしこうち【薬師耕地(埼)】 67①14
やくしどうやま【薬師堂山(埼)】 42③180
やぐらさわむら【矢倉沢村(神)】 66①66,②88,101
やこまえだ【屋古前田(沖)】 34②22
やざきむら【矢崎村(石)】 4①89/5④308
やさしど【矢指戸(千)】 58②91
やしま【矢嶋(秋)】 61⑨309,371,385,386
やしま【八島(新)、八嶋(新)】 36③158,159,270
やしゅう【野州(栃)】 21①14,65/45⑥295,299,320,336/48①238,244/68③338
やしゅうあかまぬま【野州赤間沼(茨、栃、群、埼)】 21②104
やしゅうあしお【野州足尾(栃)】→あしお 48①169
やしゅうあしのお【野州足ノ尾(栃)】 69②158
やしゅうあわの【野州粟野(栃)】 21①72
やしゅうかわちぐんしもかもうむら【野州河内郡下蒲生村(栃)】→しもかもうむら 21③176
やしゅうつがぐん【野州都賀郡(栃)】 45⑦410/48①239,245
やしゅうつがぐんにっこう【野州都賀郡日光(栃)】→にっこう 48①227
やしゅうとちぎ【野州栃木】→とちぎ 3④303,351
やしゅうとなら【野州戸奈良(栃)】 50①41
やしゅうなすの【野州奈須野(栃)】 18④427
やしゅうなべやま【野州なべ山(栃)】 21①74
やしゅうにっこう【野州日光(栃)】→にっこう 68③332
やしゅうにっこういまいちじゅく【野州日光今市宿(栃)】→いまいちじゅく 45⑦403
やしゅうにっこうさん【野州日光山(栃)】→にっこうさん 21①14/45⑦426
やしゅうにっこうさんちゅうぜんじ【野州日光山中禅司(寺)(栃)】 21②102
やしゅうはがぐん【野州芳賀郡(栃)】→はがぐん 42②86
やしゅうはがぐんやたがいまち【野州芳賀郡谷田貝町(栃)】 61⑩428
やしゅうばとうさん【野州馬頭山(栃)】 45⑥337
やしゅうやくしじむら【野州薬師寺村(栃)】 39①18
やしゅうよしだあらいすじ【野州吉田新井筋(茨、栃)】 64③165
やしろむら【矢代村(福井)】 48①337
やしろむら【矢代村(長野)】 66⑤282,284
やしろむら【屋代村(山口)】 29④286
やすえ【安江(岡)】 67②93
やすえむら【安江村(岡)】 67③127
やすぐん【夜須郡(福岡)】 31①18,26
やすぐんそねだむら【夜須郡曾根田村(福岡)】→そねだ 31①30
やすだ【安田(新)】 36③328
やすだこうやむら【安田興屋村(山形)】 64④262
やすだのしょう【保田之庄(和)】 46②132
やすにわ【安庭(長野)】 66⑤306,308
やすにわむら【安庭村(長野)】 66⑤265,266,269,270,271,305,306,307,308
やせ【八背(京)】 49①210
やたべ【八部(兵)】 50①58
やたべむら【矢田部村(富)】 5④322
やたむら【矢田村(富)】 5④322
やたむら【矢田村(石)】 5④335
やたむら【矢田村(岡)】 67②107
やだむら【矢駄村(石)】 5④338
やだれくぼ【屋だれ久保(長野)】 59②97
やち【谷地(秋)】 61⑨270
やち【谷地(山形)】 45①34
やちしんでん【谷地新田(秋)】 70②182
やちどおり【谷地通り(秋)】 42①45
やちむら【谷地村(山形)】 61⑨367
やつしろ【八代(熊)】→ひごのくにやつしろ 33⑤240,245,259/48①349
やつぬまむら【八沼村(山形)】 61⑨367
やつむら【谷津村(神)】 66②87
やないだむら【柳田村(富)】 5④322,328
やなかむら【谷中村(埼)】 42③152,157,175,202
やながわ【簗川(岩)】 56①137
やながわ【柳川(福岡)】→ちくごやながわ 66④211
やなぎさわむらへん【柳沢村辺(愛媛)】 30③289
やなぎたに【柳谷(和)】 65②106
やなぜ【柳瀬(富)】 42④233,251,261,279
やなぜむら【柳瀬村(富)】 42④250
やなみむら【矢波村(石)】 5④345,350,352
やのうら【矢野浦(千)】 58②90
やのさわ【矢野沢(山形)】 18②251
やはぎがわ【矢作川(愛知)】 16①280,281,319,325
やはぎがわばし【矢作川橋(愛知)】 16①281
やはぎむら【矢作村(石)】 4①200
やばせぐん【八橋郡(鳥)】 47⑤270
やはた【八幡(京)】 12①296
やび【八(矢)尾(島)】 9③267
やぶ【養父(佐)】 32①38,93,220/45⑥321
やぶぐんくらがきむら【養父郡蔵垣村(兵)】 35①11
やぶぐんやぎむら【養父郡八木村(兵)】 43③260
やぶさき【養父(藪)崎(兵)】 35①22
やぶたむら【藪田村(富)】 5④328
やぶろ【藪路(広)】 44①9,41
やぶろむら【藪路村(広)】 44①7,10
やべむら【矢部村(富)】 5④316
やべむら【矢辺(部)村(福岡)】 11④171
やまがすじ【山家筋(神)】 66②88
やまがた【山がた、山形】 45①35,46/61⑨279,363,370,371,388/62③72
やまがた【山方(茨)】 3④275
やまがたおもて【山形表】 45①34
やまがたむら【山方村(茨)】 3④258
やまがみむら【山上村(石)】 5④314
やまがむら【林(山)鹿村(熊)】 11④172
やまぐち【山口(島)】 9③268
やまぐち【山口】→すおうのやまぐち 57①38,39
やまぐちかまやむら【山口釜屋村(石)】 5④310
やまぐちむら【山口村(山形)】 61⑨279
やまぐちむら【山口村(兵)】 60④229
やまざき【山崎(神)】 66②109,116
やまざき【山崎(京)】→じょうしゅうやまざき 45③133,134/50①36
やまさきしんでん【山崎新田(静)】 65③184
やまさきむら【山崎村(富)】 5④329

やまさきむら【山崎村(香)】 30⑤394
やまざきむら【山崎村(山形)】 64④257,258,259,260,261,267,269,270,275,276,286,291,294
やましろ【山代(石)】 5④309/42⑤315,327,336
やましろ【山城(京)】 12①215,221,371,375/13①9,11,173,219,284,296/14①48,113,410/15③326,329,397/40②183/45⑥286/48①338,384/55②152/56①91,164,180/62①17/63⑤294/65③236/69①83,②234
やましろうじ【山城宇治(京)】→うじ 14①385
やましろさが【山城嵯峨(京)】→さが 49①207
やましろしらかわ【山城白川(京)】→しらかわ 36①34
やましろのくに【山城の国(京)、山城国(京)、山城之国(京)】 15③409/16①106,283/46②132/48①340
やましろのくにあたごさん【山城国愛宕山月輪(京)】 48①338
やましろのくにたかおさん【山城国高雄山(京)】 48①339
やましろのくににしおか【山城国西岡(京)】 69①63
やましろのくにふかぐさのさと【山城の国ふかくさの里(京)】 16①190
やましろのくにふしみ【山城国伏見(京)】→ふしみ 37③382
やましろのくによどがわ【山城の国淀川(京)】→よどがわ 16①214
やましろのてらだ【山城の寺田(京)】 13①275
やましろのとの【山城の富野(京)】 13①275
やましろのとば【山城の鳥羽(京)】→とば 12①364
やましろのながいけ【山城の長池(京)】→ながいけ 13①283
やましろむら【山代村(石)】 11④187
やましろむら【山代村(島)】 59③210
やまだ【山田(富)】 5④333
やまだ【山田(三)】→いせのくにわたらいぐんやまだ 43③240
やまだ【山田(大阪)】 43②133,153,156,158,159,179,180,182,185,197,198,199
やまだ【山田(高)】 30①68
やまだ【山田(福岡)】 11①34
やまだ【山田(長崎)】 66④202
やまたてむら【山楯村(山形)】 64④264,291,294,301
やまだはらむら【山田原村(和)】 46②143
やまだむら【山田村(長崎)】 66④207,219,220,225
やまだゆ【山田湯(富)】 42④243
やまて【山手(広)】 44①27
やまと【大和、日本、倭】→にっぽん 13①342,373/20①262/34⑤97/57②121
やまと【大和(奈)、和州(奈)】 3④231/5①109/8①285/13①11,144,213,280,281,369/14①113,247/15②165,200,③326,351,376,388,396,397,399,408,409/18②274/35②333/40②183/45③157/50③248,262/53④242,245/55③273/56①75,81/61④161/62①17,⑦180/63⑤294/65③223/68③344,345,347,349,358,360,362/69①83,②234/70②102
やまとうだごおり【大和宇多郡(奈)】→うだごおり 14①201
やまとおおみね【大和大峰(奈)】 53④234
やまとじ【大和路(奈)】 46①17
やまととつがわ【大和十津川(奈)】 53④243
やまとのうだごおり【大和の宇多郡(奈)】→うだごおり 14①47
やまとのくに【大和国(奈)】→にっぽん 10②364/12①196/15③329,389,391,405/48①217/49①56/68②255
やまとのくにきんぷさん【大和国金峯山(奈)】→きんぷさん 70②115
やまとのくにとおいちごおりやべむら【大和国十一(市)郡矢部村(奈)】 15③349
やまとのくによしの【大和国吉野(奈)】→よしの 56②244
やまとのくによしのぐん【大和国吉野郡(奈)】→よしのごおり 48①222,250/56②269
やまとのくによしのぐんくまのつづき【大和国吉野郡熊野続(奈)】 48①219
やまとのくによしのぐんとつがわ【大和国吉野郡十津川(奈)】 48①254
やまとのくによしのぐんにうのごう【大和国吉野郡にうの郷(奈)】 48①98
やまとのくによしのごう【大和国吉野郷(奈)】 56②243
やまとのくによしのごおりしもいちむら【大和国吉野郡下市村(奈)】→しもいち 48①332
やまとのくによしのやま【大和国吉野山(奈)】 45⑦396
やまとのごせ【大和の御所(奈)】 14①200
やまとのそね【大和ノそね(長野)】 59②100
やまとのよしのごおり【大和の吉野郡(奈)】→よしのごおり 14①47
やまとふるいち【大和古市(奈)】 66⑥344
やまとむら【大和村(長野)】 59②97
やまとよしのごおり【大和吉野郡(奈)】→よしのごおり 14①201
やまなか【山中(石)】 5④309
やまなか【山中(愛知)】 42⑥414
やまなかだに【山中谷(石)】 5①27
やまなかへん【山中辺(大分)】 33③164
やまなかむら【山中村(石)】 5④352
やまなぐん【山名郡(静)】 16①284
やまなしぐん【山梨子郡(山梨)】 45⑥291
やまのうち【山の内(福島)】 37②86
やまべ【山部(茨)】 38①25
やまべぐんいわむろむら【山部(辺)郡岩室村(奈)】 61④166
やまべむら【山部村(長野)】 63①60/64①56,81
やまむらしんでん【山村新田(茨)】 64③190,204,205,209
やまもとぐん【山本郡(秋)】 1③275,280
やまもとむら【山本村(富)】 6①139/39④218
やまもとむら【山本村(兵)】→せっしゅうやまもと 43③239
やまもとむら【山本村(和)】 40④287
やまや【山屋(新)】 36③159,276,280,323,324
やまやむら【山屋村(新)】 36③214,337
やみぞさん【八溝山(福島、茨)】 45④208,209
やらむら【屋良村(沖)】 57②181
やりかわ【鎗川(長崎)】 32①191
やわたざきむら【八幡崎村(青)】 18⑥498
やわたむら【八幡村(石)】 5④308,344
やんばるがた【山原方(沖)】 57②200

【ゆ】

ゆあさ【湯浅(和)】→きしゅうゆあさうら 46②144
ゆうき【イウキ(茨)、ゆふき(茨)、結き(茨)、結城(茨)】→そうしゅうゆうき 22③166,167,168,170,171,173,174,175,176/39①66
ゆうきへん【結城辺(茨)】→しもうさのくにゆうきへん 35①196
ゆうむら【伊福村(兵)】 43③250
ゆえ【湯江(長崎)】 66④202
ゆえむら【湯江村(長崎)】 66④213
ゆかわ【湯川(福島)】 20①44
ゆぎ【柚木(東)】 59①31,49
ゆげ【弓け(大阪)、弓げ(大阪)】 43②122,141
ゆげ【弓削(熊)】 33④176
ゆげむら【弓削村(大阪)】 43②183
ゆざごう【遊左郷(山形)】 64④246,247,248,257,274,279,282,284,300,308,309,310
ゆざごうにしはま【遊左郷西浜(山形)】→にしはま 64④243

ゆざわ【湯沢(秋)】 61⑨295, 297,339,340,372
ゆざわ【湯沢(長野)】 39③145
ゆざわえき【湯沢駅(秋)】 61⑨276,366
ゆざわまち【湯沢町(秋)】 61⑨339,340
ゆざわむら【湯沢村(秋)】 61⑨279,350,369
ゆしまてんじんした【湯島天神下(東)】 52②87
ゆしまてんじんまえ【湯島天神前(東)】 64③172
ゆだむらしんでん【弓田村新田(茨)】 64③189,203,212
ゆのかわむら【湯の川村(北)】 2⑤327
ゆのさわむら【湯ノ沢村(秋)】 61⑨340
ゆびむら【油比村(福岡)】 67④183
ゆふね【湯船(京)】 48①384
ゆむら【湯村(富)】 5④333
ゆらうら【由良浦(兵)】 10②333
ゆわくむら【湯涌村(石)】 5④313
ゆわさ【岩さ(湯浅)(和)】 40④337

【よ】

よいた【与板(新)】 36③213, 291,294,317
よいだまち【宵田町(兵)】 43③239
ようかいちじゅく【八日市宿(東)】 59①19
ようかいちむら【八日市村(石)】 5④308
ようかまち【八日町(岐)】 24①76
ようかまちむら【八日町村(山形)】 64④268
ようかん【遙堪(島)】 9③267
ようぐんざん【鷹群山(インド)】 35①54/47②135
ようしゅう【雍州(京)】 47①8
ようろうのたき【養老滝(岐)】 48①346
よえもんおか【与右衛門岡(三)】 66⑧397
よおぎむら【八尾木村(大阪)】 8①234
よこおかむら【横岡村(静)】 65③188
よこおむら【横尾村(長野)】 61⑩437
よこかわ【横川(栃)】 67①19
よこかわがわしちにんわりた【横川河七人割田(長野)】 59②99
よこくら【横倉(栃)】 22③163
よこさわ【横沢(東)】 59①31, 45,46
よこさわむら【横沢村(東)】 59①45
よこざわむら【横沢村(秋)】 61⑨338,349
よこしまむら【横嶌村(茨)】 22③174
よこじまむら【依古嶋村(千)】 38④288
よこすか【よこすか(静)、横須賀(静)】→えんしゅうよこすかみなと 16①323
よこすかみなと【横須賀湊(静)】→えんしゅうよこすかみなと 16①285
よこすな【横砂(静)】 16①285
よこせむら【横瀬村(茨)】 3④381
よこぞねこしんでん【横曾根古新田(茨)】 64③180
よこぞねしんでん【横曾根新田(茨)】 64③193,203,207, 210
よこぞねむら【横曾根村(茨)】 64③180,183
よこだいむら【横代村(山形)】 64④269
よこたむら【横田村(富)】 4①156
よこて【横手(秋)】 61⑨276, 339/70②144
よこてえき【横手駅(秋)】 61⑨286,288,289,296,366
よこてしゅく【横手宿(秋)】 61⑨276
よこてまち【横手町(秋)】 61⑨301,338,349,363
よこてむら【横手村(秋)】 61⑨279,289,291,298,369
よこはま【横浜(神)】 53⑤292, 294
よこばやしむら【横林村(愛媛)】 41④209
よこべた【横辺田(佐)】 11②92
よこぼりむら【横堀村(秋)】 61⑨363
よこまち【横町(三)】 66⑧394, 395
よしうらむら【吉浦村(石)】 5④345,352,353
よしおかむら【吉岡村(富)】 5④325
よしおかむら【吉岡村(石)】 5④311/42⑤339
よしがうらむら【蘆浦村(長崎)】→よらごうよしがうらむら 32①13,27,71,91,98,103, 113,120,134,143,173,196, ②306
よしきぐん【吉城郡(岐)】 24①103
よしきぐんみのわぐみ【吉城郡蓑輪組(岐)】 24①168
よしざき【吉崎(石、福井)】 5①6,36,39,183,190/42⑤334
よした【ヨシ(賀)田(青)】 1②164
よしだ【吉田(秋)】 70②164
よしだ【吉田(愛知)】→さんしゅうよしだ 14①103/16①322/61⑩457
よしだがわ【吉田川(岐)】 16①325
よしだがわ【吉田川(愛知)】 16①282
よしたけむら【吉竹村(石)】 5④308
よしだじま【吉田嶋(神)】 66②95,113,119,120
よしだじまむら【吉田嶋村(神)】 66②113
よしだちょう【吉田町(広)】 9①56
よしたにむら【吉谷村(石)】 5④352
よしだむら【吉田村(秋)】 61⑨265
よしだむら【吉田村(大阪)】 43②134
よしだむら【吉田村(広)】 44①12,14,20,25,35,51,55
よしだむら【吉田村(長崎)】 32②296,297
よしとし【吉利(鹿)】 34⑦262
よしの【よし野(奈)、吉野(奈)、芳野(奈)】→やまとのくによしの、わしゅうよしの 4①161/10①139/13①26,53, 57,99,106,111,112,166,193, 213,281,369,377/14①83/ 48①179,251/50③261/53④246/54①185/56①159,214, ②248,249,254,256,264,268, 270,271,275,277
よしのがわ【吉野川(奈)】 14①70/15③387/65②85
よしのがわ【吉野川(徳)】 65③236
よしのぐんかわかみ【吉野郡川上(奈)】 61⑦193
よしのぐんよしのやま【吉野郡吉野山(奈)】→よしのやま 48①355
よしのごおり【吉野郡(奈)】→やまとのくによしのぐん、やまとのよしのごおり、やまとよしのごおり 14①69,70,80,83,85/15③391/45③157/48①98,332/ 50③262
よしのごおりてんのかわ【吉野郡天の川(奈)】 14①71
よしのむら【吉野村(石)】 5④312
よしのむら【吉野村(島)】 9③268
よしのやま【吉野山(富)】 5④332
よしのやま【よしの山(奈)、芳野山(奈)】→よしのぐんよしのやま、わしゅうよしのやま 54①145/55③263
よしはらのほり【よし原の堀(大阪)】 59⑤443
よしはらむら【吉原村(和)】 65②86,106
よしみ【吉見(埼)】 42③152, 186
よしゅう【予州(愛媛)】→いよ 48①387/53①11
よしゅうおおず【予州大洲(愛媛)】→おおず 48①354
よしわら【吉原(東)】 48①98/ 52①12,53
よしわら【吉原(静)】→するがのくによしわら 66⑥345
よしわらへん【吉原辺(熊)】 33④181
よしわらむら【吉原村(埼)】 67①51
よっかいち【四日市(三)】 66⑧391
よっかいちむら【四日市村(大分)】 33①9
よつぎ【代継(東)】 59①31,46
よつぎむら【代継村(東)】 59①21,22
よつや【四谷(東)】 14①372
よつやしんじゅく【四谷新宿(東)】 14①82
よつやないとう【四谷内藤(東)】 2⑤332
よつやむら【四ツ屋村(長野)】 59②99/64①72/66⑤272
よどおもて【淀表(京)】 36③281
よどがわ【淀川(京、大阪)】→かしゅうよどがわ、やましろのくによどがわ

16①282
よどがわつつみ【淀川堤(大阪)】 14①250
よどかわむら【淀川村(秋)】 61⑨290,365,368
よないざわむら【米内沢村(秋)】 61⑨265,267,326,332
よなぐにじま【与那国嶋(沖)】 34⑥148
よなご【米子(鳥)】 9②216
よなみむら【江波村(富)】 5④316
よねぐら【米倉(岡)】 67③134
よねこしんでん【米子新田(新)】 70②153
よねざわ【よね沢(山形)、米沢(山形)】→うしゅうよねざわ、でわのくによねざわ 18②269,274/46①37/53②99/56①199/61⑨273,276,286,292,316,363,373,375,380,383,385/62③72
よねざわこいでむら【米沢小出村(山形)】 61⑨299
よねざわしもながいあらと【米沢下長井荒戸(砥)(山形)】 61⑨368
よねしろがわ【米代川(秋)、米白川(秋)、淿代川(秋)】 36②107/61⑨260,261,322
よねやま【米山(新)】→えちごのくによねやま 25①130
よの【与野(埼)】 67①54
よぶこうら【呼子浦(佐)】→J 58⑤367
よみたんやま【読谷山(沖)】 57②118,181,182,202,204,235
よもぎさわ【蓬沢(山梨)】 65③229
よもやまむら【四方山村(石)】 5④345,356
よら【与良(長崎)】 32①137
よらごう【与良郷(長崎)】 32①13,15,153,154,155,156,157,160,161,162,163,164,165,195,196,197,②291,305/64⑤347,349
よらごうおおやまむら【与良郷大山村(長崎)】→おおやまむら 32①127
よらごうかしそん【与良郷加志村(長崎)】 41⑦334
よらごうがやむら【与良郷賀谷村(長崎)】→がやむら 32①148
よらごうけちむら【与良郷雞知村(長崎)】→けちむら 32①25,65,83,90,97,103,112,119,133,138,142,169,172,201,203,②286,288
よらごうよしがうらむら【与良郷蘆浦村(長崎)】→よしがうらむら 32①219
よろずちょう【万町(神)】 66②99
よろみむら【与郎(呂)見村(石)】 5④342
よろんじま【与論島(鹿)】 57②209

【ら】

らいこうじ【来迎寺(新)】 36③161,193,194,281,323,324
らくしゅう【洛州(京)】 55②151
らくのたかがみね【洛の鷹ヶ峰(京)】→たかがみね 55③431
らくほく【洛北(京)】 55②152
らくよう【洛陽(京)】 35①223,②260
らくよう【洛陽(中国)】 12①197/13①213
らんじょう【頼成(富)】 42④231,275

【り】

りゅうおう【竜王(山梨)】 65③199
りゅうおうむら【竜王村(山梨)】 65③191,198,199
りゅうきゅう【りうきう(沖)、琉球(沖)】 6①139/12①391/13①339/14①110,120,321/45⑥302/50②164/55②170/68③357,358/70①14,③224,⑥403
りゅうきゅうこく【琉球国(沖)】 11①20
りゅうじん【竜神(和)】 10②363
りゅうむら【龍村(石)】 5④341
りゅうもんのたき【龍門の滝(中国)】 56①185
りょう【梁(中国)】 18①154
りょうがえちょう【両替町(東)】 46②138
りょうけまちむら【領家町村(石)】 5④339
りょうごく【両国(東)】→J 52②87/61⑩421
りょうごくがわ【両国川(東)】 45⑤238,239
りょうざんこ【梁山湖(中国)】 65③222
りょうしまち【猟師町(東)】 45⑤248,249
りょうじゅせん【れうしゆせん(インド)】 16①57
りんごう【梨郷(山形)】 18②252,269

【る】

るそんこく【呂宋国(フィリピン)】 70③224

【れ】

れきざん【歴山(中国)】 20①261
れんげじむら【蓮花寺村(石)】 4①23,131
れんしょうじむら【蓮正寺村(神)】 66②88
れんだいじむら【蓮台寺村(熊)】→くまもとごりょうれんだいじ 11④185

【ろ】

ろ【魯(中国)】 3③180/10②303
ろうか【浪華(大阪)】 14①54/15②134
ろうかさつまぼり【浪華薩摩ぼり(大阪)】 15②243
ろくごう【六郷(秋)】 61⑨276,338
ろくごうえき【六郷駅(秋)】 61⑨286,289,296,301,366
ろくごうがわ【六郷川(東、神)】 16①282
ろくごうむら【六郷村(秋)】 61⑨279,285,291,298,349,369
ろくじぞうとうげ【六地蔵峠(奈)】 66⑥338
ろくじょう【六条(京)】 69①51
ろくた【六田(山形)】 61⑨274,371,388
ろくたかわ【六田川(山形)】 61⑨274,367
ろくまんじ【六万寺(大阪)】 43②156,172,190
ろくまんじむら【六万寺村(大阪)】 43②121,122,129,136,142,171,175,178,184,189,190,197,200,203,207
ろくろ【鹿路(岐)】 43①14,16,18,19,24,28,29,30,31,32,33,36,37,38,39,40,41,42,43,45,46,48,49,50,51,52,56,57,66,67,69,70,71,72,73,75,76,77,78,80,82,83,84,87,92
ろっかい【六ヶ井(和)、六ヶ井(和)】→C 65②95,96
ろんでんむら【論田村(富)】 5④325

【わ】

わ【倭(日本)】 10①193/20①7
わかえごおり【若江郡(大阪)】 15③396
わかさ【若狭(福井)、若州(福井)】 15①32,83/35②321/62①17
わかさごうや【若狭小(郷)屋(山形)】 18②268
わかさのくに【若狭国(福井)】 48①335
わかさのくにみかたぐんかわらいち【若狭国三方郡河原市(福井)】 5②220
わかさみみがわ【若狭耳川(福井)】 5③244
わかすぎむら【若杉村(石)】→かしゅうのみぐんわかすぎむら、かしゅうわかすぎむら 5④308
わがちょうじゅうろっかこく【我朝十六ケ国】 35②262
わかのうら【和歌のうら(和)】→きしゅうわかのうら 62⑦181
わかばやし【若林(山形)】 64④297
わかまつ【若松(福島)】 2③261/19②342
わかまつむら【若松村(石)】 5④314
わかみや【若宮(愛媛)】 30③289
わかみやへん【若宮辺(愛媛)】 30③299
わかみやむら【若宮村(愛媛)】 30③271
わかむら【若村(茨)】 64③199
わかやま【若山(和)、和歌山】→きしゅうわかやま→R 28①62/40④278,300,315,331/58②98
わかやまごりょうくすむら【若山御領楠村(和)】 53④237

わきがみむら【脇神村(秋)】 *61*⑨326
わきた【脇田(大阪)】 *43*②126,131,134,143,145,146,147,148,149,150,151,152,154,155,157,158,159,160,161,162,163,164,165,166,167,170,173,174,175,176,177,178,179,180,182,183,185,186,187,192,193,194,198,202,209
わきのはま【脇浜(兵)】 *50*①58
わきのまち【脇野町(新)】 *36*③324
わきむら【脇村(富)】 *5*④328
わきもと【脇本(秋)】 *61*⑨270
わきもとむら【脇本村(秋)】 *61*⑨329,334
わぐむら【和具村(三)】 *66*⑧404
わくや【涌谷(宮城)】 *67*⑤224
わくらむら【涌浦村(石)】 *5*④338
わじき【和食(高)】 *30*①132
わしづか【鷲塚(愛知)】 *16*①281
わじま【輪島(石)、輪嶋(石)】 *48*①177/*58*③126
わじまあまむら【輪嶋海士村(石)】 *5*④344
わじまざきむら【輪嶋崎村(石)】 *5*④347
わじまむら【輪嶋村(石)】 *5*④343,347
わしゅう【和州(奈)】 *45*⑦409/*48*①354,355/*56*①81,85/*61*④158,161,169,⑥187/*68*③354
わしゅう【和州(中国)】 *18*①56
わしゅうかすがやま【和州春日山(奈)】 *48*①383
わしゅうごせ【和州五(御)所(奈)】→ごせ *56*①85
わしゅうひがしいね【和州東井上(奈)】 *61*⑥192
わしゅうよしの【和州吉野(奈)、和州芳野(奈)】→よしの *56*①97,②292
わしゅうよしのやま【和州吉野山(奈)】→よしのやま *4*①161
わだ【和田(山形)】 *18*②252,269,274
わだ【和田(長野)】 *64*①62
わだうら【和田浦(千)】 *58*②97
わだがわら【和田河原(神)】 *66*②110
わだがわらむら【和田河原村(神)】 *66*②92,109
わたぜむら【渡瀬村(福岡)】 *11*④172
わただ【和多田(佐)】 *31*⑤257
わたなべむら【渡部村(秋)】 *61*⑨328,333
わたのは【渡波(宮城)】 *67*⑤213,219,220,224,225
わたのはちょう【渡波町(宮城)】 *67*⑤217
わたのはまち【渡ノ波町(宮城)】 *67*⑤211
わだみまち【和田海町(島)、和田見町(島)】 *59*③201
わだむら【和田村(秋)】 *61*⑨280,290,291
わだむら【和田村(長野)】 *59*②105
わたらせがわ【渡良瀬川(栃、群)、渡〔良〕瀬川(栃、群)】 *65*③232/*67*①19
わとく【和徳(青)】 *1*②209
わにうらむら【鰐浦村(長崎)】 *32*①12,48,51,86,96,100,107,139,170
わの【上野(山形)】 *18*②252
わのやま【上野山(山形)】 *18*②261
わようながはら【和陽永原(奈)】→ながはら *61*④157,⑤186,⑥192
わらしながわ【藁科川(静)】 *65*③183,184,185
わらや【わらや(広)】 *13*①70

U 書 名

【あ】

あいさくしじゅうき【藍作始終記】 30④346
あいさくてびきぐさ【あゐ作手ひき草、あゐ作手引草】 45②69,110
あいづうたのうしょ【会津歌農書】 20①7,10,17,64,67,114,117,160,163,217,221,286,289,337,351
あいづこうしでん【会津孝子伝】 20①352
あいづのうしょ【会津農書】 19①6,8,13,90,175,218/20①9,②396
あきたくだりにつきにっき【秋田下りニ付日記】 61⑨370
あずまかがみ【東鑑】 6①202
あまのもくず【海人藻芥】 52②82,85,124
あらきぞくふどき【荒城俗風土記】 24①10

【い】

いあつ【医渥】 6①226
いきゅう【医級】 55②147
いけだじかたき【池田地方記】 65③256
いけんし【夷堅志】 6①228
いじしょうげん【医事小言】 24①73
いしょ【遺書】 21⑤234
いせいていきんおうらい【異制庭訓往来】 52②84,124
いせのくにもうす【伊勢国上言】 24①84
いせものがたり【伊勢物語】 37③340/51①19
いそうひつどく【医宗必読】 6①226
いっぽんどうやくせん【一本堂薬選】 18①137
いばゆけつどこう【医馬腧穴度考】 60⑦403
いはんていこう【医範提綱】 60⑦403
いまがわじょう【今川状】 24③275
いるかきゅうきならびにゆいしょがき【入鹿旧記並由緒書】 64②141
いろはぼうちょう【いろは庖丁】 52③141
いんかい【韻会】 60⑦460
いんがきょう【因果経】 70②65
いんけいろく【陰携録】 22①74
いんさいかふ【允斎花譜】 11③143

【う】

うえきていれひでん【植木手入秘伝】 55②106,150
うえものぐい【樹芸愚意】 47⑤248
うこう【禹貢】 15②131/70⑥399,400
うたのうしょ【歌農書】→かいようウたのうしょ 20①12,278
うつぼざる【靫猿】 24①76
うはくでんぐんきこうよ【宇泊田軍器考余】 1②198
うまのしょ【馬之書】 60④163
うまやつくりつけたりかいかたのしだい【廏作附飼方之次第】 60③130
うようしゅうほくすいどろく【羽陽秋北水土録】→すいどろく 70②56,59,72
うるしぎかでんしょ【漆木家伝書】 46③183
うんきろん【運気論】 40②69
うんようし【雲陽誌】 59③207,215
うんようひじ【雲陽秘事】 59③210

【え】

えいかき【永嘉記】 35①42/47②131
えいせいいかん【衛生易簡】 6①228
えいたいとりきめぎていしょ【永代取極議定書】 63③98
えいたいとりきめもうすいんしょうのこと【永代取極申印章之事】 63②85
えどそうがのこ【江戸総鹿子】 52②87,125
えなんじ【准南子、淮南子】 6②289/48①137/70②137
えなんまんひつじゅつ【淮南万畢術】 35①87
えんきかっぽう【円機活法】 51①13,14
えんぎしき【延喜式】 10②340/45⑥316/59③202
えんぎしきだいぜん【延喜式大膳】 14①161
えんしょうきげんろん【焔硝基源論】 52⑦285
えんてつろん【塩鉄論】 6②287
えんぽびぼう【園圃備忘】 11③141
えんろく【蔫録】 45⑥332

【お】

おうせい【王制】 56①155
おうひん【桜品】 56①67
おおくさけりょうりしょ【大草家料理書、本(大)草家料理書】 52②119,125
おおじしんつなみじっきひかえちょう【大地震津波実記控帳】 66⑧390
おおじょうろうおんなのこと【大上臈御名之事】 52②124
おおじょうろうなのこと【大上臈名事】 52②82
おがわじまげいげいかっせん【小川嶋鯨鯢合戦】 58⑤288
おきみやげそえにっき【置ミやげ添日記】→ろうのうおきみやげ 1③272
おさしずひかえ【御差図扣】 57②84,91,222
おやわ【御夜話】 6①173
おりたくしばのき【折たく柴記】 48①169
おんこめつくりかたじつごのおしえ【御米作方実語教】 61③124
おんころく【温古録】→さいえんおんころく 3④218

【か】

かいき【槐記】 52③132,141
かいこうすち【開荒須知】 3③102,104
かいこうすちけんかん【開荒須知乾巻】 3③106
かいこうすちこんかん【開荒須知坤巻】 3③148
かいざいしょにっき【廻在諸日記】 61⑨298
かいざいにつきにっき【廻在ニ付日記】 61⑨335
かいざいのにっき【廻在之日記】 61⑨256,284,319
かいぞうずふ【解臓図賦】 60⑦403
かいたいしんしょ【解体新書】 60⑦403,491
かいばしんしょ【解馬新書】 60⑦400,401,443
かいよううたのうしょ【会陽歌農書】→うたのうしょ 20①342
かいようこうしでん【会陽孝子伝】 20①13
かいれんし【開奩志】 27①134
かがくしゅう【下学集】 3①33

/51①19/52②82,124
かかしものがたり【案山子物語】 36①33
かきょう【花鏡】 48①186/55②111,170,173/69①104,②251
かぎょうでんぎょうじ【家業伝行司】 8①11
かくこようろん【格古要論】 49①131
かくちきょうげん【格致鏡原】 52②84
かくんき【家訓記】 62⑨404
かしょうせいがちりょう【夏小正月令】 12①79
かしょくこう【稼穡考】 22②98
かしょくでん【貨殖伝】 10②322,381
かせいぎょうじ【家政行事】 38④230,231,233,234
かだんこうもく【花壇綱目】 55②172
かだんちきんしょう【花壇地錦抄】→ちきんしょう 54①32
がつりょう【月令】 47②130/69②187,189/70⑥371
がつりょうこうぎ【月令広義】 12①79/18①79
かつろく【葛録】 50③238
かどたのさかえ【門田のさかえ、門田栄】 62⑦178,180,212
かなものがたり【假名物語り】 21⑤215
かまくらし【鎌倉志】 54①154
かみぐんりていき【上郡里程記】 3④218
かみすきちょうほうき【紙漉重宝記】 53①10
かみすきひつよう【紙漉必用】 14①41
かめのおちゅうほのさかえ【亀尾疇圃栄】 2⑤323
からのしょ【唐の書、唐書】 12①282,293
かりむぎだん【刈麦談】 32②285
がんかきんのう【眼科錦嚢】 60⑦403
かんがくぶん【勧学文】 6①208
がんかしんしょ【眼科新書】 60⑦403
かんぎょう【観経】 40②84
かんし【管子】 6①5/70②87
かんしゃうえそだておよびさとうせいほうがいりゃくき【甘蔗栽育及砂糖製法概略記】 30⑤394
かんしゃたいせい【甘蔗大成】 15②302/50②141,183,187,214
かんじょ【漢書】 10①124
かんしょのしょくかし【漢書ノ食貨志】 69②238
かんせいき【鑑正記】→のうじゅつかんせいき 10②299,304
かんそうさだん【閑窓瑣談】 24①19
かんたん【桓譚】 13①316
かんでんこうひつ【閑田耕筆】 25③291/65③218
かんでんのそうし【閑田の草紙】 6②326
かんとんしんご【広東新語】 49①213/70⑥377
かんとんつうし【広東通志】 45④211
かんのうこほんろく【勧農固本録】 1①17
かんのうびし【勧農微志】 61④156,157
かんのうわくん【勧農和訓】 62⑧236
かんのうわくんしょう【勧農和訓抄】 62⑧239
かんのんぎょう【観音経】 66③154
かんぴし【韓非子】 48①138

【き】

きいとせいほうしなん【生糸製方指南】 53⑤292,303
きこうしんけんろく【気候審験録】 69②160,208
きしんろん【起信論】 70②81
きせきょう【起世経】 70②79
ぎそろくじょう【義楚録帖】 70②115
きつあんまんぴつ【橘庵漫筆】 62⑥153
きぬふるい【絹篩】 35②383
きゅうき【旧記】 6①199
きゅうこうにぶつこう【救荒二物考】→にぶつこう 70⑤308,309
きゅうこうほんぞう【救荒本草】 6②299/18①122,139,140,141,147,148,151
きゅうこうやふ【救荒野譜】 18①137,138,139
きゅうこうろく【救荒録】 5③283
きゅうしゅうおもてむしふせぎかたとうききあわせのき【九州表虫防方等聞合記】 11④165
ぎゅうしょ【牛書】 60④163
きゅうなんしょくしゅう【救難食集】 40①5
きゅうみんみょうやく【救民妙薬】 6①237
きゅうみんやこうのたま【窮民夜光の珠】 11①5
きゅうれいさんぼうしゅう【九霊山房集】 48①338
きょうじんろく【驚蕈録】 45④198,200
きょうだんせいおん【郷談正音】 50③245
ぎょうてん【堯典】 4①168/12①79
きょかひつよう【居家必用】 12①323/49①53
ぎょくしょくほうてん【玉燭宝典】 12①79
ぎょくへん【玉篇】 70②91
ぎょくれき【玉暦】 65③214
きんぎょそだてぐさ【金魚養草】 48①258
きんしろく【近思録】 40②89
きんふ【菌譜】 45④211,212
きんもうずい【訓蒙図彙】 62⑥152
きんるいせいしつこう【金類性質考】 49①123

【く】

くじほんぎ【旧事本記(紀)】 35①23,28,98,183
くしゃろん【倶舎論】 70②78
くしゃろんじゅしょ【倶舎論頌書】 70②80,81
ぐしょ【虞書】 13①313

【け】

けいずるでん【計都留伝】 60⑦403
けいそさいじき【荆楚歳時記】 12①358
けいゆうこうさくしょう【軽邑耕作鈔】 2①9
けごんきょう【華厳経】 70②99,100,106
けつじろく【結毦録】 48①338
げんぎ【玄義】 43③261
けんくようちくでん【犬狗養畜伝】 60②88
げんこうしゃくしょ【元亨釈書】 70②116
げんし【元史】 40②82
げんじ【源氏】 54①45,215
げんじものがたり【源氏物語】 12①291/38③173/51①19
けんぶんろく【見聞録】 3④270

【こ】

こううんろく【耕耘録】 30①5
こうおつとうじゅうじごうのひようほう【甲乙等十字号ノ肥養方】 69②389
こうが【広雅】 70②84
ごうかがみ【郷鏡】 11②87
こうかしゅんじゅう【耕稼春秋】 4①6,9/39④231
こうきこうしょくず【康煕耕織図】 62⑦189
こうきじてん【康熙字典】 55②147
こうきょう【孝経】 3③186/18③361/19①13/40②89
こうこしょうろく【好古小録】 48①332
こうさくき【耕作記】 45⑦433
こうさくくでんしょ【耕作口伝書】 18⑥499
こうさくげちかたならびにしょものつくりせつつけちょう【耕作下知方幷諸物作節付帳】 34②30
こうさくしようこう【耕作仕様考】 39④182
こうさくぜんしょ【耕作全書】 24③263
こうさくにっき【耕作日記】 44③198
こうさくばなし【耕作噺】 1①18
こうさくはやしなんしゅげいか【耕作早指南種稽歌】 5③288
こうしょくず【耕織図】 35②261,292,369
こうせいようらん【荒政要覧】 6②299/15①64/18①40,68,114,126,155,172
こうそうでん【高僧伝】 70②62
こうのうのほかしょさくこれあるむらむらよせちょう【耕農之外所作在之村々寄帳】 5④307
こうびきゅうほう【後備急方】 6①226
こうもく【綱目】 49①125/55②147/70①13,⑥424
こうようぐんかん【甲陽軍鑑】 17①187
こがいようほうき【蚕飼養法記】 47①8,9
こきん【古今】 23④172/35①

230/37③340/54①145
こきんしゅう【古今集】 24①59/35①95
こきんりょうりしゅう【古今料理集】 52②125,③132,141
こくさんこう【国産考】 14①27,67,69,105,107,159,161,215,217,267,271,321,360,363,411
こくしりゃく【国史略】 43③247
こくどけいいろん【国土経緯論】 69②159,208
こころおぼえ【心覚】 41⑥279
ここんいとう【古今医統】 18①160/24①139
ござっそ【五雑租(俎)】 65③215
ごし【呉子】 60③130,131,134,135,139
こじき【古事記】 59③197,198,199,208/65③213
こじきでん【古事記伝】 59③211
ごしょ【御書】 43③261
こしようううるしだねまきつけかたしようしょ【古仕様漆種蒔付方仕様書】 46③202
ごずいへん【五瑞編】 45④198
こばていしろん【木庭停止論】 64⑤334
ごぶんしょう【御文章】 24①134/43①18
こめとくぬかわらもみもちいかたきょうくんどうじのみちしるべ【米徳糠藁籾用方教訓童子道知辺】 62⑤115
こもんぜんしゅう【古文前集】 51①15

【さ】

さいえんおんころく【菜園温古録】→おんころく 3④217,221,383
ざいかたごふしんしかたたいがいしゅう【在方御普請仕方大概集】 65③247
さいしゅほう【再種方】 62⑦205/68②250/69①135/70④260,272
さいしんひゃくしょうおうらいほうねんぐら【再新百性往来豊年蔵】 62②26
ざいでんろく【在田録】 14①200
さいふ【菜譜】 10②359
さいゆうき【西遊記】 48①351
さくていき【作庭記】 55②171
ざつごぎょうしょ【雑五行書】 35①43
さでん【左伝】 70②72
さとうせいほうききがき【砂糖製法聞書】 61⑧214
さとうせいほうろく【砂糖製法録】 14①38,42,105
さんがいぎ【三界義】 70②80,94
さんかいめいさんずえ【山海名産図会、山海名産図絵】→めいさんずえ 14①353/48①225,388/49①206,214/53②135
さんかいり【山海里】 24①21,110
さんきょう【蚕経】 35①32
さんごくし【三国志】 35①220
さんごくでんき【三国伝記】 70②67
さんさいずえ【三才図会、三才図絵】 3①33/14①60/18①122/35①183/55②106,111/62⑥155
さんだいじつろく【三代実録】 24①84/66④188
さんとうおうらい【三等往来】→とまりおうらい 62⑥146
さんどうしこう【山堂肆考】 52②82
さんとふ【三都賦】 13①316
さんぷ【蚕賦】 35①36
さんりゃく【三略】 10①150,203/52①12
さんりんしんぴ【山林真秘】 57②76

【し】

し【詩】 6②323/18①138,187
じい【字彙】 23①109/70②59,91,139,141,142,146,147
しか【詞花】 35①230
じが【爾雅】 14①181/70②91,92
じかたおぼえがき【地方覚書】 65③251
じかたたいせいろく【地方大成録】 65③277
じかたちくばしゅう【地方竹馬集】 65③276
じかたひつよう【地方必用】 65③268,280
しかのうぎょうだん【私家農業談】 6①5,65,106,154,189,224,②329/39④231
しき【史記】 3③118,119,178,179/10②364,366/12①286,292/13①111,137,265/18①67/19②423/22①29/24①18/38③117,173,183
しきかしょくでん【史記貨殖伝】 6②296
しきつけものしおかげん【四季漬物塩嘉言】→つけものしおかげん 52①21
しきつけものはやしなん【四季漬物早指南】 52①58
しきのかしょくでん【史記の貨殖伝】 12①124
しきょう【詩経】 4①186/15①69/18③349/38③196/40②57/70⑥371
じげかかりしょしなとめがき【地下掛諸品留書】 2③259
しごとわりひかえ【仕事割控】 63⑥340
ししょ【詩書】 22①76
しせいぎ【史正義】 70②139
じちろく【自知録】 22①74
じっしゅうき【十州記】 70②91,93
してんかんしょ【史天官書】 35①98
じとく【自得】→のうぎょうじとく 21①93/23①35
しのしょうが【詩ノ小雅】 70②146
じぶついめいろく【事物異名録】 52②82
じぶつきげん【事物紀原】 10②374
じぶつこんしゅ【事物紺珠】 70①8
しぼくあんきしゅう【司牧安驥集】 60⑦403
しまばらたいへんき【嶋原大変記】 66④184
しゃくみょう【釈名】 48①388,389/70②91,137,142
しゃしょくじゅんじょうろく【社稷準縄録】 22⑤347
しゅういしゅう【拾遺集】 14①162
しゆういなほのべん【雌雄稲穂の弁】 3②67
しゅういん【集韻】 49①131
しゅうえき【周易】 40②87
しゅうが【周雅】 13①313
しゅうぎがいしょ【集義外書】 65③216
しゅうぎょくしゅう【拾玉集】 37③278
しゅうぎわしょ【集義和書】 32①136
じゅうさんきょう【十三経】 22①76
しゅうよう【輯要】 53⑤290
しゅきしゅう【朱熹集】 52②82,84
しゅしのしでん【朱子詩伝】 12①357
しゅらい【周礼】 3③176/19②422/35①47/56①155/60②88/69②174
じゅんし【筍子】 48①137
しゅんじゅう【春秋】 4①229/6①86/12①151/13①361/37③255
しゅんじゅうしゃじつしょうぎ【春秋社日醮儀】 6①200
じゅんせいはっせん【遵生八牋】 12①333
じゅんぱいき【順拝記】 59③201
じゅんわ【順和】→わみょうしょう 56①111
じゅんわみょう【順和名】→わみょうしょう 54①177,215
じょうあごんぎょう【長阿含経】 70②95,97
しょうがく【小学】 3③186/12①29/38④270
じょうきゅうごじっしゅ【承久五十首】 37③311
しようさんがつき【紫陽三月記】 54①73
しょうしょ【尚書】 29①91/69②176,185,355
しょうしょたいでん【尚書大伝】 35①70/47②130
しょうじんぎょるいものがたり【精進魚類物語】 52②85
しょうしんげ【正信偈】 24①134
しょうろく【小録】 48①333,334,335,338,339,340,343,344,345,347,348,349,350,351,354
しょがくのき【初学ノ記】 70②93
しょくけい【食経】 14①161
しょくにんうたあわせ【職人歌合】 48①333
しょくにんづくしうたあわせ【職人尽歌合】 52②85,91
しょくほうげん【蜀方言】 52②82
しょくもつほんぞう【食物本草】 12①309,333
しょげんがくこう【書言学考】 52③141
じょこうろく【除蝗録】 5③277/15①9,12,61,67/21①23/

23①111/39④212
じょこうろくこうへん【除蝗録後編】 15①59,63,67,107
しょしょうたいせい【諸抄大成】 52②84
しょっかし【食貨志】→ぜんかんじょしょっかし 18③349
しょのこうはん【書の洪範】 12①117
しょぼくうえたてひでんしょう【諸木植立秘伝抄】 56①158
じりんこうき【事林広記】 49①127
じりんしゅうよう【字林拾葉】 52③141
しんあんきわたさくほう【新按木綿作法】 23⑤277
しんきょう【鍼経】 60⑥332
しんじかんぎょう【心地観経】 70②101
じんじゃこう【神社考】 10②368
しんしょ【紳書】 65③217
しんしよううるしだねまきつけかたしようしょ【新仕様漆種蒔付方仕様書】 46③209
しんせんかいこおうらい【新撰養蚕往来】 62④86
しんせんまんようしゅう【新撰万葉集】 54①215
しんせんるいじゅうおうらい【新撰類聚往来】 52②124
しんせんろくじょう【新撰六帖】 37③329
しんぞうじりん【新増字林】 24①55
じんだい【神代】 51①11
じんだいき【神代紀】 69②242,365
じんだいくけつ【神代口訣】 70②102
じんだいのき【神代ノ記】 69②206
じんだいのまき【神代の巻、神代巻】 35①14/47②128/51①16
しんてん【神典】 23①12
しんのう【神農】 24①127
しんみんかんげつしゅう【親民鑑月集】 10①20

【す】

すいさいごのうかついろく【水災後農稼追録】 23③147
すいどろく【水土録】→うようしゅうほくすいどろく 70②75
ずきょうほんぞう【本草図経(図経本草)】 18①67
すなばたけさいでんき【砂畠菜伝記】 33⑥300,307

【せ】

せいいろく【清異録】 52②82
せいえんろく【製塩録】 52⑦282,284
せいかつろく【製葛録】 14①45,242/50③240,280
せいけいずせつ【成形図説】 15②216/61②82/65③224
せいじつう【正字通】 48①376,388,390/49①131
せいしほうほう【製糸方法】 53⑤293
せいちゃずかい【製茶図解】 47④202,203,230
せいみんようじゅつ【斉民要術】 1①17/6①179,②291,322/18①63/35①87/47②141/62⑧236
せいゆうろく【製油録】 14①42,228/15①96/50①35,71,73,114
せきへきのふ【赤壁賦】 43③255
せせつ【世説】 70①10
せっせいろっかししょう【摂西六家詩鈔】 58⑤369
せつもん【説文】 51①13/70②59,84,91,93
せつようしゅう【節用集】 52②82,124
せんがいきょう【山海経】 48①390/70②92
せんかおうでん【剪花翁伝】 55③203,204,205,240,269,272,295,299,369,372,411,413,476
ぜんかんじょ【前漢書】 12①112/18③361/38③116
ぜんかんじょしょっかし【前漢書食貨志】→しょっかし 70③217
せんきんほう【千金方】 6①228/18①155,160
せんごくさく【戦国策】 51①13
せんじもん【千字文】 43③263
せんしゅろく【撰種録】 5③271
ぜんしょ【全書】→のうぎょうぜんしょ 4①203/23①35,⑥297,326,333/24①123/31⑤281/36②123/40②38
せんてつそうだん【先哲叢談】 3①24
ぜんぺんきぬぶるい【前編絹篩】 35②263,345,353,374
ぜんぺんこがいきぬぶるい【前篇蚕飼絹篩、前編蚕飼絹篩】 35②261,352,402
せんもうぜんしゅう【旋毛全集】 60⑦403

【そ】

そうきかん【相驥鑑】 60⑦403
そうけんきしょう【装剣奇賞】 49①103,122
そうじ【荘子】 12①357/40②167,169/70②91
そうしょ【荘書】 22①8
そうしりゃく【僧史略】 70②61
そうもくし【草木子】 6①199
そうもくせんしゅろく【草木撰種録】 3②67,72
そうもくせんしゅろくだんじょのず【草木撰種録男女之図】 3②68
ぞくえどすなご【続江戸砂子】 52②125
ぞくこうそうでん【続高僧伝】 60②88
そくこうなんしん【促耕南針】 38③111,112,202,203
ぞくせいかいき【続斉諧記】 35①98
ぞくはくぶつし【続博物志】 15①75
ぞくものまぎれ【続物紛】 41②57
そもん【素問】 7②220/51①13

【た】

だいがく【大学】 24①42/43③250
だいざっしょ【大雑書】 24①109
だいしと【大司徒】 69②174
たいせいすいほう【泰西水法】 48①272
だいどうるいじゅう【大同類聚】 55②148
だいはんにゃきょう【大ハン若経、大盤(般)若経】 40②73/48①356
たいへいき【太平記】 17①186/59③207
だいろん【大論】 60②89/70②84
たこうさくしゅう【田耕作集】 17①71
たしきへん【多識編】 52③141
たづくりおぼえがき【田作覚書】 41⑦316
たばこしょこくめいさん【煙草諸国名産】 45⑥285
たばこひゃくしゅ【煙草百首、烟草百首】 45⑥282,283,339

【ち】

ちきんしょう【地錦抄】→かだんちきんしょう 54①315/55②172,173
ちくろうのき【竹楼の記】 10②358
ちゃきょう【茶経】 6①155/12①76/13①78,89
ちゅうよう【中庸】 4①239/12①126
ちょうせいかりんしょう【長生花林抄】 54①115,284,299
ちょうせんにんじんこうさくき【朝鮮人参耕作記】 45⑦380,381,424
ちょうそくでん【調息伝】 60⑦403
ちんこうふし【随(鎮)江府志】 50③245

【つ】

つうぞくさんごくし【通俗三国史】 59③207
つがん【つがん】 62④102
つけものしおかげん【漬物塩嘉言】→しきつけものしおかげん 52①12
つとめちゅうのにっき【勤中之日記】 61⑨352
つれづれぐさ【つれづれ草、つれづれ艸、徒然草、徒然艸】 12①270/23①13/24①31/35①159/38③187/54①177/56①112/60②85,88

【て】

ていきん【庭訓】 10②314
ていきんおうらい【庭訓往来】 52②82,84,119,124
ていぼうこうきょくし【堤防溝洫志、隄防溝洫志】 65③240/69②161,208,217,224

てっこうろく【輟耕録】 48①389
でわのくにあくみぐんゆざごうにしはまうえつけえんぎ【出羽国飽海郡遊左郷西浜植付縁起】 64④242
でんかすぎわいぶくろこうさくかしょくはっけい【田家すきはひ袋耕作稼穡八景】 37③255,258
てんけいわくもん【天経或問】 40②77/52⑦285
てんこうかいぶつ【天工開物】 48①272,364/49①38/52⑦286/69①113,②384/70①19,22,24
でんしゅんねんじゅうぎょうじ【田畯年中行事】 69②182
てんちゅうき【天中記】 52②84

【と】

どうじきょう【童子教】 24①123/70②68
とうしせん【唐詩選】 23⑥340/43③242
とうじねんじゅうぎょうじ【当時年中行事】 52②85,119,124
とうじょ【唐書】 6①212
とうそうふ【餹霜譜】 70①8,23
とうどうのうじあらまし【東道農事荒増】 61⑩411
どうとくきょう【道徳経】 70②149
とうばしゅう【東坡集】 24①18
とうふしゅうせつ【豆腐集説】 52③139
とうふぞくひゃくちん【豆腐続百珍】 52②122,125
とうふひゃくちん【豆腐百珍】 52②122,125
とうふひゃくちんぞく【豆腐百珍続】 52②87,③139,140,141
とうぼうさく【東方朔】 70②148
とうぼうさくおきぶみ【東法作置文】 37①7
とうぼうさくせんしょ【東方朔占書】 35①99
どうもうしゅぞうき【童蒙酒造記】 51①55,79,99,100
とうりくてん【唐六典】 49①131
どくだん【独断】 70②150
とくのうようりゃく【督農要略】 65③248
どこくだん【土穀談】 32①13,215
どせいべん【土性弁】 69②160,208
とひもんどう【都鄙問答】 22①26
とまりおうらい【泊往来】→さんとうおうらい 62⑥146,157
とやまのさち【太山の左知】 56②240
とゆけのみたま【止由気の御霊】 23①13
とよあきのわらいぐさ【豊秋農笑種】 61①28
とようへん【杜陽編】 35①46

【な】

ななじゅういちばんしょくにんうたあわせ【七十一番職人歌合】 52②124
なんざんし【南産志】 70①25,③224
なんぽうそうもくじょう【南方草木状】 70①11,③222

【に】

におう【仁王】 24③355
にちようりょうりしなんしゅう【日用料理指南集】 52③141
にちようりょうりしゅう【日用料理集】 52③132
にっちろく【日知録】 42⑥370,409
にぶつこう【二物考】→きゅうこうにぶつこう 70⑤315,316,338
にほんがいし【日本外史】 62⑥148
にほんぎ【日本紀、日本記(紀)】 10②302,312/13①168,226/35①24,78/56①86/62④101/64②112
にほんこうき【日本後記(紀)】 37③369
にほんしょき【日本書紀】 1②135/47②128/70②102
にんじんこうさくき【人参耕作記、人蓡耕作記】 45⑦374,375,377,378,432,433/48①232
にんじんふ【人参譜】 45⑦398

【ね】

ねはんぎょう【涅盤経、涅槃経】 13①175/56①93/70②99,100
ねんじゅうしぎょうわりならびににっきひかえ【年中仕業割並日記控】 63⑦355

【の】

のうかえき【農家益】 14①41,231/15②138,302
のうかえきこうへん【農家益後篇】 14①231
のうかえきぜんぺん【農家益前篇】 14①231
のうかえきぞくへん【農家益続篇】 14①231
のうかかんこう【農家貫行】 1①17
のうかぎょうじ【農家業事、農稼業事】 5③252,280,282/7①5,49,53,78/8①25/36②97,101/39④225/63⑧431
のうかぎょうじこうへん【農稼業事後篇】 14①42,43
のうかこころえ【濃家心得】 40①5
のうかこころえぐさ【農家心得草】 14①65/68②245,292/69①135
のうかしょうけいしょう【農家捷径抄】 22①8,17
のうかすち【農家須知】 70⑥369,371,376,426,432,433,434
のうかねんじゅうぎょうじ【農稼年中行事】 30①6
のうかねんじゅうぎょうじき【農家年中行事記】 25③292
のうかばいようろん【農家培養論、農稼培養論】 62⑦198/69①96
のうかひばいろん【農稼肥培論】 69①31,67,96
のうかようじんしゅう【農家用心集】 68④394
のうかろく【農家録、農稼録】 23①6,17,③157
のうぎょう【農業】→のうぎょうぜんしょ 41⑤245
のうぎょうおうらい【農業往来】 62①10,12
のうぎょうかいれんし【農業開奩志、農業業(開奩)志】 27①58,136,137
のうぎょうかいれんろく【農業開奩録】 27①60
のうぎょうかくんき【農業家訓記】 62⑨303,316
のうぎょうこころえき【農業心得記】 36②96
のうぎょうし【農業史、農業志】 27①70,137
のうぎょうじとく【農業自得】→じとく 21①91/23①34,66
のうぎょうじとくふろく【農業自得附録】 21②101
のうぎょうぜんしょ【農業全書、農行全書】→ぜんしょ、のうぎょう、のうしょ 1①17,119,③259,270,277,④295,296,297/2①9,26,48,53,65/3①11,27,34,62,63,②67,③116,117,126,151,166,④218,231,292/4①104,169,176,183,224,225,232,234,240/5③282/6①10,25,31,60,65,88,91,94,99,113,119,127,132,146,182,②273,278,291,303/8①25/9②210/10②297,299,313,316,328,336,339,359/12①12,13,16,21,46,130,214,276,333,336/13①6,78,128,184,258,313,315,319/14①308,318/15③331,341/18①68,71,74,80,90,94,②266,268,274,③353/21①24,25,68,89,②101/22①23,26,46/23①18,19,22,32,33,34,54,67,72,73,74,87,104,121,④174,⑥297/24①6,119/31④195,222/32①5,32,34,35,37,42,78,83,93,116,129,138,145,151,152,157,158,174/33⑥302,325,365/35①65/36②97/39①11,59,67/40②126,127,131,134,137,186/41⑦323,326/43①15/47②137/56①165/61①28,②83/62⑧236/68④406/69①55,91,93/70①14,⑥409
のうぎょうぜんしょふろく【農業全書附録】 6②296
のうぎょうぜんしょやくげん【農業全書約言】 41⑦326
のうぎょうだん【農業談】 6②287,302
のうぎょうだんしゅういざつろく【農業談拾遺雑録】 6②269,329
のうぎょうつうけつ【農業通決(訣)】 12①323
のうぎょうときのしおり【農業

時の栞、農業時之栞】 23⑤276/40②36,37,39,116
のうぎょうにちようしゅう【農業日用集】 23⑤257/33①9,13
のうぎょうねんじゅうぎょうじき【農業年中行事記】 25③258
のうぎょうのおぼえ【農業之覚】 41③170
のうぎょうのしょ【農業の書】 13①377/14①381/23①10/40②129,132
のうぎょうもうくん【農業蒙訓】 5③243,255
のうぎょうようしゅう【農業余(要)集、農業要集】 3①5,8,15,61/5③271,282
のうぎょうよこざあんない【農業横座案内】 31③108
のうぎょうよわ【農業余話】→よわ 3②70/5③282/7②216,217,227/8①25/21①91/23①33,46,53,110,③151/31⑤256,266/37③375/61①28/62⑧276/69①101,129
のうぐせん【農具揃】 24①6,8,159,162,165,166,167,169,170,173,175,176
のうぐべんりろん【農具便利論】→べんりろん 14①60/15①62,②133,137,141,178,183,238,243,244,302,③364,377/45③150/62⑦208
のうさくじとくしゅう【農作自得集】 9②193,195,226
のうじいしょ【農事遺書】 5①5,7,13,183,190
のうじべんりゃく【農事弁略】 23⑥297,341
のうじゅつかんせいき【農術鑑正記】→かんせいき 1①17/6①212/10②297,312,343,345,381
のうしょ【農書】→のうぎょうぜんしょ 1①61,81/3③134,141/4①219/5③253/6①97,98,101,125,154,155,207,②286,288,289,301,321/7①19,②330/8①58,79,101,120,171/9②222/10②300,317/12①24,60,136,149,161,162,172,173,187,363,389/13①8,187/15①62/18②288/19②276,279,281,369,370,371,379,386,387,392,450/20①7,13,352/21①7,23,24,25,②101,102,130,135/23④162/30①8/32②297,300/34⑤85/36②115,118,126/41⑦313,326,327,341
のうせいずいひつ【農制随筆】 1①17
のうせいぜんしょ【農政全書】 1①17/3①63/6①179,217,227/12①24,144,348,379,392/13①26/18③353,361/69②219/70①15,③213
のうせいぜんしょこくじ【農政全書国字】 18③362
のうそうしゅうよう【農桑要集(輯要)】 35②345
のうにんにしきのふくろ【農人錦の嚢】 31④148
のうにんぶくろ【農人袋】 5③271,282
のうみんのつとめこうさくのしだいおぼえがき【農民之勤耕作之次第覚書】 2④275
のうむちょう【農務帳】 34②30,⑥164
のうゆ【農諭】 21①11,23,24/39①15
のうようろく【農要録】 31⑤247
のやまぐさ【野山草】 55③311
のりばいようほう【海苔培養法】 45⑤234

【は】

ばいようひろく【培養秘録】 69②158,166,174,178,182,184,235,237,277,280,318,320,352,354,390
ばきょうたいぜん【馬経大全】 60⑦403
はくぶつし【博物志】 70②93
ばじゅつそうせつ【馬術叢説】 60⑦400,403
はぜうえゆいごんしょ【櫨植遺言書】 11①11
ばとうあんきさいよう【馬とうあんきさいよう】 60⑤293
ばりょうしんきゅうさつよう【馬療針灸撮要、馬療鍼灸撮要】 60⑥326,332,377
ばんぶつひんぼこう【万物牝牡考】 3②72
ばんぽうひじき【万宝鄙事記】 48①86,90

【ひ】

びこうそうもくず【備荒草木図】 68①43,48,52,57,62,65,209,211,213
びこうろく【備荒録】 18①185/68①48,53
ひごのくにこうさくききがき【肥後国耕作聞書】 33⑤238
ひしゅうし【飛州志】 24①76
ひしゅうゆめものがたりのふろく【飛州夢物語の附録】 24①86
ひつだん【筆談】 24①18
ひでんかきょう【秘伝花鏡】 69②251
ひばいろん【肥培論】 15③402
ひゃくしょうおうらい【百性往来】 62②33
ひゃくしょうつくりかたねんじゅうぎょうじ【百性作方年中行事】 40③214
ひゃくしょうでんき【百姓伝記、百性伝記】 16①54,171,227,265,335/17①71/65③250
ひゃくしょうでんきかてしゅう【百性伝記粮集】 17①316
ひゃくしょうでんきしきしゅう【百性伝記四季集】 16①31
ひゃくしょうでんきたこうさくしゅう【百性伝記田耕作集】 17①72
ひゃくしょうでんきむぎさくしゅう【百性伝記麦作集】 17①158
びゃっこつう【白虎通】 70②137
ひろせさくらのき【広瀬桜之記】 24①69
びんしょ【閩書】 70①25,③213,224

【ふ】

ふうぞくつう【風俗通】 60②88/70②142
ぶかん【武漢(鑑)、武鑑】 43①68,69/59③248
ふげんろく【不言録】 49①90
ふそうりゃくき【扶桑略記】 70②89
ぶつりしょうしき【物理小識】 48①375,376/49①126/55②147
ぶつるいひんしつ【物類品騭】 15③340/48①232
ふどき【風土記】 18①140/70②141
ふぼく【夫木】 37③311,328,338
ふぼくしゅう【夫木集】 37③277/45③132/50①35
ぶんけんろく【聞見録】 65③222
ぶんし【文子】 70②160
ふんようおぼえがき【糞養覚書】 41⑦313

【へ】

べんりろん【便利論】→のうぐべんりろん 15③365

【ほ】

ほうおんじゅりん【法苑珠林】 70②95
ほうかいしだい【法界次第】 60②89
ほうかじりゃく【宝貨字(事)略】 45⑦422
ほうかろく【豊稼録】 15①16,62,②139,302/62⑦190/70④268
ほうしがらしにっき【奉使俄羅斯日記】 69①100
ほうちゅうわみょうほんぞう【庖厨倭名本草】 18①137
ほうちょうばしご【庖丁梯】 52②125,③141
ほうどうきょう【宝幢経】 40②71
ぼうふうろうかいちょうびようだん【暴風浪海潮備要談】 23②131
ほくえつしばたりょうねんじゅうのうぎょうふしめ【北越新発田領年中農業節目】 25②178
ぼくみんちゅうこく【牧民忠告】 18①153,172,175
ぼくみんひつよう【牧民秘用(必要)】 65③257
ほけきょう【法花経、法華経】 40②84/43①21,③241,250/63④268
ほっけ【法花、法華】 24③356/43①21
ほっけかちゅう【法華科註】 43③236,262
ほりかわひゃくしゅ【堀川百首】 37③339
ほんきょう【本経】 18①133
ほんこう【本綱】 54①215/55②147/61⑩460
ほんぞう【本草、本艸】→N、X 10②315,318/12①164,303,322,323,324,328,329,333,

336,344,356,358/13①277/18①116,117,128,139,147,151,④411/24①127/38③123/51①13/54①201,221,257/55②106,131,140,171/56①81,82,83,85,108/60③144/62⑤116/69①61
ほんぞうけいもう【本草啓蒙】 48①388/49①127,136,213/52②82,125,③132,141
ほんぞうげんし【本草原始】 45⑦389
ほんぞうこうもく【本草綱目、本艸綱目】 3②70/6①10,228/12①357/14①147/37③390/45⑥316,⑦388,399,408,417/51①13,15/52②82,84,87/54①172,192,217,232/60⑦403/62⑤116
ほんぞうこうもくけいもう【本草綱目啓蒙】 48①221/49①125
ほんぞうしゅうかい【本草集解】 49①127
ほんぞうどうせん【本草洞詮】 45⑥306
ほんぞうべんぎ【本草弁疑】 54①258
ほんぞうほうげん【本草逢原】 48①221
ほんぞうもうせん【本草蒙筌】 45⑦388
ほんちょうしょっかん【本朝食鑑】 45⑥336/48①91/52②124,③141
ぼんもうきょう【梵網経】 40②96

【ま】

まくのうちのうぎょうき【幕内農業記】 20②396
まくらのそうし【枕草子】 25①54
まつえこぎょじょうゆらいき【松江湖漁場由来記】 59③196
まんさくおうらい【満作往来】 62③58
まんじゅうやぼん【饅頭屋本】 52②82,124
まんびょうばりょうしんきゅうさつよう【万病馬療鍼灸撮要】 60⑥320
まんよう【万葉】 37③339/62⑥147/65③219
まんようしゅう【万葉集】 1②140/14①161/15②190/24①28/65③210

【み】

みちのき【道記】 6①203
みみょうこうおんやわき【微妙公御夜話記】 52⑦317
みょうがくん【冥加訓】 21⑤233
みょうぎょう【妙経】 43③261
みんかようじゅつ【民家要術】 3②70/37③376
みんかんびこうろく【民間備荒録】 1①17/6②299/18①6,①13,14,21,22,30,37,39,55,112,176,190/25①117/68①52

【む】

むすいおかだかいびゃくほう【無水岡田開闢法、無水岡田開闢法】 18④392,397

【め】

めいさんずえ【名産図会】→さんかいめいさんずえ 14①354
めんぽようむ【棉圃要務、綿圃要務】 3④225,279/14①43,244/15②302,③325,328,372,411/69①135

【も】

もうし【孟子】→S 6②306/18③361/40②41/47②130/56①156
ものまぎれ【ものまきれ】 41②35
もりおかごよみ【盛岡暦】 71⑭119,120
もろこしのしょ【唐の書】 12①120,180/13①17
もんく【文句】 43③261
もんとくじつろく【文徳実録】 12①358

【や】

やえはらしんでんいわくがき【八重原新田日書】 64①84
やくせいきほう【薬製奇方】 50③245
やくそうぼくつくりうえかきつけ【薬草木作り植書付】 68③314
やくふ【薬譜】 50③245/55②147
やせかまど【やせ竈、屋世鎌戸、屋瀬可満戸、八瀬竈、也勢可満戸、也勢可満登】 36③155,157,158,204,248,289
やなぎだる【柳樽】 24①31
やまとぞっくん【大和俗訓】 2②139
やまとふみ【やまとふミ(古事記)】 17①119
やまとふみ【日本書紀】 62⑧239
やまとほんぞう【大和本草、大和本艸、倭本艸】 3②70/6①173,184/10②336,340/15①26/18①64,149/37③390/48①175/52②124,③141/55②135,168/56①81
やまとほんぞうふろく【大和本草附録】 48①225

【ゆ】

ゆいごん【遺言】 2②139
ゆうさいろく【油菜録】 14①42,228/15①77,96/45③132,177
ゆうようざっそ【酉陽雑俎】 56①83
ゆうりゃくてんのうき【雄略天皇紀】 47②129
ゆがろん【瑜伽論】 70②98
ゆば【豆腐皮】→N 52③132

【よ】

よういじゅんじょう【瘍科(医)準縄】 18①160
ようぎくしなんしゃ【養菊指南車】 55①13,15,17
ようさんきはん【養蚕規範】 47②77
ようさんしき【養蚕私記】 6①190
ようさんしゅうよう【養蚕輯要】 53⑤292
ようさんしゅうようほ【養蚕輯要補】 53⑤293
ようさんすち【養蚕須知】 3③118,126,166
ようさんひしょ【養蚕秘書】 35②302
ようさんひろく【養蚕秘録】 35①6,12,②302/47②131,135,138,140,141,144
ようしゅうふし【雍州府志】 52②124
ようしゅんけんし【陽春県志】 45④210,211
ようじょうくん【養生訓】 21⑤233
ようぞうかいくろん【鎔造化育論】 69②366
よわ【余話】→のうぎょうよわ 21①93/23①35,49,106

【ら】

らいき【礼記】→れいのがつりょう
6①167,208/18①55/38③151/47②130/70②129,130,⑥380
らいきがつりょう【礼記月令】 35①33,83
らざんぶんしゅう【羅山文集】 45⑥332

【り】

りうょうりしなんしょう【料理指南抄】 52②122,125
りえいぞういくひかん【梨栄造育秘鑑】 46①104
りおうぶっしょくずせつ【驪黄物色[図]説】 60⑦403
りくとう【六韜】 52①12/59④269
りくゆえんぎたいい【六諭衍義大意】 3③186
りくゆえんぎのたいい【六諭衍義の大意】 3③187
りしゅ【理趣】 43①15
りていき【里程記】 3④346
りゅうせいしんしゅう【留青新集】 52②82
りゅうりゅうしんくろく【粒々辛苦録】 25①6
りゅうりんひゃくほう【琉藺百方】 14①43/15②302
りょうごんしゃくようしょう【楞厳釈要鈔】 60②88
りょうりしなん【料理指南】 52②125
りょうりしゅこうちょう【料理趣向帳】 52②125,③132,141
りょうりつう【料理通】 52②125
りょうりはやしくみ【料理早仕組】 52③141
りょうりはやしなん【料理早指

南】 *52*③141
りょうりもうもくちょうみしょう【料理網目調味抄】 *52*②125
りょうりものがたり【料理物語】 *52*②120, 122, 124, ③132, 141
りんせいはっしょ【林政八書】 *57*②76, 78, 80, 82, 84

【れ】

れいのがつりょう【礼の月令】→らいき *70*⑥371
れいひょうろくい【嶺表録異】 *69*①93
れいほうのうどく【霊宝能毒】 *51*①19
れつせんでん【列仙伝】 *6*②302/*18*①153

【ろ】

ろうのうおきみやげ【老農置ミやげ、老農置土産】→おきみやげそえにっき *1*③259, 260, 271
ろうのうさわ【老農茶話】 *15*①16, ②302
ろうのうるいご【老農類語】 *32*①6, 20, ②285, 286, 287, 313, 316
ろんご【論語】 *6*②275/*12*①291/*24*①58/*41*②37/*60*②88/*70*②61, 65, 72, 73, 176

【わ】

わかんけんぷ【和漢研譜】 *48*①331
わかんさんさいずえ【和漢三才図会、和漢三才図絵、和漢二(三)才図会】 *24*①76/*35*①46/*45*⑥316, 323, 335/*52*②91, 122, 124, ③132, 138, 141
わかんろうえい【和漢朗詠】 *54*①172
わくんのしおり【和訓栞】 *3*①56
わみょう【和名】→わみょうしょう *55*②147/*56*①85
わみょうしゅう【和名集】→わみょうしょう *24*①31/*51*①19/*54*①257
わみょうしょう【和名抄、和名鈔】→じゅんわ、じゅんわみょう、わみょう、わみょうしゅう *14*①161/*45*②100/*47*②138/*55*②147

V　名　産　名

【あ】

あいいし【藍石】 48①354
あいづろう【会津蠟】 49①207
あいづろうそく【会津蠟燭】 10②336
あおあかま【青赤間(硯)】 48①351
あおいし【青石】 48①335,351,354
あおかやど【青カヤ砥】 48①391
あおみこど【青神子砥】 48①391
あかあかま【赤赤間(硯)】 48①351
あかしたこ【明石章魚】 49①210
あかたきいし【赤滝石】 48①355
あかまいし【赤間石】 48①344,346,351,352,353
あかまがせきいし【赤間関石】 48①351
あきたすぎ【秋田杉】 16①157
あきたまい【秋田米】 67⑤219,221,223
あきのくにがみ【安芸国紙】 14①265
あきのさいじょうがき【安芸ノ西条柿】 56①82
あこう【赤穂(塩)】→T 52⑥252
あさくさのつち【浅草之土】 55②170,174
あさくさのり【浅草のり、浅草海苔】 14①293,297
あさくら【朝倉(さんしょう)】 13①178/56①126
あさくらさんしょう【あさくらざんせう、朝倉さんせう、蜀椒】 13①178/16①160
あつた【アツタ(にしん粕)】 8①133
あぶはんし【阿武半紙】 14①265
あまくさ【天草(砥石)】 48①385,387,388
あまくさど【天クサド、天草砥】 16①106/48①390
あまはた【雨端(硯)、雨畑(硯)】→こうしゅうあまはたいし 48①334,347
ありだぐんみかん【有田郡蜜柑】 46②151
ありだのみかん【有田之蜜柑】 46②132,133
ありだみかん【有田蜜柑】 46②133,134,138
あわあい【阿波藍】 48①52,53
あわたまご【あわたまご(阿波卵)】 40④328
あわのざいもく【河波の材木】 12①124
あわのすみ【河波の炭】 12①124
あわのたきぎ【河波の薪】 12①124

【い】

いけだずみ【池田炭】 14①53
いさわがわ【生沢川(石和皮)】 56①85
いしかやど【石カヤ砥】 48①391
いずはちじょうじま【伊豆八丈じま(織物)】→はちじょうじま 62④99
いせあぶら【伊勢油】 50①102
いせあわび【伊勢鰒】 49①209
いせえび【伊勢海鰕】 49①209
いせしらはまいし【伊勢白浜石】 48①348
いてきいし【衣滴石】 48①334
いなにわうどん【稲庭うとん】 61⑨366
いなにわうんどん【稲庭うんとん】 61⑨296,299
いなばやり【因幡鎗】 49①207
いぶきごうしゅう【伊吹江州】 48①294
いまりやきもの【伊万里陶器】 49①211
いよと【伊予砥、伊与砥】 16①106,189,190/48①390
いよのあか【伊予の赤(砥)】 48①388
いよのしろと【伊予の白砥】 48①386
いるさのさくら【入佐の桜】 43③245
いわくにかたおり【岩国片折(紙)】 14①265
いわくにがみ【岩国紙】 48①150
いわくにそうひ【岩国草皮(紙)】 14①265
いわくにはんし【岩国半紙】 14①265
いわまいし【岩間石】 48①334

【う】

うえだじま【上田嶋(絹)】 50①43
うえだずみ【上田炭】 36③275
うじせい【宇治製(茶)】 3④360,361
うじちゃ【宇治茶】 13①88
うじのころがき【宇治コロ柿、宇治ノコロ柿】 56①82,84
うじのちゃ【宇治の茶】 56①164
うすきのうきおり【臼杵の浮織】 14①326
うちいわいし【内岩石】 48①347
うちやまいし【内山石】 48①347
うづいし【ウヅ石】 48①345
うっぷるいのり【十六島海苔】 43③265
うみいし【海石】 48①333
うんしゅうはんし【雲州半紙】 14①265
うんすいせき【雲水石】 48①354

【え】

えさしこんぶ【江差昆布】 58①59
えぞにしき【蝦夷にしき】 62④98
えぞのにしき【蝦夷の錦】 35②324
えちごちぢみ【越後縮、越後縐】 14①321/35②368/53②97,99,135
えちごぬの【越後織布】 49①211
えちぜんいし【越前石】 70②134
えちぜんうに【越前海胆】 49①210
えちぜんど【越前砥】 48①384
えちぜんのびし【越前の美紙】 14①41
えちぜんまい【越前米】 67④177
えちぜんわた【越前綿】 67①26,63
えどむらさき【江戸紫】→B、X 17①224
えどよつやまるた【江戸四谷丸太】 14①80
えんしゅうやまかたのこめ【遠州山方の米】 17①150

【お】

おうしゅういと【奥州糸】 35②323
おうしゅうしらかわまい【奥州白河米】 17①150
おうしゅうのいと【奥州の糸】 35②368
おうしゅうふくしまのかるぎぬ【奥州ふくしまのかるぎぬ】 62④99
おうしゅうほんばこがみ【奥州本場蚕紙】 35②414
おうしゅうほんばだね【奥州本

場種(蚕種紙)】 35①196
おうしゅうほんばのさん【奥州本場の産(蚕種紙)】 35②290
おうみいしばい【近江石灰】 49①211
おうみかぶら【近江蕪】 29①33,84
おうめじま【あをめじま、青梅縞】→N 14①326/62④99
おおうらごぼう【大浦牛蒡】 3①19
おおさかあぶら【大坂油】 50①89
おおさかもりぐちのこうのもの【大坂守口のかうの物】 12①215
おおぶねぎ【大部葱】→F 3④359
おがわはんし【小川半紙】 14①265
おくやま【奥山(硯)】 48①334
おたちやまやき【御立山焼】 59③198
おだわらいし【小田原石】 16①109
おだわらづけ【小田原漬】 14①365
おわりだいこん【尾張大根】 29①33,84/38③159
おわりまい【尾張米】 67⑤219,221,223

【か】

かいだのかみ【階田の紙】 47⑤258
かいのこま【甲斐の駒】 10②342
かが【加賀(絹布)】→T 33⑤255
かがかさ【加賀笠】 4①126
かがぎぬ【加賀ぎぬ、加賀絹】 35②403/48①13/62④99
かがはんし【加賀半紙】 30④357
かがまい【加賀米】 67④177
かがみいし【鏡石】 48①347,348
かさいまつち【葛西真土】 55②172
かつもとおおしゃくちゅうしゃく【勝本大尺中尺(紙)】 14①265
かつもとおおすぎちゅうすぎ【勝本大椙中椙(紙)】 14①265
かつもとこはんし【勝本小半紙】 14①265
かつもとちりがみ【勝本塵紙】 14①265
かつもとほうしょ【勝本奉書】 14①265
かねくらい【かねくらひ(砥)】 16①190
かのはんし【鹿野半紙】 14①264
かみさいき【上サイキ(干鰯)】 8①133
かもがわ【加茂河(硯)】 48①339
かもがわいし【加茂川石、鴨川石】 48①334,339,340,348
かもがわごり【加茂川鮴】 49①210
かやなか【かやなか(砥)】 16①190
からすつきせいし【鴉啄瀬石】 48①354
からつ【唐津(砥)】 48①387,388
からつど【唐津砥】 48①390
からふと【カラフト(にしん粕)】 8①133
かわちいちばんくり【河内一番繰(綿)】 8①286
かわちのきわた【河内の木綿】 12①124
かわちのくにのわた【河内国の綿】 15③409
かわちもめん【河内木綿】 14①246/15③397
かわちわた【河内綿】→F 15③395,408,409
かんすいせき【寒水石】→B、N 48①343,344
かんとうあぶら【関東油】 50①55

【き】

きしゅうくまのみつ【紀州熊のミツ】 40④337
きしゅうごと【紀州琴】 56①140
きしゅうのさとう【紀州の砂糖】 35②368
きしゅうのみかん【紀州のミかん】 12①124
きしゅうみかん【紀州蜜柑】 46②133,135/53④247
きそのひのき【木曾の檜木】 56②287
きそやまのすぎひのき【木曾山の杉檜】 14①69
きないのわた【畿内の綿】 14①321
きゅうしゅうのろう【九州の蠟】 14①321
きゅうしゅうまい【九州米】 17①150
きょうつむぎ【京紬】 13①49
きょうと【京砥】 16①102
きょうとのおりもの【京都の織もの】 14①321
きょうはぶたえ【京はぶたへ】 62④99
きょうわた【京綿】 15③409
きりゅうのおりもの【きりうの織物、桐生のおり物】 14①48/62④99
きんかざん【金花山(奥仙糸)】 53⑤340
きんぶさんいし【金生山石】 48①345
きんほうせき【金鳳石】 48①344

【く】

くかしま【久賀縞】 29③215
くじゅういわし【九十イハシ(鰯)】 8①134
くなしり【クナシリ(にしん粕)】 8①133
くまげはんし【熊毛半紙】 14①265
くまのいわたけ【熊野石茸】 49①207
くまのずみ【熊野炭】 53④234,235
くまのほくち【熊野火くち、熊野火口】 31⑤284/48①134
くらまいし【鞍馬石】 48①340
くらまのきのめづけ【鞍馬の木の目漬】 29①85
くりかわいし【栗皮石】 48①348
くろいし【黒石】 48①334,335,339,343,344,347,354
くろやまいし【黒山石】 48①344
くわなしぐれはまぐり【くわな時雨蛤】 49①210
くわなやきはまぐり【桑名焼蛤】 49①210

【け】

けいかんせき【鶏肝石】 48①389,390
けいしにしじん【京師西陣(織物)】 14①48
げいしゅうのかき【芸州の柿】 12①124
げいしゅうひろしまかき【芸州広嶋牡蠣】 49①209
げんしょうせき【玄生石】 48①341,345,346,349,353

【こ】

こうざきど【神崎砥】 48①391
こうしゅうあまはたいし【甲州雨畑石】→あまはた 48①334
ごうしゅういし【江州石】 16①110
こうしゅうぐんない【甲州ぐんない(織物)】→T 62④99
こうしゅうこまつ【甲州小松(たばこ)】 45⑥336
ごうしゅうたかしま【江州高嶋(硯)】 48①335
こうしゅうのおりもの【甲州の織物】 14①48
こうしゅうはぎわら【甲州萩原(たばこ)】 45⑥336
ごうしゅうはまちりめん【江州浜ちりめん、江州浜ちり面、江州浜縮緬】 14①48/35②368,403
こうずけと【上野砥】 16①106,189,190
こうちにっけい【高知肉桂】 14①342
こがなし【古河梨】→F 14①373
ごかむらはんし【五ケ村半紙】 14①265
こくらおり【小倉織】 14①326
こしおいし【小塩石】 48①340

【さ】

さいき【サイキ(魚肥)】 8①120
さいきど【佐伯砥】 48①391
さいきとり【サイキ鯫(鰯のしめ粕)】 8①121
さいたしお【才田塩】 22⑥367,393
さがすぎ【さが杉】 16①157
さがまるた【佐賀丸太】 56①140
さがらおり【相良織】 14①326
さくらがわいし【桜川石】 48①354
ささのゆきどうふ【笹ノ雪豆腐】 52②87
ささめのう【笹瑪瑙】 48①347,348

さっしゅうこくぶ【薩州国分(たばこ)】 45⑥336
さつまのさとう【薩摩の砂糖】 14①321
さつまのじょうふ【薩摩の上布】 35②368
さぬきやま【左貫山(茶)】 3④360
さらさいし【花布石】 48①345
さんしゅういなぐまいし【三州稲隈石】 45⑦399
さんしゅうさわら【讃州鰆】 49①209
さんしゅうせいのしろざとう【讃州製の白砂糖】 14①323
さんしゅうなまこ【讃州海鼠】 49①210

【し】

しうんせき【紫雲石】 48①336
しきんせき【紫金石】 48①352
しせき【淄石】 48①350
しちとうい【七嶋藺】 14①107,110
しちとうおもて【七嶋表】 14①110
しのりこんぶ【シノリ昆布】 58①56
しまいし【嶋石】 48①334
しまかんすいせき【嶋寒水石】 48①343
しまもうかもめん【縞毛加木綿】→もおかもめん 14①326
じゃくおうじ【若王寺(硯)、石王寺(硯)】 48①333,334
じゃくおうじいし【若王寺石、石王寺石】 48①339,340
じゃくしゅうせい【若州製(紙)】 47④218
じょうけいじ【常慶寺(砥)、浄慶寺(砥)】 48①384,387
じょうけいじど【常慶寺砥】 16①106/48①389
じょうしゅうおがわぎぬ【上州尾川絹】 35②403
じょうしゅうぎぬ【上州絹】 48①13
じょうしゅうたかさき【上州高崎(たばこ)】 45⑥336
じょうしゅうたて【上州舘(たばこ)】 45⑥291
じょうしゅうだね【上洲(州)種(大根)】 36③241
じょうしゅうど【上州砥】 48①389
じょうしゅうのはちじょう【上州の八丈(織物)】 35②368
しょうぼうせき【正ボウ石】 48①344
しょくこうあやおり【蜀江あやおり】 62④98
しょくこうのにしき【蜀江の錦】 35②324
しらかたせいご【白潟せいご】 59③208
しらはこうじ【白羽柑子】 16①148
しらはまいし【白浜石】 48①349
しろいし【白石】 48①348,349
しんしゅううえだ【信州上田(織物)】→T 62④99
しんしゅうげんこ【信州玄古(たばこ)】 45⑥336
じんづうがわのます【神道(通)川鱒】 49①210

【す】

すいぜんじのり【水禅(前)寺海苔】 14①293
すぎわらがみ【杉原紙、相原紙】→B 5④312,313,317/48①133,381/55③450
すずのがわはんし【鈴野川半紙】 14①265
すまはんし【須万半紙】 14①265
すみだがわのさくら【隅田川の桜】 52①43
するががみ【駿河紙】 48①186,188
すわのうみやつめうなぎ【諏訪湖八目鰻】 49①210
ずんこうろ【ズンコウ(松江)鱸、松江鱸】 59③207,208,248
すんしゅうのみかん【駿州のミかん】 12①124

【せ】

せいうんせき【青雲石】 48①350
せいかんじど【清閑寺砥】 48①390
せいしゅうのまつさかしま【勢州の松坂縞】 14①326
せいようはくらいのさとう【西洋舶来の砂糖】 50②142
せきしゅうがみ【石州紙】 53①44
せきしゅうのかみ【石州の紙】 35②368
せきしゅうはんし【石州半紙】 14①265
せっしゅういけだずみ【摂州池田炭】 56①61
せっしゅうとめば【摂州止葉(たばこ)】 45⑥337
せっしゅうなじおすき【摂州名塩漉(紙)】 53①44
せっつのくにみかげいし【摂津国ミかげ石】 16①109/17①330
せっつまい【摂津米】 67④177

【そ】

そうしゅうかわわ【相州河和(織物)】 62④99
そまだ【杣田(砥)】 48①387,388
そまだど【杣田砥】 48①391
そめいいし【染井石】 48①354

【た】

たかいわいし【高岩石】 48①351
たかお【高尾(砥)】 48①387,388
たかおいし【高雄石】 48①339
たかさきたばこ【高崎多葉粉】 45⑥289
たかさごいいだこ【高砂望潮魚】 49①210
たかしま【高嶋(硯)】 48①351
たかしまいし【高嶋石】 16①110/48①335,340,341,353
たかしますずり【高嶋硯】 48①330
たかしまべっこうせき【高嶋鼈甲石】 48①341
たかせまい【高瀬米】 11④183
たかだいし【高田石】 16①110/48①347
たかのがわいし【高野川石】 48①340
たかはまいし【高浜石】 48①350
たかやまいし【高山石】 48①350
たじまのさんしょう【但馬山椒】 12①124
ただつち【多田土】 49①12
たつやまいし【龍山石】 49①207
だてがき【伊達柿】 18①107
だてのくわなえ【伊達の桑苗】 36②127
だてのなえぎ【伊達之苗木】 61⑨277
たまがわいし【玉川石】 48①354
たむらびわ【田村びわ】 40④325
たんごちりめん【丹後ちりめん、丹後縮緬】 14①48/35②403/62④99
たんごつむぎ【丹後紬】 13①49
たんごぶり【丹後鰤】 49①209
たんしゅう【丹州(綿)】 15③409
たんしゅうあしのやまど【丹州蘆野山砥】 48①390
たんしゅうくろのこいし【淡州黒の小石】 55③386
たんばおおの【丹波大野(たばこ)】 45⑥336
たんばぐり【丹波栗】→F 6①137,②305
たんばさんしょう【丹波山枡】 10①83
たんばのおおぐり【丹波の大栗】 13①138/18①68
たんばのくり【丹波の栗】 12①124
たんばのさん【丹波の産(大栗)】 14①308
たんばのたばこ【丹波のたばこ】 12①124

【ち】

ちくぜんはかた【筑前はかた(織物)】 62④99
ちくぜんまい【筑前米】 17①150
ちちぶぎぬ【秩父絹】 14①48/48①13
ちちぶたて【秩父舘(たばこ)】→F 45⑥290
ちゃみこ【茶神子(砥)】 48①387
ちゃみこど【茶神子砥】 48①391
ちゅうごくのちぢみおり【中国の縮織】 14①326
ちゅうごくはんし【中国半紙】 14①40

【つ】

つがるまい【津軽米】 1①24
つきのわいし【月輪石】 48①338

つしまど【ツシマド、ツシマ砥、対馬砥】 48①154,388,389
つしまのむしくいど【対馬の虫喰砥】 48①386
つづはんし【通津半紙】 14①265
つのくにのたわらいれ【津の国の俵入(綿)】 40②182
つのくにのわた【摂津国の綿】 15③405,409
つのくにわた【摂津国綿、摂津綿】 15③395,408
つまりねぎ【妻有葱】 36③294

【て】

てしま【手嶋(ござ)】 13①88
てしまいし【手嶋石】 44①47
てしまいし【豊島石】 49①207
でじまさとう【出嶋砂糖】 49①188
でわのこうか【出羽の紅花】 14①321

【と】

とうごくのきぬわた【東国の絹綿】 12①124
とうどのさとう【唐土の砂糖】 50②142
とうはんせき【豆斑石】 48①344,345
とぎいし【トギイシ】 48①389
とくちはんし【徳地半紙】 14①264
とさ【土佐(砥)】→T 48①388
とさあおがみ【土佐青紙】 48①166,168
とさいし【土佐石】 48①333
とさかつお【土佐堅魚】 49①210
とさがみ【土佐紙】 49①23
とさすぎ【土佐杉】 16①157
とさど【土佐砥】 48①390
とさのかみ【土佐の紙】 14①321
とさのくにあおがみ【土佐国青紙】 48①166
とさのざいもく【土佐の材木】 12①124
とさのすみ【土佐の炭】 12①124
とさのたきぎ【土佐の薪】 12①124
とざわ【戸(砥)沢(砥)】 48①389
とざわど【戸(砥)沢砥】 48①384
とちおずみ【栃尾炭】 36③275
とらふいし【虎斑石】 48①341,348

【な】

なかそねはんし【中曾根半紙】 14①265
ながとのうし【長門の牛】 10②342
なぐらと【名倉砥】 48①384,389
なじお【名塩(紙)】 14①41
なちくろいし【那智黒石】 55③386
なめりかわおおだこ【滑川大梢魚(蛸)】 49①210
ならさらし【奈良晒(布)】 14①321
ならろくしょう【奈良緑青】 49①117
なるたき【鳴滝(砥)】 48①387,388
なるたきいし【鳴滝石】 48①339
なんぶしこん【南部紫根】 48①13
なんぶじま【南部嶋】 50①43
なんぶやましこん【南部山紫根】 48①12

【に】

にしじんおり【西陣織】 35①223
にしじんのおりもの【西陣のおり物】 62④99
にしのみやしろうお【西宮白魚】 49①210
にっこういし【日光石】 48①343
にっこうすぎ【日光杉】 16①157
にったたばこ【新田たはこ】 4①176

【ぬ】

ぬのひきいし【布引石】 48①350
ぬまたたばこ【沼田煙草、沼田多葉粉】 22④227,237
ぬりど【ヌリド(砥)】 48①389

【ね】

ねむろ【ネムロ(にしん粕)】 8①133
ねりまのだいこんだね【練馬の大根種】 36③241

【の】

のうしゅううずまき【濃州ウヅマキ(石)】 48①345
のうしゅうおくらいし【濃州オクラ石】 48①345
のうしゅうせい【濃州製(紙)】 47④218
のうしゅうのかき【濃州の柿】 12①124
のうしゅうのかご【濃州の楮】 12①124
のとうるし【能登漆】 48①175
のとさば【能登鯖】 49①209

【は】

ばいりんせき【梅輪石】 48①353
はしはま【はし浜(塩)】 24③333
はたやま【端山(硯)】 48①334
はちおうじのすな【八王子の砂】 55②172
はちじょうじま【八丈縞、八丈島(織物)】→いずはちじょうじま→T 14①48/35②368
はつかど【羽塚砥】 48①391
はっこうふ【八講布】 6①146
はっとりたばこ【服部たはこ】 4①176
ばていせき【馬蹄石】 48①354
はまちりめん【浜縮緬】 35②315,316
はりまのきわた【播磨の木綿】 12①124
はんぎりすぎわら【半切杉原(紙)】 14①40
ばんしゅうつがのだいこん【播州津賀野大根】 12①215
ばんどううるし【坂東うるし】 16①141

【ひ】

ひごてっぽう【肥後鉄砲】 49①207
ひごまい【肥後米】 1③274/5③274
ひしゅうぎり【肥州桐】 56①140
びしゅうのさんとめじま【尾州の桟留縞】 14①326
ひしゅうのみかん【肥州のミかん】 12①124
びぜんくらげ【備前水母】 49①211
びぜんどくり【備前壜】 69②273
ひぜんのしろたいとう【肥前の白大唐(稲)】 10②315
びぜんやき【備前焼】 69②265,268,272
ひたちのくにかわべだいず【常陸国河辺大豆】 17①320
ひたちのくにのかわべだいず【常陸国の河辺大豆】 17①193
ひの【ひ野(絹布)】 33⑤255
ひゅうがしいたけ【日向椎蕈】 49①207
ひゅうがたいへい【日向大平(墨)】 49①88
ひゅうがのあかたいとう【日向の赤大唐(稲)】 10②315
ひらお【平尾(砥)】 48①387,388
ひらどしび【平戸鮪】 49①209
ひらのたね【平野種(木綿)】 17①228
ひろしまかいだ【広嶋皆田(紙)】 14①265
ひろしまはんし【広嶋半紙】 14①265
ひろしまもろくち【広嶋諸口(紙)】 14①265
びんごおもて【備後表(いぐさ)】 14①46,108,111,130/62②39

【ふ】

ふくのかんぴょう【福野干瓢】 4①141
ふしなやき【布志名焼】 59③198
ふしみにんぎょう【伏見人形】 14①273,274,277
ふしみのもも【伏見の桃】 12①124
ぶしゅうしこん【武州紫根】 48①12,13
ぶしゅうちちぶ【武州ちゝぶ(織物)】→T 62④99
ふたみいし【二見石】 48①348
ぶどういし【葡萄石】 48①354

ふるうちせい【古内製(茶)】 3④360
ぶんごおもて【豊後表(いぐさ)】 14①112
ぶんごだいず【豊後大豆】 17①194,320

【へ】

へぐらじまくろのり【舳倉嶋黒海苔】 5④347

【ほ】

ぼうしゅう【ボウ州(鰯)】 8①133
ぼうしゅうのかご【防州の楮】 12①124
ぼうしゅうのかみ【防州の紙】 35②368
ほうそくいし【鳳足石】→Z 48①335,344
ほうらいせき【鳳来石】 48①344

【ま】

ましけ【マシケ(にしん粕)】 8①133
まつまえおっとせい【松前膃肭】 49①211
まつまえこんぶ【松前昆布】 49①211,**215**/52①55
まつまえしおびき【松前塩引(鮭)】 25①86

【み】

みかげいし【御影石】→B 49①207
みかわしろ【三河白(砥)】 16①106,107,189
みこがはま【神子が浜(砥)】→T 48①388
みこのはま【ミこのはま(砥)】 16①190
みついしこんぶ【三ツ石昆布】→Z 58①57
みつおはんし【三ッ尾半紙】 14①265
みなみむら【南村(砥)】 48①388
みの【美濃(紙)】 14①41
みのがみ【美濃紙】 35②368/47①38
みのたけやり【美濃竹鑓】 49①207
みのちゃ【美濃茶】 6①160
みのつるしがき【美濃つるし柿】 6①173
みののつりがき【美濃ノ釣柿】 56①82
みやしげ【宮重(大根)、宮茂(大根)】→F 3④361
みよしはんし【三好半紙】 14①265
みよしほうしょ【三好奉書】 14①265

【む】

むさしのくにいわつきごぼう【武蔵国岩付こほう】 17①254
むさしのつち【武蔵の土】 55②172
むしくいど【虫クヒド(砥)】→B 48①390
むしのす【虫のす(玉)】 48①358
むらさきいし【紫石】 16①110/48①330,351,355

【め】

めのういし【瑪瑙石】 48①349,354

【も】

もおかもめん【まうか木綿、真岡もめん、真岡木綿】→しまもうかもめん 14①246/21①70/61⑩424
もがみお【最上苧】 36③212
もりした【森下(紙)】 43①13,30
もんぜん【門前(砥)】→N 48①388
もんべつ【モンベツ(黒石)】 48①362

【や】

やしろいし【矢代石】 48①336,337,344
やつしろいし【八代石】 48①349
やひろじょうじょうもめん【八尋上々木綿】 44①32
やまかわすいか【山川西爪】 44③209
やましろのあお【山城の青(砥)】 48①388
やましろのくにやわたごぼう【山城国八幡こほう】→やわたごぼう 17①254
やましろはんし【山代半紙】 14①264
やまだがみ【山田紙】 48①166
やまとじおう【大和地黄】 13①280
やまとのいといりじま【大和の糸入嶋】 14①327
やまとのくにのわた【大和国の綿】 15③395
やまとのこんがすり【大和の紺がすり】 14①327
やまもと【山本(たばこ)】 45⑥286,287
やわたごぼう【八幡牛房】→やましろのくにやわたごぼう 29①33,84

【ゆ】

ゆうきつむぎ【結城つむぎ、結城紬】 35②269/62④99
ゆうきもめん【結城木綿】 14①326

【よ】

ようかんせき【羊肝石】 48①388,389
ようろうせき【養老石】 48①345,346,353
よしかがみ【吉賀紙】 53①44
よしかはんし【吉賀半紙】 14①265
よしだほくち【吉田ほくち】 48①135
よしの【吉野(たばこ)、芳埜(たばこ)】 13①65/45⑥299
よしの【よしの(紙)】 14①41
よしのうるし【よし野うるし、吉野うるし、吉野漆、芳野うるし】 3③166/13①111,119/16①141/18①85/48①174,175
よしのうるしこし【吉野漆こし(紙)】 48①150
よしのがみ【吉野紙】→B 48①98,105/54①57
よしのくず【吉野葛】 49①207/50③263/70③220
よしのこし【吉野コシ(紙)】 48①150
よしのさんうるしこすし【吉野産漆こすし(紙)】 48①150
よしのすぎ【吉野杉】 56②269,271
よしのたばこ【芳野たバこ】 16①182
よしののかや【吉野の榧】 10②335/12①124
よしのまるた【吉野丸太】 14①82/56②269
よしゅうあか【予州赤(砥)】 48①388
よしゅうしろ【予州白(砥)】 48①388
よねざわたね【米沢たね(蚕種紙)】 18②255
よぶこど【呼子砥】 48①390
よろいいわ【ヨロヒ岩】 48①355

【ら】

らくやき【楽焼】 48①330

【り】

りしり【リシリ(にしん粕)】 8①133
りゅうきゅうい【琉球莚、琉球藺】→E、Z 14①107,108,110,111,112,132,140
りゅうきゅうおもて【琉球表(いぐさ)】 14①**107**,110,130,144
りゅうきゅうむしろ【琉球莚】→B、N 14①141
りゅうずいし【竜頭石】 48①334
りんせんじど【臨川寺砥】 48①390

【わ】

わかさたい【若狭鯛】 49①209
わかさむしがれい【若狭蒸鰈】 49①209
わかたいし【若田石】 48①355
わかまつあめ【若松あめ】 5④314
わかみこいし【若御子石】 48①354
わじのり【和治(地)海苔】 14

①293
わじまもの【輪嶋物(塗物)】 *48*①176
わしゅうかすがど【和州春日砥】 *48*①389
わしゅうよしの【和州芳野(たばこ)】 *45*⑥336
わしゅうよしのごおりのすぎのき【和州吉野郡の杉木】 *14*①69

W 単 位

【あ】

あい【埃】 19①89

あじか【簣】→B、Z 27①82

【い】

いかき【いかき】 51①40

いちすま【一すま】 27①217

いちぜん【壱ぜん】 27①216

いちだがり【壱駄刈】 22①44

いちとりい【壱鳥居】 49①229

いちにちにさんたんおき【壱日に三反置】 28②145

いちはえ【壱はへ】 58④250,260

いちはか【壱はか】 27①23

いちわいね【一把稲、壱把稲】 20①323,328

いっか【一ッカ】 2④300

いっく【一工】 43③252

いっしょうごごうまき【一升五合蒔】 62⑨375

いっしょうつみ【一升摘】 22⑤350

いっしょうまき【壱升蒔】→D 31⑤272,281/39③148/62⑨347

いっすんつぼ【壱寸坪】 21①39,40

いっそくいちわ【壱束壱わ】 42④254

いっそくのいね【壱束の稲】 20①324,328,329

いっそくのこめ【壱束の米】 20①325,326

いっそくのもみ【壱束の籾】 20①325

いっそくめかたはちかんめ【壱束目形八貫目】 27①266

いったんのいね【壱反の稲】 20①329

いったんのもみ【壱反の籾】 20①326,330

いつつやく【五つ役】 2①39

いっとまき【一斗蒔、壱斗蒔】→A 2①29/12①140/22①46/23①54/24①76/27①42,48/33③158/37③273/41①8,9,10/62⑨346,347,387

いっぴょうち【壱俵地】 39③146

いっぴょうどころ【一俵所】 34⑤105,106

いねろっぴゃくそくかり【稲六百束刈】 36③192

【う】

うね【疇】→D、Z 18④414

【お】

おけ【桶】→B、J、N、Z 4①102/24③292/25①126/61②80,86

おとこのいっか【男の一荷】 13①49

おり【折】→B、N 48①211/53①52

【か】

か【荷】 2①47,48,62/4①39,41,44,45,46,56,68,69,70,78,80,81,82,84,87,88,93,95,105,106,109,110,111,115,118,120,121,129,132,133,135,143,144,145,146,147,150,151,152,200,201,204,292,293,301/5①30,86,②228,③273,278/7①95/8①21,85,94,95,108,124,126,127,189,191,198,199,212,213/9①11,13,16,18,19,23,29,33,36,60,61,62,66,77,84,88,91,103,107,127,130,②210/10②379,380/11②92,94,112,113,④183/14①358/15②159/22⑤350,353,354/23①84,102,⑤262,263,266,277,278,279,280,283,284,⑥308/27①157,384/28①68,69,②152,166,253,263/29①43,②120,126,130,③204,206,225,④290,292,294,296,298/30①22,33,34,35,63,64,66,67,68,69,70,75,82,90,105,106,107,108,109,110,111,112,115,③245,248/31④214,⑤265/32①21,46,48,49,50,75/33①17,50,②104,106,122,129,③158,④207,213,218,226,227/34③50,⑤81/35②366/37③273/38①14,15,②77,③138,153,161/39②96,109/40②172/41①8,13,②75,98,133,134,143/42④237,⑤314,315,316,317,319,322,324,325,330,333,334,⑥378,387/43①31,33,69,76,③273/46①57,58,59/47⑤269/48①99,106,190/52⑦299,300,301,302,305/53④216,226/57①24/62⑨328/63⑤305,311,317/64④260,262,263,264,265,266,267,268,269,270,272,276,277,278,285,286,287,288,289,290,291,292,293,294,295/65②74,75/66④227/69①51,②244,245,246,247,248,249,250,256,340,343,367/70②67,③228

かい【楷】 2①47,49,62,64

がい【かい、蓋】 4①125

かえし【かへし】 28②195,196

かえり【帰り、反り】 27①196,267,280,281

かかえ【抱】 22⑥387,388,389,390,392,394,395,397,398

かき【かき】 52⑤205,208,212,213,215,218,219,221,224

かきはんかさ【柿半かさ】 59②105

かけ【かけ】 37②71/39②114

かご【かこ、籠】 41②75/46②133,137,141,144/59①17,24,25,34,36,47

かさ【カサ】 27①181

かざり【かさり】 24③267

かすいちまい【糟壱枚】 50①55

かせ【かせ、綛】 14①328,330

かた【肩(天秤棒一架分)】 24③283,292

かた【かた(食事の回数)】 24③322

かたあしはん【片足半】 23①84

かたおけ【片桶】 22⑤350

かたけ【かたけ】 24③323

かたに【片荷】 41⑦316

かたね【かたね】 25①123

かつぎ【担】 27①78

かな【かな】 9③266,270

かぶ【株、蕪(株)】 1④308/2⑤328/4①270/5①108/33④210/37②165,186,187,188,③309/39①10,43/46②149

かま【かま】 33⑥334

かます【叺】→B、Z 27①83

かみすきひとふね【紙漉一船】 53①37

かめ【かめ】 23⑤262,263,277,278,279,280

から【から(臼を数える単位)】 4①33,65/17①326/28②214

から【カラ、から(鋤く作業の単位)】 39⑤263,264,289,⑥323

からみ【からみ】 27①19

かり【かり、刈】→A、L 1⑤349,350/2①13,15,29,30,46,48,49,68,69/24①75,76,92/27①80/62⑨335,354,359

かわ【かわ】 52⑦302/59②165

がんぎ【かんき、がんき、がんぎ、鴈木】 5③278/9①116/28②223,241/33⑥307,317,377

かんな【鉋】 3①54

かんめ【〆目】→L、X 9①129

【き】

きたなか【段半】 30①73
きゃく【脚】→E、Z 43①95
きん【きん、斤】 6①160/8①16/9①154/11①9,15,16,58,59,②108,111,112,116,④185,⑤267/13①64,87,280/14①357,358/15③376,390,391,395/23⑥328/28①42/33②101,102,103,104,110,111,113,119,④180,183,187,208,⑥333/34⑤106,107,108,⑥157,159,160/44③228

【く】

く【区】 64⑤351
く【工】 44①42,44
くき【茎】→E、I、N 4①270
くだり【くだり】 43②133
くぼ【くぼ】→D 41⑦322,323,325
くみ【組】→R 37②71/46②136,138,139,142,150/50①40
くら【くら、区】 33④210,229,⑥341/41②64
くろ【坑】 30①63,64,66,67,105,106,107
くわ【くわ(鍬の回数)】 28②139

【け】

けた【けた】 27①278
けん【間】 30①14

【こ】

こ【箇】 38②75/43①36,37/48①50/49①38
ご【伍】 22①18
ごう【合】 20①298
ごう【郷】 22①18
こうじ【こうじ】 34⑥124
こおり【箇】→L 35②412/45⑥327
こく【石、斛】 28①41/30①15,82,83,86,111,116/45④207
こしがみたばすう【コシ紙束数】 48①99
ごじっそくがり【五拾束刈】 36③208
ごじょう【五帖】 53①52
ごしょうまき【五升蒔】 29②126/31⑤271/33③165
こだていっぽん【箇立壱本】 58①34
こだねいちまい【蚕種壱枚】 35①113
こつ【忽】 19①89/20①296,300,301/62②53
こまる【小丸】 19①173
こめいちだ【米壱駄】 22①33
こめいっこくしまい【米壱石仕廻】 51①169,170,171

【さ】

ざある【ざハる】 22⑥369,370,372,373,374,375,376,377,378,384,385,387,388,391,392,394,395,396,397
さい【才】 19①68,70/30①14
さきんいちもんめ【砂金壱匁】 58①29,44,59
さくしゃく【索尺】 19①89
さや【莢】→E、N、Z 2⑤330
ざる【さる、ザル、ざる、笊】→B、J、N、Z 22⑤349,350,351,352,353,354,355/42⑤324
さんじっそくがり【三十束刈】 36③210
さんじゅうほ【三十歩】 62②53
さんびゃくかり【三百かり】 27①184
さんびゃくつぼ【三百坪】 62②53
さんびゃくろくじっつぼ【三百六十坪】 62②53
さんびゃくろくじゅうぶ【三百六拾歩、三百六十歩】 6①23,35,48,58

【し】

し【糸(毛の十分の一)】 19①89/20①296,300,301
し【糸(長さの単位)】 62②53
し【師】 22①19
じっこくしまい【拾石仕廻】 51①150,153
じっそくがり【拾束かり、拾束刈、十束かり】 27①72,92,94
じったんおり【十反織】 14①334
じっぴょうどころ【十俵所】 34⑤109
しま【しま、乳】 2①24,32,39,43,52
しまい【仕廻】→A、K 36③325/51①34
しめ【〆、しめ】 4①124,127,289,290/29④287,288
しゃ【沙】 19①89
しゃく【尺】 62①10
しゃく【勺】 20①298/30①14
しゃくじめいっぽん【尺〆壱本】 53④240,242
しゅう【州】 22①18
じゅう【重】 9①148
じゅう【什】 22①18
しゅうかん【周間】 24①51,69
じゅうだ【拾駄】 51①26,27,28,29
じゅうにわいっそく【十二わ壱束】 27①369
じゅうまいをいちじょう【十枚を一帖】 14①300
じゅうろくわいっそく【十六わ壱束】 27①369
しょい【背負】→せおい 24③287
じょう【畳】 35②262,280,282,283,288,289,290
じょう【ぜう(帖)、帖】 9①164/25①21
しろ【代】 30①14,15,38,39,40,41,44,45,48,64,65,66,68,73,74,89,93,109,110,112/41②62,98,131
しろめ【白目】 50②182
じん【鹿(塵)】 19①89

【す】

すがい【すかい、すがい】 24③297,318
すぎわらいっそくすう【杉原壱束数】 48①99
すぎわらひとまる【杉原壱丸】 48①99
すじ【筋】 4①18,40,54/25①74/27①19

【せ】

せ【畝】 19①206/62①10,②35,53
せい【せい】 2③264
せおい【脊負】→しょい→A 24②234
せがり【畝刈】 19①207
せん【繊】 19①89
せん【銭】 49①54,126,139/60⑥341,363,365,366,369
ぜん【膳】 48①140
せんかり【千かり、千刈、千苅】 1④324/18③366/27①205/70②156
せんこういっぽんくぐるあいだ【せん香壱本くぐる間】 52④176

【そ】

そう【艘】 3①23/14①356/24③347/30①67,109/42③194/45⑦424/46②148,151/49①86/51①150,152/53④223/57②121/58③124,125,129,130,132,182,184,④246,247,248,251,253,254,256,258,260,⑤300,301,303,319,329,330,331,351,367/61⑨329/66④200,207,223,⑧403/67②99,100,③131,④174
そく【束】 2①39,45,47,48,62,64,③260,261,262,267,268,269,270,271,272,④280/4①29,30,33,60,61,62,63,65,93,95,96,97,101,114,127,201,270,279/5①87/8①127,212/9①30,61,62,77,80,81,103,109,158,164/13①101/14①127/19①171/20①207/23⑤284/24③296,313,315,330/25①76,77,78,137,138,②185,190,194,195/27①23,73,131,172,197,250,266,269,273,324,366,370/28②155,263/29②149,④287/32①27,59/36③228,271,272,273,310,311,312/37①27/38①16,④247,276/39①41,③156,160,④228,⑥326/42①51,52,54,55,58,59,60,61,62,63,66,67,④238,240,248,255,272,275,276,⑤315,319,320,321,322,337,338,⑥435/43①13,69/48①196,211/49①42,45,192,216/53①46,52/56①177,②260/58①30,31,33,38,39,41,42,44,45,48,49,50,55/61②81,100,101,102,⑩444/62⑨335,347,348,354,359,367,379,382,384,385/63①53/66①65/67③134,⑤209
そく【足】 4①279/6①239/9①103
そくかり【束かり、束刈】 27①90,272/62⑨350,355,376
そつ【卒】 22①18

【た】

た【太】 24③309,310,319,325,327
だ【駄】 1①84/2①12,16,19,24,29,30,31,39,45,46,47,48,52,54,59,60,62,64,④296,304,307/3④228,229/4①82,87,94,106,108,109,125,126,278,292/5①42,53,116,153,154/8①133,154/9①61,71,72,77,96,115/10③385,401/15③390,397/17①254/18⑤473/19①106/20②391/22⑤352,⑥364,365,387,388,389,390,392,394,395,397,398/23⑤283,⑥314,321,324,325,327,339/24②240,③286,291,298,306,307,308,309,315,317,319,321,323,325,327,330,347/25①63,120,123/27①273,352/32①20,21,30,31,46,49,75,76,77,139,144/33②122,③161,163,169,171,④182,207,208,211,212,213,214,218,219,220,224,225,226/35②405,409,411,413,414/37②80,82,98,99,100,110,175,182,213/38①8,16,19,③129,139,145,146,155,166,175,176,177,④247,276/39②96,102,105,119,③149,153,156/42②98,99,100,101,102,103,120,121,122,123,124,③150,151,152,153,155,156,157,158,160,161,162,163,164,165,166,174,175,177,178,182,183,187,192,194,197,198,199,200,201,202,203,204,⑤333,334,336,⑥403,406,409,429,436,441,442/43①39,40,62/44③199,200,211,212,213,214,216,217,218,219,220,221,222,224,229,231,240,241,242,243,245,246,247/45①40,41,42,43,44,46,48,⑥329/46③187/48①188,201,202/49①11,22/51①34/53①22/56①214/58①59/61④169,⑨274,275,361,374,⑩444,457/62⑨361/63①51,⑤308,310/64④258,264,265,267,269,275,276,277,278,285,286,289,291,292,295/67⑥274,297,301,303,307,311/69①111/70②67
たぐり【たぐり】 28②136,137
たち【立】→E 20①207
たて【立】 19①171
たていっぽん【たて一本】 13①87
たば【束、把】 23⑤283/27①238/53①22
たま【塊、玉】 15③402/28②136/50①86
だめ【駄目】 22③162,163
たる【樽】→B、N 4①123
たん【段、反】 1④306,307/19①206/30①15
たんおり【反織】 14①334
たんがり【反刈】 19①207

【ち】

ちぢみ【縮】 19①141
ちぢみのたんはば【縮の反幅】 53②127
ちゅうわんひとつ【中椀一ツ】 22⑤350,351,352
ちょう【てう、丁、挺】 4①288/10③392/25①78/27①268,380/29③208/30⑤408/36③192/37②71/39⑥337/42②91/43①35,36,80,89,②136,③247/49①54,76,77/50①73/52②88,117,⑥249,250,255/58①36,40,46,49,51,52,⑤315,330,331,345/61⑨285,323/62②38/65③183/66④207,223/68②255

【つ】

つう【通】 2①49
つか【ツカ、つか、塚】→D 3④261/22⑤350,351,353,354,355,⑥367,368,369,370,371,372,373,374,375,376,377,378,379,384,385,387,388,389,390,391,392,394,395,396,397,398,399/24③288,289,291,292,295,296,297,306,307,319,326/33①50,⑤240/44③239,240/52⑦302
つかみ【ツカミ、攫、摑、摑ミ、搊ミ】 2①20,24,32,45,47,52,62,④280/19①171
つけ【附】 2①46,59,64
つぶ【粒】→E 2⑤328/4①270/23①57
つぼ【坪】 1④306,307/28①77,81/53④238/62②53/65②74,76,144

【て】

て【手】 24③316/27①186/36①49/53②107
ておけ【手桶】→B、Z 22③170,173
てご【手籠】→B、L 22③172

【と】

とう【党】 22①18
とう【頭】 19①173
とう【統】 58③182,183,184
とうめ【唐目】 14①357/50②182
とん【囤】→B 69②245,247,284,291,310,311

【な】

なかい【中い】 53②128
なから【なから】 17①331
ながれ【流】 27①228,229
なわ【縄】→B、J、L、R、Z 30①54/33④181
なんしょうまき【何升蒔】 61⑩441

【に】

に【荷】 27①262,269
にぎり【握、握り】→Z 2①64/11②97,105,106
にけんなわ【弐間縄】 2③265
にじっかり【弐拾刈】 39③147,148,149,160
にしょうまき【弐升蒔】 62⑨375
にしんひとまる【鯡壱丸】 58①29
にとまき【二斗蒔キ】 32①204
にひゃくかり【弐百刈】 36③208

【ね】

ねーぶ【ねーぶ】 34⑤81,101
ねり【ねり】 33①43,49

【の】

のべかみたばすう【ノベ紙束数】 48①99

【は】

はい【はい、盃】 5①53/52⑥251/53④216,221,227,236/56①215
はえ【はへ】 9①25
はこ【箱】→B、C、N、Z 14①356/45⑥295,298
はしり【走】 2①12,24,64
はちごうます【八合枡】 53④229
はちじっかり【八拾刈】 36③208
はつはんか【初半荷】 52⑦301
はっぴゃくかり【八百刈】 36③206
はねたば【はね把】 24③296
はば【幅】→D 24③329
はりいっぴき【針壱疋】 49①177
はん【半】 28②280,281/58①29
はんおけ【半桶】 22⑤350,⑥384
はんか【半荷】 52⑦302/59①48
はんかた【半片】 39③147,149,150
はんしひとおり【半紙一折】 53①52
はんやく【半役】 2①11

【ひ】

び【微】 19①89/20①296,300,301/62②53
ひき【匹(動物一頭)、疋(動物一頭)】 2①68,③261,264,④308/4①17,18,19,52,53,183/9①15,23,29,47,71,73,74,115,118,148/10②320,371/37②71,82,217,218,③327/38①21,②52,60,73,76,86/40②169,172/41②143,144,⑤232,251,254,256,⑥278,279,⑦323/43①51/44②96,97,119,164,165,167,168,169/47①25,26,30,37,44,②103,115,147/48①217/58①29,30,39,51/59⑤428,436/61⑨256,257,258,259,264,

266,269,274,326,335,336,361,363,377,378,388/63①49/64④259,260,293,295/66②98,108,116,③143,④214,219,227/67①19,21,④167,168
ひき【匹(反物二反)、疋(反物二反)】 13①49/35①213/48①7,8,13/61⑨358,359
ひき【疋(銭十文)】 2②164/10①12/42③150/43①15,56
ひき【疋(針五十本)】 49①177
ひしゃく【柄杓】→B、J、N、Z 3④303,306,309,365/33②128
ひつ【筆】 42①55/62⑧282
ひとかさね【一重】 43①71/59②105
ひとかま【一釜、壱釜】 24①144/36②128
ひとかまえ【一ト構】 23①96
ひとから【一柄】 49①24
ひとかわ【一ト河わ】 59②89,95,111
ひとくだり【一クタリ】 52⑦312
ひとくち【壱口】 48①50/58③182
ひとくり【一操】 50②169
ひとこうり【一ト行李】 45④207
ひとさかり【一サカリ】 52⑦312
ひとしまい【壱しまひ】 49①194
ひとしめ【一〆、一縮】 19①173/36③227/53①44,52
ひとじゅう【一重】 43①28,39,82,83
ひとせおい【一背負】 1⑤350
ひとたま【一トたま、壱塊】 50①55,67,71,85,86
ひとつか【一ト塚】 33③161,169,171
ひとつかみ【一爴】 5①55
ひとつしまい【一ツ仕廻】 51①42,46
ひとつやく【壱ツ役、壱つ役】 2①11,19,29,54,59,60
ひとつら【一つら】 58①30
ひとて【一ト手】 53②128
ひとてうち【一手打】 4①29
ひととり【壱取】 51①111
ひとなわ【一ト縄】 53②107
ひとはか【壱墓】 19①214
ひとはかどおり【一はか通り】 27①108
ひとはた【一ト機】 14①330
ひとはなふさ【一英】 31④210
ひとふぐ【壱ふく、壱ふぐ、壱畚】 42②105,126,127
ひとまるのかみすう【壱丸の紙数】 48①105
ひとむかい【一むかい】 4①97
ひとむし【壱蒸】 27①81
ひとよみ【一ヨミ】 53②128
ひとりしごと【壱人しごと】→L 52④167
ひとりやく【一人役】→L 36①43
ひゃくかり【百かり、百刈】 18⑤464/27①22,23,29,72,77,78,81,82,83,85,88,89,92,93,105,107,113,147,175,179,181,188,189,273,285,286,360/42①45/61②81,100/62⑨326
ひゃくそくがり【百束刈】 25②185,190,194/36③272
ひゃくにじっかり【百弐拾刈】 36③208
ひょう【俵、表】 2①46,48,②146,③260,261,262,266,267,268,269,270,271,272,⑤329/4①80,92,102,123,145,279/5①50,53,②225,③273,④309,310,326,327,328/9①39,121/10②379,380/11①8,②112,117,④170,184,186,⑤213,217,218,219,220,222,224,225,228,229,230,231,232,233,234,235,238,239,241,242,244,247,248,249,250,257,258,259,260,263,264,267,268,269,270,271,279,282,284/14①356,357/20②391/23①97,⑤262,263,⑥301,302/27①269/37②94,95,99,113,116,167/39③153,154/40①12,②50,73/42①39,45,②104,105,107,108,118,119,125,126,127,③164,④238,239,240,243,246,248,260,274,275,276,⑤325,332,333,337,339,⑥375,379,388,389,390,402,403,405,406,407,412,435,436,438/43①12,38,45,57,69,72,74,75,76,77,78,79,82,③253,264,265,274/44①7,30,48/49①86/52⑤204,206,215,⑥249,255,256,⑦314,321,322,323,324,325/58①45,51,52,④262,263/59②149,165/61⑩414,415,416,417,419,420,422,423,431,434,439,442,444,445,447,449,451,457/63①27,28,29,30,37,51,⑤298/66①46,47,51,55,57,58,59,60,61,63,64,65,②92,103,104,107,120,④207,⑧402,404,406,409/67①32,33,34,35,53,54,64,②96,97,③133,138,④175,176,177,184,185,⑥284,287/68④407,408,409
ひらつぼ【平坪】 28①68,71/65②70,74,77,78,85
ひろ【ひろ、尋】 2③260/4①63,65,291,300,301/5①87/6①238,239/19①88/20①296,297,299/24①145,③298,312,313,314,330/25①136,137,138/27①19,184,194,212,266,268,269,270,277,278,279,280/30①83/33⑥336/38③198,199/42④284,⑤315,316,319/46①78/53④241/57②225,226/58③130,182,④246,247,248,250,258,260,⑤367/59②93,94,95,102,104,108,113,114,117,119,121,123,124,④278,291,292,299,301,304,360,362,367/66⑧403

【ふ】

ふ【符】→B、X、Z 19①88/25①136
ぶ【部、歩】 9①78/10②302,379/12①133/19①206/27①67,68,69,70,71,140,272,285/30①14/35②288,289/42④261,264,277,⑤316,319,320,321,322,323,324,325,326,328,329,330,331,332,334,335,336,338/62②35
ぶかり【歩刈】 19①207
ぶかりもみ【歩刈籾】→L 37①28,29
ふく【ふく】 43①58,59
ふご【ふこ】→B、J、Z 3④233
ふたてうちじゅうろくわいっそく【二手うち十六わ壱束】 27①174
ふち【縁】 5①87
ふつ【払】 19①68
ふね【舟】 20②391
ふねいっそう【船一艘】 36③217
ふま【ふ間】 27①270
ふり【振】 2⑤328
ふん【分】 6①233/55③257/60⑥364,365,366,367/62②53

【へ】

へい【平】 28①77
へら【へら】→B、N 9③250

【ほ】

ほ【歩】 62①10,②53
ほ【畝】 35①11
ぼう【ぼう】 24③310
ほん【本】 15③385/51②204/53③164/58①34,39,43,44,50
ほんつぼ【本坪】 28①71

【ま】

ま【間】 27①373,375
まい【枚】 4①42/10②379,380,③392/42①44,④255,257,269,275,⑤314,315,316,317,319,322,338/47①37,39,②103/50①56,67,68,69/52⑦312,313,318/53④215/67⑤220,223
まき【蒔、蒔き】 22⑤351,⑥369,376,377,378,387,388,390,391,395,396,397,398/24③285,286,288,296,297,298,307,308,319,325,326/27①43
まち【まち】→D 29③231
まる【丸】 4①124,125/14①355/17①331/27①181,377/28②280,281/42⑥412,444/48①99,107,110/49①23/50④319/53①52,④241/58①29,30,31,57,60/63③130/64④263
まるき【丸敷】→A 34⑥125
まるつぼ【丸坪】 28①68,71/65②74,78

【み】

み【味】 19①68,70
み【箕】 5①50/24③298/25①123/27①160,381
みかかえいね【三把稲】 10①173
みがきいちわ【身欠壱把】 58①34
みすがみたばすう【ミス紙束数】

48①99
みずつぼ【水坪】→C、D 28①77
みつやく【三つ役】 2①13
みてうちはっぱいっそく【三手打八羽壱束】 1④326

【む】

むぎいっしょうまき【麦一升蒔】 32①59, 121/62⑨365, 366, 367
むぎいっとまき【麦一斗蒔】 32①112
むぎさんじょうまき【麦三升蒔】 62⑨345
むぎたねいっとまき【麦種子一斗蒔】 32①142
むぎにしょうまき【麦二升蒔】 62⑨372
むしろこいっぽん【莚箇壱本】 58①35
むしろだていっぽん【莚立壱本】 58①35, 36, 39

【め】

め【め、目】 5③283/24③316

【も】

もう【毫】 62②53
もう【毛】 19①89/59②134/62②53
もん【文】 4①18/9①25, 27, 35, 98
もんめ【匁】 6①226, 230, 236, 237

【や】

やく【役】 2①66, 67, 68, 69

【ゆ】

ゆじゅん【由旬】 63④268/70②78, 79

【よ】

よみ【ヨミ、よミ】 17①331/53②107
よんてたば【四手たば】 39⑥326

【り】

り【里】 6①239/10②350/22①18, 33
りょ【旅】 22①18, 19
りょう【両】 4①97/6①226/18①155/24①99/40④331/49①53, 54, 89, 125/51①172/55①55/60⑥350, 353, 364, 365, 366, 367, 368
りん【厘(長さ)】 19①89/20①299
りん【厘(広さ)】 62②53
りん【隣】 22①18

【れ】

れん【れん、連、連ン】 2③265/19①118, 172, ②303, 307, 310/21③151/24③287, 298, 319/27①197/58①55/66③150/67⑤214, 216, ⑥302

【ろ】

ろくじっけんしほう【六十間四方】 62②53
ろくしゃく【六尺】→B 62①10/65②74
ろくしゃくいちぶ【六尺壱歩】 63⑧436
ろくしゃくごすん【六尺五寸】→B 62②53/65②74, 147
ろくしゃくごすんしほう【六尺五寸四方】 62②53
ろくしゃくさんずん【六尺三寸】 65②147
ろくすんごぶ【六寸五分】 62②53
ろくぶごりん【六分五厘】 62②53

【わ】

わ【わ、把、抱】 2①16, 19, 30, 46, 47, ④280/4①18, 29, 40, 41, 50, 54, 60, 61, 62, 63, 65, 69, 74, 78, 96, 97, 99, 108, 122, 124, 127, 146, 270, 299, 300, 303, 304/5①133/9①16, 19, 24, 25, 27, 35, 58, 59, 60, 62, 64, 69, 71, 88, 97, 98, 100, 103, 105, 107, 115, 120, 125, 129, 134, 139, 149, 152, 158, 164, ②208/10③401/11②97, 104, 105/14①355/18⑤461/19①112, 171, 172, ②364/20①206, 207/24③296, 330/25①68, 74, 76, 78, 137, 138, ②190, 194/27①113, 114, 115, 116, 118, 131, 132, 155, 159, 172, 180, 182, 239, 250, 280, 354, 369, 373, 375, 383/28③323, ④341/30①44, 65, 66, 82, 115/33②107, 108, ③158, ④186, 187, 188, 215/35②405/36③271, 272, 273, 310, 311, 312/37①26, 27, ③273, 332/39⑤287, 288/40③228, 229/41⑤241/42①34, 36, 37, 39, 43, 45, 47, 48, 49, 51, ⑤314, 316, 319/43①83/44③199, 200, 211, 212, 213, 214, 215, 216, 217, 218, 219, 220, 221, 222, 234, 235, 236, 237, 238, 240, 243, 247, 248/48①34/49①216/51①171, 172, 173/58①56, 57, 59, 60/61②100/64④259, 260/67①26, 34, 35, 36, 42, 55
わらだ【篚】→B、Z 35③429

X　その他の語彙

【あ】

あい【藍】→B、E、F、L、N、Z 48①42,91/55③310,377
あいいろ【藍いろ、藍色】 45②108/48①27,47,53,91,92/49①91,92
あいき【合木】 55③466
あいぎくのし【愛菊の士】 55①13,14,15
あいけ【藍気】 48①51
あいこぶちゃ【藍コブ茶、藍こぶ茶】 48①36,74
あいごみ【藍ごミ】 30④358
あいしょう【相生】 8①129
あいたい【相対】→L、R 43③272/53④232/63①44,47/67⑥284,291
あいだねさんしゅ【藍種子三種】 19①105
あいて【あい手】 27①88,89
あいのいろ【藍の色】 3①42,43
あいのつき【藍の付】 20①284
あいはいしゅ【藍葉異種】 45②100
あいみなといろ【藍湊色】 48①71
あいみるちゃ【アヰミル茶】 48①36
あいもち【相持】 10①12
あえすたる【あへすたる】 33①47
あお【あを、青】 54①38,42,50,51,52,53,61,153,166,203/55③278,302,348,355,364
あおいろ【青色】 34⑥160/55③344,354
あおがりまい【青がり米】 27①175
あおかわ【青皮】 48①146,147
あおき【青黄】 4①180
あおきあかしろくろ【青黄赤白黒】 4①175
あおくさき【あをくさき】 47①48
あおこけ【青こけ】 16①134
あおさび【青銹】 49①131
あおしろ【あをしろ、青白】 54①35,129
あおみ【あをミ、青ミ】 54①44,55,71
　蚕　35①101
あおむらさき【青紫】 55③282
あおもえぎいろ【青萌黄色】 48①335
あか【あか、赤】 54①35,39,40,47,48,49,50,57,60,61,63,67,89,90,91,94,97,98,99,100,105,106,107,108,109,110,111,113,116,117,118,119,121,122,123,124,125,128,129,130,131,132,133,134,135,138,154,166,171,173,201,204,207,208,209,210,213,214,222,237,238,244,254/55③286,287,288,300,303,305,316,321,358,363,368,382
あかいしでん【赤石伝】 2①88
あかいろ【赤色】 54①68/55③301,304,352,384
あかうすいろ【赤うす色】 54①51
あかかた【赤点】 7②268
あかき【赤黄】 55③277
あかしぼり【赤しぼり、赤絞】 54①96/55③329
あかしろしぼり【赤白絞】 55③286,303
あかたてすじふ【赤竪筋班】 55③424
あかちゃ【赤茶】 55③346
あかちゃのとびてん【赤茶の飛点】 55③365
あかとびふ【赤飛班】 55③389,424
あかね【茜】→E、N、Z 58⑤302
あかふ【赤班】→F 55③414
あかほそたてふ【赤細縦班】 55③431
あかむらさき【赤むらさき、赤紫】 54①207,251,253/55③250,273,277,363,408
あかむらさきいろ【赤むらさき色】 55③330
あがりはか【上り果敢】→はか 19②417
あきあがり【秋上り】 30①133
あきとおきとし【秋遠キ年】 42①29
あきのみのり【秋の実り】→E 12①109
あきみとり【秋実取】 21①32
あきもの【秋物】 3③163/32①49,66,67,68,69,72,73,87,93,142,167,169,190,219,220,221,②289,299/39③157/64⑤335,344,354,355
あきもののでき【秋物ノ出来】 32②311
あく【あく、灰水】 12①66/16①163,249,250,252/17①81,146/41②74/53⑤335/61⑧223,224,234/62⑨384/67⑥273,317,318
あくけ【あく気、悪汁気、灰汁気】 7①101/11②94/49①196/69①51
あくさく【悪作】 4①57,210,221,245/28①84
あくしぶ【悪渋】 16①235
あくた【あくた、芥】→B、H、I、N 4①298/5①146/8①218/16①126,307,308,313,325,331/17①30,143/50④300/56②246,267/59②120/61④172
あくだいず【悪大豆】 22④281
あくび【あくび】 60⑥375
あくへいをかいせいするべん【悪弊を改正する弁】 53⑤356
あげるもの【揚る者】 27①185
あさあがり【朝あがり、朝上り】 27①115/36③310
あさぎ【あさぎ、浅ぎ、浅黄】→B、E、H 36③212/48①27,30,31,36,37,39,42,45,46,72,79,80,84/53②116/54①69,171
あさぎいろ【あさぎいろ、浅黄色】 54①107/69①63
あさたね【麻種子】→E 19①106
あざな【疇名】 19①213
あさのみのおおきさ【麻子ノ太サ】 69②247
あさひいろ【あさひいろ】 54①120
あさめしのとき【朝飯之時】 27①115
あじき【味き】 13①64
あじたおれ【味たをれ】 52⑥267
あしだちのもの【足立之者】 41③184
あずきだね【紅豆種子】→E 19①144
あぜうえもの【畔植物】 41②77
あぜき【畔木】→B 6①184
あぜさかいめのしるし【あせ境目のしるし】 17①306
あぜのもの【畦ノ物、畔ノ物、疇のもの】 6①39/39⑤272,277,286
あぜもの【あせもの、あぜもの、畷物】→A 9①70,77/29③224/40③228
あたままわし【頭廻し】 29③264
あっき【悪気】→G、N 56①216/60①45
あつめるもの【集める者】 27①184
あつらえ【誂】 5④317
あなつきのもの【穴つきのもの】 28②156
あぶら【油】→B、E、H、I、J、L、N、Z 56①170/69①124,②317
あぶらか【油香】 47①42
あぶらかす【油糟】→B、H、I、L、N 50①86
あぶらぐさ【油草】→B

29③223
あぶらけ【油気】→G、I、N 14①90/16①143/47①46,②89/69①84,86,105,110,121,②262
あぶらのかす【油のかす】→I 50①67
あぶらのき【油の気】 69①76,77,87,98,109
あぶらのこうげん【油の功験】 15①56
あぶらのたり【油のたり】 20①178
あぶらのみ【油実】 6①164
あまくち【甘口、甜口】 51①80,83,117,120,136,145,146,154,174,②182,188,193,195,196,199,206,208,209
あまみ【あまミ、甘ミ、甘味】→かんみ 16①147/46①19,21,22,23,24,25,27,28,29,30,31,32,33,34,35,36,37,38,39,40,41,42,44,45,46,47,48,49,50,51,52,53,54,55,56/51①74
あまみず【あま水、雨水】→B、D、I、P 5①21,44/8①185/17①31/23③156/38④283/41⑦318,321,339/48①381/55①34
あみおろし【あみおろし】 11②107
あみこ【あミ子、網こ、網子】 58④254/59②89,108,109,120
あみしぼり【網絞】 55③320
あめいろ【飴色】 55③255,336
あめのさだながた【天の狭田長田】 3①8
あめふりがちのはる【雨降かちの春】 27①59
あめようじん【雨用心】 28②137
あやかし【似】 51①45
あやめいろ【あやめいろ】 48①46
あら【あら】 66⑧399
あらいながす【あらい流す】 65①41
あらし【嵐】 53④217
あらしさく【荒し作】 29①37
あらもの【荒物】 17①330
ありけ【有毛】 23④192
ありもの【有物】 28①54,55,83,93
ありわた【有綿】 28①42
あわ【あわ(泡)】 16①307,308/52⑦305
あわ【あわ(雪塊)】 65③219
あわのまきもの【粟の蒔物】 38③196
あわわき【泡わき、泡沸】 51①40,56,141/61⑧229
あんざん【安産】 3③174

【い】

いうら【居うら、居裏】 35①114,124,125,130,135
いえがしら【家頭】 66④194
いえもちたるもの【家持たる者】 27①227
いえもちのもの【家持之者】 27①345
いえもつもの【家持者】 27①233
いおう【硫黄】→B、H、I、N 52⑦285/66④187/70②118,120,121,122,123,⑥392
いおうのき【硫黄の気】 69①68,101,118
いおうやま【硫黄山】 69①62
いかしふなばんにん【いかしふなばん人】 59②156
いきり【イキリ、いきり】→G 8①79/40②108,139/62⑨384/69①75,97
いきりすぎ【イキリ過】 8①115
いきりたつ【イキリ立】 8①115
いきりつよき【イキリ強】 8①115
いきれる【イキレル】 8①274
いけしお【池塩】 52⑦286
いけのごみ【池のごみ】 20①45
いけのみずけ【池の水気】 17①88
いけのようすい【池の陽水】 9②202
いし【石】→B、D 3③130/16①185,186,187
いしくら【石倉】 19①206
いしけ【石気】 69①133
いしなまり【石ナマリ】 49①124
いしのしり【石の尻】 65④346
いしのほね【石の骨】 69①133
いせいろ【伊勢色】 48①29
いそのなみ【磯の浪】 16①325
いため【板目】 4①174,175/48①144,165,349/65④331,345,353
いちい【一位】 54①34
いちのうふさく【一農不作】 19①204
いちばんおり【一番おり】→K 51②208
いちばんべに【一番紅】 48①8,9,10,11
いちまちきんぺん【市町近辺】 21①83
いつかいちぞうし【五日一雑司】 27①310
いっかのやさい【一家之野菜】 38①18
いっく【一工】 41②43
いつくさ【五穀】→ごこく 37③262
いつくさのたなつもの【五穀、五穀種もの】 37②66/62⑧235
いっせつ【一節】 17①210
いっぱいのます【一盃呑ス】 8①204
いとしょう【糸性】 47③167,170
いとじょうひん【最上品】 55③352
いとなが【糸長】 53⑤359,362
いとのきれくち【糸の切口】 53⑤357
いとのくち【糸の口】 47②101
いとのくらい【糸の品位】 53⑤340
いとのさんぶつ【糸の産物】 35②321,322
いとほけみだる【糸ほけ乱る】 53⑤340
いなくさのばんづけ【いなくさの番付】 28②163
いなごうろうのう【伊奈郷老農】 32①188
いなたばのくらい【稲たばの位】 20①207
いなむしのしゅるい【蝗の種類】 15①26
いなもり【稲守】 20①99
いにしえのごこく【古の五穀】→いまのごこく 10②314
いぬがみ【狗がミ】 53①33
いねあげにん【稲揚人】 27①285
いねいろ【稲色】 18⑥493
いねおろすもの【稲下す者】 27①184
いねかり【稲刈】→A、L、O、Z 20①290
いねかりそうろうもの【稲かり候者】 27①352,374
いねかりにん【稲かり人】 27①373
いねかりのもの【稲かり者】 27①351
いねこきみまい【いねこき見舞】 42⑥439
いねそうな【稲惣名】 4①274
いねつけるくちひきのもの【稲附る口引之者】 27①351
いねにっき【稲日記】 42①53
いねのくすり【稲の薬】 29①56
いねのしゅるい【稲種類】 25②186
いねのしょう【稲の性】 39⑤275
いねのな【稲の名】 30①16
いねのなふだ【稲ノ名札】 39⑤256,266
いねのにんじん【稲の人参】 29①57
いねのわざわい【稲の災】 69①95
いねふさく【稲不作】 19①54/62③71
いねほしめ【稲干女】 36③272
いねやりて【稲やり手】 27①370
いばり【溺、尿り】→しょうべん→I、N 35①156/60⑥375,376
いまのごこく【今の五穀】→いにしえのごこく 10②315
いまよこおりやま【今世郡山】 48①45
いもなどのはのつゆ【芋なとの葉の露】 19②397
いものせい【芋之情】 8①117
いものな【芋の名】 19②378
いやじをきらう【いや地を嫌ふ】 12①186
いれて【入手】 27①85/28①69/65②75
いれやける【イレヤケル】 8①137
いろ【いろ、色】 5①78/19②360/54①35/60①46,47,54,56,57
いろあがりあんばえ【色上りあんばへ】 48①14
いろえのもの【色絵の物】 49①116
いろつや【色つや】 47①40
いわろくしょう【岩緑青】 54①181
いん【陰】→よう 4①193,242/7①31,35,②331,341,352/8①218/12①49
いんかようしょう【陰過陽少】 8①246
いんき【陰気】→ようき→P 4①192,219,228/5①75/6①103,②281/7①18,23,55,58,②234/10②347,378/12①48,49,52,54,55,57,95,96,100,107,111,137/13①234,268/

16①31,111,133/17①22,128,172/22①17,59,②106/23①22,95/25①104,105/36②123/37①24,②105,106,③308,385,386/39①58,④198/47②107/51①65,71/61①29,30/62⑧259/68②250,④401/69①56/70⑥382,383,390,394,403,409
いんきふそくのようがち【陰気不足之陽勝】 8①241
いんこく【陰国】→ようこく 21①10,11,44/70②133
いんじつ【陰日】→ようじつ 7②314
いんすう【陰数】→ようすう 7②236
いんそう【いん草、陰草】→ようそう 7②249/19①84/20①150,180/70⑥381,384,417
いんちゅうのいん【陰中之陰】 8①263
いんぽうさんいちよん【因法三一四】→えんぽうしちはちご 19①89
いんよう【陰陽】 1③261/4①170,174,193,213/5①179/6②285/7①5,57,58,②285,340/10②347/12①49,74,82,162,210/13①15/14①112/16①**71**,**72**,73,263/17①127/19②359,364/21①7,10,②102,103/33⑥303/36①40,43,44,68,70/37③385,386/39①11,14,18,19/48①204/55①14,40,61,62,②131,③208/56①45/57②97/61①28/62⑧256,257,269/65③209/69①56/70②108,126,132,133,137,149,151,160,⑥387,394,396,408,409,410,415,425
いんようあいわす【陰陽相和】 19②366,395
いんようごぎょう【陰陽五行】 5①35/7②227/23①35,④172
いんようさんすう【陰陽三数】 19②363
いんようのき【陰陽の気、陰陽之気】→よういんのき 8①25/12①19/22②106/35①36/50②142
いんようのくわかず【陰陽の鍬数】 19②370
いんようのことわり【陰陽の理り】 12①48
いんようのじゅん【陰陽の順】 1④325
いんようのつりあい【陰陽之均合】 8①218
いんようのどうり【陰陽の道理】 19②372
いんようのにき【陰陽之二気】 8①218,219
いんようのはこび【陰陽の運び】 7②243
いんようのり【陰陽の理】 7②**229**,**231**/39①19,46/70⑥**408**,409,413
いんようのわごう【陰陽の和合】 70⑥412
いんようふじゅん【陰陽不順】 7①23,26
いんようわごう【陰陽和合】 1④318/19②366,405/21①16,23,58,71,87/36②123/37③292/39①18,58/47②106/61①30/70⑥391,410,414
いんようわじゅん【陰陽和順】 1④319/8①267/37③386
いんようをととのう【陰陽を調】 12①49
いんようをととのえる【陰陽を調る】 12①95

【う】

うえおんな【植女】→さおとめ 2①39/29④290,292
うえかえもの【植替もの】 55②134
うえたてひでん【植立秘伝】 56①155
うえつけき【植付木】 64④269
うえつけにん【植付仁】 64④257
うえつけねがいしょ【植付願書】 64④248
うえつけぶそく【うへ付不足】 27①124
うえて【栽手】 27①51
うえにん【うえにん、植人】 29②151/62⑨354
うえぬし【植主】 31④152
うえぶ【うへぶ(植夫)】 9①71
うえもの【うへ物、うゑ物、種もの、種物、樹物、植もの】→A、E 3③152/5①61,118/6②269/12①48,49,53,77,80,86,88,90,103,154,157,158,186,249/15②162,169/29①33,36/47⑤270,272,274,277
うえるもの【種る物、植る物】 12①111/36②123
うおかくしのしょぼく【魚隠之諸木】 56①152
うおきりのなかきり【魚切の中切】 58⑤338
うきす【うきす】 16①158
うきすのいわ【浮州の岩】 15③382
うぐいすちゃ【ウグヒス茶】 48①73
うこん【うこん】 15③352/54①161,164,198,217,222,237,243
うこんいろ【うこん色】 54①171
うしのて【牛ノ手】 8①216
うしのとぼしきもの【牛之乏敷者】 25①7
うじょう【有情】 8①219
うすあい【淡藍】 55③377
うすあお【淡青】 55③279
うすあか【うすあか、うす赤、淡赤、薄赤】 54①35,43,121,135,161,208/55③246,247,254,275,276,279,283,303,355,364,375,380,430
うすあかいろ【うすあか色、淡赤色】 54①146/55③263
うすあかみ【淡赤ミ】 55③311
うすあかむらさき【淡赤紫】 55③285,365
うすあさぎ【薄あさぎ、薄浅ぎ、薄浅黄】 48①28,45,46,72
うすあさぎいろ【うすあさぎ色】 54①202
うすいろ【うすいろ、うす色】 54①53,55,70,77,80,82,84,87,91,96,98,99,100,103,104,105,107,109,113,114,119,122,123,124,125,126,128,131,132,133,134,135,174,196,214,218,226,229,245,246,249,251,252,253,255
うすかき【うすかき】 54①39,41,210
うすかきいろ【うすかきいろ、うすがきいろ、うすかき色】 54①45,122,123,132,219,220,237
うすき【うす黄】 54①197
うすきいろ【うす黄色】 54①209,216,229
うすきくちば【うす黄くちば】 54①252
うすきしろ【淡黄白】 55③273
うすくれない【うすくれなひ】 54①67
うすこうばい【うす紅ばい】 54①139
うすさくらいろ【うすさくら色】 54①131
うすさらさ【うすさらさ】 54①101
うすじろ【うす白、淡白】 54①200,249/55③345
うすずみいろ【うすすミいろ】 54①164
うすすみかみ【うすゝミかみ】 5④313
うすそらいろ【薄そらいろ、薄空いろ】 48①63,80
うすたまご【淡玉子】 55③288
うすちぐさ【薄ちくさ、薄千種】 48①63,72
うすちぐさいろ【薄千種色】 48①25
うすとりのおんな【ウストリノ女】 27①221
うすねずみ【うすねづミ】 54①50
うすねずみいろ【うすねすミ色、うすねずミ色、うすねつミ色、淡鼠色、薄鼠色】 48①44/54①38,209,214/55③375
うすはないろ【薄花いろ】 48①63
うすひばちゃいろ【淡檜葉茶色】 55③274
うすべに【うすべに、うす紅、淡紅】 54①57,61,62,68,71,77,80,82,84,108,114,115,138/55③247,250,251,266,272,288,291,293,294,301,303,304,306,311,320,322,325,326,329,332,334,344,362,365,372,390,399,402,404,413,415,427
うすべにいろ【うす紅色、淡紅色】 54①231/55③292
うずみくさ【埋草】 5①67
うすむらさき【うすむらさき、うす紫、薄紫】 54①35,39,45,46,49,50,51,52,54,69,71,117,118,119,120,123,124,125,127,145,146,161,162,172,189,198,200,201,202,209,211,212,215,217,222,223,224,226,228,230,235,237,238,239,242,244,245,247,248,249,251,253,259
うすもえぎ【淡萌黄】 55③273
うずらのこえ【鶉のこゑ】 60①44
うずらふ【うづらふ】 17①212
うたがい【うたがひ】 48①63
うただいく【うた大工】 9①74,75
うちて【打手】 27①18
うちでのこづち【うちでの小づち】 17①119
うちびと【うち人】 27①37

うつき【鬱気】 8①173
うったいいんれい【鬱滞陰冷】 8①226
うてな【台】→B 14①349
うま【馬】→G 11④178
うまおうもの【馬追ふもの】 16①223
うまおのかたち【馬尾の形】 53①43
うまかえ【馬替】 10①135
うまつかい【馬遣】→A 6①50,51
うまのはなとり【馬ノハナトリ】 24①66
うまもち【馬持】 4①127
うみおもて【海表】 16①317
うら【ウラ】 47②119,120,121,122,123
うらかた【浦方】 29③206
うらけこなしもの【裏毛こなし物】 67③123
うらもんのとじまり【裏門戸締】 27①78
うりいろ【うり色】 41⑤237
うりだね【瓜種子】→E 19①115
うりつくりのこうしゃ【瓜作りの功者】 12①256
うるおい【うるほひ、潤色】 8①223/16①135,136
うるしけ【漆気】 47①23
うろこ【鱗】 7②271
うろのき【雨露の気】→P 13①248
うわがけのいね【上懸の稲】 27①177
うわき【上木】 34⑤105,107
うわけ【上毛】 28①79
うわみず【上水】→B、D、H 61⑩459
うんき【運気】 4①205,206,209/7①6/16①29,30/20①347
うんき【温気】 12①154
うんそうべんりのばしょ【運送弁利ノ場所】 53④249
うんものこ【雲母の粉】 16①77

【え】

えいたいこうさくのもと【永代耕作の元】 29③234
えき【易】 4①205
えず【絵図】 5①36/16①294,295,314/38④244/57②205/61⑨299/64④280,281,310,311/65③232
えずめん【絵図面】 36③282/47⑤258
えだあるちくぼく【枝有竹木】 27①18
えっちゅうおんな【越中女】 27①275
えどきんざいのひゃくしょう【江戸近在ノ百姓】 18③358
えどなんどちゃ【江戸納戸茶】 48①45
えどむらさき【江戸紫】→B、V 48①81
えぶり【えぶり】→A、B、K、Z 36①49
えぶりさし【杁さし】→A 27①117
えぶりすりて【杁すり手】 20①63
えもよう【絵模様】 49①237
えんき【塩気】 68②291,292
えんしゅうほう【円周法】 20①299
えんしょうのき【焔消ノ気、焔硝の気】 69①68,70,101,118,②362,364,365,374
えんしょうのせいこう【焔消ノ性功】 69②374
えんひとつぼ【円壱坪】 19①89
えんぽう【円法】 20①298
えんぽうしちはちご【円法七八五】→いんぽうさんいちよん 19①89

【お】

おいえしゃりゅう【御家者流】 60⑦444
おうかっしょく【黄褐色】 48①348
おうしゅうたねがみうちがき【奥州種紙内書】 35①196
おうはく【黄白】 54①35,50
おうもの【負者】 27①195
おおあいしょう【大相生】 8①105,106
おおいねどころ【大稲所】 9③267
おおきなるき【大なる木】 13①241
おおごえ【大こゑ】 60①46,47
おおさかせい【大坂製】 50①88
おおだま【大玉】→E 22⑥365
おおつもりちょう【大積帳】 65②101
おおなえうち【大苗打】 6①46,50
おおねだね【来服種子】→E、N 19①117
おおばさんそう【大葉三草】 55②111
おおひね【大ひね】 63⑤323
おおびゃくしょうのあき【大百姓の秋】 28②223
おおふじゅく【大不熟】 67⑤237
おおまちがい【大間違】 67②114
おおまる【大丸】 19①173
おおみず【大水】→A、P、Q 65②65,93,94,128/70②140,141,142
おおむぎだね【大麦種、大麦種子】→E 19①137,②380
おおわき【大沸】 51①61
おかぼのな【陸穂の名】 19②377
おかもの【陸物】 19②439
おき【沖】 23①52,86
おきあい【沖合】→M 58③126
おきのからしお【沖の辛潮】 23①102
おきのしおみず【沖の汐水】 23①103
おきのなみ【沖の浪】 16①325
おきばのたいしょう【沖場の大将】 58⑤342
おきばん【沖番】 58⑤331
おきみ【置み】 52⑦306
おしとりのき【おし取の木】 16①178
おちこみ【落込】→C 65③233
おちさく【落作】 1①88,89
おとこいちにんやく【男壱人役】 30③289
おとこのかしら【男の頭】 29①75
おとめ【乙女】 17①119
おとめうた【乙女歌】 4①15
おとめご【をとめ子】 23①82
おなり【おなり】 9①74
おなんどちゃ【ヲナンド茶】→N 48①71
おにび【鬼火】 69①94
おもきにもつ【重き荷物】 16①221
おもに【重荷】 60⑥362
おやかた【親方】→M 28②132,186,248,256
おらんださく【蘭製】 15②245
おりいだすくに【織出す国】 14①337
おりいだすところ【織出す所】 14①337
おんえき【御益】→L 14①404
おんこくさん【御国産】 56①141,144
おんじのき【陰地の木】 29①24
おんな【女】→E、L、N 3②70,71,72,73/28②182,189/29②125,③264/34⑦251,255/36②110
おんなこもん【女小紋】 48①77
おんなわらべ【女童】→L 5①125/34⑥152,⑦251

【か】

かいかたこうしゃ【飼方功者】 35①71
かいく【化育】→ぞうか 18①22/20①250/69②160,175,177,185,188,189,190,191,192,193,196,220,223,230,240,245,246,251,255,258,262,264,267,296,297,299,307,312,315,335,359,361,365,373,378,379,388,390
かいげまわりのもの【かいけ廻りの物】 28②245
かいここうしゃ【蚕功者】 18②255
かいこにどくいみあること【蚕に毒忌有る事】 56①206
かいこねむること【飼蚕眠る事】 47②115
かいこのいみょう【神蚕の異名】 35①42
かいこのしゅるい【神蚕の種類】 47②131
かいこのぜんあく【蚕の善悪】 35①60,170
かいこのとく【蚕の徳】 35①238
かいこのどく【かいこのどく】 13①120
かいこめかた【蚕目形】 47②124
かいこをやしなうひと【養蚕人】 35①184
かいさくにん【開作人】 63①37
かいじょうのひと【海上人】

70②104
かいだね【買種】→E 3④243
かいちょう【海潮】→P 23③147
かいとう【海盗】 45①47
かいへいほう【開平法】→かいりゅう 19①89
かいむ【皆無】 36③281/40②128/43③266/66①36/67⑤208,210/70⑥404
かいりゅう【開立】→かいへいほう 19①89
かえばいろ【かへ葉色】 34⑤94
かえりな【変菜】 33⑥370
かおう【花王】 13①284
かおり【薫】→G 45⑥285,286,304
かき【火気】→N、P 5③273/7②265/53⑤332,333
かき【花卉】 55①13
かきいろ【かきいろ、かき色、柿色】 48①35,48,58,89/54①90,93,104,106,117,120,124,130,131,133,134,135,153,209,218,246,248
かきささげたね【垣豇豆種子】 19①134
かきしょう【柿性】 48①196
かきのしゅるい【柿の種類】 14①213
かきめ【かき目】 13①108
かぎょう【花形】→E 54①76,89/55③424
かくねん【隔年】 5①167/7②303,345/46③190/69②362/70④262
かくふ【かくふ(掻夫)】 9①71
かげがた【陰方】 19②379
かけこめ【欠米】 27①208
かけて【かけ手】 27①61
かけめ【懸ケめ】→L 59②162,163
かこやく【加子役】 62⑥154
かざ【かざ、嗅羌】 39⑥327/53④216,226
かざい【菓材】 7②340
かしきにん【炊人】 2①68
かしこきひとびと【かしこき人々】 56②293
かじのよしあし【梶の善悪】 30③295
かしょくのこう【稼穫ノ功】 24③275
かしょくのこと【稼穡の事】 62⑨303
かしょくのしだい【稼穡の次第】 30①5
かしょくのもとい【稼穡の基】 15②141
かしら【頭】→M、N、R 8①201,216
かしらおとこ【頭男】 29②120
かしらだつもの【頭立者】 27①61
かしらぬしつき【頭主附】 27①239
かしらのもの【頭の者】 27①178,366
かしらやく【頭役】→R 27①156
かす【かす、糟、粕、滓】→B、E、I、J、L、N 15①90/16①243/41②141/48①255/50①41,54,55,56,57,59,60,61,67,68,69,70,71,83,②197,③255,256,262/59⑤433/69①49
かすあくた【糟芥】 4①297
かすのたま【糟の塊、粕の塊】 50①40/69①86
かぜあたり【風当リ】 5①86
かぜあたるはたさくげこう【風中畑作毛考】 19①205
かせいふ【加勢夫】→R 57②183
かぜのすじ【風の筋】 5③263
かぜのな【風の名】 59④321
かせひき【かせ挽】 29③264
かたげ【片毛】 28①33
かたち【形】 54①35
かたなめ【刀め】 56①88
かだもの【カダ者、かた物、無情者】 8①205/28②149
かち【歩行、歩人】→M、R 24③287,317,318
かちて【カチ手】 8①257
かっしょく【褐色】 48①37,349,389/70①29
かっすい【渇水】→Q 29②142/63③105/65③186,189,218,233,235,247,282
かってのもの【勝手の者、勝手之者】 27①312,316
かどく【苛毒】 18①185
かなけ【かなけ、金気、鉄気、銕気】→G 5①15/7②266/9②196/16①143/21②131,132/35②366,367/69①63,64,94,104,132,133
かなさびのにおい【金さびの匂ひ】 69①62
かなめのさく【かなめの作】 62⑨343
かなもの【かな物、金物】→B、N 8①112/57②121
かにあわ【蟹泡】 51①48,66,72
かばちゃ【蒲茶】 48①58
かばちゃいろ【蒲茶色】 48①70
かび【毛茸、醭】→G 51①35,36/69①64
かびけ【醭気】 51①62,74,75,91
かびる【醭る】 51①37
かふ【寡婦】 39④230
かぶのあれ【株ノアレ】 8①36
かぶのこぬもの【かぶのこぬ物】 28②143
かぶのせいき【株の精気】 39④227
かぶりのき【かふりの木、冠の木】 13①231
かぶる【カブル】 49①118
かべ【刈部】 1①53
かまあな【カま穴、かま穴】 59②122,126
かまおと【鎌音】23①33/61①35
かますくばり【叺くはり】 27①88
かますすう【叺数】 27①84,92
かまのつき【竈ノツキ】 53④217
かみいろ【紙いろ】 53①35
かみがたふう【上方風】 36③315
かみざのもの【上座の者】 27①343
かみどころ【紙所】 30③274
かもあみ【鳧羅】 49①207
かもめほ【鷗歩】 19②407,410
かやく【火薬】 53⑤368/69②271
からき【から気】 18⑤471
からくち【辛口】 51①83,87,104,105,109,137,142,146,154,174,②182,188,190,193,196,203,206,208
からくり【からくり】 16①216
からさく【空作】 30④348
からしお【から潮、辛汐】 16①320,321/23①104,④182,183
からすたる【空すたる】 41⑤235
からすふみ【からすふみ】 28②203
からそ【梗麻】 20①207
からてだて【空行】 20①233
からみ【辛ミ、辛味】→N 37①46/38④280/46①19,20/48①91,92,100,106,107/51①59,60,67,74/68③338,339
からみのぼる【からみ登る】 56②276
かりおさめもの【刈納物】 4①220
かりこ【仮子】 1①57,76,105
かりごめとり【苅米取】 1③264
かりて【かりて】 28②224
かりとりもの【刈取物】 4①228
かりびと【かり人】 27①53
かるもの【かる物】 12①111
がれき【瓦礫】 15②141
かわだしかた【川出方】 56①140
かわよけたいい【川除大意】 65③208
かわらけいろ【かわらけいろ】 54①124
かん【かん】 28②256,257,259
かんうんのき【寒温の気】 12①26
かんえき【汗液】 60⑦461
かんおん【寒温】 69①32
がんこう【雁行】→A、Z 15①46/30①57
かんこく【かん国、寒国】→だんごく 3①46/6①139,140/7②291/8①269,270/12①71/14①71,95,102,105,113,343,377,400/16①94,111,131,132,143,146,147,152,157,199,258/17①36,97,142,165,168,194,195,209,213,218,219,240,241,243,247,249,250,255,317,318/19②277/21①12,23,69,87/24②233/25①121/35③433/36②97,116,③233/37③260,291,292,293/39①18/40②45,102,103,108,111,141,142,143,144,172,186/45③157,165,⑦382,396/46①12,13,14,62,73,103/47①10,23/50③246,247/54①283/56②264/62④94/69②252/70①17,②132,133,③226
かんさんじゅうにちのこくづもり【寒三十日の刻積】 1①30
かんしつ【乾湿】→D、P 5①42
かんだら【かんだら】 58⑤339,344
かんち【寒地】→だんち 1①45/3①43,③152,171/24②233,239/69②313/70①25
かんづくりのかんよう【寒造の肝要】 18②291
かんなくち【鉋口】 46③194
かんなのくち【鉋の口】 46③196

かんなめ【鉋目】 5①56
かんねつ【寒熱】→G、N、P 37①24
かんのう【勧農】 15②131
がんぶつ【翫物】 39①59
かんみ【甘味】→あまみ→N 14①215
かんめ【貫め、貫目】→L、W 17①231/53④223/62④98
かんめい【漢名】 55②122

【き】

き【気】→Z 3③161/4①223/6①207/8①16
き【黄】 54①49,52,53,64,66,70,72,242,250,251,252,253,285/55①54,③247,248,287,309,316,321,331,336,337,357,363,369,380,424,426
きあか【黄赤】 55③321,377
きいとのしなくらい【生糸の品位】 53⑤296
きいろ【きいろ、黄色】 54①79,124,158,172,197,198,199,200,203,206,209,218,224,229,230,231,237,243,245,247,248,249,250,251,252,253,254,258,259/55③254,255,288,300,305,344,345,352,367,368,391
きうん【気運】 12①26,27
きが【木香】 51①33
きがら【木柄】→E 57②227,233
きがらちゃ【黄がら茶】 55③391
ききゅう【箕裘】 19①8
ききょういろ【きゝやういろ】 54①125
きく【規矩】 65④333,342
きくしょう【菊性】 48①204
きくづくり【菊作り】 23⑥326
きこうふしょうねんさくもうもよおし【気候不正年作毛催】 19①209
きしゅ【黄朱】 55③348
きしゅてん【黄朱点】 55③364
きせるのやに【きせるの脂】 45⑥308,309
きそく【気息】 65③210
きたかた【北方】 45①42/56①75
きたぐに【北国】 6①32,89,②280/36③277/39④204
きたけもちそうろうもの【木竹持候者】 29③206
きたてふ【黄縦斑】 55③436
きつねいろ【狐色】 50①73,83
きのいんよう【木の陰陽】 41④202
きのせい【木ノ精、木之勢】→E 8①55,218
きのせいき【木の生気】 13①238
きのつかぬもの【きのつかぬ者】 28②159
きのほらなか【樹の洞中】 14①347
きのよしあし【木ノ善悪】 8①236
きびかけめ【黍掛匁】 44②103,104
きびこおりやまいろ【キビ郡山色】 48①45
きびのるい【黍の類、秬の類】 10①58,②315
きひん【奇品】→E 55②108,150,151,153,③425/68③333
きめ【晞め、晞目】 30③290,298
きめ【木理】 56①99
ぎやまん【ギヤマン】→B 48①358
ぎやまんでのびいどろ【ギヤマンデノビイドロ、ギヤマン手ノビイドロ】 48①358,359
ぎゅうばぬし【牛馬主】 34⑥150
ぎゅうばのちから【牛馬の力】 15①59
きゅうもく【九木】 54①34
きゅうりがく【窮理学】 69②277
きゅうりせつ【窮理説】 69①29
きゅうりたね【黄瓜種子】→E 19①113
きょうごう【郷豪】 33①9
きょうじ【凶事】 3③139
ぎょうばんとう【業番頭】 22①63,64
きょうぼく【喬木】 3③172
ぎょくてんじるし【玉天印】 49①22
ぎょじゅうちょうるい【魚獣鳥類】 69①36
ぎょるいのがい【魚類の害】 15①99
きら【きら】 3①59
ぎり【儀理、義理】 16①47,48,49
きりあくるぶんすう【伐リ明クル分数】 32①196
きりうえつけもの【切うへ付物】 27①136
きりがね【切金】 49①154
きりたてて【切立手】 27①85
きりだわら【切俵】 27①78,79,80
きりはなおやじ【剪花翁】→せんかおう 55③456
きりびと【きり人】 27①41
きりみず【きり水】 3④225
ぎりもの【儀理者】 16①49
きわたどころ【木綿所】 36③274
きんいろ【金色】 54①197,199,232
きんかんちゃ【キンカン茶】 48①26
きんぎんまぶ【金銀間歩】 5④332
ぎんさい【銀彩】 49①114
きんしののう【勤志の農】 3③113
ぎんしろ【銀白】 54①35
きんすう【斤数】 5①163
きんせき【金石】 65③210/69①126
きんだかにあいなるしな【金高ニ相成品】 18②276
きんのいんよう【金の陰陽】 41④202
きんのう【勤農】 2⑤336
きんめ【斤目】 11①57/13①43,286/15③385/31④152,153,155/50②181/62⑨363

【く】

くいあて【杭当て】 27①18
くきとるさく【茎とる作】 20①124
くきをとるさく【茎をとる作】 20①132
くきをもちいるさく【茎ヲ用ル作】 19①102
くさ【草】→B、E、G、I、N 16①135
くさかりおとこ【草刈男】 24①82
くさき【くさ気】 15①97
くさとりのもの【草取者】 27①250
くさのしょう【草の性】 16①252
くさのはやし【草の林】 10②349
くさはぎのて【草ハキノ手】 8①216
くさびなり【クサビ形】 49①248
くさみ【臭ミ】 51①174
くさむら【叢】 10②349
くさり【くさり】→A、G 62⑨335,348,360,374,376/69①97
くさりが【くさり香】 47①48
くさるひま【くさる隙】 17①85
くじおや【くし親】 42④258,274
くじらあぶらのこう【鯨油の功】 15①13
くずのしょう【葛の性】 50③263
くせ【癖】 38③179/51①175/69①65
くせけのしのぎ【曲気の凌】 9②202
くちとり【口取、口取り】 24①35,②234/25①49
くちば【くちば】→E 54①248,250
くちばいろ【くちばいろ、くちば色、朽葉色】 48①34/54①117,247,250,254
くちひきのもの【口引の者】 27①374
くちひきもの【口引者】 27①352
くちひらき【口ひらき、口開】 48①161
くちべに【くちべに】 54①231
くでん【口伝】 17①238/47①30,32,33,37,49
ぐのう【愚農】 3②67
ぐのめ【ぐのめ、ぐの目】→A 13①29/17①136,141
くばりて【くばり手】 27①88
くまとり【熊捕】 49①207
くみぬし【組主】→Z 58⑤301,351
くみやど【組宿】 58⑤330
くみわり【与割り】→R 8①217
くむれる【くむれる】 16①236
くらいつけ【位付】 5①41
くりいろ【栗色、栗皮色】 48①38,75
くりうめ【栗梅】 48①80
くりうめいろ【栗梅色】 48①80
くりちゃ【栗茶】 48①38
くりちゃいろ【栗茶色】 48①34
くるまもち【車持】 30⑤398
くるみのはのつゆ【くるみの葉の露】 19②389
くれない【くれない、くれなひ、くれなゐ、紅、紅ひ】 54①47,53,57,66,67,69,71,77,79,80,81,82,83,84,89,90,

95,96,101,102,106,108,109,112,113,114,116,117,118,119,123,124,127,128,129,131,132,133,134,138,139,143,152,160,170,173,200,201,211,212,213,223,238,248,249,251,254/55①54
くろいろ【黒色】 34⑥160/54①35
くろうと【黒人】 67②114
くろがね【黒かね、黒金】→B 41②108,118
くろかび【黒かび】 3④253
くろとびいろ【黒とび色】 48①80
くろぬりて【くろぬり人、くろ塗り手】 27①98
くろねずみ【黒鼠】 48①82
くろねずみいろ【黒鼠色】 48①27
くろべに【くろべに、黒紅】 54①62,71/55③288,311
くろべにいろ【黒紅色】 55③399
くろまわり【くろまわり】→D 27①117
くろみ【くろミ、黒ミ】 54①66/69①69
くろむらさき【くろ紫、黒むらさき、黒紫】 54①162,200,207
くわかき【鍬かき】 41②42
くわがしら【鍬かしら、鍬頭】→L 22①63,64/24①81,178
くわさかい【鍬界】→D 19②402
くわしょう【桑性】 47②78
くわとり【鍬取】→A、L 27①117/38②83
くわとりおとこ【鍬取男】 2③267,269
くわとりおんな【鍬取女】 2③268,270
くわとりにん【鍬取人】 6①50
くわとりのひと【鍬取の人】 27①108
くわとりのもの【鍬取の者】 27①43,107
くわとるおんな【桑とる女】 35①203
くわぬすっと【鍬盗人】 19②428
くわのめいぼく【桑の名木】 35①216
くわはたくわえようだいじ【桑は貯様大事】 47②89
くわもち【桑持】 18②258
ぐんし【軍師】 58⑤300,303,312,331,343

【け】

けいせいのさい【経済の才】 57②76
げごえ【下こゑ】→B、I 60①48
げさくのもの【下作之者】 9③241
けしゆ【けし油】 40④331
けしょう【化生】 16①260/23①111
けしょうのむし【化生の虫】 16①261
けず【けづ】 9②196
げすあげて【けす揚手】 27①85
けっぱく【潔白】 55③272,293,299,367,427,432
げつりん【月輪】 41④202
げにんまかし【下人任し】 34⑤109
けばな【毛花】 19①120
げひん【下品】 45⑥285,286,287,289,290,292,299,313,323,335,⑦389,413,414/46①19,20,22,23,24,25,27,28,30,31,32,33,34,40,41,42,43,44,46,47,48,49,51,52,53,54,55/48①28,60,61,111,150,152,213,217,293,329,330,340,342,344,376,390,392/50②182,③277/53①11/55③306/68③324
けやり【けやり】 41⑤240
げれつのわざ【下劣ノ業】 5①177
げろう【下郎】 10①147,148
けんこうめ【権衡目】 19①22
げんそ【元素】 69②188,189,191
けんちさんぽう【検地算法】 4①251
げんぺい【源平】→F 55③306
げんぺいしぼり【源平絞】 55③325
けんぽ【畎畝】→D 19①5/20①7
けんぼういろ【兼房色】 48①27

【こ】

こ【こ(粉)】→B、I、N 28②136
こあみがさ【小編笠】 30①57
こいあお【濃青】 55③403
こいあか【濃赤】 54①35/55③352,430
こいあかちゃ【濃赤茶】 55③299
こいあかのてん【濃赤の点】 55③380
こいあかむらさき【こい赤むらさき】 54①133
こいあさぎ【こひあさぎ】 48①36,63
こいき【濃黄】 55③341
こいくちば【こいくちば】 54①251
こいくれない【こいくれない】 54①56,58,60,66,83,104,105,123,124,126,127,128,129,134,204,248
こいくろべに【こい黒紅】 54①64
こいこう【こいかう】→F 54①83
こいそらいろ【こひそらいろ】 48①63
こいちぐさ【こひちくさ、こひちぐさ】 48①46,63
こいちゃあか【濃茶赤】 55③355
こいはないろ【こひ花いろ】 48①63
こいべに【こいべに、こい紅、濃紅】→F 54①56,60,83,122/55③247,251,253,254,255,256,257,258,262,264,288,302,304,306,326,346,362,375,389,390,399,404,413,414,419,426,427
こいべにしぼり【濃紅絞】 55③241
こいべにしぼりのふ【濃紅絞の斑】 55③389
こいむらさき【こいむらさき、こい紫、濃紫】 54①35,46,52,66,70,71,116,117,118,119,120,121,122,123,124,130,132,133,134,160,196,197,198,202,210,211,213,218,219,235,242,249,250,252/55③267
こううんのみち【耕耘の道】 24①6
こううんのわざ【耕芸の術】 13①315
こうかかんべん【耕稼勘弁】 4①168
こうがのせつ【黄河の説】 69①62
こうかのば【耕稼の場】 13①315
こうかれい【耕稼例】 27①15
こうき【香気】 41④203
こうきゅうぎんのもの【高給銀の者】 28②127
こうげそうしつ【高下燥湿】 5①190
こうこくのよう【皇国の用】 47④202
こうさくあしきどみん【耕作あしき土民】 17①74
こうさくいたしよう【耕作致様】 34①10
こうさくかい【耕作会】 63⑧425
こうさくかぎょう【耕作家業】 33②132
こうさくかせぎとうのしかた【耕作稼等之仕方】 34⑧316
こうさくくでん【耕作口伝】 18⑥490
こうさくこうしゃ【耕作功者、耕作巧者】 1①23,47,82,83,108
こうさくこころえ【耕作心得】 17①77
こうさくちょう【耕作牒】 39①29
こうさくにりおおき【耕作ニ利多キ】 32①78
こうさくにん【耕作人】 16①258/57②127
こうさくのこうしゃ【耕作の功者】 1①67
こうさくのこんぽん【耕作の根本】 25①130
こうさくのもの【耕作の物】 53②102
こうさくはじめびのきっきょう【耕作始日吉凶】 19①82
こうさくもの【耕さくもの、耕作物】 62③66,77
こうしゃ【功者、巧者】 1①24,②186/5①94,102,②230/7①75/9③283/17①64/18②250,276/23⑥297,339/25①108/27①87,89/28①46,47,49,69,72/33①24,48/34⑤89,112/40②64,184,185/47①37/65②71,84,124,③249,277
こうしゃじょうずのひと【巧者上手の人】 31③129
こうしゃなるひと【功者成人】 28④341
こうしゃなるみずひき【功者なる水引】 1①78
こうしゃなるもの【功者なる者、功者成もの、功者成る者、巧者なるもの、巧者なる者】 10①142/27①17/28①47/29①18/39④185/56②287

こうしゃのひと【功者之人】 34⑦256,257

こうしゃのもの【功者の者】 27①83

こうしゃびと【功者人】 28①65,86/65②81

こうしょく【耕織】→S 58③121

こうしょく【かう色】 54①255

こうぞのいろ【かうそのいろ】 54①55

こうぞのしゅるい【楮之種類】 14①**256**

こうそんかんきょう【荒村寒郷】 70⑤312

こうたく【光沢】 8①174

こうちゅうよけ【蝗虫除】 24①86

こうどうのろう【耕耨の労】 18④428

こうのう【功農】 10②323,327/17①42,50,64,72,168

こうのう【耕農】 2⑤324/10②299

こうのう【功能】 3③137,141/13①102/14①**193**,**198**,199

こうのうのことわざ【功農のことハさ】 17①121

こうのうのじょうほう【耕農の定法】 19②404

こうのきっきょう【耕の吉凶】 62①11

こうばい【かうばい、高行】→A、C、D、Z 5①15/15②245

こうばいいろ【紅梅色】 55③279

こうはくしぼりふ【紅白絞班】 55③420

こうはくとびしぼり【紅白飛絞り】 55③388

こうはくふいり【紅白斑入】 55③306

こうはくまじり【紅白雑り】 55③306

こうはんさんこうじ【黄斑三柑子】 55②118

こうみ【厚味】 5①48/16①80,81,85,86,93,242/17①56

こうりょくにきそうろうふじん【合力に来候婦人】 29②157

こうりょくにまいりそうろうもの【合力に参り候者】 29②150

ごうん【五運】→りっき 4①206

こえ【こゑ】 60①51,57

こえあいて【こゑあゐて】 27①87

こえかたもの【屎方者】 27①107

こえきりときて【屎切解人】 27①85

こえくばりにん【こゑ配り人】 27①86

こえくばりのちょう【糞賦ノ帳】 5①52

こえだして【屎出手】 27①85

こえときて【屎解て、屎解手】 27①84,85

こえとりこしにん【屎取越人】 27①79

こえにおいきたるもの【屎荷負来る者】 27①78

こえばのもの【屎場之者】 27①84

こえむせほめく【糞ムセホメク】 5①42

こえむら【こへむら】→I 41②75

こおりやま【郡山】 48①45

ごか【五菓】→さんそう 24①**153**

こがいのこうしゃ【こがいの功者】 47①26

こがしら【小頭】 8①215

こかす【こかす】 60①57

こかた【小方】 36③210

こがた【小形】 50④310

こがねいろ【黄金色】 8①120,121

こがらちゃ【コガラ茶】 48①37

こきあお【濃青】 55③388

こきくれない【こきくれない、こき紅】 54①64,65,67,68

こぎたまり【こきたまり】 37②87

こきちぐさ【濃ちくさ】 48①26

こきちぐさはないろ【濃ちくさ花色】 48①83

こきむらさき【こき紫】 54①70

こきゅう【コ久】 60④170

こく【穀】→E、I、N 3③107,109,115,117,118,133,134,135,136,138,139,145,149,157,162,163,170,181,182,188/12①374

こくか【穀禾】 6②285

ごくき【極黄】 55③268,316,335

こくさい【穀菜】 32①180

こくさん【国産】→わさん 5②231/14①28,29,31,32,33,35,40,41,42,43,60,98,104,108,148,201,217,218,228,265,271,316,318,321,323,326,340,355,382,385,387,388/46①16,③194/53②98,⑤350/59③247/62⑦184

こくさんとなるべきもの【国産となるべき物】 14①**40**

こくしつ【黒漆】 54①257

こくしゅ【穀種】 3②70/62⑧260

ごくじょうたま【極上玉】 30④357

ごくじょうでき【極上出来】 14①157

ごくじょうひん【極上品】 45⑥289,336/48①174/49①10,87,151,173/50①88/69②325,358

ごくじょうべに【極上紅】 55③256,293

ごくしろ【極白】 55③279

こくすう【石数】→L 41②65/42①44/50①59/67①39,40,②105

こくどり【石取】→L 1④311,335

ごくひ【極緋】 55③345,356

ごくべに【極紅】 55③283,291

こくもつ【こくもつ、穀物、石物】→E、N 3④276/4①193,228,239/5③288/7①43,②295,297,373/12①108,110,126,311,363,374/13①101,262,345,349,350,352,360,361,362,363,365,366,372/14①52,346/16①121,126,202/21①8,21,32,53,71,83,②102,121,125,133,④206,207/22①14,28,⑥386/23①9,10,11,14,18,④161,170,172,175/24①86,③273/25①94,146/32①182,218,222/36②97/37②122,③255,331,333,343,344,346,358,362/38④249/39①22/41⑦313/62③67,69,⑦195,197,202/64⑤337/66①35,②114,③149,158/67①28,⑥274,283,299,300,301,303,304,306,307,308,309,311,313,314/68②264/69①70

こくるい【穀類】→N 5①56/10①177/29③203,215,261/32①122/70⑥379

こげちゃ【焦茶】 48①58

こけらせきしょう【こけらせきしやう】 54①312

ごこく【五こく、五殻(穀)、五穀、五売(穀)】→いつくさ、さんそう、たなつもの、はちこく、ろっこく→N 1④297,320,336/2①9,20/3①11,15,16,17,**27**,②67,70,③103,106,107,108,115,118,125,132,134,135,138,139,143,145,148,157,160,161,181,182,186/4①77,162,170,173,177,178,182,195,206,214,223,224,229,239,243/5①33,101,191,③245,249/6①10,19,25,60,67,86,91,111,144,165,167,182,200,202,206,219,②298,301/7①5,45,②234,288/10①8,9,14,131,②300,302,313,314,316,354,374/11②123/12①12,16,18,19,28,50,69,70,72,76,80,85,86,96,103,112,113,114,124,127,130,150,151,207,278,314,382,388/13①7,35,48,103,114,215,217,320,323,331,332,333,334,335,336,341,343,344,352,353,354,356,357,361,364,376/14①28,57,161,162,217/15②133,③329/16①45,60,62,63,74,76,79,94,95,119,121,122,126,163,203,205,208,221,242/17①17,18,35,63,120,121,132,133,135,143,261,270,272,325,326,327,328,329,330/18①56,67,②240,250,251/19①5,8,95,99,②360,361,439,451/20①8/21①8,25,26,55,60,②101/22①10/23①12,②141,④172,⑥304/24①123,**153**/25①147/27①174,240,255/28①11,38/29①41,59,84/30②187/31③128,④219/33①11,13,56/34①9,13,15,⑧298,305/35①97,②319,332,341/36①40,48,68,70,71,73/37①7,③252,254,255,271,275,318,333,375,381,382,383,390/38③111,④266,270/39①11,13,19,20,44,54,④188/40②83,85,116,165,166,171,185,187,188,192/41⑤261/45⑥297,304,⑦424/47②106,③166/50②141,142/57②103/58④264/61①28,④169,175/62①11,14,19,②26,⑤125,⑧239,244,248,274,277,284,⑨381/63⑤293,322,323/64①81/67⑤228,⑥263,268,275,303/68①57,62,63,②289,291,③361,④406/69①32,33,34,36,46,61,133,②297/70②71,89,118,125,③214,222,

⑥369,384,404,433
ごこくしゅげいのじゅつ【五穀種芸の術】 13①320
ごこくしゅご【五穀守護】 36①35
ごこくじょうじゅ【五穀成就】 21②136,⑤221/47⑤252
ごこくのかみ【五穀の神】 6①216/7②373/24①32/62⑧250
ごこくのるい【五穀之類】 12①130
ごこくほうじゅく【五穀豊熟】 6①202,217
ごこくほうじょう【五穀豊饒】 19②430
ごさんぶつ【御産物】 14①35
ごしき【五色】→N、Z
17①18
こしきどり【こしきどり】 9①134
ごじつ【五実】 54①34
こしひ【居尻】 56①207
こしゅ【戸主】 24①82
こしらえもの【拵もの】 55②144
ごしん【五辛】→さんそう→E、N
10①64/24①153
こすりごみ【コスリゴミ】 63⑧435
こだねいみもの【蚕連忌物】 47②82
こだねがみ【子た祢かミ】→E
5④321
こだねのほんば【蚕種の本場】 35③425
こだねほんば【蚕種本場】 35①195
こだれ【木だれ】 13①111
こっき【穀気】 36②124
ごてい【五丁】 47⑤256
ことなれしもの【事ナレシ者】 8①216,217
ことなれたるもの【事ナレタル者】 8①200,201
こどものわざ【子共ノ業】 5①57,67
こなえうち【小苗打】→A、Z
6①46,50/36①49
こなえくばり【小苗くバり、小苗賦】→A
19①214/20①73,75
こなえひき【小苗引】 27①117
こなえひきのもの【小苗引の者】 27①112
こなえもち【児苗持】 39⑤275
こなのぎ【粉禾】 19①215
こにだ【小荷駄】→E、Z
16①220/58⑤300
このう【古農】 6①207/16①76,80,84,93,95,96,99,103,112,242/17①13,20,22,25,28,30,41,44,47,56,60,61,65,68,77,80,98,231,286
このしたやみ【木下闇】 56②274
このは【木の葉】→B、E、H、I、N
56②267
こばいうち【小棓うち】 27①198
こばごぼく【小葉五木】 55②113,161
こばさんそう【小葉三草】 55②111
こばなんてんきひんごぼく【小葉南天奇品五木】 55②162
こばをはやくあくるがい【木庭ヲ早ク明クル害】 32①164
ごふしじょうすう【五節定数】 7②235
こまえもの【小前物】 43②145
ごまのみのおおきさ【胡麻ノ子ノ大サ】 69②246
ごみ【こミ、こみ、ごミ、塵芥】→B、D、H、I
16①307,308,313,325,331/17①30,46,143,146,185/52⑦305,306,308
ごみあくた【ごミあくた】→B、I
17①329
ごむ【ゴム】 69①125
こむぎだね【小麦種子】→E
19①137
こむぎのきんめ【小麦の斤目】 11⑤267
こむらおくり【小村送り】 2④293
こめあき【米秋】→A
28②209,216
こめいたみ【米傷ミ】 41③177,178
こめかけ【米欠】 27①208
こめけ【米気】 51①45,72,83,130,133,134
こめしな【米品】 23①78,80
こめしょう【米性、米怔】 1①52,53/11②96/36③330,331,341/39①22,26,27,35,36,④210,218/62⑦187,208,209/70④269
こめしらみよう【米白みやう】 27①206
こめつくおとこ【米つく男】 27①210
こめつけかげん【米漬加減】 51①56
こめとう【米等】 28④344
こめとり【米取、米取り】 1③264,④325/36②104
こめとりのひゃくしょう【米とりの百姓】 29①51
こめのしょう【米ノ性、米の性】 16①83/17①97,147,317/62⑨384/69②318
こめのよしあし【米の善悪】 17①145/30③291
ごもく【こもく、ごもく】→B、D、I
15②165/61④164,172
こもの【小者】→L、N、R
1①69,105,113,116/24①81/36①54,55
こもの【悴者】 57②204
こものがしら【小物頭】 8①200
こやけ【こやけ】 28②185,190
こやしののう【糞しの能】 40②150
これいどめ【古例留】 2②168
ころばす【ころはす】 60①57
ころぶ【ころぶ】 60⑥349
こん【紺】 53②115
こんいろ【紺いろ、紺色】 48①28,29,42,53,54,87,89/69①63
こんげん【根元】 69①53
こんじょういろ【こん上色】 48①53
こんべにいろ【紺紅色】 55③274

【さ】

さいかけ【才かけ】 28①35
ざいかたのもの【在方之者】 39④194
さいぎくしゃ【栽菊者】 55①15
さいぎくのし【栽菊ノ士】 55①63
さいく【細工】 16①154,170,184,200
さいじょうひん【最上品】→N
55②152
さいそしゅくばく【菜蔬菽麦】 20①347
さいだいいちのしんろう【最第一の辛労】 30①52
さいて【さい手、災手】 19②410
ざいまちのもの【在町の者】 50③240
さいめいじりのもの【さいめいじりの物】 28②228
さおとめ【さをとめ、五月乙女、五月女、五月少女、左乙女、皐乙女、小乙女、植女、早乙女、早少女、早苗乙女、早苗夫婦】→うえおんな、さつきおんな、そうとめ、たうえおんな、たうえさおとめ、たご、たなかびと→L、Z
1①66,67/2④297,302/4①17,18,41,47,51,52,53,305/5①24,55,57,58/6①45,48,49,50/9③275/10①125,172/17①109,118,119/19①47,65,214,②401,411,412,418/20①71,73,74,75,290/21①41,④193,196,206/24①66,68,②234,235/25③274/27①97,107,111,112,115,116,117,118/29②131/30①44,45,47,48,50,51,55,57,58,59,89,90,③258,259/36①49,③166/37③262,310,311,314,316/39④208,⑤274/42①53,57,61,62,63,65/44②125,126,127,128/61⑩433/62①14
さおとめおんな【小乙女おんな】 4①17
さおとめまわし【早乙女まハし、早乙女回し、早乙女廻シ、早乙女廻し】 6①45,50/27①111,115,117
さおとめまわしもの【早乙女回し者】 27①112
さかいぬすびと【境盗人】 29①25,26
さかさみず【逆水】 19①76
さかなけ【肴け】 47②89
さかみず【逆水】→D、Q
64③176
さがり【さがり】 20①71
さきて【先手】 8①205
さきにでそうろうもの【先に出候者】 27①376
さきにやくそくつかまつりそうろうもの【先に約束仕候者】 27①345
さきはかのもの【先はかの者、先墓之者】 6①45/19①40
さきみまわり【さき見廻り】 27①117
さきやくそくのもの【先約束之者】 27①346
さく【作】 4①222
さくあらし【作荒し】 36②96
さくあれ【作荒】→L
1①90
さくかた【作方】→A、E、L
36③268/40③230
さくちょうたるもの【作長たる者】 30①77
さくつけのまわりどし【作付之廻り年】 41③185
さくにんこころえ【作人心得】 34⑦254

さくのきょうほう【作ノ凶豊】 8①61

さくのこうしゃ【作の功者】 10①123

さくのま【作之間】 28①35,36,61

さくのよしあし【作のよしあし】 29①75

さくふう【作風】 41⑦342

さくみず【作水】 11⑤225,243

さくみち【作道】→D 7①61

さくもうのかせ【作毛のかせ】 16①191

さくもつしなん【作物指南】 69②180

さくもつでき【作物出来】 32①205

さくもつのでき【作物ノ出来】 32①197,202,204

さくもつのできまし【作物ノ出来増シ】 32①187

さくらいろ【さくらいろ、さくら色、桜いろ、桜色】 15③352/54①79,80,81,82,89,94,95,98,100,116,117,119,122,124,127,130,131,134,135,160,190,196,211,224,228,230,247

さげずみ【下墨】 5①16

さけのあし【酒の足】 51①51,134

さけのかおり【酒の薫り】 46①38,48

さけのけ【酒の気】 51①155

さけのにおい【酒の匂ひ】 46①28,50,52

さげふだ【下ケ札、下札】→R 56②248,293

さける【さける】 60①52

さこえ【五月声】 19①215

さし【さし】 27①207

さじかげん【匙かげん】 69①59

さしずすべきもの【指図すべき者】 27①165

さしたし【差足】 57②123

さしのめ【曲尺の目】 15②187

さつきおんな【五月女】→さおとめ 41③173,174/42①52

さつきけのとく【五月毛の徳】 28②266

さつきはちぼく【さつき八木】 54①136

ざっこく【雑こく、雑穀、雑石】→I、N 5①18/6①167,200/10①14,117,131,②323,327,328,329/12①101,112,314/16①95,121,122/17①270,330/18①100/25①31,90/29③192,215,260/30③231,234/31④220/33⑤243/34⑤90,93,⑧302,306,307,310,313/36①66,67/37③333/38①24/45①49/48①186/61①51,57/63⑤321,322/66①36/67⑤235

さっしゅうのこうしゃ【薩州の功者】 11①53

さとうのごときあまみ【砂糖の如き甘味】 69①41

ざなしのもの【座なしの者】 27①346

ざのもの【座者】 27①88

さび【さび、鏽】→A、B、G 49①11,48/60①50/65④319

さびいり【さび入】 49①22

さびけ【銹気】 69②362

さびみず【さひ水】 10①92

さゆうへまく【左右へ捲ク】 19②435

さわり【サハリ】→G 56①79

さんかいよりりをえる【山海ヨリ利ヲ得ル】 32①185,188

さんき【山気】 57②95,100,103,159,176,183,184,205/64⑤337

さんきさんこうみずなきおかだかいびゃくのじゅつ【三棄三興無水岡田開闢の術】 18④420

さんぎょう【産業】 14①383,406/23④200,201,202/25①6,8/38①22/45③140/47②108/50①38/61⑩435,440,442/62⑥157/63④270/69②285,286,287/70②130,131,⑥401

さんぎょうじょうたつのくんし【蚕業上達の君子】 35③435

さんさいのくらい【三才の位】 19②359

さんし【蚕屎】→I 47②125

さんしき【三色】→F 54①34

さんじゅうろうでん【三十郎伝】 2①34

さんすうのよう【三数の用】 19②361

さんぜをあらわすめいちゅう【三世を表す名虫】 35①184

さんそう【三草】→ごか、ごこく、ごしん、しくんし、しぼく、はちこく、はちそう、はちぼく、はっしん、ひゃくじにょい、ふうげつさんこん、ろっこく→E 24①152

さんちゅうのこいね【山中之小稲】 9③272

さんちゅうのひと【山中ノ人】 70②104

さんつぶならび【三粒ならび】 3②71

さんどのでどき【三度の出時】 27①367

さんないのもの【山内之者】 34⑧296

さんば【産馬】→M 3③179

さんばんおとこ【三番男】 24①81

さんぶつ【産物】 3①15,24/14①28,29,34,38,41,42,44,46,47,48,49,67,102,140,218,233,241,242,264,272,293,309,314,321,322,323,326,327,337,355,359,360,372,374,376,383,404,406/35②319/50②192,③241,247/53②98,④241,246/58①62,63,③131/61⑨322,⑩449/68③322,326/69①110,②291,328/70②107,109,112,131,⑥401

さんぶつとりたて【産物取立】→R 61⑨357

さんぼく【山木】 18①22

さんもうのさくもつ【三毛ノ作物】 69②239

さんりんちくぼく【山林竹木】 63③119

さんりんのそうろん【山林之総論】 12①120

【し】

じあい【地藍】 48①52

じいき【地息】 39①53

しいじ【四時】 19②359

じいんのぶ【自因之歩】 19①89

しお【海潮、汐、潮】→B、G、H、I、L、N、Q 5①38/23①73,96,104,105

しおけ【しほけ、塩気、汐気、潮気、鹹気、鹻鹺】→G、H、I、P 3①43/5③280/8①30,44,45,65,120,122,123,129,142,144,153,183,225/16①143/17①40/23①96,100,101,102,103,105,106,③156,④183/46③204/47①23,42,②89/48①61/49①52/50③263/55②132/69①35,45,46,47,52,57,62,64,70,71,74,77,84,98,105,118,119,121,122,126,127,128,129,130,132,②255,259,262,264,292,293,294,300,315,325,330,334,335,336,352,361,363,371,377

しおたおれ【塩たをれ】 52⑥267

しおだれ【しほだれ】 52⑥254

しおのき【塩の気】 69①47,57

しおのけ【潮の気】 12①64,65

しおのしょう【塩の性】 4①175

しおみず【汐水】→B、D、H、N 23③156,157,④182,183

じかた【地方】→N、R 18③349/58③127/65②147/68④394

しかんちゃ【芝翫茶】 48①34

しきせつ【四季節】 17①121

しきまきたね【重播種子】 20①13

しきん【紫金】 49①131

しくんし【四君子】→さんそう 24①153

しけき【上蒸気】 53⑤333

じげにゅうよう【地下入用】 57①8,26

しこう【脂膏】 68③341

じごえ【ぢこゑ(地声)】 60①56

しごとかんべん【仕事かんべん、仕事勘弁】 28②137,147,160,177

しごとこうしゃ【仕事功者】 29①17

しごとにつきくじとり【仕事ニ付鬮取】 27①365

しごとば【仕事ば】→D、N 27①333

じごみ【じごみ】 48①33

しざい【資財】 2⑤325

しじゅう【四重】 54①34

じしんにてなきもの【自身にてなき者】 27①173

しず【賤】 23①82

しずく【雫】 51①112

しぜんのり【自然ノ理、自然の理】 5①35/21①7,23

しそう【四早】 13①20

した【蚕糞】→A 35③429,432

したがけみふちかけるもの【下懸三ふち懸る者】 27①177

したけ【下毛】→じょうけ、ちゅうけ

22①32/28①44
したじ【下地】→A、B、D、I、K、N 48①330/49①132/53④216
したじ【塑】 48①380
したじのうつわもの【坏の器物】 48①369
したづかい【下遣】 57②215
したつき【下付】 27①67
したてふ【仕立夫】 57②182
したのまわし【したのまハし】 60①67
しちごさん【七五三】 55②111
しちごさんはいれい【七五三配例】 55②146
しちは【七葩】 54①34
しつ【質】 69①29, 76, 94, 101, 113, 118, 122
しついん【湿陰】 8①218
しっかいにん【悉皆人】 1①78
じっかん【十幹】→N 10②345
じっきさかんなるとき【実気盛成ル時】 8①221
しっくい【しつくひ】→B、N 49①34
しっけ【しつけ、しつ気、湿気】→D、P 5①44/6①154/12①166, 293, 294/13①172/16①109, 122, 123, 128, 259/17①147
しつせい【しつ生】 16①260
しったい【湿滞】 8①174, 175
じっていなるもの【実躰成ル者】 8①205
しな【品】 50①85
じなんけ【二男家】 44③204
しね【しね】 7①21, 46, 48, 50, 51
しねもの【しねもの】 7①35
じのき【地の気】 12①253/13①19
しはいにん【支配人】→R、Z 58⑤300, 303, 312, 331, 343/65③209
しはかあがり【為果敢上り】→はか 19②406
じはしり【地はしり】 42②111
じひん【次品】 48①150, 293, 294, 340, 341, 376
しぶ【渋】→B、I、N 7②353/11②122, 123/16①84, 101, 127, 146, 163, 249/17①21, 29, 53, 54/52①57/56①78/67⑤230
しぶけ【しぶ気、渋気】 10①100/13①146, 147/16①102, 143, 250/17①40/56①77, 184
しぶばり【渋張】 47④223
しぶみ【渋ミ、渋み、渋味】 46①19, 20, 22, 27, 30, 48, 49, 50, 52, 53, 54/51①59, 67, 131, 147
しぶみず【渋水】 17①33, 35, 56
じぶんのしごと【自分之仕事】 8①205
しぼく【四木】→さんそう→E 24①153
しぼり【絞、絞り】→E 55③301, 321, 362
しまいまわり【仕舞廻リ】 8①202
しまえびす【島夷】 62①19
しまのひながた【島の雛形】 53②134
じまわり【地廻り】→A 38④234
しみず【清水】→B、D、I、N 10②350, 362
しみんしおきのしょう【四眠四起の称】 47②135
しめて【しめ手】 27①44
しめなわ【注連縄】→A、N 6①202
しめり【しめり】→P 9②206, 211
しもおりこう【霜降考】 19①198, ②289
じゃき【邪気】 13①271
じゃきのりゅうたい【邪気ノ留滞】 5①76
しゃく【しやく】 62⑨383
しゃくちのもの【借地の者】 36③298
じゃくにん【弱人】 27①109
しゃしょく【社稷】→R 22①63
しゃれかきいろ【シヤレ柿色】 48①74, 82
しゅ【朱】→B 54①207, 239, 243, 244/55③288, 330, 335, 369, 415, 425
しゅうき【秀気】 5①35
じゅうごにちのもの【十五日之者】 27①343
じゅうごののう【十五の能】 13①205, 208
しゅうしゃく【周尺】 20①299
じゅうぶんのでき【十分の出来】 7②370
しゅか【主家】 27①164
しゅき【酒気】 16①143/51①33, 35, 36, 152
しゅぎょくざき【珠玉咲】 54①35
じゅくさく【熟作】 3④261
じゅくすぎ【熟過】 1①83, 93
しゅくろう【宿老】 58⑤342
しゅじん【主人】→N、R 2②157/5①69/6①166, 214/8①201, 205/22①63/25③259, 260, 261, 263, 272, 273, 280, 287/27①20, 26, 80, 89, 91, 115, 116, 121, 141, 156, 159, 160, 163, 164, 165, 184, 185, 191, 208, 219, 256, 259, 262, 293, 295, 300, 305, 319, 322, 323, 324, 325, 327, 329, 330, 331, 336, 337, 339, 340, 342, 347, 348, 352, 356, 359, 360, 366, 376, 380, 388/28②169/29①75, ②149, 152, 161/35①211, 213
しゅつきとうどり【主付頭取】 27①89
しゅっせい【出精】 36③184, 195, 206, 235, 240/37②121/38①15/39④205, 230/42③167
しゅっせいにん【出精人】 9③240
しゅっせいのしよう【出精之仕様】 9③239
しゅるい【種類】 45③**164**/70⑤334
じゅんあいのみあわせ【順合の見合】 38②69
じゅんあいみあわせ【順合見合】 38②65, 80
じゅんあいをみあわす【順合を見合】 38②71
しゅんかしゅうとう【春夏秋冬】 10②346/16①29
じゅんさく【順作】 11②120
じゅんぱく【純白】 55③405
しょいろふいり【諸色斑入】 55③288
しよう【仕用】 44③241
しょう【症】 8①60
しょう【性】 7①57/19①19
しょう【将】 8①202, 203, 205, 217
じょううるし【上漆】 4①162
しょうか【消化】 69①43, 48, 53
じょうか【醸化】 69②244, 251, 256, 261, 360
じょうき【蒸気】→B、P 53⑤332, 338, 367
じょうきのちょうりょく【蒸気の張力】 53⑤368
じょうきほう【蒸気砲】 53⑤368
じょうきりょく【蒸気力】 53⑤368
じょうくち【上口】 50①41
しょうぐん【勝軍】 58⑤330, 343
じょうけ【上毛】→したけ、ちゅうけ 22①32, 55/28①44/36③283
しょうこ【小戸】 3③121
じょうこう【上工】 15②238
じょうごえ【上こゑ(声)】 60①47, 49
じょうこく【上国】 32①159
じょうこく【上穀】 6①91/12①164, 176, 182, 183
じょうこん【上こん、上紺】 48①53, 63
じょうさくにん【上作人】 41⑦335
しょうじきのもの【正直の者】 27①264
じょうしもの【じやうし者】 27①329
じょうしゅうふう【上州風】 36③315
じょうしゅつ【蒸出】 69②366
じょうじょうひん【上々品】 48①64/55②151
しょうしんのもの【小身のもの、小身の者】 41③174, 179
じょうず【上手】 27①18, 71, 179/62⑨355, 379
じょうずなるのうふ【上手成農夫】 22①62
じょうずのおんな【上手の女】 17①333
じょうずのもの【上手ノ者、上手の者、上手之者】 8①204/27①97/31⑤271
じょうずもの【上手者】 27①99
しょうそ【樵蘇】 31④147
しょうちゅうか【焼酒香】 51①113
しょうちゅうのか【焼酒の香】 51①115
じょうでき【上出来】 25②194
じょうとう【上等】 30⑤405
じょうのこえ【上のこゑ】 60①46, 48, 51
じょうひん【上品】 36②116/45⑥286, 287, 288, 289, 291, 292, 294, 297, 298, 299, 313, 325, 329, 337, ⑦389, 410, 412/46①17, 21, 22, 23, 25, 26, 31, 32, 33, 34, 35, 36, 37, 38, 39, 40, 41, 43, 44, 45, 46, 50, 51, 53, 55/47①15, ②99, ④217/48①12, 27, 28, 31, 36, 50, 60, 61, 87, 88, 92, 98, 100, 102, 105, 114, 115, 116, 150, 159, 168, 175, 178, 179, 196, 197, 198, 201, 202, 211, 212, 213, 217, 221, 244, 263, 293, 294, 326, 329, 334, 335, 337,

339,340,341,347,348,350,351,354,355,358,375,376,382,384,389,390/49①11,12,22,23,24,26,30,37,42,45,47,53,113,114,124,174,177,205,217/50②182,③262,277,④302,310/52①27,④171/53①10,44,④234,⑤297,304,306,323,350,352,369/55①53,63,②108,109,147,151,152,153,158,175,176,③246,254,255,256,265,306,325,346,348,355,358,359,395,403,405,410,414,420/56①48,69,75,81,82,122,123,131,140,141,151/59⑤426,444/62④89/68③324,341,342,344,346,350,354,359/69②256,260,292,300,326,328,336/70③230
しょうふ【少婦】 35①237
しょうべん【小便】→いばり→B、G、H、I、L、N 60②94,④186
しょうみょう【小名】 10②315,325
しょうみんのやもめ【小民の孀】 24①142
しょうやぶんのせがれ【庄屋分の忰】 25③275
じょうわき【上沸】 51①130
じょううんのろう【鋤芸の労】 18①37
しょくもつのおや【食物の親】 15①59
じょこう【女功】 13①114/18①80,91
しょこく【諸穀】 3③138/5③285/15①59
しょこくしゅっさん【諸国出産】→Z 50④302,304,306,310,312
しょこくむるいのさんぶつ【諸国無類ノ産物】 53④248
しょこくもつ【諸穀物】 25①17,18
じょさいないもの【じよさいない物】 28②258
しょざいもく【諸材木】 53④237
じょし【女子】→N 24①145,148
しょしがしら【諸士頭】 58⑤330
しょしき【諸色】→B、L、N 62③67
しょしきのしろもの【諸色之代物】 34⑧313
しょじゅ【諸樹】 7①68
しょしんのさくにんこころえ【初心の作人心得】 34⑦261
しょそうせいものり【諸草盛茂之利】 8①218
しょそうもくつくるこころもち【諸草木作ル心持】 8①219
しらこ【白粉】→E、N 50②160/56①78
しらばん【しら番】 59①12,13
しらふしぼり【白斑絞】 55③253
しりくち【尻口】 51①80,149,162,174
しりくちつよし【尻口強し】 51①52
しりくちよわし【尻口弱し】 51①52
しりくわとり【尻杷取】→A 19①216
しりのしょう【尻ノショウ、尻之ショウ、尻之性】 8①83,101,137,141,154
しりまわり【志り廻り】 11⑤251
じれい【時令】 19②359/20①250
しろ【しろ、白】 54①35,39,41,42,44,45,46,47,48,50,51,52,53,54,55,70,80,82,84,88,89,90,91,92,93,95,97,98,100,101,102,103,104,105,106,108,109,112,113,114,117,118,120,121,122,124,125,126,128,129,130,131,132,133,134,135,138,139,140,141,143,147,153,156,159,160,161,162,163,164,165,171,172,188,190,192,196,197,199,200,201,203,205,206,208,209,210,211,212,213,214,217,218,220,223,224,225,226,227,228,229,230,231,232,234,237,238,239,240,241,242,244,245,247,248,249,250,251,252,253,254,255,258,259,274,285,300/55①54,③253,259,262,267,269,272,278,283,285,287,288,291,292,293,302,303,304,305,306,308,309,310,311,312,313,317,320,321,322,325,329,330,332,333,334,340,344,348,350,358,359,365,368,369,375,382,384,385,387,388,394,398,403,405,408,414,415,418,420,421,425,427,431/70①12
しろいちりん【白一輪】 55③243
しろいろ【白色】 54①68/55③323,354,410
しろかび【白黴】→G 5①44,49
しろきあわ【白き泡】 15①90
しろきかび【白きかび】 16①134
しろしぼり【白絞】 55③426
しろしぼりふ【白絞班】 55③405
しろすじふ【白筋班】 55③405
しろたてすじふ【白竪筋班】 55③424
しろてんふ【白点班】 55③405
しろとびしぼりふ【白飛絞班】 55③389
しろとびふ【白飛班】 55③389,424
しろねずみ【白鼠】 48①79
しろねずみいろ【白鼠色】 48①44,82
しろふ【白班】→E 55③414
しろふみのもの【代踏の者】 30①41
しろみ【白ミ】 54①40,49
しわ【しハ】 60①52
じんぎんのいろ【仁銀の色】 53③181
しんく【真紅】 55①61,③266
しんざん【新参】 27①346/36③335
じんじのまこと【人事の誠】 12①110
しんすい【信水】 16①40
しんでんもようがわり【新田模様替】 64③195
じんば【人馬】 4①63,79,200,277/5①40/16①314,315,319,322,323/25①108/27①371/30③289/33①40/36③271,284/38④276/40②60/41②43,82,134/46②139/63③132,133/64④260,269/65④315/66①63/67①18/69②191
じんりょく【人力】→L 5①73,③244
しんりんはんしょくのみち【森林蕃殖ノ道】 57②82
しんれいのき【神霊の気】 4①238/12①123

【す】

す【巣、脾、窠】 5①75/13①261,262/14①347,348,349,353,354/37②217,219/46①67,68,71/48①223,225,226/68④401
すい【水】→N 62⑦195,200,201
すいか【水火】 5①35
すいかんのてんきそう【水旱の天気相】 19①204
すいかんのわきまえ【水旱の弁へ】 10①78
すいき【水気】→D 8①169/15②175/69①56
すいぎ【すい木】 57②198,225
すいげつ【水月】 49①216
すいさんはくらんかい【水産博覧会】 45⑤234
すいせい【水勢】 15②245/16①314
すいど【水土】 68③332/70②65
すいふ【水夫】 63①31,42,③129
すうわかる【すうわかる】 40④313
すえくち【末口】→E 53⑤337,345
すおうのひとのせつ【周防の人の説】 13①101
すぎのいため【杉の板目】 65④319
すぎのか【杉の香】 51①88
すぎみず【過水】 30①48
すぎやき【過焼】 52⑦321
ずく【銑】 49①129
すけ【酢気】 51①65,67,74,172,174,176,177,②190
すけっと【佐人、助人】 2①68/42②96,③196,200,203
すけふ【助夫】 67②98
すじ【筋】 60①51
すすけ【煤気】→B、E、I 69①117,②363
すすたけちゃ【煤竹茶】 48①58
すすたけちゃいろ【煤竹茶色】 55③397
すたり【捨り】 56②270
すたりもの【すたり物】 3③135
ずちょう【図帳】→R 5①54
すてぎ【捨木】 56②268,270
すてぎゅうば【捨牛馬】 25①94
ずぼ【ズボ】 52⑦306
すみ【炭】 50①83
すみ【酸ミ、酸味】 46①20,21,22,23,24,25,26,27,28,29,30,31,32,33,34,35,36,37,38,39,40,41,42,43,44,45,46,47,48,49,50,51,52,53,60
すみくち【済口】 43③272/66①36

すみくらい【炭位】 53④223, 227, 232, 234, 237
すみじるし【墨印】 29②152
すみもよう【墨模様】 49①72
すりこぼれ【すりこぼれ】 21②115
すりはがしいろ【すりはがし色】 48①45
すわかれ【頒䏶、䏶わかれ】 14①352
すをつくる【造䏶】 14①348
すんつぼ【寸坪】 20①298
すんぽぎ【寸法木】 56①67

【せ】

せい【精】→E 60⑦462/62⑨346
せいうこう【晴雨考】 8①40
せいうんのつや【青雲の光沢】 48①387
せいえき【精液】→I 8①264, 265/15③339/50①37/69①43, ②191, 233, 372, 379
せいえん【青煙】 53④217, 226
せいがく【性学】 63⑥341
せいき【勢気、生気、精気】 5①126, 127, ③273/7①43, 44, 84, 99, ②285/18⑤471/37②93/69①53, 63, 77
せいきのまわる【精気の廻る】 31④188
せいさんのぎょう【生産の業】 47④202
せいしかす【製粕】 18④399
せいしけんさひれい【製糸検査比例】 53⑤358
せいしつ【性質】 69①77, 102
せいしべにばな【製シ紅花】 18②269
せいじょ【正女】 34⑥161
せいしる【精汁】 8①264
せいせいのことわり【生々ノ理】 5①111
せいせいのてんり【生々の天理】 5①5
せいたいちほう【正帯地方】 70⑤311
せいだん【正男】 34⑥149
せいだんじょ【正男女】 34⑥125
せいはく【清白】 55③409
せいぶつのこんげん【生物の根源】 62⑧262
せいぶつのとく【生物の徳】 13①103
せいりょく【精力】 9②220
せき【石】 62⑦200
せきそうのな【席草釈名】 14①110
せきどうでん【石堂伝】 2①55
せきはく【瘠薄】 3③126
せきばんにん【堰番人】 8①205
せきみずはいぶん【堰水配分】 19②341
せきみずぶそく【堰水不足】 19②352
せきみずぶんさん【堰水分散】 19②348
せけんなみのさく【世間並の作】 23⑥340
せこ【勢子】→L、N、R 39④183, 184, 190, 220, 230
せじるし【瀬印】 49①12
せつしゃりすず【折舎利錫】 49①124
せぶいんずう【畝歩員数】 3④261
せみのね【蟬の音】 36③234
せもみ【施籾】 61⑤178
せり【セリ(屑)】 8①132
せわにん【世話人】→N、R 69②288
せんえんのき【㷔炎の気】 15①47
せんかおう【剪花翁】→きりはなおやじ 55③458, 460
せんぎょう【賤業】 3③174
せんこく【銭穀】→R 3③115, 128
せんざいちゃ【千載茶】 48①37
せんざいのもの【せんざいのもの】 17①246
ぜんや【前夜】 39①14/63⑦366, 384

【そ】

ぞうか【造化】→かいく 5①5, 111, 177/68②254/69②161, 185, 256, 390
ぞうこく【ぞうこく、雑穀、雑石】 18①110/38③146, ④263/39⑥327, 340
ぞうこくもの【雑穀もの】 62③74
そうこん【草根】→E、N 18①40, 41
ぞうし【ざうし、ざうじ、雑司】 27①250, 293, 294, 297, 306, 307, 311, 313
ぞうしおんな【雑司女】→L 27①322
ぞうしのもの【ざうしの者、雑司の者】 27①292, 301, 303, 312, 315, 317, 318, 321
ぞうしば【雑柴】 36②126
ぞうしばん【雑司番】 27①301, 313
ぞうしもの【雑司者】 27①309, 312, 320
ぞうじゅのぶ【雑樹之部】 55③433
ぞうずい【雑水】 59⑤443
そうそう【桑棗】 18①57
そうつぼ【惣坪】 65②71
そうとめ【ソウトメ、そうとめ、ソウト女、そふとめ、早乙女、草乙女】→さおとめ 2④280/9①71, 73, 74, ③274, 282/42①32, 33, 37, 41, 42, 43, 44, 47/63⑧440
ぞうばな【雑花】 11③149
そうふ【壮夫】 3③142
そうもうのひじん【草莽の鄙人】 15②139
そうもくうえつくりようういろはわけ【草木植作様伊呂波分】 54①265
そうもくのりょうどく【草木の良毒】 18①59
ぞうもの【雑物】→R 57②230
そえぎ【副木】→B 13①232
そくおおきさ【束大サ】 27①266
そこく【粗穀】 10②331
そこべに【底紅】 55③288, 334
そさい【蔬菜】 3①18/10②351
そさく【麁作】 31③126
そそもの【麁々者】 27①87
そっこう【即功】 21①30
そとのしゅう【外之衆】 27①368
そなえのこと【備之事】 8①200, 215
そばぐに【蕎麦国】 40②143
そばのでき【蕎麦ノ出来】 32①164, 165
そめいろ【染色】 36③243, 322/48①27, 30, 35, 45, 56, 58, 64, 81, 83, 92
そらいろ【空いろ】 48①63
そらだち【そらだち】 19②416
そんぼう【損亡】→L、Q 17①83, 98, 154
そんもう【損毛】→L、Q 4①74, 229, 233, 244/11①27/12①151, 182/14①28, 30, 31, 32, 66, 228, 229, 374/17①39, 43, 133, 134, 138, 180, 182, 223, 228, 242, 315/18②288/25①94/32①116, 138, 187, 192, 222, ②298, 333, 334/36①72, ③330/37②129, ③255, 362/45①48/61⑥188, ⑧219/62⑦199, ⑧253, ⑨383/64⑤344/65③276/67⑥311
そんもうなきとしのもみのでき【損毛ナキ年ノ籾ノ出来】 32①42

【た】

たいいん【大陰】→たいよう 4①191, 214/21②110
だいいんせい【大陰性】 8①226
たいさくののうにん【大作の農人】 23⑤260
たいしつ【体質】 69②176
たいしょう【大将、大那】→R 8①203/28②206, 227, 247/40②173/58⑤300, 301, 302, 303, 319, 330, 351
たいせい【たい生】 16①260
だいどくのさんそう【大毒の三草】 19②396
たいとさしなえもち【たいと挾し苗持】 27①113
だいにほんきょうしんかいじょう【大日本共進会場】 24①185
だいにん【代人】 27①352
たいはく【太白、大白】 54①51, 254/55③254, 276, 388, 389, 421
だいべんへい【大便閉】 56①83
たいよう【大陽】→たいいん→P 21②110, 111
たいようにあぶりかわかす【太陽ニ炙操】 69②362
たいようのせい【大陽の精】 10②345
たうえいって【田うへ一手】 27①115, 117
たうえおんな【田植女】→さおとめ 6①45
たうえさおとめ【田植早乙女】→さおとめ 10②367
たうえじょうず【田うゑじやうず、田植上手】 28②164/62⑨354
たうえてつだいしもの【田うへ手伝仕者】 27①246
たうちきるもの【田うち切者】 27①364
たうちそうろうもの【田うち候もの】 27①54
たかき【田かき】→A

29②134
たかさごくらくまつえもんせいぞうふねのず【高砂工楽松右衛門精造船の図】 15②270
たかじくち【田かぢくち】 28②230
だかず【駄数】 5①54,86
たがたじょうでき【田方上出来】 31①24
たがたずちょう【田方図帳】 5①53
たがたならびにいもやさいるいようじょうかた【田方幷芋野菜類養生方】 34④60
たがたのえずちょう【田方の絵図帳】 5①42
たかなし【高無】 36①54,55,61,62
たかねのき【高直之木】 57②183
たがねめ【鏨目】 49①170
たかのめ【タカノ目】 48①392
たからぎ【宝木】 11①8
たがりまえ【田穫前】 5①169
たかわき【高沸】→K
51①138
たくすい【宅水】 5③253
だくすい【濁水】→B、I
8①74/12①131
たくほく【たくほく】 17①75
たけのあぶら【竹ノ油】→I
55①25
たけのかわ【竹皮】→B、E、H
14①357
たけのざ【竹の座】 38③188
たけのしょう【竹の性】 13①225
たけるいのちょう【竹類の長】
7②364
たご【田子】→さおとめ、たちうど→M
20①13,62,69,70,73,75,333,334
たしごとつかまつるもの【田仕事仕者】 27①296
だして【出手】 27①85,91
たじるし【田印】 49①12
たちうど【立人】→たご
5①57,58/27①110,116
たちきえ【風化】 69①126
たちきやまのき【立木山の木】
29①24
たちくず【裁屑】 69①105
たちげ【立毛】→E、L
39④184
たちばなつまじろごぼく【橘爪白五木】 55②118
たちばなふいりさんぼく【橘斑入三木】 55②118
たちばなふいりしちぼく【橘斑入七木】 55②118
たちばなまるばしちぼく【橘丸葉七木】 55②119
たづくり【農】→A、L、M
7②379
たづくりのだいじ【田作の大事】
30③264
たづくりをちょうぼう【田作ヲ眺望】 1②209
たつくるかせぎ【田作る稼】
25①31
たつくるわざ【田つくるわさ】
→A
29①91
たっしゃ【達者】 27①271,370
たっしゃなおとこ【達者な男】
24①145
たっときこく【貴き穀】 12①172
たなかびと【田中人】→さおとめ
24①66
たながりよそもの【店借他所者】
63①47
たなすえのわざ【手末の業】
47②77
たなつもの【五穀、種つもの、種つ物、種津物、種物、田なつ物】→ごこく→E
3①8/20①337/24①164,179/40②37/54①33/68①53
たなふだ【種札】 39⑤266
たなや【店屋】 63①53
だに【駄荷】→L
36③263/62②38
たにんのさくもつ【他人之作物】
34⑥148
たにんのじかげとなるき【他人の地陰となる木】 29①25
たぬし【田主】 1⑤349/21①41/23④184/30①77
たね【たね、種】 17①299/40①6/41⑥279
たねかえらず【種かへらず】 2①14
たねがえり【種かへり】→E
1①54
たねかず【種子数】→L
34⑥135
たねがみのうちがき【種紙の内書】 35①196
たねこく【種穀】 63④261
たねしぼりかす【種子搾り糟】
50①40
たねとるもの【たね取者、種子取る者】→E
27①159,163
たねのこくめ【種の石目】 18⑤462
たねのぜんあく【種の善悪】
35①118/47②146
たねまきおうるひづもり【種子蒔生日積】 20①141
たねもの【種子物、種物】→E、L
1①22,50,52,83/3④235/6②285/29①35/41④202
たねもみひたすひづもり【種子籾ひたす日積】 19②365
たのうねあざな【田の畝字ナ】
28②225
たのさおののびちぢみ【田の竿の延ちゝみ】 33①14
たのみずまわり【田の水回り】
→A
27①105
たばこ【煙草】→E、G、H、L、N、Z
48①326
たばこあがり【たばこ上り】
27①90
たばこいっぷく【たはこ壱ふく】
61⑩453
たはたあざ【田畠字】 19①213
たはたけんすうのな【田畑間数の名】 62②53
たはたさくもう【田畑作毛、田畠作毛】 16①211,221,239
たはたさくもつ【田畑作物】
37②128/63③119,127
たはたのあらし【田畑野荒し】
67⑥309
たはたのさくもう【田畠の作毛、田畠之作毛】 16①231/57②194
たはたのな【田畑の名】 28①15
たはたのりょうさく【田畠之両作】 33⑤244
たはたのりょうめい【田畠の量名】 19②365
たはたむほ【田畑無穂】 25①90
たはたもう【田畠毛】 11②102
たはたもの【田畑物】 42①31
たばつら【束連】 19①76
たびのもの【旅客】 69②228
たま【塊】 50①41,55
たまい【田舞】 39④214
たまごいろ【たまこいろ、たまごいろ、たまご色、玉子いろ、玉子色】 48①37,204/54①54,81,93,94,96,108,113,114,115,117,133,134
たまごのようなるいろ【玉子のやう成色】 54①105
たももち【たも持】 58③124
たり【垂り】 51①86
たり【たり(足り)】 19②325
たわらじるし【俵印】 27①73,74/49①11
たわらめぐり【俵めくり】 20①299
たわらゆいなわひろ【俵結イ縄尋】 24③313
だんごく【暖国】→かんこく
6①139,154/12①379,391,392/14①71,93,95,102,104,105,142,303,310,343,377,400/16①94,132,143,146,147,148,152,258/17①36,97,142,165,168,180,192,195,202,209,213,219,221,223,231,240,242,243,247,249,250,255,284,316,317,318/19②277/21①12,23,72/24②239/35③432/36②97,116/37③292/39①18/40②102,103,104,108,141,142,143,144,186/45③157,165,⑥302/46①12,13,14,61,62,63,73,75,103/47①23/50②164,166,③246,247/68③343,355/69②159,190/70①14,②132,133,155,③225,226,⑥378,403,404,405
だんごくのさんぶつ【暖国の産物】 14①45
たんそ【炭素】 53⑤333
だんち【だん地、暖地】→かんち
3①28,29,32,34,35,43,45,46,51,④282/55②171/70①25
たんぼさくもつ【田圃作物】 3①18
たんようさんじゅうねんのたんれん【丹陽三十年の鍛練】
5③288
たんれん【鍛練】→A
3①43

【ち】

ちいき【地いき】 17①25
ちがい【違ひ】 22④239
ちぐさ【千種】 48①26,27,29,30
ちぐさいろ【千種いろ、千種色】
48①28,71
ちくすいじつ【竹酔日】 3④334/13①223/38③188
ちくめいじつ【竹迷日】 13①223
ちくめんじつ【竹眼日】 5①172
ちしょう【地性】→D
7②264/8①136
ちじん【地神】 10②366/29①

75
ちせい【地精】 9②198
ちぢみどころ【縮所】 53②128
ちどりもくめ【千鳥樏】 56①100
ちのあと【乳の痕】 48①155
ちのうったい【地ノ鬱滞】 8①171
ちのかず【地の数】 19②359
ちのせい【地之情】 8①124
ちのやに【地脂】 69②378,379
ちのり【地の理】→D 16①119/17①114
ちゃ【茶】 55③275
ちゃいろ【茶色】 48①37
ちゃどころ【茶所】 3④260
ちゃのふうみ【茶の風味】 16①261
ちゃめい【茶銘】 47④227
ちゃわんが【茶碗画】 49①137
ちゅうあか【中赤】 55③246
ちゅうあかしぼりふ【中赤絞斑】 55③246
ちゅうあさぎ【中浅黄】 48①77
ちゅううすあか【中淡赤】 55③355
ちゅううすべに【中淡紅】 55③294
ちゅうぎょ【虫魚】 65③210
ちゅうけ【中毛】→したけ、じょうけ 22①32,55
ちゅうこんいろ【中紺色】 55③405
ちゅうさく【中作】→L 8①286/11④167,176/19②355,356
ちゅうでき【中出来】 14①157
ちゅうねずみ【中鼠】 48①78
ちゅうねずみいろ【中鼠色】 48①73,82
ちゅうのげひん【中の下品】 48①353
ちゅうはんあがり【昼飯上り】 19②406
ちゅうひなたもち【中日なた持】 55②154
ちゅうひん【中品】 45⑥288,290,292,299,313,⑦412/46①19,21,23,24,25,26,27,28,29,30,33,34,35,39,45,46,47,48,49,50,51,53,54,56/48①330/55③246,266,374,377,388,430
ちゅうぶん【中分】 28①46,47
ちゅうべに【中紅】 54①62,68/55③243,288,293,372
ちゅうべにじ【中紅地】 55③241
ちゅうべにしぼり【中紅絞】 55③241
ちゅうみず【中水】→A 17①49
ちゅうむらさき【中紫】 48①47
ちゅうやのいんよう【昼夜の陰陽】 41④202
ちゅうよう【中庸】 41④205,208
ちょう【帳】 5①53
ちょうあい【帳合】 28②211
ちょうじちゃ【丁字茶】 48①58/55③368
ちょうじゅうぎょちゅう【鳥獣魚虫】 7①5
ちょうじゅうちゅうぎょ【鳥獣虫魚】 68②290/69①123,132
ちり【ちり、塵、塵埃】→B、I 8①218/15②200/25②230/39②95/48①104/50④300/61④172
ちり【地利】 4①174/5③244
ちり【地理】 70②65,70,71
ちりあくた【ちりあくた、塵芥】→B、I 5①171/56①43,48/59⑤432
ちりいし【塵石】 10③385
ちりきえ【消散風化】 69①126
ちをうかす【地ヲウカス】 8①130
ちをしめる【地ヲシメル】 8①130

【つ】

つかいのもの【遣者】 27①214
つかいふ【遣夫】 57②90,204
つきかえす【つきかへす】→K 60①54
つぎきのめいじん【接木の名人】 14①211
つぎのもの【次の者】 27①86
つきやまのしょか【築山の諸花】 10①140
つくりおとこ【作り男】 23①107
つくりからし【作り枯し】 41⑦315
つくりくさ【作り草】 11⑤225,229
つくりげ【作り毛】 61④167
つくりしな【作り品】 11⑤243
つくりじょうず【作り上手】 15③404
つくりのこと【作の事】 28①94
つくりのみち【作りの道】 10①96
つくりもの【作り物】→E 7①62/12①95,99,101,121,149,162,182,313,314,363,374,388,389/13①14,63,101,111,281,286/23①32/29①42,50
つくりもののとちにおうふおう【作りものゝ土地に応不応】 14①385
つけがみ【付紙】 65②103
つける【つける】 60①52
つちいれて【土入手】 27①91
つちけ【土気】→D 6②269,273,274,280,285,292,305,313/17①25,34,40,43,44,46,107,163/69①64,69,132,②262
つちつきかたこうしゃ【土築方巧者】 64②119
つちつぼ【土坪】 28①78
つちねるひま【土ねる隙】 17①85
つちのいんよう【土の陰陽】 41④202
つちのき【土の気】 6②269/12①89/13①18
つちめ【つちめ】→D 16①177
つちやすみくさる【土やすミくさる】 17①81
つつじごぼく【つゝじ五木】 54①136
つつしべ【筒蕊】→E 48①168
つつしりもち【筒尻もち】 58③124
つつみのつぼ【堤の坪】 28①78
つつみまわりかた【堤廻り方】 23②135
つねのさんぎょう【恒の産業】 18④394
つばきしちごさんき【椿七五三奇】 55②159
つぶがらしだね【白芥子種子】 19①135
つぶすう【粒数】 20①326
つぼ【つぼ】 16①211/59②94
つぼいり【坪いり、坪入】→A 19②416,418
つぼつちだして【坪土出人】 27①91
つむもの【積者】 27①184
つめせ【詰畝】 9③260
つめて【つめて、つめ手】 27①85
つや【つや】→E 47①27,46
つゆのせつ【梅雨の説】 12①144
つよきおとこ【勇男】 8①203
つよきしごと【強キ仕事】 8①204
つよきもの【強キ者】 8①204
つよね【つよね】 60①47
つら【連】 20①73
つるかたち【蔓形】 55③365
つわもの【強者】 8①201
つわる【択食】 51①43,47

【て】

てあしよわきもの【手足弱き者】 27①53
ていしゅふうふ【亭主夫婦】 25①78
ていっそく【手一束】 7①16/60⑥376
でいりこかたのもの【出入小方の者】 36③206
でいりのもの【出入りの者】→L 2①16
ておのめ【釿目】 5①56
てかぜ【手風】→A 13①140,173,179/18①69/38③131
てがら【手柄】 8①203
てきてい【笛啼】 19①216
できなみ【出来並】 9③292
てくせ【手くせ】 37②154
でこうもの【でこう者】 24①94
てごわきしごと【手強仕事】 8①206
てさきのしごと【手先之仕事】 8①204
てすきのもの【手透の者】 27①177
てすきもの【手すき者】 27①184
てのあせあぶら【手の汗油】 17①261
てのみゃく【手の脈】 47④214
てばやきもの【手早き者】 27①83
てびき【手引】 51①51
てびきかん【手引燗】→K 29③249
てまさおとめ【手間早乙女】 6①49
てまわるひゃくしょう【手廻ル百姓】 18③354
でみずかさ【出水量】 65③180
てよわ【手弱】 8①200
てよわきもの【手弱者】 8①204
でんか【田家】→M 13①89/47②91

でんこく【田穀】 30①6
てんしょう【天正】 59②97
てんぜんのかいく【天然の化育】 47①50
てんち【天地】 21①7/63⑤314
てんちいんよう【天地陰陽】 41④202
てんちかいくのこう【天地化育の功】 12①104
てんちしぜんのとく【天地自然の徳】 21②102
てんちしぜんのめぐみ【天地自然の恵】 23①62
てんちしぜんのり【天地自然の理】 21②102
てんちのかいく【天地の化育】 19②359,361/36①68/69①31,②161,175,176,178
でんちのどく【田地の毒】 7①37
でんちもたざるもの【田地不持もの】 25③259
てんちわごう【天地和合】 21①17
てんのかず【天の数】 19②359
でんぷのへい【田夫の弊】 10①123
でんぷのわざ【田夫の業】 10①125
でんぷやじん【田夫野人】 62③60
でんぽう【伝法、田法】 2⑤324/62①10
てんよう【天陽】 12①91

【と】

ど【土】→N
62⑦195,200
どう【銅】 3①42/61⑨327/68④394/69①133/70⑥401
とうおうのさんちゅう【東奥の山中】 45④200
どうかえし【胴かへし】 52⑦300
どうがね【銅金】 5②232
どうけねずみ【どうけ鼠】 48①44
とうさく【当作】→L
29①30,33
とうさくげ【当作気】 36③264
とうしのしたのくず【とうしの下のくず】 27①132
とうしゅんのそなえ【冬春の備へ】 9②193
どうじょ【童女】 67①21
とうせいちゃ【とう世茶、当世茶】 48①34,58
どうだん【童男】 49①157/67①21
どうちゅうなみき【道中並木】 14①91,94,96
とうどり【棟取、頭取】→A、R
27①53,67,72,84,86,105,107,185,350/47③177/49①205
とうどりのひと【棟取之人】 27①110
とうどりのもの【棟取の者、棟頭之者、頭取の者】 27①81,87,185,187,210,371
とうにん【頭人】 27①193,213/60③133
どうはいしゃ【同輩者】 27①191
とうばん【当番】→N
7②345
どうゆう【道友】 63⑦355,356,360,374,380
とうよう【当用】 44③198
とうりょう【棟梁】→M、N、R
15②294/64②119
とおうま【遠馬】 60③139,140,141
とおかのもの【十日之者】 27①343
とおしとりのもの【とうし取の者】 27①379
とがだいのこくもつ【科代ノ穀物】 32②338
どき【土気】 12①48,100
どくけ【毒気】→G、N
12①136
とくさいろ【トクサ色、木賊色】 48①26
ところのあく【野老のあく】 67⑥273
ところのにぎわい【所の賑ひ】 11②118
としこよみ【年暦】 2⑤336
としのか【年の菓】 19①191
としのかんう【歳ノ旱雨】 5①89
とちうえもの【土地植物】 5①73
とちこころえ【土地心得】 56①158
とちのかんしつ【土地ノ乾湿】 5①89
とちのろん【土地の論】 56②279
となりのこうしゃ【隣ノ功者】 5①52
とびねずみ【トビ鼠】 48①83
どぶ【どぶ】→C、D、I
59②123
どふう【土風】 62③67
どみんひせんのわざ【土民鄙賤のわざ】 12①103
とらふ【虎斑】→E
48①345/49①114
とりあげまい【取揚米】 25②190
とりおいばん【鳥追番】 23③153
とりこ【取粉】 19①215
とりす【鳥巣】 39①15/56①79
とりちゃ【取茶】 34⑧298
とりのす【鳥の巣】 36①74
とりのふん【鳥のふん】→H、I
16①154
どろ【泥】→B、D、H、I
70②177
どろけ【泥気】 7①47
どろつちのき【泥土の気】 48①247

【な】

ないかず【ない数】 42①43,45,48,49,51
ないへい【内平】 28①77
なえうしない【苗失ひ】 9③244
なえうち【苗うち】→A
27①113,117
なえうちやく【苗打役】 27①114
なえかず【苗数】→A
42①63,64,65
なえかつぎ【苗担】 30①41
なえぎせいぼく【苗樹生木】 47⑤252
なえくばりにん【苗配り人】 4①17
なえしょい【苗背負】 36①49
なえとり【苗とり、苗取】→A、Z
1①66/27①116/36①49,③206/42①53
なえにてうえるもの【苗ニて植る物】 25①142
なえのせいき【苗の精気】 15①19
なえばこう【苗場考】 19①205
なえもち【なへもち、苗持】→A
6①46,50/9①74/27①115,117
なえもの【苗物】→E
25①142
なおき【直木】 57②185
なおる【なをる】 52⑦305
なかあさぎ【中あさぎ】 48①63
なかがけのもの【中懸の者】 27①177
なかずみ【中墨】 5①16
なかだちやく【媒役】 69①132
なかほう【中保】 29④287
なかやど【中宿】→L、R
44③204
ながれみず【流水】→B、D
12①131/13①36
なぎはがたごぼく【椰葉形五木】 55②116
なぎふいりさんぼく【梛斑入三木】 55②116
なぎふいりしちぼく【梛斑入七木】 55②116
なごのきょうけんならざるもの【名子ノ強健ナラサル者】 32②321
なしめ【梨子目】 49①114
なしわざ【生業】 47②108
なつあきふしょうき【夏秋不正気】 19①209
なつき【夏木】 54①262
なつきのぶん【夏木の分】 54①152
なつのはたけもの【夏の畠物】 29③192
なつまい【夏米】 7①43
なつまきもの【夏蒔もの】 24③289
なつもの【夏もの】→E、N
9①51/29①73
ななくさるい【七種類】 10①72
なぬしおくいん【名主奥印】 38④276
なべのしずく【鍋の雫】 51①111
なまかたぎ【生堅木】 3①58
なまくらもの【なまくらもの、嬾者】 27①122,157
なまむせ【生むせ】 13①98
なまり【ナマリ】→B
49①124
なみき【並木】 11②99
なみこん【なミ紺】 48①63
なみさく【並作】 35②280
なみしろ【並白】 55③279,387
なみすぎはら【並杉原】 5④313
なりき【なり木】→E
28①5,51,②188
なりまし【なり増】 33②103,104,105
なりもの【鳴もの】 15①71
なわあげ【縄上、縄上ケ】 59②89,90,108,119,120
なわあげのもの【縄上ケ之者】 59②119
なわきりにん【縄きり人】 27①18
なわじるし【縄印】 27①73/29②152
なわしろあとくわとりのもの

【苗代跡鍬取のもの】 27①54
なわしろひゃくしゅ【苗代百首】 17①12,13
なわたばこ【縄煙草】 3①20
なわとり【縄とり】 58③124
なん【難】 47②118,119,121,123,125
なんごく【南国】→ほっこく 12①381,387/13①15/17①286/42①31/69②191
なんせいのくに【南西の国】 5③277
なんち【南地】 70①17
なんにょ【男女】→L 3②67,72/16①213
なんぽう【南方】 56①81,93/69②191,192

【に】

にうかず【にう数】 27①264
におい【にほひ】 47①21,43,48/54①83/60①46,47,48,49,50,51,52,53,54,56,57,58
にかず【荷数】 5①86
にがみ【にかみ、にがミ、苦ミ、苦味】 13①61/46①19,20,30/51①174,②208
にかわうるし【膠漆】 70②128
にぎょう【二形】 54①34
にじるし【荷印】 49①70
にずれ【荷ずれ】 28②208
にせこんいろ【似こん色】 48①54
にせむらさき【にせ紫、贋紫】 48①24,81
にせもの【偽物】 55②144
にせるりこん【似せるりこん】 48①53
にちげつ【日月】 10②345
にちげん【日限】→A、R 53②134
にちりん【日輪】 41④202/67⑥280
にっき【日記】→L 2②168,⑤336/5①86,87,160
にっこう【日光】 8①218/48①229
にっこうのしりきれりゅう【日光のしりきれ竜】 16①318
にっちゅう【日中】→Z 40②127/47②85,87,101,102/62⑨373/69②242
にどのあき【二度の秋】 28②267
にねんたねもちいるさくもう【二年種子用ル作毛】 19①169
にばんあい【二番藍】→A、B、E 29③260
にばんいねこく【二番稲穀】 30①141
にばんおとこ【二番男】 24①81
にばんおり【弐番おり】→K 51②208
にばんぐち【二ばん口、二番口】→B、E 27①132,165
にばんはかず【二番葉数】 13①65
にばんべに【二番紅、弐番紅】 48①8,9,10,11
にばんわた【二番綿】 15③409
にほんいちのじょうまい【日本一の上米】 45③176
にもち【荷持】 63①42
にもつのかんめ【荷物之貫目】 62②38
にゅうこう【乳香】→G、N 69①125
にゅうじょう【入情】 18③348
にゅうじょうのもの【入情ノ者】 18③348,350
にゅうよう【入用】→L、N、R 38②75/41⑦327/57②176/65①42,②70/69①81
にょう【尿】→I 60⑦460,461
にわいたしそうろうもの【庭致候者】 27①250
にわき【庭木】 10②335,337/16①139,171/25①111
にわできまい【庭出来米】 27①387
にわびと【庭人】 27①384
にんぎょう【人形】→H 14①272,277,278,282,284,285,287,289,292/24①26/48①379
にんぎょううお【人形魚】 70②131
にんげん【人間】 16①260
にんそく【人足】→L、M、N、R 16①275,294,314,316/59②119,120,122/63③133/66②108
にんぷ【人夫】→L、M、R 1①61/16①273,275,284,294,313,314,321,328,329,334/41⑤241/57②192/64④300/65②91/66①68

【ぬ】

ぬかけ【糠気】 51①40,95
ぬけいし【ぬけ石】 48①350
ぬけかわり【羽化、蛻り】 15①28,29
ぬし【主シ】 24①146
ぬすみとる【盗取】 57②175
ぬすみはぜ【盗櫨】 31④212
ぬのつつみがみ【布つゝみ紙】 5④320
ぬのめ【布目】→N 48①355
ぬりて【ぬり人】 27①99

【ね】

ねいりをこのむつくり【根入りを好む作り】 20①132
ねうち【根うち】→A 27①198
ねがえり【根返り】 56②273
ねこいし【猫石】 35①22,23
ねずみ【鼠】 48①41
ねずみいろ【ねずミいろ、ねつミ色、鼠色】 48①48,90/54①55,164/55③376,377/69①63
ねずみこおりやま【鼠郡山】 48①45
ねそこのき【根底の気】 12①88
ねつき【ねつき、根涯】 19②423
ねっき【熱気】→P 37③308,309,312
ねつけしまうもの【根附仕廻者】 33①57
ねつわき【熱沸】 69②365
ねとり【ねとり】→A 28②203
ねまらぬうち【ネマラヌ内】 31⑤264
ねみず【寝水】 9②222
ねんぐふのうにおよぶもの【年貢及不納者】 34①10
ねんじゃ【念者】 27①87
ねんじゅうぎょうじ【年中行事】 8①156
ねんじゅうしごと【年中産業】 24③285
ねんじゅうのうじ【年中農事】 3④291/21③141
ねんねんろく【年々録】 8①188
ねんらいのこうしゃ【年来の功者】 25①90

【の】

のあがり【野上り】 28②149
のう【農】→L、M、R 3③104,141
のうかのぎょう【農家の業、農稼の業】 9②193,220/25①10
のうかのつま【農家の妻】 25①16
のうかのみち【農家の道、農稼の道】 9②193/19②399
のうかひつようぶもんすち【農家必用、武門須知】 60⑥325
のうぎょういちにんまえつとめそうろうもの【農業壱人前勤候者】 21④186
のうぎょうがたこうしゃ【農業方功者】 41⑦325
のうぎょうこうさくかい【農業耕作会】 63⑧425,426,430,431
のうぎょうこうしゃ【農業功者、農業巧者】 29③190,195,199/39③145,146
のうぎょうこころえ【農業心得】 29③221
のうぎょうじゅんじ【農業順次】 38②79,82
のうぎょうねんじゅうぎょうじ【農業年中行事】 29④299
のうぎょうのぎ【農業之儀】 34①14,15
のうぎょうのこと【農業の事、農業之事】 33①25/41⑦313
のうぎょうのさまたげ【農業ノ妨タケ】 32②321
のうぎょうのつとめかた【農業之勤方】 34⑧316
のうぎょうのとき【農業ノ時】→A 32②328
のうぎょうのみち【農業之道】→A 31⑤246/63⑤314
のうげきのつき【農隙ノ月】 32②317
のうご【農語】 5①109/19①129,210,215
のうこうしゃ【農功者】 10①142/20①305
のうこうのてだて【農功の手便】 38③204
のうこうばしりょうちゅうい【農耕馬飼料注意】 19①212
のうさい【農才】 23⑥335
のうじそうろん【農事総論】 12①46

のうじのふうぞく【農事ノ風俗】 32②291
のうじほぎょう【農事圃業】 20①255
のうしゃ【能者】 27①117
のうしょく【農殖】 35①253
のうじょのぐ【農女の具】 6①244
のうていしゅ【農亭主】 10①131
のうどうはつめいのひと【農道発明の人】 19②362
のうにんたっしゃ【農人達者】 4①171
のうにんのみち【農人の道】 19①206
のうのこと【農の事】 13①351
のうのすき【農の隙】 10①137,158
のうのとき【農ノ時、農の時】 10②350/32②318,319,320,321,325,326,330
のうのときをうしなえるがい【農ノ時ヲ失ヘル害】 32①8
のうのみち【農の道】 19②450
のうのもと【農の本】 3③103
のうのわざ【農の業】→A 10①128
のうふのちから【農夫の力】 18①37
のうまぎょうたく【農磨業琢】 19②361
のうむ【農務】 32②320,323,327,332
のうよう【農用】 6①163,184,238
のがた【野方】 25①66
のがたむら【野方村】 67①26
のこぎりめ【鋸目】→Z 5①56/54①284/55③255,258,292,312,410/56①88
のこりげ【残り毛】 16①321/67④173
のぞき【ノゾキ】 48①27
のぞく【除】 19①89
のだから【野宝】 10①9
のびよけ【野火除】 33②107
のみくち【呑口】 51①96
のやまぐさ【野山草】 17①304
のら【のら】 10①106/28②125
のらびゃくしょう【のら百性、野良百姓】 10①16,176
のらもの【のら者、野良者】 10①106,135,178
のりぜめ【乗責】 60③137,139,140
のるひと【乗人】 60③142

【は】

はいけ【灰気】→G 65④356/69②370
はいしお【灰鹵】 52⑦284
はいしゃく【拝借】→L、R 61①50,⑨317,377,380,383/69②210
はいとりよせ【灰取寄】 27①84
はいのき【灰の気】 13①81,259
はいろ【葉色】 54①181
はえもの【はへもの】 15②222
はえるふるたね【生ル古種子】 19①170
はか【はか、果敢】→あがりはか、しはかあがり、よつはか、よりはか→L 10①124/19②406
ばかえ【場替】 8①257
はがたごこうじ【葉形五柑子】 55②117
はがたごぼく【葉形五木】 55②159
はがたさんぼく【葉形三木】 55②161
はがたしちぼく【葉形七木】 55②114
はくえん【白煙】 53④226
はくこんしぼり【白紺絞】 55③320
ばくぼう【麦麰】 19①8
はくろう【白鑞】→B 49①127
ばけぎごぼく【化木五木】 55②114
はげし【猛】 8①226
はげしききみ【烈しき気味】 13①61
ばこつ【馬骨】→H 38③185
はざし【波座士】→Z 58⑤300,302,303,314,315,320,328,329,342,343,365
はさみきず【剪刀疵】 55③277
はしぶおしがみ【はしふ押紙】 5④320
ばしょおもて【場所表】 58①38,39,42
はしり【走り】 28①81/65②64,93,94,96,114,142
はずす【はづす】 60①53
はぜのこうしゃ【櫨の功者】 11①28
はぜのねもと【櫨の根本】 31④224
はぜのらんしょう【はぜの濫觴】 11①20
はたかた【畑方】→A、D、L、R 25①85,②206/36①56
はたかたはたらきにん【畑方働人】 61⑨278,289
はたくらい【畑位、畠位】 19①95/34③41
はたけていれにんそく【畑手入人足】 61⑨312
はたけぬし【畠主】 34⑥150
はたけのいきあれ【畑の生荒】 47⑤258
はたけのけ【畠の毛】 20①332
はたけのさくもつ【畠の作物】 3①18
はたけのつくり【畠毛の作り】→L 23①77
はたけのまきもの【畠毛の蒔物】 23①64
はたけのもの【畠毛の物】 23①56
はたさく【畑作】→A、D、L 2④290/29③254
はたさくもう【畑作毛、畠作毛】 16①84,101,209,240,245,248,263,264/17①127
はたさくもういったんのたねこう【畑作毛一反ノ種子考】 19①164
はたさくもうかえしつくりのよしあし【畑作毛返作ノ善悪】 19①169
はたさくもうはそく【畑作毛把束】 19①171
はたさくもうひあたりこう【畠作毛日当り考】 19①159
はたさくもうふるたねかひ【畠作毛古種子可否】 19①170
はたつもの【はたつもの、畠つもの、陸田種子】→E 3①8/10②312/20①12/23①6,82/24①165/62⑧240
はたはたさらく【ハタハタさらく】 1②198
はたはたらきにん【畑働人】 61⑨296
はたもの【畑物、畠もの、畠物】 4①31/6②269,272,273,274,297,314/7①55,60/9①34,52,76/10②327,328/12①48,49,85,94,106,108,131/23①85,86,88/25①55,73/29③262/33⑤262/36②114,117,125,127/37③386/39⑤261/41②57/47②146/62①13/69①70/70⑥380,410,416
はたものなり【畑物成】 36①60
はたらきにん【働人】 37②89/61⑨263,265,306,307/63⑥340/69①38
はたらきのもの【働の者】 36②111
はちうえ【鉢うゑ、鉢栽、鉢植、鉢植ゑ】→A 55②133,157/69②302/70⑥390
はちうえもの【盆栽物】 55③399,461
はちがつかいかのぶ【八月開花の部】 55③383
はちこく【八穀】→ごこく、さんそう 70⑥404
はちそう【八草】→さんそう 24①153
はちのす【蜂の巣、蜂の脾】 14①353/24①56
はちべい【八米】 37③291
はちぼく【八木】→さんそう 24①153
はちもの【鉢もの、鉢物】 3④329/55②134
はちよう【八葉】 54①34
はつかのもの【廿日之者】 27①343
はつくち【初口】 53⑤337
はつくちのまゆ【初口の繭】 53⑤336
はっしん【八新】→さんそう 12①193,312/13①299
はっせいさかん【発生盛】 8①230
はっせいのき【発勢之気、発生の気】 7②284/8①186
はつせりゅう【初瀬流】 65④356
はつまい【初米】 62⑤128
はつもの【初物】→N 10①142
はつもののしょうがん【初物の賞翫】 33⑥322
はな【花(造花)】→E、I、N、Z 48①166
はないろ【花いろ、花色】 45⑦416,417/48①28,29,53,86,89/50③277/53②116/54①46,158,162,170,207,209,223,244,259/55③242,247,364,382,400/56①55
はながた【花形】 48①167,207
はなきき【葉なき木】 21①87
はなさおもち【ハナ竿持】 2④280
はなどり【はなどり、纈取】→A 20①62,75
はなどりまねくり【ハナ取マネクリ】 2④293

はなのいろ【花の色】 55③248, 251, 253, 262, 276, 283, 286, 288, 291, 293, 301, 330, 331, 341, 346, 352, 356, 358, 366, 385, 388, 391, 394, 399
はなのしべ【花の蕊(造花)】 48①167
はなのつゆ【花の露】 48①167
はなびら【花ヒラ(造花)、花弁(造花)】→E、Z 48①167, 168
はなふり【花降、花降り】 51①52, 108, 148, 155
はねのみず【ハネノ水】 8①227
はねまい【刎米】 7①83
はのき【葉の気】 13①64
はのつゆ【葉の露】 48①167
はもの【端物】 41②82
はやかわ【はや川】→D 16①298
はやしかた【はやしかた】 9①74, 75
はやしぐさ【はやし草】→D 27①365
はやしだ【拍子田】→A 19①216
はやじまい【早仕舞】 8①259
はやなり【早成】 30①128
はやま【葉山】→D 57①9
はやりいね【時行稲、流行稲】→F 37②183/62①15
はやりだね【時行種、流行種】 9②200/29③250
はやりもの【はやりもの】 7①51
はやるもの【時花物】 5①144
はよわもの【羽弱者】 8①200, 201, 216
はらみごうまる【孕子生】 8①221
はらみのもの【肚身のもの】 3④237
はりあげ【はりあげ】 60①47, 49
はるごききん【春蚕飢饉】 35②307
はるす【ハルス】 69①125
はるつくりのあきもの【春作クリノ秋物】 32②311
はるなつあきふゆ【春夏秋冬】 12①79
はるのしごと【春之仕事】 62①14
はるのつとめ【春のつとめ】 12①109
はるもの【春物】 34⑦248, 254
はれあめのかんがえ【晴雨之考】 8①14, 25
ばん【番】→M 48①99
はんき【礬気】 69①132
ばんくり【番くり】 27①379
はんげもの【半毛物】 28①26
ばんさんなまり【蛮産鉛】 49①124
はんしょく【蕃殖】 18④427
はんしょくのみち【蕃殖の道】 57②77, 78
はんだわら【半俵】 27①80
ばんちく【板築】 19①9
はんでき【半でき】 28②164
ばんどろふーどる【雷粉】 69②372
ばんにん【番人】→R 27①31/36②126
ばんぶつ【万物】 12①47, 110, 114
ばんぶつのたね【万物の種】 41④202
ばんぶつをやしなう【万物を養ふ】 41④202
はんぶんしろみ【半分白ミ】 51①38
ばんみん【万民】 12①104/16①138/24①140

【ひ】

ひ【緋】 55③329
ひあたり【日あたり、日当、日当り】→D 16①136, 158, 230, 232
ひうけ【日請】→A、D 47②90, 91, ④203, 227
ひえ【ひへ】→P 37①43
ひえけ【冷気】 12①57/13①36
ひえのまきもの【稗の蒔物】 38③196
ひえのるい【稗の類】 10②315
ひが【火香】 51①51, 174
ひかいいみょう【萆薢異名】 14①164
ひかげ【日かけ、日かげ、日陰、日影】→D 12①353/16①124, 127, 134, 136, 139, 158, 229, 231/22①54/36②127
ひかげ【日影(日の光)、日咎(日の光)】 5③281/20①227
ひかげぐさ【日かげ草】 12①154
ひかげのさだちまめ【日かげのさだちまめ】 20①172
ひかげもち【日かげ持、日影持】 55②139, 156
ひがしひあたり【東日当】 19①159
ひかす【簸淬】 27①132
ひかぜ【火風】 25②192
ひがた【陽方】 19②379
ひきしお【引潮】 16①323, 324
ひきみず【引水】→A 65①29
ひぐさ【日草】→R 6①55/29①61
ひくほう【引方】 59②109
ひげるい【髭類】 7①39
ひこう【肥厚】 3③126
びこうじゅげいのほう【備荒樹芸之法】 18①55
ひこさんのふだ【彦山の札】 41⑤259
ひざし【日さし】 16①229
ひじょう【非情】 8①219
ひしょもつ【日諸物】 27①136
ひせき【肥瘠】 14①112
ひたちのくにみとさんぶつ【常陸国水戸産物】 3①24
ひづめ【日詰】 8①188
ひでりどしのはる【旱年の春】 27①59
ひでんしょっこくのわざ【肥田殖穀の業】 3③102
びどく【微毒】 68②269
ひとけ【一毛】 12①171
ひとけづくり【一毛作り】 28①54
ひとすじ【一筋】 65④358
ひとつぼのいねかぶ【一坪ノ稲かぶ】 24③298
ひとつぼのさく【一坪の作】 10①13
ひとのちから【人の力】 12①362
ひとのわざ【人のわさ】 19②393, 394
ひとはだて【人翌立】 27①262
ひどめ【火留】 49①205
ひどり【日取】 53②134
ひなみのかけ【日並の欠】 20①42
ひのいんよう【火の陰陽】 41④202
ひのきのきが【檜の木香】 47①24
ひのもと【火ノモト】 5①86
ひばいわくもん【肥培惑問】 69①123
ひばん【非番】 7②345
ひひなき【ひゝなき】 60①67
ひましごと【日間仕事】 36③222
ひゃくじにょい【百事如意】→さんそう 24①153
ひゃくしょういっさいのこと【百姓一切之事】 33⑤262
ひゃくしょうきょそん【百姓居村】 25①129
ひゃくしょうじょうず【百姓じやうず】 28②188, 213
ひゃくしょうじんりき【百姓人力】 4①188
ひゃくしょうのおんな【百姓の女】 33⑤255
ひゃくしょうのぎょう【百姓の行】 28②237, 253
ひゃくしょうのひま【百性の隙】 10①175
ひゃくしょうのみち【百性の道】 62⑨304
ひゃくしょうのもん【百性の門】 10①101
ひゃくしょうわざ【百姓業】 37②116
ひゃくそう【百囊】 7②360
ひゃくそう【百草】 37③259/38①6/40②134/69②326
ひやけ【日やけ、日焼】→G、Q 22④263
ひゃっかかそう【百菓花草】 25①147
ひゃっかつ【百活】 13①223
ひゃっかのさきがけ【百花の魁】 38③184
ひゃっかひゃくそう【百花百草】 3④355
ひゃっこく【百穀】 7②217/8①125/12①19, 104, 195/13①7/14①217/15②141/19②361/68④394/69①31, 33, ②206, 325, 326
ひゃっこくのおさ【百穀の長】 10②317
ひやとい【日雇】→L、M 1①39, 103, 111, 112, 114, 115/44①12/58⑤331/63③131
ひやみず【ひやミづ】→B、D、N 7①58
ひょうし【ひやうし】 60①46, 47, 48, 49, 51, 52, 53, 56
ひょうもつ【俵物】 15②224, 225
ひよけ【火除】 33②108
ひよりぐさ【日和草】 15③371
ひらきぬし【開主】 3③116, 126, 161, 162, 164
ひらく【開く】→A 20①299
ひらね【ひらね、ひら音】 60①54
ひらばのさくもう【平場の作毛】 17①179
ひらむき【平向】 19②312
ひるまかない【昼賄】 64④279

ひるめしもち【昼飯もち】 20①70,71
ひわいろ【鶸色】 5①44,97
ひわり【日割】 5③257
びんろうじ【檳榔子】 36③322

【ふ】

ふ【経(結い目)】→B、W、Z 27①212
ふあい【符間、符合】 19①89/20①295,296,297,300,301
ふいりくさるい【斑入草類】 55②121
ふいりごぼく【斑入五木】 55②113
ふいりさんこうじ【斑入三柑子】 55②117
ふいりさんそう【斑入三草】 55②111
ふいりさんぼく【斑入三木】 55②113,161
ふいりしちこうじ【斑入七柑子】 55②117
ふいりしちぼく【斑入七木】 55②113,159
ふいりしんさんそう【斑入新三草】 55②119
ふいりときわしちそう【斑入常盤七草】 55②119
ふいりときわつるくささん【斑入常盤蔓草三】 55②121
ふいりひゃくそう【斑入百草】 55②122
ふいりらくようしちそう【斑入落葉七草】 55②121
ふううねんじゅうこうさくきっきょう【風雨年中耕作吉凶】 62①11
ふうげつさんこん【風月三昆】→さんそう 24①153
ふうど【風土】 1①22/5①130/30①18,19/38①6
ふうどのけいせい【風土の形勢】 69②209
ふかい【不快】→N 51①176
ふかいごのもの【ふかいごの者】 27①72
ふかいしょうもの【不介肖者】 27①116
ふがいしょのおんな【不介助の女】 27①161
ふきあて【吹当】 56②279
ふきあらしのすな【吹嵐の砂】 16①137
ふきあらすすな【吹あらす砂】 16①137
ふきいろ【風気色】 47②80
ふきおれ【吹折】 38④243
ふきぐち【吹口】 60①66
ふきころばす【ふきころはす】 62⑨380
ふきすみ【吹墨】 55③320
ふきぬき【ふきぬき】 41⑤240
ふくろはいり【袋ばいり】 19②418
ふげきせんこう【巫覡賤工】 18①22
ふける【ふける】 60①50,54,59,60
ふけるこえ【ふけるこゑ】 60①67
ぶこうもの【無功者】 27①87
ふじいろ【ふじ色、ふぢいろ、ふぢ色、藤色】 54①49,69,70,72,116,120,122,125,156,171,212,255/55③294,313/69①63
ふしぬけ【ふしぬけ】 56②287
ふじねずみいろ【藤鼠色】 55③311
ふじゅく【不熟】 5③253/21①50/25①94/30①94,③261,266/35②343/36①48,68,70,71,73/37①9,19,40/39①11,14,40,47,60/51①81/67⑤234,236,237,238/68②245,④395/69②164,275,356
ふじゅく【腐熟】 69②243,244
ふじん【婦人】 20①314,315/29②150,157/35②324,335/68③326
ふじんしゃ【不仁者】 16①47
ふじんのぎょう【婦人の業】 35①28
ふしんのざい【普請の材】 14①308
ぶすう【歩数】 20①299
ふた【蓋】→A、B、C、N 51①40,62,69,75,77,83,91,152
ふたごころなきもの【無二心者】 8①205
ふたなり【二なり】 12①194
ぶたぬし【ふた主】 34⑥151
ふたもち【蓋持】 51①68
ふちしろ【縁白】 55③321
ふちべに【縁紅】 55③322
ぶっさん【物産】 5④307
ぶっしよう【仏師用】 49①94
ふでかず【筆数】 67⑥289
ぶどういろ【葡萄色】 48①175
ふない【府内】 41⑦318
ふなとり【船取】 65③195
ふねしんきぞうりつ【船新規造立】 56①151,152
ふねにゅうしん【船入津】 56①152
ふねのざい【舟の材】 13①205
ふはくのぎょう【布帛ノ業】 69②203
ふみたつ【踏立】 60⑥335,350
ふみて【踏手】 8①259
ふみまわり【ふミ廻り】 41⑦320
ふみん【富民】 47⑤256
ふゆきもの【冬木もの】 7②363
ふゆつかいな【冬遣菜】 39②113
ふゆのしょうき【冬ノ正気】 19①209
ふりょう【不漁】 2⑤323
ふるうねきび【古畝キヒ】 19①146
ふるがきなわきりふちたて【古垣縄切ふち立】 27①18
ふん【ふん、糞】→I、N 47①41,42,47/59⑤437/60②94,⑥352,365,375
ぶんごのくにひたごおりのさんぶつ【豊後国日田郡の産物】 14①355

【へ】

へいきんとだい【平均斗代】 9③278
へいしゅう【弊習】 53⑤358
べいしょう【米性、米生】 36①42/62⑤127
へいぞう【閉蔵】→A 69②191
べいぞく【米粟】 13①357/18①37/36③155,156/70④258
べいばく【米麦】→N 10②331
へいほうしき【平方式】 20①299
へきぎょくざき【碧玉咲】 54①35
へた【下手】 33①22/62⑨379
へたおんな【下手女】 17①333
へたこうしゃ【下手功者】 23⑥340
へたなもの【下手な者】 29①18
へたのもの【下手の者】 27①114
へたもの【下手者】 27①112
べっとう【別当】→Z 58⑤300,303,312,315,331
べに【紅】 3①11/33⑥387/38③165/41②124/45①34,36,39,44,45,50,51/48①61,91/54①60,68,205,222,231,237,238,259/55②152,③243,254,255,258,259,301,310,317,319,322,325,350,385,389,394,396,405,420,425/70①12
べにいちりん【紅一輪】 55③243
べにいろ【へに色、べに色、紅色】 54①57,61,62,69,111,116/55③283,377
べにうこん【紅鬱金】 55③404
べにかばちゃ【紅蒲茶】 48①58
べにくちばいろ【紅朽葉色】 48①34
べにしぼり【紅絞】 55③334,421
べにしろしぼり【紅白絞】 55③243,246,427,430
べにしろしぼりいちりん【紅白絞一輪】 55③245
べにしろすじふいちりん【紅白筋斑一輪】 55③245
べにしろてんふいちりん【紅白点斑一輪】 55③245
べにふじ【紅藤】 55③359,377
べにふじいろ【紅藤色】 55③358,374
べにむらさき【紅紫】 48①7/70①12
へやずみのもの【部屋住の者】 24①121
へやにん【部屋人】 58⑤303,331
へりごめ【減米】 27①205,206

【ほ】

ほあしとりよう【帆足取様】 59④322
ほうこう【奉公】→L、M、N、R 5①18
ぼうさく【亡作】 22④268
ほうさん【豊蚕】 3③118
ほうじゅせき【方竪積】 20①298,299
ほうじょう【豊饒】 16①319
ほうずい【豊瑞】 24①133
ぼうせき【紡績】→K 25①6
ぼうせきのはん【紡績ノ煩】 24③275
ほうねんのあさおのでき【豊年ノ麻苧ノ出来】 32①156
ほうねんのあずきのでき【豊年ノ小豆ノ出来】 32①155,161
ほうねんのあわのでき【豊年ノ粟ノ出来】 32①155,162

ほうねんのきわたのでき【豊年ノ木綿ノ出来】 32①157,163
ほうねんのそばのでき【豊年ノ蕎麦ノ出来】 32①156,162
ほうねんのだいずのでき【豊年ノ大豆ノ出来】 32①154,161
ほうねんのむぎのでき【豊年ノ麦ノ出来】 32①154,160
ほうねんのもみのでき【豊年ノ籾ノ出来】 32①153
ほうろくあわ【ほうろく泡】 51①48
ほおずきあわ【鬼灯泡】 51①48,65,66,72
ほぎょう【圃業】 19②359
ほぎれのしな【穂切の品】 16①203
ぼくちく【木竹】 10①80,95/25①25
ぼけいろ【ほけ色、木瓜色】 34⑥160/54①35
ほけん【畝畎】 19①9
ほこう【歩行】 36③172/60⑥349/64④259,260
ほこり【ほこり】→I 50①70
ほしべに【干紅】 38③166
ほしもの【干もの】→A、I、N 16①121
ほそね【ほそね(細音)】 60①48,49
ほたるび【蛍火】 36③225
ほたんせきだか【帆反積高】 57②134,135
ほっこく【北国】→なんごく 12①381/13①176/14①242,337/15①16,17,②296,③410/16①160,246,318/40②176/41②57/45③143,150,164/46①18/47②134/48①50,92/49①207/50④311/54①223,314/56①94/58③121/62③72/65③218,247/66③141/68③360/69①89,110/70③215,⑥384
ほっこくじん【北国人】 53①17
ほっこくすじかんこく【北国筋寒国】 17①150
ぽったす【ポットアス】 69①127
ほっぽう【北方】 68③356/69②189,192
ほとおり【ほとをり】 19①198,②381
ほとおる【ほとおる】 3④314
ほとり【ほとり】 56①51
ほにみのるるい【穂に実る類】 23①33
ほねおり【骨折】 36③191/37②123/38③197/62⑧261
ほめき【ホメキ、ほめき】 5①44,51,151,156/8①27,28,43,47,48,55,68,168,170,185,225,273,275,276,277,283/29②131/34⑦249
ほめきかげん【ほめきかげん】 13①59
ほめく【焮く】 7②319
ほもの【穂物】 40②106,109,124,135,136
ほりまぶ【堀間歩】 5④331
ほんあみ【本阿弥】 55③431
ほんぎょう【本業】 5③245,284
ほんくれない【ほんくれない、本くれない】 54①96,101
ほんさくらいろ【ほんさくらいろ】 54①83
ほんしつ【本質】 69①75
ほんぞう【本草】→N、U 12①24/18①13/48①384/49①47
ほんちょうのさんえん【本朝の三園】 13①89
ほんね【本音】 60①51,54,55,56
ほんねずみ【本鼠】 48①44
ほんばきび【本場黍】 30⑤406
ほんべに【本紅】 55③301,325,403
ほんむらさき【本紫】 54①72

【ま】

まいとしひとつところ【毎年一ツ所】 33⑥323
まえさく【前作】 29①30
まきかねいろ【真黄色】 8①122
まきしょう【まきせう】 54①311
まきつけるもの【蒔付物】 27①55
まきにしか【槇に鹿】 49①72
まきのきが【槇の木香】 47①24
まきはがたごぼく【槙葉形五木】 55②117
まきふいりさんぼく【槙斑入三木】 55②116
まきふいりしちぼく【槙斑入七木】 55②117
まきめ【まきめ、巻目】 13①244
まきもの【蒔もの】→A、E、L 3③139/15②138,176,189
まくいしね【まくい稲】 20①34
まくもの【蒔者】 27①35
まくわのもの【真鍬の者】 5①23
まさめ【マサ目、木理、理目】 48①144,165,349/65④331,345
ましかこ【増水主】 58⑤303
ましごめ【増米】 21①89
ましょう【真性】 16①250
まじりもの【雑物】 48①254
ましろ【真白】 55③352,362
ますいき【升行】 28④343
ますつもり【升積り】 10①173
ますのかず【桝の数】 23①80
ますののり【升之法】 19①89
ますべり【桝減】 23①80,82
ますめ【升目、枡目、舛目】→A、B、L 24③344/29①42,43,59/31④152/32②314,315/36③267/65②75
ますめかけ【升目欠】 9③295
ますめのたしょう【桝目の多少】 30③291
まだら【斑】 7①45
まちかたのもの【町方之者】 57②203
まつばいろ【松葉色】 48①26
まつまええぞちしゅっさん【松前蝦夷地出産】 50④318
まつまえさんぶつ【松前産物】 58①29
まつまるた【松丸太】→B 14①301/16①316
まつむしのね【松虫の音】 36③234
まねくり【マネクリ】 2④280,299,300
まめしゅるい【豆種類】 25②203,204,205
まめのるい【菽の類】 10①55
まもりふだ【守札】 38③196
まゆかず【繭数】 53⑤337
まゆくずれ【繭くづれ】 53⑤356
まるたわら【丸俵】 27①78,79,80
まるにするもの【丸にする者】 27①184
まるのいね【丸の稲】 27①184
まんいつ【満溢】 5①38
まんたたくみいし【まん田たくミ石】 59②115

【み】

みあて【見当テ】 59②93,95,97
みかんにづくり【蜜柑荷作】 53④247
みじかきこえ【ミじかきこゑ】 60①54
みしょうもの【実生物】 68③333
みず【水】→B、D、I 3③131,144,145,160,173,175/7①27,68/8①60,61/16①127/69①33
みずあか【水あか】→I 69①47
みずあさぎ【水あさぎ、水浅黄】 48①28,30,36,39,63,75,77/54①199/55③313
みずあさぎいろ【水あさぎ色】 54①146,227,234
みずあわ【水あわ】 16①308
みずいろ【水いろ】 48①63
みずかさ【水重、水重さ】 65②65,70,112,114,115,118,136,140,③174,185,197,199,200,202,204,225,247
みずき【水木】 16①155,305
みずくみおんな【水汲女】 29①75
みずけ【水け、水気】→D 5①21,126/6①88,142,154,②309/8①208/16①137/62⑨371/69②262
みずしたにんそく【水下人足】 4①244
みずしものさくもう【水下の作毛】 16①255
みずすごし【水過し】 8①54
みずたおれ【水たをれ】 52⑥267
みずたかかりみあい【水田掛見合】 65②65
みずて【水手】 37②135
みずにてやしなう【水にて養ふ】 69①60
みずのいろ【水之色】 34⑥160
みずのいんよう【水の陰陽】 41④202
みずのからくり【水のからくり】 16①214
みずのしょう【水の性】 16①107
みずのよしあし【水の善悪】 17①64
みずはしり【水走り】 65②116,117,118,136,140
みずひき【水引】 1①89
みずひきくだり【水引下り】 65②114
みずぶそく【水不足】 8①38,42,43,45,46,58,60,70,76,117,132,144,147,148,289,290/10②321
みずぶね【水船】 45①47/58⑤329

みずぶんさん【水分散】 19②352
みずまわし【水廻し】→Ａ 6①49
みずまわしにんそく【水廻シ人足】 6①50
みずむせ【水蒸】 5③279
みずめ【水目】 4①97
みずもち【水持】→Ａ、Ｄ、Ｇ 5①23,24,149/15①22
みずもの【水物】 3③176
みずもり【水もり】→Ｒ 65②88
みずもり【水守】 33⑤250
みずをみまわるやくぎのもの【水を見廻る役儀の者】 23①95
みたていね【見立稲】 27①374
みたてじゅうにかげつ【見立十二ケ月】 55②162
みつろう【蜜蠟】 14①353,354/49①207
みとまわりするひと【水戸回りし(す)る人】 27①109
みなと【湊】 16①274
みなみひあたり【南日当】 19①159
みのよしあし【実の善悪】 31④152,153
みのらず【不熟】 62③60
みまわるひと【見回る人】 27①185
みもち【身もち】 60①55
みゃくらく【脈絡】 15③337
みやまぎ【ミやま木、深山木】 16①159,162,163,164,165,167,170,319
みょうしゅ【名主】 31③109,121,123,124,127
みょうばん【明凡】→Ｂ、Ｎ 66④187

【む】

むぎあしきとし【麦悪年】 62⑨349
むぎあたりちがい【麦あたり違】 22④208
むぎさくでき【麦作出来】 34⑧309
むぎとりおさめのたいほうのにっすう【麦取収ノ大法ノ日数】 32②294
むぎのな【麦の名】 30①91
むぎをたくわうる【麦を貯】 68②256
むしあがるき【蒸あかる気】 69①68
むして【むし手、蒸手】 27①84,85
むしとること【虫取事】 68④401
むしのあな【虫の穴】 13①140
むじべに【無地紅】 55③240
むしをころすのこう【殺虫の功】 15①75
むすびのげんうん【産霊ノ元運】 69②192
むせほめき【ムセホメキ】 5①157
むせるき【蒸る気、蒸気】 7①38/69①97
むそうがえし【无双返】 49①207
むだけ【ムダケ】→Ｅ 27①188
むでんのもの【無田の者】 36③298
むようのざい【無用の材】 50③238
むらくもしぼり【村雲絞】 55③320
むらさき【むらさき、紫】 48①89/54①40,45,49,50,54,56,57,60,62,63,64,65,66,69,70,71,95,106,118,119,120,121,122,123,125,129,130,131,132,134,135,147,148,152,154,155,156,159,161,164,170,171,173,196,197,199,200,201,202,203,209,210,213,214,220,223,224,225,226,230,234,235,239,240,242,243,245,247,249,251,253,254,259,274,300/55②151,③258,265,275,288,291,301,305,317,319,325,364,399,415/70①12,13
むらさきいろ【むらさきいろ、むらさき色、紫色】 54①144,177,235,238,247/55③342,402,409/56①193,206
むらさきてん【紫点】 55③262
むらさきのいろ【むらさきの色】 17①280
むらさきべに【紫紅】 54①49
むらびと【郷人】 10①15

【め】

めいか【名花】 48①203
めいさん【名産】 3①25/14①46/59③247
めいじん【名人】 8①242
めいぼく【名木】 13①213
めいよう【銘葉】 69②358
めじるし【目印】 33②126
めっしぎわ【めつしきハ】 17①36
めらし【めらし】 42①43
めわらべ【女童べ】 5①111

【も】

もえぎ【モヱギ、萌き、萌黄、萌葱】 48①24,25,26,73,78,89/63⑧444
もえぎいろ【モヱキ色、モヱギ色、萌葱色】 48①26,75,84,348
もくだい【目代】 58⑤303,345
もくほん【木本】 15③340
もくろくがき【目録書】 7①46
もちつくもの【餅つく者】 27①221
もちつたえ【持伝へ】 64⑤359
もちて【持手】 5①57
もっこもち【持籠持】 28①69,70/65②76
もと【本】 27①376
もとか【元香】 51①58,59,72,75,76,83,84,91,136,147
もとぐちのわたしいっしゃくにすんまる【本口のわたし一尺二寸まる】 20①207
もとごえたわらだして【元屎俵出手】 27①84
もどりに【もどり荷】 9①59
ものさかい【物境】 57①23
ものなり【物成】 34⑥123,124/38④250
もみいた【もみ板】 61⑩456
もみかず【籾数】 7①50
もみすりにん【籾摺人】 42②119
もみすりふ【籾摺夫】 30①84,85
もみだしそうろうもの【籾出候者】 27①27,35
もみはゆるとし【モミはゆる年】 62⑨375
ももいろ【ももいろ、もゝいろ、もゝ色、桃色】 48①89/54①70,88,93,94,95,96,97,99,107,117,118,120,125,133,142,143,144,197,212,254
もよおし【もよほし】 20①192
もろてにいっぱい【諸手ニ一杯】 29②152
もろみぶた【醪蓋】 51①61
もんしゃ【文砂】 53③170

【や】

やきたてしおだか【焼立塩高】 5④326,327,328
やきぬしのいん【焼主ノ印】 53④218
やきぼこり【焼ほこり】 14①284
やく【厄】 47②85,87,110,111,118,119,120,121,122,123,125
やくき【薬気】 69①131
やくなん【厄難】 47②79,109,110
やさいのたえま【野菜の絶間】 38③127,175,195
やしきうちのじゅもく【屋敷内樹木】 19①190
やしきぜんあく【屋敷善悪】 35①89
やしきまわりのき【屋鋪まハりの木】 29①24
やしないやく【養役】 69①132
やすきすみ【安き墨】 49①63
やすきゅうぎんのもの【安給銀の者】 28②199
やすりめ【鑢目】 49①176
やに【脂、油脂】→Ｂ、Ｅ、Ｇ、Ｉ 45⑥285,295,337
やにんそんろう【野人村老】 6①211
やまが【山が】→Ｄ、Ｎ 40④313
やまがた【山形】 4①290
やまがのおんな【山家の女】 25①29
やまがのひと【山家人】 70②104
やまさんぶつ【山産物】 53④238,248,249
やましろさんえん【山城三園】 13①80
やまだて【山竪】 53④236
やまのこし【山の腰】 16①327
やまのひせき【山の肥瘠】 14①181
やまのみず【山の水】 16①129
やまべのき【山辺の木】 18①88
やまみちがた【山道形】 53⑤355
やまみやげ【山土産】 24①26
やまもとのもの【山元之者】 64①62
やまゆくもの【山行者】 27①237
やめ【矢目】 65④345

【ゆ】

ゆう【油】→Ｉ、Ｎ 62⑦195,201

ゆうえん【油塩】 69①47
ゆうとく【有徳】 16①183
ゆうようのざい【有用の材】 50③238
ゆえん【油煙】→B、G 16①149
ゆきあわ【雪泡】 51①48,64
ゆきぐに【雪国】 15②225/25①110,②178/36③319/51②207
ゆきした【雪下】 36③295
ゆきしる【雪汁、雪滴】→B、D、H 5①125/12①71
ゆきしろ【ゆき白、雪白】 54①54,89,92,93,97,98,99,103,118,122,123,125,126,130,132,162,197,205,211,219,228,237,239
ゆきふりだけ【雪ふり竹】 56①113
ゆけむり【湯烟】 8①218
ゆみはりのでき【弓張の出来】 7②370

【よ】

よいそうだん【よい相談】 63⑦355
よう【陽】→いん 4①241/7①12,31,34,②331,341,343/8①218/12①49
よういくりょう【養育料】 69②263
よういんのき【陽陰之気】→いんようのき 8①26
ようえき【養液】 69②228,230,260,315
ようか【溶化】→K 69①125
ようか【陽火】 70⑥394
ようがい【要概】 65③228
ようき【陽気、阳気】→いんき→P 4①193,208,211,220,228,236/6①28,34,②273,279,280,281/7①23,54,55,②234/8①13,17,25,165,166,167,169,170,171,174/9②197,198,222/10②347,378/12①48,49,50,51,54,56,60,65,80,81,90,95,96,100,102,108,111,121,125,153,154,158,160,162,244,253/13①21,234,254,255,346/16①31,35,70,72,106,133,137,229,240,244/17①22,25,26,28,32,34,41,44,45,46,49,52,57,62,73,74,111,128,150,172,180,316,318/21①11,16,17,18,71,87,②110/22①17,59,②106/23①95,⑥311,312/24①84/25①104/27①290/30②184,187/36②124/37②105,106,122,123,189,③385,386/38④279/39①54,56,58,④190,198,205/41⑦326/45③157/47①19,②90,107,108,110/61①29,30/68②250/69①55,56,70,74,②267,275,313/70⑥385,389,390,391,392,393,394,395,409,410,411,417
ようげつ【陽月】 38④258
ようこく【陽国】→いんこく 21①11,12/62①16/70②132,155
ようざい【用材】→B 13①122,205,369
ようさんざつわ【養蚕雑話】 47②98
ようさんちゅうかんようのこころえ【養蚕中肝要の心得】 47②114
ようさんにっき【養蚕日記】 47②126
ようじつ【陽日】→いんじつ 7②314
ようしゅう【養羞】 25①100
ようすう【陽数】→いんすう 7②236
ようそう【陽草】→いんそう 20①150,180/70⑥402
ように【よふに(帰り荷)】 9①27
ようろっぱのひと【欧羅巴の人】 45⑥303
よきて【ヨキ手】 8①205,215
よきもの【好き者】 27①204
よけい【余慶】 19①5/20①348
よけいのさんぶつ【余計の産物】 18②291
よつのとき【四つのとき】 20①250
よつはか【寄果敢】→はか 19②417
よつやたいかい【四ツ谷大会】 55②116
よつやたいかいしちごさん【四ツ谷大会七五三】 55②113
よなべあらためやくにん【宵なべ改役人】 27①336
よなべざ【宵べ座】 27①346
よのなか【世中】 28①44,45,51
よばん【夜番】→A 27①305,379
よばんのもの【夜番の者、夜番者、夜番之者】 27①26,254,256,261,294,297,305,333,355
よふ【余夫】 69②238
よまわりのばん【夜廻リ之番】 62⑥154
よりはか【よりはか、寄はか】→はか 20①78
よろずさく【万作】 16①95
よろずたなもの【万種物】 5①32
よわきおとこ【弱男】 24①145
よわきもの【弱者】 8①204
よをたすくるくさき【世を助る草木】 13①103
よをたすくるもの【世を助る物】 13①37

【ら】

らいねんのなつつくりもの【来年の夏作り物】 27①140
らしゃはないろ【ラシヤ花色】 48①63,71
らんじん【蘭人】 70⑤323,325
らんせい【らん生】→E 16①260
らんせいをきんずるべん【濫製を禁ずる弁】 53⑤355
らんせつ【蘭説】 70④279
らんぶつ【蘭物】 15②253
らんぶのしわざ【嬾夫之仕業】 27①145

【り】

りかんちゃ【り翫茶】 48①37
りきでんのもの【力田ノモノ、力田ノ者、力田者】 18②291,③350,369
りきみん【力民】 33④177
りくこう【力行】 12①18
りっき【六気】→ごうん→N 4①206
りつもうふさく【立毛不作】 9③248
りゅう【竜】 16①317,318/56①185
りゅうりゅうみなしんく【粒々皆辛苦】 47②142
りょうじ【療治】→A、N 70⑥412
りょうどく【良毒】 18①13
りょうりのいろもの【料理の色物】 7②351
りょくざんちゃえん【緑山茶園】 3④360
りょくでん【力田】→A 37③254
りんごみ【りんごミ】 30④358
りんじのもの【臨時ノ物】 5①135

【る】

るい【るひ】 21①53
るり【るり】 48①53/54①226
るりいろ【るり色】 54①199,209,210,219,234,235
るりこん【るりこん、瑠璃紺】 48①63/54①209,231,242/55③320
るりこんいろ【るりこん色】 54①227,234
るりはないろ【るり花いろ】 48①63

【れ】

れいき【冷気】→P 7①58
れいすいのき【冷水の気】 36②109
れいぼく【霊木】 6①176/13①102,115
れいぼく【冷木】 5①72
れん【連】 27①198
れんげはなびら【蓮花花片】 48①167

【ろ】

ろうけ【蠟気】→E 18②264
ろうさいつくりこう【粮菜作考】 19①201
ろうのうのげん【老農ノ言】 31⑤246
ろく【ろく】→D 20①59
ろくずい【六蕊】 54①34
ろこちゃ【ロコ茶】 48①37
ろっこく【六穀】→ごこく、さんそう 6①91/12①182

【わ】

わいぶつ【わい物】 28②258
わかきもの【わかき者】→N 28②159
わがやのようき【我家の陽気】 35①194

わき【沸】 7①16/51①21, 58, 62, 67, 69, 70, 71, 72, 76, 77, 79, 83, 84, 85, 90, 92, 93, 95, 96, 103, 104, 108, 115, 117, 118, 119, 120, 121, 131, 133, 135, 136, 144, 145, 147, 148, 170
わきあい【わきあひ】 16①177
わきあい【沸合】 51①163
わきあがらす【湧沸ラス】 69②299
わきおと【沸音】 51①61, 143
わききょうじゃく【沸強弱】 51①142
わきごころ【湧心】 5①30
わきつき【沸付】 51①60
わきつぶれ【沸潰れ】 51①60, 68
わきのにおい【沸の匂ひ】 51①149
わく【沸ク】→K 53⑥397
わごう【和合】→N 7①19, 56/69①34, 35, 36/70⑥415
わざわいをのぞくき【わさハひをのぞく木】 16①168
わさん【和産】→こくさん 68③320, 322, 323, 325, 326, 339, 341, 342, 343, 347, 348, 349, 351, 354, 357, 358
わさんのしな【和産之品】 68③318
わたぐに【綿国】 8①285
わたげ【綿毛】 50①70
わたどし【綿年】 29①68
わたのしゅるい【綿の種類】 15③**346**
わたのな【棉の名】 15③340
わたのひんるい【棉の品類】 15③340
わたぼうしのごとくのあわ【綿帽子のことくの泡】 51①66
わたり【渡り、亘り】 25①120/49①45, 50
わなぐりけば【輪なぐり毛端】 53⑤349
わら【わら】→B、E、H、I、N 59②120
わらうま【藁馬】 35①77
わらざいく【わら細工】→A、M 20①107
わらしょう【藁性】 11②98
わらにんぎょう【藁人形】→C、H 35①77
わらべ【童部】 49①218
わらんべ【わらんべ】 16①213
わりつけ【割付】 36③210
わるか【悪香】 51①37, 171, 172
わるきくわのこころえ【悪き桑の心得】 47②**89**
わるけ【悪毛】 28①57
わるもの【割者】 27①223

Y　成句・ことわざ

【あ】

【青《あお》き事《こと》ハ藍《あい》より出《いで》て藍よりも青き/青き事ハ藍より出て藍より青き】 12①28/13①374
【青砥左衛門《あおとさえもん》が銭《ぜに》】 29①14
【秋荒半作《あきあれはんさく》】 1①97,100
【秋刈収《あきかりおさむる》ハ陰《いん》なり】 19②363
【秋姜《あきしょうが》を食《しょく》すれば、天年《てんねん》を損《そん》ず】 12①295
【秋《あき》の甲子《きのえね》ニ雨《あめ》ふりて終日《しゅうじつ》ふれハ《ば》麦《むぎ》なし】 68④404
【秋《あき》の耕《たがや》しハ、白背《はくはい》を待《まち》て労《ろう》す】 12①52
【秋《あき》の耕《たがや》しハ深《ふか》きをよしとす。春夏《はるなつ》ハ浅《あさ》かるべし】 12①52
【秋《あき》ハ白背《はくはい》を待《まち》て労《ろう》す】 7①55
【秋《あき》日《ひ》並半分《なみはんぶん》世《よ》ノ中《なか》】 24①121
【悪田《あくでん》を持《もて》ば困窮《こんきゅう》し、貧窮《ひんきゅう》すれハ《ば》悪田と成《なる》】 18②260
【朝雷《あさかみなり》ニ戸《とう》出《で》無之《これなし》】 67②89
【朝霧《あさぎり》ハ晴《はれ》を司《つかさど》る。但厚《ただしあつ》くして久《ひさ》しく聳《そびえる》ハ三日《みつか》の中《うち》に雨降《あめふる》へ《べ》し】 6①197
【麻地《あさじ》九遍《きゅうへん》耕《たがや》せバ麻《あさ》に葉《は》なし】 12①218
【朝苗代《あさなわしろ》は一人聟《ひとりむこ》の逃《にげ》る】 36③196
【麻《あさ》の中《なか》のよもき《ぎ》う】 10①164
【麻《あさ》ハ駒《こま》の足跡《あしあと》に三本立《さんぼんたて》る】 6①148
【麻《あさ》ハ地《じ》を芸《くさぎり》、大豆《まめ》ハ花《はな》を芸《くさぎ》る/麻ハ地を芸り、豆《まめ》ハ花を芸る】 12①186/40②130
【朝比奈《あさひな》が力《ちから》も鍋《なべ》の中《なか》】 1①108
【朝《あした》に道《みち》を聞《きい》て夕《ゆうべ》に死《し》す共可《ともか》なり】 22①75
【足《あし》の裏《うら》か《が》きする】 36③335
【小豆《あずき》ハ三青四黄《さんせいしおう》と云《いう》】 12①192
【小豆《あずき》ハ李《すもも》に生《しよう》す《ず》/小豆ハ、李に生ず】 6①97/12①190
【雨落石之《あまおちいしの》くぼむか《が》ごとし】 41②136
【天河《あまのがわ》に黒気《くろけ》あるハ雨《あめ》、雲飛《くもとび》て天河を塞《ふさ》か《が》は《ば》狂風発《きようふうはつ》すへ《べ》し】 6①194
【雨荏《あめえ》ニ旱魃《かんばつ》カ《が》胡麻《ごま》】 19①160
【雨子辰申《あめねたつさる》の時降出《ときふりだ》せは《ば》久《ひさ》しく晴《はれ》さ《ざ》る也《なり》。是《これ》を覚《おぼえ》る歌《うた》に子《ね》ハ長《なが》く丑《うし》ハ一《いつ》時寅《ときとら》ハ半卯《はんう》の一時とかへ《え》してそ《ぞ》くる】 6①197
【荒田《あらた》デ米取《こめと》レ】 8①69
【粟黍《あわきび》ハ黄白土《おうはくど》の肥良《ひりよう》に宜《よろ》し】 12①75

【い】

【勿謂今日不学而有来日勿謂今年不学《いうなかれきようまなばずしてあすありというなかれことしまなばずし》而有来年《てらいねんありと》】 6①208
【いさこ《ご》ちや《よ》うし《じ》て岩《いわ》となる】 16①77
【医者《いしや》のふ養生《ようじよう》】 40②122
【衣食足《いしよくたり》テ礼節《れいせつ》ヲ知《しる》】 69②208
【衣食《いしよく》たりて後《のち》、礼義行《れいぎおこな》ハ《わ》るゝ《る》/衣食足て後、礼義興《おこ》る】 12①12,19
【一河《いちが》の流《なが》れも他生《たしよう》の縁《えん》】 62⑦186
【一日計有鶏鳴《いちにちのけいはけいめいにあり》】 24③276
【一日《いちにち》の計《けい》ハ早朝《そうちよう》に有《あ》り、一年《いちねん》の計ハ元朝《がんちよう》に有《あり》、十年《じゆうねん》の計は木《き》を植《うう》るにあり】 11①7
【一日《いちにち》の計《はか》り事《ごと》は朝《あさ》にあり。一年《いちねん》の計《はかり》事《ごと》ハ春《はる》の耕《たがや》しにあり】 62⑧256
【一日計《いちにちのはかりごと》ハ鶏鳴《けいめい》に有《あ》り】 40②166
【一日《いちにち》の働《はたらき》は鶏鳴《けいめい》に有《あり》】 18②290
【一年《いちねん》の備《そな》へ《え》は元旦《がんたん》に在《あり》、一日《いちにち》の業《ぎよう》は鶏鳴《けいめい》に在】 9②220
【一年《いちねん》の謀《はかりごと》ハ春《はる》に有《あり》】 25①135
【一年《いちねん》の謀《はかりごと》は春日《しゆんじつ》の内《うち》にあり、一《いち》日《にち》の謀は鶏鳴《けいめい》に有《あり》/一年の計は春《はる》の耕《たがやし》にあり、一日の計は鶏鳴にあり/一年の計ハ春の耕にあり、一日の計は鶏鳴にある/一年の謀ハ正月《しようがつ》にあり、一日の謀ハ朝《あした》にあり/一年の謀は早春《そうしゆん》に在《あ》り、一日の謀事《はかりごと》は鶏啼《けいてい》に在り】 6①204/12①50/23⑥304/61①29
【一歩《いちぶ》に壱《いち》わ】 27①115
【一文《いちもん》を《お》しミの百文《ひやくもん》うしなひ《い》】 16①193
【一夜《いちや》けんぎや《よ》う】 29①68
【一陽来《いちようらい》ふく/一陽来福《ふく》】→P 16①41/17①25,73
【一粒万倍《いちりゆうまんばい》/一粒満《まん》倍】 7②232/10②330/12①176/22①48/36①43/37③342/62⑧244
【五日《いつか》の風《かぜ》、十日《とおか》の雨《あめ》】 62⑦176
【五日《いつか》水乾《みずかわけ》バ三割違《さんわりちがい》、十日《とおか》乾バ五割《ごわり》損也《そんなり》】 10②321
【一寒一暑《いつかんいつしよ》】 3③109
【一歳計有陽春《いつさいのけいはようしゆんにあり》】 24③276
【一尺《いつしやく》の雪《ゆき》にハ一丈《いちじよう》の虫《むし》を殺《ころ》し、一《いつ》寸《すん》の雪にハ一尺の虫を殺す】 6①198
【一生《いつしよう》ノ計有幼稚《はかりはようちにあり》、一年計有朔《いちねんのはかりはさくたん》

旦《にあり》】 38④237
【一町《いつちよう》面田《おもた》ヨリ一段《いつたん》ノ苗代《なわしろ》ヲコヤセ】 5①30
【一天晴《いつてんはれ》わたりても、西《にし》に雨雲《あまぐも》のこ《ご》とく雲《くも》つかへ《え》たるハ其日《そのひ》ふらす《ず》とも明日《あす》ハ雨《あめ》ふると知《しる》へ《べ》し。又《また》雨の夜《よる》に入《いり》て晴《はる》るハ近《ちか》きうちに又雨ふるもの也《なり》】 6①196
【一夫《いつぶ》十粮《じゆうろう》の耕《たがや》し】 22①79
【一夫《いつぶ》田《た》作《つく》らざれバ、一国其飢《いつこくそのうえ》を受《うく》/一夫田を作らざれバ一国其飢を受】 7①54/10②302
【糸操分三月《いとくりわけみつき》】 35②276
【糸取三日《いととりみつか》】 35②269
【稲美田欲稀薄田欲稠《いねのびでんはうすまきをほつしはくでんはあつまきをほつす》】 6②319
【稲《いね》はいのちの根《ね》/稲は命《いのち》のね】 7②372/20①12
【稲《いね》ハ汚泉《おせん》に宜《よろし》】 12①131
【稲《いね》ハ太陰《たいいん》の精《せい》/稲ハ大陰《たいいん》の精】 12①105/37③255/62⑧273
【稲《いね》ハ水《みず》の濁《にご》るに出来《でき》、米《こめ》ハ土《つち》の動《うご》くに増《ます》】 29①53
【稲《いね》ハ柳《やなぎ》に生《しよう》す《ず》/稲ハ柳に生ず】 4①215/12①132
【猪《いのしし》のかるま】 12①114
【井《い》の底《そこ》の蝦蟆《かえる》の天《てん》の広《ひろ》きを知《し》らさ《ざ》るか《が》こ《ご》とし】 11①14
【命《いのち》の根《ね》】→E 7②371/29①52/40②75/62⑧244
【芋《いも》ハ軟白沙《なんはくしや》に宜《よろ》し】 12①359
【量入而制出《いるをはかりていずるをせいす》】 3③177

【う】

【植物《うえもの》ハ昼過《ひるすぎ》、蒔物《まきもの》ハ上十五日晴天《かみじゆうごにちせいてん》の日《ひ》、土乾《つちかわ》きたる時蒔《ときまく》をよしとす】 22①60
【禹貢《うこう》の土《つち》の位定《くらいさだめ》】 12①75
【ウゴロ一疋《いつぴき》トレバ米二斗《こめにと》ヲ得《え》ル】 24①101
【丑《うし》の日《ひ》ハ四季《しき》にかゝ《かわ》ハらす《ず》、いつも魚川下《うおかわしも》へくた《だ》る】 16①34
【牛《うし》ハ牛連《うしづれ》馬《うま》ハ馬連《うまづれ》】 5①179
【牛《うし》は寝《ね》る程《ほど》に飼《か》ふ《う》】 7②338
【打上《うちあげ》に蹈《ふむ》】 10①116
【打田百日《うちだひやくにち》】 24①68
【うの目《め》たかの目】 48①393
【馬《うま》は立《た》つほと《ど》に飼《か》ふ《う》】 7②339
【梅田《うめた》、枇杷麦《びわむぎ》/梅田枇杷麦】 4①215/12①132
【梅《うめ》ハ花実《はなみ》をかねたり】 13①130
【うゆる物《もの》ハ午《うま》の後《のち》よし】 12①81
【種《うゆる》を稼《か》と云《いい》、斂《おさむる》を穡《しよく》と云《いう》】 12①108

【え】

【榎木《えのき》に金銀《きんぎん》のなりたるためしなし】 16①140
【荏《え》の花《はな》おそくさく年《とし》ハ其国里大風吹《そのくにさとおおかぜふく》】 17①208
【槐《えんじゆ》の兎目《ともく》】 13①237

【お】

【おいてけ堀《ぼり》】 59④390
【老苗《おいなえ》ハ老人《ろうじん》の手足《てあし》】 29①47
【大磯《おおいそ》の処女《おとめ》が涙雨《なみだあめ》】→とらがなみだのあめ 25③275
【大垣《おおがき》、家《や》ノ棟《むね》、味噌《みそ》、薪《たきぎ》】 31⑤287
【大声《おおごえ》に一羽《いちわ》たつより帰《かえ》る雁《がん》】 47⑤271
【大重箱《おおじゆうばこ》でみそする】 28②278
【大水出《おおみずで》れハ《ば》、とちからさきにたつ】 16①319
【大雪《おおゆき》もひがん、小雪《こゆき》も彼岸《ひがん》まで】 24①27
【おかひ《い》こさま】 47③166
【勿レ怠勿レ助長《おこたることなかれたすけますことなかれ》】 5①76
【奢平家《おごるへいけ》、久《ひさ》シカラス《ず》】 38④259
【汚泉《おせん》ハ稲《いね》に宜《よろ》し】 12①75
【おちよおちよとミなおしやれと《ど》も、おちよ計《ばか》りか《が》、おなごし《じ》や《ゃ》か】 53②98
【一昨日《おととい》呑《の》ンだ酒《さけ》、けふ《きよう》酔《よ》ワぬ】 24①51
【親《おや》ハ苦《く》をする子《こ》ハ楽《らく》をして、其《その》子ハ乞食《こじき》する】 22①69
【凡諸木《およそしよぼく》を植《うえ》るに下弦《かげん》の後《あと》、上《じよう》弦の前《まえ》に宜《よろ》し】 6①179

【か】

【蚕《かいこ》やとわば、人《ひと》をもやとへ《え》】 24①77
【柿《かき》ニ七絶《しちぜつ》アリ/柿に七絶あり】 13①148/18①77/56①79
【柿《かき》の木畠《きはた》に榎木田《えのきた》】 17①97
【楮《かご》は南向《みなみむき》の深《ふか》く肥《こえ》たる赤土《あかつち》によし】 12①76
【菓実《かじつ》のなる物《もの》ハ、上十五日《かみじゆうごにち》よし、下《しも》十五日ハ実少《みすく》なし】 13①237
【稼《かせぎ》に追付貧乏《おいつくびんぼう》なし/挊《かせぎ》に追付貧乏なし】 22①69/33①12
【風《かぜ》、雲《くも》に先立時《さきだつとき》ハ雨《あめ》と成《なり》、風、雲に後《おく》るゝ《る》時ハ快晴《かいせい》と知《しる》へ《べ》し】 6①195
【風《かぜ》を得《え》て中打《なかうち》す】 1①61
【蚊空《かそら》に集《あつま》るハ雨降《あめふる》へ《べ》し】 6①192
【帷子麦《かたびらむぎ》に袷稲《あわせいね》】 10①51
【かつに乗《の》る】 7②344
【瓜田《かでん》にハ履《くつ》を納《いれ》す《ず》】 6①123
【蟹《かに》ハ甲《こう》に比《くら》べて穴《あな》す】 23①10
【かのこへ馬把《まぐわ》かくる】 20①267
【稼《か》ハ農事《のうじ》の本《もと》、穡《しよく》ハ農事の末《すえ》なり】 12①109
【菓木《かぼく》ハ上十五日《かみじゆうごにち》に植《うえ》て実能生《みよくな》る】 38③190
【菓木《かぼく》ハ上十五日《かみじゆうごにち》に接《つぎ》て生《なる》】 38③191
【上機《かみはた》にて絹織習《きぬおりなら》ふ《う》事《こと》、半月《はんつき》】 35②276
【茅茨不剪材椽不削《かやいばらをきりそろえずざいのふちをかんなでけずらず》衣裳《いしように》無文《もんようをかざらず》】 6①213
【唐臼踏《からうすふま》ぬよふ《う》】 65④331
【傘《からかさ》の丸《まる》の地《じ》に作《つく》りし物《もの》の代銭《だいせん》にて

傘《からかさ》の買《かえ》る物《もの》ハ百合《ゆり》ト牛蒡《ごぼう》】 24①136

【獺魚祭《かわうそうおまつり》をする】 16①34

【渇《かわき》にせまり井《い》を掘《ほ》る】 5②220

【渇《かわき》に望《のぞみ》て俄《にわか》に井《い》を掘《ほ》り、飢《うえ》に及《およ》んて《で》植田《たをうう》】 10①98

【瓦《かわら》と成《なり》て全《まつた》からんゟ璧《よりたま》と成て砕《くだ》けよ】 22①75

【寒《かん》九《く》日雨《にちのあめ》】 25③285

【寒《かん》九《く》の旬《しゆん》】 3④288

【寒中《かんちゆう》に雪《ゆき》を覆《おおう》ふ】 12①162

【寒中《かんちゆう》之《の》筍《たけのこ》】 63⑤300

【堪忍《かんにん》の成《な》ル堪忍がかんにんかならぬ堪忍するが堪忍】 40②174

【寒《かん》の内《うち》に日和《ひより》よけれハ《ば》来年《らいねん》雨《あめ》少《すくな》し、雨降《ふる》こと頻《しきり》なれハ《ば》来年雨多《おお》し】 6①191

【観音《かんのん》蕎麦《そば》ニ地蔵菜《じぞうな》】 31⑤271

【き】

【菊花《きくか》の隠逸《いんいつ》】 55①14

【吉人《きちじん》は善《ぜん》を為《な》すに日《ひ》もまた足《た》らず、凶人《きようじん》は不善《ふぜん》を為すに日もまた足らず】 5①192

【木《き》に縁《より》て魚《うお》を求《もとめ》る】 31④148

【絹織者《きぬおるもの》は絹を着《き》ず、蓙織者《ござおるもの》は蓙を不敷《しかず》】 1①104

【九牛《きゆうぎゆう》カ《が》一毛《いちもう》/九牛が一毛】 62③74/70②80,86

【九牛《きゆうぎゆう》の一毛《いちもう》】 10②300

【九耕麻《きゆうこうあさ》】 6①147

【九耕麻《きゆうこうあさ》、十耕《じつこう》蘿蔔《らふく》/九耕麻十耕蘿蔔】 6①113/12①217

【九思一言《きゆうしいちげん》】 16①66

【凶年《きようねん》に餓孚《がひよう》たるハ楽《たのしみ》て不励《ふれい》の人《ひと》也《なり》、飢年《きねん》に食不尽《くいつくさず》ハ苦《くるしみ》て勉力《べんりよく》し家《いえ》なり】 6①262

【今日《きよう》の雷《かみなり》ハ雲《くも》に根無《ねな》し】 21①15

【堯風舜雨《ぎようふうしゆんう》】 5②220

【清《きよ》き月《つき》にむら雲《くも》】 60①50

【木綿《きわた》ハ累歳植《るいさいうえ》ナバ真綿《まわた》ニナラン】 5①168

【樹《き》を植《うえ》るに正月《しようがつ》を上時《じようじ》とし、二月《にがつ》を中時《ちゆうじ》とし、三月《さんがつ》を下時《げじ》とす】 6①179

【木《き》を移《うつ》しうゆる事《こと》ハ、下十五日《しもじゆうごにち》をよしとす】 13①238

【移樹無時莫教樹知《きをうつすにときなしきをしてしらしむることなかれ》/木《き》をうゆるに時《とき》なし、木をしてしらしむる事《こと》なかれ】 6①179/13①185

【木《き》を接《つぐ》に三《みつつ》の秘事《ひじ》あり】 13①246

【木《き》を作《つく》るより綿《わた》をつくれ】 15③404

【木《き》をほるに大《だい》なる根《ね》ハ切《きり》ても害《がい》なし、細《ほそ》き根ハ少《すこし》にても剪《きる》へ《べ》からす《ず》】 6①179

【く】

【空鐺《くうとう》ヲ煮《にる》】 5①99

【草《くさ》ハ肥《こえ》となりて地《ち》を肥《こや》す】 14①410

【草廿日《くさはつか》】 1①69

【愚者千慮《ぐしやせんりよ》の一得《いつとく》/愚者の千慮の一得】 7②227/21①7

【九年三年《くねんさんねん》の蓄《たくわえ》】 18①55

【九年《くねん》の洪水《こうずい》】 62⑧280

【雲東《くもひがし》へゆけハ《ば》晴《はれ》、西《にし》へゆけは《ば》雨《あめ》、東《とう》南《なん》の方《かた》へゆけは《ば》晴《はる》る。久雨《ひさあめ》の後北《のちきた》より晴るを北晴《きたはれ》といふ《う》て又二三日《またにさんにち》の内《うち》に雨ふるへ《べ》し】 6①196

【曇《くも》りて電《いなずま》あらハ《ば》其方角《そのほうがく》より風《かぜ》を生《しよう》し《じ》雨降《あめふる》なり。電四方《しほう》にあらハ《ば》大《おお》風《かぜ》、大雨《おおあめ》の萌《きざし》と知《しる》へ《べ》し】 6①194

【位《くらい》た《だ》おれ】 41②50

【蔵《くら》の内《うち》の宝《たから》ハくつる事《こと》あり、身《み》にしむ宝ハくつる事なし】 16①53

【栗《くり》ハうへ《え》付《つけ》にして移《うつ》しうゆべからず】 13①139

【暮雲赤《くれくもあか》きハ晴《はれ》、白雲山《しらくもやま》にあれハ《ば》雨降《あめふり》、但上《ただしうえ》へのほ《ぼ》れハ《ば》晴天也《せいてんなり》。雲の乱《みだ》れ飛《とぶ》ハ大風起《おおかぜおこ》る也】 6①195

【紅《くれない》の雪《ゆき》も嘉瑞《かずい》】 6①199

【委《くわし》く中《なか》うちすること十遍《じつぺん》なれば、八《はち》米《べい》を得《え》る】 12①86

【桑摘二年《くわつみにねん》】 35②269

【鍬盗人《くわぬすつと》の穀割《ごくつぶ》し】 19②427

【桑《くわ》の蝦蟇眼《がまがん》】 13①237

【椹《くわのみ》あかき時黍《とききび》を種《うゆ》べし】 12①178

【椹《くわのみ》黒《くろ》き時雨《ときあめ》の後小豆《のちあずき》を種《うゆ》る】 12①192

【け】

【下百日《げひやくにち》】 20②395

【犬馬《けんば》の齢《よわい》を経《へる》か《が》如《ごと》し】 41②51

【こ】

【毫忽《ごうこつ》の種樹《うえき》も末《すえ》は棟梁《とうりよう》の材《ざい》となる】 3③103

【恒産無《こうさんな》き者《もの》は恒心《こうしん》無し】→つねにさんなきはつねのこころなし 12①12

【恒産無《こうさんな》ければ、因《よ》りて恒心《こうしん》無し】 35①253

【高山《こうざん》ハミ《み》ぢ《じ》んよりつもる】 17①40

【五雨十風《ごうじつぷう》】 47②106

【江南《こうなん》の橘《たちばな》を江北《こうほく》に栽《うえ》れは《ば》枳殻《からたち》と成《なる》/江南の橘を江北に移《うつ》して、枳《からたち》となる】 6①83/35②334

【毫釐千里《ごうりせんり》】 5①58

【毫釐《ごうり》の差《さ》も後《のち》に千里《せんり》の差】 5①192

【亢竜《こうりよう》の悔《くい》】 40②88

【糞《こえ》ヲ惜《おし》ムコト黄金《こがね》ノ如《ごと》ク】 18③369

【五月十三日《ごがつじゆうさんにち》、竹《たけ》を植《うえ》てよし/五月十三日竹を植れハ《ば》極《きわめ》て活《いくる》】 6①185/68④414

【五月《ごがつ》のしろに植《うえ》んゟ《より》は、四月《しがつ》の荒《あら》に植るにはしかし《じ》】 10①51

【五月半夏末《ごがつはんげすえ》ヲマケ、六月《ろくがつ》半夏ワ《は》前《まえ》ヲマク】 38④262

【五月半夏《ごがつはんげ》ハ後《うし》ロ植《うえ》ロ】 31⑤265

【呑《こ》(蚕)紙《がみ》の製一日《せいいちにち》】 35②269

【穀《こく》は民《たみ》の天《てん》とするところ】 7②216

【黒墳《こくふん》ハ麦《むぎ》と黍《きび》とに宜《よろ》し】 12①178

【黒壙《こくふん》ハ麦《むぎ》に宜《よろ》し】 *12*①75

【五穀実則臥人間満則仰《ごこくはみのればふしにんげんはみつればうえむく》】 *6*①203

【心誠《こころまこと》に之《これ》を求《もと》むれば中《あた》らずと雖《いえど》も遠《とお》からず】 *35*①245

【五十大根《ごじゆうだいこん》・四十菜《しじゆうな》】 *24*③289

【五寸《ごすん》ノ鍬《くわ》ヨリ三寸《さんずん》ノ耟《すき》】 *5*①15

【梧桐《ごとう》、月《つき》を知《し》る】 *13*①196

【小蝿飛《こばえとび》て臼《うす》つくも雨《あめ》を催《もよお》すと知へ《しるべ》し】 *6*①192

【五《ご》ふう十雨《じゆうう》/五風《ふう》十雨】 *6*①200/*9*②193/*20*①251/*66*④206/*67*②115/*70*⑥411,423

【五風十雨《ごふうじゆうう》の潤ひ《うるおい》】 *54*①32

【五風條《ごふうじよう》をならさす《ず》十雨塊《じゆううかい》を破《やぶ》らす《ず》】 *6*①262

【牛蒡《ごぼう》ハ至《いたつ》て上《あが》りの宜《よろし》きものにて、上作《じようさく》の年《とし》ハ菅笠一蓋《すげがさいちがい》の下《した》に出来《でき》たる価《あたい》にてすけ《げ》笠を買《かう》】 *6*①131

【悪実《ごぼう》ハ細軟沙《さいなんしや》の地《ち》に宜《よろ》し】 *6*①128

【五畝宅樹之以桑《ごほのたくこれをううるにくわをもつてす》】 *35*①70

【五畝之宅樹之以桑五十者可以衣帛矣《ごほのたくにもううるにくわをもつてせばごじゆうのものはきぬをきるべし》】 *6*①189

【胡麻《ごま》は白地《はくち》に宜《よろ》し】 *6*①106

【胡麻《ごま》ハ蒔《まき》に行《いく》ものと刈収《かりおさめ》て来《く》るものと道《みち》にて行合ふ《いきあう》】 *6*①106

【胡麻《ごま》を夫婦《ふうふ》にて同《おな》じく蒔《まけ》バ実多《みおお》し】 *12*①210

【小麦《こむぎ》かる日《ひ》ハ一年《いちねん》ニ三日《みつか》】 *68*④414

【麳《こむぎ》ハ花《はな》ヲカレ】 *5*①122

【小麦《こむぎ》ハ冬《ふゆ》を過《すぎ》ず、大麦《おおむぎ》ハ歳《とし》を不越《こえず》】 *12*①155

【米《こめ》と言字《いうじ》ハ八十八《はちじゆうはち》と書《かく》】 *19*①39

【今日《こんにち》の一銭目末《いつせんめすえ》の百目《ひやくめ》】 *5*③283

【さ】

【菜色《さいしよく》の愁ひ《うれい》】 *6*①116

【さいてんけづ《ず》らず、ぼうしきらす《ず》/菜《さい》蘭《てん》（采椽）けつ《ず》らす《ず》茅茨《ぼうし》きらす《ず》】 *10*①172/*16*①119

【早乙女膳《さおとめぜん》する】 *27*①112

【作物《さくもつ》ハ花《はな》トレ】 *31*⑤287

【酒《さけ》ハ百薬《ひやくやく》の長《ちよう》】 *21*⑤233

【さゝけ《さげ》ハ三月十八日《さんがつじゆうはちにち》か《が》生《うま》れ日《び》】 *17*①197

【猿《さる》も木《き》から落《おち》る】 *31*②73

【三月四方曇《さんがつしほうくも》り南風《みなみかぜ》ふき出《だ》すハ雨《あめ》、六月未申《ろくがつひつじさる》の方《かた》より吹《ふく》風ハ晴天《せいてん》つゝ《づ》く也《なり》。西北《せいほく》の風ハ日和《ひより》を司《つかさど》り、東《ひがし》風ハいつにても雨なれと《ど》も土用《どよう》と梅雨《ばいう》にハ晴《はれ》を司ル也《なり》】 *6*①194

【三月《さんがつ》は跡《あと》をまけ】 *3*④234

【三月三日《さんがつみつか》晴天《せいてん》なれハ《ば》、桑能《くわよく》栄《さかえ》る、此《この》日《ひ》雨《あめ》ふれは《ば》桑の価尊《あたいとうと》く糸綿《いとわた》も高《たか》し/三月三日晴《はれ》れば、桑よくさかゆるものなり。此日若《もし》雨ふれバ桑の葉《は》、価ひ《あたい》高く綿も高し/三月三日晴れハ《ば》桑能栄《さか》ゆるもの也《なり》。此日雨ふれハ《ば》桑の葉価高く綿も高し】 *6*①191/*13*①120/*25*①117

【三思一行《さんしいちこう》】 *16*①66

【三思一刀《さんしいつとう》】 *16*①66

【三尺寝《さんじやくね》】 *6*①206

【三葱四韭《さんそうしきゆう》】 *12*①285

【三損《さんぞん》のみた《だ》】 *21*⑤233

【三年耕必有一年の食《さんねんたがやせばかならずいちねんのしよくあり》】 *38*③151

【し】

【四時皆方角相応《しいじみなほうがくそうおう》の風也《かぜなり》】 *19*②421

【潮《しお》ふとるハ大風《おおかぜ》のしるし、又山《またやま》あさ《ざ》やかにして近寄《ちかよる》や《よ》うになるも大風の兆也《きざしなり》】 *6*①195

【四海《しかい》の中皆兄弟也《なかみなきようだいなり》】 *6*①63

【四月《しがつ》は前《まえ》をまけ】 *3*④234

【四韭三葱《しきゆうさんそう》】 *12*①279

【絓糸紬一日《しけいとつむぎいちにち》】 *35*②276

【猪《しし》の耕《たがや》し】 *20*①261

【事前《じぜん》ニ定《さだ》ムル則不跲《ときはつまずかず》】 *5*①68

【七年《しちねん》の旱《ひでり》】 *62*⑧280

【七面壱面《しちめんいちめん》】 *17*①176

【十耕蘿蔔《じつこうらふ》、九耕麻《きゆうこうあさ》】 *13*①33

【疾風《しつぷう》の嬾草《なんそう》を吹靡《ふきなび》かすが如《ごと》き】 *47*⑤280

【四木三草《しぼくさんそう》】 *12*①126/*13*①368/*38*③181

【借銭《しやくせん》を質《しち》に置《おく》】 *29*①20

【赤土《しやくど》ハ大豆《まめ》に宜《よろ》し/赤土ハ豆《まめ》に宜し】 *12*①75,184

【十月《じゆうがつ》の小六月《ころくがつ》】 *27*①194

【十月《じゆうがつ》のなげ木《き》】 *13*①237

【十月《じゆうがつ》ハ小六月《ころくがつ》】 *27*①189

【十月八日《じゆうがつようか》天気快晴《てんきかいせい》なれハ《ば》翌年早稲《よくねんわせ》上作也《じようさくなり》。十八日晴天《じゆうはちにちせいてん》なれハ《ば》中稲《なかて》よし、廿八日《にじゆうはちにち》日和《ひより》よけれハ《ば》晩稲《おくて》よし】 *6*①215

【十月八日《じゆうがつようか》ハ大根《だいこん》の嫁取《よめとり》】 *27*①195

【秋耕《しゆうこう》ハ青《あお》きを覆ふ《おおう》】 *12*①53

【十年《じゆうねん》のはかり事《ごと》ハ樹《き》をうゆるにあり/十年の計《はかりごと》ハ樹を栽《うゆる》に有《あり》/十年の計り事ハ木《き》を植《うゆる》にあり/十年の謀《はかりごと》ハ木を植るに有】 *6*①187/*12*①120/*38*③190/*62*⑧256

【樹下北陰《じゆかほくいん》】→D *4*①158/*14*①312

【樹下北陰《じゆかほくいん》に宜《よろ》し】 *13*①79

【種歛《しゆれん》ハ年中《ねんじゆう》の始終《しじゆう》なり】 *12*①108

【春耕《しゆんこう》ハ陽也《ようなり》】 *19*②363

【春雷始《しゆんらいはじめ》て鳴時声烈《なるときこえはげ》しきハ旱也《ひでりなり》。雷声静《らいせいしずか》なるハ雨多《あめおお》し。夏月《かげつ》雷声発《はつ》するハ長雨《ながあめ》なり。又沖《またおき》へ鳴入《なりいる》ときも雨長し】 *6*①194

【上医《じようい》は国《くに》を医《いや》す】 *18*①13

【正月十五日《しようがつじゆうごにち》、朝《あさ》の月残《つきのこ》りなば、苗物《なえもの》沢山《たくさん》としるべし】 *41*②132

【正月二月《しようがつにがつ》の捨松《すてまつ》】 *7*②341

【生者必滅《しようじやひつめつ》・会者定離《えしやじようり》】 *66*⑦366

【小人閑居《しようじんかんきよ》して不善《ふぜん》をなす/小人ハ閑居して不善をなす】 *40*②119/*53*①9

【上農人《じようのうにん》ハ見《み》えさ《ざ》るにとり、中《ちゆう》は見て後芸《のちくさぎ》る】 *30*③262

【上農《じようのう》ハ草《くさ》のいまた《だ》目《め》に見《み》へ《え》さ《ざ》るを芸《くさぎ》り、中農《ちゆうのう》ハ見へ《え》て後《のち》芸り、見へ《え》て後《のち》草《くさ》き《ぎ》らさ《ざ》るハ下《げ》の農人《のうにん》/上《じよう》の農人ハ、草のいまだ目に見えざるに中《なか》うちし芸り、中の農人ハ見え

て後《のち》芸る也《なり》。みえて後も芸らざるを下の農人とす】 6①59/12①85

【上農夫《じようのうふ》ハ糞《こえ》を惜《おし》む事《こと》、黄金《こがね》をおしむがごとし】 12①101

【上農夫《じようのうふ》ハ農具《のうぐ》をよくす】 29①19

【菖蒲《しようぶ》の芽立《めだち》を見《み》て鍬《くわ》を発《おこ》す】 6①31

【乗馬下《じようめおろ》し】 23④163

【食《しよく》は惟《こ》れ民《たみ》の天《てん》、農《のう》は政《まつりごと》の本《もと》】 12①12

【食《しよく》ハ民《たみ》の天《てん》】 13①319

【食《しよく》は人間《にんげん》の天《てん》】 7②372

【女子《じよし》の生《うま》れたる歳《とし》、桐百本植立《きりひやつぽんうえたて》れハ《ば》娘《むすめ》と共《とも》にふとりふとりて已《すで》に嫁《よめ》娶《いり》する頃《ころ》ハ、件《くだん》の桐の価《あたい》にて衣《い》服《ふく》を始《はじめ》、婚嫁《こんか》の入用《にゆうよう》を足《た》すもの也《なり》】 6①183

【諸《しよ》の十三勝《じゆうさんしよう》】 12①389

【しらぬあきなひ《い》せんよりハ、冬田《ふゆた》に水《みず》をつゝ《つ》め】 17①73

【臣々《しんしん》たれハ《ば》君々《きみきみ》たり。君々たれバ臣々たり】 40②67

【人心不同如面《じんしんふどうめんのごとし》】 40②117

【新田堀《しんでんほり》、本田荒《ほんでんあらし》】 19①212

【身命肝胆《しんめいかんたん》を砕《くだ》く】 9②193

【す】

【炊煙《すいえん》のもやもやとして下《した》へくた《だ》る事《こと》あらハ《ば》、近《ちか》キ中《うち》に雨《あめ》ある也《なり》。又灯《またともしび》に黒《くろ》き煙立上《けむりたちのぼ》り、ほのほ《お》下へ低《ひくく》て暗《くら》きハ明日《あす》雨降《ふる》也。又ちらめきて定《さだま》らさ《ざ》るハ翌日風吹《よくじつかぜふく》と知《しる》へ《べ》し】 6①192

【過《すぎ》たるハ猶不及《なおおよばざるがごとし》】 40②85

【業《すぎわ》ひ《い》方《かた》ハ一年《いちねん》の収納《しゆうのう》を四《よつ》つに分《わけ》て、三《みつ》つを以《もつ》て其年《そのとし》の生計《なりわ》ひ《い》として、残《のこるひと》一つを以て不時《ふじ》の備《そなえ》へとすべし】 21⑤228

【すく《ぐ》れて富士山高《ふじさんたか》けれハ《ば》さつたの海《うみ》至而深《いたつてふか》き】 65①10

【すゝ《ず》めか《が》くれ、烏《からす》か《が》くれ】 6①148

【すバるのまんと《ど》きなるを節《せつ》とする】 17①209

【すりばちでみそする】 28②278

【寸善尺魔《すんぜんしやくま》】 47⑤279

【せ】

【不為《せざる》と不能《あたわざる》】 35②374

【銭《ぜに》の廻《まわ》り】 47①39

【千畦《せんけい》の韮《にら》を持人《もつひと》、千戸侯《せんここう》の富《とみ》に等《ひと》し】 38③173

【前車《ぜんしや》ノ覆《くつがえ》ルヲ見《み》テ後車《こうしや》ノ戒《いまし》メ】 31⑤246

【千樹橘《せんじゆきつ》を相応《そうおう》の地《ち》にて持《もち》たる人《ひと》ハ、其富《そのとみ》、千戸侯《せんここう》とひとし】 13①176

【千樹《せんじゆ》の漆《うるし》をうへ《え》て持《もち》たる人《ひと》ハ、千戸《せんこ》侯《こう》とひとし】 13①111

【千駄《せんだ》のこやし】 3④219

【千駄《せんだ》の糞《こやし》より一時《いつとき》の旬《しゆん》をもつてせよ】 3④234

【せんだんは二葉《ふたば》より芳《かんば》しく、蛇《へび》は一《いつ》寸《すん》にして其気《そのき》を含《ふく》む】 41④203

【千本梨子《せんぼんなし》を持《もて》ハ《ば》郡主《ぐんしゆ》の富《とみ》に不劣《おとらず》】 38③183

【千里《せんり》の道《みち》も壱歩《いつぽ》より起《おこ》る】 16①78

【千里《せんり》ハ足下《そつか》に始《はじま》り、高山《こうざん》ハ微塵《みじん》に発《おこ》ル】 19②362

【善《ぜん》を修《しゆ》すれバ福《ふく》を蒙《こうむる》】 66⑦371

【そ】

【倉廩実《そうりんじつ》して礼節《れいせつ》を知《し》り、衣食足《いしよくたり》て栄《えい》辱《じよく》を知る】 6①5

【葬礼《そうれい》の後《あと》の医者咄《いしやばな》し】 7②373

【粟《ぞく》なる者《もの》は政《まつりごと》の本務《ほんむ》】 5③244

【其業《そのわざ》を能《よく》せんと思《おもわ》ば、其器《き》を利《り》せよ】 38③200

【そば地《じ》ハ耕《たがや》すこと三遍《さんべん》なれば、三《さん》重《じゆう》に実《み》がなる物《もの》なり】 12①169

【蕎麦百日《そばひやくにち》の内《うち》に実登《みの》り仕廻作《しまうさく》】 23⑥337

【蕎麦《そば》をまきに行《ゆく》とき水汲《みずくみ》にあひ《い》てもよからす《ず》】 6①103

【た】

【太陰《たいいん》の精《せい》/大陰《たいいん》の精】 1③277/10②345/12①130

【大塊《たいかい》の間《あいだ》に秀苗《しゆうみよう》なし】 4①219/12①136

【大塊《たいかい》の間《あいだ》に美苗《びみよう》なし/大塊之間ニ美苗なし/大塊之間に美苗なし】 4①232/8①173/38③139

【大根《だいこん》の年取《としとり》】 25①146

【大根《だいこん》は細輭《こまかにやわらか》なる沙土《すなつち》に宜《よろ》し/大根ハ細軟沙《さいなんしや》の地《ち》に宜し】 6①111/12①75

【大根畠《だいこんばた》を十遍《じつぺん》も耕《たがや》せバ、鬚少《ひげすこし》もなし】 12①218

【大樹《たいじゆ》も二葉《ふたば》よりなる】 53⑤294

【大豆三度蒔不作《だいずさんどまきふさく》】 67⑤235

【大豆《だいず》は花《はな》を見《み》て草切《くさぎ》る】 23⑥329

【大豆《だいず》ハ半夏入《はんげいり》て蒔《まく》は悪《あしし》】 19②382

【大明《たいめい》に私照《ししよう》なく、至公《しこう》に私親《ししん》なし】 22①47

【田植候節《たうえそうろうせつ》ハ卯《う》の花開《はなひらき》、故《ゆえ》ニ五月《さ》乙《おと》女花《めばな》と云《いう》】 19①188

【高《たか》ひ《い》山《やま》から谷底見《たにそこみ》れハ《ば》、おまんかハ《わ》ひ《い》や布《ぬの》さらす】 53②98

【鷹野《たかの》の犬程《いぬほど》なる寸功《すんこう》】 47⑤279

【工《たくみ》その事《こと》をよくせんとするに、必《かなら》ず先《まず》その器《き》を利《と》くす】 14①58

【竹《たけ》ハ三《さん》を留《とめ》四《よん》を去《さ》る】 38③189

【竹《たけ》をうゆるに時《とき》なし。雨《あめ》を得《え》て十分《じゆうぶん》生《おう》】 13①223

【竹《たけ》を伐《きる》に、三《さん》を留《とめ》、四《し》を去《さる》】 13①225

【たねばつを配《くば》る】 25③275

【種子《たね》蒔節《まくせつ》にハ桜花咲《さくらばなさく》。依之《これにより》たねまき桜《ざくら》と云《いえ》リ】 19①188

【種子《たね》を取《とる》に時有《ときあり》】 19②391

【種子《たね》を浸《ひたす》には寒水《かんすい》を用《もちう》】 19②404

【楽《たの》しみハ苦《く》の種《たね》】 64④300

【民《たみ》は国《くに》の元《もと》、元固《かた》けれハ《ば》国安《やす》し/民は

国の本《もと》、本固けれバ国寧《やすし》/民ハこれ邦《くに》の本、もと堅《かた》けれバ国やすし】 *13*①319/*15*②133/*68*④411
【民《たみ》ハこれ邦《くに》の本《もと》なり】 *13*①363
【誰知盤中餐粒々皆辛苦《たれかしるばんちゅうのさんりゅうりゅうみなしんく》】 *15*①60
【誰《たれ》も皆《みな》わが身《み》をつミて思《おも》ふ《う》べし命《いのち》ハを《お》しきものと知《し》らずや】 *60*②99
【反八《たんはち》】 *29*①75

【ち】

【地気発《ちきはつ》して天《てん》を覆《おおわ》さ《ざ》るハ霧《きり》となる也《なり》。天《てん》にありて日月《じつげつ》を見《み》る事《こと》あたハ《わ》さ《ざ》る物《もの》を霞《かすみ》とし、地にありて前《ぜん》後《ご》の人《ひと》を見さ《ざ》るを霧とすといへ《え》り】 *6*①197
【地《ち》の道《みち》ハ種《うゆ》ることを尊《たつと》ぶ】 *12*①127
【茶釜《ちやがま》を脊負《せお》わせて下山《げざん》する】 *24*①26
【茶《ちや》ハ樹下北陰《じゆかほくいん》に宜《よろ》し】 *6*①154
【中《ちゆう》のあふ《ぶ》り葉《は》】 *23*⑤261
【長者二代《ちようじやにだい》なし】 *16*①52

【つ】

【疲馬《つかれうま》に鞭恐《むちおそ》れす《ず》】 *10*①167
【月《つき》の出色白《でいろしろ》きハ雨《あめ》なり、赤《あか》くして光《ひか》れるハ旱《ひでり》と知《しる》へ《べ》し。雲多《くもおお》きハ風《かぜ》ふく、暈《かさ》あるハ雨と成《なり》、暈薄《うす》きハ風と成、暈ありても早《はや》く消《きえ》れハ《ば》晴《はる》る也《なり》。月の光つよくさへ《え》たるハ風、光うすきハ雨と成、又《また》月の中《なか》に雲かゝ《か》るハ風となり、月の傍《かたわら》に黒《くろ》雲起《おこ》るハ大水《おおみず》の兆《きざし》也】 *6*①193
【月《つき》のはし《じ》め、三日月《みかづき》のさき尖《とが》りて光《ひかり》あるハ其月《そのつき》ひて《で》りする。さきとか《が》らす《ず》して光うすきハ其月雨多《あめおお》し。又宵《またよい》に能《よく》さへ《え》て、後《のち》光薄《うす》きも雨《あめ》ふる。或《あるい》ハ三日月の下《した》に黒雲横《くろくもよこ》たハ《わ》れるハ明日《あす》雨ふると知《しる》へ《べ》し】 *6*①193
【月夜之内大豆蒔不作《つきよのうちだいずまきふさく》】 *67*⑤235
【土一升米一升《つちいつしようこめいつしよう》】 *29*①43
【土《つち》の味《あじ》を皆《みな》とる農人《のうにん》ハいまた《だ》見《み》す《ず》】 *6*①207
【常《つね》に産《さん》なきは、常の心《こころ》なし/恒《つね》の産なき時《とき》ハ常の心なし/恒の産なければ恒の心なし】 *12*①19/*23*⑥307/*35*②390
【燕《つばめ》ハ春社《はるしや》に来《き》秋社《あきしや》にかへ《え》る】 *10*②371

【て】

【テツカリ千俵《せんぴよう》】 *25*③270
【手苗《てなえ》二十日《はつか》/手苗廿日《はつか》】 *25*①45/*36*③195
【手《て》に尋《つい》で労《ろう》す】 *23*①19
【天赤《てんあか》きハ風吹《かぜふき》、空黄《そらき》なるハ雷雨《らいう》する】 *6*①192
【天一太郎《てんいちたろう》といふ《う》ハ、天一天上《てんじよう》の朔日《ついたち》にあたるをいふ《う》】 *6*①196
【天下《てんか》の物《もの》、二《ふた》つながら全《まつた》き事《こと》なし】 *13*①130
【天子諸侯必公桑蚕室《てんししよこうかならずこうそうさんしつ》あり】 *35*①70
【天道《てんどう》ハ地《ち》の利《り》にしかす《ず》、地ノ利ハ人《ひと》の和《わ》にしかす《ず》】 *6*①208
【天道人《てんどうひと》を殺《ころ》さず】 *68*②261
【天《てん》の時不如地利《ときはちのりにしかず》、地《ち》の利《り》も人《ひと》の和《わ》にしかず】 *1*①32
【天《てん》は材《ざい》を生《しよう》じて不尽《つきず》】 *3*③116

【と】

【東夷南蛮西戎北狄《とういなんばんせいじゆうほくてき》】 *35*②324
【東家《とうか》に竹《たけ》を種《うゆ》れバ、西家《さいか》に土《つち》を種る/東隣《とうりん》に竹を植《うえれ》ハ《ば》西家にて土を植《うえ》よ】 *13*①224/*38*③189
【東作《とうさく》を平秩《へいちつ》にする】 *13*①313
【冬至《とうじ》にふり出《だ》したる雨《あめ》ハ久《ひさ》しくふるとなり】 *6*①196
【盗泉《とうせん》の水《みず》ハ飲《のま》ず】 *35*②370
【東南《とうなん》の風《かぜ》ハ雨《あめ》をこふ《う》風《かぜ》】 *17*①52
【遠《とお》き上田《じようでん》ゟ《より》近《ちか》き下田《げでん》にはしかし《じ》】 *10*①11
【鳶朝鳴ハ雨降《とびあさなけばあめふり》、暮《くれ》に鳴《なく》ハ晴《はる》る也《なり》】 *6*①192
【飛出《とびだし》の商《あきない》ひ《い》より冬田《ふゆた》へ水《みず》を入《い》レ】 *24*①139
【斗米三銭《とまいさんせん》】 *38*④234
【土用《どよう》に青田《あおた》なし】 *4*①60
【土用《どよう》ニ子賦《こくばり》】 *5*①105
【土用《どよう》の濁蒔《にごりまき》】 *27*①45
【虎《とら》が泪《なみだ》の雨《あめ》】→おおいそのおとめがなみだあめ
*10*②364
【虎ゟ《とらより》も主君《しゆくん》を恐《おそる》】 *10*①12
【捕《と》り得《え》てハ放《はなつ》ことなし】 *17*①129

【な】

【苗山築《なえやまつき》て桑尋《くわたず》ネ】 *24*①41
【鋤《なかうち》すること八遍《はちへん》なれバ、犬《いぬ》を餓殺《がさつ》す/中打《なかうち》する事《こと》八遍なれハ《ば》犬を餓殺す】 *6*①61/*12*①88
【中《なか》うち八返《はちへん》して諸作粃《しよさくしいな》なし】 *62*⑧272
【中《なか》うちを十遍《じつぺん》すれバ、八米《はちべい》を得《え》る】 *12*①159
【梨《なし》は菓王《かおう》】 *13*①137
【梨《なし》ハ百《ひやつ》菓《か》の長《ちよう》】 *13*①134
【茄子《なす》は花《はな》を植《うえ》よ】 *3*④283
【夏之肥者井上《なつのこえはいのうえ》ニヲ《お》ケ】 *8*①49
【夏《なつ》の南風《みなみかぜ》は晴《はれ》を司《つかさど》り、秋《あき》ノ西風《にしかぜ》ハ雨《あめ》と成《なり》、冬《ふゆ》の南風ハ三日霜《みつかしも》を飛《とば》す也《なり》】 *6*①195
【夏《なつ》の虫飛《むしとん》で火《ひ》に入《いる》】 *23*⑥330
【夏日夕立雨降《なつびゆうだちあめふ》らず】 *25*③274
【棗《なつめ》の鶏口《けいこう》】 *13*①237
【棗《なつめ》は惣身十二経《そうみじゆうにけい》にめぐる】 *7*②360
【七《なな》へんけつ《ず》り七度《ななど》こやしをするに土《つち》

程麦有之《ほどむぎこれあり》】 *17*①176

【苗代時《なわしろどき》ハひとりずざ(従者)の逃《にげ》る】 *19*②401

【苗代《なわしろ》平《ならす》に杁《えぶり》にてならさぬ物《もの》】 *19*②404

【南部《なんぶ》の案山子《かかし》】 *25*①92

【南陽谿上《なんようけいじょう》の趣《おもむき》】 *55*①15

【に】

【二月《にがつ》のツシゴヲ《お》ロシ】 *24*①27

【虹《にじ》ハ日《ひ》と雨気《うき》と交《まじり》て忽然《こつぜん》として質《しつ》をなす也《なり》。日の映《えいず》る所《ところ》に随《したがう》ふ故《ゆえ》に、朝《あさ》に西《にし》にあらハ《わ》れてハ雨《あめ》を催《もよお》し、暮《くれ》に東《ひがし》にあらハ《わ》る丶《る》時《とき》ハ日和《ひより》と成《なる》。或《あるい》ハ真直《ますぐ》なる虹ちらちらと出《で》るハ風《かぜ》の兆《きざし》なり。又色《またいろ》あさ《ざ》やかなるを雄《お》として虹と云《いい》、色《いろ》薄《うす》き物《もの》を雌《め》として蜺《にじ》といふ《う》といへ《え》り】 *6*①194

【廿八日雨降《にじゅうはちにちあめふり》は朔日《ついたち》多《おお》く雨あるへ《べ》し】 *6*①197

【日没《にちぼつ》に雲多《くもおお》きハ雨《あめ》、色紅《いろくれない》なるハ風《かぜ》、晴輝《せいき》なるハ晴《はれ》を司《つかさどり》、光《ひかり》なきハ雨と成《なり》、色の青《あお》きハ風となる也《なり》】 *6*①192

【二百十日《にひやくとおか》に風無《かぜなし》】 *27*①167

【二百十日《にひやくとおか》ゟ《より》水《みず》イラズ】 *8*①48

【鶏《にわとり》をかねにし而《て》働《はたら》くべし】 *1*①101

【人参作《にんじんさく》ハ運作《うんさく》】 *48*①239

【人参種《にんじんたね》ニ宿貸《やどか》スナ】 *31*⑤270

【胡萄《にんじん》は種子《たね》を家《いえ》に不入《いれず》/人参《にんじん》ハ種《たね》を家内《かない》に入《いれ》さ《ざ》る物《もの》】 *33*⑥363/*38*③157

【人参《にんじん》は百薬《ひやくやく》の長《ちょう》たり】 *40*②150

【ね】

【禰宜《ねぎ》の不信心《ふしんじん》】 *40*②122

【ねこの手《て》もかりたき時《とき》】 *30*③255

【子《ね》の日《ひ》、午《うま》の日に蒔《まけ》ハ《ば》七里《しちり》の内《うち》なを《お》からし】 *22*②123

【ねミ《み》丶《み》に水《みず》】 *16*①294

【年貢《ねんぐ》ハ掛樋《かけい》の水《みず》の如《ごと》し、水上絶《みなかみたえ》れは《ば》いか程《ほど》せか《が》ミても末《すえ》へ水は不参《まいらず》候《そうろう》】 *10*①13

【年中《ねんじゅう》の食柱《くいばしら》】 *25*①50

【の】

【農《のう》は天下《てんか》の大本《おおもと》なり】 *13*①314

【農《のう》は天下《てんか》の本《もと》、本立《たち》て道生《みちしよう》ず】 *19*①13

【農《のう》ハ天下《てんか》の本也《もとなり》。本固《かた》ければ国安《くにやす》し】 *18*①37

【は】

【白地《はくち》ハ胡麻《ごま》に宜《よろ》し】 *12*①208

【初《はじめ》の耕《たがや》しハ深《ふか》きをよしとす】 *12*①53

【柱《はしら》ニハ虫《むし》イリ耜《すき》ノ柄《え》ニハ虫イラズ】 *5*①172

【畠水練《はたけすいれん》】→みずおよぐわざをはたけにてならえる *70*⑥414

【畠《はたけ》に游《およぎ》を習《ならう》ふ】 *21*①92

【八月小麦《はちがつこむぎ》にハこやしなし】 *17*①165

【八月十五夜《はちがつじゅうごや》に雲《くも》なき年《とし》ハ小麦《こむぎ》よし】 *62*⑨376

【八十八夜名残《はちじゅうはちやなごり》の霜《しも》】 *10*②361

【八十八夜《はちじゅうはちや》に田《た》の苗《なえ》を振《ふれ》ば能生《よくはゆ》る】 *38*③196

【八十八《はちじゅうはち》やのみほ《ぼ》し】 *40*②141

【八十八夜《はちじゅうはちや》の分《わか》れ霜《じも》/八十八夜の別《わか》レ霜】 *24*①44/*25*③273

【鳩鳴《はとなき》て反《かえ》す声《こえ》あるハ晴天也《せいてんなり》、反す声なきハ雨《あめ》ふる】 *6*①192

【鼻《はな》そひ《い》で酒買《さけかう》】 *29*①73

【隼《はやぶさ》を驚《おどろか》す】 *11*①5

【梁《はり》の下《した》の将軍《しようぐん》】 *1*①111

【春風《はるかぜ》に草木発生《くさきはつせい》し秋風《あきかぜ》に実《みの》る事《こと》、天《てん》地《ち》の常《つね》なり】 *19*②421

【春雨《はるさめ》ふりて山《やま》の根雲《ねくも》ちき《ぎ》れたるハ頓而晴《やがてはる》るなり】 *6*①196

【はる七返《しちへん》より、寒《かん》に三度《さんど》のこゑ《え》ハ能《よく》きく】 *28*②268

【春《はる》の甲子《きのえ》ニ雨《あめ》ふりて終日《しゆうじつ》ふらさ《ざ》れハ《ば》麦《むぎ》なし】 *68*④404

【春《はる》の耕《たがや》しハ手《て》について《で》労《ろう》す/春の耕しハ手に尋《つい》で労す】 *7*①55/*12*①51

【春《はる》の花曇《はなぐも》り】 *21*①17

【春《はる》は御彼岸様《おひがんさま》、秋《あき》はヒガン】 *24*①109

【半夏入《はんげはいれ》ハ《ば》手苗《てなえ》を置《おき》てまめをまけ/半夏入《いり》てハ手苗を置て大豆《まめ》をまけ】 *19*①38, ②382

【半夏八日蒔《はんげようかまき》】 *24*③295

【晩年《ばんねん》の人《ひと》の稽古《けいこ》の如《ごと》し】 *23*③156

【榿樹三年可為薪《はんのきさんねんにしてたきぎとしてかなり》】 *6*①184

【万物風《ばんぶつかぜ》を以《もつ》て動《うご》き、風を以て化《か》する】 *7*②273

【ひ】

【日入《ひいり》て後西赤《のちにしあか》くして次第《しだい》に薄《うす》く成《なる》ハ晴天《せいてん》、又《また》赤くして頓而黒《やがてくろ》く成ハ雨《あめ》となる、日の高入《たかいり》するハ日和《ひより》かわると知《しる》へ《べ》し】 *6*①192

【彼岸太郎土用次郎《ひがんたろうどようじろう》】 *25*③270

【彼岸《ひがん》の雀《すずめ》かくし】 *7*②311

【日岸《ひがん》ノツマミ菜《な》】 *31*⑤272

【ヒガン入《はい》ツテノ麦《むぎ》ノ肥《こえ》】 *8*①101

【久雨《ひさあめ》の後《のち》、戌亥子丑《いぬいねうし》の時《とき》、山《やま》の根《ね》すきたるハ晴天《せいてん》に成《なる》へ《べ》し】 *6*①196

【久雨《ひさあめ》の後《のち》に茸朝《きのこあさ》に出《で》るハやか《が》て晴《せい》天《てん》なり。茸暮《くれ》に出るハ未雨《まだあめ》ふるへ《べ》し】 *6*①197

【旱《ひでり》に舟《ふね》をおもひ夏日《いかじつ》に裘《きゆう》をワすれず】 *6*①166

【壱鍬《ひとくわ》ニ千石《せんごく》、弐《ふた》鍬ニ弐《に》千石、三《み》鍬ニ三《さん》千石、跡《あと》は不知数《かずしれず》】 *9*③262

【人《ひと》ハ子《ね》にふし、寅《とら》にを《お》きて勤《つとめ》る事《こと》沙《さ》法《ほう》なり】 16①65

【人《ひと》真《ま》似《ね》作《づくり》】 1①23

【一人《ひとり》出《しゅつ》家《け》すれバ九族天《きゅうぞくてん》に生《うま》る】 23④173

【人《ひと》を以《もつて》田《た》を耕《たがや》す】 25①7

【日《ひ》の上下《じょうげ》に雲《くも》の竜《りゅう》のこ《ご》とくに見《み》ゆるハ雨《あめ》と成《なり》、輪《わ》の形《かたち》なるハ大風《おおかぜ》、糸《いと》のこ《ご》とくなるハ霰《あられ》、雲乱《くもみだれ》たるハ風起《かぜおこ》る也《なり》。秋日東南《しゅうじつとうなん》の方《かた》より白《しろ》き雲の西北《せいほく》へ到《いた》り、次第《しだい》につゝ《づ》けハ《ば》大風となるへ《べ》し】 6①196

【日《ひ》の出色《でいろ》、赤《あか》きハ雨《あめ》、黄《き》なるハ大風《おおかぜ》、青《あお》きハ風雨也《ふううなり》】 6①192

【百五《ひやくご》とやらの霜《しも》】 2①23

【百姓《ひやくしよう》の小金《こがね》は仏壇《ぶつだん》ト馬《うま》に成果《なりはて》ル】 24①49

【百姓《ひやくしよう》ハ菜種《なたね》きらすな、公事《くじ》するな】 68④406

【百善百行《ひやくぜんひやつこう》】 3③121

【百銭《ひやくせん》を以一銭《もつていつせん》の求《もとめ》し理《ことわり》】 41②48

【百日《ひやくにち》の旱《ひでり》に青菜《あおな》あり、百日の霖雨《ながあめ》に青草《くさ》なし】 7②273

【百日《ひやくにち》の旱《ひでり》もさか《が》さねハ《ば》干《ひ》ぬ】 29①74

【百《ひやく》ノ法《ほう》ヲ説《と》カンヨリ、一《いち》ノ実功《じつこう》ヲ顕《あらわ》スニ如《し》カズ】 18③366

【百菓《ひやつか》の長《ちよう》】 14①372/38③183

【檜山《ひやま》のひの木《き》ハ自火《じか》を出《だ》し木を焼《やく》】 66③159

【昼《ひる》ハ尒《なん》ヂ《じ》茅《かや》カレ宵《よる》ハ尒縄《なんじなわ》ナへ《え》】 5①182

【貧福《ひんぷく》ハ朝起《あさおき》と朝寝《あさね》に有《あり》】 31③124

【ふ】

【分限《ぶげん》より内《うち》ハ《わ》なるか《が》よし/分限より内ハなるを以《もつ》てよしとす】 6②269,270

【藤《ふじ》の花開《はなひらき》たる時《とき》ハ胡麻《ごま》をまき、漆《うるし》木《ぎ》の葉萌出《はもえで》る時ハ瓜《うり》を植《うえ》、又晩麻《またおくあさ》を蒔《まく》と伝《つた》へ《え》り】 19①188

【婦人《ふじん》の仁《じん》】 23④200

【不足《ふそく》は不農《ふのう》に生《しよう》ず】 5③244

【船《ふね》のあしをミんより人《ひと》の足《あし》をミよ】 16①57

【冬肥《ふゆごえ》井底《いそこ》ニ置《お》ケ/冬之肥《ふゆのこえ》ハ井ノ底ニ置ケ】 8①87,102

【冬寒《ふゆさむ》からさ《ざ》れハ作《ばさく》もよからす《ず》】 4①186

【冬田《ふゆた》に水《みず》をかこへ《え》】 40②135

【へ】

【下手《へた》の長縄《ながなわ》】 10①106

【蛇木《へびき》にのほ《ぼ》れハ《ば》かならす《ず》雨《あめ》ふる。霖《りん》雨《う》の中《なか》鶏《にわとり》屋根《やね》にのほ《ぼ》りて心地《ここち》よく啼《なく》は、やか《が》て快晴《かいせい》と成也《なるなり》】 6①198

【ほ】

【彭澤籬下《ほうたくりか》の興《きよう》】 55①15

【豊年《ほうねん》にハ凶年《きようねん》を忘《わす》れす《ず》、凶年にハ豊年を思《おも》ふ《う》】 36①66

【傍輩咲敵《ほうばいえみがたき》】 18②242

【は《ほ》うれん草《そう》ハ蒔《まき》て、月朔《つきついたち》を過《すぎ》ざれば生《はえ》ぬ物《もの》といひ《い》ならハ《わ》せり】 12①301

【星《ほし》の光《ひかり》ひか《びか》ひか《びか》として動《うご》く様《よう》に見《み》ゆれハ《ば》明日風《あすかぜ》ふく、近《ちか》くして大《だい》に見ゆるハ雨《あめ》、又《また》くらきも雨也《なり》。星に赤《あか》き輪《わ》のあらハ《わ》るゝ《る》ハ風吹《ふく》と知《しる》へ《べ》し】 6①193

【ま】

【まへ《え》をもつ】 17①118

【蒔物《まくもの》ハ午《うま》の前宜《まえよろ》し】 12①81

【誠《まこと》なる者《もの》は天《てん》の道《みち》なり。誠なる自《よ》りして明《あき》らかなる、之《これ》を性《せい》と謂《い》う】 35①244

【先利其器悦以使人人忘《まずそのきをするどくすよろこびもつてひとをつかえばひと》其労《そのろうをわする》】 6②277

【松《まつ》は百木《ひやくぼく》の長《ちよう》】 13①184

【松《まつ》ハ峰《みね》、杉《すぎ》ハ谷《たに》に植立《うえたて》る】 56①165

【松《まつ》ハ峰《みね》、杉《すぎ》・檜《ひのき》ハ谷《たに》に植《う》うべし】 62⑧264

【松《まつ》ハ峰《みね》に宜《よろ》し。杉者谷《すぎはたに》によろし/松ハ峰に宜し杉ハ谷に宜し】 12①76/56①165

【豆《まめ》のにた蒔《まき》】 12①186

【大豆《まめ》ハ槐《えんじゅ》に生《しよう》ず】 6①95/12①187

【大豆《まめ》ハ場《にわ》に熟《じゆく》す/豆《まめ》ハ場に熟す】 6①95/12①111,188

【豆《まめ》ハ花《はな》を芸《くさぎ》り、麻《あさ》ハ地《じ》を芸る】 13①35

【真綿紡績半年《まわたつみはんとし》】 35②276

【真綿引一月《まわたひきひとつき》】 35②269

【真綿《まわた》むき一年《いちねん》】 35②269

【満天《まんてん》に雲《くも》あれと《ど》も山《やま》にた《だ》に雲なけれハ《ば》雨《あめ》ふらす《ず》。一天《いつてん》に雲尽《つき》れハ《ば》三日《みつか》の中《うち》に雨ふるへ《べ》し、又《また》満天の雲の色黄《いろき》なるハ晴《はれ》を司《つかさど》ル也《なり》】 6①195

【み】

【三足一足《みあしひとあし》】 13①55

【実《み》が入《はいら》ハ《ば》、稲《いね》はうつむく人《ひと》ハそる、おのづ《ず》と命《いのち》か《が》ちゝ《ぢ》めこそする】 61③132

【鶚《みさご》・獺《かわうそ》ノすし】 67⑥262

【みさごのすし】 12①114

【ミ《み》ぢ《じ》んつもりて山《やま》となる/微塵積《みじんつも》れハ《ば》山《やま》と成《なる》】 16①77/19②284

【水游《みずおよ》ぐ術《わざ》を畠《はたけ》にて習《なら》へ《え》る】→はたけすいれん 7②376

【水清《みずきよ》けれハ《ば》底《そこ》に住魚《すむうお》なき】 4①197

【水《みず》は方円《ほうえん》の器《うつわ》にしたか《が》ひ《い》、ひとのこゝ《こ》ろにかなひ《い》、船《ふね》をうかへ《べ》、筏《いかだ》を流《なが》すに便有《べんあり》】 16①268

【水《みず》は方円《ほうえん》の器《うつわ》に随《したが》ふ《う》】 65③279

【水《みず》は水《みず》にて防《ふせぐ》】 65③223

【水《みず》まさハ雨《あめ》を司《つかさど》り、但白《ただししろ》きかたまりたる雨雲出《あまぐもで》て後《のち》、水まさのこ《ご》とくに別《わか》るゝ《る》ハ晴天《せいてん》なり】 6①195

【水能船《みずよくふね》をうかべ順《じゆんず》すれハ《ば》帆《ほ》よく風《かぜ》にまかす】 65①12

【味噌菜《みそざい》ハ、長者《ちようじや》も三年《さんねん》たもたず】 24①51

【三粒《みつぶ》いたゝ《だ》き】 17①85,96

【南高藪《みなみたかやぶ》・殿隣《とのどなり》】 16①121

【耳《みみ》に替《かえ》ても】 29①14

【む】

【麦黄《むぎき》なる時麻《ときあさ》を蒔《まき》、麻黄なる時、麦を蒔《まく》】 13①34

【麦《むぎ》に灰《はい》なくハ《ば》蒔《まく》ことなかれ/麦に灰なくハ《バ》まくべからず】 12①155/41⑦326

【麦《むぎ》には百日《ひやくにち》の蒔時分《まきじぶん》】 7②290

【麦《むぎ》ノ肥《こえ》ト親《おや》ノ意見《いけん》ハ若《わか》ヒ《い》内《うち》ニセネバキカヌ】 31⑤280

【麦《むぎ》ノコネマキ・ソバノ背《せ》ヤキ】 5①168

【麦《むぎ》の中打十篇《なかうちじつぺん》すれば、八木《はちぼく》を得《う》る】 38③194

【麦《むぎ》ハ秋蒔《あきまき》て冬長《ふゆちよう》じ、春秀《はるひい》で夏熟《なつじゆく》し、全《まつた》く四季《しき》の気《き》を得《え》て穀《こく》と成《なる》】 12①164

【麦《むぎ》ハ牛《うし》のひたいに植《うえる》】 29①75

【麦《むぎ》ハ黒墳《こくふん》に宜《よろ》し/麦は黒墳に宜し】 6①87/12①152

【麦畑《むぎばたけ》としうとハふむほと《ど》よし】 17①176

【麦《むぎ》ハ猫《ねこ》ノ面《つら》ニツクレ】 31⑤280

【麦《むぎ》ハ百日《ひやくにち》の蒔《まき》しほ《お》を持《もち》て三日《みつか》の刈《かり》しほ《お》をもたず】 23⑤260

【麦蒔初丑《むぎまきはつうし》の日《ひ》】 19②429

【麦《むぎ》を食《く》ふ《う》と夢《ゆめ》に見《み》れば命長《いのちなが》し】 7②289

【麦《むぎ》をつくらハ《ば》六月《ろくがつ》つくれ】 16①262

【麦《むぎ》をハ《ば》福者《ふくしや》の子《こ》にまかせ、大豆《まめ》をハ《ば》鳩《はと》の餌《えさ》にせよ】 17①177

【無諍三昧《むじようざんまい》ノ大至楽《だいしらく》】 55①72

【無用《むよう》ノ骨《ほね》】 5①99

【も】

【木奴千無凶年《もくどせんあればきようねんなし》/木奴《もくぬ》千《せん》、凶年なし】 13①176/18①68

【木奴《もくぬ》に凶年《きようねん》なし】 56①94

【もずの草《くさ》ぐき】 12①114

【物《もの》ごと進《すすむ》は陽《よう》なり。後《おくるる》ハ陰《いん》なり】 12①82

【茂木之《もぼくの》もとニ者《は》豊草《ほうそう》なし/茂木の下《もと》に豊草なし/茂木の下に繁草無《はんそうな》し】 7②238,251/8①173

【茂木《もぼく》のもとに豊草《ほうそう》なく、大塊《たいかい》の間《あいだ》に美苗《びみよう》なし/茂木の元《もと》に豊草なく、大塊の間に豊作《ほうさく》なし/茂木の本《もと》に豊草なく、大塊の間に美苗なし/茂《も》木《ぼく》之《の》下《もとに》無豊草《ほうそうなく》大塊《たいかい》之《の》間《あいだに》無美苗《びみようなし》/茂木の下《もと》に秀草《しゆうそう》なく、大塊の下に美苗なし】 6①207,②287/12①60/38③177/67⑥314

【桃栗三年《ももくりさんねん》、柿八年《かきはちねん》】 16①142

【桃栗三年梨柿八年《ももくりさんねんなしかきはちねん》】 6①183

【桃《もも》の花始《はなはじめ》て咲《さく》を時《とき》とす】 6①99

【靄《もや》ハ夏月盛《かげつさかん》に聳《そびえ》、霧《きり》に似《に》て露《つゆ》の変《へん》す《ず》るなり。故《ゆえ》に草木《くさき》の根《ね》をからし青田《あおた》の病《やまい》を生《しようじ》るなり】 6①198

【靄山《もややま》にのほ《ぼ》るか如《がごと》くなるハ晴天《せいてん》、里《さと》にくた《だ》るこ《ご》とくなるハ則雨《すなわちあめ》となる也《なり》】 6①198

【もろもろの草《くさ》ハ主人《しゆじん》、稲《いね》ハ客《きやく》の如《ごと》く也《なり》】 6②286

【門前市《もんぜんいち》ヲ為《な》ス】 70②64

【や】

【焼野《やけの》の雉子《きぎす》、夜《よる》の鶴《つる》】 58⑤360

【八束穂《やつかほ》のいかし穂《ほ》】 62⑦176

【柳《やなぎ》の枝《えだ》に雪折《ゆきおれ》ハなし】 65①12

【柳之《やなぎの》葉《は》江《へ》虫不付《むしつかず》色能《いろよく》栄《さかえ》る年《とし》ハ稲作《いなさく》よろし】 22②99

【病《やまい》に先《さき》た《だ》つ薬《くすり》なし】 40②191

【山鳥《やまどり》のほろほろと啼声《なくこえ》きけバ父《ちち》かとぞ思《おも》ふ《う》母《はは》かとぞ思ふ】 60②97

【闇《やみ》の夜《よ》の礫《つぶて》】 10①192

【ゆ】

【夕顔《ゆうがお》ハ作《つく》りの親《おや》かた】 19②432

【夕霧夜発《ゆうぎりよるはつ》すれハ《ば》翌日大風《よくじつおおかぜ》、朝霧開《あさぎりひら》きて再《ふたた》ひ《び》覆《おおう》ものハ雨《あめ》のしるし、又《また》霧天《きりてん》に衝《つき》て晴《はる》るものハ日和《ひより》と成《なり》、地《ち》に衝て晴るものハ雨と成也《なるなり》】 6①198

【夕《ゆう》は陽中《ようちゆう》の陰《いん》】 19②405

【夕陽《ゆうひ》に雲《くも》みた《だ》るゝ《る》ハ風《かぜ》、雲の根《ね》なきハ晴《はる》る也《なり》】 6①192

【雪《ゆき》ハ五穀《ごこく》の精《せい》】 12①71

【雪《ゆき》ハ豊年《ほうねん》の瑞《しるし》/雪は豊年のためし】 6①198/12①244

【湯《ゆ》にて洗足《せんぞく》すれば田《た》の水口《みなくち》掘《ほ》れる】 19②417

【よ】

【宵《よい》の風《かぜ》ハ母《はは》の風】 24①19

【庸医《ようい》の薬《くすり》ハ不用《もちいぬ》か《が》中分《ちゆうぶん》の療治《りようじ》也《なり》】 31④201

【養蚕一代《ようさんいちだい》】 35②269

【沃土《よくど》の民不材《たみふざい》なるものなり】 3③180

【横手三《よこてみ》ッ伏《ふ》せ】 25②188

【米《よね》は世《よ》の根《ね》】 7②372

【夜丑寅《よるうしとら》より風吹出雨《かぜふきだしあめ》ふりて未申《ひつじさる》の方《かた》へまハ《わ》りて東南《とうなん》の雲黒《くもくろ》くなるハ大風《おおかぜ》のしるし也《なり》。風偶日《かぜぐうじつ》に起《おこ》れハ《ば》次《つぎ》の偶日に止《やみ》、奇日《きじつ》に起れハ《ば》次ノ奇日に止《やむ》也】 6①194

【四斗《よんと》は百姓《ひやくしよう》六斗《ろくと》は公儀《こうぎ》】 28①49

【ら】

【藍田珠《らんでんたま》を遺《のこ》す】 *18*①187

【り】

【犂《り》一《いち》擺《はい》六《ろく》】 *6*①207/*7*①19/*12*①58/*23*①19/*62*⑧260
【吏《り》多《おおく》民《たみ》寡《すくなく》而《ば》ハ尊《そん》卑《ぴ》相《あい》苦《くるし》ム】 *10*①150
【流星《りゅうせい》東《ひがし》にとへ《べ》ハ《ば》風《かぜ》、南《みなみ》へ飛《とべ》ハ《ば》晴《はれ》、西《にし》へとへ《べ》ハ《ば》雨《あめ》、北《きた》へ飛ハ《ば》雲霧《くもきり》起《おこ》るへ《べ》し】 *6*①193
【龍《りゅう》もつまげ】 *67*⑥314
【良《りよう》農《のう》能《よく》稼《か》すれども、穡《なりわい》を約《つづまやか》にする事《こと》不能《あたわず》】 *10*②332
【両《りよう》鼻《び》ある物人《ものひと》を殺《ころ》す】 *12*①260
【論言《りんげん》(綸言)汗《あせ》のこ《ご》とし】 *16*①53

【れ】

【礼儀《れいぎ》ハ富貴《ふうき》に生《な》り、盗賊《とうぞく》ハ貧賤《ひんせん》に起《おこ》る/礼義《れいぎ》ハ富足《ふすう》に生り、盗賊ハ貧賤よりおこる】 *12*①125/*62*⑧280

【ろ】

【六月大《ろくがつだい》に大豆《だいず》なし】 *33*③167
【六十年《ろくじゅうねん》の月日《つきひ》ハを《お》くり安《やす》く、三日《みつか》のすき《ぎ》あ《わ》ひ《い》ハならさ《ざ》るもの】 *17*①119
【論語読《ろんごよみ》の論語知《し》らず】 *22*①10/*23*⑥340

【わ】

【若苗《わかなえ》ハ若《わか》き人《ひと》の手足《てあし》】 *29*①47

Z 絵　図

【あ】

【藍《あい》】→B、E、F、L、N、X
13①38
【アイ桶《おけ》】→B
52⑦292
【あい切《き》り鉈《なた》】 45②72
【▽藍《あい》こなし】→K
藍 45②88,98
【合印《あいじるし》】 37②208
【▽藍《あい》の刈取《かりと》り】
藍 26①120
【▽藍《あい》の種《たね》まき】
藍 26①49
【▽青茅《あおがや》刈《か》り】 26①139
【▽青刈大豆《あおがりだいず》の収穫《しゅうかく》】
大豆 26①118
【▽青刈大豆《あおがりだいず》まき】
大豆 26①67
【青草《あおくさ》をもて日《ひ》を覆ふ《おおう》】
稲 71①16
【▽青《あおし》・赤《あかし》・白《しろし》・黒《くろし》・黄《きなり》】 60⑤264
【青実《あおみ》】→E
稲 37②147,172,210
【青山永耕筆農耕掛物《あおやまえいこうひつのうこうかけもの》】 72⑦71
【赤蟻《あかあり》】→G
45⑦393
【あかいも】→さつまいも→E、F
12①378
【銅《あかがね》の山葵卸《わさびおろ》シ】→B
18④401
【赤木《あかぎ》】→F
桑 56①190
【藜《あかざ》】→E、G、N
12①329/68①101
【赤種《あかだね》】→F
菜種 45③138
【▽赤土《あかつち》】
たばこ 45⑥326
【▽赤土《あかつち》かぶら売《う》り】 26①176,177
【茜根《あかね》、茜草《あかね》】→E、N、X
13①47/68①162
【赤《あか》ビキ】→E
1②192
【あかむし】→G
20①243
【あがりこひろふ図《うず》】
蚕 35②355
【上《あが》り船《ぶね》】→J
59④296
【▽秋作《あきさく》の焼畑《やきはた》】 26①115
【▽秋《あき》の草花《くさばな》】 26①130
【秋《あき》の作業《さぎょう》】 72⑥70
【▽秋《あき》の収納作業《しゅうのうさぎょう》】
稲 71④62
【秋《あき》の取入《とりい》れ】
稲 71⑩100
【秋《あき》の農村《のうそん》】 72④55
【秋《あき》の場面《ばめん》】 72⑮99
【秋葉《あきは》のある図《ず》】
みつまた 14①397
【商人《あきんど》】→M
71①40
【悪節《あくせつ》】
馬 60⑥327
【灰汁《あく》たれる図《ず》】 35②364
【上ケ穴《あげあな》】→C
59②129
【油煎豆腐《あげどうふ》】→N
52②93
【木通《あけび》】→E、N
68①74
【▽揚水《あげみず》】
稲 72⑱107
【▽麻《あさ》】→B、E、L、N
13①33
【越瓜《あさうり》】→E
12①259
【麻苧《あさお》を綯図《なうず》】 58⑤306
【あさがほ《お》】→E、H
13①291
【牽牛子之図《あさがおのず》】 15①78
【浅釜《あさがま》】 52⑦287
【朝柄《あさから》】→F
たばこ 45⑥327
【▽麻刈《あさか》り】→A
麻 26①110
【荇菜《あさざ》】→E、I、N
68①78
【▽浅野川大橋《あさのがわおおはし》】 26①21,22
【▽麻《あさ》の種《たね》まき】
麻 26①39
【麻《あさ》の葉落《はおと》シ】→B
4①296
【▽麻畑《あさばたけ》の地《じ》ごしらえ】
麻 26①41
【▽麻畑《あさばたけ》の施肥《せひ》】
麻 26①42
【小薊《あざみ》】→E、N
12①354

【あさりをする図《ず》】　*58*③136
【足桶《あしおけ》】→B
*15*②195,198
【足桶《あしおけ》をはきて大根《だいこん》を洗《あら》ふ《う》図《ず》】
大根　*15*②198
【あじか、簣《あじか》】→B、W
*1*④333/*35*①79
【▽鰺鯖釣《あじさばつり》のしかけ】
*59*④301
【鰺《あじ》・鯖舟《さばぶね》】　*59*④296
【あシだわら、あしだわら】→J
*59*②110,128
【足半《あしなか》】→B、N
*24*①149
【蘆筍《あしのわかめ》】　*68*①156
【足曳《あしひ》ク緒《お》】　*14*①338
【▽足踏《あしぶ》み式《しき》磨撚器《まねんき》】　*53*⑤312
【あぢ《じ》まめ】→へんず→E
*12*①204
【足《あし》ヲネジクジキ】　*60*④218
【▽赤小豆《あずき》】→B、E、F、I、L、N、R
*12*①191
【▽小豆《あずき》の収穫《しゆうかく》】
小豆　*26*①146
【▽小豆《あずき》の脱穀調製《だつこくちようせい》】
小豆　*26*①174
【▽小豆畑《あずきばたけ》の手入《てい》れ】
小豆　*26*①84
【▽小豆《あずき》まき】→A
小豆　*26*①102
【▽あぜ大豆《だいず》の葉《は》つみ】
大豆　*26*①135
【あぜにて火《ひ》をたき虫《むし》をやく図《ず》】
稲　*15*①102
【▽あぜの草取《くさと》り】
稲　*26*①123
【▽あぜひえの刈取《かりと》り】
ひえ　*26*①129
【▽あぜへのひえの種《たね》まき】
ひえ　*26*①55
【あせぼの木《き》】→ばすいぼく→E、H
*15*①95
【あせミの木《き》】→ばすいぼく→E
*15*①95
【樌《あて》、礩《あて》】→B
*48*①294,361/*49*①158
【宛《あて》木《ぎ》】→B
*53*④252
【樌《あて》の図《ず》】　*49*①224
【樌《あて》ノ見面《みづら》】　*48*①132
【穴肥《あなごえ》する図《ず》】
むらさき　*14*①153
【穴《あな》つき】→B
*15*②194,③365
【穴《あな》ツキ杭《く》イ】　*24*①48
【穴《あな》つきをもてあなをつきあくる図《ず》】
菜種　*45*③151
【▽穴《あな》まふ《ぶ》り】　*59*②130
【穴《あな》を穿《あける》樌《あて》】　*48*①122
【穴《あな》を鑿《ほる》】→A
大豆　*27*①95
【アヌキボシ】→A
稲　*24*①118
【▽脂《あぶら》】→B、E、H、I、J、L、N、X
馬　*60*⑦474,480
【油揚万能《あぶらあげまんのう》】→B
*15*②165,③364
【荏桐《あぶらぎり》、油《あぶら》桐、罌子《あぶら》桐】→E、H
*10*②309/*15*①84,85/*68*②281
【油桐《あぶらぎり》の全図《ぜんず》】　*15*①84
【あぶら桐《ぎり》の実《み》】→E
油桐　*10*②309
【油桐花実之図《あぶらぎりはなみのず》】　*15*①85
【油揚万能草《あぶらげまんのうくさ》けづり】　*45*③148
【油搾《あぶらしぼ》り道具《どうぐ》】→B
*50*①50
【油煎《あぶらせんじ》ル体《てい》】　*58*⑤347
【油菜《あぶらな》】→ゆさい→E、N
*12*①231
【▽油《あぶら》による蝗防除《むしぼうじよ》の道具《どうぐ》の図《ず》】
*15*①40
【油水打《あぶらみずうつ》はゝ《ほう》き】　*15*①40
【油水《あぶらみず》を入《いれ》る桶《おけ》】
*15*①40
【油虫《あぶらむし》あらい薬《ぐすり》】　*40*④281
【あふ《ぶ》らめの餌《えさ》にする岩虫《いわむし》をほる図《ず》】
*58*③162
【あふ《ぶ》らめをつる図《ず》】　*58*③164
【▽油屋《あぶらや》】→M
*26*①172
【油《あぶら》をあたゝ《た》むる図《ず》】
稲　*15*①103
【油《あぶら》を入《いれ》おき火《び》をともしたゝ《た》きおとす図《ず》】
稲　*15*①102
【油《あぶら》を入其水《いれそのみず》をわんにて稲《いな》かぶへくりかくる図《ず》】
稲　*15*①103
【油《あぶら》を入《いれ》る壺《つぼ》】　*15*①40
【油《あぶら》を入《いれ》わらはゝ《ほう》きにて水《みず》をまぜる図《ず》】
稲　*15*①102
【あまうり、甜瓜《あまうり》】→E、F
*12*①246
【海士《あま》、貝《かい》をとる図《ず》】　*58*③150
【甘《あま》ところの根《ね》】
ところ　*14*①166
【甘《あま》ところの葉《は》】
ところ　*14*①166
【網《あみ》】→B、H、I、J
*35*②272
【▽編《あ》み板《いた》、編板《あみいた》】　*4*①298/*26*①171
【網卸《あみおろ》し懸《かけ》る図《ず》】　*58*③210
【網《あみ》カゞ《が》ス打立《うちたて》ル図《ず》】　*58*⑤308
【アミナヤ】→C
*58*⑤340
【網《あみ》のくせを直《なお》す図《ず》】
蚕　*35*②299
【あみをすく図《ず》】　*58*③192
【網《あみ》を縫図《ぬうず》】　*58*③198
【▽飴売《あめう》り】　*26*①144
【▽雨《あめ》の日《ひ》の稲《いね》の開花《かいか》】
稲　*37*②149
【アラコ】　*58*③218
【嵐《あらし》】　*53*④252
【嵐口《あらしぐち》】→C
*53*④254
【あら田《た》かへ《え》し】
稲　*71*①20

【ありくひ《い》】→G
20①244
【▽荒地畑《あれちばた》のひえまき】
ひえ　26①64
【▽粟《あわ》】→B、E、I、L、N
12①173
【▽合《あわ》せ小口《こぐち》】　55③473
【アハ《わ》トリ】　52⑦288
【▽粟《あわ》の刈取《かりと》り】
あわ　26①140
【▽粟《あわ》の穂切《ほき》り】
あわ　26①126
【アワヒ《び》カキ】　1②178
【▽あわびを干《ほ》すときの穴《あな》の明《あ》け方《かた》】
50④309
【アンジキ】　52②103
【▽杏《あんず》】→E、N
13①133

【い】

【▽胃《い》】→E、N
馬　60⑤270
【▽藺《い》】　13①67
【蛜《い》】　20①245
【胃帰図《いかえりず》】　60④208
【いかき、笊《いかき》】→ざる→B、N
14①298/50③257
【碇木《いかりぎ》】　1②177
【烏賊《いか》を釣図《つるず》】　58③158
【イカヲツルハリ】　1②178
【▽いぐさの刈取《かりと》り】
いぐさ　26①117
【鋳鍬《いぐわ》】→B
15②155
【鋳鍬《いぐわ》にて亜畑《はたけ》を耕《たがや》す図《ず》】　15②155
【池《いけ》】→C
48①257/65③264
【▽異形直田《いけいちよくでん》、異形直田】　4①249,256
【▽異形二斜併田《いけいにしやへいでん》、異形二斜併田】
4①249,258
【池堤《いけつつみ》へ年々《ねんねん》こ《ご》もくをつミおく図《ず》】
61④165
【イケマ】　1②191
【池《いけ》より揚《あげ》る】
稲　71①14
【鋳《い》さき】　15②155
【鯋《いさざ》すきの図《ず》】　58③140
【イサシ】　72②34
【野芋《いしいも》】　68②278
【▽石臼《いしうす》】→B
52②96
【▽石垣《いしがき》の高《たか》さに応《おう》じた積石《つみいし》の四区分《よんくぶん》】
65④340
【石《いし》くゝ《く》りなわ】　15②292
【石積舟《いしつみぶね》】　15②282
【石釣船《いしつりぶね》の図《ず》】　15②284
【▽石樋《いしどい》の構造《こうぞう》】　65④353
【石取図《いしとりず》】　58③202
【▽石《いし》の板目《いため》と柾目《まさめ》の図《ず》】　65④345
【▽石灰焼窯《せつかいやきがま》】→C
48①317
【石船《いしぶね》】→J
15②286
【イジメ】　1②163
【居尻《いじり》とりかゆる図《ず》】
蚕　35①115
【▽和泉新田《いずみしんでん》】
たばこ　45⑥328
【板《いた》】→B、N
48①233
【板鋤簾《いたじよれん》】→B
15②275
【板如連《いたじよれん》ニて砂《すな》をすくう図《ず》】　15②272
【板樋《いたどい》】→C
65④350
【虎杖《いたどり》】→E、N
68①128
【板流《いたながし》する盆《いた》の図《ず》】　49①144
【▽板屋根《いたやね》の町家《ちようか》】　26①12
【イタラ貝《がい》】　50④323
【▽イタリア、フランス式繰糸法《しきとりいとほう》】　53
⑤354
【▽一行寺《いちぎようじ》】→F
かえで　55③406
【▽一隅《いちぐう》を欠《か》く直田《ちよくでん》】　4①254
【一度居羽子《いちどいはね》ニて蚕下《こした》をかへ《え》る図《ず》】
蚕　35②296
【一年生之図《いちねんせいのず》】
朝鮮人参　45⑦383
【一《いち》ノ枝《えだ》】→E
菊　55①24,33
【一《いち》ノセヒ《び》レ】　50④314
【一《いち》ノ芽《め》】
菊　55①33
【壱番《いちばん》(なまこ)】　50④306
【▽一番肥《いちばんごえ》】→I
45②84
【壱番椎茸《いちばんしいたけ》】　50④325
【壱番鯣《いちばんするめ》】　50④321
【一番船《いちばんぶね》】　58⑤338
【壱番干鮑《いちばんほしあわび》】　50④312
【一番《いちばん》を搾《しぼ》りたる粕《かす》[を](中略)あらくだきする図《ず》】　50①80
【一番《いちばん》を搾《しぼ》り(中略)甑場《こしきば》へ持行図《もちゆくず》】
50①84
【いちび一本《いつぽん》の図《ず》】　14①144
【いちびの皮《かわ》はぎ】　72②22
【いちびの葉写真《はしよううつし》】
いちび　14①145
【いちび畑《ばた》の図《ず》】　14①145
【いてふ《ちよう》万能《まんのう》、杏葉万能《いちようまんのう》】→B
15②166,③364
【▽一里塚《いちりづか》】　26①11
【壱挺立轆轤舟《いつちようたちろくろぶね》】　15②274
【壱斗量《いつとばかり》】　52⑦295
【一本真《いつぽんしん》】→E
菊　55①60
【糸商《いとあきない》ひの図《ず》】　35②407
【糸祝《いといわい》ひ】　35①240
【糸《いと》かける守随秤之図《しゆずいばかりのず》】　35②363
【糸口《いとぐち》の切《きれ》たるを見出《みいだ》ス図《ず》】　35②262
【糸口《いとぐち》を出《だ》ス図《ず》】　35②360
【糸口《いとぐち》をみる】　35②273
【糸繰図《いとくりず》】　35②360
【糸繰篗《いとくりわく》】　35②274
【いとしへ《べ》】→E
芍薬　54①78

【糸《いと》すがぬる図《ず》】 *35*①169
【糸捨歩図《いとすてぶず》】 *35*②406
【糸籭《いとそうけ》】→B
*6*①255
【▽胃《い》と腸《ちょう》が一本《いっぽん》につながっている図《ず》】
馬　*60*⑦482
【糸簁《いととおし》】→B、K
*6*①253
【糸調《いとととの》へ《え》の図《ず》】 *53*②111
【糸取竈《いととりくど》】 *35*②348
【糸《いと》とる図《ず》】 *35*①164
【糸荷《いとに》[の図《ず》]】 *35*②409
【▽糸《いと》に撚《よ》りをかけ、わくに巻《ま》きとる作業《さぎょう》】 *35*②386
【▽糸《いと》に撚《よ》りをかける仕組《しく》み】 *35*②388
【糸《いと》に縷《より》を掛《かけ》ル図《ず》】 *53*②104
【糸《いと》のちゝ《ぢ》ミを熨《のばす》図《ず》】 *53*②121
【▽糸二筋《いとふたすじ》を経台《へだい》に掛《か》ける図《ず》】 *53*②124
【▽井戸掘《いどほ》り】→C
*23*①128
【▽糸繭秤《いとまゆはかり》】 *53*⑤318
【糸虫《いとむし》】→E、G
*45*⑦391
【▽糸量計測器《いとりょうけいそくき》】 *53*⑤317
【糸《いと》をおろす図《ず》】 *35*②363
【糸《いと》をとり、上機《じょうはた》に絹布《けんぷ》を織立《おりたて》る図《ず》】
*62*④111
【糸《いと》を瓢子《ふくべ》ゟ《より》管《くだ》へ移《うつ》す図《ず》】 *53*②119
【藺苗《いなえ》を貯《かこう》ふ図《ず》】
いぐさ　*14*①143
【田舎之馬屋《いなかのうまや》】 *1*②157
【いなこ《ご》】→E、G、I、N
*20*①241
【稲《いな》こき立《たて》ば稈置場之図《わらおきばのず》】 *27*①383
【▽稲作《いなさく》】→A、L、N
稲　*72*㉑116
【▽稲作《いなさく》の一年《いちねん》(全体図)】
稲　*72*⑲108
【稲束《いなたば》の運搬《うんぱん》】
稲　*71*②47
【▽稲束《いなたば》の乾燥《かんそう》】
稲　*26*①155
【▽稲束《いなたば》のけらば積《つ》み】
稲　*26*①158
【稲束《いなたば》の貢納《こうのう》】 *71*②48
【▽稲束《いなたば》の算積《さんづ》み】
稲　*26*①152
【稲束運《いなたばはこ》び】
稲　*72*⑭92
【因州知頭郡之鍬《いなばちとうごおりのくわ》】 *15*②147
【稲葉《いなば》にのぼりたる虫《ほし》をはきとる図《ず》】
稲　*15*①102
【稲葉《いなば》にのぼる蝗《むし》を竹《たけ》のむちにてたゝ《た》き落《おと》す図《ず》】
稲　*15*①45
【▽稲葉《いなば》を食《く》う虫《むし》】 *20*①240
【▽稲穂《いなほ》】→E
稲　*24*①188
【蝗虫類《いなむしるい》】 *20*①240
【稲叢《いなむら》つくり】
稲　*71*②48
【▽稲荷社《いなりしゃ》】→O
*26*①98
【稲《いな》わら積《つ》み】
稲　*71*⑧87
【墨記草《いぬたで》】→N
*68*①152
【▽犬《いぬ》の図《ず》】 *60*②84, 87
【▽犬《いぬ》の手当《てあ》て】 *60*②93
【稲《いね》】→E、I
*12*①130
【稲打《いねう》ち棚《だな》】→B
*72*②25
【稲打《いねう》ち棚《だな》での脱穀《だっこく》】
稲　*72*②25
【▽稲刈《いねか》り、稲かり、稲刈《かり》、稲刈り】→のうじず(いねかり)→A、L、O、X
稲　*4*①287/*37*③336/*71*①30, ②45, ③52, 58, ④64, ⑤69, ⑥70, ⑦75, ⑧83, ⑨91, 95, ⑩100, ⑪108, ⑫112, 115/*72*③45, ④54, ⑤63, ⑧78, ⑫87, ⑭92, ⑮98, 99, ⑰104, ⑱106, ⑲110, ⑳114, ㉑119, ㉓122
【▽稲刈上《いねかりあ》げ祝《いわ》い】 *26*①151
【いね切《き》りの図《ず》】
稲　*72*⑪84
【▽稲扱《いねこき》、▽稲扱《こ》き、稲扱】→A、B、L
*6*①252
稲　*26*①163/*37*③348/*71*①32/*72*④55
【稲扱之図《いねこきのず》】 *15*②230
【▽稲《いね》の運搬《うんぱん》】
稲　*72*①13
【▽稲《いね》の懸干《かけほ》し】→A
稲　*7*①79
【▽稲《いね》の刈入《かりい》れ作業《さぎょう》】
稲　*29*①90
【▽稲《いね》の乾燥《かんそう》】
稲　*26*①150
【▽稲《いね》の調製《ちょうせい》】
稲　*37*③349
【▽稲《いね》のはざ掛《か》け】
稲　*26*①154
【▽稲《いね》の雌蘂《めしべ》と雄蘂《おしべ》の図《ず》】
稲　*70*④275
【▽稲運《いねはこ》び、稲運び】
稲　*71*⑧84, ⑪108/*72*③45, 48, ④54, ⑤63, ⑧78, ⑰105, ⑱107
【▽稲運《いねはこ》び終了《しゅうりょう》の祝《いわ》い】
*26*①159
【稲花《いねばな》の図《ず》】
稲　*71*①37
【稲持棒《いねもちぼう》】 *4*①294
【稲《いね》をこく図《ず》】
稲　*72*⑪84
【いねをたたくむち】 *15*①40
【稲《いね》をはらふ《う》しなへ竹《えだけ》】 *15*①40
【▽胃《い》の全図《ぜんず》および裏面《りめん》のひだを見《み》る図《ず》】
馬　*60*⑦478
【藺《い》の苗《なえ》を植《うえ》る】
いぐさ　*14*①121
【▽胃腑《いふ》】
馬　*60*⑦481, 482
【イブリ】→えぶり→B

52⑦293,301
【居間《いま》】→N
33⑤263
【▽今市宿《いまいちじゆく》の人参《にんじん》】 45⑦411
【今市宿《いまいちじゆく》の辺《へん》にて作《つく》る所《ところ》の人参《にんじん》】
45⑦410
【伊《い》万《ま》里《り》染付《そめつけ》稲刈《いねかり》図《ず》絵《え》皿《ざら》】 72㉓122
【伊《い》万《ま》里《り》染付《そめつけ》田植《たうえ》図《ず》飯茶碗《めしちやわん》】 72㉔123
【伊《い》万《ま》里《り》染付《そめつけ》農耕《のうこう》絵《え》皿《ざら》】 72㉒120
【芋《いも》】→E、N
12①359
【芋植車《いもうえくるま》】 15②185
【蕁麻《いらくさ》】 68②284
【炒《いり》たるたねを篩《とおし》にてとほ《お》す図《ず》】 50①74
【いりたる豆《まめ》とむしたる麦《むぎ》と交花《まぜはな》を付《つけ》る図《ず》】 14①222
【いりたる豆《まめ》をむしろにひろげさます図《ず》】 14①222
【炒鍋《いりなべ》にてたねを炒《い》る図《ず》】 50①74
【イルカ】→I、J
15①33
【江豚《いるか》を打廻《うちまわ》す図《ず》】 58③142
【いれこ】 59④324
【入子輪《いれこのわ》】→B
53①42
【色見《いろみ》の穴《あな》】→C
48①365
【岩倉村崩落《いわくらむらほうらく》】 66⑤267
【鰯鯨《いわしくじら》】→J
15①34
【陰気《いんき》】
馬 60⑥329
【いんぐわ】→L
15②155
【陰《いん》ノ配《くばり》】
菊 55①60
【▽陰陽《いんよう》の花配《はなくば》り】 55①66

【う】

【茴香《ういきょう》】→E、N
13①290
【植木屋《うえきや》ニ用《もちい》ル鋤《すき》】 15②157
【▽植代《うえしろ》への施肥《せひ》】
稲 26①74,75
【▽植付《うえつ》け】→A
藍 45②82
【植付区《うえつけくら》】 33⑥330
【上節下《うえのふしした》】
馬 60⑥327
【植《うえ》る時分《じぶん》の図《ず》】
ながいも 3①37
【植《う》え分《わ》けする図《ず》】
茶 47④211
【魚棚《うおだな》】→C
58⑤346
【魚見所《うおみどころ》】 58⑤286
【魚見場《うおみば》の図《ず》】 58⑤326
【▽菘《うきな》】→E
12①230
【五加苗《うこぎ》】→B、E、N
68①182
【▽牛《うし》】→E、G、I、L、N
71⑤68,⑥70/72⑦72,⑯102
【▽右耳《うじ》】
馬 60⑦476
【▽右室《うしつ》】→E
馬 60⑦477
【▽牛《うし》という道具《どうぐ》】 65④359
【牛《うし》による稲運《いねはこ》び】
稲 72⑳114
【▽牛《うし》による運搬《うんぱん》】 26①139
【▽牛《うし》による耕起《こうき》】 29①7
【▽牛《うし》による搾《しぼ》り車《ぐるま》でさとうきびを搾《しぼ》って糖汁《とうじゆう》をとる図《ず》】
さとうきび 70①26
【▽牛《うし》の内臓《ないぞう》と針《はり》を打《う》つ深《ふか》さ】 60④174
【うじ虫《むし》】
蚕 35①48
【牛《うし》を使《つか》ってさとうきびを搾《しぼ》るようす】
50②173
【臼《うす》、磨《うす》】→B
1②153/4①296/6①255/33④202/49①50/50①51
【烏頭《うず》】→N
68②280
【碓《うす》にて炒《いり》たるたねをふむ図《ず》】 50①74
【臼《うす》にてところをつきくだく図《ず》】 14①170
【臼《うす》の内《うち》くり形《がた》】 48①270
【臼《うす》の咽切《のどきり》】 4①296
【臼《うす》の目取《めとり》】→B
4①296
【ウスバ】→B、N
48①294
【鶉笛《うずらぶえ》のゑ《え》づ《ず》】 60①66
【ウチヲ《お》ケ】 52⑦291
【打杵《うちきね》】→B
33④202
【打棚《うちだな》にて刈干《かりほし》たるたねを打落《うちおと》す図《ず》】
菜種 45③174
【打抜《うちぬき》】→B
23①126
【▽打《う》ちぬき台《だい》の切欠形《きりかきがた》】 48①122
【内室《うちのいえ》】 48①366
【打廻《うちまわ》し】 59④323
【団扇《うちわ》】→B、N
35①79/47④220
【溲疏《うつぎ》】→B、E、I
68①174
【夏枯草《うつぼぐさ》】→E、N
68①154
【▽器皿《うつわざら》を置《お》く棚《たな》】 48①367
【▽菓《うてな》】→E
稲 70④274
【▽うなぎ釣《つり》のしかけ】 59④343
【壟《うね》】→D、W
27①95
【畦《うね》わりをする図《ず》】 45③147
【うのくび】 15②215
【▽卯《う》の花《はな》】→E
55③315
【馬《うま》いつ《ず》ミ】→B
4①300
【馬桶《うまおけ》】→B

4①292
【馬《うま》ダル】 52⑦294
【▽馬《うま》での代《しろ》かき】 62③61
【馬《うま》に鍼《はり》をうつ部位《ぶい》と方法《ほうほう》、効果《こうか》】 60⑤286,288
【馬《うま》の外観《がいかん》、鍼《はり》をうつ経穴《けいけつ》と鍼《はり》の深《ふか》さ】 60⑤268
【馬《うま》の解剖《のかいぼう》＜背面《はいめん》＞図《ず》】
馬　60⑤267
【馬《うま》の解剖《のかいぼう》＜腹面《ふくめん》＞図《ず》】
馬　60⑤270
【馬《うま》の顔《かお》と仏《ほとけ》の顔《かお》】 60⑤271
【馬《うま》の部片図《ぶへんず》と馬体外貌図《ばたいがいぼうず》】 60⑤272
【▽馬乗籠《うまのりかご》】→C
65③260
【▽馬引《うまひ》き】→M
26①16
【馬《うま》への餌《えさ》やり】 72⑭90
【▽厩《うまや》】→C
72③49
【生《うま》れし蚕箸《かいこはし》にて落《おと》す図《ず》】
蚕　35①107
【▽海辺《うみべ》で貝類《かいるい》の肥《こや》しをつくる図《ず》】
69①120
【海辺猟船《うみべりようせん》】 1②176
【梅《うめ》】→E、G、N
13①130
【梅《うめ》の花虫《はなむし》】 20①246
【梅《う》実《め》を四斗樽《しとだる》に漬《つけ》て諸国《しよこく》へ運送《うんそう》の図《ず》】
14①366
【裏《うら》(あわび)】 50④308
【虎掌《うらしまそう》】 68②277
【▽裏築石積《うらづきいしづ》みの寸法《すんぽう》と勾配《こうばい》(その1)】
65④334
【▽裏築石積《うらづきいしづ》みの寸法《すんぽう》と勾配《こうばい》(その2)】
65④336
【▽裏築石積《うらづきいしづ》みの寸法《すんぽう》と勾配《こうばい》(その3)】
65④338
【裏《うら》の全図《ぜんず》(防水ポンプ)】 15②256
【裏《うら》よりミたる図《ず》(激瀧水《げきりようすい》)】 15②249
【▽瓜《うり》のうねつくり】
瓜　26①99
【▽瓜《うり》の収穫《しゆうかく》】
瓜　26①113
【瓜《うり》の図《ず》】
からすうり　14①189
【▽瓜《うり》の種《たね》まき】
瓜　26①45
【瓜《うり》の形《かたち》】 52①38
【▽瓜畑《うりばたけ》の垣《かき》づくり】
瓜　26①69
【▽漆《うるし》、漆】→B、E、N、R
13①105/68②280
【漆《うるし》トリ】
漆　1②183,184
【鱗《うろこ》】→J
59④325
【▽うわくちひ《び》る】
馬　60⑤287
【上《うわ》げた】→B
3①59
【上袖《うわそで》】 58③213,216
【うハ《わ》棚《だな》よりしゆくをあげる図《ず》】
蚕　35②355
【上坪《うわつぼ》】 58③212,213,216
【上《う》ハ《わ》蓋《つぼ》】 53⑥404
【上舟《わぶね》上《う》ハ《わ》面《めん》】 53⑥408
【上舟《うわぶね》ノ裏面《りめん》】 53⑥409
【上水《うわみず》をしたミさる図《ず》】 50③267
【▽運搬《うんぱん》、運搬】
稲　71⑩100,⑫115/72②20,21
【▽雲門《うんもん》、雲門】→E
馬　60⑥329,⑦466

【え】

【えい】→はなぶさ
55③213
【▽頴《えい》】
稲　62⑦203
【▽会《え》厭《えん》】→E
馬　60⑦474
【柄鍬之図《えぐわのず》】 9③258
【▽白《え》蘇《ご》】→E
12①313
【▽ゑ《え》ごま】→E、I、L、R
12①313
【▽えごまの刈取《かりと》り】
えごま　26①141
【▽えごまの種《たね》まき】
えごま　26①85
【▽餌《えさ》を食《く》う犬《いぬ》】 60②91
【▽蝦夷《えぞ》檜《ひ》扇艸《おうぎそう》】→E
55③339
【▽枝《えだ》さしごえ】→I
45②86
【▽枝《えだ》を絞《しぼ》りたる体《てい》】
竹　55③443
【▽越後早稲《えちごわせ》】→F
稲　37②199
【越前敦賀《えちぜんつるが》ニ用《もちい》ル中鍬《ちゆうくわ》】 15②146
【▽越前万歳《えちぜんまんざい》】 26①15
【▽江戸車《えどぐるま》】→B
48①126,127
【江戸《えど》ニて用《もちいる》じょれん】 15②213
【▽江戸辺《えどへん》にある藺《い》】 14①115
【江戸辺《えどへん》ニ用《もちい》る刈草大鎌《くさかりおおがま》】 15②226
【江戸辺《えどへん》の鍬《くわ》】 15②143
【▽金雀花《えにしだ》】→E
55③260
【ヱ《え》ブリ、ゑ《え》ぶり、柄振《えぶり》、杁《えぶり》、朳《えぶり》、栵《えぶり》】→いぶり、こまざらえ、くまで、さらえ、ならし→A、B、K、X
1④334/2④277/4①294/6①247/15②184/53④252
【▽ゑ《え》ぶりこ】→B
49①187
【烏帽子型《えぼしがた》】
馬　60⑥327
【えんがによる本田《ほんでん》の耕起《こうき》】
稲　71③54
【槐樹《えんじゆ》】→E、H
68①189
【遠州浜松辺《えんしゆうはままつへん》に用《もちい》る鍬《くわ》】 15②145
【焔消精《えんしようせい》ヲ製《せい》スル図《ず》】 69②274
【▽円田《えんでん》、圓田《えん》】 4①248,254,255
【ゑ《え》んどう、豌豆《えんどう》】→E、I、N
12①200

【▽遠方《えんぽう》へ刈桑《かりくわ》を運《はこ》ぶ方法《ほうほう》】
桑　*35*②310
【閻魔堂《えんまどう》】→J
*59*④380

【お】

【雄《お》】→E
綿　*7*①104
【笛《おい》】→B、N
*4*①293
【▽追継舟《おいつぎぶね》】→J
*58*③170
【▽追《お》い羽根《ばね》】　*26*①19
【▽横隔《おうかく》、▽横膈《かく》】→E
馬　*60*⑦480, 481, 482
【繅車《おうが》にて糸《いと》繰《く》る図《ず》】　*35*①168
【▽黄金艸《おうごんそう》】→E
*55*③392
【罌子桐《おうしとう》】→E、H
*15*①84
【奥州流《おうしゆうりゆう》[養蚕《ようさん》の図《ず》]】
蚕　*35*①140
【奥州流《おうしゆうりゆう》糸《いと》とる図《ず》】　*35*①165
【奥州流《おうしゆうりゆう》蚕《かいこ》だなの図《ず》】　*35*①133
【おふ《う》だ】　*33*④194
【往来堤《おうらいつつみ》の両《りよう》はたに大豆《だいず》を植《うえ》たる図《ず》】
大豆　*14*①236
【大足《おおあし》】→たげた→B
*1*②188
【大泉《おおいずみ》四季《しき》農業《のうぎよう》図《ず》】　*72*①6
【大《おお》いた】　*40*①9
【▽おおいとり】
藍　*45*②77
【大稲所七《おおいねどころしち》・八植《はちうえ》之《の》図《ず》】
稲　*9*③271
【大《おお》うちわ】→B
*72*②25
【大肩溝《おおかたみぞ》】　*33*⑥333
【大角《おおかど》】　*58*③214
【大鎌《おおがま》】→B
*33*④191
【大《おお》からすき】→B
*15*②215
【大黒鍬《おおくろぐわ》】→B
*15*②143
【大越《おおこし》】→G
*60*④200
【大阪近在《おおさかきんざい》ニ而《て》砂地《すなじ》ニ用《もちう》ふる鋤《すき》】　*45*③148
【大坂近在《おおさかきんざい》にて用《もちう》る二挺掛《にちようがけ》】　*15*②191
【大坂近在《おおさかきんざい》の砂地《すなじ》に用《もちう》る鋤《すき》】　*15*②156
【大坂搾《おおさかしぼ》り油甑場《あぶらこしきば》の図《ず》】　*50*①76
【大阪問屋《おおさかといや》水上《すいじよう》商《あきない》ひの図《ず》】　*14*①138
【大魚喰《おおさかなくい》】　*15*①38
【大坂《おおさか》ニ而《て》手伝《てつだい》し者《もの》用《もちい》ル鋤《すき》】　*15*②157
【▽大坂《おおさか》の米問屋《こめといや》に連《つ》れて行《い》かれる老《ろう》婆《ば》】　*35*①192
【大阪《おおさか》びんつけ蠟燭屋《ろうそくや》の図《ず》】　*14*①230
【大坂木綿問屋《おおさかもめんといや》の図《ず》】　*14*①248
【大坂綿問屋《おおさかわたといや》にて、諸国《しよこく》へ綿荷《わたに》を積出《つみだ》す図《ず》】　*15*③406
【大《おお》ざや、大挟《ざや》】
菜種　*45*③135, 161
【大勢並《おおぜいならび》て葉《は》ににげのぼるむしをたゝ《た》き落《おと》す図《ず》】
稲　*15*①103
【芹葉鉤吻《おおぜり》】　*68*②272
【おおだ、ヲヽ《おお》ダ】→B
*72*②32, 33
【▽大太鼓《おおだいこ》】　*26*①144
【▽大店《おおだな》の並《なら》ぶ商人町《あきんどまち》】　*26*①24
【大納屋《おおなや》】→C
*58*⑤340
【大《おお》ナヤノ上《うわ》ナヤ】　*58*⑤340
【大納屋之図《おおなやのず》】　*58*⑤346
【▽大縄《おおなわ》】→A、B、J
*59*②95, 130
【大《おお》ニウ】→こにう→C
*24*①118
【芣苢《おおばこ》】→E、N
*68*①172
【大平《おおひら》しへ《べ》】→E
芍薬　*54*①78
【大《おお》ふこ鑱《さき》】　*4*①283
【大鐴《おおへら》】　*4*①284
【大《おお》は《ほ》ゝ《う》き、大箒《ほうき》】
菜種　*45*③136, 161
【大箕《おおみ》】→B
*47*④223
【▽大麦刈《おおむぎか》り】→A
大麦　*26*①89
【▽大麦全図《おおむぎぜんず》】　*68*②252
【▽大麦《おおむぎ》まき】→A
大麦　*26*①137, 166
【大籾鑱《おおもみさき》】　*4*①283
【▽大山田《おおやまだ》】→F
たばこ　*45*⑥328
【大籰《おおわく》】→B、C
*35*②273
【大籰打立《おおわくうちたて》】　*35*②273
【▽大枠繰器械《おおわくどりきかい》】　*53*⑤325
【大《おお》わくの縄《なわ》】　*35*②273
【大《おお》わくへ糸《いと》をうつす図《ず》】　*35*②362
【大《おお》わくへうつしたる糸《いと》かげぼしニする図《ず》】　*35*②363
【岡出《おかだ》し】→C
*65*③270
【岡本茂彦筆農耕掛物《おかもとしげひこひつのうこうかけもの》】　*72*⑥68
【岡轆轤之図《おかろくろのず》】　*15*②290, 291
【小川嶋《おがわじま》ニテ鯨《くじら》を捕《とらえ》、中尾宅《なかおたく》へ注進《ちゆうしん》ニ来《く》る体《てい》】　*58*⑤356
【小川嶋繁栄《おがわじまはんえい》の図《ず》】　*58*⑤286
【小川嶋《おがわじま》エ発船《はつせん》】　*58*⑤321
【起出《おきいず》べきときを伺《うかがい》ひ、その用意《ようい》をなす図《ず》】
蚕　*62*④108
【沖《おき》の鰹釣《かつおつり》】　*59*④296
【隠岐国耜《おきのくにすき》】　*15*②208
【雄木之図《おぎのず》】
綿　*7*①107
【沖《おき》はいの】　*58*③216
【御蔵入《おくらい》れ】→A、R
*71*①36
【小車《おぐるま》を手《て》ぐりにする図《ず》】　*15*②266
【遅《おく》れて出《で》た新芽《しんめ》のかき取《と》り】
さとうきび　*50*②158

【おくれ穂《ほ》】→E
稲　*37*②162
【▽遅《おく》れ穂《ほ》の図《ず》】　*37*②163
【▽桶《おけ》、桶】→ておけ→B、J、N、W
*45*②72/*52*②96
【蒼朮《おけら》】→N
*68*①72
【苧桶《おごけ》】→B
*35*②274
【▽苧桶《おごけ》の図《ず》】→B
*53*②102
【枴綱《おこのこ》】　*4*①294
【杼《おさ》】　*14*①338
【ヲ《お》サカマチ】→B
*49*①249
【筬《おさ》ガマチの図《ず》】　*49*①232
【ヲ《お》サカマチ脇《わき》ノ立木《たてき》】　*49*①251
【押石《おしいし》】　*52*①22
【押送舟《おしおくりぶね》】→J
*59*④298
【▽按机《おしき》の図《ず》】　*49*①105
【尾敷舟《おしきぶね》】→J
*58*③172
【押切《おしきり》】→B
*35*①79/*69*①112
【圧蓋《おしぶた》】→K
*52*②110
【▽を《お》しべ、▽雄《お》しべ、▽雄蘂《しべ》、雄しべ】
→E
稲　*70*④274
麦　*68*②252
綿　*15*③336
【雄《お》しべのかたち】
綿　*15*③336
【押《お》す前《まえ》の砂糖《さとう》に水《みず》を打《う》つ】　*50*②207
【御試通水《おためしつうすい》】　*65*④320
【ヲ《お》チ鯨肉《くじらにく》ヲホコニテツク体《てい》】　*58*⑤
341
【▽落葉肥《おちばごえ》の積《つ》み方《かた》】　*40*①10
【▽落穂《おちほ》ひろい】
稲　*26*①160
【乙管《おつかん》】→B
*53*⑥403,407
【御詰所《おつめしよ》】　*58*⑤340
【踊《おどり》】→N、O
*1*②168
【薪《おどろ》やとひ《い》の図《ず》】　*35*①157
【薪《おどろ》を束《たばね》る図《ず》】
蚕　*35*①155
【黄鶴菜《おにたびらこ》】　*68*①147
【巻丹《おにゆり》】→E、F、N
*68*①94
【雄《お》ねぢさしこみをとりたる皃《かたち》】　*15*
②258
【斧《おの》】→はん→B
*4*①295/*33*④200
【を《お》のうへ《え》】
馬　*60*⑤268
【小畑《おばた》】
桑　*56*①198
【▽尾引《おびき》】
馬　*60*⑦484
【苧《お》ヒキ金《がね》、苧引《ひき》金】→B
*1*②175/*4*①296
【▽雄穂《おほ》の図《ず》】
稲　*7*①32
【敗醤《おみなえし》】→E、N
*68*①106
【おミやげ石《いし》】　*59*②128
【莔若《おめきぐさ》】　*68*②284
【▽を《お》もひ《い》のはり】　*60*⑤289
【面梶《おもかじ》】　*59*④323
【沢瀉《おもだか》】→E、G、N
*68*①89
【表《おもて》(あわび)】　*50*④308
【表全図《おもてぜんず》(消防ポンプ)】　*15*②256
【▽表田《おもてだ》の一番草取《いちばんくさと》り】
稲　*26*①97
【▽表田《おもてだ》の一番中打《いちばんなかう》ち】
麦　*26*①93
【▽表田《おもてだ》の田植《たう》え】
稲　*26*①79
【▽表田《おもてだ》の追肥《ついひ》】
稲　*26*①107
【▽表田《おもてだ》の二番中打《にばんなかう》ち】
稲　*26*①96
【表《おもて》よりミる図《ず》(激瀧水《げきりようすい》)】
*15*②248
【織《おり》あげたる葛布《くずぬの》の結《むす》び目《め》をはさみとり、つやつけてゐ《い》る図《ず》】　*50*③278
【織上《おりあげ》たるむしろを仕立《したて》る図《ず》】　*14*①
135
【織網《おりあみ》を織《お》る図《ず》】　*58*③196
【▽折《お》りたたみ式踏台《しきふみだい》】　*48*①261,262
【柙《おり》にすミ入《いれ》るの図《ず》】　*49*①63
【▽柙《おり》に墨置《すみおき》たる図《ず》】　*49*①65
【折《おり》わけたる茎《くき》を莚《むしろ》に入《いれ》て種《たね》をたゝ《た》き落《おと》す図《ず》】
むらさき　*14*①156
【卸《おろし》ノ台《だい》】→B
*18*④400
【▽雄《おん》】→E
菜種　*8*①84
【▽雄木《おんき》の姿《すがた》】
綿　*8*①59
【雄枝《おんし》】
綿　*8*①14

【か】

【カイ、櫂《かい》、䑰《かい》】→ろ(櫓)→J
*1*②158/*58*③188/*59*④324
【櫂《かい》アナ】　*58*③188
【▽開花期《かいかき》の稲《いね》】
稲　*37*②145
【蚕網《かいこあみ》の図《ず》】　*35*①127
【蚕籠《かいこかご》】　*35*①80
【蚕最初取扱《かいこさいしよとりあつかい》の図《ず》】
蚕　*35*①102
【蚕育《かいこそだ》ちて、丸葉《まるば》の桑《くわ》をあたふ《う》る図《ず》】
蚕　*62*④107
【蚕架《かいこだな》】→C
*35*①81
【蚕《かいこ》のちいさきとき、きざみたるくハ《わ》をあたふ《う》る図《ず》】　*62*④106
【かいこをしゆくへいれる図《ず》】
蚕　*35*②355
【蚕《かいこ》を養《やしな》ふ《う》図《ず》】

蚕 *14*①252
【▽皆済状《かいさいじよう》】→R
*26*①185
【▽皆済状《かいさいじよう》受《うけ》取《と》り】 *26*①183
【海中《かいちゆう》の砂《すな》へ麁朶《そだ》をさすや《よ》う穴《あな》をあくる具《ぐ》】 *14*①295
【▽廻腸《かいちよう》】→E
馬 *60*⑦482
【▽街道《かいどう》の茶店《ちやみせ》】 *72*④52
【街道《かいどう》の店先《みせさき》】 *72*④56
【馬料《かいば》に萆薢《ところ》をまぜて喰《くわ》す図《ず》】 *14*①177
【火越《かえつ》】→G
*60*④180
【蘿藦《ががいも》】→N
*68*①149
【▽加賀苧綱《かがおづな》】→J
*58*③176
【▽下齶《かがく》】→E
馬 *60*⑦469
【カヽ《か》ザシキ】→N
*24*①147
【▽かかし、▽案山子《かかし》、かゝ《か》し】→なるこ→C
*4*①305/*24*①187/*71*⑥70/*72*⑮98, 99
【加賀《かが》の白山《はくさん》】 *26*①187
【カヽ《が》リ、かゝ《が》り、カヾ《が》リ】→B、N
*24*①108, 146/*33*④203
【かゝ《が》りはた】 *33*④203
【かき(垣網)】→B
*59*②110
【柿《かき》】→E、N
*13*①144
【かきあげ田《た》】→D
*45*③146
【カきあミ入穴《いれあな》】 *59*②129
【菝葜《かきいばら》】→N
*68*①158
【カキ落《おとし》】 *53*④254
【連銭草《かきどおし》】 *68*①141
【▽かきとった繭《まゆ》の計量《けいりよう》】
蚕 *35*②359
【垣根《かきね》に朝皃《あさがお》の実《み》をまく図《ず》】
あさがお *15*①80
【かきまハ《わ》しの図《ず》】 *14*①223
【花形《かぎよう》分解《ぶんかい》之《の》図《ず》】 *55*③213
【▽蕚《がく》、がく】→E
*55*③213
稲 *62*⑦203
【▽角膜《かくまく》】→E
馬 *60*⑦471, 472
【▽神楽《かぐら》】 *72*⑯102
【▽隠《かく》れ釣《づり》のしかけ】 *59*④340
【欠入所《かけいりしよ》】 *65*③254
【▽欠込候《かけこみそうろう》田畑《たはた》】 *65*③260
【▽掛干《かけぼ》し】→A、K
稲 *39*④227
【掛干《かけぼ》しの図《ず》】
稲 *62*⑦189
【かけや】→B
*58*③188
【▽下瞼《かけん》】→E
馬 *60*⑦471
【▽籠《かご》】→C
*65*③260
【かご】→ざる→B
*45*②72
【▽籠出《かごだ》し】→C
*65*③263
【風向《かざむ》きの図《ず》】 *58*③218
【かさわけ】
馬 *60*⑤268
【樫《かし》】→B、E
*13*①205
【梶柄《かじえ》】 *59*④323
【楫尾《かじお》】→J
*59*⑤427
【カジナヤ】→C
*58*⑤340
【▽下斜筋《かしやきん》】
馬 *60*⑦472
【黄独《かしゆう》】→E、N
*68*①108
【▽かしらの病《やまい》】
馬 *60*⑤289
【粕倉《かすぐら》】 *58*⑤340
【▽かすご鯛《たい》】→N
*24*①194
【かすてら麩《ぶ》】 *52*④175
【かすを去《さ》りたる葛水《くずみず》を布《ぬの》の袋《ふくろ》にてしぼりゐ《い》る図《ず》】 *50*③258
【風起莚《かぜおこし》】 *15*②201
【桛《かせ》かける図《ず》】 *35*②271
【纑車《かせぐるま》】→B
*14*①329
【桛場《かせば》】→B
*35*②272
【桛場《かせば》にてかせかける図《ず》】 *35*②270
【風《かぜ》バレ】→G
*60*④206
【風《かぜ》ヒク牛《うし》之《の》図《ず》】 *60*④176
【▽家族《かぞく》のため、養蚕《ようさん》に励《はげ》む農民《のうみん》】 *35*①239
【形《かた》】→B
*52*④168
【かたつふ《ぶ》り】→B
*4*①293
【蝸牛《かたつむり》】→G
*1*②190/*20*①244
【刀反鑱《かたなそりさき》】 *4*①284
【形《かた》に土《つち》を入《いれ》て人形《にんぎよう》を拵《こしらえ》へる図《ず》】
*14*①279
【かたね棒《ぼう》】 *6*①250
【形《かた》の寸法《すんぽう》】 *52*④170
【模《かた》の見面《みづら》ノ図《ず》】 *49*①58
【▽型箱《かたばこ》、型箱】 *52*②112, 114
【花壇《かだん》土《つち》拵《ごしらえ》之《の》図《ず》】
朝鮮人参 *45*⑦386
【鰹鯨《かつおくじら》】→J
*15*①34
【カツコロ】 *1*②196
【ガツサイ】 *1*②195
【▽門付《かどづ》け芸人《げいにん》】 *26*①12, 184
【角万能《かどまんのう》】→B
*15*②170, ③365
【鼎春嶽筆農耕屏風《かなえしゆんがくひつのうこうびようぶ》】 *72*⑤58
【かな鎌《かま》】→B
*33*④191

【▽金腐川界《かなくさりがわかい》わい】 26①27
【金《かな》ざらへ《え》】→B
15②162
【▽金沢市街《かなざわしがい》】 26①13
【▽金沢城《かなざわじよう》】 26①17,18
【▽金沢城下《かなざわじようか》】 26①11
【▽金沢城下《かなざわじようか》の商人町《あきんどまち》】 26①19
【▽金沢《かなざわ》の町《まち》】 26①177
【▽金沢《かなざわ》の南《みなみ》のはずれ】 26①9
【鉄突《かなつき》】→B
59④324
【▽かなのもみ洗《あら》い】 53②112
【葎草《かなむぐら》】→E、G
68①142
【金輪《かなわ》】→B、J、N
23①127/50①51
【▽鉄扱《かねこ》き箸《ばし》】→B
36③313
【樺《かば》ズンキリ】 1②172
【▽鵞鼻《がび》】→E
馬　60⑦468
【▽蕪内早稲《かぶうちわせ》】→F
稲　37②156,173
【かふ《ぶ》懸《かけ》】→A
4①287
【株懸鎌《かぶかけがま》】→B
6①246
【鏑《かぶら》】→B
23①125
【▽蕪菁《かぶらな》】→E、I、N
12①225
【釜《かま》】 52④169/53⑥406
【竈《かま》】 53④254
【鎌《かま》】→B
2④276/4①287/6①248/14①182/
45②72
【蒲《がま》】 68①87
【カマキリ】→E、G
1②190
【▽鎌倉《かまくら》】→F
さざんか　55③422
【かます、戽《かます》】→B、W
4①299/72②33,34
【窯底石居様《かまそこいしすえよう》の図《ず》】 48①315
【竈《かまど》】→N
53⑥404
【カマト《ど》カケ】 1②160
【▽竈神奉納絵《かまどがみほうのうえ》】 71⑮122
【竈仕掛《かまどしかけ》ノ図《ず》】 53⑥403
【カマド虫《むし》タネ】 40④269
【窯《かま》の内底《うちそこ》の図《ず》】 49①19
【窯火筋《かまひばし》】 49①44
【釜前《かままえ》】 59④323
【釜屋道具之図《かまやどうぐのず》】 52⑦287
【畿内《かみがた》にて用《もちい》るなんばの図《ず》】 14①116
【畿内農家《かみがたのうか》の竈《かまど》】 15②228
【上方流油《かみがたりゆうあぶら》を搾《しぼ》る図《ず》】 14①227
【畿内流《かみがたりゆう》さげ槌《つち》にて油《あぶら》をしぼる図《ず》】
50①78
【髪切虫《かみきりむし》の図《ず》】 35②306
【▽紙漉《かみすき》の女房《にようぼう》と子《こ》ども】 53①48
【上出《かみだ》シ】 58③223
【▽髪中《かみなか》】
馬　60⑦485
【雷《かみなり》ぼしづくり】 52①40
【カミニシ】 58③223
【髪毛《かみのけ》】→B、H、I、J
53⑤318
【▽上機《かみはた》の図《ず》】 49①244
【紙干之図《かみほしのず》】 53①47
【亀岳陶器《かめがおかとうき》】 1②212
【▽かも】 26①177
【▽榧《かや》】→E
13①166
【茅雨覆之図《かやあまおおいのず》】 45⑦405
【▽茅屋根《かややね》の民家《みんか》】 26①10
【粥糜《かゆ》】→I、N
18①48
【粥廠《かゆごや》】 18①48
【粥廠《かゆごや》を設《もう》け粥糜《かゆ》を施《ほどこ》すの図《ず》】 18①
48
【から臼挽《うすひき》】→A
稲　71①34
【傘籠《からかさかご》】 14①292
【からけ《げ》虫《むし》】→G
20①240
【からさほ《お》、唐竿《からさお》】→ぶりこ、ふりぼう
→B
33④195/45②72
【▽唐竿打《からさおう》ち、から棹打《さおうち》、唐竿打ち】→
L
稲　71①32,⑤69,⑥70/72③47,⑧78,
⑫86,⑮100,⑰105
【唐竿《からさお》による脱穀《だつこく》】
稲　71④65,⑪109/72⑳114
【唐竿《からさお》による脱稃《だつぷ》】
稲　71⑧85
【▽芥《からし》】→B、E、H、I、N
12①233
【▽辛《からし》・鹹《しわはゆし》・苦《にがし》・甘《あまし》・酸《すし》】 60
⑤274
【芥子菜全図《からしなぜんず》】 15①76
【王瓜《からすうり》】→E、N
68①138
【王瓜《からすうり》の図《ず》】 14①189
【からすぎ《き》】→A、B
1④333
【▽硝子《がらす》ノ壜《びん》】→N
69②274
【半夏《からすびしやく》】 68②275
【▽殻《から》に棘《とげ》ある図《ず》】
麦　68②252
【苧麻《からむし》】→まお→E、N、R
68①170
【▽からむし植《う》え】
からむし　26①72
【苧綯操体《からむしないくりのてい》】 58⑤310
【苧綯場《からむしないば》】 58⑤304
【▽唐綿《からわた》】 55③378
【かりあせ《ぜ》】→D
23⑥320
【刈稲《かりいね》】→A、E
稲　71①30
【仮植《かりう》え後生長《ごせいちよう》した苗《なえ》の芽《め》のようす】
さとうきび　50②154
【▽刈草運《かりくさはこ》び】 26①62
【苅《かり》たる藺《い》を夜《よ》なべに裂《さく》】 14①126
【かりたるなたねを畦《うね》とうねとの間《あいだ》

にすかして干《ほす》図《ず》】
菜種 45③173
【刈茶製法《かりちやせいほう》場《ば》の図《ず》】 14①315
【▽刈取《かりと》り】→A
藍 45②87
【刈取《かりと》りと乾燥《かんそう》】
稲 72①12
【王蒭《かりやす》】→B、E、H
13①52
【▽かるがも】 26①169
【枯穂《かれほ》】→E、G
稲 6②317
【ガワ】 52⑦290
【乾《かわ》いたさらし土《つち》を除《のぞ》く作業《さぎよう》】 50②205
【乾《かわ》かしたさらし土《つち》を砕《くだ》き、さらに水《みず》を加《くわ》えて練《ね》る作業《さぎよう》】 50②205
【▽川上《かわかみ》、川上】→D
65③252, 256, 262
【乾《かわき》し稲《いね》】
稲 71①30
【かは《わ》き地《ち》のうねつくりしたる全図《ぜんず》】
菜種 45③151
【▽川《かわ》ざらえ】→C、R
26①36
【川下《かわし》モ】→D
65③270
【河内鍬《かわちぐわ》】 15②149
【▽水苦蕒《かわちさ》】→B、E
12①345
【川中《かわなか》への出《だ》し】 65③252
【▽萍蓬艸《かわほね》の広葉《ひろは》に虎尾水《こびすい》もて升水《みずあぐ》る体《てい》】
こうほね 55③261
【川俣《かわまた》】→D
65③256
【水胡椒《かわみつば》】 68②279
【河《かわ》よりあげて薦又《こもまた》ハ刈草《かりくさ》をかぶせてむすところ】 50③272
【川原《かわら》】→D
66⑤266
【雞腸草《かわらけな》】 68①130
【▽瓦焼窯《かわらやきがま》】→C
48①314
【かハ《わ》を剝《ひ》く図《ず》】 53①23
【罐《かん》】 20①244
【▽かん、▽肝《かん》】
馬 60⑤270, 286
【莟《がん》】→つぼみ、らい→E
55③213
【▽がん】 26①155
【▽眼球《がんきゆう》の解剖《かいぼう》図《ず》】
馬 60⑦472
【▽眼球《がんきゆう》略《りやく》図《ず》】
馬 60⑦471
【乾薑《かんきよう》】→B、N
13①289
【雁行《がんこう》】→A、X
15①105
【▽骭骨《かんこつ》】
馬 60⑦468
【▽眼骨《がんこつ》】
馬 60⑦469
【▽寒桜《かんざくら》】→F
55③407
【▽杴子《かんし》】
馬 60⑦469
【カンシ《じ》キ、が《か》んじき】→B
1②206/15②209
【▽甘蔗《かんしや》】→さとうのくさ→B、E
12①392
【甘蔗《かんしや》の種春芽《たねはるめ》を生《しよう》じて殖《うえ》る時分《じぶん》の図《ず》】
さとうきび 3①47
【勘定場《かんじようば》】→C
58⑤340
【▽眼静脈《がんじようみやく》】
馬 60⑦467
【官女養蚕《かんじよようさん》図《ず》】
蚕 35②292
【▽鑑神経《かんしんけい》】→E
馬 60⑦473
【▽肝《かん》・心《しん》・肺《はい》・腎《じん》・脾《ひ》】 60⑤264
【灌水《かんすい》】→A、P
稲 72⑤62, ⑳115
【▽寒薄《かんすすき》】→E
55③422
【▽肝臓《かんぞう》】→E
馬 60⑦481
【乾燥《かんそう》の終《おわ》った茶葉《ちやば》を渋紙《しぶがみ》へ移《うつ》す図《ず》】
47④222
【乾燥《かんそう》の終《お》わった茶葉《ちやば》を茶壺《ちやつぼ》に詰《つ》める図《ず》】 47④225
【▽肝臓《かんぞう》の全図《ぜんず》】
馬 60⑦479
【寒中凍上《かんちゆうしみあがり》し麦《むぎ》の上《うえ》をふミしめる図《ず》】
麦 61④160
【雁爪《がんづめ》、鴈爪《がんづめ》】→B
15②202/33④193
【▽乾田《かんでん》の一回目《いっかいめ》の犁返《すきかえ》し】
稲 26①58
【▽乾田《かんでん》の砕土《さいど》】
稲 26①57
【▽乾田《かんでん》の二回目《にかいめ》の犁返《すきかえ》し】
稲 26①73
【▽乾田《かんでん》の二番草取《にばんくさと》り】
稲 26①104
【▽乾田《かんでん》の盤《ばん》の子割《こわ》り】
稲 26①37
【関東油搾《かんとうあぶらしぼ》り場《ば》の図《ず》】 50①48
【関東鋤《かんとうすき》】 15②159
【関東《かんとう》にて用《もちい》ル鋤《すき》】 45③148
【関東辺刈桑運送《かんとうへんかりくわうんそう》の図《ず》】
蚕 35①149
【関東辺刈桑運《かんとうへんかりくわはこ》ぶ図《ず》】
蚕 35①142
【関東流籠飼《かんとうりゆうかごかい》の図《ず》】
蚕 35①144
【カンナ】 48①140
【鐁切台箱中《かんなきりだいばこうちの》図《ず》】 45⑥333
【カンナ鍬《くわ》】 15②144
【鐁《かんな》の図《ず》】 45⑥333
【▽観音院《かんのんいん》】 26①22
【肝《かん》・肺《はい》・心《しん》・腎《じん》・脾《ひ》】
馬 60⑤266, 270
【旱魃《かんばつ》の時《とき》(中略)油水《あぶらみず》を打《うつ》て蝗《むし》を去《さ》らしむる図《ず》】
稲 15①48
【▽かんぴょうの皮引道具《かわひきどうぐ》】 36③249

【▽寒木瓜《かんぼけ》】→E
55③429
【か《が》んミやく、眼脈《がんみやく》】→E
馬 60⑤269,⑥326
【肝輪《かんりん》】
馬 60⑥329
【甘露子《かんろし》】 12①352

【き】

【葱《き》】→ひともじ→E
12①276
【き(気)】→X
60⑤272
【生糸洗浄法《きいとあらいきよめのほう》】 53⑤311
【▽樹《き》移《うつし》之《の》図《ず》】 55③463
【木《き》起《おこし》】→B
15②174
【気塊《きかい》】
馬 60⑥328
【▽気管《きかん》】→E
馬 60⑦474,475,480
【▽気管軟骨《きかんなんこつ》】
馬 60⑦469
【桔梗《ききよう》】→E、F、N
68①112
【亀《き》胸《きよう》様《で》人形《ひとがた》根《ね》】
朝鮮人参 45⑦413
【木伐《ききり》】→A、M
4①287
【木食虫《きくいむし》の図《ず》】 35②306
【木屑《きくず》】→B、I
53⑥412
【木屑出《きくずだ》シ】 53⑥404
【きけまん】→E
68②285
【▽鬐甲《きこう》】
馬 60⑦469
【枳殻《きこく》の実生《みばえ》の図《ず》】
からたち 14①386
【枳殻《きこく》の若木《わかぎ》を切《きり》たる図《ず》】
からたち 14①390
【枳殻実生《きこくみばえ》を植分《うえわけた》る図《ず》】
からたち 14①386
【木《き》ゴクリ】 24①102
【▽着《き》ござ】 26①105
【▽機骨《きこつ》】
馬 60⑦468
【刻《きざ》ミ昆布《こんぶ》】→N
50④318
【木《き》ざらへ《え》】→B
15②164
【▽きじ】→E、G、N
26①136
【羊蹄苗《ぎしぎしのなえ》】→N
68①166
【紀州《きしゆう》尾鷲辺《おわせへん》の鍬《くわ》】 15②149
【紀州《きしゆう》熊野《くまの》の鍬《くわ》】 15②149
【紀州《きしゆう》ニ而用《てもちい》る草削《くさけずり》】 45③148
【紀州《きしゆう》の草削《くさけずり》】 15②169
【紀州《きしゆう》和歌山《わかやま》小鍬《こぐわ》】 15②148
【紀州《きしゆう》和歌山《わかやま》中鍬《ちゆうぐわ》】 15②148
【木末《きすえ》の芽《め》を留《とめ》る図《ず》】
綿 15③370
【▽きせるの図《ず》】 45⑥332
【▽規則板《きそくいた》】→B
65④354
【キツ】 1②154
【気《き》ツ《づ》カレ】 60④198
【▽狐《きつね》】→E、G
26①98,109
【狐芋《きつねいも》】
さつまいも 70③238
【▽狐《きつね》たち】 26①138
【季定桑樹《きていくわのき》を相《そう》する図《ず》】 35①217
【畿内《きない》ニて麦《むぎ》を刈《か》る鋸鎌《のこぎりがま》】 15②226
【衣襲明神《きぬがさみようじん》】 62④84
【▽絹機《きぬはた》の図《ず》】 49①242
【杵《きね》】→B
1②153/4①296/6①252/33④202
【杵《きね》ツラ】 48①266
【▽甲乙《きのえきのと》・丙丁《ひのえひのと》・庚辛《かのえかのと》・壬《みずのえ》
癸《みずのと》・戊己《つちのえつちのと》】 60⑤265
【▽木《き》はしご】→B
23①127
【▽黍《きび》】→B、E、N
12①178
【キビムシ】 20①245
【▽きびを食《く》う虫《むし》】 20①245
【木蓖《きべら》】→B
52②108
【玉簪花《ぎぼうし》】→E
68①163
【肝腫《きもはれ》】→G
60④204
【▽きやく】→E、W
馬 60⑤286
【客座《きやくざ》】 33⑤263
【▽九委《きゆうい》】
馬 60⑦467
【牛耕《ぎゆうこう》】→のうじず(ぎゅうこう)→
A
稲 72⑭90,㉑117
【▽弓矢《きゆうし》】→E
馬 60⑦484
【▽齨歯《きゆうし》】
馬 60⑦469
【宮中《きゆうちゆう》にて蚕《かいこ》を飼《かわ》せ給《たまう》ふ図《ず》】 35①
34
【きうたふ《ぎゆうどう》、牛動《ぎゆうどう》】
馬 60⑤268,⑥327
【牛馬《ぎゆうば》のくひ《び》にかぐ《く》る道具《どうぐ》】 1④334
【九番《きゆうばん》(なまこ)】→N
50④303
【▽厩肥《きゆうひ》を田《た》と麦畑《むぎばた》に入《い》れる】
稲 26①61
【黄瓜《きゆうり》】→E、N
12①260
【▽きゅうりの種《たね》まき】
きゅうり 26①48
【▽きゅうりの播《ま》き方《かた》】
きゅうり 3④338
【▽京《きよう》うず麸《ふ》】→N
52④174
【京鍬《きようぐわ》】 15②144
【▽胸腔《きようこう》、食道《しよくどう》、気管《きかん》、心臓《しんぞう》、肺《はい》および
横膈膜《おうかくまく》の連続《れんぞく》している図《ず》】
馬 60⑦480

【▽狭屍《きようし》】→E

馬 60⑦484

【▽胸静脈《きようじようみやく》】

馬 60⑦467

【京鋤《きようすき》】→B

15②157

【▽曲池《きよくち》、曲池】→E

馬 60⑥328, ⑦466

【▽きょくた《ど》う、曲道《きよくどう》】

馬 60⑤287, ⑥326

【▽玉堂《ぎよくどう》】

馬 60⑦470

【玉露用《ぎよくろよう》の茶樹《ちやじゅ》の栽培《さいばい》の図《ず》】

茶 47④228

【玉露用《ぎよくろよう》の茶《ちや》の摘取《つみと》りの図《ず》】

茶 47④229

【漁者服《ぎよしやふく》】 1②183

【▽魚鱗形《ぎよりんけい》の抱護《ほうご》の図《ず》】

57②162

【桐《きり》】→E

13①195

【切欠《きりかけ》】 53⑥410

【切疵《きりきず》】→G、N

60④224

【切口《きりくち》】→E

なんてん 55②179

【▽切口《きりくち》を焼体《やくてい》】

ばいも 55③245

【▽切接《きりつぎ》の図《ず》】 55③472

【▽きりはり】 60⑤289

【剖分《きりわか》つ刀《かたな》の図《ず》】 52②116

【木綿《きわた》】→E、N

13①6

【金魚《きんぎよ》】→J

59⑤428

【金魚《きんぎよ》の図説《ずせつ》と概略《がいりやく》】 59⑤425

【▽金糸楳《きんしばい》】→E

55③339

【金盞花《きんせんか》】→E

68①107

【きんた《と》う】

馬 60⑤268

【▽銀杏《ぎんなん》】→E、N

13①164

【金箔《きんぱく》うつ礩《あて》の図《ず》】 49①155

【毛莨《きんぽうげ》】→E

68②275

【く】

【杭《くい》】→B

24①39

【杭網之図《くいあみのず》】 58③214

【杭打之図《くいうちのず》】 15②278

【杭打船《くいうちぶね》】 15②278

【杭拵《くいごしらえ》の図《ず》】 58③200

【杭抜《くいぬき》】 15②281

【杭抜道具《くいぬきどうぐ》】 15②280

【杭抜船《くいぬきぶね》】 15②280

【▽空《くう》・火《か》・風《ふう》・水《すい》・地《ち》】 60⑤265

【▽空腸《くうちよう》】→E

馬 60⑦482

【空道《くうどう》】→C

53④252, 255

【空道桁石《くうどうけたいし》】 53④252

【空道吹《くうどうふき》ハナシ】 53④252

【空《くう》・風《ふう》・火《か》・水《すい》・地《ち》】 60⑤270

【九月《くがつ》の末刈《すえかり》とる時分《じぶん》の図《ず》】

さとうきび 3①47

【鰊蓬《くがひじき》】 68①103

【枸杞《くこ》】→B、E、N

68①176

【くさい】 12①355

【草掻《くさかき》】→A、B

33④192

【▽草刈《くさか》り、草刈《かり》】→A、L

4①287/26①62, 90, 103, 130, 147

【草刈鎌《くさかりがま》】→B

4①287

【草切《くさき》りかご、草切籠《きりかご》】 72②31

【耘《くさぎり》の図《ず》】

稲 71①24

【くさけづ《ず》り、草《くさ》けづ《ず》り、草削《けずり》】→A、B

15②166, 168, ③364, 365/45②72

【▽草芝《くさしば》の積《つ》み方《かた》】 40①11

【▽草取《くさと》り、草取り】→A、B、L

稲 26①109/71①24, ③52, 58, ④64, ⑤68, ⑥70, ⑨91, 94, ⑪108, ⑫112, 114/72①12, ⑤62, ⑰104, ⑱107, ⑳115

【草《くさ》とりかま】→B

1④332

【叢取熊手《くさとりくまで》】→B

6①248

【草取図《くさとりず》】

稲 72⑪84

【くさとりつめ】 15②202

【白屈菜《くさのおう》】→E

68②285

【楔《くさび》】→B

48①141

【菌《くさびら》】→E、N

12①350

【▽菌栭《くさびらきのこ》】→E

12①350

【くさびを打《う》ち込《こ》んで加圧《かあつ》し、糖蜜《とうみつ》を搾《しぼ》る仕掛《しか》け】 50②213

【草分《くさわけ》】

馬 60⑥328

【鯨網梳立《くじらあみすきたて》ル体《てい》】 58⑤310

【鯨解方《くじらときかた》の図《ず》】 58⑤292

【鯨捕懸《くじらとりかか》る図《ず》】 58③170

【鯨捕《くじらとり》しめ引懸《ひきかけ》る図《ず》】 58③172

【鯨之品類《くじらのひんるい》】 15①33

【▽鯨引舟《くじらひきぶね》、鯨引舟】 58③174, 176

【鯨引申加賀苧綱《くじらひきもうすかがおづな》】 58③174

【鯨船図《くじらぶねず》】 58⑤298

【鯨船塗体《くじらぶねぬるてい》】 58⑤306

【鯨《くじら》を網《あみ》にかける図《ず》】 58⑤334

【鯨《くじら》ヲ網《あみ》ニカリコム体《てい》】 58⑤332

【鯨《くじら》を磯《いそ》へ引《ひき》よせ、諸人見物《しよじんけんぶつ》する図《ず》】

58③178

【鯨《くじら》を解体《かいたい》する浜《はま》のようす】 58⑤340

【鯨《くじら》を捕《と》る道具《どうぐ》の図《ず》】 58③180

【葛粉《くずこ》を干図《ほすず》】 50③261

【葛粉製法道具《くずせいほうどうぐ》】 50③257

【葛苧《くずそ》】→N

50③274
【葛苧《くずそ》をさきてつなぎ、糸車《いとぐるま》にてくだにする図《ず》】 50③276
【葛布織所《くずぬのおりしよ》】 50③276
【葛根《くず》をた〻《た》きひしぐ棒《ぼう》と槌《つち》】 50③257
【葛根《くず》を掘道具《ほるどうぐ》】 50③248
【▽葛《くず》の全図《ぜんず》】 50③242
【葛《くず》のつるをゆて《で》る図《ず》】 50③271
【薬《くすり》を飼体《かうてい》】 60⑥331
【くずをおこすは《ほ》うちや《よ》う】 50③257
【曝葛《くずをさらす》図《ず》】 50③266
【葛粉《くず》を製法《せいほう》する図《ず》】 14①240
【葛粉《くず》を干糀《ほすこうじ》ふ《ぶ》た】 50③257
【九谷色絵農耕煎茶碗《くたにいろえのうこうせんちやわん》】 72㉑116
【九谷色絵農耕平鉢《くたにいろえのうこうひらばち》】 72⑳112
【口《くち》ナワ】→B
24①146
【口《くち》びる】→E
馬 60⑤272
【筧《くつこ》】→B
6①257
【銜《くつわ》】→B
6①258
【九道《くどう》】
馬 60⑥326
【くどのあじろ】 35②349
【檞《くぬぎ》】→B、E、H、N
68①190
【檞《くのぎ》炭竈《すみがま》図《ず》】 53④256
【熊手《くまで》、鉄搭《くまで》】→えぶり→B
4①295/6①247/15②164/33④193, 200/45②72, 73
【熊手鍬《くまでぐわ》】→B
6①246
【クマノヒ流《ながれ》出《だ》し】 59④382
【くまは《ば》ち】 20①245
【▽熊糯《くまもち》の穂《ほ》】 37②190
【組仕出《くみしだし》、中尾氏之《なかおしの》館《やかた》之下《のした》ニ三《み》タビ巡《めぐ》リ仕形《しかた》ノ体《てい》】 58⑤322
【組仕出之図《くみしだしのず》】 58⑤316
【組主《くみぬし》】→X
58⑤316
【▽くもじの漬《つ》けこみ】 52①28
【蜘尻《くもしり》】→E
馬 60⑥329
【▽蜘蛛《くも》の糸《いと》と蚕《かいこ》の糸《いと》の相違《そうい》】 35①233
【鞍《くら》】 33④194
【くら、区《くら》】→D
33⑥330, 331, 332
【▽蔵入《くらい》れ、蔵入れ】→A、O、R
71③53, ④66, ⑥70, ⑦76, ⑧86, ⑨91, 96, ⑪110, ⑫116/72③51, ⑤65, ⑦73, 74, ⑰105
稲 71④62/72⑮101
【鞍蓋《くらがい》】→B
4①292/6①258
【鞍月用水《くらつきようすい》】 26④17
【鞍縄《くらなわ》】→B
4①291/6①257
【▽栗《くり》】→A、B、E、H、N
13①139
【栗木植付《くりきうえつけ》て三四年《さんよねん》になりたる図《ず》】
栗 14①307
【厨《くりや》】 71①42
【車馬鍬《くるまうまぐわ》】→B
15②203
【車械《くるまかい》】 1②177
【車《くるま》を仕《し》かけ糸《いと》とる図《ず》】 35①167
【クルリ木《ぎ》】→ろくろぎ→B
1②187
【クルリ縄《なわ》】 1②182
【塊打《くれうち》】→B
33④192
【くれなゐ《い》】→こうか→E
13①44
【紅藍苗《くれないのなえ》】→N
68①76
【呉服漢織《くれはあやは》の二女宮中《にじよきゆうちゆう》にて機《はた》を織《お》る図《ず》】 35①224
【くれわり】→A、B
1④334
【黒蚕《くろかいこ》】
蚕 35①45
【▽烏芋《くろぐわい》】→E、G、N
12①349
【黒砂糖《くろざとう》を練《ね》り揚《あ》げる作業場《さぎようば》】 50②190
【黒瀬《くろせ》】 58③218
【黒鯛釣《くろだいつり》のしかけ】 59④299
【黒《くろ》ねきり】 20①243
【桑《くわ》】 13①114
【鍬《くわ》】→B、L
1②154/2④276/4①288/6①246/33④190
【▽慈姑《くわい》】→E、G、N
12①346
【桑入網袋《くわいれあみぶくろ》】 35①80
【▽クハ《わ》ヘ《え》】→B
49①105
【桑切板《くわきりいた》】 35②272
【桑切鎌《くわきりがま》の図《ず》】 56①189
【桑切庖丁《くわきりほうちよう》、桑切疱丁】→B
35①79, ②272
【桑拵《くわこしらえ》る図《ず》】
蚕 35①136
【鍬初《くわぞめ》】→O
37③263
【桑摘《くわつみ》かご】 35②272
【桑摘図《くわつむず》】
桑 35②309
【採桑籠《くわとりかご》】→B
35①79
【桑《くわ》とり梯《はしご》】→B
35①81
【桑《くわ》とりふご】 35①80
【桑苗栽《くわなえうゆ》る図《ず》】
桑 35①69
【桑荷《くわにな》ふ《う》簣《あじか》】 35②272
【鍬《くわ》によるあぜ塗《ぬ》り】
稲 71⑪103
【鍬《くわ》による耕起《こうき》】 72①10
【桑《くわ》の露《つゆ》おとす図《ず》】
蚕 35①146
【▽桑《くわ》の苗《なえ》を茶畑《ちやばたけ》のうね間《ま》に植《う》える】
桑 47③171
【桑葉《くわのは》はこぶ図《ず》】
蚕 35①138

【桑《くわ》の葉《は》をきざみ製《せい》する図《ず》】 62④105
【鍬《くわ》の目方《めかた》と寸法《すんぽう》】 63⑤316
【▽桑《くわ》を摘《つ》む羅敷《らふ》をみかけた趙王《ちようおう》】
35①218
【桑《くわ》をとる図《ず》】
蚕 35①134

【け】

【▽毛《け》、け】
稲 70④274
馬 60⑤272
【荊芥《けいがい》】→E、N
13①300
【鯨鯢《げいげい》供養《くよう》流《なが》し勧請《かんじよう》の図《ず》】 58⑤364
【▽脛骨《けいこつ》】
馬 60⑦469
【桂勝《けいしよう》】
馬 60⑥329
【▽頸静脈《けいじようみやく》】
馬 60⑦467
【桂川《けいせん》】
馬 60⑥329
【▽繋帯《けいたい》】→E
馬 60⑦481, 482
【▽圭田《けいでん》、圭田】 4①249, 253
【鶏冠苗《けいとう》】→E、N
68①135
【鶏頭花《けいとうげ》】→E、N
12①326
【慶徳稲荷神社《けいとくいなりじんじや》春《しゆん》夏《か》秋《しゆう》冬《とう》農耕《のうこう》絵馬《えま》】
72⑮94
【▽圭絣三斜田《けいほうさんしやでん》、圭絣三斜田】
4①249, 257
【激瀧水《げきりようすい》の図《ず》】 15②246
【下々井《げげい》】
馬 60⑥329
【▽下口《げこう》】
馬 60⑦478
【罌粟《けし》】→E、N
12①315
【▽下焦《げしよう》】→E
60⑤270
【建水板《けすいた》】→B
53⑥406
【削《けず》り台《だい》】→B
48①140
【桁《けた》】→B
48①116
【桁石《けたいし》】→B
49①19/53④252, 255
【桁木《けたぎ》】→B
48①149
【けたもたせ】 53①45
【▽結腸《けつちよう》】→E
馬 60⑦482
【げつちや《よ》うに綱《つな》を合《あわ》せる図《ず》】 58③194
【穴道《けつどう》】
馬 60⑥326
【▽けつば】→G
60⑤288
【下品《げひん》(あわび)】 50④309
【▽検見《けみ》】→R
72⑮98, 99
【検見《けみ》の図《ず》】 71①28
【ケヤケ】→B
52⑦292
【▽釼《けん》】→J
58⑤296
【▽玄固《げんこ》(古)】→F
たばこ
45⑥326
【牽牛子《けんごし》】→E、N
13①291
【源五兵衛柄耜《げんごべえからすき》】 15②215
【源五兵衛柄耜《げんごべえからすき》にて畑《はたけ》を耕《たがや》す図《ず》】→B
15②216
【▽釼竿《けんざお》】 58⑤296
【けんしべ】→E
芍薬 54①78
【▽献上《けんじよう》を禁止《きんし》されている馬《うま》のわるい旋毛《せんもう》】
馬 60⑦484, 486
【元道《げんどう》】→E
馬 60⑥327
【釼《けん》と銛《もり》の図《ず》】 58⑤296
【▽眼《げん》・耳《に》・鼻《び》・舌《ぜつ》・意《い》】 60⑤264
【▽顕微鏡《けんびきよう》で見《み》た籾《もみ》の拡大図《かくだいず》】
稲 70④274
【▽顕微鏡《けんびきよう》にて見《み》シ図《ず》】 62⑦203
【枳椇《けんぽなし》】→E
68①187
【▽玄米《げんまい》の精白《せいはく》、玄米の精白】 72②20, 21
【玄米《げんまい》の選別《せんべつ》】
稲 71④66
【倹約之屋作《けんやくのやづくり》】 33⑤263
【▽減陽《げんよう》】→E
馬 60⑦487

【こ】

【蠱《こ》】 20①245
【小《こ》アジカ】 24①83
【こい】 35②270
【小《こ》いた】→B
40①9
【▽こい釣《つり》のしかけ】 59④342
【小犬塚天満宮農耕絵馬《こいぬづかてんまんぐうのうこうえま》】 72⑱106
【▽子犬《こいぬ》のたわむれ】 60②97
【小稲所十三通植之図《こいねどころじゆうさんとおりうえのず》】
稲 9③272
【▽こいの伏《ふ》せかご】→J
59④354
【こいは《ば》し】→こきだけ、こきばし→B
4①298
【▽梗《こう》】
稲 62⑦203
【紅花《こうか》】→くれない→E、N
13①44
【▽口蓋《こうがい》および蹄《ひずめ》の鍼灸《しんきゆう》のつぼの略図《りやくず》】
馬 60⑦470
【▽弘化大地震《こうかおおじしん》の被害状況《ひがいじようきよう》】 66⑤

295,296,297,298,299,300,301,302,303,304

【甲管《こうかん》】→B

53⑥403,407

【▽睾丸《こうがん》】→E

馬 60⑦483

【▽耕起《こうき》、耕起】→のうじず(こうき・しろかき・しんしゅ)

藍 45②74

稲 71④63,⑦73/72⑤61

【郷蔵《ごうぐら》へ御《お》囲《かこ》ひ《い》米《こめ》の図《ず》】 14①62

【▽勾股田《こうこでん》、勾股田】 4①248,251

【▽項鎖骨《こうさこつ》】

馬 60⑦469

【▽郷里《ごうさと》】→F

たばこ 45⑥326

【合散《ごうさん》】→E

馬 60⑥328

【子牛《こうし》】→E

1②182

【合指《ごうし》】

馬 60⑥328,330

【▽こ《ご》うし穴《あな》】→C、J

59②130

【紅実《こうじつ》】

朝鮮人参 45⑦385

【香薷《こうじゅ》】→E、N

13①301

【江州《ごうしゅう》海津《かいづ》ニ而用《てもちい》ル鍬《くわ》】 15②146

【江州《ごうしゅう》鋤《すき》】 15②158

【江州《ごうしゅう》ニ而用《てもちい》ル鋤《すき》】 45③148

【江州《ごうしゅう》流《りゅう》つり棚《だな》の図《ず》】 35①158

【高助桑《こうすけくわ》】→F

桑 56①196

【▽合泉《ごうせん》、合先《ごうせん》】

馬 60⑥328,⑦470

【▽楮《こうぞ》】→B、E、F、L、N

13①92

【楮《こうぞ》あく出《だ》しの図《ず》】 53①30

【楮《こうぞ》うす皮《かわ》を削《けずる》図《ず》】 53①28

【楮苧《こうぞ》売買之事《うりかいのこと》、楮《こうぞ》売買の事】 53①20,25

【楮苧《こうぞ》皮干之図《かわほしのず》】 53①24

【楮皮《こうぞかわ》を漬置《つけお》く図《ず》】 53①27

【楮畑《こうぞばた》】→D

14①51

【楮一株《こうぞひとかぶ》の図《ず》】 14①255

【楮苧《こうぞ》むしの図《ず》】 53①21

【匣中《こうちゅう》の竹簀《たけす》】 52②109

【▽厚腸《こうちょう》】→E

馬 60⑦481

【鋼鉄《こうてつ》にて作《つく》りたる道具《どうぐ》】 48①361

【刀《こうとう》】→B

23①126

【勾配《こうばい》】→A、C、D、X

65④312,314,323,326,343

【光福寺《こうふくじ》春耕図絵馬《しゅんこうずえま》】 72⑯102

【萍蓬根《こうほね》】→E、N

68①169

【▽剛膜《ごうまく》】

馬 60⑦472,473

【▽光明《こうみょう》】 24①195

【茼蒿《こうらいぎく》】→E

12①322

【▽香林坊橋《こうりんぼうばし》】 26①17

【柑類《こうるい》】→E、N

13①167

【▽肥担《こえかつ》ぎ】

綿 26①71

【▽肥汲《こえく》み】→A

26①10,12,16,26,30

【肥田子《こえたご》】→B

33④192

【▽肥溜《こえだ》め】→C

26①43,137

【糞溜桶《こえだめおけ》】→B

6①250

【糞付薦《こえつけこも》】 6①256

【糞付蓋《こえつけふた》】 6①258

【肥取《こえとり》そふ《う》け】→B

33④192

【糞斗桶《こえはかりおけ》】→B

6①251

【▽肥運《こえはこ》び、肥運び】→A、I

26①137

稲 72⑤62

小麦 26①167

【こえ柄杓《ひしゃく》、糞《こえ》柄杓】→B

4①293/33④192

【小生《こおい》の綿《わた》に底穴桶《そこあなおけ》をもて、水《みず》をかくる図《ず》】

綿 15③363

【豆油桶《ごおけ》】 52②96

【▽豆油桶《ごおけ》のおき方《かた》】 52②99

【▽氷曳漁《こおりびきりょう》の網《あみ》の構造《こうぞう》】 59②128

【▽氷曳漁《こおりびきりょう》の網《あみ》の寸法《すんぽう》】 59②129

【▽蚕飼《こがい》から糸取《いとと》りまでの用具《ようぐ》(1)】

35②272

【▽蚕飼《こがい》から糸取《いとと》りまでの用具《ようぐ》(2)】

35②273

【▽蚕飼《こがい》から糸取《いとと》りまでの用具《ようぐ》(3)】

35②274

【▽蚕飼《こがい》から糸取《いとと》りまでの用具《ようぐ》(4)】

35②275

【蚕飼《こがい》のために桑《くわ》の葉《は》をとる図《ず》】

蚕 62④104

【小肩《こかた》】

馬 60⑥328

【小肩溝《こかたみぞ》】 33⑥332

【蚕卵《こがみ》寒晒《かんざらし》の図《ず》】

蚕 35②294

【小《こ》からすき】 15③365

【▽五干《ごかん》】 60⑤265

【▽五季《ごき》】 60⑤264

【コキ竹《だけ》、扱《こき》竹】→こいばし→B

1②188/6①252

【▽扱《こ》き箸《ばし》】→こいばし→B

71⑤69

【▽五行《ごぎょう》】→N

60⑤264

【五行《ごぎょう》の配当表《はいとうひょう》】 60⑤264

【蜀漆《こくさぎ》】→F、N

68①184

【児鯨《こくじら》五尋之図《ごひろのず》】 15①38

【児鯨《こくじら》ノ図《ず》】 58⑤294

【木口《こぐち》】→E

48①124

【▽黒稠液《こくちょうえき》】

馬 60⑦472

【木口《こぐち》より切《きる》】 *52*①38
【極秘《ごくひ》かこひ《い》様《よう》】
なし *40*④276
【国府《こくぶ》】→F
たばこ *45*⑥325
【▽国府《こくぶ》の産地《さんち》】 *45*⑥325
【小鞍《こくら》】→B
*33*④194
【小《こ》ぐら】 *6*①257
【コクリボ】 *24*①102
【小栗《こぐり》をふせたる図《ず》】 *14*①304
【小車《こぐるま》】→B
*53*⑤319
【▽小車《こぐるま》にする道具《どうぐ》、小車にする道具】
*48*①123, 124
【小黒鍬《こくろぐわ》】→B
*15*②143
【▽極早稲《ごくわせ》の刈取《かりと》り】
稲 *26*①122
【後家《ごけ》たを《お》し】→せんばこき→B
*6*①252
【こけた引図《ひくず》】 *58*③168
【九《ここの》ツ子《ご》の鞍掛《くらかけ》】 *35*②309
【▽五根《ごこん》】 *60*⑤264
【▽五色《ごしき》】→N、X
*60*⑤264
【古式喫煙具《こしききつえんぐ》の図《ず》】 *45*⑥330
【▽こしきだ】 *26*①23
【乞食《こじき》ノ頭《かしら》ノ印《しるし》】 *1*②167
【甑《こしき》の底《そこ》の図《ず》】 *48*①319
【漉《こし》たる油《あぶら》を汲上《くみあげ》る図《ず》】 *50*①90
【漉《こ》したる糟《かす》を日《ひ》ニ乾《かわ》かす図《ず》】→K
*18*④405
【虎子桐《こしとう》】→E
*15*①84
【▽腰簑《こしみの》】→B
つばき *55*③417
【五尺網《ごしやくあみ》】 *1*②182
【五十五日芋《ごじゅうごにちいも》】
さつまいも *70*③237
【こせう《しよう》のき】 *68*②271
【胡荽《こすい》】→E
*12*①330
【小《こ》ずき】 *1*④332
【こすくひ《い》】→B
*24*①19
【▽五臓《ごぞう》】→E
馬 *60*⑤264
【▽後喪門《ごそうもん》】→E
馬 *60*⑦484
【▽五体《ごたい》】 *60*⑤265
【蚕棚《こだな》の脚《あし》に車《くるま》を仕《し》かけ出《だ》し入《いれ》自由《じゆう》にする図《ず》】
蚕 *35*①148
【蚕種貯《こだねたば》ひ《い》置図《おくず》】
蚕 *35*①61
【蚕種《こだね》の紙《かみ》にうみつけたるをうつす図《ず》】
蚕 *62*④103
【こつか《が》ん】
馬 *60*⑤269
【こつみやく、骨脈《こつみやく》】→E
馬 *60*⑤268, ⑥326
【こて、小手《こて》】→B
*4*①304/*6*①261/*33*④201
【弧田《こでん》】 *4*①248
【コ《ご》ト鯨《くじら》】 *15*①33
【▽小苗打《こなえう》ち】→A、X
稲 *26*①79
【▽こなし方《かた》】→A
藍 *45*②90
【粉虫《こなむし》】→G
*45*⑦393
【小《こ》ナヤ】→C
*58*⑤340
【小《こ》ニウ】→おおにう→C
*24*①118
【小荷駄《こにだ》】→E、X
*1*②156
【五年六年木棚形《ごねんろくねんぼくたながた》】 *46*①80
【五《ご》の目《め》】→C
綿 *15*③368
【五番《ごばん》(なまこ)】 *50*④305
【小引手《こてひき》】→B
*4*①287
【古非血返《こひちかえし》】
馬 *60*⑥327
【小平《こひら》しべ】→E
芍薬 *54*①78
【▽小昼《こびる》の用意《ようい》】 *62*③68
【▽五腑《ごふ》】
馬 *60*⑤265
【▽呉服屋《ごふくや》】 *26*①172
【小《こ》ふこ鑱《さき》】 *4*①283
【▽小藤《こふじ》】→E、F
つばき *55*③429
【▽辛夷《こぶし》に蜀椒《さんしよう》を挟《はさ》む体《てい》】
こぶし *55*③245
【小鎞《こへら》】 *4*①284
【▽五方《ごほう》】 *60*⑤265
【悪実《ごほう》、蒡蓊《ごぼう》】→E、N
*12*①295/*68*①161
【ゴホ《ぼ》ウ馬《うま》】 *1*②211
【小箒《こほうき》】→F
菜種 *45*③137
【▽古木墨打之図《こぼくすみうちのず》】 *55*③463
【こま】 *58*③188
【▽胡麻《ごま》】→B、E、I、L、N、R
*12*①208
【こまざらへ《え》、欋《こまざらえ》】→えぶり→A、B
*1*④334/*4*①298
【小舛《こます》】→B
*33*④197
【▽小町艸《こまちそう》】→E
*55*③338
【小松原《こまつばら》】
馬 *60*⑥327
【駒《こま》の爪《つめ》なり】
桑 *24*①29
【▽五味《ごみ》】→N
*60*⑤265
【ごみあげ】→A、B
*4*①294
【小溝《こみぞ》を引《ひい》て水《みず》ごえをかくる図《ず》】
むらさき *14*①153
【コ《ご》ミトリ】 *52*⑦305
【小麦《こむぎ》】→A、E、I、L、N
*12*①166
【▽小麦刈《こむぎか》り】→A

小麦 26①95
【▽小麦《こむぎ》まき】→A
小麦 26①138,167
【米《こめ》】→B、E、I、L、N
71①34
【米《こめ》おろし】→ふるい→B
33④196
【小《こ》目《め》形《がた》】
馬 60⑥329
【米倉《こめぐら》】→C
58⑤340
【米俵《こねだわら》】→たわら→B、N
4①299
【▽米俵《こめだわら》編《あ》み】→A
稲 26①171
【▽米《こめ》搗《つ》き、米搗《こめつき》、米搗き】→A
稲 71①38/72①13,⑮101
【▽米《こめ》の計量《けいりよう》】
稲 26①179
【米《こめ》の収納《しゆうのう》】 71②48
【▽米《こめ》の調製《ちようせい》】
稲 26①180
【▽米《こめ》の初納入《はつのうにゆう》】 26①162
【米簏《こめふるい》】→ふるい→B
4①297
【▽米屋《こめや》の並《なら》ぶ商人町《あきんどまち》】 26①23
【米汰《こめゆり》】→ふるい→A、B
6①255
【米《こめ》を俵《たわら》に入拵《いれこしらえ》ル図《ず》】
稲 72⑪84
【▽こも、薦《こも》】→A、B、E、I、N
26①120/35①80
【▽こも編《あ》み】→A
26①186
【コモカキ、こもかき】 33④196/72②34
【薦《こも》かゆる図《ず》】
蚕 35①132
【ごもくかき】→A
15②164
【小籾鑱《こもみさき》】 4①283
【小屋《こや》】→C
66⑤266
【肥培打《こやしうち》】
稲 71①18
【糞《こやし》を荷《にな》ふ】
稲 71①12
【御覧所《ごらんどころ》】→R
58⑤340
【五輪砕《ごりんくだき》】 60⑤263
【五輪塔《ごりんとう》】 60⑤266,270
【五六日目《ごろくにちめ》の篩《とおし》】 35①79
【小籰《こわく》】→B
35②273
【小籰打立《こわくうちたて》】 35②273
【根虱《こんしつ》】 45⑦392
【蒟蒻《こんにやくいも》】→E
68②281
【▽こんは《ぱ》く】→E
馬 60⑤286
【昆布生立《こんぶおいたち》ノ図《ず》】 50④318
【昆布《こんぶ》ヒキ】 1②178
【根房《こんぼう》】
馬 60⑥328

【さ】

【皀莢《さいかち》】→E、N
68①178
【▽犀川界《さいがわかい》わい】 26①15
【犀川式《さいがわしき》】 66⑤268
【犀川干潟《さいがわひがた》】 66⑤266
【蔡順桑子《さいじゆんくわのみ》を拾《ひろ》ふ《う》図《ず》】
桑 35①214
【最初生《さいしようま》れ出《いで》し時《とき》の形《かたち》】
蚕 35①44
【最初《さいしよ》の篩《とおし》】 35①79
【サイノ発生《はつせい》シタル図《ず》】 45⑤253
【棹《さお》】→B、C、J、N
24①90
【▽早乙女《さおとめ》、早乙女】→L、X
26①79/71①22/72⑮96,⑯103
【さかさかき】 56①189
【サカ又《また》】→J
15①38
【▽さかりはじめの山《やま》の様子《ようす》】 57②107
【崎鍬《ききくわ》】 10②305
【裂台《さきだい》之《の》図《ず》】 14①126
【裂《さき》たる藺《い》を翌朝《よくちよう》野《の》に干図《ほすず》】 14①128
【鷺《さぎ》の尻《しり》さしの図《ず》】 14①111
【鷺《さぎ》の觜《はし》】→B
15②174
【さく切鍬《きりぐわ》】 23⑥321
【搾汁《さくじゆう》を煮詰《につ》める作業場《さぎようば》】 50②177
【▽作物雌雄《さくもつしゆう》の図《ず》】 37③372,374
【桜《さくら》】→B、E、G
13①211
【桜芋《さくらいも》】
さつまいも 70③236
【サクリ】→A、D
52⑦288
【▽座繰《ざぐり》】→K
53⑤305
【▽鮭《さけ》アダツの図《ず》】 58①44
【▽酒売《さけう》り】 26①145
【鮭《さけ》ヲヒクカギ】 1②198
【鮭《さけ》ヲ漁《りよう》スルノ図《ず》】 1②193
【左《さ》こつ】
馬 60⑤268
【笹《ささ》】→B、E、G、H、I、N
15①40
【篠返《ささがえし》】
馬 60⑥328
【▽早割《ささき》にしんの図《ず》】 58①30
【豇豆《ささげ》】→E、I、N
12①201
【さゝ《さ》にて稲葉《いなば》の虫《むし》をはらひ《い》おとす図《ず》】
稲 15①103
【ささのは】→B、E、H、I
15②215
【竹筅《ささら》】→B
52②100
【▽左耳《さじ》】→E
馬 60⑦476
【さぢ《じ》】 15①40
【さし網《あみ》の図《ず》】 58③146
【▽さし木《き》のやり方《かた》】

桑 47③172
【▽揷室之図《さしきむろのず》】 55③462
【サシコギヌ】 1②197
【指竹《さしたけ》】→B
6①258
【▽左室《さしつ》】→E
馬 60⑦477
【指札《さしふだ》】→B
5①54
【地湧金蓮《ざぜんそう》】 68②282
【さつき蒋下女着《こもげじょぎ》】 4①305
【薩摩芋《さつまいも》】→あかいも、ばんしょ→E、
N
さつまいも 70③237
【梭田《さでん》】 4①249
【▽里芋植《さといもう》え】
里芋 26①66
【▽里芋《さといも》の植付《うえつ》け】
里芋 3④303,350
【さとうきび汁《じる》を煮詰《につ》める作業《さぎょう》】 50
②191
【さとうきび汁《じる》を煮詰《につ》めるための諸道《しょどう》
具《ぐ》】 50②179,180
【さとうきびの甘味《かんみ》の少《すく》ない穂先《ほさき》をな
ぎ払《はら》う作業《さぎょう》】
さとうきび 50②162
【さとうきびの栽培適地《さいばいてきち》を探《さが》し求《もと》める】
50②149
【さとうきびの収穫《しゅうかく》】
さとうきび 50②163
【さとうきび一株《ひとかぶ》の全図《ぜんず》】 50②147
【座頭鯨七尋《ざとうくじらななひろ》の図《ず》】 15①36
【雑頭鯨《ざとうくじら》の図《ず》】 58⑤290
【▽さた《と》うのくさ】→かんしゃ→E
12①392
【砂糖一株之図《さとうひとかぶのず》】 14①100
【早苗移《さなえうつ》しの植《うえ》しろ】
稲 71①20
【早苗《さなえ》とる】→A
稲 71①22
【鯖《さば》をつる図《ず》】 58③152
【さぶたをとりはなしたる図《ず》】 15②
249
【▽さや】→E、N、W
麦 68②252
【▽鞘石垣《さやいしがき》の隅石《すみいし》の積《つ》み方《かた》】 65④346
【鞘《さや》の全図《ぜんず》】 15②264
【左右《さゆう》の方円全《ほうえんまつた》からざる図《ず》】 35②325
【左右《さゆう》ヒレ】 50④314
【左右《さゆう》ワキヒレ】 50④313
【皿《さら》】→B、E、N
芍薬 54①78
【さらへ《え》】→えぶり→A、B、C
15③364
【さらし終《お》わった白砂糖《しろざとう》を品質《ひんしつ》に従《したが》っ
て取《と》り分《わ》ける作業《さぎょう》】 50②206
【さらし葛粉《くず》を干《ほす》図《ず》】 50③267
【晒布臼杵《さらしぬのうすきね》】 1②176
【サ《ざ》リカ《が》ニ】→J
1②211
【▽猿《さる》】→E、G、I
71⑤69
【ざる】→いかき、かご、そうけ→B、
J、N、W
14①298/50③257
【▽猿登《さるのぼり》】
馬 60⑦484
【▽猿引《さるひ》き】→M
72⑮101
【▽猿回《さるまわ》し】 26①161/72③43
【草藺茹《さわうるし》】 68②274
【草本黄精葉鉤吻《さわなすび》】 68②272
【三椏五葉之図《さんあごようのず》】
朝鮮人参 45⑦385
【枕木《さんぎ》】 52②111
【算木《さんぎ》】 40②87
【三穴《さんけつ》】
馬 60⑥327
【▽三山骨《さんさんこつ》】
馬 60⑦468
【山慈姑《さんじこ》】→E
68①139
【▽三斜田《さんしゃでん》、三斜田】 4①248,252
【▽三斜併田《さんしゃへいでん》、三斜併田】 4①249,257
【三州辺《さんしゅうへん》ニ用《もちい》る鍬《くわ》】 15②144
【川椒《さんしょう》】→B、E、N
13①178
【さんせう《しょう》むし】→G
20①244
【三鍼《さんしん》】
馬 60⑥329
【▽蚕神祭《さんじんまつ》り】→O
35①95
【▽山村《さんそん》での肥草刈《こえくさか》り】 26①60
【▽山村《さんそん》のひえまき】
ひえ 26①70
【さんた《だ》わら】→B
4①299
【桟俵《さんだわら》などを敷《し》き、その周囲《しゅうい》へ茶《ちゃ》の
種子《たね》をまく図《ず》】
茶 47④207
【▽山丹花《さんたんか》】→E
55③281
【三度居自在《さんどいじざい》をともし寝桑《ねくわ》を喰《くわ》す図《ず》】
蚕 35②298
【三年生之図《さんねんせいのず》】
朝鮮人参 45⑦384
【三番《さんばん》(なまこ)】 50④305
【三番《さんばん》(あわび)】→N
50④310
【▽三番草取《さんばんくさと》り】→A
稲 26①105,106
【産物役所《さんぶつやくしよ》へ農民産物《のうみんさんぶつ》を収《おさめ》る図《ず》】 14
①36
【三方一文字切《さんぽういちもんじきり》】 49①171
【三本立《さんぼんだて》】
はぜ 11①32
【三枚板《さんまいいた》】 48①171
【三枚《さんまい》ガタノ外模《そとかた》ノ陽《よう》カタノ図《ず》】 49
①79
【山薬《さんやく》】→N
13①292

【し】

【椎《しい》】→B、E
13①209
【椎皮《しいかわ》センジガマ】 58⑤305

【椎皮《しいかわ》ヲ煎《せんじ》、網及《あみおよび》カゞ《が》スヲ染《そめ》ル体《てい》】
58⑤311
【粃《しいな》】→E、G、I、N
37②172
【地黄《じおう》】→E、N
13①278
【シオカキ】 52⑦288
【塩釜《しおがま》】→C
1②181
【しを《お》て】→B
6①256
【塩浜《しおはま》】→C
1②180
【塩浜道具之図《しおはまどうぐのず》】 52⑦290
【▽潮《しお》まき桶《おけ》】→B
49①186
【シガマ】 1②206
【敷瓦《しきがわら》】 49①21
【識語《しきご》】 72②36
【四季耕穡之図《しきこうしょくのず》】 72⑭89
【単布《しきぬの》】→B
52②108
【莽草《しきみのき》】 68②270
【敷《しき》むしろ】 1④334
【地窪《じくぼ》】→D
65③256
【絓糸《しけいと》の舞場《まいば》】 35②274
【芫花《しげんじ》】→B
68②270
【▽子骨《しこつ》】→E
馬　60⑦468, 469
【自在《じざい》】→B、N
23①126/35②272, 298
【▽地《じ》ささげまき】
ささげ　26①65
【獅子眠《ししねむり》の蚕《かいこ》撰分《えりわく》る図《ず》】 35①128
【剪刀股《じしばり》】→E、G
68①83
【▽獅子舞《ししま》い】→O
72⑮101
【しじみ貝《がい》の匕《さじ》にて油《あぶら》を（中略）ちらしていく図《ず》】
稲　15①42
【紫水《しすい》】
馬　60⑥328
【▽糸蕊《しずい》、▽雌蕊《しずい》】→E
稲　62⑦203
【賤家《しずがや》】 1②163
【鎮石《しずめいし》】→B
52②107, 113
【紫蘇《しそ》】→B、E、N
12①310/13①297
【▽子巣《しそう》】
稲　62⑦203
【▽舌《した》、した】→E
馬　60⑤272, ⑦474
【▽舌《した》、喉頭蓋《こうとうがい》、気管《きかん》、食道《しょくどう》および心臓《しんぞう》、肺《はい》の連続《れんぞく》している図《ず》】
馬　60⑦474
【地高《じだか》】→D
65③256
【下口《したくち》】→E
59②128
【下鞍《したくら》】→B
4①289
【下《した》げた】→B
3①59
【下中《したなか》】
たばこ　45⑥323
【▽したのうら】
馬　60⑤289
【▽下葉《したば》のこなし】
藍　45②92
【下藤《したふじ》】
馬　60⑥328
【下舟《したぶね》】→B
53⑥410
【下骨形《したほねのかたち》】 48①231
【紫丹《したん》】→B、N
14①148
【▽七猿《しちえん》の図《ず》】 62②49
【七穴《しちけつ》】
馬　60⑥330
【▽七喪《しちそう》】
馬　60⑦484
【▽支柱《しちゅう》の立《た》て方《かた》】
なし　40④275
【▽膝蓋《しつがい》】
馬　60⑦469
【▽湿田《しつでん》のあぜ塗《ぬ》り】
稲　26①54
【▽湿田《しつでん》の稲《いね》を高場《たかば》で干《ほ》す】
稲　26①153
【▽湿田《しつでん》の植代《うえしろ》犁《す》き】
稲　26①59, 76
【▽湿田《しつでん》の砕土《さいど》】
稲　26①56
【▽湿田《しつでん》の土塊《つちくれ》砕《くだ》き】
稲　26①52
【▽湿田《しつでん》の水抜《みずぬ》き】 24①39
【▽湿田《しつでん》への水《みず》の取入《とりい》れ】
稲　26①169
【十通植百《じつとおりうえひやく》かな入之図《いりのず》】
稲　9③276
【▽膝脈《しつみやく》】→E
馬　60⑦467
【実脈《じつみやく》】
馬　60⑥326
【しな】→B
33④196
【しなへ《え》竹《だけ》、はゝ《ほう》きをもて稲葉《いなば》に付《つき》たるむしを払《はら》ふ《う》図《ず》】
稲　15①102
【しな菰《こも》】→B
33④198
【▽しなのきの実《み》】
しなのき　56①121
【地《じ》ならし】→A、B、C
15②162, 163, 164
【しのぶ竹《たけ》の簾《す》】 35②275
【芝居《しばい》】→N
1②160
【支配人《しはいにん》】→R、X
58⑤316
【▽芝草肥運《しばくさごえはこ》び】 26①50
【▽芝草《しばくさ》はぎ】→A
26①50
【▽しばしかた】
馬　60⑤288

【地橋横《じばしよこ》之《の》形《かたち》】 65④329
【芝引《しばひき》】
馬 60⑥328
【紫芙《しふ》】 14①148
【しぶ柿《がき》の形《かた》ち長《なが》き図《ず》】 14①203
【渋柿《しぶがき》の図《ず》】 14①203
【渋紙《しぶがみ》】→B、N
47④222
【渋《しぶ》を搾《しぼ》る図《ず》】 14①205
【しべぼうき】→B
53①42
【搾《しぼ》りあげたる粕《かす》をなを《お》す図《ず》】
50①74
【搾《しぼ》り車《ぐるま》の図《ず》】 61⑧233,236
【地《じ》ボリ大根《だいこん》】→E、F
大根 3④336
【絞《しぼ》りたる葛水《くずみず》を(中略)したミすつる図《ず》】 50③258
【搾油《しめあぶら》屋《や》の図《ず》】 35②324
【下総古河《しもうさこが》野州辺《しもつけへん》ニ用《もちい》ル鍬《くわ》】 15②147
【下総辺《しもうさへん》ニて常《つね》ニつかふ《う》くさかりか《が》ま】
15②226
【▽しもく苗《なえ》の図《ず》】
桑 47③171
【下《し》モザ】→N
24①147
【下章門《しもしょうもん》】
馬 60⑥330
【下袖《しもそで》】 58③212
【下《しも》出《だ》シ】 58③223
【下坪《しもつぼ》】 58③212,216
【シモニシ】 58③223
【▽蛇籠《じゃかご》】→C
26①14,177
【尺《しゃく》(物差)】 48①141
【若州《じゃくしゅう》小浜辺《おばまへん》之《の》鍬《くわ》】 15②146
【若州造《じゃくしゅうづくり》、高松丸《たかまつまる》之《の》図《ず》】 15②282
【▽石南花《しゃくなげ》】→E
55③314
【芍薬《しゃくやく》】→E、N
13①287
【石榴《じゃくろ》】→N
13①150
【シヤチ】 15①38
【尺角植《しゃっかくう》え】
稲 61③131
【▽斜田《しゃでん》、斜田】 4①248,251
【収穫《しゅうかく》】→A
稲 72⑤59,⑳115
【▽収穫祝《しゅうかくいわ》い】 72⑮100
【収穫図《しゅうかくず》】 72③41
【▽収穫《しゅうかく》・脱穀《だっこく》・調製《ちょうせい》の図《ず》】 62③58
【秋胡子《しゅうこし》が妻桑《つまくわ》を採《と》る図《ず》】 35①188
【十五年以上木棚形《じゅうごねんいじょうぼくたながた》】 46①82
【十字《じゅうじ》の図《ず》】 49①228
【▽十二指腸《じゅうにしちょう》】→E
馬 60⑦482
【▽収納《しゅうのう》】→A、J、L、R
稲 71⑫112/72㉒120
【火斗《じゅうのう》】→N
24①146
【雌雄《しゆう》のねぢ《じ》継合《つなぎあわ》せかけたる皃《かたち》】
15②258
【▽竪膈《じゅかく》】→E
馬 60⑦477
【宿《しゅく》をこしらゆる図《ず》】
蚕 35②354
【▽主人《しゅじん》への忠勤《ちゅうきん》】 62②30
【▽樹木《じゅもく》の植《う》えかえ法《ほう》】 13①235
【椶櫚《しゅろ》】→B、E
13①201
【葱菅藜蘆《しゅろそう》】 68②286
【春嶽《しゅんがく》の自署《じしょ》と落款《らっかん》】 72⑤66
【しゅんき《ぎ》く、茼蒿《しゅんぎく》】→E、N
12①322/68①95
【春耕《しゅんこう》】→A
稲 72⑤58
【春耕図《しゅんこうず》】 72③39
【じゅんさい】→ぬなわ→E、I、N
12①343
【正一位人丸大明神社図《しょういちいひとまるだいみょうじんじゃのず》】 53①58
【松煙竈《しょうえんがま》】 49①35
【▽しょうが】→B、E
12①292
【▽上齶《じょうがく》】→E
馬 60⑦469
【▽城下《じょうか》の大門《おおもん》】 26①14
【▽城下《じょうか》の木戸《きど》】 26①16
【上蕪苗《じとうかぶなえ》】
菜種 1④307
【▽定規《じょうぎ》の図《ず》】 65④342
【▽蒸気利用《じょうきりよう》の装置《そうち》】 53⑤364
【▽上穴《じょうけつ》】
馬 60⑤288
【小《しょう》け《げ》つちや《よ》う】 58③188
【▽静血脈下管《じょうけつみゃくげかん》】
馬 60⑦476
【▽静血脈上管《じょうけつみゃくじょうかん》】
馬 60⑦476
【▽上瞼《じょうけん》】→E
馬 60⑦471
【ジョウコ《ご》、ジヨウコ】→B
52⑦289,294
【▽上口《じょうこう》】→E
馬 60⑦478
【▽小眥《しょうじ》】→B、C、N
馬 60⑦471
【▽硝子液《しょうしえき》】→E
馬 60⑦472
【▽上斜筋《じょうしゃきん》】→E
馬 60⑦472
【▽上《じょうしょ》せう、▽上焦《じょうしょう》】→E
馬 60⑤270,288
【上々井《じょうじょうせい》】
馬 60⑥330
【上々《じょうじょう》の蕪苗《かぶなえ》】
菜種 1④307
【▽上々番《じょうじょうばん》するめ】 50④320
【▽上《じょう》たまき】
馬 60⑤288
【助炭《じょうだん》】→B
47④220,221,223
【助炭図《じょうだんず》】 47④218
【助炭《じょうだん》・鉄網代《てつあじろ》・炉《ろ》の図《ず》】 47④218
【助炭《じょうだん》とむしろでの手《て》さばきの図《ず》】
47④221
【▽小腸《しょうちょう》】→E
馬 60⑤270

【小腸《しようちよう》・胆《たん》・胃《い》・腎《じん》】
馬　60⑤267
【▽上田畑《じようでんばた》】→D
65③262
【正当石《しようとういし》】→B
50①51
【小七番《しようななばん》(なまこ)】　50④304
【上番《じようばん》(椎茸)】　50④324
【相伴人《しようばんにん》】→N
58⑤316
【上品《じようひん》(あわび)】　50④308
【菖蒲《しようぶ》】→E、H、I、N
68①160
【てうふ石《じようぶいし》】→B
4①299
【小便桶《しようべんおけ》】→B
6①250
【小便杓《しようべんしやく》】　6①250
【小便《しようべん》ツマリ】→G、N
60④210
【小便灰《しようべんばい》をこしら絵《え》る図《ず》】
61④168
【小便柄杓《しようべんひしやく》】→B
4①293
【▽小便門《しようべんもん》】
馬　60⑤270
【▽消防《しようぼう》ポンプを使《つか》った消火《しようか》の図《ず》】
15②260
【▽静脈《じようみやく》】→E
馬　60⑦483
【▽静脈大幹《じようみやくたいかん》】
馬　60⑦479, 483
【章門《しようもん》】
馬　60⑥329
【庄屋《しようや》】→R
71①34
【醤油《しようゆ》をまぜる図《ず》】　14①223
【麦蕈豆腐《しようろどうふ》】→N
52②93
【▽犂下筋《じよかきん》】→E
馬　60⑦472
【食事《しよくじ》のようす】　71①40, 42
【▽食事運《しよくじはこ》び、食事運び】　71⑤69, ⑥
70
稲　71⑧80
【▽食槽《しよくそう》】
馬　60⑦467
【▽食道《しよくどう》】→E
馬　60⑦474, 480
【職人《しよくにん》】→M
71①40
【諸国鍬《しよこくくわ》の図《ず》】　15②142
【諸国出産《しよこくしゆつさん》】→X
50④303
【▽犂上筋《じよじようきん》】→E
馬　60⑦472
【除草《じよそう》・除虫《じよちゆう》】
稲　71⑧81
【署名《しよめい》と落款《らつかん》】　72⑥70
【鋤簾《じよれん》】→B
15②212
【白癬《しらかび》】→G
45⑦401
【▽しらさぎ、▽白鷺《しらさぎ》】　26①35, 169
【白洲《しらす》】→D、I、R
65③266
【シラベ】　53⑤319
【白波瀬尚貞筆農耕掛物《しらわせなおさだひつのうこうかけもの》】　72⑧75
【鞦《しりがい》】→B
4①291/6①257, 259
【槃《しりかせ》】→B
4①286/6①247
【尻《しり》せんご】　6①257
【尻留《しりとめ》】　24①102
【白芋《しろいも》】→E
さつまいも　70③233
【▽白豌豆《しろえんどう》】→F
えんどう　55③416
【白蚕《しろかいこ》】→F
蚕　35①45
【▽代《しろ》かき、代かき】→A
稲　71④63, ⑤68, ⑦74, ⑨90, 93, ⑫
112, 113/72③43, ④53, 56, ⑤61, ⑧
77, ⑫87, ⑰105, ⑱107, ⑲109
【白砂糖《しろざとう》にする糖汁《とうじゆう》を(中略)調《しら》べて
みる】　50②200
【白砂糖用《しろざとうよう》の糖汁《とうじゆう》を澄《す》まし桶《おけ》にくみ
入《い》れるところ】　50②196
【白砂糖《しろざとう》を精製《せいせい》するとうろうの図《ず》】
70①28
【白砂糖《しろざとう》をふるいにかけ、樽《たる》に詰《つ》める
作業《さぎよう》】　50②206
【白下糖《しろしたとう》から糖蜜《とうみつ》を搾《しぼ》る押《お》しぶね】
50②207
【白下糖《しろしたとう》から糖蜜《とうみつ》を搾《しぼ》る押《お》しぶねの分《ぶん》
解図《かいず》】　50②211
【白《しろ》ねきり】　20①243
【白実《しろみ》】→E
稲　37②147, 172
【▽心《しん》、しん】　59②129
稲　62⑦203
馬　60⑤270
【▽腎《じん》】　60⑤270
馬　60⑤286
【▽新川筋《しんかわすじ》】→D
65③262
【▽識危《しんき》】→E
馬　60⑦486
【▽鍼灸《しんきゆう》のつぼの略図《りやくず》】
馬　60⑦466
【▽神経《しんけい》】→E
馬　60⑦472
【▽神社《じんじや》の農耕彫刻《のうこうちようこく》】　71⑫112
【▽浸種《しんしゆ》、浸種】→A
稲　26①32/71①10, ⑤68, ⑨90, 92,
⑪104/72⑤60, ⑦72, ⑧77, ⑩82, ⑰
104, ⑳115, ㉑117
【浸種《しんしゆ》と種《たね》まき】
稲　71⑦72
【浸種《しんしゆ》の準備《じゆんび》】
稲　71①8
【参吸虫《じんすいむし》】→G
45⑦393
【▽心臓《しんぞう》】→E
馬　60⑦474, 480
【▽腎臓《じんぞう》】→E
馬　60⑦483
【▽心臓全図《しんぞうぜんず》】
馬　60⑦476

【▽腎臓《じんぞう》、膀胱《ぼうこう》、精巣《せいそう》および動脈《どうみゃく》、静《じょう》脈《みゃく》、尿道《にょうどう》の連続《れんぞく》している図《ず》】
馬　*60*⑦483
【▽心臓《しんぞう》を縦断《じゅうだん》および横断《おうだん》した内景《ないけい》図《ず》】
馬　*60*⑦477
【▽薪炭屋《しんたんや》】　*72*④52
【ち《じ》んと《ど》う、腎道《じんどう》】→E
馬　*60*⑤268,⑥327
【新根《しんね》】→E
稲　*8*①73
【心兪《しんのゆ》】→E
馬　*60*⑥329
【心葉《しんば》】→D
稲　*6*②317
【寝廟《しんびょう》へ繭《まゆ》を献《けん》じ給《たま》ふ《う》図《ず》】　*35*①38
【▽沈松《じんまつ》を焼囲《やくかこい》の図《ず》】　*49*①34
【▽神明宮《しんめいぐう》】→O
*26*①13
【心輪《しんりん》】
馬　*60*⑥329
【腎輪《じんりん》】
馬　*60*⑥329
【▽人涙《じんるい》】
馬　*60*⑦485

【す】

【簀《す》】→B
*3*①59/*53*①42
【州《す》】→D
*65*③254
【ずい】→E
*55*③213
【▽すいか、西瓜《すいか》】→E、I、N
*12*①264/*24*①198
【忍冬《すいかずら》】→E、N
*68*①145
【▽すいかの植付《うえつ》け】　*40*④310
【▽すいかの植《う》えどき】
すいか　*40*④307
【西瓜《すいか》ノ植様《うえよう》】
すいか　*31*⑤260
【▽すいかの施肥位置《せひいち》】
すいか　*40*④321
【吸口《すいくち》はなしたる図《ず》】　*15*②256
【推穴《すいくち》】
馬　*60*⑥326
【水車搾《すいしゃしぼ》り甑場《こしきば》の図《ず》】　*50*①66
【水車《すいしゃ》でさとうきびを搾《しぼ》るようす】
*50*②175
【▽水車《すいしゃ》の側面図《そくめんず》】　*48*①288
【▽水晶液《すいしょうえき》】→E
馬　*60*⑦472
【▽水晶膜《すいようまく》】
馬　*60*⑦472
【▽水勢《すいせい》の強《つよ》い山川《やまかわ》】　*65*③258
【▽垂泉《すいせん》】
馬　*60*⑦470
【▽水仙早作《すいせんはやづくり》の体《てい》】
水仙　*55*③393
【▽衰退《すいたい》した山《やま》の様子《ようす》】　*57*②111
【水中《すいちゅう》に油《あぶら》を入《いれ》、その水《みず》を（中略）くりかくる図《ず》】
稲　*15*①45
【吸筒《すいづつ》】→B
*23*①127
【▽水田《すいでん》】→でんち→D
*24*①190,196
【▽水田裏作《すいでんうらさく》の菜種刈《なたねが》り】
菜種　*26*①88
【▽水田《すいでん》の耕起《こうき》】
稲　*71*⑤68,⑥70/*72*④53,56,⑰105
【水道筒《すいどうつつ》にさぶたはめたる図《ず》】　*15*②257
【すいのふ《う》、水嚢《すいのう》】→B
*50*③257/*53*①42
【水干《すいひ》する】　*50*③261
【螟《ずいむし》】→G
*20*①240
【水門《すいもん》】→C
*65*④314,326
【▽水様液《すいようえき》】→E
馬　*60*⑦472
【▽菘《すう》】→E
*12*①230
【すがきし蚕《かいこ》を撰分《えりわく》るてい】
蚕　*35*①152
【▽姿《すがた》あからみた綿《わた》の生育診断《せいいくしんだん》】　*8*①50
【すぎ《き》、鋤《すき》】→A、B
*1*②154,171,④332/*4*①283,285/*6*①246/*33*④190
【▽杉《すぎ》】→B、E、N
*13*①189
【すきかへ《え》す】→A
*37*③264
【すぎ《き》くわ】→B
*1*④332
【耜先鍬《すきさきくわ》】→B
*15*②153
【鋤《すき》たくり】　*33*④190
【すきたる紙《かみ》、何枚《なんまい》もかくのごとく重《かさ》ぬべし】　*53*①45
【漉《すき》たる紙《かみ》を板《いた》にはきつけ日《ひ》に干図《ほすず》】
*14*①260
【漉《すき》たる海苔《のり》を日《ひ》に干図《ほすず》】　*14*①299
【接続草《すぎな》】→E、G、I、N
*68*①151
【杉苗二年目《すぎなえにねんめ》ほどニ畦《うね》を拵《こしら》へ《え》植《うえ》かへ《え》たる図《ず》】
杉　*14*①77
【杉苗《すぎなえ》を片下《かたさが》りの地《ち》に植《うえ》る図《ず》】　*14*①81
【杉《すぎ》の苗床之図《なえどこのず》】　*14*①76
【鋤胸懸《すきむながい》】　*4*①287
【杉山之図《すぎやまのず》】　*14*①74
【鋤《すき》をつかふ《う》体《てい》】　*45*③147
【鋤《すき》をもて土《つち》を切《きり》あぐる図《ず》】　*45*③147
【すくい】→B
*15*②187,③365
【スクイバチ】→B
*52*⑦293
【救捲之図《すくいまきのず》】　*15*②286
【▽勝《すぐ》れ穂《ほ》の図《ず》】
稲　*7*①33
【菅《すげ》】→B、E、G
*13*①73

【菅笠《すげがさ》】→B、L

6①260

【▽菅《すげ》の刈取《かりと》り】

すげ　26①112

【すこし長《ちょう》じたる図《ず》】

わらび　14①183

【すぢ】

馬　60⑤272

【すぢきり、筋《すじ》きり、筋切《すじきり》】→A、B

15②177, 187, ③364

【筋納屋之図《すじなやのず》】　58⑤355

【頭上《ずじょう》ヨリ見《み》ル図《ず》】

綿　15③335

【筋綿《すじわた》】→G

45⑦401

【鱸突《すずきつき》の図《ず》】　58③160

【▽錫製品《すずせいひん》をみがくろくろ】　49①161

【川穀《ずずだま》】→よくい→E、N

68①102

【▽雀《すずめ》よけ】

藍　45②77

【▽硯《すずり》を削《けず》る道具《どうぐ》】　48①328

【下蓑《すそみの》】→B

4①303

【砂喰《すなくい》】　50④315

【砂地《すなじ》に用《もちい》る鍬《くわ》】→B

15②142

【砂地《すなじ》ニ用《もちい》る鋤《すき》】

15③364

【▽砂溜《すなだめ》】→C

39④211

【砂船《すなぶね》】→J

15②287

【馬歯莧《すべりひゆ》】→E、F、G、N

68①96

【スポイトニ而山《にてやま》を越《こえ》させて水《みず》をとる図《ず》】　15②250

【隅石《すみいし》】→C

65④324

【▽墨乾燥用《すみかんそうよう》の窯《かま》】　49①69

【墨《すみ》けずり】　49①67

【スミ為《す》ル板盤《いたばん》】　49①61

【▽墨《すみ》の大《おお》きさ】　49①74

【菫菜《すみれ》】→B、E

68①86

【▽墨《すみ》をすり磨《みが》く台《だい》】　49①82

【角力場《すもうば》】　1②169

【李《すもも》】→E、N

13①128

【▽摺《す》り臼《うす》、摺《すり》臼】→B

1②170/4①297/26①164/33④202

【▽摺《すり》くち】→B

49①105

【駿河裾野《するがすその》の田植《たうえ》】　72⑩82

【▽駿河国《するがのくに》から初《はじ》めて真綿《まわた》を献上《けんじょう》】

35①177

【▽巣分《すわ》かれの防《ふせ》ぎ方《かた》】　40④336

【居根《すわりね》】→E

朝鮮人参　45⑦412

【せ】

【背当《せあて》】→B

4①304

【清気《せいき》ミタテ】　60④186

【勢州亀山鍬《せいしゅうかめやまぐわ》】　15②149

【▽生長《せいちょう》が極《きわ》まった山《やま》の様子《ようす》】　57②108

【▽生長《せいちょう》の極《きわ》まった木《き》の様子《ようす》】　57②114

【▽精動《せいどう》】

馬　60⑦483

【▽精嚢《せいのう》】→E

馬　60⑦483

【▽盛涙《せいるい》】→E

馬　60⑦485

【蒸籠《せいろう》】→B、N

53⑥405

【蒸籠掛《せいろうかけ》】　53⑥406

【瀬籠《せかご》】→C

65③266

【▽せき】　60⑤287

【▽せき板《いた》】→C

48①282, 283, 284

【席草《せきそう》】→りゅうきゅうい→E

13①72

【▽石端《せきたん》】

馬　60⑦470

【▽脊梁骨《せきりようこつ》】→E

馬　60⑦469

【せゝ《せ》なは《ば》ち】　20①246

【▽世帯道具《せたいどうぐ》】→N

62②43, 44

【摂州尼崎辺《せつしゅうあまがさきへん》のねバ土《つち》に用《もちい》るくわ】

15②144

【雪上《せつじょう》の肥《こえ》ひき】　72①9

【▽接脊骨《せつせきこつ》】

馬　60⑦468

【雪中《せつちゅう》そりに俵物《たわらもの》をのせてひく図《ず》】

15②224

【▽「雪中《せつちゅう》の筍《たけのこ》」の図《ず》】　62②28

【▽切腹《せつぷく》】

馬　60⑦484

【背当《せあて》】→N

1②159

【錦葵《ぜにあおい》】→E

68①81

【清引見立《せびきみたて》】　60④212

【瀬枕《せまくら》】　65③256

【セミ】　59④323

【背美鯨七尋之図《せみくじらななひろのず》】　15①36

【背美鯨《せみくじら》の図《ず》】　58⑤290

【芹《せり》】→B、E、G、I、N、X

12①336

【▽尖鋭《せんえい》】→E

馬　60⑦476, 477

【▽旋廻筋《せんかいきん》】

馬　60⑦472

【川芎《せんきゅう》】→E

13①280

【▽鮮魚《せんぎょ》を並《なら》べた店《みせ》】　26①15

【千石卸《せんごくおろ》シ】　33④197

【千石通《せんごくどお》し、千斛簁《ごくどおし》】→まんごくとおし→B

6①254/71④66

【▽前歯《ぜんし》】→E

馬　60⑦469

【▽全身骨格図《ぜんしんこつかくず》】

馬　60⑦468
【▽穿鬃《せんそう》】→E
馬　60⑦485
【▽せんだん、千段《せんだん》】→E
馬　60⑤288,⑥328
【▽閃肉《せんにく》】→E
馬　60⑦471
【大蓼《せんにんそう》】→H
68②275
【せんば】→B
33④195/49①25
【▽千《せん》歯《ば》扱《こ》き、千歯扱き】→ごけたおし→B
71⑥70/72②26
稲　72⑧78,⑫87,⑰105
【▽千《せん》歯《ば》扱《こ》きによる脱穀《だっこく》、千歯扱きによる脱穀、千歯扱《こき》による脱穀】
稲　71④65,⑧85,⑪109/72②26,③48
【▽千《せん》歯《ば》による稲《いね》扱《こ》き】
稲　72⑮100

【そ】

【僧《そう》】　71①40
【双海船《そうかいせん》図《ず》】　58⑤299
【金鍬《そうがねのくわ》】　50③248
【さ《そ》うけ、ソウケ】→ざる→B、L、N
50③257/52⑦288
【相好《そうこう》】
馬　60⑥326
【相州《そうしゅう》小《お》田《だ》原《わら》大磯辺《おおいそへん》ノ鍬《くわ》】　15②144
【惣竹《そうたけ》じよれん】　15②212
【雙竹《そうちく》をふまへ《え》深《ふけ》田《だ》を耕《たがや》す】
いぐさ　14①118
【▽総《そう》被《ひ》】→E
馬　60⑦480,481
【▽搶風《そうふう》】
馬　60⑦469
【▽喪門《そうもん》】→E
馬　60⑦486
【▽僧侶《そうりょ》の一行《いっこう》】　26①13,24
【そかねの鍬《くわ》】　14①182
【▽劁《そぎ》目《め》】→E
55③472
【蠈《ぞく》】→G
20①241
【▽束《そく》立《だ》て】→A
稲　26①122,128,148
【▽束立《そくだて》による地《じ》干《ぼ》し】
稲　26①150
【簇《ぞく》たるをもぎはなす図《ず》】
蚕　62④109
【底穴桶《そこあなおけ》】　15③363,365
【底《そこ》なき箱《はこ》】→B
18④400
【そこなし船《ぶね》】→J
15②284
【そこぬけ】　15②218
【底捲鋤簾《そこまきじょれん》】→B
15②275
【底捲《そこまき》じよれんにて砂《すな》をまきよする図《ず》】
15②277
【底捲船《そこまきぶね》の図《ず》】　15②276
【底《そこ》よりミる図《ず》】　15②257
【楮苧《そそり》擲《たた》く図《ず》】　53①38
【楮苧《そそり》煮《に》たきの図《ず》】　53①32
【楮苧《そそり》再《ふたたび》あらふ《う》図《ず》】　53①34
【麁《そ》朶《だ》をさし込《こむ》図《ず》】　14①296
【外箱《そとばこ》之《の》図《ず》解《かい》】　15②254
【外《そと》輪《わ》】→B
53①42
【其《その》日《ひ》搾《しぼ》りたる油《あぶら》を(中略)知《し》る図《ず》】
50①84
【蕎《そ》麦《ば》】→D、E、H、I、L、N
12①168
【▽そばの刈《かり》取《と》り】そば
26①168
【▽杣山《そまやま》の見《み》方《かた》】　57②96
【蚕豆《そらまめ》】→E、I、N
12①195
【ソリ】→B
1②203
【橇全《そりぜん》図《ず》】　15②224
【▽そろばん玉《だま》】　48①121
【ソロバンの粒《つぶ》】　48①124

【た】

【▽鯛《たい》】→J
24①189
【▽台《だい》、台】→D
48①361/52②98/58③212,216,217
【台石脇《だいいしわき》より見《みる》図《ず》】　48①316
【▽第一《だいいち》之《の》節《ふし》】
竹　55③443
【▽大黄《だいおう》】→E、G、H、N
13①283
【大《たい》河《が》】→D
65③264
【▽太神楽《だいかぐら》、太神楽】　72④52,56
【▽砧《だい》木《ぎ》】→A、E
55③472
【大《だい》工《く》ナヤ】→C
58⑤340
【大《だい》げつちや《よ》う】　58③188
【▽帯剣《たいけん》】→E
馬　60⑦484
【太《たい》鼓《こ》打《うち》】　58⑤316
【▽太《たい》鼓《こ》橋《ばし》の台枠《だいわく》の固《こ》定法《ていほう》】　65④329
【大根《だいこん》、蘿蔔《だいこん》】→A、B、D、E、I、L、N
12①214/24①133
【▽大根《だいこん》の収穫《しゅうかく》】
大根　26①178
【▽大根《だいこん》の種《たね》まき】
大根　26①116
【▽大眥《だいじ》】→E
馬　60⑦471
【▽帯静脈《たいじょうみゃく》】
馬　60⑦466
【大《だい》豆《ず》植《うえ》】→A、L
4①296
【大《だい》豆《ず》植《うえ》る図《ず》】
大豆　61④173
【▽大豆《だいず》の草《くさ》取《と》り】
大豆　26①101

【▽大豆《だいず》の収穫《しゆうかく》】
大豆　*26*①146
【▽大豆《だいず》の脱穀調製《だつこくちようせい》】
大豆　*26*①175
【▽大豆畑《だいずばたけ》の手入《てい》れ】
大豆　*26*①84
【▽大豆《だいず》まき】→A
大豆　*26*①68
【▽大腸《だいちよう》】→E
馬　*60*⑤270
【大腸《だいちよう》・肝《かん》・脾《ひ》・命門《めいもん》】
馬　*60*⑤267
【台《だい》つぼを結図《ゆうず》】　*58*③206
【▽大唐稲《たいとういね》の刈取《かりと》り】
稲　*26*①132
【▽大唐稲《たいとういね》の脱穀《だつこく》】
稲　*26*①133
【台所《だいどころ》】→N
*33*⑤263
【▽台《だい》のおき方《かた》】　*48*①138
【堆肥積《たいひつ》み】　*72*②31
【台舟《だいぶね》】→J
*58*③188,212,216
【大分八幡宮農耕絵馬《だいぶはちまんぐうのうこうえま》】　*72*⑲108
【▽大平墨焼窯《たいへいずみやきがま》の図《ず》】　*49*①40
【▽大平墨《たいへいずみ》を焼《や》く窯《かま》を脇《わき》より見《み》る図《ず》】
*49*①43
【▽大変衰退《たいへんすいたい》した山《やま》の様子《ようす》】　*57*②112
【大便《だいべん》ツマリ】→G
*60*④210
【▽大便門《だいべんもん》】
馬　*60*⑤270
【▽大木《たいぼく》を多《おお》く伐《き》り取《と》った山《やま》の様子《ようす》】
*57*②110
【▽砧《だい》・穂《ほ》の合《あわ》せ目《め》】　*55*③473
【松明《たいまつ》をともし(中略)蝗《うんか》を集《あつ》めてとる図《ず》】
稲　*15*①51
【▽松明《たいまつ》を灯《とも》す台《だい》】　*15*①50
【たひ《い》ミやく、胎脈《たいみやく》】→E
馬　*60*⑤268,⑥326
【▽田植《たう》え、田植《うえ》、田植え】→のうじず(たうえ)、のうたうえ→A、L
稲　*24*①199/*37*③313,314/*62*③68/*71*①22,③51,57,④63,⑤69,⑥70,⑦74,⑧80,⑨91,93,⑩99,⑪107,⑫112,114/*72*①11,④53,56,⑤61,⑦72,⑧77,⑩83,⑫87,⑬88,⑭90,⑮96,97,⑯103,⑰104,⑱107,⑲110,⑳114,㉑118,㉒120,121,㉔123
【▽田植《たう》え踊《おど》り】　*72*⑯103
【▽田植《たう》え後《ご》の水管理《みずかんり》】
稲　*26*①81,82
【田《た》うへ《え》の図《ず》、田植《う》えの図】
稲　*71*①22/*72*⑪84
【▽田植《たう》え休《やす》み】　*26*①87
【▽田《た》うない】→A、L
稲　*72*⑮95
【鷹網《たかあみ》】→B、M
*1*②187
【タカウ】　*52*⑦292
【田《た》かへ《え》し】→A
稲　*71*①20
【▽田方旱損所《たかたかんそんじよ》】　*65*③263
【大戟《たかとうだい》】　*68*②272
【高機之図《たかはたのず》】　*35*①226
【高梁《たかばり》】→C
*65*④330
【▽高梁《たかばり》の接《つ》ぎ目《め》】　*65*④330
【鷹待《たかまち》】　*1*②184
【たかりの図《ず》】　*58*③138
【▽焚《た》きもの売《う》り】　*26*①184
【▽沢庵《たくあん》の漬《つ》けこみ】　*52*①18
【沢瀉《たくしや》】→E、N
*13*①302
【田轡《たぐつわ》】→B
*4*①296
【田鞍《たぐら》】→B
*4*①288/*6*①259
【田鞍帽子《たぐらぼうし》】　*6*①259
【田鞍骨《たぐらぼね》】　*4*①289
【竹《たけ》】→B、E、G、H、N
*13*①221/*53*①42/*72*②32
【竹籃《たけかご》】→B、N
*52*②107
【竹籠《たけかご》を入《いれ》、中《なか》にたまりたる醬油《しようゆ》をくミとる図《ず》】　*14*①223
【▽竹扱《たけこ》き箸《はし》】→B
*36*③313
【▽竹製《たけせい》の火《ひ》の台《だい》】　*15*①106
【竹篭《たけそうけ》】→B
*6*①255
【嶺雪船《たけそり》】→B
*1*②204
【田下駄《たげた》】→おおあし、なんば
*14*①116
【竹筒《たけづつ》】→B
*15*①40
【竹《たけ》てを《お》い】→B
*24*①81
【竹篵《たけとおし》】→B
*6*①253
【たけながや地《ち》】　*40*④292
【▽たけなミ椿《つばき》】
つばき　*55*③392
【博落廻《たけにぐさ》】　*68*②278
【竹《たけ》のおふ《う》こ、竹の惣担《おうこ》】　*14*①182/*50*③248
【笋笠《たけのこがさ》】→B
*6*①260
【竹《たけ》の簾《す》】→B
*14*①171
【竹《たけ》のつゝ《つ》に油《あぶら》を入《いれ》田《た》ニいるゝ《る》図《ず》】
稲　*15*①103
【竹《たけ》の筒《つつ》に油《あぶら》を入《いれ》て水中《すいちゆう》にそゝ《そ》ぎ入《いる》る図《ず》】
稲　*15*①45
【竹《たけ》の筧《ひ》】　*49*①46
【▽竹節鏽刀《たけのふしぬき》】　*55*③443
【竹原《たけはら》】
たばこ　*45*⑥327
【竹《たけ》ぼうき】→B、N
*45*②72
【▽竹升上之図《たけみずあげのず》】
竹　*55*③443
【竹弓《たけゆみ》の図《ず》】　*53*②115
【▽竹《たけ》を削《けず》る台《だい》】　*48*①146
【鮹《たこ》】→J、N
*1*②199

【担桶《たご》】→B
*4*①292
【▽たこ釣《つり》のしかけ】 *59*④303
【たこ備中《びっちゅう》】 *15*②151
【田子棒《たごぼう》】 *4*①294
【駄昆布《だこんぶ》】→N
*50*④319
【ダシ】 *52*⑦293
【▽出《だ》し、出シ】→C
*65*③260, 270
【田嶋宮《たじまぐう》】 *58*⑤286
【但馬《たじま》・丹波《たんば》・丹後《たんご》蚕棚《こだな》の図《ず》】 *35*①137
【助《たす》けの穴《あな》】 *3*④290
【▽拕喪《だそう》】
馬 *60*⑦484
【水芥菜《ただいこん》】 *68*①84
【▽たゝ《た》き、タヽ《た》キ】→B
*49*①185/*52*⑦290
【たゝ《た》きひしぎたる葛根《かつこん》(中略)かすをしぼりとる図《ず》】 *50*③258
【擲棒之図《たたきごぼうのず》】 *53*①38
【たゝ《だ》ご結図《ゆうず》】 *58*③208
【たゝ《た》り】→B
*35*②274
【たゝ《た》りにて糸《いと》の太細《ふとほそ》を繰《くり》わくる図《ず》】
*35*②270
【太刀《たち》】 *1*②188
【▽立木《たちき》の下枝落《したえだお》とし】
稲 *26*①124
【立木《たちき》を切《きり》ひらく図《ず》】 *61*④174
【立蹈折《たちくじき》】
馬 *60*⑥328
【立《たち》ミタテ】 *60*④188
【たちやま】 *58*③188
【袃《だつ》】→B
*53*④252
【脱穀《だつこく》】→のうじず(だっこく)
稲 *71*⑦75, ⑨91, 95, ⑩100/*72*③47, 49, ⑤64, ⑦73, ⑲110, ㉑119, ㉒121
【▽脱穀調製《だつこくちようせい》、脱穀・調製】
稲 *37*③354/*71*①32, ③52, 59, ⑫116/*72*①13, ⑭92
【▽脱穀《だつこく》・籾《もみ》すりの図《ず》】 *62*②35
【立桟《たつざん》】→A、B
*50*①51
【たつ《づ》な】→B
馬 *60*⑤269
【楯《たて》】 *48*①372
【▽舘《たて》】
たばこ *45*⑥328
【タテ】 *1*②203
【▽蓼《たで》】 *12*①339
【竪木《たてぎ》の台《だい》とロクロと二《ふた》ツ合置《あわせおき》の図《ず》】
*49*①165
【だてにてむしろをほしかわかす図《ず》】
蚕 *35*②299
【▽立柱《たてばしら》の木《き》を機具《はたぐ》の内側《うちがわ》から見《み》た図《ず》】 *49*①226
【タナ】 *1*②195
【種井《たない》】→C
*37*③266, 276
【▽棚仕立《たなした》ての梨園《なしえん》の図《ず》】 *14*①375
【棚竹《たなだけ》】→B
*35*①81
【たなの立木《たつき》】 *35*①81
【田縄《たなわ》】→B
*4*①287/*6*①259
【谷馬鍬《たにうまぐわ》】→B
*15*②206
【田螺《たにし》とり】
稲 *71*①18
【種子《たね》】→A、E、L、N
稲 *71*①14
【種子配《たねくば》り】
稲 *71*①6
【種子俵編《たねだわらあ》ミ】
稲 *71*①8
【▽種《たね》の置《お》き方《かた》】
すいか *2*①129
【種子《たね》の準備《じゅんび》】
稲 *71*①6
【タネの図《ず》、種子之図《たねの》】 *49*①190
じゃがいも *18*④397
【種子《たね》はかり】
稲 *71*①6
【▽種《たね》まき、種まき、種子蒔《たねまき》】→はしゅ→A、J
稲 *26*①33/*71*①16, ③55, ④63, ⑦72, ⑨90, 92, ⑪105/*72*③42, ⑤60, ⑦72, ⑭90, ⑮94, 95, ⑰104, ⑱106, ⑲109, ⑳115
【▽種《たね》まき桜《ざくら》】→E
*72*⑮94
【種《たね》まき桜《ざくら》の下《した》での種《たね》まき】
稲 *72*①11
【種子見分《たねみわく》る図《ず》】
蚕 *35*①58
【種子《たね》もみの催芽《さいが》】
稲 *71*①14
【▽種籾《たねもみ》のとり方《かた》】 *61*③129
【▽種《たね》もみ浸《ひた》し】
稲 *71*⑥70
【▽種籾浸《たねもみひた》しの図《ず》】
稲 *62*③63
【種子《たね》を洗《あらう》ふ】
稲 *71*①16
【種子《たね》をゑ《え》らむ】→A
稲 *71*①8
【種子《たね》をかす池《いけ》】 *71*①10
【種《たね》を寒水《かんすい》に漬《つけ》る図《ず》】
蚕 *35*①63
【種《たね》を蒔《まき》たるその秋《あき》(中略)延《のび》たる図《ず》】
柿 *14*①208
【たねをまく図《ず》】
稲 *72*⑪84
【▽田《た》の畦《あぜ》での長話《ながばなし》】 *35*①84
【田《た》の畦《あぜ》にて油《あぶら》を焚酢《たきす》と和《わ》する図《ず》】
稲 *15*①48
【▽田《た》の荒起《あらお》こし】
稲 *26*①31
【▽田《た》の草《くさ》とり、田の草とり】→A、B
*15*②202
稲 *37*③322
【▽田《た》の耕起《こうき》】
稲 *29*①10/*37*③324
【田《た》の仕方《しかた》によりて損徳《そんとく》ある図《ず》】 *14*①408
【▽田《た》の中干《なかぼ》し】

稲　26①108
【▽田《た》の水《みず》落《お》とし】→A
稲　26①125
【田《た》の水《みず》を落《お》とす】
稲　62⑦210
【田《た》の見《み》回《まわ》り】
稲　72⑤63
【タバカチ】　58③223
【烟草《たばこ》】→E、G、H、L、N、X
13①53
【烟草《たばこ》鍘《かんな》切《きりの》図《ず》】　45⑥334
【煙草《たばこ》〆《しめ》ル図《ず》】　45⑥333
【▽たばこの乾燥《かんそう》、たばこの乾燥】　45⑥330/72④55
たばこ　72④57
【▽たばこの種《たね》まき】
たばこ　26①47
【▽たばこの葉《は》の乾燥《かんそう》】
たばこ　26①142
【▽たばこの葉《は》の収穫《しゆうかく》】
たばこ　26①142
【▽たばこの葉《は》を食《く》う虫《むし》】　20①246
【多葉粉《たばこ》の脂《あぶら》を虫穴《むしあな》へ入《いれ》る図《ず》】
桑　35②306
【田畑《たはた》】→D、L
65③252,254,266,270
【旅《たび》いつミ】　4①300
【田引手《たひきて》】→B
4①287
【田舟《たぶね》】　15②210
【▽田《た》への水《みず》汲《く》み】
稲　26①83
【▽卵《たまご》から五齢《ごれい》までの蚕《かいこ》の形態《けいたい》】
蚕　35①44
【卵《たまご》の形《かたち》】
蚕　35①44
【溜《たまり》根《ね》】→E
朝鮮人参　45⑦412
【▽民《たみ》に恵《めぐ》みをかける天皇《てんのう》】　35①26
【田《た》見《み》廻《まわ》り】
稲　71①24
【溜桶《ためおけ》】→B、C
4①293
【▽矯《ため》木《ぎ》】→B
48①138
【矯《ためる》木《き》】　48①137
【▽田《た》山《やま》暦《ごよみ》】　71⑬118
【鱈網《たらあみ》之《の》図《ず》】　58③217
【垂桶《たれおけ》】→B
52⑦290
【俵《たわら》】→こめだわら→A、B
71①14,34/72②33
【俵《たわら》あミ】→A、L
稲　71①34
【俵《たわら》数《かず》置所《おきどころ》】　33⑤263
【▽俵《たわら》詰《づ》め、俵詰め】→のうじず(たわらづめ)→A
藍　45②94
稲　26①165/37③350/62③69/71①34,③60,④66,⑥70,⑧86,⑪110,⑫116/72②29,③50,51,⑤65,⑦73,⑮101,⑰105,⑱106,㉑119
麦　37③301
【俵《たわら》に石《いし》込《こめる》図《ず》】　58③204
【俵《たわら》の上《うえ》あらひ《い》】
稲　71①14
【▽俵《たわら》の出来上《できあ》がり】　24①146
【俵《たわら》の縄《なわ》】→B
72②35
【俵《たわら》運《はこ》び】
稲　72②29
【俵《たわら》結《ゆ》ひ《い》】→A
稲　71①34
【田《た》を植《うゆ》る図《ず》】
稲　6①45
【田《た》を乾《かわ》かし菜種《なたね》の苗《なえ》を植《うゆ》る図《ず》】
菜種　14①226
【田《た》をならす図《ず》】
稲　72⑪84
【▽胆《たん》】
馬　60⑤270
【▽たん】　60⑤287
【たんゑ《え》】
馬　60⑤268
【たんご】　1④333
【短竿《たんさお》】→B
49①18
【▽檀特花《だんどくか》】　55③381
【▽胆腑《たんのふ》・小腸《しようちよう》・大腸《だいちよう》・膀胱《ぼうこう》・胃《いの》腑《ふ》】　60⑤265
【蒲公英《たんぽぽ》】→E、N
12①321/68①109

【ち】

【ち】→E
馬　60⑤272
【チキリ】→B
53②126
【チギレ鮑《あわび》】　50④316
【チキ《ぎ》レ煎海鼠《いりこ》】　50④315
【筑後国農耕図稿《ちくごのくにのうこうずこう》】　72②16
【苦菜《ちくさ》】　68①164
【▽ちく中《ちゆう》】
馬　60⑤289
【竹葉《ちくよう》】→N
馬　60⑥329
【チクワ豆腐《どうふ》】　52②93
【萵苣《ちさ》】→E、N
12①304
【縮布《ちぢみ》を織《おる》図《ず》】　53②133
【千鳥立《ちどりだて》】
綿　23⑥327
【[illegible]《ちまり》】　14①338
【茶《ちや》】→E、G、I、N、R
13①78
【▽ちやくしん】
馬　60⑤286
【茶筒《ちやづつ》】　50③248
【茶壺《ちやつぼ》と茶櫃《ちやづつ》および漏斗《ろうと》の図《ず》】　47④226
【茶《ちや》の種子《たね》をまく土地《とち》を準備《じゆんび》する図《ず》】
茶　47④206
【茶《ちや》の苗《なえ》の生長《せいちよう》を示《しめ》す図《ず》】
茶　47④209
【茶《ちや》の葉《は》を摘《つ》む図《ず》】
茶　47④215
【茶《ちや》の実《み》をちぎる図《ず》】

茶　47④204
【茶《ちゃ》の実《み》を干《ほ》して(中略)保存《ほぞん》する図《ず》】
茶　47④205
【茶《ちゃ》の実《み》を蒔《まき》たる図《ず》】
茶　14①311
【茶葉《ちゃば》の大小《だいしょう》を(中略)そろえる図《ず》】
47④223
【茶盤《ちゃばん》の上《うえ》で葉《は》をそろえる図《ず》】　47④224
【雀麦《ちゃひきぐさ》】→E、N
68①173
【茶碗《ちゃわん》】→B、N
53②105
【茶《ちゃ》を刈《かる》図《ず》】
茶　14①313
【茶《ちゃ》を蒸《む》す用具《ようぐ》の図《ず》】　47④216
【香椿《ちゃんちん》】→E、N
68①180
【中蕪苗《ちゅうかぶなえ》】
菜種　1④308
【中鎌《ちゅうかま》】→B
33④191
【▽肘骨《ちゅうこつ》】
馬　60⑦469
【▽中《ちゅうしょ》せう、▽中焦《しょう》】→E
馬　60⑤270, 288
【昼食《ちゅうしょく》運《はこ》び】　72⑳114
【▽柱蹄《ちゅうてい》】
馬　60⑦468, 469
【▽中《ちゅう》二階《にかい》建《だ》ての商家《しょうか》】　26①18
【中開《ちゅうひらき》】
ぼたん　55③280
【血酔《ちよい》】
馬　60⑥327
【▽腸間膜《ちょうかんまく》】→E
馬　60⑦482
【調製《ちょうせい》】
稲　72⑦73
【朝鮮《ちょうせん》】→F
菜種　45③137
【曼陀羅花《ちょうせんあさがお》】　68②277
【朝鮮種人参《ちょうせんだねにんじん》之《の》図《ず》】
朝鮮人参　45⑦415
【羊躑躅《ちょうせんつつじ》】　68②286
【朝鮮人参法製《ちょうせんにんじんほうせい》之《の》図《ず》】　45⑦406
【蝶《ちょう》トリ玉袋《たまぶくろ》】　24①83
【手斧《ちょうな》】→B
36③315
【手斧《ちょうな》の図《ず》】　53⑥411
【直減勾股田《ちょくげんこうこでん》】　4①249
【▽直腸《ちょくちょう》】→E
馬　60⑦481, 482
【▽直田《ちょくでん》、直田】　4①248, 252
【▽直併二覆田《ちょくへいにふくでん》、直併二覆田】　4①249, 255
【▽縮緬《ちりめん》】→N
かえで　55③406
【縮緬織《ちりめんおる》図《ず》】　35②387
【▽ちりめん麸《ぶ》】→N
52④177
【塵《ちり》をさり俵《たわら》に納《おさめ》る図《ず》】
菜種　45③174
【椿《ちん》】　13①220
【▽鎮守《ちんじゅ》の社《やしろ》】　26①143
【▽沈殿《ちんでん》した葛粉《くずこ》を別《べつ》の桶《おけ》に移《うつ》し、白《しろ》葛《くず》と黒葛《くろくず》を分《わ》ける】　50③259

【つ】

【ツイサメ】　52⑦288, 305
【ついはせ、追馳《ついはせ》】　4①294/10②307
【▽追肥《ついひ》】　26①111
藍　45②80
【▽追肥時期《ついひじき》のなしの大《おお》きさ】
なし　40④272, 273
【つうけん】
馬　60⑤268
【▽通水《つうすい》に失敗《しっぱい》した樋《とい》の寸法《すんぽう》】　65④316
【▽通水《つうすい》に成功《せいこう》した樋《とい》の構造《こうぞう》と寸法《すんぽう》】
65④320
【つきあけたる中《なか》へ肥《こや》しを入《いれ》る図《ず》】
菜種　45③151
【搗臼《つきうす》】→B
6①255
【接木《つぎき》する図《ず》】
柿　14①210
桑　35①72
【搗杵《つききね》】→B
4①296
【▽接木《つぎき》の図《ず》】
柿　14①212
【搗《つき》くだきたるところを(中略)もミおろす図《ず》】　14①170
【つぎ口《ぐち》】→A、E
柿　14①212
【突鍬《つきぐわ》】　33④199
【▽接穂《つぎほ》】→A
55③472
【▽接穂砧付《つぎほだいつき》の削《けず》り口《ぐち》】　55③473
【接穂《つぎほ》の仕法《しほう》】
みかん　14①391
【接目《つぎめ》】→A、C
65④318
【つく】　61⑧232
【ツク《ぐ》ヒ《い》】→G
60④226
【土筆《つくし》】→E、N
12①357
【仏掌薯植《ぶっしょういもうえ》る時分《じぶん》の図《ず》】
つくねいも　3①38
【つくほ縄《なわ》】→B
4①287
【菜瓜《つけうり》】→E、N
12①258
【つけ口《ぐち》】　35②270
【つけ鯔《ぼら》の図《ず》】　58③148
【漬物倉《つけものぐら》】　58⑤340
【▽漬物《つけもの》の押石《おしいし》】　52①20
【蔓生鉤吻《つたうるし》】　68②272
【槌《つち》】→B
1②181/4①299/36③315/50①51/56①189
【土犬《つちいぬ》】　60②112
【▽土色《つちいろ》】→D
20①26
【土碓《つちうす》】→B
6①253

【土礎指木《つちうすさしき》】 6①253
【▽土臼《つちうす》すり】
稲　72⑮101
【土臼《つちうす》によるもみすり】
稲　71⑪109
【土笈《つちおい》】→B
6①249
【土覆《つちおおい》】→A、B
15②186
【土置場之図《つちおきばのず》】 45⑦397
【培《つちかい》】→A、B
15②184
【つちきり】→B
15②159
【土砕《つちくだき》】→B
69①73
【つちくれくだき】 45③148
【土《つち》ゴヱ《ごえ》、土肥《ごえ》】→Ｉ、L
72②31
【槌《つち》にて打図《うつず》】 14①240
【▽土《つち》の覆《おお》い方《かた》】
菜種　8①90
【つちのこ、つちの子《こ》】 4①298/33④196
【土葉《つちは》】→E
たばこ　45⑥323
【▽土《つち》はたご、土機《はたご》、土機籠《はたご》】→B
4①292/6①258/26①75
【▽土《つち》はたごによる運搬《うんぱん》】 26①74
【土畚《つちもつこ》】→B
6①248
【▽土寄《つちよ》せする位置《いち》】 40④308
【ツチワリ、欆《つちわり》】→B
6①249
【土《つち》を臼《うす》にて搗図《つくず》】 14①275
【土《つち》を荷《にない》ひつゝ《つ》ミをつき上《あげ》る図《ず》】 61④173
【ツゝ《つ》稲《いね》】→E
稲　37②144
【筒《つつ》の全図《ぜんず》】 15②248
【堤《つつみ》、塘《つつみ》】→C
65③252,264
【苞《つと》、苞苴《つと》】→B
52②92/62⑤124
【つとこ】 59②110
【▽つとこ石《い》し】→J
59②95
【ツト豆腐《どうふ》】→N
52②92
【綱貫《つなぬき》】→B、N
15②196,199
【綱貫《つなぬき》をはきて農事《のうじ》をかせぐ図《ず》】 15②199
【摂州辺《せつしゆうへん》ニ用《もちい》ル鉄鍬《てつぐわ》】 15②144
【山茶《つばき》】→B、E、Ｉ、L
13①220
【茅《つばな》】→E
68①73
【つぶてこらし】 1④334
【つぶら】→B、J
58③188
【壺《つぼ》】→B、N
47④225
【坪刈《つぼが》り】→R
71①28
【ツボバ】→C
58⑤340
【壺場之図《つぼばのず》】 58⑤348
【▽つぼミ、つぼミ、苞《つぼみ》、蕾《つぼみ》、蓓《つぼみ》】→がん(荅)、らい→A、E
55③213
ぼたん　55③280
麦　68②252
【坪向《むこうつぼ》】 58③214
【ツマギリ】 24①102
【ツマ火之《びの》ハヅ《わず》ライ】 60④216
【ツミイレ豆腐《どうふ》】→N
52②93
【▽積《つ》み重《かさ》ね方《かた》】 48①142
【ツミ口《くち》】 55①24,33
【つみたる綿《わた》を家《いえ》に持《もち》かへ《え》り目方《めかた》を懸《かけ》てゐ《い》る図《ず》】
綿　15③375
【▽ツム打《う》ち台《だい》】 49①169
【紡車鞘之図《つむざやのず》】 53②106
【ツムジ】→B
53②105
【ツムシ《じ》之《の》図《ず》】 53②105
【ツム之図《のず》】 53②105
【紡車《つむ》ゟ《より》瓢子《ふくべ》江糸《へいと》を巻移《まきうつす》の図《ず》】 53②117
【ツムをヌキタル図《ず》】 53②106
【つめ】→B、D、Ｉ
馬　60⑤272
【鴨跖草《つゆくさ》】→E、N
68①133
【露《つゆ》ト言煩《いうわずらい》】 60④190
【釣石《つりいし》】→C
65④343
【釣石《つりいし》、小口《こぐち》より見《み》る形《かたち》】
65④341
【▽釣石《つりいし》の配置《はいち》の図《ず》】 65④344
【▽釣石《つりいし》を築《きず》いて壁石垣《かべいしがき》を補強《ほきよう》する図《ず》(1)】 65④341
【▽釣石《つりいし》を築《きず》いて壁石垣《かべいしがき》を補強《ほきよう》する図《ず》(2)】 65④343
【釣鍵《つりかぎ》】 58③180
【▽鐘草《つりがねそう》】→E
55③315
【ツリ口《ぐち》】→C
53④252
【釣縄《つりなわ》】→B
35②275
【蔓《つる》】
ところ　14①166
【鶴田《つるた》】→F
桑　56①197
【つるのはし、鶴觜《つるのはし》】→B
14①182/50③248
【つるばい虫《むし》】 20①245
【鶴觜《つるはし》】→B
4①296/33④199
【つる櫨《はぜ》】
はぜ　11①17
【蔓《つる》を持《もち》かへ《え》る】
葛　50③271
【橐吾《つわ》】→E、N
68①110

【て】

【テイキ、ていき】 72②32,33
【▽蹄胎《ていたい》】
馬 60⑦468,469
【ていてい】 4①288
【梯田《ていでん》】 4①249
【▽蹄頭《ていとう》、てひ《い》とう】→E
馬 60⑤268,⑦467
【▽蹄門《ていもん》】
馬 60⑦467,470
【出入門《でいりもん》】 58⑤340
【テ桶《おけ》、手《て》桶】→おけ→B、W
45②72/72②31
【▽手斧《ておの》、手斧】→B
4①295/48①294
【釿鍬《ておのぐわ》】→B
15②177,③364/45③148
【釿《ておのぐ》くわにてすじを引《ひき》、ものをまく図《ず》】
15②188
【手《て》かき《ぎ》、手鍵《かぎ》】 58③180,188
【手籠《てかご》】→B
4①300
【▽手《て》綛《かせ》に掛《か》ける図《ず》】→K
53②108
【手綛之全図《てかせのぜんず》】 53②109
【▽天下野《てかの》】
たばこ 45⑥326
【▽摘花《てきか》する花《はな》】
なし 40④270
【▽摘心《てきしん》のようす】 55①24
【手杵《てきね》】→B
4①296
【▽滴涙《てきるい》】→E
馬 60⑦486
【手ぐす】→J
59④299
【手管《てくだ》】 1②173
【手鍬図《てぐわのず》】 14①81
【テシロ】 53②105
【テシロ之図《のず》】 53②105
【▽手《て》すき、テスキ、手鋤《すき》】→B
33④191/49①187/52⑦293,303
【鉄網代図《てつあじろのず》】 47④218
【鉄板《てついた》の図《ず》】 49①164
【てつき】 35①80
【鉄杖《てつじょう》】→B
48①253
【手燈《てとう》】 1②159,160
【手執《てとり》】 1②160
【▽手繰法《てどりほう》】→K
53⑤305
【手長《てなが》ブリ、手長ぶり】 72②34
【手《て》のとゞ《ど》かぬ所《ところ》】 27①88
【手箒《てほうき》】→B
35①79/47④221
【▽出穂《でほ》の図《ず》】 37②161
【手馬《てま》く《ぐ》わ】 1④334
【テモツコ、手持籠《てもつこ》】→B
4①302/52⑦294
【▽転運筋《てんうんきん》】→E
馬 60⑦472
【天鍵《てんかぎ》】→J
58③180
【てんがによる苗代《なわしろ》づくり】
稲 71③54
【▽天臼《てんきゅう》】
馬 60⑦470
【▽臀骨《でんこつ》】
馬 60⑦468,481
【天下葉《てんしたは》】
たばこ 45⑥323
【天井《てんじょう》】→B、C、N
53④255
【▽天棚《てんだな》の農耕彫刻《のうこうちょうこく》】 71⑪102
【田地《でんち》】→すいでん→D、L
66⑤266
【天南星《てんなんしょう》】→E、N
68②276
【▽天秤《てんびん》の針《はり》】 59④305
【伝兵衛地《でんべえち》】 40④291
【天門冬《てんもんどう》】→E、N
13①293
【▽纏腕《てんわん》】
馬 60⑦467

【と】

【▽投網漁《とあみりょう》】 26①176
【▽樋《とい》、樋】→C
71⑥70/72⑮96,⑲110
【▽樋《とい》の漆喰孔《しつくいあな》へ土《つち》を入《い》れる道具《どうぐ》】
65④357
【唐臼《からうす》】→B
10②306
【董永《とうえい》が妻絹《つまきぬ》を織《お》る図《ず》】 35①212
【東海道金谷辺《とうかいどうかなやへん》より岡部辺《おかべへん》ニ用《もちい》る鍬《くわ》】
15②145
【稲花雌雄蕊之図《とうかしゆうずいのず》】 70④274
【十日《とおか》めの形《かたち》】
蚕 35①44
【▽蕃椒《とうがらし》】→E、N
12①333
【▽冬瓜《とうがん》】→E、N
12①262
【▽当帰《とうき》】→E、H、N
13①273
【冬葵子《とうきし》】→E
13①299
【▽蜀黍《とうきび》】→E、G、N
12①180
【頳桐《とうぎり》】→E
68②270
【道具《どうぐ》ナヤ、道具納屋《なや》】→C
58⑤286,340
【道具《どうぐ》なやの図《ず》】 58⑤349
【道具之図《どうぐのず》】 53①42
【唐鍬《とうぐわ》】→B
33④199/45②72
【唐鍬之図《とうぐわのず》】 9③258
【▽闘鶏《とうけい》】 26①87
【当穴《とうけつ》】
馬 60⑥327
【▽動血脈《どうけつみやく》】→E
馬 60⑦476
【▽瞳孔《どうこう》】→E
馬 60⑦471,473
【▽等高線《とうこうせん》に沿《そ》った排水溝《はいすいこう》】 34⑥120

【▽東国《とうごく》の鍬《くわ》】 *61*⑩461
【▽蓖麻子《とうごま》】→とうのごま、ひましー→E
*55*③338
【とうこん】
馬 *60*⑤268
【▽瞳根《どうこん》】→E
馬 *60*⑦471,473
【東西南北《とうざいなんぼく》を決《き》める磁石《じしゃく》】 *63*⑤306
【とうじ】
馬 *60*⑤268
【ドウジ木《ぎ》】 *1*②179
【▽騰蛇《とうじゃ》】→E
馬 *60*⑦485
【銅杓《どうしゃく》】 *52*②109
【糖汁《とうじゅう》を揚《あ》げつぼにくみ入《い》れるところ】 *50*②202
【▽登熟期《とうじゅくき》の稲《いね》】 *37*②174
【▽瞳神経《どうしんけい》】
馬 *60*⑦472
【▽た《と》うちさ】→E、N
*12*①303
【道中並木《どうちゅうなみき》の(中略)松苗《まつなえ》を植《うえ》そへ《え》たまふ《う》図《ず》】 *14*①96
【とふ《う》なつ】 *33*⑥343
【▽東《とう》・南《なん》・西《さい》・北《ほく》・中央《ちゅうおう》】 *60*⑤265
【胴《どう》の木《き》】→J
*58*③172,181
【蓖麻《とうのごま》】→とうごま→E
*68*②283
【豆腐《とうふ》】→K、N
*1*②161
【胴舟《どうぶね》】→J
*58*③172,188,212,216
【▽胴前舟《どうまえぶね》】→J
*58*③170
【胴丸《どうまる》】→B
*6*①260
【▽唐箕《とうみ》、唐ミイ、唐箕、颺扇《とうみ》】→B
*6*①254/*10*②307/*33*④197/*71*①32,④66,⑥70/*72*②34,⑮101
【▽唐箕選《とうみせん》、唐箕選】
稲 *71*⑪109/*72*③47,④55,57,⑤65,⑫86
【▽動脈大幹《どうみゃくだいかん》】→E
馬 *60*⑦483
【胴乱《どうらん》】 *1*②195
【トウロウ、唐蠟《とうろう》】→E
*10*②308/*48*①218
【瓦漏中《とうろうちゅう》の砂糖《さとう》にさらし土《つち》を塗《ぬ》る作業《さぎょう》】 *50*②205
【瓦漏《とうろう》の底穴《そこあな》に詰《つ》めるわらの栓《せん》をつくるようす】 *50*②202
【唐蠟《とうろう》の実《み》】 *10*②308
【瓦漏《とうろう》のわらの栓《せん》を抜《ぬ》いているところ】
*50*②203
【道陸神社《どうろくじんじゃ》】 *59*④350
【道路《どうろ》に枕藉《ちんしゃ》するの図《ず》】 *18*①46
【トヘ《え》】→B
*52*⑦289
【とおし、簾《とおし》】→ふるい→A、B、D、L
*45*②73/*47*④223
【トヲ《お》ス】→A、K
*72*②28
【▽溶《と》かした白葛《しろくず》の上澄液《うわずみえき》を三《さん》、四《し》回流《かいなが》しすてて白《しろ》くする】 *50*③259
【▽トギダラヒ《い》】→B
*49*①105
【蟘《とく》】→G
*20*①240
【とくさ】→もくぞく→B、E
*13*①304
【蕺菜《どくだみ》】→E、G、H、N
*68*②279
【木《ど》本《く》黄精《の》葉《き》鉤吻】 *68*②271
【床《とこ》】 *71*①14
【▽床土《とこつち》こしらえ】
藍 *45*②75
【萆薢《ところ》】→E、H、N
*15*①88/*68*①77
【萆薢製法《ところせいほう》の図《ず》】 *14*①170
【萆薢《ところ》の写生《しょううつし》】 *14*①166
【萆薢之全図《ところのぜんず》】 *15*①88
【ところの髭《ひげ》をはさむ図《ず》】 *14*①170
【ところのひげをむしり捨臼《すてうす》にてつく図《ず》】
ところ *15*①92
【萆薢《ところ》を袋《ふくろ》に入《いれ》て搾《しぼ》る図《ず》】 *14*①171
【▽とさかのり】→N
*50*④320
【土佐派農耕屏風《とさはのうこうびょうぶ》】 *72*③38
【登山《とざん》】→N
*1*②180
【斗子《とし》】 *52*⑦295
【豊《と》シマ渡《わた》し】 *59*④380
【土砂積船《どしゃつみぶね》】→J
*15*②274
【土砂抜之穴《どしゃぬきのあな》】 *65*④350
【土砂舟《どしゃぶね》】 *15*②273
【土蔵《どぞう》】→C
*1*②161
【土地《とち》】→D
*33*⑤263
【トチ石《いし》】 *53*④252
【七葉樹《とちゅう》】→E
*68*①177
【頸中《とちゅう》】
馬 *60*⑥328
【土手上《どてうえ》のさわぎ】 *72*⑲110
【土手小屋《どてこや》を大《おお》きう立《たて》る図《ず》】 *61*④163
【とゝ《ど》め口《ぐち》へさしこむ櫂《かい》】 *58*③180
【とゝ《ど》めさし申長庖丁《もうすながぼうちょう》】 *58*③180
【胡獱《とど》を鉄炮《てつぽう》に打《うつ》図《ず》】 *58*③154
【斗棒《とぼう》】 *33*④197
【斗舛《とます》】→B
*33*④197
【▽十村代官《とむらだいかん》】 *26*①182
【▽十村《とむら》の巡回《じゅんかい》】 *26*①81
【留《とめ》】
たばこ *45*⑥329
【とめいかり】 *15*②292
【止葉《とめば》】→Eたばこ
*45*⑥323
【ともし】→N
*71*①18
【▽友《とも》だちとの交《まじ》わり】 *62*②31
【トヤ】→C
*1*②186

【珍珠菜《とらのお》】 *68*①97
【鳥居《とりい》】 *14*①380
【▽取入《とりい》れ終了《しゆうりよう》の骨休《ほねやす》め】 *26*①161
【取桶《とりおけ》】→B
*15*②268
【鳥《とり》ヲ《お》ドシ】→なるこ→C
*1*②179
【鶏飼《とりかい》小屋《こや》場《ば》ノ《の》図《ず》】→C
*69*②290
【取梶《とりかじ》】 *59*④323
【取木仕様《とりきしよう》】
桑 *56*① 188
【取木《とりき》する図《ず》】
桑 *35*①74
【▽とり木《き》のやり方《かた》】
桑 *47*③170
【泥上《どろあげ》】 *4*①294
【▽泥水《どろみず》よけ】 *15*②152
【どろむし】→G
*20*①241
【とろゝ《ろ》草《ぐさ》の種類《しゆるい》】 *53*①36
【とろろ草《ぐさ》の根《ね》】
とろろあおい *53*①36
【黄蜀葵《とろろ》花《はな》さく図《ず》】
とろろあおい *3*①57
【▽どんな洪水《こうずい》にも桑畑《くわばたけ》は強《つよ》い】 *35*
②328
【蜻蛉《とんぼ》】→B、E
*1*②190

【な】

【内羅留針《ないらとめはり》】
馬 *60*⑥328
【苗一年立《なえいちねんだち》の図《ず》】
みつまた *14*①396
【▽苗配《なえくば》り、苗くばり】→A、L
稲 *71*①22/*72*⑫87
【痿越《なえこし》ミタテ】 *60*④184
【苗地蒔付《なえじまきつ》ケ】
菜種 *1*④302
【苗床《なえどこ》にさとうきび苗を仮植《かりう》えする】
さとうきび *50*②154
【▽苗床《なえどこ》への施肥《せひ》】
藍 *45*②74
【▽苗取《なえと》り、苗取り】→のうじず(なえとり)→A、X
藍 *45*②81
稲 *26*①77/*71*③55,④63,⑥70,⑨90,93,⑪106/*72*⑦72,⑧77,⑮97,⑯103,⑰104,⑲109,㉑118,㉒121
【苗取《なえとり》の図《ず》】
稲 *72*⑪84
【なへ《え》のそだちたる図《ず》】
菜種 *45*③153
【▽苗運《なえはこ》び、苗運び】→A
稲 *71*⑤68,⑥70,⑧79,⑪107/*72*⑤61,⑩83,⑯103,⑰104,⑱107,⑲109,⑳114,㉑118,㉒121
【苗持籠《なえもつこ》】→B
*6*①251
【苗《なえ》を植《うえ》る図《ず》】
菜種 *45*③162
【苗《なえ》を引《ひい》てこしらへ《え》植場《なえば》へはこぶ図《ず》】
菜種 *45*③158
【直《なお》し油《あぶら》を茶碗《ちやわん》に入《いれ》、見《み》てゐ《い》る図《ず》】
*50*①90
【中秋《あきなか》に藺《い》を苅家《かりいえ》にはこぶ】
いぐさ *14*①122
【中揚《なかあげ》】 *52*⑦306
【▽長雨《ながあめ》による大洪水《だいこうずい》】 *35*①199
【▽長雨《ながあめ》のときのむしろの乾燥法《かんそうほう》】
蚕 *35*②372
【中居釜《なかいがま》】→B
*52*⑦287
【薯蕷《ながいも》を苗地《なえじ》におく図《ず》】
ながいも *3*①37
【中打熊手《なかうちくまで》】 *5*②232
【中尾《なかお》鯨組《くじらぐみ》前作事場《まえさくじば》新屋鋪《しんやしき》之《の》図《ず》】 *58*
⑤304
【中模《なかがた》ノ陰《め》カタノ図《ず》】 *49*①79
【中竿《なかざお》】→B
*49*①18
【なかさし虫《むし》】→G
*20*①240
【長須鯨《ながすくじら》十五尋《じゆうごひろ》之《の》図《ず》】 *15*①34
【長須鯨《ながすくじら》ノ図《ず》】 *58*⑤294
【中筒《なかつつ》】 *14*①339
【▽中稲《なかて》の刈取《かりと》り】
稲 *26*①148
【中《なか》に藁《わら》を敷図《しくず》】
菜種 *45*③166
【中《なか》ノテ】 *58*③218
【流家《ながれや》】→Q
*66*⑤267
【梨《なし》】→E、N
*13*①135
【▽梨《なし》の接木法《つぎきほう》の図《ず》】
なし *14*①379
【▽なす】→E、N
*24*①156
【薺《なずな》】→E、N
*12*①328/*68*①159
【▽なすのうねつくり】
なす *26*①98
【▽なすの収穫《しゆうかく》】
なす *26*①114
【▽なすの種《たね》まき】
なす *26*①44
【茄《なすび》】→E、N
*12*①237
【▽鉈《なた》、山刀《なた》、鍥《なた》】→B、J
*2*④276/*6*①249/*33*④200
【なた鎌《がま》】→B
*33*④191
【▽菜種苗《なたねなえ》の定植《ていしよく》】
菜種 *26*①170
【▽菜種《なたね》の雌雄《しゆう》の区別《くべつ》】
菜種 *8*①92
【▽菜種《なたね》の追肥《ついひ》】
菜種 *26*①43,51,173
【▽菜種《なたね》の土《つち》かけ】
菜種 *26*①40
【▽菜種《なたね》の土寄《つちよ》せ】
菜種 *26*①51
【▽菜種《なたね》の苗《なえ》つくり】
菜種 *26*①134
【▽菜種《なたね》の間引《まび》き】

菜種　26①40
【菜種子《なたね》干《ほず》図《ず》】　50①46
【菜種子《なたね》を刈《かる》図《ず》】
菜種　45③173
【菜種子《なたね》を作《つく》るに用《もちう》ふる農具《のうぐ》の図《ず》】
45③148
【刀豆《なたまめ》】→E、N
12①206
【灘流《なだりゆう》油《あぶら》搾《しぼ》る図《ず》】　50①64
【▽夏草刈《なつくさか》り】→A
26①121
【胡頽子《なつぐみ》】　68①181
【甘遂《なつとうだい》】　68②273
【夏《なつ》の場面《ばめん》】　72⑮97
【▽夏日《なつび》畑《はたけ》に水《みず》をひく図《ず》】→A
15②172
【なて杵《できね》】　33④202
【七年以上木棚形《ななねんいじようぼくたながた》】　46①81
【七番《ななばん》(なまこ)】　50④304
【▽生岡田糙《なまおかだごめ》を利国製《りこくせい》の器械《どうぐ》にて卸《おろ》す図《ず》】→K
18④404
【▽なまこの穴《あな》の明《あ》け方《かた》】　50④300
【▽なまこの裏《うら》の切《き》り方《かた》】　50④301
【▽なまこのわたの出《だ》し方《かた》】　50④301
【▽なまず釣《つり》のしかけ】　59④345
【生葉之図《なまはのず》】
綿　15③334
【なむし】→G
20①242
【菜虫類《なむしるい》】　20①242
【ナヤバ】→C
58⑤286
【▽ならし、ナラシ】→えぶり→A、B、C
1②190/49①187/52⑦293,299
【ならし】　71①30
【楢木《ならのき》の亀朶海《そだうみ》へさすや《よ》うくゝ《く》りたる図《ず》】
海苔　14①295
【▽菜類《なるい》の種《たね》まき】　26①119
【▽鳴子《なるこ》、なるこ、鳴子】→かかし、とりおどし→C
1②179/4①305/26①33/71⑤68,⑥70/72③44,⑤63,⑦72,⑫87,⑮98
【鳴子《なるこ》と案山子《かかし》】　71⑧83
【黄精《なるこゆり》】→N
68①150
【なわ、縄《なわ》】→B、J、L、R、W
1④334/14①182/35①81
【苗代《なわしろ》】→A、D
37③278,280
【苗代作業《なわしろさぎよう》】
稲　71③50
【苗代田《なわしろた》かへ《え》し】
稲　71①12
【苗代田《なわしろだ》の管理《かんり》】
稲　71①18
【▽苗代《なわしろ》つくり、苗代つくり、苗代づくり】
稲　71①12/72⑦72,⑰104
【▽苗代《なわしろ》と杭《くい》】　21①42
【苗代《なわしろ》の朝露《あさつゆ》をおとすてい】
稲　70④265
【苗代《なわしろ》の準備《じゆんび》】
稲　71⑨90,92
【苗代《なわしろ》の代《しろ》かき】
稲　71⑪105
【▽苗代《なわしろ》の追肥《ついひ》】
稲　26①63
【▽苗代《なわしろ》への種《たね》まき】
稲　62③66
【苗代《なわしろ》への播種《はしゆ》】
稲　71⑧78
【苗代《なわしろ》芽《め》ほ《ぼ》し】→A
稲　71①18
【縄簾《なわすだれ》】　62⑤122
【縄《なわ》なひ《い》】→A、L
71①6,34
【南瓜《なんか》】→ぼうぶら→E
12①266
【▽なんば、ナンバ】→たげた→B
2④277/15②144/48①259
【なんばをはき深田《ふけだ》を行《ゆ》く】　14①116

【に】

【▽にお積《つ》み】
稲　72①13
【仲春《にがつ》種籾《たねもみ》を浸図《つけるず》】
稲　70④264
【▽二月初午《にがつはつうま》の稲荷大明神《いなりだいみようじん》の祭《まつ》り】
35②284
【苦《にが》ところの根《ね》】ところ
14①166
【苦《にが》ところの葉《は》】ところ
14①166
【苦菜《にがな》】→E、N
12①355
【ニギ】　1②174
【ニギリ】→W
61⑩461
【にく】→E、J、N
馬　60⑤272
【肉折人参法製之図《にくおれにんじんほうせいのず》】
45⑦406
【▽荷鞍《にぐら》】→B
4①290
【似栗虫《にくりむし》、肉裏虫《にくり》】→G
45⑦392
【二茎五葉之図《にけいごようのず》】
朝鮮人参　45⑦384
【ニシ】→P
58③218
【西《にし》コチ】　58③218
【西陣《にしじん》へ糸運図《いとはこぶず》】　35②392
【ニシヒカタ】　58③218
【▽二斜併三斜田《にしやへいさんしやでん》、二斜併三斜田】　4①249,258
【▽二斜併田《にしやへいでん》、二斜併田】　4①248,253
【二十年以上木棚形《にじゆうねんいじようぼくたながた》】　46①83
【二十八年生之図《にじゆうはちねんせいのず》】
朝鮮人参　45⑦419
【二挺掛《にちようがけ》】→B
15②193/68②257
【二挺掛《にちようがけ》をひき、麦《むぎ》を蒔図《まくず》】
麦　68②257

【二挺鍬《にちょうぐわ》】 *15*②292
【二挺立《にちょうだて》轆轤《ろくろ》船《ぶね》之《の》図《ず》】 *15*②288
【荷杖《にづえ》】 *4*①294
【肉桂《につけい》植《うえ》かへ《え》る図《ず》】
肉桂　*14*①345
【肉桂《につけい》の実《み》を蒔《まき》たる図《ず》】
肉桂　*14*①344
【▽日中《につちゅう》】→X
馬　*60*⑤288
【二度居網《にどいあみ》にて蚕下《こした》をかへ《え》る図《ず》】
蚕　*35*②297
【荷《にない》】→A、B
*45*②73
【▽にない桶《おけ》】→B
*49*①186
【になひ棒《いぼう》、荷棒《にない》、担棒《にない》】→B
*6*①250/*33*④192/*45*②73/*52*⑦292
【荷縄《になわ》】→B
*6*①261
【二年生之図《にねんせいのず》】
朝鮮人参　*45*⑦383
【二ノ枝《にのえだ》】→E
菊　*55*①24
【二ノ芽《にのめ》】→E
菊　*55*①33
【弐番《にばん》(あわび)】 *50*④311
【弐番《にばん》(椎茸)】 *50*④325
【弐番《にばん》(なまこ)】 *50*④306
【二番鯣《にばんするめ》】 *50*④322
【▽二番葉《にばんは》のこなし方《かた》】
藍　*45*②97
【二本真《にほんしん》】→E
菊　*55*①60
【二本立《にほんだて》】
はぜ　*11*①32
【▽日本《にほん》の国《くに》の始《はじ》まり】 *35*①19
【二枚模合口図《にまいかたあわせぐちず》】 *49*①78
【▽尿管《にょうかん》】→E
馬　*60*⑦481, 483
【▽女房《にょうぼう》】→N
*1*②139
【▽韮《にら》】→B、E、G、N
*12*①285
【庭居《にわい》】→E
蚕　*35*②300
【庭《にわ》の形《かたち》】
蚕　*35*①45
【人形《にんぎょう》彩色《さいしき》仕立《したて》あげの図《ず》】 *14*①290
【人形《にんぎょう》の形《かた》をこしらへ《え》る図《ず》】 *14*①275
【人形焼竈《にんぎょうやくかまど》】 *14*①281
【人形《にんぎょう》を胡粉《ごふん》にて下《した》ぬりする図《ず》】 *14*①288
【胡蘿蔔《にんじん》】→B、E、H、N
*12*①235
【胡蘿蔔芋《にんじんいも》】→F
さつまいも　*70*③235
【▽仁徳天皇《にんとくてんのう》、民《たみ》のかまどのにぎわいを見給《みたも》う図《ず》】 *62*②27
【蒜《にんにく》】→E、G、H、I、N
*12*①289

【ぬ】

【縫《ぬい》タル処《ところ》】 *49*①157
【▽ぬひ《い》は《ば》り】→N
*60*⑤288
【糠虫《ぬかむし》】→G
*45*⑦393
【蓴《ぬなわ》】→じゅんさい→E
*12*①343
【布袋《ぬのぶくろ》】→B
*50*③257/*52*②101
【▽沼田《ぬまた》】→F
たばこ　*45*⑥326
【塗《ぬり》おけ】→B
*35*②274
【ぬり桶《おけ》にて真《ま》わた績《うむ》図《ず》】 *35*②271

【ね】

【根《ね》】→E、I、N
*68*①72
麦　*8*①102
【根油虫《ねあぶらむし》】→G
*45*⑦392
【▽根石《ねいし》の築《きず》き方《かた》を上《うえ》から見《み》た形《かたち》】
*65*④348
【▽ねぎの霜《しも》よけ】
ねぎ　*3*④366
【根切虫《ねきりむし》】→G
*45*⑦392
【根口《ねくち》】
たばこ　*45*⑥329
【ねこ】 *59*④324
【ねこかへ《え》】 *4*①304
【ねこだ】→B、N
*4*①300
【ねこぶく、猫伏《ねこぶく》】→B
*33*④198/*72*②33
【猫伏機《ねこぶくはた》】 *33*④201
【ねこぶくへのもみがら詰《つ》め】
稲　*72*②29
【ねこぶくによるもみがら運《はこ》び】
稲　*72*②30
【根《ね》さきをはさミにてきる図《ず》】
杉　*14*①76
【▽ねじれてわるいなまこ】 *50*④302
【鼠指《ねずみさし》】→B
*4*①305
【熱越見立《ねつこしみたて》】 *60*④178
【熱見立《ねつみたて》】 *60*④182
【兎糸子《ねなしづる》】 *68*①132
【根《ね》に土《つち》をかふ《う》図《ず》】
菜種　*45*③166
【▽根《ね》の切《き》り方《かた》】
すいか　*40*④321
【根《ね》の図《ず》】
菜種　*45*③139
【▽埴土《ねばつち》】→B、D、H
*69*②274
【ねぶかほり】→B
*15*②190
【合歓木《ねぶのき》】→E
*68*①185
【子《ね》マクダリ】 *58*③218
【ねまりやま】 *58*③188
【子《ね》ムタ祭《まつり》】→O

1②166
【根元《ねもと》の土《つち》を夏《なつ》に鍬《くわ》でかき除《よ》け、秋《あき》に土《つち》をかき寄《よ》せる図《ず》】
茶　47④210
【根《ね》より薯《いも》を生《しょう》じたる図《ず》】→E
じゃがいも　18④409
【ねり舟《ぶね》】　59④312
【ネリマ大根《だいこん》】→F
大根　3④336
【根《ね》を莚《むしろ》に入《いれ》て干《ほ》す図《ず》】
むらさき　14①156
【年貢納《ねんぐおさ》め】　71③60
【▽年貢米納入《ねんぐまいのうにゅう》】　26①183
【▽年貢米《ねんぐまい》の御蔵入《おくらい》れ】　26①182
【▽年貢米《ねんぐまい》の納入《のうにゅう》】　26①179
【▽年貢米運《ねんぐまいはこ》び】　26①181
【年始《ねんし》と門松《かどまつ》】　72①7
【▽年末《ねんまつ》の洗濯風景《せんたくふうけい》】　26①187

【の】

【野稲《のいね》】→はたけいね→E、F
12①146
【▽農男《のうおとこ》】→M
1②138
【農家《のうおとこ》】→M、N
71①40
【農家耕作之図《のうかこうさくのず》】　72⑫86
【農家《のうか》に琉球藺《りゅうきゅうい》をむしろにおる図《ず》】
14①132
【▽農家《のうか》の庭先《にわさき》の様子《ようす》】　69①99
【農業満作出来秋之図《のうぎょうまんさくできあきのず》】　72⑨80
【農具《のうぐ》】→B、L
6①246/33④190
【農具図《のうぐず》】　71⑮124
【▽農耕漆絵折敷《のうこううるしえおしき》】　71⑦72
【農耕図《のうこうず》】
稲　71⑮123
【農耕図刺繡袱紗《のうこうずししゅうふくさ》】　71⑥70
【農耕図染小袖《のうこうずそめこそで》】　71⑤68
【▽農耕蒔絵十二組杯《のうこうまきえじゅうにくみさかずき》】　71⑨90
【▽農耕蒔絵膳椀《のうこうまきえぜんわん》】　71⑧78
【▽農耕蒔絵三組杯《のうこうまきえさんくみさかずき》】　71⑩98
【農耕欄間絵《のうこうらんまえ》】　71④62
【▽脳骨《のうこつ》】
馬　60⑦469
【▽農事図《のうじず》(稲刈《いねか》り・運搬《うんぱん》)】→いねかり
12①40
【▽農事図《のうじず》(灌水《かんすい》・草取《くさと》り)】
12①39
【▽農事図《のうじず》(乾燥《かんそう》・脱穀《だつこく》)】
12①41
【▽農事図《のうじず》(牛耕《ぎゅうこう》)】→ぎゅうこう
12①34
【▽農事図《のうじず》(耕起《こうき》・代《しろ》かき・浸種《しんしゅ》)】→こうき
12①35
【▽農事図《のうじず》(施肥《せひ》)】　12①36
【▽農事図《のうじず》(田植《たう》え)】→たうえ
12①38
【▽農事図《のうじず》(脱穀《だつこく》・籾摺《もみす》り)】→だっこく
12①42
【▽農事図《のうじず》(俵詰《たわらづ》め・蔵入《くらい》れ)】→たわらづめ
12①43
【▽農事図《のうじず》(苗取《なえと》り・苗運《なえはこ》び)】→なえとり
12①37
【農田《のうた》うへ《え》】→たうえ
72⑬88
【▽農道《のうどう》の修理《しゅうり》】　26①36
【野豌豆《のえんどう》】→N
68①146
【▽野籠《のかご》】→B
26①80
【▽野籠《のかご》による刈草運《かりくさはこ》び】　26①70
【禾芥《のぎちり》】
稲　71①32
【野籠《のこ》】→B
4①293
【鋸鎌《のこぎりがま》】→B
6①251
【鋸目《のこぎりめ》】→X
55③469
【▽能勢蘭《のせらん》】→E
55③381
【▽能登国塩焼事業図絵《のとのくにしおやきじぎょうずえ》】　49①184
【青蒿《のにんじん》】→N
68①153
【野薔薇《のばら》】　68①175
【野葡萄《のぶどう》】→E、N
68①88
【のむち】
馬　60⑤272
【▽野山《のやま》の草刈《くさか》り】　26①80
【▽野良《のら》での一服《いっぷく》】　62③67
【野良《のら》での小昼《こびる》】　71⑧82
【野良《のら》での食事《しょくじ》】　71③57
【のり入《いり》】→E
稲　37②148, 173
【のりかたまり】→E
稲　37②148, 149
【▽乗捨《のりすて》】
馬　60⑦487
【海苔《のり》ノ樹枝《じゅし》ニ生《しょう》ジタルサマ】
海苔　45⑤253
【海苔《のり》を漉図《すくず》】　14①299

【は】

【は(歯)】→E
馬　60⑤272
【は(葩)】　55③213
【ハーレンヘイト氏験温器《しけんおんき》】　53⑤328
【▽はひ《い》、▽肺《はい》】→H
馬　60⑤270, 286
【蓓《ばい》】→E
55③213
【ハイカキ、灰掻《はいかき》】→A
52⑦288/53④252
【▽肺管小支《はいかんしょうし》】
馬　60⑦475
【蒜藜蘆《ばいけいそう》】　68②286
【▽肺静血脈《はいじょうけつみゃく》】→E
馬　60⑦476

【▽肺静脈《はいじょうみゃく》】
馬 60⑦475
【▽灰抄《はいすくい》】→B
49①68
【▽肺臓《はいぞう》】→E
馬 60⑦474,480
【▽肺動血脈《はいどうけつみゃく》】→E
馬 60⑦476
【▽肺動《はいどう》・静血脈《じょうけつみゃく》、気管《きかん》および肺管《はいかん》小枝《しようし》の図《ず》】
馬 60⑦475
【▽肺動脈《はいどうみゃく》】
馬 60⑦475
【はいの】 58③217
【肺兪《はいのゆ》】→E
馬 60⑥329,330
【ばいぶくりん】 20①242
【▽貝母《ばいも》に逆灌《さかさみず》する体《てい》】
ばいも 55③245
【肺門《はいもん》】
馬 60⑥329,330
【灰焼釜場図《はいやきかまばのず》】 69②316
【肺輪《はいりん》】
馬 60⑥330
【生出十日時分《はえいでとおかじぶん》の図《ず》】
栗 14①304
【生《はえ》たる栗《くり》なへ《え》(中略)霜《しも》かこひ《い》する図《ず》】
栗 14①306
【はえたる苗《なえ》を間引図《まびくず》】
菜種 45③153
【生《はえ》たる綿《わた》を間引《まびき》、又《また》はえきれしたる所《ところ》にハ植《うえ》つぎして居《い》る図《ず》】
綿 15③366
【ばか】 4①304/6①260
【▽はからみ】
馬 60⑤289
【胡枝子《はぎ》】→B、E、H、N
68①105
【はぎたる皮《かわ》をこきあげて干図《ほすず》】 50③274
【▽膊《はく》】
馬 60⑦469
【▽薄腸《はくちょう》】→E
馬 60⑦481
【▽白膜《はくまく》】→E
馬 60⑦471,472
【麦門冬《ばくもんどう》】→りゅうのひげ→E、N
13①303
【後庭花《はげいとう》】→E、N
68①91
【▽刷毛《はけ》のひきかた】 48①214
【はこ、箱《はこ》】→B、C、N、W
35②270/48①223
【箱板《はこいた》、内《うち》よりミる図《ず》、箱板うちよりミる図】 15②254,255
【▽馬耕《ばこう》、馬耕】→A
稲 71⑪103,⑫112,113
【箱雪船《はこそり》】→B
1②202
【▽箱台《はこだい》】→B
48①148
【箱《はこ》の蓋《ふた》】→B、N
18④401
【箱船《はこぶね》】 1②158
【繁縷《はこべ》】→E、G、I、N
68①71
【▽箱屋《はこや》】 26①184
【▽はざ】→C
26①154
【稲架《はざ》おろし】
稲 72⑧78
【▽はざ掛《か》け、▽稲架《はざ》掛け、稲架掛け】→A
稲 71⑤69/72④54,⑤64,⑮99
そば 26①168
【波座士《はざし》】→X
58⑤316
【波座士共《はざしども》茜《あかね》ノ鉢巻《はちまき》ヲシテ踊《おど》ル体《てい》】
58⑤318
【▽はざ干《ぼ》し、稲架《はざ》干し】→A
26①146
稲 71⑧84,⑩100
【箸《はし》】→B、N
35①79
【櫨《はじ》】→E
68②281
【▽薑《はじかみ》】→E
12①292
【▽櫨《はじ》と楮《こうぞ》の栽培《さいばい》の図《ず》】 14①51
【櫨《はじ》の木《き》】→E
14①51
【▽榛《はしばみ》、榛】→E、N
13①143/68①179
【▽播種《はしゅ》、播種】→たねまき→A
藍 45②76
稲 71①16
【柱之接目《はしらのつぎめ》】 65④329
【はしり】→B
35②270
【▽蓮《はす》】→はちす→E、N
12①340
【馬酔木《ばすいぼく》】→あせぼのき、あせみのき→E
15①95
【蓮実《はすのみ》】→E、N
68①111
【▽はぜ釣《つ》りのようす】 59④318
【▽はぜの芽留《めと》めの図《ず》】
はぜ 11①30
【機織《はたお》り】→B、K、M
72②23
【▽裸麦全図《はだかむぎぜんず》】 68②252
【機組上《はたくみあげ》の図《ず》】 14①131
【畠稲《はたけいね》】→ひでりいね、のいね→E
12①146
【▽畑作《はたさく》の手入《てい》れ】 26①111
【機道具図《はたどうぐのず》】 14①130
【ハタハタ】→J
1②198
【畑麦《はたむぎ》の根《ね》をほりて、肥《こや》しを入《いれ》る図《ず》】
麦 68②258
【畑麦《はたむぎ》を蒔《まき》たる体《てい》】
麦 68②258
【▽はちか《が》た】
馬 60⑤287
【八九日目《はちくにちめ》の篩《ふるい》】 35①79
【▽蓮《はちす》、木槿《はちす》】→はす→E
12①340/68①186
【八番《はちばん》(なまこ)】 50④304

【蜂蜜《はちみつ》を製《せい》する図《ず》】
蜜蜂　*14*①350
【八里半《はちりはん》】
さつまいも　*70*③233
【▽初嵐椿《はつあらしつばき》】→F
つばき　*55*③393
【初市《はついち》之《の》図《ず》】　*35*②411
【薄荷《はつか》】→E、N
*13*①298
【廿日《はつか》めの形《かたち》】
蚕　*35*①45
【八客《はつきやく》の煎茶碗《せんちやわん》】　*72*㉑116
【▽八朔梅《はつさくばい》】→F
梅　*55*③392
【花《はな》】→E、I、N、X
ところ　*14*①166
なす　*3*④316
みつまた　*14*①397
【はな】→E、N
馬　*60*⑤272
【花収《はなおさま》り】→E
稲　*37*②146
【▽はな緒《お》によりをかける道具《どうぐ》】　*48*①129
【花咲《はなさく》】→E
稲　*37*②146
【▽花塩窯《はなじおがま》の図《ず》】　*49*①192
【▽花塩《はなじお》を製《つく》る模《かた》の図《ず》】　*49*①191
【蕊《はなしべ》】→E
*55*③213
【▽花土《はなつち》をとる穴《あな》】　*40*①13
【花《はな》の図《ず》、花之《の》図】
からすうり　*14*①189
綿　*15*③334
【花《はな》之《の》全《ぜん》図《ず》】
綿　*15*③336
【花《はな》の付《つい》たるをもミほぐす図《ず》】
*14*①222
【▽花《はな》の配置《はいち》】
菊　*55*①61
【▽花《はな》の病変《びようへん》】　*40*④269
【葩《はなびら》】→E、X
*55*③213
【葩《はなびら》之《の》図《ず》】
綿　*15*③334
【木藜蘆《はなひりのき》】　*68*②270
【英《はなぶさ》】→えい→E
*55*③213
【花総《はなぶさ》、萼《はなぶさ》】　*55*③213
【花実《はなみ》】→E
油桐　*15*①85
【花見《はなみ》の宴《えん》】　*26*①58
【羽根《はね》】→B、E
*53*⑥409
【はね持籠《もつこ》】→B
*4*①302
【葉《は》の図《ず》】からすうり
*14*①189
【▽はのやまい】　*60*⑤289
【はゞ《ば》き】→B
*4*①304/*6*①261
【地膚《ははきぎ》】→E、N
*12*①319/*68*①165
【鼠麴草《ははこぐさ》】→E、N
*68*①143
【馬場引之図《ばばひきのず》】　*9*③266
【羽箒《はぼうき》】→B
*35*①79
【▽葉牡丹《はぼたん》】→E
*55*③260
【浜桶《はまおけ》】→B
*52*⑦291, 292
【▽浜菊《はまぎく》】→E、F
*55*③407
【浜倉《はまぐら》】　*58*⑤340
【浜出《はまだ》しの図《ず》】　*53*①56
【▽浜樋《はまひ》】→B
*49*①186
【▽ハマメバサ】→C
*24*①105
【羽虫《はむし》】→G
*20*①244
【刀《はもの》】→B、J
*48*①145
【▽銲《はや》】→J
*58*⑤296
【はや緒《お》】→B
*59*④324
【早川神社四季耕作図絵馬《はやかわじんじやしきこうさくずえま》】　*72*⑰104
【早越《はやこし》】→G
*60*④196
【▽銲竿《はやさお》】　*58*⑤296
【早晒油《はやさらしあぶら》を紙《かみ》にてこす図《ず》】　*50*①90
【早晒《はやさらし》の直《なお》し油《あぶら》を煮《に》る図《ず》】　*50*①90
【腹当《はらあて》】→B、N
*6*①258, 260
【腹帯《はらおび》】→B
*6*①256, 259
【腹帯《はらおび》しめ】→B
*6*①256
【婆羅得《はらとく》】　*13*①218
【ハラヒ《び》レ】　*50*④314
【▽はり、針《はり》】→A、J、N
*60*④204, ⑤286
【針金虫《はりがねむし》】→G
*45*⑦391
【銅線《はりがね》を置《お》く篗《わく》の図《ず》】　*49*①162
【針《はり》チカ《が》イ図《ず》】　*60*④202
【▽はりつき】　*60*⑤286
【▽針《はり》による馬《うま》の治療《ちりよう》】　*60*④228
【榿《はりのき》】→B、E
*13*①219
【播州《ばんしゆう》ニて用《もちいる》ずんがらすき】　*15*②191
【張莚《はりむしろ》の図《ず》】　*23*②138
【▽はり目《め》】→E
馬　*60*⑤289
【馬藺《ばりん》】→E
*68*①80
【▽馬涙《ばるい》】
馬　*60*⑦486
【▽春《はる》から夏《なつ》の水田作業《すいでんさぎよう》】
稲　*71*④62
【▽春景色《はるげしき》の中《なか》、桑《くわ》を摘《つ》む女性《じよせい》たち】
蚕　*35*①201
【▽春蚕《はるこ》の掃《は》き方《かた》と飼《か》い方《かた》】
蚕　*35*②295
【▽春作《はるさく》の焼畑《やきはた》】　*26*①86
【▽春《はる》・夏《なつ》・穐《あき》・冬《ふゆ》・土用《どよう》】　*60*⑤264

【春《はる》の作業《さぎょう》】 72⑥69
【春《はる》のたか《が》やし】→A
37③269
【春《はる》の農村《のうそん》】 72④53
【春《はる》の場面《ばめん》】 72⑮95
【▽春牡丹《はるぼたん》】→E
55③280
【春掘出《はるほりだ》し分《わけ》る図《ず》】
いぐさ 14①143
【春麦《はるむぎ》の上《うえ》から手《て》で土《つち》をかける図《ず》】
麦 61④160
【馬鈴薯全図《ばれいしよぜんず》】 70⑤336
【馬鈴薯之図《ばれいしよのず》】→E
18④408
【馬鈴薯葉《ばれいしよのは》】
じゃがいも 70⑤336
【馬鈴薯花《ばれいしよのはな》】
じゃがいも 70⑤336
【馬鈴薯実《ばれいしよのみ》】
じゃがいも 70⑤336
【馬鈴薯略図《ばれいしよりやくず》】 70⑤336
【鐇《はん》】→おの→B
2④276
【盤《ばん》】 1②181
【番外椎茸《ばんがいしいたけ》】 50④324
【▽半乾田《はんかんでん》のあぜぎわ刈《か》り】
稲 26①136
【半紙仕立《はんししたつ》る図《ず》】 53①54
【半紙漉之図《はんしすくのず》】 53①41
【半紙裁切図《はんしたちきるず》】 53①53
【播州明石辺《ばんしゆうあかしへん》ニ用《もちい》ル鍬《くわ》】 15②147
【▽播州猫柳《ばんしゆうねこやなぎ》】→F
ねこやなぎ 55③379
【播州辺《ばんしゆうへん》にて綿《わた》つくる図《ず》】
綿 15③380
【播州三ヶ月辺《ばんしゆうみかづきへん》の鍬《くわ》】
15②148
【蕃藷《ばんしよ》】→さつまいも→E
12①378
【蕃藷種類之図《ばんしよしゆるいのず》】
さつまいも 70③233
【半《はん》ゾク】 59④323
【半田《はんだ》】→D
15③398
【▽半田《はんだ》での木綿《きわた》つくり】
綿 15③398
【半田《はんだ》の図《ず》】 45③145
【ばんと《ど》り】→みの→B
4①303
【はんの木《き》】→B、E
13①219
【▽盤《ばん》の子割《こわ》り跡《あと》の犁起《すきお》こし】
稲 26①38
【半鐴《はんべら》】 4①284
【斑文《はんもん》】 48①336
【バンヤ】→C、R
58⑤340

【ひ】

【ひ(皮)】
馬 60⑤272
【蜚《ひ》】 20①241
【ヒ(桶)】 52⑦290
【蛾《ひいる》の雌雄《めお》を撰分《えりわく》る図《ず》】
蚕 35①49
【ヒウチタラ、燧打垂《ひうちたら》】 1②171,172
【稗《ひえ》】→E、G、I、L、N
12①182
【▽ひえ苗《なえ》の定植《ていしよく》】
ひえ 26①100
【▽ひえの刈取《かりと》り】
ひえ 26①127,140
【▽ひえの種《たね》まき】
ひえ 26①46
【▽ひえ畑《ばたけ》の手入《てい》れ】
ひえ 26①84
【▽日覆《ひおお》いの屋台《やたい》】 55①65
【▽樋桶《ひおけ》】→B
49①184
【▽鼻膈《びかく》】
馬 60⑦469
【ヒカタ】 58③223
【▽樋《ひ》がは《わ》】→B
49①187
【▽鼻管孔《びかんこう》】
馬 60⑦473
【引網《ひきあみ》をひく図《ず》】 58③144
【▽挽磨《ひきうす》、挽磨】→B
49①15,16
【引糞《ひきごえ》ひさぐ】 1④333
【引汐《ひきしお》の時《とき》海苔《のり》を取図《とるず》】 14①296
【引ず《ひきず》り簀《み》】→B
6①248
【引す《ひきず》り持籠《もつこ》】→B
4①302
【牽綱《ひきづな》】→B
4①291
【引手縄《ひきてなわ》】→B
58③214
【ヒゲ】→E
24①146
【ヒゲ割体《わるてい》】 58⑤354
【▽髀骨《びこつ》】
馬 60⑦468
【提《ひさげ》】→N
1②164
【▽瓠《ひさご》、ひさご】→E
12①270
【ヒザラ】 52⑦290
【芰実《ひし》】→B、E、N
68①148
【▽ひぢ《じ》ほね】
馬 60⑤286
【▽ひしゃく】→B、J、N、W
52②100
【尾州愛知郡辺《びしゆうあいちぐんへん》の鍬《くわ》】 15②145
【尾州海東郡津嶋辺《びしゆうかいとうぐんつしまへん》ノ鍬《くわ》】 15②145
【▽髀静脈《ひじようみやく》】
馬 60⑦466
【▽樋《ひ》すだれ】→B
49①185
【尾先《びせん》】
馬 60⑤268,⑥327
【肥前《びぜん》の国《くに》(中略)にて鯨《くじら》をとる図《ず》】
15①34
【備前焼《びぜんやき》ノ大壜《おおびん》】 69②266
【▽鼻素《びそ》】

馬　60⑦469
【▽脾臓《ひぞう》】→E
馬　60⑦481
【▽脾臓《ひぞう》の全図《ぜんず》】
馬　60⑦479
【▽樋台《ひだい》】→B
49①184
【火《ひ》焼《たき》く《ぐ》ち】→C
48①314
【尾中《びちゅう》】
馬　60⑤268,⑥327
【備中鍬《びっちゅうぐわ》】→B
6①246/15②151/45③148
【▽備中鍬《びっちゅうぐわ》の歯《は》】　36③191
【備中玉嶋辺《びっちゅうたましまへん》ニ用《もちい》ル鍬《くわ》】→B
15②146
【備中庭瀬辺《びっちゅうにわせへん》ニ用《もちい》ル鍬《くわ》】　15②146
【▽蹄通《ひづめとおし》】
馬　60⑦484
【▽尾骶《びてい》】
馬　60⑦468
【旱稲《ひでりいね》】→はたけいね→E
12①146
【▽鼻筒《びとう》】
馬　60⑦469
【▽一重雨ヶ下《ひとえあめがした》】→F
つばき　55③428
【▽一重山吹《ひとえやまぶき》】→F
やまぶき　55③416
【▽一重緑萼梅《ひとえりょくがくばい》】
梅　55③244
【人形根《ひとがたね》】
朝鮮人参　45⑦412,413
【人麻呂《ひとまろ》の像《ぞう》】　53①12
【ひともじ、葱《ひともじ》】→き→B、E、N
12①276
【独杵《ひとりきね》】　4①296
【雛形口切図《ひながたくちきりず》】　35②349
【▽ひにく】→E
馬　60⑤288
【日《ひ》に干図《ほすず》】　35②349
【檜《ひのき》】→B、E、N
13①194/14①87
【梭《ひ》の図《ず》】　49①233
【梘《ひ》の頬《ほお》の図《ず》】　48①278
【火箸《ひばし》】→B、N
52⑦288
【火《ひ》バレ】　60④206
【▽尾本《びほん》、尾本】→E
馬　60⑤268,⑥326,⑦466
【萆麻子《ひまし》】→とうごま→E、N
13①294
【▽樋《ひ》むしろ、ヒムシロ】→B
49①185/52⑦290
【▽百会《ひゃくえ》、ひゃくゑ《え》、百会】→E
馬　60⑤268,⑥329,⑦466
【白芷《びゃくし》】→E、N
13①296
【百万俵蔵入《ひゃくまんびょうくらい》れの図《ず》】　72⑪84
【莧《ひゆ》、莧菜《ひゆ》】→E、N
12①317/68①104
【▽鼻兪《びゆ》】
馬　60⑦467
【俵《ひょう》つくりの図《ず》】　53①55
【▽豹尾《ひょうび》】→E
馬　60⑦484
【ヒラ】→B、N
49①15
【ヒラカ】→B
1②188/2④277
【平《ひら》かご】　72②25
【開《ひら》きて内《うち》をミる図《ず》】　15②257
【▽平首《ひらくび》】→E
馬　60⑦486
【平苗《ひらなえ》】→E
稲　61③130
【▽ひら苗植《なえう》え】
稲　61⑥190
【平畠図《ひらはたず》】　11①27
【平屋根雨覆之図《ひらやねあまおおいのず》】　45⑦404
【▽飛竜《ひりゅう》】→F
さざんか　55③417
【▽鼻梁《びりょう》】
馬　60⑦469
【▽肥料《ひりょう》の買集《かいあつ》め】　26①172
【肥料《ひりょう》を施《ほどこ》す図《ず》】
茶　47④212
【脾輪《ひりん》】
馬　60⑥330
【鼓子花《ひるがお》】→E、G、N
68①98
【広昆布《ひろこんぶ》】　50④319
【ひろしま、広島《ひろしま》】→B
15②161
【枇杷《びわ》】→B、E、N
13①159
【▽びわの接《つ》ぎ穂《ほ》】
びわ　40④326
【びわのは】→B、N
15②215
【枇杷《びわ》の葉《は》】　15②189
【火《ひ》を焼《たき》こむ口《くち》】　48①321
【火《ひ》をたきむしをやく図《ず》】
稲　15①103
【備後福山辺《びんごふくやまへん》の鍬《くわ》】　15②147
【鬢盥《びんだらい》】　24①103

【ふ】

【斑《ふ》】→B、W、X
48①341
【ふういん】
馬　60⑤268
【▽ふうく《か》わん】
馬　60⑤289
【風選《ふうせん》】
稲　72㉒121
【深田下駄《ふけだげた》】　15②209
【ふかたち】
朝鮮人参　45⑦412
【不可根《ふかね》】→E
朝鮮人参　45⑦412
【欵冬《ふき》】→E、N
12①308
【吹上《ふきあげ》】→C
65④312
【▽吹上《ふきあ》げ樋《どい》の概略図《がいりやくず》】　65④312
【▽吹上《ふきあ》げ樋《どい》の完成形態《かんせいけいたい》と寸法《すんぽう》】　65

④323
【吹口《ふきくち》をはなしたる図《ず》】 15②256
【吹《ふき》ハナシ、吹放《はな》シ】→C
53④252, 255
【▽腹腔《ふくこう》(中略)および尿道《にようどう》の連続《れんぞく》し
ている図《ず》】
馬 60⑦481
【ふぐし】→B
15②190
【ふぐしば】→E
15①95
【福嶋天王祭《ふくしまてんのうまつ》り】 35②411
【福斗《ふくと》】→E
馬 60⑥327
【▽覆土《ふくど》】→A、D
藍 45②76
【福徳稲荷社《ふくとくいなりしや》】 72⑪84
【瓢子之図《ふくべのず》】 53②118
【▽武具屋《ぶぐや》などの商家《しようか》】 26①20
【ふくろ、袋《ふくろ》】 14①171/50①51/59②
110
【フコ《ご》、畚《ふご》】→B、J、W
33④203/52⑦289
【▽附骨《ふこつ》】
馬 60⑦468
【房《ふさ》】→E
55③213
【房尾《ふさお》】 59⑤427
【▽負屍《ふし》】→E
馬 60⑦485
【節影《ふしかげ》】→E
馬 60⑥328
【藤海鼠《ふじこ》】 50④317
【節下《ふしした》】
馬 60⑥327, 329
【藤波《ふじなみ》】
馬 60⑥327
【▽武士《ぶし》の一団《いちだん》】 26①14, 20
【▽武士《ぶし》の供《とも》】 26①185
【ふせたる木《き》のうへ《え》にわらを置囲《おきかこい》ひた
る図《ず》】
栗 14①306
【臥機《ふせばた》】 14①339
【▽附蟬《ふぜん》】→E
馬 60⑦466, 467
【▽二口繰器械《ふたくちどりきかい》(イ)】 53⑤308
【▽二口繰器械《ふたくちどりきかい》(ロ)】 53⑤315
【▽二口繰器械《ふたくちどりきかい》(ハ)】 53⑤315
【▽二口繰器械《ふたくちどりきかい》(ニ)】 53⑤316
【▽二口繰《ふたくちどり》の磨擦器《まねんき》】 53⑤310
【二葉《ふたば》】→E
綿 8①13
【二葉雌雄之図《ふたばしゆうのず》】
綿 7①104
【▽二人繰器械《ふたりどりきかい》】→B
53⑤324
【ふたをとりはなし上《うえ》よりミる図《ず》】
15②257
【▽莙薘《ふだんそう》】→E
12①303
【▽葡萄《ぶどう》】→E、I、N
13①161
【▽葡萄子様嚢《ぶどうしようのう》】
馬 60⑦475
【葡萄棚《ぶどうだな》の図《ず》】 14①371
【▽葡萄膜《ぶどうまく》】→E
馬 60⑦472, 473
【▽太縄《ふとなわ》ない】 26①30
【船《ふな》くわ】→B
1④333
【舟玉《ふなだま》】→O
59④323
【舟荷風景《ふなにふうけい》】 71⑧87
【船《ふな》の形《かたち》】
蚕 35①45
【船《ふな》の篩《とおし》】 35①79
【槌《ふなべ》とる図《ず》】
桑 35①67, 104
【槌《ふなべ》を手《て》にて揉《もみ》やハ《わ》らく《ぐ》図《ず》】
桑 35①106
【舟《ふね》】 52⑦291/53⑥407
【舟《ふね》での稲束《いなたば》の運搬《うんぱん》】
72⑭91
【舟《ふね》と網《あみ》をこしらえる道具《どうぐ》の図《ず》】
58③188
【▽舟《ふね》による運搬《うんぱん》】 72③51
【▽踏板《ふみいた》】→B
48①264
【▽踏臼《ふみうす》】→B
72③49
【踏車《ふみぐるま》】→B、C
15②265
【踏車《ふみぐるま》図解《ずかい》】 15②264
【踏車《ふみぐるま》全図《ぜんず》】 15②262
【ふミ車《ぐるま》にて水《みず》を揚《あげ》る図《ず》】 15②263
【踏車《ふみぐるま》による揚水《あげみず》】
稲 71⑧82
【ふミくわ】→B
15②155
【鍤《ふみすき》】→B
4①288
【ふミつぎ】→B
35①81
【踏《ふみ》つき台《ぎだい》】 48①268
【▽踏土運《ふみつちはこ》び】
稲 26①34
【冬楮苧刈《ふゆこうぞかり》とる図《ず》】
楮 53①18
【冬《ふゆ》の場面《ばめん》】 72⑮101
【冬葉《ふゆは》おちて花咲《はなさき》たる図《ず》】
みつまた 14①397
【冬分《ふゆぶん》に麦《むぎ》の根《ね》へ土《つち》をよせる図《ず》】
麦 61④159
【▽フランス式磨撚器《しきまねんき》】 53⑤313
【ブラントスポイト(消防ポンプ)の図《ず》】
15②252
【ぶり】 33④203
【鰤網之図《ぶりあみのず》】 58③216
【ぶりこ】→からさお→B
33④195
【ふりつるべ】→B
15②268
【ふり棒《ぼう》】→からさお→B
1④332
【ふり持籠《もつこ》、振《ふり》持籠】→B
4①302/6①250
【▽古《ふる》あぜの肩土削《かたつちけず》り】
稲 26①53
【▽ふるい】→こめおろし、こめふる

い、こめゆり、とおし→B

*26*①164

【古川筋《ふるかわすじ》】→D

*65*③266

【ふる椀《わん》】→B、N

*15*①40

【フロ】→B

*61*⑩461

【脬脇《ふわき》】

馬　*60*⑥329

【腑腸《ふわた》】

馬　*60*⑥329

【ふんすき】　*4*①288

【▽分離《ぶんり》した白葛《しろくず》を水《みず》に溶《と》かす】　*50*

③259

【へ】

【▽閉門《へいもん》】→R

馬　*60*⑦485

【▽臍桶《へそげ》の図《ず》】→B

*53*②103

【経台《へだい》之《の》図《ず》】　*53*②125

【へたはいの】　*58*③212,216

【▽絲瓜《へちま》、糸瓜《へちま》】→E、I、N

*12*①269/*68*①113

【別当《べつとう》】→X

*58*⑤316

【ヘトムマ】　*1*②210

【▽綜《へ》のしかけ方《かた》】　*49*①238

【綜《へ》の上《じよう》下《げ》の桁《けた》木《こ》口《ぐち》見《みず》つらの図《ず》】　*49*

①254

【▽綜《へ》をかく木《き》】　*49*①234

【▽鉄丹窯《べんがらかま》】→B

*49*①18

【▽弁慶枠《べんけいわく》】→C

*26*①21

【▽辺骨《へんこつ》】→E

馬　*60*⑦468,481

【稨豆《へんず》】→あじまめ→E

*12*①204

【ほ】

【堀《ほい》での浸種《しんしゆ》】

稲　*72*②17

【堀《ほい》の泥土《どろ》あげ】　*72*②19

【▽苞《ほう》、は《ほ》う】→E

*55*③213

稲　*62*⑦203

【棒《ぼう》】→B

*6*①251/*33*④203/*53*①31

【ば《ぼ》う】　*55*③213

【▽方池《ほういけ》をめぐる円田《えんでん》】　*4*①260

【帚《ほうき》】→B

*4*①298

【はうきく《ぐ》さ】→E、N

*12*①319

【▽膀胱《ぼうこう》】→E

馬　*60*⑦481,483

【▽棚子《ほうし》】

馬　*60*⑦468

【▽棚子骨《ほうしこつ》】→E

馬　*60*⑦481

【鳳仙花《ほうせんか》】→E、N

*68*①137

【鳳足石《ほうそくいし》】→V

*48*①336

【▽豊頂《ほうちよう》】→B、E

馬　*60*⑦476,477

【庖丁《ほうちよう》】　*50*③261

【ほうちや《よ》う虫《むし》】　*20*①240

【方田《ほうでん》】→D

*4*①248

【豊年萬作《ほうねんまんさく》之《の》図《ず》】　*72*⑪84

【▽豊年満作《ほうねんまんさく》襖《ふすま》絵《え》】　*71*③50

【防風《ぼうふう》】→E、N

*12*①331

【▽ぼうぶら、ぼうぶら】→なんか→

E、N

*12*①266/*33*⑥343

【崩落《ほうらく》】→Q

*66*⑤266,269

【崩落家《ほうらくや》】　*66*⑤269

【菠薐草《ほうれんそう》】→E、N

*12*①301

【ホエト云病《いうやまい》】　*60*④214

【酸漿《ほおずき》】→E、G、N

*68*①168

【頬杖《ほおづえ》】→C

*65*④329

【▽火口《ほくち》】→B

*49*①138

【▽北陸道《ほくりくどう》の松並《まつなみ》木《き》】　*26*①9

【帆桁《ほげた》】→J

*59*④323

【ほこ】→E

芍薬　*54*①78

【▽干《ほ》し稲《いね》の運搬《うんぱん》】

稲　*26*①157

【干瀬貝《ほしせがい》】　*50*④323

【▽干《ほ》していた紙《かみ》を探《さが》しに行《い》く図《ず》】

*53*①50

【細鬚人参法製《ほそひげにんじんほうせい》之《の》図《ず》】　*45*⑦406

【保太《ほた》まが】　*33*④193

【牡丹《ぼたん》】→E、N

*13*①284

【▽騂牙《ほつが》】→E

馬　*60*⑦469

【発旦《ほつたん》之《の》図《ず》】　*65*④320

【ボテ、ぼて】→B

*72*②34

【土《ほ》圏《ど》児】→E、N

*68*①92

【仏石《ほとけいし》】　*53*④252,255

【仏《ほとけ》の手《て》】　*60*⑤267

【▽ほととぎす】→E

*24*①191

【ほね】→E、I、N

馬　*60*⑤272

【骨《ほね》ダナ】　*58*⑤352

【ホネナヤ】　*58*⑤340

【骨《ほね》納《な》屋《や》之《の》図《ず》】　*58*⑤352

【▽ほねのうへ《え》】

馬　*60*⑤286

【▽ほねのした】

馬　*60*⑤288

【▽穂《ほ》の削口《けずりぐち》】 55③472
【▽ぼら釣《つり》のしかけ】 59④353
【ほり】→G
20①245
【掘《ほり》あげおこし、掘揚《ほりあげ》おこし】→B
15②175, ③365
【掘《ほり》たる葛根《くず》をたゝ《た》きひしぐ図《ず》】 50③254
【掘《ほり》たる溝《みぞ》へ石《いし》を入《いれ》たる図《ず》】 15②234
【掘《ほり》たる溝《みぞ》へ松木《まつき》を入《いれ》たる図《ず》】 15②234
【▽地軸水《ほりぬきみず》を惹《ひい》て、燕子花《かきつばた》を早春《そうしゅん》に開《ひら》かせる図《ず》】
かきつばた 55③244
【▽掘《ほり》や江《え》の泥土《どろ》揚《あ》げ】
稲 26①35
【続随子《ほるとそう》】→E
68②273
【穂《ほ》をさしこミたるづ《ず》】
柿 14①212
【穂《ほ》をそき《ぎ》て接《つぎ》たる図《ず》】
みかん 14①392
【本《ほん》あせ《ぜ》】→D
23⑥320
【本植《ほんうえ》したるに肥《こや》しをする図《ず》】
菜種 45③166
【本田《ほんでん》】→D
71①22
【本田《ほんでん》の耕起《こうき》】
稲 71①20, ⑧79
【本田《ほんでん》の代《しろ》かき】
稲 71③56, ⑪106
【本中《ほんなか》】
たばこ 45⑥323
【盆《ぼん》の切工《きりこう》】 24①100
【本葉《ほんば》】→D
たばこ 45⑥323
【▽本屋《ほんや》】 26①185

【ま】

【真《ま》アイ】 58③218
【まあ一杯《いっぱい》！】
稲 71⑪107
【▽舞《まい》】→F
たばこ 45⑥328
【舞場《まいば》】→B
35②274
【舞場《まいば》にて糸《いと》くる図《ず》】 35②271
【舞場《まいば》ニて絓《しけ》いとを紡《うむ》図《ず》】 35②270
【マイハ《ば》之《の》図《ず》】 53②123
【マイハ《ば》ゟ《より》糸枠《いとわく》江《へ》巻移《まきうつ》す図《ず》】 53②122
【前《まえ》カケ】→B、N
24①121
【前勘定場《まえかんじょうば》】 58⑤304
【前作事之体《まえさくじのてい》】 58⑤306
【前《まえ》せんご】 6①257
【前《まえ》ダレ】→N
24①121
【麻苧《まお》】→からむし→E
13①24
【まが、真鍬《まが》】→B
33④190
【真風《まかぜ》】 58③218
【真風《まかぜ》タバカチ】 58③218
【▽曲《まが》り】 65③230
【マキ】 1②197
【蒔石《まきいし》】→B、C
65③266
【蒔絵三組杯《まきえさんくみさかずき》】 71⑩98
【マキヲ《お》ケ、マキ桶《おけ》】→B
52⑦291, 292
【蒔代《まきしろ》のならし】
稲 71①14
【蒔《まき》たねにする綿《わた》を(中略)貯《たくわう》ふ図《ず》】
綿 15③354
【蒔《まき》たる冬《ふゆ》、霜《しも》おほひ《おい》したる図《ず》】
茶 14①311
【蒔付《まきつけ》たる図《ず》】
菜種 45③151
【マキリ】→B
1②204
【真《ま》クダリ】 58③218
【鮪網之図《まぐろあみのず》】 58③212
【▽まぐろ針《ばり》】 59④292
【まくわ】→E
12①246
【▽馬鍬《まぐわ》、馬鍬、馬耙《ぐわ》、耙《まぐわ》、杪耙《まぐわ》】→A、B
1④331/2④276/4①286/6①247/10②305/71⑤68/72②28
【馬鍬《まぐわ》による砕土《さいど》と均平《きんぺい》】 72①10
【▽馬鍬《まぐわ》による代《しろ》かき】
稲 26①78
【杪耙引手《まぐわひきて》】→B
6①248
【▽曲物《まげもの》をはさむ道具《どうぐ》】 48①144
【真楮苧之図《まこうぞのず》】
楮 53①15
【菰荀《まこものわかめ》】 68①155
【間肥《まごやし》の溝《みぞ》】 33⑥331
【▽交《ま》じり穂《ほ》】→E、G
37②191
【籬竹《ませたけ》】→B
55①25
【木天蓼《またたび》】→E、N
68①188
【またの有木《あるき》】 56②249
【俣棒《またぼう》】→B
53④252
【▽町《まち》はずれの一里塚《いちりづか》】 26①25
【松《まつ》】→B、E、G、I、N
13①184
【松一年立《まついちねんだち》の図《ず》】
松 14①401
【▽松毬椿《まつかさつばき》】→F
つばき 55③244
【▽松川《まつかわ》】→F
たばこ 45⑥326
【松皮豆腐《まつかわどうふ》】→N
52②93
【▽睫毛《まつげ》】→E
馬 60⑦471
【マツコ鯨《くじら》】 15①36
【真土《まつち》に用《もちい》る鍬《くわ》】 15②142
【松《まつ》の苗弐年目《なえにねんめ》に(中略)植《うえ》かへ《え》たる図《ず》】
松 14①92
【松葉《まつば》】→B、E、H、I、N

馬　60⑥327
【松前蝦夷地《まつまええぞち》出《しゆつ》産《さん》拾《じゆう》番《ばん》(なまこ)】
50④303
【▽松門《まつもん》】　26①26
【祭《まつ》りのもちつき】　71⑦76
【磨碾諸器具之図《まてんしよきぐのず》】　52②96
【まど鍬《ぐわ》】→B
15②151
【窓鍬之図《まどぐわのず》】　9③258
【マトザ】→N
24①147
【まなこ】→E
馬　60⑤272
【マネキ竹《たけ》】　49①250
【▽磨撚器《まねんき》(イ)】　53⑤306
【▽磨撚器《まねんき》(ロ)】　53⑤309
【▽磨撚器《まねんき》(ハ)】　53⑤310
【▽磨撚器《まねんき》による撚《よ》りのかけ方《かた》】　53
⑤347
【▽磨撚器《まねんき》の部分図《ぶぶんず》(イ)】　53⑤318
【▽磨撚器《まねんき》の部分図《ぶぶんず》(ロ)】　53⑤319
【▽間引《まび》き】→A、N
藍　45②78
【まぶしの繭《まゆ》をはづ《ず》す図《ず》】
蚕　35①161
【マボシ】
稲　24①118
【斑杖《まむしそう》】　68②277
【▽大豆《まめ》】→B、E、I、L、N、R
12①185
【▽豆汁《まめじる》の汲《く》み入《い》れ】　52②104
【▽豆汁《まめじる》の搾《しぼ》り方《かた》】　52②105
【豆櫨《まめはぜ》】
はぜ　11①17
【▽豆《まめ》葉《は》の棚《たな》】→C
24①105
【豆蒔車《まめまきぐるま》】　15②185
【▽豆《まめ》まき庖丁《ほうちよう》】　26①102
【豆《まめ》をいる図《ず》】　14①222
【繭《まゆ》かわとり】　35②273
【繭《まゆ》つくらす図《ず》】
蚕　35①154
【まゆの形《かたち》】

蚕　35①48
【まゆのかわとる図《ず》】　35②360
【繭《まゆ》より蛾《ひいる》出《いず》る図《ず》】
蚕　35①48
【繭《まゆ》を糸《いと》に繰《くる》図《ず》】　35②360
【繭《まゆ》を端緒図《かくず》】
蚕　35②358
【繭《まゆ》を簀《す》にならべかハ《わ》かす図《ず》】
蚕　35①163
【▽繭《まゆ》を煮《に》、糸《いと》を繰《く》る麦秋《ばくしゆう》の頃《ころ》】　35
①204
【▽まり四《し》てんの音《おん》】　60⑤286
【まる】　6①259
【▽丸池《まるいけ》をめぐる円田《えんでん》】　4①259
【丸木《まるき》】→B、J、N
48①234
【丸《まる》きかたちのしぶか《が》きの図《ず》】　14①
203
【丸木舟《まるきぶね》】→J
1②157
【丸葉《まるば》】→E、Iなし
40④277
【丸引《まるひき》】→B
1②189
【廻《まわ》シ枠《わく》】→B
53②123
【まワた仕立《したて》たる図《ず》】　35②365
【真《ま》わた引《ひき》】　35②274
【真綿干立《まわたほしたつ》る図《ず》】　35①182
【まワたほす図《ず》】　35②364
【まワたむく図《ず》】　35②365
【真綿《まわた》をかける図《ず》】　35①179
【真綿《まわた》をさらす図《ず》】　35①181
【真綿《まわた》を引《ひき》て紬糸《つむぎいと》を紡図《つむぐず》】　35②271
【まわたをむく下馬《げば》】　35②273
【▽馬鍬《まんが》と鍬《くわ》】　24①192
【万石《まんごく》】→B
72⑮101
【万石《まんごく》とう《お》し】→せんごくどおし→B
1④332
【万歳《まんざい》】→M
1②207
【万《まん》のう】→B

15②166
【▽まんより】
馬　60⑤286
【万力《まんりき》(俵締め用具)】　72②35
【萬力《まんりき》(金具)】　23①126
【万力《まんりき》(籾こなし用具)】　10②305
【万力《まんりき》による俵《たわら》締《し》め】
稲　72②30,35

【み】

【実《み》】
朝鮮人参　45⑦392
なす　3④316
【▽箕《み》、箕】→B
4①297/6①252/26①164/33④196/35①79/45②73/47④221,222,223,225/71①32,34,⑤69/72②33
【実入《みいり》】→E、L
稲　37②230
【▽実《み》入《い》りのわるい穂《ほ》】
稲　37②178
【蜜柑《みかん》さしめつぎの図《ず》】
みかん　14①392
【蜜柑苗《みかんなえ》に夏土用《なつどよう》まへ《え》に肥《こえ》する図《ず》】
みかん　14①393
【▽蜜柑山《みかんやま》の図《ず》】　14①384
【ミシヲ桶《おおけ》】　52⑦289
【▽みじん葉《は》集《あつ》め】
藍　45②95
【▽みじん葉《は》洗《あら》い】
藍　45②96
【水《みず》揚《あ》げ】→A
稲　71⑩99
【水朝顔《みずあさがお》】　68①85
【水争《みずあらそ》い】→R
71③56
【水入口《みずいれくち》】→C
23⑥320
【水桶《みずおけ》】→B、J
50③257
【水替桶《みずかえおけ》】→B

4①294
【水《みず》かき桶《おけ》】→B
15②218
【▽水《みず》かき桶《おけ》にて菜蔬《さいそ》に水《みず》かくる図《ず》】
→A
15②220
【▽水《みず》かけ桶《おけ》で水肥《みずごえ》をかける図《ず》】 69①106
【水管理《みずかんり》】
稲 71⑨91,94
【水《みず》クヽ《ぐ》シ之《の》図《ず》】 53②105
【▽水汲《みずく》み】→K
稲 71⑤68
【▽水汲箱《みずくみばこ》をとめる栓《せん》】 48①290
【水繰篗移図《みずくりわくうつすず》】 35②387
【水車《みずぐるま》運転《しかけ》二《に》十《じゅう》人繰《にんどり》の大器械略図《おおきかいりゃくず》】
53⑤322
【水車《みずぐるま》にて種子《たね》を粉《こな》にする図《ず》】 50①62
【水溜《みずたまり》】→C、D
66⑤265,267,268,269
【水《みず》なき田《た》ニ油《あぶら》に水《みず》をまぜ打《うち》かくる図《ず》】
稲 15①103
【水《みず》に油《あぶら》をさしているゝ《る》図《ず》】
稲 15①102
【水吐口真鍮《みずはきぐちしんちゅう》ニて造《つくり》しゆろなは《わ》にて巻《まき》たる所《ところ》】 15②256
【一弁蓮《みずばしょう》】→E
68②282
【▽水引干台《みずひきほしだい》】→B
48①149
【水槽《みずぶね》】→B、C
3①59
【水《みず》をいるゝ《る》所《ところ》】 50③266
【水《みず》を引《ひく》図《ず》】
稲 72⑪84
【味噌踏沓《みそふみぐつ》】 36③181
【三《み》ツ石昆布《いしこんぶ》】→V
50④319
【三《み》ツ尾《お》】→J
59⑤426
【三日《みっか》めの形《かたち》】
蚕 35①44
【貢《みつぎ》を運送《うんそう》して公廩《こうりん》に納《おさめ》る図《ず》】 71①36
【三吸虫《みつすいむし》】→G
45⑦393
【三《み》ツ葉芋《ばいも》】→F
さつまいも 70③234
【▽野蜀葵《みつばぜり》】→E、N
12①338
【三《み》ツ俣《また》】 53②123
【三《み》ツまた五月《ごがつ》じぶん生出《おいいで》たる図《ず》】
みつまた 14①396
【三《み》ツまただね実蒔《みまき》したる図《ず》】
みつまた 14①396
【三椏《みつまた》の図《ず》】 14①397
【水口祭《みなくちまつり》】→O
37③282
【水口《みなくち》より油《あぶら》を入《いれ》(中略)油《あぶら》をゆきわたらしむる図《ず》】
稲 15①44
【ミにてふく図《ず》】
稲 72⑪84
【箕《み》による風選《ふうせん》】
稲 71⑧86
【▽みの、みの】→ばんどり→B
26①93/72②35
【ミの蔣《こも》】→B
6①261
【水内橋《みのちばし》】→T
66⑤268
【実生《みばえ》して三年《さんねん》めの図《ず》】
からたち 14①390
【実蒔《みまき》して生《はえ》たる図《ず》】
肉桂 14①344
【見廻《みまわ》り】→A
稲 71①18
【▽みゝ《み》、みゝ】→E
馬 60⑤272,287
【巻耳《みみなぐさ》】→N
68①100
【▽脈絡膜《みゃくらくまく》】→E
馬 60⑦472,473
【宮渡《みやのわたし》発船《はつせんの》図《ず》】 62⑦182
【蘘荷《みょうが》】→E、N
12①306
【実《み》を蒔《ま》く図《ず》】
むらさき 14①150
【民家《みんか》】→M、N
72②30

【む】

【六日《むいか》めの形《かたち》】
蚕 35①44
【麦《むぎ》】→A、B、E、I、L、N
12①151
【▽麦打《むぎう》ち】→A、B
麦 37③299
【麦打棚《むぎうちだな》】→B
1④331/33④195
【麦貯蔵《むぎかこいぐら》の図《ず》】 68②262
【▽麦刈《むぎか》り、麦刈《かり》】→A
麦 37③295,296
【麦《むぎ》こぎ《き》】→A
1④332
【麦扱全図《むぎこきぜんず》】 15②232
【麦《むぎ》こぎにて麦をこぐ図《ず》】
麦 15②232
【▽麦背負《むぎせお》い】
麦 37③298
【麦根《むぎね》の図《ず》】
麦 8①96
【麦《むぎ》の刈株《かりかぶ》をおこし取《とり》、地《じ》ならしして綿《わた》をまく図《ず》】
綿 15③359
【麦《むぎ》の刈株《かりかぶ》をすき返《かえ》して(中略)移植《いしょく》したところ】
さとうきび 50②155
【麦《むぎ》の刈株《かりかぶ》をそのままにして、さとうきび苗《なえ》を移植《いしょく》したところ】
さとうきび 50②155
【▽麦《むぎ》の追肥《ついひ》】
麦 26①43,173
【▽麦《むぎ》の中打《なかう》ち】→A
麦 26①40

【麦《むぎ》の中《なか》に綿蒔《わたまく》図《ず》】
綿　15③358
【麦《むぎ》の中《なか》へ綿《わた》を蒔《まき》(中略)いまだ株《かぶ》を起《おこ》さゞ《ざ》る図《ず》】
綿　15③359
【▽麦《むぎ》の風選《ふうせん》】
麦　37③300
【▽麦《むぎ》の実《み》】→E
麦　68②252
【▽麦畑《むぎばたけ》の耕起《こうき》】
麦　37③363
【▽麦穂《むぎほ》】→E
麦　24①193
【▽麦《むぎ》まき】→A、D、L
麦　37③364
【むかふづ《こうず》き】　15②168
【むさしあぶミ】　68②276
【蒸《む》しあげた茶《ちや》を(中略)乾燥《かんそう》させる図《ず》】
47④220
【虫入《むしいり》】→G
50④316
【蝗逐《むしおい》の図《ず》、蝗追《おいの》図】　15①23, 72
【▽虫送《むしおく》りのようす】　35①78
【虫髄《むしずい》の中《なか》に居《い》る図《ず》】　15①104
【虫《むし》タヽ《た》キ板《いた》】　24①83
【蒸《むし》たる粉《こ》を臼《うす》の中《なか》に上戸《じようご》をはめて入《い》るゝ《る》図《ず》】　50①77
【むしたるつる皮《かわ》をはぎとる図《ず》】　50③274
【むしたるつるを川《かわ》にて洗《あら》ひ《い》、あら皮《かわ》をさりゐ《い》る】　50③274
【蒸《む》して切《きり》たる図《ず》】　70③233
【▽虫《むし》とり】→A
藍　45②79
【虫《むし》トリ櫛《くし》】　24①83
【虫《むし》ノス】→B
1②173
【むしろ、筵《むしろ》、莚《むしろ》】→わらむしろ→B、H、N
4①300/35①80/45②73/47④221
【▽莚織《むしろお》り】→B、K
26①186
【莚《むしろ》たおい】→B
6①258
【ムシロ機《ばた》、むしろ機、莚《むしろ》機】　4①298/72②34
【蝗《むし》をはきとる図《ず》】
稲　15①51
【▽六《む》つ車《ぐるま》、六つ車】　65④359
【むなか《が》い、胸懸《むながい》】→B
4①287/6①259
【▽靷尽《むながいつくし》】
馬　60⑦486
【無《む》ナ付《つき》】→G
60④192
【ムナ火《び》ワヅ《ず》ライ】　60④194
【胸当《むねあて》】→B
4①303
【胸掛《むねかけ》】→B
4①291
【無番《むばん》(なまこ)】　50④307
【無番干鮑《むばんほしあわび》】　50④312
【紫草《むらさきぐさ》の図《ず》】　14①148
【紫草《むらさき》の根《ね》と茎《くき》とを折《おり》わけて居《い》る図《ず》】
むらさき　14①156
【紫藤《むらさきふじ》の房《ふさ》】
ふじ　55③281
【▽村《むら》の測量《そくりよう》の例図《れいず》】　4①264
【▽村祭《むらまつ》り、村祭り】　26①143, 144/71③53, 59

【め】

【雌《め》】→E
綿　7①104
【▽めひ《い》た《ど》う、命道《めいどう》】
馬　60⑤289, ⑥326
【▽命門《めいもん》】
馬　60⑤270
【命輪《めいりん》】
馬　60⑥330
【▽めおのしべ】
麦　68②252
【目形《めがた》】
馬　60⑥328
【雌木之図《めぎのず》】
綿　7①106
【芽切虫《めきりむし》】→G
45⑦392
【▽目《め》ざら】→B
49①185
【餉《めし》】→B、L、N
71①24
【飯炊《めした》き】→N
71①38
【▽めしべ、▽雌《め》しべ、▽雌蘂《しべ》、雌しべ、雌蘂】→E
稲　70④274
麦　68②252
綿　15③336
【雌《め》ねぢ《じ》の図《ず》】　15②259
【芽出《めだ》し】→E
稲　71⑪104
【目出《めだ》ス】　55②170
【鉄掃箒《めどはぎ》】→E、F
68①127
【稀蓤《めなもみ》】→E、N
68①70
【目蛭《めびる》】　60④220
【▽芽《め》ぶいた節《ふし》をつけて裁断《さいだん》したさとうきび苗《なえ》】
さとうきび　50②151
【▽雌穂《めほ》の図《ず》】
稲　7①13, 30
【め穂《ほ》の籾種《たねもみ》をよる図《ず》】　61④171
【目《め》わりのみ】　36③315
【▽綿花《めんか》の加工《かこう》】　72④55
【▽雌木《めんぎ》の姿《すがた》】
綿　8①58
【雌枝《めんし》】
綿　8①14

【も】

【▽盲腸《もうちよう》】→E
馬　60⑦482
【▽網膜《もうまく》】→E

馬 60⑦472,473
【▽木《もく》・火《か》・金《きん》・水《すい》・土《ど》】 60⑤264
【木《もく》・金《きん》・火《か》・水《すい》・土《ど》】 60⑤266
【木製《もくせい》のセンバ】 24①146
【木賊《もくぞく》】→とくさ
13①304
【▽木芙蓉《もくふよう》】→E
55③378
【土豹止《もぐらどめ》】 4①305
【もじり】 35②270
【▽もち、モチ】→B
49①184/52⑦293,301
【持網《もちあみ》】→J
1②194
【▽もちつき、もちつき】→K
72③48,49,⑦73,74
【もつこ、持籠《もつこ》】→B
4①301/6①249/72②31
【持双《もつそう》ニカケ納屋場《なやば》へ漕行体《こぎゆくてい》】
58⑤336
【もつた網《あみ》の図《ず》】 58③166
【▽最《もっと》も精気《せいき》さかんな山《やま》の様子《ようす》】 57
②109
【元廻《もとまわ》り稲《いね》】→E稲
37②144
【▽物跡田《ものあとだ》の中打《なかう》ち】
稲 26①109
【▽物《もの》売《う》り】→M
26①180
【物置所《ものおきどころ》】 33⑤263
【籾《もみ》】→B、E、I、N、O、R
稲 37②180,223/71①32
【籾卸《もみおろ》シ】→A
33④195
【儲蓄倉《もみぐら》】→C、R
18①50
【儲蓄倉《もみぐら》を発《ひら》き飢民《きみん》を賑恤《しんじゆつ》するの図《ず》】
18①50
【▽もみすり、▽もみ摺《す》り、▽籾《もみ》摺り、
もみすり】→A、L
稲 26①164/37③351/71①34,③60,
⑤69,⑥70,⑨91,96/72①13,②28,
③46,④55,57,⑤65,⑫86,⑮100,
⑰105,⑳114
【もみすりと風選《ふうせん》】
稲 71④65
【籾通籠《もみとおしかご》、籾簁《とおし》籠】→B
6①252/24①120
【もみの風選《ふうせん》】
稲 72②24
【▽籾《もみ》の莚《むしろ》干《ほ》し】
稲 26①156
【籾簁《もみふるい》】→B
4①297
【籾《もみ》ふるひ《い》籠《かご》】 4①297
【▽もみ干《ほ》し】→A、L
稲 72④55
【▽籾《もみ》まき】→A
稲 37③284
【もミをうつ図《ず》】
稲 72⑪84
【もミをする図《ず》】
稲 72⑪84
【もミを日《ひ》にほす図《ず》】
稲 72⑪84
【もめんニてまきたる皃《かたち》】 15②259
【木綿機《もめんばた》】→B、K
14①338
【木綿機《もめんばた》の別製《べつせい》】 14①339
【桃《もも》】→E、I
13①157
【モゝ《も》(綿のさっ果)】→E
綿 15③336
【股会《ももあい》】
馬 60⑥326
【股返《ももかえし》】
馬 60⑥326
【股薙《ももかり》】
馬 60⑥326
【モゝ《も》の図《ず》、モモ之《の》図】
綿 15③334,335
【モヤシ筥《ばこ》】 1②164
【▽模様《もよう》縫《ぬ》いをする台《だい》】 49①222
【▽守國《もりくに》の講義《こうぎ》】 35①122
【守《も》り舟《ぶね》】→J
58③214

【や】

【▽八《や》重《え》山農耕《やまのうこう》図《ず》】 71②44
【矢尾《やお》】 59⑤427
【▽箭負《やおい》】
馬 60⑦484
【▽夜眼《やがん》、やか《が》ん、夜眼】→E
馬 60⑤268,⑥327,⑦467
【焼釜《やきがま》之《の》寸法《すんぽう》】 52④167
【焼疵《やききず》】→G
60④224
【焼《やき》たる人形《にんぎよう》を竈《かま》より出《いだ》して(中略)
籠《かご》に入《いれ》る図《ず》】 14①283
【弥吉釜《やきちがま》】→B
52⑦287
【炙豆腐《やきどおふ》】→N
52②93
【▽焼《や》き餅《もち》売《う》り】 26①145
【▽葯《やく》】
稲 62⑦203
【薬種店《やくしゆだな》】 1②162
【▽役所《やくしよ》】→R
26①162
【▽役人《やくにん》の回村《かいそん》】 26①178
【薬研《やげん》杷《むまぐわ》之《の》図《ず》】 15②205
【▽やさき】
馬 60⑤288
【屋敷《やしき》】→D
65③266
【ヤス】→J
1②178
【金剛纂《やつで》】→E
68②271
【柳《やなぎ》】→B、E、G、I
13①214
【柳田《やなぎだ》】→F
桑 56①191
【柳葉《やなぎば》】 4①284
【▽脂柱《やにばしら》】→B
49①105
【鶏眼草《やはずそう》】→N
68①99

【▽家普請《やぶしん》、家普請】→N、R
72④55,57
【▽藪山《やぶやま》の様子《ようす》】 57②113
【大薊《やまあざみ》、藺茹《やまあざみ》】→N
68①171,②274
【山刀《やまがたな》】→B
4①295
【▽山川達瀬《やまかわたつせ》】→D
65③260
【商陸《やまごぼう》】→E、N
68①136
【▽大和《やまと》、河内《かわち》、和泉《いずみ》では男《おとこ》も糸《いと》をつむぐ】 15③399
【大和国国中《やまとのくにくになか》の鍬《くわ》】 15②148
【大和国《やまとのくに》にて専《もつぱ》ら綿《わた》をつくる土地《とち》の図《ず》】 15③392
【山《やま》に入《いり》て葛《くず》を掘《ほ》る図《ず》】
葛 50③250
【山《やま》にて葛《くず》の蔓《つる》を刈《かり》とる図《ず》】
葛 50③271
【山《やま》に入《はい》ルに煎茶《せんちや》を入《い》レて持行竹《もちゆくたけ》の筒《つつ》】
50③248
【▽薯蕷《やまのいも》】→E、N
12①368
【山《やま》の雑木《ぞうき》を刈《かり》て焼《やき》たるあとへ菜種《なたね》をまく図《ず》】
菜種 14①405
【山《やま》ブキ】→E
1②191
【棣棠《やまぶき》】 68①114
【山伏《やまぶし》】→M
58⑤316
【耶麻辺《やまべ》】→J
1②161
【▽楊梅《やまもも》】→E、N
13①155
【孀殺《やもめごろし》】 10②306
【遣《や》り木《き》】→B
33④202

【ゆ】

【▽ゆふ《う》がお】→E、N
12①270
【夕立《ゆうだち》】→P
71①26,⑧81
【▽雄略天皇《ゆうりやくてんのう》の皇后《こうごう》による養蚕《ようさん》】
蚕 35①24
【雪覆《ゆきおお》ひ之図《いのず》】 14①76
【雪囲《ゆきがこい》】→N
1②205
【虎耳草《ゆきのした》】→E、N
68①144
【ゆきもちさ《そ》う】 68②283
【輪穴之図《ゆけつのず》】 60⑥326
【ゆさい】 12①231
【桜桃《ゆすら》】→E
13①153
【由須利板《ゆすりいた》】→B
1②170
【▽輪精管《ゆせいかん》】
馬 60⑦483
【湯《ゆ》せんの図《ず》】 14①289
【▽輪溺管《ゆできかん》】
馬 60⑦483
【ゆでたる蔓《つる》を川《かわ》へつける所《ところ》】 50③272
【弓《ゆみ》】→N、R
48①380
【百合《ゆり》】→E、N
12①324
【ゆり板《いた》にて籾《もみ》と米《こめ》とゆりわける図《ず》】
稲 15②237
【淘板《ゆりいた》の図《ず》】 15②237
【▽揺《ゆ》り輪《わ》】→B
26①164
【ゆるわ】→B
4①297

【よ】

【▽よいかたちの杦《すぎ》の穂《ほ》】
杉 57②150
【▽養蚕《ようさん》に用《もち》いる道具《どうぐ》(1)】 35①79
【▽養蚕《ようさん》に用《もち》いる道具《どうぐ》(2)】 35①80
【▽養蚕《ようさん》に用《もち》いる道具《どうぐ》(3)】 35①81
【▽養蚕秘録《ようさんひろく》の扉《とびら》】 35①5
【用水管理《ようすいかんり》】
稲 71①26
【用水路《ようすいろ》の補修《ほしゆう》】 71⑧78
【▽羊鬚《ようぜん》】→E
馬 60⑦467,470
【陽《よう》ノ配《くばり》】
菊 55①60
【▽薏苡《よくい》】→ずずだま→E
12①211
【▽よく栄《さか》えた穂《ほ》】
稲 37②190
【▽臆子骨《よくしこつ》】→E
馬 60⑦469
【▽よけと〻《ど》め】
馬 60⑤288
【ヨコザ】→N
24①147
【▽横《よこ》と上《うえ》から見《み》た樋《とい》の構造図《こうぞうず》】
65④349
【横frame】→B
48①131
【葭簾《よしず》】→B、N
35②275
【▽夜田刈《よだが》り】→A
稲 26①149
【四《よ》ツ尾《お》】→J
59⑤426
【▽四日《よつか》の農具《のうぐ》こしらえ】 26①29
【節間通《よとおし》】→G
20①242,245,246
【夜撫《よなで》の図《ず》】 58③156
【四年生之図《よねんせいのず》】
朝鮮人参 45⑦385
【四年木棚形《よねんぼくたながた》】 46①80

【鶏児腸《よめな》】→E、N
68①131
【▽撚《よ》り合《あわ》わせ部分《ぶぶん》の長《なが》い磨撚器《まねんき》】
53⑤314
【撚《よ》りかけ】→K
72②23
【撚車《よりぐるま》】 35②274,389
【撚車《よりぐるま》ニ而《て》しけいと真綿糸《まわたいと》を撚《よる》図《ず》】
35②270
【▽撚車《よりぐるま》の巧妙《こうみよう》なはたらき】 35②
389
【よりしべ】→E
芍薬 54①78
【▽鐫《よろず》】→J
58⑤296
【▽鐫《よろず》柄《え》】 58⑤296
【四寸切《よんすんぎり》】
馬 60⑥329
【四番《よんばん》(なまこ)】 50④305
【四本立《よんほんだて》】
はぜ 11①32

【ら】

【蕾《らい》】→がん、つぼみ→E
55③213
【薤《らつきよう》】→E、N
12①287
【▽蘭香梅《らんこうばい》】→E
55③423

【り】

【陸《りく》に立《たて》る轆轤《ろくろ》の図《ず》】 48①276
【利国製器械《りこくせいのどうぐ》之《の》図《ず》】→B
18④400
【▽龍王《りゆうおう》】→F
たばこ 45⑥326
【りうきうい《りゆうきゆうい》】→せきそう→E、V
13①72
【琉球《りゆうきゆう》蘭《い》写生《うつし》】 14①109
【りうきういも《りゆうきゆういも》】→E、N
12①378
【琉球《りゆうきゆう》や三島《さんとう》で使用《しよう》されるさとうきび搾汁用《さくじゆうよう》の道具部品《どうぐぶひん》】 50②171
【▽竜骨車《りゆうこつしや》】→C
71⑤69
【▽竜骨車《りゆうこつしや》の台《だい》】 48①274
【龍昌禅寺《りゆうしようぜんじ》におゐ《い》て鯨鯢《げいげい》供養《くよう》ノ図《ず》】
58⑤363
【麦門冬《りゆうのひげ》】→ばくもんどう→E
68①134
【流民《りゆうみん》】→Q
18①45
【流民《りゆうみん》の図《ず》】 18①45
【▽竜門《りゆうもん》】
馬 60⑦485
【猟師《りようし》】→M
59④296
【遼東種人参《りようとうだねにんじん》之《の》図《ず》】
朝鮮人参 45⑦414
【猟場《りようば》の村々《むらむら》にて養蚕《ようさん》する図《ず》】
蚕 35②377
【両帆《りようほ》】 59④323
【両方《りようほう》に用《もちい》る模《かた》の外面《そとつら》】 49①59
【林檎《りんご》】→E、N
68①183

【る】

【▽涙管《るいかん》】→E
馬 60⑦473
【▽涙孔《るいこう》】→E
馬 60⑦473
【▽涙嚢《るいのう》】→E
馬 60⑦473
【▽縷紅草《るこうそう》】→E
55③380

【れ】

【▽列多爾多《れとると》】→B
69②274

【ろ】

【炉《ろ》】 35②273/47④222,225
【櫓《ろ》】→かい→J
1②176/58③188
【▽老牛《ろうぎゆう》の疲労《ひろう》からくる病気《びようき》】 60
④222
【▽老農夜話《ろうのうやわ》】 71①6
【ろく《ぐ》ひ《い》】 59④324
【六月《ろくがつ》に再《ふたた》び植《うえ》る図《ず》】
稲 70④266
【六地蔵《ろくじぞう》】→O
59④380
【▽緑青《ろくしよう》をつくる道具《どうぐ》】 49①52
【▽菉豆《ろくず》】→E
12①194
【▽肋扇《ろくせん》】
馬 60⑦469
【▽肋扇骨《ろくせんこつ》】→E
馬 60⑦480
【轆頭《ろくとう》】 1②155
【六通植四十八《ろくとおりうえよんじゆうはち》かな入《いり》之《の》図《ず》】
稲 9③275
【▽六人用大枠繰器械《ろくにんようおおわくどりきかい》】 53⑤326
【六番《ろくばん》(なまこ)】 50④305
【轆轤《ろくろ》】 58③180
【轆轤板如連捲《ろくろいたじよれんまき》之《の》図《ず》】 15②272
【ろくろ木《ぎ》】→くるりぎ→B
48①266
【▽轆轤心木《ろくろしんぎ》】→B
48①292
【ロクロ心木切欠取所《しんぎきりかきとりしよ》の図《ず》】 49①164
【轆轤台《ろくろだい》】 15②289
【▽轆轤《ろくろ》の図《ず》】 48①285
【▽轆轤《ろくろ》の部品《ぶひん》】 48①280
【轆轤《ろくろ》を廻《まわ》す棒《ぼう》】 58③181
【炉竹《ろだけ》】 35②273
【ろづか】 59④324
【炉《ろ》ノ図《ず》】 47④218
【炉《ろ》の並《なら》べ方《かた》の図《ず》】 47④219

【わ】

【輪石《わいし》】→C
65④323, 343
【▽若《わか》い人《ひと》の礼儀《れいぎ》】 62②29
【▽若《わか》い山《やま》の様子《ようす》】 57②106
【ワカサ】 58③223
【ワカサヒカ《が》タ】 58③223
【ワカサマクタ《だ》リ】 58③223
【わかなご釣《つり》】→J
59④294
【わかばえの図《ず》】
わらび 14①183
【▽嫩柳《わかめやなぎ》】 55③261
【わく】→B
52④176
【枠《わく》(坪刈用)】→B
71①28
【攫《わく》にかけて糸《いと》にとる図《ず》】 62④110
【山葵菜《わさび》】→E、N
68①82
【萱草《わすれぐさ》】→E
68①79
【早苗桑《わせぐわ》】→F
桑 56①190
【▽早稲田《わせだ》の一番中《いちばんなか》打《う》ち】
稲 26①91
【▽早稲田《わせだ》の追肥《ついひ》】
稲 26①94
【▽早稲田《わせだ》の二番中《にばんなか》打《う》ち】
稲 26①92
【▽早稲《わせ》の刈取《かりと》り】
稲 26①128
【▽早稲米《わせまい》の出荷《しゆつか》】 26①131
【綿繰《わたくり》】→B、K
4①298
【▽艸棉《わた》地《じ》畑《はた》畦割《うねわり》之《の》図《ず》】
綿 7①120
【綿全図《わたぜんず》】 15③333
【わたとり】→A、K
綿 15③374
【渡辺始興筆四季耕作図屏風《わたなべしこうひつしきこうさくずびようぶ》】 72④
52
【綿《わた》の全図《ぜんず》】 14①243
【▽綿《わた》の種《たね》まき】
綿 26①71
【綿《わた》の中《なか》に二挺掛《にちようがけ》をもて麦《むぎ》をまく図《ず》】
綿 15②193
【わたの根《ね》にてを《お》のく《ぐ》は《わ》にて溝《みぞ》を引《ひき》、
其《その》ミぞへ水肥《みずごえ》を入《いれ》る図《ず》】
綿 15③363
【綿虫《わたむし》】→G
45⑦392
【綿《わた》を作《つく》りたる畦《うね》[に](中略)大根《だいこん》をう
ゑ《え》たる図《ず》】
大根 14①237
【綿《わた》を作《つく》るに用《もちう》ふる農具《のうぐ》】 15③364
【綿《わた》を摘《つむ》図《ず》】
綿 15③374
【▽わら打《う》ち】→A
26①186
【藁打杵《わらうちきね》】 4①299/58③188
【藁打槌《わらうちつち》】→B
33④200
【藁鞍《わらくら》】→B
6①256
【藁《わら》こしき】 53①21
【わら仕事《しごと》】→A
稲 72①13
【▽わらじつくり】→A、M
26①186
【わらすぐり】→A、B
72②27
【藁《わら》だ】→B、W
35①80
【藁《わら》たわし】 62⑤123
【藁苞《わらづと》に蚕《かいこ》を入《いれ》まゆ作《つく》らす図《ず》】
蚕 35①160
【藁手《わらて》おい】 6①261
【わらの上《うえ》をおさへ《え》る竹《たけ》の図《ず》】
栗 14①306
【藁《わら》のは《ほ》ゝ《う》きにて、水《みず》をくりかけ(中略)
水をそそぐ図《ず》】
稲 15①42
【蕨《わらび》】→E、G、N
12①356
【わらび環《かん》、蕨《わらび》環】 53⑤320
【蕨粉《わらびこ》を製《せい》する図《ず》】 14①186
【蕨《わらび》の写生《しやせい》】 14①183
【蕨《わらび》を掘道具《ほるどうぐ》の図《ず》】 14①182
【ワラボウケ】→B
40④275
【わら干《ほ》し】→A、L
稲 72②27
【藁莚《わらむしろ》】→むしろ→B、N
33④198
【藁《わら》をうち縄《なわ》を索《なう》図《ず》】 58③190
【地楡《われもこう》】→E
68①140
【▽湾《わん》や河口《かこう》の泥土《でいど》を浚《さら》う農民《のうみん》たち】
35②330

付　録

総合解題一覧

【総合解題】

近世農書・『耕作噺』を読む－真の農学創造のために－	第1巻	古島敏雄

【分野別総合解題】

地域農書	農書誕生－その背景と技術論－	第36巻	佐藤常雄
農事日誌	野良着で書いた農事日誌－作りまわし・手まわし・世まわし－	第42巻	徳永光俊
特　　産	特産物列島日本の再発見－モノ・ヒト・情報の生かし方－	第45巻	佐藤常雄
農産加工	近世経済を担った農産加工業－資源活用型の等身大技術－	第50巻	佐藤常雄
園　　芸	近世園芸文化の発展－その背景と担い手たち－	第54巻	君塚仁彦
林　　業	近世の林業と山林書の成立	第56巻	加藤衛拡
漁　　業	河海から見た日本の近世－潮・魚・浦－	第58巻	伊藤康宏
畜産・獣医	近世日本の畜産と獣医術－独自な品種改良と漢方・蘭方の融合の曙－	第60巻	松尾信一
農法普及	農法の改良・普及・受容	第61巻	徳永光俊
農村振興	村の暮らしの立て直し－荒廃の背景と農村・農民の対応－	第63巻	江藤彰彦
開発と保全	日本の国土はいかに開発・保全されてきたか	第64巻	佐藤常雄
災害と復興	「大変」の構造－災害と近世社会－	第66巻	江藤彰彦
本草・救荒	本草学の伝播・受容・活用－暮らしの側から見た本草学と救荒書－	第68巻	江藤彰彦
学者の農書	近世農書における学藝－農の仕組みを解く－	第69巻	徳永光俊
絵 農 書	描かれた農の世界－近世の農耕図と絵農書－	第71巻	佐藤常雄

月報寄稿一覧

執筆者 （五十音順）	タ　イ　ト　ル	収録巻
青木直己	菓子と喧嘩は江戸の華	第50巻
青野春水	中世と近世の違い	第10巻
赤木祥彦	中国山地の鉄穴地形の耕地開発	第49巻
安芸皎一	河川工事に思う	第16巻
阿久津正二	「奥の細道」紀行の十四日間	第22巻
朝尾直弘	江戸時代は活字文化の時代	第60巻
浅倉有子	鍬の質入れ	第36巻
安達瞳子	椿－江戸の「園芸開花」の一頁－	第54巻
阿部　禎	淵澤圓右衛門殿への手紙	第２巻
網野善彦	百姓の着た絹小袖	第47巻
鮎沢啓夫	『養蚕秘録』の仏訳本をめぐって	第35巻
有薗正一郎	『会津農書』を生んだ風土	第19巻
飯地大蔵	『砂畠菜伝記』と私の野菜作りの体験	第33巻
飯田辰彦	日本文化のルーツは山にあり	第56巻
飯沼二郎	〈私の農書論〉私が農書を学んだ二つの時期（本文に収録）	第34巻
飯沼二郎	追悼・古島敏雄先生	第54巻
Ｅ・パウアー	礒野鋳造所と犂	第33巻
石川幾太郎	私の農事日記	第22巻
石川八朗	渡辺家の人々と連歌	第33巻
石川英輔	江戸時代を見る	第39巻
石川松太郎	近世農民の民度	第62巻
石崎林一郎	宮崎安貞翁の末裔 宮崎岬の思い出	第13巻
石田貞雄	江戸時代における金魚飼育	第59巻
石村義典	〈投稿〉肥たごとの出会い	第17巻
石村義典	〈投稿〉「糞土」のことなど	第18巻
石村義典	『除蝗録』を読んで	第８巻
石村真一	桶・樽の普及と醸造文化の発展	第52巻
磯貝正義	地方貨幣「甲州金」について	第23巻
板倉聖宣	江戸時代再発見－「模倣の時代」を超えるために－	第66巻
伊野忠昭	『耕作噺』を読んで	第15巻
井上　忠	元禄の出版界	第12巻
井上・古沢	解題執筆者偶然の出会い	第23巻
今橋理子	北斎「西瓜図」の謎－博物学と民俗学のあいだ－	第72巻
入江隆則	江戸時代の自然観	第67巻
入江　宏	近世の「家」の経営と教育	第44巻
入交好脩	故横川末吉氏の足跡と最後の論稿「『耕耘録』談義」	第30巻
磐井憲一	市民がつくった「清庵野草園」	第68巻
岩崎文雄	「染井吉野」の生みの親	第54巻
上田博茂	現代に甦る通潤橋	第65巻
上野正昭	郷土の先人田村吉茂をどう教えるか	第21巻

執筆者（五十音順）	タ　イ　ト　ル	収録巻
上野益三	農書著作の基礎にもなった本草学	第 6 巻
上原三郎	小出満二先生の思い出	第11巻
上村六郎	紅花と藍	第17巻
内山　節	地域性と人間の個性を加味した森づくり	第57巻
宇根　豊	「近代化」のために見えなくなった土台技術	第62巻
榎田泰祐	安貞祭について	第13巻
及川　順	ドイツの農書と日本の農書	第70巻
王　振鎖	中国の農書について	第69巻
大石慎三郎	江戸時代の特徴と「農書全集」の読み方	第72巻
大木堅夫	綿つくり五十年	第15巻
大熊　孝	踏車－江戸時代の革新的土木技術－	第65巻
大島真理夫	江戸時代に「農」という身分はあったのか	第43巻
大塚英二	近世の村融通について	第44巻
大野政雄	『農具揃』の巻頭を飾った人々	第24巻
大場秀章	植物の多様性に目覚めた江戸の人たち	第49巻
大矢真一	和算書における土木工事	第16巻
岡　光夫	〈私の農書論〉農書とのつきあい（本文に収録）	第34巻
小笠原長和	下総の風土・文化・人物	第 3 巻
岡田孝雄	油桐の栽培と普及	第47巻
岡田　博	不二道と種籾交換会	第61巻
岡田芳朗	旧暦（太陰太陽暦）あれこれ	第 6 巻
岡田芳朗	暦の「節」と「中」について	第71巻
岡田芳朗	二十四節気と月の大小	第 7 巻
小川直之	もう一つの稲作法－摘田の伝承と歴史－	第41巻
奥村彪生	葛粉利用の時代変遷	第50巻
小野重朗	サシという名の脱穀具	第34巻
小野寺淳	江戸時代の利水と治水の河川絵図	第67巻
小原　赳	だいこんつくり今昔	第11巻
加賀　訓	農書の精神に学ぶ現代農業	第19巻
粕渕宏昭	「農書の歴史展」を開催して	第 8 巻
香月徳男	櫨並木は残った	第31巻
勝山　脩	西洋獣医学の伝来と普及	第60巻
桂島宣弘	幕末民衆宗教と農業技術をめぐる言説	第61巻
加藤速了	平田篤胤と小西篤好のことなど	第 7 巻
加藤祐三	近世日本の農法上の位置をめぐって	第24巻
門脇栄悦	軽トラに積んでおいて読む農書の楽しみ	第37巻
金森正也	「百姓成立」の動揺	第36巻
狩野博幸	洛中洛外図に描かれた近郊農村	第71巻
樺山紘一	蜜蜂の博物学から人間学へ　－木村孔恭『日本山海名産図会』の眼差し－	第70巻
加茂元照	現代に生かす近世園芸書－松平菖翁「花菖培養録」－	第55巻
川勝平太	江戸時代農業の世界史的位置	第45巻
川崎　甫	藩政時代の安芸・備後の農思想	第 9 巻
河田　党	わが祖は『除蝗録』の序文を書いた佐藤一斎	第15巻
河手龍海	鳥取藩の生産・生活諸法度	第29巻

執筆者（五十音順）	タ　イ　ト　ル	収録巻
神崎宣武	江戸時代の諸国見聞の旅	第48巻
神崎直美	村の生活をおびやかす欠落	第63巻
岸野俊彦	平田国学と農業思想	第３巻
岸本良一	ウンカと南風	第11巻
北村四郎	村松標左衛門の押葉帳	第27巻
木塚昌宏	祖先の知恵とぼくの工夫	第15巻
木下　忠	エゴマの栽培と利用の起源	第20巻
木村茂光	近世前期の畠作の位置	第53巻
木村　礎	農書に見る村の道	第48巻
金城　功	沖縄の歴史－芋と甘蔗－	第34巻
金田隆明	農書に学ぶ五十年	第26巻
草川　俊	江戸時代初期の野菜	第17巻
楠　康平	清庵『民間備荒録』の数奇な運命	第68巻
久野時男	伊勢湾台風の爪あと	第23巻
熊倉功夫	元禄文化と化政文化	第13巻
熊代幸雄	『農業自得』の農法	第21巻
倉嶋　厚	お天気言葉あれこれ	第43巻
栗田覚蔵	山林に暮らす－最上の四季－	第56巻
栗原　浩	作物学からみた農書	第29巻
黒田三郎	馬と農家と農作業	第16巻
小泉和子	自給自足の社会を生きた人々の能力	第48巻
小泉袈裟勝	太閤検地と近世面積の単位	第５巻
小泉武夫	世界に冠たる江戸時代の醸造技術	第52巻
神坂次郎	江戸時代の日記あれこれ	第42巻
小島廣次	美濃派俳諧にあらわれた農民の意識と教養	第24巻
小舘衷三	津軽の民間信仰	第18巻
小西正泰	「蝗」とはどんな虫か	第１巻
小林　隆	方言史資料としての農書	第39巻
五味仙衛武	熊代幸雄先生と『農業自得』	第21巻
小峯定雄	「やっちゃ場」から見た江戸時代のくだもの	第46巻
今田信一	「最上紅花」随想	第18巻
近藤康男	三河の農業	第16巻
酒井正司	丹波流「山卸」の技	第51巻
佐久間惇一	越後の風土と瞽女	第25巻
佐久間好雄	天狗騒動と結城	第22巻
桜井隆治	才蔵の測量技術を教えて	第28巻
佐々木潤之介	農書から見えてくる近世の労働・人間観	第65巻
佐々木寿	農書の中の大根たち	第38巻
笹崎能輝	牛・豚・馬の漢方療法の実際	第60巻
佐藤昭人	藍造り三代目の記	第10巻
佐藤勝郎	南部のめくら暦	第２巻
佐藤孝喜	同郷の老農に学ぶこと	第１巻
佐藤次郎	日本の伝統農具	第24巻
佐藤昌介	江戸時代の農学と洋学	第18巻

執筆者 (五十音順)	タ イ ト ル	収録巻
佐藤常雄	甲州の坪刈帳	第23巻
佐藤秀太郎	和紙と日本人の生活	第14巻
佐藤雅美	江戸時代は公事訴訟社会	第63巻
ジェフリー・マーティ	徳川時代初期における農業の機能	第10巻
重久正次	農書に託す農業の復活	第40巻
篠原民江	〈投稿〉『除蝗録』に学ぶ	第5巻
柴田惠司	鯨船について	第58巻
渋谷隆一	江戸の質屋と現代のサラ金	第2巻
ジョニー・ハイマス	日本がそのまま表わされた絵農書	第71巻
城田吉六	赤米の来た道	第32巻
辛　基秀	朝鮮と日本を結ぶ対馬	第32巻
菅野則子	「農業出精」女性の登場	第42巻
住田　勇	鉄穴流しとたたら製鉄	第9巻
瀬野精一郎	陶山訥庵と雨森芳洲	第32巻
高田　宏	荒ぶる自然の中の美しい人間	第67巻
高田善太郎	伝統に生きる紙漉きの村	第5巻
高橋順慥	わが祖・高橋正作(常作)について	第1巻
高橋富雄	実学としてきわだつ『会津歌農書』	第37巻
高橋秀夫	文書・農書を発掘して	第1巻
高橋萬右衛門	作物の北進過程	第2巻
竹本宏夫	『会津歌農書』の古歌について	第19巻
多治比郁夫	近世後期の出版事情	第7巻
但野正弘	『農業全書』の推薦文を書いた〝助さん〟こと佐々宗淳について	第13巻
田中　晃	日田の土地と文化	第14巻
田中圭一	舞台に上がった百姓たち	第72巻
田中　稔	冷害の諸相	第18巻
谷沢永一	無私の知力を研いだ時代－農書に宿る近代精神－	第38巻
谷澤尚一	庵原菡斎の描いた無何有郷	第2巻
田村喜子	近世の開発思想	第64巻
千葉徳爾	農書から何を学び得るか	第56巻
塚本　学	学問の役割と実用書－近世「農書」の位置－	第50巻
辻　唯之	讃岐の溜池と水利文書	第30巻
土田　浩	開拓一年目の生産と生活	第3巻
角田公正	「掛干し」に見る風土・立地とその合理性	第7巻
角山　榮	江戸時代をどう見るか－世界一の産銀国日本が選択した途－	第52巻
土居忠道	現代をうるおす才蔵堀	第28巻
童門冬二	江戸時代の懐の深さ	第57巻
野老昭代	私の稲づくり昭和史	第38巻
中岡哲郎	「杏花咲く時，弱土を耕す」	第36巻
中島康雄	むらの生産と生活のサイクル	第26巻
中塚　明	わが家の祖先を語る	第43巻
永塚鎮男	三つの農書の土壌観	第69巻

執筆者 （五十音順）	タ　イ　ト　ル	収録巻
中野三敏	農書としての教訓本・談義本	第55巻
中原孫吉	近世の飢饉＝惨状・要因・対策	第１巻
永原慶二	肥後高瀬絞りとその周辺	第51巻
中部よし子	近世町人の遺言と家訓	第８巻
中俣正義	雪と生活と農業	第25巻
中村実郎	生薬の王者〈朝鮮人参〉	第45巻
中村秀晴	煎茶文化の形成と宇治黄檗山萬福寺	第47巻
中山謙市	椎葉山系後継者群像	第34巻
中山清次	長州藩の大庄屋に関する覚書	第29巻
夏目有彦	漆の国〝日本〟	第46巻
難波恒雄	江戸時代の成薬業	第27巻
西川俊作	江戸時代経済における競争と均衡	第58巻
西田周作	農書にみる日本の畜産	第28巻
仁科又亮	永常の本の挿絵を描いた画家たち	第14巻
西村利幸	秋落ち田の改良とがた土利用	第11巻
日本農書全集編集委員会/農文協農書全集編集室	古島敏雄先生の遺志を継いで	第54巻
猫野ドラえもん	我輩は「蚕の守り神」である	第35巻
根本順吉	江戸時代の天気予報	第21巻
能美安男	庄屋さんの一年	第31巻
野口喜久雄	上田俊蔵の櫨栽培技術とその伝播	第33巻
野口武彦	「人文気象学」事始	第46巻
野沢昌郎	『百姓伝記』の観察力	第17巻
芳賀　徹	徳川時代の幸福	第64巻
橋本　武	猪苗代地方の農耕儀礼	第20巻
橋元秀教	自給肥料考	第３巻
長谷川吉次	初瀬川文庫を整理して	第２巻
秦　忠雄	広島藩での宮崎安貞	第12巻
畠山金一	幻の氷下曳網漁の復活	第59巻
幡谷東吾	日本人の季節感	第25巻
羽鳥徳太郎	地震・津波の史料をたずねて	第66巻
林　康一	「やいと肥」について	第27巻
羽山久男	あばれ川 四国三郎	第10巻
速水　融	江戸時代のマンタリテ－農書は何を語るか－	第61巻
原　順	訥庵祭について	第32巻
原　宗子	『会津農書』と王禎『農書』	第20巻
針塚藤重	農書は宝の山である	第39巻
尾藤正英	農書を生んだ社会の特色	第68巻
日野義彦	生類憐みの令下の猪鹿退治	第32巻
平野雅章	江戸ッ子の食いもの	第22巻
広瀬　直	讃岐三盆糖の現状	第30巻
深谷克己	幕末窮乏農民の副業	第22巻
深谷克己	近世農村の〝奉公人〟	第42巻
福田アジオ	文字社会としての近世村落	第59巻

執筆者（五十音順）	タ イ ト ル	収録巻
福田弘光	金沢近郊農業の戦前と戦後	第26巻
藤井　昭	安芸真宗地域における「講」の一断面	第９巻
藤岡大拙	簸川平野と築地松	第９巻
藤本隆士	西海捕鯨と鯨油の流通	第31巻
古島・岩渕	古島敏雄先生に聞く①私の農書研究と農書の読み方	第13巻
古島・岩渕	古島敏雄先生に聞く②農書以前と農書の成立・内容	第９巻
古島・岩渕	古島敏雄先生に聞く（最終回）『農業全書』をめぐって	第14巻
星川清親	佐瀬与次右衛門の農の観察眼	第19巻
牧野隆信	北陸北前船の盛衰	第27巻
牧野　清	明和の大津波と人頭税	第34巻
松岡　智	肥後の農諺	第33巻
松川八洲雄	花いける	第55巻
松田国雄	周防久賀の縞木綿盛衰記	第29巻
松永勝彦	森林と漁業との深いつながり	第58巻
松永伍一	農の伝達手段としての歌	第37巻
松久　敬	南伊予の歴史と土居清良	第10巻
松本和夫	農書にみるイモチ病対策	第19巻
松本三喜夫	幻の「大蔵永常農学全集」	第45巻
丸山克巳	越後縮の雪晒しと夏晒し	第53巻
溝口博一	紀州備長炭の世界	第53巻
宮　榮二	家を捨てた良寛	第25巻
宮崎　清	「ワラの文化」とその復権	第40巻
宮島昭二郎	農具にみる農民の知恵と農法	第15巻
宮田　登	正月と休み日にみる農村の生活文化	第63巻
宮永正平	宮永家の生んだ人物	第６巻
宮村　忠	よみがえる近世土木技術の遺産	第64巻
宮本　誠	現代に生きる田畑輪換	第28巻
三好保徳	「親民鑑月集」の植物について	第10巻
三輪茂雄	臼の時代性と地域性	第17巻
三輪豊一	伊藤正作と，若狭へ来た大蔵永常，大原幽学	第５巻
むのたけじ	借り物と本物，農業用語と農民用語	第20巻
村上節太郎	大洲半紙の昔と今	第30巻
村田喜代子	一つの堅固なリアリティの国へ	第69巻
守田奈恵子	心を寄せる	第17巻
森谷尅久	元禄文化の背景	第12巻
森谷周野	越後の農耕儀礼	第25巻
守山　弘	農書に見る日本人の自然観	第62巻
安田　健	享保の『産物帳』に見る農作物の品種	第49巻
保田　茂	『除稲虫之法』に学ぶ	第15巻
藪田　貫	女の農書はないのだろうか	第41巻
山縣睦子	森林への恩返し	第57巻
山崎隆三	「摂津型」富農と綿作	第８巻
山田桂子	「絹の道」をゆく－東京・八王子市鑓水にて－	第35巻
山田龍雄	〈私の農書論〉農書，私の学んだこと（本文に収録）	第34巻

執筆者（五十音順）	タ　イ　ト　ル	収録巻
山本俊治	河内ことば	第８巻
横山昭男	上杉鷹山の農業政策	第18巻
吉井良枝	稲の心，酒の心	第51巻
吉田　忠	蘭学と実測窮理	第70巻
吉田寛一	『農業全書』の自然観，農民観，科学性	第12巻
吉武成美	日本養蚕技術考	第35巻
吉永　昭	近世の西三河について	第16巻
吉野裕子	陰陽五行説にみる東洋思想	第７巻
脇田晴子	狂言にみる中・近世の働く女性像	第41巻
渡部　圣	雪形と会津の農耕	第19巻
渡辺武雄	木曽川下流新田地域農業の変遷	第23巻
渡部忠世	フィールド・ワークと農書	第44巻
渡部忠世	大唐米とはどんな米か	第６巻
渡部　武	中国の農書と日本の農書	第40巻
編集部	大西伍一さんに聞く　農書を愛した人々の想い出	第４巻
編集部	蟷螂ノ蛇ヲトル術ヲ見ヨ	第５巻
編集部	現代の和ろうそくと櫨	第11巻
編集部	『除蝗録』の盗作本	第15巻
編集部	一〇〇〇年守りつづけたかまどの火	第31巻
編集部	郷土の発展につくした村松標左衛門を教える	第48巻
編集部	二〇〇年ぶりの普賢岳噴火－前島原市長・鐘ヶ江管一氏に聞く－	第66巻

協 力 者 一 覧

【編集・校訂・制作】
伊藤泰子
笠井紀子
門田春子
佐々木栄一
土屋和嘉子
森千栄子
矢口祥有里
山田桂子
株式会社河源社
柴永事務所

【撮　　影】
小倉隆人
皆川健次郎

【組版・印刷】
株式会社こまつデーターシステム
株式会社新協
新灯印刷株式会社
富士リプロ株式会社

【題　　字】
山中卜鼎（貞夫）

【図版作成】
三協図芸社

【カバー装丁】
石原雅彦

【ケース作成】
協栄紙器製本株式会社
株式会社ピイ・エンド・ジイ本郷

【金版製作】
有限会社坪井金版彫刻所
水野金版彫刻所

【用紙】
新光紙業株式会社
株式会社大文字洋紙店
株式会社ダイヤ商会
望月株式会社

【表紙加工・製本】
株式会社石津製本所
株式会社古賀製本
有限会社松栄堂製本所
株式会社大箔

【日本農書全集編集室】
泉　博幸
繁田与助
中田謹介
原田　津
吹野保男
本谷英基

日本農書全集　別巻

収録農書一覧
分類索引

2001年５月31日　第１刷発行

編集　農山漁村文化協会　書籍編集部

発 行 所　社団法人　農山漁村文化協会
郵便番号　107-8668　東京都港区赤坂７丁目６－１
電話　編集　03(3585)1145　営業　03(3585)1141
FAX　03(3589)1387　振替　00120-3-144478

ISBN4-540-01121-9
＜検印廃止＞

PRINTED IN JAPAN

印刷／富士リプロ㈱
製本／石 津 製 本
定価は外箱に表示

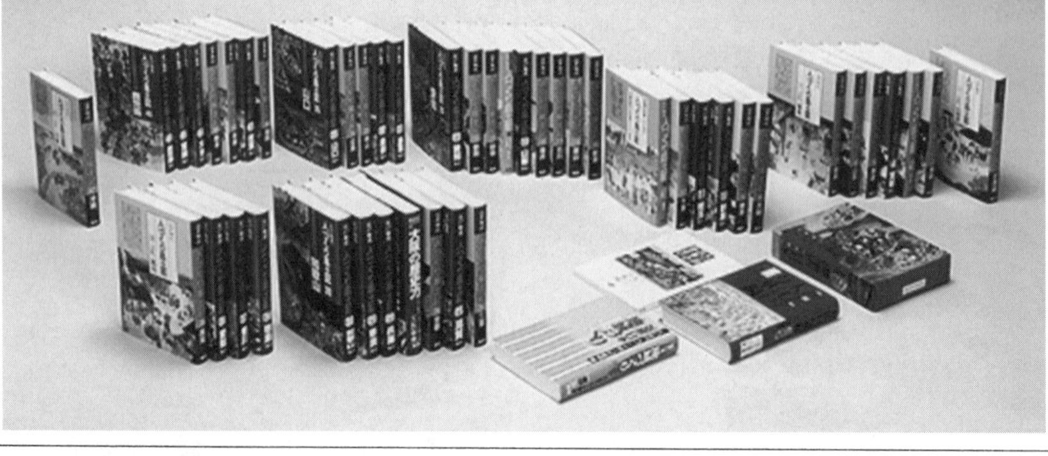

1．巻順収録農書

45①	名物紅の袖	めいぶつべにのそで
②	あゐ作手引草	あいさくてびきぐさ
③	油菜録	ゆさいろく
④	五瑞編	ごずいへん
⑤	海苔培養法	のりばいようほう
⑥	煙草諸国名産	たばこしょこくめいさん
⑦	朝鮮人参耕作記	ちょうせんにんじんこうさくき
46①	梨栄造育秘鑑	りえいぞういくひかん
②	紀州蜜柑伝来記	きしゅうみかんでんらいき
③	漆木家伝書	うるしぎかでんしょ
47①	蚕飼養法記	こがいようほうき
②	養蚕規範	ようさんきはん
③	蚕茶楮書	かいこちゃかみのきのふみ
④	製茶図解	せいちゃずかい
⑤	樹芸愚意	うえものぐい
48①	工農業事見聞録(巻1～4)	こうのうぎょうじけんぶんろく
49①	工農業事見聞録(巻5～7)	こうのうぎょうじけんぶんろく
50①	製油録	せいゆろく
②	甘蔗大成	かんしゃたいせい
③	製葛録	せいかつろく
④	唐方渡俵物諸色大略絵図	からかたわたしたわらものしょしきたいりゃくえず
51①	童蒙酒造記	どうもうしゅぞうき
②	寒元造様極意伝	かんもとつくりようごくいでん
52①	漬物塩嘉言	つけものしおかげん
②	豆腐集説	とうふしゅうせつ
③	豆腐皮	とうふかわ
④	麩口伝書	ふくでんしょ
⑤	仕込帳	しこみちょう
⑥	醤油仕込方之控	しょうゆしこみかたのひかえ
⑦	製塩録	せいえんろく
53①	紙漉重宝記	かみすきちょうほうき
②	績麻録	せきまろく
③	塗物伝書	ぬりものでんしょ
④	紀州熊野炭焼法一条并山産物類見聞之成行奉申上候書附	きしゅうくまのすみやきほういちじょうならびにやまさんぶつるいけんぶんのなりゆきもうしあげたてまつりそうろうかきつけ
⑤	実地新験生糸製方指南	じっちしんけんきいとせいほうしなん
⑥	樟脳製造法	しょうのうせいぞうほう
54①	花壇地錦抄	かだんちきんしょう
55①	養菊指南車	ようぎくしなんしゃ
②	植木手入秘伝	うえきていれひでん
③	剪花翁伝	せんかおうでん
56①	山林雑記	さんりんざっき
②	太山の左知	とやまのさち
57①	弐拾番山御書付	にじゅうばんやまおんかきつけ
②	林政八書 全	りんせいはっしょ ぜん
58①	松前産物大概鑑	まつまえさんぶつたいがいかがみ
②	関東鰯網来由記	かんとういわしあみらいゆうき
③	能登国採魚図絵	のとのくにさいぎょずえ
④	安下浦年中行事	あげのうらねんじゅうぎょうじ
⑤	小川嶋鯨鯢合戦	おがわじまげいげいかっせん
59①	玉川鮎御用中日記	たまがわあゆごようちゅうにっき
②	氷曳日記帳	こおりびきにっきちょう
③	松江湖漁場由来記	まつえこぎょじょうゆらいき
④	釣客伝	ちょうきゃくでん
⑤	金魚養玩草	きんぎょそだてぐさ
60①	鶉書	うずらしょ
②	犬狗養畜伝	けんくようちくでん
③	廏作附飼方之次第	うまやつくりつけたりかいかたのしたい
④	牛書	ぎゅうしょ
⑤	安西流馬医巻物	あんざいりゅうばいまきもの
⑥	万病馬療鍼灸撮要	まんびょうばりょうしんきゅうさつよう
⑦	解馬新書	かいばしんしょ
61①	豊秋農笑種	とよあきのわらいぐさ
②	試験田畑	しけんでんぱた
③	御米作方実語之教	おんこめつくりかたじつごのおしえ
④	勧農微志	かんのうびし
⑤	伊勢錦	いせにしき
⑥	筆松といふ者の米作りの話	ふでまつというもののこめつくりのはなし
⑦	畑稲	はたけいね
⑧	讃岐砂糖製法聞書	さぬきさとうせいほうききがき
⑨	廻在之日記	かいざいのにっき
⑩	東道農事荒増	とうどうのうじあらまし
62①	農業往来	のうぎょうおうらい
②	再新百性往来豊年蔵	さいしんひゃくしょうおうらいほうねんぐら
③	満作往来	まんさくおうらい
④	新撰養蚕往来	しんせんようさんおうらい
⑤	米徳糠藁籾用方教訓童子道知辺	こめとくぬかわらもみもちいかたきょうくんどうじのみちしるべ
⑥	三等往来	さんとうおうらい
⑦	門田の栄	かどたのさかえ
⑧	勧農和訓抄	かんのうわくんしょう
⑨	農業家訓記	のうぎょうかくんき
63①	儀定書	ぎじょうしょ
②	永代取極申印証之事	えいたいとりきめもうすいんしょうのこと